工程建设国家级工法汇编

（2007～2008年度）

上 册

住房和城乡建设部工程质量安全监管司
中国建筑业协会 主 编

中国建筑工业出版社

图书在版编目（CIP）数据

工程建设国家级工法汇编（2007～2008 年度）/住房和城乡建设部工程质量安全监管司，中国建筑业协会主编. —北京：中国建筑工业出版社，2011.3
ISBN 978-7-112-12695-8

Ⅰ. ①工… Ⅱ. ①住…②中… Ⅲ. ①建筑工程-工程施工-建筑规范-汇编-中国-2007～2008 Ⅳ. ①TU711

中国版本图书馆 CIP 数据核字（2010）第 029079 号

本书汇编了 2007～2008 年度国家级工法 417 项。内容包括房屋建筑工程、土木工程、工业安装工程三个类别。注重新技术、新工艺、新材料和节能减排技术的应用。本书汇编的国家级工法，内容翔实、图文并茂，其关键技术体现了目前我国建筑行业的施工技术水平。

本书既可作为建筑施工企业中的工程技术人员的工具书，同时也可供科研、设计、教学等单位从事工程建设专业的技术人员学习与参考。

* * *

责任编辑：常　燕　付　娇
　　　　　周艳明　陈　鹏

工程建设国家级工法汇编
（2007～2008 年度）
住房和城乡建设部工程质量安全监管司
中国建筑业协会　主编

*

中国建筑工业出版社出版、发行（北京西郊百万庄）
各地新华书店、建筑书店经销
霸州市顺浩图文科技发展有限公司制版
北京京丰印刷厂印刷

*

开本：880×1230 毫米　1/16　印张：248¼　字数：7686 千字
2011 年 4 月第一版　　2011 年 4 月第一次印刷
定价：**420.00** 元（共三册）
ISBN 978-7-112-12695-8
（19921）

本书编委会

前　　言

2009 年，按照住房和城乡建设部《关于开展 2007～2008 年度国家级工法申报工作的通知》要求，依据《工程建设工法管理办法》的规定，住房和城乡建设部工程质量安全监督管司组织专家，对各地区、各行业推荐的工法进行了评审，共有 417 项（一级工法 108 项，二级工法 252 项，升级版工法 57 项）审定为国家级工法，同年 10 月以部建质〔2009〕162 号文公布。应广大建筑业企业的要求，现将 2007～2008 年度国家级工法汇编成册，提供给大家，以便于企业学习推广应用国家级工法的先进经验，达到进一步将科技成果转化为现实生产力以及资源共享的目的。

本汇编中的国家级工法包括：房屋建筑工程、土木工程、工业安装工程三个类别。该书的出版发行，必将促进我国建筑业企业更加注重积极采用新技术、新工艺、新材料和节能减排技术，提高自主创新能力，加快建筑业发展方式的转变，为保障工程质量和安全发挥积极作用。

本次汇编的国家级工法，内容翔实、图文并茂，其关键技术体现了目前我国建筑行业的施工技术水平。既通俗易懂，又可供科研、技术、教学等单位学习、参考。由于编写时间有限，不足之处敬请读者和专家批评指正。

住房和城乡建设部工程质量安全监管司

中国建筑业协会

二〇一〇年十二月

目　录

中　册

11

2007~2008 年度国家一级工法

异型钢筋混凝土沉井施工工法

GJYJGF001—2008

中建六局第二建筑工程有限公司
王存贵　贺国利　田卫国　张杰　雷学玲

1. 前　　言

随着城市建设规模的扩大和绿色环保意识的增强，各项基础设施建设尤其是污水收集输送泵站的建设项目逐年增多。沉井以其挖土量少、对邻近建筑物影响比较小、稳定性好、能支承较大荷载的优势正越来越多的应用于污水处理系统中。异型沉井因结构复杂，平面形状不规则，沉井刃脚底标高不等，给沉井制作、下沉、防偏与纠偏、封底等施工带来诸多困难。本工法是对葫芦岛老城区污水处理厂、长春市南部污水处理厂等工程的成功施工经验进行总结形成的。其施工便利、省时省工，不仅易保证施工质量，还可缩短施工工期。该工法关键技术在2008年11月经天津市建设科技委员会专家审定，总体达到国内领先水平。2009年2月经天津市科学技术信息研究所查新，结论为国内未见高差达到2.6m的异型钢筋混凝土沉井施工技术。2008年12月被评为天津市市级工法。

2. 工 法 特 点

2.1　本工法不仅对沉井的常规施工方法进行全面、具体的阐述，而且针对异型沉井平面形状不对称、刃脚存在高差的特点，对沉井下沉过程中防偏纠偏措施进行详细介绍。

2.2　本工法施工便捷，可操作性强，实施效果较好。

2.3　可用于各种复杂的地形、地质条件，可在场地狭窄条件下施工，对邻近建筑物、构筑物影响较小，甚至不影响。

2.4　比大开挖施工，可大大减少挖、运、回填的土方量，因此，可加快施工速度，降低施工费用。施工不需复杂的机具设备，在排水和不排水情况下均能施工。

3. 适 用 范 围

本工法适用于工业建筑的深坑（料坑、料车坑、铁皮坑、井式炉、翻车机室等）、地下室、水泵房、设备深基础、桥墩、码头等工程。在施工场地复杂，邻近有铁路、房屋、地下构筑物等障碍物，加固、拆迁有困难或大开挖施工会影响周围邻近建（构）筑物安全时，应用最为合理、经济。

4. 工 艺 原 理

在地面或地坑上，先制作开口钢筋混凝土筒身，待筒身达到一定强度后，在井筒内分层挖土、运土，随着井内土面逐渐降低，沉井筒身借助其自重克服与土壁之间的摩阻力，不断下沉，当下沉到距设计标高0.1m时，停止井内挖土，使其靠自重下沉至设计或接近设计标高，经过2～3d下沉稳定后按设计进行沉井封底。该工法根据异型沉井的特点，从工作基坑的开挖、砂垫层的铺设、刃脚支垫、沉井制作、沉井下沉、下沉过程中倾斜位移的预防及纠正、沉井封底等方面着手，采取切实可行及合理周密的具体技术措施，施工中采取全过程的监控，使其施工便利而且施工质量满足设计要求。

5. 施工工艺流程及操作要点

5.1 工艺流程

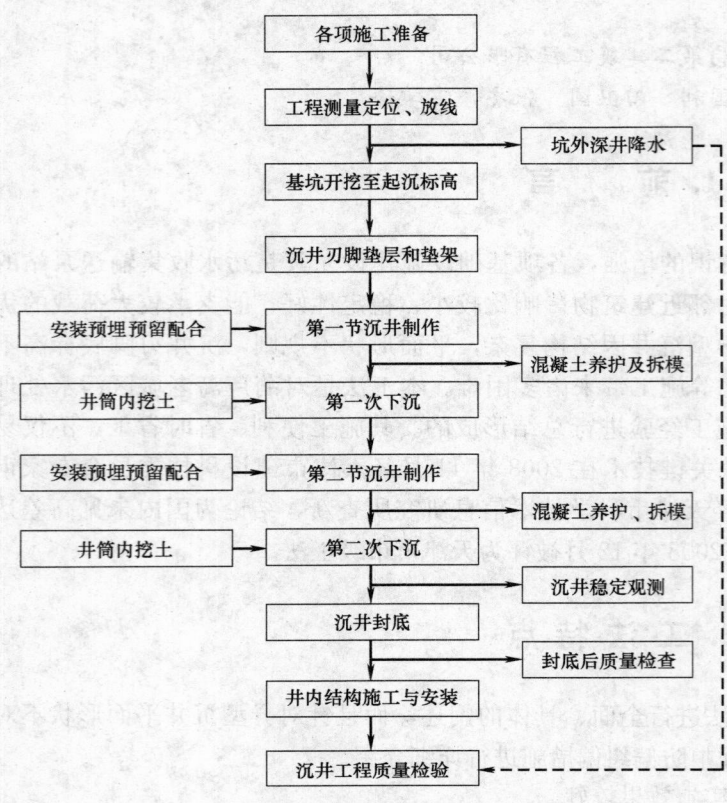

图 5.1 沉井施工工艺流程图

5.2 操作要点

5.2.1 施工方案选择

1. 根据对拟建场地的土层特征、地下水位及施工条件的综合分析，优先采用"排水下沉和干封底"的施工方法。该方法可以在干燥的条件施工，挖土方便，容易控制均衡下沉，土层中的障碍物便于发现和清除，井筒下沉时一旦发生倾斜也容易纠正，而且封底的质量也可得到保证。

2. 沉井施工的一般方法为：一次制作、一次下沉；分节制作、一次下沉；多节制作、分节下沉、制作与下沉交替进行。异型沉井平面形状不规则，刃脚底标高不在同一水平面上，且沉井高度较大，施工技术难度较大，在下沉时容易发生倾斜，因此优先采用分节制作、分节（沉井高度 10m 以上）或一次（沉井高度 10m 以下）下沉方法。沉井分节制作的高度，应保证其稳定性并能使其顺利下沉。

3. 施工缝处采取可靠止水措施。

4. 大型沉井内部设计有钢筋混凝土隔墙或钢筋混凝土梁时，为防止下沉过程中土压力将沉井壁挤裂，沉井内部的钢筋混凝土隔墙或钢筋混凝土梁与沉井壁同时制作，随沉井一起下沉。

5.2.2 沉井验算

1. 刃脚垫木铺设数量和砂垫层铺设厚度测算

刃脚垫木的铺设数量，由第一节沉井的重量及地基（砂垫层）的承载力而定。沿刃脚每米铺设垫木的根数 n 可按下式计算：

$$n = G/A \cdot f \qquad (5.2.2-1)$$

式中 n——每米铺设垫木的根数；
G——第一节沉井单位长度的重力（kN/m）；
A——每根垫木与砂垫层接触的底面积（m²）；
f——地基或砂垫层的承载力设计值（kN/m²）。

沉井的刃脚下采用砂垫层是一种常规的施工方法，其优点是既能有效提高地基土的承载能力，又可方便刃脚垫架和模板的拆除。砂垫层的厚度一般根据第一节沉井重量和垫层底部地基土的承载力计算而定。计算公式为：

$$h = (G/f - L)/2\mathrm{tg}\theta \qquad (5.2.2-2)$$

式中 h——砂垫层的厚度；
G——沉井第一节单位长度的重力（kN/m）；

f——砂垫层底部土层承载力设计值（kN/m²）；

L——垫木长度（m）；

θ——砂垫层的压力扩散角，一般取 22.5°。

2. 沉井下沉验算

沉井下沉前，应对其在自重条件下能否下沉进行验算。沉井下沉时，必须克服井壁与土间的摩阻力和地层对刃脚的反力，其比值称为下沉系数 K，一般应不小于 1.15～1.25。井壁与土层间的摩阻力计算，通常的方法是：假定摩阻力随土深而加大，并且在 5m 深时达到最大值，5m 以下时保持常值。计算简图如图 5.2.2 所示。

沉井下沉系数的验算公式为：

$$K=(Q-B)/(T+R) \qquad (5.2.2-3)$$

式中 K——下沉安全系数，一般应大于 1.15～1.25；

Q——沉井自重及附加荷载（kN）；

B——被井壁排出的水量（kN），如采取排水下沉法时，$B=0$；

T——沉井与土间的摩阻力（kN），其中 $T=L(H-2.5)\times f$；

L——沉井外周长（m）；

H——沉井全高（m）；

f'——井壁与土间的摩阻力系数（kPa），由地质资料提供；

R——刃脚反力（kN），如将刃脚底部及斜面的土方挖空，则 $R=0$。

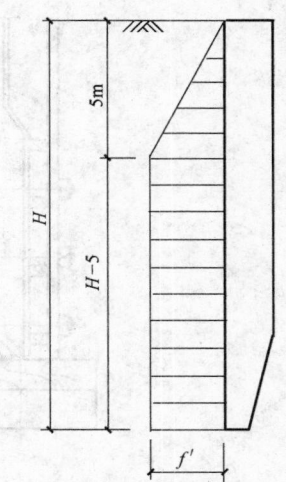

图 5.2.2 沉井下沉摩阻力计算简图

3. 沉井封底后的抗浮稳定性验算

沉井封底后，整个沉井受到被排除地下水向上浮力的作用，如沉井自重不足以平衡地下水的浮力，沉井的安全性会受到影响。为此，沉井封底后应进行抗浮稳定性验算。

沉井外未回填土，不计井壁与侧面土反摩擦力的作用，抗浮稳定性计算公式为：

$$K = G/F \geqslant 1.1 \qquad (5.2.2-4)$$

式中 K——下沉安全系数；

G——沉井自重力（kN）；

F——地下水向上的浮力（kN）。

根据上述计算，当沉井自重不足以抵抗地下水的浮力时，沉井封底后，井外的深井降水必须继续进行，直到沉井内部结构和上部结构完成后才能停止。

5.2.3 工作基坑开挖

施工前将自然地面上的积水、杂物等清理干净，按提前施测好的标高进行初步找平。对池壁两侧存在高低差的异型沉井，先开挖井壁较深一侧基坑，至与其相邻井壁高差标高处，使较深侧沉井在坑中作业。基坑开挖前，首先根据基坑底面几何尺寸、开挖深度及边坡定出基坑开挖边线，再根据图纸上的沉井坐标定出沉井纵横轴线控制桩。

5.2.4 砂垫层铺设

沉井高度大，重量重，当地基承载力较低，经计算垫架需用量较多，铺设过密时，在垫木下设砂垫层加固，以减少垫架数量，将沉井的重量扩散到更大面积上，避免制作中发生不均匀沉降，同时，使其易于找平，便于铺设垫木和抽除。砂垫层厚度经计算确定，砂选用中砂，用平板振动器振捣并洒水，控制其干容重≥1.56t/m³。

5.2.5 刃脚支设

刃脚支设采用垫架法，在砂垫层上铺承垫木和垫架，垫架间距取 1.0m，垫木采用

160mm×220mm×2000mm枕木，在垫木上支设刃脚及井壁模板，浇筑混凝土。垫架铺设应对称进行，同一条沉井壁上设2组定位架，每组由2～3个垫架组成，位置在距离两端各0.15L处（L为沉井壁边长），在其中间支设一般垫架，垫架垂直井壁铺设。

砂垫层铺平夯实后铺设垫木，铺设垫木时用水准仪找平，应使顶面保持在同一水平面上，高差在10mm以内，并在垫木间用砂填实，垫木埋深为其厚度的一半。

预制时外圈沉井壁刃脚加L150×100×10形钢护角，中间沉井壁采用10mm厚钢板按刃脚形状制作形钢护角，护角与混凝土锚固用φ12钢筋，锚固筋长400mm，每300mm设一道，每道两根。具体做法见图5.2.5。

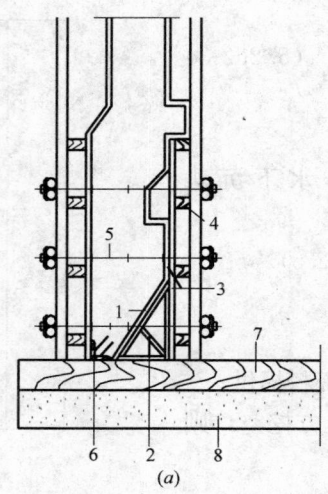 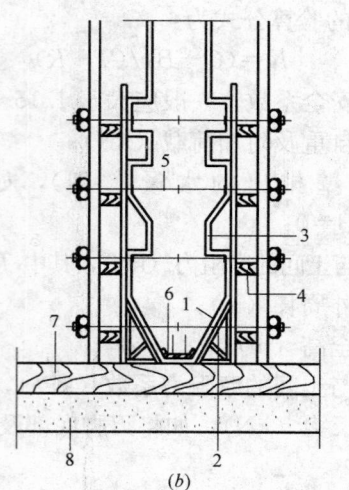

(a) (b)

1—刃脚模板；2—垫架；3—模板；4—50×70木方；5—φ12对拉螺栓；6—角钢护角；7—枕木；8—砂垫层

图5.2.5　刃脚支模示意图

(a) 周边刃脚支模示意图；(b) 中间刃脚支模示意图

5.2.6　沉井壁制作

1. 模板支设

井壁模板可采用组合钢模板，不符合模数处采用木模。模板加固采用对拉螺栓，中部设止水片。模板支撑采用在沉井壁内外两侧搭设双排钢管脚手架。

2. 钢筋绑扎

井壁竖筋可一次绑好，水平筋分段绑扎，与内隔墙及底板连接部位预留连接钢筋在井壁施工时预埋，对应于钢筋位置在木模板上开豁口以保证钢筋位置准确。

3. 混凝土浇筑

混凝土采用商品混凝土，输送泵送至沉井浇筑部位。浇筑采用分层平铺法，每层厚300mm，下料先从沉井壁较浅一侧开始，将沉井沿周长分成若干段同时浇筑，确保沿井壁均匀对称浇筑。

两节混凝土接缝处宜设15mm深20mm宽凹形施工缝，且设止水条。

4. 沉井壁孔洞处理

沉井外壁DN1500洞口在下沉前用钢板、木板封闭，中间填与孔洞重量相等的砂石配重，外侧钢板与内侧木板用φ12对拉螺栓加固，外圈8个，内圈4个，具体做法见图5.2.6-1。

5. 针对高低刃脚存在高差的处理措施

1）深浅基坑处处理措施

在深浅基坑交界处，为方便较浅基坑部分砂垫层铺设，砌240mm厚红砖墙，内抹20mm厚水泥砂浆，外挂一层塑料布，兼作刃脚模板，具体做法见图5.2.6-2。

2）高低刃脚交接处结构处理措施

沉井高低刃脚交接处以1：2坡度斜刃脚过渡，防止在下沉过程中此部位因应力集中造成井壁拉裂。

5.2.7 沉井下沉

1. 施工平台架设

在沉井上口铺木跳板，形成施工操作平台，在每仓中部适当位置留洞口，以利提升井内弃土。

2. 垫架拆除

刃脚垫架待混凝土达到设计强度的100%后拆除。抽除垫架应分区、分组、依次对称、同步地进行，抽除次序为先抽内隔墙下垫架，再抽除外墙两短边下的垫架，然后抽除长边下一般垫架，最后同时抽除定位垫架。抽除方法是将垫架底部的土挖去，使垫架下空，利用绞磨或卷扬机将相对垫木抽出。

3. 挖土下沉

1）待混凝土抗压强度达到设计强度的100%后开始下沉。

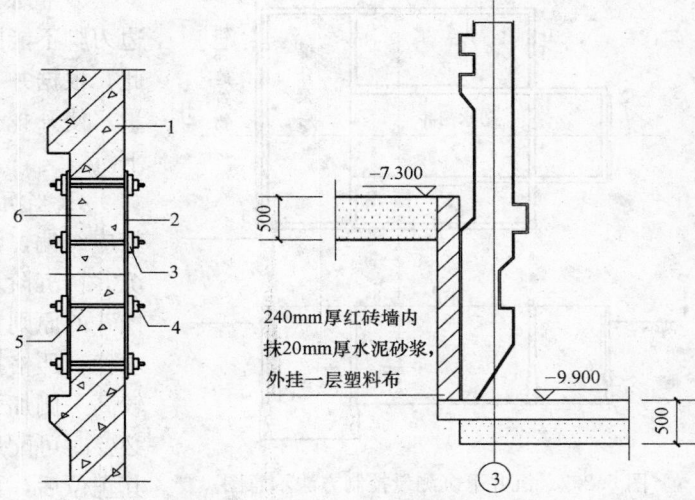

图 5.2.6-1 DN1500 管孔临时封闭示意图
1—沉井壁；2—10mm 厚钢板；
3—50×100 木方；4—螺帽；
5—φ12 对拉螺栓；6—砂石配重

图 5.2.6-2 深浅基坑处理措施示意图

240mm厚红砖墙内抹20mm厚水泥砂浆，外挂一层塑料布

2）采用人工挖土，从井中间挖向四周，均衡、对称地进行，使沉井能均匀竖直下沉。每层挖土厚度为0.4～0.5m，在刃脚处留1.2m宽土台，用人工逐层切削，每次削5～10cm，当土埂挡不住刃脚的挤压而破碎时，沉井便在自重作用下破土下沉。

3）同一刃脚底标高部分，削土时应沿刃脚方向全面、均匀、对称地进行，且各孔格内挖土高差不得大于500mm，使均匀平稳下沉。

4）在离设计深度20cm左右时应停止取土，靠自重下沉至设计标高。

5）沉井内挖出的土方，装于吊斗内用8t塔式起重机吊至井外，用自卸汽车运至弃土地点堆放。

4. 测量控制与观测

1）沉井位置标高的控制，是在井外地面及井壁顶部四面设置纵横十字中心控制线、水准基点，下沉时在井壁上四周设水平点，于壁外侧用红铅油画出标志，用水准仪来观测沉降。

2）井内中心线与垂直度的观测利用井壁内侧上部预埋钢筋，下部预埋水平标板来控制。井壁内侧标出垂直轴线，各吊一个线垂，对准下部标板如图5.2.7所示。

3）沉井下沉过程中，应安排专人进行测量观测。沉降观测每8h至少2次，刃脚标高和位移观测每台班至少1次。下沉至接近设计标高时加强观测，每2h一次，预防超沉。

4）当沉井每次下沉稳定后应进行高差和中心位移测量。每次观测数据均须如实记录，并按一定表式填写，以便进行数据分析和资料管理。

5）当发现倾斜、位移、扭转时，及时通知值班队长，指挥操作工人及时纠正，使误差在允许范围内。

5. 下沉过程中倾斜、位移的预防及纠正

1）初沉期间沉井没有井壁外土摩擦阻力作用，由于沉井自重分布不均匀，井体易发生较大倾斜和滑移。采取暂不开挖或少挖较浅区域土方，先进行较深区域土方开挖的措施，有意识防止沉井向较深区域偏移，确保沉井平衡下沉。

2）随着沉井下沉深度加大，由于井壁入土深度不等引起的井壁外摩阻力分布不均匀易导致井体发生倾斜和滑移。采取根据技术人员随时估算的井体重心与井壁外摩擦阻力合力点的偏差值，确定各区

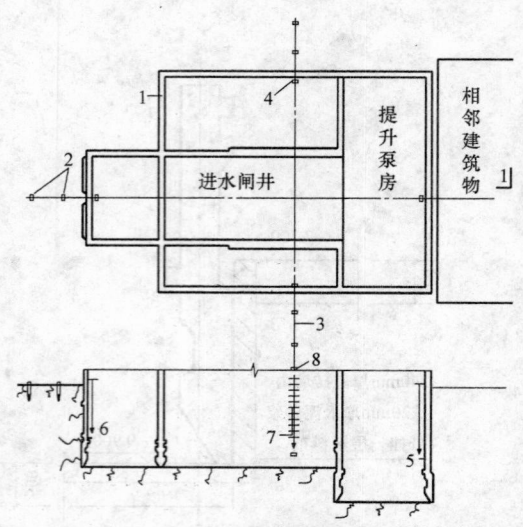

图 5.2.7　沉井下沉测量控制方法示意图
1—沉井；2—中心线控制点；3—沉井中心线；
4—钢标尺；5—铁件；6—线坠；
7—壁外下沉标尺；8—沉井观测点

的开挖量，确保沉井平稳下沉。

3）高低刃脚沉井下沉时，因刃脚高度不等而使得各边刃脚不能同时在同一性质的土层上，易产生偏斜。为此，根据井下土层变化情况及时调整挖土位置和挖土量，使开挖遵循先硬后软的顺序进行，确保沉井平稳下沉。

4）当沉井下沉过程中，偏斜达到允许偏差值 1/4 时就应纠偏，沉井下沉过程中要做到勤测、勤纠、缓纠。沉井初沉阶段纠偏应根据"沉多则少挖"，"沉少则多挖"的原则在开挖中纠偏。终沉阶段要加强监控，缓中求稳，严格控制超沉。如沉井已经倾斜，可采取在刃脚较高一侧加强挖土，并可在较低的一侧适当回填砂石。必要时可配局部偏心压载，都可以使偏斜得到纠正。待其正位后，再均匀分层取土下沉。

5）位移纠正措施一般是有意使沉井向位移相反方向倾斜，再沿倾斜方向下沉，至刃脚中心与设计中心位置吻合时再纠正倾斜，使偏差在允许范围以内。

5.2.8　沉井封底

1. 当沉井下沉至距设计底标高 10cm 时，停止井内挖土，使其靠自重下沉至或接近设计底标高，再经 2～3d 的下沉稳定，或经观测在 8h 内累计下沉量不大于 10mm 时，即可进行封底施工。

2. 首先将新老混凝土接触面冲刷干净，对井底进行修整使其形成锅底形，再浇筑封底素混凝土，刃脚下混凝土切实填严，振捣密实，以保证沉井的最后稳定。

3. 垫层混凝土达到 50% 设计强度后，进行底板钢筋绑扎。钢筋应按设计要求伸入刃脚凹槽内。

4. 底板混凝土浇筑时，应分层、不间断地进行，由四周向中间推进，每层浇筑厚度控制在 30～50cm 左右，并采用振动器振捣密实。底板混凝土浇筑后应进行自然养护。

6. 材料与设备

6.1　材料

中砂、160mm×220mm×2000mm 枕木、L150×100×10 形钢护角，符合设计要求性能的混凝土。

6.2　设备

定位架、混凝土生产运输振捣机具（输送泵、振捣棒等）、自卸汽车、起重机。

7. 质量控制

7.1　沉井制作应满足《混凝土结构施工质量验收规范》GB 50204—2002 的有关要求。

7.2　施工前，应根据地勘报告资料和现场土质情况做好降排水工作。

7.3　沉井制作、沉井下沉前，应做好施工计算工作，以确保施工质量。

7.4　沉井下沉时，必须确保混凝土强度达到设计强度的 100% 后，方可下沉。

7.5　下沉过程中，应做好测量控制与观测工作，及时纠偏。

8. 安全措施

8.1　做好地质详勘工作，查清沉井范围内的地质、水位情况，对存在的不良地质条件采取针对性的技术措施，防止沉井在下沉过程中发生不正常情况，以确保施工的安全。

8.2　落实沉井垫架拆除和土方开挖的安全防护措施，控制均匀挖土和刃脚处破土速度，防止沉井发生突然下沉和严重倾斜而导致人身伤亡事故。

8.3　做好沉井期间的排水与降水工作，并设置可靠电源，以保证沉井挖土过程中不出现大量涌水、涌泥或流砂现象，避免造成淹井事故。

8.4　沉井口周围须设置安全防护栏杆，并有防止坠物的措施。井下作业应戴安全帽，穿胶鞋。下井应设安全爬梯，并应有可靠的应急措施。

8.5　建立完善的施工安全保证体系，加强施工作业中的安全检查，确保作业标准化、规范化。

8.6　施工现场临时用电严格按照《施工现场临时用电安全技术规范》的有关规定执行。

8.7　电缆线路应采用三相五线接线方式，电气设备和电气线路必须绝缘良好。

9. 环 保 措 施

9.1　合理布置施工场地，做到文明施工。

9.2　施工作业面必须工完场清。

9.3　维护施工现场的环保设施。

9.4　施工中，严格执行中建总公司《施工现场环境控制规程》中的各项要求。

10. 效 益 分 析

10.1　经济效益

本工法通过在三个工程中应用，共取得经济效益 45.04 万元。其中葫芦岛市老城区污水处理厂工程中产生直接经济效益 10.5 万元，锦州市污水处理厂工程中产生直接经济效益 11.80 万元，长春市南部污水处理厂工程中产生直接经济效益 22.74 万元。

10.2　社会效益

10.2.1　此工法可行性强、施工速度快、工程质量好，得到了业主、监理及质量监督站的认可，为我公司顺利承接类似工程打下坚实基础。

10.2.2　当与周围已有建构筑物距离很近、局部埋深较大、不具备大开挖条件时，应用沉井施工技术可彻底解决按常规施工无工作面的难题，并且比大开挖施工可大大减少挖、运、回填的土方量，可加快施工速度，降低施工费用，节能降耗。

10.2.3　解决了异型沉井施工中的技术难题，对异型沉井顺利施工提供了可靠保证。

11. 应 用 实 例

11.1　葫芦岛老城区污水处理厂粗格栅间提升泵房，其地下结构为钢筋混凝土沉井，平面形状成"凸"字形，较深部分为提升泵房，深 9.900m，较浅部分为进水闸井，深 7.300m，两侧刃脚高差 2.600m，构筑物总长 26.170m；总宽 18.800m。拟建沉井位置的地质情况从上往下依次为：粉土层、粗砂层、淤泥层、细中砂层、粉质黏土层。总体看土层分布均匀稳定，土层分界线近似水平，地质情况良好。应用该技术，地下沉井部分历时 58d 制作、下沉、封底施工完毕，误差均控制在规范允许范围之内。

11.2　锦州市污水处理厂粗格栅单体工程，其地下结构为"凸"字形沉井，构筑物总长 37.40m，总宽 32.25m，刃脚底标高最深－11.85m，两侧刃脚高差 2.15m。采取该施工工法施工效率高，安全可靠，工程施工质量满足设计和国家标准规范的要求。该工程被评为"中建总公司优质工程金奖"、"锦州市市政工程'古塔杯'奖"、"辽宁省建设工程世纪杯（省优质工程）奖"。

11.3 长春市南部污水处理厂一期工程污水处理规模 15 万 t/d，回用水处理规模 5 万 t/d。开工日期 2007 年 4 月 25 日，竣工日期 2008 年 8 月 31 日。其中粗格栅及进水泵房工程平面呈"凸"字形，总长为 23m，总宽 12.4m，最深 13.45m，高差为 1.7m。工程地质为杂填土、粉质黏土层，抗浮设计水位标高车厂区设计地坪下 0.5m。工程施工过程中，对事前、事中、事后的施工采取合理的控制措施，施工质量、工期达到预期目标，得到了建设单位和监理单位的认可和好评。

炼钢连铸旋流井混凝土排桩支护及井壁
逆作施工工法

GJYJGF002—2008

中冶天工建设有限公司

陈明辉　于龙　张葆兰　刘淑清

1. 前　　言

通钢集团吉林钢铁公司150万 t/年炼钢工程，其连铸工艺的旋流井是铁渣沉淀回收设施之一，设计为圆形钢筋混凝土地下深井，旋流井外径20.4m、内径18m、筒壁厚1.2m，底板厚2.5m，底板顶标高−21.7m，底板底标高为−24.2m。井内设两层内挑平台：+0.3m标高内挑环形平台及−6.5m挑环形平台。

由于旋流井位置与厂房柱基距离很近，根据施工工期的要求和工序安排，旋流井开始施工时厂房柱基已施工完毕。所以旋流井采用原始的大开挖的施工方法已经不可能。必须采用其他施工方案。

旋流井基坑支护的施工方法一般常见的有三种：

其一，采用传统的沉井施工方法。该方法是将井壁设计成沉井结构，采用分段制作逐渐下沉。该方案的工程造价相对较低。沉井是通过刃脚切削土壁的方式下沉的。从本工程地质情况看，地下−13.700m 为砂砾和泥岩，使井壁沉降切削下沉将造成难以解决的困难。此方案不可行。

其二，采用常用的地下连续墙的方法作为基坑支护，从地质情况看不能采用常规的抓铲成槽设备（抓铲式成槽机对泥岩无能为力），而必须使用具有钻进砾石和泥岩以及石灰岩功能的成槽设备，即双钻头钻抓式挖槽机或多钻头的钻削式挖槽机，这种施工设备较少，租赁费用较高，且地下连续墙本身施工成本也很高，此方案很不经济。

其三，采用水泥搅拌桩止水帷幕和钢筋混凝土支护桩相结合的基坑支护方法，在这种支护方式中，水泥搅拌桩止水帷幕和钢筋混凝土支护桩各自只起一种作用，至使施工工期加长、施工成本提高。

经过各方面的比较和研究，本着节约成本、加快进度、使用常规设备、工艺简单、安全实用的原则。在施工区域外设降水井降低水位、我们设计采用混凝土排桩支护及井壁逆作法的施工方案。

吉钢连铸车间旋流井混凝土排桩支护及井壁逆作法的施工方案，是由中冶天工建设有限公司西北分公司吉钢项目部完成计算和方案编制，经建设单位、监理单位、设计单位审批，现已施工完成，社会效益和经济效益显著，特编制本施工工法。

2. 工 法 特 点

旋流井所设计的位置，施工场地狭窄，受到周围已施工建构筑物影响，其基坑开挖方案应考虑该地区位置的地质条件、施工设备、施工工艺、施工成本、施工进度等诸多方面的条件。综上条件我们选择：混凝土排桩作为基坑支护方案。本施工方法工艺简单、施工设备简单、施工成本较低，且其支护效果相当于地下连续墙，符合安全、实用的施工原则。基坑土方开挖结合井壁的施工，为了保证施工的安全性和井壁的结构要求，在井壁的厚度中间留一道垂直施工缝，将井壁分为内外两层分别进行施工。旋流井外壁采用逆作法施工，井壁与排桩共同作为支护系统。这种施工方法不但节约施工成本，也大大增加了旋流井施工过程中的安全性。

2.1 采用钢筋混凝土排桩和井壁的逆作法，作为基坑支护的方式。一方面可以减少挖土面积，保护周边已施工完成的基础不受扰动，确保井壁土体在施工期间的稳定性；另一方面这种大间距排桩支护和井壁的逆作法施工将大大降低施工成本。

2.2 采用机械钻孔、泥浆护壁、钢筋混凝土灌注桩体。这种成熟的成孔和混凝土灌注桩的施工工艺使基坑支护桩体质量得到了有效保证。

2.3 排桩支护形式为桩体相连，其支护作用相当于连续墙，但施工工艺简单，较连续墙的经济效益非常明显。

2.4 使用正反循环钻机，泥浆护壁施工，浇筑水下混凝土，本施工方法施工工艺简单，施工时间较短，有效保证了施工工期。

2.5 混凝土排桩的侧向抗力远大于连续墙。

3. 适 用 范 围

本工法适用于地质条件较差，尤其适用于土方开挖深度范围内的土层结构多样化，如为黏土、砂砾和泥岩的深基坑等。我们通过工程实践力求找到这种地质条件下支护安全可靠、施工工艺简单、施工成本经济的施工方法。该旋流井混凝土排桩支护和井壁逆作法施工技术，经施工实践证明了其技术的可靠性和成本的经济性，具有很好的推广应用前景。

4. 工艺原理及分析计算

4.1 工艺原理

4.1.1 混凝土成孔灌注排桩和冠梁相连形成一个整体，以钢筋混凝土桩体抵抗基坑土体的侧压力。保证施工有个安全的施工环境和作业面。

4.1.2 与其他基坑支护方案相比，本施工方法施工工艺成熟、简单，施工质量易于保证，并且施工措施费用大幅降低。

4.1.3 鉴于本工程的特殊地质条件：上部地层含有超径卵石厚度约4m，下部钻进泥岩厚度约8m。为了确保施工工期和施工质量，第一次隔桩桩孔使用反循环回转钻成孔。加塞中间桩采用冲击钻机成孔。

4.2 基坑支撑体系的计算分析

4.2.1 计算应用软件

采用 PKPM 施工系列软件中的排桩基坑支护模块进行计算。

4.2.2 M法内力计算书

土压力计算依据《建筑基坑支护技术规程》JGJ 120—99。

1. 地质勘探数据见表 4.2.2-1。

地质勘探数据   表 4.2.2-1

序号	h(m)	γ(kN/m³)	C(kPa)	ϕ(℃)	M值	计算方法
1	5.70	18.40	15.60	41.60	32011.0	水土合算
2	4.60	18.20	18.80	62.00	72560.0	水土合算
3	0.70	16.70	13.20	33.90	20914.0	水土合算
4	3.60	18.20	18.80	62.00	72560.0	水土合算
5	25.00	20.00	0.00	36.40	22859.0	水土合算

表中：h 为土层厚度（m），γ 为土重度（kN/m³），C 为内聚力（kPa），ϕ 为内摩擦角（℃）

2. 基底标高为－24.20m

支撑分别设置在标高－2.80m处

计算标高分别为－3.30m、－24.20m 处

3. 地面超载：

地面超载 表 4.2.2-2

序号	布置方式	作用标高(m)	荷载值(kPa)	距基坑边线(m)	作用宽度(m)
1	均布荷载	0.00	20.00	—	—

基坑侧壁重要性系数为 1.10，为一级基坑

抗隆起、抗渗流验算结果

按地基承载力验算抗隆起

计算的抗隆起安全系数为：11.90

达到规范规定安全系数 2.20，合格！

按滑弧稳定验算抗隆起

计算的抗隆起安全系数为：9.89

达到规范规定安全系数 2.20，合格！

基坑底最大隆起量为 3.13cm

验算抗渗流稳定

计算的抗渗流安全系数为：2.17

达到规范规定安全系数 1.50，合格！

内力及位移计算

采用 M 法计算

共 1 层支点，支点计算数据见表 4.2.2-3。

计算结果 表 4.2.2-3

序号	水平间距(m)	倾角(度)	刚度(kN/m)	预加力(kN)
1	0.00	0.00	53916.0	0.0

共计算 2 个工况，各支点在各个工况中的支点力如下（单位为 kN）：

1　　0.00　　0.01

全部工况下各支点的最大轴力如下（单位为 kN）：

1　　　　0.01

各工况的最大内力位移见表 4.2.2-4。

各工况的最大内力位移 表 4.2.2-4

工况号	桩顶位移(mm)	最大位移(mm)	最大正弯矩(kN·m)	最大负弯矩(kN·m)	最大正剪力(kN)	最大负剪力(kN)
1	0.00	0.02	4.8	−4.8	8.4	−3.3
2	0.00	77.13	2290.3	−2511.1	593.0	−920.6

全部工况下的最大内力位移如下：

最大桩（墙）顶部位移为：　　　0.00mm

最大桩（墙）位移为：　　　　　77.13mm

最大正弯矩为：　　　　　　　2290.30kN·m

最大负弯矩为：　　　　　　　−2511.10kN·m

最大正剪力为：　　　　　　　593.00kN

最大负剪力为：　　　　　　　−920.60kN

4.2.3　结论设计

旋流井基坑支护采用混凝土排桩，按照排桩单层支点计算和工程实践经验考虑，井壁逆作加设混

凝土冠梁，设计参数如下：

支护采用混凝土排桩：

4.2.3.1 采用机械钻孔、泥浆护壁，钢筋混凝土灌注桩体，桩径 1000mm；在旋流井外延连续布置排桩，排桩以旋流井中心为中心，直径为 21m，两桩弧线距离为 2.4m，共布置 27 根桩。

4.2.3.2 桩体混凝土强度为 C30，桩主筋 14φ28，Ⅱ级，螺旋箍筋 φ8@150mm。

4.2.3.3 混凝土灌注桩嵌固在泥岩下的深度为 8m；桩体上部打 4m 空桩，桩体总长约 30m。

4.2.3.4 基坑开挖和井壁施工期间，施工区域外降水井不间歇工作，保证降水井内水位低于旋流井井底标高。

旋流井壁采用逆作法：

4.2.3.5 桩顶冠梁（锁口梁）尺寸为宽度 1000mm，高度 1200mm；混凝土等级 C30。冠梁挑向井内 700mm 与井壁结合。

4.2.3.6 从地面至 -4m 大开挖，向下每 3m 为一个施工段，基坑开挖大约分 7 段，外侧井壁分 7 段逆作法施工。

4.2.3.7 井壁逆作法：在桩混凝土立面纵向 600mm，横向 1000mm 采用钻孔植筋技术设置固定井壁混凝土拉结筋，埋置深度 300mm，植筋 φ25 螺纹钢，外伸长度同井壁外圆逆作井壁的厚度。

5. 施工工艺流程及操作要点

5.1 桩基坑支护单桩及旋流沉淀池施工工艺流程

5.1.1 桩基坑支护单桩施工工艺流程（图 5.1.1）

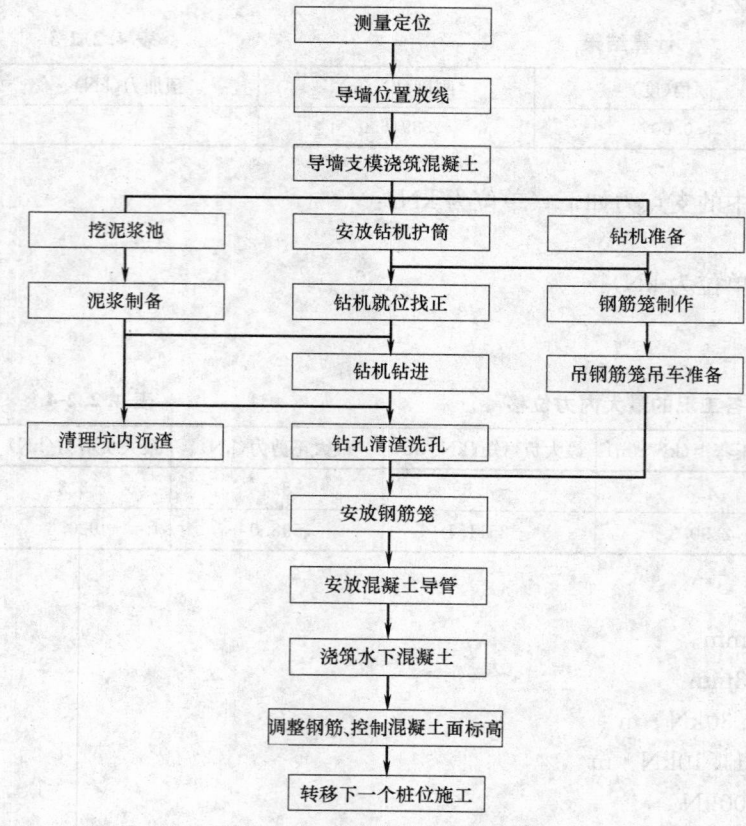

图 5.1.1 基坑支护桩施工工序

寸反循环砂石泵。

5.1.2 旋流井施工工艺流程（图 5.1.2）

5.2 操作要点

5.2.1 排桩平面施工图（图 5.2.1）

5.2.2 混凝土排桩立面施工图（图 5.2.2）

5.2.3 桩体成孔施工设备及特点

5.2.3.1 选用 GM-20 型大口径工程钻机进行正反循环钻孔施工，其扭矩大，是大口径钻孔桩的专用设备，对岩石钻进尤有优势。步履行走，找正孔位方便，适宜桩位跳打施工——桩机频繁换位。钻机具有液压加压功能，龙门式导正系统、稳定性好，确保钻孔的垂直度控制在 3‰ 以内。

5.2.3.2 选用 ZZ-6 型冲击式钻孔机：动力强劲，冲击力强大，最大锤重可达 5t。该钻机工作原理是冲击破碎成孔，适合砂、砾石层和硬岩地层钻进。特别是在卵砾石层中钻进，具有独特优势。

5.2.3.3 泥浆循环设备：采用 6

5.2.3.4 吊装设备：钻机移位和混凝土浇筑以及吊装钢筋笼入孔等拟使用 25t 汽车吊。

5.2.3.5 配水下浇筑混凝土 ϕ300 导管一套。

5.2.4 混凝土灌注桩的施工顺序

本工程的灌注桩施工分为两个作业组，每个组施工按照每段的桩位分为隔桩跳打，加楔补位的施工顺序。

5.2.5 成孔工艺

根据本工程的地层结构的特点，采用冲击钻和回转钻接力成孔方式施工，因为第一步定位跳打采用回转钻机成孔，保证钻孔位置和成孔质量，排桩加塞桩位用冲击钻施工虽然进尺较慢，成孔不规则，但能将两个已成孔的孔间间隙减少，并联成一起。

施工具体措施：

5.2.5.1 钻孔垂直度控制：依据导墙找到桩位，在桩位上安放枕木，保证钻机对准桩位时牢固平稳，底盘水平，用水准仪检验桩机底盘的水平度，保证桩机在施工过程中平稳运行。不能使用已经发生弯曲的钻杆，保证主轴中心线、钻头中心线和桩点在一条垂直线上，在钻进过程中随时监控和调整钻机钻杆的垂直度。

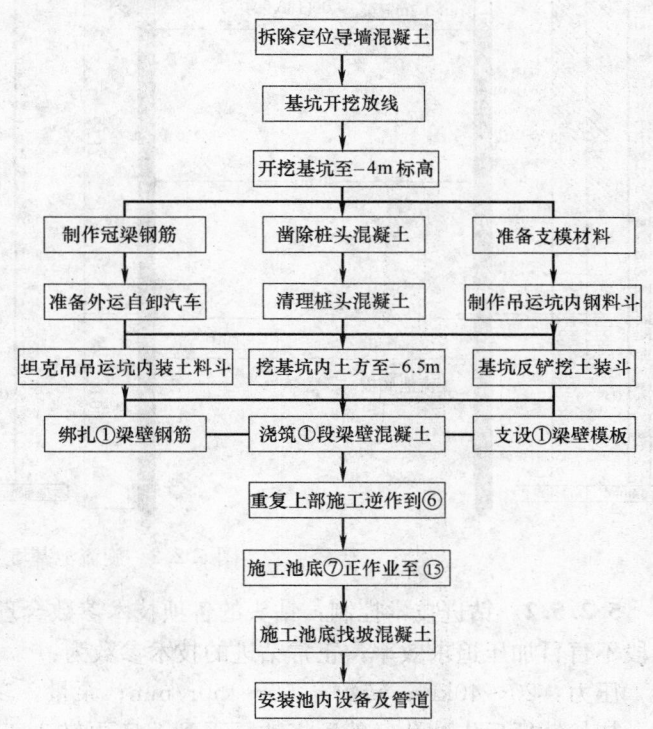

图 5.1.2　旋流沉淀池施工工序

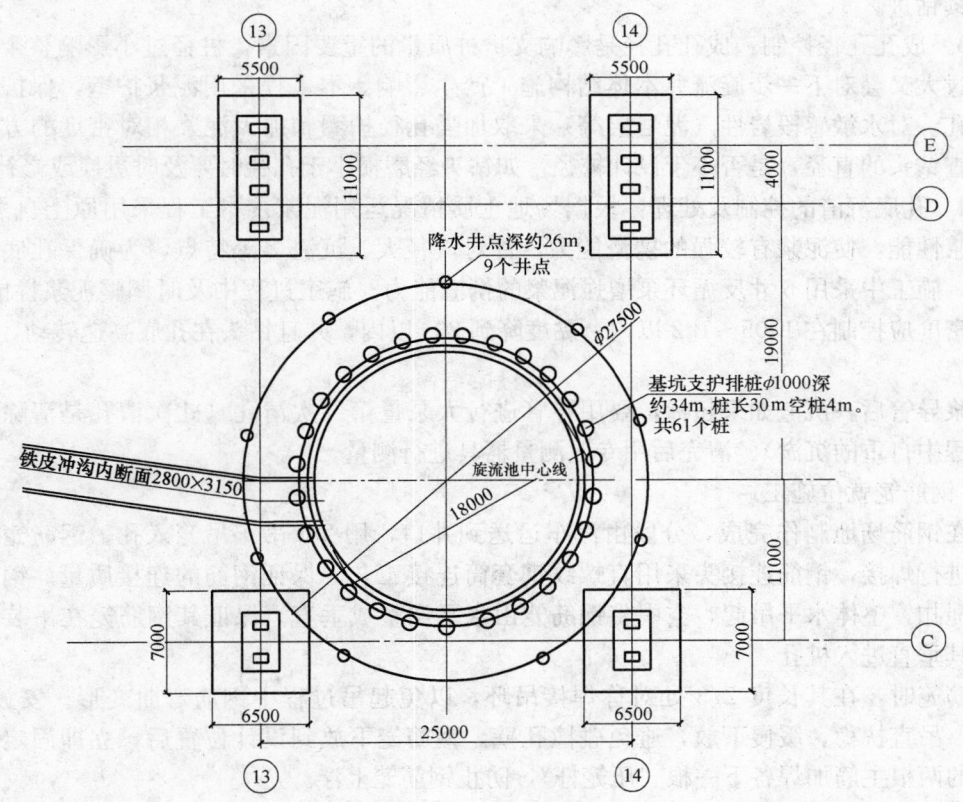

图 5.2.1　旋流沉淀池平面

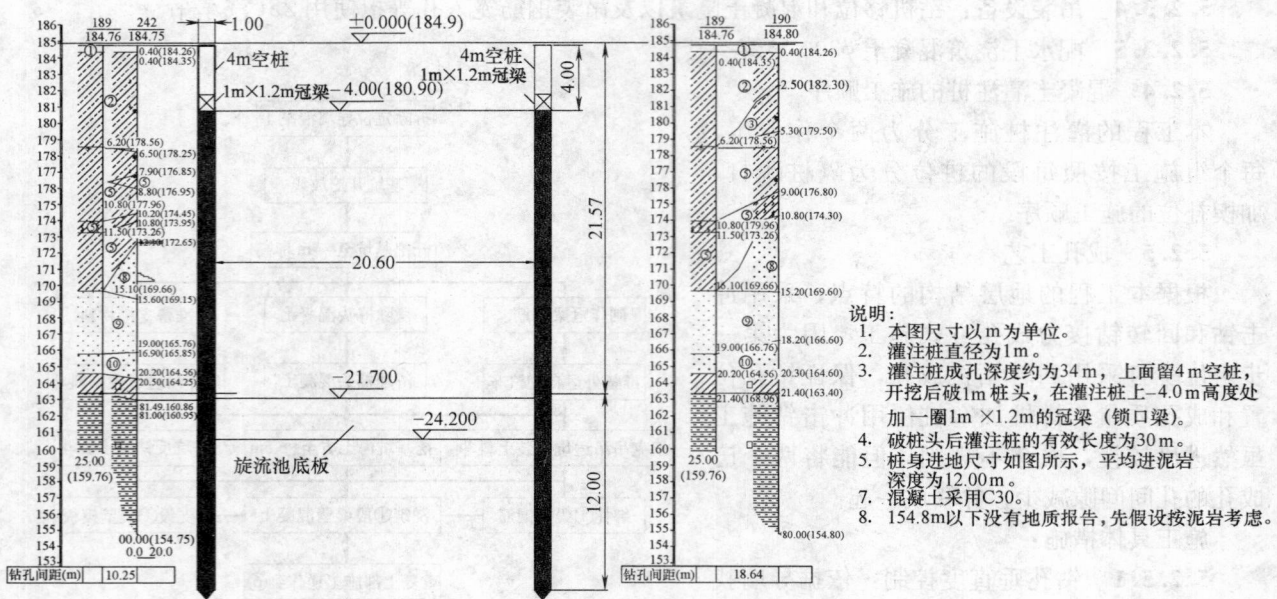

图 5.2.2　旋流池基坑支护排桩立面

5.2.5.2　钻进技术控制：钻头的各项技术参数合理，保证钻头比较锋利、轻压快进，尤其在开孔阶段不盲目加压追求效率，正常钻进的技术参数为：

压力：20～40kN；转数 ：50～150r/min；泵量：≥150L/min。

加长钻杆后先冲孔，然后将钻具下到孔底再转入正常钻进。钻进不正常时，立即提升钻具，查明原因，采取有效措施后，方可继续钻进。如遇地下障碍物时，造成钻头偏斜，必须停钻清理和排除之后，方可继续钻进。

5.2.5.3　成孔孔径控制：成孔孔径是影响支护桩质量的重要因素，桩径过小影响整个支护桩体系强度，桩径过大又会对下一步旋流井本体结构施工产生影响。本工程采用泥浆护壁，保护孔内水头压力，防止塌孔。对水敏感段岩性（泥岩层等）采取加强孔径护圈和加大泥浆相对密度的方法来控制缩径，定期检查钻头的直径，是否小于设计桩径，如钻头经磨损小于孔径时要及时更换或修补。

5.2.5.4　孔底沉渣的控制及处理：根据场地土质情况运用泥浆。本工程采用原土自然造浆钻进。定期测试泥浆性能，使泥浆有较强的携渣能力，针对口径大、沉渣多等特点，为确保孔底沉渣控制在要求范围内，施工中采用 6 寸反循环泵增强泥浆的携渣能力。施工过程中及时调整泥浆性能正常排渣，泥浆的相对密度应控制在 1.05～1.2 以内，黏度降到 20s 以内，并且钻头在孔底高速转动，使泥浆形成涡流以便排渣。

下入灌浆导管后，沉渣如果超标，要用导管进行大泵量第二次清孔（此次清孔是清除在下笼和下灌浆导管过程中自重的沉淀）。清完后用专业测量器具进行测量。

5.2.6　钢筋笼就位施工

钢筋笼在钢筋场地制作完成，分段由汽车运送到井口，用 25t 吊车吊笼入孔。钢筋笼一次制作成型，现场不进行焊接，钢筋连接头采用直螺纹钢套筒连接工艺。保证钢筋的连接质量。钢筋笼就位过程采用活动绳扣，整体水平吊起，空中将钢筋笼由水平调整成垂直。保证其钢筋笼在吊装过程不发生变形并保证其垂直进入桩孔。

吊放钢筋笼时，在其长度 2/3 处对称焊接吊环，以免起吊过程中钢筋弯曲变形。安放钢筋笼时，要对准孔位，吊直扶稳、缓慢下放，避免碰撞孔壁。钢筋笼下放到设计位置后，立即固定，固定后在其上端对称的两根主筋加焊各下一根"压笼杆"，防止钢筋笼上浮。

5.2.7　水下混凝土灌注

灌注导管需对准桩中心，下灌注导管过程中严禁撞钢筋笼，混凝土导管连接丝扣要拧紧，导管使用前在地面进行打压试验。

导管采用皮球作隔离塞，导管底端与孔底距离 300～500mm。

混凝土运到现场后的坍落度宜为 18～20cm。使用混凝土罐车连续不断的浇筑。混凝土初灌量要保证导管底端埋入混凝土 1.2m 以上。在灌注过程中，随着混凝土面的上升要经常用线锤控制混凝土面的高度，适时提升和拆卸导管，保护导管的合理埋深，一般不低于 1.5～2m，严禁把导管底端提出混凝土顶面。最后一次混凝土浇灌量要高于桩顶 0.5m 为宜。

5.2.8　冠梁（锁口梁）施工方法

桩顶冠梁设计尺寸为宽度 1000mm，高度 1200mm；混凝土等级 C30。

灌注桩施工完毕，土方大开挖至 -4m，基坑开挖按 1:0.5 放坡，留出 500mm 工作面。继续开挖基坑支护桩以内土方至第一段旋流井壁逆作施工段，同时开始施工冠梁（锁口梁）和井壁。

冠梁：一个环形梁，下部与灌注桩、内侧与井壁相连，灌注桩的主筋插入冠梁中。冠梁在井内侧挑出的与井壁连接的部分与井壁同时进行混凝土浇筑。两部分混凝土连成一个整体，即有冠梁将本段井壁吊住防止其下移。冠梁和第一段井壁混凝土浇筑完毕强度达到 80% 即可开挖下步基坑土方。冠梁和每一段井壁混凝土浇筑一次浇筑完成，不留施工缝。混凝土注意养护，防止收缩裂缝的出现。

5.2.9　旋流沉淀池基坑土方开挖施工方法

5.2.9.1　采用深井降水将地下水位均降到 -25m 以下。旋流沉淀池施工期间池内地下水位保持低于基底 0.5m 以下，降水时间持续至底板混凝土达到设计强度为止。

5.2.9.2　旋流井土方开挖采用液压挖掘机开挖，自卸汽车运输。基坑开挖分几步进行。

第一步，在地面上采用液压挖掘机挖至 -4.0m，用土方自卸翻斗车运到业主定弃土场。基坑放坡系数按 1:0.5。从地面修一条 5m 宽的坡道至 -4m 平面。

第二步，液压挖掘机进入旋流池内进行挖土。

在旋流池内放上 2～3 个 3m³ 盛土的钢斗，液压挖掘机挖出的土倒入钢斗内，在地面配置 1 台或两台 50t 履带吊将钢斗吊出，将土卸到土方车内运走。

土方开挖至距基底还剩 300mm 时，采用人工清底。

第三步，挖到接进井底遇见泥岩时，采用风镐凿出再装斗吊出坑外。如泥岩比较坚硬可采取局部松动爆破或小剂量的爆破施工。加之使用反铲炮锤松动泥岩，直至设计基底，然后将反铲吊出基坑。

第四步，基坑土方挖掘深度和进度受井壁施工的逆作分段制约。必须统一行动，按施工顺序进行。

5.2.10　旋流沉淀池逆作法

旋流井壁在厚度中间用施工缝将井壁分为内外两层施工，其厚度均为 600mm。外层井壁从冠口梁开始采用逆作法施工。内层壁混凝土从井底板开始采用正作法施工。外壁第一道水平施工缝留设在池壁 -2.800m 处（锁口梁的上部）。逆作法和正作法的施工缝留设的每段施工长度和施工顺序见图 5.2.10-1。

采用本施工方法，减少了支护桩的长度，第一节施工完的井壁和冠梁连接在一起与排桩共同受力，形成单层支点的支护，减少桩体悬壁长度，从而提高桩体的稳定程度，采用本施

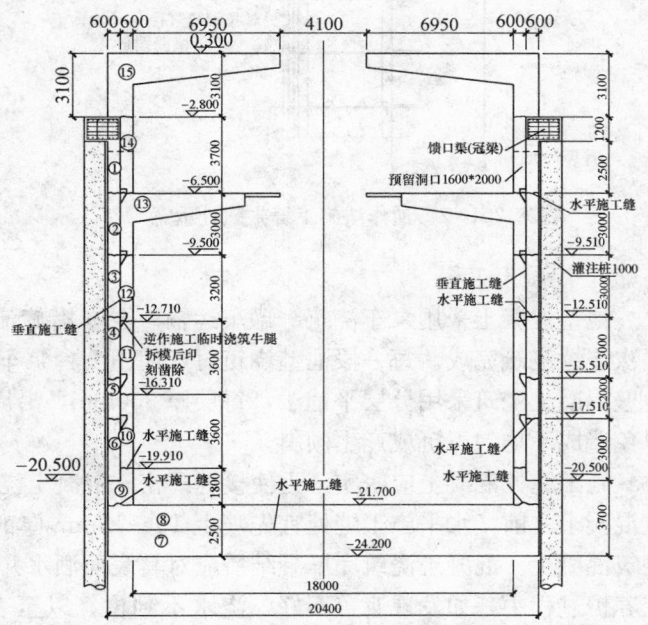

图 5.2.10-1　旋流沉淀池施工缝留置位置图

工方法对施工进度、安全等方面均为有利。

1. 池壁模板施工

采用 1800mm×900mm×15mm 复合木模，竖向用 90×40 木方和 ϕ16 对拉螺栓固定，竖向间距 600mm，水平间距 1000mm。环向用 ϕ25 圆钢按池壁曲率加工成弧形。对拉螺栓设止水片（150×150× 3 钢板制成），对拉螺栓在支护桩一侧用 ϕ25 的膨胀螺栓或钢筋锚固剂植筋固定。水平缝采用地模作井壁水平底模。

在排桩上植筋的作用有三：其一是作为模板对拉螺栓；其二是作为固定逆作的井壁支撑和拉结；其三是作为井壁在封底后防漂浮的固定连接。排桩是防止漂浮的锚固桩。

上下两段连接施工缝处，下一层模板支模时，采用挑出牛腿的方法，浇筑混凝土。即在上下层混凝土交接处支出分段的牛腿浇筑口，牛腿顶面标高应高于施工缝位置，以利于混凝土浇筑和施工缝处密实。详见牛腿支模见图 5.2.10-2。

2. 钢筋工程

钢筋加工和安装施工，本工程池壁采用逆作法施工，先施工池壁及底板，后施工池内部结构，所以池内结构与池壁连接的梁板段浇筑，全部预留插筋。

预留插筋的位置，一定要固定牢固，以免造成位置偏移。预留插筋用 ϕ18 短钢筋与池壁主筋焊接加固。

竖向钢筋连接采用直螺纹连接。为了保证铁件位置正确、混凝土浇筑时不发生凹陷、位移、变形现象，铁件加固见图 5.2.10-3 所示。

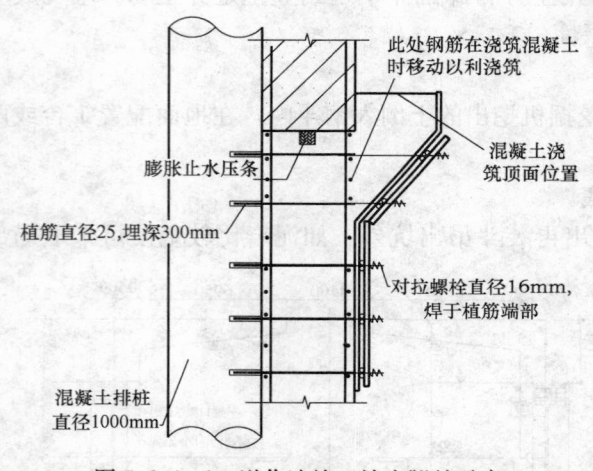

图 5.2.10-2 逆作法施工缝牛腿处示意

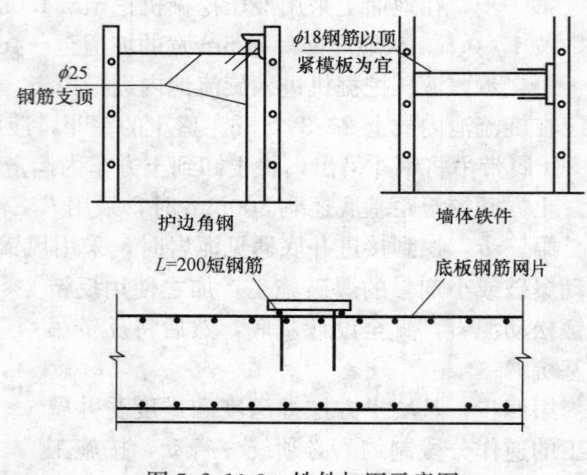

图 5.2.10-3 铁件加固示意图

3. 混凝土工程

池壁混凝土采用泵车浇筑、罐车运输。泵车沿旋流沉淀池池壁周围均匀浇筑，每一施工段混凝土一次连续浇筑完成。每一段池壁浇筑时，使用 2 台泵车对称浇筑，每台泵车配备 6 台罐车运输混凝土。池壁混凝土浇筑采用分层平铺法，每层厚 300mm，沿周长分成若干段同时浇筑，保持对称、均匀下料，以免造成不均匀下沉或产生倾斜。

施工缝处混凝土应密实，为使接缝严密，混凝土浇筑前施工缝处应将其表面浮浆和杂物清除，在浇筑混凝土之前，水平施工缝处宜先喷上 10～15mm 厚的一层同强度等级砂浆或混凝土界面剂，并及时浇筑混凝土。混凝土浇筑完毕凝结后应对其表面洒水并覆盖草袋子养护，防水混凝土不少于 14d。混凝土养护过程中，如发现遮盖不好，浇水不到位，以至表面泛白或出现裂缝时，要立即仔细进行覆盖，加强养护，充分浇水，并延长养护日期加以养护。池壁上所预留的与冲渣沟等连接的孔洞，须预先封堵。在洞口预埋钢框，用木板、槽钢封闭。为了施工人员上下，在井内壁埋设钢板预埋件，制作临时爬梯，如图 5.2.10-4 所示。

池底板厚 2.5m，中间设计配温度筋一层。该基础混凝土等级为 C30，并采用泵送混凝土浇筑；为了减少水化热的集中产生，以及防止底板受混凝土内外温差的影响产生裂纹。在底板厚度水平面，标高在地板底部往上 1300mm 处留置水平施工缝。待达到施工二次浇筑强度时，继续浇筑上部混凝土并找平压光。保证不产生温度裂缝。

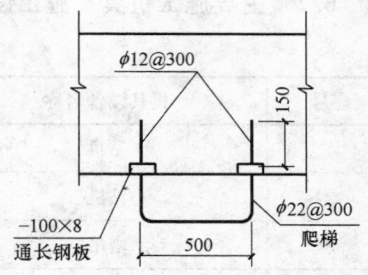

图 5.2.10-4　临时爬梯示意图

4. 水平施工缝施工方法

逆作法施工时，井壁墙体分段施工缝处的土层基面均应作为地模处理，必须认真找平基面。方法是：沿排桩边缘向下土层开挖一个底口宽大于井壁厚度约 700mm、上口宽 800mm、深度为 800mm 的环形槽，在槽内回填砂并夯实，保证砂垫层平整、密实，不会下沉，墙体竖向受力钢筋按图纸要求采用直螺纹连接安装就位，与下施工段井壁钢筋连接相互错开接头，分别插入砂垫层中，然后在砂层上部铺砖并抹砂浆找平，作为井壁的地膜。最好在找平底面时，有些内侧向外有一定的坡度以利于混凝土浇筑密实和排除气泡。地膜上加铺隔离材料以利拆除地模。

5. 施工架子搭设

逆作施工法施工井壁时，每个施工段均需搭设整圈施工用双排脚手架，搭设高度与施工缝的预留位置对应。该段施工完毕后，立即拆除，便于基坑机械挖土。下一施工段重复设置。

正作法施工内侧井壁时，基坑内搭设满堂红架子，直至池顶。

5.3　劳动力组织（表 5.3）

劳动力组织表　　　　　　　　　　　　　　　　表 5.3

序号	工　种	人数	主要作业内容
1	项目总工程师	1	支护方案设计、施工技术指导
2	质量员	1	施工过程中工序质量控制
3	安全员	1	施工过程中安全施工控制
4	混凝土工	14	水下混凝土灌注
5	电焊工	5	钢筋笼焊接
6	吊装工	2	钢筋笼吊装就位
7	测量工	2	桩机水平度和垂直度测量
8	电工	1	配合焊工和其他工种工作
9	力工	20	配合其他工种工作

6. 材料与设备

6.1　旋流井排桩支护施工措施材料（表 6.1）

旋流井排桩支护施工措施材料表　　　　　　　　　　表 6.1

序号	材料名称	规　格	单　位	数　量	用　途
1	钢筋	$\phi28$	t	130	支护排桩主筋
2	钢筋	$\phi8$	t	16	支护排桩箍筋
3	钢筋	$\phi16$	t	3	支护排桩支撑钢筋
4	混凝土量		m^3	1500	支护排桩

6.2 主要施工机具、施工设备和检验设备（表 6.2）

主要施工机具、施工设备和检验设备表 表 6.2

序号	机具设备名称	型号	单位	数量	用途
1	钻机	GM-20 型	台	1	桩成孔
2	钻机	ZZ-6 型	台	1	桩成孔
3	塔吊		座	1	旋流井施工垂直运输
4	电焊机	BX2—500	台	4	焊钢筋笼
5	汽车吊	25t	台	4	钢筋笼入孔就位
6	水准仪	DSZ2	台	1	检查桩机底盘水平度
7	经纬仪	J6	台	1	检查桩机钻杆垂直度
8	导管		m	160	水下灌注混凝土
9	泥浆比重计		个	1	测量护壁泥浆比重
10	混凝土坍落度筒		个	1	检测混凝土坍落度

7. 质 量 控 制

7.1 质量控制措施

7.1.1 施工前对各道工序进行技术交底。

7.1.2 导墙以旋流沉淀池中心进行准确定位，以免因定位偏差造成桩体移位影响下一步旋流沉淀池主体施工。

7.1.3 排桩导墙放样时外放 100mm，防止灌注桩钻孔时在外侧土压力作用下桩位内位移造成的基坑尺寸不足，致使沉淀池结构净空减小。

7.1.4 排桩打桩顺序需严格按跳打的原则进行，以免因塌孔影响桩体施工质量。

7.2 质量要求

7.2.1 钻孔垂直度控制：钻孔的垂直度控制在 3‰以内。

7.2.2 钻进参数控制：压力：20～40kN；转数：50～150r/min；泵量：≥150L/min。

7.2.3 混凝土浇筑导管控制：导管底端与孔底距离为 30～50cm，保证导管底端埋入混凝土 1.2m以上。

7.2.4 混凝土坍落度控制：宜为 18～20cm。

7.2.5 冠梁和第一段井壁混凝土浇筑完毕。强度达到 80％即可开挖下步基坑土方。

7.2.6 冠梁和第一段井壁混凝土浇筑采用一次浇筑完成，不留施工缝。要注意养护，防止收缩裂缝。

8. 安 全 措 施

8.1 电工、焊工、起重工、汽吊车司机特殊工种必须持证上岗，严格执行《建筑安装工人安全技术操作规程》。

8.2 钻机施工操作前，熟悉周围地下管线情况，防止机械沉陷，管线被打断等情况发生。

8.3 管理人员和操作人员要了解施工工艺、施工方法、工艺操作要求以及可能出现的事故和应采取的预防处理措施。

8.4 钻机所有钢丝绳要经常检查保养，发现严重断股情况应及时停机调换。

9. 环 保 措 施

泥浆循环利用，外排部分及时清理，保证施工现场整洁有序，实现文明施工的目标。

10. 效 益 分 析

10.1 对同样建设规模的基坑开挖支护方案进行对比，若采用混凝土灌注桩支护、外加混凝土搅拌桩作止水帷幕的施工方法，施工成本约为 650 万元；若采用地下连续墙的施工方案，施工成本约为 1000 万元；我们采用的"旋流井混凝土排桩支护及井壁逆作法"施工成本约为 300 万元，可见这种施工方法不但施工简便、进度快，还降低了施工成本。

10.2 "旋流井混凝土排桩支护及井壁逆作法"施工方法减少了挖方面积，保护周边已施工完成基础不受扰动，同时也减少了挖方量，加快了施工进度，在土方开挖上也节约了施工费用。

10.3 排桩方案能挡住基坑范围内的沙、砾石等散集料的坍塌，使沉淀池施工期间周围土体稳定，有效保证了施工区域的地质稳定安全。

10.4 在排桩外侧设计深井降水，减少基坑积水，保证施工的正常环境。

11. 工 程 实 例

我公司于 2007 年承建的通钢集团吉林钢铁公司 150 万 t/年炼钢工程，旋流井井壁厚度为 1200mm 以上的钢筋混凝土结构，其基坑开挖和井壁施工过程中均需要对基坑壁进行支护，经工程实践证明，对地质为黏土、尤其为砂砾和泥岩时，选用混凝土排桩支护，既安全可靠又经济合理。

我公司在吉钢项目旋流井施工过程中，本着降低建设成本、加快施工进度、使用常规设备、施工工艺简单、安全实用的原则，在同类工程施工实践的基础上继续创新，采用"混凝土排桩支护及井壁逆作法"自行设计完成施工。由于方案的经济合理性和安全可靠性受到了设计单位和建设单位的一致好评，为我公司赢得了良好的社会信誉。

通钢集团吉林钢铁公司 150 万 t/年炼钢工程旋流井排桩支护施工时间 2008 年 5 月 1 日~2007 年 6 月 5 日。

旋流井壁逆作施工时间（包括井内挖土）2008 年 6 月~2008 年 9 月初。

承德钢厂新兴钒钛炼钢工程施工时间：2007 年 6 月 15~2007 年 10 月 27 日。

太原钢铁公司 150 万 t/年不锈钢炼钢工程施工时间：2005 年 5 月 28 日~2005 年 9 月 7 日。

旋转挤压压灌混凝土桩施工工法

GJYJGF003—2008

黑龙江省第一建筑工程公司　黑龙江中古建筑节能科技股份有限公司

邱树军　崔海波　高喜山　王树仁　周和俭

1. 前　言

旋转挤压压灌混凝土桩是桩基工程中的一项新技术、新成果。该项技术由黑龙江省第一建筑工程公司和黑龙江中古建筑节能科技股份有限公司在常规混凝土灌注桩施工技术的基础上，对桩基施工工艺及成孔施工技术进行了深入的研究，经过了多个工程的实践应用。旋转挤压压灌混凝土桩是通过橄榄式钻具正反螺旋设计方法一次性完成了挤土成孔、钻杆中空泵注混凝土的施工工艺，申报了发明专利。在 2008 年 4 月通过了由黑龙江省建设厅科学技术委员会组织的技术成果鉴定，鉴定结论为：该技术在保证质量的同时，挤密土体，提高桩基单桩承载力，其技术水平达到了国内领先水平。

2. 工 法 特 点

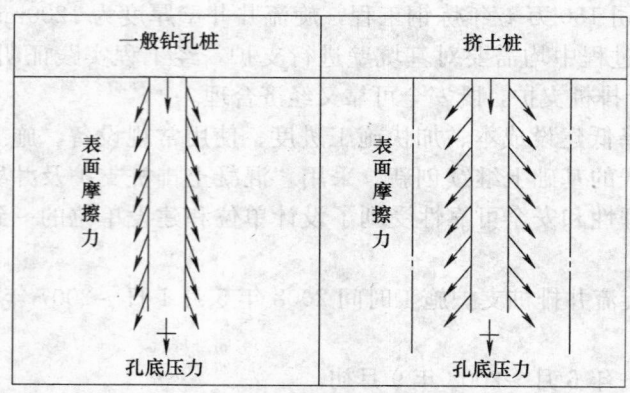

图 2.1　挤土桩承载力行为示意图

2.1　本工法挤密桩周桩端土体，提高承载力，见图 2.1 挤土桩承载力行为示意图。

2.2　施工速度快：大功率钻机成孔施工速度快，旋转挤压成孔不出土，减少施工工序。

2.3　施工质量高：橄榄式钻具正反螺旋设计方法一次性完成了挤土成孔、钻杆中空连续泵注混凝土，不易断桩，成桩质量高。

2.4　施工造价低：挤土成孔、不出土，工作期间无需进行排出物处理，混凝土充盈系数小，减少混凝土用量，降低成本。

2.5　施工时无振动，施工环保。

3. 适 用 范 围

3.1　该工法适用于工业与民用建筑、公路、铁路、水利、电力等工程的桩基础工程以及地基处理工程。

3.2　该工法适合于较复杂的地层情况，但不适用于较硬岩层等非挤密土层的施工。

3.3　桩径不大于 $D800mm$ 桩均可施工。

4. 工 艺 原 理

4.1　该工法是采用一种特制的挤压钻头，通过钻机的旋转及下压力将钻头旋转挤压入土中，从而挤密桩周土体以及桩端土体。由于桩周土及桩端土的挤密效应致使得桩周及桩端承载力提高。

4.2　挤压钻头前端设计的螺旋叶片有利于钻机钻掘钻进，钻掘出的土以及未钻掘的桩周土通过钻头的挤压部位将土体挤入桩周，挤压后的土体稳定成孔；上螺旋与钻掘部位螺旋相反，在提钻压灌的过程中对周围土体二次挤压，将向下钻进过程中上返的少量土体再次挤压至桩周，防止桩周土体回弹造成缩径，并保证桩周土的密实。

4.3 挤压钻头工作原理见图 4.3

挤压钻头

再挤压

稳定

挤压

钻掘

图 4.3 工作原理图

5. 施工工艺流程及操作要点

5.1 工艺流程

桩定位放线→钻机就位→旋转并下压钻头，钻孔内土被挤压在桩周侧壁→提钻杆的同时灌注混凝土，土体二次被挤压→安放钢筋笼→成桩。

5.1.1 工艺流程图（图 5.1.1）

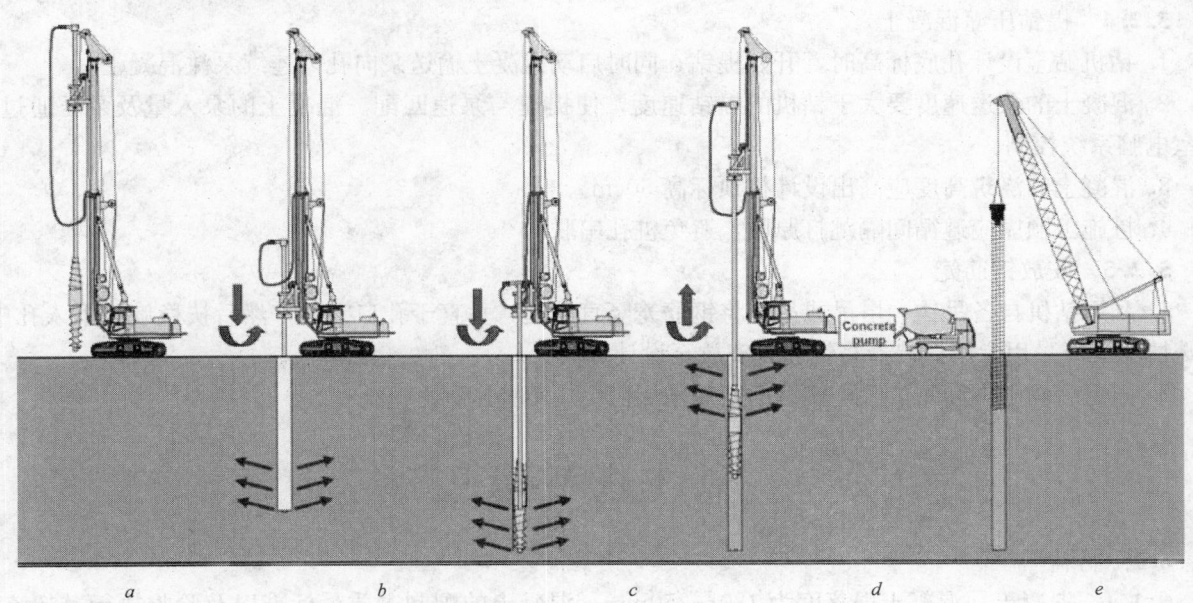

图 5.1.1 工艺流程图

a—桩基定位对点；b—旋转并下压钻头，孔内土被挤压至钻孔侧壁；c—可使用延长钻杆，使钻深达到设计深度；

d—提钻同时泵注混凝土；e—以下压或振动方式将钢筋笼置入混凝土桩内。

5.2 操作要点

5.2.1 施工准备

1. 技术准备

施工前做好工程地质勘测，结合基础工程施工图编制施工组织设计和施工方案，掌握施工范围内地下管线及障碍物的情况。做好各施工工序的技术交底及工序衔接工作。

2. 资源准备

开工前做好人、材、机准备。将拟投入工程施工的所有设备进行检修调试，达到施工状态；保证材料的采购、供应、试验化验齐全；落实好满足生产需要的各工种劳动力配置。

3. 场地准备

作好场地"三通一平"，满足施工需要，保证地上、地下障碍物已清除。

5.2.2 定位放线

根据施工图纸及建设或设计、规划单位给定的场地水准点和控制点或控制轴线，测放建筑物轴线；轴线经复核满足规范要求，即可施放桩位，桩位允许偏差满足规范要求。

5.2.3 钻机旋转钻进

1. 按照事先确定好的施工顺序将钻机就位，并调整好垂直度。

2. 钻机就位时，必须平整、稳固。钻机行走回转时，施工场地坡度不得大于 5°，确保钻机在施工中不发生倾斜。

3. 当施工场地比较软弱、钻机行进比较困难或施工时钻机不稳定，应施工前在作业区浇灌厚度不小于 200mm、强度等级不低于 C20 的混凝土垫层，以确保钻机的施工安全。

4. 钻头与桩位的偏差不得大于 20mm，钻机对准桩位点后必须调平，确保钻孔的垂直度。

5. 开钻时，钻头对准桩位点后，启动钻机下钻，下钻速度要平稳，严防钻进中钻机倾斜错位。

6. 根据不同的土层调整钻机的相关参数确保成孔质量。

7. 钻进中，当发现不良地质情况或地下障碍物时，应立即停钻，并通知建设单位与设计单位，确定处理方案，修改工艺参数、桩位、桩长等。

8. 应将桩孔口周围少量残土清理干净，避免泥土掉入桩孔混凝土中。

5.2.4 提钻压灌混凝土

1. 钻机钻至设计孔底标高时，开始提钻，同时启动混凝土输送泵向孔内连续泵注混凝土。

2. 混凝土的泵送速度要大于钻机的提钻速度，使提速与泵速匹配。混凝土的泵入量及泵压通过操作室电脑系统控制。

3. 混凝土的浇筑高度应高出设计桩顶标高 50cm。

4. 桩施工顺序应遵循间隔跳打原则，避免桩孔串联。

5.2.5 安放钢筋笼

1. 利用钻机自备吊钩、塔吊或吊车将钢筋笼竖直吊起，垂直于孔口上方，然后扶稳旋转下入孔中，特殊情况下可采用专用振捣器将钢筋笼安放至设计标高。

2. 固定后调整钢筋笼位置，使钢筋笼保护层满足规范要求。

6. 材料与设备

6.1 材料

6.1.1 混凝土：混凝土坍落度为 180～250mm；混凝土的配制、质量标准以及验收执行《超流态混凝土灌注桩基础技术规程》DB 23/T360—2007。

6.1.2 混凝土制备

1. 所有材料必须出厂合格且经复验合格后方可使用。

2. 应准确计量各种材料用量，严格执行大坍落度混凝土施工配合比，原材料称重误差应符合表
6.1.2 规定。

材料配比允许误差表　　　　　　　　　　　　　　　表 6.1.2

材 料 名 称	允 许 偏 差
水泥、掺合料	±2%
粗、细骨料（石、砂）	±3%
水、外加剂	±2%

3. 混凝土强度等级不小于 C20。

6.1.3 钢筋

钢筋原材料必须出厂合格且经复验合格后方可使用；钢筋笼的焊接、绑扎质量必须满足设计及规范的要求。

6.2 设备

6.2.1 旋转挤压压灌混凝土桩施工设备见表 6.2.1。

设备一览表　　　　　　　　　　　　　　　　　　表 6.2.1

序号	设备名称	单位	数量	备 注
1	钻机	台	1	挤压成孔
2	混凝土输送泵	台	1	混凝土泵送
3	吊车	台	1	吊放钢筋笼及吊装其他设备
4	混凝土搅拌机	台	2	用于混凝土搅拌
5	钢筋切断机	台	1	制作钢筋笼
6	钢筋弯曲机	台	1	制作钢筋笼
7	电焊机	台	2	制作钢筋笼

6.2.2 挤压钻直径为 $D500mm$、$D600mm$ 两种规格；钻杆直径为 $350mm$。

6.2.3 钻机驾驶室配置桩施工质量监测设备。

7. 质量控制

该工法执行国家及省部级标准规范，执行《建筑桩基技术规范》、《建筑桩基工程施工质量标准》。

7.1 旋转挤压压灌混凝土桩施工质量控制及检测标准见表 7.1。

桩质量检测标准表　　　　　　　　　　　　　　　　表 7.1

项	序	检查项目	允许偏差或允许值		检查方法
			单位	数值	
主控项目	1	桩位 1~3 根单排桩基垂直于中心线方向和群桩基础的边桩	mm	$d/6$ 且不大于 70	承台、梁开挖前量钻孔中心，开挖后量桩中心
		条形桩基沿中心线方向和群桩基础中心桩	mm	$d/4$ 且不大于 150	
	2	孔深（桩长）	mm	+300	按钻杆标志尺寸确定
	3	桩体质量（完整性）检验	按建筑基桩检测技术规范		按建筑基桩检测技术规范
	4	混凝土强度	设计要求		试件报告或钻芯取样送检
	5	承载力	设计要求		按建筑基桩检测技术规范

续表

项目	序	检查项目		允许偏差或允许值		检查方法
				单位	数值	
一般项目	1	桩位放线	群桩	mm	20	钢尺量
			单桩	mm	10	
	2	垂直度		<1%		钻机驾驶室电脑系统操作
	3	桩径		mm	－20	用钢尺量
	4	钢筋笼笼顶标高		mm	±100	水准仪
	5	钢筋笼保护层		mm	±20	用钢尺量
	6	桩顶标高		mm	＋30 －50	水准仪需扣除桩顶浮浆层及劣质桩体
	7	混凝土坍落度		mm	±20	用坍落度仪检查
	8	混凝土充盈系数		>1		检查每根桩的实际灌注量

7.2 旋转挤压压灌混凝土桩钢筋笼制作质量检验标准见表7.2。

钢筋笼制作质量检验标准表　　　　　　　　　　　　　　表7.2

项目	序号	检验项目	允许偏差或允许值	检验方法
主控项目	1	主筋间距	±10	用钢尺量
	2	钢筋笼长度	±50	用钢尺量
一般项目	1	钢筋材质检验	设计值	抽样送检
	2	箍筋间距	±20	用钢尺量
	3	钢筋笼直径	±10	用钢尺量
	4	主筋端部平整度	±5	用平板

8. 安全措施

加强安全管理及文明施工是保证工程质量和工期的关键环节，必须坚持"预防为主，安全第一"的原则，本工法采取如下安全措施：

8.1 成立安全领导小组，负责整个工程的安全管理工作，并接受有关部门的指导和监督，杜绝一切事故发生。

8.2 加强全体施工人员的安全意识，项目部设专职安全员，各作业班组设兼职安全员。

8.3 安全责任指标分解，层层有安全指标，真正做到人人想安全，人人管安全。

8.4 电器设备、电线架设按有关标准执行，电闸箱和电机有接地装置，有防护警示牌，漏电保护装置灵敏可靠。

8.5 各种机械建立安全技术操作规程，并对操作人员进行岗前培训，持证上岗。

8.6 进入施工现场人员必须戴安全帽，高空作业人员必须配戴安全带。

8.7 钻机行进时保证道路平整，基底坚实，作业时不倾斜，支撑牢固稳定。

8.8 如在基坑下作业，基坑周边要设置安全防护栏，危险源点设有警示标志。

8.9 钢筋笼起吊、安放，起吊点要焊接牢固，起吊位置要正确，设专人监护指挥操作。

8.10 影响钻机行走、钻进安全的重要部位、部件要每班次进行检查、维护，确保钻机安全状态下工作。

9. 环保措施

该工法施工符合 ISO 14000 环境管理系列规范、标准规定；并严格遵守《中华人民共和国环境保护法》及相关法规。

9.1 该工法采用旋转下压动力装置，施工过程无噪声，不扰民。

9.2 该工法挤压钻进不排土，降低因排土对施工周边环境的影响，尽量采用商品混凝土，合理布管，降低对周边施工环境的影响。

9.3 设备采用全液压系统，机动灵活，避免电缆托架，规范化施工，安全生产，环保。

10. 效益分析

10.1 经济效益

10.1.1 相同桩径同等桩长、相同地质条件下施工与长螺旋工法相比，因桩周土体被挤密，降低桩的充盈系数，减少了混凝土的过量使用。

10.1.2 根据土层的密度实测，相应的混凝土用量分析见表 10.1.2。

混凝土用量分析表　　　　　　　　　　　　　　表 10.1.2

桩径 充盈系数 土类别	400mm		500mm		600mm	
	旋转挤压桩	长螺旋成孔桩	旋转挤压桩	长螺旋成孔桩	旋转挤压桩	长螺旋成孔桩
软黏土	1.20	1.35	1.18	1.32	1.16	1.30
松颗粒土	1.15	1.3	1.13	1.28	1.12	1.25
硬颗粒土	1.1	1.21	1.09	1.20	1.08	1.20
硬黏土	1.0	1.15	1.0	1.13	1.0	1.12

可见，旋转挤压压灌混凝土桩比同桩径同桩长的长螺旋压灌混凝土桩减少混凝土用量 10%～15%，降低造价。

10.1.3 不出土，减少了桩土的装卸及运输费用。

10.1.4 经过多项工程应用，经测算节约综合造价 406.74 万元。

10.2 社会效益

10.2.1 相同桩径同等桩长、相同地质条件下施工，旋转挤压桩挤土使周围的土层形成一个高密度的土层。由于土体挤密使得桩侧摩阻力增加 30%，桩端阻力增加 50%～70%。

例：桩长 12m，直径 360mm，土层为中等密实砂层。

承载力比较：挤土桩 $1167kN/m^3$ 普通灌注桩：$861kN/m^3$

承载力提高 36%。

10.2.2 施工速度快

成桩的速度主要取决于钻孔速度及混凝土泵的工作能力，在相同桩径同等桩长、相同地质条件下施工，因钻具的扭矩及下压力大，成孔速率提高 30%。不排土节能增效。

11. 应用实例

11.1 实例 1：哈尔滨市索菲亚广场改造工程

11.1.1 工程概况

该工程位于哈尔滨市道里区兆麟街和石头道街交叉口，本工程建筑面积 24500m²，其基础工程桩为旋转挤压压灌注混凝土桩，桩径 D500mm，桩长 24m，单桩极限承载力值为 4200kN。桩根数为 720 根。

11.1.2　施工情况及完成的结果

按建设单位要求，于 2006 年 4 月 20 日开工。本工程采用旋转挤压压灌混凝土桩施工工法替代常规混凝土灌注桩施工方法，大大提高了施工效率，加快了施工速度，同时本工法为纯挤土桩，提高了单桩承载力，与常规混凝土灌注桩施工相比较增效 30％，于 2006 年 5 月 10 日完工。

11.2　实例 2：哈尔滨市大连大商麦凯乐购物休闲广场坡道工程

11.2.1　工程概况

该工程位于哈尔滨市道里区尚志大街与石头道街交叉口，本工程建筑面积 43000m²。分两期施工，一期桩基工程为 3450 根，桩长 26m，为常规混凝土灌注桩；二期桩基工程为坡道桩基工程，桩长 18m，为旋转挤压压灌混凝土桩，总桩数 168 根。

11.2.2　施工情况及完成的结果

按计划要求 2007 年 5 月 10 日进场施工，旋转挤压压灌混凝土桩因不出土，在场地狭小的情况下解决了常规混凝土灌注桩出土堆积难的问题，创造了有利的施工条件。于 2007 年 5 月 25 日施工完毕，工期短，效率高。经过桩基承载力检测，18m 长桩单桩承载力值超过常规混凝土灌注桩 26m 长单桩承载力值 4800kN。经与同桩径，同桩长混凝土灌注桩相比较提高承载力 30％；与同承载力桩比较可减短桩长或缩小桩径，降低造价 35％。

11.3　实例 3：哈大高速铁路双城段地基处理工程

11.3.1　工程概况

该工程位于黑龙江省哈尔滨市至大庆市高速铁路双城区段。该部分地段土层相对较软弱，利用桩基对铁路路基基础进行加固处理，加固段全长约 2.0km，桩长 25m，总桩数 1000 根。

11.3.2　施工情况及完成的结果

按建设单位要求，自 2007 年 10 月 10 日开始进场施工，在进入冬期前完成施工。本工程采用旋转挤压压灌混凝土桩施工技术替代常规混凝土灌注桩施工，大大提高了施工效率，加快了施工速度，同时本工法为纯挤土桩，对土体改良，挤密土体达到事半功倍的作用，按计划于 2007 年 10 月 20 日施工完毕，在冬期前保质保量地完成了工作。与其他施工段采用常规技术施工比较增效 30％。

后包钢管混凝土柱施工工法

GJYJGF004—2008

上海建工股份有限公司　浙江省二建建设集团有限公司

胡玉银　王美华　郁蕙　周军　龚斌

1. 前　　言

随着建筑行业的不断发展，近年来混凝土柱加固的施工工艺形式逐渐多样化并逐步走向成熟。加大截面法加固、置换混凝土加固、粘钢加固、碳纤维加固等已广泛应用到各类加固工程当中。然而随着理论研究的深入，新设计理念和加固要求的产生，一些常规加固形式的缺点也逐渐暴露出来。如加大截面法减少了建筑使用空间，置换混凝土加固构件的抗弯性能不足，碳纤维加固造价昂贵等。如何要求加固后的混凝土柱承载能力和抗震性能更强，而且满足尽可能小的占用建筑使用空间，更能符合设计、业主各方面的要求等，也成为科研工作者们积极关注和不断研究的一个课题。

中国民生银行大厦改扩建工程混凝土结构柱根据设计要求将原混凝土结构柱后包钢管形成钢管混凝土柱。在施工过程中上海建工股份有限公司技术人员联合设计单位，经过不断的试验摸索，以部分缩尺模型柱试件的轴压试验数据为依据，形成一种后包钢管混凝土柱施工工法。这种加固形式的混凝土柱各方面综合性能优异，能够广泛应用到施工当中，有一定的先进性和代表性，为今后此类工程提供了宝贵的经验，故有明显的社会效益和经济效益。该项目科研成果 2008 年获上海市科技进步二等奖。

2. 工法特点

2.1 与常规加大截面法相比，本工法通过后包钢管施工形成钢管混凝土柱，占用的建筑空间少，能够尽可能的满足业主建筑空间的使用要求，从而为业主创造效益。

2.2 通过后包钢管作为外围钢模板，相比外围搭设模板的其他混凝土柱加固工艺，避免了模板搭拆工序，节省了支模、拆模的材料和人工费用，便于施工和管理，同时大大地缩短了工期。

2.3 通过后包钢管施工并将混凝土柱芯与后包钢管之间的缝隙用灌浆料填实形成的钢管混凝土柱，通过后包钢管对其内部混凝土的约束作用，能够将钢材和混凝土二者的优点结合在一起，提高了整个钢管混凝土的综合性能。

3. 适用范围

本工法适用于工业、民用建筑结构柱和公路桥梁的桥墩、柱的后包钢管混凝土柱的加固施工。

4. 工艺原理

混凝土柱在后包钢管之前已经受力，属于存在应力条件下的混凝土柱的加固。后包钢管与混凝土芯柱与内灌浆形成共同受力体系，将钢材和混凝土二者的优点结合在一起，形成性能优异的钢管混凝土柱，大大增强了原混凝土芯柱的承载力及抗震性，从而能够满足加固设计要求。

5. 施工工艺流程及操作要点

5.1 施工工艺流程

混凝土柱保护层凿除→混凝土芯柱表面处理→混凝土芯柱测量→临时搁置牛腿施工（后包钢管工厂加工制作）→钢管安装→安装质量检验→混凝土芯柱与钢管间灌浆填实。

5.2 操作要点

5.2.1 混凝土芯柱的测量前先根据设计要求凿除原混凝土柱表面保护层。当设计对保护层的凿除厚度无要求时，应凿除至表面箍筋面为止。

5.2.2 混凝土芯柱表面处理时剔除柱表面松动的石子，刷除表面小颗粒。

5.2.3 根据每层纵横轴线基准控制线，定位每根柱每层的外包钢管完成后的外包边界尺寸。通过对每根柱每层外包边界与凿除完成后的芯柱表面距离进行测量并数据汇总，通过比较可得出每根柱每层的偏移情况及从上到下整根芯柱的垂直度偏差情况（混凝土芯柱垂直度测量示意见图5.2.3）。

5.2.4 将测量成果数据提交设计进行分析，当混凝土芯柱偏差导致外包钢管无法施工时，应按照设计要求进行调整。

5.2.5 每根柱应通过计算设置一定数量的临时搁置牛腿，通过后置式埋件的形式固定在原混凝土柱钢筋上，用于对后包的钢管吊装时进行临时的搁置（临时搁置牛腿见图5.2.5）。

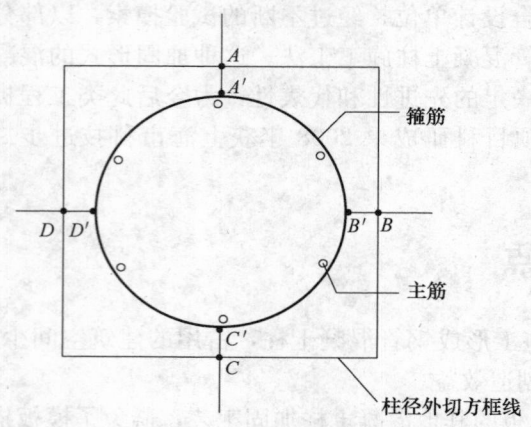

图5.2.3 混凝土芯柱垂直度测量示意图

图5.2.5 临时搁置牛腿

图5.2.7 钢管运输

5.2.6 严格按照设计图纸加工制作后包的钢管。钢管运至现场后，先将钢管通过气割一分为二，形成两个半片后分片进行运输就位及吊装。

5.2.7 钢管构件垂直水平运输过程分两步：第一步通过塔吊从地面垂直运输至楼层高处；第二步在施工楼层外围边缘设置钢平台，钢平台作为钢构件垂直运输转化为平面运输的中转站，在平台上用液压台车将构件运输至夹层内的吊装指定区域（钢管运输见图5.2.7）。

5.2.8 钢管吊装时根据现场实际情况，灵活选择起吊机械设备。条件允许的情况下可使用大型吊装机械，派专人指挥进行吊装控制，当吊装机械无法直接安装时，可采用卷扬机、神仙葫芦等机具进行吊装施工（钢管吊装见图5.2.8-1、图5.2.8-2）。

5.2.9 吊装就位后将两片钢管通过电弧焊焊接的方式进行整体拼接，焊前检查坡口、组装间隙是否符合要求，焊缝周围不得有油污、锈物。烘焙焊条应符合规定的温度与时间。

5.2.10 要求根据现场实际情况选择合适的焊接工艺，焊条直径，焊接电流，焊接电弧长度等，通过焊接工艺试验验证等，焊接过程要求等速焊接，保证焊缝厚度、宽度均匀一致，同时应满足钢结构焊接的相关规范要求。

5.2.11 焊接完毕根据设计要求和施工及验收规范的规定，进行焊缝探伤，并由相关部门出具探伤报告。同时要求Ⅰ、Ⅱ级焊缝不得有裂纹、焊瘤、烧穿、弧坑等缺陷。Ⅱ级焊缝不得有表面气孔、夹渣、弧坑、裂纹、电弧擦伤等缺陷，且Ⅰ级焊缝不得有咬边、未焊满等缺陷。

5.2.12 钢管吊装焊接完毕并验收通过后，正式灌浆前应提前24h对混凝土加固段进行充分的浇水预湿。灌浆过程应持续不间断，严格根据材料参数控制配比和搅拌时间，充分让灌浆材料自流，并控制灌浆的速度。下料时灌浆料抖按一定方向绕圈灌注，确保均匀（灌浆见图5.2.12）。

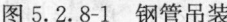
图 5.2.8-1 钢管吊装

图 5.2.8-2 钢管吊装

图 5.2.12 灌浆

5.2.13 灌浆期间应用榔头不间断轻触钢管外壁，促进管内浆体下落以及空气的排出，确保灌浆层的致密性。在灌浆作业时严禁在钢套筒上进行焊接作业，以免焊接时的高温影响钢套筒内灌浆料的性能。

5.3 劳动力组织

根据工作量合理安排劳动力。每根混凝土柱钢管内灌浆劳动力配备表见表5.3。

每根混凝土柱钢管内灌浆劳动力配备表　　　　　　　　　　　　　　　　　　表 5.3

工　种	人　数	职　责
石工	2人	负责混凝土柱的表面凿除处理
垃圾清理工	1人	负责混凝土柱表面处理后垃圾清理
安装工	6人	负责环形钢管的运输吊装
电焊工	2人	负责钢结构焊接
搅拌工	2人	负责灌浆料的运送、搅拌
架子工	3人	负责吊装及灌浆时外围操作脚手架的搭设
现场指挥	1人	全面负责现场协调
合计	17人	

6. 材料与设备

6.1 按设计要求的钢材、灌浆料、内壁钢筋，焊条。

6.2 灌浆料搅拌机，电焊机。

6.3 钢刷、卷扬机、神仙葫芦、钢丝绳。

7. 质量控制

7.1 工程质量控制标准

《混凝土结构工程施工质量验收规范》GB 50204

《建筑工程施工质量验收统一标准》GB 50300

《钢结构工程施工质量验收规范》GB 50205

《建筑钢结构焊接规程》JGJ 81

《高层民用建筑钢结构技术规程》JGJ 99

《混凝土结构加固技术规范》CECS 25：90

7.2 质量保证措施

7.2.1 施工前制订后包钢管混凝土柱施工方案，并严格按照方案要求进行技术交底。

7.2.2 混凝土柱表面凿毛时需确保表面松动的石子剔除完毕，表面粉尘清理干净。

7.2.3 焊接材料应符合设计要求和有关标准的规定，应检查质量证明书及烘焙记录。Ⅰ、Ⅱ级焊缝必须经探伤检验，检查焊缝探伤报告。

7.2.4 钢结构焊接时严禁随意在焊缝外母材上引弧。焊接完成后严禁撞砸接头，严禁往刚焊完的钢材上浇水。

7.2.5 严格控制灌浆材料的配比。

7.2.6 施工过程中应该做好过程控制。

7.2.7 材料进场应检查合格证、质保书、检测报告，隐蔽工程验收记录，钢结构施工检验批质量验收记录表，焊接质量检验报告、探伤报告。

8. 安全措施

8.1 所有参加施工的作业人员必须经安全技术操作培训合格后方可进入现场进行施工。特殊工种必须持有操作证上岗作业，严禁无证上岗作业。各工种、各工序施工前均应由施工人进行书面交底后方可进行施工作业。

8.2 施工现场的电气设备设施必须制定有效的安全管理制度，现场电线，电气设备设施必须应有专业电工经常检查整理。凡是触及或接近带电体的地方，均应采取绝缘保护以及保持安全距离等措施。

8.3 严格动用明火审批手续，动用明火必须同步做好防护监控措施，做到"两证一器一监护"。

8.4 电焊机必须一机一闸、一漏、一箱，并装有随机开关，一、二次线接头应有防护装置，二次线应用线鼻子连接，焊机外壳必须有良好的接地。现场电焊机设置空载保护器。

8.5 用电设备及线路绝缘良好，电气设备及装置的金属部位保护接地。电箱开关、插座按规定位置固定，不歪斜不松动，接线端子接头不松动，外壳作保护接零。

8.6 施工中操作工人必须配备必需劳防用品，操作工人穿戴工作服，佩带安全帽。

8.7 后包钢管混凝土柱施工全过程现场必须有专职人员全程监督。

9. 环 保 措 施

9.1 在后包钢管混凝土柱施工中,主要的环境污染包括噪声、废料、粉尘等,在不同的施工地段,环境保护的要求和措施不同,除符合本施工工法外,在特殊环境下,还应符合当地特别要求。

9.2 在后包钢管混凝土柱施工过程中,噪声的来源包括混凝土结构表面凿毛的噪声、材料搬运的噪声、钢管吊装施工时的噪声。在施工期间加强噪声控制,严格按环保要求的控制指标组织施工,安排合适的施工时间,并设置必要的噪声防护措施,减少对周边的噪声污染。

9.3 对于施工期间产生的废料及其他污染物,主要包括材料使用时产生的废料、包装材料、电焊残渣等,应在指定地点集中堆放,在夜间按环保要求运输至场外指定地点进行处理。

9.4 对进出场道路及车辆应做好保洁工作,降低粉尘等对周边环境污染。

9.5 对产生的废水需设置沉淀过滤装置,满足环保要求后方可排出。

10. 效 益 分 析

10.1 本工法施工方便,施工进度快,减免了模板搭拆、材料养护等环节,大大节约工期。

10.2 通过后包钢管混凝土柱的施工方法,能够将钢材和混凝土性能结合起来,发挥了各自的材料优势,同时避免加大截面法加固造成的建筑使用空间的减小,形成的后包钢管混凝土柱各方面综合性能优异,能够广泛的应用,取得了一定的经济效益和社会效益。

11. 应 用 实 例

中国民生银行大厦改扩建工程位于上海浦东新区陆家嘴金融贸易区内,浦东南路 100 号。工程由中国民生银行股份有限公司投资,华东建筑设计研究院设计,上海建科建设监理咨询有限公司监理,上海建工股份有限公司总承包,上海市第七建筑有限公司主建。

改建后结构框一筒形式不变,楼面体系采用钢梁和压型钢板楼面,主楼 24 根混凝土结构柱从下到上共 32 层全部加固成为后包钢管混凝土柱。根据设计要求,混凝土柱外包的钢管厚度 2cm,梁柱节点处厚度 3cm,钢管内壁焊接环向钢筋,钢筋直径为 18mm,环筋间距 300mm。钢管与混凝土材料之间采用 UGM 无收缩高强灌浆料填实。本工程采用的后包钢管混凝土柱施工工法,能够满足设计对混凝土结构柱的加固质量要求,并且通过钢管、内壁钢筋和灌浆料的共同作用,形成改建后的钢管混凝土柱,其承载力高、延性好,抗震性能优越,取得了成功。

外包钢管混凝土柱:外包钢管内壁焊环形钢筋示意图(图 11-1),现场外包钢管(图 11-2),钢管内壁焊环形钢筋(图 11-3),灌浆完成(图 11-4),外包钢管混凝土柱完成(图 11-5)。

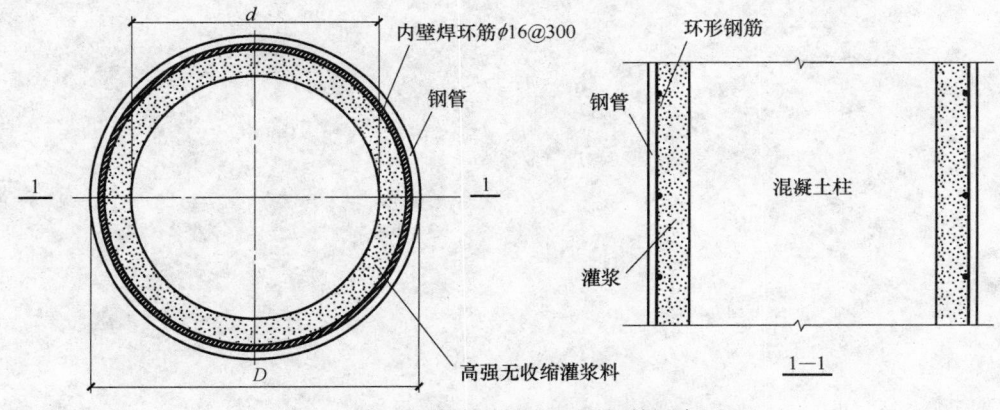

图 11-1　外包钢管内壁焊环形钢筋示意图

图 11-2　现场外包钢管

图 11-3　钢管内壁焊环形钢筋

图 11-4　灌浆完成

图 11-5　外包钢管混凝土柱完成

外低压内高压限定区域的压密注浆地基处理工法

GJYJGF005—2008

苏州二建建筑集团有限公司　江苏省金陵建工集团有限公司
程月红　牛洁雯　钱艺柏

1. 前　言

在对地基进行防渗、加固处理时，常常采用或者配合使用压密注浆的施工方法，但就其本身而言，也存在一些缺陷，比如对于砂土、粉土及人工填土地基，注浆过程中跑浆问题严重，大大影响了注浆效果，同时水泥浆的使用量浪费过大。为解决这类问题，并将注浆限定在一定范围内，我公司经过若干个工程施工实践，总结出外低压内高压限定区域压密注浆地基处理施工技术，取得了良好的经济效益和社会效益，也符合当今社会提倡节约环保的思路，经整理编制形成本工法。

本工法的关键技术"外低压内高压限定区域压密注浆地基处理施工技术"经教育部科技查新工作站科技查新（报告编号 2008-826），国内未见"外低压内高压限定区域压密注浆地基处理施工方法"的有关报道。2008 年 10 月 10 日，由江苏省建筑工程管理局组织鉴定，审定该工法关键技术的整体水平达到国内领先水平。

2. 工法特点

2.1　与传统压密注浆施工工艺相比，本工法施工时，外围注浆孔孔距较密集，采用低压注浆的方法，形成防渗帷幕，内部注浆孔间距相应调整，进行高压注浆，强化地基加固效果；利用外围的有效低压注浆处理，提高了整个区域的泥浆保有量和地基承载力及防渗效果。

2.2　为了更好地达到不跑浆即"限定区域"的目的，本工法对外围低压注浆时采用的注浆头进行改良，其中关键点是在注浆头上仅设置单侧注浆孔，有效控制了跑浆问题。

2.3　在注浆区域外围采用低压注浆代替常规压力注浆，尽量减少对地层结构的扰动，降低对周边环境的影响。

2.4　采用了优化的各种相关条件下浆体配比控制技术，在内部高压注浆区域将粉煤灰掺入到普通水泥中作为注浆材料使用，节约水泥、降低成本、消化三废，起到了节能环保的积极作用；在外围注浆区域，浆液中掺入适量的水玻璃，控制了浆液的凝结时间，克服了纯水泥浆凝结时间过长的缺点，缩短了工期。

3. 适用范围

3.1　适用于砂土（松散、稍密状态）、粉土（稍密状态）和人工填土等土层的地基加固。

3.2　适用于基坑支护工程中浅层土体的防渗堵漏。

4. 工艺原理

4.1　概述

注浆理论是借助于流体力学和固体力学的理论发展而来，对浆液的单一流动形式进行分析，建立

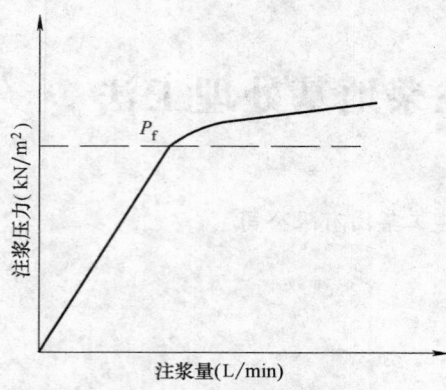

图 4.1 注浆压力与注浆量关系曲线图

压力、流量、扩散半径、注浆时间之间的关系。实际上，浆液在地层中往往以多种形式运动，而且这些运动形式随着地层的变化、浆液的性质和压力变化而相互转化或并存。本工法正是利用这一特点，根据不同的地质条件，改变注浆压力、注浆速率和钻孔间距，通过"外围防漏，内部加固"来达到"限定区域注浆"的目的。

如图 4.1 所示，当压力升至 P_f 点，注浆量突然增大，地层结构发生破坏或孔隙尺寸已被扩大，此时压力值 P_f 为确定容许注浆压力的依据。

4.2 外围低压注浆

4.2.1 根据 Maag 推导出的浆液在土层中的渗透公式，浆液扩散半径 r_1 表达式如下：

$$r_1 = (3kh_1r_0t/n\beta)^{1/3} \qquad (4.2.1)$$

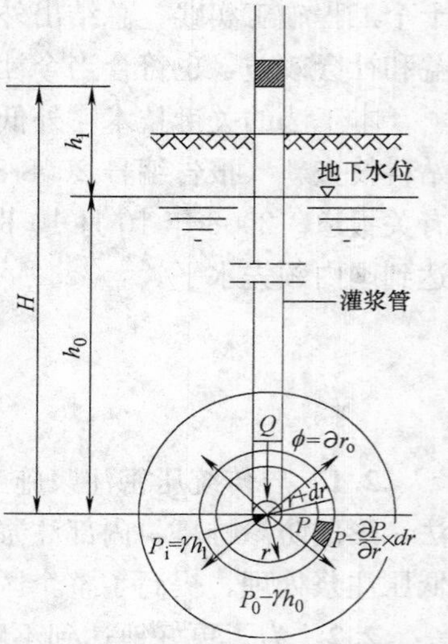

式中　k——土的渗透系数（cm/s）；

　　　β——浆液黏度对水的黏度比；

　　　h_1——注浆压力水头高度（cm）；

　　　r_0——注浆管半径（cm）；

　　　n——砂土的孔隙率；

　　　t——注浆时间（s）。

4.2.2 粒状材料的可灌性

$$N = D_{15}/D_{85} \geqslant 10 \sim 15 \qquad (4.2.2)$$

式中　D_{15}——砂砾土中含量为 15% 的颗粒尺寸；

　　　D_{85}——注浆材料中含量为 85% 的颗粒尺寸。

4.2.3 容许注浆压力的确定

$$[P_e] = c(0.75T + K\lambda h) \qquad (4.2.3)$$

式中　$[P_e]$——容许注浆压力，10^5 Pa；

　　　c——与注浆期次有关的系数。第一期孔 $c=1$，第二期孔 $c=1.25$，第三期孔 $c=1.5$；

　　　T——地基覆盖层厚度（m）；

　　　K——与注浆方式有关的系数，自上而下注浆时 $K=0.8$，自下而上则 $K=0.6$；

　　　λ——与地层性质有关的系数，可在 0.5～1.5 之间选择，结构疏松、渗透性强的地层取低值，结构紧密、渗透性弱的地层取高值；

　　　h——地面至注浆段的深度（m）。

图 4.2.1 底端注浆球形扩散图

4.3 内部高压注浆

4.3.1 浆液扩散半径的确定

$$R = 8.7P^{0.4749}K^{0.3647}\mu_0{-}0.4749t^{0.1509}T^{0.3240}h^{0.2706} \qquad (4.3.1)$$

式中　R——浆液的实际扩散半径；

　　　P——注浆压力（MPa）；

　　　K——被注介质的渗透系数（m/d）；

　　　μ_0——浆液的初始黏度（MPa·s）；

　　　t——注浆时间（s）；

　　　T——注浆胶凝时间（s）；

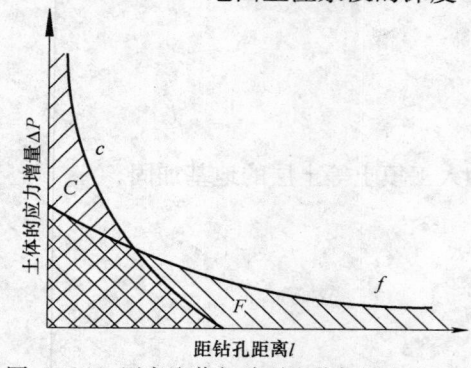

图 4.3.1 压密注浆与劈裂注浆加固力学比较

h——注浆段高（m）。

4.3.2 最大容许注浆压力的确定

$$P_{\max}=\gamma gh+\sigma_t \tag{4.3.2}$$

式中 γ——注浆地基的天然重度（kN/m³）；

h——注浆处以上土柱高度（m）；

σ_t——土的抗拉强度（kPa）。

5. 施工工艺流程及操作要点

5.1 施工工艺流程

5.1.1 限定区域外围和限定区域内的施工流程顺序

外围低压封闭注浆施工→内部高压注浆施工

5.1.2 每一注浆点施工工艺流程（图 5.1.2）

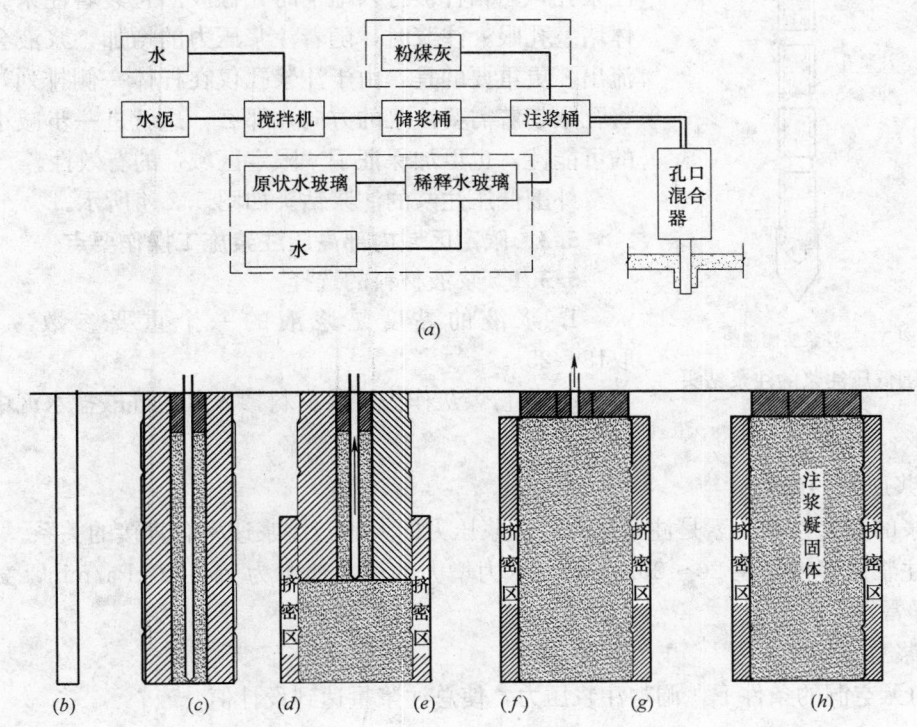

图 5.1.2 每一注浆点施工工艺流程

（a）制备浆液；（b）测放孔位；（c）振动插管；（d）压浆；（e）提管；（f）压浆；（g）提管结束；（h）封孔口

5.2 限定区域外围低压封闭注浆施工操作要点

5.2.1 浆液材料的选择

1. 选择浆液应考虑限定区域外围注浆的特点，要求浆液具有可灌性，即满足公式（4.2.2）。

2. 为了达到速凝的效果，水泥浆浆液中加入适量的水玻璃，掺量控制在水泥重量的 3%～5% 之间。

3. 水泥—水玻璃注浆体耐久性分析：

水玻璃分子式为 $Na_2O \cdot nSiO_2$，分为碱性水玻璃和非碱性水玻璃。碱性水玻璃即普通水玻璃，它本身呈强碱性，当与胶凝剂混合时，是在碱性条件下发生胶凝。由于碱性较强，在注浆处理的地层内会发生较强的碱性影响，使生成的二氧化硅胶体逐渐溶出，大大降低了处理体的耐久性；非碱性水玻璃一般呈酸性，它是在接近中性范围内胶凝的，避免了碱的溶出，因而不影响注浆体的耐久性。

因此，用于防渗等临时性工程时，外围低压注浆施工可按照设计图的防渗范围施工；用于地基加固等永久性工程时，若采用普通碱性水玻璃，则外围低压注浆施工须在设计地基承载力范围之外围。

5.2.2 注浆压力的确定

1. 所选压力视钻孔深度、岩土性质以及水泥浆浓度而定，一般为 0.2～0.4MPa。

2. 注浆压力不能太大，否则会产生跑浆现象，具体应满足公式（4.2.3）。

5.2.3 注浆速率控制

施工时注浆量不大于 0.4L/min，当压力达到设计值时，稳定 2～3min 后结束。

5.2.4 注浆钻头

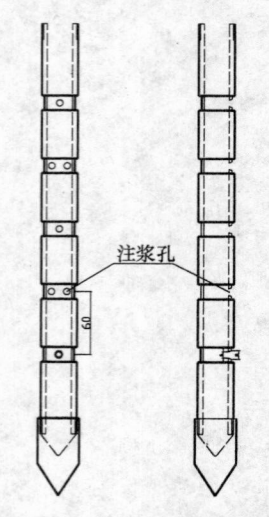

注浆头正视图　注浆头侧视图

图 5.2.4　外围低压注浆的注浆钻头

外围低压注浆的注浆钻头与传统形式有一定的区别，在钻头的上部端杆处设置有注浆孔，并且注浆孔仅在杆的一侧排列。注浆时，将一个正方形钢板套在钻杆上作为托板固定在地面上，其上有定位销固定钻杆的方向，使其无法自由转动。用橡胶圈套紧注浆孔，当钻杆被打入地下时，橡胶圈包裹着注浆孔，可防止土体堵塞孔眼；注浆时，随着注浆压力的增加，浆液会冲破橡胶圈流出。更重要的是，由于注浆孔仅在杆体一侧排列，只要注浆时将孔眼朝着需要注浆的方向，那么，这就进一步减小了浆液偏漏的可能性，也更加保证了"限定区域"的有效性。

外围低压注浆的注浆钻头如图 5.2.4 所示。

5.3 限定区域内部高压注浆施工操作要点

5.3.1 浆液材料的选择

1. 浆液的黏度是浆液的一个重要参数，一般工程中取18～25s。

2. 将粉煤灰作为注浆材料掺入普通硅酸盐水泥中，掺入量为水泥重量的 20%～50%。

5.3.2 注浆压力的确定

1. 压密注浆的主要控制因素是注浆压力，注浆压力的大小与注浆速率有直接的关系。

2. 将起始注浆速率控制在 20～30L/min，压力增大的最大速率为 20～40kPa/min，突然增大或减小都表示情况异常。

5.3.3 注浆总量控制

在地层均匀无空洞的条件下，调整注浆压力，使总注浆量达到设计值：

$$Q=Vn\alpha \tag{5.3.3}$$

式中　Q——水泥浆液的用量（m^3）；

V——拟加固土体的体积（m^3）；

n——地基加固前土的平均孔隙率；

α——溶液填充孔隙的系数，可取 0.60～0.80。

5.3.4 注浆钻头

钻杆的下端设置一个限位销，钻头上部的钢环挂在限位销上，当钻杆被打入土体时，钻头端部与杆体处于相互挤压状态，当注浆压力增加时，两者被浆液冲开，浆液从杆体流入需要加固或防渗的土体中。由于浆液可以从任何方向流出，因此在内部高压注浆时，可以起到将土体均匀加固或防渗的作用。内部高压注浆的注浆钻头如图 5.3.4 所示。

5.4 技术要求

5.4.1 注浆一般应比施工开挖提前进行，注浆前需充填土体孔隙和补充其他原因造成的空隙。

5.4.2 注浆过程中应尽可能控制流量和压力，防止浆液流失。

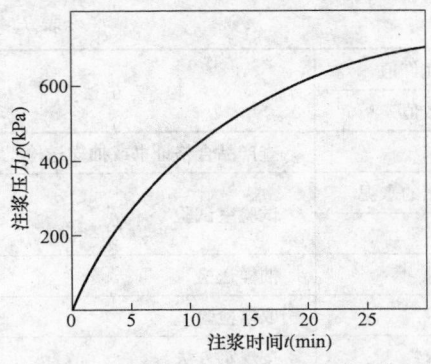

图 5.3.2 匀质基土注浆压力特性

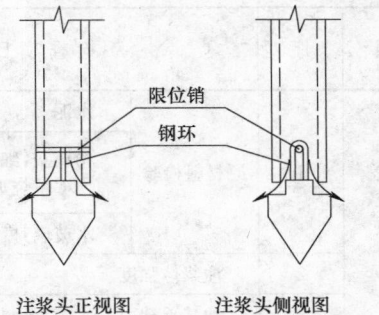

图 5.3.4 内部高压注浆的注浆钻头

5.4.3 注浆孔布设、成孔操作完毕后，开始制浆，制浆前先用清水注入，对所有管路进行试注，确保通畅后，开始制浆，制浆应按规定的水灰比投料，且搅拌 3～5min，方可开始注浆。

5.4.4 注浆应自下而上注浆，逐段提升，每次提升高度为 0.5～0.8m。且应等限定区域外围的注浆压力达 0.3～0.5MPa，限定区域内的注浆压力达 1～3MPa 时，稳定 2～3min 后方可提升。

5.5 成品保护

5.5.1 钻孔清孔完成后应进行孔口覆盖，防止孔内掉入杂物，堵塞钻孔而无法下管注浆。

5.5.2 已完成注浆的孔应进行标示。

5.5.3 注浆施工完毕后，不能随意堆放重物，防止地表沉降变形，影响注浆体的固结。

6. 材料与设备

6.1 材料的性能和质量要求

6.1.1 水：注浆用水应是可饮用的河水、井水及其他清洁水，含有油脂，糖类，酸性大的水、海水和工业生活废水不宜采用。

6.1.2 水泥：水泥强度等级不低于 32.5 级。

6.1.3 粉煤灰：粗粒含量不宜过多，对注浆不利，掺入量为水泥重量的 20%～50%。

6.1.4 水玻璃：掺量控制在水泥重量的 3%～5% 之间，水玻璃模数为 2.4～3.4，浓度为 22～40°Be'。

6.1.5 水灰比控制在 0.5～1.0 之间。

6.2 设备配置

6.2.1 专用成孔机具：SH-30 型工程钻机、平板振动机。

6.2.2 注浆机械：SM-200 外循环拌浆机、挤压式灰浆泵、液压注浆泵、储浆桶。

6.2.3 监测仪表：压力表 KBY-1A 型、LD 型电磁流量计等。

6.2.4 计量机具：泥浆密度秤、漏斗黏度计、秒表等。

7. 质量控制

7.1 施工前应检查有关技术文件（注浆点位置、浆液配比、注浆施工技术参数，检测要求等），对有关浆液组成材料的性能及注浆设备也应进行检查。

7.2 施工中应经常抽查浆液的配比及主要性能指标、注浆的顺序、注浆过程中的压力控制等。

7.3 施工结束后应检查注浆体强度、承载力等。检查孔数为总量的 2%～5%，不合格率大于或等于 20% 时应进行二次注浆，检验应在注浆后 15d（对填土、粉土、砂土）进行。

7.4 水泥注浆地基的质量检验标准如表7.4。

水泥注浆地基质量检验标准 表7.4

项	序	检查项目		允许偏差或允许值		检查方法
				单位	数值	
主控项目	1	原材料检验	水泥	设计要求		查产品合格证书或抽样送检
			粉煤灰：细度 烧失量	不粗于同时使用的水泥		试验室试验
				%	<3	
			水玻璃：模数	2.4～3.4		抽样送检
	2	注浆体强度		设计要求		取样检验
	3	地基承载力		设计要求		按规定方法
一般项目	1	各种注浆材料称量误差		%	<3	抽查
	2	注浆孔位		mm	±20	用钢尺量
	3	注浆孔深		mm	±100	量测注浆管长度
	4	注浆压力（与设计参数比）		%	±10	检查压力表读数

7.5 注浆后地基承载力达不到设计要求时，应分析原因，进行地基土质变异分析，针对不同土质及土的性状改变，进行二次浆液配比和注浆参数设计，重新进行成孔注浆，以满足设计要求。

8. 安 全 措 施

8.1 操纵钻机人员要有熟练的操作技能，了解注浆全过程及钻机振动注浆性能，严禁违章操作。

8.2 班前进行安全教育，建立安全台账，进行员工安全培训，制定专项安全施工方案，必须进行安全技术交底，安全技术交底的内容包括：

施工时，对高压泥浆泵要全面检查和清洗干净，防止泵体的残渣和铁屑存在；各密封圈应完好无泄漏，安全阀中的安全销要进行试压检验，确保能在额定最高压力时断销卸压；压力表应定期检查，保证正常使用，一旦发生事故，必须停泵停机排除故障。

8.3 特殊工种上岗时必须持有特殊工种操作证，随时接受有关部门的检查，非机械人员和非电工，不得动用机械设备和电器设备。

8.4 加强现场施工用电管理，安全用电。

8.5 钻孔时，如遇卡钻，应立即切断电源，在没查清原因之前，不得强行启动，严禁用手清除螺旋叶片上的泥土，发现紧固螺栓松动时，应停机及时处理。

8.6 作业中，设专人负责监护电缆，如遇停电，应将各控制器归于零位，先切断电源，将钻头接触地面，作业时，发生机架摇晃、移动、偏斜等，应立即停钻，查明原因，处理后再行作业。

9. 环 保 措 施

施工前应编制专项环境管理方案，内容包括：

9.1 注浆施工时应制备好浆液，将浆液控制在浆桶中，防止浆液外流。并做好各项准备，万一发生浆液外流，立即派人清扫、补救。

9.2 出入车辆应清洗车轮及挡泥板，不允许带泥上路，特别是在雨期，应在出场路口铺设清洗设施，派专人负责清扫干净后方可出场。

9.3 做好施工道路的规划和设置，临时施工道路基层要夯实，路面硬化，并随时清扫洒水，减少道路扬尘。

9.4 水泥和其他易飞扬的细颗粒散装材料尽量安排库内存放，如露天存放应严密遮盖，运输和装卸时应防止遗撒和飞扬。

9.5 现场施工产生的污水,禁止随意排放,作业时严格控制污水流向,在合理位置设置沉淀池,经沉淀处理后方可排入市政污水管网。

9.6 提倡文明施工,尽量减少人为的大声喧哗,增强全体施工人员的防噪声扰民的意识,根据现场实际情况优先选用低噪声的成孔方法和机械设备。对噪声机械的使用应采用有效的隔声措施,以减少强噪声的扩散。

10. 效 益 分 析

10.1 外低压内高压分区域压密注浆地基处理方法在我公司施工的南亚大厦亲水驳岸、春申湖大酒店门楼、苏州市广播电视总台广播中心等项目中的成功应用,提高了我公司技术水平,进一步增强了市场竞争力,工程的整体施工进度、质量和造价控制得到了业主、监理、设计、质监等单位的一致好评,为企业赢得了良好的社会信誉。

10.2 针对砂土、粉土和人工填土等孔隙率较大的土质,压密注浆的地基处理方式最大的问题就是容易跑浆,采用限定区域的压密注浆地基处理工法有效地解决了此类问题,大大节约了水泥用量,同时粉煤灰的掺入不仅节约水泥、降低成本,更重要的是起到了消化三废的作用,对于节能环保有积极影响。

11. 应 用 实 例

11.1 实例一

苏州市广播电视总台广播中心基坑工程位于天薇路东侧,市同源艺术幼儿园北侧,地下一层,地上4层(局部5层),框架结构,筏板基础。地下室底板东西向总长 67.30m,南北向总宽 49.55m,地下室总面积 3330m²。现场地面平均高程约为 2.30m,相对建筑标高为 -0.90m,基坑实际挖深 4.90~6.05m。采用钻孔灌注桩+混凝土内角支撑,场地北侧有条东西向河道,为防止河水通过上部填土层渗入基坑,在坑外采用压密注浆止水(如支护剖面示意图 11.1 所示)。地下土层分别为 0.6~2.2m 厚杂填土层、0.8~2.6m 厚素填土层和 1.4~2.2m 厚淤泥质填土层,符外低压内高压分区域压密注浆的施工条件。

首先在基坑外侧进行单排低压密集注浆,采用钻杆注浆的方法,将浆液从钻杆底端向地层注入,自下而上分段注浆,分段长度确定为每次 0.3~0.5m 左右。注浆孔距为 0.8m,注浆压力控制在 0.3~0.5MPa 之间,加固深度为 5m,采用 32.5 级水泥,水玻璃掺量为水泥重量的 3%,水玻璃选择 40°Be′,模数为 2.8~3.2,水灰比为 0.8:1。靠近基坑内测采用单排高压注浆,方法同上,注浆孔距为 1.5m,注浆压力控制在 1~3MPa 之间,加固深度为 5m,水泥浆型号同上,掺入 30% 的粉煤灰。经过本工程的实践检验,同传统工艺的最大扩散直径相比较,这种施工方法能大大提高注浆效果,同时节约材料成本,节省工期,综合节省了施工费 4 万多元。

11.2 实例二

春申湖大酒店位于苏州市相城区潘阳大道西侧,场地填平前曾为春申湖的一部分,地面标高一般为 1.96~3.25m,场地表层为厚度 1.3~10.3m 的素填土,其下为 0~5.5m 的黏土,层面标高为 -5.67~-0.09m。本酒店门楼处四个柱下基础为独立基础,地基处理方式为压密注浆。施工方法应用了外低压内高压限定区域的压密注浆地基处理方法,采用钻杆注浆,分段长度 0.5m 左右,外围注浆孔距 0.7m,注浆压力 0.3~0.5MPa,加固深度 6m,水泥采用 32.5 级水泥,水玻璃掺量为水泥重量的 5%,水玻璃选择 40°Be′,模数为 3.0,水灰比为 0.6:1。内侧采用单排高压注浆,方法同上,注浆孔距为 1.5m,注浆压力控制在 1~3MPa 之间,加固深度 6m,水泥浆型号同上,掺入 40% 的粉煤灰。同桩基工程比较,不仅能更好的满足地基处理的要求,同时节约成本,节省工期,综合节省了施工费 1 万多元。

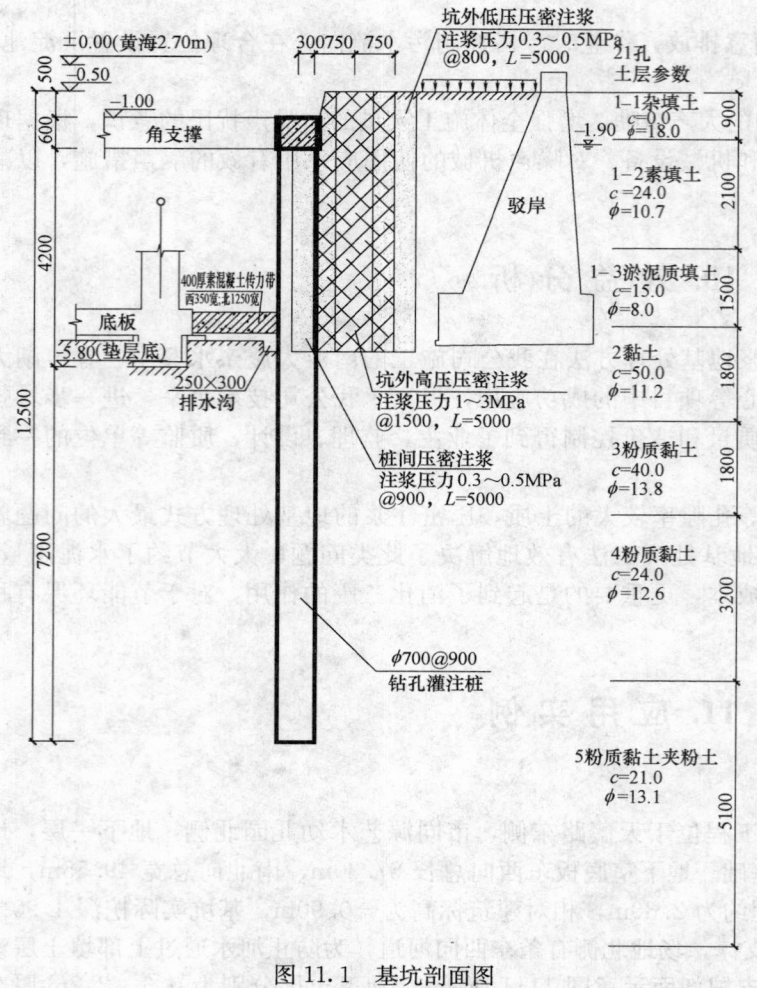

图 11.1 基坑剖面图

11.3 实例三

南亚小区驳岸工程位于澄阳路以西，南亚小区内，场区表层分布有 0.8～5.8m 厚的填土，其下为 0～2.6m 厚的黏土层和 2.3～3.4m 厚的粉质黏土层，驳岸部位大部分为前期取土形成的取土坑，局部深度达 5.8m，且缺失 2 号黏土层，现已土方回填。小区内驳岸设计基底埋深为 4.0m，基底下 4.0～7.0m，全长约 530m，采用压密注浆进行地基加固（图 11.3）。

施工时沿驳岸两侧单排低压分块压密注浆，钻杆注浆，分段长度 0.5m 左右，外围注浆孔距 0.6m，注浆压力 0.3～0.5MPa，加固深度 0～7m，采用 32.5 级水泥，水玻璃掺量为水泥重量的 3％，水玻璃选择 40° Be'，模数为 3.0，水灰比为 1：1。内侧采用四排高压注浆，方法同上，注浆孔距为 1.5m，排距 1.0m，注浆压力控制在 1～3MPa 之间，加固深度为 4.0～7.0m，水泥浆型号同上，掺入 30％的粉煤灰。经过本工程的实践检验，同搅拌桩相比较，这种施工方法既能满足地基处理要求，同时还能节约材料成本，节省工期，综合节

省了施工费 3 万多元。

11.4 实例四

扬州富川瑞园小区位于扬州扬子江南路东侧，二河桥北侧。工程由扬州富川置业有限公司投资开发，江苏时代建筑设计有限公司设计，江苏省金陵建工集团承建。其中 10 号楼人防地下室底板底标高－5.1m，局部－6.5m，其西侧的 9 号楼、11 号楼距离 10 号楼较近，11 号楼基础距 10 号楼基础仅 1.5m，其基础埋深－3.1m，且于 10 号楼基坑开挖前已施工完毕；该工程场地地质情况：上层为耕植土，厚 2.5～3.0m，第二层为杂填土厚 1.5～2.5m，第三层为粉砂，厚 3.0～3.6m，第四层为粉土。场地地下水位在自然地面下 0.50m 左右。10 号楼地下室基坑开挖、降水将对 9 号、11 号楼产生一定的影响，须对 10 号楼基坑进行支护、止水。施工中采用 $\phi600@900$ 钻孔灌注桩支护，坑外围采用压密注浆止水，外低压内高压限定区域压密注浆施工，该工艺同传统工艺最大扩散直径相比，提高了灌浆止水效果，节省了工期 5d，降低工程成本 17 万元。

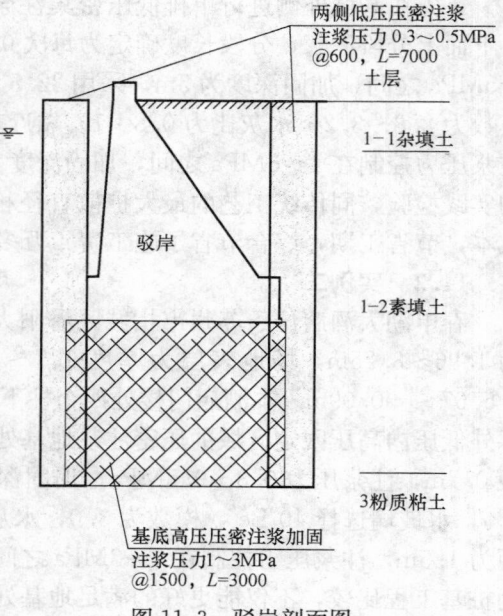

图 11.3 驳岸剖面图

超大直径圆形深基坑无支撑施工工法

GJYJGF006—2008

龙元建设集团股份有限公司 中厦建设集团有限公司

向海静 王德华 罗玲丽 辛宇 慕翔

1. 前 言

1.1 正圆形地下连续墙筑成的围护结构，具有整体刚度强、受力性能大、径向变形小的特点，在地质条件差、周边环境复杂的超大、超深基坑的开挖工程中，是一种理想的地下空间结构型式。小直径（30m以下）的围护结构，在隧道工作井、大型钢厂的设备基础等深基础开挖中已得到广泛应用，但是，在101层主塔楼18～25m开挖深度的基坑，采用100m超大直径正圆形围护结构、运用无支撑开挖的施工工艺，在国内尚属首次。

1.2 上海环球金融中心塔楼深基坑施工中，由于塔楼的核心筒结构呈正方形布置，边长74.5m，常规的深基坑围护结构设计方案——围护墙加多道内支撑体系无法满足主体结构核心筒剪力墙整体建造要求，该塔楼创新（国内第一次）采用100m超大直径正圆形地下连续墙围护、无支撑深基坑开挖的施工工艺，在国内最大最深的深基坑工程中获得了成功。

1.3 上海环球金融中心地上101层、地下3层，主楼基坑开挖深度约18.4～25.9m，采用直径100m正圆形薄壁地下连续墙自立式围护结构，竖向设置四道钢筋混凝土环形围檩。正圆形地墙墙厚1m，深34～36m，平均分为156幅槽段，混凝土强度设计等级为水下C30。采用100m超大直径的正圆形地下连续墙自立式围护结构技术，国内首次，世界第二（东京50万地下变电所直径144m）。地墙厚度1m，与基坑直径之比1：100，技术指标创国际领先（国际指标1：80）。

1.4 本工法采用"超深正圆形地下连续墙围护，分层、对称、限时、岛式开挖，科学降水技术以及信息化管理"等综合施工技术，于2005年3月成功完成了上海环球金融中心塔楼深基坑的开挖。自本工程以后，又有一大批超大、超深的基础工程，采用本施工工法，不仅保证了深基础开挖的安全、高效，又由于采用圆形环箍，节省常规围护的对撑，大大节约了成本，经济和社会效益十分显著。

2005年12月，上海市科技委组织了"超大直径薄壁地下连续墙自立式围护结构在深基坑工程中的设计与施工技术研究"科技成果鉴定，鉴定结论"达到国际先进水平"，荣获"2006年度上海市科技进步二等奖"。

本工法已有三项技术申请国家专利。发明专利：特殊地下连续墙施工方法，申请号2009100568517，该专利初步审查已通过；实用新型专利：工具式钢筋支架，申请号200920073656.0；用于地下连续墙施工的钢筋笼，申请号200920073627.4。

2. 工 法 特 点

2.1 圆形围护体系对基坑变形的控制十分有效，正圆形地下连续墙的圆拱效应，能充分发挥混凝土材料的抗压性能，围护结构刚度大、变形小。

2.2 与常规围护结构设有内支撑（一般为双向对撑）相比，由于本工法不设支撑，根据18m挖深仅设置4道混凝土环梁，工程造价大大降低。

2.3 圆形无支撑深基坑开挖施工采用岛式开挖方式，在坑周边对称位置布置4个垂直出土工作平台（钢栈桥），土方开挖遵循"时空效应的原理"，分层、对称、限时的挖土方式，实现了正圆形围护结构的受力平衡、结构稳定，为超深超大基坑的开挖创造了良好的施工条件，大大缩短了施工周期。

2.4 电梯井深坑开挖深度达到 25.8m，采用新增大直径灌注桩和工程桩共同组成局部的围护结构，并加设一道钢支撑，结合有效的承压水的降水减压措施，代替常规的坑底封底加固措施，减小了施工难度，又大大降低了工程造价，缩短了施工周期。

2.5 本工法采用坑外承压水降水和坑内疏干井降水，根据严格的监测和信息化数据，控制井群的有效运行，随时调整降水水量，不仅提供了土方开挖的土体干爽、有效控制了地下承压水对承压水电梯井深坑开挖的影响，特别是，本工程的基坑降水实践，提供了完整的深基坑开挖中的复杂的降水技术和措施，有效地控制了超深基坑施工对周围环境的影响。

3. 适 用 范 围

3.1 本工法适用于超大、超深、采用地下连续墙围护或由钻孔灌注桩排桩和桩后阻水帷幕的组成围护的基坑开挖，以及适用于超大直径圆形无支撑深基坑的开挖。

3.2 本工法对城市繁华地区周边建筑、道路、管线环境条件复杂、地质条件差、地下水位高的超深基础的施工，有直接的指导意义。

3.3 本工法在上海浦东超高层密集、地基软弱的环境下，成功应用于环球金融大厦 101 层主塔楼超深基坑的开挖，获得业内极高的评价，近年来，本工法已经在一大批深基础工程中得到了广泛的应用。

4. 工 艺 原 理

4.1 超大直径正圆形深基坑无支撑开挖施工工艺的原理是：

1. 采用严格的测量定位技术，测定圆形地墙的成槽位置，以导墙的精确来保证圆形地下连续墙径向 50m 误差小于 1cm。

2. 严格施工工序，控制和保证地墙成槽和施工质量，形成正圆形的地下连续墙围护体，并进行坑底加固（软弱地基必须采取）。

3. 进行抽水试验、承压井降水流量计算和基坑底板稳定性分析，进行充分的坑内降水和有控制的承压水降水，保证土体干爽，提高土体的稳定性。

4. 实施"时空效应原理"：土体开挖采用，平面分段、对称、限时开挖，立面分层、岛式开挖，圆形环梁对称浇捣、及时、对称浇筑环梁，成圈后，待环梁成圈且养护达到设计强度 80％后，再分层对称开挖下层土体，以此程序，开挖至设计标高。

5. 实行全过程信息化管理，进行全方位的沉降、位移和水位监测，指导降水井群的运行和土方开挖的速度和方法。

5. 施工工艺流程及操作要点

5.1 工艺流程

5.2 施工工艺

5.2.1 地下墙施工要点

由于是正圆形地下墙围护结构，在地下墙施工与常规地下墙施工基本相同的原则下，以下关键工序需采取更精细更严格的施工技术保证措施，才能确保地下墙质量，才能保证超大直径薄壁地下连续墙圆拱效应的正常发挥。

1. 导墙

1）由于基坑是由正多边形构成的圆形围护结构，要充分表现出其圆形结构的空间受力特点，地下墙的同心圆精度控制要求较高。导墙是地下墙施工质量控制的基准，因此，只有控制好导墙施工精度，才能保证地下墙的施工精度。

2）在导墙施工放样中，建立以基坑圆心为极坐标测量系统，使用红外线全站仪，每隔 1.0m 设置圆弧控制点，导墙的内圆半径实际偏差控制在±0.5cm 以内，以此确保地下墙同心圆精度控制。

3）导墙深度 2.3m，施工时采用 30cm 钢模拼装，导墙垂直度控制比常规要求高，垂直度控制 1/400，以此确保 34m 地下墙施工的垂直度和同心圆精度。

2. 泥浆控制与管理

1）泥浆配比及新浆指标

为满足地下墙成槽穿过"铁板沙"时的槽壁稳定，泥浆材料选用优质膨润土，各造浆材料所占比例为：膨润土为 9％～10％，

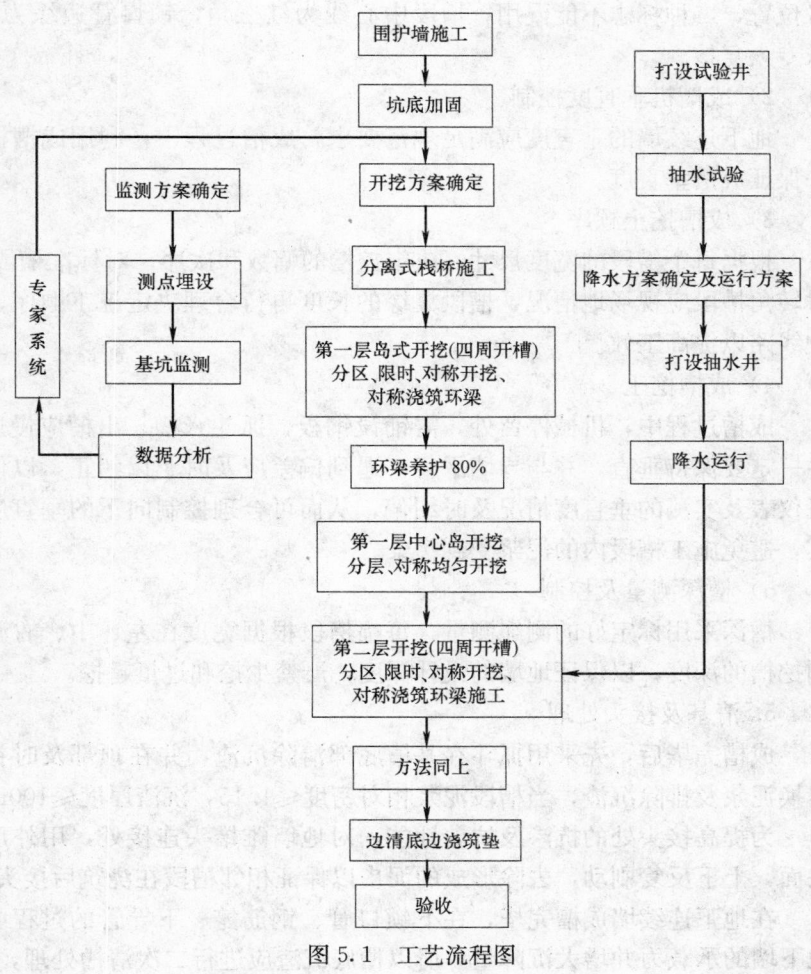

图 5.1 工艺流程图

纯碱为 0.3％～0.35％，新浆的主要性能要求为：相对密度 1.05～1.15kg/cm³，黏度 25～30s，泥皮厚度 1～2mm，失水量 30mL/30min，pH 值 7～9。

2）泥浆循环管理

循环泥浆的质量控制是地下连续墙施工质量的关键一环，施工前储备不低于单元槽段体积的 1.5～2 倍的泥浆量，施工过程中跟踪检查泥浆的各项指标，保证泥浆各项指标处于最佳状态。

在成槽过程中测试送浆口、中部、底部泥浆指标三次，严防指标不合格泥浆进入槽段，确保泥浆液面不低于导墙 300mm，成槽结束后，对槽底往上 200mm 的泥浆进行取样检测，对超出指标的泥浆立即置换，并及时调整处理。对不合格泥浆采取回收或现场调配等措施进行处理；

适当增大泥浆的循环率，对回收泥浆超过废浆指标不能再生的泥浆，即当泥浆相对密度＞1.3kg/cm³，黏度＞30s，泥皮厚度＞3mm，失水量＞30mL/30min，pH 值＞10 的泥浆废弃。

3. 成槽设备和精度控制

上海地区 25m 以下为粉细砂，针对硬土层成槽时先采用全导杆式成槽机挖至 25m，有利于垂直度的控制，再采用利勃海尔成槽机开挖至设计标高。利勃海尔的成槽机可以在标准贯入度达 100 击的弱风化岩中成槽，在±4°范围内有强力纠偏功能，而且由于强力纠偏装置的作用，地下连续墙的垂直度控制良好。该成槽机也适合各种超深地下墙成槽施工。

4. 成槽施工

1）槽段划分

导墙制作完毕后，通过坐标点来控制槽段尺寸，由专人用油漆涂于导墙顶面，并标明锁口管的边

缘位置，二种标志不能混用，槽段中心线为红三角，锁口管边缘为直线，并在墙顶面注明槽段编号，派专人复核。

2）成槽机垂直度控制

地下连续墙的垂直度应满足规范要求，成槽过程中，利用成槽机上的垂直度仪表及自动纠偏装置来保证成槽垂直度。

3）成槽挖土顺序

根据每个槽段的宽度尺寸，决定挖槽的幅数和次序，对标准槽段，采用先两边后中间的顺序成槽。对转角槽段应视场地情况，槽段翼缘的长度再行合理决定施工顺序，同时需要合理安排出土车辆的行驶线路以提高工效。

4）成槽挖土

成槽过程中，机械停留处，需铺设钢板，抓斗入槽、出槽应慢速稳当，特别是刚开始成槽时，抓斗一定要保持垂直，并与导墙平行，遇到偏差应及时予以纠正，以使槽壁的轨迹达到最佳。根据成槽机仪表及实测的垂直度情况及时纠偏，从而可合理控制向下的垂直度，在抓土时在附近将导墙内侧填实，避免施工槽段内的泥浆受到污染。

5）槽深测量及控制

槽深采用标定好的测绳测量，每幅槽段根据宽度在左、中、右测 3 点，同时根据导墙实际标高控制挖槽的深度，以保证地墙的设计深度，严禁少挖和过量超挖。

5. 清基及接头处理

成槽完毕后，先采用抓斗在基槽底部清除沉渣，并在顶部及时补浆的方法。经反复抓结合循环法置换泥浆及排除沉渣，当槽段泥浆相对密度≤1.15，沉渣厚度≤100mm 即可结束清基。

为提高接头处的抗渗及抗剪性能，对地墙雌雄头连接处，用外形与雌槽相吻合的接头刷，紧贴接头面，上下反复刷动，去除形成的泥皮以保证相邻槽段在浇筑后接头混凝土密实、不渗漏。

在地下连续墙成槽完毕，在下锁口管、钢筋笼、下导管的过程中，会产生一些沉渣，将影响以后地下墙的承载力并增大沉降量，所以槽底沉渣应进行二次清槽处理，是十分重要的。

6. 锁口管的吊放及提拔

1）槽段清基合格后，立刻吊放锁口管，采用履带吊分节吊放和拼装，并垂直插入槽内，锁口管的中心应与设计中心线相吻合。安装时，锁口管底部与槽底相密贴，以防止混凝土倒灌，上端口与导墙面用木块卡牢，防止倾斜。吊放时，应在其外侧涂刷润滑剂，以便于提拔锁口管。为防止成槽时超挖而引起的锁口管的侧向位移（浇混凝土时），锁口管就位正确后还需检查与土壁侧面接触处的空隙，如发现后立即予以填实，从而确保相邻槽段的顺利施工。

2）锁口管提拔与混凝土浇筑相结合，混凝土浇筑记录作为提拔锁口管时间的控制依据，根据水下混凝土凝固速度的规律及施工实践，拆第一节导管后 4h 左右开始用顶升架拔动。以后每隔 15min 提升一次，其幅度不宜大于 100mm，待混凝土浇筑结束后 6～8h，即混凝土完全达到初凝后，将锁口管依次逐节全部拔出并及时清洁和疏通工作。

5.2.2 基坑降水

对基坑工程产生影响的承压含水层有微承压水层和第Ⅰ、第Ⅱ承压水层。微承压水层主要第⑤砂质粉土层；承压水层主要是第⑦粉细砂层和第⑨中粗砂层，层厚一般在 10～22m，水头达 3～10m，承压水埋较深水力补给丰富，速度快，本工程基坑的开挖涉及承压水的影响，必须进行承压水降水。承压水降水过程对环境安全的影响非常大，要防止由于抽取承压水造成不良的影响。因此降水成功与否将成为整个基坑开挖能否成功的关键。

1. 抽水试验

基坑降水前，事先必须进行抽水试验，具体抽水试验的目的：

1）为了更准确掌握地下水水力参数、渗透速度以及降水运行计算的水文数据。

2）确定承压含水层的水位和水力参数，单井出水量及水层水位下降的规律。

3）确定降水方案；确定降水井的数量和布置位置。

4）预先计算深井降水对周边建筑物、地面沉降可能引起的影响。

5）为降水井的施工提供必要的控制参数。

2. 基坑底板稳定性分析

由于基坑开挖较深，场区承压含水层顶板与基坑底板之间土层厚度较小，故应对基坑底板进行稳定性分析，以防止承压水突涌的危险现象。计算公式如下：

$$F = \frac{\gamma_s h_s}{r_w h_s} \geqslant 1.10 \tag{5.2.2-1}$$

式中　F——安全系数（取 1.1）；

h_s——基坑底板至承压含水层顶板距离（m）；

h_w——承压含水层顶板以上的水头高度值（m）；

γ_s——基坑底板至承压含水层顶板之间的土的平均容重；

r_s——水的容重（kN/m³）。

根据勘察报告，从最不利的角度考虑，选取承压含水层顶板埋深。根据抽水试验勘察资料，选取承压含水层水头埋深。按上述公式进行底板稳定性分析，确定需降低承压水头高度，以满足底板稳定性要求。

3. 承压井降水流量计算

因承压含水层在基坑坑底以下，承压水水头高，水压大，是基坑底产生"突涌"的隐患。为了降低承压含水层水头，确保基坑开挖施工顺利进行，须进行承压井降水流量计算。公式如下：

$$s = \frac{1}{4\pi T} \cdot \sum_{i=1}^{n} (Q_i - Q_{i-1}) \cdot W_F\left(U_r, \frac{r}{B}, \frac{K_z}{K_r}, \frac{r}{M}, \frac{L}{M}, \frac{d}{M}, \frac{L_1}{M}, \frac{d_1}{M}\right) \tag{5.2.2-2}$$

式中　s——水位降（m）；

T——导水系数（m²/d）；

$U_r = r_2 S/(4Tt_i)$；

S——储水系数；

B——越流因素；

r——抽水井至任意点距离（m）；

t_i——第 i 阶梯出现到计算时刻的时间；

n——井数；

M——含水层厚度（m）；

Q_i——第 i 井的流量，（m³/d）；

K_z——垂直渗透系数（m/d）；

K_r——水平渗透系数（m/d）；

L——抽水井过滤器下端至含水层顶板距离（m）；

L_1——观察孔过滤器下端至含水层顶板距离（m）；

d——抽水井过滤器上端至含水层顶板距离（m）；

d_1——观察孔过滤器上端至含水层顶板距离（m）。

通过计算，确定需布置减压井数量（包括备用井）。

4. 承压水降水

减压降水是基坑安全开挖的前提，井的数量与承压水的分布以及水头降深等因素有关。井点的布置一般以基坑外为主，沿基坑周边均匀布置，同时在坑内外均布置承压水观测井。

因减压井抽水需持续到地下建筑物的重量足以满足基坑底板稳定性要求后才能停止抽水，并考虑到基坑无内支撑，无法固定减压井，综合考虑井点保护、封堵井点等因素，故将减压井布置在坑外，沿地下连续墙外围均匀布设。另外，应布设坑外观测井及坑内观测井。坑外布设分层沉降观测井和孔隙水压力孔。

坑外布设承压降水井对于圆形超深基坑是一种理想的解决基坑开挖中承压水问题的一种有效措施。

5. 坑内疏干井降水

坑内的土体干燥通过设置疏干井降水，排除对基坑有影响的淤泥层及其以上各土层内的潜水，为基坑土方开挖和结构施工创造良好的条件。根据地质报告和抽水试验数据，计算确定疏干井的数量和抽水设备的平面布置。在规范每 200m² 布一口井的原则下作出合理的调整。由于圆形基坑内无支撑，土方开挖时的井管的保护也十分重要。

6. 降水井管施工

本工程基坑大、深度深，水位降幅大，抽出的水流量多，势必对周边环境影响大，必须严格井管的施工质量，抽水井开孔、终孔直径一般为 650mm，井管为 273mm 的钢质焊缝管。控制滤网的质量和含砂或含泥量，含砂量必须控制在 1/100000 之内。

7. 降水运行

1）根据理论计算并结合抽水试验，确定开始启动和关闭降水井的时间，并按照承压水水头与实际土方开挖面标高控制线，编制承压水水头与实际土方开挖面标高控制曲线图，做到信息化施工。

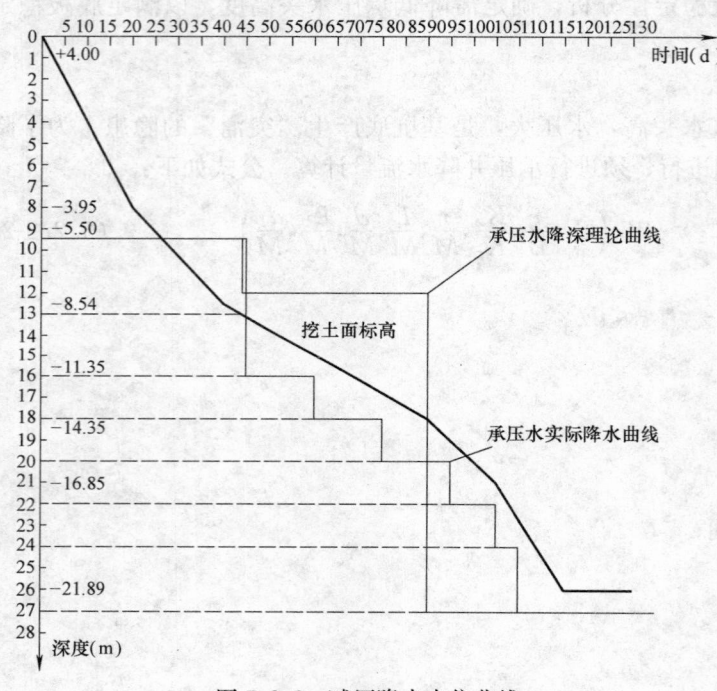

图 5.2.2　减压降水水位曲线

2）为减小对周围环境的影响，可随着开挖深度的增加逐步降低承压水水头，施工应根据不同的开挖深度，动态控制降低承压水水头，按照土方开挖进度控制承压水水头，在保证不发生突涌危险的前提下尽量少抽承压水。

3）由于基坑内土方分层开挖，通过抗突涌计算，承压水水头的降深也是按照每层挖土标高控制进行；为使基坑开挖始终处于受控状态下进行，降水运行将实施全天候 24h 现场值班制度，按规定表式做。好各项抽水记录，及时汇总和分析，以便随时掌握水头变化动态，指导降水运行，保证承压水水头控制在土方开挖面下 1.0～2.0m，并将实测值与理论计算值进行对比分析，确保基坑在降水方面的安全要求。

4）承压水降水过程中，降水安全必须有双路电源保证。

5.2.3　栈桥施工

圆形围护结构对周边不均匀堆载控制极其严格，尤其是超大直径的圆形无支撑围护结构，对不均匀堆载非常敏感，通过在基坑四周设四个独立的挖土平台，挖土平台互成 90°，通过挖土平台将基坑内的土方垂直运输至基坑外。所谓独立挖土平台就是在平台下通过钻孔灌注桩或桩＋钢格构柱的承重体系，使挖土平台与围护结构完全脱开，防止对圆形围护结构产生竖向或水平荷载，影响基坑的安全。

四个独立的钢筋混凝土挖土平台，平台长 20m，宽 6.5m，平台下采用独立的承重体系（前后各四根桩基立柱）与围护体系分开。平台像码头一样伸入基坑，挖土平台设计承载能力一般要求大于 55t，挖土平台支撑骨架为 φ800 钻孔灌注桩加钢格构柱，用 H 形钢作连系钢梁。钻孔灌注桩直径不小于 600mm，一般在 φ600～φ800，在开挖前施工完毕并达到强度。平台上可停放履带吊抓斗、大型汽车吊、挖土机械。

图 5.2.3-1 挖土平台 1

图 5.2.3-2 挖土平台 2

5.2.4 环梁施工

超大直径圆形薄壁围护结构通过设置钢筋混凝土环梁，主要目的就是协调结构内力和变形作用，使圆形结构受力趋于合理。

1. 钢筋混凝土环梁的同心圆精度控制要求较高，同一平面内标高偏差不得大于±50mm，同心度偏差不大于±20cm，环梁的内圆半径实际偏差控制在±2.0cm以内。

2. 钢筋混凝土环梁随着基坑土方分区对称开挖，对称浇筑。

3. 保持圆心点的垂直连续性，按挖土进程圆心点（钢管桩）每挖深 5～6m 割除一次，割除前在

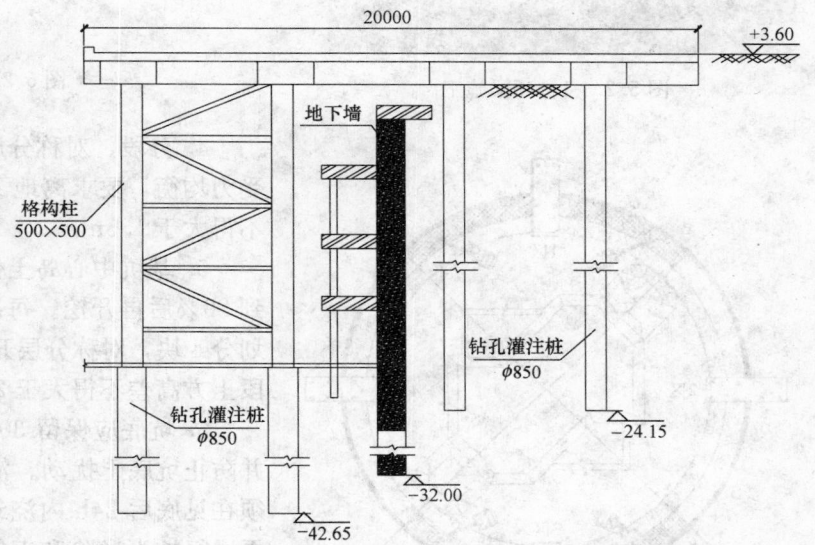

图 5.2.3-3 挖土平台与围护地墙分离的结构剖面图

围檩架设两台经纬仪与圆心点呈 90°，后视圆心点并在延伸方向上做点，钢管桩割除后马上复原圆心点，保持圆心点的垂直度不变。

4. 对围檩的距离控制尽可能用圆心点直视全站仪放点。

5. 当圆心点不能直视围檩时采用坐标放控制点和及坐标放样。

6. 控制点每 2.0m 一个，主控点每 50m 一个，两主控点所放点需重合 2m 以上，以便校核，该方法可有效放点，保证放点精度，但无法用仪器复核模板上口尺寸，改为用锤球丈量上下口距离，保持垂直，在锤球丈量时应每 2m 一点，且在控制点处。

7. 将水准控制点在施工前放置顶圈梁处，视施工需要设若干点垂直传递用长钢尺，顶圈梁及第一道围檩设外挑水准点，以便丈量标高。如图 5.2.4-1、图 5.2.4-2 所示。

5.2.5 基坑开挖

1. 本工法 100m 超大直径圆形无支撑基坑"采用岛式挖土"，土方开挖严格遵守"分层、对称、限时、先撑后挖、岛式开挖"的方法，将基坑开挖造成周围设施的变形控制在允许的范围内。

2. 为控制基坑变形以及圆形基坑均匀受力，土方采用分层开挖，从立面上看，以钢筋混凝土环梁底标高为分界面进行分层，每层又分两次开挖，即基坑周边开槽和中心岛挖土，中心岛挖土需在环梁

浇捣成圈后进行。

3. 基坑周边土体开挖时，将圆形基坑分4段，每段2次对称开挖，环梁混凝土也分4段2次对称浇筑（既1区与3区同时进行，2区与4区同时进行）。

图 5.2.4-1　环梁施工

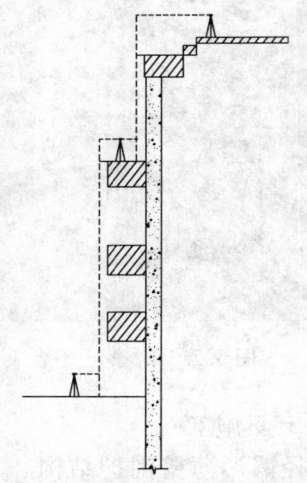

图 5.2.4-2　圆心点垂直连续性控制图

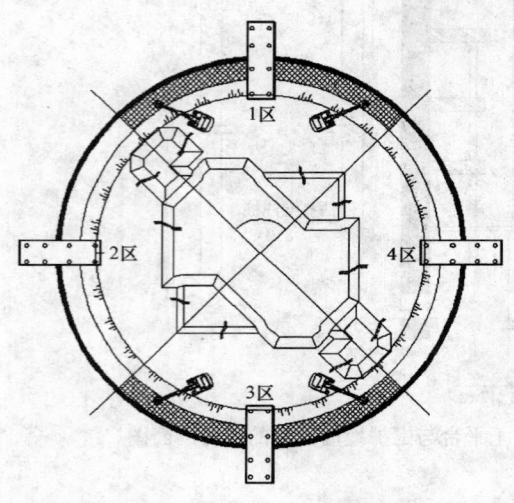

图 5.2.5-1　平面分区分段示意图

4. 分段、对称分层开挖基坑周边土方时，为使基坑受力均衡，要求离地下墙15.0m范围内相临段土方高差不得大于1.5m。

5. 基坑中心岛土体待钢筋混凝土环箍封闭后强度达到80%后再开挖。每次开挖中心岛土体时，中心岛对称划分4块，对称分层开挖，为使基坑受力均衡，要求相临段土方高差不得大于2.0m。见图5.2.5-1，图5.2.5-2。

6. 坑底应保留300mm厚基土，采用人工挖除整平，并防止坑底土扰动。混凝土垫层应随挖随浇，即垫层必须在见底后24h内浇筑完成。待混凝土达到一定强度后再进行桩头凿除和钢筋绑扎工作，以减少基坑暴露时间和墙体变位。

7. 施工机械不得直接在围护、支撑上进行挖土操作。严禁挖土机械碰撞围护墙、工程桩、支撑、立柱和井点。挖土时宜先掏空立柱四周，避免立柱承受不均匀的侧向土压。

8. 基坑边严禁大量堆载，地面超载应控制在20kN/m²以内，并严格控制不均匀堆载。机械进出口通道应铺设路基箱扩散压力。

9. 中心岛部位土方也布设4台挖机从基坑中心向四周翻土，土方翻至挖土平台周边后通过长臂挖机（9～18m）装车外运。每层土层开挖也按此原则施工。6～8台0.8m³挖机水平短驳运土到挖土平，然后用4台长臂挖机（9～18m）装车外运。

10. 电梯井深坑开挖，电梯井深坑通常位于基坑中部，为不规则形状的坑中坑形式。考虑到长期的疏干降水和减压降水对土体起到很好的固结作用，该位置可采用工程桩和新增大直径灌注桩加一道刚支撑的组合围护结构，结合控制性降水减压措施，可以代替常规的坑底封底加固措施，减小了施工难度，并可以大大地降低工程造价，缩短施工周期。

5.2.6　深基坑信息化监测

深基坑工程施工全过程中进行信息化施工监测，有利于实时掌握围护结构及周围环境的动态变化，控制性地提供有关变形的范围、最大值及发展或收敛方向，尽早发现异常情况并及时处理解决，实现

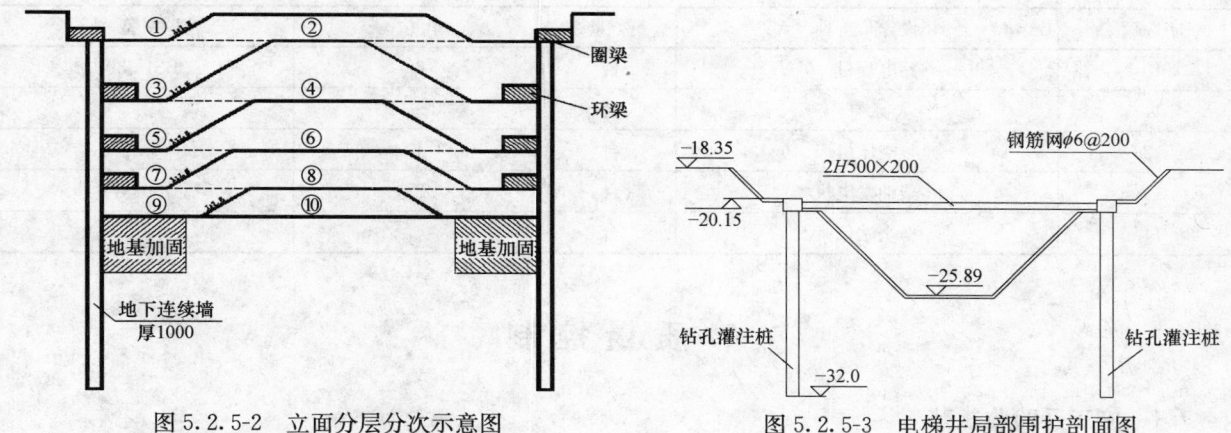

图 5.2.5-2 立面分层分次示意图　　　　图 5.2.5-3 电梯井局部围护剖面图

信息化施工管理，消除施工过程中可能出现的隐患，确保基坑工程的安全和质量，对基坑周边的环境进行有效的保护。

1. 首先根据现行规范提出的基坑变形的设计和监测控制值，结合工程周边环境条件和设计要求，提出基坑报警控制值。

2. 为了保证测量精度，基坑开挖前测读两次初始数据。对于临近管线与建（构）筑物的监测从连续墙开始成槽即开始。

3. 围护结构施工期间、基坑开挖期间一般每天观测一次，底板浇好改为一周测量一次，直至结束。

4. 当观测值相对稳定时，适当降低观测频率；当达到报警指标或观测值变化速率加快或出现危险事故征兆时，加密观测。

5.2.7 劳动力组织

基坑开挖施工一般 24h 连续作业，分两班，现按每工作班配置如下：（其中降水班组、值班人员满足要求）

主要劳动力组织表　　　　　　　　　　　　　　表 5.2.7

序号	工序	司机	起重工	辅助工	木工	钢筋工	水泥工	电焊工	安全员	施工员	电工	测量
1	挖土	20	8	40					4	4	6	3
2	环梁制作	4	4	30	50	40	20	12				

6. 材料与设备

本工法无特别说明的材料，施工主要机具设备见表 6。

主要机具设备　　　　　　　　　　　　　　　　表 6

序　号	设备名称	数量	单位	规格型号
1	大挖机	4	台	1m³
2	中挖机	6~8	台	0.8m³
3	长臂挖机	4	台	9~18m
4	履带吊抓斗	4	台	
5	工程急修车	1	辆	
6	路基箱	100	块	1.5m×4.0m
7	自卸车	90	台	15T~20T
8	钢筋加工机械	6	套	GJ-40、UN-100
9	振捣器	8~10	只	

续表

序 号	设备名称	数量	单 位	规格型号
10	电焊机	台	6	BS1-330
11	水泵	台	30～45	
12	空压机	台	4	6m³
13	柴油发电机	台	2	150kW
14	全站仪	台	4	

7. 质 量 控 制

7.1 施工及验收规范

7.1.1 《建筑地基基础施工质量验收规范》GB 50202—2002

7.1.2 《混凝土结构工程施工质量验收规范》GB 50204—2002

7.1.3 《建筑地基基础设计规范》GB 5007—2002

7.1.4 《供水水文地质勘察规范》GB 50027—2001

7.1.5 《供水管井技术规范》GB 50296

7.1.6 《地基基础设计规范》（上海市标准）DGJ 08-11-1999

7.1.7 《建筑工程施工质量验收统一标准》GB 50300—2001

7.1.8 《地基处理技术规范》DBJ 08-40-94

7.1.9 《地下防水工程质量验收规范》GB 50208—2002

7.1.10 《建筑基坑支护技术规程》JGJ 120—99

7.1.11 《工程测量规范》GB 50026

7.1.12 《上海市地基基础设计规范》DGJ 08-11-1999

7.1.13 《上海市基坑工程设计规程》DBJ 08-61-97

7.1.14 《上海市基坑工程施工监测规程》DG/TJ 08-2001-2006

7.2 施工中的质量控制

7.2.1 施工前针对本工程的特点对操作人员进行交底，以便在施工中加强责任心。

7.2.2 各工序间的衔接要迅速，严禁出现两道工序间隔时间过长的现象。

7.2.3 导墙施工采用全站仪每隔1.0m设置控制点，控制导墙同心度，导墙的内圆半径实际偏差控制在±1.0cm以内。导墙深度不小于2m，垂直度控制小于1/400，以满足设计要求的精度，为下一步地下墙同心圆精度控制创造良好的条件。

7.2.4 地下墙施工中应检查成槽的垂直度、槽底的淤积物厚度、泥浆相对密度、钢筋笼尺寸、浇筑导管位置、混凝土上升速度、浇筑面标高、地下墙连接面的清洗程度、商品混凝土的坍落度、锁口管或接头箱的拔出时间及速度等，使其符合规范要求。

7.2.5 降水施工前，应对基坑底板稳定性进行分析以及水文地质计算，通过深井泵抽水试验与深井降水设计合理布置管井数量、位置及深度。

7.2.6 降水运行应在坑底以下土层重力与结构重量之和足以平衡承压水的顶托力时，才具备停止降水的条件。

7.2.7 降水结束后应及时采取封井措施。

7.2.8 土方开挖严格遵守"时空效应"原则，先撑后挖、分层、限时、对称、岛式开挖。

7.2.9 基坑从平面上分四区块对称分层开挖，对称浇筑混凝土环梁，要求相邻区域在离地下墙15.0m范围内高差不得大于1.5m，其他控制在2.0m左右，以确保基坑受力均衡。

7.2.10 土方开挖时先按1：1.5放坡对称开挖基坑周边土体，对称浇捣混凝土环箍，基坑中心岛土体待混凝土环箍封闭强度达到 80％后方可开挖。

7.2.11 环梁施工时，先浇筑 100mm 厚素混凝土垫层，采用全站仪每隔 2.0m 设置控制点。同一平面内标高偏差不得大于±50mm，同心度偏差不得大于＋20mm。

7.2.12 基坑施工过程中进行信息化监测，确保基坑工程的安全和质量，对基坑周边的环境进行有效的保护。

8. 安 全 措 施

8.1 安全员、开机人员等特殊工种必须持证上岗，杜绝无证操作。

8.2 对调制水泥浆的施工人员应戴好防护眼镜，避免水泥伤害眼睛。

8.3 开工前对设备安全防护装置、临时设施、电缆、电器、围栏及生活设施进行全面的检查验收，使前期准备工作为安全提供可靠的物质保证。

8.4 夜间施工有足够的照明，并严格控制噪声源。

8.5 施工期间对生活、开挖泥土垃圾分别堆放，并及时外运。

8.6 承压水降水过程中，降水安全必须有双路电源保证。

8.7 制定合理有效的紧急预案。

9. 环 保 措 施

为了减少或避免施工对环境的影响，以及极端气象条件可能对周围环境产生重大影响的环境因素，执行"以防为主、防治结合"的方针。

9.1 对进出场道路，不乱挖乱弃，旱季注重道路洒水养护，降低粉尘对环境的污染，雨季做好沟渠疏通，防止对道路造成污染。

9.2 减少烟尘、粉尘污染。

9.3 施工垃圾搭设封闭式临时专用垃圾道或采用容器吊运，严禁随意凌空抛散，垃圾及时清运，适量洒水。

9.4 水泥等粉细散装材料，采取室内（或封闭）存放严密遮盖，卸运时采取有效措施，减少扬尘。

9.5 现场的临时道路地面做硬化处理，防止道路扬尘。

9.6 施工期间的施工排水系统的建立与日常维护，雨期和汛期的强排水措施须经过沉淀后方可排入就近市政雨水窨井内，并制定措施方案（包括设置沉淀池），确保排水通畅。

9.7 设专人负责，保证施工区排水沟的畅通，施工区域无积水，保证施工区道路畅通。

9.8 安排专职清洁工，建立"文明清洁岗"制度，保证施工区、生活区的清洁工作。

9.9 污水排入化粪池，浴室淋浴设施，保持清洁，排水畅通，有专人管理。

10. 效 益 分 析

10.1 超大直径圆形深基坑无支撑开挖施工工法，采用平面分块、分段、对称开挖，立面分层分次，圆形围护体系对基坑变形的控制表现相当出色，圆拱效应作用下的围护结构能充分发挥混凝土材料的抗压性能，围护结构变形小，是一种科学、经济、高效的地下空间围护形式。保证了国内当时最高建筑最深最大基坑无支撑土体开挖安全顺利进行，具有极大的推广应用价值。

10.2 工程造价低。与常规带有内支撑的围护体系结构相比，由于不设支撑，仅支撑一项节省造价约 1200 万元，比常规基坑围护方案节省造价 35％左右。

10.3 施工周期短。由于大量减少坑内支撑的施工工作量，本工法的实施保证了施工的安全、顺利，加快了施工速度，明显缩短了工期。

10.4 在基坑中央电梯井的最深部位，由于充分利用良好的降水效果，大大提高了土体的固结，节省了常规的坑底封闭加固措施，围护结构也采用少量增加钻孔灌注桩，与工程桩共同形成围护体，6m 深度的开挖，仅设一道钢支撑，满足了坑中坑的土方开挖，此项措施，节约成本将近 250 万元。经济和社会效益十分明显。

11. 应 用 实 例

11.1 上海环球金融中心塔楼地上 101 层，地下室 3 层，2003 年 12 月，我公司承担塔楼深基坑工程的施工任务。

基坑采用 1000mm 厚地下墙围护结构，墙深 34～36m，基坑开挖深度 18.35m，电梯井开挖深度达 25.89m，基坑面积 7855m²，为了降低工程造价和满足世界第一高楼核心筒剪力墙整体建造要求和进度要求，国内首次采用 100m 超大直径圆形薄壁地下连续墙圆形围护结构，是目前国内直径最大深度最深的大型无支撑深基坑工程。周边环境复杂，有运营的地铁 2 号线及银城东路立交，地下管线纵横密布。施工采用平面分块、分段、对称均匀开挖，立面分层分次、先四周后中间，并设有独立栈桥出土的方法使圆形围护结构均匀承受土压力，充分发挥圆拱效应下整体刚度大，径向变形小的特点，基坑开挖开挖后墙体最大变形 30.1mm，与设计计算变形值 30mm 基本接近，周边建（构）筑物、地下管线均控制在报警值以内。周围建筑物及管线正常，基坑总体变形控制良好。

11.2 浦钢搬迁是为迎接 2010 年世博会动迁工程之一，是上海市"十一五"重点工程建设项目。旋流池基坑平面呈筒状，直径为 65m，开挖深度 23.5m，采用厚 1.0m 的地下连续墙围护结构，地下墙墙深 34.20m，周边环境复杂，采用圆形无支撑开挖，深基坑开挖后，墙体变形仅 1.2cm，周边建筑物和管线安全的变形控制均在安全的范围内，未出现任何异常。

11.3 2006 年 4 月，永嘉路 46 地块办公楼工程，地下二层，开挖深度为 10～15m，基坑呈圆形，直径约 60m。基坑采用 800mm 厚地下连续墙围护结构，基坑周围环境比较复杂，应用上海环球金融中心工程的施工经验，采用该工法进行施工，顺利地完成了基坑开挖和基础施工。基坑开挖后，地下墙最大位移仅 10mm，周边建筑物和管线均在设计允许范围以内，保证了工期，受到了业主的一致好评。

预应力混凝土管桩新型注浆器桩端压力注浆施工工法

GJYJGF007—2008

山东万鑫建设有限公司　天元建设集团有限公司

李永峰　宗可锋　王庆海　刘宏伟　伊永成

1. 前　　言

随着经济建设的不断发展，建筑物对基础要求的承载力越来越高，桩基的应用越来越普遍，桩基础部分的造价不断提高。如何来探讨一种桩基的承载力又高而且又经济的新技术，国内各有关单位都在进行研究。2000年武汉地质勘探基础工程总公司等单位研制成功的"泥浆护壁钻孔灌注桩后注浆技术"，受其影响和启发，山东万鑫建设有限公司与天元建设集团有限公司联合研究，将桩端后注浆技术引入到预应力混凝土管桩上来，并研制成功了专用的管桩桩端兼有桩尖作用的注浆器和相应的桩端水平方向注浆施工工艺。2007年8月经山东省科技厅鉴定，该技术达到国内领先水平，彻底改变了以往注浆器容易阻塞的技术难题，专用注浆器已获得实用新型专利，专利号为ZL200720029134.1。该工艺在山东东岳股份有限公司、山东茌平信发华宇铝电公司、邹平魏桥铝电有限公司和山东博汇纸业股份有限公司等26个工程上使用，取得良好的技术经济效果。

2. 工 法 特 点

2.1　利用传统的工厂化生产的预应力混凝土管桩成桩技术，在桩端焊接一个具有桩尖功能的管桩专用压力注浆器。

2.2　管桩专用注浆器的注浆槽与泥浆护壁钻孔灌注桩注浆器设在桩端垂直方向的注浆孔不同，它是设在桩尖的水平方向，从水平方向向桩端土层注浆，从而杜绝了管桩锤击（静压）成桩时将注浆孔堵塞，造成压力注浆失败的结果，使注浆达到100%的成功。

3. 适 用 范 围

适用于各种类型的土层，但确定桩长时应将桩端持力层选择在砂性土层、碎石土层、强中风化岩石层；也可选择在粉土及可塑以上的黏性土层。

4. 工 艺 原 理

通过对预应力混凝土管桩桩端压力注浆，水泥浆液在桩端以水平方向向四周土层中渗透充填，并随桩端土层被充填密实，随着注浆压力的提高，水泥浆液沿桩身向上返流，渗透充实到桩侧土层内，待水泥浆液凝固后，使管桩和桩端及桩侧土层连成一个整体，桩土共同工作的效应大大加强，从而大幅度地提高桩基的承载力。

5. 施工工艺流程及操作要点

5.1　预应力混凝土管桩桩端压力注浆施工工艺流程见图5.1。

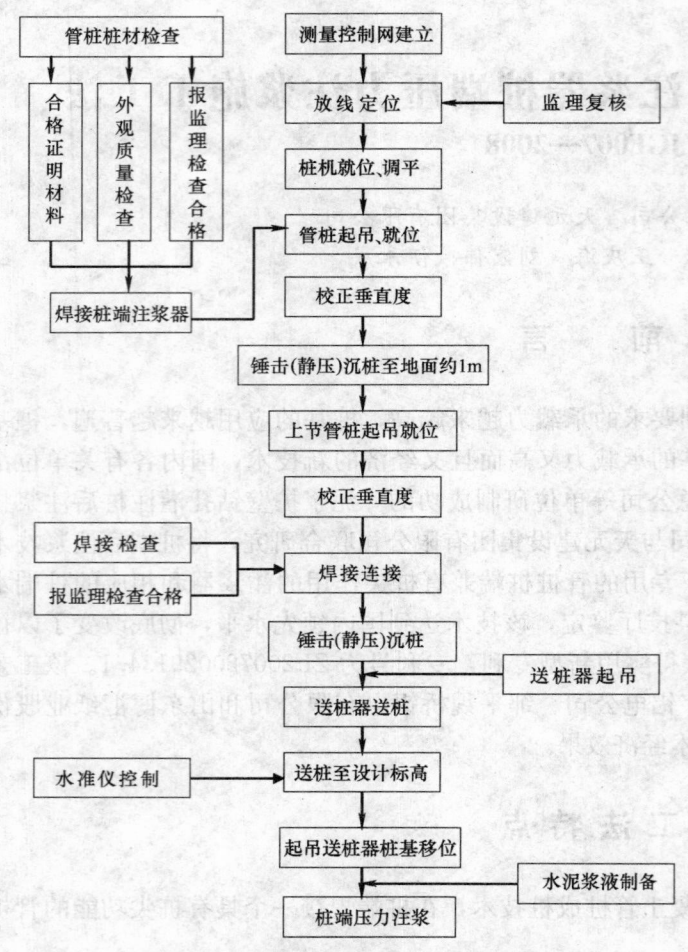

图 5.1　管桩压力注浆施工工艺流程图

管桩用两台经纬仪来控制校正桩的垂直度；校正时首先微调管桩使桩尖对准桩位中心，将桩压入土中 0.5～1.0m 后暂停，从桩的两个正交侧面方向来校正桩的垂直度。

5.2.7　锤击（静压）沉桩

1. 锤击沉桩：启动桩锤锤击桩头，开始时控制油门处于很小位置，待桩入土达到一定深度后再加大油门，按要求的落距锤击沉桩，锤击时必须确保桩锤、桩帽和桩身中心重合。锤击至桩顶离地面约 1m 处，停止锤击，以备接桩。

2. 静压沉桩：使静压桩机的夹钳将管桩夹住，开动动力设备，通过主机的压桩油缸伸程之力将管桩压入土中，压桩油缸最大行程一般为 1.5～2.0m，所以每一次下压，管桩的入土深度为 1.5～2.0m，然后松夹—上升—再夹—再压，如此反复循环，将一节管桩压入土中，当桩压至离地面 1.0m 处，停止静压，即可进行接桩。

5.2.8　管桩接桩

起吊上节管桩，对中下节管桩，校正桩身垂直度后，安装桩身固定垂直导向箍圈，以便上、下节管桩准确就位，结合紧密，同时用丝箍连接上、下节注浆管。用二氧化碳气体保护焊机进行桩身焊接连接。焊接应分三次满焊焊接。

5.2.9　再次锤击（静压）沉桩

启动桩机，继续沉桩至地面 1.0m 处，即可送桩。

5.2.10　送桩器送桩

管桩桩顶上安装送桩器，启动桩锤锤击送桩器或用静压桩机夹钳夹住送桩器开动动力设备，将桩

5.2　操作要点

5.2.1　管桩焊接桩端注浆器

在管桩桩端焊接注浆器，并在注浆器顶部连接注浆管，注浆管可用内径 20mm 的钢管，钢管长度应比管桩长度短 150mm 左右，不得高出桩顶。

5.2.2　测量控制网建立

根据施工现场的总体规划布置，在管桩施工现场建立测量控制网，每个单位工程一般应不少于 2 个测量控制桩，并在施工全过程中予以妥善保护。

5.2.3　放线定位

根据设计图纸和现场测量控制桩进行放线，首先放好建筑物的轴线，然后放出每个桩位中心线，在每个桩位中心打一根短钢筋，并涂上油漆使桩位标志明显。

5.2.4　桩机就位、调平

桩机进场至桩位处使桩机基本调平，用线锤使桩机中心对准桩位中心。

5.2.5　管桩起吊、就位

管桩每节长度为 7～15m，管桩起吊可以利用履带式桩机的副卷扬机进行起吊、就位。为了提高桩机施工效率，也可配备专用吊车进行喂桩、就位。

5.2.6　校正垂直度

送至设计标高。

5.2.11 桩端压力注浆

1. 注浆应在锤击成桩后休置一定时间进行，休置时间不少于 3d。

2. 注浆宜以承台为单位分批一次进行，每批需注浆的桩应按桩号和完工日期填表报送现场监理，待现场监理批准后方可进行。

3. 注浆前先向注浆管压注清水，检查注浆管是否畅通。

4. 水泥浆的配置要求：

1) 水泥强度不低于 32.5 级，要求新鲜、不结块。

2) 压力注浆的浆液水灰比宜控制在 0.5～0.6。

3) 可按设计要求掺加外加剂。

4) 搅拌时间不得低于 3min。

5) 搅拌好的水泥浆应用孔径不大于 3mm×3mm 的滤网进行过滤。

5. 压力注浆用注浆泵宜选用泵压不低于 7MPa 的压力注浆泵，常用注浆压力为 2～4MPa。

6. 地面输浆软管应采用耐压值不低于 10MPa 的双层钢丝纺织胶管。

7. 注浆量应按设计计算确定，现场压力注浆量应不小于设计计算注浆量。

5.3 劳动力组织（表 5.3）

劳动力组织情况 表 5.3

序号	工 种	人数（个）	职 责
1	管理人员	2	现场质量、进度管理
2	技术员	1	施工现场技术管理
3	测量员	2	现场施工测量及桩身垂直度校正
4	安全员	1	现场安全管理
5	机械操作工	4	沉桩及注浆机械操作
6	普通工	15	施工现场工作

6. 材料与设备

6.1 材料

6.1.1 预应力混凝土管桩，由专业工厂生产，现场按设计要求的型号、长度向厂方进行订货。

6.1.2 压力注浆用水泥强度不低于 32.5 级。

6.2 机具设备

施工用机具设备见表 6.2。

机具设备表 表 6.2

序号	设备名称	型号	数量	用 途
1	履带式桩架	JZL90	1	打管桩
2	柴油打桩锤	DD63	1	打管桩
3	静压桩机	YZY-600	1	沉压管桩
4	二氧化碳气体保护焊机	NBC	1	焊接管桩
5	注浆泵	BW320	1	压力注浆
6	泥浆搅拌机	NJ-600	1	制备水泥浆液
7	电子经纬仪	DJD2-C	2	放线定位
8	自动安平水准仪	AL1532	1	桩顶标高抄平

7. 质量控制

7.1 工程质量控制标准执行《建筑地基基础工程施工质量验收规范》GB 50202—2002，预应力混凝土管桩成品桩质量标准按表 7.1-1 执行。

预应力混凝土管桩成品桩质量验收标准

表 7.1-1

序号	检查项目	允许偏差	检查方法
1	外观质量	无蜂窝、漏筋、裂缝、色感均匀,桩顶处无孔隙	直观
2	桩径	±5mm	用钢尺量
3	管壁厚度	±5mm	用钢尺量
4	桩尖中心线	<2mm	用钢尺量
5	顶面平整度	10mm	用水平尺量
6	桩体弯曲	$<L/1000$	用钢尺量,L 为桩长

预应力混凝土管桩工程桩质量标准按表 7.1-2 执行。

预应力混凝土管桩工程桩质量检验标准

表 7.1-2

序号	检查项目		允许偏差	检查方法
1	桩位偏差	盖有基础梁的桩 (1)垂直基础梁的中心线 (2)沿基础梁的中心线	$100+0.01H$ $150+0.01H$	用钢尺量
		桩数为 1～3 根桩基中的桩	100	用钢尺量
		桩数为 4～16 根桩基中的桩	1/2 桩径	用钢尺量
		桩数大于 16 根桩基中的桩 (1)最外面的桩 (2)中间桩	1/3 桩径 1/2 桩径	用钢尺量
2	接桩	焊缝质量 (1)上下节端部错口 (2)焊缝咬边深度 (3)焊缝加强层高度 (4)焊缝加强层宽度 (5)焊缝外观质量	≤2mm ≤0.5mm 2mm 2mm 无气孔、无焊瘤、无裂缝	用钢尺量 焊缝检查仪 焊缝检查仪 焊缝检查仪 直观
		焊接结束后停歇时间	>1.0min	秒表测定
		上下节平面偏差	<10mm	用钢尺量
		节点弯曲失高	$<L/1000$	用钢尺量,L 为两节桩长
3	桩顶标高		±50mm	水准仪

7.2 质量保证措施

7.2.1 预应力管桩现场堆放场地应平坦，管桩应分类堆放，堆放高度不宜超过 5 层。

7.2.2 每个单位工程应设置不少于 2 个测量控制桩，并应妥善加以保护，防止测量控制桩发生扰动和移位。

7.2.3 桩位放线要准确，桩位中心线用短钢筋来标注，施工过程中要妥善加以保护，并定期用测量控制桩校核桩位，确保桩位准确。

7.2.4 施工场地应事先平整，保证桩机进场后就位的稳定，桩架应经常处于垂直状态。

7.2.5 沉桩时桩机要对准桩位，然后起吊管桩，对准桩位中心，用两台经纬仪从桩身两个正交侧面方向校正桩身的垂直度。

7.2.6 锤击打桩时应使桩锤、桩帽、管桩桩身始终处在同一条中心线。静压沉桩时桩机夹钳中心与桩位中心要一致。

7.2.7 锤击打桩过程中遇到坚硬土层时，应采用重锤轻击的方法使桩缓缓地穿越硬土层，切勿连续硬打，造成桩头破损。

7.2.8 管桩接桩时必须保持上下节桩在同一中心线上。

7.2.9 锤击沉桩做好打桩记录，特别做好最后10击贯入度或最后1m沉桩的锤击数的记录，静压沉桩做好静压力记录。

7.2.10 桩端压力注浆前应逐个检查注浆管路是否畅通，管头螺丝是否套好，阀门和管接头是否完好，观察并记录注浆压力和注浆量。

7.2.11 管桩桩端注浆后28d，进行桩基静载荷试验和高应变、低应变检测。

8. 安 全 措 施

8.1 认真贯彻"安全生产，预防为主"的原则，成立以项目经理为安全生产第一责任人，由专职安全员和班组兼职安全员及工地电工组成的安全生产管理网络，明确各类人员的安全职责，认真执行安全生产责任制，做好工程的安全生产，建立完善的施工安全保证体系，确保作业标准化、规范化。

8.2 加强安全教育和培训，对新入厂的作业人员必须进行入场前的安全教育和培训，未经考试合格者不得上岗作业。

8.3 认真学习和执行各项安全操作规程，作业人员有权拒绝执行违章指令，杜绝违章指挥和违章作业。

8.4 施工现场应按防火、防风、防雷、防触电等安全规定和安全施工要求进行布置，并完善布置各种安全标语。

8.5 施工现场临时用电严格按照《施工现场临时用电安全技术规范》JGJ 46—2005的规定执行，配电箱前要有绝缘垫，并安装漏电保护装置，电缆、电线要埋设。

8.6 加强保护，做好现场作业人员劳动保护，进入现场必须穿工作服、劳保鞋、戴安全帽；做好机械设备安全防护，夜间施工做好照明工作，做到工地无照明死角。

8.7 加强施工作业中的安全检查，班组应每天自检，专职安全员要全面地进行检查，项目部每月检查，发现不安全因素，立即进行整改。

8.8 桩端压力注浆开泵加压时，人员应该离桩位2m以外观察，所有作业人员不要站在输浆管的正向位置。

9. 环 保 措 施

9.1 项目部成立施工环境卫生管理机构，在施工过程中严格遵守国家和地方发布的有关环境保护的法律、法规和条例，现场设场地管理员负责现场环境保护和清洁卫生工作。

9.2 施工现场作业限制在工程建设允许的范围内，合理布置，规范围挡，做到标牌清楚、齐全，各种标识醒目，施工现场整洁文明。

9.3 施工现场材料、物品和管桩摆放整齐，严禁随地乱放。

9.4 设备进出场和车辆进出工地时，场地管理员要负责监督管理，保证道路路面清洁，严禁污泥抛洒污染环境。

9.5 加强对施工燃油和生产生活垃圾的管理，控制噪声、振动对环境的污染和危害，特别是夜间施工时要采取措施，防止对外界的干扰和影响。

10. 效 益 分 析

10.1 本工法是在预应力混凝土管桩桩端焊接一个具有桩尖功能的注浆器，使预应力混凝土管桩采取桩端后注浆技术，在施工工艺不变的情况下，只是增加一道桩端后注浆工艺，从而在相同的条件下，经注浆后的预应力混凝土管桩的单桩竖向荷载承载力较普通未注浆的预应力混凝土管桩大大提高，一般土层情况下可以提高60%左右，若桩端持力层在砂性土、碎石土和风化岩时，承载力提高幅度还要更大。由于承载力的大幅度提高，也扩大了预应力混凝土管桩使用范围，使其能代替大直径的混凝土灌注桩，用于对桩基承载力有更高要求的高大建筑物上。

10.2 在相同的桩机单桩竖向荷载承载力的条件下，预应力混凝土管桩采用桩端后注浆技术后可节省管桩的物料消耗，降低桩基造价，节约成本，与不注浆相比，桩基成本造价降低30%～40%左右，26个工程共计节约桩基成本3418万元，取得了很好的经济效益和社会效益。

预应力混凝土管桩注浆与不注浆技术经济对比　　　　　　　　　　表10.2

工程名称	桩径 mm	桩长(m)	桩端土层	桩型	极限承载力(kN)		造价(万元)	
					数值	提高百分率	数值	降低百分率
东岳化工高分子材料公司 TFE 车间	500	15.0	粉质黏土	不注浆管桩	1400	164%	192	37.5%
				注浆管桩	2300		120	
信发华宇氧化铝厂母液蒸发工段	400	14.0	粉土	不注浆管桩	800	225%	170	29.4%
				注浆管桩	1800		120	
信发华宇氧化铝厂溶出工段	400	14.0	粉土	不注浆管桩	1090	165%	100	30.0%
				注浆管桩	1800		70	
山东博汇纸业股份有限公司 9.5万t化学木浆技改工程	500	23.0	粉土	不注浆管桩	1368	161%	1700	38.2%
				注浆管桩	2200		1050	
山东博汇纸业股份有限公司 35万t卡纸车间	500	19.0	粉土	不注浆管桩	1460	164%	1670	41.9%
				注浆管桩	2400		970	

11. 应 用 实 例

11.1 山东东岳化工高分子材料公司 TFE 车间桩基工程于 2005 年 4 月 20 日开工，5 月 5 日竣工，桩径为 500mm，桩长 15m，桩端土层为粉质黏土，采用预应力混凝土管桩新型注浆器桩端压力注浆施工工艺，单桩竖向荷载承载力提高了 64%，工程造价降低了 37.5%，施工工期比混凝土管桩缩短了 20d，建设单位对采用该施工方法十分满意。

11.2 山东信发华宇铝电公司氧化铝厂母液蒸发工段和溶出工段桩基于 2006 年 5 月 18 日开工，6 月 20 日竣工，桩径为 400mm，桩长 14m，桩端土质为粉土，工程采用预应力混凝土管桩新型注浆器桩端压力注浆施工工艺，经检测，单桩竖向荷载承载力分别提高了 125% 和 65%，工程造价降低 30%，建设单位对我公司采用的施工方法非常满意。

11.3 山东博汇纸业股份有限公司 9.5 万 t 化学木浆技改工程桩基于 2007 年 4 月 1 日开工，5 月 30 日竣工，桩径为 500mm，桩长 23m，桩端土层为粉土，单桩竖向承载力提高 61%，工程造价降低 38.2%，该公司 35 万 t 卡纸车间于 2008 年 5 月 10 日开工，6 月 25 日竣工，单桩竖向承载力提高 64%，工程造价降低 41.9%，建设单位对采用该施工方法十分满意。

新型螺杆灌注桩施工工法

GJYJGF008—2008

河南六建建筑集团有限公司　海南卓典高科技开发有限公司

张进　彭桂皎　陈涛　谢勤娟　陆臻瑜

1. 前　　言

螺杆灌注桩是一种新型的变截面异形桩，是在日本的高强度钢纤维混凝土预制螺纹桩的基础上创新而成的。它的全称为半螺旋钻孔管内泵压混凝土灌注桩，其形状是上部为圆柱形，下部为螺丝型的组合式新型桩（图1）。具有承载力高、沉降小、工期短、施工方便、造价低、无污染、无噪声等特点。螺杆桩已被原建设部列为"建设部 2005 年科学技术项目计划"和"2005 年全国建设行业科技成果推广项目"（项目编号：2005005；证书编号：2005006），并于 2006 年获得国家专利（专利号 ZL03128265.2）。我公司于 2006 年与海南卓典高科技开发有限公司进行合作研究螺杆灌注桩施工技术，经过不断的积累和总结形成了本工法。本工法于 2008 年 11 月进行了科技查新，其查新结果表明国内尚未有该工法的文献报道。其关键技术于 2009 年 3 月通过了河南省住房和城乡建设厅组织的关键技术鉴定，鉴定结果为本工法关键技术达到国内领先水

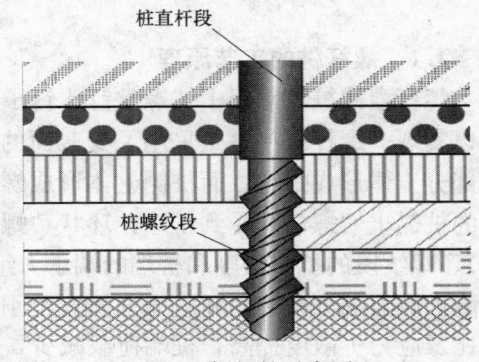

图1　螺杆桩示意图

平。本工法先后在海口市长信南苑项目、三亚市丽园春晓商住小区、洛阳市中侨铭秀 1～5 号楼等多项工程中应用，取得了良好的经济效益和社会效益。通过以上工程的实践，我们编制了集团公司企业标准《螺杆灌注桩施工技术标准》（编号 LJ08-013），在公司范围内推广使用。

2. 工 法 特 点

2.1　螺杆灌注桩与传统的混凝土灌注桩、长螺旋灌注桩相比在施工过程中不取土，对桩间土有明显的挤密效果。通过对天然地基的挤密，降低了地基土的压缩性，从而提高了天然地基的承载力，减小了地基的沉降。对沉降变形要求很高的建筑物，螺纹桩有很高的实用价值。

2.2　由于螺杆灌注桩的下部形成了螺纹段，使桩的受力性能发生了变化，从而提高了桩的侧摩阻力。在相同条件下，螺杆桩与普通直杆灌注桩相比单桩的极限承载力有显著提高。

2.3　螺杆灌注桩单桩承载力较高，同等条件下与普通直孔灌注桩相比可缩短桩长，减少桩径和减少桩数。作为大型建筑物的基础时，即可作为桩下单桩方案以减少承台工作量，又可沿箱基墙下或筏基板下布桩以减少底板厚度及配筋量。减少了工程造价，又方便施工。

2.4　由于现有的螺杆桩钻机成套设备具有机械扭矩潜能大，穿透力强的特点，因此螺杆灌注桩对于不同土质有很强的适应性。并且不受地下水位的影响。

2.5　螺杆桩施工工艺简单不存在清底、取土、护壁、塌孔、断桩等问题，桩身质量可靠。具有无振动、低噪声、无环境污染等绿色桩型特色。

2.6　通过螺杆灌注桩处理的复合地基可以有效降低地震力对结构的影响，同时，即使在建筑物过大水平位移情况下，仍可以有效地传递垂直荷载，并由于加固后消除了可液化土层，从而可以广泛地

应用于地震区。

2.7　螺杆桩机设备性能先进，自动化程度高，劳动强度低，施工进度快，可以连续泵送混凝土成桩。

3. 适 用 范 围

3.1　螺纹灌注桩适用于杂填土、黏土、粉土、黄土、各类砂层，粒径小于 30cm（含石量≤50%）的砾石层等各种土层，淤泥质土中慎用。不受地下水的限制。

3.2　螺纹灌注适用于包括复合地基的刚性桩、钢筋混凝土基础的钢筋混凝土桩和复合桩基的基桩，桩径 300～600mm，桩径视长细比调整。

4. 工 艺 原 理

4.1　螺杆桩的工艺原理

螺杆灌注桩将常识中"螺丝钉比钉子牢固"的简单道理运用在桩与桩施工中，使其更牢固的特点得以实现。螺杆灌注桩是采用了变截面的构造形状，成孔过程中桩侧土体受到挤压、加密作用，成桩后部分土体形成螺纹，而桩侧土体形成螺母，桩体螺纹与桩侧土螺母紧密咬合，当桩顶受荷时，螺纹段的桩侧土"螺母"受到压缩，环状"螺母"的根部受到剪切，桩的承载力由直杆段的侧阻力（摩阻力）、螺纹段的抗剪强度和桩端的端承力组成，而螺纹段的抗剪力远远大于同等条件下的侧阻力，满足了附加应力的分布规律和应力分担比及刚度变化的要求，调整了土与桩之间的作用，桩侧土体应力分摊比及应力扩散度提高，桩端荷载减少，使桩身受力与土体受力协调一致。螺杆灌注桩在竖向受力方面，附加应力是遵循由上至下逐步减小的规律，桩身应力逐步分担，约为 10:1，即桩身的应力集中为上部大于下部。螺杆桩的上大下小的分段设计满足了附加应力的分布规律。桩的竖向承载力与桩的长细比有着密切的关系，桩断面积的大小和刚度的变化在制约桩的受力及变形方面起重要作用。螺杆桩上部的柱体段在荷载传递过程中，加大了受压面积，提高了桩身刚度和对螺纹段功能发挥起到承上启下的作用。

为了保证变截面异形螺杆灌注桩的施工要求，在成桩施工时桩机钻杆采用了下降或上升速度与钻杆旋转速度是否同步技术，解决了螺杆桩上部为圆柱形，下部为螺纹型的施工工艺。同步技术是指将下钻速度与旋转速度进行同步匹配的一种技术，钻头每提升或下落一个螺距，钻杆刚好旋转一圈并挤压土体，从而形成螺纹形的孔或桩。非同步技术是指下钻速度与旋转速度不同步匹配，即钻头每提升或下落一个螺距，钻杆旋转多圈并挤压土体，从而形成圆柱形的孔或桩。螺杆桩成桩的过程分为下钻、提钻两个过程。下钻时，螺杆桩机采用正向非同步技术挤压土体形成螺杆桩圆柱段，随后钻杆采用正向同步技术下钻，使土体形成螺纹段。提钻时，螺杆桩机采用反向旋转同步技术提升钻杆至螺纹段设计标高的位置，形成螺杆灌注桩的螺纹段，在提钻的同时泵压混凝土。钻杆提升到螺纹段顶部设计标高时，钻杆再次正向旋转或直接提升产生带圆柱空间，同时管内泵压浇灌混凝土至桩顶设计标高。

4.2　螺杆灌注桩的结构与计算

4.2.1　螺杆灌注桩的结构

螺杆桩是一种变截面的异形灌注桩，有上、下两部分组成。桩的上部为圆柱形，与普通的灌注桩相同，下部为带螺纹状的桩体。上下两段的长度是根据地基土质情况而进行调节的，没有一个固定的比例。由于地基土一般都具有上软下硬的特点，因此，通常在承载力小于 120kPa 的土层中做成圆柱体桩，在承载力大于 120kPa 的土层中做成螺纹桩，这种设置充分发挥了地基的承载能力。在确定螺纹桩体内径大小时，如果螺纹桩体内径过小，就会出现桩身先于土体达到破坏的现象，经工程实践证明，螺纹桩体内径为 250～400mm（表 4.2.1），螺纹高度为 50mm 为宜。具体构造尺寸详见图 4.2.1。

螺纹的间距与螺纹周围土体的抗剪强度有关，一般来说，土的抗剪强度越大，螺距也越大，反之越小。实验证明，螺纹间距为 $1.0 \sim 1.5D$ 最佳。

常用桩芯直径尺寸 表 4.2.1

桩径(mm)	300	400	500	600
桩芯直径(mm)	260	273	380	400

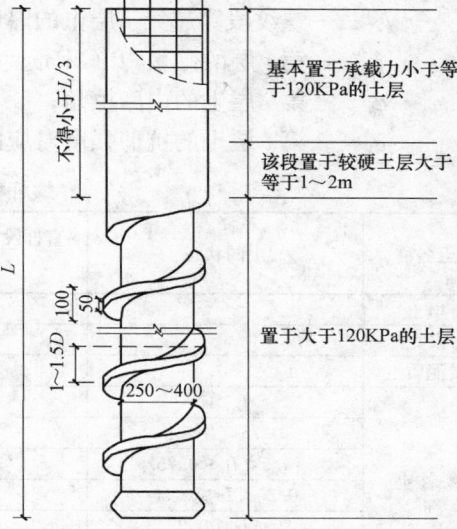

图 4.2.1　螺杆桩结构

4.2.2 螺杆灌注桩单桩竖向承载力计算

螺杆桩单桩竖向极限承载力计算公式由螺杆桩直杆段侧阻力、螺纹段抗剪强度和端阻力三部分组成，因此，计算需分段进行。

（1）直杆段侧阻力 Q_{sk1} 计算

直杆段螺杆桩侧阻力 Q_{sk1} 是由桩土之间的摩阻力实现的。所以，计算方法与传统直线型灌注桩相同。即：

$$Q_{sk1} = u \sum q_{sik} l_i \qquad (4.2.2\text{-}1)$$

式中　Q_{sk1}——直杆段侧阻力（kPa）；

　　　q_{sik}——桩的直杆段极限侧阻力标准值（kPa），可按表 4.2.2-1 取值；

　　　u——桩身周长（m）；

　　　l_i——桩的直杆段穿越第 i 层土的厚度（m）。

（2）螺纹段侧阻力 Q_{sk2} 计算

螺纹段的侧阻力 Q_{sk2} 是由桩的螺牙与土的机械咬合作用力通过桩孔侧壁土的抗剪强度体现的，与直杆段桩的受力机理截然不同，建议按下式计算：

$$Q_{sk2} = u \sum \tau_{si} l_i \qquad (4.2.2\text{-}2)$$

式中　τ_{si}——桩的螺纹段第 i 层土抗剪强度值（kPa）。

土层抗剪强度 τ_{si} 的确定方法：

根据室内土工试验指标按下式计算

砂类土　　　　　　　　　　$\tau_{si} = \sigma_i \tan \varphi_i$

黏性土　　　　　　　　　　$\tau_{si} = c_i + \sigma_i \tan \varphi_i$

式中　σ_i——剪切滑动石上的法向应力（kPa），可按表 4.2.2-2 取值；

　　　c_i——第 i 层土的黏聚力（kPa）；

　　　φ_i——第 i 层土的内摩擦角。

（3）桩端阻力计算

由于螺杆桩在成孔过程中对孔底有挤土作用，加之管内泵压混凝土有较高的压力，作用机理相似预制桩。计算式如下：

$$Q_{pk} = q_{pk} A_P \qquad (4.2.2\text{-}3)$$

式中　q_{pk}——极限端阻力标准值（kPa），可按表 4.2.2-1 取值；

　　　A_P——桩端面积。

（4）螺杆桩单桩竖向极限承载力计算

将直杆段侧阻力、螺纹段侧阻力和端阻力公式合并即得螺杆桩单桩竖向极限承载力计算公式如下：

$$Q_{uk} = Q_{sk1} + Q_{sk2} + Q_{pk} = u \left[\sum q_{sik} l_{il} + \sum (c_i + \sigma_i \tan \varphi_i) l_{i2} \right] + q_{pk} A_p \qquad (4.2.2\text{-}4)$$

式中　Q_{uk}——单桩竖向极限承载力标准值（kN）；

　　　q_{sik}——直杆段桩段第 i 层土极限侧阻力标准值；

　　　u——桩身周长（m）；

l_{il}——直杆段穿越第 i 层土的厚度（m）；

l_{i2}——螺纹段穿越第 i 层土的厚度（m）；

c_i——第 i 层的黏聚力（kPa）；

φ_i——第 i 层土的内摩擦角；

σ_i——第 i 层土的抗剪强度对应的垂直向应力（kPa），可按表 4.2.2-2 取值。

螺杆桩单桩竖向极限承载力计算参数   表 4.2.2-1

土名称	土的状态	直杆段极限侧阻力标准值 q_{sik}（kPa）	桩的极限端阻力标准值 q_{pk}（kPa）		
			$h \leqslant 9$	$9 < h \leqslant 16$	$16 < h \leqslant 30$
填土		20～28			
淤泥		11～17			
淤泥质土		20～28			
黏性土	$I_L > 1$	21～36			
	$0.75 < I_L \leqslant 1$	36～50	210～840	630～1300	1100～1700
	$0.5 < I_L \leqslant 0.75$	50～66	840～1700	1500～2100	1900～2500
	$0.25 < I_L \leqslant 0.50$	66～82	1500～2300	2300～3000	2700～3600
	$0 < I_L \leqslant 0.25$	82～91	2500～3800	3800～5100	5100～5900
	$I_L < 0$	91～101	3800～5100	5100～5900	5900～6800
粉土	$e > 0.9$	22～44	640～1500	1100～1900	1700～2500
	$0.75 \leqslant e < 0.9$	42～64	840～1700	1300～2100	1900～2700
	$e < 0.75$	64～85	1500～2300	2100～3000	2700～3600
粉细砂	稍密	22～42	800～1600	1500～2100	1900～2500
	中密	42～63	1400～2200	2100～3000	3000～3800
	密实	63～85	600～2400	2300～3200	3200～4000
中砂	中密	54～74	3600～5100	5100～6300	6300～7200
	密实	74～95	3800～5300	5300～6500	6500～7500
粗砂	中密	74～95	5700～7400	7400～8400	8400～9500
	密实	95～116	5900～7600	7600～8600	8600～9800
砾砂	中密、密实	116～138	6300～10500		
角砾、园砾	中密、密实		7400～11600		
碎石、卵石			8400～12700		

土层抗剪强度计算对应的法向应力   表 4.2.2-2

土名称	土的状态	剪切试验法向应力 σ（kPa）			
		100	200	300	400
黏性土	$0.75 < I_L \leqslant 1$	√			
	$0.50 < I_L \leqslant 0.75$		√		
	$0.25 < I_L \leqslant 0.50$			√	
	$0 < I_L \leqslant 0.25$				√
粉土	$0.75 < e \leqslant 0.9$		√		
	$e < 0.75$			√	
粉细砂	稍密		√		
	中密			√	
	密实				√
中砂	中密			√	
	密实				√
粗砂	中密			√	
	密实				√
砾砂	中密、实密				√

5. 施工工艺流程及操作要点

5.1 施工准备

5.1.1 螺杆灌注桩施工前应具备以下文件资料:

(1) 岩土工程详细勘察资料。

(2) 建筑物平面布置图及高程。

(3) 建筑场地和邻近区域内的地下管线(管道、电缆)、地下构筑物等的调查资料。

(4) 螺杆灌注桩桩位平面布置图及技术要求。

(5) 试桩资料或工艺实验资料。

(6) 施工组织设计和施工方案。

5.1.2 施工前应清除地上和地下障碍物并平整场地,探明和清除桩位处的地下障碍物,按施工平面布置图的要求做好施工现场的施工道路、供水供电、施工设施布置、材料堆放等有关布设。

5.1.3 施工前应逐级进行图纸和施工方案交底,并做好原材料质量检验工作。

5.1.4 桩位放线定位前应设置测量定位点和水准基点,并采取妥善措施加以保护。根据设计桩位图在施工现场布置桩位,桩位确定后应填写放线记录,桩位点应设有不易破坏的标记,并应经常复核桩位位置以减少偏差、避免漏桩,经有关部门验线后方可施工。

5.1.5 施工前应做成孔实验,其目的是核对地质资料,检验所选设备、机具、施工工艺及技术要求是否合适。同时,检测相邻桩孔之间的影响,确定影响程度,相邻桩孔之间影响较大时需要考虑跳打施工。如成孔实验满足要求,则根据成孔试验的数据确定施工时工艺参数。

5.2 施工工艺流程

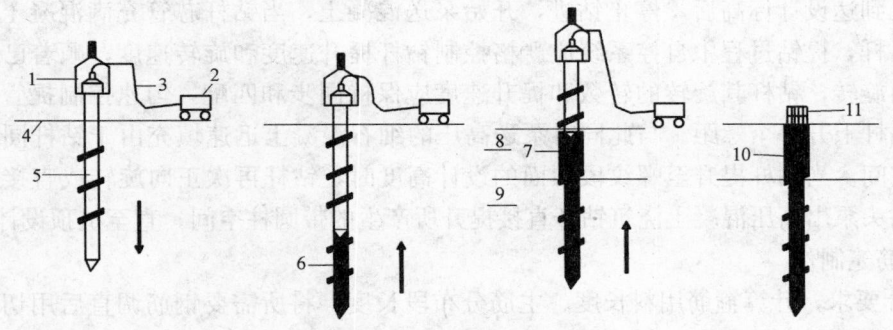

图 5.2 螺杆桩工艺流程示意图

1—动力头;2—混凝土输送泵;3—高压管;4—自然地面;5—钻杆;6—成桩后螺纹段;7—成桩后直线段;8—上部软土层;9—下部硬土层;10—螺杆桩直杆段;11—钢筋笼

5.3 施工要点

5.3.1 确定螺杆桩的施工顺序

螺杆桩的施工顺序应先外排后里排,按编号顺序进行,根据桩间距和地层的渗透情况以及成桩试验结果,确定是否采用跳桩施工方法,以免因振动挤压造成相邻桩孔缩径或串浆。

5.3.2 测量定位放线

测量定位放线要严格按照设计施工图纸进行,采用经纬仪和钢尺测量,对每处桩位进行场地标高抄测工作,按设计要求做好桩顶标高的控制工作。

5.3.3 桩机就位、对中

螺杆桩位定好后,按设计要求在桩中心点上插一标杆,放好桩位后,移动螺杆桩机到达指定桩位对中。

5.3.4 调整钻杆垂直度

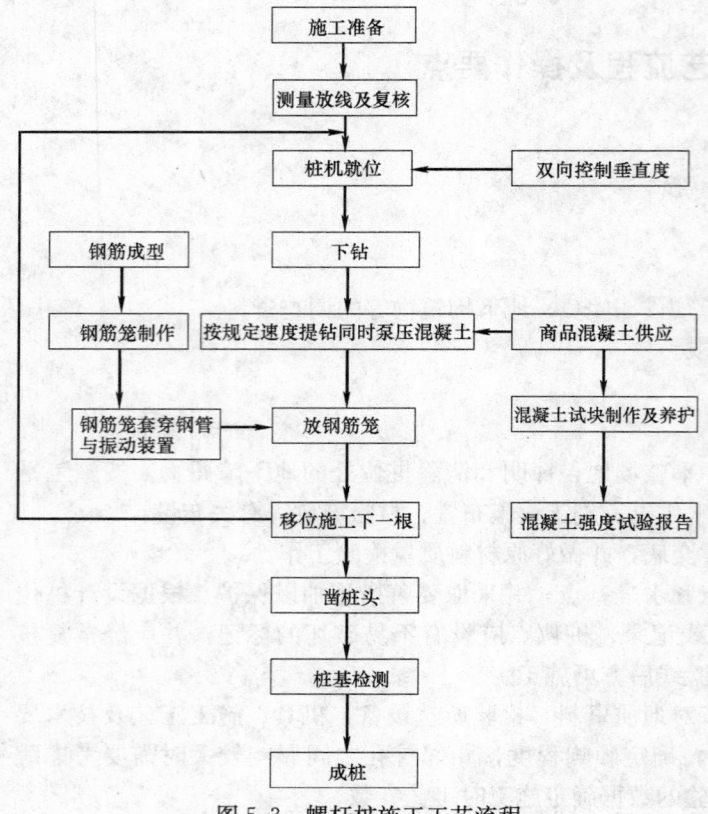

图 5.3　螺杆桩施工工艺流程

桩机就位后，应用桩机塔身的前后和左右的垂直标杆检查塔身导杆，校正位置，使钻杆垂直对准桩位中心，确保垂直度小于 1.0%桩长。

5.3.5　钻进成孔

钻孔开始时，关闭钻头阀门，向下移动钻杆至钻头触及地面时，启动马达钻进。一般应先慢后快，这样既减少钻杆摇晃，又容易检查钻孔的偏差，以便及时纠正。在成孔过程中，如发现钻杆摇晃或难钻时，应放慢钻进速度，否则容易导致钻孔偏斜、位移，甚至使钻杆、钻具损坏。在钻孔的过程中桩机自控系统严格控制钻杆下降速度和旋转速度，使二者匹配。形成圆柱段时，要求钻杆每下降一个螺距，钻杆旋转二周以上，钻至螺杆桩直线段设计深度。形成螺纹段时，要求螺杆桩钻杆每下降一个螺距，钻杆旋转一周，钻至螺杆桩螺纹段设计深度。当遇有障碍物时应立即停钻，清除障碍物后再重新钻进。

5.3.6　反向旋转提升钻杆及泵送混凝土

螺杆桩成孔到达设计标高后，停止钻进，开始泵送混凝土，当钻杆芯管充满混凝土后，螺杆桩机反向旋转提升钻杆，提钻过程中自控系统应严格控制钻杆提升速度和旋转速度，顺着已形成的土体螺纹轨迹钻杆反向旋转，钻杆其旋转的转数和提升速度应保持同步和匹配，匀速控制提管速度，要求钻杆旋转一圈，钻杆上升一个螺距。与此同时泵送高压的细石混凝土迅速填充由于钻杆同步旋转提升所产生的螺纹段空间。当钻杆提升至螺纹段顶面的设计高度时，钻杆再次正向旋转或直接提升产生带圆柱空间，同时钻头泵出高压混凝土浇筑钻杆直接提升所产生的带圆柱空间，直至桩顶设计标高。

5.3.7　钢筋笼制作

1. 根据设计要求，计算箍筋用料长度、主筋分布段长度，将所需要钢筋调直后用切割机成批切好备用。由于切断待焊的主筋、架立筋、箍筋的规格尺寸不尽相同，注意分别摆放，防止错用。

2. 加工完的钢筋笼应分区堆放，并做好标记，防止错误使用。

3. 架立筋与主筋电焊牢固，在钢筋笼吊点处应加强，避免出现起吊时开焊。

4. 钢筋笼箍筋与主筋在每个交叉点处均应绑扎牢固。

5. 钢筋笼主筋连接应符合国家现行标准《混凝土结构工程施工质量验收规范》GB 50204—2002 的要求，按规定做焊接强度实验。

6. 钢筋在使用前，要抽样检验钢筋的机械性能，合格后方可使用。

5.3.8　钢筋笼套穿钢管与振动装置

钻孔同时，将振笼用的钢管在地面水平方向穿入钢筋笼内腔。确认钢管与专用振动装置连接良好，钢筋笼与振动装置用钢丝绳柔性连接。

5.3.9　安放钢筋笼

钢筋笼采用后置式安装。当钻头提至孔口时停止泵送混凝土，将钻头提出，安放钢筋笼。利用钻机自备吊钩，塔吊或吊车将钢筋笼竖直吊起，垂直于孔口上方，钢筋笼要保证居中安放，并在钢筋笼上安装振动器，把钢筋笼下端插入混凝土桩体中，采用不完全卸载方法，使钢筋笼下沉到预定深度。

固定后调整钢筋笼位置，使钢筋笼保护层满足《建筑地基基础工程施工质量验收规范》GB 50202的规定。钢筋笼沉放完成后，振动拔出钢管，放置地面。准备下一循环作业。

5.3.10 移位、施工下一根桩

对施工完成后的桩做好现场成品保护，重复以上步骤进行下一根桩的施工。

5.3.11 凿桩

所有螺杆桩达到一定强度后，用风镐凿除桩头浮渣，直到凿除到新鲜混凝土为止。

5.3.12 桩基检测

当螺杆桩应用于复合地基时，螺杆桩除了要进行动测检验外，复合地基还要进行静载实验检测。当螺杆桩用于独立承台时，螺杆桩不仅要进行单桩动测检验还要进行单桩静载实验检测。

6. 材料与设备

6.1 材料

6.1.1 螺杆桩固化剂宜选用强度等级不低于32.5级的普通硅酸盐水泥或矿渣水泥，所选用的水泥应有出厂合格证，不得受潮、过期。

6.1.2 混凝土用砂应选用粗砂或中砂，砂应质地坚硬、干净，若有泥块和杂质，使用前应筛除，其含泥量不得超过表6.1.2规定。

砂、石含泥量允许值　　　　　　　　　　　　　　　　　　　　　表6.1.2

材料品种	混凝土强度等级	含泥量（％）按重量计	泥块含量（％）按重量计
砂	C30 或 C30 以上	≤3.0	≤1.0
	C30 以下	≤5.0	≤2.0
石	C30 或 C30 以上	≤1.0	≤0.5
	C30 以下	≤2.0	≤0.2

6.1.3 粗骨料可选用卵石或碎石，石子应质地坚硬、耐久、干净，石子的质量应符合国家现行的《普通混凝土用砂石质量标准及验收方法》JGJ 52—2006。混凝土石子粒径宜采用5～25mm。针片状颗粒不大于10％。混凝土强度等级不应低于C25，施工过程中严格按照配合比下料，严格控制粉煤灰的掺入量，坍落度控制在18～20cm。混凝土宜采用早强混凝土，确保一周内混凝土强度达到设计值的100％。

6.1.4 混凝土应符合泵送混凝土的要求，粉煤灰应采用Ⅰ、Ⅱ级工业磨细粉煤灰。其他外加剂（如增强剂、缓凝剂等）可根据不同的使用要求适量掺入。外加剂的用量根据施工需要通过实验确定。

6.1.5 采用商品混凝土，混凝土罐车运送时，应根据运距、温度等条件预留混凝土坍落度损失量。

6.1.6 钢筋的级别、直径必须符合设计要求，有出厂证明书及复试报告，表面应无老锈和油污。

6.2 主要机具设备

主要施工机械设备配置一览表　　　　　　　　　　　　　　　　表6.2

序号	机械设备名称	规格型号	单位	数量	作业项目
1	螺杆桩机	BL-1BU 步履式直流动力桩机	台	1	钻孔施工
		LD-1 履带式直流动力桩机			
2	泵送混凝土机	60B泵或80泵	台	1	泵送混凝土
3	混凝土输送车	6m³	台	1	运送混凝土
4	电焊机		台		钢筋焊接
5	气割设备		台		钢筋加工
6	吊车		台	1	起重配合、钢筋笼吊装
7	经纬仪		台	1	测量放线
8	水准仪		台	1	测量放线

7. 质 量 控 制

本工法质量标准除按《建筑地基基础工程施工质量验收规范》GB 50202—2002、《钢筋焊接及验收规程》JGJ 18—2003、《混凝土结构工程施工质量验收规范》GB 50204—2002 执行外，还需按以下条文执行。

7.1 成桩质量检查主要包括成孔、钢筋笼制作和安装、泵压灌注混凝土等三个工序过程的质量检查。

7.2 桩使用的水泥品种、强度等级、砂、石料，掺入外加剂的品种掺量，必须符合设计要求。

7.3 对分供方原材料质量与计量、混凝土配合比、坍落度、混凝土等级等进行检查。

7.4 在灌注混凝土前，应严格按照有关的质量要求对已成孔的中心位置、孔深、孔径、垂直度、提升时的泵注压力、泵注管、钢筋笼安放的实际位置等进行认真检查，并填写相应质量检查记录。

7.5 泵料时，钻杆提升速度控制在 3.0m/min，严禁先提钻后泵料，确保成桩质量。

7.6 若施工中因其他原因不能连续灌注，须根据勘察报告和掌握的地质情况，避开饱和砂性土、粉土层，不得在这些土层内停机。施工中每根桩的实际灌注量与理论体积的比值即混凝土的充盈系数必须大于 1.2。

7.7 桩施工完成后，保护桩长不得小于 50cm。

7.8 钢筋笼制作应对钢筋规格，焊条规格、品种、焊缝长度、焊缝外观和质量，主筋与箍筋制作偏差等进行检查。

8. 安 全 措 施

8.1 施工现场临时用电需有施工组织设计或方案，并按《施工现场临时用电安全技术规范》JGJ 46—88 的要求进行设计、验收和检查。临时用电还要有安全技术交底、验收表及变更记录，健全安全用电管理制度和安全技术档案。

8.2 建立并健全项目安全生产保证体系，建立和实施安全生产责任制。编制和呈报安全计划、安全技术方案和安全措施，并认真贯彻落实。

8.3 逐级进行安全技术交底。技术交底针对性要强，并履行签字手续，保存资料。项目经理部质安员负责监督检查和落实，严格按照安全技术交底的规定和要求进行作业。

8.4 施工现场安全教育，包括定期教育及新工人（含民工）、变换工种工人、特种作业工人的安全教育。

8.5 桩机施工机械及起重设备，在地面上松软环境下施工时，场地要铺填碎石，平整压实。

8.6 施工过程中螺杆钻机较高，严防倾斜，移动时必须有人指挥。

8.7 施工人员的劳动时间不得过长，一般每天工作时间不超过 6h。

8.8 螺杆桩钻机司机应进行严格培训，严禁非专业司机操作。

8.9 做好防雪、防雨、防雷等应急准备。

8.10 对地上、地下的管线进行标识和安全保护，严禁施工过程中造成破坏。

9. 环 保 措 施

9.1 本工法严格遵守国家和地方政府下发的有关环境保护的法律、法规，将环境管理融入企业全面管理之中，加强对施工噪声、粉尘（扬尘）、废气、振动等的控制，减少固体废弃物对环境的污染及危害。

9.2 建立环境保护管理机构，设立专职环境检测及管理人员，全过程指导、布置和监控。

9.3 必须采取相应措施以使施工噪声符合国家环保总局颁发的《建筑施工场界噪声限值》GB 12523 要求。

9.4 施工机械操作人员按要求对机械进行维护和保养，确保其性能良好，严禁使用国家已命令禁止使用或已报废的施工机械。

9.5 实行环保责任制，保持施工区域和生活区域的环境卫生，及时收集各种生活、生产垃圾，按要求进行处理，生活污水经处理后方可排入市政污水系统。

10. 效 益 分 析

螺杆灌注桩利用自身的特殊结构和独特的施工方法使桩身的沉降变形大为减小，承载力明显提高。同条件下与普通的直杆灌注桩相比，可缩短桩长，减少桩径和桩的数量，从而显著地降低工程成本，节省工程造价。该施工方法在钻孔过程中噪声低、振动小，成孔和浇筑混凝土的过程一次完成，排除了大量的泥浆处理和运输的工作，从根本上避免了由此对施工现场和周边环境的污染，是一种环境保护型的绿色施工方法。螺杆灌注桩的实验和生产实践证明，该技术具有较好的社会效益和经济效益。

效 益 分 析 表 10

效益\桩型	螺杆桩	长螺旋灌注桩	普通灌注桩	桩	
				静压	捶击
承载力	≥预制桩	一般	一般	大	大
成桩速度	≥60m/h	≥60m/h	<6m/h	≥60m/h	≥60m/h
整体沉降	很小	较大	较大	较小	较小
施工对土体的适应性	穿透力强	穿透力弱	穿透力弱	不适用于密实性的砂层、含石量大于 20% 的土层、强风化岩层	不适用于密实性的砂层、含石量大于 20% 的土层、强风化岩层
造价比	低	高	更高	较高	较高
工作噪音	工作噪声小，可 24h 作业	无（<50dB）	有（≥50dB）	无（<50dB）	有（≥50dB）
泥浆污染	不取土、无泥浆	取土、泥土外运	有泥浆、泥土外运	不取土、无泥浆	不取土、无泥浆
对周边建筑物的影响	极小	无	适中	挤土明显对周边建设物造成影响，造成不均匀沉降	挤土明显对周边建设物造成

11. 应 用 实 例

洛阳市中侨铭秀 1~5 号楼工程基础施工采用了新型螺杆灌注桩施工工法，该工法解决了普通直杆灌注桩沉降变形大、成桩质量不稳定、工艺复杂、时间周期长等施工中的技术难题。该工法施工工序简单，施工噪声小，施工进度快，成桩质量好，与传统的长螺旋灌注桩相比节省投资 16 万元。具有明显的社会效益和经济效益。

长信南苑一期 1—1—1~4 公寓由 6~8 层群楼及商业街组成，地基处理补强占地面积 3200m²，对原强夯地基采用螺杆桩进行补强，设计桩径 420mm，总桩数 498 根，施工总延长米 6063m，桩长 10~15m 不等，以进入持力层进行控制，单桩承载力标准值为 350kN。本工程应用螺杆桩技术提高了施工功效、无污染、节省投资 15 万元，工程应用效果良好。

丽园春晓商住小区占地面积 13333.4m²，住宅类型为普通住宅。采用螺杆桩技术解决了普通直杆灌注桩沉降变形大、成桩质量不稳定等难题。经静载和动载实验检验达到设计要求节省投资 20 万元，工程应用效果较好。

预应力混凝土管桩快速接头施工工法

GJYJGF009—2008

广州市建筑集团有限公司　广州市红棉干挂石工程有限公司

李慧莹　黄浩　李均尧　钟肇鸿　邓迎芳

1. 前　　言

预应力混凝土管桩焊接接桩普遍存在以下缺陷：工序耗时多，效率低；接桩容易产生焊接不牢固、局部焊缝不饱满、高温焊缝遇水产生脆裂等质量通病，质量受人为因素影响，对焊工技能要求高；施工受到天气和环境的影响，不宜在冬、雨期和地下水、地基土对桩身混凝土、钢筋有中等腐蚀的环境下施工。

在工程实践中遇到冬、雨期施工，或淤泥层厚等不良地质，采用传统的焊接方法产生了不同程度的困难，为此发明了一种技术先进合理的新型接桩方法：预应力混凝土管桩快速接头施工工法。

该工法是采用"机械齿块啮合"的原理，通过带锯齿形的连接销与藏于连接槽内带有反向锯齿型的钢销板，利用弹簧的伸缩紧固将两者相互啮合，从而将两节桩连成整体的新型接桩工艺。可以适应各种施工环境条件，符合节能环保要求，有较好的经济效益、社会效益和环保效益。在科技成果鉴定中，广东省建设厅专家组一致认为快速接头属国内首创，达到国内领先水平，该成果于2002年获得了国家专利（专利号：ZL01242909.0），2007年被评为广东省省级工法。

2. 工法特点

2.1 机械接头施工可排除人为因素的干扰。采用机械连接，易操作，对工人的技术水平要求不高，一般工人实践后即可操作，质量易保证。

2.2 机械接头不受天气条件的影响和限制，在冬、雨期也可施工，且质量可靠稳定。

2.3 接桩时间短，速度快。机械接头不用施焊无需停歇，缩短了连接时间，加快了施工进度，缩短了工期。

2.4 防腐能力强、耐久性好。该接头所有零件都经过镀锌、施工时使用沥青涂料，镀锌层厚度较大，能在恶劣环境中长期使用，其防腐能力远远大于焊接接头表面涂防腐漆。

3. 适用范围

本工法适用于承受竖向压力或抗拔的预应力混凝土管桩（锤击和静压施工）接头连接，冬、雨期和地下水、地基土对桩身混凝土、钢筋有中等腐蚀环境下施工的管桩基础应优先采用机械接头连接。

4. 工艺原理

采用"机械齿块啮合"的原理，用带锯齿形的连接销插入预埋在桩端端头钢板的连接槽中，连接销与藏于连接槽内带有反向锯齿型的钢销板通过弹簧的伸缩紧固，将两者相互啮合，从而将两节桩连成整体，它不仅能可靠的传递压力，还可以承受弯矩、剪力和拉力。

5. 施工工艺流程及操作要点

5.1 管桩机械快速接头施工工艺流程

管桩机械快速接头施工工艺流程见图 5.1。

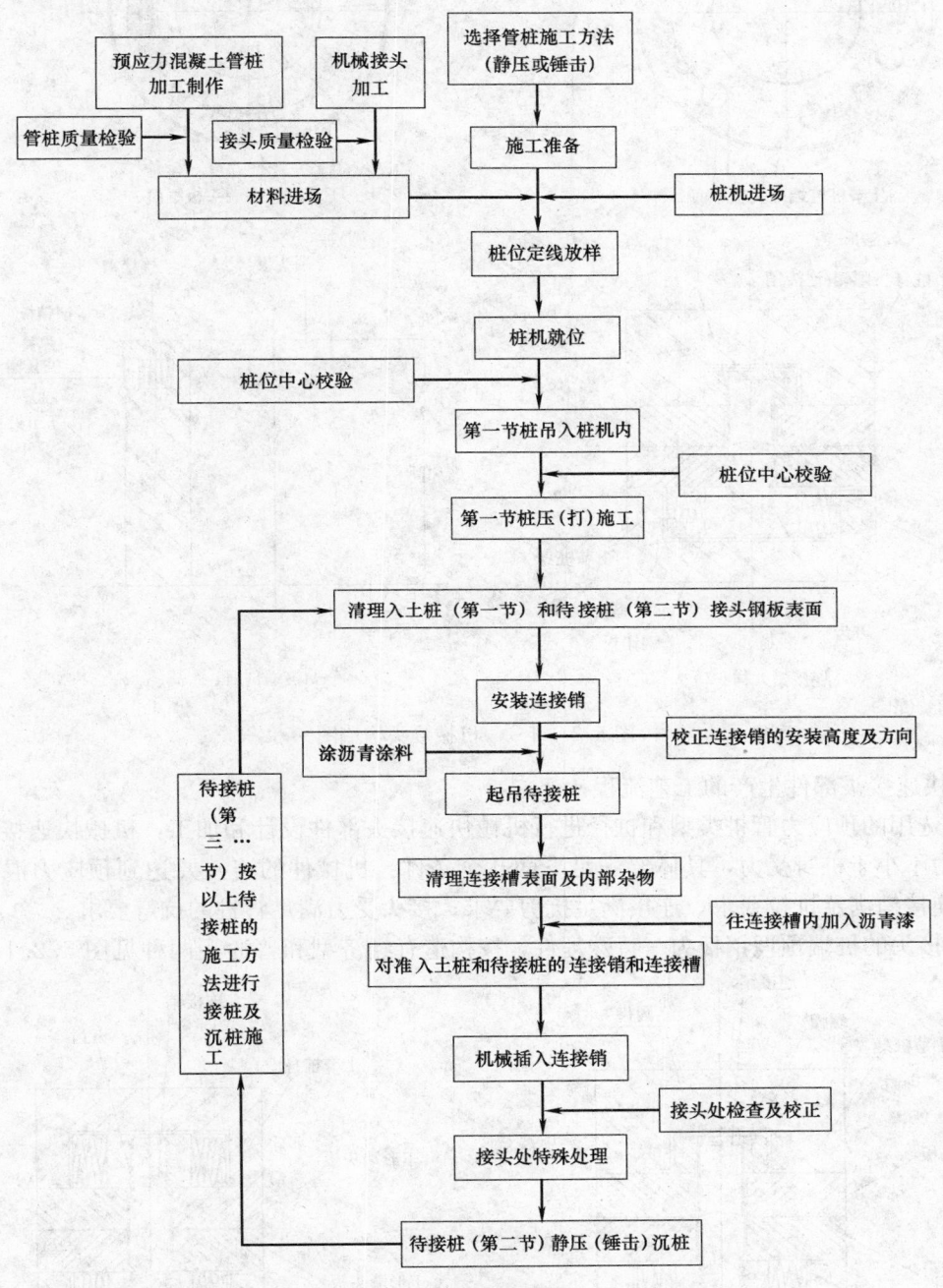

图 5.1 管桩机械快速接头施工工艺流程

5.2 操作要点

5.2.1 机械快速接头部件加工工艺流程

1. 机械接头的构造

机械接头是在管桩桩端每个接头的预埋钢板上,均分焊接数个接桩用的连接槽,内藏钢销板和压力弹簧,机械接头的构造见图 5.2.1-1。

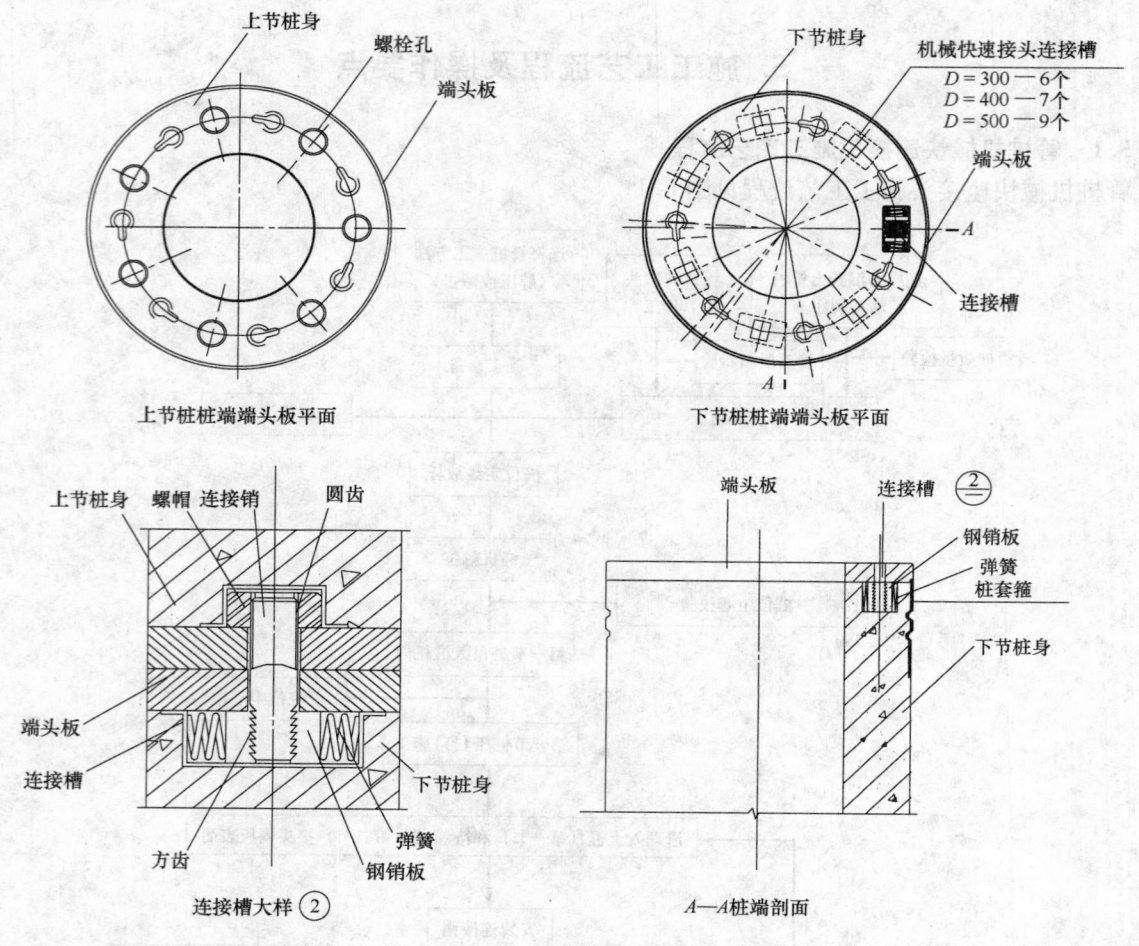

图 5.2.1-1　机械接头构造图

2. 机械快速接头部件生产的工艺流程

1）根据选用的预应力管桩类型和桩径进行机械快速接头部件设计和加工，机械快速接头的设计原则是接头受力不小于桩身受力，具体要满足下面几个条件：机械件的连接要达到预应力混凝土管桩的受力要求；连接销满足抗拉要求；连接满足抗剪要求；接头受力满足管桩的抗弯要求。

2）快速接头的桩端预埋钢板为一特殊埋件，按构造有经济型和普通型两种见图 5.2.1-2。采用经

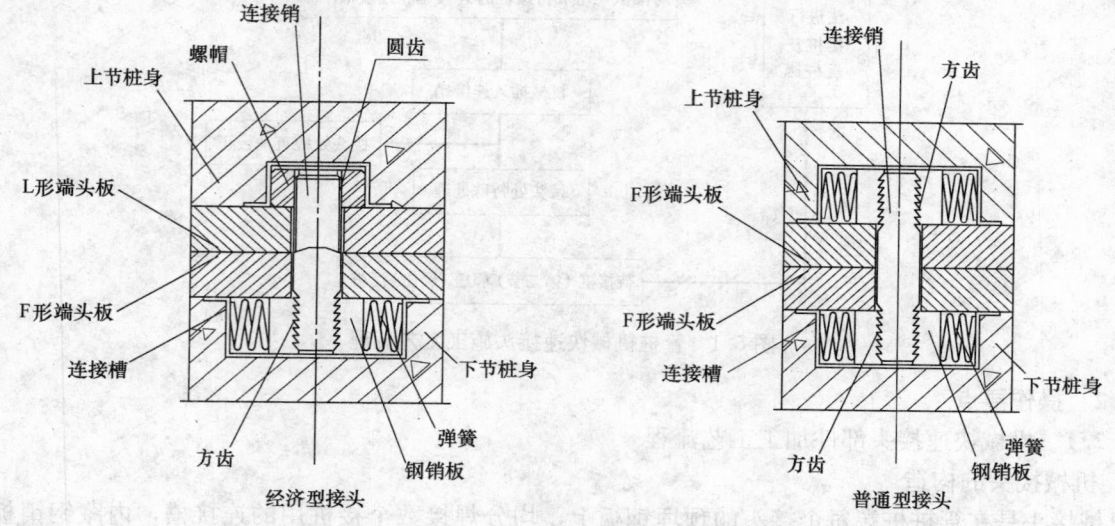

图 5.2.1-2　经济型和普通型接头构造图

济型机械接头的预应力管桩，其接头处的特殊埋件分为 F 形（连接槽是齿结合式）和 L 形（连接盒是螺丝式）两种，采用普通型机械接头的预应力管桩，其接头处的特殊埋件只用 F 形。F 形特殊埋件设有连接槽和连接槽内带有钢销板及压力弹簧等部件，L 形特殊埋件则设有特别设置的螺栓连接盒，连接销为一端带方形齿牙，另一端带圆形丝牙的连接件。目前使用最普遍的是经济型接头。

3）机械快速接头部件生产的工艺流程见图 5.2.1-3。

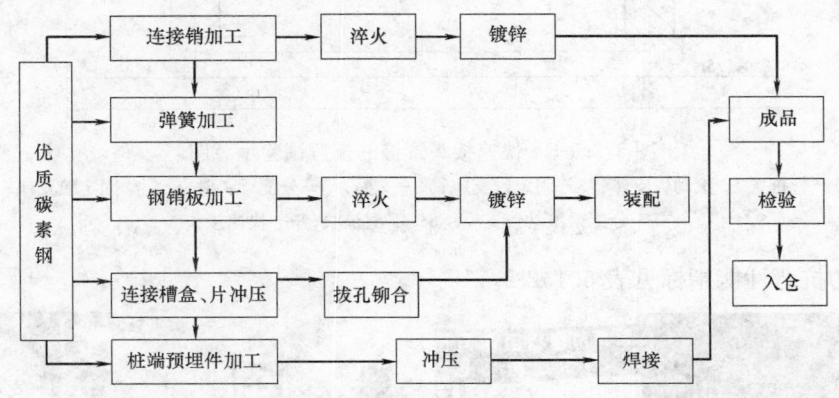

图 5.2.1-3　机械快速接头部件生产的工艺流程

图 5.2.1-4　机械快速接头零部件实物图

4）机械快速接头加工的尺寸和规格应符合表 5.2.1 的规定，并应符合 DBJ/T 15—22—98 的规定，接头零部件实物见图 5.2.1-4。

机械快速接头加工尺寸表　　　　　　　　　　　　　　　　表 5.2.1

管桩外径(mm)	端头板厚(mm)	桩套箍(mm)			连接销、孔数
		板厚	套箍高	套箍外径	
300	16	≥1.5	≥130	299	6
400	16	≥1.5	≥130	399	7～8
500	18	≥1.5	≥130	499	9～12
600	18	≥1.5	≥130	599	9～13

5）出厂质量检验

出厂质量检验按照 7.1.2 和 7.1.3 标准进行检验，抽检数量按每批次随即抽取 3 件，每批次数量应不少于 5000 件。硬度采用 HRC 硬度计进行检测，镀锌层厚度和电镀锌层厚度的检验按照 GB/T 2694—2003 和 GB/T 9799—1997 的规定进行，尺寸检验采用钢卷尺、钢直尺、游标卡尺等测量。

6）力学性能试验

接头力学性能试验主要是对接头进行抗弯性能试验，抗弯试验见图 5.2.1-5 及图 5.2.1-6 所示。

根据《先张法预应力混凝土管桩》GB 13476—1999 的规定：管桩接头处极限弯矩不得低于管桩的

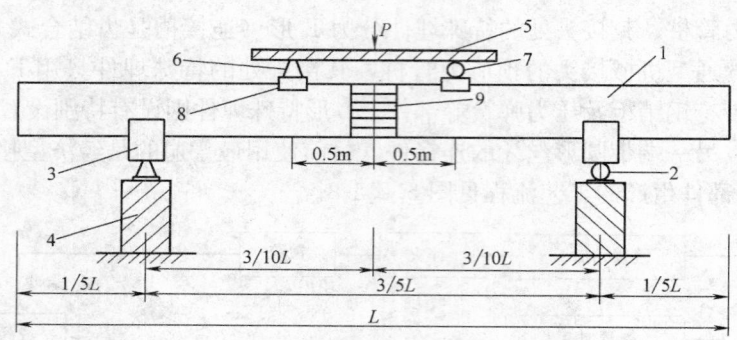

图 5.2.1-5　快速接头管桩的抗弯试验示意图

1—管桩；2—滚动铰支座；3—固定铰支座；4—支模；5—分配梁；6—分配梁固定铰支座；
7—分配梁滚动铰支座；8—U 型垫块；9—快速接头

极限弯矩，管桩的抗弯性能指标见表 6.1.2-2。

图 5.2.1-6　快速接头管桩的现场抗弯试验

5.2.2　预应力混凝土管桩加工制作

1. 根据设计要求选择管桩，并根据管桩的类型选择快速接头的桩端预埋件类型，目前使用较普遍的是采用经济型快速接头，然后进行管桩加工制作。

2. 采用经济型机械快速接头要编制配桩和加工计划，并注意桩端预埋钢板特殊埋件的型号，先行埋入桩接头处的桩端预埋钢板特殊埋件应用 F 形，后接桩接头处的桩端预埋特殊埋件应用 L 形，非接头处仍采用原桩端预埋钢板。采用普通型快速接头的桩端特殊埋件选用 F 形的特殊埋件即可，非接头处仍采用原桩端预埋钢板。一般采用的是经济型机械快速接头，配桩示意图见图 5.2.2。

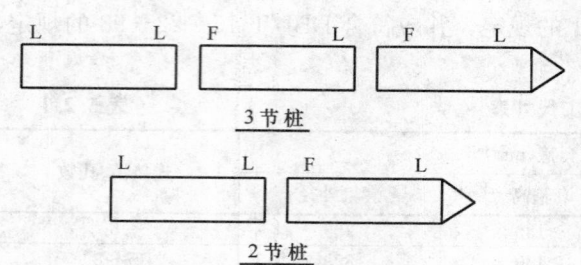

图 5.2.2　配桩示意图

3. 预应力混凝土管桩的尺寸验收

预应力混凝土管桩加工制作完成后需进行质量检验和验收，验收标准见表 5.2.2。

预应力混凝土管桩的尺寸验收表（mm）　　　　　　　　　　　表 5.2.2

项　目		允许偏差值	质检工具及度量方法
长度		$+0.7\%L$ $-0.5\%L$	采用钢卷尺
端部倾斜		$\leqslant 0.5\%D$	将直角靠尺的一边紧靠桩身，令一边紧靠端板，测其最大间距
外径 D	$\leqslant 400$	$+5$ -4	用卡尺或钢尺在同一断面测定相互的两直径，取其平均值
	$\leqslant 600$	$+7$ -4	

项　　目		允许偏差值	质检工具及度量方法
壁厚 t		正偏差不限 −5	用钢直尺在同一断面相互垂直的两直径上测定四处壁厚,取其平均值
保护层厚度		+10 −5	用钢尺,在管桩断面处测量
桩身弯曲度		$L/1000$	将拉线紧靠桩的两端部,用钢直尺测其弯曲处最大距离
端头板	平整度	2	用钢直尺一边紧靠端头板测其间隙处距离
	外径	0 −1	用钢卷尺或钢直尺、卡尺
	内径	±2	
	厚度	+0.3 −0.8	

5.2.3　选择管桩的施工方法

根据现场土质和周边环境的实际情况选择管桩的施工方法,主要有静压法和锤击法,因静压法施工具有无噪声、桩损耗低等优点,使用最为普遍。

5.2.4　施工准备

施工准备主要包括技术准备和材料、人力、桩机设备准备等。

1. 技术准备

1）根据要求,施工用水、用电由施工方根据业主提供的水源现场安装接通。

2）办理好开工前施工许可证和施工方案审批等相关手续,制定技术措施和质量责任制,形成完善的质量保证体系。

3）熟悉地质报告,详细调查场地及邻近区域内的地下及地上管线、地下障碍物,对可能影响施工的建（构）筑物进行彻底清理并制定、实施可靠的安全防护措施。

4）深入理解施工图纸及有关资料,组织有关单位会审图纸,明确掌握技术和施工要求。

5）编制详细的施工方案和施工进度计划。

2. 材料进场准备

预应力混凝土管桩和机械快速接头进场时需要出厂合格证、材料试验报告等质量证明文件,材料抽检送质量检测站进行质量检验。

材料运送到现场后应摆放整齐,管桩的堆放应保证场地的平稳,按规格、类型分别堆放,堆放时应设垫枕,机械快速接头应存放在干燥、通风的库房,离地面高度不少于150mm,不允许露天存放。

3. 桩机设备和人力进场准备

根据现场情况和施工要求,合理组织桩机设备、人力进场。

5.2.5　桩位定线放样

首先根据设计图纸进行室内计算,对甲方交付的高程点和控制点进行校核,并设置基准控制点,用木桩或混凝土礅对控制点进行保护,然后根据业主提供的控制点和桩位平面布置图放出桩位轴线,并对桩位第一次进行放样定位,清除桩位的障碍物后,对桩位进行第二次核定并自检,自检完成后移交业主和监理进行复验、验收。验收合格后须对放出的桩位做好标志并进行保护,用40cm长φ10钢筋在桩位位置打入土中,钢筋中上部用两道红绳绑扎牢固,留出约30cm长红绳在地面,或者在周围撒上白灰,施工时根据红绳和石灰即可找到精确的桩位,以防止错、漏施工,见图5.2.5-1~图5.2.5-3。

5.2.6　桩机就位

桩机就位前应对桩机施工范围内的场地铺上一层砖渣并压实,对高低不平地段可用推土机推平,场地内妨碍桩位部分的地下障碍物要清除干净,防止造成偏桩和沉桩困难。桩机就位时应对准桩位,保持桩机垂直稳定,确保在施工中不倾斜、移动。

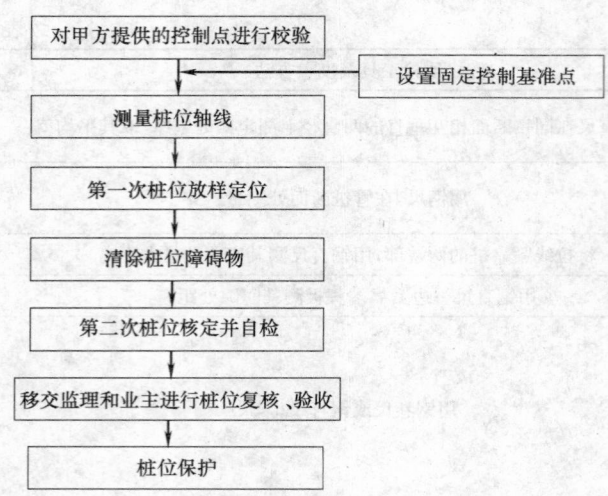

图 5.2.5-1　桩位定线放样施工工艺

5.2.7　第一节桩吊入桩机内

吊桩时吊点应符合设计要求，如设计无规定时，当待接桩桩长在 16m 内，可用一个吊点起吊，吊点位置应设在距桩端 0.293L 桩长处，且预应力混凝土管桩应达到设计强度 100% 方可起吊。起吊第一节桩时先拴好吊装用的钢丝绳及索具，然后启动油缸，调整桩机位置，使桩尖垂直对准桩位中心。

5.2.8　第一节桩压（打）施工

第一节桩压（打）施工时，桩机要求调到水平，沉桩时采用经纬仪在两个垂直方向校测，保证第一节桩的垂直度偏差不大于外径 D 的 0.5%。

图 5.2.5-2　控制点的保护图

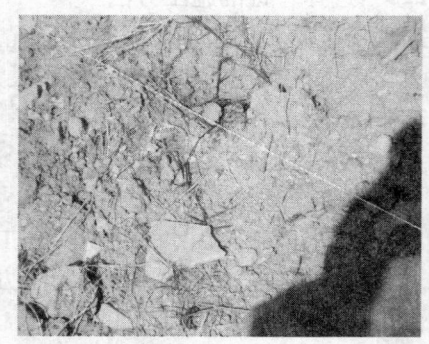

图 5.2.5-3　定桩位图

5.2.9　清理入土桩和待接桩接头钢板表面杂物

将待接桩和入土桩预埋钢板表面的杂物用钢丝刷清除干净。

5.2.10　安装连接销

在待接桩上安装连接销，对于使用经济型机械接头的管桩，将连接销对准待接桩连接销孔，在待接桩上用扳手旋入各根连接销（丝牙部分），使用普通型机械接头的管桩，将连接销对准待接桩连接销孔，在待接桩上用小锤轻轻打入各根连接销。连接销安装前，在连接销上面涂沥青漆，安装完成时应使连接销有一半的长度外露，外露部分高度应一致。连接销安装完成后应检查连接销的安装方向，校正连接销的安装高度，最后在外露连接销上涂沥青涂料，见图 5.2.10-1～图 5.2.10-2。

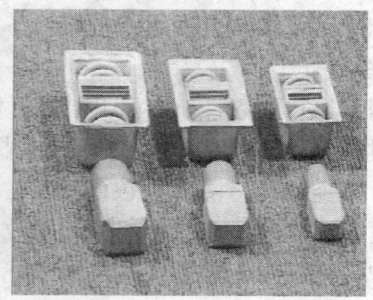

图 5.2.10-1　连接销实物图

5.2.11　起吊待接桩（图 5.2.11）

起吊待接桩时应先拴好吊装用的钢丝绳及索具，启动油缸，将待接桩吊入桩机内，然后调整桩身位置，使桩身中心初步对准入土桩的中心。

图 5.2.10-2　待接桩连接销安装示意图

5.2.12　清理连接槽表面及内部杂物（图 5.2.12）

当先行施工的桩入土外露 0.5～1.0m 时，用钢丝刷将入土桩各个连接槽（盒）的聚苯乙烯泡塑等杂物清理干净，并在入土桩的连接槽（盒）内倒入沥青漆。

图 5.2.11　待接桩现场吊装图

图 5.2.12　将沥青漆倒入连接盒示意图

5.2.13　对准连接销和连接槽（图 5.2.13）

由三个人配合进行对准，两个人用铁棍卡住待接桩，不让待接桩发生较大幅度的晃动，另一个人用手轻轻转动待接桩，使连接销与入土桩连接槽大致对准后，由两个人拿铁棍将待接桩位置固定，等待机械插入连接销。

图 5.2.13　连接销和下部入土桩连接槽对准施工图

5.2.14 机械插入连接销

启动桩机缓缓地将桩端各个连接销对准下部入土桩的连接槽后插入上部桩，使两节桩通过连接销的机械咬合而紧密连接起来。连接销安装到上节桩时涂沥青漆，然后对准已注入沥青涂料的连接槽，完成接驳。

连接销插入连接槽后需进行接头检查，主要检查上下节桩的中心偏移量、接头的缝隙、节点的弯曲矢高、桩身垂直度，具体的检查方法和允许的偏差见本工法第7.1.4节（工程质量控制标准），如果超过允许偏差，需进行校正后再进行下步工序。

5.2.15 接头处特殊处理

若管桩用作抗拔桩或地质条件为对桩身有弱和中等腐蚀性介质时，用机械啮合接头接桩时，连接销和连接盒内应涂上沥青漆，还需采用电焊封闭上下节桩的接缝。

5.3 劳动力组织

根据工程量和进度计划安排劳动力，以平衡流水和关键工序为主导组织施工，专业工种需有特种作业操作证及上岗证。以静压施工采用机械快速接头接桩方法为例，采用一台压桩机需要的人员见表5.3。

劳动力组织情况表　　　　　　表5.3

序号	岗位名称	人数	序号	岗位名称	人数
1	指挥	1	4	连接销安装工	2
2	机长（操作工）	1	5	电工	1
3	压桩工	4	6	合计	9

6. 材料与设备

6.1 材料

6.1.1 预应力混凝土管桩

根据设计图纸选用，常用截面尺寸直径30～60cm，长度6～15m，管桩用作摩擦桩或端承桩用途的不同，一般可选用A、AB、B型桩。

6.1.2 快速接头

机械快速接头主要由端头板、桩套箍、连接销、钢销板、接头盒、弹簧组成。

1. 机械快速接头各部件材质要求见表6.1.2-1。

机械快速接头各部件材质要求表　　　　　　表6.1.2-1

序号	材料名称	材质要求	特殊处理
1	端头板	碳素结构钢Q235	无
2	桩套箍	碳素结构钢Q235	热处理及镀锌处理
3	连接销	优质碳素结构钢45	热处理及镀锌处理
4	钢销板	优质碳素结构钢45	热处理及镀锌处理
5	接头盒	优质碳素结构钢08	热处理及镀锌处理
6	弹簧	优质弹簧钢65Mn或82B	热处理及镀锌处理

2. 机械接头的规格与预应力管桩外径相对应的主要技术性能见表6.1.2-2。

机械接头的规格与预应力管桩外径相对应的主要技术性能　　　　表6.1.2-2

管桩外径(mm)	型号(级)	GB抗裂弯矩(kN·m)	GB极限弯矩(kN·m)	连接销(条)	连接销单个轴向抗拔力(kN)	F形齿接合式端头板	L形螺栓式端头板
φ300	A	23	34	6	≥138	1	1
	AB	28	45	6	≥138	1	1
φ400	A	52	77	7	≥230	1	1
	AB	63	104	7	≥280	1	1
φ500	A	99	148	9	≥350	1	1
φ600	A	164	246	9	≥430	1	1

6.1.3 沥青涂料

沥青涂料对耐酸、耐碱、耐盐、耐水的性能均为优良，耐候的性能良好。通过在快速接头的预埋连接槽、端头板和连接销上涂抹沥青涂料，保证了快速接头在强腐蚀环境中也有很高的抗腐蚀性。

6.2 机具设备

采用的主要机具及设备见表6.2。

机具设备表 表6.2

序号	设备名称	设备型号	单位	数量	用途
1	液压桩机或锤击桩机		台	1	静力压桩或锤击桩
2	吊车		台	1	吊桩
3	运输载重汽车		台	2	运送预应力混凝土管桩和机械接头
4	钢丝绳吊索		根	1	起吊管桩
5	钢丝刷		把	2	清除杂物
6	手锤或扳手		把	2	安装连接销
7	水准仪	DSZ—30	台	1	测量开挖后的地面标高，指导送桩深度
8	经纬仪	DE2A电子经纬仪	台	1	配合水准仪测量和控制静压桩（锤击桩）全过程中桩身的垂直度
9	钢卷尺		把	1	测量上下接桩中心偏差
10	锤球		个	2	与钢卷尺配合测量垂直度偏差
11	游标卡尺		把	1	测量上下接桩接头处的间隙

7. 质量控制

7.1 质量控制标准

7.1.1 材料控制标准

1. 端头板、桩套箍材料应符合GB/T 700—2006的有关规定，材料的机械性能不得低于Q235的要求。

2. 连接销、钢销板材料应符合GB/T 699—1999的有关规定，材料的机械性能不得低于优质碳素结构钢45的要求。

3. 接头盒的材料应符合GB/T 699—1999的有关规定，材料的机械性能不得低于优质碳素结构钢08的要求。

4. 弹簧的材料应符合GB/T 699—1999的有关规定，材料的机械性能不得低于优质弹簧钢65Mn或82B的要求。

5. 预应力混凝土管桩的材料应符合国家产品标准《先张法预应力混凝土管桩》GB 13476—1999的规定。

7.1.2 材料热处理及表面处理控制标准

1. 连接销、钢销板经热处理，其硬度应为35～40HRC。

2. 弹簧的热处理硬度为45～50HRC，其他应符合GB/T 2089—1994的规定和设计图纸的要求。

3. 连接销、钢销板、弹簧表面镀锌，其镀锌局部最小厚度为20～35μm，平均最小厚度为25～45μm，其他应符合GB/T 2694—2003的有关规定。接头盒、定位片表面经电镀处理，应符合GB/T 9799—1997的有关规定，镀锌层厚度为5～8μm。

7.1.3 机械快速接头尺寸控制标准

1. 端头板尺寸允许误差应符合GB 13476—1999的规定（见表5.2.2）。

2. 接头零件加工精度应符合设计图纸，未注公差尺寸应不低于IT18的精度。

3. 连接销、钢销板的齿面磕碰伤痕深度≤0.5mm，伤痕面积≤15mm^2，同一面上不得多于三处。

4. 机械快速接头应符合国家标准图集《预应力混凝土管桩》03SG409的有关规定，并且应符合企业产品标准Q/（GZ）HM1—2001。

7.1.4 工程质量控制标准

1. 预应力混凝土管桩沉桩时，必须严格控制带桩尖的第一节桩入土时的垂直度，保证其垂直度偏差≤0.5%，用锤球和钢卷尺进行检验。

2. F形接头桩端预埋钢板必须与桩身垂直，端部倾斜允许偏差为0.5%桩径，用锤球和钢卷尺进行检验。

3. 机械快速接头连接的两管桩端头板叠合处，$\phi300$管桩允许间隙≤1.5mm，$\phi400$管桩允许间隙≤2mm，$\phi500$、$\phi600$管桩允许间隙≤2.5mm，用游标卡尺进行检验。

4. 上下桩节中心线偏差≤2mm，节点弯曲矢高≤0.1%桩长，且≤20mm，用锤球和钢卷尺进行检验。

5. 沉桩完成后桩身的垂直度≤1%，填写沉桩施工记录。

7.2 质量保证措施

7.2.1 在沉桩过程中，应经常观测桩身的垂直度，控制垂直度≤1%，当超出此偏差时，应及时找出原因并设法纠正，当桩尖进入较硬土层后，严禁用移动机架的方法强行扳正。

7.2.2 每一根桩应一次性连续压（打）到底，接桩、送桩应连续进行，尽量减少中间间歇时间。

7.2.3 接桩时入土部分管桩的桩头宜高出地面0.5～1.0m。

7.2.4 接桩后，如发现接头处有未贴合的空隙应插入镀锌铁片锲紧。

7.2.5 凡桩距≤2.5D，为防止距离较近产生的挤土效应，应采取跳压（或打）方式施工。

7.2.6 若管桩用作抗拔桩或地质条件对桩身有弱和中等腐蚀性介质时，连接销和连接盒内应涂上沥青漆，并采用电焊封闭上下节桩的接缝。

7.2.7 在复杂的工程地质条件下采用锤击法施工时，应采取桩头加设桩帽，严格控制管桩的贯入度，避免桩头处发生烂桩，并在沉桩的过程中时刻监测桩身的垂直度，保证垂直度在规范要求的范围内，避免产生较大的偏心弯矩使接头处发生断裂。

8. 安 全 措 施

8.1 严格遵守《建筑机械使用安全技术规程》JGJ 33—2001，遵守机械设备"三定"制度，即定机、定人、定岗位的制度。

8.2 认真贯彻"安全第一，预防为主，综合治理"的方针，执行安全生产责任制。施工现场应按照符合防雷、防触电等安全规定和安全施工要求进行设置，并设置各种安全标识。

8.3 定期或不定期由专职人员对桩机设备进行检查或抽查，主要检查安全保护装置及安全指标装置，杜绝事故隐患。

8.4 电气设备的金属外壳应采用接地或接零保护，电线电缆不准拖地敷设，施工现场临时用电必须符合《施工现场临时用电安全技术规范》JGJ 46—2005规定。

8.5 作业时应设围栏和标志，作业人员不得靠近桩机底座的升降部位，非作业人员要离开桩机10m以外。

8.6 接桩作业时，主机严禁其他动作（特别是松夹持器），避免伤人或接点倾斜变形。

8.7 吊桩就位时，起吊要慢，并拉住溜绳，防止桩头冲击桩架，撞坏桩身。吊立后要加强检查，发现不安全情况，及时处理。

8.8 将上下节桩的连接销与连接槽对准后，人员应离开接桩处，待人员离开一定距离才能机械插入连接销，避免机械伤到手等身体部位。

8.9 现场操作人员要戴安全帽，按规定穿戴劳动保护用品，不得穿硬底鞋和拖鞋。

8.10 建立完善的安全保证体系，确保作业标准化、规范化。

9. 环 保 措 施

9.1 保持施工场地材料堆放整齐有序，做到文明施工。

9.2 进场前对工人进行环境保护教育，制定严格的奖惩机制。

9.3 在工程施工过程中严格遵守国家和地方政府下发的有关环境保护的法律和法规，加强对设备、废水、弃渣的控制和治理，遵守防火及废弃物处理的规章制度，随时接受相关单位的监督检查。

9.4 详细调查场地及邻近区域内的地下及地上管线，对施工中可能影响到的各种公共设施制定可靠的防止损坏和移位措施，并加强施工过程中的监测、应对和验证。

9.5 对施工场地道路进行硬化，晴天对施工通行道路进行洒水，防止尘土飞扬，污染周围环境。

10. 效 益 分 析

10.1 现以广东省广州地区，用柴油锤桩机施打 φ400mm 管桩为例，列下表分析（表10）：

效益分析表

表 10

	快 速 接 头	焊 接 接 头
机械台班费	桩机台班数 2000 元/天。假设桩长 20m，每天打（14～16 条，取 14 条计算）"快速接头"桩的产量 20m×14 条/台班＝280m/台班 打桩台班费用：2000 元÷280m＝7.14 元/m	桩机台班数 2000 元/天。假设桩长 20m，每天打（8 条，取 8 条计算）"焊接接头"桩的产量 20m×8 条/台班＝160m/台班 打桩台班费用：2000 元÷160m＝12.5 元/m
人工费	200 元/人×6 人＝1200 元/台班 1200 元/280m＝4.29 元/m	200 元/人×6 人＋300 元/人×2 人（焊工）＝1800 元/台班 1800 元/160m＝11.25 元/m
管桩接头费用（焊接接头费用）	φ400 桩每套接头费用 170 元，170 元×1 个接头÷20m＝8.5 元/m	焊条、电费和焊机台班费（2 台）＝30＋2×130＝290 元/天。假设桩长 20m，每天打（8 条，取 8 条计算）"焊接接头"桩的产量 20m×8 条/台班＝160m/台班 打桩台班费用：290 元÷160m＝1.81 元/m
合计	共(7.14＋4.29＋8.5)元/m＝19.93 元/m	共(12.5＋11.25＋1.81)元/m＝25.56 元/m

综合效益：快速接头比焊接接头节省了 25.56－19.93 ＝ 5.63 元/m。

综合对照分析，通过使用快速接头技术，不用焊接接桩，可省掉焊接材料费和部分人工费用。而且提高了施工速度，缩短了工期，在同一施工面积内减少桩机数量的投入，可节约一笔可观的桩机进场费用，再加上新增效益，可见快速接头拥有价格可塑性和技术优越性。

10.2 采用预应力混凝土管桩机械快速接头施工时，无论采用锤击沉桩还是静压沉桩，均无污染，可免除焊接接头有毒气体、强光对操作工人的身体危害和减少有害气体对环境的污染，是绿色工程，当场地环境采用静压沉桩法时则无论白天还是夜间施工，周围环境的各种生产和活动能正常进行，环境效益明显。采用本工法，管桩的施工质量能得到保证，施工时更安全可靠，该工法推进了管桩施工的技术进步，社会效益明显。

11. 应 用 实 例

11.1 广州市城市假日园 A 座管桩基础工程（图 11.1）

该工程采用锤击桩，桩径 D＝400mm 的预应力管桩，桩身混凝土强度等级 C80，桩尖要求进入强风化岩不小于 500mm，桩长为 8～13m，单桩承载力特征值为 2200kN。该工程共 478 根，桩基础施工从 2003 年 11 月 18 日至 2003 年 12 月 21 日，工期比焊接法缩短了 8 天，经基桩检测，管桩全部合格，受到业主的好评。

图 11.1　广州市城市假日园 A 座锤击管桩现场施工图

11.2　广州市城市假日园 D 座管桩基础工程

城市假日园 D 座是二期工程，由广州市健康房地产开发有限公司，分别有 D、E 座，工程总建筑面积 67014m²，11～18 层不等，6 座主体结构均为 RC 框架结构。

D 座桩基础采用高强预应力混凝土管桩，总桩数 435 根，桩身混凝土强度为 C80，直径均为 500mm，最深桩长 21m，最浅桩长 15m，平均桩长约 18m。采用静压法施工，接桩采用机械快速接头工法，接头的形式采用经济型接头，先行埋入的桩接头处的桩端预埋钢板特殊埋件应用 F 形，后接桩接头处的桩端预埋特殊埋件应用 L 形，非接头处仍采用原桩端预埋钢板。

基础施工从 2005 年 2 月 5 日至 2005 年 3 月 21 日，共施工 45 天，采用焊接接桩需要工期为 50d，共缩短工期 5d，取得了较好的经济效益，经过广州建设工程质量安全检测中心提供的检测结果，桩基一次验收合格率达到 100%。

11.3　东方电气出海口基地三期工程联合厂房二土建工程

本工程使用静压桩基施工，地坪桩采用预应力高强混凝土管桩（PHC-AB），分为直径 600mm、500mm 两种，桩尖采用开口型钢桩尖（即 b 型桩尖）。持力层为全风化花岗片麻岩层，桩尖进入此层不小于 5m。直径 600mm 管桩单桩竖向承载力特征值 $R_a \geqslant 1900$kN，共计 659 根；直径 500mm 管桩单桩竖向承载力特征值 $R_a \geqslant 1450$kN，共计 5311 根。桩基础施工从 2008 年 9 月 26 日至 2009 年 1 月 20 日，由于淤泥层厚，管桩接桩很适合用机械快速接头。接桩采用经济型接头，每两节桩连接耗时 1～2min，节省了工期，降低了成本。管桩施工完成进行基桩检测，各桩桩身完整，管桩施工合格率达到 100%。

SMC 复合桩施工工法

GJYJGF010—2008

南通五建建设工程有限公司新疆分公司　重庆建工集团有限责任公司

邓亚光　葛加君　傅明　徐渊　潘华

1. 前　　言

水泥搅拌桩和微型振动沉管桩是两种常用、成熟的加固软土地基的施工方法，其单一桩型承载力较小，特别在有着暗河浜等软弱部位或软土地基比较深厚时加固效果往往会受到土质的较大影响，达不到设计要求，甚至出现质量事故。将以上两种施工桩型组合施工，形成低价高效、应用范围广、质量可靠的几种复合桩型：水泥土砂石复合桩；素混凝土劲芯或钢筋混凝土劲芯水泥土复合桩（或劲芯水泥土砂石复合桩）；在微型砂石桩中心复打素混凝土或钢筋混凝土（CFG）桩，形成劲芯砂石复合桩。从而避免了单一桩型的缺点，综合了以上桩型各自的优点，形成质量可靠，刚度、强度、密度好，单桩承载力高的复合桩型。可作为复合地基中的竖向增强体与砂石桩、水泥土桩形成多元复合地基，也可作为单桩使用。实践及研究表明：复合桩施工方便，造价低廉，对周围环境影响小，性价比高，因而有着广阔的应用前景。自 1999 年以来南通五建建设工程有限公司已经在新疆、江苏等地区的数十项工程中运用这一技术，进行软土地基加固、基坑支护、帷幕止水等方面的应用，取得了良好的经济和社会效益。《复合桩的施工方法》已获国家发明专利（专利号 ZL01108106.6 国际专利主分类号：E02D3/10），为进一步提高该技术的应用和推广，经江苏省建筑科学研究院有限公司、南京岩土工程技术有限公司、南京工业大学联合制定了江苏省工程建设推荐性技术规程《SMC 劲性复合桩技术规程》苏 JG/T 023—2007。在此基础上，编制了 SMC 复合桩施工工法，并获准为新疆维吾尔自治区级工法。

2. 工　法　特　点

2.1 单一桩型的特点

2.1.1 水泥搅拌桩（特别是粉喷桩）：施工简便、造价较低，有较大的桩表面积提供较大的侧摩阻力和端阻力，但因强度低，荷载传递深度小，一般仅为 $5\sim7D$（D 为单桩直径），而单桩承载力较低（尤其是在有暗河浜等软弱土层时），加上有些施工队伍素质低下偷工减料，事故频发，使这项获得国家科技进步奖并纳入规范的工法受到一些地区的建筑主管部门的质疑和"禁用"。

2.1.2 微型振动沉管桩————一般电机功率为 $11\sim22kW$，激振力 $80\sim150kN$，桩径 $220\sim280mm$，一台加长手扶自吊式拖拉机即可进出场，可形成挤密砂石桩、素混凝土桩和钢筋混凝土桩（加入钢筋笼、插筋或钢管）。其特点是施工简便，在较狭窄的或松软得其他大型桩机无法进场的场地内施工，造价低廉，振动、噪声也较小，经济技术效果较为显著。但砂石桩虽有挤密和加速土体固结的效果，因本身是散粒体，其作用受桩周土体的被动约束制约，荷载传递深度更小，仅为 $2\sim4D$，易发鼓胀破坏而承载力提高幅度较小。而刚性较高的素混凝土和钢筋混凝土微型桩和其他刚性桩相同，则因桩体表面积较小而提供较小的桩侧阻力和桩端阻力，在桩身材料强度未充分发挥时多因沉降过大而达到极限状态，造成桩身材料强度大部分被浪费，而单桩承载力不大（有暗河浜等软弱土层存在时，该桩型的强度和承载力受该软弱部位控制而承载力更小，甚至出现"负摩阻力"）。

2.1.3 因而以上两种工法形成的几种桩型单独使用时仅适合于地基承载力设计要求不高的软基加固。一般砂石桩复合地基承载力提高到原地基的 1.5 倍，水泥土桩和素混凝土桩可达 2 倍左右。

2.2 复合桩的工艺特点：将水泥搅拌桩和振动沉管桩两种工法相互结合，互为先后，且后一种工法在前一种工法形成的桩中心进行（或在砂石桩中心复打时填入素混凝土形成砂石劲芯复合桩），则可形成避免各自缺点，充分发挥各自优点，低价高效，地基承载力提高幅度可达 3 倍以上，并有较大可调性的几种复合桩型（如果用"S"表示柔性砂石桩，"M"表示半刚性水泥搅拌桩，"C"表示刚性混凝土桩（素混凝土、钢筋混凝土或 CFG 桩）：水泥土砂石复合桩（SM）、劲芯砂石复合桩（SC）、劲芯水泥土复合桩（MC 或 SMC）。

2.3 复合桩的构造及特点：

2.3.1 水泥土砂石复合桩（SM）

先在软基中施打振动沉管砂石桩（也可单纯为砂或石子，砂石比例视土质软硬确定，一般土质松软时石子比例较高）再在砂石桩中心施打水泥搅拌桩。一般水泥搅拌桩径为 500～700mm，砂石桩径为 220～280mm，水泥掺入量一般为 12%～15%，可根据工程用途、土质、加固目的调整桩长、桩距、桩径形成多种配比的复合桩体。还可由复合桩加桩间砂石桩及桩间土形成三元复合地基。（干法、湿法均可，视加固目的和土层含水量而定——一般如果土层含水量较高，需快速排水固结，提高竖向增强体强度，多用干法；如果要作基坑围护、消除湿陷或上部土层含水量较低时可用湿法）形成强度、密度、刚度均较高的水泥土砂石复合桩。

2.3.2 劲芯水泥土复合桩（MC 或 SMC）

在软基中施打水泥搅拌桩或水泥土砂石复合桩，在水泥未硬凝时施打素混凝土振动沉管微型桩劲芯（也可加钢筋笼或插钢筋、钢管形成钢筋混凝土劲芯）。该复合桩由水泥搅拌桩或水泥土砂石复合桩加劲芯两部分构成，一般搅拌桩径为 500～700mm，（如用湿喷，桩径可高达 900mm 以上）一般水泥掺入量 12%～15%，桩顶上部可提高 3%～5%掺灰，并复搅。桩长在 8～10m，劲芯桩径为 $\phi220～280mm$，C20～C30 可为素混凝土或 CFG，也可加入钢筋笼，插钢筋或钢管形成钢筋混凝土劲芯。一般劲芯长度略短于搅拌桩。要注意的是施工时一定要在水泥土硬凝前打入劲芯，否则会打裂水泥土体或偏斜到桩周土体中形不成理想的劲芯复合桩体。一般要求劲芯与水泥搅拌桩中心偏差小于 20m，且垂直度偏差应小于 1%。由于其刚性较高，且强度、工作特性接近刚性桩，素混凝土劲芯水泥土复合桩可作复合地基中的竖向增强体（既可作刚性桩复合地基，也可与复合桩间砂石桩、水泥土桩形成多元复合地基），钢筋混凝土劲芯水泥土复合桩可作刚性单桩使用，在承担竖向荷载的同时还有抗拔、抗弯、抗剪切作用，可用于偏心荷载作用下的建筑地基，也可用于基坑支护、挡土墙、边坡护坡等工程。

2.3.3 劲芯砂石复合桩（SC）

先在软基中施打振动沉管砂石桩，再在砂石桩中心施打劲芯桩（素混凝土、钢筋混凝土劲芯或 CFG 桩），形成劲芯砂石复合桩。该复合桩由砂石构成外芯，一般先打 $\phi280mm$ 的砂石桩（土层特别软弱时可复打），再在其中心施打 C20～C30 素混凝土或 CFG 桩，也可加入钢筋笼，插筋或钢管形成钢筋混凝土劲芯。要求劲芯与砂石桩的中心偏差小于 20mm，其垂直度偏差应小于 1%。素混凝土或无钢筋的 CFG 桩劲芯砂石复合桩形成复合地基中的竖向增强体，钢筋混凝土劲芯砂石复合桩可作刚性单桩使用。

3. 适 用 范 围

3.1 本工法适用于公用与民用建筑、高速公路路基、港口或水利电力工程、机场、堆场、储罐的软土地基加固及支坑支护、止水帷幕等。

3.2 本工法可适用于多种软弱土层的地基加固，如杂填土、冲填土、人工填土中的素填土、含少量建筑垃圾或少量有机质的杂填土、松散粉质土、砂质土、粉砂土、软黏土、湿陷性黄土、膨胀土等。

3.3 对于泥炭层、腐殖土或地下水有侵蚀性，地下水流过大或基坑开挖深度超过 10m 的工程应根据工程设计的要求，通过试验确定其适用性。

4. 工 艺 原 理

4.1 水泥砂石复合桩

4.1.1 挤密置换：一般先施打间距较小、桩径为 220～280mm，桩长达软弱土层底的砂石桩，对软基中较软弱的部位先行挤密加固（砂性土）和置换加固（饱和软黏土），提高该部位土体的密度和强度，使该软弱部位的承载力得到初次提高。再在部分砂石桩中心施打粉喷桩。而预留部分砂石桩构筑复合地基（基坑支护时多采用湿喷工法，不预留砂石桩）。

4.1.2 排水固结通道：

1. 施工中的快速排水通道：一般粉喷桩施工时，高压空气是从方形钻杆与搅拌圆孔之间排出。如果桩长超过 10m 和土质松软呈流塑状态紧裹钻杆使高压空气无法顺畅排出时，（有时也从刚施工好的附近桩体中心排出部分水汽），即使加大压缩空气的排量和压力，超孔隙水压力难以迅速消散，水泥粉难以顺畅排出，造成该部位桩体水泥掺入量较少，含有较多的气泡，强度较低的现象（在取芯检测时常会发现），而有了细而密的砂石桩作为排水排气通道后，会有大量软土中的水分在高压气体的作用和螺旋形叶片反转成桩时上部 10 多吨机械自重压力作用下被强制地从砂石桩中排出，（有薄层粉土或粉砂层与砂石桩贯通时更明显），还易在桩间土体中形成劈裂空隙，超孔隙水压力会快速消散，使水泥粉顺畅排出被土体吸附搅匀，经过全程复搅和压实使水泥与砂、石、土体均匀密实，在施工现场常见复合桩的桩顶会"陷落"，达 500mm 以上，这表明复合桩体在施工中被强制"受压密实"，复合桩体的主沉降在施工中完成，桩间软土经砂石桩和粉喷桩共同作用，在施工中快速排水固结，有效地减少了工后沉降和工后休止期。

2. 预留部分砂石桩构成长期排水固结通道：前述起"快速排水通道作用"的是粉喷桩施工时周围的全部砂石桩，当部分砂石桩被水泥搅拌桩复合后，复合桩间预留的部分砂石桩作为垂直排水通道与褥垫层中的砂石垫层（水平通道）形成排水系统，将会在上部工程施工及工后长期发挥作用。如果软土较厚，超过粉喷桩有效加固深度（一般为 10～12m）时，施打一定长度的砂石桩后再打粉喷桩，会提高其有效加固深度，使软基中的超孔隙水压力更易消散，并具有抗地震液化作用，取得良好的综合加固效果（湿喷施工时砂石桩同样有利于超孔隙水压力的消散）。

4.1.3 改善桩身颗粒结构，增强复合桩体密度：在砂石桩中心再施打水泥搅拌桩，相当于在水泥土体中又增加了 20%～30% 的粗粒骨料（如果砂桩直径为 280mm，而水泥搅拌桩桩径为 500mm 时，相当于掺入 31% 左右的骨料；如果桩径为 600mm 时，则相当于掺入了 22% 左右的骨料），由于粗粒骨料的比表面积小，吸附能力小强度高，起"骨架作用"。使"黏土基质"向"骨架结构"转变，改善土粒结构，增强复合桩体密度，从而大幅度提高桩体的强度和刚度。有资料表明当土中含砂量达 40%～60% 时，加固土强度达到最大值。在沿海淤泥质粉土中一般水泥土强度为 1.4MPa，而砂石水泥复合体强度高达 3～5MPa。具有较高强度和刚度的复合桩体在上部荷载作用下，其荷载传递深度也远远大于一般水泥土搅拌桩，其作用机理与强度较高的 CFG 桩相近。仅增加水泥掺入量（如掺入量大于 20%），会阻碍水泥的水化作用，易在桩头部位的粉喷桩体中心产生"烧心"现象（因水泥掺入量过高，地下水位较低，水泥硬化时产生的高温造成水泥土体强度降低的现象）。只增大水泥搅拌桩的置换率，桩间距过小又会造成"地面隆起"现象并产生"群桩效应"——单桩复合地基静荷载测试结果虚高，而实际复合地基承载力较低的现象。

4.1.4 改善桩间软土状态，构筑复合地基：软土经砂石桩和水泥桩综合加固，产生了排水固结、振密、挤密、压密、离子交换（在裂隙部位更明显），水分被水泥粉体吸附等综合作用，会产生含水量降低，密度、强度和压缩模量提高等物理力学指标改善的现象。在提供给复合桩较高摩阻力的同时承担更多的上部荷载，与砂石桩、复合桩共同构成强度较高，协调匹配的复合地基，同时避免了直接在软弱土层中打入刚性桩而产生的"负摩阻力"现象。

4.1.5　简化施工程序，缩短工期：对于较软弱土层（如回填土、冲填土、暗河、沟、塘等杂填土）存在的较复杂软基，采用砂石桩先行加固，再在部分砂石桩中心间隔施打水泥搅拌桩（如进行基坑支护可采用湿喷工法）。如用于提高承载力或土层含水量较高时采用粉喷桩工法，使该软弱部位的软土快速排水固结，并与砂石桩、复合桩形成承载力与周围较好土层接近或一致的复合地基，避免了在软弱土层采用开挖、回填好土再加固处理的繁琐工序，从而缩短工期，并减少工程费用。

4.2　劲芯水泥土复合桩（MC 或 SMC）

4.2.1　挤密挤扩作用：

1. 劲芯的打入能挤密水泥土体，增加水泥土体密度，而水泥土体干密度的增加可大幅度提高水泥土体的刚度和强度，能弥补粉喷桩中心软芯和减轻湿喷工艺的搅拌不均现象。

2. 产生挤扩作用：劲芯的打入还会挤扩周围水泥土体和桩周土体，使桩周土体的界面粗糙紧密，侧摩阻力大幅度提高，有资料表明复合桩的侧摩阻力是一般水泥搅拌桩侧摩阻力的 2~3 倍，高于桩壁平滑的管桩、方桩等刚性桩。在用于基坑支护的相互搭接的水泥搅拌桩的中心施打劲芯会使水泥搅拌桩外芯相互挤扩，产生相互"咬合"、"啮合"作用，大幅度增加了复合桩体的整体抗剪、抗渗能力。

3. 软弱土体中粉喷桩先行施工会改变土体的软弱状态，水泥土体会在劲芯打入时起到护壁作用，素混凝土劲芯一般不会发生"缩颈"现象。

4.2.2　改善荷载传递途径及深度：水泥搅拌桩主要受力范围一般在桩顶下 5~7D 范围内，而复合桩中由于劲芯的刚度和强度较高，在上部荷载作用下，应力会集中在劲芯部位，再由劲芯纵深传递到其侧壁和桩端的水泥土体，成倍地增大了荷载作用于水泥土体的面积而匹配水泥土体产生的较大侧摩阻力和桩端阻力。使复合桩全长范围内的侧阻力和桩端阻力充分发挥。

4.2.3　提高整体强度、刚度：复合桩的承载力不低于同体积的刚性桩，有钢筋笼或插筋及钢管存在时，因钢筋与混凝土、混凝土与水泥土间握裹力协调匹配，优于水泥土体直接与钢材之间的接触。复合桩体除了有较大的竖向承载力外还具有抗剪切、抗弯和抗拔能力。可用于基坑围护和边坡稳定工程。

4.2.4　劲芯桩身设计时据土质和设计要求调整混凝土劲芯直径、混凝土标号、长度和水泥搅拌桩的水泥掺量、直径、长度、施工工艺的调控使劲芯强度与水泥土强度协调匹配，充分发挥出复合桩体较大桩表面积提供的较高的桩侧摩阻力和桩端阻力，调控承载力的提高幅度。

4.2.5　构成复合地基：与桩间砂石桩、水泥土桩及桩间土构成多元复合地基，其中劲芯复合桩的作用可按刚性桩复合地基考虑。

4.3　劲芯砂石复合桩（SC）

4.3.1　砂石外芯的护壁作用：在砂石桩间施打素混凝土微型桩时，如果土质松软呈流缩和软缩状态，素混凝土微型桩常出现缩径和夹泥等现象。如果在已施工好的砂石桩中心复打时填入素混凝土形成劲芯，砂石桩外芯会挤密桩间土，形成较为坚硬的砂石土复合孔壁，起到较好的护壁作用，保证劲芯的直径和强度。

4.3.2　砂石外芯的排水作用：砂石桩的外芯可起到排水作用，可使施工中产生的超孔隙水压力迅速消散，不会产生直接施打混凝土桩，在附近桩中出现泛水、泛砂、冒浆等现象，保证素混凝土劲芯不出现"离析"现象。

4.3.3　砂石桩在起到护壁和排水作用的同时能改善劲芯与砂石桩、砂石桩与桩周土体的边界条件，桩周软土由于砂石及劲芯施工时的振动、挤密、排水固结作用，其密度、强度、承载力、压缩模量等物理指标会得到较大的提高，反过来提供较高的摩阻力。改变了在软弱部位直接施打混凝土小桩的"豆腐里插筷子"现象和"负摩阻力"现象。

4.3.4　素混凝土砂石复合桩可与桩间砂桩和桩间土组成三元复合地基，由于劲芯桩有较大的强度和刚度，能限制砂性桩和软土产生"鼓胀"和"剪切"破坏。钢筋混凝土砂石复合桩可起刚性单桩的作用，还具有抗剪、抗弯和抗拔的功能。

5. 施工工艺流程及操作要点

5.1 施工工艺流程

5.1.1 振动沉管桩工艺流程：桩机就位、调平→沉管→上料（如是砂石桩则加砂石料；如是混凝土桩则浇筑混凝土；如有钢筋笼则下钢筋笼）→边振边拔出套管→成型。

5.1.2 水泥土搅拌桩工艺流程：桩机就位、调平→预搅下沉至设计加固深度→边喷浆（粉）、边搅拌提升直到预定的停浆（灰）面→全桩长上下至少复搅一次→成型。

5.1.3 复合桩的工艺流程

1. 水泥土砂石复合桩（SM）：先打微型振动沉管砂石桩（S桩）→在砂石桩中心再施打水泥土搅拌桩（M桩）→形成水泥土砂石复合桩（SM桩）。

2. 劲芯水泥土复合桩（MC）：先打水泥土搅拌桩（M桩）→再在水泥土搅拌桩中心（水泥硬凝前进行施工）施打振动沉管灌注桩劲芯（C桩——可为素混凝土、钢筋混凝土、CFG小桩）→形成劲芯水泥土复合桩（MC）。

3. 劲芯水泥土砂石复合桩（SMC）：先打微型振动沉管砂石桩（S桩）→在砂石桩中心再施打水泥土搅拌桩（M桩）→形成水泥土砂石复合桩（SM桩）→再在水泥土砂石复合桩中心（水泥硬凝前进行施工）施打振动沉管灌注桩劲芯（C桩—可为素混凝土、钢筋混凝土、CFG小桩）→形成劲芯水泥土砂石复合桩（SMC）。

4. 劲芯砂石复合桩（SC）：先打微型振动沉管砂石桩（S桩）→在砂石桩中心再施打振动沉管灌注桩劲芯（C桩——可为素混凝土、钢筋混凝土、CFG小桩）→形成劲芯砂石复合桩（SC）。

5.2 操作要点

5.2.1 在施打砂石桩时可采用中粗砂作填料，如果土质十分软弱时可采用适当配比的砂石混合料，如果土质较软弱，施工下步桩型较易沉桩时可适当增大石子（石子粒径不得大于50mm）比例，也可采用5～20mm碎石。

5.2.2 在软弱土层施打砂石桩时常常会产生填料不易排出的现象，可采取以下措施：

1. 向管中的砂石料灌水。

2. 保证套管内的砂石料保持一定的高度。

3. 每段成桩长度不要过大。

4. 密振慢拔。

5. 打入较硬土层后再拔管。

6. 利用高压空气强制排料。

7. 实际砂石填料量不低于设计填料量的95％，以保证砂石桩体的连续性和完整性。

5.2.3 在砂石桩中心施打粉喷桩时如果软土层含水量较高，可能有大量的水分和气体从砂石桩中迅速排出，应在地表开挖排水沟和积水沟。复合桩体经排水、排气和桩机反转压密作用使桩体更加密实，可能出现复合桩体陷落。

5.2.4 在砂石桩中施打水泥土搅拌桩、在水泥土搅拌桩中心施打劲芯时或在砂石桩中心施打劲芯时易造成水泥搅拌头或振动沉管活瓣桩尖的磨损，应及时更换或补焊，特别是要保证搅拌桩钻头的直径。

5.2.5 要保证复合桩前后桩型的中心偏差小于20mm，垂直度偏差小于1％。

5.2.6 在水泥土或水泥砂石土搅拌桩中心施打劲芯时，一定要在水泥硬凝之前进行，如果施工间隔时间较长水泥土已经硬凝再施打劲芯时，会破坏水泥土外芯或劲芯偏倾到水泥土搅拌桩周的软土中，无法形成理想的劲芯水泥土搅拌桩。

5.2.7 在劲芯中插入钢筋、钢管或型钢时一定要在混凝土硬凝之前进行，并保证中心偏差小于

2cm，垂直度偏差小于 1%。

5.2.8 在砂石桩中心施打劲芯时由于桩径均较小，一般不移动桩机在原地复打劲芯，以保证劲芯与外芯的同轴度。

5.2.9 在砂石桩中心或粉喷桩中心施打劲芯时由于砂石外芯护壁或水泥粉体护壁作用，一般劲芯施工时不易发生"缩颈"或"拒落"现象。而在湿喷桩中心施工时可能发生以上现象，可采用预制桩尖、翻插、密振慢拔、混凝土封底等措施，并在桩头部位进行"振动加压"措施，确保混凝土的充盈系数不小于 1.1，保证桩体连续性和完整性。

6. 材料与设备

6.1 材料

6.1.1 砂石料：采用中粗砂和碎石，含泥量不得大于 3%，不得含有草根、垃圾等有机杂质，碎石的颗粒级配良好，粒径为 20～50mm。

6.1.2 水泥：采用强度等级不低于 32.5 级的普通硅酸盐水泥，水泥应有出厂日期、质量合格证，并进行材料复试，合格后方可使用。

6.1.3 CFG 桩材料要求：粉煤灰要求采用 Ⅱ 级和 Ⅱ 级以上的干排粉煤灰。石屑要求粒径 2.5～10mm，杂质含量小于 5%。水泥、粉煤灰、碎石混合料的配合比相当于抗压强度为 C1.2～C7 的低强度等级混凝土，密度大于 2.0t/m³。

6.1.4 水泥搅拌桩外加剂、掺合料要求：掺入量应由试验确定。外掺料可用木质素磺酸钙、石膏、三乙醇胺、粉煤灰等。

6.1.5 素混凝土劲芯材料：要求采用的混凝土强度等级不低于 C20，素混凝土坍落度宜为 60～80mm，配筋混凝土坍落度为 80～100mm。

6.1.6 钢筋：按设计要求并应有出厂质量保证书，按有关标准取样做机械试验，合格方可使用。

6.2 机械设备

6.2.1 微型振动沉管桩的机械设备：

1. 振动沉管桩机一般采用步履式桩架，其电动振动锤的型号、技术参数和套管直径。见表 6.2.1。

振动沉管桩机主要参数表   表 6.2.1

型号	电机功率（kW）	偏心力矩（N·m）	偏心轴转速（r/min）	激振力（kN）	空载振幅（>mm）	容许拔桩力（<kN）	桩锤振动重量（≤kN）	沉管外径（mm）
DZ11	11	36～122	600～1500	49～92	3	0.60	18.00	220
DZ15	15	50～166	600～1500	67～125	3	0.60	22.00	220～273
DZ22	22	73～275	500～1500	76～184	3	0.80	26.00	220～273
DZ30	30	100～375	500～1500	104～251	3	0.80	30.00	273～325

2. 常用振动管桩机的其他机具：混凝土搅拌机、运输机械、钢筋加工机械及一般工具：铁锹、手推车、计量器具（磅秤、量斗）。

6.2.2 水泥搅拌桩的机械设备主要技术参数见表 6.2.2-1、6.2.2-2、6.2.2-3。

水泥浆喷机械技术参数汇总表   表 6.2.2-1

水泥系深层搅拌机类型		SJB-30	SJB-40	GZB-600	DJB-14D
深层搅拌机	搅拌轴数量有限	2(φ29mm)	2(φ29mm)	1(φ29mm)	1
	搅拌叶片外径/mm	700	700	600	500
	搅拌轴转速/r·min⁻¹	43	43	50	60
	电动功率/kW	2×30	2×40	2×30	1×22

续表

水泥系深层搅拌机类型		SJB-30	SJB-40	GZB-600	DJB-140
起吊设备	提升能力/kN	>100	>100	150	50
	提升高度/m	>14	>14	14	19.5
	提升速度/m·min⁻¹	0.2~1.0	0.2~1.0	0.6~1.0	0.95~120
	接地压力/kPa	60	60	60	40
固化剂制备系统	灰浆拌制台数×容量/L	2×200	2×200	2×500	2×200
	灰浆泵/L·min⁻¹	HB6-350	HB6-350	AP-15-B281	UBJ₂33
	灰浆泵工作压力/kPa	1500	1500	1400	1500
	集料斗容量/L	400	400	180	
技术指标	一次加固面积/m²	0.71	0.71	0.283	0.196
	最大加固深度/m	10~12	15~18	10~15	19.0
	效率/m·台班⁻¹	40~50	40~50	60	100
	总质量/t	4.5	4.7	12	4

GPP-5 型粉体喷射搅拌机技术性能表　　　　　　　　　　　　表 6.2.2-2

粉喷搅拌机	搅拌轴规格/mm	108×108×(7500+5500)	Yp-1 型粉体喷射机	储料量/kg	2000
	搅拌翼外径/mm	500		最大送粉压力/MPa	0.5
	搅拌轴转速/r·min⁻¹	正(反)28,50,92		送粉管直径/mm	50
	转矩/kN·m	4.9,8.6		最大送粉量/kg·min⁻¹	100
	电动功率/kW	30		外形规格/m	2.7×1.82×2.46
起吊设备	井架结构高度/m	门型-3 级-14m	技术参数	一次加固面积/m²	0.196
	提升力/kN	78.4		最大加固深度/m	12.5
	提升速度/m·min⁻¹	0.48,0.8,1.47		总质量/t	9.2
	接地压力/kPa	34		移动方式	液压步骤

PH-5A、PH-5B、PH-7 粉体喷射搅拌机技术性能表　　　　　　表 6.2.2-3

项目＼型号参数	PH-5A	PH-5B	PH-7
地基加固深度(m)	14.5	18	20
在桩直径(mm)	500	500	500-700
转速(r/min)	18、40、61、90、134	18、40、61、90、134	18、40、61、90、134
最大扭矩(kN·M)	18	18	18
提升速度(m/min)	1.96 1.32 0.9 0.6 0.27	1.96 1.32 0.9 0.6 0.27	1.96 1.32 0.9 0.6 0.27
钻杆规格(mm)	□114×114	□114×114	□114×114
纵向单步行程(m)	1.2	1.2	1.2
横向单步行程(m)	0.5	0.5	0.5
接地比压(kPa)	<27	<27	<27
灰罐容量(m³)	1.3	1.3	1.3
贮气罐(m³)			
空压机排量(m³/min)	1.6	1.6	1.6
主电机功率(kW)	37	37	37
发送器电机(kW)	1.5	1.5	1.5
油泵电机(kW)	4	4	4
空压机电机(kW)	13	13	13
整机重量(kg)	9500	9500	9500

6.2.3 每个作业队机械设备配置合理数量

1. 振动沉管桩机、水泥搅拌桩机机械及设备各一台套。
2. 其他仪器及工具：水准仪、经纬仪、靠尺各一套，长尺、标尺、试模十套（打劲芯时用）。

7. 质 量 控 制

7.1 SMC复合桩施工工法是振动沉管工法和水泥搅拌桩工法的复合运用，执行的主要规范和规程有：

1. 《建筑地基基础设计规范》GB 50007
2. 《地基与基础工程施工及验收规范》GB 50202
3. 《建筑安装工程质量检验评定统一标准》GBJ 300
4. 《建筑地基处理技术规范》JGJ—79
5. 《建筑桩基技术规范》JGJ—94

7.2 施工质量检验

7.2.1 复合桩竣工验收时承载力检验应采取复合地基载荷试验和单桩载荷试验。载荷试验必须在桩身强度满足试验荷载条件时，并宜在成桩28d后进行。检验数量为桩总数的0.5%～1%，且每项单体工程不应少于3点。

7.2.2 对相邻桩搭接要求严格的工程，应在成桩15d后，选取数根桩进行开挖，检查搭接情况。

7.2.3 基槽开挖后，应检验桩位、桩数与桩顶质量，目测检查成桩直径、搅拌桩的搅拌均匀性，劲芯的外观质量，如不符合设计要求，应采取有效补强措施，达到设计要求。

7.2.4 劲芯的混凝土强度等级应作试块测试。

8. 安 全 措 施

8.1 桩机操作人员上岗前必须进行安全培训，特殊工种如：电工必须持证上岗，临时工只准做辅助工作，送灰工、班长、机长必须熟悉机械性能、操作熟练，能排除故障并能进行机械维修与保养。

8.2 作业人员要严格遵守劳动纪律，履行自己的岗位职责。

8.3 作业人员进入施工现场必须穿戴劳动保护用品，上机架时必须系好安全带，送灰工在清除水泥粉体或浆体堵塞应戴防护眼镜，防止高压粉体或浆体喷到眼中。

8.4 机架必须在平整、较硬的场地上施工，如果场地松软、施工中液化导致桩机不稳，应加垫枕木，确保桩机操作中不发生塌陷、倾斜。空压机应装调压阀和压力表。

8.5 桩机周围5m以内应无高压线路，作业区内应有明显标志或围栏，严禁闲人进入。

8.6 施工现场电器设备上壳必须保护接零、开关箱与用电设备实行一机一闸一保险。

8.7 卷扬机钢丝绳应经常处于油膜状态，防止硬性摩擦，钢丝绳的使用及报废标准应按有关规定执行。

8.8 施工时应遵守施工现场常规建筑安装工程安全操作规程及国家有关法规、规则、条例等。

9. 环 保 措 施

9.1 建立施工环境卫生管理体系，施工过程中严格遵守国家和地方关于环境保护的有关法律法规和要求。按《环境管理体系　要求及使用指南》GB/T 24001—2004标准组织施工活动。

9.2 施工中采用相应的措施减少噪声、振动、泥土飞溅及地基变形等现象，以降低对周边环境的影响。

9.3 合理布置施工现场，设置泥浆沉淀池、隔油池、车辆冲洗台。基础或基坑周围设挡水墙、外设排水沟，定期检查、清理杂物。

9.4 掌握周边地质及设施情况，预防成桩施工影响周边环境。

9.5 水泥搅拌桩有关施工作业人员采用个体防尘用具。

10. 效 益 分 析

10.1 质量：复合桩是两种常用的成熟工法结合或复合，综合了两种工法的优点，起到了相互补充和增强的作用，避免了单一桩型的缺点和不利因素，各自工法的施工、设计、监理、检测均有国家的规程规范，因而质量可靠。

10.2 工期：复合桩可以同时平行施工两种桩型，一般水泥搅拌桩每昼夜可施工350延米，振动沉管桩400延米，施工简便，速度快，工期短。如有局部暗河施工复合桩进行局部加强，可免除开挖、回填、再打桩的程序，大大缩短工期。砂石桩与粉喷桩结合施工时软土中大量水分和气体会迅速排出，再加上粉喷桩机反转时的压实作用，使主要沉降在施工中就已完成，预留在复合桩间的砂石桩与褥垫层形成具有良好排水条件的复合地基，可与上部建筑施工匹配协调，加速土体固结。也大大缩短工期和工后休止期，并可缩短测试时间间隔，因而大大缩短了总工期。

10.3 成本：砂石桩的造价约为220元/m^3，素混凝土造价为450元/m^3，水泥搅拌桩约为120元/m^3。在软土地区，复合桩的承载力不低于同体积的刚性桩，而造价仅为其一半左右，其经济效益十分明显。

10.4 由于微型振动沉管桩机的电机功率较小，其噪声和振动也较小，水泥搅拌桩更无噪声和振动，没有钻孔桩施工中的泥浆排污、夯扩桩的振动噪声、静压桩的挤土效应等不良环境问题，可以做到文明施工。

10.5 以本公司承建的伊宁市祥和房地产开发有限公司祥和佳苑1号2号住宅楼地基基础工程为例，作经济效益对比分析表10.5。

经济效益对比分析一览表　　　　　　　　　　　　　　　　　表10.5

序号	技术经济对比项目	钻孔灌注桩	预应力混凝土管桩	本工法工艺
1	工期(d)	100	60	40
2	桩体材料费(万元)①	58.98	38.87	17.89
3	打桩机械费(万元)②	10.25	12.78	8.81
4	打桩人工费(万元)③	2.89	2.55	3.42
5	桩基检测费(万元)④	6.5	6.5	6.5
6	①②③④费用总额(万元)	78.62	60.7	36.62

备注：伊宁市祥和房地产开发有限公司祥和佳苑1号2号住宅楼工程，框架结构6层，桩基础，2006年4月采用SMC复合桩工法施工，计施工约350根复合桩，桩基础合同价为51.68万元，节约程施工成本15.06万元，质量情况良好。

11. 应 用 实 例

11.1 应用实例1——伊宁市祥和房地产开发有限公司祥和佳苑1号2号住宅楼地基基础

伊宁市祥和房地产开发有限公司祥和佳苑1号2号住宅楼工程，框架结构6层，桩基础，2006年4月采用SMC复合桩工法施工，计施工约350根复合桩，节省工程施工成本15.06万元，质量情况良好。经济效益分析见表10.5。

11.2 应用实例2——伊宁市荣城房地产开发有限公司荣华宛二期1~4号住宅楼桩基础

伊宁市荣城房地产开发有限公司荣华宛二期1~4号住宅楼，框架结构7层，桩基础，2007年5月采用SMC复合桩工法施工，计施工约610根复合桩，节省造价23.82万元，且桩基础工程工期缩短了12d，质量情况良好。

11.3 应用实例3——徐州市阳光公寓项目桩基础

徐州市阳光公寓1~5号项目，6~7层，桩基础，2007年8月采用SMC复合桩工法施工，计施工约720根复合桩，节省造价30.23万元，且桩基础工程工期缩短了22d，质量情况良好。

高大建筑群中深基坑石方控制爆破施工工法

GJYJGF011—2008

中铁十四局集团有限公司　中国建筑第五工程局有限公司

宫海光　衡会　李新继　戴四化　赵炜光　彭小毛

1. 前　　言

随着城市地铁及其他地下工程建设的发展，往往会遇到在既有高大建筑群中进行爆破开挖施工的情况，如何确保工程周边建筑物和人员的安全，以及工程本身的安全，同时兼顾降噪、除尘等环保要求是施工面临的主要难题。

广州地铁三号线广州东站南站厅竖井工程位于广州火车东站站房、办公大楼、地铁一号线及铁城公司等高大建筑群中，开挖面积 $1030m^2$，开挖基底距地面 31.1m，周边紧贴各建筑物基础，个别区域为零距离，为深基坑石方控制爆破工程。

针对本工程的特点，中铁十四局集团有限公司于 2003 年设立科研课题，开展科技攻关，取得了"薄层剥离微震动爆破和弱扰动光面爆破技术"这一国际领先水平的新成果，于 2004 年 5 月通过了山东省科技厅鉴定，荣获 2004 年度中国工程爆破协会科技进步一等奖，2005 年度山东省科技进步二等奖。同时，形成了"高大建筑群中深基坑石方控制爆破施工工法"。

本工法在广州市轨道交通五号线西村站工程及动物园站工程等基坑爆破施工中得到了成功应用，取得了良好的经济效益和社会效益，推广应用前景广阔。

2. 工 法 特 点

2.1　采取以薄层剥离为特点的微震动爆破技术和以弱扰动为特点的光面爆破技术。

2.2　采用湿式凿岩、湿式爆破、湿式挖装、水草封堵及强防护等控制爆破技术。

2.3　可达到无飞石、无粉尘、弱扰动、弱冲击波、低噪声等环保标准，可实现繁华市区零距离条件下的绿色爆破施工。

2.4　根据不同地质条件、不同位置、不同爆破类型以及实时监测信息反馈情况，选取合理的爆破参数。

2.5　对比静态爆破和液压锤施工，该工法在同等情况下可明显缩短工期、节约成本。

3. 适 用 范 围

周边环境复杂、繁华市区既有建筑群中及类似条件下的露天基坑石方控制爆破施工。

4. 工 艺 原 理

4.1　采用分区、顺序爆破，首先掏槽创造临空面条件，进而依靠临空面，浅孔台阶逐层剥离控制爆破。掏槽采用钻机成孔，预留空孔做临空面、隔孔装药、孔内微差、间隔装药，孔外接力网络方法；采用小间距浅钻孔、小直径药卷、少装药量、非电毫秒雷管等措施，实现台阶薄层剥离微震爆破。采用预留光爆层，密排炮眼、间隔装药、微差起爆等措施，实现光面爆破。

4.2 采用湿式凿岩、湿式爆破、湿式挖装减少粉尘，水草封堵及砂袋、钢板、胶皮带等构筑覆盖层的强防护措施控制飞石、降低噪声。

4.3 根据跟踪监测实现信息化管理，不断优化爆破设计，调整爆破参数，使爆破影响始终控制在环保标准以内。

5. 施工工艺流程及操作要点

5.1 施工工艺流程（图5.1）

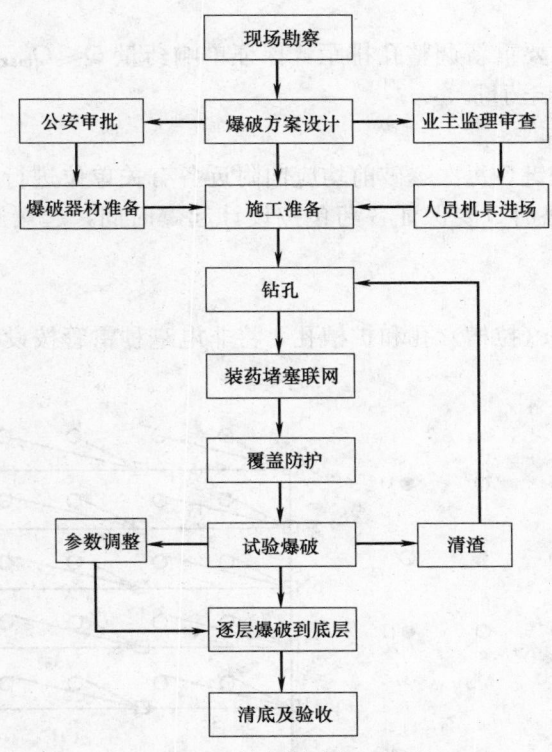

图5.1 控制爆破施工流程

5.2 爆破参数及控制

钻爆参数见表5.2。

钻爆参数表　　表5.2

爆破部位	爆破类型	台阶高度 H (m)	最小抵抗线 w (m)	孔距 a(m)	排距 b(m)	孔深 l(m)	单耗 k(kg/m³)
掏槽区	掏槽爆破	1.0	0.6～0.8	0.4～0.5	0.3～0.4	1.2	1.2～1.5
	浅孔台阶	1.0～1.8	0.6	0.8～1.0	0.6～0.8	1.2～2.0	0.30～0.35
薄层剥离区	浅孔台阶	1.6～1.8	0.6～0.8	0.8～1.0	0.6～0.8	1.8～2.0	0.25～0.30
光面爆破区	光面爆破	1.6～1.8	0.6	0.4～0.5	—	1.8～2.0	0.12～0.15

5.2.1 爆破参数说明：

1. 掏槽爆破：采用中心拉槽控制爆破来开挖临空面。选取位置钻凿12～15孔，孔深1.2m，孔距0.4～0.5m，先爆破矩形槽腔，为石方创造临空面。

2. 浅孔台阶控制爆破：沿槽腔向四周采用浅孔台阶控制爆破施工。可采用一层方法施工，孔深1.2m，当槽腔扩大4～5m时，进行下层拉槽，台阶高度选择1.6～1.8m，孔深1.8～2.0m。采用分层剥离法施工每次爆破排数不大于3排。

3. 光面爆破：光面爆破紧贴建筑物基础，采用预留光爆层法。开挖两层进行光面一次，光爆孔孔深一般为 1.8～2.0m，单孔或双孔微差起爆。

5.2.2 药量计算：

$$Q=Ka \cdot wH \qquad 或 \qquad Q=Ka \cdot bH \qquad\qquad (5.2.2)$$

式中　Q——单孔装药量（kg）；

　　　a——孔距（m）；

　　　b——排距（m）；

　　　w——最小抵抗线（m）；

　　　k——单位用药量。

计算后，当 $Q>Q_{max}$ 时，要重新调整孔排距，保证单响药量 $Q \leqslant Q_{max}$。以控制质点振动速度 $v \leqslant 2.5cm/s$。Q_{max} 为计算最大单响药量。

5.2.3 起爆网络设计：

起爆网络是爆破成败的关键。每次爆破前均应向附近各有关单位进行通报，因此准时起爆是爆破的重要工作。在设计爆破网络时，要保证各药包按设计起爆时间，起爆顺序全部起爆。起爆网络见图 5.2.3。

① 孔内微差起爆网络

对于起爆炮孔较少的掏槽（拉槽）孔和扩槽孔，将非电毫秒雷管按设计段数装入孔内，毫秒雷管采用跳段使用。

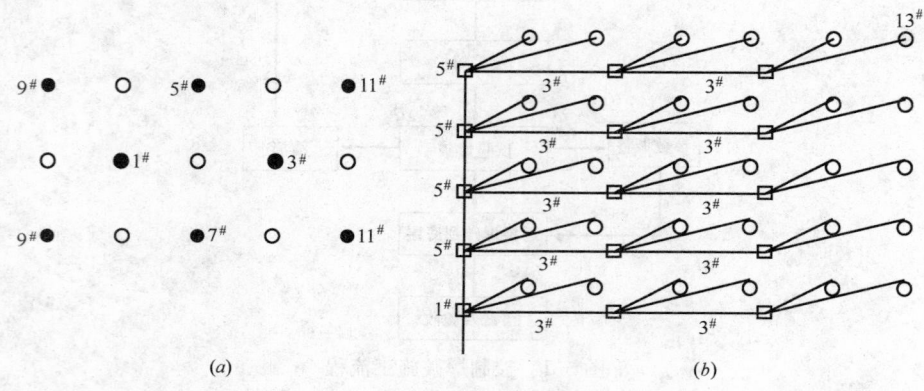

图 5.2.3　起爆网络图

（a）孔内微差起爆网络；（b）微差接力网络

② 微差接力网络，要增大一次起爆方量，加快施工进度需进行多炮孔起爆，将高段（10#～13#）雷管装入孔内，孔外采用低段雷管（2#、3#、5#）接力，达到孔外接力，孔内微差的目的。

5.2.4 装药和堵塞

当孔深 ≤1.2m 时，采取一层装药；当孔深 >1.2m 时，采取双层间隔装药；光面爆破采用分层间隔装药，空气间隔。装药结构见图 5.2.4。装药采用人工装药，装药时应注意严格按设计装药数量及装药结构装药，严禁多装药。

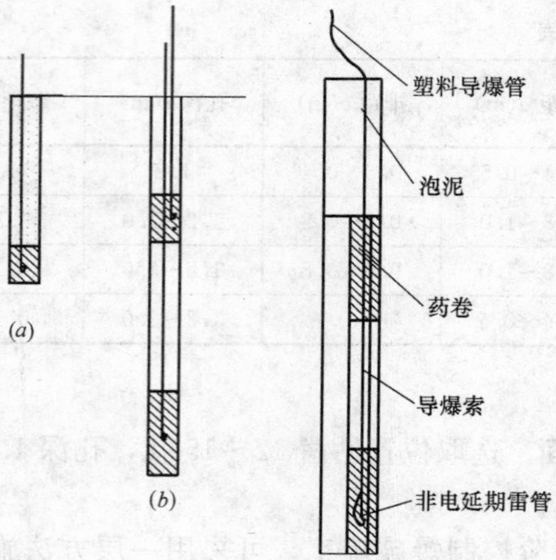

炮孔堵塞质量是保证爆破效果的关键，采用水草封堵方法进行。由于竖井开挖中有裂隙水流入，所以直接用水封堵，当孔内有水时，炸药易

图 5.2.4　装药结构图

（a）单层装药结构；（b）间隔装药结构；（c）不耦合装药结构

塑料导爆管

泡泥

药卷

导爆索

非电延期雷管

浮起，造成装药不到底产生根坎而影响爆破效果，水孔内加草封堵，可取得很好的爆破效果。

5.3 施工要点

5.3.1 爆破方法确定

采用分区、分层、分步从上向下逐层分步开挖爆破法。先掏槽爆破，掏槽采用钻机成孔，预留空孔做临空面、隔孔装药、孔内微差、间隔装药，孔外接力网络方法。然后沿槽腔向四周采用浅孔台阶薄层剥离控制爆破进行主体石方施工，采用小间距浅钻孔、小直径药卷、少装药量、非电毫秒雷管等措施，实现台阶薄层剥离微震爆破。光面爆破随每层跟进爆破，采用预留光爆层，密排炮眼、间隔装药、微差起爆等措施，实现零距离弱扰动光面爆破。

5.3.2 水草封堵技术

炮孔堵塞采用水草封堵方法进行。当炮孔内有水时，水孔内加入一定厚度多层柔性麦秆稻草进行封堵。水草封堵技术可以保证炮孔装药到位，有利于改善爆破效果，同时更有利于减少冲击波和噪声的强度，还起到了消烟防尘的作用。在采用水草封堵进行炮孔堵塞时，应注意炮孔较浅时不宜采用，最好用于炮孔深度 $L \geqslant 1.0$m 的炮孔，炮孔装药量不宜太少，原则上不小于 150g。

5.3.3 强防护的使用

强防护措施可以防止爆破飞石对周围建筑物的危害，同时可以起到减少冲击波，减低粉尘和降低噪声的作用。炮孔上部采用编织袋装碎石、砂分三层交叉码砌，平行相邻的两袋交接不小于 30cm，上层和下层错缝压实，其上再覆盖打湿草袋两层，上压一层胶带或胶帘，胶带用钢板或编制袋装土压牢，见图 5.3.3。

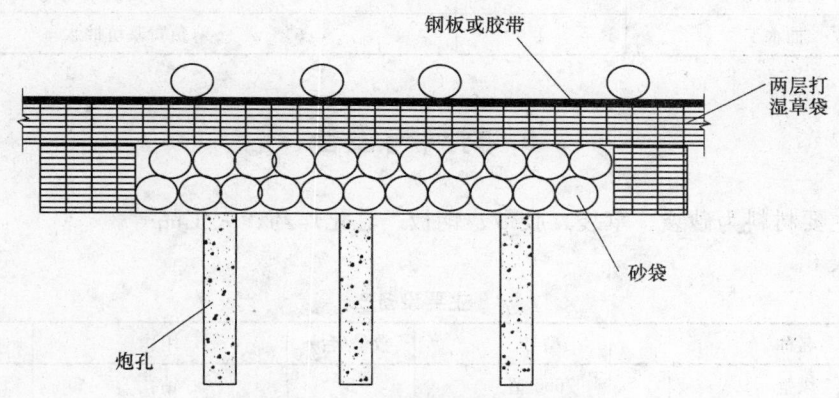

图 5.3.3　炮孔覆盖防护立面示意图

强防护采用多层沙袋，两层打湿草袋、1～2 层胶带或胶帘，这些覆盖材料既重又有一定柔性，每一道均能有效的吸收从水草封堵孔中冲出的冲击波能量，降低造成噪声的超压的形成，起到隔声和减噪作用，同时又起到了吸尘作用，具有良好的环境保护作用。

5.3.4 爆破震动控制

1. 爆破震动速度

根据我国《爆破安全规程》规定，一般建筑物和构筑物的爆破地震安全性应满足安全振动速度的要求，主要类型的建（构）筑物地面质点的安全振动速度规定见表 5.3.4。

建（构）筑物地面质点的安全振动速度表　　　　　　　　　　表 5.3.4

建（构）筑物类型	规定爆破震动速度 cm/s	备注	建（构）筑物类型	规定爆破震动速度 cm/s	备注
土窑房、土坯房、毛石房屋	0.5～1.5		水工隧道	7～15	
一般砖房、非抗震的大型砌块建筑物	2～3		交通隧道	10～20	
钢筋混凝土框架房屋	3～5		矿山巷道	15～30	

2. 爆破震动效应的控制方法

1）采用低威力、低爆速炸药，采用小直径（20mm）的不耦合装药，可以达到一定的降振效果。

2）采用微差爆破，微差分段越多，间隔时间越长（大于 100ms），降振效果越好。

3）采用预裂爆破或开挖减振沟槽。

4）限制一次爆破的最大用药量。对被保护建筑物的允许临界速度确定后，即可根据 R、K 和 a 计算出一次爆破的最大用药量。当设计药量大于该值而又没有其他降振措施时，则必须分次爆破，控制一次爆破的炸药量。

5.3.5 无粉尘爆破实施

1. 湿式钻孔：采用湿式凿岩，禁止干式凿岩。

2. 湿式爆破：将成型钻孔加压灌水，使水对炮孔周围岩体进一步渗透，爆破层岩体有一定湿度。

3. 湿式挖装：爆破后及时洒水降尘，实现湿式挖装。

5.4 劳动力组织（表 5.4）。

劳动力组织　　　　　　　　　　　　　　　　　　　　　　　　表 5.4

序号	工种	人数	主要职责
1	现场指挥	1	负责现场全面管理，协调各方关系
2	技术人员	2	工程师、助工各一名，负责布孔及爆破技术
3	爆破员	5	负责炸药运输、装药、堵塞、联网及起爆，参与防护
4	钻工	6～8	负责钻孔及防护
5	安全员	2	负责安全检查及警戒检查
6	空压机司机	1	负责供风
7	抽水工	1	负责基坑抽水

6. 材料与设备

本工法所需主要材料为砂袋、草袋、胶带、钢板、乳化炸药、火工品等。

主要设备见表 6。

主要设备　　　　　　　　　　　　　　　　　　　　　　　　表 6

序号	名称	型号	数量（台）	用途	产地
1	风枪	7655 型	5	钻孔	中国
2	空压机	SA-5150W	1	为风枪供风	中国
3	水泵	JQB-1-6	2	基坑抽水	中国
4	爆破震动测试仪	IDTS-1850	1	爆破振速测试	中国

7. 质量控制

7.1 工程质量控制标准

爆破施工质量执行《爆破安全规程》GB 6722—2003、《土方与爆破工程施工及验收规范》GBJ 201—83）、《地下铁道工程施工及验收规范》GB 50299—1999。

7.2 质量保证措施

7.2.1 根据基坑地质条件，做好爆破设计，严格按设计孔网参数进行布孔、钻孔及装药，保证爆破效果，破碎块度均匀，以利于挖装。

7.2.2 控制周边光爆孔的钻孔角度，外插量不大于 20cm，光爆孔应在同一平面上，爆破后边坡稳定，半孔率达 90％ 以上。

7.2.3 控制基坑底层超钻深度，做到不欠挖、不超挖以达到底部一次成型效果。

7.2.4 基坑在开挖全过程中，控制振动、飞石、冲击波及噪声的影响，保证周围建筑及人员安全。

8. 安 全 措 施

8.1 安全管理措施

8.1.1 认真贯彻"安全第一，预防为主"的方针，根据国家有关规定、条例，结合施工单位实际情况和工程的具体特点，组成专职安全员和班组兼职安全员参加的安全生产管理网络，执行安全生产责任制，明确各级人员的职责，抓好工程的安全生产。

8.1.2 爆破作业及爆破器材使用均应严格遵守《爆破安全规程》GB 6722—2003 的规定，严防爆破器材丢失或被盗，确保社会安全。

8.1.3 爆破设计必须由具有公安部 A 级爆破资质人员设计，爆破作业必须由公安部门培训的爆破员和安全员实施，并做到持证上岗。

8.1.4 施工现场按符合防火、防风、防雷、防触电等安全规定要求进行布置，并完善布置各种安全标识。

8.2 安全技术措施

8.2.1 采用微振动爆破技术，爆破震动控制在允许标准（2.5cm/s）以内，并通过振动监测进行动态管理，随时调整爆破参数，以减小爆破震动的影响。

8.2.2 采用强防护、水草封堵技术，做到无飞石、无粉尘、弱冲击波、低噪声爆破，实现爆破安全与环保两项目标。

9. 环 保 措 施

9.1 采取湿式钻孔、湿式爆破及湿式挖装，做到无粉尘施工。

9.2 采取水草封堵措施，起到了消烟降尘、减少冲击波产生、降低噪声强度、减少冲击波超压强度的作用。

9.3 采取强防护措施，起到了隔声和减噪作用，同时又起到了吸尘作用。

10. 效 益 分 析

10.1 技术经济分析

在高大建筑群中进行基坑石方开挖施工，为保证周围建筑物安全和不影响办公生活秩序，传统上采用静态爆破、振动锤施工等方法，因受工程工期、造价、工程多断面形式等条件限制，经论证及科技攻关，采用浅孔微振动爆破施工，成功解决了高大楼群等复杂环境下地下铁道开挖施工难题，其中高大建筑群中基坑石方微振动控制爆破技术为复杂环境下的地铁建设提供了成功的经验。

10.2 经济效益

在复杂的环境下采用浅孔微振动控制爆破，其成功应用相对于静态爆破及液压锤施工，可以明显节约成本、缩短工期。

10.3 社会效益

采用微振动控制爆破综合技术进行高大建筑群等复杂环境下深基坑的开挖，可保证地面各种交通道路畅通、周边建筑物的安全稳定以及人员的正常出行，实现绿色爆破。施工中，周边建筑物及上部办公楼玻璃帷幕没有一块损坏，来往旅客多达几十万人次没有一人受到惊吓和产生恐怖现象，无一人提出投诉，得到了社会各界的一致好评。

10.4 环境效益

在城市高大楼群之中和大量行人的情况下，采用湿式凿岩，湿式爆破、湿式挖装、水草封堵及强防护等措施进行微振动控制爆破，可以做到无飞石、无粉尘、弱冲击波、低噪声爆破，消除对周边建筑物及行人的影响，环保效果显著。

11. 应 用 实 例

11.1 广州地铁三号线广州东站南站厅竖井

广州东站南站厅竖井位于高大建筑群之中，竖井北侧一墙之隔即为正在营运的地铁一号线广州东站，其上部为广州火车东站办公大楼，西侧为广州火车东站进出口，日客流量达 4～6 万人次，紧邻竖井东侧和东北侧为广州火车东站站房，其地面上楼房表面为玻璃帷幕装修，抗震能力差，南侧为铁城公司地下三层车库。

面对如此复杂的环境和大量的人流，中铁十四局集团有限公司采用了微振动爆破进行石方施工，采用弱扰动光面爆破技术进行零距离爆破施工，采用湿式凿岩、湿式爆破、强防护及水草封堵技术，自 2003 年 5 月 26 日试爆开始，至 2004 年 2 月 17 日，历时 296 天，共爆破 1048 次，快速安全地完成了 17665 m³ 石方开挖任务，对周边建筑物和人员未造成不良影响，未发生被投诉事件；周边单位反映良好，受到广州市政府、建委及地铁总公司等单位的一致好评，取得了较好的技术、经济和社会效益。采用该技术节约资金 420 万元，社会效益显著。

11.2 广州市轨道交通五号线西村站工程

本工法关键技术成果在广州市轨道交通五号线西村站工程南、北站厅基坑开挖施工中得到了成功应用。西村站为广州市轨道交通路网中五号线与八号线的换乘车站，其中北站厅基坑深 18.23m、南站厅 19.33m，均为不规则五边形基坑。周边建筑物众多，建筑物距离基坑最近仅有不到 5m，对爆破施工要求较高。

根据工程的特点，结合技术要求，充分借鉴在地铁三号线广州东站南站厅竖井开挖爆破施工中的成功经验，进行了各种不同情况下的爆破设计。采用分区、分层、分步开挖顺序，采取薄层剥离、弱扰动光面爆破技术，成功完成了在繁华建筑群中大跨深基坑开挖，爆破实现了无飞石、微振动、低冲击波、无粉尘、低噪声爆破，爆破达到了安全环保目标。采用该技术节约资金 462 万元，社会效益显著。

11.3 广州市轨道交通五号线动物园站工程

本工法关键技术成果在广州市轨道交通五号线动物园站工程明挖车站基坑开挖施工中得到了成功应用。动物园站位于广州市老城区中最繁华且交通流量较大的城市主干道环市东路与梅东路交叉口，明挖基坑位于动物园南门前广场上，周边高楼林立，且有公交总站及内环路高架桥，对基坑爆破开挖提出了较高要求。

根据工程的特点，结合技术要求，充分借鉴在地铁三号线广州东站南站厅竖井开挖爆破施工中的成功经验，进行了各种不同情况下的爆破设计。采用分区、分层、分步开挖顺序，采取薄层剥离、弱扰动光面爆破技术，成功完成了在繁华车站建筑群中大跨深基坑（20.7m）开挖，爆破实现了无飞石、微振动、低冲击波、无粉尘、低噪声爆破，爆破达到了安全环保目标。采用该技术节约资金 108 万元，社会效益显著。

基坑可拆卸复合材料面板土钉支护施工工法

GJYJGF012—2008

中铁建设集团有限公司　温州中城建设集团有限公司

贾洪　范小青

1. 前　言

土钉支护技术是20世纪70年代发展起来的一种用于土体开挖和边坡稳定的新挡土支护技术，与传统的被动受力支护结构相比，具有经济快捷、施工方便的优点，近年来在全国大量工程上成功应用。但土钉支护结构同时也有很多不足，例如土钉墙面层钢筋和混凝土用量多，给地下遗留的垃圾比较多，而且给地下建筑遗留了一堵与周围环境隔离的钢筋混凝土墙，形成的混凝土墙将永远遗留在地下，即是一种资源流失，不符合资源可持续发展的要求，同时也给周边的其他项目施工带来不便。由于建筑基坑支护一般都是临时性工程，开发的可拆卸复合材料面板土钉支护体系由可拆卸复合材料面板、可拆卸锚具、土钉和防水系统组成，当基坑服役完毕后，可把复合材料面板拆卸下来，用到下一个基坑中，这样即节约资源、保护环境，还可以降低工程造价，经济和社会效益显著。可拆卸复合材料面板土钉支护技术通过了2007年度中国铁建股份有限公司科技成果评审，研究成果总体上达到国内领先水平，已申报了国家发明专利（专利申请号：200710121294.3）。

2. 工法特点

2.1　与传统土钉墙80～100mm厚的钢筋混凝土板面层不同，可拆卸复合材料面板土钉支护体系面层采用可拆卸的、抗弯和抗剪强度很高的复合材料面板，面层网片采用细的钢丝网片，喷射混凝土面层只是防止边坡土颗粒脱落的薄封闭层。

2.2　可拆卸复合材料面板土钉支护体系在支护间距设计上充分利用了土体的自承能力，利用土拱原理来进行设计，不像传统的土钉墙那样整个坡面铺设混凝土面层，土体自承能力没有充分发挥出来。

2.3　可拆卸复合材料面板支护体系比传统的土钉墙支护节约了大量混凝土和钢筋，可拆卸面板在基坑服役完毕后可以拆卸下来周转使用，既节约资源，还大大减少了地下垃圾和环境污染。

2.4　可拆卸复合材料面板土钉支护体系施工快捷方便，土方开挖后，土钉施工和修坡作业同时进行，然后铺上网片，盖上复合材料面板，拧上螺母，待土钉达到一定强度后，再给螺母加力，减少了焊接钢筋网片、焊接横竖拉筋、与土钉焊接等工序。

2.5　可拆卸复合材料面板土钉支护体系可以方便地施加预拉应力，在控制基坑边坡塑性区分布和基坑变形方面明显优于传统的土钉墙。

3. 适用范围

一般适用于黏性土、粉土、砂土、砾砂和填土层、开挖深度小于12m的边坡施工。

4. 工艺原理

土体具有一定的结构整体性，土钉墙技术是在土体内放置一定长度和分布密度的土钉体，与土共同作用，弥补了土体抗拉、抗剪强度低的弱点。通过相互作用，土体自身结构强度潜力得到充分发挥，改变了边坡变形和破坏性状，显著提高了整体稳定性。可拆卸复合材料面板支护体系是一种新型的支护体系，它是在原来土钉墙的基础上研究和发展的，除充分发挥土钉墙的优势外，又利用土钉受力分布滑裂面最大、坡面端部较小的特点，考虑到土拱效应作用，充分发挥土体的自承能力，通过高强可拆卸复合材料面板和土钉预拉约束坡面变形，形成稳定的支护体系。

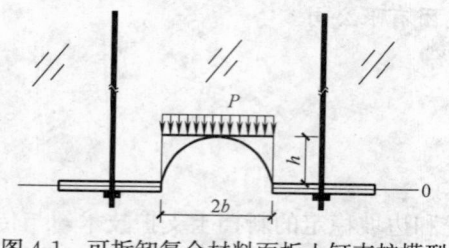
图 4-1　可拆卸复合材料面板土钉支护模型

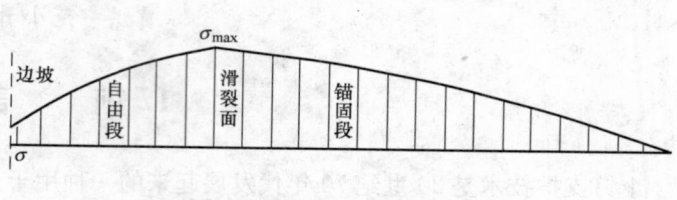
图 4-2　土钉全长应力分布图

5. 施工工艺流程及操作要点

5.1　工艺流程

施工准备→边坡施工→土钉施工→挂网及上面板→预拉→喷射混凝土→服役→肥槽回填→拆卸。（可拆卸复合材料面板土钉支护施工工艺流程见图5.1）。

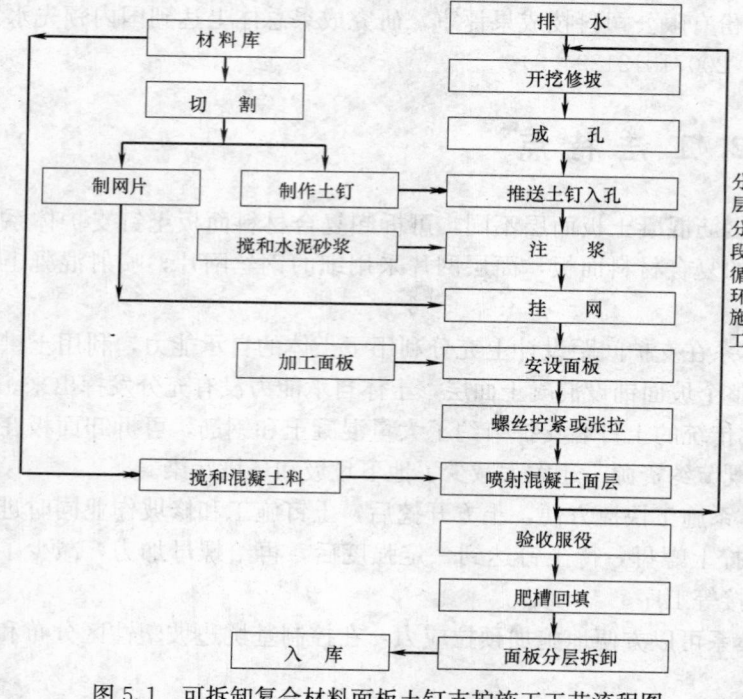
图 5.1　可拆卸复合材料面板土钉支护施工工艺流程图

5.2　操作要点

5.2.1　基坑降水

在周围环境允许降水的情况下，施工开挖前应提前降水，当分层开挖时，要求水位降低到本开挖层底以下0.5m。

5.2.2　开挖修坡

1. 按施工方案要求，分层分段开挖修坡，每段开挖时开挖深度须符合设计要求，一般约为0.8～2.5m，严禁超挖。

2. 采用挖掘机挖土时，留下距基坑设计边线一定厚度的土层，利用人工开挖并修坡。坡角大小和坡面平整度应达到设计要求。

3. 基坑一次开挖长度，应视边坡允许变形范围、自稳时间和施工流程相互衔接情况而定。地质条件好，含水量少，施工速度快，长度可大些，反之要小些。通常控制在20m以内。

4. 开挖过程中如发现土层情况与地勘报告不符，应马上报告工程师和设计人员。

5.2.3　土钉施工

1. 土钉成孔：按设计要求定孔位，允许误差100mm；成孔后孔内碎土、杂质及泥浆应清除干净，用织物等将孔口临时堵塞，并编号登记。

2. 土钉制作：制作土钉的钢筋无缺陷，截取长度准确，除锈除油。每隔2m设置一个对中支架，并按设计要求在土钉端头套丝且丝长不少于100mm，然后用胶管套住以防损坏，配以相应的螺母。制作完成后应编号登记。

3. 土钉推送：将注浆管捆扎在土钉上，注浆管端头距土钉端头约 200～300mm；沿钻孔轴线，将土钉推送入孔内至设计位置；推送过程中切勿转动土钉，以防止破坏孔壁，并防止土钉插入孔壁土体中，并在距孔口 50～70cm 处，设置一止浆袋。

4. 土钉入孔检查：推送完毕后，随即检查孔中是否有碎土堵孔，如有碎土应立即处理，必要时应将土钉拔出，清除碎土后，重新将土钉推入孔内。

5. 土钉浆体制作：浆体用材料应检验合格且拌合均匀。为增加浆液的和易性和水泥浆的早期强度，防止水泥浆凝固收缩，可在浆液中掺入适量的减水剂、早强剂和膨胀剂。

6. 土钉注浆：对朝下倾斜的孔，可采用孔底注浆法，注浆管随着注浆慢慢拔出，端头始终在注浆液内；如二次压力注浆，注浆压力应控制在 0.6～1.5MPa；注浆应连续进行，随着浆液慢慢渗入土层中，孔口会出现缺浆现象，应及时补浆。

5.2.4 挂网和面板安装

1. 钢筋网用细钢丝编制，钢丝规格和网眼尺寸由设计确定。

2. 可拆卸复合材料面板的尺寸和孔径应按设计要求加工。由于土钉设计一般采用横向竖向间距为 1.5m，因此面板一般采用 0.75m×0.75m 的规格，中间留孔 ϕ20～27mm。

3. 面板受力区域坡面应修平，土钉头穿过面板中心孔并与面板连接牢固，连接方式用可拆卸锚具（张拉后），也可用螺栓连接。

5.2.5 土钉预拉

1. 按设计要求对土钉进行张拉，施加预应力。可拆卸复合材料面板土钉的预拉（锁定）值除设计有要求外一般为 50kN。

2. 对于设计预应力另有要求的土钉，注浆 7d 后方可对土钉进行张拉和锁定，使钉体内部产生预应力，以有效控制边坡的变形。

3. 土钉张拉时，加载速率要平稳，速度宜控制在设计预应力值的（1/10～1/15）/min；张拉时，当土钉的实际伸长与理论值相差较大时，应暂停张拉，查明原因并采取相应措施后，方可进行张拉。

5.2.6 喷射混凝土

1. 喷射混凝土前，应对机械设备风、水、电管线进行全面检查及试运转，清理受喷坡面。

2. 混凝土的强度等级至少为 C20，配合比通过试验确定，一般采用的配合比为：水泥与砂石的重量之比为 1:4～1:4.5，砂率为 45%～55%，水灰比宜为 0.33～0.45；混凝土用料称量要准确，拌合要均匀，随拌随用；不掺速凝剂时，存放时间不应超过 2h；掺速凝剂时，存放时间不应超过 20min。

3. 喷射混凝土应分段分片依次进行，同一段内喷射顺序应自下而上；喷射混凝土时，喷头与受喷面保持垂直，并视情保持 0.8～1.2m 的距离；喷射手应控制好水灰比，保持喷射混凝土表面平整，湿润光泽，无干斑或滑移流淌现象。

4. 喷混凝土厚度控制在表面和面板平齐，喷射混凝土终凝 2h 后，应喷水养护，并在至少 7d 内始终保持其表面湿润。

5. 基坑边坡有渗水或渗水土层时，喷射混凝土前要施作排水孔。在用于排水孔的硬塑料管（管长 1.5～2.5m）的管壁上，按一定密度钻孔，然后用纱布把塑料管埋入土中的那部分包住，插入孔内即成（还可在管内充填粗砂和砾石）。

5.2.7 拆卸面板

1. 面板拆卸应与肥槽回填同步分层进行，回填土层距本层土钉小于 0.5m 时方能拆卸该层锚具和面板。

2. 拆卸下来的锚具和面板应及时清理保养，分类编号后入库。

5.2.8　监测与分析

可拆卸复合材料面板土钉支护坡面安全的关键是全过程监测基坑周边地面、坡面、坡底的变化情况，及时测量各步开挖、张拉引起的动态数值变化，并与分析计算值比较，及时反馈指导设计和施工。主要的监测内容参见表 5.2.8。

监测项目汇总表　　　　　　　　　　　　　　　　　　表 5.2.8

序号	监测项目	监测仪器	监测频率	监测目的
1	坡顶水平位移和沉降	精密水准仪、钢尺	开挖期：2 次/d 服役期：1 次/2d	掌握坡顶及周边建(构)筑物、基底在开挖和服役期的变化情况
2	周边建筑物沉降与倾斜			
3	地下管线及设置沉降			
4	基底变形		1 次/d	
5	土钉应力情况	钢筋应力计、数据采集设备	设计要求	观察土钉应力变化
6	面板土钉端头变形	精密水准仪、钢尺	开挖期：2 次/d 服役期：1 次/2d	观察土钉和坡面侧向变化情况
7	坡面变形			
8	地下水位		开挖期：1 次/d	掌握地下水位变化

注：天气异常可增加观测次数，随时将监测信息报告给现场技术负责人

6. 材料与设备

6.1　材料

本工法所涉及的混凝土材料和土钉材料需满足现行规范的规定。复合材料面板的外形尺寸按设计要求加工，且应符合表 6.1 的规定。

复合材料面板的力学性能要求　　　　　　　　　　　表 6.1

材料	弯曲强度（MPa）	剪切强度（MPa）	抗压强度（MPa）	泊松比	变形模量（GPa）
复合材料面板	≥120	≥90	≥250	0.3	≥90

6.2　机具设备

依据工程量、工期计划及施工环境条件来确定所需机具设备的型号、数量，表 6.2 为一个施工班组配备的设备。

机具设备表　　　　　　　　　　　　　　　　　　　表 6.2

序号	设备名称	设备型号	单位	数量	用　途
1	锚杆钻机 *		台	3	土钉成孔
2	前卡式液压顶压千斤顶	YQD230—160	台	1	土钉预拉
3	电焊机		台	2	钢筋加工
4	钢筋切割机	GJ40	台	1	钢筋加工
5	搅拌机	强制性搅拌机	台	1	制备浆体和混凝土
6	混凝土喷射机	压力 0.4～0.6MPa	台	1	喷射混凝土
7	注浆泵	压力 0.4～0.9MPa	台	1	土钉注浆
8	空压机	≥9m³	台	1	压浆
9	力矩扳手		台	3	土钉预拉
10	螺栓		套	3	土钉预拉
11	洛阳铲 *		套	6	土钉成孔

* 根据施工现场土质情况及环境条件，选择适宜的成孔钻具。如果钻孔时不出水，可选用螺旋钻或洛阳铲；若在涌水、涌砂地层中钻孔，可选用冲击式锚杆机或地质钻

7. 质 量 控 制

7.1 质量控制标准

7.1.1 可拆卸复合材料面板土钉支护施工质量执行《建筑基坑支护技术规程》JGJ 120。土钉允许偏差按表 7.1.1 执行。

土钉允许偏差表　　　　　　　　　　　　　　　　表 7.1.1

序号	项　目	允许偏差(mm)	检查频率	检验方法
1	坡面平整度	±20		2m靠尺
2	孔深	±50		钢尺
3	孔径	±5	每步	钢尺
4	孔距	±100		钢尺
5	成孔倾斜率	±5%		锤球、钢卷尺
6	土钉加工长度	±50		钢尺

7.1.2 可拆卸复合材料面板土钉采用抗拉试验检验其极限承拉值，同一条件下按土钉总数的 1‰ 计取且不少于 3 根。

7.2 质量保证措施

7.2.1 组织保证

1. 施工现场组织管理机构和人员应健全，施工前有方案有交底，施工中实行三检制，每步完成后监测跟进，发现质量问题及时采取措施。

2. 完善值班记录，由工程组技术人员收集汇总并妥善保存备查。

3. 定期对施工人员进行技术培训或专题讲座，并进行必要考核；对不合格者要及时调整其工作。建立工程例会制度，土层变化及时反馈。

7.2.2 质量检验制度

1. 施工用材料进场前必须按有关标准进行质量检验；质量不合格的产品、材料不得进入施工现场。

2. 施工前，应进行土钉拉拔破坏性试验，以确定土钉与土体之间的抗剪强度及有关施工参数。

7.2.3 土坡开挖每步高度严格执行设计方案，避免超挖。土钉预拉锁定后方可进行下层土方开挖。

7.2.4 竣工验收

可拆卸复合材料面板土钉支护施工竣工后，在现场验收的同时要查验以下资料：

1. 施工记录和竣工图。

2. 原材料出厂合格证书，面板和锚具检测试验报告。

3. 土钉抗拔力（抗剪、抗拉）试验和监测资料。

4. 设计变更、技术洽谈记录。

5. 隐蔽工程施工记录和确认签字记录等。

6. 如出现过工程质量事故还须有事故原因分析及后处理报告等。

7. 工程竣工总报告。

7.2.5 劳动力组织（表 7.2.5）

劳动力组织情况表　　　　　　　　　　　　　　　表 7.2.5

序号	组织	所需人数	分　工
1	负责人	1	全面组织、管理及协调
2	工长	1	各工序的组织、指挥、协调和对施工人员培训、管理及调配
3	技术员	1	技术交底和技术培训，对质量、安全进行监督、检查、验收
4	测量员	2	负责孔位定位放线、变形检测
5	安全员	1	负责安全交底和施工安全检查
6	成孔组	12	执行钻孔施工规程及工艺要求，按计划成孔

序号	组织	所需人数	分　工
7	土钉制作组	3	负责检查钢筋质量，下料、焊接、套丝和编号
8	注浆组	6	按规程及工艺要求，将土钉正确推送入孔，制浆和注浆
9	挂板张拉组	3	负责面板受力区域坡面修平，面板安装和张拉
10	喷射组	3	坡面修整，制备和喷射混凝土施工
11	杂工	4	修坡、运输、清理等
12	合　计	37人	

8. 安全措施

8.1 建立完善的安全管理体系，贯彻"安全第一，预防为主"的方针，对所有进场人员进行安全技术交底和培训并进行考核，执行安全生产责任制，杜绝违章施工，明确各类人员的安全职责，建立安全施工档案。

8.2 施工现场临设方案需符合消防的规定，并按方案布置各类警示牌和安全标识，按防火、防风、防雷、防洪、防触电等安全规定及安全施工要求分别建立检查监督措施。各类易燃易爆品必须隔离单独存放，并建立起使用保管台账，并配备足够的消防器材。

8.3 施工现场的临时用电按照《施工现场临时用电安全技术规范》的有关规范规定提前制定临时用电方案，经审批后实施。电工应持证上岗，对电缆、电气设备、电气线路的绝缘和架设位置、配电柜、配电箱、电焊机等的绝缘和漏电保护装置等必须定期检查，确保有效。

8.4 必须按照方案和工艺施工，喷射、张拉、下层开挖、拆卸必须按规定时间进行，杜绝超前。所有施工人员必须戴安全帽。注浆和喷射混凝土施工时必须戴防护眼镜避免弹射伤人。沿基坑和马道周边搭设防护栏，搭设的施工脚手架应牢靠稳固。

8.5 建立施工预警机制，明确设计预警值，一旦施工中边坡位移和沉降等达到或超过预警值应及时采取应急措施。

9. 环保措施

9.1 建立完善的环境保护和文明施工管理体系，制定环境保护标准和措施，明确各类人员的环保职责，并对所有进场人员进行环保技术交底和培训，建立施工现场环境保护和文明施工档案。

9.2 按照"安全文明样板工地"的要求对施工现场场容场貌统一策划。经常对施工通行道路进行洒水，砂石和水泥堆放区进行覆盖，防止扬尘污染周围环境；钢筋加工和混凝土、砂浆搅拌机进行封闭隔声降尘处理。做到规范围挡、标牌清楚、齐全、醒目，施工场地整洁文明。

9.3 在工程施工过程中严格遵守国家和地方政府下发的有关环境保护的法律、法规和规章，加强对施工燃油、废水废浆、生产生活垃圾、弃渣的控制和治理，遵守有防火及废弃物处理的规章制度，接受环境监测等相关单位的监督检查。

9.4 设立专用集浆坑，对废浆、污水进行集中，认真做好无害化处理，从根本上防止施工废浆乱流。定期清运沉淀泥砂，做好泥砂、弃渣及其他工程材料运输过程中的防散落与沿途污染措施，按工程建设指定的地点和方案进行合理堆放和处治。

9.5 科学组织，选用先进的施工机械和技术措施，作好节水节电，控制材料浪费。

10. 效益分析

10.1 本工法土钉支护间距设计上充分利用了土体的自承能力，利用土拱原理来进行设计，不像传统的土钉墙那样整个坡面铺设一定厚度的钢筋混凝土面层，采用可拆卸的、抗弯和抗剪强度很高的复合材料面板作为土钉端部承力结构，面层网片采用细的钢丝网片，喷射混凝土面层只是保护土层避免面层脱落。比传统的土钉墙支护节约了大量的混凝土和钢筋，可拆卸面板在基坑服役完毕后可以拆卸下来周转使用，即节约了资源，还大大减少了地下垃圾和环境污染。

10.2 可拆卸复合材料面板土钉支护体系施工快捷方便，土方开挖后，进行土钉施工和修坡同时作业，然后铺上网片，盖上复合材料面板，拎上螺母，待土钉达到一定强度后，再给螺母加力，减少了焊接钢筋网片、焊接横竖拉筋、与土钉焊接等工序。可拆卸复合材料面板土钉支护体系还可以方便地施加预拉应力，在控制基坑塑性区分布和基坑变形方面明显优于传统的土钉墙。可以明显降低工程造价，经济和社会效益显著。

11. 应 用 实 例

11.1 工程概况

清华大学环境能源楼（Sino-Italian Environment and Energy Building）工程位于清华校区东南侧，建筑面积 20268m²，建筑檐高 39.31m，地下 2 层，地上 10 层，主体结构采用钢框架—中心支撑。该工程为国际性高科技绿色节能楼，具有施工技术复杂、难度大等特点，基坑为 62m×58m、开挖深度10m。基坑边坡采用可拆卸复合材料面板土钉体系，土钉和面板布置见图 11.1。

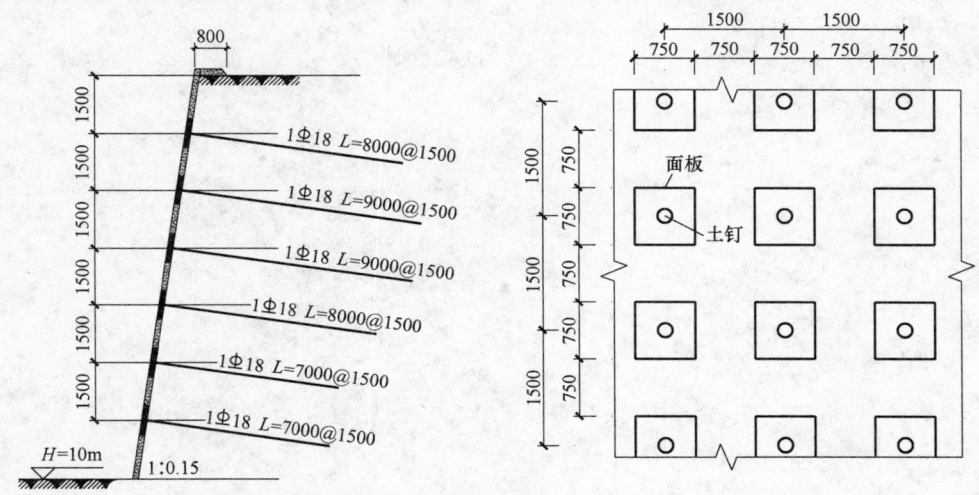

图 11.1　基坑边坡可拆卸复合材料面板土钉支护图

11.2 施工情况

基坑开挖深度内按地层岩性及其物理力学指标与工程特性可分为 4 层，地层自上而下的分布情况如下：

1. 粉质黏土填土，厚 1.6～2.2m，黄褐色、稍密、湿、可塑。
2. 粉质黏土夹粉细砂层，层厚 4.3～4.6m，褐黄色、密实、饱和、硬塑-坚硬。
3. 粉质黏土，厚度 3.5～3.8m，褐灰-褐黄色、饱和、可塑-硬塑。
4. 粉质黏土，厚度 3.4～3.6m，褐黄-灰白、饱和、坚硬。

地下水为两层：第一层水类型为上层滞水，埋深为 4.4～4.8m；第二层水为潜水水位埋深 13.8m。

基坑分步开挖。2005 年 4 月 19 日开始第一步，4 月 23 日进行第一层可拆卸复合材料面板安装张拉，至 5 月 10 日基坑开挖到位，5 月 13 日进行最下面一层可拆卸复合材料面板的安装张拉。

11.3 监测及结果评价

基坑坡面安全的关键是全过程监测基坑周边地面、坡面、坡底的变化情况，及时测量各步开挖、张拉引起的动态数值变化。从坡顶水平位移观测结果看，变化主要在分步开挖到位尚未张拉土钉前，张拉后能恢复一部分，最终最大位移值为 7mm。复合材料面板支护面层，没有发现鼓出现象，说明由于土拱的作用，板间土体处于稳定状态，整个基坑处于稳定状态。由于施工场地比较狭小，沉降观测点与水平位移观测点布设相同，可拆卸复合材料面板土钉支护体系支护基坑垂直沉降实测结果显示与水平位移规律一致，实测出最大沉降位移5mm，总体基坑变形不大，基坑处于稳定状态。

可拆卸复合材料面板土钉支护体系施工方便、简单、快捷，特别对处理砂层有更好的效果，由于砂层自稳能力很差，在基坑支护工程中在空气中暴露的时间不能太长，缩减了钢筋面层的编织和焊接；由于基坑水平土拱作用效应，可拆卸复合材料面板土钉支护体系支护区的喷射混凝土厚度明显要比传统土钉墙要厚，但支护的效果是一样的，板间土体处于稳定状态；新的支护体系中面板和土钉的连接方式要比传统的土钉墙土钉与面层的连接稳定直观，通过预拉可以有效减少传统土钉边坡应变，即实现了施工工艺上的改进，又拓展了应用范围；从支护实际情况和位移监测数据分析，证明了可拆卸复合材料面板土钉支护体系作为基坑支护的新方法是可行的。

钢结构转换层桁架矩形钢管混凝土施工工法

GJYJGF013—2008

大连悦泰建设工程有限公司　大连三川建设集团股份有限公司

张大鹏　孙辉

1. 前　言

　　随着建筑结构体型日趋复杂多变，转换层结构在建筑结构中应用越来越普遍。转换层的结构形式有钢筋混凝土转换层结构、预应力混凝土转换层结构以及钢转换层结构，对于混凝土转换层结构来说，由于转换层结构的跨度和承受的竖向荷载均很大，致使转换层结构的混凝土截面尺寸不可避免地高而大，同时混凝土自重和施工荷载非常大，配筋较多，因此采用钢桁架结构转换层结构体系很好地解决了上述问题，同时满足了建筑大空间的使用要求和建筑体系多功能、综合性的要求。在桁架壁内混凝土施工中，采用了单件安装整体复核浇筑混凝土的施工工艺，确保工程质量，加快施工进度，降低工程成本，取得了明显的经济效益。在承建的大连天兴·罗斯福大厦工程中，在5～6层应用了钢桁架转换层。对此，我们开展QC小组攻关行动，解决了施工中遇到的一系列问题，总结出了一套既保证质量又提高工效的施工方法，特编制了本工法。

2. 工 法 特 点

　　2.1　钢桁架是以箱形钢柱、箱形钢梁和腹杆为骨架，钢骨架与混凝土组合，共同承受荷载的作用，增加结构的刚度。

　　2.2　具有钢结构和钢筋混凝土结构的双重优点，充分发挥了混凝土（受压）和钢材（受拉）两种不同材料的特性，与钢筋混凝土结构相比，提高了柱的承载力，减小了柱截面，减少了混凝土量，减轻结构自重，减少了对地基的荷载。

　　2.3　节约钢材，耐火能力强，增强结构及建筑物的刚度，减振阻尼性能提高，抗震性能好，并具有更高的强度。

　　2.4　本工法施工速度快，操作方便，质量易保证，观感质量好，能有效的降低成本。

3. 适 用 范 围

　　本工法适用于高低层工业与民用房屋建筑工程中的钢结构体系和转换层结构中钢桁架体系的钢骨混凝土梁、柱结构的现场施工，钢骨梁、柱的安装及混凝土的浇筑。

4. 工 艺 原 理

　　桁架结构体系的弦杆和腹杆为焊接箱形钢结构，钢柱为箱形、H形钢和钢板组立装配而成，采用了内加劲外相贯焊接的节点型式，主桁架的上下弦杆和腹杆均采用厚钢板组合箱梁，弦杆与腹杆采用内加劲外相贯节点连接。矩形钢柱最大截面 $2700 \times 1000 \times 30 \times 40$，单根构件最大重量为15t。桁架节点体系以箱形结构为主载体，首节钢柱外裹C60混凝土，弦杆和腹杆箱形钢梁内浇筑C60自密实混凝土。

　　4.1　根据《钢结构工程施工质量验收规范》GB 50205—2001、《混凝土结构工程施工质量验收规范》GB 50204—2002、《建筑工程施工质量验收统一标准》GB 50300—2001 等来指导钢骨混凝土梁、柱施工的全过程，依据规范、设计图纸，编制切实可行的施工方案，经过现场攻关小组的实际操作，并加以总结，编制了该施工工法。

4.2 采用全站仪、经纬仪放线，测定柱轴线的位置，形成内控平面控制网。

4.3 首节钢骨柱安装在承台底板上，安装骨柱基础节时，采用坐浆法，在柱脚底部抹一层高强度等级的水泥砂浆，排净基脚与混凝土垫层接触面之间的空气。

4.4 钢骨柱节与节之间的安装，从测量、吊装、对中、校正、测量其垂直度、标高，焊接前对焊缝周围部位的钢板预热。

4.5 选用科学合理的安装工艺和焊接方法，焊接采用对称焊接工艺，防止骨架的变形。

4.6 柱、梁接头连接处，梁钢筋一部分穿过钢骨柱的翼板，与另一跨梁相连，另一部分钢筋则焊在翼板的加强板上。

4.7 柱模板的支设，不同于一般的钢筋混凝土柱模板的支设，穿过骨架截面的对拉螺栓，其中间一根不好穿过，为此在栓钉上焊接钢筋来固定模板的对拉螺栓连接。

4.8 混凝土的浇筑。合理选择原材料，确定混凝土的配合比，调整水灰比，以达到确保强度，节省资源，并与环境保护相协调的目的。

5. 施工工艺流程及操作要点

5.1 施工工艺流程

测量定位轴线→钢桁架柱地脚板→抗剪键筋和柱筋→吊装钢柱、校正→吊装下一节钢柱、校正→吊装桁架主梁、斜撑梁→临时固定→测量轴线、垂直度、标高→校正→固定→预热→焊接接头（对称焊接）→焊缝处理→超声波探伤检验（合格后）→钢桁架钢柱脚板下高压注浆→绑扎首节钢柱钢筋→支柱模→浇筑混凝土→浇筑箱形柱内混凝土→斜撑梁内混凝土浇筑→主梁混凝土浇筑

5.2 施工操作要点

5.2.1 钢骨柱的安装（图 5.2.1）

1. 基础节设置在第五层混凝土柱中，基脚底板采用 60mm 厚钢板，与预埋螺栓连接。

2. 平面轴线控制：采用内控法在底板上布设基准线控制网，测量轴线位置，并用全站仪闭合复测。

3. 地脚标高的控制：用螺帽拧在高强度锚栓的上部螺纹处，作为水平标高的控制点，用水平仪测量标高。标高控制在高于混凝土表面 5～8mm。用全站仪进行校核，控制锚栓的上口标高和平整度。

4. 抗剪键筋：钻 $\phi60mm$ 孔深 500mm，植 $\phi50$ 钢棒，外露 500mm。

5. 吊装：利用现场的塔吊作为吊装设备，按现场钢柱与塔吊的距离及骨架的重量，配备塔吊的起重量要能满足施工的要求。

6. 安装：将钢骨柱吊装到位，使钢骨柱中收线与混凝土承台板上柱轴线对中，在柱脚板底抹薄薄的一层高于混凝土柱强度的高强度等级水泥沙浆，（钢骨柱脚底板上已设置了 $4\phi16$ 的排气孔），待骨柱底板与承台混凝土接触时，水泥浆从排气孔内挤出，排出柱脚底板与混凝土间的气体。随后，拧紧基础节底板与预埋螺栓连接的螺帽，进行初校正。

7. 校正：用激光经纬仪在两个垂直方向，测量钢骨柱四面的垂直度，控制钢骨柱在水平及垂直方向的安装精度。

5.2.2 钢桁架的安装

1. 轴线控制：将轴线控制网用全站仪引至施工层，用经纬仪引测施工层的轴线，为钢桁架的对接定位及垂直度调整方向提供参考数据，防止累计误数超过允许偏差。

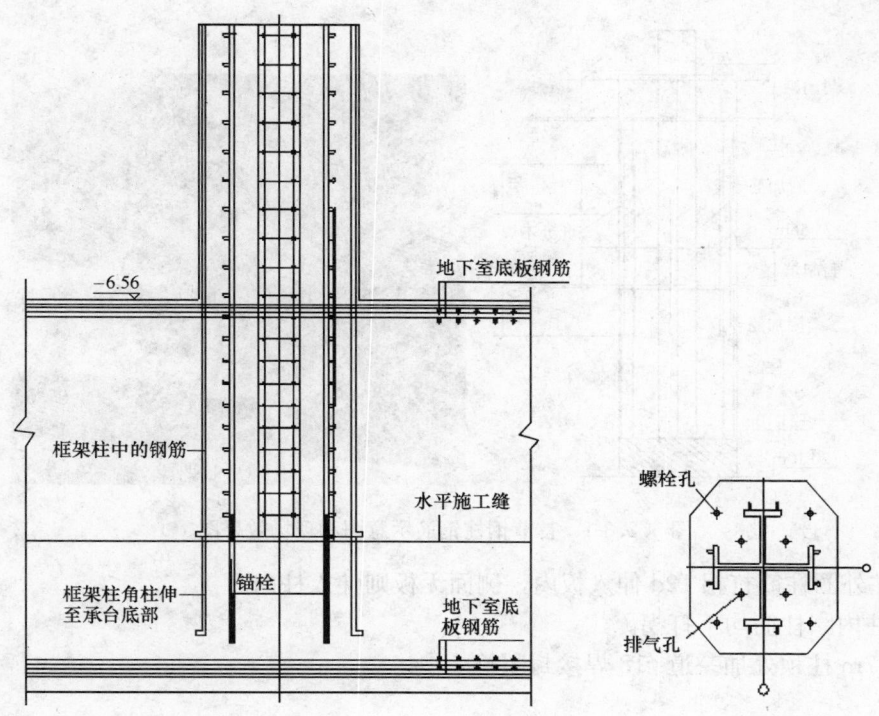

图 5.2.1 基础节柱

2. 吊装就位：根据图纸要求及钢构件编号，校对钢构件规格、尺寸、开孔位置是否符合设计和二次排大样的要求，核对无误后，利用 L 形连接耳板和加强板作起吊点，进行吊装就位。

3. 校正：钢桁架就位后按照先调整标高，再调整扭转，最后调整垂直度的顺序，以相对标高控制法，用激光经纬仪、全站仪对轴线、标高、垂直度、位移、错位量校正。

4. 标高的控制：由于钢骨柱分节安装，则应控制每节标高，每层柱安装完毕，整体复核，根据平面控制网及外围的原始控制点的标高，用自动安平水平仪调整。

5. 骨柱焊接：钢骨柱校正就位后，在钢骨柱上下接头焊缝周围的腹板、翼板上采用氧乙炔预热法预热，待达到所规定的温度后施焊。焊接时遵循"对称同步等速"的焊接原则，由 8 人分 4 组，采用 ZXE1—3×500/400 焊机。从柱相对的两个面同时等速对称焊接。焊缝成全熔透焊缝。随时观察垂直度有无变化，以减小对骨柱的垂直度影响，防止骨架的变形。

6. 超声波探伤检查：钢桁架焊接完毕，待焊缝冷却至工作环境，按照《钢结构施工质量验收规范》GB 50205—2001 和《钢焊缝手工超声波探伤方法和探伤结果分级》GB 11345—89，请市质检中心的专检人员对焊缝进行超声波探伤检测，合格后，再绑扎柱钢筋。

5.2.3 方、圆钢骨混凝土柱施工（图 5.2.3-1～图 5.2.3-3）

1. 柱筋连接方法：

1）柱筋采用挤压套筒连接。

2）第二次连接采用直螺纹连接。

3）钢桁架梁间的柱筋采用同直径附加筋连接。

a. +25.55m 桁架梁下、两支桁架梁之间的柱筋顶与桁架梁底间距不小于 50mm。

b. 两支桁架梁之间的柱筋支撑在斜梁上皮，不得焊接。

c. 在 +25.55m、+29.55m 钢桁架梁底分别各增设一道焊接封闭箍。

2. 封顶柱筋制作、绑扎、加固：

方、圆柱柱顶为 +29.7m，到此封顶其柱封顶钢筋经与设计院研究其方案如下：

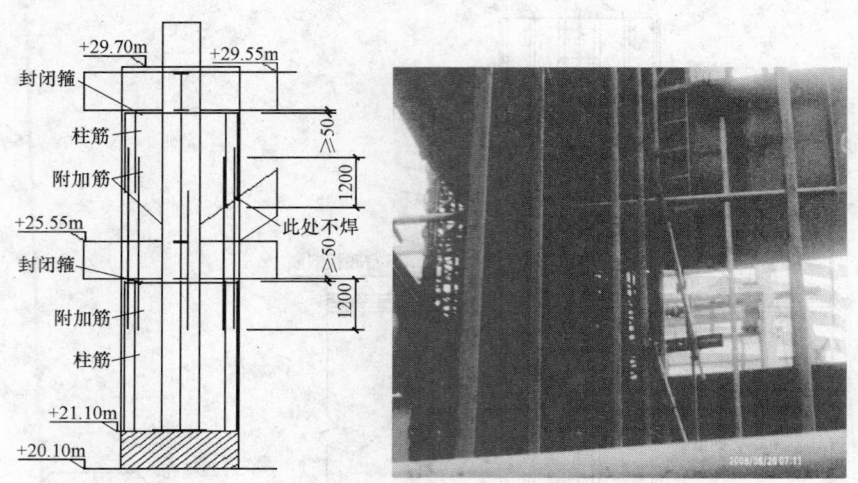

图 5.2.3-1　首节钢柱钢筋示意图和现场效果图

1）方、圆柱外圈柱筋打拐 12d 伸入板内，侧面无板则伸入柱内。

2）方、圆柱内圈柱筋均不打拐。

3）在＋29.7m 柱顶处加一道 ϕ18 焊接封闭箍。

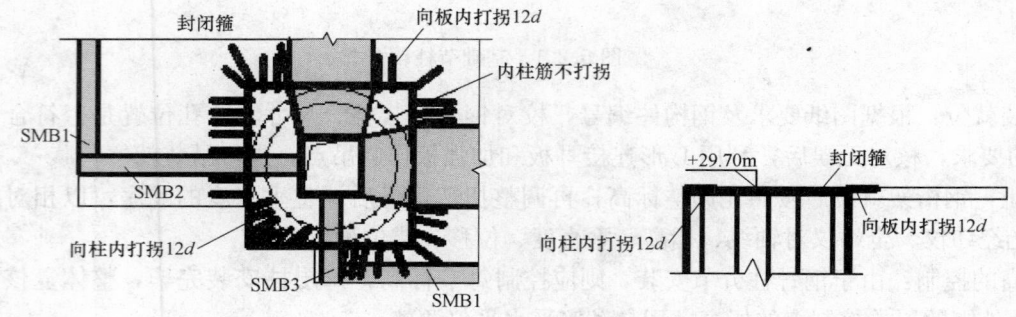

图 5.2.3-2　柱顶钢筋打拐示意图

3. 箍筋与柱身相贯、同时又与柱身紧固螺栓冲突。经与设计院研究处理如下：

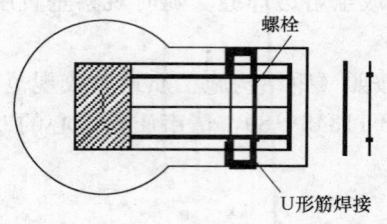

图 5.2.3-3　箍筋与柱相贯示意图

1）原柱身紧固螺栓由 ϕ16 改为 ϕ18mm，柱身钢板钻孔由 ϕ18 改为 ϕ20mm，套 ϕ16 丝扣。

2）紧固螺栓安装后，螺帽外要保留丝扣长度 10d 等于 160mm。

3）作 ϕ16U 形筋与紧固螺栓焊接成封闭箍。

5.2.4　混凝土浇筑

1. 钢桁架钢柱脚板下高压注浆

1）高压注浆材料

采用大连日本小野田强度等级为 42.5 水泥，内加 U 形膨胀剂，经试配为 C60 水泥试块，试压合格后用于本工程。

2）施工方法

a. 地脚板底与混凝土面之间间距要保证 40～50mm，最小间距不得小于 5mm。

b. 地脚板和混凝土之间的灰尘、杂物清净。混凝土面要用清水润湿并无积水。

c. 地脚板下一侧和对面分别插入 ϕ20mm 钢管，进入底板下水平长度为 50～100mm。

d. 地脚板周边缝隙用钢板封挡，并用混凝土封闭。地脚板上面洞口用 3mm 钢板焊接封闭。

e. 用高压注浆泵将 C60 水泥浆从一侧 ϕ20mm 钢管口处注入，气体由另一侧 ϕ20mm 钢管排出，将地脚板与混凝土面之间缝隙注浆填实。

2. 箱形钢柱混凝土浇筑

1）箱形钢柱自密实混凝土浇筑

箱形钢柱浇筑混凝土采用自由下落自密实浇筑法。

2）C60自密实混凝土配制

本工程配合比由混凝土搅拌站设计，并试块试压达到设计强度。

水泥：小野田　强度等级为42.5　　砂：大砂河的河砂

石：前关青碎石（5～20mm）　　掺和剂：Ⅱ级粉煤灰

减水剂：高效聚羧酸减水剂　　U形膨胀剂

3）采用立式高位抛落无振捣施工

本工程每节柱高为6.6m、9.9m，即利用混凝土下落时产生的动能达到振实的目的。当柱高小于4m时，因浇筑混凝土的自由下落高度小，所产生的动能小而达不到自密实的目的，故还需要采用振捣振实。

4）钢管内每次抛落混凝土量在0.7～1m，浇筑宜连续进行。如必须间歇，间歇时间不应超过混凝土的终凝时间。间歇时混凝土浇筑的位置不宜停在柱内隔板上、下处，以防止在柱内隔板处存气，致使混凝土内部不密实。

5）用吊车将混凝土料斗提升至钢管顶，通过漏斗和导管将混凝土自由下落至箱型钢管内。

6）用料斗容积控制每次混凝土的浇筑量，通过施工人员锤击管壁，或通过标杆测量到达设计要求的液面位置来核对浇筑量。

7）对已安装就位的箱形钢柱头、水平梁、斜梁的灌浆孔和排气孔加以覆盖。以防雨水、异物落入。

8）检查混凝土浇筑设备完好，安装稳固，组织混凝土进场。

9）泵送混凝土如不能连续浇筑时，混凝土的间断时间不能超过混凝土的初凝时间，现场要及时拌制同强度等级的自密实混凝土进行连续浇筑或浇筑到混凝土指定施工缝位置。

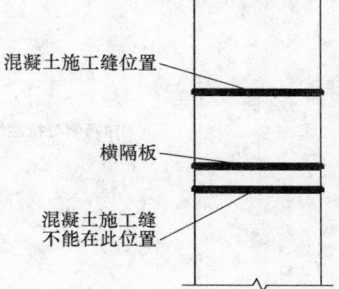

图 5.2.4-1　混凝土施工缝留置图

10）每节柱内混凝土浇筑到柱顶下500mm处留设施工缝。待上节钢柱安装后，再从上节柱顶向下抛落自密实混凝土（图5.2.4-1）。

11）每节钢柱安装完或混凝土浇筑至施工缝后，应临时将柱顶封闭防止雨、雪、杂物落入。

12）管内混凝土浇筑质量采取敲击钢管方法进行检查，如有异常，可采用超声波检查，对确实有空洞处，采用钢板钻孔高压注浆方法进行补强，补强后将钢板钻孔补焊封固。

3. 箱形梁、斜撑内高压注C60水泥浆（图5.2.4-2）

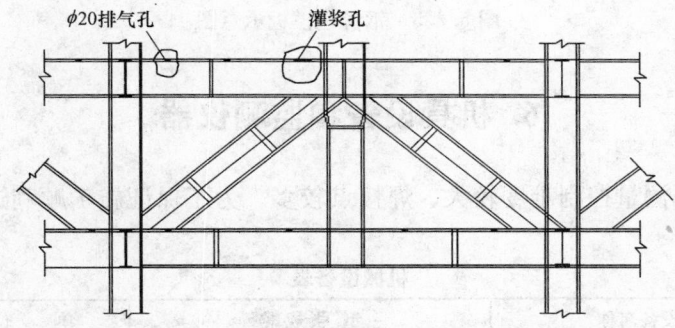

图 5.2.4-2　转换桁架灌浆孔和排气孔平面布置图

钢桁架水平梁、斜撑内如采取与钢柱同样的自由下落自密实混凝土浇筑法，水平梁、斜撑的顶部的自密实混凝土将不能浇筑到位。所以采用高压注C60水泥浆。

转换层桁架、伸臂桁架中箱形水平梁长4～9m。在其顶板上一侧有φ150混凝土灌注孔，另一侧有

$\phi 20$ 的排气孔。

1）在 $\phi 150$ 混凝土灌注孔上安设一钢制混凝土漏斗，从漏斗处向梁内灌注 C60 自密实混凝土。

2）从 $\phi 150$ 混凝土灌注孔内插入振捣棒引导混凝土流向排气孔一侧，随之振捣，并结合采用附着在箱形钢梁外侧的振捣器进行振捣。

3）水平钢梁内的混凝土要经过几次向梁内浇筑混凝土和振捣器振捣后方可达到密实。

4）采取敲击的方法检查箱形钢梁内混凝土与钢梁顶板之间有无空隙。如有空隙则从原灌注混凝土孔或在钢板上另钻孔，采取高压泵注 M60 水泥浆填实。待半小时后再进行二次高压注浆。注浆结束后将注浆孔用封死加固。

4. 混凝土配合比要求

根据混凝土设计等级计算，并通过实验后确定。满足强度指标外，混凝土坍落度不小于 15cm。粗骨料粒径可采用 0.5～3cm，水灰比不大于 0.45，要掺适量减水剂。为减少收缩量，掺入适量的混凝土微膨胀剂。自密实混凝土现场试验，在排空时间 6～10s 内扩展度应为 $\phi 550$～680mm，并中边差不大于 20mm。

5.2.5　钢骨柱模板的安装（图 5.2.5）

模板设计采用十一夹板、50×100 木方子及 $\phi 48 \times 3.5$ 钢管综合安装。由于钢骨柱中间均为钢板，对原来混凝土柱的采用对拉穿心螺栓固定模板的方法不能实施。经设计单位同意，在钢骨柱 $\phi 20$ 栓钉上横向间隔焊接 $\phi 20$ 短钢筋，然后再在横向短钢筋上焊接 $\phi 18$ 纵向长钢筋，在模板安装前，将中间一根对拉螺栓焊接在纵向的 $\phi 18$ 钢筋上，间距仍同两侧的对拉螺栓间距。

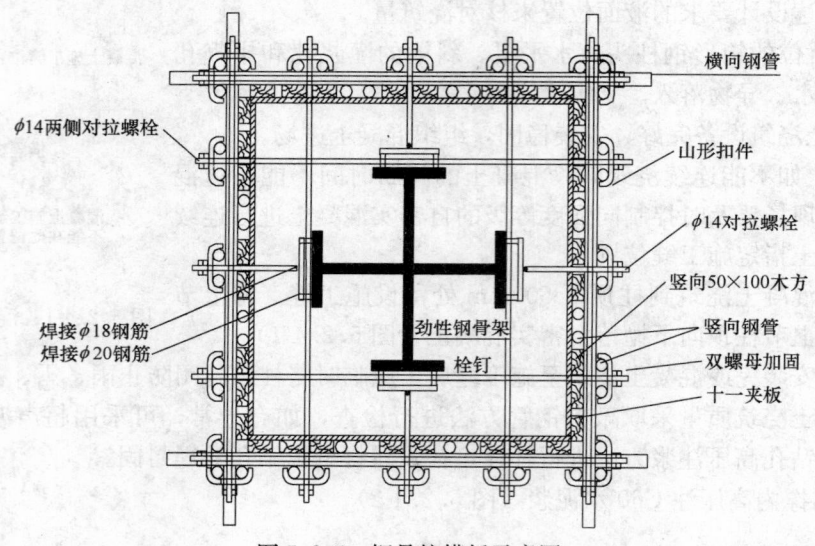

图 5.2.5　钢骨柱模板示意图

6. 机具设备和监测仪器

本工程安装量较大、测量控制难度较大、焊接点较多。为了保证施工顺利进行，现场配备的机械设备如表 6 所示。

机械设备表　　　　　　　　　　　　　　　　　　表 6

序号	机械或设备名称	型号规格	单　位	数　量
1	塔式起重机	H3/36B（内爬升）	台	1
2	塔式起重机	FO/23B（外附着）	台	1
3	100 吨汽车吊	QY100	台	1
4	交流焊机	BX-500	台	8
5	自动埋弧焊机	MZ-1100013	台	4

续表

序号	机械或设备名称	型号规格	单 位	数 量
6	焊条保温箱	PR-4/450mm	台	40
7	程控电焊条烘箱	YGCH-X-400	台	5
8	电加热器	200×400	块	40
9	电加热温控箱	LWK-9B	台	6
10	混凝土输送泵	HBT90	台	3
11	氧气割焊设备		套	2
12	振动器	插入式	套	20
13	内爬式布料杆		台	1
14	全站仪	STE2110	台	1
15	激光经纬仪	J2B	台	1
16	经纬仪	J2	台	1
17	水准仪（威尔特Ⅲ）	DS3	台	1
18	水准仪（自安平）	DS3	台	2
19	组合检测工具		套	5
20	超声波探伤仪	CTS-26（A）	台	1
21	万用表	500 型	台	3
22	压力表	P1-16	块	2
23	风速测试仪	EY11B	台	1
24	电流电压测试仪	M641-VAW	台	1
25	坍落筒		个	6
26	游标卡尺		把	3

7. 质 量 控 制

7.1 安装质量标准

按照《钢结构工程施工质量验收规范》GB 50205—2001 第十一章多层及高层钢结构安装工程的规定执行。对主控项目，第 11.2、11.2.3、11.3 条及附录 E 中表 6 的相关条款执行。现将主要的允许偏差条款复述见表 7.1。

钢骨柱安装质量标准   表 7.1

项 目	允许偏差（mm）	测量工具
建筑物定位轴线	L/20000，且不应大于 3.0	经纬仪、水准仪、全站仪的钢尺实测
基础上柱的定位轴线	1.0	
基础上柱底标高	±2.0	
地脚锚栓位移	2.0	
主体结构的整体垂直度	（H/2500+10.0）且不应大于 50.0	
上、下柱连接处的错口	3.0	钢尺检查
同一层柱的各柱顶高度差	5.0	水准仪检查

7.2 焊接质量标准

焊缝质量标准见《钢结构工程施工质量验收规范》GB 50205—2001 第五章及附录 A 二级焊缝质量标准。

7.3 混凝土浇筑标准

严格按照《自密实混凝土应用技术规程》CECS203：2006 和《矩形钢管混凝土结构技术规程》CECS 159：2004 执行。

7.4 质量保证措施

7.4.1 为了保证工程测量校正工作的质量，特建立由项目总工领导，技术员、质量总监、测量工中间控制，工段内部测量专职质检员、测量班长以及下道工序专职质检员相互检查的三级管理组织机构，形成由项目部、生产技术部门到工段、班组的质量管理网络体系。

7.4.2 钢柱基础地脚螺栓的埋设精度，直接影响到钢柱的安装质量与进度，所以在钢柱吊装前，必须对已完成施工的预埋螺栓的轴线、标高及螺栓的伸出长度进行认真的核查、验收。对超过规范的不合格者，要提请监理和有关方会同解决。

7.4.3 钢柱柱身垂直度及倾斜度满足规范要求；钢柱校正时，按照先调整标高，在调整扭转，最后调校垂直度的顺序进行控制。

7.4.4 保证现场混凝土浇筑质量应从工艺制定、资源配置、浇筑过程、混凝土养护、检验等方面加大管理和监控的力度，在控制现场浇筑质量的过程中，应始终贯彻"在混凝土出场合格的前提下，由合格的工人按照合格的工艺施工"的原则。切实保证现场混凝土的质量。

8. 安 全 措 施

8.1 参加施工的特工作业人员必须是经过培训，持证上岗。施工前对所有施工人员进行安全技术交底。进入施工现场的人员必须戴安全帽、穿防滑鞋，电工、电气焊工应穿绝缘鞋，高空作业必须系好安全带。

8.2 作业前应对使用的工具、机具、设备进行检查，安全装置齐全有效。

8.3 操作面应有可靠的架台护身，经检查无误再进行操作。构件绑扎正确，吊点处应有防滑措施，高处作业使用的工具、材料应放在安全地方，禁止随便放置。

8.4 起吊构件时，提升或下降的速度要平稳，避免紧急制动或冲击。专人指挥，信号清楚、响亮、明确，严禁违章操作。构件安装后必须检查其质量，确实安全可靠后方可拆卸，每天工作必须达到安全部位，方可停工。

8.5 氧气瓶与乙炔瓶隔离放置，严格保证氧气瓶不沾染油脂，乙炔发生器有防止回火的安全装置。

8.6 施工现场的临时用电严格按照《施工现场临时用电安全技术规范》的有关规范规定执行。

8.7 混凝土浇筑时，做好下料、振捣的安全措施。

9. 环 保 措 施

9.1 钢结构施工垃圾清运采用容器吊运或袋装，严禁随意凌空抛撒，地面适量洒水，减少污染。

9.2 加强对现场存放油品和化学品的管理，对存放油品和化学品的库房进行防渗漏处理，在存储和使用中，防止油料跑、冒、滴、漏污染水体。

9.3 每晚 22 时至次日早 7 时，严格控制强噪声作业。钢结构在支设、拆除和搬运时，必须轻拿轻放，构件安装修理晚间禁止使用大锤。

9.4 施工现场设立专门的废弃物临时贮存场地，废弃物应分类存放，对有可能造成二次污染的废弃物必须单独贮存，设置安全防范措施且有醒目标识。

10. 效 益 分 析

本工法的实施，取得了良好的经济效益和社会效益。

10.1 质量方面

钢管柱的混凝土采用立式高位抛落无振捣施工，解决了 6.6m、9.9m 高的钢柱混凝土浇筑问题，同时在横梁与斜撑的交叉部位采用高压注 C60 水泥浆的施工方法，也很好地解决了水平梁、斜撑的顶部的自密实混凝土不能浇筑到位的问题。在桁架混凝土浇筑完成后，通过对构件实体的物探检查，未发现任何镂空和不连续现象，工程质量优良。

10.2　经济效益

钢桁架转换层建筑面积 1100m²，采用了矩形钢管混凝土施工技术。降低工程造价、增加使用面积、缩短施工工期、提高抗震性能和结构承载力。减小柱截面，节约混凝土量，减轻结构自重。取得了巨大的经济效益。

10.3　社会效益

钢结构转换层的施工质量优良，达到了设计意图，受到了甲方和监理的一致好评。市委、市建委有关领导多次到工地视察参观，给予了高度的评价，并且吸引了日本及国内众多钢结构设计及施工企业的注意，先后到现场进行参观交流。这将是对我国复杂高层钢结构施工技术的有力补充，同时对国内建筑钢结构行业的持续发展具有相当积极的作用。

10.4　工程评价结果

施工全过程处于安全、稳定、快捷的可控状态，每3层的平均施工时间为15d，工程质量优良率达到98％以上，无安全生产事故发生，得到了各方的好评和社会的广泛赞誉。

11.　应　用　实　例

11.1　工程概况

大连天兴罗斯福工程建筑面积约8万 m²，地下3层，裙房地上4层，东塔楼地上55层，结构高度196.6m。本工程总体为混合结构，钢结构从地上5层开始，核心筒中分布有劲性型钢柱，外框架由矩形钢柱和楼层钢梁组成。5～6层外周为转换桁架，15层/26层/37层设置有伸臂桁架。单根构件最大重量为15t，钢结构总重约8000t。钢构件材质为 Q345B 和 Q345C。矩形钢柱最大截面 2700×1000×30×40，核心筒中劲性钢柱截面为 HW250×250×9×14，楼层钢梁最大截面为 H550×300×12×20（双工字）。

该工程施工 2003 年 7 月 1 日至 2004 年 12 月 30 日结束。

11.2　施工情况

本工程在5～6层结构上采用了钢桁架转换层体系，以满足底部混凝土结构向上部钢框架的转换，房屋内部跨度大、净距高、外部造型复杂的要求。在钢材的选择上，主要采用 Q345C、Q235B 材质，以满足东北地区低温要求。钢桁架的构件基本上采用箱形柱内加劲外相贯焊接的节点，钢管柱的混凝土采用立式高位抛落无振捣施工，横梁和腹杆采用了 C60 自密实混凝土浇筑，在横梁与斜撑的交叉部位采用高压注 C60 水泥浆的施工方法。

11.3　工程监测及结果评价

采用钢桁架钢管混凝土施工工法后，为保证现场施工质量，并及时检测各主要工序是否符合质量标准，施工单位监测组及第三方权威检测部门对钢桁架体系进行了全过程的监控检验。

该工程在桁架混凝土浇筑完成后的监测结果显示，构件实体未发现任何镂空和不连续现象，工程质量优良。所有焊缝经权威的第三方 100％探伤，100％合格，优良率达 98％。通过本工艺的实施，使得钢桁架的施工顺利进行，为现场安装和工程项目的总体工期提供了可靠的保障。

11.4　工程评价结果

施工全过程处于安全、稳定、快捷的可控状态，工程质量优良率达到98％以上，无安全生产事故发生，得到了各方的好评和社会的广泛赞誉。

产业化预制装配式住宅预制构件与连接结构同步施工工法

GJYJGF014—2008

上海建工股份有限公司　上海市第二建筑有限公司

郁蕙　沈孝庭　郑俊杰　范如春

1. 前　　言

我国于 1994 年提出了住宅产业化的概念，为寻求和摆脱建筑粗放型的生产方式以及对资源消耗过高，对资源环境的保护不足，保证高质量的住宅品质，经过多年的探索和发展，2007 年 2 月 2 日，上海建工在新里程项目建成了第一幢产业化装配式住宅楼，第一批装配式住宅楼的建成和随后一批又一批的相继推出，上海建工逐步形成和完善了"产业化预制装配式住宅预制构件与连接结构同步施工"的方法。

2007 年 12 月，上海建工通过科技创新与课题研究，其成果"预制装配式（PC）住宅综合施工技术研究和应用"总体达到国际先进水平，通过了上海市建交委验收，获得了上海市科技进步二等奖，形成了六项授权申请。本施工工法具有构件生产工厂化程度高、工程质量好、物耗低，能充分体现住宅建筑标准化、工业化和经营一体化，有利于提升产业品质，符合当今住宅产业化趋势，具有新颖性和应用价值。

2. 工 法 特 点

2.1　该工法与传统施工方法相比：外墙饰面在工厂预制施工时完成，现场安装后无需二次装饰施工，缩短了工程施工总工期，结构层数越多，工期节约越多，工法优势越明显。

2.2　在楼层工序搭接上，先吊装预制外墙构件，再施工现浇柱、梁，由于预制外墙构件安装完外饰面即完成，因此对预制外墙构件装配的临时固定连接及装配误差控制，有相当高的技术要求。

2.3　装配式结构非常规安全技术措施，颠覆传统搭设脚手架操作方法，吊装、施工时的安全围挡和安全防护措施与常规安全技术无可比性。

2.4　预制构件单件吨量重且预制构件数量较多，施工垂直吊运机械选用的经济性与合理性的组合，形成了技术难点。

2.5　施工工序控制与施工技术流程，构成相互影响，又相互联系，合理分配和调整工序搭接，既保证预制构件装配技术，又顾及整体施工工况。

2.6　工程预制构件量大件多，构件运输、固定、堆放，是保证正常装配施工的重要环节。

3. 适 用 范 围

本工法适用于预制装配式住宅预制构件与连接结构同步安装施工。尤其适用于住宅小区建筑面积较大、施工工期紧且对绿色环保节能要求较高的工程。

4. 工 艺 原 理

产业化预制装配式住宅构件与连接结构施工同步安装是建筑主体结构施工中，工厂预制混凝土构件在现浇混凝土结构施工过程中同步安装施工并最终用混凝土现浇成为整体的一种施工方法，即建筑结构构件在工厂中预制成最终成品并运送至施工现场后，在结构施工最初阶段，用塔吊将其吊运至结构施工层面并安装到位，安装同时，混凝土结构中的现浇柱、墙同步施工，并最终在该层结构所有预制和现浇构件施工完成后，浇筑混凝土形成整体。

5. 施工工艺流程及操作要点

5.1 施工工艺流程
施工工艺流程图见图5.1。

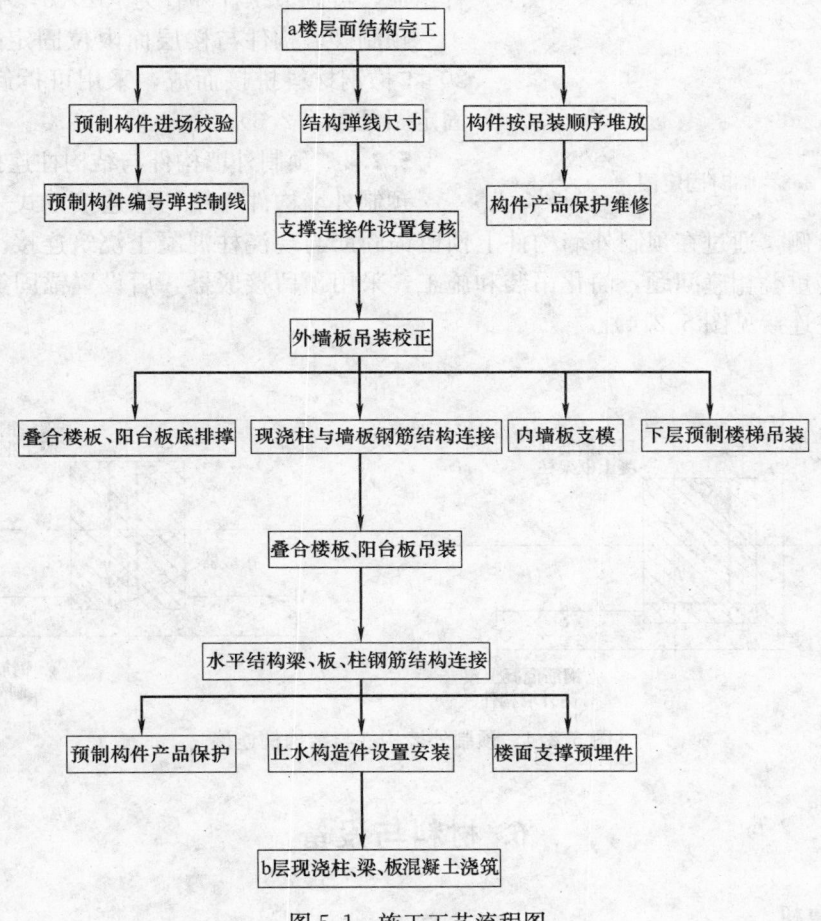

图 5.1 施工工艺流程图

5.2 操作要点

5.2.1 操作方法
在装配式住宅混凝土预制构件与结构施工同步安装工程的设计中，首先应根据施工的具体要求进行总体设计，即先确定预制构件安装施工的时间顺序和空间顺序，然后根据施工流程，分析装配式混凝土住宅结构在不同的施工阶段所要完成的施工步骤，这些施工步骤需要合理、紧密地联系在一起，并对此进行总体设计。总体设计既要满足工程施工的质量要求，又要满足工期短、绿色环保节能的优势。

5.2.2 装配式预制构件安装工况
按照装配式混凝土结构施工控制、装配工序和搭接，设计为五个工况：
工况一：楼层弹线，标高引测，钢筋混凝土柱筋绑扎，拆除外墙安全围挡。

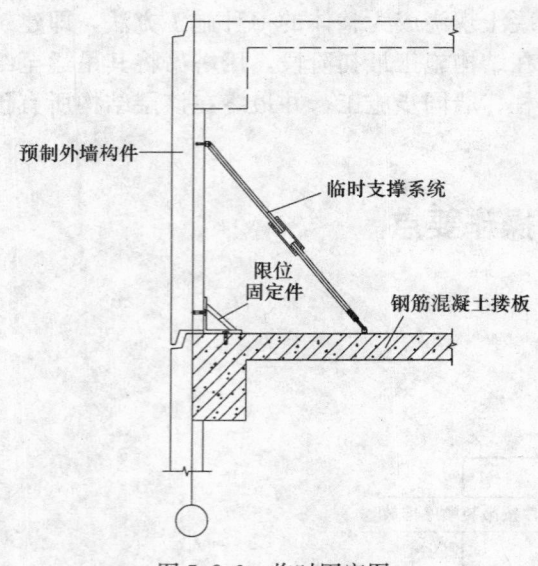

图5.2.3 临时固定图

工况二：预制外墙构件运至现场，并依次装配、校核。

工况三：钢筋混凝土结构柱支模，叠合板、叠合阳台搭设支撑排架并吊装。

工况四：现浇楼层梁、板钢筋绑扎。

工况五：现浇部分混凝土浇捣。

5.2.3 预制外墙构件临时支撑与固定

一个楼层施工后，下一个楼层预制外墙构件先行装配，临时支撑系统由两组水平连接和两组斜向可调节螺杆组成，可调节螺杆外管为φ52×6，中间杆直径为φ28。

预制外墙构件与楼层面限位固定采用两组"L"形20♯匸槽钢材料拼接而成，采用可拆卸螺栓固定（临时固定图见图5.2.3）。

5.2.4 预制外墙构件与结构柱连接

预制外墙构件与结构柱连接方式采用板与板之间拼缝设置在结构柱外侧，通过在预制外墙构件上预留锚固筋与现浇柱混凝土浇筑连接。为解决预制外墙构件预留筋与柱筋重叠相碰问题，简化吊装和施工，采用预留接驳器，后设置锚固筋工序搭接（预制外墙构件与结构柱连接见图5.2.4）。

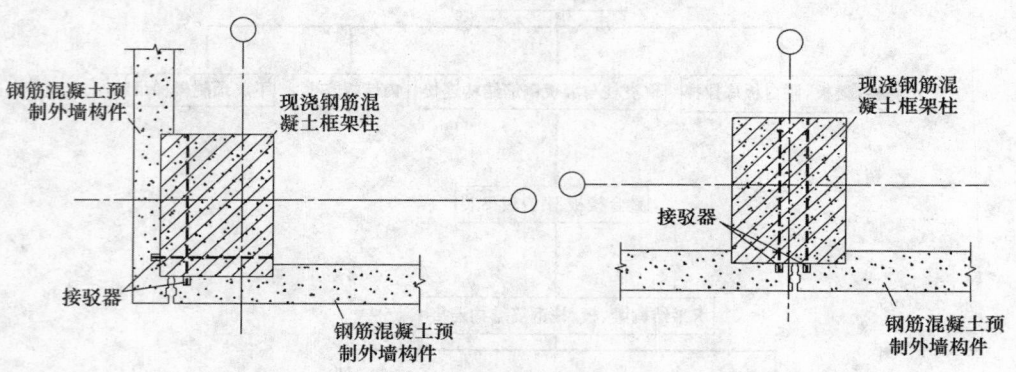

图5.2.4 预制外墙构件与结构柱连接

6. 材料与设备

6.1 塔式起重机

由于预制混凝土构件安装量大且重量较重，因此每栋主体结构需单独配备塔式起重机供安装使用。塔式起重机应根据构件的最大吊重弯矩进行选择（吊重弯矩指构件重量乘以其离塔吊中心距离的结果）。

6.2 临时支撑

临时支撑设备：斜向钢管支撑及三角定位件。每块预制构件配备两套。

6.3 安装调整设备

自制预制构件安装精度调整设备：利用自制三角铁板，固定在预制构件的接驳器上，用两只千斤顶进行垂直和水平顶伸作业，对预制构件的安装精度进行调整。

7. 质量控制

构件安装除了必须符合国家验收标准外，还须符合表7质量验收标准。

质量验收标准 表7

项　目	允许偏差(mm)	检验方法
轴线位置	5	钢尺检查
底模上表面标高	±5	水准仪或拉线、钢尺检查
每块外墙板垂直度	6	2m靠尺检查(四角预埋件限位)
相邻两板表面高低差	2	2m靠尺和塞尺检查
外墙板外表面平整度(含面砖)	3	2m靠尺和塞尺检查
空腔构造两板对接对缝偏差	±3	钢尺检查
外墙板单边尺寸偏差	±3	钢尺量一端及中部,取其中较大值
三角靠铁位置偏差	±5	钢尺检查
斜撑杆位置偏差	±20	钢尺检查

8. 安 全 措 施

8.1　严格遵守国务院发布的《建筑安装工程安全技术规程》、上海市建设和交通委《关于加强施工现场安全生产管理若干规定》,此外,根据住宅预制构件安装的特点,使用成品化安全围挡进行安全围护封闭。

8.2　由于预制构件为成品产品,外饰面砖在工厂化生产时完成。综合吊装、安装和楼层施工的搭接及安全需要,需要使用安全围挡进行安全封闭。外墙板围挡制作高度1.8m,阳台围挡1.1m,围挡采用方形钢管制作,并用镀锌钢丝网封闭。围挡设置采用吊装一块预制外墙构件,拆除一榀围挡的方法,按吊装顺序逐榀进行,预制外墙构件就位后,及时安装上一层围挡。外墙二次装饰不需要传统操作脚手架(安全围护封闭图见图8.2)。

8.3　在安全防护措施上,在楼层预制外墙构件安装前,在操作层下面,通过外墙窗洞口,调设平铺网,作为高空防坠落二道安全设防。

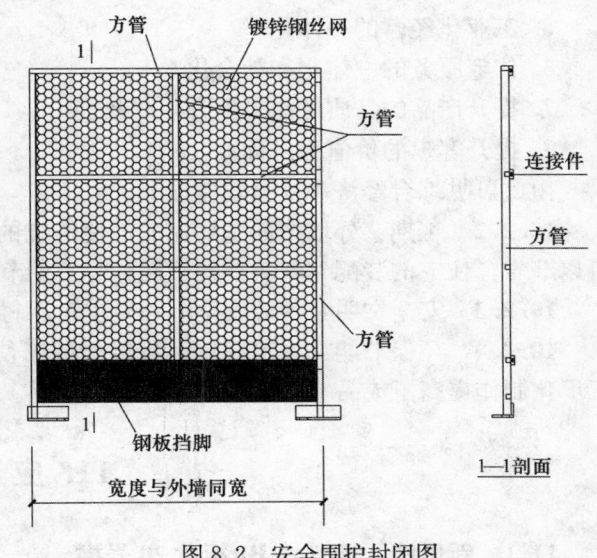

图8.2　安全围护封闭图

8.4　在预制外墙构件安装过程中,在吊装区下方设置安全区域,安排专人监护,该区域为安全禁入地块。

9. 环 保 措 施

9.1　外墙构件工厂预制时,面砖及铝窗已浇入构件中形成整体,现场安装后外墙面已完成施工,无需外墙湿作业,施工现场环境大大改善。

9.2　安全围护措施采用安全围挡,极大地减少了传统钢管脚手对钢材等原材料的消耗量,且大量构件工厂预制,施工现场减少了大量的施工作业量,减少了对环境的污染。

10. 效 益 分 析

10.1　经济效益数据

10.1.1　采用安全围挡取代传统脚手架,换算成钢材约为40.941t,节约共计:820736.15元。

10.1.2 产业化预制混凝土构件，采用吊装装配，不用混凝土固定泵，节约泵送费 20 元/m³，泵管、固定架无需进场。节约泵送费：18230 元，节约泵管费：1823 元。

10.1.3 产业化楼电焊机等设备用电和大临用电电量大幅减少，节电：27640 元。

10.1.4 预制构件的吊装、装配湿作业和生活用水量减少，节约用水费用：2803.07 元。

10.1.5 产业化预制混凝土构件吊装装配施工，施工现场模板消耗很少，按照钢模板来计算，共节约：45.756t，折算价格约为 228780 元。

10.1.6 产业化预制构件施工，避免了垃圾源的产生，大量的废水和废浆污染源得到抑制清运垃圾费用共节约 7423 元。

合计为：1107435.22 元。

10.2 社会经济效益

10.2.1 产业化住宅楼用工业化生产方式建造住宅，社会经济效益表现在：

1. 在节能降耗减排上所具有的优势显著，物耗降低明显。
2. 住宅施工劳动生产力的提高。
3. 住宅整体质量的提高。
4. 住宅建筑的标准化。
5. 工业化经营的一体化。
6. 住宅服务的一体化和社会化。
7. 提升产品的品质性能、提升生产效能。
8. 提升客户的价值为目标。

由此可见综合经济和社会效益显著。

10.2.2 工期：外墙饰面工厂完成，使传统的现浇混凝土结构的二次外装饰时间在装配式结构中可以节省，住宅的装配化安装节约工期，总工期节省将近 1/3。

10.2.3 安全文明：外墙安全围挡减少对原材料消耗的同时，工地安全文明程度得到提升和改善。

10.2.4 环保节能：施工现场大量装配施工使扬尘、噪声、水污染等现象大为减少，预制构件的工厂化制作提高了成品率，减少了原材料的消耗。

11. 应 用 实 例

11.1 新里城 A03 地块 B1 标段 20 号楼

采用本工法施工的有万科新里程 A03 地块 B1 标段 PC 工程 20 号楼，自 2007 年 5 月正式装配至 2007 年年底竣工备案，现场施工质量大为提高，施工工期缩短近 1/3，并且现场建筑垃圾明显减少，符合国家大力提倡的绿色环保节能建筑。本次安装施工是我国商品住宅建造方式上的一次突破性尝试，为今后大规模的推广积累了宝贵的经验。

11.2 三林镇 W6-3、W6-5 地块住宅 PC 项目

三林镇 W6-3、W6-5 地块住宅 PC 项目，由 8 栋 11 层和 5 栋 10 层住宅装配楼组成。该项目位于浦东新区三林镇和环林西路交叉路口，目前，该楼主体结构装配施工已完成，即将进入售楼阶段，施工与装配质量良好。运用该工法施工与安装达到了设计、施工要求和安全使用功能。

11.3 新里程 B04 地块住宅项目

新里程 B04 地块住宅项目，位于高青路/浦三路，7 幢 18 层预制装配楼，目前，5 号、6 号、7 号楼 PC 结构完成，1～4 号楼 PC 结构正在吊装装配中。工法应用成熟，住宅产业化得到充分体现，创新性应用技术得到各方好评。

CL复合钢筋混凝土剪力墙结构体系施工工法

GJYJGF015—2008

山东天齐置业集团股份有限公司　山东新城建工股份有限公司

肖华锋　崔超　刘玉彦　吕茂森　崔佃和

1. 前　　言

CL结构体系是一种新型的保温隔热复合钢筋混凝土剪力墙结构体系，是由CL复合墙板、现浇楼盖、边缘构件连接而成的整体现浇结构体系，其隔墙采用轻质隔墙。现浇CL复合剪力墙结构体系，是由两层或两层以上的钢筋网片，中间夹以聚苯乙烯泡沫板，用三维立体或水平斜插钢筋（腹筋）焊接成的空间骨架，经两侧浇筑混凝土后构成CL复合墙板（CL墙板）。在CL墙板加上构造措施与实体剪力墙组合，形成结构墙体。在纵横墙交接处设置约束墙体并起连接作用的构造墙框柱。为保证墙板整体协同工作性能，在较长CL墙板中部设置连接内外侧墙板的构造墙中柱，在CL墙板周边设置暗梁、暗柱等边缘构件进行加强，使其形成复合剪力墙结构。

2. 工 法 特 点

CL结构体系由CL墙板、实体剪力墙等组成，该体系具有保温节能、自重轻、抗震性能好、经济合理、技术先进等优点。

2.1 满足国家规定的保温隔热性能65％的节能标准，且其保温层与建筑同寿命，为永久性保温。可以避免普通保温做法所带来的后期维护、更换等不良问题。

2.2 由于墙体相对较薄、自重轻，套内实际使用面积扩大了8％～10％，减少了地基及基础的负荷。

2.3 主要部品（CL网架板）为工厂化生产，质量稳定可靠，无需二次加工，节省工时、材料。

2.4 抗震性能良好。比砖混结构提高2～3个抗震等级，优于框架结构。

2.5 造价合理，性价比高。据统计，已竣工CL建筑体系工程，每建筑平方米造价与同配置剪力墙结构加外墙保温相比造价相当。

2.6 比砖混结构延长使用寿命30年以上，给社会减少建筑垃圾50％。

3. 适 用 范 围

CL建筑结构体系可应用于设防烈度为8度及8度以下的严寒、寒冷、夏热冬冷地区、有保温隔热及隔声要求的所有居民建筑及公共建筑。CL结构体系建筑当为8度及8度以下抗震设防区时，房屋高度不大于36m，层高不宜大于3.6m，层数不宜大于12层；当为8度Ⅳ类场地时，高度不应大于27m，层高不宜大于3.6m，层数不宜大于9层。

4. 工 艺 原 理

现浇CL复合剪力墙结构体系，是由两层或两层以上的钢筋网片，中间夹以聚苯乙烯泡沫板，用三维立体或水平斜插钢筋（腹筋）焊接成的空间骨架，经两侧浇筑混凝土后构成CL复合墙板（CL墙板）。在 CL 墙板加上构造措施与实体剪力墙组合，形成结构墙体。在纵横墙交接处设置约束墙体并起连接作用的构造墙框柱。为保证墙板整体协同工作性能，在较长 CL 墙板中部设置连接内外侧墙板的构造墙中柱，在 CL 墙板周边设置暗梁、暗柱等边缘构件进行加强，使其形成复合剪力墙结构。现浇 CL 复合墙板构造见图 4。

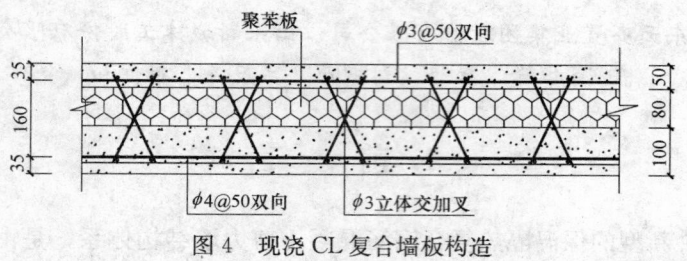

图 4　现浇 CL 复合墙板构造

5. 施工工艺流程及操作要点

5.1　施工工艺流程见图 5.1。

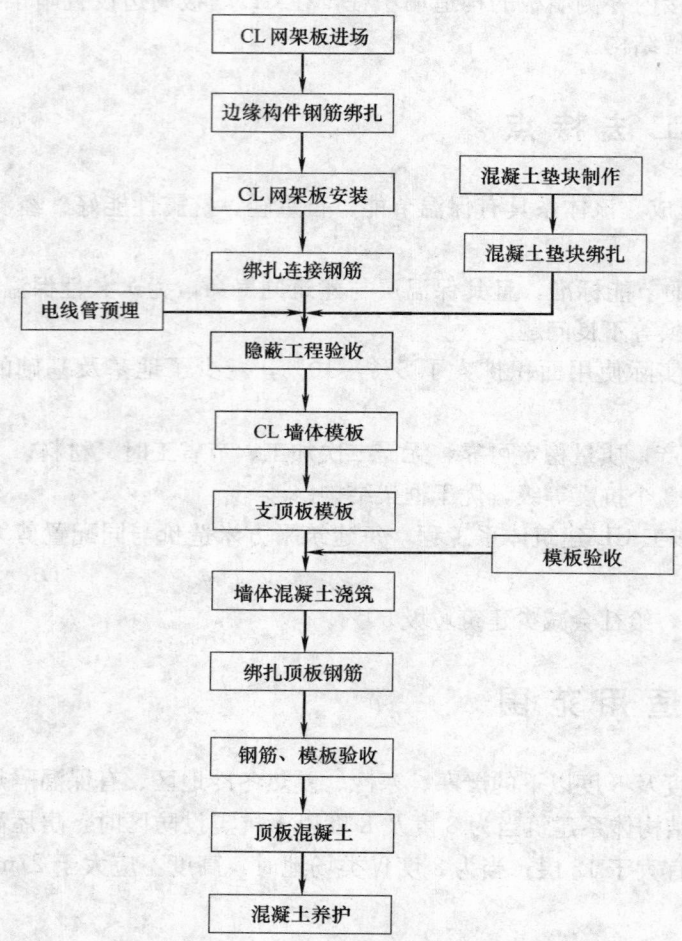

图 5.1　现浇 CL 结构体系施工工艺流程

2. 安装到位后，采取临时固定措施，以保证其稳定。

3. 对吊装就位的网架板甩出的锚固钢筋进行调整。

5.2.5　绑扎 CL 网架板连接钢筋

5.2　操作要点

5.2.1　CL 网架板进场检验

1. CL 网架板应由具有相应资质的专业厂家负责生产加工。

2. CL 网架板进场先检查产品合格证书、出场质量检验报告、原材料产品合格证和取样检验报告等质量证明文件。

5.2.2　垫块制作

1. CL 网架板进场复试合格后进行垫块制作。

2. 为保证 CL 网架板中间聚苯板的位置，垫块采用细石混凝土，也可采用定制专用定位卡。

3. 采用细石混凝土垫块时，在 CL 网架板进场验收合格后在网架板上现场制作。

4. 垫块厚度宜比该侧混凝土小 5mm，间距不大于 500mm，梅花布置。CL 网架板混凝土垫块详图见图 5.2.2。

5.2.3　边缘构件（暗柱）钢筋绑扎

边缘构件（暗柱）钢筋绑扎应满足《混凝土结构工程施工质量验收规范》GB 50204—2002 的相关规定。

5.2.4　网架板安装

1. 根据已放好的墙边线，安装 CL 网架板，按照控制线要求进行就位、校正。

1. 将 CL 网架板甩出的钢筋锚入暗柱或剪力墙内，按照设计要求调整甩筋，并将甩筋与暗柱或剪力墙钢筋绑扎固定。

2. CL 网架板水平向连接，可采用墙板水平钢筋直接锚入边缘构件的做法，亦可采取另设带肋锚筋或搭接网片与边缘构件连接，其锚入边缘构件内锚固长度及与焊接网片搭接长度均应该满足规范和设计要求。

3. CL 网架板竖向连接，内外侧采用预留插筋方式，插筋间距不大于 150mm，且采用带肋钢筋。

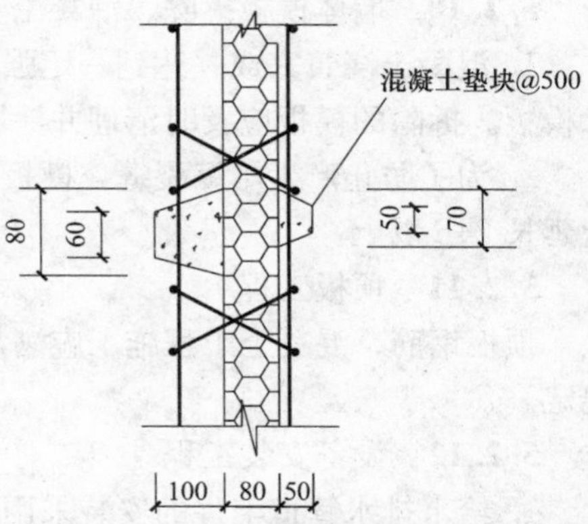

5.2.6 预埋电线管、垫块安装

1. 根据图纸布设安装的预埋管线及配电箱、线盒等预留预埋安装。

2. 绑扎钢筋垫块，垫块间距一般为 500mm，聚苯板两侧对称成"一"字形布置。垫块可采用定制专用定位卡，见图 5.2.6。

3. 为保证浇筑混凝土时，两侧混凝土浇筑高度一致，防止 CL 网架板在浇筑过程中的侧压变形，在其底部，留一道 40mm 的贯通缝，以确保网架板两侧混凝土的贯通与平衡。

图 5.2.2　CL 网架板混凝土垫块详图

5.2.7 CL 墙体模板支设

模板安装前，钢筋、网架板应进行隐蔽工程验收，弹好楼层的墙体位置线、门口线及标高线。模板底口已找平并清理干净，墙体中心线、边线、模板安装线检查完毕。

5.2.8 顶板模板支设

为了便于 CL 墙体混凝土施工，在墙体混凝土浇筑前，先支设完成顶板模板工程。

5.2.9 墙体混凝土浇筑

1. 现浇 CL 墙板和竖向边缘构件同时浇筑混凝土。

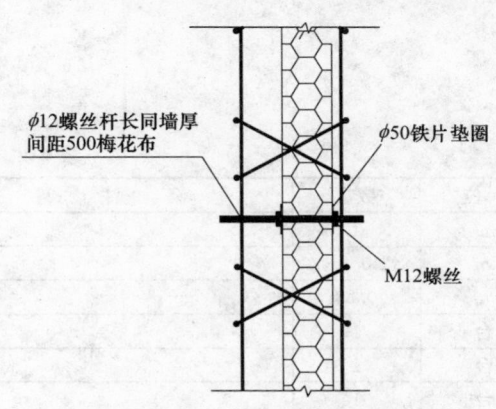

图 5.2.6　专用定位卡安装图

2. 模板支设及所有的隐蔽工程经建设单位、监理单位共同验收合格，再进行墙体混凝土浇筑。

3. 由于网架板一侧为 50mm 厚，另一侧为 100mm 厚，为保证混凝土浇筑密实，混凝土采用自密实混凝土，坍落度控制在 260～280mm，扩展度 60s 内达到 600～700mm，其偏差不大于 20mm，以保证混凝土的流动性及和易性，同时控制外加剂的掺量，以减少混凝土中气泡的产生。

4. 浇筑混凝土前，应用高强度等级的水泥砂浆将模板底口接缝堵严，防止混凝土跑浆造成蜂窝、麻面或烂根等质量缺陷；浇筑混凝土前在墙柱底部先浇筑 50～100mm 厚同强度等级的砂浆。

5. 混凝土浇筑采用泵送配合漏斗入模，为控制 CL 网架板在混凝土浇筑过程中不位移变形，应保证网架板两侧混凝土浇筑高度一致。可在墙厚 100mm 侧采用插挡方木或钢管等措施，以减缓 100mm 墙侧混凝土的流速，从而保证混凝土的流速两侧均匀，高度一致。

6. 混凝土下料点设在每个暗柱处，自一点开始浇筑至该处到顶，然后移到下一暗柱处，如此逐步推进。浇筑钢筋密集、断面小及窗台下部等部位时，可在模板外侧辅助振捣。剪力墙混凝土的分层厚度应经过计算后确定，并且应当计算每层混凝土的浇筑量，保证混凝土的分层高度准确，并用尺杆测量每层混凝土的浇筑高度，混凝土浇筑人员必须配备充足的照明设备，保证能够看清模板内混凝土的密实情况。

7. 为防止门窗洞口位移，窗口一侧开始浇筑时，同时在另一侧观察。待该侧混凝土液面升至窗台顶后，立即在另侧设置浇筑点，两侧同时浇筑，保证洞口的相对位置。

8. 剪力墙混凝土应一次浇筑完毕，不允许出现施工缝。浇筑完后，应及时将伸出的搭接钢筋整理到位。

5.2.10 墙体模板拆除、混凝土养护

1. 混凝土浇筑完成并达到一定强度（保证模板拆除时墙柱阳角不至于掉角，不粘混凝土）即可拆除模板。拆除的模板应及时清理并涂刷脱模剂，用塔吊吊运至另一楼号支设模板进行流水施工。

2. 为了防止产生干缩裂缝，模板拆除后应立即对墙柱涂刷养护液进行养护，养护时间比普通混凝土延长24h以上。

5.2.11 顶板工程

顶板钢筋、混凝土工程施工应满足《混凝土结构工程施工质量验收规范》GB 50204—2002的相关规定。

5.2.12 设备安装工程

1. 给水排水管道卡件的安装采用冲击钻或电钻打孔（不得截断主筋），将卡件安装后用高强度等级水泥砂浆嵌固或用塑料胀管螺丝固定。

2. 如在CL隔墙板上安装卡件或支架，应采用无齿锯开孔，用C10混凝土或M10水泥砂浆将卡件与支架进行嵌固。接线盒、开关、插座做法相同。

6. 材料与设备

本工法采用的主要材料与设备见表6。

主要材料（每平方米） 表6

序号	材料名称	规格型号	单位	数量	备 注
1	CL网架板	厚160mm	m²	1	
2	PVC管	φ50mm	m	0.8	
3	混凝土	自密实	m³	0.23	
4	混凝土输送泵	HBT-60	台	1	
5	塔吊	QTZ-315	台	1	
6	交流电焊机	BX2-300	台	1	
7	振动棒	φ50mm	根	1	
8	钢筋切断机	GQ40	台	1	
9	钢筋弯曲机	GW40	台	1	
10	钢筋调直机	GT6/12	台	1	

7. 质 量 控 制

7.1 CL网架板

7.1.1 CL网架板均应在明显部位标明拟用于的单位工程、构建编号、型号、生产日期。

7.1.2 CL网架板进场应具备产品合格证、出厂质量检验报告、原材料合格证等质量证明文件。

7.2 CL墙板现浇混凝土工程

7.2.1 主控项目

1. CL墙体的轴线位置和垂直度允许偏差符合要求。

2. 检查数量：在同一检验批内，应抽查构件数量的10%，且不少于3件，或有代表性的自然间10%，且不少于3间。

7.2.2 一般项目

1. CL墙板允许偏差应符合表7.2.2的规定。

2. 检查数量：按楼层、结构缝或施工段划分检验批。在同一检验批内，应抽查构件数量的10%，且不少于3件，或有代表性的自然间10%，且不少于3间。

CL 墙板一般尺寸允许偏差 表 7.2.2

项　目		允许偏差(mm)	检验方法
标高	层高	0，−10	水准仪或拉线、钢尺检查
	全高(H)	H/1000 且≤30	钢尺检查
截面尺寸		+8，5	2米靠尺和塞尺检查
表面平整度		8	钢尺检查
预埋设施中心位置	预埋件	10	钢尺检查
	预埋螺栓	5	钢尺检查
	预埋管、预留孔	5	钢尺检查
预留洞中心线位置		15	钢尺检查
两侧混凝土厚度		0，+5	钻芯取样或预留观测孔
保温板及钢筋网相对位移		10	

注：检查中心线位置时，应沿纵、横两个方向测量，并取其中的较大值

8. 安　全　措　施

8.1　CL 网架板吊装，严格按照安全操作规程施工，钢丝绳必须通过计算选用，吊臂下严禁站人，防止吊物高空坠落伤人。

8.2　CL 复合剪力墙结构体系施工用电必须符合 JGJ 46—2005 的规定，线路绝缘良好，保安器灵敏可靠，手持电动工具必须戴绝缘手套。

9. 环　保　措　施

9.1　施工现场成立以项目经理为组长的环境保护小组，完善各项管理制度，逐级落实责任，将组织、落实、检查、验收一体化、规范化、制度化。

9.2　在现浇 CL 结构体系施工中，应该做好建筑施工现场的环境管理工作，依照 ISO 14000 标准，根据《中华人民共和国环境保护法》，采取有效的管理措施做好环保工作。

9.3　CL 复合剪力墙结构体系混凝土施工时，应采用低噪声环保型振捣器，以降低城市噪声污染。

9.4　CL 网架板使用的聚苯板等材料应使用无污染环保型材料。

10. 效　益　分　析

10.1　采用 CL 结构体系，提高了结构的抗震性能，按国家 65% 节能要求设计，提高了保温性能，增加了舒适度，降低了使用成本。

10.2　保温层与结构同寿命，全寿命造价低。

10.3　墙体薄，使用面积系数高，单位使用面积的建安造价比砖混结构低，经济效益明显。

10.4　该工程主体结构，2007 年 8 月 18 日完成后，经过建设、监理及淄博市质检站验收，质量达到了标准要求。

11. 应　用　实　例

我公司施工的高青银岭生活区二期 1～6 号楼工程位于高青县开发区，建筑总面积为 34904.85m²，地上 6 层带阁楼，半地下室 1 层。工程开工日期：2007 年 3 月，计划竣工日期：2008 年 6 月。

该工程上部结构全部采用 CL 剪力墙结构体系，基础采用钢筋混凝土条形基础。经过工程实践检验，该结构体系取得了良好的经济效益和社会效益。

整体装配式框架结构施工工法

GJYJGF016—2008

中建三局第一建设工程有限责任公司
戴岭 刘献伟 岳进 刘洪海 李强

1. 前 言

为了促进建筑施工技术现代化，提高效率，缩短工期，保护环境，节能减排，并确保建筑物的质量和性能，引导房地产业更好的可持续发展，建筑工程的产业化已经是行业发展的趋势。产业化工程突出特点就是装配式施工，而如何提高装配式建筑的整体性，降低构件加工、安装的难度，提高构件安装的质量，缩短安装时间等，成为影响产业化工程发展的主要因素。

万科住宅产业化基地实验楼和深圳万科第五园产业化住宅项目，设计采用了产业化住宅成套技术。中建三局第一建设工程有限责任公司在引进和消化了国外整体装配式混凝土框架结构施工工艺的基础上，拥有成熟的工程管理经验和成套的施工技术，形成了《整体装配式框架结构施工工法》，并成功应用于多个项目。

2. 工法特点

2.1 标准化施工，计划和程序管理严密

深化设计时以标准层每层、每跨（户）为单元，将结构拆分成柱、墙、梁、板、楼梯等标准构件，相同类型的构件截面尺寸和配筋基本统一，构件的加工计划、运输计划和每辆车构件的装车顺序紧密地与现场施工计划相结合，施工过程标准化程度高，现场施工规范化、程序化。

2.2 机械化程度高

现场施工主要为机械化安装，施工速度快，工人数量少。构件拆分和生产的统一性保证了安装的标准性和规范性，大大提高了工人的工作效率和机械利用率。

2.3 质量可靠

采用规范的施工程序和严密的组织管理，可保证施工现场管理高度现代化，确保工程施工质量。

2.4 安全

工具式安全防护设施的使用，构件的标准化，操作人员专业化，工艺的程序化，使施工危险因素大大降低，安全生产更有保证。

2.5 环保

产业化建筑构件均为工厂化生产，现场采用机械吊装，除结构节点部位采用现浇混凝土外，基本避免现场湿作业，减少建筑垃圾约70%，节约施工用水约50%，大量减少了噪声、粉尘污染，在节能环保方面优势明显。

3. 适用范围

本工法适用产业化住宅整体装配式混凝土框架结构施工。

4. 工艺原理

按标准化设计，根据结构、建筑特点将柱、梁、板、楼梯、阳台、外墙等构件拆分，在工厂进行

标准化预制生产，现场采用塔吊等大型设备安装，形成房屋建筑结构。

建筑物基础和构件节点采用混凝土现浇，钢筋连接及锚固采用特殊工艺焊接或机械连接及端头锚固形式。外装饰材料已整体预制在柱、墙体、阳台等构件上，接缝采用嵌缝材料和防水材料嵌填。

构件的加工计划、运输计划和每辆车构件的装车顺序紧密地与现场施工计划相结合，确保每个构件严格按实际吊装时间进场，保证了安装的连续性。

5. 施工工艺流程及操作要点

5.1 工艺流程

产业化住宅混凝土框架结构施工工艺流程如图5.1。（其中虚线框内流程在现场施工前完成，不在本工法内容之内）：

5.2 操作要点

5.2.1 现浇基础

产业化住宅工程一般采用与普通框架结构类似的现浇钢筋混凝土基础，保证预制构件接合部位的插筋、埋件等准确定位。

5.2.2 吊装准备

1. 吊装前根据构件不同形式和大小安装好吊具。

2. 构件必须根据吊装顺序进行装车。

3. 吊装前应将控制线投放在构件上。

4. 吊装前构件支撑体系必须完成。

5.2.3 柱构件吊装

1. 吊装流程为：测量放线→构件进场检查→构件编号→吊具安装→翻身直立→起吊→钢筋对位→就位→安装临时斜撑→调整灌浆。

2. 测量要点：按定位轴线控制构件平面位置，并在柱下设置调整钢板控制构件垂直度。

3. 吊装柱钥匙钢筋预留孔应与底层柱钥匙钢筋相对应。

4. 柱水平位置通过微调螺栓进行调整。

5. 柱垂直度通过临时斜撑进行调整和临时固定，待柱底钢筋孔灌浆达到强度后拆除。

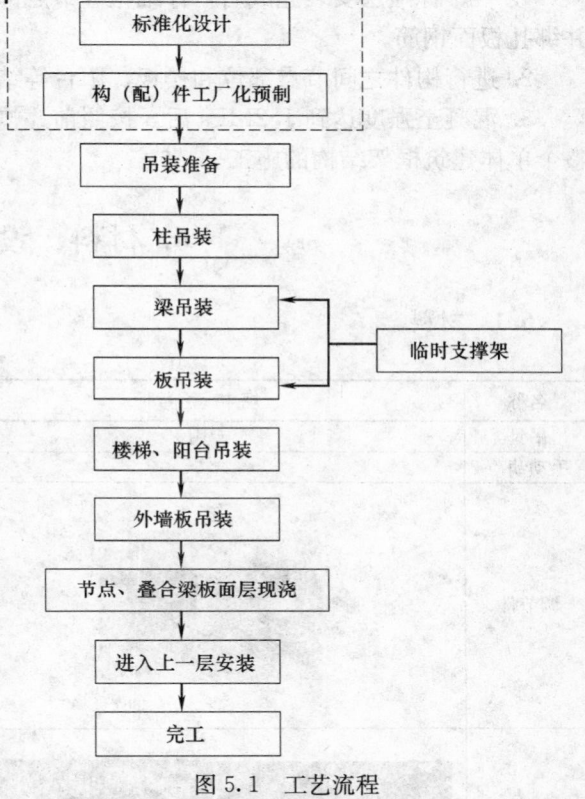

图 5.1 工艺流程

5.2.4 梁、板、楼梯等构件吊装

1. 吊装流程为：测量放线→支撑架搭设→构件进场检查→构件编号→吊具安装→起吊调平→相关构件钢筋对位→调整完成。

2. 测量放线时首先复核相关钢筋位置，然后进行标高和控制线投测。

3. 构件进场后复核构件数量、尺寸、外观质量等，在构件上标明吊装区域和吊装顺序编号，方便确认。

4. 构件吊离地面或车辆20～30cm时，复核构件水平度，方便钢筋对位和构件落位就位。

5. 突窗、阳台、楼梯、部分梁等异型构件吊装时，采用葫芦进行调整使构件处于正确就位姿态。

6. 构件吊至安装位置上方30～50cm时，辨识钢筋位置关系、边线和控制线位置，缓慢下落精确调整就位。

7. 梁柱核心区的箍筋应根据梁钢筋配置情况按顺序安放。

5.2.5 墙体构件吊装

1. 吊装流程为：测量放线→构件进场检查→构件编号→吊具安装→安装调节埋件→翻身→起吊调平→钢筋对位→落位→标高和墙底位置调整→墙立面垂直度调整→嵌缝。

2. 在已完构件上投测出预装墙构件控制线。

3. 构件进场后复核数量、尺寸、外观质量等，在构件上标明吊装区域和吊装顺序编号，方便确认。

4. 吊装前安装完成调节墙体标高和水平位置的工具式埋件。

5. 构件吊离地面或车辆20～30cm时，复核和调整墙体顶部水平度，方便就位。

6. 构件吊至安装位置上方30～50cm时，辨识钢筋位置关系、边线和控制线位置，缓慢下落精确调整就位。

7. 墙体就位后通过调节工具式埋件，完成墙体标高、轴线及垂直度的精确调节。

5.2.6 节点、叠合梁板面层现浇

1. 一个标准层安装完成后，仔细检查节点部位钢筋的连接质量和锚固质量，完成节点部位的封模，并绑扎板面钢筋。

2. 进行构件之间节点部位和楼板、阳台等结构面层的混凝土浇筑。

3. 混凝土强度达到1.2MPa后，按照前述操作程序进行上层结构安装，依次逐层施工，直至完成整个单体建筑框架结构的施工。

6. 材料、设备与劳动力组合

6.1 材料

材料表　　　　表6.1

名称	规格型号	名称	规格型号
吊具	专用	钢模配套"U"形卡	
手动葫芦	2t、5t		
调节件		角钢	L75×75×6、L30×30×3
		钢模吊具	
支撑架体材料		"L"形蝴蝶螺杆	
端头锚		"一"字形蝴蝶螺杆	
内置螺栓		斜撑杆	
预埋件			
钢模板	200×1000、200×1500、300×1000、300×1500		

6.2 机具设备

每个安装小组机具设备见表6.2。

机具设备表 表6.2

序号	名称	型号规格	单位	数量
1	塔吊	选型	台	1
2	钢梁		条	1
3	葫芦	3吨	个	4
4	自动扳手		把	4
5	对讲机		台	3
6	电焊机		台	2

6.3 劳动力组合

现场吊装每个组配备人员如表6.3。

劳动力组合表 表6.3

序号	工种	人数（个）	序号	工种	人数（个）
1	协调	1	5	塔吊指挥	2
2	起重工	6	6	焊工	2
3	木工	2	7	测量员	2
4	司机	1			

7. 质量控制

7.1 采用的规范标准

《钢筋混凝土工程质量验收规范》GB 50204—2002 等相关钢筋混凝土结构现行规范。

7.2 构件吊装质量的控制

1. 主要控制重点在施工测量的精度上。为达到构件整体拼装的严密性，避免因累计误差超过允许偏差值而使后续构件无法正常吊装就位等问题的出现，吊装前须对所有吊装控制线进行认真的复检。

2. 梁、板底支撑标高调整必须高出梁底结构标高2mm，使支撑充分受力，避免预制梁底开裂。

3. 板吊装顺序尽量依次铺开，不宜间隔吊装。每块板吊装就位后偏差不得大于2mm，累计误差不得大于5mm。

4. 大面墙体分块安装和嵌缝，吊装前对外墙分格线进行统筹安排，防止预制构件误差累积。

5. 墙体吊装时应事先将对应的结构标高线标于构件内侧，有利于吊装标高控制，误差不得大于2mm；预制墙吊装就位后标高允许偏差不大于4mm、全层不得大于8mm，定位不大于3mm。

6. 其他小型构件的吊装标高控制不得大于5mm，定位控制不大于8mm。

7.3 现浇部分质量控制

重点在于楼层标高的控制、柱核心区钢筋定位控制、梁柱节点控制、叠合层内后置埋件精度控制、连续梁在中间支座处底部钢筋连接质量控制等。

认真调节相关构件的位置关系，确保现浇节点的平整、光洁。

标高控制在建筑物周边设置控制点，以便于相互检测。单层标高允许误差不大于3mm，全层标高允许误差不大于15mm。

7.4 预埋件

预埋件分为三种，相关质量控制见表7.4。

预埋件质量控制表   表 7.4

序号	预埋件种类	特 性	允 许 偏 差		
			平整度	标高	中心线偏差
1	配合构件吊装用埋件	吊装时为调整构件位置和固定构件而设的预埋部件	2mm	±3mm	2mm
2	支撑用的临时性埋件	为方便模板安装、外架连接和其他临时设施而设的预埋部件	5mm	±5mm	20mm
3	结构永久性埋件	为连接构件、加强结构的整体刚度而设的预埋部件	3mm	±3mm	3mm

8. 安 全 措 施

8.1 采用的标准

《建筑施工安全检查评分标准》JGJ 59—99

《建筑施工高处作业安全技术规范》JGJ 80—91

《施工现场临时用电安全技术规范》JGJ 46—2005

《施工现场机械设备检查技术规程》JGJ 160—2008

《起重机械安全规程》GB 6067—85

8.2 安全措施

1. 吊装期间，对吊装点采用警示带进行隔离，设置临时围栏、警示标志，并派专人进行监护，确保吊装期间吊装点下方行人安全。

2. 每次吊装前对所有吊具进行质量检查和数量核对，检查钢梁、葫芦、钢丝绳等起重用品的性能是否完好。

3. 梁板吊装前在梁、板上提前将安全立杆和安全维护绳安装到位，为吊装时工人佩戴安全带提供连接点。

4. 构件吊装前在构件上安装两条溜绳，便于构件在空中时地面（楼层）吊装人员控制落点，减少失误。

5. 特种施工人员持证上岗。构件起重作业时，必须由起重工进行操作，吊装工进行安装。

6. 由于装配整体式结构工程的构件不是整体预制，在吊装就位后不能承受自身荷载，因此梁底支撑不得大于 2m，每根支撑之间高差不得大于 1.5mm、标高不得大于 3mm。

9. 环 保 措 施

因现场构件运输采用大型车辆，应对场内道路和堆放场地进行硬化，避免道路起尘。

在现场出口人设洗车槽，对进出车辆进行冲洗。

构件分类堆放，分别编号，做好标识。

废弃钢材、木材、塑料其他垃圾分类堆放，定期处理。

10. 效 益 分 析

10.1 经济效益

虽然目前混凝土结构产业化建筑成本的增加约 15%～20% 左右，但产业化建筑由于建造速度快，能促使资金早日回笼，提高资金的周转率，这对于房地产企业是极其重要的。且在规模化施工形成产业后，建造成本将进一步降低。在长远经济发展形势下，必将面临劳动力资源短缺和成本提升的情况，装配式房屋的优势将更加明显。

10.2　工期方面

外墙板的外墙面砖、窗框等已在工厂里做好，局部打胶、涂料等工序仅用吊篮就可以进行，外装修不占用总工期。就一座20层左右的楼而言，仅此一点就可节约工期3～4个月。全面实行结构、安装、装修等设计与加工的标准化后，施工速度将会更快。

10.3　质量方面

由于瓷砖或外墙涂料在工厂里就和混凝土墙体牢固地黏结在了一起，基本上杜绝了脱落现象。根治了外墙常有渗漏、裂缝的通病。比传统住宅建造工艺更易于控制施工质量，大部分构件实现了工厂化制作，减少了因手工现场操作而产的质量通病。

10.4　安全方面

传统住宅的施工方式是大量的工人聚集在现场，交叉作业多，容易对工人造成高空坠落、物体打击、触电等伤害。而产业化装配整体式结构通过把大量的作业转移到了工厂，现场工人数目大大减少（最多可减少80％以上），减小了现场安全事故的发生频率。

10.5　社会效益

该项技术操作简便、安全可靠，可确保工程质量，安装时间显著缩短，较之传统施工方法节约人工30％；节约常规周转材料约8％；内外装饰工期短，竣工时间可缩短约20％。

11. 应 用 实 例

万科东莞住宅产业化研究基地青群工业化实验楼和万科第五园五期工业化实验楼均使用该工艺完成主体结构施工，经检验满足设计和施工规范要求。

在两栋试验楼成功建造的基础上，大型产业化住宅小区也已取得了成功。深圳万科第五园项目是一大型小区，其中第五期包括3栋13层产业化住宅，地下部分为2层，地上部分共有13层，总高度为46.15m。目前主体结构已封顶，顺利通过主体分部工程验收。第四期包括6栋18层产业化住宅，目前正在施工主体结构，工程进展顺利。

以上产业化住宅结构工程均采用本工法安装和施工，工程进展顺利，获得了日本和香港同业者以及业主万科房地产有限公司的一致认可。

图11为万科第五园项目单栋建筑物效果图。

图11　万科第五园产业化住宅项目第五期工程效果图（单栋）

预应力混凝土双向叠合楼板施工工法

GJYJGF017—2008

曙光控股集团有限公司　湖南高岭建设集团股份有限公司

周绪红　吴方伯　王明生　周雄辉　张友亮　林仁辉

1. 前　言

　　传统的装配式楼盖一般是以预应力混凝土预制实心平板（或空心平板）为底板，再浇筑混凝土叠合层而形成的叠合楼板，存在着预制底板预应力钢筋用量较多，楼板单向受力不足，整体性、抗震性和抗裂性等结构性能较差；现浇楼盖在施工中支模难，模板用量大、施工进度慢、污染大、且易产生温度收缩裂缝等。为克服上述存在的问题，我们在与湖南大学等大专院校合作研发新型装配整体式楼盖体系的基础上，大力推广应用新型单向预应力双向配筋大跨度混凝土叠合楼盖体系，取得了较好的成效。为使施工工艺的规范化，我们通过对实践中的施工工艺加以总结和提升，形成《预应力混凝土双向叠合楼板施工工法》。

　　预应力混凝土双向叠合楼板是由我公司与湖南大学等大专院校及其科研机构合作研发的一种新型混凝土叠合楼板。该叠合楼板的预制构件为预应力混凝土预制薄板，板上带有"T"形肋，肋上预留长方形孔，孔内可布置横向穿孔受力钢筋，叠合层混凝土浇筑后可形成单向预应力双向受力叠合楼板，如图1所示。该楼板具有承载力高、整体性和抗裂性好，节约钢筋和模板、缩短工期、降低造价以及减少环境污染等优点，先后被湖南省建设厅和原建设部评定为湖南省及全国建设科技成果推广应用项目；获得2007年度"省级科技进步奖一等奖"、2008年度"国家科技进步奖二等奖"；以及获发明专利1项和实用新型专利8项。

　　预应力混凝土双向叠合楼板施工工法的关键技术，是"十一五"国家科技支撑计划课题《新型装配整体式

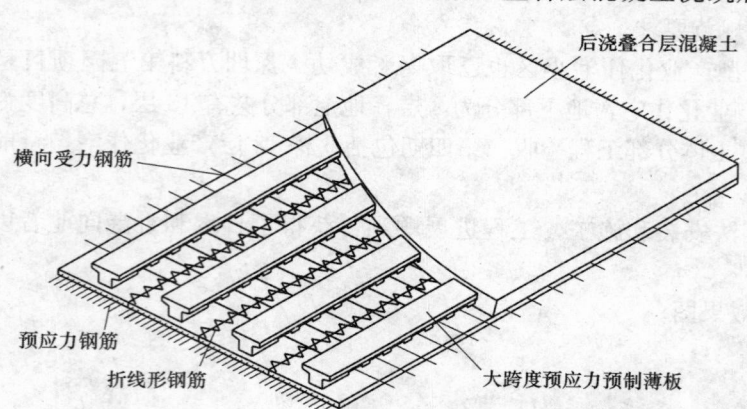

后浇叠合层混凝土

横向受力钢筋

预应力钢筋

折线形钢筋

大跨度预应力预制薄板

图1　预应力混凝土双向叠合楼板

楼盖体系的关键技术及其应用》的重要组成部分，在2003年12月，经湖南省建设厅科技成果鉴定委员会鉴定为国内领先水平，同行专家认为研究成果具有重要的工程应用价值，属国内首创并达到国际先进水平。

2. 工法特点

　　2.1　预应力预制薄板为先张法预应力混凝土构件，板上设有"T"形肋，提高了薄板的刚度和抗弯承载力，增加了薄板与叠合层的咬合力，有效控制了预应力反拱值；板端设有吊钩，使运输及施工过程中吊装方便且不易折断。

　　2.2　预应力预制薄板板肋上预留长方形孔，用于布置横向受力钢筋从而形成双向受力楼板，改善了叠合楼板的受力性能，同时，叠合层混凝土浇筑后肋上孔洞混凝土可形成"销栓"效应，大大加强

了叠合板整体性。此外，预留孔洞还可方便布置楼板内的预埋管线。

2.3 在预制薄板拼缝处配置折线钢筋，大幅度提高楼板开裂荷载，有效地解决正常使用情况下普通现浇混凝土楼板出现的开裂现象。

2.4 施工阶段不需铺设模板，仅需在板底布置数道竖向支撑，有效地节约了模板；采用预应力技术，节约钢筋；现场钢筋绑扎及混凝土浇筑量少，减少环境污染、提高施工效率，大大降低工程造价。

3. 适用范围

本施工工法适用于抗震设防裂度小于或等于 9 度地区的一般多高层工业与民用建筑预应力混凝土双向叠合楼盖和屋盖施工；对于处于侵蚀环境、结构表面温度高于 100℃、或有生产性热源且结构表面温度经常高于 60℃时，应另作处理；对耐火等级有较高要求的建筑物，还应按国家现行有关标准、规范的要求进行处理。

4. 工艺原理

以预应力预制薄板为底板，并在板肋上预留的长方形孔中穿置横向受力钢筋，再在预制薄板拼缝处布置折线形抗裂钢筋，最后浇筑叠合层混凝土，从而形成双向受力整体的叠合楼板。

5. 施工工艺流程及操作要点

5.1 施工工艺流程

预应力预制薄板进场堆放→设置板端支撑→设置板跨内支撑→吊装→铺板→设置楼板预留孔洞→板间抹缝→布置横向受力钢筋→布置板缝折线形钢筋→绑扎支座负筋及分布钢筋→布置预埋管线→浇筑叠合层混凝土→混凝土养护→拆除支撑，具体做法如图 5.1 所示。

5.2 操作要点

5.2.1 施工准备

1. 根据施工进度安排确定预制薄板的安装及叠合层混凝土浇筑轴线顺序。

2. 确定预应力预制薄板的堆放场地并进行场地平整。堆放场地应安排在塔吊或起重机的工作区域内，避免二次转运。

3. 对施工人员进行相关技术交底。

5.2.2 预应力预制薄板的现场堆放

预应力预制薄板进场后应堆放于地面平坦处，堆放场地应平整夯实。堆放或运输时，预制薄板不得倒置，最底层薄板下部应设置垫块，垫块的设置要求为：当板跨度为 6.0m≤L≤7.5m 时，应设置 4 道垫块，当板跨度为 7.5m<L≤8.7m 时应设置 5 道垫块。垫块上应放置垫木再将薄板堆放其上。各层薄板间也须设置垫木，且垫木应上下对齐，最外侧垫木距板端距离 ≤300mm 且≥150mm，不得有一角脱空。每踩堆放层数不大于 7 层，不同板号应分别堆放。具体堆放如图 5.2.2 所示。

图 5.1 施工工艺流程图

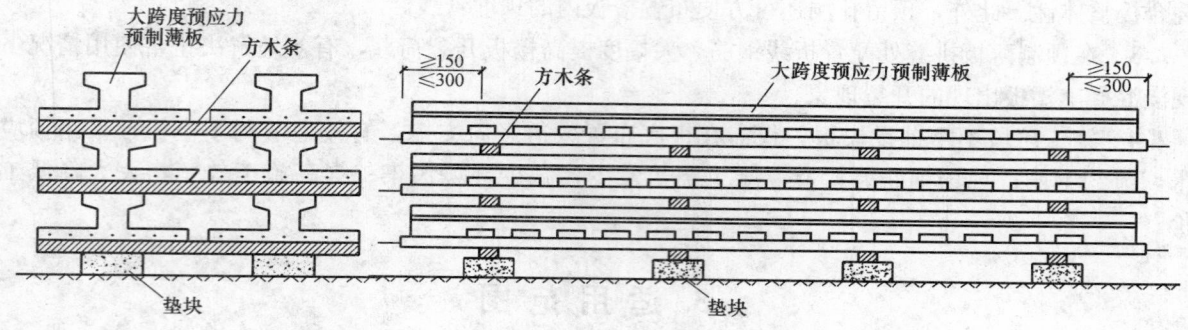

图 5.2.2 预应力预制薄板施工现场堆放示意图

5.2.3 设置板端支撑

1. 当叠合板板端遇梁时，板端支撑设置如图 5.2.3-1 所示。

2. 当叠合板板端遇剪力墙或柱时，在叠合板板端处设置一根横向木条，木条顶面与板底标高相平，木条下方沿横向每隔 1m 间距设置一根竖向支撑（板端遇柱时，柱宽范围内视柱宽设置 1～2 根竖向支撑即可）。具体支撑设置如图 5.2.3-2 所示。

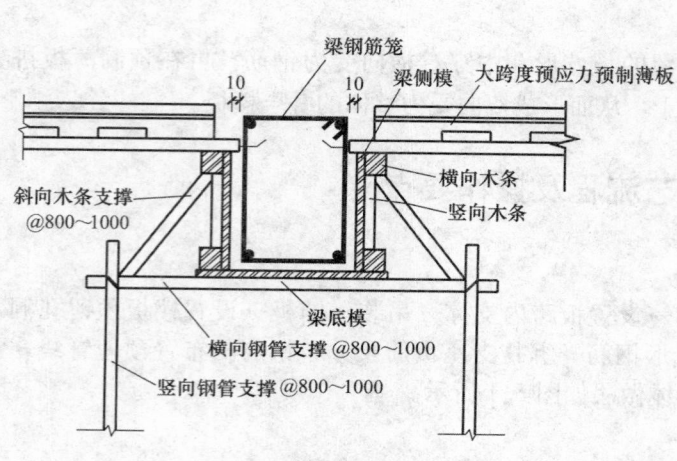

图 5.2.3-1 梁边叠合板支撑示意图

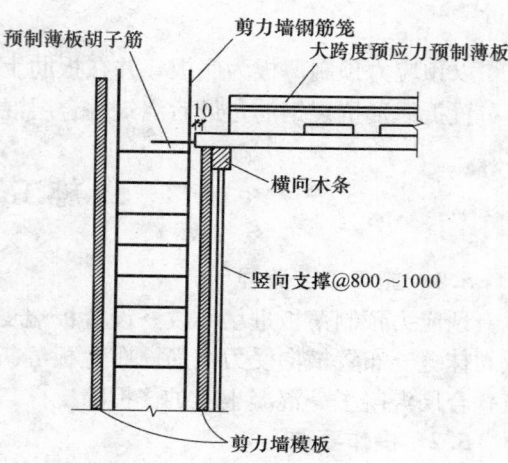

图 5.2.3-2 墙（柱）边叠合板支撑示意图

5.2.4 设置板跨内支撑

1. 当叠合板跨度为 6.0m≤L≤7.5m 时，板底处沿叠合板纵向至少设置 2 道支撑。

2. 当叠合板跨度为 7.5m<L≤8.7m 时，板底处沿板纵向至少设置 3 道支撑。

3. 板底支撑设置方法如图 5.2.4 所示。

5.2.5 吊装

预应力预制薄板每端各设有两个吊钩，吊装时应将起重设备的吊绳（吊钩）套入预制薄板两端吊钩上，且保证为四点起吊，不得两点起吊或三点起吊，不得将吊绳（吊钩）套入板肋预留孔内进行吊装。起吊前将板面杂物清理干净，板上不能放置其他重物，且每次只能单块吊装；吊装过程中应使板面基本保持水平，起吊、平移及落板时应保持速度平缓，避免速度过快形成较大的惯性力。

5.2.6 铺板

1. 预应力预制薄板安装前应按设计图纸核对板的型号及板长，并检查板质量，如有变形、断裂、损坏现象，不得使用。

2. 铺板前应在要铺板部位（四周梁边、墙边或柱边）注明板的型号及板长，以方便铺板时快速安装就位。

3. 当叠合板叠合层混凝土与板端梁（剪力墙、柱）一起现浇时，预应力预制薄板板端伸入梁（剪

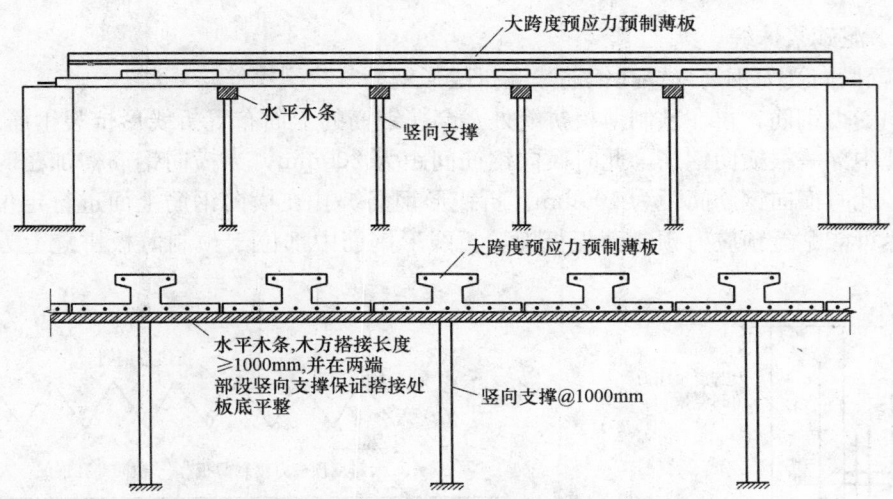

图 5.2.4　叠合板板底支撑设置示意图

力墙、柱）内不小于 10mm，先把一端的板端预应力钢丝向下弯折 90°，再将另一端的板端预应力钢丝插入梁（剪力墙、柱）钢筋笼内，然后将预应力钢丝被弯折过的板端搁置于梁（剪力墙、柱）模板上面，最后将预应力钢丝弯折回位，则两个板端的预应力钢丝都可以顺利的插入梁（剪力墙、柱）钢筋笼内。具体做法如图 5.2.3-1、图 5.2.3-2 所示。

4. 当叠合板搁置于梁上或墙上时，预制薄板板端搁置于梁上或砖墙上的长度为不小于 80mm。铺板前应先在梁上或墙上用水泥砂浆找平，铺板时再用 10～20mm 厚水泥砂浆坐浆找平，水泥砂浆的强度等级不低于 M5 且不低于砌筑砂浆的强度等级，具体做法如图 5.2.6-1、图 5.2.6-2 所示。

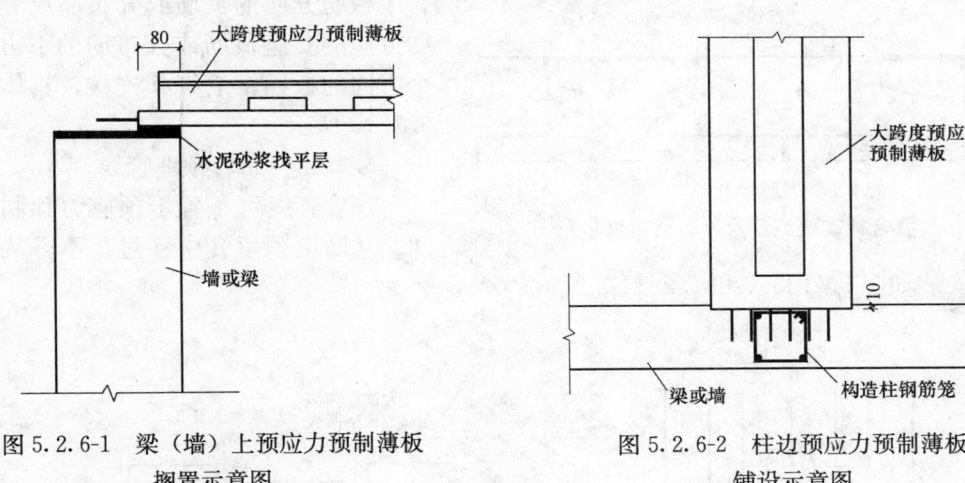

图 5.2.6-1　梁（墙）上预应力预制薄板
搁置示意图

图 5.2.6-2　柱边预应力预制薄板
铺设示意图

5. 当遇柱角等情况需设置现浇板带时，现浇板带做法为：板带宽≤200mm 时，采用吊模现浇；板带宽＞200mm 时，采用下部支模现浇。

6. 当预应力预制薄板铺设完成后需在板面堆放钢筋等材料时，须严格按照预制薄板的设计施工荷载进行荷载控制，堆积高度不能过高，同时要求尽量均匀堆放，以免在堆放处产生过大集中荷载，造成预制薄板的局部变形。

5.2.7　设置楼板预留孔洞

当叠合板上需开孔时，应根据等强代换的原则配筋补强，即在孔洞四周配置附加钢筋，并根据板面荷载的大小每侧选用不小于 2ϕ8 的附加钢筋。垂直于板肋方向的附加钢筋应伸至肋边，平行于板肋方向的附加钢筋应伸过洞边距离不小于 40d（d 为附加钢筋直径），具体做法如图 5.2.7 所示。

5.2.8　板间抹缝

预制薄板的拼缝宽度应不大于 15mm。为防止浇筑叠合层混凝土时漏浆，在预应力预制薄板的拼缝间应采用 M10 水泥砂浆抹缝。

5.2.9　布置横向受力钢筋（穿孔钢筋）和折线形钢筋（抗裂钢筋）

先布置横向受力钢筋，再在预制薄板拼缝处、穿孔钢筋的上面布置折线形抗裂钢筋。一般情况下，肋上每个预留孔中穿一根横向钢筋，此时横向钢筋间距为 200mm；当横向钢筋需加密时，可在每个孔内穿两根钢筋，此时横向钢筋间距为 100mm。折线形钢筋绑扎在横向钢筋上面进行定位，横向钢筋和折线形钢筋应尽可能贴近预应力预制薄板板面，折线形钢筋中部位于预制薄板拼缝上方。具体做法如图 5.2.9 所示。

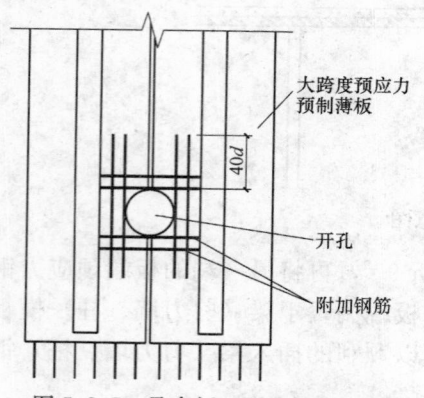

图 5.2.7　叠合板上开孔补强示意图

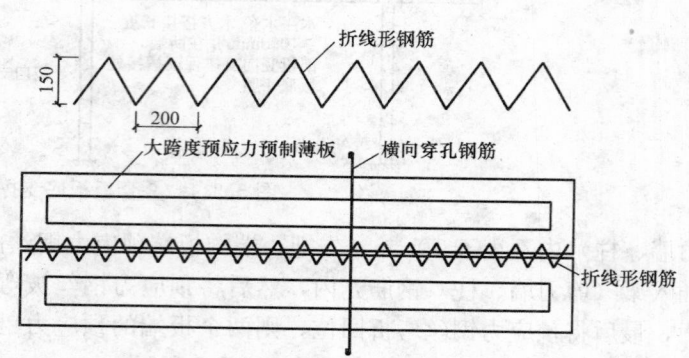

图 5.2.9　预应力预制薄板拼缝平面图

5.2.10　布置板面支座负筋及分布筋

布置板面支座负筋及分布筋时，先将垂直于板肋方向的支座负筋或分布筋放置于板肋上，再将平行于板肋方向的负筋或分布筋放置于垂直板肋方向的支座负筋或分布筋的下方，同时两个方向的板面钢筋绑扎连接，具体做法如图 5.2.10 所示。

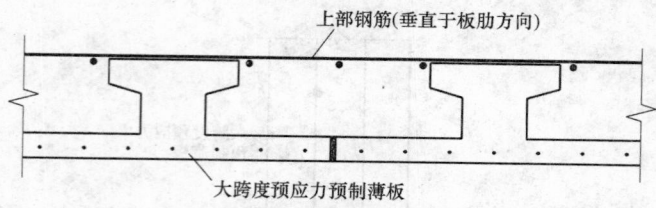

图 5.2.10　叠合板支座负筋及分布筋布置示意图

5.2.11　布置预埋管线

预埋管线可布置于预应力预制薄板板肋间并从肋上预留孔中穿过，不得从板肋上跨过。开关盒的安装如图 5.2.11-1 和 5.2.11-2 所示。

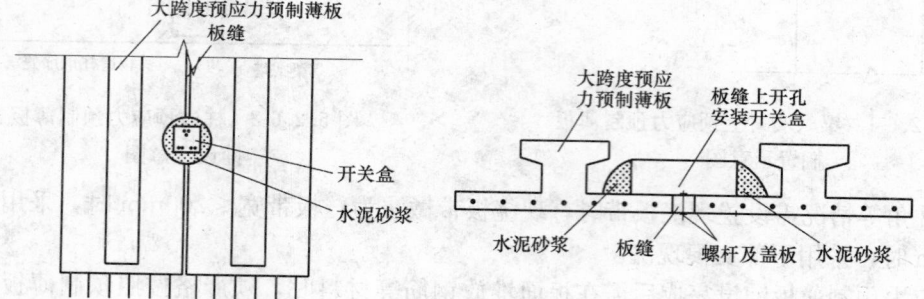

图 5.2.11-1　叠合板上开关盒安装示意图

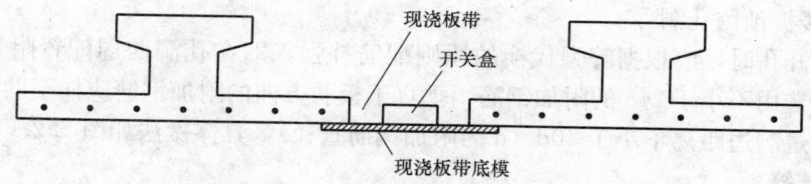

图 5.2.11-2　现浇板带开关盒安装示意图

5.2.12 浇筑叠合层混凝土

1. 叠合层混凝土的浇筑必须满足《混凝土结构工程施工质量验收规范》GB 50204 中相关规定的要求。

2. 为保证后浇混凝土与预应力预制薄板叠合成为一整体，浇筑叠合层混凝土前，必须将预应力预制薄板表面清扫干净并浇水充分湿润，但不能积水，施工时应特别注意。

3. 浇筑叠合层混凝土时，应用平板震动器振捣密实。此外，要求混凝土布料均匀，布料的堆积高度严格按设计的施工荷载进行控制，以避免局部施工荷载过大导致预应力预制薄板的局部变形。

4. 浇筑完成后，应按相关施工规范规定对混凝土进行养护。

5.2.13 板底支撑拆除

1. 叠合板拆除底部支撑时叠合层混凝土的强度应满足《混凝土结构工程施工质量验收规范》GB 50204 中相关规定的要求。

2. 对于跨度 $L \leq 8.0$m 的叠合板，拆除底部支撑时叠合层混凝土的强度应达到设计的混凝土立方体抗压强度标准值的 75％ 以上。

3. 对于跨度 $L > 8.0$m 的叠合板，拆除底部支撑时叠合层混凝土的强度应达到设计的混凝土立方体抗压强度标准值的 100％。

6. 材料与设备

6.1 材料

6.1.1 预应力预制薄板混凝土强度等级为 C50，预应力钢筋采用 1570 级 $\phi^H 4.6$ 消除应力螺旋肋钢丝。

6.1.2 除预应力钢筋外，所有非预应力钢筋均采用三级钢（HRB400）。

6.1.3 后浇叠合层混凝土强度等级≥C30。

6.1.4 板间抹缝采用 M10 水泥砂浆，梁面或墙面找平层水泥砂浆强度等级不低于 M5 且不低于砌筑砂浆的强度等级。

6.2 机具设备

3～8T 塔吊或起重机、吊绳、牵引绳、钢管支撑、木方条、混凝土泵车、平板振动器、经纬仪、水准仪、钢卷尺等。

7. 质量控制

7.1 预应力预制薄板的型号、跨度必须符合设计要求，且无裂纹、翘曲等变形损坏缺陷；产品应符合质量要求，应有出厂合格证。

7.2 预应力预制薄板铺设完成后，板面标高、坐浆、板端堵孔、板缝宽度应符合设计要求及施工规范的规定。

7.3 允许偏差

7.3.1 预应力预制薄板外观尺寸允许偏差按《混凝土结构工程施工质量验收规范》GB 50204 表 9.2.5 相关规定进行检验。

7.3.2 预应力预制薄板板端伸入梁（剪力墙、柱）内长度允许偏差为 ±2mm；板搁置于梁（墙）面长度允许偏差为 ±10mm。

7.3.3 预应力预制薄板板块下表面相邻高低差为 2mm。

7.4 楼板下部支架必须有足够的强度、刚度和稳定性；支架的支撑部分必须有足够的支撑面积。下部支架的安装及允许偏差项目应满足《混凝土结构工程施工质量验收规范》GB 50204 等相关施工规范要求。

7.5 钢筋绑扎、安装及允许偏差项目应满足《混凝土结构工程施工质量验收规范》GB 50204等相关施工规范要求。

7.6 叠合层混凝土浇筑前预应力预制薄板板面的材料堆放，以及叠合层混凝土浇筑时的布料都应均匀，堆积高度严格按设计的施工荷载进行控制，以避免局部施工荷载过大导致预应力预制薄板的局部变形或板面下沉。

7.7 严格按照设计图纸施工，不可随便更改设计图纸上的预应力预制薄板型号、长度和叠合层混凝土厚度，如需更改应重新进行设计及核算。

7.8 建立质量保证体系，开展全面质量管理活动，各工序指派专人负责，技术人员跟班作业。

7.9 施工前，必须向参与施工人员进行详细的技术交底。

7.10 做好各种材料、机具进场验收和使用前复查工作，不经复查严禁使用。

7.11 对部分没有把握的关键工序，施工前做好试验工作，以确定切实可行的施工方案。

8. 安 全 措 施

8.1 制定详细的叠合板施工操作细则，包括预应力预制薄板的堆放、支撑设置、吊装、铺设及叠合层混凝土浇筑等，严格按操作细则施工。

8.2 施工前应进行安全技术交底，使操作人员清楚地认识到该工程应注意哪些不安全因素，并加以高度预防。

8.3 所使用的机械设备必须安全可靠，性能良好，同时应设有限位保险装置。

8.4 机械设备用电必须符合"三相五线制"及三级保护的规定。

8.5 预应力预制薄板吊装时应制定详细安全操作细则并严格执行。

8.6 预应力预制薄板吊起后，严禁人员在板下作业，并用牵引绳控制板摆动及引导就位，防止撞击设备及人员。

9. 环 保 措 施

9.1 施工吊装作业时应尽量做到一次吊装完毕，减少往返及重复次数。

9.2 混凝土浇筑时间尽量选在白天，且应有减噪措施，以免噪声过大干扰附近居民。

9.3 混凝土浇筑及养护产生的污水应进行集中处理后再排放。

9.4 加强环保管理力度，落实环保措施。

9.5 加强宣传与教育，提高施工人员的环保意识。

10. 效 益 分 析

10.1 节约钢筋：叠合板由于在预制构件采用了预应力钢筋，使得钢筋用量比普通现浇楼板要减少3~8kg/m²。

10.2 节省模板：叠合板施工时只需设置数道竖向支撑，与普通现浇楼板相比，可以节约0.01m³/m²的木材。

10.3 工期缩短：叠合板属于部分构件由工厂预制、现场装配并叠合混凝土而成，底部支撑少，现场绑扎钢筋和浇注混凝土的量少，施工进度快，且预应力预制薄板的施工不受天气等外界因素的影响。与普通现浇楼板相比，叠合板可以节约施工工期1/3左右。

10.4 抗裂性好：由于叠合板采用高强预应力钢筋，同时板拼缝处设置了折线形抗裂钢筋，使得楼板开裂荷载大幅提高，能有效解决正常使用情况下普通现浇混凝土楼板出现的开裂现象。

叠合板与传统现浇楼板的经济指标对比如表10.4所示。

叠合板与传统现浇楼板的经济指标对比 表10.4

对比内容	钢筋用量(kg/m²)	模板用量(m³/m²)	抗裂性	施工工期
叠合板	7～12	0	高	2/3
传统现浇楼板	10～20	0.01	一般	1

11. 应 用 实 例

11.1 浙江温岭市"时代广场"项目

"时代广场"工程项目位于浙江省温岭市万昌北路与九龙大道交接路口，总建筑面积为96000m²，主体建筑为34层，框架剪力墙结构，在楼盖的施工过程中应用了预应力混凝土双向叠合楼板施工工法，使楼盖的施工工期缩短了142d，占楼盖施工计划工期的34%左右，节省了楼盖造价33%左右。

该叠合楼板吊装容易、施工简便、效率高；节省模板、节约钢筋、成本低；自重轻、跨度大，满足使用功能；外观质量优良、整体性好，使用两年多，尚未出现开裂现象，以及环保节能等优点在该工程中得到了很好的体现。

11.2 浙江温岭市"月河大厦"项目

"月河大厦"工程项目位于浙江省温岭市三星大道车站对面，总建筑面积为68000m²，在楼盖的施工过程中，应用预应力混凝土双向叠合楼板施工工法，缩短了楼盖施工工期136d，约占楼盖施工计划工期的36%；降低了楼盖工程造价30%左右。

11.3 浙江"嵊州·世贸广场星级酒店"项目

"嵊州·世贸广场星级酒店"工程项目位于浙江省嵊州市东官河路与环城南路的交界口，总建筑面积为50000m²，在楼盖的施工过程中，应用了预应力混凝土双向叠合楼板施工工法，使楼盖施工工期加快了98d，约占楼盖施工计划工期的32%；楼板钢筋用量比现浇楼板减少约27%，楼盖造价节约了31%左右，经济效益非常明显。

竖向密集穿孔超厚楼板施工工法

GJYJGF018—2008

中国建筑第五工程局有限公司　新疆生产建设兵团建设工程（集团）有限责任公司

刘贤敏　肖洪波　卢洪波　范吉明

1. 前　　言

竖向密集穿孔超厚楼板在集成电路生产厂房的工艺生产层应用较广，因集成电子厂房对洁净度和防微振要求较高。为保证室内正压，需通过竖向孔洞实现洁净室的气流组织，同时供上下层工艺管线穿越。并在洁净度上要求楼板面及孔壁需作环氧涂层防止发尘。在防微振上要求楼板刚度高和板厚大（一般为 600～1200mm），竖向孔洞间形成井字梁。

武汉新芯集成电路厂房工程的工艺生产层采用 700mm 厚竖向密孔现浇混凝土楼板。中国建筑第五工程局有限公司在施工中采用不拆式定型模板，成功实现了孔洞的准确成型，井字梁、楼板混凝土高质量控制，不拆式模板取代楼板底面与竖向孔洞的环氧涂层。该工程形成的"基于防微振与高洁净度控制的 12 英寸 90 纳米芯片厂工程建设关键技术"于 2007 年 11 月通过中国建筑工程总公司组织的科技成果鉴定，鉴定认为整体上达到国际先进水平，其中 12 英寸 90 纳米芯片厂防微振技术、高洁净度控制集成技术两项创新处于国际领先水平。2008 年 8 月武汉新芯 FAB12a 厂房工程通过第六批全国建筑业新技术应用示范工程验收，该工程应用新技术的整体水平达到国内领先水平。FAB12a 生产厂房获得 2008 年国家优质工程"鲁班奖"。该施工技

图1　芯片厂工艺生产层

术通过了湖南省建设厅鉴定，达到国内领先水平，并总结形成本施工工法。由于在施工中采用了不拆式定型模板而取代顶棚和孔壁的环氧涂层，实现了洁净要求的防尘和防微振效果，具有创新性和实用性，故有明显的社会效益和经济效益。

2. 工 法 特 点

2.1　采用建筑模板与不拆式定型模板的组合体系，在建筑模板上铺装不拆式定型模板，解决了竖向密集孔洞的定位与成型等方面的问题。

2.2　建筑模板作胎模，安装平整度要求很高（允许偏差±3mm/3m）。施工复核步骤清晰，控制精度严格。

2.3　不拆式定型模板采取标准板和异型板的组合设计，工厂制作，现场铺排。可保证成孔尺寸准确，定位精准、楼面平整。

2.4　密集的竖孔间井字梁钢筋密布，绑扎流水施工提高工效。

2.5　按普通混凝土高性能化的技术路线，确保混凝土的裂缝控制、耐久性、外观质量方面高质量要求。楼板混凝土浇筑时，表面原浆压光，一次成型。

2.6　对不拆式模板的拼缝作填缝处理，取代楼板底面和孔壁环氧涂料面层，缩短了施工工期，降

图 2.3-1　竖向密集穿孔超厚楼板底面　　　　　　　　图 2.3-2　不拆式定型模板拼装图

低了工程造价。

3. 适 用 范 围

适用于具有高洁净度和防微振功能要求的竖向密集穿孔超厚现浇楼板，目前在芯片电子厂工艺生产区应用广泛。

4. 工 艺 原 理

竖向密集穿孔超厚现浇楼板采用建筑模板与不拆式定型模板的组合体系，通过建筑模板及支模架实现楼板现浇结构施工的承载力、整体强度与刚度要求，在建筑模板上铺装不拆式定型模板解决竖向孔洞的定位与成型。建筑模板的设计中要充分考虑到超厚楼板的大荷载、楼板平整度要求高的特点。不拆式定型模板根据结构平面布置作组合设计，采取大量的标准模板与少数异型板，提高工厂生产与现场拼装的效率，标准模板按照建筑模数采用二孔、四孔、六孔板的形式，灵活组合。

高洁净度的控制为减少发尘，楼板及其孔壁的混凝土需要采取环氧树脂类材料封闭。采用不拆式玻璃钢制定型模板，建筑模板拆除后其可固附于楼板混凝土面，只需对板的拼缝处作环氧填缝，可取代楼板的顶棚面、孔壁的环氧树脂涂层。

图 4　楼板底面图

5. 施工工艺流程及操作要点

5.1　工艺流程

采用不拆式定型模板的竖向密集穿孔现浇楼板，其施工任务由土建结构班组与定型模板安装班组合作完成，其流程和分工见图 5.1。

5.2　操作要点

5.2.1　支模架搭设

支模架搭设按照上部结构的荷载、楼面平整度要求下的允许挠度进行计算设计，同时需考虑框架柱、梁的结构布置进行设计。严格验收脚手架，保证支架系统的刚度。在有条件的情况下，脚手架顶端用调节杆来调节支架的高度，便于建筑模板的标高及平整度的控制偏差调整。

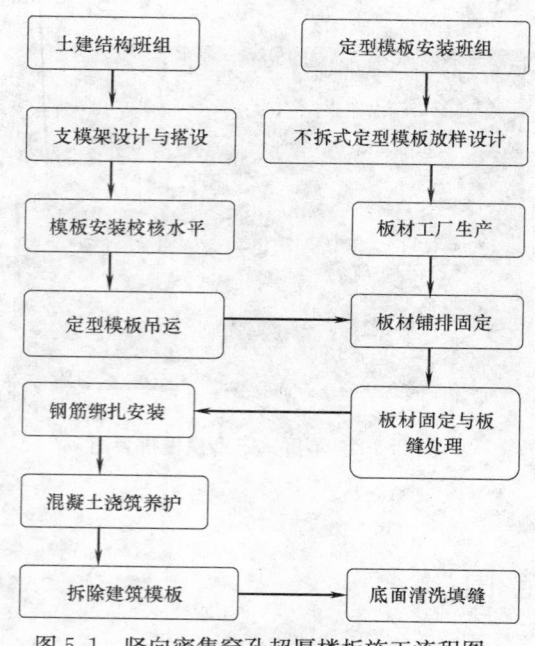

图 5.1　竖向密集穿孔超厚楼板施工流程图

5.2.2　建筑模板安装并校核水平

建筑模板的标高及平整度一定要满足上部混凝土表面平整度的要求，其作为不拆式定型模板的胎模，直接影响定型模板竖孔的标高和盖板面的平整度。

1. 校平支撑横杆，安装经平刨的木楞，满铺18mm厚木胶合板。

2. 板缝要对齐，不得高低不平，相邻两板表面高差≤2.0mm。

3. 为了防止木模板因受潮或暴晒而起拱，两块木模板间留设3mm空隙。

4. 木模板铺完后，清洁模板表面，确保表面无铁钉、无砂粒、无混凝土等硬物或其他任何凸起物的存在。

5.2.3　不拆式定型模板板材放样设计

根据设计对楼板竖向孔洞的定位、开孔率的要求，结合楼层的结构构件布置，对不拆式定型模板的组合采用标准定型模板为主，订制异型板为辅的形式设计铺排的平面图。标准定型模板按建筑模数可采用两孔板、四孔板、六孔板等形式，在结构平面布置图上放出定型模板，遇梁、柱边作异型模板（不带孔的小平板）。

图 5.2.1　支模架搭设

5.2.4　不拆式定型模板板材工厂生产

统计定型模板与异型板的数量与大样图，对板材底面周沿的上翻高度（一般为钢筋保护层厚度）、孔洞上口盖板的形式作出大样。

5.2.5　不拆式定型模板吊运

不拆式定型模板本身的刚度不强，吊运需制作专用吊装支架保证不变形，采用角钢或钢管制作。

5.2.6　不拆式定型模板铺排固定

圆孔的位置精度要求非常高，体现在标高和平面定位两方面。按照定型模板板材放样设计平面图组合铺排，大面积施工中须采取分区控制，多设控制点，并经过复核后方可正式铺排。

1. 用水平仪对建筑模板完成面作复测验收。

图 5.2.2　木胶合板模板的胎膜安装

图 5.2.6　不拆式定型模板铺排安装

2. 在建筑模板上放出定型模板分区铺设的控制线，一般按扩大的柱网尺寸分区。按照铺排图引测放出定型模板安装中心线。

3. 模板加工制作时在底部翻边上设置有安装中心线，根据放出的轴线（同时也是柱中心线、异型板安装中心线）拼铺柱周边和区域外围异型板，铺排异型板时需对照不拆式定型模板铺排图确认异型板的编号。

4. 接着拼铺两孔板，然后依次为四孔板、六孔板，注意模板中心线与安装中心线的对中。

5. 单元内铺设完毕，复核外围不拆式定型模板边缘与轴线是否吻合（不拆式定型模板制作设计时即作此考虑）。若出现误差则应根据偏差情况争取将误差消化在临近单元内，切忌将误差累积。

6. 盖好管帽。

5.2.7 板材固定与板缝处理

1. 铺设一定区域并经复核后（通常为一个区块），采用自攻螺丝将模板法兰边固定，定型模板间缝隙用玻璃纤维及聚酯树脂封闭。

2. 将玻璃纤维裁剪成200mm宽，铺于模板缝隙处，用毛刷蘸聚酯树脂刷于300毡玻璃纤维上，待玻璃纤维完全粘于模板上为止。

3. 对于较大缝隙用密封胶来填充，采用无挥发性的无矽硅胶，将密封胶注入硅胶枪，沿缝的方向边注边拉，将缝填死。

4. 竖向密集穿孔超厚楼板模板填缝与固定同时进行。积层需1h固化，此期间应避免人员踩踏，并在玻璃纤维上用1～2个燕尾夹固定，待固化后取下。

5. 补缝要贴合竖向密集穿孔超厚楼板模板，不得遗漏。

5.2.8 钢筋绑扎安装

竖向密集穿孔超厚楼板的留孔密集规整、厚度大的特点造成板筋形式为井字梁，钢筋原位绑扎没有工作空间，竖向密集穿孔超厚楼板钢筋必须架空绑扎后再放入模板内。井字梁的间距小，重量大，整体架空又几乎无法落放，因而必须分区段绑扎；小区段内主次梁节点处钢筋密集，为方便穿筋并确保保护层厚度必须分方向分主次梁进行绑扎落位。

图5.2.8 井字梁绑扎成型

1. 对框架梁与井字梁的布设叠放，主筋叠为三层，从底向上依次为横向框架梁、纵向框架（井字）梁、横向井字梁。

2. 在定型模板竖孔的盖板上放置平挡板或木方，在其上绑扎横向框架梁钢筋（梁侧构造筋先不绑），落放入模。

3. 绑扎各梁均从端支座往另一端方向铺开，纵向方向一端往另端推进，横向梁可2～4跨做交错，分别从两端和其反向开始绑扎，最后的主筋连接接头采用绑扎接头。

4. 梁筋绑扎采取架空逐根绑扎完毕后落放入模的方法，架空采取在定型模板盖板间架立木方悬挂梁面筋，摆底筋，穿箍筋成型。将同一方向的梁全部完成后即同此法绑扎另一方向的梁。

5. 腰筋的绑扎，因纵横梁绑扎需要穿主筋，腰筋先不绑，待梁绑扎就位后穿筋绑扎。

6. 保护垫块，定型模板的板沿有翻边可控制梁筋的保护层，现场根据梁的下挠情况在底部加设20mm厚垫块。

5.2.9 混凝土浇筑

1. 楼板混凝土浇捣前，检查圆孔上盖子是否密实、板缝胶合有无破损，避免浇筑过程中混凝土流入定型模板孔内或造成漏浆。

2. 楼板混凝土浇捣，可按后浇带分块施工。

3. 对大厚度的板采用分两层浇捣，混凝土上下层覆盖的时间间隔不宜超过 2h，必须保证上下层混凝土在初凝之前结合好，避免形成施工缝。

图 5.2.9　楼板混凝土浇筑

4. 混凝土振捣时，由于泵送混凝土流动性大，应控制好浇筑厚度及振捣后的坡度。振捣时应做到快插慢拔，要求浇上层混凝土时，需插入下层混凝土内 100mm，使上下层混凝土紧密结合。振捣器在每一位置振捣的持续时间，应以拌合物停止下沉不再冒气泡并泛出水泥砂浆为准，不宜过振。

5.2.10　混凝土收光与养护拆模

1. 浇筑时随捣随抹光，一次性原浆收光时，全程用水平仪作混凝土面标高和平整度控制。

2. 混凝土浇筑略高于设计标高，便于人工刮平，浇筑过程中应特别注意对标高控制钢筋的保护，避免因泵管冲击等人为因素造成不必要的误差。

3. 表面人工赶平：在混凝土初凝前，由人工用 3m 长的铝合金方管将混凝土表面初步抹平，刮平时要根据标高控制钢筋的＋500mm 标识来控制板面标高，来回刮行，对于高度不足或凹陷的部位应及时补料，填补时要用碎石较细的混凝土拌合料。

4. 泵送混凝土经过一段时间的静置，表面会出现泌水，应及时采取措施排除离析水，同时在面层撒 1：1 水泥砂干料，以增加混凝土强度。赶平工序临近结束时，使用水准仪复核一遍板面标高。

5. 表面提浆压光

图 5.2.10-1　板面混凝土打磨

图 5.2.10-2　初步磨光

静停 4h 左右（视气温、混凝土坍落度等具体情况而定），使混凝土处在临界初凝期（其判定方法是：脚踩到上面有脚印下沉 5mm）。

提浆压光步骤如下：

1）提浆打磨（圆盘）：将混凝土表面浆磨出，并对少数仍旧突出的地方进行最后压实赶平。

2）打磨（圆盘）：使浆体在混凝土表面成形，初步平整完成。

3）初步磨光（磨刀）：在成形表面进行磨光，由于表面还较嫩，只能局部磨光。

4）细部磨光（磨刀）：对大面积进行磨光，此时混凝土有了硬度，表面较容易磨出光泽。

5）局部磨光（磨刀）：对边缘转角或局部干燥慢的地方进行手工收光或机械磨光。

图 5.2.10-3　板面成型质量

混凝土地面抹平压光采用压光机械设备替代人工进行抹压收光，一次性成型杜绝空鼓，地面机械压光光洁度非常高，压光质量远远超过人工收光质量，且不易出现地面起砂现象发生，耐磨性大大提高。

6) 在压光完成混凝土表面可以上人后（6～8h），对楼板湿水并覆盖薄膜，进行浇水保湿养护。

7) 现场同条件养护的混凝土试块的抗压强度达到设计要求的强度时，方可拆除建筑模板。

5.2.11　竖向密集穿孔超厚楼板底面清洗填缝

因洁净室的特殊要求，不拆式定型模板背面设有保护膜，在内装修基本完成时予以撕除，并作清洁填缝。定型模板表面发生损坏时，用与制作相同的环氧树脂和玻璃纤维布补平，并用磨光机将表面磨光。

6. 材料与设备

表 6-1

主要材料表

序号	名称	材质	规格	备注
1	不拆式定型模板	FRP 板	六孔、四孔、二孔标准板，异型板（平板）	用于洁净室需作 GS 质谱仪测试及有毒性、污染性 VOC 测试，防火性能的氧指数
2	玻璃纤维	300 毡		
3	聚酯树脂			与不拆式定型模板的材料相容
4	建筑模板	木模板	18mm 厚	
5	木方	木方	100mm×50mm	平刨处理
6	钢筋	宜采用三级钢，直螺纹连接		减低重量，提高连接效率
7	混凝土	根据"双掺技术"的特点，混凝土拌合物中适量掺入Ⅱ级粉煤灰及减水剂，满足混凝土的抗裂要求及对混凝土的各种施工性能要求。高洁净度对混凝土耐久性的配合比设计要求：抗渗性能；抗碳化性；抗化学腐蚀性；抗冻融性能；抗收缩裂缝性能		

表 6-2

主要设备机具表

序号	应用部位	名称	数量
1	钢筋工程	切割机、调直机、弯曲机、砂轮切割机、钢筋钩子、钢筋刷子、撬棍、扳手、钢卷尺、钢筋连接机具设备	按工程量
2	模板工程	电锯、电刨、压刨、手锯、锤子、钢卷尺、电钻、直角尺	
3	混凝土工程	混凝土输送泵、混凝土运输车、布料杆、振捣电机、铁锹、标尺杆、振捣棒、手扶式混凝土打磨收光机、抹子（混凝土工程的使用机具设备准备1～2套备用）	
4	其他设备	激光经纬仪、水准仪、钢卷尺、电子测温仪、试验检测设备	

7. 质 量 控 制

7.1　执行标准

《洁净厂房设计规范》GBJ 73—2001；《洁净室施工及验收规范》JGJ 71—90；《多层厂房楼盖抗微振设计规范》GB 50190—93；《混凝土结构工程施工质量验收规范》GB 50204—2002；《建筑地面工程施工质量验收规范》GB 50209—2002；《建筑装饰装修工程质量验收规范》GB 50210—2001

7.2　建筑（木）模板的要求（表 7.2）

7.2.1　脚手架要牢固可靠，强度、刚度满足施工荷载的要求。

7.2.2　支撑脚手架的计算：参照《建筑施工扣件式钢管脚手架安全技术规范》JGJ 130—2001。穿孔板的混凝土自重进行厚度折算，井字梁的钢筋重量按照均布荷载折算。

7.2.3　模板不得有起拱、翘边等现象，模板间留设 3mm 空隙。

建筑模板安装的允许偏差与检查方法　　　　　　　　　　　　　　　表7.2

项　　目	允许偏差	检验方法
底模上表面标高	±3	水准仪或带线钢尺检查
相邻两板表面高低差	2	钢尺检查
表面平整度	3	2m靠尺和塞尺检查

注：其他项目按规范标准执行

7.3　不拆式定型模板材料的质量要求

根据不拆式定型模板应用部位，应对玻璃钢制模板的防火性能、有毒性、污染性、电气性能的检测报告与设计要求进行审验符合方可进场使用。

7.4　不拆式定型模板安装的质量要求

7.4.1　不拆式定型模板在施工过程中变形小于3mm。

7.4.2　上部圆孔盖的安装平整度小于3mm。

7.4.3　不拆式定型模板安装时圆孔中心线误差小于3mm。

7.4.4　不拆式定型模板安装控制线误差应小于2mm。

7.5　成品保护

7.5.1　主梁钢筋的重量不能直接承受在不拆式定型模板上，尤其是不得在圆孔上。

7.5.2　钢筋堆放时不得集中放在不拆式定型模板的圆孔盖上。

7.5.3　钢筋安装过程中不得强力碰撞不拆式定型模板，造成不拆式定型模板位移及损坏。

7.5.4　在钢筋焊接时应采取措施防止火花烧伤不拆式定型模板。

7.5.5　钢筋绑扎先横轴柱间主梁，再纵轴主梁、次梁，再横轴方向次梁。

7.5.6　混凝土输送管道支架严禁直接由不拆式定型模板圆筒承重，且应确保支架不碰撞定型模板的圆筒，采用橡胶外胎作泵管支垫起减震防护作用。

7.5.7　浇筑混凝土时，混凝土严禁直接冲击到不拆式定型模板上的圆筒。

7.5.8　振捣混凝土时震动棒严禁碰到不拆式定型模板，并做好模板保洁。

8. 安 全 措 施

8.1　认真贯彻"安全第一，预防为主"的方针，根据国家有关规定、条例，结合施工单位实际情况和工程的具体特点，组成专职安全员和班组安全员及工地安全用电负责人参加安全生产管理网络，执行安全生产责任制，明确各级人员的职责，抓好工程的安全生产。

8.2　严格执行《建筑施工扣件式钢管脚手架安全技术规范》JGJ 130—2001。

8.3　结构施工全面执行相关安全规范，不拆式定型模板的吊装采用特制吊架应安全稳固。

8.4　施工现场按符合防火、防雷、防风、防触电等安全规定及安全施工要求进行布置，并完善布置各种安全标识。

8.5　施工现场的临时用电严格按照《建筑施工现场临时用电安全技术规范》的有关规范规定执行。

8.6　电缆线路应采用"三相五线"接线方式，电气设备和电气线路必须绝缘良好，室内配电柜和配电箱前要有绝缘垫，并安装漏电保护装置。

8.7　做好化学品的防护、贮存、防毒，树脂材料填缝施工应配置灭火器。

8.8　建立完善的施工安全保证体系，加强施工作业中的安全检查，确保作业标准化、规范化。

9. 环 保 措 施

9.1　成立对应的施工环境卫生管理机构，在工程施工过程中严格遵守国家和地方政府下发的有关环境保护的法律、法规和规章，加强对施工废水、工程材料、生产生活垃圾、弃渣的控制和治理，遵守有防火剂废弃物处理的规章制度，随时接受相关单位的监督检查。

9.2 将施工场地和作业限制在工程建设允许的范围内，合理布置，规范围挡，做到标牌清楚齐全，各种标识醒目，施工场地整洁文明。

9.3 对施工场地道路进行硬化，并在晴天经常对施工通行道路进行洒水，防止尘土飞扬，污染周围环境。

9.4 聚酯树脂填缝材料的存储、使用和废料回收应严格管理，避免遗洒。

9.5 混凝土养护应检查不拆式定型模板盖板的严密性，防止养护用水漏到竖孔造成用水浪费。

9.6 不拆式定型模板的盖板在养护期后小心拆除，返厂重复利用。

10. 效 益 分 析

10.1 社会效益

集成电路制造业的蓬勃发展，使电子厂房的建设规模不断提高，竖向密集穿孔楼板是实现电子厂房洁净室的高洁净度和防微振功能的重要技术途径，其施工技术的成熟和发展对于该类专业厂房的建设具有重要意义。对该关键技术的掌握，为施工企业在该领域树立核心竞争力具有战略影响。

10.2 经济效益

新型不拆式定型模板材料的应用技术，较传统木模板预留孔洞，拆模涂刷环氧的工艺，极大的降低了直接成本。其在现浇楼板模板安装施工和装饰饰面施工阶段节约工期显著，降低了工程的间接成本。为施工企业创造良好的经济效益的同时，推动新材料的广泛使用，降低建设成本和资源消耗。

比较采用不拆式定型模板与传统的木模板施工工艺，其成本节约体现在以下方面（按建筑面积每平方米为单位）：

图 10　板面环氧涂料基层

10.2.1 楼板的木模板的利用：不拆式定型模板利用木模板作为胎膜，其不与混凝土接触，木模板的周转损耗摊销小，可减低木模板材料费 35.61 元/m²。

10.2.2 模孔制作与混凝土饰面：不拆式定型模板直接定型成孔，不拆模以取代饰面；木模板采用定制圆孔筒模，拆模后，找平修孔刷环氧涂料；成本节约 225.93 元/m²。

10.2.3 工期节约：采用不拆式定型模板工艺较木模板工艺的楼板施工工期节约 40%，并节约装饰饰面工期 10d 以上。

11. 应 用 实 例

应用于大型电子厂房高洁净度与防微振动条件下的工艺生产层的竖向密集穿孔楼板，在多个厂房工程取得成功经验。其中，武汉新芯 12 英寸集成电路生产线项目 FAB12a 生产厂房，为三层框架结构，二层楼板为竖向密集穿孔楼板，设计 700mm 厚，楼板竖向开孔面积率 25%，竖向圆孔直径 350mm，单层面积为 12600m² 的楼板上多达 4 万个圆孔。孔洞间配置井字梁，间距 600mm，梁宽 250mm。该工程于 2006 年 10 月 10 日开工，2007 年 8 月 30 日竣工。该工程生产 12 英寸 90 纳米集成电路芯片，月产片量 15000 片，属超大规模集成电路芯片厂。12 英寸 90 纳米芯片制造对工作支撑环境的要求非常苛刻，生产厂房采用竖向密集穿孔超厚楼板，对主体结构质量控制、高洁净度控制、防微振等多方面提出了严格、复杂的要求，极大地增加了施工难度。

本工法从混凝土原材料的选择，配合比的优化，施工工艺和施工方法不得控制，满足了高洁净度对混凝土裂缝，耐久性和外观质量要求，保证了工程质量。为了满足厂房洁净度的要求，采用不拆式玻璃钢制定型模板来实现竖孔成型，此模板作为表面装饰层不作拆除。建筑模板的支撑体系设计与施工，不拆式定型模板的铺排设计与安装，密集井字梁钢筋的绑扎，混凝土的高质量控制是本工法的关键技术。

该工法在武汉新芯 FAB12a、FAB12b 两个生产厂房的应用中，共创造技术进步经济效益 755 万元，其中直接成本降低 625 万元，通过工期缩短节约间接成本 130 万元。该工法的先进性和经济性，在同类结构施工中具有推广意义。施工全过程处于安全、稳定、快速、优质的可控状态，工程整体质量优良率达 98％以上，无安全生产事故发生，得到了各方的好评。

薄壁带孔、壁根铰接及分阶段张拉无粘结预应力圆形池体施工工法

GJYJGF019—2008

深圳市市政工程总公司　广东省建筑工程集团有限公司

高俊合　李劲松　黄锐文　黄治国　赖小江

1. 前　　言

　　污水处理厂沉淀池等圆形池体，一般直径较大，且池壁带有许多不同直径的孔洞。此类池体竖向设计一般采用普通钢筋混凝土即可满足受力要求，而在水平计算中，往往因为直径太大，昼夜温差和季节温差的变化均会引起很大的环向拉应力，一般的普通钢筋混凝土难以同时满足强度和抗裂的要求，而为了达到这两项指标，就不得不加大壁厚，配置过密的钢筋或者沿池壁竖向设缝。但这些常规工法往往导致结构渗漏、整体性差、抗震性能差等问题。一般的有粘结预应力和无粘结预应力技术能够部分解决抗裂的问题，但存在如下个问题：

　　1. 由于池体底板面积大，常规的设置施工缝的分仓施工方法，往往导致底板渗漏，如何实现无缝施工。

　　2. 常规的壁根固结方式导致壁根配筋加强，很不经济，采用何种新型的壁根铰接形式，如何施工。

　　3. 近年来池壁通过设置无粘结预应力筋，减薄池壁，但施工中如何保证这类薄壁结构支模及混凝土浇筑质量。

　　4. 大直径池壁预应力筋如何设置，如何张拉。

　　5. 由于壁孔的存在，尤其是大直径孔的存在导致预应力张拉时池壁局部应力集中而开裂，施工中如何监测。

　　针对以上问题。我司结合佛山市第三污水处理厂工程开展了科研攻关，取得了《薄壁带孔、壁根铰接及分阶段张拉无粘结预应力圆形池体施工成套技术》这一科研成果，该成果于 2008 年 11 月 21 日，经广东省建设厅组织的专家鉴定，达到国内领先水平。同时，形成了"薄壁带孔、壁根铰接及分阶段张拉无粘结预应力圆形池体施工工法"。

　　该工法先后在佛山市第三污水处理厂工程 4 座沉淀池、深圳市龙岗横岭污水处理厂一期工程 4 座沉淀池等工程得到成功应用，取得了显著的经济效益、社会效益。

2. 工 法 特 点

2.1 底板无缝施工，确保了底板的整体性及耐久性，并节省了工期。

2.2 采用特殊材料充填的铰接壁根，保证了沉淀池的抗渗性能。

2.3 池壁分段设置无粘结预应力，分阶段（两次）张拉，池体抗裂、抗渗性能好。解决了常规钢筋混凝土结构因设置施工缝导致的渗漏、整体性差等问题。

2.4 可实现薄壁结构（壁薄、钢筋密集）混凝土一次无缝浇筑。

2.5 节材、节地。

2.6 造价低（比普通钢筋混凝土池体工法降低造价约 19%）。

3. 适 用 范 围

适用于大直径圆形池体结构建造。如污水处理厂的沉淀池等。

4. 工 艺 原 理

本工法的工艺原理是，通过对底板、池壁、壁根的使用完全不同的结构、构造材料及施工措施，实现了技术先进、质量可靠、造价降低的新型薄壁池体技术。主要原理有：

1. 通过在混凝土中添加膨胀剂（700mm以下厚度的底板）或设置膨胀加强带（700mm以上厚度的底板）的方法实现底板的无缝施工。

2. 底板与池壁之间，采用杯形铰接接口，保证池壁张拉阶段底板与池壁的微小变形，预应力施工完成后，采用自流平型聚硫密封膏、C30细石混凝土等密封杯口，保证了沉淀池的抗渗性能。

3. 在池壁中分段设置无粘结预应力筋，并采用二次张拉，以达到减少池壁厚度，避免常规钢筋混凝土池壁分瓣带来的渗漏等问题。

4. 在施工中采用孔洞周围局部加强配筋和预应力张拉监测技术，保证了孔洞周边不出现应力集中导致的开裂现象。

5. 施工工艺流程及操作要点

5.1 工艺流程

总体施工工艺流程见图5.1。

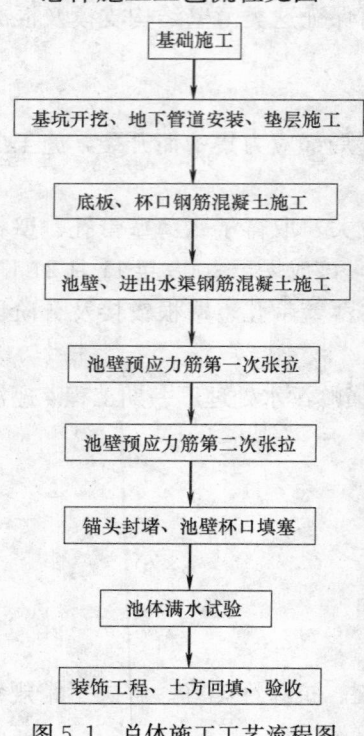

图5.1 总体施工工艺流程图

5.2 工艺操作要点

5.2.1 底板及杯口施工

1. 混凝土垫层施工。

2. 按设计图纸进行底板钢筋下料、绑扎；底板双排钢筋网之间采用ϕ20@1000×1000钢筋马镫。

3. 支模板。模板采用2cm厚11层全新木夹板，斜撑采用2cm厚松木板作三角支架，三角支架采用混凝土钢钉固定在垫层上，间距500mm，模板用钢钉钉在三角斜撑上，模板弧面要做出圆滑、平顺的曲面。

杯口模板底面支撑用ϕ12钢筋间距1m作支撑，ϕ12钢筋焊接在杯口钢筋上，杯口钢筋用点焊连成整体，以保证混凝土浇筑时模板不位移。

4. 混凝土配比设计要求。选用低水化热及抗酸能力较强的硅酸盐水泥，通过掺加一定比例的抗裂减水剂、高效减水剂、粉煤灰等外加剂、掺合料，配置出抗渗、抗裂的混凝土。

5. 膨胀加强带。对于厚度大于700mm的底板可在混凝土收缩应力最大的部位设置膨胀型加强带（700mm以下可不设），带内混凝土掺入具有微膨胀性能的抗裂型防水剂，其掺量比带外高些并配以附加钢量（具体掺量由添加剂厂家根据自身产品的性能及该底板的体量确定）从而提高膨胀加强带混凝土的抗拉强度，且提高最易开裂部位的混凝土膨胀率，消除该部位混凝土内的拉应力避免混凝土开裂。这样底板可一次浇筑，实现无缝施工。节省了工期，并确保了结构的整体性及耐久性。

6. 混凝土浇筑方法及注意事项。

1) 混凝土底板：底板混凝土为 C25、S6 商品混凝土，底板混凝土体积大，为降低混凝土浇筑温度，底板混凝土浇筑一般在夜间进行。由于浇筑面面积较大，受混凝土泵送车回转半径的限制，混凝土入仓采用两台以上拖式输送泵输送至浇筑仓内。浇筑时采用插入振动器分层振捣密实。

2) 沉淀池底板混凝土也采用分层浇筑，浇筑时从边缘进行，并尽量减少间歇时间。混凝土振捣采用平板和插入式振动器分层振捣密实。

3) 沉淀池杯口部分的混凝土浇筑应在底板混凝土浇筑 30min 后进行，防止混凝土压出后造成蜂窝麻面。为保证腋角部分及杯口部分的混凝土密实，应在混凝土初凝前进行二次振捣，压实混凝土表面，同时对根部的混凝土表面整平。

4) 底板表面的整平与压实，设置底板混凝土表面高程控制桩，混凝土浇筑时拉线进行整平，用杠尺对混凝土表面整平。

5) 底板混凝土浇筑后表面泌水要及时清除，在混凝土初凝后，终凝前表面用木拍反复抹压密实，并将表面抹光。12h 内底板混凝土表面铺盖麻袋，派专人浇水养护不少于 14d。

5.2.2 池壁混凝土施工

1. 钢筋的加工、绑扎

普通钢筋按图纸要求进行钢筋加工、制作。钢筋的绑扎应牢固可靠，池壁钢筋绑扎时，为防止壁体钢筋歪斜，绑扎时加设临时支撑钢筋，在墙体两侧搭设简易脚手架将墙体竖向钢筋固定，竖向钢筋与脚手架连结点用 12 号钢丝绑扎。

2. 池壁模板支撑体系

1) 池壁模板支撑系统设计

池壁外墙模板主要承受侧向压力，模板侧面受力考虑如下因素：振捣混凝土时产生的荷载；新浇混凝土对模板侧面的压力；倾倒混凝土时产生的荷载。

池壁模板采用 ϕ48 钢管斜向支撑及 ϕ8 钢丝绳配合花篮螺栓形成壁板支撑系统。圆池 3.6m 高程的流水槽的支撑体系，采用门式钢管脚手架，上部设置可调顶托，其支撑体系同池壁模板支撑体系相互独立。

池壁模板，采用 18mm 厚全新 11 层木夹板，木方采用 80mm×80mm，长 2m 的松木，钢管为 ϕ48mm 长 6m，采用大型加工厂加工成图纸要求的弧度；对拉杆采用 ϕ12 圆钢。模板设计见图 5.2。

2) 池壁模板支模工艺

采用先支内模，内模外采用 80mm×80mm 木方@300 作竖向支撑，用钢钉固定，绑钢筋后，穿上对拉杆。用同样方法立外模，环向钢管竖向间距@600mm，用蝴蝶扣固紧，通过穿墙对拉杆固紧内外模板。对拉杆穿设时要避开预应力筋，保证图纸的设计位置，非预应力筋可适当调整位置。

穿墙对拉杆在模板内侧焊接限位片，外垫 30mm 厚胶垫，胶垫间距为池壁厚度，通过限位片固定模板，确保池壁的截面尺寸。

模板垂直度控制：模板在支设过程中，每支设一层模板高度，采用吊锤进行校正后固定，待模板支设到设计高度后，用全站仪进行复核，以满足设计及施工规范的要求。

模板曲面的控制：模板的曲面通过环向钢管来固定，外侧环向钢管@600mm，通过对拉杆固定形成模板曲面的支撑体系。钢管经过计算，加工成一定的弧度，采用蝴蝶扣扣在内外环钢管上，拧紧对拉螺栓，逐步固紧，模板通过对拉螺栓上的限位片，随着对拉螺栓的紧固，模板由平面弯成曲面，形成池壁的光滑曲面。

拆模后将胶垫取出，并将露出的对拉螺栓头割去，抹砂浆封闭。

3) 池顶板（进出水渠）模板

进出水渠底板及墙板与池体外墙一次支模成型。采用满堂式门式脚手架支撑，间距 900mm 布置，

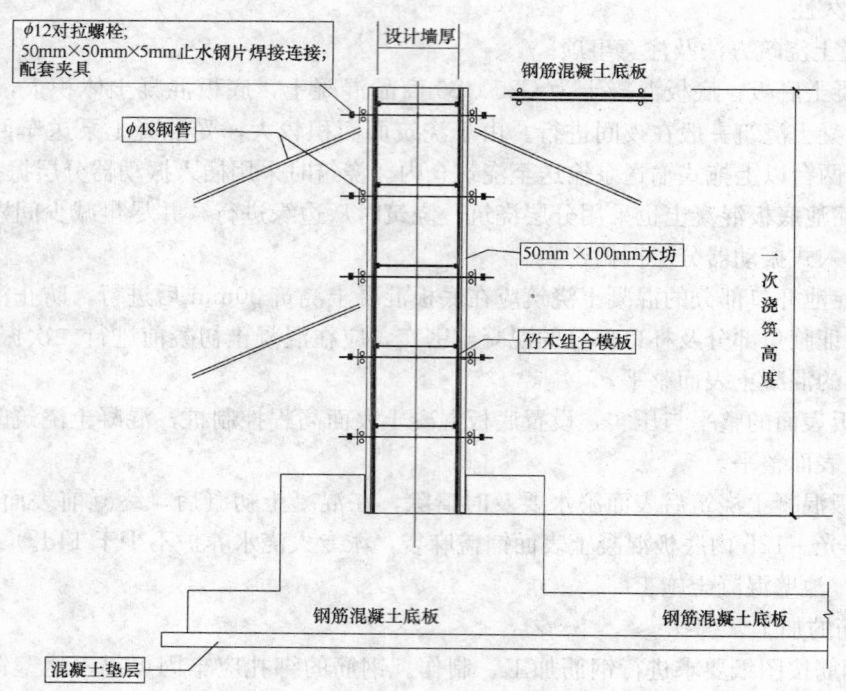

图 5.2　池壁模板体系示意图

顶托上布置环向支撑钢管，上布置木方，间距 300mm，上铺 18mm 厚木夹板。

模板支设好后，对模板的尺寸、标高、板面平整度、模板支撑的固定情况进行一次全面检查，如出现大的尺寸偏差或松动，要及时纠正和加固，并将板面清理干净。

检查完后，门式钢管脚手架设置纵横向水平拉杆和斜拉杆，离地面 20～30cm 处设一道，向上纵横方向每隔 1.7m 左右一道，设置的剪刀撑间距 6m，以保持整个模板体系的稳定。

4）预埋件及预留洞口的处理

池壁及顶板上的穿墙管道，应加设止水环，并应将其牢固地固定在模板上或焊在主筋上，同时加强该处局部模板的支撑，以保证标高及位置的准确。

内墙施工：底板浇筑前，预留内墙插筋，施工缝留在底板表面。内墙模板支设，分两次支设，其支设方法按常规方法进行支模。

3. 混凝土浇筑

沉淀池的池壁采用无粘结预应力钢筋混凝土结构，池壁厚度 250mm，C40 混凝土。

1）浇筑前做好如下准备工作。

施工缝应事先清除干净，保持湿润，但不得积水。浇筑前施工缝应先铺 50mm 厚与混凝土中水泥与砂配比相同的水泥砂浆，所铺的水泥砂浆与混凝土浇筑的相隔时间不应过长。

混凝土浇灌前，检查池壁、梁内预埋管、预埋件位置是否产生移位，检查锚垫板是否与端头板紧密贴合，是否有平移或转动。检查垫板处的钢筋网尺寸和位置是否符合要求。

浇筑预应力混凝土前，检查支撑体系，是否支撑体系能满足上部荷载要求。

2）混凝土浇筑方法采用一气呵成的连续浇筑方法。浇筑顺序从另一端向相反方向投料，在距该端 4～5m 处合拢。

3）混凝浇筑时分层浇筑、分层振捣，每层厚度不宜超过 40cm，上下层浇筑时相隔不宜超过 1h（当气温在 30℃ 以上时）或 1.5h（当气温在 30℃ 以下时）。上层混凝土必须在下层混凝土振捣密实后方能浇筑，以保证混凝土有良好的密实度。

4）浇筑分段长度宜取 4m～6m，分段浇筑时必须在前一段混凝土初凝前开始，保证混凝土浇筑的连续性。

5）此类池体池壁厚度较小、钢筋密度较大、存在预埋套管、预留洞，混凝土的落下高度大于 2m 时，施工时须采用特制的小直径串桶下混凝土。

6）混凝土振捣采用手提式长振捣器，辅以人工配合振捣。振捣混凝土时，振动棒不得触击预埋管、钢筋和模板。

7）浇筑混凝土要随时注意检查校正支座钢板、端部锚固板及其他预埋件的位置。

8）池壁混凝土浇筑到顶部时应停 0.5h，待混凝土下沉收缩后再作二次振捣，以消除因沉降而产生的顶部裂缝。

4. 混凝土养护

混凝土浇筑 12h 内，墙体用湿麻袋或草帘覆盖，并设专人浇水养护不少于 14d。

5. 拆模

混凝土浇筑完成，达到一定强度后即可拆除模板，以加速模板的周转，但拆除时间不可过早，以防混凝土结构损坏、变形。

1）不承重的侧面模板，应在混凝土强度能保证其表面及棱角不因拆模而受损后方可拆除，一般须达到 2.5MPa 的抗压强度。

2）对于墙身模板，考虑到对拉螺杆是不拆除的，必须保证对拉螺杆与混凝土胶结有一定强度，墙身拆模时须在 2d 后方可拆除。

3）对于承重模板，如顶板等，拆模时混凝土须达到 75％的强度。

5.2.3 池壁无粘结预应力施工

池壁预应力筋分两次张拉：当池壁混凝土达到 C12.5 时，进行第一次张拉；当池壁混凝土达到 C40 时，进行第二次张拉。

1. 无粘结预应力筋施工工艺流程见图 5.2.3

2. 预应力施工要点

1）预应力筋下料、制作固定端锚具。

预应力筋是整盘供应的（盘重约 2～3t），需切割成工程所需长度。切割时需有一足够长的空地（5m×70m）。下料完毕后，即制作固定端锚具。

钢绞线的下料长度等于钢绞线在结构内的长度、张拉预留长度及下料误差三者之和。下好料的成品钢绞线不能有死弯及磨伤；下好料的钢绞线应按长度分类堆放。

注意事项：预应力筋下料完毕，及时检查其规格尺寸和数量。

2）预应力筋铺设：预应力筋在结构按设计要求的位置布置。

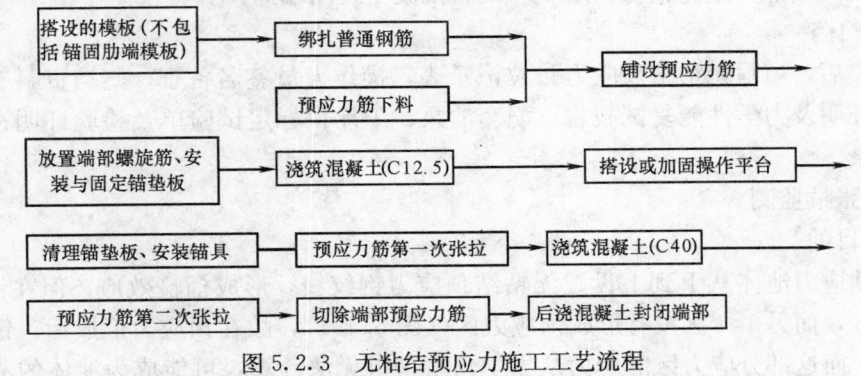

图 5.2.3 无粘结预应力施工工艺流程

注：以上工序中，加实线框的工序由土建施工，加虚线框的工序由预应力专业施工

注意事项：

由专人进行放线，预应力筋绑扎后及时进行检查。

预应力筋穿束过程中及完毕后，对预应力筋包皮破损情况进行检查，如有破损应立即用防水胶带包缠。

预应力筋穿束过程中及完毕后，敷设的各种管线不应将预应力筋的垂直位置抬高或压低。

3）预应力筋就位固定：预应力筋的垂直位置由普通钢筋的位置控制，关键点误差在±10mm。预应力筋的水平位置应保持沿池壁外侧普通钢筋位置。

4）放置螺旋筋：在预应力筋端部按设计要求放置螺旋筋，承担预应力局部压力。

5）锚垫板的安装与固定：从预应力筋端套入锚垫板，并将其稳固焊在锚固肋的普通钢筋上。锚垫板均须与预应力筋保持垂直。

6）混凝土浇筑及养护：在混凝土浇筑过程中，应特别注意振动棒不要直接接触预应力筋。张拉端等重点部位宜采用小直径振动棒振捣密实，以免出现蜂窝，张拉时造成事故。

7）预应力筋的张拉

张拉顺序：自上而下进行，沿高度方向间隔一根进行张拉一直到顶，然后张拉剩余钢筋。

张拉次序：分两次张拉（标识为虚线的预应力筋第一次不张拉，待第二次张拉），当池壁混凝土达到 C12.5 时，进行第一次张拉；当池壁混凝土达到 C40 时，进行第二次张拉。

张拉控制应力：第一次 $\sigma_{con}=0.19f_{ptk}$；第二次 $\sigma_{con}=0.75f_{ptk}$。

张拉程序：自下而上每环的 2 根预应力筋用 4 台千斤顶对四端同时张拉。

预应力筋伸长值：张拉过程实行双控管理，即以应力控制为主，并同时实施伸长值的测量控制。在正式张拉前进行试张拉，实测摩擦损失系数，再根据实测结果编写"张拉要点"（包括张拉力及计算伸长值）。张拉的实际伸长值应不大于计算伸长值的＋10％或小于－5％。若发现实际伸长值超出范围，应停止张拉，查明原因方可继续张拉。张拉时须做好现场记录。

8）预应力筋伸长值计算如下：

预应力筋伸长值按《无粘结预应力混凝土结构技术规程》计算。

9）张拉注意事项

土建施工时应多留一组混凝土试块，到期进行试验，以确定池壁是否达到张拉强度。

张拉前，应加固脚手架（一般不必重新搭设脚手架，利用原来脚手架能够站 3 人即可），以便张拉人员安全、顺利操作。

张拉设备在使用前应先进行标定，并根据标定报告用内插法计算出张拉力所对应的油表读数，张拉时用该读数进行控制。

H 端部预应力筋的切除：预应力筋张拉完毕后，采用砂轮切割机切断端部多余的预应力筋（要留足够的保护长度，不得小于 30mm）。

后浇混凝土封闭端部：土建施工队用 C40 细石混凝土封闭端部。

3. 技术资料归档

预应力施加完后，填写无粘结预应力张拉记录表，操作人员签名备查。归档资料有钢绞线、钢丝束、锚夹具出厂证明及力学性能复试报告；配套油泵、千斤顶标定试验单及检验证明；无粘结预应力筋张拉伸长值记录。

5.3 预应力张拉监测

5.3.1 监测目的

薄壁无粘结预应力池体从下到上设置无粘结预应力钢绞线，形成桶箍效应，但在洞口处仅有 3/4 个圆周有预应力区，而另 1/4 区没有形成预应力区（图 5.4.1），故在预应力形成后，锚区后可能会形成局部拉应力区，而这部分应力区的应力从力学角度来讲无法计算，可能成为池体的薄弱部位，故有必要对这部分区域墙体混凝土应力进行监测，以确保池体的安全使用性能。

5.3.2 预应力筋空白区应变监测

在预应力筋分布空白区，即预应力筋锚固肋后可能出现拉应力的区域布设钢弦应变计，间距每

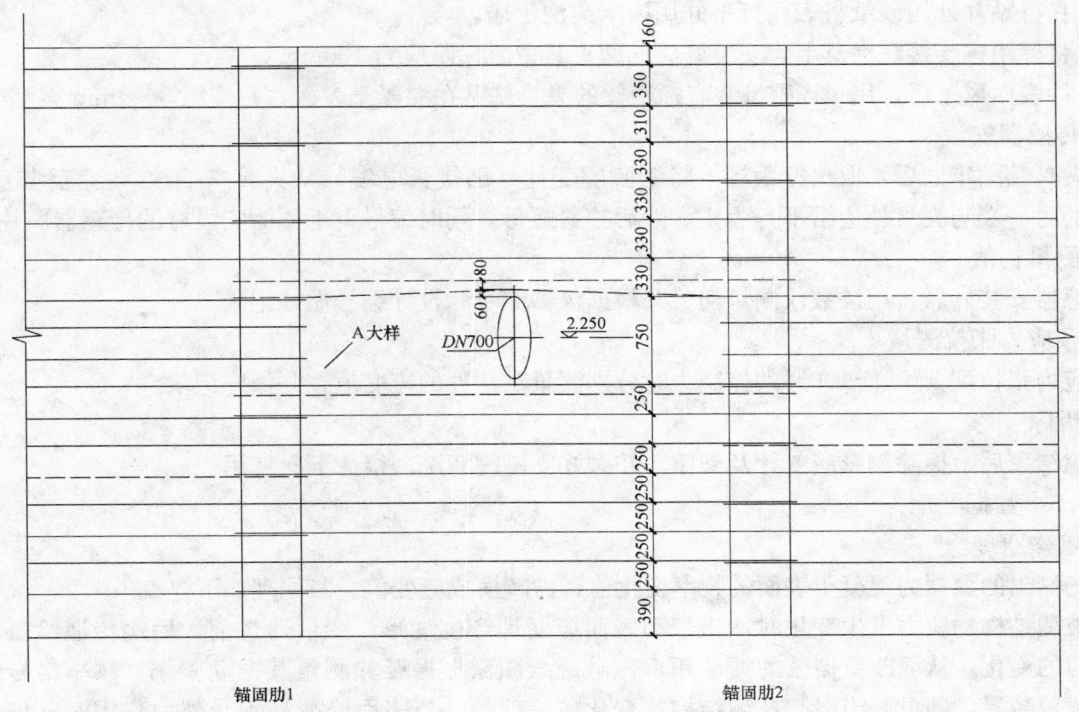

图 5.4.1　沉淀池预应力筋展开图

30cm 设一个，共计贴 3 个。预应力张拉过程中分三级检测拉应力区应变的变化，即张拉到 50％，75％及 100％的控制力时分别测量贴片处的应变变化值。

5.3.3　测量无粘结预应力池壁内摩阻变化规律

贴片点位于张拉钢绞线端部及中部平分五个点。预应力张拉过程中分三级检测应变的变化，即张拉到 50％，75％及 100％的控制力时分别测量贴片处的应变变化值。监测埋片见图 5.4.3 所示。

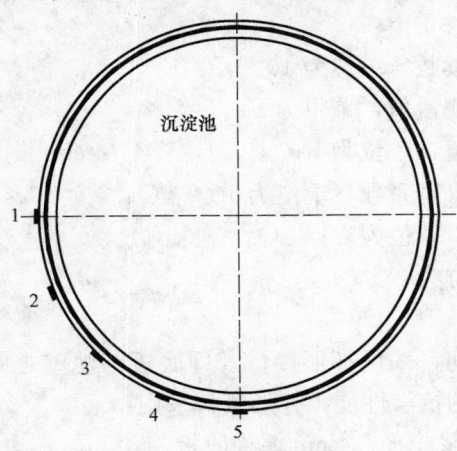

图 5.4.3　内摩阻测量贴片图

5.3.4　监测步骤

监测步骤如下：

贴片 ⟶ 传感器安设 ⟶ 测量初值 ⟶ 预应力张拉测量 ⟶ 拆除钢弦计 ⟶ 数据处理 ⟶ 结果分析

图 5.4.4　监测流程图

1. 贴片

1）混凝土浇筑完成拆除模板后，及时将锚垫板后清理干净。

2）与待测区域钢绞线前方成一直线弹线并划分贴片间距，弹线时用水平尺确保水平。

3）在待贴片处用砂纸将表面打平并用丙酮清洗干净。

4）将标距棒连接在夹具上，安装好后的两夹具中心标距应为 100mm。

5）待表面风干后，用 AB 胶将装有标距棒的夹具粘贴在混凝土表面，并按压 3～5min 直至牢固。

2. 传感器安设

待夹具粘贴牢固后，取出标距棒，将钢弦应变计（已接长电缆）从夹具一端放入，直到应变计没有电缆的另一端与夹具外边沿平齐为止。然后拧紧螺母，同时编号。下图为安设好的传感器图片。

3. 测量初值

传感器安装好后，用读数仪测量初值并根据仪器编号和设计编号做好记录。

4. 预应力张拉测量

预应力张拉到 50％及 100％的控制力时分别测量贴片处的应变值，并做好记录。

5. 拆除

张拉结束后，拆除钢弦应变计及支座，并做好支座的清洗。留待下次使用。

5.3.5 数据处理

1. 工作原理

现场测出的数据为混凝土表面的频率变化值，需转换成应变值。其原理如下：

当被测结构物应力发生变化时，将带动表面应变计产生变形，变形通过前、后座传递给振弦变成振弦应力的变化，从而改变振弦的振动频率。电磁线圈激振振弦并测量其振动频率，频率信号经电缆传输至读数装置，即可测出引起被测结构物变化的应变量。当表面应变计不受外力作用时（仪器两端标距不变），而温度增加时，表面应变计有一个输出量，这个输出量仅仅是由温度变化而造成的，在计算时应予扣除。布设在混凝土建筑物或其他结构物表面的表面应变计，受到的是变形和温度的双重作用，因此，表面应变计一般计算公式为：

$$\varepsilon_m = k\Delta F + b\Delta T + B = k(F - F_0) + (b - a)(T - T_0) + B \tag{5.4.5}$$

式中　ε_m——被测结构物的应变量，单位为 10^{-6}；

　　a——被测结构物的线膨胀系数，单位为 $10^{-6}/℃$；

　　B——表面应变计的计算修正值；

　　K——表面应变计的最小读数，单位为 $10^{-6}/℃$；

　　F——表面应变计的实时测量值，单位为 F；

　　F_0——表面应变计的基准值，单位为 F；

　　b——表面应变计的温度修正系数，单位为 $10^{-6}/℃$；

　　T——温度的实时测量值，单位为℃；

　　T_0——温度的基准值，单位为℃。

5.4　池壁杯口填塞

沉淀池设计的底板与池壁之间，采用杯形接口。即底板与池壁之间是可以存在微小变形的，预应力施工完成后，为了保证沉淀池的抗渗性能，杯形接口采用：

底部：16mm 厚 1∶2 水泥砂浆找平、4mm 厚橡胶板。

两侧：自流平型聚硫密封膏、C30 细石混凝土内掺混凝土防水剂、刷防水涂料。

工序安排：底部的 16mm 厚 1∶2 水泥砂浆找平、4mm 厚橡胶板，在底板钢筋混凝土完成后进行；两侧的自流平型聚硫密封膏、C30 细石混凝土内掺混凝土防水剂、刷防水涂料，在预应力张拉完成后进行。

5.4.1　橡胶板铺设方法

1. 清扫找平层。

2. 按设计尺寸裁剪橡胶板，并将橡胶板铺设在杯口内。

3. 橡胶板搭接宽度 3～5cm，采用专用胶水粘结。

5.4.2 自流平型聚硫密封膏施工方法

1. 清扫结构表面的灰尘、浮渣等。
2. 按产品说明书要求浇灌自流平型聚硫密封膏。

5.5 劳动力组织

本工法无需特别说明的材料，劳动力组织见表5.6。

劳动力组织情况表   表5.6

序号	单项工程	所需人数	备　注
1	预应力张拉	10	
2	混凝土工	10	
3	钢筋工	30	
4	木工	15	
5	架子工	5	

6. 材料与设备

6.1 主要材料

6.1.1 混凝土

1. 底板混凝土为 C25、S6
2. 池壁混凝土为 C40、S6

以上混凝土应选用低水化热及抗酸能力较强的硅酸盐水泥，通过掺加一定比例的抗裂减水剂、高效减水剂、粉煤灰等外加剂、掺合料，满足抗渗、抗裂的要求。

3. 池壁杯口填塞用混凝土为 C30 细石混凝土内掺混凝土防水剂、刷防水涂料。

6.1.2 自流平型聚硫密封膏及橡胶板

池壁杯口填塞用。

自流平型聚硫密封膏性能要求：耐水浸泡、耐湿热、耐溶剂、耐腐蚀、耐酸碱、耐氧、耐臭氧、耐光和耐候性，对气体和蒸汽不渗透，常温下不发生氧化，不易变色，收缩率小，对金属和非金属材料均有良好的粘合性，并具有良好的低温屈挠性能，使用温度范围 $-40 \sim 90$℃。

具体性能如表6.1.2-1所示：

自流平型聚硫密封膏性能指标   表6.1.2-1

性能指标	A 组分	B 组分
外观颜色	白色黏稠膏状物	黑色黏稠膏状物
密度(g/cm³)	1.6±0.2	1.5±0.2
黏度(Pa·s)	40～60	30～50
重量配比(A：B)	A：B=100：7～100：14	
可操作时间(min)	≥20	
初步表干时间(h)	≤24	
下垂度(mm)	≤2	
完全固化时间(d)	7(温度 23±2℃，相对湿度 50±5％)	
邵氏硬度(A)	30～60	
剪切强度(MPa)	≥1.0(铝—铝)	
延伸率(％)	≥100	
工作温度(℃)	-60～200	

橡胶板具体性能如表 6.1.2-2 所示：

橡胶板性能指标　　　表 6.1.2-2

测 试 项 目		性 能 指 标
断裂拉伸强度 MPa	常温≥	7.5
	60℃≥	2.3
拉断深长率%	常温≥	450
	−20℃≥	200
撕裂强度 kN/m	≥	25

6.1.3　无粘结预应力筋

选用 f_{ptk}＝1860N/mm² 低松弛钢绞线。

6.2　主要机具、仪器设备

6.2.1　锚具

1. 技术性能

锚具必须安全可靠，不仅要保证张拉过程中安全，也要保证使用过程中绝对安全可靠，锚具应满足强度、刚度求外，自锚自锁能力必须很高，张拉和使用过程中夹片不允许出现碎裂、打滑、断丝等现象。

2. 质量要求

表面不许有夹渣、裂纹。锚固能力不小于无粘结预应力筋标准抗拉强度的 95％，锚固阶段内缩量不大于 5mm，效率系数不小于 0.95。

6.2.2　千斤顶

选用 YDC240Q-150 型千斤顶。由电动高压油泵提供动力，推动千斤顶完成对预应力筋的张拉、锚固作业。对于无粘结预应力薄壁池体施工可以采用 YDC240Q-150 型千斤顶。技术性能见表 6.2.2。

千斤顶技术性能指标　　　表 6.2.2

名称 ＼ 性能	张拉吨位（kN）	张拉活塞面积（mm²）	行程(mm)	穿心孔直径(mm)	外形尺寸（mm）	重量（kg）
YDC-240Q	240	4771	200	18.3	108×580	18.2

6.2.3　油泵

根据所选用的千斤顶，可选用 ZB-63 型系列超高压电动油泵与之匹配。

7. 质 量 控 制

7.1　制作无粘结预应力筋用的钢绞线应符合国家标准《预应力混凝土钢绞线》GB 5224—85 的规定。

7.2　组装件及零配件质量。无粘结预应力筋组装件用的原材料及其配套的零配件。其质量标准、验收规定、运输储存等均应符合现行国家标准、部标准规定。

7.3　无粘结预应力混凝土施工应符合《无粘结预应力混凝土结构技术规程》JGJ/T 92—93 规定。

8. 安 全 措 施

8.1　张拉

张拉过程中，锚具、机具严防高空坠落伤人。油管接头处，张拉油缸端部严禁站人，应站在油缸两侧。工具锚夹片经常检查，避免张拉中滑脱飞出伤人。在未卸压前，严禁用手扶摸缸体，避免油缸崩裂伤人。

8.2　油泵

高压油泵的油箱油量不足时要在没有压力下加油，一般为 20 号油，冬季用 10 号航空液压油，严禁用酒精、甘油、水代替。

严防高压油管出现扭转或死弯现象，发现后应立即卸除油压，进行处理。

8.3　电路

用电时严禁将地线、火线搞混，应作明显标记，避免与结构钢筋连在一起，造成触电事故。

9. 环 保 措 施

9.1 本工法中的钢筋绑扎、焊接，混凝土浇筑等工序施工中的环保措施与普通混凝土工程基本相同，应严格遵照国家及地方有关法规、规范规程执行。

9.2 由于预应力张拉采用液压系统，施工完毕后及时清理油污、垃圾等，以免污染环境。

10. 效 益 分 析

无粘结预应力结构施工时不需要预留孔道穿筋，不需要灌浆。预应力筋的布置和普通钢筋的布置完全一样。待混凝土达到设计强度后，即可进行预应力筋的张拉施工过程非常简单。所以，对于该圆形沉淀池来说，采用钢筋混凝土结构和无粘结预应力结构在施工费用上差别不大，在比较时可忽略。在经济比较时，计算 1m 池壁的长度和池壁高度范围内各材料费用，即可明显地看到两种结构在费用上的差别，见表 10。

钢筋混凝土结构和预应力混凝土结构的费用比较（每米池壁）表　　　表 10

计算参量 \ 项目	计算值	数量	单价(元)	数量(元)	合计(元)
钢筋混凝土结构	C25 混凝土	2.02m³	380.0	767.6	1336.2
	钢筋	137kg	4.15	568.6	
无粘结预应力混凝土结构	C40 混凝土	1.26m³	465.0	585.9	1085.3
	1860 级钢绞线	18.326kg	6.1	111.8	
	钢筋	91kg	4.15	377.7	
	OVM 楔式锚具	1	10.0	10.0	

该沉淀池采用环向外池壁的无粘结预应力方案比普通钢筋混凝土方案降低造价约 18.77%。

另外采用无粘结预应力结构的矩形水池相比普通钢筋混凝土矩形水池还具有下列优点：

1. 减小水池构件截面尺寸（池壁厚度），大约 30%~40%，相应减少占地面积。
2. 提高水池构件抗渗能力。
3. 预应力筋的防腐性能好，可提高水池结构的耐久性。
4. 能够改善水池结构抗震性能。

采用无粘结钢绞线束可获得较高的吨位，解决了采用连续配筋时受到预加力吨位限制的矛盾，因此一般直径大、水位高、环拉力大的大容量圆形水处理池，采用无粘结预应力技术是首选方案。

11. 应 用 实 例

佛山市第三污水处理厂 4 座沉淀池

佛山市第三污水处理厂 05-1、05-2、05-3、05-4 号沉淀池，内径为 36.0m，池壁厚度 250mm，池高约 5.0m，池壁为无粘结预应力混凝土，设有 4 个锚固肋。

预应力筋分布从底向上每 250mm 设置一层无粘结预应力筋，至顶 2m 范围内间距调整为 330mm，由于在锚固肋上有交错，故 20mm 的错位。

采用本工法施工，2003 年 9 月开工，2005 年 4 月竣工，各项指标均完全满足规范要求，该工程被评为 2006 年度佛山市市政基础设施优良样板工程。

高层建筑钢筋混凝土箱形转换层结构施工工法

GJYJGF020—2008

四川华西集团有限公司 中国建筑第八工程局有限公司

罗进元 唐跃丽 段俊 何大平 晏毅 王玉岭

1. 前 言

随着高层建筑技术的发展和建筑功能要求的增多，现多数高层建筑下部为大空间商业用房，上部为住宅或写字楼，为满足使用功能要求达到工程结构安全，设计时在下部与上部之间设置转换层结构，有效保证大空间、多种变化的建筑形式和满足高层建筑的结构安全和使用功能的要求。

箱形转换层结构由钢筋混凝土上、下板与纵横布置的承重大梁及密肋梁共同组成的箱形结构构成，结构厚度一般为 1600~3000mm，是工程主体结构的关键部位，其钢筋混凝土结构体积大、钢筋交叉密集、模板复杂、支撑要求高、混凝土温控、变形需严格预控、监测。在施工技术上不同于普通楼层结构施工，给施工带来了不利因素和增加难度。

本工法针对以上工程实际，通过研究分析，组织技术攻关，认真施工设计，科学组织、精心施工，在工程实践的基础上总结而成。

2. 工 法 特 点

2.1 采用结构墙体与柱作为钢筋混凝土箱形转换层（以下简称转换层结构施工）荷载支撑点，有效解决转换层自重和施工荷载大于转换层下楼面的设计荷载能力，达到转换层结构、施工荷载安全传递。

2.2 转换层钢筋混凝土结构体积厚、自重大，方案选择可一次施工或分层施工，采用一次性施工对支撑系统要求高，费用较大。将转换层大梁的混凝土采用分层施工，能减轻支撑系统负荷、节约成本，并且降低了大体积混凝土水化热引起的不利因素。

2.3 转换层结构梁、板钢筋相互穿插、交叉密集、复杂，需按结构实体进行放样，模拟样板段制作、安装，确定施工工艺，满足工程结构施工要求。

3. 适 用 范 围

本工法适用于钢筋混凝土框剪、框筒结构体系或其他类似结构体系中的现浇钢筋混凝土箱形转换层结构。

4. 工 艺 原 理

钢筋混凝土箱形转换层结构施工主要工艺原理是在常规钢筋混凝土梁板结构施工工艺基础上，考虑大体积混凝土自重及施工荷载对工艺流程、模板支撑架支撑点的影响。重点是支模架荷载传递的工艺调整，将转换层大部分荷载由工程结构承重墙、柱传递，转换层结构分为一次或分层施工。

5. 施工工艺流程及操作要点

5.1 施工工艺流程（以分二次施工为例）

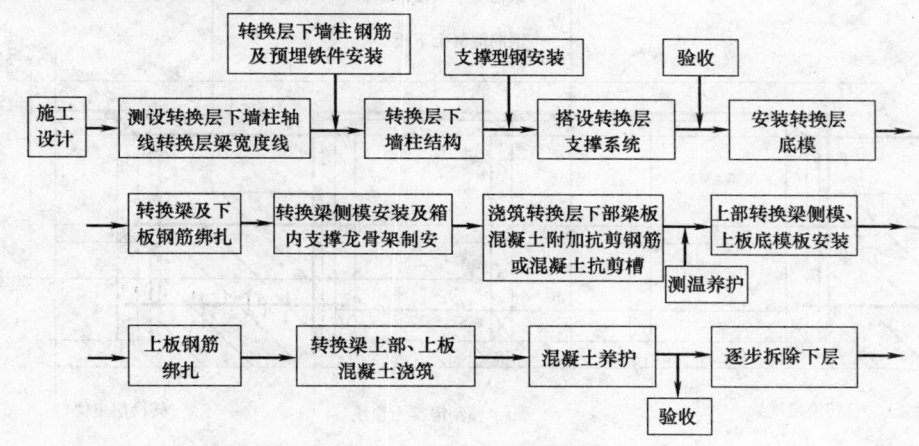

图 5.1 施工工艺流程

5.2 转换层施工层划分及荷载传递方式

5.2.1 转换层结构可分为一次或分层施工，首先需施工完成浇筑转换层下墙柱，然后分一次或分层施工转换层梁板，分层施工需根据施工设计中荷载承载力验算后确定。

5.2.2 转换层下墙柱混凝土浇筑至转换层梁板下口处。对有转换层梁主筋倒锚入内的墙柱，该部分混凝土仅浇筑至梁与墙下倒锚入钢筋下标高，此部位未浇筑混凝土则同转换层下部梁板一同浇筑。

5.2.3 如转换层梁板分为二次浇筑，先浇筑主次转换梁下部混凝土，并与梁筋倒锚入柱墙部位的混凝土和下层板同时浇筑；等第一次浇筑的梁板混凝土强度≥75％后，第二次浇筑梁上部混凝土，并与上层板混凝土同时浇筑。

5.2.4 如转换层分为二次施工，第一次混凝土浇筑的主、次梁荷载均由支撑系统承担，由钢管架支撑传递至框架墙柱，转换层下板荷载由钢管架支撑传递至下楼层板下传。第二次混凝土浇筑的荷载靠支撑系统和第一次浇筑的下部梁共同承担，然后通过墙柱和转换层以下的梁板下传。

5.3 模板工程

5.3.1 模板及支模架选择

1. 模板的选择

模板的选材需根据当地实际情况进行选择，如图 5.3.1-1 所示为工程中采用的一种模板形式。

梁模板侧模：可采用木、竹胶合板或其他材料模板，钉木枋作背枋，采用对拉螺杆及双木枋对夹固定，箱内用上、中、下三道木枋，水平纵横向的木龙骨架内撑，龙骨立柱用木枋，以保证其刚度。

板模板：上、下板底模均可采用木、竹胶合板或其他材料模板，组合钢模板等。

对主、次梁间距小，上板不能留孔的（需考虑上板留洞后钢筋预留筋的因素形成孔洞过小）封闭部分梁侧模、上板底模板及木龙骨支撑因不能拆除，应一次性摊销。

对主、次梁梁间间距大，在上板采用留孔待板混凝土强度达到100％后，可对封闭部分梁侧模、上板留孔周边的底模板及木龙骨支撑拆除后再次利用，其后再对上板留孔部分进行再次支模、钢筋连接（搭接或焊接）、混凝土浇筑施工，该部分及洞边上板底模板及木龙骨支撑因不能拆除，应一次性摊销。

对上板留孔的大小及模板设计，需满足及考虑以下因素：

上板留孔外露预留筋的二次连接（搭接或焊接），需符合《混凝土结构工程施工质量验收规范》GB 50204、《钢筋焊接及验收规范》JGJ 18 及有关规定。上板预留洞口减去预留筋尺寸后能大于拆除的模板尺寸，并能顺利从洞口转出。

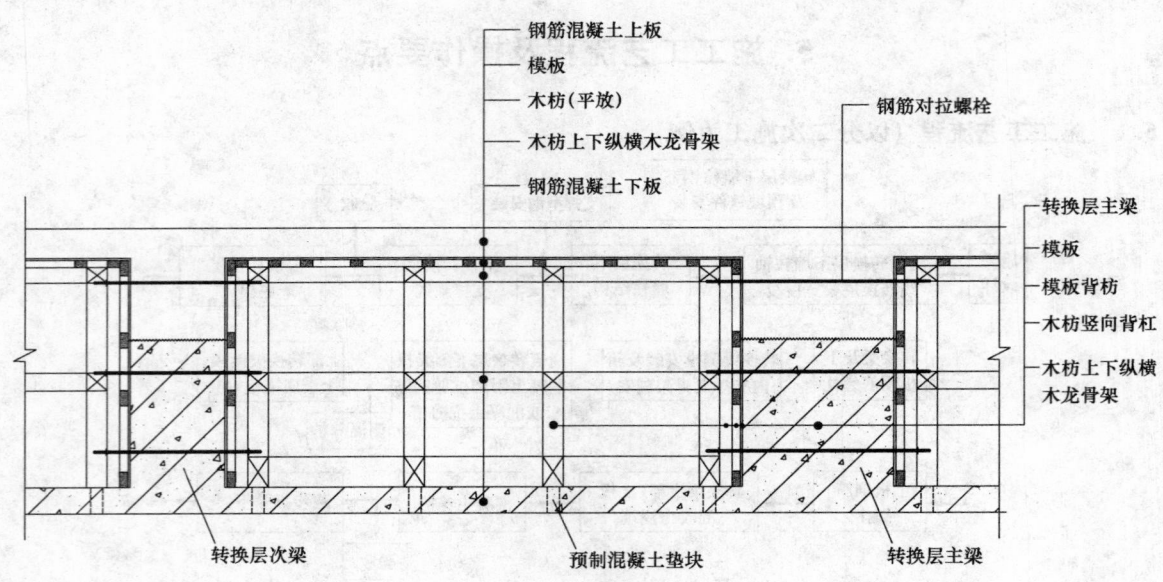

图 5.3.1-1 转换层箱梁内支模示意图

梁侧模、洞周边上板底模需分块组合，其单块尺寸应小于板预留筋内净空尺寸，方便拆出及转运出洞口。

洞口上板边下底模采用木枋，与上板洞口四周边底模脱开，立撑采用木枋，作为永久性支撑，使在拆除梁侧模、洞口四周上板底模及洞口二次支模、钢筋绑扎、混凝土浇筑等时留洞周边上板不受到破坏。

2. 支模架选择（图 5.3.1-2）

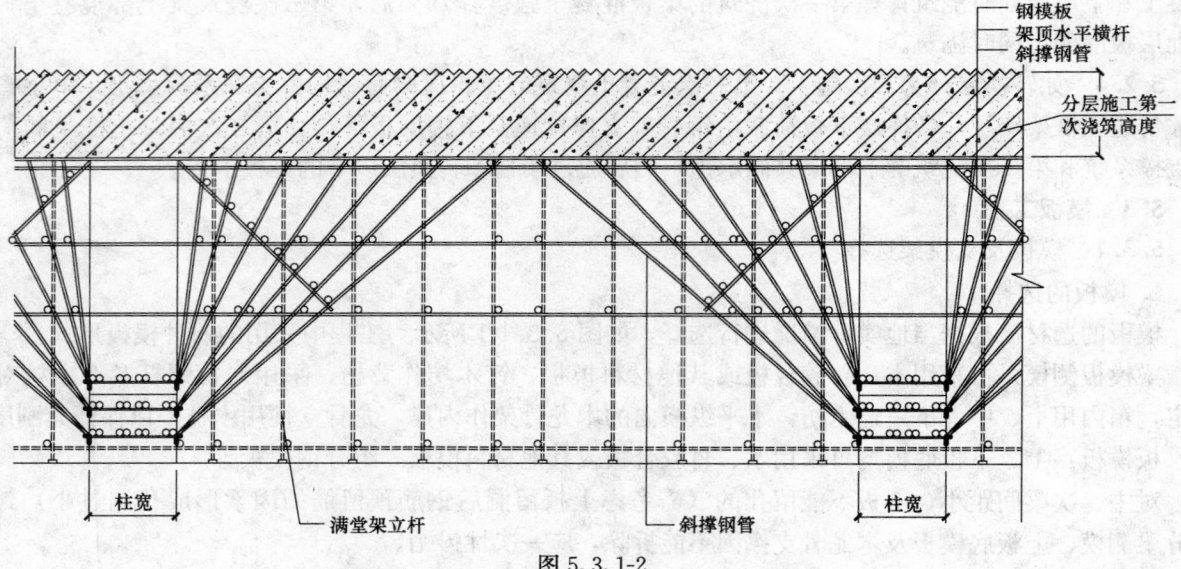

图 5.3.1-2

转换层主梁支模架：转换层主梁荷载大，经过多种支模方式进行技术、经济、安全性等比较后，确定采用 $\phi48\times3.5$ 扣件式钢管架，以斜撑杆传力至框架柱与墙方式作为主梁的模板支撑架。

转换次梁和下板采用 $\phi48\times3.5$ 扣件式钢管架支模，由立杆将荷载传至转换层下楼板及以下各层楼板。

转换层上板和箱内梁侧模采用木枋搭设立的龙骨架支撑。

5.3.2 模板及支撑系统的拆除

转换层梁板模板及支撑需转换层第一次浇筑的混凝土强度达到100%后方可拆除。

5.4 支撑系统的选择与设计

5.4.1 主梁传力方式

梁自重及施工荷载→梁底模→底模下横杆上→横杆传至斜杆上→斜杆传至柱或墙。

5.4.2 主梁支撑系统

1. 主梁支撑设计与转换层模板及支模架受力验算。

经对多种支模方式进行技术、经济、安全性能等比较后，确定采用 $\phi48\times3.5$ 扣件式钢管件，以斜撑杆传力至框架柱墙方式作为主梁的模板支承架。

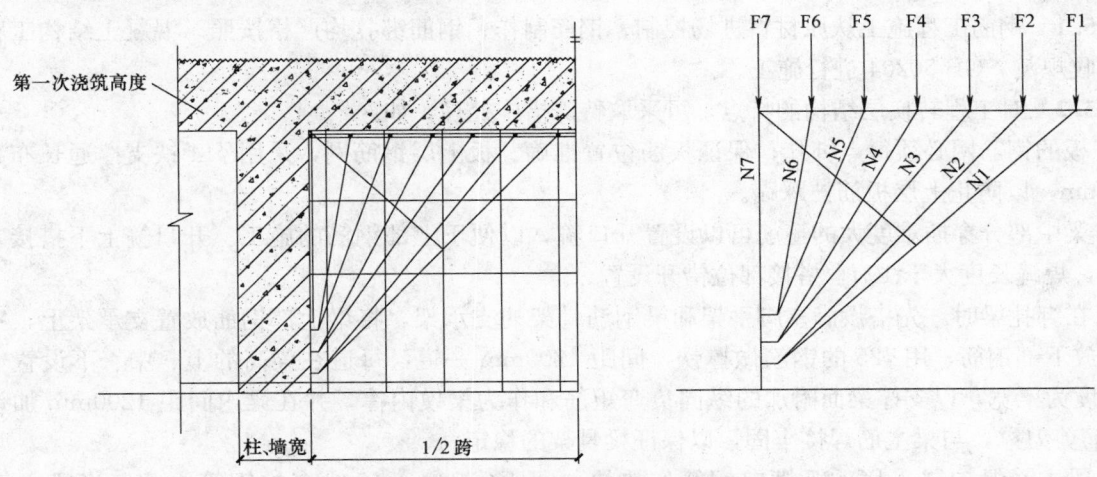

图 5.4.2 支架斜撑杆受力简图

受力验算内容：

① 荷载计算（模板结构自重，新浇筑混凝土自重；钢筋自重；施工人员及施工设备荷载；振捣混凝土时产生的荷载；新浇混凝土对模板侧面的压力；倾倒混凝土产生的荷载）。

② 斜杆受力承载力计算荷载组合

③ 斜杆件内力计算、顶部水平杆受力计算及杆件受力验算。

④ 扣件受力验算。

⑤ 主梁模板及小横杆受力验算。

⑥ 主梁侧模支撑受力验算（对拉螺栓、模板面板、背杠）。

⑦ 柱上预埋件抗剪验算（型钢焊缝受力验算、型钢水平肢受力验算、锚脚抗剪抗拉验算）。

⑧ 柱与墙混凝土局部承压验算（铁件锚脚传递压力至混凝土柱局部承压验算）。

2. 转换主梁的支撑系统主要依靠斜撑将荷载传至柱与墙。施工转换层下层柱墙时先在柱墙脚处预埋铁件，先施工完柱墙混凝土拆模后，在预埋件上焊型钢作为荷载转递支点。

3. 搭设时，先搭设楼板满堂钢管架、立杆，再搭设扫地杆，纵横水平杆，梁底一道顶杆。后再搭设主梁斜撑，斜撑间距必须按经验算后所确定的方案布置。斜撑顶横杆必须顶紧梁底模，斜撑顶横杆与斜杆连接处必须增设一个防滑扣件。斜杆增设锁脚杆，纵横水平杆，立杆与斜撑分开搭设，并与柱相连接，以增强其整体性。

5.4.3 次梁的支撑系统

转换次梁的支撑系统由间距 600mm×600mm 的立杆，纵横各一道扫地杆和两道水平杆组成，其受力验算内容：

1. 荷载计算（模板、新浇混凝土、钢筋、施工荷载、支模架自重、转换层下层楼板承受荷载组合）。

2. 楼板承载力验算（转换层以下各层楼板承载传递验算）。

5.4.4 转换层板支撑系统

板下立杆间距由设计计算确定，纵横扫地杆和水平杆按要求设置。

5.4.5　转换层以下楼层结构传力措施

由于转换层自重和施工荷载大，需复核验算，对超出转换层下楼板设计使用荷载时，采用以下各层支模架不拆除，由以下各层楼板及地面分担，共同形成传力体系。

5.4.6　模板及支撑系统的拆除

转换层梁板模板支撑及支撑拆除，按荷载复核验算中各层楼板所分担的情况与转换层混凝土龄期强度确定各层拆除时间。

5.5　钢筋工程

5.5.1　钢筋工程施工从原材料进场控制、钢筋制作、钢筋绑扎均严格按照《混凝土结构工程施工质量验收规范》GB 50204 进行施工。

5.5.2　对工程转换层结构的特点，可采取特殊措施处理，如：

1. 板的钢筋网必须每点绑扎；保证板筋位置准确。板上层钢筋网，采用 $\phi14$ 铁支撑通长布置，排距 800mm，以防止上层板筋被踩踏。

2. 梁中部分穿插难度大的箍筋可以设置开口箍，以便于上部钢筋的施工。开口箍上下搭接，采用单面焊，焊缝长度大于 $10d$，搭接部位错开设置。

3. 在绑扎梁时，先搭设满堂脚手架和梁钢筋骨架的支承架，将梁上部钢筋放置支承架上，穿入箍筋，再放下部钢筋，用 $\phi25$ 的钢筋做撑铁，间距 1200mm 一道，每道在梁高的上、中、下设置三根撑铁，长度为梁宽，以支撑梁面附加的纵向负弯矩筋和作为梁模内撑，并在梁内间距 1200mm 加设一道 $\phi16$ 钢筋剪刀撑，与梁主筋焊接牢固，以保证梁骨架的稳定。

4. 梁主筋保护层采用 $\phi25$ 横向钢筋作垫块，间距 @800mm，梁多排钢筋之间，当梁主筋直径 >25mm 时，采用与梁主筋同直径的钢筋作垫块，间距 800mm。当梁主筋直径 ≤25mm 时，采用 $\phi25$ 钢筋作垫铁；间距 @800mm。

5.6　混凝土工程

5.6.1　混凝土等级及性能要求

1. 需考虑实际浇筑混凝土的可操作性，避免发生混凝土强度等级错用的情况，需将转换层梁高范围内的梁、板、墙、柱的混凝土强度等级统一为一种混凝土强度等级浇筑。

2. 因转换梁配筋密集，为保证转换梁混凝土浇筑密实，采用同强度等级细石混凝土浇筑。对转换梁主筋倒插入柱墙高度范围内的混凝土，采用提高一个强度等级的细石混凝土浇筑。

3. 转换层所有梁板混凝土可根据抗裂要求掺加聚丙烯微纤维，以增加混凝土结构的抗裂性能。

5.6.2　混凝土原材料的要求

1. 对水泥、粗骨料、细骨料应严格控制，必须符合国家有关标准规定。

2. 外加剂采用高效流化泵送剂和早强型减水剂。

5.6.3　混凝土配料搅拌要求

1. 由商品混凝土公司试验室进行混凝土配合比设计及试配工作，混凝土配合比设计严格执行《普通混凝土配合比设计规程》JGJ/T 55 和《混凝土泵送施工技术规程》JGJ/T 10。

2. 混凝土坍落度、混凝土初凝时间需按泵送施工有关规定设计。

5.6.4　混凝土的运输和布料

1. 混凝土的供应需确保浇筑连续的供应量，以保证混凝土连续浇筑。

2. 混凝土从商品混凝土搅拌站到现场入模时间不宜超过 90min。

3. 操作层上混凝土的布料可采用泵送与塔吊方式进行。

5.6.5　混凝土的施工方法

1. 混凝土的浇筑顺序（分二次浇筑转换层时）：

垂直方向：转换层下墙与柱（不包括转换层大梁倒插筋部位）达到设计验算复核强度后→第一次

转换层大梁下部及下层板混凝土达到 75％强度后→第二次转换层大梁上部及上层板。

水平方向：根据转换层结构平面确定。

2. 混凝土浇筑前对模板、支撑系统、钢筋、预埋件等进行检查，符合要求，办理好隐蔽工程验收和混凝土浇灌许可证后，方可进行混凝土的浇筑。

3. 混凝土的浇筑高度：梁采用分层浇筑，第一层浇筑梁 40～50cm 和下板，以后每层浇筑 50～60cm，下一层必须在前一层初凝前浇筑完毕。

4. 同一作业点（面）混凝土下料顺序：先下料浇筑梁与梁间柱节点混凝土→浇筑梁→浇筑板。

5. 转换层第一次浇筑时，必须先浇筑梁混凝土，待板周边梁均浇筑完一层，梁内混凝土振捣密实，从梁侧模下挤压出一定量到板模内后，再接着浇筑板。板应由中间下料向四周梁方向浇筑振捣，以避免梁底混凝土出现缺陷。

6. 混凝土振捣采用 ϕ50 插入式振捣棒，梁、柱接头处用 ϕ30 插入式振动棒。每一振捣延续时间应使混凝土表面出现浮浆和不再沉落为止。在浇筑后层混凝土时，振动棒应插入前一层混凝土 5cm 以上。

5.6.6 施工缝的处理

转换梁第一次浇筑振捣后不收光，以增加混凝土抗剪能力。第二次混凝土浇筑前用高压水清除混凝土表面松动的石子、水泥膜，表面充分湿润。

5.6.7 混凝土的养护和保温

1. 混凝土养护采用洒水养护（板）和覆盖塑料薄膜（梁）的方式进行。梁第一次浇筑高度较大属厚大体积混凝土，需对混凝土内外温差进行控制测温，根据测温情况采取保暖及降温措施。测温采用埋设电热感应片等方式进行。测温需对工程转换层结构特征作测温专题方案，按方案要求的布点位置布置测温点。梁表面采用二层薄膜及保温材料进行保温或降温方式。施工前应准备足够保温材料，以解决测温期间出现的气温突变。加强混凝土测温工作，密切注意观察混凝土内外温差的变化，并根据内外温差情况采取相应的保温或降温措施，使内外温差的差值控制在 25℃以内。

2. 由于需要分阶段拆除转换层以下各层支撑系统，转换层的混凝土试块组数需多做，根据转换层以下结构层次及结构支撑体系验算层次确定组数，并与转换层梁混凝土同条件养护。按各龄期混凝土试块的试压结果，决定各层支撑系统拆除时间。

6. 材料与设备

6.1 钢筋、型钢、钢板、焊剂以及常规土建材料等均按设计要求采用，并符合相应国家、行业标准规定。

6.2 机具设备

机具设备 表 6.2

泵车	2 台	电机	4 台	铁滚筒及木拖板	各 2 个
混凝土运输车	14 台	ϕ30 振动棒 ϕ50 振动棒	各 8 个	滚丝机	4 台
弯曲机	2 台	圆盘锯	1 台	对焊机	1 台
铝合金靠尺	2 把	钢筋切割机	2 台	平板振动器	2 台

注：机具数量仅供参考，实际需用按工程量大小适当进行调整

7. 质 量 控 制

7.1 本工法必须遵照执行的现行规范、规程、标准

7.1.1 《建筑施工扣件式钢管脚手架安全技术规范》JGJ 130；

7.1.2 《钢管脚手架扣件》GB 15831；

7.1.3 《建筑结构荷载规范》GB 50009；

7.1.4 《混凝土结构工程施工质量验收规范》GB 50204；

7.1.5 《钢筋焊接及验收规程》JGJ 18；

7.1.6 《建筑钢结构焊接技术规程》JGJ 81；

7.1.7 《建筑施工安全检查标准》JGJ 59。

7.2 组织措施

在转换层施工前制定出人员（管理人员、各工种人员）相应职责表、连续作业阶段人员交接班时间表及名单，达到指挥、监控、操作实施各负其责。

7.3 技术措施

7.3.1 对于转换大梁钢筋较密的特征，梁采用 0.5～2cm 的细石混凝土，采用 ϕ30 插入式振动棒进行振捣，对钢筋密集部位使用加焊振动片的振动棒。

7.3.2 对梁钢筋自重较大，上层钢筋采用 ϕ25 的撑铁支撑，以保证骨架截面尺寸。上层板筋采用铁马凳作垫铁，以防止上层板筋被踩塌移位。

7.3.3 对梁跨中穿插难度大的箍筋可以设置为开口箍，以便于上部钢筋的施工。开口箍上下搭接，采用单面焊，焊缝长度大于 10d，搭接部位锚开设置。

7.3.4 需将柱、墙、板与转换梁重合部分的混凝土强度等级同转换层梁板。

7.3.5 在混凝土中加入一级粉煤灰，以提高混凝土的泵送性能，降低水化热。

7.3.6 为提高梁的抗裂性和整体性，转换层所有梁板混凝土可根据抗裂要求掺加聚丙烯微纤维。需合理选择配合比，选用水化热低的水泥，在保证混凝土强度和拌合物坍落度要求的前提下，提高掺合料及骨料的含量，降低单方混凝土的水泥用量。宜掺用缓凝剂、减水剂等外加剂，以减小水泥水化热，或推迟水化热的峰值期，宜掺入适量的微膨胀剂，使混凝土得到补偿收缩，降低收缩应力。进行温度监测控制，当发现混凝土的内部温度与表面温度，以及表面温度与环境温度之差超过 25℃时，应及时加强保温或延缓拆除保温材料，以防止混凝土因过大的温度应力而产生裂缝。

7.3.7 专职实验员随机现场抽取试压块和检测其坍落度，不符合要求坚决不用。

7.3.8 施工缝处应清除水泥薄膜和松动石子以及疏松混凝土层，并冲洗干净，充分润湿，不得积水，在浇筑前先在施工缝处铺 50～100mm 厚与混凝土强度相符的水泥砂浆，然后浇筑。

7.3.9 为保证分层浇筑混凝土的质量，减小冲剪力，在叠合面用长 1.5m、直径 12mm@200mm 抗剪插筋呈梅花形布置，也可在叠合面做混凝土抗剪槽，保证结构整体性不受混凝土分层浇筑的影响。

7.3.10 梁柱受力钢筋采用机械连接，保证钢筋接头的质量。

7.3.11 为确保下部结构安全，在第一次浇筑转换层混凝土前，应试压以下各层楼板混凝土的同条件养护试块，转换层下层楼板混凝土强度必须达到设计等级方可浇筑转换层上部梁板混凝土。

7.3.12 模板及支撑架

在支柱与墙模板前，先逐一检查各部位预埋件是否准确、无遗漏，并办理好钢筋隐蔽工程验收后，方可支模。

转换层支撑系统承受的荷载大，在搭设支撑系统时，各种杆件间距必须严格按照经荷载计算后所确定的方案规定的尺寸进行，并采取弹线控制方式施工。转换梁、转换次梁下间距 1800 搭设一道剪刀撑，板下间距 3200 搭设一道剪刀撑，以增加支撑系统整体稳定性。

在浇筑混凝土前，用测力扳手检查支撑系统的扣件，保证扣件的紧固力矩为 40～65N·m。其主梁支撑系统必须全部检查，合格率必须为 100%，其余次梁及板支撑系统按《建筑施工扣件式钢管脚手架安全技术规范》第 8.2.5 条执行。

模板的截面尺寸、平整度、垂直度、接缝等必须符合相关规范规定。

由于主梁第一次混凝土浇筑荷载靠斜撑传递通过预埋件传至柱与墙，在浇筑第一次梁板混凝土时，转换层下墙柱混凝土强度应达到设计验算复核强度以上，以保证预埋铁件的锚固强度。

转换层梁模板起拱为 3‰。

转换主梁的斜撑杆受荷载大于单个扣件抗滑允许荷载，因此模板底小横杆与斜杆相扣的扣件下，均应增加一个抗滑移扣件。斜撑杆因受力较大，不宜接头。

转换层主梁斜撑钢管宜采用整根钢管，如确需搭接其搭接长度≥1.0m，并应采用 3 个扣件连接，相邻杆件接头尽量错开布置。

支模架的各层水平杆与转换层下柱相连拉接，增强支模架整体稳定性。

8. 安 全 措 施

8.1 认真贯彻"安全第一，预防为主"的方针，根据国家有关规定、条例，结合施工单位实际情况和工程的具体特点，组成专职安全员和班组兼职安全员以及工地安全用电负责人参加的安全生产管理网络，执行安全生产责任制，明确各级人员的职责，抓好工程的安全生产。

8.2 施工现场按符合防火、防风、防雷、防洪、防触电等安全规定及安全施工要求进行布置，并完善布置各种安全标识。

8.3 各类房屋、库房、加工场、料场等的消防安全距离做到符合公安部门的规定，库房堆放易燃品需设特殊防护及安全措施，严格做到不在木工加工场、料库等处吸烟，随时清除现场的易燃杂物，不在有火种的场所或其近旁堆放生产物资。

8.4 氧气瓶与乙炔瓶隔离存放，严格保证氧气瓶不沾染油脂，乙炔发生器必须有防止回火的安全装置。

8.5 施工现场的临时用电严格按照《施工现场临时用电安全技术规范》的有关规范规定执行。

8.6 施工现场用电严格遵守《电气安全技术》规定。用火严格按照《施工消防安全》要求执行。搭设脚手架应严格执行《施工脚手架安全规程》。

8.7 施工作业人员必须持证上岗，符合《特种行业劳动安全规程》。

8.8 建立完善的施工安全保证体系，加强施工作业中的安全检查，确保作业标准化、规范化。

9. 环 保 措 施

9.1 施工单位根据工程的具体特点，成立对应的施工环境卫生管理机构，在工程施工过程中严格遵守国家和地方政府下发的有关环境保护的法律、法规和规章，加强对施工燃油、工程材料、设备、废水、生产生活垃圾、弃渣的控制和治理，遵守有防火及废弃物处理的规章制度，做好交通环境疏导，充分满足便民要求，认真接受城市交通管理，随时接受相关单位的监督检查。

9.2 将施工场地和作业限制在工程建设允许的范围内，合理布置、规范围挡，做到标牌清楚、齐全，各种标识醒目，施工场地整洁文明。

9.3 对施工中可能影响到的各种公共设施制定可靠的防止损坏和移位的实施措施，加强实施中的监测、应对和验证。同时，将相关方案和要求向全体施工人员详细交底。

9.4 设立专用排浆沟、集浆坑，对废浆、污水进行集中，认真做好无害化处理，从根本上防止施工废浆乱流。

9.5 定期清运沉淀泥砂，做好泥砂、弃渣及其他工程材料运输过程中的防散落与沿途污染措施，废水除按环境卫生指标进行处理达标外，并按当地环保要求的指定地点排放。弃渣及其他工程废弃物按工程建设指定的地点和方案进行合理堆放和处置。

9.6 对施工场地道路进行硬化，并经常对施工通行道路进行洒水，防止尘土飞扬及污染周围环境。

10. 效 益 分 析

本工法将转换层施工的常规施工（采用密集性多层支撑施工方法）转入为将转换层分为一次或分层施工及将转换层大梁与施工荷载改由建筑自身结构传递至基底的支撑体系，将节省大量人力及模板支架材料，为以后框剪结构工程在类似情况下的施工提供了可靠的决策依据和技术指标，新颖的工法技术将促进框剪结构工程转换层施工技术进步，经济效益、社会效益明显。

11. 应 用 实 例

11.1 某商住楼工程

本工程建筑面积为 1.8 万 m²，框剪结构，地下两层，地上十八层，其中地上 1～3 层为商场，4～18 层为住宅。由于 3 层以上结构和使用功能发生改变，在第 4 层设置转换层，其转换层大梁共 18 根，梁长 3.1～30.15m 不等，宽度 1000～2100mm，高度为 1600mm，总重 1367.2t；转换层次梁共 30 根，梁长为 2.7m～15.58m 不等，宽度 400～1200mm，高度为 1600mm，总重为 520.43t，主梁与次梁共重（不含楼面双层板）：1887.63t。该工程转换层采用二次分层施工及建筑自身结构传递的施工方法，为减少施工难度及确保工程质量提供了可靠的依据，节约了成本，经济效益及社会效益显著。

11.2 某住宅小区工程

该工程建筑面积约为 4.4 万 m²，框剪结构，地下二层，地上 23 层。该工程转换层采用二次分层施工及建筑自身结构传递的施工方法，为减少施工难度及确保工程质量提供了可靠的依据，节约了成本，经济效益及社会效益显著。

11.3 某商品房工程

本工程建筑面积约为 3.9 万 m²，框架结构，地下二层，地上 27 层，1～3 层为商场，4～27 层为住宅。由于 3 层以上结构和使用功能发生改变，在第 4 层设置转换层，其转换层主、次梁与板类似 11.1 中某商住楼工程。该工程转换层采用二次分层施工及建筑自身结构传递的施工方法，为减少施工难度及确保工程质量提供了可靠的依据，节约了成本，经济效益及社会效益显著。

型钢混凝土结构倾斜提升大模板施工工法

GJYJGF021—2008

陕西建工集团总公司

薛永武　李忠坤　王双林　王锦华

1. 前　　言

国内在垂直或接近垂直的钢筋混凝土建筑结构施工中，应用大模板技术已经成熟，在倾斜建筑结构上应用的范例还不多见。

法门寺合十舍利塔工程倾斜角度为 36°，148m 高，往复折线倾斜的型钢混凝土结构，结构复杂，体量大，经论证，使用钢大模板有很多优越性。

但在高耸、往复、大角度倾斜结构中使用大模板有许多技术难题需要解决，如结构支撑、模板提升、角度转换、安全等。从而提出了大型高耸倾斜结构大模板施工技术课题。

陕西建工集团总公司通过技术攻关，利用型钢骨架为依托，解决模板支撑问题，利用模板自身边肋为轨道解决模板提升问题，独创约束总成综合解决角度转换和水平微调和安全防坠等问题。成功的突破了大模板技术在倾斜建筑结构施工上应用的难题，取得了重大的研发成果。

本工法作为法门寺工程施工核心技术之一，《法门寺合十舍利塔工程结构施工关键技术研究及应用》通过了陕西省科技厅组织的科技成果鉴定，该项成果综合技术达到国际先进水平，三项专利正在申报当中。

2. 工 法 特 点

2.1 利用型钢混凝土结构特点，将已经形成结构体系的型钢作为大模板的支撑体系，无需搭设庞大的脚手架施工系统。

2.2 工具式挑梁便于拆卸和安装，可周转使用。螺栓连接方式能可靠的和结构主体连接，并防止了对混凝土表面的损伤，从而满足了对结构耐久性的要求。

2.3 自主设计的约束总成，将模板升降、角度调整、水平移动和防坠结合在一起，具有较高的技术含量。

2.4 巧妙的安全防坠装置和架体的封闭设计保证了施工安全。

3. 适 用 范 围

本工法适用于型钢混凝土结构倾斜状态建筑的结构施工。

4. 工 艺 原 理

4.1 工艺原理图（图 4.1）

4.2 工艺原理说明

本工法模板由支撑系统、模板系统、约束总成（水平和角度调整）、提升系统、安全防护系统组成。见图 4.1。

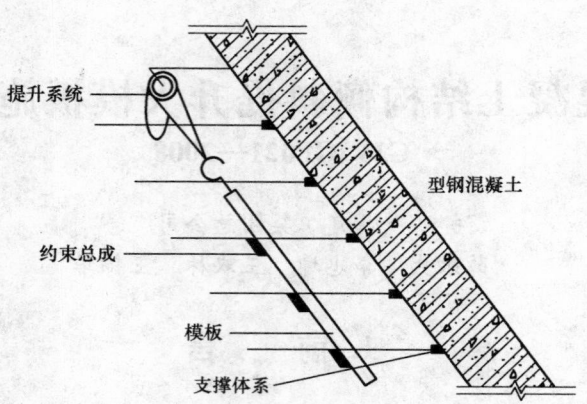

图 4.1 倾斜结构大模板

4.2.1 支撑系统工作原理

利用同层先行吊装完毕的型钢骨架为依附，按照一定间距架设 H 形钢悬挑梁（不得损伤型钢结构和混凝土结构，专门设计锚板和连接构造）。

4.2.2 模板系统工作原理

按照一定的模数设计制作模板。

将模板吊装到位，水平移动模板到安装位，角度调整到模板精确位置。安装模板紧固螺栓和限位套筒，安装模板并紧固，混凝土浇筑。见图 4.2.2-1、图 4.2.2-2、图 4.2.2-3 。

拆除紧固螺栓，通过约束总成装置，水平移动模板脱模，并移动到提升位。见图 4.2.2-4。

利用模板边肋为轨道，通过约束总成装置，倾斜提升模板，达到下一工位。见图 4.2.2-5、图 4.2.2-6。

如此往复循环。

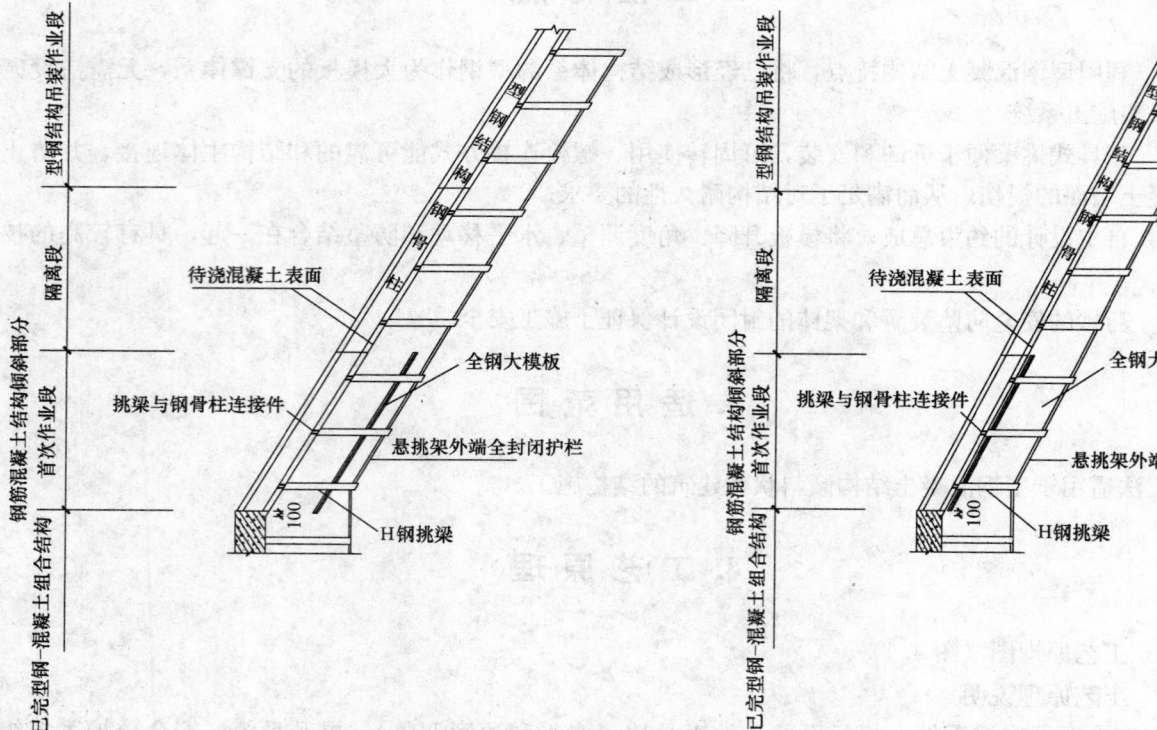

图 4.2.2-1 大模板吊装到悬挑架上　　　　图 4.2.2-2 大模板水平移动和角度调整

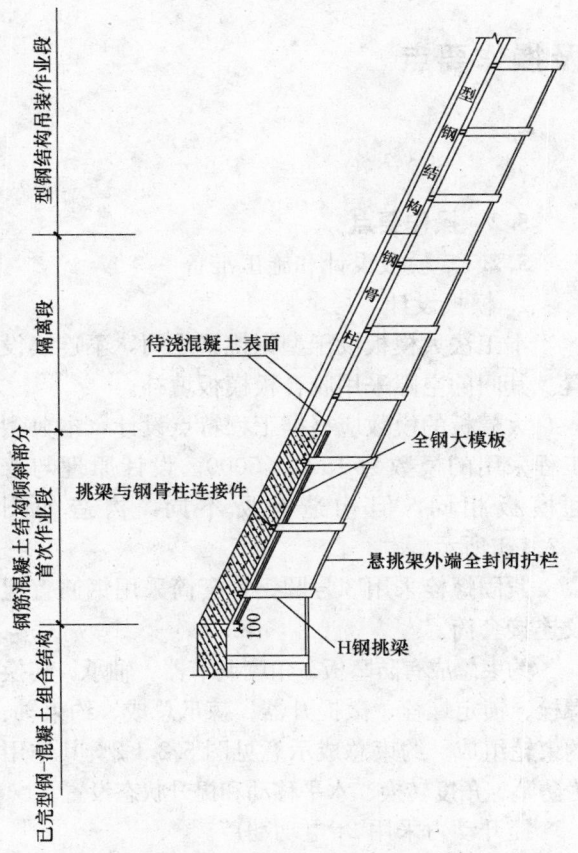

图 4.2.2-3　模板固定和浇筑混凝土

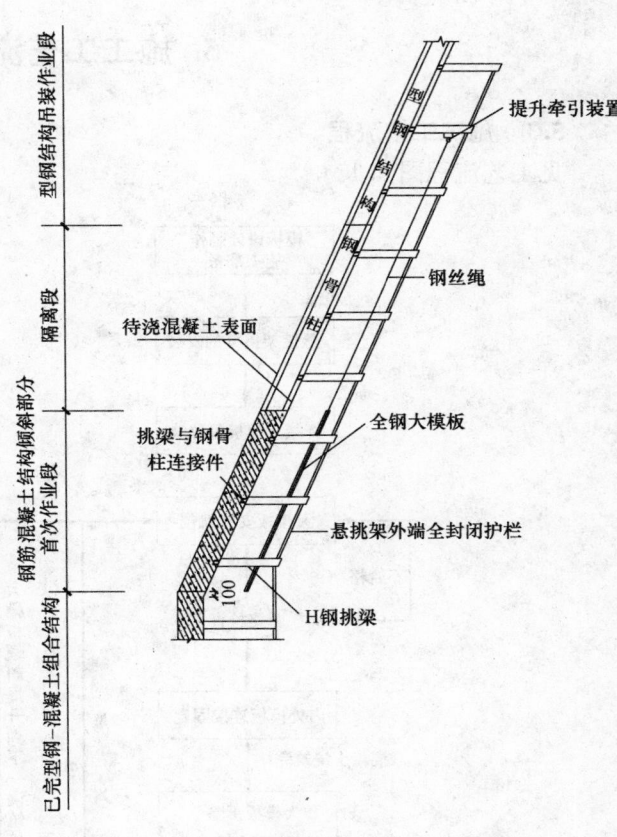

图 4.2.2-4　大模板脱模和移动到提升位置

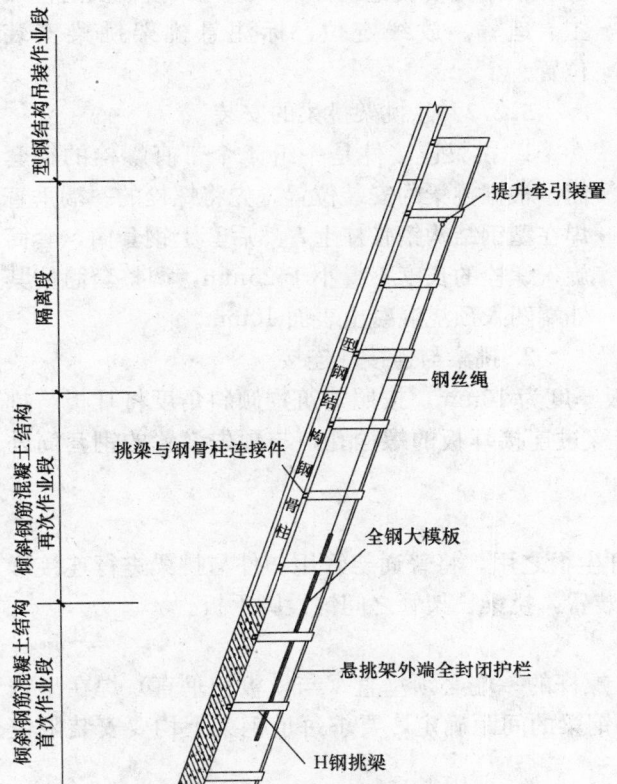

图 4.2.2-5　大模板向上进行倾斜提升

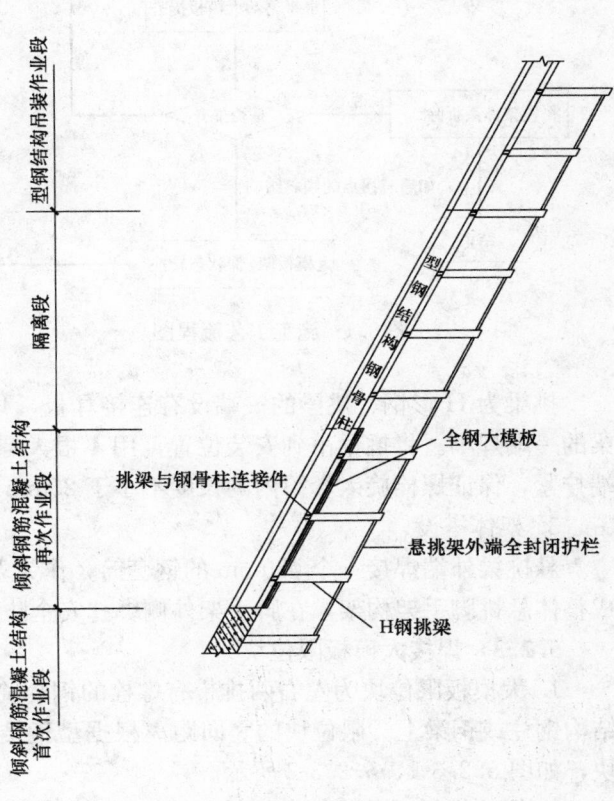

图 4.2.2-6　大模板水平移动到再次施工位置

5. 施工工艺流程及操作要点

5.1 施工工艺流程

见工艺流程图 5.1。

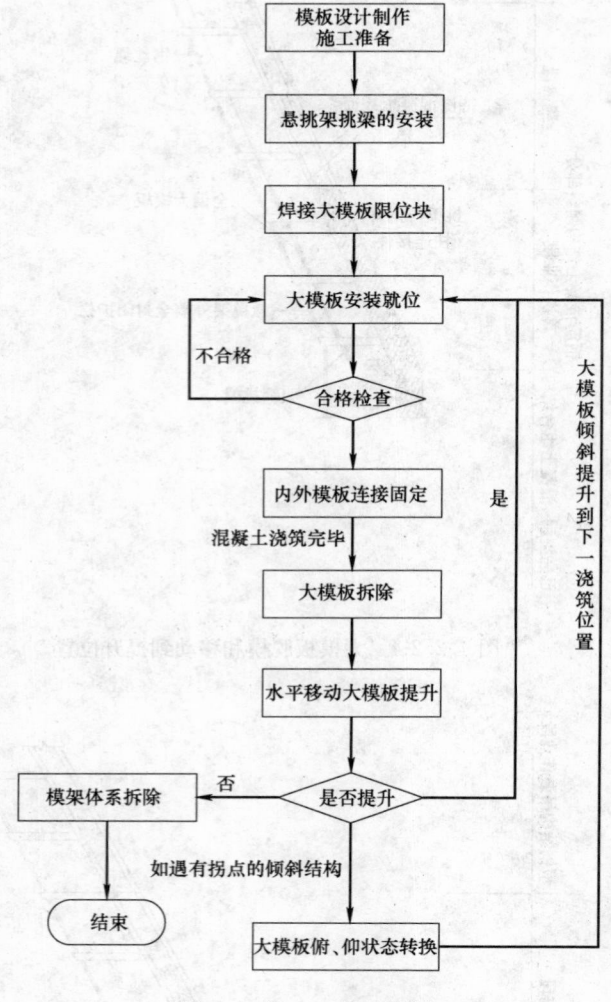

图 5.1 施工工艺流程图

5.2 操作要点

5.2.1 模板设计和施工准备

1. 模板设计

本工法大模板设于型钢挑梁之间，不连续设置。其间的空隙采用胶合板模板填补。

大模板的模数应根据工程特点设计，本典型工程采用的模数为 1500×5000。设计原理与普通模板相同，但构造有所不同，构造如图 5.2.1-1 所示。

紧固螺栓采用 3 号圆钢，套筒采用钢筋直螺纹连接套筒。

约束总成有防坠板、角度调节器、轴承、转换螺栓、锁定螺栓、微提升器、棘爪总成、约束轴、约束轮组成。约束总成示意见图 5.2.1-2。其作用为防坠、角度转换、水平移动和提升状态设置。

提升动力采用 2t 电动葫芦。

2. 施工准备

根据大模板施工方案，进行大模板及附件加工、运输。放线定位，标注悬挑架挑梁安装位置。

5.2.2 悬挑架挑梁的安装

1. 挑梁连接件是一组 4 个带有螺栓的钢套筒。根据挑梁的安装位置，先将螺栓的一端垂直焊在型钢结构钢骨柱上，然后套上钢套筒，套筒旋入螺栓的长度不得小于 25mm，调整套筒使其外端凹入预浇混凝土表面 10mm。

2. 挑梁与连接件连接

挑梁为 H 形钢、挑梁的一端设有连接耳板，耳板厚度为 10mm，按照建筑物倾斜角度将耳板与挑梁的一端焊牢。将挑梁吊到安装位置，用 4 根大螺钉穿过连接耳板的螺栓孔，与预先设置的钢套筒外端拧紧，保证螺栓旋入套筒内的长度不小于 25mm。

3. 架体搭设

悬挑梁外端焊接一个 φ30mm 的钢套筒，作为立杆生根之用，将普通架管用扣件与挑梁进行连接形成整体悬挑脚手架构架，在脚手架外侧绑扎安全防护装置，挑梁、架管之间铺设脚手板。

5.2.3 焊接大模板限位块

1. 大模板限位块为左右两排带有螺栓的钢套筒，螺杆的一端必须垂直（与模板相垂直）焊在型钢结构钢柱或钢梁上。限位块的竖向距离根据型钢结构钢梁的间距确定，要求每道钢梁上均要安装限位块，如图 5.2.3-1、5.2.3-2 所示。

2. 螺栓焊好后，将钢套筒拧到螺栓上，并将各钢套筒的外端调到混凝土表面控制线上。

5.2.4 大模板安装就位

1. 作业段内的悬挑脚手架搭设好以后，根据倾斜角度搭设用于大模板稳定的靠架，用塔吊依次将大模板吊到靠架上，并顺靠架下落到指定位置，用棘爪将大模板钩住，防止摘钩后大模板下滑坠落，大模板下落时，施工人员要用麻绳拽住大模板两侧，以保持其下落稳定。

2. 在每块大模板两侧背楞上各设有 3 个约束总成，约束总成上分别装有水平移动和倾斜提升的两种滚轮。首先调整移动滚轮并使其与挑梁顶面接触，此时大模板完全依靠约束总成稳定在挑梁上，轻轻推动大模板使其以挑梁为轨道水平移动到安装位置，调整大模板角度，并使大模板内侧斜靠在事先焊好的限拉块上，大模板水平移动时要平稳，左右两侧速度相同。混凝土浇筑时约束总成要用塑料布包裹遮盖，防止混凝土浆污染而损坏。

3. 倾斜大模板首次作业时，应先浇出 100mm 高的导墙，便于倾斜大模板的首次安装和脱模。

5.2.5 内外模板连接固定

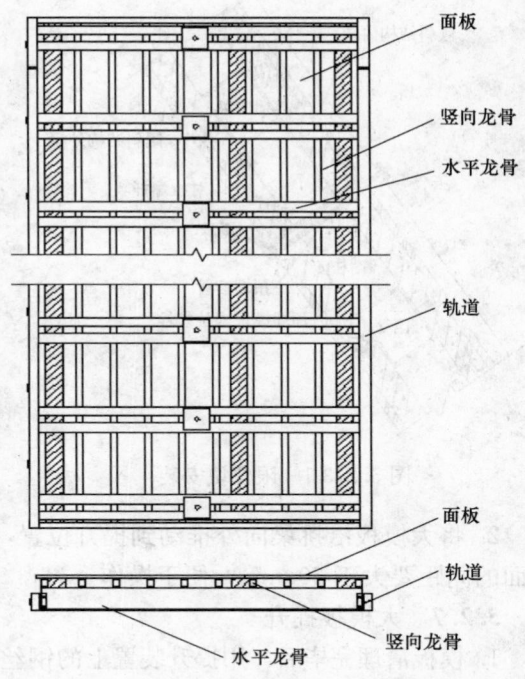

图 5.2.1-1 倾斜大模板组成示意图

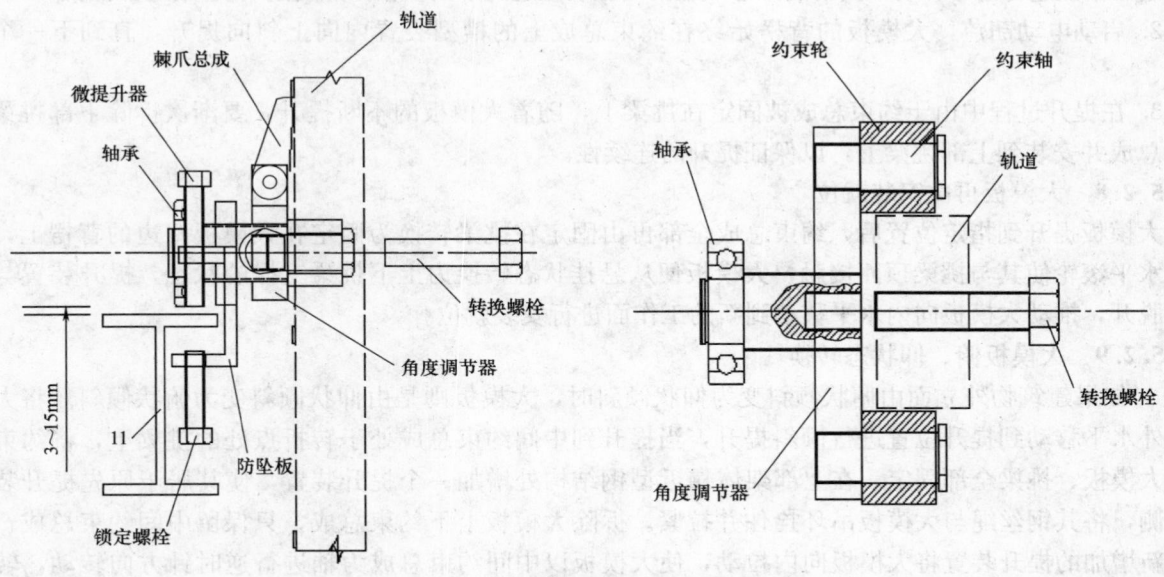

图 5.2.1-2 模板的约束总成示意图

1. 内、外模板安装就位后，用对拉螺杆将内、外模板连接为整体，并通过设置在钢骨柱上的限位块将模板紧紧固定到型钢钢骨上。对拉螺杆在混凝土中部分要设置套筒，内外对拉孔位置要求准确，并要避开型钢钢骨柱。

2. 内、外模板固定后，将拼缝模板填充到大模板之间的空隙当中，用连接板将大模板背楞与拼缝模板背楞固定到一起，同时调整大模板水平滚轮使其高于挑梁顶面约 10mm，混凝土浇筑时其荷载全部传递到型钢钢骨上。

5.2.6 大模板拆模

1. 混凝土浇筑完成，达到拆模强度后，将水平滚轮调整到与挑梁顶面接触，然后拆除对拉螺杆，并将拼缝模板与大模板脱开，再用撬杠将大模板撬离混凝土面。

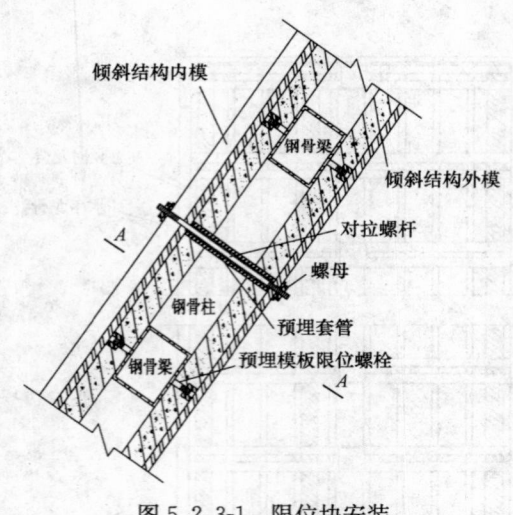

图 5.2.3-1　限位块安装　　　　　　　图 5.2.3-2　限位块安装

2. 将大模板沿挑梁向外推动到提升位置，对大模板表面进行清理和涂刷隔离剂。提升位置与混凝土面的间距要大于 600mm，便于操作。

5.2.7　大模板提升

1. 模板清理完毕后，用提升装置上的钢丝绳将大模板悬挂起来，要求钢丝绳绷紧，水平滚轮没有离开水平滑道即可，然后将各约束总成由固定在大模板两侧背楞转换到固定在挑梁上，此时大模板受约束总成限制已不能进行水平移动，同时约束总成上的槽型装置起到了大模板按照规定角度倾斜提升的作用。

2. 启动电动葫芦，大模板的背楞始终在约束总成上的槽型装置内向上斜向提升，直到下一个作业段。

3. 在提升过程中由于约束总成被固定在挑梁上，随着大模板的不断提升，要渐次拆除下部挑梁的约束总成并安装到上部挑梁上，以保证提升的连续性。

5.2.8　大模板再次安装就位

大模板提升到指定位置后，约束总成全部再由固定在挑梁转换为固定在大模板两边的背楞上，并调整水平滚轮使其与挑梁顶面接触，大模板便从悬挂状态转换为上下挑梁支撑的状态。提升装置与大模板脱开，推动大模板向内水平移动到新的工作面进行安装就位。

5.2.9　大模板俯、仰状态转换

1. 如果建筑物外立面由俯状倾斜变为仰状倾斜时，大模板则是由仰状倾斜变为俯状倾斜。将大模板向外水平移动到提升位置进行倾斜提升，当提升到中间约束总成处于转折点处的挑梁上，将约束总成与大模板、挑梁全部固定。在上部架体靠近型钢结构处增加一个提升装置，使其居于原先提升装置的内侧，将其钢丝绳与大模板吊环拴住并拉紧。拆除大模板上下约束总成，只保留中间约束总成，然后用新增加的提升装置将大模板向内拉动，使大模板以中间约束总成为轴进行逆时针方向转动，转到预定位置时，将事先拆除的上下约束总成重新安装到大模板上，并调整水平滚轮使之分别接触到挑梁顶面上。如果建筑物是左侧外立面，则转动方向相反。在转换的同时，原先进行倾斜提升的提升装置，根据大模板转动情况，不断采取相反动作，并始终保持钢丝绳处于拉紧状态，这样大模板能在其约束下逆时针平稳转动不至于倾覆。

2. 如果建筑外立面由仰状倾斜变为俯状倾斜时，大模板则是由俯状倾斜变为仰状倾斜。将大模板向外水平移动到提升位置，然后在原先提升装置的外侧增加一个提升装置，将其钢丝绳与大模板吊环拴住并拉紧。将大模板上部、中部约束总成拆除，只保留下部约束总成，并使该约束总成与大模板和挑梁全部固定，然后用新增加的提升装置将大模板向外拉动，使大模板以下部约束总成为轴进行顺时针方向转动，转到预定位置时，将事先拆除的上、中约束总成重新安装到大模板上，并调整水平滚轮使之分别接触到挑梁顶面上。

5.2.10 模架体系拆除

全部施工完后，大模板可通过塔吊吊运方式从架体上撤除，也可以通过悬挑架体上的大模板升降装置将大模板放到地面。采用后一种方式时，其操作方法与大模板提升相同。大模板拆除之后，拆除悬挑脚手架。

5.3 劳动力组织（表5.3）

劳动力组织情况表
表5.3

序号	单项工程	人 数	职 责
1	管理人员	2	综合生产
2	技术质量人员	3	质量、技术
3	安全员	2	安全、文明
4	架子工（含杂工）	20	悬挑架及防护安装
5	模板工（含杂工）	30	模板制作、安装及使用
6	合计	57	

6. 材料与设备

6.1 主要材料

6.1.1 外模板应采用全钢大模板或钢框高强覆膜竹胶板模板，内模均采用高强覆膜竹胶板模板。

6.1.2 钢套筒采用钢筋直螺纹机械连接专用套筒，对拉螺杆与其他螺栓要求经过调质处理Rc25～30，并经探伤，确定无热处理裂纹和其他原始裂纹方可使用。

6.1.3 悬挑架挑梁采用H形钢制作，其他架体采用扣件式脚手架，脚手板采用竹架板或木板。外围护采用钢丝网及密目安全网。

6.2 主要设备

起重量2t的电动葫芦或手拉葫芦、交流电焊机等。

7. 质量控制

7.1 倾斜大模板设计与质量验收应符合《建筑工程大模板技术规程》JGJ 74。
大模板的安装角度必须符合设计要求；倾斜墙体厚度和大模板平整度符合设计与规范要求。
并应满足表7.1倾斜大模板安装质量检查标准的规定。

倾斜大模板安装质量检查标准
表7.1

项次	检查项目	允许偏差	检查方法
1	限位装置坐标	2mm	检查限位装置外端坐标值
2	安装位置	2mm	米尺
3	上口宽度	不大于－3mm	米尺
4	标高	±10mm	米尺
5	挑梁内外端顶面标高相差	不大于3mm	水平仪及米尺

7.2 挑梁连接件焊接质量、挑梁连接质量、按照隐蔽工程验收程序进行验收，验收标准执行《钢结构工程施工质量验收规范》GB 50205，架体搭设质量，按照脚手架施工技术方案进行检查验收；大模板提升和水平移动前，必须检查大模板悬挂提升装置、大模板防坠装置是否符合要求。

8. 安 全 措 施

8.1 主要危险源

贯彻本工法有以下主要危险源：

模板倾倒、模板坠落、物体打击、触电。

8.2　危险源防治措施

8.2.1　模板安装和拆除时要配备专职安全员，对全过程进行安全监控。作业人员必须进行安全技术教育，每天作业人员进场前必须对安全作业场所进行安全评估，符合要求方能作业。

8.2.2　大模板在地面临时堆放时，如果叠层平放地面必须平整和具有相应的承载能力，不能超过三层；如果立放，应斜靠到堆放架上，倾斜角度不能大于75°。

8.2.3　严格执行大模板升降程序，防止模板坠落。五级以上大风时，要暂停室外的高处作业，有雨、雪、霜时要先清扫施工现场，不滑时再进行作业。

8.2.4　小型配件和工具要装于专用工具袋，扳手等工具必须用绳链或卡环系挂在身上以免掉落伤人。

8.2.5　使用电器装置，采取触电保护措施，电工随时做好检查，谨防漏电。对所有参加施工人员进行触电急救培训，及时启动应急预案。

9. 环 保 措 施

9.1　环境因素

贯彻本工法有以下环境的因素：噪声和烟尘。

9.2　环境因素控制措施

9.2.1　本工法可参照普通钢模板噪声控制办法实施，尽量避免撞击。本工法由于采取了机械爬升的办法，噪声较钢模板要小。

9.2.2　电焊可产生有害烟尘，焊工应采取保护措施，防止烟尘侵害。

10. 效 益 分 析

10.1　采用本工法施工，取消了搭设大型支撑架的费用和时间。

10.2　采用本工法进度快，缩短结构工程整体施工工期。

10.3　由于设计了水平和倾斜移动装置，降低了劳动强度。

10.4　以法门寺合十舍利塔施工为例，与普通爬升大模板（工艺难以实现）施工相比，每层工期提前12～15d，费用节约80万元。与专家建议的国内先进的重型液压爬模相比费用节约238.8万元。

11. 应 用 实 例

法门寺合十舍利塔工程位于陕西省宝鸡市扶风县法门镇。是陕西重点佛教旅游工程，总建筑面积10.63万 m^2，设计使用年限大于100年。陕西建工集团总公司施工总承包。法门寺合十舍利塔为型钢混凝土结构，双手合十造型，高度达148m，54m以上东西两只手完全分开，往复倾斜36°，118m标高处合拢。

该工法在本工程中得到成功的应用，左右两支结构均采用本工法施工。施工全过程处于安全、稳定、快速、优质的可控状态，极大地降低了倾斜施工中存在的各类安全隐患。

由于本工法具有创新性，无类似工程进行对比，在法门寺合十舍利塔工程使用的模板体系与国内先进的重型液压爬模相比，直接降低施工费用为238.8万元。

超大体积混凝土浇筑施工组织工法

GJYJGF022—2008

中国建筑股份有限公司

王祥明　张琨　彭明祥　杨晓毅　许立山

1. 前　　言

随着城市建设的不断发展，超高层建筑层出不穷，超厚大体积混凝土底板也越来越多。与普通意义上的底板大体积混凝土相比，随着底板厚度的不断增加和混凝土体量的增大，当底板厚度超过 4m，混凝土一次浇筑量超过 2 万 m³ 时，此类超厚大体积混凝土的施工组织及混凝土的质量控制都是难以用常规的方法来实现的。

超大体积混凝土浇筑施工组织工法是通过对中央电视台新台址主楼塔Ⅰ及塔Ⅱ两个超厚大体积混凝土底板施工组织技术的归纳和总结，从搅拌站的组织、混凝土配合比优化、浇筑方式的选择、浇筑速度及浇筑顺序的确定、物资机具设备准备、现场平面规划、施工及管理人员组织、混凝土浇筑质量控制等方面对超大体积混凝土浇筑的各个组织环节进行了全面阐述。

2. 特　　点

2.1 能够有效解决超厚大体积混凝土底板浇筑的施工组织难题。

2.2 混凝土浇筑质量好，确保超厚大体积混凝土浇筑过程中不出现冷缝、浇筑完成后无有害裂缝产生、混凝土结构实体质量满足设计及规范要求。

2.3 施工速度快，CCTV 主楼塔Ⅰ底板 39000m³ 混凝土仅用 54h 浇筑完成，浇筑速度为平均每小时 722m³；塔Ⅱ底板 33000m³ 混凝土仅用 52h 浇筑完成，浇筑速度为平均每小时 635m³；

2.4 施工现场井然有序，人员、机械各就其位、各司其职，安全、文明施工能够得到保证。

2.5 社会及经济效益显著，由于施工准备充分、技术措施先进合理，人员机械安排到位、施工速度快，质量有保证，能收到很好的社会及经济效益。

3. 适用范围

适用于混凝土底板长度宽度在 50m～100m，厚度在 4m～11m，混凝土总浇筑量在 2 万～4 万 m³ 的超大体积混凝土浇筑的施工策划及组织实施。

4. 工艺原理

在超厚大体积混凝土浇筑的施工策划及施工组织过程中，针对技术方案的确定、人员组织、机械配备、现场规划、混凝土供应、现场浇筑、质量控制等一系列问题，从宏观的角度进行统筹策划，对影响施工组织的各要素依次进行确定并有效实施，从而使施工组织工作始终能够做到忙而不乱，井然有序。

5. 施工组织流程及操作要点

5.1　施工组织工作流程

超大体积混凝土的施工组织工作是一项大型系统工程，它包含从技术准备、机具物资准备、人员组织、现场准备、混凝土供应准备、现场组织实施、质量控制要点等一系列问题的解决，施工组织工作流程如下：

确定混凝土供应方式及搅拌站的招标→确定混凝土基准配合比→混凝土浇筑速度的确定→混凝土浇筑方式及浇筑设备数量的确定→现场平面规划→落实混凝土浇筑前的各项准备工作（包括技术、物资、现场、人员、搅拌站等各方面准备）→进行混凝土浇筑实施。

5.2 施工组织要点

5.2.1 混凝土供应方式及搅拌站的确定

超厚大体积混凝土由于厚度及体量都很大，为保证混凝土的连续供应，往往很难由一家搅拌站来独立完成，当一家搅拌站无法独立完成时，可考虑多家搅拌站的联合供应。

搅拌站的确定需要通过招标的方式来完成，最终选择出质量好、信誉高、富有合作精神、距离近、价格合理的几家搅拌站作为联合供应单位，来共同完成混凝土的联合供应任务。

在确定多家搅拌站联合供应方式的同时，还要确定统一混凝土配合比、统一主要原材料的原则，以保证混凝土供应质量的均匀、稳定。

5.2.2 配合比的确定

对于超厚大体积混凝土，底板厚度已远远超出常规，为降低混凝土的水化热，解决大体积混凝土的温升及抗裂问题，首先确定合理的混凝土配合比。配合比确定的程序如下：

1）咨询业内有关专家，对超大体积混凝土配合比提出建议。

2）确定主要原材料产地及质量标准，根据专家建议进行配合比设计，联合搅拌站进行系列配合比的抗压强度试验，初步选定基准配合比。

3）对初步选定的基准配合比进行膨胀性能试验及绝热温升试验，确定是否需要掺加膨胀剂并检验基准配合比的绝热温升是否满足要求。

4）根据初步选定的基准配合比进行温度及应力场分析计算，与绝热温升试验数据进行比对分析，确定混凝土底板保温养护措施。

5）召开专家论证会，确定超大体积混凝土的基准配合比及相关技术措施。

在中央电视台新台址主楼底板施工中，最终采用了超大掺量粉煤灰混凝土，粉煤灰对水泥的替代量达到近 50%，大大降低了混凝土内部温度。根据温度及应力场分析计算，确定了保温覆盖的养护方式，而不必采用铺设冷凝水管等降温措施，最终为底板混凝土的温升满足规范要求奠定了坚实的基础。

5.2.3 混凝土浇筑顺序及浇筑速度的确定

底板混凝土浇筑采用斜面分层、一次到顶的方法进行。首先根据现场的实际情况及底板的平面形状确定出底板的浇筑顺序，一般情况下，底板混凝土的浇筑顺序为沿底板的长向整体退后浇筑。混凝土浇筑速度则按照斜面分层浇筑时不出现冷缝的混凝土最小供应量为基本原则来确定，具体可按照式 5.2.3 计算：

$$Q = b \times h_1 \times (h \times i)/t \tag{5.2.3}$$

式中　Q——混凝土每小时最小供应量，m^3/h；

　b——底板浇筑宽度，m；

　h_1——底板浇筑时混凝土分层厚度，一般为 0.5m；

　h——底板浇筑厚度，m；

　i——底板混凝土流淌坡度，根据混凝土坍落度大小确定；

　t——混凝土缓凝时间，h。

在实际浇筑过程中，有时为避开交通拥堵的高峰时段，可能根据实际情况确定一个合理的浇筑时间，并以此确定混凝土最小供应速度，但该速度要保证分层浇筑时混凝土不出现冷缝，即大于式 5.2.3 计算所得的数值。

5.2.4 混凝土浇筑方式及设备数量的确定

（1）混凝土浇筑方式的确定

在目前技术条件下，混凝土浇筑可选择混凝土输送泵及搭设溜槽两种方式，二者各自优缺点及适用条件详见表 5.2.4。

混凝土输送泵及溜槽适用条件对比表　　　　　　　　　　　表 5.2.4

	混凝土输送泵	溜　槽
优点	混凝土输送距离长、浇筑点布置灵活、可移动性强、不受季节限制	经济效益好、浇筑速度快（每个溜槽每小时可浇筑混凝土约 70m³）、节省场地
缺点	浇筑速度慢、机械费用高、需要场地较大	对溜槽搭设坡度范围有一定要求、浇筑点布置不够灵活、冬期施工受限制
适用条件	适用于场地较大的情况	适用于溜槽搭设坡度为 15~75°，非冬期施工、场地较小且混凝土浇筑速度要求较高的情况

在输送泵及溜槽都适用的情况下，可考虑采用二者结合的方式，这样既达到浇筑速度快的目的，又能弥补溜槽浇筑点布置不够灵活的不足，同时还能收到很好的经济效益。

（2）混凝土输送泵数量的确定

根据初步确定的混凝土浇筑速度以及设备的输送能力，确定混凝土输送泵/溜槽的数量。

5.2.5　现场平面规划

根据初步确定的混凝土输送泵/溜槽的数量及施工现场场地情况，进行现场的平面规划。在进行现场规划时需要考虑以下问题：

如果采用多家搅拌站联合供应混凝土的方式，则需要根据各家搅拌站的供应能力划分出相对独立的浇筑区域。

各家搅拌站分别设置罐车的停车等待区域。

详细规划行车路线，各家搅拌站的行车路线尽量减少交叉。

5.2.6　浇筑前各项准备工作

（1）组织工作

成立超大体积混凝土浇筑指挥工作小组，对浇筑过程中技术问题解决、现场布置、人员组织、机械物资准备、质量检查、安全、后勤交通等各项工作作出统一部署安排及分工。

（2）技术准备工作

在进行超大体积混凝土浇筑之前，需由项目经理组织一次大型技术交底，交底内容包括：工程概况、最终确定的基准配合比、坍落度控制、混凝土缓凝时间、浇筑顺序、浇筑速度、浇筑时间、泵管布置方案、现场行车路线、停车等待区域划分、质量安全保证措施、人员分工等。接受交底的人员包括总包技术、工程、质量等相关部门；各劳务分包单位的项目经理、总工、混凝土工长；各搅拌站经理、总工、调度等。经过技术交底，使全体参战人员对整个浇筑流程和注意事项能够有全面的了解。

（3）物资准备工作

进行物资准备工作，明确责任人及落实时间，准备工作内容见表 5.2.6-1。

物资准备工作内容　　　　　　　　　　　表 5.2.6-1

项　目	落实时间
进行塑料布、保温材料等物资准备	浇筑前 5d
进行测温设备准备	浇筑前 5d
进行抗压试模、抗渗试模、振动台、标养室湿温度、自动温控仪、坍落度筒等试验设备准备、操作间准备及温度保证	浇筑前 5d

（4）机械准备工作

进行机械准备工作，明确责任人及落实时间，准备工作内容见表 5.2.6-2。

（5）现场准备工作

进行现场准备工作，明确责任人及落实时间，准备工作内容见表 5.2.6-3。

机械准备工作内容		表 5.2.6-2
项　目		落实时间
检查地泵(包括备用泵)、泵管等完好情况,准备易损件,落实泵工数量及熟练程度		浇筑前 5d
准备振动棒并检查完好性		浇筑前 5d
备用柴油发电机,检查,维修,保养,备用足够柴油,发电机试运行 1h,做好停电准备工作		浇筑前 5d

现场准备工作内容		表 5.2.6-3
项目	内　　容	落实时间
临电	检查电源线,电箱,明确各配电箱线路走向,供应部位;检测电箱,用电设备的电阻情况;混凝土地泵控制信号灯开关和扩音设备	浇筑前 5d
照明	场地照明、作业面照明设备的布置、检查及维护	浇筑前 5d
现场验收	钢筋、模板、机电、钢结构等各专业均验收通过	浇筑前
底板内预埋件检查	检查底板内需要的预埋件、测温元件等埋设情况	浇筑前 1d
道路	检查罐车停放及行使道路,保证畅通,路面坚实平整,软弱地面进行硬化处理	浇筑前 5d
安全	进行泵管搭设;现场用电情况;清理基坑边物料,防止物体坠落伤人;检查工人劳保用品安全帽准备等	浇筑前 1d
	提前安排测量人员随时进行基坑监测	浇筑前 1d

（6）后勤准备工作

进行后勤准备工作，明确责任人及落实时间，准备工作内容见表5.2.6-4。

后勤准备工作内容	表 5.2.6-4
项　目	落实时间
安排浇筑期间工人、管理人员伙食	浇筑前 1d
落实防寒/防暑措施,严禁工人疲劳作业	浇筑前 2d
申请夜施证,确定扰民事件出现时的应急措施	浇筑前 5d
收集并公布一周内的天气预报,便于混凝土浇筑的统一安排	浇筑前 2d

（7）搅拌站准备工作

对各搅拌站的准备工作进行部署安排及检查，明确责任人及落实时间，准备内容见表5.2.6-5。

搅拌站准备工作内容	表 5.2.6-5
项　目	落实时间
各搅拌站成立专门协调组,明确分工,联系人及联系方式,制定配合流程	浇筑前 5d
检查搅拌站材料准备情况,水泥、砂石、粉煤灰、外加剂,并落实连续供应情况,保证及时复试	浇筑前 2d
检查搅拌站试拌情况,技术准备情况	浇筑前 2d
检查搅拌站各岗位操作人员就位情况,熟练程度	浇筑前 2d
检查搅拌站设备保养状况、易损件准备情况、计量设备是否经过校核	浇筑前 2d
检查搅拌站罐车准备数量、保养状况、司机数量	浇筑前 2d
检查搅拌站水源、电源准备情况,是否有备用,如果是冬期施工则需检查热水供应情况	浇筑前 2d
检查搅拌站行车路线设计情况,与交通队提前联系情况	浇筑前 2d

5.3　人员组织

在混凝土浇筑时现场管理人员及劳动力均按照两个大班换班作业。作业时间为第一班 8∶00～20∶00，第二班 20∶00～8∶00。

5.3.1　管理人员组织安排

1. 作业面管理人员：

共分两大班，每班每人负责两条泵管，并设总负责。工作内容包括：按照方案进行混凝土浇筑顺序的控制、进泵退泵的安排；检查入模混凝土是否离析、温度是否符合要求；监督混凝土振捣、摊铺、收面及保温覆盖情况。

2. 放灰下料处管理人员：

共分两大班，每班每人负责两台泵，并设总负责。工作内容包括：收集并核对混凝土小票；检查并记录入泵混凝土的温度及坍落度，有质量问题及时与搅拌站驻站工程师联系。

3. 水泥厂、搅拌站驻站工程师：

共分两大班，每班每站各 1 人。负责检查出站混凝土质量，以及原材料供应和补给情况。

4. 搅拌站驻现场工程师及调度：

共分两大班，每班每站派工程师及调度各 1 人，解决现场混凝土供应质量问题、控制搅拌站供灰速度并协助现场车辆指挥。

5.3.2 劳动力计划安排

1. 操作人员分配

混凝土泵操作工：每泵每班 1 人，共两班；

混凝土泵维修人员：2～3 人/班，共两班；

混凝土放灰下料：每班每台泵 2 人，共两班；

测温、测坍落度：2 人 1 组，1 组/2 台泵，共两班；

混凝土现场取样、试件制作：2～6 人/班，共两班；

出泵管口操作人员：5 人/台泵，共两班；

振捣手：根据浇筑混凝土流淌面长度确定，共两班；

抹面收光：根据混凝土浇筑量确定，共两班；

接拆泵管、抢修组：10～15 人/班，共两班；

保温覆盖人员：4～6 人/班，共两班。

2. 配合工种人员分配

钢筋工：5～10 人/班，共两班；

木工：10～15 人/班，共两班。

6. 材料与设备

6.1 施工机具

大体积混凝土浇筑时需要的施工机具见表 6.1。

施工机具一览表 表 6.1

机 械 名 称	型 号	单 位	数 量
插入式振动棒	$\phi 50$、$\phi 30$	根	根据实际浇筑量确定，并有备用
混凝土泵	80～105m³/h	台	根据计算确定，并有备用
汽车泵		台	根据实际情况确定
地泵转运拖车		台	1
混凝土泵易损件	液压"O"形圈	套	若干
	机油滤清器	个	
	中间继电器	个	
	液压油	桶	
	比例电磁铁	个	
	液压油管	根	

续表

机械名称	型号	单位	数量
混凝土泵管	直管 3m	根	根据实际情况确定
	直管 2m	根	
	直管 1m	根	
	直管 0.5m	根	
	90°弯管 1m	根	
	90°弯管 0.5m	根	
	90°弯管 0.3m	根	
	45°弯管 0.5m	根	
	30°弯管 0.5m	根	
	15°弯管 0.5m	根	
	管卡	个	
	3m 软管	根	
罐车	6～10m³	辆	根据混凝土浇筑速度确定
发电机	300kVA	台	1
水泵	软轴水泵	台	若干

6.2 主要材料投入

大体积混凝土浇筑时需要投入的材料见表 6.2。

施工材料投入一览表　　　　　　　　　　　　　　　表 6.2

序号	材料名称	数量	备注
1	手把聚光灯	根据实际情况确定	钢筋密集处照明，筏板内照明
2	镝灯		
3	彩条布		冬季挡风围挡
4	密目网		冬季挡风围挡
5	电缆		备用发电机线路
6	塑料薄膜		混凝土表面保湿覆盖
7	阻燃草帘被		混凝土保温养护
8	帆布		保温上部覆盖防风、防雪
9	串筒		混凝土初始浇筑时使用
10	坍落度筒		测量坍落度
11	测温仪		测量入泵时混凝土温度
12	混凝土抗压试模		
13	混凝土抗渗试模		
14	对讲机		
15	地泵开停控制系统	1 套	用于坑上坑下联系，指挥地泵开停

7. 质量控制

7.1 超大体积混凝土浇筑的质量保证措施

7.1.1 浇筑流程安排

在同一块底板中，由于底板厚薄不一，板底标高往往高低不平。在浇筑板底高低错台处时，为保证高台处混凝土不会自由流淌至坑底，同时也不会由于坑底混凝土过早浇筑导致高低错台处出现冷缝，需事先根据混凝土浇筑量及坡茬流淌情况计算泵管出灰口移动的时间和位置，即对泵管的进泵和退泵进行总体安排，划分不同的浇筑阶段，形成整体的浇筑流程，并以图示表示（以 CCTV 主楼塔Ⅰ底板浇筑的某一阶段为例，如图 7.1.1 所示），使所有参加浇筑的施工人员能够一目了然，做到心中有数。

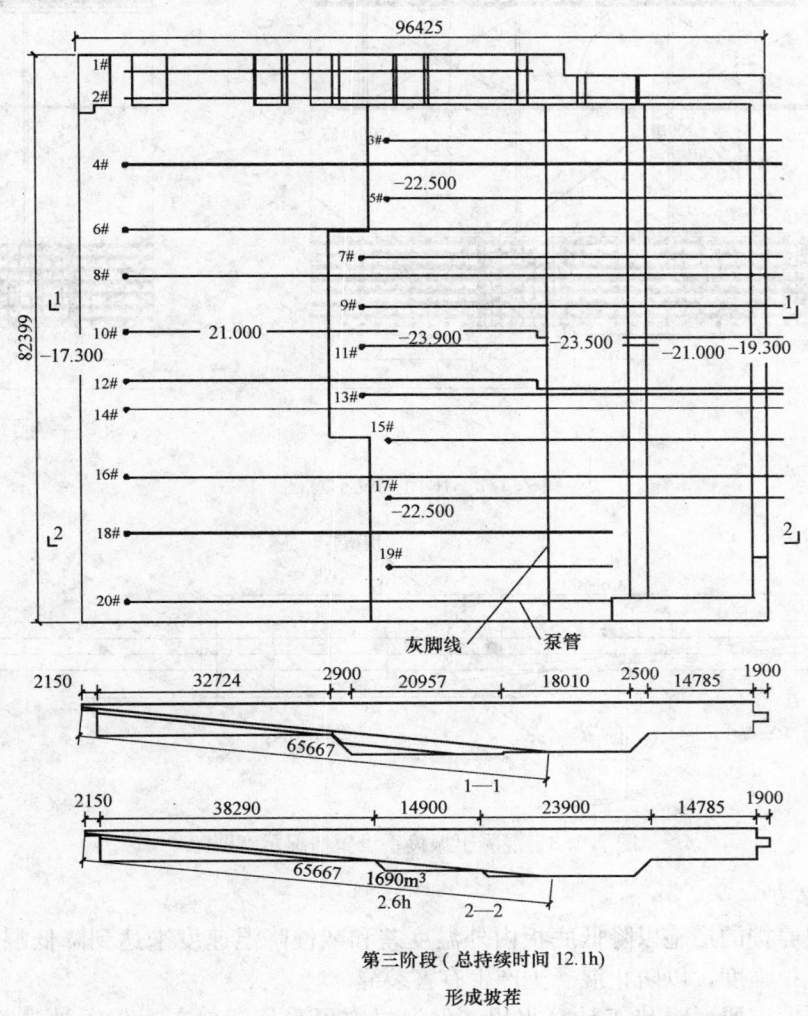

第三阶段（总持续时间 12.1h）
形成坡茬

图 7.1.1　CCTV 塔Ⅰ底板浇筑中某阶段混凝土流淌及泵管布置情况示意图

7.1.2　串筒设置

如果底板厚大于 2m，且板面钢筋密集，在底板初始浇筑时，需要采用串筒将混凝土自泵管出口送至作业面，以减小自由落差，防止混凝土离析、分层。串筒架设见图 7.1.2。

7.1.3　混凝土振捣

由于底板超厚造成混凝土流淌坡面长，为保证混凝土振捣密实，不漏振，可沿混凝土流淌坡面每隔 5m 距离设置一台振捣棒，每隔 10m 距离设置一个振捣手，每个振捣手负责两台振捣棒，以避免频繁移动振捣设备，混凝土振捣手设置情况详见图 7.1.3。

如果底板厚度超过 4m，且板中设置温度钢筋，在板面振捣混凝土有很大困难，此时，可派人到板面钢筋以下进行混凝土振捣，以保证混凝土分层振捣到位。人员进入到板面钢筋以下时，需设置下人孔、人行通道及安全标志，并进行人员的出入登记，以确保进入人员的安全。

7.1.4　底板面抗裂钢筋

在底板顶面钢筋保护层内设置 8@200 网片，或设置定型的钢筋焊接网片，以减少面层混凝土细微裂缝的产生。

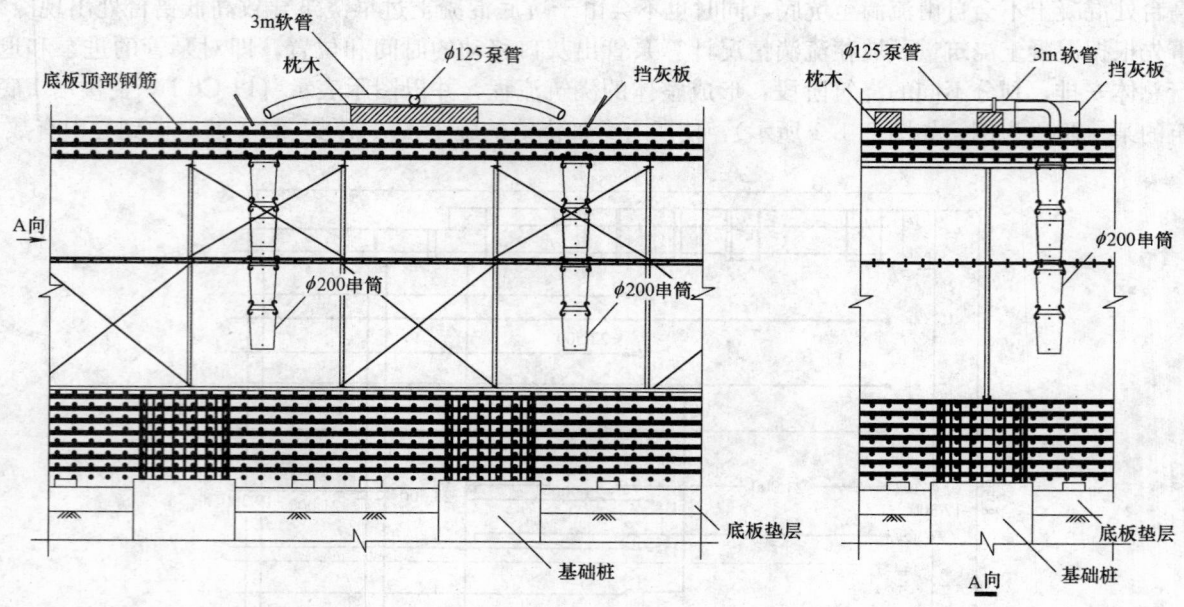

图 7.1.2　串筒架设示意图

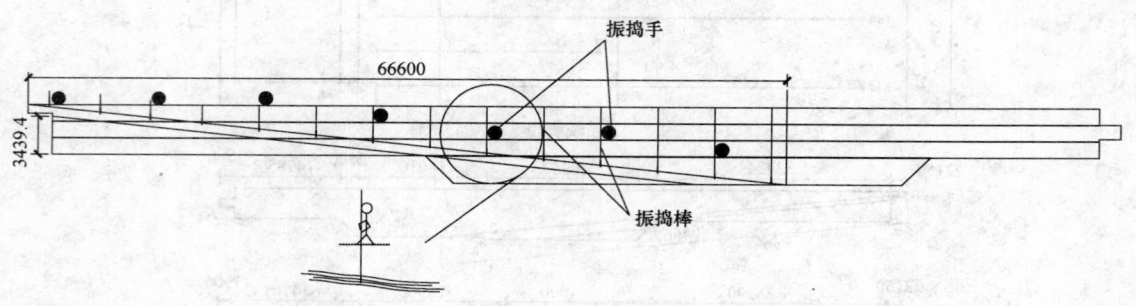

图 7.1.3　混凝土振捣手设置情况示意图

7.1.5　混凝土养护

混凝土采用保温养护的措施以降低底板内外温度差和减慢降温速度来达到降低混凝土块体自约束应力和提高混凝土抗拉强度，以防止混凝土产生有害裂缝。

混凝土保温层厚度需要通过热工计算得出，保温材料可采用塑料布＋保温被＋苫布的组合形式。其中塑料布主要起到密封保湿的作用，保温被起到保温的作用，苫布则可以防风、防雨雪，并增强保温被的保温效果。

对底板面不能连续覆盖的部位，如墙、柱插筋部位、钢柱等采用竖向挂保温被防风、平面覆盖保温被卷等方式，尽可能进行覆盖，避免出现"冷桥"现象。

7.1.6　冬期施工中入模温度的控制

根据《建筑工程冬季施工规程》JGJ 104—97，分层浇筑厚大的整体式结构混凝土时，已浇筑层的混凝土温度在未被上一层混凝土覆盖前不应低于2℃。所以，在确定混凝土出机温度时，除满足入模温度不低于5℃的要求外，还需要对已浇筑层的混凝土在未被上一层混凝土覆盖前的温度进行验算，使其满足不低于2℃的要求。计算步骤如下：

首先根据式 7.1.6-1 进行入模温度的计算

入模温度：
$$T2＝T1－(at1＋0.032n)(T1－Ta) \quad (7.1.6-1)$$

我们考虑混凝土浇筑完毕后热量散失主要有两部分，一部分热量被钢筋吸收，另一部分热量散失到空气中。

根据式 7.1.6-2 进行考虑钢筋吸热影响计算已浇筑混凝土被上层混凝土覆盖之前的温度

$$T3=\frac{CcmcT2+CsmsTs}{Ccmc+Csms}$$ 　　　　　　　　(7.1.6-2)

最后根据式 7.1.6-3 进行考虑热量在空气中散失的影响计算已浇筑混凝土被上层混凝土覆盖之前的温度

$$T4=T3-at1(T3-Ta)$$ 　　　　　　　　(7.1.6-3)

7.1.7　对混凝土搅拌物的质量控制内容

1）对搅拌站工作的质量控制

混凝土浇筑时，向搅拌站派驻站工程师，随时对搅拌站的工作进行监督，以保证出站的混凝土满足质量要求。驻站工程师的工作内容包括：

进行开盘鉴定，合格后放行。

随时检查原材料是否符合要求，砂石含水率变化情况、施工配合比调整情况、原材料连续供应情况、及时复试情况。

随时检查搅拌楼计量称量状况，确保混凝土严格按照施工配合比进行搅拌。

随时检查混凝土的出机坍落度和出机温度，不符合要求的混凝土不允许出站。

随时检查混凝土罐车装载数量，是否与额定装载数量及混凝土小票相符。

随时接受现场传来的指令，如调整坍落度或其他工作性能、混凝土供应速度等，及时转达搅拌站按照前方命令适当调整。

2）现场对混凝土搅拌物的质量控制

在每个混凝土地泵处设管理人员，对进入现场的混凝土进行质量检查，检查工作内容如下：

检查、核对、收集混凝土小票，确保混凝土出机 120min 之内浇筑入泵。

检查混凝土的和易性。

监督试验人员进行混凝土温度及坍落度测量，并进行记录。温度及坍落度测量频率为每 2～3 车实测一次，其他为目测。如连续三车以上不合格，及时与驻站工程师进行联系，要求搅拌站进行调整。

7.2　混凝土质量要求

1）混凝土强度、抗渗等级达到设计及规范要求。

2）混凝土入泵前坍落度、温度达到方案要求，和易性能保证达到泵送要求。

3）混凝土浇筑完成后按照方案要求进行保温覆盖。

4）混凝土结构尺寸偏差符合表 7.2 要求。

混凝土结构允许偏差表　　　　　　　　　　　　　　表 7.2

项次	项　　　目		允许偏差(mm)	检查方法
1	轴线位置	基础	10	尺量
		墙、柱、梁	5	
2	标高	层高	±5	水准仪、尺量
		全高	±30	
3	截面尺寸	基础宽、高	±5	尺量
		柱、墙、梁宽、高	±3	
4	表面平整度		3	2m靠尺、塞尺
5	角线顺直度		3	拉线、尺量
6	保护层厚度	基础	±5	尺量
		柱、梁、墙、板	+5、-3	
7	楼梯踏步板宽度、高度		±3	尺量
8	电梯井筒	长、宽对定位中心线	+20、-0	经纬仪、尺量
9	预留孔、洞中心线位置		10	尺量
10	预埋螺栓	中心线位置	3	尺量
		螺栓外露长度	+5、-0	

8. 安 全 措 施

8.1 各单位所有进入施工现场的人员均需佩戴安全帽。

8.2 进场车辆有专人调度，保证交通安全。

8.3 泵管的质量应符合要求，对已经磨损严重及局部穿孔现象的泵管不准使用，以防爆管伤人。

8.4 泵管架设的支架要牢固，转弯处必须设置井字式固定架。泵管转弯宜缓，接头密封要严。

8.5 泵车料斗内的混凝土保持一定的高度，防止吸入空气造成堵管或管中气锤声和造成管尾甩伤人的现象。

8.6 泵车安全阀必须完好，泵送时先试送，注意观察泵的液压表和各部位工作正常后加大行程。在混凝土坍落度较小和开始启动时使用短行程。检修时必须卸压后进行。

8.7 当发生堵管现象时，立即将泵机反转把混凝土退回料斗，然后正转小行程泵送，如仍然堵管，则必须经拆管排堵处理后开车，不得强行加压泵送，以防发生炸管等事故。

8.8 泵车下料胶管，料斗都应设牵绳。使用溜槽时，人员不得站在槽帮上操作。

8.9 当泵机运行声音变化、油压增大、管道振动是堵管的先兆，应该采取措施排除。

8.10 拆除管道接头时，应先进行多次反抽，卸除管道内混凝土压混凝土压力，以防混凝土喷出伤人。

8.11 混凝土浇筑结束前用压力水清管时，管端应设置挡板或安全罩，并严禁管端站立人员，以防喷射伤人。

8.12 在浇筑过程中进入底板内部实施振捣作业的人员，进出底板内部均须登记，并沿规划好的安全通道进行作业，其操作工作面必须距离正在浇筑的混凝土施工面 10m 以上。

9. 环 保 措 施

9.1 混凝土泵、混凝土罐车噪声排放的控制：加强对混凝土泵、混凝土罐车操作人员的培训及责任心教育，保证混凝土泵、混凝土罐车平稳运行、协调一致，禁止高速运行。加强对混凝土泵的维修保养，及时进行监控，对超过噪声限制的混凝土泵及时进行更换。

9.2 水的循环利用：现场设置洗车池和沉淀池、污水井，罐车在出现场前均要用水冲洗，以保证市内交通道路的清洁，减少粉尘的污染。沉淀后的清水再用做洗车水重复使用。

9.3 防止光污染：由于连续浇筑大体积混凝土，不可避免夜间施工，夜间照明设备要照向施工现场内，避免照射居民楼。

10. 效 益 分 析

10.1 经济效益

在进行超大体积混凝土配合比优化过程中，通过进行一系列试验并进行专家论证最终确定采用超大掺量粉煤灰配合比并取消膨胀剂，可大大降低工程造价，平均每立方米混凝土节约成本约 40 元。由于采用了超大掺量粉煤灰，降低了混凝土水化热及温升而无需采用循环冷却水管降温的方法，也大幅降低了工程造价。

10.2 社会效益

通过科学合理的施工组织，不仅使混凝土浇筑速度快，施工现场井然有序，且浇筑完成后混凝土内部的最高温升能够满足规范要求，所有这些成绩的取得，都在社会上引起了极大反响，受到了业主单位、监理单位和业内知名专家的一致好评，同时也提升了企业的知名度，创造良好的社会效益。

11. 应 用 实 例

超大体积混凝土施工组织工法是在中央电视台新台址主楼两塔楼底板施工中总结出来的，其中塔Ⅰ底板厚度为 4.5m、6.0m、7.0m、10.8m 不等，平面尺寸 82m×95m，混凝土浇筑量约为 3.9 万 m³，浇筑持续时间 54h；塔Ⅱ底板厚度为 4.5m、6.0m、10.9m 不等，平面尺寸 89m×71m，混凝土浇筑量约为 3.3 万 m³，混凝土浇筑持续时间为 52h。底板混凝土设计强度为 C40P8，混凝土浇筑时间为 2005 年 12 月下旬，两块超大底板混凝土浇筑间隔时间为 5d。

在底板混凝土浇筑时，采用了多家搅拌站联合供应混凝土的方式，经多方考察比较，最终选定了 3 家搅拌站共 8 个搅拌机组来共同完成联合供应任务。

经过一系列试验，并经专家论证，最终确定的基准配合比详见表 11。

超大体积混凝土基准配合比　　　　　　　　　　　　　　　表 11

水	水泥	砂	石	粉煤灰	减水剂	水灰比	基准水泥	砂率
155kg	200kg	810kg	1039kg	196kg	3.96kg	0.41	378kg	42%

由于采用了超大掺量粉煤灰的配合比，大大降低了混凝土的水化热，同时用 ANSYS 软件进行温度及应力场的模拟计算，最终采用了 1 层塑料布＋3 层草帘被＋1 层苫布的方式进行保温。经电脑一线通系统自动连续测温，混凝土浇筑完成后底板内部最高温度为 61℃，底板内外温差不超过 25℃，完全满足规范要求。

在进行中央电视台新台址主楼底板施工时，由于时值冬季，所以采用泵送的方式进行混凝土浇筑。其中塔Ⅰ底板浇筑时布置了 20 台 HBT80-105 地泵，1 台汽车泵；塔Ⅱ底板浇筑时布置了 17 台 HBT80-105 地泵，1 台汽车泵。

在超大体积混凝土浇筑过程中，共投入管理人员 116 人，分为两个大班，每班 58 人；投入劳动力 728 人，分为两个大班，每班 364 人。

由于针对配合比进行优化，并采取相应的技术措施，施工组织得当、实施顺利，使底板施工中产生经济效益约 1070 万元。

中央电视台新台址主楼底板浇筑完成至今已有两年多时间，浇筑成型的混凝土观感质量良好，混凝土试块强度全部满足设计及规范要求，到目前为止，没有发现任何有害裂缝产生，达到预期质量目标，得到社会各界的一直好评，取得极好的社会效益。

经原建设部科技信息研究所查新，底板施工过程中共产生了 3 项国内外第一：底板厚度 10.9m，为目前国内外房建工程中最厚的；一次性连续浇筑混凝土 3.9 万 m³，为目前国内外连续浇筑量最大的；平均每小时浇筑混凝土 722m³，为目前国内外混凝土浇筑速度最快的。

2008 年 1 月 14 日，中国建筑工程总公司在北京组织了由中国建筑股份有限公司等单位完成的中央电视台新台址主楼超厚大体积混凝土底板施工技术科技成果鉴定会，根据专家的评定，成果具有创新性、可操作性、可推广性，经济效益和社会效益显著，超厚大体积混凝土施工技术达到了国际领先水平。

大跨度钢管空心混凝土楼板下挂式钢筋桁架模板施工工法

GJYJGF023—2008

中国建筑第八工程局有限公司　浙江勤业建工集团有限公司

王玉岭　万利民　袁冬春　宗小平　蔡庆军

1. 前　　言

在钢结构大跨度结构体系中，一般采用在型钢梁上铺设压型钢板，在压型钢板上直接绑扎钢筋，浇筑混凝土形成楼板。我单位承建的珠江新城核心区市政交通项目建筑面积 360000m²，首层平面尺寸为 67.2m×890.4m，柱网尺寸为 16.8m×8.4m，首层净空高度 6.2m，为满足大空间、大跨度结构要求，设计采用了钢管空心混凝土下挂式钢筋桁架模板楼板体系，其设计、施工均打破传统做法，对大空间、大跨度公建、高支模等有很好的参考价值。为此，我单位成立科技攻关小组，经过试验、实践总结，形成大跨度钢管空心混凝土楼板下挂式钢筋桁架模板施工技术，该技术于 2009 年 4 月通过中国建筑工程总公司组织的科学技术成果鉴定，达到国内领先水平。在成功的实践基础上，编制形成本工法。

2. 工 法 特 点

2.1 本工法将空心钢管、型钢梁、钢管柱组成的钢框架结构与钢筋桁架模板钢筋混凝土有效地结合在一起，整体受力，从而减轻楼板自重，减少截面尺寸，满足大跨度、大空间要求。

2.2 采用的下挂式钢筋桁架模板是将压型钢板和冷拉钢筋连接而成的一种永久性模板（浇筑在混凝土中），施工中不需搭设高支模满堂架，节省人工和材料，同时也降低了工程安全危险系数。

2.3 型钢体系梁全部包裹在混凝土中，不需防腐、防火处理，同时钢筋桁架模板不需要拆除和装饰，给人一种美感和足够的空间感。

3. 适 用 范 围

本工法适用于大空间、大跨度等结构的钢管空心混凝土楼板下挂式钢筋桁架模板体系施工，也适用于大型公共建筑钢混凝土组合楼板体系施工。

4. 工 艺 原 理

该体系由钢筋桁架模板、空心钢管、型钢梁以及钢柱组成整体受力结构，空心钢管分 1 号（带 T 形托板）、2 号（无 T 形托板）钢管，钢筋桁架模板安装在 1 号空心钢管下的 T 形托板上，钢筋桁架模板安装完后安装 2 号钢管。由于大跨度钢混凝土组合体系楼板较厚（900mm），下挂式钢筋桁架模板不能承受混凝土一次浇筑产生的荷载，楼板混凝土需分二次浇筑，第一次浇筑 200mm 厚；当混凝土达到设计强度 75% 后，进行上层混凝土浇筑，详见图 4。

188

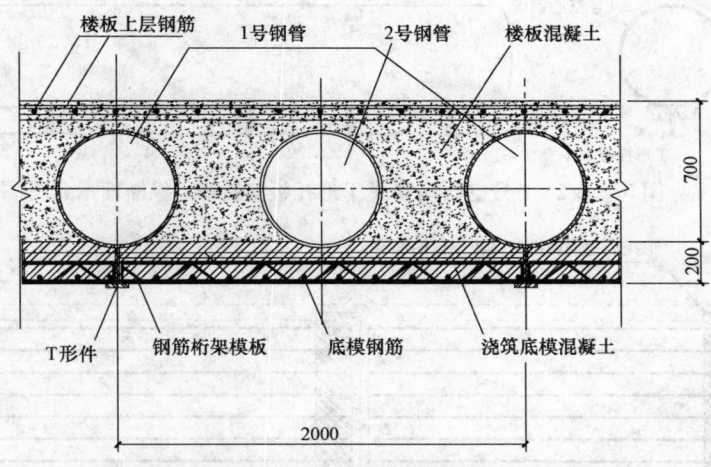

图 4　钢管空心混凝土楼板钢筋桁架模板体系图（mm）

5. 施工工艺流程及操作要点

5.1　施工工艺

施工准备→测量放线→钢梁、钢柱安装、焊接、检测→1号空心钢管下T形托板焊接→1号空心钢管安装→大面积钢筋桁架模板安装、固定→预留未焊接T形托板部位钢筋桁架模板安装→2号空心钢管安装→钢筋桁架模板中穿插绑扎钢筋→下挂式钢筋桁架模板200mm厚混凝土浇筑→钢管空心楼板上层钢筋绑扎→楼板混凝土浇筑。

5.2　操作要点

5.2.1　施工准备、测量放线

钢柱、钢梁吊装前，做好现场施工平面布置和现场轴线、标高的测量工作，将工厂加工的构件运至施工现场指定地点。

5.2.2　钢梁、钢柱安装检测

钢梁、钢柱的焊接严格按照钢结构施工质量验收规范、焊接工艺评定报告、建筑钢结构焊接技术规程的要求进行焊接，焊缝检测合格后，及时清除钢构件表面上的铁锈、垃圾等杂物，为下道工序施工做好准备。

5.2.3　1号空心钢管下T形托板的焊接

在1号空心钢管安装前，将T形托板焊接在1号空心钢管上，详见图5.2.3-1、图5.2.3-2，其中一个端部预留1000mm的空间不安装T形托板，待大面积桁架模板安装完成，剩余端部尺寸不足一榀桁架模板的长度时，此空间用来安装端部的桁架模板，详见图5.2.3-3。

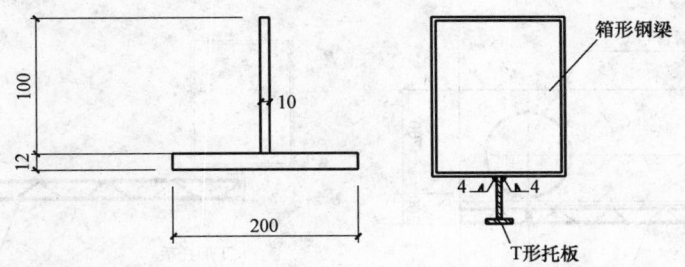

图 5.2.3-1　T形托板大样及箱形钢梁下T形托板示意图

5.2.4　1号空心钢管安装

1号空心钢管吊装，并与周边的箱形钢梁进行焊接，详见图5.2.4。

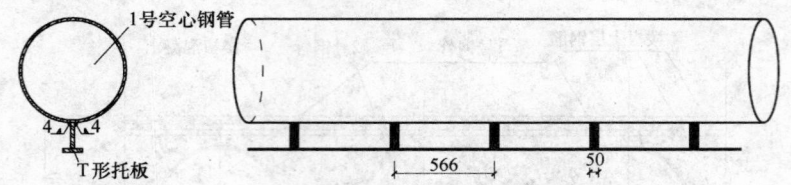

图 5.2.3-2　1 号空心钢管下 T 形托板安装横、纵断面示意图

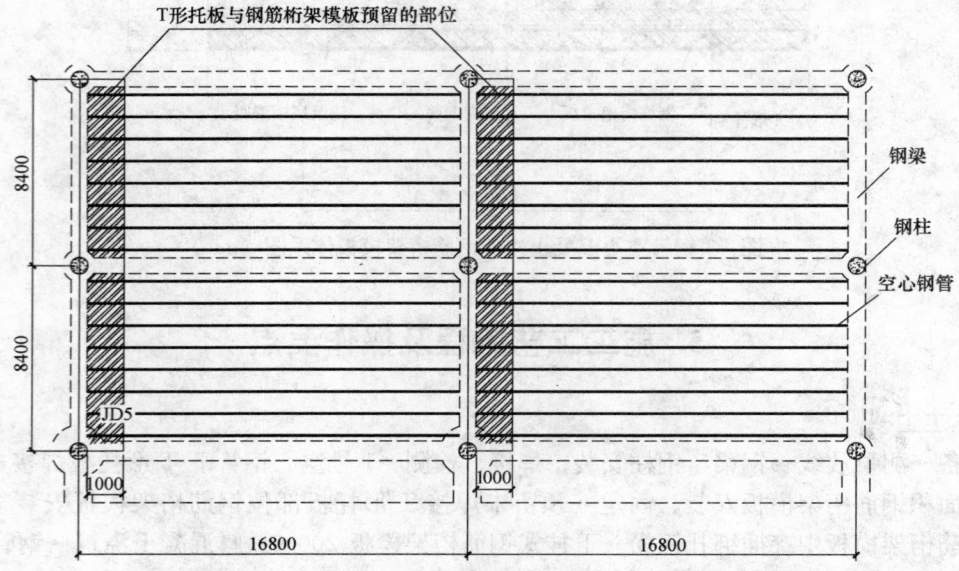

图 5.2.3-3　T 形托板安装预留的 1000mm 部位示意图

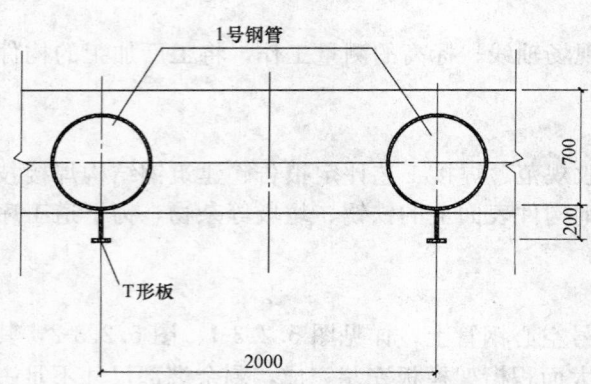

图 5.2.4　1 号空心钢管安装断面示意图

5.2.5　大面积钢筋桁架模板安装

1. 在钢筋桁架模板安装前利用经纬仪在楼层空心钢管吊板上画出桁架模板安装控制线。

2. 钢筋桁架模板安装顺序：钢筋桁架模板从一端往另一端逐块安装。

3. 钢筋桁架模板安装方法：钢筋桁架模板长方向平行钢管空心管拉升至 T 形托板顶标高，然后旋转 90°放在 T 形托板上。安装至端部剩余尺寸不足一榀桁架模板的长度时，从预留的空间进行安装，将桁架模板沿预留部位升至 T 形托板标高，然后推至安装部位。桁架模板之间采用扣合方式进行连接，详见图 5.2.5-1、图 5.2.5-2。

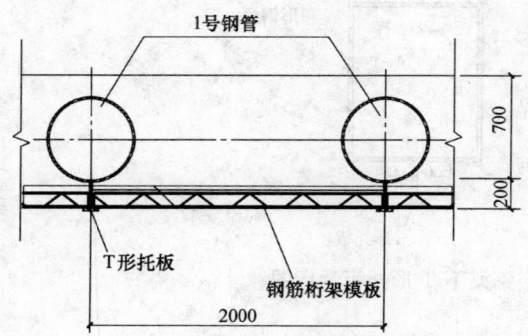

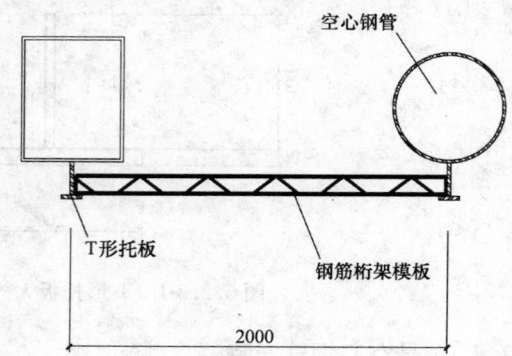

图 5.2.5-1　空心钢管下钢筋桁架模板安装横断面示意图　图 5.2.5-2　箱形钢梁下钢筋桁架模板安装断面示意图

5.2.6 预留未焊接 T 形托板部位钢筋桁架模板安装

钢筋桁架模板安装至预留未焊接 T 形托板部位时，用 φ12 钢筋制作临时挂钩将钢筋桁架模板悬挂在空心钢管上，然后补焊 1000mm 范围的 T 形托板，补焊完成后取下临时挂钩，详见图 5.2.6。

5.2.7 钢筋桁架模板中穿插绑扎钢筋

下挂式钢筋桁架模板刚度不能满足上层楼板荷载时，根据设计要求，在安装 2 号钢管之前，在钢筋桁架模板中穿插绑扎钢筋，详见图 5.2.7。

5.2.8 2 号空心钢管安装

楼板底模钢筋穿插绑扎完成后，安装 2 号空心钢管，详见图 5.2.8。

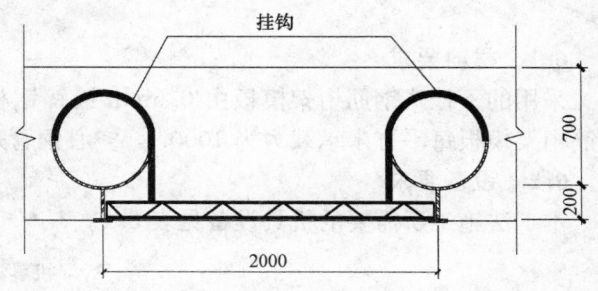

图 5.2.6 每区域最后一块钢筋桁架模板安装大样

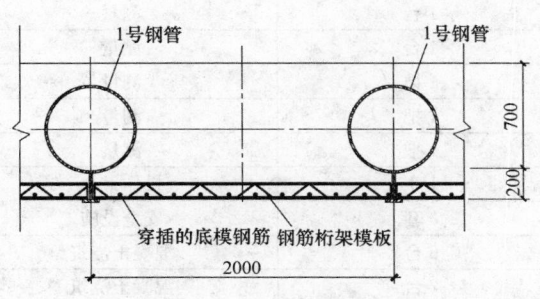

图 5.2.7 钢筋桁架模板穿插钢筋横断面示意图

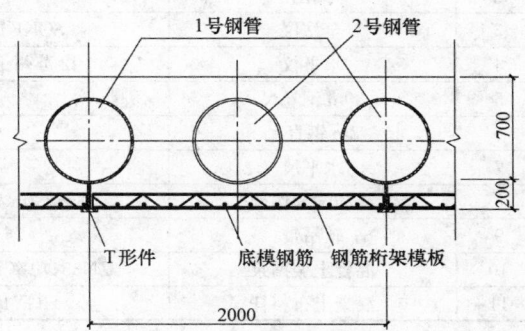

图 5.2.8 2 号空心钢管安装横断面图

5.2.9 下挂式钢筋桁架模板 200mm 厚混凝土浇筑

2 号空心钢管安装检测完成后，浇筑底模 200mm 厚混凝土，见图 5.2.9。

5.2.10 钢管空心楼板上层钢筋绑扎

钢筋桁架模板 200mm 混凝土浇筑完毕后，进行钢管空心楼板上层钢筋的绑扎，详见图 5.2.10。

5.2.11 钢管空心楼板混凝土浇筑

上层钢筋绑扎完成，下挂式钢筋桁架模板混凝土达到设计强度的 75% 后，进行上层钢管空心楼板混凝土的浇筑，详见图 5.2.11。

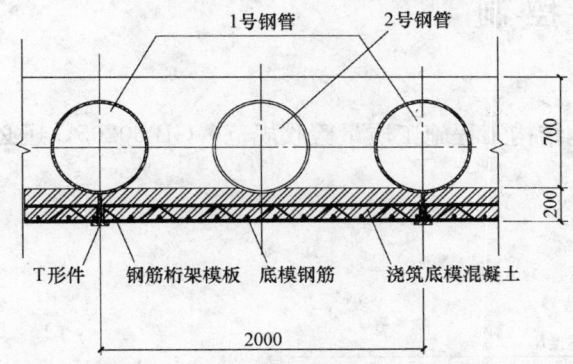

图 5.2.9 下挂式钢筋桁架模板内 200mm
厚混凝土浇筑横断面示意图

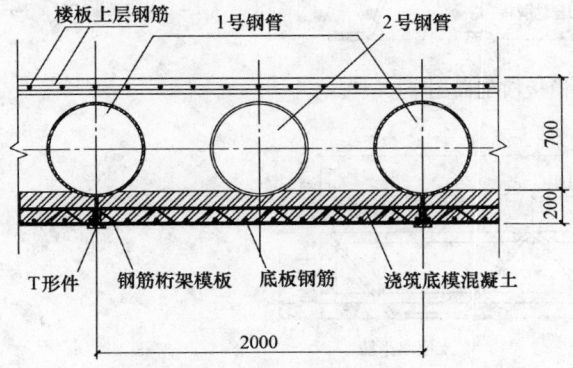

图 5.2.10 钢管空心楼板上层钢筋绑扎断面示意图

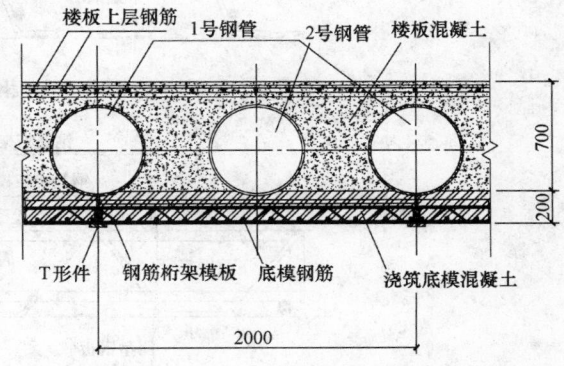

图 5.2.11 钢管空心楼板混凝土浇筑断面示意图

6. 材料与设备

6.1 材料要求

采用的下挂式钢筋桁架模板由 0.5mm 镀锌钢板和 400 级直径为 8mm 和 10mm 的冷扎钢筋组成。钢筋桁架模板每平方米承载力为 1000N，空心钢管采用直径为 600mm 壁厚为 6mm 的 Q235B 级钢。

6.2 设备要求

本工法施工所需要的机具设备见表 6.2。

机具设备表　　　　　　　　　　　表 6.2

序号	设备名称	设备型号	数量	用途
1	直流弧焊机	AX-320,功率 26kW	5 套	焊接
2	气割		2 套	切割
3	全站仪	SOKKIA	1 台	测量
4	水平仪	J2 苏州一光	1 台	测量
5	30m 钢卷尺		1 把	测量
6	3m 钢直尺		1 把	测量
7	水平尺		1 把	测量
8	移动式操作架	3m×3m×7m	1 个	操作平台
9	软吊带		3 套	安全设施
10	混凝土振捣泵	ZN35,功率 1.1kW	6 台	混凝土浇筑
11	混凝土布料杆	HGY13	2 台	混凝土浇筑

7. 质量控制

7.1 下挂式钢筋桁架模板质量验收依据

除遵守《建筑钢结构焊接技术规程》JGJ 81、《钢结构工程施工质量验收规范》GB 50205，还必须满足设计图纸要求。

7.2 质量控制标准

钢筋桁架模板形状详见图 7.2-1、图 7.2-2。

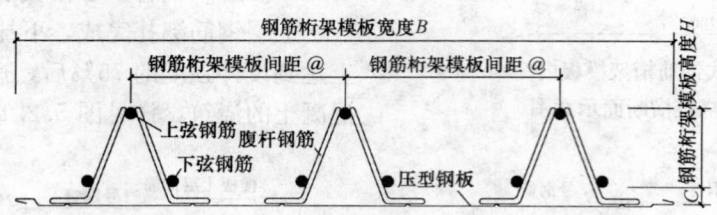

图 7.2-1　钢筋桁架模板横剖面图

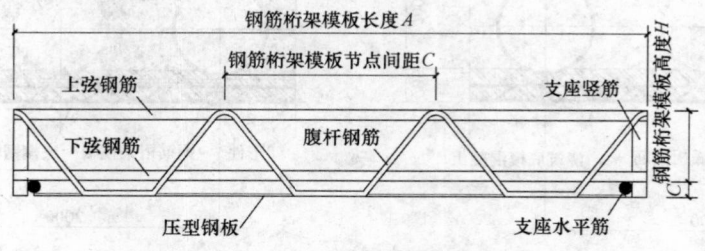

图 7.2-2　钢筋桁架模板纵剖面图

7.2.1 钢筋桁架模板宽度、长度允许偏差见表7.2.1。

钢筋桁架模板宽度、长度允许偏差 表7.2.1

钢筋桁架模板的长度 A	钢筋桁架模板宽度 B 允许偏差	钢筋桁架模板长度 A 允许偏差
≤5.0m	±4mm	±3mm
>5.0m		±4mm

7.2.2 钢筋桁架模板安装完成后，桁架构造尺寸允许偏差见表7.2.2。

桁架构造尺寸允许偏差 表7.2.2

对 应 尺 寸	允 许 偏 差	对 应 尺 寸	允 许 偏 差
钢筋桁架模板钢筋桁架高度 H	±3mm	钢筋桁架模板桁架节点间距 C	±3mm
钢筋桁架模板钢筋桁架间距@	±10mm	钢筋桁架模板底部平整度	≤1.5mm

7.2.3 钢筋桁架模板安装质量要求

1. 钢筋桁架模板之间扣合连接应紧密，确保浇筑混凝土时不漏浆。

2. 安装 T 形托板预留的 1000mm 范围，存在尺寸小于桁架模板宽度 576mm，将钢筋桁架模板沿钢筋桁架长度方向切割，切割后板上不少于二榀钢筋桁架，不得将钢筋桁架切断。

3. 钢筋桁架模板安装在 T 形托板上时，确保桁架模板的直线度误差为 10mm。

4. 钢筋桁架搭接在 T 形托板上的尺寸不小于 50mm。

5. 钢筋桁架模板镀锌钢板与钢梁点焊时，焊接采用手工电弧焊，间距为 300mm。

7.2.4 钢筋桁架模板 200mm 厚混凝土浇筑过程中，混凝土堆积高度严禁超过两倍浇筑的楼板厚度，且不应超过 300mm。

7.3 质量保证措施

7.3.1 组织施工人员进行作业前技术交底。

7.3.2 加强现场监管力度，对容易出现的质量通病，编制详细的施工方案，并责任落实到人。

7.3.3 加强原材料、半成品的检测力度。对于原材料、半成品除了检查其质量证明书和合格证外，需检测合格后才能用于施工现场。

7.3.4 钢筋桁架模板安装前，对每榀桁架进行检查验收，若存在尺寸偏差，需校正后方可安装。

7.3.5 对施工人员进行考核，考核合格后方可上岗作业。

7.3.6 严格检查钢筋桁架模板之间每一个扣合连接点，保证每个点都符合要求。

7.3.7 不得在未固定牢固的钢筋桁架模板上行走；行走时不要踩踏在镀锌钢板上，防止焊点脱开。

7.3.8 做好半成品保护工作，防止垃圾掉入钢筋桁架模板和底模混凝土中。

7.3.9 严格控制钢筋桁架模板 200mm 厚混凝土的流动性，同时混凝土浇筑过程中，应及时将混凝土铲平分散。

7.3.10 加强混凝土浇筑旁站监督管理，保证空心钢管下 200mm 厚底模混凝土不出现漏振。

8. 安 全 措 施

8.1 在钢筋桁架模板安装过程中，搭设移动式操作架。操作架必需经验收符合安全要求后方可使用。

8.2 所有用电设备及配电柜应安装漏电保护装置，严禁无操作证人员进行电工作业。定期进行安全用电检查，不符合要求的立即整改。

8.3 施工人员应戴手套，穿胶鞋，必要时采用安全网等安全用品；在洞口、周边施工必须系好安全带。

8.4 钢筋桁架模板铺设后应及时封闭洞口，设护栏并作明显标识。

8.5 施工时应对周边及下面场地进行清理检查，防止火险发生，配置有效灭火设施及有专人进行监火。

9. 环 保 措 施

9.1 项目部成立绿色施工、环境管理小组，加强工程施工的环保管理力度。

9.2 对焊渣、剩余焊条、浇筑剩余混凝土、剩余的无法使用的钢筋桁架模板、短钢筋头及时回收。

9.3 在施工作业区域范围内，合理布置各种材料、设备的堆放，定型化防护，做到标牌清楚、齐全，各种标识醒目，施工场地整洁文明。

10. 效 益 分 析

10.1 采用本工法施工的工程质量达到国家标准，在同类工程中具有推广前景。

10.2 该体系不需搭设满堂架，吊装施工简单，节省了脚手架搭设费，同时桁架模板安装完成后，直接安排楼层中砌体等工序施工，缩短了工期（预计缩短 30％），降低了施工成本，同时也提高了工程的安全性。

10.3 该体系将型钢体系梁包裹在混凝土中，型钢体系梁不需防腐、防火处理，达到很好的环保效果，满足绿色施工要求。

10.4 该体系采用压型钢板作为永久性底模，不需拆除，可以直接作为装饰，不需抹灰，社会效益和经济效益明显。与高支模楼板施工对比，每平方米节约费用约 22.7 元。

11. 应 用 实 例

本工法在广州珠江新城核心区市政交通项目（地下空间）得到成功应用。

广州珠江新城核心区市政交通项目位于广州市新中轴线珠江新城中心商务区，总建筑面积约 360000m²，是集商业、文娱、休闲等功能于一体的地下空间应用项目。工程主体建筑为全埋式地下室，主要为地下两层，局部为地下一层或地下三层，其中地下三层为配合轨道交通。

工程于 2007 年 4 月开工，2008 年 12 月完成下挂式钢筋桁架模板的施工，施工钢筋桁架模板面积共计 60000m²。采用本工法无需支撑体系，节省支撑钢管、木方等材料的投入，同时型钢体系全部包裹在混凝土中，无需防腐、防火处理，既缩短了施工工期，又降低了施工成本，操作简便，在工期、质量、安全、环境保护等方面均取得了很好的效果，具有在同类工程中应用和推广的价值。

核电站叠置现浇钢筋混凝土循环水管沟施工工法

GJYJGF024—2008

中国建筑第二工程局有限公司　甘肃第六建筑工程股份有限公司

吴荣　程惠敏　李政　范广军　方涛　周岩

1. 前　言

国内经济在过去十几年里取得了高速增长，至今依然增速迅猛，高经济增长必然要带来能源的高需求和高消耗。近年来，国际能源价格急速飙升，在世界能源形势不容乐观的情况下，发展核电成为必然选择。国家发展改革委在《核电中长期发展规划》提出，计划在 2020 年前将核电站的总发电容量提高至 4000 万千瓦，届时将占总发电量的 4%。积极推进核电建设，是国家重要的能源战略，对于满足经济和社会发展不断增长的能源需求，实现能源、经济和生态环境协调发展，提升中国综合经济实力和工业技术水平，具有重要意义。积极推进核电建设，要统一发展技术路线，坚持安全第一、质量第一，坚持自主设计和创新，注重借鉴吸收国际经验和先进技术，努力形成批量化建设先进核电站的综合能力。同时全面建立起与国际先进水平接轨的建设和运营管理模式，形成比较完整的自主化核电工业体系和核电法规与标准体系。

中国建筑第二工程局有限公司作为国内首批进入核电建设市场的施工单位，先后承接了广东大亚湾核电站、岭澳核电站（一期、二期）、红沿河核电站、台山核电厂。核电站汽轮发电机组采用由现浇钢筋混凝土循环水管沟输送来的海水循环冷却。根据其工艺布置要求，核电站循环水进水管沟采用了双层叠加形式，为达到符合设计要求的目的，本工法不仅满足了循环水管沟工程质量、防水性能需要，而且达到了节省工期、节约成本的目的。

2. 工法特点

2.1 循环水管沟与垫层之间铺设一层 PE 薄膜做滑动层，以满足循环水管沟结构伸缩、降低约束的目的。

2.2 现浇钢筋混凝土循环水进水管沟施工不设垂直施工缝，设置两道水平施工缝。伸缩缝处设置双层橡胶止水带，水平施工缝处设置钢板止水带，以满足接缝处不透水的目的。

2.3 圆弧形钢筋分两段制作，采用正反丝直螺纹机械连接。

2.4 圆弧形内模分为底模、墙模和顶模三部分。内模在木工车间制作，采用轻型钢做骨架，面铺聚酯胶合板。墙模和顶模利用轨道滑行周转使用。

2.5 混凝土中掺玻璃纤维，采用建筑测温仪测温监控混凝土温度变化。

2.6 对完工的循环水管沟进行水压试验。

3. 适用范围

本工法适用于圆形叠置现浇钢筋混凝土输水管施工，方形叠置现浇钢筋混凝土输水管施工可参照此方法。

4. 工 艺 原 理

　　叠置现浇钢筋混凝土循环水管口径大、精度及防水性能要求高。施工时，必须通过保证混凝土的工程质量来满足循环水管沟不透水性要求，同时需采用合适的模板体系来满足混凝土的成型及表面精度要求。

　　为使循环水管沟的工程质量能满足不透水性的要求，施工中采取了设置滑动层、合理设置施工缝及合适的施工缝处理方式、混凝土中掺入抗裂纤维、确定合理的浇筑分层厚度及浇灌顺序、严格控制混凝土坍落度和入模温度、加强混凝土养护等一系列防止循环水管沟大体积混凝土裂缝的措施。

　　为满足循环水管沟混凝土成形及表面精度要求，根据水平施工缝的划分，圆弧形内模分为底模、墙身模板和顶模三个部分制作，顶模在现场拼装。内模采用轻型钢做骨架，面铺聚酯胶合板，接缝处要用腻子刮平（模板构造见图4-1）。底模安装于支撑架上，并采用地锚连接工字钢压顶（第一阶段支模图见图4-2）；墙身模板和顶模安装前应先安装底部轨道和门式支撑架（第二阶段支模图见图4-3，第三阶段支模图见图4-4），内模拆除时先松掉支撑，让墙身模板与管沟墙体脱开，利用门式架并通过铰接点支撑顶模和墙身模板，再调整高度调节器，使顶模离开混凝土50mm左右，然后通过轨道将墙模和顶模拖出，滑行至相邻段周转使用。

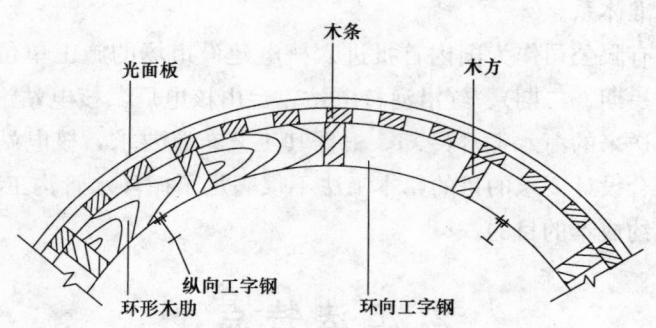

图 4-1　圆弧模板构造剖面图

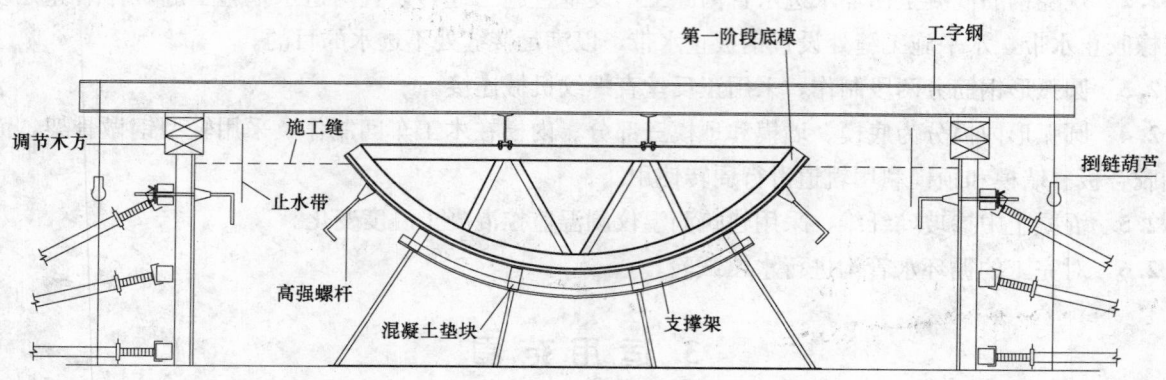

图 4-2　第一阶段支模图

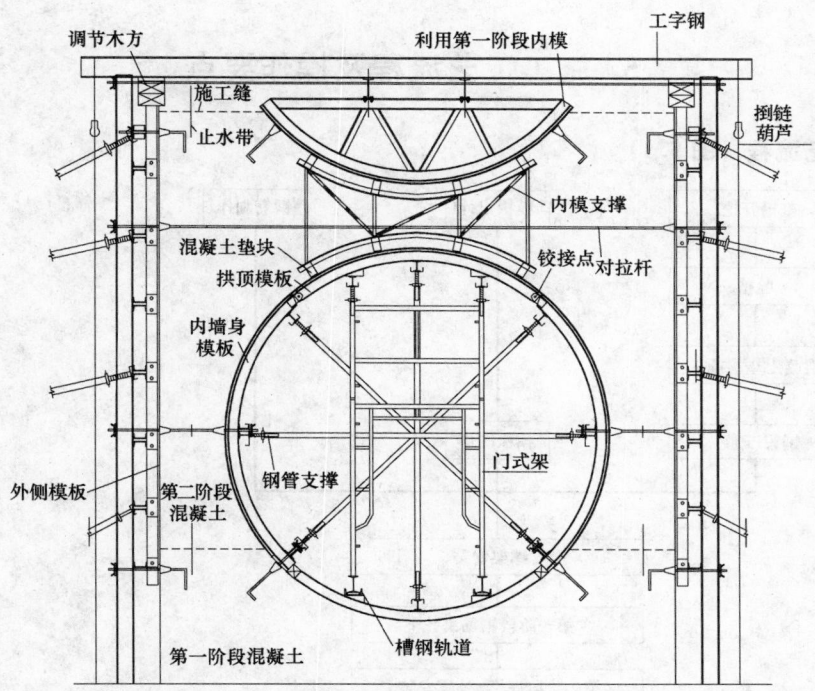

图 4-3　第二阶段支模图

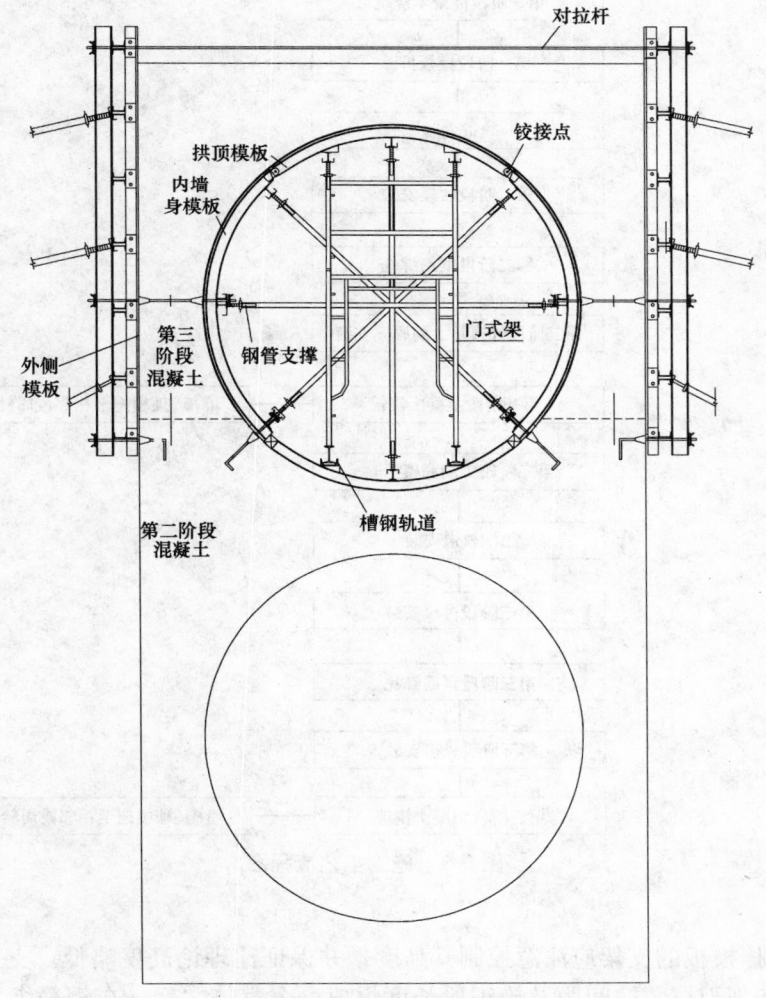

图 4-4　第三阶段支模图

5. 施工工艺流程及操作要点

5.1 施工工艺流程（图 5.1）

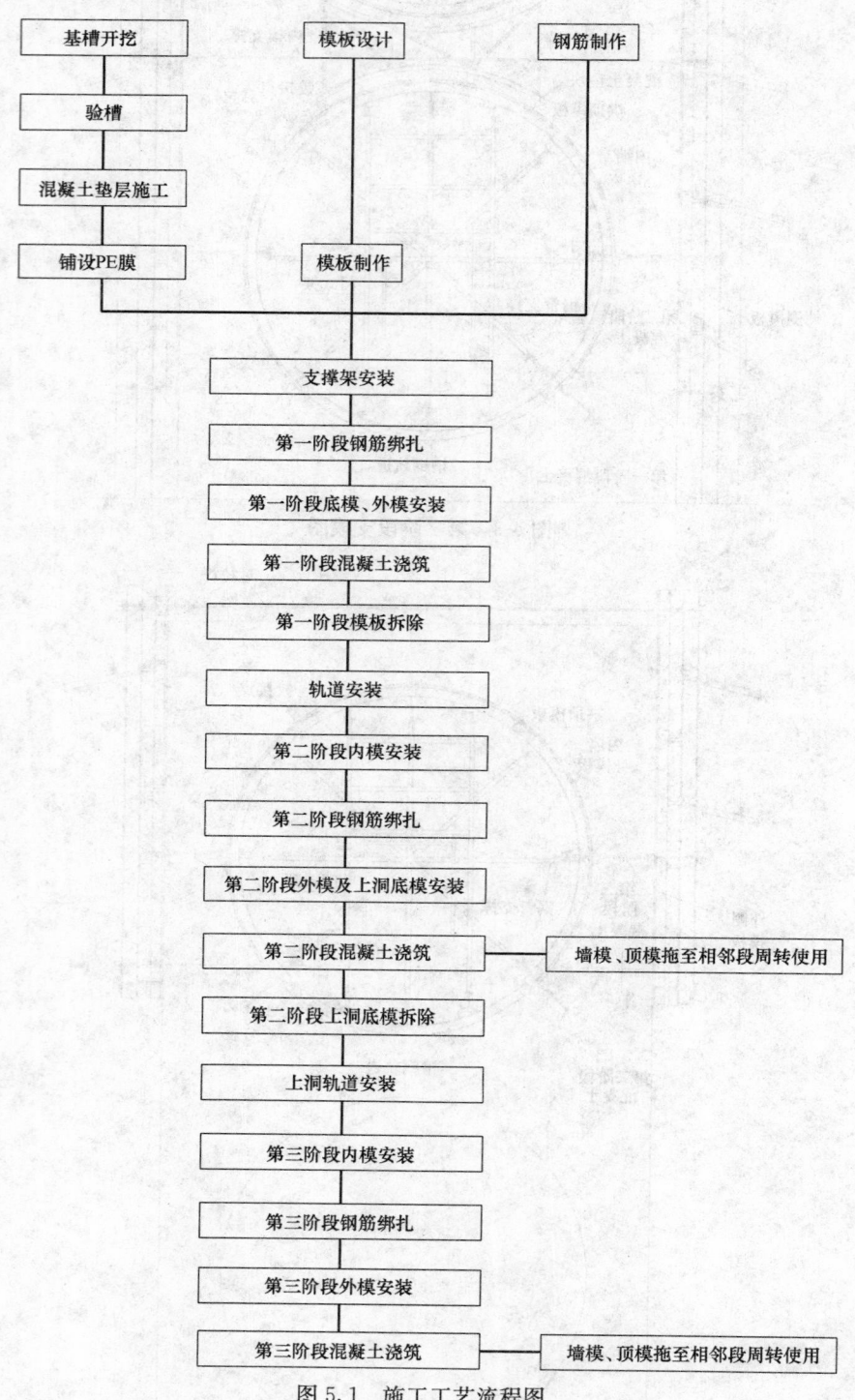

图 5.1 施工工艺流程图

5.2 操作要点

5.2.1 用来支撑模板的支架应注意控制其高度，并保证比理论高度略低。支架（采用钢筋和角钢焊接而成）用钢筋作剪刀撑，按间距及施工段长度焊成一个整体之后，在钢筋绑扎之前就位，钢筋绑扎完之后再复测其位置。

5.2.2　由于结构混凝土与垫层混凝土之间不能有连接（有利于循环水管沟自由伸缩，减少发生裂缝的可能性），故采取在圆弧模板上部采用工字钢加压的办法保证模板在混凝土浇筑阶段不上浮。

5.2.3　内、外模上均为第二阶段预埋了高强螺杆，并配以周转使用的钢杯及蝶形螺帽，用来安装第二阶段模板。钢杯在本段施工完毕后取出，留下的钢杯孔在凿毛后用与结构混凝土相同的水泥砂浆修补。

5.2.4　在圆形底模中心位置开孔，间距1000mm，用于振捣。在中心线两侧开小圆孔，呈梅花形，用于排气。

5.2.5　圆模两侧钉上木压条，防止施工缝处的水流进混凝土和内圆模的缝隙里。

5.2.6　第二阶段模板安装前，先安装底部焊好三角形铁板的环形工字钢，安放好轨道后在轨道上安好带调节托的门式架。

5.2.7　第二阶段模板安装时，先吊装两侧墙身模板，利用第一阶段预埋在混凝土中的高强度螺栓压紧，再在支撑架顶部安顶托、工字钢，利用两侧模板的铰接点连接洞顶焊好带三角形钢板的环形工字钢，然后按制作顺序安好顶部模板并加固，最后安装外模。

5.2.8　在安装第二阶段的墙身模板时，模板下部与第一阶段混凝土的贴合不一定十分紧密，可以在模板上钉泡沫条或将相应部位面板与木条分离，利用其自身的回弹性与第一阶段混凝土面紧贴，以避免漏浆或接口处高差较大。

5.2.9　内模拆除时，先松掉水平支撑和斜撑，两侧模板脱模，仅铰接点连着顶模；再松下高度调节器，使顶模离开混凝土50mm左右；然后用捯链葫芦将两侧弧形模板拉起，并离开混凝土面100mm左右，临时固定在门式架上。

5.2.10　浇混凝土前，钢筋外露部分采用塑料薄膜包裹，以防被混凝土污染，下次浇筑时，拆除塑料薄膜即可。

5.2.11　循环水管沟混凝土采用建筑电子测温仪进行测温，根据实测温度指导混凝土的养护工作。

6.　材料与设备

6.1　材料
——钢筋（含套筒）
——模板（工字钢、角钢、木方、光面板）
——混凝土（掺纤维）
——PE薄膜

6.2　设备
——混凝土搅拌机
——混凝土搅拌运输车　　　3辆
——混凝土泵车　　　　　　1辆
——振动棒　　　　　　　　6根
——建筑测温仪　　　　　　1台
——捯链葫芦　　　　　　　50个
——钢筋切断机　　　　　　1台
——钢筋弯曲机　　　　　　1台
——直螺纹套丝机　　　　　1台
——汽车吊　　　　　　　　1辆
——圆盘锯　　　　　　　　1把

7. 质 量 控 制

循环水管沟为压力输水管，其表面平整度要求和防渗透性能极高，必须确保其模板制作、安装质量和混凝土浇筑质量，才能保证其水压试验成功进行。

7.1 钢筋的规格形式、尺寸、数量、间距、锚固长度、接头位置、长度必须符合设计要求和规范规定。焊接接头必须现场取样，闪光对焊和电弧焊接头，每300个接头取样一组。直螺纹接头，每500个接头取样一组。

7.2 工程技术人员绘出模板安装详图，工人按图施工，质检员严格按图纸检查验收。垂直度和平整度均要在控制范围之内。

7.3 为保证模板拼缝能满足质量要求，在模板安装完毕后，应用透明胶纸或双面胶条粘贴板缝。

7.4 伸缩缝止水带的品种和质量必须符合设计要求，应避免阳光直晒，勿与热源、油类及有害溶剂接触。在定位止水带时，一定要使其保持平展，不能让其翻转、扭结，止水带粘接必须位置准确、牢固，两条并行的止水带接槎应错开。浇筑混凝土前将止水带槽内的杂物清除干净，混凝土浇筑后应及时清理另一半止水带内的水泥浆，并用水冲洗干净。止水带上浇筑混凝土必须振捣密实，使其与混凝土接合良好。

7.5 混凝土浇筑前做好各项技术复核、隐蔽验收等各项工作。混凝土必须保证连续浇筑，放料时，严禁对准插筋、模板直接冲击，振捣器不能直接作用在插筋、模板上，防止造成爆模或插筋位移，振捣器振捣头距模板内表面要大于100mm。

8. 安 全 措 施

8.1 电动机具必须完好可用，使用前必须进行检查，防止漏电伤人。

8.2 木工在使用圆盘锯时，操作人员不得接触、碰撞运转部件，以免造成机械伤害。

8.3 使用压缩空气清理基层和处理施工缝时，其他人员不得站立在气管出气口对面。

8.4 施工操作平台必须经验收合格后方可使用。

8.5 施工人员在超过2m高的部位作业时必须悬挂安全带，尤其是在施工第二层管沟时，更应注意防止高空坠落和高空落物。

8.6 止水带接头连接过程中，注意防止烫伤；施工过程中加强对止水带的保护，防止破坏。

8.7 施工机具使用完毕应进行清洁、清理、清点，并妥善保管。

8.8 拆除模板以后，应清理作业现场，做到工完场清，保持现场文明。

9. 环 保 措 施

9.1 对基槽（坑）周边进行封闭，防止水土流失。

9.2 严格控制搅拌机、混凝土泵车、振动棒等机具设备噪声排放。

9.3 施工现场使用的油手套、油棉纱、化工材料及包装物（容器）、废油漆刷、废涂料、废焊条、废焊剂、废大芯板、胶粘剂、废测温计、械维修保养的废液、清洗模板（扣件）等工具的废液等有毒有害废弃物不得随意排放，防止污染土地、水体。

9.4 做好混凝土外加剂、黏结剂、机油、防腐涂料等化学危险品防泄漏措施，防止污染土地。

10. 效 益 分 析

本工法与现有传统技术相比具有的有益效果：本工法采用分段制作定型钢木组合模板并进行滑移

周转施工现浇钢筋混凝土循环水管沟，加快了施工进度，提高了工效，降低了工人劳动强度，保证了混凝土成型质量，同时采取了混凝土防裂技术，大大降低裂缝处理费用，降低了工程成本。

11. 应 用 实 例

岭澳核电站二期工程循环水管沟连接 PX 联合水泵房与汽轮发电机厂房，其发电机组直接采用由循环水管沟输送来的海水进行冷却。岭澳核电站二期共有 10 条叠置现浇钢筋混凝土循环水输水管，每台机组 5 条，呈上下排列，共设伸缩缝 51 道。循环水进水管沟截面为外方内圆形，内径为 3.6m，属于自防水结构，主要依靠混凝土的自身质量来确保其抗渗性和不透水性。根据设计要求，须对完工后的钢筋混凝土循环水管沟进行水压试验。

本工法已在岭澳核电站二期和辽宁红沿河核电站叠置现浇钢筋混凝土循环水管沟工程成功应用，实施效果良好，目前正在广东台山核电厂及其他核电站工程应用。

大跨度空间预应力钢筋混凝土组合扭壳屋面施工工法

GJYJGF025—2008

中国建筑第五工程局有限公司　中国建筑第四工程局有限公司

赵源畴　刘浩　杨晓东　黄毫春　赵棋

1. 前　言

预应力钢筋混凝土壳体结构是典型的大跨空间结构，它具有十分良好的承载性能，能以很小的厚度承受相当大的荷载，它能覆盖较大的跨度面积，节约材料，减轻自重和形式美观，具有承载和围护双重功能，在现代建筑中占有重要地位。当前以及今后相当长的时期内，作为大跨度屋盖，钢筋混凝土壳体结构仍然会是一种应用十分广泛的结构形式。当跨度过大时，壳体内存在弯曲内力和挠度过大等问题，但是随着以预应力技术为代表的工程技术的不断进步，大跨钢筋混凝土壳体结构在大型公共建筑中得到越来越广泛的应用。双曲抛物面扭壳是混凝土壳体结构中比较简单同时也是比较优秀的结构形式。由于其直纹特性，施工支模容易、造价经济。组合扭壳屋面是一种技术含量高、材料用量少的大跨度空间结构，利用它可以实现造型多样化和节省投资，所以对于该结构的施工技术有着广阔的发展空间和应用前景，有利于提高国内对于技术复杂、施工难度大的混凝土工程的施工水平。

中国建筑第五工程局广东公司联合重庆大学现代施工技术研究所开发研究大跨度空间预应力钢筋混凝土组合扭壳屋面施工工法，制定了部分高于国家现行标准的组合扭壳屋面质量控制标准。同时，也为今后类似的工程建设提供参考、积累经验，推动我国施工技术的快速发展。

该施工工法的核心技术是以广州大学城华南理工大学体育馆二期工程作为研究背景，其成果通过中建总公司组织的专家委员会鉴定，一致认为《双曲抛物面组合扭曲薄壳结构设计与施工综合技术研究》课题技术含量高，是一项自主创新成果，社会效益和经济效益显著，整体水平达到国内领先水平。其中，平行四边形底面大跨度空间预应力组合扭壳设计与施工关键技术填补了国内空白。

2. 工法特点

2.1　平行四边形底面大跨度空间预应力组合扭壳在国内很少见，能为这类结构的施工提供成套的施工技术。

2.2　今后对于大跨度、大面积屋盖结构不再仅仅是钢结构这一种形式，可以采用薄壳结构，不但自重轻而且可以有效地降低工程造价。

2.3　在混凝土中加入预应力钢筋，有效地防止混凝土裂缝。

2.4　施工工艺简单，无需特殊的技术措施，选用常规建筑材料及机具设备，可降低施工成本。

2.5　综合考虑设计、材料、施工、环境等多方面影响因素，有效控制混凝土质量、几何造型。

3. 适用范围

本工法适用于工业与民用建筑大空间、大跨度的混凝土屋面、顶盖及一些标志性建筑，特别适用于体育类场馆、音乐厅、影剧院等大型公共建筑工程。

4. 工 艺 原 理

4.1 组合扭壳屋面空间测量定位

扭曲构件与传统平面构件相比空间形状新颖独特，对不规则的三维形态，采用常规传统的测量方法不能快捷、准确地完成测量放线。经过研究分析，将三维扭曲构件精确投影至特定平面简化成二维图形，并在该二维图形的基础上找寻第三维的变化规律，最终可以实现快捷、准确完成构件的空间测量定位。

4.2 组合扭壳屋面高架支模体系设计与施工

由于结构本身的不规则性，导致支模难度大，支模体系需要根据屋面造型的变化而变化，为保证屋面形状的精确性，经过研究、分析比较，充分利用双曲抛物面扭曲薄壳结构空间几何特点，找出施工控制的关键点，并通过方案比较和采用1：1实物模型进行演示，掌握了"点、线、面"的空间定位关系，证明利用特定的钢管立杆布置形式和龙骨布置形式，结合面板的特定铺设方法，完全可以满足设计精度和混凝土施工要求，且为此形成了一整套复杂空间高支模施工技术，并成功应用于工程实践。

4.3 组合扭壳屋面预应力钢筋混凝土施工

由于这类屋面面积大、板厚薄、屋面坡度大，通过制定钢筋定位技术，深化预应力钢筋施工技术、混凝土板厚控制技术、混凝土浇灌技术等专项施工方案，并加强施工过程控制，确保了钢筋准确定位、混凝土的有序和连续浇筑、流淌防止、振捣与养护及混凝土板厚控制，从而开发整合了一整套双曲抛物面扭曲薄壳混凝土成型施工技术，保证了薄壳结构施工的质量，充分实现了设计意图。

4.4 组合扭壳屋面施工过程监测

双曲抛物面扭曲组合薄壳结构未有先例，通过搭设样板仔细研究、专家论证。精心策划了施工步骤，制定了各施工难点、重点的处理措施。并将诸多策划、措施在施工中一一落实。我们认为如何进行实施阶段效果检验及动态控制，特别是该类大跨度、大面积空间结构的位移、变形测控尤为关键。通过组织专业人员，利用专业技术设备，会同设计、施工等各方的意见，对关键工序进行监控，及时利用监测结果指导施工，确保了各项方案和措施的完美落实。根据华工体育馆设计特点及施工工艺，主要进行了以下三方面监控：屋面变形监测；一区屋面混凝土浇筑架体变形监测；沉降监测。

5. 施工工艺流程及操作要点

工法的施工工艺及操作要点按照整个组合扭壳施工先后顺序可概括成6道主要工序。

5.1 工艺流程

方案编制→网格放线→高支模内架搭设→塑模→钢筋绑扎→混凝土浇筑养护→张拉预应力筋。

5.1.1 方案编制

方案编制应包括测量、高支模、钢筋、混凝土浇筑等，施工前需做好周密的策划工作。

5.1.2 测量工程

测量工程应包括曲面定位、变形监控、复核等部分。

对于扭曲薄壳这类造型多变、要求精确的结构，可将结构在平面上分成若干网格，施工中可在混凝土底板（楼地面）上弹出网格线，每一网格点对应一相应标高。

5.1.3 高支模架体搭设

架体搭设是在网格确定的情况下进行的，在每一网格点立钢管，每一钢管对应的标高由于立杆数量多，可在钢管上贴上标签纸，并标明对应模板面标高。

5.1.4 塑模

我们将模板精确拼装成建筑要求的曲面形状称之为塑模。根据屋面曲率选择模板拼装尺寸的大小，通过每个网格点上的指定标高调节精度。

为保证模板面曲面形状，可增设一层背褥材料，可选用三夹板、白铁皮、玻璃钢等。

5.1.5 钢筋绑扎安装

薄壳结构板面较薄，一般都只有十几公分，而且面积大，容易造成混凝土表面开裂，所以钢筋绑扎安装的位置一定要得到保证。为防止混凝土浇捣过程中将面筋踩塌，可采用一些特制的钢筋马凳来解决这些问题。同时还应采取一定措施防止钢筋整体沿坡度滑移。

加入预应力可有效地减少混凝土的收缩裂缝。预应力筋的位置及长度一定要准确，为防止混凝土强度增长过程中出现收缩裂缝，可在强度达到 70％以上时，先对预应力以 20％的张拉控制应力进行预张，待达到设计要求的张拉的强度后再一次性张拉到位、封锚。

5.1.6 混凝土施工

1. 混凝土拌制

1）严格执行同一配合比，保证原材料不变（同产地、同规格、主要性能指标接近）、水胶比不变。

2）控制好混凝土搅拌时间，混凝土的搅拌时间应比普通混凝土延长 15～20s；为防止出现冷缝，应经过计算确定混凝土初凝时间。

3）坍落度一般应在满足泵送要求的情况下尽可能的小一些，水灰比不宜太大，宜控制在 0.55 以内。

4）混凝土搅拌站根据气温条件、运输时间（白天或夜间）、运输道路的距离、砂石含水率变化、混凝土坍落度损失等情况，及时适当地对原配合比（水胶比）进行微调，确保混凝土供应质量。

2. 混凝土浇筑

1）混凝土浇筑前，清理模板上的杂物，并检查保护层垫块是否放好，完成对钢筋、管线预留预埋等隐蔽工程验收。

2）合理安排调度，保证混凝土连续浇筑，避免出现施工冷缝。混凝土运输时间控制在规定时间内（根据天气及路程计算），以免坍落度损失过大，而影响混凝土的均一性。加强混凝土进场检验，目测混凝土外观质量，有无泌水离析，保证混凝土搅拌物质量。

3）为防止混凝土流淌，应采用一定的针对措施，比如采用拦隔钢丝网，将混凝土顺坡度方向分成阶梯状等。

4）混凝土振捣宜采用平板式振动器，保证振捣均匀、密实。

3. 混凝土养护

薄壳屋面一般面积较大，对混凝土质量要求高，故混凝土后期养护尤为重要，可采用覆盖塑料薄膜、安装多孔水管等方法进行，保证混凝土表面湿润，养护期应在 14d 以上。

5.2 施工工序

5.2.1 组合扭壳空间精确测量定位

1. 测量难点和思路

对不规则的三维形态，采用常规传统的测量方法不能快捷、准确地完成测量放线。经研究发现采用将三维扭曲构件精确投影至特定平面简化成二维图形，并在该二维图形的基础上找寻第三维的变化规律，最终可以实现快捷、准确完成构件的空间测量定位。

利用每块四周变厚度板面角点计 32 个关键控制点，确定定位控制坐标（X、Y、Z），并运用特定的钢管立杆和龙骨布置形式，结合面板的特定铺设方法，最终形成符合设计意图的双曲抛物面扭曲屋面结构空间测量定位控制技术。

2. 施工测量组织

本工程组建一支 5 人的测量组，由测量工程师负责，配有 2″级 3mm＋2PPM·D 全站仪一台套，2″级光学经纬仪一台和 NS3 型自动安平水准仪两台套，激光准直仪一台。具有尺长检定，有尺长方程式的 50m 钢尺两把，并配有测温计和拉力器各一个。

3. 施工控制网桩点的测量

根据接收的城市建设测量控制桩点进行基础工程桩的施工后,有些点已损坏,同时原点的精度较低,控制桩点满足不了设计的基础和屋面的施工精度要求,必须对体育馆工程进行施工控制桩的布设和施测。

1)施工测量控制网桩点的布设和施测

在中环路的隔离带边上布设 T1、T2 点,同时在三个教学楼 A、C 两座楼的楼顶上布设 T3、T4 两个点组成一个大地四边形,按"工程测量规范"中的要求进行一级小三角观测,并按全展系数法进行严密平差,计算各点的坐标(图 5.2.1)。

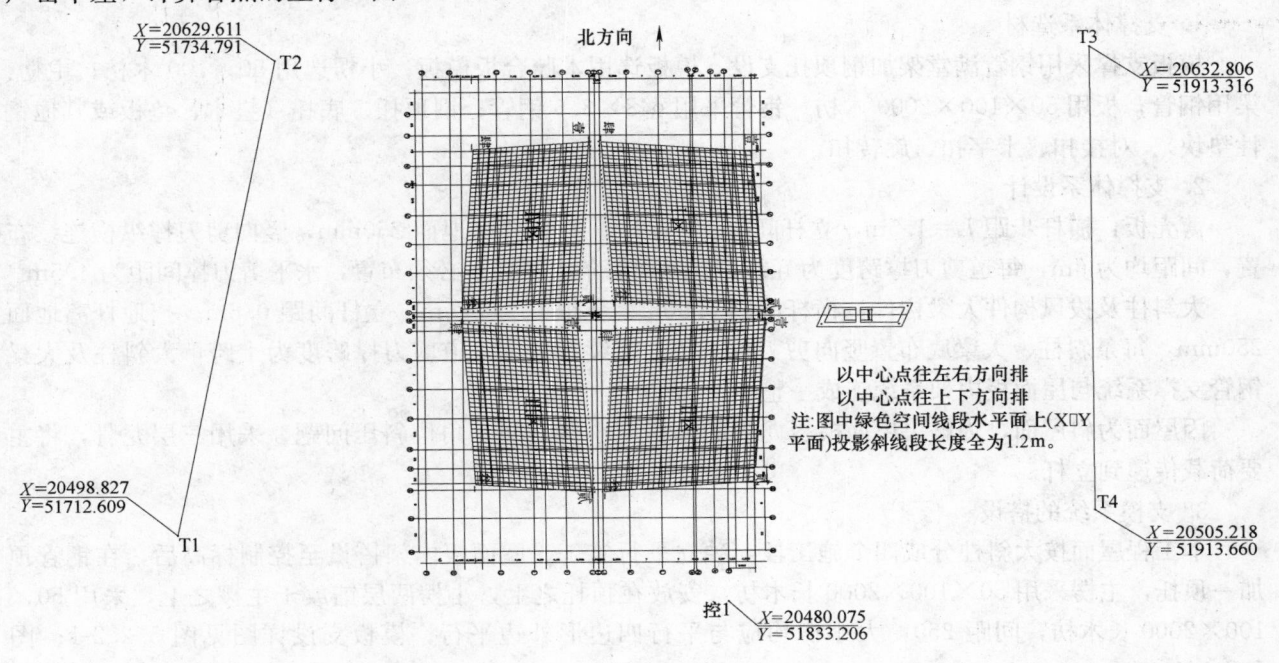

图 5.2.1　屋面薄壳测量控制点布置图

2)屋顶的高程控制桩点(T3、T4)设定

在城市控制桩点引测至 72 号点的高程,分别用 NS3 自动安平水准仪进行往返水准测量的观测方法,将 72 号点的高程传递到基坑内两塔吊的钢架上,标明±0.000 标志。然后再从 72 号点用两台自动安平水准仪进行同时观测至在教学楼外,取其平均值标定在墙上。用垂吊钢尺的方法,将两台自动安平水准仪同时对钢尺上下两端进行往返观测将高程引测至楼顶点上。

3)控制网基线丈量的施测

由于城市控制桩点间的不通视,而且与楼顶控制点不能直接观测,因此在大地四边形的 T1—T2 两点间必须进行基线丈量,按"工程测量规范"中的一级小三角基线丈量的要求进行。用两把经尺长检定的有尺长方程式的 50m 钢尺进行往返丈量,用拉力器控制检定时的拉力,并测量丈量时的温度和尺段端两点的高差,然后进行尺长改正,温度改正,倾斜改正,计算丈量的水平距离,然后用全站仪进行长度的检验测量。

4)大地四边形控制桩点的连测

为保证新布设和施测的大地四边形控制网桩点的坐标和高程与用城市建设测量控制桩点的坐标和高程一致,即坐标系是统一的,因此应与城市建设测量控制桩引测的 72 号点和临 1 点进行坐标连测。由 72 号点的坐标值和 72 号点与临 1 点的方位角值传递坐标和方位角。

4. 施工定位放线测量

双曲抛物面扭曲薄壳屋面定位放线的基本思路为:在混凝土基面上先进行网格平面投影的放线,

并将平面网格弹在混凝土面上，标好坐标（X，Y），并利用每块四周变厚度板面角点计32个关键控制点的每个坐标点都对应不同的薄壳板面标高 Z；钢管脚手架立杆都立于网格交叉点上，第一步钢管架搭设起来后，在每根钢管立杆上贴标签纸标出此点对应的薄壳屋面板的板底标高，钢管顶部用可调支撑，微调至需要的标高。

5.2.2 高支模体系施工

高支模体量较大，总量达到 $100000m^3$。由于结构本身的不规则性，从而导致支模难度较大，支模体系需要根据屋面造型的变化而变化，而且由于薄壳结构跨度大，薄壳受力较复杂，从而导致支模体系的设计、施工到拆除都比较复杂，有着严格的控制要求。

1. 支撑体系选材

模板支撑采用钢管满堂架加钢顶托支设。模板选用木胶合板模板；小楞选用 50×100 木枋；主楞：梁用钢管；板用 $50 \times 100 \times 2000$ 木枋。钢管采用 $\phi48 \times 3.5$ 钢管；钢顶托、底托（垫木、垫板或其他钢性垫块）、对接扣、十字扣、旋转扣。

2. 支撑体系设计

薄壳板：横杆步距 $L=1.5m$，立杆间距 $a=1.2m$。扫地杆离地面250mm，竖向剪刀撑纵横连续布置，间距均为6m，每道剪刀撑跨度为五跨，且屋面每条大斜柱下必须布置，水平剪刀撑间距为4.5m。

大斜柱及拔风构件大梁构件：横杆间距0.90m、步距 $L=0.75m$，立杆间距0.6m。扫地杆离地面250mm，每条斜柱、大梁底布置竖向剪刀撑一道，连续布置，每道剪刀撑跨度为十跨，大斜柱及大梁钢管支撑系统与屋面板内架系统连成一整体。

因屋面为斜屋面，为解决屋面模板龙骨的大楞与小楞之间三角位斜压问题，采用三层龙骨，将主要荷载传递到立杆。

3. 支模系统的搭设

本工程屋面按大斜柱分成四个施工段，独立平行施工。屋面板内架搭设至控制标高后，在钢管顶加一顶托，主楞采用 $50 \times 100 \times 2000$ 长木枋，安放在顶托之上，小楞两层铺放于主楞之上，采用 $50 \times 100 \times 2000$ 长木枋，间距250，大小楞均应与平行四边形外边平行。模板支设详图见图5.2.2-1～图5.2.2-4。

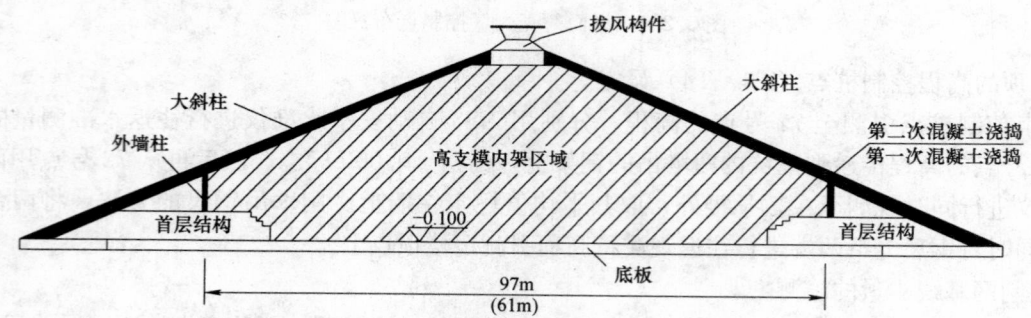

图 5.2.2-1 结构剖面及高支模区域示意图

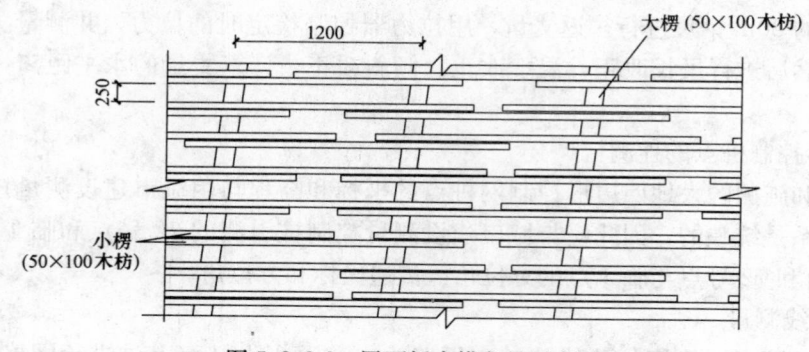

图 5.2.2-2 屋面板支模龙骨示意图

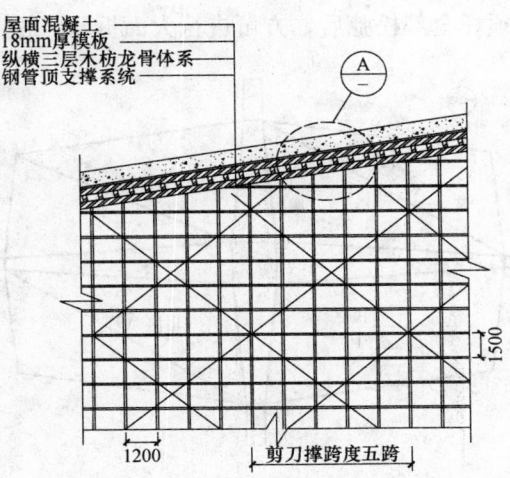

图 5.2.2-3 屋面板模及支撑大样图

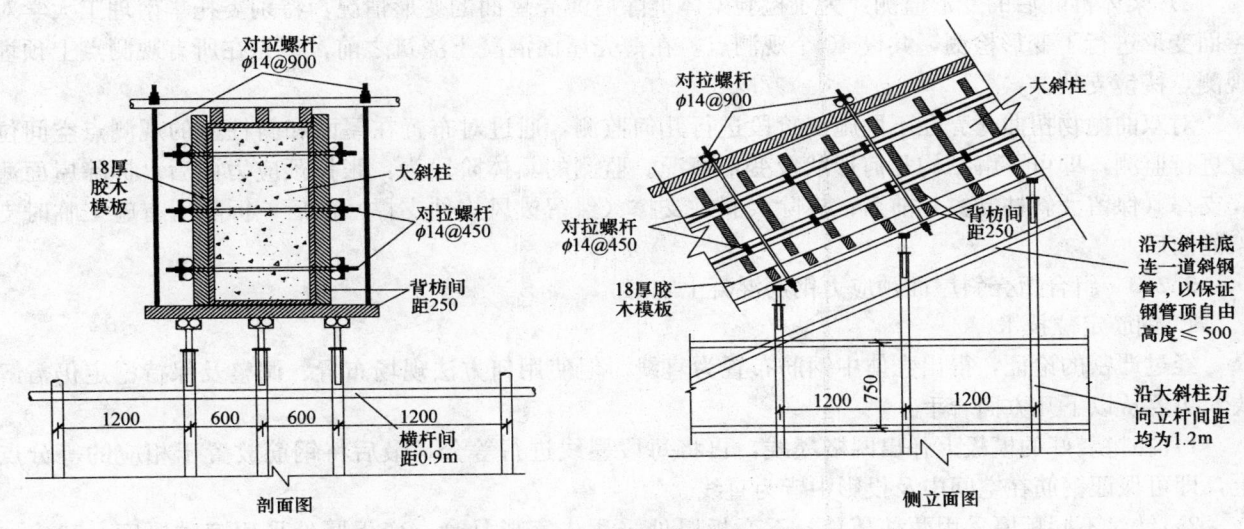

图 5.2.2-4 大斜柱模板支设详图

模板支设施工程序：边梁、斜柱底模铺设（钢筋插入）→内架立杆调整（±40~60cm）→顶托安装（计算高度、拉线安装）→摆放底屋龙骨→摆放上层龙骨（拉线）→铺设胶木模板→铺设三夹板（部分模板拼缝处）→下一工序。

根据空间双曲抛物面任何平等于外边的线条均为直线这一特点，施工前先定出图中红色区域的四个角点顶托标高，这四个角为所形成的一个内平行四边形为板厚13cm的区域，之外的部分为板厚由13cm渐变至20cm的区域，然后根据定出的这四个点拉线，其余的空间点就可以用同样的方法确定出来。

主龙骨铺设完后，经检查合格后，开始摆放上层次龙骨，次龙骨采用2m木枋，铺设也应拉线逐一直线进行铺设，之后进行屋面板模板铺装，主次龙骨及次龙骨与模板之间均应用铁钉钉牢，以防滑移。

模板铺设完成后，下一步进行坐标复核，即板面精平阶段。根据空间坐标表，每块板面有代表性的选择500个以上的坐标点复核，发现偏差大于5mm的立即进行调整，直到满足要求为止。

4. 临时支撑内架的拆除

由于屋面跨度、面积大，因此拆架过程也比较关键，设计都有着较为严格的要求。

1）架体拆除的时机：屋面板施工→预应力筋张拉（21d）→拔风构件大梁施工（将四块独立屋面联系起来）→架体拆除（7d后）。

2）架体拆除的程序：先松弛各区域中部的钢顶托，然后各区均由中间向四边逐层松弛，由内向外每两排钢筋为一层，直至所有顶托全部松弛后，方可进行大面拆除。松弛顺序见图 5.2.2-5。

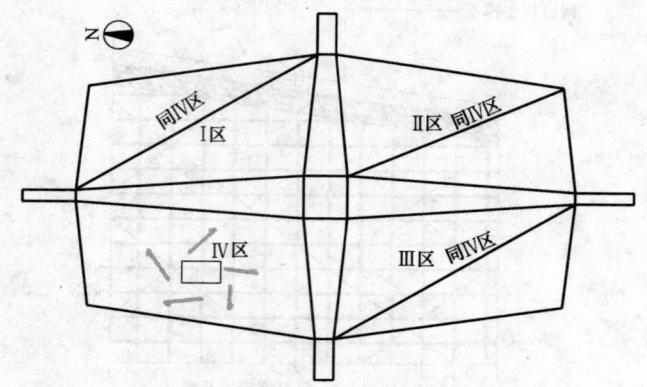

图 5.2.2-5　内架顶托松弛顺序示意图

　　3）架体拆除后的变形监测：为了检验架体拆除后薄壳屋面的变形情况，特别委托华南理工大学对屋面变形进行了变形检测，共设 40 个观测点，在薄壳屋面混凝土浇筑之前，事先在所有观测点上预埋观测点棱镜支架。

　　对双曲抛物扭曲薄壳在不同施工阶段进行几何监测，通过对布置在屋面和斜柱上的观测点空间位置进行监测，即可了解结构几何形状及变形情况。监测的具体阶段为：张拉预应力前后；拆除屋面薄壳支撑（保留大斜柱支撑）前后；拆除大斜柱支撑（保留拔风构件支撑）前后；拆除所有施工临时支架的前后。

5.2.3　组合扭壳斜屋面预应力钢筋混凝土施工

1. 钢筋定位技术

经过严密的论证，得出壳体中钢筋布置为直线。但使用何方法现场布置、调整及保持稳定仍需解决。主要从以下几方面着手：

　　1）在拼装好的模板上弹出网格墨线，再将每段墨线进行等分，最后将钢筋放置于相应的等分点上，即可保证钢筋在空间中及投影中皆为直线。

　　2）针对不同板厚采用两种马凳，不变板厚处采用人字形马凳，变板厚处采用三种厚度（70mm、100mm、150mm）的矩形马凳（250mm×250mm）绑扎在底筋上。

　　3）屋面坡度较大，防止钢筋绑扎后受自重影响下滑。将底筋、面筋都绑扎在大斜柱及边梁钢筋上，同时充分利用屋面上 366 块预埋件，将底筋与预埋件绑扎连接。

　　4）该屋面板筋垫块的布置不同于常规板筋垫块"梅花型"布置。常规梅花型布置通过对底筋几点的调整来完成对整个底筋网的调整。该屋面底筋必须通过对底筋线的调整才能规则的调整整个底筋网。要求屋面底筋垫块布置点投影在底板上必须严格位于平行屋面四边的直线上。

2. 预应力钢筋施工技术与设备

预应力混凝土拉杆分别长 150.826m 和 110.847m，截面尺寸为 1400mm×1000mm，配置 4 束 25ϕs15.2 预应力钢绞线，强度标准值 f_{ptk}=1860N/mm^2，预应力筋孔道直径为 ϕ120。

壳板厚度为 130m，在距离边缘构件 3m 范围内的壳板厚度渐变至 200mm。壳板钢筋为 HRB400 级 ϕ10@150，双层双向；距离边缘构件 3m 范围内另加 HRB400 级 ϕ10@150，无粘结预应力筋采用 Uϕs15.2 钢绞线，在壳板内双向均匀布置，水平投影间距为 600mm 其线形为直线，位于壳板的中间。预应力筋和普通钢筋的水平投影线均平行于扭壳水平投影四边形的相应边。预应力拉杆和壳板的混凝土强度等级均为 C45。

　　1）超长拉杆有粘结预应力施工

　　① 预应力筋孔道留设

　　预应力筋孔道布置见图 5.2.3-1、图 5.2.3-2，经张拉端局部受压承载力验算，拉杆顶面加高

150mm，预应力筋孔道管材 ϕ120 塑料波纹管。在两根拉杆十字交叉点，长向拉杆的塑料波纹管布置在内，短向拉杆的塑料波纹管布置在外，两管相交处的接触面位于设计位置，即两管位置各偏离设计位置 70mm，从距十字交叉点 14m 处渐变形成。

塑料波纹管安装时采用钢筋支架定位固定，间距 1.0m；接头处采用专用套管连接。灌浆孔设置孔道两端铸铁喇叭管上，由于采用塑料波纹管和真空辅助灌浆，超长孔道全长不再设置灌浆（排气）孔。

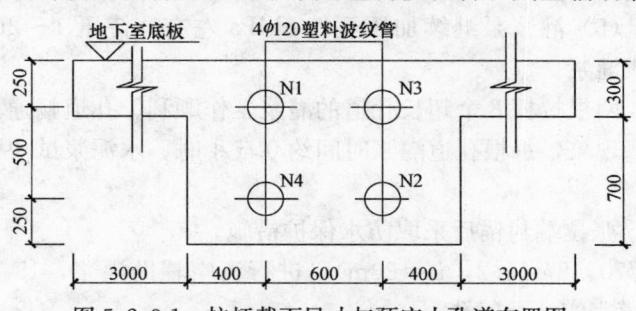

图 5.2.3-1　拉杆截面尺寸与预应力孔道布置图

图 5.2.3-2　预应力筋的铺设场景图

② 预应力筋安装

预应力筋是在地下室底板和拉杆混凝土浇筑后穿入孔道。穿束方法是采用 3t 慢速卷扬机整束穿入。穿束时采用特制的牵引头，每天穿 1 束。由于施工场地狭小，拉杆下边两束难穿，钢绞线紊乱，张拉阻力大。

③ 预应力筋张拉

根据设计图纸要求，拉杆预应力筋张拉时，混凝土实际强度不小于 90% 设计强度，且龄期不小于 20d。预应力筋的张拉控制应力 $\sigma_{con}=0.7f_{ptk}=1302\text{N/mm}^2$，每束总张拉力为 4557kN。由于工地施工条件限制，超长直线束采用 YDC240Q 前卡式千斤顶单根两端同时张拉方式。

拉杆张拉顺序：1# 拉杆（150.8m）先张拉 50% 力→2# 拉杆（110.8m）张拉 50% 力→2# 拉杆再张拉至 100% 力→1# 拉杆最后张拉至 100% 力。

拉杆中的预应力束对称张拉，且相邻两束张拉力相差不大于设计值的 25%。为此，采取对角两束先张拉 25% 力，再张拉另外对角两束，分四次循环达到总张拉力。

由于超长直线束单根张拉，先张拉的力筋伸长值大，后张拉的力筋伸长值小，应力不均。取 $\kappa=0.005$ 算得的张拉伸长值与拉杆上部两束张拉实际伸长值比较，满足允许偏差 ±6% 要求。拉杆下部两束由于穿束困难，摩阻大，伸长值小，通过隔天补拉，满足上述伸长要求。

④ 真空辅助灌浆

预应力筋张拉完毕并经检查合格后，进行封锚。封锚后 24~36h，进行灌浆。

水泥浆材料：42.5R 普通硅酸盐水泥、JM-HF 高性能灌浆外加剂；配合比：水泥∶灌浆剂∶水＝86∶14∶35（重量比）；采用高速搅浆机制浆。泌水率为零，流动度（用流锥测定）为 12~17s。真空辅助灌浆设备采用 SZ-2 水环式真空泵、UB3 灌浆泵等，其布置见图 5.2.3-3、图 5.2.3-4。

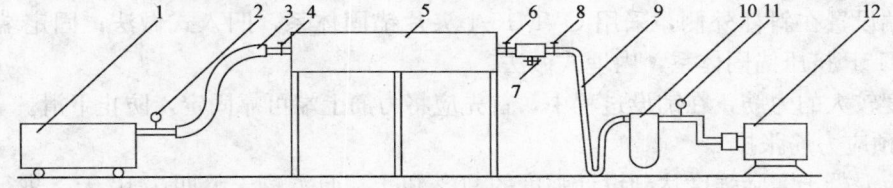

图 5.2.3-3　真空辅助灌浆设备布置图

1—灌浆泵；2—压力表；3—胶管；4、6、7、8—阀门；5—预应力构件；
9—透明管；10—空气滤清器；11—真空表；12—真空泵

真空辅助灌浆操作工艺如下：

（1）启动真空泵抽真空，使孔道真空度达到 −0.06~−0.08MPa 并保持稳定。

图 5.2.3-4　真空辅助灌浆设备

（2）启动灌浆泵，开始灌浆。

（3）灌浆过程中，真空泵保持连续工作。

（4）待抽真空端空气滤清器有浆体经过时，关闭阀门 8，稍后打开排气阀 7；当水泥浆从排气阀顺畅流出，浓度达到要求时，关闭阀门 6。

（5）灌浆泵继续加压至 0.6MPa 左右，持压 1～2min，完成灌浆。

两根拉杆 8 个超长孔道的灌浆工作顺利、孔道畅通、无阻塞现象，每根孔道灌浆时间约 0.5 小时。水泥浆试块强度 10d 为 44.4MPa。

由于预应力混凝土拉杆位于地下室底板处，张拉端封锚后采取防水保护措施。

同时，在孔道灌浆模拟梁上对两根孔道（$\phi70$，$8\phi s15.2$，$L=20m$），进行真空辅助灌浆，15 天后剥开，除个别波纹凸出处有 1～2mm 空隙，孔道密实，无气孔。

2）屋面扭壳无粘结预应力施工

① 力筋长度的确定

确定扭壳的方程，可以帮助我们了解空间曲面上任一点的空间坐标，从而确定支撑的各点高度、钢筋及预应力筋的长度。建立如图所示的斜坐标系下，其中，原点的 Z 坐标以实际工程（±0.00）为依据，单位为 mm。扭壳每个角点在图示坐标系下的三维坐标也标在图上（图 5.2.3-5）。很容易得到扭壳曲面方程为：

$$Z=10538+\frac{4531}{11037}X+\frac{4131}{16495}Y-\frac{3154}{182055315}XY$$

其中，Z 为 G 的高度

应用上式，可以很方便地计算每根力筋的长度。采用 Excel 的公式功能进行组织，从而算出每根力筋的长度。力筋下料长度等于力筋在壳板内的长度加边缘构件的宽度和张拉操作长度。

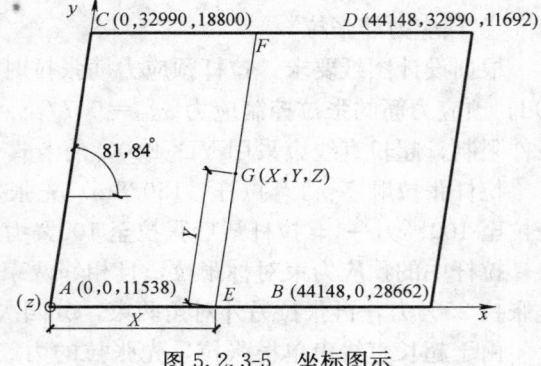

图 5.2.3-5　坐标图示

② 无粘结预应力筋铺设

（1）标出力筋位置线，以 Ⅰ 区壳板为例。根据力筋水平投影间距为 600mm 算出：长（x）向布置 56Uϕs15.2 钢绞线，左端间距为 625mm，右端间距为 682mm；短（y）向布置 74Uϕs15.2 钢绞线，上端间距 614mm，下端间距为 655mm。

（2）在底层双向普通钢筋铺设后，先铺设短（y）向无粘结预应力筋，然后再铺设长（x）向无粘结预应力筋。短向力筋的上表面和长向力筋的下表面位于壳板的中截面。短向力筋的下面每隔 1.2～1.4m 安放一个定位钢筋马凳，并用铁丝扎牢。严格控制预应力筋的竖向位置偏差在 ±5mm 以内。

（3）张拉端设置在斜柱外侧，采用 OVM15-1 夹片锚固体系，凹入式做法；固定端设置檐口边梁内，采用 OVM15P 挤压锚固体系，内埋式做法。

（4）对坡度较大的力筋，在铺设过程中，首先应将力筋上端可靠固定，防止下滑。

③ 无粘结预应力筋张拉

（1）在壳板混凝土实际强度达到设计强度的 90% 以上，且混凝土龄期达 10 天，进行无粘结预应力筋张拉。

（2）直线无粘结预应力筋采取一端张拉方式，单根力筋张拉力为 183kN。张拉设备采用 YDC240Q 前卡式千斤顶。

（3）壳板张拉顺序：Ⅰ 区→Ⅲ 区→Ⅳ 区→Ⅱ 区；每区无粘结预应力筋张拉顺序：采用两台前卡式千斤顶同时分别在长向与短向中部向两端推进。

（4）计算直线无粘结预应力筋张拉伸长值 $\kappa = 0.0025$。张拉结果：张拉伸长值合格点率100%；其中伸长偏差在±3%以内，占96.5%。

④ 锚具封闭保护

预应力筋张拉完毕并经检查合格后，随即进行封裹。无粘结预应力筋端头和锚具夹片涂防腐蚀油脂，并套上塑料帽，然后用C40微胀细石混凝土填实。

3. 混凝土浇筑成型

混凝土浇灌成型施工时主要采取以下措施保证薄壳屋面混凝土的施工质量：

1）混凝土参数的设计（骨料、初凝时间、坍落度），大面坍落度控制在120mm，尖角处控制在80mm。

2）浇筑时间，综合考虑每台泵每小时泵送20m³，需9~11h浇筑一块屋面，主体封顶时天气炎热，计划从下午6时开始浇筑到次日清早完成浇筑。

3）振捣设备采用采用平板振动器与插入式相结合（斜柱及边梁处使用插入式）。

4）单块壳体浇筑顺序，每块屋面混凝土方量200m³左右，加上斜柱边梁共380m³。组织两台汽车泵（臂长56m），同时分别沿斜柱和边梁从低往高浇筑，每条线配25名工人。

5）为防止混凝土沿屋面流淌，尖角处两层钢筋间设置钢丝网，间距1.0m。

6）采取在面筋上冲钢筋条的措施解决板厚的控制问题，同样利用直线特性，每根钢筋条平行于斜柱或边梁。

7）在控制架体变形方面，四块屋面采取1—3—2—4的对角浇筑顺序，每块屋面顶部尖角处又留置一三角形施工缝，在第一块屋面浇筑时进行架体的变形监测。

8）混凝土浇筑完后马上进行浇水养护，并覆盖塑料薄膜养护21d。

5.2.4 扭壳屋面的变形监测

1. 扭壳屋面的变形监测

双曲抛物扭曲薄壳屋面对测量精度、施工质量及施工技术都提出了高要求。对四块屋面及大斜柱几何形状进行监测，测定结构形状及空间位置，解算四块屋面及斜柱在不同工况的垂直下沉量和水平位移量，将为结构设计、施工质量提供可靠的验证依据，同时为以后整体结构在运营期间安全使用的变形监测和可靠性评判提供可信的数据基础。

通过对布置在屋面和斜柱上的观测点空间位置进行监测，即可了解结构几何形状及变形情况。按设计要求在扭壳屋面板面三维空间坐标检查测量完全合格后，就进行变形观测点预埋件的定位放线（共40个），当混凝土施工完，达到80%的强度后，对变形观测点进行三维坐标的初测，并分上午、下午两次进行，将两次观测值取其平均值为初始值；然后当板面混凝土达到强度，张拉完每块屋顶预应力筋后测量一次；拆除屋盖支撑后（保留大斜柱支撑），测量一次；拆除大斜柱支撑后（保留拔风构件处支撑）测量一次；所有支撑全部拆除后对所有的变形点位观测一次；然后每施工完屋面上的一项工程后都必须要进行一次观测，直到屋面全部施工完成后；之后每个月再进行一次观测；工程全面竣工时进行最后一次观测。做好全部观测记录，提供观测资料和变形曲线图，供设计参考。附监测记录附后。

2. 屋面混凝土浇筑架体变形监测

双曲扭曲薄壳混凝土浇筑时为确保高支模架体的稳定性，防止架体变形过大对混凝土浇筑质量产生影响，及验证施工缝留设位置的可行性。在一区屋面混凝土浇筑施工的全过程对脚手架进行监测布控。

6. 材料与设备

6.1 材料

6.1.1 混凝土

6.1.1.1 混凝土原材料符合混凝土结构施工质量验收规范的要求。

6.1.1.2 对钢筋混凝土结构层的混凝土原材料有以下具体要求。

6.1.1.3 水泥

水泥的选用应满足质量稳定、水化热低、含碱量低、活性好、标准稠度用水量小，均匀性、安定性好，富余强度高，水泥与外加剂之间适应性良好。

6.1.1.4 骨料

粗骨料选用碎石或卵石，选用的原则：强度高、连续级配好、产地、规格必须一致，而且含泥量严格控制在 1% 以内，大于 5mm 的泥块的含量小于 0.5%，骨针片状颗粒含量不大于 10%，骨料不得带有杂物。细骨料选用中粗砂，细度模数在 2.5 以上，含泥量控制在 3% 以内，大于 5mm 的泥块含量小于 1%，有害物质按重量计≤1.0%。

6.1.1.5 掺合料

混凝土中适量掺入Ⅱ级粉煤灰及缓凝减水剂，满足混凝土的抗裂要求及对混凝土的各种施工性能要求。掺粉煤灰不仅可以改善混凝土性能，而且还节约水泥，降低温度裂缝的形成。

6.1.2 模板

6.1.2.1 模板要求强度高、韧性好，加工性能好、具有足够的刚度。

6.1.2.2 模板表面平整、无污染、无破损、清洁干净。

6.1.3 钢筋

6.1.3.1 钢筋配置宜采用小直径小间距的方式，有利于防止裂缝和控制裂缝发展。

6.1.3.2 成品钢筋的加工尺寸（弯心、角度、长度等）偏差符合规范要求。

6.2 设备

6.2.1 钢筋工程：切割机、调直机、弯曲机、砂轮切割机、钢筋钩子、钢筋刷子、撬棍、扳手、钢卷尺、钢筋连接机具设备。

6.2.2 模板工程：圆盘电锯、电刨、压刨、手锯、锤子、钢卷尺、电钻、直角尺。

6.2.3 混凝土工程：混凝土输送泵、混凝土运输车、布料杆、振捣电机、铁锹、标尺杆、振捣棒、抹子（混凝土工程的使用机具设备准备 1～2 套备用）。

6.2.4 其他设备：塔吊、全站仪、水准仪、钢卷尺、试验检测设备、应变观测仪等。

7. 质 量 控 制

7.1 质量控制标准

施工工法的质量控制标准按照各个分部分项验收标准执行。

7.2 质量验收标准

7.2.1 测量放线应控制在规范要求的范围内。

7.2.2 高支模变形量应满足钢管变形允许值范围内。

7.2.3 原材料质量、混凝土强度等级满足设计要求。

7.2.4 预应力张拉过程应严格控制，达到规范及设计要求。

7.2.5 混凝土表面观感质量

7.2.5.1 表面：无裂缝；混凝土密实整洁，面层平整；无油迹、锈斑；无漏浆、跑模和胀模，无冷缝、夹杂物，无蜂窝、麻面和孔洞。

7.2.5.2 混凝土保护层准确，无露筋；预留孔洞洞口整齐。

7.2.6 壳体空间标高应满足设计及规范要求；拆模后的变形应满足结构设计的要求。

7.3 质量控制的管理技术

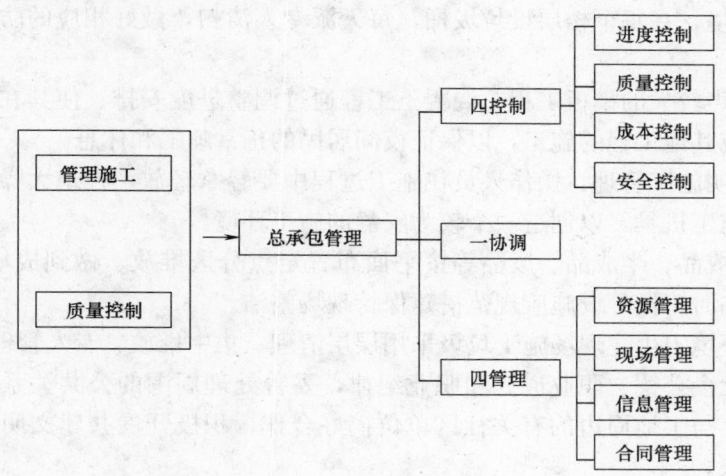

图7.3 以"管理施工与质量控制"为特色的质量控制管理体系

8. 安 全 措 施

8.1 实行安全生产责任制。施工安全工作由项目经理负责,设置专职安全员一名;各工种的安全工作由工长负责自查,未经安全生产教育的人员不准上岗作业。

8.2 落实安全教育制度。对进入工地的全体职工必须进行入场教育、定期进行安全意识教育、上岗教育、操作规程教育等。

8.3 制定安全设施验收制度。安全设备按照相关规定设置后,必须经公司质安科和设备科检查验收、合格后才挂牌使用。

8.4 执行现场安全检查。现场安全检查分定期的例行检查及不定期的专业检查。

8.5 加强安全防护措施。严格佩戴安全帽,高空作业要佩带安全带、穿防滑鞋并做足安全措施,不得饮酒后进入工地现场。

8.6 严格进行现场临时用电管理。现场施工配电箱要符合安全要求,要有防漏电装置,服从现场用电管理。

8.7 加强临边临口防护措施。施工中的楼梯口、电梯井口、管道井口、楼梯梯段边、施工电梯等与建筑物相连接的通道两侧,采取临时防护措施,加设防护栏杆。

8.8 严格防火制度。实行现场禁烟制度,提高防火警惕性,加强材料防火、现场防火管理,发现违规者均做严肃处理。

8.9 施工过程应遵守国家的《建筑安装工程安全技术规程》和地方有关施工现场安全生产管理规定。

8.10 根据施工特点编制安全操作的注意事项及具体安全文明施工管理措施。

9. 环 保 措 施

9.1 施工现场设置明显的施工标牌及门前三包责任书,管理人员在现场佩戴证明身份卡。

9.2 严格遵守对施工现场的施工文明的有关规定,对工地人员进行文明施工及环保教育。

9.3 建立门卫制度,施工现场主要出入口设置"六牌二图"即工程概况牌、现场出入制度牌、安全纪律牌、防火须知牌、文明施工标准牌、门前三包责任书及现场平面布置图、主要建筑透视图。

9.4 工地实行围栏封闭施工,搞好三包工作,避免施工造成污染,现场施工垃圾每天定时清理。

9.5 专职人员进行文明施工及环保工作，检查、监督、养成良好文明习惯。

9.6 搞好周围环境，在每个楼层设垃圾桶，每天派专人清扫，做好相应的防尘、防污处理，方可进行施工。

9.7 对施工时噪声较大的模板工程、混凝土工程通过调整进度安排、使其在白天进行，夜晚进行噪声较小的钢筋工程或其他工程的施工，以保证夜间居民的正常睡眠和休息。

9.8 强化现场文明施工管理，操作人员在施工过程中要轻拿轻放，杜绝大噪声的野蛮施工，同时尽量不用噪声较大的施工机具，以创造一个较为安静的施工环境。

9.9 现场材料、成品、半成品、废品等按平面布置定点分区堆放、做到成垛、成堆、成捆有序。施工做到工完料尽，临时工棚等设施应规范搭建保持现场整洁。

9.10 搞好施工环境卫生，现场施工垃圾采用层层清理、集中堆放、专人管理、统一搬运的方法。

9.11 严格遵守社会公德、职业道德和职业纪律，妥善处理周围的公共关系，争取有关单位和邻近群众的谅解和支持，与工地周边的有关社区单位搞好合作，积极开展共建文明活动，发挥文明窗口的作用，树立良好形象。

9.12 本工程采用二班制工作安排（不能中断施工的工序除外）、保证在晚上十点钟前停止一切有噪声的施工活动，使周边居民的休息不受干扰。

10. 效益分析

10.1 社会效益

预应力钢筋混凝土扭曲薄壳技术实施有着巨大的社会意义，不仅能降低工程造价、缩短施工工期，具有很大的推广意义。预应力扭曲薄壳施工技术是从施工组织、技术攻关、施工控制等多方面的一个施工技术完整体系，指导了广州大学城华南理工大学体育馆组合薄壳屋面的施工，并且取得了巨大的成功，提升了我国多形式的薄壳屋面的施工技术水平，同时，也为类似工程提供了很好的借鉴作用，具有较高的推广应用前景。为类似的体育馆工程设计、施工提供了和种先进的思路和方法。可利用这一思路和方法指导其他形式的薄壳结构的施工，组合薄壳只是其中一种。

10.2 经济效益

通过预应力薄壳结构施工技术，提高了施工的效率，显著缩短屋面施工工期，减少管理费用，降低工程造价。

采用薄壳结构屋面比采用钢结构可节省造价达一半以上，且维修保养费用比钢结构要低很多。

11. 应用实例

广州大学城华南理工大学体育馆采用了预应力钢筋混凝土扭曲薄壳结构，该体育馆为多功能体育馆，可进行篮球、羽毛球、乒乓球等的比赛，结构形式为单层结构，高 32m，可以容纳观众 5000 人。按常规像这样大跨度的屋面都会选用钢结构，普通薄壳屋面是达不到这样大的跨度的，为此，设计别具一格的采用了组合薄壳结构，其全称为预应力钢筋混凝土双曲抛物面组合扭曲薄壳屋面，它是由四片独立薄壳结构在空间组合而成，平面投影面积 6000m² 左右，最大跨度更是达到 97m，而厚度却只有13cm。经过查新，这一结构形式在国内属于首创，该体育馆屋面的跨度、面积更是为亚洲第一。

华南理工大学体育馆屋面薄壳结构施工，采用了该技术，综合效益达 200 万元，而且该成套施工技术策划较为全面，按部就班的施工，进展顺利，缩短屋面施工工期 30d。而且施工质量、造型美观等方面都远远超出了预期要求，经过变形观测及现场裂缝探测，薄壳整体变形、壳面裂缝控制都达到相当高的标准，这一组合扭曲薄壳结构的施工得到了国内众多专家的高度评价，也获得了全国大学生运动会组委会、广州市重点工程指挥办、设计、校方、监理及众多参观者的一致好评。

大角度倾斜钢骨结构安装施工工法

GJYJGF026—2008

陕西建工集团总公司　江苏顺通建设工程有限公司

李存良　李增福　刘金荣　薛治平　佘小颉

1. 前　言

型钢混凝土倾斜钢骨结构在施工过程中，由于重力荷载及施工荷载的作用，不仅可以引起结构竖向位移，还会产生结构水平位移。如果在施工过程中不进行一定位移调整，随着结构建造高度的增加这种位移会逐步增大，在钢结构安装完成后，结构的实际位形与设计位形之间将存在较大的偏差（建筑施工图纸的几何坐标信息简称为"设计位形"）。

法门寺合十舍利塔造型不规则，结构形式复杂，双向往复倾斜 36°，重力荷载在结构施工过程中会引起结构平面变形以及结构完工后位形控制等问题具有相当的技术难度。

陕西建工集团总公司组织科技攻关，形成了《法门寺合十舍利塔施工关键技术研究与应用》研究成果，其中型钢混凝土倾斜钢骨结构安装是重要内容之一。该成果于 2008 年 11 月通过陕西省科技厅组织的科技成果鉴定，鉴定专家评价该项技术达到了国际先进水平。以此成果为依据编制了"型钢混凝土倾斜钢骨结构安装施工工法"，该工法在施工过程中得到应用，从而保证施工阶段钢骨结构整体的稳定性，确保结构施工完成后达到设计要求，缩短了施工工期和减少施工投入费用，取得了明显的社会效益和经济效益。

2. 工法特点

2.1　通过计算机模拟仿真技术，用结构施工模拟分析及变形分析计算来指导施工。

2.2　建立完善的三维空间施工测量控制体系，能精确测量所控制构件的安装定位及成形钢骨结构的监测。

2.3　利用倾斜钢骨结构自身具有的结构刚度，结构安装时采用缆风绳、轻型型钢临时水平支撑系统来增强倾斜钢骨柱的抗侧移能力，不采用整体支撑系统并保证结构安装精度，降低工程成本。

2.4　倾斜钢骨结构安装时其变形是动态、渐进、往复修正的过程。

3. 适用范围

本工法适用于倾斜型钢混凝土钢骨结构的安装施工。

4. 工艺原理

依据结构施工模拟分析及变形分析计算来确定倾斜钢骨结构的构件安装预调值与每一施工步完成后结构的变形情况。

根据利用空间三维坐标测量技术，指导构件安装就位并监测成形结构的变形、结构拐点与结构关键部位的变形情况。

依据型钢混凝土结构筒体结构的平面布置特点，钢骨安装过程中先安装内筒直钢骨柱、钢梁、钢支撑，使得直钢骨柱与梁形成一定的刚度结构有较强的抵抗变形能力的结构体，以其为依托拓展安装内筒倾斜钢骨柱，继而安装外筒的构件。

5. 施工工艺流程及操作要点

5.1 施工工艺流程

施工工艺流程见图 5.1。

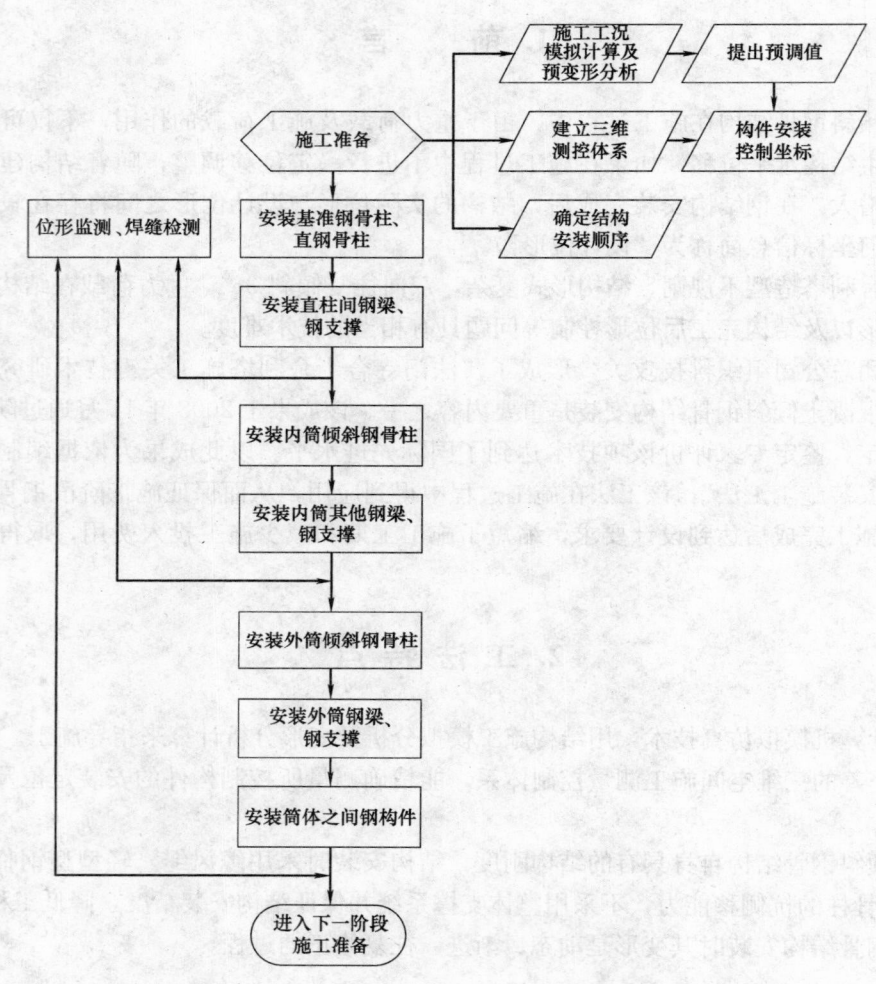

图 5.1 施工工艺流程图

5.2 操作要点

5.2.1 施工准备

1. 施工模拟及预变形分析

1）结构施工过程仿真施工工况模拟分析。

2）依据施工过程模拟分析结果，提出可供施工使用的倾斜结构的构件安装预调值。

3）对施工过程中结构的整体稳定性进行模拟分析验算，发现钢骨结构稳定性不足时，提出相应的加强措施并模拟分析加强后的结构。

2. 建立施工测量三维控制网

建立独立的建筑三维坐标体系，以此为基准计算各控制点三维坐标和其他构件坐标。

1）建立施工测量三维控制网

依据现场控制点作为一级平面控制点布设成为闭合环线，建立三维控制测量系统。

2）确定钢骨柱三维空间定位标识点。

柱的空间控制点的坐标由三向坐标（X，Y，Z）组成，即理论计算坐标＋施工变形预调值。

$$X=x+\Delta x; Y=y+\Delta y; Z=z+\Delta z;$$

x、y、z——为理论计算坐标；

Δx、Δy、Δz——为各向施工变形预调值。

3. 合理结构安装顺序

结构安装顺序：先内筒后外筒，先直柱后斜柱，最后安装筒体之间的构件。

5.2.2 安装基准钢骨柱、直钢骨柱

1. 基准柱安装

1）选取基准柱

根据筒体结构平面布置特点选取平面拐点处的直柱作为基准柱，利用基准柱来控制筒体内直钢骨柱安装。

2）放线

放出本层所有钢骨柱落位十字线；弹钢骨柱柱底安装对位线。

3）贴激光反光贴片

用激光反光贴片精确标识基准柱柱头定位控制坐标。

4）安装基准柱

基准柱柱底对位线与落位十字线三面对线就位后，上下节柱利用安装连接板连接，安装螺栓不予拧紧。拉结起吊前在基准柱四个方向设置四道缆风绳。利用全站仪观测柱顶激光反光贴片，读出全站仪观测数据以控制点计算坐标为标准调整钢骨柱位形，安装位形调整过程中保证上下节柱三面对线要精确，调整缆风绳使基准钢骨柱到位，拧紧安装螺栓。

焊接完毕后，地面全站仪对钢骨柱的安装位形进行复测，如有偏移在安装钢梁前调整到位。

2. 安装直钢骨柱

直钢骨柱安装以基准钢骨柱为基准逐个顺次安装钢骨柱、钢梁、钢支撑。

5.2.3 安装直钢骨柱间钢梁、钢支撑

直钢骨柱安装完成后顺次安装直钢骨柱间的钢梁、钢支撑，使钢骨柱、钢梁、钢支撑形成墙体平面钢骨架。安装墙体平面钢骨架之间的联系钢梁，使得已安装钢骨形成具有一定结构刚度、相对稳定、具有较强抵抗变形能力的空间钢骨架。

5.2.4 安装内筒倾斜钢骨柱

内筒倾斜钢骨柱分为两类：内倾斜钢骨柱与外倾斜钢骨柱。

1. 内筒内倾斜钢骨柱安装

内筒倾斜钢骨柱安装时以已安装成形的空间钢骨架为依托拓展。先安装在成形空间钢骨架墙体平面内的内倾斜钢骨柱及支撑该柱的直钢骨柱及钢梁，使得墙体内的内倾斜柱在墙体平面内具有很强的抗侧移能力。

1）已安装成形的空间钢骨架墙体平面内的内倾斜钢骨柱安装

起吊前在倾斜钢骨柱柱顶拉两道缆风绳来调整钢骨柱安装时产生的扭转，倾斜钢骨柱落位后拉结两侧缆风绳于已成形的钢骨架上，利用全站仪观测调整倾斜钢骨柱顶的激光反光贴片，按照施工变形预调值测控定位，调整缆风绳使钢骨柱达到安装位形。

下腹面有直钢骨柱支撑的内倾斜钢骨柱直接与直钢骨柱焊接；下腹面有结构钢梁支撑的内倾斜钢骨柱在安装后紧接着安装结构梁，安装结构梁时监测调整内倾斜钢骨柱位形。

2）已安装成形的空间钢骨架墙体平面外的内倾斜钢骨柱安装

此类内倾斜钢骨柱在倾斜墙体平面内，平面外的抗侧移能力较差，采用轻型型钢临时水平支撑系统支撑，来提高内倾斜钢骨柱在平面外的抗侧移能力。

2. 内筒外倾斜钢骨柱安装

内筒外倾斜钢骨柱安装顺序同内筒内倾斜钢骨柱安装顺序、定位方法，不同的是内筒外倾斜柱安装是采用缆风绳增强倾斜钢骨柱的平面外抗侧移能力。

内筒外倾斜钢骨柱的缆风绳设置：钢骨柱起吊前在柱头设置3道缆风绳，钢柱安装过程中利用两侧缆风绳在倾斜钢骨柱的扭转，背侧缆风绳拉在倾斜钢骨柱的正背面来抵抗倾斜钢骨柱的侧移。

5.2.5 安装内筒其他钢梁、钢支撑

内筒倾斜钢骨柱安装完成后测量复测已安装结构、构件的位形，矫正结构、构件的安装位形后安装内筒其他钢梁、钢支撑。

5.2.6 安装外筒倾斜钢骨柱

外筒倾斜钢骨柱定位方法同内筒倾斜钢骨柱，不同的是外筒墙体整体倾斜，安装过程中需选择部分倾斜钢骨柱利用缆风绳拉结方式抗倾斜钢骨柱侧移先安装起来，紧接着安装倾斜钢骨柱之间的钢梁、钢支撑以形成墙体，然后再安装轻型型钢水平支撑系统。

轻型型钢水平支撑系统使成形的外筒倾斜墙体和内筒钢骨架连接形成一个相对稳定的钢骨体系以此为依托来安装外筒其他倾斜钢构件。

5.2.7 安装外筒其他钢梁、钢支撑

外筒倾斜钢骨柱安装完成后测量复测已安装结构、构件的位形，矫正结构、构件的安装位形后安装外筒其他钢梁、钢支撑。

5.2.8 安装筒体之间的构件

内外筒体构件安装完成后，顺次安装筒体间内倾斜钢骨柱、外倾斜钢骨柱、钢梁、钢支撑，本层结构安装完成。

5.3 劳动力组织

见表5.3，表中反映了型钢混凝土倾斜钢骨结构安装一个筒体所需的劳动力配置。

劳动力组织情况表　　　　　　　　　　　　　　　表5.3

序号	工 种	人 数	备 注
1	管理人员	5	项目管理，安全、质量、进度总体控制
2	技术人员	10	安全、质量、进度控制
3	电焊工	20	钢构件的焊接
4	起重工	40	主体结构的吊装、搬运
5	机械工	10	施工机械操作
6	测量工	5	测量、放线
7	架子工	20	操作平台搭、拆
8	普工	20	辅助工
	合计	130	

6. 材料与设备

6.1 施工材料

钢结构采用 Q345GJ-C 钢材，正火状态交货，所有结构板材应符合《高层建筑结构用钢板》GB/T 19879—2005 的规定。

6.2 使用设备

倾斜悬挑结构部分安装使用的设备见表6.2。

倾斜悬挑结构部分安装使用的设备 表 6.2

序号	机械(设备)检测仪器名称	型号规格	数量	用　途
1	吊装机械	根据工程情况选取	1台	结构吊装
2	吊装机械	50t	2台	卸车、构件就位、构件倒运
3	载重汽车	20t	3台	构件运输
4	二氧化碳气保焊机	NBC-500	5台	结构焊接
5	电焊机	交流32kW	5台	结构焊接
6	超声波探伤仪	HS600B	1台	数字式
7	焊缝量规	—	2把	检测焊缝
8	测温仪	—	4把	测温
9	全站仪	SET230R3	2台	
10	经纬仪	J2	2台	
11	水准仪	DS1	2台	测量控制
12	塔尺	1mm	1把	
13	塔尺	0.1mm	1把	
14	激光垂准仪	DZJ2	2台	

7. 质量控制

7.1 工程质量控制标准

7.1.1 水准测量主要技术参数允许偏差按表7.1.1执行。

水准测量主要技术参数允许偏差 表 7.1.1

等级	每 km 中误差	仪器型号	水准尺	观测次数	闭合差(mm)
三等	6mm	DS1	因瓦尺	往返各一次	$12\sqrt{L}$

7.1.2 钢构件安装质量执行《钢结构工程施工质量验收规范》GB 50205中的有关规定。

7.1.3 焊接质量检验标准执行《钢焊缝手工超声波探伤方法和探伤结果分级》GB 11345规定。检验结果必须符合《钢结构工程施工质量验收规范》GB 50205中的有关规定，检验等级为B级。

7.1.4 冬期严格按"低温焊接工艺"施焊，焊缝质量符合《建筑钢结构焊接技术规程》JGJ 81规定。

7.2 质量保证措施

7.2.1 施工模拟及预变形分析

结合工程实际情况抓主要矛盾，正确的建立倾斜结构分析模型，保证构件生成顺序、施加在结构上的各种荷载也要与施工过程保持一致。

7.2.2 倾斜钢骨柱安装标高控制

每节倾斜钢骨柱通过调整垫块的高度来控制柱顶标高。采取柱与柱之间结合处适当的加大、缩小间隙来调节。每一层倾斜钢骨柱焊接完成后，均要用水准仪对柱顶标高测定，其标高误差通过上节柱制作长度的调整来实现，减少标高误差累积。

7.2.3 临时轻型型钢水平支撑系统与缆风绳设置

1. 临时轻型型钢水平支撑系统

根据结构特点设计安装，要求构造简单、用钢量少、保证支撑倾斜钢骨柱的抗侧移能力、能够反复利用。

2. 缆风绳设置

根据倾斜钢骨柱构件自身重量配置大小不同的缆风绳与手拉葫芦。

3. 临时轻型型钢水平支撑系统与缆风绳的拆除

每层倾斜钢骨柱安装完成后，临时轻型型钢水平支撑系统与缆风绳不得拆除，待该层混凝土浇筑后并达到设计强度后才可以拆除。

7.2.4 倾斜钢骨柱安装应力的减小措施

倾斜钢骨柱在安装位形调整过程中，调整位形、焊接定位结合起重机械吊钩逐渐松钩，尽量减少因起重机械和缆风绳及临时轻型型钢水平支撑系统在倾斜钢骨柱安装过程中对倾斜钢骨柱产生的安装应力。

7.2.5 焊缝质量控制

1. 制定符合工程实际可行的焊接工艺。

2. 倾斜钢骨柱的焊接顺序

倾斜钢骨柱焊接时首先焊接倾斜钢骨柱的上腹面水平焊缝，然后对称焊接倾斜钢骨柱两侧焊缝，最后焊接倾斜钢骨柱下腹面焊缝。

3. 焊接工作面做好防风工作，搭设防风棚。

4. 冬季低温焊接做到焊前预热、焊后消氢。

7.2.6 倾斜钢骨柱安装过程中的补强措施做好现场安装测量控制工作，追踪监测，发现问题及时反馈信息，及时处理，确保安装质量。

8. 安全措施

8.1 倾斜钢骨柱安装过程中，根据结构的实际情况，操作平台设置、操作架的设置、外围护的设置需要计算确定其结构形式，做到确保安全，便于操作。

8.2 钢结构的操作架通常采用吊架、挂架、夹持型操作架等，用于施工的操作架必须经过计算设计才可以使用。

8.3 倾斜钢骨柱安装时，为了保证安装人员的安全，防止构件的坠落，在倾斜钢骨柱吊装之前，起吊前在预吊装的倾斜钢骨柱之上安装部分外围护，待钢骨柱安装完毕，将两个钢骨柱之间的空隙用安全网补上，使外侧形成一个封闭的围护。

8.4 严格执行《建筑施工高处作业安全技术规程》JGJ 80。

9. 环保措施

9.1 项目部、施工队成立环境保护小组，分工负责环境保护工作，各工班设义务环保员，项目经理是环保工作第一负责人。

9.2 严格执行《中华人民共和国环境保护法》和工程所在区域对环保的有关规定，严格执行合同中的环保条款，开工前对全体职工进行培训，学习法律法规，增强全体施工人员的环保意识。

9.3 搞好环保调查，了解当地环保内容与要求，严格执行业主与环保部门签订的有关协议，制定专项环保管理制度，建立有效的环保检查制度，层层落实环保措施，责任到人。

9.4 在编制实施专项施工方案时，应充分考虑环保问题对弃土场、排水、施工垃圾排放、扬尘等都应有具体可行措施，施工现场做到不乱放垃圾，确保施工场地整洁文明。

9.5 生活、生产废水经收集、处理后合理排放。对生活生产常用燃料应妥善管理，严禁乱排放。

9.6 工程验交前，应认真清场，处理好建筑垃圾。

9.7 施工中采取有效的防范措施，保护施工现场环境，避免和减少由于施工方法不当引起的环境污染和破坏。

10. 效益分析

型钢混凝土结构倾斜钢骨柱安装采用传统的施工方法，结构支撑体系占用有限的施工空间、影响其他工序进行、工期长，施工费用上都很不经济。结合结构特点，安装过程中通过模拟计算分析，采取预调值控制倾斜钢骨柱位形预调、安装、测控、校正的方法安装，不占用施工场地、不影响其他工序的进行、有效地缩短工期、降低施工费用明显。

这正证明了利用预调值控制位形来安装型钢混凝土结构倾斜钢骨柱的优越性。该工法具有良好的经济效益和社会效益。

11. 应 用 实 例

11.1 工程概况

法门寺合十舍利塔采用型钢混凝土结构，主塔建筑高度148m，混凝土塔身高127m，双手合十的结构造型，在44～54m处向外倾斜36°，在74m处转向内侧倾斜36°，最后于109～117m标高处由四榀钢桁架连接实现合拢。2007年5月开工，2008年1月8日钢骨结构顺利封顶，钢骨结构总用钢量包括地下部分共1.63万t。

图11.1 法门寺合十舍利塔工程图片

11.2 施工情况

设计为一年半的工期压缩到8个月，使得工期非常紧，各道工序需进行垂直交叉作业，钢构安装和土建混凝土施工同步进行。

倾斜构件安装，就位后的单根倾斜钢骨柱和形成整体后的倾斜钢骨结构在施工过程中自身稳定性较差，当混凝土浇筑并达到设计强度，结构成为型钢混凝土组合结构后有较强的稳定性。倾斜悬挑钢骨结构安装需要超前混凝土浇筑20m（即两层），倾斜悬挑钢骨结构在施工过程中自身的稳定与预调定位是安装的关键施工技术。

11.3 工程检测与结果评价

对施工过程进行了全过程监控测量。主体结构施工过程中的构件安装位形、焊接质量及主体结构施工完成后结构的整体位形都满足设计要求。施工过程中无任何安全、质量事故，赢得了业主及同行的好评。

11.4 经济效益

本工程与传统"外顶内撑"安装法相比可节约成本2785.3万元。

预制组合立管施工工法

GJYJGF027—2008

中建三局第一建设工程有限责任公司　苏州二建建筑集团有限公司

戴岭　王宏　黄刚　张永红　徐建中　朱江

1. 前　　言

高层建筑中输送各类介质的干管布置于竖井内，形成了密集的立管群。如何提高立管的施工速度，降低施工难度，提高施工质量，缩短垂直运输设备的占用时间等，一直是困扰着高层建筑机电施工的主要问题。

2004年，中建三局第一建设工程有限责任公司所施工的上海环球金融中心机电工程，从B3F到78F的四个管井中，密集的布置着输送各类介质的立管，包括空调冷冻水管、高低压蒸汽管、消防水管、非饮用给水管、透气管等，管径从DN80~600，其中一个管井中立管数量多达10根。

中建三局第一建设工程有限责任公司联合中建钢构有限公司、上海同济大学开展科技研发，取得了"超高层建筑密集立管预制组合技术"这一国际领先、国内首创的新成果。该成果于2007年12月24日通过中建总公司组织的科技成果鉴定。申报的实用新型专利"一种预制组合立管"被中华人民共和国国家知识产权局授予专利权，国家标准《预制组合立管技术规程》已经立项。同时，形成了预制组合立管施工工法，在高层建筑密集立管的施工中技术先进，效果明显，具有显著的社会效益和经济效益。

2. 工 艺 特 点

2.1 组合化施工：预制组合立管即将管井内立管按每二至三层分节，连同管道支架预先在工厂内制作成一个个单元管段，运至施工现场整体安装。

2.2 现场施工简便：采用该工艺对于管道集中布置的管井及现场施工作业面狭窄的高层建筑的机电工程施工，可节省作业时间并大大减少现场作业人员数量。

2.3 质量可靠：因为管道及配件的焊接、支架的安装等均在工厂内完成，现场接口少，工程质量能得到有效保障。

2.4 安全：常规管井立管施工采用卷扬机单根安装、焊接，比较危险，该工艺在结构施工的同时进行整体安装，有效地降低了危险性。

2.5 制作精度高：工厂化的加工要求管道长度误差控制在±5mm（6m以上）以内，切断面误差为±0.8~2.5mm（DN80~600）以内，管道支架尺寸误差±3mm以内。

2.6 管井封堵安全、防水：管井封堵安全、防水：预制立管安装完成后进行管井和楼板浇筑，管井与楼板为一体，减少了安全隐患和漏水的隐患。

3. 适 用 范 围

本工法适用于管井立管群的施工，特别适用于钢结构高层及超高层建筑管井立管施工，其他密集管道群也可以参照本工法施工。

4. 工 艺 原 理

4.1 把每个管井视为一个单元，每2~3层分为一个节，通过深化设计，绘制详细的管道布置及管节加工图，在工厂进行预制生产。

4.2 每一根立管按图纸位置固定在管架上，从而使管道与管架之间，管架与管架之间，管道与管道之间形成一个稳定的整体（节）。如图4.2所示。

4.3 跟随主体结构施工进度，利用塔吊把每节预制组合立管吊装到管井位置，就位固定并进行管道连接作业，即一次性完成管井2~3层的所有立管施工。

5. 工艺流程及操作要点

5.1 工艺流程（图5.1）

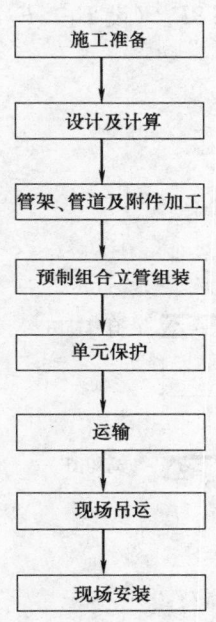

施工准备

↓

设计及计算

↓

管架、管道及附件加工

↓

预制组合立管组装

↓

单元保护

↓

运输

↓

现场吊运

↓

现场安装

图 5.1 工艺流程图

5.2 操作要点

5.2.1 设计与计算

设计与计算主要包括预制组合立管与钢结构梁的配合、管道荷载计算、管道伸缩处理、管架体系计算等四个方面。

1. 预制组合立管与钢结构梁的配合，包括：

1）预制组合立管与钢梁的关系。

2）与梁的协调。

3）固定支架所在楼层的确定。

2. 管道荷载计算，包括：

1）运行阶段的荷载（P_2）。

2）施工阶段的配管承载荷载（P_1）。

3）支架计算取值确定。

3. 管道伸缩处理

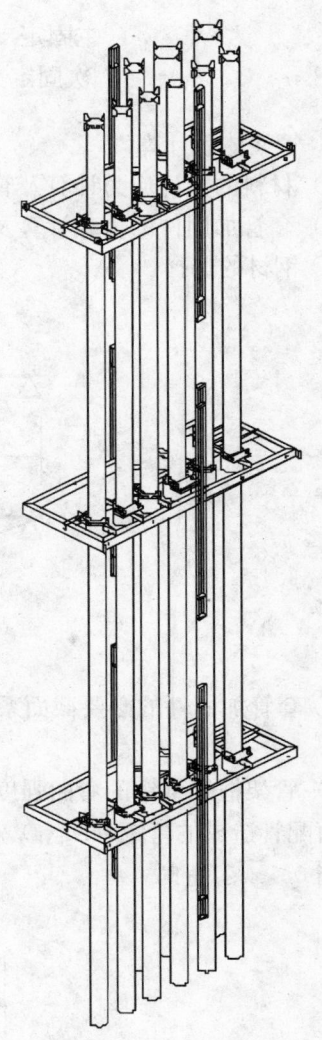

图 4.2 预制组合立管节示意

1) 配管补偿设计。

2) 管道的热伸长 Δx（mm）。

$$\Delta x = a \times (t_1 - t_2) \times L \tag{5.2.1-1}$$

3) 支架受力计算

① 补偿器的弹性反力

位移产生的弹性力 $\qquad P_t = K \times \Delta x \tag{5.2.1-2}$

② 内压推力

管道内压力作用在波纹管环面上产生的推力 P_h：

推力 $\qquad P_h = P \times A \tag{5.2.1-3}$

③ 支架的受力计算：

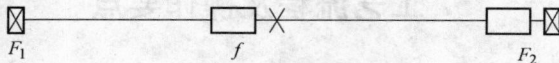

主固定支架的受力计算：$F_1 = P_{t1} + P_{h1}$；$F_1 = P_{t2} + P_{h2}$

次固定支架的受力计算：$f = F_1 - 0.8F_2$（设 $F_1 > F_2$）

4. 管架体系计算

1) 材料的允许应力计算及管架强度校核。

2) 套管加固件的荷载计算及强度校核。

① 钢材的选择

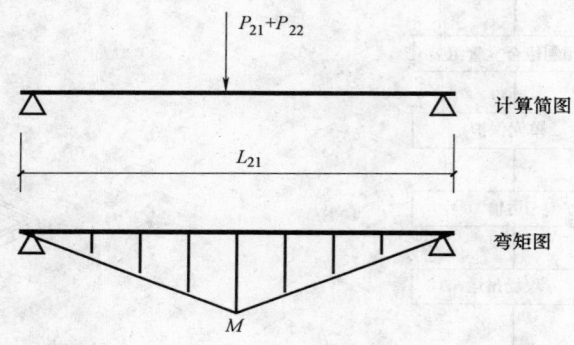

$$M = (P_{21} + P_{22}) \times L_{21}/4 \tag{5.2.1-4}$$

② 套管加固件的必要截面系数（Z_2）

$$Z_2 = M/\sigma = M/1600 \tag{5.2.1-5}$$

3) 管架框架型钢的弯曲强度校核

由配管造成的弯矩（M_{p31}）

当 $0 \leqslant x \leqslant L_{31}$ 时

$$M_{px} = P_{pn} \times L_{32} \times x/L \tag{5.2.1-6}$$

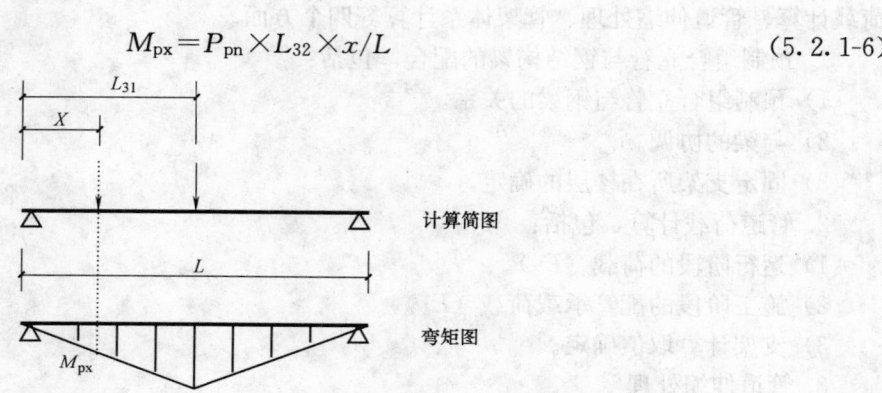

当 $L_{31} \leqslant x \leqslant L$ 时

$$M_{px} = P_{pn} \times L_{31} \times (L-x)/L \qquad (5.2.1-7)$$

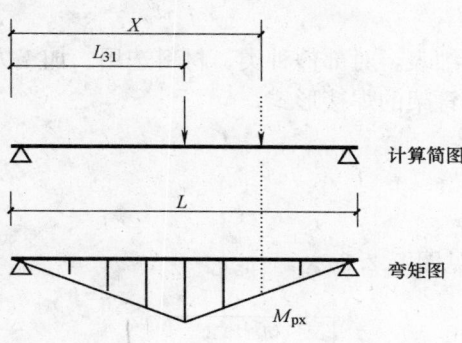

当 $x = L_{31}$ 时

$$M_{px} = P_{pn} \times L_{31} \times L_{32}/L \qquad (5.2.1-8)$$

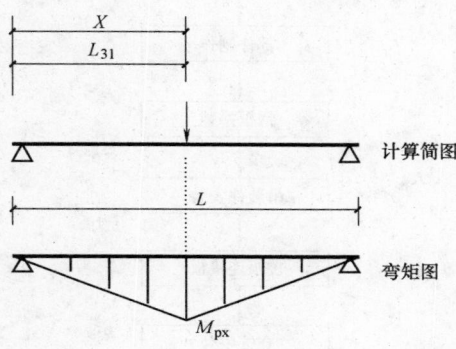

选择弯矩的最大值：

$$M_{p31} = Max(\sum M_{p1} \cdots\cdots \sum M_{pn})$$

5.2.2 制作加工

预制组合立管制作加工包括管道本体、管架及附件的加工。

1. 管道加工

1）管道加工工艺流程

管道加工工艺流程参见图 5.2.2-1。

2）制作装配图

制作图包括单元管组立面图、单元管组平面图。

① 单元管组立面图

单元管组立面图要标明立管单元整体制作装配尺寸、层间装配尺寸、附属吊件的装配情况等。

② 单元管组平面图

单元管组平面图标明管组制作装配平面尺寸、管组内各管道平面装配尺寸、管架的制作装配尺寸。

3）施工要点

① 配管切割加工应根据管道种类、管径大小及管道壁厚选定切割机具，确定误差控制范围、切口误差。

② 钢管端面与管子轴线的垂直度应严格控制。

③ 切割后的管道，应标注立管组名和系统名。

④ 管道坡口应根据管道壁厚进行对口间隙、钝边及坡口角度的控制。

⑤ 对于大口径管道（DN500 以上），必须先对口，作好记号后进行坡口加工，最后焊接。焊接管道坡口应采用坡口机加工，坡口内外面焊线左右 200mm 的宽度内应除掉污物。

2. 管架加工

1）工艺流程

管架加工工艺流程见图 5.2.2-2。

2）施工要点

① 应制定详细的管架制作明细表，对部件种类、材料选用、加工方式作出详尽的规定。

② 根据管道种类、壁厚选定管架的焊接形式。

③ 管架上应焊接加强板。

5.2.3 组装

1. 工艺流程

预制组合立管组装工艺流程见图 5.2.3。

图 5.2.2-1 管道加工	图 5.2.2-2 管架加工	图 5.2.3 预制组合立管
工艺流程图	工艺流程图	组装工艺流程图

2. 施工要点

1）单元拼装尺寸

设计图中和安装尺寸不同，拼装尺寸标注在括号内；尺寸的容许误差为±5mm。

2）防滑片的安装位置

在每节最上层临时 U 形螺栓往上＋50mm 处安装 2 个防滑片，用来防止管道的滑动；在中间层及最下层临时 U 螺栓往下－50mm 处安装 2 个防滑片，用来防止管架在楼板上的滑动。

3）附属品的安装位置

在单元装配后，该单元管组现场安装中需要使用的可动部件用的螺栓、螺帽及封堵板等，在支架面 1m 之内用铁丝等绑紧，以防在搬运过程中脱落。

4）方向的标识

根据施工现场决定方向指示，每节的最上层和最下层的支架面的下部，用彩色喷漆以 50mm±20mm 的大小作记号。

管井号和节号在最上层楼板的上部及最下层楼板的下部以白色油漆大字表示。

5.2.4 单元保护

从各管架下端开始 1.8m 的部分用塑料带从下往上呈绑腿状包扎。

每一单元的主管上端、下端的开口部分进行保护。

5.2.5 运输要点

确认保护状况，特别是胶带粘住的部分在运输中有可能被风刮脱，须再一次确认粘接状况。

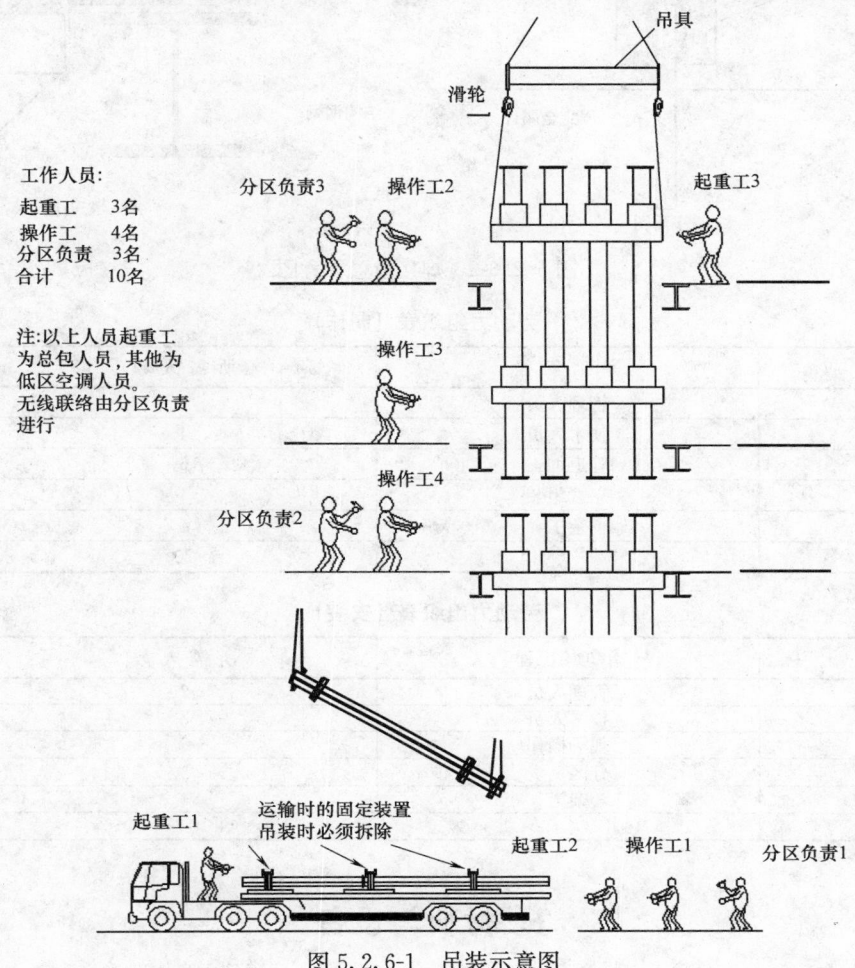

工作人员：

起重工　3名
操作工　4名
分区负责　3名
合计　10名

注：以上人员起重工
为总包人员，其他为
低区空调人员。
无线联络由分区负责
进行

图 5.2.6-1　吊装示意图

因搬运有顺序的关系，为了能按事前协商决定的顺序吊装，要确认后再进行装载。

5.2.6 安装

1. 吊装

吊装示意如图 5.2.6-1 所示。

2. 安装要点

1）预制组合立管的安装，应尽量缩短塔吊占用的时间。每节除最上层之外的管架，在立管组的吊装的过程中向上预留 50～100mm 的空间。

2）调整立管组管架的位置，要在当天需要安装所有立管组的吊装完成后再进行。

3）只要节的最上层搭在钢梁离所定位置不远处，就可卸下塔吊的钢丝绳、进行下一步的起重操作。

4）节的最上层支架进行临时焊接固定后，渐渐松开临时 U 形抱箍降下管道，完成节和节之间单根管道的连接。

5）钢梁上的连接保护钢板由结构施工，可动支架上的型钢固定金属件焊接在连接保护板上。焊接位置示意如图 5.2.6-2 所示。

5.3 劳动力组织

劳动力组织见表 5.3-1、表 5.3-2。

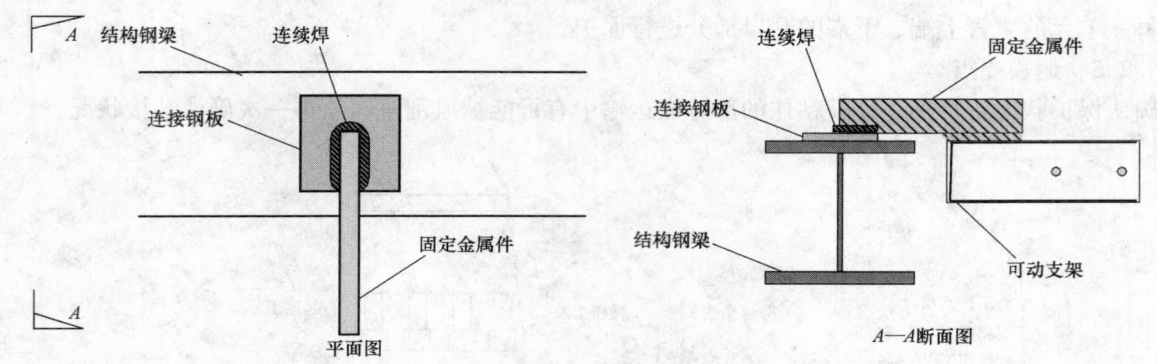

图 5.2.6-2　焊接位置示意图

劳动力组织表（制作）　　　　　　　　　　　　　　　　表 5.3-1

编　号	单项工程	所需人数	备　注
1	管理人员	2	
2	技术人员	4	
3	管道加工	6	
4	立管组装	4	
5	杂工	4	
合计		20	

劳动力组织表（安装）　　　　　　　　　　　　　　　　表 5.3-2

编　号	单项工程	所需人数	备　注
1	管理人员	2	
2	技术人员	2	
3	现场操作	6	
4	分区负责	3	
5	杂工	4	
合计		17	

6. 材料与设备

6.1　材料

采用的材料见表 6.1。

材料表　　　　　　　　　　　　　　　　表 6.1

序　号	材料名称	材料型号	用　途
1	钢管	DN200～DN350	制作套管
2	钢板	50×6t～150×9t	支承金属件
3	角钢	65×65	防晃支架
4	槽钢	125×53	管架、可动支架
5	扁钢	65×16t～90×16t	固定金属件、吊件

6.2　机械设备

采用的机具设备见表 6.2。

极具设备表　　　　　　　　　　　　　　　　表 6.2

序　号	设备名称	设备型号	单　位	数　量	用　途
1	程控焊接电源	EWA306	台	1	TIG 全自动焊接
2	开启式焊头	TO130A	台	1	TIG 全自动焊接
3	等离子切割机	VENUS70m	台	1	管道切割
4	CO_2 气体保护焊机	WEGA350	台	2	管道焊接
5	龙门吊	10t	台	1	管道吊运

续表

序 号	设备名称	设备型号	单 位	数 量	用 途
6	坡口机	各种	台	3	管道加工
7	摇臂钻床	Z3025×7	台	1	管道加工
8	手工氩弧焊机		台	2	管道焊接
9	半挂货车	40t	辆	2	管道运输
10	内爬式塔吊	M900D	台	2	管道吊装

7. 质 量 控 制

7.1 工程质量控制标准

7.1.1 立管制作加工施工质量执行以下标准

《现场设备、工业管道焊接工程施工及验收规范》GB 50236—98

《输送流体用无缝钢管》GB/T 8163—2008

《流体输送用不锈钢无缝钢管》GB/T 14976—2002

《流体输送用不锈钢焊接钢管》GB/T 12771—2000

《低压流体输送用镀锌焊接钢管》GB 3091—2001

7.1.2 管道焊缝加强面标准按表 7.1.2-1 执行，立管制作允许偏差见表 7.1.2-2。

管道焊缝加强面标准（mm）   表 7.1.2-1

序 号	项 目		检 验 方 法
		管壁厚度<10	管壁厚度10~20	
1	加强面高度	1.5~2	2~3	尺量
2	遮盖宽度	1~2	2~3	尺量

立管制作加工允许偏差（mm）   表 7.1.2-2

序 号	项 目	允许偏差	检 验 方 法
1	管的全长	±5.0	尺量
2	管的弯曲度	1/200	尺量
3	法兰的倾斜度	0.5°	尺量
4	法兰的眼偏差	±1.5°	尺量
5	法兰的弓形偏差	2	尺量
6	管架外框	±5	尺量
7	套管位置	±3	尺量
8	封堵板	±5	尺量

7.1.3 立管安装施工质量执行以下标准

《通风与空调工程施工质量验收规范》GB 50243—2002

《建筑给水排水及采暖工程施工质量验收规范》GB 50242—2002

7.1.4 安装允许偏差见表 7.1.4。

立管安装允许偏差（mm）   表 7.1.4

序 号	项 目	允 许 偏 差	检 验 方 法
1	部件安装位置	±5	尺量
2	节间连接	±3	尺量
3	支管的中心线偏差	±3	尺量
4	支管的角度偏差	±1.0°	尺量

7.2 施工质量保证措施

7.2.1 制作阶段

1) 管道坡口应采用专用坡口机进行，坡口内外面焊线左右 200mm 的宽度内应除掉污物。

2）焊缝加强部分如不足应补焊，如过高、过宽则作修整。

3）焊缝或热影响区表面有裂纹，应将焊口铲除，重新焊接。

4）焊缝表面有弧坑、夹渣或气孔，应铲除缺陷后补焊。

5）支管高度和朝向应严格按照制作图进行控制。

7.2.2 安装阶段

1）判断临时放置的管架位置是否正确，以划线位置为准。

2）立管组的中间层、最下层留有 50mm 左右的安置空间，以管架悬在梁上面的状态搬入。

3）立管节间对接按立管种类选用节间连接方式，严格控制节间连接偏差。

4）单元管架的设置间隔严格按制作图进行设置。

8. 安 全 措 施

8.1 需要进行动火作业时，应办理动火许可证，作业时充分注意防火，准备灭火器等灭火设备，并防止焊渣沿管井坠落。

8.2 在吊装区域、安装区域设置临时围栏、警示标志，临时拆除安全设施（洞口保护网、洞口水平防护）时也一定要取得安全负责人的许可，离开操作场所时需要对安全设施进行复位。操作结束时收拾现场、整理整顿，特别在结束后对工具进行清点。

8.3 防止高空坠物。

8.4 设置安全带的临时挂点。

9. 环 保 措 施

9.1 管道制作工厂化

预制组合立管管道间焊接大部分在相对封闭的加工厂内完成，管架焊接全部在工厂内完成，现场只预留少部分的管道接口进行对接焊接，减少了因焊接加工对施工现场造成的空气污染、光污染、噪声污染。

9.2 管道安装成品化

管道的安装完全成品化，管架的安装、管道的固定无需在现场进行二次焊接，避免了传统施工中管道安装对施工现场造成的重复污染，同时极大地降低了现场安装人员的劳动强度。

10. 效 益 分 析

10.1 经济效益

10.1.1 可以在 40min 完成一节的吊装，较之传统做法提高工效 40%～45%。

10.1.2 较之传统做法节约机械及措施费用 33%～35%。

10.1.3 较之传统做法节省材料费用 8%～10%。

10.2 工期方面

创新施工工艺，施工效率提高，安装作业时间显著缩短，为下步安装作业的提前跟进创造了条件。

10.3 质量方面

能有效保障焊接质量、安装质量，确保整体管道施工质量满足设计及施工规范要求；较之传统做法安装质量显著提高，工厂焊缝无损探伤 100%合格，一次验收合格率 100%。

10.4 安全方面

降低了高空作业人员与设备的风险，安全性显著提高，减轻了工人的劳动强度，有力地保障了安全生产、文明施工。

　　10.5　社会效益

　　10.5.1　预制组合立管施工工艺完整理论体系的提出，是传统管井施工的历史性突破。预制组合立管设计系统突破了超高层建筑中立管单根逐层安装的传统施工工艺，开创了超高层建筑管道安装工程工业化的先河，实现了设计施工一体化，填补了国内超高层建筑预制组合立管设计空白，研究成果总体达到国际领先水平，为今后类似工程的施工提供了理论依据。

　　10.5.2　预制组合立管在国内属首次应用，填补了国内预制组合立管施工技术的空白。预制组合立管实现了现场作业工厂化、分散作业集中化，大量减少了现场施工作业量，提高了焊接质量，保证了安装精度，填补了国内超高层建筑预制组合立管施工空白，为今后类似工程的施工提供了实际操作方法。

　　10.5.3　国内外多家媒体对我司研发的预制组合立管施工进展进行了跟踪报道，突出了"国内首创"精神。

　　10.5.4　代表了现代施工水平，具有较好的推广效益。

11. 应 用 实 例

　　11.1　上海环球金融中心总建筑面积 381600m²，地上 101 层，地下 3 层，建筑主体高度达 492m，是以办公为主，集商贸、宾馆、观光、会议等设施于一体的综合型大厦。该工程从 B3F 到 78F 的四个管井中，密集布置着各种介质立管，通过采用预制组合立管施工工艺一举解决了管井立管施工的诸多难题（图 11.1-1、图 11.1-2）。

图 11.1-1　预制组合立管节　　　　　　　　　图 11.1-2　预制组合立管吊装

　　11.2　该技术已成功应用于上海环球金融中心，该工程立管种类繁多，介质压力等级不同，立管最大承压 2.5MPa，全长 10600m，管路系统均采用预制立管施工技术进行施工，现场一次验收合格率 100％，优良率 90％，目前各管路系统已投入使用，使用情况良好。实践证明该工法关键技术先进，操作简便、安全可靠，可成熟应用。

　　11.3　根据科技查新和科技成果鉴定，预制组合立管施工技术在我国建筑领域属首次应用，施工中无类似的工程可以借鉴。该项技术的成功运用，填补了国内此项施工工艺的空白，为今后类似工程的施工提供了理论依据和实际操作方法。

　　11.4　预制组合立管相对传统做法安装时间显著缩短，在上海环球金融中心工程的应用中如采用传统做法预计人工为 62000 个，而采用预制立管施工实际用工 34100 个，节省人工 27900 个（约 84 万元），提高工效 45％；采用传统做法预计机械及措施费为 92 万，实际费用为 61 万，节省 31 万元；采用传统做法预计材料费为 460 万元，采用预制组合立管工厂化施工节省材料 8％，节省费用 36 万。

大跨度曲线型悬垂钢梁及预应力斜拉索安装工法

GJYJGF028—2008

中铁建工集团有限公司　北京首钢建设集团有限公司

袁振兴　张力光　沈志静　郑建龙　汪平　马立明

1. 前　　言

北京南站雨棚的建筑造型给结构设计及施工带来了极大的难度。结构设计师根据扇形屋面的几何形状及大跨度、大面积的屋顶特性，选用了美观，轻巧和独特的悬垂梁的结构形式，既保证了结构体系的安全可靠，同时满足了建筑美学的需要。中铁建工集团有限公司在施工中针对屋面悬垂梁钢结构的特点，进行分析研究，制订先进合理、安全可靠的施工技术措施，取得了成功经验。经过对施工技术的认真总结形成本工法。

2. 工 法 特 点

2.1　利用悬垂 H 形钢梁的抗拉刚度，使其像拉索一样以拉力来承受荷载，提高了结构承载能力，且比传统的直线或拱形钢梁节省用钢量约 20%。

2.2　斜拉索用以减小悬垂梁计算长度，以确保其平面内的稳定性，只承受较小的拉力，直径很小，不会影响站场内建筑效果。

2.3　斜拉索和曲线型悬垂 H 形钢梁相互约束位移、内力相互制约、采用铰接节点连接技术能够有效地消除动荷载，增大构件的反向抗弯刚度，抵抗自然环境及行车带来的负风压荷载。

2.4　悬垂梁进行合理的制作分段，以方便运输；安装时在地面先将制作分段拼装为合理的吊装分段，大大减少了高空对接的作业量；设置临时支撑，并在其顶部设置高空作业平台进行悬垂梁吊装分段的安装，确保了悬垂梁安装的精度和质量。

2.5　悬垂梁体系安装完毕后，利用计算机模拟荷载形式计算出斜拉索张拉力，拉索张拉全过程进行双向控制，确保了斜拉索张拉的质量，使雨棚内部应力体系与设计值相吻合。

2.6　钢结构安装采用机械化作业，提高工效，保证质量。

2.7　本项技术的应用保证了雨棚双曲屋面的建筑效果，优化了整体结构的用钢量，实现了大跨度大空间的使用功能。

3. 适 用 范 围

本工法适用车站站房、车站雨棚、展览馆、体育馆等有大空间要求的公共建筑物，尤其适用于大跨度大空间钢结构屋面体系的安装施工。

4. 工 艺 原 理

北京南站雨棚结构屋面设计建筑造型为双曲面，屋面各类荷载通过 H 形钢悬垂主梁传递到主桁架上，再通过主桁架经 A 字形塔柱传递到混凝土基础上，为了确保建筑造型和结构受力，将雨棚结构悬垂主梁设计为高度 600 及 450mm 的 H 形钢。每榀曲线形 H 形钢梁（以下简称悬垂梁）通过其两端的耳板与 A 字形塔架柱上的耳板及其前后环梁上的耳板用销轴铰接相连，将弧线形布置的三排 A 字形塔架柱和环梁连为一个整体，形成一个完整的屋面。悬垂梁下部设有预应力拉索，以抵抗向上的风荷载，拉索一端为固定端，销接在悬垂梁拉索连接板上，一端为调节端，销接在 A 塔拉索耳板上。在每榀悬垂梁下翼缘上设计有 4～8 根拉索。拉索及悬垂梁结构大样如图 4 所示。

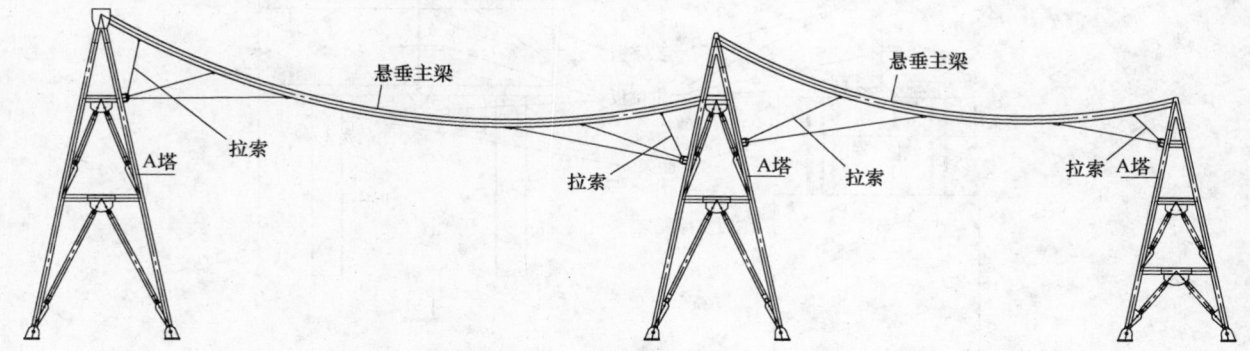

图 4   拉索及悬垂主梁结构大样图

悬垂梁分段加工制作，确保运输的正常进行，到施工现场后地面拼装成 2～3 个吊装分段，减少高空对接、焊接工作量。利用临时支撑托架安装悬垂梁，确保了在高空对接和焊接的施工质量，同时也保证了施工安全。利用固定在 A 塔上拉索耳板处的张拉装备，通过液压千斤顶将索缓缓拉紧，同时调节拉索自带的套筒来抵消索的伸长量，当索完全达到预张拉力设计值时，索的张拉长度也达到了设计值。以结构单元为施工单元按照制定的施工顺序进行施工，保证了悬垂梁及斜拉索结构受力性能及安装质量，满足设计及规范要求。

5. 施工工艺流程及操作要点

5.1   工艺流程

悬垂梁地面拼装→临时支撑托架安装→悬垂梁分段吊装及空中对接→吊装次梁和斜撑→钢结构各节点坐标复核→调整斜拉索初始设计值→斜拉索吊装→斜拉索预紧、张拉→索力及结构变形同步检测→安装屋面板→索力及结构变形复测→拉索微调→钢结构杆件防腐处理。

5.2   施工要点

5.2.1   悬垂梁地面拼装：

悬垂梁跨度较大，整体制作体型庞大，不便于运输，同时悬垂梁整根吊装挠度大，且对起重机功能要求高。为此根据每根悬垂梁的长度和重量，将每根悬垂梁进行分段制作，运输到现场后在地面拼装胎架上，将小段钢梁拼装成可吊装的分段，一般每根悬垂梁分为 2～3 个吊装段，再进行分段吊装。

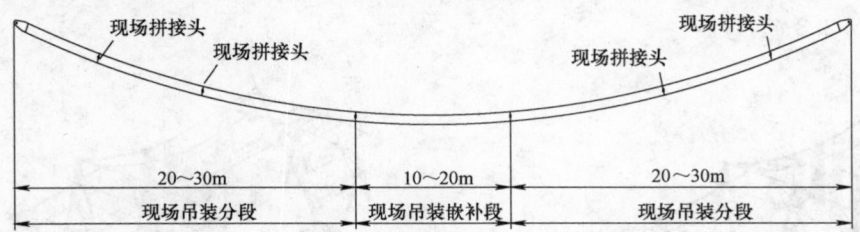

图 5.2.1   悬垂梁地面拼装分段示意图

5.2.2   临时支撑设置：

在分段吊装的接口部位根据接口处悬垂梁的标高设置临时支撑托架，作为吊装时的支撑及悬垂梁的高空定位拼接平台。临时支撑托架采用型钢或钢管格构柱结构，在安装前要进行相应的工况分析，验算变形及承载力，确保支撑托架的质量和安全。悬垂梁临时支撑托架在设置时与悬垂梁下表面应采取必要的构造措施：如端头钢板等，以利于荷载分散及悬垂梁此分段点处标高的控制，避免对结构造成影响。具体见图5.2.2-1～图5.2.2-3。

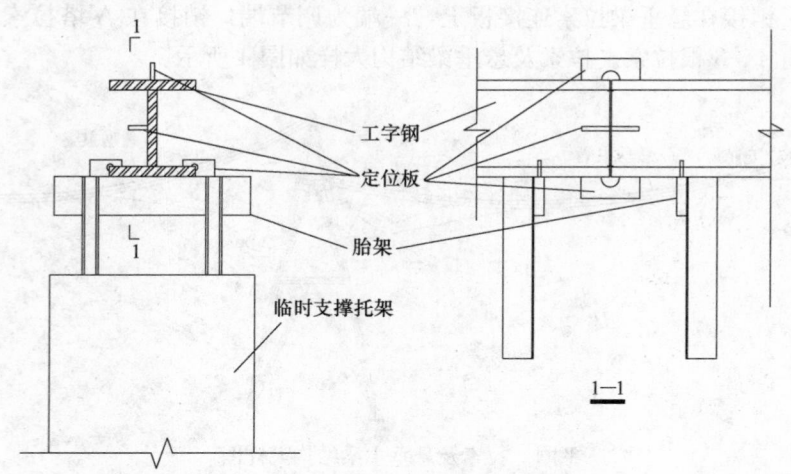

工字钢
定位板
胎架
临时支撑托架
1—1

图 5.2.2-1　临时支撑托架顶部构造图

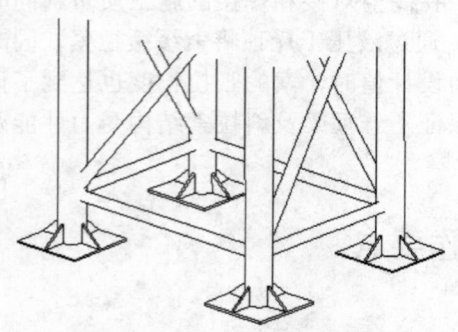

图 5.2.2-2　临时支撑托架底部构造图

图 5.2.2-3　现场设置好的临时支撑

　　为防止支撑托架沉降，其支撑应设在混凝土面上，如遇软土地基要进行加固处理并在支撑下端铺垫比支撑截面稍大的路基箱板等设施。

5.2.3　悬垂梁及次梁、支撑结构单元吊装：

　　悬垂梁安装根据结构受力特点划分成安装单元，每个安装单元由与A字形塔架柱相连的一根主梁和与其相邻的两根主梁及三主梁之间的次梁等构件组成。以一个标准单元说明吊装的流程，在完成本单元及下一个单元的塔架安装和塔架间的环梁及边桁架也已安装完成后，首先进行主梁吊装临时支撑托架的设置，再按照安装单元中间主梁、两侧主梁、主梁间次梁及支撑的顺序进行安装。安装流程见图5.2.3-1～图5.2.3-4。

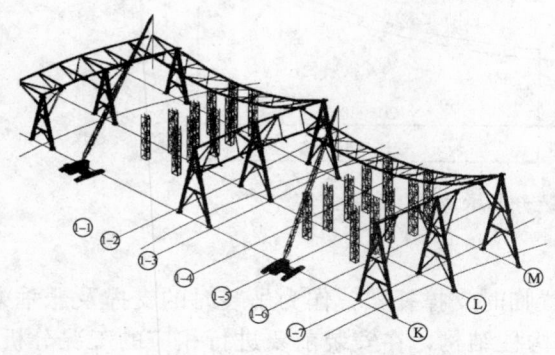

图 5.2.3-1　悬垂梁吊装临时支撑托架设置

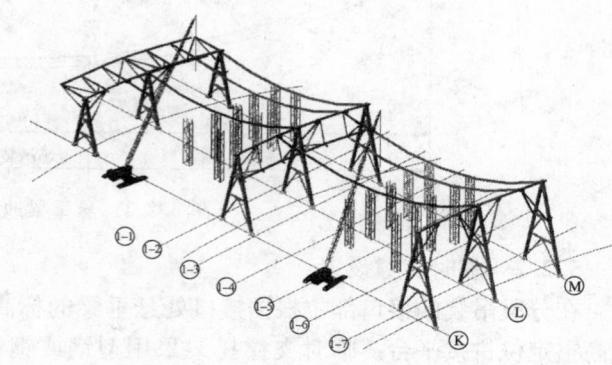

图 5.2.3-2　分段吊装单元内中间两根主梁

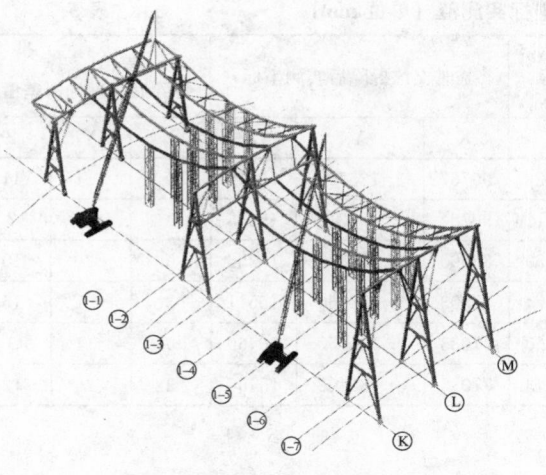

图 5.2.3-3　按同样方式安装其余四根主梁　　　　图 5.2.3-4　安装悬垂主梁间的次梁及支撑

悬垂主梁吊装技术要点：悬垂主梁分三段进行吊装时，先吊装与 A 字形塔架柱及环梁相连的两个端部分段，使其一端固定于 A 字形塔架（或环梁）上，另外一端放置于临时支撑托架上。利用该两段端头销接的结构特点，用全站仪分别对这两个吊装分段进行校正，将悬垂主梁整体直线度，跨中垂直度，控制点标高调整到安装设计值后，再将中间分段直接吊装就位，能有效地保证悬垂主梁的安装质量及精度；悬垂主梁分两段进行吊装时，两段依此吊装，并分别对两个吊装分段进行轴线及标高校正，再进行对接头焊接，最终确保安装精度（图 5.2.3-5～图 5.2.3-6）。

图 5.2.3-5　采用汽车吊分段吊装　　　　　　　图 5.2.3-6　两端销接分段吊装

5.2.4　屋面钢结构卸荷及测试

为防止临时支撑托架拆除时，对悬垂梁结构体系产生变形影响，采取依次按单元拆除支撑的方式，即每完成相邻两个悬垂主梁单元安装并形成局部稳定体系，开始进行第三个单元安装时方可拆除第一个安装单元下的支撑托架。为了保证结构体系的安全及变形量，拆卸时由一位现场总指挥负责拆卸过程的指挥与协调，现场工程师、监测人员、安全员、调度员等要紧密配合。在拆除临时支撑托架过程中应监测以下内容：

1. 临时支撑托架自身的变形监测。

2. 支撑点（包括主梁及外边桁架）实际拆卸位移的监测。应在拆除过程中将实际测量结果与理论值和起拱值进行比较若误差较大应及时进行调整。

以一个安装单元为监测对象，采用全站仪对悬垂主梁控制点的标高进行下挠监测。悬垂主梁临时支撑拆除之前，测量悬垂梁中心点的三维坐标，与设计值比较，得出安装时的预抬升高度，待支撑拆除后进行复测，比较与设计值的误差同时计算悬垂梁下挠系数，作为后续工作的数据指导。

一个安装单元内悬垂主梁中心点坐标实测值（单位 mm）　　　　　　　　表 5.2.4

部位	理论坐标			临时支撑拆除前实测坐标			临时支撑拆除后实测坐标			差值（支撑拆除后与理论值差值）		
	X	Y	Z	X	Y	Z	X	Y	Z	X	Y	Z
ZL21a	90767	−125698	16205	90767	−125699	16322	90767	−125700	16216	0	−1	11
ZL22a	90767	−177216	15528	90766	−177217	15612	90764	−177215	15535	3	1	7
ZL23a	83900	−128874	16346	83900	−128873	16450	83900	−128872	16356	0	2	10
ZL24a	83900	−182059	15496	83902	−182059	15574	83903	−182060	15511	3	−1	15
ZL25a	77033	−133749	16451	77033	−131750	16560	77033	−131750	16460	0	−1	9
ZL26a	77033	−186404	15453	77034	−186403	15543	77035	−186402	15465	2	2	12

5.2.5　斜拉索张拉

1. 斜拉索张拉装置

每根拉索需要一套张拉装置。张拉设备采用预应力钢结构专用千斤顶和配套手压油泵、油压传感器、读数仪及专用千斤顶支撑架。张拉装置通过拉杆抱箍在拉索耳板上，抵抗张拉产生的上拔力。张拉装置见图 5.2.5-1。

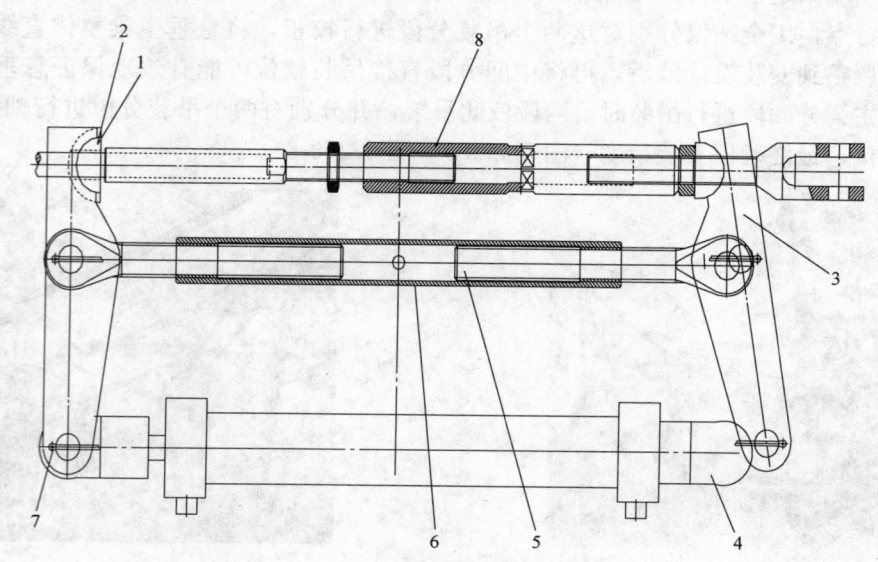

图 5.2.5-1　拉索张拉工装图

1—半圆压块；2—半圆压块；3—横梁；4—工程液压缸；5—正反扣拉杆；6—双向套筒；7—开口销；8—拉索调节头

2. 斜拉索张拉顺序

每榀悬垂梁单元依次由每跨的外侧往里侧对拉索进行张拉，第一跨张拉完毕后张拉第二跨。将结构内侧一跨的 2～4 个张拉组按两侧支座向跨中的方向依次施加张拉应力到 $100\%\sigma_{con}$；再将结构外侧一跨的 2～4 个张拉组按两侧支座向跨中的方向依次施加张拉应力到 $100\%\sigma_{con}$。将结构内拉索全部张拉完毕并待屋面板安装完毕后，对个别拉索进行微调。

3. 预应力钢索张拉测量数据的记录

每次张拉，都需记录索力动测仪的读数和每组张拉设备中读数仪所显示的数值，其记录数值应当在允许范围内。张拉前后和张拉过程中须逐根测量预应力钢索调节端丝扣的外露长度。在受力为 10% σ_{con} 时的调节端丝扣长度作为原始长度 L_0。第二级张拉完成后丝扣长度为 L_1，则钢索伸长值记为 $L_a = L_1 - L_0$。测得的钢索伸长值 L_a 与仿真计算得到的钢索理论伸长值 L_t 之间的差值 ΔL 应在理论伸长值 L_t 的允许范围内。

4. 斜拉索张拉控制

斜拉索张拉采用双控：控制结构变形和内力，既保证在结构中建立有效的设计预应力，又控制关键节点变形，考虑到本结构整体刚度较大，并结合张拉方案，应以控制拉索应力为主。

5. 拉索张拉监测

1）监测内容：施工阶段监测包括两部分内容，以预应力钢索的受拉应力监测为主，结构变形监测为辅。

2）监控方法：采用油压传感器和索力动测仪对钢拉索进行索力检测。油压传感器安装于液压千斤顶油泵上，通过配套读数仪可随时监测到张拉设备施加给每根钢索的实际输出力值，以保

图 5.2.5-2　拉索张拉施工

证预应力钢索施工完成后的应力与设计单位要求的应力吻合。钢索完成张拉后用索力动测仪再次检测钢索受力，所测得的数据可为钢索预应力张拉提供辅助校核；同时用全站仪对钢结构的变形进行检测，用位移检测数据推算出预应力钢索的应力，结合施工仿真计算结果，为钢索预应力张拉提供辅助校核，以保证预应力施加满足设计要求。

5.3　劳动组织

每个结构单元应配备一个作业班组，根据钢结构安装作业面和施工顺序，现场配备若干个作业班组。以拼装及焊接等高空作业为主，特殊工种需持有操作证，拉索张拉及检测由专业人员完成。每个班组作业人员配备如表 5.3 所示。

劳动力组织情况表　　　　　　　　　　　　　　　　　　　　　表 5.3

序　号	工种职务	人　数	职　责
1	装配工	8	悬垂梁地面拼装及高空安装
1	安装工	6	拉索安装
2	起重工	4	所有构件吊装
3	焊工	4	悬垂梁等钢构件焊接
4	张拉工	6	拉索张拉
5	检测人员	4	索力检测
6	测量人员	2	安装测量
7	电工	1	现场用电管理
	合计	35	

6. 材料与设备

雨棚悬垂梁采用焊接 H 形钢梁，其他连接杆件均为焊接型钢，钢材材质均为 Q345C；斜拉索索体采用两种规格：一种规格强度等级为 1570MPa 钢丝绳；另一种规格强度等级为 1670MPa 钢丝绳。均外包 PE 保护层。材料进场时必须提供合格的材质证明书。

悬垂梁及斜拉索施工及测量机具设备表　　　　　　　　　　　　　　表 6

序号	机械或设备名称	型号/规格	数量	用于施工部位	备注
1	55T 履带吊	抚挖	3	悬垂梁吊装	
2	65T 汽车吊	QU65	1	悬垂梁拼装	
3	25T 汽车吊	QU25	6	次梁及支撑吊装	
4	炮台车	10～30t	4	构件运输	
5	CO₂ 焊机	CPX-350	30	现场焊接	

续表

序号	机械或设备名称	型号/规格	数量	用于施工部位	备注
6	交直流、两用焊机	ZXE1-3×500/400	20组	高空焊接	
7	全站仪	TOPCON	3台	测量	
8	超声波探伤仪	EPOCH LT	3台	焊缝探伤	
9	调频通话机	5km通话能力	40部	协调施工	
10	千斤顶及配套油泵	230kN/380V/750W	6组	包括6个千斤顶、6台手压油泵	
11	张拉用辅助单杯钢绞线	—	4套	张拉工装设备	
12	专用反力架	—	4套	张拉工装设备	
13	专用加工扳手	—	4套	用于拧紧索体上螺帽	
14	油压传感器及配套读数仪	—	6套	用于控制张拉力	
15	索力动测仪	JMM-268	1套	监测钢拉索应力	

7. 质 量 控 制

7.1 悬垂梁及斜拉索施工应符合《钢结构工程施工质量验收规范》GB 50205—2001、《北京南站改扩建工程钢结构施工质量验收标准》（注：本标准为企业标准）的要求。

7.2 在施工场地内设置的悬垂梁拼装胎架，在拼装前应根据构件的尺寸形状由测量人员对胎架进行测量抄平。

7.3 各构件焊接现场时应根据各类构件吊装前后顺序及构件在整个结构体系中的位置，采取合理的焊接顺序，避免焊接应力产生的变形。

7.4 斜拉索张拉时按标定的数值进行张拉，用伸长值和油压传感器数值进行校核。

7.5 拉索张拉时严格按照操作规程进行，控制给油速度，给油时间不应低于0.5min。

7.6 张拉设备形心应与预应力钢索在同一轴线上。

7.7 实测伸长值与计算伸长值相差超过允许误差时，应停止张拉，报告工程师进行处理。

8. 安 全 措 施

8.1 在施工作业前，要进行安全技术交底、安全培训，特殊工种必须持证上岗等；现场吊装、焊接、切割、打磨等各道工序要严格执行安全操作规程；进入现场必须佩戴好安全帽，高空作业人员必须系好安全带，并应佩带工具袋，工具应放在工具袋中不得放在钢梁或易失落的地方，所有手工工具（如手锤、扳手、撬棍），应穿上绳子套在安全带或手腕上，防止失落伤及他人。

8.2 作业前必须检查作业环境、吊索具、防护用品。必须确定吊装区域，并设警戒标志，派人监护。确认安全后开始作业。吊用工具和钢丝绳，必须有足够的安全系数，一般不得小于5～6倍。安装大型构件时，风力六级以上（含六级）等恶劣天气，必须停止吊装作业。

8.3 钢结构杆件接头高空连接时，在接头处应搭设防护作业平台或脚手架，并配备三防布用于防风、防雨，高空作业平台搭设的脚手板要牢固扎紧。如果杆件有足够的宽度，可在两侧设置防护栏杆，作为操作人员施工通道。

8.4 严格执行各类防火防爆制度，在焊接作业区，必须配备足量的消防器材，还应设置接火盆。电焊、气割作业应按办理动火审批手续，严格遵守十不烧规定。

8.5 工地电气设备，在使用前应先进行检查，如不符合安全使用规定时应及时整改，合格后方可使用，严禁擅自乱拖乱拉私接电气线路。

8.6 在四外临空的高空作业时，可搭设挑脚手架，严格控制施工荷载不得超过$1kN/m^2$，并设置防护栏杆，操作面下方按规定搭设水平安全网。

8.7 预应力钢索吊运时应按工地塔吊的吊装规定，将预应力钢索绑扎牢靠，体积重量不得超载；

预应力钢索解捆时，应防止钢索弹开伤人。

8.8 张拉作业时，放置保管好相关工具及机具，严防高空坠落伤人。在任何情况下，千斤顶油缸后面，预应力钢索端部正后方位置严禁站人；油管接头处和张拉油缸端部严禁手触站人。在张拉过程中，施工作业人员不得离开岗位。

8.9 油泵与千斤顶的操作人员必须紧密配合，只有在千斤顶就位妥当后方可开动油泵。油泵操作人员必须精神集中，平稳给油、回油，密切注视油表读数，张拉到位或缸体到最大行程时，需及时回油，避免油压瞬间增大，造成缸体爆裂伤人。

9. 环 保 措 施

9.1 粉尘控制措施

9.1.1 场区未硬化的地面，要压实地面和定期洒水，减少灰尘对周围环境的污染。

9.1.2 禁止在施工现场焚烧有毒、有害和有恶臭气味的物质。

9.1.3 严禁向建筑物外抛撒垃圾，所有垃圾装袋或装桶投入指定地点并及时运走。

9.1.4 运输车辆必须冲洗干净后方能离场上路行驶；驶离现场前必须对车厢进行检查防止裸露现象。

9.2 噪声控制措施

9.2.1 编制施工方案时，应采用低噪声的工艺和施工方法，施工方案实施前必须经过环境保护小组的审核。

9.2.2 合理安排施工工序，晚间十点以后禁止进行产生噪声的建筑施工作业。

9.2.3 进入施工现场内的车辆、所有场内施工用机械设备不允许鸣笛；地面和高层的联系采用对讲机；工人施工时禁止大声喧哗。

9.2.4 在钢锤等打击工具上加设橡胶垫，以减少钢结构施工中拼装、对接等工序的噪声释放；起重工指挥到位，起重设备驾驶员按指挥信号轻起轻放，避免构件吊装时的噪声过大。

9.2.5 施工场地外围进行噪音监测，对于一些产生噪声的施工机械，应采取有效的措施，减少噪声，如切割金属和锯模板的场地均搭设工棚、设置隔音屏以屏蔽噪声。

9.3 光污染控制措施

9.3.1 电焊、金属切割产生的弧光必须采用围板与周围环境进行隔离，防止弧光满天散发。

9.3.2 现场围墙上布设的灯具原则上不得超过围墙高度；塔吊及周围场地照明的大镝灯必须调整照射方向向场内，不得直接照射到居民住宅区，施工场地外围的照明采用柔光灯，不可采用强光灯具。

9.4 现场防污染控制措施

9.4.1 现场使用的油料必须设置专人进行保管，防止产生油料扩散现象；现场摆放的易扩散油料或施工用料必须进行密闭储存，防止扩散。机械修理等地方必须于地面上采取木板等进行铺垫，防止污染地面。

9.4.2 现场垃圾实行分类管理，设置足够的垃圾池和垃圾桶，建筑垃圾集中堆放并及时清运。

9.4.3 现场禁止焚烧油毡、橡胶等会产生有毒、有害烟尘和恶臭气体的物质。化学物品，外加剂等要妥善保管，库内存放，防止污染环境。

10. 效 益 分 析

悬垂梁及斜拉索的安装施工技术，工艺先进、技术合理，有效地解决了现场施工的诸多技术难点，产生了良好的社会及经济效益。

10.1 经济效益方面

雨棚悬垂梁钢结构与传统曲线型钢桁架结构相比，节约用钢量约 20％；与同类钢结构安装方法相比，临时工装支撑用量节约 11％；通过采用先进合理的施工技术，使北京南站钢结构提前 10d 完成封顶工作，降低了成本，经测算本工法累计节约各项工程费用逾 400.0 万元。

10.2　环保和节能效益方面

10.2.1　环保方面：曲线型悬垂钢梁及斜拉索由钢材材质制作，符合国家绿色建筑的要求，工程建设时减少了对当地环境的影响。

10.2.2　节能方面：曲线型悬垂钢梁及斜拉索技术实现了大跨度空间的要求，相比同等条件下的其他结构形式的建筑，在用材、通风、照明等方面更加节省能耗。

10.3　社会效益方面

由于曲线形悬垂钢梁及斜拉索技术集装饰性、实用性于一体，在保证结构受力的同时，也很好地体现了北京南站雨棚结构扇贝建筑造型的设计理念，成了北京南站雨棚工程施工的一大亮点，不但得到了监理、设计、甲方及社会各界的好评，也为北京南站钢结构工程赢得了"结构长城杯"金奖的荣誉、取得了很好的社会效益。

11. 应 用 实 例

北京南站工程总建筑面积 31 万 m^2，于 2005 年 12 月 25 日开工，2008 年 8 月 1 日通车投入使用。地上站房及雨棚采用钢结构，总用钢量 6.5 万 t，其中雨棚钢结构为巨大 A 形钢柱支撑屋面主梁及钢桁架屋面体系。屋面主梁设计为悬垂下弯曲线型 H 形钢梁（以下简称悬垂梁），截面形式为 H600×350×10×20mm、H450×200×8×12mm，构件主要材质 Q345C，共计 188 根。悬垂梁设计最小跨度为 9772mm，最大跨度为 67500mm，单榀最大重量为 10.5t。东、西雨棚结构分别由悬垂梁组成的 15 榀预应力钢桁架，两区沿轴线对称布置。每榀桁架均为两跨，每跨配置 12～24 根钢拉索。索体采用两种规格，一种规格强度等级为 1570MPa 的 6×37＋1WS 钢丝绳，外包 26mmPE 保护层，最小破断力为 217.8kN；另一种规格强度等级为 1670MPa 的 6×37＋1WS 钢丝绳，外包 37mmPE 保护层，最小破断力为 490KN。拉索一端为固定端，一端为调节端，调节范围±150mm。

图 11　施工完成的北京南站雨棚悬垂梁及斜拉索结构

北京南站雨棚钢结构安装，分两个施工区同时进行，现场设有钢结构拼装胎架，将小段悬垂梁焊接成吊装段，再采用吊车高空散拼，悬垂梁及雨棚其他钢结构施工完后，依此进行挂索和拉索张拉施工，拉索张拉全程同时对索力和雨棚钢结构位移进行双测双控。雨棚结构施工完毕后，对悬垂梁安装精度及拉索索力进行了的检测，均满足设计要求，得到了建设方、设计院及监理公司的一致好评。

EVE 轻质复合外墙板施工工法
GJYJGF029—2008

北京韩建集团有限公司　北京珠穆朗玛新型建材有限公司

张德刚　张英保　廖丽英　李磊　张裕照

1. 前　　言

"EVE 轻质复合外墙板"是在吸取国外轻质复合墙板先进技术基础上，结合国内建筑技术规范和特点，自主研发地适合我国国情的新型建筑墙体材料，具有轻质、高强、节能、节材、隔声、防火、防水、安全抗震等综合性能优点。EVE 轻质复合外墙板无冷桥产生，外墙围护结构传热系数为 $0.30W/(m^2 \cdot K) \sim 0.50W/(m^2 \cdot K)$，具有优良的保温性能，达到国际上发达国家外墙节能设计标准，而且该板每平方米混凝土用量比现浇外墙节约 2/3，使建筑物整体节约建筑原材料 15% 以上。EVE 轻质复合外墙板节能、节材性能显著，分别获得混凝土复合墙板及其建筑构造和施工方法、建筑外墙围护结构两项发明专利，专利号分别为 ZL200310101728.5、ZL200410009051.7。

该新型墙体板材应用于中国电影博物馆、北京邮电大学软件学院学生公寓、北京温都水城报告厅等工程，北京珠穆朗玛新型建材有限公司、北京韩建集团有限公司联合编制了 EVE 轻质复合外墙板施工工法，在中国电影博物馆、国家奥林匹克体育中心等十余项工程推广应用过程中，取得了显著的经济、环保和社会效益。

"EVE 轻质复合墙板建筑维护结构部件"及"EVE 轻质复合墙板施工技术"于 2005 年 10 月，通过北京市建委组织的科学技术成果鉴定，专家评定该成果达到了国际先进水平。

2. 特　　点

2.1 EVE 轻质复合外墙板（以下简称外墙板）施工流程少，机械化程度高，安装简便快捷、安全，施工周期短，安装质量易保证。

2.2 外墙板安装无须进行现场浇筑混凝土，简化施工现场工序，降低施工难度、减少了施工材料消耗和建筑垃圾。

2.3 外墙板缝施工处理简单，围护结构保温层连续，能满足节能要求。

2.4 施工噪声小，降低施工扰民因素。

2.5 外墙防水及外装饰面的施工由空中立面作业改变为厂房中平面地上作业预制，也可施工现场进行外立面装饰，施工方法灵活。

3. 适 用 范 围

在 8 度抗震设防要求下能够适用于钢结构建筑体系、混凝土框架结构、低层独立式住宅（别墅）、平改坡或屋顶加层改造等工程的外墙围护结构。

4. 工 艺 原 理

本工法为 EVE 轻质复合外墙板配套施工工法，外墙板是由多种材料复合而成，采用高强度轻质凝土及钢筋网架结构，板内混凝土框架之间及其外侧填充复合 EPS 或 XPS 保温板，保温板外侧包覆耐碱纤维网格布及聚合物抗裂砂浆，通过墙板在厂房内的工业化批量生产和现场装配式安装，减少了现场施工流程和作业量；将外墙保温、外墙防水及外装饰面的施工由空中立面作业改变为厂房中平面地上作业，降低施工难度、提高质量保证；外墙板本身阳角节点采取特殊的组成结构，侧面全部被保温板包覆，相邻板对接后，采用保温材料填充板缝，构成了保温层连续分布的外墙围护结构，避免了冷桥的产生。外墙平均传热系数≤0.45W/(m² · K) 满足节能保温要求；使用预制外墙板施工受季节和天气的影响小；减少现场施工工序，简化操作，提高现场安全系数，施工速度快。综合几方面创新从而达到缩短施工工期、提高施工质量、保证了节能环保要求、提高了经济和社会效益的目的。墙体在现场利用螺栓拴接结合预埋件焊接工艺，与结构构成整体，即保证了连接的稳定性、安全性，又保证了结构的抗震性能。

5. 施工工艺流程及操作要点

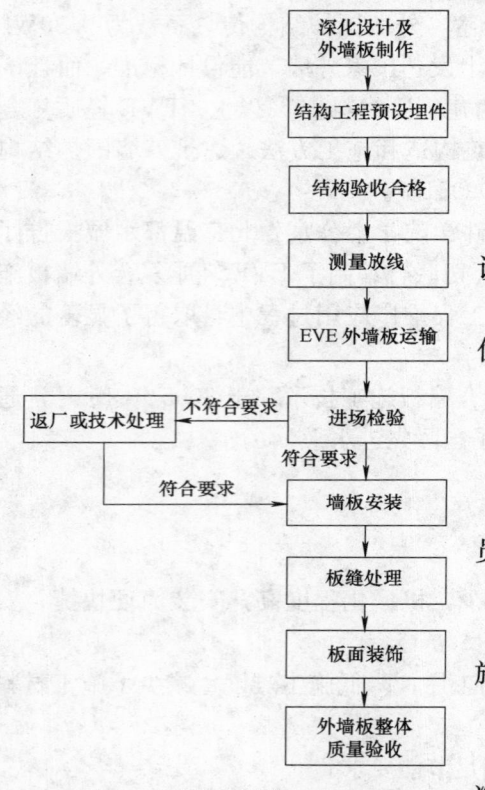

图 5.1 外墙板安装工艺流程

5.1 工艺流程（图 5.1）

5.2 操作要点

5.2.1 施工准备

1. 深化设计和板材加工

1）工程开工后，厂家依据施工图纸对外墙板进行深化设计。

2）依据结构施工图纸确定连接固定位置及结构中预埋铁的位置。

3）依据深化设计图纸厂方加工制作外墙板。

4）涂刷防锈漆。

2. 技术准备

1）建立质量安全保证体系，配备专职技术负责人、质检员、工长和安全员。

2）编制施工组织设计，制订施工方案，计划施工材料。

3）熟悉施工设计图及相关的构造做法、施工验收规程以及施工验收标准。

4）建立各类技术、质量资料档案。

3. 人力组织：按进度计划及施工要求组织好劳动力资源，准备充足的人力（表 5.2.1）。

主要工种配备表   表 5.2.1

流程名称	需要人工数量（人）
起重工	3
信号工	1
安装	3
焊接	2
饰面板缝施工	3

注：以上工种配备为一个台班配置，可根据工程面积及工期要求增加台班。

4. 预埋件设置

1）材料要求：预埋件采用 Q235 型钢（具体规格尺寸见图 5.2.1）。焊缝等级为Ⅱ级，焊接采用 E4303 焊条，焊机采用 BX1-500-1 交流电焊机。

2）依据深化设计图纸、结构墙体轴线和楼层标高确定预埋件在施工现场的具体位置，随结构施工做好预埋件焊接设置工作。

3）焊接完成并经质量检验合格后，焊缝处涂刷一道防锈漆。

5. 测量放线

1）标高：依据测绘院给定的基准点设置工程±0.00水准点，依层向上传递建筑标高线。

2）轴线控制：依据定位轴线桩，采用经纬仪确定工程墙体轴线，并施测外墙板控制线。

3）外墙板控制线及预埋件位置复测：外墙板安装前由质检员对外墙板控制线、预埋件位置进行复测，复测合格后组织外墙板的运输及安装。

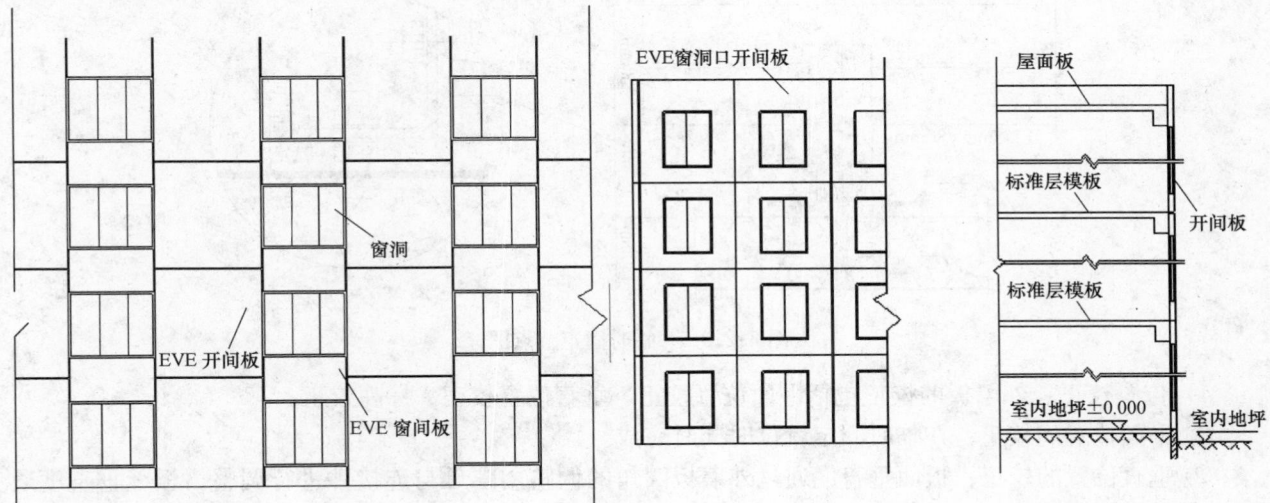

图 5.2.1 预埋件尺寸图

5.2.2 进场检验

1. 出厂前做好外墙板的编号工作，与施工图查对无误后方可运至施工现场。

2. 按照现场平面图中规划的外墙板码放场地进行堆放区地面硬化，达到平整、坚实、流水畅通。

3. 收集所用材料的质量证明文件。

4. 检查进场材料的外观尺寸、外观质量及数量。

5.2.3 外墙板的安装工艺

1. 安装顺序：建筑立面由 EVE 开间板及窗（门）间板组成，开间板与窗（门）间板间隔分布共同形成外围护结构（图 5.2.3-1、图 5.2.3-2）。外墙板安装顺序为先开间板，后窗（门）间板。

图 5.2.3-1 普通开间板围护示意图   图 5.2.3-2 有窗洞口开间板围护示意图

2. 外墙板安装要点

1）吊装前对安装位置进行基层处理。

2）起吊：外墙板吊装上边缘处设有两个预置螺栓孔为吊装时安装吊环螺栓而设计。吊装前检查外墙板上边缘处设置的吊环螺栓孔是否牢固，预埋螺栓和预埋铁数量和质量是否符合要求。

起吊前先将吊装索具与板顶端吊环螺栓连接牢固后进行试吊，外墙板吊装离开地面约50cm，稍作停顿对吊装索具连接点进行复查无异样并降落回原位后开始正式吊装。正式吊装时提升至约50mm后停顿待外墙板平稳后将外墙板起吊升至超过安装位置约30cm处，将外墙板缓慢放置到牛腿托板上（图5.2.3-3）。

3）临时固定

① 外墙板吊装就位后采用 M16 镀锌螺栓、L125mm×80mm×8mm 连接件（图 5.2.3-4）与预埋件进行临时固定。

② 通过墙体控制线选取板两端及中间共三点对外墙板平面位置进行校正，调整板面至安装位置。

③ 外墙板吊装至安装位置后将外墙板上预埋螺栓的螺母和连接件取下，对丝扣进行清理后再安装两个螺母，将连接件放于两个螺母之间，用于垂直度调整使用。

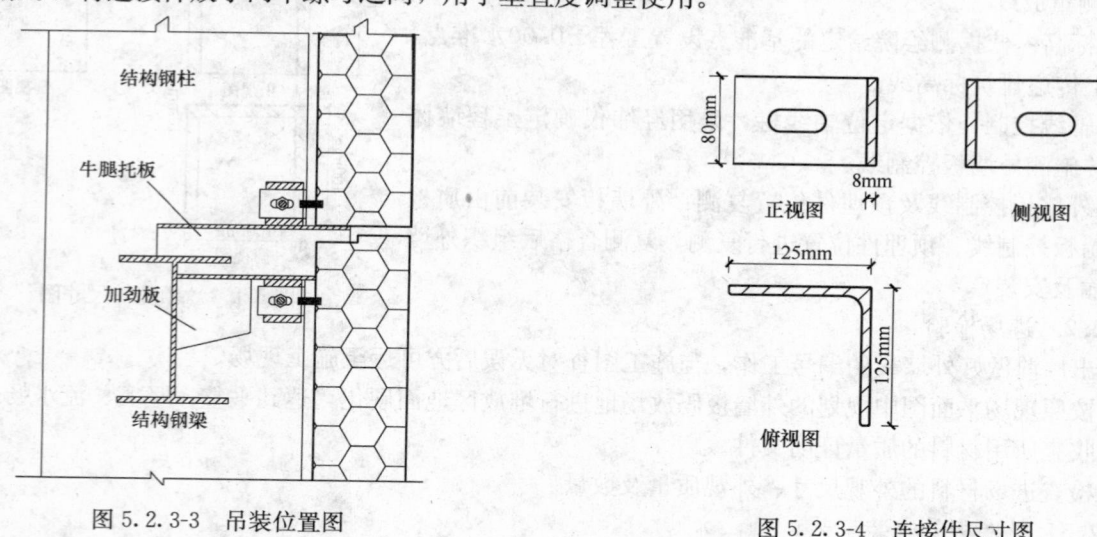

图 5.2.3-3 吊装位置图

图 5.2.3-4 连接件尺寸图

④ 将连接件另一端用螺栓与钢结构预埋件临时固定（图 5.2.3-5）。临时固定完成后拆除吊索。

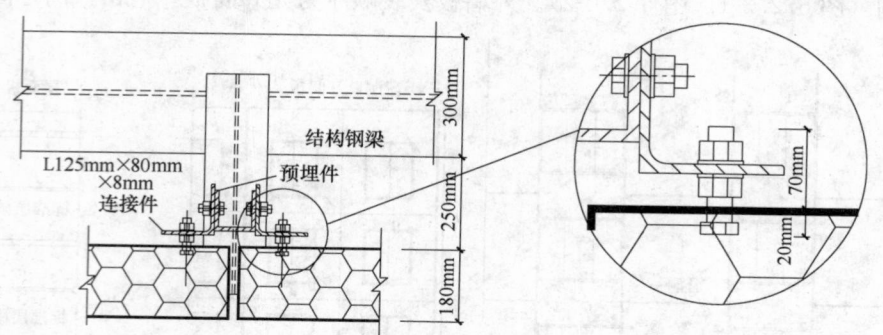

图 5.2.3-5 临时固定节点图

4）位置校正：外墙板的校正包括平面位置校正、垂直位置校正、标高校正。

① 平面位置的校正：在临时固定就位时同时完成。

② 垂直位置的校正：板面垂直度通过外墙板四角的调整用螺母与连接件进行调整。板缝垂直度通过敲打楔块法调整，调整过程中利用经纬仪进行控制。

③ 标高校正：外墙板上有预先弹好的标高控制线，与建筑标高线对照，用水准仪对标高进行校正。

5）焊接固定：外墙板平面、垂直、标高调整完毕后，紧固安装螺栓。经质检合格后进行焊接固定。焊接固定分为相邻板之间预埋钢板焊接和预埋螺栓、连接件与结构预埋件焊接。焊接顺序为首先对相邻板预埋钢板焊接，然后对调整螺栓处进行焊接。

① 焊接前对预埋钢板进行打磨、除锈清理，保证焊缝焊角及焊接质量。

预埋钢板处与搭接钢板焊接，预埋钢板规格为 120mm×100mm×8mm，搭接钢板规格为 220mm×80mm×8mm 搭接部位满焊，焊角高度 6～7mm，搭接尺寸为 100mm（图 5.2.3-6）。

② 预埋螺栓处焊接：首先将连接件和结构预埋铁之间用电弧焊点固，全部焊接部位点固后进行满焊，焊接过程中要求两侧同时进行。

③ 焊接后对焊缝进行清渣处理后涂刷防锈漆。

5.2.4 板缝处理

外墙板缝间距为 20mm，板缝的构造处理见图 5.2.4（水平和竖向板缝处理方法相同）。

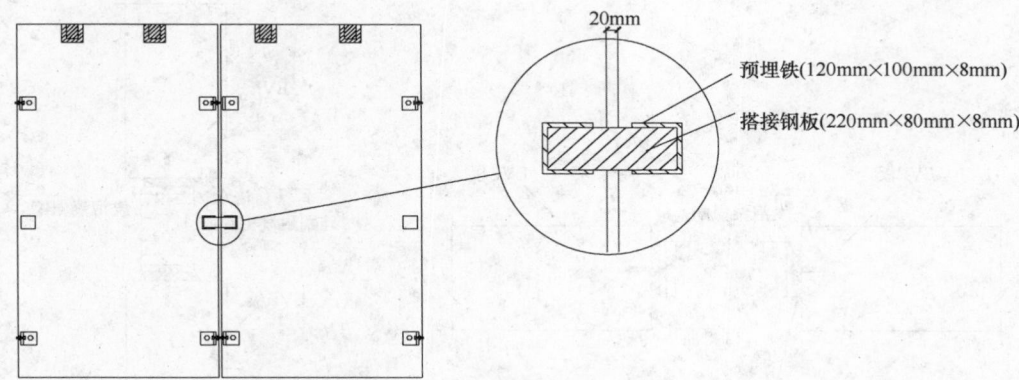

图 5.2.3-6　预埋铁搭接钢板焊接节点图

1. 板缝中间填塞聚乙烯芯棒。为确保板缝密实，填充时应将芯棒拧成双股。

2. 板缝内聚乙烯芯棒两侧填充胶粉聚苯颗粒 EPS 混凝土，填充时应两侧同时进行。填充前清理板缝并浇水湿润，填充过程要填充饱满、压实。外墙板内侧要抹平；外侧 EPS 混凝土填至距板面 15mm 处，用聚乙烯芯棒勾成弧形。

3. 按照要求对 EPS 混凝土进行养护，达到设计强度后，外墙板内侧粘贴一道耐碱玻璃纤维布，纤维布的宽度不小于 220mm（保证与基体搭接两边各 100mm），沿板缝中心线均匀对称粘贴。上下搭接处尺寸不小于 80mm。

4. 耐碱纤维布粘贴采用高强度丙烯酸树脂粘接胶浆，粘贴要求牢固、均匀。

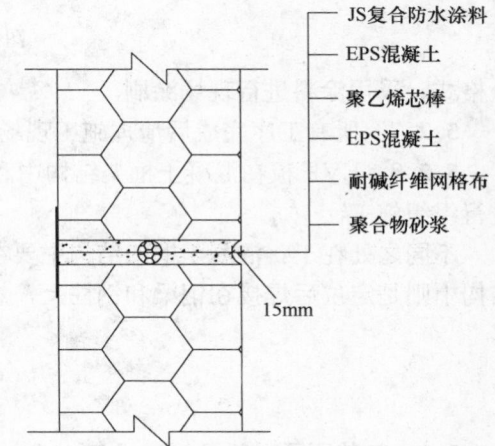

图 5.2.4　板缝节点处理

5. 纤维布粘贴完成后，满刮高性能丙烯酸树脂抗裂抹面胶浆一遍，施工顺序为由上而下进行，要求完全覆盖底层的玻璃纤维布，表面无遗漏处、无杂质。

6. 待 EPS 混凝土固化完成后，采用 JS 复合防水涂料做防水处理。

5.2.5　防水处理

1. EVE 板与窗框或其他相邻材料接触时，预留有 15～20mm 缝隙，窗框固定完成后外侧采用中性硅硐密封胶封闭，防水缝隙内填堵发泡聚氨酯保温材料，内侧采用聚合物砂浆封闭。

密封胶填充至接缝内后，使其稍高出表面，用抹刀沿覆盖胶带边缘内用力均匀抹压，然后刮平，或用专用抹刀修整成凹陷型接缝表面。

2. EVE 板窗洞口上端外侧设有滴水槽，防止水的内流，下端外侧设有小的坡口，坡度为 10%。安装时注意保护防水构造（图 5.2.5）。

3. EVE 板缝处防水在板缝处理时一并进行，选用涂刷 JS 复合防水涂料作为板缝防水。待板缝内 EPS 混凝土凝固后在外侧板缝涂刷 JS 复合防水涂料。

4. 女儿墙与屋面板之间有 30～50mm 缝隙，用吊模法浇筑豆石混凝土进行填充处理，达到强度后拆除模板；屋面按一般现浇混凝土屋面做法进行施工。

5.2.6　板面装饰：外墙板装饰有两种方式，即工厂预制饰面处理或施工现场装饰处理。依据建设方要求，在图纸深化处理时向生产厂提出技术要求。

1. 外墙板工厂化饰面：按照建设方以及设计的要求，于生产加工时对外墙板进行工厂化饰面。可预留各种装饰线角或装饰槽缝，创造多种立体装饰效果，形成丰富多彩的建筑外貌。

2. 外墙板现场装饰：外墙板安装完成后，按甲方指定的涂料颜色、品种、以及设计图纸确定的划

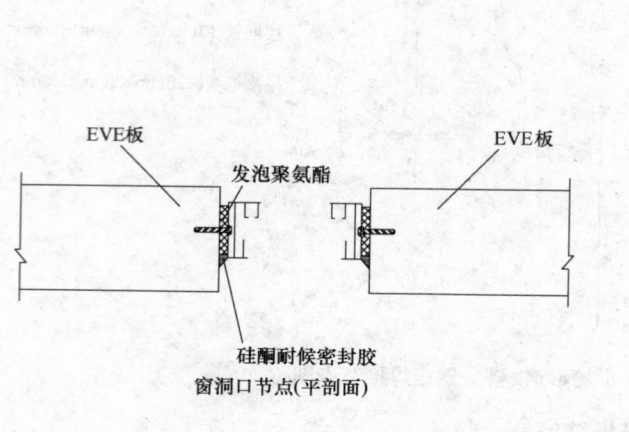
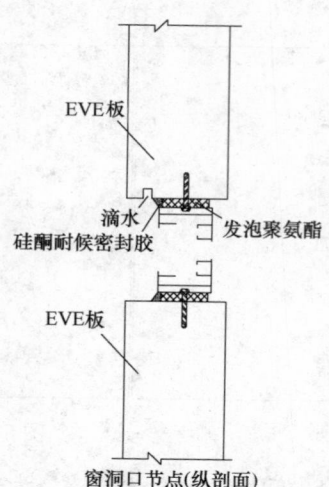

图 5.2.5 窗口洞口节点图

分格式，采用涂料进行现场涂刷。

5.2.7 所有工序完成后清理施工现场，并进行 EVE 外墙体的整体验收。

5.2.8 EVE 板在混凝土框架结构中和在钢结构中的施工方法、注意事项基本一致，可参考本工法进行组织施工。

不同之处在于：混凝土框架结构中要在混凝土浇筑前对 EVE 板所用的预埋件组织定位、预埋；钢结构中则是定位后焊接在钢梁和钢柱上，然后涂刷防锈漆即可。

6. 材料与设备

6.1 安装所需材料及辅助设备

施工机具材料及设备 　　　　　　　　　　　　　　　　　　　　　表 6.1

序号	设 备 名 称	规 格	单 位	数 量	备 注
1	水平仪	AL322	台	1	
2	经纬仪	TDJ6E	台	1	
3	移动式卷扬机		台	1	
4	汽车吊	25t	部	1	
5	高层多功能吊具	QDS500	台	1	
6	叉车	ECPCD50A	部	1	
7	1mm 精度钢卷尺		盘	1	
8	1mm 精度钢直尺		把	1	
9	2m 靠尺、楔型塞尺		套	1	
10	硅酮耐候密封胶	SS811	支		根据建筑面积确定
11	电焊机	BX1-500-1	台	1	
12	焊条	E4303			
13	钢板（预埋铁、连接件）	Q235			预埋铁：U100mm×200mm×10mm 连接件：L125mm×80mm×8mm

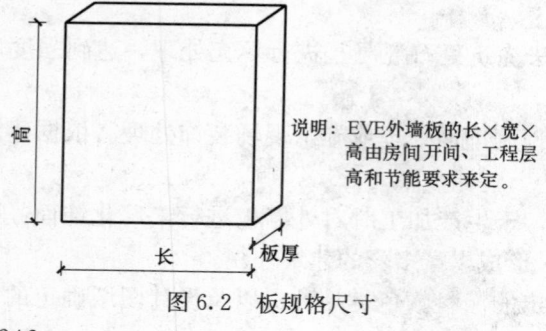

说明：EVE 外墙板的长×宽×高由房间开间、工程层高和节能要求来定。

图 6.2 板规格尺寸

6.2 板材

EVE 外墙板的普遍板材的规格如图 6.2 所示。

6.3 板材的主要吊装设备

外墙板的吊装设备主要有汽车吊及多功能吊装机具等吊装设备。应根据现场条件及结构形式，确定合适的设备，完成外墙板的吊装。

6.3.1 在层数小于 10 层或建筑总高低于 28m 时使用汽车吊进行吊装。

6.3.2 在建筑层数超过 10 层或建筑总高大于 28m 的工程以及场地条件不适合汽车吊的操作部位，选用卷扬机架设在楼面进行吊装。

个别特殊部位需根据现场情况具体设定吊装方案。

7. 质 量 控 制

7.1 产品进场验收

7.1.1 检查 EVE 轻质复合外墙板及各种配件、材料的品种、规格型号等应符合国家现行验收规范和相关技术规范的要求。

检验方法：检查墙板配件及材料的产品合格证书、性能检测报告和材料的复验报告。

7.1.2 EVE 轻质复合外墙板的外观质量及尺寸应符合表 7.1.2-1、表 7.1.2-2 的要求。

检验方法：观察检查、尺量检查。

EVE 轻质复合墙板外观质量及尺寸允许偏差表   表 7.1.2-1

项　目	允许偏差	项　目	允许偏差	检测方法
长度 L	±3mm	外表面平整度	2mm	尺量检查
宽度 B	±2mm	对角线差	6mm	
厚度 T	±1mm	侧向弯曲	L/750mm	

构件外观质量要求及检验方法表   表 7.1.2-2

项　目		质量要求	检验方法
露筋	钢筋网片	不应有	观察、用尺量测
孔洞	任何部位	不应有	观察、用尺量测
蜂窝	主要受力部位	不应有	观察、用百格网量测
	次要部位	总面积不超过所在构件面面积的 1%，且每处不超过 0.01m²	
裂缝	影响结构性能和使用的裂缝	不应有	观察和用尺、刻度放大镜量测
	不影响结构性能和使用的少量裂缝	不宜有	
连接部位缺陷	构件端头混凝土疏松或外伸钢筋松动	不应有	观察、摇动
外形缺陷	装饰表面	不应有	观察、用尺量测
	混水表面	不宜有	
外表缺陷	装饰表面	不应有	观察、用百格网量测
	混水表面	不宜有	
外形沾污	装饰表面	不应有	观察、用尺量测
	混水表面	不宜有	

注：1. 露筋指构件内钢筋未被混凝土包裹而外露的缺陷。
    2. 孔洞指混凝土中深度和长度均超过保护层厚度的孔穴。
    3. 蜂窝指构件混凝土表面缺少水泥砂浆而形成石子外露的缺陷。
    4. 裂缝指伸入混凝土内的缝隙。
    5. 连接部位缺陷指构件连接处混凝土疏松或受力钢筋松动等缺陷。
    6. 外形缺陷指构件端头不直、倾斜、缺棱掉角、飞边和凸肚疤瘤。
    7. 外表缺陷指构件表面麻面、掉皮、起砂和漏抹。
    8. 外表沾污指构件表面有油污或粘杂物。

7.1.3 板材的品种、规格、性能、颜色等应符合设计要求，应有隔声、隔热、阻燃、防潮等性能等级检验报告。

检验方法：观察检查、尺量检查、检查产品合格证书、进场检验记录和性能检测报告。

7.2 一般规定

7.2.1 EVE 外墙板验收时应检查下列文件：

1. EVE 外墙板的深化设计图纸，设计说明及其他设计文件。

2. 材料产品的合格证书、性能检测报告、进场验收记录。

3. 隐蔽工程验收记录。

4. 施工记录。

7.2.2 EVE 外墙板工程应对下列隐蔽工程项目进行验收：

1. 预埋件或拉结筋。

2. 板缝内每道填充材料。

7.2.3 每道检验批应按下列规定划分：

1. 按每一层划分一个检验批或以伸缩缝为准，每层依次增加检验批。

2. 检验批应至少抽查 10%，并不得少于 10 处，如果少于 10 处应全数检查。

7.3 主控项目

7.3.1 安装外墙板所需的预埋件、连接件的位置数量及连接方法应符合设计要求。

检验方法：观察检查、尺量检查、检查隐蔽工程验收记录。

7.3.2 外墙板所用的接缝材料的品种及接缝方法应符合设计要求。

检验方法：观察检查、检查产品合格证书和施工记录。

7.3.3 硅酮耐候密封胶注胶要饱满、密实、平整、无缝隙，注胶宽度、厚度要符合设计要求。

检验方法：观察检查、用分度值为 1mm 的钢直尺测量检查。

7.3.4 粘贴耐碱玻璃纤维布时，与板缝左右基体搭接不得小于 100mm。

检验方法：用钢卷尺测量检查。

7.4 一般项目

7.4.1 外墙板安装应垂直、平整、位置正确，板材不得有裂缝或缺损变形。

检验方法：观察检查、尺量检查、2m 靠尺检查。

7.4.2 螺栓与螺母配套，无锈蚀、无污染、丝扣饱满，预埋件焊接面层无锈蚀、无污染、干净整洁。

检验方法：观察检查。

7.4.3 连接件焊接焊缝宽度为 6～7mm，焊接表面无焊渣，无漏焊。

检验方法：观察检查、焊缝量规检查。

7.4.4 涂刷防锈漆基层表面无污染、无杂物、无锈蚀、无结露，焊缝平滑。

检验方法：观察检查。

7.4.5 防锈漆涂层应均匀，不得有流坠、漏涂、针眼和气泡等质量缺陷。

检验方法：观察检查。

7.4.6 外墙板表面应平整光滑、洁净、外观效果符合设计要求，接缝应均匀顺直，宽度基本一致。外墙板安装的允许偏差和检验方法要符合表 7.4.6。

墙体安装质量偏差表   表 7.4.6

项　　目		允许偏差(mm)	检查方法
EVE 轻质复合墙板墙安装质量允许偏差	表面平整度	−1，+3	2m 靠尺、塞尺
	接缝宽度	−1，+2	
	阴阳角方正	≤3	
	接缝高低差	≤2	

检验方法：观察检查、手摸检查、尺量检查。

8. 安 全 措 施

8.1 施工前编制专项施工方案，制定安全技术措施，并向参加吊装人员进行安全教育和安全技术交底，学习有关吊装技术操作规程；高空临边作业人员应经身体检查合格方可上岗。

8.2 吊装工作开始前应对运输和起重吊装设备以及所用索具等仔细检查，发现有损坏或松动现象的立即调换或修好。

8.3 吊装人员佩戴安全帽，高空临边作业人员系好安全带、穿防滑鞋、带工具袋，禁止穿硬底鞋、高跟鞋。

8.4 起吊前检查设备、绳索、吊环是否可靠，吊索与平面夹角不小于45°。

8.5 起吊构件时，吊具要保持垂直，提升或下降要平稳，尽量避免出现紧急制动或冲击现象。禁止起重机超负荷作业或带病作业。在起重机满载或接近满载时禁止同时进行两种动作。

8.6 吊装过程中，地面吊装范围内不准站人，吊装过程中应派专职安全员进行安全防护与协调。

8.7 严禁外墙板长时间悬挂在空中，作业中遇突发故障，应采取措施将外墙板降落到安全地方，并按设备说明书及时检修。

8.8 四级以上刮风天气及雷雨天气应停止板的安装。

8.9 高空焊接时，焊接周围和下方应采取防火措施，并设有专人监护。

8.10 信号工、吊车、吊装工、安装工人协调配合，按照操作规程施工。

8.11 焊接操作及配合人员必须按规定穿戴劳动防护用品，并必须采取防止触电、高空坠落和火灾等事故的安全措施。

8.12 电缆线应满足操作所需的长度，电缆线上不得堆压物品或让车辆挤压，严禁用电缆线拖拉或吊挂振动器，电缆线不得敷设在水中或在金属管道上通过，各种电源导线严禁直接绑扎在金属架上。

8.13 严禁利用大地做工作零线，不得借用机械本身金属结构做工作零线。

8.14 发生人身触电时，应立即切断电源，然后方可对触电者进行紧急救护，严禁在未切断电源前与触电者直接接触。

8.15 吊篮及外墙板吊装机具应显著的标明容许荷载值，作业人员及物料的总重量严禁超过设计的允许荷载。

9. 环保措施

9.1 成立以项目经理为组长的现场文明施工、环境保护领导小组，严格遵守国家和地方的有关环境保护的法律、法规，制定施工现场绿色施工技术措施，责任区落实到人。

9.2 定期对施工现场文明施工、环境保护管理过程中的各项措施落实情况进行检查，做好检察记录，组织考核工作。

9.3 施工现场物料堆放占用场地应紧凑，机械设备布置合理，尽量节约施工用地。材料堆放、加工应尽量利用废地、荒地，如果现场场地狭小，应选择第二场地堆放材料。

9.4 使用环保涂料，减少对大气的污染。

9.5 尽量避免废料的产生，对施工现场废涂料、电焊条等有毒有害物质派专人进行清理回收，缴纳到政府指定地点。

9.6 对吊装机械设备定期检查，防止设备渗漏油对土壤、水体造成污染。

9.7 制定专项方案，有计划地进行施工，避免夜间施工，减少噪声污染。

10. 效益分析

在整个建筑物的使用过程中，由于外墙与室外空气的直接接触面积最大，所以通过外墙交换的热量也最高，达到整个建筑物总失热的70%～80%，浪费了大量能源。EVE外墙板保温性能优良，外墙传热系数可达到0.45W/(m²·K)以下，大大降低了制冷和采暖等建筑物使用中的能耗，减少日常使用费用。

同时，我国是世界头号混凝土生产和消耗大国，年产混凝土达8亿m³以上，如此大的产量随之而来的是能源的大量消耗和环境的破坏，EVE轻质混凝土墙板每平方米混凝土用量比现浇外墙节约2/3，使建筑物整体节约原材料 15%，减少混凝土使用量，节约了建筑材料，对保护生态环境也起到了一定的作用。

相同节能 65%的条件下 EVE 外墙板与传统砌体外墙材料各项性能对比　　　　　　　　表 10

EVE 板外墙围护结构	砌体结构（砖墙砌块）外墙围护结构
EVE 板外墙厚 180mm，空间占用率小，节约空间，增加使用面积	砌体结构外墙厚 250mm，复合 50mm 厚外墙保温系统，空间占用率大，不利于节约使用空间，减少使用面积
EVE 板外墙面密度<90kg/m²，节约自重 2/3，明显降低基础造价，节约建筑成本	砌体结构外墙面密度 432kg/m²，自重大，基础工程成本相对较高，增加建筑投资
EVE 外墙传热系数≤0.45W/(m²·K)，满足建筑节能 65%以上的要求，能源消耗少，节约大量能源	砌体结构传热系数≥0.6W/(m²·K)，不能满足节能 65%以上的要求，能源消耗大，浪费能源
EVE 板外墙结构每平方米混凝土用量为 0.05m³，建筑材料消耗少，节约大量水泥等建筑原材料	砌体结构每平方米建筑材料用量为 0.25m³，材料用量较大，浪费大量水泥等建筑资源
EVE 板安装便捷，无污染、无噪声、施工速度快，显著提高施工工效，节约工期，符合环境保护要求	砌体工程湿作业、污染大、噪声高、施工速度慢、施工工效低、工期长，不符合绿色环保的要求
生产及安装产业化，工程质量易于控制，机械化程度高，人工用量少	生产及砌筑浪费人工，工程质量人为因素多，不易控制

EVE 外墙板材料用量少，安装简便快捷，从而降低施工成本；板材质量轻，基础承重小，减小对工程的投资；工期短，为整体工程提前交付使用奠定基础，投资商可提前收到效益。

应用 EVE 外墙板社会和经济效益显著，不仅可以降低工程成本，提前收效，还符合国家对经济发展提出的"节约资源，可持续发展的战略"要求，具有广阔的应用前景，我们总结形成的《EVE 轻质复合外墙板施工工法》应用于工程，能够规范、有效、安全、快速的指导施工，推动建筑产业化的发展。

11. 应 用 实 例

11.1　中国电影博物馆外墙围护结构工程

中国电影博物馆建设工程位于北京市朝阳区，建筑面积 38000m²，于 2003 年底开工建设。主体结构为钢—混凝土混合结构，二、三层层高 7m，一、四层层高 8m，平均跨度为 9m，层高高，跨度大。南北立面外墙围护结构选用台湾泰林顿公司生产的纤维水泥保温板复合薄壁轻钢龙骨，内挂硅酸钙板组合结构，现场拼装构成。组合墙体厚度 240mm，传热系数 0.6W/(m²·K)。板缝防水采用聚合物砂浆密封防水。

东西立面外墙围护结构选用北京珠穆朗玛新型建材有限公司生产的外墙板，墙板规格平均为3470mm（高）×2900mm（宽）×180mm（厚）。墙体传热系数<0.45W/(m²·K)，板缝防水选用白云牌中性硅硐耐候密封胶封闭。

该外墙板安装工程于 2005 年 4 月完工，总包单位及监理单位验收，符合设计要求及相关质量标准要求，安装工期快，质量好，获得了业主的认可和好评。

11.2　北京邮电大学软件学院学生公寓工程

北京邮电大学软件学院学生公寓位于昌平区北七家镇，为一至六层钢结构建筑，层高 3m，外墙原设计采用陶粒空心砌块填充外侧粘贴外墙保温系统。后经设计同意选用 200mm 厚 EVE 轻质复合外墙板。与原设计方案相比，建筑整体自重降低约 15%以上。外墙传热系数由 1.1W/(m²·K) 降低到0.4W/(m²·K)，外墙厚度由 300mm 减小到 200mm，工期提前 50d，为建设单位创造了明显的效益。

11.3　北京温都水城报告厅工程

北京温都水城报告厅为 2 层大跨度钢结构建筑，首层为停车场，2 层为多功能报告厅。外墙设计采用 EVE 轻质复合外墙板，板厚 160mm，规格 1000mm（宽）×(900～3900)mm（高），外墙传热系数≤0.45W/(m²·K)。

本工程外墙板采取工厂化饰面处理，在工厂预先喷涂氟碳金属漆，形成仿铝塑板幕墙装饰效果。工程现已施工完毕，应用效果良好，其显著特点是工程造价低、安装速度快、节能效果好、装饰性强、工程质量优良。

"多孔砖＋苯板＋加气混凝土砌块"复合保温墙体施工工法

GJYJGF030—2008

广东省建筑工程集团有限公司

黄健　钟自强　赵资钦　何汉林　梁剑明

1. 前　　言

　　建筑节能是现代建筑技术发展的一个方向和目标。复合保温墙体通过不同墙体材料的组合使用，使墙体具有良好的热工性能，可以同时具有保温节能性能优良、自重轻、施工简便、有效改善室内居住环境等优点，尤其适用于档案馆、图书馆、博物馆等对室内环境要求较高的高耗能建筑。在广东省档案馆（第七届中国土木工程詹天佑奖工程）工程墙体施工中，采用了"多孔砖＋苯板＋加气混凝土砌块"复合保温墙体，解决了普通墙体保温性能差、隔热隔气效果不理想等问题，达到了隔热、防水、隔气、保温等多重功效，取得了显著的节能和使用效果。经广东省科学技术情报研究所科技查新，国内未见有与本施工技术特点相同的文献报道。经广东省建设厅组织有关专家鉴定，该项施工技术达到国内领先水平，并于2009年3月获评为广东省省级工法。

2. 工 法 特 点

　　2.1　充分利用不同墙体材料的特点，合理地组合施工，提高了墙体的防水、隔气、防热辐射及保温等性能，节能效果显著。

　　2.2　改变了传统的拉结筋做法，采用后焊接的S形拉结筋的施工工艺，保证了墙体的整体性，解决了一般墙体拉结筋导致苯板拼装难的问题。

　　2.3　铝箔粘贴施工在没有规范和施工先例的情况下，通过多次试验确定了相关的施工工艺和施工参数，取得了良好的效果。

　　2.4　在外墙体内侧涂刷防水涂料，解决了外墙易渗漏的质量通病，解决了拉结筋位置防水问题。

　　2.5　复合墙体装修可沿用普通墙体做法，不需另外增加施工工序，不会增加装修成本和影响工期。

3. 适 用 范 围

　　适用于对室内环境（温度、湿度等）要求较高、能耗较大的建筑物，如档案馆、图书馆、博物馆等。对酒店、办公楼、住宅等一般建筑，可对复合墙体作适当调整（如减少外围护墙体及内衬墙的厚度、取消防水层等），不仅可以满足建筑物的建筑及使用要求，也同时具有较好的热工性能，达到良好的节能保温功效。

4. 工 艺 原 理

　　复合墙体主要分为三部分，均选用轻质建筑材料，以减轻建筑物自身荷载：外墙为180mm厚多孔砖，主要起外维护作用，内涂聚氨酯防水涂料加贴铝箔，起防潮、隔气、防热辐射传导作用；中间为100mm厚聚苯泡沫板，主要起保温隔热作用；内衬为290mm厚容重为1000kg/m³的加气混凝土砌块，起蓄热作用。为保证墙体的整体性，在墙体内设置 Φ6@800×800 拉接钢筋，使内外墙体牢靠连接。墙体剖面图见图 4。

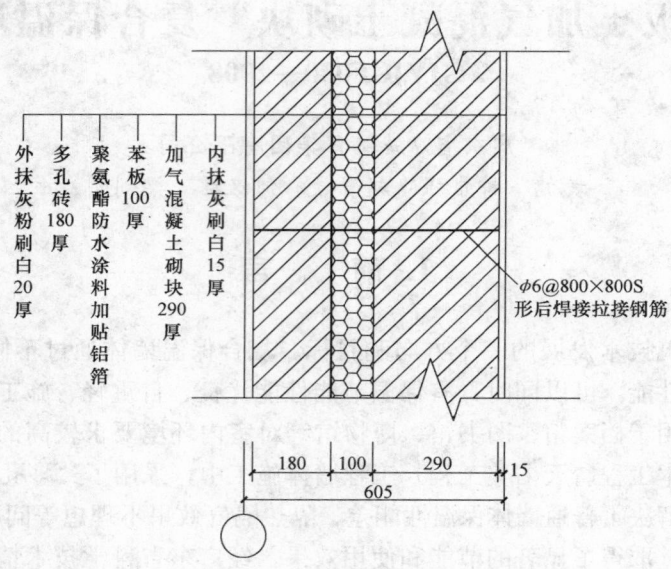

图 4　保温复合墙体构造

通过以上材料的组合作用，复合墙体具有良好的保温、防潮、防气、隔热的特性，可以满足对节能环保要求较高的建筑物的墙体材料要求。对于一般的工业和民用建筑，可根据节能环保要求，对复合墙体进行适当的调整和简化（如取消内衬砌体、减少中间保温层及外围护层的厚度等），也可以取得良好的节能保温效果。

5. 施工工艺流程及操作要点

5.1　施工工艺流程（图 5.1）

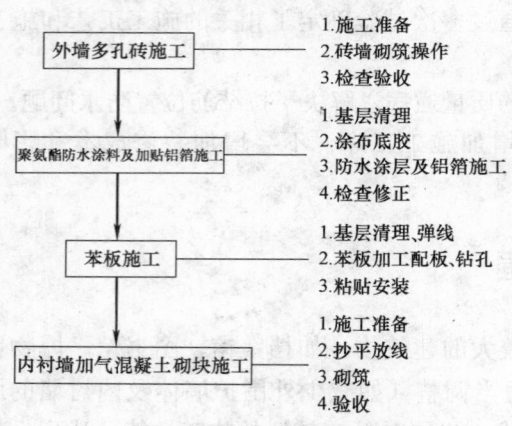

图 5.1　复合墙体施工工艺流程图

5.2　操作要点

施工时，按照自外向内、先下后上、分层施工的原则组织施工。外墙、中间保温层和内部衬墙先后分段往上砌筑，分段高度 1500mm 左右，每层分两段施工，每段自外向内施工，具体施工顺序见示意图 5.2。

5.2.1　外墙多孔砖施工

外墙多孔砖施工工序为：施工准备→砖墙砌筑操作→检查验收。

1. 施工准备

1）材料

砖：砖的品种、强度等级必须符合设计要求，并应规格一致，有出厂合格证明及试验单。

水泥：采用 325 号普通硅酸盐水泥；产品具有出厂合格证明、准用证和试验报告；不同品种的水泥不得混合使用。

砂：采用中砂、砂的含泥量不得超过 5%。

水：采用不含有害物质的洁净水，如自来水。

石灰膏：熟化时间不少于 7d，严禁使用脱水硬化的石灰膏。

2）其他材料：拉结钢筋、预埋件、木砖等均按设计要求准备。

2. 砌筑操作工艺

1）拌制砂浆：

砂浆采用砂浆拌合机机械拌合，手推车上料，磅称计量。材料运输主要采用施工电梯作垂直运输，人工手推车作水平运输。

（1）根据试验提供的砂浆配合比进行配料称量，水泥配料精确度控制在±2%以内；砂、石灰膏等配料精确度控制在±5%以内。

（2）砂浆应用机械拌合，投料顺序为先投砂、水泥、掺合料后加水。时间自投料完毕算起，不得少于 1.5min。

（3）砂浆随拌随用，水泥混合砂浆必须在拌成后 4h 内使用完毕。

2）组砌方法

（1）砖墙砌筑上下错缝，内外搭砌，灰缝平直，砂浆饱满，水平灰缝厚度和竖向灰缝宽度一般为 10mm，但不应小于 8mm，也不应大于 12mm。

（2）砖墙的转角处和交接处应同时砌筑，均为错缝搭接，所有填充墙在互相连接、转角处及与混凝土墙连接处沿墙高设置 2¢6@600 通长拉结筋。对不能同时砌筑而又必须留置的临地间断处应砌

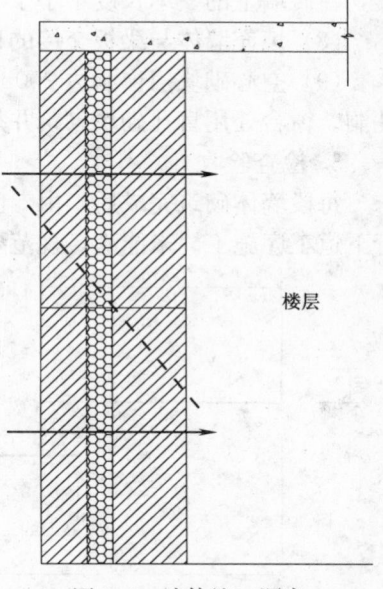

图 5.2 墙体施工顺序

成斜槎，并加设拉结筋，拉结筋的数量为两根直径 6mm 的钢筋，间距沿墙高布置@50cm 一排，埋入长度从墙的留槎处算起，每边均不应小于 50cm，末端应有 90°弯钩。

（3）隔墙和填充墙的顶面与上部结构接触处用侧砖或立砖斜砌挤紧。

3）砖墙砌筑

（1）摆砖样：外墙第一皮砖摺底时，横墙应排丁砖，前后纵墙应排顺砖。根据已弹出的窗门洞墨线，核对门窗间隔间墙、附墙柱（垛）的长度尺寸是否符合排砖模，如若不合模数时，则要考虑好砍砖及排放的计划。砍砖或丁砖排在窗口中间、附墙柱（垛）旁或其他不明显的部位。

（2）选砖：选择棱角整齐、无弯曲裂纹、规格基本一致的砖。

（3）盘角：砌墙前先盘角，每次盘角砌筑的砖墙角度不要超过五皮，并应及时进行吊靠，如发现偏差及时修整。盘角时要仔细对照皮数杆的砖层和标高，控制好灰缝大小，使水平灰缝均匀一致。每次盘角砌筑后进行检查，平整和垂直完全符合要求后才可以挂结砌墙。

（4）挂线：砌筑一砖厚及以下者，采用单面挂线；砌筑一砖半厚及以上者，必须双层挂线。如果长墙分几段同时砌筑共用一根通线时，中间设置支线点；小线要拉紧平直，每皮砖都要穿线看平，使水平缝均匀一致，平直通顺。

（5）砌砖：砌砖采用挤浆法，或者采用三一砌砖法。三一砌砖法的操作要领是一铲灰、一块砖、一挤揉，并随手将挤出的砂浆刮去。操作时砖块要平、跟线，砌筑操作过程中，以分段控制游丁走缝和乱缝。砌筑过程中进行自检，如发现有偏差，随时纠正，严禁事后采用撞砖纠正。随砌随将溢出砖墙面的灰迹刮除。

（6）拉结筋与木砖预埋：拉结筋按照长度稍小于墙体厚度预先制作，在外墙砌筑时按照 800mm×800mm 间距梅花形预留。木砖应经防腐处理，预埋时小头在外，大头在内，数量按洞口高度确定；洞口高度在 1.2m 以内者，每边放 2 块，高度在 2～3m 者每边放 4 块。预埋木砖的部位一般在洞口上下四皮砖处开始，中间均匀分布。门窗洞口考虑预留后安装门窗框，要注意门窗洞口宽度及标高符合设计要求。为避免拉结筋对后续贴铝箔和苯板安装工序施工的影响，采用后焊结的 S 形拉结筋，即拉结筋分为两段，外围护墙砌筑时预埋一段，待铝箔粘贴、苯板安装施工完成后，砌筑内侧围护墙体时焊接另一段，使之成为整体。具体如图 5.2.1-1、图 5.2.1-2 所示。

（7）门窗过梁当洞口宽度 $L < 800mm$ 时，用钢筋砖过梁，当 $L \geqslant 800mm$ 时，用现浇钢筋混凝土过

梁，在砖墙上的支承长度不小于 240mm；当支承长度不足时，应按过梁与柱、墙直接连接处理。

（8）填充墙体与梁板交接的顶砖用实心小砌块，并斜砌顶紧。

（9）空心砌块门窗洞边 200mm 内的砌体采用不低于 M5 的砌筑砂浆或 C15 细石混凝土填实砌块的孔洞。窗台处用盲孔砌块砌筑并加设钢筋混凝土窗台板，且铺设 2Φ6 钢筋。

3. 检查验收

每段墙体砌筑完成后，由专门的质量检查员按照规范要求进行检查，满足要求予以验收后方可进行下道工序施工。未能满足规范要求的进行整改，直至达到要求后方可验收。

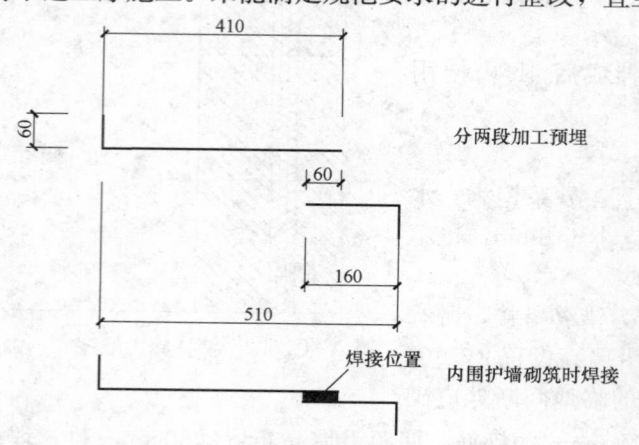

图 5.2.1-1 后焊接 S 形拉结筋示意图 图 5.2.1-2 后焊接 S 筋施工图片

5.2.2 聚氨酯防水涂料及加贴铝箔施工

在外围护墙体内侧涂刷聚氨酯防水涂料加贴铝箔，使墙体具有防水和热反射特性，进一步提高复合墙体的热工性能。施工工艺流程如下：

基层清理→涂布底胶→防水涂层及铝箔施工→检查修正。

1. 基层清理：施工前将验收合格的基层表面灰尘、杂物清理干净，并测定基层干燥度是否符合施工要求。

2. 涂布底胶：此工序目的是隔断基层潮气，防止防水涂膜起鼓脱落；加固基层，提高涂膜与基层的粘结强度，防止涂层出现针气孔等缺陷。先按照配比用搅拌机械把聚氨酯底胶搅拌均匀，即可使用。涂布底胶小面积可用油漆刷蘸底胶在施工部位均匀涂布，也可用长把滚刷进行大面积涂布施工。涂胶要均匀，不得过厚或过薄，更不允许露底。一般涂布以 0.15kg/m² ～ 0.2kg/m² 为宜。底胶涂布后要干燥固化后 24h 以上，才能进行下一道工序的施工。

3. 防水涂层及铝箔施工（图 5.2.2-1、图 5.2.2-2）：

1）涂膜防水材料的配制：根据材料说明书的配比，将聚氨酯组分按照配比倒入拌料桶中，用转速

图 5.2.2-1 防水涂料施工

图 5.2.2-2 铝箔粘贴

为 100～500r/min 的电动搅拌器搅拌 5min 左右，即可使用。

2）第一度涂层施工：在底胶基本干燥固化后，用塑料或橡胶刮板均匀涂刮一层涂料，涂刮时要求均匀一致，不得过厚或过薄，涂刮厚度一般以 1.5mm 左右为宜（即涂布量 1.5kg/m² 为宜）。涂刮时，按照自上而下顺序施工。

3）第二度涂层施工：在第一度涂层固化 24h 后，再在其表面刮涂第二度涂层，涂刮方法同第一度涂层。为了确保防水工程质量，涂刮的方向必须与第一度的涂刮的方向垂直。重涂时间的间隔，由施工时的环境温度和涂膜固化的程度（以手触不粘为准）来确定，一般不得小于 24h，也不宜大于 72h。

4）粘贴铝箔：根据粘贴部位的尺寸，将铝箔裁剪成相应大小的铝箔片，为方便施工，铝箔片不易过大，一般以 1.5m×1.5m 为宜。在有拉结筋的位置相应开出小孔，然后用胶粘剂点涂铝箔背面，点涂后对准粘贴部位粘贴到防水层上。粘贴与防水卷材点粘法施工基本相同，每平方米铝箔下点粘五点（100mm×100mm），粘贴面积不大于总面积的 6%。粘贴在防水层固化后进行（以手触不粘为准）。每片铝箔之间搭接宽度为 5～10mm。

4. 检查修正：对完成的防水层及铝箔检查，检查重点是防水层有无空鼓、滑移、翘边、起泡、皱折、损伤，铝箔铺贴、搭接是否平整、牢固等。发现问题及时予以整改修正。

5.2.3 苯板保温层施工

苯板保温层施工工艺流程如下：基层清理、弹线→苯板加工配板、钻孔→粘贴安装。

1. 基层清理、弹线：清除基层表面杂物垃圾，然后以窗洞口为基准向两边按照板宽弹出控制线。

2. 苯板配板、钻孔：按照施工大样下料配板，除考虑窗洞的影响外，还要考虑层高、边框梁的影响。为保证配板的准确，可采用 CAD 放样下料。配板完成后，按照拉结筋的位置钻孔。

3. 粘贴安装：采用点贴方式进行粘贴。粘结材料根据专用胶粘剂的使用说明书提供的掺配比例配制，专人负责，严格计量，机械搅拌，确保搅拌均匀。拌合好的胶粘剂在静停 5min 后再搅拌方可使用。胶粘剂必须随拌随用，拌合好的胶粘剂应保证在 1h 内用完。凡在聚苯板侧边外露处（如伸缩缝、门窗洞口处），都应做网格布翻包处理。粘贴时要注意：

1）阴阳角处必须相互错槎搭接粘贴。

2）门窗洞口四角不可出现直缝，必须用整块聚苯板裁切出刀把状，且小边宽度≥200mm。

3）粘贴方法采用点粘法，必须保证粘接面积不小于 30%。

4）聚苯板抹完专用胶粘剂后必须迅速粘贴到墙面上，避免胶粘剂结皮而失去粘接性。

5）粘贴聚苯板时应轻柔、均匀挤压聚苯板，并用 2m 靠尺和拖线板检查板面平整度和垂直度。粘贴时注意清除板边溢出的胶粘剂，使板与板间不留缝。

5.2.4 内衬墙加气混凝土砌块施工

内衬墙采用 290 厚加气混凝土砌块，其施工工艺包括：施工准备→抄平放线→砌筑→验收。

1. 施工准备：按照施工计划安排及设计要求购进砌块，按现行标准进行验收；砌块运至现场，分规格分等级堆放，并在堆垛上设立标识，标明品种、规格、强度等级，一般堆放高度不超过 1.6m，堆垛间留设通道。水泥进入现场时必须有出厂检验报告和准用证。现场设的水泥库房中，按品种强度等级、出厂日期分别堆放，并保持干燥。提前做好砂浆配合比技术交底及配料的计量准备。在砌筑前一天将砌块及砌筑面洒水湿润，洒水不能过干也不能过湿，以渗入砌块表层 0.8～1.2cm 为宜。砌筑时的含水率控制在 15%～20% 之间。

图 5.2.3　苯板安装

2. 抄平放线：弹出建筑物的主要轴线及砌体的控制边线，经技术复核，检查合格后，方可进行施工。砌筑前按砌块尺寸计算皮数和排数，编制排列图。

3. 砌筑：砌块墙砌筑应上下错缝，内外搭砌，灰缝平直，砂浆饱满，水平灰缝厚度和竖向灰缝宽度一般为10mm，但不应小于8mm，也不应大于12mm）。砌体填充墙沿柱（包括框架柱、混凝土墙、构造柱）高每隔500mm配置2Φ6墙体拉筋，拉筋锚固长度取250mm，拉筋伸入墙内应不小于墙长的1/5且不小于700mm。当墙上有门窗洞口时，圈梁位置宜与门窗洞口上方的过梁同一高度位置且连接，当圈梁被洞口截断时，应在洞口上方按圈梁要求增设附加圈梁，附加圈梁与圈梁的搭接长度不应小于2H（H为圈梁与附加圈梁的垂直距离），且不应小于1m。具体砌筑方法为：

1) 砌墙前先拉水平线，在放好墨线的位置上，按排图从墙体转角处或定位砌块处开始砌筑，第一皮砌块下铺满砂浆，砌筑采用主规格砌块为主，镶砌为次，砌块错缝搭接，搭接长度不小于块高的1/3，也不小于150mm。

2) 根据墙体施工平面放线和设计图纸上的门、窗位置大小、层高、砌块错缝、搭接的构造要求和灰缝大小，在每片砌块墙砌筑前应按预先绘制好的墙面砌块排列图把各种规格的砌块需要镶砖的规格尺寸进行排列摆放，把每片墙修改部分记录在立面排列图上，以供实砌使用。

3) 砌块墙体的砌筑，从外墙的四角和内外墙的交接处砌起，然后通线全墙铺开。砌筑时采用满铺坐的砌法，满铺砂浆每边缩进墙边10～15mm（避免砌块坐压砂浆流出墙面），用摩擦式夹具吊砌块依照立面排列图就位。待砌块就位平稳并松开夹具后即用垂球或托线板调整垂直度，用拉线的方法检查其水平度。校正时可用人力轻微推动或用撬杠轻轻撬动砌块，重量在150kg以下的砌块可用木锤敲击偏高处，镶砖补缺工作与安装坐砌紧密配合进行。竖向灰缝可用上浆法或加浆法填塞饱满，随后即通线砌筑墙体的中间部分。

4) 砌筑时控制好砌块的含水率。加气混凝土砌块不允许雨淋，炎热夏天可适当洒水后再砌筑。

5) 砌墙前先拉水平线，在放线墨线的位置上，按排列图从墙体转角处或两端头砌块处开始砌筑，第一块砌块下满铺砂浆。

6) 砌块错缝砌筑，相互错开，保证灰缝饱满。搭接长度不宜小于90mm，否则在灰缝中设置拉结网或钢筋。

7) 一次铺设砂浆不超过800mm，铺浆后立即放置砌块，可用木锤敲击摆正、找平。

8) 砌体转角处要咬搓砌筑，纵横交接处未咬搓时应设拉结措施。

9) 砌筑墙端时，砌块与框架柱面或剪力墙靠紧，填满砂浆，并将柱或墙上预留的拉结筋展开，砌入水平灰缝中。

10) 砌加气混凝土至梁顶200mm处即等待下部砌体变形稳定后，一般5d左右补砌，上部200mm用水泥砖，斜砌补平。

4. 验收：施工完成后，班组自检后由专职质量检查员验收并记录，主要检查墙体表面的平整度、垂直度、灰缝的均匀度及砂浆的饱满度等，应参照有关施工规程执行，校正所发现的偏差。

图5.2.4 完成的墙体侧面

5.3 劳动力组织

劳动力组织情况见表5.3。

劳动力组织情况表 表5.3

序　号	单项工程	所需人数	备　注
1	管理人员	8	
2	技术人员	4	
3	砌筑施工	50	
4	防水卷材施工	30	
5	苯板施工	30	
6	杂工	5	
	合　计	127	

6. 材料与设备

本工法使用的材料包括空心砖、苯板、加气混凝土砌块、聚氨酯防水材料、中砂、水泥等，以上材料无特殊要求和特别说明。采用的机具设备见表6。

机具设备表 表6

序　号	设备名称	设备型号	单　位	数　量	用　　途
1	砂浆搅拌机		台	6	搅拌砌筑砂浆
2	切割器、手锯		台	2	苯板加工切割
3	电动搅拌器		台	3	制作苯板胶粘剂
4	电动搅拌器		个	3	制作卷材胶粘剂
5	铁抹子		个	6	封口收边

7. 质量控制

7.1 工程质量控制标准

砌体工程施工质量执行《砌体工程施工质量验收规范》GB 50203—2002，防水工程施工质量执行《地下防水工程质量验收规范》GB 50208—2002涂料防水层项目。具体如下：

7.1.1 砌体工程质量控制标准

1. 主控项目：

砖、砌块和砌筑砂浆的强度等级应符合设计要求。

检验方法：检查砖或砌体的产品合格证书、产品性能检查报告和砂浆试块试验报告。

2. 一般项目：

1) 填充墙砌体一般尺寸的允许偏差应符合表7.1.1-1的规定。

填充墙砌体一般尺寸的允许偏差 表7.1.1-1

项　　次		项　　目	允许偏差（mm）	检　验　方　法
1		轴线位移	10	用尺检查
	垂直度	≤3m	5	用2m托线板或吊线、尺检查
		>3m	10	
2		表面平整度	8	用2m靠尺和楔形塞尺检查
3		门窗洞口高、宽（后塞口）	±5	用尺检查
4		外墙上、下窗口偏移	20	用经纬仪或吊线检查

抽检数量：

① 对表中1、2项，在检验批的标准间中随机抽查10％，但不应少于3间；大面积房间和楼道按两个轴线或每10延长米按一标准间计数。每间检验不应少于3处。

② 对表中3、4项，在检验批中抽查10％，且不应少于5处。

2) 蒸压加气混凝土砌块砌体和轻骨料混凝土小型空心砌块砌体不应与其他块材混砌。

抽检数量：在检验批中抽检20％，且不应少于5处。

检验方法：外观检查。

3) 填充墙砌体的砂浆饱满度及检验方法应符合表7.1.1-2的规定。

抽检数量：每步架子不少于3处，且每处不应少于3块。

4) 填充墙砌体留置的拉结钢筋或网片的位置应与块体皮数相符合。拉结钢筋或网片应置于灰缝中，埋置长度应符合设计要求，竖向位置偏差不应超过一皮高度。

填充墙砌体的砂浆饱满度及检验方法 表 7.1.1-2

砌 体 分 类	灰 缝	饱满度及要求	检 验 方 法
空心砖砌体	水平	≥80%	采用百格网检查块材底面砂浆的粘结痕迹面积
	垂直	填满砂浆，不得有透明缝、瞎缝、假缝	
加气混凝土砌块和轻骨料混凝土小砌块砌体	水平	≥80%	
	垂直	≥80%	

抽检数量：在检验批中抽检 20%，且不应少于 5 处。

检验方法：观察和用尺检查。

5）填充墙砌筑时应错缝搭砌，蒸压加气混凝土砌块搭砌长度不应小于砌块长度的 1/3；轻骨料混凝土小型空心砌块搭砌长度不应小于 90mm；竖向通缝不应大于 2 皮。

抽检数量：在检验批的标准间中抽查 10%，且不应少于 3 间。

检查方法：观察和用尺检查。

6）填充墙砌体的灰缝厚度和宽度应正确。空心砖、轻骨料混凝土小型空心砌块的砌体灰缝应为 8～12mm。蒸压加气混凝土砌块砌体的水平灰缝厚度及竖向灰缝宽度分别宜为 15mm 和 20mm。

抽检数量：在检验批的标准间中抽查 10%，且不应少于 3 间。

检查方法：用尺量 5 皮空心砖或小砌块的高度和 2m 砌体长度折算。

7）填充墙砌至接近梁、板底时，应留一定空隙，待填充墙砌筑完并应至少间隔 7d 后，再将其补砌挤紧。

抽检数量：每验收批抽 10%填充墙片（每两柱间的填充墙为一墙片），且不应少于 3 片墙。

检验方法：观察检查。

7.1.2 涂料防水层工程质量控制标准

1. 主控项目

1）涂料防水层所用材料及配合比必须符合设计要求。

检验方法：检查出厂合格证、质量检验报告、计量措施和现场抽样试验报告。

2）涂料防水层及其转角处、变形缝、穿墙管道等细部做法均须符合设计要求。

检验方法：观察检查和检查隐蔽工程验收记录。

2. 一般项目：

1）涂料防水层的基层应牢固，基面应洁净、平整，不得有空鼓、松动、起砂和脱皮现象；基层阴阳角处应做成圆弧形。

检验方法：观察检查和检查隐蔽工程验收记录。

2）涂料防水层应与基层粘结牢固，表面平整、涂刷均匀，不得有流淌、皱折、鼓泡、露胎体和翘边等缺陷。

检验方法：观察检查。

3）涂料防水层的平均厚度应符合设计要求，最小厚度不得小于设计厚度的 80%。

检验方法：针测法或割取 20mm×20mm 实样用卡尺测量。

4）侧墙涂料防水层的保护层与防水层粘结牢固，结合紧密，厚度均匀一致。

检验方法：观察检查。

7.1.3 粘贴铝箔层工程质量控制标准

粘贴的铝箔层应与防水涂料层粘结牢固，表面平整、均匀，无大面积（≥30cm²）皱折、鼓泡、无露底和翘边等缺陷。

7.2 质量保证措施

7.2.1 砌筑工程质量保证措施

1. 为防止墙柱交界处出现纵向裂缝，砌块应紧靠柱壁砌筑，砌筑时灰缝要饱满密实，注意减少缝的厚度和原浆随手压缝；按规定锚入拉结筋。

2. 为防止出现墙、梁交界处的水平裂缝，梁底采用灰砂砖斜砌，砌块顶满铺砂浆顶紧梁底，并控制码口高度和最上一皮砌筑高度。

3. 所有砌体拟砌筑的砌块，必须控制其含水率满足工艺要求才允许使用。

4. 改善砌筑砂浆和易性，控制抹灰层的厚度、配比和操作工艺。

5. 控制墙体的砌筑长度，按设计或规范要求加设构造梁、柱。

6. 每日砌筑高度控制在1.5m左右，砌筑至梁底约200mm左右处应静停7d后待砌体变形稳定后，再用同种材质的实心辅助小砌块斜砌挤紧顶牢。

7. 砌筑时灰缝要做到横平竖直，上下层十字错缝，转角处应相互咬槎，砂浆要饱满，水平灰缝不大于15mm，垂直灰缝不大于20mm，砂浆饱满度要求在90％以上，垂直缝宜用内外临时夹板灌缝，砌筑后应立即用原砂浆内外勾灰缝，以保证砂浆的饱满度。

8. 墙体的施工缝处必须砌成斜槎，斜槎长度应不小于高度的2/3。

7.2.2 聚氨酯防水涂料及加贴铝箔施工质量保证措施

1. 材料进场须有生产厂家提供的产品合格证、检测报告，之后按规范要求对进场材料进行抽样检测，符合规范要求方可用于施工。

2. 防水层施工完成后要做好成品保护，防止破坏。

3. 防水涂料组分贮存时应密封，放在阴凉、干燥、无强日光直晒的场地，避免产生化学变化。

4. 铝箔粘贴时要3～4人配合施工，力度适中，避免破坏铝箔。

7.2.3 苯板保温层施工质量保证措施

1. 安装前先进行预排，根据预排情况开料安装。预排从门窗口开始，必要时用CAD辅助排板开料。

2. 胶粘剂随用随开，在相邻板侧面、上面要满刮胶粘剂，在板中间需用大于30％板面面积的胶粘剂做梅花状布点，且间距不大于300mm，与主墙体粘牢。

3. 粘贴时注意清除板边溢出的胶粘剂，使板与板间不留缝。

8. 安全措施

8.1 建立健全安全生产责任制，制定安全生产技术措施，做好安全技术交底。

8.2 脚手架、斜道、安全网的设置必须符合规范要求，安排专人每天巡检。

8.3 脚手架和楼面堆放砌块，不能超过规定允许的施工荷载。

8.4 施工机械要专人专机操作。经常检查，保证设备完好。

8.5 施工现场严禁烟火，在施工现场以外地区设置专门的吸烟区。

8.6 防水涂料、苯板等施工材料放置在专门设置的仓库内，按照施工需要凭材料单领取材料。现场材料堆放要整齐，定点摆放，周边禁止动火作业。当天未使用完的材料要放回库房，严禁留放在施工现场。

9. 环保措施

9.1 在施工场地设置分类垃圾回收箱，不同的建筑垃圾分类回收处理。

9.2 施工现场内所有机器与设备的布置与使用，都尽可能远离周边现有住宅。

9.3 现场设立集浆池，对废浆、污水进行集中，认真做好无害化处理，从根本上防止施工废浆乱流。

9.4 垃圾运输使用专门的密封式车辆，场地门口设洗车槽，车辆必须清洗干净方可驶出工地。

10. 效 益 分 析

10.1　通过复合墙体取代普通的墙体结构，极大地提高了建筑物节能保温性能，大大降低了空调能耗。在广东省档案馆工程中采用了多孔砖＋苯板＋加气混凝土砌块复合保温墙体，建筑物在关闭所有空调等能源后62h，使用库房室内温度变化不超过2℃，显示了该墙体优异的热工性能。对比同类型建筑物，初步估算节约能耗50％以上，大大降低了建筑物使用期间的能耗，节能效益显著。

10.2　复合墙体具有良好的抗渗性能，避免了外墙出现渗漏的通病，节约了建筑物后期维护保养成本。

11. 应 用 实 例

广东省档案馆新馆工程位于广州市天河北路，由档案大楼和综合楼组成，总建筑面积44385m²，其中档案大楼设地上25层，地下1层（局部2层），建筑面积34598m²，结构高度为85.20m，综合楼设地上18层，地下1层，建筑面积9787m²。档案大楼五楼以上为档案用房。档案馆使用环境要求较高，对温度、湿度等都有特殊的要求，能源消耗较大，因此对外墙的热工、保温、隔气、隔热要求较高，普通砌筑墙体无法满足要求。

图11-1　广东省档案馆墙体照片1

图11-2　广东省档案馆墙体照片2

图11-3　广东省档案馆（获第七届中国土木工程詹天佑奖）

在施工中，采用了多孔砖＋苯板＋加气混凝土砌块复合保温墙体，整个外墙砌筑面积接近5000m²。该墙体具有防水、隔气、防热辐射及保温等多重作用，尤其是具有优良的热工性能，极大地节省了能源消耗，完全满足工程使用要求及节能环保要求。

该馆自2004年投入使用以来，节能效果明显，使用效果良好。该工程因应用了包括复合墙体在内的多项建筑节能新技术，荣获第七届中国土木工程詹天佑奖。

多功能直立锁边铝镁锰合金金属屋面施工工法

GJYJGF031—2008

北京建工博海建设有限公司　北京中邦韦伯建筑工程有限公司

王鑫　宋盛国　熊伟　陈洋　杨惠昌

1. 前　　言

mega-roof® 金属屋面系统是近几年来从瑞士引进的一种具有良好防水功能的直立锁边金属屋面系统，可以轻易地满足各种复杂多样的建筑造型。mega-roof® 金属屋面构造的多层次设计使其成为具有防水、保温、防潮、隔声、吸声等功能的综合性屋面系统。国家会议中心为奥林匹克公园中心区内的2008年奥运会的重点工程之一，要实现人文、科技、绿色奥运的目标，会议中心金属屋面使用的材料全部为环保检验合格材料。金属屋面以其良好的防水性能及建筑功能，能够充分的实现建筑师的灵感效果和设计造型，因此在大型公共建筑屋面设计越来越多采用金属屋面。

2. 工 法 特 点

2.1　为使屋面满足各项建筑功能，本屋面构造复杂，施工严谨。从上往下依次设置有刚性防水层—抗噪层—二次柔性防水层—隔声层—保温层—隔汽层—吸声层—内衬板。

2.2　屋面板现场制作，不受长度限制，板块没有中间连接，提高了生产效率，避免了板块的运输等环节，可降低建设成本。超长板运输及水平、旋转运输解决长板的安装难题。

2.3　采用直立锁边结构，整个屋面系统没有任何贯穿面板的螺栓、铆钉固定，屋面没有一个隐患渗漏点。屋面板纵向通长无搭接，由檐沟一直通到屋脊，面板可长达100m甚至更长，特殊的连接方式使其在长度方向可自由伸缩，而板块构造又可实现自身可吸收横向的变形量，不用担心因为温度应力而发生的破坏现象。

2.4　大部分材料均为卷材，铺设速度快。尤其是能够分段分片施工，效率高，安装质量好。

2.5　金属屋面板扣接在铝合金支座上，相邻屋面板通过板肋上的卷边咬合在一起，最后用锁边机机械锁边固定，机械化程度高，施工速度快，质量有保证。

2.6　除金属屋面系统外，本屋面分项工程还包括天沟、檐口、百叶、沉井、天窗以及侧窗等部分，因此需要合理的安排施工顺序和交叉作业对保证工期和质量起到了至关重要的作用。

2.7　屋面工程施工属于高空作业，保证施工作业安全也是本工程的难点之一。

2.8　国家会议中心的屋面，突出了奥运要求，即人文奥运、绿色奥运、科技奥运理念。由于本项目在奥运会期间作为国际广播电视中心（IBC）用房，奥运会后将成为北京举行国际性会议，综合展示活动具有国际一流水平的大型公共建筑，因此设计师对屋顶的结构性能、防水、吸声和隔声等功能提出了严格的要求，除了要有一套成熟的设计图纸，施工质量决定了这些功能能否实现。

3. 适 用 范 围

该工法适用于大型公共建筑和体育比赛场馆、戏院、影院、机场设施及大型厂房等屋面工程。

4. 工 艺 原 理

通过将转接件（即：帽檩）趴焊在主体钢结构梁的上表面，实现屋面系统与主体结构联体。

通过各层次材料组合，实现建筑工程要求。金属屋面板和二次柔性防水层用于防水，玻璃棉用于抗噪声，玻璃棉＋岩棉用于保温，防潮石膏板用于隔声，玻璃棉和穿孔内衬板组合用于室内吸声等。

通过隔水汽层和二次防水层，保证屋面结构内材料的干燥以满足长久使用功能的需要。

通过直立锁边机对屋面板的锁边，使金属屋面板和铝支架咬合在一起，消除了面板螺栓固定和耗工穿孔，实现长度方向的任意变形。

在屋面板穿洞位置（如天线等）采用氩弧焊接铝合金板封口，代替使用密封胶等易老化失效的密封方式。

设置屋面天沟收集屋面雨水，天沟内装虹吸排水口将雨水收集到雨水池，供消防用水。

5. 施工工艺流程及操作要点

5.1 工艺流程（图5.1）

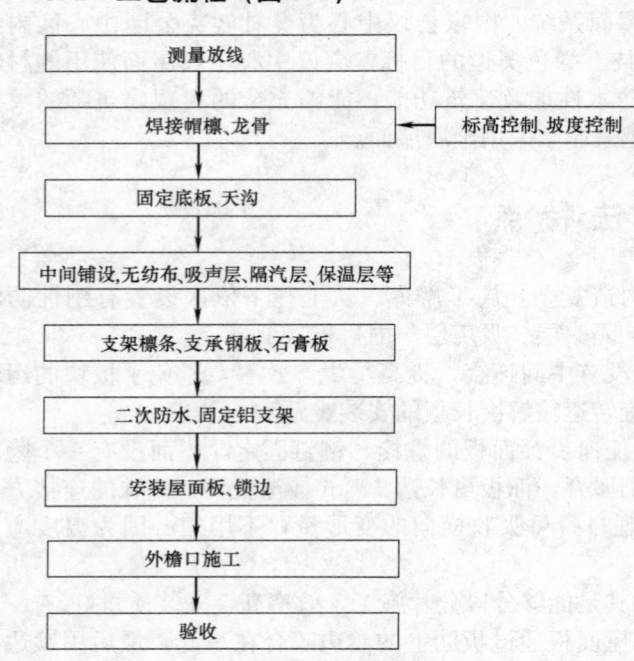

图5.1 施工工艺流程图

1. 底板从低向高处铺设。

2. 保证纵向搭接宽度不小于60mm，且搭接线需位于檩条上表面正上方（图5.2.3），自攻螺钉固定在底板波谷中间。

3. 保证横向搭接至少一个波峰。

5.2 操作要点

5.2.1 测量放线

1. 以结构标高，按照屋面设计坡度放线，确定帽檩纵向中位置及轴线标高、坡度。

2. 以水准仪及拉钢线，按坡度标出每一帽檩的调整标高。

3. 大于四级风时，不得进行测量工作。

5.2.2 帽檩安装施工

1. 按照坡度要求，帽檩的上表面标高控制是金属屋面的基础，必须使帽檩的上表面与屋面的坡度造型曲线一致（图5.2.2），因此帽檩在安装时首先确定最高标高处与最低点，或曲线变化的切点位置，以钢线牵拉，使帽檩上表面与坡度、曲线一致。

2. 支架檩条在安装时需再次调整其标高及坡度以保证高强铝支架在纵向和横向标高和坡度的一致性。

5.2.3 底板安装

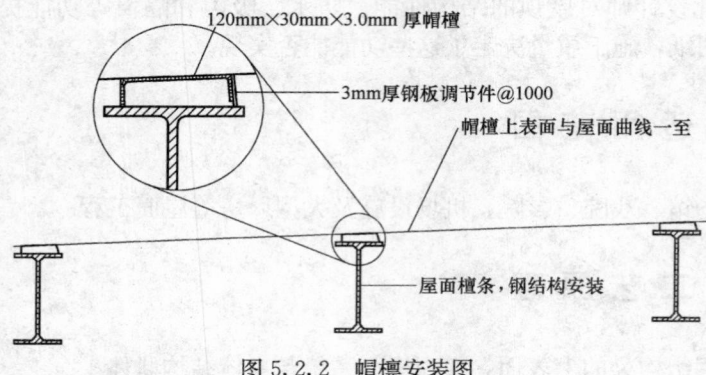

图5.2.2 帽檩安装图

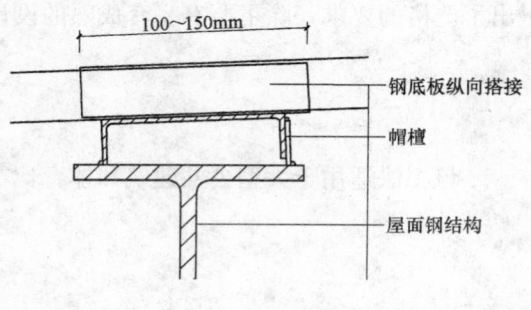

图5.2.3 底板安装搭接节点大样图

5.2.4 无防布的铺设，在有穿孔的底板上面为了防止玻璃棉纤维落到室内，需铺设无纺布。为保证无纺布搭接密实，需顺底板方向铺设无纺布，搭接宽度不小于100mm。

5.2.5 吸声玻璃棉铺设，玻璃棉和穿孔底板结合在一起才能起到良好的吸声效果，本工程采用50mm厚容重12kg的玻璃棉，为确保吸声效果，玻璃棉铺设要求要严密。对于构件支承钢部位应用吸声板对构件四周进行填塞处理。

5.2.6 隔汽层铺设，本工程隔汽层采用杜邦公司生产的屋面专用防潮隔汽层，隔水汽层铺设应平整，搭接可靠，搭接宽度为40mm。其纵向搭接偏差≤±15，横向搭接偏差≤±20。在支撑件处隔水汽层被断开的部位以胶带粘结。粘接宽度不小于20mm。

5.2.7 保温棉在铺设前堆放在干燥的有顶的库房内，在使用前不得拆开塑料包装袋；在保温棉铺设的前一天应收看天气预报，确保在无雨的天气铺设保温棉；在49℃，相对湿度为90%时，保温棉含水率不大于其重量的5%。

保温层岩棉和玻璃棉分层铺设，接缝处采取挤压法使缝隙处密实，岩棉上面铺设第二层岩棉或玻璃棉时应错开量，最少100mm，使保温层均匀密实（图5.2.7-1）。为了防止大面积铺棉后天气变化，必须以天气情况划分当时的工作量，以便保温完成后能全面完成钢承板，石膏板及压条安装，并确保做好二次防水层铺设。玻璃棉铺设时以起拱压平以使铺设密实（图5.2.7-2）。

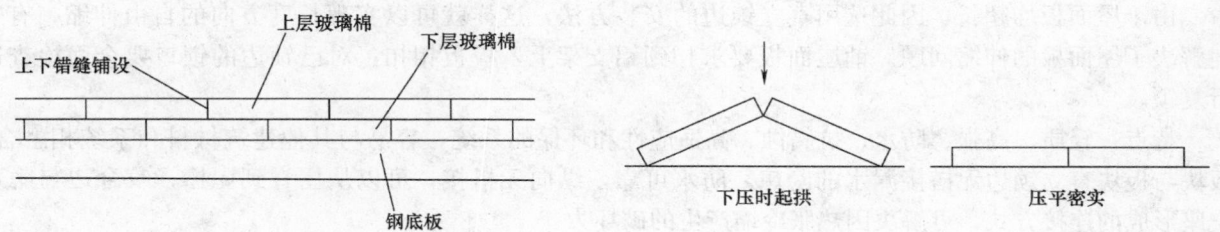

图5.2.7-1 保温层铺设示意图之一　　　　图5.2.7-2 保温层铺设示意图之二

5.2.8 钢承板是用来支承隔声石膏板。防止工人在二次防水层和降噪层施工中会踩在石膏板上而断裂，如加钢承板即压型钢板使石膏板有支撑而不被踩坏，为了保证石膏板层隔声效果，需在石膏板的接缝处加2mm厚的100宽的镀锌钢板压条（图5.2.8），以保证隔声效果。

5.2.9 铺设二次防水层是为了防止一旦屋面板有部分渗漏，造成雨水渗入屋面，二次防水层即将二次防水层上的水导入天沟，使水气不能进入到屋面之内，因此要求二次防水层铺设时不得有漏点。二次防水层采用杜邦生产的防水透气膜，铺设时采用顺水方向，上下搭接，搭接宽度不小于150mm，接缝位置采用专用胶带密封，在铝支架与支架檩条间需用丁基胶带压实，使其封闭，对于支撑部位，以丁基胶带粘四周（图5.2.9）。可参考国家建筑标准设计图集07CJ09。

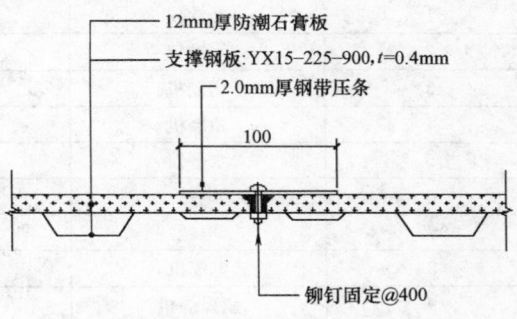

图5.2.8 石膏板的接缝节点大样图

5.2.10 铺降噪层以30mm空间铺设50mm厚低容重玻璃棉，以使玻璃棉与屋面板充分接触，而且容重低使得屋面受到大雨点下落时降低雨点击打声，避免空腔时金属打击声。

5.2.11 长板运输，采取悬索提升法（图5.2.11）。

1. 以三块板重合牵拉为宜。

2. 屋面板旋转为宜（由于屋面板较长，提升到屋面后需旋转90°）。

5.2.12 屋面板的安装

支撑屋面板的铝支架安装过程中，按照屋面的坡度，对每排每行铝支架拉通线进行控制，保证铝

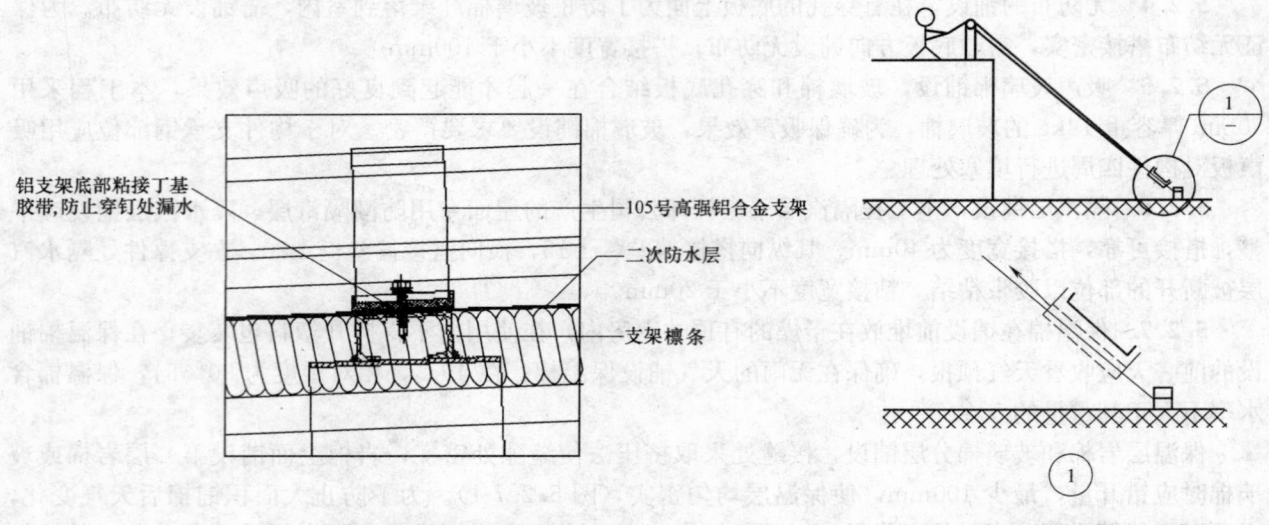

图 5.2.9　二次防水示意图　　　　图 5.2.11　索道运输法示意图

支架的轴线位置和标高，确保屋面板能自由伸缩，不产生摩擦力，损坏屋面板。

由于屋面板均超长，因此选用直立锁边的安装方法，这样就可以实现长度方向的自由伸缩，有效地解决了屋面板的伸缩问题。铺屋面板要求扣到铝支架上，板板相扣，对已锁边的锁口要全面检查进行复锁。

特点：轻质、高强、防水、抗腐蚀、高适应性和环保的系统，容易与其他建筑材料和系统相融合；板块与板块直立锁边无搭接漏水的隐患，防水可靠，纵向无搭接，可以从屋脊到屋檐；咬合边与隐蔽支座形成的连接方式，可解决因热胀冷缩产生的破坏力。

6. 材料与设备

主要机具设备表　　　　　　　　　　　　　　　　　　　　　　　表 6

序　号	名　　称	型号规格	数　　量
1	经纬仪	J2-JD	1 台
2	水准仪	DS3	1 台
3	切割机	φ400	4 台
4	角磨机	150	6 台
5	水平仪	500	8 台
6	电钻	130SH-100	10 把
7	电锤	H10-22	6 把
8	电焊机	BX-300	6 台
9	氩弧焊机	AR-200	2 台
10	配电箱	Ⅱ级、Ⅲ级	10 个
11	灭火器		12 支
12	屋面成型机	德国进口设备	1 台
13	绞边机	德国进口	4 台
14	剪板机	JB4 型	1 台

7. 质量控制

7.1　帽檩及支架檩条安装应符合表 7.1 的要求。

帽檩及支架檩条安装允许偏差表　　　　　　　表 7.1

项　目		允 许 偏 差	检 查 方 法
相邻檩条支点标高	相对标高	±15mm	
拼接长度≤6m	直线度	±5mm	经纬仪
搭接长度>6m	直线度	±10mm	

7.2 压型钢板安装质量应符合表 7.2 的要求。

压型钢板安装允许偏差表　　　　　　　　　表 7.2

项　目	允 许 偏 差	检 查 方 法
檐口与屋脊平行度	12mm	钢尺
底板波纹对屋面垂直度	L/800 且不大于 25mm	拉线与钢尺
檐口相邻压型板错位	≤6mm	钢尺

注：L 屋面半坡长度。

7.3 保温铺设质量应符合表 7.3 的要求。

保温铺设质量控制表　　　　　　　　　　表 7.3

项　目	质量要求（或施工偏差）	检 查 方 法
产品质量	材质证明及试验报告合格	全数检查资料
连接部位	应密实，不应有空隙	外观检验

7.4 隔水汽层、二次防水安装质量应符合表 7.4 的要求。

隔水汽层、二次防水安装允许偏差表　　　　　表 7.4

项　目	标 准 要 求	检 查 方 法
纵向搭接	150mm	钢尺
横向搭接	150mm	钢尺
构件孔洞	丁基胶带粘接	观察

7.5 高强铝支架安装应符合表 7.5 的要求。

高强铝支架安装允许偏差表　　　　　　　　表 7.5

项　目	标 准 要 求	检 查 方 法
横向间距	410mm±3mm	钢尺，经纬仪
纵向间距	±20mm	钢尺，经纬仪
安装坡度	坡向一致，相邻两个应在－2mm 以内	钢尺

7.6 直立锁边屋面板安装质量应符合表 7.6 的要求。

直立锁边屋面板安装允许偏差表　　　　　　表 7.6

项　目	允 许 偏 差	检 查 方 法
波距	±2mm	钢尺
肋高，直立锁边金属板肋高 65mm	±1.5mm	钢尺
长度方向侧向弯曲	≤20mm	拉线，经纬仪

7.7 控制措施

1. 设计控制采用先进技术标准，设计图纸严格审核达到控制设计标准。
2. 工艺控制，严格执行工艺标准，施工工艺应满足设计和规范的要求。
3. 生产制作，严格检查加工设备完好，对成品进行保护，最大限度减小损耗。
4. 严格按图施工，推行三检制和质量奖惩制，要求高质量完成施工。
5. 加强材料采购质量关，材料订货必须符合图纸要求和国家标准，进场材料进行检验全过程控制质量。

6. 培训工人提高工人素质，提高员工专业知识水平和安全意识，确保施工质量和施工安全。

8. 安 全 措 施

8.1 加强安全教育，严格执行各项安全操作规程。

8.2 坚持利用好安全帽、安全带、安全网。

8.3 切实做好班前讲话制，针对性做好安全工作。

8.4 特殊工种，必须持证上岗。

8.5 金属屋面帽檩焊接必须在工作面下挂安全网。

8.6 施工机具，用前需检验。

8.7 交叉作业做好安全防护，尤其防止高空坠落和坠物伤人。

8.8 严格临电管理以及焊接工作，坚持放接火盆，和灭火器材，看火人，严防火灾。

8.9 了解气象变化，气候变化要采取相应措施，例如冬、雨期施工措施。

9. 效 益 分 析

mega-roof 金属屋面系统是一种构造合理、设计完善的成熟屋面系统，由于具有较高的技术先进性和安装锁边机械化程度高。直立锁边铝镁锰合金屋面板通过移动式滚轧机械在现场生产，这样就可以根据屋面的尺寸而灵活的确定板的长度，并且板长可根据跨度定长，不受板材运输能力的限制，大大方便了现场施工，加快了施工进度，增强了屋面板的整体性和适用性。

因此在会议中心屋面系统施工过程中，提高了安装的效率，节省了人力物力，在很大程度上缩短了工期，为国家会议中心工程节省了约 15 万元的施工安装费用。

10. 应 用 实 例

mega-roof 金属屋面应用于国家会议中心工程的屋面，满足了建筑师的设想，创造美观、大方、舒展的造型给人以美的享受的同时，还满足了建筑的使用功能。它的保温及声学效果已经达到了世界先进水平，在建筑物的长期使用过程中，既能保证使用效果，又能达到节能建筑的标准，节约了很多的能源，受到了各界的好评。

装饰、承重、保温节能砌块墙体施工工法

GJYJGF032—2008

江苏南通二建集团有限公司 大庆金磊建筑安装工程有限公司

沈兵 张云清 吴庆辉 顾春雷 李波

1. 前　　言

随着建材行业的科技进步，我国建筑砌块有了长足的发展，混凝土空心砌块及其建筑的发展亦是如此。但是混凝土空心砌块自身的保温隔热性能不佳，同时，在使用过程中，混凝土空心砌块的墙体还较易出现开裂和漏水现象。

江苏南通二建集团有限公司施工的黑龙江大庆市银浪小区一期住宅楼，外墙使用了一种集承重、保温、装饰于一体的节能砌块。此砌块把混凝土空心砌块、优质聚苯板、劈裂砖三者有机地结合在一起，具有承重、保温性能好、装饰效果好的优势。公司采用此砌块，综合改进了原砌块建筑施工工艺的缺陷，不但解决了混凝土制品砌筑的墙体内外温差过大，容易开裂的问题，达到了节能65％的标准，解决了外保温的保护及耐久性问题，而且还解决了普通外保温系统比较常见的裂缝及抗冲击能力差的通病。外墙砌筑通过使用此砌块，减少传统外墙施工中抹灰、保温、装饰等工序，提高了混凝土砌块建筑的节能效果，减少了材料和人工投入，缩短了工期。为了推广应用此项技术，公司编制了装饰、保温节能砌块墙体施工工法，并在同类工程得到使用。

2. 工 法 特 点

本施工工法采用外墙保温装饰砌块，在传统的混凝土空心砌块施工工艺基础上进行改进所成，具有以下特点：

2.1　外墙保温装饰砌块把混凝土空心砌块、优质聚苯板、劈裂砖三者有机地结合在一起，具有承重、保温性能好、装饰效果好的优势。外墙砌块宽度为310mm（190＋70＋50），再加上构造措施，提高了混凝土空心砌块建筑的节能效率，体现出了小型混凝土空心砌块建筑的特色。

2.2　采用优质聚苯板复合保温形式，使墙体具有外保温的优点，不但解决了混凝土制品砌筑的墙体内外温差过大，容易开裂的问题，同时还解决了普通外保温系统比较常见的裂缝及抗冲击能力差的通病。

2.3　在混凝土小型空心砌块灰缝中每隔两皮设置 $\phi4$ 拉结网片，全长布置，有效地防止了砌块墙体的开裂。且混凝土小型砌块固有的自重轻，减少了基础荷载，节约砌筑砂浆。

2.4　复合砌块块型的设计是按模数制设计的，采用整块、半块、七分块、转角块等，施工时，对砌体排板进行优化，现场基本无砌块切割作业，减少了废弃物、扬尘、噪声的排放。

2.5　施工速度快，外墙保温、装饰和砌筑一次完成，综合造价低，具有明显的经济效益和社会效益。

3. 适 用 范 围

本工法适用于抗震烈度小于8度的多层建筑。地域上可适用于全国各地。

4. 工 艺 原 理

内墙采用普通的混凝土空心砌块，外墙采用集承重、保温、装饰于一体的节能砌块。外墙砌块构成为：190＋70＋50，190 为承重，70 为优质聚苯板，50 为装饰部分，三者通过不锈钢拉钩连为一体。墙体的构造措施采用钢筋网片和混凝土芯柱取代传统施工拉接筋和构造柱做法。为了防止雨水渗入墙体，砌筑时，在墙体内设置导水麻绳导水，并在已勾缝完工的整个外墙面上喷刷一层无色憎水剂。为减少热桥现象，砌块中的聚苯板要求每边超出砌块边 4mm，同时，第一道嵌缝采用保温砂浆，并尽量嵌紧，第二道勾缝用水泥砂浆嵌紧。在每层圈梁、过梁的外皮用保温砌块外贴，并用网片拉结牢固。外墙砌筑通过使用此砌块，减少传统外墙施工中抹灰、保温、装饰等工序，提高了混凝土砌块建筑的节能效果。

5. 工艺流程及操作要点

5.1 工艺流程

砌块排块设计—砌筑前施工准备—放线—立皮数杆—选砌块、摆砌块—墙体砌筑—浇筑芯柱、过梁、楼板混凝土—检查验收—外墙嵌缝—喷憎水剂。

5.2 操作要点

5.2.1 砌筑前施工准备

1. 仔细阅读施工图纸，审查建筑模数（本工法要求建筑物模数为 100），根据建筑物尺寸及砌块规格设计排砖图，排砖的原则：由墙转角处开始排块，按顺时针或逆时针排砖排满一个封闭的楼层或单元，砌块灰缝控制在 10mm，遇尺寸不完全合适的部位可稍加调整，但要控制在 8～12mm 之间。

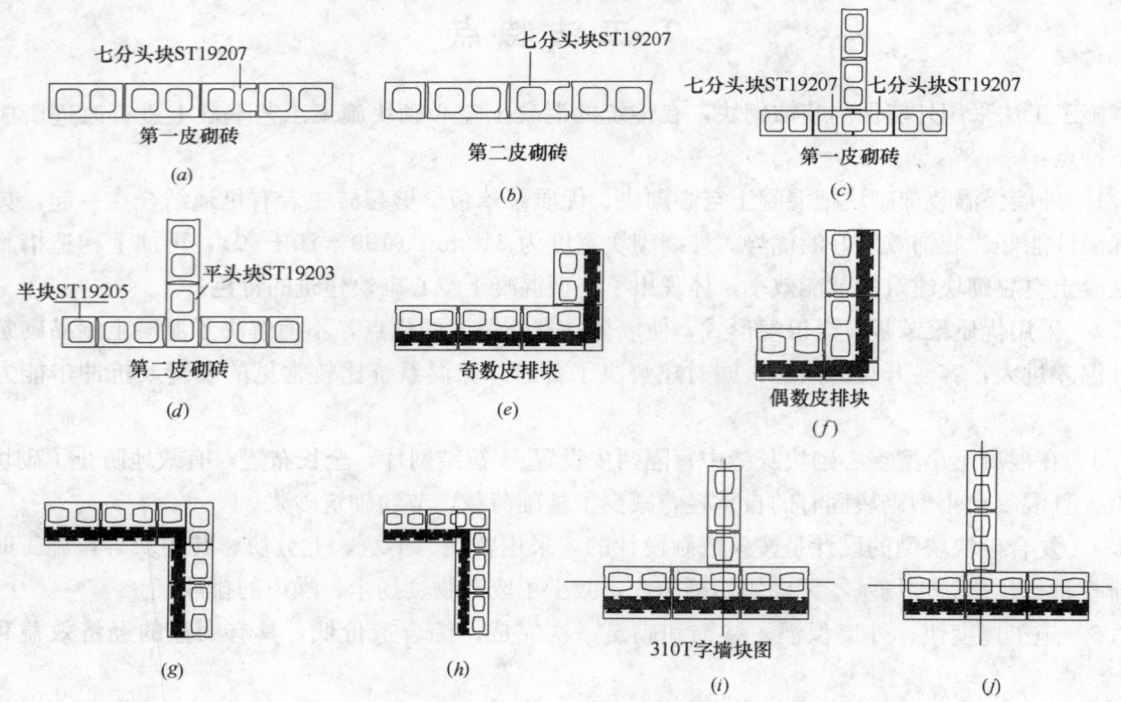

图 5.2.1 排砖示意图

a）内墙奇数排摆砖法；（b）内墙阳偶数排摆砖法；（c）内墙交接处丁字奇数排摆砖法；（d）内墙丁字交接处偶数排摆砖法；
（e）外墙阳角交接处奇数排摆砖法；（f）外墙阳角处偶数排摆砖法；（g）外墙阴角接处奇数排摆砖法；
（h）外墙阴角接处偶数排摆砖法；（i）外墙同内墙交接处丁字奇数排摆砖法；（j）外墙同内墙丁字交接处偶数排摆砖法

2. 根据排砖图，计算出墙所用的主砌块、洞口块、半块、七分头块、阴角七分块、转角块、圈梁块、清扫口块等数量准备材料，并查看其出厂合格证，清除表面污物，剔除外观质量不合格的小砌块。

5.2.2 测量放线：根据施工图纸准确地放出墙的位置线，并进行标高测设，按设计图检查芯柱钢筋数量，位置是否准确。并进行校核。

5.2.3 根据标高设立皮数杆，皮数杆上标明门窗洞口、木砖、拉结筋、圈梁、过梁的尺寸、标高，皮数杆立于墙的转角或交接处，皮数杆要垂直、牢固，标高一致，并办理好预检手续。

5.2.4 墙体砌筑

1. 根据排砖图和各墙体施工位置线对砌块进行试排，准确后进行砌筑。砌筑圈梁上第一皮砌块时，在有芯柱位置，采用清扫口块，清扫口块周边毛刺敲掉，以满足钢筋绑扎，以及散落砂浆的清扫和芯柱截面准确的要求（图5.2.4-1）。

图5.2.4-1 墙体砌筑

2. 砌筑砌块的砂浆，要随铺、随砌（一次铺灰长度不超过2块主规格块体的长度），砌块放置时应底面向上砌筑，水平灰缝采用坐浆法满辅小砌块全部壁肋；竖向灰缝应采取满辅端面法，即将小砌块端面朝上满辅砂浆后再上墙挤紧，然后加浆插捣密实。由于外墙保温砌块每边超出砌块4mm，使保温层能够连续，在砌筑中防止两块保温板中间夹砂浆影响保温性能。只铺承重的190厚部分，聚苯板部分及外装饰面不铺灰。

3. 砌块墙体内外墙应同时砌筑。如果先砌外墙，则内墙在结点处必须留斜槎，长度不小于高度的2/3。砌体砌筑高度应根据温度，墙体部位不同情况分别控制，常温条件下，日砌筑高度控制在1.8m内，在砌筑中，已砌筑的小砌块受撬动或碰撞时应清除原砂浆，重新砌筑。

4. 为防止砌块墙体开裂，混凝土小型空心砌块砌体灰缝设置ϕ4镀锌拉接网片，网片必须放于灰缝和芯柱内，网片沿墙面全长布置，网片搭接长度不小于200mm，竖向间距不大于400mm，即两皮砖（图5.2.4-2）。

图5.2.4-2 墙体放置镀锌拉接网片

5. 由于种种原因，雨水有可能进入砌体墙内的空腔内，为防止水流向室内渗透，需在可形成积水的墙体部位设置导水麻绳，具体做法为：在外墙无芯柱处圈梁或暗混凝土现浇板上第一皮砌块下，放一根ϕ8的麻绳，水平间距为200mm，一头压入砌块空洞内，另一头伸出墙体约5mm，便于排水，又不影响墙体美观见图5.2.4-3。

6. 外墙固定雨漏管或其他构件时，所对应的砌块灰缝中放置预埋铁件，以便以后安装牢固。

7. 芯柱应根据设计确定，芯柱钢筋生根应伸入基

图5.2.4-3 墙体外露麻绳

础底板底筋、弯钩250mm。钢筋接长，可等墙体砌筑完成后，从上部插入，从清扫口内绑扎接长，芯柱浇筑一般在砌完一个楼层高度，砌筑砂浆达到一定强度后进行，浇筑之前将清扫口内杂物清理干净盖上清扫口，然后浇50mm厚水泥砂浆（与芯柱混凝土成分相同），浇筑中柱混凝土必须以连续浇筑、分层捣实的原则（高度为300～500mm）进行操作（由于芯柱截面较小，宜用钢筋插捣）。直浇至离该芯柱最上一皮砌块面50mm左右，以保证芯柱与圈梁现浇成一个整体，芯柱上下必须贯通以保证墙体的整体性。浇筑过梁混凝土时要留出门、窗、洞口两侧芯柱的孔洞，以便芯柱在楼层处与圈梁整体现浇，芯柱混凝土的坍落度要求不同于普通混凝土要求，施工现场坍落度要求200±20mm。基础内砌筑的砌块不管内外墙，全部采用一般混凝土空心砌块，且全部空洞用混凝土灌满。门窗安装点及设备固定点处砌块的孔洞，应用混凝土填实。

8. 外墙的圈梁门窗过梁砌筑，因外墙采用310厚砌块。在施工中为达到外饰面全包效果，不产生热桥现象，在每层圈梁、过梁的外皮可采用90厚保温砌块外贴并用网片拉结牢固，由于设计圈梁截面为190mm×190mm，实际圈梁截面改为190mm×210mm。

5.2.5　检查验收：质检员在工人砌筑过程中跟踪检查，验收合格后，进入下道工序施工（图5.2.5）。

5.2.6　外墙嵌缝：整个结构完成后，就进行勾缝施工。第一道嵌缝材料采用保温砂浆，深度为15mm，保温砂浆应尽量嵌紧，第二道勾缝的材料用1∶2.5水泥砂浆进行，面层厚度约为15mm（图5.2.6）。

图5.2.5　墙体外立面　　　　　　　　　　　　　图5.2.6　墙体勾缝

5.2.7　勾缝完成以后，整个墙面喷刷一层憎水剂。

6. 材料与设备

6.1　工程用材料

6.1.1　砌筑砂浆

1. 水泥：宜采用P.O42.5水泥，水泥按品种、强度等级、出厂日期分别堆放，并保持干燥，不同品种的水泥，不得使用。

2. 砂：宜用中砂，并过筛，不得含有草根等杂物，砂含泥量对于水泥砂浆和强度等级不小于M5的水泥砂浆，不超过5％，对于小于M5的水泥混合砂浆，不超过10％。

3. 生石灰粉采用合格品以上的等级。

4. 水：符合国家标准的饮用水。

6.1.2　砌块

1. 内墙砌块：与外墙砌块配套的空心砌块。

2. 外墙砌块构成为：190＋70＋50，190为承重，70为优质聚苯板，50为装饰部分，三者通过不锈钢拉钩连为一体，见图6.1.2。

特别指出的是，外墙保温砌块，其中间的保温部分必须超出承重部分周边界4mm，否则视为不合格。

6.1.3　混凝土要求

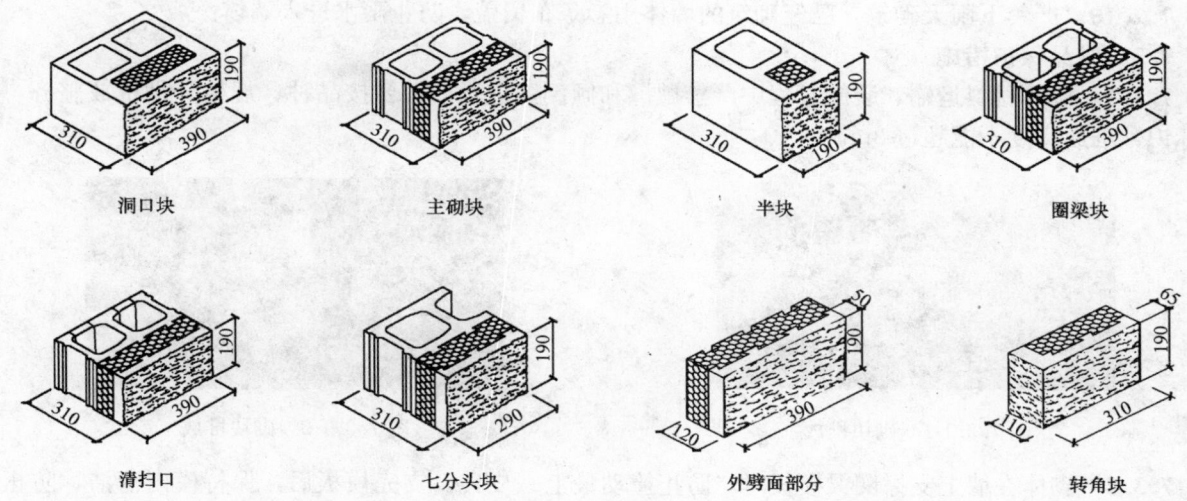

图 6.1.2 砌块规格

1. 圈梁、楼板的混凝土要求同普通工程要求一样，但芯柱混凝土要求坍落度在 200±20mm 之间。
2. 混凝土供应必须连续供应，以确保混凝土浇筑顺利进行。

6.1.4 防水保温砂浆采用国产的普通防水保温砂浆。

6.2 主要机具

拌合机、手推车、磅秤、物料提升机、砖笼、胶皮管、筛子、大铲瓦刀、扁子、托线板、线附、小白线、卷尺、水平尺、皮数杆、小水桶、砖子、扫帚等。

7. 质 量 控 制

7.1 工程质量控制标准

严格执行《砌体工程施工质量验收规范》GB 50203—2002、《混凝土小型空心砌块砌筑砂浆》JC 860—2000 和《混凝土小型空心砌块灌孔混凝土》JC 861—2000。

7.2 质量保证措施

7.2.1 每批进场材料必须有出厂合格证或试验报告，砂浆、混凝土必须有配合比报告，现场取料，按照规范制作试块。砌块上墙时间保证在混凝土试块养护后静置时间不少于 28d。

7.2.2 墙体严禁使用断裂小砌块或壁肋中有竖向裂缝的砌块。

7.2.3 砌块砌筑前不得浇水。在施工期间气候异常炎热，干燥时，可提前稍喷水湿润，严禁雨天施工，砌块表面有浮水时，不得施工。

7.2.4 对设计规定或施工所需的孔洞、管道、沟槽、水电管线铺设安装与土建密切配合不得事后凿槽打洞。

7.2.5 严禁在外墙和纵横承重墙沿水平方向凿长度大于 390mm 的沟槽，卫生设备安装宜采用筒钻成孔，孔径不得大于 120mm，上下左右孔距相隔一块以上砌块。

7.2.6 外墙保温砌块是组装产品，破损率可能较多，要求放时采用木托底，装卸时轻拿轻放，而且要求施工现场场地平整，搬运时尽量拿内叶部分防止拉钩脱落，扭曲变形。

7.2.7 外墙保温砌块施工中阴、阳角处网片采用特殊加工的异型网片；阳角处应采用专用拉钩，使阳角块内叶砌块拉结牢固。

7.2.8 由于外墙保温砌块每边超出砌块 4mm 使保温层能够连续在砌筑中防止两块保温板中间夹砂浆影响保温性能。

7.2.9 外墙不可预留孔洞，以保证外墙装饰面的完整和美观。

7.2.10 严禁下雨天砌筑，已经砌筑的墙体用彩条布覆盖，防止雨水进入墙体。

7.3 成品保护措施

7.3.1 砌体材料运输、装卸过程中严禁抛掷和倾倒。进场后，要按品种、规格分别堆放整齐，作好标识，堆放高度不能超过 2m。

图 7.3.1-1 砌块堆放

图 7.3.1-2 砌块堆放

7.3.2 砌体在墙上支撑圈梁模板时，防止撞动最上一皮砖。支完模板后，保持模内清洁，防止掉入砖头、石子、木屑等杂物。

7.3.3 墙体的拉结钢筋及各种预埋件、各种预埋管线等，均要注意保护，严禁任意拆改或损坏。

7.3.4 砂浆稠度要适宜，铺灰量适当，浇筑圈梁及楼板时模板缝隙用海棉条封闭以防砂浆外溢污染墙面。

7.3.5 在吊放操作平台脚手架或安装模板、搬运材料时，防止碰撞已砌筑完成的墙体。

7.3.6 预留有孔洞的墙面，要用与原墙相同规格和色泽的砖嵌砌严密，不留痕迹。

7.3.7 垂直运输的外用电梯进料口周围，用塑料纺织布或木板等遮盖、保持墙面清洁。

7.3.8 现场粉尘较大时，砌块和已砌筑的墙体应有遮盖措施，切割砌块时造成的和已造成的污染应及时清除，避免污染砌块上。

7.3.9 为防止打空洞时灰缝污染墙面可在空洞孔洞相应外墙部位用塑料布遮盖，并由里向外打孔接近外墙时均匀用力，同时打孔的水钻少用水，以防泥浆突然外溢污染墙面。

8. 安 全 措 施

8.1 认真贯彻"安全第一、预防为主"方针，根据国家有关规定条例，结合施工单位实际情况和工程的具体特点，组成专职安全员和班组兼职安全员以及工地安全用电负责人参加的安全生产管理网络，执行安全生产责任制，明确各级人员的职责，抓好工程的安全生产。对各个班组、专业施工队伍应进行安全技术交底。

8.2 施工现场按符合防火、防风、防雷、防洪、防触电等安全规定及安全施工要求进行布置，并完善布置各种安全标识，针对使用的动力机械和电动机械应制定操作规程在现场醒目标示。

8.3 各类房屋、库房、料场等的消防安全距离做到符合公安部门的规定，室内不堆放易燃品；严格做到不在木工加工场、料库等处吸烟；随时清除现场的易燃杂物；不在有火种的场所或其近旁堆放生产物资。燃油、油漆、稀料应在制定仓库存放。现场耐磨硬化施工出现撒料粉尘的工人应佩戴口罩施工。

8.4 施工现场的临时用电严格按照《施工现场临时用电安全技术规范》的有关规范规定执行。电缆线路应用"三相五线"接线方式，电气设备和电气线路必须绝缘良好，场内架设的电力线路其悬挂高度和线间距除按安全规定要求进行外，将其布置在专用电杆上。施工室内配电柜、配电箱前要有绝缘垫，并安装漏电保护装置。

8.5 建立完善的施工安全保证体系，加强施工作业中的安全检查，确保作业标准化、规范化。现场施工应配备足够的劳动保护用品。

8.6 墙面砌体高度超过地坪1.2m以上，必须及时搭投好脚手架，不准用不稳定的工具或物体在脚手板面上垫高工作。高处操作时要挂好安全带，安全带挂靠地点牢固。

8.7 垂直运输的吊笼、滑车、绳索、刹车等，必须满足荷载要求，吊运时不得超荷，使用过程中要经常检查，若发现不符合规定者，要及时修理或更换。

8.8 停放搅拌机械的基础要坚实平整，防止地面下沉，造成机械倾侧。从砖垛上取砖时，先取高处后取低处，防止垛倒砸人。

8.9 进入施工现场，要正确穿戴安全防护用品。施工现场严禁吸烟，不得酒后作业。

9. 环保措施

9.1 成立对应的施工环境卫生管理机构，在工程施工过程中严格遵守国家和地方政府下发的有关环境保护的法律，法规和规章，加强对施工燃油、工程材料、设备、废水、生产生活垃圾、弃渣的控制和治理，遵守有防火及废弃物处理的规章制度。施工前对施工人员应进行环保职业健康等教育，针对混凝土施工、硬化地面的施工进行环保要求的交底。

9.2 施工现场严禁吸烟，混凝土施工用剩混凝土不得随意处理应确保利用，冲刷混凝土的污水应经过专用沉淀池处理不得倒在绿化用地和周边农田，废旧 PE 膜和施工垃圾应收集集中处理不得现场焚烧。

9.3 设立专用排浆沟、集浆坑，对废浆，污水进行集中，认真做好无害化处理，从根本上防止施工废浆乱流。定期清运沉淀泥砂，做好泥砂、弃渣及其他工程材料运输过程中的防散落与沿途污染措施。废水除按环境卫生指标进行处理达标外，并按当地环保要求的指定地点排放，弃渣及其他工程废弃物按工程建设指定的地点和方案进行合理堆放和处治。地面硬化材料应由专人管理，不能随意当垃圾处理，必须用专门容器收集。

9.4 优先选用先进的环保机械，施工机械和设备保养工作应由专人进行，更换机油时应不洒落并注意收集。采取设立隔声墙，隔声罩等消音措施降低施工噪声到允许值以下，同时尽可能避免夜间施工。

9.5 对施工场地道路进行硬化，并在晴天经常对施工通行道路进行洒水，防止尘土飞扬，污染周围环境。

10. 效益分析

使用复合混凝土空心砌块施工工艺，同使用黏土砖施工工艺相比，其用砂浆量减少约 50%，墙体厚度也减薄了；用砂石、水泥代替实心黏土砖，是属节土、节能的建筑材料，无论从社会效益还是经济效益都是可观的。

经济效益对比表　　　　　　　　　　表 10

做法 / 造价	承重砌块（综合单价）（元/m²)	保温（综合单价）（元/m²)	外装饰（综合单价）（元/m²)	合计（元）
190 承重砌块+70 聚苯板+50 装饰部分（本工法做法）	按 12.5 块/m²×11 元/块=137.5 元，砌筑砂浆 3.5 元/m²，砌筑人工 6 元/m²			147
240 黏土砖+外贴聚苯板保温层+涂料	38.85	92.53	40.01	171.39
240 黏土砖+内贴 50mm 厚石膏聚苯保温板+瓷砖	38.85	57.35	85.09	181.29
小型砌块+外保温+涂料	50.19	92.53	40.01	182.73
小型砌块+外保温+瓷砖	50.19	92.53	85.09	227.81

从以上几种墙体做法分析比较，复合混凝土空心砌块的墙体造价最低，施工又方便，适合国情，是最有发展前途的一种新型墙体材料。

11. 工程实例

11.1 工程实例一

黑龙江大庆市银浪小区一期住宅楼，建筑面积5.6万m²，地下一层、地上六层，共15栋多层建筑，外立面采用红色装饰，工程开竣工日期为2005年3月～2006年5月。

图 11.1-1 工程效果图　　　　　　　　　　图 11.1-2 工程效果图

11.2 工程实例二

北京市大兴区金惠园三里30～37号住宅楼位于南五环大兴区新区，建筑面积76000m²。地下一层、地上六层，共八栋新型欧式建筑，主体结构全部采用新型保温承重装饰空心混凝土砌块结构体系。

该砌块集保温、承重、外墙装饰于一身。在结构施工完成的同时，保温、外墙装饰也同步完成。作为国家首例试点工程，本工程在国内率先使用该砌块施工，既节约人工，又缩短工期，大大降低了工程成本，并取得了良好的经济效益和社会效益。

图 11.2 工程效果图

11.3 工程实例三

北京加来小镇位于北京市丰台区世界公园东，建筑面积4.3万m²，共95栋欧式别墅，外立面采用红色装饰，工程开竣工日期为2006年10月～2007年10月。

图 11.3-1 工程效果图　　　　　　　　　　图 11.3-2 工程效果图

拉法基屋面系统施工工法

GJYJGF033—2008

咸阳古建集团有限公司　南通建筑工程总承包有限公司

李成岗　李彪奇　陈洪杰　董年才　李清楠

1. 前　　言

在中华别墅苑、秦都·古建大厦、黄海城市花园 45～48 号楼、白石新城 3 号楼、星河城小区一期等工程中，使用拉法基屋面系统施工面积约 28000m² ，取得很好的效果，通过上述工程应用实践编写了《拉法基屋面系统施工工法》。

2. 工 法 特 点

拉法基屋面系统包括防水系统、保温系统、通风系统、紧固系统、采光系统。

2.1 拉法基屋面系统防水系统采用自粘橡胶高分子防水卷材。该防水具有独特的"自愈"功能，施工时砂子、钉子等硬物戳穿的空洞能自行愈合。卷材与基层具有良好的粘结性能，可有效防止卷材下面出现"串水"现象，避免防水层整体失效。

2.2 拉法基屋面系统保温系统为挤塑保温板与铺设铝箔隔热卷材。其中独特的铺设铝箔隔热卷材，对辐射热的反射率高达 95％ ，具有良好隔热效果，有效地降低能源损耗。

2.3 拉法基屋面系统通风系统由正脊挡篦、檐口挡篦、檐口通风条等组成。利用空气动力原理在屋面形成一个空气对流层，带走屋面多余的热量和湿气，辅助屋面节能，同时有效延长屋面的使用寿命。

2.4 拉法基屋面系统紧固系统由截瓦搭扣、脊瓦搭扣、主瓦搭扣和敲击搭扣等组成的紧固系统，有效地保证屋面的完整性和安全性。

2.5 拉法基屋面系统特有的成品天窗的四周设置柔性裙边，保证天窗四周防水性、美观及密实性。

2.6 拉法基屋面系统特有的覆易材料广泛用于混凝土、木材等基层，强力的初始与长期黏着力，层间牢固搭接，无需其他额外辅助措施。

2.7 拉法基屋面系统取消了普通做法的砂浆卧瓦，用各类挡篦代替水泥砂浆封堵檐口及边角，整个屋面施工过程为干法施工，受气候影响小，大大提高了工作效率。

3. 适 用 范 围

拉法基屋面系统适用于工业与民用建筑的坡屋面。

4. 工 艺 原 理

4.1 拉法基屋面使防水层不直接接触大气，避免由于阳光、紫外线、臭氧导致防水层的老化；减少了高温、低温对防水层的作用及温差变化使防水层产生拉伸变形。

4.2 通过各种搭扣将屋面瓦紧密连接，增加了屋面的整体性及稳固性。

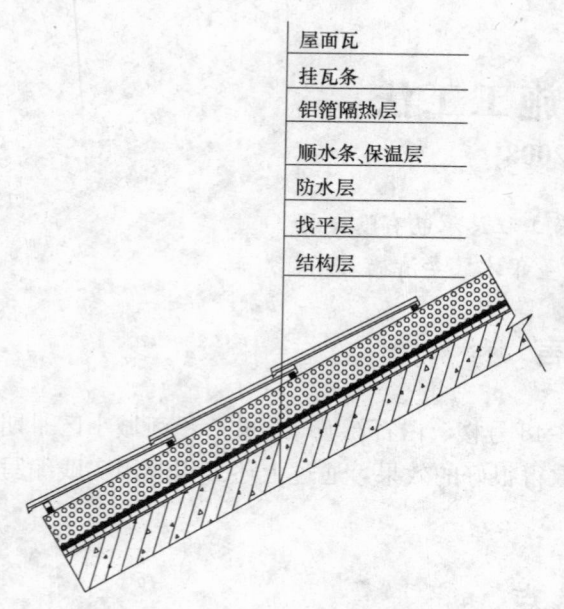

屋面瓦
挂瓦条
铝箔隔热层
顺水条、保温层
防水层
找平层
结构层

图 4.3　拉法基屋面系统构造形式图

4.3　拉法基屋面系统构造形式见图 4.3。

5. 施工工艺流程及操作要点

5.1　施工工艺流程

防水施工→屋面放线→顺水条、保温板安装→铝箔、挂瓦条安装→排水沟安装和构筑→挡篦安装→铺设瓦片→节点处理。

5.2　操作要点

根据屋面坡度的大小，合理进行屋面瓦布设，并做好防水、铝箔、搭扣、挡篦等细部构件的施工。施工前，须编制操作程序和质量控制的技术交底，统一要求，避免操作失误和质量缺陷。

5.2.1　施工准备

1. 找平层上的散落砂粒、砂浆、油污等杂物必须清理干净。

2. 阴阳角、管根部抹成 50mm 的圆弧。

3. 各类材料进场，并保存妥当。

4. 若屋面结构面平整度较好，可不做找平层，只对阴阳角、管根部位找平。

5.2.2　防水施工

1. 涂刷基层处理剂：基层处理剂可固化基层表面的灰尘，加强卷材与基层的粘结性能，也可作为卷材清洁剂适用，改善被沾污卷材的自身粘结性能。涂刷前应将处理剂充分搅拌，涂刷时应厚薄均匀，不漏底、不堆积，当涂刷的基层处理剂不粘手时即可铺贴自粘卷材。基层处理剂的参考用量为 0.2kg/m²。

2. 铺贴前应先弹线定位，将卷材展开对准基准线试铺（隔离纸朝下）。

3. 将卷材沿中线对折，从中线处将隔离纸裁开。

4. 将隔离纸从卷材背面撕开一段长约 500cm，再将撕开隔离纸的这段卷材对准基准线贴铺定位。

5. 将该半幅卷材重新铺开就位，拉住已撕开的隔离纸纸头均匀用力向后拉，同时用压棍从卷材中部向两侧滚压，直至将该半幅卷材的隔离纸全部撕开。

6. 依照上述方法同样铺贴另半幅卷材。

7. 卷材搭接宽度为长边 65mm，短边 80mm，或采用铺贴 160mm 宽双面自粘胶带作为搭接附加条，前、后幅卷材短边分别再次搭接附加条上铺贴各边为 80mm 宽，并用密封膏封短边搭接封。相邻两排卷材的短边应错开 300mm。以免多层接头重叠而使卷材铺贴不平。

8. 卷材密封收口：薄弱部位，如外露卷材短边搭接、卷材收头及异型部位等，应采用密封膏密封。卷材四周末端收口伸入立墙凹槽内，用金属压条固定，再用密封膏密封，金属压条采用宽 10～15mm，厚度 1～3mm 铝合金压条，间隔 200mm 用钢钉固定。

9. 冬期施工气温较低时，可用喷灯略微烘烤，使卷材变软后粘贴。

10. 防水层质量检验：防水层施工完后，未做保护层前，PE 膜覆面的卷材由于强阳光照射吸热变形会引起卷材表面皱褶、起鼓，保护层隐蔽后会消失。根据图纸要求做蓄水或淋水试验。

5.2.3　排水沟的定位放线

1. 依据斜沟的轮廓线（即中心线），平行于轮廓线的两侧，各放一根定位线，两条定位线之间是安装排水沟的区域，也是安装附加顺水条的依据线。

2. 拉法基屋面系统有：排水沟瓦，铝质排水沟。

3. 排水沟在基层和构造中的放线尺寸：每边定位线距中心线 220mm。

5.2.4　顺水条的定位与布置

1. 顺水条的中心间距为 450～600mm，垂直于屋面檐口均匀排列。顺水条间距为保温板宽度，从而节约木材，降低成本，并防止切割保温板。

图 5.2.2　防水施工示意图

2. 挂瓦条的定位与布置

1）屋面坡度为 15～17.5°时，主瓦上下搭接长度不大于 120mm。

2）屋面坡度为 17.5～22.5°时，主瓦上下搭接长度不大于 100mm。

3）屋面坡度为 22.5～90°时，主瓦上下搭接长度不大于 75mm。

4）按照上述坡度大小范围的规定，确定最小的搭接长度，然后按下述方法计算确定挂瓦条的间距，放线顺序如下：

① 距正屋脊轮廓线向下 30mm 弹一平行屋脊的平行线，是确定最上端的一排挂瓦条的位置，即为 B。

② 从屋檐往上量出 $A＝340mm$，弹出一条平行于檐口边的平行线，确定第一排挂瓦条的位置。

③ 在 A 的区域内，从屋檐往上量出 50mm，弹出一条平行于檐口边的平行线，确定屋檐第一排瓦的枕瓦条位置。

④ 再分别在左右山檐边量出 L 的长度，两檐边的长度极少相等，误差大的可根据实际情况来调节，保证每排瓦左右误差不超过 5mm。

⑤ 挂瓦条间距不能大于上表中的规定值，以保证屋面瓦上下的最小搭接长度，使上一排瓦片的挡雨檐将下一排瓦的钉孔盖住。如屋面坡度 15～17.5°时，挂瓦条间距不能大于 300mm（420～120），以保证屋面防漏性能良好。

⑥ 为了使瓦片安装后，每排距均匀相等，将 L 的长度分别用下述公式进行计算，E 即挂瓦条的间距，从第一排起向上，每间隔 E 弹出一根线，直至屋脊沿线。

5）在 L 区域段的挂瓦条定位尺寸的计算方法：

① $L/$模数$＝C$；

注：模数依据屋面的坡度而定（当坡度为 15～17.5°时，模数取 300；当坡度为 17.5～22.5°时，模数取 320；当坡度为 22.5～90°时，模数取 345。）

② C 极少是整数，应将 C 取零点数进位，则大于 C 的整数为 D（D 即为挂瓦条的根数）；

③ $L/D＝E$　E 即为挂瓦条间距尺寸，此尺寸会≤345mm，320mm 或 300mm。

5.2.5　顺水条、保温板的安装

1. 顺水条的安装（图 5.2.5-1）

1）顺水条及附加顺水条尺寸：40mm×40mm，（根据保温板厚度确定，保证顺水条高度比保温板高出 5～10mm）用拉法基顺水条钉或 50mm 长的水泥钢钉，按定位墨线位置将顺水条固定在屋面上，所有固定顺水条的钉子最大间隔为 450。顺水条两侧亦可用胶泥浆（水泥砂浆加建筑胶）另行加固。

2）双坡屋面的顺水条应与檐口齐平，顶端切成斜角，使其与屋脊平齐（距屋脊 10mm），末端离屋檐边 20mm。

3）屋面中有排水沟时，应先沿斜屋脊的轮廓线两边，各钉一根顺水条，再安装坡面的顺水条。安装时，附加顺水条的内立边对齐平行线位置，确保排水沟的安装空间。在屋脊和屋檐处其两端应与其他顺水条截齐。

4）当屋面形式为四坡面时，也应先沿斜屋脊的轮廓线两边，各钉一根顺水条，再安装坡面的顺水条。

2. 保温板的安装（图 5.2.5-2）

保温板的安装直接可以嵌在顺水条之内，并保持顺水条把保温板卡紧即可。

图 5.2.5-1　顺水条安装示意图

图 5.2.5-2　保温板安装示意图

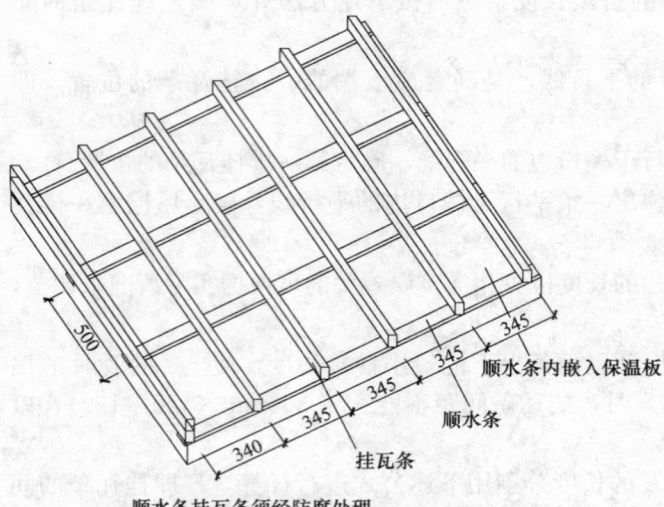

顺水条挂瓦条须经防腐处理。
顺水条、保温板安装完毕后，覆盖铝箔。

图 5.2.6　顺水条、挂瓦条安装位置示意图

5.2.6　铝箔、挂瓦条的安装（图 5.2.6）

1. 铝箔的安装

Radiant Barrier，俗称铝箔隔热卷材；有效阻止热能辐射，反射率达 95%；而且强度高，又具有防潮、防水能力，既经济又环保。

1）敷设在顺水条和挂瓦条之间，任意两顺水条之间卷材饶度＜20mm。

2）铝箔面朝上，搭接尺寸为横向 100mm，纵向 150mm。

3）接缝必须使用卷材搭接密封条。

2. 挂瓦条的安装

1）挂瓦条尺寸：30mm×30mm，用拉法基挂瓦条专用钉或 50～60mm 长的耐腐圆钉固定在顺水条上，挂瓦条与每根顺水条相交处都应用钉子固定。

2）挂瓦条应钉平整，牢固，上棱应成一直线。接头应在顺水条上，而且上下排之间的接头要相互错开。

3）屋檐处应设两根挂瓦条，其处的要求高度从顺水条表面向上 60mm。

4）双坡屋面的山墙檐口处，当采用檐口瓦收口时，挂瓦条在安装中，挂瓦条均应距山檐边 40mm 的空间，以便安装 30mm×60mm 附加顺水条。本附加顺水条距边檐 10mm，平行在挂瓦条楞头侧面，用快牙螺钉或 50mm 长耐腐螺钉固定。当屋面坡度大于 45°时，此处应另加金属构件进行加固处理。

5）屋面中有排水沟时，其排水沟的范围内不应安装挂瓦条。铝质排水沟除外，此两种排水沟施工时，应先安装排水沟后安装挂瓦条，但挂瓦条的延伸长度不超过 80mm。

5.2.7　排水沟的安装和构筑

1. 排水沟的安装

铝质排水沟：上下搭接长度为 150mm，每片排水沟用 6 只配套的排水沟夹扣固定在挂瓦的木基层上。

2. 排水沟的构筑（待排水沟上部的主瓦安装后，再构筑此部分）

1）排水沟的构筑宽度应根据排水沟集水区面积的大小及地区降雨量决定。

2）所有排水沟的顶端交合处（如老虎窗屋顶的两条斜沟与脊交合处），均采用排水沟密封条封固。

3）曲线排水沟可采用 2mm 厚的柔性泛水来构筑。

4）铺设瓦片

基层检查合格后，可铺挂屋面瓦，安装平、斜脊及其他配件瓦，然后按设计施工要求做节点泛水。

5.2.8 挡水篦安装（图 5.2.8-1、图 5.2.8-2）

1. 檐口挡篦，檐口挡篦用于檐口挑檐主瓦和基层间的夹缝处，代替水泥砂浆做嵌缝材料。用铁钉固定在原有基层，并将铁钉处做防水处理。

2. 正脊挡篦：正脊挡篦是一种功能强大的正脊干铺材料，代替原有传统砂浆施工，两边特制聚乙烯丙纶适合各种瓦形的屋面，能有效防止雨雪灌入。施工时用螺丝钉将正脊挡篦固定于屋脊处的基层，操作简单。

图 5.2.8-1　檐口挡篦

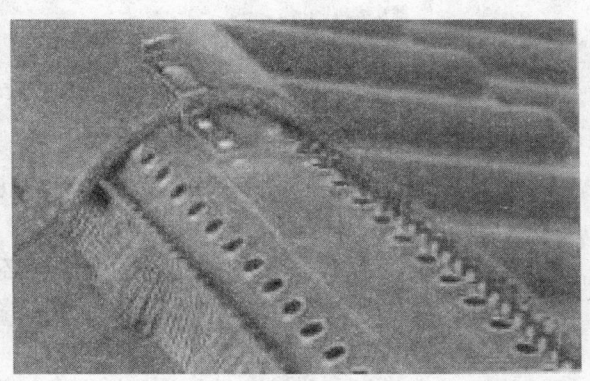

图 5.2.8-2　正脊挡篦

5.2.9 屋面瓦安装

1. 轮廓清晰，挂瓦条安装固定后，铺瓦前应弹取纵向直线，做法如下（图 5.2.9-1）：

1）在挂瓦条层左右两边的山檐预留 50mm 处取以檐口线成直角弹线。

2）屋檐和屋脊分别对线预铺两片瓦的边筋位置对正弹取纵向直线，或者按两片瓦的宽度尺寸推算，确定弹出纵向直线。

3）铺瓦时以线对齐，使屋面瓦达到水平、瓦缝垂直、对角线三向标齐。

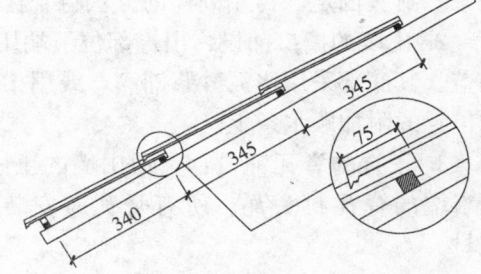

图 5.2.9-1　檐口挡篦与正脊挡篦图

2. 预铺瓦过程中，特别是大面积的双坡屋面，以屋面的横向长度来分摊主瓦的有效宽度，可充分利用主瓦左右搭接边筋的 4mm 调节距离，终端尽量调节成一片整瓦或半片瓦的宽度。

3. 铺瓦时，从屋檐右下角开始，自右向左、自下而上，每片主瓦的瓦爪必须紧扣挂瓦条，对齐瓦缝。主瓦用钢钉固定在挂瓦条上。

檐口向上 340mm 固定第一排挂瓦条。屋檐第一排瓦挑出 50～70mm，可调整第一排挂瓦条位置来改变挑出长度。

4. 屋面瓦的固定

拉法基屋面系统屋面主瓦固定采用主瓦抗风搭扣及截瓦搭扣连接（图 5.2.9-2、图 5.2.9-3）：

1）当屋面坡度为 17.5～22.5°时，所有房屋的周边檐口、烟囱及凸出屋面的构筑物等，周边的两排瓦

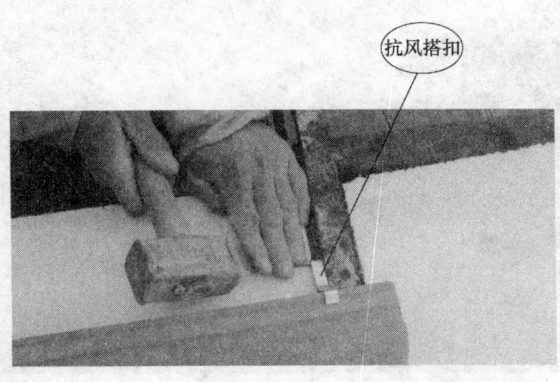

抗风搭扣

图 5.2.9-2　抗风搭扣及安装示意图

截瓦搭扣

图 5.2.9-3　截瓦搭扣及安装示意图

必须采用屋面瓦专用钉或屋面瓦抗风搭扣固定。

2）当屋面坡度为 22.5～45°时，除上条外，其余部分的屋面瓦且每隔上下一排的瓦或每隔一片瓦面瓦必须用屋面瓦专用钉或屋面瓦抗风搭扣固定。

3）当屋面坡度为 45～51°时，所有的屋面瓦必须用屋面瓦专用钉或屋面瓦抗风搭扣固定。

4）当屋面坡度大于 51°时，或建筑物处于海岸、挡风物极少的地区，都必须用屋面瓦专用钉和屋面瓦专用抗风搭扣固定。

5）屋面中出现斜脊和斜沟时，此处的主瓦片需要截切，截切时应依斜脊线平行保留 20mm，当部分主瓦的瓦爪被截去后，无法挂瓦时，可采用截瓦搭扣固定。

5.2.10　配件瓦的安装（图 5.2.10-1、图 5.2.10-2）

1. 斜脊的脊瓦铺设：应从斜屋脊底端开始，采用脊瓦搭扣和托木支架（干法施工，无须水泥砂浆坐浆）封头固定，再用同样的方法将脊瓦按规定的搭接长度，自下而上安装至斜屋脊顶。

2. 山墙的檐口铺设：山檐部位下端用檐口封开始，再用檐口瓦直铺至山檐顶并预留一片用檐口顶铺盖。其底部采用水泥砂浆铺满，或用柔性泛水进行处理，并用 75mm 长的拉法基专用螺钉固定于山檐位置的附加顺水条上。

3. 正脊的脊瓦铺设：贯通山墙的正屋脊，由脊瓦封头开始，脊瓦按规定的搭接长度安装，并铺至末端的脊瓦封头瓦。所有脊瓦应安装成一直线，铺设方法同斜脊，关键材料：托木支架，康派卷材。

4. 其他：三个坡向屋面交接顶端，即两斜脊和正脊交接处，则采用拉法基配件瓦三向脊。如多向屋面和倾角过大的交接部位可采用脊瓦切割拼接；或采用 1∶2.5 防水水泥砂浆粉刷成多向脊，内设金属丝网，表面压光，干后表面涂刷同颜色的丽彩涂料二道。

图 5.2.10-1　屋脊搭扣　　　　　　　　图 5.2.10-2　屋脊搭扣安装示意图

5.2.11 节点处理

屋面中会出现瓦片与墙体或其他构筑物结合的部位，此部位的处理是屋面防水的关键，处理时必须认真考虑结合连接的方法和材料，严格遵照设计的要求或相应的标准图集的做法施工。

1. 通气管、避雷针节点做法（图5.2.11-1）

2. 通风屋脊做法（图5.2.11-2）

斜屋面瓦铺设完毕后，将覆易卷材粘贴在斜面瓦，及通长木条上，再用脊瓦搭扣、75螺钉将脊瓦固定在通长木条，保证了脊瓦整体性、通风性及防水性。

3. 覆易卷材铺贴：瓦屋面铺贴完成后，在出屋面管及烟气道等阴角位置，粘贴覆易卷材，增强薄弱部位的防水性能。

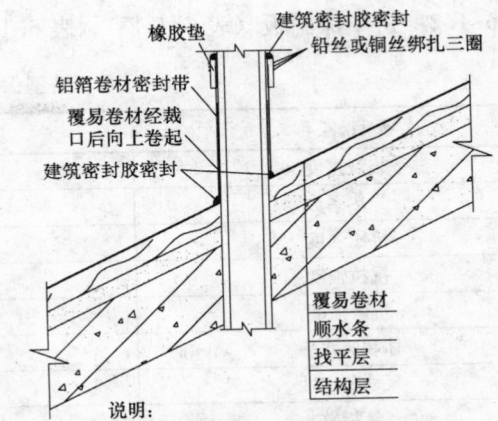

说明：
1. 覆易卷材辅至通气管(避雷针)节点处，在相应位置上裁出略小于通气管(避雷针)直径的米字或十字形口后套入。
2. 防水层按实际位置设置。

图5.2.11-1 覆易卷材通气管（避雷针）节点详图

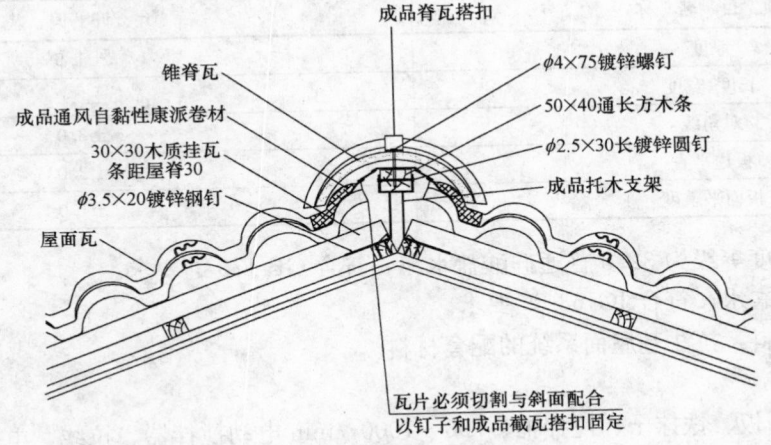

图5.2.11-2 通风斜脊做法示意图

6. 材料与设备

6.1 主要材料

6.1.1 自粘式防水（表6.1.1）

自粘式防水技术性能指标表 表6.1.1

项 目		PE	AL	N
不透水性	压力,MPa	0.2	0.2	0.1
	保持时间,min		120,不透水性	30,不透水性
耐热性		—	80℃,加热2h,无气泡,无滑动	
拉力,N/5≥		130	100	—
断裂延伸率,%≥		450	200	450
柔度			−20℃,ϕ20mm,36,180°无裂纹	
剪切性能 N/mm	卷材与卷材		2.0 或粘合面外断裂	粘合面外断裂
	卷材与铝板		1.5 或粘合面外断裂	粘合面外断裂
剥离性能,N/mm≥			不渗水	
抗穿孔性			无裂缝,无气泡	
人工候化处理	外观		无裂缝,无气泡	
	拉力保持率,%≥	—	80	
	柔度		−10℃,ϕ20mm,36,180°无裂纹	

6.1.2 挤塑保温板（表 6.1.2-1、表 6.1.2-2）

挤塑保温板技术性能指标表　　　　　　表 6.1.2-1

项 目 名 称		单 位	指 标
表观密度		Kg/m³	25
导热系数		W/m·K	≤0.041
抗压强度		MPa	≥0.070
抗拉强度		MPa	≥0.10
抗弯强度		MPa	≥0.17
体积吸水率		%	≤2.5
尺寸稳定性		%	≤2.0
氧指数		%	≥30.0
养护天数	自然养护	d	≥42
	蒸汽养护	D(60℃恒温)	≥5

挤塑保温板允许偏差要求表　　　　　　表 6.1.2-2

项 目 名 称	允 许 偏 差
厚度	±1.5
长度、宽度	±2.0
对角线	±3.0
板边平直	±2.0
板面平整度	±1.0

6.1.3 采用强度等级为 32.5 普通硅酸盐水泥，符合 GB 175 的要求。

6.1.4 水：自来水，符合 JGJ63-89 要求。

6.1.5 其他材料：拉法基屋面系统的配套材料。

6.2　机具设备

橡皮锤、橡胶刮板、铁抹子、搅拌桶、700～1000r/min 电动搅拌器、拉线、电热丝切割器、笤帚、压辊、2m 长靠尺、螺丝钉。

7. 质 量 控 制

本工法质量标准按《建筑工程施工质量验收统一标准》GB 50300—2001、《屋面工程质量验收规范》GB 50207—2002 执行，同时满足下列要求：

7.1 挤塑保温板保温层，胶带纸封板缝在缝二侧的宽度应一致。

7.2 铺贴后保温层表面平整度≤5mm，接缝高差≤2mm，接缝宽度≤2mm。

7.3 施工人员必须穿软底鞋，防止刺破防水层、碰损保温板及将瓦踩碎。

8. 安 全 措 施

8.1 使用的电动工具应有专门电源控制开关，具有二级漏电保护，电线无破损，插头、插座应完整，严禁不用插头而将电线直接插入插座内。

8.2 斜坡屋面施工时，四周应设置不低于 1.2m 高的围栏。

8.3 严禁从高处向下方抛掷任何物件。

8.4 六级以上大风时，停止施工。

8.5 坡屋面施工施工人员必须佩带安全带。

9. 环 保 措 施

环境保护管理目标为："水、气、声、渣、泥浆"做到达标排放；注重节约能源和自然资源；杜绝火灾事故。

卷材、保温板等易燃材料必须堆放在仓库，做好通风，设置灭火装置。

10. 效 益 分 析

10.1 拉法基屋面系统对防水层起到很好的保护作用，同时给建筑物提供了良好的保温、隔热性能。

10.2 拉法基屋面为干法施工，不受低温影响，大大缩短了工期。

10.3 拉法基屋面系统取消了防水保护层及保温板上的找平层，与正铺式屋面相比较节约造价 22 元/m²。

10.4 由于延长了防水层的合理使用年限，建筑物在设计使用年限内一般不需要进行屋面防水工程的修理和维护，经济和社会效益十分明显。

11. 应 用 实 例

11.1 2006 年 3 月～2006 年 4 月黄海城市花园 45～48 号楼，屋面面积 4200m²。

11.2 2006 年 4 月～2006 年 5 月白石新城 3 号楼，屋面面积 3600m²。

11.3 2007 年 10 月～2008 年 1 月星河城小区一期，屋面面积约 20000m²。

11.4 2006 年 9 月～2008 年 4 月秦苑·帝都古建大厦，屋面面积约 2000m²。

11.5 2006 年 1 月～2006 年 8 月中华苑别墅，屋面面积约 1100m²。

仿生态装饰混凝土施工工法

GJYJGF034—2008

中建八局第三建设有限公司　浙江勤业建工集团有限公司

黄海　沈兴东　杨国华　欧阳召生　王建昌

1. 前　　言

　　装饰混凝土因其具有较强的装饰效果和审美功能，在国外已被大量的使用。但在我国，由于装饰混凝土的节能、环保、美观等功效没有得到充分认识，以及没有成熟的施工技术，对我国装饰混凝土结构应用和发展造成了很大的影响。近年来，我公司承接了南京金盛田标准化厂房、南京佛手湖国际艺术会展中心等一系列工程，这些工程的许多部位都大量采用装饰混凝土，为了保证工程的顺利施工，我公司成立了科技攻关小组，通过试验研究、探索实践和不断地创新总结，最终形成了一套特种装饰混凝土施工技术，该关键技术于 2009 年 1 月 20 日通过江苏省建设厅组织的科学技术成果鉴定，达到国内领先水平，其中雨花石装饰混凝土施工技术、竹节纹装饰混凝土施工技术达到了国际先进水平。以此为基础，形成的《竹纹装饰混凝土斜墙施工工法》JSGF-128—2008、《原浆拉毛装饰混凝土施工工法》JSGF-129—2008、《松木条纹装饰混凝土模板施工工法》JSGF130—2008 等三项工法被评为 2008 年度江苏省省级工法。在此基础上，结合我公司的《雨花石装饰混凝土施工工法》、《彩色混凝土施工工法》、《超长圆弧饰面清水混凝土墙施工工法》等 4 项企业级工法，进一步提炼合并形成"仿生态装饰混凝土施工工法"。

2. 工 法 特 点

　　2.1　本工法通过采用特制大模板做基模，粘贴或铺钉特制的内衬面板，并通过混凝土配合比的调制和浇筑养护工艺的优化，最终使混凝土结构表面呈现出所需要的生态装饰纹理和色彩。通过本工法的应用，可取消混凝土结构的装饰层，从而节约工程造价，缩短工期。

　　2.2　本工法提出了仿生态装饰混凝土的质量控制标准。

3. 适 用 范 围

　　本工法适用于建筑物、构筑物混凝土结构表面有仿生态装饰效果的钢筋混凝土结构工程。也为其他装饰混凝土的施工提供参考。

4. 工 艺 原 理

　　充分利用内衬面板的特点和混凝土中掺加特种外加剂后混凝土性能的改善，并在特制的基模面板上粘贴或铺钉特制的内衬面板，施工时通过混凝土合理地分层浇筑、高频振动棒振捣、合理养护等措施，保证了仿生态装饰混凝土的施工成功，使得拆模后混凝土表面呈现出所需要的生态装饰纹理和色彩。

5. 工艺流程及操作要点

5.1 工艺流程（图5.1）

5.2 操作要点

5.2.1 模板设计与加工

1. 基模设计和制作

1) 基模的设计应按照大模板的工艺进行，并应根据设计及工程的具体情况选择基模的尺寸，在设计基模的尺寸时，应尽量选择统一的标准尺寸，另可适当的配置一些非标准板。

2) 基模面板应选用刚度较高、厚度误差较小的优质模板，制作前应对其厚度进行实测，同一块大模板上使用的面板厚度偏差不超过±1mm。基模面板安装时模板与模板之间应采用双面胶带进行密封，保证模板接缝不漏浆。

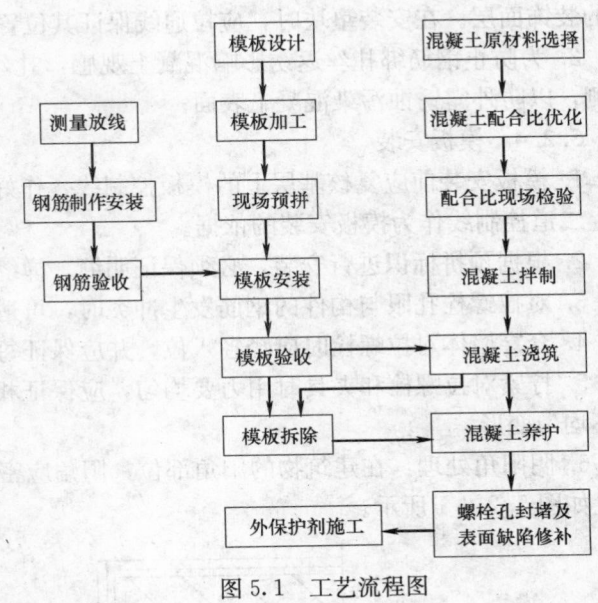

图5.1 工艺流程图

3) 应将基模面板与骨架用螺栓固定，螺栓与板面接触处应事先用开孔器沉孔3～4mm深，以便螺栓顶面不突出模板表面。

2. 内衬面板的铺设、粘贴

1) 应根据设计要求的纹理选择内衬面板。为保证混凝土成型后的建筑效果，在正式施工之前必须对相应部位进行排版，首先应确定施工缝位置，然后自上而下进行条纹面板排版。同时为保证成型后的观感效果，相邻内衬面板之间的接头应相互错开。

2) 排版完成后即可进行内衬面板的安装，安装之前应按照事先进行的排版在衬板表面弹出几道控制线作为基准，然后进行大面积的内衬面板安装。在安装过程中内衬面板应进行适当的筛选，保证内衬面板接头处平滑过渡。同时为保证内衬面板之间接触严密，可选用小錾子将内衬面板顶紧，然后再进行固定。

3) 若内衬面板采用定制符合设计纹理效果的橡胶垫，为了保证橡胶垫粘贴平整、牢固，应采用优质万能胶将橡胶垫粘贴于基模面板上，施工时，应绷紧橡胶垫，并防止橡胶垫与镜面板之间产生气泡。由于橡胶垫具有热胀冷缩的特性，为克服橡胶垫因降温收缩而产生的收缩拉应力，施工时可采用不影响混凝土表面成型效果的码钉在大模板周边及螺栓孔堵头周边进行加强固定。

4) 模板板缝必须采用密封材料密封，以防漏浆。

5) 内衬面板安装完成后，表面应涂刷脱模剂。对于木、竹质内衬面板，应选择木器用清漆作为模板的脱模剂，清漆可很好地在内衬条纹面板表面形成防水膜阻止内衬条纹面板吸收水分。对于橡胶面板，脱模剂宜采用吸水率适中的无色轻机油。

5.2.2 测量放线

1. 轴线标高的标识应精心测设，首先要保证测设精度，在隐蔽部位或被下道工序覆盖部位设置标识；设置的标识应清洁，并不得污染其他部位。

2. 应将平面轴线控制点投测到各层，建立各层施工段的控制网，确定平面上各构件轴线，并应测设出竖向结构的轮廓线，不允许出现露筋现象。

5.2.3 钢筋操作要点

1. 除按常规施工要求外，关键是应严格控制保护层厚度。保护层可采用标准塑料垫块，垫块颜色应与混凝土颜色一致，墙柱保护层可使用圆形塑料卡具，楼板保护层可采用塑料垫块以及塑料马凳。同时，对于仿生态装饰混凝土结构，在保证正常保护层厚度的基础上，宜适当加大20mm作为建筑物外的装饰面层。在安装垫块时，应拉通线保证其位置的整齐统一。

2. 为防止钢筋绑扎丝返锈影响混凝土观感，扎丝不得接触模板表面，扎丝尾端应朝向构件截面的内侧，以防外露锈蚀污染混凝土表面。

5.2.4 模板安装

1. 模板安装前应复核基层上的模板控制线，作好标高控制。应对模板进行预拼，在模板背面编号，弹上二道控制线作为模板安装的依据。

2. 根据预拼标识进行安装，必须保证明缝、禅缝的位置、水平度、垂直度及能否交圈。

3. 对拉螺栓孔眼与构件的钢筋发生冲突时，可适当调整相邻的几排钢筋，但不宜过大。

4. 套穿墙体对拉螺栓时应轻轻入位，并应保证每个孔位均加塑料垫圈，避免螺栓损伤穿墙孔眼。

5. 拧紧对拉螺栓和夹具时用力要均匀，应保证相邻的对拉螺栓和夹具受力大小一致，避免模板产生不均匀变形。

6. 阴阳角处理：在建筑物的阳角部位，阳角应密封；阴角部位内衬面板可采用45°倒角拼接，具体设置如图5.2.4-1所示。

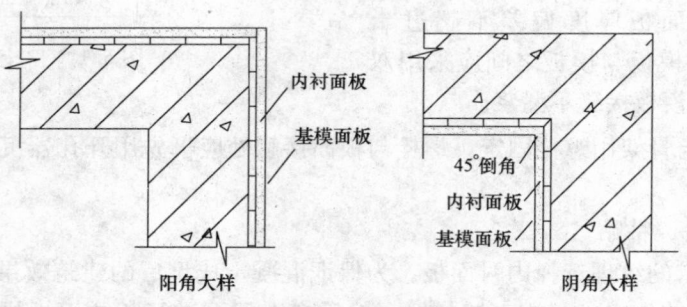

图5.2.4-1　阴阳角做法

7. 门窗洞口设置：为保证建筑物的外立面效果，建筑物的门窗洞口可根据内衬面板的分隔适当进行调整，保证洞边与外墙禅缝和纹理走向一致，具体设置如图5.2.4-2所示。

8. 明缝条安装：对于墙面结构，为保证施工缝位置两次浇筑的混凝土接槎平直顺滑，在先浇筑混凝土一侧上口应设置20mm×30mm的明缝条，明缝条下口与整块内衬面板的上口应接触严密，并应采用螺丝钉固定安装在模板上，安装必须牢固。混凝土浇筑时可适当浇筑到明缝条的上口，从而可保证在明缝条位置平直顺畅，具体设置如图5.2.4-3所示。

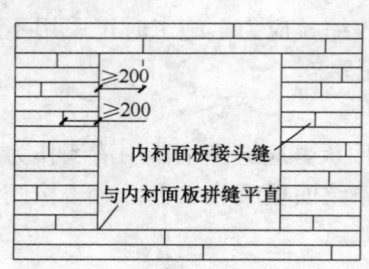

图5.2.4-2　洞口设置示意图

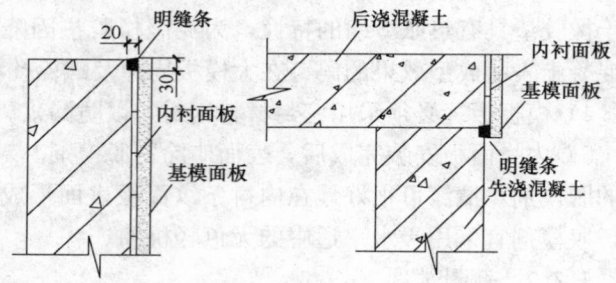

图5.2.4-3　明缝条做法示意图

9. 预留预埋孔洞施工：在进行内衬面板排版设计时，必须将所有预留预埋孔洞的位置精确找出，孔洞的边线应与内衬面板拼缝对齐。安装特制的专门用于仿生态装饰混凝土的金属接线盒时，必须与模板接触面平整，并应通过在接触面增设双面胶等措施防止浇筑混凝土时漏浆失水。预留孔洞模板可采用刚度很好的镜面板或维萨板制作，骨架可采用木枋，应保证预留洞模板几何尺寸准确，刚度大，与内衬面板接触面密不透水，并应确保在混凝土浇捣时模板不变形，混凝土不漏浆失水。

5.2.5 混凝土施工操作要点

1. 对混凝土粗、细骨料配比应进行优化，对骨料的大小、形状应进行选择，并可添加颗粒较小的

Ⅱ级以上粉煤灰以减少混凝土内部形成自由空隙的几率。

2. 混凝土用颜料的选择：应根据设计要求的混凝土色彩选择混凝土用颜料，颜料必须具有耐碱性、耐光性、水湿润性等性能。混凝土掺用颜料后，强度不能受损，且凝结时间应满足标准的要求。

3. 尽量降低混凝土的水灰比，并内掺消泡剂等措施来控制、减少混凝土内气泡的产生。

4. 浇筑前进行隐蔽工程验收，重点检查钢筋保护层、垫块数量和质量、钢筋扎丝的朝向、墙钢筋的位置、预埋预留件表面与模板贴得是否严密，确认合格后方可浇筑混凝土。

5. 将原料按砂、石、水泥、粉煤灰、掺合料、着色剂的顺序投放，控制投料计量误差小于1%，均匀搅拌5min，加入配合比中总用水量的80%，在搅拌机搅拌的同时，将另外20%的水与称量好的外加剂同时加入，再搅拌5min，使混凝土搅拌充分、均匀。混凝土施工时温度应尽量统一，不同的温度浇出的混凝土颜色不一致。

6. 清水饰面混凝土墙体浇筑，应先在根部浇筑30~50mm厚与混凝土相同配合比的水泥砂浆。然后浇筑墙体混凝土，浇筑时可采用标尺杆控制分层厚度，应分层下料、分层振捣，每层厚度应严格控制在400mm，最终浇至明缝条上10mm处。

7. 为使上下层混凝土接合成整体，上层混凝土振捣要在下层混凝土初凝前进行，并要求振棒插入下层混凝土50~100mm。

8. 振捣棒应采用"快插慢拔"、均匀的梅花形布点，并应使振捣棒在振捣过程中上下略有抽动，均匀振动，使气泡充分上浮消散，以提高混凝土的密实性并减少混凝土表面气泡。在钢筋较密集的梁、柱、墙接头部位可采用频率为12000rpm的高频振捣棒进行振捣。

9. 必须限制振捣棒的振捣位置。在大模板封模之前，应对振捣棒插点进行限位布置，做好记号，混凝土浇筑时按记号下振捣棒，直上直下，必须避免斜插破坏内衬面板。一般振捣棒移动间距为400mm，钢筋较密的墙体可采用直径30mm振捣棒，移动间距为300mm。

10. 应正确掌握混凝土振捣时间。振捣时间过长易造成混凝土离析，过短则混凝土振捣不密实，一般以混凝土表面呈水平并出现均匀的水泥浆、不再有显著下沉和大量气泡上冒时即可停止，振捣时间一般可控制在40s左右。

11. 为减少混凝土表面气泡，应采用二次振捣工艺，第一次在混凝土浇筑完成后振捣，第二次振捣在第二层混凝土浇筑前进行，顶层一般在0.5h后进行振捣。

12. 浇筑门窗洞口时，应沿洞口两侧均匀对称下料，振动棒距洞边300mm以上，应从两侧同时振捣，为防止洞口变形，大洞口（大于1.5m）下部模板应开洞，并补充混凝土及振捣，以确保混凝土密实无气泡。

13. 浇筑过程中应安排专人负责检查模板，并经常敲打正在浇筑部位的墙柱模板，以尽可能排除影响混凝土外观的气泡。

5.2.6 模板拆除及混凝土养护

1. 浇筑混凝土后，一般夏季60h后拆模，冬季拆模时间应适当延长，对于纹理比较细密的混凝土也应适当延长拆模时间。拆模顺序应与安装模板顺序相反，先拆下支撑，然后拆对拉螺栓，特别对螺栓孔注意保护。

2. 如遇模板内侧被混凝土吸附不能分开时，严禁用大锤砸模板，可用橡皮锤轻轻敲击。

3. 拆模后应立即用塑料薄膜包裹混凝土表面，边角接槎严密并压实，并可在外侧包五夹板进行防护。应对模板及时清灰、刷脱膜剂，检查面板尺寸，龙骨是否松动，保养对拉螺栓等。

5.2.7 螺栓孔封堵及表面缺陷修补

1. 对拉螺栓孔封堵可采用掺有外加剂和掺合料的补偿收缩水泥砂浆，砂浆的颜色与装饰混凝土颜色接近，封堵深度在凹进墙面5mm处。修补后可采用特制的不锈钢圆台将表面捻平进行压光处理。砂浆终凝后应喷水养护7d。

2. 拆模后由于混凝土的泌水性、模板的漏浆和混凝土本身的含气量较大，其表面局部可能会产生一些小的气泡、孔眼和砂带等缺陷。应立即清除表面浮浆和松动的砂子，可采用相同品种、相同强度等级的水泥拌制成水泥浆体或采用专用进口可调色的装饰混凝土修补材料，修复和批嵌缺陷部位，待水泥浆体硬化后，应用细砂纸将整个构件表面均匀地打磨光洁，并用水冲洗洁净，确保表面无色差。

3. 对于漏浆、胀模、错台部位首先应进行清理，轻轻刮去表面松动砂子，用界面剂的稀释液（约50％）调配成颜色与混凝土基本相同的水泥腻子或采用专用进口可调色的装饰混凝土修补材料，用刮刀取水泥净浆抹于需修复部位，并应用特制的条纹压板压出与大面一致的纹理。应待腻子终凝后打砂纸磨平，再刮至表面平整，阳角顺直，洒水覆盖养护 2d。

5.2.8 混凝土冬期施工

1. 混凝土拌制

混凝土应使用低碱水泥，可优先选用普通硅酸盐水泥，在混凝土中掺入与非冬期施工外加剂性能相近的防冻剂，避免与前期浇筑混凝土产生色差。对预拌混凝土的水和骨料可进行加热，其温度根据热工计算确定，不得超过规范的限值。混凝土搅拌时间应比常温时延长 50％时间，并应保证混凝土拌合物出机温度不低于 15℃。

2. 混凝土运输与浇筑

应加强混凝土运输过程中的保温，保证混凝土入模温度不低于 10℃，以免新浇混凝土冷却过快，影响早期强度增长和观感质量。尽量在中午气温相对较高的时段浇筑，分层浇筑时已浇筑完的下层混凝土，在被上层混凝土覆盖前不能低于 2℃。

3. 混凝土养护

施工楼层应形成封闭的环境，当室外温度低于 -10℃时，可在施工楼层采用电暖气片进行加热保温。可在模板背面粘贴阻燃聚苯板保温。拆除模板及涂刷养护剂后应立即覆盖塑料薄膜，并加盖 2 层阻燃草帘保温。应做好同条件试件的留置和混凝土的测温工作，随时掌握混凝土的内部温度，并根据温度变化情况及时采取防护措施。

5.2.9 混凝土面外保护剂的施工

可采用专用透明清水混凝土保护剂均匀涂刷或喷涂于混凝土表面。目前市场上常用的保护剂有氟碳系列和水性硅系列两种，保护剂的施工应达到以完全不影响混凝土的肌理为原则，同时又对混凝土起到防水、防碳化、增加耐久性的作用。

6. 材料与设备

6.1 材料要求

1. 应根据所施工建筑物的高度，设计大模板的标准尺寸，并应满足强度和刚度要求。两块大模板拼缝处，应采用夹具固定夹紧，从而达到模板拼缝严密的要求。

2. 水泥：选用的水泥应质量稳定，含碱量低，C3A 含量小，强度富余系数大，活性好，标准稠度用水量小，水泥原材料色泽均匀。强度等级不宜低于 42.5 级，应优先选用普通硅酸盐水泥。

3. 骨料

1）粗骨料选用的原则是强度高，连续级配好且同一颜色的低碱活性骨料（B 类），产地、规格必须一致。含泥量应小于 1％，大于 5mm 的泥块含量应小于 0.5％，混凝土针、片状颗粒含量应不大于8％，压碎指标值应不大于 10％，内照射指数与外照射指数均应不大于 1.0％。

2）细骨料选用洁净、级配良好的低碱活性天然中砂，细度模数控制在 2.50～2.90 之间，含泥量应不大于 2.0％，泥块含量应不大于 1.0％，内照射指数与外照射指数均应不大于 1.0％。

4. 掺合料

掺入一定比例的掺合料可改善混凝土的流动性和后期强度，宜选用磨细 Ⅱ 级粉煤灰以上的产品，要求定供应厂商，定细度且不得含有任何杂物。

5. 外加剂

要求减水效果明显，能满足混凝土的各项工作性能要求，且与水泥相适应。要求定厂商、定品牌、定掺量。对首批进场的原材料经复试合格后，应"封样"保存，以后进场的每批来料均与"封样"进行对比，发现有明显色差的不得使用。随气候变化，应调整用量。

6.2 机具设备

1. 木工工具：电锯、电刨、手工锯、电钻、射钉枪、空压机等。
2. 钢筋加工机具：切断机、弯曲机、对焊机、砂轮切割机等。
3. 混凝土施工设备：商品混凝土搅拌站、混凝土搅拌运输车、汽车泵、高频振动棒等。
4. 模板安装和拼缝工具：螺栓、大模板支撑托架、夹具、塑料堵头和套筒螺丝组件、对拉螺栓等。
5. 测量仪器：全站仪、水准仪、钢卷尺等。

7. 质 量 控 制

7.1 质量标准

本工法除必须满足设计要求外，还应遵守《混凝土结构工程施工质量验收规范》GB 50204—2002 和《建筑钢结构焊接规程》JGJ 81—2002 的有关规定。经过研究和实践，提出如下几点具体的质量标准：

1. 轴线通直、尺寸准确。
2. 棱角方正、线条顺直。
3. 表面平整、清洁、色泽一致。
4. 表面无明显气泡，无砂带和黑斑。
5. 表面无蜂窝、麻面、裂纹和露筋现象。
6. 模板接缝、对拉螺栓和施工缝留设有规律性。
7. 模板接缝与施工缝处无挂浆、漏浆，无明显错台，接槎无明显水纹，顺平顺直。
8. 表面质感要求
1) 颜色：混凝土颜色基本一致，距离墙面 5m 看不到明显色差。
2) 纹理：纹理清晰可见。
3) 气泡：混凝土表面气泡要保持均匀、细小，表面气泡直径不大于 3mm，深度不大于 2mm，每平方米混凝土气泡面积小于 150mm^2。
4) 裂缝：表面无明显裂缝，不得出现宽度大于 0.2mm 或长度大于 50mm 的裂缝。
5) 光洁度：成型后平整光滑，色泽均匀，无油迹、锈斑、粉化物、无流淌和冲刷痕迹。
6) 平整度：表面平整度达到高级抹灰质量验收标准，平整度允许偏差不大于 2mm。
7) 观感缺陷：无漏浆、跑模和胀模，无烂根，错台，无冷缝，夹杂物，无蜂窝、麻面和孔洞，无露筋，无剔凿或涂刷修补处理痕迹。
9. 装饰效果要求
1) 整栋建筑的明缝、禅缝水平交圈，允许偏差不大于 5mm；禅缝线宽不大于 1.5mm；竖向垂直成线，要求平整、顺直、光滑、均匀。
2) 对拉螺栓孔大小要与整体饰面效果相协调，孔眼完整光滑，纵横方向等间距均匀排列，对拉螺栓孔不大于 35mm，孔洞封堵密实平整，颜色基本与墙面一致。

7.2 质量保证措施

7.2.1 模板骨架必须牢靠、平整，其平整度偏差应控制在 2mm 以内。

7.2.2 相邻两块模板安装时，应采用夹具将相邻两块大模板夹紧，使模板之间的拼缝平整严实。

7.2.3 应严格控制混凝土的施工配合比和外加剂、外掺料的用量，应采用合理的浇捣方法，并应使混凝土内的气泡尽量排出。

7.2.4 应合理安排调度，保证混凝土连续浇筑，避免出现施工冷缝。混凝土运输时间应控制在规定时间内（根据天气及路程计算），以免坍落度损失过大而影响混凝土的和易性。

7.2.5 采用专用的混凝土输送泵，每次使用前必须彻底清洗。泵送前要逐车检查混凝土的坍落度、和易性、色彩等，合格后方可泵送。搅拌机、罐车等搅拌机械每次使用后要彻底清洗干净，以保证下次施工正常进行，严格按照操作规程搅拌，按照事先确定的顺序添加材料。

7.2.6 应加强对混凝土的进场检验，每车必检坍落度，目测混凝土外观质量，有无泌水离析，以保证混凝土拌合物质量。

7.2.7 在混凝土振捣中，不得碰撞各种埋件，不得振捣模板、钢筋等，以防止出现对钢筋、模板等造成破坏；粘在钢筋上的砂浆和混凝土应轻轻碰落。

7.2.8 在大模板封模前，应对振动棒插点进行限位布置，做好记号，混凝土浇筑振捣时，避免斜插破坏内衬面板。

8. 安 全 措 施

8.1 施工前必须做好班前安全教育和安全交底。未经三级教育的新工人不得上岗。

8.2 所有用电设备及配电柜应安装漏电保护装置，并张贴安全用电标识，严禁无电工操作证人员进行电工作业。应定期进行安全用电检查，不符合要求的立即整改。

8.3 应定期对各种设备进行调试、保养和维修，保证施工设备安全可靠，各种设备必须严格按安全操作规程进行操作，严禁违章作业。

8.4 上下交叉作业时，必须采取有效、可靠的安全防护措施。

8.5 模板起吊要平稳，不得偏斜和大幅度摆动，操作人员必须站在安全可靠处，严禁人员随同模板一同起吊。

8.6 混凝土浇筑前，应对振动器进行运转，振动器操作人员应穿胶靴、戴绝缘手套；振动器不能挂在钢筋上，湿手不能接触电源开关。

9. 环 保 措 施

9.1 施工过程中，应最大限度减少施工中产生的噪声和环境污染。特别要控制夜间10点后的噪声，以免影响周边居民的休息。

9.2 应做好施工现场污水的合理排放，工地废水、污水应通过临时下水道排入正式污水井和污水管道中。

9.3 施工过程的废弃物，包括木工锯末、橡胶垫废脚料、混凝土浇筑后的废弃物等，应及时清运，集中堆放，保持工完场清。

9.4 胶粘剂在现场使用运输时，装料不应超过容器的3/4，提在手上走动时不要晃荡，应避免遗洒污染地面以及浪费材料；使用时要注意及时加盖，避免材料报废。

9.5 必须严格按照当地环保规定做好文明施工、文明现场。

10. 效 益 分 析

10.1 本工法满足国家关于建筑节能工程的有关要求，取消了面层装饰，减少了后期维修费用，节约了资源，缩短了工期，而且对改善结构的性能有着更重要的意义。

10.2 本工法因使用大模板，模板制作后的拼装与拆除效率大大提高，大大缩短了常规做法所需工期，从而节约了大量的周转工具租赁费和项目管理费用。本工法在南京金盛田房地产开发有限公司1～4号标准化厂房工程中成功应用后，共取得 86.49 万元的经济效益。在南京佛手湖国际艺术会展中心工程中成功应用后，共取得 160.7 万元的经济效益。

10.3 通过应用本工法，可提高特种装饰混凝土施工技术水平，使施工的质量管理工作得到全面提升，为国家、行业制定与修订相应的专业技术规范积累宝贵经验。

11. 应 用 实 例

实例一：南京金盛田房地产开发有限公司 1～4 号标准化厂房位于南京市江浦镇天浦路。工程于2005 年 11 月开工，2007 年 7 月竣工，建筑面积共 20794m²，整个厂区由 1-1 号、1-2 号、2-1 号、2-2号、3 号、4 号六个单体厂房和 1～6 号六个连廊连成一个整体，六个单体厂房均为三层框架结构，高16.8m，其中一层层高 6m，二、三层层高 4.8m，女儿墙高 1.2m。本工程外观设计别具一格，层次感、立体感强，各厂房与连廊外立面墙体均为仿生态装饰混凝土，厚度为 8～18cm，墙面面积 13000m²，门窗共 791 樘。本工程选择大模板标准板的设计尺寸为 2400mm（宽）×4800mm（高），另配 1.2m 高的非标准板，大模板的配制尺寸、节点要求如图 11-1 所示，在大模板表面粘贴定制的满天星橡胶垫（图11-2）。施工完毕后，原浆拉毛混凝土外墙表面的观感效果良好，达到了类似在花岗岩表面凿出麻点的感觉（图 11-3），受到了业主的好评。

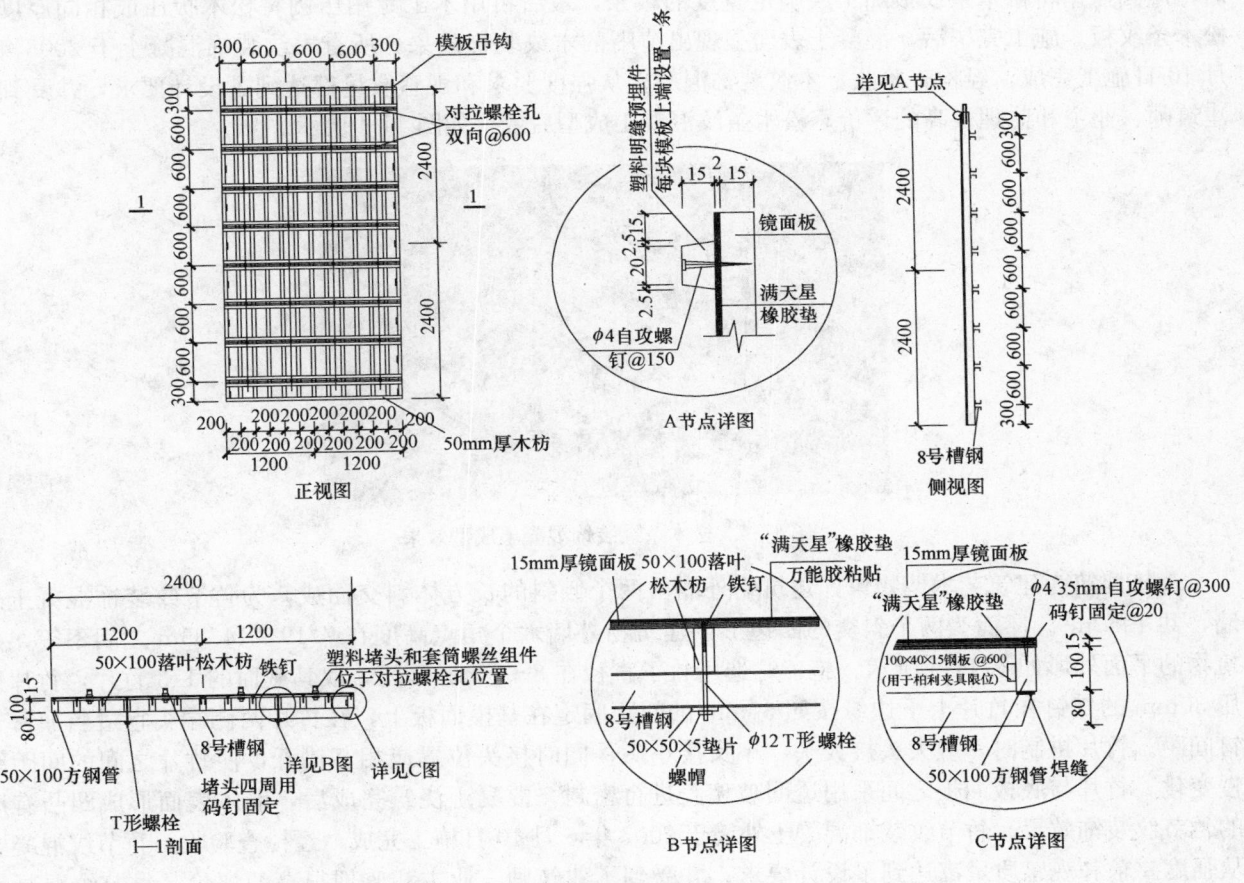

图 11-1 大模板配制图

实例二：南京佛手湖国际艺术会展中心工程位于南京珍珠泉佛手湖风景区，该工程于 2006 年 2 月19 日开工，建筑面积 42000m²，总投资 11530 万元，由 A、B、C、D 四栋公共建筑以及 20 栋别墅组成，24 栋建筑分别由来自中国、美国、克罗地亚等 13 个国家的 24 位在国际上享有较高知名度的建筑

图 11-2　拉毛橡胶垫

图 11-3　原浆拉毛装饰混凝土成型效果

师设计，项目宗旨在推动建筑艺术发展与进步，促进国际建筑艺术的交流，推动中外建筑艺术的对话，创造一个国际化的融建筑与其他艺术于一体的艺术世界。其中 B 栋公共建筑的挡土墙 860m²、1 号别墅建筑的外墙立面 1100m²、5 号别墅建筑的屋面底部 600m²、16 号别墅建筑外墙立面 2700m²，屋面底板 750m²、屋面顶面 710m²，共计 6720m²，均采用木纹装饰混凝土。施工时选用生长周期长、树径粗的赤松作为原材进行加工，加工选用小型带锯，从而保证松木条纹板表面具有的纹路、花纹不被带锯所破坏。加工时，将条纹板宽度加大 3mm，厚度加大 2mm，从而为后期的细加工留出余量。带锯加工完后再用圆盘锯将松木条纹板加工成确定宽度的板条，最后再用木工专用压刨将松木板压成相同厚度的松木条纹板。施工完毕后，混凝土表面呈现出清晰的木纹装饰效果。所有木纹装饰混凝土于 2008 年 1 月 10 日施工完成，经检查验收，木纹装饰混凝土从强度要求和观感质量都达到了设计要求，并受到了建筑师、业主和监理很高的评价。松木条纹混凝土成型后效果如图 11-4 所示。

图 11-4　松木条纹装饰混凝土成型效果

A 栋建筑为建筑艺术博物馆，建筑物外墙由两个倾斜的长方体斜交而成，为竹节纹装饰混凝土外墙，共 1950m²。屋面为两个斜交的四边形，建筑物外墙六个角点高度在 7.19～14.85m 之间不等，建筑物的平面外形如图 11-5 所示。施工时选用竹子直径在 8～10cm 区间，取其截面的 1/3 竹片，竹片采用 30mm 的气钉在竹片上下边缘按照 30mm 的间距固定在基模面板上，在竹片两侧端头宜适当加密气钉间距。竹片拼制时，应大头接大头，小头接小头，同时接头位置应相互错开，使竹片之间的间距缓慢变化。竹片与底板面板之间采用透明玻璃胶进行密封。混凝土浇筑完成后，墙体表面形成凹凸有序的竹节纹装饰效果。竹节纹装饰混凝土外墙于 2007 年 6 月 10 日施工完成，经检查验收，竹节纹混凝土从强度要求和观感质量都达到了设计要求，并受到了建筑师、业主和监理很高的评价。竹节纹混凝土施工效果如图 11-6 所示。

15 号别墅为钢筋混凝土框架结构，部分采用钢框架结构。屋顶为"人"字形弧形屋面，建筑屋面底部采用竹席纹清水混凝土作为建筑物的装饰面层。施工时，竹席纹模板在厂家定制，即在厂家利用用胶粘剂将竹席和基模面板固为一体，按照水平或垂直方向进行排布，混凝土浇筑完成后，表面呈现

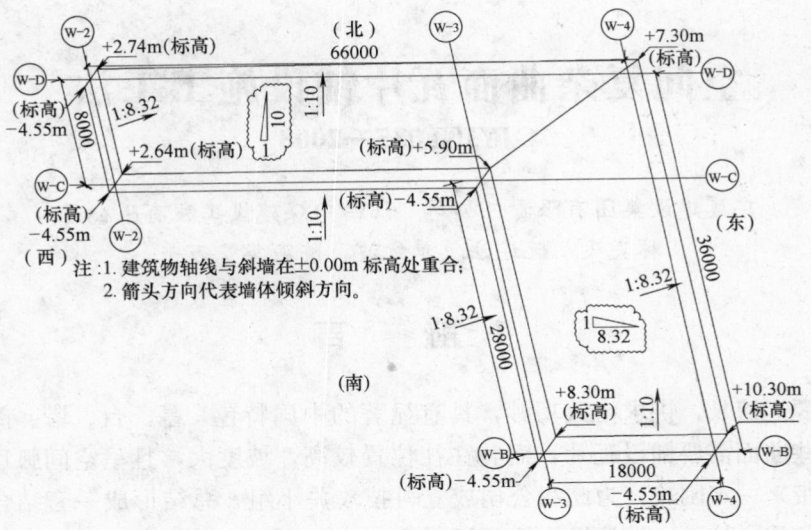

图 11-5　建筑物平面形状示意图

出竹席形花纹，即形成竹席纹装饰混凝土。15 号别墅于 2007 年 5 月 18 日开工，于 2008 年 1 月 20 日完工，通过对"人"字形饰面竹席纹清水混凝土的检查验收，混凝土观感质量达到了设计要求，纹理清晰整齐，建筑师及业主在参观现场后，肯定施工成果，并赞扬竹席纹清水混凝土的成功实施给装饰混凝土提供了一个新的思路，为今后施工同类型装饰混凝土工程提供了经验。

图 11-6　竹节纹装饰混凝土施工效果

实例三：七桥瓮生态湿地公园位于南京七桥瓮古桥东侧，秦淮河与运粮河交汇处，占地面积 30 万 m²，2008 年 4 月 1 日开工，整个公园围绕着"生态"为主题开展建设。其中科普教育中心结构为地下一层、地上三层的弧形结构，其弧形结构外弧长度 120m，内弧长度为 70m。从 1 轴线到 11 轴线以外，设计了立面弧形装饰混凝土基座结构，与上部钢结构骨架相连，形成一个截面完整的椭圆，整体造型犹如一条绿色长虫曲卧于水岸之上，突出了公园"生态"主题。施工时，利用 CAD 对弧形板的截面尺寸、标高进行合理划分，多段等分，控制弧形板不同段弧度的标高，并在现场按照 1：1 进行放样，从而确保整个混凝土弧形基座外形的连续、顺滑。施工完毕后，装饰混凝土外观效果良好。

空间复杂曲面瓦片铺设施工工法

GJYJGF035—2008

广厦建设集团有限责任公司　江西中煤建设工程有限公司

林炎飞　阮连法　单红波　陈丽华　万平

1. 前　　言

我国建筑艺术源远流长，讲求精致巧妙，具有显著的中国特色，亭、台、塔、阁，其顶面通常是空间复杂曲面。这些曲面需要铺设瓦片，而其往往位置较高，坡度大，且呈空间弧面，给瓦片铺设的测量、放样、下料带来一定困难。为此我公司成立科技攻关小组，总结形成一套结合无协作目标电子全站仪的空间定位和放样技术、计算机软件 CAD，Sketchup 辅助放样、材料下料和预排技术为核心的瓦片铺设施工工法，解决了空间复杂曲面瓦片铺设的测量、下料、放样、预排等问题。根据国内查新结果的显示，未见基于无协作目标电子全站仪的空间定位和放样技术和计算机软件 AutoCAD，Sketchup 辅助放样、材料下料和预排技术为核心的空间复杂曲面上瓦片铺设的技术和工法的文献报道，为首次应用。该技术于 2008 年 4 月 13 日通过浙江省建设厅组织的科学技术成果鉴定，达到国内领先水平。

普陀山普门万佛宝塔、江山市须江阁以及遵义凤凰楼等工程均采用该工法，取得了良好效果。并且实施技术攻关的普陀山普门万佛宝塔工程项目部 QC 小组获 2008 年全国工程建设优秀质量管理小组一等奖。

2. 工法特点

2.1　采用无协作目标电子全站仪的空间定位和放样

佛塔塔顶空间定位采用无协作目标电子全站仪的空间定位和放样技术，把无反射棱镜测距功能融入了全站仪，实现了"所瞄即所测"，相比于普通全站仪测量，无协作目标电子全站仪测量不需要反射棱镜，这对坡度大、难以设置反射棱镜的空间复杂曲面定位尤为适用。同时无协作目标电子全站仪测量具有选择目标灵活、测量方便、效率高、精度准、安全性好等优点。

2.2　采用计算机软件 AutoCAD，Sketchup 辅助放样、材料下料和预排技术

采用计算机软件 AutoCAD，Sketchup 辅助放样、材料下料和预排技术将塔顶顶面主要点的空间尺寸反映到计算机图形中，使复杂的空间定位变为 3 个水平坐标系定位，结合屋顶及其瓦片的三维模型，对塔顶曲面进行预排瓦片。传统屋顶曲面瓦片铺设是现场测量、放样、预估下料，施工难度大，施工危险且费时；也有国内同类工程利用同比缩小的模型进行试放样预排瓦片，但耗时耗材耗力，也并不十分准确。而利用计算机软件 AutoCAD 及 Sketchup 技术可以达到更直观、更精确的效果，既避免了高空测量放样的危险性，也避免了模型制作的材料、时间和人力浪费。同时，结合全站仪的定位数据，计算机软件模拟可事先根据塔顶斜率调整瓦片铺设角度，从而保证了塔顶瓦片的弧线美，可明显提高施工质量和观感效果（图 2.2）。

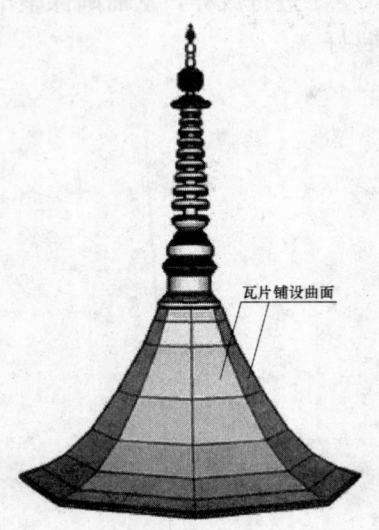

瓦片铺设曲面

图 2.2　佛塔塔顶瓦片铺设曲面

2.3　铺贴效果美观、施工质量明显提高

瓦片在不规则曲面上铺设，技术难度大，要求高。该佛塔塔顶上下底面为正八角形，立面为八个相同的双曲面。曲面拐点多，各处斜率不同，给瓦片铺设带来困难。与传统方法相比，采用无协作目标电子全站仪空间定位技术可精确控制瓦片铺设定位，保证计算机放样、下料及预排的准确性的同时，在瓦片实际铺设时可辅助塔顶瓦片铺设的主要位置线的弹线放样，从而实现了塔顶瓦面平整、檐口平直、屋脊顺直的观感效果；采用计算机软件 AutoCAD，Sketchup 辅助放样、材料下料和预排技术，可事先依据屋面形状调整瓦片铺设斜率，从而能巧妙地处理规则的瓦片与不规则的屋面之间的矛盾，保证瓦片的准确下料及铺设排放，实现塔顶造型的精巧美观与弧线美。采用以上技术完成的瓦片铺设实现了良好的施工质量及美观的铺贴效果。图 2.3 为塔顶瓦片铺贴施工图。

图 2.3　佛塔塔顶瓦片铺贴施工图

2.4　先进、适用

本工法应用了先进测量仪器、计算机建模的最新发展成果等现代科技手段，不仅使测量定位有了准确依据，使工程质量得到保证，而且避免了材料的浪费，进而节约了材料成本，提高了施工效率，缩短了工期。

3. 适用范围

本工法适用于一般空间曲面的瓦片铺设，尤其适用于位置高，坡度较陡，空间造型精巧复杂的曲面瓦片铺设工程，同样适用于弧形平面、曲面等的不规则面上的石材铺设。

4. 工艺原理

本工法基于无协作目标电子全站仪测量放线技术、计算机建模技术的最新发展成果，依据屋面形状铺设瓦片，从而巧妙地处理了规则的瓦片与不规则的屋面之间的矛盾，实现了瓦片铺贴效果与建筑造型的协调一致。

4.1　利用无协作目标电子全站仪进行塔顶空间定位

在塔顶混凝土施工完成后，在塔的四周选择几个测量测站点，在点上架设无协作目标电子全站仪。测站点可以选在塔顶下部比较平缓的位置上。如塔顶坡度大，不好架设仪器，可在塔的外围设置操作平台。建立假定坐标系统，用无协作目标电子全站仪测出测站点的三维坐标。

然后在各测站点上，用无协作目标电子全站仪瞄准塔顶上各主要位置，特别是各脊上坡度变化处各点。如果塔顶的弧度大、变化多，应增加测量目标点。计算出各点的空间坐标，就可建立塔顶顶面的三维模型。

4.2　利用 AutoCAD 及 Sketchup 软件建立塔顶三维模型

由无协作目标电子全站仪得出的空间结构数据，在 AutoCAD 软件建立宝塔塔顶的平面图及立面图，再导入 Shetchup 中生成三维模型，将这些空间结构尺寸反映到计算机图形中，使复杂的空间定位变为 3 个水平坐标系定位（图 4.2）。

4.3　瓦片三维模型建立及下料

4.3.1　Sketchup 软件建立瓦片模型（图 4.3.1）

4.3.2　瓦片下料估算

塔顶由相同的 8 个曲面构成。

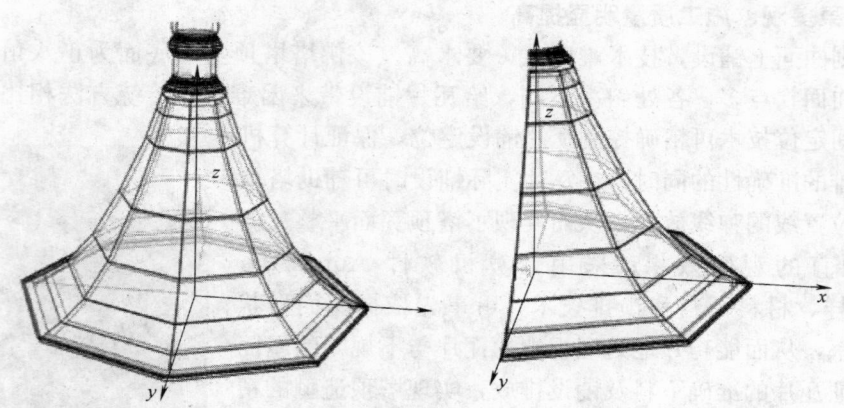

图 4.2　佛塔塔顶空间结构定位三维模型示意图

由 AutoCAD 软件可直接得出塔顶单个曲面面积：30.6453m²

底瓦数量：底瓦竖向铺设隔块交叠 60mm，横向中心线间距 240mm

一块底瓦占据屋顶面积：$(290-60)/2 \times 240 = 0.0276m^2$

单个曲面底瓦数量：30.6453/0.0276＝1110 块

整个塔顶底瓦数量：1110×8＝8880 块

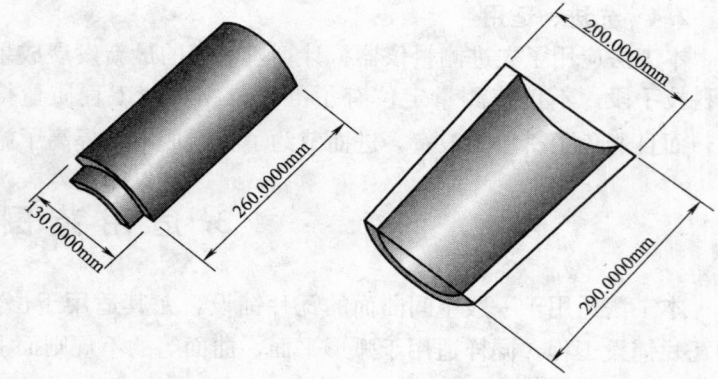

图 4.3.1　瓦片（左盖瓦，右底瓦）三维模型示意图

盖瓦数量：盖瓦横向中心线间距 240mm

一块盖瓦占据屋顶面积：260×240＝0.0624m²

单个曲面盖瓦数量 30.6453/0.0624＝491 块

屋脊处盖瓦数量：（屋脊长度）9.411/0.26×2＝72 块

整个塔顶盖瓦数量：（491＋72）×8＝4504 块

4.4　计算机辅助预排技术

使用 AutoCAD 及 Sketchup 软件分割屋面并实现瓦片在计算机上的预排。图 4.4-1～图 4.4-3 是佛塔塔顶瓦片计算机预排的剖面、立面、三维图。使用 AutoCAD 辅助预排，可简化工程测量内业翻样计算，将繁复的计算转换为直观的"图解法"。另外，数据可以直接从图上量出，从而使下料变得快速、准确。

第一排：计算机辅助预排底瓦 29 块；

……

最底排：计算机辅助预排底瓦 6 块。

由预排得到底瓦数量 8840 块，盖瓦数量 4500 块，与计算得到数据底瓦数量 8880 块，盖瓦数量 4504 块相差甚微。由于塔顶曲面模型与实际塔顶铺设曲面有轻微尺寸差距，以及瓦片切割、铺设等人为原因造成一定的控制偏差，通过塔顶曲面模型与实际塔顶铺设

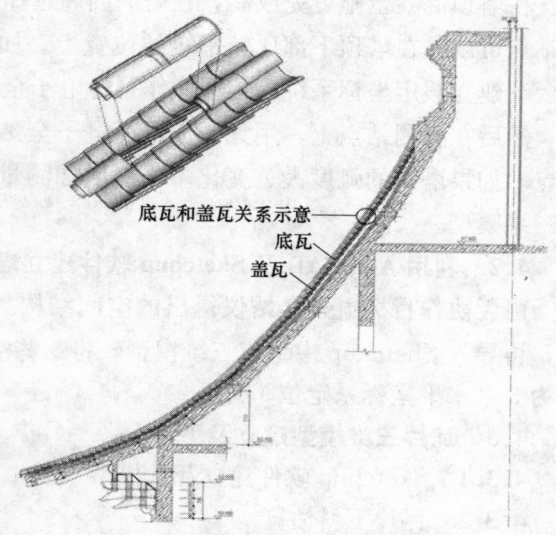

底瓦和盖瓦关系示意
底瓦
盖瓦

图 4.4-1　佛塔塔顶瓦片铺设剖面预排图

图 4.4-2 佛塔塔顶瓦片铺设立面预排图

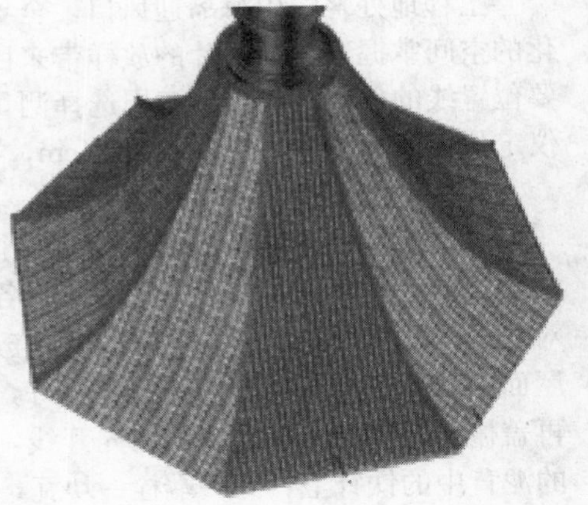

图 4.4-3 佛塔塔顶瓦片铺设三维预排图

曲面的误差控制精度的提高,切割、铺设操作允许偏差控制值的调整,进行计算机二次预排,进一步提高了瓦片铺设质量和控制瓦片铺设实际用量的精准度。

4.5 瓦片铺设施工

运用无协作目标电子全站仪进行塔顶瓦片的主要位置线的放样。综合利用计算机辅助预排中得到的数据和传统瓦片铺设施工技术进行施工,使实际塔顶曲面弧线与理论弧线之间的误差较小,较好地体现古塔塔顶曲面设计的弧线之美。

5. 工艺流程及操作要点

5.1 七样琉璃瓦屋面瓦片铺设工艺流程(图5.1)

5.2 操作要点

5.2.1 塔顶空间位置测量建模

在塔的四周选择几个测量测站点,在点上架设无协作目标电子全站仪。测站点选在塔顶下部比较平缓的位置上。测量塔顶顶面八点坐标,底面八点坐标,各空间斜率变化点的坐标,建立三维模型。

5.2.2 瓦片放样下料,准备配件

根据计算机软件辅助放样、下料及预排得到的数据准备瓦片,本工程使用的是七样琉璃瓦 3 号瓦。

准备塔刹底座配件:压线条;围脊;双曲线;束腰下线;徒板;角柱;额枋;束腰上线;上部线;鼓凳;鼓镜。

准备相应 3 号配件:正脊垂脊的填心用土砖砌筑;铺斜当勾;正当勾及压当条;二戗脊包头;工字脊;套兽;垂兽;仙人走兽。

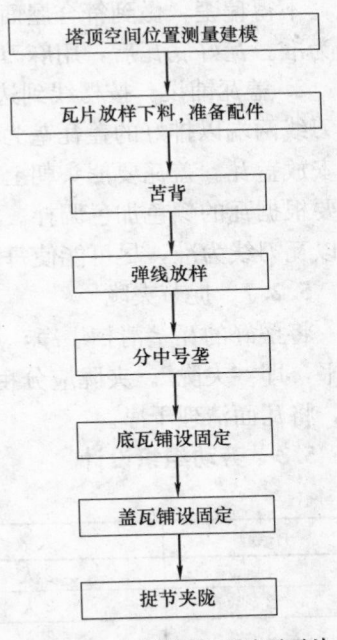

图 5.1 七样琉璃瓦屋面瓦片铺设工艺流程

流程图:
塔顶空间位置测量建模 → 瓦片放样下料,准备配件 → 苫背 → 弹线放样 → 分中号垄 → 底瓦铺设固定 → 盖瓦铺设固定 → 捉节夹陇

5.2.3 苫背

首先在钢筋混凝土屋顶上用水泥砂浆抹平,然后用麻刀灰泥在屋顶上苫2～3层泥背,每层泥背厚度不超过5cm。中腰节附近如泥背太厚,可事先将一些板瓦反扣在护板灰上,每苫完一层泥背后,要用"杏儿拍子"进行拍实。在泥背上苫2～4层大麻刀灰,每层灰背厚度不超过3cm,每层苫完后要反复赶轧坚实后再开始苫下一层。再在大麻刀灰背上开始苫青灰背,青灰背用大麻刀月白灰,但须反复刷青浆和轧背,赶轧的次数不少于"三浆三轧",苫完背以后要在脊上抹"扎脊灰",苫背全部结束后要适当"晾背",再开始盖瓦。

5.2.4 弹线放样

工程地处普陀山海岛迎风口，全年大部分时间风力高达 6 级左右，施工环境恶劣，且屋面坡度变化的空间掌握给塔顶瓦片的放样带来巨大困难。该工法利用无协作目标电子全站仪进行塔顶瓦片的主要位置线的放样。在塔的四周选择测量测站点，架设无协作目标电子全站仪，用无协作目标电子全站仪定位各条瓦片中心线，间距 24cm，再进行弹线。

5.2.5 分中号垄

盖瓦前首先分中，在檐头找出整个屋面的横向中点并作出标记，在确定中间一趟的底瓦后进行排瓦当，确定每垄底瓦的位置，然后将各垄盖瓦的中点平移到屋脊扎户灰背上并作出标记。在盖瓦之前对瓦件逐块检查，进行"审瓦"，检查是否符合质量要求。在大面积盖瓦之前先盖几垄瓦，即冲垄，在屋面中间将三趟底瓦和两趟盖瓦盖好，这些瓦垄必须以栓好"齐头线"、"楞线"和"檐口线"为准，再盖檐头勾滴瓦。在盖底瓦前先开线，按照排好的瓦当和脊上号垄的标记把线的一端栓在一个插入脊的泥背中的铁钎上，另一端栓一块瓦，吊在房檐下作为"瓦刀线"，底瓦的瓦刀线应栓在瓦的左侧。

5.2.6 瓦片铺设固定

屋面位置高，坡度陡，瓦片安装要牢固。通常固定这些瓦片要用铁丝、铁钉，但为了延长该宝塔塔顶瓦片的使用寿命，该项目选用的是 14 号铜丝。其砂浆保护层内铺 14 号，网格 30mm×30mm 不锈钢丝片，并留出 1m 见方的铜丝甩头（长 500mm），与不锈钢瓦挂绑扎。

1. 底瓦铺设。铺灰盖底瓦，底瓦灰的厚度为 4cm，底瓦应窄头朝下，从屋面底部（尖角处）开始向上铺设瓦片。在铺设过程中应注意屋面檐口、屋脊的搭接等特别位置的处理。在屋脊等异形处，可根据计算机辅助预排瓦片形状进行预先切割。盖瓦接头嵌缝要密实，防止雨水渗入，造成渗漏和结冰破坏。底瓦的搭接密度应能做到"三搭头"，并做到"稀盖，檐头密，盖脊"，底瓦灰应饱满，瓦要摆正，不得偏歪，做到符合屋面的弧度，合缝严密。瓦与底瓦灰的接触面积应达 100%。高低顺直以瓦刀线为准。瓦好底瓦后，用麻刀灰将蚰蜒当填严，以盖住瓦翅为度。

2. 盖瓦铺设。按楞线到边陇盖瓦瓦翅的距离调好"吊鱼"的长短，然后以吊鱼为高低标准开线。瓦刀线两端以排好的盖瓦垄为准，将和好的盖瓦灰（要比底瓦灰硬些）摊放到蚰蜒当上，从下而上依次安放盖瓦。盖瓦要熊头朝上，抹上素灰，上面的筒瓦压住下面的熊头，挤压严实。用在熊头上的素灰要根据瓦的颜色加色调拌。盖瓦与底瓦翅应相距有盖瓦高度 1/3 大小的间隙。盖瓦垄的高低直顺都要以瓦刀线为准，尽可能使每块都"跟线"，避免出现瓦垄一侧不齐的状况。

5.2.7 捉节夹陇

将摆好的瓦垄清扫干净，用小麻刀灰勾抹筒瓦相接处，即"捉节"。然后用夹陇灰（掺色）将睁眼抹平，即"夹陇"。夹陇应分粗细两步进行。上口与瓦翅外棱平，下脚与上口垂直，用瓦刀抹光轧实后，将瓦面清理干净。

5.3 劳动组织设计

劳动组织   表 5.3

序号	人数	工 作 内 容	工 作 位 置
1	2 人	无协作目标电子全站仪采集数据	屋面操作面
2	2 人	挑选瓦片/装车运输	后台
3	2 人	拉沙石水泥搅拌/运输	后台
4	5 人	砂浆第二次搅拌运抵指定/瓦片清洁	屋面操作面
5	10 人	切割/拉线/铺设	大工

6. 材料与设备

6.1 施工材料：七样琉璃瓦、不锈钢瓦条、铜丝、聚氨酯防水涂膜等。

6.2 施工工具：板梯、泥刀、泥桶、拉线、卷尺、线垂、画笔、小铲刀、自制大木槌、垫踏板的软性沙包等。

6.3 电动机械：砂浆搅拌机、切割机、桐油石灰膏搅拌器。

6.4 测量仪器：无协作目标电子全站仪（SOKKIA130R3，测角精度为 1″，测距精度为 3mm＋2×10⁻⁶D）。

6.5 计算工具：计算机及相应软件配置。

7. 质 量 控 制

7.1 质量控制

7.1.1 质量控制的参考标准及规范

质量控制参考标准 表 7.1.1

序　号	书籍及规范标准	备　注
1	营造法原	姚承祖
2	清式营造则例	梁思成
3	中国古建筑修缮技术	文化部文物保护科研所
4	建筑工程施工质量验收规范	国家标准
5	广厦建设集团企业技术标准 GS/QJS-G07—2003	企业技术标准
6	古建筑修建工程施工质量验收标准 CJJ-39—99	北方行业标准

7.1.2 主控项目

1. 屋面严禁出现漏雨现象。

2. 瓦的规格、品种、质量等必须符合设计要求。

3. 屋面不得有破碎瓦。底瓦不得有裂缝隐残；底瓦的搭接密度必须符合设计要求或古建常规做法；瓦垄必须符合笼罩。

4. 泥背、灰背、砟砟背等苫背垫层的材料品种、质量、配比及分层做法等必须符合设计要求或古建常规做法，苫背垫层必须坚实，不得有明显开裂。

5. 冱瓦灰泥或砂浆的材料品种、质量、配比必须符合设计要求或古建常规做法。

6. 屋脊的位置、造型、尺度及分层做法必须符合设计要求或古建常规做法，瓦垄必须进出屋脊内。

7. 屋脊之间或屋脊与山花板、围脊板等交接部位必须严实，严禁出现裂缝、存水现象。

7.1.3 一般项目

一般项目控制标准 表 7.1.3

序　号	项　目		允许偏差(mm)
1	瓦垄应符合设计规定		
2	冱瓦应符合设计规定		
3	捉节夹陇应符合设计规定		
4	裹垄应符合设计规定		
5	屋面外观应符合设计规定		
6	堵抹"燕窝"（软瓦口）应符合设计规定		
7	屋脊应符合设计规定		
8	泥背每层厚 50mm		±10
9	灰背每层厚 30mm		＋5～－10
10	焦砟背厚		＋10～－20
11	底瓦泥厚 40mm		±10
12	睁眼高度（筒瓦翘至底瓦的高度）	1～3 号瓦高 30mm	＋10～－5
		10 号瓦高 20mm	＋10～－5
13	瓦垄直顺度		8

续表

序　号	项　目		允许偏差（mm）
14	走水当均匀度		5
15	瓦面平整度		25
16	正脊、围脊、博脊平直度	3m 以内	15
		3m 以外	20
17	垂脊、岔脊、角脊直顺度（庑殿带旁囊的垂直不检查）	2m 以内	10
		2m 以外	15
18	滴水瓦出檐直顺度		10

注：此表引自 CJJ-39—99

8. 安全措施

8.1　架设无协作目标电子全站仪时，要选择风力相对小的时间段，注意测量人员和仪器的安全。

8.2　高空铺设瓦片安全施工措施。

8.2.1　高处作业中的安全标志、工具、仪表、电气设施和各种设备，必须在施工前加以检查，确认其完好，方能投入使用。

8.2.2　攀登和悬空高处作业人员及搭设高处作业安全设施的人员，必须经过专业技术培训及专业考试合格，持证上岗，并必须定期进行体格检查。

8.2.3　施工中对高处作业的安全技术设施，发现有缺陷和隐患时，必须及时解决；危及人身安全时，必须停止作业。

8.2.4　施工作业场所有可能坠落的物件，应一律先行撤除或加以固定。高处作业中所用的物料，均应堆放平稳，不妨碍通行和装卸。工具应随手放入工具袋；作业中的走道、通道板和登高用具，应随时清扫干净；拆卸下的物件及余料和废料均应及时清理运走，不得任意乱置或向下丢弃。传递物件禁止抛掷。

8.2.5　雨天和雪天进行高处作业时，必须采取可靠的防滑、防寒和防冻措施。凡水、冰、霜、雪均应及时清除。对进行高处作业的高耸建筑物，应事先设置避雷设施。遇有 6 级以上强风、浓雾等恶劣气候，不得进行露天攀登与悬空高处作业。暴风雪及台风暴雨后，应对高处作业安全设施逐一加以检查，发现有松动、变形、损坏或脱落等现象，应立即修理完善。

8.2.6　因作业必需，临时拆除或变动安全防护设施时，必须经施工负责人同意，并采取相应的可靠措施，作业后应立即恢复。

8.2.7　防护棚搭设与拆除时，应设警戒区，并应派专人监护。严禁上下同时拆除。

8.2.8　高处作业安全设施的主要受力杆件，力学计算按一般结构力学公式，强度及挠度计算按现行有关规范进行，但钢受弯构件的强度计算不考虑塑性影响，构造上应符合现行的相应规范的要求。

8.3　在瓦片运输、堆放、施工过程中，应注意避免扬尘、遗洒、沾带等现象，应采取遮盖、封闭、洒水等必要措施。

8.4　施工操作人员应配备必要的且数量充足的劳动保护用品（如手套、口罩、防护眼镜、安全帽等）。搬运瓦片时要稳拿稳放，防止压手砸脚，造成伤害。

8.5　施工用电必须由现场专职电工拉接电源线，符合施工用电安全管理规定。

8.6　必须遵照国家颁发的《建筑安全技术规程》和施工企业主管机关颁布的有关文件规定。结合工程实际，逐项进行落实，杜绝施工作业人员违章指挥违章操作。

9. 环保措施

9.1　在施工过程中要对建筑垃圾进行妥善分类处理，保证施工过程中不会对施工人员的健康和环境产生影响。

9.2　琉璃瓦的切割是由厂家按 Auto CAD 预排图纸在工厂里直接加工的，这样既减少材料的浪费，又减少现场切割所产生的粉尘及噪声对周围环境的污染。

9.3　施工垃圾采用蛇皮袋装运至垃圾堆场。数量达到一定时，清运出施工现场。专用车装运至城区指定垃圾场过程中，用沾布盖好，防止遗漏和扬尘。

10. 效 益 分 析

10.1　经济效益

技术出效益，测量放线中用无协作目标电子全站仪等先进仪器和方法准确定位，大大提高了施工效率，减少施工时间与操作人员的工作强度，工程质量得到保证。该仪器虽然一次性投入大，但可重复使用，适应范围大且使用灵活。计算机软件 CAD，Sketchup 辅助放样、材料下料和预排的实施，可得到精准下料数据和瓦片切割形状，以普陀山普门万佛宝塔工程为例，材耗率至少降低 1.5%，与传统方法相比，缩短工期 10d，节约成本约 10 万元，经济效益非常可观。

10.2　社会效益

首先，本工法通过无协作目标电子全站仪技术结合计算机辅助放样、下料与预排，可以提高效率、减少返工，省工节材，从而实现节能效益；其次，通过计算机预排瓦片，可以避免现场预估下料或模型下料产生的建筑垃圾，从而实现环境效益；再次，我国传统建筑的屋顶连接着天地之灵气，传承着民族的勤劳、智慧和文明，一直被视为建筑的灵魂。因其复杂精巧而受人瞩目，但也给屋顶的瓦片铺设带来困难。本工法将传统技术与现代科技相结合，得到了理想的施工效果。采用本工法完成的工程，瓦片铺设效果美观，施工效果理想，弘扬了传统中国传统文化的精髓。

11. 应 用 实 例

11.1　普陀山普门万佛宝塔

普陀山普门万佛宝塔经浙江省人民政府批准立项，舟山市重点工程，是继南海观音之后海天佛国又一宏伟建筑。该工程于 2003 年 4 月 18 日开工，2007 年 9 月 17 日通过竣工验收，工程综合质量经各方验收，均满足各项相关施工规范与标准。建设地址位于普陀山合兴，海天路南侧。宝塔建筑占地 29.92 亩，塔高 72.26m，九层十三檐。宝塔为清式北方古建风格，该建筑物的主要形状为平面八角形，由内筒中筒外筒钢筋混凝土剪力墙组成，每层等距离缩进。该建筑物塔顶瓦片铺设采用本工法，提高了施工效率，节约了成本，屋面琉璃瓦、屋脊位置造型传统，瓦面平整，檐口平直；脊瓦搭盖正确，封固严密；屋脊顺直，达到很好的效果。完工后的效果如图 11.1 所示。

11.2　江山市须江阁工程

须江阁工程位于江山市东侧的须江公园内的乌木山顶，与江山市区隔江而望，建成后成为江山市的标志性建筑。须江阁建筑总面积约 1683.12m²，建筑结构为 5 层仿清钢混结构，框架结构体系，为南北对称结构。于 2004 年 2 月 20 日开工，2004 年 9 月 20 日竣工。工程中塔顶的空间定位及瓦片的铺设也采用了本工法，达到了理想的工程效果，如图 11.2 所示。

11.3　遵义凤凰楼工程

凤凰楼工程位于转折之城——遵义市的凤凰山主峰，与遵义会议会址、毛主席故居、苏维埃银行遥遥相望，是遵义市红色旅游景区——红军烈士陵园基础设施建设项目，该楼为七层六角形仿古景观建筑，设计年限为一百年以上，八度抗震，耐火设计为一级。楼高 46m，建筑面积 660m²，框架结构，造价 489 万元，开工日期 2006 年 8 月，竣工日期 2007 年 10 月 8 日，工程在施工中应用了本工法后，缩短了工期，节约了成本，瓦面平整顺直，满足了设计要求，在当地取得了很好的社会效益，如图 11.3 所示。

图 11.1　普陀山普门万佛宝塔实景图

图 11.2　须江阁实景图

图 11.3　凤凰楼实景图

钢十字梁装配式塔吊基础工法

GJYJGF036—2008

浙江省东阳第三建筑工程有限公司　山河建设集团有限公司

刘志宏　完海鹰　刘悦　王彦理　陈宽成

1. 前　　言

在科学发展观的指导下，绿色施工、降耗减排成为提高建筑施工水平的关键。在实际工程中，塔吊的基础广泛采用现浇混凝土基础，由于塔吊的负重及倾覆荷载较大，采用混凝土基础时，基础底面积大，混凝土用量多，且混凝土基础具有不可拆卸性和不可移动性，因此造成资源浪费，此外，混凝土基础留下了地下障碍物，清除困难。

在多次实验的基础上，本公司研制了一种替代传统整体混凝土现浇基础的钢十字梁装配式塔吊基础。其具有安装快捷、环保、可重复利用、施工周期短、投资少、经济效益显著等优点，具有很好的推广使用价值。

其核心技术已经成熟，较好地解决了不同地基承载力情况下常用塔吊基础的荷载、抗倾覆、重复利用等技术难题。经科技查新及安徽省科技厅组织技术鉴定，钢十字梁装配式塔吊基础该项施工技术在国内为首创，现已获专利（专利号 ZL200820136789.3）。该技术已在多个工程上成功应用，取得了良好的效果，为推广应用该项技术，整理编制本工法。

2. 工 法 特 点

2.1 钢十字梁塔吊基础安装、拆除操作简单、快捷、费用低，施工场地条件要求不高，不会产生建筑垃圾，有利于清洁文明施工和节约工期。

2.2 塔吊基础钢梁及各类构件、连接件可重复使用，使用寿命长，降低了塔吊基础的成本费用，消除了传统混凝土塔吊基础的浪费现象，更加有利于节约施工成本。

2.3 钢十字梁装配式塔吊基础能够满足常用塔吊基础承载能力、抗倾覆能力的要求，其结构受力合理、传力直接明确、使用安全可靠。

2.4 钢梁及各类构件、连接件工厂化预制，现场装配，无焊接作业，施工操作人员劳动强度小，消除了传统混凝土塔吊基础需爆破拆除等工序，从而减少了对环境的污染，有利于节能减排。

3. 适 用 范 围

3.1 钢十字梁装配式塔吊基础适用于建筑施工现场的各类常用塔吊基础施工。

3.2 适用于受场地条件限制（工程前期布设塔基困难、费用高）以及基础结构施工后塔吊需二次移位重新布设塔吊基础的施工（如深基坑工程，先在坑外快速布设塔吊配合基坑开挖及基础施工，然后将塔吊移位至底板上），尤其适用于塔吊周转快的建筑工程，经济效益尤为显著。

4. 工 艺 原 理

4.1 钢十字梁装配式基础主要由两根交叉成十字的钢梁、底箱板、边框梁等组成，如图 4.1-1。两根钢梁互相交叉，其中 A 梁为通长布置，另一根 B 梁则分为 B_1、B_2 两段与 A 梁连接，连接处形状为楔口，如图 4.1-2 中 A—A 和 C—C。塔吊固定支脚支承在十字梁上，四周采用槽钢封边。底箱板由四块三角形的箱板拼接而成，如图 4.1-3 所示。

 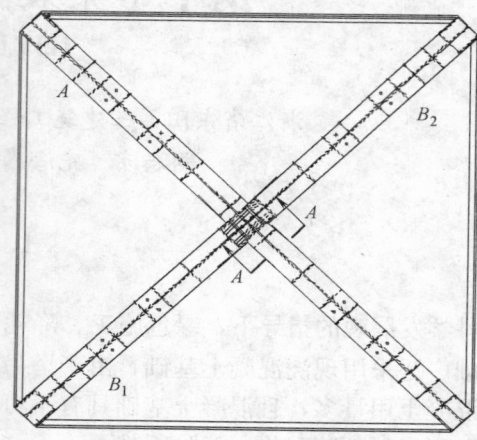

图 4.1-1　基础基本形式

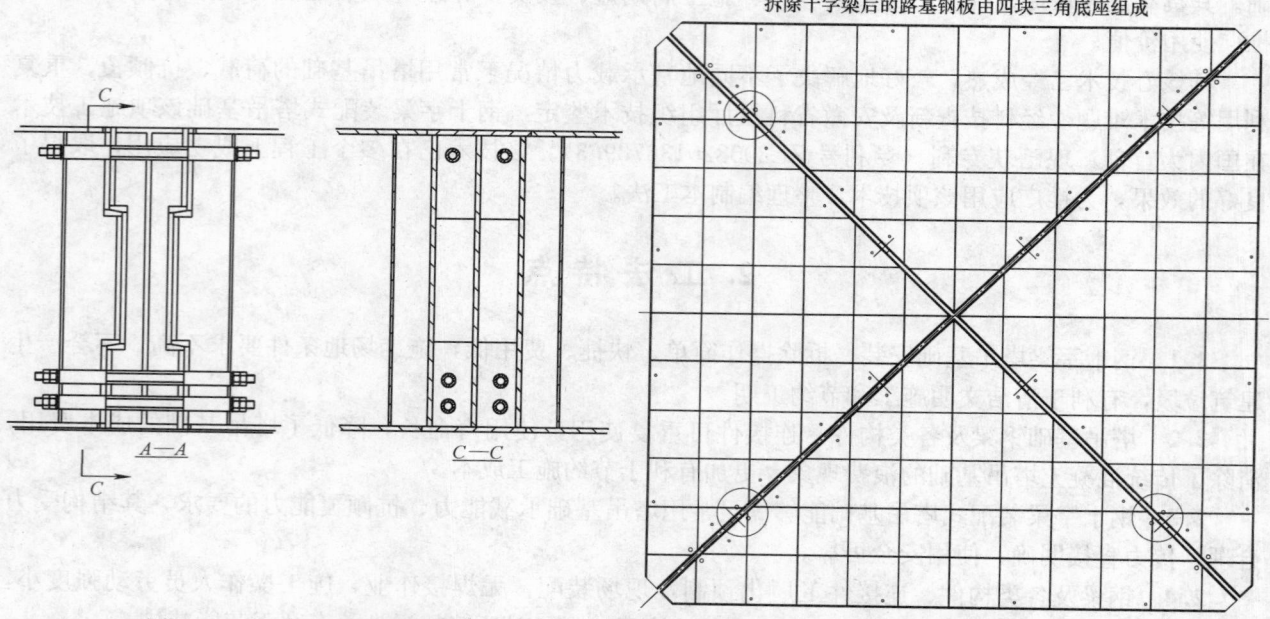

图 4.1-2　钢十字梁连接处构造

图 4.1-3　底箱板

4.2　当地基承载力较高时，钢十字梁装配式基础则直接放置于地面，并于底箱板上堆载以平衡倾覆力矩。该方案施工方便，迅速，造价低廉，对于大多数黏土，粉土地基均适用，见图 4.2。

图 4.2　基础堆载

4.3 当地基承载力一般时,钢十字梁装配式基础则采用土层锚杆打入地下,锚杆与梁的下翼缘相连,锚杆锚筋与主筋搭接区域采用 C30 混凝土浇筑,锚筋锚固长度参照《混凝土结构设计规范》GB 50010—2002 中第 9.3.1 条中的规定,并保证其锚固长度略有富余,该方案能充分发挥地基强度的潜力和锚杆的抗拔力,具有较高的强度和稳定性,且施工方便,工期较短,费用较低,见图 4.3。

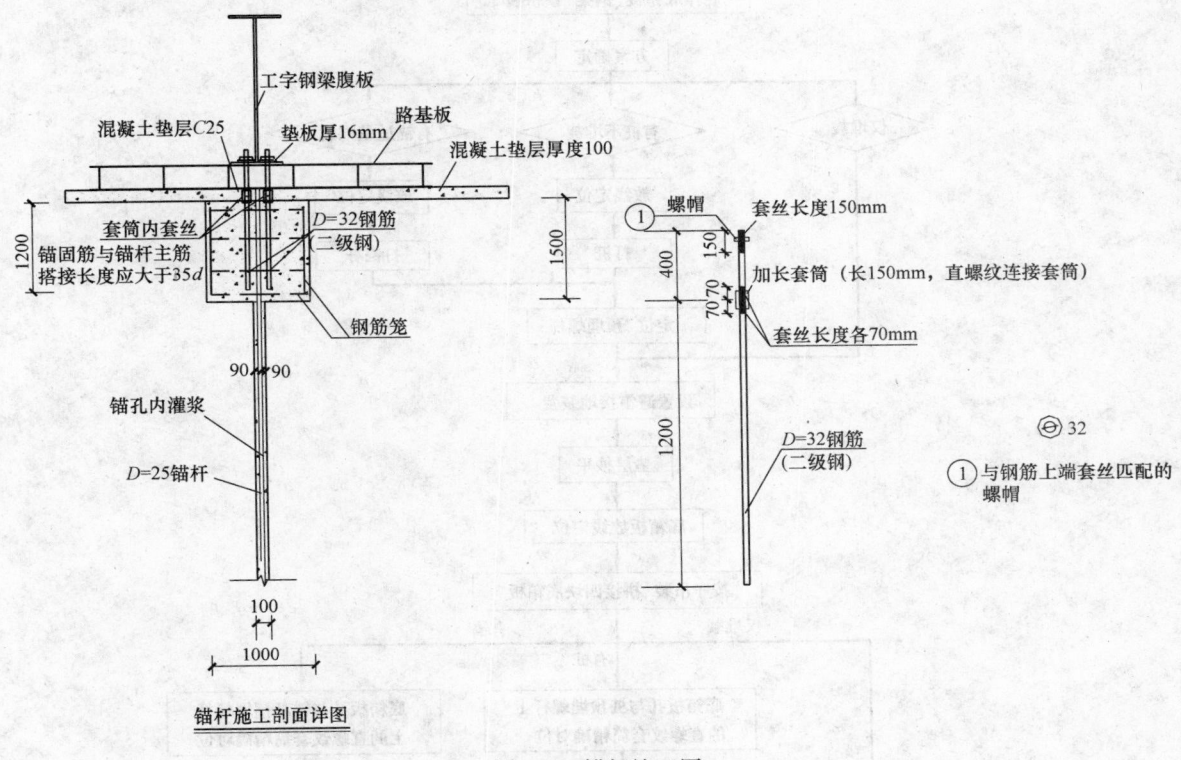

图 4.3 锚杆施工图

4.4 当地基软弱时(软弱地基系指主要由淤泥、淤泥质土、冲填土、杂填土或其他高压缩性土层构成的地基),两根钢梁垂直交叉成十字支承在 4 根桩上,锚栓锚入桩内长度参照《混凝土结构设计规范》GB 50010—2002 中第 9.3.1 条中的规定,并保证其锚固长度略有富余,该方法对于软弱地基具有很好的强度和稳定性,见图 4.4。

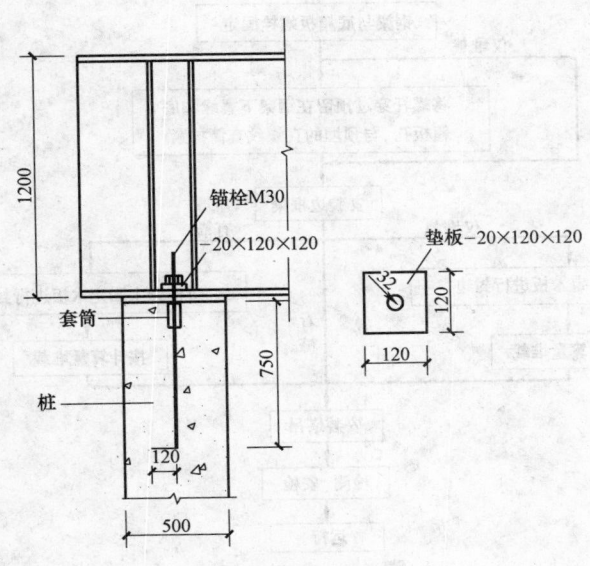

图 4.4 桩、梁连接图

5. 施工工艺流程及操作要点

5.1 施工工艺流程

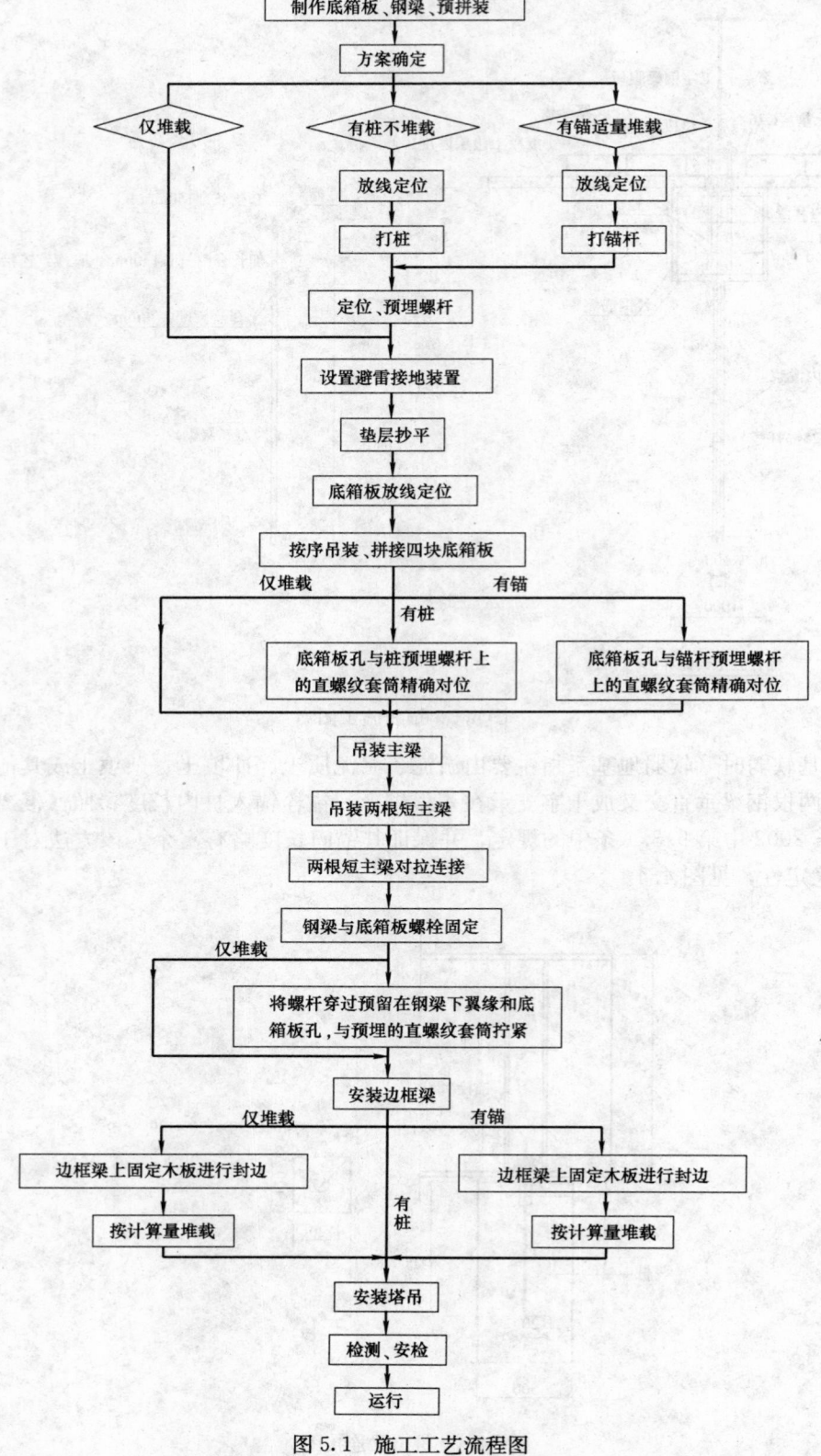

图 5.1 施工工艺流程图

5.2 操作要点

5.2.1 确定塔吊基础设计参数

1. 荷载的选取

塔吊随建筑物的升高而不断提升，工作状态和非工作状态时荷载差别很大，通常塔机独立高度、非工作状态且塔臂沿基础对角线方向为塔吊设计计算的最不利工况。

2. 塔吊基础形式

根据塔吊自身参数、型号的不同，将80系列以下常用中小型塔吊对应的十字梁尺寸归纳如表5.2.1-1。

十字梁尺寸对应塔吊类型选取表　　　　　　　　　　表 5.2.1-1

塔吊型号	塔 吊 参 数				十字梁尺寸(mm)			
	倾覆力矩	自重	水平力	塔身宽度	梁高	梁长	梁宽	腹板及翼缘厚
40 系列	1251kNm	336kN	61.7kN	1600mm	1100	7070	400	20
60 系列	1796kNm	434kN	73.5kN	1600mm	1200	8484	400	20
80 系列	2244kNm	1141kN	111kN	1700mm	1200	9191	400	20

塔吊基础形式共三种，对于地基承载力较好的土质采用钢十字梁＋底箱板＋边框梁＋堆土的基础形式；对于地基承载力一般的土质采用钢十字梁＋底箱板＋边框梁＋土层锚杆＋适量堆土的基础形式；对于软弱地基则采用钢十字梁＋底箱板＋边框梁＋桩的基础形式。以60t·m塔吊基础形式（6m×6m）为例，根据不同地质情况选择塔吊基础形式的一般原则见表5.2.1-2。

基础形式选择表　　　　　　　　　　表 5.2.1-2

基础形式	仅堆土	锚杆＋适量堆土	有桩、无土
地基承载力$[P_B]$(kN/m²)	$[P_B] \geqslant 160$	$80 < [P_B] < 160$	$[P_B] \leqslant 80$

3. 塔吊基础设计计算

1) 钢十字梁＋底箱板＋边框梁＋堆土基础形式设计计算

① 抗倾翻稳定性

根据《塔式起重机设计规范》GB/T 13752—1992中4.6.3条按下列公式进行计算。

$$e = \frac{M + F_h h}{F_v + F_g + F_t} \leqslant \frac{a}{3} \tag{5.2.1-1}$$

基础底面最大压应力根据《建筑地基基础设计规范》GB 50007—2002中5.2.1条按下列公式进行计算。

$$P_{kmax} = \frac{M + F_h \times h}{W} + \frac{F_v + F_g + F_t}{A} \leqslant 1.2[P_B] \tag{5.2.1-2}$$

但为了确保安全，设计时取$e = a/4$。这样可得到如下公式：

$$e = \frac{M + F_h h}{F_v + F_g + F_t} \leqslant \frac{a}{4} \tag{5.2.1-3}$$

并由公式5.2.1-2、5.2.1-3推得该基础形式下堆土量，见下式：

$$\frac{4(M + F_h \cdot h)}{a} - (F_v + F_g) \leqslant F_t \leqslant \frac{1.2[F_B] \cdot W \cdot A - (M + F_h \cdot h) \cdot A}{W} - (F_v + F_g) \tag{5.2.1-4}$$

式中　e——偏心距；

　　　W——基础净截面模量；

　　　A——基础底面积；

F_h、F_v——作用在基础上的水平、垂直荷载（塔身自重）；

　　　M——作用在基础上的弯矩；

a、h——基础地面宽度、高度；

P_{kmax}——基础地面边缘最大压力；

$[P_B]$——地基承载力；

F_g——基础自重（包括钢十字梁、底箱板、边框梁）；

F_t——堆载重量。

② 基础强度、稳定性

根据《建筑地基基础设计规范》GB 50007—2002 以及《钢结构设计规范》GB 50017—2003 进行计算。

采用该种基础形式，当塔臂方向沿 AA_1 对角线方向（最不利工况），且平衡块位于左侧时，地基板 $\triangle AFG$ 地基反力对 D 点的力矩就是钢十字梁 AD 所承载的弯矩，见图 5.2.1-1。

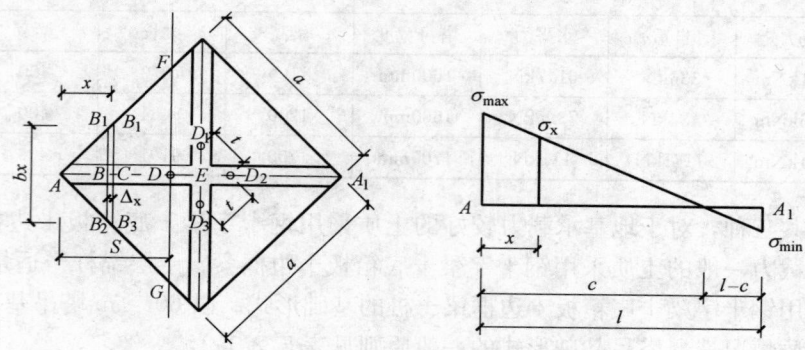

图 5.2.1-1 计算模型

根据《建筑地基基础设计规范》GB 50007—2002 中 5.2.2 条得基础底面最大、最小压应力为

$$\sigma_{\min}^{\max}=\frac{F_v+F_g}{a^2}\pm\frac{M}{W} \tag{5.2.1-5}$$

经推导可得 D 处：

$$M_D=\int_0^S \frac{\sigma_{\max}}{c}(c-x)\cdot 2x\cdot(S-x)\mathrm{d}x=\frac{\sigma_{\max}}{c}\left(\frac{1}{3}cS^3-\frac{1}{6}S^4\right) \tag{5.2.1-6}$$

$$V_D=\int \frac{\sigma_{\max}}{c}(c-x)\cdot 2x\mathrm{d}x \tag{5.2.1-7}$$

式中 W——基础净截面模量；

　　M_D——立柱 D 处弯矩；

　　V_D——立柱 D 处剪力；

　　S——塔吊立柱 D 处到钢十字梁端点 A 的距离。

强度计算：

按照《钢结构设计规范》GB 50017—2003 中 4.1.1、4.1.2 条进行计算。

抗弯强度：

$$\sigma=\frac{M}{\gamma W}\leqslant f \tag{5.2.1-8}$$

式中 M——立柱 D 处弯矩设计值；

　　γ——截面塑性发展系数，取 1.05；

　　W——钢十字梁净截面模量；

　　f——钢材的抗弯强度设计值。

抗剪强度：

$$\tau=\frac{VS}{It_W}\leqslant f_v \tag{5.2.1-9}$$

式中 V——立柱 D 处剪力设计值；

　　S——计算剪应力处以上毛截面对中和轴的面积矩；

t_w——腹板厚度；

I——钢十字梁毛截面惯性矩；

f_v——钢材的抗剪强度设计值。

稳定计算：

按照《钢结构设计规范》GB 50017—2003 中 4.2.2 条进行计算。

$$\sigma=\frac{M}{\varphi_b W}\leqslant f \tag{5.2.1-10}$$

式中　M——立柱 D 处弯矩设计值；

φ_b——梁的整体稳定性系数；

W——毛截面模量。

2）钢十字梁＋底箱板＋边框梁＋土层锚杆＋适量堆载基础形式设计计算

① 抗倾翻稳定性

抗倾翻稳定性按下式进行计算：

$$e=\frac{M+F_h h-N_t(\sqrt{2}a/2-a_0)}{F_v+F_g+F_t}\leqslant\frac{a}{4} \tag{5.2.1-11}$$

$$P_{kmax}=\frac{M+F_h\times h-N_t(\sqrt{2}a/2-a_0)}{W}+\frac{F_v+F_g+F_t}{A}\leqslant 1.2[P_B] \tag{5.2.1-12}$$

并由公式 5.2.1-11、5.2.1-12 推得该基础形式下堆土量，见下式：

$$\frac{4[M+F_h\cdot h-N_t(\sqrt{2}a/2-a_0)]}{a}-(F_v+F_g)\leqslant F_t\leqslant$$

$$\frac{1.2[F_B]\cdot W\cdot A-[M+F_h\cdot h-N_t(\sqrt{2}a/2-a_0)]\cdot A}{W}-(F_v+F_g) \tag{5.2.1-13}$$

式中　N_t——锚杆轴向拉力值；

a_0——锚杆到基础边角的距离。

② 基础强度、稳定性

与基础形式计算方法相同。

③ 土层锚杆设计计算

根据《土层锚杆设计与施工规范》（CECS 22：90）中 2.3.3、2.3.5 条按下列公式进行计算，钢十字梁受拉支座处锚杆承受拉力，钢筋截面面积按下式计算：

$$A_s=\frac{KN_t}{f_{ptk}} \tag{5.2.1-14}$$

式中　N_t——锚杆的设计轴向拉力值；

K——安全系数，取值 2.2；

f_{ptk}——钢筋强度标准值。

锚杆锚固段长度按下式计算：

$$L_a=\frac{K\times N_t}{\pi\times d_2\times q_s} \tag{5.2.1-15}$$

式中　d_2——锚固体直径；

q_s——土体与锚固体间黏结强度值。

④ 直螺纹套筒连接设计计算

套筒的规格、品种型号及钢筋的规格品种、型号必须符合设计要求，其主要形式见表 5.2.1-3。

3）钢十字梁＋底箱板＋边框梁＋桩基础形式设计计算

① 桩内力设计计算

套筒规格表   表 5.2.1-3

规格(φ)	20	22	25	28	32	36	40
套筒长规范值(mm)	40	44	50	56	64	72	80
套筒长建议值(mm)	80	90	100	120	140	150	160
外径(mm)	32	34	39	43	49	55	61

根据《建筑桩基技术规范》JGJ 94—2008 按下式进行计算。依据该基础的连接方式，确定选用如下的计算模型。

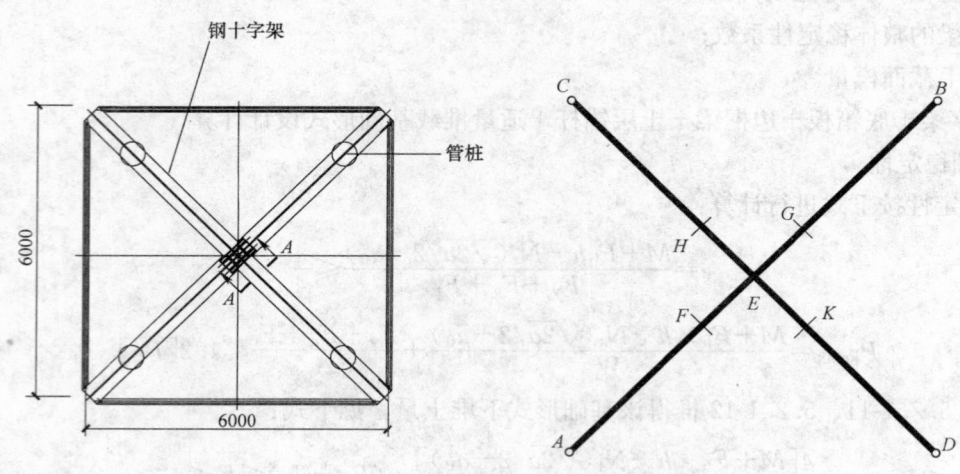

图 5.2.1-2 塔吊基础计算简图

$$N_i = \frac{F+G}{n} \pm \frac{M_x y_i}{\sum y_i^2} \pm \frac{M_y x_i}{\sum x_i^2}$$
(5.2.1-16)

式中 F——塔身荷载设计值；

G——基础荷载设计值（包括钢十字梁、底箱板、边框梁）；

M_x、M_y——通过桩群形心的 x、y 轴的弯矩设计值；

n——桩基中的桩数；

N_i——偏心竖向力作用下第 i 根复合桩基的竖向力设计值。

② 桩的承载力计算

单桩竖向极限承载力标准值：

$$Q_{uk} = Q_{sk} + Q_{rk} + Q_{pk} = u \sum q_{sik} l_{si} + q_{pk} A_p$$
(5.2.1-17)

式中 Q_{uk}——单桩竖向极限承载力标准值；

Q_{sk}——单桩总极限侧阻力标准值；

Q_{rk}——单桩嵌岩段总极限侧阻力标准值；

Q_{pk}——单桩总极限端阻力标准值；

u——桩身周长；

q_{sik}——桩侧第 i 层土的极限侧阻力标准值；

q_{pk}——桩径为 800mm 的极限端阻力标准值；

l_{si}——桩穿越第 i 层土的厚度；

A_p——桩端面积。

③ 单桩抗拔力设计值

1. 单桩破坏时单桩抗拔极限承载力标准值可按下式计算：

$$U_k = \sum \lambda_i Q_{sik} U_i l_i$$
(5.2.1-18)

式中 λ_i——抗拔系数；

Q_{sik}——桩侧表面第 i 层土的抗压极限侧阻力标准值；

U_i——破坏表面周长。

2. 整体破坏时单桩抗拔极限承载力标准值可按下式计算：

$$U_{gk} = \frac{1}{n} U_i \sum \lambda_i Q_{sik} l_i \qquad (5.2.1-19)$$

3. 桩身材料的受拉承载力标准值：

$$U_{sk} = f_{yk} A_s \qquad (5.2.1-20)$$

f_{yk}——钢筋抗拉强度标准值；

A_s——受拉钢筋面积。

单桩抗拔承载力标准值取上述三式的最小值。

④ 抗倾覆计算

$$安全系数\ K_{抗} = \frac{M_{抗}}{M_{倾}} \geqslant 1.5 \qquad (5.2.1-21)$$

⑤ 钢十字梁强度、稳定验算

根据《建筑地基基础设计规范》GB 50007—2002 以及《钢结构设计规范》GB 50017—2003 进行计算。采用该种基础形式时，塔臂方向沿对角线方向时为最不利工况，钢十字梁按照简支梁的计算模型进行计算。

钢十字梁强度以及稳定验算按基础形式的计算公式进行计算。

⑥ 直螺纹套筒连接设计计算

直螺纹套筒连接设计计算与基础形式相同。

5.2.2 钢十字梁施工操作要点

1. 钢十字梁采用焊接工字钢，钢十字梁的四个角点采用边框梁相连，使塔吊基础成为一个稳定的结构。

2. 主梁腹板处焊有肋板，以增强上下翼缘刚度，并在横向劲板处焊三角板进行局部加强。长梁与短梁的连接处采用楔口形式，它通过盖板和立板焊接而成见图 5.2.2-1、图 5.2.2-2。

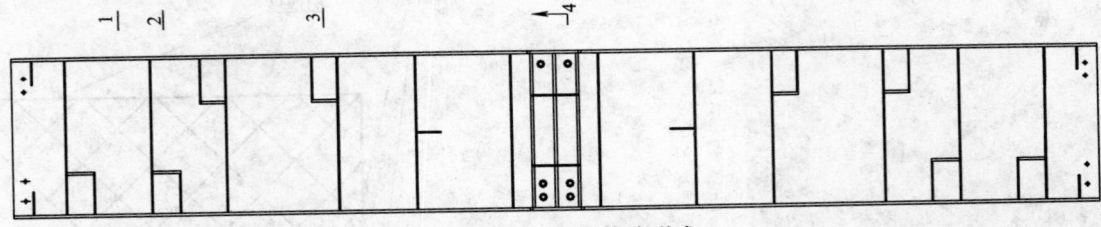

图 5.2.2-1 长梁构造形式

3. 短梁与长梁采用楔口形式连接，详见图 5.2.2-3 中 M，短梁与长梁的连接是通过 6 根 8.8 级高强度螺杆（M30）进行相连，见图 5.2.2-4，连接时将短梁的预留孔与长梁的预留孔对准，穿入高强度螺杆并预拧紧，再通过扭力扳手扭紧，其扭矩需符合《钢结构高强度螺栓连接的设计施工及验收规范》JGJ 82 中的规定。

4. 钢十字梁与边框梁采用螺栓连接。

5.2.3 边框梁施工操作要点

边框梁为上下两道，下道采用 [28a，上道采用 [20a。[28a 放置于底箱板之上，与钢

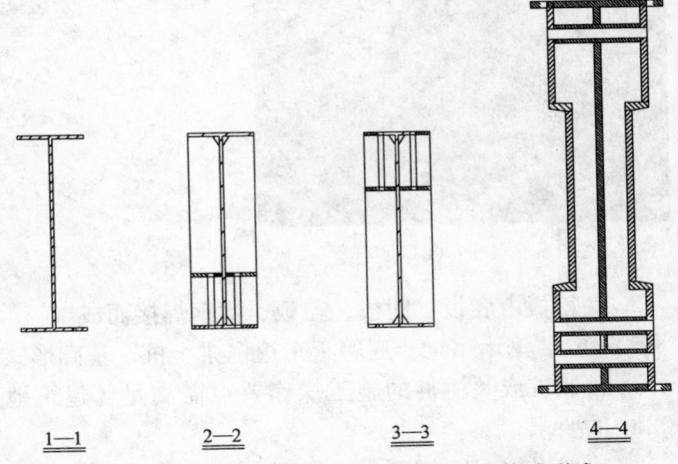

1—1　　2—2　　3—3　　4—4

图 5.2.2-2 长梁上小劲板以及楔口的构造形式

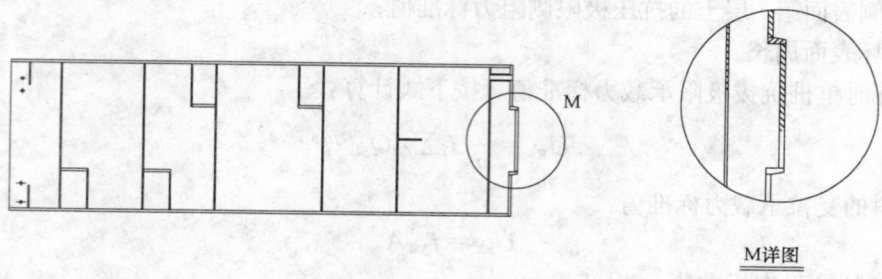

图 5.2.2-3　短梁构造图

十字梁及底箱板螺栓连接；[20a 与梁的上部相连，见图 5.2.3。边框梁与钢十字梁组成一个稳定的基础结构。

图 5.2.2-4　长梁与短梁楔口连接

图 5.2.3　槽钢现场连接图

5.2.4　底箱板施工操作要点

1. 底箱板采用四块三角底座拼接而成，底座之间采用楔口榫接。

图 5.2.4-1　楔口实样

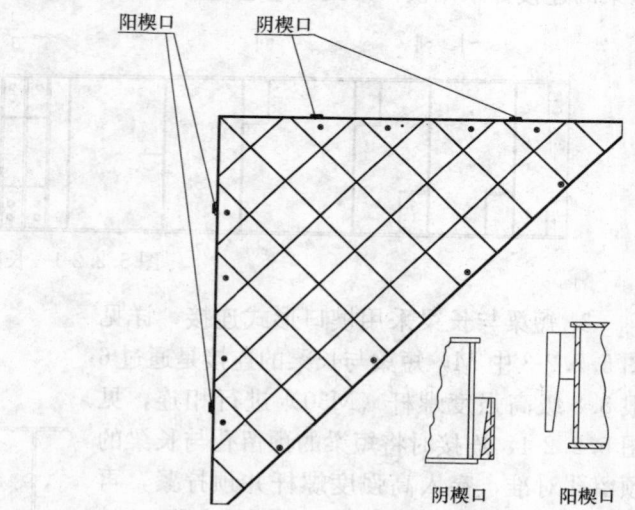

图 5.2.4-2　楔口位置与构造

2. 底箱板由底板、肋板、盖板、槽钢焊接而成。

5.2.5　"钢十字梁＋底箱板＋边框梁＋桩"基础形式操作要点

1. 预制桩或灌注桩的施工操作要点需满足《建筑地基基础工程施工质量验收规范》GB 50202—2002 中的要求。

2. 垫层采用 C15 混凝土，保证水平度不大于 5mm。

3. 定位、预埋螺栓，在垫层上按照主梁预埋螺栓孔位置放线定位，预埋螺杆应与桩的钢筋笼可靠焊接，预埋螺杆水平位置偏差不大于 2mm，预埋螺杆其上方直螺纹套筒顶面应低于垫层表面 10～20mm。

4. 主梁固定螺栓与预埋螺杆之间采用加长直螺纹套筒连接。

5.2.6 锚杆操作要点

1. 锚杆定位的孔位允许偏差为 ±15mm。

2. 锚杆钻孔要直，孔径、深度按设计计算值。

3. 锚杆施工按《土层锚杆设计与施工规范》CECS 22：90 执行。

4. 锚杆浆体凝固前对锚杆位置再进行复核，水平位置偏差控制在 2mm 以内。

5. 锚杆锚筋与主筋搭接区域采用 C30 混凝土浇筑，锚筋锚固长度参照钢筋混凝土规范，并保证其锚固长度略有富余。

5.2.7 直螺纹套筒连接操作要点

1. 连接钢筋时，钢筋规格和套筒的规格必须一致，钢筋和套筒的丝扣干净，完好无损。

2. 连接钢筋时应对轴线将钢筋拧入连接套筒。

3. 接头连接完成后，应使两个丝头在套筒中央位置互相顶紧，标准型套筒每端不得有一扣以上完整丝扣外露。

4. 钢筋接头拧紧后应用力矩扳手检查，拧紧力矩不应小于《滚轧直螺纹钢筋连接接头》JG 163—2004 中规定的数值（表 5.2.7），检验合格后的接头应加以标识。

滚轧直螺纹钢筋接头扭紧力矩值　　　　　　　　　　　　　　表 5.2.7

钢筋直径/mm	≤16	18～20	22～25	28～32	36～40
扭紧力矩值/(N·m)	80	160	230	300	360

注：当不同直径的钢筋连接时，扭紧力矩值按较小直径钢筋的相应值取用。

钢筋连接时应用工作扳手旋拧套筒或钢筋，接头的拧紧力矩值必须达到标准要求，以确保清除螺纹副之间的配合间隙。

6. 材料与设备

6.1 材料

6.1.1 钢板

材质为 Q235B 或 Q345B，厚度分别为 20mm、10mm 和 8mm；制作焊接工字钢、底箱板时，其质量需符合《钢结构工程施工质量验收规范》GB 50205—2001 中的规定。

6.1.2 槽钢

采用 [28a 、[20a（制作边框梁），其质量需符合《钢结构工程施工质量验收规范》GB 50205—2001 中的规定。

6.1.3 螺杆、螺栓

规格有 8.8 级 M30 高强度螺杆，8.8 级 M20 六角螺栓，其质量需符合《钢结构用高强度大六角头螺栓》GB/T 1228—2006 中的规定。

6.2 机具设备和劳动力

6.2.1 安装用机具设备

1. 25T 汽车吊一台，扳手。

2. 检测仪器：扭力扳手、水准仪、经纬仪等。

6.2.2 劳动力

塔吊基础安装工 3 人，须持特殊工种上岗证。

7. 质 量 控 制

本工法施工质量应符合《钢结构工程施工质量验收规范》GB 50205—2001、《塔式起重机安全规程》GB 5144—2006 和《建筑钢结构焊接技术规程》JGJ81—2002 的有关规定。

7.1 钢十字梁基础施工质量控制

具体控制标准及要求见表 7。

钢十字梁施工质量控制表 表7

项目	部位	质量要求	检验方法	检验标准
梁	上(下)翼缘和腹板焊缝	二级焊缝	目测＋超声波探伤	《建筑钢结构焊接技术规程》JGJ 81—2002
	腹板和筋板(小筋板)焊缝	三级焊缝	目测＋超声波探伤	《建筑钢结构焊接技术规程》JGJ 81—2002
	筋板和小筋板焊缝	三级焊缝	目测＋超声波探伤	《建筑钢结构焊接技术规程》JGJ 81—2002
	翼缘板对腹板的垂直度	允许偏差 3mm	用直角尺和钢尺检查	《钢结构工程施工质量验收规范》GB 50205—2001
	梁扭曲	允许偏差 10mm	用拉线、吊线和钢尺检查	《钢结构工程施工质量验收规范》GB 50205—2001
	腹板局部平整度	允许偏差 4mm	用1m直尺和楔形塞尺检查	《钢结构工程施工质量验收规范》GB 50205—2001
	长梁和短梁连接对位孔尺寸	允许偏差 0.84mm	量规	《钢结构高强度螺栓连接的设计、施工及验收规程》JGJ 82—91
底箱板	底部钢板和小筋板焊缝	三级焊缝	目测＋超声波探伤	《建筑钢结构焊接技术规程》JGJ 81—2002
	底部钢板和槽钢焊缝	二级焊缝	目测＋超声波探伤	《建筑钢结构焊接技术规程》JGJ 81—2002
	三角底座和梁对位孔尺寸	允许偏差 0.52mm	量规	《钢结构高强度螺栓连接的设计、施工及验收规程》JGJ 82—91
	管桩(锚杆)、三角底座和梁对位孔尺寸	允许偏差 0.84mm	量规	《钢结构高强度螺栓连接的设计、施工及验收规程》JGJ 82—92
连接板	连接板与梁对位孔尺寸	允许偏差 0.52mm	量规	《钢结构高强度螺栓连接的设计、施工及验收规程》JGJ 82—92

8. 安 全 措 施

8.1 塔吊安装部分按《塔式起重机安全规程》GB 5144—2006 执行。

8.2 检查金属结构部分有无疲劳损伤、焊缝开裂及脱焊，有无严重锈蚀。应认真检查钢丝绳、滑轮组、电气设备及安全保险机构等，发现问题立即排除。

8.3 基础安装区域设安全警示标志，无关人员不得入内。

8.4 操作人员须持证上岗，戴安全帽。

8.5 检查安装专用工具及吊具钢丝绳是否符合合格产品技术要求。

8.6 风力在 6 级以上时，不得进行塔基吊装作业。

8.7 现场配专职安全员，塔基安装必须按经审批的施工方案进行。如有变动，应及时报请部门领导审批，待同意签字后方可执行。

8.8 塔基四周梁端设沉降观测点，记录初值，按规定做好塔基沉降观测记录。

8.9 塔吊的防雷措施需按照《施工现场临时用电安全技术规范》JGJ 46—2005 和《建筑物防雷设计规范》GB 50057—94 严格执行。

9. 环 保 措 施

9.1 合理安排施工时间，避免基础构件运输、吊装夜间施工，不影响周围居民正常生活。

9.2 出入口设置通畅的排水设施，并派专人冲洗运输车辆轮胎，保持出入口通道的整洁。

9.3 机具、螺栓清洁后的污水排入城市污水管道。

10. 效 益 分 析

10.1 经济效益

现以 60t·m 塔吊为例，对钢十字梁装配式塔吊基础和传统钢筋混凝土塔吊基础进行经济对比如下：

普通钢筋混凝土塔吊基础（6m×6m×1.3m），配筋 $\phi18@200$ 双层双向：

混凝土：6m×6m×1.3m×325 元/m³＝15210 元

钢筋（主筋）：$\frac{6000}{200}$×6m×4×π×0.009²m²×7.8t/m³×4000 元/t＝5714 元

支模材料及周转费用：17.36 元/m²×6m×1.3m×4＝542 元

支模、扎钢筋、浇捣人工费：120 元/d/人×3d×6 人＝2160 元

塔吊预埋螺杆（不可回收）：4×4＝16 根，3800 元

合计约：$\sum$＝27426 元

钢十字梁装配式塔吊基础（梁高 1200mm）：

型钢十字梁总计 15.2t

按当时型钢市场价格 4000 元/t，加工费 1600 元/t

合计一次性投入约：$\sum$＝15.2t×5600 元/t＝85120 元

考虑到钢材在使用后仍有 2500 元/t 的材料价值，钢十字梁塔吊基础按与塔吊使用年限（12 年）一致且平均每 8 个月周转一次计算，钢十字梁基础一年的使用费用为：

$$(85120-15.2×2500)÷\left(12×\frac{12}{8}\right)=2618元$$

塔吊基础现场一次运输费及安装费（半天）：

运输费平均每次：2000 元；汽车吊租赁费用（2 次）：1000 元

安装、拆卸人工费（4 人）：1000 元；堆载、卸载、机械使用人工费：1300 元

由于钢十字梁塔吊基础一次投入较大，故考虑塔吊基础的资金占用问题，这里按年利息 7% 粗略计算平均每年的资金占用利息为：

$$\frac{85120×7\%+38000×7\%}{2}=4309元$$

则每次资金占用利息为：4309÷1.5＝2872 元

合计 2618＋2000＋1000＋1000＋2872＋1300＝10790 元

两种基础单次使用费差额 Δ＝27426－10790＝16636 元

此外，塔吊可提前 14d 配合现场挖土，提高工作效率，经济效益显著。

10.2 社会效益

钢十字梁装配式塔吊基础具有施工周期短、安装快捷、周转成本低等优点，实用性强，无建筑垃圾排放，无地下障碍物遗留，所用钢材可回收或再生使用，符合国家倡导的绿色施工、降耗减排的要求。

11. 应用实例

11.1 工程实例 1：东阳市外国语学校工程

该工程位于东阳市江北江滨北路以南，建筑面积 52500m²，本工程于 2008 年 8 月 20 日开工，计划 2009 年 5 月 6 日竣工，该工程地基持力层为沙砾层，地基承载力 f_a＝150kPa。

该工程工期紧，2 号塔基（型号：5012）所覆盖的区域是基坑开挖的先挖区域，第一时间能配合基坑开挖可以大大提高工作效率；2 号塔基所覆盖的区域均是 6 层以下建筑，使用周期短。该塔基采用型钢十字梁独立基础，大大缩短了基础的安装时间。如采用普通的混凝土基础，基础施工及养护时间约 15d，而采用型钢十字梁独立基础则从进场到安装完仅用半天时间，即装即用，使塔吊提前 13d 配合基坑的开挖工作，大大提高了整个工程的工作效率。同时由于 2 号塔吊使用周期短，钢十字梁基础更显经济优越性（图 11.1）。

11.2 工程实例 2：三门县健跳镇键农小区工程Ⅰ期

该工程位于三门县健跳镇文教路北侧，省道线东南侧，Ⅰ期建筑面积 62000m²。

该工程Ⅰ期（2007 年 8 月），地基承载力 f_a＝80kPa。2 号塔吊采用锚杆加十字形钢梁组合来作为塔吊基础，省掉了传统混凝土基础的支模、扎钢筋、养护等时间（约 15d），使塔吊能够第一时间配合工程的使用，提高了工作效率，节约了成本（图 11.2）。

图 11.1　东阳市外国语学校工程施工现场

图 11.2　三门县健跳镇键农小区工程Ⅰ期施工现场

图 11.3　三门县健跳镇键农小区Ⅱ期工程施工现场

11.3 工程实例 3：三门县健跳镇键农小区工程Ⅱ期

三门县健跳镇键农小区Ⅱ期工程位于三门县健跳镇文教路北侧，省道线东南侧，建筑面积 67000m²。

该工程于 2008 年 9 月开工，地基承载力 f_a＝50kPa，6 号塔吊地基为淤泥质土。采用单纯的独立基础难以解决塔吊抗倾覆问题，因此采用 ϕ500 预应力管桩加钢十字梁装配式塔吊基础组合来作为塔吊基础，成功解决了塔吊桩的抗拔问题，还省掉了传统混凝土基础的施工时间（15d）（图 11.3）。

海水源热泵系统施工工法

GJYJGF037—2008

青建集团股份公司　烟建集团有限公司

孙邦君　李丰会　张守丽　肖杰　孙国春

1. 前　　言

中国是一个能源短缺的国家，同时也是一个能源消费大国。近几年，我国国民经济持续快速增长，能源需求增长在 3%～5%，建筑能耗占全社会总能耗约 30%，而采暖空调能耗占建筑总能耗的 55%。如何根据地理条件，开发利用绿色、环保、可再生能源，以符合国家发展循环经济和可持续发展的大政方针，是亟须解决的一项课题。海水源热泵是一种节能、环保、可再生的绿色新能源，是我国调整能源结构，发展可再生能源策略的重点推广项目之一，具有广泛的推广应用前景。

由于海水源热泵的应用在我国刚开始，因而在设计、施工、综合调试与运行维护保养等方面还存在着诸多亟须解决的问题，为此，青建集团股份公司结合第 29 届奥运会青岛国际帆船中心工程，组织相关技术人员，对以下三个方面进行了各种模拟试验和理论分析。其一，海水源热泵的海水利用方式、海水取排水点、冷热源负荷计算方法、设备与工艺选择、海水防腐防堵、海水输送管道选择、换热介质、控制方式设计方法和原则；其二，海水源热泵的取水点沉箱、海域设备安装、陆域管道安装、机房设备安装的综合施工工艺；其三，海水源热泵系统综合调试技术，海水源热泵系统运行维护与保养的程序与方法。在解决海水源热泵应用中的技术难题同时，也形成了"海水源热泵综合技术研究与应用"的科技成果，该成果于 2008 年 4 月 3 日通过了青岛市科技局组织的专家鉴定，其总体技术水平达到国际先进，并获 2008 年度山东省建筑业技术创新一等奖，本工法就是在此基础上编写形成的。

2. 工 法 特 点

2.1　本工法结合设计、材料、施工工艺、系统调试、运行维护与保养五个方面，形成了一系列关键工艺措施，能保证系统的可靠运行。

2.2　本工法中各种附属设备及其管路均选用抗海水腐蚀能力强的材料。管道采用 HDPE 管、不锈钢管（316L），海水潜水泵泵体选用 904L（AISI）不锈钢材料，海水板式换热器选用钛含量 99% 钛板材料，输送海水管道系统中配置电解海水防污装置。

2.3　海水取水点选在距海岸较近，海平面以下 8m 的沉箱内，这样既可减少投资，又能保证进行热量交换的海水水温稳定。不锈钢潜水泵放置在海水沉箱内，可以防止潮汐起落对泵体冲刷造成的破坏。

2.4　本工法采用开式间接利用海水方式，海水不直接进入热泵机组进行能量交换，可避免海水对机组的腐蚀。

2.5　空调系统运行费用低，节能效果明显，可实现高效、节能、环保的目的。

3. 适 用 范 围

本工法适用于沿海地区利用海水源热泵技术进行制热和制冷的工业与民用建筑项目。

4. 工 艺 原 理

4.1 海水源热泵系统是水源热泵技术中的一种，它是利用海水中吸收的太阳能和地热能而形成的低温水、低位热能资源，并采用热泵原理，通过少量的高位电能输入，实现低位热能向高位热能转移的一种技术。即利用海洋所蕴藏的能量作为热源或冷源，冬季通过热泵机组将海水中热能传递转移到需供暖的建筑物内，夏季通过热泵机组将建筑物内的热量散失转移到海水中，从而实现冬季供暖、夏季制冷。

4.2 本工法采用开式间接利用海水的方式，利用换热器将海水与热泵机组隔离开，避免海水直接进入热泵腐蚀机组。首先，潜水泵将海水通过输送管道送至换热器，使其与热泵机组回水在换热器中实现能量交换，把海水的冷热量传递给水环系统的换热介质（乙二醇水溶液），再通过换热介质的循环将冷热量传递给热泵的蒸发器或冷凝器，而放出冷热量的海水则通过排水管道输送回海面。经热泵机组制热或制冷的热媒介质通过分水器输送到末端用户，从而实现空调制热或制冷效果。见图 4.2。

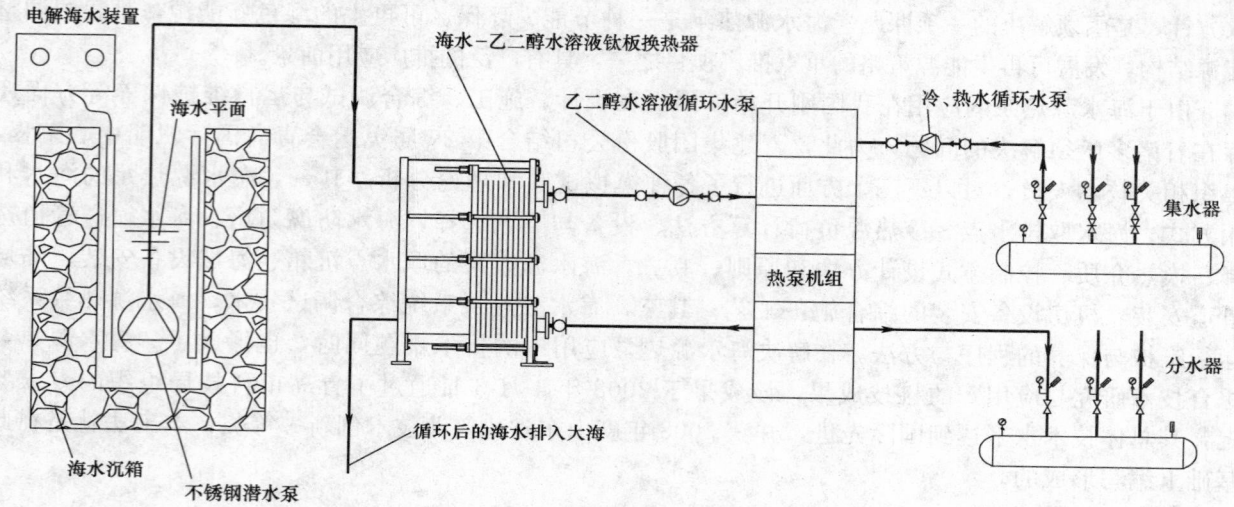

图 4.2　海水源热泵原理示意

4.3 材料与防腐。海水中具有自然界中最丰富的天然电解质，对管道和设备具有较强的腐蚀作用，而且海水中的贝类等海生物繁殖迅速，对泵房设备、输水管路产生破坏。为此，本工法在管材和设备的选取上均考虑了防腐的要求。海水循环系统管道采用 HDPE 管和 316L 不锈钢管；海水潜水泵选用泵体材料为 904L（AISI）规格的不锈钢，且采用阴极保护防腐蚀措施；海水换热器选用耐海水腐蚀力极强的钛板（钛含量 99%）；在潜水泵进水口位置安装电解海水生成二氧化氯装置，灭杀和防止海生物滋生。

4.4 维护与保养。海水中的贝类等海生物繁殖迅速，水泵、输送管道的外壳将不同程度附着海藻等海洋生物，影响其使用寿命和运行效果。因此在每年设备运行间歇期，将潜水泵从沉箱中取出，对附着的海藻、海蛎子等海洋生物进行人工清理，并检查其漏电和防腐等情况。经过检查保养后，待制冷或制热季节，再将潜水泵及其管道重新安装固定到位。

5. 设计与构造

5.1　海水利用方式的选择

5.1.1 海水源热泵系统海水的利用方式一般分为闭式和开式系统，其中开式又分为直接利用方式和间接利用方式，各种利用方式分析对比见表 5.1.1。

海水利用方式对比分析　　　　　　　　表 5.1.1

序号	海水方式	优　点	缺　点	使用范围
1	闭式利用方式	海水与热泵机组不直接接触,无须防腐,且维护费用低;初投资低	供热和制冷效率低;对时下换热盘管的布置有一定要求,且易遭破坏,使用寿命短	不重要的场所
2	开式直接利用方式	供热和制冷效率高;取水点处海水温度稳定	需采取防腐措施,并需定期清洗;维护费用高	重要场所
3	开式间接利用方式	供热和制冷效率高;取水点处海水温度稳定;可方便更换和清洗;不受环境条件限制,应用范围广	需采取防腐措施;初投资高	非常重要场所

5.1.2　开式间接利用方式与闭式利用方式、开式直接利用方式相比具有以下特点,见表5.1.2。

开式间接利用方式特点　　　　　　　　表 5.1.2

序号	内　容	特　点
1	取水点位置及水温	海水外网取水点可布置在较深的海水中,而排水点在海边,因此换热后排放的海水对取水区域海水温度的影响小,可保证取水点处海水温度的稳定
2	维护与保养	与海水直接接触的设备只有换热器,若选择可拆式的耐腐蚀的板式换热器,则当换热器受到腐蚀或管路堵塞时,可以方便地进行更换或清洗
3	海洋景观、船只的航线的影响	应注意将海水取水口与排水口相隔一定距离,而且取水外网的布置不应影响该区域的海洋景观或船只的航线
4	初投资方面	开式系统海水引入口处需设置过滤器和杀菌、祛藻装置,而且间接利用方式还需设置一套换热装置,因此开式系统的初投资较高
5	应用范围	由于海水外网取水布置较闭式系统水下换热盘管的布置要容易,而且不受水下条件的限制,其适用范围较闭式系统要广
6	制热(冷)效率	海水与热泵机组制冷剂不能直接换热,因此在相同条件下,比闭式系统供热和制冷效率要低

5.1.3　开式间接利用方式的原理见图5.1.3。

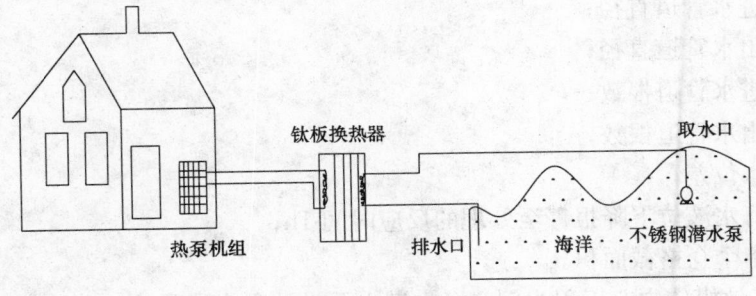

图 5.1.3　开式间接利用方式

5.1.4　海水利用方式选择原则。可根据海水成分、海域的环境要求、机组设备耐腐蚀性、建筑物重要程度等因素,结合表5.1.1和表5.1.2确定海水利用方式。

5.2　海水取、排水点

5.2.1　海水取水点的选择如下:

1. 海水取水点位置应根据当地海水温度变化曲线确定,在同一季节内水温随时间的变化不大的深度选择取水点的位置。另外,还要控制该位置的极限水温,冬季不宜低于1℃,夏季不宜高于30℃。

2. 以青岛海域为例,2000年~2004年,每年水下5m处海水温度变化曲线图5.2.1。从图5.2.1中可以看出:海水温度在水下5m处冬季和夏季变化不大,夏季(7月~9月)平均温度为25.2℃;冬季(12月~3月)温度为3.74~6.39℃。考虑海水深度越深,取水难度越大,投资越大,因此,该工

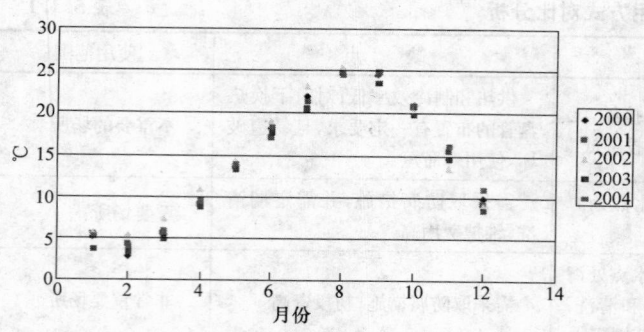

图 5.2-1　青岛市 2000～2004 年海水温度变化曲线

程取水点设在水下 8m 处，即以水下 8m 的温度作为设计计算温度，冬季计算温度按 3.7℃，夏季计算温度按 25℃。

5.2.2　海水排水点的选择。为了避免热积聚现象，应选择水流循环通畅的海区位置作为排水点。同时，为了保证排水口处水温对取水口水温不会造成影响，取水点确定后，排水点的确定可按式 5.2.2 进行计算确定，使取、排水口要保持一定的水平距离，通常水平方向不宜小于 50m，垂直方向相差不宜小于 5m。

$$L = 20Q \tag{5.2.2}$$

式中　L——取水口与排水口之间水面上的最短距离（m）；

　　　Q——冷却水用水量（m^3/s）。

5.3　混凝土沉箱设计

5.3.1　沉箱容积尺寸的计算。沉箱容积尺寸是根据进入空调系统海水流量的大小而确定的。

1. 沉箱进水管管径的确定。在进水管畅通未堵塞的正常情况下，沉箱进水管管径按式 5.3.1-1 和 5.3.1-2 确定。

$$V_进 \geqslant V_出 \tag{5.3.1-1}$$

$$(R_进^2 \times N_进)/(R_出^2 \times N_出) \geqslant 1 \tag{5.3.1-2}$$

2. 沉箱仓格截面积的确定。在沉箱进水管全部堵塞的非正常情况下，为确保海水源热泵系统最低 1h 正常系统用水和 1h 检修时间，水泵沉箱仓格截面积按式 5.3.1-3 确定。

$$V_出 = QT = SH \tag{5.3.1-3}$$

式中：$V_进$——海水进水量；

　　　$V_出$——海水出水量；

　　　Q——水泵的吸水流量；

　　　$R_进$——海水进水管道直径；

　　　$R_出$——海水出水管道直径；

　　　$N_进$——海水进水管道根数；

　　　$N_出$——海水出水管道根数；

　　　H——极限水位差；

　　　T——发现海水液位下降报警至处理的反应时间 1h；

　　　S——沉箱单个仓格截面积。

3. 以奥运帆船基地媒体中心工程为例，海水潜水泵设计吸水流量为 $Q=108.72m^3/h$，水泵吸水管管径为 DN125。设计海水极端低水位为 -0.6m，沉箱最低点水位为 -9.5m，沉箱设两个 $\phi200$ 的进水口与大海相连，以便吸取海水。

海水理论流量：$V_进/V_出 = (R_进^2 \times 2)/(R_出^2 \times 3) = (200^2 \times 2)/(125^2 \times 3) = 1.71 > 1.0$

故沉箱的两个 $\phi200$ 的进水口能够保证海水的正常吸取。

经计算 $S=12.21m^2$。考虑到现场管道及池壁的渗透作用，再乘以系数 0.9，S 取 10.88m^2。故沉箱单个仓位的截面尺寸确定为 3.4m×3.2m。

5.3.2　沉箱的其他设计要求。沉箱的安装应平整，沉箱的重量要足以抵抗海水潮汐的冲击而不移位。组合式沉箱要保证取水口的畅通，取水口管道不得因沉箱不对整而缩颈。

5.4　海域设备及材料的选择

5.4.1　材料的选择。海水中具有自然界中最丰富的天然电解质，有很强的腐蚀性，海水循环系统管道宜采用 HDPE 管和 316L 不锈钢管，与潜水泵连接部分宜采用 316L 不锈钢管，采用不锈钢法兰连接；与换热器连接部分宜采用 HDPE 塑料管，热熔连接。阀门采用海水专用不锈钢阀门。具体材料选用及连接方式见表 5.4.1。

海域设备材料选用

表 5.4.1

序号	部　位	材料型号及连接方式	备注
1	海水潜水泵出口至检修平台连接的管线	316L 不锈钢管,法兰连接	
2	潜水泵沉箱内检修平台	316L 不锈钢花纹钢板、槽钢、角钢	
3	板式换热器出口压力表、温度计安装法兰短管	316L 不锈钢管,焊接连接	
4	潜水泵设备间的管线支架	316L 不锈钢角钢固定	
5	板式换热器设备间至制冷机房管线	采用 HDPE 给水管,热熔连接	

5.4.2　设备的选择。海域设备分为海水潜水泵和板式换热器两个设备间，其中海水潜水泵设备间设海水潜水泵及快速除污装置；板式换热器设备间设板式换热器及电解海水装置。

1. 海水板式换热器。海水换热器的材质一般选用钛含量 99% 钛板，为了实现小温差换热，换热器宜采用板式换热器，垫片材质宜采用三元乙丙橡胶（EPDM）。根据空调负荷确定换热器的台数。

2. 海水潜水泵。海水潜水泵一般选用泵体材料为 904L（AISI）规格的不锈钢，且采用阴极保护防腐蚀措施，带有导流外套。海水泵的叶轮、泵轴等主要部件应采用耐海水腐蚀材质。根据海水的流量和扬程选择潜水泵容量和台数。

3. 电解海水防污装置。在进水口位置设电解海水防污装置，通过电解海水产生次氯酸钠溶液，注入潜水泵附近，用于防止海生物在潜水泵内和整套管路系统内的繁殖及滋生。另外还需在海水潜水泵管道上设置快速除污装置，以保证系统不堵塞。根据海水潜水泵的流量选择电解海水防污装置的容量。

5.4.3　换热介质选择。为了防止冬季结冰，换热介质一般采用防冻液。防冻液包括氯化钙、氯化钠、乙醇、乙二醇、甲醇、醋酸钾、碳酸钾溶液。综合考虑流体的凝固点、系统能耗、对材料的腐蚀性、对环境的影响、火灾风险、价格和来源等因素，防冻液宜选用乙二醇溶液。

6. 施工工艺流程及操作要点

6.1　工艺流程

6.1.1　海水源热泵系统总施工工艺流程如下：

陆域管路与海域设备连接 → 系统试压、冲洗、调试 → 系统试运转、运转

6.1.2　海水源热泵系统海域部分设备的施工工艺流程如下：

沉箱制作 → 沉箱安装 → 水泵安装 → 板式换热器的安装 → 各设备管路连接

6.1.3　海水源热泵系统陆域部分设备的施工工艺流程如下：

陆域机房设备基础制作 → 陆域机房设备安装 → 陆域机房设备管路安装与连接

6.1.4　海水源热泵系统陆域部分管道的施工工艺流程如下：

HDPE 管路管沟测量放线 → 管沟开挖 → HDPE 管路连接与试压 → 管沟回填

6.1.5　沉箱施工工艺流程如下：

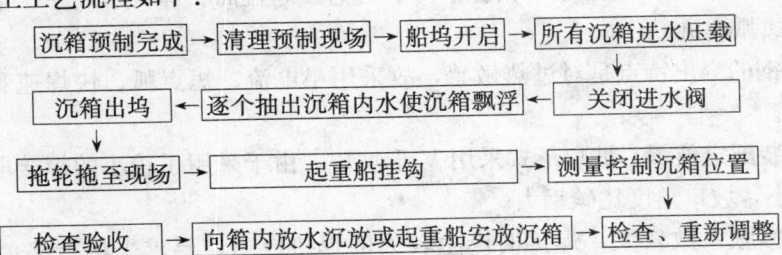

6.1.6 海水源热泵总调试流程如下：

末端空调机、风机盘管启动 → 电子除垢装置启动 → 潜水泵启动 → 乙二醇泵启动

→ 冷热水泵启动 → 热泵机组启动 → 系统调节 → 系统平衡

6.2 操作要点

6.2.1 沉箱运输和安装要点如下：

1. 沉箱出坞。沉箱预制完成，达到设计要求强度后即可拖运安装。船坞开启后所有沉箱进水压载，出坞时关闭需起浮的沉箱进水阀门，抽出沉箱内水使沉箱飘浮，沉箱飘浮宜在涨潮时进行，以减少抽水量及较易保证浮运安全。

2. 沉箱就位。安装在平潮潮流流速较小时进行，应在高潮时就位，落潮时安装。安装前，潜水员下水重新检查基床情况，确保基床无异物、未破坏、回淤厚度超过规范规定时应采用抽泥泵抽走。

3. 起重船就位。起重船在靠近安装的基床位置附近，顺基床轴线方向即顶着沉箱及箱涵下锚定位。

4. 沉箱安装采取起重船、结合捯链的方法。沉箱拖运至安装施工水域，采用起重船使其初就位，待沉箱稳定后，再用滑轮组拖靠，捯链控制其准确就位。沉箱就位时，在陆上用全站仪和经纬仪进行测量控制，满足精度后，用抽水泵注水至沉箱内，使其持续下沉。

5. 在下沉的过程中，陆上用全站仪控制方位，同时在水准仪的测控下，调平沉箱。在最后 50cm 的沉放过程中，要求沉箱前沿线位置和沉箱四个角点的高程偏差控制在 30mm 内，使沉箱平稳沉入到基床上。若沉箱位置合格，则继续加水至沉箱稳定，否则，用潜水泵抽水，使沉箱起浮，重新调整至满足要求。

6.2.2 潜水泵、板式换热器的安装要点包括：

1. 潜水泵应垂直安装在沉箱内，吸水口离沉箱底部不应小于 300mm；电解海水要释放于潜水泵吸水口的周围。海水潜水泵设备间平面布置要美观合理，见图 6.2.2-1。

2. 板式换热器要采用耐腐蚀材料，底座必须加耐腐蚀减振垫。板式换热器设备间平面布置要美观合理，换热器设备外边缘与墙的距离不应小于 700mm 的维修空间，换热器设备之间的距离不应小于 800mm，见图 6.2.2-2。

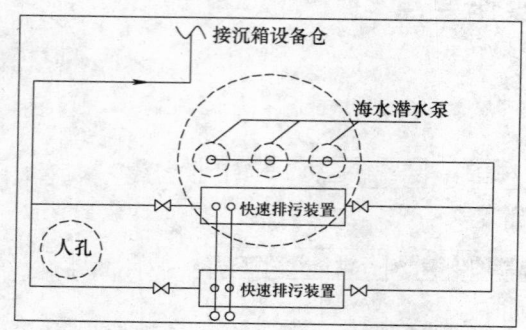

图 6.2.2-1　海水潜水泵设备间平面布置

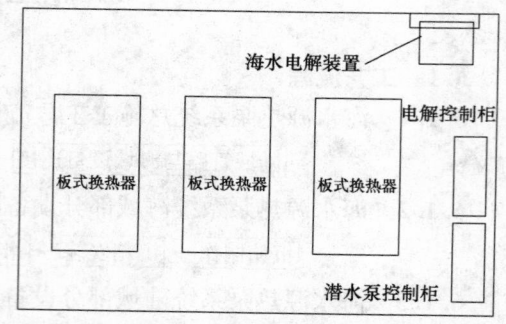

图 6.2.2-2　板式换热器设备间平面布置

6.2.3 不锈钢管焊接要点包括：

1. 不锈钢管道，材质为 316L（00Cr$_{17}$Ni$_{14}$Mo$_2$），采用手工电弧焊、氩弧焊两种方法。$D \leqslant 159$mm 的采用氩弧焊，$D > 159$mm 的采用氩弧焊打底，手工电弧焊盖面。焊机采用手工电弧焊、氩弧焊两用的 WS7～400 逆变式弧焊机。

2. 奥氏体不锈钢的突出特点是对过热敏感，故采用小电流、短点弧、快焊速和多层多道工艺，使层间温度小于 60℃。

3. 坡口形式及装配定位焊。坡口形式采用 V 形坡口，由于采用了较小的焊接电流，熔深小，因而坡口的钝边比碳钢小，坡口角度比碳钢大。

4. 因不锈钢热膨胀系数较大，焊接时产生较大的焊接应力，要求采用严格的定位焊。对于 $d \leqslant$

89mm 的管采用两点定位，d＝89～219mm 采用三点定位，d≥219mm 的采用四点定位；定位焊缝长度 6～8mm。

5. 不锈钢管道坡口两侧各 100mm 范围内，在施焊前应采取防止焊接飞溅物沾污管道表面的措施。

6. 焊后应对不锈钢管道焊缝及其附近表面进行酸洗、钝化处理。

6.2.4 HDPE 管热熔连接操作要点如下：

1. 热熔连接前、后，连接工具加热面上的污物应用洁净棉布擦净。

2. 热熔对接连接一般分为五个阶段：预热阶段、吸热阶段、加热板取出阶段、对接阶段、冷却阶段。加热温度和各个阶段所需要的压力及时间应符合热熔连接机具生产厂及管材、管件生产厂的规定。

3. 热熔对接连接应符合下列规定：

1) 按连接管道管径，合理选用热熔设备，将连接的管材、管件放在夹具内固定。

2) 管道断料后，管材或管件连接面上的污物应用洁净棉布擦净，应铣削连接面，使其与轴线垂直，并使其与对应的断面吻合。

3) 待连接件端面用对接连接工具加热，平板电热模恒定温度 200～210℃。

4) 加热完毕，待连接件应迅速脱离对接连接加热机，并用均匀外力使完全接触，形成均匀。保持压力，使接口冷却至 40℃ 左右卸压。HDPE 管道连接见图 6.2.4。

图 6.2.4　HDPE 管道连接

6.2.5 机房布置要点如下：

1. 机房布置要根据设备原理图、工艺流程图和机房的建筑平面图合理布置设备位置，重点控制好热泵机组、循环水泵、软化水箱、分集水器、乙二醇溶液罐等设备的平面位置。

2. 设备布置要紧凑、整齐和各设备间距应满足安装及维护要求。设备距墙净距离不得小于 700mm 的维修空间。

6.2.6 管道的安装应符合以下要求：

1. 隐蔽管道和整个采暖系统的水压试验结果，必须符合设计要求和施工规范规定。

2. 管道固定支架的位置和构造必须符合设计要求和施工规范规定。

3. 伸缩器的安装位置必须符合设计要求，并应按有关规定进行预拉伸。

4. 管道支（吊托）架及管座（墩）的安装应符合构造正确、埋设平正牢固、排列整齐、支架与管道接触紧密的要求。

5. 除污器过滤网的材质、规格和包扎方法必须符合设计要求和施工规范规定。管道的坡度应符合设计要求。

6. 阀门安装型号、规格、耐压强度和严密性试验结果应符合设计要求和施工规范规定。安装位置、进出口方向正确，连接牢固紧密，启闭灵活，朝向便于使用，表面洁净。

6.2.7 海水源热泵调试分为设备单机调试及系统联合试运转调试。

1. 设备单机调试

1) 水泵调试。水泵与附属管路系统上的阀门启闭状态要符合调试要求，水泵第一次运转前，应将入口阀全开，出口阀全闭，待水泵启动后再将出口阀缓慢打开，点动水泵，检查水泵的叶轮旋转方向是否正确。水泵在连续运行 2h 后，应用数字温度计测量其轴承的温度，滑动轴承外壳最高温度不得超过 70℃，滚动轴承不得超过 75℃。

2) 海水源热泵机组调试。海水源热泵机组的试运转，需在厂家技术人员的指导下进行，并应符合设备技术文件和现行国家标准《制冷设备、空气分离设备安装工程施工及验收规范》的有关规定，正常运转不应少于 8h，产生的噪声不宜超过产品性能说明书的规定值。

3）真空脱气机调试。打开真空脱气机与主系统之间的隔离阀，将设备主开关置于"关"位置，按压控制面板右侧的注水按钮将罐内注水，直至罐内的压力达到 1Bar 以上。用抽气口钥匙打开泵壳上面的排气口，排除泵内的空气。注水至压力重新增至 1Bar，直至将罐和泵内充满水，设备内的空气全部排除。将主开关置于"开"，接通设备电源，准备启动泵。调节定时器，设定准确的时间，选择所需的开关程序，将时钟调至"自动"位置。

4）板式换热器调试。为避免瞬间启动压力波动过大造成板式换热器泄漏情况，试水启动泵时，应关闭进水阀门 3/4，但要全开出水阀门，待换热器内部充满水时再开进水阀门至 1/2 和 3/4，直至全开。如果实际压差与设计压差差异很大时，拆开过滤器清洗，再安装复位后重新试运行。

5）电解海水防污装置单机调试。按照要求接通电源后，首先手动启动电解海水防污装置，观察设备运行情况，5min 后，如果设备运行正常，则将开关置于自动状态，设备将自动进行海水除污处理。

2. 系统联合试运转调试

1）开机顺序

电解除污装置启动→潜水泵→乙二醇溶液循环泵→冷热水循环泵→热泵机组。

关机顺序与开机顺序相反。

2）调试步骤

先启动电解海水除污装置，再启动潜水泵，待潜水泵正常后再启动乙二醇溶液循环泵和冷热水循环泵。在系统工作正常的情况下，用流量仪测量水的流量，并进行调节使之符合设计要求。

开启热泵机组、空调机组、风机盘管等设备的进水阀，关闭旁通阀，进行冷冻水（热水）系统管路的循环。

按顺序启动冷冻水（热水）循环水泵，观察循环水泵进出水口的压力表的读数，确认整个水系统正常后，可进行下一步启动热泵机组。

3）设备监测系统的检验、调整与联动运行

空调工程的控制和监测设备应能与系统的检测元件和执行机构正常沟通，系统的状态参数应能正确显示，设备连锁、自动调节器、自动保护应能正确动作。

自控系统的联动：空调的控制和监测系统正常运转后，空调末端控制元件采集系统的状态参数并及时反馈到计算机中心，进行分析和处理，根据房间空调负荷的大小，自动控制设备的运行状态，进而达到节能的目的。

7. 材料与设备

7.1 材料

7.1.1 沉箱用水泥。宜用中、低水化热水泥，如：硅酸盐水泥、普通硅酸盐水泥或矿渣硅酸盐水泥，不应采用早强型水泥；对防裂抗渗要求较高的混凝土，所用水泥的铝酸三钙含量不宜大于 8%，水泥的温度不宜超过 60℃；水泥的强度等级不应低于 32.5MPa。

7.1.2 水泵、板式换热器、浸入海水中管道及支架。要使用耐海水腐蚀强的奥氏体不锈钢 316L 材料，其性能参数见表 7.1.2。

奥氏体不锈钢管 316L 性能参数　　　　　　　　　　　　　　　　表 7.1.2

序　号	项　目	性 能 参 数
1	化学成分	$0Cr_{17}Ni_{14}Mo_2$
2	焊接性能	具有良好的焊接性能，316L 不锈钢管焊接断面不需要进行焊后退火处理
3	耐腐蚀性	316L 耐腐蚀性能优于 304 不锈钢。316L 不锈钢还具有良好的耐氯化物侵蚀的性能，所以通常用于海洋环境

序　号	项　目	性　能　参　数
4	耐热性	在 1600℃ 以下的间断使用和在 1700℃ 以下的连续使用中,316L 不锈钢具有好的耐氧化性和耐热性能
5	使用范围	应用范围广,广泛应用于纸浆和造纸用设备热交换器、染色设备、胶片冲洗设备、管道、沿海区域建筑物外部用材料
6	使用寿命	使用年限大于 50 年

7.1.3 高密度聚乙烯管（HDPE）性能参数见表 7.1.3。

HDPE 高密度聚乙烯管性能参数
表 7.1.3

序　号	项　目	性　能　参　数
1	耐水压	采用标准管径(SDR)为 ϕ110 的管子均可具有 30kg/cm³ 的耐水压力
2	密度	0.943～0.948g/cm³
3	耐冲击强度	化学稳定性好,较高的刚性和韧性,机械强度高
4	耐腐蚀	耐腐蚀性能好,能承受海水的高腐蚀
5	使用寿命	使用年限大于 50 年
6	环保	不会造成二次污染,25% 材料可以回收利用
7	流体阻力	管道内壁光滑,流体阻力小
8	施工方法	施工中连接简捷可靠,不渗漏,密封性好

7.2 机具设备

7.2.1 沉箱安装涉及的主要机具设备见表 7.2.1。

安装调试的主要机具设备
表 7.2.1

序　号	机械/设备名称	型　号	数　量
1	起重船	100t,起重四	1
2	拖轮	294kW	1
3	交通船	58kW	1
4	潜水泵	3kW	4
5	全站仪	Pts-v2	1
6	经纬仪	J2	1
7	水准仪	NA2	2

7.2.2 设备安装与调试涉及的主要机具设备见表 7.2.2。

安装调试的主要机具设备
表 7.2.2

序　号	机械/设备名称	型　号	数　量
1	套丝机	Z31T-R2	
2	台钻	GK-12	
3	电锤	TE2	
4	砂轮切割机	SF1-355	
5	电焊机	BX1	
6	试压泵	4D-SY	根据工程
7	手电钻	D13VH	实际用量
8	风速仪	QDF-2A	
9	兆欧表	KD	
10	流量计	DCT2188	
11	数字式声级计	CEL-240	
12	对讲机	5km	

8. 质 量 控 制

8.1 规范与标准

8.1.1 《建筑工程施工质量验收统一标准》GB 50300—2001

8.1.2 《建筑给水排水及采暖工程施工质量验收规范》GB 50242—2002

8.1.3 《通风与空调工程施工质量验收规范》GB 50243—2002

8.1.4 《工业金属管道工程施工及验收规范》GB 50235—97

8.1.5 《现场设备、工业管道焊接工程施工及验收规范》GB 50236—98

8.1.6 《给水排水管道工程施工及验收规范》GB 50268—97

8.2 质量控制措施

8.2.1 工程开工前，依据国家、省、市及企业技术标准，建立健全现场技术、质量的管理制度，实行全过程的质量控制。

8.2.2 进场的不锈钢管、HDPE管等，必须具有质量合格证明文件，规格、型号及性能检测报告应符合国家技术标准及设计要求。

8.2.3 沉箱安装、HDPE聚乙烯管道敷设、海水潜水泵及不锈钢管道等分项，应在隐蔽前经专职质检员验收合格后，再经监理工程师验收并办理隐蔽工程验收记录。

8.2.4 工程竣工验收应由相关方共同进行，重点对海水潜水泵、换热器、电解装置、过滤器、循环泵、热泵机组、不锈钢焊接质量、管道冲洗等项进行检查。

8.2.5 安装沉箱时应严格控制压仓水高度，按箱内外水面计算高差缓慢下沉。沉箱安装时要采取有效保护措施，避免碰坏沉箱棱角。沉箱安装后，应派潜水员下水检查沉箱安装误差，与基床面的接合是否吻合。按照质量标准检测、达到要求后，进行其他项目的施工。

8.2.6 不锈钢管焊接质量要求外观检查无气孔、焊瘤、凹陷及咬边等缺陷，成形良好。

8.2.7 管道支、吊架的安装应平整牢固，与管道接触紧密。管道与设备连接处，应设独立支、吊架。

8.2.8 管道系统的清洗、冲洗必须按照设计和施工规范要求进行。

8.2.9 水泵的平面位置和标高允许偏差不应大于±10mm，安装的地脚螺栓应垂直、拧紧，且与水泵底座接触紧密。

8.2.10 HDPE管电热熔连接时，应检查通电的电压，加热时间应符合电热熔连接机具与电热熔管件生产厂家的有关规定。

8.2.11 热泵机房内冷却、冷冻、软化水等各系统管道的外表面应做色标。

9. 安 全 措 施

9.1 电焊机应放在通风良好、干燥的地方，不应靠在高温区，放置要平稳。放在露天场所时，应有防止雨、雪措施。

9.2 电气焊必须由专人施工，持证上岗，操作过程中要配置灭火器，并有专人看管。施焊作业应采取防止弧光灼伤的措施，严禁酒后、带病和疲劳作业。

9.3 搬运设备时，应注意路面上的孔、洞、沟和其他障碍物。

9.4 吊装作业时，索具、机具必须先经过检查，合格后方可使用。吊装指挥信号应统一，并进行预习，协调后方可进行正式吊装。指挥人员要站在操作人员能看到的地方，和操作人员不得受外界干扰，参加吊装工作的一切人员都要听从统一指挥，按命令行事。

9.5 HDPE 管热熔连接使用专用热熔工具，按照电器工具安全使用的规定操作，注意防潮和避免污染。

9.6 沉箱船驳就位时，应注意现场位置，避免锚缆破坏基床。沉箱起吊与安装时，要专人统一指挥。沉箱安装时要采取有效保护措施，避免碰坏沉箱棱角。

10. 环 保 措 施

10.1 所有管道使用的材料必须符合设计要求和国家环保有关要求，并提供相应的证明文件。

10.2 废弃物的控制。施工过程中产生的废料及垃圾不得随意丢弃，应分类堆集，按国家和地方规定的废弃物排放标准及环境管理方案的要求进行收集、排放及其他方式处理。

10.3 噪声、粉尘污染控制。对施工过程中可能产生的粉尘、噪声污染应有严格的防护隔离措施，以避免对工人及周边环境造成噪声危害。

10.4 规范场区管理。进入场区的材料、设备、拆除的周转材料等按照要求有序堆放。

10.5 在油漆粉刷施工过程中，应将剩余材料及时送回库房，集中保管，不能随意将剩余油漆倒入海中，污染海水。

10.6 在日常维护管理工作中，应注意废旧材料的集中回收，不能把废旧物品倒入海中。

11. 效 益 分 析

11.1 经济效益

海水源热泵系统可以通过少量的电能输入获得较高的能量输出，从而使得运行达到高效节能。通常海水源热泵 COP 值：夏季约为 5；冬季约为 $2.8 \sim 4.2$。较常规空调系统，海水源热泵系统略有偏高，但运行费用大大节省。

11.1.1 设备投入费用分析。由于海水源热泵属于新型空调技术，设备初投资受方案选择、设备品牌、设备选型、建筑用途等诸多影响因素，初投资费用不尽一致，据初步估算，其平方米造价在 535.2 元$/m^2$ 左右，总价为常规空调系统的 $1.1 \sim 1.2$ 倍左右。随着海水源热泵应用技术的成熟，热泵机组的国产化，海水源热泵初投资费用将会越来越低。

11.1.2 以"集中供热＋风冷 VRV 系统"运行费用与海水源热泵空调系统运行费用比较，见表 11.1.2。

VRV 系统与海水源热泵系统运行费用对比   表 11.1.2

空调系统	运行季节	选 定 参 数	费 用 计 算	年运行费用
集中供热＋风冷 VRV 系统	夏季	夏季 VRV 空调的 COP 取 2.6，夏季运行 120d，每天运行 10h，负荷系数取 0.7，机组的开停比取 0.7，电价 0.85 元/度	$1265 \times 0.7 \times 0.7 \times 10 \times 120/2.60 \times 0.85/10000$ $= 24.32$ 万元	45.97 万元
	冬季	公共建筑集中供热费按 26.4 元$/m^2$	$8199 \times 26.4/10000$ $= 21.65$ 万元	
海水源热泵系统	夏季	采用温频法计算出本工程夏季能耗 $2.4629 \times 10^4 kW$，电价为 0.85 元/度	热泵系统全年总能：$24629 + 211340 + 95232 = 331201 (kW \cdot h)$ 电价 0.85 元/度。采用海水源热泵每年运行费 $331201 \times 0.85 = 28.15$ 万元	28.15 万元
	冬季	冬季能耗 $2.1134 \times 10^5 kW$，电价为 0.85 元/度		
		热泵系统设备总能耗 $9.5232 \times 10^4 kW$		
采用海水源热泵每年节约的运行费用			$45.97 - 28.15 = 17.82$ 万元	

11.2 社会与环保效益

11.2.1 随着地球上的煤、石油、天然气的不断消耗，海水源热泵作为一项绿色环保型的新能源技术，具有广阔的市场前景。本工法成功应用于青岛国际帆船媒体中心工程中，将对青岛及全国建筑节能技术的推广起到良好的示范作用，有利于推动我国循环经济和可持续发展战略的进程。

11.2.2 节能减排效益。由于空调系统采用海水冷热源，不用远距离输送热量，避免了系统能量的二次消耗。海水源热泵空调系统无需燃煤或燃油，不必向大气排放污染物，有效地避免了二氧化硫和二氧化碳的排放，使"酸雨"和"温室效应"等现象得到了控制。

以青岛国际帆船中心媒体中心工程为例，每年可节约能源约 209647kW·h，折合标准煤 86793.9kg。按照每吨标准煤燃烧后排放 CO_2 2.66t，SO_2 17.87kg，15.39kg 烟尘、炉灰等大气污染物，19.06kg 工业废弃物计算，该项目每年可减少 CO_2 排放量约 230871.8kg，SO_2 排放量约 1551kg，减少灰尘、炉灰、颗粒等大气污染物排放量约 1336kg，减少工业废弃物排放量约 1654kg。

11.2.3 节水节地、减少噪声

1. 由于建筑空调系统采用海水冷热源，取代了锅炉、制冷机及冷却塔等，节约了建筑用地，减少了土地成本。

2. 屋面不需要传统的冷却塔，使建筑物的外观效果更加美观。

3. 海水热泵取消了空调系统的冷却设备（冷却塔），可以节约大量的淡水资源，这一点对于淡水匮乏的我国具有重要的意义。

4. 避免了冷却塔的噪声污染。杜绝了空调冷却系统"漂水"现象。

11.2.4 我国沿海省市拥有丰富的海水资源，如果能够广泛应用海水源热泵技术，对于缓解能源紧张，提高能源利用率、推动节能环保都有着积极意义。本工法为指导海水热泵技术的应用提供参考依据及借鉴意义，具有较好的推广价值和应用前景。

12. 工 程 实 例

12.1 青岛国际帆船中心媒体中心工程

12.1.1 工程概况。青岛国际帆船中心媒体中心位于帆船中心的最南端（图 12.1.1），三面环海。

图 12.1.1 青岛国际帆船中心媒体中心

建筑面积：8199m²，其中（地上 4501m²，地下 3698m²），建筑总高度：17.9m。本工程空调系统采用新风加风机盘管形式。空调负荷：夏季制冷量为 1656kW，冬季制热量为 1422kW。空调系统采用海水源热泵作为该建筑的空调水系统冷源和热源。根据媒体中心海域周围实际情况，考虑船只进出比赛较多，为了保证海水源热泵机组安全可靠的运行，本工法采用开式间接利用方式的海水热泵系统。

12.1.2 施工情况。本工程整个施工过程应用了海水源热泵施工工法。海水取水口采用沉箱法施工，水泵安装在沉箱内。海域沉箱和陆域管道、陆域机房管道安装同时进行，互不交叉，提高了施工速度。管道采用 HDPE 管道，热熔连接，施工方便快捷。工程完工后，顺利通过各项调试，为以后的正常运转打下了良好的基础。

12.1.3 工程监测与结果评价。整个工程综合调试后，空调系统各部分运行平稳，各项参数均满足设计要求。从 2005 年 9 月开始施工至 2006 年 6 月调试完成，并且经过 2 个采暖季和 2 个制冷季的运行，运行效果良好。该工程于 2008 年被评为"鲁班奖"。

12.2 千禧龙花园会所、幼儿园工程

12.2.1 工程概况。千禧龙花园位于青岛经济技术开发区唐岛湾北岸，由开发区规划中的西海岸中央商务区内。本工程建筑面积：6809.13m²。采用海水源热泵作为该建筑的冷源和热源，实现了冬季供暖，夏季制冷，日常生活热水，泳池加热等功能。

12.2.2 施工情况。本工程施工过程中采用了海水源热泵的施工工法。海水取水口采用沉箱法施工，水泵安装在沉箱内。管道采用 HDPE 管道，热熔连接。工程施工完成后分别进行了设备单机调试及系统联合试运转调试，达到了预期的效果。

12.2.3 工程监测与结果评价。整个工程综合调试后，空调系统各部分运行平稳，各项参数均达到设计要求。本工程自 2007 年 12 月投入使用以来，系统运行良好。

12.3 烟台旅游大世界改造工程

12.3.1 工程概况。烟台旅游大世界改造工程位于烟台市滨海北路东端，由原烟台国际会展中心进行改扩建，建筑面积：7125m²。本工程空调系统采用风机盘管加新风的空调系统，空调负荷：夏季冷负荷 980kW，冬季热负荷 830kW。空调系统采用海水源热泵作为该建筑的空调水系统冷源和热源。

12.3.2 施工情况。本工程施工过程中采用了海水源热泵的施工工法。取水口采用沉箱法施工，水泵安装在沉箱内，将海水通过管道引入空调机房。海域沉箱和陆域管道、陆域机房管道安装同时进行，互不交叉，提高了施工速度，节省施工工期。本工程输送海水管道采用 HDPE 管道，热熔连接，施工方便快捷。工程完工后，顺利通过各项调试。

12.3.3 应用效果。整个工程综合调试后，空调系统各部分运行平稳，各项参数均满足设计要求。本工程自 2007 年 10 月投入使用以来，运行效果良好。

超高层建筑 10kV 高压垂吊式电缆敷设工法

GJYJGF038—2008

中建八局工业设备安装有限责任公司　中建八局第三建设有限公司

陈洪兴　张成林　陈静　季景江　相咸高

1. 前　　言

目前超高层建筑越建越高，用电负荷越来越大，普通电缆、封闭母线槽作为垂直供电干线的局限性越来越突出，需由新的供电干线替代，以达到占用空间小、安装维护简便、性能稳定的目的。

在上海环球金融中心的供电系统中，首次采用国内首创的一种特殊结构的高压电缆——10kV 高压垂吊式电缆，在超高层建筑领域中其垂吊高度、起吊重量、单根电缆长度、电缆截面均为世界第一。它由上水平敷设段、垂直敷设段、下水平敷设段组成，其结构为：电缆在垂直敷设段带有 3 根钢丝绳，并配吊装圆盘，钢丝绳用扇形塑料包覆，并与三根电缆芯绞合，水平敷设段电缆不带钢丝绳。吊装圆盘为整个吊装电缆的核心部件，其作用是在电缆敷设时承担吊具的功能并在电缆敷设到位后承载垂直段电缆的全部重量。在电气竖井中敷设时，这种电缆不管有多长多重，都能靠其自身支撑自重，解决了普通电缆在长距离的垂直敷设中容易被自身重量拉伤的问题。

该电缆敷设与普通电缆不同，需打破传统的施工工艺，面临的重大技术难题是：如何选择吊装方法，克服超高层建筑电气竖井中卷扬机容绳量不够的问题；如何使吊装圆盘顺利穿越楼层井口，避免被井口卡住而损伤电缆；如何减小电缆摆动，防止电缆刮伤；如何在电缆吊装中和安装后，保证垂直段三根钢丝绳受力均匀。

我单位开展科技攻关，一举解决了施工中诸多技术难题，开发出"超高层建筑 10kV 高压垂吊式电缆研发与敷设技术"这一国内首创的新成果，并于 2008 年 2 月 23 日通过了中建总公司组织的由国内知名专家组成的专家委员会的鉴定，鉴定结论为：该项成果在超高层建筑垂吊电缆领域总体达到国际领先水平。该项成果获 2008 年度中建总公司科学技术奖三等奖和中国安装协会科技成果二等奖。在此基础上，形成了超高层建筑 10kV 高压垂吊式电缆敷设工法。

2. 工 法 特 点

2.1 采用互换提升和分段提升方法，可使主吊绳长度由多段组成，电缆起吊高度不受卷扬机容绳量的限制。

2.2 电缆结构设计独特，垂直段内的钢丝绳和吊装圆盘分别起到了支撑电缆和吊装吊具的作用，不管电缆有多长、多重，都能靠其自身支撑自重。

2.3 吊装圆盘采用可调节螺栓，在起吊过程中可以调节电缆内三根钢丝绳的长度，保证电缆各部分受力均匀。

2.4 专门研制的穿井梭头，解决了吊装圆盘穿越楼层电气井口的问题，并能防止电缆吊运中卡位和划伤。

2.5 专门设置的防摆动定位装置，有效减少了电缆摆动，防止刮伤电缆。

3. 适 用 范 围

适用于高层建筑电气竖井内的电缆敷设，尤其适用于超高层大截面电缆的垂直敷设。

4. 工艺原理

通过多台卷扬机吊运，采用自下而上垂直敷设电缆的方法。电缆盘架设在一层电气竖井附近，卷扬机布置在同一井道最高设备层上或以上楼层，按序吊运各副变电所的高压进线电缆。每根电缆分三段敷设，先进行设备层水平段和竖井垂直段电缆敷设，后进行一层竖井口至主变电所水平段电缆敷设。

该种结构的电缆在电气竖井内敷设时，需分别捆绑水平段电缆头和垂直段吊装圆盘，在辅助卷扬机提起整个水平段后，由主吊卷扬机通过吊装圆盘吊运水平段和垂直段的电缆，在吊装圆盘到达设备层的电气竖井口后，利用钢板卡具将吊装圆盘固定在槽钢台架上。

5. 施工工艺流程及操作要点

5.1 施工工艺流程（图 5.1）

5.2 操作要点

5.2.1 吊装工艺和设备选择

1. 吊装工艺选择

根据场地条件和吊装高度选择跑绳方式，对布置在面积较大、吊装高度较低的楼层上的卷扬机，采用水平跑绳，分别由 2 台主吊卷扬机互换提升的方法（图 5.2.1-1）。

对布置在面积较小、吊装高度较高楼层上的卷扬机，采用在电气竖井内垂直跑绳，通过主吊绳换钩、绳索脱离的分段提升的方法（图 5.2.1-2）。

2. 吊装设备选择

根据工艺要求，选择 3 台卷扬机，其中 2 台卷扬机（1 号、2 号）吊运垂直段电缆，1 台卷扬机（3 号）吊运上水平段电缆。

一般按照起吊重量、场地条件、搬入吊装设备的途径等方面选择吊装设备吨位。

当有卸货平台时，利用塔吊吊运，根据卸货平台的荷载，选择卷扬机；当无卸货平台时，通过施工电梯运输，根据施工电梯的载重量和空间大小，选择卷扬机。

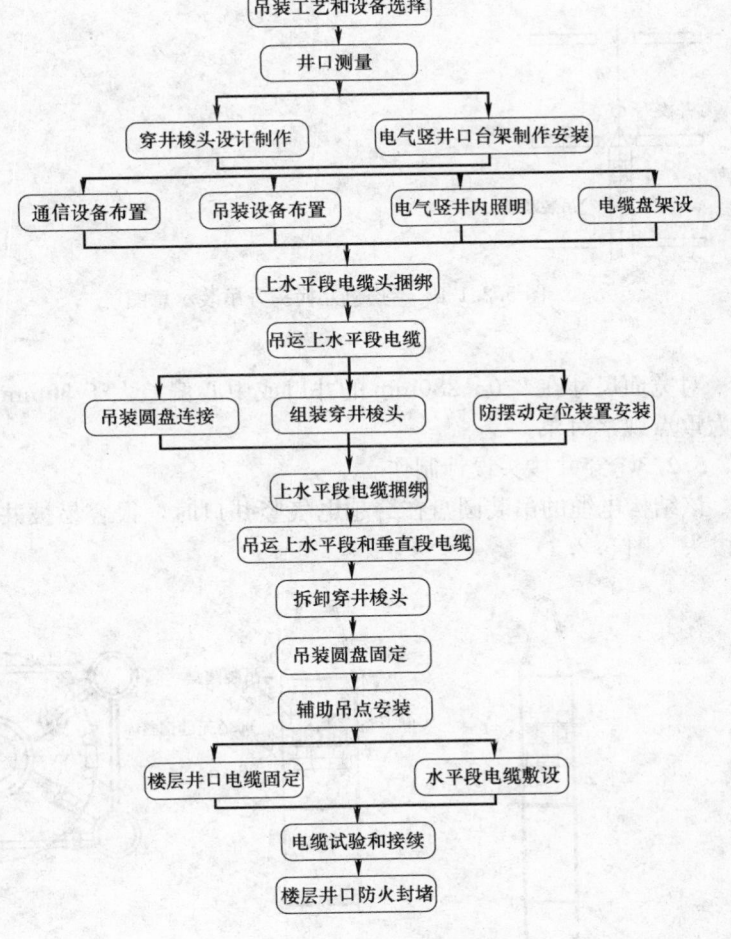

图 5.1 施工工艺流程

在吊装设备确定后，选择跑绳数，最后经计算后选择钢丝绳规格，要求垂直段电缆主吊绳和上水平段电缆吊绳的安全系数大于 5，跑绳的安全系数大于 3.5。

5.2.2 井口测量

在电气竖井具备安装条件后，对每个井口的尺寸及中心垂直偏差进行测量。方法如下：

以每个电气竖井的最高层的井口中心为测量基准点。采用吊线锤的测量方法，从上往下吊线锤，测量井口中心垂直差，同时测量井口尺寸，以图表形式作好测量记录。

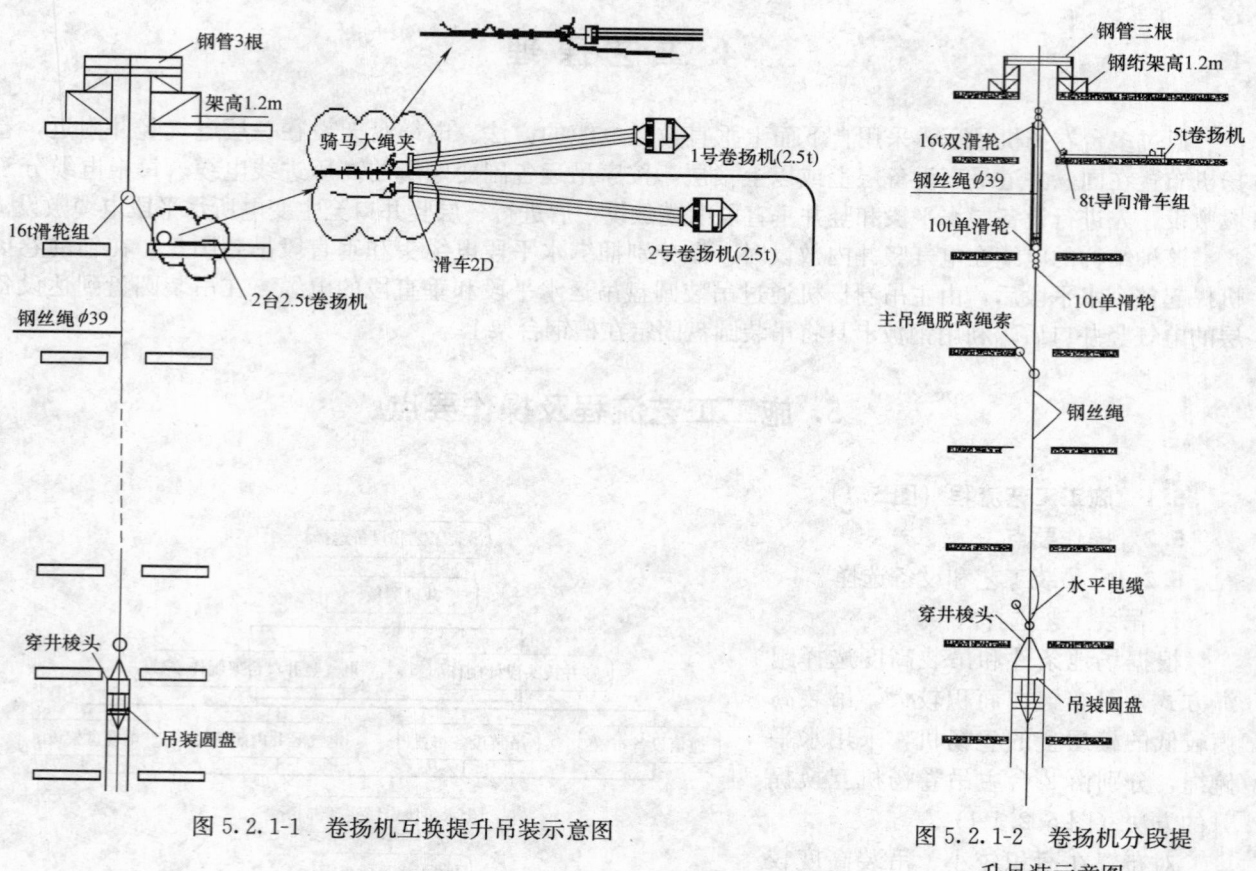

图 5.2.1-1　卷扬机互换提升吊装示意图

图 5.2.1-2　卷扬机分段提
升吊装示意图

对宽面尺寸在 270～280mm 的井口或中心偏差大于 30mm 的井口应进行标识，在吊装圆盘过井口时为重点观察对象。

5.2.3　穿井梭头设计制作

该结构电缆的吊装圆盘在穿越电气竖井口时，很容易被井口卡住，造成电缆受损，因此要设计穿井梭头（图 5.2.3）。

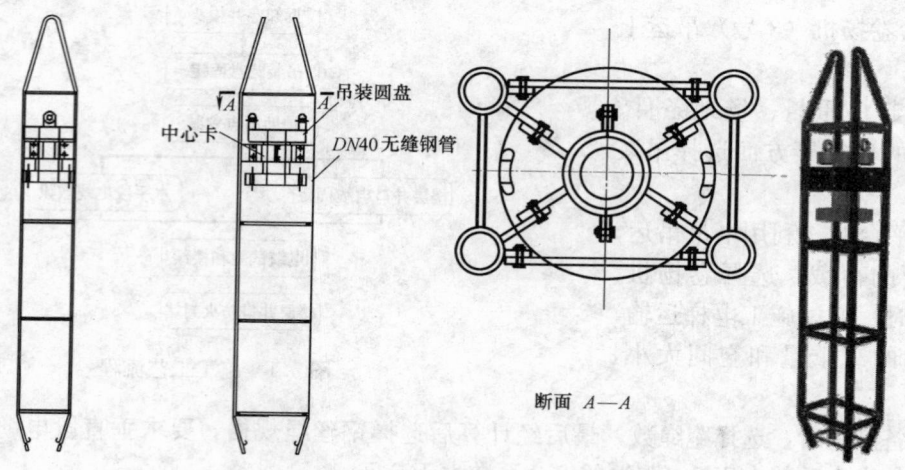

断面 A—A

图 5.2.3　穿井梭头示意图

5.2.4　电气竖井口台架制作安装

在井口测量完成后，开始安装槽钢台架，要求如下：

1. 按井口尺寸设计台架尺寸，一般伸出井口 100mm。例如，井口 300mm×1200mm 的台架尺寸为

500mm×1400mm。

2. 槽钢台架选用 10 号槽钢制作，采用焊接连接，台架应除锈，刷防锈漆和灰色面漆。

3. 按电缆排列顺序在台架上开螺栓连接孔，开孔尺寸应与固定电缆的卡具和固定吊装圆盘的吊装板孔径一致。

4. 槽钢台架应坐落在井口底边的钢梁上，在槽钢台架的四角处采用 φ12 的膨胀螺栓固定在井口边上。

5.2.5 吊装设备布置

1. 吊装卷扬机布置

设备布置要求如下：

1）吊装和牵引用导向滑轮与卷扬机设于同一楼面上，导向滑轮与卷扬机配套使用。

2）利用结构钢梁或钢柱作为卷扬机、导向滑轮的锚点；若没有现成的锚点，预埋 φ28 圆钢锚环。

3）卷扬机采用带槽卷筒，安装时卷扬机与导向滑轮之间的距离应大于卷筒宽度的 15 倍，确保当钢丝绳在卷筒中心位置时滑轮的位置与卷筒轴心垂直。

4）卷扬机为正反转操作，安装时卷筒旋转方向应和操作开关上的指示方向一致。

2. 悬挂滑轮的受力横担设置

在高于设备操作层以上一至二层楼面的井口处设置高 1.2m 的钢桁架，横置 3 根长 2m 的 φ114×22 无缝钢管作为悬挂滑轮的受力横担（图 5.2.5）。

3. 索系连接

在卷扬机布置完成后，穿绕滑轮组跑绳，并在电气竖井内放主吊绳。主吊绳可通过辅吊卷扬机从设备操作层放下，或由辅吊卷扬机从一层向上提升，到位后上端与主吊卷扬机滑轮组连接，构成主吊绳索系。

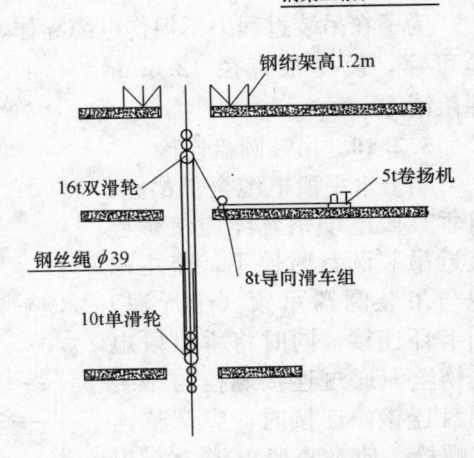

图 5.2.5 悬挂滑轮的受力横担设置示意图

5.2.6 通信设备布置

为避免干扰，通信设备要以有线电话为主，无线电话为辅。布置要求如下：

1. 架设专用通信线路，从设备操作层经电气竖井敷设至一层放盘处。在电气竖井内每一层备有电话接口，便于跟随梭头的跑井人员与指挥人、卷扬机操作手联络。

2. 固定电话设置：每台卷扬机配一部电话，操作手必须佩戴耳机，放盘区配一部电话，跑井人员每人一部随身电话。

3. 对讲机配置：指挥人、主吊操作人、放盘区负责人还必须配备对讲机，确保联络畅通无阻，万无一失。

5.2.7 电气竖井内照明

为确保吊装过程中电气竖井内光线充足，布置要求如下：

1. 照明线路沿电气竖井的井道架空敷设，线路选用 $3×2.5mm^2$ 电缆，每段长度不超过 150m。

2. 采用 36V 安全电压。

3. 每层电气竖井内安装一套 36V 60W 的普通灯具，每段线路设置一个总开关。

5.2.8 电缆盘架设

1. 电缆盘架设地点确定

1）地面应平整、硬化，否则应进行地面处理。

2）区域内应无其他作业，无障碍物。

3）电缆盘至井口应设缓冲区和下水平段电缆脱盘后的摆放区，面积大约 30～40m²。

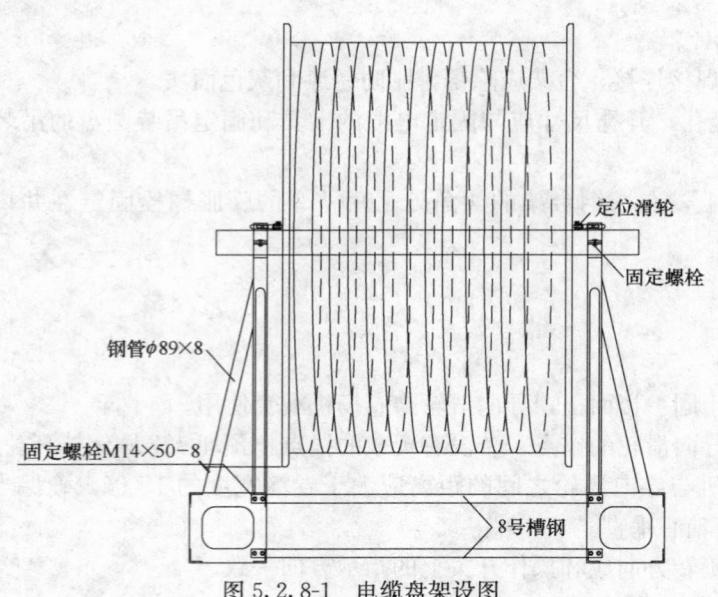

图 5.2.8-1　电缆盘架设图

2. 架设电缆盘的起重设备选择

根据起吊重量、起吊高度、回转半径选择起重设备。

3. 电缆盘放线架选择

根据电缆重量和电缆盘外形尺寸选择龙门支架作为电缆盘放线架（图 5.2.8-1、图 5.2.8-2）。

5.2.9　上水平段电缆头捆绑

把吊装圆盘临时吊在二层井口上方约 0.5m 处，将上水平段电缆从电缆盘中拖出，穿入吊装圆盘后伸出 1.2m，采用75～100 型金属网套套入电缆头（图 5.2.9-1），与 3 号卷扬机（2.5t）吊绳连接。

3 号卷扬向上提升 1.5m 左右停下，这时金属网套受力，可进行保险绳的捆绑。要求捆绑不少于 3 节。上水平段电缆头捆绑（图 5.2.9-2）。

为了在吊装过程中不损伤电缆导体，选用有垂直受力锁紧特性的活套型网套，同时为确保吊装安全可靠，设一根直径 12.5mm 保险附绳。

5.2.10　吊装圆盘连接

当上水平段电缆全部吊起，且垂直段电缆钢丝绳连接螺栓接近吊装圆盘时停下，将主吊绳与吊装圆盘吊索（千斤绳）用卡环连接，同时将垂直段电缆钢丝绳通过连接螺栓与吊装圆盘连接。连接时，应调整连接螺栓，使垂直段电缆内 3 根钢丝绳受力均匀，调整后紧固连接螺栓（图 5.2.10）。

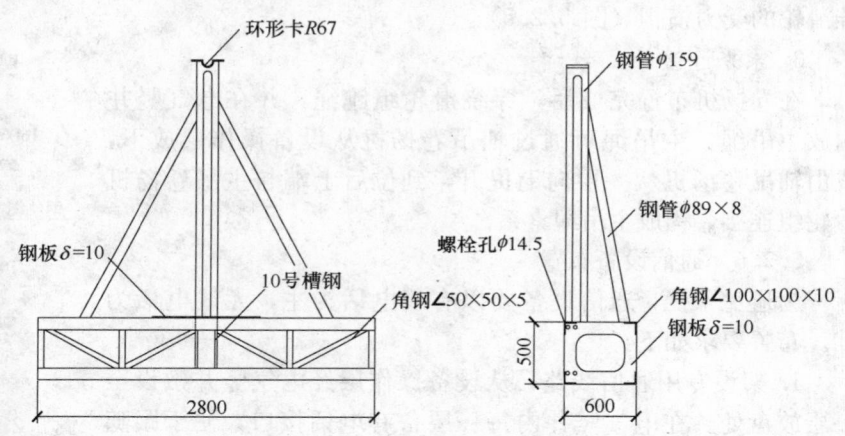

图 5.2.8-2　电缆盘架设侧视图

图 5.2.9-1　穿入吊装圆盘后的电缆头套金属网

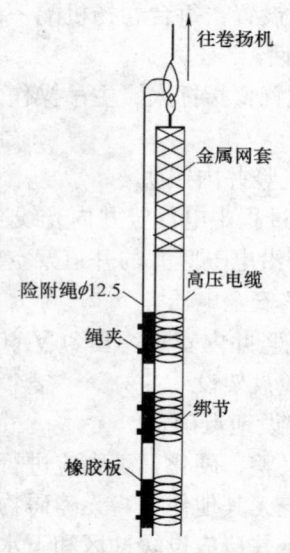

图 5.2.9-2　上水平段电缆头捆绑示意图

5.2.11 组装穿井梭头

当吊装圆盘连接后，组装穿井梭头。组装时，吊装圆盘 2 个吊环必须保持在穿井梭头侧面的正中，以保证高压垂吊式电缆在千斤绳的夹角空间内，不与其发生摩擦，在穿井时吊环侧始终沿着井口长面上升（图 5.2.11）。

5.2.12 防摆动定位装置安装

电缆在吊装过程中，由人力将电缆盘上的电缆经水平滚轮拖至一层井口，供卷扬机提升。电缆在卷扬机拉力和人力共同作用下产生摆动，电缆从地面向上方井口传递的弧度越大，在电气竖井内的摆动就越大（图

图 5.2.10 连接后的吊装圆盘

5.2.12-1）。电缆摆动较大时，将会被井口刮伤，因而必须采取措施控制电缆摆动。

二层电气竖井井口为卷扬机摆动和人力结合部，在此处安装防摆动定位装置，可以有效地控制电缆摆动，同时起到了保持电缆垂直吊装的定位作用。防摆动定位装置安装在二层电气竖井口的槽钢台架上（图 5.2.12-2）。在穿井梭头尾端离二层井口上方 2m 处时停下，安装防摆动定位装置，电缆全部吊装完后，即可拆除。

图 5.2.11 穿井梭头组装过程

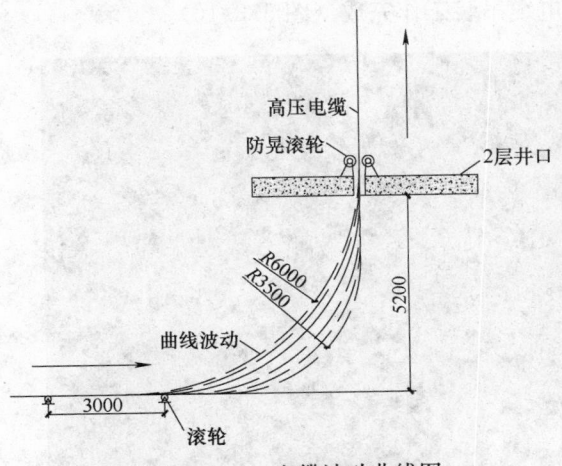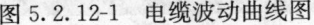

图 5.2.12-1 电缆波动曲线图

图 5.2.12-2 防摆动定位装置安装

5.2.13 上水平段电缆捆绑

主吊绳已受力，上水平段电缆处于松弛状态，这时将上水平段电缆与主吊绳并拢，并用绑扎带捆绑，应由下而上每隔 2m 捆绑，直至绑到电缆头。全部捆绑完后，3 号卷扬机可以取钩收绳，由主吊卷扬机提升（图 5.2.13）。

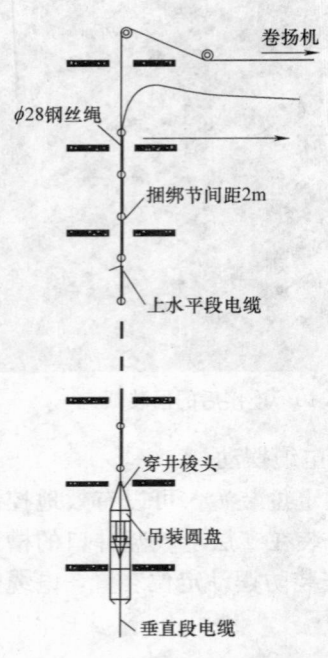

图 5.2.13　上水平段电缆捆绑示意图

5.2.14　吊运上水平段和垂直段电缆

采用二台主吊卷扬机互换提升或二台主吊卷扬机分段提升吊运上水平段和垂直段电缆。

1. 卷扬机互换提升法

高压垂吊式电缆吊装由两台主吊卷扬机以接力方式跑绳，当1号主吊卷扬机水平跑绳到位后，再由2号主吊卷扬机接着水平跑绳。以此互换，直至将吊装圆盘吊到安装位置。

2. 卷扬机分段提升法

高压垂吊式电缆吊装先由1号主吊卷扬机采用在电气竖井内垂直跑绳，当滑轮组到达设备层井口下方时，由2号、3号卷扬机配合，进行主吊绳换钩、脱离。在1号卷扬机跑绳滑轮组换钩时，由2号卷扬机主吊绳承担吊装荷载，3号卷扬机提走要脱离的主吊绳，依次按这样的方式进行每节主吊绳的换钩、脱离。

当剩下最后一节主吊绳时，为使上水平段电缆能够继续随着主吊绳提升，再由2号主吊卷扬机采用水平跑绳吊完余下较短的部分。

在水平跑绳过程中，每次锁绳必须用三个骑马式绳夹，水平跑绳每跑完一次，需将主吊绳与锚点锁紧，以防止吊起电缆的滑落。

当上水平段电缆吊至设备层，第二绑节露出井口时叫停，解除第一绑节，以下绑节都以这种方式解除，需要注意的是必须待下绑节露出井口时才能解除上绑节，避免电缆与井口摩擦，解绳后的上水平段电缆用人力沿桥架敷设。

5.2.15　拆卸穿井梭头

当穿井梭头穿至所在设备层的下一层时叫停，拆卸穿井梭头（图5.2.15）。拆卸时要将该层井口临时封闭，以防坠物。拆卸完后，应检查复测吊装电缆3根钢丝绳的受力情况，必要时调整与吊装圆盘连接的螺栓，使其受力均衡。

5.2.16　吊装圆盘固定

当吊装圆盘吊至所在设备层井口台架上方60～70mm处时叫停，将吊装板卡入吊装圆盘的上颈部。此时应使吊装板螺栓孔对准槽钢台架的螺栓孔，用M12×80的螺栓将吊装板与槽钢台架连接固定。然后卷扬机松绳、停止，使吊装板压在槽钢台架上，至此电缆吊装工作完成（图5.2.16）。

图 5.2.15　拆卸穿井梭头

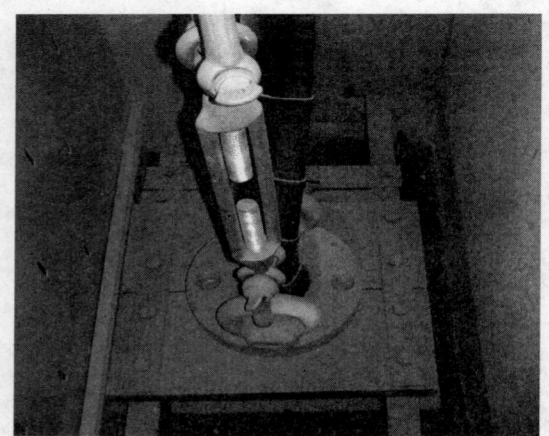

图 5.2.16　吊装圆盘安装在电气竖井槽钢台架上

5.2.17　辅助吊索安装

吊装圆盘在槽钢台架上固定后，还要对其辅助吊挂，目的是使电缆固定更为安全可靠，起到了加强保护作用。

辅助吊点设在所在设备层的上一层，吊架选用 14 号槽钢，用 M12×60 螺栓与槽钢台架连接固定。吊索选用 ϕ20 钢丝绳，通过厚 10mm 钢板固定在吊架上。

辅助吊装点与吊装圆盘中心应在同一垂直线上，二根吊索应带有紧线器，安装后长度应一致，并处于受力状态。

辅助吊索安装（图 5.2.17）。

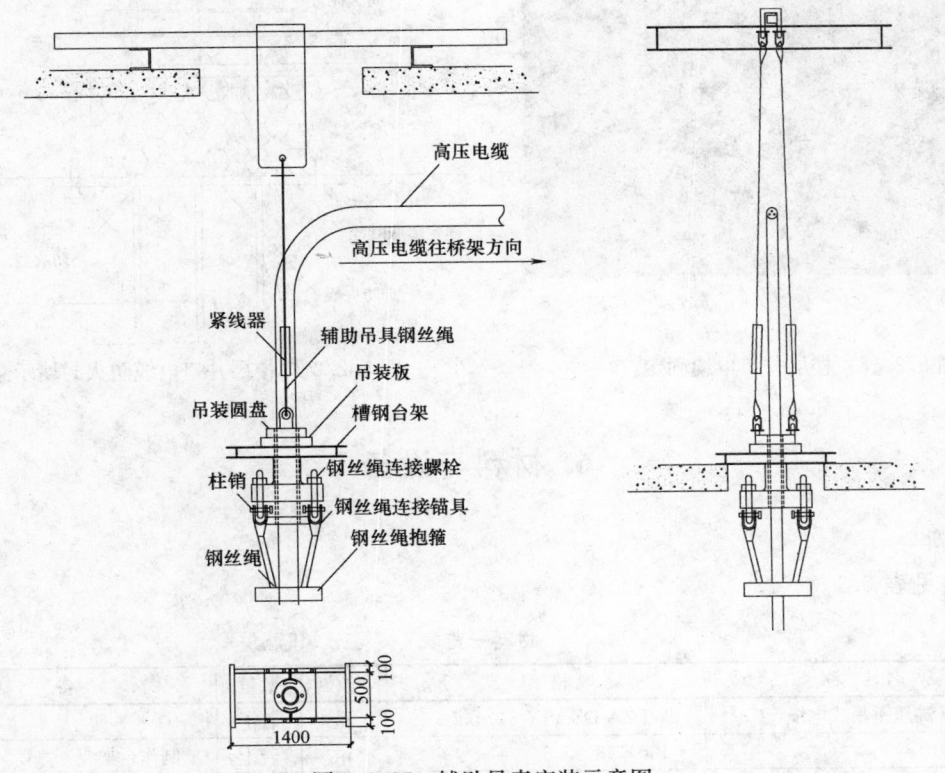

图 5.2.17 辅助吊索安装示意图

5.2.18 楼层井口电缆固定

在吊装圆盘及其辅助吊索安装完成后，电缆处于自重垂直状态下，将每个楼层井口的电缆用抱箍固定在槽钢台架上，电缆与抱箍之间应垫胶皮，以免电缆受损伤（图 5.2.18）。

5.2.19 水平段电缆敷设

上水平段电缆在提升到设备层后开始敷设。

下水平段电缆在上水平段电缆和垂直段电缆敷设完成后进行。先把地面清扫干净，垫两层彩条纤维布，再将电缆盘上的电缆盘拖出，成 8 字形摆放在上面，然后对其敷设。

通常采用人力敷设水平段电缆。为减轻劳动强度，提高效率，在桥架水平段每隔 2m 设置一组滚轮。

电缆敷设完成后，应排列整齐，绑扎牢固，按要求挂电缆标志牌。

5.2.20 电缆试验和接续

高压垂吊式电缆安装固定后，应作电缆实验，试验合格即可制作电缆头，通常采用 10kV 交联热缩型电缆终端头制作工艺，电缆头制作完成后，再次做电缆试验，试验合格进行电缆头的安装。

电缆试验应进行绝缘电阻，直流电阻，直流耐压，泄漏电流等试验项目。试验结果应符合《电气装置工程电气设备交接试验标准》GB 501501。

5.2.21 楼层井口防火封堵

在高压垂吊式电缆敷设完成后应进行防火封堵，楼层井口防火封堵采用膨胀螺栓将防火板固定在井口下，然后在防火板上堆砌防火包，采用无机防火材料在井口上方四周砌 50mm 高的防火导墙，最后用防火泥将防火包抹平。

楼层井口防火封堵（图5.2.21）。

图5.2.18 楼层井口电缆固定

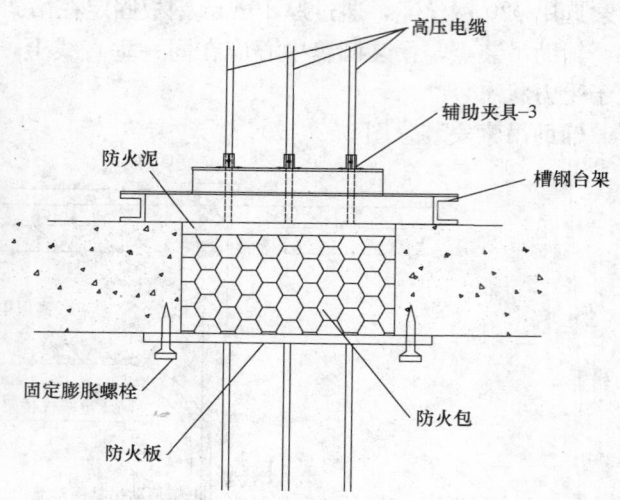

图5.2.21 楼层井口电缆防火封堵示意图

6. 材料与设备

6.1 材料

材料规格见表6.1。

材料一览表　　　　　　　　　　　　　　　　　　　　　　表6.1

序号	名　　称	规格型号	单位	数量	备　　注
1	10kV高压垂吊式电缆	WDZA-DZ-YJY-3×xxx	m	若干	
2	槽钢10号	100×48×5.3	m	若干	制作台架
3	槽钢14号	140×60×8	m	22	制作电缆吊架
4	钢板	δ=10	m	0.7	制作电缆吊架固定板
5	挂扣钢丝绳	φ=20	根	20	吊装电缆辅助吊装用
6	卸扣	直径28	个	32	吊装电缆辅助吊装用
7	卸扣	直径32	个	8	吊装电缆辅助吊装用
8	螺旋扣	M27	个	16	吊装电缆辅助吊装用
9	螺旋扣	M30	个	4	吊装电缆辅助吊装用
10	镀锌膨胀螺栓	M12×120	个	882	固定槽钢台架
11	镀锌螺栓	M12×50	个	1812	电缆抱箍固定螺栓
12	镀锌螺栓	M14×70	个	80	电缆采用吊具吊装板固定螺栓

6.2 设备

本工法采用的机具设备见表6.2。

机具设备表　　　　　　　　　　　　　　　　　　　　　　表6.2

序号	名　　称	规格型号	单位	数量	备　　注
1	电动卷扬机	JM-5A	台	2	用于垂直吊装，安装在设备层
2	电动卷扬机	JM-2.5A	台	3	用于垂直吊装，安装在设备层
3	滑轮	H10×1KL	个	4	用于水平跑绳
4	滑轮	H40×1KL	个	4	用于垂直吊装及导向
5	滑轮组	H10×2D	组	1	用于设备层垂直跑绳
6	滑轮组	H40×2D	组	2	吊装主绳

序号	名 称	规格型号	单位	数量	备 注
7	钢丝绳	φ15.5mm	m	1000	配2t卷扬机用绳
8	钢丝绳	φ19.5mm	m	570	配5t卷扬机用绳
9	钢丝绳	φ28.0mm	m	350	吊装主绳
10	钢丝绳	φ32.5mm	m	100×3	吊装主绳
11	托滚	150×800	组	30	用于一层放盘区敷设
12	防晃滚轮	150×180	组	1	用于竖井内防晃
13	塑铸滚轮	100×120	组	200	用于地面,槽式桥架内
14	电缆盘支架	3680×2800×2280	台	1	架设电缆盘
15	高压无缝钢管	φ114×2	m	6	吊装横担
16	高压无缝钢管	DN133	m	4.8	电缆盘转轴
17	骑马式绳夹	Y5-15	个	15	
18	骑马式绳夹	Y10-32	个	15	
19	卸扣	2.1/2.7	个	各10	
20	卸扣	10.7	个	10	
21	金属网套	75~100	个	1	
22	穿井梭头	4000×270×380	组	1	现场制作
23	纤维吊装带	2000kg	付	3	

7. 质 量 控 制

7.1 采用的标准规范
1. 《建筑电气工程施工质量验收规范》GB 50303
2. 《电气装置安装工程电气设备交接试验标准》GB 50150
3. 《建筑机械使用安全技术规程》JGJ 33、J 119
4. 《施工现场临时用电安全技术规范》JGJ 46

7.2 质量要求
1. 电缆型号、电压及规格应符合设计要求。核实电缆生产编号、订货长度、电缆位号,做到敷设准确无误。

2. 电缆外观无损伤,电缆密封应严密,在运输装卸过程中不应使电缆和电缆盘受到损伤。运输或滚动电缆盘前,必须保证电缆盘牢固,电缆绕紧。滚动时,须顺着电缆盘上的箭头指示或电缆的缠紧方向。

3. 电缆线路敷设路径畅通,无矛刺尖梭。

4. 电缆不允许在桥架或地面上硬拖。

5. 电缆应做直流耐压和泄漏试验,试验标准应符合国家标准和规范的要求,电缆敷设前还应用2.5kV摇表测量绝缘电阻是否合格。

6. 电缆在敷设过程中或安装就位时应保证其曲率半径符合规定要求。

7. 电缆敷设时要专人指挥,用力均匀,速度适当,防止电缆拉伤或划伤。

7.3 质量保证措施
1. 严格执行企业质量手册和各程序文件、规定。

2. 做好技术复检。

3. 组织施工人员进行技术交底,提高施工人员综合素质和施工水平。

4. 对投入本工程所有检测设备、测量仪器、计量用具等进行检验,确保符合工程要求。

5. 加强质量检查,做到上道工序验收合格才能进行下道工序。

8. 安 全 措 施

8.1 施工前要做好班前安全教育和安全交底。

8.2 所有用电设备及配电箱应安装漏电保护装置，井道内临时照明采用 36V 安全电压。

8.3 各种设备必须严格按安全操作规程进行操作，卷扬机操作手必须持有效证件上岗，严禁违章作业、违章指挥。

8.4 施工梯子和平台必须稳固、安全，高空作业施工人员系好安全带，带好安全帽。

8.5 起重机械、索具在施工准备工作期间应全面检查、保养、试运转，更换有缺陷零部件、索具，保证设备吊具安全可靠。

8.6 上水平段、垂直段电缆捆绑吊点经技术人员、安全员、指挥人员联合检查认可后，进行吊装作业。吊装现场设隔离区和警戒线。

8.7 电气井附近及放盘区严禁其他施工。

8.8 为避免电动卷扬机的牵引力传到电缆盘，一层放盘区必须留有缓冲区。

9. 环 保 措 施

9.1 施工过程中，自觉地形成环保意识，最大限度地减少施工中产生的噪声和环境污染。

9.2 剩余的油漆、涂料等应及时清理入库，不准随意焚烧产生有毒气体的物品。

9.3 应进行设备的日常保养，保证设备经常处于完好状态，避免设备使用时意外漏油，污染现场，污染地下水。

9.4 采用热缩型电缆终端头制作工艺制作电缆头时，应做好防火和通风措施，避免火灾事故发生。

9.5 切割下的电缆余头，剥下的电缆皮应集中存放，统一回收，不得随意丢弃。

9.6 吊装设备拆离现场时，应及时清理施工时的废弃物，保持工完场清。

9.7 合理制订吊装工艺，减少机械台班消耗量，节约能源，减少消费。

9.8 准确测量电缆长度，按实际长度订货，避免电缆浪费，降低工程成本。

10. 效 益 分 析

以上海环球金融中心工程为例，我们从工期、质量、成本和社会效益等几个方面进行效益分析。

10.1 工期分析

高层垂吊式电缆在电气竖井内安装，依靠其钢丝绳和吊具承载自重，施工快捷，效率高。以在 30 层电气竖井内高压电缆敷设为例，采用高压垂吊式电缆，井道内电缆施工 7d，如用普通电缆，井道内电缆施工 12d，提前 4d 完工，工期缩短了 42%。

10.2 质量分析

1. 由于高压垂吊式电缆本身带有钢丝绳，因此不易拉伤，施工质量得到保证。所有敷设后的高压垂吊式电缆外表无破损，试验合格。

2. 不管电气竖井内起吊高度有多高，不受电缆长度限制，所有电缆都为整根电缆，避免了由于中间接头所带来的质量问题，保证了供电系统的运行可靠。

10.3 成本分析

由于此前国内没有生产厂家生产高压垂吊式电缆，业主要求从国外进口。通过我们提供资料，参与设计和研制，由无锡远东电缆厂生产了该种电缆，并为业主所接受，极大地降低了工程成本，见

表 10.3。

国内外电缆价格对比分析

表 10.3

电缆规格 (mm²)	工程量 (m)	国　　外		国　　内		节　约 (元)
		单价 (元)	合价 (元)	单价 (元)	合价 (元)	
3×400	4083	3833.40	15651772.20	2123.16	8668862.28	6982909.92
3×300	1024	3271	3349504	1676.34	1716572.16	1632931.84

合计节约：8615841.26 元

另外国外进口电缆需设中间接头，附加附件费用 211309.22 元。因此共计节约了 8827150.98 元。

10.4　社会效益分析

1. 该电缆生产和安装均为国内企业自主完成，电缆和专用吊具、安装用具均获得了专利，通过在世界高楼上海环球金融中心工程的成功应用，扩大了国内企业的知名度和影响力。

2. 吊装工艺独特，在超高层建筑电气竖井内，采用互换提升和分段提升方法吊装高压电缆，提高了企业生产技术水平和企业的总体实力，积累了宝贵的施工经验，为企业以后承接类似工程打下了坚实基础。

3. 高压垂吊式电缆与普通电缆相比，施工快捷，占用竖井空间少，维护成本低，节约了工程投资，加快了工程进度，将会得到广泛的应用。

11. 应 用 实 例

11.1　工程概况

上海环球金融中心建筑高度为 492m，地下 3 层，地上 101 层，建筑面积为 381600m²，结构形式为钢筋混凝土核心筒，外框钢骨混凝土柱及钢柱。地下 2 层设置 35kV 主变电所 1 座，主楼 6F、18F、30F、42F、54F、66F、89F、90F 设置 10kV 副变电所 14 座，10kV 供电干线电缆从 35kV 主变电所引出，经 EPS1、EPS3、EPS5、EPS7 电气竖井引至各副变电所。除 66F10kV 供电干线电缆为 3×300mm² 外，其余均为 3×400mm²。至 90F 副变电所的 10kV 供电干线电缆总长 708m，垂直段长 405m，总重 14t，垂直段重 8t，为最长最重的一根。该工程的单根电缆长度、垂直段长度、总重、垂直段重量、电缆截面创造了中外建筑史在高层建筑领域中的五个之最。在世界之最的摩天大楼的电气竖井中敷设长而重的大截面电缆，也同样为世界性的技术难题，国内外没有经验可供借鉴。

11.2　施工情况

上海环球金融中心工程高压垂吊式电缆根据主体结构进度分两个阶段敷设。

第一阶段敷设 54F、42F、30F 副变电所的高压进线电缆，共计 6 根，分别在 EPS3、EPS7 内各吊装 3 根。卷扬机布置在 56F，吊装高度 235m，卷扬机的位置至导向滑轮的距离约 48m。当时大楼玻璃幕墙施工，卸货平台已拆除。因此吊装设备只能通过施工电梯运输，根据其载重量和空间大小，只能选择 3 台 2.5t 卷扬机，其中 2 台吊运垂直段电缆，1 台吊运上水平段电缆。选用 350m 的钢丝绳为主吊绳，采用两台卷扬机互换提升的方法。

该 6 根电缆敷设于 2007 年 4 月 5 日开始，2007 年 4 月 22 日结束，其中电气竖井内电缆当天吊装完成。

第二阶段敷设 90F、89F、66F 副变电所的高压进线电缆，共计 4 根，分别在 EPS1、EPS5 内各吊装 2 根。卷扬机布置在 90F，吊装高度 405m。因受 90F 楼面空间和卸货平台荷载限制，只能选 2 台 5t 卷扬机用于吊运垂直段电缆，1 台 2.5t 卷扬机吊运上水平段电缆。选用 3 节主吊绳，每节长约 100m，连接后长度为 300m，加上约 100m 的垂直跑绳，起吊高度达到了 400 余米。采用二台卷扬机分段提升

341

的方法。

该 4 根电缆敷设于 2007 年 10 月 22 日开始，2007 年 11 月 8 日结束，其中电气竖井内电缆当天吊装完成。

11.3 结果评价

该高压垂吊电缆敷设技术新型、工艺独特，全部电缆一次吊装成功，无安全生产事故，电缆外观完好，试验合格。分别于 2007 年 4 月 25 日和 11 月 12 日通电以来，供电系统运行正常。

该项技术成果在工程中得到了成功应用，不仅解决了在超高层建筑内敷设垂直高压电缆的技术难题，而且缩短了工期、提高了工程质量、降低了工程成本，取得了显著的经济与社会效益，为以后类似工程的施工提供了借鉴和指导。

大型钢结构空间机电安装三维综合布线施工工法

GJYJGF039—2008

广州市建筑集团有限公司　广东省建筑工程集团有限公司

杨轶　刘志强　劳锦洪　蔡泽垣　翁羽

1. 前　　言

现代建筑结构体系不断创新和发展，机电设备功能日趋多样。机电安装遇到了许多新的技术难题。例如大型钢结构屋面楼板，大多采用单层压型钢板，这样的结构很难满足机电密集综合管网支撑要求。另外，密集机电管线给施工图纸的深化设计和施工增加了技术难度。

在广州白云国际机场联邦快递亚太转运中心工程施工中，我们遇到了上述问题。

广州市建筑集团有限公司和广东省建筑工程集团有限公司针对大型钢结构建筑对机电安装的特殊要求和施工难题，开展科技研究，创新了施工工艺，完成了"大型钢结构空间机电安装三维综合布线施工技术"的研究和应用，并形成工法。该技术于 2008 年 10 月 29 日通过了广东省建设厅的鉴定，专家们认为：该技术通过建立附加梁承重体系和密集管网的三维模型，并进行管线交叉碰撞检测，有效地解决了大型钢结构空间内密集管线悬挂系统布设、交叉碰撞、工序搭配、空间布局等难题。节省了施工费用，缩短了工期，提高了工程质量，达到国内领先水平，具有显著的实用价值和应用前景。由该核心技术形成的工法被评为 2008 年广东省省级施工工法。

2. 工法特点

2.1　在设计配合下，通过增加附加悬吊梁，将复杂工艺管网荷载，传递到钢结构主体结构梁柱上，有效解决钢楼板不能承载的难题，满足建筑结构体系受力要求。

2.2　对机电各专业图纸汇总分析，按设计及规范要求，进行深化设计，使综合管网布置合理、准确、整齐、美观。建立密集管网的三维模型，对施工过程进行动态模拟和防碰撞检测。解决传统的专业设计相互独立，缺乏统筹与协调配合，容易造成管网间碰撞，以致返工，浪费材料和工期延误等问题。

3. 适　用　范　围

适用于大型钢结构空间等机电密集管网综合布线安装。

4. 工　艺　原　理

在主体钢结构空间内，利用可直接承重的钢梁、柱，根据机电安装荷载和工艺空间布置要求，设计制作新附加承重梁，将机电设备和管网重量进行合理分解转移，避免或减少结构变形。

运用专业软件将机电安装专业的平面图纸转化汇总生成 3D 空间模型，模拟安装实际效果。结合建筑功能要求，利用软件防碰撞检查功能，快速检验管网空间布置的准确性，有效消除管网位置和工序冲突，完成综合布线深化设计，确保安装质量。

5. 施工工艺流程及操作要点

5.1 施工工艺流程
管线综合布置流程图（图 5.1）。

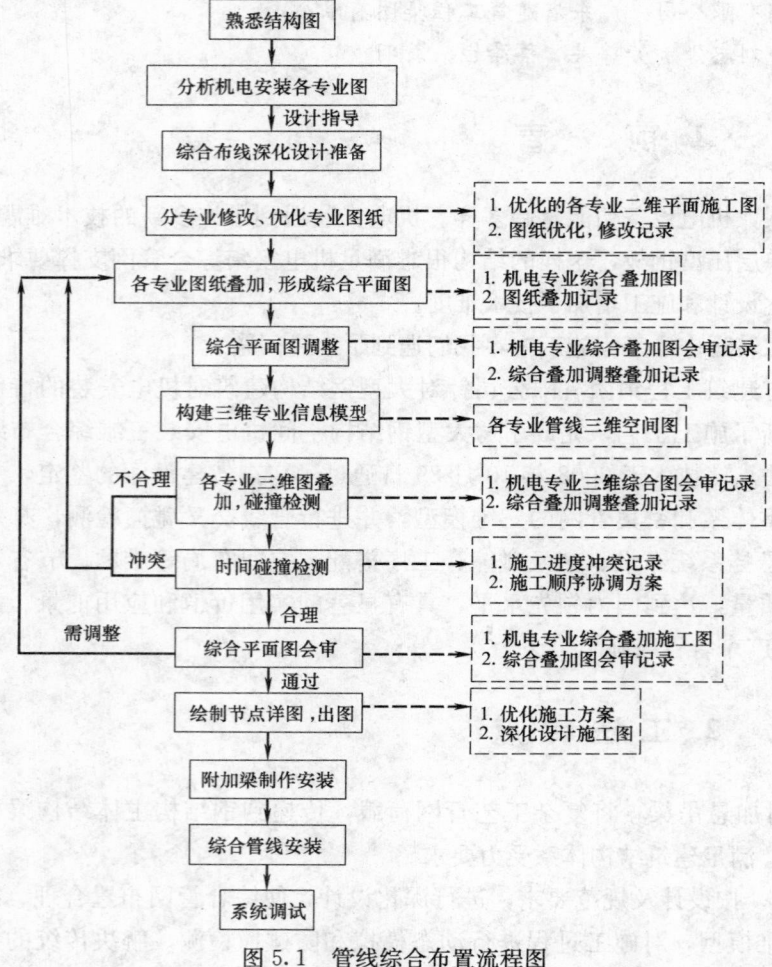

图 5.1 管线综合布置流程图

1）与主钢结构连接不允许焊接。

2）避免附加梁过长过重，防止出现变形或材料损耗。

3）满足主体建筑空间位置要求，不改变建筑功能分区，满足主体钢结构受力要求（图 5.2.1-1、图 5.2.1-2）。

5.2.2 机电安装三维综合布线深化设计工艺管网深化设计

深化设计是管线综合布置的核心。利用软件功能，防碰撞检测综合三维模型，在保证设计功能情况下对机电系统综合管线进行深化设计，避免冲突，配合并满足结构及装修的要求。

1）深化设计准备

掌握各专业施工图纸。分析建筑结构特性，管网位置和空间状况，充分考虑设计和施工的要求，做好技术交底，协调、处理好机电各专业工艺要求。选用合适的分析软件。

5.2 操作要点
5.2.1 附加梁悬吊系统设计
1. 技术内容

利用钢结构中可直接承重的柱、梁作为承载体，设计增加附加梁悬吊系统，将管线荷载合理有效地转移到主体结构上，改变在结构楼板上直接进行管线悬吊的传统施工工艺。

2. 附加梁的设计要点

1）分析钢结构形式，结合管网的布局位置，选定能承重的梁、柱体。

2）根据管网布置和空间位置，合理选择附加承重梁结构形式。

3）确定管网支点位置，计算管网荷载。

4）设计附加梁，进行计算校验。

5）附加梁与主体结构连接形式一般采用螺栓与环扣连接。

6）绘制附加梁图纸，经设计审批确认。

3. 附加梁设计注意事项

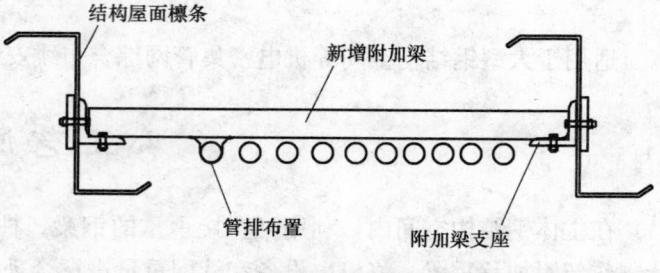

图 5.2.1-1 附加梁连接钢结构屋面檩条上示意图

2) 机电专业图纸深化设计

对图纸进行图层处理，然后对该图层进行命名，如"喷淋系统"、"通风管道"等。

3) 将图纸进行叠加，形成综合平面布置图。

4) 综合平面图调整。

对叠加好的综合平面图，分析管线交叉部位及工序布置，初步查找管线交叉情况，并进行调整。

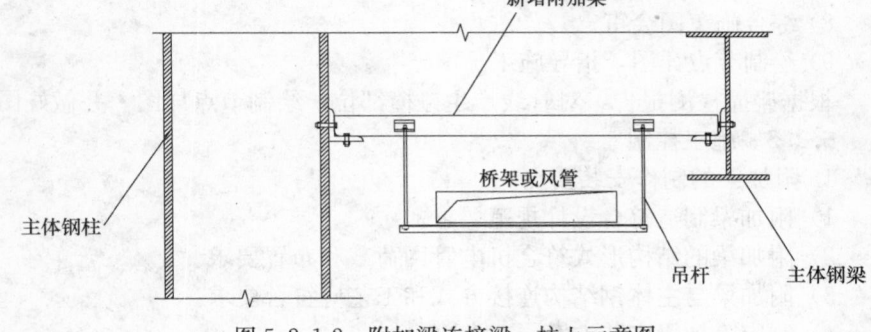

图 5.2.1-2　附加梁连接梁、柱上示意图

5) 构建专业信息模型

① 将各专业 CAD 图纸导入 AutoDesk Revit MEP 软件作为平面基准。

② 根据各专业构件的类型、参数包括尺寸，标高，大小等，在平面图的基础上自动建模，形成空间三维模型（图 5.2.2-1、图 5.2.2-2）。

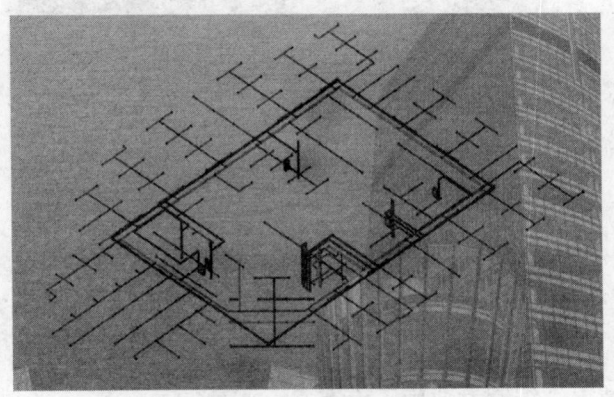

图 5.2.2-1　消防管道三维空间模型示意图

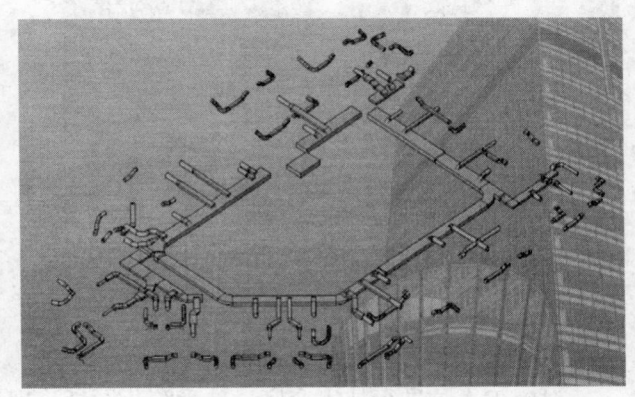

图 5.2.2-2　空调风管三维空间模型示意图

6) 三维防碰撞检测

① 将三维模型导入 Autodesk NavisWorks Review 软件。

② 利用其防碰撞检测（Clash Detective）功能，在同一空间内，分专业、分步逐步进行叠加，进行硬碰撞与间隙碰撞检测，精确的查找碰撞点（图 5.2.2-3）。

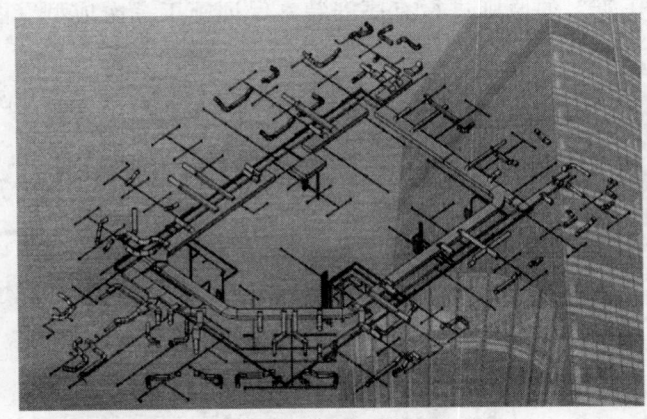

图 5.2.2-3　消防喷淋管道、消火栓管道与
空调风管叠加布置三维模型示意图

③ 对模型中发现的所有碰撞进行完整记录，产生详细的碰撞检测报告。

④ 对碰撞检测结果进行分析，对冲突部位进行调整，并检查管线布置是否协调，美观。

⑤ 将调整好的综合管网模型与建筑模型结合进行碰撞检测，根据实际情况进行相应调整完善。

⑥ 做好图纸变更记录。

7) 时间碰撞管理

① 将各专业模型与施工进度表（Project 格式）相联系，模拟施工进度过程。

② 将不同专业施工过程模拟动画进行叠加，检测各专业施工工序冲突而导致的碰撞。

③ 记录碰撞检测结果，调整各专业施工工序及施工进度，避免实际施工中出现冲突而造成返工。

8）综合施工图会审。

9）绘制节点详图，指导施工。

根据碰撞检测报告，对管线产生碰撞部位，绘制节点详图，并做好图纸变更、调整记录。

5.2.3 施工控制

1. 附加梁的制作安装要点

1）附加梁制造符合设计规范要求。

2）附加梁的结构形式符合机电管网荷载和布置要求。

3）附加梁与主体钢结构连接方式和工艺应符合要求。

4）制定附加梁安装方案。

5）机电安装完成后，对附加梁的结构状况进行检测，保证附加梁强度和稳定性（图 5.2.3-1、图 5.2.3-2）。

图 5.2.3-1 附加梁安装整体实景图

图 5.2.3-2 消防管道安装在附加梁上实景图

2. 管线安装施工

1）施工前准备

对施工人员进行技术交底，熟悉深化图纸、现场情况，编制专业施工方案。

2）制订综合施工工序及进度计划，项目技术负责人审批执行

根据管线空间位置和工艺要求，以及施工工艺对施工划分顺序，并根据区域划分流水段，保证交叉施工，流水作业。

3）各专业附加梁支吊架、管线安装

根据规范和设计要求合理布置局部节点，确定各专业管线安装的位置、标高，依据"上电、中风、下水"、"小管让大管，支管让主管，有压管让无压管"的原则进行有序安装。保证施工一次成型（图 5.2.3-3）。

图 5.2.3-3 机电综合布线完成后实景图

4）系统调试

按照设计及规范要求，对各专业系统进行系统调试以及整体联动调试。

5.3 劳动力组织

根据工程量安排劳动力，专业工种需持相应的上岗证。具体劳动力组织详见表5.3。

劳动力组织表　　　　　　　　　　　　　　　表5.3

工　种	按工程各专业工程量投入人数
钢结构	1人/t 钢材
通风空调	1人/100m² 建筑
给排水	1人/100m 管线
消防管道	1人/100m 管线
焊工	1人/t 钢材
电气	1人/50 万工程
深化设计人员	3人

6. 材料与设备

6.1 材料

本工法采用的主要材料如表6.1所示。

主要材料列表　　　　　　　　　　　　　　　表6.1

序　号	材料名称	规　格	备　注
1	工字钢	20a	附加梁
2	C形钢	25a	附加梁
3	玻璃纤维板	$\delta 25mm \sim 30mm$	通风系统
4	镀锌钢管	$DN250 \sim DN25$	消防给水管
5	不锈钢管	$DN100 \sim DN15$	生活给水管
6	钢塑管	$DN50 \sim DN25$	冷凝水管
7	PPR 管	$DN40 \sim DN15$	热水给水管
8	电线	截面1.5mm²～16mm²	电气系统
9	电缆	截面2.5mm²～300mm²	电气系统

6.2 机具设备

采用的主要机具及设备见表6.2。

主要机具、设备列表　　　　　　　　　　　　表6.2

序　号	机具名称	规　格	备　注
1	经纬仪	2台	
2	水准仪	1台	
3	电焊机	5台	
4	电动自攻枪	10把	
5	电动拉铆枪	5把	
6	手拉葫芦	20只	
7	普通扳手	若干	
8	切割机	8台	
9	冲击钻	10台	
10	台钻	5台	
11	套丝机	2台	
12	辘骨机	2台	

序　号	机具名称	规　格	备　注
13	弯管器	10 台	
14	试压机	2 台	
15	砂轮机	5 台	
16	兆欧表	2 台	
17	接地电阻测试表	2 台	
18	压线钳	2 把	
19	计算机	1 台	

7. 质 量 控 制

7.1 机电综合管线布置和附加梁制作设计必须经建筑设计审核同意后，方可施工。

7.2 附加梁制作和安装符合钢结构设计及施工规范要求。

7.3 深化设计人员熟悉各专业软件特点。加强与专业工程师间的沟通、配合。确保深化图纸质量。

7.4 对模拟检测出的交叉碰撞情况和现场实际情况，进行深入分析、调查、合理调整，消除软件应用误差，确保模拟的真实性和准确性。

7.5 各专业施工员做好技术交底，对施工中遇到的工序、碰撞等问题及时沟通。严格执行标准，做好工序验收，把质量隐患及时消除在施工过程中。

7.6 附加梁固定以及支吊架安装严格按规范和设计要求施工，确保连接螺栓充分紧固。

8. 安 全 措 施

8.1 编制附加梁及管道安装施工安全技术方案，并认真实施。

8.2 对层间高空作业平台，吊装机具、吊装工艺进行专题安全风险评估。

8.3 做好安全技术交底，如高空作业、交叉施工、焊接等施工。正确使用防护用品。

8.4 现场临时用电严格执行《施工现场临时用电安全技术规范》，各专业工种人员持证上岗。

8.5 完善施工作业用防护设施，确保现场机具的完好和可靠性，加强现场动态监护。

9. 环 保 措 施

9.1 建立绿色施工管理体系，编制绿色施工方案。

9.2 附加梁、管道支吊架尽量采用工厂化或专业制作，提高钢结构制作质量，节省材料。

9.3 施工废料、剩余的材料合理分类、收集和再利用。

9.4 选用绿色环保油漆进行钢结构防腐保护。

9.5 施工用水不得随意排放，应进行沉淀处理后才可进入排水系统，避免污染。

9.6 采用低噪声施工设备，施工时对强噪声设备安装隔声设施，减少噪声对环境的影响。

10. 效 益 分 析

"大型钢结构空间机电安装三维综合布线施工工法"在广州白云国际机场联邦快递亚太转运中心场所区工程中应用，比采用传统施工工法节省施工费用 216 万，缩短工期 65d，详见表 10-1、表 10-2。

经济效益分析			表 10-1	
项目	传统工艺	应用本工法	节省费用	节省比率
材料费	3500 万	3342 万	158 万	4.5%
人工费	1000 万	942 万	58 万	5.8%
合计	4500 万	4284 万	216 万	4.8%

工期效益分析			表 10-2	
项目	传统工艺	应用本工法	缩短工期	节省比率
工期	600d	535d	65d	10.8%

11. 工 程 实 例

本工法在广州白云国际机场联邦快递亚太转运中心场所区工程、揭阳市区污水处理厂安装工程、惠州市金山湖游泳跳水馆工程等工程得到成功应用。节省了施工费用，缩短了工期，提高了工程质量，经济效益和社会效益显著。

11.1 广州白云国际机场联邦快递亚太转运中心场所区工程

广州白云国际机场联邦快递亚太转运中心工程，包括管理大楼、分拣大楼、CTV 棚、中转作业棚、支持服务车间等大型钢结构建筑。机电安装工程有 31 个系统，管线总长 150000m。建筑面积 90388m²，工程总投资 9 亿多元。工程在 2008 年 7 月 9 日一次顺利通过竣工验收（图 11.1-1、图 11.1-2）。

图 11.1-1　消防水管安装完成后实景图

图 11.1-2　风管安装完成后实景图

11.2 揭阳市区污水处理厂安装工程

揭阳市区污水处理厂安装工程，是揭阳市委市政府减排治污保护环境为民造福的城市基础设施重点工程。日处理污水量 6 万 t，总建筑面积约 13000m²。安装设备 150 台，配电箱、控制箱 60 个，各种电线、电缆共 40000m，各种管道 6400m。工程于 2008 年 12 月 8 日顺利通过竣工验收。节省施工费用 64 万，缩短工期 20d。

11.3 惠州市金山湖游泳跳水馆工程

惠州市金山湖游泳跳水馆是集游泳跳水比赛、训练于一体的多功能体育场馆，是惠州市城市基础设施重点工程。建筑高度 29m，最大宽度 80m，最大长度 141m。建筑总面积为 24573m²，总投资 2.8 亿元。机电施工安装设备 450 台，配电箱、控制箱 150 台，各种电线、电缆共 120000m，消防管道 4500m，通风空调管 2200m，给水排水管道 2500m。节省施工费用 128 万，缩短工期 25d。

高耸构筑物内爬塔吊高空拆除工法

GJYJGF040—2008

四川华西集团有限公司　江苏省华建建设股份有限公司

王其贵　陈跃熙　谢守德　董群　罗呈刚　胡华兵

1. 前　　言

当前建筑技术和材料、设备的创新发展迅速,高层建筑和高耸构筑物应用越来越普遍。在高层建筑和高耸构筑物施工中,内爬塔吊作为安全、便捷适用的垂直运输工具被广泛应用到高层建筑和高耸构筑物的施工中。由于内爬塔吊的拆除操作处于高空且没有工作面的条件下,其安全和技术要求高,是内爬塔吊应用的一个主要技术难点。

四川电视塔主体结构及混凝土桅杆工程施工垂直运输采用湖南江麓机械厂生产的 QT80EA 内爬塔吊。塔吊总高 40.5m。当电视塔混凝土桅杆施工到 257.0m 标高时,塔吊支承于混凝土桅杆内壁 232.30m 标高处,塔臂距地面的实际高度为 276m。在完成电视塔上塔楼施工后,根据工程施工安排,内爬塔吊在高空进行拆除。

2. 工 法 特 点

2.1 高耸构筑物内爬塔吊的拆除一般都是处于 200m 以上高空,没有操作面。具有拆除技术复杂,拆除作业风险大,安全防护要求极高的特点。

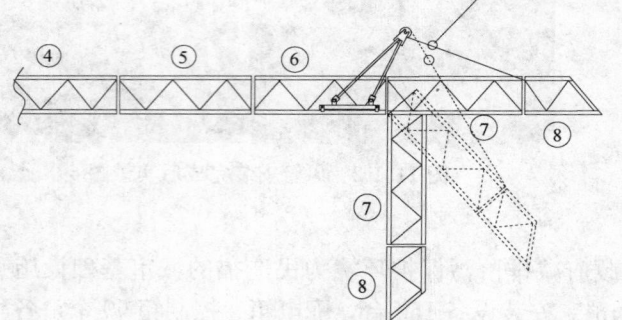

图 2.4　起重臂下弦示意图

2.2 本工法利用内爬塔吊自身起重卷扬机和变幅小车作为动力,辅助以简易扒杆,分段逐节拆除塔吊悬空外伸的起重臂和平衡臂,简易扒杆安装在塔吊起重变幅小车上,其位置调整,行走便捷、安全。

2.3 利用地面安装 5t 卷扬机配合滑轮组,拆除内爬塔吊塔身和塔帽部分。

2.4 塔吊起重臂连接榫头进行简易技术改造,使其能够从水平状态下旋为垂直状态,更便于安全拆除操作(图 2.4)。

3. 适 应 范 围

3.1 本工法适用于高耸建筑物和高层建筑施工内爬塔吊的高空拆除施工。

3.2 也适用于自升外附式塔吊施工后,由于场地、工期和其他原因无法自身下降到地面采用常规方式进行拆除,必须在高空进行起重臂和平衡臂拆除的塔吊拆除。

4. 工 艺 原 理

4.1 对塔吊起重臂连接的下弦榫头由常规的矩形改造为 1/4 圆弧形,使其可以由水平状态向下旋转到垂直状态，以减小扒杆高空起吊半径，方便操作，保证安全（图4.1）；

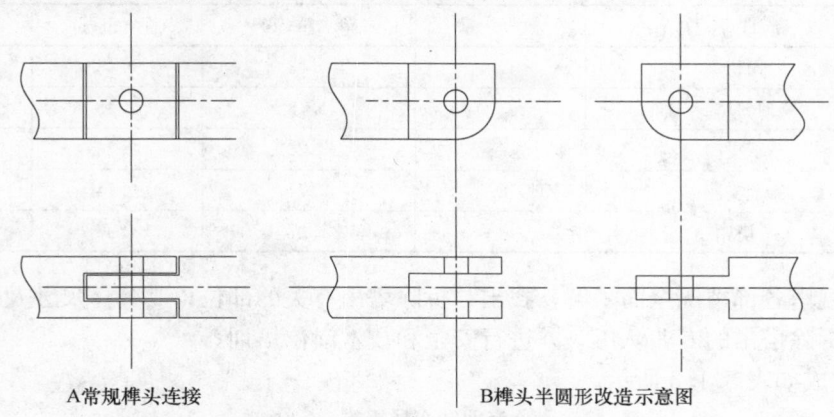

A常规榫头连接　　　　　　　　　B榫头半圆形改造示意图

图4.1　起重臂下弦榫头改造示意图

4.2　设计小型简易人字形扒杆，安装在塔吊起重变幅行走小车上，利用塔吊主卷扬机，分段逐节拆除塔吊起重臂。

4.3　在塔吊的起重变幅小车和每一节起重臂前端设计加工两组耳板。其作用分别是：

4.3.1　第一组耳板在起重变幅行走小车上，用于将简易人字形扒杆固定在小车上（图4.3）。

4.3.2　第二组耳板分别在每一节起重臂的端部和变幅小车车身下边，以便于在拆除前一节起重臂时，利用销轴将起重变幅行走小车固定在后一节起重臂的端部，作为安全保护措施（图4.3）。

4.4　同样用简易人字形扒杆配合2t卷扬机作为提升动力拆除塔吊的平衡臂。

4.5　利用安装在地面的5t卷扬机和安装在电视塔混凝土桅杆中的滑轮系统，拆除内爬塔吊的塔身。

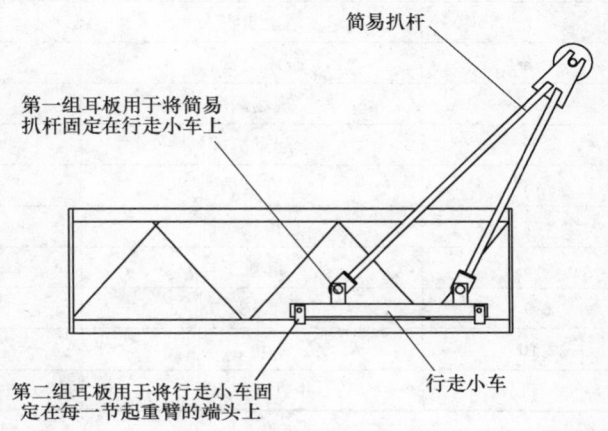

简易扒杆

第一组耳板用于将简易扒杆固定在行走小车上

第二组耳板用于将行走小车固定在每一节起重臂的端头上

行走小车

图4.3　简易扒杆固定示意图

5. 施工工艺流程及操作要点

5.1　拆除前的准备工作

5.1.1　熟悉内爬塔吊的基本参数：

对塔吊各部件重量，各个节点情况、受力情况进行详细了解分析。四川电视塔工程内爬塔吊拆除前支承于混凝土桅杆内壁232.30m标高处，塔吊自身高度40.5m，塔臂距地面的实际高度为276m。塔吊自重44.36t。

塔吊主要部件重量表　　　　　　　　　　　　　　　　表5.1.1

序　号	部件名称	数　量	单　重(T)	总　重(t)	备　注
1	平衡重	5	4×1.55+1.125	7.325	
2	起重臂	8		4.5	
3	起重臂拉杆	8		1.155	
4	平衡臂及拉杆	2		2.4	
5	标准节	10	1.21	12.1	

续表

序 号	部件名称	数 量	单重(T)	总 重(t)	备 注
6	司机室		0.43	0.43	
7	回转塔身		1.48	1.48	不含液压系统
8	下支座		3.26	3.26	
9	上支座		0.74	0.74	
10	塔帽		1.27	1.27	

5.1.2 对电视塔各部情况全面了解，找出与拆除塔吊有关的部位，其具体尺寸及位置等。

5.1.3 组织拆除塔吊的专业队伍，并进行安全和技术岗位培训。

专业队人员组成如表 5.1.3 所示。

专业队人员组成　　　　　　　　　　　　　　　表 5.1.3

序 号	岗 位	人 数	备 注
1	总指挥	1	
2	塔上负责人	1	
3	技术负责人	1	
4	现场调度	1	
5	起重指挥	3	上部、中部、下部各 1 人
6	安全员	2	
7	卷扬机司机	4	
8	起重工	6	
9	焊工	3	
10	电工	3	
11	井道监护人员		按实际需要配备

5.1.4 准备好拆除所用机具，并进行保养，以保证正常使用。

5.1.5 安装辅助机械设备：

1）在地面安装用于平衡臂和塔身拆除下放的 5t 卷扬机，在电视塔塔身内部相应部位安装导向滑轮引上起重绳。

2）在电视塔塔楼 220.10m 平台上安装 2t 卷扬机用于拆除平衡臂的提升动力，在电视塔混凝土桅杆内部相应部位安装导向滑轮引上起重绳。

5.2　主要部件拆除顺序

2/5 平衡重—1/3 起重臂—3/5 平衡重—2/3 起重臂—起重机构—平衡臂—司机室—液压提升系统—基础节—标准节—上、下回转支座—塔帽—支承钢梁、内爬导框等。

5.3　起重臂拆除

起重臂由 8 节组成，长度 45m，总重量 4.5t。从与塔身连接的根部开始编号为第 1 节至第 8 节。

5.3.1 同时拆除第 7 和第 8 节起重臂

拆除步骤：

1）起重行走小车开到起重臂根部，在小车上安装特制简易扒杆（图 5.3），然后将小车行走到起重臂第 6 节外端部，利用第二组耳板和销轴将小车与起重臂固定。

2）拆除起重臂前端节点处行走小车钢丝绳的转向滑轮和前行钢丝绳固定端，改造电气，将小车前行电路断开，使小车只能单向向内行走。

3）将起重绳穿过简易扒杆顶部滑轮，并将起重绳前端固定在第 8 节与第 7 节起重臂接头处。

4）微微收紧起重绳，拆除第 6、7 节起重臂连接端上弦榫头销轴，慢慢放松起重绳，直至第 8、7

节起重臂呈垂直状。将起重绳用卡环套在第 7 节起重臂根部。

5）在简易扒杆上挂一个 2t 捯链，下端钩住第 7 节起重臂并收紧捯链，使第 6、7 节起重臂连接端下弦销轴不受力。

6）拆除第 6、7 节起重臂连接端下弦销轴，放松捯链，使第 7、8 节起重臂重量全部由起重绳承受，拆除捯链。

7）将第 8、7 两节起重臂徐徐下放，放至地面后收起起重绳。

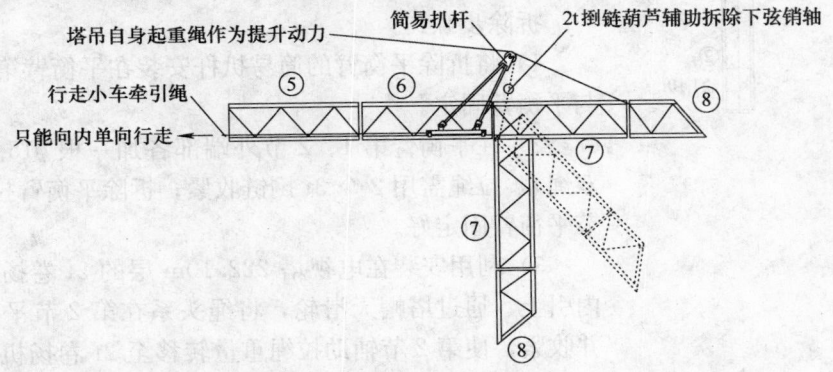

图 5.3 起重臂拆除示意图

5.3.2 拆除第 2～6 节起重臂

用与第一节同样的方法拆除第 2～6 节起重臂。注意在拆除到有拉杆的起重臂节时，必须用 2 只 10t 捯链作为辅助绳对未拆除的剩余起重臂进行临时固定（图 5.3.2）。

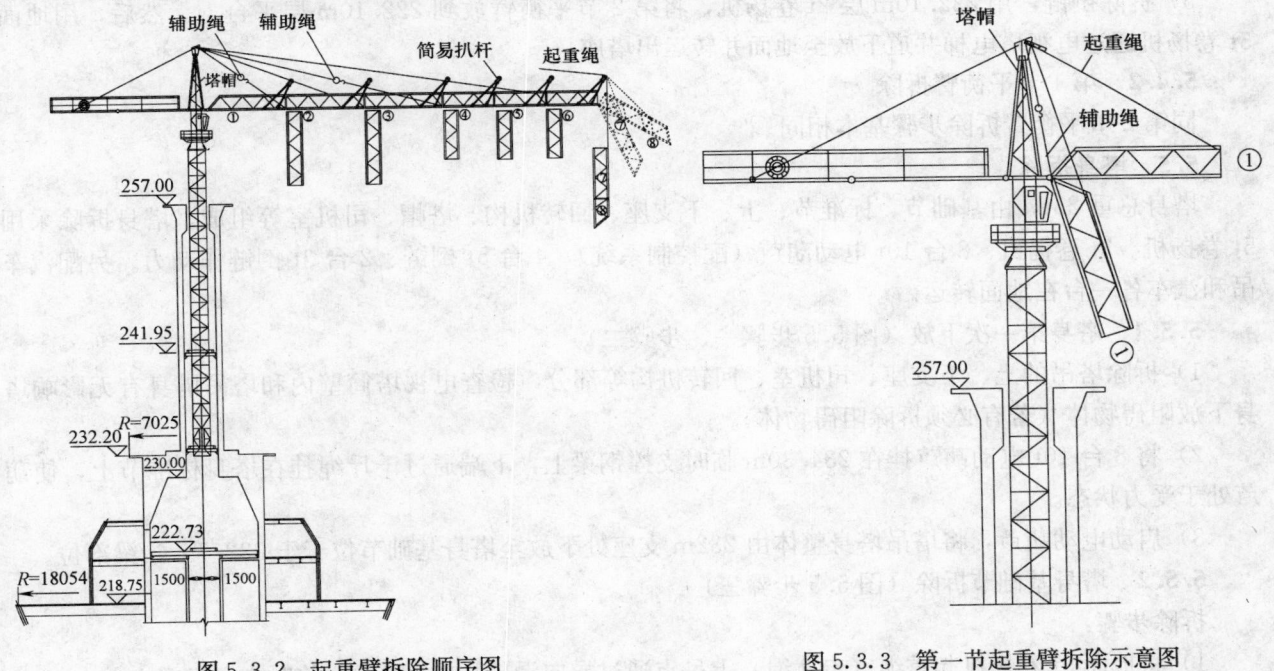

图 5.3.2 起重臂拆除顺序图

图 5.3.3 第一节起重臂拆除示意图

5.3.3 第 1 节起重臂拆除

第 1 节起重臂位于起重臂的根部，长度 7.53m，重约 0.8t。拆除步骤见图 5.3.3。

1）将起重绳固定在第 1 节起重臂前端部，拆除简易扒杆，将起重小车固定在起重臂上，收紧起重绳，拆除起重臂上弦榫头销轴。在塔帽上用捯链作为辅助拉绳系在起重臂端部。

2）放松起重绳，使起重臂下垂，至起重臂下端搁置在操作室外平台时停止，然后将起重钢丝绳系在起重臂上端部。

3）用 2t 捯链拉住第一节起重臂支座端，使支座轴销基本不受力，取下起重臂下弦连接榫头的轴

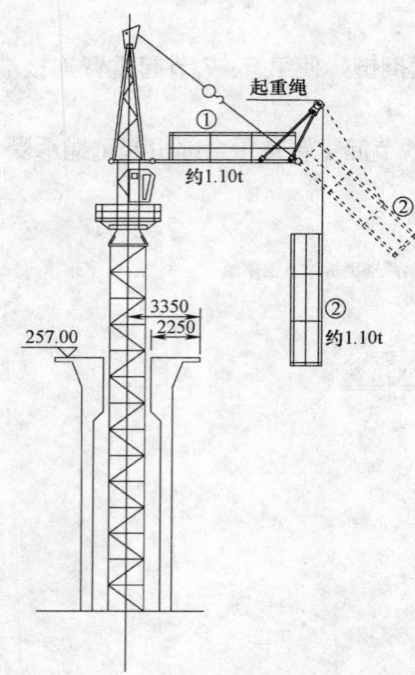

图 5.4.1　平衡臂拆除顺序图

销，放松捯链，使起重臂重量移至起重绳上，下放起重臂。

5.4　平衡臂拆除

平衡臂为 2 节组成，长度 13.5m，重 2.15t。根据安装顺序先拆除第 2 节平衡臂，然后再拆除第 1 节。拆除的提升动力利用安装在电视塔 222.10m 层的 2t 卷扬机。

5.4.1　第 2 节平衡臂拆除（图 5.4.1）

拆除步骤：

1）将拆除平衡臂的简易扒杆安装在平衡臂第 1 节外端部，并与平衡臂固定。

2）在平衡臂第 1、2 节外端部各加一根 φ15 辅助拉绳（均为双绳），拉绳需用 2 个 3t 捯链收紧；拆除平衡臂拉杆，将其与第 2 节平衡臂固定好。

3）利用安装在电视塔 222.10m 层的 2t 卷扬机钢丝绳由塔筒内引上，通过塔帽天滑轮，将绳头系在第 2 节平衡臂前端 1/3 处并收紧，使第 2 节辅助拉绳重量转移至 2t 卷扬机上。拆除第 2 节辅助拉绳，用 2t 卷扬机将第 2 节平衡臂放至呈垂直状。

4）在简易扒杆上挂 2t 捯链，收紧捯链使平衡臂销基本不受力；拆除销子，然后放松捯链使第 2 节平衡臂重量转移到 2t 卷扬机上。

5）拆除捯链，用 222.10m 层 2t 卷扬机，将第 2 节平衡臂放到 222.10m 层平台上。然后，用地面 5t 卷扬机通过电视塔电梯井道下放至地面并转运出塔座。

5.4.2　第 1 节平衡臂拆除

同第 2 节平衡臂拆除步骤基本相同。

5.5　塔身拆除

塔身总重 25t，由基础节、标准节、上、下支座、回转机构、塔帽、司机室等组成。塔身拆除采用 5t 卷扬机、3t 卷扬机、8 台 10t 电动葫芦（配控制系统）、4 台 5t 捯链、2 台 3t 捯链作动力。另配汽车吊和汽车各一台在地面转运。

5.5.1　塔身第一次下放（图 5.5 步骤一、步骤二）

1）拆除塔吊的上、下支座、司机室、回转机构等部分，检查电视塔筒壁内和塔吊塔身有无影响塔身下放阻碍物体（若有必须拆除阻碍物体）。

2）将 8 台 10t 电动葫芦挂在 234.30m 临时支撑钢梁上，下端通过千斤绳挂在塔身标准节上，使葫芦处于受力状态。

3）启动电动葫芦，将塔吊塔身整体由 232m 支座处下放至塔身基础节位于于 222.7m 抬梁部位。

5.5.2　塔身基础节拆除（图 5.5 步骤三）

拆除步骤：

1）将地面 5t 卷扬机起重绳（走 2 绳）上吊点通过导向滑轮挂在 234.3m 临时支撑钢梁上。

2）在塔吊下支座标准节上设置第 1 道导向平衡滚轮系统。

3）将地面 5t 卷扬机起重绳系在基础节上，然后拆除基础节和标准节之间连接螺栓。启动 8 只电动葫芦，将基础节以上塔身整体提升 300～500mm，使塔身与基础节分离。

4）用地面 5t 卷扬机将基础节下放至地面后运出。

5.5.3　标准节和塔帽拆除（图 5.5 步骤四）

拆除步骤：

1）用电动葫芦将塔身整体下放 5.25m，使标准节下段置于 222.7 抬梁上。

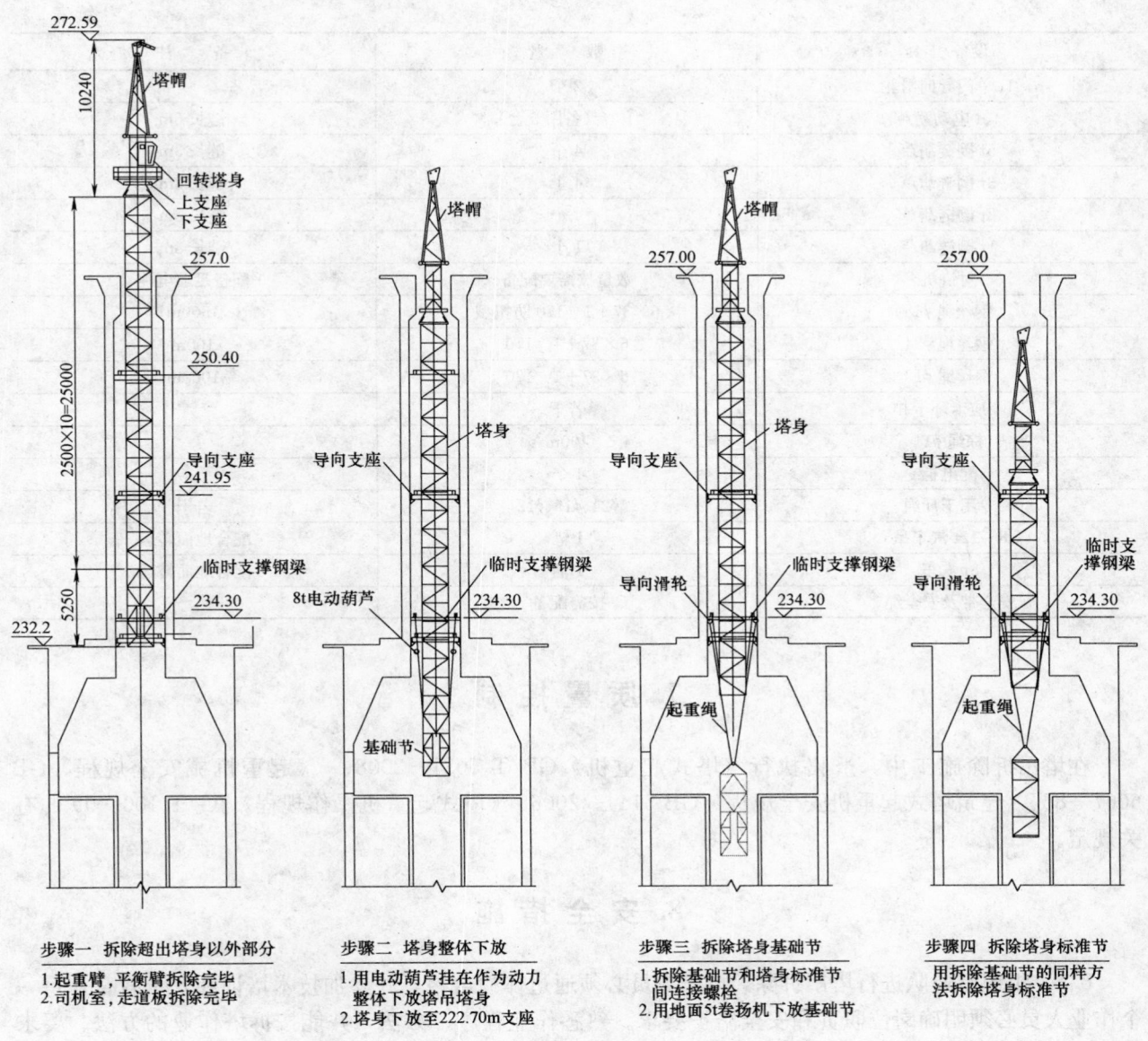

图 5.5　塔吊塔身拆除顺序示意图

2) 反复用拆除基础节的方法逐节拆除塔身标准节。

3) 用同样的方法拆除塔帽。

6. 材料与设备

主要设备及工具表

表6

设备/工具	数　量	备　注
5t 卷扬机	1 台	容绳量大于 800m
2t 卷扬机	2 台	容绳量大于 200m
10t 单门导向滑轮	2 个	开口
5t 单门导向滑轮	6 个	
3t 双门导向滑轮	4 个	
3t 单门导向滑轮	2 个	
2t 双门导向滑轮	2 个	
1t 双门导向滑轮	2 个	

续表

设备/工具	数　　量	备　　注
1t 单门导向滑轮	2 个	
10t 电动葫芦	10 台（备用 2 台）	链长 6m
5t 捯链葫芦	4 个	链长 3m
3t 捯链葫芦	4 个	链长 3m
2t 捯链葫芦	4 个	链长 3m
1t 捯链葫芦	1 个	链长 3m
对讲机	数量按需要配备	配备足够电池
钢丝绳 φ15	6×37＋1　170 防扭型	1500m
钢丝绳 φ24	6×37＋1　170	100m
钢丝绳 φ12	6×37＋1　170	1000m
相应卡环卡扣	若干	
棕绳 φ14	400m	
配电柜	1 个	
专用千斤绳	φ24、φ15、φ12	若干
8～12t 汽车吊	1 辆	配合地面转运
8t 汽车	1 辆	配合地面转运
安全带及安全绳	按需配备	

7. 质 量 控 制

在塔吊拆除施工中，严格执行《塔式起重机》GB/T 5031—2008、《起重机械安全规程》GB 6067—85、《建筑塔式起重机安全规程》GB 5144—2006、《塔式起重机操作规程》JG/T 100—99 的有关规定。

8. 安 全 措 施

8.1 组织专业队进行塔吊拆除，操作人员必须通过体检合格，并参加技术培训和安全教育，每一个作业人员必须明确岗位职责和安全防护要求。熟悉作业程序、方法，并能按拆塔作业的方法、要求进行熟练操作。

8.2 上班作业前严禁饮酒，身体不适或未休息好的不准上班。所有作业人员必须系好安全带，戴好安全帽，在操作前必须首先检查是否拴牢了安全带。

8.3 高空 4 级（含 4 级）以上风力和雨雾天气不得进行起重臂、平衡臂拆除作业。

8.4 由井道下放塔吊构件时，塔内每个楼层均配置 2 个井道监护人员，监护人员手持对讲机对下放构件进行监护，紧急情况时按下停车键，中止 5t 卷扬机的运行。

8.5 在拆除起重臂和平衡臂期间，地面 100m 半径范围内设置警戒线，非施工管理人员不准进入。

8.6 所有机具在使用前应进行一次全面保养，所有滑轮都应拆开清洗、检查、上油。所有索具逐根检查，全部用新绳制作；卷扬机和捯链葫芦、电动葫芦必须进行空载运行检查和重载试验，并作好试验记录；所有电器及开关都应采用大厂产品，并逐个进行测试，保证正常使用。

8.7 通信联系采用对讲机，非拆除塔吊的同频道对讲机暂停使用。作业指令由指挥人员统一发布，所有操作听从指挥人员指挥，不熟悉声音的指令不得随便执行，重要指令接收者应作回述。

8.8 塔吊起重臂拆除前端操作部位一次只允许两人同时操作，拆下的螺栓、销子等要及时放入工具袋内。

8.9 高空所有工具都应系安全索，以防下落，所有工具都应预检查，不得有松动、卡壳现象。

9. 环保措施

采用本工艺在塔吊拆除施工中，不使用可能对环境造成污染的材料和设备，也没有较大的噪声影响。

10. 效益分析

目前已建成的中央和省级电视塔，根据不同的结构特征，主要有 2 种拆除方法：

10.1 第一种方法是在电视塔混凝土桅杆顶部设 20～30m 高的专用格构式钢柱和大扒杆，钢柱四方用缆风绳固定，再在顶部和地面间安装悬索，利用卷扬机顺悬索将塔吊臂杆拆除，塔吊塔身从筒内拆除，此方法拆除塔吊时较方便，但需安装和拆除钢柱、悬索，工作量大，投入费用较高，工期长。此工艺已在国内部分电视塔工程施工中应用成功。

10.2 第二种方法即本工法充分利用内爬塔吊自身起重结构和起重卷扬机动力，并辅以临时安装的卷扬机在高空将塔臂分段解体下放和塔身解体后从电视塔电梯井直接下放。本工艺安全、便捷，工期短、费用较低。

11. 应用实例

11.1　应用实例一

本工艺首先应用于成都热电厂 105m 高 4500m² 淋水面积双曲线冷却塔工程施工中塔吊拆除。该工程由于冷却塔双曲线外筒壁上无法进行塔吊的附着，垂直运输采用了在冷却塔内部安装钢丝绳柔性附着落地式塔吊施工。

塔吊起重臂长 50m，双曲线筒壁喉部最小半径只有 24m，落地式塔吊在完成筒臂施工后无法按常规方式下降到地面进行起重臂、平衡臂的拆除。经技术论证后采用在 120m 高空应用了小型人字形简易扒杆和塔臂下弦连接榫头半圆形改造使塔臂可以向下作 90°旋转技术，进行塔吊起重臂和平衡臂拆除新工艺。塔身拆除采用塔吊自升装置下降到地面，配合汽车吊进行拆除。该方案的成功应用，保证了工程的顺利实施。该工程在塔吊每一节起重臂端头都焊接了一个简易扒杆用于起重臂的拆除，重复繁琐。

11.2　应用实例二

南京电视塔工程施工采用工程施工垂直运输采用湖南江麓机械厂生产的 QT80EA 内爬塔吊。塔吊在完成电视塔 270m 高混凝土主体和钢结构工程施工后，应用本工艺在 300m 高空进行塔吊拆除。应用了小型人字形简易扒杆和塔臂下弦连接榫头半圆形改造使塔臂可以向下作 90°旋转技术，进行塔吊起重臂和平衡臂拆除和进行塔身标准节高空分段解体，地面 5t 卷扬机配合逐节下放的拆除工艺，成功保证工程的顺利实施。该工程简易扒杆的安装位置转移是采用人工高空搬运进行，操作人员劳动强度大，危险性也较大。

11.3　应用实例三

四川广播电视塔高度 329m，在国内电视塔居第 4 位，在世界电视塔中居第 10 位。是我国西部最高的钢

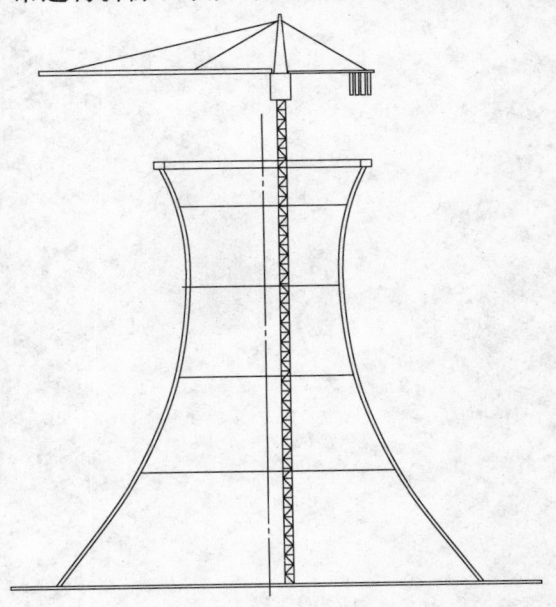

图 11.1　冷却塔施工钢丝绳柔性附着塔吊示意图

筋混凝土构筑物，是四川省和成都市的标志性建筑。本工程在借鉴南京电视塔成功的施工经验基础上，采用湖南江麓机械厂生产的 QT80EA 内爬塔吊进行垂直运输。成功应用本工艺在 276m 高空进行塔吊拆除。本工程是第一次应用将小形人字型简易扒杆安装在塔吊行走小车上，扒杆位置转移便捷、安全。

  本工法在工程实践中得到不断的改进和完善，已经形成一整套完整的施工工艺技术。在高层建筑和高耸构筑物工程施工中都能够进行推广应用。

高密度聚乙烯"二步法"直埋预制保温管制作工法

GJYJGF041—2008

兰州市政建设集团有限责任公司　山西六建集团有限公司

严培武　柴东科　宋宝平　唐维龙　容峰　李督文

1. 前　　言

为解决兰州市冬季取暖燃煤锅炉的供热，改善空气质量，实现蓝天工程，主要的措施之一是充分利用热电厂的蒸汽热水取代燃煤锅炉而供热。一般情况下，热电厂远离人口居住密集区，采用热传递损失小、敷设时开挖占道少，能够自由伸缩，生产周期短，使用寿命长的大直径直埋式供热钢管是一个新的技术课题。

兰州市政建设集团有限责任公司（原名兰州市政工程总公司）承担兰州市二热供热管网工程建设后，成立了"高密度聚乙烯'二步法'直埋预制保温管制作技术研究"课题组，开展科技创新，其关键技术《高密度聚乙烯"二步法"直埋预制保温管非电晕极化处理—热离子流注入法抛丸工艺》于1998年通过了甘肃省建设委员会科技成果鉴定，该技术的应用为国内首创，填补了该项产品在西北地区的生产空白，达到了国内领先水平。"高密度聚乙烯'二步法'直埋预制保温管"于2000年获得甘肃省建设科技进步二等奖。"兰州二热大管径直埋供热管道"荣获甘肃省2002年建设科技进步奖一等奖。"聚乙烯直埋防腐保温管外套管的非电晕热离子流注入极化处理方法"获国家发明专利，专利号为ZL99123062.0。"聚氨酯注塑发泡机新型注射头"获国家实用新型专利，专利号为ZL99253373.2。

通过对该技术及同沟敷设等其他一系列先进技术在兰州市二热供热管网工程和兰州市城区集中供热管网工程西热东输工程等项目中的应用，结合湿陷性黄土等条件，形成了一套生产工艺合理、节能环保效果显著、应用前景和效果良好的制作工法。

2. 工 法 特 点

2.1 保温钢管偏心率小，密度大，强度高。

2.2 热损耗低，节约能源，由于制作直埋保温管采用聚氨酯保温材料（导热系数低），所以比传统岩棉、珍珠岩等保温材料的保温效果高约4～9倍。具有保温效果好，防水性好，抗压能力强等特点。

2.3 绝热、防腐性能好，使用寿命长。由于预制直埋保温管中聚氨酯硬质泡沫塑料和钢管能够紧密地结合在一起，同时保温层的闭孔率高，吸水性好，具有良好的耐腐蚀和防水性能，化学性质稳定。因植埋于地下使用，大大降低了塑料老化速度。正确使用寿命可达30年以上。

2.4 生产占道少。使用预制直埋保温管不需另建管沟，直接埋于地下，改变了传统的管路安装办法，减少了道路开挖面积，生产安装快捷。

2.5 工程造价低。因其安装特点可大大缩短施工时间节约工程费用。另外预制直埋保温管不需要定期大修，维修费用为零，可大幅度降低综合成本。比地沟敷设供热管道可降低工程造价10%～25%左右。

2.6 质量稳固可靠。非电晕处理法制作的聚乙烯外套管与聚氨酯硬泡沫塑料保温层的黏结强度≥360kPa，有效黏结面积达98%以上，热胀冷缩时不脱壳。

2.7 直埋管道取消了地沟，节约了大量钢材、水泥、砖等材料，有效地保护矿山、耕地资源，减少了二氧化碳排放，符合可持续发展战略，环保效果显著。

2.8 运用直埋管道集中供热后，空气质量逐年提高，且节约城市用地。

3. 适 用 范 围

此工法可适用于城镇 ϕ50～1200mm 管径高温、高压供热管网系统主管网耐久性直埋式管道的使用。

4. 工 艺 原 理

采用非电晕热离子流注入极化处理法代替传统的电晕（电加热）极化处理法，对供热直埋钢管进行高密度聚乙烯保温层加工制作，主要原理如下：第一步，将聚乙烯材料按用户的需求进行调色拌合，投入挤塑机后在机内塑化，通过机头及口模后用循环水使外套管迅速冷却并由引管装置将成型的高密度聚乙烯外套管不断向外引出；第二步，采用非电晕热离子流注入极化处理方法，在聚氨酯硬质泡沫塑料发泡前，对聚乙烯外套管内壁进行均匀移动式加热，同时注入热离子流；再经迅速冷却固化，稳定处理结果；同时对钢管外表面进行抛丸除锈，绑扎支撑，把经极化处理的聚乙烯外套管缓缓推上，在经抛丸处理的钢管与聚乙烯外套管之间注入聚氨酯硬质泡沫塑料进行发泡。

5. 生产工艺流程及操作要点

5.1 生产工艺流程（图 5.1）

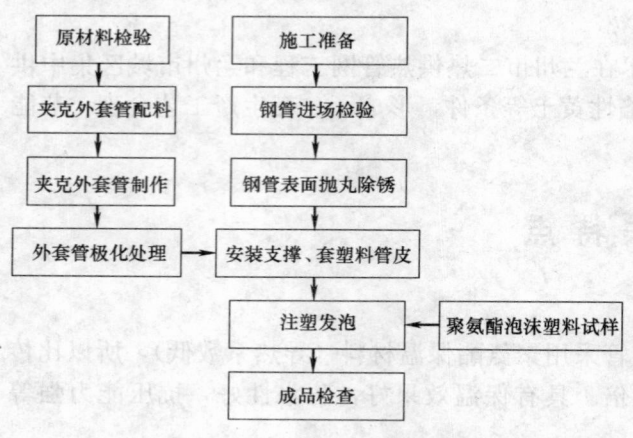

图 5.1 保温管制作工艺流程

5.2 操作要点

5.2.1 夹克外套管配料

1. 按要求对聚乙烯材料测定干燥程度，如湿度超标必须进行干燥处理，按照用户要求的颜色，将色素按比例加足，充分搅拌，必须达到颜色彻底一致，黏结度符合标准才可上机投料。

2. 加温、成型：首先，检查挤塑机各单体机械是否正常，校正模具，测定管壁厚度是否均匀，准备升温，升温的步骤要先热机头、口模，然后对机筒的不同工艺制作段根据外套管制作工艺进行温度预控加热。在机筒一段升温到 120～130℃，二段为 150～160℃，三段为 170～180℃，四段为 180～190℃，法兰 180～190℃，机头 170～180℃，口模 150～160℃，管内气压达到 0.04～0.08MPa 时方可开车，准备引管。升速时必须注意电机的转速不能超过电机最高转速的 90%。聚乙烯颗粒在第一段开始塑化，通过二、三、四 等段后完全液化，通过机头及口模后外套管降温成型，在口模以外用循环水使外套管迅速冷却并由引管装置将成型的外套管不断向外引出。

5.2.2 对外套管内壁进行极化处理

采用自行研制的非电晕极化处理——热离子流注入设备向外套管内注入热离子流，改变外套管内壁材料的正负极性，增加外套管内壁的粗糙程度，从而使外套管内壁和保温层紧密粘合成一个整体。保证二者在热胀冷缩时不脱层。

1. 传统的电晕极化处理是利用高压放电的原理对聚乙烯外套管进行极化处理，该方法耗电多、处理成本高、处理层厚度薄、处理结果不稳定，聚乙烯外套管放置一段时间后易出现极化失效现象，不利于聚乙烯外套管与聚氨酯硬泡沫塑料的粘结。

2. 非电晕热离子流注入极化处理的特征是对聚乙烯外套管内壁用可燃气体火焰进行均匀移动式加热，其火焰温度控制在 2000～3000℃ 范围内，加热时聚乙烯外套管相对移动速度控制在 2～3m/min 范围内。同时向该聚乙烯外套管内壁注入热粒子流，并在距火焰 5～100cm 位置开始迅速冷却固化聚乙烯外套管内壁，冷却至室温 15～30℃，以稳定处理结果。

5.2.3 钢管表面抛丸除锈

1. 钢管进场需附有质量证明书及合格证，对进入生产线的钢管应严格按照 CJ/T 3022 或 GB/T 8163 标准规定进行检查验收。

2. 钢管的外径尺寸和最小壁厚应符合表 5.2.3 的规定。

钢管内外径尺寸和最小壁厚要求 表 5.2.3

外径尺寸 D	最小壁厚 δ	外径尺寸 D	最小壁厚 δ	外径尺寸 D	最小壁厚 δ
32	2.8	159	4.5	426	7
42	2.8	168	5	508	7
48	2.8	219	6	529	7
60	3	273	6	559	8
76	3	325	7	610	8
89	4	355.6	7	630	8
114	4	377	7	720	8
140	4.5	406.4	7	820	9

3. 利用钢管抛丸清洗机对钢管外表面进行除锈清理，去除铁锈、轧钢鳞片、油脂、灰尘、漆、水分或其他沾染物。其质量级别应达到表面清洁无油、无锈、描纹深度达到 50～70μm。

4. 对钢管内壁进行防腐处理。

5. 钢管表面除锈后，为防止表面再次锈蚀，必须在除锈清理 8h 内进行保温。

5.2.4 安装支撑，套塑料管皮

1. 支撑是生产保温层前垫在钢管和外套管之间的部件。

2. 支撑一般选用硬质、干燥木材制作，并在制作前再次进行干燥处理。

3. 支撑形状截为等腰三角形，其三角形高度应与泡沫厚度相同，两侧面为矩形。

4. 在钢管和外保护层之间，每隔 1.4～1.6m 垫一组支撑。每组支撑沿钢管的圆周方向均匀排布，平均每 30°角设一个支撑，对于外套管明显不圆处可以适当增加支撑。确保外保护层和钢管之间的环形空间大小均匀一致。

5. 支撑表面应无油、无灰尘、无水分。

6. 把相应外套管缓缓推上、两端预留裸露管端要求一致。

5.2.5 聚氨酯泡沫塑料试样

1. 泡沫原料在上机使用前，必须进行小样试验，以测量上机所需的乳白时间（泡沫材料开始起化学反应的时间）和脱粘时间（泡沫材料起化学反应后开始固化并不粘手的时间）。

2. 乳白时间一般控制在 30～40s，脱粘时间一般控制在 80～120s 之间，并在生产中根据环境温度作适当调整。

5.2.6 注塑发泡

安装两端卡头模具，检查注塑孔、放气孔是否畅通，丈量钢管长度，准确计算保温层所需要的原料用量，调整配比，测定环境温度，根据钢管的大小，掌握好注射角度，然后启动机械进行发泡。等保温层完全固化后，卸下模具，检查是否有空洞。如有空洞，再补注材料。防腐保温管端预留长度 200

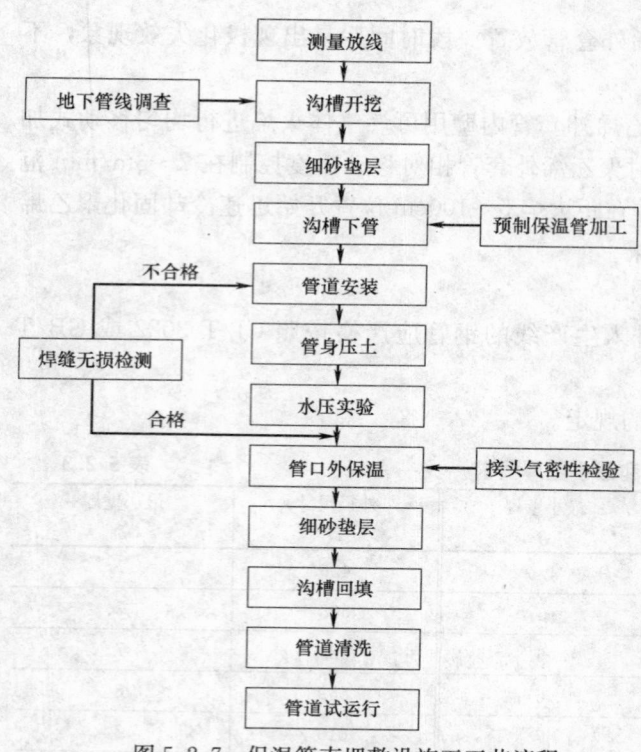

图 5.2.7　保温管直埋敷设施工工艺流程

±10mm，切割时保证端面的垂直、齐整，并按设计要求进行端面处理。在生产过程中应同时进行质量检查，避免不合格产品的出现。

5.2.7　保温管施工工艺及管道安装

1. 保温管直埋敷设施工工艺流程（图 5.2.7）

2. 保温管安装

1）保温管运输、存放、安装过程中，应采取必要措施，不得损坏端口和外保护层。

2）管道焊接应符合《城镇供热管网工程施工及验收规范》要求，焊缝表面高度不应低于母材表面并与母材圆滑过渡。表面加强高度不得大于该管道壁厚的 30％且小于或等于 5mm，焊缝宽度应焊出坡口边缘 2～3mm。

3）管道焊接接口防腐、保温施工应在接头焊缝无损探伤检验及水压试验合格后，由专业人员在现场发泡保温。环境温度 15～35℃为宜。管道接头保温材料应密实饱满。

4）保温管上下左右应按足够厚度用细砂填充，以减少保温管在热胀冷缩时产生的摩擦阻力，延长保温管使用寿命。

6. 材料设备及劳动组织

6.1　材料

6.1.1　高密度聚乙烯"二步法"直埋预制保温管由钢管、硬质聚氨酯泡沫塑料保温层和高密度聚乙烯外套管组成。聚乙烯外套管采用高密度聚乙烯材料制成，保温层材料为密度大于 $60kg/m^3$ 的硬质聚氨酯泡沫，钢管采用型号为 Q235 号螺旋缝电焊接钢管（CJ/T 3022—1993）。

技术参数

高密度聚乙烯外套管

密度：	$\geqslant 950kg/m^3$（20℃）
炭黑含量：	2.5％±0.5％（质量百分比）
导热系数：	0.43W/(m·℃)
热膨胀系数：	180×10^{-6}（1℃）
熔融指数：	0.50～0.70g（MFI　190℃/5kg）
拉伸强度：	$\geqslant 20MPa$
断裂伸长率：	$\geqslant 350％$
耐环境应力开裂：	$\geqslant 200h$
纵向回缩率：	$\leqslant 3％$

硬质聚氨酯泡沫塑料保温层

平均孔径：	$\leqslant 0.5mm$
闭孔率：	$\geqslant 90％$
任意位置密度：	$\geqslant 60kg/m^3$
抗压强度：	$\geqslant 0.3MPa$（10％变形条件下）

吸水率： $\leqslant 0.03 \mathrm{g/cm^3}$（100℃沸水，90min）

导热系数： $\leqslant 0.027 \mathrm{W/(m \cdot ℃)}$（50℃时）

预制直埋保温管整体管

轴向剪切强度： $\geqslant 0.12 \mathrm{MPa}$（23±2℃）

连续运行温度：   140℃   max

峰值运行温度：   150℃   max

使用寿命： $\geqslant 30$ 年（保温层及外护层，工作钢管的使用寿命与水质有关）

管端净区长度：   200mm

管径范围： $DN50 \sim DN1200$

6.1.2 钢丸：采用粒径不大于 2mm 的钢砂。

6.1.3 焊条：焊条采用 E4303（J422）焊条，符合 GB 5117—85 标准。

6.1.4 砂：采用粒径不大于 2mm 的细砂。

6.2 机械设备

生产设备、检测设备见表 6.2-1、表 6.2-2。

生产设备一览表   表 6.2-1

序 号	机具设备名称	规格型号	数 量	备 注
1	钢管抛丸清洗机	QG10HA	2台	
2	聚氨酯发泡机	GZ150-H	4台	
3	塑料穿管输送机	SCgj-1	1套	
4	塑料管内壁极化模具		1套	
5	塑料挤出机	Sj-150-C	4套	
6	现场补口发泡机		2台	
7	钢管双 PE 防腐线		2条	
8	电动葫芦		10台	
9	航吊		2架	
10	电焊机	AX7-300	4台	

检测设备一览表   表 6.2-2

序 号	设备、仪表名称	规格型号	数 量	备 注
1	超声波测厚仪	TT100	2台	测管壁厚度
2	游标卡尺	精度 0.1mm	4台	测管壁厚度、泡沫厚度
3	天平	精度 0.1mg	2台	测聚乙烯密度、泡沫容重
4	塑料管拉伸机		1台	测拉伸强度及伸长率
5	压力计	100kg	1个	测泡沫抗压强度
6	弹簧秤	198N	4台	剥离强度
7	恒温烤箱	500℃	1台	测保温层耐温性
8	恒温水浴		2个	测管材回缩率
9	马弗炉	500℃	1台	测碳黑含量
10	流动速率计		1台	测流动速率

6.3 劳动力组织

本工法需要的主要工种包括：机械操作工、质检员、材料员、技术工、普工等，劳动力的数量根据生产任务及现场环境确定。

一个作业面劳动力数量（表 6.3）。

		劳动力组织表			表 6.3
序　号	工　种	人　数	序　号	工　种	人　数
1	机械操作工	5	4	技术员	3
2	质检员	2	5	材料员	2
3	电焊工	2	6	其他	4

7. 质 量 控 制

7.1　质量控制要点

7.1.1　生产过程中按照公司质量管理体系、文件进行工作安排，保证质量体系正常运行，从而达到质量管理体系管理工作规范化、程序化、制度化。

7.1.2　加强质量宣传教育，落实各级管理人员的质量责任，树立全员质量意识，组织生产人员、技术人员、管理人员认真学习设计文件、技术规范、合同条款及有关其他生产文件，制定先进合理、切实可行的生产方案。

7.1.3　认真做好技术交底，向参与该工程管理及生产的所有人员进行细致的技术交底，明确质量目标、生产方法、工艺流程、操作规范、验收标准及其他技术要求。

7.1.4　设置专职的质量检查、监督机构，严格按照生产技术规范、设计文件及监理工程师的指令生产，在生产过程中要严格按照《高密度聚乙烯外护管聚氨酯泡沫塑料预制直埋保温管》进行自查自检，对不符合规范之处严禁后续生产，经自检不合格的工序经过返工后，要按规定程序重新组织自检验收，对不符合质量规范之处，决不放过，将各项工序的生产误差控制在允许范围之内。

7.1.5　认真执行工序交接制度，每道工序的交接由专人负责监督，并办理有关的交接手续，对未履行交接手续的坚决不准进行下一道工序的生产。

7.1.6　严格控制各种原材料的质量，对每批进场的原材料都必须进行质量抽检，并记录在案，不合格的材料坚决不准进入现场；另外建立好材料质量档案（出厂合格证、检验单、清单等），以备监理工程师随时检查。

7.1.7　积极配合监理工程师做好工程质量的检查工作，及时准确地提供各种检验报告单，严格履行监理程序。

7.1.8　要突出以预防为主的原则，使质量活动处于受控状态，把质量隐患消灭在萌芽状态中，不能完全依靠事后的检查验证。

7.1.9　实行定期质量审核、评审制度，不断改进和提高工程质量，坚持质量审核、评审、评价活动。

7.1.10　认真做好内部工程质量自检、自查工作，主动、积极配合监理、监督工作。

7.1.11　生产设备机具及其检验测量和试验设备数量、生产能力、性能，必须满足功能要求和技术质量要求。生产前对所需机具设备进行全面检查达到完好无损，有检定周期要求的机具、设备应保证其在检定有效期内，以确保质量控制的准确性，生产期间有专人负责进行设备检查、维护和保养，确保机具准确使用及设备的正常运行。

7.2　质量检测验收标准

执行《高密度聚乙烯外护管聚氨酯泡沫塑料预制直埋保温管》CJ/T 114—2000、《城市供热用螺旋缝埋弧焊钢管》CJ/T 3022—1993、《甘肃省热水热网直埋敷设技术规范》DBJ 25-66-96)、《现场设备、工业管道焊接工程生产及验收规范》GB 50236—98、《工业金属管道工程生产及验收规范》GB 50235—97。

8. 安 全 措 施

8.1　安全注意事项

8.1.1　实行安全生产责任承包制，落实安全生产奖罚制度，实行安全事故一票否决制。对发生安全事故的车间及责任人进行处罚。

8.1.2　电器设备应有漏电保护装置，专人使用、管理、维修。

8.1.3　进入生产车间人员佩上岗证，操作人员上岗前必须按规定穿戴防护用品。

8.1.4　各种机械操作人员必须持证上岗，杜绝无证人员操作。

8.1.5　现场人机混合作业时，必须派专人进行指挥，在一定的范围内人机分离，确保安全生产。

8.1.6　加强现场管理，坚决贯彻"安全第一、预防为主"的方针，杜绝事故发生，做到文明生产。

8.1.7　现场设专职安全员，时刻在现场巡查，发现隐患，立即消除。

8.1.8　组织生产人员（包括季节工）进行生产前及定期的安全教育，增强每个人的安全生产意识，提高安全生产知识。在每个车间生产前均由安全技术人员进行全面、系统的安全技术交底。

8.1.9　建立、完善内部安全管理体系，制定各项安全管理制度及各工种、各工序的安全技术交底。

8.1.10　加强安全保卫工作，做好所有工程材料、制成品及半制成品的防火工作。

8.1.11　在生产之前各类消防器材提前到位，分布于各重要设施地方，并向生产人员进行安全消防器具使用知识的教育。

8.1.12　根据生产情况，配备医务人员和健康卫生设施、设备，并进行医疗卫生教育。

8.2　文明生产措施

8.2.1　积极开展文明生产窗口达标活动，生产现场场地布置以及所采取的相应安全措施符合有关规定。

8.2.2　生产现场必须做到挂牌生产和管理人员佩卡上岗，生产现场生产材料必须堆放整齐，生活设施必须清洁文明；在生产过程中必须开展以创建文明车间为主要内容的思想教育工作。

8.2.3　建立奖惩制度，保证文明生产管理措施落实，责任到人，有奖有罚。

8.2.4　在生产过程中，始终保持现场整齐干净，清理掉所有多余的材料，设备和垃圾，拆除不再需要的临时设施，做好文明生产。

8.2.5　材料进场后进行分类堆放且应堆放整齐。并按照有关文件要求进行标识，工地一切材料和设施不得堆放在围栏外。

8.2.6　生产机具统一在确定场所内摆设，并用标识标明每一类生产机具摆放地点。

9. 环保措施

9.1　生产期环境影响因素

9.1.1　生产期噪声

生产期噪声主要来自生产机械作业噪声和生产运输车辆噪声。

9.1.2　生产期废水

生产期废水主要为少量生活污水和生产冷却用水。

9.1.3　生产期废气、扬尘

生产期以扬尘污染为主，污染主要来源于物料运输等活动中产生粉尘颗粒物对大气造成的污染。

9.1.4　生产期固体废物

生产期产生的固体废物包括废弃渣土、聚氨酯泡沫废料及生产人员生活垃圾等。

9.2　生产期环保措施

9.2.1　固体废物控制：生产废料密闭储存，定期清运，运输车辆运输液体、散装物料及废弃物时，密封、包扎、覆盖，不得泄漏、遗洒。

9.2.2　废水控制：生产现场设置沉淀池，底泥与固体废物按要求清运。

9.2.3 扬尘控制：生产现场裸露场地进行绿化或固化，运输道路全部硬化；生产现场门口设置车辆清洗设备；保持生产现场干净、整洁，做好洒水降尘工作。

9.2.4 严格执行《兰州市城市市容和环境卫生管理办法》。

10. 效益分析

10.1 经济效益

10.1.1 采用非电晕极化处理与电晕极化处理相比具有良好的经济效益，电晕极化处理耗电多，设备购置及生产成本高，处理层厚度薄（仅为 $100～500\mu m$），处理结果不稳定，且聚乙烯外套管与聚氨酯硬泡沫塑料黏结剪切强度低（$100～200kPa$）。而非电晕极化处理的设备投资仅为电晕极化处理的 $1/10$，极化处理所用的原材料价廉易购，处理层厚度 $\geqslant 500\mu m$，处理结果稳定，聚乙烯外套管与聚氨酯硬泡沫塑料黏结剪切强度达 $481kPa$。

10.1.2 敷设高密度聚乙烯"二步法"直埋预制保温管供热管道比地沟敷设供热管道可降低工程造价 $10\%～25\%$，热损失与其他材料的热损失比较大约可降低 $40\%～60\%$，运行后维修费用可降低 80% 左右。

10.2 社会效益

直埋敷设供热管道比地沟敷设生产工期可大幅度缩短。从而减少对工程所在地周围居民生活及交通的影响。

10.3 环境效益

10.3.1 使用聚乙烯直埋预制保温管进行集中供热取代原有的小型燃煤锅炉单独供暖，不但使排入空气中的 SO_2 及烟尘数量逐年递减，而且每年节约燃煤约 40 万 t 以上，消除中小燃煤锅炉供热对周围环境及空气的污染。空气污染指数逐年好转，2001 年 155，2004 年 109，2007 年下降到了 90，使兰州的蓝天工程建设取得了显著的成效。

10.3.2 使用聚乙烯直埋预制保温管取代地沟敷设供热管道可减少水泥、砖等建材的使用，间接地减少由于生产相应建材给空气及环境的污染。

该产品的投入使用具有良好的经济效益和社会效益。

11. 应用实例

11.1 兰州二热供热管网工程（输送干线）主干管 $DN900$ 管道 3463m，该工程 1998 年 8 月开工，1998 年 11 月完工。

11.2 兰州市城区集中供热管网工程西热东输供热工程西部热电厂至 44 号路全线共 8000 多米，西部市场至 44 号路供热管网工程全长 2429m，其中 $DN720×10$ 保温管 $1815×2m$，$DN630×10$ 保温管 $6055×2m$。该工程于 2007 年底竣工。

11.3 兰州市城区集中供热管网工程西热东输供热工程西固区 44 号路供热管网工程全长 1700m，管径为 $DN630$、$DN529$、$DN273$，该工程于 2008 年 6 月竣工。

以上三项工程交工运行至今，质量稳定，供热效率高，居民满意，受到有关部门和社会的好评。

岩石边坡客土喷播植生植被护坡施工工法

GJYJGF042—2008

长业建设集团有限公司

宋云标　李新华　王如康　王寿山

1. 前　　言

在山区丘陵地带的交通公路建设中，常会遇到开山破路而形成的岩石高切坡，它不但破坏了原有的山体表面覆盖层，引起大量的水土流失，加剧了生态环境的恶化，还会因岩体年久风化剥蚀导致块石滚落或山体滑坡，严重威胁交通运输安全。由于岩石边坡没有植物生长最基本的土壤结构，无法直接栽植绿化，如何在岩石边坡上进行护坡植被绿化，恢复其自然生态景观，是当前建设工程中一项值得研究的技术课题。

我公司在研究大量国内外护坡绿化技术的基础上，经过大胆探索和实践，在多个工程中成功应用岩石边坡客土喷播植生植被护坡施工工法，采用锚杆打设、坡面挂网将特定的植被混凝土固定在岩石边坡上，对边坡进行防护和绿化，取得了较好效果。工法关键技术是集岩土工程力学、生物学和环境生态等学科于一体的综合工程技术，具有较强创新性。经中国科学院上海科技查新咨询中心在国内16个数据库查新检索，未见完全相同的文献及研究报道，并经浙江省建设厅组织专家进行验收评估，认定达到国内领先水平。现总结整理形成本工法。

2. 工 法 特 点

2.1　本工法与传统的砌石护坡施工相比，施工简便，劳动强度低，有利于生态环境快速恢复。且人工、材料投入少，施工成本低，经济效益突出。

2.2　本工法护坡采用锚杆加固技术，工艺简单，能有效控制岩体稳定，避免和减少岩石塌方，有利于边坡安全。

2.3　本工法护坡和绿化合二为一，喷播种植客土采用水泥与土质混合料，与岩面及钢丝网粘结牢固，其抗雨水冲刷性能强，植生植被后能避免水土流失，有利于植物生长。

2.4　本工法喷播客土来源广泛，可就地取材，价格低廉，且施工速度快、效率高，养护简单，易于推广应用。

3. 适 用 范 围

本工法适用于坡度70°以内，整体稳定岩体边坡的护坡加固及植被绿化工程。

4. 工 艺 原 理

在经过锚杆钢丝网加固处理的岩体上，利用喷射植被混凝土施工原理，将一定配比的客土和植物种子混合，均匀喷射在岩面上，再经过系统的养护和管理，使喷播的植物种子发芽、生根、繁殖，形成稳固的植被结构，达到固土、护坡、绿化的综合效果。

5. 施工工艺流程及操作要点

5.1 施工工艺流程

施工准备→修筑排水沟→修整坡面→锚杆打设→坡面挂网→混合客土配制→客土第一次喷射→客土（拌入种子）第二次喷射→面层覆盖→养护管理

5.2 操作要点

5.2.1 施工准备

1. 熟悉施工图纸，在考察了解现场岩石切坡情况的基础上，组织人员编制施工方案。

2. 搭建临时设施，组织施工人员、机械设备及辅助材料进场。

3. 根据岩石性质、岩面坡度、坡高情况，搭设整体或局部钢管脚手架或施工操作平台。

4. 进行现场测量放线，定出排水沟渠、锚杆等位置及标高。

5.2.2 修筑排水沟

在切坡坡顶上部设置一道截水沟，以拦截上部地表水和雨水。同时从边坡端部开始，沿边坡走向每隔 25m 左右从上至下设置一条排水沟渠，具体视坡面情况及当地降水情况而定，截水沟、排水沟一般采用砖砌或混凝土浇筑，表面砂浆抹光，宽度为 400～600mm，深 350～500mm。

5.2.3 修整坡面

1. 工作内容：处理岩坡上存在的地质灾害隐患，清除坡面凸出的浮石、危石和淤积物，使岩面尽可能平整，在岩面稳定的基础上，为喷射客土与岩面的粘合创造条件。

2. 清除和处理的顺序应遵循"自上而下"的原则，注意山脚处的警戒和围护，严防上部块石滚落伤人。

5.2.4 锚杆打设

1. 锚杆一般采用 $\phi 16～25$ HRB335 钢筋，其布置的间距、规格、深度等应符合设计要求（锚杆应错位，一般按梅花形布置），对岩石破碎、裂隙发育的地段应进行加固处理。

2. 锚杆孔径符合设计、设备要求，孔深比设计深度大 100～200mm，操作时钻杆应垂直岩坡面，用力均匀，保持匀速钻进。

3. 锚杆采用压力注浆，灌注前孔口应封堵，用气压排除孔内积水和杂物，在检查孔内畅通后插入锚筋，注浆管应随锚筋插至距孔底 50～100mm 处，边注边缓慢拔出。

4. 灌注水泥浆的水灰比一般为 0.38～0.5，要求其 28d 的无侧限抗压强度不低于 25MPa，注浆压力应控制在 0.4～0.6MPa，并依据现场拉拔试验确定。

5.2.5 坡面挂网

在岩石坡面自上而下铺设镀锌钢丝网，网孔规格为 50mm×50mm。操作时应将网拉紧平铺于坡面，采用细铅丝绑扎固定在锚钉上，相邻网幅边搭接宽度不少于 200～300mm。在局部不平整处，适当增补短钢筋锚杆，以调节网与岩面的距离，并适度拉紧。

5.2.6 混合客土配制

1. 混合客土配制是本工法的关键，配置应根据当地岩体和气候条件的不同，事先做好客土和种子配制试验。种植客土一般应采用天然有机型培养土，由种植土、腐植质、肥料、水泥（黏结剂）、保水剂、土壤改良剂组成。

2. 对混合客土的各种原料作用和要求如下：

1）种植土：一般可就地取材，要求确保干净、无杂物，粗细颗粒均匀（过筛），含水量在 5%～8% 为宜。

2）腐植质：作用是增加土壤肥力，提高土壤透气性，一般采用锯木屑、腐植质土、经过充分发酵的猪粪等混合后使用。

3）肥料：一般采用复合肥、经过发酵的鸡粪和有机肥等。

4) 水泥：作用是提高客土与岩面的黏结力，增强抗侵蚀冲刷能力。因水泥含碱性，不利于植物种子发芽、生根，其用量需通过配比试验确定。

5) 保水剂：保水剂的作用是遇水时能迅速吸收水分而膨胀，气候干燥时缓慢释放水分，利于植物根系吸收水分，应选择吸水重复性好、性能佳的保水剂品种。

6) 土壤改良剂：作用是改良土壤的酸碱性和物理性能，创造植物良好的生长环境。

3. 经过工程实践和试验，得出地区岩石切坡适宜的种植客土配合比。如浙江绍兴地区岩石切坡适宜的种植客土配合比（表 5.2.6）。

种植客土配合比参考用量（按 1m³ 种植土计算）　　　表 5.2.6

组 成 材 料	单 位	配比用量	组 成 材 料	单 位	配比用量
种植土（黄土、黑土）	m³	1	水泥（黏结剂）	kg	50
腐植质	kg	100	保水剂	kg	1.5
肥料	kg	1	土壤改良剂	kg	1

4. 种植客土宜在搅拌机内干混拌制，拌制前应按拌制数量的比例对各种原料进行准确计量，并做好标记，分类堆放在搅拌机旁。搅拌时先放入种植土、腐植质、肥料，先均匀搅拌 1min，然后依次投入水泥、保水剂、土壤改良剂，再次搅拌时间不少于 2min，使之充分均匀。

5.2.7 客土第一次喷射

1. 客土喷射采用普通喷射方法，分二次进行。先将经过拌制后的混合种植客土装入专用的客土喷射机，在喷枪口设压力加水装置，加水量应保持喷射客土不流不散。第一次基层喷射厚度一般为 60～70mm，局部凹陷处可适量喷厚，以控制土体不下坠为宜。

2. 喷射时喷枪应距岩面约 1m 左右，角度保持与坡面基本垂直，按从左至右、自上而下的顺序往复喷射，喷播条带宽度以操作顺手为宜，一般约 4～6m 左右。

3. 喷射后的客土应颗粒均匀，团粒结构好，以不发生流淌下坠为宜。

5.2.8 客土第二次喷射（拌入种子）

1. 第二次喷射为面层客土，应事先将已称量的植物种子，均匀散布在已拌匀的种植客土中再次搅拌，种子用量一般按 1～2kg/m² 控制。

2. 客土第二次喷射方法、步骤与第一次同，喷射厚度控制在 30～40mm，二次喷射总厚度控制在 100mm 左右。

3. 植物种子的选择应满足景观设计的要求，宜选择适应当地气候环境、抗旱性、抗逆性强的植物品种，一般采用冷季型和暖季型草种混播。为提高发芽率，种子应先用冷水浸泡 24h 左右，晾干后再拌入客土中。

4. 在面层客土喷播过程中，应保持喷射的行程和喷速均匀一致，使喷播的种子均匀，应避免漏喷和重喷现象，在喷后 48h 内应防止被暴雨冲刷。

5.2.9 面层覆盖

1. 第二次面层客土喷射完成后，为保证植物种子生长，防止喷播土表面水分蒸发过快、或被雨水冲刷，避免阳光对幼苗的直射，应对喷播客土表面进行覆盖防护。

2. 覆盖防护可采用 28～30g/m² 无纺布遮盖，下部搭设 φ8～10 的钢筋支架，支架架设牢固，立杆可用钻孔固定于岩面上，无纺布面离土层以 300～500mm 为宜。冬季气温较低时，为保证种子发芽的温度，可采用地膜沿土面覆盖。

5.2.10 养护管理

使用高压喷雾器保持喷射的客土呈湿润状态，应避免高压水头冲击坡面成泾流，冲走客土和植物种子。养护初期，每天早晚各一次，以后逐渐减少，一般养护时间 2～3 个月。

6. 材料及设备

6.1 主要材料

种植土材料：黑土、黄土、腐殖质、肥料、水泥、保水剂、土壤改良剂、植草种子等。

其他材料：钢筋、无纺布、洒水壶等。

6.2 主要的施工机械设备见表 6.2

施工机械设备表 表 6.2

序号	材料或设备	规格及型号	单位	数量	用 途
1	客土喷射机	PBK240	台	1	喷射客土及种子
2	空压机	XP950	台	1	辅助机械
3	搅拌机	JS500	台	1	搅拌客土材料
4	粉碎机	LYYF-GYM-86	台	1	粉碎粗的颗粒土
5	抽水泵		台	1	喷浇水用
6	翻斗车	0.25m³	辆	若干	现场运土、运料
7	手风钻		台	若干	锚杆钻孔用
8	高压喷雾器		套	1	植被喷水养护
9	锚杆	$\phi16\sim25$mm,1000~2000mm	根	若干	加固岩坡、挂网
10	锚钉	$\phi16\sim25$mm,1000~1500mm	根	若干	辅助挂网固定
11	镀锌铁丝网	网孔 50mm×50mm	m²	若干	护坡挂土
12	风镐		把	若干	破碎、清理岩石
13	计量磅秤		台	1	材料计量用

7. 质量控制

7.1 质量控制标准

7.1.1 岩石边坡绿化施工质量控制可参考《建筑边坡工程技术规范》GB 50330—2002、《城市绿化工程施工及验收规范》GJJ/T 82—99、《城市绿地草坪建植技术规范》GB/T 19535-1—2004 等规范标准执行。

7.1.2 岩石边坡护坡结构强度不小于 0.3MPa，外观无龟裂现象，抗冲刷强度 100mm/h。

7.1.3 浇水或下雨，坡面应无浑水产生，年流失率低于 1%。

7.2 质量保证措施

7.2.1 施工现场应建立健全工程质量保证体系，明确各级人员岗位职责，加强施工质量管理，严格按设计施工图纸和规范标准施工。

7.2.2 锚杆支设必须牢固，并按规定要求进行张拉、测试检验。坡面挂网要控制好网与边坡的距离，喷射前应组织检查验收。

7.2.3 严格控制好种植客土的配制比例，确保计量准确，保证喷播的客土土质条件满足植被生长。

7.2.4 混合客土喷射，自上而下分二次进行，待第一次喷射客土稳定后再喷射第二次，喷射客土应厚薄均匀，土质疏松，不发生流淌。

7.2.5 加强喷播后期的养护管理，落实专人进行养护，掌握好喷水时间、喷水量，使土面不致过分干燥或浸水饱和，及时进行施肥、除虫、修剪。

8. 安 全 控 制

8.1　认真贯彻"安全第一，预防为主"的方针，严格执行国家有关安全生产法规规章，加强现场安全管理，落实各级人员安全生产责任制。

8.2　制定防岩石滚落、崩塌、防雷、防风等安全技术措施，做好安全技术交底，落实各种安全防护措施，施工人员进入现场应带好安全帽。

8.3　当岩坡需采用放炮方式处理危岩、凸岩时，应办理好当地公安等部门的审批手续，并严格遵守火药管理规定及放炮操作规程。

8.4　岩坡施工应遵循"自上而下"操作程序，人员进入工作面时，应先对不稳定岩体、松动危石进行清除或加固支护处理。

8.5　遵守高处作业安全技术规范有关规定，高陡坡处操作人员应系好安全带，其下方应设置安全防护网兜，岩坡施工严禁上下立体交叉作业。

8.6　做好现场道路交通秩序管理，当岩坡易发生块石滚落时，应设置警戒线；必要时应停止车辆进入，确保道路交通安全。

9. 环 保 措 施

9.1　现场施工应严格遵守国家、地方有关环境保护的法律规章，并采取相应措施，确保现场施工粉尘、噪声、废水、废渣等排放得到有效控制。

9.2　结合绿化养护，事先在岩坡现场设置喷洒水系统，在干燥天气或刮风时节及时对岩面进行喷雾降尘；在岩面钻眼打孔应采用湿式作业，以控制粉尘飞扬。

9.3　尽早安排岩坡上的截水、排水沟渠以及山脚边的沉淀池等施工，以拦截被雨水冲刷的泥砂；及时清理沉淀物，减少水土流失，控制水源污染。

9.4　合理布置施工总平面，搞好现场文明施工，材料、机具、物品应堆放整齐，各类标识标牌统一齐全。

9.5　加强现场食堂、宿舍管理，建立工地卫生保洁制度；落实专人负责场基清扫，生活垃圾及时清运，保持清洁卫生。

10. 效 益 分 析

10.1　运用本工法实施岩石边坡护坡绿化，质量有保证，能有效修复和改善被破坏的生态环境；养护简单，绿化植被覆盖率可达95％以上，环境效益十分显著。

10.2　本工法岩体采用锚杆加固技术，施工操作简单，且造价低；其加固的岩体结构牢固稳定、安全性高；喷射的混合客土与岩体及钢网粘附力强，植物生长繁殖后，随着根系的伸展发育又促进土体内聚力的提高，能有效控制水土流失，减少地质灾害，具有良好的社会效益。

10.3　本工法与传统的石砌护坡相比，用料省、工效高，施工成本低，经济效益突出。据测算，采用客土喷播植被绿化费用成本约150～200元/m² 左右，仅石砌护坡费用的1/3～1/2。

本工法施工具有良好的经济效益、环境、社会综合效益，符合国家有关防灾减灾、环境保护等政策要求，应用前景广阔。

11. 应 用 实 例

11.1　绍甘线岩石边坡工程

工程位于浙江绍兴县平水镇境内，该岩石护坡长度计510m，切坡高为16～20m，岩面坡角65°～

70°，施工面积计9360m²，边坡全部为新开挖岩面。工程地处亚热带季风气候，四季分明，光照充足，雨量充沛，无霜期长，适宜植物生长繁殖。工程于2005年8月20日开工，在2005年12月25日完成客土（含草种）喷播工作。经养护管理一个月左右，在2006年3月底，喷播的黑麦草及其他草种陆续开始发芽，植物生长快，长势旺，到5月底已是绿树成荫，覆盖了整个岩坡。由于客土配比合理、养护措施到位，至今植物长势茂盛。经过多年观察，该岩面与植被客土之间胶结良好，未发现岩面裂缝和植土被冲刷脱落现象，其效果十分明显。

11.2　大香林风景区边坡工程

大香林风景区边坡绿化工程位于浙江绍兴县大香林风景区，该山体岩石切坡平均高度28m，总长度215m，岩石坡度约66°，边坡施工面积为6020m²。该区域气候温和适宜，利于植物生长。工程于2005年5月中旬动工，至9月中旬完成锚杆加固及混合客土的喷播工作。经养护管理20d左右，喷植的羔羊茅草种子开始发芽，其他混合草种也相继出土，到2006年4月，已是一片绿荫。目前，该护坡依然保持一派郁郁葱葱的景色，为大香林景区增添了一道亮丽的风景线。

11.3　绍兴市会稽山废弃石矿治理边坡工程

工程位于绍兴市会稽山旅游度假区，废弃石矿岩石治理边坡总长度150m，边坡平均高度30m，坡度63°，施工面积约4500m²。我公司于2004年6月下旬至9月下旬实施边坡绿化护坡施工。在喷播客土施工完成后，经喷水养护管理，约20d后，到10月中旬喷播的冷季型草种羔羊茅等草籽开始发芽吐绿，经精心管理，植物生长良好。经多年观察，该岩石切坡护坡绿化工程，山体稳定可靠，未发现裂缝和异常现象；种植的草被已覆盖整个岩坡，呈现出郁郁葱葱的一派生机，取得了较好的经济、环境和社会效益。

抗滑、阻燃、降噪多功能隧道沥青路面施工工法

GJYJGF043—2008

武汉市市政建设集团有限公司　武汉理工大学

胡曙光　谢先启　丁庆军　黄小霞　吕杰

1. 前　　言

大型跨江海隧道项目建设技术难度高、投资大，其建设质量与水平对隧道耐久性，保证行车安全、舒适度以及经济效益和社会效益有着极其重要的作用，对我国交通基础设施建设领域的发展影响深远、意义重大。

路面结构设计与铺装技术是跨江海隧道工程建设的关键技术之一，隧道路面的结构耐久性与功能性对隧道安全性具有重要意义。针对跨江海隧道距离长、纵坡大、湿度大，易发生交通事故且火灾后果严重等特点，因此提高隧道沥青路面的抗滑、阻燃性能势在必行。武汉市市政建设集团有限公司和武汉理工大学合作开展了科技创新，提出了集抗滑、阻燃、降噪等功能为一体的多功能隧道路面施工方法；先后应用于沪蓉西高速利恩段把水寺隧道、武汉长江隧道、武汉市武昌火车站改造工程中山路隧道等工程。在交通流量大、重载车多的情况下至今未出现病害，有效解决了大型隧道内施工难度大、噪声大、路面抗滑性能差，防火性能差等世界性技术难题，取得了显著的经济效益和社会效益。

本施工工法源于 2006 年度国家"863"计划"抗滑、阻燃、降噪多功能隧道路面结构设计与铺装技术"（项目编号 2006AA11Z117），并首创了抗滑、阻燃、降噪多功能隧道路面结构形式与施工工艺。围绕本工法，共申请国家发明专利 5 项，已授权 1 项。

2. 工 法 特 点

2.1　根据隧道路面大纵坡，混凝土底板作为基层材料等特点，我们提出下层铺设 5cm 阻燃、抗车辙改性沥青拌制的 AC-20 沥青混合料＋上面层铺设 4cm AFNA（抗滑、阻燃、降噪多功能隧道路面）的组合结构形式。在保证路面抗车辙性能的同时采用钢轮非起振状态即可保证压实度，保证了盾构隧道结构的安全性。

2.2　在抗滑、阻燃、降噪多功能隧道路面材料设计方面，我们有以下创新技术：首先，通过加入无毒溢烟剂有效地将施工过程中的烟气密度等级控制为 32，减小其对施工人员的危害。第二，通过加入无毒的无机阻燃矿粉和无机阻燃矿物纤维代替石灰石矿粉和有机纤维，在材料方面有效地降低火灾发生的可能，并且降低了火灾时有毒气体的排放，烟气毒性等级达到安全二级。第三，通过设计大空隙路面结构形式，从结构方面降低了火灾发生的可能，并较好地解决了路面噪声大和抗滑性能差等问题。

2.3　在阻燃高黏度改性沥青的基础上通过加入沥青改性剂，降低沥青混合料的拌合温度和铺装温度，改善施工环境延长连续施工时间，更加适合于隧道或其他半封闭场所铺装使用。

2.4　通过在下层混凝土板上铺洒阻燃，高黏度改性沥青加预拌碎石的方法，铺设一种集防水、粘结和应力吸收作用于一体的应力吸收层材料。有效地解决了沥青混合料和水泥混凝土路面粘结力不足的问题，并有效降低了由于下层混凝土板的开裂所导致反射裂缝的产生。

2.5　在材料制备过程中，需在沥青储蓄罐中加入搅拌设备，保证高黏度改性沥青不分层离析，除此之外不需对常用铺装设备进行改进。

2.6 抗滑、阻燃、降噪多功能隧道路面结构在铺装完毕后 6～10h 即可开放交通，对交通影响极小。

3. 适 用 范 围

本工法适用于大型跨江海、公路、城市道路隧道的路面铺装施工。

4. 工 艺 原 理

抗滑、阻燃、降噪多功能隧道路面材料采用经过无机阻燃剂改性的高黏度改性沥青，其阻燃机理为：无机阻燃剂在 230～350℃的温度范围内会脱水分解，并吸收大量的热量，无机阻燃剂在 250℃和 315℃形成 2 次吸热峰，吸收大量的热量，抑制有机聚合物的温升；同时无机阻燃剂受热分解释放出大量的水蒸气，稀释了可燃性气体和氧气的浓度，阻止燃烧。

抗滑、阻燃、降噪多功能隧道路面结构形式，采用了 18%～22% 的大空隙路面结构形式：（1）大空隙路面材料构造深度大于 1.7mm，摆值大于 75BPN，附着系数可达 1.10 以上，有效地降低了汽车的制动距离，降低交通事故发生率 20% 以上，行车安全性大大提高。（2）当声波入射到大空隙路面材料中时，材料内空隙中的空气和细小纤维受声波激励产生振动，散射声波。由于摩擦和黏滞阻力，声能转变为热能，而被吸收和耗散掉。由于大空隙路面结构表面孔与孔之间相互贯通，并深入到材料的内层，因此这种结构形式具有优良的吸声性能。（3）大空隙沥青路面有很好的透水、透油性能。因此，当隧道内发生液体燃料泄漏时，液体燃料能够通过空隙迅速渗入排水面层，最终排入道路两侧的边沟。即使液体燃料泄漏后立刻着火，AFNA 面层也能够吸收和排逸掉部分燃料，减少可供燃烧的燃料，抑制液体燃料的流淌，在一定程度上控制火势，从而达到结构阻燃效果。同时我们对沥青进行改性，并且在混合料中加入阻燃矿粉和阻燃纤维，有效地提高了沥青的氧指数和闪点，从而达到了材料阻燃的效果。结构阻燃与材料阻燃共同作用，大大降低了隧道内发生火灾的可能性。

5. 施工工艺流程及操作要点

5.1 施工工艺流程（图 5.1）

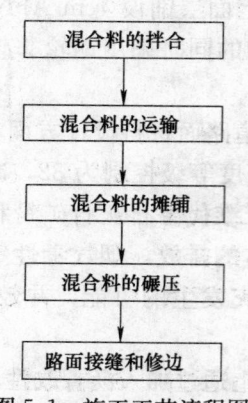

图 5.1 施工工艺流程图

5.2 操作要点

5.2.1 混合料的拌合

（1）准备工作

沥青的准备：高黏度改性沥青加热温度为 160～175℃，同时应使其循环，避免改性剂离析。

集料准备：开工前应检测含水量，以便调节冷料进料比例和燃烧器的火焰长度，集料经过烘干后的残余含水量应小于0.2%。集料级配发生变化时应及时调整生产配合比，换用新材料时应重新进行配合比设计。

（2）拌合工艺

1）阻燃矿物纤维的投放。纤维应与集料同时投入拌合仓；纤维投入方式分为两种：人工或絮状纤维投料机，人工投放时纤维应采用小包装。

2）拌合温度和施工温度。应符合表5.2.1-1的规定。

沥青混合料的施工温度（℃）　　　　　　　　　　　　　　　　表5.2.1-1

	AFNA	
	隧道口至隧道内部200m	隧道内部
沥青加热温度	160～175	160～175
矿料温度	200～210	190～200
混合料出厂温度	180～190 超过195废弃	175～185 超过195废弃
运输到现场温度	不低于170	不低于165
摊铺温度	不低于165	不低于160
初压开始内部温度	不低于160	不低于150
碾压终了表面温度	不低于90	不低于90
开放交通路表温度	不高于50	不高于50
施工气温	不低于10	不低于10

3）拌合时间（表5.2.1-2）。

AFNA拌合时间　　　　　　　　　　　　　　　　　　　　表5.2.1-2

	干拌时间	湿拌时间	总拌合时间	拌合周期
改性沥青＋纤维AFNA	≥10s	≥30s	≥40s	≥55s

（3）生产配合比检验

生产配合比一经确定，就不能随意更改。冷料配比必须根据石料含水量进行调整。如果出现轻微的溢料等现象可以微调整冷料配比，但绝对不能调整生产配合比。如果出现严重的溢料现象，必须重新取样进行配合比级配设计。拌好的沥青混合料应跟踪抽检级配、油石比等指标，发现问题及时调整生产配合比。检验结果应在生产配合比目标值的容许偏差范围内，目标值的容许偏差见表5.2.1-3。

沥青混合料的容许偏差　　　　　　　　　　　　　　　　　　表5.2.1-3

级配指标	≥4.75mm	2.36mm	0.075mm
允许偏差	±6%（4%）	±5%（3%）	±2%
体积指标	油石比	马歇尔空隙率	沥青饱和度
允许偏差	±0.3%	±0.5%（0.8%）	±3%

注：括号内为AFNA要求。

（4）拌合质量目测

混合料拌合的均匀性随时进行检查，沥青混合料以无花白石子、无沥青团块、乌黑发亮为宜。如果出现花白石子，应停机分析原因予以改进。对出现花白、枯黄灰暗的混合料必须废弃不用，合理选择废弃地点，并不得对环境造成污染。

5.2.2　混合料的运输

（1）运输车辆处理

汽车底板应涂一薄层适宜的防粘剂，但不得有残余液积留在车箱底部。防粘剂可以采用洗衣粉水、废机油水等，但不宜采用柴油水混合液。汽车必须备有用于保温、防雨、防污染用的毡布，其大小应能完全覆盖车厢。

（2）装料

装料时汽车应按照前、后、中的顺序来回移动，避免混合料级配离析。无论运距远近，无论气温高低，装完料后必须覆盖保温毡布，以防止温度变化、混合料离析。

5.2.3 混合料的摊铺

（1）下承层检查与准备

应确保稀浆封层或防水粘结层无破坏、无污染、干燥。如有破坏，必须在一天前修补到位；如有杂物或污染物，必须在一天前清洗干净；如有水迹，则不得在潮湿的情况下摊铺作业（隧道内部阴暗潮湿，应确保摊铺层面的干燥）。

对于标记的预锯缝和处理的裂缝，跨缝 1.0m 粘贴单面烧毛不透水土工布，粘贴前洒适量的乳化沥青粘层油以保证能浸透土工布，粘贴时烧毛面向上。

摊铺上面层时，必须提前洒布阻燃高黏度热沥青，洒布量以 $(0.4～0.6)kg/m^2$ 为宜，不宜少量或超量。

（2）找平方式

下面层摊铺时采用导线找平方式。按每 10m 一个断面，每个断面三个点测量下承层顶面高程；根据中线和高程测量结果挂导线，弯道处适当加密。钢丝绳的张拉力不小于 100kg。

上面层直接采用双侧平衡梁自动控制平整度和高程。匝道等小半径弯道采用滑靴自动找平方式。在形状不规则地区，若自控系统不能正常工作，允许采用人工手控。

（3）摊铺方式

宜采用全幅摊铺，梯队摊铺必须采用 2 台同一型号的摊铺机，前后相距 10～20m，搭接宽度为 3～6cm，搭接缝设在行车道的中部。

当隧道有纵坡时，应沿上坡方向进行摊铺。

（4）摊铺工艺

1）沥青混合料运至摊铺地点后应检查拌合质量。不符合温度要求，或已经结成团块、已遭雨淋湿的混合料不得铺筑在道路上。施工过程中摊铺机前方应有运料车在等候卸料，开始摊铺时在施工现场沥青混合料应不少于 150t，以保证连续摊铺。

2）参数选择。根据集料的公称最大粒径尺寸、厚度等情况选择熨平板的振动频率（一般取高值，45～60Hz）、夯锤行程（一般取低值，在 2～4mm 之间）、夯锤频率（一般取高值，约 25Hz）。选择螺旋布料器的高度（一般在中位），螺旋布料器前挡板的离地高度（尽可能低），螺旋布料器与熨平板的间距（一般在中值）以减少横向离析和垂直离析；选择熨平板拱度以保证横坡度；选择熨平板的工作仰角保证摊铺厚度等。以上参数一经固定后，不得随意调整。

3）摊铺速度应与拌合机供料速度协调，保持匀速不间断地摊铺，不得中途停机。螺旋布料器应保持稳定、均匀的速度旋转，摊铺料位应大于 2/3 螺旋位置。

4）收斗。尽量减少收斗次数，收斗时摊铺机应不等受料斗内的混合料全部用完就折起回收，并立即准备接受下一台运料车卸料。

（5）人工修补

用机械摊铺的混合料，不应用人工反复修整。但在接缝处、构造物接头部位、摊铺带边缘部位可以人工修补。当局部混合料明显离析、摊铺机后有明显的拖痕、表面明显不平整、混合料中混有杂物等情况下可以人工修补。

当缺陷较严重时，应予铲除，并调整摊铺机或改进摊铺工艺。当属机械原因引起严重缺陷时，应立即停止摊铺。

（6）人工摊铺

在路面狭窄段或小规模工程可用人工摊铺。人工摊铺时宜将沥青混合料卸在铁板上，然后扣锹摊铺，不得扬锹抛洒；边摊铺边用刮板整平，刮平时应轻重一致，往返刮2～3次达到平整即可，不得反复撒料反复刮平引起粗集料离析；摊铺不得中途停顿；摊铺好的沥青混合料应紧接碾压。

（7）施工温度控制

隧道封闭场内摊铺时，沥青混合料散热很慢，因此应采取措施防止摊铺机高温熄火、施工人员高温中暑和尾气中毒。一方面采用加入沥青改性剂降低隧道内沥青混合料的拌合温度、摊铺温度和碾压温度等；另一方面是排风降温，条件许可的情况下利用隧道风机排风降温，也可以利用排风扇排风降温，即摊铺机前一组排风扇鼓入新鲜空气，摊铺机后一组排风扇排出废气，通过横洞进入另一洞。三是施工人员要佩戴口罩，轮流进洞交替作业。

5.2.4 混合料的碾压工艺

（1）压路机组合

对于AFNA结构则全部采用3台钢轮碾压，使用静压施工，不得开振动。

（2）碾压速度

见表5.2.4。

压路机碾压速度（km/h）　　　　　　　　表5.2.4

压路机类型	初 压		复 压		终 压	
	适宜	最大	适宜	最大	适宜	最大
钢轮压路机	2～3	3	3～4	4	—	—

（3）碾压工艺

1）压路机必须紧跟在摊铺机后，碾压速度慢而均匀，启动、停止必须减速缓慢进行，不得随便调头。

2）每隔100m用核子密度仪检测路面压实度，根据检验结果及时调整压实遍数。压实后的沥青混合料应符合压实度及平整度的要求，既不可因追求平整度指标而牺牲压实度，更不可过压而使剩余空隙率减少。

3）初压应在混合料摊铺后立即进行，并不得产生推移、裂缝。压路机碾压过程中发生沥青混合料粘轮现象时，安排专人向碾压轮洒少量清水或洗衣粉溶液擦洗，严禁洒柴油和柴油与水混合液。

4）复压应紧接在初压后进行，应用钢轮压路机碾压，且采用静压。

5）终压应紧接在复压后进行，终压采用静压，不宜少于两遍，消除轮迹，提高平整度。

6）碾压区的总长度应大体稳定，以30～50m为宜，两端的折返位置应随摊铺机前进而推进，横向应呈阶梯形。

5.2.5 接缝和修边

（1）纵向接缝部位的施工应符合下列要求：

摊铺时采用梯队作业的纵缝应采用热接缝，热接缝宜留在排水断面的最高处，搭接宽度控制在10cm以内。施工时应将已铺混合料部分留下10～20cm宽暂不碾压，作为后摊铺部分的高程基准面，再最后做跨缝碾压以消除缝迹。

（2）横向接缝应符合下列要求：

1）相邻两幅及上下层的横向接缝均应错位1m以上。搭接处应清扫干净并洒乳化沥青，可在已压实部分上面用熨平板加热使之预热软化，以加强新旧混合料的粘结。

2）接缝处理。在施工结束时，摊铺机在接近端部前约1m处将熨平板稍稍抬起驶离现场，用人工将端部混合料铲齐后再予碾压。然后用3m直尺检查平整度。

3）接缝碾压。横向接缝的碾压应先用双钢轮振动压路机进行横向静压，应采用小吨位压路机，且大于1/2钢轮在冷面进行碾压。碾压带的外侧应放置供压路机停顿的垫木，碾压时压路机应位于已压实的混合料层上，搭接宽度为15cm。每压一遍向新铺层移动15～20cm，直至全部在新铺层上为止，再改为纵向碾压。当相邻摊铺已经成型，同时又有纵缝时，可先用双钢轮压路机沿纵缝静压一遍，碾压宽度为15～20cm，然后再沿横缝作横向碾压，最后进行正常的纵向碾压。特别注意横接缝开始后的10m内的平整度，此段要用5m直尺连续检查平整度，当不符合要求时，应予补压。纵向接缝处不得过压。

（3）修边

做完的摊铺层的外露边缘应用凿岩机凿齐或用切割机切割到要求的线位。修边切下的材料及任何其他的废弃沥青混合料均应妥善处理，不得随地丢弃。

（4）交通控制和防污染控制

混合料表面温度低于50℃后，方可开放交通。严禁在沥青层上堆放施工用的土或杂物，严禁在已铺沥青层上拌合水泥砂浆。

5.2.6　劳动力组织

每一班组劳动力组织如表5.2.6所示。

每班劳动力组织　表5.2.6

	拌合场	现场摊铺
管理及技术人员	3	10
操作人员	8	18
辅助人员	6	15
合计	17	43

沥青路面施工为24h不间断作业，因此分为三个班组轮流施工。

6. 原材料和设备

6.1　原材料

6.1.1　阻燃改性沥青

技术指标及阻燃性能指标见表6.1.1-1和表6.1.1-2。

阻燃高黏度改性沥青技术指标　表6.1.1-1

技术指标		阻燃高黏度改性沥青
针入度(25℃,100g,5s)		≥45(0.1mm)
针入度指数PI		−0.5～1.0
延度(5cm/min,5℃)		≥50cm
软化点(环球法)		≥90℃
闪点(COC)		≥320℃
溶解度(三氯乙烯)		≥99%
密度(15℃)		实测(g/cm³)
动力黏度(60℃)		≥40000Pa·s
运动黏度(135℃)		≤3Pa·s
储存稳定性离析(48h软化点差)		≤2.5℃
弹性恢复(25℃,10cm)		≥90%
薄膜烘箱或旋转薄膜烘箱老化试验	质量损失	≤±1.0%
	针入度比(25℃)	≥70%
	延度(5cm/min,5℃)	≥45cm

表 6.1.1-2

阻燃高黏度改性沥青阻燃性能指标

测试项目	技术要求	参考标准	测试结果	
			阻燃高黏度改性沥青	高黏度改性沥青
极限氧指数 LOI(%)	≥25	GB/T 10707—89 GB/T 2046—93	28.3	21.6
烟密度等级	<55	GB 10671—89	49	63
烟气毒性	ZA 级	GA 506—2004	ZA1	WX
水平燃烧等级	FH-2	GB/T 2408—96	FH-2	FH-4
美国 UL-94 阻燃等级	V-1	ANSI/UL-94-1985	V-1	—

注：以极限氧指数和烟密度等级作为主要控制指标，在施工过程中如无条件对所有指标进行检测，此两项指标合格即可进行应用。

6.1.2 集料

集料性能指标见表 6.1.2。

集料性能指标 表 6.1.2

项 目	单 位	指 标
石料压碎值	%	≤20
洛杉矶磨耗损失	%	≤26
磨光值	BPN	≥42
视密度	t/m³	≥2.60
吸水率	%	≤2.0
与沥青的粘附性		5 级（阻燃高黏度改性沥青）
坚固性	%	≤12
细长扁平颗粒含量 其中 1 号料 2 号料	%	≤12 ≤18
软石含量	%	≤5

6.1.3 阻燃矿粉

阻燃矿粉性能指标见表 6.1.3。

阻燃矿粉性能指标 表 6.1.3

视密度 （g/cm³）	含水量 （%）	粒度范围（通过率%）			外 观	亲水系数	塑性指数
		0.6mm	0.15mm	0.075mm			
≥2.5	≤1	100	90～100	75～100	无团粒结块	<1	<4

6.1.4 矿物纤维

性能指标见表 6.1.4。

矿物纤维性能指标 表 6.1.4

项 目	指 标	试 验 方 法
平均纤维长度	平均 3mm	水溶液用显微镜观测
纤维直径	5～25μm	GB/T 10685
pH 值	>7	水溶液用 pH 试纸或 pH 计测定
含水率	≤5%	105℃烘箱烘 2h 后冷却称重
耐热性(210℃,2h)	体积无变化	烘箱(210℃,2h)

6.2 设备

6.2.1 拌合设备要求

沥青混合料拌合设备采用自动控制的间歇式拌合机，产量满足前场施工要求，并满足以下要求：

（1）计量系统、温控系统及沥青喷加系统必须通过严格的标定校核。

（2）必须配有计算机自动打印设备，能逐盘打印集料用量、沥青用量、拌合温度等，以便对沥青混合料的质量实施过程控制和总量检验，计算平均值、标准差、变异系数等，统计合格率。

（3）具有二级除尘装置。一级除尘（一般为旋风除尘）粉尘根据具体情况确定是否回收利用，二级除尘（一般为布袋除尘）粉尘一律不准回收利用。并定期检查及清理除尘管道和布袋，以防堵塞。

（4）必须有 5 个冷料斗，中间焊接挡板；4 级热料仓；2 个矿粉间仓，其中 1 个装矿粉，1 个装阻燃矿粉；1 个 180t 以上的成品保温储料仓；4 个带循环功能的沥青罐，容量不小于 180m³。

6.2.2 现场施工设备

现场施工设备要求见表 6.2.2。

现场施工设备 表 6.2.2

机器或设备名称	参数指标	用途	数量（台/套）
带找平梁的铺摊机	8～12m	摊铺沥青混合料	2～3 台（注 1）
双驱钢轮压路机	11～13t	压实混合料	3 台
小型压路机	2～3t	压实混合料	1 台
水车	WSJ5091GSSE	加水、冲洗	1 台
运料车	15～30t	运输沥青混凝土	若干（注 2）
热沥青洒布车	4～6kW	洒粘层油	1 台

注 1：根据施工段面选择摊铺机数量，当单个作业面要求使用 2 台以上摊铺机时，应采用同型号的摊铺机，且一台摊铺机宽度可调。每台摊铺机应配备两台长度不小于 16m 的平衡梁和自动滑橇，有条件可采用非接触式平衡梁。摊铺机熨平板必须采用电加热。

注 2：根据运距、施工段面、隧道设计荷载、隧道空间以及拌合产量确定运输车辆的载重量和数量。

7. 质量控制

抗滑、阻燃、降燥多功能隧道沥青路面质量要求见表 7。

AFNA 质量控制参数 表 7

检查项目		检查频度（每一侧车行道）	质量要求或允许偏差	试验方法
外观		随时	表面平整密实，不得有明显轮迹、裂缝、推挤、油汀、油包等缺陷，且无明显离析	目测
上面层厚度	代表值	每 1km 5 点	设计值的－10%	T0912
	极值	每 1km 5 点	设计值的－20%	T0912
压实度	代表值	每 1km 5 点	最大理论密度的 96%	T0924
	极值（最小值）	每 1km 5 点	比代表值放宽 3%	T0924
路表平整度	标准差 σ	全线连续	1.2mm	T0932
	IRI	全线连续	2.0m/km	T0933
路表渗水系数，不小于		每 1km 不少于 5 点，每点 3 处取平均值	1500mL/min	T0971
构造深度		每 1km 5 点	符合设计要求	T0961/62/63
摩擦系数摆值		每 1km 5 点	符合设计要求	T0964

8. 安全措施

8.1 沥青拌合站必须严格按照相应的规范操作，严禁违章作业。

8.2 沥青混合料在运输过程中必须保证车辆性能完好，遮盖保温，避免在运输途中洒料。

8.3 对机械设备应在作业前进行必要的维修保养与检测，使其运行状况良好，保证设备正常使用。在隧道内发生故障的机械设备，应拖移至隧道外维修；禁止灯光不齐备的车辆和机具进入隧道内作业。

8.4 施工工程中应通过采用鼓风机等方式保证施工现场空气流通，且应通过调整鼓风机风向使摊铺沿顺风向，以减少碾压作业场所的沥青废气量和烟雾，增加能见度，清新空气，保证施工人员职业健康。

8.5 隧道内作业严禁吸烟用火，洞内作业 2h 换班一次，轮流作业。

8.6 隧道内照明电源由外部供应与自备发电机相配合，供电线路、配电箱、闸刀的安装架设必须符合 TN—S 系统要求及电力部门的其他相关规定。用电器具要安装好漏电保护器，现场照明采用安全电压。

8.7 配备对讲设备，以确保隧道内施工人员与隧道外人员通信畅通。

8.8 安排专人进行施工现场交通指挥，对隧道口进行交通管制；禁止非施工车辆和无关人员进入作业区域，排除和减少其他干扰因素。

8.9 所有施工人员必须经体检合格后方能上岗，须穿戴耐高温皮鞋及工作服。同时，佩戴好防毒口罩、护目镜与耳塞。

8.10 现场供应充足的开水、淡盐水和保健（清凉）饮料，防止人员中暑。

9. 环保措施

9.1 遵守国家和地方政府下发的有关环境保护的法律、法规和规章。

9.2 按环保体系的要求来管理工地的工程材料、设备，并定期进行检查。

9.3 拌好的沥青混合料在运输过程中必须遮盖严密，同时保证车厢完好，避免在道路上洒料，如有洒落，及时清理干净。

9.4 施工工程中应采用鼓风机保证施工现场空气流通，通过调整鼓风机风向使摊铺沿顺风向，以减少碾压作业场所的沥青废气量和烟雾，增加能见度、清新空气，保证施工人员职业健康。

10. 效益分析

目前，大型跨江海隧道和公路隧道一般采用阻燃 SMA 作为铺装材料，两种材料的造价和性能对比见表 10-1 和表 10-2。

AFNA 与阻燃 SMA 造价对比   表 10-1

材　料	抗滑阻燃降噪路面（AFNA-13）			阻燃 SMA-13		
	材料品种	用量(kg/吨)	单价(元/kg)	材料品种	用量(kg/吨)	单价(元/kg)
沥青	高黏度改性沥青	45	7	阻燃 SBS 改性沥青	57	9
纤维	阻燃矿物纤维	4	15	聚酯纤维	3	30
石料	玄武岩	760	0.25	玄武岩	695	0.25
	石灰岩	150	0.03	石灰岩	150	0.03
矿粉	阻燃矿粉	40	5.4	石灰石矿粉	100	0.14
原材料合计(元/t)	799			795		
密度(t/方)	2.1			2.45		
单价(元/方)	1694			1948		
材料造价(m²)	67.8			77.9		
施工价格(m²)	20			20		
每平方米造价	87.8			97.9		

项　目	AFNA	SMA
车辙动稳定度（次/mm）	大于 6000	大于 6000
冻融劈裂强度比（%）	大于 90	大于 90
构造深度（mm）	1.5～1.8	1.0～1.2
摆值摩擦系数（BPN）	大于 55	大于 45
噪声水平	与混凝土路面相比降低 6dB	与混凝土路面相比降低 3dB

AFNA 与阻燃 SMA 性能对比　　　　　　　　　　　　　　　表 10-2

11. 应 用 实 例

11.1　国家重点工程沪蓉西高速公路（恩施至利川段）把水寺隧道全长 1375m，宽 8.45m。设计方案为上面层 5cm 厚抗滑阻燃降噪沥青混合料（AFNA-13）+下面层 6cm 厚 AC-20 沥青混合料，在整个施工过程中未出现由于掺加阻燃材料带来的工作人员身体不适的情况。检测结果表明，冻融劈裂残留强度比在 90% 以上，谢伦堡肯塔堡飞散损失小于 2%，稳定度在 7.0kN 以上，沥青胶浆氧指数大于 28%，在混合料摊铺完成后，压实空隙率为 19.0%，厚度为 49～51mm，摆值 75BPN，构造深度 1.64mm，与混凝土路面相比降低噪声可达 6dB（A），平整度提高 0.5mm。

11.2　武汉长江隧道是"万里长江第一隧"，全长 3600m，其中盾构段 2450m。设计采用 4cm 厚抗滑阻燃降噪多功能沥青混合料（AFNA-13），在整个施工过程中未出现由于掺加阻燃材料带来的工作人员身体不适的情况。检测结果表明，冻融劈裂残留强度比在 90% 以上，谢伦堡肯塔堡飞散损失小于 2%，稳定度在 7.0kN 以上，沥青胶浆氧指数大于 30%，在混合料摊铺完成后，压实空隙率为 19.7%，厚度为 39～41mm，摆值 75BPN，构造深度 1.62mm，与混凝土路面相比降低噪声可达 6dB（A）。

11.3　武汉武昌火车站改造工程中山路隧道，试验段长度共 998m，设计方案为上面层 5cm 厚抗滑阻燃降噪沥青混合料（AFNA-13）+下面层 6cm 厚 AC-20 沥青混合料。沥青混合料级配均匀、纤维分散均匀、不结团、无花白料、无泛油现象、摊铺性能好，并且在整个过程中未出现由于掺加阻燃材料带来的工作人员身体不适的情况。检测结果表明，冻融劈裂残留强度比达 92.7%，谢伦堡肯塔堡飞散损失为 1.3%，稳定度 7.4kN，沥青胶浆氧指数大于 28%，在混合料摊铺完成后，压实空隙率为 20.4%，厚度为 49～51mm，摆值 74BPN，构造深度 1.64mm，与混凝土路面相比降噪效果可达 6dB（A），平整度提高 0.5mm。

浇筑式沥青混凝土铺装施工工法

GJYJGF044—2008

重庆市智翔铺道技术工程有限公司

李林波　付斌　刘昌仁　彭涛　戴榕俊

1. 前　　言

浇筑式沥青混凝土起源于德国，德文为 Guβ，英文为 gussasphalt，意为"流动路面"，其含义是浇筑式沥青混合料具有流动性，摊铺时不需要碾压，只需要简单的摊铺整平即可完成施工，随后传入美国、日本等其他国家，得到广泛的应用。重庆市智翔铺道技术工程有限公司于 1999 年引进该技术，结合我国的气候条件及行车状况作了技术改进，并总结开发出施工工法，先后应用于山东胜利黄河大桥、天津子牙河大桥、安庆长江大桥、上海东海大桥、长沙三汊矶大桥、重庆嘉陵江嘉华大桥和重庆菜园坝长江大桥、重庆长江大桥复线桥、重庆朝天门大桥钢桥面和水泥桥面铺装以及重庆渝邻高速公路隧道铺装；上海东海大桥工程被中国建筑业协会评为 2006 年度中国建筑工程鲁班奖，同时上海东海大桥施工技术（下面层为浇筑式沥青混凝土铺装技术）——外海超长桥梁关键技术研究综合应用被上海市人民政府评为 2006 年度上海市科学技术一等奖；长沙三汊矶大桥工程被中国建筑业协会评为 2007 年度中国建筑工程鲁班奖；重庆嘉陵江嘉华大桥桥面铺装、重庆市菜园坝长江大桥钢桥面铺装工程获 2007 年度重庆市南岸区"涂山杯"优质工程奖；重庆长江大桥复线桥工程获 2007 年度重庆市政工程金杯奖。

2. 工法特点

2.1 浇筑式沥青混凝土具有较好的抗低温开裂能力，良好的密水性、耐久性、抗裂性等特点。

2.2 浇筑式沥青混合料粉料用量高（达 20%～30%）、复合改性沥青用量高（油石比达 7%～10%）、拌合温度高（220～225℃），因'三高'特点，拌合时间较长（70～110s），对拌合站控制系统的计量精度要求较高，同时要求拌合站的耐高温能力强。

2.3 浇筑式沥青混合料采用专用储运器（Cooker）（带加热、保温控制系统和搅拌装置的容器）储存运输；使用的摊铺机与普通摊铺机完全不同，无接料斗、输送与螺旋分料装置，由行走系统、熨平板系统、刮板布料器组成。

2.4 浇筑式沥青混合料施工不需要压路机进行碾压，仅需碎石撒布机配合摊铺机即可完成摊铺施工。

3. 使用范围

钢桥面、水泥混凝土桥面、隧道路面、室内地坪等铺装层。

4. 工艺原理

浇筑式沥青混凝土属于密级配沥青混凝土，混合料具有细集料含量高，矿粉含量高，沥青含量高等特点，较多的沥青含量使骨料处于悬浮状态，它与热压沥青混凝土不同的是其空隙率很小，而且内部空隙不连续，浇筑式沥青混凝土不透水，在层内不会出现水损害。浇筑式沥青混凝土有较高的沥青含量，具有较好的抗低温开裂能力，同时又具有良好的密水性、耐久性等特点。

浇筑式沥青混凝土施工工艺特殊：拌合温度高，拌合时间长；混合料在运输过程中需继续加热保温和继续搅拌；摊铺时靠混合料自身流动成型，不需压路机进行碾压，只需要用摊铺机就能能达到规定的密实度和平整度；混合料摊铺完成后，紧接撒布沥青预拌碎石，使沥青预拌碎石嵌入沥青混合料中。

5. 施工工艺流程及操作要点

5.1 施工工艺流程（图 5.1）

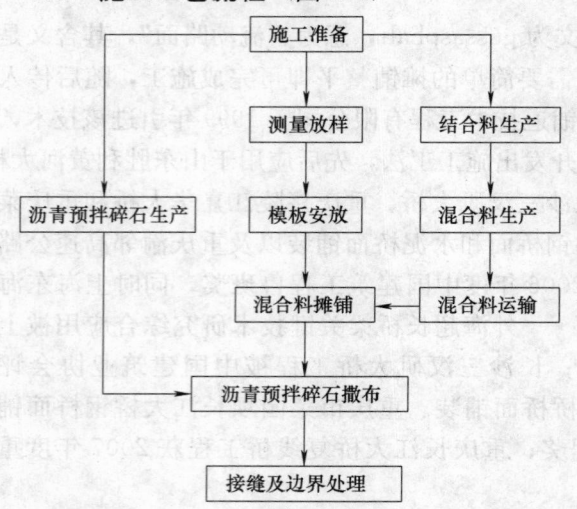

图 5.1 浇筑式沥青混凝土施工工艺流程图

5.2 操作要点

5.2.1 施工准备

1. 施工前应与桥梁结构设计单位联系，确定浇筑式沥青混凝土高温摊铺对钢桥热应力及变形的影响，优化桥面铺装方案。

2. 施工前对管理人员、技术人员、操作人员和辅助工人进行施工操作培训、施工技术交底和安全技术交底。

3. 保证改性沥青、天然沥青、碎石、矿粉等原材料的供应，且供应时间及数量能满足施工要求，各种材料进场前必须检验，经检验合格的材料方能投入使用。

4. 各种机械设备（一套拌合设备、多台 Cooker、一台浇筑式摊铺机、一台碎石撒布机和辅助机具）准备到位并作全面检查，并经调试证明处于性能良好状态；拌合站的温控系统、称量系统必须经技术监督部门校核，计量准确才能使用。

5. 有资质的试验室进行原材料检测，目标配合比设计，生产配合比验证，并按规范要求做路面铺装试验段，检测各项性能指标，形成生产施工的标准配合比。

6. 接收合格的施工作业基面。

5.2.2 测量放样

1. 纵断面测量：纵断面上采用 5m 一个点进行测量，保证沥青层摊铺的平整度和厚度。

2. 横断面测量：在摊铺范围内根据摊铺机宽度合理划分摊铺幅数，单幅摊铺范围在 6m 内分布 3 个测点，6～10m 分布 4 个测点，大于 10m 时每增加 2m 加一个测点。

3. 测量方法：采用相对高程测量方法，每个横断面采用设计标高与实际标高的相对高差来确定摊铺层的厚度。

5.2.3 模板安放

模板安放方法：沿桥梁纵向摆放模板，然后用测量所得的相对铺装厚度对模板进行找平（利用纵向断面测量所得的两点相对高程来控制，然后用广线来测量中间位置的相对高程，用垫块对模板进行找平处理）。准备更多规格的模板（譬如高度为 2cm、2.5cm 或 3cm），这样能够对局部相对厚度过小的地方铺装厚度进行调整。

5.2.4 结合料生产

结合料的生产，在有条件的情况下采用现场生产，无条件时采用购买符合设计要求的成品改性沥青。浇筑式沥青结合料采用复合改性沥青以基质石油沥青为基础，用多种改性剂进行复合改性生产，生产工艺的关键控制点如下：

1. 现场生产应根据拌合楼当天的实际需求进行生产。

2. 在生产过程中进行随机取样试验检测，取样频率为每施工日1～2次。

3. 质量检验除了试验室取样检测外，可用目测检验方式：每生产一盘改性沥青取样观察改性沥青是否均匀、有无颗粒存在。

5.2.5 沥青预拌碎石生产

生产温度控制：石料加热温度应为110～120℃，沥青用量为3‰～5‰，拌合时间为干拌10～15s，湿拌70～90s。

5.2.6 混合料生产

混合料生产温度控制：石料加热温度应为280～320℃，混合料拌合后出料温度按220～250℃目标控制。由于混合料中矿粉含量很大，因此混合料的拌合时间长，拌合时间为干拌10～20s，湿拌60～90s。

5.2.7 混合料运输

Cooker是一个带有带加热、保温控制系统和搅拌装置的容器，施工过程中把Cooker固定在运输车上；Cooker在搅拌站装好混合料后，运输到施工现场进行摊铺。在使用过程中应注意以下几点：

1. 当天第一次装料前，启动发动机，开启加热系统，对Cooker进行提前预热，预热至100～140℃，待搅拌系统能够转动时，方可装料。

2. 装料后，把温控系统的温度设定在220～240℃。

5.2.8 混合料摊铺

1. 由于浇筑式沥青混合料黏性大，施工前对模板内侧、人工抹板、摊铺机的布料刮板与整平板等接触浇筑式沥青混合料的部位涂刷一层隔离剂。

2. 在进行混合料的摊铺前，应提前对摊铺机进行预热，预热温度应达到160～200℃。

3. 运至现场的浇筑式沥青混合料应进行温度测量和流动性检测，符合设计要求后，方可摊铺。

4. Cooker倒行至摊铺机前方，混合料通过其后面的卸料槽直接卸在基面上。摊铺机的布料刮板左右移动，把浇筑式沥青混合料铺开。摊铺机向前移动把沥青混合料整平到控制厚度。浇筑式沥青混合料温度较高，其较好的流动性容易封闭部分空气，空气受热膨胀会产生气泡，应及时将气泡戳穿放气。

5.2.9 沥青预拌碎石撒布

1. 根据摊铺层宽调整撒布宽度，当摊铺边缘为自由侧时要预留约10～15cm的宽度不撒碎石，为下一幅施工提供摊铺机行走的基准面。

2. 摊铺过程中，碎石撒布机根据混合料的温度以及流动性，调整与摊铺机的距离进行撒布，要保证碎石的1/3～1/2部分沉入混凝土中。施工完毕后，扫除未粘牢的碎石。

5.2.10 接缝及边界处理

1. 横向施工接缝：铺装过程中，施工缝尽量设在桥梁伸缩缝处。如遇等料以及天气变化等原因，需在其他部位设置施工横缝，按如下方法设置：使用边侧限制的钢制或木制挡板，切割成与浇筑式摊铺机宽度相同长度，放置于设置施工接缝的位置，将摊铺机升起少许，从横向挡板上移出，抵住横向挡板，手持人工抹板将混合料抹至紧贴模板，并抹平敲打击实，使混凝土具有垂直的横向截面，固定横向挡板，待混合料冷却后，方可拆除挡板，最后敲掉松散混合料；在接缝处铺筑浇筑式混合料之前，应使用加热喷枪对接缝处混凝土进行加热，待混合料出现软化后，将摊铺机高度调至铺装层相同高度，待布料刮板将混合料均匀铺开后，便可开动摊铺机进行正常摊铺。观察接缝处新铺的混合料，如出现松散麻面情况，立即进行人工处理。

2. 纵向接缝：由于桥面不能进行整幅摊铺，施工中会产生纵向接缝。用于边侧限制的模板在混合料冷却形成一定强度后，方可拆除，使接缝保持光滑顺直的纵截面；在进行纵向接缝的施工前，检查原沥青混凝土接缝界面，及时处理出现麻面、松散以及和下层发生脱落的浇筑式沥青混凝土，同时对接缝应进行加热处理，保证接缝粘接强度，确保整个铺装的密实性和整体性；在摊铺机后，安排专门人员对接缝出现漏铺以及麻面的地方及时处理，采用喷枪加热使原铺装层软化，并用工具搓揉，使其表面平整，并压入沥青预拌碎石。

3. 边界处理：为了便于摊铺机的摊铺作业，浇筑式沥青混凝土铺装在靠近人行道的位置会留 40～50cm 宽的边缘带由人工摊铺整平。该边缘带的施工工艺如下：将浇筑式沥青混合料卸至密封的斗车中，人工运至边缘带施工位置，用抹平工具人工摊铺整平，并撒布沥青预拌碎石。

5.3 劳动力组织

浇筑式沥青混凝土由于采用特殊运输、摊铺施工设备，劳动力人员需要经过严格培训，项目管理人员必须熟悉浇筑式沥青混凝土的工艺过程及质量控制方法和流程。项目人员主要由管理人员、技术人员、机械操作人员、辅助工等组成，具体人数需要视项目规模、设计工序等作具体调整。

劳动力组织情况表　　　　表 5.3

序　号	单项工程	所需人数（个）	备　注
1	管理人员	2～4	
2	技术人员	2～3	根据工程项目大小而定
3	机械操作人员	5～10	
4	辅助工	20～40	
其他			

6. 材料与设备

6.1 材料

浇筑式沥青混合料所用材料见表 6.1，其中基质沥青、矿粉、集料必须符合《公路沥青路面施工技术规范》JTG F40—2004 中的相关要求，并有出厂合格证、检测报告，材料进场后还要进行现场见证抽样检查，并出具复检报告，若是进口材料必须附有质检报告与海关证明。

材料表　　　　表 6.1

序　号	材料名称	规　格	单　位	数　量	用　途
1	道路石油沥青	—	t		生产结合料
2	改性剂	—	t	视工程量大小而定	
3	矿粉	—	t		生产混合料
4	集料	—	t		
5	隔离剂	—	kg		施工现场用

6.2 设备

浇筑式沥青混合料所用机械设备见表 6.2，其中沥青混合料搅拌站称量系统必须每年定期申请国家技术监督局进行校核，并取得校核合格证书方能使用。

机械设备表　　　　表 6.2

序号	设备名称	规　格	单位	数量	用　途	备　注
1	沥青混合料搅拌站	2000 型及以上	套	1	生产混合料	集料加热能力 280℃
2	Cooker	容量≥8t	台	≥5	运输混合料	视运距远近而定
3	浇筑式摊铺机	宽度≥5m	台	1	摊铺混合料	
4	碎石撒布机	宽度≥5m	台	1	撒布碎石	
5	辅助工具	(扫帚、拖把、刷子、斗车、人工抹板)	套	10	清洁及人工整平	
6	钢制或木制模板	总长≥200m	块	100	边界挡板	

7. 质 量 控 制

7.1 工程质量控制标准

7.1.1 结合料、混合料的质量控制标准按《公路钢箱梁桥面铺装设计与施工技术指南》的相关要求执行，如表7.1.1所示。

结合料、混合料的质量要求 　　　　　　　　　　　　　　表7.1.1

序号	项 目		频率	质量要求		试验方法
1	结合料	针入度(25℃,100g,5s)	1次/d	10~40 0.1mm		JTJ 052—2000 T0604
2		软化点(环球法)		≥72℃		JTJ 052—2000 T0605
3		延度(5cm/min,10℃)		≥10cm		JTJ 052—2000 T0606
4	沥青混合料	混合料级配	2~3次/d	≥4.75mm	±7%	JTJ 052—2000 T0725 抽提筛分与标准级配的差
				≤2.36mm	±6%	
				0.075mm	±2%	
5		沥青用量		±0.3%		JTJ 052—2000 T0721、T0722
6		流动性	随时	≤20s		公路钢箱梁桥面铺装设计与施工技术指南中附录G、F
7		贯入度	2~3次/d	1~4mm		
8		贯入度增量		≤0.4mm		

备注：根据具体工程，如设计文件对质量有特殊要求时，以设计文件为准；沥青混合料的贯入度、贯入度增量的试验温度为（夏炎热区为60℃，夏热区为50℃，夏凉区为40℃）。

7.1.2 路面施工质量评定按《公路工程质量检验评定标准》JTG F80/1—2004的相关要求执行。

7.2 工程质量保证措施

7.2.1 浇筑式沥青混凝土不得在雨天施工，在水泥混凝土桥（路）面上施工气温不得低于10℃，钢桥面上施工气温不得低于15℃。

7.2.2 浇筑式沥青混凝土施工工作面必须保持干燥、干净，施工人员必须配备毛巾和穿戴鞋套，防止汗水及鞋子污染工作面。

7.2.3 禁止无关人员和车辆以及漏油漏水车辆进入施工现场，工程车辆进入施工现场前必须对车辆轮胎进行彻底清洁，防止污染工作面。

7.2.4 设置一个带搅拌或循环装置的沥青结合料储存罐，防止离析。

7.2.5 在工程正式生产沥青混合料之前，必须进行试生产，必须连续两锅混合料满足要求时，方可进行正式生产。

7.2.6 碎石撒布机撒布完以后，安排专人检查撒布情况，如有漏撒及时采取补撒并用人工滚筒进行碾压。

8. 安 全 措 施

8.1 认真贯彻"安全第一、预防为主、综合治理"的方针，根据国家相关规定、条例，结合施工特点和工程现场条件，设置专职安全员和班组协勤，执行安全生产责任制，加强全员安全教育，明确各级人员的职责，落实安全措施。

8.2 施工现场安全要符合防火、防雷、防触电等安全规定以及安全施工要求进行布置，并完善布置各种安全标志、标识与标语。

8.3 施工现场的临时用电严格按照《施工现场临时用电安全技术规范》和相关规范规定执行。

8.4 建立完善的施工安全保证体系，加强施工作业中的安全检查，规范施工作业程度，确保作业标准化、规范化。

8.5 所有操作人员持证上岗，加强现场作业人员的职业病防护措施，必须按规定穿戴防护用品，防止烫伤、高空砸伤。

8.6 所有施工机具设备均应定期检查，保证其经常处于完好状态；不合格的机具、设备和劳动保护用品严禁使用。

8.7 在进场施工前，制定切实可行的交通组织方案，并报当地交警部门审批后实施，采用规范的安全锥和标志、标牌隔离施工区域和引导交通。施工期间，加强现场安全管理工作，配备足够的专职安全员，用于现场指挥和维持交通秩序。

9. 环 保 措 施

9.1 成立对应的施工环境卫生管理机构，在工程施工过程中严格遵守国家和地方政府的有关环境保护的法律、法规和规章，加强对施工油料、工程材料、设备、废水、生产生活垃圾、弃渣的控制和处理，遵守工地扬尘、环境卫生、废弃物处理的规章制度，做好施工环境管理和交通疏导，做到不扰民、方便市民的要求，认真接受城市环境、卫生和交通管理，随时接受相关单位的监督检查。

9.2 将施工场地和作业限制在工程建设允许的范围内，合理布置、规范围挡，做到标牌清楚、齐全，各种标识显目，施工现场整洁文明。

9.3 加强对职工环保意识教育，保护好环境卫生，加强集体食堂的饮食卫生和个人卫生，减少疾病，避免传染病发生。

9.4 在车辆离开拌合楼场、施工现场等地方，安排专门的人员对车辆进行清洁处理。

9.5 挖废水池，对拌合楼产生的废料、油污及其他废弃物，施工人员的生活垃圾等进行集中处理，废物弃入专用垃圾场，废水处理达标后方可排放。

10. 效 益 分 析

10.1 浇筑式沥青混凝土的空隙率很小，而且内部空隙不连续，防止水渗透能力强，水不会渗透到桥梁主体结构中，有效保护了桥梁主体结构不受腐蚀，延长了使用寿命，其经济效益十分显著。

10.2 浇筑式沥青混凝土具有整体性好及变形能力强的优点，能够确保铺装层与桥面板的有效粘接，优良的变形性能能较好地适应桥梁结构的变形，提高铺装层与桥面板的粘接强度和抗剪切性能，延长路面的使用寿命，养护、维修和管理费用降低，路面全寿命周期成本降低，经济效益和社会效益显著。

11. 应 用 实 例

11.1 上海东海大桥

11.1.1 工程概况

上海东海大桥地处东海海域，是洋山深水港区的重要配套工程，起始于上海南汇区芦潮港，北与建设中的沪芦高速公路相连，南跨杭州湾北部海域，直达浙江省嵊泗县崎岖列岛的小洋山岛，建成后为洋山深水港区集装箱陆路集疏运和供水、供电、通信等需求提供服务。大桥全长 32.5km，宽 31.5m，分上、下行双幅桥面，双向 6 车道，桥面板为水泥混凝土，桥面铺装结构下面层为 3.5cm 厚浇筑式沥青混凝土 GA10，铺装面积为 820000m²。

11.1.2 施工情况

浇筑式沥青混凝土铺装从 2005 年 3 月 10 日开始，2005 年 9 月 23 日铺装完毕，实际净工作日为 126d，完成铺装面积约 820000m²；投入劳动力 150 人，主要施工机械：林泰阁 2700 拌合站一套、浇筑式摊铺机一台、碎石撒布机一台、Cooker15 台等。

11.1.3 工程检测与结果评价

在浇筑式沥青混凝土施工过程中，完全按照设计要求对原材料、半成品以及成品进行检测，检测结果全部合格，其中浇筑式沥青混合料成品的贯入度指标在 2.7～3.5mm（要求 1～4mm）、贯入度增量指标在 0.13～0.22mm（要求≤0.4mm）、流动性指标在 9～18s（要求≤20s）；通过建设单位（上海同盛大桥建设有限公司）、设计单位（上海市政工程设计研究院）、监理单位（上海市市政工程管理咨询有限公司）以及上海市质检站组织的验收，一致认为本工程质量合格。该工程被中国建筑业协会评为 2006 年度中国建筑工程鲁班奖，同时东海大桥铺装技术（外海超长桥梁关键技术研究综合应用，下面层为浇筑式沥青混凝土）于 2006 年被上海市人民政府评定为上海市科学技术一等奖。

11.2 长沙三汊矶大桥

11.2.1 工程概况

长沙三汊矶大桥是长沙市二环线跨越湘江的重点工程，位于湘江下游，东起金霞立交桥附近的戴家河，横跨龙洲北端，西近北津城。主桥为自锚式悬索桥，主桥跨径为 732m，主梁采用钢箱梁结构，钢桥面宽度 33m。桥面铺装结构下面层 3.5cm 厚浇筑式沥青混凝土，铺装面积为 23000m²。

11.2.2 施工情况

浇筑式沥青混凝土铺装从 2006 年 8 月 11 日开始，2006 年 8 月 29 日铺装完毕，实际净工作日为 10d，完成铺装面积 23000m²；投入劳动力 70 人，主要施工机械：林泰阁 2700 拌合站一套、浇筑式摊铺机一台、碎石撒布机一台、Cooker8 台等。

11.2.3 工程检测与结果评价

在浇筑式沥青混凝土施工过程中，完全按照设计要求对原材料、半成品以及成品进行检测，检测结果全部合格，其中浇筑式沥青混合料成品的贯入度指标在 2.8～3.4mm（要求 1～4mm）、贯入度增量指标在 0.15～0.23mm（要求≤0.4mm）、流动性指标在 8～18s（要求≤20s）；通过建设单位（长沙市环线道路工程建设指挥部）、设计单位（重庆交通科研设计院）、监理单位（长沙华南交通工程咨询监理公司）以及长沙市质检站组织的验收，一致认为本工程质量合格。该工程被中国建筑业协会评为 2007 年度中国建筑工程鲁班奖。

11.3 重庆菜园坝长江大桥

11.3.1 工程概况

重庆菜园坝长江大桥是 1996 年国务院批准的重庆总体规划中主城区的一座特大桥梁，正桥主桥采用刚构与提篮式钢箱系杆拱、桁梁的组合结构，上层公路、下层轻轨两用。主桥总长 800m，上层桥面设六线汽车行车道加双侧人行道，行车道宽度 25.5m，两侧人行道宽度 2.5m。车行道铺装结构下面层采用 3.5cm 厚浇筑式沥青混凝土，人行道采用 3cm 厚浇筑式沥青混凝土，铺装面积共 31000m²。

11.3.2 施工情况

浇筑式沥青混凝土铺装从 2007 年 9 月 19 日开始，2007 年 10 月 1 日铺装完毕，净工作日为 9d，完成铺装面积 31000m²；投入劳动力 80 人，主要施工机械：西筑 LB3000 拌合站一套、浇筑式摊铺机一台、碎石撒布机一台、Cooker10 台等。

11.3.3 工程检测与结果评价

在浇筑式沥青混凝土施工过程中，完全按照《公路钢箱梁桥面铺装设计与施工技术指南》及设计要求对原材料、半成品以及成品进行检测，检测结果全部合格，其中浇筑式沥青混合料成品的贯入度指标在 2.8～3.3mm（要求 1～4mm）、贯入度增量指标在 0.12～0.21mm（要求≤0.4mm）、流动性指标在 9～17s（要求≤20s）；通过建设单位（中铁大桥局集团重庆菜园坝长江大桥有限公司）、设计单位（重庆交通科研设计院）、监理单位（中国船级社实业公司）及重庆市质检站组织的验收，一致认为本工程质量合格。该工程获得重庆市南岸区 2007 年度"涂山杯"优质工程奖。

公路改扩建工程路面拼接施工工法

GJYJGF045—2008

中交第一公路工程局有限公司
刘树良 谢家全 王志刚 王桂霞 王飞

1. 前　言

随着国民经济的快速发展，交通流量迅猛增长，国内许多始建于 20 世纪八九十年代的四车道高速公路已无法满足通行需求，不能继续适应经济社会发展的需要，亟待扩建、改建。

相对于新建高速公路，改扩建工程路面施工难度更大，面临着路面拼接、交通分流组织、施工安全管理等一系列难题。中交一公局针对公路建设市场的需要，从连云港新墟公路大修工程开始，针对路面拼接技术专门成立了技术课题组，进行研究总结，在石黄高速三合同旧路改造、沪宁高速扩建（江苏段、上海段）等工程上应用，形成了公路改扩建工程路面施工工法。该工法的关键技术"扩建工程拼接关键技术研究"是"沪宁高速公路江苏段扩建工程管理与关键技术研究"的子课题，2008 年通过江苏省科技成果鉴定。总课题荣获"2008 年度中国公路学会科学技术特等奖"。沥青路面在摊铺机上安装加热装置使面层接缝成热接缝施工技术，荣获中交股份 2006 年度科技进步三等奖。"新旧路面拼接预热装置"获国家实用新型专利。

2. 工法特点

本工法具有施工快捷组织合理、工艺简单、操作容易等特点，可广泛应用公路改扩建施工中，尤其适合于交通量大，不中断交通的高速公路改扩建施工。

3. 适用范围

本工法适用于高等级公路、城市快速干道、厂矿道路、机场跑道等工程改扩建、养护施工，尤其适用于各类主干道开放交通施工。

4. 工艺原理

新老路拼接施工，首先对新老路路面结构层拼接部采取预留台阶铣刨，老路路肩下路床拼接部进行铺筑土工格栅、局部补强等加固处理。然后铺筑新路面底基层，紧接着视路面病害严重程度铣刨老路超行车道部分，最后铺筑面层完成路面拼接。

5. 施工工艺流程及操作要点

5.1　施工工艺流程

施工准备→硬路肩铣刨→路床加固→底基层施工→基层施工→交通分流→老路超、行车道铣刨→预留台阶→老路超车道铣刨→封层施工→聚酯玻纤布铺设→沥青面层施工。

5.2　操作要点

5.2.1　施工准备

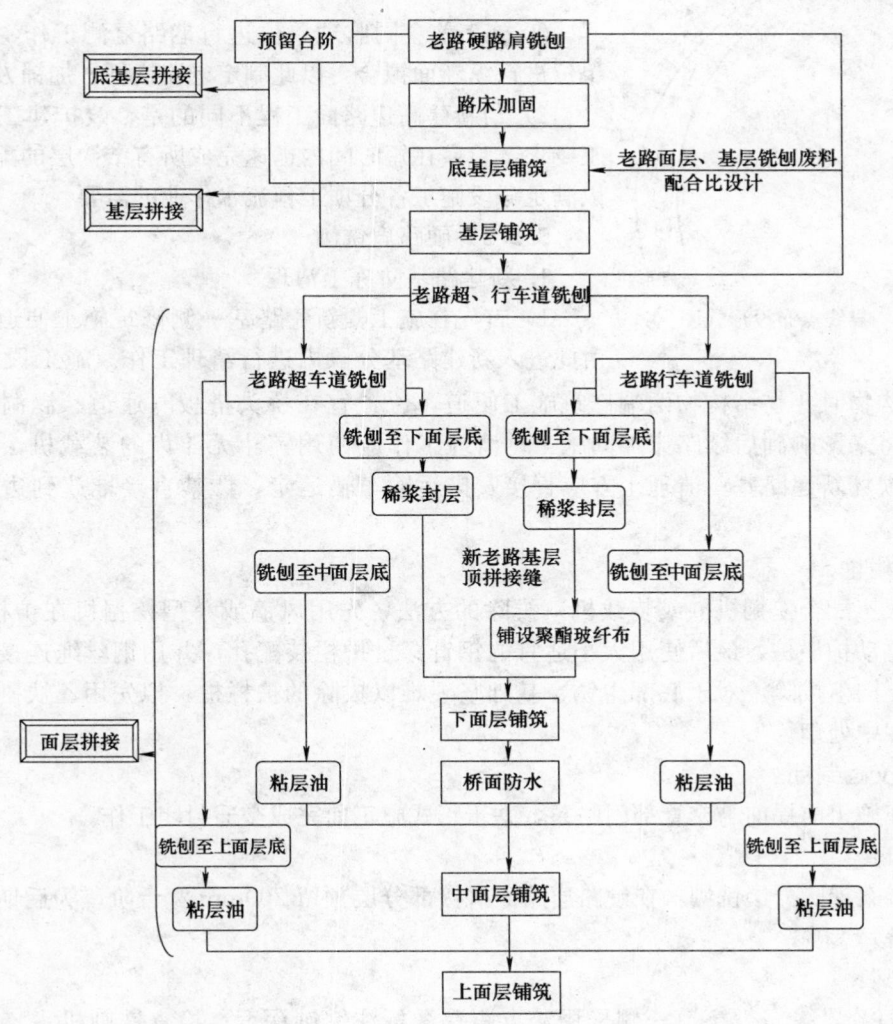

图 5.1 路面拼接施工工艺流程图

1. 场地选址与建设

与新建高速公路不同的是，改扩建工程路面施工要求所有路面结构层要在每一施工段内流水作业，每一工序仅需几天时间，在进行料场规划时需要考虑面层铣刨料、基层铣刨料和各结构层原材料同时进场的仓储面积。

料场：与新建高速路面施工相同，根据总体施工计划中各结构层原材料、铣刨施工废料拟仓储量及拌合站设置及场地交通布置作详细的料场规划。建设要多点进行、点面结合。

实验室：应设有办公室、化学室、沥青室、沥青混合料室、抽提室、水泥及混凝土室、原材料室、力学室、养护室及警卫室等。

驻地：综合考虑当地情况可新建或租赁，应在符合招标文件对卫生、环保、安全等要求及相关规定的前提下配置齐全的生活、办公设施。

2. 技术准备

1）路面扩建施工中测量工作包括附合导线点、三、四等水准点复测及加密和老路复测等工作，施工测量的精度应符合国家有关规程的要求。测量工作中应注意：

① 按技术规范和常规要求，平面控制测量过程中导线点布设形式应该布设为"之"字形，因为"之"字形路线可以使全站仪性能更稳定。但在路面改扩建工程中平面控制测量过程中导线点布设形式受条件限制只能使用"一"字形导线（图 5.2.1-1）。

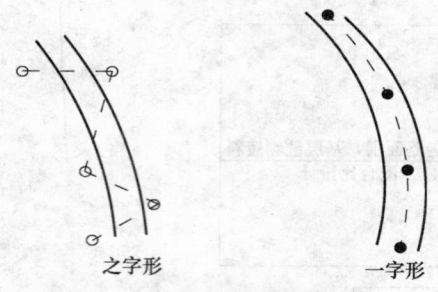

之字形   一字形

图 5.2.1-1　导线点布设形式图

② 施工前会同监理单位进行老路复测工作，结果报予设计单位进行纵断面拟合，以此制定老路铣刨、加铺方案。

2）与新建高速路面工程不同的是，改扩建工程路面分段施工要求试验室在短时间内迅速完成所有结构层的配合比设计工作以满足分段施工各分项工程流水作业的需要。

5.2.2　硬路肩铣刨

1. 新建路基防冻土清理

1）首先在施工幅新建路基一侧修筑施工便道，两台装载机由此进入新建路基分段内进行清理工作。施工段落可以按结构物划分，遇结构物时要在结构物两端修筑施工便道，位置宜在桥头搭板（通道、涵洞两端）靠近边坡一侧，以免将来影响到后续路床加固施工；清理工作应使用铲斗无斗齿的装载机，铲土时铲斗尽量放平，以免损坏新建路基；清理土方应直接安排运输车辆运走，严禁直接堆放到边坡上影响边坡排水的顺畅性。

2）拔除护栏桩

建议采用人工配合挖掘机（或装载机）拔除的方法，先用风镐或小型挖掘机在护栏桩底部挖坑，然后用挖掘机晃动护栏桩，最后使用大小适宜的钢钎穿过护栏装配孔，并用钢丝绳连接到挖掘机（或装载机）斗齿上向上拔除。对于底部生锈、基础坚硬难以拔除的护栏桩，拟先用乙炔割除上部，其余部分在后续工序中处理。

3）硬路肩交通封闭

安保部门在施工前提前与交管部门联系，并于正式施工前完成交通封闭工作。

2. 铣刨施工

根据铣刨方案梯队分层铣刨，在硬路肩路面拼接部分层预留 200mm 宽台阶，为后期底基层、基层拼接施工做准备。

1）施工步骤：

① 在硬路肩分界线靠行车道一侧采用灰点跟踪法标注铣刨深度；检查铣刨机水、油及刀具磨损情况。

② 将铣刨机开至施工起点处，调整好铣刨深度、横坡。

③ 再次确认各种参数的设定准确无误，然后指挥运输车辆行至铣刨机出料口下合适位置。

④ 启动铣刨机开始铣刨。

⑤ 指挥料车配合铣刨速度前进，料车将要装满时指挥铣刨机停止出料，等待下一辆料车就位后接着铣刨，同时在每台铣刨机后安排工人清扫铣刨面。

2）注意事项：

① 施工中为每台铣刨机配置一辆水车。

② 铣刨时必须配备足够的铣刨料运输车。

③ 对铣刨线形、宽度、厚度和铣刨面进行检测，对铣刨施工进度和铣刨质量的进行控制。

5.2.3　路床加固

根据补强深度和宽度计算水泥用量，然后用 32.5MPa 的普通水泥均匀的布好，采用铣刨机铣刨堆放在一侧新路基上，铣刨机在铣刨过程中根据路床的干湿程度适当补水，对刨槽静压 2～3 遍后铺土工格栅，把拌合好的水泥土摊铺到槽中，初平稳压，精平振压成型。

1. 工序流程图见图 5.2.3。

2. 施工准备

1）以两个构造物之间段落为一个作业段，若构造物之间段落较长，可以分成几段施工。

2）原材料准备

水泥：根据下式计算水泥用量并于施工前运输到施工现场：

$$M=L\times W\times H\times \rho \times \frac{I}{100} \qquad (5.2.3-1)$$

式中　M——水泥总用量（kg）；

W——施工宽度（m）；

H——施工厚度（cm）；

ρ——路床土密度（kg/cm³）；

I——水泥掺量百分比（%）。

土工格栅：根据施工长度计算所需格栅数量提前运输到施工现场并根据单位格栅长度均匀分配放置到硬路肩铣刨形成的台阶上。

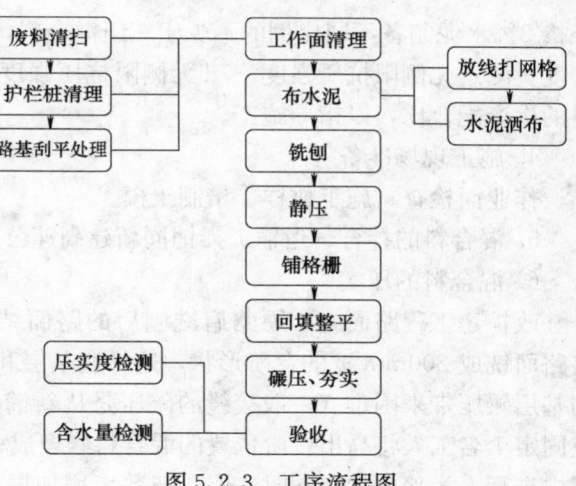

图 5.2.3　工序流程图

3. 施工方法

1）工作面清理

先用装载机将硬路肩铣刨施工中遗留的铣刨废料、生活垃圾清理干净，同时安排工人仔细清扫硬路肩铣刨台阶，然后使用小型挖掘机刨除护栏桩剩余端节，最后用平地机对路基施工段落全断面刮平处理。

2）洒布水泥

按照每袋水泥的施工面积打网格，人工配合装载机将缓凝水泥均匀地洒布在网格内。

3）铣刨

铣刨机合理搭配、梯队施工，一次铣刨成型。

铣刨施工过程中应注意：

① 控制铣刨机的速度，提高刀头的转速，确保铣刨出的水泥土的颗粒满足要求。

② 铣刨出的水泥土混合料直接打在路基上，铣刨至结构物端部时要尽量靠近结构物端部，水泥土直接打到结构物上，以免增加结构物两端处理工作的难度，但严禁掉头铣刨影响工作面线形的顺畅。

③ 结构物两端的铣刨盲区应使用装载机等深等宽铲除，如发现路基弹簧要及时挖除，用适宜的混合料填筑整平。挖出的余料严禁混入水泥土混合料中使用，应集中收集运走。

④ 铺土工格栅

铣刨结束后先用钢轮压路机对铣刨形成的坑槽底面静压 2～3 遍，然后铺设单向土工格栅，土工格栅的搭接长度要保证至少 300mm。

⑤ 回填、整平和碾压

每 100m 安置一台装载机进行水泥土回填，在回填施工中要注意防止因装载机行驶不平衡而发生挑起、撕裂土工格栅的现象。

回填段落形成超过 50m 以上即可开始指挥平地机开始粗平、稳压、精平、振动压实、终压成型。对于压路机工作盲区要使用小型夯实机夯实，如不能及时夯实，应当在底基层施工前挖除松散部分并用素混凝土浇筑。

路床形成以后要用平地机将全幅浮料刮出路基，给底基层施工做好前期准备。如果在 24h 内不能施工底基层的地段要洒水养护，保持表面湿润。注意水泥的初凝时间。

5.2.4　底基层拼接

1. 施工机械配备同新建高速公路。

2. 原材料准备

32.5 级普通硅酸盐水泥、老路面铣刨后的沥青废料与二灰碎石废料、0～4.75mm 石料。

3. 施工配合比的设计

根据设计的沥青面层和二灰碎基层铣刨量，以 50% 沥青铣刨料＋40% 二灰碎石铣刨料＋10% 石屑或 50% 沥青铣刨料＋30% 二灰碎石铣刨料＋20% 石屑或 50% 沥青铣刨料＋50% 二灰碎石铣刨料为基准外掺 2％水泥制备不同比例的不少于三组混合料，用重型击实法确定各组混合料的最佳含水量和最大干密度。测定无侧限抗压强度。7d 无侧限抗压强度代表值≥1.0MPa 要求的最佳配合比作为水泥稳定废料的生产配合比，以指导施工。

4. 施工现场准备

作业面检查、施工放样、培制土模。

5. 混合料的拌合、运输、摊铺同新建高速公路施工。

6. 混合料的压实

改扩建工程路面施工硬路肩铣刨后的路面结构多呈台阶状，铣刨机沿着与路中心线平行的位置，将路面铣成 200mm 宽的台阶形状，这样底基层和基层的 3 个台阶都集中在非常窄的范围内，对摊铺后的基层碾压带来困难（一般接缝的碾压是从新铺的混合料依次向已经成型的路基过渡碾压）。摊铺后，应固定 1 名工人将高出台阶位置的混合料修理成一个斜坡，在应有的松铺厚度上对离接缝 100mm 的位置内进行人为地增加，同时在碾压遍数上增加振动压路机和胶轮压路机各 1 遍，尽可能使接缝位置能够压实。

7. 横缝处理

水泥稳定废料一般应连续摊铺，尽量减少水泥稳定废料底基层横向工作缝。如两次摊铺时间相隔较长，则应设置横向施工接缝。

横缝应与路面车道中心线垂直设置，首先指挥人工将末端含水量合适的混合料整理整齐，紧靠混合料放方木，方木的高度应与混合料的压实厚度相同，另一侧用钢钎固定，然后使用压路机横向碾压，逐次推进，然后改成纵向碾压，确保横缝平整、密实相接。

5.2.5　基层拼接方法

1. 主要施工机械配备、原材料准备、配合比设计方法同底基层施工。

2. 下承层检查：按质量验收标准对底基层进行验收。

3. 水稳定碎石的拌合、运输、摊铺同新建高速公路施工。

4. 基层拼接措施

1) 水润湿

铣刨后的台阶在清扫后施工前，要安排工人用水对台阶进行润湿，在摊铺机前人工对工作面进行二次润湿，摊铺机所到位置，用喷雾器对工作面进行第三次润湿，保证拼接质量。

2) 水泥浆

使用水泥浆对铣刨台阶涂刷，同时将配好的水泥浆均匀加入摊铺机（靠台阶处 500mm 范围内）内，增强台阶范围内的强度。

3) 界面剂

剔去水稳基层表面的疏松部分，扫净或用水冲去表面浮灰。用毛刷将配好的界面剂均匀的涂刷在台阶立面，然后趁其未干摊铺水稳。注意涂抹速度保证摊铺机正常摊铺即可。夏季施工时，涂上后表干太快，则可用水浸湿基层，然后涂刷处理剂。养护 7d 取芯分析，拼缝处拼接强度为 0.35MPa，正常部位水稳基层拼接强度为 0.89MPa，界面剂处理后粘结部位强度为新施工基层正常部位的 39％，比之以前的零粘结大有改善。

5. 混合料的压实

在碾压前，人工将高出台阶位置的混合料修理成一个斜坡，在应有的松铺厚度上对离接缝 100mm 的位置内进行人为地增加，增加振动压路机和胶轮压路机各 1 遍，尽可能使接缝位置能够压实。

6. 横缝处理

以两个构造物（桥或涵）间的路段为一工作段进行施工；如两次摊铺时间相隔时间较长，则将已压实成型的接头做成垂直断面连接（将横断面湿润处理），压路机横向碾压，逐次推进，然后改成纵向碾压，确保横缝平整、密实相接。

7. 养护

对于路面边部采取培湿土或覆盖草帘等保湿措施，严禁用抽水机或高压水枪直接加压喷水，养护期间禁止料车通行。

5.2.6 交通分流

基层养护期间即可着手准备老路超、行车道铣刨施工，为了保证施工期间交通畅通要进行交通分流工作。

利用老路原有中央开口，把左幅（以左幅施工为例）社会车辆疏导到右幅，在右幅超、行车道分界线上设置已涂刷反光漆的预制隔离墩引导车辆分道双向行驶。在施工段落的另一侧再次利用中央开口把社会车辆导回左幅正常行驶。如在右幅施工，则采用相反的分流方法。

1. 交通分流使用工具

施工标志牌、减速行驶牌、车辆行驶限速牌（规格分 80km/h，60km/h，40km/h，20km/h 等）、方向引导牌、灯标车、预制隔离墩（涂反光漆）、道路变窄标志牌、锥形标。

2. 具体实施步骤及注意事项（以左幅施工为例）

1）左幅施工，右幅通车。施工前一天备齐所需工具并做好分流方案及人员准备。

2）封闭交通首先应封闭右幅超车道，在右幅距封闭路口前 600m 放置"前方施工"标志牌，接着每隔 100m 依次放置"左道变窄"、限速牌 60km/h、40km/h、20km/h 和方向引导牌，车道宽度渐变处放置锥形标（间距 1m），直线处放置隔离墩（间距 2m）。转弯处放置"禁止使用远光灯"标志牌和灯标车，并安排红旗手指挥交通。

然后封闭左幅，在左幅距封闭路口前 1km 的地方放置"前方施工"标志牌，然后每隔 100m 依次放置"右道变窄"限速行驶牌 60km/h、40km/h、20km/h 及方向引导牌，锥形标、隔离墩及转弯处设置通上。

3）灯标车每天开启时间根据当地实际昼夜交替时间及天气情况、道路状况灵活掌握。

4）路口看管人员 24h 轮流值班。

5.2.7 老路超、行车道铣刨

1. 施工步骤

清理道路表面杂物、铣刨机组合、划出控制线、标出铣刨深度、检查铣刨机水、油及刀具磨损情况；将铣刨机开至施工起点处，调整好铣刨深度、横坡；再次确认各种参数的设定准确无误，然后指挥运输车辆行至铣刨机出料口下合适位置；启动铣刨机开始铣刨；指挥料车配合铣刨速度前进，料车快装满时指挥铣刨机停止出料，等待下一辆料车就位后接着铣刨；同时在每台铣刨机后安排工人清扫铣刨面。

2. 施工注意事项

1）在铣刨机前履带一侧用钢丝横向悬空支撑点用以指引铣刨机控制台操作人员控制方向，施工时保证支撑点沿控制线拖动即可做到边线型顺直。

2）增加测量点位，用直接控制厚度方法来保证铣刨施工的准确性。

3）应根据实际测量结果适时改变设定铣刨机切深深度。

4）在铣刨能正常运行前提下，考虑铣刨料运输车辆通行方便；避免由于台阶过高造成铣刨料运输车的通行不便。

5.2.8 封层拼接

1. 工艺流程图如图 5.2.8 所示。

2. 操作方法

1）封层采用稀浆封层照面的方法，厚度 5~8mm，宽度同下面层宽度。

2）稀浆封层的横向接缝应做成对接接缝。

3）从开始施工直至封层破乳前对施工段落进行交通管制，防止车辆驶入未成型的稀浆封层，对稀

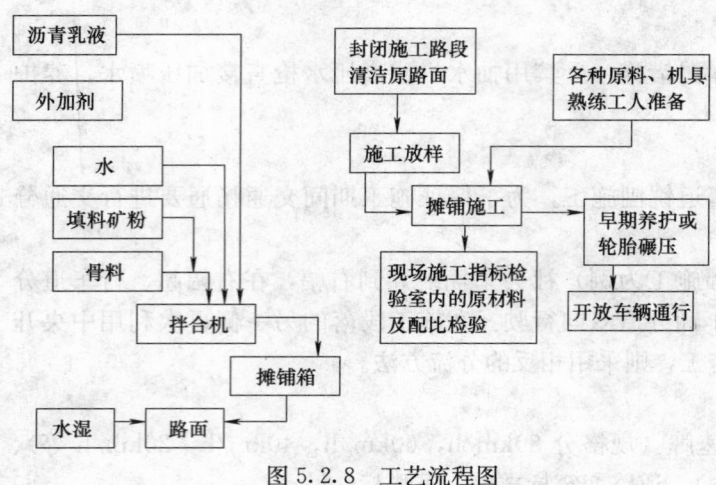

图 5.2.8 工艺流程图

浆封层造成破坏。

5.2.9 聚酯玻纤布铺设

1. 施工准备

材料：

① 聚酯玻纤布的质量满足要求，进场后要妥善保管，防止受潮、污染或破损。

② 粘结材料：对于新旧半刚性基层纵向拼接缝、收缩裂缝、纵向裂缝可根据施工条件选用重交沥青、SBS 改性沥青或基质沥青含量≥60％的慢裂快凝型改性乳化沥青，沥青喷洒量为 0.8～1.2kg/m²；对于旧沥青路面反射裂缝采用 SBS 改性沥青，沥青喷洒量为 0.6～1.0kg/m²。

2. 施工工艺流程

作业面清理→放样划线→喷洒粘结材料→铺设聚酯玻纤布→保养维护。

3. 施工方法

1）将缝宽超过 5mm 的裂缝进行灌缝处理；将路面上尖锐、突兀部位铲平，破损、凹陷、破碎严重处铲除后用沥青料或混凝土填补找平；雨后必须待路面干燥后方可施工，保证作业面干燥无水分。

2）按拟铺设的聚酯玻纤布宽度在拼接缝或裂缝两侧定好基准线，对于横缝保证裂缝两侧的布宽≥0.75m；对于拼接缝或纵缝保证裂缝两侧的布宽为 1.8～2.0m，拼缝或裂缝居中。

3）喷洒粘结料

在划线范围内用沥青喷洒车喷洒粘结料，喷洒横向范围要比聚酯玻纤布宽 50～100mm。洒布热粘结料时，施工温度应在 5℃以上，热粘结料最佳温度应控制在 180～200℃。喷洒粘结料时要喷洒均匀，计量准确，热沥青洒布量为 0.8～1.0kg/m²。

4）铺设聚酯玻纤布

待粘结料喷洒后还处于液体状态时，立即采用聚酯玻纤布铺设设备进行聚酯玻纤布铺设施工，要合理控制洒布与铺设速度，铺设要紧跟洒布，共需要紧凑。聚酯玻纤布纵向接缝搭接宽度应控制在 50～100mm，横向接缝搭接宽度应控制在 100～150mm，横向接缝搭接方向为摊铺沥青面层的方向，将后一端压在前一端之下，并用粘结料粘结好使接缝牢固。

5）保养维护

在热粘结料未冷却至常温下应禁止行人和车辆进入。

4. 注意事项

在施工现场操作人员应戴好防护手套，佩戴防护眼罩和口罩；施工中不得使用受潮、污染、破损的聚酯玻纤布；铺设时起头要直顺，要防止和地面脱空，铺设时要保证聚酯玻纤布的张力；及时摊铺上面的结构层，并注意摊铺方向。

5.2.10 沥青面层拼接

1. 准备工作、材料要求、施工机械配备、劳动力组织、目标和生产配合比设计、沥青混合料的拌合、运输、摊铺、碾压成型、施工横缝处理、试验检测等同一般高速公路施工。

2. 面层拼接施工工艺

1）接缝处理

面层接缝在摊铺前（要有足够的破乳时间）将乳化沥青用毛刷均匀涂刷在接缝面上。下面层以下各结构层横向施工缝尽可能留在构造物两侧，中上面层横向施工缝避免留在桥面上，在每天施工结束时把端部处理齐整后在 1m 范围内倒水冷却，碾压完成后把这部分混合料去掉，第二天用切缝机切缝，切缝深度控制在 2/3 层厚，然后用风镐把多余部分打掉，并保证端部平整度在 3mm 之内，清理并吹干后涂刷乳化沥青。

2）标高控制

下面层外侧摊铺机靠路肩一侧按照设计标高走钢丝，内侧按设计标高走铝合金梁，内侧摊铺机一侧在新铺的基准面上走雪橇，另一侧，当拼接缝在二车道内且台阶厚度为 60mm 时在老路的铣刨面上按设计标高控制走铝合金梁；当拼接缝在一二车道分界线处且厚度大于 70mm 时在老路的铣刨面上走雪橇；中面层外侧摊铺机采用非接触式平衡梁控制标高和厚度，内侧摊铺机一侧在新铺的基准面上走雪橇，当老路超车道需加铺中面层时在老路的铣刨面上走钢丝和铝合金梁控制标高；当老路超车道只铺上面层时，中面层要走雪橇和拼接缝铺平；上面层若老路超车道保留利用，则摊铺机在靠近拼接缝处走雪橇和老路铺平，若老路超车道铣刨，则上面层无拼接缝。

3）摊铺

摊铺机拼接边部熨平板如没有加热装置可自行设计安装；接缝处加热系统，在摊铺机上固定一安装减压阀的液化气罐，用带螺丝接头的高压塑料管与自己设计的高压喷头加热装置连接。这套加热装置由以下部件组成（图 5.2.10）：

① 调整前后位置的夹板

② 调整上下位置的夹板

③ 调整 2 个喷枪间距的调整固定板

④⑤ 预加热喷枪

⑥ 煤气管道和煤气罐

⑦ 调整前后距离的滑轨

⑧ 火焰调节阀

为了有效做好新老沥青混凝土纵向接缝搭接，减少因温度不一致而造成的搭接缺陷。加热装置喷枪与熨平板的距离为 2.1m，与纵缝距离在 150mm，两喷枪距离在 200mm 之间效

图 5.2.10　摊铺机加热装置图

果较为理想，见预加热喷枪④和⑤的火焰，以保证其加热的深度并减少对表面沥青的烧焦。在摊铺机中途停机时，可用手抬起喷枪，同时减小火焰，防止在同一地方烧焦沥青，待行走时，再放下喷枪，调整火焰即可。摊铺机摊铺混合料时，要控制好摊铺机的行走，使接缝处的混合料既要饱满又不应铺到老路面上，摊铺面均匀一致。

4）接缝碾压

初压：在摊铺到一定距离（20～30m）且温度不小于 145℃ 时，开始用一台光轮压路机在距接缝 30cm 左右已摊铺面上前进静压，回退强振一遍，然后再跨缝碾压，其碾压速度为 2km/h，选用高频低幅；

复压：两台双钢轮压路机振压 2 遍，26t 胶轮压路机碾压 4 遍；

终压：一台双钢轮压路机静压 1 遍。

6. 材料与设备

6.1　人员准备

人员组织见表 6.1。

6.2　机具设备配备

分段施工各工区所需设备投入情况以沪宁路面 1 标为例统计如下：（路面单幅 19m 宽）

铣刨工区：铣刨机 3 台，平地机 1 台，装载机 1 台，振动压路机 1 台，18～21t 钢三轮压路机 1 台，胶轮压路机 1 台，清扫用拖拉机 1 台，自卸汽车 20 台。

人员组织表   表 6.1

项　目	所需人数	备　注	项　目	所需人数	备　注
项目部	38	管理人员、技术人员	拌合站	39	所有拌合站所需人数
领导班子	8		管理人员	3	
工程部	3		操作手	10	
经营部	3		民工 26 人	26	
材料部	8				
人财部	2				
安保部	2				
试验室	7	检测工程师 5 人，试验员 2 人	测量、试验熟练工人	26	试验工 14 人，测量工 12 人
测量组	5	测量工程师 1 人，测量员 4 人			
铣刨工区	56	工区总人数	底基层、基层工区	38	工区总人数
管理人员	4		管理人员	3	
操作手	12		操作手	15	
民工	40		民工	20	
面层工区	54	工区总人数	附属工区	56	工区总人数
管理人员	5		管理人员	4	
操作手	25		民工	90	
民工	24				

　　底基层基层工区：稳定土拌合站 500 型 2 台，稳定土摊铺机 2 台，伸缩摊铺机 1 台，振动压路机 3 台，胶轮压路机 1 台，装载机 5 台，自卸汽车 30 台。

　　面层工区：3000 型沥青拌合站 2 台，ABG423 摊铺机 3 台，振动压路机 5 台，双钢轮压路机 2 台，胶轮压路机 3 台，装载机 6 台，自卸汽车 30 台。

　　稀浆封层：封层机 2 台，洒布车 1 台，装载机 1 台，振动筛 1 套，胶轮压路机 1 台。

　　附属工区：混凝土拌合站 1 台，装载机 2 台，混凝土罐车 5 台，发电机组 2 套。

6.3　材料

　　对地材和其他施工材料进行调查，确定合格的供货厂家，然后按合同明确的质量标准和施工要求，采用公路或水运的运输方式将材料由汽车和船运到工地指定地点。由于改扩建工程路面底基层施工需利用铣刨废料，所以要提前根据铣刨加铺方案估算设计铣刨量，确定底基层施工原材料的准备与目标配合比设计工作。

7. 质量控制及措施

7.1　技术标准及质量要求

　　7.1.1　技术标准执行 JTG F10—2006、JTG F40—1004、JTJ 034—2000、JTG 052—2000、JTG F80/1—2004 等国家标准及相关要求。

　　7.1.2　质量满足《公路工程质量检验评定标准》JTG F80/1—2004 的要求。

7.2　技术措施

　　7.2.1　原材料水洗工艺及防治二次污染措施的加强是原材料质量控制有效措施，使用前对面层粗集料水洗、覆盖、细集料进大棚，硬化便道、场地并洒水润湿，使得混合料级配指标中 0.075mm 筛孔通过量得到有效控制。

　　7.2.2　老路铣刨施工中严格控制铣刨速度在 5m/min 内，解决铣刨料结团和夹层现象。并采用有旋耕型改造的强力清扫机械清扫铣刨面防止因人工清扫不及时造成铣刨余料再次压实污染。

7.2.3 路床加固处理采用铣刨拌合施工，通过控制铣刨机高转低速运行保证水泥土粒径要求。

7.2.4 水泥稳定碎石基层防裂缝措施：通过配合比优化，降低 4.75mm 筛孔通过率，控制0.075mm 通过量，同时降低水泥用量，严格控制混合料的含水量，保证混合料处于最佳含水量状态下碾压成型；另外在新老路基层纵向接缝处采用混凝土界面剂进行施工，有效地保证了新老路基层拼接施工质量。

7.2.5 水泥稳定碎石薄膜养护：为了保证水泥稳定碎石基层的施工质量，使强度达到设计要求，采用塑料薄膜加土工布的覆盖养护方式。这种养护方式，不但使基层表面长时间处于湿润状态，而且减少了洒水的遍数。使基层施工质量得到有效保证。

7.2.6 施工前对局部光滑的基层表面拉毛处理，解决了基层顶"镜面现象"导致稀浆封层与基层粘结效果不佳的现象。

7.2.7 为保证聚酯纤维布施工质量，组织技术人员、设备维修人员对专用设备进行改造：
① 增加导向链、方向控制杆。
② 在聚酯纤维布滚轴两侧加装刹车片。
③ 降低滚轴高度。
经验证可明显提高聚酯纤维布铺设质量。

7.2.8 面层施工为保证新老路面拼接施工质量，在面层拼接部先涂刷粘层油，摊铺、碾压采用热接缝施工法。

7.3 管理措施

7.3.1 鉴于改扩建工程中技术运用的多样性和复杂性，决定对测量组、试验室和前台各工区采用"技术量化承包"的管理模式，在充分调动各部门负责人积极性的基础上，实现了成本节约目标、质量目标和职工收入目标的"三赢"。

7.3.2 技术交底书面化
1. 计划安排具体到边角，工序负责具体到个人。
2. 贯彻执行首件工程认可制。
3. 严格执行工序交接和报检制度。

7.3.3 大力开展技术革新活动，提高施工质量与工作效率，比如用旋耕型自制清扫车，使得沥青铣刨工作面很快被清扫干净；拌合站采用水除尘法，降低了环境污染。

8. 安 全 措 施

8.1 执行《公路工程安全技术规范》JTJ 076—95 及《中华人民共和国道路交通安全管理规范手册》等国家标准及相关要求。

8.2 制定详细的交通分流方案和施工车辆行驶方案。

8.3 注意夜间车辆通行安全，在封闭路段两侧及拉料车的进出口均设置警示灯，以引导司机正确行驶。

8.4 制定堵车应急措施，如发生堵车现象，除及时和交管部门联系外，在封闭段超车道和行车道之间设置锥行标，开放超车道交通。

8.5 加强对运输车辆的管理和控制，坚决选用车况良好的运输车，以避免车辆抛锚，发生堵车现象。

8.6 加强对施工便道维修，及时作好便道的排水工作，并间隔500m 左右设置一个停车港湾，保证施工车辆畅通。

8.7 对参与沥青路面施工的人员应穿戴劳保防护用品，防止烫伤，夏季高温季节施工，应采取防暑降温措施。

8.8 对从事沥青试验检测人员除做好通常的沥青作业防护以外，还得做好三氯乙烯等有害气体的防护并发放一定的补贴。

8.9 沥青拌合厂应经常检查导热油，防止泄漏入沥青储存罐中而引发火灾，拌合厂内应采取有效的防火、防爆、防毒措施，场内严禁烟火，设置醒目防火警示牌，并配备一定数量的消防器材。

8.10 沥青混合料拌合场的燃油罐和加油站应与导热油热载体留有足够的距离，防止发生火灾。

9. 环 境 保 护

9.1 执行《建设项目环境保护条例》、《交通建设项目环境保护管理办法》、《公路环境保护设计规范》及当地有关部门的要求。

9.2 选择沥青混合料拌合场地时，应远离居民区及村庄，无法避开居民区或村庄时应选在主风向下方。

9.3 沥青混合料拌合设备必须有良好的二级除尘装置并能有效地进行除尘，使空气质量标准符合当地环保部门的要求。

9.4 废弃的粉尘和沥青混合料存放在指定地点，粉尘可采用湿排法或采用经常洒水及覆盖等措施，防止粉尘扩散。

9.5 拌合楼的矿粉和发电机等设备的噪声，应符合当地环保部门的要求，不符合者应采取有效措施。

9.6 无机结合料拌合厂地内，经常性喷水抑尘。

9.7 细集料采用覆盖，减少粉尘污染。

9.8 废弃的混合料、燃油、废水等应指定地点废弃，以减少对环境、农田的污染。

10. 效 益 分 析

由于本施工方法先进，施工组织得力，在沪宁高速 HN-LM1 标段（26.57km）应用，施工工期提前了 282d，节约工程费用 856 万元，获业主奖励 180 万元，经济效益总额达 1036 万元。自行设计的加热装置实现了进行路面拓宽时变冷接缝拼接施工为热接缝拼接施工，此套加热装置为业内首创，是一个成功的创举，有效地保证了路面的拼接质量、进度的要求。此项技术改造获得中交股份公司科学技术进步三等奖。该项工法在我局承建的沪宁高速公路扩建工程（江苏段）61.73km 的 4 合标段上推广应用，进度、质量、安全、效益等各方面都名列前茅，得到月主奖励共计 600 多万元。由于该施工工法的合理，先进，我局海威公司又承建了上海沪宁 A11 公路拓宽改建工程 3 标 10.58km 的建设任务。

该项施工工法指挥部要求在沪宁高速公路扩建工程全线推广，项目也因此获得了"江苏省交通行业群众性经济技术创新工程示范岗"荣誉称号。

此项施工技术改造在沪宁高速公路扩建工程全线推广，提前工期 8 个月，提前通车产生的效益不可估量，具有巨大的社会效益。对于沿线地区的经济发展和人民生活水平的提高起到不可估量的贡献。

11. 工 程 实 例

工程名称	地点	开交工日期	工法应用时间	实物工程量	应用效果
石黄高速公路路面工程	石家庄至黄骅港	1999 年 10 月～2000 年 11 月	2000 年 5 月～10 月	20.81km	良好
先导试验段路面工程（沪宁高速拓宽）	上海安亭至南京马群	2003 年 9 月～11 月	2003 年 9 月～11 月	1.77km	良好
沪宁高速公路扩建工程（江苏段）	上海安亭至南京马群	2003 年 9 月～2005 年 10 月	2004 年 6 月～2005 年 10 月	63.22km	良好
上海沪宁 A11 公路拓宽改建工程 3 标	上海	2006 年 12 月～2009 年 1 月	2007 年 5 月～2008 年 11 月	10.58km	良好

热喷聚合物改性沥青防水粘结层施工工法

GJYJGF046—2008

中交第三公路工程局有限公司

王齐昌　杨燕　张志宏　刘元炜　杨志超

1. 前　言

沥青混凝土路面的早期破坏是公路工程领域的一大难题，桥面铺装的使用条件更严酷，早期破坏现象更普遍，因此成为各国道桥技术人员努力研究探讨的重要课题。

杭州湾跨海大桥全长 36km，总投资约 107 亿元，设计期望寿命 100 年。杭州湾大桥工程指挥部以全寿命的理念，采用了施工科研总承包的方式，旨在提高铺装层的路用性和耐久性，减少大桥封闭维修的社会影响，满足社会公众对超长跨海大桥交通畅通保障日益增长的期望。

中交第三公路工程局有限公司联合设计单位和高等院校科研院所，开展了《杭州湾跨海大桥水泥混凝土桥双层 SMA 铺装体系研究》，并分别于 2007 年 11 月、2009 年 3 月通过杭州湾大桥工程指挥部和中国交通建设股份有限公司的专家评审会评审，均认为该课题成果总体水平达到国际先进水平。该课题研究成果荣获中国交通建设股份有限公司 2009 年度科学技术进步奖，其中防水粘结层关键技术形成了热喷聚合物改性沥青防水粘结层新颖的施工工法。该工法已推广应用在杭州湾跨海大桥（34.514km，103.542 万 m^2）、杭州市江东大桥（82600m^2）、宜昌市五家岗至云池公路改建项目（8791.3m^2），由于能有效提高铺装层与混凝土板层间抗水损能力和粘结强度，延长路面使用寿命效果明显，技术先进，故有明显的社会效益和经济效益。

2. 工法特点

2.1　用抛丸处置界面，可以最大程度地去除表面残留物质、浮浆和起砂层，提高混凝土面层的露骨率、粗糙度和清洁度，增加界面粘结和抗剪效果。

2.2　高温喷洒高黏度聚合物改性沥青工艺，提高了沥青在自然条件下的黏度，增强界面粘结能力、提高了抗剪效果。

2.3　抛丸处置不会对混凝土面层产生破坏性影响，也不会造成密实骨料的松动和细微裂纹。并可暴露混凝土的收缩裂纹等缺陷，提前修补，消除隐患。

2.4　抛丸处置高效、环保，丸料可循环使用，无粉尘污染，可改善施工环境与生态环境。

3. 适用范围

公路水泥混凝土桥梁铺装沥青混凝土桥面防水粘结层的施工。

4. 工艺原理

通过抛丸轮产生的离心力将钢丸料以很高的速度和一定的角度抛射到工作表面上，让钢丸以巨大的冲击能量高速打击工作表面，达到处理工作表面上的杂质、附着物以及其他需要清理的物质的一种

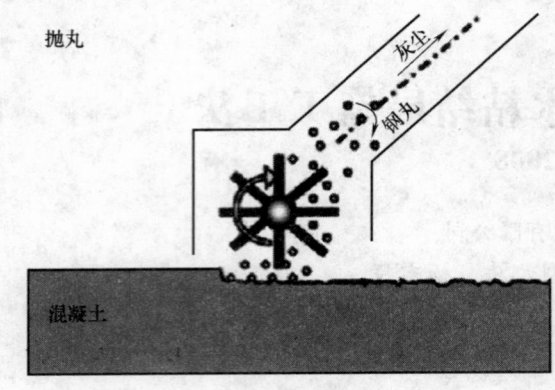

图 4 抛丸处置工艺原理示意图

表面处理的方法。钢丸、清除灰尘、杂质等一起经过反弹室至储料斗上方的分离装置将钢丸与灰尘、杂质分离，钢丸进入储料斗继续循环使用，灰尘、杂质则通过连接管进入除尘器，通过滤芯的分离，停留在储灰斗中和滤芯的表面。再通过自动反吹除尘器反吹空气自动间隔清理每一个滤芯。抛丸处置工艺原理如图4所示。

将高黏度聚合物改性沥青加温到 185±5℃，降低其施工黏滞度，使其渗入经抛丸处置露出的混凝土表面毛细孔中，增强界面沥青与混凝土的粘结效果。采用具有自动加热，自动控温、控车速、控泵压与流量联动的智能型洒布车，保证热喷高黏度聚合物改性沥青的质量。

5. 施工工艺流程及操作要点

5.1 施工工艺流程

施工准备→抛丸处置→沥青洒布（同步撒布防粘碎石）→工序检验交接。

5.2 操作要点

5.2.1 抛丸处置

1. 桥面初步清理

用人工清扫和吹风机吹风等方法对桥面进行初步清理，为抛丸施工提供一个清洁的工作面。

2. 抛丸机的调试就位

抛丸机现场进行试抛施工，根据露骨率和表面粗糙度检测结果，合理调整钢丸的大小和形状、抛丸机的行走速度、钢丸的抛射速度与流量三个关键施工参数。

3. 抛丸作业

1）在抛丸机起步阶段时，先让执丸机处于行走状态，再打开放砂阀门，以免在起步位置执丸时形成凹坑。

2）抛丸施工机械连接粉尘收集箱，单次行走的工作距离，一般不超过 30m。

3）多台抛丸机作业采用并行直线连续抛丸方式，两台机作业宽度重叠 20～30mm，并使搭接的部分不出现高低差。

4）抛丸去除深度 2～3mm，露骨率≥20%，当一遍达不到 20%时进行二次或多次抛丸。去除深度达到 3mm，表面露骨率仍达不到 20%的，为保证处置后的表面平整度，不可继续深入，否则会影响整体质量。

5）抛丸处置后的表面有均匀的粗糙度和良好的清洁度。

6）对无法抛丸处置的边角等部位，采用手持式打磨机补充处置。

7）施工人员必须穿戴干净的工作服、手套、工作帽。

8）对抛丸处置后所暴露出来的混凝土在浇筑及硬化过程中产生的收缩裂纹、孔洞等缺陷，采用水性环氧乳液进行封闭处理。

4. 废料清理

在回收粉尘时，注意及时清理除尘器内灰斗积灰，回收的粉尘集中运到卸料点处理。

5. 钢丸回收

安排专人紧跟抛丸机回收抛头处溢出的钢丸，重复利用。

6. 工序交接

抛丸处理施工结束后，应及时检验，及时进行下一道工序施工，避免干净的混凝土表面外露时间过长造成二次污染。

5.2.2 防水粘结层

1. 除尘

施工前用强力吹风机对桥面再除尘，达到清洁、干燥、无尘土。

2. 沥青与碎石洒（撒）布量标定

在洒布车行驶速度、沥青泵速、泵压达到一定条件，标定和校正沥青洒布量。在撒布车行驶速度、料斗升起角度、封层车上料门的刻度达到一定条件，标定和校正碎石撒布量。

3. 路缘带污染防护

在改性沥青碎石防水层施工前，对桥面两侧的路缘带及护栏用适当尺寸的牛皮纸或塑料薄膜进行全部覆盖，以防止污染。

4. 沥青及碎石施工

1）将温度符合技术要求的热喷聚合物改性沥青泵入洒布车的沥青贮存罐中，将符合技术要求的碎石装入碎石撒布车的集料贮存仓中。

2）检查和清洗洒布车，做到无泥土、无漏油、不污染桥面。

3）将洒布车开至施工现场，按设计要求设置好改性沥青的喷洒量和碎石的撒布量。

4）将洒（撒）布车开至施工路段，调整料斗升起的角度为36°～38°；调整沥青喷洒臂距地高度为300mm（根据风速大小适当调整高度），以保证沥青喷洒达到三重叠的效果。施工车速设定为5km/h，沥青泵联动转速为482转/min左右，沥青泵的联动泵压达到0.5～1MPa，进行试喷和参数调整，使沥青喷洒量和碎石撒布量满足规定要求。

5）调整完毕后，将洒（撒）布车开至距施工起点30m的位置，当车辆到达施工起点且车速能达到5km/h时，开始改性沥青碎石防水层施工，沥青先洒布，随后立即进行碎石撒布，施工过程中要保持车行匀速顺直，当车辆到达终点时，立即停止洒（撒）布。

6）沥青洒布要均匀，无漏洒；碎石撒布要达到分散均匀、颗粒不重叠、不成堆，覆盖率达到90％。

7）对沥青漏洒的部分进行人工补撒，对浮动重叠的碎石进行清理；对碎石覆盖率小于90％的部位进行碎石补撒。

5. 碾压

用轻型轮胎压路机碾压（行驶速度4～5km/h），碾压1～2遍。碾压时应由路边缘向中间碾压，压路机在改性沥青碎石防水层上碾压时不得停留、调头、急刹车和急转弯。碾压完毕后，对改性沥青碎石防水层全面检查，对浮动重叠的碎石予以清除，对有胶轮粘起的部位进行人工处理。

6. 接缝的处理

纵向接缝采用搭接的方式，先做的一幅碎石防水层接缝一侧应预留200mm宽度不撒碎石，下一幅施工时沿上幅碎石边线同步洒布，以便达到碎石撒布对接、沥青洒布达到3重叠的效果。

横向接缝应在接缝处放置宽1m的帆布，其长度应超出洒布宽度500mm，待洒布车通过后，应立即将帆布清洗干净，以便重复使用。

5.3 劳动组织

本工法劳动组织如表5.3。

劳动组织情况表   表 5.3

序号	单项工程	所需人数	备注	序号	单项工程	所需人数	备注
1	管理人员	4		4	沥青洒布（同步撒布防粘碎石）	12	
2	技术人员	4		5	杂工	6	
3	混凝土桥面抛丸处置	18			合计	44人	

6. 材料与设备

6.1 材料

6.1.1 施工耗材

本工法抛丸施工所消耗钢丸标准为《高碳钢丸和砂》GB/T 18838.3—2008（原标准《铸钢丸》GB 6484—86，《铸钢砂》GB 6485—86。

6.1.2 工程材料

本工法所用热喷聚合物改性沥青，采用兰亭高科《界面沥青》Q/ZLG 027—2007标准，其SHRP性能等级为PG 76—22，主要技术指标见表6.1.2。

热喷聚合物改性沥青技术指标　　　　　　　　　表6.1.2

试验项目	单 位	试验数值	试验方法
针入度(25℃,5s,100g)	0.1mm	45～60	T0604-2000
5℃延度	cm	≥30	T0605-1993
软化点(R&B)	℃	≥75	T0606-2000
60℃动力黏度	Pa·s	≥10000	T0625-2000
135℃运动黏度	Pa·s	≤3	T0625-2000

6.2 设备

本工法工程所用主要抛丸设备型号如表6.2-1。

主要抛丸设备型号表　　　　　　　　　表6.2-1

参数 ＼ 型号	佰锐泰克2-20DT	佰锐泰克2-30DS	佰锐泰克2-4800DH
抛丸宽幅	550mm	800mm	1220mm
抛丸电机功率	2×11kW	2×15kW	2×40kW
电源要求	400V50Hz63A	400V50Hz63A	自带柴油发动机
行走速度	0.5～33m/min	0.5～29m/min	0～114m/min
抛丸效率	—400m²/H	—500m²/H	—3500m²/H
外观尺寸	1950mm×720mm×1400mm	1900mm×980mm×1200mm	5740mm×2489mm×2743mm
设备重量	560kg	750kg	11500kg
配套吸尘器	854DC	854DC	一体吸尘器
建议配套电机	50kVA以上	70kVA以上	自带发动机

本工法工程所用主要施工机械设备如表6.2-2。

主要施工机械设备　　　　　　　　　表6.2-2

设备名称	单 位	型 号	数 量
抛丸机	台	2-30DS 型/80cm	2
	台	2-20DT 型/55cm	1
吸尘器	台	自动反吹854DC吸尘器	3
发电机	台	75kVA	2
	台	50kVA	1
智能沥青碎石同步洒(撒)布车	台	欧亚联合洒布机/3.9m	1
胶轮压路机	台	12t	1
沥青供给车	台	8t	1
载重汽车	辆	东风3t	2

7. 质 量 控 制

7.1 工程质量控制标准

本工法施工质量执行《公路桥涵施工技术规范》JTJ 041—2000、《公路沥青路面施工技术规范》JTGF 40—2004、《公路工程质量检验评定标准》JTGF 80/1—2004。抛丸处置目前国内尚无相关的技术规范标准,其质量检验标准允许偏差推荐值见表7.1。

抛丸处置允许偏差推荐值表 表7.1

项次	检查项目	规定值或允许偏差	检测方法频率
1	浮浆及杂物	无附着不牢的浮浆、杂物等	目测、全面
2	去除深度	2～3mm	对比法、全面
3	露骨率	≥20%	对比法、全面
4	粗糙度	表面粗糙均匀	对比法、全面

7.2 质量控制措施

7.2.1 建立健全质量保证体系,明确各职能部门和各级人员的质量职责,明确执行者和检验者,以工作质量来保证工程质量,用工序质量保证项目质量,实现质量目标。

7.2.2 根据混凝土桥面板的情况,合理调整钢丸的大小和形状、抛丸机的行走速度、钢丸的抛射速度与流量三个关键施工参数,保证抛丸处置质量。

7.2.3 抛丸机采用直线连续抛丸作业,两台机作业宽度重叠20～30mm,保证抛丸处置的覆盖面,并使搭接的部分不出现高低差。对无法抛丸处置的边角等部位,采用手持式打磨机补充处置。

7.2.4 在桥面处理完毕后方可进行防水粘结层施工,不得有可见灰尘、油污和其他污物的二次污染。施工前用强力吹风机对桥面再除尘,保持干净、干燥。

7.2.5 对沥青与碎石洒(撒)布量进行定期标定和校正。

7.2.6 控制热喷改性沥青的加热温度和洒布温度。

7.2.7 碾压后,对改性沥青碎石防水层浮动重叠的碎石予以清除,对有胶轮粘起的部位进行人工处理。

8. 安 全 措 施

8.1 建立健全安全保证体系,明确各职能部门和各级人员的安全职责,配备专职安全员和班组兼职安全员,落实安全生产责任制。

8.2 抛丸机操作人员必须佩戴护目镜,以防钢丸弹射伤人。

8.3 热喷改性沥青温度高,在加温、装料、运输、洒布过程要防烫伤。

8.4 进行安全施工应知应会教育,认真进行内容清晰、明确、具体且通俗易懂的作业前安全技术交底。

8.5 施工现场按符合防火、防风、防雷、防洪、防触电等安全规定及安全施工要求进行布置,并完善布置各种安全标识。

8.6 施工现场的临时用电严格按照《施工现场临时用电安全技术规范》的有关规范规定执行。现场用电采用三相五线制,移动照明用电采用三线制,配备标准配电箱和漏电保护装置。

8.7 建立健全安全检查制度,进行定期安全生产检查和不定期专项检查,及时采取措施消除安全隐患。

9. 环 保 措 施

9.1 认真贯彻有关环境保护的法规,加强对施工燃油、工程材料、设备、废水、生产生活垃圾、弃渣的控制和治理，随时接受相关单位的监督检查。

9.2 对施工场地道路进行硬化，并在晴天经常对施工通行道路进行洒水，防止尘土飞扬，污染周围环境。

9.3 对桥面两侧的路缘带及护栏用适当尺寸的牛皮纸或塑料薄膜进行全部覆盖，以防止污染。

9.4 4级以上大风，不进行热喷改性沥青洒布施工，防止沥青随风飘，污染环境。

9.5 设置固定的废弃物堆放点，工程废料、施工垃圾统一收集，集中处理。

9.6 保持机械设备的完好，减少噪声，不扰民。

9.7 设置固定的机修点，确保无废油污染。

9.8 文明施工，做到标牌清楚、齐全，各种标识醒目，施工场地整洁文明。

10. 效 益 分 析

在杭州湾跨海大桥（长 34.514km，铺装面积 103.542 万 m^2）、杭州市江东大桥（铺装面积 82600m^2）、宜昌市伍家岗至云池公路改建项目（铺装面积 8791.3m^2）等 3 项工程应用表明，本工法与传统的桥面处理工艺（人工凿毛、机械凿毛、高压水冲洗）相比，具有显著的经济效益和社会效益。

10.1 抛丸工艺处置桥面的成本约为机械铣刨工艺的 60％～70％，热喷改性沥青防水粘结层成本约为乳化沥青的 1.1～1.3 倍，经济效益显著。抛丸处置界面质量好，沥青黏度高，有效提高了铺装层的使用寿命，降低了公路运营和养护费用，全寿命成本更加经济，社会效益显著。

10.2 抛丸机设备小巧，操作简便，工作效率高，施工进度快，劳动强度低。由于可组织多台设备同时施工，大大提高了机械设备的使用率，降低了施工成本。

10.3 本工法抛丸处置，界面质量好，形成均匀的糙面界面，露骨率高，增强界面粘结和抗剪效果。不造成密实骨料的松动和细微裂纹，易于发现桥面混凝土在浇筑及硬化过程中存在的收缩裂纹等缺陷，提前修补措施，避免隐患扩大。采用热喷聚合物改性沥青，进一步提高界面防水粘结和抗剪效果。

10.4 抛丸处置丸料可循环使用，无粉尘污染，噪声低，改善施工环境与生态环境，节能环保。

11. 应 用 实 例

11.1 应用工程概况

11.1.1 杭州湾跨海大桥

杭州湾跨海大桥全长 36km，水泥混凝土桥沥青混凝土桥面铺装工程 34.514km，2×3×3.75m，最大坡度≤3％，桥面横坡 2％。桥面铺装为双层 SMA 铺装体系，上面层 4cm SMA-13，下面层 6cm SMA-16，桥面铺装面积 103.542 万 m^2。合同工期 2007 年 3 月 5 日至 2008 年 3 月 6 日，2008 年 5 月 1 日全桥竣工通车，经浙江省交通厅质量监督局验收评定为优良工程。经过一年的通车运行，路面性能良好，质量可靠。

11.1.2 杭州市江东大桥

江东大桥合同段起止桩号 K0+360～K4+692.5，全长 4.3325km，行车道 2×15.5m，最大纵坡≤3.5％，横坡 2％。江东大桥引桥混凝土桥面采用双层改性沥青混凝土铺装，上面层 4cm AC-13C，下面层 6cm AC-20C，SBS 改性沥青。共铺装桥面 82600m^2。2008 年 6 月 1 日开工，2008 年 11 月 30 日全桥竣工通车，经浙江省交通厅质量监督局验收评定为优良工程。

11.1.3 宜昌市伍家岗至云池公路改造项目

伍家岗至云池公路改造项目起讫里程 k2+250～k20+450，全长 18.20km，铺装沥青混凝土路面 351476.1m^2，其中水泥混凝土桥梁改性沥青混凝土桥面铺装 8761.3m^2，铺装层 6cm AC-13C，SBS 改性沥青。2008年4月20日开工，2008年12月30日全桥竣工通车，经湖北省交通厅质量监督站验收评定为优良工程。

11.2 应用工程施工总结

经上所述3项工程混凝土桥梁沥青混凝土桥面铺装施工，对共性问题总结如下：

11.2.1 抛丸处置去除混凝土板上的所有浮浆、软弱部位，形成粗糙和可靠的抗滑界面，提高水泥混凝土桥面板与沥青铺装层之间的抗剪切能力，保证铺装体系与混凝土面板共同受力变形，不产生相对位移。抛丸处置适用于混凝土浇筑均匀、骨料露骨明显、表面比较粗糙、没有较厚的离析砂浆层的桥面，对桥面浮浆较厚的局部区段和大纵坡、多刹车区段可采用机械铣刨。

11.2.2 抛丸去除深度达到3mm，表面露骨率仍达不到20％时，一般不宜继续深入，以保证处置后的表面平整度和整体质量。

11.2.3 对抛砂处置后所暴露出来的混凝土在浇筑及硬化过程中产生的收缩裂纹、孔洞等缺陷，采用水性环氧乳液进行封闭处理。混凝土表面不宜采用结晶材料处理，提高防水粘结层沥青的渗透性。

11.2.4 热喷聚合物改性沥青温度控制在180±5℃，满足施工可喷洒性和防止聚合物改性沥青高温老化。

11.2.5 工程施工表明，热喷聚合物改性沥青防水粘结层施工工法具有良好的施工可操作性，施工后检测满足设计指标要求。

时速350km高速铁路无砟轨道一次性铺设跨区间无缝线路施工工法

GJYJGF047—2008

中铁二局股份有限公司

龚成光　卿三惠　史渡　陈孟强　陈太权

1. 前　　言

本工法依托全长113.544km的京津城际铁路项目，该项目采用CRTSⅡ型板式无砟轨道结构，一次性铺设跨区间无缝线路233km，是我国第一条设计时速350km的铁路客运专线。本工法采用基地焊轨生产线将100m定尺钢轨焊接成500m长钢轨、WZ500型无砟轨道铺轨机组运输及铺设500m长钢轨、移动闪光接触焊车在工地进行联合接头焊接和无缝线路锁定焊接、铝热焊焊接道岔，一次性形成跨区间无缝线路。中铁二局通过技术创新，在成功解决无砟轨道500m长钢轨快速铺设、低温条件下的道岔锁定和无缝线路锁定等关键技术难题后，采用本工法按期完成了京津城际铁路一次铺设跨区间无缝线路233km的施工任务。该成果于2008年4月通过四川省科技厅组织的科技成果鉴定，并获得了2008年度四川省科技进步奖一等奖。

2. 工 法 特 点

2.1　采用WZ500无砟铺轨机组铺设500m长钢轨。长钢轨牵引机行走于轨道板边缘并拖拉500m长钢轨进行长轨铺设，日铺轨达6.5km，效率高。

2.2　道岔采用铝热焊方法将道岔焊接成无缝道岔。

2.3　采用移动闪光接触焊车在工地将500m长钢轨焊接成1500m单元轨，利用拉伸机对钢轨进行拉伸后再进行锁定焊接，形成跨区间无缝线路，其中工地每班焊接联合接头8个，焊接单元轨锁定接头4个。

3. 适 用 范 围

3.1　适用于高速铁路无砟轨道500m及以下的长度钢轨运输和铺设施工。

3.2　适用于常温和低温条件下高速铁路道岔锁定焊接和无缝线路锁定焊接。

4. 工 艺 原 理

使用WZ500m型铺轨机组将基地焊接成的500m长钢轨经专用线和工程线运输至铺设现场，经过铺轨牵引机拖拉、落轨小车和滚轮配合，一次将两根500m长钢轨拖拉到承轨台，上紧扣件、并进行钢轨临时连接。利用铝热焊焊对道岔进行锁定焊接、移动闪光接触焊车进行区间500m长钢轨间的联合接头焊接，并配以拉伸机进行无缝线路锁定焊接。

4.1　利用焊轨基地自动化程度高，焊接质量易于控制的优势，将100m定尺轨在基地焊接成500m长钢轨。

4.2　500m长钢轨铺设主要是通过在焊轨基地龙门群吊吊装500m长钢轨装车、内燃机车推送长钢轨运输车到施工现场、长钢轨牵引机拖拉长轨铺设、落轨小车、支承滚筒、救轨器等施工设备工具，完成长轨在无砟道床上的铺设。

4.3 利用移动闪光接触焊车施工工地将 500m 长钢轨焊接成 1500m 单元长钢轨。

4.4 根据钢轨的热胀冷缩原理，采用加热法或拉伸的手段，使长钢轨实现铺设温度与锁定温度间的温差变形。从而实现低温条件下的设计锁定状态。

加热法使长钢轨均匀受热，长钢轨实际轨温升高 ΔT 至设计锁定轨温时，长钢轨伸长量计算见式 4.4-1。

$$\Delta L = \Delta T \times \alpha \times L \tag{4.4-1}$$

式中　ΔL——钢轨伸长量（mm）；

　　　ΔT——温度变化值（℃）；

　　　α——钢轨线膨胀系数，取 $11.8 \times 10^{-6}/℃$；

　　　L——钢轨长度（m）。

拉伸法使长钢轨均匀伸长，ΔL 与上述温度伸长量相当时，长钢轨状态达到设计锁定轨温状态，拉伸力计算见式 4.4-2。

$$F = \left(E \times \frac{\Delta L}{L} \right) \times A \tag{4.4-2}$$

式中　F——拉力；

　　　E——钢轨弹性模量，取 210GPa；

　　　ΔL——钢轨伸长量（mm）；

　　　L——钢轨长度（m）；

　　　A——钢轨横断面积，采用 60kg/m 钢轨时，A 取 $77.45 \mathrm{cm}^2$。

另外：

钢轨质量：0.61kN/m

钢轨与辊轴的摩擦系数 $\mu = 0.16$；

每组钢轨扣件的纵向阻力按 9kN 计。

具体不同长度长钢轨在不同温差条件下换算计算结果见表 4.4。

不同长度长钢轨在不同温差条件下换算计算结果表   表 4.4

温差℃	钢轨长度 m	拉伸量 mm	拉伸率	拉应力 MPa	拉伸力 kN	摩擦力 kN	总拉力 kN
35	2000	826	0.000413	86.73	671.72	195.2	866.92
35	1500	620	0.000413	86.73	671.72	146.4	818.12
35	1000	413	0.000413	86.73	671.72	97.6	769.32
30	2000	708	0.000354	74.34	575.76	195.2	770.96
30	1500	531	0.000354	74.34	575.76	146.4	722.16
30	1000	354	0.000354	74.34	575.76	97.6	673.36
25	2000	590	0.000295	61.95	479.80	195.2	675.00
25	1500	443	0.000295	61.95	479.80	146.4	626.20
25	1000	295	0.000295	61.95	479.80	97.6	577.40
20	2000	472	0.000236	49.56	383.84	195.2	579.04
20	1500	354	0.000236	49.56	383.84	146.4	530.24
20	1000	236	0.000236	49.56	383.84	97.6	481.44
15	2000	354	0.000177	37.17	287.88	195.2	483.08
15	1500	266	0.000177	37.17	287.88	146.4	434.28165
15	1000	177	0.000177	37.17	287.88	97.6	385.48165

从表 4.4 可以得出，90t 级液压拉伸机可满足实际轨温低于设计锁定轨温时，最大 35℃温差条件下，钢轨长度 2000m 及以下时单元轨的放散锁定施工。

4.5　在低温条件下，采用铝热焊方法配合火焰加热的方式将道岔及岔前 50m 钢轨加热至设计锁定轨温进行放散锁定；将区间最后一根 500m 长轨进行应力放散后与道岔进行铝热焊接，从而形成跨区间无缝线路。

5. 施工工艺流程及操作要点

5.1　施工工艺流程

1. 500m 长钢轨基地焊接及铺设施工工艺流程图（图 5.1-1）

2. 移动闪光接触焊车工地长钢轨焊接施工工艺流程图（图 5.1-2）

3. 长钢轨低温锁定施工工艺流程图（图 5.1-3）

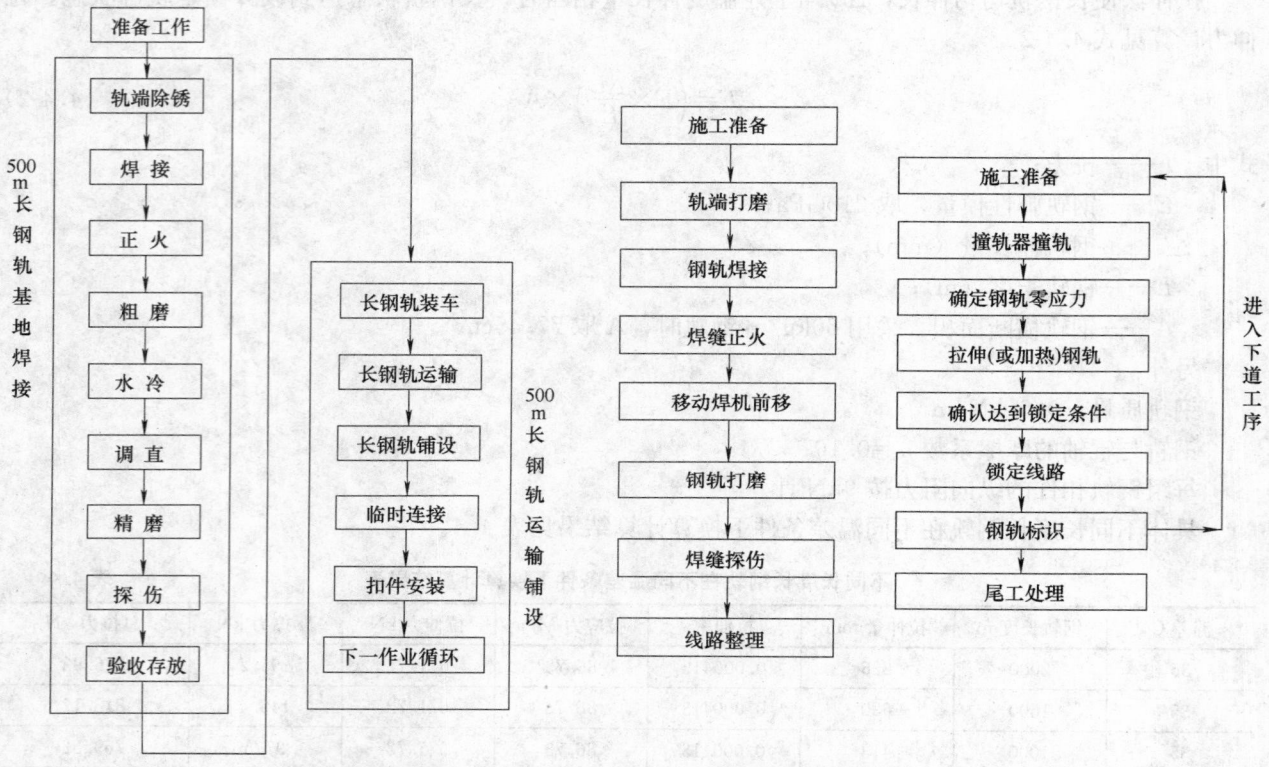

图 5.1-1　500m 长钢轨基地焊接及　　　图 5.1-2　移动闪光接触焊车工地　　图 5.1-3　长钢轨低温锁定
铺设施工工艺流程图　　　　　　　长钢轨焊接施工工艺流程图　　　　施工工艺流程图

5.2　操作要点

5.2.1　施工准备

1. 铺轨施工前对线路进行清理，保证线路上无侵限障碍物，施工使用的临时通信畅通。

2. 在焊轨基地进行 500m 长钢轨铺设工艺试验。

3. 清理无砟轨道存轨台上的杂物，确保钢轨拖拉到位时顺利落槽。

4. 检查焊轨及配套设备、长轨运输车、牵引机、落轨小车、铝热焊设备、移动接触焊机、拉伸机等设备及施工机具的技术状况应良好。

5.2.2　500m 长钢轨运输和铺设

1. 长钢轨装车

利用焊轨基地 32 台 2t 固定式龙门吊进行长轨的装卸作业，装完第一层之后，对第一层钢轨进行锁定。

2. 长钢轨运输

机车顶推长钢轨运输车到施工现场。将落轨小车与长钢轨运输车连接，解除待铺的一对长钢轨的锁定装置。

3. 长钢轨铺设

1) 铺轨牵引机拖拉钢轨前，在铺轨前方存轨槽之间按 10m 间距摆放滚轮，并清扫存轨槽。

2) 启动牵引机上的液压卷扬机，人工牵引钢丝绳经过落轨小车的导向框至待铺设的一对 500m 长钢轨。

3) 用楔铁和夹轨器与钢轨连接牢固，启动液压卷扬机拖拉钢轨至牵引机后 1m 处停车，拆除夹轨器并将其放于车上，收紧钢丝绳，以免钢丝绳在拖轨过程中由于钢丝绳下挠与轨道扣件发生擦挂。

4) 牵引机后退约 1m，用牵引机上的夹轨器与钢轨连接。

5) 启动牵引机拖拉钢轨向前行进，在钢轨即将拖拉到位时应放慢速度，使钢轨沿落轨小车的斜面梭槽缓慢落下，以免造成钢轨损伤或引发其他的安全事故。

6) 临时连接

一对 500m 钢轨拖拉到位，拆除支垫滚轮、长轨落槽，用救轨器和鱼尾板临时连接相邻的两根 500m 钢轨。

7) 扣件安装

沿铺轨方向按 1/4 上紧扣件，并用丁字扳手将螺栓拧紧。

8) 下一作业循环

机车顶推铺轨机组以 5km/h 的速度向前行进至落轨小车距离已铺轨轨端约 20m 位置一度停车，以 1km/h 的速度对位，然后进行下一对长钢轨的铺设。

5.2.3 跨区间无缝线路施工

1. 500m 长钢轨工地联合接头焊接

1) 准备工作。移动焊轨机对位，支撑支腿油缸，拆除焊机前 3m 左右和前端待焊 500m 长轨的扣件，并用滚轮支垫，使两待焊轨端平齐。

2) 轨端除锈。用手砂轮机对钢轨端部 600mm 范围内的轨腰和端面进行除锈至表面有金属光泽。

3) 焊接。焊接前利用煤气喷枪对钢轨进行预热至 50℃，然后操作焊轨车吊机，焊机对钢轨进行夹持、焊接并进行保压推瘤。

4) 焊轨机前行。同线另一根钢轨焊接完成后，拆除滚轮，按照 1/3 上线路扣件，并拧紧。轨道车顶推焊轨机前行进行下一根钢轨焊接。

5) 正火。拆除焊缝两段约 15m 左右的扣件，将钢轨适当垫高，用氧炔焰对焊缝进行加热至 900±50℃，熄火后迅速利用专门制作的钢轨焊头保温箱和石棉被对焊头进行覆盖，防止冬季低温和自然风使钢轨的冷却速度过快而淬火。

6) 钢轨打磨。对焊头轨底上角、下角进行打磨，应打磨圆顺；用仿型打磨机将焊缝及焊缝两侧 1m 长度范围内的轨顶面、轨头侧面进行精细打磨。

7) 探伤。利用便携式超声波探伤仪对焊缝进行探伤，并喷焊接流水号。

2. 道岔焊接锁定

道岔锁定焊接与区间 500m 钢轨联合接头焊接同时进行，以保证跨区间无缝线路应力放散锁定施工的连续性，为工期提供有力保障。

1) 施工准备。拆卸即将焊接的道岔钢轨焊缝两侧约 15m 的扣件，必将钢轨适当垫高，满足模型安装需要。同时将焊接所需要的氧气、丙烷及焊接施工所需的工器具搬运至施工现场。对待焊钢轨根据需要进行锯切，并保证所锯切的钢轨断面与轨底面或顶面垂直。

2) 除锈。对钢轨轨端面进行除锈至有金属光泽，并用钢丝刷清除轨端 500mm 范围内的铁锈和杂质。

3）焊接。安装模型，进行预热，加入焊剂，用高温火柴点燃焊剂进行焊接。推瘤、清除焊渣。

4）打磨。用仿形打磨机对钢轨顶面、工作边、侧边和轨底角进行打磨至规范要求。

5）探伤。利用便携式超声波探伤仪对焊缝进行探伤，并喷焊接流水号。

6）道岔锁定。在锁定轨温范围内，用锤敲击钢轨轨腰，释放应力，拆除钢轨支垫，钢轨落槽，上扣件并拧紧至规定力矩。

3. 区间无缝线路长钢轨低温锁定施工

1）施工准备

无缝线路长钢轨低温锁定由区间或股道的一端向另一端施工。

a. 人工拆除起点处一对 100m 拉伸锚固轨和与其连接的 1500m 单元轨范围内全部轨枕扣件和绝缘垫片，按 10m 间距支垫滚轮，使钢轨处于"无阻力状态"。

b. 在钢轨轨腰上每间隔 100m 安装轨温器，查看轨温。

c. 在 1500m 钢轨上按 200~300m 间距安装撞轨器，并向锁定施工前进方向进行撞轨，使初始锁定的 100m 轨和 1500m 单元轨之间留有预计初始锁定轨因加温而产生的伸长值位置。

2）起点处 100m 拉伸锚固轨锁定焊接

起点处拉伸锚固轨由于不能提供拉伸反力，不能采用拉伸法锁定，由于在低温条件下进行区间锁定时，道岔钢轨不能进行拉伸。因此，100m 拉伸锚固轨采用加热的方式使钢轨伸长，达到锁定轨温的长度。

a. 用锤敲击钢轨轨腰使钢轨在滚轮上伸缩进行应力释放，使钢轨处于"无外力自由伸缩状态"，在钢轨沿线路方向两端和中部设位移观测点，查看钢轨伸长量。

b. 每 5m 设置一个加热喷枪对钢轨进行反复循环加热，观察轨温表的轨温显示和钢轨伸长量。

c. 当钢轨伸长量达到计算值且钢轨温度达到锁定轨温上限时停止加热，迅速取出滚轮使钢轨落槽，并上紧扣件对钢轨进行锁定。

d. 利用接触焊机对 100m 拉伸锚固轨与前端的 1500m 单元轨进行焊接。

3）单元轨应力放散

a. 利用撞轨器向施工反方向进行撞轨和敲轨，使钢轨处于当前轨温的自由长度，在 1500m 单元轨前端安装钢轨拉伸机。

b. 每隔 100m 根据拉伸长度要求设置一个钢轨观测点，以便确认钢轨的均匀拉伸和钢轨拉伸量。

c. 在拉伸钢轨的同时，辅以撞轨器向锁定施工前方方向撞击，并配以铁锤敲击钢轨轨腰，使钢轨在拉伸时均匀伸长。

4）线路锁定

a. 观测钢轨拉伸过程中每个观测点的位移量，当钢轨拉伸量达到计算要求时，停止拉轨，取出钢轨下面的滚轮。

b. 拆除支垫滚轮及撞轨器，上齐轨枕扣件和绝缘垫片，每隔 100m 利用一台定扭矩的内燃扳手对钢轨沿线的扣件进行紧固，并拧至规定扭矩值，完成 1500m 钢轨的应力放散锁定。

c. 拆除钢轨拉伸机，并转移同线另一根钢轨上进行应力放散和锁定。

5）设置线路标志

设置位移观测桩，粘贴位移标尺，清理线路。

6）其他两单元轨之间的焊接

两单元轨之间钢轨焊接时，焊缝应设在两承轨台之间，离承轨台的最小距离 100mm。

5.3 劳动力组织

新建客运专线铁路无砟轨道基地焊轨生产线为流水生产线作业方式，500m 长钢轨运输铺设为基地装车、现场铺轨同时作业的方式，其劳动力组织见表 5.3。

劳动力组织表 表 5.3

序号	岗 位	人数	人员配置说明
一、长钢轨基地焊接劳动力组织			
1	配轨及吊装	7	100m 轨吊装及配轨
2	除锈	1	操作除锈机
3	焊接	3	焊轨及轨头编号
4	正火工位	1	轨头正火
5	粗磨工位	2	焊头粗打磨
6	四向调直	1	焊头调直
7	精磨	2	焊头精确打磨
8	探伤	2	检查焊头内部质量
9	长轨吊装及存放	13	500m 轨吊装存放
10	机修值班人员	3	焊轨基地设备维修保养,水电检修
11	安全员	1	安全监督、检查
12	巡守工	4	基地巡守
13	值班工区主任	1	焊轨工作协调
二、500m 长轨铺设施工劳动力组织			
1	管理人员	10	工区主任、机械、技术、安质、物资
2	装轨工班	13	负责存放场 500m 长钢轨装车、封车
3	调车组	20	负责存放场装车、铺轨现场调车
4	铺轨工班	45	长轨铺设
5	机车组	6	负责机车、轨道车操作
6	机械组	4	负责长轨牵引机、锯轨机操作
7	指挥人员	1	负责施工现场的协调、调度
三、无缝线路锁定施工劳动力组织			
1	焊轨队长	1	
2	轨道车司机	1	轨道车与移动焊轨车联挂
3	焊轨车操作	3	
4	除锈、锯轨	2	钢轨除锈
5	正火	2	
6	打磨	2	手砂轮和仿型打磨机各 1
7	探伤	2	
8	质量检查及喷号	1	
9	防护	2	线路两端
10	线路工	2	
11	普工	160	拆卸及恢复线路、安拆滚筒、钢轨拉伸、撞轨、位移观测等
12	值班电工及机修工	2	包括锯轨等
13	调车人员	1	
合计		321	

6. 材料与设备

主要设备及机具配置表　　　　　　　　　　　　　　　　　　　　　　　表6

序号	名　称	规　格	单位	数量	备注
一、基地焊接设备					
1	闪光对接焊机	Gaas 80/580	台	1	
2	钢轨除锈机	MBS-14A	台	1	
3	四向调直机	SPM 4NL	台	1	
4	钢轨精磨机	MMA-14AL	台	1	
5	正火设备	KGPS100-4	台	1	
6	水冷隧道		台	1	
7	超声波探伤仪	CTS-23plus	台	1	
8	钢轨带锯	G4228	台	1	
9	落锤试验机	LC-05	台	1	
10	输送线	1936m	套	1	
11	变压器	S9-630/10	台	1	
12	变压器	S9-400/10	台	1	
13	变压器	S9-200/10	台	2	
14	龙门吊	MD10t×17m	台	5	
15	龙门吊	MD2t×17m	台	64	
16	手砂轮机	800w	台	2	
二、铺轨设备机具					
1	内燃机车	DF4	台	2	
2	轨道汽车	JY290-DT	台	1	
3	长钢轨运输列车	500m	套	2	
4	长钢轨牵引机	WZ500	台	1	
5	滚轮		个	100	
6	丁字扳手		把	80	
7	救轨器	60kg/m	个	900	
8	鱼尾板	60kg/m	对	900	
9	内燃锯轨机		台	1	
10	起道机		台	2	
11	长轨牵引卡具	60kg/m	个	2	
12	手推车		台	15	
13	对讲机	GP88S	台	10	
三、无缝线路锁定施工设备					
1	移动焊轨车	K922	台	1	
2	轨道车	JY290DT-5	台	1	
3	内燃锯轨机	HC355	台	2	
4	端面打磨机		台	2	
5	仿型打磨机	MR150E	台	2	
6	氧炔焰正火设备		套	1	
7	发电机	凯马5kW	台	4	
8	内燃螺栓扳手	NLB-300	台	30	
9	超声波探伤仪	CTS-23plus	台	2	
10	粗磨设备	800W	套	2	
11	滚轮		个	200	
12	钢轨检查尺	1m	套	6	
13	起道机	15t	台	8	
14	交通车	45座	台	3	
15	载重汽车	3t	台	3	

7. 质量控制

7.1 钢轨焊接前按规定进行型式试验，取得铁道科学研究院焊接型式试验检验报告后方可进行钢轨焊接；铺轨前进行工艺性试验，设备调试合格、工艺成熟后方可进行铺轨作业。

7.2 钢轨焊接、正火、探伤等特殊工种人员委托铁道部铁科院及相关单位进行技能培训，其他设备操作人员经技术培训考试合格持证上岗。

7.3 通过各工序的质量自检和互检，确保焊头质量符合 TB 1632—2005 规范要求，确保焊头轨顶面和工作边的平直度达到 0～+0.2mm 要求。

7.4 对于钢轨焊接、正火、探伤、装吊、行车、应力放散等作业人员进行技术培训，增强员工的技能和安全意识。施工前进行详细的技术交底，使所有参战的施工人员熟悉施工工艺和工序。

7.5 钢轨工地接触焊接施工中，经过型式试验确定的焊接参数，不得随意改变，每个焊头由焊机计算机全过程自动监控，识别焊头的合格情况。并按规定每焊接 500 头进行周期性生产检验。

7.6 钢轨焊接前对焊缝两端各 1m 范围进行预热，正火后必须对焊接接头进行保温，以免焊头因冷却过快而淬火。

7.7 在无缝线路应力放散锁定施工过程中，各工序施工人员按照技术交底要求和施工规范、技术标准，严把质量关。

8. 安全措施

8.1 按照"安全第一，预防为主"的方针，建立健全安全管理体系，推行安全生产责任制。

8.2 施工前进行安全技术培训、考试和进行技术交底。

8.3 设备操作人员、行车人员严格遵守安全操作规程，按章操作。

8.4 焊轨过程中，必须统一指挥和号令，每一道工序完工后都必须解除本道工序的生产线锁闭装置或给总操作台一个信号，总控制台在确认每道工序完工后方可走轨。

8.5 钢轨在运行过程中设专人监控，发现异常及时通知总控制台停机，待故障排除后方可继续走轨。

8.6 长钢轨吊装作业时，必须确认夹轨钳与钢轨连接可靠，统一号令后方可横移或起落。在装车时，必须待钢轨基本静停后方可下落至长轨运输车的滚道上。

8.7 长轨运输车上的一层钢轨装完，必须将锁轨车上的锁轨装置安装牢固再装第二层钢轨并锁定。

8.8 机车顶推长轨运输列车时行车速度应控制 15km/h，在接近铺轨机组落轨小车或起铺点时 20m 处应一度停车，得到指令后，以 1km/h 前行对位，对位后机车和长轨运输车安放止轮器。

8.9 经常检查钢轨牵引夹轨器和楔铁，发现异常应及时更换，卷扬机从长轨车拖拉钢轨时，钢丝绳两侧严禁站人，防止钢丝绳断裂伤人。

8.10 在钢轨即将到位时，降低牵引机的速度，使钢轨尾端缓慢的顺落轨小车的斜面梭槽滑落至滚轮上，以减小冲击或引发安全事故。

8.11 加强行车安全管理，行车中严格控制车速，施工中应在施工前后端各 500m 距离处设置安全防护。

8.12 焊接施工时，施工人员应避让飞溅的火花；经常检查正火设备氧气乙炔管道的密封性能

8.13 钢轨应力放散锁定施工中，撞轨和取放滚轮时用撬棍抬放钢轨应齐心协力，安装取出滚轮应迅速，以免引发安全事故。

9. 环 保 措 施

长轨焊接施工中产生的铁屑、灰尘经除尘器收集后，定期清理，集中存放及处理。

10. 效 益 分 析

京津城际铁路是我国第一条时速350km铁路客运专线，备受国内国际关注，该基地长轨焊接施工取得良好效果，焊头质量一次性通过国家有关检测机构的质量检验和认可。

创造了无砟轨道500m长钢轨铺设单日6.5km/班、1个月铺设233km的铺轨速度。1个半月在寒冷冬季完成233km无缝线路锁定施工和道岔锁定焊接施工。

本工法关键技术正在申请5项专利。其中发明2项：无砟轨道长钢轨铺设方法（200710051011.2）、低温条件长轨锁定施工方法（200710051022.0）；实用新型3项：无砟轨道长钢轨铺轨牵引机（200720082620.x）、无砟轨道长钢轨铺轨牵引机障碍避让检测装置（200720082619.7）、无砟轨道长钢轨落轨设备（200720082787.6）。

11. 应 用 实 例

京津城际铁路全长113.544km，是我国第一条设计时速350km铁路客运专线，既是我国铁路跨越式发展的标志性和示范性工程，同时也是2008北京奥运会配套工程，全线采用CRTSⅡ型板式无砟轨道结构一次性铺设跨区间无缝线路233单线公里。中铁二局运用本技术在平均气温－5℃以下、最低气温－15℃的恶劣天气条件下一次性完成全部无缝线路长钢轨铺设和锁定施工，避免了二次应力放散。铁道部和使用单位组织的无缝线路锁定轨温检测仪检测的结果表明，施工质量满足时速350km铁路客运专线的技术要求。2008年4月25日，动车组在试验中，创造了394.3km/h的新纪录，动载下的轨道质量满足客运专线运营要求。

跨座式单轨 PC 轨道梁预制工法

GJYJGF048—2008

中铁二十三局集团有限公司　中铁二十四局集团有限公司

田宝华　石元华　张玉萍　余洋　夏代军

1. 前　　言

　　跨座式单轨交通系统方式在国内首次运用于重庆轨道交通二号线，它以其环保、低噪、爬坡能力强、转弯半径小等诸多优点将成为城市轨道交通的一种重要发展方向。该交通方式有三大关键技术：道岔、车辆、PC 轨道梁（以下简称 PC 梁）。PC 梁作为跨座式单轨交通系统的三大关键技术之一，它不仅是承重的桥梁结构，同时也是支承和约束车辆行驶的轨道，此外 PC 梁还是牵引供电、信号等系统的载体。因而，它是集多种功能于一体的建筑结构，既要有足够的强度，又必须具有足够的精度，国际上仅日本和马来西亚等少数国家有使用该项技术的成功经验。其技术难点是每榀 PC 梁制作时都会根据线路的布置需要，在梁的跨度、平面曲线、竖曲线及预埋件种类等方面进行相应的变化调整。中铁二十三局集团有限公司于 1995 年开始调查、收集大量资料，做了详细的可行性研究。1997 年完成工装初步设计和制造方案，1999 年 4 月完成了 PC 梁模板全套设施的总装，并分别于 7 月和 9 月生产出第 1 榀直线梁和第 1 榀曲线梁，12 月顺利通过由铁道部科技教育司组织的技术评审，由张澍曾、周庆瑞等国内著名专家组成的评审委员会一致认为：由中铁二十三局集团有限公司独立设计并制造的高精度可调式模板系统"设计科学合理、使用功能完善、性能稳定可靠，具有独创性，属国内首创"。2000 年 3 月生产出第 1 榀复合曲线梁，并在西南交通大学结构试验中心进行了动载试验和解剖试验，通过了产品形式检验。至此，PC 梁的国产化宣告成功，填补了国内该项技术的空白，中铁二十三局集团有限公司因此取得了《高精度可调式模板》、《跨座式单轨预应力钢筋混凝土轨道梁制造工艺》、《跨座式单轨预应力混凝土桥梁体》三项国家专利。该工法在重庆轻轨二号线一期和二期 PC 梁预制工程中得到了成功运用，并荣获了"二 00 四年度重庆市三峡杯优质结构工程奖"、"第五届重庆市市政工程金杯奖"、"中国市政金杯示范工程奖"、"全国优质工程银质奖"等多项奖励。为提高重庆轻轨二号线国产化率作出了卓越的贡献。

2. 工 法 特 点

　　跨座式单轨 PC 轨道梁结构的特殊性决定了其工艺操作方法的特殊性，本工法的主要特点如下：

　　2.1　采用一套高精度可调式钢模，能够制作直线 PC 梁，也可以制作平面曲线半径 $R=75\text{m}\sim\infty$、竖曲线半径 $R=3000\text{m}\sim\infty$、梁长 $L=10\sim24\text{m}$ 的曲线 PC 梁。

　　2.2　PC 梁制作底模为可移动台车。

　　2.3　PC 梁制作模具能够固定相应部位的预埋件，如底模台车固定铸钢支座、电缆桥架，端模固定指形板座（PC 梁间连接结构），侧模固定绝缘子固定预埋管、车体接地固定预埋管等。

3. 适 用 范 围

　　本工法适用于一套模板制造不同线形（直线、平面曲线、竖曲线、复合曲线），不同跨度，并且精度要求高，预埋件设计复杂的预应力钢筋混凝土结构，特别适合于跨座式单轨交通系统中的预应力钢筋混凝土 PC 轨道梁。

4. 工 艺 原 理

PC 梁是一种后张法预应力混凝土梁，采用特殊的高精度可调式模板预制而成，其截面形式见图 4，是一种工字箱形梁。其制造原理是先浇筑梁体，设置预应力预留管道，待混凝土达到设计要求后，进行张拉工序，通过锚具传力，使混凝土达到预压的工艺流程。其关键工艺是以可移动台车作底模，先把将要预制的 PC 梁的线形、预埋件种类及埋设位置标注于台车上（即工序中的台车放样），然后根据标注，在台车上绑扎钢筋骨架，并同时安装预埋件、端模、内模等，待上述工序完成后，再将台车移入高精度可调式模板中进行线形调试及检测，待复核无误后再进行混凝土灌注。

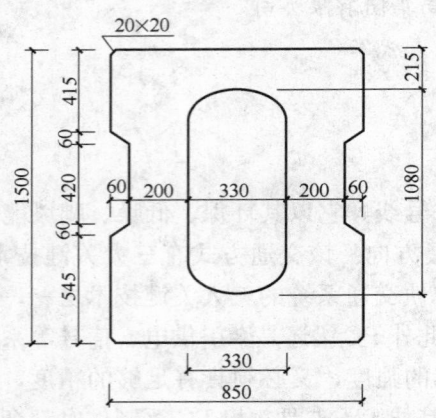

图 4　PC 梁截面示意图（单位：mm）

4.1　模板系统的构成（图 4.1）

4.1.1　立柱：支撑可滑动侧模吊臂及位移调节器；承受侧模板调节时的反力。

4.1.2　侧模吊臂装置：支撑侧模装置的重量，并调整侧模板的高度。

4.1.3　位移调节器：一套模板的单侧由 15 组大、小位移调节器组成，其上有标尺杆，可以精确控制调节量。

4.1.4　台车：作为 PC 梁预制的底模，其长度、高度可调，并能调节和固定端模。

4.1.5　侧模装置：主要有由竖带和横带组成的侧模支撑，侧模中模板调节装置，侧模板等组成，用于形成 PC 梁的平面曲线及竖曲线。

4.1.6　端模：根据不同的平面曲线和竖曲线需要，在制梁时可调整梁体端部高度、倾角及转角。

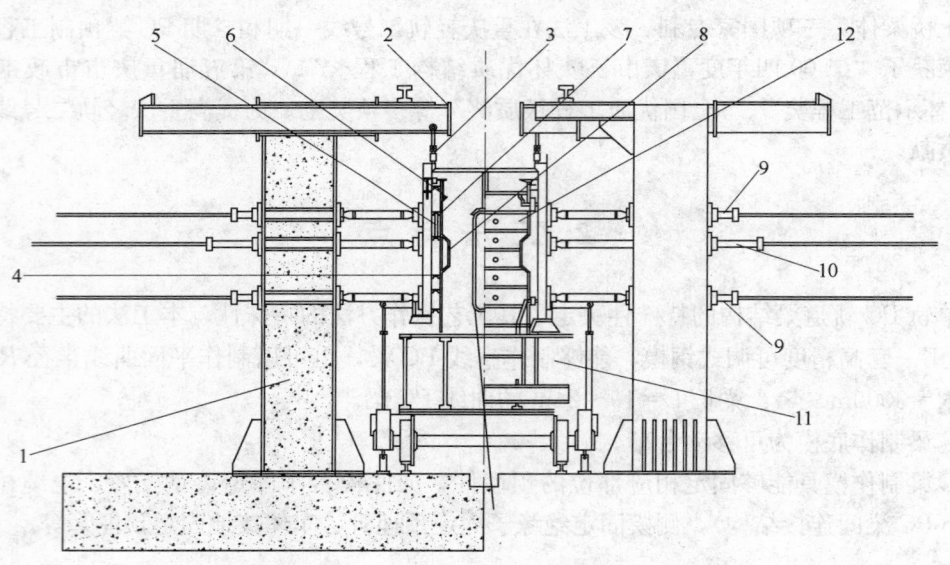

图 4.1　高精度可调试模板截面示意图

1—立柱；2—侧模吊臂；3—侧模高度调节器；4—侧模板加劲钢带；5—中模板调节装置；6—线型板；7—侧模板；8—附着在侧模板上的中模板；9—侧模小位移调节器；10—侧模大位移调节器；11—底模台车；12—端模

注：上图中左半为模板中间截面图，右半为端视图。

4.2 PC 梁线形形成原理

1. 平面曲线形成原理

根据平面曲线沿梁长方向不同位置的设计值，通过对相应位移调节器杆的拉或压使梁体模板发生位移，并利用大、小位移调节器杆上的位移标尺测定位移量，来达到平面曲线的线型精度。

2. 竖曲线及预设拱度的形成原理

竖曲线及预设拱度是根据沿梁长方向不同位置的梁顶标高设计值，通过调整侧模高度调节器和线型板，并利用水准仪进行测量，来达到竖曲线及预设拱度的线型精度。

3. 中模板的调整原理

通过计算求出不同处中模板的位置，调整中模板背后的调节柱座销使中模板达到计算位置，并拧紧调节柱座销，从而达到规定的线型。

5. 施工工艺流程及操作要点

5.1 施工工艺流程（图 5.1）

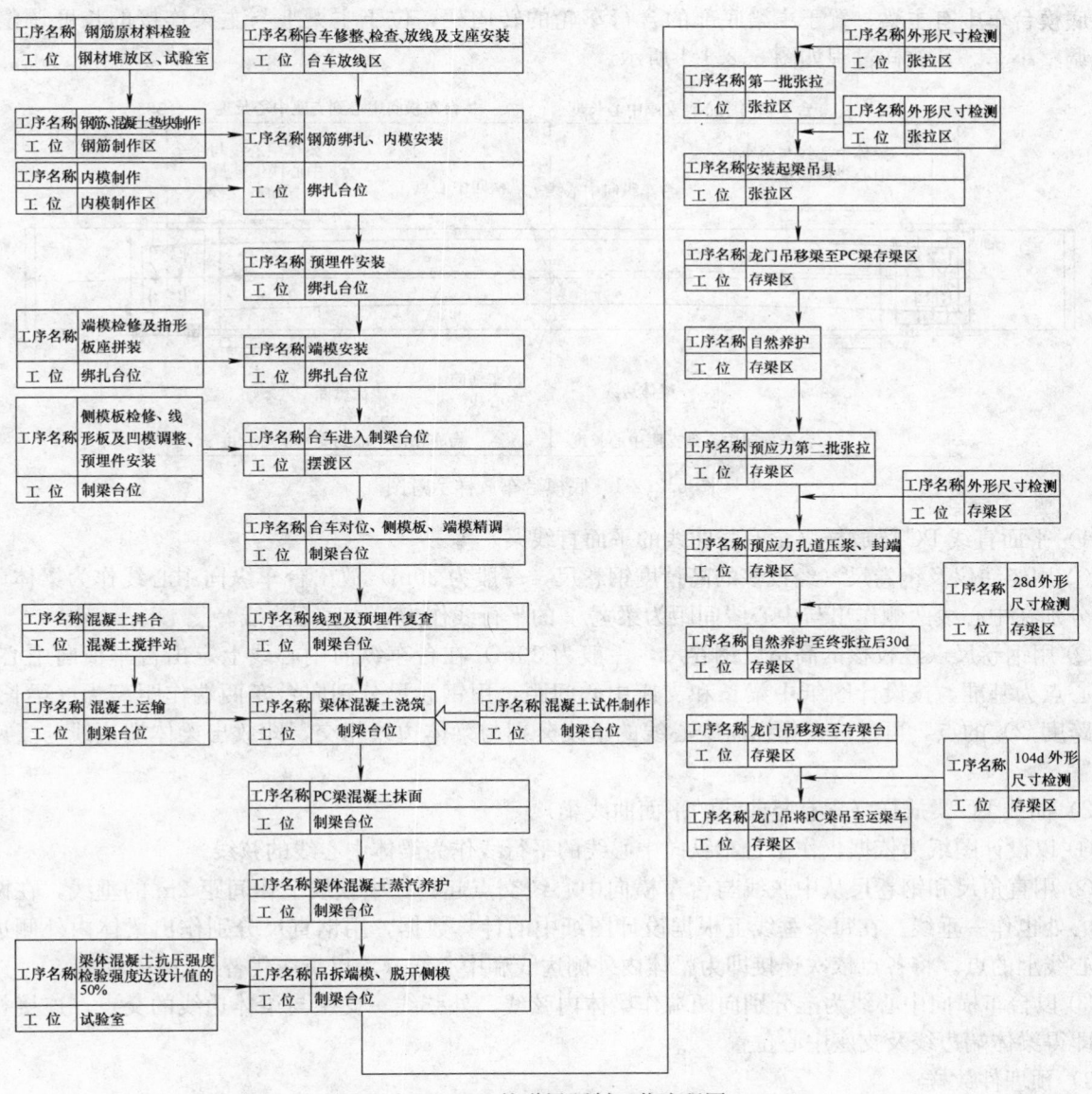

图 5.1　PC 轨道梁预制工艺流程图

5.2 操作要点

5.2.1 钢筋工程

1. 由于 PC 梁线形多变，不同线形梁在同一部位的钢筋下料长度不等，因此每榀梁钢筋下料前需技术部门根据设计线形进行交底，从而保证钢筋的成型精度。

2. 钢筋制作需根据对应梁体不同部位的超高进行逐一弯制，并按组立顺序进行叠放。

3. 钢筋组立需根据台车放样所示平面曲线进行组立，并按台车放样所示的预埋件种类及数量进行定位安装。

5.2.2 模板工程

1. 内模根据不同梁型按设计要求对应制作。

内模在 PC 梁施作中为一次性（在梁体内不再取出），中随梁体的跨度、平面曲线半径的变化而作相应变化；内模需具备足够能承受混凝土挤压变形及破坏的刚度及强度，一般做法是以优质层板作为隔板（1 个/m），以截面为 40mm×20mm 的木条镶嵌在隔板上作为内模骨架，将 0.5mm 薄铁皮作为面板铺钉于内模骨架上即可。

2. 底模台车放样（图 5.2.2-1）

底模台车中有主梁、置于主梁底部的含行车轮的转向架，位于主梁上与主梁连接的长度调整段、支座调整小车。其放样过程如图 5.2.1-1 所示。

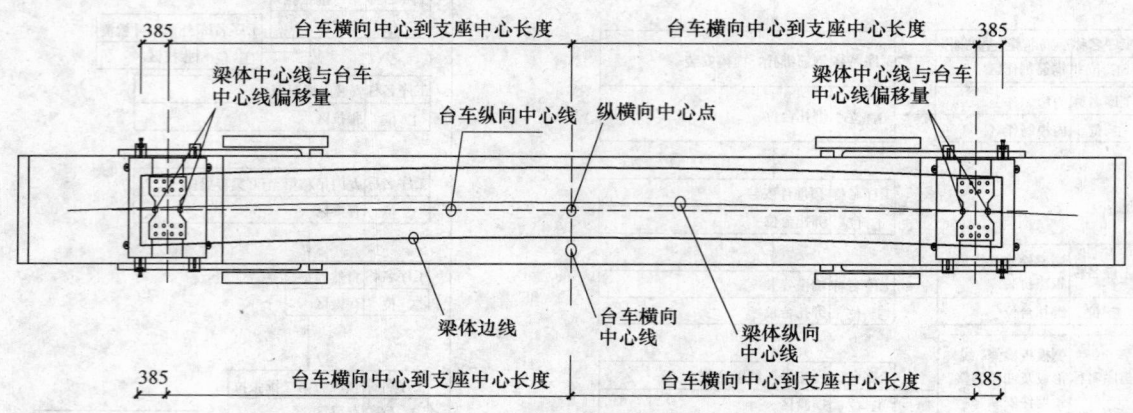

图 5.2.2-1 底模台车放样示意图

1）平面直线 PC 梁放样（含有竖曲线的平面直线梁）

① 用经纬仪及钢卷尺（经校核的高精度钢卷尺，一般为 30m）放出台车纵向中心线作为梁体中心线，分别在中心线两侧作出与中心线间距为梁宽/2 的平行线作为梁体底面边线。

② 用钢卷尺（经校核的高精度钢卷尺，一般为 30m）在台车纵向中心线上定出台车横向中心点，以中心点为基准，按设计图纸中梁长和支座中心间距，用钢卷尺分别向台车两端作距离为（梁长/2）及（跨度/2）的点，再过该点作纵向中心线的垂线分别与梁体边线相交，即放出梁体端边线与支座中心位置。

2）曲线 PC 梁放样（含有竖曲线的平面曲线梁）

① 以设计图纸为依据，作出台车纵向中心线的平行线作为梁体中心线的弦线。

② 用直角尺和钢卷尺从中弦线与台车横向中心线交点起，在中弦线上作间距 2m 的垂线，在两支座中心处也作一垂线。在每条垂线上根据设计图纸中的计算数据，用钢直尺分别作出梁体内外侧边线及中心线上的点。将各点依次连接即为梁体内外侧边线和中心线（均以折线代替）。

③ 以台车横向中心线为准分别向两端作梁体内弦线、外弦线、支座与梁体边线的交点，连接相应交点即得梁体端边线及支座中心位置。

3）预埋件放样

梁体的边线和中心线以及支座中心位置在台车上放样之后，根据设计图纸上相应 PC 梁的预埋件种类（绝缘子固定预埋管、电缆桥架、馈线上网电缆预埋管、避雷器电缆预埋管、车体接地电缆预埋管、中间引下防护预埋管）及布置位置在台车上作出相应的平面投影位置。

3. 端模配装

1）端模组装

① 先安装指形板预埋件定位铁座，再安装指形板座预埋件，指形板座应与相应的定位铁座贴合紧密。

② 锚具支承板用螺栓固定在端模上。

③ 依据对应梁体设计图纸端部处的超高加工相应尺寸的木垫板，并将木垫板用螺栓安装在端模底部。

2）端模安装

① 在台车端头安装端模拉杆支柱，根据台车放样吊装端模底线大致到位，并用端模拉杆将端模与台车上固定的拉杆支柱用销轴连接。

② 调节端模拉杆，使端模底部内边线与台车上的梁底端边线重合，并使端模倾角、转角符合设计图纸中的各项规定角度值。

③ 端模安装完成后，复测跨度、梁长及端模倾角、转角。

4. 立模

1）在台车进入模具室前，应依据设计图纸将线形板、中模板调整完毕，并安装绝缘子固定预埋管及车体接地用固定预埋管。调节侧模下缘到台车顶面间距为20mm。调整跨中处竖曲线调节丝杆，使跨中截面处两侧线形板台面至台车顶面高差为1500mm。以调节好的跨中截面处的线形板台面高度为基准，调整竖曲线调节丝杆使各丝杆对应截面处线形板台面与跨中截面处的线形板台面高差符合设计图纸中相应的预留反拱值。

2）松开中模板与侧模板的紧固螺栓，调整中模板调节丝杆，使每节中模板两端的顶角到线形板台面距离为415mm。各中模板调到位后，拧紧紧固螺栓。用玻璃胶、封口胶等密封各中模板接缝处的间隙，然后刷脱模剂。

3）将梁体钢筋骨架随台车一起送入混凝土灌注位置。调节台车纵、横向位置，使台车精确就位。依据设计图纸依次调节各拉压杆的拉压量，将模板调整至设计线型（图5.2.2-2）。

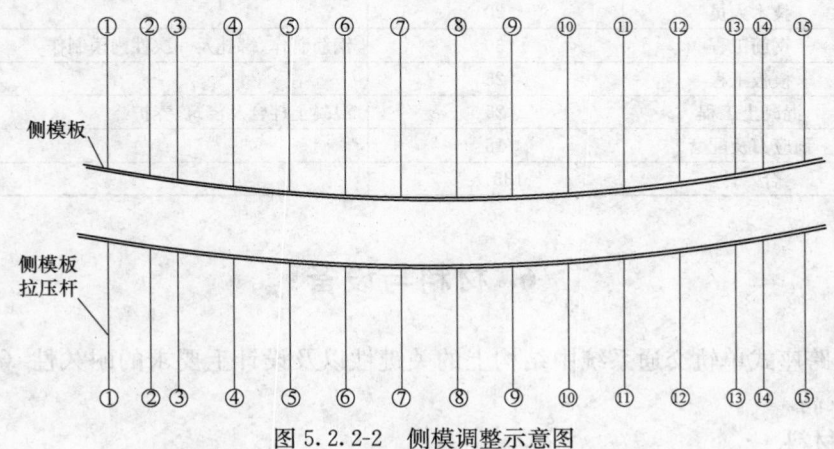

图 5.2.2-2 侧模调整示意图

4）安装底部密封胶条、内模防浮压栓、地脚拉杆。

5）对立模数据进行复核。

5.2.3 混凝土工程

1. 混凝土浇筑

混凝土振捣是梁体成型质量的关键工序。梁体外观质量，特别是混凝土表面的气泡、麻面多少和混凝土振捣质量息息相关。为了保证梁体线形的成型精度，我们摒弃了传统的附着式振动器振捣方式，而全部采用高频插入式振动棒进行振捣密实。振捣时间的长短、振点的布设是影响振捣质量的关键因素。在振捣过程中，严格做到分层布料，分层振捣。布料厚度每层不能超过 30cm，振点按梅花形布设。

2. 混凝土抹面

1）当已灌注段振实后达到线形板台面时，及时跟进抹面。

2）先拆除振实段的内模防浮压栓，再以线形板台面为基准进行粗抹。

3）精准抹面

① 将专用抹面水平尺放置在线形板台面，水平尺底部应与混凝土表面在同一个面上。

② 将专用抹面水平尺在线形板台面上前后推动，使梁体混凝土顶面与线形板台面一致。

③ 当混凝土表面接近初凝时，用专用洁净毛刷在梁体顶面横向轻刷，使混凝土表面形成均匀的细长纹路，以达到设计的粗糙度。

3. 养护

PC 梁混凝土的养护分早期蒸汽养护、自然养护两个阶段。

1）蒸汽养护

① 采用蒸汽养护时，分为静停、升温、恒温、降温四个阶段。升温速度不得超过每小时 15℃，恒温应控制在 50±5℃为宜；降温不超过每小时 15℃；脱模时，梁体表面温度与环境温度之差不超过 15℃。

② 蒸汽养护过程中，给汽以后每小时查温一次并做好记录，同时注意调整温度。温度计的布点不小于 3 处，跨中一个布点，其余两点布置在 L/8～L/4 处。

2）自然养护

自然养护时，洒水次数以能使混凝土表面保持充分潮湿为度。冬季养护应采取保温措施，当环境温度低于＋5℃时，不得对混凝土洒水。

5.3 劳动力组织（表 5.3）

劳动力组织情况表（按两条流水线计）　　　　　　　　　　　　　　表 5.3

序号	单项工程	所需人数	备 注
1	管理人员	20	
2	技术人员	20	
3	钢筋工程	30	钢筋制作、绑扎及一次性内模制作
4	模板工程	25	
5	混凝土工程	25	混凝土拌合及浇筑、养护
6	预应力及配套	15	
	合 计	135 人	

6. 材料与设备

鉴于 PC 梁在跨座式单轨交通系统中结构上的关键性以及设计上要求的耐久性（100 年），故对原材料的选择要求较高。

6.1 主要原材料

主要原材料表　　　　　　　　　　　　　　表 6.1

序号	材料名称	要 求
1	胶结料	采用 52.5 级的普通硅酸盐低碱水泥,其性能应符合 GB 175—2007 的相关规定
2	细骨料	采用硬质洁净的中砂,细度模数在 2.4～2.8 之间,其技术要求应符合 JGJ 52—2006 的规定
3	粗骨料	采用坚硬耐久的碎石,公称直径在 5～25mm 之间,其技术要求应符合 JGJ 53—1992 的规定,其中,每材立方体抗压强度≥120MPa(两倍梁体设计强度)

续表

序号	材料名称	要求
4	外加剂	采用聚羧酸高效减水剂，其技术标准应符合 JG/T 223—2007 的规定要求
5	拌合及养护用水	采用符合 JGJ 63—2006 规定要求的水源作为拌合及养护的用水
6	钢筋	采用 HRB335 钢筋，其技术要求应符合 GB 1499.2—2007 及 TB 10002.3—2005 的规定，其中碳当量≤0.5%
7	预应力钢绞线	采用强度级别为 1860MPa，低松弛，技术条件符合 GB 5224—2003 的要求
8	锚具	采用 YM 锚，试验应符合 GB/T 14370—2000 中的有关规定

6.2　机具设备（表6.2）

机具设备表　　　　　　　　　　　　　　　　　　　　　　　　　表 6.2

序号	名　称	规格、型号	单位	数量
1	高精度可调式侧模板		套	2
2	底模台车		台	10
3	端模		套	6
4	混凝土搅拌站	HZS25	台	2
5	吊梁用龙门吊	40m×65T	台	2
6	横移摆渡车		套	2
7	燃气锅炉	WNS2-1.0-Q	台	1
8	混凝土运输车	轻型载货	台	2
9	混凝土浇筑料斗	1m³	套	4
10	装载机	柳工 40B	台	1
11	对焊机	UN1-100	台	1
12	钢筋弯曲机	GW6-40B	台	2
13	钢筋切断机	GQ40B	台	1
14	液压千斤顶	YDC2000B-200	台	2
15	灌浆机	HB3	台	1
16	灰浆搅拌机		台	1
17	真空泵	SK3m³	台	1
18	经纬仪	苏光 LT202	台	1
19	水准仪	中国 S₃	台	2

7. 质量控制

7.1　工程质量控制标准

7.1.1　《重庆轻轨跨座式单轨交通系统工程 PC 轨道梁生产技术条件》（修正版）

7.1.2　《重庆轻轨跨座式单轨交通系统工程 PC 轨道梁检测方法》（修正版）

7.1.3　《重庆跨座式轨道交通系统工程 PC 轨道梁预制工程质量检验标准》（修正版）

上述为目前采用的暂行规范。另外，由我公司参与编制的《跨座式单轨交通施工及验收规范》国家标准正在审查中。

7.2　质量保证措施

7.2.1　鉴于 PC 梁施工工艺的特殊性，开工前由技术人员对各班组进行技术交底，并对所有员工进行岗位培训，考试合格后方可上岗，并实行技术交底制，每榀梁的参数都要求技术部门对每个班组进行详细交底，交底资料必须经总工复核鉴字方可下发。

7.2.2　严把材料关，对所有进场原材料都必须进行抽样试验，检验合格后方可使用，在生产过程中严格执行"三检制"（自检、互检、专检），质检部在每个生产班组都有专职质检员，严把过程控制，对测量项目严格执行换手复测制度，确保梁体线型精度。

7.2.3 制定切实可行的专项方案如：夏期施工专项方案、冬期施工专项方案、梁体防裂养护专项方案。

7.2.4 加工 PC 梁预制专用工装如：钢筋及预应力管道定位工装，内模穿入工装，移梁摆渡车，吊梁专用夹具。

7.2.5 实行质量信息反馈制度，对生产所必需的原材料、工艺装备、生产设备、计量器具和工序质量、试件和成品等各方面的质量信息做到反馈渠道畅通、部门落实、人员确定、处理及时，对质量问题及时调查分析，找出原因，采取纠正和预防措施，严格对不合格项点进行有效控制，确保产品质量。

7.3 主要监控项目（表 7.3）

由于 PC 梁及车辆运行轨道、供电及信号载体于一体，因此对梁体线形及预埋件埋设精度要求非常高。

主要监控项目
表 7.3

序号	监控项目	监测仪器、工具	监测频率	控制要求
1	预埋件埋设位置	高精度刚卷尺、弹簧秤、游标卡尺	入模前：自检、互检、专检 入模后：自检、互检、专检 混凝土浇筑过程中：质检人员全程监测	车体接地及绝缘子固定预埋管：±2mm 其他预埋件：±5mm
2	梁体宽度	内径千分尺	合模后：自检、互检、专检 混凝土浇筑过程中：质检人员全程监测	±2mm
3	梁体长度、跨度	高精度刚卷尺、弹簧秤	合模后：自检、互检、专检 混凝土浇筑过程中：质检人员全程监测	±10mm
4	梁端面倾斜度	经纬仪、钢直尺	模型调试完成后：自检、互检、专检 混凝土浇筑过程中：质检人员全程监测	±5/1000rad
5	梁体高度	水准仪、钢钢尺	入模前：自检、互检、专检 入模后：自检、互检、专检 混凝土浇筑过程中：质检人员全程监测	±10mm
6	局部不平度	水平尺、塞尺	入模前模板监测：自检、互检、专检 梁体收面时：自检、互检、专检	±2mm/m²
7	两端面中心线夹角	经纬仪、钢直尺	模型调试完成后：自检、互检、专检 混凝土浇筑过程中：质检人员全程监测	≤5/1000rad
8	指形板与梁表面高差	直角尺、钢直尺	入模前：自检、互检、专检 入模后：自检、互检、专检	±2mm

8. 安 全 措 施

8.1 贯彻"安全第一，预防为主，防治结合"的方针，搞好安全生产教育。对事故和重大未遂事故做到"三不放过"。把安全施工活动在全员、全过程、全工作日的工作中体现出来。

8.2 建立安全施工的规章制度，悬挂安全警示牌，张贴安全宣传标语，创造安全施工环境。并根据各专业、工种、各个工序环节和各种季节气象条件，作出针对性的要求，完善安全管理制度，明确落实生产现场安全生产第一责任人，配置专职安全管理人员，切实贯彻执行安全检查制度、事故报告制度和重大未遂事故分析制度。强化安全操作规程，严格按《安全操作规程》执行。

8.3 对特种设备和特殊工种作业人员必须持证上岗，杜绝违规操作。

8.4 对重大危险源（生产用电、压力锅炉、高空作业、移梁龙门吊等）制定专项方案和应急预案。

9. 环 保 措 施

9.1 粉尘防治措施：混凝土搅拌站的水泥筒仓上装有除尘装置，除尘装置采用多级布袋除尘器，除尘器有足够的除尘面积，泵送水泥的压缩空气有足够的过滤面积，不会对除尘布袋产生较大的压力；同时除尘布袋采用专用的材料由专业厂家生产；保持环境卫生，保持现场地面清洁，增加绿化面积；控制汽车等施工车辆的行驶速度，减少追尾扬尘。干燥季节施工，经常向地面洒水，控制扬尘。

9.2 废水防治措施：废水是含有水泥、砂浆的污水，采用 1 个较大的污水池通过 2 级沉淀、通过溢流可以达到排放清水的目的，沉淀池中的废渣清理堆放在指定地点，同时使用专用砂石分离设备，在环保的同时节约成本。

9.3 废渣防治措施：将混凝土废渣集中存放在指定地点，然后倒入规定的垃圾场。

10. 效 益 分 析

10.1 社会效益

跨座式单轨 PC 轨道梁是跨座式单轨交通系统中最重要、最关键的部分之一，也是技术难点之一。目前除我国外，仅日本、马来西亚等少数国家掌握了该产品的生产技术。PC 梁的国产化及其工法的总结与应用，将促进和提高我国混凝土制品的制造水平，使之向高精尖方向迈进。同时，PC 梁的国产化成功，极大地提高了跨座式单轨交通系统的国产化率，其工法的成功应用有利于该种城市轨道交通系统在全国的推广，从而推动我国基础建设进一步发展，创造更佳的社会效益。

10.2 经济效益

目前，采用跨座式单轨交通系统的有我国的重庆市，其中重庆轻轨二号线已全线通车，三号线正在建设之中。若未能实现 PC 梁国产化，未能总结出工法，重庆轻轨二、三号线所需的 PC 梁只能由日本施工企业组织施工，或者引进日本 PC 梁制造技术并进口模板系统，技术转让费需人民币 3400 万元。

因此 PC 梁的国产化及其工法的总结与应用，不仅节约大量外汇，降低工程造价，也为我国发展多种类型的城市轨道交通提供了有力的技术保证。

11. 应 用 实 例

11.1 实例一

项目名称：重庆市轨道交通二号线一期 PC 轨道梁预制工程

建设地点：重庆市九龙坡区大堰村

结构形式：钢筋混凝土

开工时间：2001 年 6 月 20 日

竣工时间：2003 年 7 月 31 日

实物工作量：PC 轨道梁预制 727 榀，合 14534.295m，混凝土用量约 1.4 万 m³

11.2 实例二

项目名称：重庆轨道交通二号线二期 PC 轨道梁预制工程

建设地点：重庆市巴南区花溪镇先锋村

结构形式：钢筋混凝土

开工时间：2004 年 6 月 18 日

竣工时间：2006 年 8 月 1 日

实物工作量：PC 轨道梁预制 260 榀，合 5299.472m，混凝土用量约 5000m³

11.3 实例三

项目名称：重庆轨道交通三号线一期 PC 轨道梁预制工程

建设地点：重庆市巴南区花溪镇先锋村

结构形式：钢筋混凝土

开工时间：2007 年 10 月 26 日

竣工时间：2009 年 7 月 30 日

实物工作量：PC 轨道梁预制 1066 榀，约 22400m，混凝土用量约 2.2 万 m³

11.4 施工情况

我公司于 2000 年在重庆建设完成 PC 轨道梁预制工厂，利用自主研发的高精度可调试模板，采用本工法成功完成了重庆轻轨较新线一期及二期 PC 梁的预制任务，该工程 PC 梁的主要参数为：梁体跨径为 10～24m（超越了国际最大跨径 22m 的限制）；梁体平面曲线半径为 75m～∞（领先了国际最小半径为 100m 的技术水平）。在施工过程中我公司还提出了双层存梁（缓解了梁场存梁压力）、PC 梁预制转向（解决了架桥机铺架时无法调头的难题）等多项方案，为业主节约的大量的物力、财力并为保证整个工程工期作出了应有的贡献。

11.5 质量评价

我公司在较新二号线一期和二期工程中共预制完成 987 榀 PC 轨道梁，一次性合格率达 100%，产品优良率 100%，得到了业主和监理的高度评价，并获得了"高精度可调式模板"、"跨座式单轨预应力混凝土桥梁体"和"跨座式单轨预应力钢筋混凝土轨道梁制造工艺"三项国家专利。在重庆市轨道交通二号线一期和二期工程中，由于我公司的突出表现，先后荣获了"二〇〇四年度重庆市三峡杯优质结构工程奖"、"第五届重庆市市政工程金杯奖"、"中国市政金杯示范工程奖"、"全国优质工程银质奖"等多项奖励。

岩盐铁路路基施工工法

GJYJGF049—2008

中铁二十一局集团有限公司

赵平华 薛吉安 杨金卫 朱昌岳 姜保明

1. 前 言

青藏铁路西格二线应急工程 K720＋500～K752＋600 段，全程约 32km，线路通过察尔汗盐湖（海拔 2675m），湖区绝大部分地区已经干涸，干涸部分岩盐露出地表。岩层内蕴藏高浓度的晶间卤水，晶间卤水距地表深 0.4～0.8m，矿化度一般为 310～440g/L。铁路线路经过处岩盐层最厚达 23m，湖心北端较薄。岩层底部为砂黏土、黏砂土弱隔水层，隔水层下为粉细砂低矿化度承压水（矿化度一般为50～180g/L），由于北端岩盐层下隔水层较薄，隔水性能较差，低矿化度承压水沿隔水层上冒，溶蚀岩盐，在线路经过处约 3km 区段范围内形成溶塘、溶沟及溶洞等特殊的地质现象。通过对既有青藏铁路（西宁至格尔木段）察尔汗盐湖地段岩盐路基病害进行观察总结，主要病害特征表现为：岩盐溶蚀导致的路基沉降、翻浆冒泥，"盐胀"导致路基边坡开裂等现象。如何解决在盐层上修筑铁路的复杂技术问题，才能有效地解决此特殊地质对路基的影响；如何控制岩盐路基变形，保持其稳定性，防止线路下沉、路基翻浆、边坡开裂等病害的发生，也是需要解决的施工难题。

针对盐湖地段铁路路基施工的技术难题分析研究，最终确定采用岩盐作为路基本体填料，路基表层及边坡采用复合土工膜与中粗砂保护层结合、排水沟与拦水坝和蒸发池结合的"岩盐铁路路基施工工法"，有效地解决了盐湖地段铁路路基填料取用困难的难题，保证了岩盐铁路路基的安全稳定，取得了良好的经济效益和社会效益。

该科研成果于 2008 年 6 月通过青海省科技厅组织的科技成果鉴定，其关键技术达到国内领先水平，具有较好的社会经济、环保节能效益；并于 2009 年 2 月获中国铁道建筑总公司科学技术进步三等奖，实践证明，该工法行之有效，可在类似工程中推广应用。

2. 工 法 特 点

2.1 路基本体填筑岩盐，解决了普通路基填料的匮乏问题，有效地节约了施工成本，降低了工程造价。

2.2 岩盐路基本体利用复合土工膜包裹，外部结合路基排水沟、拦水坝、蒸发池的隔排水施工方法，有效地解决突发洪水和人为原因对岩盐铁路路基的危害，保证了路基的长期安全和稳定。

2.3 采用路基本体以岩盐填筑的工法施工，减少了因大量土石方开采、运输等带来的对青藏高原生态环境破坏，对高原的生态环境起到了一定的保护作用。

2.4 采用岩盐填筑路基，就地取材，避免了远距离运输填料等环节，有利于缩短施工工期。

3. 适 用 范 围

适用于岩湖地区水文地质条件下，路基下无较大的上升泉的岩盐铁路路基工程施工。

4. 工 艺 原 理

盐湖湖区北端因低矿化度承压水造成路基基底岩盐溶蚀，形成岩盐溶洞，针对不同发育程度，分别以溶洞填塞、挖除换填、碾压挤密来保证路基基底有足够的承载力，以路基基底表面铺设复合土工膜隔断承压水、毛细上升泉对岩盐路基本体的侵蚀，将岩盐填筑的路基本体包裹起来，阻断外部来水，消除淡水或非饱和卤水对路基本体岩盐的溶蚀危害，保持岩盐路基的稳定性。

在非岩溶地段，上部岩盐无溶蚀现象，具有良好的隔水性能，仅对岩盐表层进行破碎并分层碾压至要求的密实度。

针对岩盐易溶于水的特性，在施工中采用洒饱和卤水碾压，在路基基床表层与两侧路基边坡及坡脚以下 1.0m 范围内铺设复合土工膜，将岩盐填筑的路基本体包裹起来；将岩溶地段边坡铺设的复合土工膜与路基基底铺设的复合土工膜搭接，将岩盐路基本体全断面包裹起来；在岩盐路基外部采取拦水坝、排水沟、蒸发池结合排离地表水等技术，从而保证了路基的稳定性。

5. 施工工艺流程及操作要点

5.1 施工工艺流程（图 5.1）

5.2 操作要点

5.2.1 路基填料和路基施工用水的选择

通过查阅相关资料，并对岩盐进行化学分析和物理力学试验、承载力试验、降水试验及平衡试验（岩盐溶解性试验），以及岩盐固结度对力学性质的影响、含泥量对岩盐强度的影响、湿度对岩盐抗压强度的影响等试验，得出察尔汗盐湖岩盐的特性：表层有 0.3～0.5m 的盐壳，坚硬，含少量粉砂及黏性土，其下盐质较纯，有较好的结晶。其组成成分主要为易溶盐，化学成分以 NaCl 为主，无色透明或白色，晶粒粒度上部为细粒，中部为中粗粒，局部含石膏、碳酸盐及光卤石。孔隙率在 19.8%～47.8%。干密度在 1.53g/cm³～1.74g/cm³。试件抗压强度 700～2000kPa，最高超过 5000kPa，最低为 400kPa。经承载力试验，确定岩盐基本承载力 $\sigma_0=127～193$kPa，岩盐有足够的物理力学强度，可以作为路基填料。在现场试验段取地表 0～

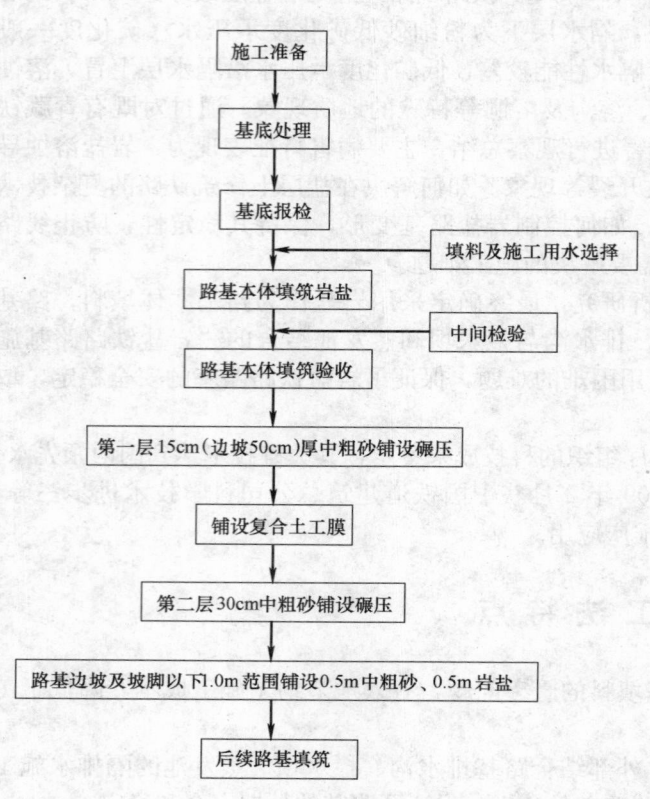

图 5.1 岩盐铁路路基施工工艺流程框图

（流程图内容：）
施工准备 → 基底处理 → 基底报检 → 路基本体填筑岩盐 ← 填料及施工用水选择 → 路基本体填筑验收 ← 中间检验 → 第一层15cm（边坡50cm）厚中粗砂铺设碾压 → 铺设复合土工膜 → 第二层30cm中粗砂铺设碾压 → 路基边坡及坡脚以下1.0m范围铺设0.5m中粗砂、0.5m岩盐 → 后续路基填筑

6m 盐壳岩盐做压实试验，最佳含水量 7.8%，最大干密度 1.85g/m³，可达到铁路路基要求的最高压实标准。因此，路基填筑的岩盐可取用地表 0～6m 岩盐或盐湖开发废弃岩盐。

岩盐绝大部分的组分是易溶盐，因此，表现为溶解度大和溶解速度快的特点。通过查阅相关资料和试验得出结论，察尔汗岩湖岩盐的溶解度达 301～344g/L，经检测湖区内凡地表出露或地下潜水（晶间卤水）绝大部分都达到饱和状态，均可以用作岩盐路基施工用水，对不饱和卤水可以采用人工修筑卤水池，利用纯净岩盐调制饱和卤水供路基施工使用。根据施工现场条件可就近选用任意一种作为岩盐路基施工用水。

5.2.2 路基基底处理

1. 岩盐溶洞区段

盐溶是指由于低矿化度承压水注入岩盐地层产生溶蚀作用，从而形成各种形态洞穴的一种物理地质现象。察尔汗盐湖北端，新建西格二线铁路经过的 K747～K750 段，3km 范围内，盐溶广泛分布。盐溶发生后，根据不同地段岩盐地层的表面形态和在岩盐层中形成的各种不同形态的溶洞和溶蚀小孔，可把盐溶分为：溶塘、溶沟，溶洞以及溶蚀小孔，其形成过程主要是岩盐被潜水、承压水侵蚀而形成的。盐溶区段铁路路基根据线路经过地段的岩盐厚度、岩盐结构的疏松或密实程度、以及岩盐溶蚀程度分段采取了不同的基底处理措施。

第一区段：岩盐厚度小于 1.0m，结构疏松，溶塘、溶隙发育，岩盐下部为流塑状土层。挖除全部岩盐，抛填 1.0m 片石进行重型碾压密实，夯填卵石土至地面标高，铺设 15cm 厚中粗砂垫层、复合土工膜、30cm 厚中粗砂垫层碾压密实。

第二区段：岩盐厚度 1.0～3.5m，结构疏松，溶洞、溶孔发育，岩盐下部为可塑状土层，底层软弱。挖除全部岩盐，换填卵石土并进行重型碾压至地面标高，铺设 15cm 厚中粗砂垫层、复合土工膜、30cm 厚中粗砂垫层碾压密实。

第三区段：岩盐厚度 3.5～9.5m，溶洞、溶孔发育，但岩盐结构致密。采取挖除地表层 1.0m 岩盐，查探溶洞及溶孔的位置，先用卵砾石填塞、捣实，再碾压挤密，然后逐层回填卵砾石土至地面标高，铺设 15cm 厚中粗砂垫层、复合土工膜、30cm 厚中粗砂垫层碾压密实。

对岩盐厚度大于 9.5m，由于岩盐层下部隔水层逐渐增厚，岩盐结构致密且岩溶不甚发育的地段，铲除地表盐壳 0.5m，查探溶洞、溶孔位置，先用卵砾石填塞、下灌、捣实，碾压挤密后，再逐层回填卵石土至地面标高，铺设 15cm 厚中粗砂垫层、复合土工膜、30cm 厚中粗砂垫层碾压密实。

基底溶洞、溶孔的探查采用钢钎插深、钻孔或其他物探手段认真探查，确定其具体位置，必要时可进行明挖探查，确实查清其规模后再进行处理。

通过上述措施对岩溶地段铁路路基基底进行处理保证路基基底有足够的承载力，路基基底表面铺设复合土工膜隔断承压水、毛细上升泉对岩盐路基本体的侵蚀，保证了岩盐路基的稳定性。

2. 非岩盐溶洞区段第一层岩盐隔水顶板变厚和隔水性能较好，低矿化度承压水埋藏深，含水层厚度减薄或尖灭，对上部岩盐无溶蚀现象，其力学强度和密度等都能满足路基稳定性要求，经试验，盐壳经压实后，是很好的毛细隔断层，因此，在这种特殊的荒漠性气候条件下，对这段路基基底未作特别处理，仅对岩盐表层进行破碎并分层碾压至要求的密实度。

5.2.3 岩盐路基的修筑

在大规模施工前，先进行试验路段的岩盐填筑试验，取地表 0～6m 范围内的岩盐作为填料进行填筑，在铺设第一层岩盐后用 20t 振动压路机静压一遍，按照最佳含水量控制匀洒卤水，待 30min 左右卤水完全渗透入岩盐后，再进行一遍强振一遍弱振两遍静压，经检测压实效果良好，地基系数 K30 可达到 ≥190MPa/m、孔隙率<18% 的压实指标要求。如果通过晾晒，岩盐路基水分蒸发，岩盐经脱水，其强度还会随之提高。

路基本体用岩盐填筑，先用破碎机械将岩盐块破碎成粒径小于 15cm 的盐块，然后分层填筑，每层松铺厚度控制在 30cm 范围之内。

5.2.4 复合土工膜的铺设施工工艺

1. 复合土工膜材料质量检测

复合土工膜材料质量必须符合《土工合成材料非织造复合土工膜》GB/T 17642—1998 要求。其各项指标均要求符合标准规定和设计要求（质量不小于 700g/m²，顶破强度大于 2.5kN）。

2. 路基工作面的清理

平整场地，清除一切尖角杂物，铺设中粗砂垫层，中粗砂垫层要求级配良好，含泥量不得大于 5%，并不得有垃圾、杂物；路基边坡欠坡应回填夯实、富坡削坡后经监理检查验收。

3. 铺设复合土工膜

岩盐路基填筑完成后，全断面以复合土工膜进行隔水处理，路基每侧加宽 1.5m，边坡自外向里分

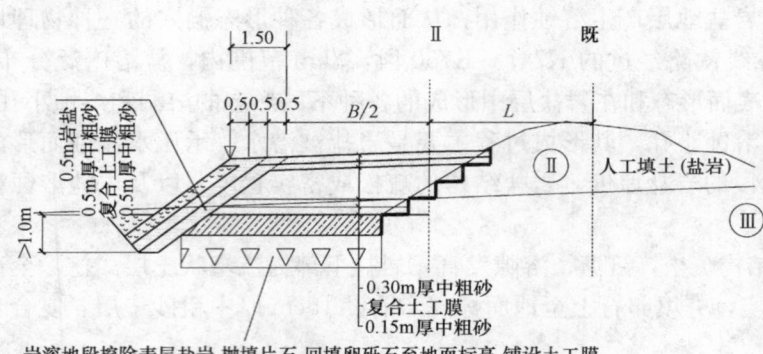

图 5.2.4-1　路基横断面示意图

别设 0.5m 岩盐、0.5m 中粗砂保护层、复合土工膜、0.5m 中粗砂保护层；路基面从上至下依次设 0.30m 厚中粗砂、复合土工膜、0.15m 中粗砂；岩溶区段在路基基底换填顶面亦从上至下依次设 0.30m 厚中粗砂、复合土工膜、0.15m 中粗砂，将基底铺设的土工膜与边坡铺设的土工膜搭接并锚固（图 5.2.4-1 路基横断面示意图）。路基边坡部分的岩盐、中粗砂采用人工夯实处理，路

基边坡夯填岩盐粒径应小于 5cm。在新建路基与既有线并行地段，须在既有线路基旁边做帮宽施工时，填筑过程中既有线路基边坡应挖台阶，复合土工膜应铺至既有线路基内不小于 0.5m。铺设应在干燥和暖天气进行，为了便于拼接，防止应力集中，复合土工膜铺设采用波浪形松弛方式，富余度约为 1.5%，摊开后及时拉平，拉开，要求复合土工膜与路基面吻合平整，无突起褶皱，施工人员应穿平底布鞋或软胶鞋，严禁穿钉鞋，以免踩坏复合土工膜。施工时如发现复合土工膜损坏，必须及时修补。复合土工膜的拼接采用搭接的方式，按照横向排水坡或路基纵向坡度将高处一幅搭接于低处一幅之上，横向搭接宽度不小于 30cm，纵向搭接长度不小于 2m。

4. 复合土工膜的锚固

复合土工膜两端锚固于地表以下大于 1.0m 深度土层内，在既有线并行地段，靠近二线一侧锚固于二线路基台阶垂直面，锚固高度 30cm。

5. 复合土工膜施工工艺流程

在复合土工膜铺设前，既有路基开挖面修整完毕，平整度、压实度均达到设计要求并经监理工程师验收合格后方可进行复合土工膜的铺设，复合土工膜铺设的工艺流程见图 5.2.4-2。

5.2.5　岩盐路基设置永久排水设施

在岩盐路基地段做好施工期间的临时排水、永久排水设施。在岩盐路基施工前，结合永久排水设施先布置开挖临时排水沟，将地表水排离路基施工范围；路基填筑期间，每层路基面按照设计要求做好路拱、横坡，保证施工期间的路基面排水；永久排水设施根据地形、地

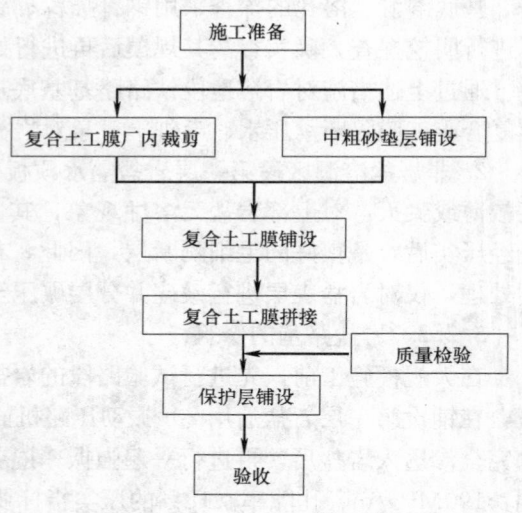

图 5.2.4-2　复合土工膜铺设的工艺流程图

势情况设置纵、横排水沟将地表水排至远离路基的桥涵或低洼地带，无处排水时在适当位置设置蒸发池，将水排入蒸发池，利用当地蒸发量远远大于降水量的气候特点进行蒸发处理；在路基地势比较低洼地带，利用排水沟结合挡水埝排出、拦截地表水。

5.3　施工注意事项

5.3.1　岩盐填料应破碎后摊铺，必须洒饱和卤水碾压，严禁洒淡水。

5.3.2　必须确保复合土工膜的铺设质量，全面、严密地包裹岩盐路基，路基面与边坡铺设复合土工膜须连接严密，顺坡面铺设土工膜，上下搭接，边坡铺设复合土工膜下端埋入地面下不小于 1.0m，防止淡水进入岩盐路基；铺设复合土工膜的土层表面必须平整，在复合土工膜上层填土（30cm）采用轻型机械碾压或人工夯实。复合土工膜铺设后及时填筑填料，严禁长时间暴晒。

5.3.3　岩盐路基适合在干旱、蒸发量大的地区施工，施工时气温较高时（25～30℃）有利于岩盐

填料中的水分蒸发而快速提高其强度,有利于缩短施工周期。

5.4 劳动力组织 (表 5.4)

劳动力组织情况表   表 5.4

序号	单项工程	所需人数	工作内容
1	管理人员	5	施工组织
2	技术人员	5	测量、技术管理
3	试验工	4	压实试验
4	岩盐及中粗砂填筑施工	45	材料运输、路基碾压
5	复合土工膜铺设	15	铺设土工膜、铺设中粗砂垫层
6	普工	10	整平路基面、整修边坡

6. 材料与设备

6.1 主要材料 (表 6.1)

主要材料表   表 6.1

序号	材料名称	材料规格	用途
1	复合土工膜	700g/m²	隔水防护
2	中粗砂	0.35~5mm	复合土工膜垫层
3	饱和卤水		岩盐路基施工用水
4	岩盐	粒径小于15cm	岩盐路基填筑施工

6.2 本工法不需要采用特殊的机械设备,采用普通路基施工中常用的机械设备即可,详见机具设备表 (表 6.2)

主要设备表   表 6.2

序号	设备名称	设备型号	单位	数量	用途
1	挖掘机	小松 PC220	台	2	挖装填料
2	挖掘机	大宇 DL220	台	2	挖装填料
3	装载机	ZL50t	台	2	装填料
4	压路机	柳工 YZ20	台	4	碾压路基
5	洒水车	东风 15t	台	2	路基洒水
6	自卸汽车	康明斯 15t	台	30	拉运填料
7	推土机	柳工 300	台	4	整平路基
8	平地机	柳工 250	台	2	整平路基
9	冲击夯	HCD70B 电动	台	10	边坡夯实
10	破碎锤	KH150S	台	2	破碎岩盐

7. 质量控制

7.1 施工过程严格按照《铁路路基工程质量验收标准》TB 10414—2003 进行质量控制。施工前应进行岩盐填筑路堤施工工艺试验,确定摊铺厚度、最佳含水量、洒卤水量、碾压遍数等施工参数,参照标准 (表 7.1) 要求分压实区段进行试验、检测。

岩盐路基压实标准表   表 7.1

部位	地基系数 K_{30} (MPa/cm)	空隙率 n(%)	填料种类
基床表层	1.9	<18	中粗砂、A组填料
基床底层	1.9	<18	岩盐
基床以下路堤	1.9	<18	岩盐

7.2 路基填筑前，严格针对不同的地基地质情况对基底进行处理，报检合格后方可进行填筑施工。

7.3 路基填筑应采用分层填筑，填筑厚度经现场试验确定每层不大于 30cm。整平后洒卤水碾压密实，严格实行层层报检制度，通过地基系数 K30 和孔隙率双指标控制路基压实度。未经检测或检测不合格者严禁进入下一层施工。

7.4 路基施工用水严格定期检验制度，确保施工用卤水达到饱和状态。

7.5 填筑岩盐时，采用洒卤水施工，填筑表层中粗砂时采用洒淡水施工，并严格控制用水量，避免淡水通过其他途径进入岩盐路基中，填筑岩盐过程中严禁洒淡水。

7.6 复合土工膜铺设完成后，必须经过详细检查其是否破损、搭接完整、锚固到位；如果复合土工膜破损，在破损处必须采用大于 2 倍破损面积的复合土工膜进行修补。

7.7 施工过程中严格遵守岩盐路基施工工艺施工。

8. 安全措施

8.1 认真贯彻"安全第一，预防为主"的方针，根据国家有关规定、条例，结合施工单位实际情况和工程的具体特点，组成专职安全员和班组兼职安全员以及施工人员组成的安全生产管理网络，执行安全生产责任制，明确各级人员的职责，抓好工程的安全生产。

8.2 施工现场按符合防火、防风、防雷、防机械事故、防洪、防触电等安全规定及安全施工要求进行布置，并完善布置各种安全标示。

8.3 各类房屋、库房、料场等的消防安全距离应做到符合公安部门的规定，室内不堆放易燃品；严禁在材料场、库房等处吸烟，随时清除现场的易燃杂物；不在有火种的场所或其旁堆放油料等生产物资。

8.4 施工现场的临时用电严格按照《施工现场临时用电安全技术规范》JGJ 46—2005 的有关规范规定执行。

8.5 既有线旁边施工，严格按照《铁路既有线施工安全技术操作规程》执行。并制定适合现场施工的具体安全措施和安全交底，确保既有线运营的安全和施工人员、机械设备的安全。

8.6 建立完善的施工安全保证体系，加强施工作业中的安全检查，确保作业标准化、规范化。

9. 环保措施

9.1 在距离盐湖地区 1km 以外设置施工驻地，施工驻地应集中安置。

9.2 成立对应的施工环境卫生管理机构，在施工过程中严格遵守国家和地方政府下发的有关环境保护的法律、法规和规章制度，加强对施工燃油、工程材料、设备、废水、生产生活垃圾的控制和治理，遵守有防火及废弃物处理的规章制度，随时接受相关单位的监督检查。

9.3 将施工场地和作业限制在工程建设允许的范围内，合理布置，做到标牌清楚、齐全，各种标示醒目，施工场地整洁文明。

9.4 对施工场地内的填料运输车辆采取有效遮盖措施，防止尘土飞扬，污染周围环境。

9.5 施工便道合理规划，尽量减少临时用地面积，施工机械车辆严格控制在便道上行驶或按照规定路线行驶，不允许随意碾压植被。

9.6 取弃土场必须到设计或当地政府环保部门和盐湖开发管理机构指定的位置取弃土，严禁乱挖乱倒。

9.7 生活用水和施工用淡水（机械用水）做到统一规划处理，严禁任意排放。

10. 效益分析

在盐湖地区，本工法与路基施工常采用的普通路基填料填筑路基的施工方法相比较，优势明显。

10.1 青藏线西格二线应急工程 XGTJ-05 标段，采用本工法就地取材利用岩盐填筑路基，相对于利用普通填料填筑路基，可缩短土方运距 30km，按照 0.8 元/(m³·km) 的运输单价计算，扣除复合土工膜、中粗砂垫层工程费用，每立方米可降低成本 6 元，6×300000＝1800000 元，根据计算结果，节约工程成本 180 多万元；青海盐湖集团钾肥项目铁道专用线二期工程，减少资源消耗，节约施工成本 200 多万元。

10.2 本工法具有就地取材，降低施工成本，缩短施工工期，实现了标段工程在全线第一个建成并开通使用，受到业主及监理单位一致好评，经济、社会效益显著。

10.3 本工法可减少大量的土方开采运输，路基填筑的岩盐可利用地表 0～6m 岩盐或盐湖开发废弃岩盐，避免破坏生态植被，对高原生态环境起到了一定的保护作用。

11. 应用实例

11.1 改建铁路青藏线西宁至格尔木段增建二线应急工程 XGTJ-05 标段，起讫里程为 K697＋000～K810＋900，线路全长 113.9km，其中 K720＋500～K752＋600 段位于察尔汗盐湖区，沿线岩盐路基、风沙、冻害、水害等不良地质现象及自然灾害广泛分布，施工难度大。我单位于 2005 年 9 月 25 日开工，于 2006 年 6 月 26 日完成工程的整体施工任务并通过铁道部验收。西格二线应急工程察尔汗盐湖路基工程施工在工期紧，任务重的情况下应用本工法施工，攻克了盐湖地段的路基施工难题，在该工程建设的 5 个标段中，实现了第一个提前完成、率先开通的目标。保证了工期和工程质量，降低了工程

图 11.1　西格二线铁路应急工程 XGTJ-05
标段岩盐铁路路基效果图

造价，取得了良好的社会效益。2006 年 7 月 1 日通车运营后，通过对在路基两侧设置的路基基桩进行观测，路基工后沉降满足现行《铁路路基工程施工质量验收标准》TB 10414—2003 要求（图 11.1）。

11.2 青海盐湖集团钾肥项目铁道专用线二期工程，位于察尔汗钾肥厂湖区，从既有湖区 I 场接轨，增建湖区 II 场，中间连接线 2.1km 路基及湖区站场路基工程共 10.9 万 m³，全施工段在岩盐地区施工，地表饱和卤水丰富。此工程于 2006 年 4 月开工建设，于同年 10 月 10 日竣工，采用本工法施工，顺利完成施工任务，得到甲方单位的好评。

11.3 应用说明

若在类似地质环境参考该工法施工时，务必注意以下几点，才能确保路基的长期稳定。

11.3.1 路基下无较大的上升泉。

11.3.2 路基使用的土工膜应具有良好的不透水性和良好的透气性；复合土工膜铺设后及时填筑填料，严禁长时间暴晒。

11.3.3 填筑路基边坡部分的岩盐大小宜小于 5cm，有利于夯实。

11.3.4 岩盐填料应破碎后（粒径小于 15cm 的盐块）摊铺，必须洒饱和卤水碾压，严禁洒淡水。

高原高寒地区连续长大下坡段铺架施工工法

GJYJGF050—2008

中铁十一局集团有限公司　中国土木工程集团有限公司
卢振华　彭勇锋　李辉　洪记

1. 前　言

由中铁十一局集团负责施工的新建青藏铁路安多至拉萨段铺架是目前海拔最高，气候环境最恶劣，线路最长的一段线路，位于西藏自治区境内，起于安多止于拉萨，线路正线长 441.343km。线路通过地区平均海拔 4500m，最高海拔为 4705m，空气稀薄、气压低，年平均气压为 580 毫巴，含氧量仅为我国东部地区的 40%～60%。沿线年平均气温 -2.9～7.8℃，极端最低气温 -41.29～-16.59℃，每年有 140 余天大于 8 级的大风，最大瞬间风速达 32.3～40.0m/s。线路坡度大，最大坡度 20‰，特殊的地理环境和恶劣的气候条件给施工单位提出了更多、更高、更严格的技术和管理要求，为确保安全、优质、高效地完成铺架任务，由具有多年铺架施工经验的专家、技术人员组成的科技攻关小组针对高原缺氧和低温大风对铺架设备性能、人员机体健康的影响以及 42.5km 长大下坡对行车组织、桥梁轨排倒装对位难度加大，防溜逸、防碰撞难以控制，设备保障压力大等展开了一系列的方案设计和反复研究，通过在青藏铁路安多至拉萨段铺架施工的工程实践，经总结形成了本工法。此工法中的关键技术由湖北省科技厅于 2007 年 1 月 28 日在北京组织了专家进行技术鉴定，达到国际领先水平并获得铁道部科学技术进步二等奖。

2. 工法特点

针对高原缺氧和低温对铺架设备机械性能的影响，研发了高效铺架配套施工机具的使用方法并制定了安全技术措施，解决了高原高寒地区 42.5km 连续长大下坡地段安全铺架难题，为今后连续长大下坡段铺架提供了丰富的施工经验。

3. 适用范围

适用于海拔 4500m 以上、气温 -40℃ 以上的高原高寒条件下的机械铺轨架梁施工。
适用于在 20‰ 及以下连续长大下坡段轨道铺架。

4. 工艺原理

针对青藏铁路高寒缺氧、常发大风等恶劣气候条件对机械设备性能和人员的影响，针对青藏铁路 42.5km 连续长大下坡段轨道铺架施工比普通地段铺架施工安全控制难度增加，通过应用改造后的高原型 JQ140G 型架桥机架梁和应用改造后的轨排生产流水作业线生产轨排，利用自制的快速接头夹板辅助夹轨，利用添加的辅助制动设备防止铺轨机、架桥机在长大坡道地段发生滑移和溜车事故，确保高原高寒地区 42.5km 连续长大下坡道铺架施工的安全。

5. 施工工艺

5.1 铺轨作业工艺流程

铺轨作业流程见图 5.1。

5.2 操作要点

5.2.1 立龙门吊

铺轨、架梁合用龙门吊。

根据铺架现场实际情况，选取适宜的直线地段立设龙门吊；不具备直线段立设龙门吊条件，需在曲线上立龙门吊时，先须对立龙门吊位置前后100m的线路进行拨道，尽量拨成直线，并对该段线路进行捣固，桥梁架设完毕进行线路恢复。

龙门吊立设处的地基必须坚实，在坡道上立龙门吊时须用石碴找平，下坡方向的底碴应比后端高 8cm，下坡前端龙门吊基础应比后端多一层枕木，并至少垫放两层枕木。

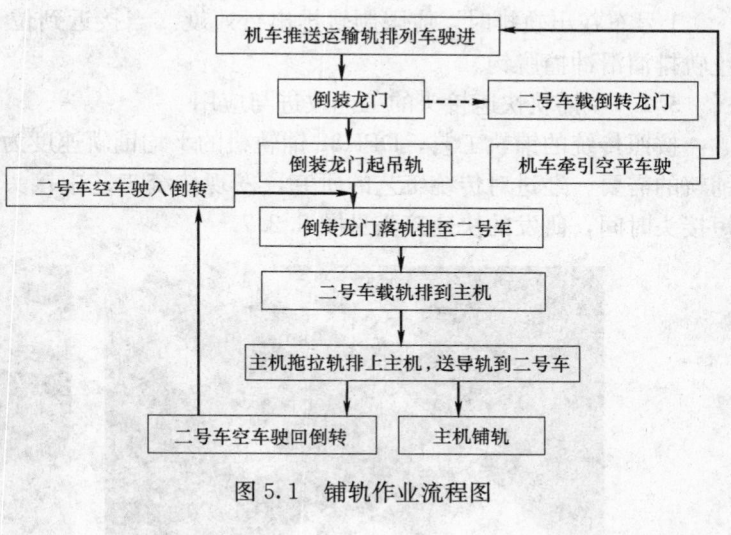

图 5.1 铺轨作业流程图

龙门吊立好后先进行空载试车，检查龙门吊净空是否符合要求。龙门吊的左右高低一致，水平高差应小于 15mm，龙门吊中心与线路中心重合，误差小于 10mm。倒装轨排龙门吊间距为 13.8m，倒装桥梁的两台龙门吊中心距离见表 5.2.1。

倒装桥梁的两台龙门吊中心距离		表 5.2.1
梁片跨度(m)	32	24
两龙门吊间距(m)	24	18

5.2.2 换装轨排

第一次起吊轨排时，当整组轨排起升 100mm 后，停留 10min 检查轨排是否有下滑现象及龙门吊基础是否有下沉情况，无异常后重起轨排。

在大坡道上起吊轨排，两台龙门吊须同时起吊，将轨排起离平车 100mm 后，上坡方向龙门吊停起，下坡方向龙门吊单独起吊，待将轨排起至水平状态后，两台龙门吊再同时起吊到换装高度。

5.2.3 2号车倒运轨排

安排两名专职人员负责安装止轮器及其他安全检查。

在龙门吊换装完轨排后，以每小时 1km 速度缓慢驶进龙门吊，同时 2 号车指挥用红绿旗指挥 2 号车，在驶进龙门吊对好位准备吊装轨排前，两名专职人员对 2 号车安设 4 个止轮器。

装完轨排后，撤卸止轮器，2 号车以 5km/h 的速度向 1 号车运行，在离 1 号车 100m 时一度停车减速，离 1 号车 50m 时停车。

在 1 号车指挥发出 1 号、2 号车对接命令后，2 号车以 1km/h 的速度进行对接。

在离 1 号车 10m 时，2 号车一度停车，两名专职人员手持止轮器跟随 2 号车，直到与铺轨机 1 号车对接。

5.2.4 铺轨机 1 号车对位

在 1 号车对位前，在钢轨前端安装固定式止轮器。当 1 号车离最前排轨的轨端 25m 时应减速以 1km/h 的速度走行，同时两名专职人员在铺轨机前方安放跟进式止轮器并随机器前行，在对位后及时安设止轮器。

5.2.5 拖拉轨排

在使用机械拖拉轨排前，观察轨排是否有自溜现象，如自溜速度较大，先进行反向拖拉；如轨排未出现自溜现象，再使用钢丝绳以平稳速度向1号车拖拉轨排。在拖拉过程中，应严格控制轨排拖拉速度，以防止轨排溜滑，并适当在滚轮上安放制动板。

5.2.6 铺轨

1号车在出轨排时，应限制轨排出行速度。当接近到位2～3m时，进行反向控制，缓慢前行，防止轨排溜滑冲撞脱钩。

5.2.7 铺轨快速接头的工艺改进与应用

按照传统的铺轨工艺，DPK32铺轨机的平均铺轨速度为1.5km/日，显然这种速度难以满足青藏线铺轨的需要。经过对传统工艺的研究，发现传统工艺中接头夹板连接一项占用的时间比例较大，为缩短接头时间，研发的快速接头见图5.2.7。

图5.2.7 快速接头示意图

利用该接头临时替代正式的夹板接头，等铺轨过后再置换成夹板接头。实践证明这样可以最大限度地发挥铺轨机作业的效率使铺轨速度成倍增长。快速接头可根据轨缝控制的不同分轨缝控制为4mm、6mm、8mm、10mm、12mm、14mm、16mm等七种形式，这样不仅可以大大提高铺轨速度，而且可以有效控制铺轨中轨缝数值，避免瞎缝和大轨缝，提高铺轨质量。

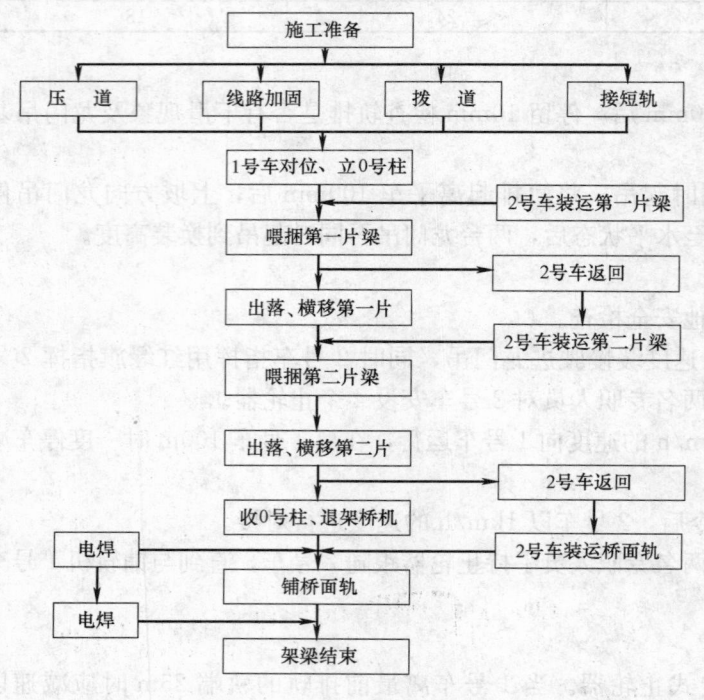

图5.3 架梁施工工艺流程图

5.3 架梁施工工艺流程

架梁施工工艺流程见图5.3。

5.3.1 架梁工艺要点

1. 架桥机上场前的准备工作

1）架桥机上场前在起吊司机和走行司机室必须安装有氧气设备和取暖设备，确保司机精力充沛、头脑清晰。

2）架桥机上场前，机组人员要仔细检查设备各部状态，确保状态良好。尤其是走行制动系统，对风缸、制动缸、闸瓦、大闸、小闸及手闸要做仔细检查，检查完毕后要作制动和保压试验，一切良好后方可使用。

3）架桥机出发前机组人员必须到齐，严禁缺员作业。

4）架桥机上场时值班干部、机长、走行司机、指挥人员必须对前方线路情况熟悉掌握，并跟随架桥机上场。

5）架桥机上场前必须对软基、高填方、高挡墙、半挖半填及桥头路段进行压道。压道不得少于三个往返，速度不得大于 3km/h。

2. 龙门吊立放

1）龙门吊立放位置应满足倒装作业需要，宜选择距桥头 200～500m 距离。

2）龙门吊立放要尽量选择在直线或曲线半径在 1000m 以上的地段，线路坡度宜小于 8‰，以确保桥梁对位的准确和倒装桥梁时甩梁的顺利进行。

3）对于小半径曲线地段采用拨道和起道的办法整出一段线路，以适合龙门吊立放。

4）龙门吊立放时左右立柱应与线路中心线间距离相等，允许偏差 ±10mm，两立柱支承基面应保持同一高程，允许偏差 ±4mm。

5）龙门吊立放完成后，应进行空载试运转检查，并让 2 号车及机车试运行通过。

3. 2 号车倒运桥梁

1）2 号车倒运桥梁前要对制动系统和液压系统进行检查，确保状态良好。

2）2 号车走行要确保风压不得低于 0.6MPa，下坡道载梁走行速度不得大于 8km/h。

3）装梁时，梁前端悬出长度应符合《铁路架桥机架梁规程》要求。

4）梁体落在 2 号车上重心宜在车体中心线上，允许偏差 ±20mm。

5）当 2 号车接近 1 号车 10m 距离时，要先行停车，然后按指挥人员给定的 7m、3m、1m 信号，以 0.5km/h 速度缓慢对位。走行司机要向指挥人员给出鸣笛回应，以确定看清信号。

6）2 号车载梁走行，32m 梁要确保两侧各有四根支撑，24m 及以下梁每侧不得少于三根支撑，且过梁扁担和运梁台车上必须有支撑，所有支撑必须安装牢靠。运梁过程中，指挥人员须注意支撑是否松动，如有松动须及时停车，予以重新安装牢靠。

7）过梁时，过梁扁担两侧油缸要同时升降，两侧高差不得大于 3cm，确保过梁扁担的平衡。

8）梁一端进入 1 号车后，过梁扁担下落前要确保梁中间支撑已拆除。

9）2 号车空车行走时，要确保运梁台车已牢固固定，以防止运梁台车溜车。

4. 1 号车架梁

1）1 号车自行时，风压不得低于 0.6MPa，走行时速度不得大于 8km/h，大臂应位于收回状态。

2）1 号车对位时，应按指挥人员给定的 7m、3m、1m 信号，以 0.5km/h 速度缓慢对位。走行司机要向指挥人员给出鸣笛回应，以确定看清信号。

3）1 号车桥头对位时指挥人员、值班领导应密切注意桥头路基变化情况，当路基下沉变化较大时，1 号车应及时退回，待整道后再重新对位。当整道难以改变下沉时，应在桥头一定范围内线路上穿插枕木予以加强，然后再对位。

4）对位时应设专人安放止轮器和操纵紧急制动阀。

5）1 号车对好位后，要及时支好架桥机前后液压支腿，并保持制动缸风压。当在风口地带架梁时，还应安装好架桥机的抗风支腿。

6）伸缩大臂前，要检查摩擦滚筒制动是否良好，钢丝绳是否过松，大臂是否位于中心位置，各种定位销是否松开。确定无误后，在指挥人员指挥下才能进行伸缩大臂操作。大臂伸缩到位后，要及时插好中心销。

5. 伸缩大臂

1）伸缩大臂时，大臂宜处于水平状态。

2）0 号柱立放必须垂直，且应保持大臂水平。大臂水平坡度不应大于 3‰。

3）0 号柱立好后应及时紧好法兰盘螺栓，并将 2 号柱油缸处于松弛状态。

6. 喂梁

1）喂梁前，要仔细检查拖梁滚筒制动是否良好，钢丝绳是否过松，及拖梁台车走行轮滚动是否良好，确保无误后，方可喂梁。

2）喂梁时，当梁前端落在 1 号车拖梁台车上时，应及时在台车上打好梁支撑，然后开始拖梁。

3）拖梁出梁过程中，要随时注意梁走行的速度。当梁走行速度过快时，要及时停止拖梁滚轮，使梁走行速度减缓或停止，然后再重新启动。

4）1 号车出梁时，应随时观察梁走行速度，当速度过快时，应先行停止，然后再重新启动。

5）出梁过程中，不允许横移梁，只有当梁落至离桥墩 50cm 左右时，方可进行横移梁。

6）梁落好后，只有在焊好 3 对以上桥梁连接板时才能进行桥面轨铺设。

7．辅助制动设备

辅助制动设备主要使用带把跟进式止轮器和螺杆固定式止轮器：

1）带把跟进式止轮器，见图 5.3.1-1。

在普通止轮器后端接一手把，架桥机、铺轨机走行时，随机监护人员手推止轮器跟进走行（使用中监护人员用一根细小绳子连接止轮器于机后牵引跟进），停机时监护人员能迅速将止轮器推入轮下，及时制动。特别是架桥机架梁走行对位和铺轨机铺轨对位时能使其不产生向下坡方向的溜动，保证走行、对位时铺轨机、架桥机的安全。

2）螺杆固定式止轮器，见图 5.3.1-2。普通止轮器两边带耳板，耳板下端有螺孔，螺孔中心至止轮器底面的距离大于钢轨的高度，螺杆穿过螺孔后刚好与钢轨底面接触。当架桥机对好位后架梁，2 号车对好位后换装桥梁或轨节时，或架桥机、铺轨机、2 号车因故需要在坡道上任一位置作较长时间停留时，使用该止轮器，螺杆穿过轨底板后拧紧螺母固定，保证设备的自动制动缓解后仍不会溜车。

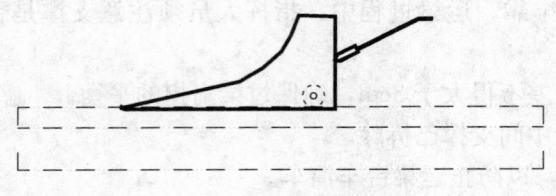

图 5.3.1-1　带把跟进式止轮器

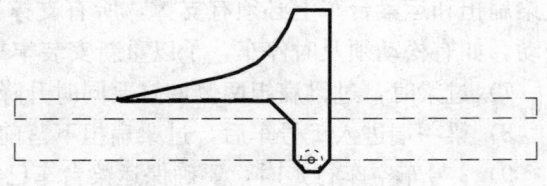

图 5.3.1-2　螺杆固定式止轮器

5.4　铺架物资运输的保障技术

5.4.1　路料运输装载加固

1．桥梁装载加固

1）装载前对车辆认真挑选，承重车使用 N17 型，组装转向架时按规定配对，并认真检查转向架圆销是否存在、是否完好，转向架是否放在规定的位置上，加固是否牢固。

2）装载后检查支架是否牢固，梁体重心是否落在车体纵向中心线上，并涂打移动标记，转向架上摆与侧撑不得压死，要有移动间隙。

3）侧架支撑上垫木加固时不超过三块木板，木板必须压死。

4）加固侧架支撑，支撑用 8 号钢丝绑在转向架上摆上，顶端两头与桥梁接触处打红线。

2．轨排装载加固

采用以下办法进行加固：每组 6 排，上 4 排两端固定为整体，并每端用钢丝绳十字斜拉固定在车体两侧。

少量 25m 钢轨可考虑用枕木支垫跨装运输，车辆两侧插立柱。

5.4.2　运输行车安全保证措施

根据青藏线线路坡道大的实际情况，为确保轨料运输的安全，为前方铺架正常施工，使机车司机能够正确操纵机车，确保长大下坡道的行车安全，制定长大下坡道的制动机操纵方法及有关注意事项。

1．司机在出乘时必须了解列车编组、线路状况等有关情况，并记入司机手帐和司机报单。机车挂车后，必须进行制动机的全部试验，向列检人员了解车辆关门车数量及位置，在运行中施行制动时，考虑这个因素来确定制动时机和减压量。

2. 列检人员要加强交路列车的技检工作，避免因车辆制动失效而影响行车安全，及时向司机、车长提供列车的制动状况及车辆中关门车的数量及位置。货运员要及时向司机、车长提供列车编组情况及牵引吨数等。

3. 运行中，司机要掌握列车速度，严格按调度部门下达的限制速度行车。严禁使用逆电操纵进行制动。

4. 列车进入长大下坡道和高坡地段下坡前，在特定的制动试验站，除制动机的全部试验外，还应按规定做好制动缸的保压试验。实行最大有效减压量后，自阀手柄在最大减压位持续 5min，制动管漏泄每分钟不超过 20kPa，列车制动缸鞲鞴行程应符合表 5.4.2 之规定，并无自然缓解现象。

车辆制动罐鞲鞴行程规定 表 5.4.2

名　称	单式闸瓦	复式闸瓦	GK 型	103 型
允许限度(mm)	155±25	190±15	空车 110±25 重车 135±25	空车 110±25 重车 135±25

5. 长大下坡道的制动机操纵

1）进入长大下坡道前的准备

列车进入下坡道前，于特定的制动机试验站时，必须认真试验和检查机车、车辆制动系统的状态和机能，保证作用良好。试验时，除做列车制动机全部试验外，并按规定方法做好持续一定时间的机车、车辆制动缸的保压试验，达到保压作用良好，同时检查机车闸瓦厚度和制动缸鞲鞴行程。不符合要求时，应进行更换和调整，并应对电阻制动的作用进行试验，发现电阻制动不良时应及时进行处理。

2）制动机的基本操纵方法

下坡道制动机操纵方法，可以采用以下三种：短波浪式制动法、长波浪制动法、一把闸制动法。

3）空气制动与电阻制动配合使用

在特定高坡及长大下坡道运行时，装有电阻制动的机车，在电阻制动作用良好的条件下，应以电阻制动调节列车运行速度。若制动力不足，可用自阀辅助调节运行速度。但列车进入长大下坡道前，必须先试验制动机的作用，以备电阻制动临时发生故障而转为使用空气制动机。使用空气制动机辅助调速时，应随时注意缓解机车制动，以防机车因制动力过高，而造成车轮滑行（当机车制动缸压力超过 150kPa 时，电阻制动自动解除），进站停车速度低于 20km/h 时，必须使用空气制动机的自阀制动停车。

4）长大下坡道和高坡地段制动时的注意事项：

a. 经常注意各风表压力的显示及空气压缩机运转是否正常。

b. 每次制动后，累计减压量超过最大减压量时，必须待停车后，用单阀制动，再缓解列车，以防充风不足，造成超速和停不住车的严重后果。禁止在施行最大有效减压量后，使用非常制动。

c. 缓解列车时，应将自阀手柄推至过充位缓解（防止过量），加速充风后，回运转位，不得使用保持位进行充风，在列车缓解时，为了不使速度上升过快和留有充分的充风时间，应使用电阻制动和空气制动相配合，以保证安全。

d. 使用电空混合制动调速时，必须先进行电阻制动，后进行空气制动，缓解时，先缓解空气制动，然后再逐步缓解电阻制动。

e. 列车在长大下坡道运行，要施行周期制动，制动管和副风缸的充风是一个重要问题，因为只有向制动管充风，列车就缓解，在坡道负阻力的作用下，列车就加速。因此必须在列车速度到达限速前，将副风缸满风，才能使每次制动有效。否则，每次施行制动时，副风缸都充不满风，最后将导致副风缸内风压过低而制动失效，发生重大行车事故。

f. 机车操纵中为确认列车制动机的作用，遇有下列情况之一时，必须进行制动机的简略试验：

Ⅰ 更换机车或变换乘务组或变更司机室操纵时；

Ⅱ无列检作业的车站，始发列车发车前；

Ⅲ制动管有任何分离时；

Ⅳ列车发车前，司机、车长或检车员认为有必要时；

Ⅴ列车停留超过 20min 时；

Ⅵ列车摘挂补机或第一机车自动制动机损坏时，交由第二机车操纵。

6. 长大下坡道区段每运行 40～50km，列车应停车凉闸 20min。在区间或站内短时间停车时，不准关闭空气压缩机。

7. 有雨雪霜雾天气时，轨面湿滑，对制动效果影响较大，发车前司机应注意检查撒砂装置机能，试验撒砂管出砂情况。机车起车和途中运行时，司机要严格控制速度，随时注意线路状态及机车设备有无异状，停车时应适当撒砂，并使车钩处于压缩状态，为再启动做好准备。

5.5 劳力组织

根据青藏铁路的特殊的地理环境和气候条件，铺架作业人员安排原则上按四班三倒工作制，每天每班工作 8h，每工班架梁人员见表 5.5。

铺架作业每个工班劳动力安排　　　　　　　　　　　　表 5.5

序号	工作岗位	人数	序号	工作岗位	人数	序号	工作岗位	人数
1	指挥	2	6	领车	1	11	电工	2
2	捆千斤	8	7	护送梁	1	12	技术人员	4
3	看大臂	2	8	倒装梁	10	13	安检人员	2
4	桥台作业	10	9	操作司机	4	14	医护人员	2
5	梁上工作	1	10	电焊工	5	15	救护车司机	2

6. 机 具 设 备

铺架作业所需主要机械设备详见表 6。

机具设备　　　　　　　　　　　　表 6

序号	设备名称	规格型号	单位	数量	序号	设备名称	规格型号	单位	数量
1	铺轨机	DP32	台	1	6	配碴整型车	SPZ200	台	1
2	架桥机	JQ140G	台	1	7	动力稳定车	WD320	台	1
3	内燃机车	东风 4 型	台	24	8	指挥车	—	辆	1
4	起拨道捣固车	08-32	台	1	9	宿营车	—	辆	4
5	平板车	N15	辆	12	10	救护车	—	辆	1

7. 质 量 控 制

7.1 质量标准

铺轨作业严格按照《轨道施工规范》TB 2109—2004 执行，架设 T 梁时严格按照《铁路架桥机架梁规程》要求架设，保证每孔各片 T 梁的横隔板预留孔在同一轴线上。架设后的外观检查执行《铁路桥涵工程质量检验评定标准》，要求外观检验梁端面平齐，梁缝对整齐，两侧挡碴桥外缘平直圆顺。支座与梁间、支座与墩台垫石间必须密贴，支座落位调整后的底板十字线与墩台十字线间的纵、横向错动量和同端支座中心线横向距离的允许偏差符合《青藏铁路高原冻土区桥梁工程质量检验评定及验收标准（试行）》相关内容的规定。T 形梁横向连接采用连接板临时焊接时，必须采用低温条件工艺，横隔板钢筋混凝土的施工，必须符合冬期混凝土施工的有关规定，混凝土的强度要求必须符合设计要求，拆模强度不得小于设计要求强度的80%。

7.2 质量措施

7.2.1 制定切实可行的施工作业工艺指导书，严格按程序施工。铺轨架梁施工前，准确获取线下施工单位与铺架有关的施工资料，进行有效的检查和复测，并将复测结果报监理单位。发现问题及时通知线下单位整改。

7.2.2 设置专职质检工程师，全过程进行跟踪检查。

7.2.3 严格按铺轨机、架桥机的使用说明和操作规程进行长大下坡地段铺架施工，确保质量。

7.2.4 做好各工序各环节的技术交底和质量控制工作。

8. 安 全 措 施

8.1 施工人员必须持证上岗，配戴安全帽。

8.2 铺架作业前必须对参与施工的人员进行安全知识教育和技术交底，并由具有丰富铺架经验的专业人员统一指挥。

8.3 铺轨机、架桥机在长大下坡地段安装止轮器，以防机械设备滑落。

8.4 每天上班前，集合全体人员召开生产安排技术交底和安全注意事项会。

8.5 长大下坡地段桥梁架设首先必须保证各项施工安全，配齐安全标识，在立龙门吊前，先选好立龙门吊的位置（这个位置碴要多），平整立设龙门吊地段，保持龙门吊水平；桥头必须进行加固，在架桥机停放地段对窜枕木，加大受力面积。

8.6 二号车装梁：梁的前端用升降横梁支承，后端用拖梁小车支承，升降横梁用专用垫块垫实和水平。

8.7 二号车喂梁前必须在二号车对好位后及时安装好前后止轮器，确保向一号车喂梁时二号车稳固不动。

8.8 一号车对位前及时安装止轮器，止轮器每侧不得少于4个，其中固定式止轮器每侧至少一个。

8.9 立0号柱：预先加工制作40cm增高节，安装增高节，并垫设适当高度短枕木，确保大臂水平。

8.10 拖梁出梁：在梁走行到位前3m处，先行停止，然后再缓慢拖拉。

8.11 架桥机禁止在12‰以上坡道熄火停放。遇特殊情况需要停放时，须对架桥机安装6对以上止轮器并锁紧手制动，同时安排专人24h看守。

8.12 横向风大于6级时，禁止架梁。

8.13 雷雨闪电冰雹气候禁止架梁。

8.14 气温低于−30℃时禁止架梁。

9. 环 保 措 施

9.1 规划施工场地，设置明显标志。

9.2 制定环境保护目标。

9.3 建立健全专职的环境保护机构。

9.4 完善环境保护体系。

9.5 无条件执行环境保护方案。

9.6 施工及生活垃圾、分类堆放，集中收集，不得随意乱丢乱放。

10. 效 益 分 析

10.1 连续长大下坡地段施工技术在西藏铁路第 33 标段得到了大力推广和运用，此次成功为今后同类铺架施工积累了丰富的经验。

10.2 通过优化施工方案，减少了施工成本，节省了工期，为全线顺利贯通奠定了良好的基础，产生了显著的经济效益和社会效益。

10.3 锻炼了队伍，培养了拔尖技术人才。

11. 工 程 实 例

本工法于 2005 年 7 月 14 日至 2005 年 8 月 18 日首次应用于青藏铁路 DK1904＋550～DK1947＋000 区间 42.5km 连续长大下坡地段的铺架工程施工过程中。在通过精心组织、合理安排下，施工中全体参战职工充分发扬"挑战极限、用创一流"的青藏铁路精神，克服种种困难，均衡生产、稳步推进，于 8 月 18 日 17 点顺利到达羊八井大峡谷堆龙曲 4 号大桥拉萨端。标志着安拉段施工最为艰难、安全难度最大的 42.45km 连续长大下坡道铺架施工圆满完成，为青藏铁路早日建成作出了重要贡献，受到了铁道部领导和专家们的高度评价。

CRTS I 型无砟轨道轨道板单元台座制造工法

GJYJGF051—2008

中铁八局集团有限公司　中铁六局集团有限公司

王江　杨先凤　吴利清　黄光省　唐红

1. 前　　言

1.1 遂渝线无砟轨道试验段建设属我国首条自主知识产权的无砟轨道建设项目，在桥上、隧道、路基上大量使用混凝土轨道板进行成区段的铺设在国内尚属首次。中铁八局根据国内外的先进经验和轨道板产品的特点进行了轨道板模型的设计、制造及生产线工艺布置方式的初步尝试，并取得了试制和批量生产的成功经验。

1.2 混凝土轨道板外形尺寸简单，主要尺寸为 4930mm×2400mm×190mm，但制造要求精度高，长宽控制±3mm，高度要求 0～3mm，产品平整度要求高，其他预埋件位置要求准确，产品外观质量要求高。必须进行工厂化批量生产，才能保证产品质量。

1.3 用单元台座法大批量生产轨道板在国内尚属首创，在无砟轨道较为发展的国家日本，大多采用此生产工艺。因轨道板要求精度高，模型设计为底部振捣结构，模型重量大，为保证轨道板的表面平整度达到要求，需设计专用台座进行生产。该方法设备投入少，劳动力用量少，一人可完成多项工作，各台座生产不相互影响，投产快，见效快，产品质量稳定。

1.4 该单元台座法生产工艺在项目部实施以来，充分保证了轨道板保护层、钢筋位置、长度、平整度等方面的严格要求。

1.5 遂渝线 TBJB 新型轨道板及生产线综合生产施工技术通过了中铁八局集团科技成果评审，2005 年 12 月 10 日，四川省科学技术厅在成都组织召开了"遂渝线 TBJB 新型轨道板及生产线研制"成果鉴定会，该项成果由我国自主研究开发，填补了国内空白，达到了国内领先、世界先进水平。无砟轨道用混凝土轨道板生产工法获中铁八局集团三级工法奖，并获铁道部二级工法奖。

2. 工法特点

2.1 用单元台座法生产轨道板，模型设计为一套模型一次生产一块轨道板形式，模型分为底模、侧模、端模、内模（框架型），通过几个模型的组合、拆分实现轨道板生产的合模、脱模。模型设计和制作精度要求较高，能充分保证轨道板的各项外形尺寸要求，生产中主要需控制轨道板模型基础不发生较大变形，脱模、合模时不损伤轨道板。轨道板钢筋要求进行绝缘测试，电阻大于 2MΩ，轨道板铺设在线路上，两标准轨距钢轨间电感和电阻偏差在规定范围内，对信号传输不产生影响。

2.2 单元台座法生产轨道板具有较多优点：

2.2.1 能保证轨道板精确的外形尺寸，长度±3mm，宽度±3mm，高度 0～3mm，板面平整度 1mm，翘曲量 3mm。

2.2.2 针对模型设计工作基坑，基坑强度容易保证，变形后容易调整。每套模型单独设计蒸汽养护系统，模型之间不相互干扰。

2.2.3 模型结构简单，组装容易，模型不受张拉力，且经过时效处理，不易变形。增加模型使用寿命。

2.2.4 生产速度不受限制，可增加操作工人加快生产节奏。

2.2.5 设备少，主要大型设备有门吊、搅拌站、锅炉。

2.2.6 基建投入少，建设速度快，技术难度降低。

2.2.7 整个场地布置简单，机具少，蒸汽管道布置在基坑内，不影响工人施工，保证施工安全。投产快、见效快、产品质量稳定（图 2.2.7）。

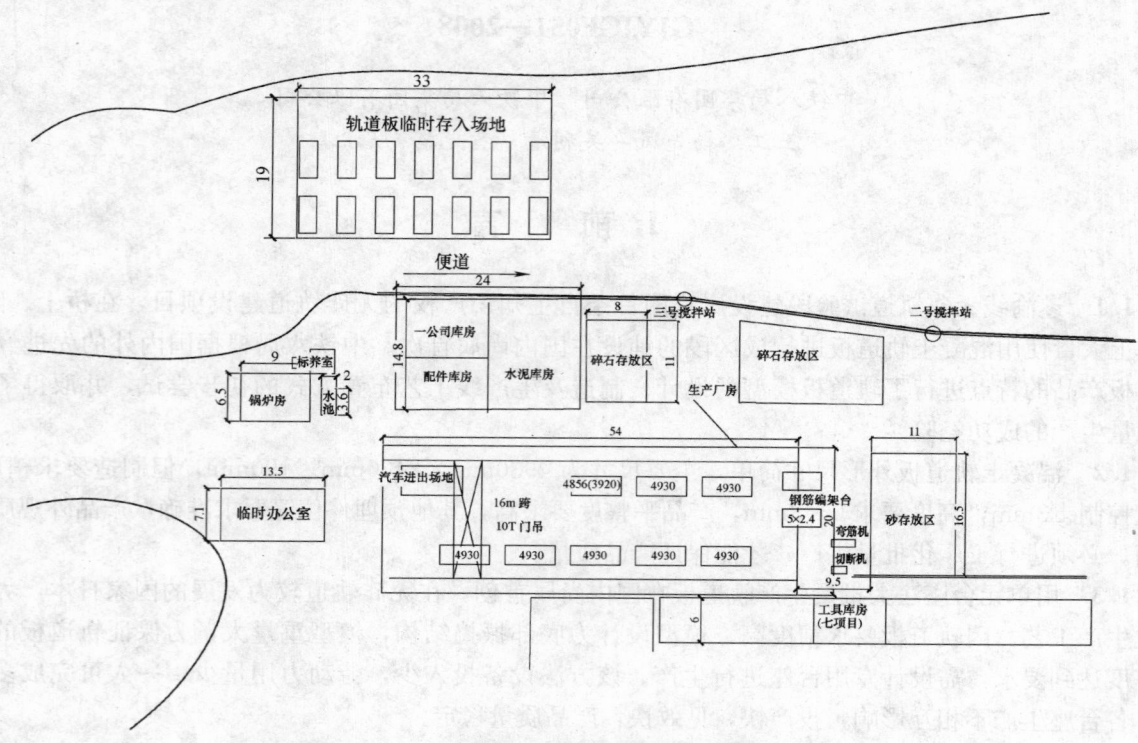

图 2.2.7 遂渝线轨道板生产线平面布置示意图

3. 适 用 范 围

各种类型无砟轨道用混凝土轨道板，隧道、路基、桥梁上轨道板，过渡段用轨道板的生产；减振型轨道板、双向预应力轨道板、框架型轨道板、预应力框架板、横向预应力轨道板的生产。

4. 工 艺 原 理

4.1 本工艺设计的目的是为保证产品能达到《遂渝线无砟轨道用混凝土轨道板技术条件》中对产品质量的要求。轨道板产品对塑料套管位置，钢绞线位置，表面平整度，轨道板绝缘性能等要求较高，钢模的制作和生产线的设计全部有针对性地考虑了这些问题，使生产出的产品能完全满足标准要求。

4.2 模型设计：模型是保证产品外形外观质量的基础。根据轨道板生产工艺的特点，模型不受张拉力作用，因此模型设计以满足产品成形质量、通用性、延长使用寿命为主，要求模型具有足够的强度、刚度、稳定性和精确的结构尺寸。

4.2.1 底模采用钢板拼焊而成，底模面板焊接后变形较大，制作时加厚钢板，时效处理后进行机加工，保证底模表面平整度，平整度不大于 0.2mm/0.5m，且底模筋板避开预埋套管孔位置。

4.2.2 侧模、端模采用钢板拼焊而成，面板同底模一样进行时效和机加工处理，加强筋板位置避开钢绞线位置和起吊螺母位置，板式轨道板钢模侧模、端模上设计有预应力钢绞线锚穴孔，保证钢绞线的位置，同时设计侧模、端模拖拉装置，保证侧模、端模顺利脱模。

4.2.3 底模上设计振动器安装位置，保证灌注混凝土时顺利进行密实。振动器之间设计钢模安装支撑台座，每套钢模设计 10 个支撑架，保证钢模的稳定、平整。

4.2.4 框架型轨道板设计有内模，采用钢板拼焊，进行时效和机加工处理，内模分成4块进行组合，方便脱模。

4.2.5 端模、内模与底模间采用螺栓进行定位，保证轨道板的长宽尺寸要求。

4.3 轨道板钢模基础设计

4.3.1 根据轨道板钢模设计特点和所确定的工艺流程，进行钢模工作基坑设计。钢模放置在基坑上，钢模受震动后不产生较大变形；工人可进入基坑内进行操作，在钢模下部安设振动器、安装预埋套管固定螺栓等。钢模设计宽度为2.8m，长度为5.33m，长度和宽度方向均有拖拉丝杆，钢模下部设有支撑台座，台座之间布置振动器，因此考虑基坑宽度设为2.6m，长度设为6.5m，高度设计1.3m，端部设置阶梯，方便工人上下（图4.3）。

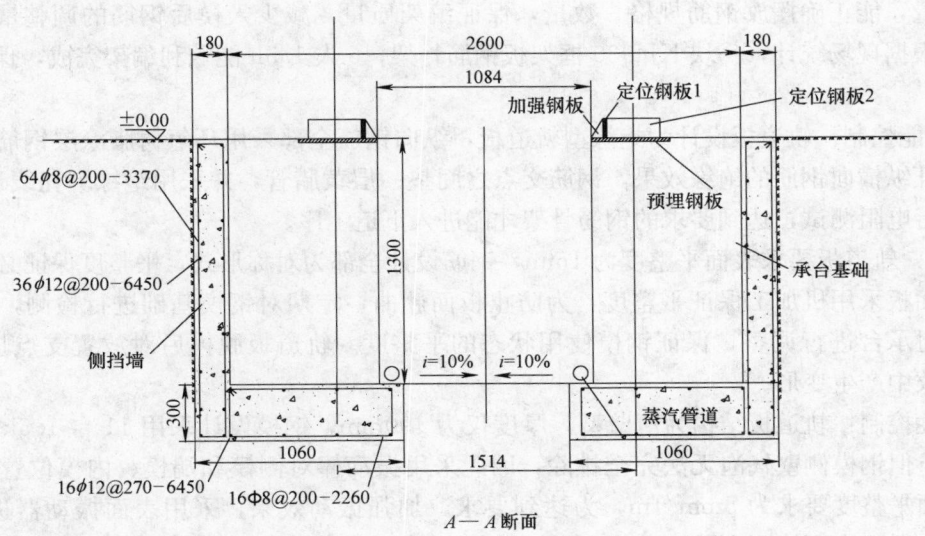

A—A 断面

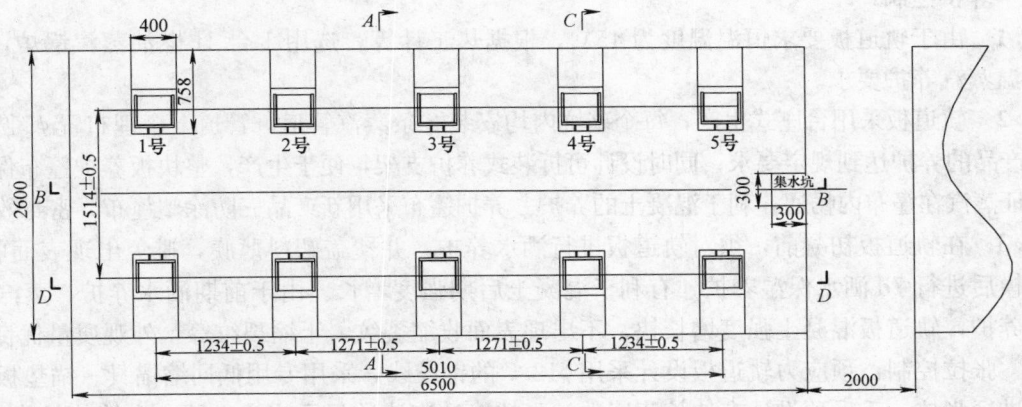

图4.3 轨道板钢模基础

4.3.2 基坑内设置10个承台，钢模支撑台座放置在相应承台上，承台上设置预埋钢板，预埋钢板上设置定位钢板，以固定钢模位置。基坑下方设计1%的纵坡，端部设计一个集水坑，蒸汽冷凝水流入基坑内，用水泵抽出。蒸汽管道安装在基坑底部两边，与钢模距离稍远，避免蒸汽对钢模和混凝土产生过大影响，保证低温蒸汽养护。

4.4 钢绞线位置控制：板式轨道板有纵向和横向预应力钢绞线，钢绞线位置偏差要求为±1mm。在设计时，对侧模、端模上锚穴孔的位置进行控制，生产时，由于为后张法生产，需对钢绞线进行预紧，将挤压好的钢绞线从锚穴固定端穿入，张拉端穿出，在张拉端安装钢绞线张紧装置，用扳手将紧固装置拧紧，保证钢绞线在钢模内平直。

4.5 封顶塑料套管的定位控制：塑料套管位置精度要求为±1mm，在设计和制作时要求套管位置偏差±0.2mm，并对套管孔的垂直度进行控制，设计专用套管螺栓从钢模底部对套管进行固定，能保证套管位置达到标准要求。

4.6 长度、宽度控制：轨道板长度、宽度要求为±3mm，为保证轨道板外形尺寸，钢模设计时在底模上设计一个 5mm 高凸台，侧模、端模合模后紧靠凸台，侧模、端模之间也互相制约固定，保证产品外形尺寸。

4.7 钢筋位置控制：根据轨道板技术条件的要求，钢筋位置偏差控制在 10mm 以内，为保证钢筋位置的准确性，同时提高编架速度，设计专用编架装置，在长木方上钉上小木方，将每根钢筋位置固定，保证了下层钢筋位置。上层钢筋通过人工编架时，先将两端与下层对位准确，再进行其他位置编架。采用编架装置，能正确摆放钢筋规格、数量，保证编架质量，减少入模后钢筋的调整量，同时能提高编架速度。根据现场统计，一块 KJ4930 框架板钢筋骨架，6 人 1.5h 能顺利编架完成，保证生产顺利进行。

4.8 绝缘性能控制：轨道板设计为绝缘型轨道板，纵向钢筋全部采用环氧树脂涂层钢筋，横向为普通钢筋，为保证纵横向钢筋的绝缘效果，钢筋交点之间垫一层黄腊管，并采用绝缘绑扎线进行绑扎，最后用兆欧表进行电阻测试，达到要求的钢筋骨架才能进入下道工序。

4.9 平整度：轨道板要求表面平整度为 1mm，钢筋设计全部为对称形式，平整度保证必须通过钢模来实现，底模面板采用机加工保证平整度，为防止板面翘曲，定期对钢模基础进行检测，发现标高超过范围时及时对承台进行调整，保证钢模使用状态的平整度。轨道板脱模后对放置支点进行调整，使轨道板不在存放中产生变形。

4.10 密实性控制：轨道板结构为薄壁型，厚度仅为 190mm，钢模设计采用 11 台 1.5kW 的高频振动器进行振动，但钢模侧壁气泡无法完全排除，因此采用振动棒对侧模和端模、内模位置进行辅助振动，轨道板底面平整度要求为 5mm/1m，为达到要求，加强振动效果，采用表面振动器进行面振，将混凝土浆振出，保证表面抹面光滑，平整度达到要求，同时能控制轨道板高度在 0～3mm 范围内。

4.11 养护控制

4.11.1 由于轨道板要求恒温温度为 45℃，根据热工计算，选用 1 台 1t 燃油蒸汽锅炉，能保证 8 套模型低温蒸汽养护要求。

4.11.2 轨道板采用台座式生产，每个基坑内均安装 2 条蒸汽管道，管道上合理布置 φ5 圆孔，能保证蒸汽对产品的养护达到规定要求；同时设计可拆装式养护支架，便于生产，整块板养护篷布保持一定的高度，保证蒸汽在篷布内畅通，利于混凝土的养护。养护篷布采用新产品三防涂塑篷布，密封效果好。

4.11.3 在轨道板初凝前，须对轨道板进行洒水养护，并覆盖塑料薄膜，避免出现表面收缩裂纹；轨道板脱模后进行 7d 洒水保湿养护，有利于混凝土后期强度增长。由于前期洒水养护、蒸汽养护、脱模后洒水养护，轨道板混凝土强度增长快，不出现表面收缩裂纹，干缩裂纹等，外观质量优良。

4.12 张拉控制：预应力轨道板设计采用 φ12.7 的钢绞线，采用专用低回缩锚具、锚垫板，使用专用千斤顶进行张拉，千斤顶设计有伸长值读数，张拉以油表读数显示为主，预应力筋伸长值作为校核，可提高张拉力控制精度，张拉后钢绞线基本无缩量，保证钢绞线的预应力效果，充分保证产品质量。张拉时两台千斤顶同时对称进行张拉，保证轨道板不产生变形。钢绞线下料时预留张拉钢绞线的长度，保证千斤顶顺利进行张拉。

5. 工艺流程及操作要点

5.1 工艺流程见轨道板生产工艺流程图（图 5.1）

5.2 操作要点

5.2.1 模型定位：模型放置在基坑上，基坑预埋件上焊接定位钢板对模型进行定位，定期对模型

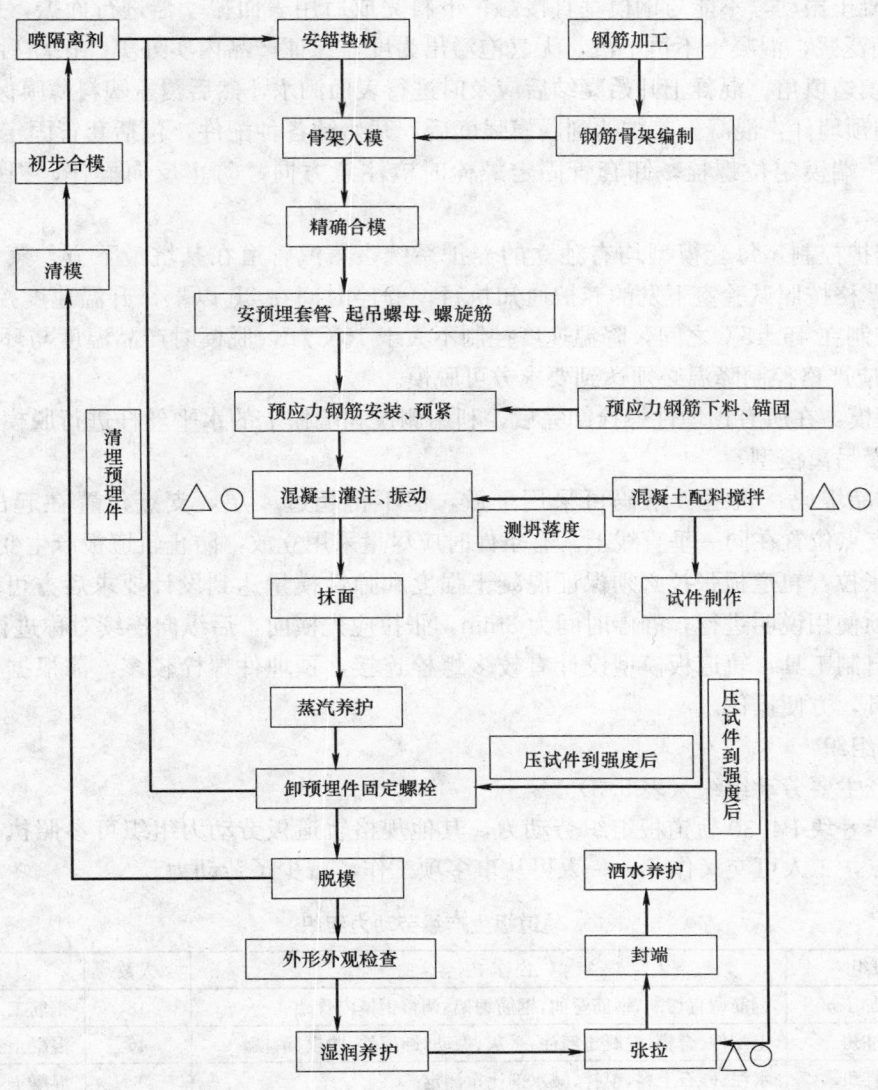

图 5.1 双向预应力混凝土轨道板工艺流程图

注："○"表示特殊工序，"△"表示关键工序

进行检测，基础变形后及时加垫钢板保证钢模平整度，模型与基础间垫减振橡胶板，防止振动力的减弱。

5.2.2 钢筋间距及保护层控制：钢筋保护层要求为＋5mm，－3mm，钢筋放入钢模后，无法进行保护层控制，必须在钢筋编架时将塑料垫块绑扎在底面钢筋和四周，使合模后钢筋位置能够达到要求。钢筋间距要求为±10mm，编架时必须在专用编架装置上进行编架，对钢筋进行定位，保证间距要求。

5.2.3 钢筋绝缘控制：轨道板钢筋骨架要求进行绝缘处理，必须在骨架编架完成后进行，用兆欧表对每两根钢筋之间的电阻进行测试，电阻达到 2MΩ，方可进行下道工序。

5.2.4 上预埋件：在钢筋骨架入模后，开始安装各种配件，安装塑料套管、CA 砂浆灌注孔芯棒时必须有一人在上扶住配件，一人在工作坑内拧紧螺栓，并保证每件均拧紧，无松动现象。安装起吊螺母在模型侧面进行，用相应的起吊螺栓将其固定，并绑扎螺母外螺旋筋，塑料套管外螺旋筋，保证各螺旋筋的位置正确。

5.2.5 灌注、振动控制：所有配件、钢筋检查后，进行混凝土灌注，用天车吊灰斗到模型上方将混凝土灌入模型。灌注必须分层进行下料，先用底部振动器进行底振；灌注第二罐混凝土时用插入式振动棒进行混凝土振动，不能与钢模垂直接触；下料完成后用表面振动器进行面振，振动时间约 20～30min，以表面泛浆，混凝土不再下沉、无气泡溢出为度，保证产品内实外美。振动后用抹子抹平混凝土表面，注意填边填角。混凝土开始凝结后应及时进行表面洒水，然后覆盖塑料薄膜保湿。

5.2.6 卸预埋件：混凝土养护达到脱模强度后，开始卸各种配件，包括套管固定螺栓、锚垫板固定螺栓，侧模、端模定位螺栓，卸套管固定螺栓时应注意方向，防止反向操作，损伤尼龙套管及轨道板。

5.2.7 养护控制：每套模型均有独立的养护系统，蒸汽管道在基坑最下方，蒸汽充满养护篷布内。养护过程严格按照试验室下发的养护通知执行，静停时间在 3h 以上，升温速度控制不大于 15℃/h，恒温温度控制在 45±5℃之间，降温速度控制不大于 15℃/h，脱模时产品温度与环境温度相差不大于 15℃，冬季应严格控制降温必须达到要求方可脱模。

5.2.8 脱模：在所有预埋件螺栓卸完后，利用侧模和端模上的水平丝杆进行脱模，用专用起吊装置将轨道板缓慢吊离模型。

5.2.9 产品堆码：轨道板堆码可采用平放，但不得超过 4 层，支点位置在起吊螺母下方左右100mm，上下支点位置在同一垂直线上。有条件时应尽量采用立放，防止轨道板产生变形。

5.2.10 张拉：轨道板张拉必须保证混凝土强度和弹性模量达到设计要求后方可进行，张拉顺序严格按照千斤顶使用说明进行，静停时间为 3min，张拉应先横向，后纵向连续对称进行。

5.2.11 自制工具：轨道板模型设计有较多螺栓连接，预埋件螺栓较多，需根据具体情况自制脱模、合模用工具，方便操作。

5.3 劳动组织

轨道板生产主要劳动组织（表 5.3）

以每天生产 8 块 P4930 轨道板组织劳动力，其他规格轨道板劳动力组织可参照执行。由于单元台座法生产的特点，工人可交叉作业，一人可从事多项工作，减少了劳动力。

轨道板生产线劳动力组织 　　　　　　　　　　　　　　　　　　　　表 5.3

序号	班组	工作内容	人数	备注
1	钢筋加工班	钢筋调直切断，钢筋弯曲，钢筋编架、调整钢模内骨架	18	钢筋工
2	灌注班	上配件、合模、混凝土灌注，平灰、振动，卸配件、脱模、清模	46	混凝土工
3	搅拌班	水泥、砂石上料、搅拌，减水剂比重测定	6	混凝土工
4	保温班	养护、混凝土工作度、试件制作、洒水养护、烧锅炉	7	
5	起重维修	10T 龙门吊，机电维修	12	起重工、钳工、电工
6	检验、试验	工序、成品检查，试验、计量	5	检查工、试验工
7	张拉班	张拉、封锚、转运、发运	26	张拉工、混凝土工、起重工
合计			120	

6. 材料与设备

6.1 轨道板生产采用的主要材料见表 6.1。

双向预应力混凝土轨道板主要材料表（P4930） 　　　　　　　　　　　表 6.1

序号	材料名称	材质及规格	单位	理论重量	备注
1	预应力钢丝	Φ12.7 无粘结钢绞线	kg	90.8	$f_{ptk}=1860MPa$
2	横向普通钢筋	Φ12-Ⅱ级螺纹钢	kg	129.15	
3	纵向环氧树脂涂层钢筋	Φ12-Ⅱ级螺纹钢	kg	154.65	购买弯曲好的钢筋
4	螺旋筋	Φ5 冷拔丝 105	个	32	
		Φ5 冷拔丝 200	个	8	

续表

序号	材料名称	材质及规格	单位	理论重量	备注
5	绝缘绑扎线	Φ0.7	kg	3.5	
6	尼龙套管	Φ30	个	32	（封顶）
7	DSM13横向单孔锚具	Φ32	套	16	Φ12.7钢绞线专用锚垫板、锚具
		Φ58	套	16	
8	DSM13纵向双联锚垫板	Φ32	套	12	
		Φ58	套	12	
9	起吊螺母	Q235-A	块	8	
10	塑料垫块		块	50	保护层30mm
11	混凝土	C60	m³	2.2	400：100：610：486：729：145

6.2 轨道板生产主要生产设备和工装见表6.2。

轨道板生产线主要生产设备和工装一览表　　　　　　　　　　　　　表6.2

序号	设备名称	单位	数量	规格及型号	用途
一	生产线生产设备				
1	振动器	台	120	1.5kW	底部震动
2	振动器	台	8	0.75kW	表面震动
3	振动控制柜	台	2	1×0.5	振动控制
4	张拉油泵	台	6	ZB4-500	张拉
5	龙门吊	台	2	Q=10t-16m	吊运
6	产品转运汽车	辆	1	10t	转运产品
二	生产线主要工装				
1	钢绞线盘架	台	1	φ2m	钢绞线放料
2	平板振动器底座	套	1	0.5×2.8m	面振
3	轨道板模型	套	8		成型
4	混凝土吊斗	台	2	1.2m3	运送混凝土
三	主要工具				
1	高频振动棒	根	6	φ25	侧面震动
2	张拉用千斤顶	台	6	YQC180-100	张拉
3	锚固挤压器	台	3	YCW180	固定端挤压锚固
4	砂轮机	台	4		切割钢绞线
5	切割机	台	2		钢绞线下料
四	其他设备				
1	搅拌站及配料系统	座	1	HZD50	混凝土搅拌
2	装载机	台	1	ZJ50B	上料
3	工业锅炉	台	1	1t	蒸汽养护
4	钢筋弯曲机	台	2	WJ40-1	钢筋弯曲
5	钢筋切断机	台	1	GJ-40	钢筋切断
6	卷簧机	台	1	LH-3	制作弹簧圈
7	电焊机	台	4	BX300	焊接
8	工具车	台	1	0.5t	购买材料
9	吊车	台	1	10t	发运

7. 质 量 控 制

7.1 轨道板生产按照《遂渝线无砟轨道综合试验段混凝土轨道板技术条件》执行。

7.2 轨道板外观质量控制指标见表7.2。

轨道板外观控制指标 表 7.2

序号	检 验 项 目	允许偏差	每组检验数量	检验类别
1	肉眼可见的裂纹	不允许	全检	A
2	承轨部位表面缺陷（气孔、粘皮、麻面等）	长度≤10 深度≤2	全检	B
3	其他部位表面缺陷（气孔、粘皮、麻面等）	长度≤50 深度≤5	全检	C
4	轨道板四周棱角破损和掉角	长度≤30	全检	C
5	预埋套管内混凝土淤块	不允许	全检	A
6	减振型轨道板底垫层的翘起	不允许	全检	A
7	轨道板侧面露筋	不允许	全检	A

7.3 混凝土轨道板外形尺寸控制指标见表 7.3。

混凝土轨道板外形尺寸控制表 表 7.3

序号	检 查 项 目		允许偏差（mm）	每批检验数量（出厂检验）	检验项别
1	长度		±3	10	C
2	宽度		±3	10	C
3	厚度		+3,0	全检	B
4	预埋套管	中心位置距纵向对称轴	±1	全检	A
		保持轨距的两套管中心距	±1	全检	A
		保持铁垫板位置的相邻套管中心距	±1	全检	A
		底部中心歪斜	2	全检	B
		凸起高度	±1	全检	B
5	标记线（板中心线、钢轨中心线）位置		±1	10	B
6	板顶面平整度	轨道板四角的承轨面水平	±1	全检	B
		中央翘曲量	≤3	全检	B
7	底面平面度	普通型轨道板	5/1m	10	C
		减振型轨道板	2/1m	全检	C
8	其他预埋件位置及垂直歪斜		1	全检	B
9	半圆形缺口直径		3	10	C

7.4 钢模制造和验收按照轨道板钢模技术条件执行，钢模具有足够的刚度、钢模底板板面平整，钢模加工误差控制为±0.2mm。

7.5 钢模安装严格按照钢模设计图进行，控制安装误差，充分保证钢模安装质量。

7.6 生产过程中质量控制：采用自检、专检、互检制度，不合格工序不能进入下道工序。每道工序均有工序检查，保证在钢筋、预埋件安装质量，张拉工序有专人进行旁站检查。项目部从操作工人、工班长、技术人员、检查工程师到项目负责人，层层把关，严格考核，出现问题立即整改，严格保证产品质量。

7.7 严格执行混凝土轨道板施工细则和内控标准。

7.8 制定质量管理体系文件，在生产过程中严格按照 ISO 9000 质量管理体系文件程序进行管理。

8. 安 全 措 施

8.1 项目部严格按照创建"安标工地"管理办法进行安全管理，严格执行国家有关安全生产的规范和规章。建立健全项目部安全组织保证体系，贯彻国家有关安全生产和劳动保护的法律、法规，强化基本知识，基本素质的培训。

8.2 施工细则中提出安全注意事项，并进行安全技术交底，在设计生产线时考虑安全生产措施。

8.3 设专职安全员负责制定施工安全操作规程，检查安全情况，提出改进措施。

8.4 坚持岗位安全培训，杜绝"三违"现象发生。新上岗职工进行安全培训并进行考核，合格后方可上岗。

8.5 所有用电设备都安装漏电保护器。所有设备安排专人进行操作、管理，保证设备的安全性能。

8.6 张拉作业时有专人统一指挥，无关人员不得进入张拉场地。

8.7 生产线做到布局合理，机械设备安置稳固，材料堆放整齐，生产现场做到工完料清场地净，保证现场文明卫生，安全生产。

8.8 项目部对危险源进行辨识，制定应急预案。

8.9 施工现场设醒目的安全标语、安全警示标志。

9. 环 保 措 施

9.1 建立以项目经理为首的项目部环保、水保体系，实行"三同时"原则，在轨道板场设计时充分考虑环境保护、水资源保护等。项目经理部设立环保、水保组织机构，切实贯彻环保法规。严格执行国家及地方政府颁布的有关环境保护、水土保持的法规、方针、政策和法令，结合设计文件和工程，及时提报有关环保设计，按批准的文件组织实施。由专人负责，定期进行检查。

9.2 安全环保部为项目部环境保护、水资源保护的常设机构，具体负责环保、水保日常工作。制梁场设专职环保员，作业班组设兼职环保员，负责梁场和班组的环保管理工作。

9.3 项目部环保、水保方针：环境保护，人人有责，节约用水，利国利民。

9.4 项目部环保、水保目标：废水达标排放，废渣分类堆放，定期清理。控制噪声在 90dB (A)。

10. 效 益 分 析

10.1 采用台座法生产轨道板，生产线设备投入少，生产占地面积少，节约投资，轨道板存放方式灵活，生产线工艺布置可根据现场具体情况进行设计。适于现场设预制厂生产轨道板。每年可创造产值 2880 万元以上，利润 100 万元以上。

10.2 轨道板模型设计复杂，制作精度要求较高，需专业机械厂进行加工。模型设计可更换侧模、端模，同一套底模适用生产预应力板式、框架型、预应力框架型轨道板等多种形式轨道板，节省投资。

10.3 生产线基建投入少，建设速度快，投产快，见效快。生产线厂房全部采用 PVC 篷布搭建，建设速度快，易搬迁，可形成标准化生产厂。

10.4 轨道板生产在国内批量生产尚属首次，项目部通过对轨道板模型设计、生产线工艺设计、基坑设计、各种操作工具的选择和制作，充分保证轨道板的产品质量，操作简单，安全可靠。

11. 工 程 实 例

遂渝线无砟轨道综合试验段自 2005 年 5 月开工以来，2005 年 6 月开始轨道板生产线基建工作，仅用 1 个月时间完成大量基建工作，8 月 5 日在现场正式进行生产，共计生产各种型号轨道板 1800 余块，充分满足试验段的需求量。

随着全国客运专线的不断建设，无砟轨道将逐步成为我国铁路建设的一个重要形式，混凝土轨道板的需求量将大量增加。中铁八局开发的轨道板生产技术将为集团公司的发展起到不可替代的推动作用，同时也为桥梁公司增加了市场竞争力，成为公司一个重要的经济增长点。

2005 年 8 月 28 日，铁道部领导卢春房一行参观了项目部的轨道板生产线、轨道板生产工艺及产品，对我们取得的成绩予以充分的肯定，项目部先后接待了成都铁路局、铁道部科技司、建设司、铁科院、中铁工程总公司等单位的领导和专家，其他兄弟单位的同志也到项目部的参观和指导。铁科院的专家对轨道板的绝缘性能多次进行测试，检测结果完全符合轨道电路传输要求。

2007 年，石太客运专线 Z13 标段约 20000 块预应力轨道板由中铁八局集团制造并顺利完工；2008 年，武广客运专线工程试验段约 8000 块框架式轨道板由中铁八局制造并顺利完工；2008 年，广珠城际轨道交通工程 ZH-3 标约 20000 块框架式轨道板由中铁八局施工；2009 年，哈大客运专线约 20000 块预应力轨道板由中铁八局施工。以上各项工程均采用单元台座法进行施工，能保证轨道板的各项技术指标要求。

既有线换铺无缝线路施工工法

GJYJGF052—2008

中铁一局集团有限公司　中铁十局集团有限公司

李怡　孙柏辉　杨庆勇　张维超

1. 前　　言

近几年来，随着铁路提速范围的不断扩大，营业线改、扩建规模和数量剧增，其中营业线普通线路改造为无缝线路已成为营业线技术改造的一项重要内容。在现场实施中，要在有限的封锁时间内完成从长钢轨卸车、单元轨条焊接、钢轨换铺、形成无缝线路及旧料回收等一系列施工过程，工序多，作业面长，安全、质量要求高，需要先进科学的施工工艺和严谨的施工组织才能实现。根据京九达标线龙川至东莞东段二百多次换铺的实践经验，总结形成该工法。在本工法中投入使用的 K922 移动闪光焊作业车为铁道部科研项目，2005 年获集团公司科学技术一等奖；换铺施工中所使用的主动摆头式悬臂换轨车已获得实用新型专利。

2. 工 法 特 点

2.1　多区段，多工序，环环紧扣的长距离线路流水作业施工工艺。

2.2　高效率、高质量、资源配备协调的现场施工组织。

2.3　适用范围广，技术含量高，工艺新颖。

2.4　有效地控制了施工安全。

3. 适 用 范 围

适用于营业线采用移动式闪光焊作业车和Ⅲ型换轨车配合，由普通有缝线路换铺为无缝线路的施工。

4. 工 艺 原 理

本工法施工组织采用流水作业法。在 200min 封锁时间内，经过点外准备、点前慢行、封锁施工、点后慢行等时段，在各作业区段上依次进行卸长钢轨、单元焊、散配件、换铺、收轨等作业。主要工序由长钢轨卸车、单元轨条焊接、配件散布、钢轨换铺、锁定焊、旧料回收组成。长钢轨卸车采用机车牵引长钢轨运输车，经卸轨作业车，将钢轨拖卸于线路两侧；单元焊和锁定焊采用现场移动式闪光焊轨机焊接，换铺采用专用Ⅲ型换轨车，散配件利用换轨车动力牵引配件车在线路上移动人工散卸的方法，收轨采用 T 形架式收轨车。因换轨车为悬臂结构，无法连挂，工程车进入作业区间由两列组成：第一列由长钢轨运输车、单元焊车、散配件车和换轨车组成，第二列由锁定焊车和收轨车组成。封锁命令下达后，各作业车组到达作业地点后依次摘车进行作业。锁定焊车到达锁定焊地段待命，待换轨起点完成换轨后，对接好钢轨进行锁定焊。散配件车在散配件区待命，换轨车完成换轨后利用换轨车动力牵引配件车在线路上移动人工散卸配件。收轨车对前次换铺的旧轨进行回收。编组顺序为：第一列：$DF_4 + 26N_{17} + $焊机$ + 1N_{17} + $轨道车$ + $配件车$ + $轨道车$ + $Ⅲ型换轨车；第二列：焊机$ + 1N17 + DF4 + $

12N17＋DF4。

5. 工艺流程及操作要点

5.1 工工艺流程

无缝线路换铺施工总体施工工艺流程见图5.1。

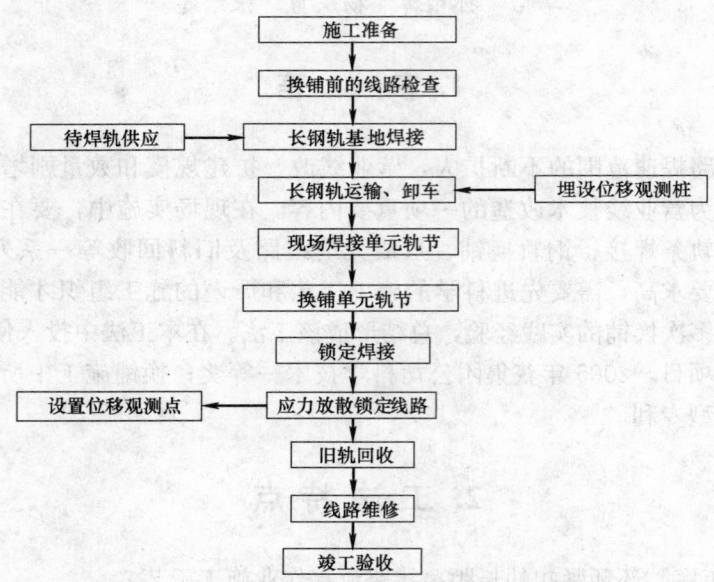

图 5.1 无缝线路换铺施工总体施工工艺流程

5.2 劳动组织（见表5.2）

劳动组织 表5.2

序号	分工	人数	工 作 内 容
1	现场总指挥	1	指挥协调施工
2	卸轨班	22	将长钢轨运输平板车上的长钢轨在封锁内利用动力牵引对称地卸在线路两侧
3	单元焊班	46	将已卸的长钢轨在封锁内焊接为单元轨条
4	拉伸班	10	龙口锯轨、打眼、拉伸钢轨达到锁定轨温
5	扣件作业班	125	拆卸旧扣件，安放新扣件
6	换轨车班	25	指挥换轨车走行，新旧轨拨轨
7	锁定焊班	14	将新换入单元轨与前次换铺线路焊连成无缝线路
8	收轨班	24	回收换出的旧轨
9	技术组	5	施工过程的技术工作
10	安检组	4	封锁前、中、后人员、设备、行车安全检查
11	机械维修组	6	现场施工机具即时维修，保证施工需要
12	防护班	25	各作业工序的防护工作，其中含驻站联络员2名
13	合计	307	

5.3 操作要点

5.3.1 换铺前施工准备

1. 提前做好所要换铺线路的技术准备。检查既有线轨距、水平、正矢、轨向，同时将钢轨上的曲线标识引到轨枕上，并做好书面记录，以便准确恢复线路，调查合龙口钢轨配置。

2. 换铺前应按设计要求预先设置好位移观测桩。

3. 做好线路料调查和新轨料补充并按标准散布在线路两侧。

4. 为了确保换铺时扣件顺利拆卸，应提前进行扣件的可卸性检查。

5.3.2 卸长钢轨

1. 长钢轨卸车施工工艺流程图见图 5.3.2。

2. 卸车前的准备工作

1）调查好卸轨起点位置。核实各段长钢轨的长度、卸轨对数和起止里程。

2）全面检查所有设备，待一切运行良好后，依照装车表对钢轨编号及排放位置进行核对。

3）检查车上每根钢轨的卸轨连挂器安装位置是否正确及牢固，卸轨用的专用工具，通信、联络设备是否齐全完好。

4）根据前次已卸长钢轨终端，技术人员在线路上对长钢轨运输车对位点及单元轨节起点作出明显标记，确保卸后钢轨位置准确。

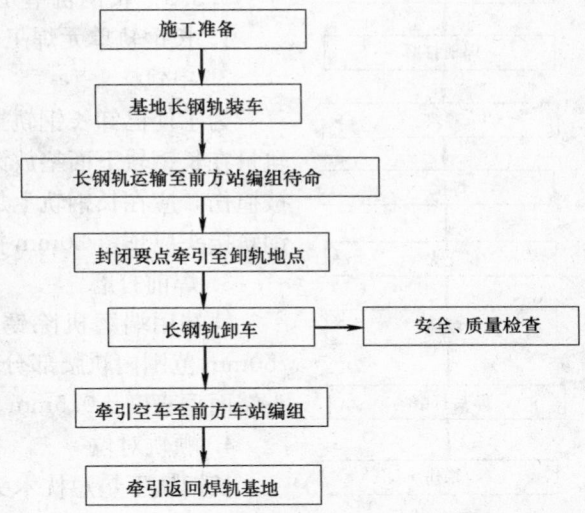

图 5.3.2　长钢轨卸车施工工艺流程图

5）调查卸轨地段的线、桥、信号设备、电源线和轨道电路的状态，对卸轨地段内妨碍卸轨的设备及材料等，应提前清理、平整或采取保护措施，并在处理前通知设备管理单位，征得同意后方可处理。

6）长钢轨卸于平交道口地段，应有保护长钢轨及保持道口交通的临时过渡措施。

7）预留好卸轨的位置。针对不同地段采取相应措施，每次卸轨前，扒平轨枕外侧碴肩成一条宽 0.3m 的碴带，碴带面应低于轨枕面 30mm，以便平稳承轨，防止长钢轨侧翻。

3. 卸轨作业

1）卸轨负责人在进入施工封锁区间之前，将卸轨的地点、卸轨任务，以及卸轨中安全注意事项，向运转车长、机车乘务员及作业人员交待清楚。当接到进入封锁区间命令后，作业人员进入各自的工作岗位，长轨列车按下达的命令进入卸轨地点。

2）长轨列车到达卸轨点后，一度停车，并根据地面卸轨起点进行准确对位，作业人员各自进入岗位。卸轨作业分车上作业及车下作业两部分。车上作业主要负责车上拨轨、连接卸轨连挂器、解除固定器等，车下作业主要负责护轨、挂钢丝绳、回收连挂器、用对讲机指挥卸轨列车作业等。

3）车下作业人员将拉轨轨卡安设在线路上，将经由顺坡架放下的钢丝绳的一端挂上，另一端由车上作业人员连挂在第一根长钢轨端部的轨卡上。一切准备妥当后，卸轨负责人指挥列车以每小时 3～5km 的速度前进，两侧长钢轨由钢丝绳牵引而缓慢的通过分轨车及顺坡架卸到线路两侧碴肩上。

4）当长钢轨落地长度 50m 时，地面作业人员随即将地面拉轨轨卡及钢丝绳撤除。此时即依靠落地后钢轨的自身重量产生的阻力将车上的长钢轨拖卸下车。车上拨轨的人员，负责将钢轨拨向两侧，使长钢轨卸车时，在滚筒上行走顺利。

5）地面负责护轨的人员必须用撬棍护住钢轨，使其顺直地卸到轨枕外侧，必要时，用撬棍拨顺，并注意防止钢轨翻倒。卸轨时，列车行驶速度要均衡一致。施工负责人在钢轨下卸过程中要随时注意是否有异状，必要时应及时采取停车措施，迅速处理故障。

6）将卸下的轨条拨顺，不得侵入限界。

4. 卸轨技术要点

1）卸轨前一天，技术人员应对单元轨条间的搭接量、长钢轨预留间隙向卸车负责人及地面安装轨卡人员进行书面交底。卸轨时应准确预留并监督、检查其实施。

2）长钢轨单元焊接头之间尽量不留间隙。

3）左右两股长钢轨始端应尽量对齐方正。

4）每班卸轨后，技术人员应将最后一对长钢轨实际到达里程准确量取填写在配轨表相应栏中，并

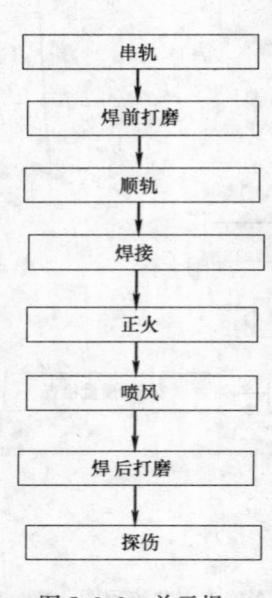

图 5.3.3　单元焊
工艺流程图

及早将里程通知焊轨基地技术人员。

5.3.3　长钢轨单元焊

1. 长钢轨单元焊工艺流程如图 5.3.3 所示。

2. 串轨

为了使已卸长钢轨接头对接位置满足焊轨要求，需要人工串轨，根据串轨量在长钢轨下面垫放滚筒，用撞轨器撞击串动钢轨。为了防止长钢轨端面被撞伤，应在长钢轨上加装撞轨包，同时应加强防护，防止长钢轨侧翻。长钢轨接头应预留 30mm 搭接量。

3. 焊前打磨

轨端用端磨机除锈及垂直度修整，轨腰用角磨机除锈。距轨端 70～750mm 范围内轨腰部分除掉氧化层，打磨部位露出 80% 以上金属光泽，轨头端面垂直度±0.5mm。打磨完后，下雨时应及时用塑料布包住打磨部位。

4. 顺轨对位

长钢轨下垫短枕木头，长钢轨焊缝两端各 25m 范围内顺直。长钢轨顺直段 25m 范围内轨下垫 4 根短枕木头，第一根短枕木头垫在距离长钢轨轨端 2m 处，其余三根的间距均为 7m。

5. 焊轨

机车牵引焊机对好位后，用两台 32T 螺旋顶支腿将平板车前端打起，在曲线上时应把平板车支平，焊机就位、做模拟、预夹对位，检查平直度，焊接；推瘤后，松油门，取推瘤刀，除焊瘤，收支腿。现场认真、清楚填写焊接记录表格。

6. 正火

作业人员提前调试好加热器，当焊头温度降至 400℃ 以下时，现场采用氧气、乙炔混合气燃烧火焰正火。

7. 喷风

淬火轨正火结束后要马上进行喷风降温。喷风时间：3min；喷风范围：焊缝两端各 25mm；喷风位置为轨顶面及轨头两侧。

8. 焊后打磨

先用棒砂轮将轨底面和轨底三角区域打磨符合技术标准；当焊头位置在曲线上时应保证仿型打磨机打磨范围内钢轨保持顺直，然后用内燃仿型打磨机对钢轨轨顶面、工作面、非工作面进行打磨。

9. 探伤

单元焊、锁定焊每个焊头都经过探伤。涂抹耦合剂后，用探伤仪对每个焊头进行探伤。探伤应在仿型打磨结束轨温降到 50℃ 以下方可进行。

5.3.4　长钢轨换铺

1. 封锁前限速条件下的作业

1）对既有线上的防爬器、轨距杆予以拆除，其他妨碍换轨施工的轴温仪等轨道设备在管理单位工作人员的配合下予以拆除。

2）按规定拆除含前次已换铺线路 75m 及本次换铺范围内的部分扣配件。慢行开始以后，混凝土轨枕扣件允许隔一卸一，接头处两根轨枕扣件严禁拆除。曲线地段每隔 100m 处拆除 2 号、5 号位处接头螺栓。

3）将砂轮片、锯轨机、钻眼机、拉伸器等机具放置到单元轨节始端及终端龙口处，并发动试机。

4）锁定焊处混凝土枕螺栓抽拔。轨端打磨后，用塑料袋保护好打磨部位，防止污染。

5）长钢轨终端打眼以便拉伸完后合龙，拉伸处既有线路扣件加强扭矩，以提供足够的拉伸反力。

6）待换单元轨轨下每 40m 垫入 1 个大滚筒，为换轨施工时长钢轨能够前后窜动提供有利条件。

2. 施工负责人在接到施工封锁命令后，即迅速传达到每个作业小组，开始换轨作业。继续拆卸扣件使线路上扣件隔一卸二，工程列车通过后再拆卸其余扣配件，确保施工列车通过换铺地段时的运行安全。

3. 新旧轨依次穿入换轨车新旧轨龙口，穿轨作业人员与调车人员密切协调配合。新旧轨完全穿入后换轨车以不大于 3km/h 速度匀速前行。

4. 换轨车前行过程中按换铺先后次序每 24 根枕在承轨槽上放小滚筒 1 个，曲线地段每 6 根枕在曲线内侧螺栓上套竖向滚筒 1 个，外侧上好扣件（不需拧紧螺帽），以防止拉伸时钢轨侧翻，同时确保上扣件时能够顺利进行。

5. 扣件班作业人员按规定要求上齐扣件，戴上螺帽用手拧入，但不需拧紧螺帽。

6. 曲线地段需要撞轨器、拉伸器配合换轨车走车，曲线外侧钢轨往前拉或撞，内侧钢轨往后撞，以利于换轨车走车。

7. 新轨终端换铺落地后，技术人员立即进行轨温测量，为计算拉伸量提供准确的计算依据。

8. 换轨车完成换轨后，依据单元轨长度和实测轨温计算拉伸量，在线路既有轨上锯龙口轨。

5.3.5 锁定焊

1. 锁定焊需在长钢轨换铺入槽一定长度，起点位置已固定，锯轨并对接达到焊接要求后方可焊接。

2. AMS60 焊机做好对位、打支腿等准备工作，人工利用空心钻抽出焊缝前后各 2～3 根混凝土枕螺栓，以不影响焊机作业为准。焊缝处的预留搭接量采用拨曲线的方法配合焊机焊接。

3. 新轨始端入槽不再前后窜动后，上好 20 根混凝土枕线路扣件，固定起点钢轨端头位置，确定起始端锯轨量并锯轨，与前次换铺线路钢轨对正后，预留 38mm 的焊接顶锻量。

4. 在距锁定焊缝起点 50m 处开始拨曲线，曲线长度约 25m、横向拨距约 0.7m，使单元轨始端入槽。拨曲线时在被拨的单元轨下面放进 4 条槽钢滑道。在滑道上涂抹黄油，使焊接顶锻瞬间单元轨能顺利入槽。

5. 焊接完成后，待正火后温度降至 300℃ 以下拆除锁定线路，支垫滚筒准备拉伸。其后完成焊头焊后处理。

5.3.6 单元轨条拉伸锁定

1. 根据实测轨温计算出拉伸量，龙口丈量好后切除搭接量。钢轨拉伸量 Δ_L（mm）的计算公式为：

$$\Delta_L = \alpha L (T_{jh} - T_{Sg}) \tag{5.3.6-1}$$

式中　α——钢轨线膨胀系数，$\alpha = 0.0118$；

　　L——钢轨长度（m）（注：本次换铺单元轨节的长度＋前一单元轨条的伸缩区长度 75m）；

　　T_{jh}——钢轨的计划锁定轨温（℃）；

　　T_{Sg}——施工时实测轨温（℃），采用起点、终点和中间三处的平均轨温。

2. 拉伸前，详细检查拉伸前准备情况（锁定焊焊头焊接进度及温度、扣件是否全部拆除、滚筒是否支放达标、防翻设施是否设置齐全、拉伸观测点设置达标）。准备完好后，开始均匀缓慢拉伸钢轨使轨端合龙。拉伸过程中撞轨器撞轨以均匀应力，撞轨器放置位置及数量应根据线路平面状况合理设置。

3. 在单元轨条一股的终端安装拉伸器，每隔 100m 在单元轨和混凝土枕上均匀设置临时观测点，在单元轨上安装撞轨包，然后用拉伸器进行拉伸。在拉伸过程中同时用橡胶锤敲击长钢轨轨腰，并用撞轨器沿钢轨走行方向撞轨，当各观测点及换铺终点位移量到位后，立即撤出滚筒落下单元轨，拉伸器继续保压。各观测点位移量计算公式为：

$$\Delta L_n = \Delta L / N \times n \tag{5.3.6-2}$$

式中　ΔL_n——第 n 点处钢轨计划放散量；

　　N——观测点号数；

　　N——观测点总数；

　　ΔL——计划放散总量。

4. 由于实际拉伸过程中，拉伸器固定端，即有线旧轨不可避免地要产生位移。龙口长度为实际单元轨终端距前方既有轨端距离减去拉伸量与轨缝、修正值之和。龙口轨长度不得小于 6.25m。如果实际龙口小于 6.25m，应提前在龙口处备用 6.25m 短轨 1 对。

5. 锁定焊焊缝缝冷却至 300℃ 以下时方可拉伸，计算拉伸量时长度应包括前一次换铺单元伸缩区 75m 长度。

6. 拉伸到位撤出单元轨条下的滚筒后，作业人员立即从换轨终点起向换轨起点方向 150m 范围内的线路扣件全部上紧，螺帽扭矩应达到 120～150N·m 即为线路已锁定，此时方可拆除拉伸器。

7. 进行下一股钢轨拉伸同时，作业人员将拉伸到位的钢轨扣件用内燃扳手将螺帽按规定扭矩上紧。

8. 设定位移观测零点标记

扣配件上齐上紧并全面复紧达到规定扭矩后，在已埋设的位移观测桩顶面拉弦线，用锤球在轨头非工作边确定零点，用红白油漆按照要求设好标记。并在轨腰上标出位移观测桩桩号；标记应明显、耐久、清晰。线路锁定之后，在交接之前应每天进行观测，并认真填写观测记录。

5.3.7 旧轨回收

1. 设备整备检查

收轨车由基地发车前，收轨负责人应检查人员、机械、机具等情况和状态。并询问发电机油、水、机械状态，备用电料工具等情况。

2. 现场收轨前检查

1）收轨负责人检查收轨吊架钢结构及各焊接部分。

2）发电司机检查仪表、电路、油、水等情况后启动发电机低速运转，布置电源联线、并将其挂牢在收轨车边的捆钉上，检查各项确认无误后，提速送电。

3）起重司机检查吊钩、电动葫芦、钢丝绳等吊具、索具状态，并试运转。

4）各岗位经检查，确认良好、有效，报负责人，由负责人发出开始收轨的指令。

3. 收轨作业

1）对位时由收轨负责人指挥对位。每组收轨车由两端向内量出 950mm 划好印记（两边均划），按此印记对位。地面轨端尽可能与印记对正。前后允许相错 200mm，若相错量过大时，机车需重新对位。

2）吊轨挂钩人员，挂好钩指挥轻吊，待吊钩"吃"上劲挂牢后方可离开，吊轨负责人统一号令两机同时起吊，注意滑车不要碰挂车体，待钢轨吊到最佳高度时即停，拨轨人员和按钮司机及时离开车边，两机同时内移就位摘钩，摘钩时拨轨人员用撬棍配合将轨靠紧。作业时要强调两机协调配合，人员精神集中，站位和操作有序。

3）钢轨装车

钢轨装车时每一根钢轨均应相互靠紧，注意轨底不得重叠挤压，以免轨顶不平。

4）安放垫木

层间垫木应尽可能使用硬杂木。垫放位置应与平板车面上的转向架及钢支撑相对应，长度应超出钢轨面。

5）捆绑。

钢轨装好后用直径 15mm 的钢丝绳在距钢轨两端 1m 以上位置全部兜住所装钢轨，并用撬棍勒紧钢丝绳，安装卡头用扳手拧紧。

5.3.8 线路整修

1. 线路开通后，及时上齐拧紧全部扣件，达到紧、密、靠、正的要求。

2. 对换铺时带起的轨枕进行找平和捣实作业。

3. 对线路的轨距、水平、方向、高低等几何尺寸进行全面检查，对于不符合规定的地方及时进行整改，并且达到大修规则的验收标准。

4. 检查整修所有的焊缝使其达到验收标准。

5. 恢复道床清洁无杂物、外观平整、碴肩堆高、道床坡脚棱线分明。

6. 列车通过后再次全面复紧扣件及接头螺栓。

7. 整理已换旧轨的连接夹板及扣配件准备回收。

8. 在已换铺地段及时恢复线路曲线标识到钢轨轨腰上。

6. 主要机具设备

主要机具设备见表6。

主要施工机具设备   表6

序号	设备名称	规格	单位	数量	备注
1	机车	DF$_4$	台	1	
2	平板车	N$_{17}$	辆	26	
3	翻轨器	自制	把	8	卸轨用具
4	撬棍		根	10	
5	方尺		把	1	
6	大锤		把	2	
7	对讲机	GP88S	部	4	
8	锯轨机	DQG-3.0	台	2	
9	卷尺	50m 绝缘	把	1	埋位移观测桩用具
10	铲锹		把	5	
11	对讲机	GP88S	部	2	
12	轨道车	JY600	辆	1	
13	焊机	K922 移动式	台	1	
14	平板车	N$_{17}$	辆	2	
15	撞轨器	自制	台	1	
16	发电机	KPE12EA3-10kW	台	3	
17	锯轨机	K1250	台	2	
18	端磨机	GDM1.1	台	2	
19	棒砂轮	S3S-SL2-150B	台	4	单元焊用具
20	角磨机	125mm	台	4	
21	正火设备	锦州铁路科研所	套	1	
22	光电测温仪	300°～1300°	台	2	
23	仿型打磨机	FMG-4.	台	1	
24	探伤仪	CTS-60B	台	1	
25	型尺	1m	把	2	
26	弯轨器	YZG-Ⅱ	台	1	
27	对讲机	GP88S	部	9	
28	轨道车	JY600	辆	1	
29	换轨车	Ⅲ型	台	1	
30	内燃扳手	NJB-600-1/A	台	20	
31	液压起拨道器		台	4	
32	撞轨器	自制	台	2	
33	对讲机	GP88S	部	12	换铺作业用具
34	滚筒		个	420	
35	T形扳手		把	140	
36	撬棍		根	60	
37	压机		台	14	
38	轨温计		个	8	
39	道尺		把	5	

续表

序号	设备名称	规格	单位	数量	备注
40	机车	DF$_4$	辆	1	
41	焊机	AMS60 移动式	台	1	
42	平板车	N$_{17}$	辆	2	
43	发电机	KPE12EA3-10KW	台	1	
44	锯轨机	K1250	台	1	
45	端磨机	GDM1.1	台	2	
46	棒砂轮	S3S-SL2-150B	台	2	
47	角磨机	125mm	台	2	锁定焊用具
48	正火设备	锦州铁路科研所	套	1	
49	仿型打磨机	FMG-4.34	台	1	
50	探伤仪	CTS-60B	台	1	
51	型尺	1m	把	1	
52	弯轨器	YZG-Ⅱ	台	1	
53	对讲机	GP88S	部	2	
54	混凝土钻孔机	QL-76	台	2	
55	钢轨拉伸器	900KN/LG-900	台	2	
56	发电机	KPE12EA3-10kW	台	1	
57	锯轨机	K1250	台	1	拉伸放散用具
58	打眼机	三头空心钻	台	2	
59	对讲机	GP88S	部	2	
60	机车	DF$_4$	台	2	
61	平板车	N$_{17}$	辆	12	
62	T形架（带电动葫芦）	自制	组	12	收轨用具
63	发电机	24kW/495A	台	6	
64	对讲机	GP88S	部	4	

7. 质 量 控 制

7.1 严格按照《钢轨焊接》TB/T 1632—2005 有关规定控制单元焊及锁定焊质量。焊接接头质量应符合 TB/T1632-2005 相关规定，经探伤检验不合格者必须锯切重焊。

7.2 无缝线路施工满足《轨道施工质量验收标准》要求。拉伸后线路应力满足匀、准、够要求，线路锁定后，定期观测钢轨位移情况并做好记录。对超出位移量的线路，重新进行应力放散。

7.3 线路几何尺寸控制按照《线路维修大修规则》标准施工。

7.4 质量控制实行"三检制"，经过自检、互检、他检，多方位检查控制，确保施工质量。

8. 安 全 措 施

8.1 严格按照铁道部 133 号《铁路营业线使用及安全管理办法》及《铁路公务安全规则》有关要求施工，落实营业线施工的各项规章制度。

8.2 建立完善的安全保障体系，形成联防联控安全网络，消除安全隐患，确保各项安全。

8.3 抓好营业线施工的关键环节，在点前慢行、人员下道、机具侵限、安全防护、开通前检查及正点开通线路等关键环节实行卡死制度。确保人身及营业线的行车安全。

8.4 卸轨作业安全事项

1. 卸轨作业前，要按规定要求设置好防护，施工负责人检查确认防护员到位，防护备品设置好后方可发布卸车命令。

2. 卸长钢轨时应严格按照技术操作规程作业，执行卸一对长钢轨解一对长钢轨锁定卡，决不允许因赶时间全部解锁待卸的作业方法。

3. 卸轨作业中注意防止撞坏车上设备或砸坏线路上轨枕。

4. 长轨列车在到达卸轨地点之前不允许解锁。解锁人员与检轨人员应利用通信设备呼唤应答，确认进行卸轨作业后，才可进行解锁和检轨作业。

5. 卸轨过程中，接到防护员邻线来车信息后，要提前停止卸车作业，邻线间作业人员迅速撤离，避车，邻线列车通过卸车地点后方可卸车作业。

6. 在引导钢轨头部进入顺坡滚筒前，施工负责人必须通过防护员了解邻线过车信息，在无法保证钢轨进入顺坡滚筒的足够时间情况下禁止作业。

7. 在引导钢轨头部未进入顺坡滚筒前，列车速度必须控制在 3km/h 以下随时停车的速度。

8. 长钢轨卸出 50m 后，列车速度不得超过 5km/h，列车速度要均匀，不得忽快忽慢，禁止紧急制动和后退。

9. 卸车完毕后，卸车负责人、安质人员、调车长要认真检查车列上的遗留器具拴牢靠紧，顺坡车两侧的顺坡滚筒是否卸下放在安全位置并捆绑牢固，机具设备及卸下的长钢轨不侵限，方可开车。

8.5 单元焊安全事项

1. 机具设备不得侵限，邻线来车时，停止作业，人员不得在两线间避车，工作中必须穿戴好劳动保护用品。

2. 串轨作业时，轨头不得侵入邻线限界，注意邻线来车。撞轨器搬运时在道下人工搬运。

3. 正火作业使用的氧气、乙炔保持安全距离并安全使用。

4. 焊接作业出焊机注意防护，线间焊轨严格检查限界，防止侵限，邻线过车不允许焊机摆头并停止作业。

5. 已焊好的单元轨条做好防胀工作，防止侵限，确保行车安全。

8.6 换铺作业安全事项

1. 施工负责人、驻站联络员和工地防护员保持密切联系。当邻线来车时，及时通知作业人员下道避车，确保人身安全和行车安全。

2. 无缝线路锁定后，每 300m 设一名专职质检人员，负责检查换铺段线路的轨距、水平、扣配件安装和扣配件缺损情况，并做好记录，确认符合列车放行条件，满足临时补修的标准。

3. 开通线路后通过换铺地段列车按要求慢行并设置慢行防护。

4. 每次换铺终点及起点应各备两套断轨急救器及拱形夹板，保证既有线路按时开通。

8.7 收轨作业安全事项

1. 发电司机盘好电源连线，拨轨人员回收"安全护桩"，操作司机将电动葫芦居中，盘好按钮电缆，收轨负责人检查捆绑及其他确认无误后通知发车返回。

2. 收轨列车司机应加强瞭望，平稳操作，不宜使用"紧急制动"，防止钢轨窜动，并应经常观察钢轨车的运行状态。

3. 领车人员除领车外还应观察车的运行情况，防止意外。

4. 临线过车前，防护人员应提前通知作业人员停止作业将 T 形吊臂转回平板车。

9. 环 保 措 施

9.1 在对参建人员进行技能培训的同时，把环境保护的宣传教育作为一项重要内容，在认真学习国家对环境保护的法律、法规及有关环保方面的规定的基础上，提高在施工过程中对环境保护的认识，增强环境保护意识。

9.2 严格禁止将施工废水、生活污水直接排入草甸、河流或池塘，靠近生活水源的施工，采用沟壕或堤坝隔离，避免造成污染。

9.3 在有粉尘、烟尘和有害气体的环境中作业时，除采取相应的措施外，作业人员尚应佩戴必须的劳动防护用品。

9.4 驻地生产区和生活区的施工垃圾和生活垃圾，应集中堆放，在征得当地环保部门同意后，运到指定地点进行处理。

10. 效 益 分 析

10.1 使用专用 III 型换轨车实施换铺，大大提高工效，减小劳动强度，提高安全性能。比人工换铺单位工作量节省劳动力 80～100 人，节省封锁时间 45～70min。

10.2 本工法对换铺过程中在曲线地段换轨车走车困难及放散应力拉伸钢轨时钢轨侧翻等技术难题，采取了有效措施，攻克了换铺中影响施工的各种技术难关，提高换铺效率 1.2～1.5 倍。

10.3 采用 K922 型焊轨机为主机研制成的跨区间无缝线路集装车式锁定闪光焊作业车，具有拉伸焊接和保压推凸的功能，不使用外配拉伸器可以独立完成合龙锁定焊接。经专家评审认定该设备技术先进、性能可靠、操作方便，焊接质量稳定，技术性能总体达到了国内领先水平，具有广阔的推广应用前景。

10.4 在每次 6～8km 的长距离封锁施工中，采取了完善的安全控制体系，用安全施工赢得效益。

11. 工 程 实 例

在京九线龙川～东莞东段 388.6km 的换铺实践中，经过 276 次的封锁施工，在 200min 的封锁时间内，成功换铺 2.54km 的最好成绩。换铺无缝线路 388.6km，现场焊接 2217 个头，卸轨 382.3km，旧轨回收 386.9km，单月实施换铺无缝线路 57.3km，年累积一个工作面换铺无缝线路 327km，多次创造了全国新纪录。现场采用的移动式闪光焊焊接工艺，达到国内领先水平。工程验收优良率 100%，实现了安全、正点、优质、高效的建设目标，得到建设单位广梅汕铁路有限公司多次致电表彰，创造了良好的经济效益和社会效益。

软塑黏土地层大断面浅埋隧道微台阶施工工法

GJYJGF053—2008

中铁十三局集团有限公司

胡利平　宋战平　秦国刚　白国艳　孔祥平

1. 前　　言

我国修建软弱地层隧道时，V、Ⅵ级围岩主要采用CD法、CRD法和双侧壁导坑法等工法，这类工法可以很好地控制地表沉降和变形收敛，但工序复杂、施工进度慢、造价也更高。中铁十三局集团承建的哈尔滨绕城高速公路天恒山隧道为国内第一座严寒地区软塑黏土地层大断面浅埋隧道，具有地基承载力低、含水量大、黏结力差和易塌方等特点。在施工过程中先后采用了环形开挖预留核心土法、三台阶七步开挖法、CRD法等工法，其中环形开挖预留核心土法和三台阶七步开挖法存在开挖对土体扰动次数多、围岩变形大和仰拱封闭需要时间长等缺点，施工中多次出现初支开裂等险情；CRD法可以及时完成初支封闭，很好的控制变形，但工序较多，且全部为人工或小型机械作业，大型机械无法展开，施工进度慢，同时增加临时仰拱及中隔墙，成本增加大。为安全、快速、高效完成隧道施工任务，最终优化创新了微台阶施工工法，通过对开挖支护工艺和参数的优化、各作业面之间距离的严格控制和其他配套设施的科学配置，成功穿越了3-1、5-1、5-2、7-1、8-2等软可塑状态的粉质黏土地层，取得了很好的经济和社会效益。2008年11月25日，吉林省科技厅组织专家对"严寒地区软塑黏土地层大断面浅埋隧道施工技术"进行了科学技术成果鉴定，该技术达到国际先进水平；经总结形成的"软塑黏土地层大断面浅埋隧道微台阶施工工法"获得2008年度吉林省建设工法。

2. 工 法 特 点

2.1 采用多种技术措施，解决了软塑黏土地层地基承载力低的问题，确保了施工安全。

2.2 施工空间大，可以引入大型施工机械，多作业面平行作业，工效高，很大程度上加快了施工进度。

2.3 在地质结构复杂多变的隧道施工中，便于灵活、及时地调整施工方法，进度稳定，工期保障性强。

2.4 能适应不同跨度和多种断面形式，没有需拆除的临时施工支护，避免了因拆除临时支护造成初期支护突然卸载而危及隧道安全的不利因素；初期支护断面圆顺，无应力集中点，安全性强；同时节省投资。

2.5 仰拱初支及时封闭成环，仰拱衬砌混凝土超前施作，确保施工安全，改善隧道运输环境，便于隧道文明施工的开展。

2.6 仰拱初支和仰拱混凝土全幅施作，确保了防排水系统、仰拱保温层和混凝土的施工质量，减少营运病害。

2.7 无须投入特种设备，投入小，操作性强，易推广。

3. 适 用 范 围

本工法适用于地质条件为Ⅳ～Ⅴ级围岩的公路、铁路和水利水电隧道施工，也适用于浅埋暗挖的其他类似地下工程。

4. 工艺原理

隧道施工以"管超前、严注浆、短开挖、强支护、早封闭、勤量测"十八字方针为基本的指导原则，在超前支护完成后由挖掘机进行开挖，严格控制开挖进尺，及时支立型钢拱架并做好扩大拱脚、拱脚支垫、连接钢筋焊接和锁脚锚管固定，严格控制各作业面之间的距离，做到及时封闭，以监控量测信息指导施工，以便调整初期支护参数和确定二次衬砌时间。

5. 施工工艺流程及操作要点

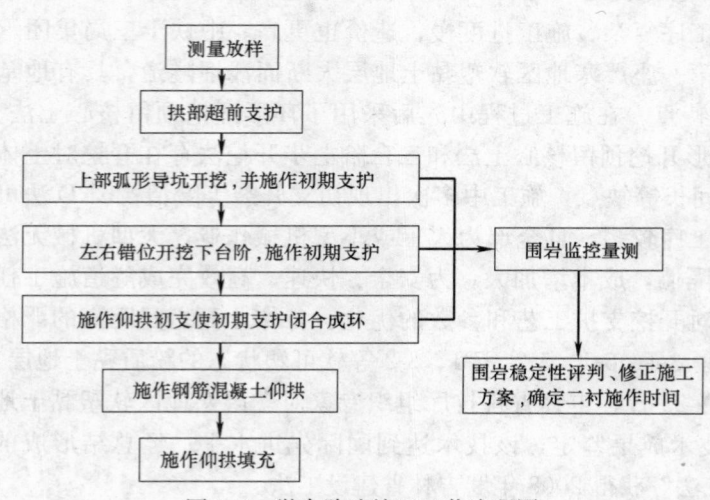

图 5.1　微台阶法施工工艺流程图

5.1　施工工艺流程
施工工艺流程如图 5.1 所示。

5.2　操作要点

5.2.1　超前支护
利用上一循环架立的钢架施作隧道超前支护。超前小导管钢管直径为 $\phi50mm$，长 5.0m，间距 30～40cm，外插角 10°～20°，首尾相接长度不少于 1.0m。采用水泥-水玻璃双液注浆。

5.2.2　开挖与支护
微台阶法施工横断面图见图 5.2.2-1；微台阶法施工横断面图见图 5.2.2-2；微台阶法施工平面图见图 5.2.2-3。

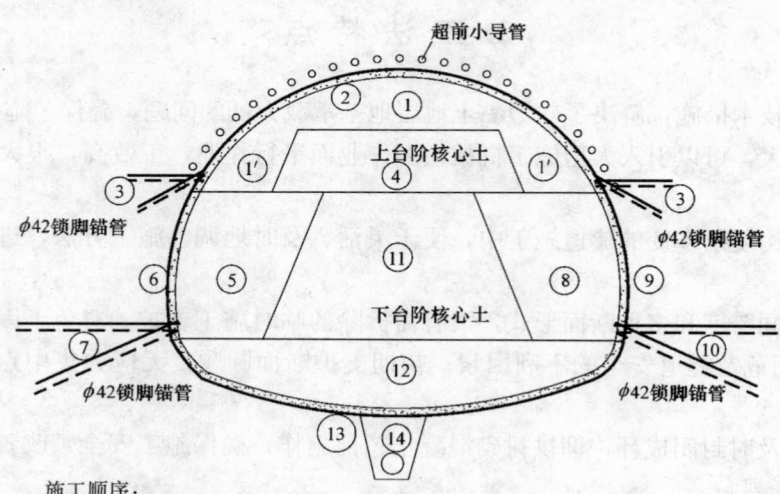

施工顺序：
①—上台阶环形开挖预留核心土；　②—上台阶初期支护
③—上台阶左右拱脚锁脚锚管施工；　④—上台阶核心土开挖
⑤—下台阶左侧土体开挖；　⑥—下台阶左侧初期支护
⑦—下台阶左侧锁脚锚管施工；　⑧—下台阶右侧土体交错开挖
⑨—下台阶右侧初期支护；　⑩—下台阶右侧锁脚锚管施工
⑪—下台阶核心土开挖；　⑫—仰拱土体开挖
⑬—仰拱初期支护封闭成环；　⑭—中央排水沟施工

图 5.2.2-1　微台阶法施工纵断面图

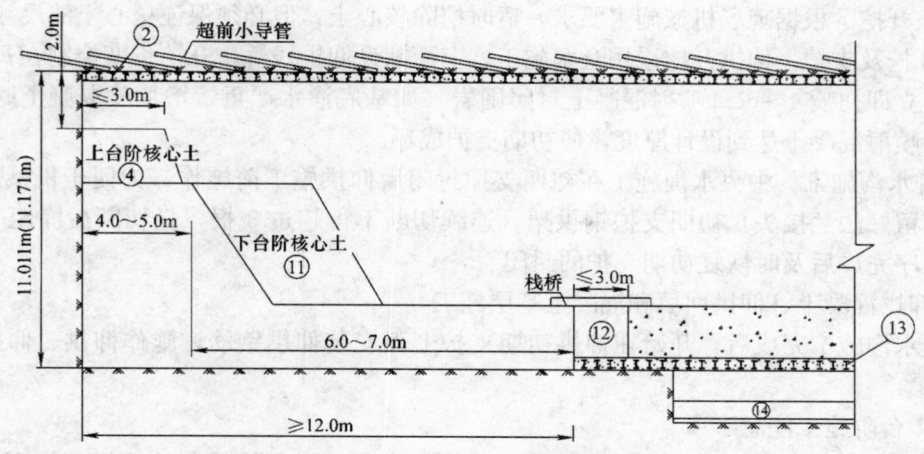

图 5.2.2-2　微台阶法施工横断面图

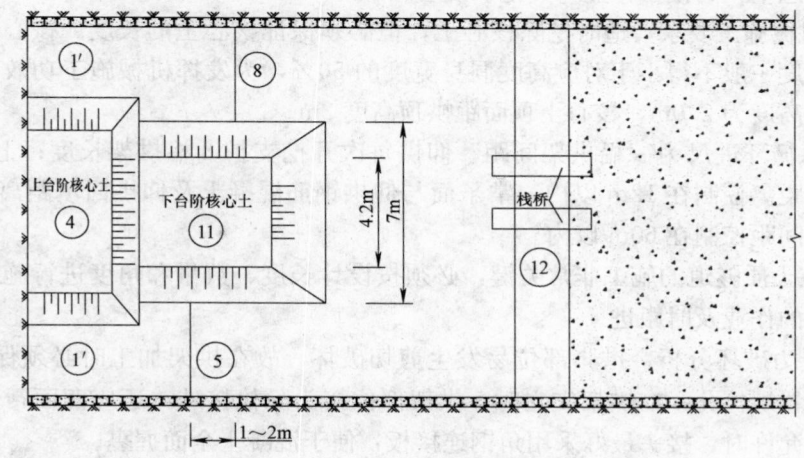

图 5.2.2-3　微台阶法施工平面图

1. 上台阶开挖，预留核心土。开挖①部时采用人工风镐配合挖掘机开挖，在挖掘机开挖时沿轮廓线预留 50cm 土体，人工采用风镐进行开挖，避免挖掘机破坏既有初支，防止挖掘机开挖对土体的振动太大，造成土体塌方，并可以控制超挖。人工开挖时在拱脚处设计开挖线以外向围岩方向开挖深度为 30cm，高度为 70cm，长度为开挖段通长的扩大拱脚，并在拱脚底部至少留深 20cm 土用人工开挖，严禁拱脚超挖，便于拱脚使用型钢或方木垫实，防止因拱脚原状土被破坏或承载力不足而造成支护下沉。开挖时根据围岩级别不同每次进尺为 0.5～0.75m（既设计一榀拱架间距）。

2. 上台阶支护。在开挖后初喷 4cm 厚 C25 钢纤维混凝土对开挖面进行封闭，以免孔隙水从断面处渗出，而使土体失稳。然后设置拱脚支垫，架设型钢拱架，相邻两榀工字钢之间纵向采用"凵"形 $\phi22$ 连接钢筋在工字钢内外缘交错连接，环向间距 80cm。布设钢筋网时随初喷混凝土表面起伏铺设，$\phi8$ 钢筋网格间距为 20cm×20cm，钢筋网片必须严格按设计要求先在洞外定型加工，且每片加工面积不宜小于 $1m^2$，然后在洞内安装，且相互之间的搭接长度不应小于 30d（d 为钢筋直径）。及时施作锁脚锚管（锁脚锚管与型钢拱架采用"⌒"形螺纹钢双排焊接，以增强共同支护作用）。拱架与开挖轮廓之间的所有间隙用 C25 混凝土喷射充填密实，先喷拱架与轮廓之间空隙，再喷拱架，然后再喷拱架之间，直至喷到规定的厚度。

3. 下台阶交错开挖支护。在上台阶初期支护稳定的条件下，开始交错开挖⑤⑧部（错开距离 1～2m）。⑤⑧部开挖左右错开，开挖长度以能支立一榀为准（根据不同围岩级别为 0.5～0.75m）。边墙的型钢钢架应与拱部钢架上下对正，并螺栓连接牢固。钢架支立完成后进行钢筋网、锚杆和喷射混凝土施工。

4. 核心土开挖。根据现场机械施工要求，适时挖除核心土，但必须保证核心土的尺寸。

5. 仰拱开挖及支护。仰拱开挖采用全幅施工，上面铺设仰拱栈桥，开挖长度控制在每次 3 榀拱架；仰拱开挖后，立即初喷 4～6cm 喷射混凝土封闭围岩（如基底渗水严重，增加喷混凝土厚度），然后安装仰拱拱架并喷射混凝土达到设计厚度，使初期支护成环。

6. 中央排水沟施工。中央水沟施工在初期支护封闭后仰拱施工前施作，为便于机械施工，可临时切断（事先预留好法兰接头）初期支护钢拱架；连续切断不得超过 3 根，且切断后净距不得大于 2m，待中央水沟工序完成后及时恢复初期支护的封闭。

5.2.3 仰拱混凝土、仰拱回填和混凝土基层施工

当中央排水沟施工完成后，开始在仰拱初期支护上面安装仰拱钢筋，施作仰拱、仰拱保温层和仰拱回填。

5.2.4 微台阶施工注意事项

1. 由于土体黏结力差，开挖后容易发生垮塌，因此在开挖时严格控制挖掘机开挖深度，保证掌子面平齐，防止出现悬空，为便于作业，开挖长度可增加 20cm。

2. 根据现场机械施工要求，适时挖除核心土，但必须保证核心土的长度。核心土必须保证其长度和宽度，核心土宽度一般不得小于对应高度洞身宽度的 50%，为发挥机械施工功效和便于安装拱部钢架，上台阶核心土高度为 2.0m，核心土顶面距拱顶高度 2m。

3. 上下台阶每循环进尺为一榀拱架间距，仰拱每次开挖支护 3 榀拱架长度；上台阶长度 3～5m，掌子面距仰拱初支距离控制在 12m 以内，掌子面与仰拱钢筋混凝土及仰拱回填距离控制在 15m 以内，掌子面与二次衬砌间距控制在 60m 以内。

4. 锁脚锚管在土质隧道的施工非常关键，必须按设计长度、数量和角度进行施工，同时锁脚锚管的施工随型钢拱架的作业及时跟进。

5. 根据支护受力破坏分析，拱脚部位易发生剪切破坏，故在拱架加工时必须保证连接板的尺寸，同时按设计位置布置螺栓孔，在拱架支立时，拱架部位接头除栓接外，还应四面帮焊，以确保接头的刚度和强度，条件允许时，接头最好采用角钢连接板，便于混凝土全面握裹。

6. 开挖轮廓要预留支撑沉落量及变形量，并利用量测反馈信息进行及时调整。

7. 临近贯通时，一侧须停止向前掘进（中间距离控制在 5～7m），掌子面设横向和竖向工字钢支撑（支撑与初期支护拱架焊接，并做好纵向连接钢筋焊接），同时边墙、仰拱及衬砌要抓紧跟进（在未跟进的情况下，坚决不允许贯通，为防止仰拱混凝土施工时下台阶核心土滑落伤人，下台阶留 2m 左右不进行仰拱封闭，衬砌与掌子面距离控制在 40m 以内，边墙与仰拱紧跟），贯通前最后一个循环要达到 1.5m 左右，不致贯通时土体过薄，出现坍塌（为防止土体由于暴露时间太长，风化黏结力降低而发生滑塌，对上下台阶掌子面喷射混凝土进行封闭，喷层厚度在 5cm 以上），造成安全事故，在剩余 3m 左右时，在拱部开挖通气孔，缓慢释放能量，转移受力。

5.2.5 隧道监控量测

1. 常规监控量测

监控量测是在隧道施工过程中，使用专用仪器和工具对围岩和支护结构的变形、受力以及它们之间的关系进行观测，并对其稳定性、安全性进行评价，据此对施工方法、结构支护参数进行调整的信息化工作。要做好监控量测，先要确定监控量测的必测项目和频率，必测项目和频率见表 5.2.5。

监控量测必测项目及频率   表 5.2.5

测量项目	间　距	测点数量	测量频率（按位移速度）				
			≥5mm/d	1～5mm/d	0.5～1mm/d	0.2～0.5mm/d	<0.2mm
隧道地质和支护状况观察	全隧道	每次开挖各分部掌子面	2 次/d	1 次/d	1 次/2～3d	1 次/3d	1 次/7d
净空变位监测	每 5～10m	水平收敛 2 对测点	2～4 次/d	1～2 次/d	1～2 次/2～3d	1～2 次/3d	1 次/7d

续表

测量项目	间 距	测点数量	测量频率(按位移速度)				
			≥5mm/d	1~5mm/d	0.5~1mm/d	0.2~0.5mm/d	<0.2mm
拱顶下沉监测	每5~10m	1点	2~4次/d	1~2次/d	1~2次/2~3d	1~2次/3d	1次/7d
地表下沉监测	每5~10m	中心点及中心线外每3~5m	在开挖前及时读取初读数,开挖后根据设计文件要求及时监测				

操作要点:

1)根据隧道地质情况、施工方法、断面情况制定监控量测实施方案,制定监控量测控制基准值,成立监控量测工作小组,及时掌握使用先进仪器设备。

2)隧道开挖时要及时对工作面地质变化和围岩稳定情况进行观察,察看喷射混凝土、锚管和钢架等的工作状态,发现异常时立即采取相应处理措施。同时要做好洞顶地面观察和沉降监测。

3)测点应在开挖面施工后及时安设,并尽快取得初始读数,测点布置要牢固可靠、易于识别,并注意保护,拱顶下沉和地表下沉量测基点与洞内和洞外水准基点联测。

测点布置如下:待初期支护施工完毕,核心土开挖之后,进行全断面测点布置,水平收敛基线布置3条,起拱线上1m处布置1条,起拱线下1m处布置1条,路面以上1m处水平布置1条。拱顶下沉测点的布置在每个断面内布置3点。

4)周边收敛、拱顶下沉及地表下沉各项测点应尽量集中布设在一个横断面,以便测量结果的协调分析、综合运用,测点断面间距为5~10m,土层、结构变化部位适当加密。

5)使用的测量仪器应满足量测精度要求并按操作规程及时检验校正以保证量测数据准确。使用收敛仪量测时,先把钢尺拉出(拉出长度稍长于量测基线)停放20min,使钢尺温度与环境气温基本一致(同一洞口内连续量测若干断面,且环境气温相差不大时,可连续量测)。

6)在开挖支护施工过程中时,当下断面开挖靠近上断面量测点时,量测频率应适当增加。

7)加强监控测量管理,及时反馈信息,提高应变能力。

2. 隧道施工动态监测

隧道深部位移观测,是通过多点位移计量测孔壁岩土体不同深度处位移。它不同于隧道围岩收敛观测,后者仅能测到隧道净空收敛变形,前者则能测到洞室围岩内不同深度上轴向变形。因此,根据这些观测资料,可分析判断隧道等地下构筑物围岩位移的变化范围和松弛范围,预测预报围岩稳定性,为修改锚杆支护参数和隧道理论分析提供重要依据。

操作要点

1)根据隧道地质条件分析及现场地表踏勘情况,确定隧道深部位移观测布设桩号,测试布设点的坐标,确定多点位移计监测深度。

2)观测采用数显卡尺。每次观测前后,在现场应对测量仪器进行检查;长期测量时,应定期进行率定,以保证仪器的测试精度。

3)每次量测数据时,应重复测读二次以上,并取其中二次接近值的平均值作为正式读数,记录在表内。

4)观测间隔时间:安装埋设后30d之内,每天测读1~2次;第1~3个月每2d测读1次;3个月以后,每周测读1~2次。若设计有特殊要求,则可按设计要求进行。

5.2.6 冬期防寒保温施工技术

寒区冬季寒冷而漫长,为确保工期,必须进行冬期施工,因此冬期施工是严寒地区隧道施工的关键技术。

1. 隧道内加热防护措施

1)隧道洞门防护

洞口做两道防寒门,第一道门距洞口10m,两道防寒门间距15m,采用ϕ80钢管搭设,双面用保温棉布封闭,通道用棉布帘作拉门,设专人看护。在两扇门之间加设自制钢管式暖气片一组,采用热水锅炉加热，以抵御寒气，提高洞内温度。为了解决隧道内的通风问题，在第二道防寒门上设一台 28kW 的吸出式通风机，用通风筒将洞内的烟尘有害气体排出。

2）隧道内温度与湿度监测

由工地气象观测小组每日定时观测洞内温度与湿度，并根据结果给洞内加热或洒水，以满足混凝土施工作业要求。

温度测试：对洞内的温度定期测试，保证洞内的温度在 10℃ 以上，并根据温度调整供暖时间。

2. 喷射混凝土冬期施工措施

施工前期洞内喷射混凝土采用洞外骨料加温，洞内加热热水喷射的方法。骨料加热至 15～20℃，水加热至 50～60℃，以保证喷射温度不低于 10℃。后期随着施工的进行，洞内具有较富裕的空间后，将搅拌机设在洞内，喷射混凝土砂石料放在同侧，在洞内保温搅拌，砂石料及水泥按计划需求提前进洞，提前预温，施工用水直接从热水锅炉中取用，最终保证喷射混凝土的喷射温度及养护温度不低于 10℃。

3. 衬砌混凝土冬期施工措施

二次衬砌混凝土冬季施工重点控制混凝土出仓温度不低于 30℃、混凝土入模温度不低于 5℃、混凝土养护温度不低于 10℃，以保证混凝土质量。采用骨料预温，保暖拌制运输，洞内加热的方案实施。骨料预温在砂石料暖房内进行，采用蒸汽加热，加热后骨料温度不低于 30℃，拌合用水由蒸汽管通入水池直接加热，温度 60～70℃；混凝土运输时在车上覆盖保温被，并尽量缩短运输时间，减少热量损失。

4. 钢筋及钢拱架加工

初期支护钢筋网片及工字钢拱架全部在暖棚内加工，以保证加工焊接质量，二次衬砌的钢筋在洞内现场绑扎，焊接。

5. 施工通风

隧道施工通风技术水平直接影响隧道施工进度。特别是在冬期施工中，因保温门的阻隔，洞内掌子面施工空气质量很差，基于隧道全隧浅埋的特点，采用"压入式通风和竖向通风孔"联合通风方式，改变了冬期施工掌子面环境差的状况，节省施工通风成本开支，洞内烟尘的排放，又节省电费和机械使用费。

操作要点：

1）通风孔采用获得专利的隧道通风孔冲击钻机施工，孔径以 50～60cm 为宜。

2）为保证通风效果，通风孔沿隧道走向在隧道拱顶打设。

3）通风孔施工必须与隧道走向垂直，间距控制在 30～40m。

4）地表通风孔做好标示保护工作，防止堵塞。

5）支护时做好通风孔的预留，在衬砌施工时必须做好封堵，防止衬砌渗水。

6）洞外通风机使用频率及时间根据洞内烟尘大小灵活控制。

6. 可移动式螺杆式空气压缩机应用

隧道喷射混凝土和锚杆施工需要空压机提供动力，隧道施工常规做法是在洞口建立统一空压机供风站进行施工供风，对建于严寒地区的隧道而言，因冬季寒冷而漫长，水冷空压机需要建立厂棚且采取采暖保温措施，运营投入较大且工作效率季节影响大。采用风冷的螺杆式空气压缩机，安装在移动平台上，随掌子面的施工向前移动。该方法有效利用了隧道冬季洞内温度高，好保温的特点。且螺杆式空压机具有工作可靠性高、运行平稳、噪声低、对周围环境污染小、无基础、操作简单、维修方便等特点，因此适用于寒冷地区隧道的冬期施工。

6. 材料与设备

主要材料见表 6-1，主要机具设备见表 6-2。

主要材料表 表 6-1

序号	材料名称	规格	单位	数量	备注
1	超前小导管	$\phi50$	m		每根长度 5.0m
2	锁脚锚管	$\phi42$	m		每根长度 6.0m
3	工字钢	I20a/I18	kg		不同围岩级别选用
4	纵向连接钢筋	$\phi22$	kg		采用"⌐__"形
5	钢筋网	$\phi8$	kg		间距 20cm×20cm,双层设置
6	钢纤维	$d=0.55mm,l=35mm$	kg		抗拉强度大于 1100MPa
7	拱脚支垫	$l=40cm,h=20cm$	块		采用枕木或工字钢

微台阶法机械设备配置表 表 6-2

序号	作业项目	机具设备名称	规格型号	单位	数量	用途
1	开挖	电动压风机	12/20m³	台	2	高压供风
		双液注浆机	KBY30/120	台	1	注浆
		风镐	G10	台	4	修边
		风枪	YT-28	台	8	超前支护,锁脚锚管
		挖掘机	现代 150	台	1	开挖、装碴
		自卸车	20t	辆	4	出碴
		装载机	小松 WA470	辆	1	
2	初期支护	钢筋切断机	QJ40-1	台	1	
		钢筋折弯机	40	台	1	
		电焊机	BX-300	台	5	钢架、锁脚锚管加工焊接
		电焊机	BX-400	台	2	
		搅拌机	JS750	台	2	
		混凝土喷射机		台	3	
3	测量及监测仪器	全站仪	徕卡	台	1	
		水准仪		台	2	
		塔尺		个	2	
		收敛仪	SWJ-Ⅳ	台	1	
4	通风设备	轴流通风机	2×55kW	台	1	隧道专用变极多速
		隧道通风孔冲击钻机		套	1	竖向排风孔成孔

7. 质 量 控 制

7.1 隧道施工严格执行《公路工程技术标准》JTJ 001—97、《公路隧道通风照明技术规范》JTJ 026.1—1999、《公路隧道施工技术规范》JTJ 042—94 和《公路工程质量检验评定标准》JTGF 80/1—2004,做到规范操作。

7.2 严格控制超挖,杜绝欠挖(拱脚、墙脚以上 1m 内严禁欠挖),开挖轮廓预留支撑沉落量及变形量,并利用量测反馈信息进行及时调整。洞身开挖实测项目见表 7.2。

洞身开挖实测项目 表 7.2

项次	检查项目		规定值或允许偏差	检查方法和频率
1	拱部超挖(mm)	破碎岩,土(Ⅰ、Ⅱ类围岩)	平均 100,最大 150	水准仪或断面仪,每 20m 一个断面
		中硬岩,软岩(Ⅲ、Ⅳ、Ⅴ类围岩)	平均 100,最大 250	
		硬岩(Ⅵ类围岩)	平均 100,最大 200	
2	边墙宽度(mm)	每侧	+100,-0	尺量,每 20m 检查一处
		全宽	+200,-0	
3	边墙、仰拱、隧底超挖(mm)		平均 100	水准仪,每 20m 检查 3 处

7.3 拱脚支垫必须密实；拱架纵向连接筋必须在拱架内外缘交错满焊；锁脚锚管的材质、类型、规格、数量、质量和性能必须符合设计的要求，顶入孔内的长度不得短于设计长度的95％，锚管下插角控制在5～10°之间，锚管固定焊接螺纹钢筋每根长度为40cm，必须对拱架及锁脚锚管接触部位完全满焊。

7.4 严格控制核心土、上下台阶开挖高度，上台阶高度控制在4.0m，下台阶控制在3.0m，这样可以便于挖掘机作业，同时防止掉土滑塌；下台阶在上台阶喷射混凝土达到设计强度70％以上且完成锁脚锚管时开挖。下台阶开挖时左右两边错开距离1～2m，严禁一榀拱架两拱脚同时悬空；喷射混凝土的强度、厚度必须满足设计要求，同时喷层无空洞，无杂物。（钢纤维）喷射混凝土支护实测项目见表7.4。

（钢纤维）喷射混凝土支护实测项目　　　　表7.4

项次	检查项目	规定值或允许偏差	检查方法和频率
1	喷射混凝土强度（MPa）	在合格标准内	按规范要求检测
2	喷层厚度（mm）	平均厚度≥设计厚度；检查点的60％≥设计厚度；最小厚度≥0.5设计厚度，且≥50	凿孔法或雷达检测仪，每10m检查一个断面，每个断面从拱顶中线起每3m检查1点
3	空洞检测	无空洞，无杂物	凿孔法或雷达检测仪，每10m检查一个断面，每个断面从拱顶中线起每3m检查1点

8. 安 全 措 施

8.1 本工法除严格遵循《中华人民共和国安全生产法》、《建设工程安全生产管理条例》、《施工现场临时用电安全技术规范》JGJ 6—88、《建筑机械使用安全技术规程》（JGJ 6—86）和《建筑安装工人安全技术操作规程》的规定要求执行外，还应根据各施工工序注意事项，制定具体的专项安全技术措施和安全预案。

8.2 加强岗前安全教育及培训，做好安全警示标志的设置，并对危险源进行辨识和公告，提高全体操作人员安全意。危险源辨识及措施见表8.2。

危险源辨识及措施表　　　　表8.2

编号	危险源	部位环节	位置	可能发生事故	防护措施	责任单位
1	隧道施工	开挖	掌子面	坍塌、人员伤亡	按设计要求支护施工	掘进班
2		拱架支护	掌子面	坍塌、人员伤亡	按技术交底进行施工	支护工班
3		二次衬砌	开挖与衬砌距离	坍塌、人员伤亡	按方案确定的距离施工	喷锚工班
4		通风	洞内	职业病	按规定要求及时通风	
5		施工用电	洞内	触电、伤人	按安全技术交底用电作业	
6		出渣作业	洞内	交通事故	警示、加强管理、技术交底	出渣工班
7		电气焊作业	洞内	火灾、爆炸	按安全技术交底施工	钢筋工班
8		二次衬砌	台车、钢筋平台	高坠、物体打击	警示、加强管理、技术交底	衬砌工班

8.3 实施动态安全管理，设置专职安全员对各作业工序进行巡视，当发现初期支护有裂缝时，及时通知安全总监，停止掌子面作业，增加监控量测频率，对裂缝原因进行分析，采取设置横向工字钢支撑、设置临时仰拱和仰拱跟进封闭等措施排除险情，在量测显示稳定后再进行掌子面作业。

8.4 严格执行进出洞人员翻牌登记制度，确保施工人员与登记人员完全对应。

8.5 加强监控量测，及时反馈监测信息，便于开挖方法和支护参数进行调整，以确保施工安全。

9. 环 保 措 施

9.1 通过风量计算，选用具有高效率、低噪声、节能耗和易维修等特点的隧道施工专用轴流通风机，合理选择通风方式和风管直径。

9.2 及时对路面散落泥土进行清理，并设置专人对路面进行洒水降尘。

9.3 空气压缩机、通风机安设消声器，选择带有防振装置的机械工作，同时对作业时间进行管理。

9.4 对隧道坡面及时进行防护，截水沟及排水沟施工到位，保证排水通畅，在具备洞门施工条件时，及时做好洞门施工。

9.5 隧道弃渣运至指定弃渣场，按设计要求做好周边挡墙和截排水工作，防止水土流失，在弃渣顶面进行植草防护，防止污染环境。

10. 效 益 分 析

10.1 采用微台阶法施工，与采用 CRD 法相比每延米洞身减少造价约 3 万元。

10.2 通过现场试验，取消自进式中空注浆锚杆，增设锁脚锚管，既保证了安全，又提高了施工进度，月成洞达到 70m；同时节约造价，每延米洞身减少造价约 0.8 万元。

10.3 严格控制超挖，及时调整预留变形量，每延米洞身减少成本约 0.4 万元。

10.4 采用微台阶法施工，提前工期 4 个月，减少各种费用约 200 万元。

10.5 隧道上方向地表打设通风孔，由原来的传统风机压入式通风，改为竖井通风和压入式通风相结合的联合通风方式，节省了电费和机械使用费，节省开支达 100 万元。

10.6 采用微台阶法安全穿越了含软弱夹层的软可塑地段，填补了国内同类工程施工的空白。

11. 应 用 实 例

天恒山隧道位于黑龙江省哈尔滨市，是哈尔滨绕城公路东北段项目的重难点工程。隧道为双洞分离式设计，单向双车道，单洞上行线长 1660m，下行线长 1690m。

哈尔滨为北寒带气候条件。冬季长达五个月之久，春秋季节较短，年平均气温为 5.7℃，极端最高气温 39.1℃，极端最低气温 −41.4℃。

隧道标准断面跨度 14.28m，高 11.17m，开挖量为 129m²，加宽段跨度 16.83m，高 12.06m，开挖面积达 163m²，属大断面隧道。

隧道埋深最小处 4m，最大埋深 38.5m，按照目前常用的深浅埋分界方法，属于全隧浅埋类型。

隧道岩土主要为粉质黏性土，局部见砂层，存在 3-1、5-1、5-2、7-1 和 8-2 等软可塑状态的软弱夹层，地基承载力为 110～270kPa，含水量在 20%～24% 之间。

因此天恒山隧道是我国第一座严寒地区大跨浅埋软塑黏土隧道。鉴于此隧道特殊的气候、结构、地质及水文条件，安全快速施工技术是关键，通过本工法的使用，此工程获得了成功，2008 年 11 月 25 日，吉林省科技厅组织专家对"严寒地区软塑黏土地层大断面浅埋隧道施工技术"进行了科学技术成果鉴定，该技术达到国际先进水平。

浅埋隧道全断面帷幕水平冻结法施工工法

GJYJGF054—2008

中铁二局股份有限公司

李远平　卿三惠　肖平　何开伟　李应战

1. 前　　言

　　广州地铁三号线天河客运站站后折返线地处广州市天河区广汕公路下方，因交通车流量大无法中断路面交通且现场无交通疏解的条件，只能采用暗挖法施工；且因折返线属单洞双线的马蹄形隧道，隧道断面大（隧道净高9146mm，净宽11400mm），覆土浅，最小覆土为5.5m，隧道在饱和花岗岩风化残积土层中穿越（该地层有遇水软化崩解的特性，无自稳能力），若不采取特殊的加固方法对隧道地层进行预固，在施工中将会面临较大的安全威胁，经反复的方案比选与论证，确定了全断面帷幕水平冻结法对折返线隧道进行预加固。隧道全长147.8m，冻结隧道面积高达86m^2，是国内及至亚洲实施水平冻结规模最大，难度最高的。

　　中铁二局股份有限公司结合施工实际开展了科技创新，采用低温盐水冷冻液，在饱和软土浅埋隧道中进行水平冷冻法施工、设计。其水平冻结法施工技术科研成果获四川省科技进步三等奖，并在广州轨道交通天河客运站站后折返线隧道工程中应用，效果良好。并形成了浅埋隧道全断面帷幕水平冻结法施工工法。

2. 工 法 特 点

　　2.1　采用水平冻结法进行地下工程施工，冻结墙或冻结拱能起到临时支撑和隔断地下水位的作用。不需要再架设加固支撑或遮盖物，可为洞内施工提供安全、良好的作业环境。

　　2.2　采用改进型钻杆丝扣、钻头和泥浆配合比及有线定向技术，可保证超长水平钻孔（78.9m）的高精度。

　　2.3　采用自由断面掘进机进行洞室开挖，减小了对围岩的扰动，确保了施工安全。同时，极大地提高了工效。

3. 适 用 范 围

　　流砂（含饱和粉细砂层）、卵石、砂砾等含水不稳定冲积层、或淤泥、淤泥质黏土、断裂带、含水裂隙岩层等都可采用冻结法对其进行加固（土体含水量应大于10%，地下水速度不大于2m）。

4. 工 艺 原 理

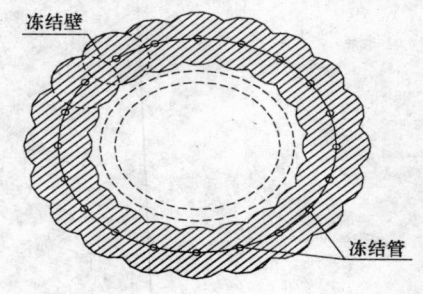

图4　冻结帷幕示意图

　　该工法是针对特殊地层条件而采用的一种施工工法，其核心工艺是利用人工制冷手段使隧道周围松散的、不稳定的含水围岩冻结成封闭的、具有足够强度和刚度的冻结帷幕（图4），然后在其支护下进行隧道的掘进和衬砌施工。首先通过对钻杆丝口、钻头等设备的改进和泥浆配合比、有线定向等技术及工艺的优化，实现高精度的78.9m超长水平冻结孔；然后将冷却剂（氯化钙盐水）注入冻结管路，经冷却系统的制冷作用和冻结效果监控，形成安全可靠的冻结帷幕；最后在冻结墙或冻结拱圈帷幕（作为临时支撑）的保护下，采用自由断面掘进机进行隧道开挖，同时进行结构施工，直至施工完成为止。整个施工过程中冻结连续进行，并采用对冻结帷幕测温监控其厚度、强度变化，进行信息化施工。永久衬砌完成后解除冻结。

5. 施工工艺流程及操作要点

5.1 冻结施工工艺流程（图5.1）

5.2 操作要点

5.2.1 现场调查

含水层的层位、地下水是否承压水、地下水的流速；黏土层分布、层厚及平面分布的连续性；气象及地温资料；土层含盐量和pH值；现场附近的地下埋设物、原有结构物的状况及位置。

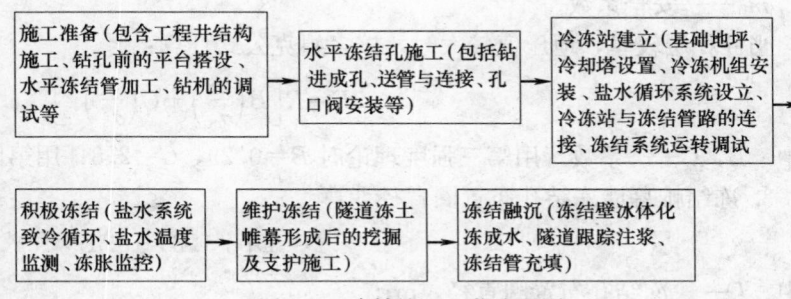

图5.1 冻结施工工艺流程图

5.2.2 室内试验

土的物理性质：颗粒级配、含水量、液限、塑限、密度及冻土中的未冻含水量和冻结温度。

土的热学性质：土的渗透系数，冻土和融土的比热、导热系数，冻胀和融沉特性。

力学性质：冻土的抗压、抗剪、抗拉和抗弯强度及融变特性。

5.2.3 冻结设计

1. 冻结帷幕墙体强度计算

1）瞬时单轴抗压强度：近似温度的线性函数采用（吴紫汪、马巍）公式计算：

$$\sigma = a + b\theta \tag{5.2.3-1}$$

式中　σ——冻土瞬时单轴抗压强度（MPa）；

　　a、b——与土质有关系数，参照在有关规范取值；

　　θ——冻土温度（取绝对值）（℃）。

2）长期强度计算：近似时间的函数，采用如下公式计算：

$$\sigma_f = \frac{\sigma}{\left(\frac{t}{t_0}\right)^{\zeta}} \tag{5.2.3-2}$$

式中　σ_f——长期强度极限，MPa；

　　σ——对应t_0时间的破坏应力，MPa；

　　t——冻土墙承载时间，h；

　　ζ——与土质及温度有关的常数，由试验确定。

3）冻胀力计算：黏性土近似计算公式（中国矿冶学院）

$$F = 1.74(1 - e^{-0.02H}) \tag{5.2.3-3}$$

式中　F——冻胀力，MPa；

　　H——帷幕墙的水平长度，m。

2. 冻结帷幕墙厚度计算

采用拉梅公式求出冻结帷幕的初选厚度作为参考：

$$E = R\left(\sqrt{\frac{[\sigma_s]}{[\sigma_s] - KP}} - 1\right) \tag{5.2.3-4}$$

式中　E——冻结帷幕计算厚度，m；

　　　R——隧洞掘进荒半径，m；

　　　P——地压力，MPa；

　　　K——系数；

　$[\sigma_s]$——冻土的允许抗压强度，$[\sigma_s]$ 一般取用瞬时单轴抗压强度的 1/2.5～1/5；砂土取小值时，黏土取大值。

$$[\sigma_s]=\frac{\sigma}{m_0} \tag{5.2.3-5}$$

式中　σ——冻土瞬时极限抗压强度；

　　　m_0——安全系数。

当冲积层较厚，地压值较大时，按多姆克公式计算：

$$E=R\left[B\left(\frac{p}{\sigma_s}\right)+C\left(\frac{p}{\sigma_s}\right)^2\right] \tag{5.2.3-6}$$

式中　B，C——系数，用第三强度理论时 $B=0.29$，$C=2.3$；用第四强度理论时 $B=0.56$，$C=1.33$。

3. 冻结帷幕墙冻结孔布置圈直径计算

$$D=D_1+1.2T+2\delta L \tag{5.2.3-7}$$

式中　D——冻结孔布置圈直径，m；

　　　D_1——隧道掘进直径，m；

　　　T——冻结帷幕厚度，m；

　　　δ——钻孔偏斜率，水平冻结一般取 0.7%～1%；

　　　L——最大地压层位的冻结的水平长度，m。

4. 冻结孔数量

$$n=\frac{\pi D}{l} \tag{5.2.3-8}$$

式中　n——冻结孔计算个数；

　　　D——冻结孔布置圈直径，m；

　　　l——冻结孔开孔间距，m；一般取 0.8～1.3m。

5. 冻结帷幕墙体热工设计计算

1）单位体积冻结帷幕墙体耗热量计算

$$Q_0=Q_1+Q_2+Q_3 \tag{5.2.3-9}$$

式中　Q_0——冻结墙体单位体积耗热量，kJ/m³；

$$
\begin{aligned}
Q_1 &=(C_S^{+}+wC_W)\rho_d(\theta_0-\theta_f)\\
Q_2 &=[(C_S^{-}+w_u C_W)+(w-w_u)C_i]\rho_d(\theta_f-\theta_D)\\
Q_3 &=q(w-w_u)\rho_d
\end{aligned} \tag{5.2.3-10}
$$

式中　　　Q_1——未冻土降温耗热，kJ/m³；

　　　　　Q_2——冻土降温耗热，kJ/m³；

　　　　　Q_3——相变耗热，kJ/m³；

C_S^{+}、C_S^{-}、C_W、C_i——分别为未冻土和已冻土颗粒、水、冰的比热 kJ/(m³·℃)；

　　　　　ρ_d——土的干密度，kg/m³；

　　　　　q——冰的融化潜热，kJ/kg；

　　　　　w_u——冻土中未冻水含量，%。

$$w_d=a\theta^{-b} \tag{5.2.3-11}$$

式中　　　θ——冻土温度，取其绝对值，℃；

a 和 b——由土质决定的常数，由试验确定；

θ_0、θ_f、θ_d——分别为未冻土平均温度、土的起始冻结温度和冻土平均温度，℃。

2）冻结帷幕墙体总耗热量计算

$$Q_S = 1.15Q_0V \tag{5.2.3-12}$$

式中　Q_S——冻结墙体总耗热量，kJ；

　　　　V——冻结土方量，m^3。

3）冷冻机容量确定

$$Q = 1.15\pi dLq_d \tag{5.2.3-13}$$

式中　Q——冻结管的吸热总量（即地中渗入冻结管表面的总热量），kJ/h；

　　　　d——冻结管直径，m；

　　　　L——冻结管总长度，m；

　　　　q_d——冻结管的吸热系数，kJ/m·h，一般可取 690～920。

据此选用冷冻机。从安全运行考虑，宜选用 2 台或 2 台以上。

4）冻结帷幕墙所需冻结时间

$$T_1 = \frac{Q_S}{24Q} \tag{5.2.3-14}$$

式中　T_1——设计的冻土帷幕所需冻结时间，d；

　　　　其余符号同前。

计算表明，冻土是对温度十分敏感且性质不稳定的土体，用作承重拱墙时，应充分考虑其温度及荷载作用大小、方式和时间的影响，正确选用有关的设计参数。

在进行冻结壁的相关参数设计时，考虑冻结过程中冷耗是不可避免，以具体施工的最不利组合来进行；且由于在积极冻结过程中冻结壁交圈后厚度增大至设计厚度的过程中，冻结壁内外发展是不同的，外面空间是未封闭的，冷量损失大，冻结壁向外扩展的速度慢，内面空间是封闭的，冻结壁向内扩展的速度快，判别冻结壁是否达到设计的厚度要以外壁为准。同时考虑内外速度不同的实际情况，在冻结布管设计时，为防止冻结壁内侵，冻结管布置时考虑其距外壁距离小，距内壁距离大的不均衡设计。

5.2.4　水平冻结孔施工

1. 水平冻结孔施工是人工地层冻结的关键，一是要控制冻结钻孔的偏斜，二要确保冻结器安装的密封性能达到质量要求。

2. 钻孔偏斜控制需从钻机选型、钻具组合工艺、冻结管铺设方法等方面综合考虑。

3. 由于水平冻结孔布置密集、偏率精度要求较高（0.7%～1.0%），钻孔定位空间小，钻孔均在隧道开挖轮廓边缘附近，上下左右的操作空间有限，冻结孔钻进是在软土中进行，为避免坍孔，应选择能水平跟管钻进的钻孔机具。

4. 应选用抗电磁干扰的水平测斜仪器或导向仪如采用水平陀螺仪测斜和水准仪灯光测斜，控制冻结管的偏斜度，每钻进 10m 测斜一次，发现偏斜度超标立即纠偏或补孔重钻。

5.2.5　冷冻各设备安装调试

1. 制冷机组的安装调试

根据冷量需求设计，结合广州、上海地区施工经验，选择国内新型氟利昂螺杆式冷冻机组，确保冻结连续运转和快速降温。为减小冻结打钻的距离，一般隧道水平冻结均采用两端相向冻结，建站时均在隧道两端分别建立独立的冻结站。由于盐水机组和冷水机组在不同时间、温度工况下制冷效率不同，采用盐水机组和冷水机组组合的方式进行冻结。冻结前期高温工况条件下，冷水机组工效高于盐水机组，此阶段开启冷水机组；冻结后期低温工况条件下，盐水机组的工效高于冷水机组，此阶段开启盐水机组。每站的四台冷冻机组中，均各配置一台大功率冷水机组。制冷机组安装完成后进行调试，先进行单机动转，然后再进行组合机组联合运转。

2. 清水冷却系统的安装调试

冷却水管总管和支管分别选用 φ159mm 螺旋焊管。根据制冷机和制冷量要求，确定每个冻结站冷却水循环用量、冷却水的进水温度、回水温度，每站配置的冷却塔数量，清水泵台数均与系统设计配置相对应，对回水进行冷却。该系统安装完成后进行试运行，测试进水温度，回水温度，循环水的损耗量等。

3. 盐水循环系统安装调试

盐水循环系统安装包括管内冻结器安装，盐水去、回路干管和集、配液圈安装，盐水配制，盐水箱和盐水泵安装，隔温保护层安装。

4. 冻结器安装：在冻结管内安装 φ50×3.5mm 供液管，下入深度以距冻结管底 20～30cm 为宜，然后焊接冻结管端盖、羊角和安装去、回路闸阀。

5. 盐水去、回路干管和集、配液圈安装

采用双去、双回干管系统，在端壁墙上去路供液圈在外，回路集液圈在内，二者均不允许侵入隧道开挖断面内。盐水去、回路干管和集配液管均选用 φ219×8mm 钢管，接点全部采用焊接连接，集、配液管与羊角连接选用 2″ 高压胶管。如图 5.2.5 所示。

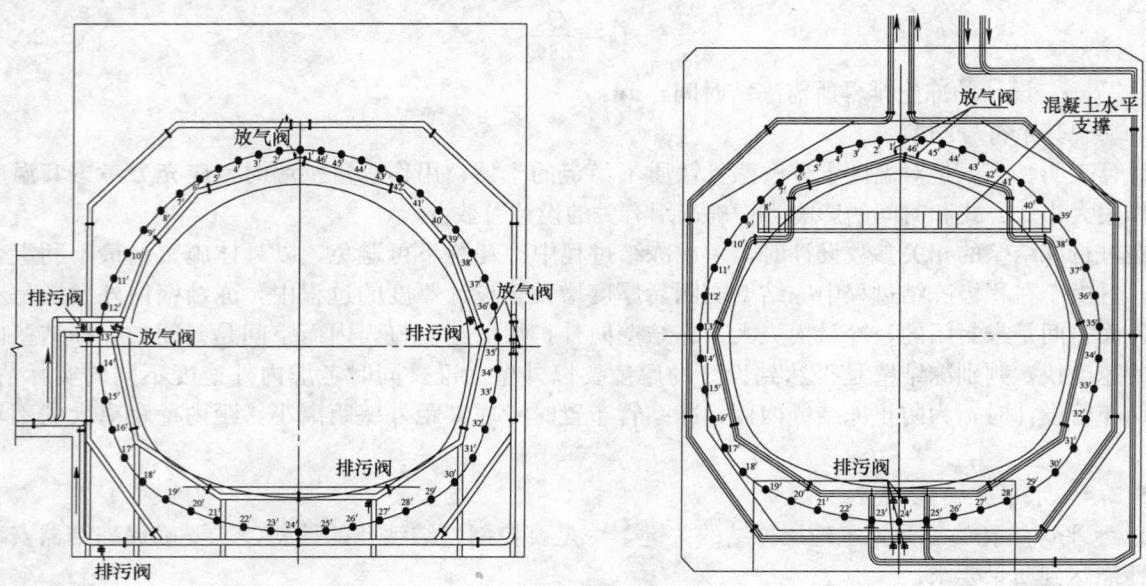

图 5.2.5　配液管安装示意图

6. 盐水箱和盐水泵安装

盐水箱用于配制和临时储备冷却盐水用，用钢板和型钢焊制，容积量根据冻结设计进行配置，盐水箱与去路供液管用盐水泵相连接，其盐水泵的数量和最大功率也根据冻结方案设计进行配置。

盐水配制　选用工业 $CaCl_2$ 配制盐水溶液作为冷媒剂，根据积极冻结期盐水温度为 -28～-30℃，溶液相对密度控制在 1260kg/m³ 范围。盐水直接在盐水箱内分批配制，再由盐水泵泵入并充满每个循环系统管道内。

7. 隔温保护层安装

若冻结地区常年平均气温较高，为减少冷量损失，必须对暴露的盐水管道进行保温隔热处理。为此，用二层 3cm 厚聚氯乙烯泡沫板将所有曝露盐水管道包裹作为隔温层，以减少冷量损失。

为节约成本，减少能量损失，积极冻结期尽量选在当年施工中气温最低的季节。

5.2.6　冻结施工

冻结法施工按进度顺序分为四个阶阶段：准备期、积极冻结期（冻结帷幕形成期）、维护冻结期（隧道开挖及初衬施工期）和解冻期（冻结壁融化成原土时间段）。积极冻结期指从低温盐水在冻结管内循环，隧道中围岩冻结开始至冻结壁达到设计厚度和强度的时间；冻结维护期指隧道开挖及初衬施工时间段，在此期间内只需保持冻结墙体不升温即可。

在判别积极冻结结束时的标准，要依据冻结设计计算，完成维护冻结期间的一个冻融循环所耗的最小冷量，具体说就是冷冻液从冻液出发到回池的温差是否恒定在设计的范围内，若是在此范围，就可结束积极冻结，否则不能。同时还要测定冻结土体的温度是否达到设计的冻土温度。再者，可通过打探测孔判别冻土帷幕是否达到设计的厚度。

解冻的方式可根据工程具体的施工要求来定，若工期允许可采取自然解冻，若工期不允许，可采用原冻结系统热循环解冻的方式来进行。但这种方式因成本高且对冻结机组的性能要求更高，在常规冻结中一般不采用。

准备期间可进行冻结管埋设、输液管、监测设备和冷冻机安装平行作业。各阶段的作业内容见表 5.2.6。

冻结法施工各阶段的作业内容 　　　　　　　　　　　　　　　　　　表 5.2.6

准备期		积极冻结期	维护冻结期	解冻期
冻结管及冷冻液配置	钻孔	冷冻液循环	开挖隧道及初期支护	工程完成
	插入冻结管			
	测定精度	冻土墙形成	冻土墙暴露面保温	停止机械运转
	漏水试验			
	冷冻液配置		二次衬砌	自然解冻或强制解冻
	配管隔热			
监测仪器安装调试	钻孔		冷冻液温度、流量管理	起拔冻结管（或留作做管棚用）
	地温			
	冻胀量		冻土壁的温度测定及监视	
	冻土墙壁体变形			
	精度检测		地面冻胀、冻土墙变形及地下水位测定及监视	
冻结设备安装	冷冻机安装	开始运转		
	输电设备安装			撤出施工基地
	供水设备安装		冷冻机运转管理	
	耐压漏水试验			
	设备组装调试			

5.2.7 隧道开挖

在水平冻结预加固地层条件下，隧道采用浅埋暗挖法及喷锚构筑法进行设计和施工，遵循"短进尺，强支护，早封闭，勤量测，速反馈"的施工原则，采用复合式衬砌结构。

具体的开挖方式由隧道的具体状况而定，若采用冻结法预加固施工的单线隧道，直接采用上下台阶法施工。若采用冻结法预加固施工的单洞双线隧道，其开挖跨度大，冻结断面大，则其开挖必须采用交叉中隔壁（CRD）法分 6 部开挖。以上均是未考虑冻土入侵，主要由人工开挖，详见图 5.2.7-1 开挖分部及支护示意图。

隧道开挖进尺控制在 1.0m，开挖后及时支护，冻结壁暴露时间控制在 24h 以内，以确保冻结壁的安全。严格控制台阶长度，当台阶较长、必要时作临时仰拱封底。

为减少能耗，按 CRD 工法施工时，存在左右线施工不同步，后续施工的隧道岩体表面作好保温覆盖等工作。

若冻结效果好，冻结壁内侵，双线隧道的开挖方式可变更为四部开挖，且由于冻土强度比未冻土强度大大提高，若仅采用人工风镐开挖难度大，进度缓慢，可引进自由断面掘进机开挖，采用掘进机掘进辅以人工风镐修边的方式进行开挖，叉车配合小型反挖进行渣土运输。其开挖分部及支护详见图 5.2.7-2。而单线隧道直接使用全断面开挖。

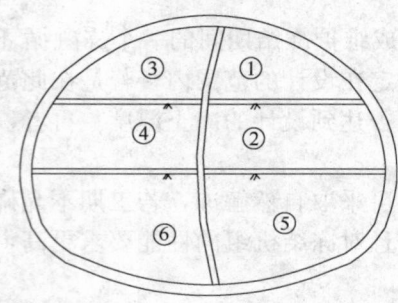

图 5.2.7-1　分部开挖示意图

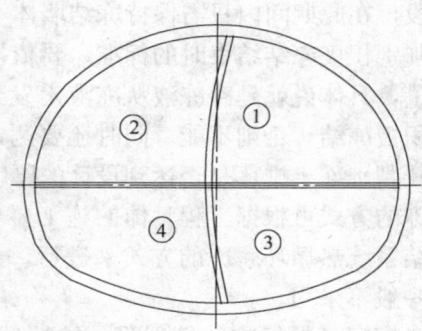

图 5.2.7-2　四部开挖示意图

5.2.8　隧道初期支护

初期支护的施工同普通的锚喷构筑法隧道相同。在隧道开挖后，外围冻结壁温度在−8℃左右，为保证在低温条件下，喷射混凝土的强度的正常发展，在初喷混凝土中掺加了一定掺量的 MRT-4 型复合抗冻剂。经试验确定，抗冻剂的掺量一般为水泥掺量的 3%～4%。在初期支护格栅钢拱架安装过程中，不可避免要实施焊接作业，防止施焊的热融蚀冻结壁，在格栅外侧紧贴开挖面布设一层隔热性较好的材料，如土工布。

5.2.9　隧道二次衬砌施工

隧道衬砌是在隧道开挖贯通并停冻后进行的。虽然冷冻站已停止供冷，但隧道洞体的温度仍然很低，仍处于自然解冻期，且该解冻期因冻结壁的厚度来决定其解冻时间的长短，若工程实际允许，二衬施工的时间最好在完全解冻后进行；若工期不允许，二衬结构应从设计的角度考虑冻结壁的冻胀和融沉对二衬结构的影响，多设置变形缝，二衬混凝土改成抗冻混凝土；二衬结构配筋加强；外防水施工时考虑融沉注浆管穿越外防水的细部构造止水措施。采用水平冻结法施工的隧道均不太长，为节约成本，拱墙衬砌采用简易台架＋组合钢模板一次成型。一次衬砌的长度按设计检算允许结合拆除临时中隔壁的情况来定，而不宜采用液压台车进行衬砌施工。

5.3　劳动力组织

水平冻结预加固施工的劳动力组织详见表 5.3-1，冻结预加固后隧道开挖及衬砌施工的劳动力组织详见表 5.3-2。

水平冻结预加固施工的劳动力配置表　　　　表 5.3-1

工种	人数	工种	人数
打钻工	4×14=56	辅助工	4
电焊工	4	技术人员	3
冻安工	20	管理人员	4
机修工	2	后勤人员	3
电工	2	合计	98

冻结预加固后隧道开挖及衬砌施工的劳动力配置表　　　　表 5.3-2

工种	人数	工种	人数
开挖工	2×14=28	喷锚工	6
钢筋工	16	技术人员	6
冻安工	20	管理人员	6
机修工	2	后勤人员	3
电工	2	模板工	8
木工	6	混凝土工	12
管理人员	6	后勤人员	4

合计 121

6. 材料与设备

水平冻结法钻孔及冻结施工的主要设备及使用材料详见表6。

钻孔及冻结施工主要设备及材料用量表 表6

编号	项 目	单位	数量	备 注
一	主要机具设备			
1	水平孔钻机	台	4	
2	泥浆泵	台	3	备用1台
3	测斜仪	台	1	水平测距300m
4	泥浆搅拌机	台	2	配置泥浆用
5	金刚石取芯钻机	台	4	冻结孔开孔用
6	手动试压泵	台	2	冻结孔试漏用
7	W-YSGF600II(D)螺杆冻冻机组	台	4	
8	W-YSGF300II(D)螺杆冻冻机组	台	4	
9	IS200-150-315A水泵	台	6	盐水泵
10	IS200-150-315A水泵	台	6	清水泵
11	抽氟机	台	1	
12	测斜仪	台	1	测距200m
13	测温仪	台	4	
14	NBL-100冷却塔	台	12	
15	MKD-5S钻机	台	4	
16	电焊机	台	6	
二	主要材料			
1	$\phi108\times8mm$无缝钢管	m	8600	冻结管
2	$\phi159\times6mm\sim\phi325\times10$	m	300	冻结安装
3	11/2钢管	m	15000	供液管
4	高压胶管	m	300	
5	冷冻机油	kg	3000	
6	氟里昂R22	kg	2800	
7	氯化钙	T	50	
8	Dg40阀门	只	150	冻结器
9	5″阀门	只	15	
10	8″阀门	只	5	
11	保温材料	m²	200	
12	合金钻头	只	150	钻孔
13	金刚石取芯钻头	只	150	开孔

7. 质 量 控 制

7.1 做好现场监测是冻结法施工成败的关步骤之一。如上所述，冻土是对温度十分敏感且性质不稳定的土体，为及时掌握施工质量、发现和杜绝事故苗头，应定时重点检测循环盐水的温度和流量、冻土墙的温度、开挖期冻土墙的变形量、地面冻胀和融沉等。

7.2 为减少冻结围岩的冻结膨胀和解冻后的收缩及其对地面临近建筑物的影响，施工中应设置一定数量的减压孔。

7.3 为避免冻土帷幕墙体解冻后，围岩的收缩沉降，水平冻结管拔出后要用砂砾充填密实。

7.4 为减缓开挖过程中侧向冻胀力的释放速度，洞内开挖宜由中心向两侧进行。

8. 安 全 措 施

8.1 制度和实施安全生产责任制，建立健全各项规章制度，并严格执行。

8.2 建立安全生产保证体系，管理有力，保障运行。

8.3 组织工程项目施工的安全教育和技术培训，特殊工种作业人员必须持证上岗，并进行开工前技术考核。

8.4 编制和呈报安全计划、安全技术方案和安全措施，做到组织、制度、措施之落实。

8.5 设备使用期间要加强维修和保养，保证设备完好率和使用率及安全运行。

8.6 施工现场临时用电要有施工组织设计和方案，健全安全用电管理制度和安全技术档案。因积极冻结期是不间断施工，原则上不能停电，且冻结工程所需电负荷大，工程开工前必须与供电部门协商设立双回路，保证冻结施工期间连续供电。

8.7 加大安全投入、安全警示牌醒目，安全设备完备，满足安全生产需要。

9. 环 保 措 施

9.1 成立对应的施工环境卫生管理机构，在工程施工过程中严格遵守国家和地方政府下发的有关环境保护的法律、法规和规章，加强对施工燃油、工程材料（制冷剂和冷煤剂）、设备、废水、生产生活垃圾、弃渣的控制和治理，遵守有防火及废弃物处理的规章制度，做好交通环境疏导，充分满足便民要求，认真接受城市交通管理，随时接受相关单位的监督检查。

9.2 将施工场地和作业限制在工程建设允许的范围内，合理布置、规范围挡，做到标牌清楚、齐全，各种标识醒目，施工场地整洁文明。

9.3 对施工中可能影响到的各种公共设施制定可靠的防止损坏和移位的实施措施，加强实施中的监测、应对和验证。同时，将相关方案和要求向全体施工人员详细交底。

9.4 设立专用排浆沟、集浆坑，对废浆、污水进行集中，认真做好无害化处理，从根本上防止冻结钻孔施工废浆乱流。

9.5 定期清运沉淀泥砂，做好泥砂、弃渣及其他工程材料运输过程中的防撒落与沿途污染措施，废水除按环境卫生指标进行处理达标外，并按当地环保要求的指定地点排放。弃渣及其他工程废弃物按工程建设指定的地点和方案进行合理堆放和处置。

9.6 优先选用先进的环保机械。采取设立隔声墙、隔声罩等消声措施降低施工噪声（冷冻机组工作时的噪声）到允许值以下，因在积极冻结期内必须24h不间断施工，为此在开工前必须在工程当地相关部门办理好夜间施工手续。

9.7 对施工场地道路进行硬化，并在晴天经常对施工通行道路进行洒水，防止尘土飞扬，污染周围环境。

10. 效 益 分 析

与洞内水平旋喷方案、长管棚施工方案等常规施工方法相比，水平冻结法施工工法可把设计的土体全部冻结成冻土帷幕，加固体均匀，整体性好，可形成地下工程支护体系。冻结帷幕阻水效果好，能有效阻断地下水与隧道施工体系间的水力联系，施工的作业环境较好。

水平冻结法施工工法安全性较高，同等工程规模、地质状态下造价相较其他地层加固措施为低，并且，水平冻结法对周边环境影响、扰动较小。

广州天河客运站折返线工程采用水平冻结法施工工法对隧道进行预加固施工，在城市繁华闹市地段安全、优质、按期完成了较大规模冻结施工工程，减小了施工对周边环境和地下管线的扰动，确保了地面交通干线交通顺畅，获得业主单位较高的评价。提高了冻结施工水平，有力地推动了我国冻结技术的发展。

11. 应用实例

11.1 广州地铁三号线天河客运站站后折返线隧道工程

开工日期：2005 年 3 月 18 日　　　　竣工日期：2006 年 11 月 25 日

结构形式：折返线设计起始里程为 SK0＋102.60，终点里程为 SK0＋250.40，长为 147.8m。双线隧道净断面为马蹄形，隧道净高 9146mm，净宽 11400mm。隧道临时支护为厚 350mm 的 C20 网喷混凝土，内衬为 C30 厚 450mm 的 S8 模筑钢筋混凝土。折返线采用水平冻结法预加固地层，暗挖法施工，因此在进行暗挖施工前必须进行冻结预加固施工。

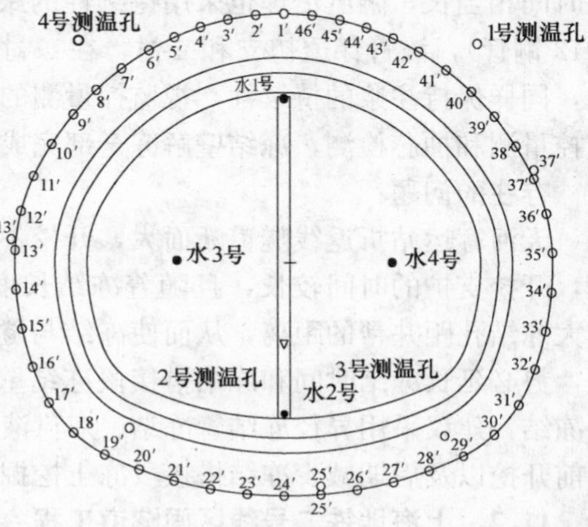

实物工作量：天河客运站折返线冻结工程冻结长度达 147.8m（双向钻孔，单孔长度 79.8m），冻结断面 86m² 根据广州地区气候特点，结合已有工程经验，冻结基本参数初步设计取值为：

① 冻结盐水温度：积极期：－25～－30℃　维护期：－22～－25℃；

② 冻结帷幕平均温度：－8℃；

③冻结孔单孔盐水流量为 6～8m³/h。

图 11.1-1　冻结孔、测温孔、水文孔布置图

隧道单端设冻结孔 46 个。开孔间距设为 0.7m，边墙和仰拱部位 0.8～1.0m，冻结孔距隧道开挖线 1.0m，布置如图 11.1-1 所示。

为了掌握冻结帷幕交圈时间及冻土扩展情况，需要在隧道周围钻 1～2 个水平水文观测孔，并在冻结帷幕内钻 1～3 个温度观测孔（布置在偏斜较大的两冻结孔之间，并位于冻结孔布置圈外侧）。观测孔用于安装温度传感器、孔隙水压力传感器、土压力传感器、土层位移传感器等，用来监测和控制冷冻效果；水文孔的作用是反映冻结帷幕是否交圈。

隧道两端相向冻结的方式，即在隧道的两端设置两个相同的冷冻站。

现场冻土原位试验发现 90d 冻土强度不能满足工程安全需求，修正设计方案，积极冻结期延长为 150d。

应用效果及存在的问题：

2005 年 12 月 10 日，经过一系列的检测与理论分析，冻结壁如期实现交圈，且冻结壁的有效厚度达到变更设计要求 2.5m，但由于冻结变更是在冻结布孔打钻工作完成的情况下通过延长积极冻结时间来实现的冻结壁补强的，在冻结壁有效厚度向外扩展的同时，冻结壁也大量内扩，造成隧道原设计的非冻土变成了强度较高的冻土。

在冻结壁大量内扩的前提下，隧道内营集大量高强冻土，隧道开挖若仍采用原设计的人

图 11.1-2　掘进机开挖情景

工加风镐开挖已变得工效极低，且相当困难。在充分考虑冻结壁蠕变特性，保证隧道开挖过程中冻结壁绝对安全的前提下，我单位引进了自由断面掘进机（EBZ-120 型）开挖（图 11.1-2）。

根据冻结的效果，在开挖方式上也进行了变更，将原设计的 CRD 法变更为 CD 法施工。且为增大自由断面掘进机的适应性，将中隔壁由曲变直，改成上下台阶的 CD 法进行施工。开挖时配置两台掘进机分别完成上台阶左、右线的隧道开挖，上台阶左右两个开挖掌子面滞后 12～15m 的距离，完成上台开挖后机械同时转场至下台阶开挖，下台阶仍然分成左右两工作面，左右两开挖掌子面同样滞后 12～15m 的距离。2006 年 1 月 19 日正式开挖至全断面开挖贯通共花了近 7 个月的时间（由于受场地限制，仅进行单口掘进）。

冻结融沉治理：

由于隧道水平冻结的解冻方式采用自然解冻的方式进行，考虑冻结规模较大，冻结壁厚，自然解冻时间相当长，融沉治理也采用持续性的跟踪注浆方式进行，在开挖和二衬施工时预埋了融沉注浆管（ϕ42 钢管），该管穿透初支和二衬，在二衬完成后，进行跟踪注浆，每次注浆过程中严格控制注浆压力，同样保持注浆的持续性，视监控量测的数据来确定注浆的频率和注浆量的大小。2007 年 6 月，经监控量测和抽芯检测，冻结壁解冻全部完成，恢复到原始地层的状态，融沉注浆才终止。

存在的问题：

天河客运站折返线隧道断面大，开挖不可能采取全断面方式进行，必须分台阶开挖，工序转换频繁，开挖支护的时间较长，且随着冻结长度的增大，相应地增大了冻结壁的厚度或冻结孔布置圈径，加大冻结孔距井帮的距离，从而使冻结与隧道开挖掘进间的矛盾进一步加剧，若冻结壁扩至井帮就开挖，势必延长冻结时间和冻结搭接段冻结壁过多侵入开挖轮廓线内，增加掘进的困难。为此长距离水平冻结，建议采用异径冻结管冻结、双供液管冻结和双圈冻结管冻结，以缩短冻土扩展至井帮的时间，提前开挖以及后期减少冻结搭接段冻土挖掘量和冻结端部的冷量损失，取得较好的技术经济效果。

11.2　上海地铁二号线区间隧道工程

上海轨道交通 2 号线东延伸 13 标、上海轨道交通 2 号线东延伸 8B 标均属盾构区间隧道工程，对于左、右线间联络通道，均采用水平冻结法进行预加固，锚喷构筑法施工，其联络通道长度分别为 14m、18m，隧道断面仅 28m²。在这两项工程中，采用水平冻结法对联络通道预加固地层后，确保后期隧道开挖支护施工时的安全。是水平冻结法成功应用的又一个实例。

11.3　上海地铁 9 号线区间隧道工程

上海轨道交通 9 号线 1 期 R413、上海轨道交通 9 号线 2 期 2A 标土建工程中，其区间隧道左、右线间联络通道等均采用水平冻结法进行预加固，锚喷构筑法施工，其联络通道长度分别为 20m、16m，隧道断面仅 28m²。在这两项工程中，采用水平冻结法对联络通道预加固地层后，确保后期隧道开挖支护施工时的安全。是水平冻结法成功应用的又一个实例。

三线并行隧道盾构法下穿铁路施工工法

GJYJGF055—2008

中铁二局股份有限公司

陈强　卿三惠　李林　崔学忠　刘向阳

1. 前　　言

上海市轨道交通 9 号线一期工程 R413 标段盾构隧道由正线（双线）及出入段线（两段）两部分组成，全长 6249.676m，采用盾构法施工。两岔道井将区间正线分割成三部分共六段盾构隧道。在正线的东、西岔道井之间及线路北侧为东、西车辆出入段线，呈"八"字形分布，区间上、下行线和东出入段线三线并行隧道在东西岔道井之间下穿越运营时速达 140km/h 的双线既有沪杭干线铁路，隧道拱顶距铁路覆土仅 7.9m。

中铁二局股份有限公司联合设计单位和大专院校开展了科技创新，对铁路路基预加固方案、盾构施工参数、管片结构设计和监控方案进行了深入地研究，并在施工中成功应用。在总结有关施工工艺的基础上，形成了本工法。本工法成果是"三线近距、斜交、小半径、大坡度地铁盾构法施工综合技术"研究成果的核心成果之一，于 2007 年通过四川省科技成果鉴定，并获得四川省科技进步三等奖。

2. 工 法 特 点

2.1 有效地保护既有铁路、上行列车及邻近既有建筑物、管线，很好的控制地表沉降，使盾构施工中对其影响非常小。

2.2 适用范围广，不仅适用于下穿铁路，也适用于下穿公路及既有建筑物。

2.3 充分利用精密仪器的监控量测作用，及时反馈信息，调整加固参数和掘进参数，保证铁路正常运行。

3. 适 用 范 围

软土地区土压平衡式盾构机小净距并行或下穿铁路掘进施工。

4. 工 艺 原 理

利用三维有限元数值模拟对三孔盾构施工的相互影响及受铁路列车振动的影响进行了研究，对三孔盾构施工的施工顺序进行比选，确定最佳推进顺序，并根据相关地表变形和结构强度要求，选定铁路路基加固的方案；采用荷载结构模型，计算确立铁路列车动载下的盾构管片配筋加强方案。

利用详细的地基加固方案及具体的管片辅助措施，明确的监控量测项目和频率，及时优化的盾构施工参数控制的综合运用，保障了盾构下穿铁路的顺利施工。

将数据处理和信息反馈技术应用于施工，利用监控量测指导施工，动态修正施工方法和支护参数，以信息化施工技术为贯穿全过程的主线，全面控制和优化盾构施工参数，确保施工安全、快速。

5. 施工工艺流程及操作要点

5.1 施工工艺流程（图 5.1）

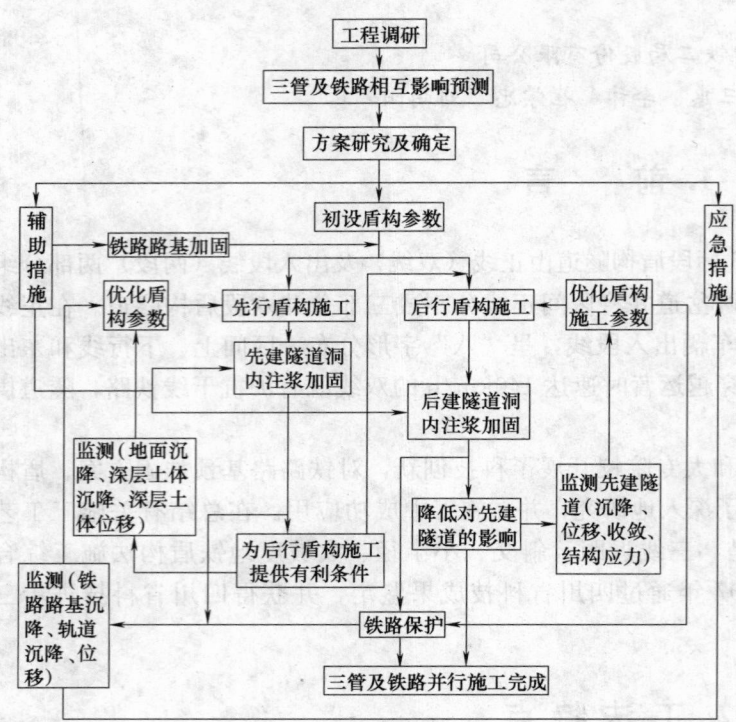

图 5.1 施工工艺流程图

5.2 操作要点

5.2.1 选择盾构掘进顺序

利用三维有限元对各施工顺序和方法进行模拟，计算各施工顺序工况条件下的地表位移、结构内力变化，并结合模型试验结果选定盾构掘进顺序：先逐一施工两侧的隧道，后施工中间的隧道。

5.2.2 根据三维有限元模拟确定加固铁路路基的方法

按照实际工况，建立三维连续介质有限元模型，分析列车动载对隧道结构的影响，得到了动应力的分布规律，并根据动应力的影响程度，确立加固铁路路基的方法。

5.2.3 地基加固类型及范围

三线盾构隧道下穿铁路施工前，对下穿区域铁路路基采取分区域加固的保护措施，下穿区域铁路线路两侧 B 区设 4.2m 厚 ϕ1.2m 旋喷桩四排，咬合量为 0.2m；桩间范围内 A 区及其外侧路基 C 区分层注浆加固。加固区域如图 5.2.3-1 和图 5.2.3-2 所示。

其中 A、C 区为注浆加固区，具体参数要求如下：

A 区：主加固区，分层注浆加固，要求 $P_s \geqslant 1.0$MPa；

C 区：次加固区，分层注浆加固，要求 $P_s = 1.0$MPa；

B 区：旋喷加固区，旋喷桩起加固和隔断及控制变形的作用。加固要求逐渐降低，土体强度介于 A、C 之间，形成过渡。

5.2.4 旋喷桩加固

沿铁路两侧进行高压旋喷桩加固施工，每侧在距铁路对称中心线 7.5m 外设 4.2m 宽的旋喷桩加固区。旋喷桩起加固和隔断及控制变形的作用。旋喷桩单桩直径为 1.2m，在加固范围内满布旋喷桩，桩与桩相互咬合量为 0.2m。加固土体强度 $q_u \geqslant 0.8$MPa，渗透系数 $k \leqslant 10^{-8}$cm/s，水泥掺入量 360kg/m³。

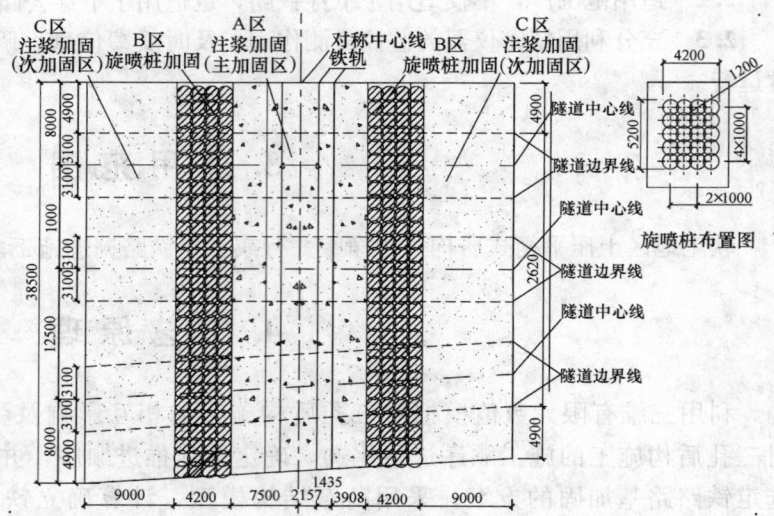

图 5.2.3-1 地基加固平面图（单位：mm）

5.2.5 分层注浆加固

在旋喷加固施工完成后，对铁路两侧进行分层分块注浆加固。采用分层斜孔注浆，注浆孔与地面的夹角为30°，层高为0.5～0.8m。采用复合浆液，缩短胶凝时间，以控制注浆压力和扩散范围，减小注浆对基床的影响；第一层斜孔注浆完成后，进行下部深层注浆加固，注浆压力和注浆速度应根据线路变形的监测数据进行调整；注浆加固区域如前"地基加固平面图、立面图"所示。

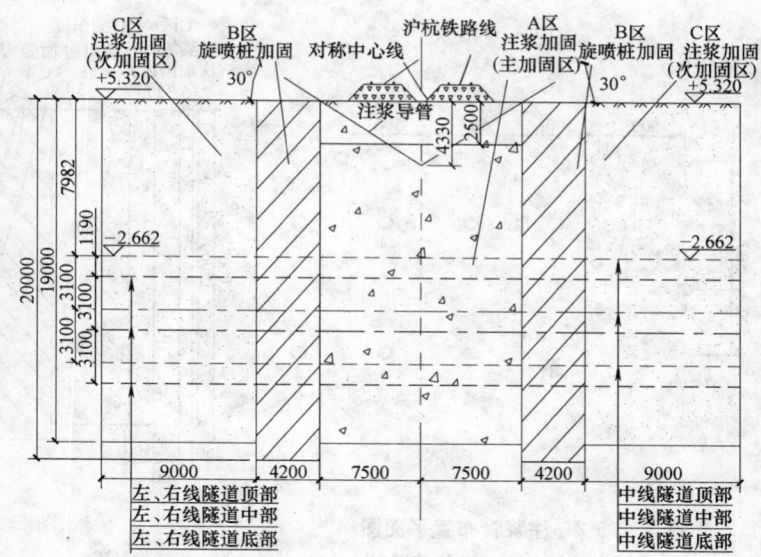

图 5.2.3-2 地基加固立面图（单位：mm）

1. 施工工艺流程

分层注浆加固地层工艺流程见图5.2.5-1。

2. 施工工艺

先施工主加固区的第一和第二排斜孔，上部形成封闭层，加固24h后施做主加固区下部土体，最后施做次加固区。

采用分层注浆加固，实施第一和第二层斜孔注浆，注浆浆孔距50cm，注浆孔与地面的夹角为30°，孔底距线路对称中心线的路基底为4.33m，采用复合早强浆液，缩短胶凝时间，以控制注浆压力和扩散范围，注浆压力和注浆速度根据线路轨道变形的监测数据进行调整，减小注浆对基床的影响；主加固区第一和第二层斜孔注浆完成后，下部深层注浆加固采用的注浆孔与地面的夹角由30°逐渐加大。次加固区采用竖直施做注浆孔，退拔式一次性分层注浆加固完成。

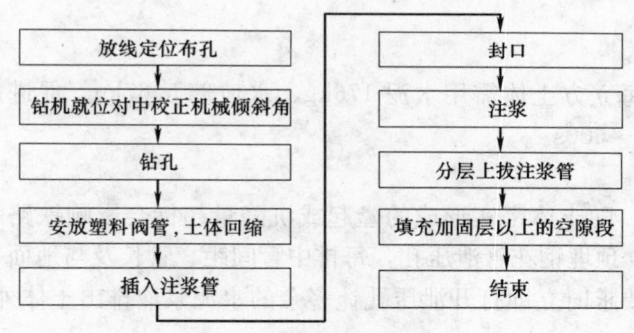

图 5.2.5-1 分层注浆加固地层工艺流程图

1) 成孔及注浆

成孔注浆前，先做几个注浆孔试压，注浆压力和注浆量以铁路轨道顶面不沉隆为控制标准，取得经验数据后，方可进行正式施工。

① 孔位布置：主加固区域注浆斜孔按梅花形布置，孔距500mm；次加固区域采用竖直施做注浆孔，梅花形布置，孔距500mm。注浆管布置图见图5.2.5-2和5.2.5-3所示。

② 钻孔：注浆孔定位、钻机定位并校正垂直度和倾斜度，钻机造孔至设计底标下0.3m，钻孔的位置与设计位置的偏差不得大于50mm。

③ 安放塑料阀管并封口，以防泥土流入管内影响施工。

④ 插管：将喷管插入花管内，接上注浆管，封堵管口。

⑤ 注浆：第一次注浆完成后，将注浆管向上再提升40cm，开始第二次地基土注浆，同样工序重复施工就可由下而上完成整个加固厚度范围的注浆作业。注浆流量15～20L/min，注浆压力一般为0.2MPa，以下压力逐渐加大，但最大不超过0.6MPa，注浆压力和注浆量以铁路轨道顶面不沉隆为控制标准。

⑥ 冲洗：喷射施工完毕后，应把注浆管等机械设备冲洗干净，管内、机内不得残留水泥浆液。

⑦ 移动机具：将钻机等机具移到新孔位上。

⑧ 拔出注浆管，用砂浆将钻孔留下的空隙填满，保证今后土方开挖时，土体的相对稳定。

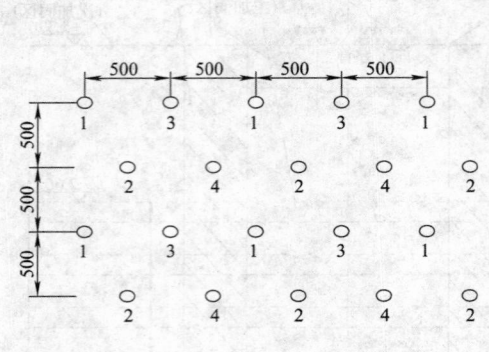

图 5.2.5-2　注浆管布置平面图
注：图中 1、2、3、4 为注浆顺序

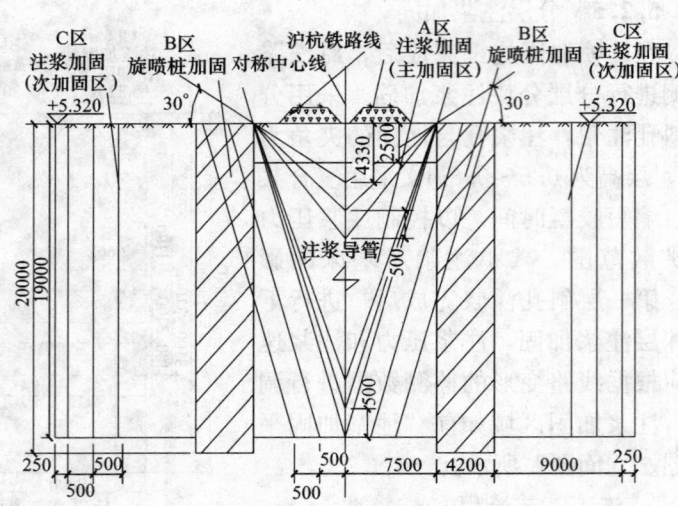

图 5.2.5-3　注浆管布置剖面图

⑨ 注浆顺序按跳孔间隔、先外围后内部的方式进行。

2）浆液材料的选择及配制

① 材料的选择

采用水泥液注浆材料，普通 32.5 级水泥，保证新鲜无结块。

水玻璃：模数 2.5～3.3，浓度 30～45 波美度。

② 配合比

水灰比为 0.5，并掺加适量的速凝促进剂。每立方土体需用水泥 176kg、水玻璃 5.67kg、促进剂 10.3kg；浆液初凝时间：A 区 30～90s，C 区 150～600s。

5.2.6　加固施工时压力释放

旋喷桩、注浆加固时对土体产生一定的扰动，随土体密实形成的隆起或沉降量超标会影响铁路的正常运行。施工时采用在两侧各设多排 φ100～150 预埋钢花管泄压孔，每排中管间距、管长及与地面夹角根据现场情况确定。发现地面有隆起超过设计要求时立即打开泄压孔让多余的水泥浆液排出土体外，从而达到规范及设计的要求。

5.2.7　加强管片配筋

在下穿铁路施工时，由于上部有列车动载时，根据数值模拟试验对钢筋混凝土管片采取加强措施。采用荷载结构模型，并根据三维动力计算得到的动应力作为列车荷载，对单圆盾构隧道横断面的内力进行计算，对铁路下方中心线左右两侧各 30m 的范围内的钢筋混凝土管片配筋进行加强，同时对铁路路基下方的管片掺入钢纤维以增强其抗裂性。具体配筋加强方案为：铁路中心线左右两侧各 6m 的范围内采用钢纤维混凝土管片，其他区域仍采用钢筋混凝土管片，钢纤维混凝土管片外采用 24m 的过渡区，过渡区内的配筋比标准地段设计增加，过渡区外采用标准地段设计的配筋量。

5.2.8　穿越前进行模拟掘进

设置合理长度的模拟掘进区，模拟穿越建筑物的工况条件，设置能准确掌握类似变形的监测仪器，将监测数值与施工管理标准值、允许值比较；同步记录盾构机密封仓土压力、盾构掘进速度、刀盘转速、同步注浆等数据，查看在各种参数控制下盾构机推进的影响，采用数理统计的原理，找出上述参数之间的关联，从而进行穿越段土压力设定、掘进速度和同步注浆等关键参数的初始设定。

在总结施工参数和盾构穿越施工方法后，再正式穿越铁路，以此确保盾构顺利穿越铁路，并将影响降到最低。

5.2.9　选择三线盾构施工参数

在盾构穿越铁路前，根据一定的试验和数据信息，设定盾构机的穿越施工参数：

1. 合理设定正面土压力：三线隧道的土仓压力以开挖面前端土体略微隆起约 0.5～1mm 为宜。

2. 加强同步注浆：在穿越铁路期间先行两侧隧道每环同步注浆量均为 2.5m³，浆液稠度为 9～10cm，后行中间隧道每环同步注浆量均为 2.7m³，浆液稠度为 10～11cm。

3. 控制掘进速度：先行两侧隧道盾构掘进速度控制在≤3cm/min，后行中间隧道盾构掘进速度控制在≤2cm/min。

4. 控制轴线偏差：在每环拼好后，及时测量盾构和成环管片与设计轴心的偏差，先行两侧隧道纠偏量≤3mm/环，后行中间隧道纠偏量≤2mm/环，然后根据每环的测量结果和管片四周间隙情况，对盾构机下一环的推进提供精确依据，及时调整各区千斤顶的伸长量。

5. 利用预埋注浆孔进行壁后二次注浆：在三线隧道并行段增设注浆孔管片，每环 16 个注浆孔，在后行隧道施工前，对先行完成的两条隧道进行注浆加固，加固范围为管片壁后 2m，土体强度达到一定强度后才施工后行隧道，后行中间隧道每掘进完成 5 环，及时进行注浆加固，二次注浆的浆液为双浆液，浆液组成为水泥、水玻璃，浆液稠度 9～10cm，浆液重量配比：水∶水泥∶水玻璃为 1∶1.2～1.5∶0.05～0.1，注浆压力 0.3MPa，注浆量 0.3～0.5m³，注浆速度 10～15L/min。

5.2.10　监测技术与分析

监测主要由洞外观察和周围环境监测两部分组成。其目的是把周围环境，特别是既有铁路线在施工期间的变形情况，及时地反馈给施工方，使之能够迅速调整、优化施工方法，以确保本工程和铁路行车安全。

1. 监测内容：

1）地表沉降

在盾构下穿铁路线两侧范围内，垂直于盾构推进方向各设置 7 道地表沉降观测断面。沿隧道中线上方地面设置 9 道地表沉降观测断面。

2）线路沉降及方向偏移

在盾构推进前先在地面上布置好变形观测点。在穿越区设置 3 道横向沉降观测断面（铁路线路中心各设置一个断面，铁路上下行线的线间设置一个断面）；横向观测断面上测点布置与地表沉降相同，沉降点位采用钢深层沉降点。

沉降点兼作铁路线路中心部分沉降观测点，铁路轨面观测点 GM1～GM10 设置在钢轨扣件螺栓轴上，由于铁路整道，此类点的单次变形量比较有意义。SP1～SP6 为线路偏移观测点。线路沉降及水平偏移如图 5.2.10-1 所示。

3）分层沉降值

设置分层沉降管 4 根，2 根位于主加固区范围内，2 根位于次加固区范围内，管内磁环竖向间隔 1m 布置。

4）管片静力测试

针对三线隧道下穿铁路和隧道相互间近接施工的难点，对管片结构的受力状态进行了现场监测，以检校设计管片的受力情况，在铁路路基下方管片内埋入传感器，测设钢筋及管片应力。

传感器采用 JXG 型钢筋应力传感器（下简称钢筋计）和 JXH 型埋入式应变传感器（下简称应变计）。传感器在管片环的上埋置位置如图 5.2.10-2 所示。

5）隧道内沉降监测

在盾构推进时，在拼装好的管片上，布置隧道沉降观测点，及时了解隧道推进后的沉降以便采取二次注浆等措施防止隧道沉降引起地面沉降，沉降点布置在管片拱底块的平台上，点位对称布置，在铁路影响范围内每 2 环管片布置一组。

2. 监测频率：

1）地表加固：

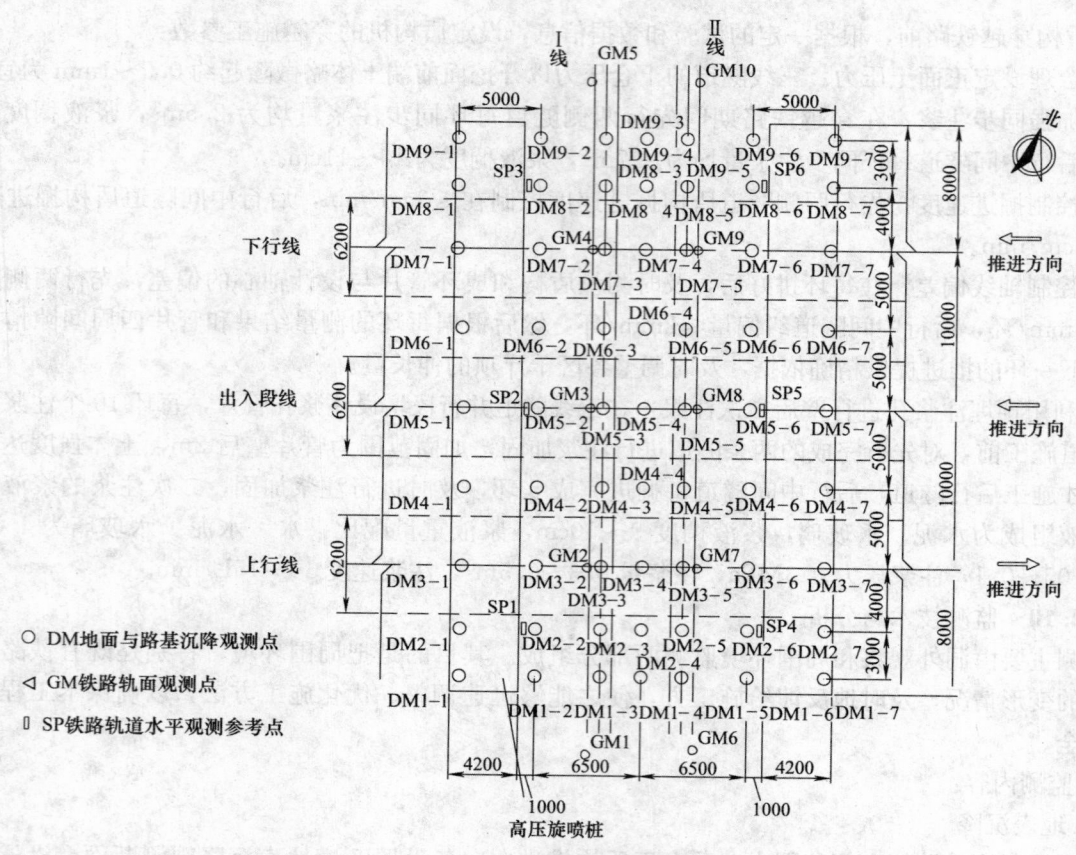

图 5.2.10-1　监测点布置图

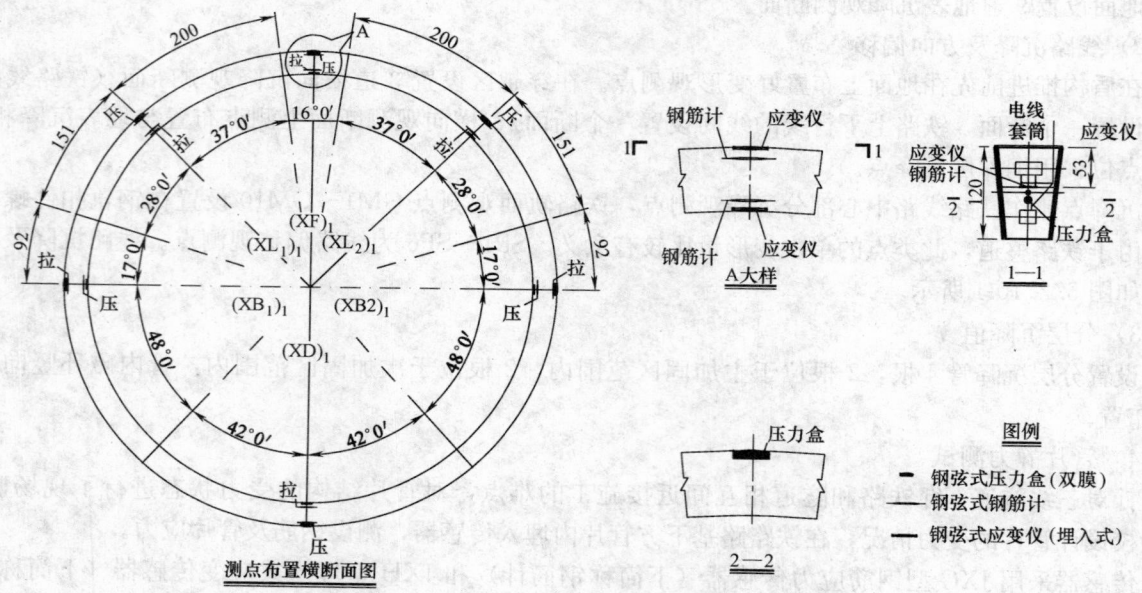

图 5.2.10-2　管片静力测点埋设图

地面隆沉观测：频率 2 次/d；深层土体沉降监测：频率 1 次/d。

2）盾构推进穿越线路：

按照每条盾构线的推进过程将监测工作又分为以下 3 个重点：

① 盾首距离铁路路基 25m 处～盾首切入路基前

根据盾构推进施工影响范围，选择每台盾构机单独过铁路时各监测横断面上对应观测点。每台盾构机此阶段监测项目如下：

地面隆沉观测：频率2次/d；路基隆沉观测：频率2次/d。

线路隆沉位移观测：频率2次/d；深层土体沉降监测：频率1次/d。

隧道内沉降监测：频率2次/d。

② 盾首切入铁路路基～盾尾远离路基5m。此阶段为监测重点。

每台盾构机此阶段监测项目如下：

地面隆沉观测：频率2次/d；路基隆沉观测：频率1次/2h。

线路隆沉位移观测：频率1次/2h；深层土体沉降监测：频率1次/d。

隧道内沉降监测：频率4次/d；应力测试点：频率2d/天。

③ 盾尾远离路基5m～盾尾远离路基25m范围。

此阶段仍然主要观测路基及线路变形情况，直至观测值稳定收敛。

每台盾构机此阶段监测项目如下：

地面隆沉观测：频率2次/d。

路基隆沉观测：频率4次/d，观测期2d。频率降为2次/d，观测3d。若观测值趋于稳定，则1次/周观测持续一月后结束。

线路隆沉位移观测：频率4次/d，观测期2d。频率降为2次/d，观测3d。若观测值趋于稳定，则1次/周观测持续一月后结束。

深层土体沉降监测：频率1次/d；隧道内沉降监测：频率2次/d；应力监测：频率2次/d。

5.3 劳动力组织

本工法的劳动力组织见表5.3。

劳动力组织表　　　　　　　　　　　　　　　　　　　　　　表5.3

序号	岗位	工种	人数	序号	岗位	工种	人数
一、盾构施工							
1	盾构司机	机修工	2	9	维修工	电焊工	2
2	电瓶车司机	机修工	4	10	电工		1
3	管片拼装	土建工	6	11	涂料制作	普工	3
4	井口底吊运	普工	4	12	管片吊运	起重工	2
5	拌浆	普工	2	13	测量	测量工	2
6	龙门吊司机	起重工	3	14	施工及技术负责人		2
7	充电	普工	2				
8	维修工	机修工	4				
合计			39				
二、旋喷加固							
1	施工及技术负责人		2	4	拌浆人员	普工	6
2	作业领班	土建工	2	5	机修工	机修工	4
3	司钻及操作		12	6	电工		1
合计			27				
三、注浆加固							
1	施工及技术负责人		2	3	起重工		2
2	注浆		12	4	搅拌	普工	8
3	机械操作手		24		电工及机修		7
合计			55				
四、监控量测							
1	量测负责人		2	2	测工		4
合计			6				
五、测量							
1	量测负责人		2	2	测量		3
合计			5				
六、其他							
1	专职安全员		2	2	联络员		2
合计			4				

6. 材料与设备

本工法无需特别说明的材料，采用的机具设备见表6。

主要施工机械设备表 　　　　　　　　　　　　　　　　　　　　　　　　　表6

序号	名称	规格(型号)	单位	数量
一	旋喷加固			
1	旋喷桩设备	PG-1500	台	6
2	高压泵	3D2-5Z	台	6
3	灌浆泵	HB-80	台	6
4	泥浆泵	BW-150 150/min	台	6
5	拌浆机	JW-180 180L	台	6
6	注浆机	NZ130B 700L/h	台	6
7	注浆泵	KBY-50/70 50L/min	台	6
8	空压机	W-9-7	台	6
二	注浆加固			
1	注浆泵	HYB50/50	台	12
2	搅拌机	≥200L	台	6
3	液压钻机	XU-300-2 型	台	12
4	注浆管	φ60mm	m	280
5	拔管脚架	3t	台	2
三	盾构施工			
1	土压平衡盾构机	φ6340mm	台	2
2	盾构施工配套设备		套	1
3	双液注浆泵	UB3	台	1
4	电动空压机	4L-20/8	台	1
5	搅拌机	≥200L	台	1
四	监控量测			
1	光学经纬仪	DJ2-1	台	1
2	徕卡全站仪	TC2002 型	台	1
3	S1 水准仪	S1	台	1
4	钢钢尺		台	1
五	测量仪器			
1	徕卡全站仪	TCR 1102	台	1
2	电子水准仪	DINI12	台	1
3	光学锤准仪	NL ·	台	1
4	塔尺	5M5	把	1
5	钢尺	50M	把	1

7. 质 量 控 制

7.1 旋喷加固质量保证措施

7.1.1 严格按照规定的施工参数进行钻孔及旋喷作业。

7.1.2 认真作好施工放样工作，放样误差小于5cm，钻孔深度误差小于10cm，垂直度误差小于1%。

7.1.3 成孔、旋喷施工程序须做好准确的记录。

7.1.4 严格控制浆液的配合比，做到挂牌施工，定期对浆液进行抽查检测工作。

7.1.5 每根旋喷桩施工完毕后都要对机械管路进行冲洗。

7.1.6 水泥堆场加强防雨防潮，保证水泥质量。

7.2 注浆加固质量保证措施

7.2.1 注浆管埋设深度必须符合注浆深度要求，注浆孔均匀布置，间距适中，保证孔间注浆宽度能相搭接。

7.2.2 按设计配合比配置浆液原材料，配合比要根据现场实际情况进行试配，控制好浆液的凝结时间，水泥不受潮、不结块，各项指标符合国家规定。

7.2.3 浆液要充分搅拌并连续进行，使浆液均匀、供料不断，浆液搅拌时间一般不得少于 3min，不大于 2h，浆液储存时间不能过长，从制备到用完不宜超过 4h。严格控制各层的注浆厚度，保证地层注浆均匀。

7.2.4 严格控制好注浆压力和注浆量，保证注浆达到规定位置。

7.2.5 浆液在配制过程，控制好计量精度和浆液的搅拌均匀。

7.2.6 注浆时要保证均匀，连续不间断进行。

7.3 盾构推进质量保证措施

7.3.1 掘进前明确设计线路的各项参数，通过测量，判断出盾构机的当前位置，并根据掘进前的各项监测成果，确定下次掘进的各项参数。掘进过程中，值班工程师全过程监视盾构机的掘进，根据实际情况随时发出指令。

7.3.2 每环推进过程中，严格控制平衡土压力，使切口正面土体保持稳定状态，以减少对土体的挠动。采取信息反馈的施工方法对盾构推进进行质量控制，在盾构推进工程中进行跟踪沉降观测，并及时反馈沉降数据，为调整下阶段的施工参数提供依据。

7.3.3 及时地掌握盾构机的方向和位置，严格对盾构机进行姿态控制，确保隧道施工实际偏差控制在 50mm 以内。推进测量管理应在每推进一环后进行，通过对测量数值的分析计算，及时地发布操作指令。根据不同的情况，通过优化盾构掘进参数、注浆量的控制、二次注浆等施工手段，将地表沉降控制在允许范围内。

7.3.4 注浆前检查盾尾的密封性，保证浆液不泄漏，保证注浆管路的畅通。所用砂须细砂。做好注浆设备的维修保养，注浆材料的供应，保证注浆作业顺利连续不中断的进行。针对不同的地质情况选择不同的注浆压力和注浆量。注浆跟推进同步进行，且注浆速度应与推进速度相适应；注浆饱满程度由注浆压力和注浆量双重控制。

7.3.5 根据高程和平面的测量报表和管片间隙，及时调整管片拼装的姿态，并严格控制管片成环后的环、纵向间隙。安装管片时要缓慢、均匀，对好位置后才能上螺栓，切忌大幅度移动，强行插入；另应避免损坏止水条，避免管片间有较大错台。对衬砌连接螺栓采取一次紧固，三次复紧的工艺。

8. 安 全 措 施

8.1 铁路线路安全保证措施

8.1.1 施工期间根据对铁路轨道监测的情况，及时对线路进行养护，对碎石道床进行铺垫和轨道校正，保持铁路轨道的平顺直。

8.1.2 所有施工机具、设备、车辆在任何情况下均不得侵入铁路限界；任何单位或个人不得擅自动用铁路工务设备（轨道及配件、轨枕、道床、路基、桥隧涵及各种标志）。

8.1.3 在线路上的作业人员必须熟悉邻线列车运行速度、密度和各种信号显示方法，认真执行《铁路既有线施工安全技术操作规程》有关人身安全的各项规定，作业中，防护人员应随时注意瞭望邻线来车，做好预报和确报。

8.1.4 每步工序施工间隔时，应立即进行变形监测，及时掌握变形数据。并请铁路部门配合检查线路轨距、水平、高低、方向等几何尺寸，对于较大变形尽量马上纠正。

8.1.5 盾构穿越铁路时，在地面准备道碴等铁路所需物资，配备足够的机动设备、材料、人员，一旦发生意外情况，在第一时间内投入工作。

8.1.6 在预加固和盾构推进过程中，变形较大危及行车时，应立即停止施工，及时与铁路运营部门联系，同时配合铁路养护维修单位，尽快减缓变形，调整线路设备达到通车条件后，方可放行列车。

8.2 地基加固安全保证措施

8.2.1 工地内电线不得乱拉乱挂，统一使用标准安全电箱，遵守安全用电制度和持证上岗制，防止用电事故的发生。

8.2.2 严格按照安全生产的有关条例进行施工作业，正确操作使用机械设备。施工中随时调整钻机垂直度，防止倾倒事故的发生。

8.2.3 施工现场做到安全生产，进入现场正确戴好安全帽。

8.2.4 人体与喷嘴间的距离不得小于60cm，经常检查各种高压管道。

8.3 盾构施工安全保证措施

8.3.1 加强对盾构机的检查、保养，每周及穿越铁路时由经理部组织人员进行安全检查，发现问题及时整改。

8.3.2 在推进过程中，优化施工参数，严格控制隧道轴线，加强监控量测的密度和强度，以减少地表隆沉和先行隧道的变形，确保盾构施工安全。

8.3.3 对垂直运输起重设备的索具、钢丝绳、土箱、管片吊钩等做到定期检查，安全使用各种安全装置，及时维修。井口吊装作业时配置声控闪光信号装置作警示。

8.3.4 电瓶车司机严格执行安全行车规程，加强对车连接部位的检查。电瓶车增设电动制动刹车装置，配置行车闪光警示灯；运行过程中严禁搭乘车，严格控制行车速度，工作面钢轨末端设置电瓶车行使止动装置。电瓶车内设行车监控系统。

8.3.5 管片工作面和拼装位置做好警示标志，管片举重臂旋转范围内严禁站人。

9. 环 保 措 施

9.1 将施工场地和作业限制在工程建设允许的范围内，合理布置、规范围挡，做到标牌清楚、齐全，各种标识醒目，施工场地整洁文明。

9.2 设立专用排浆沟、集浆坑，对废浆、污水进行集中，认真做好无害化处理，从根本上防止施工废浆乱流。

9.3 定期清运沉淀泥砂，做好泥砂、弃渣及其他工程材料运输过程中的防撒落与沿途污染措施，废水除按环境卫生指标进行处理达标外，并按当地环保要求的指定地点排放。弃渣及其他工程废弃物按工程建设指定的地点和方案进行合理堆放和处治。

9.4 优先选用先进的环保机械。采取设立隔声墙、隔声罩等消音措施降低施工噪声到允许值以下，同时尽可能避免夜间施工。

9.5 在晴天经常对施工通行道路进行洒水，防止尘土飞扬，污染周围环境。

9.6 在盾构掘进施工过程中，铺设良好的管道排水、排污系统，所有生活和生产中产生的废水及水泥浆液均经过过滤、沉淀等方式集中处理后排出，未造成水污染。

9.7 盾构正常掘进时各施工现场设置的集土坑能够满足临时堆土需求，采用加盖封闭式载重车进行弃土晚间运输。为了防止土方运输车辆污染道路，运土车辆出去时在洗车台处将车辆轮胎冲洗干净，防止带泥上路。

9.8 严格按照使用要求检修和保养发动机，使用合格的燃料油和润滑油，以提高发动机的燃烧和工作质量，减少发动机废气对环境的污染。

10. 效 益 分 析

10.1 本工法避免了对铁路正常运营的严重影响，施工中铁路及地表隆沉均在允许范围内，确保了铁路、道路、管线和建筑物的安全，未造成环境危害。近距离安全穿越干线铁路的成功，为多孔隧道的近接工程和各类盾构下穿铁路及重要建筑物的工程提供具体的指导和借鉴，为以后城市地下工程在类似情况下的规划建设提供了可靠的决策依据和技术指标，新颖的工法技术将促进地下工程施工技术进步，社会效益和环境效益明显。

10.2　本工法由于采用数值模拟及离心试验，比选了三线盾构隧道的掘进顺序，确定了详细的地基加固方案及具体的管片辅助措施，明确了监控量测项目和频率，采用全过程的监控量测严密监测地基加固和盾构掘进过程，全面控制和优化盾构掘进施工参数，保障盾构施工质量和安全，确保铁路及地表隆沉均在允许范围内，周围既有设施和管线完好无损，确保居民生命、财产安全，避免列车减速缓行甚至中断行车和居民临时迁移，节约了铁路要点占时费用，形成了较好的经济效益。

11. 应 用 实 例

上海市轨道交通 9 号线一期工程 R413 标段盾构隧道。

11.1　工程概况

上海市轨道交通 9 号线一期工程 R413 标段盾构隧道（九亭站—七宝站）位于上海市闵行区沪松公路沿线，由正线（双线）及出入段线（两段）两部分组成，全长 6249.676m，采用盾构法施工。线路呈西东走向，两岔道井将区间正线分割成三部分共六段盾构隧道。在正线的东、西岔道井之间及线路北侧为东、西车辆出入段线，呈"八"字形分布，东、西出入段线分别始于东西岔道井，终端位于上下行线之间，与上下行线形成三线小净距并行布置，三线间隧道净距仅为 3.66m。区间上、下行线和东出入段线三线并行隧道在东西岔道井之间 DK20＋664（＝L2DKO＋220）里程处下穿越运营时速达 140km/h 的双线既有沪杭干线铁路（铁路里程约 DK31＋820），铁路路基宽约 12m，与隧道基本正交（相交角约 88°），隧道拱顶距铁路覆土仅 7.9m。

盾构法隧道外径为 $\phi6200$mm，内径为 $\phi5500$mm，装配式衬砌管片通缝拼装；衬砌块宽度 1200mm，厚 350mm，衬砌管片混凝土设计强度为 C55，抗渗等级≥S10；纵环向均用 29 根 5.8 级 M30 双头直螺栓连接，连接件进行防锈防腐处理；衬砌管片每环六块，由一块封顶块、二块邻接块、二块标准块、一块拱底块拼装而成；衬砌纵环缝防水采用三元乙丙弹性橡胶密封垫＋遇水膨胀橡胶条，管片纵缝和变形缝环缝传力衬垫材料采用丁晴软木橡胶。

三线并行盾构隧道下穿铁路平面和横断面示意如图 11.1-1 所示。

铁路走向呈北南向，盾构隧道在穿越处西侧为居民民房，结构多为砖混二层结构，基础薄弱。盾构隧道在穿越沪杭铁路时，附近主要有电力线、电话线和煤气管线：在下行线北侧 2.5～3.5m 处大致平行于线路方向的电力电缆线 1 根，埋深 3.6m；在上行线和出入段线之间平行于线路方向的通信电话电缆线 6 孔，埋深 0.9m；在上行线隧道顶部平行于线路方向的 $\phi700$ 铸铁煤气管，埋深 3m；在沪杭铁路两侧垂直于线路方向的电话电缆线共 20 根，埋深 0.2～0.7m。

加固区环境影响示意如图 11.1-2 所示。

11.2　施工情况

路基加固阶段

为了给下行线的盾构推进及早提供时间，使

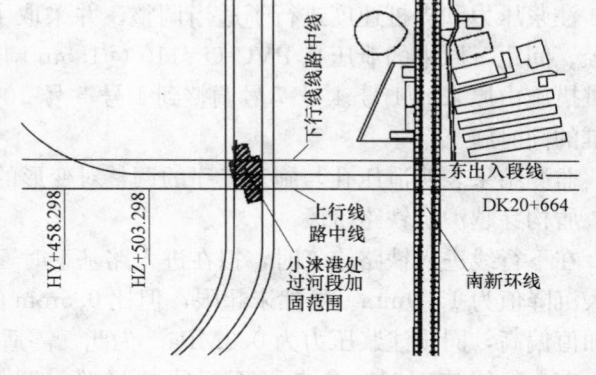

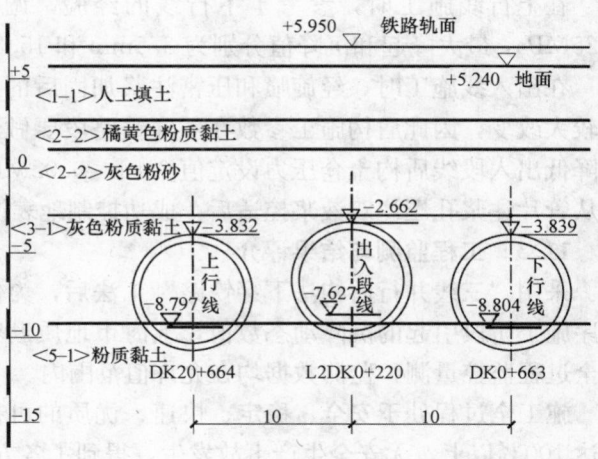

图 11.1-1　三线并行盾构隧道下穿铁路平面和横断面示意图

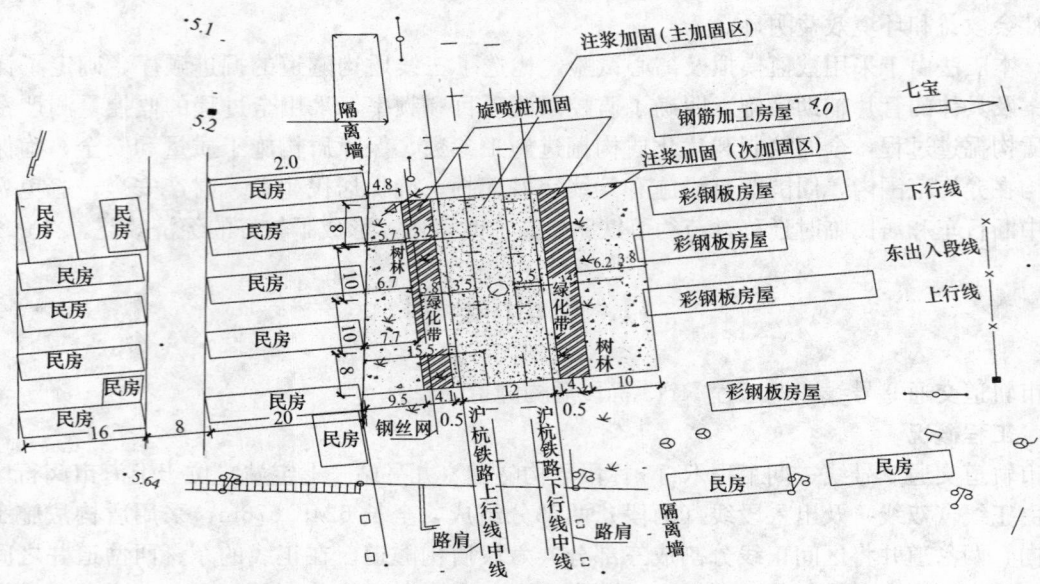

图 11.1-2　加固区环境影响平面图（单位：mm）

下行线安全通过铁路。施工顺序安排为：C 区压密注浆先施工，并与 B 区旋喷桩同时施工，然后作 A 区压密注浆。先完成出入段线中心到盾构隧道下行线区域的加固，然后完成出入段线中心到盾构隧道上行线区域的加固。

数据分析表明 C 区压密注浆对线路影响很小。引起变形的关键因素是 B 区旋喷加固。

施工方案根据监测数据进行了相应的调整，具体如下：

B 区旋喷注浆对变形起主导作用，对 B 区的旋喷注浆参数进行了调整。

注浆压力和提桩速度进行了适当调整，并采取了快速提升砂层的措施。并在铁路近侧增大了泄压孔径、间距，原来的泄压孔 PVC-U ϕ110 @1.5m 调整到 ϕ350 @1m。并根据一根桩的成桩规律进行了跳桩措施由原来的 1 号-4 号-7 号调整到 1 号-5 号-10 号，到后来的 1 号-6 号-11 号。并避免铁路两侧旋喷桩的同时施工。

监测结果表明泄压孔与施工工序的调整对变形的控制起到了明显的作用。

盾构穿越沪杭铁路阶段

在下行线进入铁路施工时，拟在进入路基下时逐步调大土仓压力 15kPa。最大地表隆起为 5.2mm，最大沉降值为 15.9mm。虽然未超限，但比 0.5mm 的理想隆起值偏大，经分析认为预估的铁路下压力增加值偏高，同步注浆压力为 0.3MPa。为此，需适当调低正面压力值，同时同步注浆压力也过大。

在上行线施工时，参考了下行线的经验，调低了土仓压力值 10kPa，和同步注浆压力下调为 0.25MPa，最大隆起和沉降值分别为 3.5mm 和 15.8mm，均在允许范围内，且隆起量有了一定的减小。

在出入线施工时，经旋喷和压密注浆加固后的地层，在经过一较长的龄期后，地层变硬，物性已有较大改变，因此盾构施工参数在下穿铁路段要做适当的调整，特别是土仓压力应该适当降低。在适当降低出入段线盾构土仓压力设定值 0.01～0.02MPa 后，地面隆起恢复正常。为防止过大的沉降，通过从管片注浆孔压注双液浆控适后，成功控制地表沉降值在 11.2mm。

11.3　工程监测与结果评介

采用"三线并行盾构法下穿铁路"工法后，为保证施工过程铁路的安全稳定，并及时监测各主要工序施工阶段引起的沉降动态数值，上海市地质勘察技术研究院对铁路路基加固和盾构掘进施工进行了全过程监控量测，监测数据均在允许值范围内。

施工全过程处于安全、稳定、快速、优质的可控状态，未影响到铁路的正常运营，工程质量合格率达 100%以上，无安全生产事故发生，得到了各方的好评。

特大断面洞式溢洪道万能杆件拼装台架衬砌工法

GJYJGF056—2008

中铁五局（集团）有限公司

陈德斌　夏真荣　吴以兵　朱洪毅　邓凌

1. 前　　言

溢洪道是水电站的溢洪建筑物，为了满足快速溢洪的要求，一般断面都比较大，坡度较陡，衬砌表面平整度要求高，对过流面混凝土的防空蚀和抗冲耐磨要求高。这些要求，都为洞式溢洪道的衬砌施工带来了很大的难题。

西电东送重点工程洪家渡水电站溢洪道，为典型的特大断面洞式溢洪道，溢洪道断面采用城门洞型，最大开挖断面达 $432m^2$，为目前国内断面最大的隧洞。典型断面高 24m、宽 16.8m、纵坡 7.5%，泄洪最大流速为 35.67m/s。由于断面特别大、坡度陡，特别是泄洪流速快，对衬砌混凝土表面质量要求高，给衬砌施工带来了很大的困难：①由于混凝土表面平整度要求高，对过流断面混凝土的防侵蚀和抗冲耐磨要求高，对衬砌模板的平整度、刚度、加工及安装精度都提出了很高的要求；②由于泄洪的要求，对衬砌施工缝、错台的要求高，施工段要尽可能长；同时由于混凝土强度高、坍落度要求高、连续浇筑高（达 24m），混凝土浇筑时侧压力很大，对衬砌台架的整体强度、刚度要求很高。③由于隧洞断面大、坡度陡，衬砌台架的移动就位和固定困难。针对施工中存在的上述困难，承担隧洞施工任务的中铁五局（集团）有限公司积极开展技术攻关，国内首次在特大断面洞式溢洪道混凝土衬砌施工中设计使用了万能杆件拼装可移动式衬砌台架，配以大块钢模板，成功地解决了上述技术难题，洪家渡水电站溢洪道混凝土衬砌的各项检测指标满足设计和规范要求，取得的科技成果于 2006 年 12 月 3 日通过了贵州省科技成果鉴定，鉴定专家委员评价该项技术达到了国内领先水平。经开发形成本工法。

2. 工法特点

2.1 台架由万能杆件组拼，不仅整体刚度大，拼装方便快捷，操作灵活，而且杆件通用性好，可周转使用，成本低。

2.2 台架底部采用滑动装置，卷扬机拖拉滑行，相比轨行方式，台架易准确就位，制动方便，移动安全风险小。

2.3 台架满足通过大型机械设备和无轨运输的要求，重量较钢模台车减少 50t 左右，节省材料。

2.4 采用大型钢模板，易于保证混凝土表面的平整度。

2.5 台架一次衬砌长度达到 12m，使得衬砌单位面积接缝减少，提高了混凝土表面的质量，混凝土表面光洁平整，糙率较低，能满足溢洪道高速泄洪的要求。

2.6 台架由万能杆件组拼，可根据隧洞地质情况、断面大小、工期及混凝土供应情况等，采用边墙和拱顶一起浇筑或边墙和拱顶分开浇筑的施工模式，施工方法转变方便灵活。

3. 适用范围

本工法适用于大断面洞式水工隧洞及直墙式特大断面铁路、公路隧道的混凝土衬砌施工。

4. 工 艺 原 理

特大断面洞式溢洪道衬砌施工的难点是断面大、浇筑混凝土时的侧压力大；隧洞坡度陡、衬砌台架移动和制动困难、台架移动稳定性难以保证；混凝土表面平整度要求高。采用万能杆件拼装衬砌台架，通过合理的结构设计，严格控制台架的整体刚度；通过滑板滑行移动的方式来确保台架移动、制动、就位过程中的稳定性，滑板滑行移动是通过在台架底部安装滑板和四氟滑板，利用上滑板（钢板）与四氟滑板、四氟滑板与下滑板（钢板）、下滑板与底板混凝土面三者之间摩擦系数的差异，采用卷扬机拖拉行走；通过采用具有较高强度、刚度的大型钢模板，并严格控制安装精度，采取措施防止拆模、安装过程中的变形，安装前严格检查，发现变形后需更换或修复后方可使用等措施，就可以确保混凝土的表面质量。

5. 施工工艺流程及操作要点

5.1 工艺流程（图 5.1）

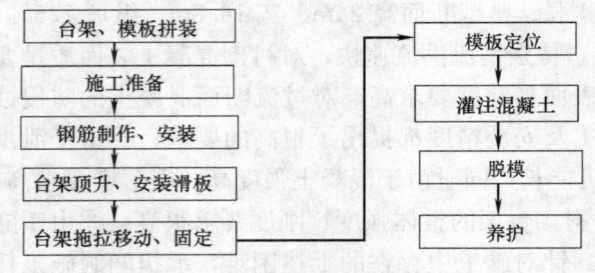

图 5.1 施工工艺流程图

5.2 台架、模板拼装

台架主要由边墙衬砌台架和顶拱衬砌台架组成。既可以组合成一个整体台架（图 5.2），全断面衬砌一次浇筑（隧底已先施工），也可以将边墙和拱顶分别衬砌，待边墙衬砌完毕后再在边墙衬砌台架上拼装拱顶台架。模板系统同样由边墙模板和拱顶模板组成。

5.2.1 边墙衬砌台架（图 5.2.1）

边墙衬砌台架由万能杆件、模板、手动链滑车、可调顶杆、滑动行走装置等组成，一次衬砌长度为12m。利用万能杆件拼装台架，作为作业平台及模板固定的承力结构，大型模板（6.1m×3m、6.1m×2.5m）根据衬砌断面在机修厂进行加工，运到现场拼装成整体，在台架上两侧对称安设混凝土布料杆，并按与水平方向夹角 40°～50°设置串筒。台架的移动采用滑动行走装置，卷扬机拖拉行走。

1. 边墙模板

采用 $\delta=6mm$ 的 A3 钢板作面板，纵向加强肋采用 [14a 槽钢焊制，竖向加强肋采用 [14a 槽钢和 $\delta=5mm$、$h=12.5cm$，$w=5cm$ 的 A3 钢板焊制。全套模板共 24 块，其中 20 块为6.1m×3m，4 块 6.1m×2.5m。每块模板边缘使用 4 道 [14a 槽钢围圈连成一个整体。模板间通过螺栓连接成一个整体，螺栓孔直径为 $\phi 23mm$，用 $\phi 22mm$ 螺栓及螺帽连接。[14a 槽钢开孔处加焊 $\delta=8mm$A3 钢板作垫板。通过安装在台架顶端万能杆件上的10t 手动链滑车进行模板吊装，通过安装在台架两侧的各节点位置的可调

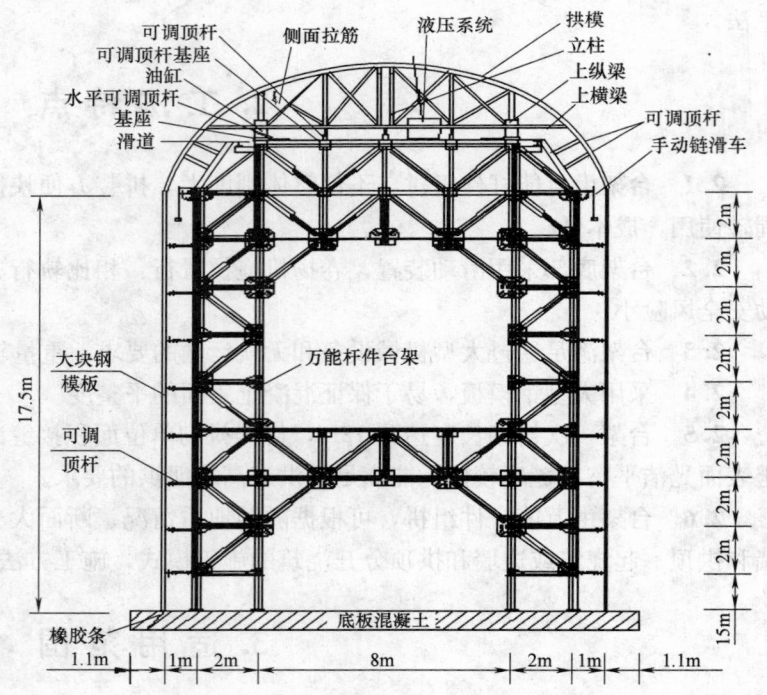

图 5.2 全断面衬砌台架断面图

顶杆来调整和固定模板位置。

2. 滑动行走装置

滑动行走装置由上滑板、四氟滑板及下滑板组成。上滑板为 $\delta=20mm A_3$ 钢板加工，尺寸为 $25cm \times 25cm$，焊接在台架柱脚底部，与四氟滑板接触面不涂润滑油，下滑板为 $20mm \times 25cm \times 6.0m$ A_3 钢板，相互连接、倒用，下滑板顶面打磨平整光滑并涂抹润滑油，中间为 $5mm \times 250mm \times 250mm$ 的四氟滑板，利用上滑板与四氟滑板、四氟滑板与下滑板、下滑板与底板混凝土面三者之间摩擦系数的差异，在外力牵引下使台架滑行。

5.2.2 顶拱衬砌台架（图5.2.2）

顶拱衬砌台架在边墙衬砌台架的基础上拼装而成，拱部大型模板根据衬砌断面在机修厂进行加工，运到现场拼装成整体。由于拱部模板为承重模板，在台架上安装一套液压系统和可调顶杆来固定和调整模板，一次衬砌长度为12m。

1. 拱部模板

拱部大型模板采用 $\delta=6mm$ 的 A_3 钢板作面板，纵向加强肋采用 [14a 槽钢焊制，宽均为2m。全套模板共36块，其中24块大模板，弧长4m，相互之间

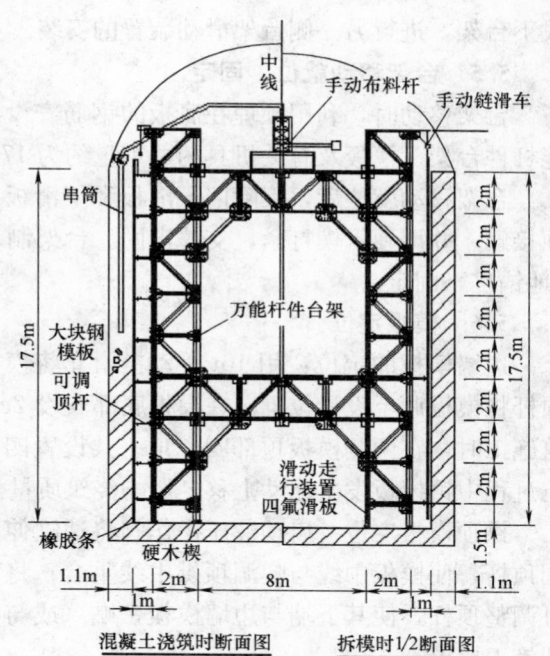

图5.2.1 边墙衬砌台架断面图

通过高强螺栓连接；12块小模板，弧长46.5cm，布置在两侧靠边墙位置处，与大模板通过三个铰采用高强螺栓连接，可上下转动，便于调整小模板下缘与边墙模板或先期已成形的边墙混凝土面紧贴，螺栓孔直径为 $\phi23mm$，螺栓及螺帽为 $\phi22mm$。每块模板边缘使用4块 $\delta=11mm$ 的 A_3 钢板围圈连成一个整体。

2. 可调顶杆

包括垂直可调顶杆、水平可调顶杆和斜向可调顶杆，垂直可调顶

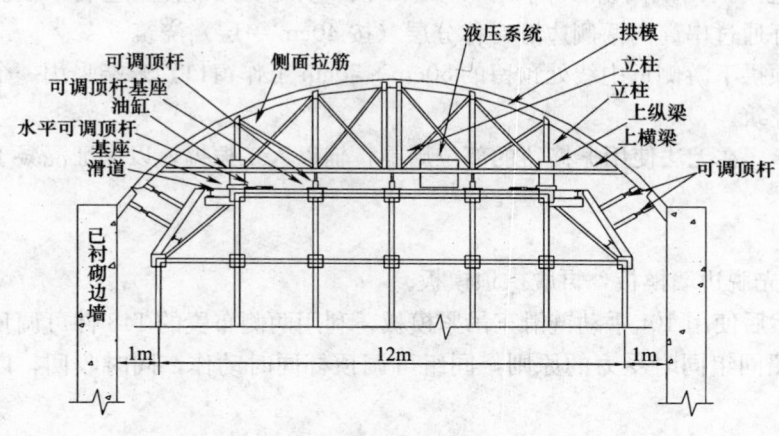

图5.2.2 顶拱衬砌台架

杆共30个，辅助支撑顶拱模板；水平可调顶杆共4个，每个液压油缸处1个，平移和固定顶拱模板用；斜向可调顶杆共24个，调整两侧小模板下缘与边墙紧贴并固定模板。

3. 液压操作系统

固定和调整模板用，包括4个液压油缸，上下游两端各布置两个，液压油缸基座采用工字钢（工20），基座下垫 $\delta=3mm$ 的 A_3 钢板，钢板下安设滚轮，便于操作水平可调顶杆，横向水平移动顶拱模板，使顶拱模板中线与隧道中线重合。

5.3 施工准备

检查基岩石表面和施工接槎面，确保无松动岩块，表面干净、无积水、积渣和油污。

5.4 台架顶升、安装滑板

脱模后，使用10t手动链滑车将两侧模板吊离地面10cm左右，并用可调顶杆将模板固定。在台架一侧使用100t液压千斤顶顶起衬砌台架，安装四氟滑板和下滑板，并在两者接触面上涂润滑油，然后

放下台架，进行另一侧台架滑动装置的安装。

5.5 台架移动就位、固定

台架移动时，利用预埋在底板的钢筋安设滑轮组和卷扬机，由卷扬机和滑轮组缓慢拖拉移动。万能杆件台架、模板及有关机具的总重量约为 170t，下坡时牵引力为 5.1t，上坡时牵引力为 17.8t。

台架移动就位后，拆除四氟滑板和下滑板，使上滑板钢板（与台架柱脚焊接）直接与底板混凝土面接触，并用硬木楔打紧，支撑牢固。台架制动使用钢丝绳利用底板混凝土预留灌浆孔内埋设的钢棒（地锚桩）固定。

5.6 模板定位

边墙模板的定位：用 10t 手动链滑车将模板放下，采用 TCR-705 全站仪精确测量，使用两侧可调顶杆将模板调至设计位置。在模板底部安设 2cm 厚的硬橡胶条，防止漏浆和方便脱模。当边墙单独浇筑施工时，在两侧模板顶部四个角一共设置四个千斤顶，垂直向上与拱部围岩顶紧，防止在混凝土浇筑过程中钢模板发生浮动上移，影响浇筑质量。

拱顶模板定位：启动液压操作阀将油缸伸出，调整顶部可调顶杆使顶杆与模板脱离；操作平移可调顶杆，使模板中线与隧洞顶拱中线重合；将顶部可调顶杆旋出顶紧，液压操作阀锁死；调整小模板可调整顶杆，使其下端与边墙模板密贴（或与已完成边墙贴合）并用螺杆连接牢固，整个模板外形达到施工要求。

5.7 混凝土灌注

仓面清洗、验收合格后进行混凝土灌注。混凝土采用混凝土搅拌车运输，输送泵泵送。混凝土的浇筑采用串筒，为防混凝土自由下落过高而出现离析，串筒下部数米可转弯成倾斜布置。边墙单独浇筑时可直接用台架上两侧布置的布料杆通过串筒向两侧边墙对称分层（按 40cm 一层）浇筑。

顶拱混凝土灌注时输送泵管伸入顶拱下游侧近中线处预留的 50cm×50cm 工作窗口，末端采用一个三通管，利用溜槽向左、右两侧进行浇筑。

混凝土振捣使用 φ50 插入式振捣棒，在无法使用振捣器的部位周围，辅以人工振捣，以保证混凝土密实。

5.8 脱模

混凝土养护 1.5d 后脱模。脱模时先脱边墙模板，再脱拱顶模板。

边墙脱模时，首先拆除挡头板，然后使用 10t 手动链滑车吊紧模板，利用两侧布置的 148 件可调顶杆施力拉脱模板。脱模时必须严格按照同组同时受力的原则，同组可调顶杆同时动作，同时收回，以保证台架模板受力均匀，不产生变形。

顶拱脱模时，首先拆除挡头板；调整小模板的可调顶杆，使小模板与混凝土面脱离；调整顶部可调顶杆，使其全部收回；最后，操作液压操作阀使顶部模板脱模。

6. 材料与设备

采用的主要机具设备和材料见表 6。

主要机具设备和材料   表 6

序号	名称	规格	单位	数量	说明
1	万能杆件		套	1	
2	边墙钢模板	6.1m×3m；6.1m×2.5m δ=6mm	块	24	20 块 6.1m×3m 4 块 6.1m×2.5m
3	拱部钢模板	δ=6mm	块	36	24 块模板弧长 4m； 12 块模板弧长 46.5cm
4	混凝土搅拌站		座	2	生产混凝土

序号	名称	规格	单位	数量	说明
5	混凝土输送车	TZ5160GJB	台	4	运输混凝土
6	电动卷扬机	JJK-2	台	2	牵引衬砌台架
7	混凝土泵	HBT60A	台	3	泵送混凝土
8	吊车	QY-8	台	1	起吊台架零部件
9	切割机	GD-40	台	2	用于钢筋加工
10	对焊机	UN-100	台	1	用于钢筋加工
11	调直机	GTJ4-14	台	1	用于钢筋加工
12	弯曲机	GW40	台	2	用于钢筋加工
13	插入式振捣棒	$\phi50$	台	6	振捣混凝土
14	千斤顶	YC-40	台	8	固定模板
15	全站仪	TCR-705	台	1	测量模板位置

7. 质量控制

7.1 混凝土的配合比必须满足混凝土规范和设计的要求。

7.2 原材料和机具设备的验收、试验及检验均按现行规范及有关规定进行。

7.3 衬砌台架严格按照预装时所作的标记顺序拼装，拼装人员不允许上下交叉作业，在确定连接正确后紧固连接螺栓，现场焊接处要按规范进行焊接，焊后应打磨，不允许有假焊、夹渣、裂纹等焊接缺陷。

7.4 模板所采用的材料及制作、安装等工序的成品均进行质量检查，合格后才能进行下一步工序的施工。模板制作的允许偏差：①长和宽：±2mm；②对角线：±3mm；③模板局部不平（用2m直尺检查）：2mm；④连接配件的孔眼位置：±1；⑤模板与模板对接错位误差不大于2mm。顶拱衬砌台架就位后，模板中心线应与隧洞顶拱中心线重合，偏差不得大于2mm。钢模面板及活动部分应涂防锈的保护涂料，其他部分涂防锈漆。模板与混凝土接触的面板，以及各块模板接缝处，必须平整严密，以保证混凝土表面的平整度和混凝土的密实性；分层施工时，应逐层校正下层偏差，模板下端不应错台；浇筑混凝土前，模板表面均应涂抹脱模剂；混凝土浇筑过程中，有专人负责检查、调整模板的形状及位置，加强检查、维护，如有变形走样，应立即采取措施，处理后再进行浇筑。

7.5 混凝土浇筑速度不宜过快，以免引起台架模板变形。同时应使用TCR-705全站仪现场对模板进行变形监测。

7.6 在浇筑混凝土的同时，使用150mm×150mm试模对混凝土取样，进行强度检测，确定安全拆模时间，从而加快施工速度，保证混凝土质量。

7.7 混凝土质量检测按现行规范及设计有关要求执行。

8. 安全措施

8.1 建立强有力的安全保证体系，项目部设安质部，配齐专（兼）职安全员，逐级签订安全生产目标管理责任状。

8.2 定期对施工现场进行安全大检查，发现问题及时整改，将施工过程不安全因素消除在萌芽状态。

8.3 对施工人员进行上岗培训，严格按操作程序作业。

8.4 衬砌台架的动力用电、照明电线必须统一合理布置，避免干扰，并经常清理检查，以消除漏电、短路等隐患。

8.5 衬砌台架在施工中，必须安排专人加强千斤顶、手动链滑车、可调顶杆、钢丝绳等机具设备的维修养护，发现问题，及时处理。

8.6 衬砌台架在洞内拼装时，必须有足够的起吊空间和良好的照明环境，且禁止行人、车辆通过。

8.7 台架底部滑动装置安装完毕后，检查前后、左右、上下有无障碍物，如有则要先排除再走，以免台架行走时冲击。

8.8 认真遵守《高处作业安全施工技术》。

9. 环 保 措 施

9.1 施工作业地段隧底应清理干净，撒落的混凝土应及时清除。

9.2 混凝土的生产、运输过程应遵循国家有关的环境保护要求。

10. 效 益 分 析

10.1 采用万能杆件拼装台架衬砌混凝土为大断面隧洞的混凝土衬砌提供了新的施工方法。

10.2 采用万能杆件拼装台架衬砌，既可将边墙和拱顶分开浇筑，也可边墙、顶拱同时浇筑，不仅工期可以大大节约，而且成本节约也十分可观。相比较于钢管脚手架，可以减少一次拼装；相比较于钢模台车，在不需要进行顶拱衬砌（由于水电站选址一般地质条件较好，大部分地段都不需要进行顶拱衬砌）地段施工十分方便。

10.3 万能杆件台架衬砌工法与钢管脚手架、常用小钢模板施工方法比较，工期上前者衬砌 1 仓长度 12m 边墙只需 7d，后者则需 44d，每仓节约 37d。木工、钢筋工、混凝土工、测量工、台架行走定位管护人员、混凝土输送泵操作工、混凝土罐车司机，工班长、领工员合计 80 人，而采用钢管脚手架需要的人工数要多于 80 人，按两种施工方法人工数同为 80 人，人工单价 50 元/工日计算，每衬砌 1 仓节省人工工资 50 元/工日×80 人×37d＝14.8 万元。

10.4 与钢模衬砌台车相比。钢模台车重量约 176t，加工一个钢模台车费用为 7000 元/t×176t＝123.2 万元，扣除采用台架衬砌也需要的模板及其伸缩系统的加工费用约 30 万元，采用钢模台车一次性要多投入约 90 万元；拼装万能杆件台架的材料系市场通用料具，可在市场租用，价格在 100 元/t/月左右，台架重 126t，每月租金为 1.26 万元，按平均每月衬砌 40m 计算，若隧洞长 500m，则节约费用为 90－1.26500/40＝74.25 万元，若隧洞长 1000m，则节约费用 58.5 万元，隧洞长在 3000m 以内，采用本工法均有成本优势。同时由于溢洪道坡度大，钢模衬砌台车移动、制动、定位固定难度大，安全风险高，万能杆件拼装台架采用滑板、拖拉滑行移动就位，移动和制动方便、安全。

11. 应 用 实 例

洪家渡水电站溢洪道是国家西电东送重点工程——洪家渡水电站的泄洪建筑物，隧洞全长 813m，纵坡为 7.5%，断面为城门洞型，混凝土衬砌后净空为：宽 14m，高 21.54m，直边墙高 17.5m，衬砌厚度 1～2.0m，为目前国内断面最大的水工隧洞之一；溢洪道泄洪时最大流速为 35.67m/s，为高速水流，衬砌混凝土强度高（设计为 C30），表面平整度≤3mm（2m 直尺检查），混凝土错台≤2mm。

中铁五局（集团）有限公司施工管段为 K0＋277～K0＋813，边墙、顶拱均采用万能杆件拼装衬砌台架进行施工。由于采取了科学合理的施工方案，边墙、顶拱衬砌混凝土内实外美，外观平滑如镜，色泽均匀，做到了不渗不漏，工程优良率达 100%，成为洪家渡水电站建设的亮点工程，为洪家渡水电站提前两年发电提供了保证，取得了良好的经济效益，且安全文明施工状况良好，受到了业主和水利水电工程质量巡视专家组的好评。

隧道穿越高压富水断裂带施工工法

GJYJGF057—2008

中铁二十一局集团有限公司

赵春锋　牛宝金　曹云堂　陈文渊　陈德国

1. 前　　言

在溶洞、地下暗河发育地区修建隧洞结构，如果方式不当将会造成突水、突泥等大型地质灾害的发生。目前采用帷幕注浆施工是解决复杂的地下涌水、穿越断层破碎带施工的一种有效措施，但如何有效的提高帷幕注浆的堵水效果是一项重大的技术难题。

别岩槽隧道进口穿越 F1 高压富水主断层 120m（导水断层），该处埋深 350m，预测最大涌水量 28.6 万 m^3/d。中铁二十一局集团有限公司在隧道高压、富水断层破碎带帷幕注浆止水施工中进行了科技攻关，系统的总结和完善了注浆施工工艺，同时在钢筋混凝土止浆墙施工技术方面进行创新，形成了"隧道穿越高压富水断裂带施工技术"科技成果，于 2008 年 5 月通过了甘肃省科学技术成果鉴定，达到国内领先水平，并获得了 2008 年度中国铁道建筑总公司科学技术进步一等奖，该项目经总结形成工法。

2. 工法特点

2.1 孔口管外壁周边与止浆墙、止浆墙与周边岩体接缝密封系统完善，杜绝跑浆、冒浆现象。

2.2 采用钢筋混凝土止浆墙施工技术，提高止浆墙抵抗水压能力。

2.3 有效加固地层、固结围岩，提高岩体自稳能力，控制围岩变形。

2.4 有效预防突水、突泥以及塌方事故，遏制对地下水资源的破坏，保护生态环境。

3. 适用范围

适用于穿越断层破碎带、高压富水区段的地下工程施工，也可用于有地下水影响的流沙层、软弱破碎段的地下工程施工预加固。

4. 工艺原理

在隧道高压富水区段通过利用配套的机械设备，采用注浆泵、注浆孔将适宜的浆液材料压入地层裂隙之中，用浆液颗粒充填出水裂隙，改善地层原有的透水特性，并在隧道开挖线外一定范围形成截水帷幕，达到改善岩层（土）性能、降低地层透水系数，限制或阻断水流的目的，同时通过采用改进止浆墙与孔口管、周边岩体接缝和钢筋混凝土止浆墙施工工艺，提高注浆效果，为隧道掘进施工创造良好作业条件。

5. 施工工艺流程及操作要点

5.1 施工工艺流程（图 5.1）

5.2 操作要点

5.2.1 施工准备：了解注浆地段的地质状况，如水压、出水量、围岩裂隙发育程度、裂隙内填充

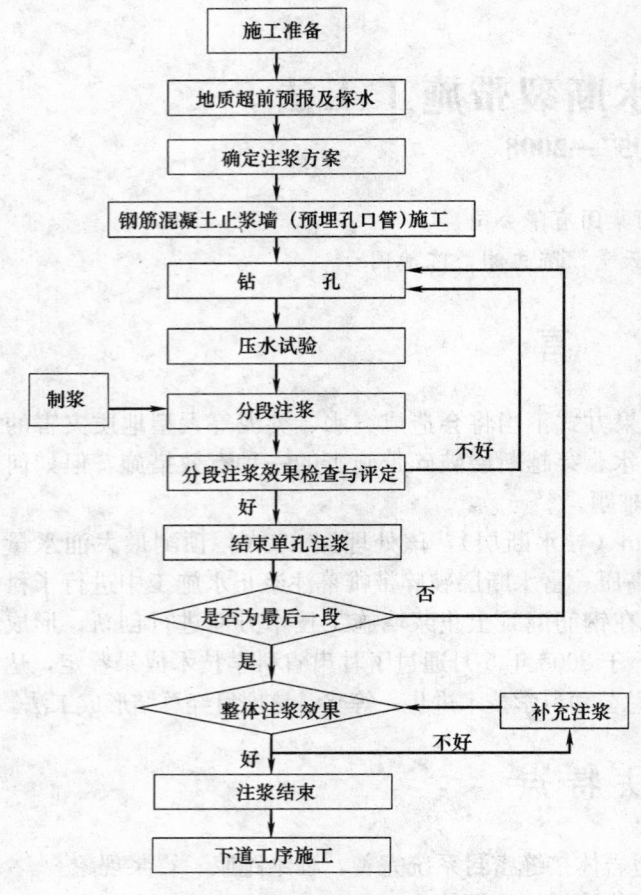

图 5.1 帷幕注浆施工工艺流程图

物的性质。施工人员到位，现场接通电源、水源，进行施工材料、场地和机械设备准备。

5.2.2 地质超前预报及探水：采用 HY303 红外探测仪对掌子面前方围岩及隐伏含水状况进行探测。同时采用 MGJ-50 水平超前钻机通过钻孔钻探验证。最后结合掌子面围岩产状、走向、出水等情况，综合分析掌子面前方围岩完整状况，并预测出水状况，对围岩稳定性进行综合评定。

5.2.3 确定注浆方案：注浆施工前必须熟悉所面对工程对象的工程地质条件、水文地质特征，以及周围环境特点、工程造价和工期要求，然后再根据探测的水文地质情况和围岩稳定评价情况确定注浆方案。径向注浆加固范围一般为开挖轮廓线外 8m、5m、3m，一次注浆段落宜为 25～30m。

1. 注浆参数选取：如在别岩槽隧道进口穿越 F1 断层破碎带施工中，根据超前地质钻探中单孔涌水量分别采用 8m、5m、3m 加固圈全断面帷幕注浆施工方案。注浆参数选取见表 5.2.3。

2. 注浆量和注浆压力的计算选取：

1）注浆量计算公式：

$$Q = \pi R^2 \cdot h \cdot n \cdot \alpha \cdot (1+\beta) \qquad (5.2.3\text{-}1)$$

式中　Q——注浆量（m³）；

R——扩散半径（m）；

h——注浆段长（m）；

n——地层裂隙度（空隙率）；

α——浆液充填率；

β——浆液损失率。

断层破碎带注浆参数表　　　　　　　　　　表 5.2.3

序号	参数名称	正洞	正洞	正洞
1	加固范围	衬砌轮廓外 8m 围岩	衬砌轮廓外 5m 围岩	衬砌轮廓外 3m 围岩
2	止浆墙厚(m)	2.0	1.5	1.0
3	扩散半径(m)	2.0～3.0	2.0～3.0	2.0～3.0
4	注浆段长(m)	30	30	27
5	注浆分段长(m)	4～5	4～5	全孔一次注浆
6	注浆终压(MPa)	实测水压＋2～3MPa	实测水压＋2～3MPa	实测水压＋2～3MPa
7	注浆速度(L/min)	5～110	5～110	5～110
8	注浆孔数(孔)	141	93	55
9	终孔孔间距	3.0～4.0	3.0～4.0	3.0～4.0
10	空隙率(%)	10～20	10～20	10～20
11	浆液填充系数	0.7～0.9	0.7～0.9	0.7～0.9
12	浆液损耗系数	0.5～0.10	0.5～0.10	0.5～0.10

施工中一序孔按上式计算结果取 $Q_{序}=Q$；二序孔按上式计算结果取 $Q_{序}=80\%Q$。钻孔注浆中必须采用两序孔或两序孔以上，按跳孔原则进行注浆。一序孔按定量、定压相结合的原则控制，二序孔按定压原则进行注浆施工。一序孔、二序孔主要是针对跳孔施工的先后顺序而言，首先间隔跳孔施工的为一序孔，之后施工的位于一序孔之间的注浆孔为二序孔（或多序孔）。

2）注浆压力：

$$P＝水压＋2\sim3MPa \tag{5.2.3-2}$$

3. 注浆孔布设：采取梅花型、分散均匀布孔设计。具体参考图5.2.3-1、图5.2.3-2、图5.2.3-3。

注浆孔要起到"一孔多用"的目的，并根据掌子面揭示的地质状况局部调整或有针对性增设，保证注浆孔穿过裂隙，注浆时浆液能够有效填充出水裂隙，提高工效。

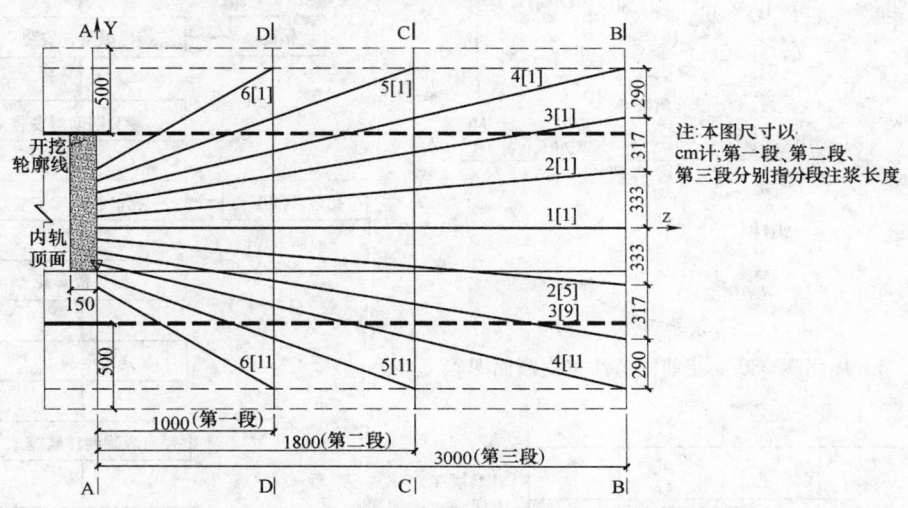

图 5.2.3-1　5m加固圈全断面超前帷幕注浆纵断面布置图

在钻孔过程中遇到较大突水或岩层破碎造成卡钻时，立即停止钻孔，进行注浆封闭，扫孔后再进行钻进。

4. 注浆方式：在施工中采用前进式分段注浆，实施钻一段、注一段，再钻一段、再注一段的钻、注交替方式进行钻孔注浆施工。前进式分段注浆施工可采用水囊式止浆塞或在孔口管安装法兰盘进行止浆。前进式分段钻孔、注浆施工模式见图5.2.3-4。

5. 注浆材料：注浆材料是注浆成败的基础，要慎重选择。目前地下工程大量采用的六种注浆

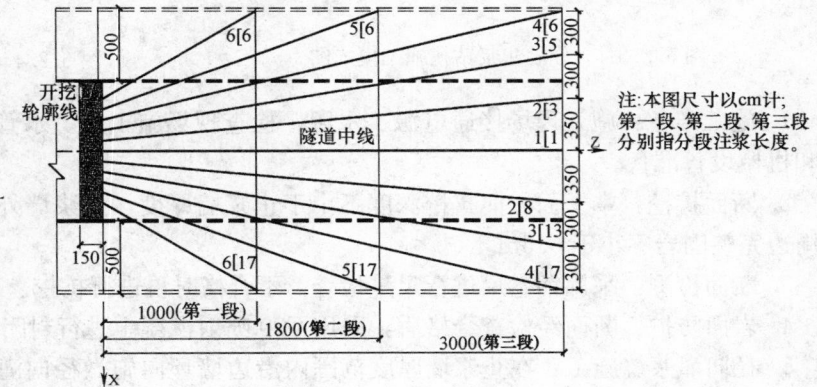

图 5.2.3-2　5m加固圈全断面超前帷幕注浆平面布置图

材料分别为普通水泥单液浆、普通水泥—水玻璃双液浆、超细水泥单液浆、超细水泥—水玻璃双液浆、TGRM浆、HSC浆，均为水泥基注浆材料。具体根据地层的裂隙宽度、填充胶结物的特性、水压和裂隙的连通性确定注浆浆液的类型及配比，以便获得良好的注浆效果。

5.2.4　钢筋混凝土止浆墙（预埋孔口管）施工

止浆效果的好与坏直接关系到注浆的成功与失败，必须从思想上引起高度重视，确保止浆墙的施工质量并与周边岩体连接成整体，杜绝注浆时跑浆、冒浆现象，提高注浆工效。施工中通过优化混凝土配合比和在混凝土止浆墙内加入φ22钢筋网的施工措施，提高混凝土的早期强度和增强止浆墙的抗折能力，加快施工进度（图5.2.4）。

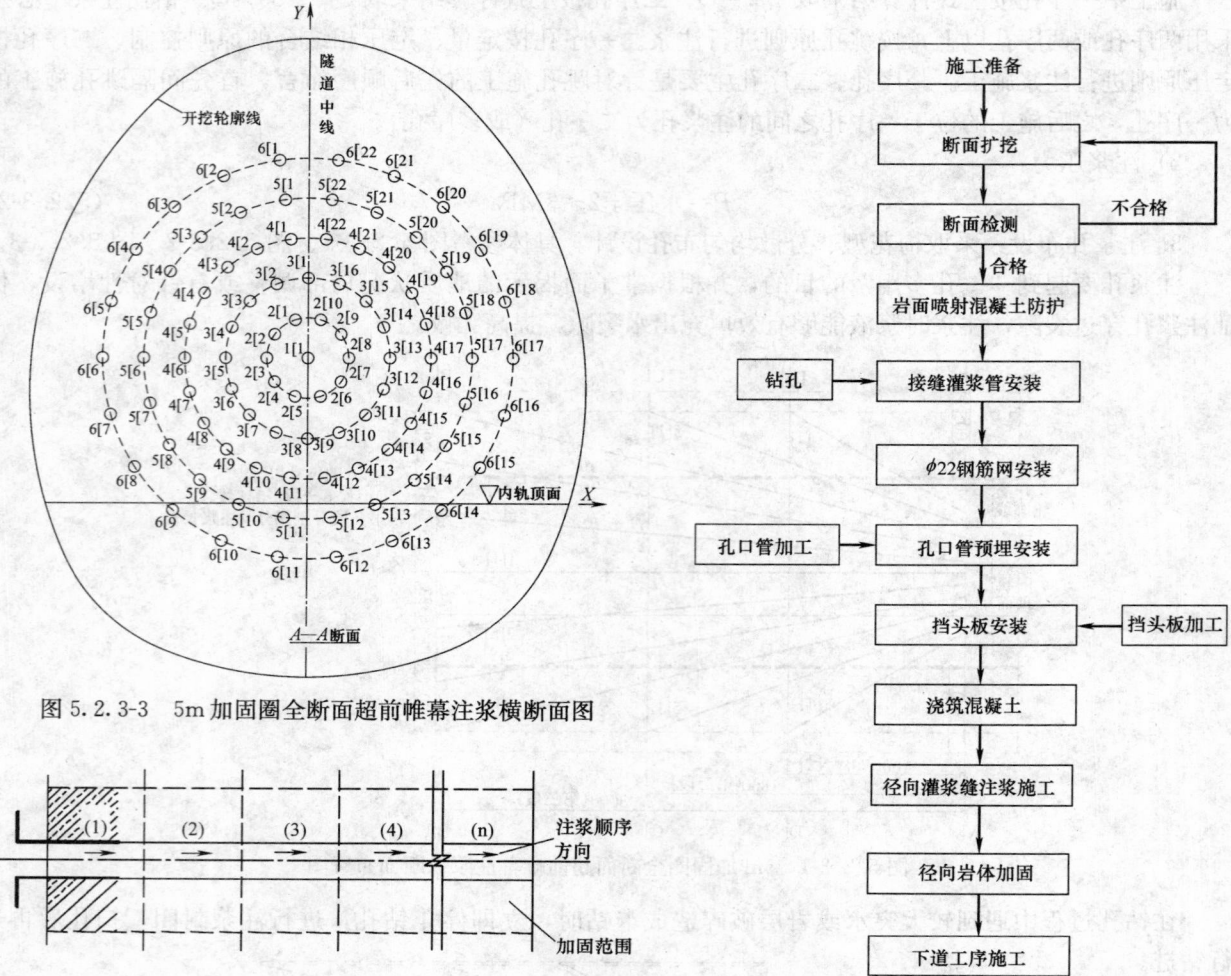

图 5.2.3-3　5m 加固圈全断面超前帷幕注浆横断面图

图 5.2.3-4　分段注浆钻孔施工模式图

图 5.2.4　钢筋混凝土止浆墙施工工艺流程图

1. 施工准备：施工现场接通电源、水源，检查现场施工风、水管路连接情况，进行施工材料、场地和机械设备准备。

2. 断面扩挖：掌子面方向扩挖深度不小于止浆墙厚度，止浆墙外轮廓与隧道开挖轮廓相同，且嵌入周边完整围岩不小于 0.5m。

3. 断面检测：采用钢卷尺进行尺量检查，不合格时再进行扩挖。

4. 岩面防护：断面经检查合格后，采用 C20 喷射混凝土进行封闭，厚度 15cm。

5. 径向灌浆缝施工：在止浆墙厚度范围内沿边墙环向施做径向灌浆缝。风枪钻孔，孔深与加固圈厚度一致；灌浆管采用 ϕ32 无缝钢管，注浆管口外露于止浆墙长度不小于 20cm。

6. 钢筋网安装：采用 ϕ22 钢筋加工安装，双层铺设，钢筋网网格间距@200mm×200mm，保护层厚度不小于 5cm。

7. 预埋孔口管：孔口管采用 ϕ108mm×5mm 的热轧无缝钢管，长度不小于止浆墙厚度。按设计参数要求直接固定在双层钢筋网上，并按首尾坐标差值来控制竖直角及水平角。钢管外露不小于 0.2m，并事先加工好丝扣，以便与注浆器连通进行注浆施工。

8. 挡头板安装、固定：采用 5cm 模板支挡，内拉、外撑的方式固定。内拉固定采用 ϕ16 钢筋，外撑采用 I16 型钢加固。

9. 浇筑混凝土：采用泵送浇筑 C25 早强钢筋混凝土并振捣密实（混凝土添加早强剂）。

10. 径向灌浆缝注浆施工。

通过径向预留灌浆导管进行浆液灌注，确保止浆墙与周边岩体接缝密实。

11. 止浆墙后方岩体加固。

采用径向注浆加固止浆墙后方 5m 范围内的周边岩体，避免由于超前注浆堵塞水路而引起后方掌子面水压增大带来的隐患，确保止浆墙整体稳定性。注浆管采用 $\phi42$ 小导管，布设间距 80～100cm。

5.2.5 钻孔：为提高钻孔效率，根据现场水压情况分别采用锚杆钻机和潜孔钻机钻孔（水压小于 1.2MPa 时宜采用潜孔钻机，水压大于 1.2MPa 时应采用锚杆钻机）。钻机提前放置在自制两层门架升降式作业平台上，通过预留孔口管钻孔。用钻机首尾坐标差值来控制竖直角及水平角。每钻进一段检查一段，及时纠偏。

钻孔时先钻外圈孔后钻内圈孔、同一圈孔先钻下部孔后钻上部孔，间隔交替钻孔施工。终孔直径不小于 91mm。

（分段注浆）扫孔钻进时钻机要给压均匀，轻压快转，防止偏离原孔位方向。

5.2.6 压水实验：正式注浆前，用 1.2 倍的设计注浆终压标准进行压水试验，其目的在于：检查管路是否连接正常；检查管路系统是否耐压，有无漏水现象；测定岩层吸水量，以确定浆液初始浓度、凝胶时间和预计注浆量；测定注浆压力损失情况，以确定注浆终压；将岩层裂隙内的充填物挤压至注浆范围以外。

5.2.7 分段注浆

1. 制浆：采用高速搅拌机制浆。在搅拌机开动后加入定量的清水，水量可用搅拌机内的容积加以控制，然后加入水泥连续搅拌 3min 后即可经过滤桶过滤进入储浆桶内，进行二次搅拌供注浆使用。

2. 注浆材料及注浆配比：

注浆材料可采用水泥单液浆和水泥—水玻璃双液浆。为保证浆液能够有效扩散，注水泥单液浆（掺入浓度为 30～35Bé 的水玻璃作为早强剂，掺量 3%～5%）水灰比 1:1～0.6:1，由稀到浓逐级变换。当注浆压力和注浆量达到设计要求而不能自封孔的，采用双液浆予以封孔。钻孔内出水量很大，采用先注单液浆，保证浆液有效扩散。当注单液浆无法达到注浆效果或注浆压力长时间不上升，采用注双液浆，配比为：水泥浆水灰比为 0.6:1～0.8:1，水玻璃浓度为 30～35Bé，体积比 1:0.3～1:0.5。

浆液配合比控制的原则是"先稀后浓、逐级变换"。根据施工取得的经验数据，当单孔出水量小于 20m³/h 时，采用单液注浆；当单孔出水量大于 20m³/h 时，采用先注水泥浆后注双液浆。

3. 注浆方式：在围岩破碎段采用前进分段式注浆，分段长度 4～5m，先低压注浆加固后方岩盘，后采用高压深孔注浆。

一个孔段内的注浆作业一般连续进行直到结束，不宜中断，应尽量避免因机械故障、停电、停水、器材等问题造成的被迫中断。对于因实行间歇注浆，制止串浆、冒浆等而有意中断，则应先扫孔至原设计深度以后进行复注。

4. 注浆顺序：按照对称开孔、先注无水孔、后注有水孔，由外向内，同一圈孔间隔施工的原则进行，以确保注浆密实度，提高注浆效果。

5.2.8 分段注浆效果检查与评定

注浆效果检查与评定是保证隧道安全开挖主要手段，施工中必须按照检测方法做好注浆效果检测，并及时收集整理其他相关的信息资料。

1. 单孔结束标准：

1）注浆压力逐步升高至设计终压，并继续注浆 10min 以上。

2）注浆结束时的进浆量小于 5L/min。

2. 全段结束标准：

1）所有注浆孔均已符合单孔结束条件，无漏注现象。

2）注浆后预测涌水量小于 1m³/m·d。

3）检查孔涌水量小于 0.2L/m·min。

4）检查孔钻取岩芯，浆液充填饱满。

5）浆液有效注入范围大于设计值。

3. 注浆效果评定

注浆是否成功可采用以下任意两种方法结合判定：

1）对注浆过程中 P-Q-t 曲线进行分析，要求达到设计终压，注浆速度小于 5L/m·min，且 P-t 曲线呈上升趋势，Q-t 曲线呈下降趋势。

2）施工反算出浆液填充率达到 70％～80％。

3）采用抽样钻探检验注浆质量。检查孔根据现场情况随机抽取，但必须重新成孔，不可利用原有注浆孔，检查孔抽查率按总注浆孔的 5％～10％抽取。

检查孔取芯率达到 70％以上，浆液填充率达到 80％以上。

对检查孔进行注浆，压力应很快上升，且进浆量很小。

检查孔应无流泥，成孔好，无塌孔现象，涌水量小于 0.2L/m·min。

如果注浆效果未达到设计要求，应进行补孔注浆，直至检查评定合格后才可进行开挖支护。

5.2.9 径向补充注浆

根据隧道开挖后的渗漏水情况，确定是否进行径向补充注浆，径向固结范围与设计注浆加固范围相同。

5.2.10 注浆施工监测

注浆过程中，加强对止浆墙及其后方周边围岩的监测，避免由于前方注浆堵水后导致后方水压上升，从而造成止浆墙变形、拱架后移、开裂等安全隐患。准备好加固措施，并作好应急预案。

6. 材料与设备

6.1 材料

注浆材料主要采用普通水泥单液浆、普通水泥—水玻璃双液浆、超细水泥单液浆、超细水泥—水玻璃双液浆、TGRM 浆、HSC 浆，均为水泥基注浆材料。具体根据地层的裂隙宽度、填充胶结物的特性、水压和裂隙的连通性确定注浆浆液的类型及配比，以便获得良好的注浆效果。

6.2 设备

钻孔注浆机械设备是完成注浆工程活动的一种工具，需要满足注浆材料适应性、注浆工艺、环境控制以及工期要求，因此，钻孔、注浆机械设备应具有很好的配套性。全断面帷幕注浆施工选用的机具设备见表 6.2-1、表 6.2-2。

注浆机具设备性能统计表　　　　　　　　　　　　　　　　表 6.2-1

钻机							
产品名称	型号	生产厂家	功率(kW)	钻进深度(m)	钻进速度(m/h)	钻孔角度	重量(kg)
锚杆钻机	MGJ-50	重探	11	30～60	6～10	0～180°	850
潜孔钻机	KQD100A	洛阳	6	30	6		

注浆机						
产品名称	型号	生产厂家	功率 kW	最大压力 MPa	最大流量 L/min	排水管径 mm	重量 kg
双液注浆泵	2TGZ-60/210	葫芦岛	11	15	60	51	800
水泥砂浆泵	BW-150D	衡探	7.5	7	150	50	516

帷幕注浆设备与机具配备表　　　　　　　　　　　　　　　　表 6.2-2

序号	设备名称	型号或功率	单位	数量	备注
1	锚杆钻机	MGJ-50	台	3	
2	潜孔钻机	KQD100A	台	4	
3	高压注浆泵	BGP90/50-90	台	2	

续表

序号	设备名称	型号或功率	单位	数量	备注
4	水泥砂浆泵	BW-150D	台	2	
5	双液注浆泵	2TGZ-60/210	台	2	
6	风动钻机	ZYG-150	台	1	
7	高速搅拌机	JZ350	台	1	
8	过滤桶		个	1	
9	储浆桶		个	1	
10	取芯钻机	XY-2	台	1	
11	潜污泵	200QW350-25	台	4	
12	作业台车		台	1	自加工

根据设计注浆工程量以及工程进度要求，一般注浆施工选定3台锚杆钻机、4台 KQD100A 型潜孔钻机和四台注浆机为主的设备系统（含备用设备）。其配置能达到日钻孔、注浆12孔（360m）的生产能力。

为方便进行施工，自行加工注浆钻孔作业台车是一套门型、上下两层升降式台架，钻机可随平台上下移动就位（通过手动葫芦上下移动）。平台长×宽×高＝6m×4.4m×8m，由门型骨架、固定平台、活动平台、侧平台、行走系统、施工供风（供水）管路。具体见图 6.2-1、图 6.2-2。

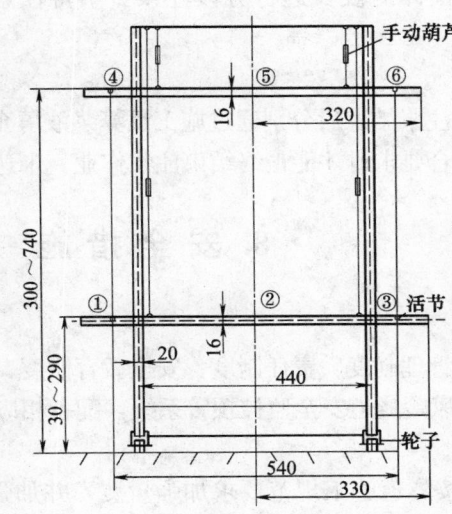

注：
1. 尺寸单位：cm；
2. MGJ-50型钻机主机和操纵台放架上，总重：1240kg，尺寸：2.25m×0.95m×1.7m和0.62m×0.45m×0.85m；
3. 主门架用[16槽钢，平台采用φ18圆钢加工，网眼5cm×5cm。

图 6.2-1　自制门架升降式作业台车

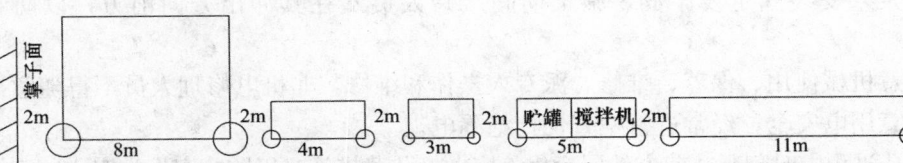

图 6.2-2　钻孔注浆设备布置示意图

7. 质量控制

7.1　工程质量控制标准

注浆施工过程中严格遵循《铁路隧道施工规范》、《铁路隧道工程施工质量验收标准》、《铁路工程施工安全技术规程》。

7.2　质量保证措施

7.2.1　严格按照设计参数进行布孔和钻孔，必要时可以根据围岩裂隙的发展情况进行适当调整，钻孔孔位及角度严格按照理论计算数值进行控制。若钻孔孔位因为客观条件限制不能满足设计要求，应重新进行计算确定参数，必要时进行补孔施工。

7.2.2　注浆材料应满足设计要求，严禁使用过期结块的水泥。

　　7.2.3　注浆配比应符合设计要求，并根据现场围岩的实际情况进行调整，浆液配比中水泥、水的最大误差为±5%。

　　7.2.4　浆液搅拌应均匀。一般水泥浆、HSC 浆搅拌时间为 3～5min（采用高速搅拌机），但不得超过 30min。未搅拌均匀或沉淀的浆液严禁使用。

　　7.2.5　注浆过程中要时刻注意注浆泵压力和浆液流量的变化。若吸浆量很大或压力突然下降，注浆压力长时间不上升，应查明原因。如果工作面漏浆，可采取封堵措施；如果跑浆则可通过调换浆液或调整浆液配比，以缩短浆液凝胶时间，同时进行大泵量、低压力注浆，必要时采用间歇注浆，以达到控域注浆的目的。注浆过程中压力突然升高，应及时查找原因，进行处理。

　　7.2.6　注浆过程中，应保持注浆管路畅通，防止因管路堵塞而影响注浆结束标准的判断。

　　7.2.7　现场配设备用注浆泵。当一台泵发生故障时，应立即换上备用泵继续注浆。

　　7.2.8　严格按照注浆设计的段长进行分段注浆，不得任意延长分段长度，必要时可进行重复注浆，以确保注浆质量。

　　7.3　**检查评定**

　　在单孔注浆结束及全段注浆结束后分别通过施工反算浆液填充率、抽样钻探检验情况及设计终压要求进行注浆效果检查评定，符合要求时才能最终结束注浆作业。未达到注浆结束标准时，应进行补孔注浆。

8. 安 全 措 施

　　8.1　**安全管理措施**

　　建立健全各项安全生产管理制度、责任制度、安全教育制度、安全技术制度、施工作业人员安全保障措施及安全应急措施，建立风险隧道安全监控预警系统，配备相应的专职安全检查机构和安全检查人员。

　　8.2　**安全技术措施**

　　8.2.1　注浆期间严格按隧道施工规范要求加强量测，并加强对掌子面附近初期支护的观察。

　　8.2.2　注浆管路及连接件须采用耐高压装置，当压力上升时，要防止管路连接部位爆裂伤人。

　　8.2.3　止浆塞安装固定要牢固，施工期间严禁人员站在其冲出方向前方，以防止止浆塞冲出伤人。

　　8.2.4　注意机械使用、保养、维修。派专人操作和维修，非机电修理人员不得随意拆卸设备。

　　8.2.5　注意用电安全，经常进行检查，杜绝漏电。

　　8.2.6　钻孔过程中时刻观察前方地层变化，应做好防范措施，以防止突发性突水、突泥冲出伤人。

　　8.2.7　简易操作台架上增设防护围栏，防止人员高空坠落。

　　8.2.8　高空作业时应搭设稳固安全的脚手架和施工平台，防止机翻、人伤事故发生。

　　8.2.9　注浆后隧道开挖应按"三快一抢"（快挖、快支、快封闭和抢时间）的原则进行，确保隧道施工安全。

　　8.2.10　通过隧道安全监控系统，及时发现并处理现场的各项安全隐患，消除施工不安全因素。

　　8.3　**应急抢险处理**

　　8.3.1　准备好抢险材料，做好抢险准备工作。当开挖施工中当出现突水、突泥时应立即进行封堵作业，以防止施工中大量涌水形成危害，对涌出的泥砂应及时进行清理。

　　8.3.2　若遇大的突水、突泥灾害时，通过应急车辆及时撤出人员和设备。

9. 环 保 措 施

　　9.1　成立施工环保、水土保持领导组织机构，配环保专业工程师专职负责施工环保、水土保持具体工作。坚持管生产必须管环保的原则，建立健全岗位责任制，从组织上、制度上、经济上保证施工环保、水土保持满足国家规定标准和当地环保部门标准。

9.2 积极配合当地环保部门做好环保工作，施工场地范围内合理布设，环保宣传牌标识醒目，现场整洁文明。

9.3 生活场地及施工便道均采用混凝土进行硬化处理，边仰坡进行了绿化防护，避免雨水冲刷造成水土流失及滑塌现象。

9.4 施工生活场地、生产场地进行有效隔离，生活垃圾、生产垃圾定点存放，定点处理。

9.5 在设计位置修建弃渣场，完善挡护和排水结构，安全储存隧道弃渣，完工后及时植草绿化。

9.6 严格控制施工、生活用水管理，防止对河道、农田的污染。

9.7 在隧道洞口下方修建二级污水沉淀池，施工污水经两次沉淀达标后排放，不会对当地水土造成污染。生活污水采用沉淀池（砂层）过滤处理，达标后排放。

9.8 隧道注浆材料采用无毒副作用材料，减少对地下水体的污染，定期对隧道水体进行水质化验监测。

9.9 采用先进、环保、高性能机械，减少对施工作业环境的影响。

9.10 在施工结束后，对施工现场及时整治，适时进行临时用地植被恢复。

10. 效 益 分 析

10.1 采用钢筋混凝土止浆墙技术进行帷幕注浆，相对于普通注浆技术，可缩短注浆周期15%左右。同时可减少由于施工漏浆、止浆墙开裂导致的资源浪费问题，加快施工循环进度。

10.2 对高压富水断层破碎岩体进行预注浆加固堵水，效果良好，规避隧道施工风险，确保了施工安全，具有较好的经济效益和社会效益。

10.3 钢筋混凝土止浆墙技术和接缝灌浆施工技术的应用为以后类似工程的施工积累了经验。

10.4 穿越高压富水断裂带隧道帷幕注浆止水施工技术的应用，有效减少施工对地下水资源的影响，保护当地水文地质环境。

11. 工 程 实 例

宜万铁路别岩槽隧道全长3721m，位于重庆市万州区，F1断层位于别岩槽隧道进口DK404+235～+355段。该段处于茨竹垭断裂带内，断层产状NE150°∠75°，由可溶的灰岩、白云质灰岩钙质胶结而成，两侧分支断层、节理等次级构造发育，岩体破碎，围岩设计为Ⅵ级，破碎带长120m，为导水断层，最大埋深530m，是造成隧道大型突水、突泥的最危险地段。超前钻孔探测中最大涌水量达1200m³/h。施工中按照"以堵为主，限量排放，因地制宜，综合治理"的原则，采取8m全断面超前帷幕注浆加固方案，并应用钢筋混凝土止浆墙和接缝灌浆施工技术进行帷幕注浆，有效的堵塞裂隙、截断水流，固结掌子面前方岩体，为隧道掘进施工创造有利条件。该隧道2004年2月28日开工，2007年11月8日贯通，实施帷幕注浆施工21循环，实现了安全穿越F1断层及其破碎带，施工经验在宜万线得到推广，为今后在复杂岩溶隧道施工积累了更多经验。

宜万铁路打子坪隧道全长2393m，位于重庆市万州区，隧道起讫里程为DK390+020～DK392+413段。其中DK391+120～DK391+210段洞身穿越F3断层及背斜核部，地质十分复杂，最大埋深450m，基岩为三叠系须家河组浅灰白色岩屑长石石英砂岩，深灰色页岩，粉砂质页岩，薄层状，该段地层为软硬岩互层，围岩十分破碎，地下水十分发育，围岩设计为Ⅴ级，施工风险极大。超前探孔中实测最大涌水量为230m³/h，水压1.9MPa，施工中按照"以堵为主，限量排放"的原则，采用5m全断面超前帷幕注浆加固方案通过。在施工中采用了隧道穿越高压富水断裂带施工工法进行帷幕注浆，顺利施工帷幕注浆四个循环，做到了有效堵塞围岩裂隙，截断水流，加固前方掌子面岩体，为安全快速施工创造了条件，实现了隧道顺利贯通。

三台阶七步开挖施工工法

GJYJGF058—2008

中铁十二局集团有限公司
赵华锋　赵香萍　李新芳

1. 前　　言

大断面软岩隧道施工中，传统的施工方法有双侧壁导坑法、CD 法、CRD 法等，这些施工方法进度慢、工效低、存在一定的局限性，如：限制了大型施工机械的使用，基本靠人工开挖，工效低、速度慢，难以满足客运专线工期要求；拆除临时支护时，正洞初期支护会因突然卸载而出现大的变形，存在安全风险；各分部开挖面循环衔接性差，相互干扰大，施工质量得不到充分保证；临时支护反复拆除，成本投入大等。而目前国内大断面软岩隧道施工中，我们往往会面临以下问题：对工期紧迫性的要求，需组织快速施工；工程水文地质复杂，可变性大，须选择一种能适应地质变化而迅速过渡的施工方法；能较大限度地发挥大型施工机械的优势，以求最佳的施工进度；把长期施工实践所积累的作业习惯融合于施工方法中，做到高工效，易掌握，达到快速形成施工能力的目的等要求。

借鉴近几年大断面隧道施工的成功经验，规避传统施工方法的局限性，以加快隧道施工进度、保证隧道施工安全、提高施工质量为目的，提出了三台阶七步开挖法施工的工艺流程、施工步骤、控制要点、劳动组织、机具设备等，突出大断面软岩隧道开挖施工的技术特点，总结完善形成本工法。

2008 年 12 月 28 日本工法通过了山西省省级鉴定，其关键技术达到国际先进水平；并荣获 2008 年度山西省省级工法和铁道部部级工法；其施工方法获得国家发明专利授权（专利号：ZL200710139227.4）；其科研成果荣获 2008 年度中国铁道建筑总公司科学技术进步特等奖；2007 年 8 月 20 日《铁路大断面隧道三台阶七步开挖法施工作业指南》经铁道部经济规划院批准，中国铁道出版社正式出版发行，作为铁路工程施工技术指南在全路推广使用。

2. 工 法 特 点

2.1　施工空间大，方便机械化施工，可以多作业面平行作业。部分软岩或土质地段可以采用挖掘机直接开挖，工效较高。

2.2　在地质条件发生变化时，便于灵活、及时地转换施工工序，调整施工方法。

2.3　适应不同跨度和多种断面形式，初期支护工序操作便捷。

2.4　在台阶法开挖的基础上，预留核心土，左右侧错开开挖，利于开挖工作面稳定。

2.5　当围岩变形较大或突变时，在保证安全和满足净空要求的前提下，可尽快调整闭合时间。

3. 适 用 范 围

本工法适用于开挖断面为 $100 \sim 180 \text{m}^2$，具备一定自稳条件的Ⅳ、Ⅴ级围岩地段隧道的施工。不适用于围岩地质为流塑状态、洞口浅埋偏压段（但经过反压处理或施作超前大管棚后可采用）。

4. 工 艺 原 理

"三台阶七步开挖法"，是在隧道开挖过程中，以弧形导坑开挖预留核心土为基本模式，分上、中、下三个台阶七个开挖面，以前后七个不同的位置相互错开开挖，分部及时支护，形成支护整体，缩短作业循环时间，各部位的开挖与支护沿隧道纵向错开、平行推进的隧道施工方法。

5. 施工工艺流程及操作要点

5.1 施工工艺流程

5.2 操作要点

5.2.1 三台阶七步开挖法施工步骤

施工步骤见图5.2.1-1，开挖透视见图5.2.1-2，施工工序见图5.2.1-3。

第1步，上部弧形导坑开挖：在拱部超前支护后进行，环向开挖上部弧形导坑，预留核心土，核心土长度宜为3～5m，宽度宜为隧道开挖宽度的1/3～1/2。开挖循环进尺应根据初期支护钢架间距确定，最大不得超过1.5m，开挖后立即初喷3～5cm混凝土。上台阶开挖矢跨比应大于0.3，开挖后应及时进行喷、锚、网系统支护，架设钢架，在钢架拱脚以上30cm高度处，紧贴钢架两侧边沿按下倾角30°打设锁脚锚杆，锁脚锚杆与钢架牢固焊接，复喷混凝土至设计厚度。

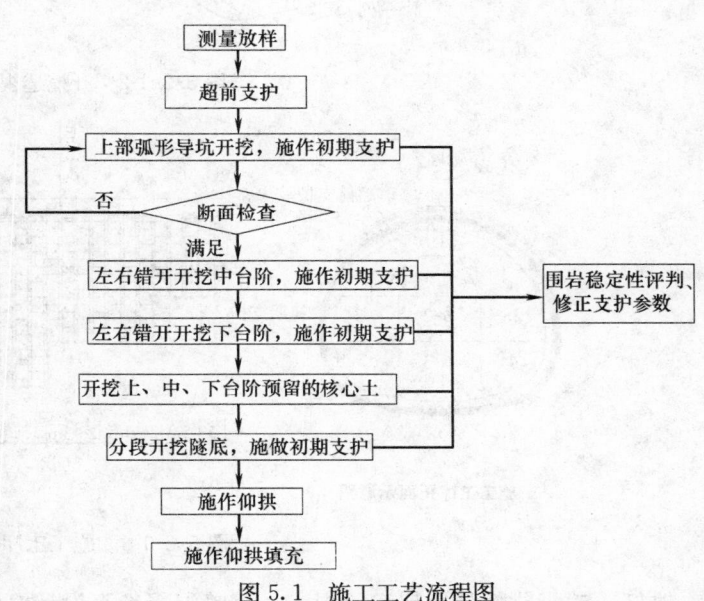

图5.1 施工工艺流程图

第2、3步，左、右侧中台阶开挖：开挖进尺应根据初期支护钢架间距确定，最大不得超过1.5m，开挖高度一般为3～3.5m，左、右侧台阶错开2～3m，开挖后立即初喷3～5cm混凝土，及时进行喷、锚、网系统支护，接长钢架，在钢架墙脚以上30cm高度处，紧贴钢架两侧边沿按下倾角30°打设锁脚

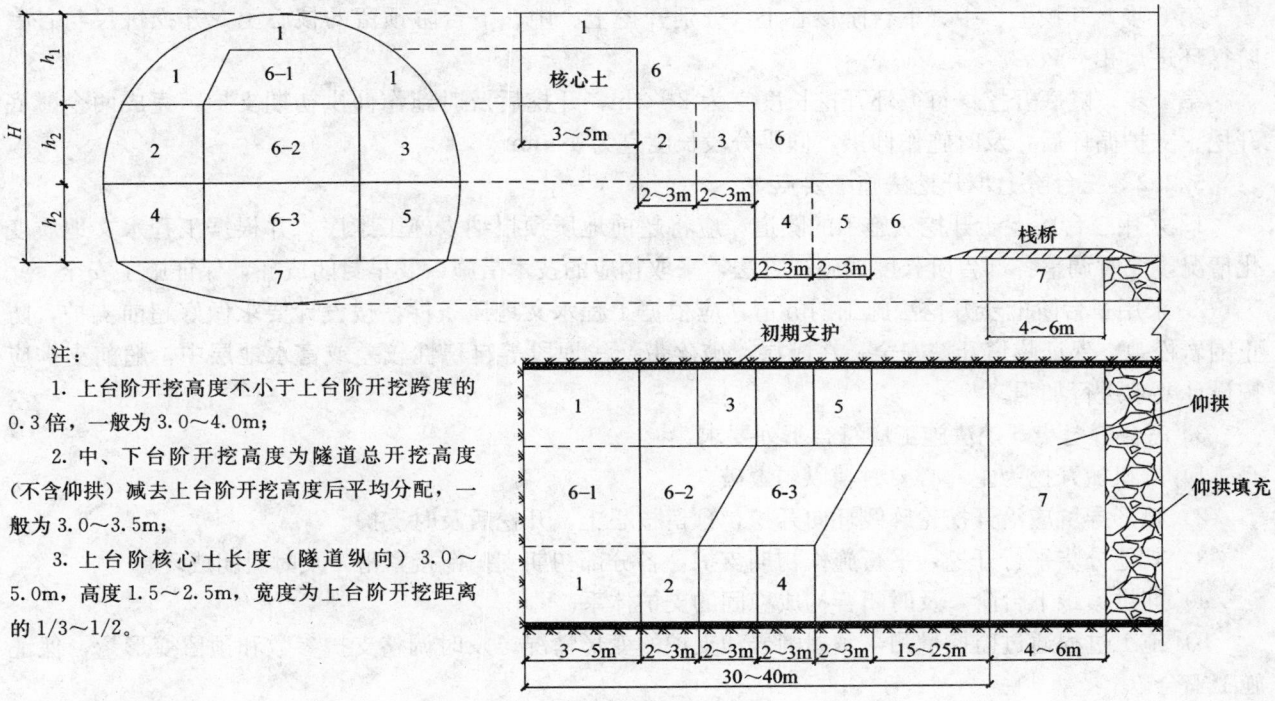

注：
1. 上台阶开挖高度不小于上台阶开挖跨度的0.3倍，一般为3.0～4.0m；
2. 中、下台阶开挖高度为隧道总开挖高度（不含仰拱）减去上台阶开挖高度后平均分配，一般为3.0～3.5m；
3. 上台阶核心土长度（隧道纵向）3.0～5.0m，高度1.5～2.5m，宽度为上台阶开挖距离的1/3～1/2。

图5.2.1-1 开挖步骤图

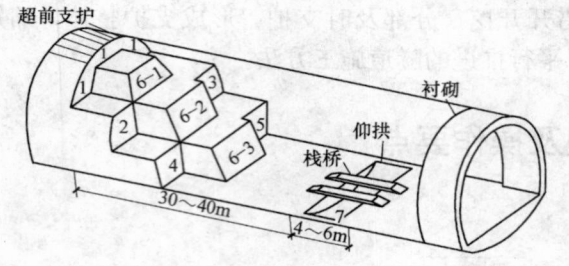

施工步骤：

第 1 步：施作超前支护后，开挖拱部弧形导坑，预留核心土，施作拱部初期支护；

第 2、3 步：开挖左右侧中台阶并施作初期支护；

第 4、5 步：开挖左右侧下台阶并施作初期支护；

第 6 步：分别开挖上、中、下台阶核心土；

第 7 步：开挖隧底并施作仰拱初期支护封闭成形。

图 5.2.1-2　开挖透视图

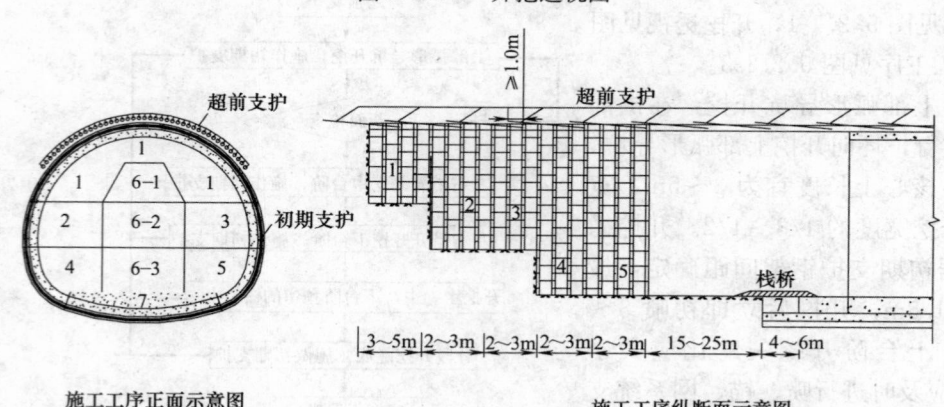

施工工序正面示意图　　　　　　施工工序纵断面示意图

图 5.2.1-3　施工工序图

锚杆，锁脚锚杆与钢架牢固焊接，复喷混凝土至设计厚度。

第 4、5 步，左、右侧下台阶开挖：开挖进尺应根据初期支护钢架间距确定，最大不得超过 1.5m，开挖高度一般为 3～3.5m，左、右侧台阶错开 2～3m，开挖后立即初喷 3～5cm 混凝土，及时进行喷、锚、网系统支护，接长钢架，在钢架墙脚以上 30cm 高度处，紧贴钢架两侧边沿按下倾角 30°打设锁脚锚杆，锁脚锚杆与钢架牢固焊接，复喷混凝土至设计厚度。

第 6 步，开挖上、中、下台阶核心土：分别开挖上、中、下台阶预留的核心土，开挖进尺与各台阶循环进尺相一致。

第 7 步，隧底开挖：每循环开挖长度宜为 2～3m，开挖后及时施作仰拱初期支护，完成两个隧底开挖、支护循环后，及时施作仰拱，仰拱分段长度宜为 4～6m。

5.2.2　三台阶七步开挖法施工要点

1. 采用三台阶七步开挖法施工的隧道，应将超前地质预报纳入施工工序，并根据工程水文地质变化情况，及时调整各部台阶长度或施工方法，采取相应的技术措施，及早封闭成环，保证施工安全。

2. 采用三台阶七步开挖法施工的隧道，应根据工程水文地质条件，按设计要求做好超前支护，防止围岩松弛，保证隧道开挖安全。在断层、破碎带、浅埋段等自稳性较差或富水地层中，超前支护应按设计要求进行加强。

3. 三台阶七步开挖法施工应符合下列要求：

1）以机械开挖为主，必要时辅以弱爆破。

2）弧形导坑应沿开挖轮廓线环向开挖，预留核心土，开挖后及时支护。

3）其他分步平行开挖，平行施作初期支护，各分部初期支护衔接紧密，及时封闭成环。

4）仰拱紧跟下台阶，及时闭合构成稳固的支护体系。

5）施工过程通过监控量测，掌握围岩和支护的变形情况，及时调整支护参数和预留变形量，保证施工安全。

6）完善洞内临时防排水系统，防止地下水浸泡拱墙脚基础。

6. 材料与设备

6.1 材料：本工法使用的材料都是常用的，不作说明。

6.2 设备：本工法操作简单，单作业面施工机具配备见表6.2，可根据施工现场情况酌情调整。

单作业面施工机具配备

表6.2

序号	作业项目	机具设备名称	规格型号	单位	数量	备注
1	开挖	电动压风机	20m³/min	台	5	高压供风
		双液注浆机	4m³/h	台	2	注浆
		风镐	G10	台	8	开挖修边
		风动凿岩机	YT-28	台	15	系统锚杆、超前支护、局部爆破钻眼
		挖掘机	CAT320C	台	1	开挖、装渣
		自卸车	20t	辆	6	出渣
		装载机	小松WA470	辆	2	装渣
		泥浆泵	100m³/h	台	2	排水
2	初期支护	钢筋切断机	QJ40-1	台	1	加工钢筋
		钢筋折弯机	40	台	1	加工钢筋
		电焊机	BX-300	台	5	加工钢架、格栅及其他钢构件
		电焊机	BX-400	台	2	加工钢构件
		台式钻床	SP-25A	台	1	加工钢构件
		搅拌机	JS500	台	2	拌合混凝土
		湿喷机	TK961	台	3	喷射混凝土
3	量测仪器	全站仪	索佳SET2130R	台	1	
		水准仪	PENTAXAP-128	台	1	
		钢钢尺		个	2	
4	通风	通风机	SDF-No12.5	台	1	2110kW

7. 质量控制

7.1 工程质量控制标准

本工法以《客运专线铁路隧道工程质量评定及验收标准》和《客运专线隧道施工技术指南》为标准进行质量控制。

7.2 质量保证措施

7.2.1 在满足作业空间和台阶稳定的前提下，应尽量缩短台阶长度，核心土长度应控制在3～5m，宽度宜为隧道开挖宽度的1/3～1/2。

7.2.2 三台阶七步开挖法施工应严格控制开挖长度，根据围岩地质情况，合理确定循环进尺，每次开挖长度不得超过1.5m；开挖后立即初喷3～5cm混凝土，以减少围岩暴露时间。

7.2.3 严格按设计要求施作超前支护，控制好超前支护外插角，严格按注浆工艺加固地层，保证隧道开挖在超前支护的保护下施工。

7.2.4 隧道周边部位应预留30cm人工开挖，其余部位宜采用机械开挖，局部需要爆破时，必须采用弱爆破，不得超挖。施工时应严格控制装药量，减少对围岩的扰动。

7.2.5 钢架应严格按设计及规范要求加工制作和架设。钢架应架设在坚实基面上，严禁拱（墙）脚悬空或采用虚渣回填。钢架应与锁脚锚杆（管）焊接牢固。

7.2.6 隧道超挖部位必须回填密实，严禁初期支护背后存在空洞。必要时初期支护背后应进行充填注浆，保证初期支护与围岩密贴。

7.2.7　应加强监控量测工作，根据量测结果，及时调整支护参数，确定二次衬砌施作时间，进行信息化施工管理。

7.2.8　应完善洞内临时防排水系统，严禁积水浸泡拱（墙）脚及在施工现场漫流，防止基底承载力降低。当地层含水量大时，上台阶开挖工作面附近宜开挖横向水沟，将水引至隧道中部或两侧排水沟排出洞外。必要时应配合井点降水等措施，降低地下水位至隧道仰拱以下，确保施工顺利进行。反坡施工时，应设置集水坑将水集中抽排。

8. 安 全 措 施

本工程严格执行《中华人民共和国安全生产法》和《安全生产条例》等相关法律法规。

8.1　隧道进洞前应做好洞顶及洞口防排水系统。洞顶及洞口排水沟应铺砌，用砂浆抹面，防止地表水及施工用水下渗，影响结构安全。

8.2　三台阶七步开挖法施工应做好工序衔接。工序安排应紧凑，尽量减少围岩暴露时间，避免因长时间暴露引起围岩失稳。

8.2.1　初期支护应及时封闭成环，全断面初期支护闭合时间宜控制在15d左右。

8.2.2　仰拱应超前施作，仰拱距上台阶开挖工作面宜控制在30～40m。铺设防水板、二次衬砌等后续工作应及时进行。

8.2.3　对于土质隧道，衬砌应紧跟仰拱施工，一般为15～20m，衬砌距开挖掌子面最大不得超过60m；对于岩石爆破隧道，衬砌距开挖掌子面距离须满足爆破距离要求。

8.3　中、下台阶左、右侧开挖应错开，严禁对开，左右侧错开距离宜为2～3m。

8.4　施工过程中可采用增加拱（墙）脚锁脚锚杆（管）、增设钢架拱（墙）脚部位纵向连接筋、扩大拱（墙）脚初期支护基础及增设拱（墙）脚槽钢垫板等增强拱（墙）脚承载力等措施控制变形。

9. 环 保 措 施

本工法严格执行国家标准和当地的有关环保政策和有关规定。

9.1　施工现场按照设计统一规划、业主要求和施工环保的要求进行实施。

9.2　污水处理采用多级沉淀池过滤沉淀。处理的工艺流程为：污水→收集系统→多级沉淀→沉淀净化处理→排入河道。

9.3　严禁乱倒、乱卸。施工现场设密闭式垃圾站，施工垃圾和生活垃圾按规定分开收集，做到每班清扫，每班清运。

9.4　施工道路上要适量洒水，减少粉尘污染。

9.5　隧道施工应加强洞内通风，作业环境应符合职业健康及安全标准。

10. 效 益 分 析

10.1　经济效益

大断面软岩隧道施工采用"三台阶七步开挖法"，在经济效益方面尤为突出，与传统的大断面隧道CRD法施工比较，主要有以下几个方面的优点：一是拓展了隧道的施工空间，可以做到大型施工机具生产效率最大化，避免了CRD法作业空间小、限制了大型施工机具使用的尴尬局面，进一步提高了单位时间内的施工产值，缩短了整个单位工程的施工工期；二是降低了人工用量和劳动强度，节约了工费成本，由以往密集型劳力施工转变为机械化、程序化施工；三是采用"三台阶七步开挖法"施工没有临时支护环节，节约了大量的临时支护成本，减少投资浪费；四是工程质量满足验标要求，操作便捷，推广性强。

以郑西客运专线张茅隧道为例：与传统的大断面隧道 CRD 法施工相比，采用"三台阶七步开挖法"，有效地发挥了大型施工机具的使用效率，施工进度由 30～35m/月提升至 70～75m/月，张茅隧道整体工期提前 6 个月结束，节约各项管理成本 300 多万元、节约工费成本 250 多万元、与 CRD 法相比平均每延米节约 7000 多元的临时支护成本，经济效益显著。

10.2 社会效益

郑西客运专线张茅隧道采用三台阶七步开挖法施工技术，领先全线其他重难点隧道工程，第一个顺利贯通，受到了铁道部专家、郑西铁路客运专线公司、设计单位、监理单位、其他施工单位的一致好评。突破了富水大断面黄土隧道安全风险高、施工进度慢、施工难度大这一世界性难题，标志着中国高速铁路客运专线隧道施工技术取得了重大突破，为今后富水大断面黄土隧道施工积累了一套完整的成功的技术经验，社会效益显著。

10.3 环保效益

该工法施工现场按照设计统一规划、遵循业主和施工环保要求进行实施，隧道地下水及施工用水从核心土开槽引排至集水井，既不影响施工又方便污水处理。施工现场设密闭式垃圾站，施工垃圾和生活垃圾按规定分开收集，做到每班清扫，每班清运，施工环境粉尘污染少。该工法施工速度快、成本低，可节约大量能量资源，环保、节能效益良好。

2007 年 8 月 20 日经铁道部经济规划院批准，中国铁道出版社正式出版了《铁路大断面隧道三台阶七步开挖法施工作业指南》，作为铁路工程施工技术指南在全路推广使用。

11. 工 程 实 例

11.1 郑州至西安客运专线 ZXZQ08 标张茅隧道长度为 8489m，隧道最大涌水量 18990m³/d，开挖断面 164m²，地质为 Q2 老黄土，为全线控制性工程，采用"三台阶七步开挖法"施工进度提升至 70～75m/月，远远高于 CD、CRD 法 30～35m/月的施工进度；初期支护全环封闭在 15d 左右，仰拱紧跟开挖面，成环封闭快，确保了隧道施工安全；较 CD、CRD 法平均每延米节约 7000 多元的施工成本；无须投入特殊设备，施工工艺满足质量要求，提前合同工期 50d 安全顺利贯通，经济和社会效益显著。

11.2 小康高速公路包家山隧道全长 11.2km，是小河至安康高速公路最长的一座隧道，也是全国第三长公路隧道。隧道围岩以千枚岩为主，地下水丰富，断层破碎带较多，围岩分级以Ⅳ、Ⅴ级为主，其中富水千枚岩地段共 1970m，占隧道总长的 20%，开挖断面 106m²，施工难度大。包家山特长隧道于 2006 年 12 月开始进入富水千枚岩地段，采用三台阶七步开挖法，平均日进尺 3.75m/d，比国内已施工的富水千枚岩隧道（西康铁路堰岭隧道、金鸡岭隧道、兰乌二线乌鞘岭隧道）月进尺快 20～30m，大大缩短了工期。

11.3 张集铁路牛家营隧道全长 836m，隧道内轮廓按 200km/h 客货共线铁路双层集装箱运输建筑限界设计，轨面以上净空横断面 88.29m²。隧道位于东西向天山—阴山复杂构造带与燕山北东向构造带交汇的复杂构造部位，在隧道出口端覆盖巨厚层风积砂，结构疏松，稳定性极差，极易产生溜塌。在牛家营二号隧道出口风积砂段采用三台阶七步开挖法施工，安全快速通过了该不良地质段，创造了较高的经济效益、社会效益及环保效益。

自锚式悬索桥空间缆索施工工法

GJYJGF059—2008

天津城建集团有限公司工程总承包公司　天津天佳市政公路工程有限公司

韩振勇　卢士鹏　尹辉　宋伟　王瑛

1. 前　　言

本桥为独塔空间索面自锚式悬索桥，与常规悬索桥有所不同，悬索采用空间索面，即在竖直面、水平面内同时设有曲线线形，几乎没有可借鉴的工程实例。本桥结构受力复杂，设计理念较为新颖，结构构造处理也有许多技术难点，安装工艺对本桥的成形也是至关重要的。自锚式悬索桥不同于一般的悬索桥，它需要把主缆锚固到主梁两端，通过梁体自身重量和轴向受力平衡索力，这是一项高科技施工项目，占地少、投资小，但施工技术复杂，科技难度大。

"富民桥缆索精度控制"获得 2008 年市政行业优秀质量管理小组。

2. 工 法 特 点

2.1　施工数据采用 AutoCAD 图形软件进行采集。

2.2　测量观测数据采用三维坐标，有效解决了空间索面的精度控制问题。

2.3　合理、科学的调索顺序大大减少了工作量，提高经济效益。

2.4　监控与施工数据相统一，精度控制更简便。

2.5　操作简便，投入较小。

3. 适 用 范 围

适用于空间索面的悬索桥及普通缆索悬索桥的施工。

4. 工 艺 原 理

单根主缆由 37 根索股组成，单根索股又由 127 根高强钢丝组成；主缆的线形由每根索股来确保，索股的线形又由每根钢丝的线形来保证。

采取合理、科学的调索顺序加上高精度的坐标定位，保证了最终线形的准确。

5. 施 工 工 艺

5.1　架设施工猫道（图 5.1）

猫道架设的主要施工流程为：安装索道的调节装置（连接装置）——导向索的安装——架设承重索——猫道面层铺设——调整猫道标高。

5.2　索道设计

5.2.1　索道的功能

在上下游各架设一组相互独立的工作索道，用于主缆索股的架设、索夹、吊杆的安装、主缆的整

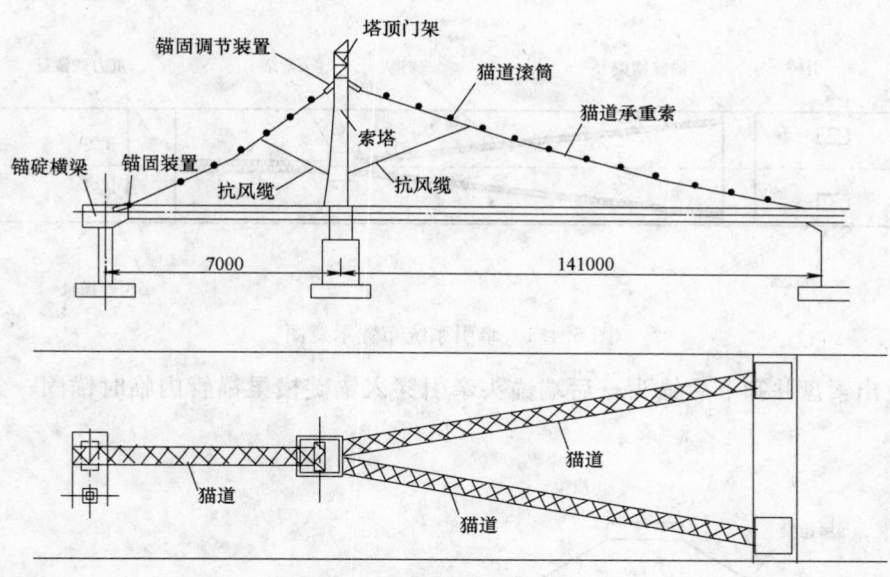

图 5.1　猫道布置示意图

形以及小型机具、料具的吊运等。

5.2.2　索道的布置

一般的，索道分别设置在两根主缆之上，根据本桥实际情况和施工需要，每幅索道分两段布置：即自锚式锚跨——主塔（边跨）、主塔——重力式锚跨（主跨），由于考虑到索道吊装件的重量较重，索道应设置在较高的主缆位置之上。

5.3　吊装主索鞍

5.3.1　主索鞍吊装

将经检验合格的分体索鞍分别运至塔柱旁，用油漆在每个索鞍表面做好纵、横边中点标记，要求标记位置准确。用干净的棉纱头将索鞍上底板表面擦干净，垫上四氟乙烯板。吊装时用千斤顶提升系统将分体索鞍分别吊至高于塔顶 20cm 左右，再利用小车将提升系统和索鞍体平移至索鞍上底板的正上方。此时下放并在手拉葫芦的辅助下将索鞍体落在上底板的设计位置上。

两个分体索鞍就位后，装上拉杆螺栓将其连接并用 PID 系列电动扭矩扳手拧紧。根据索鞍和上平板表面已做好的定位标记点定位，安装时要求纵、横向偏差小于 5mm，高程偏差小于 5mm，四角高差小于 2mm 且符合设计要求。

5.3.2　主索鞍顶推至设计预偏量及临时固定

在塔顶反力托架上两侧分别安装 YDTS250 千斤顶，将主索鞍顶推至设计预偏位置。然后在塔顶预埋件上用 4cm 厚钢板在纵、横向焊挡块临时固定主索鞍，防止架设主过程中主索鞍往纵向、横向滑移。由于富民桥主跨主缆为三维空间线形，有效防止主索鞍的纵、横向滑移是保证主缆线型的关键。

5.4　主缆安装

5.4.1　准备工作

1. 布置牵引系统（图 5.4.1）：根据现场情况，在另一侧锚碇上表面的预埋件上固定两台 2t 卷扬机，其中一台用来展索，另一台用来牵引索股锚头进锚管。

2. 将主缆展索架放在一侧锚碇附近，与锚碇顶面预埋件焊接固定。

3. 按索股安装顺序（1～37 号），用吊车将索股卷盘放在放索架上。

5.4.2　索股牵引、提升、横移、整形入鞍（图 5.4.2-1、图 5.4.2-2）

主缆索股安装拟按下列流程进行：

前端锚头抽出与牵引系统连接→索股牵引→索股放索过程中扭转、散丝等检查调整→索股前端锚头到达前端重力式锚碇→整束通长索股检查调整→将前端锚头从牵引系统卸下，并与拉杆临时连接锚

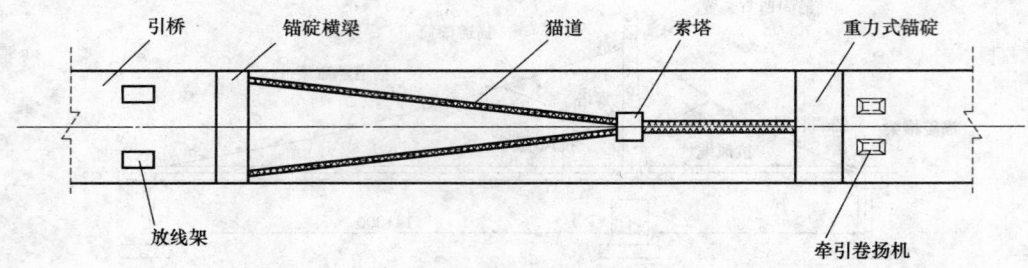

图 5.4.1　牵引系统布置示意图

固→后端索股放出索盘并卸下后锚头→后端锚头牵引穿入锚碇横梁锚管内临时锚固→索塔索股横移，整形入鞍。

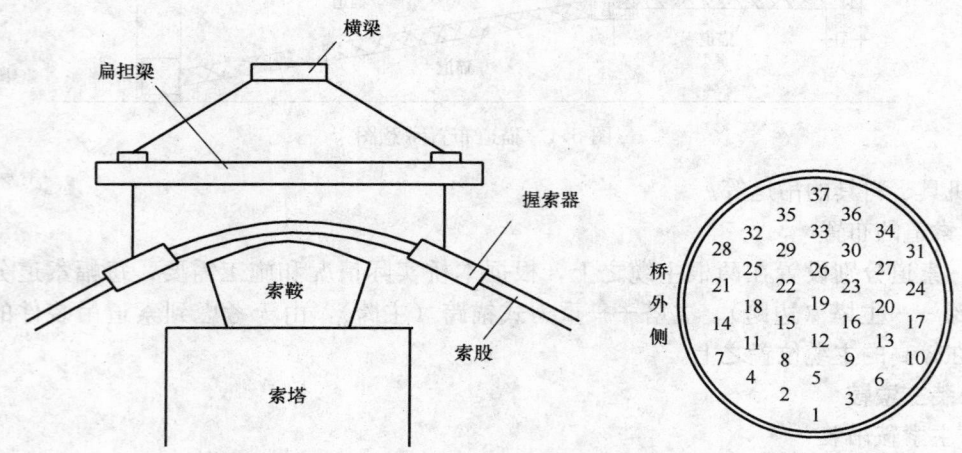

图 5.4.2-1　索股入主索鞍示意图　　　　图 5.4.2-2　索股入鞍顺序图

5.4.3　调整索股线型

为使上述初步架好的索股与设计规定的线型相吻合，必须进行索股线型调整。白天架设的索股，无论是基准索股还是一般索股，线型调整必须在温度稳定时进行。调整时，提前 3d 用温度计每隔 1h 测量气温变化情况，做好记录，把温度变化小的时间定为调整时间（一般在凌晨 0：00～6：00）。

索股垂度调整温度的稳定条件为长度方向索股的温差 $\Delta T \leqslant 2℃$；断面方向索股的温差为 $\Delta T \leqslant 1℃$，不具备以上条件时，待条件成熟时再进行。

索股调整分绝对和相对垂度调整两种情况进行：

1. 绝对垂度调整

首根索股为基准索股，在测定索股下缘的标高后进行调整。其调整时在对跨长、外界气温、索股温度测定后进行。

作业准备（人员配置、机器安装）→计测跨长、主索鞍偏移量、索股垂度标高（中、边跨）、温度（外界气温、索股温度）→计划调整量→调整作业→确认计测。

基准索股的绝对标高控制采用三角高程测量法，利用全站仪进行测量，并根据计测结果计算出索股绝对垂度调整度。垂度调整方法。

选塔顶索股为固定端，将索股位置标志与鞍座中心标志重合并固定。在调整的中跨内张拉索股直至索股的移动量符合垂度调整量。张拉索股时，在各鞍座部位为了消除索股间的摩擦，可用塑料小锤敲打。这时要注意不破坏索鞍整形。调整完了的索股，在塔顶鞍座内在索股上作出标记，然后在各塔顶鞍座部位临时固定索鞍。

主跨垂度调整完以后，进行形状计测，计算出边跨垂度调整量。在边跨内张拉索股，边跨内索股垂度调整以长度、垂度及张拉力控制，索力的调整以设计提供的数据为依据，其调整量可根据调整装置中千斤顶的油压表的读数和锚头移动量双控确定，主跨拉力调整张拉机具组装。

2. 相对垂度调整

对基准索股以外的索股进行垂度调整叫相对垂度调整，它是根据与基准索股的相对高度决定调整量，同时进行基准索股和被调整索股的温差管理。

作业准备（人员配置、机器安装）→计测相对垂度、温差（索股温度、基准索股温度）→算出调整量→调整作业→确认计测。

形状测定主要测相对垂度，采用脚式相对标高测量法。其工作原理是利用同一水平线等高的原理。

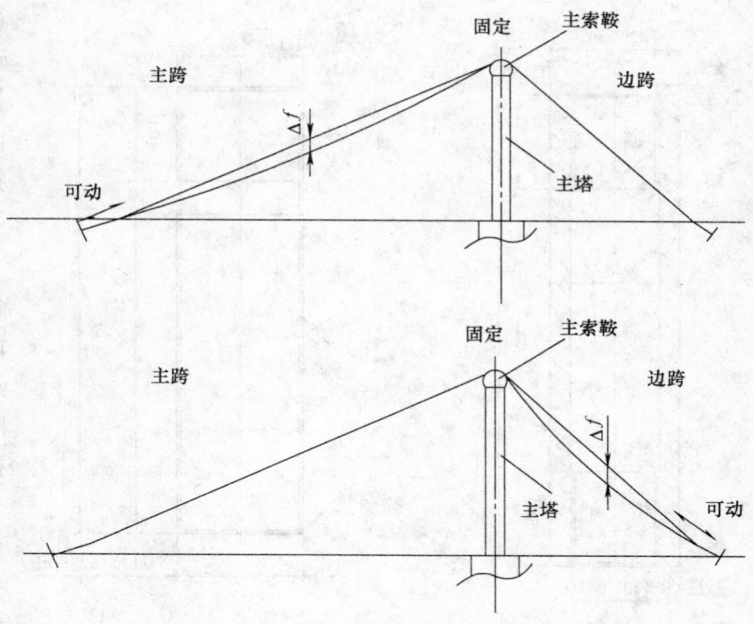

图 5.4.3　垂度调整方法示意图

特别注意的是：在进行相对垂度调整时，对已调整好的索股应在索鞍处做好标记，以便于随时检查其是否出现滑移而影响索股线形。但在主缆由平面线型转换为空间线型的过程中会对主索鞍产生一个较大的推力，保证主缆与主索鞍间无滑移是成桥的关键。

5.5　调索

根据监控资料，体系转换过程则通过对吊索进行 3 个循环张拉来完成，对吊索进行张拉的每一个循环从第 1 号索开始，依次直至 14 号吊索张拉完毕完成一个循环。第一次张拉吊索的循环过程以主缆索吊点的坐标控制为主，索力控制为辅；第二次及此后张拉的吊索的循环过程则以吊索的索力控制为主，主缆索吊点的坐标控制拉为辅。

5.6　吊索调整方法

5.6.1　张拉机具安装（图 5.6.1）

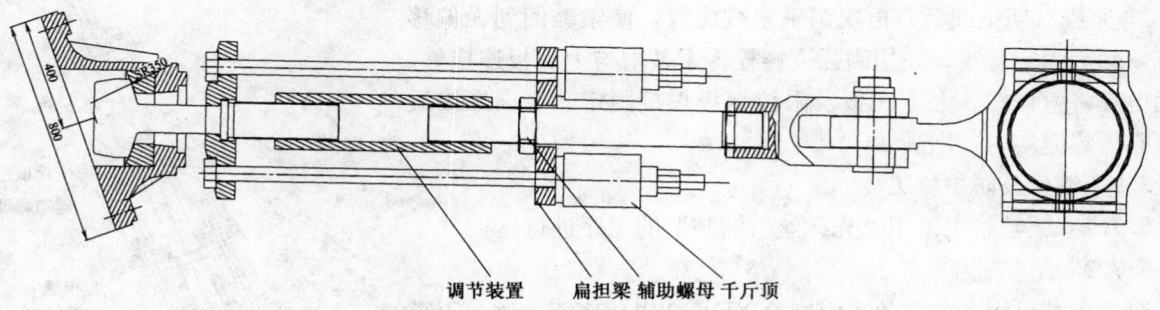

调节装置　扁担梁　辅助螺母　千斤顶

图 5.6.1　吊杆调整张拉组件安装图

由于吊索是通过调节装置将吊索下锚头与桥面的锚固点的连接来实现锚固的，并通过安装在吊索两侧的穿心式千斤顶张拉施加索力后旋合调节装置来调整索力。

5.6.2　临时连接设计与安装

由于主缆初张拉力较小，仅为 173t，因此在桥梁体系转换过程中，主缆及各索夹点的空间位移较大。同时由于吊索长度有限，特别是调节装置，其调节长度仅为正负 250mm。同时根据监控提供的计算资料，吊索在第一循环和第二循环调整过程中主缆上各索夹点的空间位移变化值显示，在吊索第一

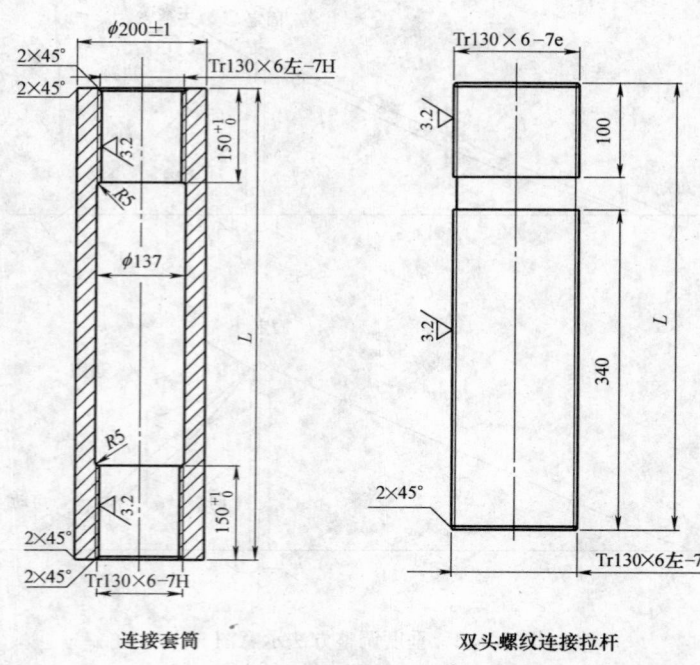

图 5.6.2-1　临时拉杆连接装置示意图

循环调整时，全桥所有吊杆均未能安装连接上永久用的调节装置，因此在张拉机具有限的情况下，分级循环张拉调整前应用临时连接装置将吊索进行临时连接锚固。主要有以下两种方法：

1. 临时拉杆装置形式（图 5.6.2-1）

临时连接装置分两部分：一是连接套筒，其主要是与吊索下锚头和桥面球面连杆连接。二是双头螺纹连接拉杆，其主要功能是将两个连接套筒连接。临时拉杆的数量和长度则可根据各循环张拉完成后各主缆索夹点的空间位移量和全桥吊杆数量确定。

2. 张拉杆装置形式（图 5.6.2-2）

此方法与方法一不同之处是：在张拉千斤顶的前端安装一个撑脚组成一个悬浮张拉体系。每级张拉吊杆到位后，在转换至下一根吊杆张拉时，可旋紧撑脚内的锚固螺母并通过张拉杆的连接对吊杆进行临时锚固。

在张拉下一根吊杆时，安装新的张拉杆对吊杆进行索力调整。

5.6.3　索夹转动件调整（图 5.6.3）

在吊杆索力调整过程中，如果索夹转动件无法随吊杆力的增大而自行转动，此时可通过在索夹上设置的反力架用小型千斤顶进行反向顶推，以达到索夹转动到理想位置的目的。

5.6.4　索鞍偏移量调整

1. 主桥施工过程中如塔顶偏移量过大可通过调整索鞍偏移量来调节：利用塔顶反力支架，用千斤顶将鞍座推到设计位置。

2. 顶推前应确认滑动面的摩擦系数，严格掌握顶推量，确保施工安全。

3. 完成二期恒载后，再次调整索鞍位置，使索鞍回到无偏移状态，然后固定鞍座，先用高强度螺栓将索鞍槽与上底板连接好，再用电焊将索鞍槽、上下底板及限位钢板焊接固定，要求焊接质量可靠，焊缝均匀、饱满。

5.7　缠丝及防护施工

5.7.1　缠丝施工采用"先缠丝后铺装"的工序进行。

5.7.2　防护施工

清洁主缆表面→在钢丝表面刷涂 XF06-2 磷化底漆 1 道，干膜厚 10μm→缠丝→缠丝后表面清洁干净→在缠丝表面刷涂 XF06-2 磷化底漆 1 道，干膜厚 10μm→刷涂 881-D02 环氧云铁底漆 2 道，干膜厚 80μm→在 881-D02 环氧云铁底漆表面刷涂 BC-1 表面处理剂→刮涂 HM-106 聚硫密封剂，胶层厚度为 2000μm→刷涂 881-Y01 聚酯面漆 3 道，总干膜厚 120μm。

5.8　测量

采用索佳高精度三维测量系统 NET1200 型全站仪（测角精度

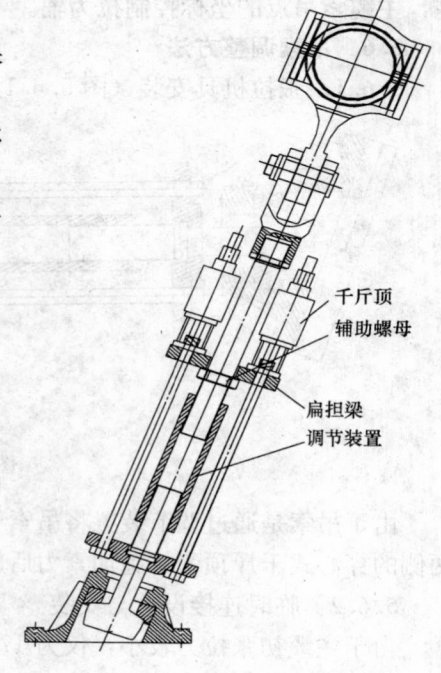

千斤顶
辅助螺母

扁担梁
调节装置

图 5.6.2-2　悬浮张拉法和张拉杆连接装置示意图

1″，测距精度采用反射片 0.6＋2ppm）进行三维空间控制测量工作，把每一个主缆及索夹处的标高和平面位置准确无误的按照设计及规范要求放样于主缆上。

运用 CAD 计算数据，通过三维模拟主缆结构图（图5.8），直接量取三维坐标值，计算结果准确无误，并将坐标输入到全站仪中再进行放样。

每根索股精确定位均遵循：放样→施工→测量→计算分析→修正→施工→复核的方法，严格控制。

5.8.1 缆索的放样与校核

1. 基准索股的测量控制

监控单位提供的点位坐标只是主缆的中心线位坐标为满足施工要求，我们将中线坐标转换到 1 号索股上。在对 1 号索股初张力完成后，对 1 号索股进行线形控制使之达到监控提供的空缆线形，其他索股都以 1 号索股为基准调整线形达到设计要求。

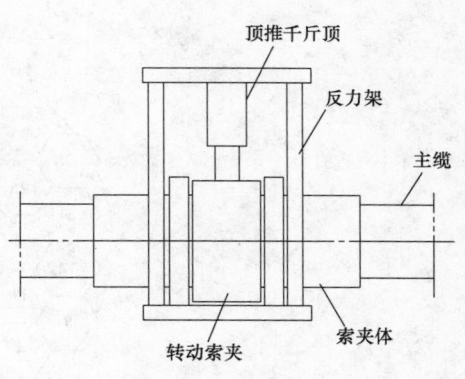

图 5.6.3 索夹转动件调整图

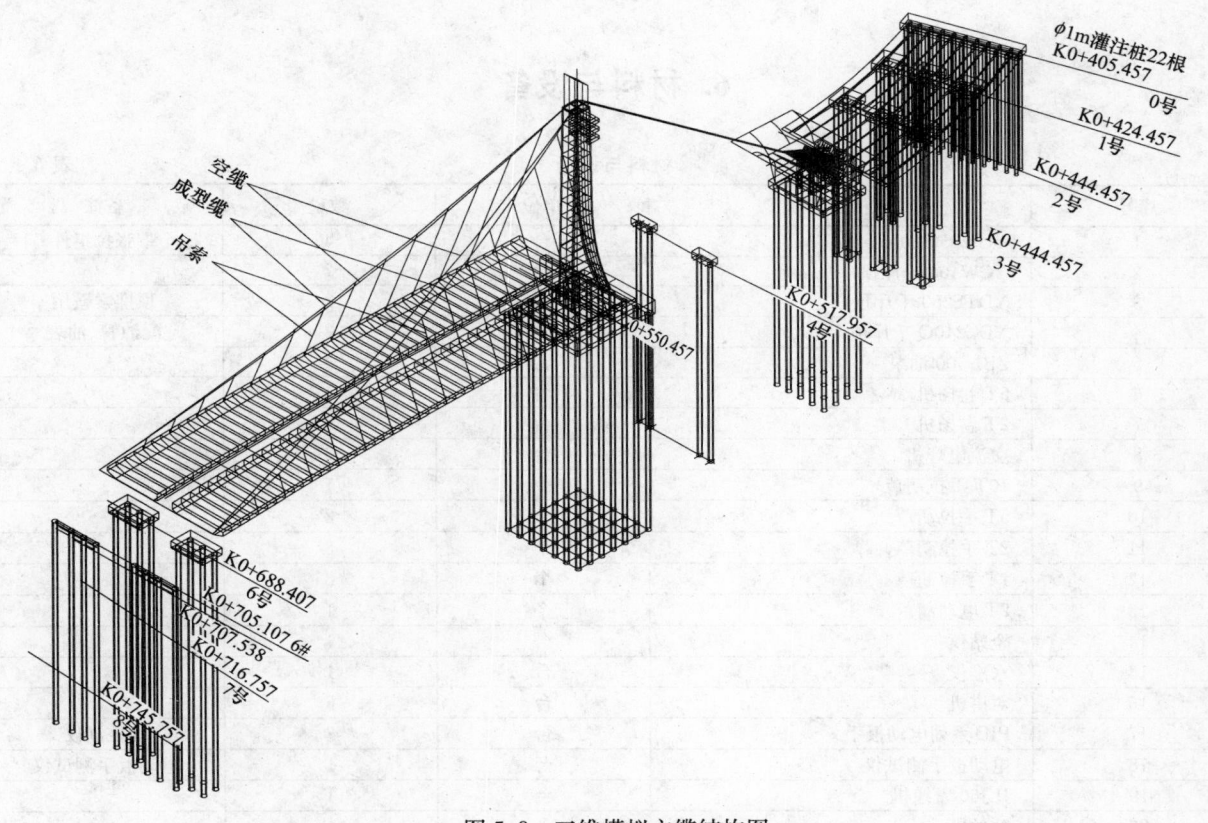

图 5.8 三维模拟主缆结构图

2. 主缆的线形控制（图 5.8.1）

在空缆状态下（初胀力完成后）将主缆 A、B 两点定位在主缆上并做好标记，同时将吊点位置定位完成，待索夹安装完成后在吊索张拉过程中直至成形缆后监测 A′，B′两点与监控单位提供的主缆线形变化坐标对比计算其差值。因为主缆线形为三维空间线形，所以采用主缆外侧双点控制（吊点处），同时这样可以较好的监测主缆的变形和扭转。为了使主缆线形能够符合设计要求，主缆的初张力必须严格执行，同时还要考虑温差的影响。（钢的膨胀系数＝12.2×10^{-6}）本桥主缆（空缆状态下）长度为271.1718m，温差为 10℃就有 3.3cm 的变化量。因此，为保证测量精度，将测量工作安排在每日0：00～6：00 之间进行。

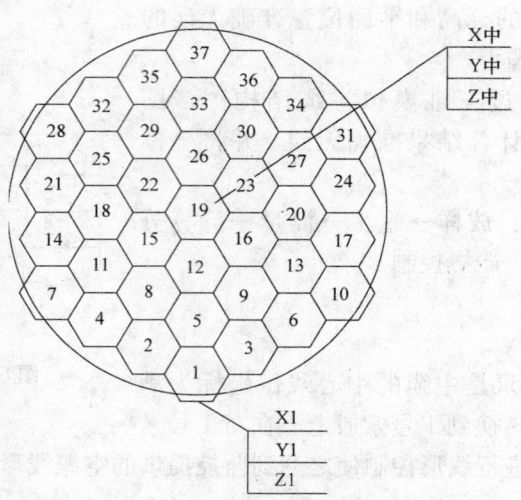

图 5.8.1　主缆断面图

6. 材料与设备

材料与设备 表6

序号	规格及名称	单位	数量	备注
1	YCW250-200 千斤顶	台	4	带张拉组件
2	YCW400 千斤顶	台	2	
3	YDTS250 千斤顶	台	2	顶推索鞍用
4	YDC240Q 千斤顶	台	2	配油管、油表
5	ZB4-500 油泵	台	4	
6	5T 卷扬机	台	1	
7	2T 卷扬机	台	2	
8	交流电焊机	台	2	
9	10T 手拉葫芦	个	1	
10	5T 手拉葫芦	个	2	
11	2T 手拉葫芦	个	8	
12	1T 手拉葫芦	个	8	
13	2T 电动葫芦	个	1	
14	全站仪	台	1	
15	水准仪	台	1	
16	对讲机	台	6	
17	PID 系列电动扳手	台	2	配控制仪
18	电动扳手测试仪	台	1	电动扳手测试仪
19	JLJ60 紧缆机	台	1	
20	缠丝机	台	1	
21	动测仪	台	1	
22	全站仪	台	1	
23	水平仪	台	1	
24	汽吊（20T）	台	1	

7. 质量控制

　　空间缆索施工中严格执行《公路桥涵施工技术规范》，尽量避免误差的出现。并在施工中注意以下事项：

1. 主缆索股牵引过程中沿线布置观察人员,在索鞍及跨中点配备对讲机,一旦出现索股断带、散丝、挂伤等问题,立即停止牵拉,待处理完善后方可继续进行索股牵拉。

2. 每根索股调整完毕后,及时将缠包袋间隔割除,以利主缆紧缆的施工。

3. 索股丝必须顺畅,杜绝跳丝现象发生。

4. 索道管编号标识。

5. 测量数据与监测数据的采集必须经过复核,方可进行调索。

6. 三维测量复测必须在每日 0:00～6:00 之间进行。

8. 安 全 措 施

8.1 相关法律法规及标准规程

1. 《建设工程施工现场安全防护、场容卫生、环境保护及保卫消防标准》DBJ 01-83—2003

2. 《建设工程施工现场供用电安全规范》GB 50194

3. 《建筑施工高处作业安全技术规程》JGJ 80

4. 《起重机械安全规程》GB 6067—85

8.2 安全生产管理体系

为把安全生产工作落到实处,项目部成立以项目经理为首的安全生产管理体系。

8.3 安全管理措施

8.3.1 明确防范重点,有的放矢地进行安全管理工作。

本工程安全防范重点为:防起重机械事故;防用电事故;防高空坠落事故;防落水溺水事故。

8.3.2 实行逐级安全技术交底制。工程开工前项目经理部负责人向全体施工管理人员进行施工组织设计交底,并形成文件。

8.3.3 施工现场各重要部位,设明显安全标志。安全标志符合《安全标志》GB 2894 的规定。

8.3.4 设备操作人员要持证上岗,严禁无证操作和其他本岗人员擅自操作机械设备,起重作业要有专业人员统一指挥,严格按照国家有关的《起重工操作规程》进行。

8.3.5 施工中对安全设备、设施和防护装置进行经常性维护、保养或定期检测,确认合格,并形成文件。

8.3.6 高处作业严格遵守有关规定,登高作业前,应对全体施工人员进行严格的身体检查。

8.3.7 建立安全验收确认制度。施工现场临时设施、支架和脚手架、支护与加固设施、安全防护设备与设施、工程试验设备与设施、自制的施工设施与工具使用前,起重吊装、桩工、进入封闭空间作业前,用火证发放前,进行相应得检查、验收,确认合格并形成文件。

8.3.8 施工用电的设计、安装、运行、管理遵守现行的有关规定。

8.3.9 按照国家规定的建筑施工安全的有关规定,设置专项安全措施费用,为安全生产提供资金保证。

8.3.10 针对重点部位、关键环节编制专项安全措施。制定安全事故(火灾、水灾、交通事故、食物中毒、机械事故等)应急预案并定期进行演练。

9. 环 保 措 施

本工法的施工中现场基本无扬尘。

施工场界噪声控制按《建筑施工场界噪声限值》GB 12523—90 要求。

各项施工均选用低噪声的机械设备和施工工艺。施工场地布局要合理,尽量减少施工对居民生活的影响,减小噪声的强度和敏感点受噪声干扰时间。

做好现场使用材料及设备、堆放场地的整体规划设计，严禁将材料、设备乱堆乱放，对可再利用的废弃物尽量回收利用。各类垃圾要及时清扫、清运、不得随意倾倒，做到每班清扫、每日清运。

10. 效 益 分 析

根据以往同类工程的施工经验，主缆的放样、张拉、复核整个过程需要 2～3 个月时间。通过本次循环验证确定的施工方法，只需 30d 时间就可完成全部工作，使总工期缩短了将近 1 个月时间，给工程创造了巨大的经济效益。

11. 应 用 实 例

我公司于 2005～2007 年，承建了天津海河综合开发富民桥项目，该桥桥塔采用钢筋混凝土结构、矩形截面，桥面以上塔高 58m，塔桥横向宽 4.6m，顺桥向塔底宽 13.0m，塔顶宽 4.5m；桥梁主跨跨径 157.08m，边跨跨径 86.4m，桥面全宽 38.6m。我们应用了本工法，采用了三维空间观测坐标，通过三轮调整缆索，最终主缆线形满足设计及监控要求，并且节省了工期，使工程获得较大效益。

可控对拉索索间张拉施工工法

GJYJGF060—2008

天津城建集团有限公司工程总承包公司　天津第六市政公路工程有限公司

韩振勇　卢士鹏　尹辉　刘强　王俊江

1. 前　言

单塔空间索面自锚式悬索桥主跨主缆采用三维空间线形，在立面及平面投影皆为抛物线。在体系转换过程中由空缆线形到成桥状态过渡的过程中，主缆上的吊点在横桥向和竖直方向的位置有很大的变化，而且在成桥运营过程中仍需要上、下吊点的转动功能。对于以上问题除了采用合理的吊索张拉顺序减小过程差值外，还需要采用特殊的施工工法加以解决，为此研究了可控对拉索索间张拉施工工法。

此项工法获得国家实用新型专利，专利证书号为 ZL200720123174.2。

2. 工 法 特 点

对于单塔空间索面自锚式悬索桥而言，由于在该类悬索桥由空缆状态到成桥状态的施工过程中要求其吊索能够移动、伸缩调整及转动较大的角度。而传统的悬索桥所采用的吊索形式在技术上已满足不了空间缆索系统的悬索桥的技术发展要求，因此有必要研制一种新型结构的可控对拉索施工工法以满足设计要求和施工需要。

3. 适 用 范 围

由于传统吊索形式在悬索桥主缆由空缆状态到成桥状态的施工过程中不能转动或者转动角度太小，同时无法对成品吊索长度进行调节，满足不了空间缆索系统的悬索桥对吊索在桥梁由空缆状态到成桥状态的施工过程中要求转动角度较大和可控制伸缩量的要求。

可控对拉索索间张拉施工工法可适用于空间索面体系桥梁。

4. 工 艺 原 理

一种能适应空间缆索结构的悬索桥吊索，使吊索能够移动、伸缩一定长度同时可转动较大的角度，以解决现有吊索的结构形式不能适应新型悬索桥的问题。

在吊索下端部采用球面连杆和球面支座结构形式配合以增大吊索的可转动角度，此外增加连接套筒结构使吊索能够按施工要求进行有限度的长度调整，其结构图如图 4 所示。

图 4 中显示的是一种双吊索结构的新型底座式空间缆索结构吊索，包括上端锚具、吊索索体以及下端锚固装置，上端锚具与销接在可转动索夹上的叉耳通过螺纹连接，空间吊索下端锚固装置包括下端锚具、连杆、底座以及位于连杆和底座之间的转动副。图中所示的连杆是带圆柱头的长螺纹杆，分为螺纹连杆和球面连杆两部分：螺纹连

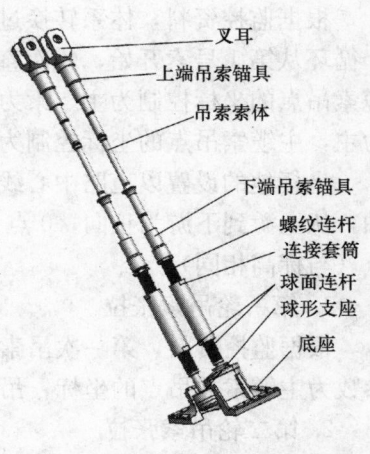

叉耳
上端吊索锚具
吊索索体

下端吊索锚具
螺纹连杆
连接套筒
球面连杆
球形支座
底座

图 4　可控对拉索结构示意图

杆为两端均带有外螺纹的连杆，球面连杆为一端带有外螺纹，另一端为球面圆柱头的连杆。螺纹连杆和球面连杆通过带有内螺纹通孔的连接套筒连接。底座为带有台阶孔、上端小底端大的塔状体，且其底端端面为倾斜面，底座上端面设有防水罩以防雨水渗透。球面连杆的螺纹杆端穿过底座的台阶孔与下端锚具的内螺纹孔连接，球面圆柱头端卡在底座台阶孔内的转动副端面上；底座的底端端面与箱梁活动或固定连接。转动副由环形球面支座的内球面和球面连杆的圆柱头上端面的外球面组成。吊索上下端锚具均采用冷铸锚形式，吊索索体为 $\phi5\sim91$ 丝镀锌平行钢丝索股。吊索的强度根据设计要求按照相关国标进行设计计算，保证足够的安全系数。

5. 施工工艺流程及操作要点

5.1 施工工艺流程

吊索安装 → 吊索张拉 → 索力调整

重点部位为吊索张拉和索力调整，即可控对拉索索间张拉。

5.2 操作要点

5.2.1 吊索安装

1. 准备工作

因为吊索重量较轻，故可用索道天车进行吊运和安装，同时也便于吊索的安装操作。

2. 搬运

1）用汽吊或索道天车将编号的吊索索盘吊到相应的吊索安装桥面位置。

2）解开吊索索盘，引出吊索的两端锚头。

3. 安装

吊索安装前，应先将对应的索夹转动件安装在索夹体上，为减少索夹体与转动件之间摩擦，可在其接触面之间涂上润滑剂，以便于转动件在吊索调整过程中自行转动。

1）在吊索安装位置及相应的猫道面层上预留长方形开口，以便于为吊索安装和在体系转换过程中吊索随主缆空间变化而变化提供足够的活动空间。

2）用索道天车与上端锚头连接，并将吊索吊起，使其与索夹耳板用拴销连接，由于吊索调节装置长度有限，在未张拉前无法与下端锚固机构连接。

3）安装同一索夹的下一根吊索。

5.2.2 吊索张拉

富民桥主桥施工是在满堂红支架上完成边跨、主跨锚碇的混凝土浇筑，然后焊接钢箱加筋主梁，安装空缆主缆，再通过张拉吊索完成体系的。

根据监控资料，体系转换过程则通过对吊索进行 3～4 个循环张拉来完成，对吊索进行张拉的每一个循环从第 1 号索开始，依次直至 14 号吊索张拉完毕完成一个循环。第一次张拉吊索的循环过程以主缆索吊点的坐标控制为主，索力控制为辅；第二次及此后张拉的吊索的循环过程则以吊索的索力控制为主，主缆索吊点的坐标控制为辅。

坐标地的设置以道路中心线为 Y 轴，从大桩号到小桩号为正，0 点为主塔轴线处；桥梁的横向为 X 轴，从上游到下游为正向，0 点为主塔轴线处的桥面中心线；竖向向上方为 Z 轴，其 0 点为绝对坐标 0 点（与标高相同）。

1. 第一轮吊索张拉

根据监控资料，第一次吊索调整是从最长的 1 号吊索到 14 号吊索依次进行。本轮张拉吊索的控制参数为主缆索的吊点的坐标，吊索索力仅供参考。

2. 第二轮吊索张拉

根据监控资料，第二次吊索调整是从最长的 1 号吊索到 14 号吊索依次进行。本轮张拉吊索的控制参数为吊索索力，主缆索的吊点的坐标作参考。

3. 临时支架拆除后吊索调整

第二轮吊索调整完成后即可拆除临时支架，临时支架的拆除顺序为：主跨从7～8号索吊点中间开始，依次对称向两侧进行，第一次只拆除7～8号索吊点之间的临时支架，以后每次拆除两边长度各为9m的临时支架，每拆除一段支架即进行索力、应力测量，在全部临时支架拆除完成后，依据测量结果可能需对吊索进行第三轮调索。

可控对拉索张拉时（图5.2.2-1、图5.2.2-2），可在下端锚具顶端设置一扁担梁11，在连杆的台阶处设置另一扁担梁13，该两扁担梁之间通过张拉杆12连接，并在上部扁担梁顶部用千斤顶10进行张拉，只要调节连接套筒在螺纹连杆、圆柱头连杆之间的不同位置便可达到所要调整吊索拉力及主缆线形的目的。

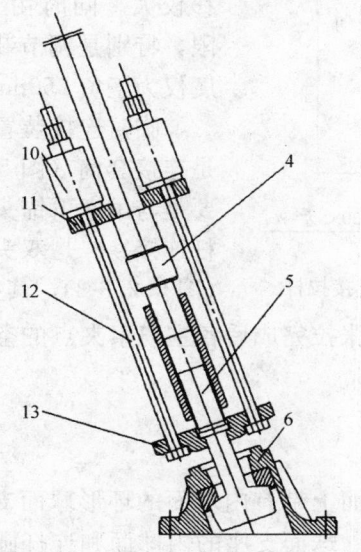 

图5.2.2-1 空间吊索张拉示意图　　　　　　图5.2.2-2 现场张拉

可控对拉索结构在施工中便于调节，当进行体系转换时，可先对其中一根吊索进行张拉，吊索的球面连杆可根据施工要求自动调整偏转角度，通过调节连接套筒与球面连杆的螺纹位置调节吊索长度。当该吊索按照设计要求张拉到位后可方便地张拉结构中的另一根吊索。

5.2.3 索力调整

1. 张拉机具安装（图5.2.3-1）

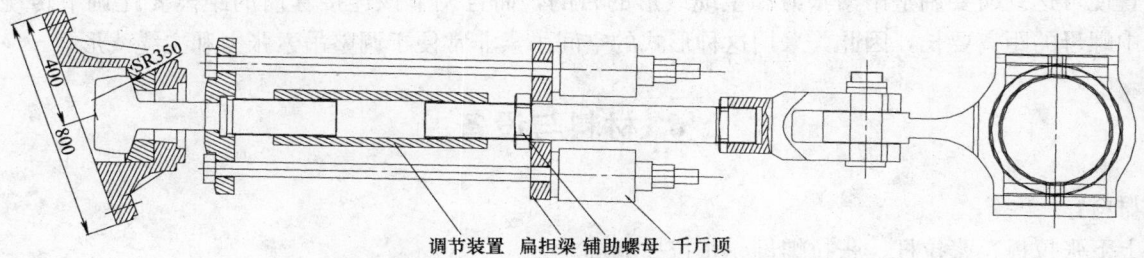

调节装置　扁担梁　辅助螺母　千斤顶

图5.2.3-1 吊杆调整张拉组件安装图

由于吊索是通过调节装置将吊索下锚头与桥面的锚固点的连接来实现锚固的，并通过安装在吊索两侧的穿心式千斤顶张拉施加索力后旋合调节装置来调整索力。安装张拉机具的步骤为：

1）扁担梁的安装：扁担梁作为张拉时的反力支架，其形式为哈弗式，安装在吊索下锚头和桥面锚固系统拉杆上预留的齿口上，安装时锁紧螺杆要适度旋紧，穿张拉杆的预留孔要上、下对应一致。

2）将足够长的张拉杆穿过上、下扁担梁的预留孔，然后将下端用螺母锚固好。

3）将穿心千斤顶穿过张拉杆后直至落在上扁担梁顶面上，然后锁紧张拉螺母。

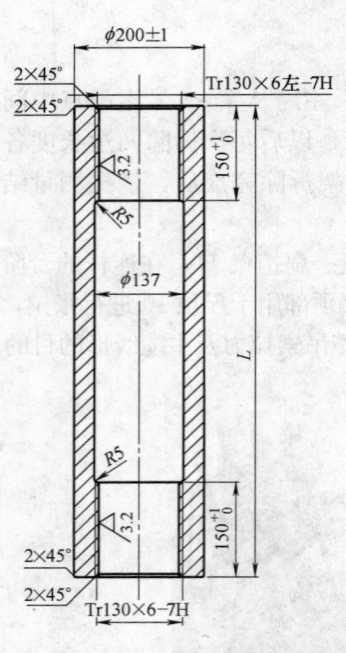
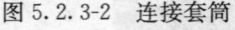

图 5.2.3-2 连接套筒

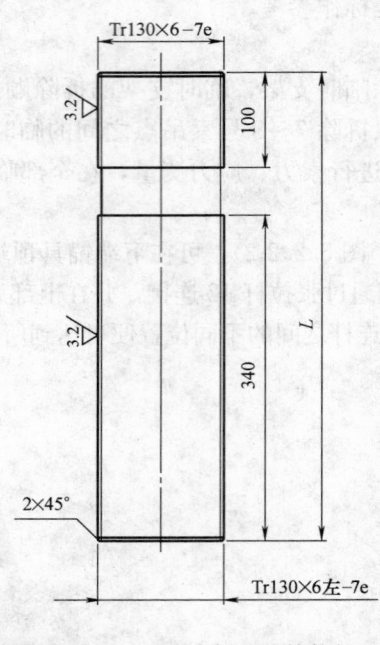

图 5.2.3-3 双头螺纹连接拉杆

4）连接高压油泵，施加压力，此时要求中跨四点、边跨四点对称，反复分级调整索力，使桥面线形、主缆线形与吊杆索力均符合设计要求。

2. 临时连接设计与安装

由于主缆初张拉力较小，仅为173t，因此在桥梁体系转换过程中，主缆及各索夹点的空间位移较大。同时由于吊索长度有限，特别是调节装置，其调节长度仅为正负250mm。

临时连接装置分两部分：一是连接套筒（图 5.2.3-2），其主要是与吊索下锚头和桥面球面连杆连接。二是双头螺纹连接拉杆（图 5.2.3-3），其主要功能是将两个连接套筒连接。临时拉杆的数量和长度则可根据各循环张拉完成后各主缆索夹点的空间位移量和全桥吊杆数量确定。

5.3 操作要点

5.3.1 使吊索转动较大的角度

由于空间吊索其下端锚固装置采用的转动副是一端端面上带有内球面的环形球面支座，并且在连杆的圆柱头上端面设有与球面支座内球面相配合的外球面。球面支座的内球面和连杆圆柱头的外球面之间的配合能使吊索的转动角度可达 6°~10°，甚至更大，满足了采用空间缆索结构的悬索桥在施工过程中要求其吊索能够进行大角度转动的需求，使索夹与吊索的轴线始终保持一致，避免了索夹在与吊索轴线不一致时受到的附加弯矩和扭矩，从而可提高索夹与吊索的使用寿命。

5.3.2 使吊索伸缩，便于调整吊索张力和主缆线形

由于新型空间吊索下端锚固装置的连杆分为螺纹连杆和圆柱头连杆两部分，且该螺纹连杆和圆柱头连杆是通过连接套筒内的梯形螺纹进行连接，通过调节连接套筒在螺纹连杆、圆柱头连杆之间的不同位置便可达到所要调整吊索张力和主缆线形的目的，而且调节该连接套筒的距离要比调节传统锚固装置中螺母的距离要长，因此，采用这种形式的空间吊索非常便于调整吊索张力和主缆线形。

6. 材料与设备

材料：

上下张拉板、张拉杆、张拉螺母、张拉撑脚等。

设备：

4 台 50t 穿心式千斤顶。

7. 质 量 控 制

本工程拉索根数多、工程量大、工期紧凑且工艺复杂。因此，在下料、运输以及张拉过程中均应按照相应的施工工艺严格进行操作。在施工过程中要认真记录各项技术参数，以求理论与实际切实相结合。

所有材料使用前要进行严格的检查，并保存材料的质保书。吊索张拉时严格作好张拉记录，张拉用的液压机具应当进行标定。切实开展全面质量管理活动，把质量问题控制在施工的每一个工序过程中。实行质量问题一票否决权，各级技术负责人有权对质量不合格的人和事进行处理。

加强技术培训，推行标准化管理，对上岗的人员及关键职工进行技术学习，并进行考核，考核合格才能上岗。

各班组的负责人兼质检员，形成自项目经理部到各级班组的严格控制网。施工严格按设计图纸及有关规范进行。施工人员必须做好图纸会审记录和技术交底记录。

8. 安 全 措 施

实行项目经理安全生产责任制：明确"管生产的必须管安全"的原则，项目经理应对本工程的安全工作负总的责任。

实行岗位安全责任制：工程技术人员各生产工人在各自的职责范围内应对安全工作负起相应的责任。

实行执证上岗工作制。施工过程中，要求特种作业诸如起重工、架子工、电焊工，必须持证上岗，严禁无证上岗和换证上岗。

进入现场必须戴安全帽，防止高空坠物。

高空作业要系好安全带，同时严禁穿戴不方便走动的硬底、带钉的鞋及衣物。

电工操作时，穿着专用电工鞋。

各类电气设备之间及线路架设与连接均要绝缘，不得裸露，要有接地零保护。电源线跨越金属物件时，应当作绝缘防护。

做好全面应急预案，做好突发事件发生的紧急应对工作的准备。特别注意张拉、张拉螺母发生崩裂对施工人员的人身伤害，做好安全防护。

9. 环 保 措 施

施工场界噪声控制按《建筑施工场界噪声限值》GB 12523—90 要求。

各项施工均选用低噪声的机械设备和施工工艺。施工场地布局要合理，尽量减少施工对居民生活的影响，减小噪声的强度和敏感点受噪声干扰时间。

合理组织施工、优化工地布局，使产生扬尘的作业、运输尽量避开敏感点和敏感时段（室外多人群活动的时段）。

材料库剩余料具、包装及时回收、清退。对可再利用的废弃物尽量回收利用。各类垃圾要及时清扫、清运、不得随意倾倒，做到每班清扫、每日清运。

10. 效 益 分 析

可控对拉索的应用解决了空间索面自锚式悬索桥在体系转换过程中出现的许多技术难题，加快了施工进度，提高了施工工作效率。

为今后桥梁的长期使用及同类型工程提供最具有经济指导意义的方案，从而降低工程成本。

11. 应 用 实 例

本工法所述的新型底座式空间缆索结构吊索已经在天津富民桥项目中实施使用，经现场检验和施工证明，其效果良好，达到了设计要求，为体系成功转换奠定了坚实的基础。

430m 跨度上承式钢管混凝土拱桥双拱肋无风缆节段拼装工法

GJYJGF061—2008

中铁十三局集团有限公司

袁长春　王学哲　王成双　刘志　李长武

1. 前　　言

　　钢管混凝土拱桥具有材料强度高、施工方便、造型美观等优点，又适逢我国大规模的交通基础建设时期，钢管混凝土拱桥在我国得以迅速发展，相应利用缆索起重机悬拼施工方法也被广泛用于钢管混凝土拱桥施工之中，目前已经完成的钢管混凝土拱桥施工绝大部分采用该种施工方法。中铁十三局集团有限公司结合以往施工经验，针对复杂山区"V"字形峡谷，无水运、无整节段陆运、无法采用传统工艺钢管拱肋安装用风缆等条件对大跨上承式钢管混凝土拱桥钢管拱肋节段拼装技术进行了科技公关，充分利用该型拱桥结构特点，利用缆索吊装系统，研发了"两岸无风缆双肋整体对称悬拼、齐头并进至跨中合龙的斜拉扣挂法"施工工艺，经总结形成本工法。

　　以本工法为核心的峡谷条件下 430m 跨度上承式钢管混凝土拱桥双拱肋无风缆节段拼装施工关键技术成果获得中铁十三局集团有限公司科技进步特等奖，并于 2008 年 11 月 25 日经吉林省科技厅组织的专家组鉴定，鉴定认为达到国际领先水平，对于山区峡谷条件大跨度拱桥施工具有重大意义。

2. 工 法 特 点

2.1 利用引桥进行立体组拼，栓焊结合，有效控制了结构尺寸。

2.2 采用无塔缆索起重机进行拱肋节段安装，对位快，安全可靠。

2.3 新型斜拉扣挂体系充分利用上承式拱桥特点和地形条件，保证了合龙前后结构稳定。

2.4 无风缆双肋整体拼装、单肋调整辅以加垫片方式进行轴线调整方便快捷，经济效益高。

2.5 对称悬拼，动态瞬时合龙，拱肋线形控制精度高，施工操作方便。

3. 适 用 范 围

　　本工法适用于大跨度上承式钢管混凝土拱桥拱肋节段拼装，尤其是在地形为"V"字形，施工场地狭小，无法设置缆风，施工和交通运输极为困难的山区条件下上承式钢管混凝土拱桥拱肋节段的拼装，亦可用于相同条件的大跨度钢箱拱桥拱肋节段拼装，其他采取缆索吊装的拱式结构桥梁可供参考。

4. 工 艺 原 理

　　单跨双索道无塔缆索起重机覆盖全桥范围，两组索道各设两个吊钩，可单独和同步升降及纵向运行，满足钢管拱肋节段平移、吊装、对位需要。利用两岸交界墩（盖梁）作为支点，以墩顶锚梁、桥台身作为刚性传力梁，通过扣索、平衡索、预应力锚索、引桥箱梁，形成力的转换与平衡体系，将悬拼拱肋节段固定。在引桥上双肋立拼形成单元，整体起吊对称悬拼，一侧利用缆索起重机动态合龙。

5. 施工工艺流程及操作要点

5.1　施工工艺流程（图5.1）

5.2　操作要点

5.2.1　缆索起重机系统

1. 组成

主要由组合式索鞍、主索（承重索）、牵引索导挠系统、起重索导挠系统、增力式自调平衡运行小车、定滑轮和动滑轮组、双钩回转吊钩系、悬链式支索机构、动力源（10t快速单筒卷扬机4台、28t双筒慢速卷扬机4台）、电控柜、防雷系统和重力式锚碇等十一个系统组成单跨双索制。缆索起重机总体布置见图5.2.1。

缆索起重机是露天工作，作用在缆索起重机上主要荷载有自重荷载、起升荷载、水平荷载、惯性荷载、冲击荷载、风荷载、斜向拉力荷载、碰撞荷载、安装荷载、试验荷载、工艺荷载和温度荷载等。冰雪荷载和地震荷载不考虑。

2. 主要技术参数（表5.2.1）

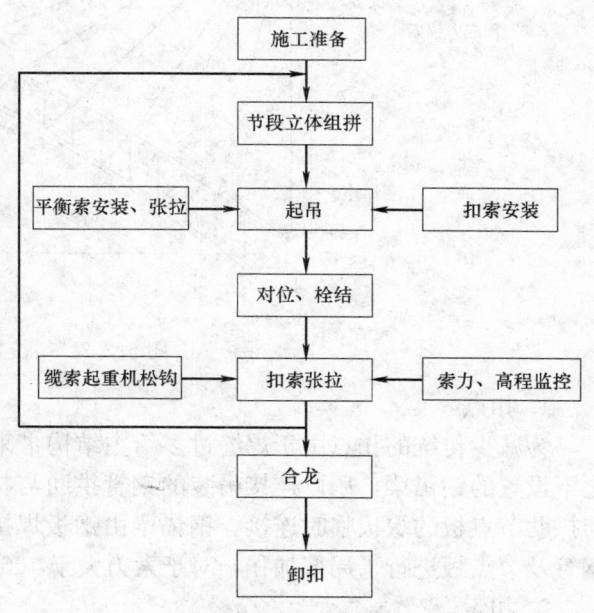

图 5.1　施工工艺流程图

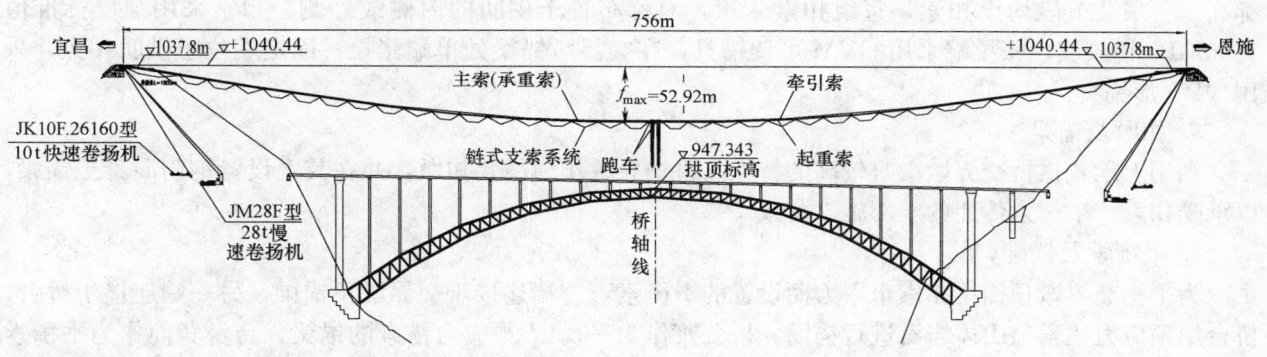

图 5.2.1　缆索起重机总体布置图

主要技术参数表　　　　　　　　　　　　　　　　　　表 5.2.1

项　　目		参　　数	项　　目	参　　数
额定起重量	单钩	750kN	小车起升速度	0.26～3m/min
	总重	3000kN	主索形式	单跨双索制
利用等级		A7	设计寿命	12500h
建筑跨度		766m	工作循环次数	2×10^6
最大起升高度		100m	利用等级	U6
小车运行速度		0.36～10m/min		

5.2.2　斜拉扣挂系统

利用两岸交界墩（盖梁）作为支点，以墩顶锚梁、桥台身作为刚性传力梁，通过扣索、平衡索、预应力锚索、引桥箱梁，形成力的转换与平衡体系，主要由扣点、扣索、扣墩及锚梁、平衡索及锚碇、扣墩锚梁的支承系统五部分组成。总体布置见图5.2.2。

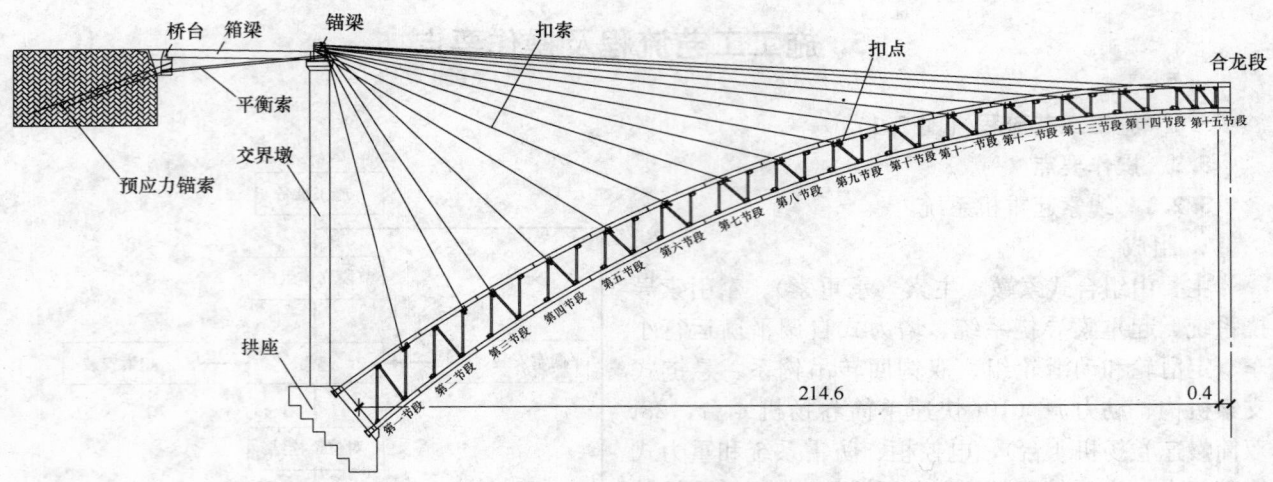

图 5.2.2　斜拉扣挂系统总体布置图

1. 扣点

为减少传统的扣点由于焊缝过多给主结构带来的不利影响，吊段斜拉扣索的扣点采用在上弦钢管之下设置的钢锚梁，用以连接吊装的钢管拱肋与扣索。钢锚梁通过拱肋的节点板支承拱肋，并以螺栓与拱肋节点板的缀板临时连接。钢锚梁由钢板焊接而成，依扣索位置及索力不同而设置，扣点处主弦钢管及节点板进行了局部加强，对于索力大于 1000kN 的扣索在每一扣点处加设工形块反力架。

2. 扣索

扣索的作用是将拱肋安装期间的拱肋自重等施工荷载传递给扣墩及锚梁，并适当调整钢管拱肋的标高。各吊装节段均设扣索，每组扣索 4 束，对称布置于拱肋的内侧或外侧。扣索采用强度标准值 1860MPa 钢绞线，张拉端采用 OVM 可调锚具，在交界墩锚梁处单端张拉；固定端位于拱肋扣点，采用 "P" 形锚具。

3. 扣墩及锚梁

利用上承式拱桥交界墩墩身较高的特点，将交界墩作为吊装扣墩，并在其上设置钢筋混凝土锚梁，以承受扣索、平衡索传递的全部施工荷载。

4. 平衡索及锚碇

为平衡交界墩顶锚梁扣索水平力而设置的平衡索，一端连接于交界墩顶锚梁，另一端连接于桥台，桥台用预应力锚索与山体岩石进行锚固。桥台兼作为平衡索-预应力锚索的锚梁，台身背面作为平衡索的固定端锚固面，台身前面作为预应力锚索的张拉端锚固面。

5. 扣墩锚梁的支撑系统

借助引桥箱梁—桥台—台后岩面构建交界墩锚梁的支撑系统，使锚梁可以先承受较大的向岸侧的平衡索水平力。由于向岸侧的平衡索水平力先期存在，使向河侧的每一次张拉的扣索水平力的幅度得以较大地提高（仅需累计扣索水平力不超过累计的平衡索水平力），方便了施工及其施工控制。引桥桥台端，与桥台背墙间预留有伸缩缝间隙（宽 8～12cm），以硬木与桥台背墙楔紧，桥梁安装完成后硬木即予拆除。

5.2.3　钢管拱肋节段拼装

1. 节段安装顺序

拱肋双肋组拼拼装，有横撑的节段，双肋间靠横撑（半 "米" 撑）联结，无横撑的节段，双肋间靠临时联结系固定，落位栓结后隔节段拆除临时连接系，周转使用。两侧采取对称安装的施工顺序，两侧原则上最多允许相差 2 个节段。

2. 施工准备

钢管拱肋节段现场立体组拼工作需要在下述项目完成后方可进行：

1）完成缆索起重机的安装和试吊，确认达到使用条件。

2）完成斜拉扣挂体系土建部分施工，包括桥台预应力锚索。

3）完成引桥箱梁架设，形成完整桥面。

4）完成立体组拼平台的搭设和龙门吊的安装、验收。

5）完成钢管拱肋的工厂加工、卧拼，并分批次运至现场存放，存放量以满足两节段"1＋1"组拼为准。

3. 立体组拼

按以下步骤进行双肋立体组拼，形成吊装单元。

1）在引桥上安装一台龙门起重机，起重机净跨20m，龙门起重机跨中与桥面道路中心重合。

2）在桥面上指定支点位置安装垫枕，垫枕顶面高度按拱肋下弦轴线放样确定。

3）组装拱肋 n 节段下弦管及其间的横联杆件和中间下横撑。

4）组装 n 节段腹杆。两相邻腹杆以临时连接件固定，拉缆风或加支撑，以防止倾倒。

5）安装 n 节段斜撑，并将其与上弦管连接的节点板拴在斜撑上端。

6）将 n 节段上弦弦管及其间的横联杆件在两拱肋间的桥面上组装好，然后安装于设计位置。

7）按照 n 节段顺序安装 $n＋1$ 节段。

8）依次定位安装中间斜撑，上横撑和 M 撑。

9）焊接为方便安装预留的工厂焊焊缝，紧固螺栓。

10）拆开 n、$n＋1$ 节段接头，并用缆索起重机吊装 n 节段。

11）重新调试支点垫枕位置及顶部标高。将 $n＋1$ 节段移到岸端，以 $n＋1$ 节段为基准，按上述相同的方法组装 $n＋2$ 节段拱肋。依此类推，直至15个钢管拱肋节段拼装完成。

每次立体组装两段，拼装完成后，拆下前一段吊往安装位置正式安装，后一段留下作为再下一段立体组装的基准。正式安装前，取下遮盖安装测量基准的铁皮。即双肋立体组拼次序为1号＋2号→2号＋3号→3号＋4号→4号＋5号……跨两个节段的斜腹杆，在立体组拼时，装在下一个节段上，并用临时撑杆点焊固定或用绳索将其固定。安装 M 撑及横向连接杆件时要考虑焊缝收缩，预留焊缝收缩间隙，保证工件吊装过程中的对位准确。立体组拼采用冲钉定位，高强度螺栓紧固。测量调整合格后，焊接节点板焊缝。焊接完成后，取下冲钉，装上螺栓拧紧，然后进行局部清理，补喷铝层和油漆。

4. 起吊

1）扣、平衡索安装

为了不影响关键工序，平衡索在吊装前一次安装到位。平衡索规格及索力要考虑与扣索对应设置，钢绞线采用单根下料，由于平衡索长度较短，重量较轻，采用人工直接拖拉安装就位。

每一节段吊装就位后即进行扣索安装，扣索安装采用在钢管拱端口处挂1个10t的转向滑车，在引桥上安装2台10t卷扬机，一台作为牵引固定端钢绞线用，另一台作为溜放和提升张拉端钢绞线用。

2）起吊

在立体组拼检验通过并确认吊装体系运转正常和扣、平衡索体系完备后，即可进行拱肋吊装作业。拱肋吊装采用"四点抬吊、正吊正落"方法，双肋同时起吊，吊点尽量靠近腹杆节点板。钢管拱肋采用1＋1在引桥上立拼且四点同时起吊的施工方法，由于第 n 段钢管拱肋在第 $n＋1$ 段拱肋的后方，第 n 段钢管拱肋吊装时必须要跨过第 $n＋1$ 段拱肋。

5. 对位栓结

钢管拱肋慢起慢落，在测量组的指示下，初步落位，再精确对位。拱肋顺桥向水平位置由运行小车的移动进行调整，竖直位置由吊钩起落调整；横桥向水平位置由吊点确定（吊点正对拱肋中心线），竖直位置由吊钩起落调整。

第一节段与预埋钢管座采用套接方式，在第三节段安装完成前保持铰接状态。预埋钢管座内径比主弦钢管外径大 6cm，富余量较小，为了缩短对位时间，施工时先精确定位预埋固定下弦四根管座，上弦四根管座粗定位并可进行调节。下弦管对位时，依靠吊钩的起落并配备导链调整位置，测量工作全程跟踪，及时传递数据，确保三维定位准确。

其余各节段间均以高强度螺栓联结，螺栓连接前操作人员进入已安装完成的主弦管内，待主弦管对位后进行螺栓连接操作，对位时依靠吊钩的起落并配备导链调整位置。

6. 平衡索、扣索张拉及线形调整

每一节段吊装前进行平衡索张拉，吊装基本就位后张拉扣索，二者采用不同步的原则。平衡索按照计算得出的数据进行吊装前张拉，每次张拉的力可平衡 1 到 2 个节段的扣索力。扣索张拉的基本原则是始终保持水平方向扣索索力总值小于平衡索索力总值。该规定需在施工中严格执行，一旦发现异常，应立即停止，分析原因，进行纠偏。

平衡索的张拉 YCD—24 型千斤顶分批进行单根张拉的方式进行，按设计吨位进行张拉到位后不再做调整，张拉时上下游同号平衡索对称进行。

节段就位后，通过扣索对标高进行调整。张拉扣索的同时松吊点，待力全部交于扣点且拱肋标高（修正计算后）、轴线调整满足规范要求后，取下吊点。拱肋端为锚固端，张拉端在交界墩混凝土锚梁上，张拉端用 YCW250～YCW350 型穿心式张拉千斤顶张拉调整；张拉到位后将张拉端夹片锁定。

节段轴线的调整先初步定位，预估偏位值，然后加事先准备的不同厚度钢垫片，若垫片超过 16mm 仍无法纠偏到允许值，则采取将中间联结系一侧解开加垫片的方式进行调整。

扣索张拉按分级、对称的原则进行，即 4 个工作点同步张拉。前八个吊段的扣索一次张拉到位，从第九个吊段开始，扣索的张拉分 2～3 个等级进行。张拉顺序及索力严格按照设计文件进行，每索同级索力允许误差为 ±1%，且各千斤顶的同步之差不得大于油表读数的最小分格。各扣索张拉一级，暂停 15～20min 后，测试各项数据，经有关各方确认后，再进行第二级张拉循环。为使同组各根钢绞线受力均匀，现场配备 YCD—24 型千斤顶进行单根张拉调整。索力用频谱分析仪测试，在调索过程中实施监控，确保施工安全。

7. 节段施焊

节段及节段间的焊接可以在节段继续向前安装过程中进行，焊接工作不再占用关键工序时间。在 $n+4$ 节段安装就位后，可进行 n 节段的焊接操作。焊接设备可置于横撑处的平台上，焊接位置设钢筋制作的操作吊篮以满足焊接空间的需要。

8. 合龙

拱肋节段安装完成后，尽快地实施合龙。合龙前通过扣索，对拱肋进行线形、标高的调整，并根据需要进行温度修正，选择温度稳定时段实施瞬时合龙。在拱顶中部预留节段合龙缺口，在扣点高程满足设计要求的情况下（高程内应计入温差校正值），丈量缺口长度，加工合龙节段，并在一天内最接近设计温度时合龙。一侧利用缆索起重机，不设置扣索，合龙时以另一侧标高为准进行调整。

9. 卸扣

空钢管拱肋合龙、各节段接头环焊缝焊接完成并形成无铰拱后逐级松扣，将扣索拉力转换为拱的推力，使空钢管拱肋呈自重作用下的无铰拱状态。各扣索松一级，暂停 15～20min 后，测试各项数据，经有关各方确认后，再进行第二级放松循环直至拆除。卸扣后应对拱肋进行全面测试，特别是拱轴挠度、拱轴线偏移测量，根据测量结果研究确定管内混凝土灌注顺序。

10. 施工监控

拱肋拼装中，需要对拱肋杆件内力、拱轴线高程、轴线偏位、扣索索力、扣墩偏移以及缆索起重机的主要结构等进行全过程的施工跟踪监测和控制。施工监测和控制在每天气温、日照变化不大的时候进行，尽量减少温度变化等不利因素的影响。需要施工监控单位配合完成的项目如下：

1）拱肋杆件应力测试：由监控单位完成。

2）高程、轴线监测：结合两岸地形用两台PENTAX-V2全站仪进行监测。每一扣段安装完成后，调整扣索，使各测点高程和轴线控制在允许范围内。

3）扣索索力监控：用频谱分析仪测试扣索索力，结合千斤顶油表读数监控索力。

4）扣墩偏移：用全站仪对扣墩纵横向偏位进行观测，通过调整平衡索，使扣墩偏位控制在设计允许的范围内。

5）缆索吊装系统的主要结构：锚碇上应设置标志，吊装期间密切观察标志移动情况；主索、起吊钢丝绳、牵引钢丝绳的磨损程度，卷扬机、滑车等机械设备，选经验丰富的起重工、机械工随时和定期检查，并及时更换易损件部分，保证吊装系统的正常使用。

6）气象信息：吊装期间收集中长期天气预报和短期天气预报，收集气象水文资料，防止恶劣天气影响吊装安全。

6. 材料与设备

6.1 主要材料

主要材料见表6.1，缆索起重机作为设备，其材料未列入表中。

主要材料表 表6.1

序　号	名　　称	规　格	单　位	数　量	备　注
1	普通钢绞线	φj15.24	t	195	扣索及平衡索
2	无粘结钢绞线	φj15.24	t	42	预应力锚索
3	钢材	Q345	t	562	临时联结系及钢锚梁
4	锚具	OVM	套	244	锚点
5	混凝土	C50	m³	240	钢筋混凝土锚梁
6	混凝土	C25	m³	64	支顶系统
7	钢筋	Ⅱ级	t	60	钢筋混凝土锚梁

6.2 主要机具设备

主要机具设备见表6.2。

主要机具设备表 表6.2

序　号	名　称	规　格	单　位	数　量	备　注
1	缆索起重机	WJLQ3000kN型	台	1	单跨双索道
2	对讲机	5km	台	16	指挥、联系
3	全站仪	徕卡702	台	1	测量定位
4	挤压机	JYJ400	台	1	钢绞线P锚
5	穿心千斤顶	YDCJ240、YCW250、350	套	各4	扣索、平衡索张拉
6	电焊机	NBC-400	台	24	焊接作业
7	龙门吊	30t	台	2	引桥拼装

7. 质 量 控 制

7.1 钢管拱肋节段拼装质量控制项目（表7.1）

钢管拱肋节段拼装质量控制项目表　　　　　　　　　　　　**表 7.1**

序　号	项　目		规定值或允许偏差	检查方法和频率
1	轴线偏位(mm)		$L/6000$	经纬仪：检查 5 处
2	拱圈高程(mm)		$\pm L/3000$	水准仪：检查 5 处
3	对称点高差 (mm)	允许	$L/3000$	水准仪：检查各接头点
		极值	$L/1500$，且反向	
4	拱肋接缝错边(mm)		0.2 壁厚，且≤2	尺量：每个接缝
5	焊缝尺寸		符合设计要求	尺量：检查全部
	焊缝探伤			超声：全部；射线：符合设计规定

7.2　其余质量控制、验收按照如下规范、标准进行控制

《公路工程技术标准》JTG B01—2003

《公路桥涵设计通用规范》JTG D60—2004

《公路钢筋混凝土及预应力混凝土桥涵设计规范》JTG D62—2004

《公路桥涵地基与基础设计规范》JTJ 024—1985

《起重机设计规范》GB 3811—1983

《钢结构设计规范》GB 50017—2003

《优质钢丝绳标准》GB 8918—1996

《起重机用铸造滑轮标准》GB/T 9005—1999

《建筑卷扬机标准》GB/T 1955—2002

《公路工程质量检验评定标准》JTJ F80/1—2004

《公路桥涵施工技术规范》JTJ 041—2000

《钢结构高强度螺栓连接的设计、施工及验收规范》JGJ 82—91

《建筑钢结构焊接技术规程》JGJ 81—2002

《钢管混凝土结构设计与施工规程》CEC 28：90

7.3　质量保证措施

施工中除执行上述标准外，强调如下措施：

7.3.1　待安装钢管拱肋节段要派专人详细检查，并与上个安装节段进行匹配复核。

7.3.2　密切监控钢筋混凝土锚梁、桥台位移，大于 10mm 偏位要停止作业。

7.3.3　对位完成后要及时拧紧连接螺栓，严禁无序操作。

7.3.4　钢绞线安装要防止扭转，出现时要及时纠正。

7.3.5　千斤顶油表要经常校正，并与索力计相互复核。

8. 安 全 措 施

8.1　危险源识别

危险源主要有高空作业、钢管拱肋拼装及吊装、起重作业、施工用电、电气焊等。

8.2　采取的安全措施

1. 钢管拱肋安装须明确岗位操作责任制，统一指挥，统一行动。除指定的现场指挥人员外，其他任何人不得发号施令。

2. 高空作业人员必须先经身体检查合格，不合适高空作业的人员不得进行高空作业。高空作业时，不仅要戴安全帽，穿防滑鞋，设置安全网，还应检查是否有系安全带的位置。

3. 遇有下列情况之一时，不得进行吊安装作业：作业人员看不清、听不清指挥信号；大中雨、严寒冰雪和五级以上大风天气；夜间照明不良。

4. 高空作业时下方设明显警告标志，在此危险区域内，无关人员严禁进入。

5. 钢管拱肋上设置安全通道，满足人员通行和操作需要。

6. 定期检查已安装扣索、平衡索锚具，并详细记录，确保其万无一失。

7. 吊装期间两岸备用发电机，并随时保持完好，以确保在紧急时能及时启用，确保安装过程中的电力供应。

8. 钢管拱肋吊装运行中在不同位置设人员观察，保证钢管拱肋的大致平衡，以避免单个吊钩受力过大。

9. 吊装作业期间，两岸设置安全检查组，负责检查绳卡、卷扬机等有无移位、钢丝间有无接触交叉、滑轮是否转动、吊装系统配合是否正常等情况，如遇不良情况，应及时向现场总指挥报告，以作出及时的处理。

10. 成立一支由 20 名 20～40 岁健康人员组成的突击队，突击队员有 10 名起重工、2 名电焊工、8 名壮工，在紧急情况发生时能及时进入现场进行抢救。

11. 配备吊车、铁滑车、钢丝绳等抢险机械，在吊装施工过程中如遇吊装脱落等事故，紧急出动备用抢险机械设备进行抢险排障。

12. 现场设专职指挥人员，施工过程中如遇有突来的雷电、暴雨，应立即停止施工作业，并组织施工作业人员紧急疏散到安全地带。

9. 环 保 措 施

9.1 施工机械防止严重漏油，禁止机械在运转中产生的油污水未经处理就直接排放，或维修施工机械时油污水直接排放。

9.2 修建临时排水渠道，并与永久性排水设施相连接，随时清理，防止淤积和冲刷。

9.3 采用爆破控制技术，尽量减少对植被的破坏，破坏处及早进行恢复。

9.4 螺栓、电焊条等包装盒用完后及时收回集中处理，严禁抛洒到河谷中。

9.5 施工道路进行硬化，并随时清扫洒水，减少道路扬尘。

10. 效 益 分 析

10.1 缆索起重机的设计、安装可与钢管拱肋加工制作同时进行，这样可加快工程进度，缩短工期，减少了工程管理费用，还可进行引桥其他预制梁板的吊装，节省梁板安装费用 130 万元。

10.2 钢管拱肋无风缆双肋整体安装，克服了现场条件的限制，质量得到了有效控制，确保了施工安全，同时可节省风缆材料及安装费用 300 万元。

10.3 采用新型斜拉扣挂系统等多项新技术，被多家新闻单位和媒体广泛报道，提高了企业的知名度，取得良好的社会效益。

10.4 不设置缆风、减少卷扬机数量、在引桥拼装拱肋等均可有效减少对土地的占用和对环境的破坏，取得良好的环境效益。部分结构可循环利用，避免了能源的浪费。

11. 工 程 实 例

11.1 支井河特大桥

11.1.1 工程概况

湖北沪蓉西高速公路支井河特大桥位于鄂西腹地的湖北省巴东县野三关镇支井河村一组，大桥横跨支井河峡谷，峡谷谷深 755m，桥面至河底高差近 300m。大桥两岸桥头与隧道紧密相连，地势险要，交通运输条件十分恶劣，施工场地极其狭窄，施工难度为沪蓉西高速公路全线之最。

大桥全长 545.54m，主桥为 1～430m 上承式钢管混凝土拱桥，计算矢高为 78.18m，矢跨比为

1/5.5。主拱肋为钢管混凝土主弦杆和箱形钢腹杆组成的空间桁架结构，拱脚截面高度 13m，拱顶截面高度 6.5m，上下游两道拱肋平行布置，肋宽 4m，肋间距 13m（中～中），每道肋由上、下各两根 $\phi1200\times35$（30、24）mm 的钢管弦杆组成，并通过上下横联、腹杆及横向斜杆组成空间稳定体系，肋间设 20 道米撑横联。因受到施工空间及运输条件的限制，拱肋共分成 30 个吊装节段和一节短合龙段，吊装节段长度在 26.226～14.046m 之间，设计合龙段长 80cm。水平投影最长为 21.639（第一节段），节段最大吊重达 280t（双肋），节段间采用"先栓后焊、栓焊结合"的连接方式。桥梁总体布置及剖面见图 11.1-1 和图 11.1-2。

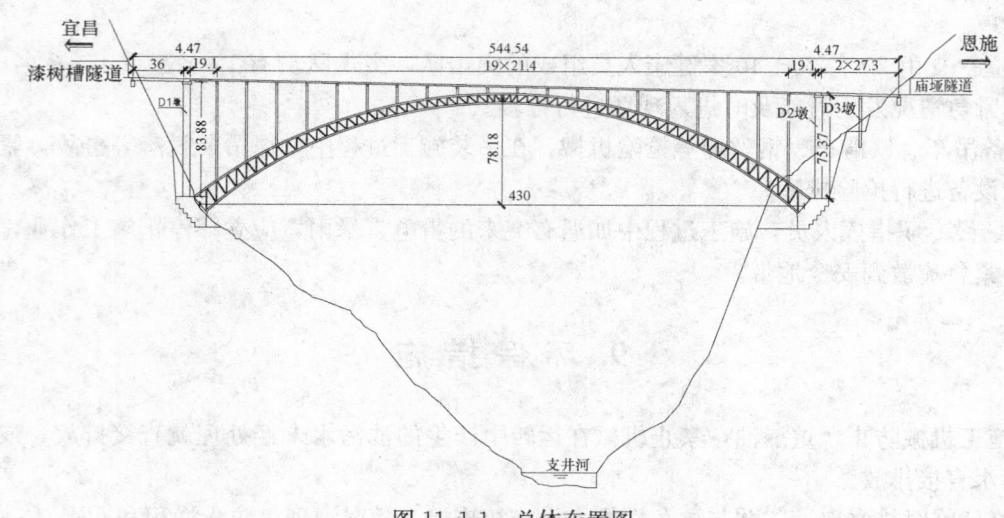

图 11.1-1 总体布置图

11.1.2 应用效果

利用本工法核心技术成功的对支井河特大桥钢管拱肋节段进行了拼装，从 2007 年 5 月开始拼装第一节段至 2008 年 7 月合龙卸扣完成共历时 14 个月，期间经历了南方风雪大灾害和汶川大地震的考验，实现了对位高程偏差 3mm、轴线偏差 10mm 的高精度合龙，过程中轴线偏位和标高均控制在规范和设计要求范围内，为复杂山区条件建设同类型桥梁施工积累了宝贵的施工经验。

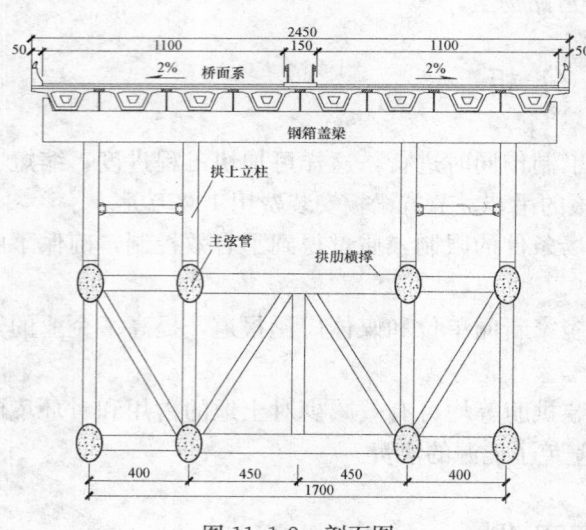

图 11.1-2 剖面图

11.2 三门口跨海大桥

11.2.1 工程概况

浙江省象山县三门口跨海大桥工程位于象山县石浦镇西南约 15km 处的三门口海域地区，为象山县环石浦港陆岛交通工程的一部分。主跨为 270m 的中承提篮式钢管混凝土拱桥，矢高 54m，矢跨比为 1/5，吊杆间距 8m。拱肋拱轴线采用悬链线，拱轴系数 1.543，拱肋内倾角为 8°。拱肋结构采用节间为 4m 的 N 形桁架形式，上、下弦杆采用 4 根 $\phi800mm$ 钢管，腹杆采用 $\phi400mm$ 钢管。截面尺寸拱肋宽 2.4m（钢管中心间距 1.6m），高为 5.3m（钢管中心间距 4.5m）。单桥拱肋钢管桁架顺桥向安装分为 13 个节段，横桥向分为上、下游两肋，肋间由 K 形横撑相连，全桥共 11 道。桥型布置见图 11.2。

11.2.2 应用效果

本桥拱肋向桥中心倾斜，空间上构成"提篮式"，为当时国内同类桥梁最大跨度，施工技术复杂、难度大。利用本工法核心技术于 2004 年 3 月至 6 月成功的对该桥钢管拱肋节段进行了拼装，实现了对

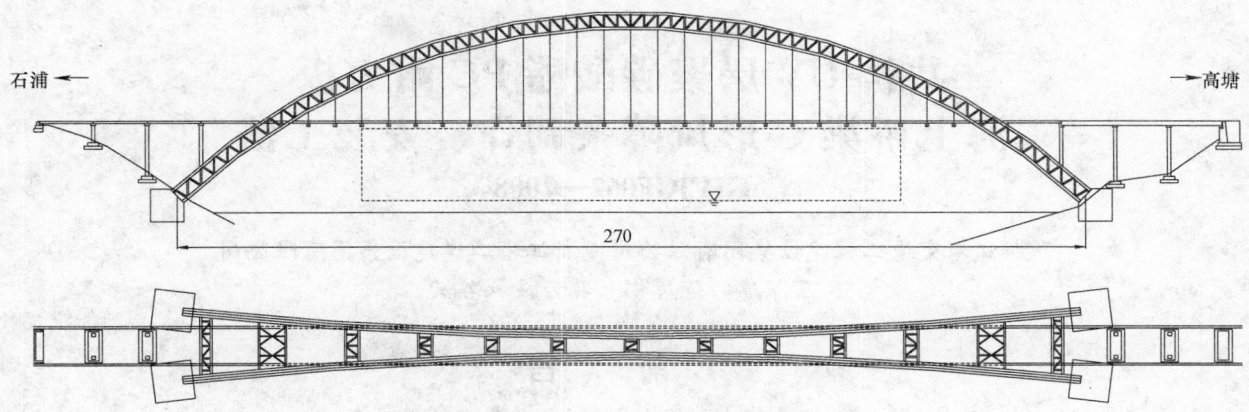

270

图 11.2 桥型总体布置图

位高程偏差 10mm、轴线偏差 16mm 的高精度合龙，过程中轴线偏位和标高均控制在规范和设计要求范围内。

11.3 月亮岛大桥

11.3.1 工程概况

本桥位于丹东市开发区，是丹东市鸭绿江江心月亮岛连接陆地的一座跨江桥梁，是座无推力钢管混凝土拱桥。大桥主跨为下承式钢管混凝土提篮拱，桥梁净跨径 194.2m，计算跨径 202m，矢高 37m，矢跨比为 1/5.46，结构形式为钢管混凝土系杆拱桥，吊杆间距 5m，主拱肋为 X 形拱，两片拱肋内倾角 11.57°，拱脚处间距 12.5m，拱顶处间距 5m，拱肋为桁架式钢管混凝土结构，弦杆为 ϕ1100mm 钢管，壁厚 12mm，材质 Q345C，腹杆为 ϕ500mm，壁厚 10mm，弦杆中心间距 3518mm，立面投影为 3500mm，两拱肋间设 13 道横撑并设有 K 字形连接系。

11.3.2 应用效果

利用本工法核心技术成功的对该桥钢管拱肋节段进行了拼装，从 2002 年 6 月开始拼装第一节段至 2002 年 8 月合龙卸扣完成，实现了对位高程偏差 5mm、轴线偏差 18mm 的高精度合龙，过程中轴线偏位和标高均控制在规范和设计要求范围内。

共挤 UV 层聚碳酸酯 PC 耐力板
海上桥梁 C 形风障条制作、安装工法

GJYJGF062—2008

浙江省交通工程建设集团有限公司　浙江省二建建设集团有限公司

王深建　范厚彬　孔万义　谷义

1. 前　　言

在海域上修建桥梁，由于所跨越的水域气象条件复杂，台风、龙卷风、雷暴及突发性天气时有发生，侧风很可能影响车辆行驶安全，甚至引起事故。给海上桥梁设置风障抗风系统是解决上述问题的有效途径之一。我公司与浙江省二建建设集团有限公司、浙江省海盐县华帅特塑料电器有限公司共同研究开发，采用原材料为聚碳酸酯的 PC 耐力板，共挤 UV 层，加工为 C 形风障条的工艺技术，并应用到杭州湾跨海大桥南、北航道桥风障条制作、安装中，取得了很好的效果，现总结编制成本工法。该工法关键技术经浙江省建设厅组织的专家组审核、鉴定，达到国内领先水平。该工法在 2008 年经浙江省建设厅组织的专家委员会审定、批准为省级工法。据权威查新机构查新：共挤 UV 层聚碳酸酯 PC 耐力板风障条制作安装技术属国内首次应用，填补了国内该方面的空白。

2. 工 法 特 点

2.1 施工成本低。采用此工法可以使风障条加工成本降低。

2.2 施工方便。采用该工法制作的风障条重量轻，便于搬运、钻孔，截断安装时不易断裂，施工简单，加工性能好。

2.3 延长寿命。在聚碳酸酯 PC 耐力板表面共挤一层防紫外线 UV 涂层，防止紫外线对 PC 的破坏，增强聚碳酸酯 PC 耐力板的耐久性，延缓老化，增加使用年限。

2.4 用于桥梁交通工程，安全性能好。首先是抗冲击性强：冲击强度是普通玻璃的 250～300 倍，是亚克力板材的 20～30 倍，是钢化玻璃的 2～5 倍，断裂的危险性低。其次是耐温性能高、不易变形，在 −40～+120℃温度范围内不会引起变形等品质劣化。其三是透光性能好，透光率达 80% 以上。

3. 适 用 范 围

适用于共挤 UV 层聚碳酸酯 PC 耐力板桥梁 C 形风障条的制作、安装。

4. 工 艺 原 理

对聚碳酸酯 PC 耐力板生产时共挤一层防紫外线的 UV 层，将板材在特定温度范围内进行加热，使之达到一定的可塑性，将其在模具上压制出设计需要的 C 形风障条形状。风障条两端各设置一个阻尼橡胶条，使得风障条与立柱接触受力均匀。安装阻尼橡胶条时，两端各空出 5mm 的空隙，以预留风障条膨胀伸缩的空间。

5. 工 艺 流 程 及 操 作 要 点

5.1 工艺流程

工艺流程见图 5.1。

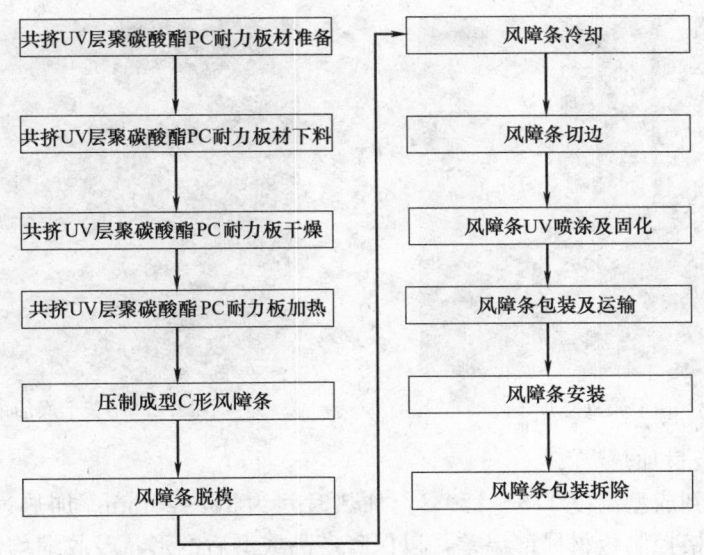

图 5.1　工艺流程

5.2　操作要点

5.2.1　共挤 UV 层聚碳酸酯 PC 耐力板材准备

PC 耐力板生产过程中，直接在其表面共挤 UV 层。PC 耐力板原材料为聚碳酸酯，应符合中华人民共和国化工行业标准《聚碳酸酯树脂》HG/T 2503—93 中的规定。图 5.2.1 为共挤 UV 层聚碳酸酯 PC 耐力板（以下简称"共挤 UV 板材"）生产现场。

图 5.2.1　共挤 UV 板材生产现场

5.2.2　共挤 UV 板材下料

根据 C 形风障条的尺寸，用精密切割机把整块共挤 UV 板材按需要尺寸切割下料。

5.2.3　共挤 UV 板材干燥

PC 耐力板在空气中往往会吸收水分，在进行热成型前须进行干燥，去除板材中留存的水分。干燥需严格按照拟定的参数，在恒温恒压的真空炉（图 5.2.3-1）里进行，其加热过程采用非线性升温方式，将炉温稳定在 150±3℃，干燥 22～36h。

对 PC 耐力板干燥还可消除板材残余应力，以便使板材在下一步加热处理工序中保持平整。图 5.2.3-2 为干燥后的 PC 耐力板。

图 5.2.2　共挤 UV 板材切割

图 5.2.3-1　干燥真空炉　　　　　　　　　图 5.2.3-2　干燥后的 PC 平板

5.2.4　共挤 UV 板材加热

将板材从室温加热到成型温度 175～180℃，加热时间为 18～25min。加热过程采用热循环加热板材。在此工序中，需严格控制板材局部温差，以保障产品成型后的形状及收缩均匀。

5.2.5　压制成 C 形风障条

将加热后的板材从加热箱中迅速取出放置在模具上压制。模具选用导热性能良好的铝模，并在使用前预热至 45℃后。模具的具体结构形式见图 5.2.5-1、图 5.2.5-2。

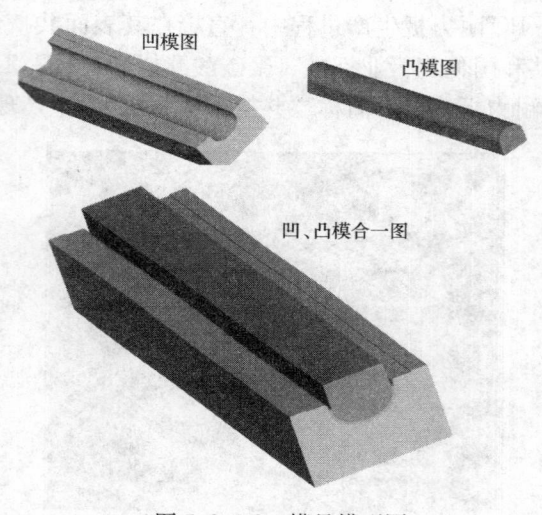

凹模图

凸模图

凹、凸模合一图

图 5.2.5-1　模具现场照片　　　　　　　　图 5.2.5-2　模具模型图

5.2.6　风障条脱模

风障条脱模前应先检查模具是否压制到位，脱模时间为 5～8min。

5.2.7　风障条冷却

风障条脱模后平置于恒温室内冷却，室内温度控制在 35±2℃，风障条冷却时间为 24h。

5.2.8　风障条切边（图 5.2.8）

考虑到共挤 UV 板材内应力作用等因素，为减少两条直边切割时向内不规则收缩，采用专用切边设备同时切割两条直边，使得产品两条直边的惯性矩及应力均等，防止产品变形。

5.2.9　风障条切口 UV 喷涂及固化

由于切边不能进行 UV 共挤，为了增强风障条抗老化性能，采用美国 GE 公司生产的 UVHC3000 对风障条切边断面进行喷涂。喷涂过后通过专用 UV 固化设备进行紫外线固化。

5.2.10　风障条包装及运输

为避免产品表面在运输、搬运等过程中划伤，在成型、脱模、冷却、切边、磨边等工序中粘贴及更换柔性 PE 保护膜。

5.2.11 风障条安装

风障条安装顺序为：先安装好风障条阻尼橡胶条，再采用夹板将风障条固定在风障立柱上，最后拧紧连接螺栓。图 5.2.11-1 风障条安装示意图。

1. 阻尼橡胶条安装

为了加大风障条在风障立柱上的接触受力均匀分布，在风障条两端各用了一个阻尼橡胶条。阻尼橡胶条有效地增加了风障条与风障立柱之间的贴合，也起到了保护风障条以及减振的作用。在安装阻尼橡胶条时，两端各空出

图 5.2.8　风障条切边

5mm 的间隙，给予风障条由于气温变化引起风障条膨胀伸缩的空间。图 5.2.11-2 为阻尼橡胶条的安装。

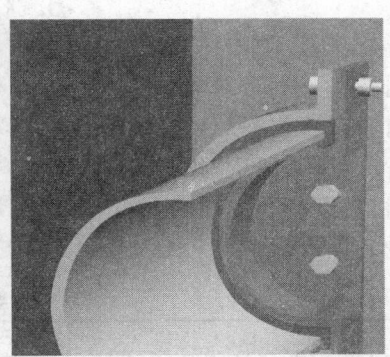

图 5.2.11-1　风障条安装示意图

图 5.2.11-2　安装阻尼橡胶

2. 风障条的安装（图 5.2.11-3）

将风障条边缘 10cm 范围内的包装打开，用夹板将风障条安装固定在风障立柱上，在螺栓与构件表面的接触面套上四氟垫片，以保护风障立柱构件表面涂装的防腐油漆，使螺栓孔位置更加密封，预防了积水对构件表面的腐蚀。

风障条安装时应做好保护，防止坠落海中。安装人员不得触摸风障条包装拆开部位，防止风障条表面污染和划伤。安装完毕后，包装暂不拆除，防止风障条表面划伤。

5.2.12　风障包装拆除

一联风障条安装完毕后，及时拆除包装，检查风障条表面质量，发现问题须及时更换。

图 5.2.11-3　风障条安装

5.3 劳动力组织

劳动力组织见表5.3。

劳动力组织 表5.3

工 种	人 数	职 责
施工负责人	2	整体负责现场施工
质检员	2	负责风障条加工和安装过程中的质量控制
安全员	3	负责风障条加工和安装过程中的安全管理
切割设备操作工	2	负责将PC平板切割成所需尺寸
加热设备操作工	3	负责加热设备的控制，并控制加热时间
成型设备操作工	4	负责成型设备的操作，控制冷却时间
切边工	5	负责将成型的风障条切割到设计尺寸，进行固化处理
安装工	25	负责将加工好的风障条安装到桥上相应的位置
普工	10	负责风障条加工和安装过程中装车、搬运等工作

6. 材料与设备

6.1 工程材料

主要工程材料有：共挤UV层聚碳酸酯PC耐力板、阻尼橡胶条、四氟乙烯螺栓垫片、专用连接螺栓、美国GE公司生产的UVHC3000等。

6.2 工程机具设备

主要机具设备见表6.2。

主要机械设备表 表6.2

序 号	机 械 名 称	规 格 型 号	单 位	数 量
1	精密切割机	MJ-2600	台	1
2	自制PC板加热设备	自制	套	1
3	自制风障条成型设备	自制	台	2
4	UV固化机	FC-6200	台	1
5	可移动支架	自制	台	4
6	套筒扳手等	M10	把	25

7. 质 量 控 制

7.1 质量技术要求

7.1.1 中华人民共和国化工行业标准《聚碳酸酯树脂》HG/T 2503—93。

7.1.2 C形风障条尺寸要求，其横断面形状见图7.1.2，其规格尺寸及偏差应符合表7.1.2规定。

7.1.3 风障条在大气环境中应具有较好的抗老化性能，其应符合表7.1.3的要求。

7.2 质量控制措施

7.2.1 PC耐力板加热前保证其充分干燥，防止风障条表面气泡产生。

7.2.2 加热须控制在规定温度范围之内，过冷或过热均会影响风障条外观质量。

7.2.3 压制过程中必须保持板材表面的清洁，防止灰尘吸附板材表面造成风障条出现气泡和污点。

7.2.4 共挤防紫外线涂层即UV单面厚度不得小于$70\mu m$，UV层在热成型过程中不得有明显的拉伸或擦伤痕迹。

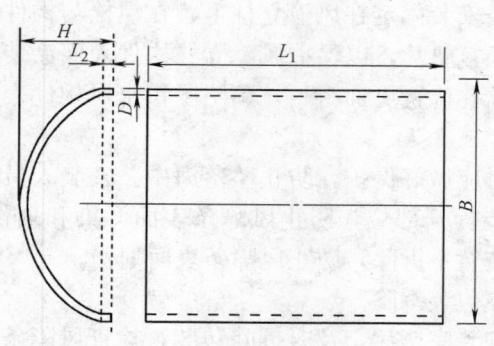

图7.1.2 风障条横断面形状

规格尺寸、密度及偏差（单位：mm）　　　　　　　　表 7.1.2

长度(L_1)		宽度(B)		厚度(D)		高度(H)		直边长度(L_2)
基本尺寸	偏差	基本尺寸	偏差	基本尺寸	偏差	基本尺寸	偏差	
2000	+5	220	+5	8	+0.50	86	±3.0	10
1875	−5		−3	10	−0.80			

风障条技术要求　　　　　　　　表 7.1.3

特性		单位	性能值	试验标准
物理性	密度	g/cm³	约 1.20	ASTMD792
	洛氏硬度		约 HRC119	ASTMD785
机械性	拉伸强度	MPa	≥60	ASTMD638 GB/T 1040
	压缩强度	MPa	≥80	ASTMD695 GB/T 1408
	屈服弯曲强度	MPa	≥95	ASTMD790 GB/T 0341
	简支梁缺口冲击强度	kJ/m²	≥50	GB/T 1043
	IZOD 冲击强度	J/m²	约 780	ASTMD256
	断裂伸长率	%	≥90	ASTMD638 GB/T 1040
耐热性	热变形温度	℃	≥130	ASTMD648 GB/T 1634
	脆化温度	℃	−135	ASTMD764
	线膨胀系数	10^{-5}/℃	约 6.7	ASTMD696
	热传导率	W/(m·K)	约 0.19	ASTMC177
	比热	10^3J/(kg·℃)	约 1.17	
	使用温度	℃	−40～+120	
光学性	折射指数(雾度)		约 1.58	ASTMD542
	全光线透过率	%	80～86	ASTMD1003
	黄变指数(3年)	%	≤5	

7.2.5 共挤 UV 板材在加工、运输、安装过程中不得有任何划伤、UV 层的破坏，以确保风障条的使用寿命。

7.2.6 风障条在安装过程中不得变形，产生内应力，影响风障条使用寿命。

7.2.7 组织各专业技术工人进行专项学习培训，熟悉操作规程，稳定班组，定人定岗。

7.2.8 落实质检、试验检测相关规定，确保原材料质量和工序操作质量。

7.2.9 定期维修、保养和标定机械设备，确保设备正常工作，稳定产品质量。

8. 安 全 措 施

8.1 接触到腐蚀性介质的肢体、衣物、工具等应及时清洗，若有不适，应及时治疗。

8.2 在使用电动、液压等工具作业时，要按《安全操作使用说明书》规范操作，安全施工。

8.3 高处作业中的安全标志、工具、仪表、电气设施和各种设备，必须在施工前加以检查，确认其完好，方能投入使用。

8.4 遇有 6 级以上大风、雷电、暴雨、大雾等恶劣天气而影响视觉和听觉的条件下或对人身安全无保证时，不允许进行高处作业。

8.5 施工人员必须佩戴安全防护用品，设置必须有安全警示标志。

9. 环保措施

9.1 有毒、易燃物品应盛入密闭容器内，并入库存放，严禁露天堆放。

9.2 施工下脚料、废料、余料要及时清理回收。

9.3 对机械设备应经常检查和维修保养，保证设备始终处于良好状态。

10. 效益分析

我国桥梁一直采用进口风障条，目前，2000mm×310mm 规格风障条进口价达 3000 元/块，且进口手续繁杂，运输周期长，一般施工企业需要委托相关进出口公司办理。

本工法完全实现了风障条国产化，每块风障条 2000mm×310mm 生产成本 1000 元人民币，比进口节约 2000 元/块，可随用随加工，不需要等待，也不需要过多地备料。因此，该工法具有非常明显的经济效益，同时也为工程进度提供了保证。

本工法在杭州湾跨海大桥首次应用，获得了成功，可降低风障范围内的风力 3～4 级，为杭州湾跨海大桥正常运营提供了有力的保障，社会效益显著。

11. 工程实例

工程实例一

杭州湾跨海大桥北航道桥风障条工程，工程于 2007 年 11 月 1 日开工，于 2008 年 1 月 23 日完工。北航道桥位于嘉兴海盐海域，地理、气候条件复杂，通航标准 30000t，桥面最大标高 58.98m。由于杭州湾跨海大桥地处钱塘江的喇叭口，如遇东风或东南风时，喇叭口将形成"窄管"效应，使得风力翻倍。为提高行车安全性，大桥采用了风障条减缓风速的设计理念。我公司承建了北航道桥风障条工程，采用本工法制作、安装了 2000mm×310mm 风障条 11760 块，取得良好效果，赢得了社会各界一致好评。

工程实例二

杭州湾跨海大桥南航道桥风障条工程，工程于 2007 年 12 月 1 日开工，于 2008 年 1 月 15 日完工。杭州湾跨海大桥地理、气候条件复杂，南航道桥位于宁波慈溪，通航标准 5000t，桥面最大标高 43.336m，桥面风力较大。我公司承建了南航道桥风障条工程，采用本工法制作、安装了 2000mm×310mm 风障条 6516 块，质量良好，得到了业主、设计、监理的认可。

大跨径桥梁钢塔柱施工工法

GJYJGF063—2008

湖南路桥建设集团公司　中国交通建设股份有限公司

张念来　刘晓东　彭力军　周湘政　马林　李宗平

1. 前　言

塔柱是悬索桥、斜拉桥的主要受力结构，目前世界上有混凝土塔柱，亦有钢塔柱。两者相比，钢塔柱体积小、自重轻，抗震性能好，施工工期短，质量易于保证，在大跨径桥梁领域发展前景十分看好。南京长江第三大桥设计采用了钢塔柱，湖南路桥建设集团公司在承建该桥的施工过程中，攻克了一系列的技术难题，研究了一套钢塔柱施工的方法，并总结形成工法。

2005年，由江苏省科学技术厅组织，对"南京长江第三大桥主墩钢塔柱施工技术研究"成果进行了鉴定，认为该项技术成果"具有重大的创新性，总体上达到了国际先进水平，具有较大的社会经济效益和显著的推广应用价值"。该成果2006年获"中国公路学会科学技术特等奖"，2007年获"国家科学技术进步二等奖"。

2. 工 法 特 点

2.1　本工法采用新型自立式塔吊和新研发的可调式专用吊具，解决了钢塔柱架设超重超大构件、超高空吊装、空中调整姿态、精确对位的要求，具有操作简单、安全可靠、工期短、降低总体造价等特点。

2.2　针对钢塔柱的结构特点，通过一系列措施，如采用主动横撑平衡斜塔内倾、设置可调整节段消除累计误差、巧妙布设近距离测控点提高放样精度、无应力安装钢横梁等，使钢塔柱施工的质量可控性大为提高。

2.3　对于由混凝土下塔柱向钢塔柱过渡的"钢—混结合段"，采用分次定位、逐步逼近的方法，用扁形液压千斤顶作为微调装置，有效降低了钢塔基础节段在混凝土结构中精确定位的施工难度，工艺可靠，方法新颖。

3. 适 用 范 围

本工法适用于大跨径斜拉桥、悬索桥的钢塔柱架设和其他类似结构的架设安装。

4. 工 艺 原 理

本工法总体上按照"在工厂分节段加工制造，在桥位分节段吊装，现场控制架设精度"的工艺原理，实施钢塔柱施工。采用MD3600T·M自立式塔吊和"可调式专用吊具"作为吊装设备，将钢塔柱节段吊至设计位置，在导向装置的引导下实现节段之间的精确对接，测量调整好空间位置后完成高强度螺栓施工，逐节段安装直至完成整个钢塔柱的施工。钢塔柱在桥位的架设是再现工厂制造精度的过程，根据钢塔柱结构外形特点、施工阶段受力特性，分析影响精度控制的因素，采取"预先判断，主动干预"的方法进行控制。对于钢塔柱埋设于混凝土结构中的基础节段，采用"分次定位，逐步逼近"

的方法满足精度要求。

5. 施工工艺流程及操作要点

5.1 本工法介绍的钢塔柱为门式框架结构，下塔柱和下横梁为钢筋混凝土结构，下横梁以上为钢结构，由钢锚箱、钢塔首节、标准节段、调整节段、上横梁和顶节组成。钢锚箱是塔柱由混凝土结构向钢塔柱过渡的关键构件，下端埋设于下塔柱混凝土中，上端直接与钢塔连接。钢塔柱构造及精度控制流程见图 5.1。

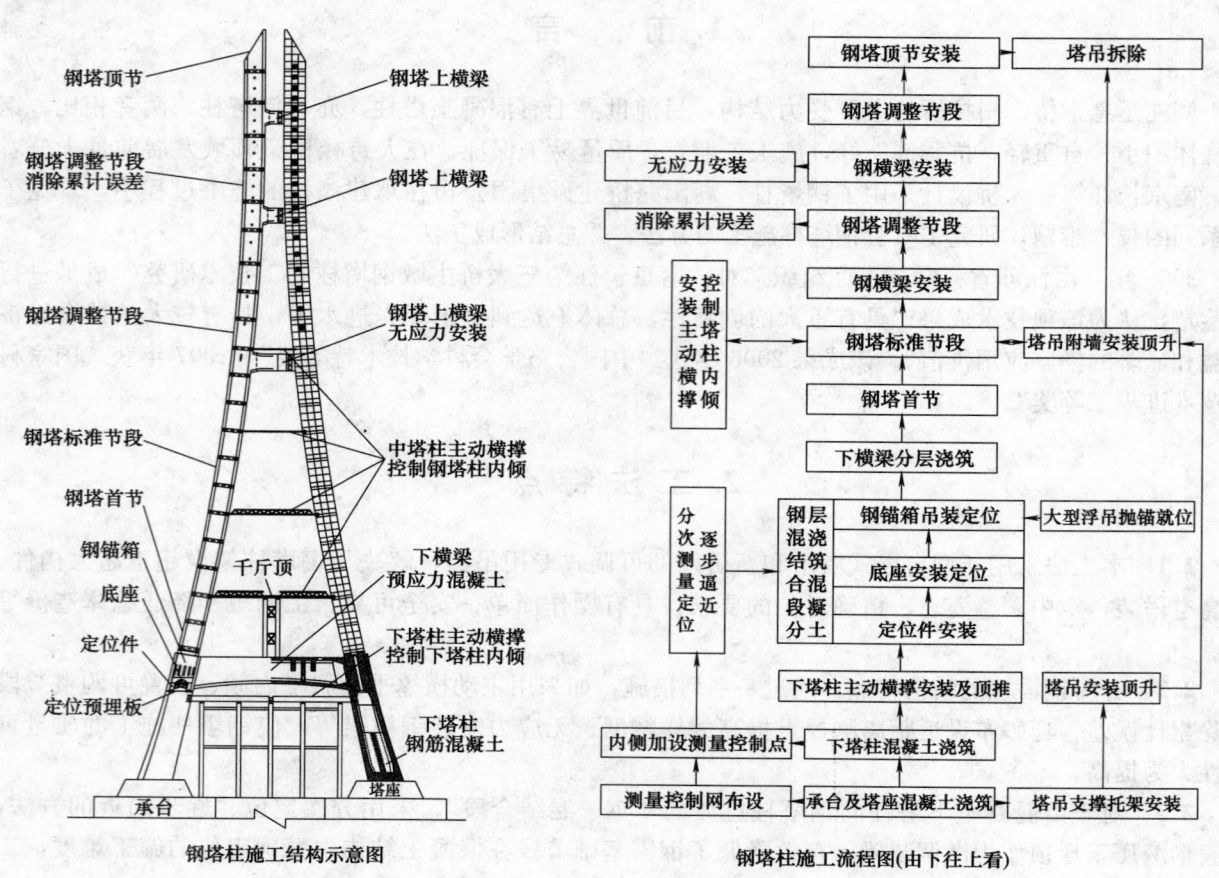

图 5.1 钢塔柱构造及精度控制流程

5.2 钢塔柱施工工艺流程见图 5.2

5.3 施工准备

5.3.1 钢塔柱节段加工制造、运输至桥位

1. 钢塔的节段在工厂完成加工制造，用船运输到桥位。

2. 钢塔节段间的工地连接方式为：节段端面金属接触率与高强度螺栓共同受力。

5.3.2 建立测量控制网

柱架设前，必须建立国家二等平面控制网和高程控制网，为钢塔柱架设测量做好准备，测量控制网见图 5.3.2。

5.3.3 起重设备及吊具

1. 大型浮吊

根据实际吊装高度及重量，选择适合的浮吊，提前进入施工现场，抛锚就位，做好吊装准备。一般靠近水面较近的构件采用浮吊吊装，如钢锚箱、钢塔柱首节。首节钢塔柱吊装见示意图 5.3.3-1。

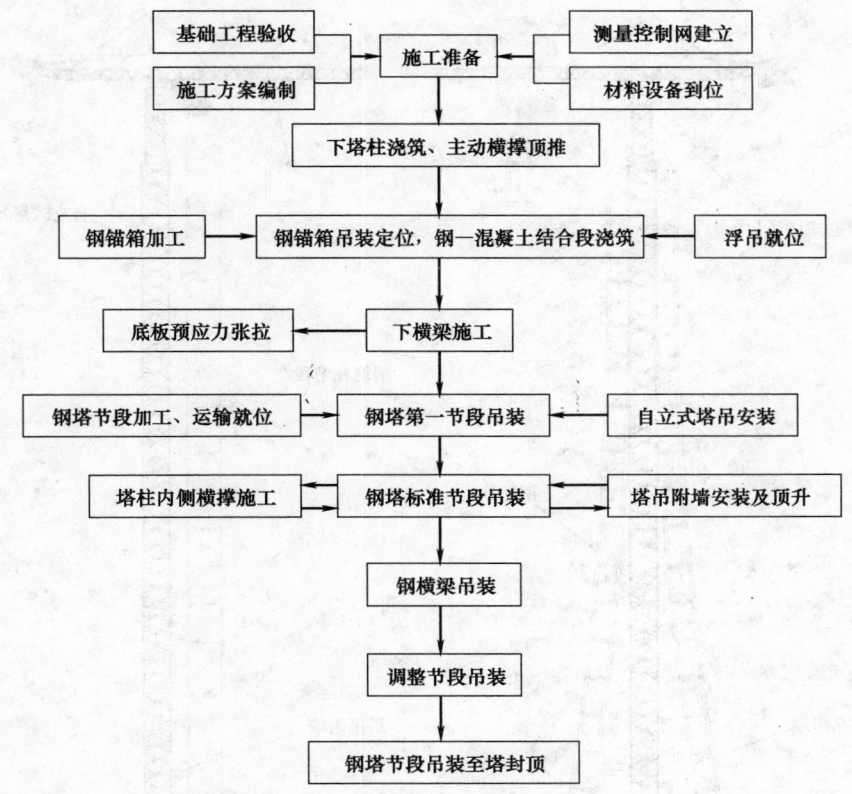

图 5.2　钢塔柱施工工艺流程

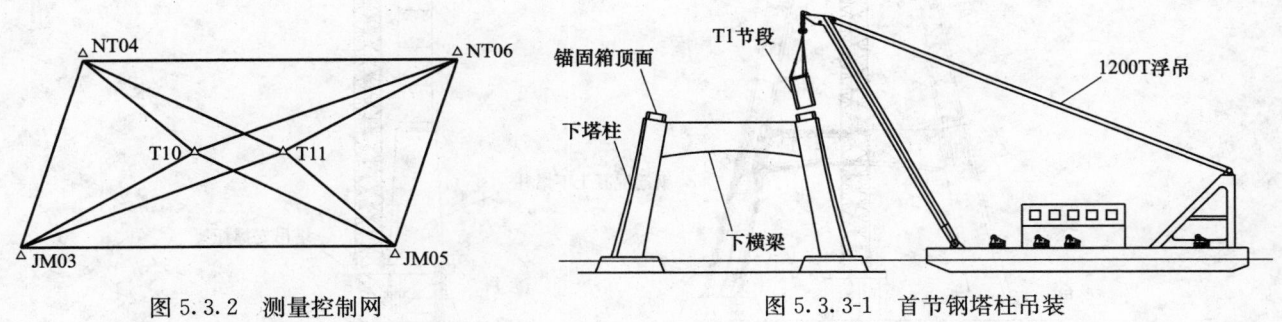

图 5.3.2　测量控制网　　　　　　图 5.3.3-1　首节钢塔柱吊装

2. 自立式塔吊

塔吊的选型要考虑到钢塔柱的安装特点，还要求对吊钩的控制操作准确、制动平稳。自立式塔吊总体布置见示意图 5.3.3-2。

本工法采用的 MD3600 塔吊，由支撑托架、顶升系统、动力系统组成。

塔吊的安装与下塔柱施工平行作业，以节约工期。

支撑托架在现场加工制造，立足于承台顶面，由纵梁、支腿、斜撑及连接横梁组成。由于塔吊位于钢塔柱一侧，为控制托架沉降量，在托架另一端设置预应力，施加一个平衡力矩。预应力上端锚固于托架顶面，下端锚固于承台内。

塔吊的顶升与钢塔柱吊装交替进行，尽量避免占用关键工期。塔吊附墙杆与钢塔柱连接，依靠钢塔柱保持稳定。

塔吊正式启用前，必须进行 125% 荷载试验，以确认吊机安全性。

3. 专用吊具

本工法采用的吊具，由钢丝绳、伸缩油缸和吊耳连接框组成。通过钢丝绳与吊耳连接框之间的可伸缩油缸，使钢塔柱节段在起吊后，实现空中调整姿态，以利于端面的精确对接。吊具与钢塔柱之间

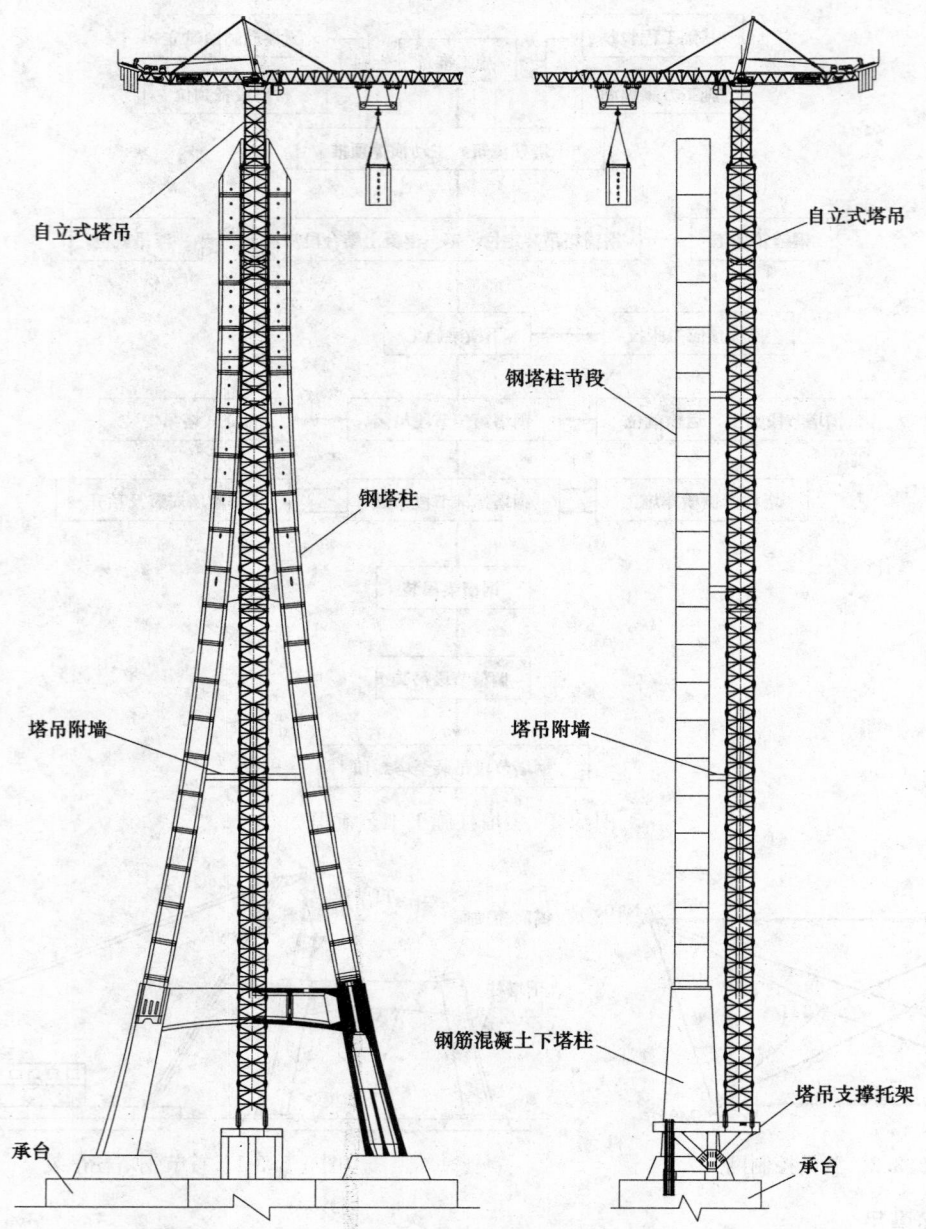

图 5.3.3-2 自立式塔吊布置图

采用耳板销接方式连接，以方便拆卸。钢塔柱"可调式专用吊具"如图 5.3.3-3。

5.4 钢塔柱施工要点

5.4.1 下塔柱浇筑，主动横撑顶推

钢锚箱设在下塔柱顶端与下横梁的结合部，下塔柱上端的空间位置会直接影响钢锚箱的定位精度。对于向内倾斜的下塔柱，必须设置主动横撑，以抵抗塔柱内倾。横撑在中间断开，为千斤顶施加顶推力预留槽口。

用千斤顶分级施加顶推力，同步进行塔柱根部的应力测试，并对塔柱顶端的空间位置进行测量监控，达到设计要求后，固接横撑。下塔柱主动横撑见图 5.4.1。

5.4.2 钢—混结合段施工，钢锚箱精确定位

钢—混凝土接合段是塔柱由混凝土向钢塔柱过渡的部分。钢锚箱作为过渡的关键构件，下端埋设于混凝土中，上端直接与钢塔柱连接，其在混凝土中的定位精度，对钢塔架设精度起着决定性的作用。钢混结合段见图 5.4.2-1。

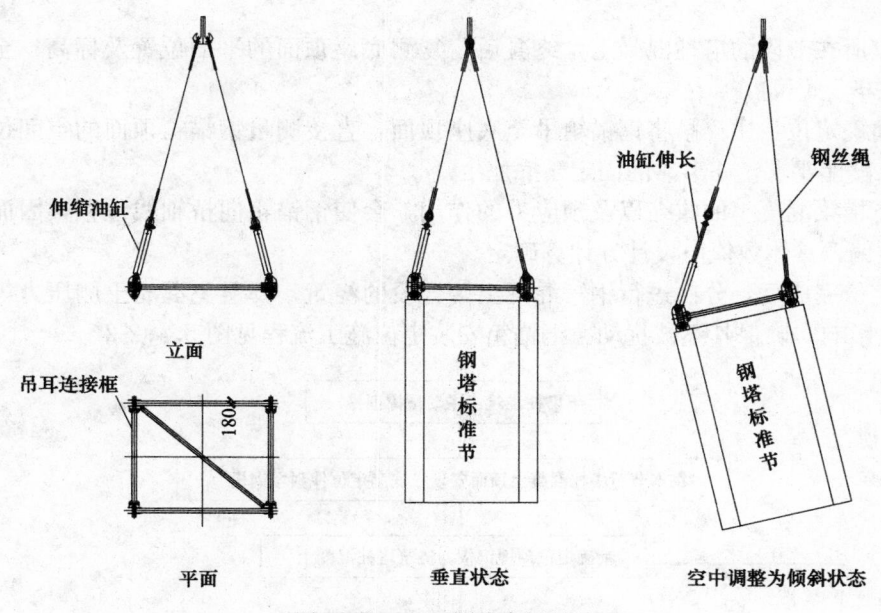

立面

吊耳连接框

180

平面

垂直状态

空中调整为倾斜状态

图 5.3.3-3　可调式专用吊具

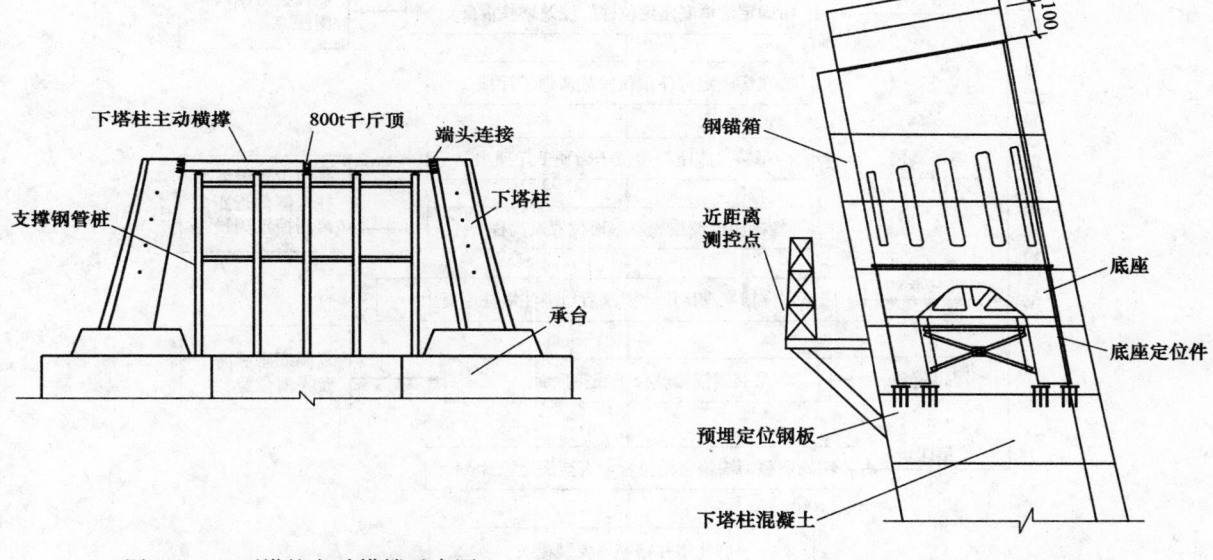

图 5.4.1　下塔柱主动横撑示意图

图 5.4.2-1　钢—混结合段

施工中，采用"分级定位，逐步逼近"的方法，来保证钢锚箱的定位精度。按先后顺序，通过安装预埋钢板、定位件、底座，逐步提高钢锚箱安装的精度，并最终达到设计要求。

由于钢锚箱与底座对接，因此底座的定位精度非常关键，具体操作方法如下：

1. 在塔柱内侧设立近距离测控点，可直接观测底座顶面的高程和平面位置。测控点如图 5.4.2-1 所示。

2. 在底座 4 个角点下，垫入扁形千斤顶，用于调整顶面高程；用横向千斤顶调整平面位置。

3. 标高调好后，固定扁形千斤顶，以避免调整平面位置时，该千斤顶随底座平移，导致已经调好的标高发生变化。

4. 在由 4 个扁千斤顶构成的水平面上，对底座的平面位置进行调整。按照先标高后平面的方法循环调整测量，直至其空间位置逐步接近并满足设计要求。空间位置调好后，将底座焊接于定位件上，注意要用小线量焊机，严格对称施焊，并采用间断焊的形式，最大限度地控制焊缝收缩对底座空间位置的影响。

5. 浇筑底座所在节段的塔柱混凝土，终凝后，复测底座顶面的平面位置及标高；至此，钢锚箱的安装基础建立完毕。

6. 钢锚箱精确定位：用浮吊将钢锚箱吊至底座顶面，直接测量钢锚箱顶面的空间位置，用千斤顶调整，直至满足设计要求，并牢靠的固定于底座上。

7. 考虑到下横梁混凝土的收缩以及预应力的作用，会使钢锚箱向桥轴线位移，因而在钢锚箱定位时，要向外侧预偏，具体数值由设计方计算确定。

8. 钢锚箱定位完成后，分次进行钢—混凝土接合段的浇筑，要避免混凝土侧压力等外力对钢锚箱的空间位置产生影响，确保其不被扰动。钢锚箱安装定位施工流程见图 5.4.2-2。

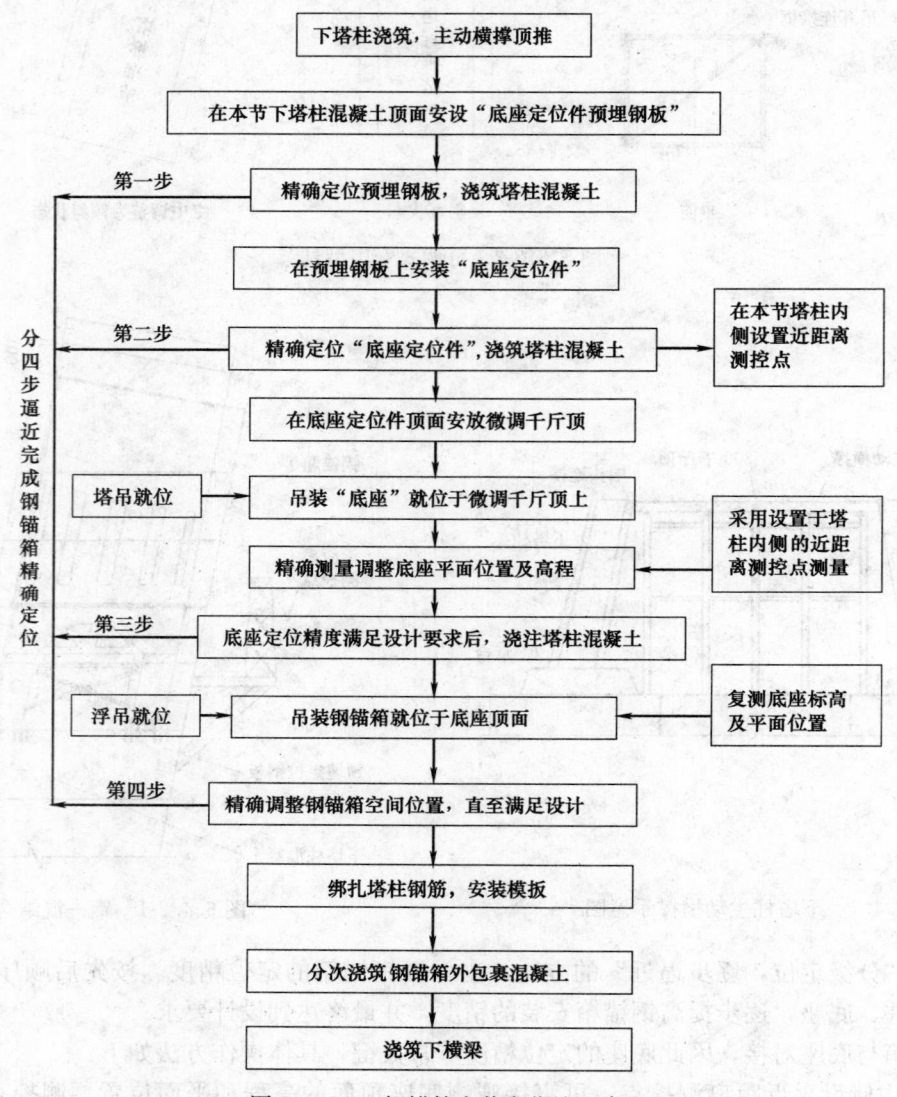

图 5.4.2-2　钢锚箱安装定位施工流程

5.4.3　下横梁浇筑

1. 下横梁两端与钢—混结合段连接，且必须在钢—混结合段完成后进行浇筑，其混凝土的收缩和预应力张拉，是影响钢塔架设精度的重要因素。

2. 下横梁现浇支架的搭设应和下塔柱的浇筑同步进行，以节约工期。

3. 分两次浇筑下横梁，第一次浇筑后，完成底板及腹板一部分的预应力张拉，以抵抗自重引起的弯矩。

4. 下横梁第二次浇筑完成后，待钢塔柱吊装到第一道上横梁安装完，钢塔柱从悬臂状态转为门形框架结构后，再进行剩余预应力的张拉，以避免对钢塔柱的架设精度产生影响。

5.4.4 钢塔第 1 节段安装

1. 钢塔第 1 节段（T1）吊装前，对钢锚箱（T0）上口进行轴线及倾角的测量。

2. 与标准节段间靠金属接触率传递竖向压力不同，T1 和 T0 之间的接口设计为高强度螺栓传递，因此可在 T0 上口加垫薄钢板，以调整 T0 上口的定位误差。

3. 由于 T1 自重在所有钢塔节段中是最大的，且距离水面的高度不大，因而采用大型浮吊进行吊装就位。

5.4.5 钢塔标准节段安装

1. 标准节段采用自立式塔吊进行吊装，吊具与安装 T1 时相同。

2. 标准节段之间的对接，要使钢塔柱在工厂预拼装匹配时所做的对位线，在桥位安装时得到还原，端面之间的金属接触率得到保证。

3. 为顺利对接，在已安装节段与待安装节段间安装匹配件。节段吊装就位时，依靠匹配装置实现上下节段横桥向与顺桥向的导向对正。

4. 在测量时，将塔吊吊臂沿横桥向放置，并吊配重块平衡，消除塔吊附着对钢塔柱的影响；选择在夜间温度稳定的时间段进行测量，消除日照不均的影响。标准节段安装见图 5.4.5-1。

5. 安装时，应使已架设节段的拼接板处于"V"字形敞开状态（图 5.4.5-2），通过木制隔块及长螺栓进行临时固定。

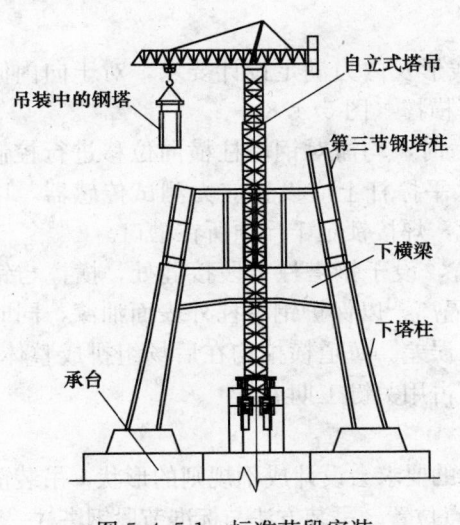

图 5.4.5-1　标准节段安装

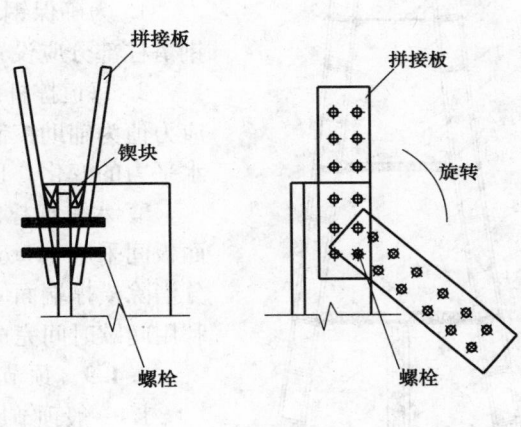

图 5.4.5-2　拼接板呈"V"字形张开

5.4.6 调整节段安装

1. 调整节段的定义：该节段的下口与标准节段之间，通过高强度螺栓传力，对端面接触率不做要求，以增加调整其上口空间位置的自由度，从而消除加工制造及安装等累积误差。

2. 设计者将钢横梁与钢塔柱结合部节段设置为调整节段。这样经过调整消除了累积误差，随即安装钢横梁，形成门架，巩固控制成果。

3. 根据前两个节段的顶口空间位置，提早确定调整节段的端面加工及接口拼接板的配孔信息，以给出加工时间。

4. 调整节段的吊装就位方法与标准节段一致。

5.4.7 钢横梁安装

1. 钢横梁采用无应力安装，即钢横梁不受钢塔柱误差的影响，同时钢横梁安装后也不影响钢塔柱的精度，这样才能保证钢横梁安装前后的精度可控性。钢横梁与钢塔柱的连接见图 5.4.7。

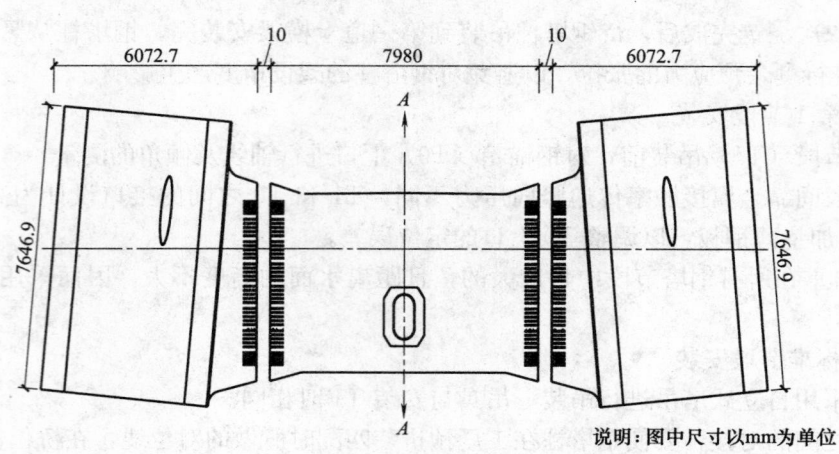

说明：图中尺寸以mm为单位

图 5.4.7　钢横梁

2. 为安全性起见，钢横梁吊装应在白天进行。待夜间温度降下来以后，测量钢塔柱上口的偏位情况，先将偏位较小的一端与钢横梁匹配连接；进一步测量观察，直至另一端偏位受日照影响消除后，再进行合龙匹配连接。

3. 钢横梁安装施工的顺序：先完成对应钢塔柱节段的架设——安装主动横撑控制上下游塔柱间的相对距离——吊装钢横梁进入合龙口——两端与钢塔柱连接。

5.4.8　横撑施工

1. 为确保钢塔柱横向线形及内力满足设计要求，对于向内倾斜的钢塔柱部分应设置主动水平横撑（图 5.4.8）。

2. 每道撑杆施加水平力时，均需对钢塔柱横向位移进行控制，内应力值为辅助控制指标。水平撑杆上应设置应力测试传感器，以监控水平力的变化。顶推完成后，焊接锁定千斤顶所在槽口。

3. 水平横撑的顶推位置，设于钢塔柱节段接缝处，横撑与钢塔柱面板间采用δ10mm橡胶板隔离，以保护钢塔柱外表面油漆，同时可部分消除横撑端面倾角的加工误差。每道横撑均在后场组拼成整体桁架，利用间歇时间完成安装，不占用关键工期。

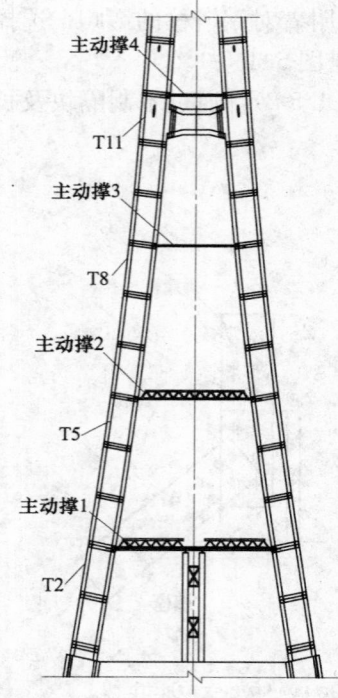

图 5.4.8　钢塔柱主动横撑

5.4.9　顶节安装

1. 一般顶节因钢塔造型的要求会设计成不规则的形状，吊装前必须找到重心位置，并设计好吊点位置。吊装方法与标准节段钢塔柱一致。

2. 在顶节预留上部构造的施工设施，为下道工序做好准备。

6. 材料与设备

6.1　材料

本工法本身不涉及原材料的使用，桥梁结构所使用的材料要符合国家规范，各项技术指标按照有关规定检验合格后方可使用。

6.2　仪器设备（表 6.2）

主要仪器设备　　　　　　　　　　　　　　　　　　　　　　　　　　　　表 6.2

设备名称	型号	指标	数量	鉴定情况
浮吊	镇航工 818	1200t 固定扒杆、最大起吊高度 65m	1 台	
自立式塔吊	波坦 MD3600	最大起重量 160t，力矩 3600t·m	1 台	

续表

设备名称	型号	指标	数量	鉴定情况
液压千斤顶	RSM-100	油缸行程20mm	8台	自检
全站仪	Leica TCA2003	测角:0.5″测距10^{-6}m	1台	鉴定并自检
经纬仪	WILD T3	测角:1″	1台	鉴定并自检
精密水准仪	SOKKIA PL1	0.2mm/km	2台	鉴定并自检
平差软件	科俊地面控制测量数据处理系统		1台	鉴定

7. 质量控制

7.1 本工法执行的主要规范、规程、标准

《公路工程技术标准》JTG B01—2003

《公路桥涵设计通用规范》JTG D60—2004

《公路桥涵钢结构及木结构设计规范》JTJ 025—86

《公路斜拉桥设计细则》JTG/T D65-01—2007

《桥梁用结构钢》GB/T 714—2000

《公路桥涵施工技术规范》JTJ 041—2000

《国家三角测量规范》GB/T 17942—2000

《中、短程光电测距规范》GB/T 16818—1997

钢塔柱施工的质量控制，重点是安装精度的控制，其方法已在"5. 施工工艺流程及操作要点"中详细论述，这里不在赘述。

7.2 钢塔柱制造加工、安装定位精度（表7.2-1、表7.2-2）

钢塔柱制造精度的主要控制参数　　　　　　　　　　　　　　　　表7.2-1

精度控制参数			允 许 值
塔柱节段组装及端面机加工误差	截面长度		±2mm
	截面宽度		±2mm
	对角线		±3mm
	节段高度		±1mm
	端面对轴线的垂直度		2/1000
	扭曲		±3mm
	弯曲度		
	端面粗度		12.5μm
预拼装	全长		±2.0mm×n
	垂直度		1/10000
	相邻端面错边量		2mm
	端面金属接触率	壁板	50%
		腹板	40%
		加劲肋	25%

钢塔柱架设的主要精度控制参数　　　　　　　　　　　　　　　　表7.2-2

精度控制参数		允 许 值
安装高度		±2.0mm×n
垂直度	顺桥向	H/4000
	横桥向	H/4000
对接口板错边量		2.0mm
两塔柱中心距		±4.0mm
端面金属接触率	壁板	≥50%
	腹板	≥40%
	加劲肋	≥25%

8. 安 全 措 施

8.1　本工法执行的主要安全规范有
《建筑施工安全检查标准》JGJ 59—99
《建筑施工高处作业安全技术规范》JGJ 80—91
《建筑机械使用安全技术规程》JGJ 33—2001
《施工现场临时用电安全技术规范》JGJ 46—2005

8.2　吊装安全措施
钢塔柱吊装过程中，必须由专业的指挥人员负责现场指挥，防止挂碰邻近物体。要注意检查起重设备的控制系统、吊钩、钢丝绳等是否完好。起重物下严禁站人。高处作业面必须设置防护栏杆、安全网等设施，防止高空坠落。

8.3　用电安全
施工现场临时用电必须由持证电工专管，临时用电线路采用三相五线制。三级配电，二级漏电保护。

8.4　在恶劣的天气情况下，严禁以下作业（表 8.4）

作业中止的天气指标　　　　　　　　　　　　　表 8.4

作业项目	风速	降雨量	能见度	备注
塔吊的安装与拆卸	8m/s	1mm/h	1000m	有降雨预报时,原则上应中止施工
钢塔架设	10m/s	1mm/h	300m	
高强度螺栓施拧	10m/s	1mm/h	100m	
塔吊的接升、降下	8m/s	1mm/h	300m	
脚手架的组装、拆卸	8m/s	降雨时	300m	

8.5　抗振措施
为减小钢塔柱架设施工过程中的风振，保证结构安全，设计者做了专项的减振装置设计。在塔柱安装到一定高度后，设置 TMD 减振器；在上横梁顶面设置 TLD 减振器，以增加钢塔柱自振阻尼。

8.6　冬雨期施工要点
8.6.1　冬期施工安全重点在于低温情况下，加强户外作业人员的防冻措施，配发保暖性能好的劳护用品，如冬季安全帽、工作棉袄、防冻手套等。

8.6.2　加强人行通道的防滑措施，在易结冰的路面、楼梯等处铺设草袋；加强临边、孔洞周围的栏杆防护。

8.6.3　低温天气作业前，应提前预热各种机械设备，做好设备的防冻处理。

8.6.4　雨期施工应注意保证测量仪器的防潮，带好雨伞。

8.6.5　钢塔柱内设置泄水通道，防止积水腐蚀钢构件。

8.6.6　雨天应避免进行露天的焊接作业，电焊工应佩带绝缘手套和绝缘鞋作业。

8.7　高温天气作业要点
高温天气作业应注意防暑降温，尤其对高空作业人员在上岗前应观察其精神状态，严禁疲劳作业和带病工作。

8.8　夜间作业要点
8.8.1　由于钢塔柱的测量一般选择在夜间进行，因而要做好夜间的安全防护工作，重点是加强人行通道的照明。

8.8.2　施工人员应穿着颜色鲜明的工作服，使得人在光线不充足的地方能引起注意。

8.8.3　塔吊顶部应按规定打开防空灯。

8.8.4 施工现场应配备发电机备用电源，防止夜间作业过程中突然停电造成事故。

8.9 水上作业施工要点

8.9.1 大型浮吊抛锚作业前，应制定详细的施工计划，与航道海事管理部门取得沟通，达成协议，在作业过程中，由海事部门派出监督艇，对过往船只进行疏导，避免作业受到干扰，同时也保护过往船只的安全通行。

8.9.2 钢塔柱节段在工厂预制加工，通过船运至桥位，靠泊在主墩两侧等待安装。由于单个钢塔柱节段重心高，因此必须设置专用的底座，通过螺栓强制固定于船舶的甲板上，以防在运输过程中发生倾覆。

8.9.3 定期检查船舶的各项性能，做好防锈保养措施；应安排专人检查，严防船舱进水。

8.9.4 所有临近水面的作业人员必须规范穿着救生衣。

8.9.5 夜间停靠在主墩侧的船舶必须开启航行灯。

9. 环 保 措 施

9.1 油污、机械废油处理

9.1.1 钢塔柱吊装作业的油污，主要来源于运输船舶的废弃机油，应严格执行定期登记检查清理制度，确保废弃机油按规定收集，并转至指定地点。

9.1.2 定期检查专用吊具的液压油缸的密封件，防止泄漏污染钢塔柱及江水。

9.2 钢塔柱涂装材料的处理：应妥善回收处理现场涂装材料的容器，如油漆桶、溶剂瓶等，防止掉入江中污染水质。

9.3 河流水质保护

9.3.1 在混凝土塔柱浇筑过程中，应采用封闭的管道输送混凝土，避免水泥、减水剂等材料污染河水。

9.3.2 严格管理施工垃圾，集中处理回收。

10. 效 益 分 析

10.1 经济效益

经比较，采用自立式塔吊进行钢塔柱安装，相对"附着式吊机"可提高功效1.4倍，以南京三桥为例可缩短工期约40d，产生综合经济效益约1600万元。

10.2 社会效益

该工法填补了大跨径桥梁钢塔柱施工技术空白，为提高我国在超大跨径桥梁建设领域的技术水平作出了贡献。其技术的可靠性，为南京三桥钢塔柱的施工质量提供了有力的保证。

10.3 节能和环保效益

由于采用钢塔柱施工，避免了混凝土塔柱对长江水造成污染；减少了水上作业时间，降低了对航道的干扰。

11. 应 用 实 例

在南京长江第三大桥钢塔柱施工中的应用

11.1 工程概况

南京长江第三大桥是中国五纵七横主干线中上海—成都干线经过南京，跨越长江的特大型桥梁，该桥位于距南京长江大桥上游约19km处的大胜关附近。

南京三桥主桥为钢塔钢箱梁双索面五跨连续斜拉桥，其跨径布置为 63m＋257m＋648m＋267m＋63m。塔柱为"人"字形塔，塔柱外侧圆曲线部分半径 720m，高 215m，设四道横梁，其中下塔柱及下

图 11.1　南京长江第三大桥全景

横梁为钢筋混凝土结构，其他部分为钢结构，在国内尚属首创。下塔柱高 36.318m，钢塔柱高 178.682m。

除钢混结合段外，一个钢塔柱分为 21 个节段，大部分节段高度为 8m。南京长江第三大桥见图 11.1。

11.2　工法应用效果

南京三桥于 2002 年 12 月 24 日举行奠基仪式，2003 年 8 月主桥全面开工。2004 年 6 月 25 日塔柱基础承台完成，10 月 26 日南塔下横梁完成，11 月 1 日正式开始钢塔柱节段的安装，12 月 29 日顺利封顶。2004 年 12 月 12 日开始钢箱梁安装，2005 年 5 月 22 日合龙。2005 年 10 月全桥通车。南京三桥实际工期不到两年半，比原计划提前了近两年。

经检验，南京三桥钢塔柱各项质量指标均满足设计要求，垂直度最大偏差为 1/6800，远小于 1/4000 的设计允许偏差值。2007 年，南京三桥荣获"第七届中国土木工程詹天佑奖"和第 24 届国际桥梁年会大奖"古斯塔夫斯·林德恩斯奖"。

桥梁深水基础钢护筒与钢套箱组合刚构平台施工工法

GJYJGF064—2008

湖南路桥建设集团公司

陈明宪　刘晓东　彭力军　欧阳钢　石柱

1. 前　　言

在跨江、跨海大型桥梁建设中，对于深水急流大型基础的施工，以往采用钢围堰、沉井的施工方法，但这些方法存在结构庞大，劳动强度大，工期长，造价高等明显缺点。

南京长江第三大桥南塔墩，位于长江下游南京段主航道深泓区，最大水深超过50m，平均流速2.5m/s，最大流速2.9m/s，基础平面尺寸84m×29m。湖南路桥建设集团公司在承建该桥的过程中，创造性的采用了"钢护筒与钢套箱组合刚构平台"的基础施工新技术，经总结形成本工法。

2005年12月经湖南省科技厅组织技术鉴定，认为该技术成果具有重大创新性，是对传统深水基础设计和施工的重大突破，达到国际先进水平。其经济、社会效益显著，具有广泛的推广应用价值。

该技术成果2006年获"中国公路学会科技特等奖"，"湖南省科技进步一等奖"。2007年获"国家科学技术进步二等奖"。2007年，南京长江第三大桥荣获第24届国际桥梁年会大奖"古斯塔夫斯·林德恩斯奖"和"第七届中国土木工程詹天佑奖"。

2. 工 法 特 点

2.1　本工法解决了深水基础施工的难题，将高桩承台基础形式成功应用于深水急流中，克服了以往采用钢围堰或沉井施工所存在的工期长、劳动强度大、投入大等缺点，使深水急流基础施工更为安全可靠、工期短、造价省。

2.2　钢护筒与钢套箱组合刚构平台是将施工临时结构与永久结构合二为一，与钢围堰、沉井比较，材料用量节省，施工费用减少，造价降低。

2.3　利用钢护筒与钢套箱组合刚构平台进行深水基础施工，结构阻水面积小，冲刷小，可在洪水期开工，用一个枯水期完成基础施工，缩短了工期。

2.4　采用大直径的钢护筒作为平台支承结构，与传统的小直径钢管桩平台相比较具有刚度大的特点，而钢套箱底板对钢护筒的夹持作用，减少了钢护筒的自由高度，进一步加强了整个体系的稳定性。

3. 适 用 范 围

适用于桥梁深水基础，特别是水深流急条件下的大型高桩承台基础施工。

4. 工 艺 原 理

本工法的关键技术原理就是将高桩承台基础施工中的钢护筒、钢套箱有机结合，充分利用钢套箱的结构刚度及自浮能力和钢护筒的自身刚度，共同形成稳定的深水钻孔桩施工作业平台。首先利用导向船锚碇系统稳定浮式钢套箱，并在水中准确定位，然后利用钢套箱作导向，打设定位钢护筒至覆盖层内稳定深度，再将定位钢护筒与钢套箱固结，形成安全、稳定的刚构平台，最后利用已形成的刚构平台进行其余钢护筒的打设以及桩基和承台的施工。

5. 施工工艺流程及操作要点

5.1 施工工艺流程（图 5.1）

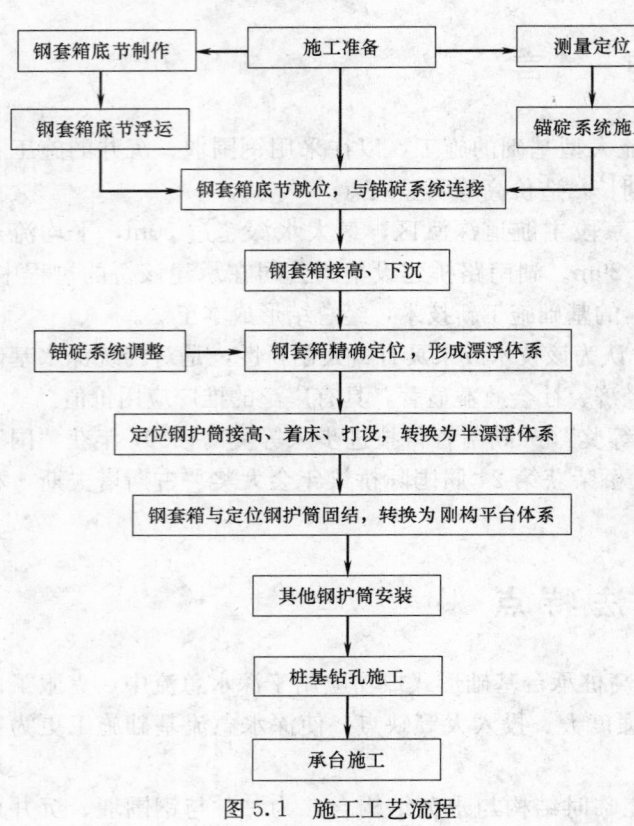

图 5.1 施工工艺流程

5.2 操作要点

5.2.1 总体构造

钢护筒与钢套箱组合刚构平台及锚碇系统总体构造见图 5.2.1-1。

1. 锚碇系统

锚碇系统由定位船、导向船组、锚碇三大部分组成。定位船及导向船自浮为整个系统提供竖向支撑，锚碇在水下锚固于河床覆盖内，为系统提供抵抗水流推力的水平约束。船体与锚碇之间由锚缆联系，共同组成一个能在急流深水中保持空间稳定位置、并能对位置进行调整的工作系统，为钢套箱在水中的定位提供约束。锚碇系统布置见图5.2.1-1。

2. 钢套箱

钢套箱设计为双壁结构，具备自浮能力。为实现钢套箱对钢护筒的导向夹持作用，在钢套箱上口设置大型钢梁，顺桥向跨越钢套箱顶口，通过钢梁将定位钢护筒上口与钢套箱联结成整体；在钢套箱底板开设钢护筒预留孔，孔周边设置喇叭形导向板和导

向滚轮，作为钢护筒下放时的导向及夹持装置。

3. 钢护筒

钢护筒作为桩基钻孔和灌注水下混凝土的围水结构，在本工法中被用来构成刚构平台竖向支承桩。在刚构平台建立过程中，选取远离桥轴线对称位置的钢护筒作为定位钢护筒，见图 5.2.1-2 中所示。南京长江三桥南塔钢护筒直径 3360mm，壁厚 20～30mm。

4. 刚构平台

钢护筒与钢套箱组合刚构平台形成的总体步骤是：

1）布设锚碇系统，为钢套箱在水中定位做好准备。

2）钢套箱浮运就位接高下沉，通过锚碇系统调整并精确定位。

3）在钢套箱夹持下打设定位钢护筒至河床，精确定位后在上口将钢套箱与钢护筒进行固结，最后形成钢护筒与钢套箱组合刚构平台。

钢护筒与钢套箱组合刚构平台构造见图5.2.1-2。

5.2.2 施工操作要点

1. 锚碇系统施工

施工顺序如下：

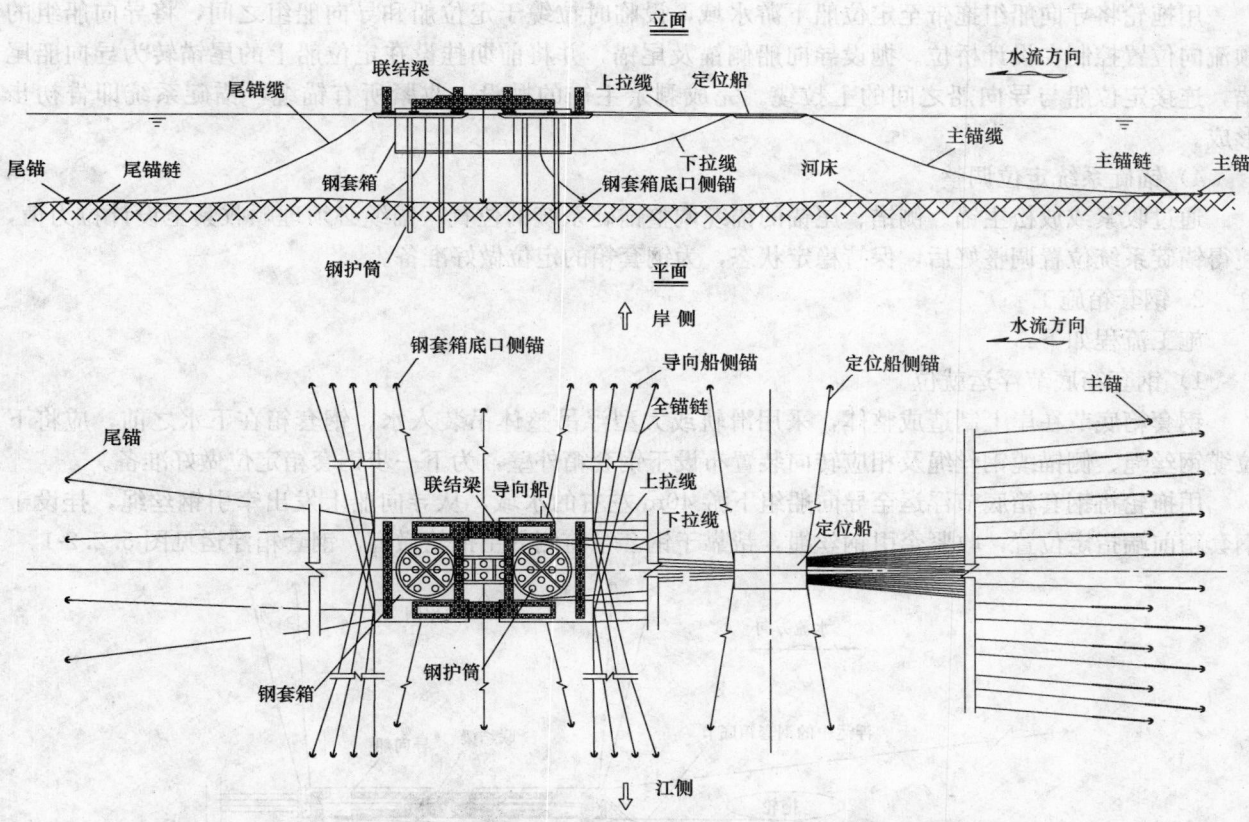

图 5.2.1-1 钢护筒与钢套箱组合刚构平台及锚碇系统总体布置

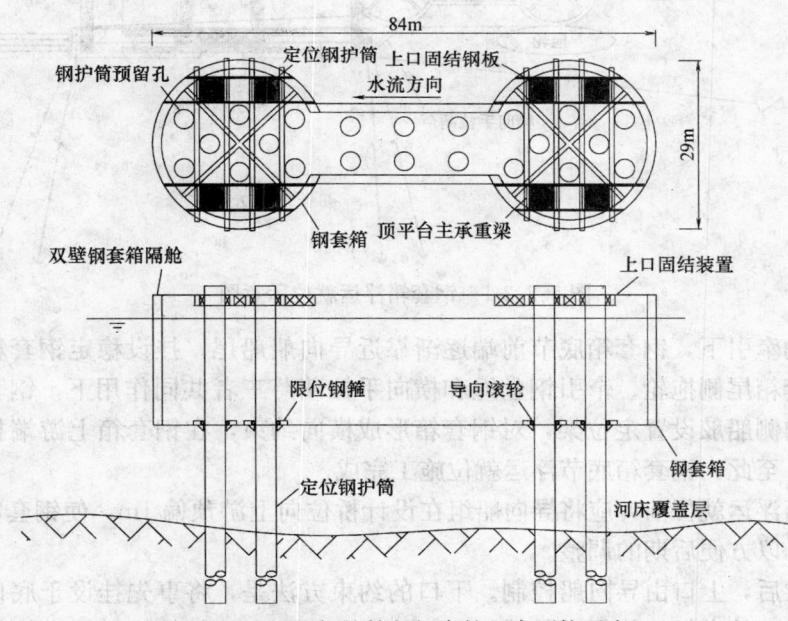

图 5.2.1-2 钢护筒与钢套箱组合刚构平台

1）定位船及导向船在岸边水域完成组拼

2）定位船抛锚就位

将定位船锚泊于主墩桥位上游水域，距离桥轴线约 400m 处，抛设包括 4 个主锚、4 个定位船侧锚和 2 个尾锚。

3）导向船组抛锚就位

用拖轮将导向船组拖带至定位船下游水域，设临时拉缆于定位船和导向船组之间，将导向船组的顺流向位置控制在设计桥位。抛设导向船侧锚及尾锚，并将前期挂设在定位船上的尾锚转为导向船尾锚，连接定位船与导向船之间的上拉缆。完成剩余主锚的抛设，收紧所有锚缆，锚碇系统即告初步形成。

4）锚碇系统定位调整

通过收紧或放松主锚、侧锚、尾锚的锚缆调整锚碇系统的位置，锚缆必须理顺收紧至设计拉力值，使得锚碇系统位置调整好后，保持稳定状态，为钢套箱的定位做好准备。

2. 钢套箱施工

施工流程如下：

1）钢套箱底节浮运就位

钢套箱底节在岸上制造成整体，采用滑轨或大型浮吊整体吊装入水。钢套箱在下水之前，应将下拉缆钢丝绳、侧锚缆钢丝绳及相应转向装置布设于钢套箱外壁，为下一步钢套箱定位做好准备。

用拖轮将钢套箱底节浮运至导向船组下游 40m 左右的水域，从导向船上发出牵引钢丝绳，挂设于钢套箱前端指定位置，收紧牵引钢丝绳，帮靠于钢套箱前侧的主拖轮撤离。钢套箱浮运见图 5.2.2-1。

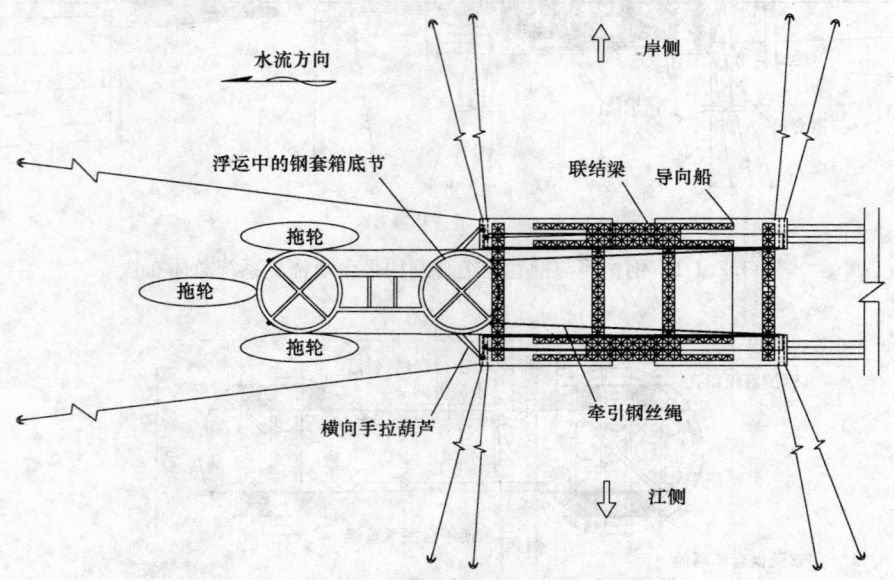

图 5.2.2-1　钢套箱浮运就位示意图

在牵引钢丝绳的牵引下，钢套箱底节前端逐渐靠近导向船船尾，挂设稳定钢套箱横向位置的手拉葫芦，在帮靠于钢套箱尾侧拖轮、牵引钢丝绳和横向手拉葫芦三者共同作用下，钢套箱进入导向船组之间，在导向船组内侧船舷设置定位架，对钢套箱形成横向约束，在钢套箱上游端挂设拉缆至定位船上以抵抗水流阻力。至此，钢套箱底节浮运就位施工完成。

注意，在钢套箱浮运就位前，应将导向船组在设计桥位向上游预偏 1m，使钢套箱浮运就位后，整个系统位置偏上游，以方便后期的调整。

钢套箱浮运就位后，上口由导向船控制。下口的约束方法是，将事先挂设于底口的下拉缆引渡至定位船，通过定位船上的卷扬机收紧下拉缆，以抵抗水流对钢套箱的推力。钢套箱侧向亦通过事先抛设的侧锚进行约束。

完成以上所有工作后，全面调整锚碇系统受力，使钢套箱平面位置初步接近设计位置，并向上游预偏 1m，但保持上下可浮动状态。

2）钢套箱接高下沉

钢套箱底节浮运就位并完成初步定位后，即可在桥位分层接高下沉。

在接高前要根据接高总量进行干舷高度的计算，为了确保接高过程中的安全，一般控制干舷高度在1.3m以上为宜。

为了保证水上组装块单元的稳定性和安全性，同时又尽可能地减少焊接变形对钢套箱结构尺寸的影响，要按对称原则进行块件的安装，通过测量控制拼装精度。每完成一层接高焊接，在下沉前，必须对本次接高的所有焊缝进行水密性油渗试验，以确保钢套箱安全自浮。

钢套箱在下沉过程中，应注意及时调整各类锚缆拉力，使钢套箱在平面位置基本保持不变的状态下垂直下沉。

钢套箱接高及下沉到位后，开始进行顶平台的安装工作。

钢套箱顶平台的结构应满足钢套箱压水、钢护筒接高及打设、钢套箱与钢护筒固结、桩基钻孔及灌注、钢套箱封底等施工的要求。钢套箱顶平台由主承重梁和分配梁组成，主承重梁跨域钢套箱顶口，必须有足够的强度和刚度，以承受施工荷载。

顶平台上口设钢护筒限位、导向装置，与钢套箱底板预留孔喇叭形导向板和导向滚轮，共同形成上下约束，控制钢护筒的平面位置和垂直度。

3）钢套箱精确定位

顶平台安装完成后，钢套箱的重量基本加载完成，即可进入精确定位调整阶段，为下一步安装定位钢护筒做好准备。

此阶段钢套箱的平面位置误差要求控制在10cm之内，顶面高程高于设计标高20cm，上口保持水平，整体保持垂直度小于1/200。

先向钢套箱隔舱内注水，使钢套箱下沉至预定标高，然后通过锚碇系统调整，对钢套箱的平面位置和垂直度进行调整，直至满足设计要求。

完成本步骤，整个系统形成钢套箱与导向船组及锚碇构成的漂浮体系，见图5.2.2-2。

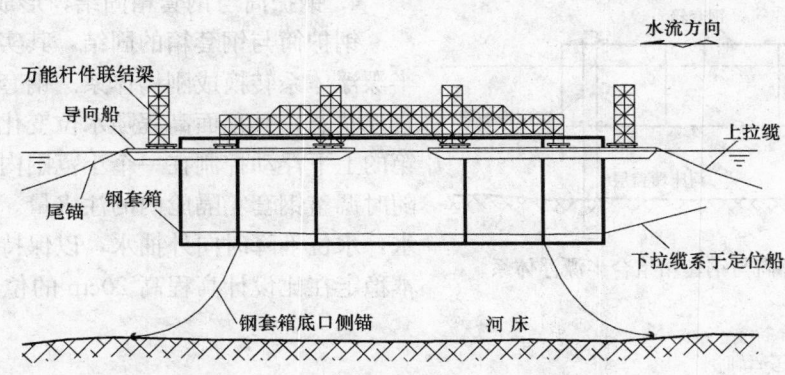

图5.2.2-2　钢套箱与导向船组及锚碇构成的漂浮体系

3. 定位钢护筒施工

1）钢护筒接高

钢护筒的设计长度必须包括以下全部长度：下端打入覆盖层的嵌固长度，上端与钢套箱固结的工作长度。受到起重设备起吊能力和高度的限制，钢护筒需要分节段接高才能达到设计长度。

为防止钢套箱因偏载发生倾斜，应在对称的位置上，逐对接高钢护筒。

2）钢护筒着床

第一对定位钢护筒的着床是整个刚构平台定位最关键的环节，对整个系统的定位起着决定性的作用。

钢护筒着床必须选择在江面较为平静的情况下进行。选择晴好天气，风力小于3级，同时由海事部门对航道进行控制，避免过往船只造成大的波浪，不允许任何船只在导向船旁停靠。

定位钢护筒着床的操作过程如下：用两台浮吊同时提起2根处于对称位置的定位钢护筒，此时钢套箱仅对钢护筒的平面位置和垂直度产生约束。定位钢护筒着床施工见图5.2.2-3。

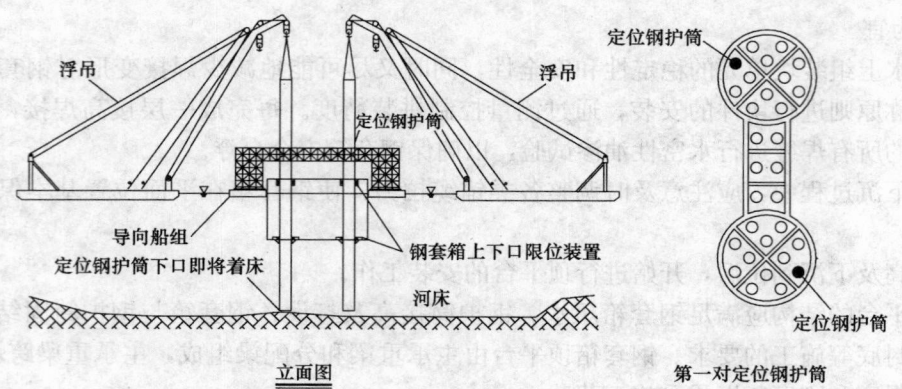

图 5.2.2-3　定位钢护筒着床施工示意图

当定位钢护筒底口即将接触河床时，跟踪测量钢套箱和钢护筒因水流及波浪引起平面位置及垂直度的变化，调整锚碇系统，直至系统空间位置满足设计要求，连续观测 1h，如果系统空间位置保持稳定，立即下放定位钢护筒着床。按照同样的方法对称安装其余定位钢护筒着床。

3）钢护筒打设

钢护筒在钢套箱的夹持下完成着床后，必须采用大吨位振动锤，将护筒打入覆盖层足够深度方可获得相应的嵌固力。

钢护筒打设的精度要求为：定位钢护筒的倾斜不大于 1/100，非定位钢护筒的倾斜率不大于 1/170。单个定位钢护筒的上口中心偏差不大于±15cm。

完成本步骤，整个系统由漂浮体系转换为钢护筒与钢套箱相互嵌套的半漂浮体系，见图 5.2.2-4。

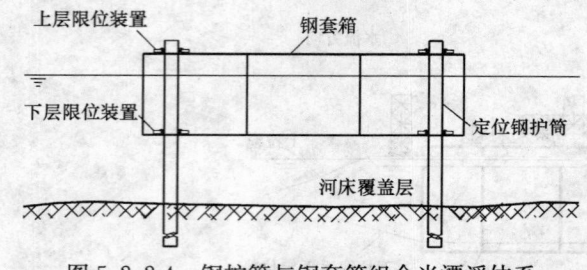

图 5.2.2-4　钢护筒与钢套箱组合半漂浮体系

4. 钢护筒与钢套箱固结，形成组合刚构平台

钢护筒与钢套箱的固结，其实质是将二者构成的半漂浮体系转换成刚构体系。钢套箱在固结前仍处于自浮状态，其顶面高程随水位变化而升降。为将钢套箱的上下浮动控制在一个小范围内，需根据水位变化随时调整钢套箱隔舱内的注水量。水位上涨时向内注水，水位下降时向外抽水，以保持钢套箱顶面高程基本稳定在比设计高程高 20cm 的位置。钢护筒与钢套箱固结施工程序如下：

1）安装竖向支承牛腿

根据钢套箱设计高程，在定位钢护筒外壁、钢套箱顶平台主承重梁以下位置焊接钢牛腿，作为钢套箱竖向支承结构，见图 5.2.2-5。

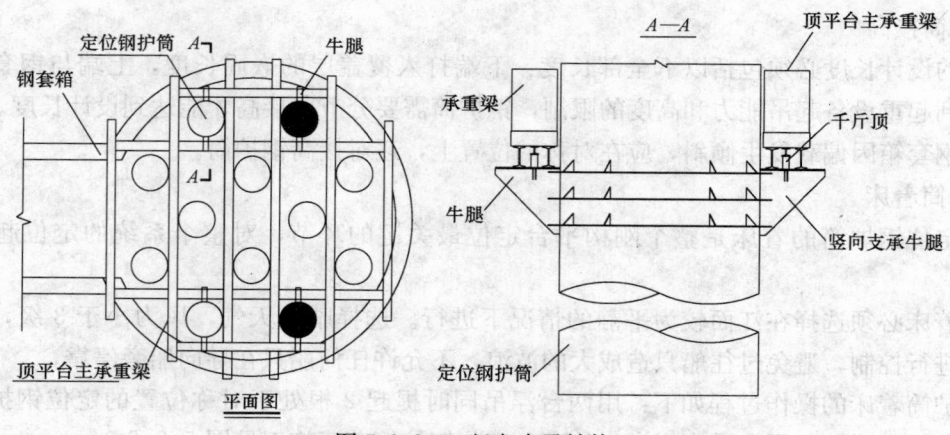

图 5.2.2-5　竖向支承结构

支承反力考虑钢套箱固结后套箱内压水重量，平台上增加的重量，钻机的重量，挂钢筋笼的重量，并应有足够的富余。

2）钢套箱注水下沉

在定位钢护筒外壁完成竖向支承牛腿的焊接后，向钢套箱隔舱内注水，使钢套箱在保持顶面水平的状态下逐步下沉，整体落至竖向支承牛腿顶面。

在牛腿与钢套箱顶平台主承重梁底面之间设千斤顶，用千斤顶微调钢套箱顶面高程至满足设计要求。在千斤顶两边、牛腿顶面与钢套箱顶平台主承重梁底面的间隙之间填塞钢板，替换千斤顶。再次向钢套箱隔舱内注水 2m，使钢套箱在波浪或潮水浮力作用下也不能上浮，保持钢套箱对竖向支承牛腿有一定的压力。灌水后，如果江水位下降，则从钢套箱隔舱内抽出等高度的水，始终保持箱壁内、外等值的水位差。

3）固结施工

首先进行上层连接结构的固结。将钢护筒上口与钢套箱顶平台主承重梁焊接固定，并完成承重梁之间连接桁架的安装，形成钢护筒顶的刚接状态。固结构造见图 5.2.2-6。

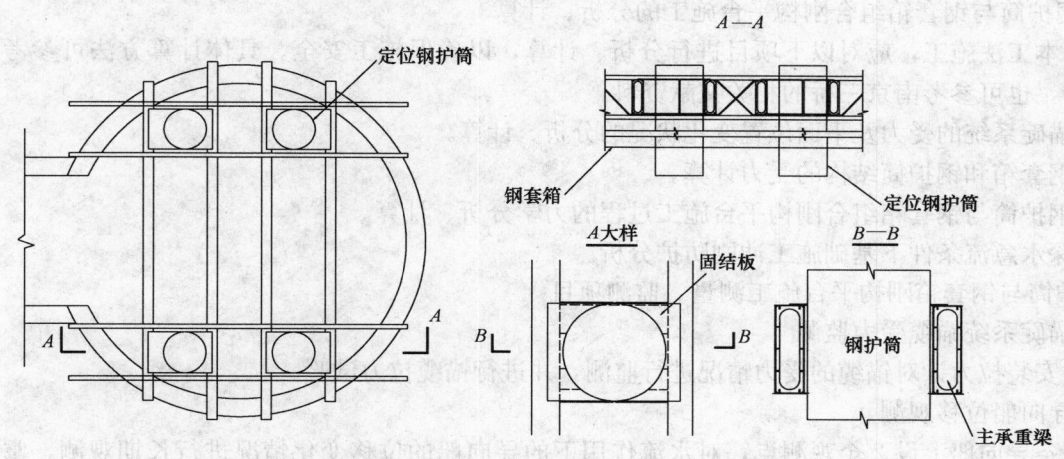

图 5.2.2-6　钢套箱与钢护筒上层固结构造

然后进行下层约束结构的安装，由潜水员在钢套箱底板与钢护筒之间的缝隙内填充钢楔块，使钢护筒与钢套箱底板形成铰接，见图 5.2.2-7。

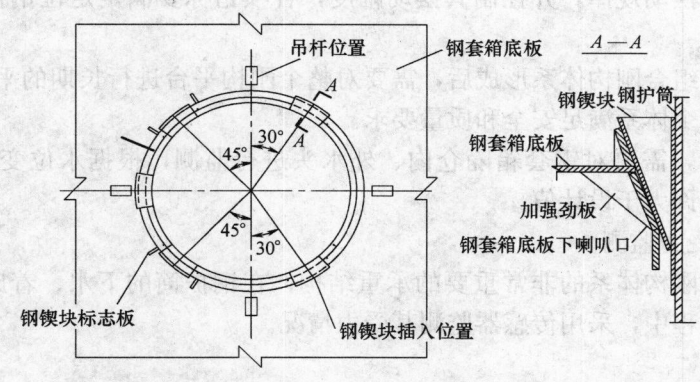

图 5.2.2-7　钢套箱底板对钢护筒约束结构

焊接过程中，应严密注意水位变化，通过从钢套箱隔舱壁内抽水或注水以克服浮力的变化，保持钢套箱高程稳定。

固结施工应在尽量短的时间内完成，为此需配备足够的工人（包括潜水员）和设备，多点同时进行作业。上、下两层连接结构施工完成后，钢套箱与钢护筒的固结完成，见图 5.2.2-8。

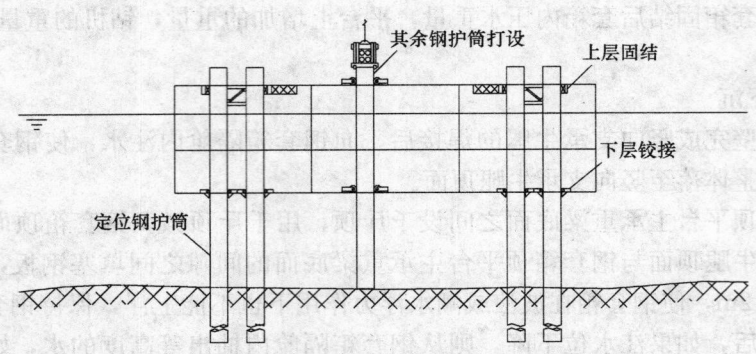

图 5.2.2-8　钢护筒与钢套箱组合刚构平台体系

至此，整个系统由半漂浮体系转换为钢护筒与钢套箱组合刚构体系。

定位钢护筒与钢套箱的固结状态完成后，刚构平台即告形成。解除导向船与钢套箱的约束，体系转换完成。此后开始进行除定位钢护筒以外的其他钢护筒的打设，并按常规开始桩基础和承台施工。

5. 钢护筒与钢套箱组合刚构平台施工的分析、计算

采用本工法施工，应对以下项目进行分析、计算，以确保施工安全。具体计算方法可参考相关规范、手册，也可参考南京三桥的相关文献资料。

1）锚碇系统的受力及平面位置变化状况的分析、计算。

2）钢套箱和钢护筒结构的受力计算。

3）钢护筒与钢套箱组合刚构平台施工过程的力学分析、计算。

4）深水急流条件下基础施工冲刷防护分析。

6. 护筒与钢套箱刚构平台施工测量、监测项目

1）锚碇系统锚缆受力监测

通过安装拉力计对锚缆的受力情况进行监测，并进行锚缆拉力试验。

2）导向船位移观测

在每条导向船上设 2 个观测点，对水流作用下的导向船的位移变化情况进行长期观测，掌握其变化规律。

3）钢套箱平面位置、高程、倾斜度以及水头监测

在刚构体系形成前，钢套箱接高、下沉、就位施工过程中，应对其平面位置、高程及倾斜度进行测量，掌握其随水流的摆动规律，并控制其摆动幅度，各项指标要满足定位钢护筒顺利安装、打设施工的需要。

在钢护筒与钢套箱组合刚构体系形成后，需要对整个刚构平台进行长期的平面位移和沉降的观测，以确保在施工过程中整个体系满足安全和质量要求。

在整个施工过程中，需要对钢套箱隔仓内、外水头进行监测，根据水位变化情况随时进行调整，任何时候水头差都不允许大于设计值。

4）定位钢护筒的受力监测

定位钢护筒是整个刚构体系的非常重要的承重结构，在钢护筒的下水、着床、振沉直至与钢套箱共同形成刚构体系的过程中，采用传感器监测其受力情况。

5）河床观测

河床高程的变化直接影响到定位钢护筒在河床中的嵌固深度，对整个刚构体系的稳定、安全影响极大，所以在整个施工过程中应对施工区域的河床冲刷情况进行长期观测。

6. 材料与设备

本工法主要材料见表 6-1，采用的机具设备见表 6-2。

主要材料表　　表 6-1

序号	名　称	规格型号	单　位	数　量
1	钢套箱	钢板、型钢	t	3249
2	钢护筒	钢板	t	2980
3	钢平台	钢板、型钢	t	600
4	井壁混凝土	C30	m³	5216

主要机械设备表　　表 6-2

序号	名　称	规格型号	单　位	数　量	用　途
1	浮吊	50～100t	艘	2	锚碇系统施工
2	浮吊	200～300t	艘	2	钻孔平台系统施工
3	汽车吊	25t	台	2	岸上作业及构件转运
4	平板驳船	400～800t	艘	3～6	锚碇系统
5	交通船		艘	1	施工人员接送
6	拖轮	300～500HP	艘	2	锚碇系统施工
7	发电机	100kW	台	1	锚碇系统施工
8	潜水设备		套	1	钻孔平台系统施工
9	振动锤	160～320t	台	1	钻孔平台系统施工

注：本表未包括钻孔设备、混凝土生产、运输设备以及其他常用小型施工设备。

7. 质 量 控 制

7.1　工程质量控制标准

7.1.1　桩基和承台混凝土施工质量执行《公路工程质量检验评定标准》JTG F80/1—2004。桩基及承台施工允许偏差见表 7.1.1。

桩基及承台施工实测项目　　表 7.1.1

项次	检查项目	规定值或允许偏差	检查方法和频率	权值
1	混凝土强度（MPa）	在合格标准内	按 JTJ F80/1—2004 附录 D 检查	3
2	孔的中心位置允许偏差（mm）	不小于设计桩径	仪器或通孔器检测	
3	成孔倾斜度	小于1%	仪器测量	
4	孔深（mm）	摩擦桩：不小于设计规定 支承桩：超深不小于50mm	测绳测量	
5	承台轴线偏位（mm）	15	仪器测量	
6	承台平面尺寸（mm）	±30	仪器测量	
7	承台顶面高程（mm）	±20	仪器测量	

7.1.2　钢筋加工及安装施工质量执行《公路工程质量检验评定标准》JTG F80/1—2004。

7.1.3　钢套箱和钢护筒加工质量执行《钢结构工程施工及验收规范》GB 50205—2001，钢套箱与钢护筒加工、安装允许偏差见表 7.1.3。

钢套箱与钢护筒施工实测项目　　表 7.1.3

项次	检查项目	规定值或允许偏差	检查方法和频率	权值
1	构件下料（mm）	±1	尺量检查	
2	构件拼装（mm）	±2	尺量检查	
3	面板平整度（mm）	≤2	2m靠尺	
4	块件两对角线长度差（mm）	1%	尺量检查	
5	整体拼装后的尺寸（mm）	+20	仪器测量	
6	高度方向倾斜	≤1/500	吊线和尺量检查	
7	整体安装就后轴线偏位（mm）	10	仪器测量	
8	钢护筒平面允许误差（mm）	50	仪器测量	
9	钢护筒安装倾斜度（mm）	不大于1%	吊线和尺量检查	

7.2　质量保证措施

7.2.1　钢套箱与钢护筒等全部构件在钢结构专业厂家完成制作并进行检验和试拼，合格后才能运到现场。

7.2.2　抛锚施工应严格按设计顺序进行，确保平面交叉的锚缆空间错位，防止其相互摩擦导致断缆。

7.2.3　钢护筒在安装、下放过程中与套箱底板上的限位装置接触处局部受力较大，为防止钢护筒变形影响钻孔，应确保钢护筒有足够的刚度；钢护筒振打过程中，护筒上下口局部受力很大，应对其壁板进行加厚处理。

7.2.4　定位钢护筒的安装应在无浪或浪小的情况下，钢套箱摆动很小的时候进行；在护筒下放时应通过测量和设置强大的限位装置控制护筒的平面位置和倾斜度。

7.2.5　钢套箱的平面位置、底板标高偏差及倾斜度直接影响封底厚度、最终的承台外观尺寸及轴线偏位。所以不但要控制好钢套箱的加工、拼装精度，同时要通过锚碇系统控制套箱的平面位置及倾斜度满足设计要求。

7.2.6　吊杆要有足够的安全系数。在浇筑封底混凝土前应逐根认真检查吊杆的完好程度及锚固情况，确保各吊杆受力基本均匀。

7.2.7　钢套箱与钢护筒固结后，应随时观测水位的变化情况，随时调整隔仓内、外的水头，确保定位钢护筒不承受上浮力，也不承受过大的竖向压力。

7.2.8　钢套箱内、外及隔仓内、外水头差要随时观测，任何时候不能超过设计允许范围。

8. 安 全 措 施

8.1　认真贯彻"安全第一，预防为主"的方针，根据国家有关法规、条例，结合施工单位实际情况和工程的具体特点，建立完善的安全保证体系。

8.2　施工现场按符合防火、防风、防雷、防洪、防电等安全规定及安全施工要求进行布置，并完善各种安全标识。

8.3　主要的施工设施进行结构设计并通过验算，满足有关技术规范要求。

8.4　必须按照经过批准的施工水域布置水上施工设施，并且在航道管理部门发布航行公告和设置航标后实施。

8.5　工程船只行驶要严格遵守水上航行的有关规定。

8.6　水上施工要有明显的标志标牌，夜间要设置警示灯，防止船只误入碰撞。

8.7　在冬期施工中，在操作通道内设置防滑设施，如在楼梯上绑草绳，在过道内设防滑条；对施工设备采取必要的防冻措施。

8.8　在雨天施工中，操作人员穿戴防雨鞋、服，避免雨天影响施工安全；搭设防雨棚，避免施工设备受雨影响而出现安全故障。

8.9　布置照明设施，配备照明器具，保证夜间施工安全。

9. 环 保 措 施

9.1　成立施工环境保护管理机构，在工程施工过程中严格遵守国家和地方政府下发的有关环境保护的法律、法规，加强对工程材料、设备、生产生活垃圾、废油、废水、施工燃油、工程弃渣的控制和治理，遵守防火及废弃物处理的规定，接受相关单位的监督检查。

9.2　将施工场地和施工作业限制在工程建设允许的范围内，合理布置，做到标牌清楚、齐全，各种标识醒目，施工场地整洁文明。

9.3　对施工废浆、废水、生活污水进行集中无害化处理，防止施工废浆乱流。废水按环境卫生指标进行处理达标并按当地环保要求的指定地点排放。弃渣及其他工程废弃物按工程建设指定的地点和方案进行合理堆放和处治。

9.4　优先选用先进的环保机械。

9.5　施工完成后应清理遗留在河道及河床的施工垃圾。

10. 效 益 分 析

10.1　经济效益

采用该工法进行深水基础施工，与同等规模的钢围堰、沉井基础施工方法比较，减少了钢材用量，降低了施工成本；仅用一个枯水期就完成了基础施工，缩短工期8个月，节约直接投资1.18亿元，经济效益显著。

10.2　社会效益

该工法突破了深水急流基础必须依靠钢围堰、沉井等大型设施围水，必须在枯水期开始施工的束缚，尝试了基础设计和施工的新方法，将高桩承台基础形式成功应用于深水急流基础中，为大型桥梁的基础设计和施工探索了一种全新的方法，具有重大的创新性，达到国际先进水平，取得了良好的社会效益。

10.3　节能和环保效益

该工法采用的"钢护筒和钢套箱组合刚构平台"仅有钢护筒进入河床，阻水宽度小，减少了对长江航道的占用，减少了河床冲刷，有利于两岸河堤的保护。

11. 应 用 实 例

11.1　南京长江第三大桥南主墩深水基础施工

11.1.1　工程概况

南京长江第三大桥主桥为钢塔钢箱梁五跨连续斜拉桥，主跨为648m，桥型布置见图11.1.1-1。主桥南主墩位于长江主航道深泓区，墩位覆盖层总厚度为34.5m－39.7m，墩位处洪水期最大水深达50m，施工期流速达2.9m/s。

南主墩采用高桩承台基础，承台套箱平面尺寸84m×29m，钢套箱高度22.1m，套箱总重3000t，共布置24根直径3.0m桩基和6根直径2.5m桩基，设计桩长111m。南主墩基础构造见图11.1.1-2。

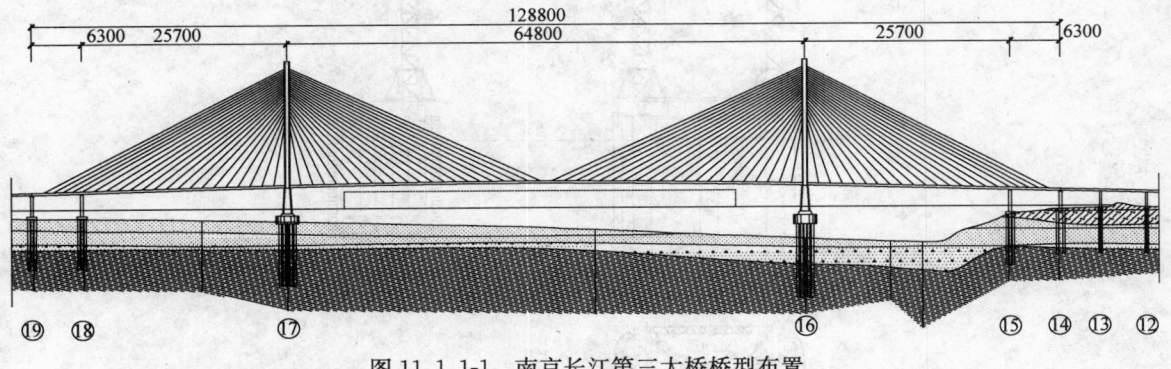

图11.1.1-1　南京长江第三大桥桥型布置

11.1.2　应用效果

南京长江第三大桥南主墩深水基础首次采用了"钢护筒与钢套箱组合刚构平台"进行基础施工。2003年8月底套箱底节浮运到位，2004年5月完成承台，仅用了一个枯水期就完成了全部基础的施工。

钢套箱平面位置设计允许偏差 20cm，实际偏差仅 5cm。钢护筒设计允许倾斜度 1/170，实际为 1/600。

11.2 南京长江第三大桥南临时墩施工

在南京长江三桥南主墩深水基础施工取得成功后，又在该桥主桥边跨的南临时墩施工中采用了同样的施工方法。

南临时墩为主桥钢箱梁悬臂施工过程中的抗风临时约束结构。南临时墩位置的水深比南主墩还要深 5m。

南临时墩采用钢护筒与钢套箱组合刚构平台体系建立水中基础，并且取消了定位船和导向船，锚碇系统直接与套箱连接，使施工更加简便。利用该基础支承临时墩墩身，保证了南临时墩承担 600t 钢箱梁拉压力，确保了钢箱梁的受力安全，节约了工期和降低了造价。南临时墩构造见图 11.2。

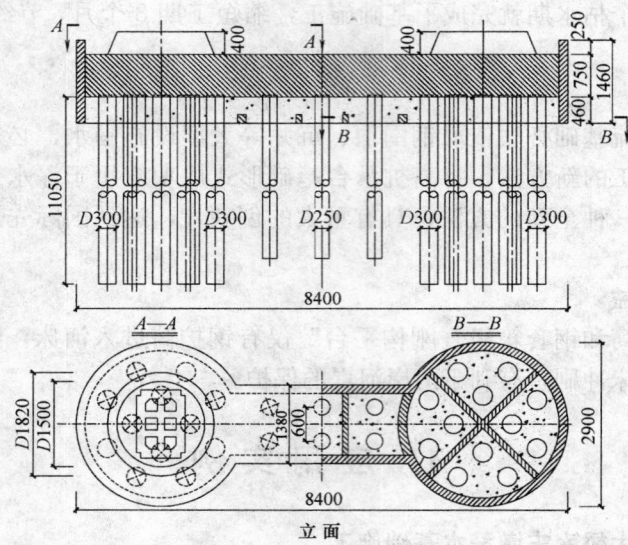

图 11.1.1-2 南主墩基础

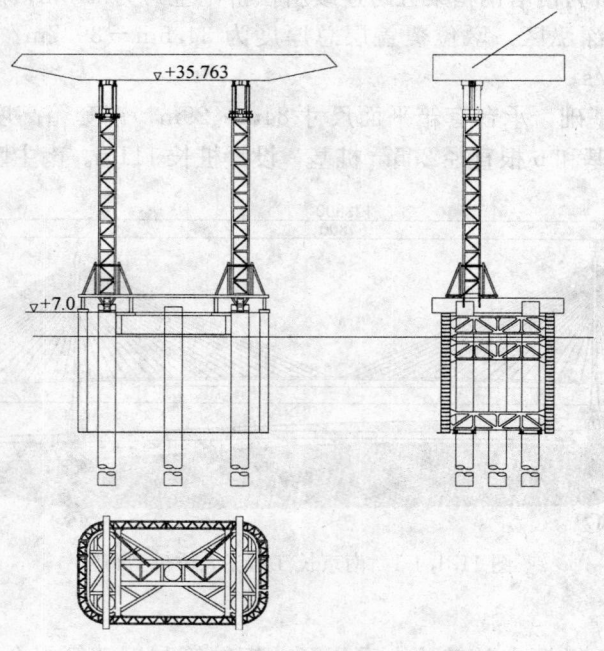

图 11.2 南京长江第三大桥南临时墩

大跨径不对称斜拉桥主梁悬浇过辅助墩施工工法

GJYJGF065—2008

湖南路桥建设集团公司

刘乐辉　陈双庆　曾波　李兵　张玉平

1. 前　　言

近年来，随着大跨径不对称混凝土斜拉桥建设增多，为了提高主梁静力、动力和施工阶段力学性能，一般采用在边跨设置辅助墩、边跨主梁配置混凝土压重等技术措施，导致了主、边跨梁段长度和重量不同，主梁挂篮对称悬浇施工困难。同时，辅助墩的设置限制了挂篮前移。目前，国内大多采用挂篮对称悬浇到辅助墩，边跨其余主梁节段采用支架现浇的施工方法。

湖南路桥建设集团公司承建的株洲建宁大桥主桥长 457.7m（240＋134＋42＋41.7），设有两个辅助墩，为亚洲最大跨径独塔单索面预应力混凝土不对称斜拉桥，为解决主、边跨梁段长度和重量不同及挂篮过辅助墩问题，有效利用临时墩、辅助墩分别支承边跨梁段和配重混凝土不平衡荷载，首次采用主梁悬浇过辅助墩方法进行主梁施工，保证了主梁施工质量和结构安全，加快了施工进度，降低了工程成本。研制的《大跨径不对称斜拉桥主梁悬浇过辅助墩施工新技术》，经湖南省建设厅组织的技术鉴定，其关键技术成果达到国内领先水平，经总结形成此工法。

2. 工 法 特 点

2.1 设置临时墩和辅助墩分别支承梁段和配重混凝土产生的不平衡荷载，实现了大跨径不对称混凝土斜拉桥主梁全部采用挂篮对称悬浇施工。

2.2 主梁全部采用挂篮对称悬浇，避免了边跨辅助墩以后的主梁采用支架现浇施工，节约了所需的钢结构支架、模板、型钢及设备费用，极大地降低了施工成本。

2.3 主梁全部采用挂篮对称悬浇，使主、边跨两侧斜拉索同时挂设、张拉，加快了施工进度，缩短了工期。

2.4 采用有临时墩或辅助墩支承约束的挂篮对称悬浇，降低了预应力混凝土大跨径不对称斜拉桥施工控制的难度，确保了桥梁施工质量和结构安全。

2.5 大跨径不对称斜拉桥主梁挂篮过辅助墩悬浇施工所开发应用的挂篮具有自重轻、结构合理、施工操作方便、适应性强等优点，挂篮可拆卸和再利用。

3. 适 用 范 围

本工法适用于大跨径不对称混凝土斜拉桥主梁悬浇施工，也可以作为连续梁桥、斜拉桥主梁边跨合龙段以后的现浇直线节段部分采用无支架挂篮悬浇施工的参考技术。

4. 工 艺 原 理

大跨径不对称混凝土斜拉桥主梁悬浇过辅助墩施工工艺原理，是在边跨主梁不对称节段位置前（辅助墩与索塔之间）设置一钢桁架临时墩，用于支承边跨悬臂端梁段和配重混凝土不平衡荷载，在此工况下主、边跨主梁挂篮对称悬浇，挂篮悬浇通过辅助墩后，浇筑辅助墩上预留节段，待混凝土强度达到设计要求后安装支座，进行临时墩与辅助墩体系转换。再利用辅助墩支承主、边跨梁段和配重混凝土不平衡荷载。使主、边跨主梁悬浇在不对称节段均有稳定可靠的"支承约束"结构，确保主、边跨主梁对称悬浇施工。

其施工过程中的力学平衡原理为：

主梁对称节段悬浇完后，主、边跨挂篮前移进入主梁不对称节段施工工况，此工况主跨标准节段重量小于边跨非标准节段重量，主梁悬浇时对索塔将产生不平衡弯矩，主、边跨不可能实施对称悬浇施工，为此设置临时墩来支承部分荷载（边跨挂篮与临时墩联合类似一个现浇小支架体系）完成主梁悬浇施工，边跨辅助墩以后的非标准节段利用辅助墩支承部分荷载实现主梁对称悬浇施工。

5. 施工工艺流程及操作要点

5.1 施工工艺流程

大跨径不对称斜拉桥挂篮过辅助墩悬浇施工工艺流程见图5.1。

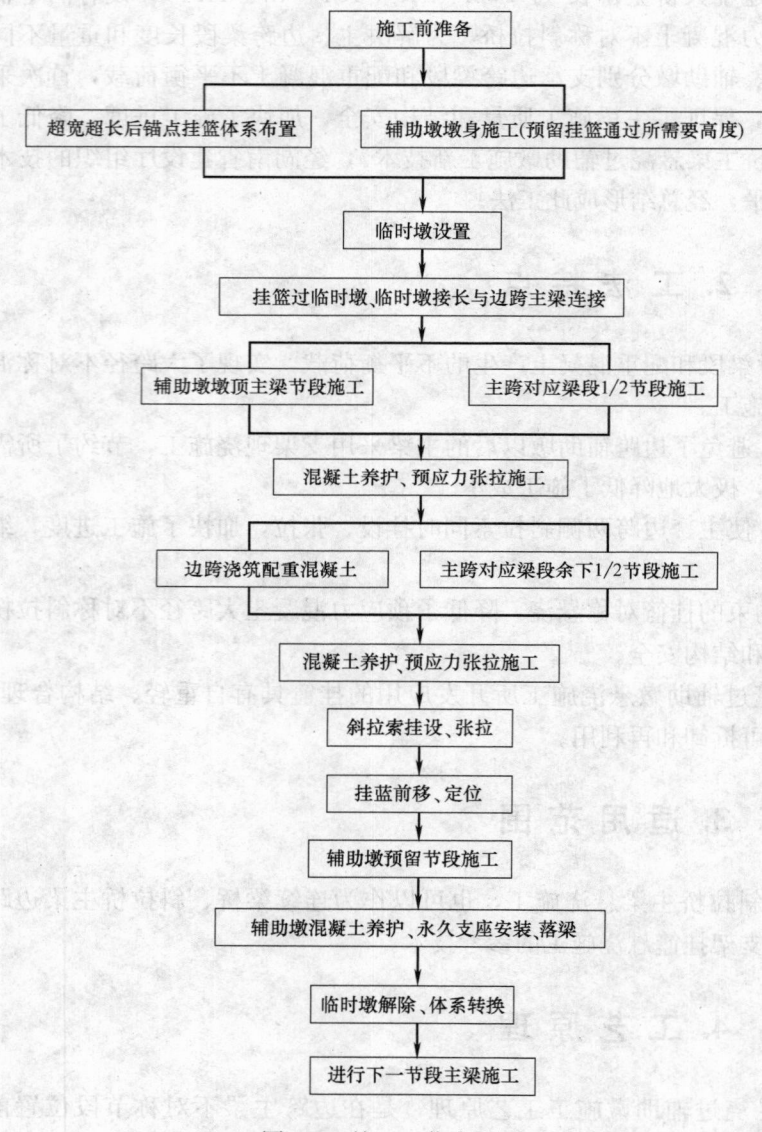

图 5.1 施工工艺流程图

5.2 操作要点

5.2.1 超宽超长挂篮悬浇系统布置

由于主跨为标准节段，边跨辅助墩后为非标准节段，造成主、边跨梁段长度和重量不一致，需要设计一套既满足主、边跨标准梁段悬浇施工，又要确保到辅助墩以后非标准梁段可以对称悬浇的挂篮。设计标准节段长后锚点挂篮，挂篮长度应满足临时墩与辅助墩体系转换的要求。在主梁标准节段，主、边跨一次成型对称悬浇；在边跨主梁非标准节段采用一次浇筑，对应主跨浇筑节段分2次，第一次浇筑1/2节段，边跨配重后再浇筑余下1/2节段。挂篮立面、横断面见图 5.2.1-1、图 5.2.1-2。

后锚点挂篮主要部件由四大部分组成：

1. 承重体系：由6片主纵桁梁、前后上横梁、6片底纵梁、前后底横梁、吊杆等组成。

2. 行走体系：由后锚点压梁和平滚组成。

3. 锚固体系：主纵桁梁利用精轧螺纹钢筋锚固在箱梁腹板位置与预埋的预应力精轧螺纹钢筋相连接，底纵梁后吊点通过预埋孔道采用精轧螺纹钢筋锚固，前吊点由主纵梁前端吊

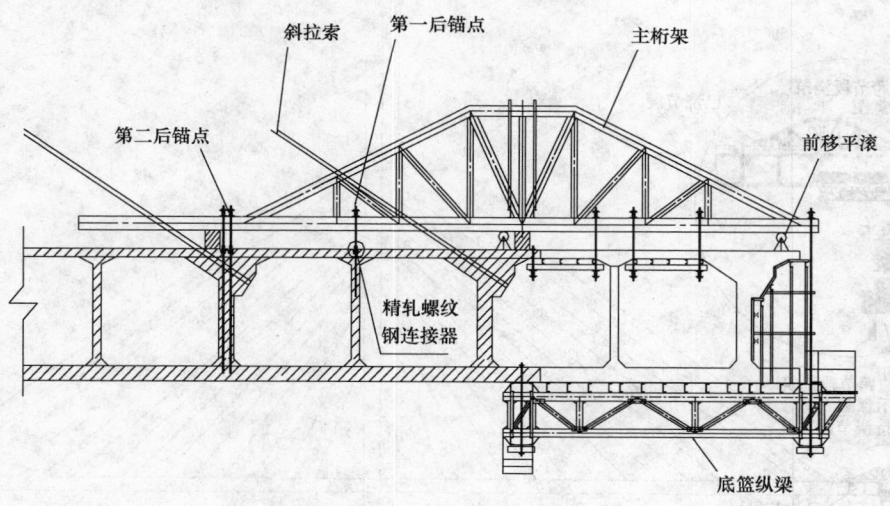

图 5.2.1-1 挂篮立面图

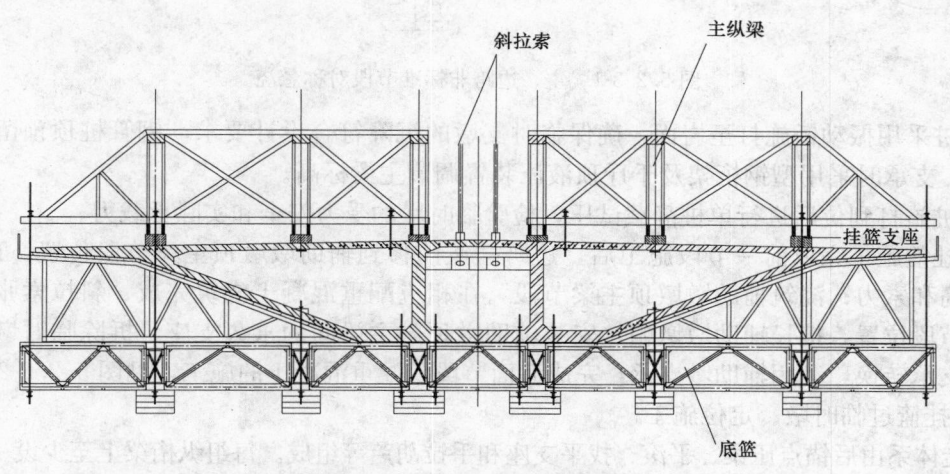

图 5.2.1-2 挂篮横断面图

起，上下横梁通过精轧螺纹钢筋连接。

4. 模板及支架体系。

所有构件安装施工均应符合《钢结构工程施工质量验收规范》GB 50205—2001 和《公路桥涵施工技术规范》JTJ 041—2000。模板应方便安装与拆除，同时内模设计有振捣孔与观察孔，以确保斜腹板混凝土浇筑密实。

5.2.2 辅助墩墩身施工

辅助墩分二次浇筑，墩帽处预留足够的高度以便挂篮通过，辅助墩身钢筋、模板与常规施工一样，浇筑后预留顶节外侧模板不拆以便第二次浇筑时外侧模板固定。

5.2.3 临时墩设计与施工

1. 临时墩设置在辅助墩靠索塔侧，距辅助墩中心 6.5m（该参数根据主梁节段长度和挂篮底篮长度等因素综合确定）处，以支撑边跨辅助墩墩顶梁体和配重混凝土不平衡荷载。主、边跨非标准节段对称悬浇，见图 5.2.3-1。

2. 临时墩由上、下游的两根钢管柱构成。每柱采用 2 根 $\phi800 \times 6mm$ 的钢管桩，两柱之间采用型钢将钢管桩相互连接形成整体，以增大其横向刚度。

3. 为了确保临时墩自身的安全，在临时墩上下游两侧各设一座防撞架，每座防撞架由 3 根 $\phi800 \times 6mm$ 钢管桩组成三角形。

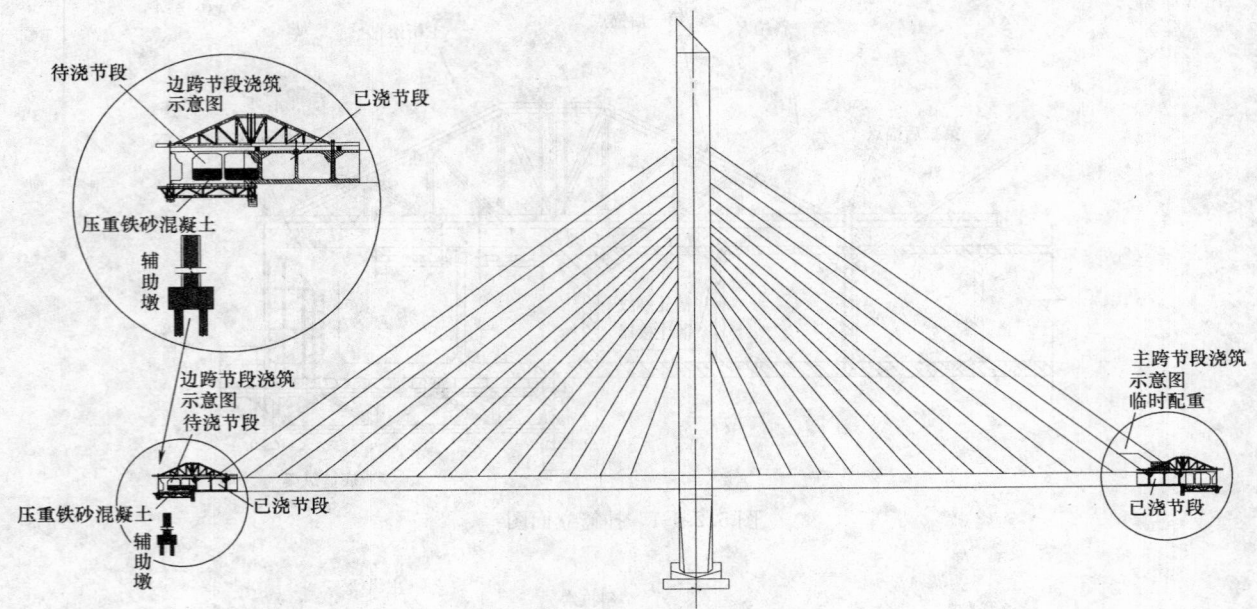

图 5.2.3-1 主、边跨非标准节段对称悬浇

4.钢管桩采用振动锤施打至岩面，确保临时支墩的沉降符合设计要求，钢管桩顶预留足够的空间让挂篮通过，支承时采用型钢桁架及千斤顶液压装置调节主梁标高。

5.钢管桩施打到位后进行单桩静载试压，检验临时墩的受力安全和实际承载力。

6.边跨挂篮施工完成前一节段施工后，边跨挂篮前移到辅助墩墩顶主梁节段位置，顶压临时墩，调节主梁标高和索力；浇筑辅助墩墩顶主梁节段，在相应配重混凝土浇筑完成、斜拉索张拉后，挂篮前移至下一节段位置，接长辅助墩墩帽、安装辅助墩顶与主梁间的永久支座、拆除临时墩，完成临时墩与辅助墩支承转换，利用辅助墩支承，完成后面节段及配重混凝土的施工，见图 5.2.3-2。

5.2.4 挂篮过临时墩、定位施工

挂篮行走体系由后锚点压梁、平滚、找平支座和手拉葫芦等组成。每组纵桁梁上至少设一组后锚点压梁，通过预埋竖向预应力精轧螺纹钢筋锚固，行走过程中压在纵桁梁上，保持挂篮前后两端受力平衡，挂篮前移时，使其不致倾覆。平滚作用是把挂篮行走由滑动摩擦改为滚动摩擦，减少挂篮行走过程中的摩擦力。挂篮行走动力依靠手拉葫芦（千斤顶）牵引力在平滚上滚动前进，可以确保挂篮行走安全。

当挂篮通过临时墩到达辅助墩墩顶节段位置后，接长上、下游的两根钢管柱并安装顶升系统，按监控要求顶升临时墩墩顶液压系统，满足要求后采用钢板塞紧临时墩与已浇梁段之间间隙，见图 5.2.4。

5.2.5 辅助墩墩顶主梁节段施工

具体施工步骤为：边跨挂篮前移通过临时墩并就位于待浇梁段上，主跨挂篮前移至下一段位置，顶升好临时墩液压千斤顶并塞紧临时墩与主梁之间的间隙（应确保受力面积），按照监控指令调节好模板高程及轴线；边跨整节段绑扎底板、腹板、横隔板钢筋，安装预应力管道和斜拉索套管，安装侧模、顶模，绑扎顶板钢筋，主跨施工 1/2 节段。复核节段轴线偏位及左、中、右各点高程，预埋辅助墩墩帽混凝土浇筑孔和支座螺栓孔，经检验合格后浇筑辅助墩墩顶主梁节段混凝土。混凝土采用水上集中拌合、输送泵泵送入模，控制好施工配合比、原材料质量及混凝土的坍落度、和易性。混凝土强度达到规定值后按监控指令控制预应力体系张拉，挂斜拉索并张拉，检测斜拉索索力、梁端标高及主梁应力、索塔顶偏位，符合要求后放松挂篮底模，用手拉葫芦将挂篮前移至下一节段施工。

5.2.6 浇筑边跨配重混凝土、浇筑主跨对应主梁节段余下 1/2 混凝土

进行时尽量同步，但必须确保边跨配重混凝土比主跨混凝土浇筑速度稍快，其他工艺与标准节段施工一样。

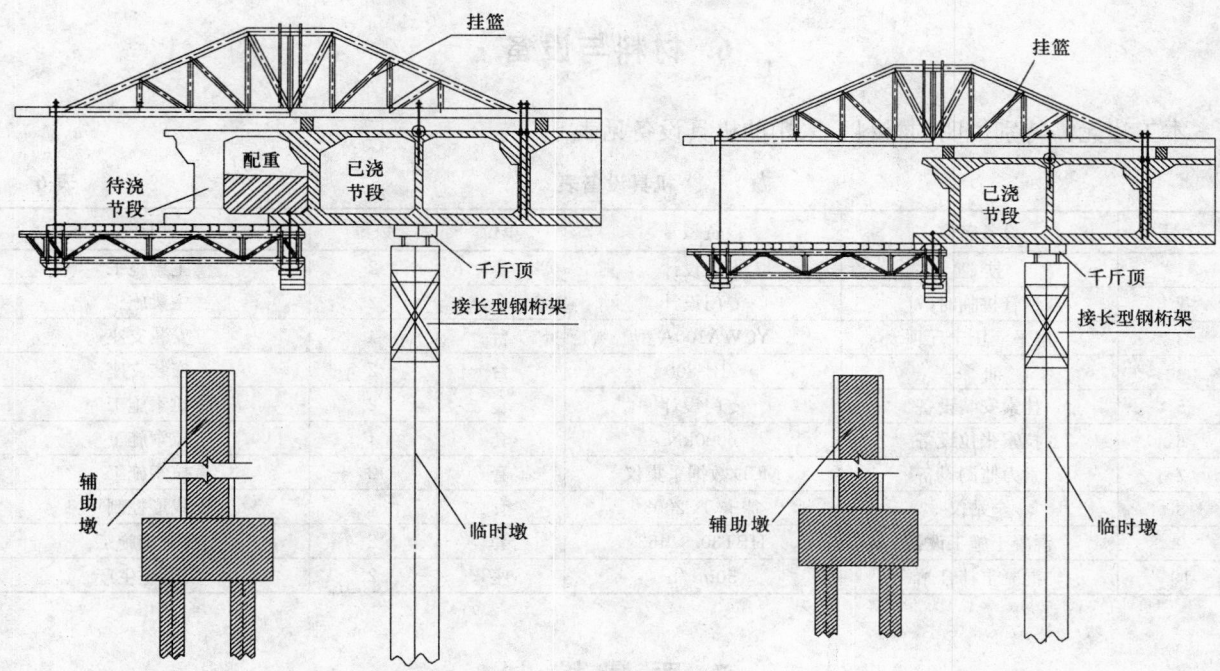

图 5.2.3-2　挂篮、临时墩、辅助墩位置　　　　图 5.2.4　挂篮过临时墩、定位

5.2.7　斜拉索挂设、张拉施工

挂篮过辅助墩悬浇梁段拉索安装、张拉与其他节段安装、张拉工艺一样，均采用后挂索方法。

5.2.8　挂篮前移定位、辅助墩墩帽施工

挂篮前移采用千斤顶牵引，主、边跨挂篮同步前移。

预留辅助墩墩帽在挂篮通过辅助墩后再绑扎钢筋、装模、预埋支座螺栓孔、浇筑混凝土，混凝土由墩顶主梁节段预留孔从桥面一次灌注成型，在墩帽外侧设置附着式振捣器以确保混凝土密实。

辅助墩帽混凝土强度达到设计要求且斜拉索张拉完毕后才能安装永久支座，挂篮施工进入下一节段。

5.2.9　辅助墩永久支座安装、落梁及临时墩解除施工

安装前作好支座安装的准备工作，布置液压千斤顶、支座清洗干净、滑动面涂硅脂油，按监控计算在凌晨 2 点同时顶升临时墩和辅助墩上的千斤顶，将主梁顶升一定预抬值（根据监控指令操作），塞好保险垛，迅速将支座移至设计位置，解除支座上下固结装置，根据监控指令加垫调节标高的钢板，调整好支座纵向偏移值，拆除保险垛、所有千斤顶同步卸压、落梁；将支座螺栓在梁底、墩顶预埋孔中安装好，用环氧砂浆填充固定，见图 5.2.9。

落梁结束后，立即解除临时墩约束，根据监控指令对全桥进行一次 24h 观测。

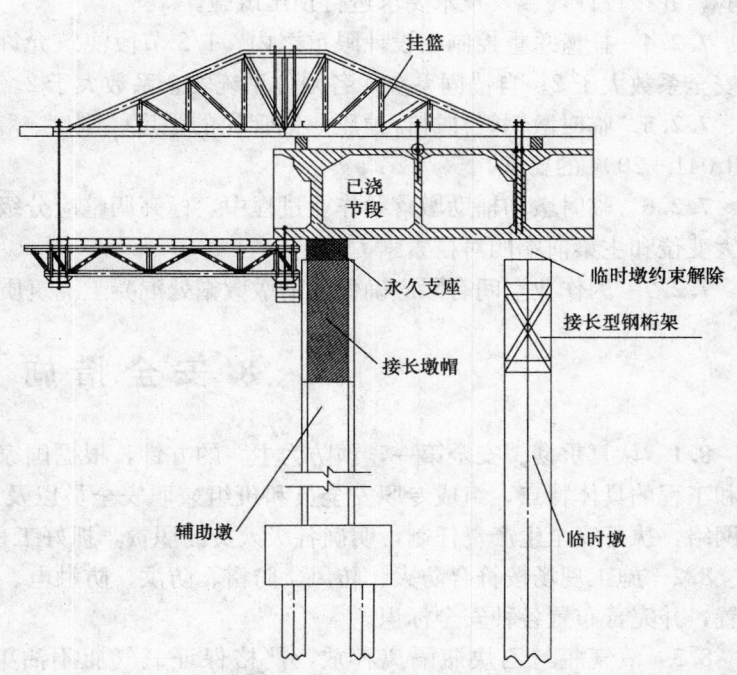

图 5.2.9　永久支座刚安装、临时约束解除状态

6. 材料与设备

本工法无需特别说明的材料，采用的机具设备见表6。

机具设备表　　　　　　　　　　　　　　　　　　　　　　　　　　表6

序号	设备名称	设备型号	单位	数量	用途
1	挂篮	专门设计	套	2	主梁施工
2	钢管桩临时墩	专门设计	个	2	主梁施工
3	扁平液压千斤顶	YCWA100A型	台	4	安装支座
4	油泵	ZB4-800	台	2	安装支座
5	挂索安装设备	专门设计	套	2	拉索施工
6	拉索张拉设备	6000kN	套	4	拉索施工
7	索力监测设备	MCD数据采集仪	套	2	拉索施工
8	全站仪	徕卡TC2003	套	2	线形控制
9	混凝土施工设备	HBT30.9.453	套	2	混凝土施工
10	混凝土拌合站	50m³/h	座	2	混凝土生产

7. 质 量 控 制

7.1　工程质量控制标准
主梁、拉索施工质量均执行《公路桥涵施工技术规范》JTJ 041—2000。

7.2　质量保证措施

7.2.1　主梁截面必须按照设计要求做好模板支护，混凝土断面尺寸误差严格控制在规范允许范围内，确保主梁节段不超重。

7.2.2　施工前必须进行详细的技术、质量和安全交底，确保方案顺利实施。

7.2.3　挂篮的全部构件在钢结构专业厂家完成制作并进行检验和试拼，合格后再于现场整体组装检验，并按设计荷载及技术要求进行预压试验。

7.2.4　挂篮总重控制在设计限重之内；1/2节段浇筑允许最大变形20mm；施工、行走时的抗倾覆安全系数大于2；自锚固系统、各限位系统安全系数大于2。

7.2.5　临时墩钢管柱进行预压，钢管柱的强度、刚度、稳定性应满足《公路桥涵施工技术规范》JTJ 041—2000的要求。

7.2.6　临时墩和辅助墩落梁作业过程中，标高调整应分级、对称进行，施工过程中控制索塔顶的最大变位和主梁前端四对拉索索力。

7.2.7　因作业空间有限应确保辅助墩墩帽处混凝土浇筑质量。

8. 安 全 措 施

8.1　认真贯彻"安全第一，预防为主"的方针，根据国家有关规定、条例，结合施工单位实际情况和工程的具体特点，组成专职安全员和班组兼职安全员以及工地安全用电负责人参加的安全生产管理网络，执行安全生产责任制，明确各级人员的职责，抓好工程的安全生产。

8.2　施工现场按符合防火、防风、防雷、防洪、防触电、防坠落等安全规定及安全施工要求进行布置，并完善布置各种安全标识。

8.3　氧气瓶与乙炔瓶隔离存放，严格保证氧气瓶不沾染油脂、乙炔减压阀有防止回火的安全装置。

8.4 施工现场的临时用电严格按照《施工现场临时用电安全技术规范》JGJ 46—2005 的有关规范规定执行。

8.5 电缆线路应采用"三相五线"接线方式,电气设备和电气线路必须绝缘良好,场内架设的电力线路其悬挂高度和线间距除按安全规定要求进行外,将其布置在专用电杆上。

8.6 混凝土浇筑时全过程动态观测索力、塔顶偏位、主梁标高的变化以及挂篮各部件状况。

8.7 建立完善的施工安全保证体系,加强施工作业中的安全检查,确保作业标准化、规范化。

8.8 主要的施工设施进行结构设计并通过试验检验,满足有关技术规范要求。

8.9 严格按监控指令进行挂篮悬浇系统临时墩和辅助墩顶升调整工作,确保结构安全。

8.10 临时墩钢管桩力争嵌岩且设置防撞架,无法嵌岩时采取钢管桩内设置承压板等措施,确保临时墩沉降满足规范和工艺要求。

8.11 挂篮前移主、边跨必须对称同步进行。

9. 环 保 措 施

9.1 成立相应的施工环境卫生管理机构,在工程施工过程中严格遵守国家和地方政府下发的有关环境保护的法律、法规,加强对施工燃油、工程材料、设备、废水、生产生活垃圾、弃渣的控制和治理,遵守防火及废弃物处理的规章制度,随时接受相关单位的监督检查。

9.2 将施工场地和作业限制在工程建设允许的范围内,合理布置、做到标牌清楚、齐全,各种标识醒目,施工场地整洁文明。

9.3 施工中不将有害物质和未经处理的施工废水直接排入水域。

9.4 通过采取措施或改进施工方法,使施工噪声达到施工现场环境标准的要求。

10. 效 益 分 析

10.1 本工法实现了大跨径不对称斜拉桥挂篮过辅助墩对称悬浇工艺,避免了有辅助墩边跨主梁必须采用支架现浇施工对主跨施工进度制约影响,消除了支架基础沉降对现浇主梁混凝土质量的影响,主梁施工的安全、质量、进度等要素均得到了保证。为今后不对称斜拉桥的设计与施工提供了可靠的决策依据和技术指标,具有显著的社会效益。

10.2 株洲建宁大桥主桥工程原设计辅助墩后主梁采用现浇梁,总长度83.7m,桥宽30m。按原方案施工,现浇梁须投入施工材料和设备:钢管桩600t,型钢646t,模板200t,平板汽车2台,吊车2台,60t振动锤2台以及电焊机等小型设备20套。由于采用了本工法的新技术,此项工程仅仅投入可周转的临时墩钢材30t,充分利用了对称节段挂篮悬浇设备,工程施工用材料和设备极大地减少,而且关键工序易控制、工程进度快、安全干扰因素少、各种资源能较好地利用,产生直接经济效益达500多万元;同时,没有庞大的现浇支架施工,避免了污染河水,不影响通航,取得了较好的环保和节能效益。

11. 应 用 实 例

湖南省株洲市建宁大桥

11.1 工程概况

湖南省株洲市建宁大桥主桥为独塔单索面预应力混凝土箱梁斜拉桥,主桥跨径布置为:(240＋134＋42＋41.7)m,1号主塔墩处为塔、梁、墩固结;2号、3号为两个辅助墩,主梁截面形式为倒梯形,单箱三室结构,箱梁顶宽30m,底宽8m,中线处高3.5m,标准拉索节距为7m,箱梁顶设双向2‰的

图 11.1　株洲建宁大桥主桥

横坡。原施工图设计工艺为主跨（E1～E31 节段）采用挂篮悬浇施工；边跨部分（E01～E017 节段）采用挂篮悬浇，2 号、3 号辅助墩至 4 号过渡墩（E018～E031 节段）采用现浇支架施工。我公司联合长沙理工大学、中铁大桥局勘测设计有限公司对现场施工条件、设计图纸、工艺及监控程序进行了大量的计算和研究，提出有效利用临时墩和辅助墩支承梁段自重不平衡荷载，将主梁标准节段（7m）划分为两个 3.5m 节段施工，原现浇支架非标准节段（4m）不变，实现挂篮过辅助墩对称悬浇施工，株洲建宁大桥主桥布置见图 11.1。

11.2　施工情况

本工程于 2003 年 2 月 10 日开工，2005 年 12 月 25 日竣工。主桥全长 457.7m，共 31 对斜拉索。

利用临时墩支承主梁不平衡荷载，挂篮悬浇完 E017 节段后，前移挂篮至 E018 节段位置，在 E017 后 3.5m 节段横隔墙处用钢管桩进行临时支承，待 E018 节段斜拉索张拉完后，前移挂篮、施工 2 号辅助墩墩帽、混凝土养护待强、安装永久支座、落梁、转换体系、立即拆除 2 号辅助墩附近的临时墩支承，由辅助墩支承主梁不平衡荷载。根据监控指令对全桥进行一次 24h 观测后，挂篮再前移至下一节段进行施工（3 号辅助墩类似施工）。

11.3　工程监测与结果评价

株洲建宁大桥采用"挂篮悬浇过辅助墩"工法施工，填补了国内该项施工技术的空白，保证了主梁悬浇施工的安全稳定。各主要工序监控数据显示，施工全过程皆处于安全、稳定、快速、优质的可控状态，各项技术指标均满足设计及施工规范要求，受到了业内同行的高度评价。

门式浮吊拼装钢围堰施工工法

GJYJGF066—2008

贵州省桥梁工程总公司 贵州建工集团总公司
赵渝 张胜林 何爱军 龚兴生 冯小波

1. 前　言

对于深水桥梁基础，通常是在基础所处的水域进行围堰施工，围堰是基础施工的防水及挡土临时结构物，为深水基础创造干处施工条件。由于围堰高、重量大，在不能满足超大型水上起吊设备通航的河流流域，只能将围堰分节分段制作，运送到基础所处水域，在导向船组上进行组拼、下沉至河床基岩。现有技术中，对围堰进行拼装时，一般在导向船组周围，采用带有起吊装置的船舶（称为浮吊）对组成围堰的散件进行吊运，受导向船组平面尺寸及其上其他构造的制约，浮吊的起吊能力和工作效率大幅度降低，因此需要配备多艘浮吊或采用更大起重能力的浮吊，而且浮吊的操作复杂、移动时间长，延长了施工的工期并提高了成本。

贵州省桥梁工程总公司联合贵州建工集团总公司以重庆江津观音岩长江大桥为依托工程，针对该桥主墩深水基础的施工难点，结合长江上游的水文地质条件和水上起重设备的情况，进行了"门式浮吊拼装钢围堰施工工法"研究开发，于2006年初将研发结果成功运用于主墩深水基础——双壁钢围堰的拼装施工，保证了江津观音岩长江大桥深水基础在一个枯水期完工，这在长江建桥史上尚属首例。该工法由贵州省交通厅组织鉴定，关键技术达到国内领先水平。

2. 工法特点

2.1 利用钢围堰拼装既有的工作平台（导向船组），作为门式浮吊的基础，并通过对门架在平台上的合理布置，全面覆盖拼装范围，消除吊装"死角"。

2.2 利用常规的标准钢构件（贝雷片或万能杆件等）和小型起重设备（电动跑车、滑车等）拼装成具有相应起重能力的起重设备，替代大型水上起重机，完成大型水上起重设备无法到达水域的吊装作业，操作简单、灵活，节约了成本，缩短了工期。

2.3 门式浮吊设置于加固及定位好的导向船组上，吊装作业时不受水流的影响，便于钢围堰的精确就位。

3. 适用范围

可以应用于任何水域的钢围堰拼装施工，更适用于大型水上吊装设备无法到达水域的吊装作业。

4. 工艺原理

4.1 导向船由两艘甲板驳船以及万能杆件组成的联结梁拼接而成，属于非常规的工程双体船（图4.1）。其定位和移动由主锚、尾锚及边锚三组缆绳系统构成自身的固定系统及调节系统。根据所处水域的水文气象条件，按五年一遇洪水频率进行设计。

4.2 双体导向船的船体结构强度计算与分析，依据《钢质内河船舶入级与建造规范（2002）》、

579

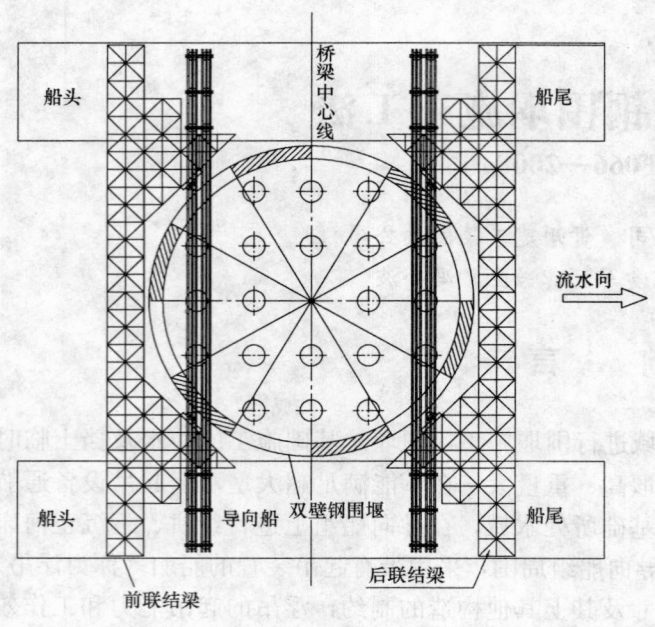

图 4.1　导向船平面布置

《钢质内河船舶入级与建造规范修改通报（2004）》及《钢质内河船舶船体结构直接计算指南（2002）》的相关规定和要求，根据船体总布置图、线型图、基本结构图、横剖面图、重量分布、施工工况等资料，采用国际通用结构有限元程序进行计算。

4.3 钢围堰分节、分块工厂制作，分块运至钢围堰所处水域，首节钢围堰在导向船组中间的拼装船上组拼，拼装完成后，采用导向船上的起吊架将首节钢围堰吊离拼装船，此时拼装船退出墩位。首节钢围堰下水自浮，作为围堰以上节段的拼装平台。

4.4 在起吊架上安装门机组成门式浮吊，进行围堰的拼接。浮吊先将围堰吊起后交于起吊门机上的起吊滑轮组，门机可在起吊门架上纵向移动而门机上的起吊跑车可在横向移动，这样就可以保证围堰在任何位置都能安装到位（图 4.4）。

4.5 组成门式浮吊的驳船的纵向惯性矩较大，所以吊重偏心较小而稳定性较好。因此一般只验算浮吊的横向稳定。浮吊横向稳定的要求见下式：

$$\rho - a > 0 (\rho = I / \sum V_0) \quad (4.5)$$

式中　ρ——定倾半径，即稳心与浮心之间的距离；

I——为组成浮吊驳船吃水线面积对浮吊纵向（顺船长方向）中心轴的惯性矩；

$\sum V_0$——验算横向稳定时最不利荷载作用下全部驳船的排水体积；

a——门式浮吊重心与浮心之间的距离。

4.6 每次接高拼装前用潜水泵向围堰各隔舱内灌水，使围堰平稳下沉至一定干舷高度，该干舷高度依上节围堰重量而定，应使上节围堰拼接完成之后，下节围堰干舷高度为 2m，以策安全，且方便节间焊缝焊接。钢围堰的接高拼装完毕后，向围堰壁内注水，直至围堰刃脚距河床 1.0m 左右，进行围堰着床的准备工作。

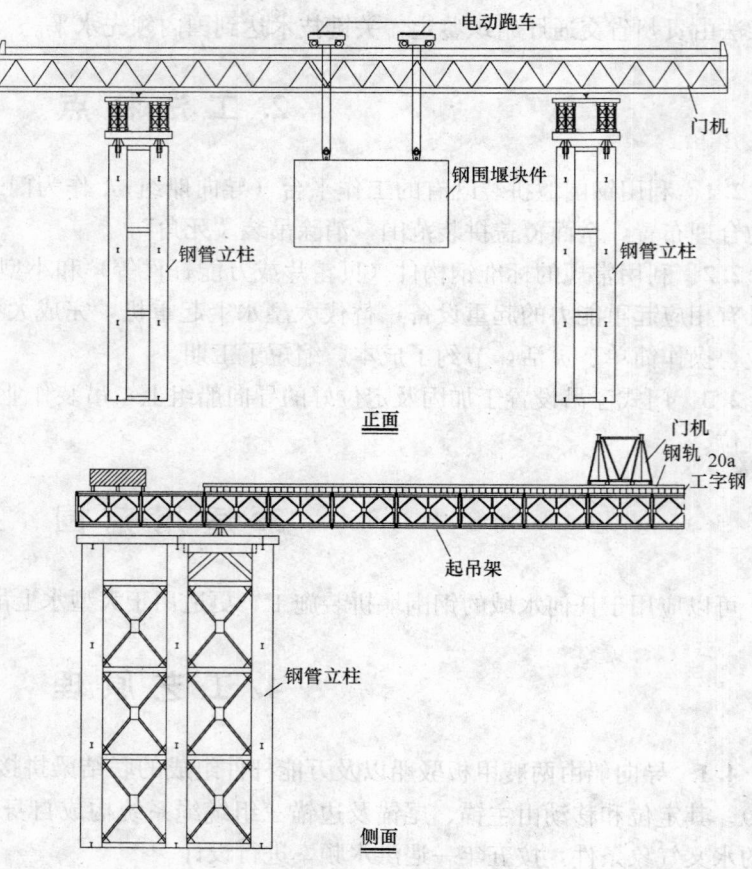

图 4.4　门式浮吊

5. 施工工艺流程及操作要点

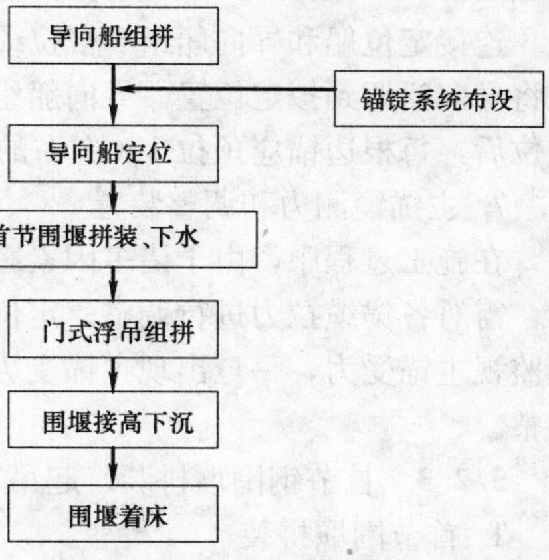

图 5.1 施工工艺流程

5.1 施工工艺流程（图 5.1）

5.2 操作技术要点

5.2.1 导向船组成

导向船由两艘铁驳及万能杆件联结梁构成。锚锭系统即为稳定该体系所设，锚锭系统由定位船、主锚、定位船侧锚、上拉缆、下拉缆、导向船侧锚、导向船尾锚、锚缆组成（图 5.2.1）。

5.2.2 导向船定位

1. 施工测量

计算出各铁锚的坐标，铁锚在下沉过程中由于水流的冲击会使铁锚向下游移动一段距离，故铁锚抛设位置应比设计位置向上游抢一定距离。

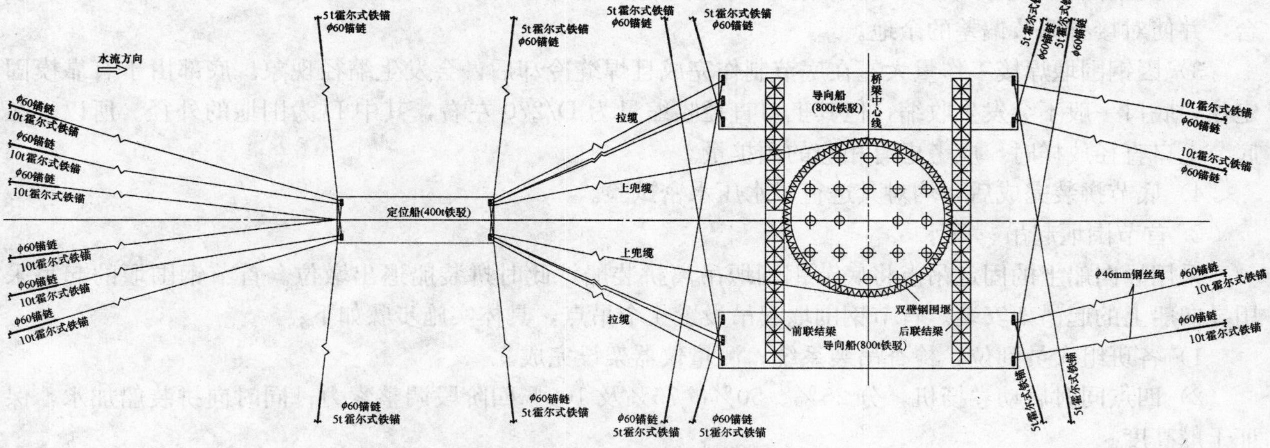

图 5.2.1 导向船锚锭系统布置

2. 定位船初定位

用拖轮将改造好的定位船托至桥轴线上游处，在定位船的上、下游各抛两个铁锚成八字形，完成定位船的初定位。

3. 抛锚

用拖轮将船舷上挂有铁锚的 30t 全回旋浮吊托运至锚位上游抢位附近。抛钢围堰锚锭位系统的主锚及边锚时船艘向下游；抛尾锚时船艘向上游。浮吊自身抛上游方向两个八字锚稳定船位。

4. 定位船定位，理顺边缆、调直。

定位船主锚、边锚、尾锚全部抛完后，可左右对拉边缆，调直理顺边缆，实现定位船南北方向定位。定位船边缆对拉调直、南北方向就位后。

5. 对拉测力、理顺主锚缆

利用定位船上的调缆设备，收紧 2 根主锚缆及 4 根尾锚缆，形成对拉，通过测力计测出主锚缆达到设计受力时即可松缆。然后再收紧剩余主锚缆，以调直的先后顺序按照先放的锚缆后调，后放的锚缆先调。在对拉的同时可测出铁锚开始滑动时的主缆受力 R，即铁锚的锚着力，以验算锚锭系统的安全性。

6. 导向船就位

在理顺、调直边锚锚缆及主锚缆后，即可进行导向船的就位。先松垂危锚缆，用拖轮将在岸边拼装好的导向船及刃脚段钢围堰一同拖运至定位船下游侧，将导向船上的 4 根临时缆索系在定位船上。用导向船上的 4 台 8t 卷扬机缓慢松 4 根临时拉缆，并将尾缆收到导向船组上，当导向船组下移动到桥轴线上游 20m 左右处，停止放缆，并将尾缆和调缆系统连接。

连接定位船和导向船组 6 根拉缆，解除 4 根临时拉缆。抛设边锚，带缆理顺、调直，最后用调缆系统将导向船调到拟定位置。导向船组边锚对控制围堰南北方向摆动起着至关重要的作用，导向船精确定位后，每根边锚应预拉 10t 左右的拉力。

7. 主锚缆测力和调整装置

在施工过程中，由于诸多因素影响，各主缆受力容易出现不均衡现象，所以在所有铁锚抛设到位后，需对各锚缆拉力进行调整。定位船和导向船上共设 8 台 8t 卷扬机，配 8 个量程 100kN 拉力计，以便监视主锚受力，一旦出现主锚受力不均，利用与滑车组钢丝绳"活头"末端相连接的链条葫芦进行调整。

5.2.3 首节钢围堰拼装、起吊、下水

1. 首节围堰拼装

1）在墩位附近利用两艘驳船拼装成平台，作为底节制作场地。精确放样，设置拼装台座。

2）为钢围堰拼接方便，在底节钢围堰顶面设置了水平环板，可作为以后接高块件对接的放置平台，并使对接有调节偏差的余地。

3）因钢围堰焊接工作量大，在底节制作完成且焊缝冷却后，会发生缩径现象。底部由于有靠模固定住，底口一般不会发生收缩，但其上口直径收缩量为 D/270 左右，其中 D 为围堰的外径。所以，在底节上口直径放样时，应考虑有相应的预扩量。

4）底节拼装完成后，均对其进行了水压水密试验。

2. 首节围堰起吊、下水

采用导向船上的固定吊点将底节钢围堰吊离拼装船，此时拼装船退出墩位。首节钢围堰的起吊采用导向船上的起吊架安装。首节钢围堰起吊设置 4 个吊点，具体实施步骤如下：

1）各班组人员到位，检查吊装系统；测量仪器架设完成。

2）四点同时启动卷扬机，分 25％、50％、75％及 100％四阶段调整索力；同时向拼装船加水，保证干舷高度。

3）索力调整完成，钢围堰脱架；平稳提升；割除拼装船联结管。

4）提升至移出拼装船工作高度，提升完成；拼装船顺水流移出，拖轮准备，拼装船停泊靠岸。

5）平稳下放；定位船上兜缆准备、吊绳垂直度监测准备。

6）下放入水，调整兜缆，保证吊绳垂直度。

7）下放入水至吊绳卸载，钢围堰自浮，加水调平。

8）完成首节钢围堰起吊、入水；拆除吊装系统。

5.2.4 门式浮吊分节分片拼装钢围堰

在起吊架上安装门机组成门式浮吊，在首节钢围堰上分块拼接钢围堰，完成一节即下沉一段。钢围堰块件安装是浮吊先吊起后交于起吊门机上的起吊滑轮组，门机可在起吊门架上纵向移动而门机上的起吊跑车可在横向移动，这样就可以保证钢围堰块件在任何位置都能安装到位。

5.2.5 钢围堰接高下沉

第二节钢围堰的接高拼装完毕后，拼装第三节钢围堰，拼装完毕后，向围堰壁内注水，直至钢围堰刃脚距河床 1.0m 左右，开始准备围堰着床的准备工作。每次接高拼装前用潜水泵向围堰各隔舱内灌水，使围堰平稳下沉至一定干舷高度，该干舷高度依上节钢围堰重量而定，应使上节钢围堰拼接完成之后，下节钢围堰干舷高度为 2m，以策安全，且方便节间焊缝焊接。堰壁注水应均匀的向各个隔舱注水，使围堰平稳下沉，并保证围堰顶面的水平，为后续工序创造条件。

6. 材料与设备

材料与设备见表 6-1、表 6-2。

主要材料数量 表 6-1

编号	材料名称	规　程	单位	一个起吊梁数量	全桥共两个起吊梁	单重(kg)	总重(kg)
1	卷扬机分配梁	I280b×3000mm 工字钢	根	12	24	143.7	3449
2	起吊分配梁	I320b×3000mm 工字钢	根	4	8	173.1	1385
3	贝雷片		片	114	228	270	61560
4	支撑片		片	76	152	42	6384
5	加强弦杆		根	228	456	80	36480
6	销子		个	432	864	3	2592
7	弦杆螺栓		套	456	912	3	2736
8	桁片螺栓		套	456	912	2	1824
9	纵向分配梁	I400b×9500mm 工字钢	根	8	16	701.1	11218
10	横向分配梁	I400b×3000mm 工字钢	根	12	24	221.4	5314
11	钢管桩	φ100×14500mm 钢管桩（d=10mm）	根	12	24	3540.2	84965
12	纵向连接	I250b×3000mm 工字钢	根	32	64	126	8064
13	横向连接	I250b×550mm 工字钢	根	24	48	23.1	1109
14	纵向斜撑	∠90×8×5400mm 角钢	根	48	96	10.9	1046
15	支撑钢板	□400×600×8mm	块	24	48	15.072	723
16	支撑钢板	□400×500×8mm（三角形）	块	96	192	6.28	1206
17	8t 卷扬机		台	2	4		
18	门机	起吊能力 50T	台	1	1		

主要设备数量表 表 6-2

机械名称	规格型号	额定功率(kW)或容量(m³)或吨位(t)	数量(台)
定位船	400t 铁驳	400t	1
导向船	800t 铁驳	400t	2
拼装船	800t 铁驳	400t	2
起重船(全旋转)		30t	1
拖轮		220.5kW	1
潜水泵			28
卷扬机		5～8t	20
全站仪(全自动)	徕卡 TPS2000		2

7. 质 量 控 制

7.1 一般要求

7.1.1 加强测量的精度控制并能及时反馈信息以指导施工。

7.1.2 严格执行合同文件有关规定和施工规范要求。

7.1.3 严格执行材料，设备进场的复核验收工作程序，确保进场材料、设备合格。

7.1.4 严格每一道工序开工前和结束后的检查验收制度，坚持执行班组自检，质检部门检查合格，报请监理工程师检验的工作程序，重要工序请监理旁站监督检查。

7.1.5 严格控制钢围堰的安装精度和焊接质量，保证满足设计及规范要求。

7.2 施工工序过程控制

7.2.1 导向船组的设计及安装过程控制

导向船组按五年一遇洪水频率，考虑水流阻力及风荷载等作用效应。在施工过程中，由于诸多因素影响，各主缆受力容易出现不均衡现象，所以在所有铁锚抛设到位后，需对各锚缆拉力进行调整。各锚缆配备拉力计，以便监视主锚受力，一旦出现主锚受力不均，利用与滑车组钢丝绳"活头"末端相连接的链条葫芦进行调整。

导向船组铁驳之间的连接须牢固、可靠，满足五年一遇洪水频率的要求。

7.2.2 提升设施安装的过程控制

起吊架的焊接质量及安装精度满足设计和规范要求。起吊前应进行试吊，在有经验的起重工的指挥下进行。以检验吊具、吊索、吊点，同时调整吊索长度并观察围堰受力变形情况，以便改进指导下步施工。

7.2.3 首节钢围堰起吊、下水施工的过程控制

试吊完成后，围堰即可吊起就位入水。因首节各分块高度不一致，钢围堰沿周边的重量和入水后产生的浮力很不均匀。为防止围堰发生失稳倾斜，需要在钢围堰入水后对钢围堰进行配平，以保证入水后平稳竖直。配重采用注水配重或混凝土块配重。

7.2.4 钢围堰接高、下沉的过程控制

首节钢围堰入水后，对钢围堰高侧的隔舱内注水，直至首节钢围堰顶面水平，然后直接进行第二节钢围堰的接高拼装，每次接高拼装前用潜水泵向钢围堰各隔舱内灌水，使钢围堰平稳下沉至一定干舷高度，该干舷高度依上节围堰重量而定，应使上节钢围堰拼接完成之后，下节钢围堰干舷高度为2m，以策安全，且方便节间焊缝焊接。钢堰壁注水应均匀的向各个隔舱注水，使钢围堰平稳下沉，并保证钢围堰顶面的水平。

块件拼装按预定划分方式对接，使接高块件的立面焊缝线从下至上均在一条直线上，并保证上下块件的外弧板、内弧板、隔舱板均对应对接。

施工时在钢堰壁内外设置临时焊设工作平台，并在钢围堰上设置导向、限位装置，以使块件的吊放、定位方便，简捷且精度高。

钢围堰焊接的施焊顺序为：

各块件水平焊缝点焊→竖向焊缝点焊→内、外水平环板对接施焊→拼装前围堰直径差为负值时焊外壁板水平缝，正值时先焊内壁板水平缝，进行水平缝施焊→内外壁板竖缝施焊→其他缝施焊。

在块件拼接过程中发生的直径收缩问题，可通过预扩相同量直径值的方法加以消除。

7.2.5 钢围堰着床的过程控制

当钢围堰注水下沉至刃脚距河床 1.0m 左右时，即开始调整钢围堰位置。定位方法采用一台全站仪，测出钢围堰两条直径的端点的坐标，计算出圆心位置，调整锚缆，使钢围堰中心在预计位置上，利用纠扭装置调整钢围堰的扭角，使刃脚位置尽量与设计位置一致，即完成钢围堰的定位。同时加大对河床标高的测量频率，并绘制下沉曲线，确保按预定位置着床。

着床前钢围堰下流速增大，上游侧较下游冲刷大，河床形成下游高上游低的斜面，着床后由于不平衡土压力的作用，钢围堰会向上游移动一定距离，着床时按刃脚向下游预偏 15～20cm 处理。

钢围堰着床采用平稳注水下沉、局部吸泥的方法。当围堰的最低点接触河床后，对首先接触河床的隔舱集中注水，让这几个舱的刃脚能快速地切入覆盖层，同时适量排出另一侧隔舱的水，并以钢围堰周边的干舷高度判断和控制钢围堰的垂直度。如在下沉时出现钢围堰发生倾斜，立即加大对另一侧隔舱的注水量。如还不能将钢围堰纠倾，则采用空气吸泥机对钢围堰刃脚高侧底部河床进行局部吸泥助沉施工。在钢围堰纠倾完成后，即停止吸泥施工。

若钢围堰着床后发现偏位较大，可排水使围堰上浮，调整位置后重新着床。

7.3 执行标准

7.3.1 《钢围堰设计文件》

7.3.2 《公路桥涵施工技术规范》JTJ 041—2000

7.3.3 《金属材料室温拉伸试验方法》GB/T 228—2002

7.3.4 《金属材料弯曲试验方法》GB/T 232—1999

7.3.5 《公路工程施工安全技术规程》JTJ 076—95

7.3.6 《公路工程质量检验评定标准》JTG F80/1—2004

7.4 工艺质量标准（表7.4）

工艺质量标准 表7.4

项　　目		允许偏差或要求
起吊架	构件尺寸	±2mm
	柱底水平偏位	10 mm
	倾斜度	柱高的1/1000，且不大于30mm
	焊缝	一次检验合格率85%，二次检验合格率100%
钢围堰	提升同步控制	20mm
	钢围堰应力	符合设计要求
	钢围堰内径	不大于±D/500
	同一平面内相互垂直的直径	±20mm
	平面布置	±30cm
	倾斜度	不大于h/1000
各构件间的接缝、分块间的拼接缝均应无凹凸面		

8. 安 全 措 施

钢围堰施工，水上设施众多，对航道影响较大，作好航道保护措施非常重要，对于水上平台设施的渡洪也应作好相应的保护方案。

8.1 机构的设置

由项目部成立水上安全办公室，在施工期间安全办公室主任由项目经理兼任。办公室主要职责为：负责向当地航道、港监、海事部门办理相关手续及上报相关防撞、防汛措施，了解即将过往船只的相关情况；向水文部门了解水情预报；负责编制相关的防撞、渡汛措施；负责组织，实施防撞、渡汛措施，制定应急处理措施和救援措施。

8.2 航道交通组织

在水上平台施工前，先向航道管理部门上报航道占用方案，由航道管理部门根据情况进行审批和规划新的航线，通航水域两侧设航标船，夜晚设指示灯，过往船只严格在水域内行驶。必要时，请海事部门协助，派遣巡逻艇执勤。

8.3 航运保障及事故应急处理

临时设施留足通航位置，在航道管理部门的协调下，不影响正常的航运，且防撞船和通航水域两侧的标船一起，形成安全的航运交通组织。

在航运保障方面还将注意防止船只意外进入施工防撞区，同时作好自有船只的组织工作，防止与过往船发生意外。

对万一出现了水上事故，要预先形成应急预案，在事故发生时，按照应急预案和国家关于事故报告的制度，向海事部门以及其他相关部门报告，立即启动应急救援机制，救援设备和救援人员迅速到位，组织救援、维护现场等工作。救援组长由项目经理亲自担任，配备一条救生船和多名水上救助员。

8.4 围堰共振的处置方案

在钢围堰进行接高下沉过程中，钢围堰在受到横向波浪力（船行波）的推动，造成钢围堰摆动。钢围堰在波浪及浮力作用下，上、下窜动。导致围堰与导向船上的导向架发生碰撞，围堰发生偏位。如发生围堰共振现象进行如下处理：

8.4.1 在抛锚过程中，围堰下拉缆应位于导向船上游交叉边缆之下，防止钢围堰连同导向船悬挂在定位船上。

8.4.2 及时收紧导向船边缆、尾缆及钢围堰拉缆。

8.4.3 在钢围堰发生共振时，及时改变钢围堰的质量，具体操作为，向钢围堰壁内灌水以增加围堰整体质量或抽出围堰壁内的水以减小围堰整体质量。

8.4.4 用木方减小围堰与导向船和导向架间的间隙。

9. 文明施工与环保措施

9.1 文明施工
9.1.1 文明施工组织管理机构

成立由项目经理为组长的文明施工小组，全面开展文明工地活动，创造良好的施工环境和氛围，保证工程顺利完成。

9.1.2 文明施工保证措施

1. 对进场施工队伍签订文明协议，建立、健全岗位责任制，把文明施工落到实处，提高全体施工人员自觉性和责任心。

2. 采取有效措施处理生产生活废水，不得超标排放，并保证施工现场无积水现象。在多雨季节应配备应急的抽水设备和突击人员。

3. 现场布置合理，材料、物品机具、土方堆放符合要求。

4. 施工现场、办公室内按要求布置图表，及时反映现场及工程进度状况。

5. 施工期间，经常对施工机械车辆道路进行维修，确保晴雨畅通。

9.2 环境保护措施
9.2.1 水环境保护措施

1. 施工废水按有关要求处理，不得直接排入河流。

2. 施工的废油，采取隔油池等有效措施加以处理，不得超标排放。

3. 对工人进行环保教育，不得随地乱扔果皮纸屑。

4. 对于施工中废弃的零碎配件，边角料、水泥袋、包装箱等及时收集清理并搞好现场卫生，以保护自然与景观不受破坏。

9.2.2 大气环境及粉尘的防治措施

1. 施工现场和运输道路经常洒水，减少灰尘对人的危害和环境的污染。

2. 对油料物品设立专门库房，采取严密可靠的存放措施。

9.2.3 降低噪声措施

1. 对使用的工程机械和运输车辆安装消声器，降低噪声。

2. 在比较固定的机械设备附近设置临时隔声屏障，减少噪声传播。

3. 适当控制噪声叠加，尽量避免噪声机械集中作业。

10. 效益分析

江津观音岩长江大桥 10 号主墩深水基础施工，采用贝雷梁拼装的起吊架进行钢围堰首节吊装和门式浮吊进行钢围堰块件的安装,不仅加快了工期、节约了成本,同时这种施工方法改变了以往施工中采用桅杆吊拼装块件的工艺,并且在围堰的吸泥过程带来了极大的便利,保证了10号主墩在一个枯水季节完工,这在长江建桥史上尚属首例,取得了显著的经济效益和社会效益,具体分析见表10。

表 10

门式浮吊效益分析表

方案名称	两台浮吊	浮吊(1台)+桅杆吊(1台)	浮吊(1台)+门式浮吊
吊装范围	不能覆盖围堰安装区域	有吊装"死角"	无吊装"死角"
适用条件	30T以上浮吊不能到达长江上游		30T以内浮吊能满足要求
租赁费		(10+5)万元/每月	(10+2)万元/每月
吊装工效		1单件/1天	2单件/1天
工期		18个月(二个枯水期)	6个月(一个枯水期)
经济效益(万元)	租赁费	270	72
	工期效益(仅考虑项目管理费)	1440	480
	小计	1710	552
	节省费用合计	门式浮吊方案节省了 1710-552=1158万元	

11. 应 用 实 例

实例——江津观音岩长江大桥 10 墩基础

江津观音岩长江大桥是重庆绕城公路南段跨越长江的重要工程,全长1.19km,主桥主跨为436m双塔双索面斜拉桥,桥面宽度36.2m。该桥10号墩位于深水区域,枯水季节的水深约12m。10号墩采用圆形承台,承台直径32m,厚6.5m,采用双壁钢围堰的施工工艺。

10号墩钢围堰采用双壁钢围堰,围堰内径32.5m,外径35.5m,壁厚为1.5m,钢围堰全高23.98m(图11-1)。

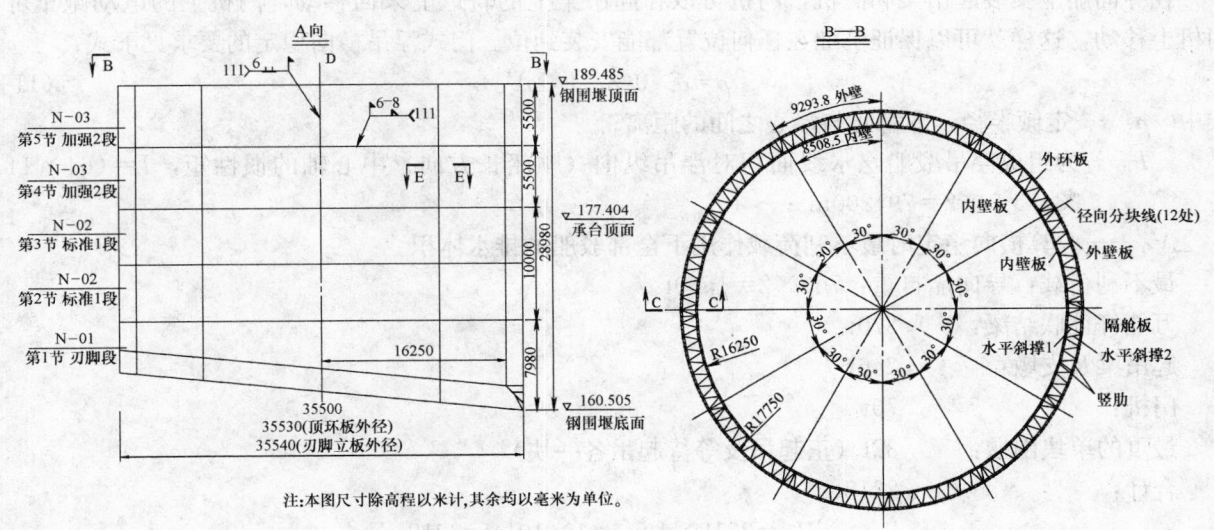

图 11-1 钢围堰构造

钢围堰内、外壁均采用6mm的Q235A钢板,内外壁之间采用水平斜撑杆件连为整体。为保证局部稳定,围堰内外壁钢板均设置了水平(环向)加劲肋和竖向加劲肋。钢围堰沿竖向共分为4段,自下而上分别为刃脚段、标准段和两个加强段,其中,刃脚段为不等高刃脚,高从4.5m渐变至7.98m,钢材重178t;每个标准段高5m,钢材重136.5t;每个加强段5.5m,钢材重185t。为便于吊装施工,钢围堰每段均沿环向等分为 12 片，各块件加工委托专业厂家制作，分块运至工地钢围堰拼装平台。

导向船采用 2 艘 800t 铁驳导向船进行拼装组成导向船组（图 11-2），利用前、后联结梁形成整体作业平台。导向船组不设起吊设备。起吊设备采用 30t 全回转起重船，围堰接高施工吊装时，吊船单侧靠帮不能满足完全吊装施工要求，需在导向船另侧二次泊位。30t 吊船长度较长，靠帮时船体可能与边锚相互影响，施工较为麻烦。

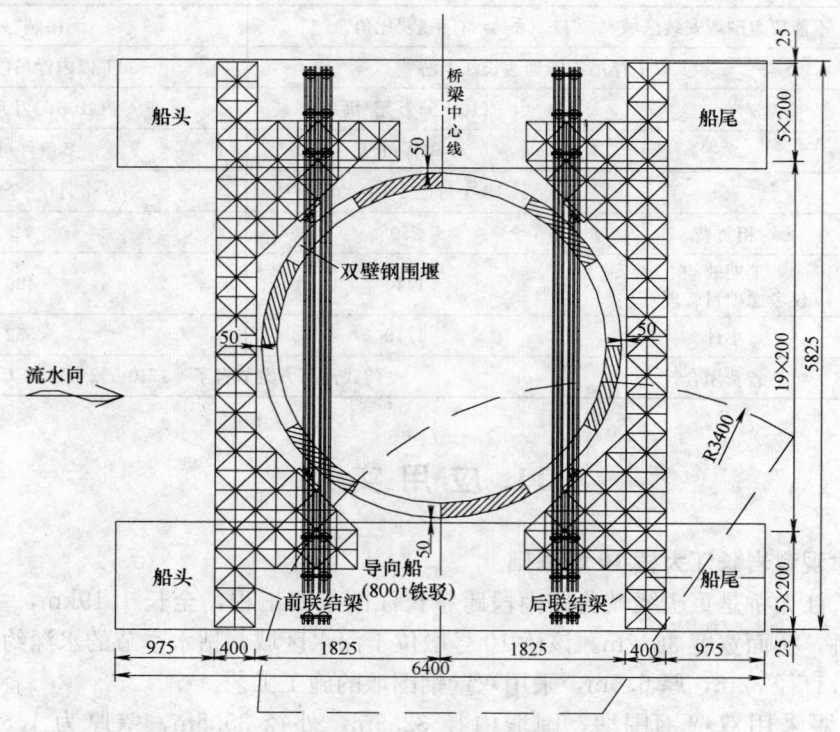

图 11-2　围堰拼装的导向船平面布置

在导向船上安装起吊梁和门机，门机可以在起吊梁上的轨道上来回移动，门机上的电动跑车可在门机上移动，这样就可以保证围堰在任何位置都能安装到位。门式浮吊横向稳定的要求见下式：

$$\rho - \alpha > 0 (\rho = I / \sum V_0) \tag{11-1}$$

式中　ρ——定倾半径，即稳心与浮心之间的距离；

I——为组成浮吊驳船吃水线面积对浮吊纵向（顺船长方向）中心轴的惯性矩，$I = (64 \times 11 \times 23.75^2) \times 2 = 794200 m^4$；

$\sum V_0$——验算横向稳定时最不利荷载作用下全部驳船的排水体积。

最不利荷载：导向船自重：　　750×2＝1500t

万能杆件联结梁：　　370t

起吊梁及支墩：　　246t

门机：　　70t

最重的单块围堰：　　32t（正起吊及等待起吊各一块）

合计：　　2218t

$$\sum V_0 = 2218 \times 10^3 \div (1 \times 10^3) = 2218 m^3$$

$$\rho = 794200 / 2218 = 358.07 m$$

α——枢门式浮吊重心与浮心之间的距离，小于门式浮吊高度（20m），

故　　　　　　　　　　　　　$\rho - \alpha > 0$

通过以上分析，门式浮吊稳定不成问题。

大跨度拱桥大节段水上提升安装施工工法

GJYJGF067—2008

贵州省桥梁工程总公司　中国中铁股份有限公司

潘海　覃杰　吴飞　胡云江　潘胜烈　刘成军

1. 前　　言

跨越大江大河的拱桥施工，由于主拱圈自重大、空间体积庞大，其安装一直是拱桥施工的难点和重点，目前常用的方法主要有缆索吊机安装、转体法及悬臂吊机逐段安装等方法，三种施工方法各有优缺点和适合的施工条件：缆索吊机安装法需设置吊、扣搭体系及庞大的锚锭体系。在地质条件较差的沿海地区实施较困难，且主拱圈悬臂时间长，潜在的风险大，拱圈线形及合龙精度不易保证；转体法施工需要庞大的配重体系及转体机构，且在拱座处于水中的条件下几乎无法实施；悬臂吊机逐段拼装，同样需要斜扣及锚锭体系，且由于悬臂施工工艺的特点，拱圈线形及合龙精度不易保证，跨度越大难度越大。

广州新光快速路工程新光大桥主桥为 177m＋428m＋177m，三跨连续刚架飞雁式钢桁系杆拱桥，大桥跨越珠江主航道，大桥主拱肋的安装不仅需要考虑工程本体的施工安全、工程造价问题，还需考虑拱桥施工对航道造成的影响，尽量缩短水上作业工期。

贵州省桥梁工程总公司与中铁工程设计咨询集团组成联营体，研究设计并成功实施了大跨度拱桥大节段水上提升成套技术，是转体法、缆索吊装法后大跨度拱桥的又一新的施工方法。被提升的主拱中段的外形尺寸为172m（长）×30.1m（宽）×27.48m（高），滑移距离近200m，提升高度85m，提升重量3078t，其滑移、浮运、提升规模等综合指标居世界首位。

该项成果已于2007年8月在北京组织成果鉴定，达到国际领先水平。此项工法成功解决了大跨度拱桥施工难题，可多工作面开展施工，缩短工期，降低了对航道的影响，有明显的社会和经济效益。

2. 工 法 特 点

2.1　无需大型水上起重设备，利用小型机具安装大节段拱肋；改变了散件或小节段拼装拱桥的传统工艺，大幅度提高了成桥品质。

2.2　对处于浅水区的两边跨拱肋采用低架拼装、原位整体提升，对处于繁忙通航的中孔采用大节段异地拼装、整体滑移浮运、水上提升；多工作面开展施工，缩短工期并减少高空作业量。

2.3　拱肋提升采用计算机控制同步液压提升系统，使构件在有涨潮落潮变化的河面上，提升各吊点的空间位置同步，负载分配同步，设备动作同步，使构件不受破坏，安全就位。

2.4　拱肋大节段曲梁合龙方法，为今后大跨度拱桥的施工提供了一种新的思路。

2.5　将施工过程中对河道运输的影响降到最低，有着显著的经济效益。

3. 适 用 范 围

此项施工方法是转体法、缆索吊法后大跨度拱桥的又一新的施工方法。适用于跨越河流或海洋的桥梁施工。

4. 工 艺 原 理

4.1 根据桥位处通航要求及结构自重跨越能力，合理划分提升节段。

4.2 在节段水平投影的水域或异地低架散件拼装为大节段。

4.3 拼装完成支架卸除，由满堂式支撑转换为滑移支架简支。

4.4 通过由拼装场、栈桥及驳船（在船仓内注排水，保证船体平衡，并适应拖拉过程中的朝夕水位变化）连成的滑道，滑移上船浮运。

4.5 浮运就位挂索后，拱肋船上脱架，应用计算机控制同步液压提升系统整体同步提升，提升就位于临时支撑，合拢，拆除提升索、临时系杆，利用砂箱卸除拱肋支撑，完成体系转换。

5. 施工工艺流程及操作要点

5.1 施工工艺流程

5.1.1 边拱肋拼装工序流程见图 5.1.1。

5.1.2 边拱提升工序流程见图 5.1.2。

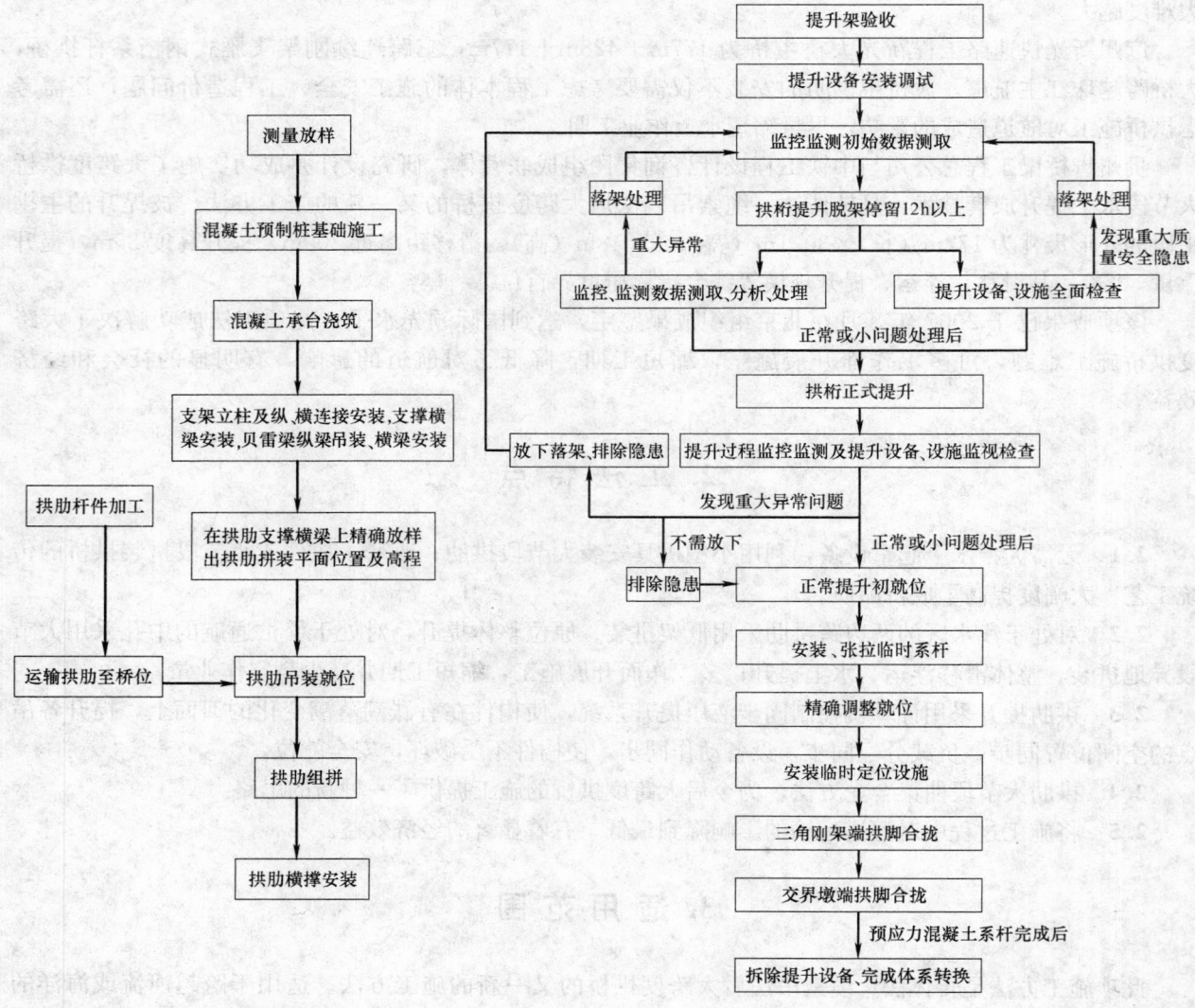

图 5.1.1　边拱肋拼装工序流程　　　　图 5.1.2　边拱提升工序流程

5.1.3 主拱拼装工序流程见图 5.1.3。

5.1.4 主拱边段提升工序流程见图 5.1.4。

5.1.5 中段上船浮运施工工艺流程见图 5.1.5。

5.1.6 主拱中段提升工艺流程见图 5.1.6。

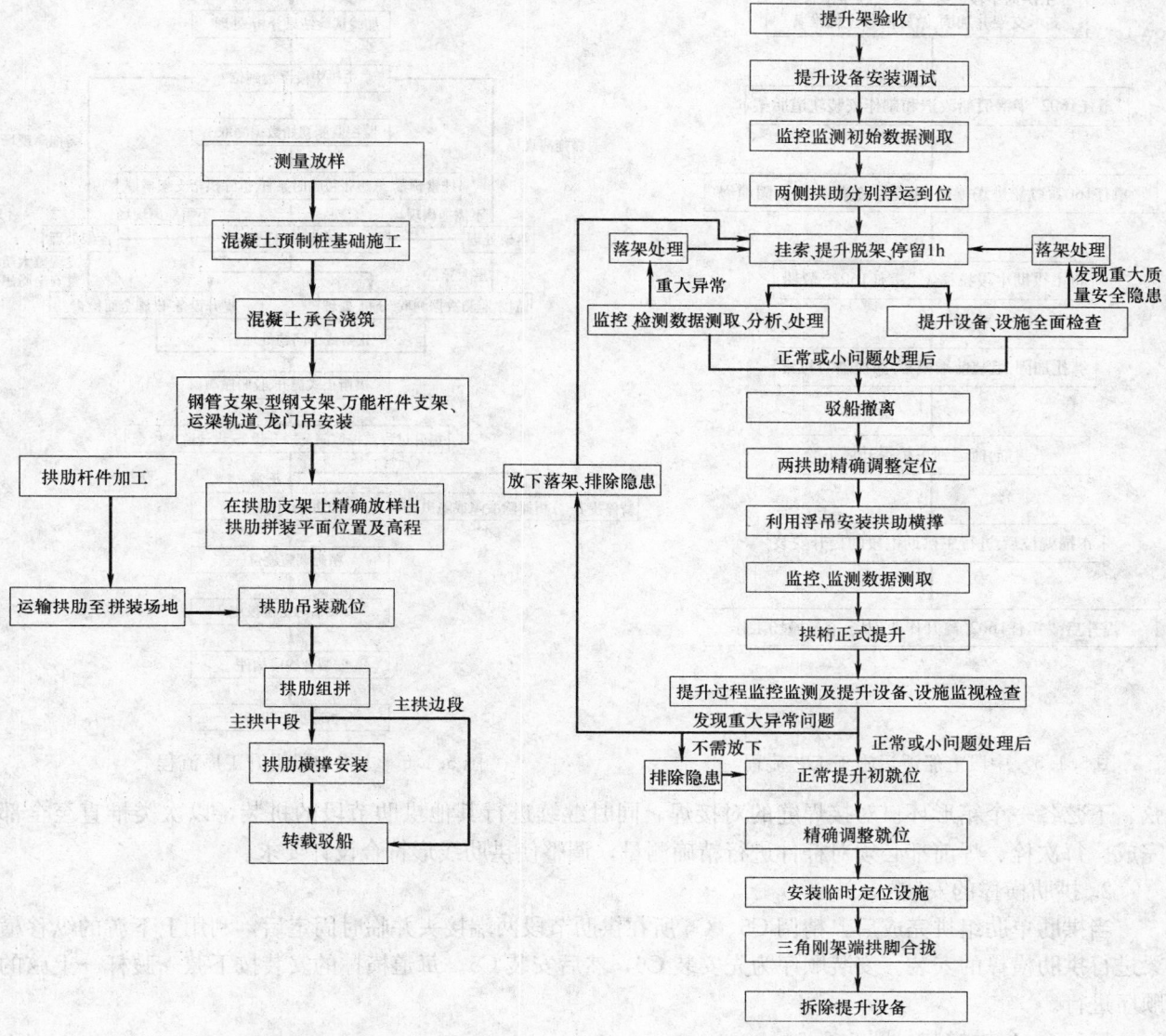

图 5.1.3　主拱拼装工序流程　　　　　图 5.1.4　主拱边段提升工序流程图

5.2　操作要点

5.2.1　节段划分及安装顺序

1. 边拱整段提升；主拱分三段，两边大节段（简称边段）长 85m，提升重量约 1164t，中间大节段（简称中段）长 172.0m，提升重量约 3078t。

2. 安装顺序为边拱、主拱边段，后主拱中段。

5.2.2　边拱拼装

1. 拱肋的组拼及焊接

边拱肋下弦杆件采用"两拼一"方案，即在栈桥或陆地上预先设置好拱形的胎架上组拼、焊接，探伤合格后将提升横梁吊至拼装支架上就位，进行组拼。拱肋节段精调线形、接头临时连接好后，从边墩向主墩方向推进。边拱弦杆每拼装 3～5 个拱肋节段后施拧高强度螺栓，结束后按焊接工艺进行上

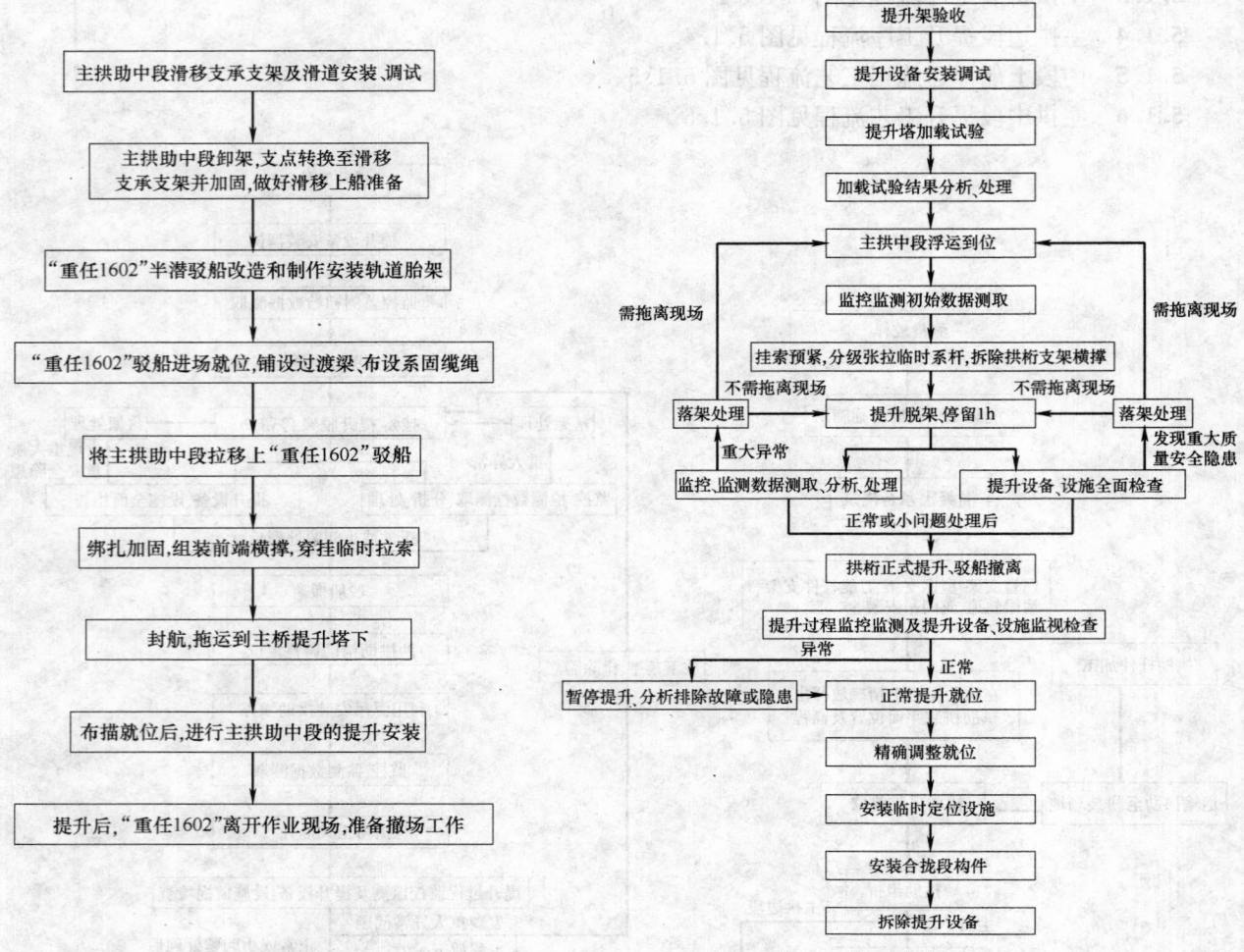

图 5.1.5　中段上船浮运施工工艺流程　　　图 5.1.6　主拱中段提升工序流程

弦、下弦各一个箱形环口对接焊缝的对接焊。同时继续进行其他拱肋节段的拼装，以次类推直至全部完成。每次栓、焊前都必须对杆件进行精确测量，调整使拱肋线形符合设计要求。

2. 拱肋横撑的安装

当拱肋单肋组拼完成后，精调 C5、C6 所在拱肋节段两端接头并临时固定后，利用上下游的纵移横梁进行拱肋横撑的安装。安装顺序为先安装 C6，然后安装 C5。每道横撑的安装按下弦→腹杆→上弦的顺序进行。

5.2.3　主拱拼装（图 5.2.3）

在支架拼装完成后，利用龙门吊在存梁区吊装拱肋杆件，进行主拱肋的组拼。

1. 拼装顺序

1）主拱中段拱肋是将下弦 Z28 与 Z29 合拼，上弦 Z14 与 Z14′合拼。拼装顺序为：下弦→腹杆→上弦。具体如下：

Z22→Z23→Z24→1→2→Z8→3→4→Z9→Z25→Z26→5→6→Z10→7→8→Z11→Z26→Z27→Z28→9→10→Z12→11→12→Z13→（Z29→Z28）→Z28′→Z27′→13→14→15→16→（Z14→Z14′）→17→18→Z13′→Z26′→Z25′→Z24′→19→20→Z12′→21→22→Z11′→23→24→Z10′→Z23′→Z22′→25→26→Z9→27→28→Z8′。

横撑拼装顺序：C2→C1→C2′→C3→C3′。

其中横撑 C1、C2、C3 在拼装场内组拼安装就位，C3′在主拱中段整体滑移至驳船上后，在驳船上搭设 φ48 钢管支架，用浮吊吊装就位，焊接安装。

2）主拱边段拱肋拼装顺序为：

（Z16→Z17）→Z18→Z19→1→2→Z2→3→4→Z3→5→6→Z4→Z20→Z21→7→8→Z5→9→10→Z6→11→Z7

主拱边段提升就位后，再安装横撑C4。

2. 拱肋的组拼及焊接

主拱肋杆件用龙门吊按拼装顺序进行组拼。每段拱肋吊装完连续的两或三段后精确调整线形和高程，对每个接头采取临时固定措施，然后按照焊接工艺要求进行第一个接头焊缝的焊接，以此类推直至全部接头完成。

3. 拱肋横撑的安装

当拱肋上下游两肋组拼完成后，C1、C2、C3、C2′、C3所在的拱肋两段接头精调并临时固定，利用龙门吊进行拱肋横撑的安装。横撑拼装顺序：C2→C1→C2′→C3→C3′每道横撑的安装顺序按下弦→腹杆→上弦的顺序进行；由于纵移上船时受驳船前端驾驶楼的影响，在拼装场内暂时不安装横撑C3′，待中段完全纵移就位后，利用浮吊进行安装，安装顺序与C1相同。

5.2.4 滑移、浮运

1. 滑移设备

在河岸拼装场分别组拼四段单肋主拱边段和整体主拱中段，主拱边段采用载重2000t的"重任202"号驳船浮运至桥位安装，主拱中段由载重15000t的"重任1602"半潜驳拉移上船，然后浮运到新光大桥两岸提升塔间垂直提升安装。

2. 滑移体系

首先设计了滑移支架和拖拉体系解决大尺寸柔性杆件的滑移问题，然后通过设置过渡梁解决了拱肋由刚性栈桥过渡到弹性船体支撑的技术难题，并通过驳船的排放水解决拖拉上船过程中潮汐水位的影响（图5.2.4）。

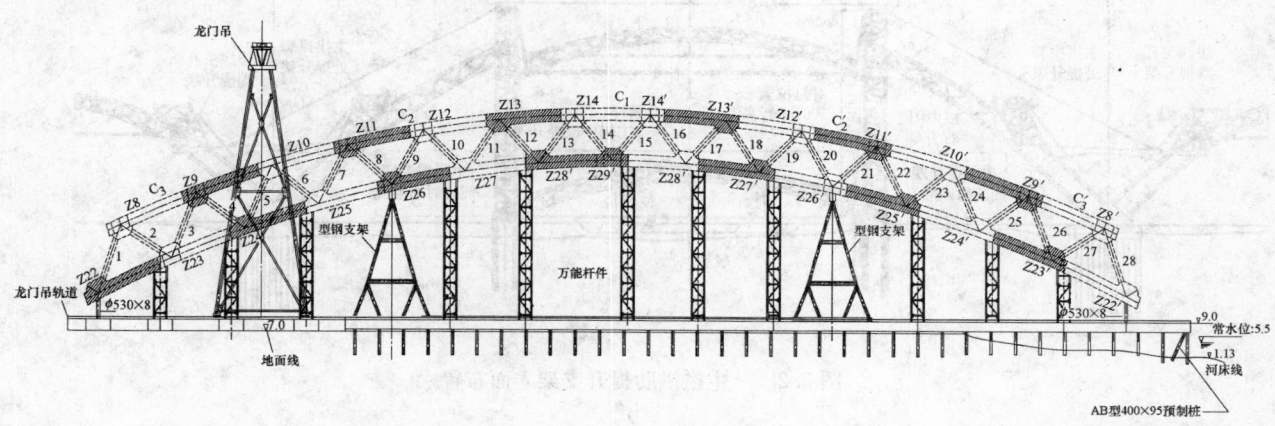

图5.2.3 主拱拼装示意

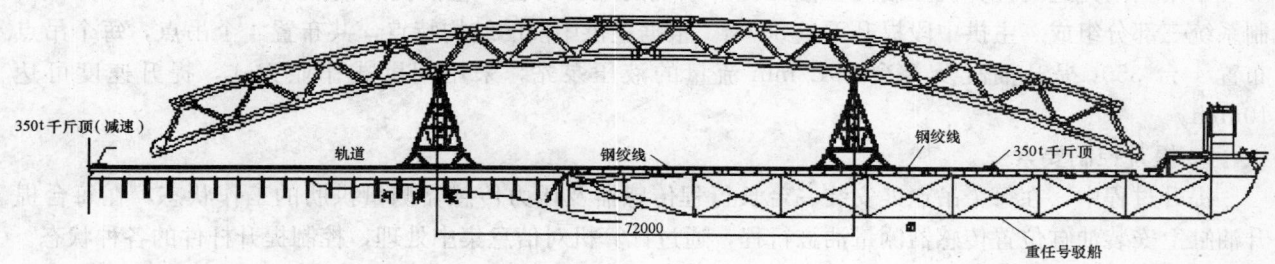

图5.2.4 主拱中段拖拉上船示意

3. 滑移操作

通过钢绞线连接设置在驳船尾部处的 350t 连续千斤顶与拱肋滑移支架，先将整段主拱肋中段拉移至码头端部即过渡梁前。

观察潮位，检查驳船的轨道胎架高程与岸上滑道一致并保持水平，保证驳船的抽水调载系统运转正常。

准备工作就绪后，将主拱肋中段拉移上"重任 1602"驳船。在此过程中，主拱肋前组支承滑移支架经过过渡梁至驳船尾部阶段，驳船处于最不平衡状态。应充分发挥驳船调载系统的作用，并密切观测驳船的高程和水平状态，使过渡梁、驳船轨道胎架与码头滑道三者的高度保持一致并保持水平，确保支承滑移支座与过渡梁之间紧密相贴，保证拱肋上船的安全。

主拱肋中段上船就位后，进行软硬加固并安装前端拱肋横撑和临时拉索后，浮运到指定的新光大桥两提升塔下。

5.2.5 提升塔构造

在两岸主跨基础间对应设置 2 个主拱拱肋提升塔（图 5.2.5），提升塔采用三角形桁架式，钢管立柱直径为 φ1000×20mm 和 φ800×12mm，腹杆为型钢杆件。对应钢管立柱基础分别采用直径为 φ2600mm、φ1400mm 的钻孔灌注桩。塔高 108m，提升塔中心间距 190m。为增加主提升塔纵向抗风稳定性，使提升塔顶的纵向位移得到有效控制，在两个提升塔顶设有压塔索，每根 φ1000mm 立柱顶上有一束 5-7φ5 的钢绞线，共四束。同时在塔后设有背索，其规格采用 13-7φ5 钢绞线，每塔共四束，锚固在三角刚构系梁上。提升塔设计中不仅要考虑提升过程中的重力荷载，还要考虑提升索角度变化带来的水平力及作用在提升塔自身及拱肋上的风荷载，通过设置压塔索和背索，提高了提升塔自身的稳定性和抗风性能，同时也增强了抵抗塔顶水平力的能力，从而使提升塔的设计更为经济、合理。

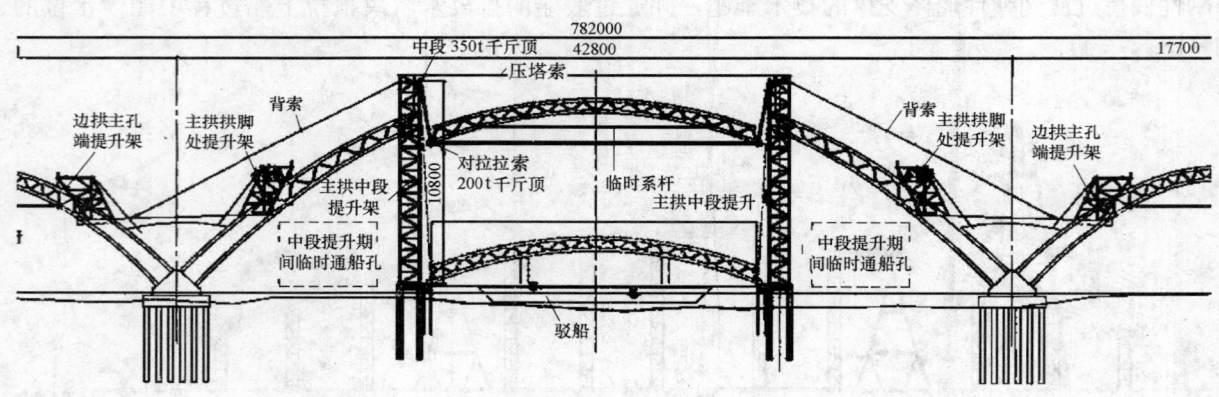

图 5.2.5　主拱拱肋提升支架立面布置

5.2.6 提升

1. 提升系统

采用国内先进的计算机控制同步液压提升系统的全套设备，包括提升油缸、液压泵站和计算机控制系统三部分组成。主拱中段提升重量 3078t。根据主拱中段的结构特点，共布置 4 个吊点，每个吊点布置 4 台 350t 提升油缸及 2 台 80L/min 流量的液压泵站，采用间歇式作业方式，提升速度可达 10m/h。

2. 提升控制要素

提升过程中，在每个吊点处安装一台长行程传感器及压力传感器测量拱肋的工作状态，在每台提升油缸上安装油缸位置传感器测量油缸行程，通过计算机对信息集中处理，控制提升杆件的各种状态。

5.2.7 合拢及体系转换

1. 合拢

主拱中段提升初步到位后，通过提升油缸微调拱肋安装高程，通过临时系杆的放张调整拱轴线形，通过提升塔结构调整拱肋安装纵桥向和横桥向安装位置。精调拱肋安装平面位置、高程和线形至满足设计及规范要求后，利用提升塔架结构进行横向临时定位，然后，对拱肋合龙段两端位移进行48h观测。根据测量结果，在合拢温度时精确测取合拢段精确长度，切割合拢段余量，安装合拢段弦杆就位，焊接切割余量端纵向加劲肋板，施拧另一端纵向加劲肋高强度螺栓，完成瞬时合拢，同时环缝施焊，完成拱圈合拢。

主拱中段有两个合拢口，合龙顺序为先合拢南岸端，再合拢北岸端。每个合拢段杆件的安装顺序为：上弦→腹杆→下弦。

2. 体系转换

合拢后卸除主拱中段吊点，所有拱肋荷载均作用在主拱中段在提升塔的支点上，逐步卸除主拱中段的临时系杆，同时拱肋在提升塔上的支反力逐渐减小，最终剩下的小部分支反力，通过设置在支点处的砂箱进行卸载，完成体系转换。

6. 材料与设备

6.1 本工法所采用材料见表6.1-1、表6.1-2、表6.1-3。

6.2 主拱提升安装施工主要设备、仪器配置见表6.2。

6.3 主拱中段上船浮运施工船舶及设备见表6.3。

边拱拼装主要材料　　　　　　　　　　　　　　　　表6.1-1

材料名称	单位	2005				合计
		02	03	04	05	
φ400×100mm混凝土预制桩	m	4000	1100			5100
C25混凝土	m³		520			520
Ⅱ级钢筋	t		23.4			23.4
φ800×10mm钢管	t		180	179		359
万能杆件	t			15		15
贝雷片	t			332		332
型钢	t			40	59	89

主拱拼装主要材料　　　　　　　　　　　　　　　　表6.1-2

材料名称	单位	2005				合计
		04	05	06	07	
φ400×100mm混凝土预制桩	m	4000	1100			5100
C30混凝土	m³		2000	1100		3100
Ⅱ级钢筋	t		173			173
φ530×8mm钢管	t		180	179		359
万能杆件	t		118			118
贝雷片	t			10		10
型钢	t		40	59		89

提升塔材料　　　　　　　　　　　　　　　　表6.1-3

提升塔架	数量	钢材(t)	混凝土(m³)	备注
三角刚架上主拱边段提升架	4	316.84	0	
主提升塔	2	2837.96	3958.60	安装扒杆2套

主拱提升安装施工主要设备、仪器配置　　　　　　表 6.2

序　号	设备、仪器名称	型　号	单　位	数　量
1	汽车吊	50T	辆	2
2	汽车吊	25T	辆	2
3	浮吊	50T	艘	2
4	装载机	ZL50	台	2
5	卷扬机	5T	台	8
6	拱肋提升液压千斤顶	TX-350-J	套	16
7	拱肋提升液压泵站	TX-40-P	套	8
8	背索及压塔索张拉设备(千斤顶、油泵等)		套	8
9	临时系杆张拉设备(千斤顶、油泵等)		套	4
10	电焊机	50kVA	台	4
11	电焊机	23kVA	台	4
12	电焊机	BX1-500	台	8
13	电焊机	ZX5-500	台	8
14	电焊机	BX1-315	台	8
15	塔吊		台	4
16	柴油发电机组	250kW	台	4
17	气割设备		套	8
18	全站仪	宾得 PTS-V2	套	2
19	全站仪	宾得 PTS-602	套	1
20	对讲机		台	8
21	拱肋提升监控、监测仪器		套	2
22	拱肋提升同步控制仪器		套	2
23	资料分析设备(电脑、打印机)		套	2
24	监视设备(摄像头、显示器)		套	2
25	摄像头		台	2

主拱中段上船浮运施工船舶及设备　　　　　　表 6.3

序　号	名　称	规格及型号	数　量	单　位	备　注
1	重任 1602	15000t 半潜驳	1	艘	
2	穗救拖 204	2640BHP	1	艘	
3	重任 103	40T 起重能力	1	艘	
4	穗救拖 30	980 BHP	1	艘	
5	抛锚艇	—	1	艘	
6	液压连续千斤顶及配套油泵	350t	2	套	
7	发电机	250kW	2	台	
8	拉力机	50 kN	4	台	用于拉移就位
9	眼板	100kN	20	个	用于软加固
10	软加固钢丝绳	$\phi 26 \times L60m$	20	条	用于软加固
11	花兰螺丝	90kN	10	个	用于软加固
12	焊机		2	台	
13	割具		2	套	
14	氧气		10	瓶	
15	乙炔气		4	瓶	
16	打磨砂轮机		3	台	
17	砂轮片		200	片	
18	锚	5t	4	个	用于重任 1602
19	绞移船舶定位钢丝绳	$\phi 26 \sim 28mm$, L300m 以上	6	条	
20	五轮滑车组	500kN	2	套	留尾
21	滑轮组钢丝绳	$\phi 24 \sim 26mm$, L500m 以上	4	条	留尾

续表

序　号	名　　称	规格及型号	数　量	单　位	备　注
22	其他短钢丝绳		20	条	
23	卸扣	1500kN	8	个	
24	卸扣	550kN	8	个	
25	卸扣	120～160kN	20	个	
26	卸扣	50kN	10	个	
27	滑车	100kN单轮滑车	6	个	
28	焊条	ϕ3.2mm	100	kg	
29	链带		4	条	
30	单头链		4	条	
31	锚头缆	ϕ28mm×L30m	4	条	
32	锚头浮标		4	个	
33	浮标钢丝绳	ϕ22mm×L10m	4	条	
34	轨道胎架	每排长度约为100m	2	排	

7. 质量控制

7.1　一般要求

7.1.1　加强测量的精度控制并能及时反馈信息以指导施工。

7.1.2　严格执行合同文件有关规定和施工规范要求。

7.1.3　严格执行材料，设备进场的复核验收工作程序，确保进场材料，设备合格。

7.1.4　严格每一道工序开工前和结束后的检查验收制度，坚持执行班组自检，质检部门检查合格，报请监理工程师检验的工作程序，重要工序请监理旁站监督检查。

7.1.5　严格控制拱肋的安装精度和焊接质量，保证满足设计及规范要求。

7.2　施工工序过程控制

7.2.1　拱肋拼装的轴线和高程控制

1. 测点布置

拱肋上、下弦均设置测点。测点位置打冲钉，通过用全站仪对冲钉坐标和高程进行精确测量，计算出与设计拼装坐标和高程的偏差，用吊装平车上的卷扬机配合调整拱肋的拼装位置，使各节点的三维坐标满足设计要求，达到控制拱肋线形和高程的目的。

2. 线形控制

在拼装支架完成后，用经纬仪在拼装支架上放出拱肋中轴线及弦杆边线，并在拼装支架横梁上设置拱肋左右边缘限位板，用于粗调定位。吊装或精调时，将拱肋下弦节段缓慢下放至安装标高，使其标出的中线对准拼装支架上所放的轴线及边线，安装好支撑垫块。待腹杆及上弦杆安装好后在复核拱肋轴线及上、下弦的上、下边线，通过用全站仪对冲钉位置的精确测量，达到精度后在拼装支架上焊接拱肋外侧定位挡块，限制其左右移位，挡块与拱肋外边缘留不大于5mm的间隙，以便调整高程。

3. 高程控制

在拱肋吊上拼装支架前，先根据其两端支点下弦杆底面标高安放好支承块，纵移平车将拱肋节段放下，用全站仪观测测点标高并调整支承块处所垫钢板的厚度，使其达到设计标高。同时，在轴线对中满足设计精度要求后，垫好支承垫块并将其与下弦杆临时电焊固结（以便消除拱肋倾斜产生的水平力），放松吊点钢丝绳，将拱肋荷载交给拼装支架支承，使线形达到最理想状态。

7.2.2 提升塔结构的设计、制造及安装过程控制

保证提升塔结构受力构件设计合理，制造及安装质量满足设计及施工规范要求。提升塔的设计采用大型结构软件进行模拟计算，在施工中严格控制提升塔安装质量满足规范要求，并采用超声波检测结构焊接焊缝质量。

7.2.3 提升设施安装的过程控制

提升设施包括提升油缸、液压泵站、液压油管、电缆线及提升用钢绞线、锚具等，保证提升设施布局设置合理且配套配置，质量满足施工要求。

7.2.4 拱肋提升施工的过程控制

拱肋提升过程中采用基于实时控制网络的液压同步提升技术，在每个吊点处安装激光测距仪和长行程传感器，确保拱肋提升过程中，拱肋大节段各吊点标高可精确地测量和控制，拱肋结构每吊点处安装压力传感器测量各点的负载压力，以确保拱肋在提升过程中受力合理。

7.2.5 拱肋平面位置、标高、线形精调的过程控制

建立全桥测量控制网并报监理工程师批准，在拱肋结构上布设测量控制点，通过全站仪精确测量，精调拱肋的平面位置和安装高程符合设计和规范要求。

主拱中段通过调整临时系杆张拉力，使拱肋线形符合设计及规范要求。

7.2.6 拱肋合拢段安装的过程控制

1. 拱肋合拢控制应充分考虑温差影响，选择最佳瞬时合拢时间，通过采取有效手段和措施确保拱肋成拱质量满足设计及规范要求。

2. 在主拱边段及中段提升施工前，在提升塔架上布置测点，观测提升塔架受气温影响下的变形规律，特别是横向位移变化规律，在一天中温差较小的时段精确放样提升吊点安装位置，同时拱肋提升就位后，也应继续观测，掌握提升塔架的位移变化规律，以有利于控制拱肋的合拢质量符合设计及规范要求。

7.3 执行标准

7.3.1 《广州新光大桥施工图设计文件》。

7.3.2 《公路桥涵施工技术规范》JTJ 041—2000。

7.3.3 《金属材料室温拉伸试验方法》GB/T 228—2002。

7.3.4 《金属材料弯曲试验方法》GB/T 232—1999。

7.3.5 《公路工程施工安全技术规程》JTJ 076—95。

7.3.6 《公路工程质量检验评定标准》JTG F80/1—2004。

7.4 工艺质量标准（表7.4）

工艺质量标准　　　　　　　　　　　　　　　　　　　　　表7.4

项　目		允　许　偏　差
提升塔	构件尺寸	±2mm
	塔底水平偏位	10 mm
	倾斜度	塔高的1/3000，且不大于30mm
	焊缝	一次检验合格率85%，二次检验合格率100%
提升同步控制		10mm
临时系杆张拉力		5%
拱肋应力		符合设计要求
拱肋轴线偏位		±5mm
合拢标高		±10mm

8. 安 全 措 施

8.1 提升塔设施保障措施

8.1.1 针对各种施工工况，采用多种有限元计算程序对提升塔结构进行受力和变形计算，确保结构受力合理。

8.1.2 严格执行材料出厂证明、进场复检制度，控制原材料质量。

8.1.3 在施工中严格按设计图安装提升塔，按照设计要求严格控制提升塔的安装质量。

8.1.4 所有提升用吊具设计合理，制造、加工的质量满足提升施工要求。

8.2 水上作业安全保证措施

8.2.1 在珠江上施工的安全管理工作应符合现行《内河交通安全管理条例》的规定。

8.2.2 施工所用船只经船检部门检查合格后方可使用。施工期间按规定设置临时码头、航行标志及救护、消防等设施。

8.2.3 船只在航行前，应检查各部位的机械与设施是否良好，不得带病作业。

8.2.4 掌握和了解当地的气象和水文情况，遇到大风天气应检查和加固船只的锚缆等设施。遇有雨、雾，视线不清时，船只应显示规定的信号，必要时应停止航行或作业。派专人在施工期间作出气象及水文报告，及时通知工地现场。

8.2.5 定位船及作业船锚定后，应在涉及航域范围内设置警示标志，抛锚时，锚链滚滑附近不得站人。

8.2.6 船只靠岸后（或在两船间倒运货物时）应搭设跳板、扶手或安全网，经调试稳定牢固，方可上下人或装卸货物。

8.2.7 装船时严禁超载、偏载，必要时加配重，调整平衡。

8.2.8 起重船施工前了解作业区域的水深、流速、河床地质等有关情况，为船舶行驶、抛锚、定位做好安全准备工作。

8.2.9 交通船按规定的载人数量渡运，严禁超员强渡。船上应配有足够数量的救生设备。船行中途遇有阵风、雨时，乘船人员不得走动或站立。

8.2.10 拱肋浮运必须严格按水上有关规定执行。根据气象及水文报告作出合理的浮运、停泊安排。在不允许施工的恶劣天气下，严禁强行施工。

8.2.11 主拱肋边段、中段滑移上船时，应注意来往船只情况，以避免驳船升沉、摇摆过大。

8.3 提升设备保障措施

8.3.1 设备试验保障

为确保新光大桥主拱肋大节段整体提升工程的顺利实施，在设备正式启用之前，参照实际工况，在试验台上进行全面的设备性能考核。在确认设备正常以后才能进场安装就位。所有的进场设备都要经过试验，并做好记录备查。

试验内容参照我国液压缸出厂试验标准 JB/J Q20302—88。

8.3.2 提升设备可靠的机电液保障

为了确保提升工程的顺利实施，在整套提升设备中机、电、液三方面设计多道安全保障措施。

1. 提升油缸保障

1) 在钢绞线承重系统中增设了多道锚具。

2) 提升油缸采用模块设计，一旦使用中出现故障，能够及时更换。

3) 提升油缸采用新型的锚片结构，提高了锚具系统工作的可靠性。

4) 每台提升油缸上装有液压锁，防止失速下降；即使油管破裂，重物也不会下坠。

5) 每台提升油缸安装限压和限速装置，防止负载超限和失速下降。

2. 液压泵站保障

1）液压泵站中设置安全阀，限制各点的最高负载，确保结构安全。

2）主要液压元件使用进口元件，可靠性高。

3. 控制系统保障

1）液压和电控系统采用联锁设计，以保证提升系统不会出现由于误操作带来的不良后果。

2）控制系统具有异常自动停机、断电保护等功能。

3）控制系统采用容错设计，具有较强抗干扰能力。

8.4 预控措施

8.4.1 各吊点提升负载的监控

通过安装在各提升油缸上的压力传感器，将各点油压信号传输至主控计算机上，通过油压监控该点的负载是否在允许的范围内。

8.4.2 结构空中姿态的监控

通过安装在各点的长行程传感器，测量各点的高度与距离，监控各提升点的高差。

8.4.3 提升设备工作状态的监控

监控各种传感器的读数与状态（包含压力、长行程传感器读数、行程传感器读数、锚具状态等），读取压力表读数等，分析提升设备工作是否正常。

9. 文明施工与环保措施

9.1 文明施工措施

9.1.1 文明施工组织管理机构

成立由项目经理为组长的文明施工小组，全面开展文明工地活动，创造良好的施工环境和氛围，保证工程顺利完成。

9.1.2 文明施工保证措施

1. 对进场施工队伍签订文明协议，建立、健全岗位责任制，把文明施工落到实处，提高全体施工人员自觉性和责任心。

2. 采取有效措施处理生产生活废水，不得超标排放，并保证施工现场无积水现象。在多雨季节应配备应急的抽水设备和突击人员。

3. 现场布置合理，材料、物品、机具、土方堆放符合要求。

4. 施工现场、办公室内按要求布置图表，及时反映现场及工程进度状况。

5. 施工期间，经常对施工机械车辆道路进行维修，确保晴雨畅通。

6. 施工现场各种标志、标识牌布置合理。

9.2 环境保护措施

9.2.1 水环境保护措施

1. 施工废水、生活污水按有关要求处理，不得直接排入河流。

2. 施工的废油，采取隔油池等有效措施加以处理，不得超标排放。

3. 对工人进行环保教育，不得随地乱扔果皮纸屑。

4. 对于施工中废弃的零碎配件、边角料、包装袋、包装箱等及时收集清理并搞好现场卫生，以保护自然与景观不受破坏。

9.2.2 大气环境及粉尘的防治措施

1. 施工现场和运输道路经常洒水，减少灰尘对人的危害和环境的污染。

2. 对油料物品设立专门库房，采取严密可靠的存放措施。

9.2.3 降低噪声措施

1. 对使用的工程机械和运输车辆安装消声器，降低噪声。

2. 在比较固定的机械设备附近设置临时隔声屏障，减少噪声传播。

3. 适当控制噪声叠加，尽量避免噪声机械集中作业。

10. 效益分析

新光大桥的拱肋施工，对处于浅水区的两边跨拱肋采用低架拼装、原位整体提升，对处于繁忙通航的中跨采用大节段异地拼装、水上提升，比原缆索吊装施工方式节省直接费用 510 万元，且主桥施工可多工作面开展，大大缩短工期并减少高空作业量，避开了沿海地区桥梁施工受台风的影响，极大地提高了施工安全性，降低了对珠江主航道的影响。取得了良好的经济和社会效益。合拢误差仅 2mm，大幅度提高了大跨度拱桥的成桥品质。其提升构件尺寸、重量、高度综合指标居世界同类桥梁的首位，有较高的推广应用价值。

11. 应 用 实 例

广州市新光大桥跨越南珠江沥滘水道（主航道），全桥长 1083.2m，主桥为 177m＋428m＋177m 三跨连续刚架飞雁式钢桁系杆拱桥，引桥为 3×50m 的预应力混凝土连续箱梁（图 11）。

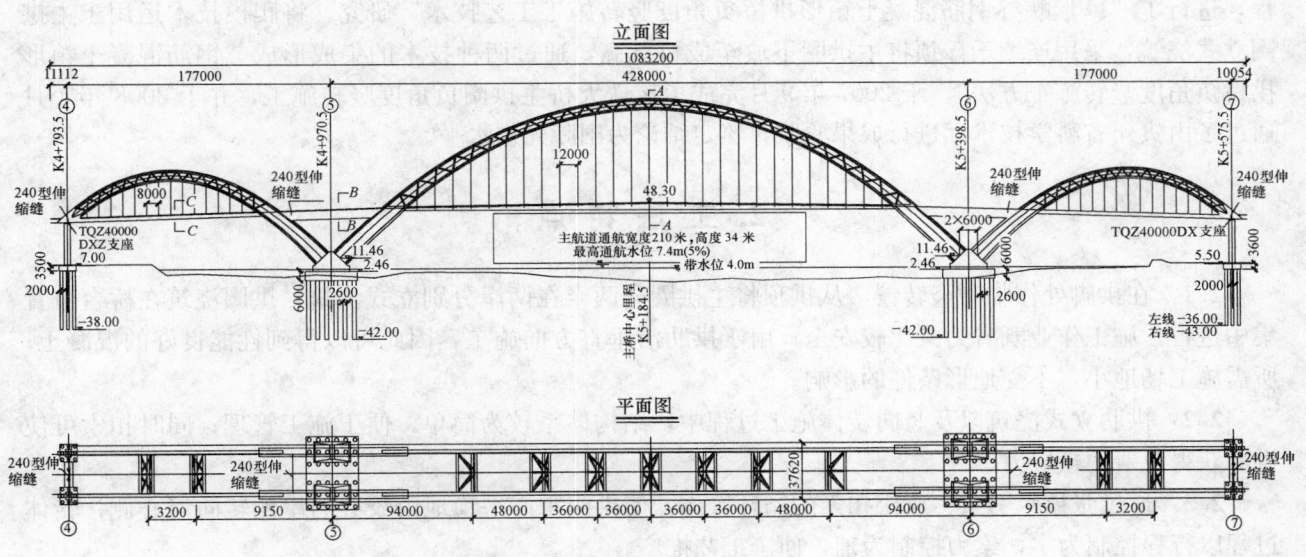

图 11　广州市新光大桥桥型布置

钢桁拱的安装方法如下：

1. 边拱肋的施工采用低位支架拼装，整体同步液压提升进行安装，就位后合拢拱脚段，完成边拱肋安装。

2. 中孔分三大段，两边大节段（简称边段）长度为 85m，提升重量约 1164t，中间大节段（简称中段）长度为 172.0m，提升重量约 3078t。安装顺序为先主拱边段，后主拱中段。

边段单肋在码头支架拼装完成后，拖拉上船并浮运，浮运就位后脱架，安装横向连接杆件，拱脚段合拢。

拱肋中段，拼装完成后支架卸除，拱肋由滑移支架支撑，拖拉上船浮运，浮运就位挂索后，拱肋船上脱架，整体同步提升，与两侧边段后拢，卸除提升索，拆除主拱中段的临时系杆，利用砂箱卸出拱肋支撑，完成体系转换。

钢筋混凝土箱形拱桥负角度竖转施工工法

GJYJGF068—2008

贵州省桥梁工程总公司

潘海　黄才良　张胜林　章征宇　康厚荣

1. 前　言

　　处于山岭重丘区的贵州，山高谷深的地形条件，使得钢筋混凝土箱形拱桥成为首选桥型，其结构特点是自重大，且地形条件使得此类桥梁的建设难点集中在主拱圈的施工。

　　而钢筋混凝土箱形拱桥目前常用的施工方法有缆索吊装、悬拼拱架及转体施工。缆索吊装施工是将拱圈分片分段预制、安装，拱圈成型后整体性差，运营阶段出现纵缝是较为普遍的现象；悬拼拱架现浇施工，大量的高空作业使该工艺风险过大，同时临时用钢量大，施工费用较高；转体施工方法为平转或正角度竖转（从下向上转），受地形条件限制，在U形峡谷地形条件下无法实施。

　　贵州省桥梁工程总公司联合大连理工大学桥梁工程研究所、贵州省公路局，以珍珠大桥为依托工程，进行了"U形峡谷钢筋混凝土箱形拱桥负角度竖转施工工艺技术"研究。将爬模技术运用于主拱圈立式浇筑，采用连续千斤顶将主拱圈下放至成桥标高，通过两种技术的集成形成"钢筋混凝土箱形拱桥负角度竖转施工方法"，于2007年9月完成了珍珠大桥主拱圈负角度竖转施工，并于2008年4月通过了由贵州省科学技术厅进行成果验收，鉴定结论为国际先进水平。

2. 工法特点

　　2.1　在拱脚处作临时竖转铰，从拱顶将主拱圈分两半在两岸分别立式浇筑，拱圈浇筑在桥台位置集中进行，施工作业既省力又比较安全；由于拱肋沿垂直方向施工，因此可以得到性能良好的混凝土；所需施工场地小，不受地形条件的影响。

　　2.2　拱肋立式浇筑以及竖向转体施工过程中，结构体系较为简单，便于施工管理；同时扣索可使拱圈获得免费的预应力。

　　2.3　通过张拉牵引索、放松扣索的循环操作，使拱圈重心平稳地由绞心的岸侧转向河心侧；转体过程以行程控制为主，索力控制为辅，便于工艺推广。

　　2.4　负角度竖转工法采用的爬模及连续千斤顶技术，适应建桥技术的发展方向，在土建行业正逐步推广使用。

3. 适用范围

　　负角度竖转工法作为一项技术，不仅适用于钢筋混凝土箱形拱桥转体施工，更适用于钢结构（相同跨径，转体重量大幅度降低）及其他钢—混凝土组合结构的桥梁施工；此外，由于不受地形条件的限制，该工法有广泛的适用范围。

4. 工艺原理

　　4.1　拱脚处作临时竖转铰，从拱顶将主拱圈分两半在两岸分别立式浇筑，浇筑完成后通过扣于拱顶处扣索及下放装置缓慢下放，下放至预定标高，施工合拢段，封固拱脚。

4.2　拱肋采用液压爬模浇筑，分段高度以拱肋横隔板的布置为界，各段以割线角度进行倾斜调整。

4.3　转体机构由扣索锚固点、转向块、转体扣索、转向架、张拉台座及牵引索组成（图4.3）。

4.4　转体设备采用连续千斤顶及其同步控制系统，转体过程分为有牵引及自重作用两个阶段（位置 B 为分界点）。有牵引阶段用放松扣索——张拉牵引索的反复循环操作实现拱肋转体，使拱肋受力不受冲击，确保拱肋受力安全；自重作用阶段根据拱肋受力分两次张拉临时系杆，分两次倒换工作扣索的数量。

4.5　拱肋转体至预定标高，采用先劲性骨架合拢再浇筑混凝土的方法合拢，逐步拆除临时系杆及扣索，封固拱脚，完成主拱圈施工。

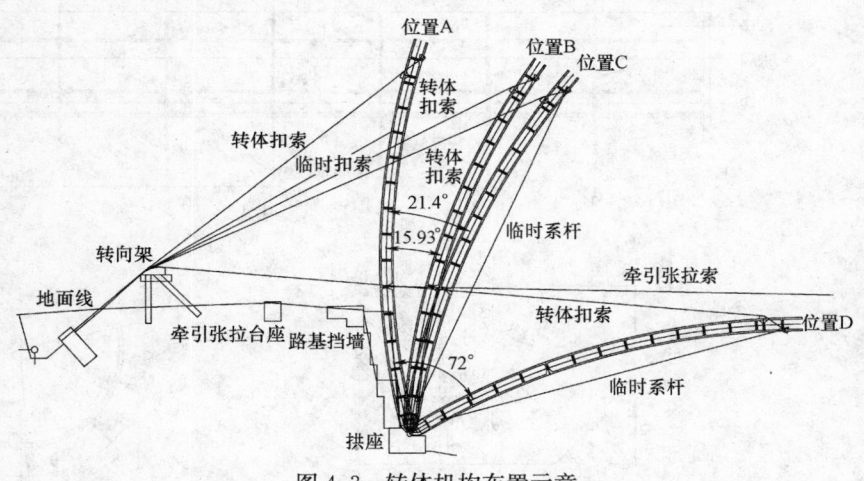

图 4.3　转体机构布置示意

5. 施工工艺流程及操作要点

5.1　施工工艺流程图（图 5.1）

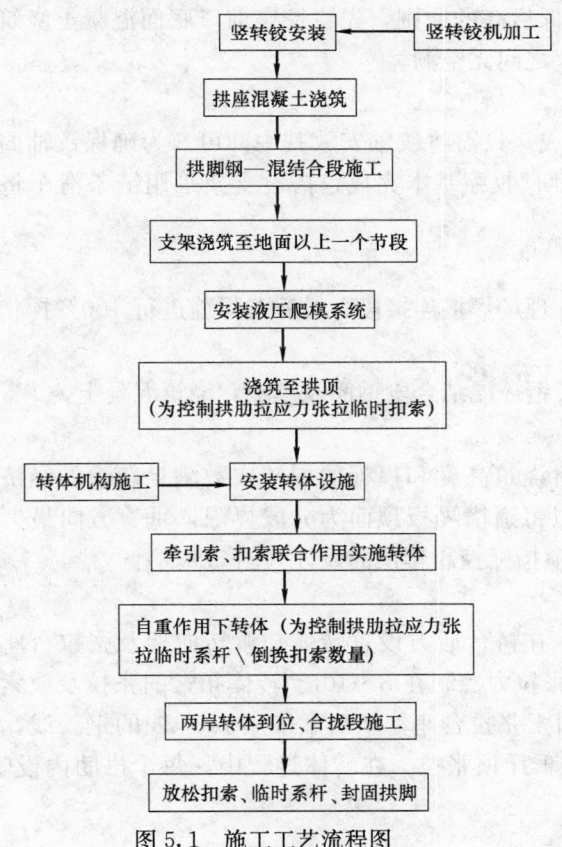

图 5.1　施工工艺流程图

5.2　操作技术要点

5.2.1　竖转铰施工

1. 构造及加工

竖转铰由铰轴和铰座组成（图5.2.1），铰轴为钢管混凝土，铰座为后浇混凝土上预埋钢板组合而成。铰座与铰轴均进行机械加工，以确保其直线度、圆度和表面光洁度等要求，机械加工前应将其上的附连构件事先焊接，以避免焊接变形影响加工精度。铰座与铰轴的接触面涂抹黄油以减小摩擦及防锈。铰轴上焊接钢管（内填混凝土）伸入拱肋实体段锚固，钢管表面焊接 U 形锚固钢筋以加强锚固效果。

2. 安装

铰座是在灌注拱座混凝土时预埋的，其安装精度对拱肋转体到位后的横桥向偏差影响甚大，同时铰座背面混凝土浇筑的密实程度对竖转铰和拱肋的结构安全至关重要。具体步骤如下：

1）分两次浇筑拱座混凝土，第一次

浇筑至铰座 2 号加劲板底面以下 10cm，浇筑时在 2 号加劲板两侧预埋型钢，以便安装铰座时定位及加固。

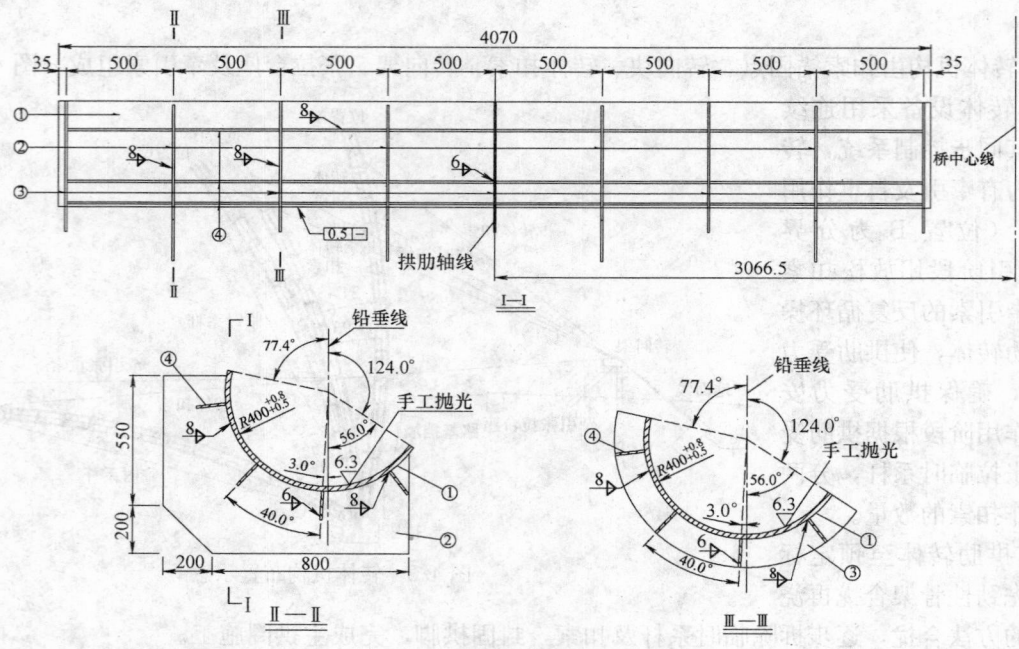

图 5.2.1　铰座构造

2）采用三维坐标放样，直接定出两岸铰座中心点。

3）以对岸中心点为后视点、铰座中心为站点，旋转 90°，以铰座冲样基线为基准，校正两端点的平面位置和高程，当达到≤1mm 的标准时，将铰座固定于预埋型钢上。

4）第二次浇筑拱座混凝土，浇筑时遵循先低后高的原则，先将铰座前口底面混凝土浇筑密实，再由下至上浇筑铰座后口混凝土，确保铰座与拱座之间无空洞。

5）混凝土浇筑完成后，复查铰座安装情况。

6）铰座安装完成后，竖转铰的定位基本完成，只需将铰轴安放其中即可。为确保铰轴内混凝土灌注密实，将铰轴竖立浇筑，待混凝土有一定强度且收缩基本完成，搭设支架采用链条滑车将铰轴安放在铰座内，铰座与铰轴之间涂抹黄油。

5.2.2　拱脚钢—混结合段施工

在铰轴上精确放出与拱肋连接段的相贯线，现场焊接连接段。最后对焊缝进行 100% 探伤检查，检查合格后完成竖转铰安装全过程。

将竖转铰转至初始角度，并加以固定，安装钢—混结合段钢筋及模板，浇筑混凝土。

5.2.3　液压爬模浇筑拱圈

合理划分拱肋浇筑节段，既方便施工，同时浇筑高度和模板的周转次数满足爬模的经济指标。考虑拱肋箱内横隔板的布置，为方便内模搭设，以每道横隔板顶面为分段界限，垂直方向最大浇筑高度控制在 4.5m 之内，最大倾斜角度 18°，以这两项指标控制爬模的设计（图 5.2.3）。

5.2.4　转体机构

在拱肋顶部设置转体扣索锚固点及转向块，在桥台后方设置转体扣索转向架及张拉台座。转体扣索为 φ15.24 的钢绞线，扣索单根钢绞线的最大张拉力控制在 8～10t。转体扣索的张拉及放索采用计算机控制液压同步提升系统进行。在对岸设置牵引索张拉台座，牵引索采用 φ15.24 的钢绞线，牵引索单根钢绞线的最大索力为 12t，用经过严格标定的千斤顶张拉。在转体过程中，每个拱肋内设临时系杆，临时系杆根据拱肋受力需要分两步张拉。

5.2.5　拱肋的竖向转体施工

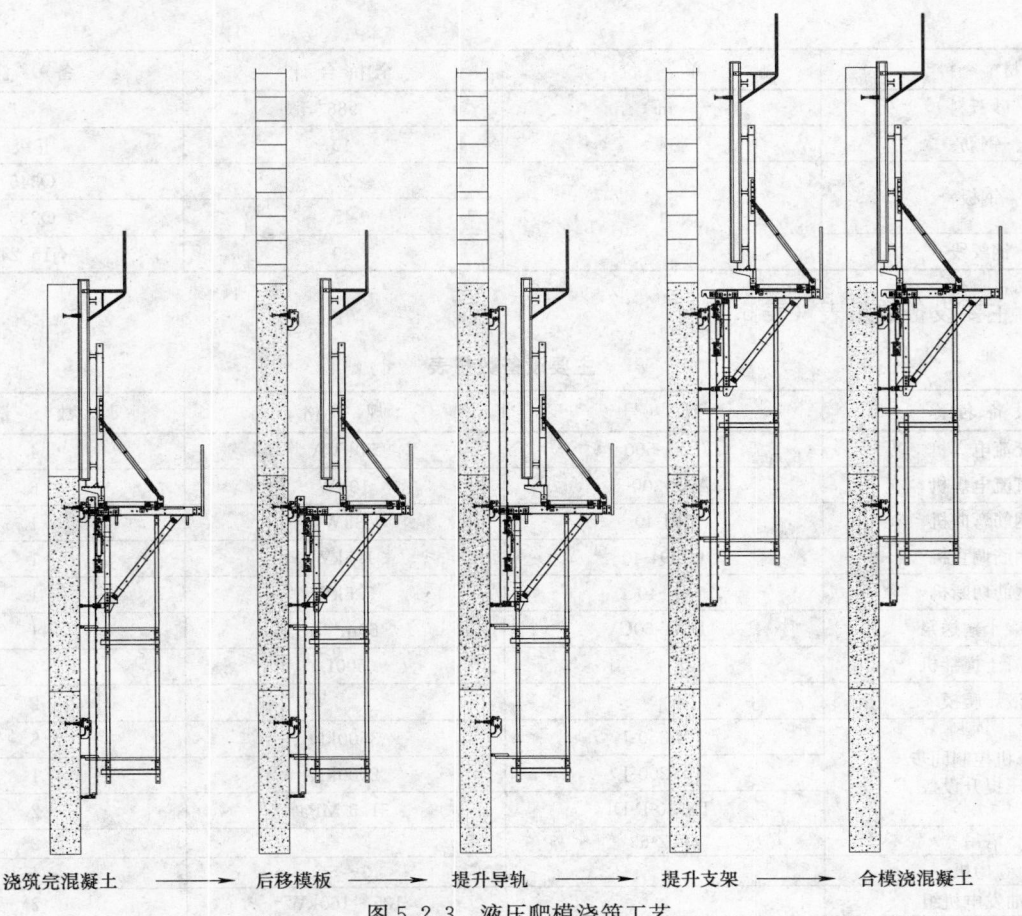

浇筑完混凝土 ——→ 后移模板 ——→ 提升导轨 ——→ 提升支架 ——→ 合模浇混凝土

图 5.2.3　液压爬模浇筑工艺

利用放松扣索→张拉牵引索→再放松扣索→再张拉牵引索→……的循环往复，使拱肋实现转体。除极个别步骤外，牵引索的张拉行程控制在 18cm 以内。

当拱肋旋转至 15～20°（根据拱肋纵向稳定安全及拱肋混凝土拉应力确定），由于拱肋在自重作用下即可转体，故拆除已完全松弛的牵引索，通过转体扣索的逐步放松使拱肋达到目标高程；在此阶段为控制扣索张拉力和拱肋混凝土拉应力，转体过程中分两次倒换扣索数量和张拉临时系杆。

5.2.6　拱肋的合拢及体系转换

当拱肋旋转到位，用同样方法施工对岸拱肋。当两侧拱肋竖转至设计标高处，合拢劲性骨架，浇筑合拢段混凝土，在合拢段混凝土达到强度后，拆除合拢段模板。劲性骨架合拢，要求选择在温度变化平稳的时间内完成，合拢段混凝土在凌晨时间段内浇筑。合拢段采用早强微膨胀混凝土，以尽量避免混凝土在养护期间出现的早期收缩裂缝。

合拢后，分阶段放松转体扣索、拆除临时系杆，封闭拱脚，按照同样的方法施工下游拱肋→浇筑中隔板→施工拱上建筑。

6. 材料与设备

6.1　主要材料数量表（表 6.1）

主要材料数量表　　　　　　　　　　　　　　　　　　　　表 6.1

材　料	单　位	全桥合计	备　注
水泥	t	370	42.5R
片石	m³	180	

续表

材　料	单　位	全桥合计	备　注
砂石料	m³	986	
钢筋	t	40	Ⅱ级
钢板	t	20	Q345
		45	Q235
钢绞线		60	φj15.24

6.2　主要设备数量表（表 6.2）

主要设备数量表　　　　　　　　　表 6.2

设备名称	型　号	规　格	数　量
交流电焊机	BX1-500	50kVA	4
直流电焊机	AX3-300-1	10kW	6
钢筋弯曲机	WJ-40	3kW	1
钢筋调直机	CTQ4-40	1.5kW	1
钢筋切断机	QJ-40	5.5kW	1
混凝土输送泵	HBT-60C	60m³/h	1
混凝土搅拌机		500L	2
液压爬模			2
计算机控制同步液压提升设备	TX-350-J	3500kN	8
	TX-200-J	2000kN	1
	TX-80-P-D	31.5 MPa	2
塔吊	QTZ-63		2
卷扬机		3～5t	4
柴油发电机组		125～160kW	2
全站仪			2
自动安平水准仪	拓普康 AT-G		1

6.3　液压爬模技术参数

6.3.1　架体系统：

架体支承跨度：　≤5m（相邻埋件点之间距离，特殊情况除外）；

架体高度：　　　11.55m。

6.3.2　电控液压升降系统

额定压力：　　　25MPa；

油缸行程：　　　350mm；

液压泵站流量：　1.1L/min；

伸出速度：　　　约 300mm/min；

额定推力：　　　50kN；

双缸同步误差：　≤20mm。

6.3.3　爬升机构：爬升机构有自动导向、液压升降、自动复位的锁定机构，能实现架体与导轨互爬的功能。

6.3.4　承载能力：

1. 平台宽度 1.4m，设计承载 3.0 kN/sqm（爬升时 0.75kN/sqm）；

2. 平台宽度 2.5m，设计承载 1.5kN/sqm；

3. 平台宽度 1.8m，设计承载 1.5kN/sqm；

4. 平台宽度 1.8m，设计承载 0.75kN/sqm；

只允许两层平台同时承载；

模板爬升及模板未处于合模状态时，1平台不得放重物。

6.4 计算机控制同步液压提升设备技术参数

6.4.1 提升油缸（表 6.4.1）

提升油缸 表 6.4.1

序 号	型 号	额定载荷（kN）	直径（mm）	高度（mm）	重量（kg）	钢绞线数量（根）	钢绞线过孔直径（mm）	地锚直径（mm）
1	TX-350-J	3500	φ635	1770	2000	31	φ260	φ310
2	TX-200-J	2000	φ490	1650	950	18	φ170	φ200

6.4.2 液压泵站选择与技术参数（表 6.4.2）

泵站为双泵、双比例阀和双路液压泵站，两路既能够独立使用，也能够合并使用。

液压泵站型号与技术参数 表 6.4.2

型 号	额定压力	额定流量	泵站总功率	泵站尺寸(m)	重量(kg)	备 注
TX-80-P-D	31.5 MPa	80L/min	50kW	1.5×1.5×1.86	2200	380V 三相四线制

6.4.3 控制设备技术规格与要求（表 6.4.3）

控制系统配备多种先进的传感器，以检测提升过程中的系统状况。

控制设备技术规格与要求 表 6.4.3

序 号	种 类	工作电压	安装要求	重 量	功 能 描 述
1	主控柜	交流 220V	无	30kg	处理传感器信号，发控制信号给泵站
2	100m 长距离传感器	24V（泵站提供）	安装在提升吊点附近	30kg	实时测量提升结构的空间位置
3	油压传感器	24V（泵站提供）	注意安装插头防止损坏		测量油缸的工作压力
4	油缸行程传感器	24V（泵站提供）	做好防雨措施	10kg	实时测量油缸行程
5	锚具传感器	—	要安装可靠		检测油缸的锚具状态

7. 质 量 控 制

7.1 质量控制依据

7.1.1 《珍珠大桥施工图设计文件》；

7.1.2 《U 形峡谷钢筋混凝土箱形拱桥负角度竖转研究大纲》；

7.1.3 《珍珠大桥负角度竖转工艺设计文件》；

7.1.4 《公路桥涵施工技术规范》JTJ 041—2000；

7.1.5 《公路工程水泥混凝土试验规程》JTG E30—2005；

7.1.6 《公路工程石料试验规程》JTG E41—2005；

7.1.7 《金属材料 室温拉伸试验方法》GB/T 228—2002；

7.1.8 《金属材料 弯曲试验方法》GB/T 232—1999；

7.1.9 《公路工程施工安全技术规程》JTJ 076—95；

7.1.10 《公路工程质量检验评定标准》JTG F80/1—2004。

7.2 关键部位、关键工序的质量要求

7.2.1 竖转铰制作主要技术要求：

铰座外形尺寸：±2mm；

铰座内圆尺寸：+0.5～0.8mm；

铰轴长度：±5mm；

铰轴外圆尺寸：－0.5mm；

直线度：0.5/4000；

粗糙度：6.3。

7.2.2 竖转铰安装控制要素如下：

铰座中心坐标（≤10mm）；

铰座横桥向偏差（两端点≤1mm）；

铰座两端点的高差（两端点≤1mm）；

铰座背面拱座混凝土密实度（无空洞）。

7.2.3 拱肋混凝土质量、线形及外形尺寸控制

拱肋浇筑采用液压爬模逐段浇筑施工，每段浇筑界线划分在各段横隔板顶面，每段模板按其在拱肋曲线相应位置的割线倾角进行调整。采用三维空间坐标放样，控制每段模板顶面的空间位置，无累计误差。混凝土质量、线形及尺寸容许偏差按《公路桥涵施工技术规范》有关规定执行。

7.2.4 转体过程控制要素

1. 拱肋竖转前，按设计参数要求，严格控制临时扣索、竖转扣索、牵引索的张拉时机、张拉次序及张拉力。

2. 在竖转过程中，主要控制竖转扣索的进索量和牵引索的拔出量，及关键步骤的索力及拱肋的空中位置，并严密观测拱肋在竖转过程中的轴向偏差。

3. 在竖转过程中，严格控制拱肋临时系杆的张拉时机。实时监测拱肋受力控制断面的应力变化。

4. 严格按要求控制合拢前的拱肋标高。严格按要求控制转体扣索和临时系杆的索力释放过程以及在此过程中的拱肋关键断面应力。

5. 监测后续施工过程的拱肋应力和标高变化。

8. 安 全 措 施

8.1 设备试验保障

为确保珍珠大桥整体竖转下放工程顺利实施，在设备正式启用之前，参照实际工况，在试验台上进行全面的设备性能考核。在确认设备正常以后才能进场安装就位。所有的进场设备都要经过试验，并做好记录备查。

试验内容参照我国液压缸出厂试验标准（JB/JQ 20302—88），结合实际工况的要求，适当进行增删。

8.1.1 试验回路

油缸试验采用液压加载，所用仪表精度不低于液压测试 C 级精度的要求。

8.1.2 试验项目

1. 空载试验（表 8.1.2-1）

空载试验 表 8.1.2-1

序号	项目名称	试验目的	试验方法	试验要求
1	功能检验	验证系统及诸元件动作的正确性	油缸置于地面，并与泵站相连，用手控使油缸完成全部动作	各种功能和动作均符合设计要求
2	空载压力测定	1. 测量油缸的最低启动压力；2. 测量系统压力损失	1. 逐步提高供油压力，记录活塞启动时的压力；2. 在伸缸与缩缸时间接近实际工作要求情况下，用压力表测定泵出口压力与油缸进口压力	空载压力损失油缸不大于额定压力 5%。泵站压力损失不大于额定压力 10%
3	油缸泄漏检测	测定油缸的内外泄漏	油缸一腔进油，升压至 25MPa（锚具缸 5MPa）保压 5min，从另缸一腔油口测定泄漏量	不得有明显内漏和外漏

2. 负载试验（表 8.1.2-2）

负载试验   表 8.1.2-2

序号	项目名称	试验目的	试 验 方 法	试验要求
1	满负载试验	检验系统满负载工作时的性能	液压加载,使油缸工作压力为 25MPa（相当于 2000kN）,按实际工作要求循环工作	1. 每台油缸和泵站必须试验; 2. 工作总行程上升和下降 3m
2	耐久性考核	检验系统满负载工作时的可靠性	按满负载试验方法进行	1. 抽查 2 个油缸; 2. 行程累计上升 60m 和下降 2m; 3. 性能不得有明显变化
3	同步试验	检测系统的自动操作性能	采用 4 个油缸提升,每个负载 700kN。分别由四组控制系统控制,模拟实际工况的自动操作和顺控操作功能	1. 能顺利完成自动和顺控操作; 2. 同步误差在规定范围内
4	耐压试验	检验油缸超载承受能力	将油缸伸出不到底的情况下,大腔加载到 31.25MPa,保压 5min	全部零件不得有损坏或永久变形现象

3. 应急试验（表 8.1.2-3）

应急试验   表 8.1.2-3

序号	项目名称	试验目的	试 验 方 法	试验要求
1	油管破裂	在油管破裂情况下保证系统安全	荷重提升过程中,系统突然失压,观察系统闭锁情况	荷重能自动停止
2	手动误操作	手动误操作对系统安全性影响	在油缸工作时通过手动开关误操作夹片	误操作能自动闭锁,不影响系统安全
3	抗电磁干扰	检测在电磁波干扰情况下系统工作可靠性	系统工作时人为产生电磁干扰,观察系统工作情况	电磁波不能影响系统工作
4	断电安全性	检测突然停电后的安全性	提升过程中突然去掉电源,观察系统安全性	提升停止、不失控

8.2 提升设备可靠的机电液保障

为了确保提升工程的顺利实施,在整套提升设备中机电液三方面设计多道安全保障措施。

8.2.1 提升油缸保障

1. 在钢绞线承重系统中增设了多道锚具。
2. 提升油缸采用模块设计,一旦使用中出现故障,能够及时更换。
3. 提升油缸采用新型的锚片结构,提高了锚具系统工作的可靠性。
4. 每台提升油缸上装有液压锁,防止失速下降;即使油管破裂,重物也不会下坠。
5. 每台提升油缸安装限压和限速装置,防止负载超限和失速下降。

8.2.2 液压泵站保障

1. 液压泵站中设置安全阀,限制各点的最高负载,确保结构安全。
2. 主要液压元件使用进口元件,可靠性高。

8.2.3 控制系统保障

1. 液压和电控系统采用联锁设计,以保证提升系统不会出现由于误操作带来的不良后果。
2. 控制系统具有异常自动停机、断电保护等功能。
3. 控制系统采用容错设计,具有较强抗干扰能力。

8.3 提升过程的实时监控

8.3.1   各吊点提升负载的监控

通过安装在各提升油缸上的压力传感器，将各点油压信号传输至主控计算机上，通过油压监控该点的负载是否在允许的范围内。

8.3.2   结构空中姿态的监控

通过安装在各点的长行程传感器，测量各点的高度与距离，监控各提升点的高差。

8.3.3   提升设备工作状态的监控

监控各种传感器的读数与状态（包含压力、长行程传感器读数、行程传感器读数、锚具状态等），读取压力表读数等，分析提升设备工作是否正常。

9. 文明施工与环保措施

9.1   文明施工

9.1.1   文明施工组织管理机构

成立由项目经理为组长的文明施工小组，全面开展文明工地活动，创造良好的施工环境和氛围，保证工程顺利完成。

9.1.2   文明施工保证措施

1. 对进场施工队伍签订文明协议，建立、健全岗位责任制，把文明施工落实到实处，提高全体施工人员自觉性和责任心。

2. 采取有效措施处理生产生活废水，不得超标排放，并保证施工现场无积水现象。在多雨季节应配备应急的抽水设备和突击人员。

3. 现场布置合理，材料、物品机具、土方堆放符合要求。

4. 施工现场、办公室内按要求布置图表，及时反映现场及工程进度状况。

5. 施工期间，经常对施工机械车辆道路进行维修，确保晴雨畅通。

9.2   环境保护措施

9.2.1   水环境保护措施

1. 施工废水按有关要求处理，不得直接排入河流。

2. 施工的废油，采取隔油池等有效措施加以处理，不得超标排放。

3. 对工人进行环保教育，不得随地乱扔果皮纸屑。

4. 对于施工中废弃的零碎配件、边角料、水泥袋、包装箱等及时收集清理并搞好现场卫生，以保护自然与景观不受破坏。

9.2.2   大气环境及粉尘的防治措施

1. 施工现场和运输道路经常洒水，减少灰尘对人的危害和环境的污染。

2. 对油料物品设立专门库房，采取严密可靠的存放措施。

9.2.3   降低噪声措施

1. 对使用的工程机械和运输车辆安装消声器，降低噪声。

2. 在比较固定的机械设备附近设置临时隔声屏障，减少噪声传播。

3. 适当控制噪声叠加，尽量避免噪声机械集中作业。

10. 效 益 分 析

10.1   跨越 U 形峡谷、主跨跨径在 60～150m 之间的桥梁，以钢筋混凝土箱形拱桥的经济技术指标最优。但由于受地形条件的限制，主拱圈的施工难度较大。以珍珠桥为例，对悬拼拱架现浇拱圈及负角度竖转拱圈两种方案进行技术、经济对比分析（表 10.1）。

施工方案技术、经济分析表 表 10.1

方 案 名 称	主要临时工程量		施工措施费
悬拼拱架现浇拱圈	钢拱架	480t	192 万元(摊销及运输费)
	钢管支架	120t	48 万元
	缆吊斜扣系统		20 万元
	架设费		50 万元
		合计	310 万元
负角度竖转拱圈	竖转铰		48 万元
	地笼及锚梁		12 万元
	扣索及锚具		36 万元
	拱圈下放		90 万元
	爬模系统增加费		20 万元
		合计	206 万元

注：表中施工措施费以 2006 年第四季度贵州省的市场价格为计价依据。

10.2 国内目前桥梁转体施工方法有平转、竖转（从下向上）及平竖转结合等三种方法，需要特定的地形条件及临时用地，负角度竖转工艺不受地形条件限制，不占用临时用地，有一定的环保价值。

10.3 负角度竖转工艺采用的爬模及连续千斤顶技术，适应建桥技术的发展方向，在土建行业正逐步推广使用，随着这两项技术的日益成熟及广泛使用，其经济指标将逐步降低。

10.4 负角度竖转工艺作为一项技术，不仅适用于钢筋混凝土箱形拱桥转体施工，更适用于钢结构（相同跨径，转体重量大幅度降低）及其他钢—混凝土组合结构（如日本的城趾桥：劲性骨架拱转体后外包混凝土），其研究成果有广泛的推广价值。

11. 应 用 实 例

11.1 工程概况

珍珠大桥位于务川至彭水公路（贵州段）K4＋384.30～K4＋519.50 段，跨越垂直落差 110m 的洋冈河。为净跨 120m 的钢筋混凝土箱形截面悬链线无铰拱，拱轴系数为 m＝1.756，矢跨比 1/7。根据桥位的地形、地质条件等因素，采用了国内首创的负角度竖转工艺，同时为适宜工艺特点优化了主拱圈截面（图 11.1-1、图 11.1-2）。

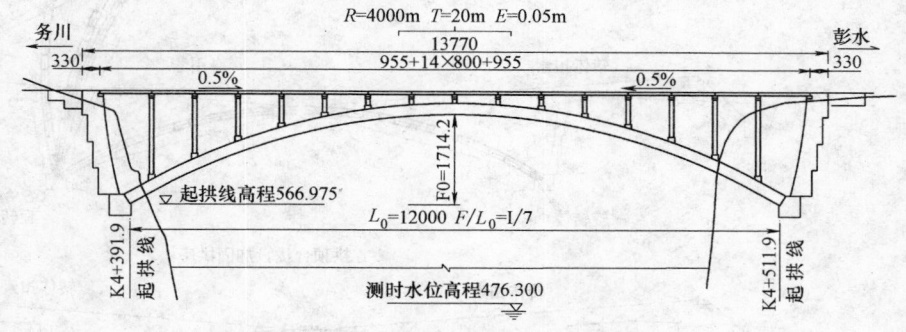

图 11.1-1 珍珠大桥立面布置

旋转施工的是宽度为 3.867m 的两个边箱。拱顶留长度为 4m 的合拢段。每个边箱的半拱重量为 610t，理论旋转角度为 71.745°。

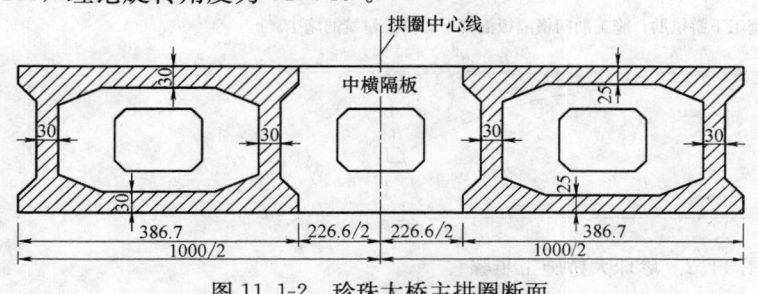

图 11.1-2 珍珠大桥主拱圈断面

11.2 施工方案及步骤（图 11.2）

11.2.1 开挖基坑（包括扣索张拉台座、转向架、牵引索张拉台座），施工扣索张拉台座、转向架、牵引索张拉台座。

11.2.2 按拱背线形砌筑桥台，表面设置锚杆、挂网喷射混凝土，最

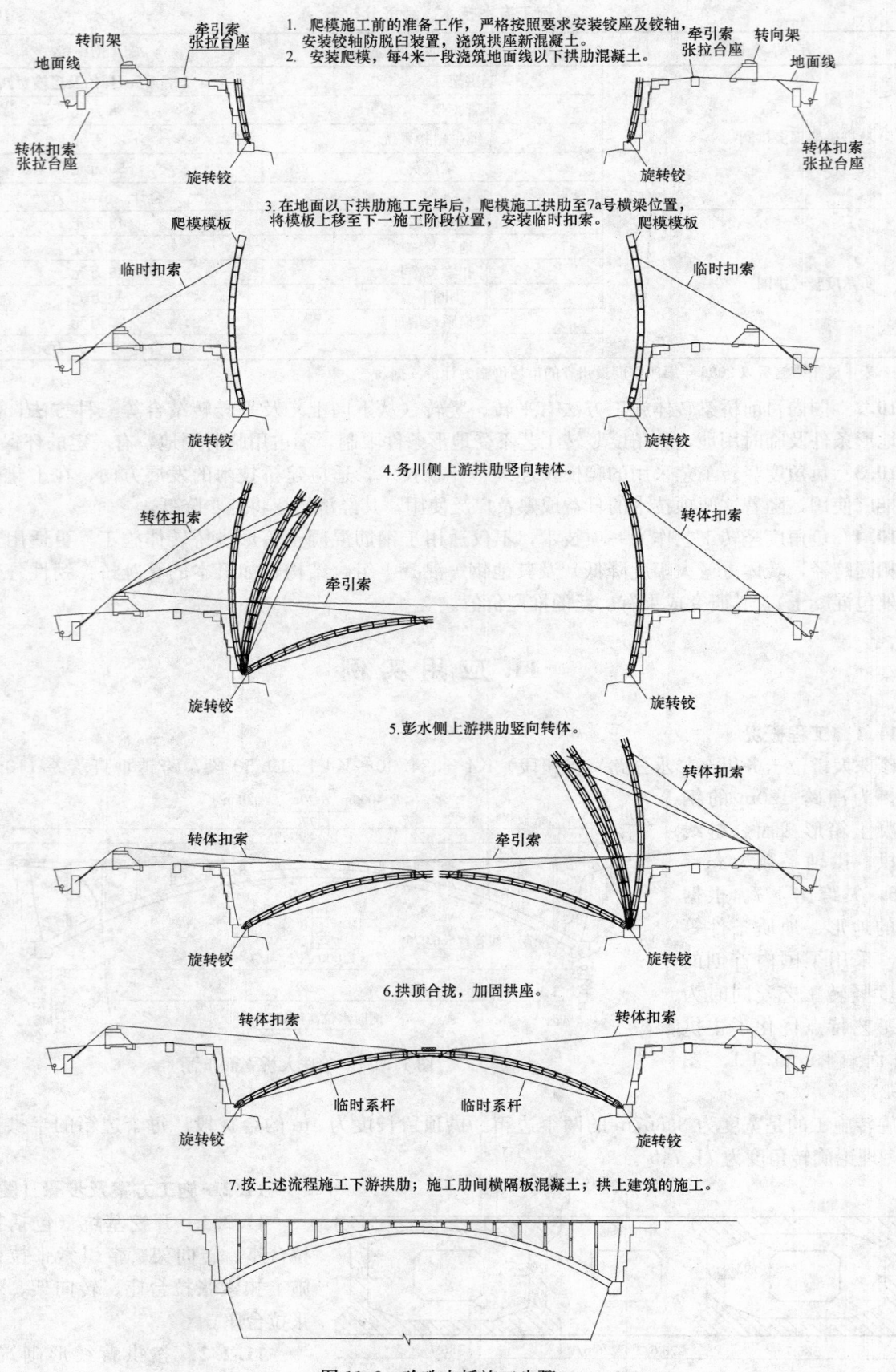

1. 爬模施工前的准备工作，严格按照要求安装铰座及铰轴，安装铰轴防脱臼装置，浇筑拱座新混凝土。
2. 安装爬模，每4米一段浇筑地面线以下拱肋混凝土。

3. 在地面以下拱肋施工完毕后，爬模施工拱肋至7a号横梁位置，将模板上移至下一施工阶段位置，安装临时扣索。

4. 务川侧上游拱肋竖向转体。

5. 彭水侧上游拱肋竖向转体。

6. 拱顶合拢，加固拱座。

7. 按上述流程施工下游拱肋；施工肋间横隔板混凝土；拱上建筑的施工。

图 11.2　珍珠大桥施工步骤

外层铺设双层油毡作为地面以下部分拱背模板。

11.2.3 委托专业钢结构加工厂制作拱铰铰座、铰轴及展束索鞍，拱铰铰座、铰轴及展束索鞍到达现场以后，严格按照要求安装铰座及铰轴，安装铰轴防脱臼装置，并浇筑拱座混凝土。

11.2.4 分段全断面浇筑拱肋混凝土。

11.2.5 爬模施工拱肋至完成，拆除模板，安装转体设施，张拉1号、4号转体扣索中的18根至367kN索力；拆除临时扣索；张拉牵引索至1100kN；拆除防脱臼装置中的橡胶垫板。转体施工开始，在正式进行转体施工前，须进行试转，以确保拱肋与山体之间能成功脱离。

利用放松扣索→张拉牵引索→再放松扣索→再张拉牵引索→……的循环往复，使拱肋实现转体。除极个别步骤外，牵引索的张拉行程控制在18cm以内。

11.2.6 当拱肋旋转至15.93°，由于拱肋在自重作用下即可转体，故拆除已完全松弛的牵引索，通过转体扣索的逐步放松使拱肋达到目标高程；当拱肋旋转至21.47°，张拉临时系杆中的2号束至800kN，工作扣索由1号、4号转体扣索中的18根倒换为2号、3号转体扣索中的44根；当拱肋旋转至31.71°，张拉临时系杆1号、3号束各800kN，工作扣索由2号、3号转体扣索中的44根倒换为全部转体扣索的88根。

11.2.7 当拱肋旋转到位，用同样方法施工对岸拱肋。当两侧拱肋竖转至设计标高处，合拢劲性骨架，浇筑合拢段混凝土，在合拢段混凝土达到强度后，拆除合拢段模板。劲性骨架合拢，要求选择在温度变化平稳的时间内完成，合拢段混凝土在凌晨时间段内浇筑。合拢段采用早强微膨胀混凝土，以尽量避免混凝土在养护期间出现的早期收缩裂缝。

11.2.8 合拢后，具体施工步骤如下：放松2号、3号转体扣索1/2的索力→拆除临时系杆中的2号束→拆除2号、3号转体扣索→拆除剩余的临时系杆→拆除剩余的扣索→封闭拱脚→按照同样的方法施工下游拱肋→浇筑中隔板→施工拱上建筑。

11.3 施工效果

2007年7月及9月分别完成上、下游转体施工，合拢精度达到预期目标（表11.3）。

合拢精度   表11.3

竖转铰位置	中心坐标纵桥向偏差(mm)	铰两端纵桥向偏差(mm)	铰两端高差(mm)	转体到位后拱肋悬臂端横向偏差(mm)
彭水岸上游	9	<1	<1	偏上游13
务川岸上游	8	<1	<1	偏下游14
彭水岸下游	6	<1	<1	偏下游6
务川岸下游	7	1	1	偏下游14

单塔双索面无背索斜拉桥变截面箱形
钢索塔高空安装施工工法

GJYJGF069—2008

兰州市政建设集团有限责任公司

严培武　肖子勤　达能贵　刘富民　唐维龙

1. 前　言

随着我国桥梁建设事业的高速发展，斜拉桥以其跨越能力大、结构性能好、施工简便、易于维修、造价较低和外形轻巧、美观等特点得到迅速发展。单塔双索面无背索斜拉桥结构新颖，造型独特，而如何解决钢索塔安装采用轻型钢托架是目前施工中又一个新的技术难题。

神舟友谊大桥位于我国北部戈壁滩，地势平坦，冬冷夏热，日照长，多风沙，为典型的大陆性气候，昼夜温差大，施工环境恶劣。该桥为单塔双索面无背索斜拉桥，钢索塔与地面倾斜58°角，索塔为半椭圆弧形，安装位置42m高，施工中选择采用结构安全可靠，刚度大，安拆方便、快捷，用钢量少，施工周期短的托架是本桥索塔安装的关键技术。

2006年，兰州市政建设集团有限责任公司成立了"单塔双索面无背索斜拉桥变截面箱形钢索塔安装施工技术研究与应用"的科技创新课题组，于2008年通过了甘肃省科技厅科技成果鉴定，经鉴定该工法核心技术钢索塔施工技术达到国内领先水平；该工法被评为2007年度甘肃工程建设省级工法；该工程获得2008年度中国建设工程鲁班奖（国家优质工程）。

由于该项施工工法的成功应用，在当地复杂气候条件下，显示出安全、便捷、高效的特点和明显的经济效果。

2. 工法特点

2.1 采用薄壁圆柱钢管与型钢组合，形成结构强度高，刚度大、稳定性强的施工托架，有效解决索塔安装。

2.2 在托架顶采用钢板设计微调装置，利用千斤顶有效解决单块构件高空精确定位。

2.3 采用钢板设计重力转化装置，成功解决索塔空间受力结构体系。

2.4 采用CAD空间模拟技术与现场试吊，有效解决恶劣环境下不规则形体的特殊吊装。

2.5 研究掌握戈壁滩昼夜温差变化规律与钢塔焊接变形特点的关系，有效实现了钢塔精确合拢。

3. 适用范围

适用于城市和野外环境各种气候条件下单塔双索面无背索钢—混凝土结构斜拉桥的建设施工。

4. 工艺原理

4.1 钢索塔的支点位置安装锲形支垫，将安装索塔的支点倾斜面，通过锲形支垫旋转至水平，从而转换了支点受力方向，使支点只存在竖向力，化解了支架顶端承受横向力，而采用"斜塔竖撑"方式；在安装过程中，已安装塔体与支架在支点铰联，并通过支架节点横杆与下一节钢索塔支架连接，利用已安装塔体刚度使支架在节点形成横向约束，附加结构节点横向支承，提高了支架整体稳定性。采用支撑结构分析模型和解析方式，优化临时支架结构，选用轻型钢支架，使支架各分肢在接近轴心受压理想状态下支撑各节段索塔。

4.2 以刚性支架配合架顶微调系统和测力装置，安装作业完全依靠支架支撑和调位。支架顶端安装微调装置，钢塔各节段底部 4 个支点可做竖向调节，同时在其外侧均布置侧向调节，形成立体调位系统。通过各支点协调作用，配合调节，达到横向调偏、调平，竖向调高和沿轴线调坡，保证了钢塔各节段空间位置在精确就位后焊接安装。由于钢塔各节段完全由支架支撑，钢塔节段对接端口间隙控制精确，保证在无附加应力状态下对接施焊，确保了焊接工艺质量。

4.3 工法利用汽车吊作业简便、设备易于获得，支架优化后工效高和质量、安全保障度高的优点，克服了大形体、大吨位和高空作业困难，保证了变截面箱形钢索塔安装施工全过程在安全可靠、质量可控的技术条件下高效经济地完成。

5. 施工工艺流程及操作要点

5.1 施工工艺流程
施工准备→支架安装焊接→安装顶部微调装置和测力系统→安装附塔受力调向支垫→起吊→塔件调位→施焊。

5.2 操作要点
5.2.1 支架安装焊接
支架宜采用四肢格构柱结构形式，分肢适宜选用无缝钢管，水平缀条按四肢对角交叉连接与纵、横连接并用以形成稳定的整体支架。分肢及水平缀条截面由钢塔节段重量和形状、支架高度、索塔倾角、风力作用等因素确定。

支架安装工艺流程见图 5.2.1-1
支架结构示意见图 5.2.1-2
施工要求：

1. 严格控制竖杆垂直度和直顺度，确保其轴心承压负载。

2. 竖杆拼接焊缝，竖杆与横杆的连接焊缝必须达到连接强度要求，焊缝质量应符合钢结构焊缝的规定。

3. 严格控制竖杆平面位置，保证其与架顶支点吻合。

4. 基础承载力应满足要求，遇到填土地基应进行换填处理。

5. 立柱竖立安装时安装风缆临时拉结固定。

6. 架顶安装搭设操作平台，能满足调位操作及小型机具作业条件。

7. 支架安装按《公路桥涵施工规范》进行质量控制，安装允许偏差见表 5.2.1。

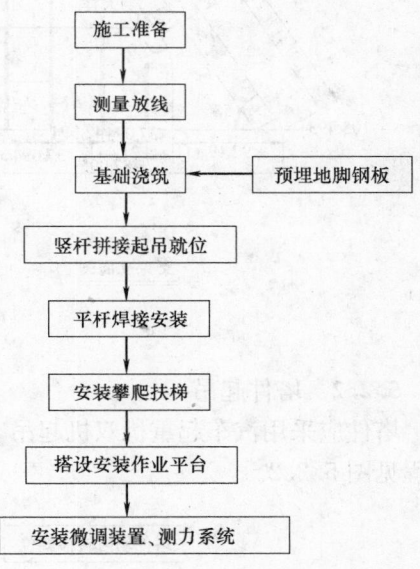

图 5.2.1-1 支架安装工艺流程图

支架制作与安装的允许偏差 表 5.2.1

检 查 项 目			允许偏差(mm)
制作	支架尺寸		±5
	连接配件(螺栓、卡子等)的孔眼位置	孔中心与板面的间距	±0.3
		板端中心与板端的间距	0，—5
		沿板长、宽方向的孔	±0.6

检 查 项 目		允许偏差(mm)
安装	纵轴的平面位置	跨度的 1/1000 或 30
	支架的标高	±20，−10
	构件支承面标高	+2，−5
	预埋件中心线位置	3
	预留孔洞中心线位置	10
	预留孔洞截面内部尺寸	+10，0
	表面平整	5

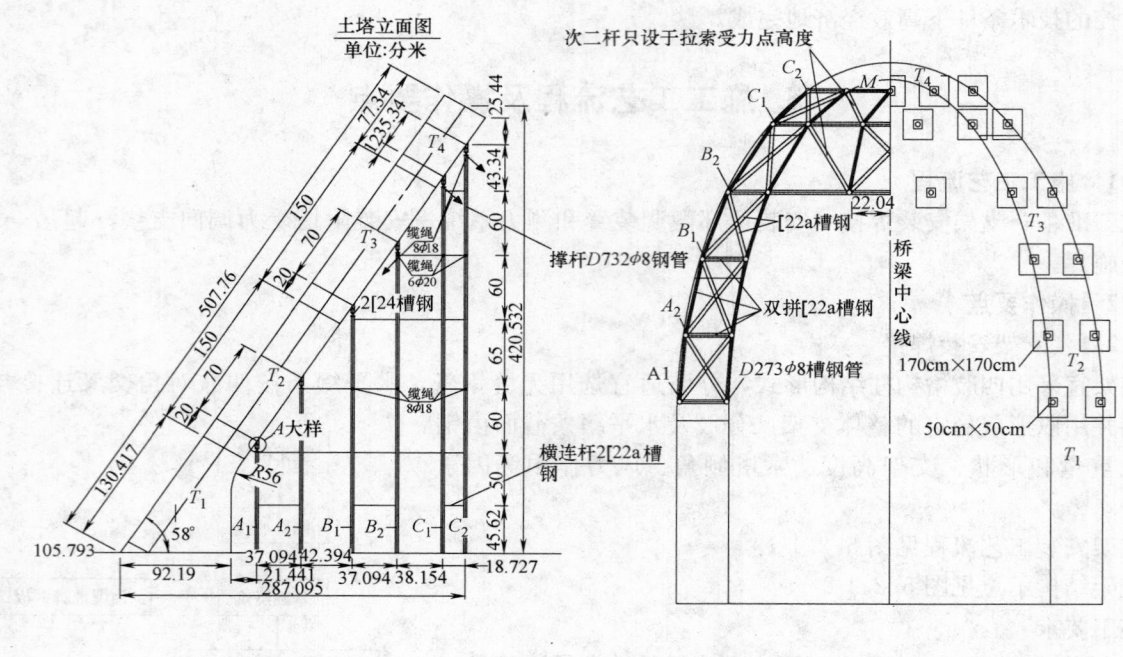

图 5.2.1-2　支架结构示意图

5.2.2　塔件起吊

塔件应采用汽车起重机双机起吊，以便调整塔件按要求的空中姿态落于支架顶端。塔件起吊工艺流程见图 5.2.2。

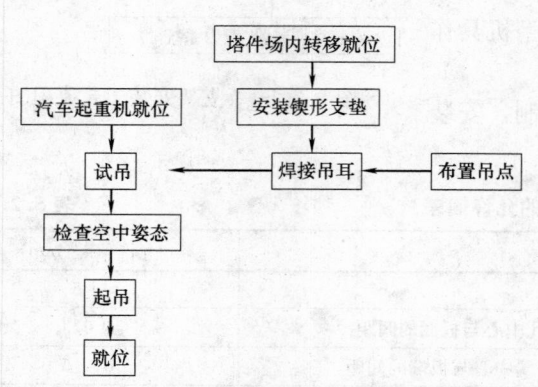

图 5.2.2　塔件起吊工艺流程图

1. 索塔制作完成应在车间经过试拼装，制作精度满足设计要求和规范规定。

2. 附塔锲形支垫采用钢制，位置应精确，与钢塔下缘钢板宜采用螺栓连接，方便拆卸，避免造成钢塔面板的变形和外观缺陷。锲形支垫的连接面板平整无变形，安装后与钢塔面板密贴，螺栓孔位应对中，孔径应匹配。

3. 塔件吊点布置，由两台汽车吊的受力分配和塔的空中姿态等因素确定。门式斜塔多为截面渐变和沿轴向侧弯形体，考虑简化计算的偏差，吊点定位应经过现场试吊复核确定。

4. 吊耳一般选用板式吊耳，焊接度应满足起吊作业的安全操作要求，制作焊接应经现场验收合格。

5. 施工现场运输道路畅通无障碍，地面平整，支车位置的地面承载力不小于 8kN/m²。

6. 吊装应制定实施方案，起重机械、机具、索具在吊装前检查验收。

7. 吊钩偏角不应大于 3°，禁止吊车在地面上拖拉塔件。

8. 采用双机起吊作业，必须严格执行吊装方案，辅助吊车吊装速度宜与主吊车相匹配。吊车不应同时进行两种运动。

9. 吊装就位：当起吊移位至预定位置正上方约 1～1.5m 时，应在架顶对钢塔节段的空中斜倾角度、轴线偏移等进行再次检查、调整，符合要求后，塔件缓慢下落就位。

5.2.3 精调就位

1. 索塔的拼接面与塔纵向轴线相垂直，故索塔的拼接面实际上是仰斜，塔段下落就位时应预先调整支点使其略高于安装位置，以便微调时拼接缝随调位逐渐靠近。

2. 微调按调高，调轴线偏位，及调坡交替调整方式，以偏差大小为序，逐渐调整。

3. 在微调过程中，应注意各支点均衡着力，偏差较大时，不可一次完成调偏，在调整中应对各支点受力通过测力装置检测，控制个别支点受力过大。

4. 调位过程中应保证拼缝逐渐靠近，最后达到允许值，中间不得挨靠挤压。

5. 调位完成后应将各支点千斤顶打紧，保证在施焊过程中不发生偏移。

6. 调位完成后拼接缝不得有挨靠挤压，保证接缝无附加应力的条件下施焊。

7. 整个调偏过程应在地面测量监控下进行，保证塔段空间位置的各项偏差量符合设计和规范要求。

5.2.4 焊接

1. 焊工和无损检测人员必须通过考试并取得资格证书，且只能从事资格证书中认定范围内的工作。

2. 焊接工艺必须根据焊接工艺评定报告编制，施焊时应严格执行焊接工艺，焊接工艺评定应符合规范规定。

3. 焊接前必须彻底清除施焊区域内的有害物，焊接时严禁在母材的非焊接部位引弧，焊接后应清理焊缝表面的熔渣及两侧的飞溅。

4. 焊接材料应通过焊接工艺评定确定；焊剂、焊条必须按产品说明书烘干使用。

5. 焊前预热温度应通过焊接性试验和焊接工艺评定确定；预热范围一般为焊缝每侧 100mm 以上，距焊缝 30～50mm 范围内测温。

6. 定位焊应符合下列要求：

1）定位焊缝应距设计焊缝端部 30mm 以上，其长度为 50～100mm；定位焊缝的焊脚尺寸不得大于设计焊脚尺寸的 1/2。

2）定位焊缝不得有裂纹、夹渣、焊瘤等缺陷，对于开裂的定位焊缝，必须先查明原因，然后再清除开裂的焊缝，并在保证构件尺寸正确的条件下补充定位焊。

7. 焊缝磨修和返修焊应符合下列要求：

1）焊接后，两端的引板必须用气割切掉，并磨平切口，不得损伤构件。

2）垂直应力方向的对接焊缝必须除去余高，并顺应力方向磨平。

8. 焊脚尺寸、焊坡或余高等超过表 5.2.4 规定的上限值的焊缝及小于 1mm 且超差的咬边必须修磨匀顺。

9. 应采用碳弧气刨或其他机械方法清除焊接缺陷，在清除缺陷时应刨出利于返修焊的坡口，并用砂轮磨掉坡口表面的氧化皮，露出金属光泽。

10. 焊接裂纹的清除长度应自裂纹端各外延 50mm。

11. 焊缝检验应符合下列要求：

所有焊缝必须在全长范围内进行外观检查，不得有裂纹、未熔合、夹渣、未填满弧坑和焊瘤等缺陷，并应符合表 5.2.4 的规定。

焊缝外观质量标准（mm）　　　　　　　　表 5.2.4

项　目	焊缝种类	质量标准
气孔	横向对接焊缝	不允许
	纵向对接焊缝、主要角焊缝	直径小于 1.0，每米不多于 3 个，间距不小于 20
	其他焊接	直径小于 1.5，每米不多于 3 个，间距不小于 20
咬边	受拉杆件横向对接焊缝及竖加劲肋角焊缝（腹板侧受拉区）	不允许
	受拉杆件横向对接焊缝及竖加劲肋角焊缝（腹板侧受压区）	≤0.3
	纵向对接焊缝，主要角焊缝	≤0.5
	其他焊接	≤1.0
焊脚尺寸	主要角焊缝	
	其他角焊缝	
焊波	角焊缝	≤2.0（任意 25mm 范围高低差）
余高	对接焊缝	≤3.0（焊缝宽 b≤12）
		≤4.0（12<b≤25）
		≤4b/25（b>25）
余高铲磨后表面	横向对接焊缝	不高于母材 0.5
		不低于母材 0.3
		粗糙度 $\sqrt{\frac{50}{}}$

注：① 手工角焊缝全长的 10% 允许 $h_1{}_{-1.0}^{+3.0}$。
　　② 箱形杆件棱角焊缝控伤的最小有效厚度为 $\sqrt{2t}$（t 为水平板厚度，以 mm 计）。

12. 经外观检查合格的焊缝方能进行无损检验，无损检验应在焊接 24h 后进行。

13. 焊接完成后，将已安装钢塔节段的竖向、侧向可调支撑均换为固定支撑，在下一节段钢塔支架提供可靠的外支承。

5.2.5　劳动力安排（表 5.2.5）

劳动力安排　　　　　　　　表 5.2.5

序　号	工　种	人　数	备　注
1	现场管理人员	6	现场指挥、技术、安全等
2	起重工	8	起重操作
3	吊车司机	10	上下车机械操作
4	焊工	10	现场焊接
5	铆工	4	现场装拼、锚固

6. 材料与设备

机具安排（表 6）

机具安排表　　　　　　　　表 6

序　号	名　称	型号规格	单　位	数　量
1	吊车	AC200 汽车式起重机	台	1
		KMK5260 汽车式起重机	台	1
		50t 汽车式起重机	台	1
2	电焊机	BX1(3)-500	台	6
3	碳弧气刨		台	1
4	空压机		台	1
5	捯链	2T	台	2
6	捯链	5T	台	2
7	螺旋千斤顶	18T	台	6
8	螺旋千斤顶	32T	台	4

7. 质 量 控 制

7.1 质量控制标准

钢塔现场拼配安装及整体安装质量控制标准见表 7.1-1 及表 7.1-2。

钢塔现场拼配安装允许偏差 表 7.1-1

检 查 项 目	允许偏差(mm)	检 查 项 目	允许偏差(mm)
中心高	±15	接口处垂直度	≤5
接口轴线偏差	≤10	接口处错边量	≤2

钢塔整体安装允许偏差 表 7.1-2

检 查 项 目	允许偏差(mm)	检 查 项 目	允许偏差(mm)
钢塔内混凝土强度	在合格标准内	轮廓尺寸	±20
钢塔柱底面轴线偏位	10	锚固点高程	±10
塔柱倾斜度	符合设计规定,设计未规定时按 1/3000 塔高,且不大于 30	索导管位置	10
		预留检查孔位置	5

注:执行技术规范、质量标准:

《公路桥涵施工技术规范》JTJ 041—2000

《公路工程质量检验评定标准》JTG F80/1—2004

《铁路钢桥制造规范》TB 10212—98

7.2 钢结构安装及断面尺寸标准按《铁路钢桥制造规范》TB 10212—1998 质量标准执行。

7.3 钢结构吊装严格执行《大型设备吊装工程施工工艺标准》SH/T 3515—2003 中的有关吊装验收规范。

7.4 严格按 KMK5160、GMK5200 吊车性能表执行操作吊装,并应遵守相关吊装作业的管理规程。

7.5 钢结构吊装使用的吊耳验收应遵守《设备吊耳》HG/T 21574—94 中的有关验收标准进行验收。

7.6 钢结构焊接质量检查和质量标准按《钢结构施工及验收规范》GB 50205—2001 中有关规定执行。

7.7 钢结构焊缝验收严格执行《建筑钢结构焊缝超声波探伤》JBT 7524—1994 现行规范和设计图纸有关规定执行。

8. 安 全 措 施

8.1 认真贯彻"安全第一,预防为主"的方针,根据国家有关规定,建立健全以项目经理为总负责的安全消防保证体系。

8.2 施工现场按防火、防洪、防触电、防高空坠落等安全规定和安全要求进行布置,并按规定配备灭火器等消防器材、悬挂安全标识。

8.3 制定安全应急预案,加强现场人员的安全教育和培训。

8.4 高空作业的工作人员,上岗前要进行身体检查和技术考核,合格后方可操作。高空作业必须按安全规则设置安全网,系好安全带,戴好安全帽,穿上防滑鞋,并按规定佩戴防护用品。

8.5 高空作业时要注意脚手板、吊架、梯子、跳板须安放牢固妥善,通道栏杆安装牢固且系好安全网,脚手板严禁堆放重物,以保证受力良好和通畅。

8.6 高空切割的余料等严禁乱抛,用吊绳或相应盛具放至地面。焊接、切割作业时应有专人监护,防止火星落下伤人或引发事故。

8.7 在现场及周围设置必要的标志牌,包括警告与危险标志,安全与控制标志等。

8.8 所有机电设备必须有可靠的接地。现场焊接应做好防风措施。

8.9 搭拆操作脚手架的工作人员,必须配戴安全帽。穿软底鞋,不准穿硬底鞋和塑料底鞋,在高度 2m 以上作业时必须配备安全带,高挂低用,并锁好保险挂钩。

8.10　吊装施工准备和实施过程中，"吊装施工安全质量保证体系"应运转正常，以确保吊装施工安全。

8.11　吊装过程中，应有统一的指挥信号，参加施工的全体人员必须熟悉此信号，以便各操作协调动作。

9. 环保措施

9.1　健全施工过程中的环境管理体系和各项环境管理规章制度。

9.2　在工程施工过程中严格遵守国家军队和地方政府下发的有关环境保护方面的法律、法规和规章，加强对施工现场的材料、设备废水、生活垃圾的控制和管理。

9.3　将施工场地和作业限制在工程建设允许的范围内，合理规划布置，围挡设置规范，各种标牌清楚、齐全，各种标识醒目，施工现场整洁文明。

9.4　加强对废弃物管理，施工现场设立专门的废弃物临时贮存场地，废弃物应分类存放，对有可能造成二次污染的废弃物必须单独贮存，设置安全防范措施且有醒目标识，减少废弃物污染。

9.5　生活污水及生产废水不直接排放到河道内，以保证施工环境内水土不受污染。

9.6　采用低噪声施工设备，对强噪声施工设备加隔声棚或隔声罩封闭。加强环保意识的宣传，采用有力措施控制人为的施工噪声，同时尽可能避免夜间施工，严格管理，最大限度地减少噪声扰民。

9.7　对施工场地及临时便道进行硬化，并对施工便道进行洒水，防止尘土飞扬，污染周围环境。

10. 效益分析

10.1　本工法结合了汽车吊起吊便捷和刚性支架支撑可靠并通过支架承载方式转变和实施微调控制，使索塔安装作业得以简化，施工质量可控，为单塔双索面无背索斜拉桥变截面箱形钢索塔安装施工提供了可靠的工法借鉴，具有明显的社会效益。

10.2　本工法施工工效高，各种资源优化利用，投入人力少，机械利用率高，材料用量省，节约资金约 100 万元，具有明显的经济效益。

11. 应用实例

11.1　已用情况

本工法应用于中国酒泉卫星发射中心神舟友谊大桥。工程开工日期 2006 年 5 月 25 日，竣工日期 2007 年 8 月 8 日。

11.2　工程概况

神舟友谊大桥为单塔双索面无背索斜拉桥，索塔采用钢箱—混凝土结构，索塔为半椭圆弧门形塔，塔体向岸斜倾，与水平面成 58°倾角，索塔垂直高度 42m，斜向长度 49.526m，塔体钢箱为变截面，侧面等宽 4m，正面宽度渐变并沿轴向内侧弯，根部宽 3m，至顶端宽 1.8m。

索塔按左右对称各分 4 个节段，加工制作后运至现场拼装焊接，各节段重量分别为 51.6t、45.5 t、65.3 t、38.5 t，总安装重量 401.8t。

11.3　施工情况

该桥主塔采用单塔双索面无背索斜拉桥变截面箱形钢索塔安装施工工法，支架现场安拆速度快，索塔安装就位施工 13d 完成，较好地控制了关键性工期目标。施工全过程处于安全、稳定、快速、有序的可控状态。主塔支架同比传统支架大幅节约了钢材用量，材料费用节约 100 万元，获得较好经济效益。

主塔安装达到精确合拢，工程优良率达到 98% 以上；监控资料显示，主塔线型数据与设计值吻合良好。该工程获得 2008 年度中国建设工程鲁班奖（国家优质工程）。

钻孔灌注桩钢筋笼滚焊制作工法

GJYJGF070—2008

浙江省交通工程建设集团有限公司　厦门连环钢材加工有限公司

吴墀忠　单光炎　范厚彬　张谷旭　王运顺

1. 前　言

钻孔灌注桩因其对各种土层的适应性强，无挤土效应、无振害、低噪声、承载力强等优点，在基桩施工中得到广泛应用。钻孔灌注桩钢筋笼一般由主筋和箍筋焊接或绑扎而成。目前，国内桩基钢筋笼主要靠人工生产，产量低、材料损耗大、质量不稳定。我公司联合厦门连环加工有限公司研究开发了用钻孔桩钢筋笼滚焊机加工钢筋笼技术，可以很好地解决人工加工存在的问题。该技术通过多个实际工程的应用实践，取得了良好经济效益和社会效益，现总结编制成工法。该工法核心关键技术经中国公路建设行业协会组织的专家组审核、评定，达到国内领先水平，批准为公路工程工法。钢筋笼滚焊机已申请国家实用新型专利，专利号为：ZL20062006068.1。

2. 工 法 特 点

2.1 施工效率高。该工法可保证主筋在圆周上均匀分布的准确率，使得多个钢筋笼搭接时方便、可靠，由此提高了钢筋笼吊装施工时的效率。

2.2 质量稳定。采用机械化作业，主筋、缠绕筋的间距均匀，箍筋螺旋成形时，支撑稳固，能保证钢筋笼的同心度和直径误差，产品质量非常稳定。

2.3 节约成本。箍筋不需搭接，较之手工作业可节省材料1‰，同时，也大大节约人工。

2.4 施工机械化程度高。该工法由于采用了钢筋笼滚焊机机械，替代许多人工操作工序，使得钢筋笼加工制作的机械化程度增高。

3. 适 用 范 围

适用于钻孔灌注桩钢筋笼制作。其中，钢筋笼直径、单节最大长度、主筋直径适用范围分别为 $\phi300\sim2500mm$、18m、$\phi12\sim40mm$。

4. 工 艺 原 理

该工法主要工艺原理为：将钢筋笼的主筋穿过固定旋转盘模板圆孔，到移动旋转盘圆孔中固定后，箍筋端头先在主筋上焊2～3圈。同步转动旋转盘，移动盘边旋转边后移，主筋同时在纵向和圆周两个方向运动，拖动盘筋在主筋上缠绕，形成螺旋箍筋，人工在固定平台上对箍筋进行点焊定位，从而形成产品钢筋笼。图4-1为钢筋笼滚焊机结构及工艺原理图。

5. 施工工艺流程及操作要点

5.1　工艺流程

该工法工艺流程见图5.1。

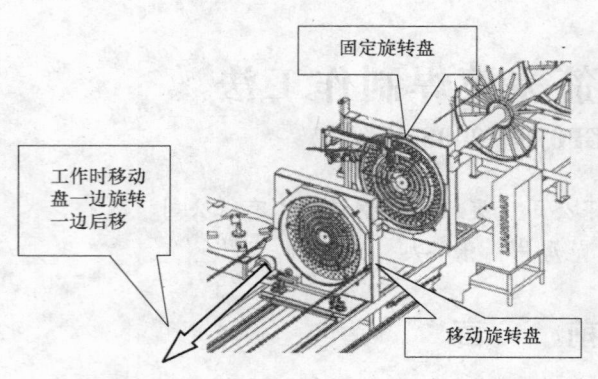

图 4-1　工艺原理

图 4-2　固定盘与移动盘

图 4-3　固定盘后的主筋支架

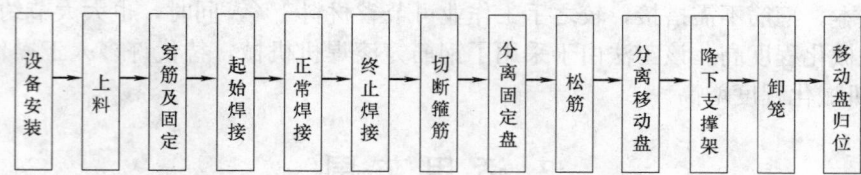

图 5.1　工艺流程图

5.2　操作要点

5.2.1　设备安装

1. 生产场地布置

钢筋笼滚焊生产场地布置要充分考虑各种原材料、成品移动及存储，主要有四个部分：箍筋存放区（A区）、主筋原料区（B区）、钢筋笼卸笼区（C区）以及设备区。生产场地布置见图 5.2.1-1。设备安装要注意如下几点：

　①A区是箍筋存放区，该区域的宽度至少要 3m，并有道路相通，以便于箍筋进料和施工操作。

　②B区为主筋原料区，要充分考虑主筋上料、储存的空间。

　③C区为钢筋笼卸笼区，主要用于成品钢筋笼卸笼、验收及补焊施工。

　④设备和生产区边界相距要在 2～3m 以上。

2. 安装设备

　①根据设备自重、施工荷载、地基等情况，先进行设备安装基础的设计与施工。

　②设备安装要确保平整度，安装稳固，以保证施工质量和设备寿命。

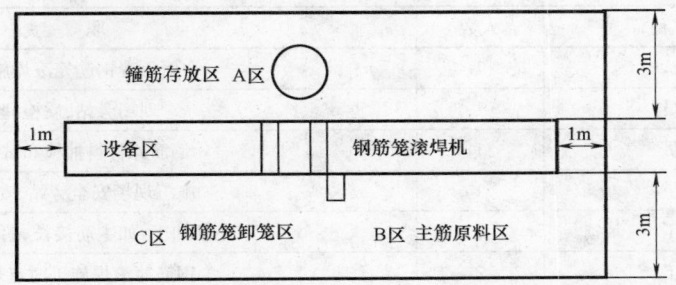

图 5.2.1-1 生产场地布置平面图

③ 设备检查及调试，根据钢筋笼设计数据调整至相应的运行参数。

5.2.2 上料

1. 主筋放在主筋料架。主筋已经加工完成，其长度、顺直度符合设计要求，端头处理满足连接要求。要做好首节、标准节、末节钢筋笼主筋的标识，避免混放。

2. 盘筋放在箍筋料架。

5.2.3 穿筋及固定

将主筋穿过固定盘到移动盘，并在移动盘通过螺栓进行固定。起始节钢筋笼端头齐平，标准节和末节钢筋笼要按设计尺寸错开端头。箍筋穿过夹具连接到主筋上。

5.2.4 起始焊接

把箍筋通过调直机在主筋上并排连续绕两圈，并与主筋焊接牢固。焊接也可采用二氧化碳保护焊，焊丝可采用 1mm 镀铜焊丝。

5.2.5 正常焊接

固定盘、移动盘同步旋转，移动盘边旋转边后移，主筋同时做纵向和圆周两个方向运动，拖动盘筋在主筋上缠绕，形成螺旋箍筋，人工在固定的平台上对箍筋进行点焊定位，从而形成钢筋笼。

5.2.6 终止焊接

固定盘后的主筋长度达到预定长度时，将箍筋在主筋上并排连续绕二圈，焊接牢固。固定盘和移动盘停止旋转。

5.2.7 切断箍筋

用人工点焊切断箍筋，完成一个节段钢筋笼制作。

5.2.8 固定盘分离

抬升支撑架，托住钢筋笼，移动盘继续后退，拖动主筋与固定盘分离。

5.2.9 松筋

将固定主筋和移动盘的螺栓松开。

5.2.10 分离移动盘

抬升其他支撑架，托住钢筋笼，移动盘继续后退，直到与钢筋笼分离。

5.2.11 降下支撑架

支撑架托住钢筋笼降下，归位到钢筋笼支撑平台。

5.2.12 卸笼

把加工好的钢筋笼移离支撑平台。

5.2.13 移动盘归位

移动盘前进归位，准备生产下一节钢筋笼。状态与设备刚安装完成一样。

5.3 劳动力组织

钢筋笼滚焊施工主要劳动力组织见表 5.3。

		劳动力组织		表 5.3
序 号	工 种	人数		职 责
1	工长	1		全面负责钢筋笼滚焊施工协调
2	质检员	1		现场旁站、质检、验收
3	试验员	1		钢筋原材料抽检和试验检测
4	安全员	1		施工现场安全旁站、安全检查
5	钢筋工	3		主筋加工，如主筋接长、端头丝扣加工
6	电焊工	2		钢筋笼滚焊施工时点焊、补焊
7	普工	2		配合钢筋加工、钢筋上料、卸笼等工作

6 材料与设备

6.1 工程材料

钢筋笼滚焊施工主要材料有钢筋笼主筋、盘筋，耗材可采用 1mm 镀铜焊丝。

6.2 机械设备

钢筋笼滚焊施工主要施工机械设备见表 6.2。

		机械设备表		表 6.2
序 号	设 备 名 称	规格或型号	数量	备 注
1	钢筋切断机	TYC-HD42A	1台	主筋加工
2	闪光对焊机	UN1-125	1台	主筋接长
3	直螺纹套丝机	UN-16	1台	钢筋笼端头处理
4	钢筋笼滚焊机	LHL-1500A	1台	用于钢筋笼制作
5	CO_2 保护焊电焊机	意大利戴卡 5180	1台	箍筋焊接

7 质 量 控 制

7.1 质量要求

7.1.1 工法须执行标准《金属材料弯曲试验方法》GB/T 232—1999。

7.1.2 工法须执行规范《混凝土结构工程施工质量验收规范》GB 50204—2002。

7.2 质量控制措施

7.2.1 设备的水平状态会直接影响设备的使用状况及寿命，因此，设备基础施工质量要符合设计要求，要确保水平，安装牢固。

7.2.2 设备要通过调试验收才能使用，设备参数设定要符合钢筋笼设计要求。

7.2.3 主筋和盘筋原材料按规范要求抽检，确保原材料质量。

7.2.4 主筋加工，根据钢筋笼起始节、标准节和末节节段长度下料，根据钢筋笼的接长方式进行端头加工，要确保主筋尺寸、端头加工质量、主筋顺直。加工好的主筋要做好标识。

7.2.5 固定操作人员，组织学习培训。

7.2.6 落实首件工程检查总结，加强质量检查，在钢筋笼卸笼时及时验收并补焊。

7.2.7 按规定进行设备维护保养，确保设备正常运行。

8. 安 全 措 施

8.1 设备使用前，要检查相关电源的接通情况。漏电保护器、地线要安装正确，确保其运行安全。

8.2 设备运行过程中，严禁遮盖电气部分，要保持散热顺畅，要注意检查马达是否过热。

8.3 定期对各类接线端子、螺栓、螺帽，在电源切断的情况下重新紧固。对减速机、液压站油量进行定期检查，如有不足，要进行添加，如有漏油现象，要进行及时修理。

8.4 定期对所有润滑油嘴打黄油。清除电气柜中的灰尘，保持电气柜内清洁。

8.5 设备操作人员须经操作培训考核合格，充分掌握操作规程，严禁非操作人员操作设备。

8.6 严禁用水或压缩空气对电器设备进行冲洗或吹灰。严禁用湿布或潮湿刷子对电气柜中的电气器件进行清灰作业。

8.7 生产结束后，移动盘归位，关闭控制电源开关和油泵开关，关闭总电源、焊机电源开关。如果设备长时间不用，应把控制柜内各低压断路器全部关闭。

8.8 操作人员要正确使用劳动防护用品，不能穿过于肥大、有丝带或易被卷入设备的服装进行生产作业，防止衣服、手臂被卷入设备中，长发者须把头发盘起并固定在安全帽内。

9. 环 保 措 施

9.1 环保措施是加强设备液压油路的检查维修，防止漏油污染。

9.2 加强用电管理，节约施工用电。

10. 效 益 分 析

10.1 进度。采用本工法制作钢筋笼，劳动强度低，成型时间短，每个仅需 0.75～1h。正常情况下，备料工、滚焊工共 4 人可组成一班，每天分二班作业就可以加工出长 240m 成品钢筋笼。而人工生产效率低，劳动强度高，一个 24 人的钢筋班组，一天仅可生产长 120m 成品钢筋笼。据计算，滚焊制作钢筋笼的工效可达到人工制作 6 倍以上。

10.2 质量。采用本工法施工的钢筋笼，主筋、箍筋的间距均匀，能保证钢筋笼同心度和直径误差，制作质量明显优于人工加工，可一次通过验收，没有返工，也方便现场连接。

10.3 成本。钢筋笼滚焊制作生产成本低，除滚焊机一次性成本投入之外，钢筋加工成本在 40 元/t 以内。而人工生产，按目前的市场行情，人工费在 220 元/t 左右，对于大型桥梁项目来说，经济效益更为显著。

11. 应 用 实 例

工程实例一

杭州湾跨海大桥Ⅰ合同段工程由浙江省交通工程建设集团有限公司承建，工程开工于 2003 年 10 月 28 日，完工于 2007 年 5 月 28 日。该项目桥梁工程全长 2560m，共有 526 根钻孔灌注桩，其中直径为 ϕ1.2m 桩基 14 根，最大桩长达 65m，直径为 ϕ1.5m 桩基 484 根，最大桩长达 89m，直径为 ϕ2.0m 桩基 28 根，最大桩长达 82.5m。该工程直径为 ϕ1.5m 桩基钢筋笼均采用了滚焊工艺制作，取得了良好效果，体现了该工法能提高钢筋笼生产效率和质量、促进工程进度的特点，给下部结构施工和上部箱梁施工营造了良好的施工条件，赢得了社会各界的一致好评。

工程实例二

位于浙江长兴县境内申苏浙皖高速公路八合同段工程，由浙江省交通工程建设集团有限公司承建。工程开工于 2003 年 7 月 1 日，完工于 2006 年 10 月 25 日。工程共有 1579 根钻孔灌注桩，其中，直径为 ϕ1.2m 桩基 242 根，最大桩长达 21m，直径为 ϕ1.3m 桩基 368 根，最大桩长达 42m，直径为 ϕ1.5m

桩基862根，最大桩长达45m，直径为ϕ1.8m桩基72根，最大桩长达42m，直径为ϕ2.0m桩基35根，最大桩长达20m。该工程直径为ϕ1.2m、ϕ1.3m、ϕ1.5m钻孔桩钢筋笼均采用滚焊工艺制作，提高了钢筋笼生产效率和质量，促进了工程进度，降低了施工成本。

工程实例三

杭州湾跨海大桥北岸连接线第五合同段工程，由浙江省交通工程建设集团有限公司承建，开工于2004年10月9日，完工于2006年12月10日。该项目有一座长为244m主线桥梁，一座长为1642m大型分离立交桥。桥梁基础均采用钻孔灌注桩，共有530根桩基，其中，直径为ϕ1.3m桩基294根，直径为ϕ1.2m桩基236根。所有钻孔桩钢筋笼均采用滚焊工艺制作，质量优良，取得了良好的经济效益和社会效益，得到了监理、设计、业主的一致好评。

斜拉桥索塔钢锚梁安装施工工法

GJYJGF071—2008

中国交通建设股份有限公司

吴维忠 曾平喜 宋华清 唐衡 陈宏宝

1. 前　　言

斜拉桥索塔上塔柱锚固区采用的钢锚梁由受拉锚梁和锚固构造组成，即"钢锚梁＋钢牛腿"的全钢结构组合，为业界首创。锚梁作为斜拉索锚固结构，承受斜拉索的平衡水平力，不平衡力由索塔承受，竖向分力全部通过牛腿传到塔身；空间索在面外的水平分力由钢锚梁自身平衡，使得结构受力更明确。

金塘大桥主桥为双塔双索面钢箱梁斜拉桥，采用全钢结构的钢锚梁作为斜拉索的锚固结构，在国内外尚属首次。由于钢锚梁具有安装速度快、定位精确的特点，从而保证了斜拉索的安装精度。为了将金塘大桥钢锚梁安装的成功经验推而广之，经总结和提炼，制定了本工法，为今后类似结构施工提供参考或借鉴。

2. 工 法 特 点

2.1 首节钢锚梁（基准节段）安装采用简易支撑支架、限位导向装置、高程调节螺栓并行，操作便捷，为提高整个钢锚梁的安装精度打下了良好的基础。

2.2 根据塔吊的起重能力及塔身钢筋构造，钢锚梁采取单节吊装，安装机动灵活。

2.3 采用能适应钢锚梁尺寸变化的可调专用吊具，只需一副吊架，便可完成所有钢锚梁的吊装作业，操作简便，吊装安全可靠。

2.4 对钢锚梁的制造、运输和安装三阶段采取全过程的控制，不但能提高钢锚梁的安装精度，而且能加快施工进度。

1）由于钢锚梁在工厂加工时进行了预拼装，运输过程中采取全部散件运输，并采取相应保护措施，现场安装工艺得当，故安装精度控制较好。

2）钢锚梁运输到施工现场后，在专用支撑马镫上组拼，竖向滚动试拼装（2～3个节段），可以严格控制钢锚梁的几何尺寸及制造精度。

3）单节长度较大的锚梁壁板上口之间增设2道水平联系撑，提高了钢锚梁整体吊装的刚度。

4）首节钢锚梁与钢支架同时安装，确保了钢锚梁安装精度，其重量仅为类似锚固结构钢锚箱的1/2不到，对起吊设备的吊重要求较小。

5）将相邻钢锚梁壁板之间的连接方式修成对接牛腿，方便了钢锚梁的安装，同时解决了钢锚梁安装过程中的承重方式。

6）混凝土牛腿结构全部修改为钢结构并与钢壁板焊接成整体，使得钢锚梁的安装与塔柱混凝土浇筑同步进行，降低了牛腿先浇后安锚梁的施工难度，同时提高了锚梁的安装精度。

7）钢锚梁的钢壁板与索塔塔柱混凝土相互结合、同步施工，避免了钢混结合段出现混凝土裂缝。

3. 适 用 范 围

适用于斜拉桥索塔钢锚梁安装施工，对于类似的钢塔安装也可借鉴采用。

4. 工 艺 原 理

钢锚梁采取分批次安装，通过分析自然环境（风、日照等）和主体结构（钢筋、混凝土等）的影响，确定每批次钢锚梁安装的节段数。对首节钢锚梁（基准节段）进行精确调位并固定，浇筑完成该节段混凝土后，陆续吊装后续其他批次钢锚梁（每批次1至2个节段），每一个批次钢锚梁吊装完成后，进行对应节段塔柱混凝土的浇筑，依次循环施工直至全部完成。

钢锚梁安装误差采取分批次调整，通过监测已装钢锚梁的实际位置，分析安装误差影响，确定下批次钢锚梁安装时是否需要进行倾斜度调整以及调整量（若需要调整）。

5. 施工工艺流程及操作要点

5.1 钢锚梁安装总体工艺

钢锚梁分为首节钢锚梁安装和其他节段钢锚梁安装，钢牛腿是钢锚梁的支撑结构，由座板、托架、塔壁预埋钢板、剪力钉和劲性骨架相连的连接钢板组成。（钢锚梁标准节段结构参见图5.1-1）。

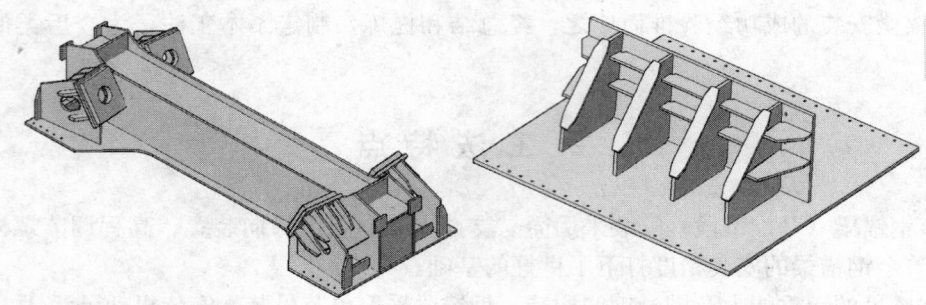

图5.1-1 标准钢锚梁与钢牛腿三维立体结构图

钢锚梁安装与节段混凝土施工异步进行，即先安装一批钢锚梁（1～2节段），然后浇筑一定高度的混凝土（1～2节段）。

钢锚梁安装总体施工工艺流程见图5.1-2，钢锚梁布置参见示意图5.1-3和图5.1-4。

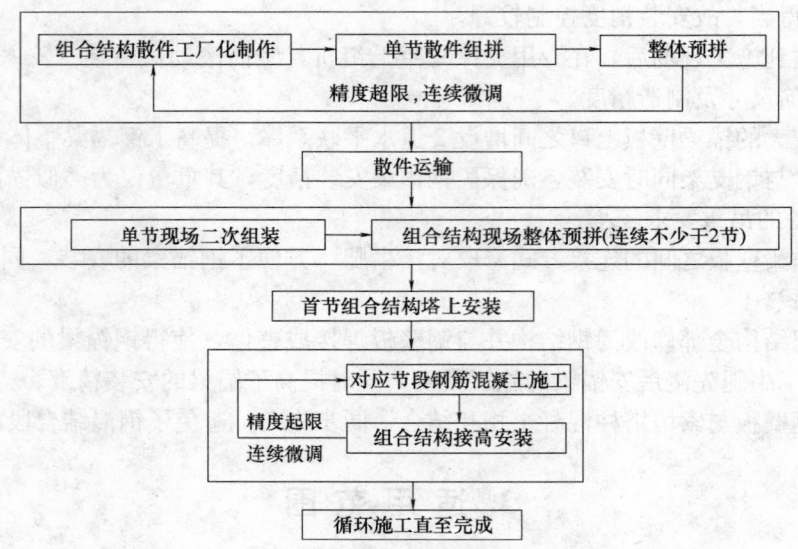

图5.1-2 钢锚梁安装总体施工工艺流程图

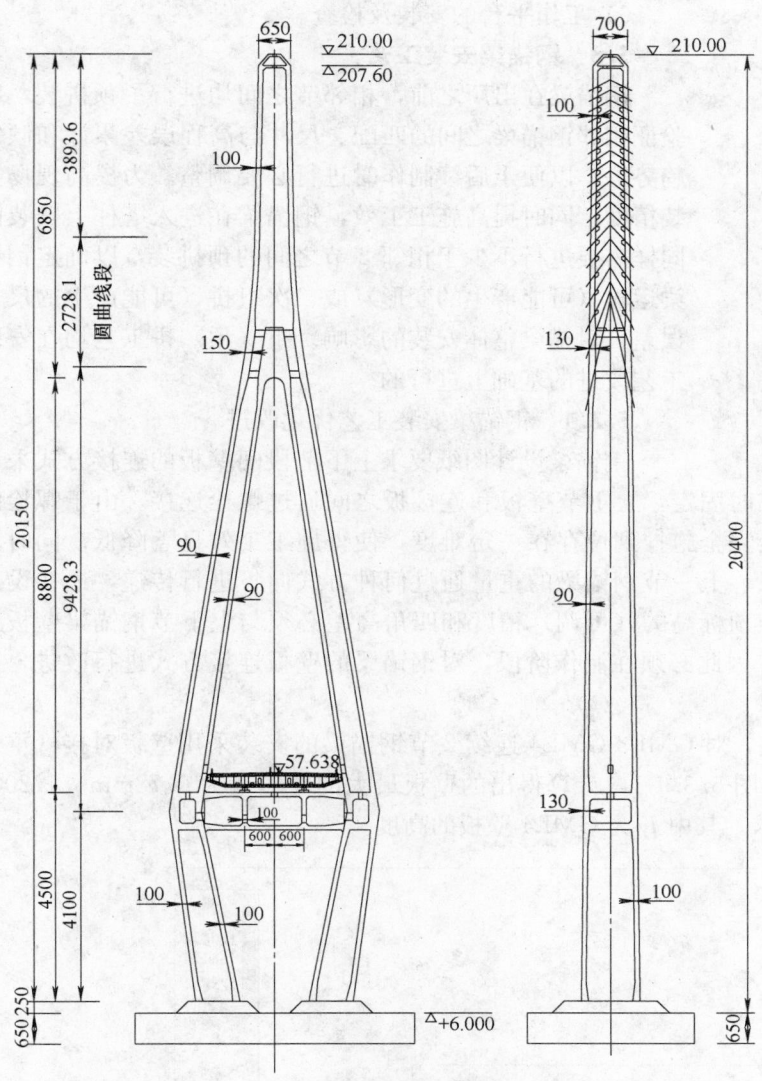

图 5.1-3　金塘大桥主通航孔桥主塔构造图

图 5.1-4　钢锚梁布置图

5.2　操作要点

施工准备

1. 钢锚梁进场验收

钢锚梁运抵现场后，进行检查验收，内容主要包括：

1）钢锚梁相关制造和工厂验收技术资料。

2）钢锚梁外观检查，包括结构尺寸、外观平整度、油漆涂刷等复查。

3）每节钢锚梁进行组拼并与下节钢锚梁匹配复查等。

2. 钢锚梁吊装前的准备工作

1）了解气象情况，由于风、雨、雾等恶劣天气影响吊装，必须随时掌握天气现状和趋势。

2）吊装工作应选择作业点风速 10m/s 以下，无雨雾天气，且温差变化较小的时段内进行。

3）起吊设备例行检查调整，特别是制动系统调整。

4）机具准备，主要是指用于吊装及定位调节的吊具、索具、葫芦、千斤顶，以及高强度螺栓、高强度螺栓施拧（检查）工具的检查校正等工作。钢锚梁采用四点起吊。根据钢锚梁的外形尺寸变化特点，在吊架耳板上开不同间距的吊孔（钢锚梁吊具参见图 5.2.1）。

5）检查工作面配备的照明设备、电源线以及锚梁牵引绳、手拉葫芦是否到位。

图 5.2.1　钢锚梁吊装

6）工作平台的安装及检查。

5.3　钢锚梁安装工艺

钢锚梁在出厂之前，相邻节之间均进行了预拼装，以验证相邻钢锚梁之间的匹配、尺寸与高程误差累计和倾斜趋势等，以便于后续制作时进行必要调整。为提高现场安装精度，同时提高施工工效，钢锚梁在进入塔柱上安装前同样需要进行不少于相邻 2 节之间的预拼装，以确定钢锚梁运输（可能产生的变形）或二次组拼（可能产生的尺寸误差）对锚梁整体安装的影响。组（预）拼工艺均在安装工艺改进的基础上进行的。

5.3.1　钢锚梁安装工艺优化改进

钢锚梁设计图纸要求上下节段间壁板的连接方式采用拼接对接，并在塔壁内腔设置连接板临时固定，上下节壁板和连接板之间通过螺栓连接。由于螺栓的可调间隙小，塔上安装条件较差，螺栓完全施拧到位存在一定难度，使得施工工效显著降低。同时设计图纸没有明确钢锚梁在接高安装阶段，上一节钢锚梁的重量通过何种方式向下进行传递，最初设想拟采用连续搭设支架，要求每一节支架顶标高的（可调）精度和四角高差必须与上下节钢锚梁壁板之间的缝隙（0mm）相适应，不易操作。因此必须在制作阶段，对钢锚梁的壁板连接方式进行改进，以兼顾或适应两种不同的需求。

考虑到前两节钢锚梁分别单独安装，对 GML3-GML4 连续 2 节钢锚梁的安装采用壁板对接（重量由壁板向下传递）进行 MIDAS 建模如图 5.3.1-1，计算得出的壁板最大的变形量为 0.78mm＜1/2000 L＝1.58mm，满足壁板承重的变形要求。其中 L 为 GML4 壁板的高度。

图 5.3.1-1　连续两节钢锚梁壁板对接安装变形计算模型图

壁板厚度 30mm，接触面积小，施工过程中定位不易控制，因此采用增加接触面积的办法来达到增加稳定性的目的。经比选，在单节钢锚梁的一侧壁增设 2 个水平向设置的对接牛腿，上下壁板对接牛腿之间的连接方式仍采用螺栓，连接方式见图 5.3.1-2。

5.3.2　钢锚梁运输、组拼和连续预拼

由于钢锚梁为异地加工，组拼后单节整体运输，不能满足道路超高超宽的限制规定，但散件的自

身刚度不足，尤其是与钢牛腿焊接成整体的钢壁板尺寸较大（最大达 3900mm×2730mm），运输中容易发生变形。因此采用散件运输必须在施工现场进行二次预拼调整。实际在运输过程中，与钢牛腿形成整体的钢壁板尽量做到了平放，同时在车厢的底板和四周均堆码一定厚度的草垫缓冲，使得运输变形降低到了最小。

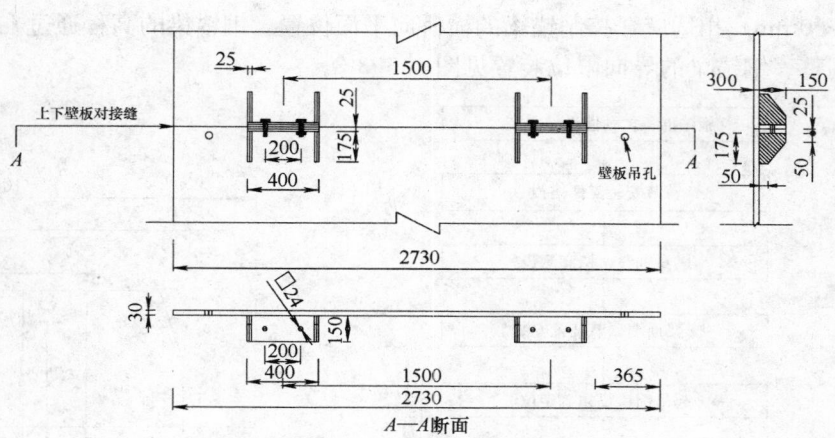

图 5.3.1-2　连续两节钢锚梁壁板对接牛腿结构示意图

预拼场地环境（厂房内）和设施（龙门吊）布置均与工厂内相同。单节锚梁预拼在场地上平行布设 2 个马镫，测量预先精平搁置马镫顶高程，率先起吊锚梁搁置在马镫上并作简易固定，然后分别起吊两侧壁板进行组拼，单侧壁板到位后，安装牛腿与锚梁之间的连接螺栓，完成初步组拼。最后对壁板尺寸和四角高差、锚点高程、索道管相对位置、壁板四角上下对角线长度进行复核，满足要求后着手进行连续预拼。

连续预拼在连续两节钢锚梁之间进行，此时钢锚梁为单节整体起吊，对接完成后，除进行常规的复核外，重点监测壁板的累积高程和四角高差，为后续锚点高程和钢锚梁的倾斜趋势的调整留有余地。图 5.3.2 为连续两节钢锚梁预拼到位的实物照。

图 5.3.2　连续两节钢锚梁预拼实物照

5.3.3　首节钢锚梁安装

钢锚梁在上塔柱上的安装分首节安装和接高安装两个部分进行，其中首节安装需要重点预控壁板的高程、平面位置以及壁板之间的相对高差。

其施工工艺流程见图 5.3.3-1。

第 1 节钢锚梁安装在第 32 节塔柱混凝土浇筑完成、第 33～34 节塔柱的劲性骨架接高到位后进行。钢锚梁梁体底面距上塔柱内腔的底面高度达 4.3m，为便于准确安装调整钢锚梁的平面位置和高程，在施工第 32 节混凝土时，在上塔柱内腔底面，即第 1、2 号斜拉索锚固齿块位置预埋首节钢锚梁的安装支撑钢支架的基础预埋件。然后进行支撑支架的安装搭设。

1）支撑钢支架的安装搭设

考虑到钢锚梁的重量集中在两端头的钢牛腿处，支撑钢支架的基础预埋件按下图进行设置。首节钢锚梁安装支架基础预埋件见图 5.3.3-2。

支架安装前对塔柱纵横向轴线以及高程进行测设标定，以便精确控制支架的搭设高度和平面位置。支架立柱采用双扣合的 2［14 槽钢，搭设的最大高度为（+155.80）−（+151.50）−0.03＝4.27m（0.03m 为调位螺栓可调高度，部分立柱支撑在 1 号、2 号拉索的锚固齿块上，其搭设高度相对更小）。

为减小支架杆件间的间隙，支架杆件间联系全部采用焊接。其剖面布置见图 5.3.3-3。

2）安装双向导向限位装置和高程调节螺栓

支架安装到位后，测设塔身纵横向轴线位置用红色油漆标示待用，同时将支架顶面尽量调平。将双向导向装置按测设的轴线安装到位，横桥向导向与钢牛腿支撑钢板（N2）外形尺寸（倾斜角度）一致，对壁板纵桥向一侧（只设置一侧导向）的平面位置进行限定。纵桥向导向与钢锚梁梁体的宽度

（750mm）相适应，控制锚梁的横桥向平面位置。钢锚梁的高程通过在支架顶四角设置的可旋螺栓进行调整。钢锚梁的导向限位装置见图5.3.3-3。

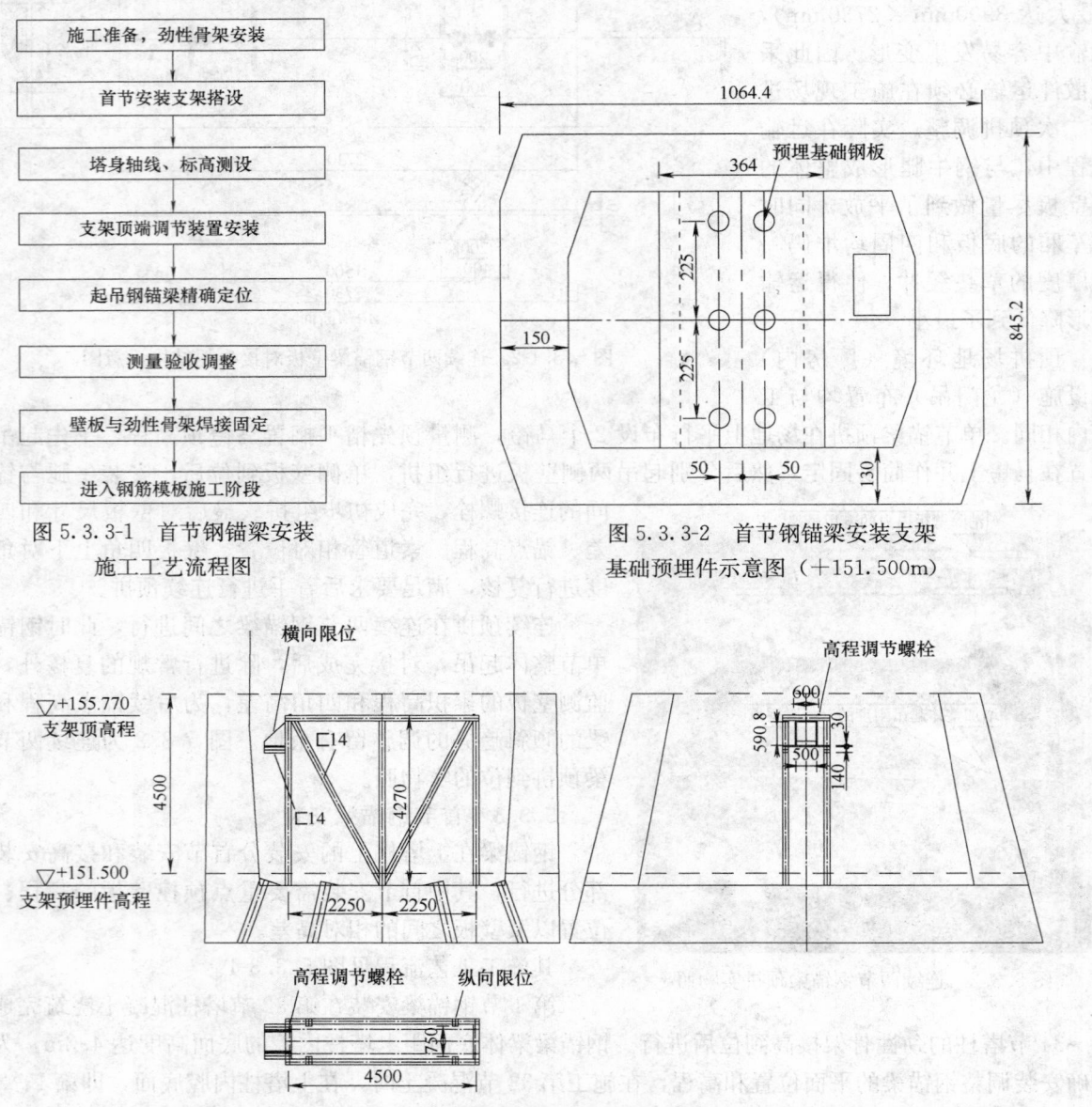

图5.3.3-1　首节钢锚梁安装
施工工艺流程图

图5.3.3-2　首节钢锚梁安装支架
基础预埋件示意图（+151.500m）

图5.3.3-3　首节钢锚梁安装支架立面图

3）钢锚梁吊装及定位

利用现场配备的9000kN·m塔吊将验收合格、预拼满足要求的首节钢锚梁缓慢起吊上升至上塔柱预定安装位置，当钢锚梁的梁体的底部与调整螺栓的顶高差大致相当时，缓慢将钢锚梁落放在钢支架顶端的调整螺栓上，完成初步定位。起吊作业须在现场温度、风力、天气均较好的状态下进行。

启动钢支架顶端的调节螺栓，按照预先测设的标高调整钢锚梁梁体顶面的高程。当钢锚梁的绝对高程满足要求后，为避免钢锚梁壁板四角相对高差超限影响后续的钢锚梁安装精度，需反复多次（不少于两次）启动调节螺栓，根据现场即时测量结果反复调整，直至钢锚梁梁体顶面的高程以及钢锚梁壁板四角相对高差均满足设计要求，最后将钢锚梁壁板上的N11板与预先安装的劲性骨架焊接固定，完成首节钢锚梁的精确定位。

随即在不拆除钢支架的前提下，进行塔柱的钢筋模板混凝土工程施工。当混凝土强度满足要求后，卸除钢支架，对首节钢锚梁进行测量验收，进入后续批次钢锚梁安装阶段。首节钢锚梁（一侧）导向限位见图5.3.3-4。

考虑到壁板间的缝隙为0，钢锚梁的绝对高程为正误差，且首节钢锚梁两壁板存在相对高差时，势必导致后续的钢锚梁存在倾斜趋势加剧或累计高程超过设计允许值。因此在调整首节的钢锚梁的高程时，均须按负误差进行控制，同时为避免倾斜趋势的加剧，在工厂化制作钢锚梁壁板时，其高度偏差也按负误差控制，以便给后续需要调整倾斜趋势时留有一定的余地。

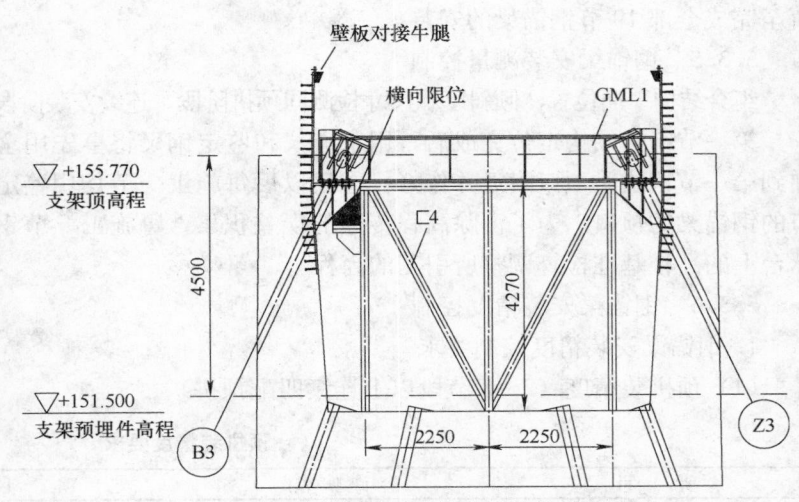

图5.3.3-4　首节钢锚梁在导向限位作用下就位

4）索导管安装定位

索导筒采用Q345C无缝钢管，塔柱施工时予以预埋。塔柱混凝土节段划分时，除第一对第二对拉索导管跨越4个节段外，钢锚梁索导管的安装定位均在一个节段混凝土内完成。依据图纸放样预埋索导管与塔柱内外壁的交点的上下端口坐标，控制安装轴线与理论轴线拟合。本方案只介绍钢锚梁处索导管的安装定位施工。

预埋索导管长度 $L = L_1 + L_2$，其中 L_1 为索导管下端口至对接法兰盘之间的长度，长度在820～2160mm之间，无须分段，其上端口与钢牛腿焊接成整体的一段索导管（长度 L_2）的下端口过法兰盘对接完成定位安装。

索导管定位支架沿索导管上下端口坐标控制点，在先期完成安装的劲性骨架上进行焊接设置，L_1 长度小于1m的索导管在两端口各焊设一道定位支架，大于1m的索导管中间再加设一道定位支架。

预埋索导管的安装在组合式钢锚梁安装定位后进行，此时索导管与塔柱内壁的控制点（直接在钢牛腿上用油漆标示）坐标业已确定（由钢锚梁的安装精度决定），只需复测钢套筒下端口（在劲性骨架横杆上标示）控制点的安装精度。如不满足5mm的精度要求，则在满足平顺度要求的前提下对下端口位置进行微调至偏差小于5mm（此时钢锚梁壁板连接螺栓无需紧固到位，为调整留有间隙）。

5.3.4　其他（标准）节段钢锚梁安装

其他（标准）节段钢锚梁均采取单节吊装。

接高安装的标准节段钢锚梁按如下规则进行：1）当单节段混凝土需要安装2个连续节段钢锚梁时，预拼阶段将有不少于3节的钢锚梁进行连续预拼，其中底部的2个节段钢锚梁分别起吊整体安装（余下顶部的一节锚梁用于下一循环预拼的底节）；2）当节段混凝土只需安装一节钢锚梁时，则按两节预拼一次，只起吊底部一节用于塔柱上安装即可；3）首节钢锚梁壁板靠塔柱内腔侧设置对接牛腿装置，以利接高钢锚梁的顺利就位，每侧壁板上下设置2个，1节钢锚梁共设置8个对接牛腿；4）后续接高安装只依据前一次安装的锚梁壁板上焊设的对接牛腿的对接连接下进行。

对接牛腿之间均采取螺栓和销钉连接，以避免焊接造成壁板变形的产生。同时为确保壁板的安装精度，对接牛腿均在制作厂家进行加工。

钢锚梁接高安装与接高预拼方式完全相同。按首节钢锚梁的起吊方式进行标准节段钢锚梁的起吊，当被起吊锚梁的壁板的底口高度和与其对接安装的锚梁的壁板上口导向高度一致时，缓慢小心落放接高钢锚梁，锚梁四周由人员值守，避免待安装锚梁磕碰已安锚梁的壁板和对接牛腿。当接高锚梁与前一次安装到位的钢锚梁的壁板对接牛腿高度与位置基本对正后，缓慢放松塔吊大钩，直至待安锚梁的重量全部由已安锚梁的壁板承受，期间应微调对接牛腿的位置，达到先安装连接销钉后安装连接螺栓的目的，同时复测接高锚梁的顶口平面位置、高程及四角相对高差，全部合格后紧固牛腿对接螺栓，完成标准节段钢锚梁的接高安装。随后转入本节段塔柱的钢筋模板混凝土工程施工。依次反复循环，直至完成全部 19 节钢锚梁的安装。

5.3.5 钢锚梁安装测量控制

组合结构平面位置、倾斜度和尺寸检测同预拼阶段，连续安装阶段重点控制壁板（锚点）的累计高差。

第一节组合结构定位完成后，用水准仪和鉴定钢尺将事先用全站仪天顶测距法引测的高程基准传递到第一节钢锚梁顶口附近并作好标志，以后每施工一节均用鉴定钢尺将前一节的高程基准引测至该节的钢锚梁的顶口。为了消除高程传递的误差积累，每施工 5 节钢锚梁，再进行全站仪天顶测距法用承台上的高程基准检查调整所引测的高程。

5.3.6 钢锚梁安装精度控制

1. 钢锚梁安装精度控制要求

（1）预拼装精度（2～3 节段以上连续匹配预拼）

预拼装精度要求   表 5.3.6-1

项　目	容许偏差	项　目	容许偏差
预埋钢板垂直度	1/1500	累计高度	$\pm1\times n$(mm)，n 为节段数量
预埋钢板间接触最大缝隙	≤0.2mm	节段间侧壁错边量	≤0.5mm

（2）钢锚梁安装精度要求

钢锚梁安装精度要求   表 5.3.6-2

	项　目	容许偏差
钢锚梁	梁轴线在横桥向位置偏差	±5mm
	横桥向锚固点位置偏差	±5mm
	顺桥向锚固点位置偏差	±5mm
钢牛腿	高程偏差	±2mm
	边跨与中跨牛腿座板顶面高程相对高差	≤2mm
	预埋钢板中心线垂直偏差	1/1000（单节）
	预埋钢板中心线与塔壁中心线偏差	±2mm
	预埋钢板中心线（边跨与中跨）相对差值	≤2mm
	预埋钢板上（下）张口偏差	±1mm
	预埋钢板平面度	1/2000
	上下相邻预埋钢板错边量	≤0.5mm

2）钢锚梁安装精度控制措施

除进行温度和风修正及精确定位首节钢锚梁外，还应采取以下精度控制措施：

（1）准确计算首节钢锚梁安装位置

首节钢锚梁安装前，对索塔进行监测，通过控制分析，确定首节钢锚梁安装的准确平面位置，同时，计算确定首节钢锚梁安装的预抬高值。

钢锚梁的理想目标几何线形由钢锚梁截面中心点给出。钢锚梁中心线与上塔柱混凝土截面中心线重叠。

理想目标值的 Z 值为设计高程叠加如下的修正值（预抬高值）：

• 补偿中下塔柱成桥时产生的压缩量，在首节钢锚梁安装时已采用的超高值；

• 补偿钢锚梁到成桥时的超长值；

• 基础沉降量；

• 施工阶段的钢锚梁压缩量。

（2）采取合理的测量方法，提高钢锚梁安装测量精度

主塔钢锚梁及索导管安装定位是测量控制难度最大、精度要求最高的部分，索导管的位置在钢锚梁制作时已按相对几何位置精确定出，对钢锚梁精确定位实质上就是对索导管的精确定位。

钢锚梁安装定位采取 TCA2003 全站仪三维坐标法，钢锚梁及钢牛腿底面高程、顶面高程、平整度采用精密水准仪测量。主塔钢锚梁安装主要控制测点平面示意图如下。钢牛腿直接影响第一节钢锚梁的安装精度，索导管安装定位精度取决于钢锚梁安装定位精度，因此预埋底座的精确安装是第一节钢

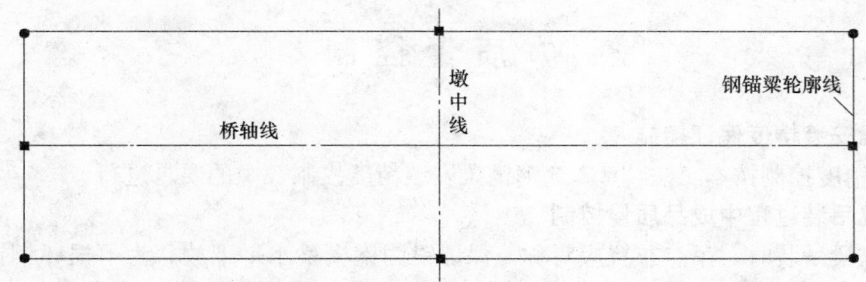

说明："■"为桥轴线、塔中心线控制测点，"●"为四角高差控制测点及角点控制测点。

图 5.3.6-1 主塔钢锚梁安装主要控制测点平面示意图

锚梁精确安装的前提。

钢锚梁定位测量首先要排除各种外力干扰，保证塔柱处于自由伸臂状态，选定于清晨或傍晚放样定位，尽可能消除外部环境对测量结果的影响，必要时可通过修正以提高测量控制的精度。

（3）钢锚梁安装采取钢垫板进行纠偏

由于钢锚梁制造及安装的倾斜度存在偏差，随着锚梁的不断接高，预偏差在逐渐累积加大，必须控制锚梁安装累计偏差。当锚梁安装到一定高度后要进行纠偏，纠偏采用钢垫片，即根据现场锚梁和吊装的批次，在每批中设置一层纠偏垫板，在钢锚梁分组对接牛腿位置进行设置。钢锚梁制造时，将每个垫片上侧钢锚梁的高度相应减小，使垫片厚度与减小后钢锚梁高度的和同原设计钢锚梁高度相等。

当一批锚梁安装定位前，测量锚梁实际倾斜情况，根据测量值，确定调整值，对垫板进行切削，并随下批钢锚梁一起安装。

5.4 劳动力组织

表 5.4

序号	工 种	主要作业内容	人 数	备 注
1	管理人员	现场技术的指导、管理	10	每墩 5 人
2	技术人员	施工方案的编制、现场控制	16	现场每墩 6 人，后场 4 人
3	专职质检员	现场质量检查、监督	2	每墩 1 人
4	专职安全员	现场安全及环保管理	2	每墩 1 人
5	测量人员	施工定位、纠偏测量	6	
6	起重工	挂钩、起吊指挥	4	每墩 2 人
7	电工	现场电路及设备的管理	2	每墩 1 人
8	混凝土施工人员	负责钢筋、模板、混凝土浇筑	80	每墩 40 人
9	电焊工	负责现场焊接施工	60	每墩 25 人，后场 10 人
	合 计		182	

6 材料与设备

本工法无需特别说明的材料，采用的设备、机具和仪器见表6。

设备、机具和仪器

表 6

序 号	机械设备名称	单 位	数 量	规格与型号	备 注
1	海力 803	艘	1	3600 匹	拖轮
2	起锚艇	艘	2	750 匹	
3	交通船	艘	2	160 匹	
4	小型材料运输船	艘	2	400 匹	
5	塔吊	台	2	9000kN·m	
6	塔吊	台	2	2500kN·m	
7	施工电梯	台	4	SCZ100	
8	汽车吊	台	2	25t/50t	
9	龙门吊	台	2	25t	
10	平板运输车	辆	2	10t	

7. 质 量 控 制

7.1 钢锚梁安装精度保证措施
钢锚梁安装精度控制按本工法"5.3.6 钢锚梁安装精度控制"中的要求进行。

7.2 钢锚梁吊装过程中成品质量控制
7.2.1 钢锚梁吊装时，吊点布置应对称，保证锚固钢横梁水平下放。为不损坏钢锚梁，吊装时采用软吊带。吊装时禁止发生碰撞，以免钢锚梁发生变形和损坏防锈涂层。

7.2.2 施工前到场的钢锚梁应严格管理，严禁露天堆放，防止雨淋、油污和腐蚀。

7.2.3 磨耗超标的吊钩、钢丝绳、吊具等用具要及时清理出现场，以免误用，保证吊装安全。

7.2.4 起重人员要严格遵守安全操作规程，吊运杆件时要"轻、稳、准"，严禁碰撞和拖拽。

7.2.5 在装车过程中，当构件每层之间不能以平面接触时应加草垫。在装车时构件之间、构件与汽车之间应相互固定，避免在运输过程中构件因产生位移而相互碰撞造成损伤。

8. 安 全 措 施

8.1 船舶安全
8.1.1 严格执行国家相关法规，保证船舶航行及施工安全。

8.1.2 所有船舶须证照齐全，配足船员，不得使用"三无"船舶。

8.1.3 施工船舶必须遵守航行规定、停泊规定及船舶调迁规定。

8.1.4 制定防洪防汛防台船舶安全规定。

8.1.5 确定施工水域，与海事部门联系设立航标，确保水上航行安全和畅通。施工船舶从码头到作业区必须按拟定的航行迹线行驶，尽量少占通行航道，减少对航运的干扰。

8.1.6 船舶消防安全、救生设施完好，各种灯、号、旗、通信设备完好适用，并正确、合理使用。

8.2 施工安全操作
安全责任重于泰山，在施工过程中，坚决自始至终坚持"安全第一，预防为主，科学管理，狠抓落实"的安全工作方针，并从技术上、制度上、思想上、组织上加强安全管理，制定并落实好安全预控措施，防患于未然。具体如下：

8.2.1 参加施工的人员，必须熟知本工种的安全技术操作规程，特种作业人员必须持证上岗并具备相应的技术素质和安全应变技能。

8.2.2 施工人员应实行统一管理，凡上爬架人员必须持有项目部统一印制的施工作业证挂牌上岗，每天由电梯操作人员负责检查。

8.2.3 规范使用劳动保护用品。进入施工现场必须戴安全帽，进行高空作业时应系好安全带，扣好保险并穿防滑靴。

8.2.4 工作前检查起重所用的一切工具、设备是否良好，如不符合规定，必须修理或更换，机具设备在使用前必须试车，加润滑油。

8.2.5 工作前应了解吊物尺寸、重量和起吊高度等，安全选用机械工具；不得冒险作业，不得超负荷操作。

8.2.6 事先应看好吊车信道，吊运方向和地点，如有障碍必须清理。

8.2.7 夜间作业应有足够的照明。

8.2.8 起重作业应有专人指挥，指挥按规定的哨声和信号，必须清楚准确，指挥者站在所有施工人员全能看到的位置，同时指挥者本人应清楚地看到重物吊装的全部过程。

8.2.9 禁止在风力达 6 级以上时吊装作业。

8.2.10 吊物应按规定的方法和吊点进行绑扎起吊，当用一条绳扣绑扎吊物时，绑扣应在重心位置。用两条绳扣吊物时，绳扣与水平夹角应大于 45°。

8.2.11 起吊前应将吊物上的工具和杂物清除，以免掉下伤人。

8.2.12 起吊前，先将吊绳拉紧，复查绳扣是否绑牢，位置是否正确。

8.2.13 起吊时如发现吊物不平衡应放下重绑，不准在空中纠正。

8.2.14 起吊时应徐徐起落，避免过急、过猛或突然急刹，回转时不能过速。

8.2.15 起吊物及构件安装未稳前，不准放下吊钩。

8.2.16 吊装时严禁任何人在重物下和吊臂下方及其移动方向通行或停留。

8.2.17 在吊装过程中，如因故中断施工时，必须采取措施，保护现场安全，如短期内难以解决时，则必须另外采取措施，不得使重物悬空过夜。

8.2.18 拆除或安装设备有其他工种配合时，要统一指挥，分工明确，规定好联络信号，以防发生事故。

8.2.19 起重用的机具设备、吊具、索具要分工负责保管，并经常做好保养工作，以保证供给安全运行。

8.2.20 起重区域必须设以明显标志，主要信道要派专人监护，缆风绳设于有人来往之地时，白天设安全旗，晚上设红灯。

9. 环 保 措 施

9.1 禁止向水域任意倾倒垃圾等污染物。

9.2 船上生活垃圾统一储存，存满时联系有关回收部门统一回收。

9.3 船上油污水，需经油水分离器过滤，达到排放标准后，需在许可排放区域排放或申请回收部门统一回收，严禁任意排放。

9.4 舱底水，压载水等严禁任意排放。

9.5 船上机械、油管等确保密封，严防漏油、渗油发生。

9.6 每天作业结束后，选择安全并无碍他船航行的地点靠泊，并对当天的作业情况进行总结，指出缺陷，以利下次改进，完善。

9.7 作业船舶设专职安全员，负责全船安全工作，确保作业安全、船舶安全。

10. 效 益 分 析

10.1 生产周期分析

索塔施工共分 46 个节段，其中钢锚梁位于上塔柱第 33-44 节段混凝土内，单塔施工内容为，12 节钢筋混凝土模板施工和 19 节钢锚梁安装施工。

上塔柱（含钢锚梁安装）节段施工各工序持续时间如下：

a. 劲性骨架接长安装定位	1.0d
b. 钢锚梁安装定位（含索导管的安装定位）	0.5d
c. 主筋接长箍筋绑扎（含预埋件安装定位）	1.5d
d. 模板爬升与定位	1.5d
e. 混凝土浇筑	0.5d

与类似斜拉桥采用钢锚箱施工相比，组合式钢锚梁单节最重不超过 20t，重量仅为钢锚箱的 1/2 不到，对起吊设备的吊重要求小；接高安装的连接采用螺栓，方便快速，在单节塔柱施工的各工序中，

持续占用时间少于 4h，而钢锚箱连续安装的一圈环向焊缝不仅费时，而且焊接时机的选择受雨雾天气的影响较大。另外钢锚梁与劲性骨架的连接是与劲性骨架本身的接长和加固同时进行的，增加劲性骨架加固的时间少于 4h。

D3 号主塔和 D4 号主塔对应钢锚梁 12 个节段的施工时间分别为 55d 和 50d。即单塔平均约 4.5d 完成一节（含钢锚梁）的塔柱施工。期间有 7 个节段塔柱完成了 2 节钢锚梁的安装，5 个节段塔柱完成 1 节钢锚梁的安装。由此可见，采用组合式钢锚梁的塔柱节段施工与不含钢锚梁的节段施工耗时几乎相同，施工简便宜行，具有高效、精度易控制、施工简单的特点，不仅极大地提高了施工的进度，而且在安全上有较大的保障。

10.2　经济效益分析

金塘大桥采用组合式钢锚梁作为斜拉索的锚固结构，在国内外尚属首次。由于组合式钢锚梁具有单件重量轻、安装速度快、定位精度高的特点，从而保证了斜拉索的安装精度与索塔锚固受力。与传统混凝土作为斜拉索锚固区工艺相比，有着显著的经济、社会效益。

在经济效益方面，组合式钢锚梁施工具有简单易操作易控制的特点，施工程序简单，适用于各种跨径的斜拉桥索塔施工，且对施工安全有较大的保障，能大幅度的提高施工速度。而传统混凝土锚固区施工，每节段钢筋密集，索套管定位难度大，而且预应力管道复杂，混凝土浇筑困难，而且还须搭设张拉平台，进行预应力张拉与管道压浆，高空施工质量不仅难以控制，而且进一步影响索塔耐久性与外观质量。

完成一批钢锚梁（1～2 节段）安装定位只需 1d 时间，并可连续浇筑 1～2 节段的塔肢混凝土，由于结构简单，平均每节段塔肢比传统混凝土锚固区施工快 2～3d，整个金塘大桥上塔柱锚固区施工，可节省工期约 2 个月，同时节约张拉平台加工、安装费用，预应力体系施工费用，以及潜在的索塔修饰费用，合计可节约施工成本数百万。

钢锚梁施工比传统混凝土锚固区施工每根索导管定位安装节约 6 个工时。

1. 工期节省：168（钢锚梁上索导管数量）×6（工时）＝1008（工时）＝42（天）

2. 节约人工费：

工人：40（人）×60 元/人·天×42＝10.1 万元

管理人员：10（人）×100 元/人·天×42＝4.2 万元

3. 节约设备费用：

123 万元/月×42 天÷30 天/月＝172.2 万元

4. 节约张拉平台钢材：25 t，约 12.5 万元，安装人工费 10 万元

5. 综上合计取得经济效益：10.1＋4.2＋172.2＋22.5＝209 万元

10.3　社会效益

钢锚梁施工技术先进，业界人士关注广泛，社会效益方面更为突出，可以树立企业良好的形象。采用钢锚梁作为斜拉索的锚固结构，在国内外属首次，其施工工效高、精度易控制、施工简单、安全有保障，且能大幅度提高施工速度，为抢在台风期来到前中跨合拢节约了宝贵的时间，创造了巨大的社会效益。钢锚梁采用对接牛腿连接，杜绝了传统混凝土锚固区施工中预应力管道压浆过程中产生的浆液污染，是一种环保、高效型施工工艺。

11.　应　用　实　例

金塘大桥主桥索塔采用钢锚梁作为斜拉索的锚固结构，在国内外属首次。

金塘大桥主桥索塔为钻石型，包括上塔柱、中塔柱、下塔柱和横梁，塔柱顶高程为 210.00m，索塔总高 204.00m。塔柱均采用空心箱形断面，其中上塔柱高 68.50m，壁厚度为 1.00m，中间设 19 节组合式钢锚梁。

　　主塔斜拉索锚固区为钢锚梁加钢牛腿的组合结构，分 A、B、C、D 四种类型，共 19 节，每节组合式钢锚梁长 5.144～6.352m，宽 2.73m，高 2.2～3.792m，钢锚梁总高度为 50.092m，单节最大重量为 19.43t。锚梁节段间采用上下壁板对接牛腿之间的连接方式仍采用螺栓连接，钢锚梁最下端支撑锚固在混凝土底座上，底面标高为 154.078m，顶面标高 204.17m。

　　桥址位于浙江宁波甬江入海新泓口，气候条件比较恶劣，钢锚梁施工期尤其受冬季季风天气影响较大。针对锚梁结构特点及桥区自然条件，在无经验可借鉴的情况下，中交二航局通过自主创新与研发，通过精确定位首节钢锚梁，以及改进连续吊装钢锚梁之间的连接方式以提高吊装精度，有力地保证了钢锚梁施工质量和索塔施工进度，优质高效地完成了世界最新钢锚梁组合结构的安装。

　　组合式钢锚梁结构施工工艺为我国桥梁建设施工提供了有益的借鉴和宝贵经验。同时，其中的新理念、新技术、新工艺，具有很高的科技含量，它在金塘大桥的成功实施，将有助于推广组合钢锚梁结构在斜拉桥方面的应用，提升我国建桥水平。并为今后其他类似项目的施工方案选择、施工过程控制及施工管理提供宝贵的经验。

2000吨级单箱五室鱼腹式截面现浇预应力清水混凝土简支梁施工工法

GJYJGF072—2008

中国建筑股份有限公司

陈保勋　吴永红　许涛　王辉　高纯

1. 前　　言

中国建筑股份有限公司承建的新建武汉天兴洲公铁两用长江大桥新建武汉站工程（以下简称"新建武汉站工程"），采用了国内首创的上部大型建筑与下部桥梁共同工作的"桥建合一"新型结构。站房内20条高速铁路线布置在10座平行的高架桥上；每座桥由5×36m单箱五室鱼腹式截面预应力简支箱梁＋(22.1～34m＋48m＋22.1～34m)三跨连续刚构拱桥＋5×36m简支箱梁组成。设计要求混凝土耐久性100年，强度等级C50，外观达到饰面清水混凝土效果（图1-1）。

图1-1　新建武汉站站房铁路高架桥效果图

2000t单箱五室鱼腹式截面现浇预应力清水混凝土简支箱梁（以下简称简支箱梁）是一种造型新颖的桥梁结构体系，它以其造型优美、线条流畅的特点而被桥梁设计者所青睐（图1-2）。站房内高架桥共有简支箱梁100片，单片箱梁混凝土量达705m³，桥内普通钢筋体积配筋率达208.5kg/m³；另每片箱梁内配有预应力钢绞线15t，单片箱梁重量达2026t。简支箱梁具有体型大，结构复杂，质量要求高的特点，施工有极大的难度。

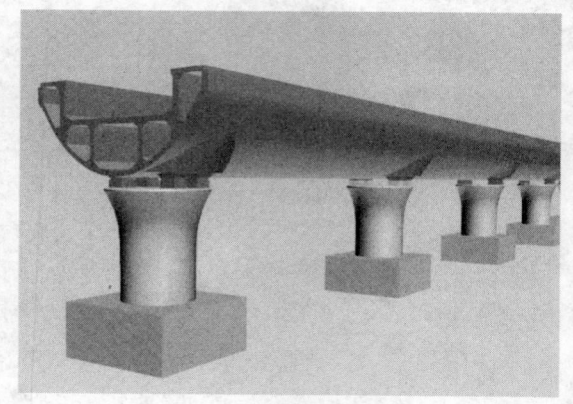

图1-2　新建武汉站站房铁咱高架桥简
支箱梁断面示意图

经国内查新，本工程桥梁具有"四项国内首例"：基于高速铁路的桥建合一结构为国内首例、轨道梁与站台梁合一的结构为国内首例、单箱五室鱼腹式箱梁为国内首例、饰面清水混凝土鱼腹式箱梁为国内首例。经过课题研究和技术创新，实施完成的100片简支箱梁，满足混凝土强度及耐久性相关指标要求，结构外观雄浑敦厚，颜色一致，线条流畅，混凝土表面密实、光洁,圆满实现了建筑设计要求。在此基础上总结研制过程和施工工艺,编制本工法。

2. 工 法 特 点

2.1 针对体形庞大、结构复杂的单箱五室鱼腹式简支箱梁,在满足整体一次性浇筑的要求下,模板系统除应有足够的强度、刚度和稳定性来承受巨大的施工荷载外,还应有高等级的加工精度来满足鱼腹式饰面清水混凝土对模板系统空间曲面的线型、明缝和蝉缝的精度、平整度和光洁度等的要求,同时在确保简支箱梁饰面清水混凝土的前提下还应解决内模体系的定位、承重、防浮等一系列技术难题。

2.1.1 充分利用有限元分析法进行整体应变计算的优势,对模板系统和支撑体系进行整体应变分析,在满足了模板系统的强度、刚度和稳定性要求的前提下大大降低了模板系统和支撑体系的用钢量。

2.1.2 利用计算机三维放样技术和空间曲面模板冲压工艺,保证了空间曲面模板板面曲率的精度和光洁度。

2.1.3 箱梁内模采用"整装散拆"工艺以解决整体刚度问题,同时在内外模板之间采用三段式对拉螺杆以解决内模体系的定位、承重、抗浮和满足外模板体系清水混凝土的质量要求。

2.1.4 以适应性良好的模板漆代替脱模剂,模板表面不易污染,在较长时间带模养护情况下脱模无损伤,混凝土表面气泡数量和分布均匀性有明显改善。

2.2 简支箱梁钢筋含量大、构造复杂、预应力波纹管和预留预埋量大。在确保钢筋混凝土保护层的前提下,应用计算机三维建模技术进行钢筋工程空间翻样,并对普通钢筋、预应力钢筋和预留预埋构件进行空间关系分析。

2.3 针对简支箱梁鱼腹式底板的斜度随曲率变化大,内部箱室多、钢筋密集的特点,混凝土配合比除满足各项物理指标和饰面清水混凝土的要求外还应有很好的和易性。混凝土的浇捣工艺应与内模板系统同时研究。

2.4 针对简支箱梁梁体尺寸变化大,内部应力集中现象严重,对混凝土水化热敏感的影响,混凝土应采用蓄热养护工艺,并对降温速度和构件温度梯度进行分析计算,以确保构件不因水化热而出现有害裂缝的发生。

2.5 针对混凝土浇筑过程中模板系统随着荷载增加而缓慢变形,进而引起下部已凝固混凝土开裂的可能性,模板体系的刚度、混凝土凝结时间、混凝土浇筑速度这三者之间应采用计算机模拟技术进行同步分析。

3. 适 用 范 围

本工法适用于桥梁工程、市政工程、房建工程等建(构)筑物有饰面清水混凝土装饰效果要求的,具有复杂平面、曲面外形的现浇鱼腹式钢筋混凝土箱梁工程施工。

4. 工 艺 原 理

4.1 利用钢材优良的加工性能和钢结构设计、制作技术,在保证模板强度、刚度及稳定性的基础上,实现空间曲面模板曲率的圆顺、流畅。并利用有限元整体应变分析技术优化大型模板设计方案的受力合理性,降低含钢量。

4.2 利用计算机三维建模技术,进行空间钢筋翻样,并分析普通钢筋、预应力钢筋和预留预埋构件之间的空间占位关系。

4.3 通过优选原材料、优化配合比、严格生产控制、制备高性能混凝土,增强混凝土表面装饰效果和工作性能。

4.4 通过计算机模拟技术进行桥梁施工全过程模拟分析，有效降低桥梁混凝土出现有害裂缝的可能性。

5. 施工工艺流程及操作要点

5.1 施工工艺流程（图5.1）

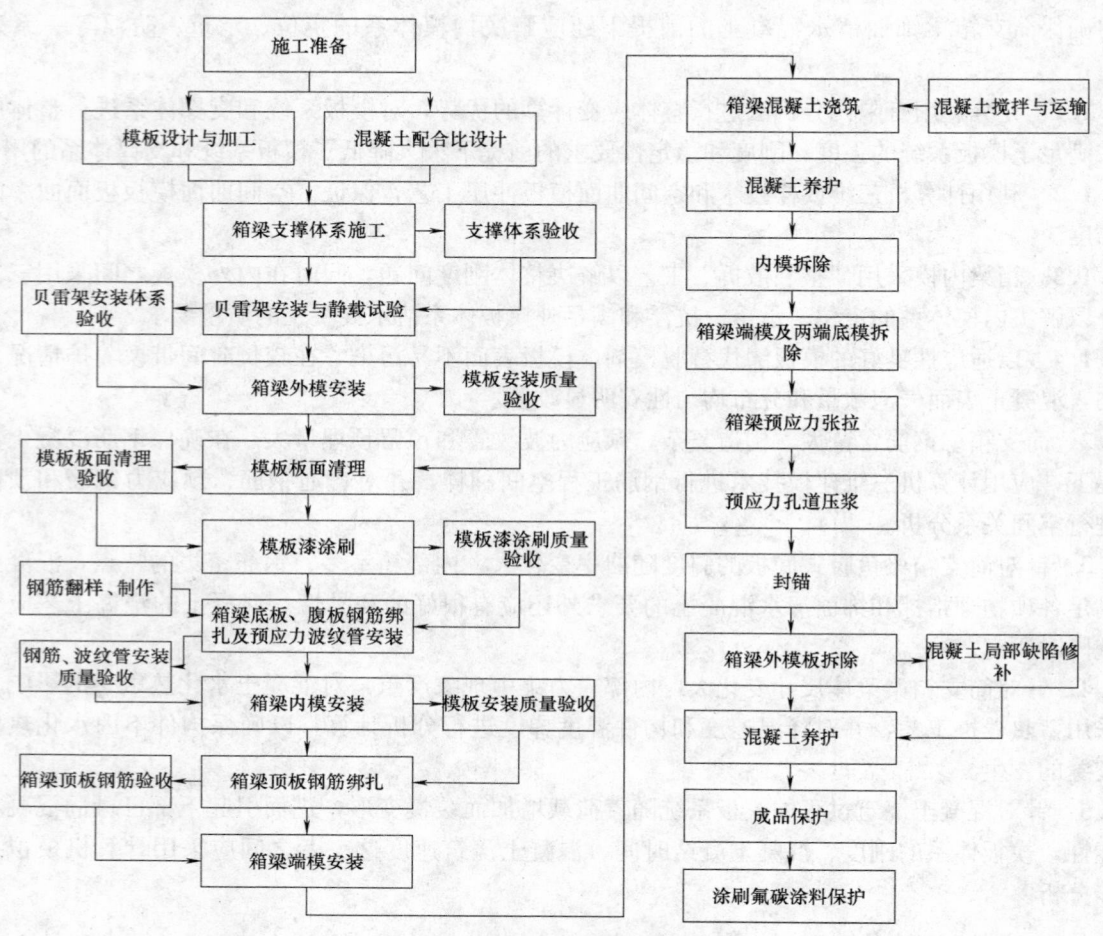

图5.1 简支箱梁施工工艺流程图

5.2 模板工程

5.2.1 模板设计

箱梁外模板采用全钢模板，内模设计根据箱室内部的空间尺寸及装拆便利的要求，采用木面板、钢骨架支撑体系。

1. 模板设计应在保证结构外形尺寸准确、曲面过渡流畅的条件下，根据运输和现场起重安装设备能力、方便安拆、分段模板拼缝流畅、协调美观的原则，确定外模按整装整拆的安装单位分块。

2. 应用有限元对模板及支撑体系的应力应变进行分析，优化设计，确保在施工各工况下模板及支撑体系有足够的承载能力和刚度，满足施工要求。

3. 箱梁内模采用木模，内模的装卸采用"整装散拆"方式。内模的加工根据现场的吊运能力及施工的便利性，每3m为一单元，然后再在原位进行组装。

4. 由于鱼腹式箱梁底板弧度变化很大，在模板设计过程中采用计算机模拟混凝土振捣过程，并根据所采用的振捣器的振捣影响范围，确定出内模预留振捣口的位置、尺寸以及外模附着式振捣器的安装位置及间距设置。

5. 箱梁模板设计与加工必须根据结构特点及设计图纸，充分考虑不同梁跨模板之间的配模以及流水作业和模板周转使用次数。

6. 箱梁外模与内模、内模与内模之间采用对拉螺杆进行连接，以防止内模板移动或上浮。对拉螺杆位置的设置应依据受力、预应力钢绞线位置、装饰效果等因素综合确定。内模与内模之间采用普通对拉螺杆，外模与内模之间采用三段式对拉螺栓（详见图5.2.1），在对拉螺杆设计中，螺杆堵锥头起到连接螺杆、在混凝土面形成装饰成孔以及限位的作用。

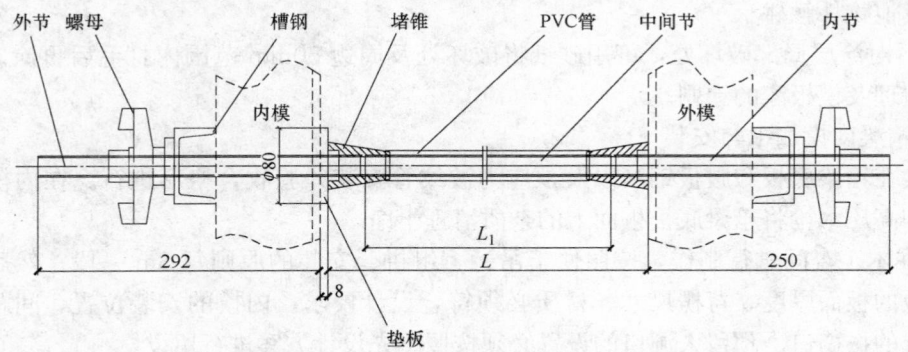

图 5.2.1　内、外模板之间的直杆对拉螺栓示意图

5.2.2　模板加工与运输

1. 模板加工制作中，关键控制模板不同截面的尺寸与弧度的变化、模板支撑体系、拼缝、平整度、光洁度等指标。

2. 模板加工选择大型钢模加工设备进行制作。钢龙骨在组装前必须调直，龙骨尽量不用接头，如确需连接，接头部位必须错开布置。

3. 为保证钢模板组合效果，在模板出厂前必须进行预拼装，对模板表面的平整度、截面尺寸、弧度、模板拼缝、模板螺栓连接体系进行验收，以保证模板加工质量满足施工要求。预拼完成后，采用油漆在模板背面进行编号，以确保进场后模板拼装顺利与模板设计一致。

4. 模板在运输过程中，使用临时模板运输支架将模板固定，防止钢模板变形。

5.2.3　箱梁外模安装

1. 模板安装之前，对支架体系横向分配梁的平面位置进行测设，以确保横向分配梁能够与模板支架桁架对中，实现竖向荷载垂直传力。

2. 为了确保横向分配梁的稳定性，必须将横向分配梁与贝雷架限位固定，以防止横向分配梁滑移或偏位造成受力不均。

3. 在箱梁模板安装中，采取从中间向两端对称的顺序进行。在模板安装前，必须精确测设箱梁的中心线及平面位置后，再根据模板设计的划分尺寸从中间向两边对称进行、先下后上的安装顺序进行安装。

4. 在模板安装前，必须对模板的平面定位进行复测，同时还需对模板编号、尺寸、平整度、弧度等技术指标进行复核。

5. 在箱梁模板安装过程中，每安装一块对其各项技术指标调整一次，特别应对模板的平整度、相邻模板之间的拼缝错台以及平面位置、标高进行严格控制。模板安装过程中，相邻模板之间先采用临时连接，在整跨箱梁模板安装完毕后，再对每块模板进行联合调整，以保证标高、平面位置、尺寸以及模板板面的光滑圆顺、模板接缝横平竖直；最后，对模板的加固体系进行重新紧箍，以满足箱梁施工过程中对模板体系稳定性、安全性、刚度的要求。

6. 模板安装完成后，对模板平面尺寸、标高、空间位置等各项技术指标重新进行复核，如不满足必须重新调试。

5.2.4 模板板面清理

模板板面应采用树脂类模板漆。模板漆的涂刷过程不仅要按照材料说明执行，而且还应注意以下几个方面：

1. 采用角磨机将模板表面的铁锈及残留混凝土屑清理干净，再进行表面除油污处理，最后使用潮湿、干净的抹布清洗模板板面，保证模板板面清洁。

2. 待模板板面干透后，均匀涂刷优质模板漆1～2度，不能过厚或过薄，涂刷过程中不得淋雨；特别是涂刷完成1h以内，涂层不宜暴露在扬尘中，如空气中扬尘较大，采取遮盖措施；模板漆表干前，不得用手或其他物件触碰。

3. 拆模后对涂层局部破坏处，可用砂纸将破坏处及周边50mm范围内打毛后再涂。破损严重需重新进行模板清理及模板漆的涂刷。

5.2.5 箱梁内模加工与安装

内模安装在箱梁底板和腹板钢筋以及预应力波纹管安装并验收合格后进行。在内模安装之前必须采用高压风和高压水枪将箱梁底板板面上的杂质清理干净。

1. 内模在木工车间进行制作，按照便于吊运、组拼、安装的原则每3m一段；然后在原位进行拼装。内模模板的板面厚度、背楞尺寸、材质必须符合设计要求。内模的安装位置、间距必须满足设计要求，混凝土的振捣口、预留人洞口的设置必须按照事先设计方案进行留设。

2. 模板安装前先检查钢筋保护层垫块是否按照预先制定的标准进行布设、箱梁内预留预埋件的数量、位置是否准确，固定是否牢靠。在内模安装完成后必须检查混凝土垫块是否有损坏，如有损坏必须对损坏垫块进行更换；模板拼缝应采用宽胶带进行粘贴，以防止漏浆。

3. 内模安装完毕后，检查各部位尺寸是否准确，对拉螺杆的连接是否牢固，数量、位置是否满足模板设计方案。

5.2.6 箱梁端模安装

安装前检查板面是否平整光洁、有无凹凸变形，端模管道孔眼设置是否准确。将波纹管插入端模各自的孔内后，再进行端模固定就位。

由于端模在混凝土浇筑过程中，受到混凝土的侧压力较大，端模安装完毕后必须认真的检查安装位置是否准确、连接是否牢固。

5.2.7 模板拆除

1. 箱梁内模拆除

内模须在混凝土强度达到设计强度的75%以上方可进行拆除。在内模拆除过程中尽量保证模板板面的完好率以便能够再次周转使用。

2. 箱梁外模拆除

1）鱼腹式现浇预应力箱梁底模的拆除应在预应力张拉前后分批拆除。当箱梁混凝土的实际强度及弹性模量达到设计强度的85%，且混凝土龄期大于6d时，可拆除影响预应力张拉的箱梁张拉端头底模和端模，端头底模拆除的数量应该根据预应力张拉的需要而定；然后依据设计进行预应力张拉。

2）在箱梁模板拆除时，混凝土芯部与表层、箱内与箱外、表层温度与环境温度之差均不得大于20℃，且能够保证构件棱角完整时方可拆除端模和侧模。气温急剧变化时不宜进行拆模作业。

3）拆模板时，严禁重击或硬撬，避免造成模板局部变形或损坏混凝土棱角。模板拆除后，应及时清理模板表面和接缝处的残余灰浆，与此同时应清点和维修、保养、保管好模板零部件，如有缺损及时补齐以备下次使用。

5.3 箱梁支撑体系

5.3.1 箱梁施工支撑体系可根据现场地质状况、箱梁结构特征、体积荷载采用满堂支架、钢支墩贝雷架体系或其他支撑体系。

5.3.2 箱梁支撑体系应采用有限元模型或其他结构设计软件对箱梁支撑体系的应力应变进行分

析，通过整体应力应变分析优化设计方案、降低支撑体系的含钢量。

5.3.3 钢支墩贝雷架体系主要由钢支墩和贝雷架组成。钢支墩加工、焊接质量和安装质量应满足规范要求。

5.3.4 贝雷架的安装与静载试验

1. 根据支撑体系的结构设计选购或租赁符合质量要求的贝雷架。

2. 在钢支墩的安装质量满足设计要求后，可进行贝雷架的安装。贝雷架的安装采用地面拼装、每排整体吊装的方式进行。贝雷架的安装平面位置及节点位置必须满足设计要求。

3. 贝雷架安装完毕并验收合格后，再采用横向槽钢按照一定的设计间距将每排贝雷架连接成为整体，以增强贝雷架的整体稳定性；同时横向槽钢作为箱梁模板的承载平台。

4. 箱梁施工支架平台及底、侧模预压的静载荷载必须按照设计要求预压。荷载可根据现场实际情况采用砂袋、混凝土块或钢筋等其他荷载物体，荷载的堆载分级、持荷时间应根据设计要求而定。

5. 在支架静载试验过程中，必须对整个堆载试验进行全程沉降变形监测；并根据监测数据分析支架体系是否满足设计与施工要求。

5.4 钢筋工程

5.4.1 钢筋制作前应采用三维模拟技术进行钢筋的空间翻样，分析普通钢筋、预应力波纹管和各类预留预埋件之间的空间关系，并分析、制定合理的钢筋绑扎工艺流程。

5.4.2 钢筋翻样必须考虑钢筋的叠放位置和穿插顺序，重点考虑钢筋接头位置、搭接长度、锚固长度、端头弯头以及钢筋原位焊接的防护措施等。

5.4.3 钢筋绑扎时，要将扎丝尾部向里按倒。

5.4.4 混凝土垫块采用比梁体混凝土高一强度等级的细实混凝土三点式垫块，利用垫块尾部的铁丝将其牢牢固定在钢筋上，混凝土垫块不少于 4 个/m²；垫块颜色应与梁体混凝土的颜色接近，以免影响混凝土观感效果。

5.5 混凝土工程

5.5.1 混凝土配合比设计

1. 混凝土原材料

混凝土所用原材料应满足相应行业对混凝土原材料的质量要求。为了满足饰面清水混凝土质量要求，应选用供应能力强、质量稳定的供货单位和货源。

2. 混凝土配合比设计

混凝土配合比在满足强度、耐久性的条件下，应使混凝土具有良好的流变性能、内在均质性能、体积稳定性、均匀一致的外观质感和经济性。还应根据工程设计、施工情况和工程所处环境，考虑冻害和碱骨料反应等耐久性方面的要求。为保证箱梁混凝土的工作性和耐久性的要求，基本组成材料应包括矿物掺合料，处于寒冷地区的工程混凝土还应掺用引气剂，但必须根据试验确定其掺量。

5.5.2 混凝土配合比优化设计

1. 混凝土的配合比设计除满足其混凝土自身设计各项技术指标以外，在混凝土浇筑过程中还应根据环境温度、所浇筑箱梁部位进行适当调整。但在整个箱梁混凝土浇筑过程中，混凝土的工作性能不能调整过于频繁以免影响混凝土的供应问题。

2. 由于单箱五室鱼腹式箱梁结构设计复杂，钢筋含量很大，且混凝土方量大。因此，混凝土的工作性能对整个箱梁混凝土的浇筑质量至关重要，必须根据箱梁的结构特性进行混凝土的配合比优化设计，以满足结构施工对混凝土性能的需要。

以新建武汉站站房铁路高架桥 36m 现浇简支箱梁为例：箱梁混凝土设计强度为 C50 高性能耐久性混凝土，耐久性为 100 年。由于箱梁钢筋含量达 208.5kg/m³，钢筋十分密集，为了实现混凝土顺利下料，经过试验箱梁的施工确定混凝土的坍落度为 180～220mm、扩展度为 500～600mm、初凝时间不小于 12h。

5.5.3 混凝土搅拌与运输

1. 严格执行同一配合比，保证原材料同产地、同品种、水胶比不变。

2. 控制好混凝土搅拌时间，混凝土的搅拌采用强制式搅拌机，混凝土的搅拌时间比普通混凝土延长 20～30s。

3. 根据气温条件、运输时间、运输道路的距离、砂石含水率变化、混凝土坍落度损失等可掺用相应的外加剂做适当调整，但需经过试验确定掺量。

4. 混凝土拌合物从搅拌结束到施工现场浇筑不宜超过 1.5h，混凝土运输时间控制在规定时间内，以免坍落度损失过大，影响混凝土的均一性。

5. 加强混凝土进场检验，每车必检坍落度，目测混凝土外观质量，有无泌水、离析，保证混凝土拌合物工作性能优良。

5.5.4 混凝土浇筑

1. 混凝土浇筑前根据箱梁的结构特点、混凝土方量以及各项技术指标要求，在保证箱梁混凝土浇筑质量的前提下，制定符合工程实际的混凝土浇筑顺序、下料位置、分层厚度、分层数量以及混凝土浇筑设备的型号、数量等。

2. 箱梁振捣点位置的设置必须能够保证箱梁各部位混凝土振捣密实。由于鱼腹式箱梁底板为弧形斜面且斜面弧度变化很大，因此箱梁底板振捣口的设置尺寸和位置以满足振捣棒能够下棒、底板混凝土充分振捣密实为度。

3. 混凝土的振捣与常规的混凝土振捣方式相同，但要控制好混凝土的振捣时间。特别要注意快插慢拔消除混凝土表面气泡，在振捣过程中不得碰撞波纹管、预埋件，混凝土振捣至表面不再冒出气泡、表面出现平坦、泛浆为止，但要注意不得过振。混凝土下料时，必须确保左右对称浇筑，左右混凝土的浇筑层数相差不得超过 1 层。

4. 箱梁预应力张拉齿块是箱梁受力的关键部位，在混凝土振捣过程中必须保证该部位混凝土充分振捣密实，不得出现任何质量缺陷。在钢筋密集而无法下棒时，则可使用钢钎协助振捣棒振捣。

5. 混凝土浇筑过程中，由专人采用橡胶锤和铁锤对木模板和刚模板逐一进行敲打，通过声音判断混凝土是否振捣密实，如果出现孔洞及时进行补振。在浇筑过程中要高度重视模板、支架等支撑情况，如有变形、偏位或沉陷必须立即停止浇筑并由技术人员确定加固方案，进行加固可靠后方可继续下料浇筑。

5.5.5 混凝土养护

1. 混凝土浇筑振捣完毕，以木杠刮平后及时用塑料薄膜覆盖，防止混凝土表面因失水而出现表层裂纹；随后再对混凝土表面采用抹子进行抹压密实、扫毛后恢复塑料薄膜，再加 1～3 层干麻袋和 1 层彩条布。其中 1～3 层干麻袋主要是依据环境气温和预埋在箱梁混凝土内部的测温导线测温结果进行调整，表层彩条布主要是雨天使用。在养护期内，最底层的塑料布内应具有凝结水。

2. 混凝土在养护期间，内部最高温度不宜高于 65℃。梁体混凝土在任一养护时间内的内部最高温度与表面温度之差不宜大于 15℃，表面温度与环境温度之差不宜超过 15℃；当箱梁内部温度及温差超过时，应及时调整养护措施。

3. 混凝土养护洒水时间见表 5.5.5。

混凝土养护洒水时间（d）   表 5.5.5

水 泥 品 种	相 对 湿 度		
	<60% （干燥环境）	60%～90% （较湿环境）	>90% （潮湿环境）
硅酸盐水泥、普通硅酸盐水泥	14	7	可不再另洒水养护
矿渣硅酸盐水泥、火山灰质硅酸盐水泥、粉煤灰硅酸盐水泥、复合硅酸盐水泥	21	14	

4. 由于鱼腹式箱梁底板弧度变化很大，在模板拆除后，采用养护材料包裹比较困难。为了确保梁体的养护质量，在箱梁外模板拆除后，箱梁底部涂刷养护剂进行养护。养护剂应经过试验确定，并制定操作工艺。

5.6 预应力工程

5.6.1 预应力张拉

1. 在进行第一片梁体张拉时需根据设计要求对波纹管管道摩阻损失、锚圈口摩阻损失进行测量。根据实测结果对张拉控制应力作适当调整，确保有效应力值。在预应力孔道摩阻测量完毕后，必须报设计单位进行复核，确定实际张拉应力值。预应力张拉采用双控措施，应力值以油表读数为主，以预应力伸长量进行校核。

2. 箱梁预应力张拉顺序与程序应严格按照设计图纸的要求进行。

3. 预应力张拉设备应按照相关规范要求定期进行校核，校核指标必须符合相关的技术指标。

4. 预应力张拉除符合设计图纸的要求外，还需满足相应的桥梁预应力张拉技术规范。

5.6.2 孔道压浆

1. 预应力孔道压浆宜在预应力张拉后48h内进行。压浆前应清除孔道内杂物、积水。压浆时及压浆后3h内，梁体及环境温度不得低于5℃。

2. 浆体的各项指标必须满足设计图纸的要求。同时也应满足相关桥梁孔道压浆的技术条件。

3. 压浆设备及压浆过程中的压力控制必须满足相关规范及设计要求。

5.6.3 封锚

1. 封锚是对预应力锚具及端头保护的重要措施，必须严格按照设计图纸的要求认真实施。

2. 封端采用与梁体同强度的无收缩混凝土。浇筑梁体封端混凝土之前，应先将承压板表面的砂浆和锚环外面上部的灰浆铲除干净。为保证混凝土接缝处结合良好，应将原混凝土表面凿毛，并焊上钢筋网片。并采用聚氨酯防水涂料对封端新老混凝土之间的交接缝进行防水处理。

5.7 成品保护

5.7.1 在箱梁棱角部位压18mm厚的木芯板，防止箱梁棱角因外部因素而破损。

5.7.2 在箱体表面砌筑挡水台，封堵箱梁内的螺杆孔及预留孔洞，防止雨水及施工用水从孔洞内流出冲刷混凝土表面造成污染。

5.7.3 在箱梁周边搭设防护栏杆，未经批准机械设备不得在桥下施工，以避免设备、物体对箱梁混凝土造成损伤。

5.8 季节性施工措施

5.8.1 冬期施工措施

1. 加强混凝土搅拌站原材料保温措施。料仓在冬季采用全封闭方式，对砂、石料进行保温；并做好混凝土运输过程中罐车的保温工作。

2. 混凝土浇筑应尽量安排在白天一天内温度较高的时间进行，确保混凝土出机温度不低于10℃，入模温度不低于5℃。在混凝土出机温度无法满足的情况下，优先考虑对搅拌用水进行加热。

3. 混凝土浇筑完毕后，在箱梁模板外侧挂帆布进行挡风保温，使箱梁形成相对封闭的养护环境。

4. 拆模后应采用塑料彩条布或帆布对梁体围护进行保温养护，养护时间不少于14d。必要时可进行蒸汽养护，以加快模板周转周转使用次数。

5. 加强对混凝土强度增长情况的监控，做好同条件试块的留置工作和混凝土的测温工作。

5.8.2 夏季施工措施

1. 严格控制水泥的入机温度，水泥入机温度不宜大于40℃。

2. 搅拌站材料堆场搭场、储存料仓、上料皮带以及混凝土拌合设备进行搭设遮阳或隔热设施，防止阳光直射，避免材料温度上升；加强原材料测温工作，如果温度超过30℃则对石料进行洒水降温（混凝土搅拌时按试验检测的砂石含水率进行扣减），以便降低原材料的入机温度。

3. 对输送水管进行遮阳覆盖，并对混凝土搅拌用水的水池进行空调降温，确保搅拌用水的温度不大于30℃。

4. 当空调降温不能满足混凝土入模温度的要求时，采用对搅拌水进行冷却的方式进行降温。混凝土的浇筑尽量安排在一天之内气温较低的时间进行。

5. 加强现场结构物的养护工作，根据测温情况及时调整养护措施。

6. 材料与设备

6.1 材料性能

6.1.1 混凝土原材料

1. 混凝土原材料包括：水泥、粗细骨料、矿物掺合物、外加剂、水等材料，混凝土原材料的选用必须符合高性能耐久性混凝土对原材料的质量要求，且在同一工程中使用的原材料应为同一厂家、同一产地、同一品种和强度。

2. 混凝土的原材料应有足够的存储量，至少要保证同一视觉空间的混凝土原材料的颜色和各种技术参数保持一致。

6.1.2 混凝土拌合物性能要求

1. 制备成的混凝土拌合物应颜色均匀，同一视觉空间工程的混凝土无明显色差。

2. 制备成的混凝土拌合物工作性能优良、良好的泵送性和黏聚力，无离析、泌水现象，坍落度经时损失小、稳定性好。

3. 根据箱梁混凝土的施工需要和技术标准要求，调整适合本工程现场实际的坍落度、扩展度以及混凝土的初终凝时间。

4. 严格控制预拌混凝土的原材料掺量精度，允许偏差不超过1%。且严格控制投料顺序及时间，并随天气变化抽验砂、石含水率，调整用水量。

6.1.3 钢筋

1. 钢筋原材及焊条必须满足有关规范及设计要求。

2. 钢筋的加工应满足相应的施工规范要求。

3. 钢筋尽量采用工厂化加工，原位绑扎；尽量减少钢筋在模板板面上的焊接量，如果需要焊接必须采取防护措施，保证不对模板板面造成损伤。必须保证钢筋保护层厚度满足要求，不得露筋。

4. 混凝土保护层垫块选用与梁体混凝土颜色接近、强度比箱梁混凝土高一等级的细实混凝土三点式接触垫块。

6.2 机具设备

鱼腹式现浇预应力简支箱梁施工除应具备常规的测量、钢筋加工、钢筋绑扎、模板装卸、混凝土浇筑、预应力张拉等设备外，还应需要以下设备，详见表6.2。

单跨箱梁施工所需机具设备

表6.2

序号	名　称	型号规格	单位	数量	使用部位	备　注
1	撬棍		把	4	模板安装与拆卸	
2	扳手		把	8	模板安装与拆卸	
3	空压机	JW19008	台	1	模板板面清理	
4	高压水枪		台	1	模板板面清洗	
5	靠尺		把	2	模板安装检查	
6	角磨机	GWS24-180b	台	10	模板除锈	
7	砂纸		片	若干	模板板面打磨	
8	毛刷		把	8	模板漆涂刷	
9	钢筋刷子		把	10	钢筋除锈	

序 号	名 称	型号规格	单 位	数 量	使用部位	备 注
10	高频附着式振捣器	1.5kW	台	若干	混凝土振捣	根据需要而定
11	插入式振捣器	1.5kW	台	若干	混凝土振捣	
12	钢钎		把	4	混凝土振捣	
13	抹子		把	8	混凝土抹压	
14	刮尺		把	4	混凝土表面整平	
15	电子测温仪	JDC-2 型	台	1	混凝土测温	
16	试验检测设备		套	1	混凝土试验	

7. 质 量 控 制

7.1 模板及支架工程

7.1.1 模板及支架应具有足够的强度、刚度和稳定性；能承受所浇筑混凝土的重力、侧压力及施工荷载；保证结构尺寸的正确，模板及支架的材料质量、结构必须符合施工工艺设计要求。

检验数量：全部检查。

检验方法：设计符合、静载试验、观测和测量。

7.1.2 模板安装必须稳固牢靠，接缝严密，不得漏浆。模板板面与混凝土接触面必须清理干净并涂刷脱模剂。混凝土浇筑前，模板内不得存有积水和杂物。

检验数量：全部检查。

检验方法：观测。

拆模时的梁体混凝土芯部与表面、箱内与箱外、表面与环境温差不宜大于 20℃；气温急剧变化时不宜拆模。

检验数量：全部检查。

检验方法：采用测温仪和温度计量测温度。

7.2 钢筋工程

7.2.1 钢筋的品种、级别、规格和数量以及连接方式必须符合设计要求。

检验数量：全部检查。

检验方法：观察和尺量。

7.2.2 钢筋保护层垫块位置和数量应符合设计要求。当设计无具体要求时，垫块数量不应少于 4 个/m²，梅花形布置。

检验数量：全部检查。

检验方法：观察和尺量。

7.3 预应力工程

7.3.1 预应力钢绞线、锚具、夹具的品种、级别、规格、数量必须符合设计及规范要求。

检验数量：全部检查。

检验方法：观察和尺量。

7.3.2 预留孔道的波纹管品种、规格必须符合设计要求。施工中应密封良好、接头严密、线形平顺、安装牢固。

检验数量：全部检查。

检验方法：观察和尺量。

7.3.3 预应力张拉时箱梁混凝土的强度和弹性模量必须符合设计要求。

检查数量：检查一组同条件养护混凝土试件强度和弹性模量。

检查方法：试验。

7.4 混凝土外观质量要求

7.4.1 箱梁混凝土的实体质量除满足相关箱梁施工质量验收规范的要求外，对于缺陷部位，应由施工单位提出技术处理方案，经监理（建设）单位、设计单位认可后进行处理。对经处理的部位，应重新进行检查验收。

检验数量：全部检查。

检验方法：观察，检查技术处理方案。

7.4.2 混凝土结构表面应密实平整、颜色均匀一致，不得有露筋、蜂窝、孔洞、疏松、麻面和缺棱掉角等缺陷；不应有灰浆渗漏现象，不得受到污染和出现斑迹，不得出现裂纹（表7.4.2）。

箱梁混凝土外观质量验收表　　　　　　　　　　　　表7.4.2

项　次	检查项目	饰面清水混凝土观感效果	检查方法
1	颜色	颜色均匀一致、4m内无明显色差	距离梁体4m观察
2	气泡	≤20mm²	距离梁体4m观察，尺量
		10～20mm气泡<3个/m²	距离梁体4m观察，尺量
3	裂缝	无裂缝	刻度放大镜
4	平整度	曲面圆滑、顺滑，≤2mm	观察、尺量
5	光洁度	密实平整、无漏浆、污染、锈斑	观察
6	装饰线条直线度	1mm	观察、尺量
7	模板拼缝错台	1mm	观察、尺量
8	模板拼缝交圈	5mm	观察、尺量
9	修补面积	≤0.1%	观察、尺量

检查方法：全数检查。

检验方法：观察，检查技术处理方案。

7.4.3 混凝土分格缝整齐均匀，深度一致，棱角清晰，直线度偏差不大于2mm；对拉螺栓孔眼排列整齐匀称，拆模后封堵密实，颜色与梁体一致，无熊猫眼现象产生，形成有规律性的装饰效果。模板拼缝印记整齐、均匀，在同一视觉空间内，不能存在较大误差，其表观效果如同一条铅笔线，横平竖直，水平交圈。

8. 安 全 措 施

8.1 在鱼腹式复杂截面现浇预应力钢筋混凝土简支箱梁施工过程中，必须遵守国家有关桥梁施工安全技术规范、规程以及国家和地方其他有关施工现场安全生产管理规定。

8.2 根据施工特点编制符合工程实际的安全操作注意事项及具体的施工安全措施，并作好对现场操作人员及管理人员的安全技术交底工作。

8.3 在箱梁大截面模板安装与拆除时，必须制定专项安全操作规程，并作好高空作业的防护措施；制定安全应急预案。

8.4 在进行模板漆的涂刷时，严禁烟火。

8.5 钢模板和钢筋绑扎均为大件工具吊装，在吊运时必须留有足够的安全距离和采用相应的安全措施。

8.6 在混凝土浇筑过程中，指派专人对箱梁的外模、内模以及支架系统进行巡视，确保模板、支架体系的稳定性和安全性。

9. 环保措施

9.1 在施工过程中应遵守国家的《环境管理体系要求及使用指南》GB/T 24001 和《污水综合排放标准》GB 8978 等国家和地方有关施工现场环境保护管理规定。

9.2 根据工程特点编制环境保护操作手册及注意事项，并作好对现场操作人员及管理人员的环保措施交底工作。

9.3 做好污水排放等工作。

9.4 制定切实可行的废旧模板、钢材以及脱模剂回收处理措施。

10. 效益分析

10.1 该工法成功应用于武广客运专线新建武汉站工程，实现了国内首例"桥建合一"站房单箱五室鱼腹式现浇预应力钢筋混凝土简支箱梁饰面清水混凝土效果，充分展现了大型公共建筑浑厚、质朴、大气之美。

10.2 应用该工法，混凝土表面无需抹灰、石材、涂料等建筑饰面层，既节约了资源、能源，又最大限度地减少了各类装饰材料不可避免的环境污染，有利于环境友好型、资源节约型社会建设。

10.3 该工法能够保证和提高工程质量，降低劳动强度，缩短工期。同时降低了模板体系、支架体系的用钢量，与优化前相比可节约 25% 的用钢量。

10.4 工法直接利用混凝土表面作为建筑饰面效果，可以节省结构表面的二次装修费用。以新建武汉站为例，100 片简支箱梁节约费用约 2079.58 万元。

10.5 工法通过技术措施的改进，改变了饰面清水混凝土施工缝不能外露的传统做法，可节省清水混凝土施工缝重新修饰的费用。

10.6 通过技术措施的不断改进与完善，形成了多项自主研发的技术专利。

11. 应用实例

新建武汉站工程合同额 38.63 亿元，总建筑面积 352331m²，由地下空间层（管廊、地铁）、地面层（出站大厅、停车场）、高架站台层、高架候车层及局部夹层组成多层立体站房，建筑总高 59.3m。整个站房规模宏大，造型新颖，结构复杂，整体建筑充满了现代化气息和大气磅礴的气势，是我国四大客运专线枢纽之一，同时也将成为湖北省重要的标志性建筑。

本工程站房铁路高架桥 36m 现浇简支箱梁是国内首例 2000t 单箱五室鱼腹式截面现浇筑预应力清水混凝土铁路桥梁群，共有 100 片简支箱梁。单片箱梁长 36m，宽 15.5m，高 4.98m，为鱼腹式空间不可展曲面外形，表观设计为饰面清水混凝土，混凝土强度等级 C50，清水混凝土应用总量 72500m³，面积 8 万余平方米。桥群于 2008 年 1 月 9 日开始施工，至 2008 年 12 月 28 日全部施工完成。

转体桥梁重心称重工法

GJYJGF073—2008

中国中铁股份有限公司

刘辉　徐升桥　刘永锋　彭岚平　周恒武

1. 前　　言

桥梁平转施工时，在施工支架完全拆除后及在转体过程中，转动体的自平衡或配重平衡对施工过程的安全性起着重要的作用，对于曲线桥梁尤为关键。高架桥转体部分施工完成后，为确定是否需要配重，需进行桥梁转体结构部分的称重测试，对转动体系顺桥向、横桥向偏心距以及静摩擦系数进行测试。

2. 工 法 特 点

称重施工工法是为了保证桥梁转动体形成整体后拆架过程中的安全和转体过程的顺利进行，及时为大桥转体阶段的指挥和决策提供依据。

转体施工的关键构件是承载整个转动体重量的转动球铰，而转动球铰摩擦系数的大小直接影响着转体时所需牵引力矩的大小。在转体前通过对转动体进行称重试验，可以确定复杂转动体部分的顺桥向、横桥向偏心距以及静摩擦系数。

3. 适 用 范 围

本工法适用于平转转体法施工的高架桥（包括曲线桥）转体前的称重测试。

4. 工 艺 原 理

通过在转盘两侧千斤顶顶升和落顶，利用百分表记录各级顶力下的顶升或下落位移，绘出顶力与位移的关系曲线，根据曲线确定出转动启动时的临界顶升力，根据桥梁转动体的力学静力平衡条件，转动体球铰摩阻力矩 M_Z、转动体不平衡力矩 M_G 与千斤顶顶升或落顶力矩应平衡，为求得转动体球铰摩阻力矩 M_Z、转动体不平衡力矩 M_G 两个未知数，当 $M_Z \geqslant M_G$ 时采用转盘两侧分别顶升，当 $M_Z < M_G$ 时采用转盘偏重侧分别顶升、落顶，从而得到两个平衡方程。

已知转动体的重量 G 和转动体不平衡力矩 M_G，则偏心距为 $e = M_G / G$。

已知转动体的重量 G、球铰半径 R 和球铰摩阻力矩 M_Z，则球铰摩擦系数为 $\mu = M_Z / (G \times R)$。

5. 施工工艺流程及操作要点

5.1　测试方法及分析

理想的桥梁转动体系统必须具备易于转动和安全稳定这两个基本条件，随着转动体部分施工支架的拆除，转动体的不平衡力矩和球铰的摩阻力矩将逐渐发挥作用，参与转动体的平衡体系。施工支架拆除后，转动体的平衡体系将出现下列两种情况中的一种：转动体球铰摩阻力矩小于转动体不平衡力矩的情况；转动体球铰摩阻力矩大于转动体不平衡力矩的情况。

当转动体球铰摩阻力矩小于转动体不平衡力矩时，意味着支架拆除后，转动体部分在自身的不平衡力矩作用下即发生转动。此时进行不平衡称重试验，转动体偏重侧支点落顶，使转动体在沿梁轴线的竖平面内发生顺时针方向微小转动，同时偏轻侧支反力为零。然后偏重侧支点升顶，发生逆时针方向微小转动，同时偏轻侧支反力为零。记录转动过程中荷重传感器示值和百分表读数。

当转动体球铰摩阻力矩大于转动体不平衡力矩时，意味着支架拆除后，转动体部分在自身的不平衡力矩作用下不能发生转动。此时进行不平衡称重试验，分别从转动体两侧支点顶梁，使转动体在沿梁轴线的竖平面内发生逆时针、顺时针方向微小转动，记录转动过程中荷重传感器示值和百分表读数。

下面就以横桥向转动体不平衡力矩和转动球铰摩阻力矩测试为例说明该工法的工艺原理。

利用对称安装在转动球铰两边（横桥向）的百分表判断拆架过程中转体部分是否发生横桥向转动。

横桥向不平衡力矩测试百分表和千斤顶荷载传感器布置见图 5.1。

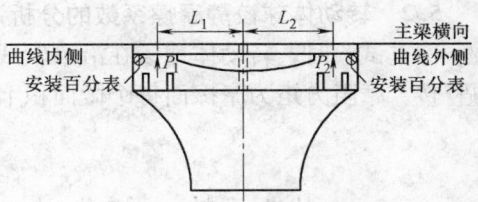

图 5.1　横桥向不平衡力矩测试
千斤顶及位移测点布置图

5.1.1　工况 1——转动球铰摩阻力矩很小

当转动球铰摩阻力矩较小时，意味着落架后，转体部分在自身的不平衡力矩作用下即发生转动（图 5.1.1）。此时进行顶升（逆时针转动）和落顶（顺时针转动）试验。其转体部分不平衡弯矩和转动球铰摩阻力矩用式 5.1.1 计算。

$$M_{G横} = \frac{(P_{2顶} + P_{2放}) \times L_2}{2}$$

$$M_{Z横} = \frac{(P_{2顶} - P_{2放}) \times L_2}{2} \tag{5.1.1}$$

式中　$M_{G横}$——转动体横桥向不平衡力矩（单位：t·m）；

　　　$M_{Z横}$——转动球铰横桥向摩阻力矩（单位：t·m）；

　　　$P_{2顶}$——使梁体横向逆时针转动时千斤顶顶力（单位：t）；

　　　$P_{2放}$——使梁体横向顺时针转动时千斤顶顶力（单位：t）；

　　　L_2——千斤顶顶落点距转动球铰几何中心的距离（单位：m）。

5.1.2　工况 2——转动球铰摩阻力矩很大

当转动球铰摩阻力矩较大时，意味着落架后，转体部分在自身的不平衡力矩作用下未能发生转动，此时需要靠曲线内侧和曲线外侧的千斤顶施加顶力方能使转体部分转动（图 5.1.2）。此时转体不平衡力矩和转动球铰摩阻力矩用式（5.1.2）计算。

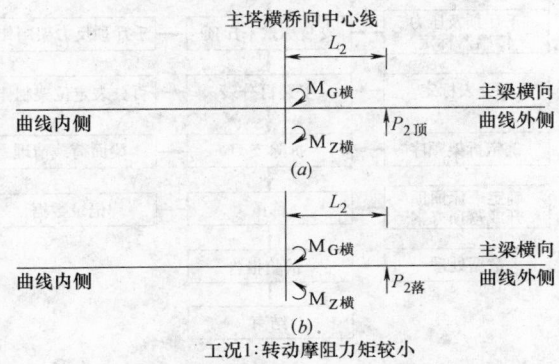

图 5.1.1　转动球铰摩阻力矩较小时的顶升及落顶试验
（a）曲线外侧顶升；（b）曲线外侧落顶

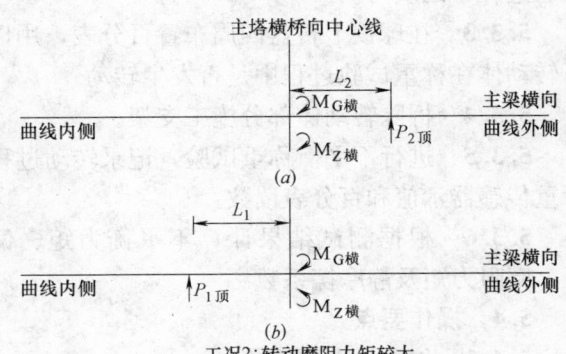

图 5.1.2　转动球铰摩阻力矩较大时的顶升试验
（a）曲线外侧顶升；（b）曲线内侧顶升

$$M_G = \frac{P_{2顶} \times L_2 - P_{1顶} \times L_1}{2}$$

$$M_Z = \frac{P_{2顶} \times L_2 + P_{1顶} \times L_1}{2} \tag{5.1.2}$$

式中　$P_{G顶}$——转动体横桥向不平衡力矩（单位：t·m）；

　　　　$M_{2横}$——转动球铰摩阻力矩（单位：t·m）；

　　　　$P_{1顶}$——使梁体横向顺时针转动时的千斤顶顶力（单位：t）；

　　　　$P_{2顶}$——使梁体横向逆时针转动时的千斤顶顶力（单位：t）；

　　　　L_1、L_2——分别为千斤顶顶力点距转动球铰几何中心的距离（单位：m）。

5.2　转动体球铰静摩擦系数的分析计算

称重试验时，转动体球铰在沿梁轴线的竖平面内发生逆时针、顺时针方向微小转动，即微小角度的竖转。摩阻力矩为摩擦面每个微面积上的摩擦力对球铰中心竖转法线的力矩之和（图5.2）。

$$dM_Z = R\cos\theta dF$$

$$dF = \mu_0 \sigma dA, \quad dA = 2\pi r ds, \quad r = R\sin\theta, \quad ds = Rd\theta, \quad \sigma = \sigma_竖 \cos\theta, \quad \sigma_竖 = \frac{N}{\pi R^2 \sin^2\alpha}$$

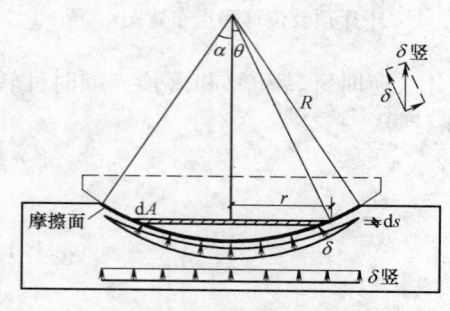

图5.2　转动体球铰静摩擦系数计算示意图

则　　　　$$dM_Z = 2\pi R^3 \mu_0 \sigma_竖 \sin\theta\cos^2\theta d\theta$$

$$M_Z = \int_0^\alpha dM_Z = \frac{2(1-\cos^3\alpha)}{3\sin^2\alpha}\mu_0 N$$

$$\mu_0 = \frac{M_Z}{\frac{2(1-\cos^3\alpha)}{3\sin^2\alpha}NR} \tag{5.2.1}$$

将球铰参数（$r = 1.9$m，$R = 8$m）代入式（5.2.1）得：

$$\mu_0 = \frac{M_Z}{0.985NR} \tag{5.2.2}$$

摩擦面按平面计算时：$$\mu_0 = \frac{M_Z}{NR} \tag{5.2.3}$$

由式（5.2.2）与（5.2.3）可知，计算结果两者相差小于2%，故当球铰球面半径较大而矢高较小时，可将摩擦面近似按平面来计算μ_0。

5.3　工艺流程

转体桥梁重心称重施工工艺流程如图5.3所示。

5.3.1　在平转环道的顺桥向、横桥向分别布置称重用千斤顶。

5.3.2　在每台千斤顶上设置荷重传感器，测试试验过程中的反力值。

5.3.3　在球铰上转盘四周布置百分表，用以判断转动体在称重试验过程中是否发生转动。

5.3.4　拆除转动体部分施工支架。

5.3.5　进行不平衡称重试验，记录转动过程中荷重传感器示值和百分表读数。

5.3.6　根据测试结果计算不平衡力矩、偏心距、摩阻力矩及静摩擦系数。

5.4　操作要点

5.4.1　称重反力架安装

在平转环道处设置称重反力架，布置称重千斤顶与传感器，称重千斤顶应左右前后对称布置，称重反力架应能满足支承处局部应力的要求。

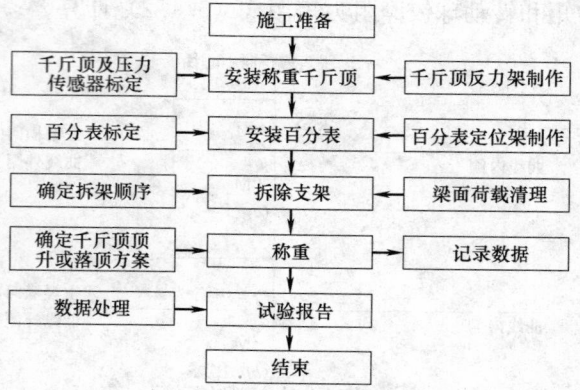

图5.3　称重施工工艺流程图

5.4.2 安装百分表

在上转盘与下转盘间沿顺桥向、横桥向对称设高灵敏度的位移计，用以判断转动体支架拆除及在称重试验过程中是否发生转动。

5.4.3 支架拆除与体系转换

1. 拆除主梁支架，并对梁面荷载进行清理，以减轻转体重量。

2. 拆除转体墩上、下转盘之间的砂箱。

3. 由转体墩根部向梁端方向逐节段拆除全部主梁底面支架。将主梁转体段由排架支撑转换到由球铰支撑的自平衡体系。当有临时墩时，支架拆除后主梁转体段由排架支撑转换到由球铰及临时墩支撑的平衡体系，最后释放悬臂端临时墩支承，主梁转体段转换到由球铰支撑的自平衡体系。

5.4.4 自平衡体称重

拆除支架时，观察四个方向百分表的读数有无变化，判断转动体球铰摩阻力矩与转动体不平衡力矩的大小，从而选择合适的称重方法。

顺桥向称重：分别在转体环道主跨侧、边跨侧的称重反力架上顶升箱梁，从位移计上判断斜拉桥自平衡体系的整个刚体是否发生位移，按 500kN 每级进行加载，当加载至顶升位移 2mm 时结束，记录转动过程中荷重传感器示值和百分表读数。

横桥向称重：分别在转体环道主梁曲线内、外侧的称重反力架上顶升箱梁，从位移计上判断斜拉桥自平衡体系的整个刚体是否发生位移，按 500kN 每级进行加载，当加载至顶升位移 2mm 时结束，记录转动过程中荷重传感器示值和百分表读数。

根据顶梁转动时球铰位移—顶力曲线推出梁体刚发生转动时的顶升力。

利用顶升力矩、自平衡体系的自重平衡力矩、球铰的摩阻力矩三者静力力矩平衡的原理，推算出整个转动刚体的重力偏心矩、球铰的摩阻系数等参数，从而确定转体时的牵引力、助推力等参数。

5.5 劳动力组织

劳动力组织情况表　　　　表 5.5

序 号	单项工程	所需人数	备 注
1	管理人员	1	
2	技术人员	3	
3	称重施工	8	
4	杂工	3	
	合 计	15 人	

6. 材料与设备

本工法无需特别说明的材料，采用的机具设备见表 6。

机具设备表　　　　表 6

序 号	设备名称	设备型号	单 位	数 量	用 途
1	千斤顶	按计算取	台	4	顶升称重
2	传感器	与千斤顶配套	台	4	称重测反力
3	百分表		套	4	称重测变位
4	电脑		台	1	结果分析
5	对讲机		台	2	通知读数

7. 质 量 控 制

7.1 一般要求

7.1.1 严格执行施工规范要求。

7.1.2 每一步施工程序都要制定相应的施工实施细则指导施工。

7.1.3 严格执行材料，设备进场的复核验收工作程序，确保进场材料，设备合格。

7.1.4 严格每一道工序开工前和结束后的检查验收制度，坚持执行班组自检，质检部门检查合格，报请监理工程师检验的工作程序，重要工序请监理旁站监督检查。

7.2 称重施工质量控制措施

7.2.1 称重试验测点布置时应设置校核测点，以确保检测结果准确无误。

7.2.2 每次称重试验应重复三次，测试过程中，如果两次试验的结果相差悬殊，应重新进行试验，直到两次试验结果接近。

8. 安 全 措 施

8.1 针对各种施工工况，采用多种有限元计算程序对称重时各相关结构进行受力和变形计算，确保结构受力安全。

8.2 严格执行材料出厂证明、进场复检制度，控制原材料质量。

8.3 为确保称重试验的顺利实施，在称重各设备正式启用之前进行全面的设备性能考核。在确认设备正常以后才能进场安装就位，所有的进场设备都要经过试验，并做好记录备查，千斤顶、传感器、百分表应分别多备1台。

9. 环 保 措 施

9.1 在工程施工过程中严格遵守国家和地方政府下发的有关环境保护的法律、法规和规章，加强对工程材料、设备、生产生活垃圾的控制和治理，遵守有防火及废弃物处理的规章制度，随时接受相关单位的监督检查。

9.2 解除沙箱支撑时，集中收放沙子，防止尘土飞扬，污染周围环境。

9.3 避免夜间施工，采取消声措施降低施工噪声到允许值以下。

10. 效 益 分 析

桥梁转体施工技术，既能有效地避免中断铁路、公路或航道的运营，确保大桥施工与桥下交通互不干扰，又能节省工程投资，还为大型跨线、跨河桥的建设提供了一套能取得较好经济效益、社会效益的新技术、新工艺。该称重施工工法就是为了保证桥梁转动体形成整体后拆架过程中的安全和转体过程的顺利进行，及时为大桥转体阶段的指挥和决策提供依据。

转体桥梁重心称重工法在北京市五环路（曲线桥单铰转体14000t）、北京市西六环路（单铰墩顶转体15000t）、北京市通州区东六环西辅路（双幅同步单铰转体4800t）等工程中得到了全面应用，上述桥梁地平转施工均在铁路管理部门规定的时间内完成了转体施工，使桥梁施工对铁路运输和周边环境的影响降到了最低，共减少运营损失费1500万元（五环路960万、西六环路360万、东六环西辅路180万），取得了良好的经济和社会效益。

本工法中使用的千斤顶、荷载传感器、百分表均为反复利用的仪器，提高了材料周转次数。

11. 应 用 实 例

本工法已成功应用多座桥梁，包括北京市五环路石景山南站高架桥（平曲线半径 1900m、转体重量 14000t）、北京市通州区东六环西侧路高架桥以及北京市六环路丰沙铁路分离式立交主桥（平曲线半径 950m、转体重量 15000t）的转体结构重心的测试施工。

北京市六环路丰沙铁路分离式立交主桥转体结构重心的称重施工。

11.1 工程概况

北京市六环路丰沙铁路分离式立交主桥是北京市六环路（良乡～寨口段）工程的一部分，位于六环路的西环，是六环路的控制工程之一，跨越高路堤电气化铁路线丰沙铁路，客、货运交通十分繁忙，为了快速、安全地在卵石土地区的高路堤电气化铁路上架起高架桥，又能不干扰或尽量少干扰正常的铁路运输，本桥采用墩顶转体法施工的 56＋100＋70＋37m 四跨连续子母塔单索面预应力混凝土曲线斜拉桥，桥梁外缘间总宽 30.5m，采用墩顶大吨位单铰转体施工工艺，转体墩高 21.5m，转体总长 182m，平曲线半径 950m，单铰平转重量 15000t，转体角度 40°。

大桥于 2008 年 1 月 10 日开始基础施工，2008 年 7 月 13 日进行称重施工，2007 年 7 月 16 日完成转体。

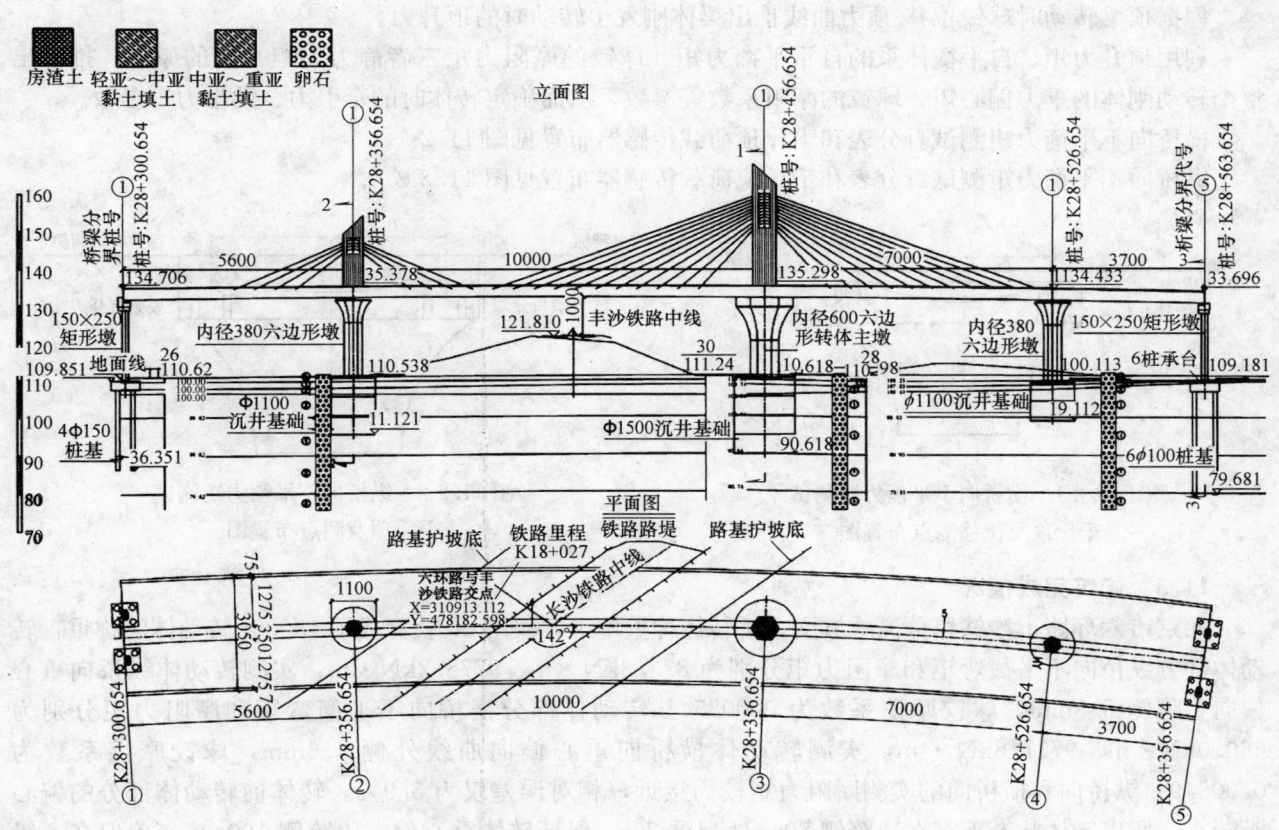

图 11.1 北京六环路丰沙铁路分离式立交桥全桥布置图（单位：cm）

11.2 施工情况

在丰沙铁路北侧支架浇筑转体部分主梁，总长 182m，重量 15000t。

在平转环道处布置称重千斤顶与传感器，纵向布置四个 650t 千斤顶，横向布置四个 250t 千斤顶，每个千斤顶上布置压力传感器，传感器与上转盘设压力分配梁，降低支承处的混凝土局部应力。

对梁面荷载进行清理，尽量减小转体重量。

拆除转体墩上、下转盘之间的 6 组支承钢箱。

拆除主梁支架，由转体墩根部向梁端方向逐节段拆除全部主梁底面支架。将主梁转体段由排架支撑转换到由球铰支撑和悬臂端临时墩支承的体系。

在上转盘与下转盘间顺桥向、横桥向两侧共设 4 个高灵敏度的百分表。

释放悬臂端临时墩支承，观察四个方向百分表的读数有无变化，当转动体球铰摩阻力矩小于转动体不平衡力矩时，意味着支架拆除后，转动体部分在自身的不平衡力矩作用下即发生转动。当转动体球铰摩阻力矩大于转动体不平衡力矩时，意味着支架拆除后，转动体部分在自身的不平衡力矩作用下不能发生转动。经观察两个方向百分表读数均无变化，说明转动体球铰摩阻力矩大于转动体不平衡力矩，此时进行不平衡称重试验，分别从转动体两侧支点顶梁，使转动体在沿梁轴线的竖平面内发生逆时针、顺时针方向微小转动，记录转动过程中荷重传感器示值和百分表读数。

顺桥向称重：分别在转体环道主跨侧、边跨侧的称重反力架上顶升箱梁，从位移计上判断斜拉桥自平衡体系的整个刚体是否发生位移，按 500kN 每级进行加载，当加载至顶升位移 2mm 时结束，记录转动过程中荷重传感器示值和百分表读数。

横桥向称重：分别在转体环道主梁曲线内、外侧的称重反力架上顶升箱梁，从位移计上判断斜拉桥自平衡体系的整个刚体是否发生位移，按 500kN 每级进行加载，当加载至顶升位移 2mm 时结束，记录转动过程中荷重传感器示值和百分表读数。

根据顶梁转动时球铰位移-顶力曲线推出梁体刚发生转动时的顶升力。

利用顶升力矩、自平衡体系的自重平衡力矩、球铰的摩阻力矩三者静力力矩平衡的原理，推算出整个转动刚体的重力偏心矩、球铰的摩阻系数等参数，从而确定转体时的牵引力、助推力等参数。

横桥向不平衡力矩测试百分表和千斤顶荷载传感器布置见图 11.2-1。

纵桥向不平衡力矩测试百分表和千斤顶荷载传感器布置见图 11.2-2。

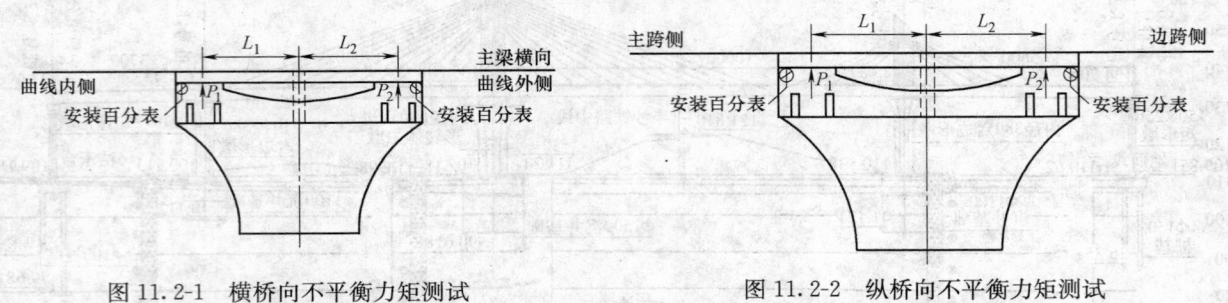

图 11.2-1　横桥向不平衡力矩测试
千斤顶及位移测点布置图

图 11.2-2　纵桥向不平衡力矩测试
千斤顶及测点布置图

11.3　施工完成情况

北京市六环路丰沙铁路分离式立交主桥转体称重施工，仅用 2h 就完成了 15000t 转动体的称重，转动体部分纵桥向不平衡弯矩和摩阻力矩分别为 823.3kN·m、9775.2kN·m，实测转动体纵桥向重心偏向主跨侧 5.8mm，球铰摩擦系数为 0.00854。转动体部分横桥向不平衡弯矩和摩阻力矩分别为 660.0kN·m、9717.6kN·m，实测转动体横桥向重心偏向曲线外侧 4.6mm，球铰摩擦系数为 0.00849。纵桥向和横桥向的实测摩阻力矩较为接近，相对误差仅为 5.9%。转体前转动体部分的偏心距较小，所以转体状态下需在边跨侧 80m 处配重 20t，保证转体重心偏向边跨侧 100mm，确保在 8 级风作用下转体结构始终处于球铰及边跨侧两撑脚三点稳定支撑下。

根据实测的球铰摩擦系数计算出需牵引力 46t，远小于牵引能力 200t，故不需要辅助千斤顶助推。

通过称重施工，大大提高了施工的安全性和可靠性，2007 年 7 月 16 日，仅用 40min 桥梁转体成功就位。

斜拉桥钢桁梁整体节段安装施工工法

GJYJGF074—2008

中铁大桥局股份有限公司、中铁十局集团有限公司

胡汉舟　潘东发　王跃年　高培成　张维超

1. 前　　言

国家经济的高速发展和科技的不断进步，促进了世界一流桥梁的建设进程，而对于三主桁钢桁梁桥的建设，结合其结构特点和现场的实际情况，采用"工厂组拼＋现场整体安装"的方法，在提高桥梁施工质量和施工安全的同时，也加快了桥梁建设的步伐。

2. 工 法 特 点

整节段钢桁梁架设是将单根杆件现场拼装转变为工厂节段组拼，现场整节段架设的一种方法，它降低了现场劳动强度，提高了施工质量，加快了工程进度，也保障了施工作业的安全。经实践检验，整节段架设的方法取得了显著的经济效益，在此基础上，对其施工方法加以总结，形成了本工法。

3. 适 用 范 围

本工法适用于通航河流上大吨位整节段钢桁梁的安装，特别是结构上采用三片主桁的钢桁梁，使用整节段钢梁架设的方式，具有多方面的优势。

4. 工 艺 原 理

整节段钢桁梁在工厂内完成组拼后脱胎转运，利用船舶运抵架设水域，通过设于已架钢桁梁上的架梁起重机进行现场整体起吊、安装，在钢梁高栓施拧、焊接完成后，架梁起重机前行一个节间后固定，进行下一个节段的架设。

5. 施工工艺流程及操作要点

5.1 施工流程图

5.2 700t 架梁起重机情况介绍

700t 架梁起重机是整节段钢桁梁起吊安装的主要设备，它通过安全准确的提升装置，依靠吊点纵横移机构及吊具调平装置的配合进行对位和安装。该起重机最为创新的地方在于边、中桁三点同时起吊，三吊点所用卷扬机控制系统相互独立，随着排绳模式的转变，三组卷扬机可以联动，也可以单动。通过计算机集中控制系统，三个吊点的实际负荷值始终被控制在设定的额定值内，当其中某吊点负荷超过额定值时，暂停该点的起升，在单动模式下微调另外两吊点，使起重机平稳起升整节段钢梁。

5.2.1 起重机的主要参数

额定起重量：700t（不含吊具）

起升速度：0～1.0m/min

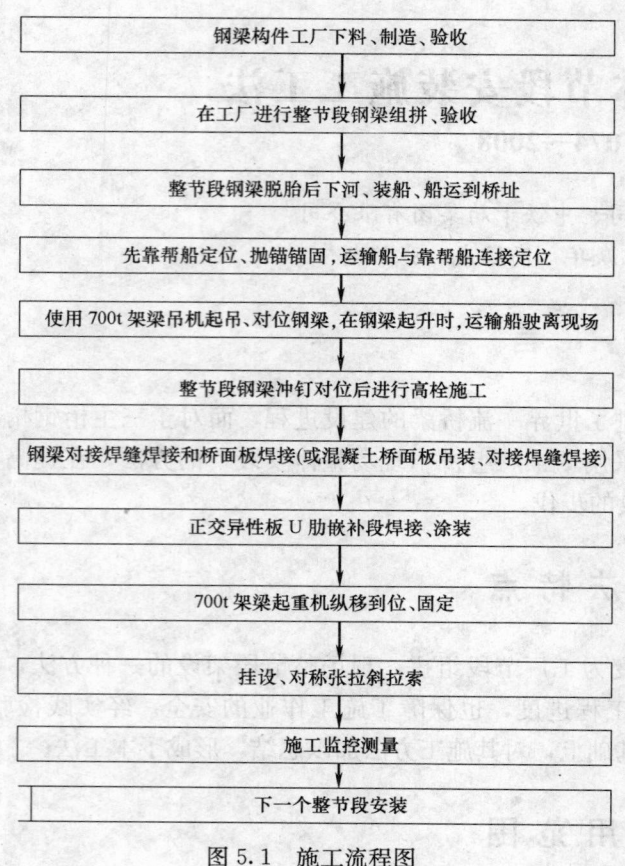

钢梁构件工厂下料、制造、验收

在工厂进行整节段钢梁组拼、验收

整节段钢梁脱胎后下河、装船、船运到桥址

先靠帮船定位、抛锚锚固，运输船与靠帮船连接定位

使用 700t 架梁吊机起吊、对位钢梁，在钢梁起升时，运输船驶离现场

整节段钢梁冲钉对位后进行高栓施工

钢梁对接焊缝焊接和桥面板焊接（或混凝土桥面板吊装、对接焊缝焊接）

正交异性板 U 肋嵌补段焊接、涂装

700t 架梁起重机纵移到位、固定

挂设、对称张拉斜拉索

施工监控测量

下一个整节段安装

图 5.1　施工流程图

滑道时，滑靴和滑道脱离，此时前后液压支顶受力，压支顶，此时起重机重量由滑靴承受，走行到位后，支撑转换为固定时的状态。

2. 起升系统

起重机主要起升设备为 3 组共六台卷扬机，每台卷扬机由 1 台 45kW 变频电机拖动，采用变频器－涡流制动器组合调速控制方式，保证在重载条件下能进行下放和二次起升等安全操作，每组卷扬机在结构上相对独立，可以联动，也可以单动。

吊具由动滑轮组、主梁、扁担梁、调平油缸等组成，其可转动式主梁（主梁的中部同动滑轮组铰接）通过油缸的伸缩来改变主梁同动滑轮组的相对角度，调平扁担梁，扁担梁两端设有铰接式吊耳。

钢丝绳直径为 ϕ36mm，总倍率 $m=20$，单绳拉力为 195kN。

3. 纵横移系统

架梁起重机有两套独立的纵横移系统，一套是整机前移机构，包括滑道、支撑滑靴、走行油缸几个部分，油缸的尾部同机架结构铰接，活塞杆头部通过连接座同轨道梁铰接，依靠油缸伸缩使支撑滑靴在轨道上滑动来实现整机的移动；一套是吊点纵横移机构，它通过油缸推动可移动的支座在轨道上滑动来实现起重机在吊装过程中整节段钢梁纵横向微动，其中，顺桥向可调距离为 3m，横桥向可调距离为 ±50mm。

吊点纵横移速度：0～0.5m/min

起重高度：桥面下 45m，桥面上 0.5m

空载爬坡能力：4%

整机装机容量：350kW

整机总重：366t

单个前支点的最大反力：652t

工作幅度：$R_{min}=10.9m$，$R_{max}=14m$

后锚固距前螺旋顶距离：23.1m

5.2.2 起重机的主要构造和系统（图 5.2.2-1、图 5.2.1-2）

1. 结构系统

结构系统是起重机的主体受力结构，它包括机架结构和锚固系统两个部分，机架结构又分为底盘结构和菱形结构架，其他的系统都是在与它的连接下展开工作的，起重机驾驶室、卷扬机等装置布置在底盘结构上，而吊点纵横移系统位于菱形结构架的顶部。

锚固系统为整个起重机的受力支撑，它分为四部分：前部螺旋顶、后部拉锚、前、后液压支顶及滑靴滑道。在架梁起重机固定时，前、后液压支顶未与钢梁接触，滑靴也与滑道脱空，受力支撑为前部螺旋顶和后部拉锚；而在走行过程中，起重机所用支撑有两种情况：一是单独移动另外一种情况是当滑靴在滑道上滑动时，收缩液压支顶使滑道和滑靴脱离，然后在将

图 5.2.2-1　700t 架梁起重机实景图

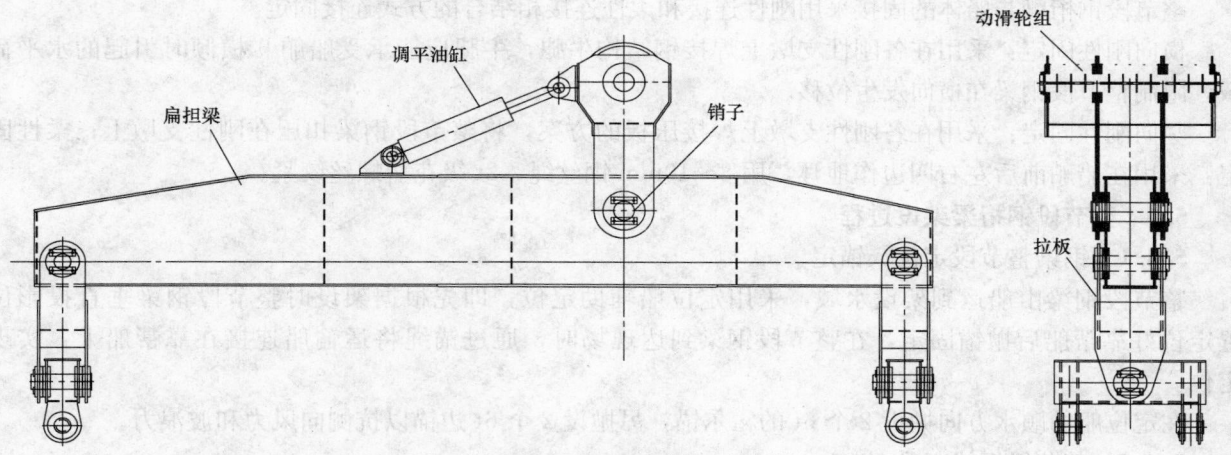

图 5.2.2-2　吊具结构图

4. 电气系统

700t 架梁起重机电气系统主要由主起升动力拖动，计算机集中控制管理系统、吊具调整控制、吊点纵横移控制、机架步履式走行控制等部分组成。

电气系统采用的是 380V/50Hz 三向四线制供电方式，整机供电容量为 350kW，计算机集中控制系统对起吊过程中钢丝绳位移量、电机转速、载荷等信号采集并进行处理分析，当需要调整时适时输出控制信号。

根据施工实际状况，吊具调整控制、吊点纵横移控制、机架步履式走行控制等电器设备相互独立，由专人现场操作。

5. 液压系统

在液压回路中，液压泵从油箱吸入液压油后，输出到各执行机构，各执行机构直接回油到油箱，构造简单，散热和滤油条件好。本机有三套互相独立的液压系统：底盘液压系统、吊点纵横移液压系统、吊具调平液压系统。其中底盘液压系统安装在机架底盘上，它为前支顶、后支顶、走行油缸及横移油缸提供动力。

5.3　整节段钢桁梁运输（图 5.3）

整节段钢桁梁在场内胎座上完成组拼后，通过转运台车运抵下河码头，倒运到整节段钢桁梁运输船上，整节段钢梁的重量通过 6 个刚性支墩和 6 个柔性支墩支撑并固定在船体上。

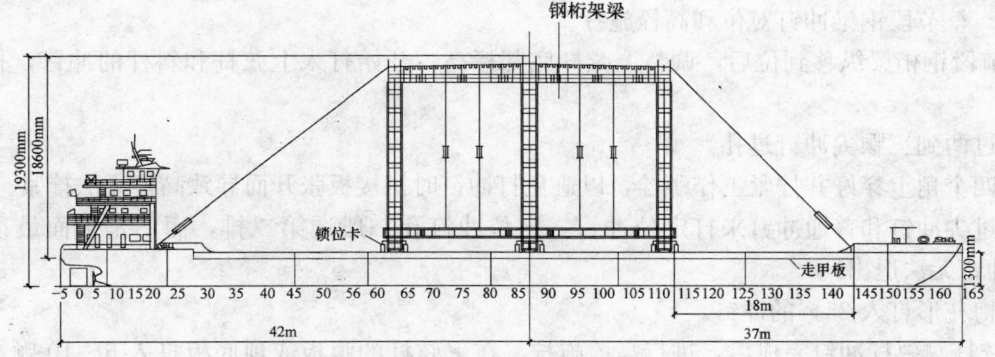

图 5.3　整节段钢桁梁位于运输船体上侧面图

刚性支墩根据不同位置分 A、B 两类，左舷侧为 A 类支点，靠近船舶纵隔舱，加固方法为将刚性支点直接与纵隔舱焊固即可；右舷侧为 B 类支点，介于船舶两个纵隔舱之间，加固方法为在两个纵隔舱壁加固后再用分配梁来分配支撑；柔性支撑介于两个刚性支撑之间，用枕木搭设而成，柔性支撑可适当减小刚性荷载，并扩散船舶甲板荷载。

整节段钢桁梁与船体的固接采用刚性连接和柔性连接相结合的方式连接固定。

横向刚性固定：采用在各刚性支墩上焊接钢结构牛腿，牛腿应能承受船舶 9°横倾时引起的水平荷载，限制整节段钢梁在横向发生位移。

竖向刚性固定：采用在各刚性支墩上焊接压板的方案，将整节段钢梁扣压在刚性支墩上；柔性固定：采用在船舶前后左右四边作地耳，用 8～10mm 钢丝绳，2t 级花篮螺丝绞紧。

5.4 整节段钢桁梁架设过程

5.4.1 钢梁整节段定位、锚定

整节段钢梁由船运到架设水域，采用定位船辅助定位，即先根据架设时整节段钢梁垂直投影位置定位好靠帮船后抛锚固定，在整节段钢梁到达现场时，通过锚绳将运输船连接在靠帮船上，实现定位。

在定位船的顺水方向抛设 2 个 6t 的霍尔锚，另抛设 2 个 6t 边锚以抗侧向风力和波浪力。

5.4.2 整节段钢梁起升

700t 架梁起重机纵移到位后锚固，根据待架节段重心位置调整好吊具，使整节段钢梁重心与吊点中心在同一条铅垂线上，整节段钢梁定位完成后，下放吊具、插销，调节调平油缸，解开钢梁与船体约束后，开始起吊钢梁。

钢梁起升分每桁 50t、100t、150t、200t、起升脱离船体五步来操作，当钢梁起升到脱离船体 1m 后暂停起升，做 2 次刹车制动，运梁船即可返航，此时起重机继续起升钢梁，直到待架钢梁下弦杆与已架钢梁下弦杆平齐时停止起升。

5.4.3 整节段钢梁对位

钢梁起升到位后，调整 700t 架梁起重机顶部纵移油缸使其处于同一刻度位置，按 20cm/级分步纵向移动钢桁梁，纵移过程中，通过在已架弦杆上设置的刻度线来观察钢梁纵移是否同步，当两边桁纵移相差超过 2cm 时，暂停纵移，检查待架钢梁节点板是否与已架钢梁相碰，在纵移过程中逐步将待架梁段整体提升 5cm，当至正交异性板贴近（仅差 5cm）后停止纵向移动，此时斜杆贴近已架下弦、下弦之间都相差 5cm。

斜杆的插入是在 2 台 10t 的手动螺旋千斤顶辅助下完成的，整节段吊装前，画好需要布顶的位置并标好布顶的先后顺序，在斜杆插入的过程中，使用手动螺旋顶将节点板撑开 3mm，通过不断改变螺旋顶的位置，分步骤地使斜杆插入到位。

斜杆进入整体节点后，在公路面布设 4×10t 倒链作为钢梁纵向移动的动力，缓慢地牵引钢梁上弦杆对位，而下弦杆插入则利用布置在铁路面上的 3 台张拉单索顶为动力，向内牵引。

5.4.4 整节段钢梁冲钉对位和高栓施拧

1. 整节段钢桁梁纵移到位后，调整上弦杆底部标高，开始打入上弦杆和斜杆的冲钉，打冲钉的步骤为：

1）通过两到三颗尖冲钉过孔。

2）在四个角上穿好并拧紧工作螺栓，以避免打冲钉时拼接板张开而导致高栓无法拧紧。

3）通过尖冲钉和普通冲钉来打定位冲钉，定位冲钉孔一般选第二排，而不是板面最顶部或最底部，以防冲钉无法退出。

4）按梅花形打入 25% 的冲钉。

2. 上弦杆、斜杆冲钉完成后，进行高栓施拧。在下弦杆的腹板或顶底板打入 6～10 颗冲钉，开始解除临时竖杆与下弦杆的连接，调整好下弦杆的位置，对其进行高栓施拧。至此，700t 架梁起重机完全松钩，解除吊具与钢梁的连接，拼接下平联及正交异性板的纵梁，在高栓全部施拧完成后，开始上弦杆及桥面板的焊接。

5.4.5 钢梁现场焊接

整节段钢梁现场安装中，主要的焊接工作有：

1. 铁路横梁面板与下弦杆横梁接头板的对接焊缝。
2. 上弦杆的对接焊缝。
3. 桥面板与上弦杆的焊接。
4. 桥面板焊接。
5. U肋嵌补段焊接。

其中1、2、3、4项采用的是平位反面贴陶质衬垫CO_2气体保护焊打底，埋弧自动焊填充盖面单面焊双面成型的焊接工艺，焊接的顺序为先焊上弦杆的对接焊缝，然后进行桥面板与上弦杆的焊接和桥面板焊接，最后进行铁路横梁面板与下弦杆横梁接头板的对接焊缝。而5采用了反面贴钢衬垫手工电弧焊、仰焊单面焊双面成型的焊接工艺。

5.4.6 架梁起重机走行（图5.4.6-1、图5.4.6-2）

在全部高强度螺栓终拧和焊缝施焊完成后，起重机即可前行一个节间。起重机走行前先以钢梁上弦杆中轴线为依据放线，将滑道梁前移到放线位置后，脱空前螺旋顶，解开后锚，前后调平油缸同时顶起，使整个700t架梁吊机重量由6个调平油缸承受，吊机前螺旋顶脱空不承载，旋转收缩前螺旋顶，操纵水平横移油缸，将螺旋顶向两侧移动0.65m，让开轨道梁位置。检查并调整前、后轨道梁的方向位置，将前、后调平油缸回油，使前、后的滑靴支座均贴近于前、后轨道梁上（不受力，起保险作用），在走行油缸的作用下将前轨道梁前移6m，再调整前轨道梁的方向和位置，安装前、后轨道梁之间的连杆。

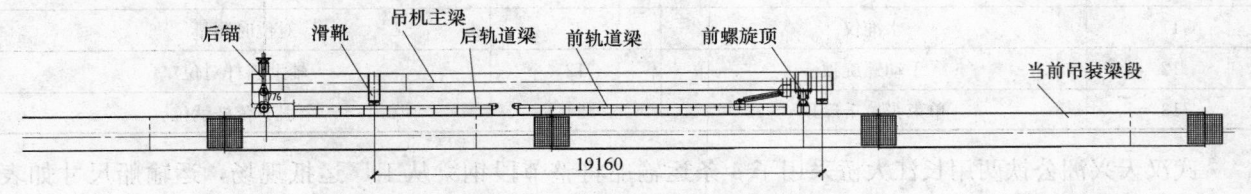

图5.4.6-1 架梁起重机走行前结构图

前、后轨道梁在走行油缸的作用下前移3m，观察走行过程中前后轨道梁是否偏位。将前、后调平油缸回油，使前、后滑靴均支撑于前、后轨道梁上，此时整个700t架梁起重机重量由前后滑靴支座承担，将前、后调平油缸回缩。前、后滑靴支座落在前、后轨道梁上，同步操纵走行油缸，使700t架梁吊机整体在三桁的走行油缸作用下步履式前移7m。

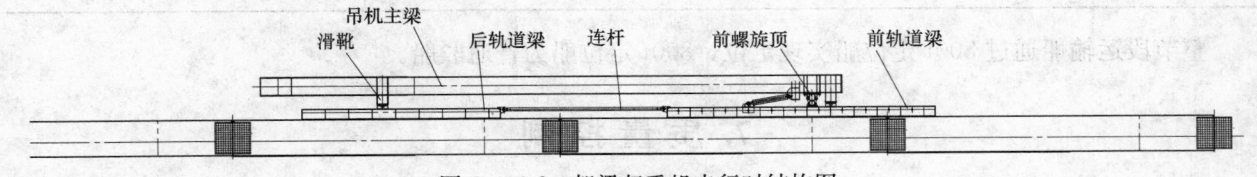

图5.4.6-2 架梁起重机走行时结构图

将前后调平油缸同时顶起，使得前后滑靴稍微脱离轨道梁（起保险作用），此时整个700t架梁吊机重量由6个调平油缸承受。在走行油缸的作用下，将前、后轨道梁一起前移7m。将前后调平油缸回油，使得前、后滑靴支座落在前、后轨道梁上，将前、后调平油缸回缩。同步操纵走行油缸，使700t架梁起重机整体在三桁的走行油缸作用下步履式前移7m。

前、后调平油缸顶起，使得前后滑靴稍微脱离轨道梁（起保险作用），此时整个700t架梁吊机重量由6个调平油缸承受。在走行油缸的作用下，将前、后轨道梁一起前移4m，使后轨道梁让开后锚位置，拆掉连杆。在走行油缸的作用下，将前轨道梁后退6m，让开前螺旋顶位置。测量三片主桁前支点、后锚处标高，通过调平进行调整。操纵前螺旋顶水平横移油缸，将吊机前螺旋顶回位，旋紧前螺旋顶。将前、后调平油缸回油，使得前螺旋顶和后滑靴支座分别受力，将前、后调平油缸回缩。安装后锚装置，将后锚与钢梁段锚固，在斜拉索施工完成后，即可开始下个节段梁的吊装。

6. 材料与设备

整节段钢桁梁吊装包括运输船定位、节段起升及纵横移、杆件对位及打入冲钉、高强度螺栓施拧、焊接工作、吊机走行及固定。完成这些工作要用到的机具设备如表 6-1 所示。

整节段钢桁梁吊装设备资源表　　　　　　　　　　　　表 6-1

序　号	设备名称	数　量	用　途
1	JQJ 型 700t 架梁起重机	4	整节段钢梁起吊及对位
2	整节段运输船	4	运输整节段钢梁
3	800t 定位船	4	靠帮定位钢桁梁运输船
4	抛锚船	2	抛设霍尔铁锚
5	霍尔铁锚	16	锚固定位船
6	定扭矩扳手	98	高强度螺栓施拧
7	表盘扳手	40	高强度螺栓检测
8	扭矩测量仪	2	扭矩扳手的标定
9	电焊机	12	现场焊接
10	捯链葫芦	20	辅助对点
11	水准仪	5	对位时测量
12	手动螺旋顶	12	辅助斜杆对位
13	单束张拉千斤顶	24	牵引下弦杆就位

武汉天兴洲公铁两用长江大桥采用了 4 条运输船将整节段钢梁从工厂运抵现场，运输船尺寸如表 6-2 所示。

整节段钢桁梁运输船尺寸表　　　　　　　　　　　　表 6-2

船　号	尺寸（长×宽×吃水深度）
江航 118	86.8m×15m×3.4m
渝多 806	86.5m×14.2m×4.2m
悦江 1001（1002）	84.7m×14m×3.5m

整节段运输船通过 800t 定位船实现定位，800t 定位船为普通驳船。

7. 质量控制

7.1　安装质量应满足以下标准：

7.1.1　《铁路桥涵施工规范》TB 10203—2002。

7.1.2　《铁路桥涵工程施工质量验收标准》TB 10415—2003。

7.1.3　《客运专线铁路桥涵工程施工质量验收暂行标准》铁建设〔2005〕160 号。

7.1.4　《铁路钢桥保护涂装》TB/T 1527—2004。

7.1.5　《铁路钢桥高强度螺栓连接施工规定》TBJ 214—92。

7.2　特殊工种作业人员必须持有与作业工种相对应的专业上岗证书方可上岗，其他作业人员则要经过专门培训并合格后才能到现场进行相关操作，管理人员要有丰富的现场指挥经验，技术人员要熟悉掌握整节段钢桁梁吊装工艺和工作程序。

7.3　在架设过程中，测量组对整节段钢梁进行跟踪测量，以便于现场指挥员根据测量结果对架设质量进行分析、处理。

7.4 在工地焊接区域设置临时挡风板，减小大风对焊缝质量的影响，在环境温度低于5℃或遇到大雨天气时，停止施工，另外环境相对湿度不宜高于80%，否则采用火焰烘烤或其他必要的工艺措施除湿后才能开始焊接。

7.5 工地搭设存放高强螺栓的临时库房，下雨、下雪天时停止高强度螺栓施工，以免螺栓受潮。严格按照工艺要求对高强度螺栓进行复检，对欠拧的高栓进行补拧，对超拧的高栓进行更换，在高栓施拧的每班前、后电动扳手各校验一次，电动扳手的每次校验均应做好记录、签证工作，对于班后电动扳手标定值超差的，应立即对该扳手所施拧的螺栓再次检查。

7.6 切割上弦杆吊耳时，切割剩下2cm后，用打磨机磨平，不损坏主桁母材。

8. 安 全 措 施

8.1 施工人员安全管理措施

8.1.1 建立健全的安全责任制度及安全管理制度，对每个作业点设置安全负责人和督导队员，督导队员常驻现场，直接对安全问题进行监督、处罚和勒令整改。

8.1.2 在整节段钢梁吊装之前对现场操作人员进行专门的安全培训，提高现场人员安全防范意识和自我保护能力，对高空作业人员进行严格的身体检查，只有在检查合格后才能进入现场进行操作。

8.1.3 施工现场的所有人员必须戴好安全帽，在钢梁面操作的作业人员必须穿好救生衣，高空作业时必须系好安全带。

8.1.4 特殊工种作业人员（司机、电工、起重工等）持特殊工种执业证书上岗。

8.2 700t架梁起重机安全措施

8.2.1 起重机上装有载荷限位器，驾驶室内显示屏可直接显示起重机各吊具的起升重量、起升高度，另外，当起重机起重力矩超过94%额定力矩时预警，在超过104%额定力矩时自动限动。

8.2.2 司机室内安装有系统运行及故障监控系统、视频监视系统，可以对吊点及吊点周围情况进行观测。

8.2.3 吊具设有高度限位装置，保证起重机起升高度不会超过限定值。

8.2.4 在卷扬机上装有棘轮棘爪制动器，出现如停电等异常情况时，吊机能瞬间锁定，达到制动的效果。

8.2.5 为预防大风，在起重机顶部装有大风警报器，当风速超过13.8m/s时报警，运用防风锚定装置固定。

8.2.6 吊机立柱顶部装有避雷设备。

8.3 整节段钢桁梁吊装安全

8.3.1 起重机吊装前，对各项起吊准备工作进行专门的检查，由检查人员、负责人确认无误后签证确认。

8.3.2 整节段钢梁吊装前将其需要占用航道的位置和时间与海事部门沟通，海事部门根据我部提供的情况调整航道及设置航标灯，并提供专门船只为钢梁运输船护航。

8.3.3 在吊装过程中，有专人负责观察墩旁船只过往情况，遇到紧急情况，通知施工人员停止作业，待桥下船只安全通过后才能恢复施工。

8.3.4 起吊过程中，现场总指挥对各个工点作业人员进行调配，起重机司机密切注意起重重量及其他预警装置。

8.3.5 铁路面、公路面各种高空作业平台按规范安装栏杆，平台下装好安全防护网。

8.3.6 在起重机起升过程中，将整节段钢桁梁提升1m后对其进行调试，并多次调试刹车系统，在确认无异常情况时，船体才能离开现场返航。

8.3.7 起升过程中，有专人负责对后锚点、前支点、墩旁托架进行监测，如发现有异常情况，立即通知现场指挥人员，由指挥员统一协调，找出异常原因后才能继续架设。

8.3.8 施工水域风力大于6级时，现场必须停止一切吊装作业。

9. 环保措施

9.1 重点调整午间、夜间及中、高考期间的施工作业时间，分区段进行高噪声的作业，以免给周边居民带来影响，给工程施工造成不必要的麻烦。

9.2 保持施工现场的整洁，建筑材料合理堆放，施工过程产生的废渣、废料必须袋装下桥，不允许将废料直接扫入河道中。

9.3 设置房间，专门保管对水体有污染的物品，如油漆等，不允许污染河道。

10. 效益分析

武汉天兴洲公铁两用长江大桥采用的是双塔三主桁三索面结构，大桥共78个节间，重量为430～680t不等，由于该大桥结构形式新颖，工作任务量比较大，而且该大桥处于长江航运最发达的河段之一，为了解决上述问题，提高大桥安全性、经济性，同时也保证航道正常运行，故采用了700t架梁起重机吊装整节段钢桁梁代替了常规的钢梁散拼安装，该大桥从2008年3月开始整节段架设来看，该方法发挥了其特有的优势，取得了明显的效益，具体有如下几个方面：

10.1 部分现场工作转到工厂完成，提高了钢桁梁安装施工质量。尽量使工作在条件较好的工厂完成，相应的减少工地工作量，是提高钢桁梁安装质量较为有效的途径之一，采用整节段工厂组拼较现场散拼在提高质量上有明显的优势。整节段钢桁梁吊装时，工厂完成的工作量与现场工作量对比如下：

10.1.1 桁段在工地完成的对接焊缝减少，采用整节段钢桁梁吊装时，工地焊接工作量约为51%，其他49%的焊接工作量都在工厂完成。

10.1.2 桁段的高栓施拧量减少，本桥在架设一个整节段时，在工厂施拧完成全部高栓的58%。

10.1.3 免除了工地预拼、场内转运、杆件存放、转运等工作。

10.2 桁段按短线法（本桥为三个桁段）在工厂组拼，并在桁段上加设临时杆件，使之成为一个稳固的整体。桁段经过工厂组拼、整体脱胎、运输，整体安装与散件拼装相比，更易保证工地钉孔重合率和钢桁梁预设拱度的精度。

10.3 当钢梁节段采用散拼时，水上高空作业范围较大，安全网拉设不方便；而整节段拼装时，作业面较小，几个主要工作点都装有带护栏的平台，安全性明显提高。

10.4 桁段安装时间明显缩短。根据本桥钢桁梁安装实际进度，一个桁段安装时间：散件拼装为12～15d，而整节段钢桁梁吊装为为6～8d/节间，缩短了架设时间，完全满足了天兴洲大桥施工进度要求，且安全无事故，施工质量较散拼架设有明显的提高。

由于本桥是在通航河流上架设钢桁梁，架设工期的短缩对桥下船只通航安全有积极意义。而对于双向大伸臂的梁塔而言，施工期间发生抖振的可能性也有所下降，这对全桥的安全性是有所帮助的。

11. 应用实例

武汉天兴洲公铁两用长江大桥是武广客运专线的过江通道，下层设四线时速200km的快速铁路，上层布置时速80km的双向六线城市机动车道，其中正桥为（98＋196＋504＋196＋98）m双塔三索面三主桁斜拉桥，全桥共78个钢梁桁段，整节段吊装架设其中的52个桁段，现场散拼26个节段（墩、塔顶散拼14个，边、中跨合龙杆件各1个，岸上散拼10个）。

BG-25C 型全液压旋挖钻机全护筒斜桩施工工法

GJYJGF075—2008

中铁七局集团有限公司　中铁五局（集团）有限公司

陈智　殷建　余骏　刘勇　陈德斌

1. 前　　言

斜钻桩孔可以克服垂直桩劲度不足的问题，当上部建筑有较大的水平荷载时采用，它可以将水平荷载传递至地层深处，斜钻孔桩以及有斜钻孔桩群桩广泛应用于桥梁、码头以及大型输电线路基础等工程。

斜桩施工的关键在于控制桩的倾斜度和保证成孔的质量，在施工中容易出现塌孔、钻孔弯曲、钻杆中心与桩孔设计中心不在同一轴线等问题，施工难度较大。2007 年 5 月至 2007 年 9 月，中铁七局在塞内加尔古鲁木桥斜桩基础施工中，针对斜桩的施工特点，采用了 BG-25C 型全液压旋挖钻机全护筒进行斜桩的施工，收到了良好的效果，并在施工中探索和完善了一套完整的施工工艺，积累了丰富的经验，2008 年 12 月 22 日中国中铁股份有限公司对"用 BG-25C 型全液压旋挖钻机全护筒进行斜桩施工技术"进行了评审。在对施工中的控制性技术要点进行整理后形成了本工法。

2. 工 法 特 点

2.1 钻机钻进速度快、成孔质量高。钻机的回转、钻进由液压驱动，回转扭矩大、进给力可根据地质情况进行调整；旋挖出的岩土由钻头直接提出地面排渣，不需要借助泥浆等其他介质，因此钻进速度快、效率高。在钻孔作业时，桅杆倾斜度由电脑控制自动调整，调整精度高、速度快，能保证钻孔倾斜度偏差在 1% 以内；钻孔深度为电脑监控，其精度可达到 ±10cm，因此钻孔的倾斜度及深度偏差值都较小，质量高。

2.2 钻机操作控制系统应用 PC 电脑，自动化程度高，工人劳动强度低，钻机操作人员在驾驶室中完成所有作业。

2.3 采用全护筒成孔简便、费用低、成孔可靠，对环境无污染。

2.4 采用自制钢板模型垫块配合钻机 PC 控制钻孔桩倾斜度，精确度高、可操作性强。

3. 适 用 范 围

本工法适用于处于粉土层、黏土层、砂层、卵砾石层等地质条件下的倾斜钻孔桩基础。

4. 工 法 原 理

4.1 BG-25C 型旋挖钻机的外形及各部位名称见图 4.1。

4.2 钻机钻孔作业原理

旋挖钻机就位并调整桅杆倾斜度后，主卷扬工作落下钻杆，使钻头接触地面，正向转动液压回转动力头，回转动力头驱动从中穿过的钻杆带动钻头旋转；同时，操纵桅杆上部的加压油缸使其工作，加压油缸推动桅杆上的滑架，从而推动固定、安装在滑架上的回转动力头向下运动，回转动力头与第

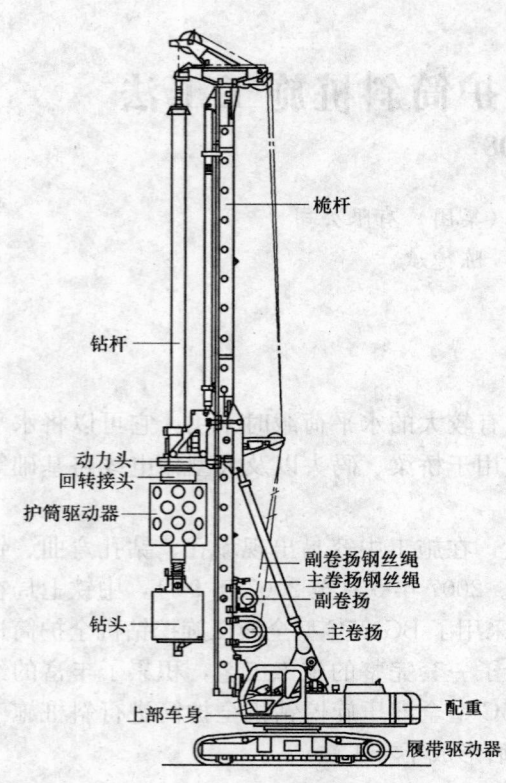

图 4.1　BG-25C型旋挖钻结构外观

一层钻杆之间设计有棘齿（该棘齿也是正向旋转咬合、反向旋转松开），棘齿咬合为钻头提供向下的进给力。钻机向下的进给力以钻机的自重为反力。钻机钻进的同时，主卷扬随着钻头钻进行程不断自动出绳，并保持钢丝绳具有一定的张紧力。

钻头钻进岩土一定深度后，即应向上提升钻头排渣，钻头每次在土层中钻进的深度一般为0.8～1m，旋挖下来的松散岩土将钻头工作部的80%左右空腔填满后停止进给，反向旋转松开各个咬合部位的棘齿咬合，主卷扬工作即向上提升钻头，进行排渣。

钻头提升出地面一定高度后，旋转底盘转盘将钻头移至旋挖钻机履带侧面场地排渣，排渣后转盘旋转回原来位置，钻头对正孔口位置继续进行下一钻进循环。

旋挖钻机钻孔排出的弃渣，使用装载机铲除、自卸汽车外运弃渣。

4.3　钻机全护筒工作原理

护筒端头与钻机的动力头护筒驱动器相连，筒身由摇管机抱合，摇管机有液压驱动的抱管、晃管、压拔管机构。护筒的长度根据施工现场具体条件而定，一般由长度2～5m的单节护筒组成，护筒之间由平头螺栓连接。可以使用具有大扭矩输出的钻机动力头或摇管机通过边回旋或边摇动将护筒旋转入地下。首节护筒上装有护筒靴，护筒靴上配有一圈带碳化钨钢的切削齿，用于贯入坚硬地层及其他障碍物。

全护筒成孔过程是将护筒边晃边旋边压入地下，并及时用平头螺栓连接下一节护筒，直至成孔。成孔后，在灌注水下混凝土的同时逐节拔出并拆除护筒，最后将护筒全部取尽。

4.4　倾斜度控制原理

钻机的倾斜度由PC控制，可调节桅杆角度，从而带动钻杆依照设计的倾斜角度钻进，同时，用钢板自制一个模型垫块（图4.4），将摇管机与钻机相连后置于钢板模型垫块上，使摇管机具有设计倾斜度，进而控制护筒按设计倾斜度压入土中。

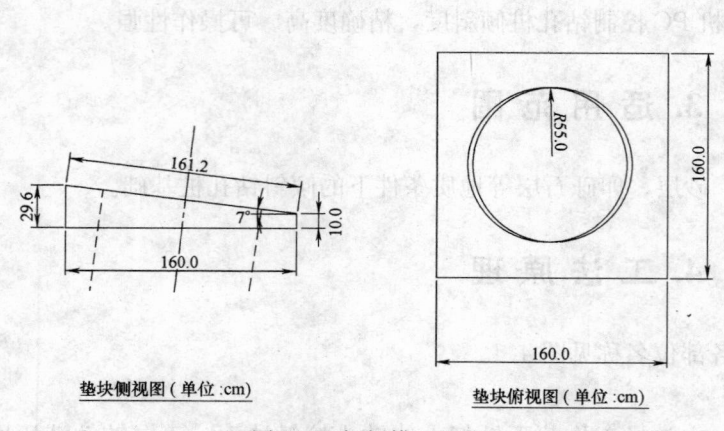

图 4.4　钢板模型垫块

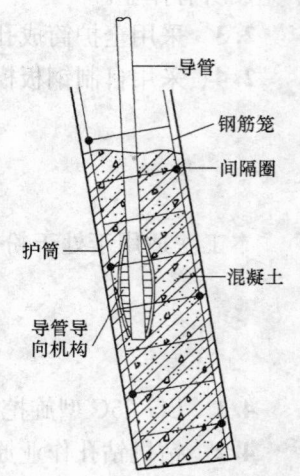

图 4.5　导管导向机构

4.5　导管安放原理

导管导向机构主要是为了避免导管在下放和以后的提升过程中挂在钢筋笼的钢筋。由于桩是斜桩，导管是直的，所以在导管末节的下口用弓形的钢板包住，在导管下放或提升时起到平滑的作用，这样就不会挂到钢筋笼。如图 4.5 所示。

5. 施工工艺流程及操作要点

5.1 施工工艺流程，见图 5.1。

5.2 施工要点

5.2.1 施工准备

BG-25C 型全液压旋挖钻机属于大型机械，该型号钻机工作时的全重 75t，全高约 22.84m，底盘履带总宽度 4.4m，且钻机在施工场地内转移时，桅杆不可折叠、只能保持直立，具有重量大、重心高的特点，因此使用该型号钻机施工，对场地、施工便道要求较高，在为其进行施工现场准备时，应做到：作业场地平整、坚实、宽敞，上方无架空输电、通信线路妨碍其作业及场地内转移；施工便道宽度保证 6.0m 以上，并应平坦、坚实，纵向坡度不应大于 15°；作业场地除满足旋挖钻机作业外，还应给钻机排渣、清渣机械、运输车辆等留有作业、停靠、转车场地（条件允许时可利用场地内的施工便道）。

5.2.2 桩位放样及护桩布设

施工中，对于指导旋挖钻机施工作业具有真正意义的是桩位中心桩的护桩。护桩是根据钻孔桩中心桩放设出的，护桩通常设 4 个，围绕中心桩在垂直及平行于钻机底盘纵向轴线的两个大致垂直方向上布设，以便于操作人员从车上观察。护桩距离中心桩的距离相同，直径 100cm 的孔可取 250cm。护桩使用木桩，打下后上面再钉上小铁钉。

5.2.3 钻机就位

为防止钻机在工作时因地质条件不良造成钻机下陷或倾斜，可在钻机履带下分别垫一块 1.5～2m 宽，6～8m 长，2cm 厚的钢板。钻机两侧应留有排渣场地及灌注桩基混凝土时吊车的工作场地。就位后动力头施工方向应和履带板方向平行，不可垂直。支承摇管机与钻机的钢板模型垫块底面必须放置水平，以保证桩基倾斜度的精确性，可在钻机前方稍大于桩径的地面预先埋入有一定长度的方木，从而可将钢板模型垫板一端置于钻机履带下的钢板上、一端置于方木上以避免钻机工作时孔壁周围地质条件不良造成钢板模型垫块角度改变。

5.2.4 校正首节护筒倾斜度

首节护筒旋转入地下 10cm 左右后，应该及时校核护筒的倾斜度，护筒倾斜度的校核应在垂直和平行于钻机机身两个方向用全站仪校核。如护筒倾斜度不满足要求，用护筒驱动器来改变护筒的方向使其满足要求。

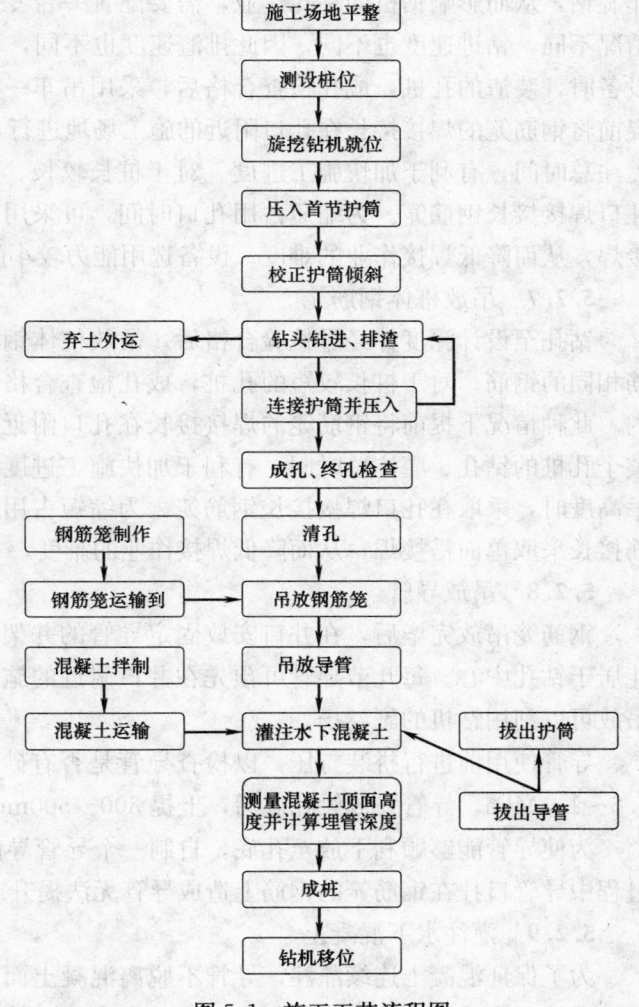

图 5.1 施工工艺流程图

5.2.5　连接护筒

护筒运输至工地后，吊放前可人力将其推滚至孔口附近，吊装时使用钻机桅杆上的副卷扬提升、吊装而不需要另配吊车作业。副卷扬是相对于主卷扬而言，它主要用于钻机维修、保养、更换钻具时使用。一节护筒压入到一定深度（一般高出摇管机20cm左右）后，用摇管机将该节护筒抱合紧密，护筒驱动器与该节护筒分离开。钻机副卷扬将下一节护筒吊装、提升直立后，护筒驱动器与此节护筒相连并提升，该节护筒与前一节护筒对位后以平头螺栓相连，利用护筒驱动器与摇管机使连接后的护筒下压进入土中。护筒顶面应高出地面50cm，以防止孔口处地面坍塌；护筒底部应紧跟钻头压入，并始终与钻头基本处于同一高度，以防止塌孔。

5.2.6　排渣

钻机在钻孔过程中，源源不断将岩土从孔内挖出，如果不及时清运走，堆积过高将影响钻机的工作旋钻，从而影响钻机的钻孔作业，需要配置一台专用的机械负责弃渣清运工作，因其钻孔地层地质情况不同，钻进速度也不同，因此排渣速度也不同，一般每小时在 5～10m³ 之间，因此配备装渣清运设备时，装渣的孔桩，成孔检查合格后，采用吊车一次性将钢筋笼吊起、并下放到孔内。此种情况下提前将钢筋笼的焊接接长在孔口附近的施工场地进行，不占用孔口时间，从而可缩短整个孔桩的钻孔、灌注总时间，有利于加快施工进度。对于桩长较长、桩体钢筋笼全长超过吊车的起吊高度时，采取在孔口焊接接长钢筋笼。为缩短占用孔口时间，可采用多台电焊机同时施焊作业、钢筋接长采取单面搭接焊，从而降低焊接作业的难度。设备选用能力较小的装载机即可满足要求。

5.2.7　吊放桩体钢筋笼

钻孔至设计深度并经过检验合格后，吊放桩体钢筋笼，钢筋笼的间隔圈按设计要求，采用与桩竖筋相同的钢筋。对于桩长较短的孔桩，成孔检查合格后，采用吊车一次性将钢筋笼吊起、并下放到孔内。此种情况下提前将钢筋笼的焊接接长在孔口附近的施工场地进行，不占用孔口时间，从而可缩短整个孔桩的钻孔、灌注总时间，有利于加快施工进度。对于桩长较长、桩体钢筋笼全长超过吊车的起吊高度时，采取在孔口焊接接长钢筋笼。为缩短占用孔口时间，可采用多台电焊机同时施焊作业、钢筋接长采取单面搭接焊，从而降低焊接作业的难度。

5.2.8　吊放导管

钢筋笼吊放完毕后，在井口安放固定导管的井架。井架的安放应水平、稳固，且使井架中心尽可能居于钻孔中心。每几节导管可预先在井口附近的施工场地内拼接好，以便于缩短吊装时间，导管的吊放可以利用钻机的副卷扬。

导管使用前进行拼装打压，以检查导管是否有砂眼，法兰盘是否有变形、密封不严，试水压力为 0.6～1.0MPa，导管安放触孔底后，上提 300～500mm。

为使导管能够顺利下放至孔底，自制一个导管导向结构（图4.5），以避免导管在下放或以后提升过程中导管口挂在钢筋笼的钢筋上造成导管无法提升或钢筋笼上浮。

5.2.9　灌注水下混凝土

为了保证混凝土连续灌注，导管不脱离混凝土面，且有一定的埋置深度，在灌注时要不断测定混凝土面的高度，以此推算导管每次上拔的高度以及护筒的埋深，避免导管脱离混凝土面和混凝土灌注的中断以及护筒埋深过深而导致无法拔出护筒。

5.2.10　拔出导管

拔出套筒前，内部灌满混凝土，拔套筒时，速度相对缓慢，且受水下灌注混凝土的水压和自身重力的作用，下落的混凝土（未凝固，流体状）完全可以填充拔出护筒后造成的2cm间隙。此步的关键工序在于拔护筒时必须缓慢，才能使混凝土完好的填充间隙。

当遇到需要同时拔出导管和护筒时，应先将提升起来的导管拆除后用钻机副卷扬吊住导管，利用钻机护筒驱动器及摇管机将需要拆除的护筒提升，待该节护筒拆除后，再在井口安放固定导管的井架，然后将导管放下继续灌注混凝土。

5.3 劳动组织

在旋挖钻全护筒斜桩施工中，实行全面统筹管理，采用先进的现代管理技术"网络计划"，使参加施工人员对施工进度控制和相互制约有比较清楚的认识，机械设备根据需要统一调配。使人、机安排合理有序。

以一个工作日（8 小时工作时间）为例，其劳动力组织安排见表 5.3。

劳动力组织规划表 表 5.3

序号	人员名称	人数	工作内容	备注
1	领工员	1	安排施工任务,协调各工种工作,统一指挥现场施工	
2	技术员	1	放设桩位;埋设护筒标高及钻孔孔深控制;灌注混凝土时,控制导管在混凝土中的埋深	
3	试验员	1	控制灌注混凝土质量,现场混凝土试验及检查试件制作	
4	钻机司机	1	旋挖钻操纵、日常维修保养	
5	吊车司机	1	吊车操纵、日常维修保养,负责现场起重作业	
6	装载机司机	1	装载机操纵、日常维修保养,负责现场弃渣清理、场地平整,混凝土拌合站混凝土粗、细骨料机械上料	
7	钢筋工	3	钢筋笼加工、制作	
8	电焊工	1	现场电焊作业	
9	混凝土拌合人员	6	混凝土水泥、外加剂人工上料;混凝土搅拌机操作	
10	混凝土输送泵操作人员	1	混凝土输送泵操作、日常维修保养	
11	电工	1	负责各种用电设备的供电管理、线路布设	
12	修理工	2	负责所有机械设备的维修	
13	普通力工	6	旋挖钻钻头弃土操作;井架、吊具的装配、使用管理;输送泵管的装卸;导管的装卸;套管的装卸;钢筋笼下放;灌注混凝土	

6. 材料与设备

主要机具使用见表 6。

机具需求量表 表 6

序号	设备名称	规格型号	数量	用途
1	旋挖钻机	BG-25C	1	钻孔及灌注水洗混凝土
2	汽车起重机	QY-25K	1	各种起重作业
3	轮式装载机	ZL40B	1	钻孔桩施工现场清理、弃渣处理;灌注混凝土时拌合站粗、细骨料上料
4	自卸汽车	2528K/18m³	1	运输弃渣
5	配料机		1	混凝土各组分配料
6	混凝土搅拌机	500L	2	混凝土搅拌
7	混凝土输送泵		1	混凝土运输
8	电焊机	300A	2	钢筋笼加工
9	钢筋弯曲机	40mm	1	钢筋弯折加工
10	钢筋切断机	40mm	1	钢筋切断加工
11	导管	套	1	
12	井架、吊具	套	1	

7. 质量控制

7.1 建立工地质量领导小组，实行质量责任制，并制定质量奖惩措施，使质量责任落实到人。

7.2 施工前由项目部技术部向施工作业队伍进行交底，对旋钻挖全护筒斜桩的施工方案、施工工艺、操作规程、技术要求、质量标准等进行交底。

7.3 进行钻孔施工时，以钻机上操作控制盘显示的倾斜度、深度为参考，及时对其进行检查、校核。倾斜度的校核定期进行，深度的校核每个孔接近孔底 2.0m 时，每旋挖一次提出钻头后，都要使用测绳测测量孔深、校核钻机的孔深计量系统，防止过度超钻发生。

7.4 定期进行导管密封性检验，为保证其密封性，对于导管接头处的密封垫圈等定期检查、更换。

7.5 施工期间由项目部派技术人员及专职质量控制人员对现场进行质量控制。

7.6 原材料采购和试验控制：认真执行监理程序，所有用于本工程的材料及材料来源必须通过监理的批准，其质量和性能必须符合技术规范和其他标准。

8. 安 全 措 施

8.1 施工前进行技术交底和安全生产教育，强化全员安全意识。建立安全保证体系，使安全管理制度化，安全教育经常化。所有机械设备的使用、操作，都应严格遵守其《安全操作规程》。严禁非操作人员操作旋挖钻机等设备，设备尤其是旋挖钻机使用前，应对操作人员进行培训，使其能熟知设备使用章程，明白设备使用注意事项，严禁违章操作。设备在投入使用前应全面检修，确保设备状态良好，满足使用要求，确保施工安全和质量。

8.2 旋挖钻机工作状态下的重心较高，场地内转移时注意防止倾覆事故发生。因此，除了施工准备时做好场地、便道平整外，要求操作人员严格按照钻机《安全操作规程》操作，场地内转移时地面应有辅助驾驶人员提前进行转移路径的检查，在地面进行正确引导、指挥。

8.3 钻机钻孔结束后、灌注混凝土前，对于孔口采取保温覆盖并作出明显的警示标志，防止人员、机具误坠孔内。

8.4 进行吊放钢筋笼、井架、导管等孔口作业时，注意防止坠落事故发生。除了经常对施工人员进行安全生产教育、提高其安全生产意识外，将孔口周围的作业场地清理规整，做到无闲散杂物，便于人员活动、作业。

8.5 钻孔桩施工过程中，大量使用吊车进行起吊作业，作业人员应按照《安全操作规程》作业，并做好人员的劳动保护、安全防护。

8.6 随时对施工机械用电进行安全教育，禁止随拉随接，电器的保险安装必须符合安全技术规范，发现问题及时处理。

8.7 进入施工现场必须戴安全帽。

8.8 禁止违章作业和酒后上岗。

8.9 夜间作业必须具有良好的照明。

8.10 遇大风（八级以上）时禁止进行钻孔作业。

9. 环境保护和节能措施

9.1 参照现行当地国家环境保护相关标准，制订切实可行的环境工作计划以及具有操作性的实施规程。

9.2 通过各种手段，进行环保教育，提高全体作业人员的环保意识。

9.3 在生活区的建设规模上，进行科学计划、安排，根据施工高峰与低潮的变化，合理设计容纳人员的数量，尽可能减少生活区的规模，减少对环境的占用。

9.4 加强施工现场用水、用电管理，做到无常流水、长明灯；施工现场固定机械设备要及时清洗养护，且必须搭棚防护，设备旁必须悬挂操作规程牌和设备标牌。

9.5 施工机械设备选用低噪，废气排放达标型，在运输过程中必须全封闭，防止污染场外环境。

9.6 施工场区内设垃圾站，及时集中、分拣、回收、利用、清运剩余料具、包装容器及其他施工垃圾。旋挖钻机施工中的排渣应按合同规定在监理工程师指定的方法处理。污水经沉淀后方可排出或回收用于洒水降尘；弃土堆放在指定位置。

10. 效 益 分 析

10.1 经济效益（以古鲁木桥为例，用 BG-25C 型旋挖钻机全护筒和正、反循环钻机全护筒施工进行对比）

古鲁木桥斜桩共有 40 棵，全长为 1000 延米，业主要求必须采用全护筒进行斜桩施工。因为当地国家条件较差，所有设备都需新购。斜桩一般采用正、反循环钻机进行施工，而此钻机进行施工，护筒无法拔出进行循环利用。正、反循环钻机国内价格一般为 200 万一台，双壁钢护筒一节（直径 1.1m，长 3m）为 1 万元（算上运费及关税），全部 40 棵桩共需护筒 600 节，共 600 万元。而且正、反循环钻机还需泥浆搅拌机配合，采用泥浆护壁进行钻孔施工，一套泥浆搅拌机也需 20 万，钻机和护筒及泥浆搅拌机等共 820 万元；而 BG-25C 型旋挖钻机一台需 700 万元，因为护筒可反复循环利用，只需 17 节（2 节为预备用），共 17 万元。而且不需要泥浆搅拌设备，总共只需 717 万元。单设备材料一项就可节约 103 万元。而且 BG-25C 型旋挖钻机全护筒施工斜桩，成孔快，无需清孔，相比正、反循环钻进行斜桩施工，成孔较慢，灌注混凝土前还需进行清孔，一棵斜桩采用此工法和正、反循环钻机相比可节约半天的时间，40 棵桩累计就可节约 20d 的时间。以一天投入 10 人计算，60 元一个工日，就可节约 12000 元。

10.2 社会效益

在非洲市场施工中，投入世界先进的机械设备、采用全新的施工技术及工艺，确保了安全、质量、工期，得到了相关单位的肯定，提高了公司的影响力和竞争力。目前非洲本地的施工企业施工技术力量比较弱，而国外大型跨国企业暂时很少进入非洲市场。本施工方法在非洲都是较为先进的，在施工过程中，塞内加尔首都达喀尔大学还专门组织教师和学生到现场学习。斜桩施工完毕后，业主及相关政府人员都对施工质量给予了肯定，极大了提高了公司的影响力。

采用旋挖钻机全护筒进行钻孔桩施工，不需要建立泥浆护壁所需的泥浆池，同时也无护壁泥浆排放，因此对环境的污染小，将工程施工给非洲自然生态环境带来的不良影响降至最低，具有较好的社会效益。

11. 工 程 实 例

塞内加尔古鲁木（GOULOUMBOU）位于西非塞内加尔丹巴地区古鲁木镇内，该桥横跨塞内加尔丹巴地区和科尔达地区之间的冈比亚河，该桥是连接塞内加尔首都与科尔达地区的重要通道，也是一条国际通道，距 Tamba 35km，距首都达喀尔 500km。桥址位于既有桥上游约 15m 处，河面宽约 150m，旱季水深约 5m。古鲁木大桥为钢结构桥梁，桥梁全长 160m，共 5 跨，跨度为 32.37m+3×32.54m+32.35m，双向 2 车道，桥上路面宽 7.35m。下部结构为钻孔桩基础，桩径 1m，长度为 25m，总共 60 棵，其中倾斜度为 7°的钻孔桩 40 棵，竖直钻孔桩 20 棵。

该桥梁的钻孔桩基础所处的地质条件为粉砂层、较软的淤泥夹砂层，斜桩施工非常容易塌孔，适合使用旋挖钻机全护筒施工。

项目于 2007 年 5 月 12 日，开始采用 BG-25C 型全液压旋挖钻机进行第一棵斜钻孔桩的钻孔施工，截至 2007 年 9 月底，完成所有钻孔桩的施工，并完成了所有桩基的无损检测工作，桩检结果：合格率 100%，因此对于该工法实际施工效果良好。

水下无封底混凝土套箱施工工法

GJYJGF076—2008

山东高速青岛公路有限公司　路桥集团国际建设股份有限公司

姜言泉　邵新鹏　侯福金　吴健　欧阳瑰琳

1. 前　　言

青岛海湾大桥海中区非通航孔桥承台底标高位于常低潮位以下，并且水深较大，按照传统的钢吊箱方案进行施工时需要进行水下封底混凝土施工。青岛海湾大桥属国内第二大跨海大桥，海中区非通航孔桥承台众多，工期紧，安全、质量和环保要求极高。在环境恶劣的海上进行众多的钢吊箱的水下封底施工，在质量、安全和环保方面存在许多不利于工程施工的不可预见因素，并且施工速度缓慢，耗时长使海上船机设备的投入极大。另一方面，承台侧面设计有防腐涂装，钢吊箱的壁板不能直接作为承台的外模，需要投入承台模板；承台拆模后等待进行表面涂装的时间很长，因此为满足工期的要求，钢吊箱的投入巨大。为此，我公司联合山东高速青岛公路有限公司，借鉴东海大桥、杭州湾大桥混凝土套箱的应用经验，研发设计了水下无封底的混凝土套箱施工工法。试验施工后该技术在 2009 年 6 月通过了中国公路学会组织的鉴定。该项目获 2009 年度中国公路学会科学技术奖特等奖，获国家发明专利一项。现该工法已经成功应用于青岛海湾大桥海中区非通航孔桥承台施工，充分体现了该工法的先进性。

2. 工 法 特 点

2.1　水下无封底混凝土套箱利用了冲水胶囊止水的先进技术，利用连接件对混凝土套箱和钢护筒进行刚性连接以抵抗自重和浮力的合力，避免了进行水下封底混凝土施工，避开了水下封底施工如封底失效、漏水及安全等方面的风险。避免了水下混凝土施工造成的污染，对海洋、江河的环境起到保护作用。

2.2　水下无封底混凝土套箱不需进行水下混凝土封底、承台模板安装、钢吊箱拆除等工序，避开了这些工序施工诸多的质量、安全风险，有利于施工的正常开展、控制，确保质量和工期，单个承台的有效施工时间钢吊箱需要 21d，而本工法只要 8d，施工快速，大大节省了船机费用的投入，特别是对大量的海上承台施工有相当大的优势。

2.3　承台混凝土浇筑后，承台混凝土与套箱混凝土结为一体，混凝土套箱相当于承台的保护套，承台混凝土侧表面不需再进行防腐涂装施工，节省了涂装施工费用。套箱可提高承台使用寿命 30 年以上。

2.4　混凝土套箱可采用陆地或平台预制，便于实现工厂化施工和管理，现场施工工序简单，相对于需要进行封底施工、承台模板安装等繁琐工序的方案要简单很多，有利于现场的施工管理，安全、质量控制；混凝土套箱可批量生产，增加投入以加快施工进度的效果较需要水下封底的施工工艺要明显得多。

3. 适 用 范 围

具备如下条件本工法适用：

674

3.1 原海（河）床面或进行适当的清淤后，海（河）床面的标高应低于混凝土套箱下放到位后的底面标高，并且水深要满足施工船舶作业的需要。

3.2 桥墩的桩基础应全部为直桩，钻孔桩的钢护筒（或钢管桩）的顶标高应留置到常低水位以上。

3.3 适用于同类型大批量的大、中、小型承台施工，选择用做少量或巨型承台施工时，需要进行技术、经济等方面的比选。

4. 工艺原理

4.1 水下无混凝土套箱的结构组成

水下无混凝土套箱结构主要包括：钢筋混凝土套箱及其连接件、钢质防浪板、止水胶囊等三大部分组成，利用浮吊整体安装，其结构示意图见图 4.1-1、图 4.1-2。

4.2 防浪板的连接方式

防浪板是混凝土套箱接高的围水结构物，以满足套箱安装后承台、墩身施工的挡水需要。防浪板采用螺栓、遇水膨胀止水条与混凝土套箱顶部实施连接并止水，具体设置见图 4.1-1。

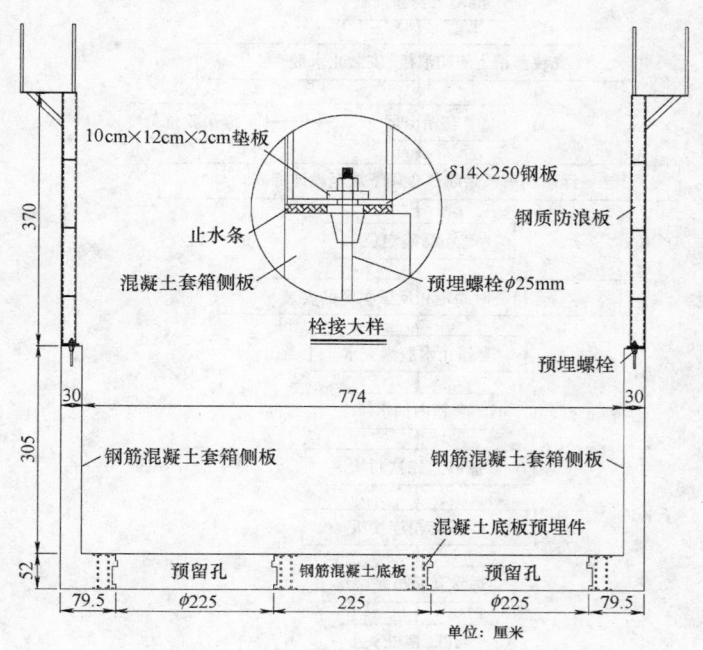

图 4.1-1　混凝土套箱安装前结构示意图

4.3 套箱的止水方式

套箱的止水采用止水胶囊，套箱预制时在底板处设置胶囊的固定槽，胶囊与套箱一同下放后，往胶囊内冲水至 0.2～0.35MPa，实现止水后在胶囊的顶部设置速凝砂浆，以保护胶囊并作为止水的又一道屏障，具体设置见图 4.1-2。

4.4 套箱与钢护筒的连接方式

利用连接板连接套箱的底板和钢护筒，以满足抵抗自重、浮力、波浪水流力、施工荷载等的合力，其效果等同于需要封底的套箱中封底混凝土与钢护筒之间的握裹力，具体设置见图 4.1-2。

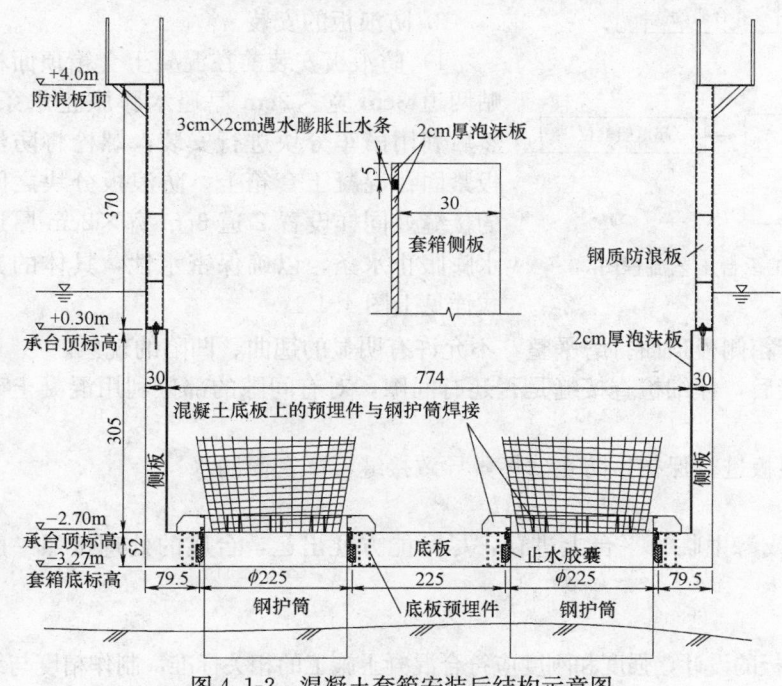

图 4.1-2　混凝土套箱安装后结构示意图

4.5 套箱与承台新老混凝土接合面的处理方式

为防止承台混凝土的膨胀造成对套箱侧板的挤压而发生开裂，在套箱内壁设置一层 1～2cm 厚弹性应力吸收层；同时为了防止防浪板拆除后，海水从套箱侧板与承台侧面的缝隙渗入，在套箱侧板内壁顶部设置一圈 3cm 高×2cm 厚的遇水膨胀止水条。具体设置见图 4.1-2。

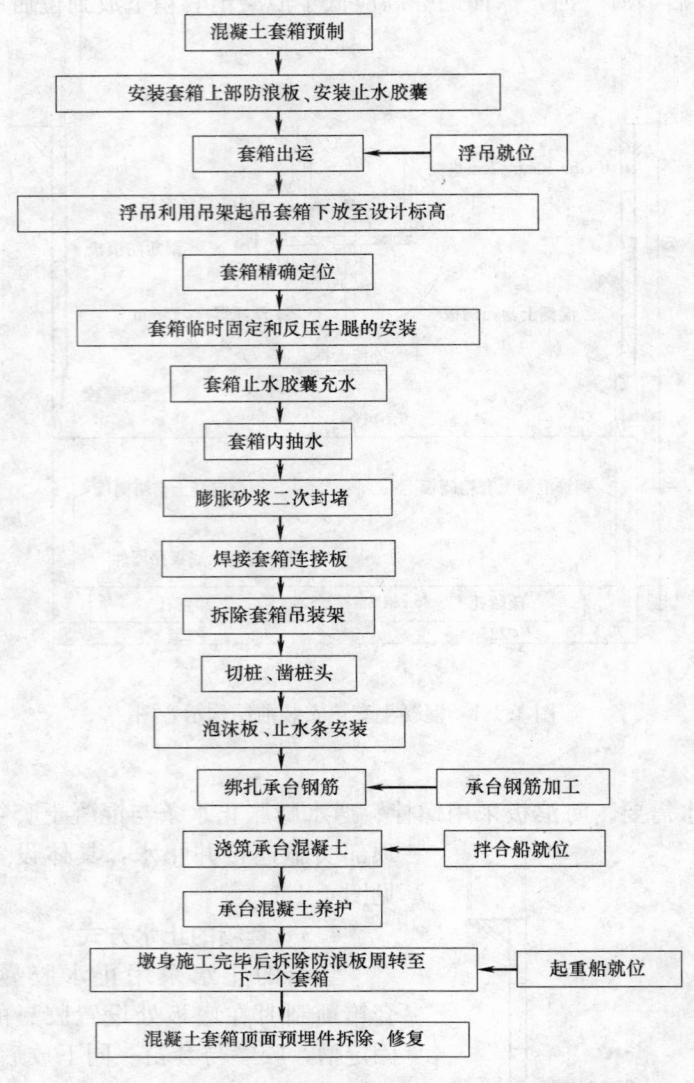

图 5.1 水下无封底混凝土套箱施工承台工艺流程图

5. 施工工艺流程及操作要点

5.1 施工工艺流程（图 5.1）

5.2 操作要点

本工法的施工操作要点主要包括：防浪板的制作与安装、钢筋混凝土套箱预制、套箱安装、套箱止水、承台钢筋混凝土施工、防浪板拆除等几大部分。

5.2.1 防浪板的制作与安装

1. 防浪板的制作

1）防浪板根据相应的海况条件和施工需要进行设计，由于为临时挡水结构物，其底部连接板的平整度应满足 ±5mm 以确保止水效果，其他位置的制作精度可适当放宽，满足挡水目的即可。

2）严格按照设计图纸进行防浪板底板螺栓孔位的开设，确保开设的孔位与混凝土套箱上预埋的螺栓对应。

3）防浪板的面板连接缝、面板与底部连接板的连接缝要求双面满焊，防止漏水。

2. 防浪板的安装

1）防浪板安装前在混凝土套箱顶面粘贴两道 3cm 宽×2cm 厚遇水膨胀止水条，然后利用吊车分块进行安装，螺栓将防浪板紧固在混凝土套箱上，防浪板分块之间的接缝处同样设置 2 道 3cm 宽×2cm 厚遇水膨胀止水条，以确保密水性，具体的方式详见上图 4.1-1。

2）防浪板安装前，需将混凝土套箱侧板顶面打磨平整，不允许有明显的翘曲、凹陷的现象。

3）防浪板与混凝土套箱侧板拴接后，仔细检查接缝是否还有间隙，对有间隙的部位利用混凝土砂浆或玻璃胶进行封堵。

4）在安装过程中注意对单块防浪板进行保护，防止磕坏，导致接缝不严密而漏水。

5.2.2 钢筋混凝土套箱预制

混凝土套箱的预制可选择在陆地或海中临时平台上进行，尽可能方便出运，台座的处理按照一般预制构件的标准进行处理即可。

1. 混凝土套箱模板的设计与制作

按照混凝土套箱的外形尺寸进行模板的设计，强度和刚度应符合混凝土施工的相关标准，制作精度与结构承台的标准一致。混凝土套箱模板由外模、内模、底板预留孔模板组成，见图 5.2.2-1、图 5.2.2-2。

2. 混凝土套箱预制

混凝土套箱的预制按照常规预制构件的工艺进行施工，根据其本身及应用的特点，需要注意以下几点：

1）套箱底板预留孔的位置应与桩群钢护筒的实际位置一致，预制前时应实测墩位桩群的实际位置，以此来进行预留孔的放样。

2）在钢筋施工时应注意各种预埋件（如顶部连接螺栓、底板预埋板件）的预埋工作，并确保位置

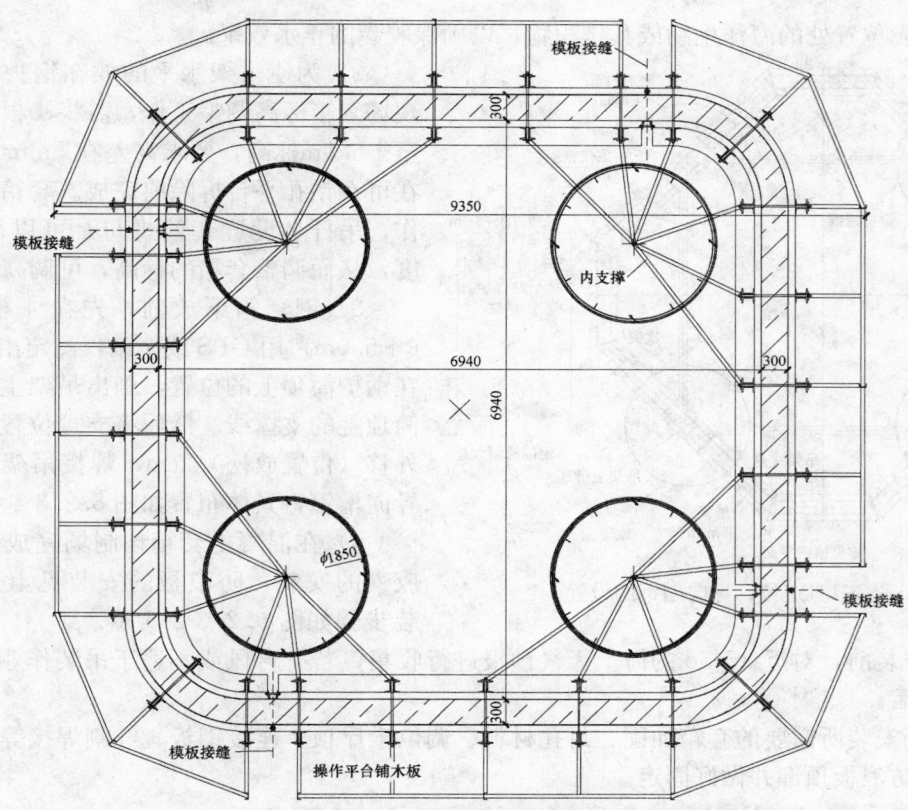

图 5.2.2-1　混凝土套箱模板整体平面图

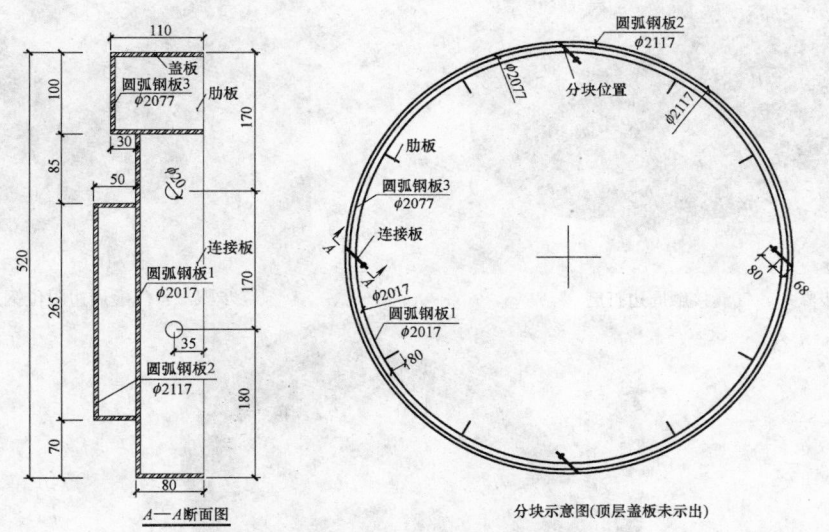

图 5.2.2-2　底板预留孔模板

准确、固定牢固。

3）在模板安装时严格控制模板的垂直度和顶面高程，在混凝土浇筑完毕后应对套箱的顶面进行抹平收光，顶面的平整度控制在±3mm。

4）合理选择预留孔模板拆除的时机，避免过早拆除，拆除时应注意预留槽棱边的保护。

5）做好混凝土套箱的养护工作，保湿、防风工作应做到位，以防止套箱的薄壁结构上出现裂缝，以形成海水的腐蚀通道。同时在现场制作试件，同条件养护，以确定吊装时间。

5.2.3 混凝土套箱安装

1. 安装前准备工作

1）拆除钻孔平台，割除桩间平联及钢护筒上附着的可能刮伤胶囊的物件，同时派潜水员清除附着在钢护筒上胶囊位置处的海洋生物或其排积物，以确保胶囊的止水效果。

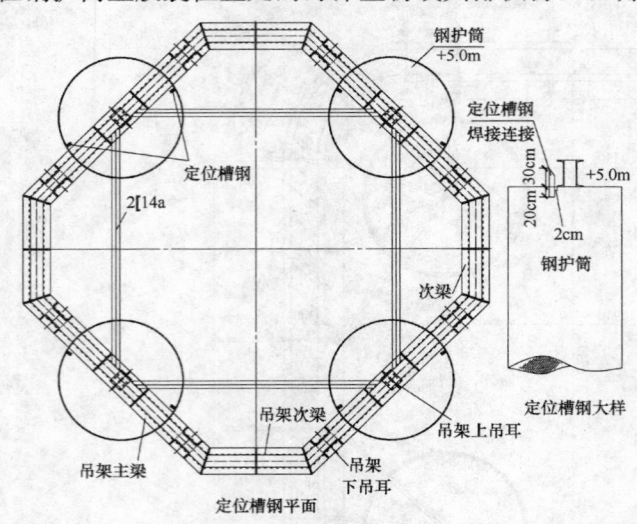

图 5.2.3-1 定位、导向槽钢的设置

2）为使吊架水平的放在钢护筒顶上，减少现场套箱标高调整工作，需将 4 根钢护筒统一割至＋5.0m 标高，要求高差在 5mm 内，此项工作在可在钻孔平台拆除前完成。套箱的吊杆定长制作，吊杆上设置套筒螺母，可以微调吊杆的长度，从而调整套箱的标高，可调高度为 6cm。

3）钢套箱下放前，先在 4 根钢护筒顶上（＋5.0m）用 GPS 或全站仪测定出套箱吊架支撑在钢护筒顶上的位置，画出吊架主梁底部在钢护筒顶上的支撑线。然后将支撑位置的外边线再向外移（位置放松）2cm，焊接吊架（套箱）下落导向槽钢，具体布置如图 5.2.3-1 所示。

4）在混凝土套箱预制场完成防浪板和止水胶囊的安装，防浪板的安装见上述，胶囊的安装步骤如图 5.2.3-2 所示。

5）套箱安装前，对近 3～5d 的海上天气预报进行收集，若有台风或不适于吊装作业的天气，将预定安装时间推后。

6）将现场安装所需要的套箱加固、封孔材料、调位千斤顶、连接钢板、气割焊接等小型操作工具及材料防止在防浪板顶部并做好固定。

步骤一：气囊接触周边打磨

步骤二：气囊周边限位钢筋焊接

步骤三：将胶囊安装至限位钢筋内

图 5.2.3-2 胶囊的安装步骤

2. 混凝土套箱的运输

混凝土套箱可由浮吊吊装到运输船上运输到施工现场，若浮吊能满足提吊并自航的要求，也可由浮吊将套箱吊着从预制场运输至施工现场。浮吊利用专用吊架起吊套箱，在混凝土套箱达到吊装强度后，开始安装吊杆和吊架，在安装的过程中根据实测数据微调吊杆的长度，以确定吊架搁放在钢护筒上后，可以满足混凝土套箱在设计的标高位置。吊架的挂设见图 5.2.3-3、图 5.2.3-4。

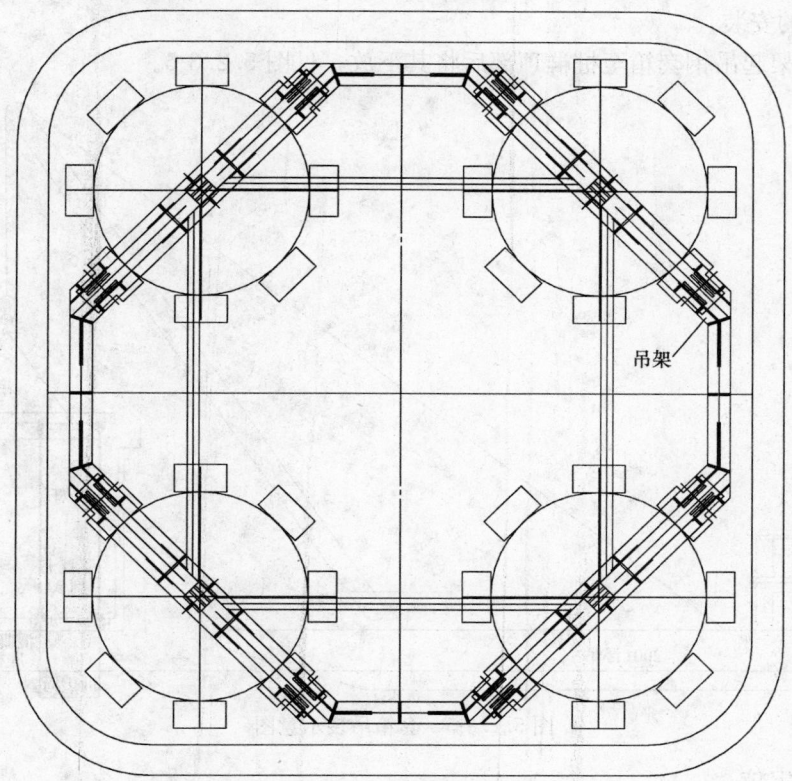

图 5.2.3-3 吊架挂设平面图

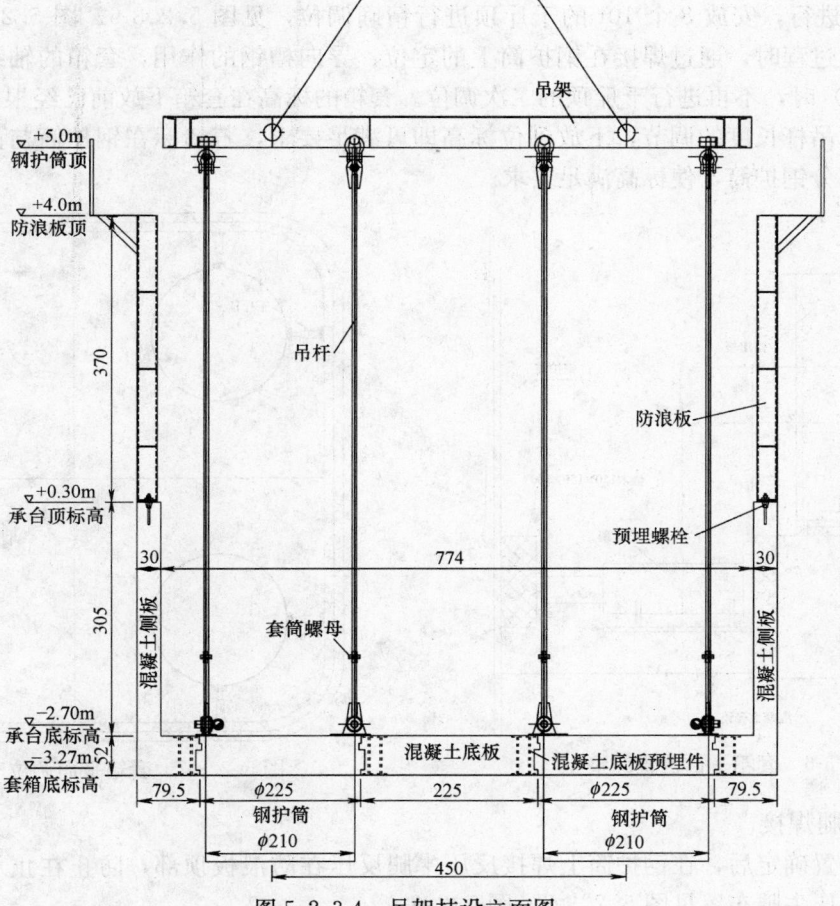

图 5.2.3-4 吊架挂设立面图

3. 混凝土套箱的安装

1）浮吊利用吊架起吊钢套箱至桩群顶部后将其下放，见图 5.2.3-5。

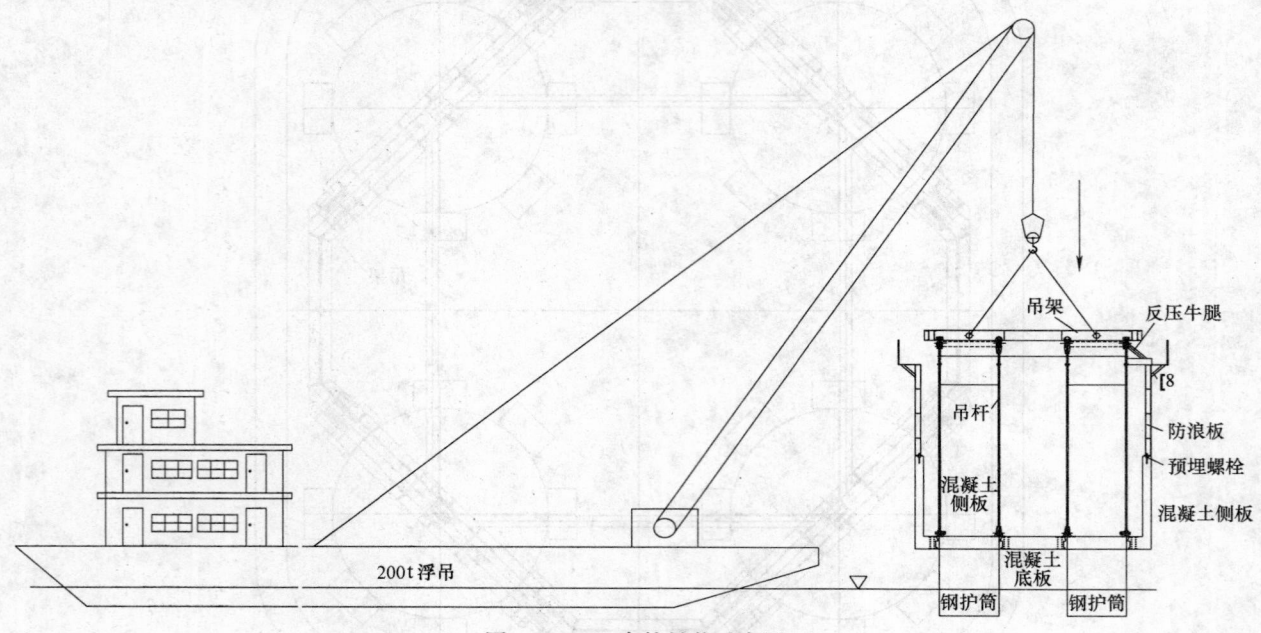

图 5.2.3-5　套箱吊装示意图

2）套箱的精确定位

通过在混凝土套箱与钢护筒之间的调位千斤顶进行，在套箱粗定位完成后，选择潮位低于混凝土套箱顶部 1m 时进行，安放 8 个 10t 的千斤顶进行精确调位，见图 5.2.3-6、图 5.2.3-7。需要说明的是，在套箱下放过程时，通过焊接在钢护筒上的定位、导向槽钢的作用，套箱的轴线平面偏差在允许的规范内（2cm）时，不再进行千斤顶的二次调位。套箱的标高在套箱下放前已经根据钢护筒顶部的实际顶标高进行了吊杆长度的调节，下放到位标高即可满足要求，若超标在钢护筒与吊架的接触处进行支垫或割除小部分钢护筒，使标高满足要求。

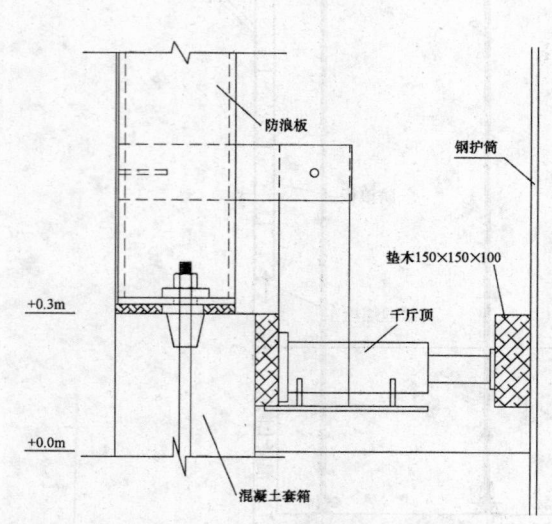

图 5.2.3-6　套箱平面位置调整

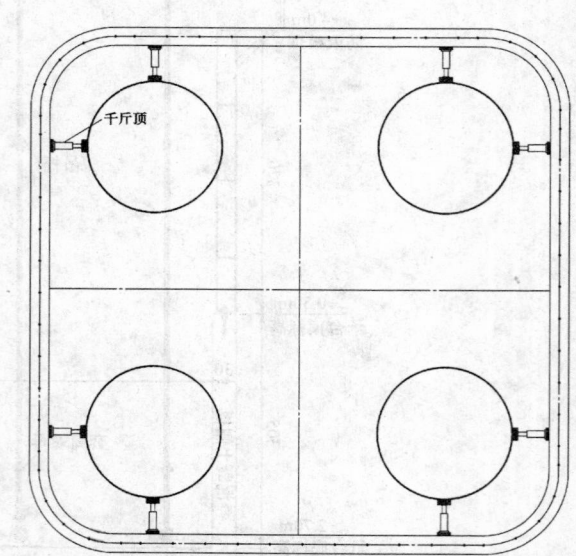

图 5.2.3-7　套箱平面调位千斤顶位置图

3）反压牛腿焊接

套箱平面位置确定后，在钢护筒上焊接反压牛腿反压在防浪板顶部，防止在止水后套箱在浮力的作用下上浮，反压牛腿布置见图 5.2.3-8、图 5.2.3-9。

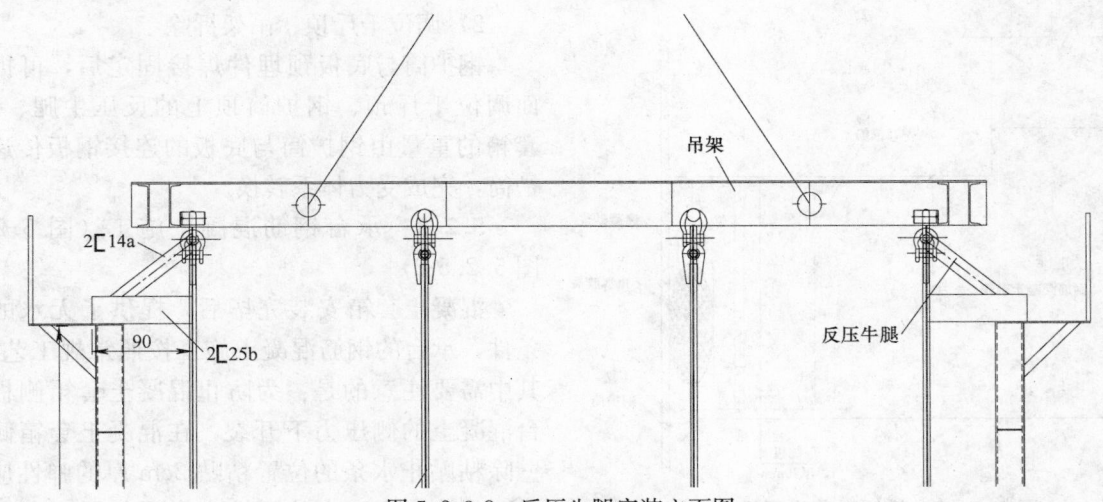

图 5.2.3-8 反压牛腿安装立面图

5.2.4 套箱止水与连接

1. 套箱止水（图 5.2.4-1～图 5.2.4-3）

1）反压牛腿焊接完毕后，尽量选择在低潮位进行胶囊止水，采用高压清洗机作为充水设备，利用高压管（如气割用的氧气管）连接清洗机与胶囊的气闷管。开动清洗机逐个对胶囊进行充水，充水压力控制在 0.2～0.35MPa，充水时设置压力表监控充水压力，防止充水过多导致胶囊爆裂。

2）套箱内抽水、砂浆二次封堵间隙

在气囊止水完成后，利用 4 台抽水泵在 1h内将套箱内的水抽干，提供干作业环境。抽水时选择好时机，在潮水到达最低潮时完成抽水，随后用事先拌制好的膨胀砂浆将钢护筒与底板之间的间隙封堵，确保套箱内不漏水。

2. 套箱底板预埋件与钢护筒焊接

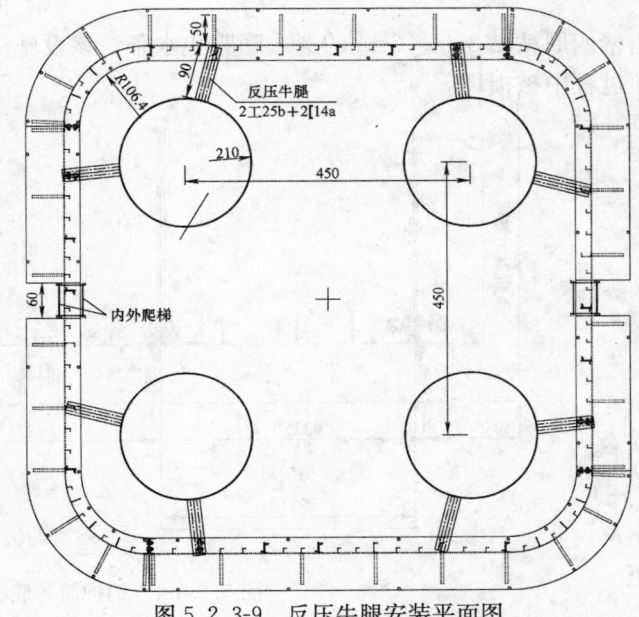

图 5.2.3-9 反压牛腿安装平面图

1）在完成砂浆封堵后，立即利用预先下料连接钢板将钢护筒与混凝土底部上的预埋件进行焊接连接。由于连接板的数量较多，需要投入多台焊接和焊工同时进行焊接。焊接过程中严格进行焊缝质量的控制，确保焊接质量。焊接完成后的状态见图 5.2.4-4、图 5.2.4-5。

图 5.2.4-1 高压清洗机充水

图 5.2.4-2 胶囊充水后效果

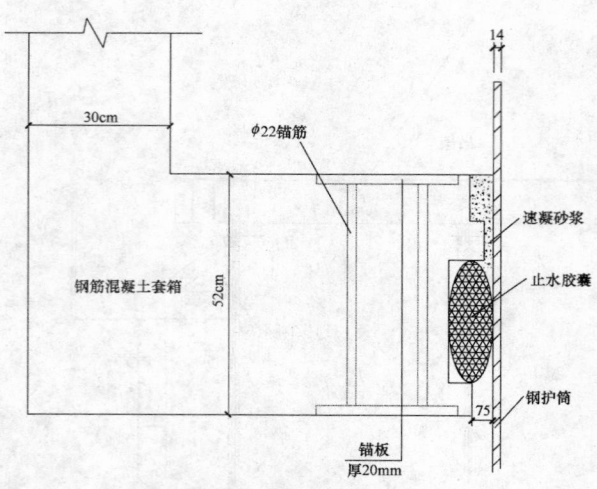

图 5.2.4-3　速凝砂浆设置后状态

2）调位千斤顶、吊架拆除

钢护筒与底板预埋件焊接固定后，可拆除平面调位千斤顶、钢护筒顶上的反压牛腿、吊架，套箱的重量由钢护筒与底板的连接钢板传递给钢护筒，完成受力体系转换。

5.2.5　承台钢筋混凝土施工（图 5.2.5-1、图 5.2.5-2）

混凝土套箱安装完毕后，提供了无水的工作条件，承台的钢筋混凝土施工按照常规工艺进行，其中需要注意的是：为防止混凝土套箱侧板在承台混凝土的侧压力下开裂，在混凝土套箱侧板内壁除粘贴止水条的位置粘贴 2cm 厚的弹性应力吸收层；为防止海水从弹性应力吸收层渗入已浇筑的承台混凝土内，在距套箱侧板顶面 5cm 位置的

内壁四周粘贴 3cm×2cm 的遇水膨胀止水条。该设施应在承台钢筋绑扎完毕后进行，以防止在钢筋的绑扎过程中被损坏。

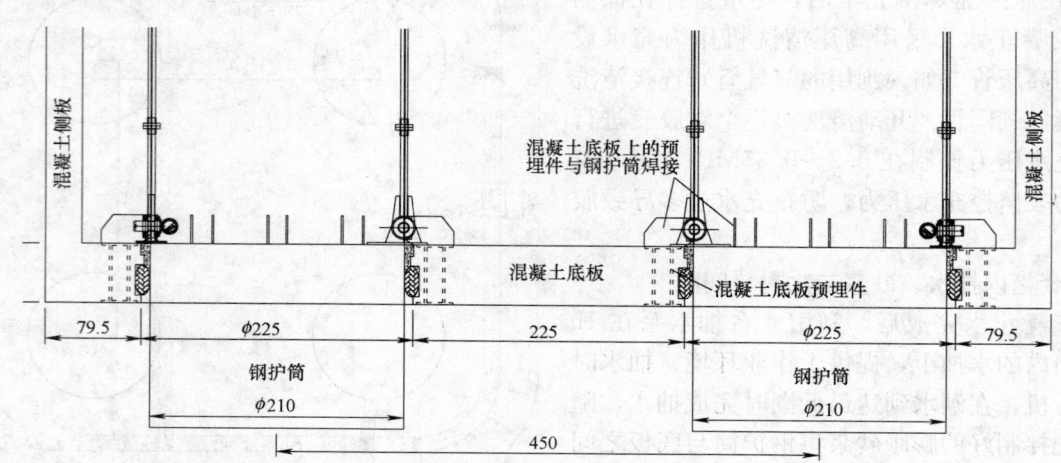

图 5.2.4-4　钢护筒与底板预埋件焊接立面图

图 5.2.4-5　钢护筒与底板预埋件焊接完成后状态

图 5.2.5-1　套箱侧板粘贴弹性应力吸收层

5.2.6　防浪板拆除及套箱侧板顶部修复

1. 防浪板拆除

考虑到承台表面需进行防腐涂装以及墩身施工，防浪板的拆除安排在首节墩身施工完毕后拆除。根据起吊设备吊装能力的大小，拆除可按整体或分块拆除的方式进行，在拆除的过程中做好成品保护工作。

2. 套箱侧板顶部修复

在防浪板拆除后，选择低潮水位，人员上到承台顶面，割除防浪板的连接螺杆，对螺杆位置处的混凝土进行表面处理，然后在凿开处回填与承台同标号的混凝土砂浆并收抹平整，防止海水腐蚀混凝土套箱钢筋。

5.2.7 应急施工措施

本工法在施工过程中针对不同的紧急情况采用如表5.2.7所示的应急施工措施。

图 5.2.5-2 弹性应力吸收层、止水条粘贴完毕

施工应急措施 表5.2.7

序号	出现的紧急情况	应急施工措施
1	钢套箱下放后，未止水，遭遇台风极端恶劣天气	条件许可时，利用浮吊将套箱吊回运输船上；条件不许可时，在套箱与钢护筒之间设置型钢限位，型钢焊接在钢护筒外壁，型钢与套箱内壁之间点橡胶板，以防止套箱在风、浪、流的作用下产生较大的晃动，确保套箱安全
2	钢套箱下放并实现止水，遭遇台风极端恶劣天气	在台风来临前，尽可能的完成套箱底板与钢护筒之间的连接板的焊接。同时，在防浪板上开设连通孔，以满足台风袭击时套箱内外的水头一致
3	防浪板漏水	在低潮位时段加固连接螺栓，利用速凝止水材料封堵
4	止水胶囊破损无法实现止水	潜水员下水利用水下封堵材料进行封堵，该方法已在青岛海湾大桥实施成功，在没有止水胶囊的情况下也能利用封堵材料实施应急止水

6. 材料与设备

6.1 材料投入

本工法投入的材料主要包括：钢质防浪板、套箱钢筋和混凝土、各种预埋和连接的钢构件、型钢吊架和吊杆、止水胶囊、遇水膨胀止水条、弹性应力吸收层、速凝砂浆等，具体的型号和用量由实际工程确定，冲水胶囊可委托大型橡胶制品厂进行加工。

6.2 设备投入

海上施工时本工法投入的主要船机设备如表6.2所示。

主要船机设备表 表6.2

编号	机械设备名称	型号	单位	数量	用途
1	混凝土拌合站(船)	120m³/h	套	1	混凝土供应
2	浮吊	200t	艘	1	套箱下放
3	运输船	800t	艘	3	材料运输
4	多功能作业船	2000t	艘	1	现场施工
5	起锚艇	700HP	艘	2	起抛锚作业
6	交通船	184kW	艘	2	海上交通
7	吊车	25t	辆	1	防浪板安拆
8	龙门吊	30t	台	1	套箱预制场
9	发电机	300kW	台	2	电能供应
10	手摇千斤顶	10t	个	8	平面位置调整
11	电焊机	27kW	台	4	连接板焊接
12	高压清洗机		台	2	胶囊充水

7. 质量控制

7.1 防浪板的制作标准可按照临时结构物进行，强度刚度应满足施工需要，并应满足完全密封的要求。

7.2 混凝土套箱模板除满足混凝土浇筑时强度和刚度的要求外，其制作精度应与结构承台容许的误差一致，另外还需要满足确保混凝土套箱良好的外观质量。

7.3 套箱钢筋尺寸误差及安装误差应满足施工规范要求，混凝土保护层厚度应不小于 3cm。

7.4 混凝土套箱的预制应遵照《公路桥涵施工技术规范》JTJ 060—2004 执行，混凝土配比应满足《海港工程混凝土结构防腐蚀技术规范》JTJ 275—2000。

7.5 混凝土套箱运输安装过程中应做好防风、防浪工作，保证施工过程中结构的稳定性，以防止破坏成品质量。

7.6 安装到位后应保证套箱空间位置的精确度，利用千斤顶等设备精确调整套箱与护筒的相对位置。

7.7 结构体系转换前应保证连接板与套箱混凝土接触面的平整度，使套箱荷载能够均匀传递到每个钢护筒上。

7.8 连接板的焊缝应满足《建筑钢结构焊接规程》JDJ 81—2002 的相关要求。

7.9 胶囊的应用为整个工法的关键，胶囊产品使用前必须进行相关的试压后才能投入使用，胶囊与套箱底板、钢护筒接触位置必须保证平滑，安装前应做好相关的处理。

7.10 套箱顶部侧板与承台之间的遇水膨胀止水条是确保承台结构物耐久性的关键，除止水条选用大型厂家合格产品外，施工过程应精细。

8. 安 全 措 施

8.1 在施工过程中应严格遵守起重吊装、安全用电、海上施工船舶和人员安全规定等相应的法规、标准、规程，以确保施工安全。

8.2 做好施工天气预警工作，大风（7 级以上）、大雾应停止相应作业，做好防台预案，合理安排生产。遭遇台风时，在防浪板底部开设连同孔，使套箱内外水头一致，以确保套箱安全。

8.3 捉住有利施工时机，连续快速进行施工，以避开一些不可预见的风险，确保施工的顺利进行。

8.4 做好船舶的管理，防止船撞套箱的事故发生。

9. 环 保 措 施

本工法在实施过程中主要的污染源在于施工垃圾和施工设备废油的排放。施工垃圾应收集并集中处理，不可直接抛弃在海中；设备废油应设置相应的围堵和收集设施，防止排入海中形成污染。

10. 效 益 分 析

10.1 经济效益分析

2006～2009 年，此项技术比传统工艺提高工效 50%，工期加快 30%以上。此项技术分别在青岛海湾大桥第 2、4、5、6、7、10 合同和即墨至海阳丁字口跨海大桥中应用：每合同段分别节省约封底混凝土费、周转材料费、防腐蚀措施费、船机费等 3052.9、3112.8、2993.1、2454.35、1795.86、2394.48、532.4 万元。本技术也在世界最大的桥隧工程——港珠澳的初步设计中得到了应用。

混凝土套箱可延长承台寿命约 50 年，在桥梁服役期间可减少三次水中防腐蚀涂装施工，其间接经济效益远远大于直接效益。

10.2 社会效益分析

10.2.1 本工法避免了在环境恶劣的海洋环境中进行水下封底混凝土作业，规避了水下封底混凝土失效（如漏水、握裹力不足）等安全风险，同时由于工艺简单，可实现工厂化的标准施工，大大减少了常规工艺所需在海上进行的多项繁琐工序，便于海上施工安全管理，确保施工人员的安全。总的来说本工法在体现科技创新带来生产率大大提高的同时，体现了安全第一，以人为本的理念，对创建和谐社会有较大的贡献。

10.2.2 采用混凝土套箱施工工艺，避免了水下混凝土施工工序，减少对海洋环境的干扰和污染。

10.2.3 本工法在青岛海湾大桥成功实施，取得了显著的成果，这将大大缩短海湾大桥的建设工期，有利于大桥早日建成，为加快胶州半岛城市群体的发展起极大的促进作用。

10.2.4 本工法的使用和推广开拓了水下承台施工技术新的领域，完善桥梁基础施工技术体系，为施工技术选用提供新的思路和供选择方案。

11. 应 用 实 例

11.1 青岛海湾大桥第十合同段海上非通航孔桥承台共计104座，结合现场施工条件，共有80座承台采用水下无封底混凝土套箱施工方案。自2007年1月至2008年6月，安全、优质地完成了80座采用水下无封底混凝土套箱的承台的施工，其中首个和第二个采用水下无封底混凝土套箱的承台的施工完成于2007年2月20日。采用新工艺后，单座承台施工周期比采用常规工艺的平均减少了约15d，通过与采用有底钢套箱的方案比较，在不计节省的涂装费用前提下，只计算节省的船机费用、人工成本和材料费用，整体上可节省施工投入为2394.48万元。

11.2 青岛海湾大桥第六合同段海上非通航孔桥承台共计82座，结合现场施工条件，共有82座承台采用水下无封底混凝土套箱施工方案。自2007年7月至2008年5月，已安全、优质地完成了82座水下无封底混凝土套箱承台的施工，采用新工艺后，单座承台施工周期比采用常规工艺的平均减少了约15d。通过与采用有底钢套箱的方案比较，在不计节省的涂装费用前提下，只计算节省的船机费用、人工成本和材料费用，整体上可节省施工投入为2454.35万元。

11.3 青岛海湾大桥第七合同段海上非通航孔桥承台共计90座，结合现场施工条件，共有60座承台采用水下无封底混凝土套箱施工方案。自2007年7月至2008年4月，已安全、优质地完成了60座水下无封底混凝土套箱承台的施工，采用新工艺后，单座承台施工周期比采用常规工艺的平均减少了约15d。通过与采用有底钢套箱的方案比较，在不计节省的涂装费用前提下，只计算节省的船机费用、人工成本和材料费用，整体上可节省施工投入为1795.86万元。

11.4 青岛海湾大桥第四合同段海上非通航孔桥承台共计105座，结合现场施工条件，共有105座承台采用水下无封底混凝土套箱施工方案。自2007年9月至2008年10月，已安全、优质地完成了105座水下无封底混凝土套箱承台的施工，采用新工艺后，单座承台施工周期比采用常规工艺的平均减少了约15d。通过与采用有底钢套箱的方案比较，在不计节省的涂装费用前提下，只计算节省的船机费用、人工成本和材料费用，整体上可节省施工投入为3112.8万元。

11.5 青岛海湾大桥第二合同段海上非通航孔桥承台共计102座，结合现场施工条件，共有102座承台采用水下无封底混凝土套箱施工方案。自2007年8月至2008年8月，已安全、优质地完成了102座水下无封底混凝土套箱承台的施工，采用新工艺后，单座承台施工周期比采用常规工艺的平均减少了约15d。通过与采用有底钢套箱的方案比较，在不计节省的涂装费用前提下，只计算节省的船机费用、人工成本和材料费用，整体上可节省施工投入为3052.9万元。

11.6 青岛海湾大桥第五合同段海上非通航孔桥承台共计100座，结合现场施工条件，共有100座承台采用水下无封底混凝土套箱施工方案。自2007年9月至2008年10月，已安全、优质地完成了100座水下无封底混凝土套箱承台的施工，采用新工艺后，单座承台施工周期比采用常规工艺的平均减少了约15d。通过与采用有底钢套箱的方案比较，在不计节省的涂装费用前提下，只计算节省的船机费用、人工成本和材料费用，整体上可节省施工投入为2993.1万元。

11.7 烟台市滨海公路海阳段丁字河口大桥工程海上非通航孔桥承台共计164座，结合现场的施工条件，共有64座承台采用了采用水下无封底混凝土套箱施工方案。自2008年10月至2009年12月，已安全、优质地完成了44座水下无封底混凝土套箱承台的施工，采用新工艺后，单座承台施工周期比采用常规工艺的平均减少了约15d。通过与采用有底钢套箱的方案比较，在不计节省的涂装费用前提下，只计算节省的船机费用、人工成本和材料费用，整体上可节省施工投入为532.4万元。

根式沉井基础施工工法

GJYJGF077—2008

中交第二公路工程局有限公司　路桥集团国际建设股份有限公司

霰建平　任回兴　薛光雄　米长江　杨江虎

1. 前　　言

根式基础是采用沉井预留顶推孔，待沉井下沉到设计标高后，在土层中顶推预制好的根键，在保证根键与沉井固结后形成一种仿生基础，由于顶推根键的挤密和应力扩散作用充分调动了基础周边土体的承载潜力，使得抗压时基础底部得以"卸载"，承载力得以提高，同时因根键与周围土体的紧密嵌固作用也使得基础的抗拔承载力和水平承载力得以提高，大大降低了基础规模和工程成本。

从施工角度讲，根式基础作为一种新工艺，自 2006 年开始实施以来，经过三年多的实践和总结，目前已在多个建设项目顺利施工完成了数个根式基础，形成了一套较为成熟的施工方法。

中交第二公路工程局有限公司、路桥建设股份有限公司、安徽省高速公路总公司等单位在合淮阜九标跨淮河大堤桥 23 号、24 号主墩，以及马鞍山长江公路大桥 5 号、6 号根式沉井基础中，成功完成了 6 个根式沉井基础，通过不同地质水文条件下的成功实践，总结出了包括沉井预制下沉、根键顶进、设备配置、根键止水等工艺在内的一整套施工方法。

由于在施工环节，根式沉井基础相对于大型沉井基础而言，风险降低、难度较小、质量更易保证、进度快、投入小；更重要的是根式基础提高了承载力而降低了工程成本，经济效益显著，必将得到广泛的推广和应用。结合施工实践总结编写形成工法，指导类似工程施工。其关键技术经安徽省科技厅组织多名院士、专家鉴定，达到国际领先水平；其核心技术"根式基础推施工成套装置"（ZL200620075410.5）及"根式基础及锚碇的根键止水装置"（ZL200720044402.7）获国家专利。

2. 工 法 特 点

2.1 沉井化整为零、规模较小，入土深度较小，与传统的大规模沉井相比，施工难度降低，尺寸精度更易控制，质量显著提高。

2.2 根式沉井首节浇筑荷载集中，地基应力要求较高，对于软质地基需进行必要的加固处理。

2.3 根式沉井接高方便快捷，采用全断面接高，混凝土方量小且供应强度要求较低。

2.4 根式沉井下沉由于沉井尺寸较小，首节下沉采用定位框导向、下沉过程中井顶压重、井侧纠偏定位等措施实施更方便。

2.5 沉井结构轻巧、壁厚较薄，下沉系数小，必须采取空气幕辅助下沉措施。

2.6 根键从沉井壁上的预留孔顶入土层，根键预制、预留孔设置等环节的匹配十分关键。

2.7 采用特制千斤顶顶进根键，顶进阻力较大，为实现快速顶进，要求设备吨位大、行程大且连续。

2.8 根键顶进过程中，随着根键端部与土体的接触，必然出现渗水，尤其是透水层。施工过程中必须综合采取多种措施止水，降低顶进难度。

3. 适 用 范 围

本工法适用于以下条件：

3.1 承受较大竖向荷载，尤其承受上拔力的桥梁及其他工程结构基础。

3.2 非岩质地层条件，尤其适用于长江、淮河、黄河等水域中下游土质、砂质地层。

3.3 无地表水，或水深小于5m的施工环境。

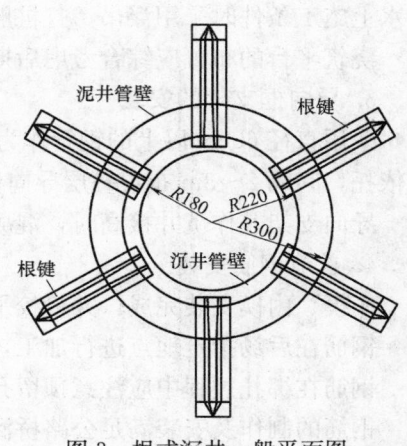

图3 根式沉井一般平面图

4. 工艺原理

4.1 沉井分节接高、下沉到设计标高。

4.2 沉井浇筑时，在井壁上预留根键孔，并在井壁外侧安装特制封堵板隔离沉井与土体；沉井下沉到位后，安装提前匹配预制好的根键入孔，采用特制千斤顶顶破封堵板并进入土体至设计位置。

4.3 通过井壁预留孔上的外钢套、根键末端的内钢套及根键预制模板之间的匹配，实现根键与预留孔的高精度匹配，降低根键顶进难度。

4.4 根键全部顶进完成后，浇筑内衬混凝土将根键尾部外露端与井壁固结，形成整体、共同受力。

4.5 沉井接高下沉及根键顶进全过程，通过井壁封堵板防水——根键与井壁预留孔之间的橡胶止水带、挤密式构造止水——根键末端与井壁之间填塞速凝混凝土止水——根键全部顶进完成后浇筑内衬永久止水等综合措施，顺利实现止水。

5. 施工工艺流程及操作要点

5.1 根式沉井施工工艺流程见图5.1

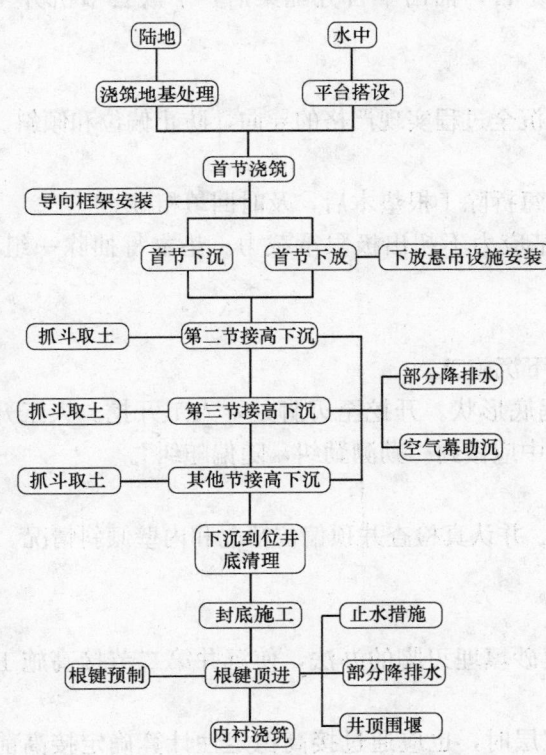

图5.1 根式沉井施工工艺流程图

5.2 具体工艺及操作要点

5.2.1 首节沉井浇筑

根据施工条件的不同，首节沉井浇筑通常分为：陆地上就地现浇下沉、水中利用平台浇筑下放。

1. 浇筑地基处理

本小节适用于陆上浇筑首节沉井。

首节沉井浇筑地基承载力一般要求不小于150kPa，对于软质地基要求进行地基处理，具体处理可采取以下工艺：

（1）对原地面开挖换填砂垫层，换填厚度根据压力扩散及持力层地基承载力计算确定，通常在1.5m左右。

（2）砂垫层顶面铺设垫木扩散混凝土浇筑压力。

地基处理完成后，精确放出沉井中点、轴线、内外轮廓线，复测无误后，以此为依据铺设底模、内模，安装钢筋。

2. 浇筑平台搭设

本小节适用于水中浇筑首节沉井。

采用履带吊、沉桩机悬臂法施工完成平台，或具备水上施工条件时采用浮吊、打桩船水上施工完成浇筑平台。

浇筑平台的布置应综合考虑后期悬吊下放系统、反压支撑系统等要求。

3. 导向框支架的安装

采用直径60cm以上的钢管作为导向框的立柱，插打入土8m以上深度，外露8m左右高度，以此为依托，间隔2～3m布置一层导向框。

导向支架兼作沉井接高时，混凝土、钢筋施工平台。

4. 首节钢筋安装

底模、内模安装完成，并检校平面偏位及垂直度复核墩柱施工要求后，开始钢筋安装。

钢筋在后场指定地点进行加工，并利用吊装机具配合现场绑扎安装，钢筋在现场采取焊接接长。

钢筋在绑扎过程中应注意预留孔处沉井外壁钢板的安装，以及空气幕管道、气龛木块的安装固定。

钢筋的制作及安装满足公路桥涵施工技术规范和公路工程质量检验评定标准要求。

5. 首节模板安装

根式基础沉井采用大块钢模板翻模施工，钢模板宜委托专业的钢结构加工厂加工，加工质量满足施工规范和组合钢模板技术规范要求。

模板表面涂脱模剂后采用吊车配合人工安装就位，安装中采用全站仪精确定位，并通过垫块保证足够的保护层厚度。

6. 首节混凝土浇筑

混凝土浇筑宜采取汽车泵泵送入模，提高效率。

浇筑过程应放慢刃脚部分的浇筑速度、加强刃脚混凝土的振捣。竖向上应分50cm一层分层布料振捣。对于混凝土浇筑高度超过2.0m的布置溜槽防止混凝土离析或布料不均匀。

5.2.2 首节下沉或下放

1. 悬吊系统安装，利用悬吊系统下放首节

以平台为依托，在平台顶面安装悬吊系统，悬吊梁应高出沉井顶面2m以上，以布置吊杆系统。

对称布置4个吊点，采用千斤顶提升首节沉井脱离平台，抽出平台分配梁后，下放首节沉井至入土。

2. 下沉导向

利用3层以上的导向框安装导向滚轮，对首节沉井下沉全过程实现严格的导向，防止偏位和倾斜。

3. 垫木抽除

垫木的抽除分四个区域，由四个小组对称同时进行。每拆除1根垫木后，及时回填粗砂。

刃脚下全部回填，以保证垫木在全部拆除后，其地基应力不超出极限承载力。垫木每抽除一组，及时量测倾斜及下沉情况，以便纠偏。

4. 井内取土

下沉采用一台50t履带吊车悬吊1.2方抓斗进行挖土下沉施工。

挖土按从沉井中心向刃脚的顺序进行，在中间形成锅底形状。开挖至刃脚处，人工开挖。人工开挖将作为控制沉井均匀下沉，防偏的一个重要手段。施工中应做到"勤测勤纠，随偏随纠"。

5. 下沉到位

首节下沉至地面以上外露高度在2m左右时即可停止。并认真检查井顶偏位情况和内壁倾斜情况。

5.2.3 沉井接高

1. 接高前的加固处理

首节沉井施工下沉到位接高第二节沉井前，采取回填砂填埋刃脚的办法，使沉井第二节接高施工过程有一个稳定的地基支撑条件。

对于初期下沉的几节沉井，当刃脚尚未进入较好持力层时，也应通过接高稳定性计算确定接高前的地基加固措施。

2. 沉井接高高度

考虑施工安全性和工程进度，沉井接高高度一般在4~10m之间，并应遵循以下原则：接高后地面以上高度不超过沉井入土深度；接高状态，地基承载力足够，下沉系数小于0.85。

3. 沉井接高质量要求

沉井接高应采取每接高一次检查一次的频率，并参照《公路桥涵施工技术规范》，满足以下质量要求：

沉井接高质量要求　　　　　　　　　　　　表5.2.3

项 次	检 查 项 目		规定值或允许偏差	检 查 方 法
1	各节沉井混凝土强度（MPa）		在合格标准内	按JTJ 071—98附录D检查
2	沉井平面尺寸（mm）	长、宽	±0.5%边长，大于24m时±120	用尺量
		半径	±0.5%边长，大于12m时±60	
3	井壁厚度（mm）	混凝土	+40，−30	沿周边量4点
		钢壳和钢筋混凝土	±15	

5.2.4 其他节沉井下沉

1. 下沉前的准备

下沉前要做好以下准备工作：空气幕试运转、沉井上的附着物清理、导向框安装调整等。

2. 下沉计算

沉井施工前，应结合地质情况、接高下沉工艺，进行下沉计算，并根据计算得出的下沉系数，调整工艺，最终满足：接高稳定系数和下沉系数均不小于1.15。

3. 下沉过程中的导向与纠偏

下沉过程中通过导向框上的滚轮和井壁之间的滚动接触进行导向。

纠偏采用偏出土、反向空气幕措施。

4. 沉井终沉质量要求

沉井下沉到设计标高后，及时检测，并参照《公路桥涵施工技术规范》，满足以下要求。

沉井终沉质量要求　　　　　　　　　　　　表5.2.4

项 次	检 查 项 目	规定值或允许偏差	检 查 方 法
1	沉井刃脚高程（mm）	符合图纸规定	用水准仪检查
2	顶、底面中心偏位（纵、横向）（mm）	1/50井高	用经纬仪检查
3	沉井最大倾斜度（纵、横方向）（mm）	1/50井高	吊垂线检查
4	平面扭转角（°）	1	吊垂线检查垂直两方向

5.2.5 空气幕助沉

由于根式基础自重轻，下沉深度大，且进入土层主要为砂层，极限摩阻力及承载力均较大，沉井单靠取土方式下沉，下沉系数过小，必须采用空气幕的方式助沉。

1. 喷气孔及气龛形式

气龛凹槽的形状采用棱锥形，喷气孔均为直径φ1mm的圆孔。气龛大样图如图5.2.5所示。

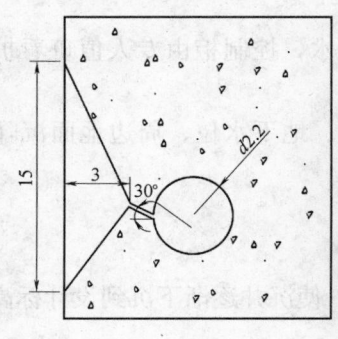 

图5.2.5　气龛大样图

2. 气龛布置原则及密度

气龛布置上疏下密，成梅花形分布。为防止气流从沉井上下泄露，在井顶上部 5m 及刃脚以上 3m 范围内不布置气龛。

气龛密度按平均影响面积 $A_n = 1.2m^2$/个计算。在沉井最下方 15m 范围内（刃脚 3m 范围不计），气龛按水平 1.0m，纵向 1.0m 间距梅花形布置，以上 15m 部分按水平 1.4m，纵向 1.0m 间距梅花形布置。气龛沿沉井壁水平分 4 区，竖向分层对称布置。各区供气管道独立，可单独控制。

3. 气龛预留与开孔

气龛施工时，用木材制成设计的气龛形状，与水平管相接触的部分做成 1.5cm 高相匹配的弧线形。水平管上用电动手枪在相应位置钻 1mm 直径的孔，孔与水平方向呈 30°角，用宽约 1cm 的橡皮条套在水平管钻孔位置，防止沉井在下沉过程中砂石堵塞气孔。混凝土浇筑、养护完成拆模后，将木气龛凿出，露出水平管，并用小刀将橡皮条沿气孔两侧的竖向划两刀，以利于空压机在送风时将橡皮条冲开。

4. 送风压力及供风量

送风压力大于气龛入土深度理论水压的 1.6～2.0 倍，所以送风压力应不小于 7 个标准大气压。

以每个气龛耗风量不小于 0.02～0.025m^3/min 计算总供风量，并按 1.1 的富余系数配备相应的空压机。

5. 井壁内供气管的布置

井壁内预埋竖管及水平管，竖向主送气管采用内径 26mm 的钢管，水平管采用内径 22mm 的带钢丝塑料管，沉井浇筑施工时预埋。

6. 空气幕开启与关闭

送风顺序：由上而下进行，直到全部开通。送风时间不宜过长，长时间送风，在气体的作用下会造成井壁土壤液化，容易堵塞喷气孔。

停风时，从下到上停止，停风时要缓慢，避免突然停风，使气完处形成负压，将泥土挤入风管内，堵死喷气孔。

5.2.6 降排水施工

为降低沉井下沉过程中的浮力、增大下沉系数，以及在根键顶进过程中降低水压、利于止水，宜采用降排水措施。

1. 降水井井位布置

降水井距沉井外轮廓不宜超过 8m，两井之间间距控制在 15m 内，井深应超过降水深度 10m。

2. 降水井结构

降水井可采用井径 600mm，成井管径 377mm。根据降水深度要求确定滤水管、白管长度。

3. 排水方法

降水井中的水通过潜水泵抽至排水沟内，然后由排水沟排到小河内，流至江中。

4. 降水运转与监测

管井运行后要连续工作，现场有双电源以确保连续抽水，控制柜由专人值班看护，现场还配备了管井和水泵维护人员。

在正常抽水过程中，每天定时做好观测记录，对流量、地下水位、周边地面沉降均按规定要求做好观测记录。施工过程中未发现异常情况。

5.2.7 封底施工

1. 封底前井底的清理

当沉井下沉离设计标高约差 2m 时，开启空气幕助沉，使沉井逐渐下沉到设计标高，避免对基底土层的扰动过大。

沉井下沉到位后，用 9m^3 空压机接气管将沉井刃脚冲洗干净并使持力层锅底趋于平坦。

2. 水下混凝土浇筑

沉井内径在 3m 以内，导管在超压力作用下半径取 4.5m，单根导管即可满足沉井封底混凝土的浇筑。

封底混凝土性能应满足流动性好、早强，初凝时间＞20h，坍落度 18～22cm。

混凝土顶面标高允许偏差±50mm。

3. 沉井内抽水

封底混凝土强度达设计要求后，进行沉井内抽水。用 2 台 15kW 高压水泵在 3h 内可抽完水。抽水检查封底混凝土质量良好，封底混凝土顶面浮浆及泥砂用高压水枪冲洗后抽至井外。

5.2.8 根键预制与顶进

1. 根键内外钢套及钢模板制作

根键钢套和模板由钢结构加工厂匹配加工，内外钢套在固定的钢桁架胎模上匹配加工，统一编号。根键内外钢套和模板加工尺寸及焊缝质量满足《公路桥涵施工技术规范》JTJ 041—2000 第 9 章、《组合钢模技术规范》、《钢结构工程施工质量验收规范》及其他国家行业标准要求。

根键内外钢套加工及安装控制偏差 表 5.2.8

项 次	检 查 项 目		规定值或允许偏差	检 查 方 法
1	内、外钢套尺寸(截面、长度)(mm)		3	用尺量
2	外钢套安装	平、竖向位置(mm)	±20	用尺量
		径向角度(°)	1	用全站仪检查

外钢套靠沉井外侧安装高密度聚乙烯挡水板，用 $\phi12$ 螺栓固定在外钢套上。该挡水板在沉井下沉施工过程中状况良好。

图 5.2.8-1 外钢套进场检验

图 5.2.8-2 安装好的外钢套

2. 根键预制场地硬化

首先将预制场地内表层种植土挖除，回填 50cm 厚片石并压实，然后浇筑 15cm 厚 C20 混凝土并找平作为预制场。预制场内铺设枕木并调水平，枕木上支放根键预制底模作为根键预制台座，顶模周转使用。

3. 根键钢筋笼制作

根键钢筋笼钢筋专门安排 2 名工人利用钢筋弯曲机预制，分类编号、挂标识牌后堆放在指定区域内。

钢筋笼制作满足《公路桥涵施工技术规范》要求。

4. 模板安装、钢筋笼安装

根键底模安放在枕木并调平垫实→安装内钢套及钢刃刀→安装钢筋笼，注意保护层厚度并与钢刃刀焊接→焊接顶板→安装根键外模。

5. 混凝土浇筑

根键混凝土采用级配为 5～25mm 的细石子商品混凝土，坍落度控制在 140±200mm，由混凝土罐车运至施工现场后利用自制小吊斗浇筑，用直径 2.5cm 的小振捣棒振捣密实。由于根键钢筋紧密，混凝土浇筑要缓慢，勤振捣，确保混凝土振捣质量。振捣时注意对检测原件和测试线的保护。

6. 根键堆放

根键保湿养护达到吊装强度后（设计强度的 70%），按内外钢套匹配的编号进行统一编号，按"先顶进在上、后顶进在下"的原则堆放，便于根键顶进时的吊装。根键堆放区挂放标识牌，以免根键受到碰撞。

7. 根键顶进装置

根键顶进装置主要包括 360°回旋可调顶进平台、4 台 5t 慢速卷扬机组、100～300t 防回缩大行程多级千斤顶、300t 大行程快速顶进千斤顶等。

8. 根键顶进前施工准备

根键顶进前 2h 开启降水井，降低沉井外侧水压力，利于根键顶进过程中止水。

根键预留孔清理干净，安装好橡胶止水带。

将钢支垫吊放至顶进平台上，根键吊装前将顶进平台整体下放至根键预留孔底口以下 0.5m 左右位置，便于根键就位。

千斤顶、油泵调试好并吊放至沉井顶面，待根键吊装到位后将千斤顶吊入沉井内准备顶进。

9. 根键吊装

设计了根键专用吊装夹具，由吊车将根键吊装至预留孔就位。根键尾部焊吊环，拴结麻绳便于调整根键位置，避免根键在吊装下放过程中碰撞沉井内壁。

10. 根键顶进前调整

根键顶进前，必须将根键、千斤顶、钢支垫调节至一条轴线上，其角度偏差小于 5°，用 3m 长铝合金抄平尺和量角器检验。根键与平台接触面用钢棒支垫，以减小根键在顶进过程中与平台的摩擦力。利用抄平尺和水准尺量测根键是否水平并与预留孔成直线。

11. 根键顶进

根键就位并经技术员检查满足顶进要求后在井内用对讲机通知油泵操作员开启油泵顶进，油压不超过 30MPa。

技术员用标尺量测千斤顶顶进行程，最大行程不得超过理论行程，并及时通知油泵操作员停止供油。千斤顶回油后增加钢支垫，将根键、钢支垫、千斤顶调成一条轴线，并确保各接触面紧密接触，用 3m 长铝合金抄平尺和量角器检验并符合要求后再次通知供油顶进，直至顶进到设计深度，根键外露尺寸误差控制在 ±2cm。

5.2.9 止水工艺

根式基础防水、止水分 5 步设置，依次为：

井壁防水——橡胶止水带止水——挤密式构造止水——末端快凝止水——内衬永久止水。

1. 井壁防水——根键顶进前挡水板挡水

通过专业塑料生产厂家加工挡水封堵板材料，其原材料强度、刚度、韧性、耐磨性、耐腐蚀性、摩擦系数等性能要求如表 5.2.9 所示。

高密度聚乙烯挡水板物理力学性能   表 5.2.9

项　目	抗拉强度（MPa）	断裂延伸率（%）	热处理时变化率（%）	低温弯折性	抗渗性
指标	≥12	≥200	≤2.5	−20℃无裂缝	0.4MPa 不渗水

挡水封堵板在沉井浇筑前，通过螺栓固定在已就位焊接与沉井钢筋笼上的外钢套井外侧端部。

2. 橡胶止水带止水

在井壁上的根键预留孔中部布置环状橡胶止水带，根键顶进过程中，止水带紧密填充了预留孔与根键之间的空隙，达到止水效果。

3. 挤密式构造止水

根键内外钢套由专业钢结构加工厂匹配加工，并一一对应编号，保证根键顶进时内外钢套紧密结合；内外钢套由前向后设置2.5%的坡度，形成挤密式构造。

4. 末端快凝止水

根键顶进到位后，焊接内外钢套防止根键回缩，并在末端预留凹槽内涂快凝防水材料彻底止水。

5. 内衬永久止水

待上述步骤完成后，在根键末端钢板上焊接钢筋网片，分节段浇筑混凝土内衬，以固结根键并永久止水。

5.2.10 内衬浇筑

根键顶进完成后，现场绑扎钢筋，及时跟进立模浇筑后浇管壁混凝土，每次浇筑高度为4.6m，其混凝土接缝尽可能与沉井接缝错开。

混凝土浇筑前，将新老混凝土接合面凿毛、露出粗骨料后，高压水冲洗并充分润湿。

6. 主要机具与设备

以单个沉井整个施工过程为例，该工法采用的主要机具设备如表6所示。

主要施工机具设备表 表6

序 号	设备名称	规格型号	单 位	数 量	用 途
1	箱变	400kVA	台	2	供电设施
2	30t履带式起重机	QUY30	辆	1	施工吊装
3	挖掘机	60-5	辆	1	场地处理
4	250kW发电机	上海6135	台	1	应急电源
5	空压机	LW10	台	1	空气幕、刃脚清理
6	钢筋弯曲机	GW40	台	1	钢筋加工
7	全站仪	尼康DTM-550	台	1	测量定位
8	水准仪	苏光J2-1	台	1	测量定位
9	电焊机	BX3-500	台	8	钢筋加工安装
10	水泵	200QJ	台	7	井内抽水
11	5t卷扬机	YZR	台	4	根键顶进平台提升
12	顶进设备	100~300t多级连续	台	2	顶进设备

7. 质 量 控 制

7.1 质量控制标准

7.1.1 应遵照中华人民共和国行业标准现行的《公路工程质量检验评定标准》JTG F80/1—2004的要求执行。

7.1.2 应按本工程的招标文件及业主确定的技术质量标准要求执行。

7.2 质量控制措施

7.2.1 沉井接高前应检测井口偏位与井壁倾斜情况，作为模板安装依据；混凝土浇筑前再次检测模板偏位情况，做到接高前后偏位及倾斜度均在允许偏差范围内。

7.2.2 通过在井壁外侧纵横桥向挂设垂球，在沉井下沉过程中，随时进行垂直度监控，做到随偏随纠，避免偏差累计。

7.2.3 采用全战仪监控沉井偏位情况，在沉井下沉过程中，每下沉1m测量一次，及时指导纠偏。

7.2.4 空气幕预留孔及管道是空气幕实际效率的关键，沉井浇筑过程中应加强管道的预埋精度和施工防护。

7.2.5 封底混凝土浇筑前应认真清理锅底及刃脚面上的附着物，保证封底混凝土与沉井刃脚的整体性。

7.2.6 根键匹配预制是根键能否顺利顶进的关键，施工中应严格控制内外钢套、根键预制模板加工安装、根键混凝土浇筑等四大环节的匹配性。

7.2.7 根键顶进应采用 3m 直尺检查根键、钢支垫、千斤顶的顺直度，确保垂直度满足要求。

8. 安 全 措 施

8.1 遵照中华人民共和国行业标准现行的《公路工程施工安全技术规程》JTJ 076—95 及《公路项目安全性评价指南》JTG/T B05—2004 的要求执行。

8.2 遵照国家颁发的有关安全技术规程和安全操作规程办理。

8.3 严格按施工工艺、施工操作规程、施工组织设计有关安全条款进行施工。

8.4 建立健全各工地、各施工环境下的施工安全规章制度，做好上岗前职工安全施工培训工作；特殊工种必须持安全考核证上岗，严禁无证操作、违章作业。

8.5 沉井接高属于高空作业，要求施工人员戴安全帽、系好安全带、穿好防滑鞋。

8.6 根键顶进施工为深孔作业，井口设安全栏杆、挂防护网防坠物伤人；同时沉井内用空压机接通气管通风通气。

8.7 根键悬吊平台升降操作应安排专人在井内指挥，并每工班检查交接一次钢丝绳完好情况及制动装置安全情况。

8.8 根键吊装作业应采用专用吊具和完好率高于 85％的钢丝绳，其各环节的安全储备系数不得低于表 8.8 所列数值。

钢丝绳安全系数   表 8.8

用 途	安 全 系 数	用 途	安 全 系 数
缆风	3.5	吊挂与捆绑	6
吊机	4	千斤绳	8～10
卷扬机	5	缆索起重绳	3.75

8.9 根键顶进，高压油泵应安排专人在井内指挥操作，油压不得超过使用安全油压，行程完成时，必须及时停止供油；高压油管、密封塞、接头等应定期严格检查。

8.10 底部根键顶进，地下水压较大，应采取防涌水、涌砂安全措施，根键即将顶破防水板时，施工人员应离开顶进位置。

9. 环 保 措 施

9.1 成立对应的施工环境卫生管理机构，在施工过程中严格遵守国家和地方政府下发的有关环境保护的法律、法规和规章，加强对施工燃油、工程材料、废水、封底混凝土等的控制与治理。

9.2 井内出渣应排至指定地点，杜绝乱堆乱弃。

9.3 废弃混凝土及时清理或用于场地局部硬化。

9.4 井内排水通过专用排水沟引排至附近沟渠内。

9.5 作好场地硬化，规范设施机具布置。

10. 效 益 分 析

根式沉井基础施工工法与传统的大型沉井施工方法相比，具有经济性好，安全性高，施工进度快，环保性好，易于保证工程质量等特点。具体对比分析如下：

10.1 工期比较

根式沉井基础施工化整为零，便于开展多个工作面，并形成流水作业，加快施工进度，较相应的大型沉井施工可节省工期 15% 以上。

10.2 设备费用对比分析

根式沉井基础较相应的大型沉井而言，设备周转使用率高，设备性能要求相对较低，费用节省估算在 15% 以上。

10.3 材料费用对比分析

永久结构材料节省 25% 左右。

临时结构包括混凝土浇筑模板等环节节省临时工程材料 30% 左右。

10.4 人工费用对比分析

较相应的大型沉井而言，人工投入环节略高。

10.5 质量、安全

根式沉井规模小，导向、定位难度小，纠偏方便，终沉精度更容易保证，质量风险低，施工更安全。

11. 节 能 措 施

11.1 沉井下沉尽可能采用不排水下沉，降低抽排水能耗。

11.2 底部 3 层根键可在抽水条件下，安装根键及顶进设备；根键顶破止水橡胶板后，停止抽水，进行水下连续顶进；根键顶进到位并于预留孔接触密实后，渗漏水得到抑制后，再抽水实现干施工，从而大大降低抽水难度和工作量。

11.3 采用连续千斤顶顶进根键，提高效率，降低能耗。

11.4 采用灵活机动的旋转平台辅助安装根键，降低根键安装对位难度，提高效率。

12. 工 程 实 例

12.1 合淮阜九标

应用于合淮阜九标跨淮河大堤桥 23 号、24 号主墩基础，沉井高 22.0m（含 2.5m 厚承台），外直径 8.0m，下沉阶段管壁厚 0.8m，封壁混凝土厚 0.6m。根键采用 c30 钢筋混凝土棒，棒长 3.8m，插入土体内的长度 2.5m，共梅花形布置 8 层 40 根。与 2006 年 4 月开始施工，2006 年 10 月完成。沉井最大偏位 79mm，最大倾斜度 1/145，整个施工过程安全可靠。

12.2 马鞍山长江公路大桥 5 号、6 号根式沉井基础

用于大桥引桥基础，沉井高 41.0m，外直径 6.0m，下沉阶段管壁厚 0.8m，封壁混凝土厚 0.4m。根键采用 C30 钢筋混凝土棒，棒长 3.2m，插入土体内的长度 2.3m，共梅花形布置 15 层 75 根。

5 号沉井于 2007 年 1 月 5 日至 2007 年 5 月 4 日完成沉井浇筑下沉，于 2007 年 5 月 27 日至 2007 年 9 月 25 日完成沉井根键顶进。沉井最大偏位 121mm，最大倾斜度 1/130，整个施工过程安全可靠。

6 号沉井于 2007 年 5 月 5 日至 2007 年 9 月 14 日完成沉井浇筑下沉，于 2007 年 11 月 15 日至 2007 年 12 月 15 日完成沉井根键顶进。沉井最大偏位 136mm，最大倾斜度 1/142，整个施工过程安全可靠。

滩涂海堤砂袋充灌、铺设与龙口合拢施工工法

GJYJGF078—2008

中交上海航道局有限公司　南通五建建设工程有限公司

刘若元　楼启为　罗志宏　陶润礼　胡斌

1. 前　言

　　长江口地区及江浙沿海一带，粉细砂资源极其丰富，但石料相当短缺，因此，在这一地区的沿海滩涂圈围施工过程中，一直探索采用袋装砂筑堤替代抛石筑堤。20 世纪 80 年代以来，在长江口地区的多项围堤吹填工程中采用了袋装砂作为斜坡堤堤心获得成功，但都是在 0m 以上滩地采用传统人工露滩铺设充灌袋装砂方法施工。

　　在长江口深水航道治理工程如果采用石料筑堤，石料需求量十分巨大，势必造成该地区石料供应的紧张局势，同时会大大增加石料筑堤的投资成本。为了充分利用长江口丰富的粉细砂资源，实现就地取砂充袋替代块石，降低工程成本，在长江口深水航道治理工程中设计采用了袋装砂堤心斜坡堤结构（图 1）。与以往袋装砂施工不同的是长江口水域宽阔，风大、浪高、流急、远离陆地、施工水深为 2～10m 的施工条件，要实现袋装砂堤心斜坡堤安全、优质、高效地施工，必须解决水下袋装砂充灌铺设工艺、与长江口恶劣的施工条件相适应的船机设备和测量定位控制方法等关键技术问题。中交上海航道局有限公司在对其他工程大量调查研究的基础上，结合长江口水域的施工条件，先后编制了多个施工方案，进行了多项试验研究，解决了上述关键技术问题，使得在河口地区航道整治工程中采用袋装砂筑半潜堤获得成功。

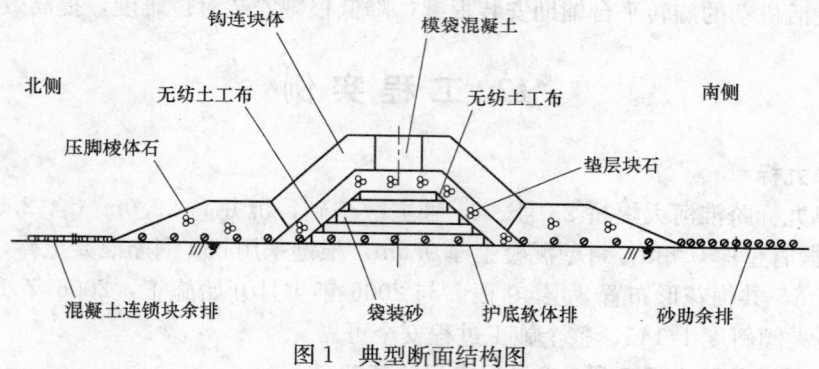

图 1　典型断面结构图

　　2000 年 12 月交通部科教司在上海主持召开了"长江口深水航道治理工程袋装砂斜坡堤堤心充灌工艺与设备研究"成果技术鉴定会，鉴定结论是本成果总体上达到了国际先进水平，在水利、航务航道以及吹填造陆等工程中具有广泛的推广应用价值。

　　2007 年，综合了各项关键技术的《长江口深水航道治理工程成套技术》荣获国家科技进步一等奖。

2. 工法特点

2.1　在石料缺乏，粉细砂资源丰富的沿海地区具有较大使用优势。

2.2　在有地基处理要求的围堤造陆工程中，地基处理较抛石堤容易。

2.3　与传统的施工工艺相比，这套新工艺有以下六方面的创新及特点。

　　（1）选材：在土工织物选用上，在长江口深水航道治理工程中，对袋体迎浪面和顶部采用了 230g/

m^2 编织布＋150g/m^2 无纺布针刺复合的土工布，有效避免了袋内充灌的砂在护面层施工前发生流失，确保了工程进度与质量。

（2）袋体缝制：首创悬挂式回转专用缝制作业流水线，使缝袋效率提高 7.9 倍。

（3）充灌袋口：首创双层袖口式充灌袋口，解决了绑扎充砂袖口易漏砂的问题，确保了充灌质量和施工安全。

（4）多层砂袋和复合砂袋：首创多层砂袋（双层）和多层砂袋加无纺反滤布复合施工新工艺。解决了多层铺袋多次移船影响施工进度与质量、无纺布反滤层单独铺设难度大等技术难题，使袋装砂堤心施工工效同比提高 1 倍。

（5）专用铺设船：抗风浪能力强，能保证砂袋在不同水深及 6 级风浪、1.2m 波高工况下准确定位，延长每天可作业时间；作业效率提高 30％；充灌后水下成型质量良好；用导梁来改善滚筒和砂袋受力，以动力滚筒存储砂袋袋体，可有效地牵引和控制砂袋的铺设。

（6）专用定位监控系统：采用 GPS-RTK 定位技术，开发了专用定位监控软件系统。施工定位精度提高到 10cm 级，确保了砂袋定位及搭接质量。

3. 适 用 范 围

3.1 施工期能满足开敞水域 6 级风、1.2m 波高下作业，8 级风就地避风的要求，具备较高的抗风浪能力。

3.2 适用于丰砂少石的地区，具有造价低、施工速度快、对软基适应能力强的优点。

3.3 适用于河海堤坝工程和吹填围堰工程。由于袋装砂堤心结构具有不透水性，目前已应用于水库大坝工程和港口堆场围堤工程。

3.4 在满足施工船舶和辅助船舶吃水条件下，可应用于深水作业。

4. 工 艺 原 理

利用专用的袋装砂袋铺设船，在 GPS 定位系统及施工监控软件的指导下，通过袋装砂袋铺设船的翻板，依靠袋装砂的自重，边充灌边移船连续铺设。袋装砂堤心充灌及铺设的基本工艺为：砂袋水上充灌、水下铺设、分层加高。

4.1 首先将土工织物在加工厂缝制成砂袋，其砂袋长度和宽度可视作业区域施工条件确定。

4.2 将砂袋卷在专用铺设船的滚筒上，然后将袋体展开平铺于甲板及翻板上，启动充灌系统，通过泥浆泵及管路对袋体进行充灌，在 GPS 定位系统的指导下，通过翻板倾斜一定角度，依靠袋体自重进行铺设。

4.3 按上述程序分层加高。

4.4 双层充砂袖口

以往砂袋施工工艺的充砂袖口是在砂袋充填完成后由人工绑扎。双层袖口原理是利用砂袋内水和砂的压力使砂袋内层袖口受反向压力自动封闭。双层袖口工作原理见图 4.4。

4.5 多层砂袋

传统的砂袋施工均为逐层铺设，需多次移船定位。多层砂袋则是两层以上砂袋连体加工缝制，并多层袋体同时充灌铺设成型。

4.6 复合砂袋

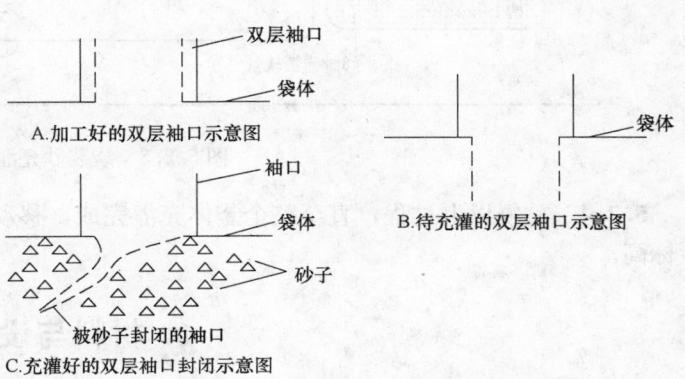

A.加工好的双层袖口示意图

B.待充灌的双层袖口示意图

C.充灌好的双层袖口封闭示意图

图 4.4　双层袖口工作原理

袋装砂堤心斜坡堤结构的堤心砂袋外设有一层 $450g/m^2$ 的反滤无纺布，用以防止砂袋因破损而漏砂。复合砂袋是将砂袋与 $450g/m^2$ 反滤无纺布缝合在一起，将两道工序合二为一，减少了铺设工序和作业船定位次数，既提高了工效，又提高了工程质量。

5. 施工工艺流程及操作要点

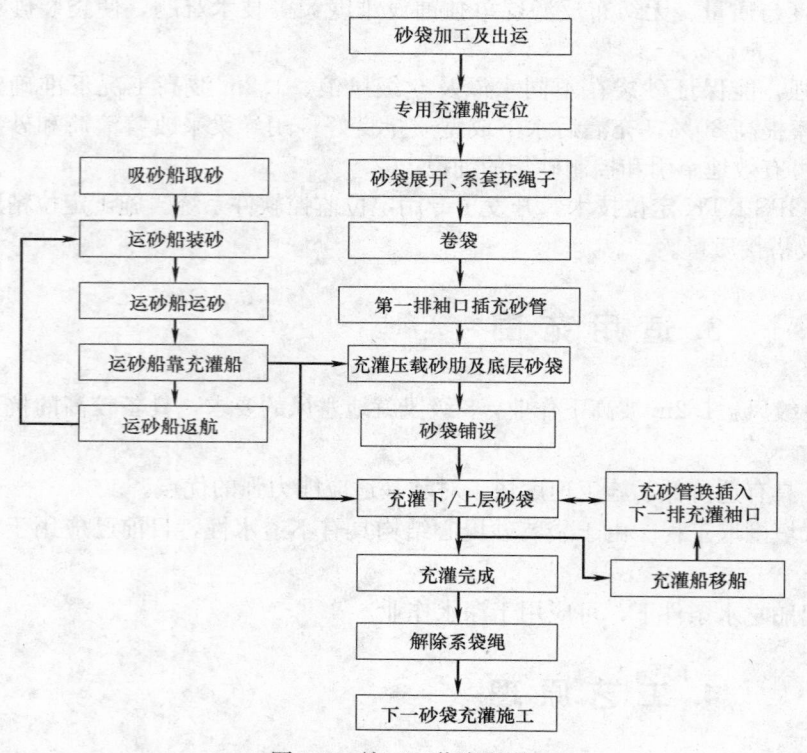

图 5.1 施工工艺流程图

5.1 施工工艺流程
5.2 操作要点

5.2.1 袋装砂袋平行于堤轴线铺设，袋体宽度可根据堤心断面的设计宽度确定。各层长度根据施工现场的工况条件和施工船舶的充灌能力确定。

5.2.2 充灌砂袋专用船定位后，将缝制好的砂袋卷在滚筒上；充灌时，将袋体在船甲板上展开，并使袋头挂在船舷旁；泥浆泵管插进充砂袖口，并用尼龙绳活结绑扎于袖口上，压袋梁压紧袋体。

5.2.3 充袋准备工作完成后，开始对袋体充砂，当袋头充至一定砂量后，松开滚筒刹车，利用砂袋自重，使砂袋头部平稳的沉至泥面或已铺设好的袋体上。同时，将泥浆管移插至下一排充砂的袖口，在甲板上对袋体继续充灌。当袋体内的砂充灌到一定厚度后，升起压袋梁，缓慢松开滚筒刹车，倾斜翻板，同时启动锚机并在 GPS 定位仪的指示下沿堤轴线缓慢移动船位，依靠袋中砂的自重沉至泥面或已铺设好的袋体上（图 5.2.3）。

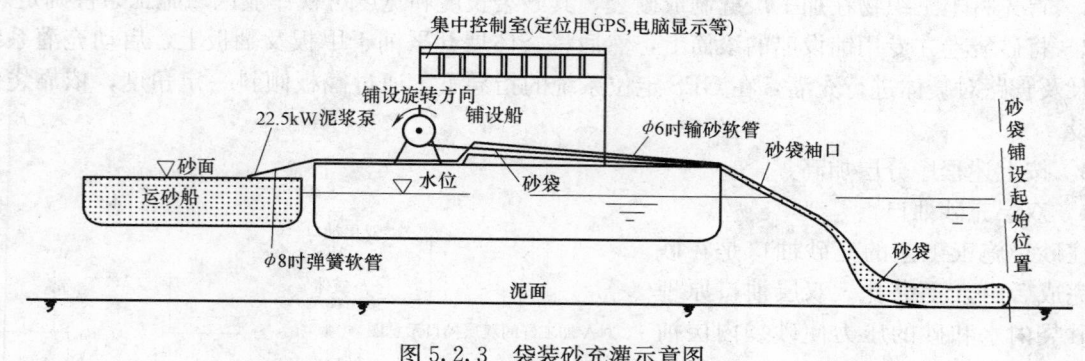

图 5.2.3 袋装砂充灌示意图

5.2.4 重复以上过程，直至整个袋体充灌完成。移动船位，充灌上层砂袋，直至砂袋堤心筑至设计标高。

6. 材料与设备

6.1 材料

在长江口深水航道治理工程中，袋装砂袋体采用 $380g/m^2$ 编织无纺复合土工布和 $230g/m^2$ 编织土工布缝制而成。每层袋装砂堤心袋体的顶面和迎浪面采用 $230g/m^2$ 的编织布加 $150g/m^2$ 无纺布针刺复合的土工布，其余部位均采用 $230g/m^2$ 编织土工布。

6.2 设备

6.2.1 船机设备配备

在袋装砂充灌施工过程中配备专用的充灌铺设船及其他辅助施工船舶。具体船机配备如表 6.2.1 所示：

袋装砂堤心充灌（单船）船机配备表　　　　　　　　　　　　　　　　　　表 6.2.1

名　称	数量（艘）	规　格	备　注
袋体充灌铺设船	1	≥3000T	
运砂船	4	≥1000T	自航驳
吸砂船	1	$500m^3/h$	
土工布运输船	1		自航船
锚艇	1	500kW	能起7T锚重
潜水探摸船	1		配备1～2名潜水员

6.2.2 专用船舶 GPS 定位监控系统

袋装砂铺设定位采用 GPS 定位系统，通过自行开发的铺设监控系统软件，实现实时动态定位，有效、直观地控制移船速度和铺设精度。

7. 质 量 控 制

7.1 工程质量控制标准

中华人民共和国交通部专项标准《长江口深水航道治理工程整治建筑物工程质量检验评定标准》。充砂袋堤心允许偏差、检验数量和方法应符合表 7.1。

充砂袋堤心允许偏差、检验数量和方法　　　　　　　　　　　　　　　　　　表 7.1

序号	项目	允许偏差（mm）	检验单元及数量	单元测点	检验方法
1	充填袋体宽度	±500	每袋	2	用测杆及尺量
2	顶面标高	±100	每20m	1	用GPS或测深仪测量
3	堤顶轴线	500	每20m	1	用GPS测量

7.2 质量保证措施

7.2.1 土工材料必须通过专门检测机构检测并满足设计要求。

7.2.2 保证袋体无破损。砂袋卷上卷筒前应检查有无破损，船上配备手提缝纫机和机织布，发现破损处经修补后才能使用。

7.2.3 每 $1000m^3$ 取充填砂样一个，保证充填用砂的质量符合设计要求。

7.2.4 采用潜水探摸砂袋间搭接情况，如有搭接缝产生，应及时补填砂袋。

7.2.5 施工过程中及时测量袋体平面高程，保证袋体充灌的厚度及平整度。

7.2.6 移船过程中，应根据流向、流速调整船位，保证袋体铺设平整，保证袋体之间搭接满足设计要求。

7.2.7 袋体设置的横向拉绳受力均匀，既要防止拉绳过松导致袋体产生过大收缩，也要防止拉绳过紧使拉环拉断。

7.2.8 施工过程中注意监测潮位变化，观察袋体在水流作用下的受力情况，以免袋体破损。

8. 安 全 措 施

8.1 专用充灌船应选用大型驳船（≥3000T），配备 35T 锚机，锚重 7T，能满足Ⅲ类海区 6 级风、浪高 1.2m、最大流速 3m/s、作业水深大于 2.5m 等自然条件下正常施工作业要求，并能在 8 级大风条件下就地锚泊生存。

8.2 水上作业应遵循相应的水上安全作业规程。

8.3 工前应对施工人员进行详细的技术交底，特殊工种需持证上岗。

8.4 对机械设备、钢丝绳、锚机和锚缆经常检验，必要时必须维修和更换。

8.5 所有施工船舶必须满足所在作业区的航区安全要求。

8.6 船舶进入施工区域，应显示作业信号，24h 监守高频，随时做好与他船联系的准备。

8.7 每天收集 72h 的海洋环境预报，制定防台防汛预案。

9. 环 保 措 施

9.1 严格执行《中华人民共和国水污染防治法》、《船舶污染物排放标准》及当地政府有关规定等，不违章或超标排污。

9.2 参加施工的船舶必须备有船舶油污水、生活垃圾及粪便储存容器，并做好生活垃圾的日常收集、分类储存和处理工作。

9.3 及时回收工程中破损的土工织物，不得任意丢弃在施工海域。

9.4 配备适量的化学消油剂、吸油剂等物资，以防不测；防止施工船舶和辅助船舶的海损、溢油事故发生，一旦发生事故，立即采取措施，收集溢油，缩小溢油污染范围。

10. 效 益 分 析

该工法充分利用了施工作业区域丰富的粉细砂，实现就地取砂充袋来代替块石，大量节省块石用料，降低了工程造价，在国内石料匮乏、紧缺的沿海地区进行围海造地、大型河口整治、水利的河岸护坡及水库大坝建设的工程中，采用袋装砂替代石料筑堤工艺可行，并可取得较好的经济效益。

此外，由于采用袋装砂堤心结构，结构物沉降稳定、均匀，且避免了抛石堤港区漏砂现象，有效降低了港区后期的维护费用。

11. 应 用 实 例

11.1 长江口深水航道治理一、二期工程整治建筑物工程主要由分流鱼嘴、南北导堤、南北导堤内的 19 座丁坝组成。一、二期整治建筑物总长度为 141.47km，其中一期 N 标北导堤、N1~N4 丁坝，二期 SⅡA 南导堤和 S6、S7 两座丁坝，共计 38.1km，采用了袋装砂堤心斜坡堤结构，袋装砂充灌总工程量约为 52 万 m³。

由于应用了本施工工艺，使平均每天可作业时间延长了 6h，作业效率提高了 30%，充灌后水下成型质量良好，工程施工过程及工程完工至今堤身结构稳定，沉降规律符合工程设计要求。2007 年该项技术作为长江口成套技术的组成部分之一获国家科技进步一等奖，长江口深水航道治理工程获得詹天佑土木工程大奖。

11.2 洋山深水港工程一期工程的围堤工程（试验段）围堤总长 1.189km，堤轴线最深处为 -16.8m，袋装砂堤心施工工程量达 66.7 万 m³；一期工程东侧北围堤（导流堤）工程围堤总长为

1.883km，袋装砂工程量为 70 万 m³。由于在工程中采用了袋装砂堤心斜坡堤施工工艺，使外海深水条件袋装砂筑堤成为现实，并有效解决了港口堆场防漏砂问题，降低了港区地基处理成本，工程施工质量得到业主和监理好评，为后续工程施工提供了技术支撑，工程验收被评定为优良工程，并被上海市授予优质结构申港杯奖。

11.3 天津临港工业区二期围海工程位于塘沽区海河南侧滩涂浅海区，吹填工程量 3.53 亿 m³，围堤总长度约 60km，其中主围堤长度 36.23km，隔堤长度 17.78km，防波堤长度 5.425km。由于天津地区石料资源相当短缺，价格也长期居高不下，为了节约成本，本工程主围堤、隔堤及防波堤均采用袋装砂堤心斜坡堤结构，通过采用袋装砂筑堤堤心砂袋充灌与铺设工艺，大大降低了围堤工程成本，同时由于采用袋装砂堤心，也降低了地基处理的成本。工程开工至今，受到了业主乃至天津市政府有关领导的好评。

静裂拆除水利枢纽老坝体混凝土施工工法

GJYJGF079—2008

葛洲坝集团第二工程有限公司

周厚贵　马江权　龚政休　丁新忠　熊刘斌

1. 前　　言

随着我国水利水电建设事业的发展以及部分水利枢纽的改造扩建，对原有水工建筑物进行拆除的任务越来越多，拆除工程量越来越大，拆除的难度也越来越高。对于运行中的水利枢纽的某些特殊部位混凝土拆除，采用传统的爆破方法很难将爆炸时所产生的振动、冲击、飞石以及噪声控制在安全的范围内，而采用机械拆除又面临施工面狭窄、设备无法布置等问题。为保证施工安全，节约成本，提高拆除效率，采用静裂拆除施工成为水利枢纽改建扩建工程老坝体混凝土拆除的一种有效施工方法。

混凝土静裂拆除施工技术在南水北调中线工程水源地湖北省丹江口水电站大坝加高工程中得到了实际运用，效果良好。

2. 工 法 特 点

2.1　采用静裂拆除原建筑物老混凝土施工方便、操作简单，能保证枢纽的安全运行。

2.2　采用静裂拆除原坝体部分老混凝土，如与门塔机、起重机等配合时，可提高拆除效率，使较复杂环境下的老混凝土拆除施工顺利进行。

2.3　通过调节钻孔的排距及孔向，可使被拆除的混凝土进行"可控预裂"，对混凝土结构被保留的部分不造成破坏。

2.4　本工法在实施过程中安全性高、无污染、无振动、无冲击波，能保证建筑物被保留部位的老混凝土不受损伤。

3. 适 用 范 围

适用于在水利枢纽运行工程正常运行的条件下，对原坝体及人口密集区其他混凝土建（构）筑物的拆除。

4. 工 艺 原 理

静力裂拆除技术是利用静态破碎剂的膨胀原理和超薄液压千斤顶的扩张力，根据被拆除建筑物或构筑物的轮廓，按预定的孔距、孔深对原坝体建筑物进行定向破碎拆除。

5. 施工工艺流程及操作要点

5.1　施工程序

施工准备→测量放样→静裂拆除设计→钻孔灌注静态破碎剂→原坝体拟拆除部分的混凝土预裂分

离→吊装运输。

5.2 操作要点

5.2.1 施工准备

1. 在施工区域建立危险区域隔离带，并在平面铺设 0.8m 毛石减振阻离带，防止拆除的混凝土块对运行的枢纽产生危害。

2. 对于独立的建筑物用粗细两种不同的钢丝绳编织成"安全网"进行围兜，起到围护作用，以防止混凝土破碎过程中碎块的坠落，同时用手动葫芦对钢丝绳进行张拉，固定在坝体斜坡面上。

5.2.2 静裂拆除设计

需要拆除的原坝体建筑物，进行测量放样，按建筑物被拆除部分的方向和周围环境因素进行静裂拆除设计，要点如下：

1）静态破碎剂的选型

静态破碎剂的使用效果与温度、混凝土强度、孔距、水灰比、灌注时间和速度有关。为了控制破碎速度，被拆除混凝土开裂时间控制在 30～60min 之间，因此，在使用前对不同品种静态破碎剂的进行破碎试验，以确定适合工程效果好的破碎剂的品种。

2）破碎参数的确定

根据被拆除混凝土的强度、结构形状和拆除要求，设计不同的孔径、孔距、孔深，其中素混凝土孔径 38～42mm，孔距 15～30cm，孔深 2m，装药量约 2.5kg/m³ 左右；钢筋混凝土孔径 38～42mm，孔距 10～15cm，孔深 2m，装药量 10kg/m³。

5.2.3 钻孔及灌注静态高效破碎剂

钻孔与灌注破碎剂与能否形成一定宽度预裂缝隙有直接关系。钻孔过小不利破碎剂充分发挥作用，钻孔太大，易冲孔，装破碎剂时必须密实，不然也达不到应有的效果，操作要点如下：

1）钻孔应严格控制同一排孔的孔斜，使其布置在同一平面范围内，孔径为 38～42mm。

2）在孔内灌注静态破碎剂前，应将孔内余水和余渣用高压水冲洗平干净，孔口旁应干净无混凝土及浮渣。

3）钻孔深度为拆除混凝土构造物高度的 80%～90%，一般在 1m～2m 较好，装药深度为孔深的 100%。

4）对向下和向下倾斜的钻孔装药，将破碎剂重量比为 25%～30% 的水倒入容器中，然后加入破碎剂进行搅拌，成流质状态后，迅速倒入孔内，并确保在孔内处于密实状态。水平钻孔装药按 100kg 破碎剂加水 10～15kg 在容器内拌成稠泥状，以能捏成团、搓成条为宜，然后将拌好的破碎剂塞入预先打好的孔内并层层捣实。拌合水温不能超过 50℃。

5）每次装填破碎剂都要检查确定混凝土、药剂和拌合水温度是否符合要求，灌注过程中已开始发生化学反应的破碎剂不允许装入孔内。从破碎剂加入水拌合到装药结束，不能超过 5min。

5.2.4 原坝体被拆除的混凝土预裂分离吊装

将破碎剂装入孔内，待混凝土表面预裂裂缝出现后，在孔口上方喷洒少量温水促使裂缝增大。为保证拆除的原坝体混凝土能按设计线分裂开，在裂缝内插入超薄型液压千斤顶，以加速被拆除混凝土的分离。在被拆除的原坝体混凝土分离后，利用塔机配合渣灌或者直接用运输汽车转运出工作面。

6. 材料与设备

6.1 本工法使用的主要材料即为静态高效破碎剂（膨胀剂）。

6.2 采用的机具见表 6.2。

机具设备表 表6.2

序号	名称	型号	单位	数量	备注
1	空压机	3m³	台	1	
2	电锤	TE-16	台	1	
3	手风钻	Y-28	台	4	
4	风镐		台	8	
5	搅拌桶		个	1	
6	超薄液压千斤顶	30t	台	2	
7	手动葫芦	2t	台	4	
8	（门）塔或起重机	10～30t	台	1	
9	自卸汽车	10～20t	台	5	

7. 质 量 控 制

7.1 质量控制标准

7.1.1 拆除区域外的老混凝土和钢筋保护层应无损伤，混凝土表面无残留振动裂隙、松动块体，以及多余的钻孔、锯槽。

7.1.2 拆除后被保留的建筑物几何形态满足设计结构要求，平整坚实，无突起、松动块体、虚松浮渣等缺陷。

7.1.3 拆除后用高压清水将保留部分的拆除面冲洗干净，并保持洁净直至覆盖新混凝土。

7.1.4 拆除钻孔孔径不得大于42mm，孔深不大于2m，钻孔倾斜度允许偏差为±1°，开口线允许偏差为5cm，水平尺寸允许偏差为+10cm～0，高程允许偏差为+20cm～0。

7.2 质量保证措施

7.2.1 在老混凝土静裂拆除作业前，均作详细的专项拆除设计，并在施工中，根据拆除实施效果，不断修正完善以达到更好的效果。

7.2.2 对施工人员进行系统业务培训，培训合格后才能上岗。

7.2.3 严格按照规定的参数进行施工，保证钻孔精度，对所有施工部位的钻孔、灌注破碎剂等工序进行全过程的质量检查。

7.2.4 严格执行质量三级自检制度。在施工的整个过程中坚持质检员旁站制，在现场进行质量跟踪检查，加强对各道工序的专职检查，严格把关，发现问题及时督促有关人员纠正，对在施工中发现的问题作好记录，达不到质量要求或工艺要求的工序不得进入到下道工序。

8. 安 全 措 施

8.1 认真贯彻"安全第一、预防为主、综合治理"的方针，根据国家有关规定条例，结合施工单位实际情况和工程具体特点，建立安全生产管理网络，落实安全生产责任制，明确各岗位的职责，抓好安全生产。

8.2 合理布置风、水、电管线，夜间作业应保证足够照明，施工现场临时用电应符合《施工现场临时用电安全技术规范》要求。

8.3 在吊运拆除混凝土块前，对起重设备和起重机具进行检查，若遇到大风等恶劣天气，严禁吊装运输作业。

8.4 认真进行安全技术交底，对危险点配备专职安全员进行旁站监督。

8.5 现场布设安全哨，施工人员佩戴合格的劳保用品。

8.6 严格遵守静态爆破施工的相关规定，防止破碎前"喷孔"对人眼造成损害或其他可能造成的伤害。

8.7 加强混凝土拆除过程中的安全检查，发现安全隐患，及时排除。

9. 环保措施

9.1 严格遵守《中华人民共和国环境保护法》、《中华人民共和国水污染防治法》、《中华人民共和国大气污染防治法》、《中华人民共和国噪声污染防治法》、《中华人民共和国水土保持法》、《中华人民共和国森林法》等一系列国家及地方颁布的各项环境保护法律、法规、条例和制度，坚持"以防为主、防治结合、综合治理、化害为利"的原则，制订环境保护和水土保持的实施方案和具体措施，确保生态环境不受破坏。

9.2 建立环境保护与水土保持领导小组，由生产副经理、总工程师、各部门负责人及环保与水保专职监督员组成，严格按照环境保护、水土保持措施落实各项工作，确保生态环境不受破坏。

9.3 施工现场所有施工机械、材料、机电设备等全部实行定置化管理，定置地一律划线挂牌，明确停放物的名称；所有材料、设备的停放按规格、型号、专业分类，标识用标牌、字形、色标均按规定统一设置。

9.4 施工现场设置指定的垃圾收集箱和废弃物堆放场，施工废水，就近设沉淀、过滤箱，合格后排放。

9.5 对易扬尘的部位移动洒水、高噪声作业采取封闭区域、调整施工时间或降噪等措施，将噪声对环境的影响减少到最低限度。

9.6 加强噪声的控制和管理，合理安排施工时间。

9.7 施工弃渣和固体废弃物以国家《固体废弃物污染环境防治法》为依据，按要求送至指定弃渣场。遇含有害成分的废渣，经报请当地环保部门批准，在环保人员指导下进行处理。

9.8 拆除作业完成后冲洗的污水经排水沟沉淀池集中处理后排放，从根本上防止施工废水的乱流。

10. 效益分析

本工法针对枢纽大坝或建（构）筑物改造时原坝体混凝土拆除的技术问题，制定了原坝体混凝土拆除的相关施工程序、施工方法和控制措施内容，并在拆除过程中保证了枢纽的安全运行，不仅为类似工程施工提供借鉴和参考，还具有显著社会效益。

11. 应用实例

南水北调中线水源地湖北省丹江口大坝加高工程。

11.1 工程概况

丹江口大坝加高工程是在必须保证水利枢纽正常运行的前提下对其进行大坝加高加宽施工，在进行原坝体混凝土拆除过程中部分部位不允许采用传统爆破方法进行施工，为保证施工安全，在进行老坝体混凝土拆除施工中采用了静裂拆除技术，效果较好。

11.2 施工情况

11.2.1 拆除部位与保留部位紧密相连，施工技术复杂、拆除项目与其他施工项目相互干扰大。

11.2.2 泄水建筑物部位的混凝土拆除不能在汛期施工，必须与坝体混凝土浇筑紧密配合，在规定的时间完成相应坝段的部分混凝土拆除。

根据被破碎混凝土的物理力学性质及边界条件的不同，在使用不同的静态破碎剂进行破碎时应该通过现场试验选用不同的施工方案及参数。混凝土静态破碎拆除施工程序见图11.2.2。

1）静态破碎剂选择

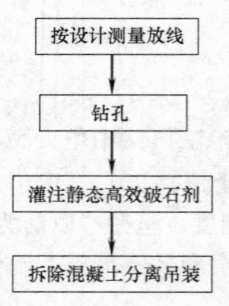

图 11.2.2　混凝土静态
破碎拆除施工流程图

由于丹江口大坝加高采用静态破碎的对象为初期工程原坝体混凝土，坝体混凝土坚固性好，强度较高，混凝土体完整，基本未风化，无节理、裂隙，而且在拆除过程中只有 1～2 个临空面，因此，必须选用能够提供较大膨胀力的静态破碎剂。经比选采用了具有膨胀力最大可达到 122MPa，反应时间最快可在 10min 左右，适应温度范围在－15～60℃的静态破碎剂。

2）钻孔布置设计

如同常规爆破一样，对于静态破碎，自由面（临空面）越多，单位破碎量也就越大，经济效益也越好。由于对原坝体部分混凝土拆除时只有 1～2 个临空面，因此在对原坝体拆除部位破碎前应尽可能多地创造临空面。对于临空面较少的部位拆除，可采用静力切割的方式人为增加临空面，改善爆破效果。

钻孔施工时采用 Y—24 或 Y—18 型手风钻钻孔，为了控制钻孔角度，保证键槽开口的角度和尺寸，按照钻孔角度用钢管制作钻孔导向器。

3）钻孔参数设计

（1）孔距与排距

静态爆破拆除布孔尽量采用为单排布孔，孔距大小与初期坝体混凝土强度等级有直接关系，强度等级越高，孔距越小，反之则大；孔距大小与混凝土破碎效果及施工成本有直接关系，孔距越大，破碎效果越差，成本越低，孔距越小，破碎效果越好，但是成本越高，因此要通过现场试验确定适宜的破碎参数。通过现场试验，确定钻孔间距一般为 15～30cm。

（2）钻孔孔径

钻孔直径与破碎效果有直接关系，钻孔过小，不利于破碎剂充分发挥效力；钻孔太大，易冲孔。根据以往相关静态破碎的经验，钻孔孔径选为 40mm。

（3）钻孔深度和装药深度

钻孔深度及角度按照拆除部位的几何特征进行确定。

将静态破碎剂直接装至孔口，全孔长装药。

（4）配浆、装药

将钻孔内余水和余渣用高压风吹洗干净，孔口旁清理干净至无土石渣后将破碎剂加 30% 左右的水（重量比）拌成流质状（充分搅拌后略有余水），迅速倒入孔内并用略小于钻孔的木杆捣实。

混凝土开裂后，立即向裂缝加水，以支持破碎剂持续反应。破碎剂反应时间控制在 30min～60min 为宜，以利于加快施工进度。

（5）拆除混凝土分离吊装

对拆除后的混凝土块直接采用风镐破碎，利用坝顶布置的门塔机通过渣罐转运，或直接利用门塔机采用钢丝绳起吊，利用汽车进行转运。

11.3　结果评价

经实际测量，静态破碎剂静力作用产生的膨胀裂缝沿钻孔线走向分布，整个断裂面基本规格平整，保留的建筑物结构尺寸满足设计要求。坝体保留部分的混凝土面未发现细微裂缝，无损伤。

施工过程中通过采用合理的施工程序，形成规范、标准的作业程序，保证了新老混凝土的结合质量，缩短结合面处理时间，提高了施工工效。

混凝土面板堆石坝铜止水滚压成型制作施工工法

GJYJGF080—2008

中国安能建设总公司

丛利　李虎章　帖军锋　邵天星

1. 前　言

传统的铜止水制作大多采用冲压机冲压成型，受模具限制，铜止水加工制作最大长度为3m一段，冲压机无法在工地现场安装使用，增加了铜止水水平运输和装卸过程保护。冲压机冲压成型只能控制止水中间"鼻子"的成型要求，一次性变形量大，依靠人工脱模，两边"立腿"只能人工二次成型，容易出现皱皮、裂纹等加工缺陷误差，且成型误差较大。所制作的铜止水因为成型误差较大，安装时如果对准中间"鼻子"部位，止水水平段和"立腿"因误差积累极易产生错台，致使接头焊缝焊接困难，容易出现焊缝填充不饱满，或未焊透、咬边等焊接缺陷。为减少焊缝，确保施工质量，加快施工进度，我公司在混凝土面板堆石坝铜止水施工中，研制使用多级滚压式铜止水制作成型工艺，保证了铜止水的质量，加快了制作进度，取得较好的经济效益和社会效益。

2. 工 法 特 点

2.1　操作简单，制作速度快，焊接接头少，施工效率高，经济效益好。

2.2　铜止水规则、表面光滑、清洁、无孔洞、损伤小，工艺质量高。

2.3　接头少，减少了焊接薄弱环节，从而大大提高了整体施工质量。

3. 适 用 范 围

混凝土面板堆石坝及其他类似止水加工。

4. 工 艺 原 理

铜止水滚压成型，是一种工序区分明显的逐步变形的加工方法，即由送料机构均匀送料，使铜片经过几组模具滚压逐渐变形后达到所需形状。这种方法加工工艺简单，质量容易得到保证，防止了铜板一次性变形量过大造成铜板起皱、开裂。

5. 施工工艺流程及操作要点

5.1　施工工艺流程

铜止水加工工艺流程见图5.1。

5.2　操作要点

5.2.1　现场准备

操作人员和设备就位，根据面板接缝长度并考虑运输要求，用剪刀截取所需长度。剪口要垂直铜带外边线，以便于焊接和防止浪费。

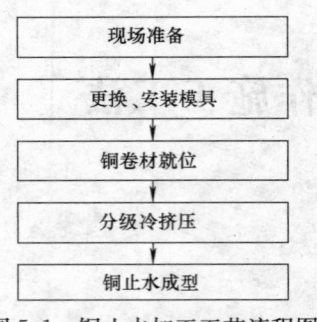

图 5.1 铜止水加工工艺流程图

5.2.2 更换、安装模具

根据止水设计形状、尺寸，更换安装相应模具。

5.2.3 铜卷材就位

铜卷材放入成型机拖架上，将其拉至模具边缘，并使铜带平行且居中于成型机的料槽，从而防止铜带放偏影响止水加工质量。

5.2.4 分级冷挤压

按下成型机开关按钮，使铜带匀速进入成型机模具，铜带经过几组模具滚压逐渐变形后达到所需的几何形状。为防止模具滚动过快，造成铜带起皱、开裂，一定要控制好成型机的挡速。

5.2.5 铜止水成型

成型机出料口要根据铜带长度，配足铜止水托架，以防止成型后的铜止水不被折弯和变形。最后将加工成型后的铜止水片成品放置在枕木上（图 5.2.5-1、图 5.2.5-2）。

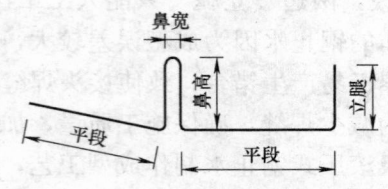

图 5.2.5-1 加工后的 F 形铜止水

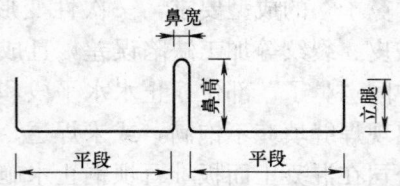

图 5.2.5-2 加工后的 W 形铜止水

5.3 主要劳动力配备见表 5.3

主要劳动力配备表   表 5.3

序号	工　　种	数量（人）	备　　注
1	止水成型机操作手	2	制作止水
2	止水成型机维修工	2	
3	普工	8	搬运铜片

6. 材料与设备

6.1 材料：采用退火纯铜卷材，其延伸率应大于 20％。

6.2 设备：辊压式铜片止水成型机。

7. 质量控制

7.1 质量控制标准

铜止水加工质量执行《水工建筑物止水带技术规范》DL/T 5215—2005。

7.2 质量保证措施

7.2.1 采购的铜卷材宽度、厚度必须满足设计尺寸，材料质地检验合格。

7.2.2 正确操作成型机，按照 50～70m/h 的速度，控制好节奏，防止铜止水压裂、压皱。

7.2.3 加工成型后的铜止水片成品放置在一定间距排列的方木上，以防铜止水片产生变形和损伤。

8. 安全措施

8.1 认真贯彻"安全第一，预防为主，综合治理"的方针，根据国家有关规定、条例，结合施工单位实际情况，由专职安全员和班组兼职安全员组成安全管理网络，明确各级人员的职责，落实安全生产责任制，抓好工程的安全生产。

8.2 施工现场符合防火、防雷、防触电等安全规定及安全施工要求进行布置，并完善布置各种安全标识。

8.3 施工现场的临时用电严格按照有关规范规定执行。

8.4 建立完善的施工安全保证体系，加强施工中的作业检查，确保作业标准化、规范化。

9. 环 保 措 施

9.1 成立对应的施工环保机构，在施工过程中严格遵守国家和地方政府下发的有关环境保护的法律、法规和规章，遵守废弃物处理的规章制度，随时接受相关单位的监督检查。

9.2 将施工场地和作业限制在工程建设允许的范围内，合理布置、做到标牌清楚齐全，各种标识醒目，施工场地整洁文明。

9.3 采取设立隔声墙、隔声罩等消声措施，降低施工噪声到允许值以下。

10. 效 益 分 析

混凝土面板堆石坝的铜止水采用自制成型机一次成型施工技术与传统铜止水成型采用工厂加工相比较，接头减少，节约加工成本，组立模板快，质量好，成本大大节约，而且可大幅提高施工效率。因此具有良好的经济效益和社会效益。

11. 应 用 实 例

11.1 天生桥一级水电站

天生桥一级面板堆石坝最大坝高 178m。坝顶长 1104m，坝顶宽 12m。上游坝坡 1:1.4，下游坝坡平均为 1:1.4。混凝土面板厚度顶部 0.3m，底部 0.9m。设置垂直缝，间距 16m，共分 69 块，止水铜片总长 14350m，全部采用成型机滚压成型，经现场验收质量完全符合要求。

11.2 洪家渡水电站

洪家渡水电站为混凝土面板堆石坝，最大坝高 179.50m，坝顶长 447.43m，坝顶宽 10.95m，上游边坡 1:1.4，下游平均边坡 1:1.4。设置垂直伸缩缝，间距 15m，共分 28 块，铜止水总长为 6040m，全部采用成型机滚压成型，经现场验收质量完全符合要求。

洪家渡水电站于 2008 年 12 月获第八届"中国土木工程詹天佑奖"和"中国建设工程鲁班奖"。

11.3 苏家河口水电站

苏家河口水电站为混凝土面板堆石坝，最大坝高 130m，坝顶长 443.917m，坝顶宽 10m，上游边坡 1:1.4，下游局部边坡 1:1.712，坝底高程为 1465m，坝顶高程为 1595m。设置垂直伸缩缝，间距 12m，共分 36 块，铜止水总长为 6086m，全部采用成型机滚压成型，经现场验收质量完全符合要求。

人字门背拉杆预应力施工工法

GJYJGF081—2008

中国安能建设总公司

王定苍　欧阳运华　邴绍峰　赵克岐　许礼凤

1. 前　　言

人字门在关闭挡水状态下，为三铰拱受力状态，门前所承受的巨大载荷通过两门轴柱传递给闸墙。而门体在自由悬挂状态和开关过程中的每一个门位，都处于底枢、顶枢及启闭杆三点约束下，在运行过程中承受巨大的自重及风、水压力。而单扇人字门为一庞大的开口薄壁结构：即上游面为整块挡水面板，下游面为梁格空腔的非对称结构。因此上游面刚度大于下游面，结构抗扭能力小。

我公司与武汉水利电力大学开展科技创新与技术攻关，研究制定本工法在江西万安电厂上下闸首人字门、三峡永久船闸北线一、二首人字门、广东惠州东江水利枢纽船闸工程等施工中，得到应用并取得理想的效果。该工法手段先进、技术成熟、取得了良好的经济效益与社会效益。

2. 工 法 特 点

2.1　通过结构受力分析、三维有限元计算、建立背拉杆预应力优化方程的方法求解，能够准确的计算出人字门各组背拉杆的应力值、施加顺序及应力的分配大小，减小了预应力施加的盲目性、随意性。

2.2　采用人字门背拉杆施工工法，能够很好地改善人字门由于自重及应力作用下，在斜接柱端产生下垂及向面板侧的扭转；在门轴柱端则产生向下游侧扭转等几何变形。

2.3　采取人字门背拉杆施工工法，除了能够有力地改善人字门的几何形状外，还可以保证下道刚性止水施工工序（特别是止水效果）的施工。

2.4　采取液压拉伸对背拉杆施加应力、通过应变片测量预应力大小的方法，具有施工简便，测量精确，可操作性强等特点。

3. 适 用 范 围

该工法适用于船闸人字门背拉杆预应力施工。

4. 工 艺 原 理

人字门为开口薄壁结构，上游挡水面为整块面板结构，刚度大；下游面为梁格空腔结构，刚度小。在运行状态下，随着门体开、关运行方向的相反，壅水压力作用的方向相反，引起的门体几何变形方向也相反。在关门运行状态下，由于门体变形和自重作用下相同，背拉杆内应力将增加，反之开门运行状态背拉杆应力将减小。背拉杆作为抵抗扭转变形的主要构件，施加预应力的大小应保证在各种运行工况下，应力恒为拉应力并不能过大。因此所施加预应力的大小应满足安装、运行的要求，并且施工方法可行。才能取得较好的门形、保证运行的寿命及运行的安全。

710

通过结构受力分析、三维有限元计算可知，人字门在自重及应力作用斜接柱端产生下垂及向面板侧的扭转，在门轴柱端则产生向下游侧扭转等几何变形。特别是在斜柱端部变形最大，将使人字门不能很好起到封水、传力效果，并减少使用寿命。因此人字门背拉杆预应力值的确定、施加顺序、力的分配、施加方法、测量方式等技术含量高、施工难度大，是人字门施工的关键工序与质量控制点。背拉杆及变形测点布置见图4。

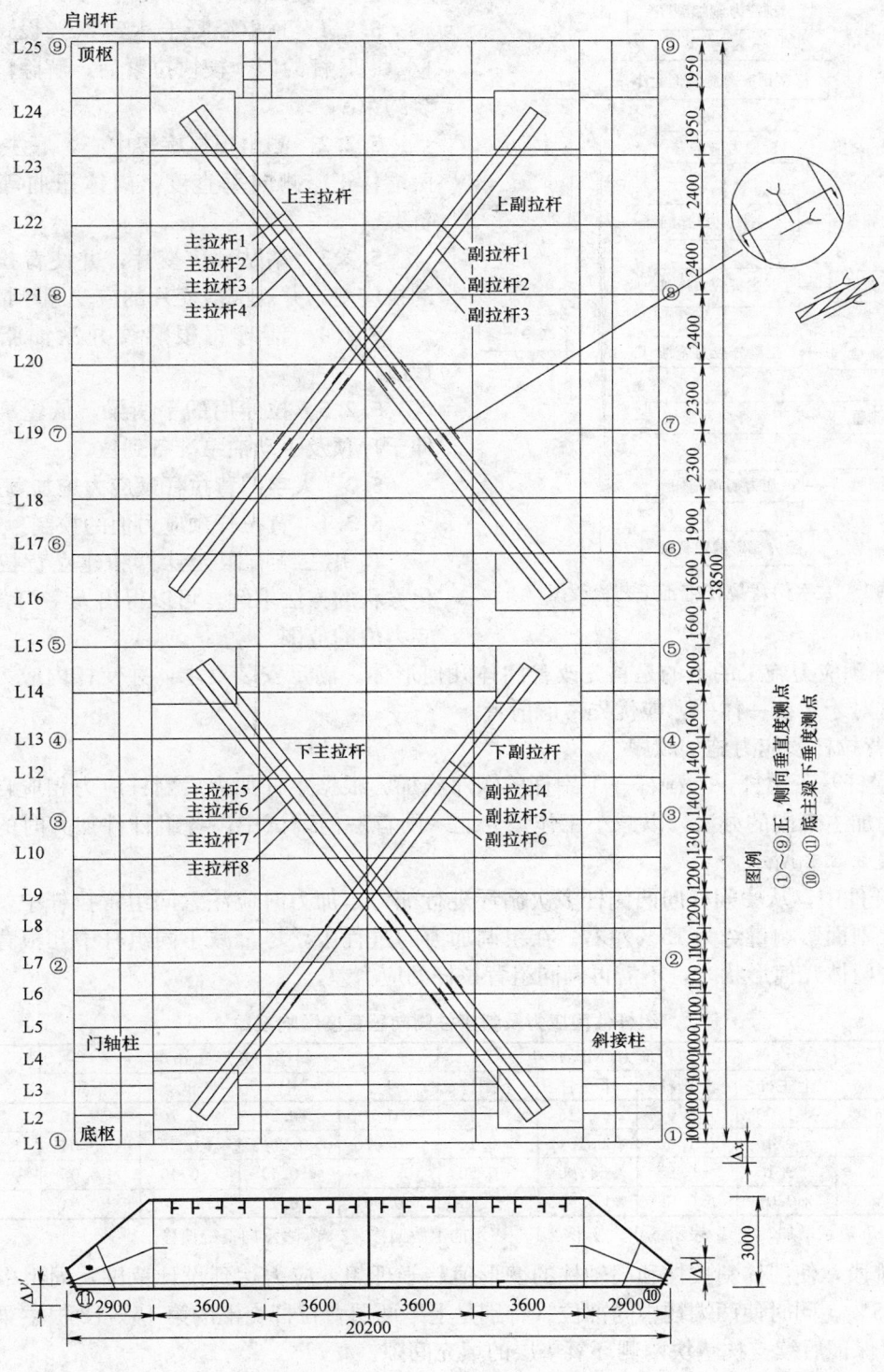

图4 背拉杆及变形测点布置示意图

5. 施工工艺流程及操作要点

5.1 施工工艺流程

人字门背拉杆施工工艺流程见图5.1。

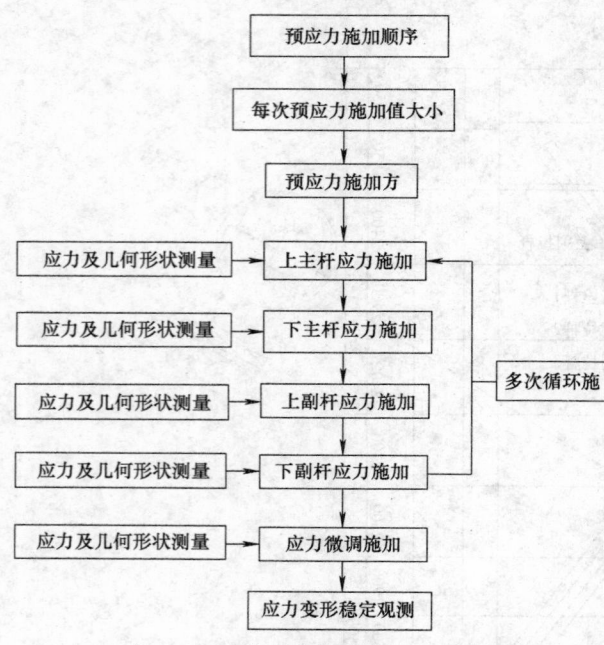

图5.1 人字门背拉杆施工工艺流程图

5.2 施工前的准备

5.2.1 顶枢混凝土达到80％设计强度，将顶枢A、B杆的四个楔块拉紧后，解除门体原来的安装约束。

5.2.2 测出顶枢旋转中心，底主梁中心高程、两端柱正、侧向垂直度，门体扭曲等资料并记录备案。

5.2.3 粘贴预应变片，并使背拉杆承受较小的拉应变，并观测应变片的应变漂浮情况。

5.2.4 清理每根螺纹并涂油脂，以防损伤螺纹。

5.2.5 拉伸用的平衡梁，低轮廓尺寸液压拉伸千斤顶及手动油泵准备到位。

5.3 人字门背拉杆预应力施加顺序

5.3.1 背拉杆预应力值的控制

1. 用三维有限元计算和建立背拉杆预应力优化方程的方法求解，可以得出人字门背拉杆设计预应力值的范围。

2. 背拉杆预应力施工的目的是首先改善门体几何形体、满足安装要求，并使杆内应力保持在设计范围内。在这对矛盾统一体中，应优先考虑前者。

5.3.2 背拉杆预应力施加顺序

1. 先上主杆→下主杆→上副杆→下副杆的顺序施加。根据主杆加力后副杆应力相应自动增加的规律，可以采用加主带副的办法，以减小工作量。北一闸首左门调试中，各组杆件加力时的相互影响系数经验值如表5.3.2所示。

2. 每组杆件中，从中间杆向两侧杆多次循环进行加力。加力时应注意同组背拉杆中，后加力杆件对先加力杆件副面影响量约为15％左右。在粗调加力的过程中，尽量减小同组杆中几根背拉杆的应力差，以便微调门体几何形状时，不需再调同组背拉杆的应力差。

组杆件间应力及斜接柱侧向垂直度影响系数　　表5.3.2

加力部位	背拉杆应力（MPa）				斜接柱变形（mm）				门轴柱中部（mm）
	上主杆	上副杆	下主杆	下副杆	上	中	下	下垂	
上主 σ＝1MPa	+1.00	+0.60	−0.15	+0.15	−0.10	−0.50	−0.70	+0.10	+0.17
上副 σ＝1MPa	+0.40	+1.00	0.10	−0.10	−0.070	0.25	+0.35	−0.04	−0.06
下主 σ＝1MPa	−0.10	+0.95	+1.00	+0.50	0.004	−0.11	−0.40	+0.05	−0.05
下副 σ＝1MPa	+0.07	−0.08	+0.40	+1.00	−0.001	+0.11	+0.30	−0.04	+0.06

注：应力"+"表示增加、"−"表示减小；变形"+"表示向上游偏移、"−"表示向下游偏移。

3. 微调阶段，使门体斜接柱和门轴柱的变形值趋于理想，应力达到设计范围，同组中背拉杆的应力差在3％～5％。同时使两端柱中间部位（特别是上下两层背拉杆交汇的第15～18根主梁）鼓肚现象尽量减小，以保证后续支枕垫块两侧环氧垫层的填充间隙。

5.4 每次预应力施加值大小

每次加力10～20MPa左右，多次循环渐进施加，特别是最后进行微调阶段，不可一次加力过大。

每加一组，随时检测门体的几何形体尺寸与各组间应力的变化及相互影响，以确定下步加力大小、加力顺序。

5.5 应力施加方法

人字门背拉杆一般结构形式为：两端为拉伸螺杆、中间为扁形钢带。利用此螺杆通过机械的方法对扁形钢带进行拉长，从而达到对背拉杆施加预应力的目的。

一般预应力施加有多种方法，可以通过旋转螺母，及时并紧螺帽的方法施加扭矩；也可以通过直接拉伸，及时并紧螺帽的方法施加扭矩，还可以通过加热伸长，及时并紧螺帽的方法施加。背拉杆拉伸如图5.5所示。

但对于人字门背拉杆的结构形式，预应力施工只能采取前两种方法。在实际施工中利用液压扭矩扳手，通过端部螺母旋转来施加扭矩时，在预应力施加不大的情况下，螺母旋转还比较顺利。但预应力施加值较大时，存在螺母与背拉杆的挡板间产生了较大摩擦力，致使螺纹咬合、背拉杆钢带扭转等现象。即使在螺母与挡板间放置摩擦力较小的不锈钢板并涂抹黄油等方式，仍然会出现上述现象。

通过分析比较，选择直接拉伸螺母拉长钢带的方法，进行背拉杆预应力施加。利用扁担梁将背拉杆一端的螺母置于中间、在扁担梁的两端各放置100t液压千斤顶。通过液压千斤顶拉长背拉杆并及时拧紧并帽螺母。

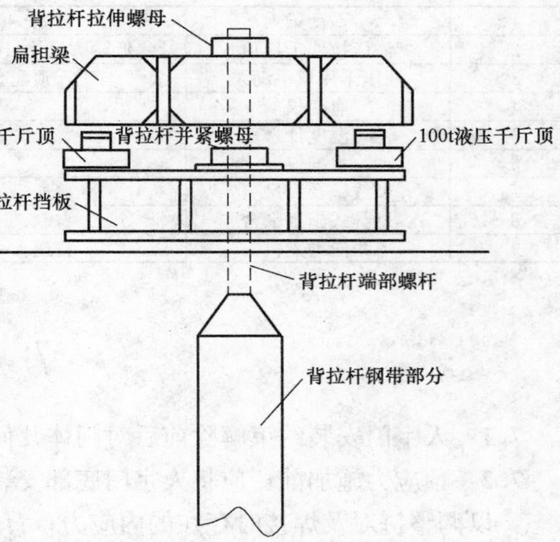

图5.5 背拉杆拉伸示意图

5.6 应力、变形检测方法

5.6.1 预应力检测方法

1. 贴片。在每根背拉杆正反面轴线位置，除掉防腐油漆、露出金属肌体，仔细打磨平整、清洗干净后，在干燥状态下贴正、压紧应变片，并作复层防潮处理。

2. 接线方式。每根杆布置两个测点，一个为工作点，一个为备用点。每个测点分别在杆件的正面和反面，布置成"⊥"形的两片应变片。四个应变片成半桥连接方式。通过桥路的变化，消除弯曲应力，从而获得了纯净的拉应变。

仪器读数：$\varepsilon_{仪}=(1+\mu)\cdot\varepsilon_P=(1+\mu)\cdot\sigma_P/E$；实际应变：$\varepsilon_P=\varepsilon_{仪}/(1+\mu)$；实际应力：$\sigma_P=E\cdot\varepsilon_P$。
（式中μ为泊松比，取值0.33；E为弹性模量，取值$E=2.1\times10^5\,\mathrm{MPa}$）

由于背拉杆多，如果设置温度补偿块，或采用多个工作片共用一个补偿片的方法，很容易导致补偿块与背拉杆测点处温度不同，从而为测试结果带来误差。因此采用了温度自补偿方式。这样检测出的应力值就避免温度应力、弯曲应力等对测试结果的影响。

3. 应变仪调零：检查应变片的应变漂浮情况，要求应变量漂浮$\leqslant2\mu\varepsilon/24\mathrm{h}$，以此验证应变片贴粘、防潮、导线屏蔽等好坏。预应力张拉前，首先对背拉杆"调零"，即使背拉杆受$12\mu\varepsilon$左右的拉应变（应变仪读数经程序换算为2MPa的应力值），然后将仪器清零待用。

5.6.2 门体变形检测

在门体斜接柱和门轴柱的端板上，从下自上每侧选取9个点为门体变形测控点，在门体斜接柱和门轴柱顶部端面挂垂线，用水平钢尺检测两端柱的侧向垂直度和正向垂直度。门体底主梁水平度用水准仪测量。

5.6.3 应力变形稳定观测

由于温度、湿度对应力及门体几何尺寸的影响，特别是日晒对门体上下游面的影响更明显，加之应力施加后门体变形需有一定时间，需进行稳定性观测。

6. 材料与设备

待预应力值、施加顺序、力的分配、施加方法、测量方式等技术工作准备，以及张拉之前的准备工作结束后，即可进行人字门背拉杆预应力值的施加。预应力主要使用的材料及工器具见表6。

人字门预应力施加主要使用的材料及工器具

表6

序号	设备名称	设备型号	单位	数量	用途
1	平衡梁	自制	个	1	背拉杆拉伸
2	液压拉伸千斤顶	低轮廓尺寸、100t	个	2	背拉杆拉伸
3	液压千斤顶手动泵	与千斤顶配套	套	1	背拉杆拉伸
4	应变仪		套	1	应力测量
5	温度计	普通	个	1	测量环境温度
6	水准仪		套	1	测量底主梁水平、高程
7	线锤及直尺	普通	个	各2	测量门体几何尺寸
8	悬挂式施工平台	自制	套	4	用于搭乘施工人员
9	角向磨光机	普通	台	1	贴应变片用

7. 质量控制

7.1 人字门安装约束解除前后对门体几何尺寸的测量、备案。

7.2 预应力施加前，应将人字门底部安装支撑及与闸墙的连接全部去除，让人字门处于完全自由状态，以调整拼对及焊接时存在的内应力；背拉杆从门体处于自由状态开始张拉。

7.3 背拉杆张拉前，应先对应变片"调零"，使背拉杆承受较小的拉应变，而应存在压应变。

7.4 做好应变片的应变漂浮情况检查，以此验证应变片贴粘、防潮、导线屏蔽等好坏，保证测量的准确、可靠。同时注意应变值的温度补偿。

7.5 背拉杆张拉的顺序、每次应力施加大小应严格控制，在每张拉一个循环后应及时测量门体几何尺寸，以对下次张拉力的适当调整。

7.6 背拉杆张拉以改善门体自由状态下几何尺寸为主，应力值大小为辅，特别是应力微调时更突出这一点。

7.7 背拉杆结束后应对门体进行稳定性观测，以便观测应力在结构中的分布调整。

8. 安全措施

8.1 在解除门体约束之前，应再次确认顶枢混凝土达到强度要求，将顶枢A、B杆的四个楔块拉紧，方可解除门体约束，使门体有原来的安装状态变为自由悬挂状态。

8.2 由于人字门背拉杆张拉时间较长，在解除门体刚性连接后，应将门体与闸墙进行软连接，防止大风将门体转动。

8.3 同时在背拉杆张拉前，应对背拉杆对接焊缝进行100%射线及超声波探伤。

8.4 应逐步对背拉杆施加应力，使金属产生较缓慢的蠕动。

9. 环境保护

9.1 施工中应遵守国家有关环境保护的法律、法规，接受环保部门对线路施工的监督和指导。

9.2 设置专用容器回收油污，对含油量超标的弃水要采取收集和就地处理措施，含油浓度达到《污水综合排放标准》GB 8978—96规定的一级标准后方可排放。

9.3 按照《工业企业噪声卫生标准》，合理安排工作人员减少接触噪声的时间，对距噪声源较近的施工人员，除采取戴防护耳塞等劳动保护用品外，还要适当缩短劳动时间。

10. 效 益 分 析

一般人字门体积较大，受力较大，每天启闭数多，在启闭运行中承受巨大的水压力和壅水作用，结构的抗扭转及应力，变形动力问题相当复杂。特别是在双层多根背拉杆的调试难度更大。在对人字门水弹性试验研究基础上的优化合理的结构设计，精确的应力计算，加上正确的施工方法，严格的施工工艺，使得背拉杆施工工期短、操作简便、质量高、安全可靠、一次成功率高、测量精确度高等特点。三峡永久船闸12套人字门、江西万安电厂上下闸首人字门全部采用此方法施工，取得很好的经济及社会效果，为其他人字门提供可靠的经验、借鉴价值。

11. 应 用 实 例

三峡永久船闸为双线、平行、对称、连续阶梯布置的五级特大型船闸，分南北两线。每线由五个闸室、六个闸首组成。共设有12套（24扇）人字门。每扇人字门门体分12节运抵工地，现场直立状态拼焊为一整体。人字门由刚度较大的门轴柱、斜接柱、中间部位门体及背拉杆、顶枢拉杆等组成。所施工的人字门主要技术参数见表11。

人字门主要技术参数 表 11

最大挡水高度(m)	门高(m)	门宽(m)	门厚(m)	单扇门重(t)	垂直止水形式
36.75	38.5	20.2	3.0	838.1	支枕块兼刚性止水
上游最高通航水位(m)		底坎止水面高程(m)		风压力(kN/m²)	壅水高度(m)
175.75		139.0		0.4	0.2,0.4

11.1 背拉杆调试前人字门几何形体尺寸

北一闸首左门在解除门体底部安装支承、背拉杆全自由状态时，在自重作用下斜接柱端点下垂及扭曲分别为 $\Delta X = 8.9$mm、$\Delta Y = 80.5$mm 向上游扭转；门轴柱向下游扭转 $\Delta Y' = 8.5$mm。若在风、水压力及壅水力工作状态下，这种几何变形将更加明显，抗疲劳能力也明显下降。因此设计通过在人字门下游面加设上、下双层交叉背拉杆（具体布置见图4），并在杆件中施加一定的预应力预先消除或减小门体由于自重作用产生的变形来改善门体的几何形状，提高抗扭转能力。

11.2 背拉杆预应力施加结果

11.2.1 北一闸首左侧人字门预应力及门体变形

北一闸首左侧门体背拉杆预应力张拉结果见表11.2.1-1、表11.2.1-2，从表中的数值可以看到各背拉杆的预应力值与门体几何形体的对应关系及变形的改善情况。从宏观上看斜接柱面向面板侧弓成"("形；门轴柱由于顶底枢的约束成"3"形。底主梁的水平度 ΔX 由下垂变为上翘1.9mm。最终满足了安装技术要求。

11.2.2 背拉杆预应力施工与门体支枕垫块安装

对背拉杆施加预应力改善门体的几何变形，其主要目的之一是考虑后续支枕垫块安装及两侧环氧垫层的填充间隙。现实际上两端柱侧向垂直度控制在8mm以内，对两侧环氧垫层的填充不成问题，并已满足安装技术要求。

支枕垫块自重在斜接柱端产生的力矩和门重引起的相比非常小，可以不考虑支枕垫块自重对形体的影响。因此背拉杆预应力施工完后再挂装支枕垫块、号孔是有利的。

11.3 万安船闸人字门背拉杆预应力施工简介

江西省万安水电站船闸，下闸首人字门的门叶厚度为1.5m，门叶高度为36.25m，单扇门宽8.93m，高宽比为4:1，重223.34t，承受的最大水压为55000kN。下闸首人字门是一典型的狭长形薄壁窖结构。安装的技术要求高，施工难度大。安装后顶底枢不同部位精度要求均小于 2mm，斜拉柱上任一点的跳动量要求小于 1mm，枕垫块间隙要在 0.1mm 以内。

三峡北一闸首人字门左侧背拉杆预应力张拉值（MPa）　　　　　表 11.2.1-1

| 编号 | 调零前 | 调零 | 第一循环 | | | | 第二循环 | 第三循环 | 第四循环 | 一次微调 | 二次微调 | 稳定观测 |
			上主加力	下主加力	上副加力	下副加力						
湿度%	90	68	81	81	90	80	90	90	65	65	70	80
温度℃	6.5	4.5	6.5	6.5	5	5.5	6	6	8.5	8.5	6	5.5
上主1	0	2	27	23	25	26	45	60	77	90	90	90
上主2	0	1	24	21	23	23	47	62	76	90	89	89
上主3	−0.6	3	25	21	23	24	47	59	75	89	89	89
上主4	0	2	27	22	23	24	46	61	76	89	89	89
上副1	0.3	3	16	19	20	20	35	47	58	57	56	56
上副2	−0.2	2	14	18	21	21	37	49	60	56	55	55
上副3	0	2	9	12	22	21	36	48	58	56	56	56
下主1	0	3	−3	33	34	37	54	78	93	95	97	97
下主2	0	3	−1	37	37	40	54	76	93	97	97	97
下主3	0	3	−3	37	38	40	54	78	94	96	98	98
下主4	0	1	−1	33	33	36	55	77	93	98	98	98
下副1	0	2	4	18	18	26	37	51	61	66	66	66
下副2	0	1	1	16	16	24	35	47	52	66	67	67
下副3	0	1	4	16	15	26	36	48	58	67	66	66

三峡北一闸首人字门左侧背拉杆门体变形数据表（mm）　　　　　表 11.2.1-2

| 序号 | 斜接柱 | | | | 门轴柱 | | | | 底主梁水平 | |
| | 自由状态 | | 调试完毕 | | 自由状态 | | 调试完毕 | | 自由状态 | 调试完毕 |
	正	侧	正	侧	正	侧	正	侧		
9	130	0	130.5	0	130	0	0	0	下垂：−10	下垂：+2.4
8	140	10	136.5	1	129	−4	2.5	−0.5		
7	144	27	137	6.5	129	−7.5	2.5	−1.0		
6	143	36	134	6	131	−10	2.5	−1.0		
5	147	45	135	4	134	−10.5	2.5	−3.0		
4	152	55	136	6.5	131	−6	2.5	3		
3	154	65	136	5.0	132	−8	−0.5	1		
2	155	74	131	4.5	134	−9	0	0		
1	155	82	127	0	130	−8	−4.0	−4		

　　下闸首人字门背拉杆的布置：在门叶的整个背水面，分三层，每层布置一对交叉形的钢板条，材质为 Q345 钢，断面尺寸为 300mm×30mm，万安下闸首人字门背拉杆预应力施工也是利用上述施工方法、并结合门体结构的具体特点进行了优化，取得了理想效果。万安下闸首人字门背拉杆调试成果及门体安装精度具体见表 11.3-1、表 11.3-2。

万安下闸首人字门背拉杆调试成果（单位：mm）　　　　　表 11.3-1

| 项　目 | 上层背拉杆 | | 中间层背拉杆 | | 下层背拉杆 | | 斜接柱跳动量 |
| | 1 | 2 | 3 | 4 | 5 | 6 | |
	主杆	副杆	主杆	副杆	主杆	副杆	
设计计算值	478	440	500	460	533	474	1
左门	500	443	499	460	562	491	0.2
右门	440	480	434	512	463	494	0
说明	设计允许预应力与设计值误差为±50						

万安背拉杆预应力前后门体安装精度（单位 mm）　　　　　表 11.3-2

| 类别 | 左　门 | | | 右　门 | | |
	允许	调试前	调试后	允许	调试前	调试后
门叶竖向弯曲度	4	1.5	3	4	6.5	6
门叶横向弯曲度	5	2	1.5	5	3.5	3
斜接柱正面弯曲度	±5	±1	1	±5	−0.5	±2.5
扭曲度	6	0.5	±0.5	6	1	0.5

注：表中数值为测量中的最大值。

混凝土骨料二次风冷施工工法

GJYJGF082—2008

中国水利水电第二工程局有限公司　中国水利水电第八工程局有限公司
李志斌　李跃兴　张祖义　涂怀健　陈笠

1. 前　　言

混凝土粗骨料二次风冷施工工法是在地面对骨料进行第一次风冷后，然后在拌合楼内的骨料仓对骨料进行第二次风冷，从而降低混凝土出机口温度的一种工艺。

本工法已在中国水利水电第二工程局有限公司、中国水利水电第八工程局有限公司参与承建的南水北调中线京石段工程（北京段）惠南庄泵站工程、构皮滩大坝工程、彭水大坝工程、思林大坝工程等大中型工程混凝土系统施工中成功应用。

混凝土粗骨料二次风冷具有降温速度快，降温幅度大，为大体积混凝土的施工质量及进度提供了有力保证。同时本工法所具有的节水、节能、降耗、减少占地的优点得到了充分体现。

2. 工 法 特 点

2.1　混凝土骨料二次风冷施工工法具有骨料降温速度快、降温幅度大。因冷风循环使用周期短，所以能量损耗低。

2.2　地面一次风冷加拌合楼上二次风冷的工艺比地面冷水冷却＋拌合楼上风冷的工艺，土建工程量少，系统占地少，施工周期短，使制冷系统建设成本低。

2.3　混凝土骨料二次风冷不产生需要处理的废弃水。

2.4　本工法不增加对水进行降温处理，达到节水节能的目的。

2.5　制冷系统的安装与运行属于特种作业，必须遵守国家的有关法规和条例。

3. 适 用 范 围

混凝土骨料二次风冷工法适用于大中型混凝土拌合楼、商品混凝土拌合站骨料的预冷系统建设和运行。

4. 工 艺 原 理

由制冷车间提供的制冷剂通过空气冷却器生产冷风与骨料接触进行热交换，从而达到骨料降温的目的。骨料风冷原理见图 4。

粗骨料的第一次风冷：粗骨料经胶带机输送进入一次风冷骨料冷却料仓，骨料冷却料仓由四个（三级配混凝土时为三个仓）料仓组成，分别存放 G1、G2、G3、G4 四种骨料。每个风冷骨料料仓自而下分为进料区、冷却区、储料区三个区域。冷风从储料区顶部的进风道自下而上通过骨料使骨料冷却，冷风温度回升，温度回升的冷风再由进料区域底部（或中部）的回风道至空气冷却器（与液氨）进行热交换，使冷风的温度降低到设计值，再通过离心风机吹入进风道进行下一轮冷却。骨料按用料速度自上而下流动，边进料，边冷却，边出料。

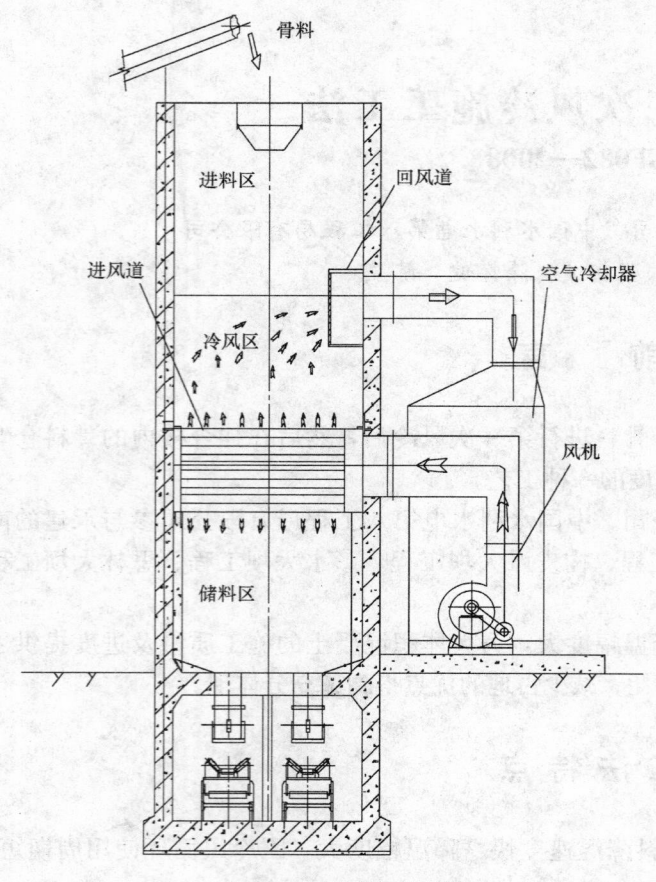

图4 骨料风冷原理图

粗骨料的第二次风冷：冷却后的骨料经保温廊道由胶带机送至拌合楼相应的料仓进行第二次风冷，骨料在输送至拌合楼料仓过程中，温度回升2℃左右。拌合楼料仓由四个料仓组成，分别存放G1、G2、G3、G4四种骨料，拌合楼料仓同样由上而下分成进料区、冷却区、储料区三个区域，通过第二次风冷使骨料进一步降到设计值。拌合楼上第二次风冷循环系统的结构形式与第一次风冷基本相同。

冷却到设计终温的骨料称量后经拌合楼集料斗进入拌合机拌合。一次风冷系统、二次风冷系统骨料仓外的冷风机的冷源由制冷系统提供。

5. 施工工艺流程及操作要点

5.1 工艺流程（图5.1）

5.2 施工要点

5.2.1 混凝土系统设计

1. 根据《施工组织设计》中对混凝土工程量及技术要求，组织有关人员确定混凝土供应系统的技术要求。

2. 分析、论证混凝土供应系统所具备的供应能力和水平。

3. 编制《混凝土供应系统方案》。

4. 审核批准《混凝土供应系统方案》。

5.2.2 技术文件设计

1. 根据混凝土生产系统的技术要求确定骨料冷却方案，按当地水文、气候条件和混凝土的出机口温度要求确定对骨料进行一次风冷或二次风冷的方案。

2. 根据混凝土生产系统生产预冷混凝土的出机口温度和生产强度以及当地最高气温、最高水温计算出最大冷负荷，考虑一定系数确定制冷装机容量。

3. 根据确定的制冷装机容量进行制冷系统设计，对制冷设备的选型，车间结构、管路选型和布置进行详细的设计。

4. 根据混凝土生产系统生产预冷混凝土的生产强度确定骨料一次风冷料仓的容积，进行一次风冷料仓的详细结构设计。一次风冷料仓的容积≥3倍预冷混凝土1h强度粗骨料的用量。

5. 一次风冷骨料料仓设计由自上而下分为进料区、冷却区、储料区三个区域。骨料冷却区域的容积约等于设计预冷混凝土1h强度粗骨料的最大用量，上进料区容积＞冷却区容积，储料区容积≥冷却区容积。

6. 按骨料在风冷料仓内45～60min后冷却到设计温度值来选择空气冷却器面积和风机风压、风速。

7. 预冷骨料输送胶带机的设计选型，一般选用带速≥2.5m/s的胶带机，骨料输送胶带机的保温选用聚苯乙烯双面彩钢板。

5.2.3 施工组准备

1. 人员组织配置：按设计阶段、施工阶段、运行阶段分别配备足够的技术人员。

2. 施工人员认真熟悉图纸和技术文件，了解系统的土建结构施工、设备安装要求。

3. 根据系统施工进度要求编制施工计划。

4. 编制施工预算、施工方案，做好设备、材料、工具准备工作。

5. 做好班组技术交底、安全措施交底工作。

6. 施工前对施工中参与的所有人员进行技术培训，安全教育，并对其进行优化组合，保证施工进度、质量、安全。

5.2.4 土建施工

1. 料仓及设备基础测量放样

1) 施工前，对料仓及空气冷却器设备基础的尺寸位置进一步核实，确保基础符合料仓及设备安装要求。

2) 对制冷车间及设备基础的尺寸位置进一步核实，确保基础符合制冷车间及设备安装要求。

2. 料仓及设备、制冷车间基础的土石方开挖。

3. 料仓及设备、制冷车间基础的混凝土浇筑。

4. 制冷车间房屋建筑施工。

5. 料仓及设备、制冷车间基础的混凝土浇筑。

5.2.5 料仓及附属设备安装

1. 料仓

主要安装项目：骨料调节仓壁板、隔板、进回风道、缓降器、骨料调节仓保温板等。

2. 风冷料仓顶上胶带机

风冷料仓顶板及顶板上的胶带机结构安装完成，各连接部位焊接牢固后，进行胶带机设备的安装。

3. 风冷料仓给料气动弧门等

用吊车将风冷料仓廊道内的给料气动弧门吊到廊道出口平台后，由人工抬入廊道，使用手拉葫芦配合安装。

4. 空气冷却器、离心风机

执行国家标准《制冷设备安装工程施工及验收规范》GBJ 66—84、《机械设备安装工程施工及验收通用规范》GB 50231—1998 有关规定。

5.2.6 制冷设备的安装

1. 螺杆式氨制冷压缩机

螺杆式氨制冷压缩机的安装施工及验收，执行国家标准《制冷设备安装工程施工及验收规范》GBJ 66—84 或《制冷设备、空气分离器设备安装工程施工及验收规范》GB 50274—98，《机械设备安装工程施工及验收规范》GB 50231—1998 有关规定。

2. 制冷辅助设备

氨制冷辅助设备主要指冷凝器、贮液器、低压循环贮液器、集油器、氨泵、空气分离器、制冷风

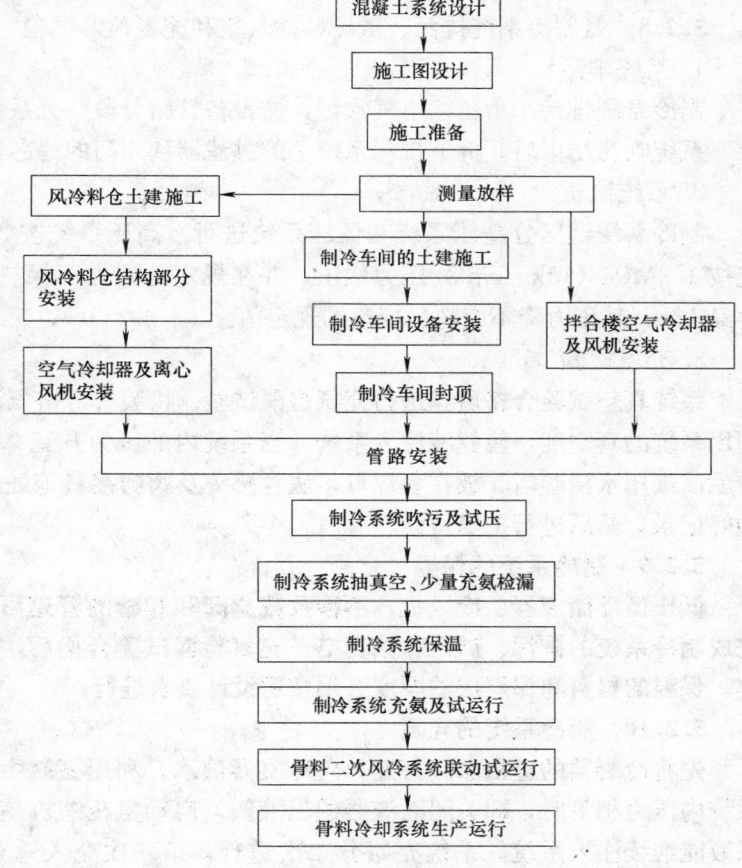

图 5.1　工艺流程图

等压力容器。

5.2.7　制冷的管路安装

制冷系统的管路安装施工及验收，执行国家标准《制冷设备安装工程施工及验收规范》GBJ 66—84 或《制冷设备、空气分离器设备安装工程施工及验收规范》GB 50274—98。

5.2.8　氨制冷系统排污、试压、抽真空和充氨检漏试验

1. 系统排污

制冷系统排污采用压缩空气吹污，按设备管路分段、分系统进行。

系统吹污结束后，拆下排污系统上的过滤器和阀门的滤芯，用煤油清洗干净后重新装配。

2. 系统试压

制冷系统试压分高压系统和低压系统进行。高压系统按 2.0MPa（20kg/cm²）压力试压，低压系统按 1.8MPa（18kg/cm²）压力试压，并在规定的压力下保持 24h。充气 6h 后开始记录压力表读数，再经 18h，其压力降不应超过规范的规定值。

3. 充氨检验

系统真空试验合格后，进行充氨检漏试验。将装有合格氨液的钢瓶与氨液分配站上的充氨阀连通，利用系统的真空度，使氨液注入系统。当系统内的压力升到 0.196MPa（2kg/cm²）时，停止充氨，将酚酞试纸用水浸湿后，放在各焊口，法兰接头及阀门接口等处进行检漏，如试纸变红，即说明是漏氨，做好记录，然后进行抽氨检修。

5.2.9　制冷系统的保温

低压循环储液器、冷风机、不涉及截止阀和焊缝的管道可以根据实际情况先行进行橡塑保温。在完成制冷系统的排污、试压、抽真空、充氨检漏试验合格后，可以全面的进行制冷系统的管道保温工作。保温的材料和保温层的厚度必须按照设计要求进行。

5.2.10　制冷系统的充氨

先将冷凝器的进出水阀打开，向冷凝器供水。利用氨瓶中的压力向系统内注入氨液，待氨瓶和氨系统内压力相等时，即关闭贮液器的出液阀，启动氨压缩机使低压系统中的压力保持在低压状态，使氨液能继续注入系统，系统充氨分二次进行，第一次充入总充氨量的 90%，待系统试运行后再补足氨液。

充氨安全措施：

1. 充氨过程中不允许停水、停电，必要时增加备用电源。

2. 充氨时，现场配有救护车、消防车。

3. 充氨地点准备防氨安全设备。如水、毛巾、防毒面具、橡皮口眼镜、橡胶手套等。操作人员戴口罩，眼镜，操作人员不得直接对着氨瓶（槽车）出液口。

4. 机房内或充氨场地空气中如含有大量氨时，向室内或充氨地喷射冷水或弱酸溶液。

5. 充氨时，机房内和充氨场地严禁吸烟和明火工作，易燃物搬离氨瓶（槽车）10m 以外。

5.2.11　制冷系统的调试与单机试运行

1. 螺杆式制冷压缩机

1）运行前的准备工作，按操作说明进行必要的检查。

2）启动运转，按操作说明书的步骤进行。

3）停车，按操作说明书的步骤进行。

2. 氨泵

氨泵启动前检查泵的旋转方向是否正确，电机接线是否符合铭牌规定，压差控制器的调定值是否合适，低压循环贮液器的液面是否达到氨泵运行高度要求。

3. 空气冷却器及风机

空气冷却器、风机、风冷骨料仓与风管等连接的封闭冷风循环系统中，重点检查空气冷却器及空气冷却器设备的运行准备情况，认真清除风管内残留杂物。

逐台检查离心风机、轴流风机的电机接线及叶轮转向是否正确。

启动风机进行常温风通通风试运行，检查风机是否有较大的振动或叶轮擦壳现象，同时根据风机电动机的电流电压表指示，检查风机负荷情况。

风机停机后，开启空气冷却器冲霜水阀、检查淋水充霜运行情况，排水是否通畅，空气冷却器是否有渗漏水现象。

5.2.12　制冷系统的试运行

对一、二次风冷骨料等两套独立运行的氨制冷系统，有组织有计划分步进行试运行，从单机试运转到系统负荷调试。

系统负荷试运行依次为冷凝器的运行、制冷压缩机运行、氨泵供液系统运行、制冷终端设备（冷风机等）运行。制冷系统试运行结束后，投入正式生产运行。

5.2.13　预冷混凝土生产的准备工作

预冷混凝土生产前，必须做好以下工作

1. 所有当班人员的班前安全例会。

2. 检查制冷系统设备状况，设备油、水系统是否正常，设备外形及电路是否正常。

3. 检查氨管路截止阀是否处于正确位置，氨管路是否有泄漏。

4. 检查各保温系统是否有损坏，特别注意输送骨料胶带机的保温情况。

5. 检查全部正常、接开机通知后，按操作规程正常启动制冷系统。

5.2.14　保证骨料二次风冷效果的措施

1. 在生产预冷混凝土前4h左右启动一次、二次风冷系统（也可以考虑拌合楼上二次风冷比一次风冷早1h启动）对骨料进行预冷，使生产混凝土前骨料达到预定的温度。

2. 骨料在风冷料仓内冷却时间要达到45～60min。在一次风冷料仓内粗骨料由原来骨料初温（与大气温度接近），特大石冷却到6℃，大石冷却到7℃，中石冷却到8℃，小石冷却到10℃。在二次风冷料仓内粗骨料由一次风冷后继续冷却，特大石冷却到-2℃，大石冷却到-1℃，中石冷却到-1℃，小石冷却到4℃。

3. 根据环境气温的变化，调整氨压机的吸气压力使制冷系统的效果达到最佳状态。

4. 为保证风冷效果一般骨料仓的风速控制在一定值，特大石、大石<1.6m/min、中石<1.2m/min、小石<0.8m/min，风压在1500～3000Pa。

5. 根据预冷混凝土生产强度合理的控制骨料流量将一次风冷料仓的骨料输送到拌合楼的料仓内，同时要及时补充一次风冷料仓内的骨料，一般情况1h骨料的最大流量不超过骨料冷却区域的量。

6. 随着骨料流量的变小，调节供氨量或短时间的停止部分冷风机运行，保证骨料仓内的骨料不结冰冻仓和节约能耗。

7. 当骨料长时间不流动时应间断的运行冷风机，保证骨料温度稳定在设计值，同时又防止了骨料冻仓。

8. 当骨料发生冻仓现象时，将冷风机的氨管路上的截止阀关闭，启动风机通自然风化冰，不宜采用通水化冰。

9. 当不进行骨料补充时，应将进料口封闭尽量减少冷气的流失。

6. 材料与设备

6.1　材料

目前大型制冷系统以液氨为制冷剂。制冷系统低温管道、低压循环储液器的保温一般内层采用橡塑、外层为银色金属锡铂纸。输送骨料的胶带机保温一般为中间是聚苯乙烯板的双面彩钢板。

6.2 设备

本工法采用的机具与设备可以根据工程量的大小配备数量，一般中型工程可以按表 6.2 来配备设备。

制冷系统安装主要机械设备、工具表　　　　　　　　　表 6.2

序号	名　　称	型　　号	单　位	数　量
1	汽车起重机	16T	台	2
2	汽车起重机	25T	台	2
3	汽车起重机	50T	台	1
4	螺旋千斤顶	5～10T	台	4
5	真空泵		台	1
6	空压机	$P=0.8MPa(8kg/cm^2)$	台	1
7	空压机	$P=2.5MPa(25kg/cm^2)$	台	1

7. 质 量 控 制

7.1 安装质量控制标准

骨料冷却系统的安装必须按照国家颁布的设备安装通用规范。螺杆式氨制冷压缩机的安装施工及验收，执行国家标准《制冷设备、空气分离器设备安装工程施工及验收规范》GB 50274—98，《机械设备安装工程施工及验收规范》TJ 231（五）—78 有关规定。

7.2 安装质量保证措施

1. 严格按照技术规范和设计图纸施工，严格控制所有的施工质量，发现有质量问题时必须停止施工。确认质量问题处理合格后方可进行下一步的施工。

2. 建立严格的质量检查制度，专人负责安装、检测记录。有问题的结构件和设备（包括没有"三证"零配件）不得安装，且不能进入安装场地。

3. 安装调试前对相关工作人员进行技术培训，熟悉操作要领。

4. 安装、调试时要对现场工作人员进行技术交底，使参加安装调试人员对施工的每一个步骤和工序都很清楚。

5. 所有的设备必须按照设备使用说明书的规定进行安装，新设备必须要求有厂家技术人员现场指导。

6. 所有测量仪器必须经过检验合格后才能使用。

8. 安 全 措 施

8.1　认真贯彻执行"安全第一，预防为主，综合治理"的方针，按照国家有关安全管理规定，结合本单位、本项目的实际情况和具体特点，组成专职安全员、班组安全人员等安全管理小组，严格执行安全生产责任制，明确安全职责，确保安全生产。

8.2　现场各种安全措施完备，准备突发事件应急方案，配备相应的应急设备、人员。如制冷系统充氨时，成立相关的临时组织机构，配备足够的防毒面具、现场布置救护车、洒水车，设立安全警戒线控制一切非充氨相关工作人员进入警戒区。

8.3　施工前，组织全体施工人员进行安全技术交底和安全规章制度学习。坚持班前 5min 安全例会制度，认真开展班前会和危险预知活动并做好记录。明确工作范围安全隐患，提高施工人员的安全意识和自我保护能力。

8.4 特殊工种必须持特种作业证上岗，特别是氨液管道的施工必须要有资质的焊工作业，严格遵守特种作业操作规范。

8.5 施工现场设置安全标识、安全标语牌，高空作业设置安全网和必要的作业平台及护栏。进入施工现场必须戴安全帽，超过 2m 以上进行安装作业时按照安全管理要求必须系好安全绳。

8.6 所有用电设备必须严格按安全规范布置，使用电缆绝缘良好。

8.7 所有用于储液氨的容器必须严格按安全规范选用在使用寿命期内的容器。

8.8 运行人员平时做好设备的保养维护工作，定期校验安全阀，检查安全设施确保制冷系统的安全正常运行。

9. 环保措施

9.1 统一管理项目的文明生产及环境保护，在安装过程中严格执行国家及地方政府有关环境保护的法律、法规、条文、条例、制度等。

9.2 做好现场工作车间的通风、散烟除尘，特别是制冷车间的通风排气。

9.3 做好现场的管理工作，不能将垃圾及废油排入排水沟内，设置专门的垃圾箱或废油容器，保持区域内场地清洁、排水设施的畅通。

9.4 施工现场构件、材料应堆放整齐，剩余、废旧材料及时回收分类堆放，严禁随意丢弃。

9.5 制冷系统拆除前应排空容器及管路的氨液，并进行安全清理，排出的氨液，做好远离现场的安全存放。

9.6 进入现场的施工人员着装整齐，劳动保护用品佩戴齐全。

9.7 做到工完场清，保持施工现场干净、整洁。

10. 效益分析

10.1 采用风冷系统，比较水冷系统在混凝土供应系统安装调试方面大大地节省了时间和投资。

10.2 粗骨料风冷效率比水冷较高，提高了混凝土制拌速度，也加快了混凝土的浇筑速度。

10.3 免去了水冷系统的建设，缩小了施工用地，节省对土地的占用。

10.4 用风冷替代水冷，减少了用水量，达到了节水的目的。同时，水冷过程中产生的废水也不存在了，免去了水的二次净化等工作。

11. 应用实例

11.1 南水北调中线京石段应急供水工程（北京段）惠南庄泵站

惠南庄泵站是南水北调中线工程总干渠上的惟一一座加压泵站，是重要的控制性建筑物。泵站设计流量为 60m³/s，总装机容量为 56MW。混凝土总方量约 15 万 m³。

混凝土生产设备为一座 2×HSZ100 搅拌站，月最高浇筑强度约 1.5 万 m³。高温季节混凝土预冷采用骨料一、二次风冷＋冷水的组合方式，实际拌合时能将混凝土出机口温度降至 12～14℃，满足设计出机口温度要求。

11.2 构皮滩水电站三叉口混凝土系统工程

构皮滩水电站三叉口混凝土生产系统出料线布置在右岸上游、距坝轴线约 350m 的进水口旁边的 ▽640.5m 平台上。系统承担本标段大坝工程混凝土总量约 291.25 万 m³，导流工程碾压混凝土约 14.56 万 m³、常态混凝土约 1.53 万 m³ 的生产任务。同时本系统还需承担约 25 万 m³ 外供混凝土的生产任务。

混凝土生产系统布置 2 座 4×3.0 m³ 的自落式拌合楼和 1 座 3×1.5 m³ 的自落式混凝土拌合楼，3 座混凝土拌合楼均布置在 ▽ 640.5m 高程平台上。混凝土最大浇筑强度达 12.5 万 m³/月，高温季节混凝土平均浇筑强度约 7.9 万 m³/月。混凝土系统其生产能力为常态混凝土 595 m³/h，预冷混凝土 385 m³/h。

根据混凝土拌合系统布置及现场水文气象条件，高温季节混凝土预冷采用骨料两次风冷＋片冰＋冷水的组合方式，实际拌合时能将混凝土出机口温度降至 7～10℃，满足设计出机口温度要求。从 2005 年 9 月开始浇筑混凝土，截止 2008 年 12 月底，拱坝上升高度 222m，共浇筑混凝土 255 万 m³。

11.3 彭水水电站大坝混凝土系统工程

彭水水电站大坝混凝土生产系统布置于右岸 11 号、7 号、5 号、1 号公路之间，东风桥附近的 ▽ 262m 高程、▽ 290m 高程、▽ 315m 高程和 ▽ 330m 高程平台上。右岸混凝土生产系统承担的混凝土总量约为 245.92 万 m³，其中碾压混凝土 64.1 万 m³。

混凝土生产系统布置 2 座 4×4.5 m³ 的自落式拌合楼和 1 座 2×3.0 m³ 的强制式混凝土拌合楼。生产能力完全满足工程高峰月浇筑强度 19.5 万 m³ 混凝土的生产要求，其中 RCC 高峰月浇筑强度 15 万 m³，预冷混凝土 12 万 m³（满足夏季混凝土出机口温度为 12～14℃的要求）。

根据混凝土拌合系统布置及现场水文气象条件，高温季节混凝土预冷采用骨料一、二次风冷＋冷水的组合方式，实际拌合时能将混凝土出机口温度降至 12～14℃，满足设计出机口温度要求。大坝从 2005 年 1 月开始浇筑混凝土，截止 2007 年 9 月底，大坝上升高度 116.5m，共浇筑混凝土 132 万 m³。

11.4 思林水电站大坝混凝土系统工程

思林大坝混凝土生产系统布置在右岸大坝下游、距坝轴线约 50m，高程 452m 的平台上。混凝土生产系统承担本合同工程约 108.2 万 m³，其中碾压混凝土和变态混凝土约 77.1 万 m³，常态混凝土约 31.1 万 m³（含现浇、预制及回填混凝土）的生产任务，混凝土最大级配为三级配。

粗骨料采用二次风冷，混凝土生产系统布置 2 座 2×4.0m³ 的强制式混凝土拌合楼。生产能力完全满足月高峰强度 14 万 m³（同时考虑最大仓面为 6166.67m²）的要求，预冷混凝土 6.8 万 m³（满足夏季混凝土出机口温度为 14℃的要求）。

根据混凝土拌合系统布置及现场水文气象条件，高温季节混凝土预冷采用骨料一、二次风冷＋冷水的组合方式，实际拌合时能将混凝土出机口温度降至 14℃，满足设计出机口温度要求。大坝从 2006 年 5 月开始浇筑混凝土，截止 2008 年 12 月底，大坝上升高度 117.0m，共浇筑混凝土 93.8 万 m³。

塔带机浇筑混凝土施工工法

GJYJGF083—2008

中国葛洲坝集团股份有限公司　水利水电第七工程局有限公司

周厚贵　程志华　孙昌忠　魏道红　马金刚　吴旭

1. 前　　言

塔带机是将输送皮带机与塔式起重机相结合而形成的混凝土浇筑专用设备，采用可自行加高塔身、起重臂长 50～100m 的大型塔式起重机作为混凝土输送皮带机的仓内布料手段，配套连接于大型混凝土拌合楼的供料皮带系统（简称供料线），可以将拌合楼生产的新鲜混凝土连续不断地直接送入混凝土施工仓位，并灵活完成仓位布料作业，将混凝土的水平运输和垂直运输以及仓位布料功能合三为一，具有连续、高效、一机多用的重大优势。特别适合于大型水利水电工程混凝土大坝大体积，高强度连续快速施工，开拓了混凝土施工方式和施工设备的全新领域，使水利水电工程传统混凝土施工方式、施工工艺、施工组织、施工设备等各个方面发生了重大的变革。

长江三峡工程是全世界规模最大的水电工程，混凝土总量达 2800 万 m^3。其中二期工程混凝土施工强度最大，1999～2001 年为连续浇筑高峰年，最高年强度达 548 万 m^3，最高月强度达 55.35 万 m^3，最高日强度达 2.2 万 m^3，均刷新了水电建设史上的世界纪录。如此高强度、大规模的混凝土施工，如仍然采用传统的汽车运输加门塔机入仓方式，是不可能达到工程所需的强度要求的，因此，三峡工程混凝土浇筑设备采用了国际上先进的塔带机和供料线。该项新的浇筑工艺在三峡二期工程混凝土施工成功应用的基础上，在三峡三期工程、龙滩大坝工程中得到推广应用，确保了水电工程优质快速施工，得到了监理、业主以及质量专家组的一致好评，三峡二、三期工程以及龙滩大坝工程都被评为优质工程。

总结三峡、龙滩工程塔带机浇筑混凝土的经验，形成了一套工法。本施工工法在国际上具有领先水平。本工法在三峡工程应用中，"三峡工程大坝混凝土快速施工新技术的研究及实践"获 2002 年湖北省科技进步一等奖；"混凝土生产输送浇筑过程计算机综合监控系统研究"获 2004 年陕西省科技进步一等奖。

2. 工 法 特 点

2.1 本工法是将混凝土的水平运输和垂直运输以及仓位布料功能合三为一，配置了一套行之有效的监控体系和仓面管理体系，实现了连续、高效浇筑混凝土，提高了混凝土生产率，确保了安全施工，加快了水电工程大体积混凝土施工进度。

2.2 本工法采取了一系列新的混凝土浇筑工艺，确保了混凝土浇筑质量。

2.3 本工法在一定程度上使用自动化管理，实现了"一条龙"生产，在能保证生产质量的前提下，减少了人、材、物投入，减少了人为失误造成的停工停产，节约了施工成本。

3. 适 用 范 围

本工法适用于现代高强度连续快速施工的大型水利水电混凝土工程，通常采用塔带机群联合作业。

4. 工 艺 原 理

塔带机和供料线联合作用，将混凝土水平运输、垂直运输和布料集为一体，加上高科技的监控系统、高水平的施工管理以及配套的新施工工艺，实现了连续、快速高效浇筑混凝土，确保了混凝土的浇筑质量。

5. 施工工艺流程及操作要点

5.1 塔带机浇筑混凝土工艺流程

塔带机浇筑混凝土工艺流程见图 5.1。

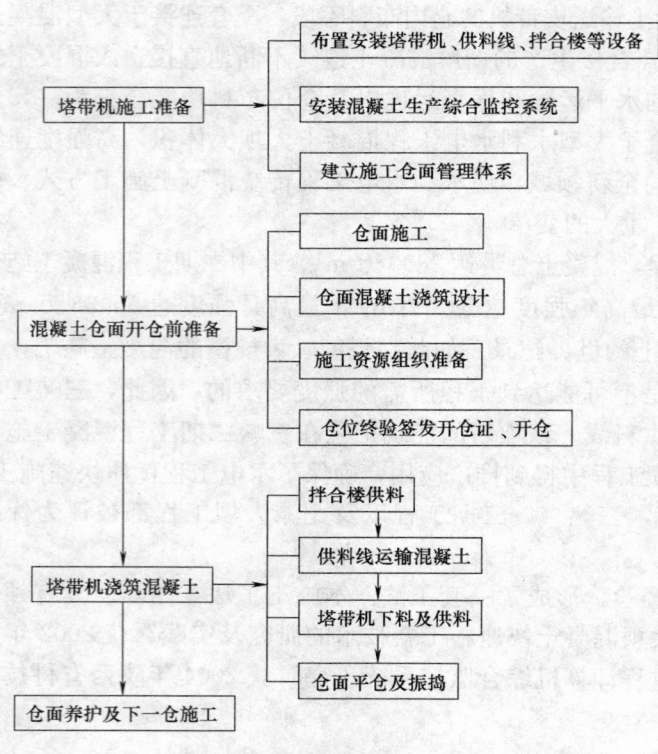

图 5.1 塔带机浇筑混凝土工艺流程图

5.2 塔带机浇筑混凝土工作要点

5.2.1 混凝土施工准备

1. 建造供料系统、布置安装塔带机、供料线等设备

为确保该工法顺利实施，首先根据工程的实际情况，建立能满足工程需要的供料系统，并要对塔带机、供料线的布置安装进行详细规划。塔（顶）带机与供料线之间采用"一机一带"形式，一一对应。供料线与混凝土工厂出料线的接驳应可灵活搭配或切换。为充分发挥塔带机的作业优势，在布置塔带机时应综合考虑供料线布置、塔带机浇筑盲区的辅助手段、塔带机群浇筑高程的高差控制、相互干扰等因素。供料线布置时，应周密考虑与坝体浇筑上升之间的关系，做到尽量不压制坝体上升或者不应对坝体上升造成障碍。塔带机具有较高入仓强度，坝体上升速度快，需配备适当的吊杂能力。

2. 安装混凝土生产综合监控系统

大型水利水电工程施工中，现场作业场面大、环境复杂，依靠人员进行施工生产指挥，工作强度高、危险性大，经常为了详细察看一个仓位的施工情况而穿行多个仓位，难以提高工效。所以需要对混凝土生产输送浇筑全过程建立集监测、控制和管理于一体的计算机综合监控系统。监控系统主要包含视频监视子系统、混凝土生产过程检测子系统、生产管理与决策子系统、混凝土生产运输作业优化调度子系统、网络与数据库子系统等，对混凝土生产、输送和浇筑等环节关键机械设备加以监控、调度和管理，并对混凝土质量加以控制，确保混凝土生产运输浇筑过程的质量和各种施工机械设备的安全，大大提升塔带机浇筑混凝土的工作效率，确保混凝土施工质量。

3. 建立施工仓面管理体系

为保证塔带机浇筑混凝土一条龙的正常运行，发挥塔带机高强度入仓的优势，必须建立有效、组织严密、运行高效、信息反馈及时的混凝土施工仓面管理体系。

混凝土施工仓面管理体系由综合协调系统、浇筑系统、操作系统组成。综合协调系统：对混凝土一条龙生产施工提供技术、质量、安全、机电设备保障，确定拌合楼、浇筑手段及开仓时间，协调浇筑过程中出现的矛盾,组织处理突发事情。浇筑系统:负责浇筑仓面的组织指挥,对仓位要料、下料、平仓振捣、温控、排水等负责,确保浇筑混凝土的质量。操作系统:确保各操作系统正常运行,拌制合格的混凝土,使混凝土准确、快速入仓。

塔带机浇筑混凝土的过程中,主要根据塔带机浇筑混凝土的来料流程,确定信息的传递途径。正常浇筑情况下,信息按来料和下料两种控制,采用不同的对讲机频道进行传递。来料控制主要控制混凝土种类、数量及不同种类混凝土之间的转换,由仓面指挥根据仓面设计将所需的混凝土种类及数量用对讲机通知要料人员,再由要料人员用书面形式通知拌合楼。下料控制主要控制混凝土下料的部位、下料的开始和停止等,由仓面指挥通知下料指挥,下料指挥对塔带机操作人员发出指令,塔带机操作人员启动供料线皮带,并通知启动计量皮带,最后通知下料弧门处操作员放料。混凝土浇筑过程中出现异常情况时,首先通知下料弧门操作员停止下料,然后通知相关人员处理问题。

5.2.2 混凝土仓面开仓前准备

1. 仓面施工

仓面施工时,建基面终验清理完毕,或施工缝处理完毕养护一定时间,混凝土强度达到 2.5MPa 后,开始进行仓面施工,即在仓面放线定位,绑扎钢筋,安装各种预埋件及模板。为加快备仓速度,各工序要采用新工艺、新技术。备仓完毕为方便塔带机浇筑混凝土,需在模板上用明显的油漆标出混凝土强度等级分区线、坯层高程线和收仓线。

为尽量发挥塔带机连续浇筑的效率,按照混凝土施工规范要求快速准备仓位,在一台塔带机的覆盖范围内,始终要有已备仓完毕验收合格等待浇筑的仓位。

2. 仓面混凝土浇筑设计

仓面混凝土浇筑设计用于对浇筑仓内的资源配置和各种混凝土来料进行详细规划。塔带机浇筑混凝土时,来料速度较快,但由于供料线较长,混凝土强度等级切换时间相对较长,为保障塔带机各工序正常、有序、高效运行,设计来料流程时应遵循高效、准确的原则,仓面条带布置要尽量简化,强度等级切换次数尽可能少,尽量减少每仓混凝土的品种,塔带机运行线路要短且易于操作,整个下料过程要易于实现并利于混凝土高强度入仓。

3. 资源组织准备

施工资源主要包含仓面施工机械设备和施工人力资源,严格按照仓面设计要求进行配置。浇筑设备配置时,由于塔带机浇筑混凝土的入仓强度较高,在素混凝土仓,少筋混凝土仓一般都配有平仓振捣机进行振捣,多筋混凝土仓若无法配置平仓振捣机时,需要配置高频率高效率的混凝土振捣棒。其他施工机具严格按照仓面设计要求进行配置。人力资源配置时,仓面除配置浇筑工和各工序的值班工外,还必须配备一名高素质的塔带机仓面指挥人员。塔带机仓面指挥人员是联系浇筑仓内及仓外的关键,整个混凝土生产过程以塔带机仓面指挥人员为中心而展开。

4. 仓面终验签发开仓证、开仓

仓位验收合格,施工资源准备到位,仓面设计技术要求交底到位后,申请监理签发开仓证。监理工程师签开仓证后,带料人员接到混凝土浇筑通知单,与拌合系统取得联系并办理相关手续,通知拌合楼供料。

5.2.3 塔带机浇筑混凝土

1. 拌合楼供料

根据仓面设计要求,按照指定的拌合楼供料。拌合楼根据混凝土浇筑通知单要求和实验室提供的配合比拌制优质的混凝土,并能按照来料流程要求向供料线进行供料。

根据混凝土来料信息传递途径,仓面要料人员书面通知拌合楼后,拌合楼开始拌料。塔带机操作人员启动供料线后,通知拌合楼开始下料。下料时通过控制拌合系统的下料弧门的开合度,向供料线系统持续均匀地供料。

2. 供料线运输混凝土

混凝土仓面下料指挥对塔带机操作人员发出指令后，塔带机操作人员启动供料线皮带，并通知拌合楼下料弧门处操作员放料，供料线开始运输混凝土，具体要求如下：

1）供料线在运输混凝土过程中，各环节除保持信息畅通外，塔带机供料线系统还应设置有自动联控功能。

2）根据拌合楼的供料能力和入仓要求，来控制供料线皮带运输速度；尽量缩短运输时间，从装料到入仓卸料整个过程不宜超过 30～45min，夏季应更短。

3）塔带机供料线系统均应设置遮阳隔热装置，确保温度回升不超过 5～6℃，开仓前，运行人员宜用水将皮带冲洗，达到降温和湿润皮带的效果，严禁混凝土料长时间在皮带上停留。加强各运输环节的控制，确保运输畅通，能及时处理运输中的问题，保证混凝土料入仓温度满足要求，严禁超温混凝土入仓。

4）供料线皮带应不吸水、不漏浆，运输过程中混凝土拌合物不分离、不严重泌水，并尽量减少坍落度损失。但实际运输过程中，混凝土砂浆损失较大，所以在混凝土的配合比设计时应适当增加砂率，同时在运输中的砂浆损失应控制在 1.5% 以内。

5）供料线皮带上布料均匀，堆料高度应小于 1m。

6）供料线皮带卸料处设置挡板、卸料导管和刮板。

7）供料线上应设冲洗设施，确保能够及时清洗皮带上黏附的水泥砂浆，并防止冲洗水流入仓内。

8）运输过程中因故停歇过久，混凝土已初凝或已失去塑性时，应作废料处理。

3. 塔带机下料及布料

塔带机下料工艺要求如下：

1）塔带机下料时，皮筒距料坯顶不应小于 0.5m，严禁混凝土料埋住皮筒，以免发生皮筒脱落事故；皮筒距料坯顶不宜大于 1.0m，严禁下料高度超过 2.0m。

2）塔带机下料时，皮筒应顺铺料方向缓慢匀速移动，禁止在一点静止下料形成料堆而产生骨料分离。当操作过程中，因各种情况难以控制时，必须配备一定数量的工人将局部骨料集中部位的大骨料用铁锹分离开。50cm 坯厚可一次铺料形成，也可分两次铺料形成。

3）在钢筋密集区下料时，防止出现架空可在钢筋网上预留下料口，人工分散已集中的骨料，并加强该部位振捣。

4）止水、埋件、止浆片等部位，严禁皮筒直接下料到位，应由人工送料填满。

5）不合格的混凝土熟料严禁入仓；已入仓的不合格的混凝土必须清除。

塔带机布料工艺要求如下：

1）基面处理

塔带机供料浇筑混凝土的生产能力较大，实际生产能力达到 180m³/h。为适应塔带机高强度、连续浇筑混凝土的特点，塔带机皮带不宜运送砂浆，同时为保证层面结合，仓面浇筑三、四级配混凝土时，采用富浆混凝土代替砂浆作为层面结合的软垫层。为保证上下游层面的防渗性，上、下块防渗层混凝土底部采用二级配混凝土，一般厚度为 20cm，其余部位采用三级配富浆混凝土，层厚为一个浇筑坯层。

2）布料方式

根据仓面的实际情况和塔带机的入仓强度，确定混凝土仓面浇筑方法，主要有两种，即平铺法和台阶法，详见图 5.2.3-1、图 5.2.3-2。塔带机浇筑混凝土时，低温季节除仓面钢筋特别多、结构特别复杂部位外，一般应采用平浇法浇筑；在高温季节对于仓面面积小于 500m² 采用塔带机入仓时，亦用平浇法施工；若仓面面积大于 500m²，采用宽台阶施工，一次铺料宽度控制在 8～10m 以上。混凝土入仓布料，应严格按照该仓的施工设计所规定的浇筑方向、坯层厚度、台阶宽度、布料顺序进行。浇筑坝体迎水面仓位时，混凝土浇筑方向应垂直坝轴线方向，铺料方向应顺坝轴线方向。

3）仓面调整

施工过程中，混凝土浇筑层厚、浇筑范围均会有小的变动，各区的混凝土量可能不完全满足仓面

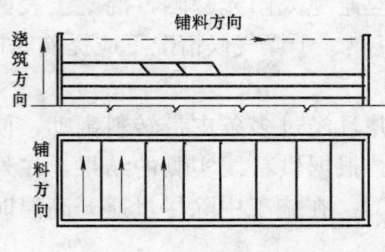

图 5.2.3-1　平层浇筑法

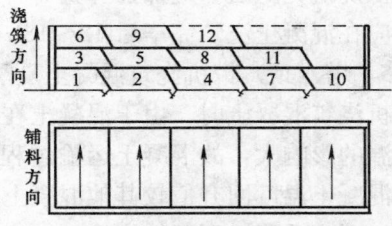

图 5.2.3-2　台阶浇筑法

设计要求，必须根据仓面情况进行适当调整，其主要调整方法有两种：一是调整混凝土来料量，二是调整混凝土铺筑范围。各种强度等级混凝土的宽度变化允许范围不得超过设计允许值，若先进行高强度等级混凝土下料，则高强度等级混凝土供料方量应比设计多计入 2‰～3‰，反之，低强度等级混凝土少计入 2‰～3‰，杜绝低强度等级混凝土料下到高强度等级混凝土区内。

4. 仓面混凝土平仓及振捣

仓面混凝土平仓工艺要求如下：

1）由于塔带机浇筑混凝土时下料速度较快，仓面下料容易集中，所以一般需要先平仓，后振捣。浇筑常态混凝土时，一般采用振捣器平仓，有时仓面配有平仓机平仓。在靠近模板和钢筋较密的地方、水平止水、止浆片底部以及各种预埋件周围人工平仓，平仓距离一般不超过 3m。在浇筑碾压混凝土时，一般都采用平仓机平仓，人工辅助平仓。

2）送入仓内的混凝土应及时平仓，不得堆积。仓内若有粗骨料分离堆叠时，应均匀地分布于砂浆较多处，但不得用水泥砂浆覆盖，以免造成内部蜂窝。

3）振捣器平仓时将振捣器斜插入料堆下部，使混凝土向操作者位置移动，然后一次一次地插向料堆上部，直至把混凝土摊平到规定的厚度为止。经过振动摊平的混凝土表面可能已经泛出砂浆，但内部未完全捣实，不可将平仓和振捣合二为一，影响浇筑质量。

仓面混凝土振捣工艺如下：

仓面平仓完毕后，立即振捣密实。若是浇筑碾压混凝土，平仓完毕立即采用振动碾进行碾压，碾压遍数按照碾压混凝土施工规范进行。本节主要谈浇筑常态混凝土振捣。

1）浇筑常态混凝土时，振捣在平仓之后立即进行。素混凝土或钢筋稀疏的部位，宜用大直径的振捣棒；坍落度小的干硬性混凝土，宜选用高频和振幅较大的振捣器。塔带机、顶带机供料的仓位，应配置振捣机振捣，同时配置适量手持振捣器用于振捣模板附近、钢筋、预埋件区。振捣机振动效果如图 5.2.3-3 所示：

振捣机振捣的有效深度 55～60cm。振捣第一层混凝土时，振动棒头应离老混凝土面 5cm，振捣上层混凝土时，振动棒应插入下层混凝土 5～10cm。振捣机振捣时振捣棒头离模板的距离以 1m 左右为宜。

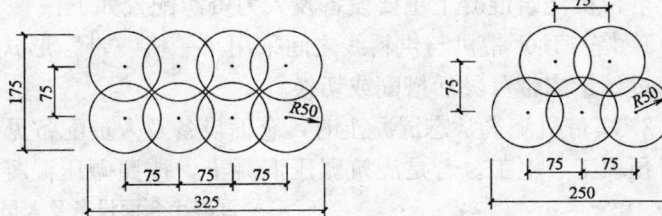

图 5.2.3-3　振捣机振动效果示意图（单位：cm）

2）振捣机振捣操作方法

振捣机振捣时，首先使机头振捣棒组平滑地插入到混凝土中。振捣棒组插入到位后，开始持续地进行振捣，振捣至混凝土表面有气泡排出并且表面泛浆连成一片，持续振捣时间约 15s，不得欠振。振捣棒组慢慢地拔出，拔出速度约 5cm/s，拔起过程约需 10s。从振捣棒组开始插入到拔出完毕为一个振捣周期，一个周期完成后，以 75cm 的倍数尺寸水平移动振动机头，和上一振捣区搭接，开始下一循环的振捣。移动振捣棒组，应做到与前次振捣区按规定距离相接，避免漏振或过振。

5.2.4　仓面养护

混凝土浇筑完毕后，对混凝土表面及所有侧面应及时洒水养护，以保持混凝土表面经常湿润。低流态混凝土浇筑完毕后，应加强养护，并延长养护时间。早期应避免太阳光暴晒，混凝土表面宜加遮盖。一般应在混凝土浇筑完毕后 12～18h 内即开始养护，但在炎热、干燥气候情况下应提前养护。

5.2.5 塔（顶）带机浇筑混凝土夏季温控措施

塔带机浇筑混凝土时，由于混凝土在供料线上分散摊开，并且经过多条皮带转料翻动，使混凝土受外界气温的影响大，故混凝土运输过程中温升控制难度加大。根据供料线实测的结果，在外界气温 30℃时，混凝土温度回升值较其他混凝土转运入仓方式高 2～3℃。在施工中除尽量避开高温时段浇筑混凝土外，还应采取以下温控措施：

1）严格控制出机口温度

高温和较高温季节拌合混凝土，对骨料采取一、二次风冷、加冰及加制冷水等办法将混凝土出机口温度控制在设计要求的范围内。

2）混凝土运输

提高供料线的运输效率，增加运输皮带上的铺料厚度，并在供料线上每隔一定的距离安装水龙头，对皮带冲洗降温，减少运输过程中混凝土的温度回升。

3）供料线保温

用保温被将供料线全封闭，使供料线在低温的环境中工作，减少混凝土的温度回升。对于全封闭的供料线，可以将温度回升控制在 2℃以内。

4）向供料线喷雾

在供料线的一侧装置一根供风管和一根供水管，间隔一定的距离安装一个开关控制的喷头，可调节喷雾的强弱和方向，以降低供料线周边的环境温度和减少太阳光的照射，从而降低混凝土运输过程中的温度回升。

5））混凝土仓面浇筑温控措施

根据仓面实际情况和供料能力，采取合理的布料方式，以方便采用振捣机进行振捣，确保仓面振捣设备与塔带机浇筑能力相匹配，尽量缩短混凝土暴露时间。同时对浇筑仓面覆盖保温被，起到隔热保冷作用，减少气温倒灌；另外在仓面设置喷雾设施，经过喷雾后有效地降低仓面的温度，一般可降低仓面 3～5℃。在仓面形成一个相对较低仓面小气候。

6. 材料与设备

塔带机浇筑混凝土主要设备及人力资源配置如下：

1. 塔（顶）带机与供料线之间采用"一机一带"形式，一一对应。供料线与混凝土拌合楼之间一般通过计量皮带可灵活搭配或切换。

2. 塔带机浇筑常态混凝土时，仓面设备及人员配备见表 6。表 6 中所列人员不包括值班木工、钢筋工、预埋工、电工。若是浇筑碾压混凝土，按照碾压混凝土施工规范和混凝土入仓强度要求，配置相

混凝土仓面设备及人员配备表　　　　　　　　表 6

序号	仓面类型	入仓手段	浇筑设备	仓内施工人员				
			平仓振捣机＋手持振捣器	仓内指挥	振捣机指挥	浇筑工	辅助浇筑工	合计
1	素混凝土仓	塔带机	1 台 8 头＋3 个 Φ102	1	1	6	2	10
			1 台 5 头＋4 个 Φ102	1	1	8	2	12
2	少筋混凝土仓		1 台 8 头＋4 个 Φ102	1	1	6	3	11
			1 台 5 头＋4 个 Φ102	1	1	8	3	13
3	多筋混凝土仓		1 台 8 头＋4 个 Φ102	1	1	8	3	13
			1 台 5 头＋5 个 Φ102	1	1	10	3	15
			8 个 Φ102＋2 个 Φ130	1	1	12	3	17
4	水平钢筋网混凝土仓		8 个 Φ102＋2 个 Φ80(50)	1	0	12	3	16
5	过流面混凝土仓		1 台 5 头＋4 个 Φ102＋2 个 Φ80(50)	1	1	9	3	14
			2 个 Φ130＋4 个 Φ102＋2 个 Φ80(50)	1	0	10	4	15

应的混凝土仓面设备及混凝土浇筑人员。

7. 混凝土质量控制

7.1 质量控制规范及标准

7.1.1 设计规范：《水工混凝土钢筋施工规范》DLT 5169—2002、《水工碾压混凝土施工规范》DL/T 5112—2000、2009 等。

7.1.2 设计图纸及设计文件。

7.1.3 业主及监理文件要求等。

7.2 主要的质量管理措施

7.2.1 建立完善的质量管理体系。实行各项目部项目经理为质量第一责任人，主管质量的副经理为质量主管责任人，总工程师为技术责任人的质量责任体系，负责本单位施工项目的全面质量管理工作；项目部各施工队队长、班组长为质量责任人，对工程各工序质量负全责，配备专职质检员，负责工程项目各工序的施工工艺质量。各级责任人应认真贯彻执行本单位的质量方针和质量目标。

7.2.2 建立健全各项质量管理规章制度。

7.2.3 建立一套完整的混凝土浇筑仓面管理体系，确保拌合、运输、浇筑各工序间信息传递流畅，为塔带机快速、高质量的运输浇筑混凝土提供了条件。

7.2.4 配备一套"混凝土生产输送计算机综合监控系统"，对混凝土生产、输送、浇筑过程的每一个环节进行了有效的监督，为控制混凝土浇筑质量提供了有力的保证。

7.3 关键工序采取的措施

为确保混凝土浇筑质量，在混凝土备仓、运输、浇筑等各工序主要采取以下措施：

7.3.1 详细设计混凝土仓面设计

由于供料线长、转料次数多、入仓速度快，混凝土来料容易出差错，所以在混凝土浇筑开仓前，进行了详细的仓面设计。仓面设计中对混凝土入仓浇筑方式，来料方量流程都进行了明确记录，也详细标明了与入仓强度相匹配的振捣机械设备和其他有关的施工机具；混凝土开浇前，需进行详细的交底，确保供料、运料、下料的准确性、高效连续性，并确保混凝土入仓后的浇筑质量。

7.3.2 减少运输过程中骨料分离、砂浆损失对混凝土质量影响的措施

1. 混凝土拌合物经过皮带运输，部分骨料逐渐上浮，易造成砂浆与骨料分离。常通过控制拌合楼弧门下料口的下料，确保运输皮带上混凝土有一定的堆积厚度；在每个转料下料口设置刮刀和挡料板，及时铲除皮带上粘贴的砂浆；同时也控制混凝土特大石用量，以减少骨料分离、砂浆的损失。

2. 混凝土经过皮带薄层运输后，有少量水分和部分砂浆损失，通过优化混凝土配合比来补偿混凝土砂浆和坍落度损失，即在水胶比不变的前提下，增加水量及胶凝材料用量，并根据砂浆损失情况，对配合比作适当调整，增大砂率。

3. 仓面浇筑三、四级配混凝土时，浇筑第一坯层混凝土时，先铺设一层 20cm 厚的二级配混凝土或 40cm 厚的三级配富浆混凝土。

7.3.3 浇筑质量控制措施

1. 为减少仓面混凝土暴露时间，除加快入仓速度外，同时严格按照仓面设计要求配备资源，严格按照施工规范要求进行混凝土平仓、振捣等施工工艺操作。

2. 建立了仓面挂牌上岗制度。塔带机入仓强度大，为了保证集中骨料及时分散，无漏振、欠振、在浇筑仓内应实行浇筑人员分工，在浇筑过程中要求每个浇筑人员按照分工各司其职，挂牌上岗。

7.3.4 控制夏季浇筑混凝土温度回升

通过对拌合楼出机口温度控制、供料线上和浇筑仓面上采取隔热、降温等措施，来降低塔带机浇筑混凝土过程中温度回升。

8. 安 全 措 施

根据建筑施工安全规程、皮带机运行安全规程以及起重机操作安全规程，塔带机浇筑混凝土主要采取了以下安全措施：

1. 建立施工安全管理体系，完善安全规章制度，规范安全管理，安全责任落实到位。
2. 明确安全工作目标，制定现场安全文明施工奖罚细则。
3. 制定塔（顶）带机浇筑混凝土安全作业指导书。
4. 拌合楼、供料线、塔带机等位置配备一套计算机综合监控系统，使混凝土浇筑每一个环节都得到实时监控，对于关键设备进行安全保护，使设备运行安全得到保证，最大限度地减少设备运行和人身事故的发生。
5. 为确保安全文明施工，对施工人员办公活动区、材料堆放、废渣废水排放等进行整体规划。
6. 对施工仓内仓外施工交通进行整体规划，确保施工道路通畅；为防止供料线运输过程中飞石砸人，除在供料线上采取措施外，在供料线经过的地方，都设置安全通道。

9. 环 保 措 施

根据国家和地方有关文明、环保指标要求，塔带机浇筑混凝土影响环保的主要因素是废渣废水的排放，主要采取以下措施：

1. 施工废渣及时清理，确保施工场面整洁；并将废渣运至指定的地点。
2. 埋设排水管道，将施工废水及时排放至沉污池，经沉淀处理后排到指定位置。

10. 效 益 分 析

该项工法在三峡二期、三期工程以及龙滩大坝混凝土工程中得到了广泛实施和应用，取得了巨大的社会及经济效益。

1. 塔带机浇筑混凝土将混凝土水平运输、垂直运输、仓位布料功能合三为一，具有连续、高效、一机多用的重大优势，大大提高了混凝土生产率，创造了水电工程史上，台班、日、月、年混凝土浇筑强度之最。在三峡二期工程创下年浇筑 548 万 m^3，月浇筑 55.35 万 m^3、日浇筑 2.2 万 m^3，班浇筑 1278m^3 的世界新纪录。
2. 在大型工程中，布置塔带机和布置一般门机从设备购置费用、运行维护费用以及实施监控费用上相比，布置塔带机浇筑混凝土，可以节约成本。以三峡二期工程为例，上述三项费用节约 166177.6 万元。
3. 本系统配备一套计算机综合监控系统，能对混凝土生产、运输设备进行实时监控，在一定程度上实现了自动化管理，即保证了生产质量，又减少了不必要的人、材、物投入，减少了人为失误造成的停工停产，且使混凝土虚方率控制在 2% 以内，节约了施工成本。
4. 采用塔带机浇筑混凝土实现了"一条龙"生产，减少了在道路上废渣废料的清理，减少了对环境的污染。
5. 本施工工法关键技术在国际上具有领先水平，开拓了混凝土施工新技术和施工设备的全新领域，使水利水电工程传统混凝土施工方式、施工工艺、施工组织、施工设备等各个方面发生了重大的变革。本工法为今后大型水电工程快速施工、快速发展提供了典范，值得借鉴。

11. 应 用 实 例

塔带机输送混凝土施工工法在三峡二期、三期工程及龙滩大坝工程中得到广泛应用。

11.1 三峡二期左厂坝段及泄洪坝段混凝土工程

11.1.1 工程概况

三峡二期左厂坝段及泄洪坝段混凝土工程，都采用塔带机浇筑混凝土的工法施工。

左厂坝段建基面高程 15～90m，坝顶高程 185m，最大坝高 170m，最大坝底宽度 118m。左厂 1～14 号坝段建筑物挡水前沿总长 581.5m，除左厂 14 号坝段宽 45.3m 外，其余坝段宽度均为 38.3m，设 1～2 条纵缝，每个坝段又分实体坝段和钢管坝段，实体坝段宽 13.3m（左厂 14 号坝段宽 20.3m），钢管坝段宽 25m。每个钢管坝段均设有电站进水口和一条引水压力管道，进水口由喇叭口及渐变段组成。混凝土合同工程量 458.6 万 m^3。1998 年 12 月混凝土开始施工，2002 年 10 月浇筑至坝顶，大部分混凝土浇筑完毕。

泄洪坝段位于长江河床中部，从左到右包括左导墙坝段及左导墙、泄洪 1～23 号坝段及右纵 1、2 号坝段，顺轴线长 483m，泄洪坝段宽度均为 21m，最大坝高 181m，最大底宽 126.73m。坝体内设有排水、灌浆、交通、观测等不同功能的纵、横向廊道 6 层。在高程 56m（57m）、90m、158m 分别设有导流底孔（跨缝）、泄洪深孔、溢流表孔（跨缝）三层泄水孔道。顺水流方向每个导流底孔依次设置进口封堵检修门、事故门、工作门、出口封堵检修门四道闸门。混凝土合同工程量为 610.21 万 m^3。1999 年 9 月混凝土开始施工，2002 年 10 月浇筑至坝顶，主体混凝土浇筑完毕。

11.1.2 施工情况

左厂坝段和泄洪坝段共安装了 6 台塔（顶）带机作为混凝土浇筑的主要手段，另外布置了 2 台摆塔式缆机、2 台 MQ600 高架门机，2 台 SDMQ1260 门机，2 台 MQ2000 门机，2 台胎带机作为混凝土打杂和辅助混凝土浇筑的手段。由三座拌合楼通过 6 条供料线分别向 6 台塔带机供料。

根据统计结果，左厂、泄洪坝段混凝土浇筑方量中，46% 的混凝土方量是采用塔带机浇筑混凝土。1999 年到 2001 年连续 3 年高强度施工，年浇筑量均在 400 万 m^3 以上，混凝土浇筑年、月、日强度均创世界纪录，标志着我国水利水电工程混凝土施工已经达到了世界领先水平。在施工过程中我单位对塔带机的浇筑管理、混凝土浇筑工艺进行科研攻关，不断进行改进，加快了混凝土进度，确保了混凝土施工质量，取得了"三峡工程大坝混凝土快速施工新技术的研究及实践"新成果，2002 年获"湖北省科技进步一等奖"，且在该工法中使用的"混凝土生产输送浇筑过程计算机综合监控系统研究"获 2003 年陕西省科学技术奖一等奖。

11.1.3 工程监测及评价结果

三峡二期左厂及泄洪坝段混凝土工程，各种混凝土抗压、抗冻、抗渗、极限拉伸值均满足设计要求。混凝土自检孔芯样获取率在 98% 以上，芯样光滑、胶结密实。混凝土检查压水整体结果均能满足设计要求。工程施工质量满足设计与规范要求。

中国科学院和中国工程院两院院士潘家铮说"三峡工程使中国的水坝建设不论在质量上还是在技术上都居于世界前列"。二期工程是三峡工程的重要建设阶段，创造了混凝土浇筑强度等多项世界纪录，为三峡工程 2003 年实现"蓄水、通航、发电"三大目标奠定了最坚实的基础。

11.2 三峡三期厂坝混凝土工程

11.2.1 工程概况

三期厂坝混凝土工程，坝顶高程为 185m，最低建基面高程 30m，最大坝高 155m。挡水前缘轴线长 665m，其中厂房坝段 525m，右非段 140m，坝体上游面为直立，下游坝坡坡比为 1∶0.72。右岸大坝位于纵向围堰坝段右侧，从左至右依次为右厂排沙坝段、右厂 15～20 号坝段，右安Ⅲ坝段，右厂 21～26 号坝段及 7 个非溢流坝段。混凝土合同方量为 431.3 万 m^3。2003 年 7 月三期厂坝混凝土开始施工，2006 年 6 月大坝全线到顶高程 185m。

11.2.2 施工情况

三期厂坝混凝土浇筑以塔（顶）带机为主，门塔机等其他手段为辅的施工方案。4 台塔（顶）带机分别布置在右厂 25 号-2、21 号-2、19 号-2 及 16 号-2 实体坝段中部，由右向左依次编号为 TB7 号～10

号。塔带机覆盖范围为右厂排～右非2号共29个坝段。供料线采用"一机一带"的布置方式，其中TB7号、9号、10号塔（顶）带机由高程150m拌合系统通过计量皮带供料，TB8号塔带机由高程84m系统通过受料斗供料。

三期厂坝塔带机浇筑混凝土是在二期工程的基础上，不断优化施工管理，优化混凝土施工工艺，加快了混凝土施工速度。2004年混凝土浇筑上升速度已达到68m/年，超过三峡二期工程的60m/年，也就是说2004年已创我国常态混凝土重力坝上升速度的最高纪录，且单坝段进水口混凝土浇筑月强度，单台塔带机和单座拌合楼的混凝土浇筑月强度、日强度以及班强度等都超过了二期厂坝工程。在施工过程中，不断优化混凝土施工工艺，且采取各方面的温控措施，三期厂坝混凝土经监测未出现裂缝。

11.2.3 工程监测及评价结果

三峡三期厂坝混凝土工程，各种原材料检测质量满足三峡工程质量标准及相关规范及技术要求，各种混凝土抗压、抗冻、抗渗、极限拉伸值均满足设计要求。混凝土自检孔芯样获取率在98%以上，芯样光滑、胶结密实。混凝土检查压水整体结果均能满足设计要求。混凝土质量未出现裂缝，工程施工质量满足设计与规范要求，被评为优质工程。

11.3 龙滩水电站大坝工程

11.3.1 工程概况

龙滩水电站位于广西红水河上，主体工程为碾压混凝土重力坝。坝轴线长761.258m，坝顶高程382.00m，最大坝高192m，共分为31个坝段。LT/C-Ⅲ-1标为21号坝段以右的大坝工程，其中7～21号坝段混凝土采用了塔带机浇筑混凝土工法施工。7～11号坝段为右岸河床挡水坝段，坝段宽22m；12号、19号坝段为底孔坝段，坝段宽30m；13～18号坝段为溢流坝段，坝段宽20m；20～21号坝段为挡水坝段，坝段宽分别为22m和12.485m。12号和19号底孔坝段在高程290m各布置一个5m×10m（宽×高）底孔，两底孔坝段之间布置7个溢流表孔，表孔宽15.0m，堰顶高程355.0m，溢流前线宽135.0m。本标段大坝混凝土合同工程量为465.82万m³。2004年9月大坝混凝土开始施工，2006年10月浇筑完成。

11.3.2 施工情况

龙滩大坝工程施工，在12号、19号底孔坝段分别布1台塔带机作为混凝土浇筑的主要设备。两台塔带机均布在坝轴线以下65m，可向7～21号坝段输送混凝土。大部分仓面面积可以直接下料到位。由一座拌合楼向2台塔带机供料。龙滩混凝土大坝浇筑主要集中在2005～2006年，在夏季高温季节浇筑温控碾压混凝土，应用塔带机、顶带机等设备连续施工，大幅提高了混凝土浇筑升程及强度，创造了单日单仓浇筑突破2万m³，年浇筑突破300万m³的全国碾压混凝土浇筑纪录。

11.3.3 工程监测及评价结果

龙滩大坝混凝土施工，各种原材料检测质量满足工程质量标准及相关规范及技术要求，各种混凝土抗压、抗冻、抗渗、极限拉伸值均满足设计要求。混凝土自检孔芯样获取率在95%以上，芯样光滑、胶结密实，混凝土浇筑层面结合好，抗减振效果绝大部分超过设计要求。龙滩大坝的浇筑速度惊人，工程施工质量满足设计与规范要求，被评为优质工程。200m级碾压混凝土高坝施工在龙滩工程实现了重大突破。

真空预压联合强夯快速加固疏浚土施工工法

GJYJGF084—2008

中交第四航务工程局有限公司

董志良　张功新　林军华　罗彦　刘嘉

1. 前　　言

目前大量的围海造陆工程均采用真空预压加固软土地基，为提高真空预压的技术水平，中交第四航务工程局有限公司依托广州南沙物流保税区软基处理项目开展了"真空预压加固大面积超软弱地基及其对周边环境影响与防护技术研究"攻关（荣获 2008 年度中国港口协会科技进步奖一等奖），成果表明，真空预压加固软土的特点是加固效果比较均匀，在土体内形成负压，前期沉降较大，而后期则较小，但其费用基本上是随抽真空的时间延长而正比例增长。同时，室内试验结果表明：在采用真空预压加固软土时，辅加动力，会增加软土的渗透性，加速排水固结。但工程上的动力固结法（强夯）适用于非饱和土，其特点是可以快速形成一个硬壳层，施工工期短，表层加固效果好，但加固深度有限，加固软土时容易形成"橡皮土"。"围海造陆形成的复杂地基的加固处理研究"（荣获 2006 年度中国航海学会科技进步奖三等奖）成果表明，当软土体内施插了塑料排水板后，可以大大增强强夯的加固效果。

基于真空预压和强夯加固软土的特性分析，依托中国南玻绿色能源产业园软基处理等工程，同时结合 2007 年度中交集团科技立项（特大课题"大面积疏浚软黏土地基处理技术"之一子课题）和 2008 年度科技部立项（"排水固结渗流理论及其在工程中的应用"之一子课题），提出了动静力相结合加固软土技术，该技术有机结合真空预压和强夯动力固结两种方法的优点，实现真空联合强夯法的集成创新，其关键技术"一种软土地基快速加固技术"（发明专利号 ZL200610034016 X）通过国家知识产权局的发明专利审批。

在工程实践过程中，总结形成了真空预压联合强夯快速加固疏浚土施工工法，该工法先后在"中国南玻绿色能源产业园工程玻璃二期厂房地基处理工程"、"厦门港海沧港区 14～19 号泊位围埝后方软基处理试验工程"以及"中山 220kV 宝山变电站软基处理工程"应用成功，加固效果好、工期短、造价低，解决了真空预压后期加固效率低以及强夯法不宜用于软土地基的技术难题，该技术于 2008 年经中国港口协会鉴定达到国际先进水平。由于该工法有着巨大的经济效益和社会效益，值得进一步推广和应用。

2. 工法特点

2.1　较之单一的静力排水固结法，通过控制固结度将真空预压与强夯有机结合，形成静—动力固结复合加固技术，能有效消除工后沉降、差异沉降，并提高承载力。

2.2　真空预压卸载后，地基软土已具备一定强度，加之已有塑料排水板和砂垫层形成的良好排水条件，可确保强夯施工顺利进行，突破强夯法难以用于疏浚软土加固的限制。

2.3　具有快速、经济、环保的优势，在整体上缩短 1/3～2/3 的工期，无须考虑堆载弃土，大大降低施工成本，且施工工艺简单，对设备要求不高，易于推广应用。

3. 适用范围

本工法适用于疏浚土、软黏土、粉土、素填土和冲填土等大面积软土地基加固处理，包括含有夹砂透气层情况。

4. 工法原理

根据地基固结理论和对软土特性的分析，利用真空预压初期固结速率快的优点，通过短时间的真空预压达到控制固结度（50%～70%），初步快速提高浅层地基的承载力和强度，为强夯施工创造必要的施工条件。真空预压处理效果达到控制固结度后，再联合强夯法，利用已有的塑料排水板和砂垫层所形成的良好排水条件，加快强夯过程中超孔隙水压力的消散速度，有效解决强夯过程极易在疏浚土中形成"橡皮土"的技术难题。地基在重锤冲击作用下，经过能量转换、液化破坏、固结压密和触变固化四个阶段后承载力和强度得以进一步提高，充分发挥强夯加固地基快速、经济、高效的优势。

5. 施工工艺流程及操作要点

5.1 施工工艺流程

首先对疏浚土等软土地基进行真空预压处理 30d（预估值）左右，地基固结度达到控制固结度（50%～70%）后，真空预压卸载并揭除密封膜，然后进行强夯加固处理。真空预压联合强夯，快速加固疏浚土施工工艺流程如图 5.1 所示。

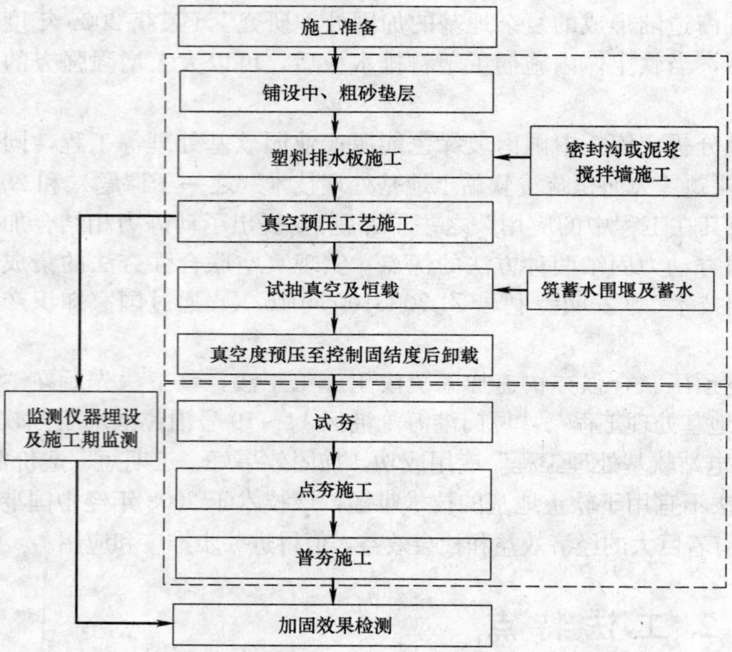

图 5.1 真空预压联合强夯快速加固疏浚土施工工艺流程图

5.2 操作要点

5.2.1 施工准备

真空预压联合强夯施工前，应熟悉设计图和规范及规定要求，编写详细的施工方案，组织相关施工人员进行质量、环境和职业健康安全交底。

5.2.2 砂垫层铺设

排水砂垫层的厚度 1～2m，必须采用含泥量小于 5% 的中砂或粗砂。砂料可用砂船或轻型运输机械运至加固区内，然后用推土机整平，平整度要求为≤±100mm。

5.2.3 塑料排水板施工

塑料排水板施工严格按照《塑料排水板施工规程》JTJ/T 256—96 进行。根据场地条件，施工设备可选用液压式或门架式插板机。正式施工前应进行插板试验，以确定施工工艺、施工参数等。

5.2.4 密封沟或泥浆搅拌墙施工

对于加固区周边表层存在良好透气（水）层，其厚度小于 2m 的，可考虑采用挖设密封沟并回填黏土方法进行密封沟，坡比 1:1，需挖至不透水黏土中 1m 左右。

对于加固区周边表层存在良好透气（水）层，其厚度大于 2m 的，应采用泥浆搅拌墙封堵。施工时需要通过试打工艺桩确定泥浆比重、下搅拌速度及上搅拌速度等指标。每根泥浆搅拌桩施工一般要求四喷四搅工艺。每一区段施工完毕，清理泥浆池，并回填中粗砂。在施工过程中应及时做好记录。

5.2.5 真空预压工艺施工

1. 滤管、主管制作

滤管通常采用 UPVC 硬塑料管，在管壁上每隔 50～80mm 钻一直径 7～8mm 的小孔，制成花管，再在花管的外面包一层无纺土工布作为隔土层，制成滤管。主管可直接采用 UPVC 硬塑料管，管间连接应用骨架胶管套接，并用铁线绑扎，确保牢固。

2. 布设真空管路

按照设计图，将主管、滤管摆设好并连接好，一般滤管间距在 6m 左右，管路埋设在水平排水砂垫层顶面以下约 300mm，埋设完后用中粗砂填平。出膜处采用无缝镀锌钢管和主管相连接，伸出加固区边界约 300mm。

3. 埋设真空度测头

真空测头可采用硬质空囊，钻以花孔，外包一层滤膜，将真空塑料细管插入空囊中并固定。一般真空表测头埋设在相邻两条滤管中间以便真实反映膜下真空度情况。真空细管另一端连接真空表，设立加固区外侧。

4. 铺设密封膜

选择无风的晴天，将按设计形状预制好的密封膜按纵向排在加固区的中轴线上，从中间开始向两边展开铺设。铺设好第一层密封膜后，应仔细检查膜上有无可见的破裂口，如有裂口应立即补好。一般破裂口多出现在密封膜间接缝处。检查无缺陷后，即可进行第二层密封膜铺设，两层膜的粘结缝应尽量错开。对于监测仪器出膜口处应留有可收缩富余的密封膜，以便密封处理。所有上膜操作人员必须光脚或穿软底鞋。

5. 压膜施工

对于开挖密封沟情况，铺设真空膜后密封沟应采用黏性土回填，可用反铲挖掘机配合人工回填并压实。回填面应低于膜面 100～200mm，以便在抽真空过程中保持密封沟内湿润。

对于打设泥浆搅拌墙情况，密封膜铺设后，人工将密封膜周边踩入泥浆搅拌墙泥浆中，深度约 1m。

5.2.6 试抽真空及恒载

在接好真空泵、架好电线后，即可进行试抽气，并在膜面上、密封沟处仔细检查有无漏气点，如发现应及时补好。重点检查真空泵系统连接处，确保真空泵系统达到最佳状态。试抽真空期间，在密封沟外围应修筑高 500mm 左右围堰，以便在抽真空过程中形成水膜，确保密封。

在真空预压开始阶段，为防止真空预压对加固区周围土体造成瞬间破坏，必须严格控制抽真空速率。可先开启半数真空泵，并逐渐增开泵数。当膜下真空度达到 60kPa 左右，经检查无明显漏气现象后，可在密封膜上覆盖水膜，并开足所有泵，将负压提高到 80kPa 以上，并维持恒载。

5.2.7 真空度预压至控制固结度后卸载

本工法需要以控制固结度作为真空预压卸载标准，控制固结度指标的选取将根据各个工程土质情况，经计算及经验修正后确定。对于真空预压联合强夯加固，若控制固结度太大，则真空预压阶段会耗时过长，使得强夯快速加固的优势难以体现。反之，若控制固结度太小，软土强度又太低，过早的施加强夯容易形成"橡皮土"，导致工程失败。基于以往大量工程经验和理论分析，将控制固结度取作 50%～70% 较为合理，这能充分发挥两种方法的长处，达到快速经济加固的目的。

5.2.8 强夯施工

当地基固结度达到控制固结度后，再进行强夯施工。为使强夯过程中地下水位快速降低，可考虑在加固区周边布设深井进行井点降水。

1. 试夯

首先实施试夯，即采用不同的施工工艺参数进行夯击，测试夯击过程及夯击后的周边地表沉降、软土层的孔压变化等参数。通过分析测试结果，校正调整强夯工艺参数（夯击能、击数、遍数、夯点间距、间隔时间等），然后进行大面积施工。

2. 点夯施工

点夯一般采用两遍点夯。第一、二遍点夯以一定间距正方形布置，两遍夯点错开分布，点夯间距、夯击能量，夯击次数及两遍点夯之间的间歇时间都应严格按照试夯所确定的参数进行施工。每遍点夯后需要用推土机对场地进行整平。第一、二遍点夯点布置样图可参照图 5.2.8-1。

3. 普夯施工

第三遍为普夯，以 0.7 倍夯锤直径 D 点距和行距搭夯，夯击能量 500～800kN·m，1 击，具体夯击能量及击数由试夯确定。普夯后需要用推土机对场地进行整平。第三遍普夯布置样图可参照图 5.2.8-2。

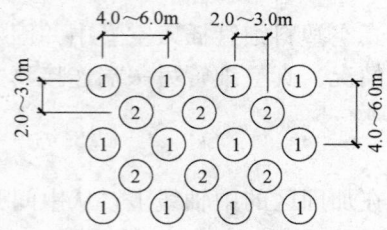

图 5.2.8-1　第一、二遍点夯布置样图

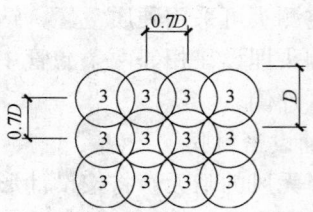

图 5.2.8-2　第三遍普夯布置样图

5.2.9　施工期间监测

为掌握施工期间地基土体变形、孔隙水压力以及土体强度增长等有关信息，并及时反馈指导设计和施工，施工期间需要开展必要的监测项目，主要的监测内容参见表 5.2.9。

监测项目汇总表　　　　　　　　　　　　　　　　　表 5.2.9

序号	阶段	监测项目	监测仪器	监测频率	监测目的
1	真空预压期间	地表沉降	水准仪	初期:1次/1d 恒载:1次/2d	计算地基固结度,确定卸载时间
2		分层沉降	分层沉降仪	初期:1次/1d 恒载:1次/2d	掌握各土层的沉降变化规律
3		孔隙水压力	振弦式孔压计、数字频率计	初期:1次/1d 恒载:1次/2d	计算地基固结度及土体强度增长情况
4		深层侧向位移	测斜仪	初期:1次/2d 恒载:1次/5d	了解真空预压对周围环境的影响
5		地下水位	水位观测仪	初期:1次/1d 恒载:1次/2d	了解真空预压中地下水位的变化规律
6	强夯期间	夯沉量及夯坑周围隆起量	水准仪、全站仪及钢尺	单点每次夯击后	校正、调整强夯施工工艺参数
7		孔隙水压力	振弦式孔隙水压力计、数字频率计	1次/1d	掌握由强夯引起的超孔压的增长和消散规律,确定每遍夯的间隔时间
8		地下水位	水位观测仪	1次/1d	掌握强夯过程中地下水位的变化情况
9		地表平均沉降	水准仪	每遍强夯后	掌握每遍强夯后地表平均沉降情况
10		分层沉降	分层沉降仪	每遍强夯后	掌握每遍强夯后各土层的沉降变化规律

注：可根据实际施工情况适当增加或减少观测次数，随时将监测信息报告给现场技术人员。

5.2.10　地基加固效果检测

地基加固效果检测项目有：

1. 加固前、真空预压后和强夯后静力触探试验成果对比。

2. 加固前、真空预压后和强夯后十字板剪切试验成果对比。

3. 加固前、强夯后钻孔取土、标准贯入、室内土工试验成果对比。

4. 强夯后现场载荷板试验。

5.3 劳动力组织

以加固处理 10 万 m² 地基为例，劳动力组织情况如表 5.3 所示。

劳动力组织情况表　　　　　　　　　　　　　　　　表 5.3

序号	单项工程	所需人数	备　注
1	管理人员	3	
2	技术人员	2	
3	专职安全人员	1	
4	质检员	2	
5	真空预压施工	30	
6	强夯施工	8	
7	监测人员	4	
	合计	50 人	

6. 材料与设备

6.1　真空预压联合强夯快速加固疏浚土工法施工中所需的材料主要有砂料、UPVC 管、塑料排水板、密封墙成桩泥浆、土工布和真空密封膜，其用量需根据设计方案进行计算，并考虑一定的施工损耗。

6.2　以加固处理 10 万 m² 地基为例，配置的主要机械设备如表 6.2 所示。

真空预压联合强夯法主要机械设备　　　　　　　　　表 6.2

设备名称	规　格	单位	数量	备　注
液压式插板机	HD-900	台	3	
履带式强夯机	50T	台	3	
履带式搅拌桩机	SJB-2	台	3	
真空泵及水箱系统	7.5kW	套	100	按 800~1000m²/台布置
挖掘机	小松 PC200	台	1	
推土机	小松 D3CLGP	台	1	
发电机组	200~300kW	台	3	
汽油发电机	5kW	台	2	
电焊机	BX-135	套	2	

7. 质量控制

7.1　质量控制标准

7.1.1　塑料排水板施工质量执行《塑料排水板施工规程》JTJ 256—96，塑料排水板性能应满足《塑料排水板质量检验标准》JTJ 257—96 的要求。

7.1.2　真空预压施工质量控制执行《港口工程地基规范》JTJ 250—98、《港口工程质量检验评定标准》JTJ 221—98，地基固结度达到控制固结度后即可停止真空预压。

7.1.3　强夯施工质量控制执行《港口工程地基规范》JTJ 250—98、《港口工程质量检验评定标准》JTJ 221—98，强夯工艺参数由试夯确定，强夯地基允许偏差、检验数量和方法应符合表 7.1.3 的规定。

强夯地基允许偏差、检验数量和方法　　　　　　　　表 7.1.3

序号	项　目	允许偏差(mm)	检验单元和数量	单元测点	检验方法
1	夯击点中心位置	150	每夯击点(抽查 5%)	2	用经纬仪、拉线和钢尺量纵横两个方向
2	夯后整平标高	+20 −50	每处(100m² 一处)	1	用水准仪检查

7.2 质量保证措施

7.2.1 砂垫层材料选用级配良好，无杂质，含泥量小于5%的中粗砂料。铺设区内，按每500m²/个插设小竹杆，小竹杆上用红漆标示砂垫层厚度。严格按照设计厚度铺设，保证铺设后的砂垫层厚度均满足设计要求，误差小于±100mm（若局部场地因标高低或软土层承载力不够，为满足插塑料排水板机械行走的需要，经监理工程师批准后，可适当增加工作砂垫层厚度）。

7.2.2 塑料排水板施工中原材料质量应严格控制，进场材料必须按照规范要求检验、合格后方可使用，施工时，设专职质检员进行排水板的质量检查工作。并需要根据现场施工实际情况专门制订了在软弱地基上进行插板的施工技术，确保局部软弱的地基如淤泥包上的插板施工质量。

7.2.3 泥浆搅拌墙施工关键需要控制打设深度，对泥浆搅拌桩长度进行探摸，施工时控制泥浆浓度及搅拌工艺。重点监督制浆工艺及桩体打设深度及打设速度。

7.2.4 真空预压施工每隔2h记录1次真空度，定期检查。抽真空维护过程中重点维护真空泵系统的正常运行、发电机组的正常运行及加固区周边密封效果。采用密封沟蓄水、膜面覆水、二级围堰覆水等方法保证真空度达到85kPa，通过监测反映真空预压加固效果。满足设计要求后，提出卸载申请，由监理校核、设计复核后经业主确认方可卸载。

7.2.5 强夯过程中发现夯坑倾斜而造成夯锤歪斜时及时将基底整平，严格按照设计要求进行施工自检。为避免区域交界处出现漏夯，各施工分区强夯时向边界外扩大1～2排夯点，各强夯区域间形成一定的搭接宽度。

8. 安 全 措 施

8.1 安全生产管理网络

认真贯彻"安全第一，预防为主"的方针，根据国家有关规定、条例，结合工程特点和现场实际情况，组成以项目负责人为首，包括专职安全员和班组兼职安全员以及安全用电负责人参加的安全生产管理网络，执行安全生产责任制，明确各级人员的职责，抓好工程的安全生产。

8.2 施工安全保证体系

建立完善的施工安全保证体系，加强施工作业中的安全检查，确保作业标准化、规范化。

8.3 真空预压期的安全措施

8.3.1 所有机械操作人员都必须持证上岗，所有作业人员必须佩戴安全帽。

8.3.2 插板机械及泥浆搅拌墙设备都属于高架机械，机械进场作业前对操作手进行技术交底及安全培训且确保机械操作手为持证上岗；高空作业必须系安全带，下雨时禁止爬高作业。

8.3.3 大风天气停止作业。

8.3.4 所有机械的运动部分、设备或电动工具必须安装防护罩，防止人体接触。

8.3.5 施工临时用电按照施工现场临时用电安全技术规范的有关规定执行。所有临时配电箱必须安装接地保险，所有临时配电箱均考虑雨天防水措施。送电至各用电点的电缆必须架离地面。在场地周边醒目位置、机械上悬挂警示牌。所有配电箱及发电机旁均设立警告性标示牌。

8.4 强夯期间的安全措施

8.4.1 在进行强夯施工时，必须在施工区域边界设警示绳、警示牌，禁止强夯施工时人员接近危险区域。六级以上大风、大雾及大雨天气停止夯击作业。

8.4.2 所有吊机必须安装力矩限制显示设备。强夯用索具、扒杆、吊钩、门架等需要定期检修，出现问题及时按规定更换。

8.4.3 特种作业人员必须持证上岗，所有作业人员必须佩戴安全帽等合格的防护用品。

8.4.4 强夯场地周围有可能受强夯施工振动影响的建（构）筑物，要采取隔振措施；当强夯时飞溅的土石可能对周边场外造成损伤时，要设立妥当的防飞石排栅网及警示牌，或其他安全标志，并派专人值班。

9. 环 保 措 施

9.1 遵守环保法规及规章制度

成立项目施工环保管理机构，严格遵守国家和地方政府下发的有环境保护法律、法规和规章，加强对施工燃油、工程材料、设备、废水、生产生活垃圾、废弃物的控制和治理，遵守消防及废弃物处理的规章制度，随时接受相关单位的检查监督。

9.2 大气污染防治措施

9.2.1 施工现场周边设置围挡设施，防止粉尘污染。

9.2.2 在强夯期间采取洒水防尘，场地保持一定湿度，无粉尘。

9.2.3 土方回填场地应有相应的防止起尘措施，如道路定期洒水保持土壤湿度，场地道路进出口设置洗水池。

9.2.4 除做好以上防尘措施，在有粉尘的施工现场为施工人员配发防尘口罩等加以保护。

9.2.5 真空预压施工用电方案尽量采用网电系统，避免大量使用大功率柴油发电机而造成的废气污染，并节约油料。

9.3 水环境保护措施

9.3.1 废油料、生活污水禁止随意倾倒，统一规划，集中处理。为防止油料污染环境，在油罐底部用沙包修筑"凹"形基座，同时在油罐周围设立防渗沟，确保油料不污染周边环境。

9.3.2 吹填排水根据现场实际施工情况采取必要的防污染措施外，并设置吹填尾水沉淀池，施工期间进行区域环境监测，与环保部门保持联系，并按照监测情况和监测部门的意见，调整施工环境保护措施；工程结束，提交详细的环保监测报告。

9.3.3 雨季要保证排水通道畅通，防止土石冲入河道、渠道和其他施工区域。

9.4 噪声、振动污染的防治措施

9.4.1 选用高效低噪声设备，对噪声较大的设备采用适当的隔声、消声降噪措施，以减少对外界环境的影响。

9.4.2 夜间施工必须经政府主管部门批准，取得夜间施工许可证后方能进行施工。在施工时尽可能使用噪声小的机械设备，尽量减轻对附近居民的噪声影响。

9.4.3 在加固区域周边设置监测点，当强夯施工所产生的真空对邻近建筑物或设备会产生有害的影响时，挖隔振沟等隔振或防振措施。

9.5 固体废弃物的收集措施

将施工人员生活垃圾以及建筑垃圾由陆上统一接收，集中处理，必要时送城市垃圾处理厂进行处理。

9.6 竣工现场清理

工程竣工后，拆除工棚及回填排水沟。并将工地四周环境清理整洁；做到工完、料净、场地清。达到业主、监理工程师的要求。

10. 效 益 分 析

10.1 真空预压联合强夯快速加固疏浚土工法将真空预压与强夯结合，发挥各自优势，形成静—动力固结作用，可起到快速加固的效果，并在整体上缩短工期，大大降低施工成本，且工序简单，对设备要求不高。与传统真空预压、堆载预压在工期、造价和加固效果方面的比较如表10.1所示。

1. 工期优势

工期短，无加载、卸载过程，且强夯可加快软土固结，进一步缩短工期。通过厦门港海沧港区

14～19 号泊位围埝后方软基处理试验工程和中国南玻绿色能源产业园二期厂房地基处理工程等经验表明，采用真空预压联合强夯处理技术比纯粹的静力排水固结方法减少工期 1/3～2/3。

真空预压联合强夯法与传统施工方法效益对比表 表 10.1

序号	比较项目	真空预压联合强夯	真空预压	堆载预压
1	工期(d)	60～70	90～110	＞180
2	造价(元/m²)	75.00	100.00	160
3	加固效果	效果良好	效果良好	效果良好
4	环境效益	良好	良好	一般

注：环境效益主要指是否需要考虑堆载料的卸除、堆放或排放及由此产生的环境污染或航道堵塞问题。

2. 成本优势

材料省，无需堆载料。常规堆载预压法单价为 160 元/m²，真空预压法为 100 元/m²，而真空预压联合强夯法仅为 75 元/m²。

3. 环保优势

无需考虑堆载料的卸除、堆放或排放及由此产生的环境污染或者航道堵塞问题。

10.2 同条件下大面积软基采用真空预压联合强夯法处理，具有投资省、工期短、见效快、效果好等优点，解决了软土地基处理中工期长、沉降慢等工程难题，有着巨大的经济效益和社会效益。

11. 应 用 实 例

11.1 中国南玻绿色能源产业园工程玻璃二期厂房地基处理工程

该工程的地层情况为：地层自上而下由第四系冲填土层（Q_{ml}）、耕植土层（Q_{pd}）、海陆交互相沉积层（Q_{mc}）、风化残积土层（Q_{el}）及侏罗系基岩（J）组成。其中表层有淤泥、淤泥质粉质黏土层，层厚 0.60～13.80m，平均 4.99m。流塑为主，局部为软塑状。

真空预压结束后，立即清除表层密封膜、真空管路及真空泵等材料及设备，而后进行强夯施工。共进行两遍点夯，一遍普夯。点夯以 4m 间距正方形布置，两遍夯点错开分布使得夯能均匀分布，夯击能量 1500～2500kN·m，2～6 击，根据试夯确定夯击次数。第一遍夯击完成后立即进行夯坑整平，再按照一遍夯顺序进行二遍夯。普夯以 0.75 倍夯锤直径作为夯点间距，夯击能量 1000kN·m。

强夯时间控制遵循以下原则：

第一遍点夯开始时间为真空预压卸载、井点降水开始 3d 后，以地下水位降至地表以下 2.5m 为准；第二遍点夯在第一遍点夯结束后 2d 进行，以地下水位须控制在地表以下 2.5m 为准。当地下水位较高时可采用浅层降水或明排的方法快速降低地下水位，以满足施工要求。

本工程单块施工区域工期控制在 70d 以内。

11.2 厦门港海沧港区 14～19 号泊位围埝后方软基处理试验工程

试验区吹泥区软土层厚达 25m，在经真空联合堆载预压加固后，原状淤泥层加固效果良好，浅部的吹填浮泥区域淤泥，经加固后强度大幅度提高，但局部区域端阻力仍为 312～374kPa。考虑到真空预压后，软土层的地下水位较低和孔隙水压力也处于较低水平，而且软土层之上铺设有水平排水垫层，软土层已插设塑料排水短板，排水通道较好，为了对表层约 12m 范围内的软土层进行二次加固，进行了强夯（1000～1500kN·m）施工，强夯的施工参数为：两遍点夯加一遍满夯，夯点间距为 5.5m，间隔时间，以超孔压消散至 80％以上为控制标准。

试验结果表明，强夯强大的冲击荷载激起的超孔隙水压力最高达 46.5kPa（埋深 7m 处，由于测试原因，该值小于真实的峰值），影响深度最高可达 13m，在强夯作用后超孔隙水压力在 3d 左右即可降低至 80％以上，在 4～5d 后便可降低至强夯前的孔压水平（图 11.2-1）。由此可见，夯击作用能有效快速使孔隙水压力叠加、增长，而施插的塑料排水板通道可使软黏土的超孔隙水压力快速消散。通过孔隙水压力增消变化，软土的有效强度得以增长，从而达到预期加固效果，避免了"橡皮土"现象。

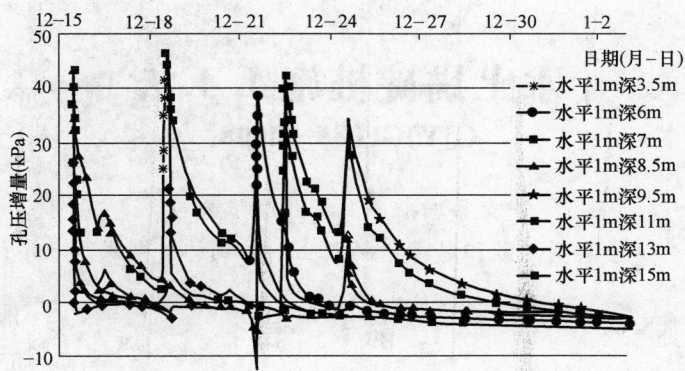

图 11.2-1 强夯加固期间孔隙水压力增量随时间变化曲线

强夯加固后约在 0～13m 范围内的土的端阻力有一定的提高，特别是原吹泥区浮泥～淤泥层的端阻力有较大的提高，局部软弱夹层由原来的 312kPa 增强至 412kPa 以上，加固效果显著。强夯加固前后贯入阻力随深度变化曲线如图 11.2-2 所示。

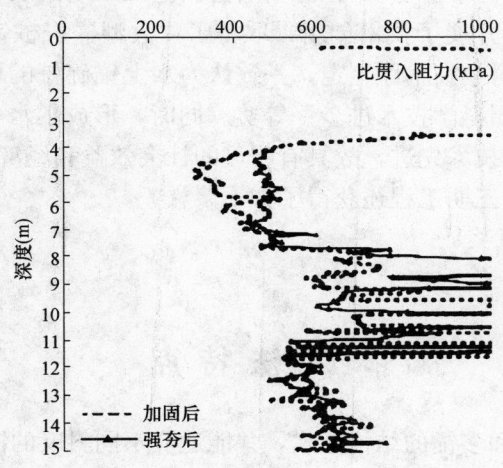

图 11.2-2 强夯加固前后比贯入阻力随深度变化曲线

水上锚碇桩施工工法

GJYJGF085—2008

中交第四航务工程局有限公司

李惠明 欧阳麟桦 杨胜生 曹剑林 刘洪山

1. 前　言

在风化岩地基采用钢管桩为基础的高桩码头，当地基岩面比较高时，通过锤击沉桩，承载力能满足设计的要求，但抗拔力却不能达到设计要求。对于此问题，以往一般采用在桩内进行嵌岩，灌注钢筋混凝土的方法解决，施工速度较慢，工程造价较高。但随着技术的进步，特别是高强锚杆的应用，采用设置嵌岩锚杆来增加桩的抗拔力，以达到节约工程造价，缩短施工工期的目的。

中交第四航务工程局有限公司于2003年在深圳港盐田港区三期集装箱码头施工中广泛应用水上锚碇桩施工工艺，并联合科研机构开展了技术创新，取得了"大型嵌岩桩钢管桩码头成套施工技术"新成果，并于2004年通过广东省科学技术厅鉴定，一致认为水上锚碇桩的研究与应用成果达到国际先进水平。并荣获2004年度中港集团科学技术进步一等奖。同时，形成了水上锚碇桩施工工法。由于在解决桩基抗拔力不够技术难题方面技术先进，故具有明显的社会效益和经济效益。

深圳港盐田港区集装箱码头三期工程还获得了如下荣誉：

2007年度中国建筑工程鲁班奖

第七届中国土木工程詹天佑奖

2. 工法特点

2.1 结构设计可采用单锚和多锚的结构形式，并能适应不同斜度的锚碇，质量可靠。

2.2 与其他嵌岩类型比较，施工设备轻巧，施工时不需动用大型起重设备，且动力能耗甚低。

2.3 操作简单，安全可靠，施工周期较短，无需施工船驳配合，对海洋环境污染少。

3. 适用范围

3.1 适用于高桩码头、墩式码头及其他结构形式的桩内嵌岩锚碇，能在硬质岩石中钻孔。

3.2 本工法同时适用于海上石油钻井平台、电力通信铁塔基础等承受较大上拔力的结构的桩内嵌岩锚碇。

4. 工艺原理

设置嵌岩锚杆增加桩的抗拔力，利用机械设备钻进到钢管桩无法达到的岩层，达到满足要求的岩层后安装高强度锚杆（或高强度钢筋、钢索）并灌注高强度水泥浆，使之一端嵌固在岩层中，锚杆的另一端则深入桩内与桩内的混凝土连接。通过锚杆（或高强度钢筋、钢索）与灌浆材料胶结在一起形成锚固体，将荷载传递到周围的岩层基础，提高桩的抗拔力来满足设计要求。桩内嵌岩锚碇桩结构形式如图4所示。

锚碇桩主要结构包括：高强度锚杆（或高强度钢筋、钢索）及配套连接器、锚杆分配器、高强度

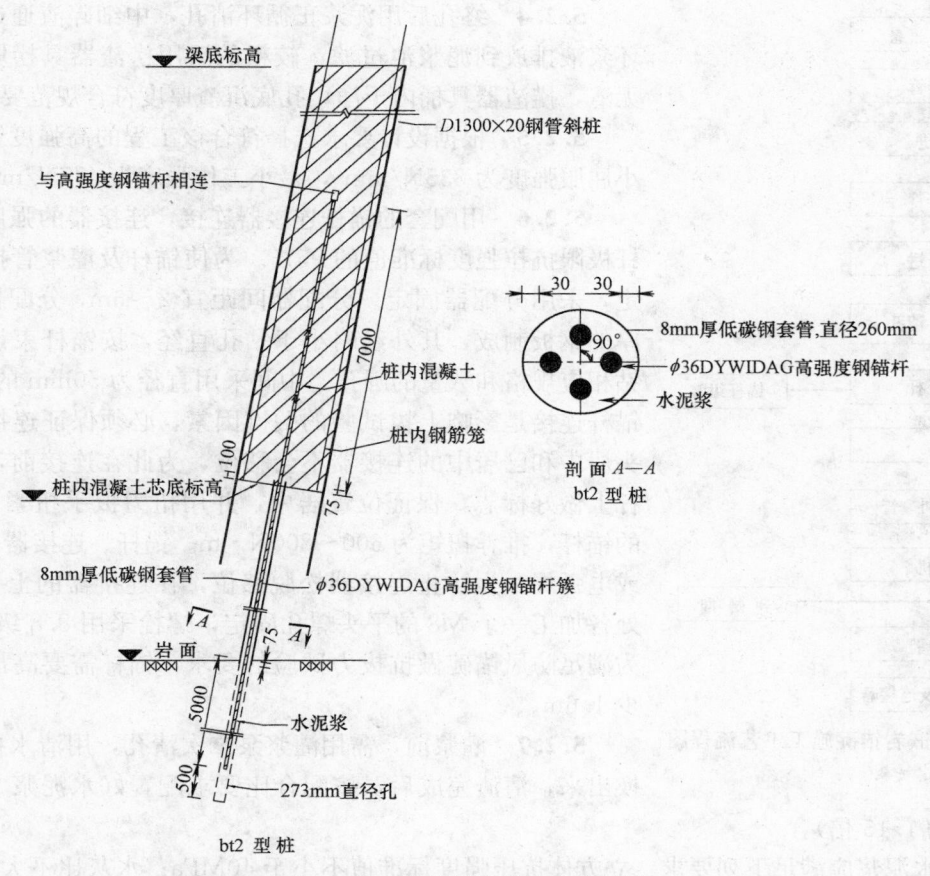

图 4　桩内嵌岩锚碇桩结构示意图

水泥浆等。

5. 施工工艺流程及操作要点

5.1　施工工艺流程

桩内嵌岩锚碇施工工艺流程如图 5.1 所示。

5.2　操作要点

5.2.1　施工平台荷载应进行设计验算，要求搭设平稳、牢固，平台面积适合钻机施工，并做好各项安全防护措施。

5.2.2　桩内泥面以上空孔部位安放外套管作为导向管，外套管的直径结合设计嵌岩锚杆桩孔径确定，一般外套管直径宜为嵌岩锚杆桩施工钻具口径的 1.2～1.3 倍，为使套管尽量与钢管桩同轴心，防止钻孔时发生偏斜，外套管安放时用定位环导正，一般下两副定位环即可，如果桩内泥面距桩顶大于 20m 则根据实际情况可增加一副定位环导正。为使外套管密封，外套管下端要插入黏土层中（或土状风化岩层中），若插进困难，可用钻杆配合钻具击进。若仍插不进，则先在套筒中钻进 1～2m，再冲击打入。

5.2.3　按设计图纸要求的孔径安放内套管。鉴于地质情况的复杂性，在钻进的过程中需用泥浆护壁，同时跟进内套管，直至内套管进入强风化岩面或稳定地层（不塌孔和不漏水的地层）。若内套管下端漏水，则继续跟进内套管，适当时可浇灌水泥浆进行止水。一般强风化岩及较软地层用合金钻头钻进，中风化岩或更硬的岩层用钢砂钻头钻进，钢砂钻成孔的孔壁粗糙，可增加嵌岩锚杆摩擦力。钻具一般宜长 3m，尤其斜桩施工，短钻具在重力作用下容易使成孔成曲线状，甚至钻到钢管桩。进入岩层后孔壁可自稳，无须护壁，钻至设计标高终孔。

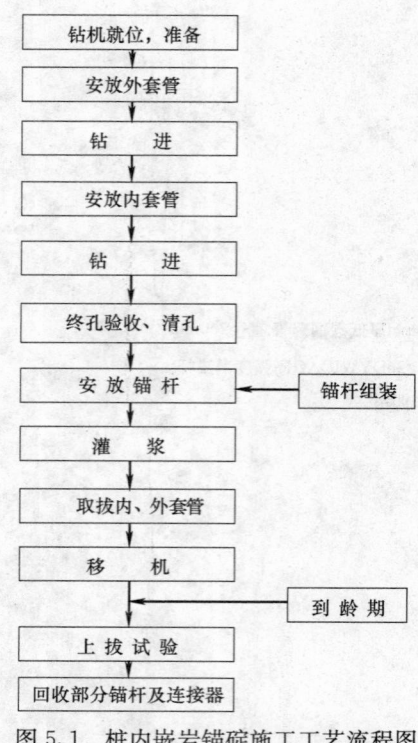

图 5.1 桩内嵌岩锚碇施工工艺流程图

5.2.4 终孔后用泥浆正循环清孔，中细碎渣通过泥浆泵的循环浆液排放到泥浆池过滤，较粗的渣用捞渣器具捞取，直至返浆无渣，捞渣器具桶内干净，孔底沉渣厚度符合规范要求。

5.2.5 根据设计要求选择符合该工程的高强度锚杆，锚杆最小屈服强度为 $835N/mm^3$，最小工作强度为 $477N/mm^3$。

5.2.6 用配套的锚杆连接器连接，连接器的强度不得小于锚杆极限抗拉强度标准值的 95%。为使锚杆及灌浆管按设计位置固定，采用分配器固定。分配器间距宜 2～3m，分配器用 6～8mm 厚的钢板制成，其外经略小于钻孔直经，按锚杆束设计位置分别钻相应规格和数量的圆孔。中间采用直径为 50mm 的高压注浆管。锚杆连接是影响上拔试验的关键因素，必须保证连接器位置在接头居中和已居中的连接器不会移位，为此在连接前，用油漆在锚杆上做好标志，保证位置居中，并用扭力扳手扭紧。对于 36mm 的锚杆，推荐扭矩为 600～800N·m。锚杆、连接器不得进行气焊或电弧焊。为防止连接器松脱移位，在连接器的上下两头 60mm 处各加工一个 M8 的平头螺孔固定，螺栓采用 8.8 级高强度螺栓。为满足防风锚碇做抗拔力试验的要求，锚杆需要高出钢管桩顶至少 1.6m。

5.2.7 灌浆前，需用灌浆泵二次清孔，用清水把孔内泥浆置换出来，清渣完成后，按配合比要求配置好水泥浆（实际用量约为理论用量的 1.15 倍）。

5.2.8 水泥浆应满足下列要求：立方体抗压强度标准值不小于 40MPa；水灰比不大于 0.4；流动度控制在 16～20S；在无约束条件下，自由膨胀率控制在 5%～10%，并有良好的流动性。

5.2.9 必须采用专门的搅拌机进行搅拌，搅拌机出浆口安装细孔筛网，将水泥浆进行过滤（网径小于 3mm），将未融化的水泥颗粒筛除，以免发生堵管现象。将过滤后的浆体储存到储浆池中。灌浆管应采用镀锌钢管，采用丝扣连接，确保在灌浆时不漏浆，灌浆管应随锚杆安装同步进行。开动压浆泵采用适当压力即可灌浆，压力一般要求控制在 0.5～1MPa 左右，灌浆管口放置距离孔底 500mm 处，防止孔底残渣异物倒吸入灌浆管而造成塞管。整个灌浆过程要连续进行，搅浆速度要及时跟进，直至将水泥浆灌注完毕，观察 5min 无异常情况后，可以缓慢拔除灌浆管，并立即清洗灌浆设备、灌浆管，灌浆施工结束。

5.2.10 立方体抗压强度达到设计值标准值 100% 后方可进行上拔力试验。做上拔力试验时，设备组装应按加载系统和测试系统各部件顺序，间距、位置进行严密安装，且按设备使用说明进行，尤其对斜锚杆更应注意，确保试验系统的平衡稳定。

5.3 劳动力组织

劳动力组织情况见表 5.3。

劳动力组织情况表 表 5.3

序号	单项工程	所需人员	备注
1	管理人员	2	
2	技术人员	3	
3	钻机操作人员	32	
4	锚杆加工	5	
5	灌浆	8	
6	杂工	6	
7	合计	56	

6. 材料与设备

本工法无需特别说明的材料,采用的主要机具设备见表 6。

主要机具设备表   表 6

序 号	名 称	规格型号	单位	数量	用 途
1	锚碇钻机	XY-2/GY-2A	台	8	锚碇桩成孔
2	内、外套管、定位环	按要求	套	8	锚碇桩成孔
3	泥浆泵	BW-250	台	8	抽泥浆
4	钢筋切割机	GW40	台	2	锚杆加工
5	水泥净浆搅拌机	CX-3	台	2	搅拌水泥浆
6	压浆机	2MPa	台	2	灌浆
7	注浆管	$\phi 50mm$	条	2	灌浆

7. 质 量 控 制

7.1 验收标准

7.1.1 《港口工程灌注桩设计与施工规程》JTJ248—2001。

7.1.2 《港口工程嵌岩桩设计与施工规程》JTJ285—2000。

7.2 水上锚碇桩允许偏差、检验数量和方法（表 7.2）

水上锚碇桩允许偏差、检验数量和方法   表 7.2

序 号	检查项目	允许偏差或规定值	检验单元和数量	单元测点	检验方法
1	锚碇孔径(mm)	±20	每根桩	1	用探笼量
2	钻孔垂直度	1‰	每根桩	1	查成孔记录
3	沉渣厚度(mm)	≤50	每根桩	1	用测绳测
4	锚杆束直径(mm)	±10	每根桩	6	用钢尺量两端及中部垂直两直径
5	锚杆顶标高(mm)	±50	每根桩	1	用钢尺或水准仪检查

7.3 质量保证措施

7.3.1 打桩时应加强对锚碇桩贯入度的控制,防止钢管桩进入强风化岩层以后桩尖的卷口及变形。减少给锚碇施工带来很大的困难。

7.3.2 加强现场管理,钢管桩内不能丢异物,主要是防止架设平台时随手将多余的钢材、木板及铁件等丢入桩内,否则会影响钻机定位、锚杆安放的质量。

7.3.3 内、外套管各管的连接应密封,保证在钻进过程不会出现漏水现象。并要求外护筒位置和方向必须满足要求,以防在钻进过程偏离方向钻到钢管桩,影响进度。

7.3.4 钻孔、清孔、安放锚杆后应尽快灌注水泥浆。

7.3.5 锚孔内灌注水泥浆应达到基岩面处。岩盘节理发育、裂隙严重的中等风化岩和微风化岩层,宜采用压力注浆,锚孔注满浆后,应持压 0.5MPa 2~3min。

7.3.6 按要求做好灌浆记录,包括灌浆日期、作业时间、温度、配合比、外加剂、灰浆数量、灌浆压力以及灌浆过程中出现的异常情况等。

8. 安 全 措 施

8.1 积极贯彻"安全第一,预防为主,综合治理"的方针,坚持"管生产必须管安全、谁主管谁负责"的原则。根据国家有关规定、条例,结合施工单位实际情况和工程的具体特点,制订保障施工安全的管理制度和办法，并严格落实，而且按照持续改进的要求，使管理程序不断完善，确保安全目标的实现。

8.2　参加施工的人员必须严格遵守技术操作规程和安全操作规范，严禁违章操作，违章指挥。

8.3　施工平台必须经过受力计算校核，满足受力要求。开钻前，需检查工作平台的连接是否牢固，防护围栏是否已经安装。

8.4　钻机操作人员必须持有效证件，不得无证操作。在钻机塔架上作业时，必须挂好安全带，同时必须保证塔架上的楼梯安全牢固。

8.5　搬运水泥和配制水泥浆时作业人员必须佩戴口罩、手套等防护用品。

8.6　制定《作业平台安全管理制度》，作业平台边缘，焊接钢筋护栏，并挂上安全网，且竖立明显警示标志牌、拉上彩带进行安全防护，同时要求作业平台上的设备、材料，按序摆放，预留工作通道。

8.7　与当地气象部门建立有偿服务合约，收到防台、防汛预警信号后，马上组织人员将钻机及施工平台上机具转移到陆上安全位置。

8.8　施工现场的临时用电严格按照《施工现场临时用电安全技术规范》的有关规范规定执行。

8.9　电缆线路应采用"三相五线"接线方式，电器设备和电器线路必须绝缘良好，铺设于施工平台上的电缆必须用特制的防护线槽加以覆盖。

8.10　供电、用电设备、线路、电箱规范化；建立供电、用电检查、值班制度化，定期或不定期对电动工具、用电设备、线路的绝缘电阻、接地电阻进行检测并登记。制作高大的照明灯架，配备大功率碘钨灯，保证施工现场夜间的照明。

8.11　建立完善的施工安全保证体系，加强施工作业中的安全检查，确保作业标准化、规范化。

9. 环 保 措 施

9.1　成立对应的施工环境卫生管理机构，在工程施工过程中严格遵守国家和地方政府下发的有关环境保护的法律、法规和规章，加强对施工燃油、工程材料、设备、废水、生产生活垃圾、废渣的控制和治理，遵守有关废弃物处理的规章制度，认真接受海洋、海事、渔政等相关单位的管理，随时接受其监督检查。

9.2　严格执行《中华人民共和国海洋倾废管理条例》，加工专门废油储存箱，专门收集设备、机具的废油，并按相关规定处理。禁止油污、生产废水、垃圾等杂物排放到海中。

9.3　设立专用泥浆池、集浆池，对污水、废浆进行集中，认真做好无害化处理，从根本上防止施工废浆乱排、乱流。并定期清运沉淀泥沙、弃渣。

9.4　对生活垃圾、生产垃圾等废弃物分类别设置垃圾箱（桶）或分类堆放，容器或堆放地设立明显的标识。废弃物的运输按规定要求选择具有相应资质的单位负责运输，且按规定记录和归档。

9.5　后方回填石料形成的陆域临时场地，及时平整、碾压，提前规划布置，做到标牌清楚、齐全，各种标识醒目，施工场地整洁文明。

9.6　配备洒水车，在晴天经常对施工道路进行洒水，防止尘土飞扬，污染周围环境。

10. 效 益 分 析

10.1　该工法工效高、施工速度快，钻机在基岩中的钻进速度可达每小时 200～300mm，在不出现机械故障的情况下，一般 4～5d 即可完成成孔作业。

10.2　该工艺质量可靠，能够保证钻孔质量。在施工过程中，现场工程师可以根据钻孔所得岩样决定终孔标高，做到与实际地质情况基本吻合，能很好地使锚杆（束）与灌浆材料胶结在一起形成锚固体将荷载传递到周围的岩层基础。盐田三期工程利用该工艺成孔的 244 条锚碇桩中，每条桩均进行上拔试验，结果显示完全达到设计要求。

10.3 该工法工序简单，能够缩短工期，满足后续施工的要求，同时节约人工及设备费用。当管桩基的抗拔力不满足设计要求时，可选用两种办法解决：一是采用嵌岩桩；二是采用嵌岩锚杆桩，两者在人员、设备及材料方面比较见表 10.3（以一根桩为例）。

嵌岩桩与嵌岩锚杆桩的比较　　　　　　　　　　　　　　　　表 10.3

工艺名称	人员配置	辅助设备配置	材料	效果
嵌岩桩	26 人	吊机、空压机	钢筋笼、混凝土	提高桩的抗拔力及抗压力
嵌岩锚杆桩	18 人	无	高强度锚杆、水泥净浆	提高桩的抗拔力

从表 10.3 可知嵌岩锚碇桩施工更简便，不需动用大型起重设备和配套设施，两者的工效基本相当。一根斜桩嵌岩的费用大概约为 25 万元，而一根斜向嵌岩锚碇桩的费用大概为 10 万元，一根斜向嵌岩锚杆可节约 15 万元的费用，经济效益非常可观。

10.4 该工艺能耗少，采用该工法与嵌岩成孔比较，每成孔 6m 其耗电量只有嵌岩冲孔耗电量的 37%。具体能耗见表 10.4。

能耗比较表　　　　　　　　　　　　　　　　表 10.4

设备名称	耗电量(kW/h)	12h 成孔深度(m)	成孔 6m 总耗电量(kW)
B6 嵌岩机成孔	200	6	2400
XY-2 锚碇成孔	37	3	888

10.5 施工简便，不需动用大型起重设备和配套设施，不存在船舶、机械设备污染环境的问题。

10.6 该工艺进一步拓宽了桩基的应用范围，利用机械设备钻进到钢管桩无法达到的岩层，提高桩的抗拔力来满足设计要求。优化了桩基的受力结构，大大减少建设投资。

11. 应 用 实 例

嵌岩锚碇桩工程应用实例见表 11。

嵌岩锚碇桩工程应用实例　　　　　　　　　　　　　　　　表 11

序号	工程名称	工程量(根)	完成时间(年)
1	深圳港盐田港区三期集装箱码头工程	256	2003～2004
2	深圳大鹏 LNG 码头工程	30	2005～2006
3	广州石化原油码头改扩建工程	67	2005～2006

11.1 实例一

工程名称：深圳港盐田港区三期集装箱码头

工程地点：深圳市盐田区

结构形式：三期工程采用高桩梁板式结构，桩基采用钢管桩、嵌岩锚杆桩和嵌岩桩。

开竣工时间：2002 年 10 月开工，2004 年 12 月竣工。

实物工程量：4 个 5 万 t 级泊位（结构按 10 万 t 级设计），码头岸线长度 1400m。本工程桩基主要采用钢管桩（桩径 ϕ1200mm、ϕ1000mm 两种），有直桩、斜桩（斜率 6：1）。对承载力满足设计要求，而抗拔力满足不了要求的钢管桩做嵌岩锚杆处理，嵌岩锚杆数量总计 256 根，嵌岩深度分为 5～7m，芯柱采用 M45 水泥浆。

应用效果：嵌岩锚杆孔径和孔深合格率达到 100%，上拔力试验检测结果全部满足设计要求。

11.2 实例二

工程名称：深圳大鹏 LNG 码头工程

工程地点：深圳大鹏镇

结构形式：高桩预应力梁板结构及高桩墩式结构，桩基采用钢管桩、嵌岩锚杆桩和灌注桩。

开竣工时间：2004 年 3 月开工，2006 年 7 月竣工。

实物工程量：1 个 3 万 t 级泊位，码头岸线长度 585m。本工程桩基主要采用钢管桩（桩径 $\phi1000mm$、$\phi800mm$ 两种），有直桩、斜桩（斜率 3∶1）。对承载力满足设计要求，而抗拔力满足不了要求的钢管桩做嵌岩锚杆处理，嵌岩锚杆数量总计 30 根，嵌岩深度为 6.5m，芯柱采用 M40 水泥浆。

应用效果：嵌岩锚杆孔径和孔深合格率达到 100％，上拔力试验检测结果全部满足设计要求。

11.3 实例三

工程名称：广州石化原油码头改扩建工程

工程地点：广东惠州大亚湾

结构形式：主码头为高桩墩式结构，栈桥为高桩梁板结构，桩基采用钢管桩、锚碇桩和灌注桩。

开竣工时间：2005 年 12 月开工，2007 年 3 月完工。

实物工程量：30 万 t 原油码头一座，码头泊位长 490m，由 1 个工作平台、2 个靠船墩、6 个系缆墩组成，码头与陆域通过总长 805.5m 的钢引桥连接。其中钢管桩 184 根，灌注桩 14 根，锚碇桩 67 根。对承载力满足设计要求，而抗拔力满足不了要求的钢管桩做嵌岩锚杆处理，嵌岩深度 6m，芯柱采用 M45 水泥浆。

应用效果：嵌岩锚杆孔径和孔深合格率达到 100％，上拔力试验检测结果全部满足设计要求。

振碾式渠道混凝土浇筑机快速衬砌施工工法

GJYJGF086—2008

中国水利水电第十一工程局有限公司

高海成　余良碧　张玉波

1. 前　　言

振碾式渠道混凝土浇筑机是中国水电十一局为解决所承揽的南水北调中线总干渠明渠工程中的施工难题而自行研制生产的一种渠道混凝土衬砌设备。针对总干渠明渠工程施工战线长、衬砌面积大、结构设计复杂、工期任务紧、质量要求高等一系列问题，由于国内暂没有定型的施工机械设备和成熟的施工工艺，中国水电十一局自行研制了渠道混凝土浇筑机，并已初步推广使用，在此基础上总结形成了本施工工法。

南水北调中线京石段应急供水工程滹沱河倒虹吸工程是中国水电十一局在南水北调中线先期承揽的最早开工项目之一。2005 年底，在倒虹吸主体工程完工的基础上，项目部开始着手出口连接渠道施工。通过学习和考察，项目部拟定了一套采用振碾式渠道衬砌机进行总干渠渠道混凝土衬砌的施工方案。2006 年初，项目部开始进行渠道衬砌试研制及生产，于 2006 年 5 月 18 日在滹沱河倒虹吸出口连接渠道开始了第一块渠坡混凝土衬砌试验，并取得成功。在随后应用和优化改进过程中，渠道混凝土衬砌设备性能不断趋于完善，并在后续渠道工程施工中推广应用。中国水电十一局自行研制的振碾式渠道混凝土浇筑机不仅通过了水利部水利机械质量检验测试中心对其进行的质量检测，在研制过程中还获得 8 项实用新型专利，并且于 2009 年 3 月 31 日在中国水利水电建设集团组织的科研课题成果鉴定会上获得与会专家的高度评价，鉴定认为研究成果总体上达到了国际先进水平。为该项技术的推广应用奠定了基础。

2. 工法特点

2.1　振碾式渠道混凝土浇筑机是一种集混凝土布料、摊铺、振捣、整平功能于一体的综合型渠道混凝土浇筑设备，同时能实现渠坡、渠底相互使用。

2.2　振碾式渠道混凝土浇筑机能适应渠道衬砌坡长变化，主桁架通过标准节和拼凑节组成，可满足 28m 以内不同衬砌长度的施工需求。

2.3　振碾式渠道混凝土浇筑机能适应渠道坡比变化，主桁架两端与水平节连接时，采用轴销连接与纵向法兰连接相结合的方法，当需要改变边坡系数时，只要改变纵向法兰螺栓孔位置即可实现。

2.4　采用振碾式渠道混凝土浇筑机进行渠道混凝土衬砌具备经济实用的特点。中国水电十一局自行研制的渠道混凝土浇筑机单台价格约 70 万元，而进口或仿制的渠道混凝土浇筑机单台价格在 300～400 万元，且性能相对单一。

3. 适用范围

本工法适用于长距离平面薄壁混凝土衬砌施工，混凝土厚度不大于 30cm，衬砌坡度不陡于 1:2，以大型渠道过水断面和外坡混凝土护砌施工为主，要求现场具备混凝土罐车通行及向浇筑机受料的场地条件。

4. 工 艺 原 理

　　振碾式渠道混凝土浇筑机是以一个大跨度的钢构桁架为主体，桁架本身自带行走装置，通过安装在桁架上的上布料小车和下衬砌小车，分别实现渠道混凝土布料、摊铺、振捣和整平功能。小车分别以桁架龙骨作为轨道，并自带行走装置。主梁上部布料小车装有挡料刮板和下料斗，负责从混凝土传送皮带上分取混凝土料进行布料；主梁下部衬砌小车，装有搅笼、振捣箱和压光碾，负责混凝土的摊铺、振捣和碾压整平。上、下小车可同时或单独作业，布料和振捣碾压互不影响。通过上述结构的有机组合，形成一套综合性很强的渠道混凝土衬砌设备，可实现利用专用设备进行大规模渠道混凝土机械化施工。在渠道混凝土浇筑过程中，充分利用浇筑机的各项机械性能，来实现渠道混凝土的快速衬砌。

　　浇筑机结构示意图及总干渠典型断面图分别见图 4.1 和图 4.2。

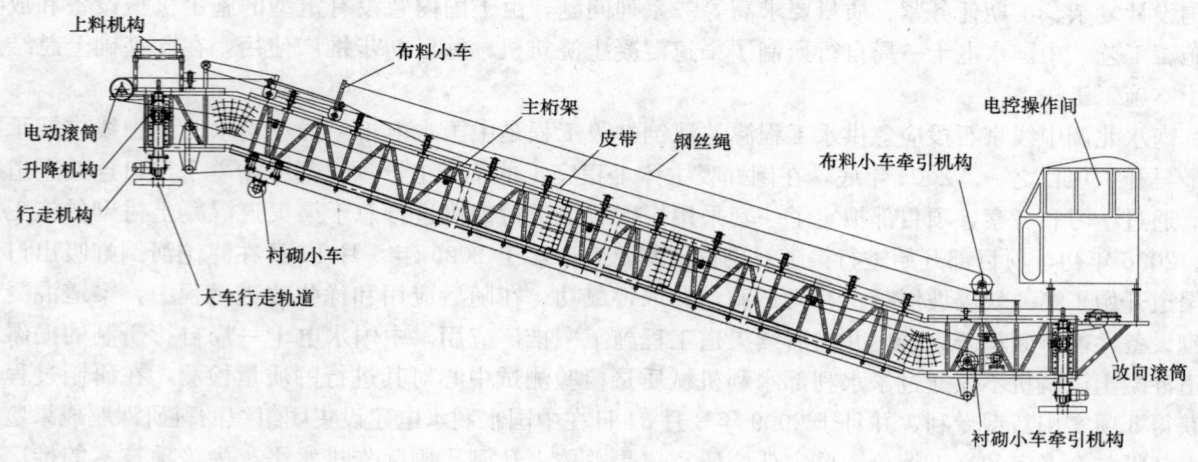

图 4.1　振碾式渠道混凝土浇筑机

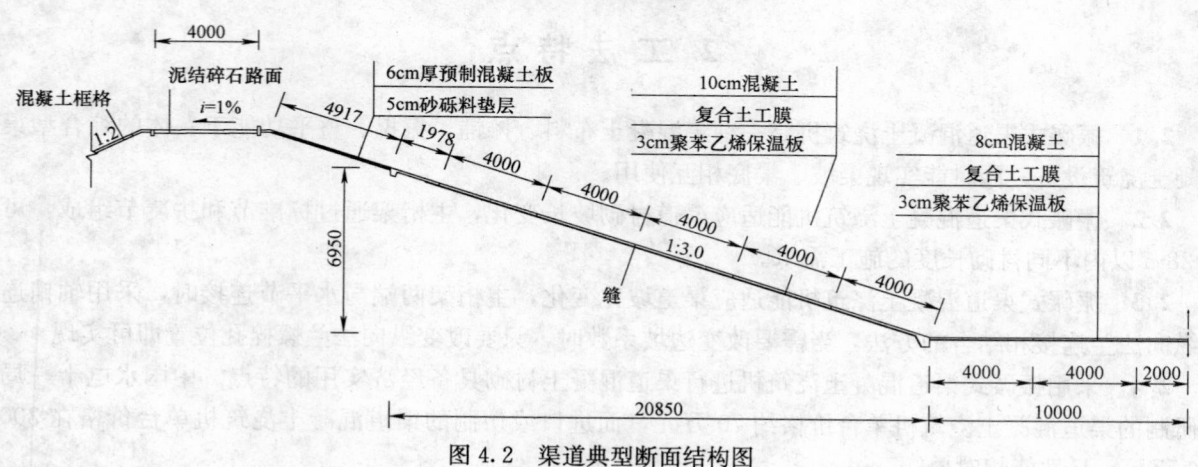

图 4.2　渠道典型断面结构图

5. 施工工艺流程及操作要点

5.1　施工工艺流程（图 5.1）

5.2　施工操作要点

5.2.1　设备进场调试

衬砌机进场后，首先铺设两条 10~20m 长的轨道，调直整平待用，平整度误差控制在 1cm 范围内。浇筑机按图拼装，进行联动调试，经确认无误后，进入施工作业面。

5.2.2 施工准备

围绕着渠道衬砌施工，浇筑前需先清理验收建基面、铺设聚苯乙烯泡沫板保温层和复合土工膜防渗层、支立衬砌板边模、混凝土浇筑设备进场就位、混凝土料拌制和运输。

5.2.3 混凝土浇筑厚度控制

1. 按设计要求清理建基面，使基面平整度符合要求。

2. 严格控制聚苯乙烯保温板材料厚度，要求铺设整齐，接缝紧密平整，坡脚部位可打木桩固定，桩顶不得损毁复合土工膜。

3. 复合土工膜焊接牢固，铺设平展，松紧适宜，避免出现重叠等褶皱现象。

4. 支立边模采用定型槽钢或方木，浇筑混凝土前先进行浇筑机空运行，检测定位精度，保证混凝土浇筑厚度。

5.2.4 浇筑参数设定

结合混凝土厚度通过生产性试验确定施工参数，包括上下小车运行速度及振动碾压遍数。当混凝土厚度小于 20cm 时，单幅振动碾压 2 遍。每次挪位间距为振捣箱宽度的 2/3，约为 60cm。

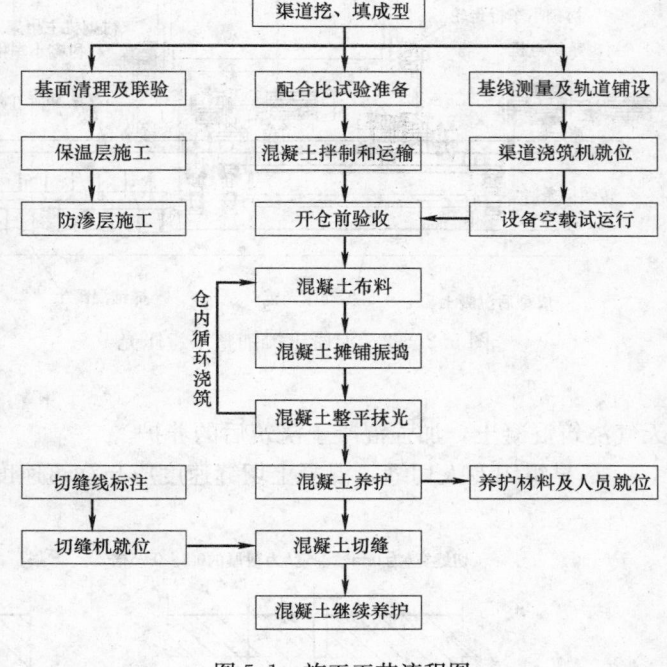

图 5.1　施工工艺流程图

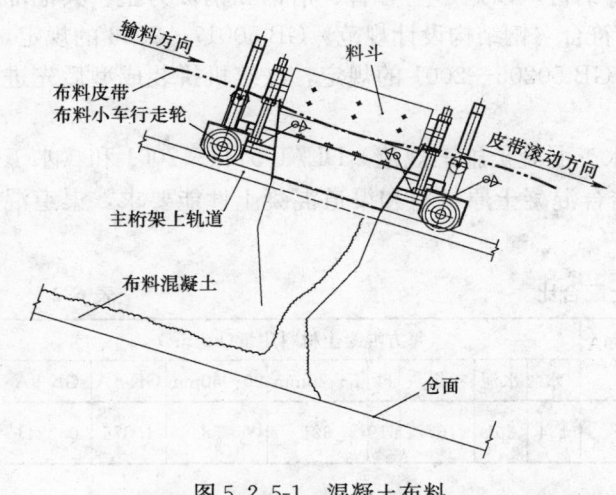

图 5.2.5-1　混凝土布料

5.2.5 混凝土布料

1. 布料顺序从下到上沿浇筑机前进方向进行，由专人负责指挥。

2. 布料过程由浇筑机上布料小车连续完成，下料口高度距浇筑面不应大于 1.0m，布料松铺系数控制在 1.1~1.15 之间，有利于振捣密实。

3. 混凝土罐车下料时，输送皮带上的料量分布要均匀，布料速度与振动碾压速度相适应。混凝土布料、摊铺整平、压光如图 5.2.5-1 和图 5.2.5-2 所示。

5.2.6 混凝土浇筑密实度控制

1. 保证混凝土和易性，避免混凝土罐车长时间等候。

2. 控制好混凝土振捣时间，仓号四周边角部位应加强振捣，采用人工辅助平板振捣器振捣。

5.2.7 混凝土收面抹光

浇筑机整平后的混凝土面未能达到光面要求，随后需由人工采用电动提浆抹光机收面压光，赶在混凝土终凝前完成。

5.2.8 混凝土养护、切缝

混凝土浇筑结束后覆盖塑料薄膜或土工布等材料保湿养护，时间不少于 28d；混凝土养护过程中应及时用切缝机切缝，切缝时间以锯片不破坏缝壁两侧混凝土为宜，通常在浇筑后 18~30h 切缝。混凝土板切缝尺寸及填缝材料如图 5.2.8 所示。

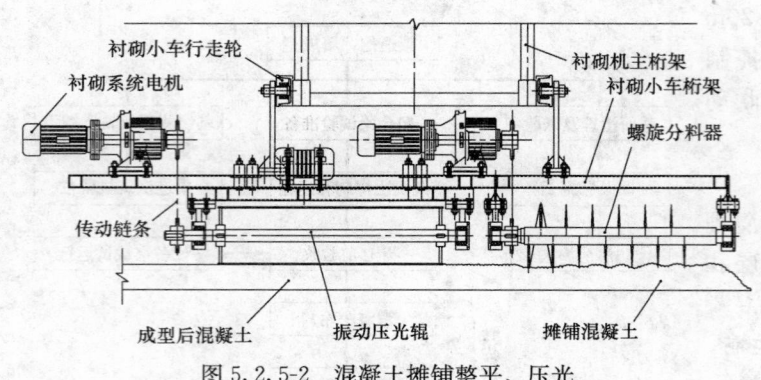

图 5.2.5-2 混凝土摊铺整平、压光

5.2.9 当浇筑机出现故障时，应立即通知拌合站停止拌料，在混凝土尚未初凝时排除浇筑机故障可允许继续浇筑混凝土。否则将浇筑机移开，由人工继续浇筑，设置横向边模，使其浇筑面宽度满足设计分缝宽度要求。

5.2.10 衬砌混凝土板防裂控制

1. 建基面压实度应符合设计要求。

2. 要求混凝土密实度及强度增长均匀。

3. 避免在大风、下雨、低温等恶劣天气浇筑混凝土，加强混凝土浇筑后的养护。

4. 尽早组织专人切缝，混凝土切缝速度应与浇筑速度相对应。

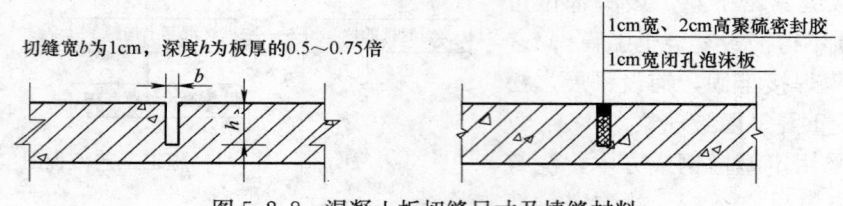

图 5.2.8 混凝土板切缝尺寸及填缝材料

6. 材料与设备

6.1 振碾式渠道混凝土浇筑机主桁架采用 Q345 钢材，以矩形空心管、槽钢和钢板为主，其他部位组件以国内市场成品件组合加工为主。浇筑机设计符合《钢结构设计规范》GB 50017—2003 的规定，制造加工质量符合《钢结构工程施工质量验收规程》GB 50205—2001 的规定，浇筑机拼装成型后先进行联动试运行，调试合格后现场验收。

6.2 渠道混凝土的配合比应符合设计要求和《水工混凝土施工规范》DL/T 5144—2001 和《水工混凝土试验规程》DL/T 5150—2001 的规定要求。结合混凝土原材料和渠道混凝土性能要求，渠道混凝土配合比实例见表 6.2。

渠道混凝土配合比 表 6.2

技术要求	坍落度(mm)	水胶比	粉煤灰(%)	砂率(%)	缓凝高效减水剂 GK-4A（%）	引气剂 GK-9A（/万）	每方混凝土材料用量（kg/m³）							
							水	水泥	粉煤灰	砂	5～20mm	20～40mm	GK-4A	GK-9A
C20W6 F150	60～80	0.50	25	31	0.7	0.9	134	201	67	619	621	758	1.876	0.0241

注：混凝土配制强度28.2MPa。

6.3 所需机具设备有：混凝土浇筑机、混凝土吊车（16～25t，浇筑机就位）、混凝土拌合站、混凝土搅拌运输车、电动提浆抹光机、切缝机、平板振捣器、土工膜热焊机、电焊机、对讲机等。

7. 质量控制

7.1 引用标准

《水利水电工程施工质量检验与评定规程》SL 176—2007

《水工混凝土施工规范》DL/T 5144—2001

《水工混凝土试验规程》DL/T 5150—2001

《渠道混凝土衬砌机械化施工技术规程》NSBD 5—2006

《南水北调中线一期工程渠道工程施工质量评定验收标准》（试行）NSBD 7—2007

7.2 质量控制要求

渠道混凝土浇筑前需先进行建基面断面联合测量及压实度和平整度检测，渠道使用保温板和复合土工膜在确保原材料合格的情况下，现场还需进行保温板铺设平整度检测和复合土工模焊接质量检测。混凝土质量检测见表7.2。

渠道混凝土质量检测   表 7.2

检测项目	质量标准	检测方法
衬砌表面平整度	允许偏差：8mm/2m	2m 靠尺
衬砌厚度	允许偏差：$-5\sim+20$mm	钻孔取芯
混凝土密实度	$\geqslant 2380$kg/m^3	钻孔取芯
混凝土强度	$\geqslant 20$MPa	回弹仪或钻孔取芯
混凝土抗冻抗渗	抗渗$\geqslant$W6 抗冻$\geqslant$F150	成型试块检测
混凝土外观质量	平整密实，无裂缝、蜂窝、麻面、掉角现象	目测，钢卷尺

8. 安 全 措 施

采用本工法施工时，除应执行国家、地方（行业）有关安全法规规定外，还应遵守下列注意事项：

8.1 混凝土浇筑机进场后必须进行安装调试，由项目部安全部门牵头，组织相关部门对设备进行安装调试后的合格验收，然后投入工程运行。

8.2 浇筑机操作人员必须了解和掌握本工艺的技术操作要领，特殊工种（如混凝土罐车司机、电焊工等）应持证上岗。

8.3 混凝土浇筑前，组织渠道混凝土衬砌施工安全技术交底，对施工过程中容易发生安全事故的部位及操作环节认真讲明，提高施工人员的安全防范意识。

8.4 停机同时应解除电控操作控制，升起机架，将衬砌机驶离工作面，清理黏附的混凝土，同时对衬砌机进行保养。

8.5 在施工区内设置明显的标识牌，尤其要做好交通与运输的管理工作，在道路转弯、陡坡等部位设置警戒标识，确保现场的施工交通安全。

8.6 对施工期范围的区域设置栏栅，实行封闭管理，避免非施工人员擅自入内而引起意外事故。

9. 环 保 措 施

9.1 在施工现场平面布置和组织施工过程中都要执行国家、地区、行业和企业有关环境保护的法律、法规和规章制度。

9.2 现场各种材料要按规格、品牌及批次和规范要求进行存放，并按照物资管理程序进行明确标识，使之井然有序，一目了然。

9.3 施工运输道路要经常洒水，防止尘土飞扬，对不宜采用洒水的部位采用围、盖或隔离的方式，使粉尘污染符合环保规定。

9.4 加强混凝土养护材料的使用与管理，重视回收再利用和废弃物管理，禁止在施工现场焚烧草毡、塑料薄膜、毛毡等会产生有毒、有害烟尘和气体的物质。

9.5 生活和生产污水排放到指定的沉淀池中，不得随处排放。施工中机械检修的废油用指定器具存放。生活垃圾在指定地方深埋处理。

9.6 施工前做好施工过程中弃土弃渣的统一规划，不能随意占压农田，破坏地表绿色，造成水土流失。

10. 效 益 分 析

　　由于国内目前还没有可直接用于此种规模及类型渠道的混凝土衬砌的成熟机械设备，大跨度综合型渠道混凝土浇筑机使用成功，为解决南水北调中线工程施工中所面临的施工战线长、衬砌面积广、结构设计复杂、工期任务紧、质量要求高等一系列问题提供了新的解决办法，而且还减少了施工人员投入，提高渠道混凝土整体衬砌质量，加快施工进度，节约施工成本。具有非常广泛的推广价值和较高的经济价值。

　　以渠道项目 S6 标段工程为例，效益分析如下：

　　采用一台渠坡单机衬砌速度平均为 5 元/d（60m），单机配置人员为 13 人；采用人工浇筑，混凝土布料由 25t 汽车吊配入仓，以 20 个人分组，平均速度为 3 元/d（36m），在施工设备成本投入相当的情况下，采用渠道浇筑机进行混凝土衬砌较人工衬砌的人均工效提高近 2.5 倍，且施工质量较人工衬砌更有保障。

11. 应 用 实 例

　　11.1　滹沱河倒虹吸工程是南水北调中线京石段应急供水工程，位于河北省正定县新村以北。工程由倒虹吸管身、出口闸室、出口扭坡渐变段、出口连接渠段组成。渠道底宽 21m，边坡系数 3.0，衬砌坡长 22.98m，混凝土板厚 15cm。在出口连接渠段的渠道工程施工中，率先将振碾式渠道混凝土浇筑机应用于渠道混凝土浇筑中，初次使用取得圆满成功，检测后的渠道衬砌质量符合设计要求，为后续总干渠施工积累了经验。

　　11.2　南水北调中线京石段渠道项目 S6 标段，渠道全长 6.616km，属总干渠中一般性渠道，工程位于河北省正定县境内。渠道底宽 21m，边坡系数 3.0，衬砌坡长 22.98m，混凝土板厚为边坡 10cm、渠底 8cm，是继滹沱河倒虹吸工程后新开工的渠道工程项目。振碾式渠道混凝土浇筑机的广泛应用，为渠道工程早日实现完工通水发挥了积极作用，实现了快速衬砌施工，施工质量也得到了好评，渠道通水后的总体效果达到设计要求。

　　11.3　南水北调中线京石段渠道项目 S43 标段，渠道全长 3.4km，工程位于河北省易县境内，渠道底宽 7.5m，边坡系数 2.5，衬砌坡长约 18m，混凝土板厚边坡 10cm，渠底 8cm。由于使用大型渠道混凝土衬砌机，使工程施工质量和进度均得到较大提高。

　　目前，该衬砌机已在南水北调工程中线的多个标段广泛使用，累计已完成渠道混凝土衬砌近百公里，效果良好，得到业主、设计、监理的一致好评。

"山皮石＋冲击碾压"机场场道软基加固处理工法

GJYJGF087—2008

空军第五空防工程处　同济大学

李巧生　赵钧　凌建明　李坤维　赵鸿铎

1. 前　言

机场场道工程建设常常面临软弱地基土处理问题。传统多采用排水固结、强夯或石灰土处治等方法进行处理，这些方法适用于不同的条件，各有优缺点。

以无锡机场为依托，空军第五空防工程处和同济大学开展科技创新，提出了"山皮石＋冲击碾压"处理机场场道软弱地基的新技术，并制定了科学、合理的施工流程和质量控制标准，形成了施工工法。成果于 2005 年 12 月通过空军后勤部司令部鉴定，并获得 2006 年度中国人民解放军总后勤部科学技术一等奖。

本工法施工速度快、效率高、造价低、受气候条件影响小，对于工程量大、工期紧的机场浅层地基处理效果十分显著。不仅适用于机场场道软弱地基和软土地基的加固处理，还可供道路和港口铺面的软基处理借鉴参考。

2. 工 法 特 点

2.1 "山皮石＋冲击碾压"工法充分发挥山皮石天然级配优良、取材方便、强度高等优点作为垫层，利用冲击碾压压实能高、影响深的压实效能，将场道浅层软基加固成"复合硬壳层"，从而提高道面土基的回弹模量，减少工后差异沉降，改善道面结构施工的场地条件。

2.2 利用冲碾后的山皮石垫层作土基与道面水泥稳定碎石基层间的过渡层，有效解决了土基与基层模量不匹配的问题，从而避免基层和水泥混凝土面层层底过大的弯拉应力，保证了道面的使用性能和使用寿命。

2.3 山皮石冲碾一方面对原表层地基土进行了压实，减小工后沉降；另一方面可为水稳碎石基层的铺筑提供良好的作业面，很大程度消除了软弱地基上铺筑水稳碎石基层出现裂缝的问题。

3. 适 用 范 围

可广泛应用于军用、民用机场新建与改扩建工程的场道浅层软弱地基处理，并可供道路和港口铺面的软基处理工程参考。

4. 工 艺 原 理

针对机场场道地基承受大面积、低级位、相对均匀的附加应力特征，基于"硬壳层地基原理"，以山皮石为垫层进行低能多遍冲击碾压，利用冲击碾压的强大压实效能，使山皮石及表层部分压实的地基土共同形成高强度的"硬壳层"。不仅使场道道面土基具有较高的回弹模量或反应模量，而且通过硬壳层的应力扩散作用，将冲击压实能量更加均匀地传递到地基土，使其获得良好的压实效果，并产生压缩变形，从而提高了浅层地基的密实度，减小了工后不均匀沉降，增强了地基的均匀性和抗变形能力。

5. 施工工艺流程及操作要点

5.1 施工工艺流程

施工工艺流程如图 5.1 所示。

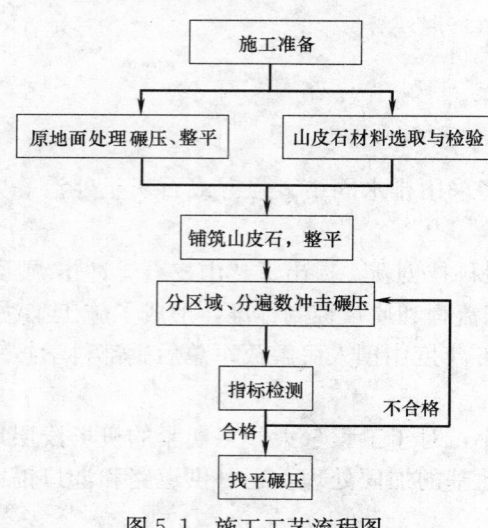

图 5.1 施工工艺流程图

5.2 操作要点

5.2.1 原地面处理

场道地基原地面的清表、找平及相关处理应符合《军用机场场道工程施工及验收规范》GJB 1112A—2004 和《民用机场飞行区土（石）方与道面基础施工技术规范》MH 5014—2002。

5.2.2 山皮石垫层铺筑

1. 山皮石垫层铺筑前，对冲碾过的地面进行平整碾压，再进行含水量、压实度的检测，各项指标合格后摊铺山皮石垫层。

2. 山皮石垫层摊铺时，根据具体情况宜采用分层摊铺，每层摊铺采用推土机进行推平，松铺后用振动压路机稳压一遍。

3. 由储料场倒运或材料进场时直接用自卸汽车运到现场，采用推土机推平，辅助以挖掘机加人工找平，填筑总厚度不小于设计值。在铺设前，进行测量控制，设铺筑厚度控制桩，拉线整平。

4. 山皮石要求：最大粒径小于 20cm，（粒径 2～20cm）的碎石质量不大于总质量的 50%，含泥量为 10%～30%，不均匀系数 $C_u \geqslant 5$，曲率系数 $C_c = 1\sim3$。

5. 填料摊铺时应采用合理推堆方式，使得细料位于分层上部，粗料位于分层下部，确保冲压施工正常进行。

6. 在正式大面积摊铺前，应先进行试验段铺筑，以确定松铺系数，用以指导大面积施工。

5.2.3 冲击碾压

1. 冲击碾压施工前，根据所选用的压实方法、压实机械类型、压实功能和压实度要求，进行现场冲击碾压试验，通过现场冲击碾压试验，确定分层铺填厚度、碾压遍数适控范围、有效影响深度。

2. 根据实际情况选择三边形冲击碾压机、五边形冲击碾压机或三边形与五边形两种冲击碾压机组合机型，选择组合机型时，应遵循先轻后重的原则。

3. 冲碾采用低能多遍的方式进行，冲碾速度控制在 12～15km/h。冲击碾压路线及横向布置按照图 5.2.3-1、图 5.2.3-2 进行。在进行冲击碾压时，完成一次全轮宽范围内（3m）的碾压至少需要 3 次错轮，每次错轮重叠 20cm。在试验区，以中线为标准，采取椭圆形冲击碾压的行驶路线，相邻椭圆轨迹之间错轮 20cm。每碾压五遍检测一次沉降量，作业收敛遍数以最后冲击碾压沉降量≤1cm 为标准，冲击碾压速度要求达到 12～15km/h。

4. 冲碾过程中避免急停、急转现象，每次冲碾交接处错开，以保证冲碾均匀性。冲压时注意冲击波峰，错峰压实，每冲压 5 遍改变冲压方向。冲击碾压能量由低逐渐过渡到高，冲压时如果扬尘严重，应洒水湿润。

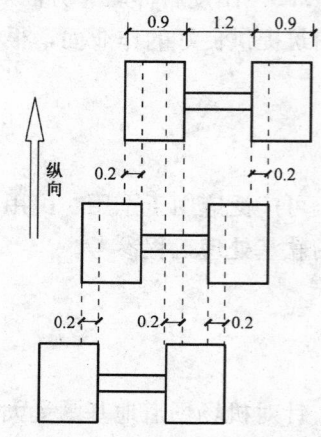

图 5.2.3-1 横向冲击碾压布置图

5. 当冲击碾压若干遍后，可能在山皮石表面形成波浪状，如果出现弹簧，应彻底开挖处理。

6. 冲击碾压后，若检测高程达不到设计标高，应铺粒径相对偏细的山皮石补填或铺设道渣、砂砾石碾压，保证厚度达到设计要求。还应确保高程、平整度、干密度均达到设计要求。

5.2.4　振动压路机碾压找平

山皮石冲碾后如果检测合格，即可用振动压路机进行整平碾压。碾压时视情况可适当洒水，先慢后快，由边向中，由弱振至强振，压路机的最大碾压行驶速度不超过 4km/h，横向接头重叠 0.4～0.5m，前后相邻两区段应纵向重叠 1.0～1.5m，达到无漏压、无死角，确保碾压均匀、表面平整、坚实、稳定和无明显轮迹为止。

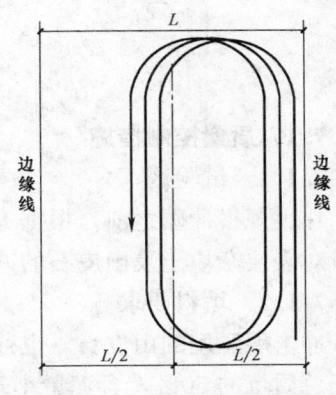

图 5.2.3-2　纵向冲击碾压布置图

5.2.5　质量检测

碾压找平后，用水准仪按 10m×10m 方格网检查竣工高程，另外还应进行平整度、干密度测试和地基反应模量（或回弹模量）测试。质量指标及检测内容见表 5.2.5。必要时，可采用静力/动力触探方法确定有效影响深度。

冲击碾压质量检测　　　表 5.2.5

项目	设计值或允许偏差	检测方法	频率
填筑高程	+3cm，-3cm	水准测量	20m×20m 方格网
厚度	不小于设计值	尺量	5000m² 一组
原材料检验	符合设计要求	筛析	每批或 2000t 一次
垫层干密度	符合设计要求	灌砂法	5000m² 一组
道槽顶面高程	±3cm	水准测量	10m×10m 方格网
地基反应模量	符合设计要求	承载板	15000m² 一组
平整度	3cm	3m 直尺	1000m² 一组

5.3　劳动力组织

劳动力组织情况见表 5.3。

劳动力组织情况表　　　表 5.3

序号	单项工程	所需人数	备注
1	管理人员	10	
2	技术人员	20	
3	技工	40	
4	普工	60	
	合计	130	

6. 材料与设备

本工法采用的机具设备见表6。

机具设备表　　　表 6

序号	设备名称	型号规格	数量	国别产地	制造年份	额定功率(kW)	用于施工部位
1	推土机	TY220	6台	山东	2005	215	清表，场内土方、摊铺山皮石等
2	挖掘机	PC200-6	10台	山东	2004		沟塘、土方
3	振动压路机	YZT18	5台	徐州	2003		土方、冲碾层碾压
4	自卸车	东风	10辆	天津	2003		
5	冲击碾压机	3YCT32	3台	厦门	2007		

7. 质 量 控 制

7.1 质量控制措施

7.1.1 试验区

在大规模冲碾之前，根据不同的地质条件确定相应的冲碾试验方案，分析不同的冲碾遍数和冲击能量对表层杂填土及山皮石的冲碾效果，以确定冲击碾压的机具及主要施工参数。

7.1.2 填料要求

冲击碾压用的山皮石（也称为碎石土）控制在最大粒径不大于 20cm，粒径 2～20cm 的碎石质量不大于总质量的 50%，含泥量小于 30%，不均匀系数 $C_u \geqslant 5$，曲率系数 $C_c = 1 \sim 3$。

7.1.3 填料压实度控制

每碾压五遍检测一次沉降量，作业收敛遍数以最后冲击碾压沉降量 ≤1cm 为标准。如果填料不能达到规定要求的压实度，应采取必要的措施（如翻松、晾晒等）来调整材料的含水量，含水量控制在最佳含水量的 ±2% 以内，并重新进行压实直至符合要求。

7.1.4 土坡表面处理

摊铺垫层材料前的土面应经晾晒、平整、推土机排压，并做好流水坡及测量高程。

7.1.5 施工临时排水

施工过程中及时排除场内的积水，使冲碾范围内的地下水始终保持在低水位状态。排水系统由主排水沟、次排水沟及道路边沟构成。主次排水沟相结合，以自然排水为主，强制排水为辅；临时排水与永久排水设施相结合，迅速排除地表水、降低地下水位、控制土体含水量。

若地下水位较高或浅层地基土含水量过高，应用井点降水等工艺改善冲碾土体的含水量，在最佳含水量范围内进行冲碾。

7.1.6 冲碾后的表层处理

山皮石冲碾后如果检测合格，即可用振动压路机进行整平碾压。碾压时视情况可适当洒水，先慢后快，由边向中，由弱振至强振，压路机的最大碾压行驶速度不超过 4km/h，横向接头重叠 0.4～0.5m，前后相邻两区段应纵向重叠 1.0～1.5m，达到无漏压、无死角，确保碾压均匀、表面平整、坚实、稳定和无明显轮迹为止。

7.2 特殊情况处理

7.2.1 "弹簧"现象的处理

因冲击碾压的冲击能量大，表面一定深度的土体含水量对冲击碾压的效果具有较大影响。当含水量过大时，容易形成弹簧、翻浆等现象。因此在冲碾施工时，需要严格控制底面一定深度的土体内的含水量。出现"弹簧"现象时，采取翻晒或换填方式处理。

7.2.2 表面波浪的处理

冲击碾压若干遍后，可能在山皮石垫层上形成波浪状表面，严重时会产生压实机械跳车现象，继而影响车速和冲击效果，应及时进行整平处理，并视土质含水量和扬尘状况适当洒水。

7.2.3 表面推移的处理

当土体表面含水量较大时，冲碾过程中易形成表面推移，土体间产生脱离现象，因此，在雨后或表面含水量较大时，采取晾晒或挖沟降水措施降低表面含水量后进行冲碾施工。

8. 安 全 措 施

8.1 在生产过程中坚决贯彻执行"安全第一，预防为主"的安全方针和"措施到位，强化管理"的指导思想。施工现场建立以项目经理为首的安全管理小组，指派一名项目副经理主抓安全，自上而下，专人负责，层层落实，全面监督管理和检查工地安全施工工作。

8.2 在施工期间，严格遵守《中华人民共和国安全生产法》、《建设工程安全生产管理条例》（国务院第393号令）。建立健全安全生产责任制度和安全教育培训制度，制定安全生产规章制度和操作规程，保证本单位安全生产条件所需资金的投入。设立安全生产管理机构，配备专职安全生产管理人员。

8.3 施工现场的布置符合防火、防洪、防雷电等安全规定。危险地点悬挂按照《安全色》GB 2893—82和《安全标志》GB 2894—82规定的标牌，施工现场设置大幅安全宣传标语并且根据机场施工特点，白天设置红旗，晚上设置红灯，并设专人加强巡视。

8.4 使用前应查明冲压范围内的地下管线及附近各种构造物，采取相应的保护措施。按《公路冲击碾压应用技术指南》，对构造物可按表8.4确定水平安全距离。

冲击碾压水平安全距离 表8.4

构造物类型	冲击水平安全距离
导线点、水平点、电线杆	10m
地下管线	5m
互通式立交桥梁	10m
建筑物	30m

8.5 严格执行当地有关管理规定，做到生活基地标准化、"五小设施"整洁化（工地办公室、宿舍、食堂、厕所、浴室）、"五个场地"刚性化（临时设施场地、材料堆放场地、施工作业场地、道路排水场地、周边场地）、施工标志规范化（工程公告、标语、牌、旗等）。

8.6 室内配电柜、配电箱前要有绝缘垫，并安装弱点保护装置。

8.7 建立完善的施工安全保证体系，加强施工作业中的安全检查，确保作业标准化，安全化。

9. 环保措施

9.1 成立对应的施工环境卫生管理机构，在工程施工过程中严格遵守国家和地方政府下发的有关环境保护的法律、法规和规章制度，加强对施工燃油、工程材料、设备、废水、生产生活垃圾、弃渣的控制和治理。遵守有防火及废弃物处理的规章制度，做好交通环境疏导，充分满足便民要求，认真接受城市交通管理，随时接受相关单位的监督检查。

9.2 将施工场地和作业限制在工程建设允许的范围内，合理布置，规范围挡，做到标牌清楚、齐全，各种标识醒目，施工场地整洁文明。

9.3 对施工中可能影响到的各种公共设施制定可靠的防止损坏和移位的实施措施，加强实施中的监测、应对和验证，同时将相关方案和要求向全体施工人员详细交底。

9.4 在施工过程中，严格按照相关规定采取相应措施，以确保不出现扬尘飞沙现象。配备足够数量的洒水车，在搅拌站建立专门取水点，晴天确保场地洒水不间断。

9.5 施工现场的主要运输通道、搅拌站做硬化处理，加强临时道路维护，防止因车辆颠簸产生的跑、冒、抛、洒现象；临时道路和施工现场经常洒水，减少灰尘。

9.6 对机械车辆定期进行保养维护，确保运输车辆车厢和挡板密封良好；所有运输车辆不得超载，并加装覆盖挡板或采用塑料布覆盖。

9.7 优先采用先进的环保机械，采取设立隔声墙、隔声罩等消声措施降低施工噪声到允许值以下，同时尽量避免夜间施工。

10. 效益分析

10.1 "山皮石+冲击碾压技术"利用山皮石作为垫层进行冲击碾压，施工过程受天气影响较小，速度快、效率高，能够及时为基层摊铺作业提供工作面，使工期得到了保证。无锡机场场道软弱地基处理采用"山皮石＋冲击碾压技术"方案后，实际工期比传统的石灰处治土方案工期缩短 3 个月，工期效益明显。

10.2 "山皮石＋冲击碾压技术"机械操作简便、工耗低（与强夯比较），取材方便（与换填法比较），施工工艺可控性强（与无机结合料处治法比较）。

10.3 采用"山皮石＋冲击碾压技术"处理软弱杂填土地基不仅使土体密实、均匀，而且由于山皮石和土基结合形成的"硬壳层"作用，使处治后的地基强度与水稳基层强度相接近，这对机场道面的结构设计（包括结构组合设计、厚度设计等）具有很大影响，从而影响道面结构设计的经济性。与传统强夯法相比工效提高 3 倍，与换填法和石灰土处治法相比，山皮石地基的强度分别提高 112％和 91％，以无锡机场为例工期可分别缩短 5 个月和 7 个月。

11. 应 用 实 例

11.1 无锡机场地基处理工程

11.1.1 工程概况

无锡机场地基处理范围内的地形较为平坦，属于冲积地貌类型。深层地基总体良好，浅部的杂填土为前期机场建设弃土，松散、饱和、厚度不等（0.50～2.70m），土质杂乱，成分复杂，局部含有植物根茎、碎石、混凝土块、腐质土、淤泥包等，不均匀性突出，工程性质差。

场区内地下水位较高且不稳定，导致表层杂填土的含水量高，且变化频繁，严重影响杂填土的工程力学性质。

11.1.2 冲击碾压方案设计

在全场范围内按挖方零填区、坑塘处理区、普通填方区三个类别分区域对场道地基进行冲碾处理。不同区域冲碾施工工艺如下：

（1）挖方及零填区冲碾施工工艺

场地放样→挖机开挖→场地清理→场地周边防护→推土机推平、压路机静压→铺山皮石 40cm、整平→冲击碾压 5 遍→孔隙水压力消散 1d→冲击碾压 5 遍→孔隙水压力消散 1d→冲击碾压 5 遍→孔隙水压力消散 1d→冲击碾压 5 遍→孔隙水压力消散 1d（视检测情况决定是否需再增压 5 遍）→检测山皮石的回弹模量、干密度→不合格找出原因，采取对应措施，合格后用 0～4cm 的细料在山皮石表面进行嵌缝找平，用普通振动压路机碾压至规定压实度。

（2）坑塘处理区域冲碾施工工艺

场地放样→清淤处理→场地清理→分层填土并碾压→场地周边防护→铺山皮石 40cm、整平→冲击碾压（每冲碾 5 遍，孔隙水消散 1d，直至冲碾完）→检测山皮石的回弹模量、干密度→不合格找出原因，采取对应措施，合格后，用 0～4cm 的细料在山皮石表面进行嵌缝找平，用普通振动压路机碾压至规定压实度。

（3）普通填方区域冲碾施工工艺

场地放样→场地清理→分层填土并碾压→场地周边防护→铺山皮石 40cm、整平→冲击碾压 20 遍（每冲碾 5 遍，孔隙水消散 1d，直至冲碾完）→检测山皮石的回弹模量、干密度→不合格找出原因，采取对应措施，合格后，用 0～4cm 的细料在山皮石表面进行嵌缝找平，用普通振动压路机碾压至规定压实度。

11.1.3 冲击碾压效果评价指标

根据设计要求，对冲碾后山皮石表层的回弹模量、干密度两个指标进行了现场检测，评价标准为回弹模量 50～55MPa，干密度≥1.90g/cm³。

场道地基山皮石冲碾以后的回弹模量值为 60～62MPa，干密度值为 2.00～2.01g/cm³，覆盖率均达到 100％，符合场道设计要求。整个场道的冲碾非常均匀，对于控制工后的不均匀变形提供了坚实的基础。

11.1.4 整体评价

（1）无锡机场冲击碾压处理施工工艺设计和施工控制措施科学合理，整个场道的冲碾非常均匀，大大减少了工后可能产生的不均匀沉降变形，解决了工程建设初期担心的表层杂填土的差异沉降问题。

（2）无锡机场场道软弱地基处治采用山皮石垫层冲碾方案后，实际工期比传统的石灰处治土方案工期缩短3个月。

11.2 上海浦东国际机场三跑道地基处理工程

11.2.1 工程概况

浦东机场场址位于上海市原浦东新区江镇乡、施湾乡和原南汇县祝桥乡、东海乡的濒海地带，场区南北长约8公里，东西宽5公里。场址所在地为近百年内海潮携泥砂沉积而成，东临东海、南近杭州湾，场区范围内地势平坦。三跑道场区地面标高在3.5～4.5m之间，场区内主要为围涂筑塘而形成的滩地、人工塘和少量耕地，且沟、河、浜较为发育，属于典型的沙嘴潮坪地貌特征。

11.2.2 冲击碾压方案设计及相关参数取定

依据不同的区域，井点降水后，铺筑45～50cm厚的山皮石。采用三边形冲击式碾压机对山皮石垫层进行冲击碾压。

11.2.3 冲击碾压效果评价指标及标准

冲碾之前，对冲击碾压区天然地基进行6m深度内的土工检测，主要包括标贯和静探检测。冲碾完成之后，在相临点进行相同的标贯和静探检测，然后两者对比，以考察浅层地基处理的效果。

对冲碾前后标贯当量值和土体静探值进行了比较，经过山皮石垫层冲碾之后，试验各区的土体标贯值有了一定幅度的提高，有效改善了浅部土层的强度和承载力特性，井点降水工艺有利于土体强度的提高。

从各冲碾分区的垫层干密度检测结果可知，整个场道的冲碾非常均匀，大大减少工后可能出现的不均匀变形。

11.2.4 整体评价

（1）经过山皮石冲击碾压并结合找平碾压，山皮石垫层的地基回弹模量得到很大提高，给道面结构提供了均匀稳定坚实的基槽，达到了设计的预期效果。

（2）经过山皮石冲击碾压，土体的静探当量值平均提高45%，标贯当量值平均提高20%，有效改善了浅部土层的强度和承载力特性。

（3）从静探试验检测结果看出，无论是6m静探当量值还是4m静探当量值，其增长幅度均较明显，表明冲击碾压有效影响深度可以达到6m，4.0m范围内处理效果更佳。

（4）应用降水工艺改善冲碾土体的含水量，在最佳含水量范围内进行冲碾有利于土体强度的提高。

（5）换填区的冲碾效果明显，可以考虑在局部的浅层土质软弱范围加以应用。

（6）增加山皮石垫层厚度可以提高地基回弹模量。

冻结风化基岩段中深孔爆破快速施工工法

GJYJGF088—2008

中煤第一建设公司

蒲耀年　赵京虎　范聚朝　杨星林　靳丽娟

1. 前　　言

近年来，采用冻结法施工的深井越来越多，冻结壁设计强度也越来越高，同时随着施工进展冻结壁的强度和厚度迅速增加，当施工到风化基岩段时井筒已基本冻实，施工难度加大，人工掘进冻土效率低，循环进度慢。而采用爆破法施工冻结风化基岩段能较好地解决上述难题，冻结井筒与普通井筒爆破的主要区别在于冻结井筒周围布置着冻结管，爆破产生的振动波可能损坏冻结管和冻结壁。

《煤矿安全规程》执行说明对冻结爆破的炮眼深度、每段装药量、总装药量以及周边眼与井帮和冻结管的距离等参数进行了严格的限制，《矿山井巷工程施工及验收规范》适当放宽了对炮眼深度的限制（冻土段炮眼深度不超过 1.6m，冻结岩石段炮眼深度不超过 1.8m），按照《煤矿安全规程》执行说明的规定施工，循环进尺小、爆破后周边眼与井帮间留茬或分次爆破，非常麻烦。经多次实践研究，决定采用冻结风化基岩段中深孔爆破工法施工，通过在多个冻结井筒中的应用，充分体现了其优越性，对冻结井筒的快速、安全、优质施工具有重大的指导意义。

2. 工 法 特 点

2.1　冻结井筒周围布置着冻结管，爆破产生的爆轰波可能损坏冻结管和冻结壁。

2.2　对爆破的炮眼深度、单位炸药耗药量、爆破器材以及周边眼与冻结管的距离等参数要求高。

2.3　减小周边眼的间距和抵抗线，采用较大的装药不耦合系数。

2.4　爆破后，井帮成形规整，减少超欠挖和出矸量。

2.5　所需人工少，工人劳动强度大大减小。

2.6　缩短循环时间，使井筒掘砌速度大为提高，同时有效保证了施工安全和质量。

3. 适 用 范 围

本工法适用于立井冻结风化基岩段、冻结砾石层段和冻实的钙质黏土段井筒工程施工。

4. 工 艺 原 理

根据井筒冻结设计、冻结钻孔布置和实测偏斜值以及实际揭露岩层条件，具体确定炮眼深度、钻爆器材、周边眼与冻结管的距离以及装药结构、装药量等爆破技术参数，争取最佳炮眼利用率和循环进尺。

工艺原理包括：冻结法凿井原理、控制爆破原理和光面爆破原理。

4.1　冻结法凿井原理

在井筒开凿前采用人工制冷技术，将井筒周围的不稳定地层和含水层冻结成封闭的冻结壁，以抵抗地压，隔绝地下水和施工井筒的联系，暂时改变井筒周围的地质条件，然后在冻结壁的保护下进行井筒掘砌工作。

4.2 控制爆破原理

在设计炮孔参数时，根据自由面的大小，正确确定最小抵抗线，以控制爆破范围和程度，使最小抵抗线朝向允许破碎的方向；同时要正确确定炮孔间距，如炮孔间距过大，爆生气体应力小于炮孔连心面岩石的抗拉强度，则两孔只形成等圆的径向裂缝而不贯通，如炮孔间距过小，则不仅使两孔贯通，爆生气体的过剩能量将加剧炮孔连心面岩石的抛掷；要合理确定起爆顺序和时差，有效控制爆破岩石的抛掷方向和堆积高度，最大限度减小对围岩和冻结管的破坏。

4.3 光面爆破原理

通过合理选择爆破参数、科学布置各类炮眼，并按一定顺序起爆，使爆破后岩体轮廓面成形规整，围岩稳定，无明显炮震裂痕。即相临两炮孔在爆生气体压力的共同作用下使岩石向自由面方向移动，当两炮孔间距很小时，岩石整体向自由面方向移动，且不变形，当两炮孔同时起爆时，则可获得光滑的岩面，否则凹凸不平。该原理能使围岩成形规整，避免出现超欠挖和出矸量，降低工人劳动强度，有效控制材料消耗。

5. 施工工艺流程及操作要点

冻结风化基岩段爆破施工工艺流程：实测冻结情况→爆破参数确定→布孔凿岩→爆破施工。

5.1 井筒冻结实测

利用科学手段，实测冻结管的偏斜情况、冻结壁的厚度和井帮温度，提供各层位的冻结管偏斜图以及冻结壁厚度、温度、强度等实测数据。根据实测数据，具体确定炮眼深度、周边眼与冻结管的距离以及装药结构、装药量等爆破技术参数。

5.2 爆破参数确定

5.2.1 炮眼深度

实测冻结管距井帮 3.8m 以上，冻结壁厚度约 9m，井帮温度 -10℃，决定将炮眼深度确定为 3.5m。

5.2.2 掏槽方式选择

根据凿眼机具、岩石硬度以及以往立井中深孔爆破施工的经验，井筒掘进多采用二阶直眼式掏槽，为克服爆破后呈现反锅底状，对各阶掏槽深度进行改进，即第一阶掏槽深度为 1.8m、第二阶掏槽深度为 3.7m，第一阶与第二阶掏槽眼在平面内呈星形布置。

5.2.3 周边眼间距 E 值

周边眼间距主要与岩石硬度、结构层理、炸药品种、炮眼直径等多种因素有关，由计算公式（5.2.3）和冻结风化基岩段穿过的岩层条件，根据多个井筒的实践经验，确定周边眼间距为 400～600mm。

$$E = d_a(2n\xi\sigma_c/\sigma_p) \tag{5.2.3}$$

式中　d_a——炮眼直径；

　　　n——爆炸静压系数，一般取 1；

　　　ξ——岩体爆破抗压强度系数，一般取 1.5～2.0；

　　　σ_c——岩体极限抗压强度；

　　　σ_p——岩体极限抗拉强度。

5.2.4 炮眼密集系数

炮眼密集系数是炮眼间距与最小抵抗线之比，它直接影响光面爆破的效果。

$$A = E/W$$

式中　A——炮眼密集系数；

　　　E——炮眼间距；

　　　W——最小抵抗线。

研究和确定炮眼密集系数要确保贯通裂缝的形成条件，如果炮眼密集系数取得过大，即炮眼间距远大于最小抵抗线，径向裂缝在延伸到邻近孔之前已延伸到自由面，切向应力被释放，则就失去形成贯通裂缝的机会；反之，若炮眼密集系数取得过小，虽有利于形成贯通裂缝，但自由面方向的阻力过大，岩石有可能爆不下来。

实践中一般选用 $W=750mm$，$E=600mm$，则 $A=600/750=0.8$。并根据岩石条件进行适当调整。

5.2.5 装药不耦合系数 N 值

不耦合系数为炮眼直径与药卷直径之比，增大不耦合系数能降低爆炸应力波在围岩内产生的环向拉应力。

实践中周边眼直径为 55mm，药卷直径为 35mm，则 $N=55/75=1.57$。

5.2.6 装药量及装药结构

根据《矿山井巷工程施工及验收规范》要求和实践经验，单位炸药消耗量一般取 $0.8～1.1kg/m^3$。

为了避免爆轰波峰值叠加，造成冻结管断裂，掏槽眼、辅助眼及周边眼分别选用 1、3、5、7 和 11 段毫秒延期电磁雷管，多采用反向连续装药、并联起爆。

5.2.7 装药技术

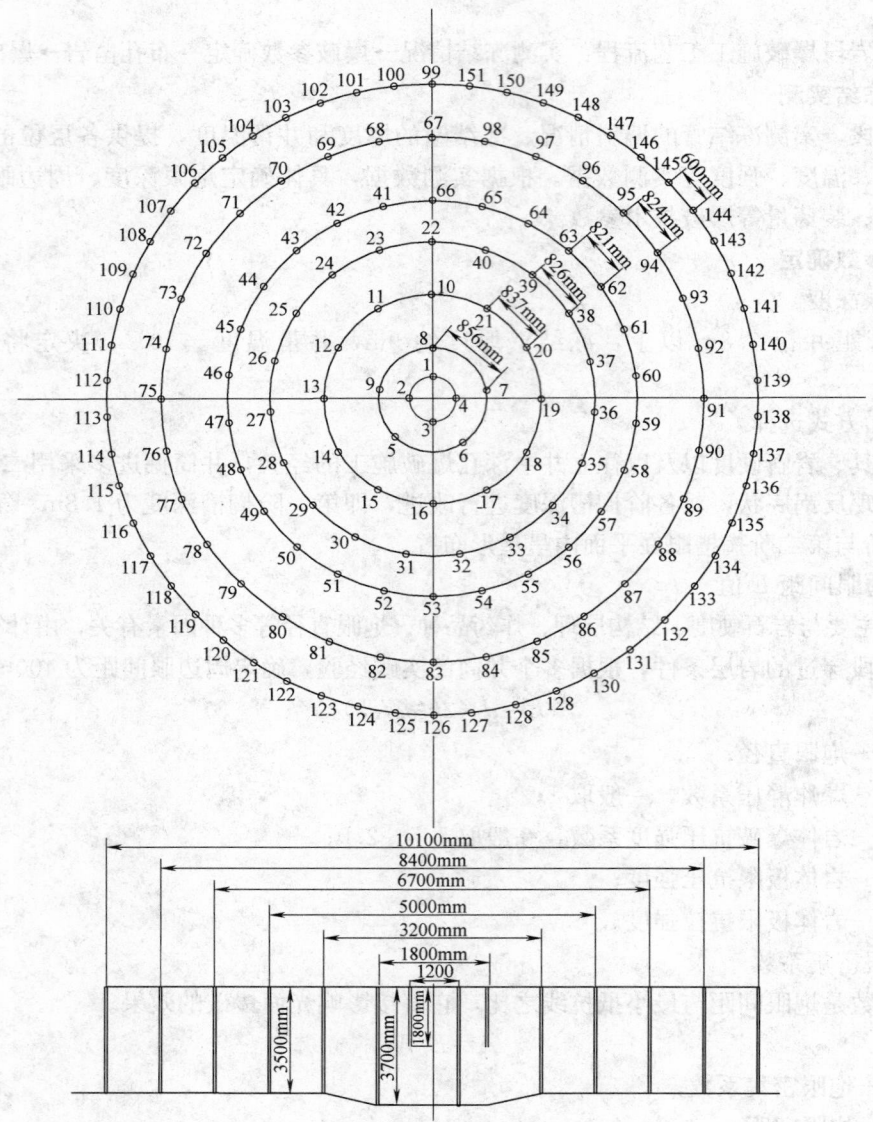

图 5.2.7　口孜东矿中央回风井冻结基岩段炮眼布置图

炮眼的堵塞质量对有效利用炸药的爆炸能量，控制冲击波和矸石飞散，具有一定的影响，为不崩坏模板和悬吊设备，在采取其他飞矸措施的同时，用5~15mm的小石子进行炮眼堵塞，设计堵塞长度不小于400mm，上部再补加黏土炮泥，增加其封闭程度。

冻结基岩段爆破图表（图5.2.7、表5.2.7-1~表5.2.7-4）

口孜东中央风井冻结基岩段爆破参数表　　　　　　　　表5.2.7-1

序号	眼别	眼号	眼数个	圈径 m	角度 (°)	炮眼深度		炮眼位置		装药量			装药结构	连线方式	起爆顺序	备注
						每个炮眼 m	每圈炮眼 m	眼间距 mm	眼圈距 mm	每眼药量卷	炮眼药量 kg	每圈药量 kg				
1	掏槽眼	1~4	4	φ1.2	90	1.8	7.2	863		2	1.2	4.8	反向装药柱状耦合	并联	I	
2	掏槽眼	5~9	5	φ1.8	90	3.7	18.5	856	300	4	2.4	12.0			I	
3	辅助眼	10~21	12	φ3.2	90	3.5	42	837	700	3	1.8	21.6			II	
4	辅助眼	22~40	19	φ5.0	90	3.5	86.5	826	900	3	1.8	34.2			II	
5	辅助眼	41~66	26	φ6.7	90	3.5	91	821	850	3	1.8	46.8			III	
6	辅助眼	67~98	32	φ8.4	90	3.5	112	824	850	3	1.8	57.6			III	
	周边眼	99~151	53	φ10.1	90	3.5	185.55	600	850	2	0.8	42.4			IV	
	合计		151				542.7					219.4				

预期爆破效果表　　　　　　　　表5.2.7-2

序号	名称	单位	数量	序号	名称	单位	数量
1	炮眼利用率（平均）	%	90	7	每循环炮眼长度	m	542.7
2	每循环进尺	m	3.15	8	单位原岩炮眼长度	m/m³	2.07
3	每循环爆破岩石量	m³	262.3	9	每米井筒炮眼长度	m/m	172.3
4	每循环炸药消耗量	kg	219.4	10	单位原岩雷管消耗量	个/m³	0.57
5	单位原岩炸药消耗量	kg/m³	0.84	11	每米井筒雷管消耗量	个/m	47.9
6	每米井筒炸药用量	kg/m	69.6	12			

整体浇筑段（累深601~615m）爆破参数表　　　　　　　　表5.2.7-3

序号	眼别	眼号	眼数个	圈径 m	角度 (°)	炮眼深度		炮眼位置		装药量			装药结构	连线方式	起爆顺序	备注
						每个炮眼 m	每圈炮眼 m	眼间距 mm	眼圈距 mm	每眼药量卷	炮眼药量 kg	每圈药量 kg				
1	掏槽眼	1~9	9	φ1.8	90	4.2	37.8	628		4	2.4	21.6	反向装药柱状耦合	并联	I	
2	辅助眼	10~22	13	φ3.6	90	4.0	52.0	869	900	3	1.8	23.4			II	
3	辅助眼	11~42	20	φ5.4	90	4.0	80.0	847	900	3	1.8	36.0			II	
4	辅助眼	43~69	27	φ7.2	90	4.0	108	837	900	3	1.8	48.6			III	
5	辅助眼	70~102	33	φ9.0	90	4.0	132	856	900	3	1.8	59.4			III	
6	辅助眼	103~142	40	φ10.8	90	4.0	160	847	900	3	1.8	72.0			IV	
7	周边眼	143~208	65	φ12.5	90	4.0	260	605	850	2	1.2	117			V	
	合计		208				833.8					340.8				

预期爆破效果表　　　　　　　　表5.2.7-4

序号	名称	单位	数量	序号	名称	单位	数量
1	炮眼利用率（平均）	%	90	7	每循环炮眼长度	m	833.8
2	每循环进尺	m	3.6	8	单位原岩炮眼长度	m/m³	1.83
3	每循环爆破岩石量	m³	455.8	9	每米井筒炮眼长度	m/m	231.6
4	每循环炸药消耗量	kg	340.8	10	单位原岩雷管消耗量	个/m³	0.46
5	单位原岩炸药消耗量	kg/m³	0.75	11	每米井筒雷管消耗量	个/m	57.8
6	每米井筒炸药用量	kg/m	94.6	12			

5.3　施工工序

5.3.1　移钻下井：将伞钻移位到井口，用提升钩头将挂在井架伞钻梁上的伞钻吊起，然后下至井底。

5.3.2　固定伞钻：伞钻下井后，接好风水管路，调整伞钻立柱，支起支撑壁，然后将提升钢丝绳放松。

5.3.3　钻眼：钻眼前按设计要求划出井筒轮廓线，点出炮眼位置，采取定人、定位、定眼、定机分区作业。

5.3.4 装药：首先将炮眼内残渣用压风吹净，并检查炮孔深度是否符合设计要求，然后按爆破设计要求装填药卷。

5.3.5 连线放炮：经检查装药无误后，即可进行连线工作，将吊盘及设备提到安全高度，人员撤离到地面安全地点后，采用高频起爆器起爆。

6. 材料与设备

6.1 钻眼设备

钻眼采用 FJD-6 系列伞钻，配备 YGZ-70 型导轨式独立回转凿岩机，配合 B25mm 中空六角钢钎杆，ϕ52mm 十字形钻头。

6.2 炸药

目前，国内常用的矿用炸药分为四类：硝铵类炸药、水胶炸药、乳化炸药和硝化甘油炸药，水胶炸药相对安全，但内含 5%～15% 的水，淮北雷鸣科化研发的 T330 型抗冻水胶炸药，能满足 −25℃ 低温条件下的使用要求，药卷规格为 ϕ45mm×500mm，周边眼选用 ϕ35mm×500mm。

6.3 雷管

国内煤矿井巷爆破常用的雷管有四种：瞬发电雷管、秒延期电雷管、毫秒延期电雷管和毫秒延期电磁雷管，这四种雷管都能耐低温，有一定的抗水性，选用雷管的原则是各段爆破产生的震动波不相互叠加。单个药包爆炸所引起的地层振动仅在一次或几次较小偏转后才出现最大振幅 A，通常振动持续的时间很短，多数情况下只有三个全振动有大于 A/2 的振幅，其他振动可以忽略不计，也就是说雷管延期间隔时间大于 3T（T 为地层的振动周期）时，可以认为两次相临爆破彼此的振动相互独立不会叠加。

冻结地层的爆破震动频率估算式如下：

$$f=1/(\tau \lg R)$$

式中 τ——与地层特性有关的系数，取 $\tau=0.01\sim0.04$；

  R——爆破工作面炮眼与冻结管的距离，取 $R=1.5\sim9.0$。

经计算得 $f\approx42\sim568$Hz，则 $3T\approx5\sim115$ms。把此数据近似的用于冻结风化基岩段，其合理的延期时间应稍大于 150ms。故选用 1、3、5、7 和 11 段毫秒延期电磁雷管，高频起爆器井上放炮。

7. 质 量 控 制

本工法必须执行《矿山井巷工程施工及验收规范》和《矿井工程质量检验评定标准》外，在施工中还应注意以下几点：

7.1 钻眼前划好井筒轮廓线，控制好周边眼的开孔位置和角度，尤其控制好周边眼与冻结管之间的距离不得小于 1.2m。

7.2 严格控制单位炸药消耗量，尽量减少对围岩的破坏，确保规格尺寸符合设计要求。

7.3 根据围岩情况做好临时支护。

8. 安 全 措 施

8.1 严格按爆破图表布眼、装药和连线放炮，爆破图表根据实际情况进行调整。

8.2 施工中，根据冻结管倾斜情况，及时调整周边炮眼位置，防止崩坏冻结管。

8.3 根据冻结单位提供的各层位冻结管偏斜图，在荒壁上标出冻结管的准确位置，打眼时应尽量避开。

8.4 放炮前要及时与冻结站联系，关闭全部盐水管路（不需要停泵），放炮后再逐一放开，发现盐水漏失必须检查情况，与冻结单位共同及时处理。

8.5 采用安全性能好的防冻炸药，高精度毫秒延期电磁雷管，合理选取爆破参数，放炮前认真检测，确保放炮时的稳定起爆。

9. 环保措施

9.1 加强通风系统管理，保证工作面有足够的新鲜风流。

9.2 采用湿式凿岩、爆破后洒水等综合防尘措施，降低粉尘对空气的污染。

9.3 作业人员必须正确佩带防尘口罩、耳塞等劳动保护用品，降低粉尘和噪声对人体的危害。

9.4 不同厂家的雷管和火药不得混用，确保火药爆轰充分。

9.5 打眼时应避开冻结管，并保持一定距离，避免损坏冻结管，造成盐水泄露。

10. 效益分析

采用冻结风化基岩段中深孔爆破快速施工工法，缩短了正规循环时间，使每个循环进尺达到 3m，最高进尺达到 3.3m，爆破效率达到 90%，每一个循环从 24h 降到 18h，提高了立井井筒施工速度。施工中加上管理规范，组织到位，刘庄副井井筒工程达到了全井平均月成井 102m 的成绩；刘庄西区进风井井筒工程达到了全井平均月成井 121m 的好成绩；口孜东风井 2007 年 6 月冻结段外壁掘砌施工当月进度达到了 172m，刷新了两淮地区立井施工新纪录，继 172m 的好成绩后，在 7 月份施工中克服了井筒变径换模板、井壁冻土厚（达 1.5m）、荒径大（ϕ10.9m）等影响，取得了月成井 101m 的较好成绩，质量优良，安全生产无事故。

对施工企业来说，提高了施工速度，降低了生产成本，减少了设备的租赁费用和人工费用；同时在社会上的影响增大，提高了企业在工程项目投标中的竞争力量。

对社会来说，促进社会生产力的提高，减少了材料、能源、人力、物力的浪费和对环境的影响，符合国家节能降耗的方针要求。

对建设单位来说，缩短了建设周期，提前投产，提前受益，提前还贷，提前见成效。

11. 应用实例

该工法在国投新集集团刘庄煤矿副井井筒、西区进风井（鲁班奖工程）和口孜东风井（"太阳杯"工程）中成功应用，效果明显。经计算，在刘庄副井中共计缩短工期 31.6d。按人工 130 元/d 计算，参与工程施工 208 人，节约人工成本费用 85.4 万元，设备及周转材料租赁费、维修费、电费等 3.3 万元/d，节约 104 万元，矿建费用累计节约 189.4 万元；冻结维持费用 1.3 万元/d，冻结费用节约 41 万元；二者合计节约费用 230.4 万元；在西区进风井中，共计缩短工期 35.2d。按人工 130 元/d 计算，参与工程施工 218 人，节约人工成本费用 99.8 万元，设备及周转材料租赁费、维修费、电费等约 3.3 万元/d，节约 116.2 万元，矿建费用累计节约 216 万元；冻结维持费用 1.3 万元/d，冻结费用节约 45.8 万元；二者合计节约费用 261.8 万元；在口孜东风井中，共计缩短工期 40.6d。按人工 130 元/d 计算，参与工程施工 222 人，节约人工成本费用 117 万元，设备及周转材料租赁费、维修费、电费等 3.3 万元/d，节约 134 万元，矿建费用累计节约 251 万元；冻结维持费用 1.6 万元/d，冻结费用节约 64.9 万元；二者合计节约费用 315.9 万元。以上三个井筒施工中合计节约资金 808.1 万元。

综上所述，在井筒冻结风化基岩段施工过程中，应用中深孔爆破技术，能够实现安全、优质、快速、高效施工。因此该工法在同行业中具有广泛的推广和应用价值。

风积砂地层巷道小管棚超前注浆配合网喷混凝土施工工法

GJYJGF089—2008

中煤第三建设（集团）有限责任公司

刘玉柱　冯旭东　施云峰　王军　魏金山

1. 前　　言

目前，在各类矿山建设中，采用平硐、斜井开拓的建设项目，以及铁路、公路等隧道项目，洞口段均可能处于少量的风积砂地层中，上覆厚度及长度均较小，大多都采用明槽开挖的方法进行施工，而在上覆厚度大，长距离的风积砂地层中，采用明槽开挖的方法由于开挖量太大。不仅造成开挖成本增加，而且需占用大片场地以及工期拖延。另外，采用诸如盾构法、旋喷桩法、大管棚等暗硐开挖的施工方法，不仅需要专业的施工队伍，而且工艺复杂，工程造价亦比较高，并且实施效果也不一定能满足施工需要。中煤第三建设集团有限责任公司三十处施工的红柳林煤矿副斜井井筒工程，表土段有588m均处于风积砂层中，而煤矿建设中对于如此长距离深厚砂层的施工没有成熟的经验。后经多方调研论证：采用小管棚注浆法超前支护配合混凝土网喷混凝土支护工艺，成功地解决了该区间深厚风积砂层的暗挖施工。该成果2008年3月23日通过安徽省科技厅组织专家鉴定，认为该项施工技术内容全面，先进可靠，达到了国内领先水平，具有广泛的推广应用前景。该成果2008年获得安徽省淮北市科技三等奖。经过对注浆材料，机械设备，施工工艺等方面的不断完善，发展和总结，形成了本工法。并在张家峁副平硐，王家岭主、副平硐等冲积层及破碎岩层中成功应用，经济效益显著。

2. 工 法 特 点

2.1 沿巷道拱部环形开挖，预留核心土，可以大大减少因松散砂层坍落角度较大造成的超前坍塌距离，对工作面形成强有力的支撑，并提供上台阶操作平台。

2.2 超前小导管注浆，一是利用了小导管的超前格栅作用；二是注浆后的砂层，其湿润度、黏结度大大增加，改变了松散砂层原有的物理特性。两者共同作用，保证短段掘进不出现砂层冒落现象。

2.3 钢支架配合双层网喷混凝土联合支护，能有效抵抗上部松散砂层的压力，确保巷道开挖后的可靠支护。

2.4 工艺简单、易于实施，不需要其他专业的施工队伍。

2.5 设备配套简单，易操作，施工成本较低，安全、质量能够得到保证。

2.6 征用工业场地小，不会破坏原地面地貌和工业场地布局，对环境无污染。

3. 适 用 范 围

3.1 本工法广泛适用于煤炭、冶金、隧道等处于风积砂地层及破碎带等巷道工程施工。

3.2 西北沙漠地区类似工程的施工。

4. 工 艺 原 理

4.1 沿巷道拱部环形开挖，预留核心土，可以大大减少因松散砂层坍落角度较大造成的超前坍塌距离，对工作面形成强有力的支撑，并提供上台阶操作平台。

4.2 超前小导管注浆，一是利用了小导管的超前格栅作用；二是注浆后的砂层，其湿润度、黏结度大大增加，改变了松散砂层原有的物理特性。两者共同作用，保证短段掘进不出现砂层冒落现象。

4.3 钢支架配合双层网喷混凝土联合支护，能有效抵抗上部松散砂层的压力，确保巷道开挖后的可靠支护。

5. 施工工艺流程及操作要点

5.1 工艺流程

上台阶拱部环形挖土→架设拱部支架→挂外层金属网→拱部初喷 100mm→打安小导管→焊挂内层金属网→复喷至 200mm 及工作面喷浆封闭→导管注浆。

5.2 操作要点

采用预留核心土短台阶法掘进，全断面分为 2 个台阶，拱部为一个台阶，长 3～4m，以方便核心土留设及人员操作平台。外层 500mm 间距金属支架、网喷外层支护。上台阶采用环形开挖 500mm 架设拱部支架，进行外层金属网挂设和初喷，然后进行内层金属网的焊挂及复喷及工作面喷浆封闭，再进行导管注浆。下台阶随上台阶的开挖前移进行支架腿的安设，并进行墙部网喷的施工。确保施工稳妥可靠的关键是：预留核心土周边开槽架设拱圈支架（穿混凝土鞋），挂外层金属网并进行 100mm 初喷必须一气呵成，最大限度的缩短砂土的暴露时间。

5.3 硐口护坡处理

斜井进硐前的明槽开挖，边坡按 45°放坡，硐挖轮廓线内边坡按 75°左右。放坡完成后首先进行正面及两侧边坡 100mm 厚网喷支护加固，确保边坡稳定。其中硐挖轮廓线之外 5m 范围内加厚至 200mm，兼做硐口导管注浆的封闭层。45°坡面锚杆采用 $\phi14\times1500$mm 螺纹钢直接打入砂层中固定金属网，75°陡坡采用注浆锚杆吊拉金属网。

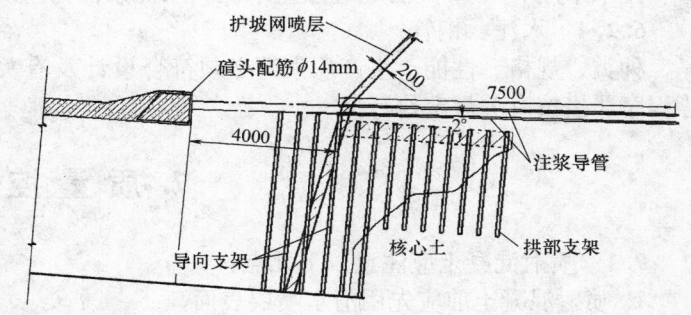

图 5.3 硐口硐头加固、导向支架及管棚施工图

明槽砌筑至距进硐口 4m 处，预留空间作为施工硐口管棚之用。考虑顶管需要，混凝土硐端头 1.5m 长度进行加厚，并增加双层 $\phi14$mm 钢筋进行加强处理，见图 5.3。

5.4 硐内超前管棚

硐内管棚导管采用 $\phi42\times3$mm，长度 2.4～3.0m 无缝钢管，每架支架跟随一排，布置参数为：

5.4.1 布置位置：巷道拱部轮廓线（图 5.4.1）。

5.4.2 导管间距：200mm。

5.4.3 导管倾角：与巷道轴线夹角 15°（图 5.4.1）。

5.4.4 设计浆液扩散半径：200mm。

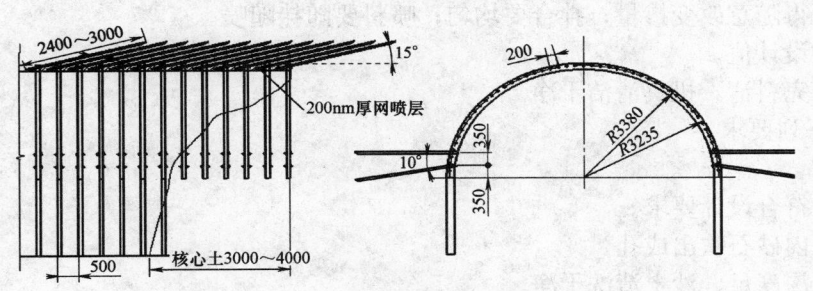

图 5.4.1 硐内管棚施工示意图

硐内导管施工，采用在支架工字钢腹板中部开孔定位，用电煤钻或风动煤钻经钢支架定位孔钻孔，人工大锤配合手持风钻打入导管。

另外，在拱部支架两侧底部对称打入 8 根导管（每侧 4 根支架两边对称布置），并与拱棚焊接，与拱部导管同时注浆（图 5.4.1），以增加后续墙部开挖接支架腿时砂层的稳定和防止拱架下沉。

6. 材料与设备

6.1 设备

主要施工设备表　　　　　　　　　　　　表 6.1

序号	设备名称	型号规格	数量	生产厂家	制造年份	额定功率
1	注浆机	2TGZ-210	2	葫芦岛	06	
2	搅拌机	JS-1000	2	图友	06	37
3	混凝土输送泵	HBT-30	1	上海	02	40
4	混凝土喷射机	ZP-Ⅶ	2	江西	03	
5	电焊机	BX₃-330	2	合肥	03	5
6	风动钻	TAA-400	2	德国	06	
7	煤电钻	MFD—50	6	辽宁	05	

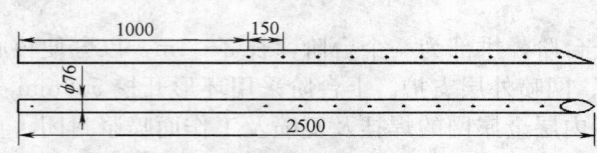

图 6.2.2　导管加工图

6.2 材料

6.2.1 进硐超前管棚

进硐导管采用 $\phi76 \times 6mm$ 无缝钢管，长度 7.5m，双层布置以确保注浆帷幕的形成。

6.2.2 进硐超后导管的制作

每根导管分三节加工，每根长 2.5m，管头加工成斜尖头，不封口以便于钢管打入时减少阻力，见图 6.2.2。

6.2.3 水泥浆液

注浆采用 P.O42.5 普通硅酸盐水泥，水泥浆液为水灰比 1∶0.5～1∶1 单液水泥浆。

6.2.4 水泥、钢管

种类、规格、性能、生产厂家等必须符合设计及有关规范标准规定，其使用、检测、储存、运输等程序严格按有关规定执行。

7. 质量控制

7.1 喷射混凝土应注意以下几点：

1. 喷射混凝土前应先用清水喷层表面。
2. 喷射混凝土的一次喷射厚度为 100mm。
3. 初喷混凝土在开挖后及时进行，复喷应根据工作面的地质情况分层、分段进行喷射作业，以确保喷射混凝土的支护能力和喷层的设计厚度。
4. 喷射混凝土的回弹率：墙部不应大于 15%，拱部不应大于 25%。
5. 严格控制速凝剂的掺量，不得随意改变掺量；拌合要均匀；喷料要随拌随喷。
6. 喷射混凝土的厚度不应小于设计值。
7. 喷射作业结束后，应做到工完料清，机具清洁干净。

7.2 超前管棚这支护应满足下列要求：

1. 管棚方向与线路平行。
2. 纵向两组管棚的搭接长度应符合设计要求。
3. 导管打入后，采用吹管将孔内砂石吹出成孔。
4. 钻孔必须角度准、孔深直、深度足、沙土清洗干净。

8. 安全措施

8.1 安全管理执行标准

8.1.1 《中华人民共和国安全生产法》。

8.1.2　《中华人民共和国矿山安全法》。

8.1.3　《煤矿安全规程》。

8.1.4　国家有关安全生产的指令文件等。

8.2　注浆泵司机及注浆施工

8.2.1　开泵后要思想集中，时刻注意压力表的升降变化情况，及时调整档位，发现异常要马上停泵处理。

8.2.2　听到观察人员停泵信号，要马上停泵，待处理后方能开机注浆。

8.2.3　如果停泵时间过长，停泵后立即冲洗管路，特别是混合器前端部分不得凝固。

8.2.4　在处理堵管停泵时，要特别注意带压力的管路不得对人，打开时人员要站在开口的侧面，避免压力浆液喷出伤人。

8.2.5　压力表使用前必须检验，合格后方可使用。

8.2.6　注浆泵等设备必须在下井前进行检修、试运转，保证无问题后方可下井使用。

8.2.7　注浆管路要连接认真，丝扣上满，不留后患，高压管路按规定连接。

8.2.8　注浆开泵要检查机泵是否正常，周围是否有障碍，人员是否都站在安全地点，认为无问题后方可开泵注浆。

8.2.9　注浆时必须设专人观察工作面有无胀裂跑浆，发现问题及时汇报处理。

8.2.10　井上下所有人员都认真负责，观察周围动态，发现问题及时汇报处理。

8.2.11　注浆人员必须佩戴劳动保护用品，谨防化学浆液对口、眼及皮肤造成伤害。

8.2.12　注浆材料在井下要安全存放，严格管理，并负责现场管理。

9. 环 保 措 施

9.1　粉尘防治

喷射混凝土粉尘以及装载矸石粉尘（煤尘）等，采用我处最新研制的水射流除尘器强力除尘器除尘，使巷道空气中的粉尘浓度降低80％以上。

9.2　防治大气污染

9.2.1　施工现场的材料等存放场地必须平整坚实。

9.2.2　为减少施工中的粉尘污染，施工用的粉状材料应采用袋装或其他密封办法运输，现场存放时，应认真覆盖，防止尘埃飞扬。拌合设备要配备防尘设施，各拌合站和施工运输道路，应经常洒水降尘。

9.3　防治水土污染

9.3.1　施工期间始终保持工地的良好排水状态，修建临时排水系统和永久性排水设施相连接，防止水流对地面的冲刷，最大限度地减少水土流失和对附近水域的污染。

9.3.2　施工现场存放的油料和化学溶剂等物品应设有专有的库房，地面应做防渗漏处理。废弃的油料和化学溶剂应集中处理，不得随意倾倒。

9.4　防治施工噪声污染

9.4.1　对产生噪声的部分机械设备装设消声器减噪，对强噪声源设置减振装置和消声器。

9.4.2　运输材料的车辆进入施工现场，严禁鸣笛，装卸材料应做到轻拿轻放。

9.5　文明施工措施

9.5.1　严格认真贯彻执行中煤三公司公司关于施工现场的各种要求及管理制度。

9.5.2　各种机械、设备挂标志牌及维修责任牌。

9.5.3　场区内各种材料、设备要分类堆放，摆放有序，要有鲜明标志，并有利于运输和保管的技术要求。

9.5.4　场区内的大临工程和设施做到布局合理，规划整齐标志鲜明。

9.5.5　各种施工用的管线、电缆悬挂整齐，材料摆放有序，并做到"风、水、电、气、油"五不漏。

10. 效益分析

10.1　单液水泥浆的价格仅为化学浆液的 1/8～1/10，采用单液水泥浆进行注浆施工，在取得相同的注浆效果下，可以节约材料费用 85%～90%。

10.2　使用大管棚法施工每米造价为 8.2 万元；使用冻结法施工每米造价为 12 万元；使用小管棚超前注浆配合网喷混凝土施工法，管棚支护：22380 元/m；管棚注浆：12213 元/m，合计每米造价 34593 元/m，经济效益显著。为业主降低了工程造价，得到了监理、业主的支持和肯定。提高了企业的知名度和社会竞争力。

10.3　采用小管棚超前注浆施工方法，避免了施工场地的大开挖，使西北地区较为脆弱的生态环境得以有效保护，同时也保护了工业场地的建筑物正常布置。

10.4　小管棚超前注浆施工方法的成功实施，对于西北地区同类地层井巷施工起到很好的借鉴作用。

10.5　小管棚超前注浆施工方法能适合不同断面、造价较低、灵活多变。施工过程中无污染、无噪声。

11. 工程实例

11.1　工程设计概况

红柳林矿井副斜井井筒，井口标高为＋1195m，井筒全长 1315m，倾角 5°，净宽 5.6m，净高 4.2m；其中：表土段井筒设计长度 1030m，掘进断面 28.32m²，掘进宽度 6.6m，掘进高度 5.5m，永久支护形式 500mm 厚 C30 素混凝土。

11.2　地质概况

根据地质部门提供的三个钻孔分析资料，该井筒从井口至 588m 长度全部为粉、细砂层，间或局部有一些含土质砂层和砂浆，砂层中无含水。

11.3　施工简况

工程开工后，首先进行了 217m 的明槽开挖，而后采用 18 号工字钢支架临时支护短段掘砌的方法进入暗硐施工 13.5m 时出现一次大的塌方，继而进行 30m 明槽开挖，再次进硐 13.5m 后又一次出现大塌方，进行了第三次明槽开挖 40m。两次进硐均采用钢支架超前板棚法施工，均出现因开挖过程中无法控制砂层的松动冒落导致冒顶、支架受压变形失稳扭曲等现象，致使二次混凝土衬砌无法进行，最终出现大塌方重新进行明挖处理。明挖至 315m，垂深约 35m，经业主组织的补充勘探查明，前方 240m 仍全部处于风积砂层中。为此，我们采用小管棚超前注浆施工方法，再次进硐掘砌施工，取得了较为理想的效果并成功穿过该段风积砂层。

其他类似工程应用本工法情况见表 11.3。

			工程实例		表 11.3
工程名称	地点	净断面(m²)	工法应用时间	实物工程量(m)	应用效果
华晋焦煤王家岭煤矿副平硐工程	山西	24.2	2007年8月～2007年10月	710	良好
内蒙古蒙泰不连沟煤矿副斜井井筒工程	内蒙古	21.2	2007年10月～2007年12月	800	良好
红柳林煤矿副斜井井筒工程	陕西	23	2007年4月～2007年6月	588	良好
陕西黄陵矿业集团一矿三号风斜井井筒工程	陕西	20.7	2007年2月～2007年3月	310	良好

大直径急倾斜圆筒煤仓施工工法

GJYJGF090—2008

中煤第五建设公司

曹武昌　袁兆宽　贾实林　张庆中　董长龙

1. 前　言

"大直径急倾斜圆筒煤仓施工工法"是我处在山西各工地施工急倾斜圆筒煤仓的经验总结，该工法吸取了煤仓施工的先进经验，并针对倾斜的特点，创造性地使用了一套行之有效的施工方法，并在多个同类工程中成功运用，证明其有很强的适用性和充分的可靠性。该工法中的关键技术被建设协会专家鉴定为国内领先，并获中煤能源集团科技进步奖三等奖。

2. 工 法 特 点

2.1　该工法中的反向钻机钻井施工技术，实现了溜矸孔的快速、准确钻进，为倾斜煤仓的后期施工创造了条件。与传统的人工反井施工相比，节省了人力物力，缩短了工期，保证了安全施工。

2.2　煤仓体V字形半椭圆状全断面一次光面爆破刷大施工技术，能使仓体围岩保持稳定，能实现自动溜矸、排水，保证工程质量和减轻劳动强度，避免了传统提升排渣工艺缺陷，实现安全生产。

2.3　煤仓混凝土仓壁椭圆形水平砌筑施工技术，变倾斜圆形仓壁混凝土浇筑为水平椭圆形混凝土浇筑，降低了混凝土浇筑施工的难度，椭圆的各个方位的混凝土都容易振捣密实，保证了混凝土的工程质量。

2.4　钢丝绳导向吊桶运输材料技术使运输材料吊桶能按煤仓的倾斜方向运行，并随工作面延伸，占用空间小，提升效率高。

2.5　该工法中的激光指向测量技术定位准确、精度高，不受湿气、烟雾环境影响，方便施工。

2.6　反向钻机钻井技术和V字形半椭圆状全断面一次光面爆破刷大施工技术配合，增加了自由面，减少爆破掏槽的难度，提高了炮眼利用率，降低了火工品消耗，有利于环保，有利于爆破成型。

3. 适 用 范 围

本工法适用于煤矿井下倾斜圆筒形煤仓施工，煤仓倾角为45°～90°。对于煤仓的仓容、直径大小无要求。

4. 工 艺 原 理

本工法的核心技术主要为反井钻机导硐技术、煤仓体V字形半椭圆状全断面一次光面爆破刷大施工技术、煤仓混凝土仓壁椭圆形水平砌筑施工技术、钢丝绳导向吊桶材料运输技术、激光指向测量技术。

4.1　反向钻机钻井施工技术：利用反向钻机根据煤仓上、下口位置确定的打钻角度，沿煤仓中心线方向钻进一个直径为1400mm的钻孔，实现了溜矸孔的快速、准确钻进。在煤仓刷大施工时，能自动排水、排矸。

4.2　煤仓体V字形半椭圆状全断面一次光面爆破刷大施工技术：以反井钻孔为界，上半断面工作面为煤仓法线方向，下半断面工作面为水平布置，炮眼与煤仓倾角方向一致，工作面为V字形状，刷大断面为椭圆形，由于溜矸孔扩大了爆破自由面，所以刷大爆破不需要布置掏槽眼。将掘进断面布置成 V 字形，有利于刷大施工时的排矸、排水，提高了工作效率。

4.3　煤仓混凝土仓壁椭圆形水平砌筑施工技术：以椭圆形水平架设仓壁混凝土浇筑模板，变倾斜圆形仓壁混凝土浇筑为水平椭圆形混凝土浇筑，降低了混凝土浇筑施工难度，椭圆的各个方位的混凝土都容易振捣密实，从而有效地保证了混凝土的施工质量。

4.4　钢丝绳导向吊桶材料运输技术：通过在煤仓上口和工作面上方仓体上这两个点安设吊桶提升导向钢丝绳，使材料运输吊桶能够按照煤仓的倾斜方向上下运行，工作面处导向钢丝绳固定点可随工作面的延伸而移动，移动方便。

4.5　激光指向测量技术：在煤仓上口的机头硐室的顶板上沿煤仓中心线方向安装激光指向仪，作为煤仓施工的指向，便于煤仓施工的尺寸控制。

5. 工艺流程及操作要点

本工法施工的主要工艺流程及操作要点为：

5.1　施工倾斜溜矸孔反井

采用 ZFY1.4/300 型反井钻机施工溜矸孔。其超前钻孔直径为 216mm，扩孔直径为 1400mm。施工前，根据煤仓上、下口位置确定钻孔角度，保证打钻方位正确。经计算定下钻进角度，由测量人员在煤仓上口钻孔开口位置标定十字中心线，以此中心位置，做钻机基础，基础平面与标定的钻孔中心线呈垂直状态。见导硐示意图（图 5.1）。

在反井钻孔钻进过程中及时纠偏、校正钻孔钻进方向，确保按设计位置在煤仓下部漏斗中心位置处贯通。

5.2　施工临时锁口

临时锁口净直径与煤仓上部垂直段荒直径相同，现浇混凝土后，壁厚 500mm，垂高 500m。

5.3　V 字形半椭圆状全断面下行刷大倾斜煤仓体

煤仓体的刷大施工采用光面爆破法掘进，钻眼器具为 YTP-26 型凿岩机配 φ22 六角中空钢钎，φ42mm "一" 字形钻头，钻杆长度为 2.2m。

为防止工作面涌水，因此使用煤矿许用三级水胶炸药，药卷规格为 φ35×400mm×400g，前 5 段毫秒延期电雷管，总延期不超过 130ms；沿反井钻孔向外布置炮眼，炮眼深度为 2.0m，以反井钻孔为

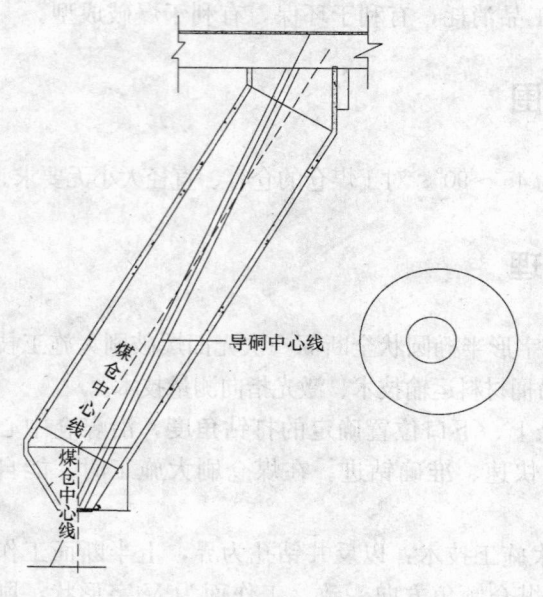

图 5.1　导硐示意（剖、断面）图

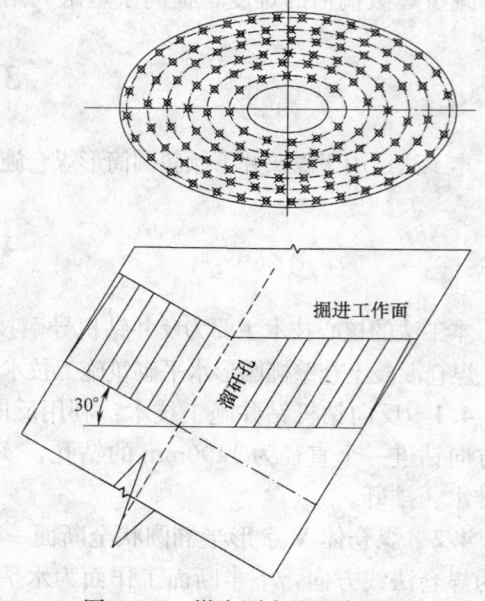

图 5.3-1　煤仓刷大炮眼布置图

界，上半断面工作面为煤仓法向方向，下半断面工作面为水平布置，炮眼与煤仓倾角方向一致，工作面为 V 字形状，刷大断面为椭圆形（图 5.3-1）。由于溜矸孔创造了第二自由面，所以刷大爆破不需要布置掏槽眼。周边眼布置在设计轮廓线内 100mm 位置，眼孔方向向煤仓轮廓外偏 2°。为了实现光面爆破的效果，周边眼间距为 500mm，辅助眼间距均为 700mm。刷大爆破参数见表 5.3-1。

煤仓刷大爆破参数　　　　　　　　　　　　　　　　　　　　表 5.3-1

爆破参数表

序号	台阶	炮眼名称	炮眼个数	炮眼深度(mm)	间距(mm)	装药量(kg)		爆破顺序	联线方式
						kg/眼	小计(kg)		
1		一圈眼	13	2000	527	1.2	15.6	Ⅰ	
2		二圈眼	17	2000	625	1.2	20.4	Ⅱ	串并联
3		三圈眼	21	2000	715	0.8	16.8	Ⅲ	
4		四圈眼	28	2000	715	0.8	22.4	Ⅳ	
5		五圈眼	35	2000	700	0.8	28.0	Ⅳ	
6		周边眼	56	2000	505	0.4	22.4	Ⅲ	串并联
合计			170	340			125.6		

爆破原始条件

序号	名称	单位	数量	序号	名称	单位	数量
1	掘进断面	m²	66.4	4	岩石坚固系数	f	4～6
2	炮眼深度	个	170	5	雷管	个	170
3	炮眼深度	m	2	6	装药量	kg	125.6

预期爆破效果表

序号	名称	单位	数量	序号	名称	单位	数量
1	炮眼利用率	%	90	5	每米巷道炸药消耗	kg/m	69.78
2	每循环进尺	米	1.8	6	每循环炮眼总长度	m	340
3	每循环爆破实体	m³	119.52	7	每立方岩石炸药消耗	kg/m³	1.05
4	每米雷管消耗量	个	94.44	8	每立方岩石雷管消耗	个/m³	0.00

注：联线方式为串并联。

放炮后，大部分矸石从溜矸孔溜入煤仓下部装载硐室，小部分矸石通过人工攉入溜矸孔。在装载硐室利用耙斗装岩机将矸石装车外运。

当煤仓刷大到垂深 20m 深时，安装临时封口盘（图 5.3-2）及井盖门（图 5.3-3），然后继续刷大，刷大一段，锚、网、喷临时支护一段（图 5.3-4），如此循环，直至刷大结束。

煤仓仓体掘进过程中，采用全长为 1.8m 的 φ45mm 管缝锚杆进行掘进临时支护，锚杆间排距为 800mm×800mm，梅花型布置，锚杆垂直于煤仓周边轮廓，其最小夹角不小于 75°，托板紧贴岩面，锚固力不小于 45kN。要求先检查掘进断面尺寸，并清理浮矸危石，待掘进尺寸符合设计规格后再进行锚杆支护。

局部破碎区域可加 φ15.24～7300mm 钢绞线锚索，间距 2400mm，金属网采用 φ6.5 钢筋点焊加工的钢筋网，网幅 1000mm×2000mm，网格 100mm×100mm。

临时支护喷射混凝土强度等级为 C20，喷厚 100mm，采用 32.5R 普通硅酸盐水泥，速凝剂用量为水泥用量的 3%～4%。要求喷浆前先冲洗岩面，喷头与受喷面间保持在 0.8m～1.0m 之间，初喷紧跟迎头，其厚度不小于 50mm。

煤仓掘进作业采用滚班循环作业，每圆班完成两个循环，现场交接班。掘进循环作业安排见表 5.3-2。

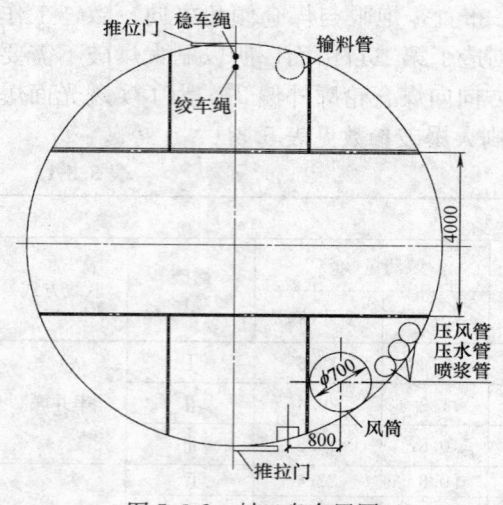

图 5.3-2 封口盘布置图

图 5.3-3 井盖门布置图

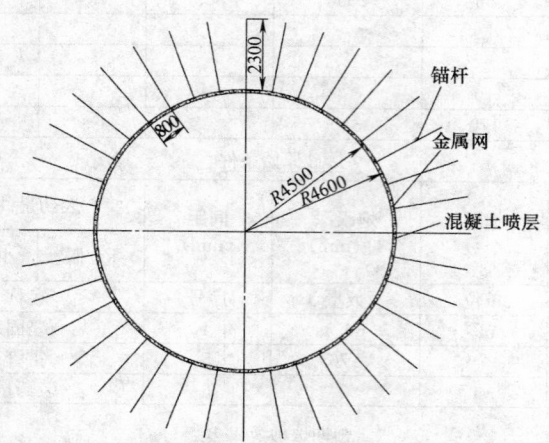

图 5.3-4 煤仓锚喷临时支护断面图

煤仓混凝土浇筑循环作业图表 表 5.3-2

序号	工序名称	时间		掘 进 班																								
		小时	分钟	1	2	3	4	5	6	7	8	9	10	11	12	13	14	15	16	17	18	19	20	21	22	23	24
1	交接班		20																									
2	清底		50																									
3	打眼	3	30																									
4	装药、联线、放炮	0	50																									
5	人工撬矸	4	00																									
6	打锚杆、挂网	1	30																									
7	喷浆	1	00																									

说明：掘进班实行滚班制循环作业，每圆班完成两个循环，现块交接班，交接班时间与上班作业时间平行。

5.4 浇筑装载硐室和煤仓下部漏斗处钢筋混凝土工程

煤仓掘进完成，先安装煤仓下口承载钢梁，浇筑煤仓下部硐室顶部；煤仓下部硐室顶部浇筑好后稳煤仓漏斗模板，采用预先加工好的木模板拼装，局部采用现场加工，经检查符合设计要求后浇筑混凝土。

5.5　自下向上椭圆形水平浇筑煤仓壁混凝土

漏斗混凝土浇筑施工完成之后，架设脚手架（采用土建钢管脚手架及扣件）并组装模板（图5.5-1）。在混凝土浇筑之前，按设计预先加工制作5组模板。浇筑过程中，稳第一模，浇下半断面，接第二模（浇第二模下半断面）、第三模（浇第三模下半断面）……第五模，第五模接好后，第一模全断面浇筑已完成，然后拆第一模，接第六模，以此循环，直至到煤仓上口。混凝土仓壁砌筑施工的工艺流程如图5.5-2所示。

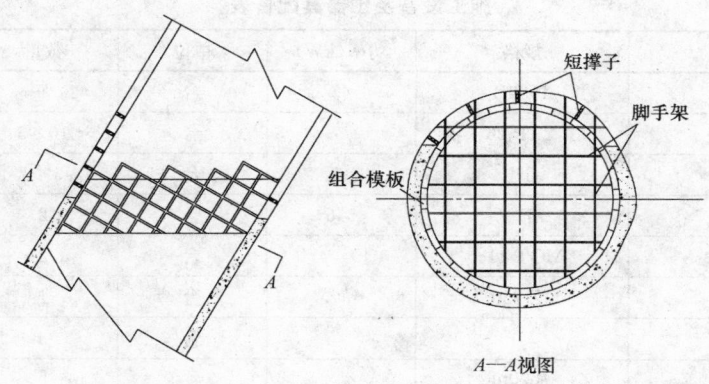

图5.5-1　煤仓混凝土仓壁砌筑立模示意图

混凝土凝固期超过12h方可拆模。拆模时先松动撑子，再松碹股，最后拆除模板。

混凝土仓壁浇筑一定垂高（3m）后，安装椭圆形单层工作平台及其导向装置，然后继续向上施工，并随之接长煤位信号管和电缆管。

煤位信号管及电缆管的安装接长施工，需在地面将这两种管制成2.5m长一节的短管，节与节之间用活动法兰盘连接。在浇筑煤仓下部漏斗混凝土时，安装一节短管，随着混凝土的浇筑而向上逐节接长。

混凝土浇筑时，实行滚班制循环作业方式，每圆班完成三个循环，每循环浇灌一模（段高1m）。煤仓壁混凝土浇筑循环见表5.5。

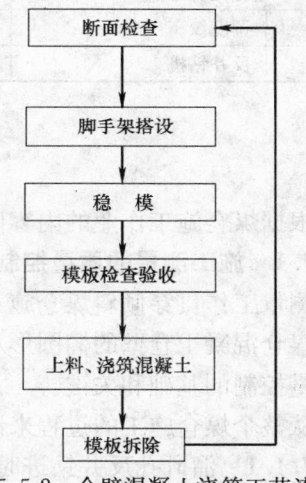

图5.5-2　仓壁混凝土浇筑工艺流程

煤仓混凝土浇筑循环作业表　　　　　　　　　　　　　表5.5

序号	工序名称	时间		稳模浇灌班																							
		小时	分钟	1	2	3	4	5	6	7	8	9	10	11	12	13	14	15	16	17	18	19	20	21	22	23	24
1	交接班		20																								
2	检查断面		30																								
3	搭设脚手架	1	30																								
4	拆模、稳模	1	40																								
5	验模	0	30																								
6	上料浇灌	3	30																								

说明：浇灌班实行滚班制循环作业，每圆班完成三个循环，每循环浇灌一模（断高1m）。

5.6　浇筑煤仓上部垂直段混凝土

5.7　煤仓底板上铺设钢轨，拆除煤仓及煤仓上口的施工设施，安装永久锁口盘

6. 材 料 设 备

为了使施工设备尽其所能，发挥最大作用，且能保证施工顺利进行，该工法所选设备见表6。

施工设备及工器具配备表　　　　　　　表6

序号	名称	规格	功率(kW)	单位	数量	备注
1	耙矸机	P-90B	45	台	1	
2	风动凿岩机	YTP-26		台	10×3	
3	风镐	G10		台	3×3	
4	喷浆机	ZP-V	5.5	台	2	
5	锚索机	MQT-11c		台	2	
6	搅拌机	JZ-350		台	1	防爆电机
7	风动振动棒			台	3	加长 8m
8	组合模板	φ8.0m		套	5	
9	局扇	DKJ-№9.6	2×30	台	1	
10	稳绳绞车	JM-14	14	台	1	
11	调度绞车	JD-25	25	台	1	
12	反井钻机	ZFY1.4/300		台	1	

7. 质 量 控 制

根据煤仓施工作业的内容以及相关验收规范的要求，煤仓施工质量控制的要点包括：

7.1　施工测量的质量控制

测量工作贯穿倾斜煤仓施工的全过程，从溜矸孔的反井施工，到煤仓体的 V 字形椭圆状光爆掘进，再到煤仓混凝土仓壁的椭圆形水平砌筑，每一个工序都需要测量定位，因此，施工测量是整个煤仓施工质量控制的基础和关键。

从整个煤仓施工的过程来讲，测量工作的控制点主要有：

7.1.1　溜矸孔反井钻进时的施钻位置的确定与钻进方向的控制。

7.1.2　爆破法刷大煤仓时炮孔钻进的测量定位。

7.1.3　椭圆形水平砌筑煤仓混凝土仓壁过程中，模板架设时的测量定位。

除了反井施工时的测量工作以外，其他工艺过程中的测量均采用激光指向仪辅助施测定位、定向。煤仓上口掘进 10m 后，在机头硐室安装激光指向仪，激光光束为倾斜煤仓的中轴线。

煤仓掘进时，上半断面（与水平面夹角为30°的断面）为半圆断面，其半径为煤仓的掘进半径；下半断面（即水平断面）为半个椭圆形断面，该椭圆的长轴直径为倾角为 60°煤仓掘进直径的水平投影长度，短轴直径为煤仓掘进直径的实际长度。

砌筑混凝土仓壁时，模板上、下口轮廓线为一水平面，该水平面的形状是椭圆形，椭圆长轴直径为 60°煤仓直径的水平投影长度，短轴直径为煤仓直径的实际长度。

在上述两种情况下，椭圆长轴直径以及椭圆焦点到中心的距离均可算出来。操作方法是：从激光束任意一点吊一铅垂线，投影到工作面，找出长轴方向的水平线，并量出焦点位置。将长度等于长轴直径的皮尺的两端固定在两个焦点上，形成任意三角形，移动三角形的第三个点，即可画出椭圆的轮廓线（图 7.1.3），其原理是椭圆上任意一点到两个焦点的距离之和等于长轴直径，即 $AB = a_1 + a_2 = a_3 + a_4$。

7.2 煤仓刷大施工过程中钻眼质量与爆破控制

由于自上而下的刷大过程中，工作面以 V 字形半椭圆状向下推进，能否保持这种状态，除了周边眼孔位布置准确外，炮眼的钻进质量至关重要，要确保周边眼按设计角度和深度钻进。

爆破质量主要是仓壁成型规整，符合设计要求的倾斜度，对围岩的破坏作用尽可能小，以保持围岩完整和稳定。所以，施工过程中严格按设计的装药量、装药结构进行装药，并填塞密实。

7.3 掘进施工临时支护质量控制

临时支护采用锚、网、喷方式。其中锚杆的施工质量主要是控制锚杆孔的间排距（允许偏差±100mm）、锚杆孔深度（允许偏差 0～±50mm）、锚杆的角度、锚固力〔最低值不小于设计值（70kN）的 90％〕等指标达到设计要求；在围岩比较破碎地层段，应按设计要求挂设钢筋网，网片直径打接、固定等符合要求；喷混凝土的厚度和强度必须达到设计要求。

7.4 仓壁砌筑过程中的质量控制

立模质量控制的内容包括两个方面，一是脚手架搭设质量，要求脚手架搭设必须稳固、无偏斜、无晃动。二是模板的搭设质量，首先是模板定位要准确，确保浇筑成型的仓壁的几何断面符合设计要求（最大偏差不超过设计值±50mm），并使浇筑成型的仓壁混凝土厚度不小于设计值；其次是要求模板底口或上口必须水平，组合模板块直径拼接应当严密，不漏浆，而且应固定牢固可靠，不晃动，撑木块均匀放置并要牢靠，每组模板间的接槎应平整密实，错台不超过 10mm；最后应将模板内的杂物清理干净。

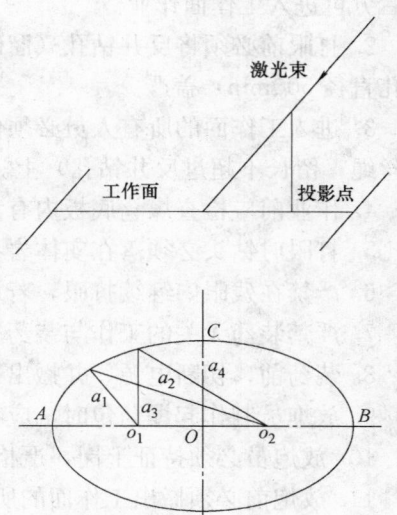

图 7.1.3　椭圆形画制法示意图

7.5 仓壁混凝土浇筑质量控制

仓壁混凝土浇筑是整个煤仓施工的关键工序，其质量控制的内容包括：

7.5.1 混凝土的搅拌质量：根据混凝土的设计强度，提出混凝土设计配比，在此基础上提出混凝土的现场施工配比，并严格施工配比进行混凝土的拌制。

7.5.2 混凝土的浇捣质量控制：主要从布料方式和浇捣方式上进行控制，其关键是采取对称布料、分层浇捣，不能漏振。

7.5.3 浇捣过程中对模板的看护：混凝土浇捣过程中设专人看护模板，发现问题立即处理。

7.5.4 对混凝土仓壁质量问题的控制：严格控制混凝土浇筑过程，不使混凝土表面出现裂缝、蜂窝、麻面、孔洞、露筋等问题，确保浇筑表面光滑；如果拆除模板后，发现麻面、蜂窝、孔洞等质量，应按有关规定编制措施，进行处理。

7.6 煤位信号管及电缆管埋设质量控制

煤位信号管及电缆管埋设质量控制主要有两个方面：

7.6.1 在到达煤位信号管及电缆管连接位置时，在模板架设之前，先行连接煤位信号管和电缆管，确保接头牢固，管内无异物，并按要求将其固定在仓壁上。

7.6.2 在混凝土浇筑过程中，要保护好埋设的线缆管，不使破裂、脱节或发生扭曲。

8. 安 全 措 施

由于斜煤仓施工作业空间既不同于平巷，也不同于立井，仓体上下都有出口，存在坠落危险，因此，加强施工安全管理，制定周密的安全措施并确保其落实，对于保证工程施工的顺序进行十分重要。

根据煤仓特点，在施工时，需注意以下几个方面的安全技术措施：

8.1 掘进作业安全措施

1. 接班时，班组长和安全员必须对工作面安全情况进行全面检查，坚持敲帮问顶制度，确认无危险后方可进入工作面作业。

2. 打眼前必须将反井钻孔（溜矸孔）用篦子（φ18 钢筋加工，网格 100mm×100mm，直径不小于钻孔直径 500mm）盖严。

3. 进入工作面的所有人员必须佩戴保险带，并生根于专用保险绳（固定在煤仓壁锚杆上的 φ18.5 钢丝绳，留长不超过反井钻孔）上。

4. 作业前应检查煤仓底板内有无大块矸石，如有大块矸石，及时清理，以防滚落伤人。

5. 打眼时钻头必须落在实体岩石（煤）上。

6. 严禁在残眼内继续打眼，若遇瞎炮，按《煤矿安全规程》第 342 条的规定执行进行处理。

7. 严禁装药无关的工作与装药平行作业。

8. 装药前，切断电源，并撤出工作面机具及无关人员。

9. 放炮员制作起爆药包时，应在支护良好、避开电器设备、电缆和导电体的地方进行。

10. 放炮员必须持证上岗，严格执行"一炮三检"和"三人连锁放炮"制度。

11. 放炮前必须撤出工作面的所有人员，并打开井盖门，在安全位置设置警戒，放炮员只有在确认警戒已经设置好并且警戒区内无人后，方可放炮。直巷警戒距离大于 120m，拐弯巷道警戒距离大于 75m。

12. 爆破工作只能由专职放炮员担任，瓦检工作只能由专职瓦检员担任。

13. 不使用过期、变质炸药，用剩的爆破材料班后及时交回爆破材料库，不得私自保管或随意丢弃。

14. 爆破工作应严格执行《煤矿安全规程》第 315～342 条的规定。

15. 放炮后，待炮烟散尽，由放炮员、班组长、瓦检员对工作面进行检查，确认安全后方可生产。验炮时间不小于 30min。

16. 放炮后应检查反井钻孔是否发生堵塞，若堵眼，应严格按堵眼处理措施进行处理，严禁盲目处理，以防发生意外事故。

17. 必须坚持先检查后工作原则，先恢复通风，再检查仓壁、支护、通风、瓦斯、钻具等，严禁在空顶、微风、瓦斯超限、钻具缺陷状态下作业。

18. 风水管与钻具联结牢固，固定可靠，严禁打结，严禁无水打干眼。

19. 严禁骑马式操作风钻。

20. 煤仓下部硐室耙矸时严格遵循《煤矿安全规程》第 74 条规定。

8.2 溜矸孔堵塞处理措施

溜矸孔发生堵塞，应按以下规定和措施进行处理：

1. 在保持工作面正常通风，并检查钻孔周围瓦斯浓度不超过 1% 的情况下才可处理。

2. 放炮后发生堵眼时要派有经验的工人 2～3 人处理。

3. 所有进入工作面进行检查和处理的人员必须戴保险带并将保险带系于专用保险绳上，并限位不超过钻孔位置。

4. 处理堵眼的人员必须明确反井钻孔（溜矸孔）的位置，其中一人监护、一人检查。

5. 发生大矸堵眼需打眼放炮时，打眼工、风锤均需用保险带系牢并生根于专用保险绳上，并使作业人员限位不超过反井钻孔位置。

6. 发生碎矸堆积堵眼时，检查人员用长钎杆捣反井钻孔位置，以此通透钻孔。

7. 从反井钻孔向下擂矸前，必须提前与煤仓下部硐室人员取得联系，并设好警戒距离，确认后方可擂矸，当下部积矸达到巷道断面 2/3 时停止擂矸，及时出下部矸石。

8.3 支护作业安全技术措施

1. 严禁空顶、空帮作业，锚杆支护必须紧跟迎头。

2. 打锚杆眼前，必须先敲帮问顶，处理掉危矸、活石，并密切注意顶帮围岩情况，发现异常，及时处理。

3. 必须坚持"敲帮问顶"原则，由班长或有丰富实践经验工人担任，由外向里，先顶后帮，找尽活矸，对找不下的危矸要及时进行临时支护。

4. 锚杆支护必须坚持由外向里、先顶后帮、逐排逐根、打一装一的原则，锚杆角度、间排距及深度应符合设计要求，托盘上紧。

5. 空支护距离不准大于 800mm。

6. 喷浆支护或处理喷头、输料管堵塞时，严禁喷头对人。

7. 检修喷浆机或喷浆结束必须停电、停机、开关加闭锁，操作按钮不离喷浆机。

8. 初喷厚度厚度不小于 50mm，复喷后喷浆厚度为 100mm，复喷距离工作面不超过 5m。

9. 金属网必须勾结牢固，勾结率不小于 90%。

10. 打锚索时，严格按操作要求操作。

11. 打锚索孔接长钎杆时，要抓牢，防止钎杆下坠。

12. 风水带连接、固定安全可靠。

13. 在稳模时，脚手架必须搭设牢固，扣件齐全，具有一定的承载能力，无晃动、无歪斜，满足作业人员及材料承放。作业人员佩戴保险带并生根。

14. 浇筑混凝土时，顶部必须保证接顶密实，不得留有空隙。

15. 为保证混凝土强度，浇筑混凝土后 12h 后才可拆模。

8.4 装岩、运输安全措施

1. 耙矸机司机必须持证上岗，严格按《耙矸机操作规程》进行操作。

2. 绳头、橛子必须钉牢、打稳，耙矸机运行时，回头轮附近不得有人员，以防脱落伤人，耙矸机运行必须有照明，耙斗运行段上方设瓦斯探头。

3. 耙装机运行时，其运行范围内不得有人员行走或工作，要行人领先与耙矸机司机打招呼，待耙矸机停止后切断电源，闭锁开关方可行人。

4. 接班时，耙矸机司机和当班维护必须检查耙矸机各部件情况，发现安全隐患立即处理，消除隐患。

5. 耙矸机操作完毕，必须切断电源，并加以闭锁。

6. 煤仓下部硐室矸石堆积不得超过断面的 2/3。

7. 平巷人力推车的使用必须严格遵守《煤矿安全规程》第 362 条的规定。在能自动滑行的坡道上停放车辆时，应按《煤矿安全规程》第 364 条执行。

8. 平巷人力推车 1 人一次只准推 1 辆车，同向推车，两车间距不少于 10m，倾角 5‰～7‰时，两车间距不少于 30m；倾角大于 7‰时，严禁人力推车。

9. 处理车辆掉道时，严格按经审批的措施进行。

10. 调度绞车验绳工作必须按规程规定，每天不少于一次并做好验绳记录。

11. 严禁作业人员蹬钩。

12. 专用材料、工器具运输稳绳、提升绳每班必须检查，发现问题及时汇报。

13. 每班都要检查吊点的各悬挂点的稳定性，如有异常必须停止作业，处理后方可正常使用。

14. 在运输材料、工器具时，严禁煤仓内行人，工作面人员必须停止作业，目接、目送材料运输。

15. 工作面正常作业时不得运行材料运输绞车。

16. 稳绳绞车在张紧绳后闸把要闭锁，开关打零位，并挂"严禁开车"警示牌。

17. 稳绳前移时必须有专用信号联系，并慢拉，严禁用力过猛。

18. 井盖门除上、下材料时，平时必须常闭，并设专人把守。

19. 煤仓上口把钩工必须佩戴保险带，并生根牢固。

8.5 通风及预防瓦斯积聚和火灾事故的安全措施

1. 加强通风管理，减少漏风，保护好通风设施杜绝出现无计划停风。严格执行《煤矿安全规程》

第106～155条中有关通风、防止瓦斯积聚规定。

2. 局部扇风机和工作面的电器设备之间，必须装设可靠的风电闭锁装置。

3. 矿井因故停电、检修，主要通风机停止运转或通风系统遭到破坏以后，所有人员必须及时撤到新鲜风流处或及时上井。恢复通风时，必须经过通风瓦检人员的检查，证实无危险后方可恢复工作。

4. 每次恢复通风前，必须首先检查瓦斯，只有在工作面瓦斯浓度小于1％且局扇及其开关10m范围内的瓦斯浓度小于0.5％时方可人工启动局扇。瓦斯浓度超过1％小于3％时，由通风部门制定排放瓦斯措施并经审批后，进行瓦斯排放达到要求后方可复工，当浓度＞3％时，报总工程师批准，同救护队组织排放。

5. 加强供电管理，严格执行停送电管理制度，避免漏电事故，严禁带电检修和搬迁电气设备，避免撞击及摩擦火花，杜绝明火作业，消灭电器失爆。

6. 严格瓦检制度，杜绝假检、空检、漏检。

7. 入井人员必须随身携带自救器，并会熟练使用。

8. 出现了瓦斯积聚现象，要向通风、调度汇报，并及时排除。

9. 工作面风流中瓦斯浓度达到1％时，必须停止放炮，查明原因，进行处理；电动机及其开关地点附近20m以内风流中瓦斯浓度达到1.5％时，必须停止运转，切断电源，撤出人员进行处理。

10. 加强瓦斯检查，每班检查至少三次，尤其是接近3号煤层时，如发现瓦斯涌出异常，要由专人连续检查，检查结果及时向调度室汇报，并通知现场工作人员，如瓦斯超限要立即停止作业，工作人员撤至安全地点。

11. 万一工作面发生瓦斯、火灾事故，要听从班长指挥，佩戴好自救器，按避灾路线，迅速撤退，并及时向调度室汇报。

12. 在撤退过程中，遇有冲击波及火焰袭来时，应背向冲击波，俯在底板或水沟内，头部位于最低处躲避。

13. 当不能撤离灾区时，要利用风筒、木板、工作服搭风障，阻止和减少有害气体进入，并用压风管供新鲜空气，并及时敲帮击打轨道或管路，发出呼救信号以便与外界联系，耐心等待营救。

14. 必须实行瓦斯电闭锁（风机前）设甲烷断电仪。

8.6 综合防尘措施

1. 坚持湿式打眼。

2. 坚持装岩洒水，放炮后洒水降尘。

3. 工作人员佩戴防尘口罩。

4. 喷雾洒水装置必须定期前移，距迎头工作面不大于80m，放炮后及喷浆时喷雾洒水。

8.7 电器设备使用安全措施

1. 井下电器设备、缆线杜绝失爆。

2. 电气设备上架摆放整齐，缆线吊挂整齐。

3. 综合保护齐全，可靠灵敏，接地线符合要求。

4. 掘进设备停止作业必须停电，开关闭锁至零位。

5. 耙矸机前后20m范围缆线设备严加保护，发现电缆有破口或设备故障未排除立即处理，否则不准强行送电。

6. 电器设备及缆线必须经防爆小组检查合格后方可入井。

7. 搅拌机更换防爆电机入井。

8.8 入井安全及其他安全技术措施

1. 入井时，须佩戴好矿帽、矿灯、穿好工作服。

2. 上罐前，必须服从把钩工指挥，不能拥挤入罐，在罐内手抓扶手，面朝罐壁，双腿微曲，防止坠罐伤人。

3. 下罐时，待罐停稳后，听到信号后，陆续下罐，不得拥挤，防止掉入井筒内。

4. 所携带的工具，必须抓牢放稳，以免发生意外。

5. 所有人员必须熟悉井下避灾路线，在紧急情况下能够快速撤离。

6. 安装临时封口盘前，煤仓上口四周用栅栏围严，并设警示牌。

7. 煤仓上口把钩工每次接班前必须先清理封口盘上杂物。

9. 措施环保

9.1 严格按照 ISO 14001：2004 环境管理标准体系要求开展日常的各项工作。

9.2 成立对应的施工环境卫生管理机构，制定切实可行的环境管理目标，日常检查，逐月考核，并和各级施工、管理人员工资、绩效挂钩。

9.3 在施工过程中严格遵守国家和地方政府下发的有关环境保护的法律、法规和规章，加强对施工排矸、生活垃圾、生产生活废水的控制，加强对燃油、材料、设备的管理，遵守有关防火及废弃物处理的规章制度，与当地环保部门签订危险废弃物处理的协议，妥善处置好危险废弃物。

9.4 将施工场地和作业限制在工程建设允许的范围内，合理布置临时工业广场，做到标牌清楚、齐全，各种标识醒目，施工场地及井下整洁文明。

9.5 防止矸石运输及其他材料进场时的撒落，防止沿途污染，必要时进行洒水降尘，防止尘土飞扬，按当地环保部门指定要求进行排放生产生活污水。

10. 效益分析

10.1 经济效益分析

大直径急倾斜煤仓施工技术在赵庄煤矿急倾斜煤仓施工中应用所取得的经济效益表现在：

10.1.1 直接经济效益

1. 用反井钻机施工溜矸孔比人工普通反井施工缩短工期 7d，节省直接费 14 万元。

2. 用 V 字形半椭圆状全断面一次光面爆破逐段下行刷大施工技术施工煤仓仓体，有 50% 的矸石通过自溜排到煤仓下口，节省劳动力 30 人，缩短掘进时间 5d，100% 的工作面涌水通过自溜排出工作面，节省工作面排水时间 2d。这两项总计缩短工期 7d，节省直接费 2.4 万元；同时光面爆破有效地保持了煤仓围岩地完整性和稳定性，从而降低了支护成本，保证了煤仓服务年限。

3. 采用椭圆形水平砌筑技术施工煤仓混凝土仓壁，比采用圆形倾斜砌筑技术大大降低了施工难度，立模时间缩短 2d，混凝土浇筑时间缩短 5d，而且混凝土的浇捣质量明显提高，没有发生混凝土浇捣不密实、质量不合格事故，节省返工费用 1.5 万元。

4. 全过程质量控制技术的实施，使得工序质量优良率达到·100%。

10.1.2 间接经济效益

采用本施工方法，总计缩短施工工期 21d。因本工程处在矿井建设施工网络图中的关键线路上，直接影响矿建的投产日期，缩短工期 21d，间接经济效益（第一年产量按 300 万吨计算）21/365×300×300＝5178 万元。

综上所述，大直径急倾斜煤仓施工技术的经济效益显著。

10.2 安全效益分析

大直径急倾斜煤仓施工技术在煤矿急倾斜煤仓施工中应用所取得的安全效益表现在：

1. 用反井钻机施工溜矸孔比用普通反井施工更加安全。

2. 采用光面爆破技术掘进煤仓体，降低了爆破对仓壁围岩的破坏作用，有利于施工安全。

3. 施工全过程安全管理与控制技术的应用，极大地提高了全员安全意识，施工作业更加规范，没有发生违章作业现象，整个队伍的施工安全管理水平明显提高，长期安全效益显著。

10.3 社会效益主要表现在：

1. 通过运用我们的施工技术，使赵庄、屯留、中兴的斜煤仓施工工期得以提前，并且工程质量也被评为优良，提高了我处在潞安集团和晋煤集团中的信誉，得到了甲方的认可，为我单位立足山西、开拓市场作出了贡献。

2. 为以后的倾斜煤仓的施工提供了成熟完善的施工技术，树立了典范。

11. 应用实例

11.1 屯留煤矿井底 1 号、2 号煤仓施工实例

屯留矿井井底煤仓设计为两个斜筒仓，分别为 1 号、2 号煤仓，通过转载联络巷联通。1 号煤仓上口位于＋400m 水平南翼胶带机头硐室机头位置，2 号煤仓上口位于＋400m 水平北翼胶带机头硐室机头位置，上口标高均为＋503.065m。两煤仓下部硐室分别与箕斗装载硐室南、北两侧相连，并通过箕斗装载硐室联络巷与北、南两翼进风大巷相通。

煤仓整个仓体分为四部分，最上部分仓口 9.105m 段断面为渐变的圆缺，其断面高度由 4880mm 逐渐增加到 8000mm（即圆形）；仓身设计为圆形断面，倾角 60°，长 39.775m，设计净径 8000mm，荒径 9000mm，掘进断面 63.6m²，净断面 50.3m²；煤仓下部漏斗高 5.656m，漏斗壁倾角为 55°，整个煤仓漏斗由圆形断面最终变为矩形断面，掘进体积 158.3m³，浇筑混凝土体积 38.69m³；煤仓漏斗与仓身间有一渐变断面，为不规则圆弧曲线，连接于仓身与漏斗；煤仓下部硐室为矩形断面，长 10.0m，净宽 7000mm，净高 5500mm，煤仓漏斗口下部预埋钢框架与承载梁，承载梁主梁选用 HK600b，次梁选用 HK600b 及 I40c，混凝土浇筑厚度 650mm。井底煤仓支护方式为混凝土砌碹，壁厚 500mm，其中下半断面为铁钢砂混凝土，混凝土强度等级为 C30。

1 号、2 号煤仓分别在南翼胶带机头硐室、北翼胶带机头硐室内施工；煤仓下部硐室在掘进箕斗装载硐室联络巷过程中施工完成，并与主立井箕斗装载硐室贯通，煤仓下部硐室墙部砌碹完成，煤仓下部硐室至井底轨道大巷段运输条件畅通。

两个煤仓的施工分别从 2005 年 5 月 2 日开始，于 2005 年 6 月 30 日竣工。

胶带机头硐室完成掘进，混凝土浇筑完毕，沿煤仓上口中心与下口煤仓漏斗中心方向采用反井钻机钻一直径 1400mm 钻孔，在煤仓掘进时利用该钻孔进行溜矸与排水。

两煤仓掘进采用 V 字形半椭圆状全断面一次光面爆破逐段下行刷大施工，临时支护采用锚、网、喷；仓体掘进完成后采用椭圆形水平砌筑技术施工煤仓混凝土仓壁，从煤仓下部硐室开始，自下而上整体浇筑混凝土，最后施工煤仓上口承重梁及设备基础。

先掘煤仓上口 9.1m 段，待该段掘进完成，迎头工作面断面（圆形断面）形成后，在机头硐室安装激光指向仪，激光光束为煤仓中心线，利用激光指向来做为掘进煤仓仓身部分的定向。

煤仓仓身掘进段高为 2.0m，以反井钻孔为界，上半断面工作面与水平方向呈 30°平夹角，向煤仓中心线方向倾斜；下半断面工作面为水平方向，这样布置有利于排水、人工擂矸。

掘进过程中采用锚、网、喷作为临时支护，锚杆类型为 Φ22—2400—M24 高强度螺纹钢树脂锚杆，间排距为 800mm×800mm，喷射混凝土厚度为 100mm；每个锚杆使用一支 K2335 型一支 Z2360 型树脂药卷，金属网规格为 φ6.5mm 钢筋点焊而成，网格 100mm×100mm，网幅 1000mm×2000mm 的钢筋网。随掘随支随喷，炮前空顶距不大于 800mm。

混凝土砌碹施工采用搅拌机在煤仓上口胶带机头硐室现场拌料，输料管输料，自下而上，整体浇筑的方法。煤仓混凝土砌碹选用自制组合模板，每组段高 1m，共 5 组。利用土建钢脚手架及扣件组装做主要支承结构及操作平台，脚手架自煤仓漏斗位置生根搭设，直至煤仓上口浇筑施工完成再行拆除。

煤仓施工期间的工器具（凿岩机、风镐、手镐、铲子等）及材料（锚杆、金属网、炸药、炮泥等）

由专用运输缆绳牵引自制运输罐来运输，即钢丝绳导向吊桶材料运输技术完成材料运输。

两个煤仓施工全套采用"大直系急倾斜圆筒煤仓施工工法"，共提前 36d 完成施工，确保了安全生产，提高了经济效益。

11.2 赵庄煤矿井底煤仓施工实例

赵庄矿井井底煤仓上口位于西胶带机头硐室机头位置，上口标高均为＋615.220m。下部与箕斗装载硐室相连。煤仓设计为圆形断面，设计净径 8000mm，净断面 50.3m²；荒径 9000mm，掘进断面 63.6m²。煤仓整个仓体分为三部分，最上部分仓口 1.75m 段断面由竖直渐变为 60°，净体积 88m³，掘进体积 111.3m³。仓身长 39.27m，倾角 60°，净体积 1975.3m³，掘进体积 2497.6m³。煤仓下部漏斗高 5m，漏斗壁倾角为 60°，整个煤仓漏斗由圆形断面最终变为两个矩形断面，净体积 251.5m³，掘进体积 318.0m³。煤仓漏斗与仓身间有一渐变断面，为不规则圆弧曲线，连接于仓身与漏斗。

西胶带机头硐室完成掘进，混凝土浇筑完毕后开始施工井底煤仓，先沿煤仓上口中心与下口煤仓漏斗中心方向采用反井钻机钻一直径 1400mm 钻孔，在煤仓掘进时利用该钻孔进行溜矸与排水。

煤仓掘进采用临时支护（锚、网、喷）方式，自上而下、全断面一次掘进施工；仓体掘进完成后从煤仓下部硐室开始，再自下而上整体浇筑混凝土，最后施工煤仓上口承重梁及设备基础。

掘煤仓上口 10m 后在机头硐室安装激光指向仪，激光光束为煤仓中心线，利用激光指向来做为掘进煤仓仓身部分的定向。

煤仓的仓身掘进运用 V 字形半椭圆状全断面一次光面爆破技术，煤仓仓身掘进段高为 2.0m，以反井钻孔为界，上半断面工作面与水平方向呈 30°平夹角，向煤仓中心线方向倾斜；下半断面工作面为水平方向，这样布置有利于排水、人工攉矸。

掘进过程中采用锚、网、喷作为临时支护，锚杆类型为 $\phi45\times1800$ 管缝式锚杆，间排距为 800mm×800mm，喷射混凝土厚度为 100mm；金属网规格为 $\phi6.5$mm 钢筋点焊而成，网格 100mm× 100mm、网幅 1000mm×2000mm 的钢筋网。随掘随支随喷，炮前空顶距不大于 800mm。

仓身的混凝土浇筑采用椭圆形水平砌筑技术进行施工。搅拌机在煤仓上口胶带机头硐室现场拌料，输料管输料，自下而上，整体浇筑的方法。煤仓混凝土砌碹选用自制组合模板，每组段高 1m，共 5 组。利用土建钢脚手架及扣件组装做主要支承结构及操作平台，脚手架自煤仓漏斗位置生根搭设，直至煤仓上口浇筑施工完成再行拆除。

煤仓施工期间的工器具（凿岩机、风镐、手镐、铲子等）及材料（锚杆、金属网、炸药、炮泥等）由专用运输缆绳牵引自制运输罐来运输，即钢丝绳导向吊桶材料运输技术来运输。煤仓上口承载梁及设备基础待煤仓主体施工结束，利用脚手架搭设操作平台施工。

烧结机安装工法

GJYJGF091—2008

河北省安装工程公司

王福利 周玉前 王宏民 王春景 刘洪涛

1. 前　言

作为高炉炼铁的原料生产系统，烧结生产是钢铁炼制过程中不可或缺的环节。它是将精矿粉、富矿粉、高炉炉灰、轧钢皮、焦炭、熔剂等充分混匀，再在烧结机上将其燃烧，固结成为有较高含铁量、有足够强度、化学成分稳定、粒度均匀和还原性能良好的烧结矿。

烧结机则是烧结厂中的最主要设备，是一个由头轮、尾轮、传动装置、密封装置、轨道及给料、出料等部分组成的大型旋转设备，长度达 100 多米，各种结构和设备贯穿其中，因其跨度长、结构设备多、存在热膨胀、系统负压运行等，使安装难度增加。烧结机安装中最主要的问题是控制跑偏和防漏风，多年来河北省安装工程公司施工了数十套烧结机，经过不断改进和优化施工工艺，形成了本套施工工法。

该工法 2003～2007 年先后在天钢 $265m^2$、$360m^2$、唐山不锈钢 $132m^2$ 和唐钢 $180m^2$ 烧结机安装中得到应用，提高了安装速度，有效地避免了烧结机跑偏问题，密封系统严密可靠，减少了主抽风机的功率损耗。采用该工法施工的天钢 $265m^2$ 烧结机、$360m^2$ 烧结机获国家优质工程银质奖，唐山不锈钢 $132m^2$ 烧结机获得了河北省优质工程奖（安济杯），唐钢 $180m^2$ 烧结机获唐山市优质工程奖。该工法涉及的关键技术通过了河北省建设主管部门组织的技术鉴定。

2. 工法特点

2.1　通过在头尾轮两侧和前后端设置设备安装用永久的中心基准点和标高基准点，保证了施工过程中对中心线的监控和修正，采用全站仪进行测量放线，统一了放线基准避免因烧结机中心线过长而造成测量的累积误差。

2.2　采用烧结机中心线控制技术，通过对头尾轮安装中心线的控制技术，减少了安装误差，有效地防止了台车跑偏问题的出现，确保了设备安装的质量。

2.3　该工法通过在机架安装前将固定底板的地脚螺栓丝扣加长，采用螺母调节底板的标高及水平度的方法，安装快捷、调整方便，加快了工程进度。

2.4　烧结机骨架结构采用地面组对，分片吊装的方式，便于操作和测量，形成流水作业，有效地利用了作业空间，施工更安全，加快施工进度的同时保证了安装精度。

2.5　头轮安装采用双台车整体运输，卷扬机与天车配合吊装的工艺，解决了吊装运输的难题，减少了安装设置，节约了成本。

3. 适用范围

本工法适用于 $130m^2$ 以上的旋转带式抽风烧结机安装工程。

4. 工艺原理

4.1　烧结机作为大型冶炼设备，由于设备庞大，制造过程中不能在工厂组装成完整的设备，只能制造成部件或单元运往现场进行组装，因此烧结机的安装成为重要工作之一。

4.2 安装中采用中心线控制技术，通过加设永久控制基准、辅助测量基准保证放线测量的准确性。通过设置机架可调底板保证调整的方便性和精确度。通过对头尾轮中心线不平行度、纵横向中心线垂直度、头轮两侧齿板的对称性、弯道标高及位置的一致性、轨道标高偏差、热膨胀受阻等方面的严格控制，最终实现热态试车的防跑偏。

4.3 通过工艺优化，对烧结机头部和尾部的密封、中部密封滑道、风箱与连接梁的密封、风箱支管与主排气管的密封的控制，避免了系统漏风问题的发生。

5. 施工工艺流程及操作要点

5.1 设备安装的工艺流程

烧结机安装的工艺流程，其主导程序应满足以下要求：

5.1.1 烧结机是一台由众多部件组合而成结构庞大的设备，它的安装是在一个多层厂房结构内进行，因而其总的安装顺序应该是自下而上，先安装烧结机下部的管道和各种灰斗，再安装上部设备。

5.1.2 烧结厂房的天车是烧结机安装的重要起重设备，它的尽早安装与使用是烧结机安装的先决条件。

5.1.3 烧结厂房应尽早封闭，使其有较好的防雨及防风条件，从而满足安装过程中设备维护的需要和烧结机纵向中心线在长距离范围内测量精度的要求。

5.1.4 尽可能创造烧结机设备与厂房结构综合安装条件，使烧结机的某些部件在厂房结构安装阶段时就放到厂房内，以利于设备的顺利安装。

5.1.5 在制定大件设备吊装方案时，应创造条件使大件设备直接运到安装现场一次起吊就位，避免二次倒运。

烧结机安装工艺流程图见图 5.1.5。

5.2 施工要点

5.2.1 设备基准的安设

1. 在头尾轮两侧和前后端不影响设备安装的地方设置设备安装用中心基准点和标高基准点，该基准点应作为安装基准和永久性标志。根据头部及尾部的中心基准点确定烧结机台车运行方向的烧结机纵向中心线。该中心线两端点测量的极限偏差为 ±1mm，为避免该中心线过长而造成测量误差，采用全站仪进行测量放线。

2. 为了消除纵向长度过长造成测量偏差，增设了辅助测量中心线（头轮与固定柱之间）。

3. 根据安装的实际需要可依据上述基准临时设置安装用中心线和基准点，但务必正确无误。

5.2.2 烧结机骨架底板的安装

烧结机骨架底板安装使用坐浆法。为确保头部星轮的可调性，头轮支撑立柱的柱脚板采用垫铁支撑并调整好标高和水平度。柱脚板水平度用水平仪测量，精度为 0.1/1000mm，各柱脚板标高偏差用水准仪测量，允许偏差为 ±0.5mm。

底板安装前将固定底板的地脚螺栓丝扣加长，底板的标高及水平度采用螺母调节，如图 5.2.2 所示。

5.2.3 烧结机骨架安装

1. 每榀骨架提前按图组对好，堆放于车间平台内，使用车间的两台天车进行吊装，烧结机安装时车间内的两台天车必须已经投入使用。

2. 骨架组对一般用吊车在地面提前进行，如车间内场地有条件也可在车间内使用天车进行组对。骨架提前组对好，可以加快施工进度同时可以保证安装精度。

3. 骨架安装以安装基准的部位作为安装起点。在中部，从固定框架中心线分别向头尾方向进行安装；在头部以头部链轮中心线为基准安装头部骨架；在尾部，则以尾部链轮中心线为基准安装尾部骨架。这样即可使安装作业全面展开，又利于烧结机整体的成型，为其他部分的安装创造有利条件。

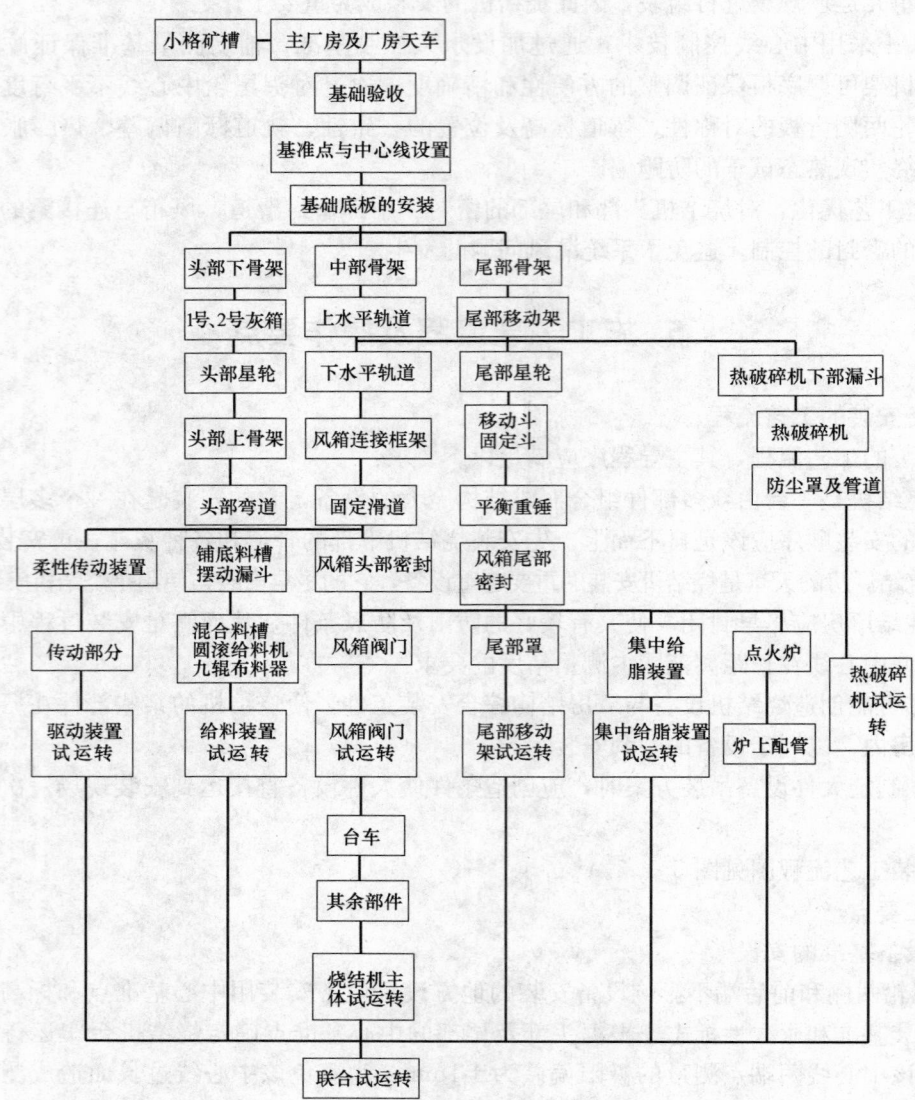

图 5.1.5　烧结机安装工艺流程图

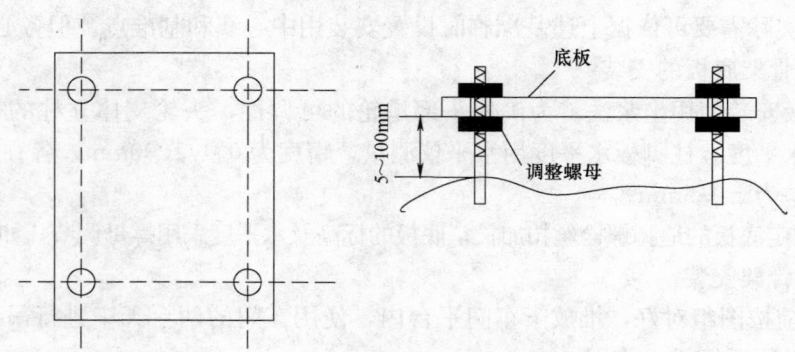

图 5.2.2　骨架底板安装示意图

4. 烧结机是热态生产，为解决膨胀问题，除头尾机架为固定梁，中部机架有部分固定外，其他都是游动的并留有伸缩缝的可移动机架。先安装头尾机架和中部固定机架，找正完毕后将柱脚板与底板牢固的焊死，而游动柱子是将立柱立于柱子底板上，纵向两侧用方钢贴紧，［立柱的两侧（沿烧结机纵向方向）用方钢贴紧，方钢与底板焊接固定］即只允许柱子沿烧结机的纵向膨胀移动（图 5.2.3）。

5.2.4 主动链轮的安装

1. 主动链轮（头轮）就位必须具备以下条件：

1）烧结机头部下机架和第一榀上机架安装完。

2）中部骨架及中部上水平轨道安装完。

3）在头部弯道上安装临时支架与水平轨道（临时支架采用与中部相同高度的轨道梁和轨道），并进行相应加固。

2. 在轨道上安装两个台车，用钢丝绳将两台车捆绑在一起，利用1台5t卷扬机进行牵引。将台车置于烧结机中前部的位置，用厂房天车将头轮吊放在临时台车组上面。

3. 在烧结厂房高跨梭式布料平台（链轮安装位置上方）设立起吊工具，准备起吊链轮，工装采用在梭式布料平台中间设两根作为吊装用的H形钢（大小根据烧结机头轮重量确定），作为滑轮组的拴挂吊点，采用两台5t卷扬机起吊。

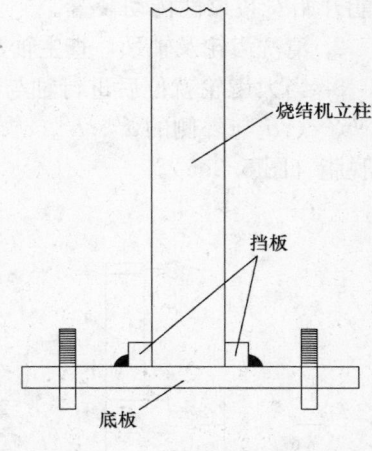

图 5.2.3 骨架安装示意图

4. 将已经放好链轮的台车用卷扬机拉到头轮安装位置的正上方，用索具吊起链轮，起吊链轮，确认安全可靠以后，移走台车，拆除临时轨道和加固件，再将链轮缓缓降落到安装位置。见图 5.2.4-1。

5. 链轮找正安装

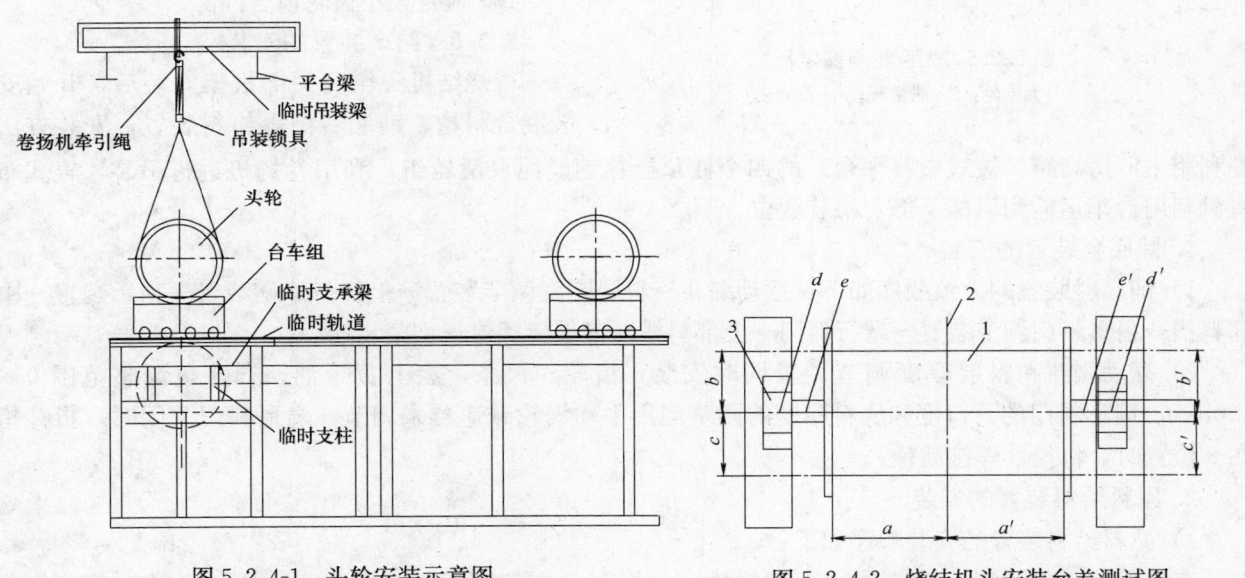

图 5.2.4-1 头轮安装示意图

图 5.2.4-2 烧结机头安装允差测试图
1—头轮；2—纵向中心线；3—轴承座

1）主动链轮装置安装时，在烧结机的传动侧装有固定侧轴承，用垫片进行高度调整，用楔块进行水平调整，另一侧是装在轴承调整装置上的调整轴承，用垫片进行高度调整，用轴承调整装置进行水平方向上的调整。

2）主动链轮装置的安装调整（图 5.2.4-2）。

a. 使两链板的对称中心与烧结机的纵向中心线相重合。其误差不大于1mm（$a—a'$）。

b. 使主动链轮轴心线与烧结机基准线（横向中心线）重合，公差为 ± 0.5mm（$b—b'$）（$c—c'$）。

c. 使链轴中心线按标高的要求其误差不大于 0.5mm，轴水平度的公差为 0.05/1000mm。

3）细调是在整机安装基本完成之后试运转过程中如发现台车有跑偏现象，此时可通过轴承调整装置来实现。

5.2.5 柔性传动装置的安装

1. 在确认烧结机头轮已经安装就位找正后，烧结机头部机架及原料槽装置都已安装完毕的情况下，才能开始安装柔性传动装置。

2. 清洗齿轮及轴颈，查主轴及大齿轮孔的装配尺寸是否在要求的公差范围之内，用台车吊装大齿轮。

3. 当大齿轮就位后进行轴与大齿轮的间隙调整，在大齿轮孔宽度上内外分架表进行测量，即内侧 a、b、c、d 与外侧的 a'、b'、c'、d' 对应点的间距，其间距量不得大于 0.05mm。安装过程中用四氯化碳脱脂（图 5.2.5）。

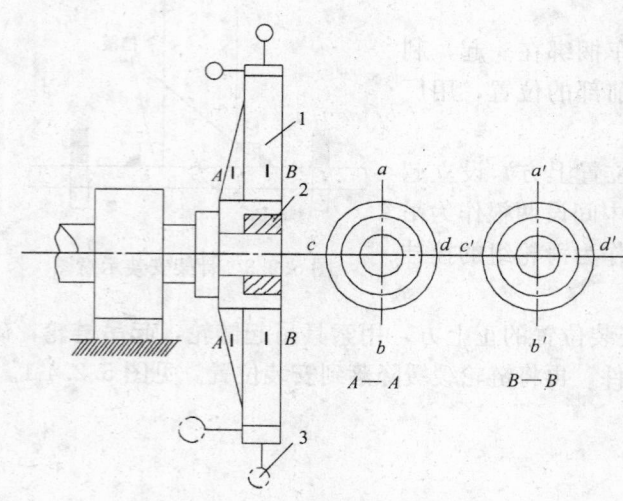

图 5.2.5　大齿轮与涨紧环

1—大齿轮；2—涨紧环；3—百分表

4. 涨紧环安装。拧紧涨紧环的高强度螺栓是关键工序，必须控制好。

5. 扭矩杆轴承座底座安装。

6. 检查轴和轴承的润滑脂情况，如变质应更换，扭矩杆安装是在中间位置检查水平度，极限偏差为 0.1/1000mm。

7. 以齿轮组安装的情况确定小齿轮及扭力杆的安装。

8. 弹性扭矩杆安装。

9. 弹性支杆安装。通过调整两侧支杆弹簧使其平衡。

10. 检查大小齿轮齿合间隙。

5.2.6　给矿装置的安装

待烧结机头轮及头部机架安装后，开始安装混合料槽、铺底料槽等给料装置，安装方法是利用主厂房高跨（梭式布料平台）的四个柱顶拴挂钢丝绳及滑轮组，利用卷扬机进行吊装，辊式布料机利用台车运输到料槽下部，吊装就位。

1. 铺底料装置的安装

1）铺底料装置的大致顺序如下：摆动漏斗→料层厚度调节装置→上杆→平衡装置→指示装置→中部料槽→扇形料门调节装置→扇行料门→上部料槽→荷重传感器→止振装置。

2）摆动漏斗和料层厚度调节装置同时安装，齿轮、尺条，涂上黄干油。升降板调整范围 0～100mm。扇形料门的开口度和底料厚度的调整均用手动涡轮减速器来调节，扇形料门关闭时，指针指在 0 位置时，将指针焊接就位。

2. 原料给料装置的安装

1）原料给料装置的安装顺序如下：

布料器→疏料装置→清扫器→下部料槽→扇形张料阀和路料阀开闭装置→原料上槽→荷重传感器→止振装置→温度计保护装置。

2）圆辊给料器轴承坐标高极限偏差为 ±0.5mm，轴水平度偏差为 0.1/1000mm。

3）原料疏料器的轴向、径向中心线极限偏差为 ±2mm。料槽纵向中心线与烧结机纵向中心线应重合，公差 3mm。料槽出口处的标高极限偏差为 ±3mm。

5.2.7　吸风装置、主抽风管道的安装

吸风装置是烧结机工作中承受负压的部分。安装中要求各件之间接触紧密，密封良好。

1. 一般规定

1）各纵向梁接头处的上平面应处于同一平面，不应有显著凸楞。

2）各段滑道接头处的上平面应处于同一平面上，偏差小于 0.1mm。

3）密封滑道的标高极限偏差为 1mm。根据轨道标高测量两密封滑道。对应点标高差为 0～1mm，用平尺检查。

4）两密封滑道对称中心与烧结机纵向中心线应重合。公差为 1mm，两滑道的中心距极限偏差 2mm。

5）滑道密封装置在现场全部滑道组装调整好以后，进行安装。且与相邻件及纵向梁焊接时，只允许焊一边，另一边不许焊接，以保障热膨胀的自由伸缩。

6）风道和阀安装时，所有法兰口的结合面均称有石棉橡胶板垫，保证密封性能，不能漏风。建议风箱与阀箱以及风箱与框梁连接采用焊接，密封性能好。

2. 头尾密封装置的安装（头尾密封装置采用重锤式复合密封技术）

1）头尾密封装置的安装，要求密封板与台车主梁下端的间隙在 0～3mm。

2）头尾密封装置在宽度方向上密封板之间的间隙为 ±1mm，与头尾纵向梁的衬板之间的间隙为 1.5±0.5mm。

3）头尾密封板纵向中心线与烧结机纵向中心线应完全重合，公差为 2mm，横向中心线极限偏差为 ±2mm。

3. 主抽风管道的安装

主抽风管道为现场制作，其难度在于安装。直径、长度和重量都很大，而且厂房混凝土框架高度与风管直径相差无几，吊装就位难度很大。我们采用的是平移式安装法。在主抽风管道标高处制作通风平台及临时轨道，上布小车，以卷扬机牵引。将分节管道吊至小车上，用卷扬机牵引小车就位分节安装管道。

5.2.8 尾部移动装置的安装

烧结机尾部移动装置是平移式结构，将星轮（尾轮）装在移动架上，通过钢轨在尾部骨架的两个支撑轮上沿烧结机纵向中心线方向作水平移动。移动架与星轮的组合体由平衡装置平衡，自动调节因台车的热膨胀而使星轮位置发生变化。

尾部移动架是烧结机中的重要部件。其中移动板是烧结机中的最大金属结构件。由于该结构件的外形与重量都很大，吊装较为困难，所以就位前应做部分地面组装和尺寸精度复查，以保证一次吊装就位成功，避免返工。

1. 地面预组装及复查

尾部移动架的地面预组装及复查工作是在主厂房的烧结机轨道层平台进行的。需要预组装及复查尺寸的构件主要是尾部移动架上部框架和左右侧移动板（下部连接框架不能在地面作预组装）。

2. 移动板架的安装找正

移动板架的安装首先是在尾部骨架上安装支撑移动架的四个支撑辊，其标高根据图纸并参考上部框架的检查尺寸确定，以保证安装后移动板架的总体标高，还要检查支撑辊至烧结机中心线的距离。移动板的找正是一项非常仔细的工作。检查内容主要是其上的弯轨和尾部链轮轴承的安装面。

3. 尾轮的安装

在吊装尾部链轮前，应将移动板上链轮装入开口处的连接件拆掉。链轮吊入后不能立刻就位，应将拆下的连接件重新安装紧固后方能就位。在尾轮整个吊装过程中，必须轻吊轻放，不能对移动架造成较大冲击。

尾部链轮的找正主要有以下几个项目：

1）轴的水平度：用轴承下面的垫片组进行调整。

2）中心线与烧结机中心线的垂直度。

3）轴的位置：主要检查确定轴心是否在指定的轴心位置上。

4）轮轴的高度：用轴承下面的垫片组进行调整，而且需要以移动板上的导轨作参考测量基准。

5）轴承间的位置：主要确定移动架轴承安装部位的标记与轴承中心线的吻合度及自由侧的伸缩量是否足够。

6）轴与轴承座之间的间隙：确认轴与轴承座之间的间隙是否上下左右均等。

7）检查确认链轮轮齿与弯轨间的位置关系。

8）平衡装置的安装：平衡用的配重先装入 2/3，剩下的在空载试车时用。

固定移动板架上部框架和移动板的角钢，需在移动板架平衡重锤和移动板架用千斤顶安装完成后才能拆除。

5.2.9 轨道的安装

轨道分头部弯道，中部轨道，尾部弯道。头部轨道分头部上轨道、头部下轨道、头部左弯道、头部右弯道，尾部弯道分尾部左弯道和尾部右弯道。

1. 头部弯道安装

烧结机的头部是先安装头轮后安装弯道，头部弯道的调整是以头轮的链轮为基准面，找正头部弯道的位置是通过调整弯道背面垫板的厚度而达到预定的位置。

2. 尾部弯道安装

尾部是先安装弯道后安装尾轮，尾部弯道是通过调整弯道背面的垫板厚度而调到规定位置。

5.2.10 台车的安装

台车的装入是在烧结机主体安装完毕后进行的。首先是向回车道装入台车，台车通过头部弯道进入回车道。待回车道装满台车后，反向开动主动链轮装置连续向头部弯道续入台车，使回车道上的台车通过尾部弯道翻转到上部，其余台车在上部直接吊装。

台车安装应注意：

1）对每个台车宽度和长度按制造要求进行检查，宽度公差为±0.5mm，长度公差 0.15mm（烧结机纵向）四个车轮应在同一平面上，只许其中一个车轮标高浮动在 0.5mm 范围内。

2）台车安装，用台车吊具经天车吊到烧结机的轨道上，再将台车用人力推到尾，经尾部弯道到大轨道上。在依次向烧结机装台车时，可用机尾液压装置开移动架，装完后卸压，使台车依次靠紧。

3）检查台车滑道与烧结机体滑道要求接触均匀。

5.2.11 联动试车

1. 空负荷联动试车

联动试车应在各相关设备（梭式布料机、圆辊给料机、九辊布料器、微调阀门、单齿辊破碎机）全部试运合格；电气设备（电动机，控制系统，报警、信号系统）全部单机试运合格；仪表、润滑系统调整正常后进行。联动试车前应编制切实可行的试车程序及安全措施，保证试车顺利及人员、设备安全。

2. 负荷联动试车

带负荷试车（即热负荷试车）时程序可参照空负荷试车。注意：由于带料运行阻力增大，应及时注意台车运行是否跑偏。

6. 材料与设备

本工法无需特别说明的材料，采用的主要施工机械设备、工具、仪表见表6。

主要施工机械设备、工具、仪表一览表 表6

序号	名称	型号规格	数量	备注
1	汽车吊	200t	1台	厂房天车安装
2	汽车吊	16t	1台	骨架组对
3	汽车吊	25t	1台	骨架组对及移位
4	汽车吊	50t	1台	头轮前期吊装
5	交流焊机	ZX7-400	6台	工艺钢结构焊接
6	电动卷扬机	5t	3台	头部装置吊装就位、台车下放
7	水准仪	DS3	2台	底板、轨道、滑道、头尾轮轴承坐标等标高测量

序号	名称	型号规格	数量	备注
8	经纬仪	JS3	2台	基础验线、烧结机纵向中心线的定位
9	千斤顶	50t	4台	尾部摆动板安装
10	千斤顶	20t	4台	头部铺底料槽、混合料槽安装
11	千斤顶	10t	4台	骨架、平台安装
12	手拉葫芦	2～10t	15个	骨架、平台、头部装置、尾部装置安装
13	力矩扳手	400N/m	1把	检查螺栓的最终拧紧力

7. 质 量 控 制

本工法以如下标准、规范及其他要求作为施工质量控制的依据:

7.1 国家及有关部门、地区颁发的标准、验收规范

《机械设备安装工程施工及验收规范》GB 50231

《冶金机械设备安装工程质量检验评定标准》(烧结设备) YB 9242

《冶金机械设备安装工程质量检验评定标准》(液压、气动和润滑系统) YB 9246

《冶金机械设备安装工程施工及验收规范》(烧结设备) YBJ 213

《冶金机械设备安装工程施工及验收规范》(液压、气动和润滑系统) YBJ 207

《冶金建筑安装工程施工测量规范》(通用篇) YBJ 212

7.2 质量保证措施

7.2.1 建立由项目技术人员、质量检查员、甲方现场施工代表及机动科相关人员和监理组成的三方质保体系。

7.2.2 加强对各个施工环节的质量管理,各工序施工完后,施工班组要进行自检,合格后才能进行下道工序,并将自检数据填写在自检记录上。班组每个操作人员,要严格按施工图和标准规范施工。对自己的施工负责,发现不合格时,及时整改,不留质量隐患。在自检的基础上,质检员根据施工进度,做好工序跟踪检查,并及时做好记录。骨架、轨道、滑板、头尾轮、传动装置的安装以及柱脚的二次灌浆等工序,都要组织业主、监理、厂家等相关人员共同检查确认,进行中间交验并做好详细记录。

7.2.3 在工程施工中严格按照质量"三控制":控制工序要求、控制内在质量、控制细部处理;执行样板引路,执行挂牌制,做到分项挂牌,操作人员名字上墙,加强责任心。同时,抓好创建名牌工程各项制度的落实工作。

7.2.4 安装过程中,严格按照规范标准施工。应精心操作及防护,防止设备受损、丢失;出厂时已装配、调试完善的部分不应随意拆卸。确需拆卸时,应经厂家、监理和甲方研究同意后,且拆卸及复装应按设备技术文件规定进行。

8. 安 全 措 施

8.1 汽车、吊车司机,电工,电焊、气焊等特殊工种不得由非本岗位人员代替操作,操作人员必须有该工种的安全操作许可证。

8.2 每项工序开工前,技术人员必须作出书面安全交底,班组长每天上班前要有针对性地进行安全教育。

8.3 施工现场各种料具、构件、机械电气设施、临时建筑必须按平面图布局设置、存放和摆设。

8.4 施工用电必须实行三相五线制,重复接地电阻值不大于 10Ω。

8.5 重要设备的吊装及场地窄小、障碍严重的吊装工程要编制详细吊装方案，安全技术保证措施要可靠详尽。吊装用钢丝绳，要根据被吊设备的重量选用，并经常检查绳子的磨损程度，不符合要求时及时报废。吊车臂下严禁站人，严禁从高空向下投掷物品、倒垃圾。

8.6 起重工必须持证上岗，并按标准信号指挥。

9. 环保措施

9.1 严格执行《河北省建筑施工现场环境保护规程》的规定。

9.2 严格执行通过认证的《河北省安装工程公司企业管理标准》的相关要求。

9.3 建立健全环境保护综合治理领导小组，制订并严格执行关于环境保护的相关制度。必要时采取经济奖惩制度。

9.4 施工作业前，环境管理员要认真做好对施工作业人员进行关于环境保护的交底工作。

9.5 在施工过程中，应当采取有效措施，减轻职业危害以及大气、水、固体废弃物、噪声等污染。施工现场做到"工完料净场地清"，及时妥善地处理现场垃圾和废弃物，保持环境卫生。使施工作业人员有一个良好的工作环境，同时不会因为施工对周围环境造成坏的影响。

10. 效益分析

本工法在设备安装质量、施工工期、工程成本等方面取得了良好的经济效益和社会效益，同时也赢得了建设单位、监理单位的认可。

10.1 经济效益

应用此工法 265m² 烧结机安装工期比计划工期提前 49d，节约人工费 112000 元、节约机械费 96000 元，总计节约成本 202000 元。

应用此工法 360m² 烧结机安装工期比计划工期提前 52d，节约人工费 140000 元、节约机械费 102000 元，总计节约成本 242000 元。

应用此工法 132m² 烧结机安装工期比计划工期提前 31d，节约人工费 81000 元、节约机械费 60000 元，总计节约成本 141000 元。

应用此工法 180m² 烧结机安装工期比计划工期提前 45d，节约人工费 110000 元、节约机械费 88000 元，总计节约成本 198000 元。

10.2 社会效益

10.2.1 推广应用工法成果为提高工程质量、缩短工期、节能增效提供了便捷的途径；工法的应用增加了工程的技术含量，改善了职工的劳动条件，主体施工工期缩短 30d 以上，安全生产得到了有效保证。优质的施工产品为用户的安全、稳定、持续生产提供了可靠的保证。

10.2.2 工法的推广应用也使施工单位受益。提高了工程质量、缩短了施工工期、降低了施工成本从而增强了施工单位的市场竞争力和抵抗风险的能力，作为唐钢、天钢这样国内较大的钢铁企业近年的典型工程，对于核心设备能够一次试车成功，充分证明了该工法的实用性、可靠性。提高了企业的知名度，取得了较好的经济效益和社会效益。

10.2.3 从企业长远发展分析，通过工程建设，广大职工学习推广应用新技术、新材料、新工艺、新设备的自觉性进一步提高，在工程实践中总结和形成更多的施工工法，注重学习、实践、总结的风气越来越浓厚，这必将为公司今后的发展壮大注入新的活力。

11. 应用实例

该工法在以下工程中得到应用：

天津钢铁有限公司东移一期 265m² 烧结机安装工程，2003 年 7 月开工，2004 年 2 月竣工，2004 年 3 月 20 日热负荷试车一次成功，该工程获得 2005 年度河北省优质工程（安济杯）奖、2006 年度国优银质奖。

天津钢铁有限公司东移二期 360m² 烧结机安装工程，于 2005 年 8 月开工，2006 年 4 月竣工，2006 年 4 月 20 日热负荷试车一次成功，完全达到并超过了设计能力，受到了甲方、监理及制造厂家的赞扬。该工程获得 2007 年度河北省优质工程（安济杯）奖、2008 年度国优银质奖。

唐山不锈钢 132m² 烧结机安装工程，于 2006 年 12 月开工，2007 年 4 月竣工，2007 年 4 月 20 日热负荷试车一次成功，该工程获得 2007 年度河北省优质工程（安济杯）奖。

唐钢炼铁厂 180m² 烧结机安装工程，于 2007 年 4 月开工，2007 年 12 月竣工，2007 年 12 月 25 日热负荷试车一次成功，保证了业主的工期节点，受到了甲方、监理及制造厂家的赞扬。该工程获唐山市优质工程奖。

大直径筒仓库壁滑模与仓顶空间钢结构整体抬升安装一体化施工工法

GJYJGF092—2008

河北省第四建筑工程公司

线登洲 董富强 杨荣建 李莉 苑惠玉

1. 前 言

大直径混凝土筒仓结构，广泛应用于物料储存、均化等大型工业建筑中，其直径一般在 40m 以上，库壁高度 35m 以上，库顶多为空间钢结构形式。其施工技术难点有：重量大、安装工艺复杂，高空作业量大且施工危险性大。如按以往施工方法（在施工完库体土建结构后，再施工库顶空间钢结构的顺序进行），安全隐患大、工期长、难以满足现代水泥项目建设要求。

我公司在水泥项目大直径熟料库施工中，利用技术创新手段，首创并完成了"大直径熟料库滑模与空间钢结构仓顶整体抬升安装一体化施工技术研究"课题，攻克了该类结构主体施工中的技术难题，并于 2006 年 10 月通过河北省建设厅鉴定，其技术达到国内领先水平。2007 年被评定为河北省省级工法。2008 年荣获河北省建设行业科学技术进步一等奖和原建设部科技发展中心华夏科学技术三等奖。该施工工艺利用钢结构安装逆顺序施工，将库壁滑模和仓顶空间钢结构整体抬升安装一体化施工，即先组装仓顶空间钢结构，然后使其就位于库壁的滑模提升架上，利用滑模滑升时使其整体抬升，滑模完毕后，再使其就位。有效规避了常规施工中的安全风险，具有技术领先、可靠、工期短、成本低质量控制好等突出特点。

2. 工 法 特 点

2.1 改变传统主体施工作业顺序，即先施工仓顶钢结构，利用库壁滑模施工筒仓时整体抬升仓顶钢结构，有效地保证了施工质量。

2.2 采用整体抬升一体化施工，减少了仓顶钢结构安装高空作业，工期短，降低了安全隐患，有效地规避了安全风险。

2.3 实现库壁滑模和仓顶空间钢结构整体抬升，技术先进，主体结构施工速度快，工程成本低，能很好地满足大型水泥项目快速、节约的建设目标要求。

3. 适 用 范 围

适用于混凝土筒仓和大型混凝土筒仓主体结构整体施工。

4. 工 艺 原 理

4.1 大直径筒仓库壁滑模与仓顶空间钢结构整体抬升安装一体化施工技术是采用逆作业施工法，先在平台进行仓顶钢结构整体组装，然后在滑模组装前考虑斜梁传递的上部荷载对斜梁支座处进行力的重新分配计算，根据所产生的压力确定斜梁支座处千斤顶和支撑杆的数量，所产生的水平推力由每根斜梁根部设置的辐射拉杆和提升架内侧设置的辐射拉杆共同抵抗，有效地提高了大圆库滑模施工系统的刚度，利于滑升施工中的偏差控制，实现整体提升。

4.2 仓顶钢结构整体屋盖就位采用对称循环降落法，安全平稳，精度高。

5. 施工工艺流程及操作要点

5.1 施工工艺流程（图5.1）

5.2 操作要点

5.2.1 滑模系统组装

在普通滑模的基础上，通过施工荷载计算，确定斜梁支座处千斤顶、支撑杆、辐射拉杆和提升架的规格和数量。增强大圆库滑模施工系统的刚度，利于滑升施工中的偏差控制，实现整体抬升。施工中采用了 GYD60 型滚珠式千斤顶，在斜梁支座两侧的提升架处各增加一个千斤顶，支承杆采用 $\phi48\times3.5$ 钢管，长度 4.5m。提升架用 [14 槽钢制作，选用门字形。与围圈 [8 焊接连接，形成滑模整体构造体系。滑模系统构造原理剖面示意图见图 5.2.1。

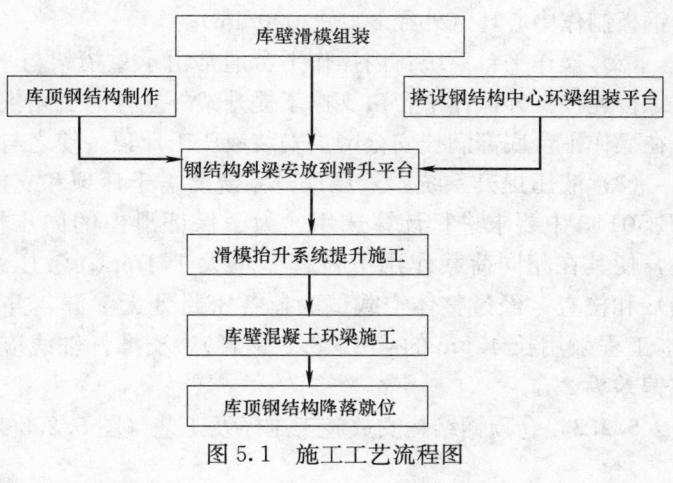

图 5.1　施工工艺流程图

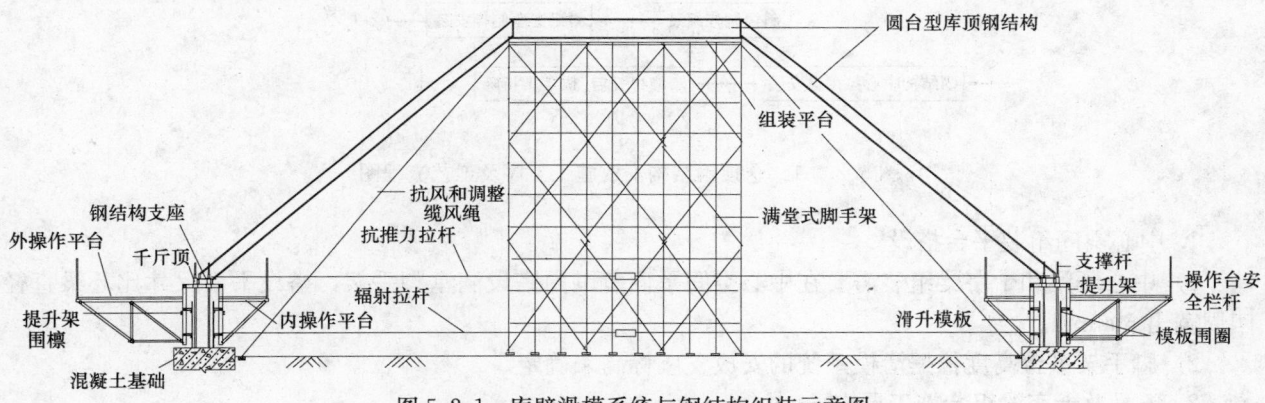

图 5.2.1　库壁滑模系统与钢结构组装示意图

5.2.2 库壁滑模装置的组装

1. 滑模装置组装工艺流程（图5.2.2）

施工准备 → 测量放线 → 绑扎第一步库壁环筋 → 安装提升架 → 安装围圈（先安内围圈，后安外围圈）→ 安装库壁模板 →

安装中心环、拉杆、桁架、铺板和安全栏杆等 → 安装液压提升系统，完毕进行空载试车及油路加压排气 →

安装支承杆，浇筑混凝土进行试滑、调整转入正常滑升至3m高后，安装内外吊脚手架，挂安全网

图 5.2.2　滑模装置组装工艺流程图

1）组装要点及技术要求

（1）模板系统

模板：可采用钢模板、定型组合式钢模板等不同类型的模板，高度宜采用 1200～1500mm，宽度一般为 200～500mm。直径 40m 左右的熟料库以 3012 组合钢模板为主。

围圈：其作用是将模板与提升架连接成一个整体。在每侧模板的背后，根据圆仓的直径进行弧度调整，上下各设置一道闭合式围圈，其间距一般为 450～750mm，上围圈距模板上口距离不宜大于 250mm。围圈的截面应根据荷载大小由计算确定。可采用 ∟70～80，[8～10 或工字钢工10 制作。直径

40m 左右熟料库可采用 [8 槽钢制作。围圈的接头采用对接焊接成刚性节点。

模板和围圈之间用钩头螺丝连接，安装好的模板应上口小，下口大，倾斜度为模板高度的 1‰～3‰，模板上口以下 2/3 模板高度处的净间距为库壁厚度。

提升架：采用 [14 槽钢制作的门字形提升架。（提升架应与千斤顶的位置相适应，当均匀布置时，间距不宜超过 1.8m，一般 1.2～1.5m）。

辐射式钢拉杆及中心环：根据滑模装置及筒仓直径可用 φ16 或 φ18 的圆钢制作钢拉杆，用厚 10mm 的钢板制作中心环（外径 800～1000mm）。

（2）操作平台系统：内操作平台通常由承重桁架与平台铺板、栏杆组成，承重桁架与提升架的立柱螺栓连接。外操作平台由支撑于提升架外立柱的三角挑架与平台铺板组成，平台外侧设置防护栏杆，并在操作平台底部满挂安全网。安装液压千斤顶，使之与提升架横梁固定。

（3）液压提升系统：液压提升系统所需千斤顶和支撑杆的最小数量按《滑动模板工程技术规范》GB 50113 中要求进行计算选用。为了保证滑模的同步性，组装后进行液压千斤顶的行程试验及调整，使其在相同荷载作用下行程差不大于 1mm；液压系统组装完毕后，应进行空载试验（流量调整）和检查。经过整体空载试验，各密封处无渗漏，并进行全面检查，确认无问题后，插入支撑杆（本工程采用长 4.5m 的 φ48×3.5 钢管），支撑杆轴线应与千斤顶轴线保持一致，支撑杆其偏斜度允许偏差为 2‰。

5.2.3 仓顶钢结构安放施工工序及工艺（图 5.2.3-1）

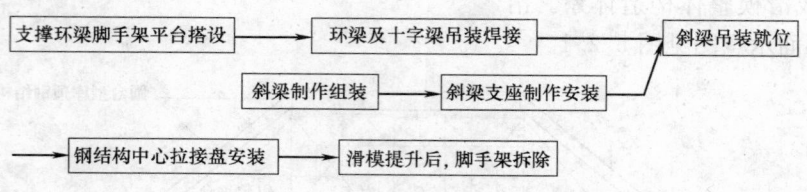

图 5.2.3-1 仓顶钢结构安放施工工序及工艺流程图

1. 中心空间组装平台搭设

1）中心环梁和十字梁组装需要在中心空间平面范围内搭设满堂脚手架，搭设平面尺寸比环梁直径四周宽出 600mm。

2）脚手架平台高度依据滑模系统的安放支座标高来确定。

2. 环梁及十字梁组装施工要点：

1）利用经纬仪、激光铅垂仪或线坠将环梁的中心点和十字控制轴线引测到脚手架平台上。

2）在已经分段制作好环梁的内侧面弹好安装定位控制线（方位控制线）、十字梁的安装竖向中心线。在十字梁的两端弹好中心线。

3）用塔吊将环梁分段吊装到脚手架平台上，根据每段环梁的编号和安装定位控制线确定其位置，环梁组装焊接完毕后再吊装十字梁与环梁组装焊接。

3. 斜梁安放焊接

1）将加工场地已经制作好的整根斜梁运至熟料库吊装场地。

2）根据场地的条件选择吊装设备的型号及吊点位置。

3）斜梁采用对称吊装，以防止环梁和斜梁支座产生较大变形。

4）斜梁吊装就位后，斜梁与环梁和斜梁与安放支座同时进行焊接，焊口全部满焊，全部满焊完毕后，才能缓慢放松吊钩。以此推进，对称吊装焊接其他辐射斜梁（钢结构斜梁安放支座示意图见图 5.2.3-2）。

5）利用钢筋拉杆通过中心圆环将斜梁支座对称拉结校紧，检查钢结构的中心位置。

6）钢斜梁全部吊装焊接完毕后，安装斜梁之间的剪刀撑和水平拉杆，剪刀撑与斜梁全部满焊；水

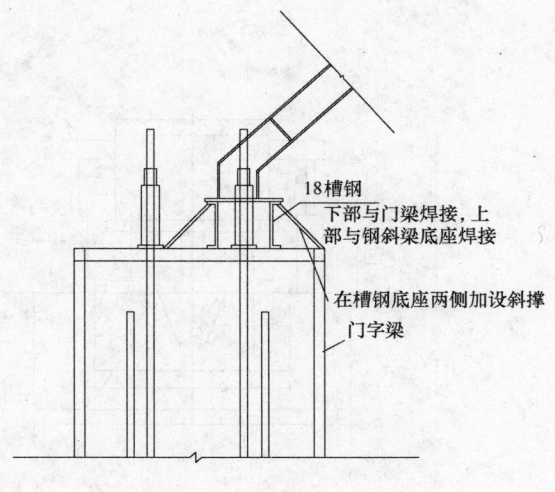
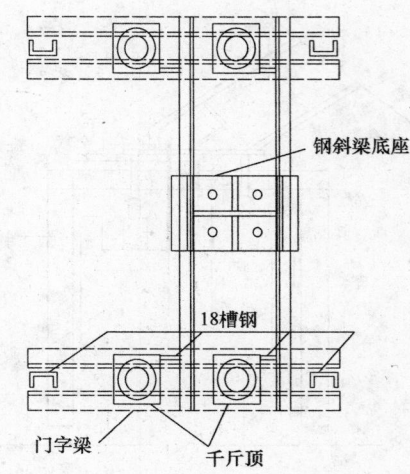

图 5.2.3-2　钢结构斜梁安放支座示意图

平拉杆与斜梁采用高强度螺栓连接，先将水平拉杆与斜梁连接的节点板按照高强度螺栓规格进行穿孔，然后将节点板分别与水平拉杆和斜梁焊接，再安装高强度螺栓。

5.2.4　滑模系统提升

1. 初滑以后，即可按计划的正常班次和流水分段、分层浇筑滑升。正常滑升时，两次滑升之间的时间间隔以混凝土强度达到 0.2~0.4MPa 或贯入阻力 0.3~1.05kN/cm^2 的时间来确定，一般控制在 0.5h 左右，应根据混凝土出模强度或混凝土贯入阻力值测定结合施工经验作出判断和调整。每个浇筑层的浇筑高度为 20cm，气温较高时中途提升 1~2 个行程。

2. 混凝土浇筑遵循分层、交圈、变换方向的原则。分层交圈即按每 20cm 分层闭合浇筑，防止出模混凝土强度差异大，摩阻力差异大，导致平台不能水平上升。变换方向即各分层混凝土应按顺时针、逆时针变换循环浇筑，以免模板长期受同一方向的力发生扭转。

滑升施工过程中，平台上堆载应均匀、分散。操作平台应保持水平，千斤顶的相对高差不得大于 40mm，相邻两个千斤顶的升差不得大于 20mm，钢结构制作部位千斤顶升差控制应符合施工设计要求并不得超过 20mm 和两支座距离的 1/400。

3. 垂直度、扭转度控制

保持平台水平上升一般就能保证结构垂直度。在模板开始滑升前用水准仪对整个平台及千斤顶的高程进行测量校平，在支承杆上按每 200mm 划线、抄平，用限位器按支承杆上的水平线控制整个平台水平上升。应勤抄平、勤调平，如局部经常与其他部位不同步，应尽早查明原因，排除故障。

滑模施工每滑升一次作一次偏移、扭转校正，每提升 1m 重新进行一次抄平和垂直度校正。发现控制偏移、扭转的线锤偏差较大时即进行纠偏、纠扭。并遵循勤纠正、小幅度的纠正的原则。

平台纠偏采用平台倾斜法纠，适当提高偏移一侧千斤顶的滑升使平台倾斜得以纠正，纠正偏差后正常滑升。

平台纠扭：平台扭转采用牵拉法，沿周边均布 16 个点（提升架位置）用手拉葫芦与扭转方向反向牵拉，平台提升时达到反向纠扭。

5.2.5　顶部环梁施工及支座锚栓预埋。

5.2.6　库顶钢结构降落就位安装（降落示意图见图 5.2.6-1 和图 5.2.6-2）

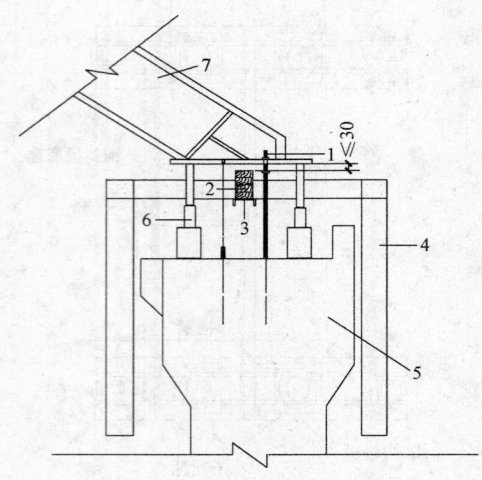
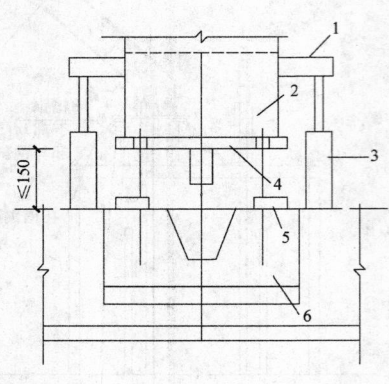

图 5.2.6-1　钢结构降落就位示意图　　　　图 5.2.6-2　钢结构降落末段就位示意图
1—支座降落螺栓；2—临时支承硬木块；3—临时支撑横梁；4—滑　　1—临时支承牛腿；2—库顶钢结构斜梁；3—末段降落千斤顶；
模提升架；5—仓顶环梁；6—降落千斤顶；7—仓顶钢结构斜梁　　　4—钢结构抗剪力支座；5—支座垫板（垫铁）

1. 施工工序

将支座升降螺栓的下垫板螺母上紧 → 用千斤顶置换出钢结构支座反力 → 割除支座槽钢横梁 →

将支座横梁反转平放，再与门架焊接固定 → 放置硬木块并与钢结构留出一个下降高度的间隙 →

松开支座降落螺母和千斤顶降落钢结构 → 斜梁支座分组依次降落就位 → 推力支座二次灌注 → 抗推力辐射拉杆拆除

2. 操作要点

采用循环降落方法安装，即钢结构降落时，分组进行，斜梁两两对称操作，每次四根梁同时下放，每次降落 30mm。依次将每个支座均降 30mm 后，再进行下一轮降落循环。钢结构每次降落的高度必须严格控制在结构变形允许范围内（库顶钢结构就位千斤顶工作示意见图 5.2.6-3）。

3. 操作步骤

1）用油压千斤顶将钢结构支座从滑模提升架上置换出来。

滑模支座的 [18 槽钢割下，反转平放，距钢结构支座不大于 150mm，防止螺栓由于水平推力而产生变形。

2）硬木块放于槽钢上，木楔顶部距支座底 30～50mm。

3）缓缓降下油压千斤顶，同时用大扳手将螺栓螺母松开同步下降 30mm。

4）当降至距槽钢 10mm 时，将槽钢割开，调至滑模门架下侧并点焊牢固后再进行降落。

5）钢结构就位开始后，必须连续施工，直至降到设计标高，钢结构支座底板与混凝土基础面之间的二次浇筑间隙用垫铁垫牢，上紧安装螺栓。

6）钢结构就位后，经检查无误，将基础界面的杂物清理干净，充分湿润后支设边模，采用高强度微膨胀混凝土或自密实混凝土进行二次灌注。强度达到环梁设计强度后，拆除中心拉杆。

6. 材料与设备

本工法无需特别说明的材料，采用的机具设备（以直径 40m 为例）见表 6。

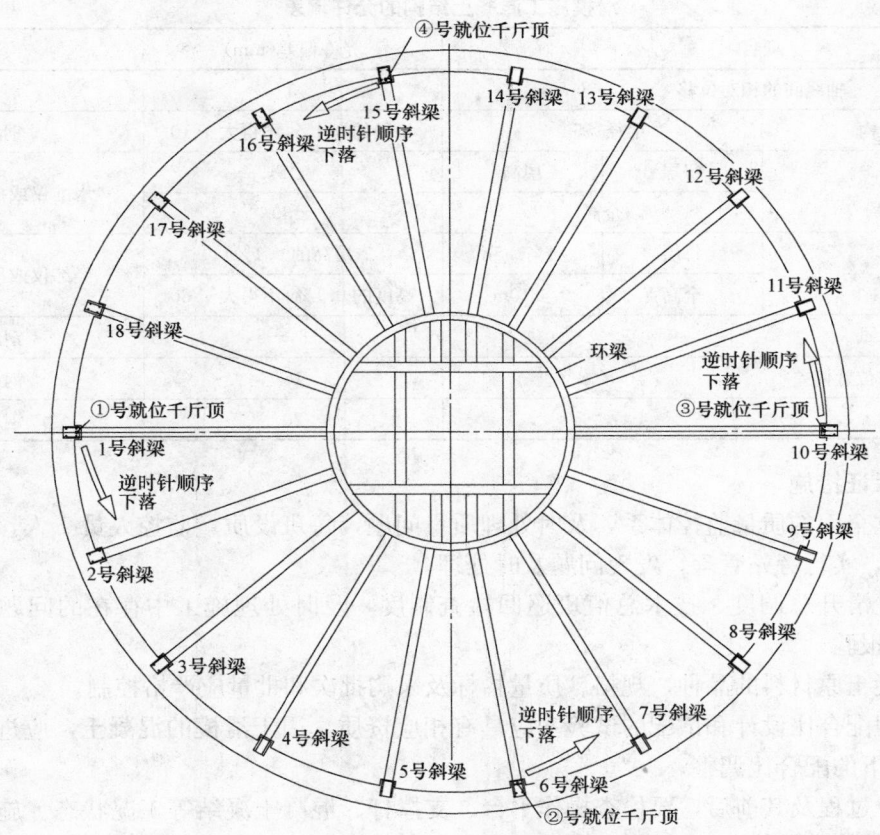

图 5.2.6-3　库顶钢结构就位千斤顶工作示意图

说明：

1. 本钢结构下落就位采用四台 6t 千斤顶按逆时针顺序对下落就位。
2. ①号千斤顶下落就业编号为 1、2、3、4、5、号斜梁；②号千斤顶下落就位编号为：6、7、8、9 号斜梁。③号千斤顶下落就位编号为 10、11、12、13、14 号斜梁；④号千斤顶下落就位编号为 15、16、17、18 号斜梁。
3. 斜梁就位过程中，要求 1 号斜梁和 10 号斜梁、6 号斜梁和 15 号斜梁对称下落，依此方法对称下落就位其他斜梁。

机具设备表　　　　　　　　　　　　　　　　　　　　　　　　　表6

序号	设备名称	设备型号	单位	数量
1	滑模系统	—	套	1
2	千斤顶	GYD-60	台	126
3	液压控制柜	HY-56	台	2
4	混凝土自动计量搅拌站	PLD800	座	1
5	拖式混凝土泵	HBT60	台	1
6	钢筋加工设备	—	套	1
7	电焊机	BX-500	台	1
8	水准仪	DS3	台	1
9	经纬仪	TDJ2	台	1
10	塔吊	QT80A	台	1

7. 质 量 控 制

7.1　工程质量控制标准

7.1.1　钢结构工程的验收按现行国家标准《钢结构工程施工质量验收规范》GB 50205 进行。

7.1.2　滑模施工的混凝土结构施工质量执行《滑动模板工程技术规范》GB 50113，其允许偏差应符合表 7.1.2 的规定。

滑模施工混凝土结构的允许偏差　　　　　　　　　　　　　　　表 7.1.2

项目		允许偏差（mm）	检验方法
轴线间的相对位移		5	钢尺检查
圆形筒体结构	半径＞5m	半径的 0.1%，不得大于 10	钢尺检查
标高	每层　　　层高	±5	水准仪或拉线、钢尺检查
	全高	±30	
垂直度	每层　　　层高＞5m	层高的 0.1%	经纬仪或吊线、钢尺检查
	全高　　　≥10m	高度的 0.1%，不得大于 30	
仓壁截面尺寸偏差		+8，-5	钢尺检查
门窗洞口及预留洞口位置偏差		15	钢尺检查
预埋件位置偏差		20	钢尺检查

7.2 质量保证措施

7.2.1 建立全面的质量监控体系，及时处理质量问题，每班设质量监控人员 1 人，监督仓上钢筋混凝土施工质量，实行旁站管理，发现问题及时处理。

7.2.2 建立滑升总调度、技术总值班巡回检查制度，及时处理施工中存在的问题，协调施工作业，及时向监理报验。

7.2.3 混凝土原材料的品种、规格、质量指标及采购批次和批量应严格控制。

7.2.4 承担配合比设计和试配的试验室应具有相应资质。用于滑模的混凝土，应进行试配，并做好施工现场条件下的配合比调整。

7.2.5 滑升过程及其前后，要检查操作平台、支撑杆、混凝土凝结等工况状态。施工过程中应定期对滑模系统进行检查检修。

7.2.6 滑升过程中，应检查和记录标高、结构垂直度、扭转及结构截面尺寸，每提升一步（20～30cm）应检查记录一次。

8. 安全措施

8.1 滑模施工除应遵照一般施工安全规程外，尚应执行《液压滑动模板施工安全技术规程》、《滑动模板工程技术规范》、《建筑机械使用安全技术规程》、《施工现场临时用电安全技术规程》JGJ 46、《建筑施工高处作业安全技术规程》等的相关规定，对参加滑模工程施工人员，必须进行培训和安全教育。

8.2 滑模施工中，应了解天气预报，遇雷雨和六级及以上的大风天气，必须停止施工，并做好停滑措施，对操作平台上的各种设备（如电焊机、液压控制柜等）及材料进行整理和防护，人员迅速撤离，切断滑模施工的电源。滑模施工中的防雷装置应符合《建筑防雷设计规范》。

8.3 在滑模施工的区域范围内划出危险警戒区，设置明显标志，防止高空坠落及物体打击。警戒线自构筑物边线一般不小于 10m，警戒区内构筑物的入口、地面通道及机械设备的操作场所应搭设高度不低于 3.5m 的防护棚。吊架及操作平台内外均挂密目网。

8.4 各种滑模装置、管道、电缆及设备等采取防护措施，各种电器设备要有漏电保护措施，便携式照明灯灯具应采用电压低于 36V 的低压电源。滑模施工时动力及照明要有备用电源，保证停电时的正常施工及人员的安全。

8.5 操作平台验收需对其液压提升系统进行试运转，检查其液压提升系统工作性能受力后的稳定性及变形，是否满足设计要求及施工需要。检测结构的稳定性能及变形、电器控制系统的稳定性、可靠性和各部位限位装置的工作可靠性及稳定性。平台上还应设置足够和适用的灭火器以及其他消防设施，操作平台上不应存放易燃、易爆物品。

9. 环 保 措 施

9.1 施工现场必须做到道路畅通无阻，排水畅通无积水，现场整洁干净，临建搭设整齐。现场应封闭，完善施工现场的出入管理制度，施工人员在现场佩戴工作卡，严禁非工作人员进入施工现场。

9.2 噪声排放达标：白天＜70dB，夜间＜55dB。噪声必须控制在95dB以下，对于某些机器的噪声无法控制时，应采取相应的个人防护，以避免给操作者带来职业性疾病。

9.3 严格控制粉尘在10mg/m³卫生标准内，操作时应佩戴劳动防护用品加以防护。

9.4 固体废弃物实现分类管理，提高回收自用率。

9.5 优先选用先进的环保机械，采取设立隔声棚、隔声罩等消音措施降低施工噪声到允许值以下。

9.6 对施工现场道路进行硬化，并在晴天经常对施工通行道路进行洒水，防止尘土飞扬，污染周围环境。

10. 效 益 分 析

10.1 直接经济效益

通过采用以上工艺直接成本节约11.84万元。其中：搭设脚手架支撑平台费用节约9.8万元，钢结构施工人工费节约0.54万元，塔吊租赁费用节约0.9万元，管理费用节约0.6万元。具有明显的经济效益。

10.2 间接效益

10.2.1 采用大直径熟料库库壁滑模与库顶空间钢结构整体抬升安装一体化施工，将搭拆脚手架空间钢结构组装的高空作业转化为普通高空作业，工作环境及劳动效率得到提高，劳动强度大大降低，安全能够得到更好的保障。

10.2.2 采用该施工技术，有效地缩短工期20d左右，提前交付安装15d以上。确保了整条生产线按期点火。实现了早投产、早使用，赢得了建设单位的赞誉。

10.3 该施工工艺实施后，工期短、占用工具少、设备投入量大量减少，科技含量高，符合节约社会建设和持续发展要求。

11. 应 用 实 例

本工法技术在河南省瑞平石龙水泥（5000t/d）熟料生产线熟料储存库、辽宁银盛新型干法水泥生产线熟料库、卫辉市天瑞水泥有限公司5000t/d水泥生产线二期熟料储存库等工程中应用。

11.1 应用工程概况

11.1.1 河南省瑞平石龙水泥（5000t/d）熟料生产线熟料库工程：熟料库内径为40m，高30.95m，壁厚600mm；库壁钢筋水平筋$\Phi25@100$mm，竖向筋$\phi18$。库顶为空间型钢结构，钢结构顶标高为42.7m，低标高31m，垂直高度为11.7m，重量约120t；其中顶部环梁标高42.7m，外径13.1m，环梁由850mm×400mm的H形钢焊接而成，中间为850mm×400mm及600mm×300mm的H形钢组成的井字梁结构。该空间钢结构由18根650mm×300mm的H形钢斜梁支撑，水平支撑为$\Phi133$mm×5mm钢管及$\Phi140$mm×5mm钢管组成，间距3.5m，斜支撑为$\Phi76$mm×4.5mm钢管组成；水平支撑及梁支撑全部采用$\Phi16$高强度螺栓连接（熟料库结构构造示意见图11.1.1-1；库顶钢结构示意见图11.1.1-2）。

采用该施工工艺，滑模于 2006 年 4 月 3 日开始，2006 年 5 月 25 日完成，工期 53d。

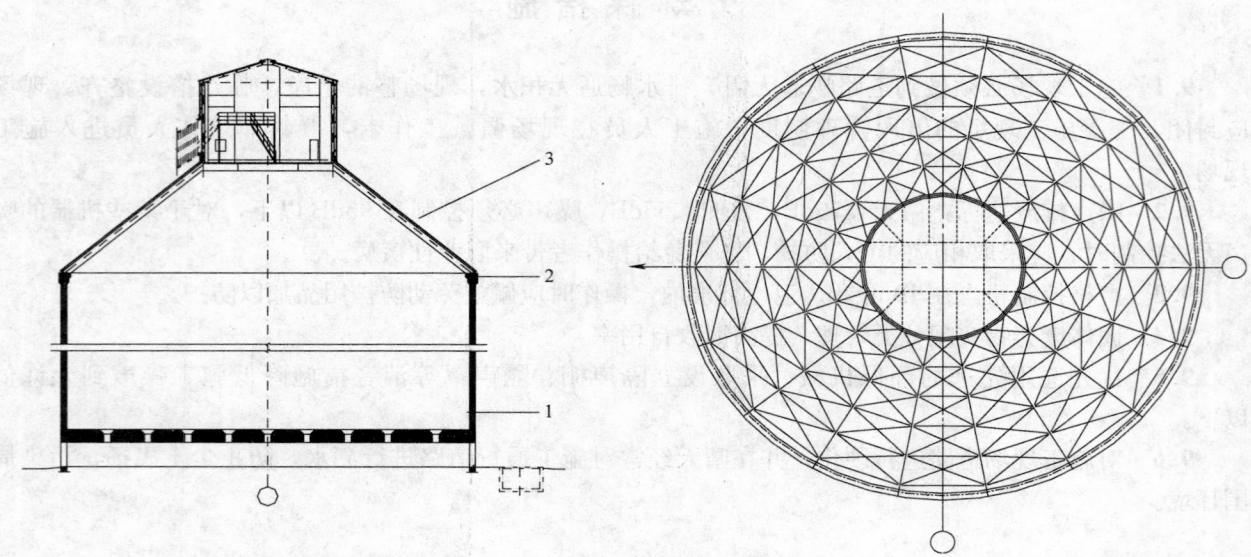

图 11.1.1-1　熟料库结构构造示意图
1—熟料库壁；2—库顶混凝土环梁及钢结构支座；
3—辐射斜梁及梁间支承

图 11.1.1-2　熟料库库顶钢结构示意

11.1.2　辽宁银盛新型干法水泥生产线熟料储存库工程：直径 40m，高 45m，库顶为圆台形钢结构，重约 130t，采用该施工工艺，滑模于 2007 年 8 月 3 日开始，2007 年 9 月 20 日完成，工期 50d。

11.1.3　河南卫辉市天瑞水泥有限公司 5000t/d 水泥生产线二期熟料储存库工程：直径 40m，高 28m，库顶为圆台形钢结构，重约 120t，采用该施工工艺，滑模于 2008 年 5 月 8 日开始，2008 年 6 月 24 日完成，工期 49d。

11.2　施工情况

11.2.1　采用逆作业施工法，在滑模组装的同时于操作平台上进行库顶钢结构整体组装，将高空作业转化为普通高空作业。钢结构产生的水平推力由每根斜梁根部设置的抗推力拉杆进行平衡，重力由其斜梁下加设的千斤顶承担；滑模组装前操作平台采用挑架式，该种平台用钢量小，平台适用性强，便于滑升同步及两仓的分离。小仓中心设置中心环，吊线坠对准圆心，保证随时检测其滑升的垂直度。

11.2.2　通过施工荷载计算，确定斜梁支座处千斤顶、支撑杆、辐射拉杆和提升架的规格和数量。增强大圆库滑模施工系统的刚度，利于滑升施工中的偏差控制，实现整体抬升。施工中采用了 GYD60 型滚珠式千斤顶，在斜梁支座两侧的提升架处各增加一个千斤顶，支承杆采用 $\phi48\times3.5$ 钢管，长度 4.5m。提升架用 [14 槽钢制作，选用门字形。与围圈 [8 焊接连接。

11.2.3　通过筒形限位调平器和限位挡，配合水准仪，保证每步的同步性（每步滑升 20～30cm）。

11.3　效果评价

经过实践证明，仅一个项目采用此工艺，与传统施工工艺相比施工工期可提前 20d。直接成本节约 11.84 万元。工程质量稳定，无安全生产事故发生，赢得了建设单位和监理单位的好评。该工艺在今后的水泥生产线建设施工中具有极高的推广价值。

大型连续退火炉炉辊无垫片先进安装工法

GJYJGF093—2008

鞍钢建设集团有限公司　东北金城建设股份有限公司

姜长平　邵波　尹长生　吴长城　夏志华

1. 前　　言

在大型工业先进的、生产高附加值的镀锌钢板和冷轧钢板生产线上，已引进世界先进的大型连续立式退火炉生产线是优质产品生产工艺流程中的核心，它包括了特需板材进行热处理工艺的全过程：主要有预热、加热、均热、缓冷、快冷、过时效及最终冷却处理工艺过程。在大型连续退火炉炉辊安装找正工程中，具有炉辊种类多、炉辊组装部件多、安装高空作业多、结构管道障碍多、工序复杂层次多、重复工序多、受到环境影响大、作业面广、大而分散等问题，严重地制约了工程质量和工期进度的提高。在工程实践中，我公司总结出了大型连续退火炉炉辊无垫片先进安装工法，该工法关键是把设备支座上的地脚螺栓孔，设计加工为活动圆柱销定位支座，在支座上设计了支座和轴承盒调整螺丝。施工中通过采取活动圆柱销辊座定位法，轴承盒螺丝调整法，支架轴向调整法，摇杆正交法，小车穿辊法等的优化组合作业。可最大限度地提高炉辊的调整质量，加速了工程进度，缩短了工期，提高了劳动生产率，保障了施工安全，保护了环境，增加了企业经济效益。通过多次应用实践证明，炉辊无垫片先进安装工法的工法设计理念必将得到推广和发展，应用到设备支座的设计、制造和安装中去，会取得更大的经济效益和社会效益。我们本着用户至上，质量第一，创国家建筑行业优质工程的原则，对国内承接的外国专有的三项连续退火炉工程，进行了不断地实现圆柱销活动支座的设计优化，实现炉辊安装找正的无垫板安装先进工艺的探索和提高，获得了国内外业主和同行业的一致好评，目前已有两项工程荣获"鲁班奖"。

2. 工 法 特 点

炉辊无垫片先进安装工法，采用活动圆柱销辊座定位法和轴承盒螺丝调整法的新技术、新工艺工法设计理念，已得到推广和发展，应用到了设备支座的设计、制造和安装中，能使炉辊安装工期提前50%，质量优良，安全无事故，造价降低30%，已取得很大的经济效益和社会效益。

2.1 本工法的关键技术在于改变了原有炉辊支座的结构为活动圆柱销支座，取消了安装找正必用的调整垫片，见圆柱销活动支座图2.1。采用活动圆柱销辊座定位法，实现了设备无垫板高质量地快速找平找正。

2.2 本工法的关键技术在于炉辊支座上还配置了用于调整炉辊支座和轴承盒偏差位置的调整螺丝，见圆柱销活动支座图2.1，采用支座和轴承盒螺丝调整法，实现了安装精度的快速微调。

2.3 本工法的关键技术在于炉辊的吊装过程中，采用了专用电动装辊小车，实现了快速穿辊作业，见专用装辊小车图2.3。

2.4 本工法的关键技术在于炉辊的施工找正过程中，炉辊的正交度采用摇杆法。保证了炉体辊道对生产中心线的垂直度。

2.5 本工法的技术在于炉辊的施工找正过程中，炉辊的水平度和支座的垂直度采用了精度0.02mm/m的方水平。

图 2.1　圆柱销活动支座图

图 2.3　专用装辊小车图

2.6　本工法的技术在于炉辊的施工找正过程中，辊子的轴向调整，采用支架轴向调整法。

2.7　本工法的关键技术在于炉辊的施工找正过程中，标高和中心线的控制，采用了精密水准仪和经纬仪及挂垂线的综合方法，保证了纵横中心的控制精度。

3. 适 用 范 围

主要适用于大型立式连续退火炉生产线大炉辊的安装找正，以及普通钢结构批量设备支座的制造安装工程。

4. 工 艺 原 理

4.1　建立在空间直角坐标系理论基础上，采用了精密水准仪和经纬仪及挂垂线的综合方法，控制炉辊施工找正过程中的标高和中心线。

4.2　利用六点定位的自由度控制原理，进行施工图自审，审清楚设备支座的结构特点，建议改进或变更设计，把支座或设备底座安装螺栓孔，加工改制为活动圆柱销支座。把支座改成由带圆柱销孔的底座、带螺栓孔的圆柱销、精调的螺丝和连接螺栓等组成。对设备支座的安装找正实现无垫板快速安装。

4.3　利用六点定位的自由度控制原理，采用摇杆法检查找正炉辊正交度，采用方水平放在电机侧的轴头上检查炉辊水平，采用支架轴向调整法调整辊子的轴向位置。

4.4　建立在空间直角坐标系理论基础上，利用专用装辊小车完成炉辊轴向穿辊工序。

5. 施工工艺流程及操作要点

5.1　工艺流程

5.1.1　炉辊设备安装工艺流程图见图 5.1.1。

5.1.2　活动支座安装找正工艺流程图见图 5.1.2。

5.1.3　穿炉辊工艺流程图见图 5.1.3。

5.1.4　炉辊找平找正工艺流程图见图 5.1.4。

5.2　操作要点

5.2.1　辊道支座图纸（二次优化设计）改进已施工图纸为基础，对原设备支座的结构进行活动圆柱销辊道支座（活动支座）的优化设计，与设计单位或甲方工程项目工程师共同完成，对支座的结构进行优化改制。

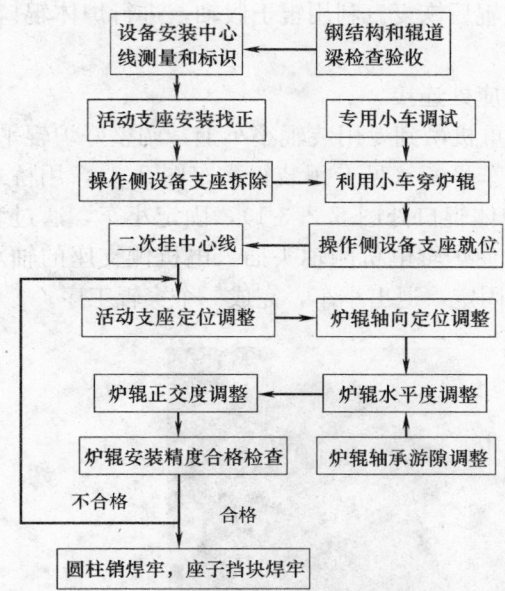

图 5.1.1　炉辊设备安装工艺流程图

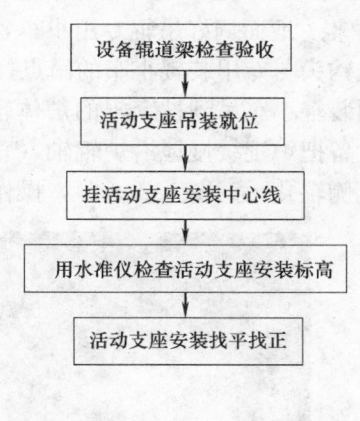

图 5.1.2　活动支座安装找正工艺流程图

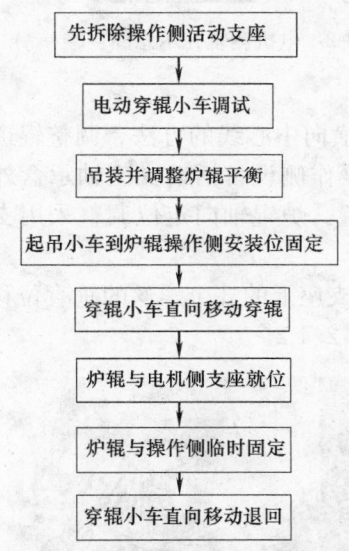

图 5.1.3　穿炉辊工艺流程图

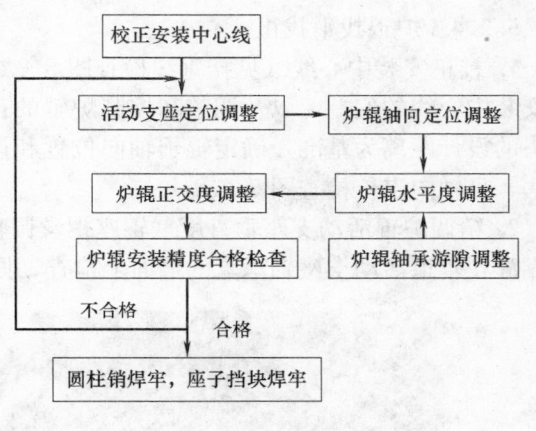

图 5.1.4　炉辊找平找正工艺流程图

5.2.2　设备活动支座安装

1. 对活动圆柱销辊道支座进行检查验收，对螺孔有问题的进行攻丝或铰孔处理。

2. 钢结构和辊道梁检查验收，利用精密水准仪和经纬仪检查控制结构的标高、水平和中心线偏差，用挂垂线的方法控制（见挂垂线复测中心线图 5.2.2 所示）和检查上下各层的垂直中心线，并把线坠放在油盒内，实现精确标识。

3. 设备安装中心线测量和放线，设备零部件清洗保护，活动支座与轴承盒装配，活动支座在钢结构辊道梁上粗找合格后，其圆柱销与底板电焊点焊牢固，座子两侧焊定位挡。

5.2.3　穿炉辊

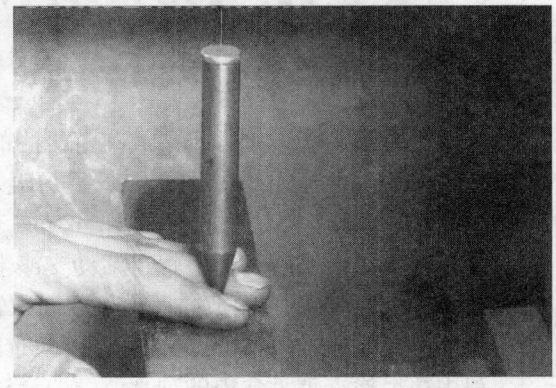

图 5.2.2　挂垂线复测中心线图

1. 穿炉辊前，临时拆除炉子操作侧设备支座，待穿完辊后恢复。利用辊子假轴，进行炉体辊口盖、膨胀节和活动支座的就位安装。

2. 传动侧座子固定不动，膨胀节分别与炉子和座子对应处连接。

3. 穿炉辊：地面调好吊辊专用小车，把炉辊用桥式起重机吊到专用装辊小车上，调整好炉辊平衡，桥式起重机钩头与专用装辊小车的吊点挂好，调好装辊小车平衡（见专用装辊小车图 2.3），用桥式起重机把专用装辊小车吊到被穿辊的炉体辊口处（见小车炉体辊口处图 5.2.3-1），固定小车，通过装辊小车传动设备把炉辊缓慢地沿炉辊轴（直）向穿进炉内，使炉辊电机侧轴头插入电机侧支座的轴承孔内（见电机侧辊孔示意图 5.2.3-2），操作侧炉辊轴头临时固定，退出小车，完成一个穿辊工序。

 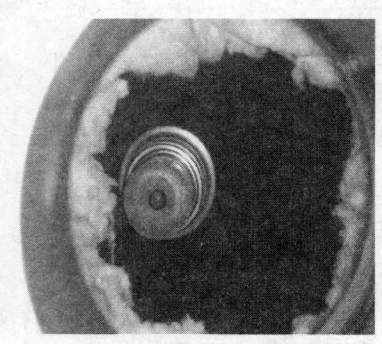

图 5.2.3-1　小车炉体辊口处图　　　　图 5.2.3-2　电机侧辊孔示意图

5.2.4　炉辊找平找正

1. 校正安装中心线（见挂垂线检查图 5.2.2），用挂纵向和横向中心线的方法，调整辊道活动支座的安装中心线的偏差，以及调整和控制炉辊的正交度精度，以操作侧设备活动支座轴承盒外端面到内轴头的设计距离为基准，确定辊子轴向位置和设备活动支座位置。炉辊轴向定位调整采用支架轴向调整法，见轴向定位检查图 5.2.4-1。

2. 精调炉辊活动支座垂直度（辊座螺丝调整法），调整辊道支座上的 3 个螺丝的垂直位移。用方水平靠放在辊道活动支座轴承盒的端面上检查，见垂直度检查图 5.2.4-2。

图 5.2.4-1　轴向定位检查图　　　　　图 5.2.4-2　垂直度检查图

3. 精调炉辊水平度，用方水平放在电机侧的轴头上检查炉辊水平、用活动支座上轴承盒调整螺丝精调整垂直位移（轴承盒螺丝调整法），见炉辊水平度检测图 5.2.4-3。在保证辊子水平 0.05mm/m 的同时，还要保证设备支座的垂直度 0.1mm/m。

4. 摇杆法检查正交度，通过辊道活动支座上轴承盒两侧的调整螺丝精确调整轴承盒水平位移（轴承盒螺丝调整法）。在操作侧把摇杆支架紧固在辊子操作侧的假轴上，检查调整辊子与轧制中心线的正交度（垂直度 0.05mm/m），见炉辊正交度检查图 5.2.4-4。

5. 利用塞尺检查轴承盒内的轴承游隙，通过锁紧轴承背帽调整，见轴承游隙检查图 5.2.4-5。

6. 上述各步调整多次循环进行，达到质量标准验收合格后，设备活动支座上的圆柱销与支座底板连续焊接，座子的两侧挡块与辊道梁焊接牢固，见调整合格炉辊支座图5.2.4-6。

图 5.2.4-3 炉辊水平度检测图

图 5.2.4-4 炉辊正交度检查图

图 5.2.4-5 轴承游隙检查图

图 5.2.4-6 调整合格炉辊支座图

5.3 劳动力组织。见表5.3。

劳动力组织情况表   表5.3

序号	人员	所需人数	备注
1	技术管理人员	1	
2	穿辊人员	6	
3	安装人员	10	
	合计	17	

6. 机 具 设 备

6.1 主要施工机具设备一览表

主要施工机具设备见表6.1。

主要施工机具设备一览表   表6.1

序号	名称	型号	数量	产地	时间
1	交流电焊机	BX1-400	4	上海	1998
2	桥式起重机	40/5	2	大起	2007
3	专用装辊小车	1300	1	LOI	2007
4	千斤顶	16	2	大连	2004
5	链式起重机	2.0	3	大连	2005
6	角向磨光机	ϕ125	4		

6.2 主要检验、测量设备一览表

主要检验、测量设备见表6.2。

主要检验、测量设备一览表   表6.2

序号	仪器设备名称	规格型号	精度	数量	产地	制造年份
1	电子水准仪	UG0119	2	1	日本	1998
2	水准仪	NA2	0.1mm/km	1	瑞士	1995
3	经纬仪	T2	2″	2	瑞士	1995
4	全站仪	GTS-722	2mm+2PPM	1	日本	1995
5	框式水平仪	200×200	0.02mm/m	4	沈阳	2004
6	内径千分尺	0.0～300mm	0.01mm/m	2	成都	1999
7	外径千分尺	25～350mm	0.01mm/m	1	衡阳	1998
8	游标卡尺	0～125mm	0.02mm/m	1	上海	2005
9	钢板尺	0～200mm	0.1mm	4		2007
10	钢卷尺	3m	0.1mm	6	广东	2005
11	盘尺	30m		3		2007
12	塞尺	0.02～1.0mm		4		
13	线坠			8		

7. 质 量 控 制

7.1 工程质量控制标准

炉体钢结构工程执行《钢结构工程施工及验收规范》GB 50205—2001，炉辊安装工程执行《国外LOI公司设计给定的标准》0430 08501。其关键部位、关键工序的允许偏差按表7.1执行。

关键部位、关键工序的允许偏差表   表7.1

序号	工序名称	检查内容	允许偏差	检查方法
1	活动支座安装	垂直度	0.1mm/m	框式水平仪靠在轴承盒的端面上
		标高	±1.0mm	水准仪检查座底面
		两支座间距位置	±0.5mm	挂纵向中心线，吊线坠，用钢板尺测量
2	炉辊安装	水平度	0.05mm/m	框式水平仪靠在电机侧的轴面上测量
		正交度	0.05mm/m	摇杆法配用千分尺检查，挂纵向中心线
		轴向位置	65±0.5mm	用钢板尺检查
		轴承游隙	0.15～0.18mm	用塞尺检查，调整轴承背帽，(内部用风吹干净)
3	焊接	焊缝质量	符合设计要求	焊接检验尺和目视
4	穿炉辊	炉辊表面质量	符合设计要求	目视观察辊面和轴头有无伤痕，(用专用装辊小车穿辊)

7.2 质量保证措施

7.2.1 建立质量保证体系和岗位责任制，完善质量管理制度，明确分工指责，落实到人，保证体系高效地运行。

7.2.2 对工程质量实施事前、事中和事后的全过程控制，对施工过程的人、机、料、法、环五大要素的保证措施进行明确和落实。

7.2.3 炉体操作侧和传动侧的炉辊活动支座的安装，必须严格控制标高、中心线和垂直度的质量标准。

7.2.4 炉体下部的纵向和横向中心线必须采用全站仪和经纬仪等的测量和控制。炉体上部的纵向和横向中心线必须采用经纬仪和吊线坠的方法测量和控制。

7.2.5 炉体各层的中心线必须以地面上的永久中心点为基准，严格控制在0.3mm以内。每个炉辊的找正前，都要事先检查中心线的准确性。

7.2.6 炉辊的检测量具，必须是计量鉴定合格的，吊用的线坠线必须是鱼线。在线坠处配有油盒，线坠放在油盒内，防止线坠摆动。

7.2.7 打摇杆的支架必须刚度好，稳定性好，不颤动。

7.2.8 活动支座和轴承盒的连接螺栓必须采用力矩扳手最终把紧。

8. 安 全 措 施

8.1 认真贯彻"安全第一,预防为主"的方针,根据国家有关规定、条例,以及我公司的安全操作规程,结合工程的具体特点,对全体施工人员进行安全教育和培训。建立健全以项目经理为首的安全消防保证体系。

8.2 施工现场应有防火、防触电、防高处坠落、防机械伤害、防物体打击等事故应急预案措施,并且按规定配备灭火器等消防器材,悬挂安全标识。

8.3 每天班前必须检查所使用的工机具的安全保护的可靠性。

8.4 每次穿辊前都必须认真检查装辊小车的电气部分的安全性,防止漏电、触电等发生,装辊小车传动机构,锁紧机构要认真检查,防止炉辊坠落事故发生。

8.5 炉辊吊装前,必须地面进行调平,并在小车上捆牢定向安全麻绳,起重的钢丝绳必须天天认真检查,发现有损伤马上更换。

8.6 电焊机的一次和二次线必须单独引线到施焊部位,防止点火花伤到炉辊轴承及密封部件。

8.7 施工现场的临时用电,必须严格按照《施工现场临时用电安全技术规程》的有关规定执行。

9. 环 保 措 施

9.1 成立施工现场环境管理领导小组,建立健全环境管理体系。

9.2 现场内所有交通路面和物料堆放场地实施全面硬化路面,做到黄土不漏天;施工垃圾及时清运,并适量洒水,减少污染。

9.3 尽可能采用低噪声的施工机具,对强噪声的施工设备加隔声棚或隔声罩遮挡,加强环保意识的宣传,采用有力措施控制人为产生的施工噪声,严格管理,最大限度地减少噪声。

9.4 设立人行道,设备摆放场地,废弃物临时储存场地,实施专人管理和清理。对有可能产生二次污染的包装箱废弃物必须单独存放,设置安全防范措施,且有醒目标志,定期排放。

9.5 现场所有油盒,必须专管专用,定期排放,并备有灭火器材。

10. 效 益 分 析

对于采用本工法实现活动圆柱销支座的设计优化,实现炉辊无垫片安装找正的先进工艺,进行施工的效益分析,其全过程经济效益的构成与常规施工方法有很大的不同,原有的是有垫板安装,现在的是无垫板安装。应该在原材料、结构件的制作成本和施工生产效率两方面进行分析并综合评估。连退线实施工法效益分析见表10所示,三条连退线实现经济效益约202.89万元人民币。

连退线实施工法效益分析表   表10

序号	工序内容	工位数	人数	产量	生产能力
1	垫板组制作	3	6	546组×3.6kg	1965.6kg×9.8元/kg=1.93万元
2	穿炉辊	4	6	9根/8h	17根/d×10d=170根
3	炉辊无垫板调整	5	3	1根/8h/组;3组	180根/60d
4	炉辊有垫板调整	5	6	1根/32h/组;3组	180根/270d

材料费:1.93万元,含加工制作费。

人工费:

无垫板调整人工费为 3×(3×60×120元/d)=3×21600元;

有垫板调整人工费为 3×(6×270×120元/d)=3×194400元。

节省人工费为:

有垫板调整人工费—无垫板调整人工费=17.28×3=51.84万元(180根炉辊)。

机械费:提前工期20d,40t吊车每天运行3个台班,台班费为4500元/台班。

节省机械费为20d×3个台班×4500元/台班=27.00万元。

节省经济效益总额为:3×节省材料费+2.5×节省人工费+2.5×节省机械费。

三条连退线实现经济效益为202.89万元

11. 应 用 实 例

我们本着用户至上，质量第一，创国家建筑行业优质工程的原则，对国内承接的外国专有的连续退火炉工程，进行了不断地实现活动圆柱销支座的设计优化，实现炉辊无垫板安装先进工艺的探索和提高，获得了国内外业主和同行业的一致好评，已有两项工程荣获鲁班奖。主要工程如下：

11.1 鞍钢大连—蒂森克虏伯有限公司新建年产 40 万吨镀锌线项目

11.1.1 工程地点：辽宁大连金洲开发区振鹏工业城。

11.1.2 总工期：210 个日历天。

11.1.3 实物工程量：年产 40 万吨镀锌线。

11.1.4 工程概况：于 2002 年 5 月开工，由 DREVER 公司设计的大型立式连续退火炉项目，其中炉辊有 83 根，要求按照图纸技术要求标准进行安装检查验收，这是我公司第一次接受的主要安装调试任务，工程由北京凤凰工业炉总承包，外国专家现场指导安装，前 21 根辊采用有垫板安装，施工人员分为三组用了 27d；改进后，采用了本安装工艺，施工人员分为三组用了 28d 完成了 62 根。在业主要求的 65d 工期内缩短了 10d，炉辊调整实现了 100％的合格率，向 DREVER 公司专家和业主提交了满意的答卷。

11.1.5 应用效果：该项工程于 2004 年 12 月荣获鲁班奖。

11.2 鞍钢新轧钢冷轧 3 号生产线（2130）大型立式连续退火生产线工程

11.2.1 工程地点：鞍钢厂内西区。

11.2.2 总工期：245 个日历天。

11.2.3 实物工程量：年生产能力为 100 万吨钢。

11.2.4 工程概况：于 2005 年 6 月开工的，由 DREVER 公司设计的 2130 工程，主要分为两大部分，有酸洗冷轧生产线与配套的连续退火生产线。主要安装调试任务是连续退火生产线，该工程 183 根炉辊安装质量要求高，施工难度超过以往工程的技术要求，技术标准为国外 DREVER 公司的高精度标准。在业主要求的 65d 工期内缩短了 20d，炉辊调整实现了 100％的合格率，向 DREVER 公司专家和业主提交了满意的答卷。

11.2.5 应用效果：该项工程于 2007 年 11 月荣获鲁班奖。

11.3 鞍钢新轧钢冷轧 4 号生产线（1450）大型立式连续退火生产线工程

11.3.1 工程地点：鞍钢厂内西区。

11.3.2 总工期：225 个日历天。

11.3.3 实物工程量：年生产能力为 60 万吨连续退火生产线。

11.3.4 工程概况：于 2007 年 5 月开工的鞍钢新轧钢冷轧 4 号生产线是鞍钢重点改造 1450 工程，主要分为两大部分，有酸洗冷轧生产线与配套的连续退火生产线。我们的主要任务是年生产能力为 60 万 t 连续退火生产线，该工程 189 根炉辊安装质量要求高，施工难度与 2130 生产线基本相同，技术标准为 LOI 公司（天津）和国外 DREVER 公司的高精度标准。在业主要求的 60d 工期内缩短了 20d，炉辊调整实现了 100％的合格率。

11.3.5 应用效果：向 DREVER 公司专家和业主提交了满意的答卷。保质保量提前工期 20d。

多联体筒仓快速滑模施工工法

GJYJGF094—2008

深圳市市政工程总公司　广州市建筑机械施工有限公司

高俊合　范继明　刘凤华　杨一鸣　何炳泉

1. 前　　言

圆形筒仓采用满堂脚手架法施工占用场地较大，模板需求多，使用效率低，成本高。而采用液压滑模具有施工保持连续作业，施工速度快，节省材料和人工，机械化程度高，劳动强度低等特点，逐渐被应用于筒仓施工。但现有的筒仓滑模装置重量大，滑升速度慢，混凝土抗裂性能及施工外观差，混凝土运输速度慢等缺点。

针对以上问题。结合深圳粮食储备仓库工程开展了科研攻关，取得了《多联体筒仓快速滑模施工成套技术》这一科研成果，该成果于2008年11月21日，经广东省建设厅组织的专家鉴定，达到国内领先水平。同时，形成了"多联体筒仓快速滑模施工工法"，取得了显著的经济效益、社会效益和环保效益。

2. 工 法 特 点

2.1 设计的滑模具有重量轻、装拆速度快，滑升速度快，空滑高度大等优点，适用于多联体筒仓滑模施工。

2.2 配制的混凝土具有早强、抗裂、高性能等特点。

2.3 研制的"泵送＋快速分料"混凝土运输体系，大大提高了混凝土运输速度，进而提高了混凝土浇筑速度和滑升速度。

2.4 使用了研制的钢筋保护层厚度及仓壁纵向钢筋间距的控制装置，解决了普通滑模施工中钢筋保护层不足和钢筋间距很难保证的难题。

2.5 使用了研制的滑模喷淋养护装置，使滑模施工混凝土养护难的问题得到了很好的解决。

3. 适 用 范 围

适用于多联体筒仓快速滑模施工。

4. 施工工艺流程及操作要点

4.1 工艺流程

本工法施工工艺流程如图4.1。

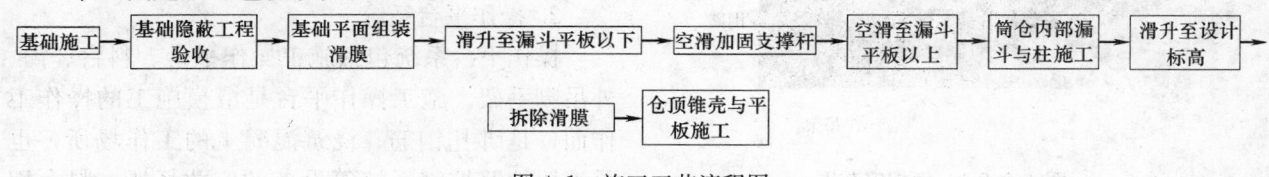

图4.1　施工工艺流程图

4.2 操作要点

4.2.1 技术准备

1. 工前培训及技术交底

筒仓滑模施工连续性很强，多工种协作作业。开工前必须根据图纸及有关规定的要求进行详尽的技术交底，按不同班组、不同工种及岗位进行认真的岗前培训，让参加作业的人员明确本岗位应完成的任务、必须达到的质量标准以及与其他工种配合的方式，确保施工中各工种协调一致，优质高速。

2. 混凝土配合比设计

滑模施工的混凝土，应事先做好混凝土配比的试配工作，其性能除应满足设计所规定的强度、抗渗性、耐久性以及季节性施工等要求外，尚应满足下列规定：

1）混凝土早期强度的增长速度，必须满足模板滑升速度的要求。

2）混凝土宜用硅酸盐水泥或普通硅酸盐水泥配制。

3）混凝土入模时的坍落度，应符合表 4.2.1-1 的规定。

3. 预留孔、预埋件、梁、板

1）预埋件安装位置应准确，固定牢靠，不得突出模板表面。预埋件出模后应及时清理使其外露，其位置不应大于 20mm，其上下、左右偏差应满足现行国家标准《混凝土结构工程施工质量验收规范》GB 50204—2002 的要求。

2）预留孔洞的胎膜应有足够的刚度，其厚度应比模板上口尺寸较小 10mm，并与结构钢筋固定牢靠。胎膜出模后，应及时校对位置，适时拆除胎膜，修整洞口；预留孔洞中心线的偏差不应大于 15mm。

3）遇到梁板时，梁留梁窝，板留插筋；二次浇筑。

4）当门、窗框采取预先安装时，门、窗和衬框（或衬模）的总宽度，应比模板上口尺寸小 10～15mm，安装的偏差应满足表 4.2.1-2 的规定。

混凝土入模时的坍落度　表 4.2.1-1

结 构 种 类	坍落度(mm)	
	非泵送混凝土	泵送混凝土
墙板、梁、柱	40～60	100～160
配筋密集结构(筒体结构及细长柱)	50～80	120～180
配筋特密结构	80～100	140～200

门、窗框安装的允许偏差

表 4.2.1-2

项目	允许偏差(mm)
中心线位移	10
框正侧面垂直度	3
框对角线长度	3

4.2.2 滑模装置设计

滑动模板施工装置由滑升模板系统、操作平台系统、液压提升系统、施工精度控制系统和供水、电系统等组成。

1. 滑升模板系统（图 4.2.2-1）

图 4.2.2-1　模板安装图

滑升模板系统包括模板、围圈、提升架，其作用是根据已知图示尺寸和结构特点组成成型结构用于混凝土成型。其在滑升时，承受新浇混凝土的侧压力和模板与混凝土之间的摩阻力，并将荷载传递给支承杆。模板系统的设计应符合结构成型要求，还必须保证足够的强度和刚度，并适应滑升各个阶段结构的变化要求便于调整。

2. 操作平台系统

操作平台系统包括施工操作平台、料台、内、外吊脚手架。施工操作平台是滑模施工的操作工作面，是绑扎钢筋、浇筑混凝土的工作场所，也是液压油路控制系统等设备的安放场所；料台用于放置混凝土料斗的场所，亦可以用于放置少量钢筋；内外吊脚手架用于库壁在滑模装置通过后，进行混凝土面整修和检查、混凝土养护、剔出预埋件等使用。各种构件的制作应符合现行国家标准《钢结构工程施工质量验收规范》GB 50205 和《组合钢模板技术规范》GB 50214 的规定。

3. 液压提升系统

根据《滑动模板工程技术规范》GB 50113—2005 及有关规定，经过计算一个筒库（直径为 $\phi21000$ mm）采用"GYD-60"型千斤顶 44 台。主（$\phi16$）、支（$\phi8$）高压油路系统，YHJ-36 型液压控制柜，支撑杆采用 $\phi48 \times 3.5$mm 钢管。

整个油路分组并联，由①～⑥根主油管通过分油器相连，每根主油管始端与液压控制台油阀相连，控制 6 台千斤顶，见图 4.2.2-2。

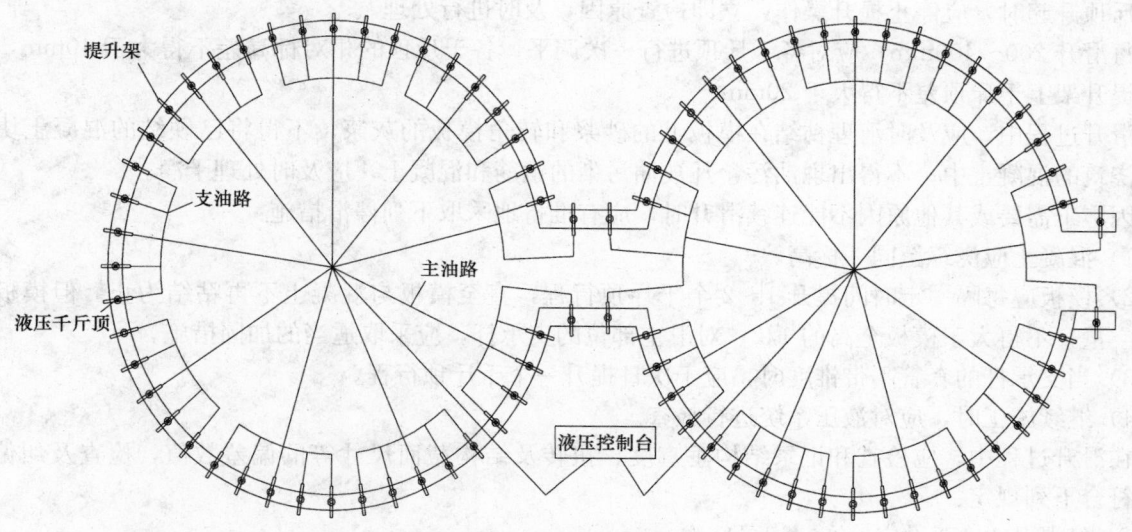

图 4.2.2-2　油路连接

4. 施工精度控制系统

1）水平度控制：用水准仪或水平管测量水平面。

2）垂直度控制：在库壁外两个轴线上设四个点，用线坠或激光铅直仪做垂直度测量。

4.2.3　滑模安装及调试

1. 滑模装置组装前，应做好各组装部件编号、操作平台水平标记，弹出组装线，做好墙与柱钢筋保护层混凝土垫块及有关的预埋铁件等工作。

2. 滑模装置的组装宜按下列程序进行，并根据现场实际情况安装滑模装置系统。

1）安装提升架，应使所有提升架的标高满足操作平台水平度的要求。

2）安装内外围圈，调整其位置，使其满足模板倾斜度和设计截面尺寸的要求。

3）绑扎竖向钢筋和提升架横梁以下钢筋，安设预埋件及预留孔洞的胎膜。

4）安装模板，宜先安装角模，后再安装其他模板。

5）安装操作内、外平台的支撑平台铺板和栏杆等。

6）安装液压提升系统，垂直运输系统及水、电、通信、信号精度控制和观测装置，并分别进行编号、检查和试验。

7）在液压系统试验合格后，插入支撑杆。

8）待模板滑升 2m 后，再安装内外吊脚手架，挂安全网。

3. 模板的安装应符合下列规定：

1）安装好的模板应上口小、下口大，单面倾斜度宜为模板高度的 0.1%～0.3%；

2）模板上口以下 2/3 模板高度处的净间距应与结构设计截面等宽。

3）模板的连接处用双面密封，不得漏浆。

4.2.4 筒壁滑升

1. 初滑

将混凝土分层相互交圈浇筑至 500～700mm（或模板高度的 1/2～2/3）高度，待第一层混凝土强度达到 0.2～0.4MPa 或混凝土贯入阻力值达到 0.30～1.05kN/cm² 时，应进行 1～2 个千斤顶行程的提升，并对滑模装置和混凝土凝结状态进行全面检查，确定正常后，方可转为正常滑升。滑升过程中，两次提升的时间间隔不应超过 1.5h。在气温较高时，应增加 1～2 次中间提升，中间提升的高度为 1～2 个千斤顶行程。

2. 正常滑升

应使所有的千斤顶充分进油、排油。当出现油压增至正常滑升工作压力值的 1.2 倍，尚不能使全部千斤顶升起时，应停止提升操作，立即检查原因，及时进行处理。

每滑升 200～400mm，应对各千斤顶进行一次调平，各千斤顶的相对标高差不得大于 40mm，相邻两个提升架上千斤顶差不得大于 20mm。

滑升过程中，应及时清理粘结在模板上的砂浆和转角模板的灰浆，不得将已硬结的混凝土块体混进新浇筑的混凝土中；不得出现油污，凡被油污染的钢筋和混凝土，应及时处理干净。

因施工需要或其他原因不能连续滑升时，应有准备地采取下列停滑措施：

1）混凝土应浇筑至同一标高。

2）模板应每隔一定时间提升 1～2 个千斤顶行程，直至模板与混凝土不再粘结为止。但模板的最大滑空量，不得大于模板全高的 1/2；对滑空部位的支承杆，应采取适当的加固措施。

3）当支承杆的套管不带锥度时，应于次日提升一个千斤顶行程。

4）继续施工时，应对液压系统进行检查。

在滑升过程中，应检查和记录结构垂直度、扭转及结构截面尺寸等的偏差数值，检查及纠偏、纠扭应符合下列规定：

1）每滑升 1m 至少应检查、记录一次。

2）在纠正结构垂直度偏差时，应徐缓进行，避免出现硬弯。

3）当采用倾斜操作平台的方法纠正垂直偏差时，操作平台的倾斜度应控制在 1% 之内。

4）对圆形筒壁结构，任意 3m 高度上的相对扭值不应大于 30mm。

混凝土出模强度宜控制在 0.2～0.4MPa，或贯入阻力值为 0.3～1.05kN/cm。

3. 滑模平台稳定及纠偏、纠扭技术（表 4.2.4-1）

在滑升过程中，应检查和记录结构垂直度、水平度、扭转及结构截面尺寸等偏差数值。每滑升一个浇灌层应自检一次，每次交接班时应全面检查、记录一次。

1）水平度、垂直度控制

测量方法（表 4.2.4-2）

施工允许偏差　　　表 4.2.4-1

序号	项目	允许偏差（‰，mm）
1	直径	<1‰，且≤40mm
2	壁厚	±10mm，−5mm
3	扭转	任意 3m 高上的相对扭转值≤30mm
4	垂直度	<1‰，且≤50mm
5	标高	±30mm

水平度、垂直度控制测量方法

表 4.2.4-2

序号	项目	方法	备注
1	操作平台水平度	标志法	
2	垂直度	垂球法	九宫格测靶

水平控制：

采用限位卡控制法，在提升架上方的支承杆上设置限位卡，配以 φ10mm 装水透明胶管控制千斤顶的行程；距离以一个提升高度或一次控制高度为准，一般为 200～400mm，使所有千斤顶行程一致。

垂直度控制：

在筒壁内侧500mm轴线上设4个控制点,用激光铅直仪或5kg大线锤检测筒身的垂直度。

2)纠偏方法:

采用以下三种方法纠偏:

操作平台倾斜法:一次抬高量≤2个千斤顶行程,操作平台的倾斜度应控制在1‰以内;

调整操作平台荷载纠偏法:在爬升较快千斤顶部位加荷,压低其行程,使平台逐渐恢复原位。

支承杆导向纠偏法:当用上述两种方法仍不能达到目的时,采用此法继续纠偏,其做法有两种:①在提升架千斤顶横梁的偏移一侧加垫楔型钢板,人为造成千斤顶倾斜;②切断支承杆,重新插入钢靴,把钢靴有意的反向偏位,造成反向倾斜;由于支承杆的导向关系,带动提升架上升达到纠偏的目的。

4.2.5 滑模拆除

为了保证滑模机具系统的整体稳定性,滑模拆除要求:先拆除外模后拆内模,拆除外模机具时不得进行内模围圈拆除;拆除外模时尽可能地避免高空作业;作业程序如下:①安全网、油路拆除;②内、外模板拆除;③内平台钢梁拆除;④内、外围圈、提升架拆除。

1. 安全网、油路拆除

由平台入口处开始向后倒退拆除安全网。安全网拆除时,要松开连接点,不得强性撕扯,更不准用火烧。

油路拆除顺序为:二级油路——主油路——液压控制台;拆除油路时将油管内的液压油收回至小桶内,不允许随意流淌。油管拆除后分规格清点数量、清理干净,然后整理入库。

2. 内、外模板拆除

1)松开内、外模板挂钩,清理掉模板上混凝土渣浮灰,使内、外模脱离墙体;人员内外配合,逐块拆除内、外模,并将内、外模板及时接入内侧取出。拆内、外模板时,每块模板都要用绳索绑扎牢固于脚手架板上,防止脱落。

2)人沿拆除方向挂好安全带向后倒退拆除外模;模板用绳子绑牢,拉到筒仓上搭设的临时平台上。

3. 内平台钢梁拆除

将钢梁上层割开,每根用φ20mm绳子栓牢放到地面上;然后再将下层钢梁同样方法操作。

4. 内外围圈、加固、提升架拆除

将内、外加固与提升架割开,每隔3~4m割断,用绳子栓牢放到地面上;内、外围圈用同样方法操作。

4.3 劳动组织

筒壁滑模作业每班工作12h,两班运转,全天连续作业。

浅筒库(以一个库一个班为例)

滑模班组:4人

钢筋班组:9人

混凝土班组:8人

木工班组:2人

抹灰班组:4人

其　　他:2人

每个库每班29人(不包括平台下及后勤、管理人员),其中滑模4人,土建25人。

5. 材料与设备

滑模施工机具见表5,滑模装置按4套设备考虑。

滑膜施工机具表   表5

项目	名称	规格及型号	单位	数量	说明
操作平台	提升架	[12～[14	榀	176	
	内平台	1800mm	副	176	
	外平台	1800mm	副	176	
	内外环梁	[8	m	2110	
	内围圈	[8	m	1056	
	外围圈	[8	m	1056	
	加固	[10	m	2400	
	中心盘	ϕ1000mm	副	8	
	内吊架	∠40×4mm	副	176	
	外吊架	∠40×4mm	副	176	
	角钢	∠65×6mm	m	480	防护栏杆
模板系统	模板		m²	1280	
液压系统	液压控制柜	HKY-36	台	2	
	千斤顶		台	200	
	修千斤顶工具		套	2	
	修千斤顶架子		套	2	
设备工具	电焊机		台	4	
	切割机		台	1	
	台钻		台	1	
	校围圈架子		台	1	
	断线钳		个	4	
	氧气、乙炔表		套	6	
	氧气、乙炔管		套	6	
	割枪		个	6	
	配电箱		台	6	
	焊把线	500mm²×30m	根	6	

6. 质量控制

6.1 建立与工序作业相对应的质量检验系统，严格执行国家、行业有关标准，保证工序质量符合规范要求。

6.2 建立全面的质量监控系统，及时处理质量问题，配置质量监控人员每仓每班1人，监督仓上钢筋混凝土施工质量，发现问题及时处理。

6.3 关键工序配质量检查人员检查。

6.4 滑升总调度、技术总值班巡回检查，及时处理施工中存在的问题，协调施工作业，向监理报验。

7. 安全措施

安全保证

执行《液压滑动模板施工安全技术规程》GBJ 65—89、《建筑机械使用安全技术规程》JGJ 33—2001、《施工现场临时用电安全技术规范》JGJ 46—2005及《建筑施工高处作业安全技术规范》JGJ 80—91的有关规定。

7.1 落实安全责任，实施责任管理。建立、完善以项目经理为首的安全生产领导小组，有组织、有领导地开展安全管理活动。同时，配备规定数量的专职和兼职安全员，建立各级人员安全生产责任制度，明确各级人员的安全责任。抓制度落实，抓责任落实；定期检查安全责任制落实情况，及时报告。尤其强调项目经理是施工项目安全管理的第一责任人，必须对管辖范围内的安全技术全面负责，组织编制滑模工程的安全技术措施，进行安全技术交底及处理施工中的安全技术问题。

7.2 对参加施工的全体人员进行安全教育，增强人的安全生产意识；对于部分一线操作人员还要进行安全技能训练，使之获得完善化、自动化的行为方式，减少操作中的失误现象。

7.3 成立以项目经理为首，由业务部门、人员参加的安全检查小组，建立安全检查制度。按制度要求的规模、时间、原则、处理、报偿全面落实，发现问题及时整改、处理。

7.4 对于关键工序、特殊工序的施工，项目部应结合具体情况编制作业指导书，并向操作人员详细交底；尽量做到作业标准化，用标准来规范人的行为。

7.5 必须配备具有安全技术知识、熟悉安全规范和《滑动模板工程技术规范》的专职安全检查员。

专职安全检查员负责滑模施工现场的安全检查工作，对违章作业有权制止；发现重大安全问题时，有权责令先行停工，并立即报告领导研究处理。

专职安全员应在施工前分工种进行安全技术交底，设定安全操作规程牌，并督促操作人员认真学习、掌握，同时要经常检查；发现隐患，应立即停工整改，直到隐患消除。

7.6 制订详尽的安全设施管理措施并督促落实。

8. 环 保 措 施

8.1 本工法中的钢筋绑扎、焊接，混凝土浇筑等工序施工的环保措施与普通混凝土工程基本相同，应严格遵照国家及地方有关法规、规范、规程执行。

8.2 由于滑模采用液压系统，施工完毕后及时清理油污、垃圾等，以免污染环境。

9. 效 益 分 析

9.1 经济效益分析

本工法造价比普通模板体系低 33.3%。

9.2 工期比较

9.2.1 普通模板体系

如采用普通模板施工，每层仅可浇筑 4m 高，每层施工周期约 15d，施工至仓壁顶部即需 7 次，考虑拆模周转等因素，每座仓施工周期大约 140d；如配足 4 套仓模板，10 座浅圆仓施工共计需要至少 400d。

9.2.2 滑模

采用本多联体滑模施工，每次滑升 30cm，实际每天滑升 4.5～5m，而普通的滑模每天仅滑 3m，速度比其快 50%。工期只有普通模板体系的 1/4。

9.3 综合比较

经与普通模板体系比较，本课题研究的快速滑模体系，施工造价低 33.3%，工期只有普通模板体系的 1/4，比一般滑模快 50%。

可见本工法具有较高的经济效益和社会效益。

10. 应 用 实 例

深圳市国家粮食储备库浅筒仓

位于深圳市龙岗区的国家粮食储备库浅筒仓，设计为独立筒仓，共计 10 座，分两排平行排列，相邻筒仓壁间距为 3m，筒仓中心线直径为 21m，库壁厚 280mm，筒壁高 26.4m，在标高 8.77m 处设有一漏斗，筒仓顶为混凝土锥壳，在 30.25m 处为仓顶平板。该工程于 2007 年 1 月开工，2008 年 10 月竣工。工期共计约 100d。采用双联体滑模施工，施工质量、速度效果显著。

高压气囊配合半潜驳搬运水工重件工法

GJYJGF095—2008

中交第四航务工程局有限公司

王定武　黄焕谦　吴涛　陈斌　伊左林

1. 前　　言

随着现代港口建设向深水型大吨位重力式码头发展，预制构件也越来越大。因受起重设备能力的限制，大吨位构件的出运及安装成为现代大型深水港口建设必须解决的技术问题。

1996 年中交第四航务工程局有限公司在福建深沪港采用气囊搬运 500t 沉箱取得成功，随后在多项工程施工中，采用该工艺配合半潜驳出运了大批从 500t 至 3200t 的大型水工构件，使该工艺更趋成熟，大型水工构件的出运、安装不再依赖于大型陆上和水上起重设备。气囊陆上出运构件工艺获得了 1998 年度原中港集团科学技术进步三等奖，采用该技术施工的广州港南沙港区一期工程被评为 2008 年度国家优质工程银质奖。中交第三航务工程局有限公司也在多项工程中应用了该项技术，其中泉州肖厝港区码头岸壁工程获 2007 年度中交股份优质工程奖。

2008 年 1 月 30 日，中国港口协会在广州组织召开了由中交第四航务工程局有限公司完成的"高压气囊配合半潜驳搬运水工重件技术"项目科技成果鉴定会，鉴定委员会一致同意该项目通过科技成果鉴定，认为该项研究技术路线正确，方法具有创新性，经科技查新，未发现有与本项目技术特点和指标相同的文献报道，其工艺技术达到国内领先水平，该工艺适应性强，成本较低，已成功应用于广州南沙港、深圳大铲岛集装箱码头、福建江阴电厂码头、福建泉州肖厝港区岸壁工程、厦门港海沧港区码头工程等大型水工工程，取得了良好的社会和经济效益，对于提高我国大型水工重件搬运、安装技术具有重要意义，对其他行业领域重件搬运也有参考价值，推广应用前景广阔。

2. 工 法 特 点

2.1 无需大型陆上和水上起重设备，只需几台常用的设备及工具，如卷扬机、空气压缩机等及若干条高压气囊，即可对数百吨、数千吨乃至上万吨的大型、超大型构件进行陆上搬运及上半潜驳，成本低廉，安全可靠。

2.2 气囊可到专业生产厂订制，可根据具体工程的需要，制成不同直径、长度及工作气压的气囊，以适应各种规格的重件的搬运工作，气囊可以重复使用，局部破损可以修补，保养得当使用寿命长达数年。

2.3 气囊是柔软弹性体，其受力变形的缓冲作用保证了构件搬运过程的安全。气囊作用于构件底板及地面的面积大，因而压强小（截至目前的应用实例，压强不大于 0.3MPa），不损伤构件，对出运通道场地要求不高，远低于用轨道车和大型门吊搬运重件的场地要求。

2.4 操作简便、安全可靠，操作人员只需经过简单培训即可操作。施工时，只需对气囊充气，顶升重件，开启牵引系统，即可实现构件的水平移动。构件移运过程中可作小角度调整及 90°转向，适合各种不规则的施工场地。

2.5 半潜驳具有船体宽、型深小、吃水浅的优点。半潜驳搭接出运码头，气囊直接搬运构件上驳，无需占用较长的码头岸线。与在码头或护岸前沿顺岸预制、用大型起重设备吊装工艺比较，采用气囊搬运重件上半潜驳工艺，可将施工所占用的岸线、水域及对前沿水深要求减小至最低限度，便于选择预制场地。

2.6 与利用轨道台车配合半潜驳直接出运构件、起重船吊装、直接在半潜驳上进行大型构件预制或滑道下水这几种工艺相比较，固定设施及设备建造成本更低，投入更少，工程工期易保证。

2.7 使用半潜驳运输水工重件，由于可进行较长距离拖带，使得预制场的选址更加灵活，且运输过程相对于构件直接水上浮运更加安全可靠。

3. 适 用 范 围

适用于港口码头、沉管隧道、桥梁、大型电厂等工业、交通、水工工程建设中搬运大型重件。

4. 工 艺 原 理

气囊搬运水工重件原理类似于滚筒搬运重物，不同的是滚筒是刚性的，工作时做圆周运动，而气囊是柔性的，工作时呈扁圆形，如坦克的履带一样运动。施工时，在需要搬动的构件下面，放置若干个无气的圆柱形胶囊，胶囊充气后将构件顶升，牵引构件，当施加的牵引力大于胶囊对地的摩擦力时，气囊滚动使构件水平移动。

在大型重件出运上驳施工中，投入的主要船机设备是半潜驳，其基本工作原理是：在涨潮时段的合适潮位，半潜驳利用船艏的搭接结构与出运码头搭接，上驳过程中，船头始终压在搭接码头上，利用船上牵引设备牵引重件上船，半潜驳通过调水，调整浮态，使甲板面与出运码头面处于同一水平面，重件牵引就位后，半潜驳起浮脱离搭接状态。

5. 施工工艺流程及操作要点

5.1 施工工艺流程
气囊配合半潜驳搬运水工重件工艺流程图如图 5.1 所示。

5.2 操作要点
5.2.1 准备工作
1. 出运前检查

1）先拆卸填砂底模，用高压水枪冲出填砂，检查构件底部及边角有无棱角突出，有则先清除。清砂与拆模顺序为从中间向两边对称进行，以免构件底板受力不均。

2）检查构件内腔是否有积水，若积水超过100mm 的，必须把水抽至低于 100mm 方能出运（避免积水在移运过程中使构件重心发生变化而影响控制）。

3）对陆上及半潜驳上的卷扬机、钢丝绳、滑轮组、导向轮及其卸扣、绳卡等，应逐项认真检查，排除一切隐患。

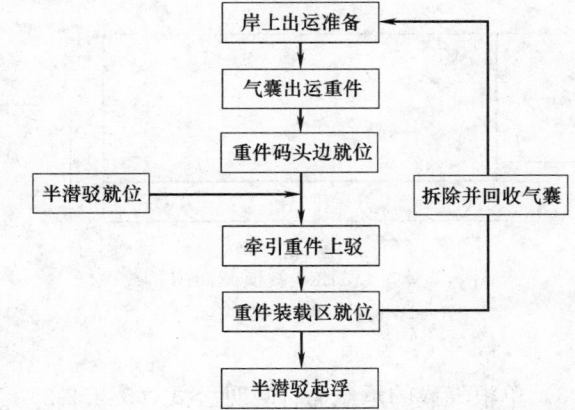

图 5.1 气囊配合半潜驳搬运水工重件工艺流程图

4）检查空压机运转是否正常，检查气囊充气各管件、阀门、压力表是否完好。

5）备用空压机、备用电源应处于良好状态。

6）清理出运通道及半潜驳甲板上一切尖锐物及障碍物，平整出运通道。

7）半潜驳发电机组、移船绞车、压载系统、电气系统、锚泊设备等应处于良好工作状态。

8）根据计算确定构件临时支垫处地基所需承载力，制定相应措施以防止地基下陷，可对出运通道进行夯实处理，也可在临时支垫处采用增加支垫枕木和预先铺设钢板等措施。

2. 牵引绳与构件连接

将前牵引钢丝绳与构件和牵引卷扬机动滑轮组连接好，调整钢丝绳长度至两侧相等，再连接好溜尾钢丝绳和溜尾卷扬机。

5.2.2 气囊的摆放

1. 气囊的构造及规格

气囊可到专业生产厂家订制，其结构如图 5.2.2-1 所示，气囊囊体骨架材料为锦纶帘子布，敷以橡胶等材料经过整体缠绕成型，囊嘴为铝合金铸体，内管丝牙型号为 $G1''-2''$，用户根据需要选用型号，规格见表 5.2.2，长度可根据构件的底宽选择，通常选用直径为 1.0m 的高压气囊。

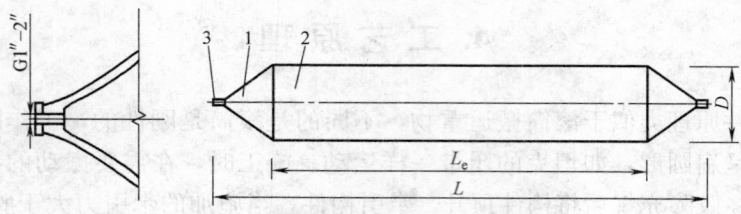

图 5.2.2-1 气囊结构图

1—囊头；2—囊体；3—囊嘴；D—气囊直径；L_e—囊体长度；L—总长

气囊规格表　　　　　　　　　　　　　　　　　　　　　表 5.2.2

	公称直径 D(m)		1.0
超高压气囊	出厂检验压力	（MPa）	0.39
	许用压力	（MPa）	0.30
高压气囊	出厂检验压力	（MPa）	0.24
	许用压力	（MPa）	0.20

2. 气囊的选择

根据构件的底宽，可确定单根气囊的长度，再根据构件重量、气囊顶升高度、承载面积、许用压力等参数计算出所需气囊的最短总长度和气囊数量。受压气囊横截面如图 5.2.2-2 所示。

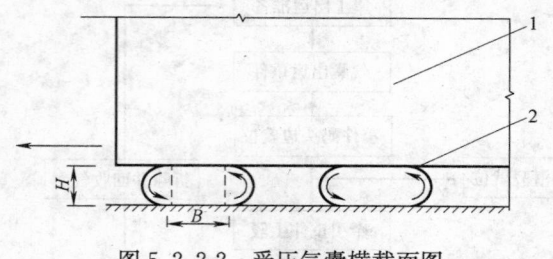

图 5.2.2-2 受压气囊横截面图

1—构件；2—气囊

1) 承载面宽计算见公式 (5.2.2-1)。

$$B=\pi(D-H)/2。 \qquad (5.2.2-1)$$

式中　B——气囊承载面宽度（m）；

D——气囊直径（m）；

H——气囊工作高度（m）。

2) 承载面积计算见公式 (5.2.2-2)。

$$S=BL_0=\pi(D-H)L_0/2 \qquad (5.2.2-2)$$

式中　S——承载面积（m²）；

L_0——气囊的承载面长度（m）。

3) 单根气囊的承载力计算见公式 (5.2.2-3)。

$$F=SP=\pi(D-H)L_0P/2 \qquad (5.2.2-3)$$

式中　F——单根气囊的承载力（N）；

P——气囊内工作压力（Pa）。

4) 所需气囊的总长度计算见公式 (5.2.2-4)。

$$L=GL_0/F=2G/[\pi(D-H)P] \qquad (5.2.2-4)$$

式中　$L_总$——气囊的总长度（m）；

G——构件的重力（N）。

3. 气囊的摆放

根据构件结构，可以采用左右两列对称排放或单排排放气囊。构件底面积较小时，可用单排摆放。对于某些特殊形状构件，如无底圆筒，由于构件底部承载面积太小，则需在构件底部安放托板或设置临时底板，以增大与气囊的接触面积。气囊摆放方式参见沉箱气囊布置示意图 5.2.2-3 和圆筒托板气囊布置示意图 5.2.2-4。

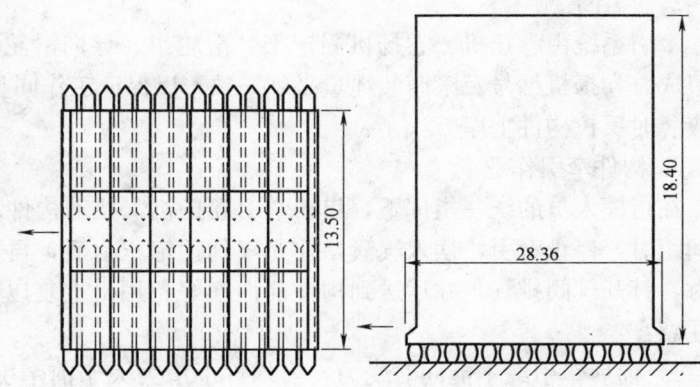

图 5.2.2-3　沉箱气囊布置示意图（单位：m）

5.2.3　气囊充气

启动空压机同时向各个气囊充气，充气速度应均匀。当充气压力达到预定顶升压力的 80% 时停止供气，检查所有气囊的压力是否一致，不一致时可向单个气囊充气，当压力基本一致时，继续同时充气，直至构件离开支垫。将气囊进气阀关闭，停止供气。

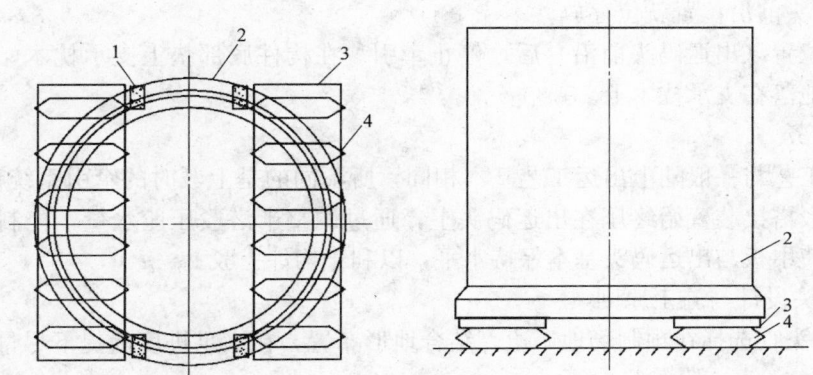

图 5.2.2-4　圆筒托板气囊布置示意图
1—支承枕木；2—圆筒；3—托板；4—气囊

气囊工作高度分顶升高度与出运高度，顶升高度宜高于底模或支垫枕木高度 30～50mm，工作高度应根据实际地质情况及构件特性选定适宜的范围。高度过大，则气囊有效受力面积减小，气囊气压增大；高度过小，摩擦力增大，牵引力也会相应增大，同时气囊容易扭曲和出现滑动摩擦，工作高度以 300～400mm 为宜。

5.2.4　拆除支撑物

先在构件周边放入临时支垫，然后由操作人员拆除支承枕木或底模，再拆除临时支座。

5.2.5　调整高度

拆除所有的连接胶管，打开各个气囊的排气阀，进行缓慢放气。当气囊高度降至出运高度时，关闭排气阀。

5.2.6　牵引出运

1. 牵引力计算

重件水平移动牵引力计算公式见 5.2.6。

$$F = f \times G \tag{5.2.6}$$

式中　F——为重件水平移动所需的牵引力；

　　　G——件重量；

　　　f——气囊与地面的滚动摩擦系数，取 0.05（地面按压实砂地）。

2. 牵引系统

牵引系统由卷扬机、卷扬机固定架、滑轮组、导向滑轮、锚碇、倒缆、牵引钢丝绳及溜尾钢丝绳等组成。卷扬机型号及滚筒装绳量必须一致，以保证工作同步，其中 2 台用于牵引向前，2 台用于溜尾及应急时反拉构件上岸。

3. 构件牵引作业

在指挥人员的统一指挥下，启动牵引卷扬机，拉动构件缓慢向前移动。当构件前面空出 1 个气囊的间距时，停止牵引，摆入气囊，并充气到预定压力后，再重新牵引。当后面移出的气囊快要离开构件时，打开气阀排气，并运送到构件前面摆好备用。重复以上步骤，直至将构件移到预定位置。应特别注意：

1) 前后牵引绳不能同时受力，当构件下滑力大于前牵引力时，前牵引钢丝绳必须处于松弛状态，靠后溜尾钢丝绳拉住构件缓慢下滑前移。反之，则前牵引受力，后牵引松弛。

2) 牵引速度不宜大于 3m/min。溜尾系统仍按牵引系统同等级配置，特别是斜坡道作业的情况下，更要根据实际情况精确计算溜尾系统的受力配置，溜尾力必须大于构件的下滑力和克服惯性力的总和。在应急情况下可用于构件反拉上岸操作。

5.2.7 出运码头前沿位置就位存放

当构件到预定位置（出运码头前沿）后，停止牵引。在构件底部垫上支承枕木，所有气囊同时缓慢排气，构件平稳地落在支承枕木上。

5.2.8 构件上驳

构件牵引上驳工艺与一般陆上出运工艺基本相同，所不同的是上驳时的牵引系统设置在半潜驳上。上驳过程中，半潜驳搭接装置始终压在出运码头上，通过调整半潜驳压舱水量，控制搭接装置受力和半潜驳的浮态，并使甲板与出运码头基本保持水平，以利于构件上驳。

1. 重件出运码头设计与施工原则

1) 重件出运码头宜选择在预制场地岸边，结合地形布置，在满足进度前提下尽量减少重件在陆地上纵横移动的次数。

2) 根据拟建设出运码头位置的地质情况，选择重力式或桩基结构的设计方案，上部结构应设计成整体式钢筋混凝土大板，出运通道斜坡坡度一般为 1∶50～1∶60，设置水泥稳定面层。根据浮船坞使用要求设置系船柱，重件出运施工中加强码头前沿变形观测。地基及基础、结构物设计计算，以及整体稳定验算与码头建设施工等均按相关规范执行。

3) 为便于半潜驳搭接，码头前沿设计了阶梯状搭接承台，出运码头通道两侧各需布置一个 20t 地牛，供半潜驳移船系缆用。根据重件的重量、气囊的布置情况，确定码头设计荷载的主要参数，如搭接处承载力、前沿范围均布荷载、出运通道荷载。

4) 码头面标高的确定：通常根据该水域潮汐以往历时记录或重件安装施工当年的潮汐表，结合实际潮位的观测，绘制每月潮汐历时曲线，依据安装进度确定所需的保证率，并满足重件上半潜驳的潮位历时一般 2～4h，由上述数据为前提可以合理地确定出运潮位，再依据半潜驳装载重件时的吃水及干舷高度，确定出码头面标高。

2. 作业条件的选择

为保证构件上驳过程安全，必须选择在涨潮时段进行上驳作业，且天气、水文、水域、出运码头等条件必须满足相应的要求：

1) 天气海况条件：构件上驳作业要求在 6 级以下风力进行，作业水域波高不大于 0.5m，在半潜驳作业时段内不得有影响本地区的台风、强劲季候风及局部强对流天气。

2) 出运码头前沿水域条件：出运码头前沿要求水域开阔，沿岸线方向以出运码头中线计左右边各不小于 50m，垂直岸线方向长度不小于 150m，以便于半潜驳进出，水深要求半潜驳重载离开搭接码头时仍有不小于 0.5m 富余。出运码头及水域布置见图 5.2.8-1。

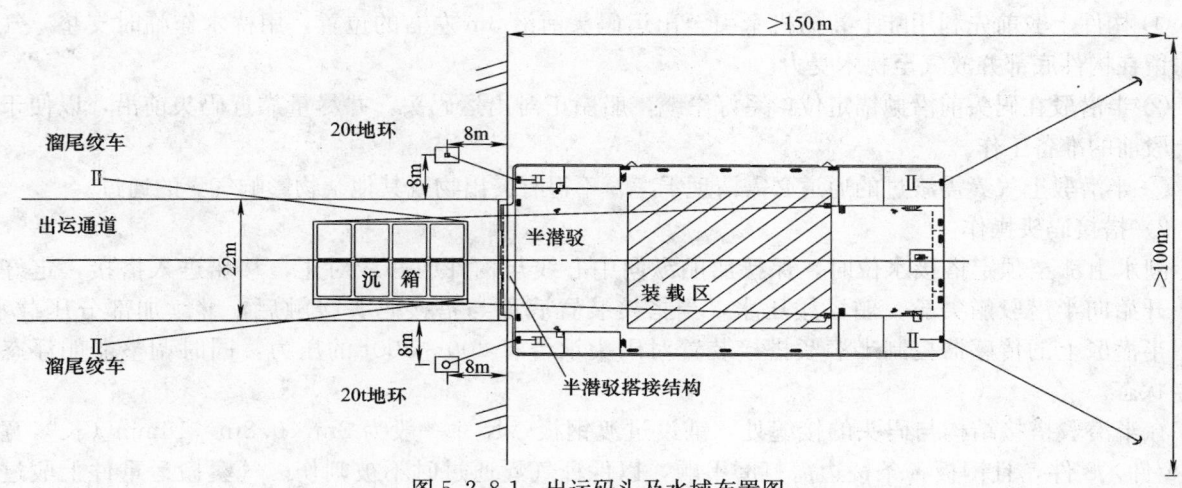

图 5.2.8-1　出运码头及水域布置图

3. 构件上驳潮位的计算与选取

潮位计算及选择的原则是保证半潜驳在构件上驳就位后，有足够潮水和时间起浮脱离搭接状态，即从进入搭接的水位到起浮脱离搭接的水位之间的潮水历时足够完成构件上驳全过程。

进入搭接的潮位应选择在半潜驳空载吃水水位与满载吃水水位之间的中间水位，目的是保证既有充足的上驳时间，又使构件上驳过程中半潜驳有足够的压载水可排出，以抵消构件重量对半潜驳的负载。

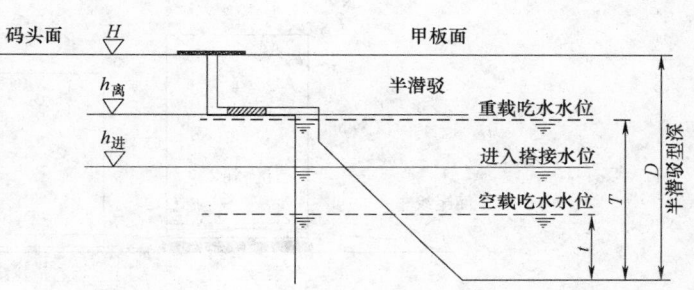

图 5.2.8-2　构件上驳作业水位计算示意图

搭接时，甲板面与码头面处于同一标高，参见构件上驳作业水位计算示意图 5.2.8-2。进入搭接水位计算见公式（5.2.8-1）；脱离搭接水位计算公式见（5.2.8-2）。

$$h_{进}＝H－[D－(T＋t)/2]　　　　　　　（5.2.8-1）$$
$$h_{离}＝H－(D－T)＋\Delta　　　　　　　　（5.2.8-2）$$

式中　$h_{进}$——进入搭接水位；

　　　$h_{离}$——脱离搭接水位；

　　　H——码头面标高；

　　　T——半潜驳重载吃水（查船舶静水力曲线图可得）；

　　　t——半潜驳空载吃水（查船舶静水力曲线图可得）；

　　　D——半潜驳型深；

　　　Δ——潮水富余量，取 0.2m。

潮水涨至 $h_{进}$ 时，半潜驳需进入搭接，进行构件上驳作业；潮水在退至 $h_{离}$ 之前半潜驳必需脱离搭接状态，否则将被搁在搭接码头上无法脱离而发生安全事故。涨退潮水位—时间曲线见图 5.2.8-3：图中，t_0 到 t_1 的时间不少于 3h，t_1 到 t_2 的时间不少于 1h，一般宜取 2h，以便留出应急操作所需的时间。构件上驳和半潜驳脱离搭接必须在 t_0 到 t_2 时间段内完成。

4. 构件上驳的操作过程

1）上驳前的准备工作

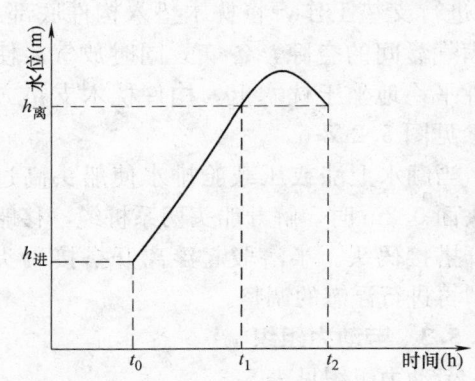

图 5.2.8-3　涨退潮水位—时间曲线

① 构件上驳前先利用陆上卷扬机牵引至出运码头前沿 3m 左右的位置，用枕木作临时支垫，气囊仍保留在构件底部并放气至枕木受力。

② 半潜驳在码头前沿抛锚定位，系好岸缆，船舶正对出运码头，并尽量靠近码头前沿，以便于进行上驳前的准备工作。

③ 半潜驳上气囊需滚过的通道必需清理干净，不得有突出物或其他杂物影响气囊的通过。

2）搭接码头操作

潮水上涨至预定搭接水位时，保持船舶纵向中心线与构件中心线对正，移船进入搭接，定好位后，开始向半潜驳艏尖舱、艏塔楼压水，当搭接装置底面与搭接码头接触后，继续加部分压载水，利用半潜驳上的传感器控制半潜驳搭接装置对码头承台有 200~300t 的压力，同时调整船舶浮态至正浮状态。

在半潜驳搭接结构与码头的接缝处，铺设过渡钢板，尺寸一般为 2m×0.8m×16mm（长×宽×厚）/件×8 件，且钢板各条棱边需打磨平顺，以保证气囊通过时不被割伤。气囊搬运重件上驳过程见图 5.2.8-4。

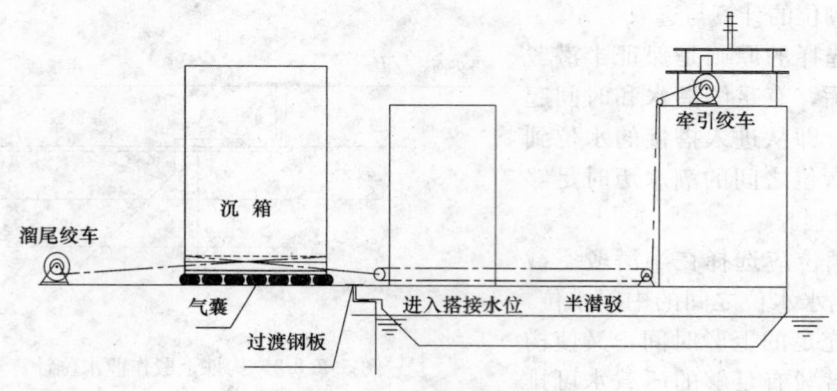

图 5.2.8-4 沉箱上驳示意图

3）构件上驳过程控制

构件上驳过程是整个出运过程的关键，需充分掌握潮水的变化，选准作业时间，精心组织，一般要求 2h 内完成构件从码头前沿牵引至半潜驳就位整个过程。

在构件上驳过程中，搭岸装置及搭接码头承台的受力安全必须绝对保证。第一条纵移气囊一旦上驳，半潜驳须立即启动压载水泵排水。上驳过程中操作人员要根据船舶的实际情况调节压载水及构件牵引速度，通过适时排出压载水来抵消构件上驳对船的压力增加，并保持船舶基本处于正浮浮态。构件上驳速度一般应≤1m/min。构件上驳过程中搭岸装置对搭接码头承台的压力控制在 200~1500t。

半潜驳甲板上标有构件装载区，构件牵引到位后，需立即进行支垫工作，将枕木垫入构件底部，塞满气囊间的空隙，各气囊同时放气，使构件平稳地坐于枕木上。构件枕木支垫方法参见图 5.2.8-5。

当潮水上涨或压载舱排水使船头高过码头面 0.2m 时，解开船头两系桩缆，移船离开搭接码头。半潜驳起浮离开搭接码头后，再进行浮态的调整。

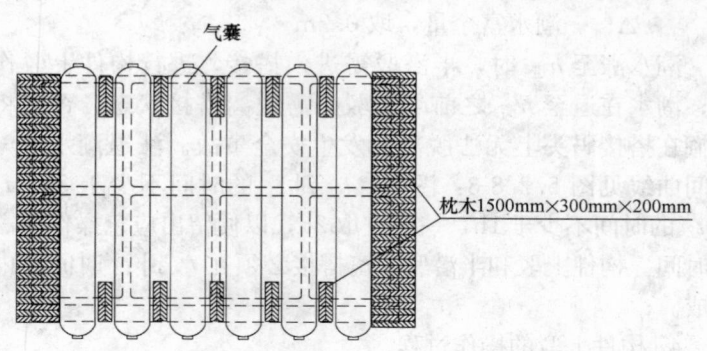

图 5.2.8-5 2200t 沉箱支垫示意图

5.3 劳动力组织

劳动力组织见表 5.3。

劳动力组织表

表 5.3

（以 2237t 沉箱出运为例）

序号	单项工程	所需人数	备注
1	指挥	2	1人负责协助总指挥
2	技术人员	2	陆上搬运和半潜驳上各1人
3	专职安全员	1	
4	电工	2	要求熟悉陆上出运及半潜驳电气设备
5	机修工	2	要求熟悉陆上及半潜驳机械设备
6	吊机司机	1	
7	叉车司机	1	
8	起重工	2	
9	气囊充放气操作手	2	
10	卷扬机操作手	4	
11	空压机操作	1	
12	杂工	20	负责钢丝绳连接、气囊摆放、枕木支垫等工作
13	半潜驳船员	14	持有效船员证书
	合计	54人	

6. 材料与设备

6.1 本工法采用的主要材料见表 6.1。

气囊配合半潜驳搬运沉箱施工的主要材料表

表 6.1

（以 2237t 沉箱出运为例，包括横移、纵移）

序号	名称	规格	数量	备注
1	钢丝绳	ϕ65mm	450m	牵引及溜尾用
2	支垫枕木	1.5m×0.2m×0.3m(长×宽×高)	200 条	新购枕木需经过抽样试压
3	过渡钢板	2m×0.8m×16mm(长×宽×厚)	8 件	半潜驳甲板与搭接码头面过渡

6.2 本工法采用的主要机具设备见表 6.2。

气囊配合半潜驳搬运沉箱施工的主要机具设备表

表 6.2

（以 2237t 沉箱出运为例，包括横移、纵移）

序号	名称	规格	数量	备注
1	超高压气囊	ϕ1000m 工作压力 0.3MPa	35 条	其中长度17m的气囊15条用于横移，长度14.5m的气囊20条用于纵移
2	卷扬机	10t,绳速为13.5m/min	6 台	半潜驳上布置2台、陆上牵引及溜尾4台
3	滑轮组	80t,4轮	10 套	陆上牵引及溜尾8套,船上2套
4	合金卸扣	80t,D 型	10 个	
5	空压机	10m³/min	2 台	VV-6/7 型或 VV-9/7 型,其中1台备用
6	半潜驳	载重量 3500t	1 艘	
7	发电机组	120kW	1 台	备用,作为应急电源
8	供气系统			含空气分配器、供气管、快速接头及阀门等

7. 质量控制

7.1 质量控制标准

气囊的技术要求、试验方法、检验规则执行《船舶上排、下水用气囊标准》CB/T 3795—1996。

7.2 质量要求

7.2.1 重件上驳过程中搭岸装置对搭接码头承台的压力控制在 200~1500t。

7.2.2 重件陆上移动平均速度≤3m/min，上驳移动平均速度≤1m/min。

7.2.3 移动过程中，其纵向中心性与出运通道中心线左右偏差≤0.5m，重件前进方向左右横倾＜100mm；重件搬运就位后其纵向中心线与半潜驳中心线左右偏差≤0.5m，否则需及时采取措施进行纠偏。

7.3 质量控制措施

7.3.1 搭岸装置对码头承台的压力控制措施

1. 半潜驳排水顺序必须从船艏压载舱往船艉压载舱依次排空各舱压载水，目的是在始终保持船的基本正浮浮态的前提下尽量多排出压载水，以最大限度减小搭接装置受力。若构件上驳速度过快，压载水排放和潮水上涨速度跟不上（此时船舶处于艉倾状态），则需暂停牵引，将船调平到要求的正浮态后再继续牵引。压载水的排放量一般可按每移动一个气囊上驳，排水约为 Q/n（Q 为构件重量；n 为顶升气囊个数）；压载水也不得排得过快，需始终保持半潜驳与搭接码头处于搭接状态。

2. 通过半潜驳压载舱和船体四角吃水液位传感器读取数据，利用半潜驳控制台电脑（PLC）实时计算构件承托气囊上驳时搭接装置对码头的理论压力值，指导半潜驳排水及构件上驳作业，控制搭接装置及搭接码头受力在控制范围内。

7.3.2 重件出运中，出现走偏时的纠偏措施

重件陆上出运如果走偏距离超出控制值，将直接影响重件上半潜驳，必须采取措施进行纠偏。

1. 将气囊摆偏，与横轴线（垂直于通道中心线）形成一个角度，具体角度大小可根据实际偏移距离大小，在实际操作中进行调整。

2. 根据重件重心位置，调整气囊横向摆放位置，确保构件运行过程基本直立。

3. 调整牵引及后溜的四条钢丝绳受力，通过牵引力的变化强制重件按预定的路线运行。

7.3.3 重件出运中，出现横倾时的纠正措施

横倾将导致气囊内压分布不均，重件的一侧可能触地而无法运行，所以必须采取纠偏措施。

1. 调整气囊横向摆放位置，使重件重心落在气囊中心上，尽量减小横倾值。

2. 将气囊摆偏，与横轴线（垂直于通道中心线）形成一个角度，具体角度大小可根据实际偏移距离大小，在实际操作中进行调整。

3. 调整牵引及后溜的四条钢丝绳受力，通过牵引力的变化强制重件按预定的路线运行。

8. 安 全 措 施

8.1 安全管理体系及管理制度

认真贯彻"安全第一、预防为主"的方针，遵守有关安全生产法律法规，建立以项目负责人为首的安全生产管理体系，健全安全生产管理制度，做好安全策划，针对危险部位和关键环节制定防控措施，并编制生产安全事故应急救援预案。

8.2 人员

8.2.1 施工前要对所有参加施工的人员进行岗前培训和详细的安全技术交底，并认真做好记录。

8.2.2 现场施工人员按规定戴安全帽、穿工作鞋、高空作业时系安全带、临水及水上作业穿救生衣。

8.3 场地

8.3.1 移运通道在移运前清除一切尖利杂物及障碍物。

8.3.2 移运时，构件两侧 20m 范围内设工作警戒线，警戒线内无关人员不准入内，不准进行高空起重作业。

8.4 设备及气囊

8.4.1 所有的设备必须有产品合格证，并经检查合格后方可使用。

8.4.2 使用气囊的安全措施

1. 对新购气囊或长久不用重新投入使用的气囊，都应按出厂试验压力进行空载试验后才能投入使用，通常气囊每半年要试验一次。气囊修补后，必须进行全面检查并进行空载压力试验，对于大面积修补后的气囊，应降低使用压力。

2. 高压气囊充气与出运过程中，其他工作人员要远离气囊5m以上，沿途气管要有专人管理。

3. 在气囊进行充放气操作时，操作者必须带防护眼镜，严禁正面对着气囊头操作。

4. 进行气囊顶升或拆、垫支垫枕木时，构件未支垫稳固前，身体任何部位不得伸入圆筒底部。

8.4.3 构件移运前，卷扬机、空压机，必须进行全面检查，确保良好状态；移运时备用电源，备用空压机处于良好状态，保证随时投入运行。

8.4.4 施工过程中，机械、电气设备严格按安全操作规程进行操作；专人统一指挥。

8.4.5 使用空压机充气安全技术措施

1. 输气管应避免急弯、打折，打开送气阀前，必须事先通知工作地点的有关人员。

2. 空气压缩机出气口处不得有人员站立，人员应站在气嘴的两侧。

3. 压力表、安全阀和调节器等应定期进行校检，保持灵敏有效。

8.4.6 卷扬机牵引构件的安全技术措施

1. 卷扬机应安装在平整、视线良好的地方，机身和地锚必须牢固；卷筒与导向滑轮中心线应垂直对正。

2. 作业前，应对钢丝绳、制动器、传动滑轮和机具等进行安全检查，确保良好状态。

3. 钢丝绳在卷筒上必须排列整齐，作业中最少需保留三圈以上。

4. 作业时，不准有人跨越卷扬机的滑轮组、钢丝绳和牵引绳。

5. 作业时，严禁操作人员擅自离开岗位。

6. 构件牵引过程中，如发现滑轮组钢丝绳扭曲、打结，应暂停牵引，理顺后再进行牵引。

8.4.7 所有特种设备必须经技术监督部门检验认证后才可投入使用，特种作业人员要持证上岗。

8.4.8 所有外购的起重设备，起重工具必须有《生产许可证》、《产品合格证》、《安检证》及《使用维护说明书》。

8.5 用电

8.5.1 施工现场临时用电必须严格执行《施工现场临时用电安全技术规范》。

8.5.2 实行三相五线制供电，所有施工用电设备外壳必须接地，接地电阻不能大于 10Ω。

8.5.3 作业中途突然停电，应立即把开关回复停车状态。

8.6 操作过程

8.6.1 工作中要听从主指挥的指挥信号，信号不明应及时向主指挥反馈，其他人员听到反馈信号时，应暂停操作，等待主指挥发出另一次信号后方可操作运行。

8.6.2 运行过程中如遇特殊情况或危险情况，需要马上暂停运行的，必须立即报告主指挥，并停止作业，其他操作人员听到暂停信号后，也必须立即停止作业，待弄清楚情况并排除危险情况后由主指挥再次发出运行信号后方可继续作业。

8.7 构件上驳

8.7.1 上驳操作必须严格遵守半潜驳安全操作规程。

8.7.2 半潜驳船长（或当班指挥）在上驳过程中，必须站在船艉甲板处，密切观察潮水、船头搭接、构件移动及船的浮态等情况，指挥船舶操作。

8.7.3 构件就位时要在船上所明确的装载区内。系泊码头装载，应注意系缆情况，根据涨落潮的情况及时调整缆索，以防断缆伤人和其他事故。

8.7.4 在装载构件过程中，应有人员巡视锚缆、系缆及来往船舶情况。

9. 环 保 措 施

9.1 建立 HSE 管理体系，在施工中严格执行国家、地方政府下发的有关环境保护的法律、法规和规章，随时接受主管部门的监督检查。

9.2 参与施工的人员应养成良好的卫生习惯，不随便乱倒施工杂物和垃圾。对生活、生产废弃物等，应分类堆放，做好标识，并运送到指定区域处理。

9.3 参与作业船舶应遵守海事部门有关海洋环境保护方面规定。

9.4 空压机所排放的混合油、水，必须统一回收进行环保处理。

9.5 施工时，空压机产生的噪声比较大，应采取较好的措施减低其产生的噪声。

9.6 对施工场地道路进行硬化，在晴天时经常对施工通道进行洒水，防止扬尘，污染周围环境。

10. 效 益 分 析

10.1 采用气囊配合半潜驳出运大型水工重件，减少了大型陆上及水上起重设备的费用，不需要大型固定设施，在多个工程中得到了应用，取得了成功，为今后大型构件的出运提供了科学可行的施工手段，也为类似工程方案选择和设计优化积累了有益的经验。

10.2 设备投入简单，操作方便，提高了施工工效，降低了施工成本。

10.3 通过气囊出运，直接把水工重件出运上半潜驳，可进行浮游安装，节省了大型起重船费用，构件越重，效益越明显。

10.4 从工程成本来看，从预制场设施的建造、起重设备的配置、构件出运堆放、平移上半潜驳几方面进行比较，其单件费用为最优，常用方案的综合比较见表 10.4。

几项常用的沉箱预制搬运方案综合技术经济比较表　　　　　　　　　　　表 10.4

（以 2003 年南沙港码头 42 件 2200t 沉箱出运为例）

工艺方案 / 比较项目	顺岸预制，起重船吊装	半潜驳水上预制、运输	预制场预制，轨道台车配合半潜驳搬运	预制厂预制，高压气囊配合半潜驳搬运
土建工程及设备购置	需建设 100m 的码头岸壁，建设费用约 4000 万	港池航道处理，且长期占用水域	出运码头及运输轨道建设，约 2200 万，购置台车、钢轨约 150 万	岸线占用少，场地、码头简单改造，费用约 220 万。气囊购置费用约 64 万
大型船机投入	数量多，时间长，船舶及专用吊具费用巨大，约 8000 万（按 2600 吨起重船计）	长期占用半潜驳，按四艘半潜驳计算，船机费用约 2000 万	半潜驳船组，数量少，时间短，船机费用约 400 万	数量少，时间短，船机费用约 400 万
施工组织	简单	复杂	简单	简单
工期（含土建）	15 个月	11 个月	12 个月	10 个月
质量控制	好	难度较大	好	好
总费用（万元）	约 12000	约 2000	2750	约 684
安全性	沉箱吊点、吊索、吊具、吊装作业及人员高处作业是安全监控重点环节	水上吊装模板及施工材料、人员临水、高空作业是安全监控重点，工作条件相对岸上作业要差	台车移动灵活，速度快，惯性大，保险装置要求高，且上驳后要对台车进行整体封仓	气囊移动速度慢，惯性小，易控制，上驳后一般不需封仓。要对气囊进行经常检查，及时修补和更换，严格按气囊作业充气操作规程，风险可控
单件沉箱搬运费用	285 万	47.6 万	65 万	16.3 万
结论	费用巨大不可行	船舶占用太多，长期占用港池航道，不可行	可行，但需要多个项目分摊成本	最优方案，可行

11. 应 用 实 例

11.1 广州港南沙港区一期工程（3号、4号）泊位码头工程

工程地点：广州市南沙港区

建设单位：广州港集团有限公司

施工单位：中交第四航务工程有限公司

该工程于2003年4月23日开工，2004年9月15日竣工，2004年9月20日交工验收。

码头主体为沉箱重力式结构，码头采用顺岸连片式布置，岸线长700m，码头前沿底标高为－17m，码头面高程为＋5.4m；共有沉箱42件，沉箱尺寸：长×宽×高为17.84m×15m×18.9m，单个沉箱混凝土用量885m³、重2212t。在预制场地制作完成经养护的沉箱，采用"高压气囊配合半潜驳搬运重件"方法将沉箱移运至停靠在码头边的半潜驳上，拖运至现场下潜区，半潜驳下沉直至沉箱起浮，当沉箱在自身浮力与起重船助浮力共同作用下离开浮船坞甲板后，拖至安装位置进行安装。

应用效果：采用"高压气囊配合半潜驳搬运重件"工艺出运沉箱经济快捷，安全高效，为工程的按期竣工奠定了基础。

11.2 广州港南沙港区二期工程（9号、10号）泊位码头工程

工程地点：广州市南沙港区

建设单位：广州港集团有限公司

施工单位：中交第四航务工程有限公司

结构形式：码头主体为沉箱重力式结构，单件沉箱重2237t。

开竣工时间：工程于2005年2月8日开工，2007年8月30日完工。

本工程共有44个沉箱，单件沉箱混凝土重2237t，在预制场地制作完成经养护的沉箱，采用"高压气囊配合半潜驳搬运重件"方法将沉箱移运至停靠在码头边的半潜驳上，拖运至现场下潜区，半潜驳下沉直至沉箱起浮，当沉箱在自身浮力与起重船助浮力共同作用下离开浮船坞甲板后，拖至安装位置进行安装。

应用效果：采用"高压气囊配合半潜驳搬运重件"工艺出运沉箱经济快捷，安全高效，为工程的按期竣工奠定了基础。

11.3 福建泉州肖厝港区岸壁工程

工程地点：福建泉州肖厝港区

建设单位：泉州港集团

施工单位：中交第三航务工程有限公司

结构形式：福建泉州肖厝港区岸壁工程为5个万吨级散杂货码头，码头主体为沉箱结构。

开竣工时间：工程于2005年5月开工，2006年10月竣工。

本工程共有沉箱24个，单个沉箱重1140t。沉箱预制在现场进行。沉箱的出运堆放及上驳均采用高压气囊运输。出运码头结构为实心方块重力式。沉箱的水上运输与安装采用半潜驳。安装效率为每日两个沉箱。

应用效果：采用高压气囊搬运工艺解决了在无大型专业沉箱预制厂的条件下，进行沉箱码头施工的技术难题。

高炉炉体整体滑移安装工法

GJYJGF096—2008

北京首钢建设集团有限公司

苏宝珍　谢滨　杨俊　王长青　褚荣福

1. 前　言

　　传统的高炉大修改造工程都是在对旧高炉拆除后原地进行炉壳、冷却壁等设备的安装。这种施工方法，在安全、质量、进度上均存在不同程度的隐患。

　　北京首钢建设集团设备维修分公司，在1992年首钢炼铁厂2100m³的4号高炉大修改造施工中，率先发明并使用了高炉炉体整体滑移的施工方法，成功地将异地建设的高达32.9m，总重量为2442t的高炉炉体整体滑移了39.5m，就位在了原高炉基础上。整个高炉大修改造总工期仅仅用了60d，安全、质量方面均得到了保障，创造了我国冶金行业高炉大修史上的奇迹，并取得高炉炉体整体滑移安装技术这一国内领先的新成果。该技术成果于1993年3月荣获了北京市"科学进步一等奖"，1994年4月获得"中国专利技术博览会金奖"，1997年1月，被国家专利局授予"国家发明专利"。

　　之后，施工单位对高炉炉体滑移技术进行了多项技术创新与改进，形成了高炉炉体整体滑移安装工法，并成功应用于河北承德、江西新余3座高炉的整体滑移施工中，取得了良好的技术经济效果。其中在江西新余钢铁公司6号高炉整体滑移施工中，再次创出了国内高炉炉体滑移的奇迹，推移总重量4013t，推移距离38.8m，总计用时6小时28分，推移到位后高炉中心线最大误差5mm。该项工程在2006年11月，被中国企业家协会、中国企业联合会评为"中国企业新纪录"。

2. 工 法 特 点

　　2.1　由于采用了整体滑移技术，炉壳的组对、焊接，冷却壁的安装，炉内部分耐火材料的砌筑，这些直接影响高炉本体质量的工序都在待拆除高炉正常生产的时间施工，施工准备时间充分，施工组织有序，实物体质量得以保障。

　　2.2　旧高炉炉体拆除、炉基的处理，组焊高炉方向以外的三个方向炉柱子，框架梁、八卦梁、平台板的安装，都可在新高炉炉体建设的同时进行。将本来都处在主进度线上的各项施工与钢结构安装放在了两个并行的进度线上，工期大幅缩短。

　　2.3　炉体设备安装与框架钢结构安装在不同的施工区域，使"三不伤害"得到了更好的落实。

　　2.4　滑移法与滚动法推移相比，滑移法的炉体移动过程更加平稳，不需纠偏，整个滑移过程用时短，滑移到位精度高，滑移到位后炉底处理简单，整个滑移设施投资小。

　　2.5　在原推移专利的基础上，创新采用了以4条特殊材质滑板代替8根重型钢轨滑道的小应力滑板技术，使滑移摩擦力降低，滑移总量得以大幅提高。

　　2.6　创新采用了钢结构箱形梁不对称销轴孔、分体推移横梁等新技术，使滑移阻力减小，操作更加灵活，同时降低了滑移设备的总投资。

3. 适 用 范 围

　　3.1　高炉原地大修改造，要求检修工期短、资金投入少、对安全质量要求较高的工程施工。

3.2 冶金、化工、工业与民用建筑等其他行业，因设备改造空间狭小，无法使用大型起重设备的特大型物体的整体滑移工程施工。

4. 工 艺 原 理

4.1 炉体滑移工艺设备组成

高炉炉体整体滑移，是在高炉正常生产的情况下，在高炉中心延长线的一侧，挖槽、支模、浇筑水平滑道梁混凝土基础；在基础上安装滑道梁及滑板；在高炉炉底板下面安装上滑靴；在高炉推移侧滑道梁上安装弧形梁、推移横梁；在弧形梁与推移横梁之间安装液压推进装置；在液压推进装置上面安装液压操作台及液压操作控制器。为阻止在推进过程中推移横梁后移，采用板钩连接的方式，将推移横梁与滑道梁的相对位置固定（图 4.1）。

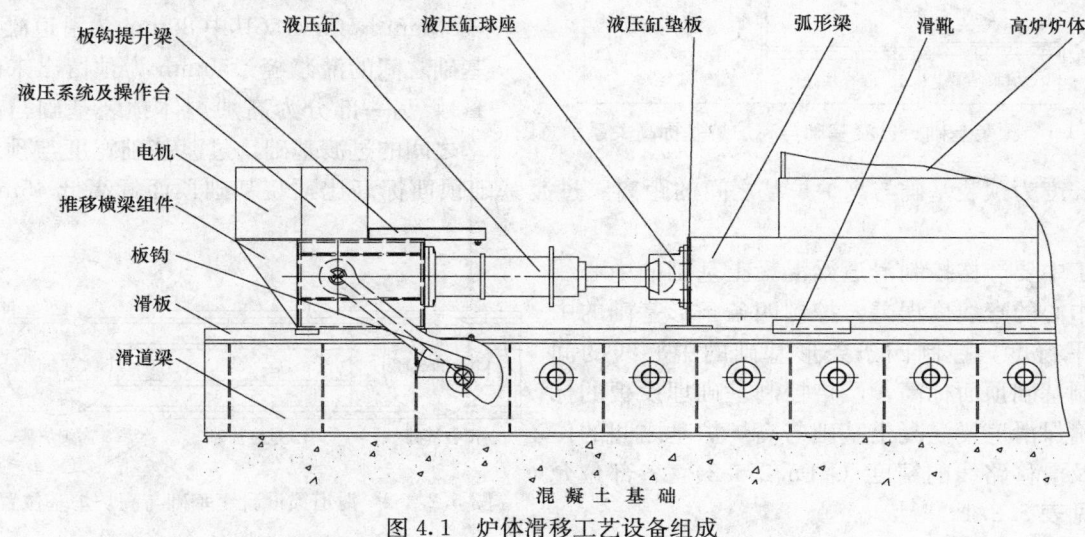

图 4.1 炉体滑移工艺设备组成

4.2 推移原理

推进过程是通过电气控制系统，操作液压系统工作，使固定在弧形梁和推移横梁之间的 4 个液压缸缸体伸长，从而扩大弧形梁与推移横梁之间的距离，由于此时推移横梁被板钩固定在滑道梁上而不能向后运动，所以靠液压缸活塞杆的伸长推力将弧形梁与高炉炉体向前推进，达到炉体位移的目的。

4.2.1 单个推移行程

当活塞杆伸出达到设计行程后停车。之后，通过液压操作控制器使活塞杆收缩，带动推移横梁缩短弧形梁与推移横梁之间的距离。由于被推移物体吨位远远大于推移横梁的重量，其底部摩擦力大于推移横梁底部摩擦力，而此时推移横梁的向前运动是自由的，因此，被推移物体静止不动，而推移横梁反而被活塞杆的收缩带动向前平移，使得用于固定推移横梁的板钩与滑道梁上的大销轴自行脱开，并继续向前平移。在板钩平移过程中，将板钩升起，当到达下一个大销轴位置时，放下板钩，将板钩与相应的大销轴挂牢，从而再次固定推移横梁，即完成了一个推移行程。

4.2.2 循环行程

一个推移行程之后，通过操作控制系统可进行下一个推移行程。如此循环往复，形成了被推移物体的步进式移动，从而完成整个高炉炉体的滑移过程。

5. 施工工艺流程及操作要点

5.1 施工工艺流程

滑移设施施工前准备→滑道梁混凝土基础施工→滑道梁制作、滑板安装→其他钢结构、机械零件的制作→安装滑道梁→安装滑靴及高炉炉底板→安装高炉炉体（含炉壳、冷却壁及炉内部分耐材的砌筑）→安装弧形梁→安装推移横梁→安装液压推进装置及操作台→滑移。

5.2 基础和备件操作要点

5.2.1 滑道梁基础施工

滑道梁混凝土基础的施工是根据高炉炉缸直径、推移总吨位、施工现场环境、炉体预装场地的地勘情况、水文地质情况以及高炉炉基标高来确定基础的形式、尺寸和上面标高。一般情况采用上下台阶法施工，即基础为整体，基础下部为全断面，而上部为条形。

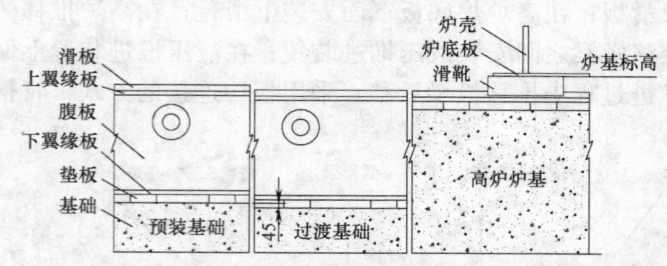

图 5.2.1-1 预装基础、过渡基础与高炉炉基标高关系示意图

该基础分两部分施工，一部分为高炉炉体预装基础，预装基础宽为炉体直径＋800mm，长为炉体直径＋6000mm，顶面标高＝炉基顶面标高—滑靴厚度—滑板厚度—滑道梁总高度—80mm＋50mm（其中 80mm 为滑道梁下面与基础之间的灌浆缝，50mm 为预留出来的沉降量），另一部分为高炉炉体预装基础与高炉炉基之间的过渡基础，过渡基础宽度与预装基础相同，长度为预装基础与高炉炉基之间的距离。过渡基础顶面标高比预装基础顶面标高低 45mm（图 5.2.1-1）。

施工中要严格控制滑道梁混凝土基础的中心线与高炉中心的直线度误差，控制四条条形基础的中心线的平行度，控制四条条形基础的中心线的间距，控制基础顶面标高，严格控制基础埋设板的标高。以确保滑道梁混凝土基础与高炉炉基之间的位置关系及滑移路线的精度（图 5.2.1-2），各部位允许误差见表 5.2.1。

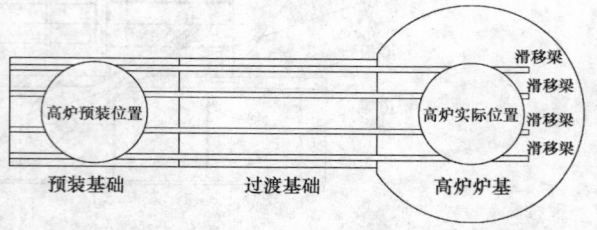

图 5.2.1-2 滑道梁混凝土基础与高炉炉基位置图

滑道梁混凝土基础允许误差　　　　表 5.2.1

项目	基础中心线与高炉中心的直线度	四条条形基础中心线的平行度	四条条形基础中心线间距	基础上面标高	基础埋设板标高
允许误差	≤3mm	≤10mm	≤10mm	±5mm	±2mm

5.2.2 钢结构构件制作

滑道梁、弧形梁、推移横梁均采用材质符合 GB 700—88 的 Q235-B 钢板组对焊接而成。

1. 滑道梁制作

滑道梁为带有大销轴孔的箱形梁，采取分段制作方法。根据钢板长度及滑道梁的总长度制作成不小于 10m 的箱形梁制作单元，共计制作 12 段，箱形梁制作必须在车间进行。

1）滑道梁承载着高炉炉体及推移设施的总重量，为确保滑道梁承载强度和刚度，在钢板组对焊接时，滑道梁两侧腹板、翼缘板上的板材拼接焊口位置要相互错开。每段滑道梁两端头的拼接接头要按图纸施工（图 5.2.2-1）。腹板可拼接，必须保证大梁的外形尺寸及强度。

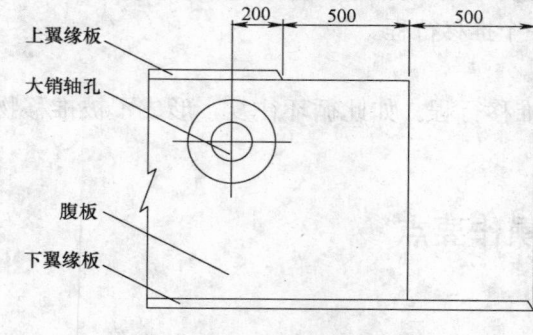

图 5.2.2-1 滑道梁接口图

2）按照图纸将上下翼缘板、腹板加工完毕后，在腹板上放线确定大销轴孔的开孔中心，严格控制孔间距。

3）将下翼缘板和腹板组对点焊后，制作比大销轴孔直径小 0.5mm 的假轴，用假轴将大销轴的轴套逐一安装在腹板上，同时调整相邻大销轴孔的间距，误差控制在

±1mm 以内。按照轴套的焊接工艺将大销轴孔轴套焊接。

4）安装上翼缘板前，调整下翼缘板和腹板相对位置，测量并矫正误差后，按照滑道梁焊接工艺对滑道梁的各道焊缝进行焊接。焊接完毕后，自然时效 15d。滑道梁各部位允许偏差见表 5.2.2-1。

滑道梁各部位允许偏差

表 5.2.2-1

项目	高度	上面平面度	下面平面度	侧弯	大销轴孔开孔中心	大销轴孔轴套同轴度	大销轴孔中心距
允许偏差	±1mm	≤1mm/m	≤2mm/m	≤1mm/m	±2mm	≤1mm	±1mm

5）按图纸要求挑选符合技术要求的材质作为滑板并要按技术交底要求进行特殊处理，进货时要严把质量关。滑板组装前要进行调直、矫平，并对滑板上面及侧面工作区域进行除锈、清理氧化皮、打磨，严禁出现硬点。

6）采用数控切割对滑板进行加工，切割完毕采用角向磨光机对切割线进行打磨，严格控制滑板的侧弯。

7）将滑板用专用的吊装夹具吊起放在时效完毕的滑道梁上，用专用安装夹具固定、点焊。测量滑板上面平面度和侧弯误差，调整后用专用夹具配合千斤顶将滑板压实，按照图纸要求及滑板焊接工艺进行焊接。

8）滑板焊接完毕，该制作单元称为滑道梁（图 5.2.2-2）。自然时效 15d 后，进行各部尺寸的测量、矫正。

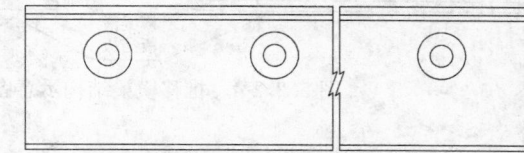

图 5.2.2-2　滑道梁制作示意图

9）滑道梁各部位允许偏差见表 5.2.2-2。

滑道梁各部位允许偏差

表 5.2.2-2

项目	高度	滑道上面平面度	下面平面度	钢梁侧弯	滑道侧弯	大销轴孔轴套同轴度
允许偏差	±1mm	≤1mm/m，全长≤3mm	≤2mm/m	≤2mm/m	≤1mm/m，全长≤3mm	≤1mm

2. 弧形梁制作

弧形梁分为对称的两部分制作，安装时用螺栓和焊接两种方法将两部分连接紧固形成一个整体（图 5.2.2-3）。

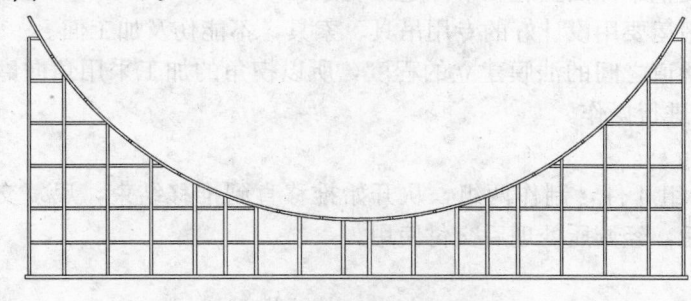

图 5.2.2-3　弧形梁结构示意图

1）根据炉体中心半径确定弧形板弧度，在制作过程中用刚性支撑将弧形板进行支撑加固，以免变形。

2）弧形板在焊接中要控制变形，尤其注意不能出现硬点。

3）弧形梁端面上的 4 块液压缸底座板，在制作过程中不进行安装，在弧形梁现场安装完毕后，进行现场安装。焊接弧形梁下部的小滑板在安装之前用角向磨光机进行打磨，8 块小滑板的标高安装误差为相邻滑板≤2mm，所有滑板≤3mm。

4）在弧形梁制作过程中，隔板焊接是非常关键的，由于焊缝较多，焊接时为避免焊缝过热而引起应力过大的现象，按照弧形梁焊接工艺上的焊接批次顺序，焊接完一个批次后，将弧形梁翻过来，焊接反面，将反面的第一批次焊接完毕后，再将弧形梁翻回正面，焊接正面的第二批次焊缝，而后焊接反面第二批次焊缝，如此反复，在每个弧形梁的隔板焊接过程中，要将弧形梁翻转 8 次。

5）其他部位的切割、下料、组对、焊接、检验、矫正执行《钢结构工程施工质量验收规范》

GB 50205—2001和《建筑钢结构焊接规程》JBJ 81—2002 的要求。

3. 推移横梁制作

推移横梁的作用是在高炉炉体步进移动过程中，以板钩和大销轴与滑道梁固定而抵消高炉炉体向前移动所产生的向后的推力。

1）推移横梁端面上的 4 块液压缸底座板，在制作过程中不进行安装，在横梁现场安装完毕后，进行现场安装。

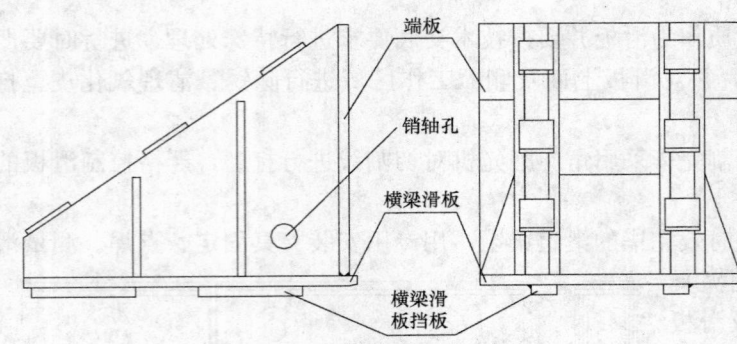

图 5.2.2-4　推移横梁结构示意图

2）横梁下部的底板与滑移梁接触部位在安装之前用角向磨光机进行打磨保证没有硬点及突出部位。

3）每个推移横梁上安装两个板钩，在板钩销轴孔的安装焊接中，使用比销轴孔直径小 0.3mm 的假轴进行施工，严格控制板钩销轴孔的同心度，每组板钩上的销轴孔的同心度允许偏差为≤0.5mm，每个横梁上的 4 个板钩销轴孔的同轴度允许偏差为≤2mm。

推移横梁的结构见图 5.2.2-4。

5.2.3　滑靴、大销轴、板钩的制作

1. 滑靴

滑靴的零件很小，但却是整个推移过程中起着非常重要作用的组成部分。其制造的质量、安装的精度都直接影响着推移的成败。

1）滑靴采用特殊材料作为毛坯经机加工而成。加工顺序：锻造→粗加工→超声波探伤→半精加工→调质→精加工→楔角加工。

2）滑靴的上表面、摩擦面、导向面、前部斜面为加工面，严格按照图纸技术要求控制尺寸及偏差。

3）探伤发现有裂纹等缺陷，做报废处理。

4）严格按照热处理工艺进行调质，避免发生摩擦面上翘和下凹超标现象。

5）在加工、热处理、打磨过程中调运、搬运要用设计好的专用吊具、索具，不能伤及加工面。

6）由于楔角的形状与质量关系到滑靴与滑道之间的油膜建立的程度，所以楔角的加工采用角向磨光机由项目部技术负责人在设计人员的监督下进行操作。

2. 大销轴

大销轴为每次步进推移挂板钩时使用，每组 4 件，制作两组，从开始推移直到推移结束，反复交替使用。大销轴采用 45 优质碳素结构钢锻造后，经调质处理后交付使用。

3. 板钩

板钩在推移过程中的作用，是通过与大销轴的配合使用，将推移横梁固定在滑移梁上，阻止推移横梁向后的运动，从而在活塞杆伸出扩大推移横梁与弧形梁之间的距离的同时，使炉体向前推进。板钩在整个推移过程中全程使用。这就要求板钩具有足够的强度和刚性，操作灵活方便。

板钩采用 20CrMo 钢板（符合 GB/T 3077—1999）加工而成，钢板下料时必须保证吊钩长度方向与钢板轧制方向相同，所选钢板必须平整，组对前须矫平。加工后的钢板边缘要圆滑，不得有凹坑等缺陷。与大销轴相接触处加装垫板是为了保证板钩与大销轴的接触面，该板选用平直无锈蚀的 Q235B 钢板（符合 GB/T 700—1988）煨制而成，要保证圆弧半径。焊后焊肉要磨平，不可有高点。整个部件进行调质处理，保证足够的硬度。

5.3 安装操作要点

5.3.1 滑道梁安装

1. 验收滑道梁土建基础。核对标高、中心线、预埋件位置等。

2. 测量确定滑道梁安装中心线和水平标高。

3. 对基础上平面的预埋件进行清理、测量标高及平整度，根据测量数据配置滑道梁调整垫板，为调整上平面标高平整度做好准备。

4. 用经纬仪放线，测出高炉炉体中心线，以此线为基准，在其两侧各测量出两条平行线。所得四条平行线就是滑道梁的安装垂直中心线，以此线为基准安装四道滑道梁。

5. 将四道滑道梁吊放在基础预埋件上的钢垫板上，调整垫板厚度使滑道梁上平面标高与炉基炉体安装标高重合，并使四道滑道梁上平面达到同一个水平标高，四条平行线相互平行，达到标准要求（图5.3.1）。

6. 滑道梁在装车、卸车时注意垫平、拴牢，防止在运输过程中变形或损伤，安装前严格检查，发现问题及时处理。

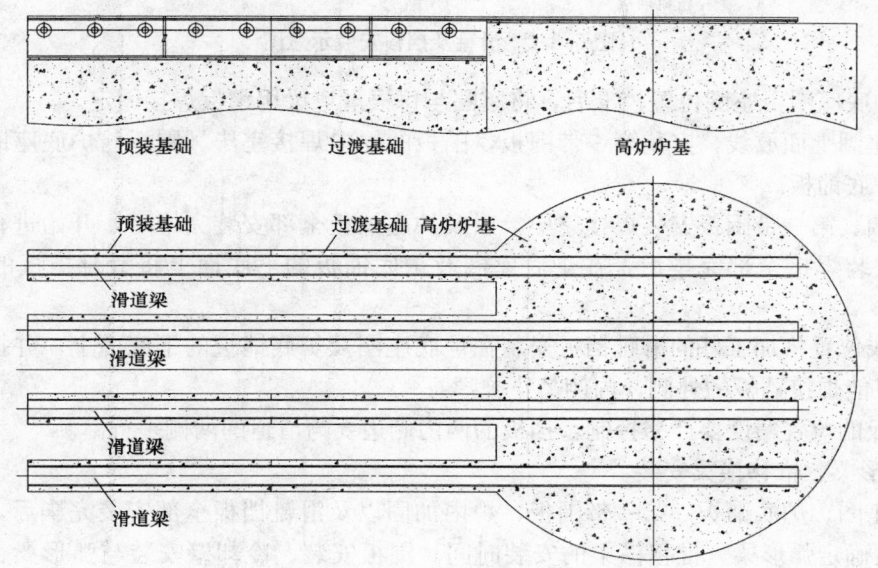

图 5.3.1　滑道梁安装示意图

7. 将四道滑道梁分段安置到位，各段滑道梁对接接口与其他三道滑道梁对接接口位置相互错开，暂不焊接。

8. 四道滑道梁上的轴孔相互对应，确保轴孔中心在同一条中轴线上，达到四孔同心。

9. 滑道梁安装、调整、测量合格后，将每道滑道梁、调整垫板同预埋件焊为一体固定。

10. 当四道滑道梁固定后，再将各段滑道梁的对接接口焊接牢固，滑道梁安装施工完成。

5.3.2 滑靴及滑靴挡板的安装

1. 根据预装位置高炉炉底板中心和4根滑道梁的总中心线为基准通过CAD制图及放大样两种方式，确定滑靴的安装位置，并相互校准。然后按滑靴尺寸在滑道梁上预留出每个滑靴的测量基准线，以便滑靴安装后的位置校准（图5.3.2）。

2. 在滑道梁放置滑靴位置预先涂抹好图纸要求的润滑脂，将滑靴轻轻放在滑道上，前后推动500mm，再左右摆动一下，以用手轻推滑靴感觉到移动平滑为准。

3. 根据预留在每个滑靴位置的测量基准线校准、确定每个滑靴的位置，确认无误后，在滑道梁上焊接挡板将滑靴与滑道梁的位置进行临时固定。此时，切忌将滑靴与滑板直接点焊固定，即滑靴与滑板上都不能使用电焊。

4. 按照预装位置的高炉中心，校准滑靴所确定的预装高炉炉体中心，无误后，在滑靴上面按照排

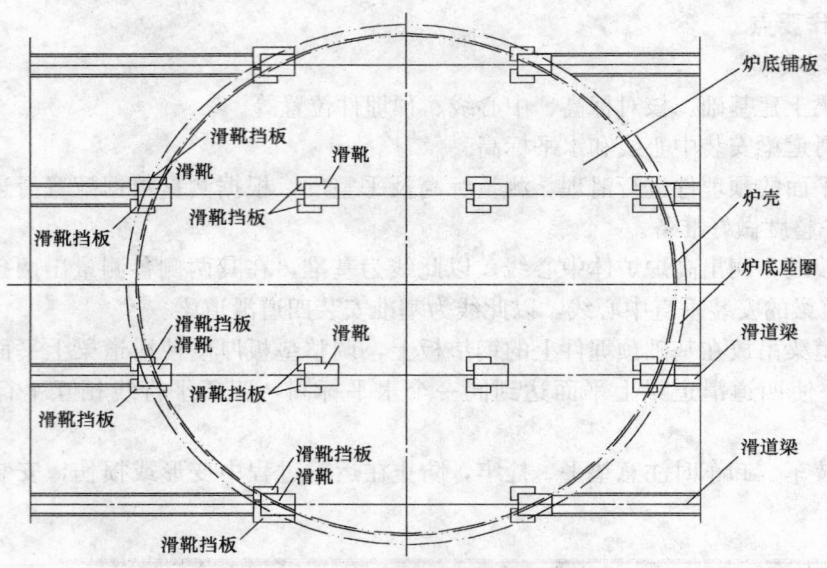

图 5.3.2　滑靴及挡板安装示意图

版图安装高炉炉底座圈，座圈位置校准后，将座圈与每根滑道梁用钢板焊接固定。

5. 在炉底座圈上面放线，安装第一带围板，围板的立口焊接完毕、围板与炉底座圈的角焊缝焊接完毕后，安装炉底铺板。

6. 炉底座圈、第一带围板安装焊接完毕，以及炉底铺板全部安装完毕后，开始进行炉内加固钢梁的安装焊接。安装焊接全部完毕后，在炉底座圈及炉底铺板的下底面上将滑靴挡板的位置放线确定准确。

7. 按照放线位置将加工好的滑靴挡板安装在炉底座圈及炉底铺板的下底面上，并按照焊接工艺进行焊接，注意只能焊接挡板的外侧，内侧禁止施焊。

8. 滑靴挡板的位置精度要严格控制，挡板的两内侧边要与滑道的两侧平行。

5.3.3　弧形梁、推移横梁安装

1. 当炉底座圈、炉底铺板、第一带围板、炉内加固以及滑靴挡板全部安装完毕后，即可根据高炉炉体的安装进度确定弧形梁、推移横梁的安装时间。围板安装、冷却壁安装与弧形梁、推移横梁的安装同时进行。

2. 根据预装高炉炉体中心与四根滑道梁的中心位置，确定弧形梁、推移横梁的安装位置。弧形梁与高炉炉体为刚性连接。推移横梁靠液压缸与弧形梁连接在一起（图 5.3.3）。

3. 弧形梁由于体积较大，而且一面为圆弧板，所以吊装时要格外小心，以免引起变形。

4. 弧形梁分为两部分制作，同样也分为两部分安装。弧形梁对应推进方向的液压缸中心线必须与滑道梁中心线重合，弧形梁下面前端部分放置在高炉炉底座圈之上，底部小滑板暂时不安装，以临时支撑将弧形梁暂时支起，弧形梁下面的小滑板与滑道板相接触，能在滑道板上滑动，起到支撑弧形梁的作用。弧形板与高炉炉壳接触部位用千斤顶顶实后，用电焊点焊。一半安装完毕后，安装另一部分。

5. 两部分安装完毕后，调整整个弧形梁的水平度，确认无误后，安装弧形梁下部小滑板，再次校准所有部位尺寸及误差，调整好后，统一焊接。注意焊接顺序，以免引起二次变形。

6. 根据弧形梁后部端板的位置，向后测量 1600～1800mm，作为推移横梁前部端板的位置，将 4 个推移横梁放置在滑道梁上面。根据整个预装高炉炉体中心，调整好 4 个推移横梁的位置后，分成两组，将第一根滑道梁和第二根滑道梁上的推移横梁作为一组连接成为一个整体，将第三根滑道梁和第四根滑道梁上的推移横梁作为一组连接成为一个整体。

5.3.4　液压设备安装

1. 液压推进装置由四套液压缸、液压操作台及液压工作站组成。

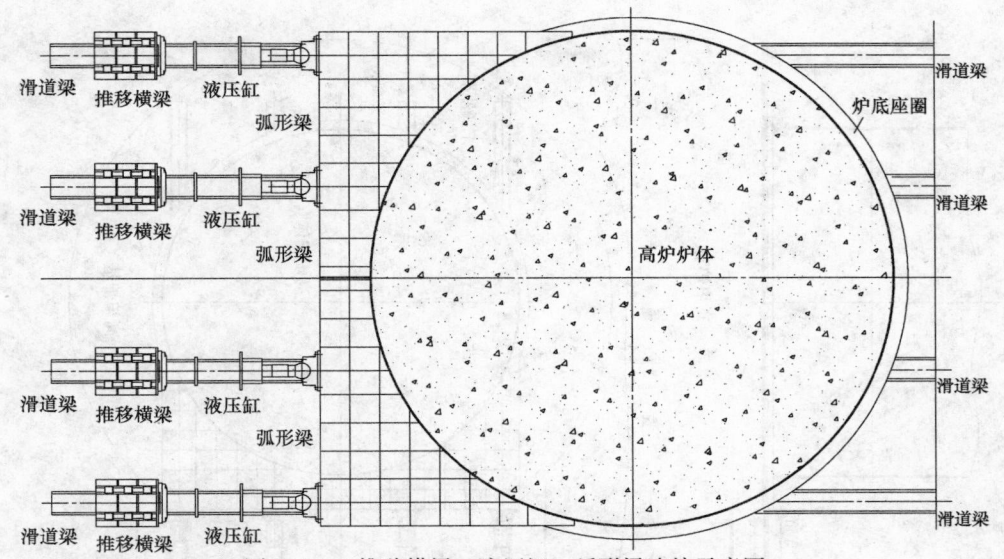

图 5.3.3　推移横梁、液压缸、弧形梁连接示意图

2. 测量、确定弧形梁、推移横梁等腰线标高与液压缸的安装中心标高。

3. 每道滑道梁的纵向中心线，向上垂直于弧形梁、推移横梁之间液压缸的安装腰线，形成四条纵向中轴线，它们一一平行，这样也就确定了四套液压缸的安装基准。

4. 根据四条液压缸安装平行中轴线，确定弧形梁、推移横梁受力平板安装位置。弧形梁、推移横梁受力平板位置与液压缸头部及尾部的固定平板十字中心线对应重合，确定无误后分别将受力平板与弧形梁、横梁焊接成一体。

5. 将液压缸的活塞杆缩回，根据设计要求以及测量参数，在弧形梁与推移横梁之间安装液压缸。利用螺栓将液压缸头部固定平板、尾部固定平板分别与弧形梁、推移横梁上的受力平板相连，使弧形梁与推移横梁之间通过液压缸连接成为一体。液压缸的轴线必须水平。

6. 液压缸通过高压油管同液压站相连接。

7. 液压原理图见图 5.3.4。

5.3.5　板钩安装

1. 板钩数量共计 8 个，每两个为一组，每个板钩通过一个大销轴固定在推移横梁上，另一端为自由状态，自然垂在滑道梁两侧。

2. 板钩销轴每一组两个的中心线偏差不能大于 0.2mm，安装完毕板钩可以绕板钩销轴自由转动。

5.4　整体滑移

5.4.1　滑移过程（图 5.4.1）

1. 校准推移中心线，标高。

2. 清扫滑道板并在滑道板上面涂满图纸要求的润滑脂。

3. 液压系统空载运行，提高油温，观测流量。

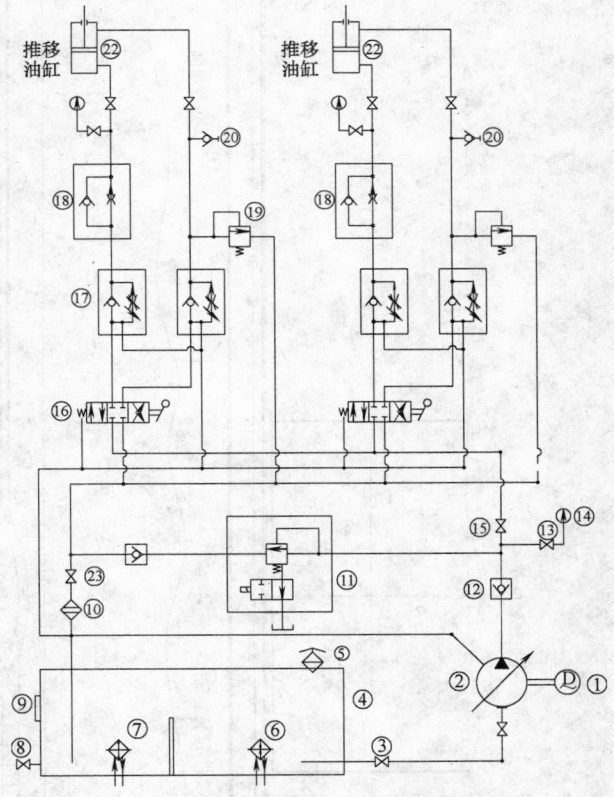

图 5.3.4　滑移液压系统原理图

1—电动机；2—轴向柱塞泵；3—吸油球阀；4—油箱；5—空气过滤器；6—电加热器；7—冷却器；8—排油球阀；9—液位计；10—滤油器；11—电磁溢流阀；12—单向阀；13—压力表开关；14—耐振压力表；15—高压球阀；16—手动换向阀；17—单向调速阀；18—单向分流阀；19—溢流阀；20—测压接头；21—高压球阀；22—推移油缸；23—截止阀

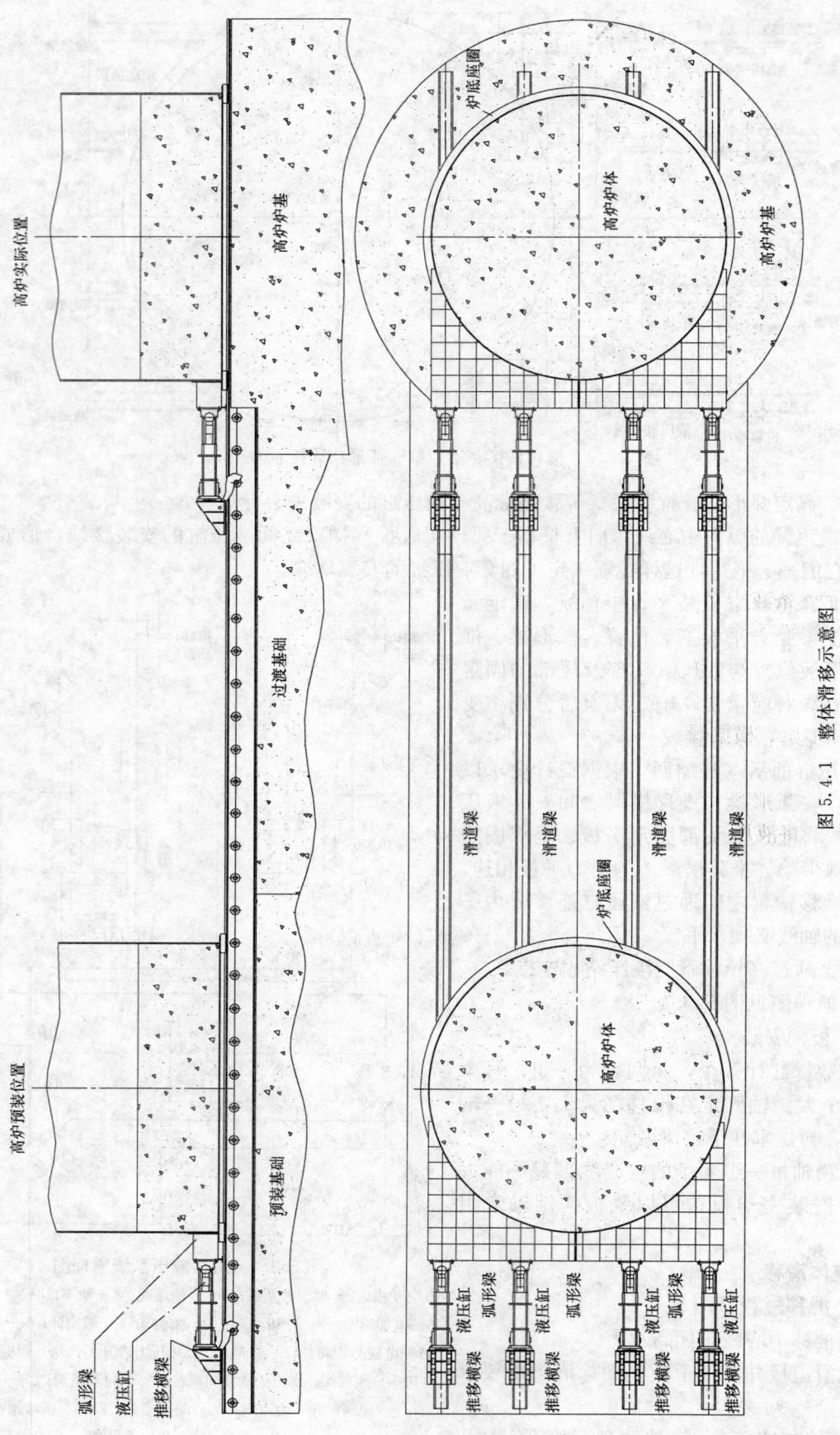

图 5.4.1　整体滑移示意图

4. 每道滑道梁上的 1 号轴孔内各穿入一根大销轴，2 号孔内各穿入一根大销轴准备下一个行程挂钩使用。

5. 板钩放下后牢牢挂在滑道梁的 1 号大销轴上。

6. 操作液压系统控制器，使高压油泵开始输油工作。

7. 液压活塞杆做伸出动作，推移横梁向后微动，使板钩与大销轴拉紧，推动炉体向前移动。

8. 由于滑道梁轴孔中心距是 1200mm，因此，当活塞杆推动炉体前移 1200mm 时停车。

9. 操作液压系统控制器，使活塞杆收缩。活塞杆收缩带动推移横梁前移，同时在板钩前行过程中提起板钩。

10. 拨出大销轴，将大销轴插入滑道梁的 3 号轴孔内。

11. 液压缸内的活塞杆收缩至油缸底部，带动推移横梁前移 1200mm。

12. 放下所有板钩，将板钩挂在滑道梁的 2 号大销轴上，再次固定推移横梁。完成一个步进推移周期。

13. 操作液压控制器，重复 7～12 的操作步骤，完成第二个、第三个、第四个……推移周期。

14. 高炉炉体做步进式前移，当被滑移炉体十字中心线与炉体基础十字中心线小于 100mm 时，点动操作系统，直至两中心线小于 10mm 时，停止滑移。

15. 测量炉体中心垂直度、炉体滑移到位中心点。

16. 拆除弧形梁，在高炉炉底座圈周围支模，在炉底灌注高强度 CGM 料，直至充满整个炉底。

5.4.2 操作要点

1. 操作前检查

1) 检查滑道附近有无障碍物，炉内外不得有人施工作业。

2) 滑道梁滑板上面涂满润滑脂。

3) 检查液压系统压力、流量是否正常。

4) 检查各液压阀是否灵活可靠。

5) 油缸推移行程开关极限是否准确。

6) 各部管路有无漏油现象。

2. 操作人员组成

液压推移系统操作共设 3 人：指挥者 1 人，操作者 2 人，检测人员 4 人。其他配合人员 24 人。

分工职责：

指挥者：下达推移、步进、提落钩、穿抽轴等操作指令和全部操作的指挥。

操作者：分别操作手动换向阀并观察压力表数值。要求操作者反应灵敏、动作协调、操作熟练。

配合人员：负责升降板钩，穿、抽大轴、涂抹润滑脂、清理障碍物等工作。

3. 操作过程中注意事项

1) 操作者要听从指挥、注意力集中。

2) 推移过程中，两位操作者动作要协调一致，操作动作要求基本同步，以使两液压缸同步推进。

3) 推移中，油缸行程不能超过极限。

4) 每个行程推移前要确认板钩是否与大轴牢固钩住。

4. 安全注意事项

1) 推移时要设专人指挥，专人操作，指挥者、操作者都要熟悉设备性能和操作要点。

2) 推移时，炉体周围设临时防护栏杆，设人看守，炉内严禁有人施工。

3) 电气设备要有防护装置。在移动临时动力电缆时，必须拉闸停电，挂牌后方可拉动电缆。严禁带电拉动电缆。

4) 施工人员进入炉内或炉底作业，液压泵电机必须拉闸停电，挂牌，执行操作牌制度。

5) 试车或推移暂停，现场交接班时，手动换向阀操作手柄要拆下，以防误操作。

6）推移过程中，如果出现异常现象，要立即停止推移操作，进行全面检查后方可进行操作。

7）夜间施工要保证照明充足。

8）遇六级及以上大风天气，不能做推移操作。

5.5 人力安排

5.5.1 管理人员

项目经理部设管理人员6人，其中项目经理1人，项目总工程师1人，项目管理2人，技术资料员1人，质量管理1人。设计、技术指导由总厂技术质量部负责。

5.5.2 各道工序人员安排

推移基础混凝土施工：管理人员1人，技术员1人，力工：60人，钢筋工：60人，模板工：30人，操作工24人，电工：6人，其他：6人，共188人。

滑道梁等钢结构制作：管理人员1人，技术员1人，铆工18人，气焊工18人，电焊工36人，起重工6人，校正工6人，探伤工6人，其他9人。

推移横梁、弧形梁、炉内加固、推移设备安装调试：管理人员1人，技术员1人，钳工12人，起重工12人，焊工30人，其他24人。

6. 材料与设备

6.1 材料（表6.1）

材料表　　　　　　　　　　　　　　　　　表6.1

序号	材料名称	型号	单位	数量	用途
1	45锻钢	$\phi162$	根	8	大销轴
2	45锻钢	$\phi100$	根	4	板钩销轴
3	特殊材质钢	$\delta=150$	个	12	滑靴
4	20CrMo锻钢	$\delta=90$	个	8	板钩
5	钢板	$\delta=25\sim60$	t	240	滑道梁、弧形梁、推移横梁、操作台制作
6	特殊材质钢板	$\delta=60$	t	40	滑板
7	钢板	$\delta=3\sim50$	t	6	炉底、滑道梁下垫板
8	工字钢	工56a	t	40	炉内加固
9	角钢	L50～L100	t	20	滑道梁间支撑
10	槽钢	[12.6～[25	t	6	各种支撑
11	润滑脂	特殊	t	0.5	滑道与滑靴间润滑
12	钢筋	$\phi8\sim\phi28$	t	150	基础

6.2 设备与机具（表6.2）

设备与机具表　　　　　　　　　　　　　　表6.2

序号	设备名称	型号	单位	数量	用途
1	正反挖掘机	HXW410	台	1	挖槽、运土
2	数控切割机	SKL-2	台	1	滑道梁下料
3	半自动切割机	CG1-30	台	4	钢板下料
4	卷板机	55mm	台	1	弧形板的卷制
5	桥式起重机	32/5t	台	2	钢结构制作
6	汽车吊	20～160t	台	1	钢结构安装、倒运
7	汽车吊	8t	台	1	钢结构、机加工件安装
8	型钢矫直机	KXJ1200	台	1	型钢矫直
9	平板机		台	1	板材的平板
10	CO_2气体保护焊电焊机	YD-500ER	台	20	钢结构制作
11	硅整流电焊机	BX-500	台	12	钢结构制作、安装
12	机加工设备		台	若干	外委加工大销轴、销轴套、板钩销轴、滑靴等
13	水准仪	N3	台	1	基础、滑道梁、弧形梁等的测量
14	液压缸	专用	套	4	滑移炉体
15	液压操作系统		套	2	滑移炉体
16	手拉葫芦	1t	台	8	板钩的起落
17	手拉葫芦	2～5t	台	20	设备安装
18	角向磨光机	$\phi125$	台	20	滑道及钢结构表面打磨

7. 质 量 控 制

7.1 工程质量控制标准

见文中各表所列允许偏差表,其他部位执行相应规范。

7.2 质量保证措施

7.2.1 采用泵送混凝土浇筑,混凝土分两次浇筑,第一次浇筑到埋设板以下－2.000m,混凝土由东向西分层浇筑,每层厚度不大于 500mm,并插捣密实,上部人员操作时,使用人行跑道,严禁踩踏钢筋,基础底板全部浇完后再单独进行上梁混凝土的浇筑,并对各层上表面用木抹子搓平,控制好上平标高,连续施工注意好各混凝土接触面的密实,掌握好衔接时间,混凝土浇筑后要加强混凝土的早期养护。

7.2.2 安装推移结构前复验推移基础的中心线、标高、地脚螺栓的位置、尺寸公差,是否符合设计文件,超差的进行修正处理。

7.2.3 推移基础拆模完成后,制作推移基础沉降观测点,炉体安装前每 4 周观测一次沉降情况,炉体开始安装后,每周观测一次沉降情况,并做记录。推移滑道梁垫铁在制作推移基础时,用坐浆法找平找正。按照推移中心基准点挂线,安装滑道梁,滑道梁吊装,用安装高炉炉体的塔吊及汽车吊吊装就位,安装要求及误差控制办法执行设计文件。

7.2.4 炉底推移设备有滑靴及滑靴挡板,它们安装在炉底座圈下面,滑靴及滑靴挡板的安装精度将直接影响炉体行进过程中偏移量的大小,所以本次施工采用如下方法:滑靴安装之前用划线的方法找出滑靴的中心,打上样冲眼,并相应在滑靴上面设置 4 个校准点。炉底座圈制作完成后,对表面不平度进行校正和预组装,并用划线的方法找出滑靴安装中心线。

7.2.5 炉内加固的设置是为了使高炉炉底的炉壳、耐热基墩、炉底座圈、炉底板形成一体,从而将全部炉体荷载均匀地传到滑靴,并防止炉体由于砌筑耐材而产生下挠,致使炉底耐材受到破坏,而影响炉底的寿命。它属于炉内的永久设施。所以炉内加固要严格按照《钢结构工程施工质量验收规范》GB 50205—2001 和《建筑钢结构焊接规程》JBJ 81—2002 的要求进行施工。

7.2.6 滑道梁、滑靴、滑靴挡板、大销轴、推移横梁、弧形梁等特殊设备及钢结构必须严格按照设计图纸施工,并做好施工记录。

7.2.7 滑道梁、推移横梁、弧形梁作为高炉推移工程的特殊结构,其焊接必须按照各自的焊接工艺编制焊接作业指导书,并严格执行。

8. 安 全 措 施

8.1 现场施工人员必须严格遵守本工种安全技术操作规程,高空作业和煤气区作业安全规程。本次大修有近 6 个月时间与炼铁厂生产同步进行,所以还应做防铁水飞溅、防烫措施,高空作业要防高空坠落,防高空坠落物品伤人,高空的平台必须有牢固的栏杆和防护网,否则不准施工。

8.2 高炉推移的全部过程中必须由现场指挥人员统一指挥,现场指挥人员时刻都要掌握推移过程中的全部信息,操作人员、监测人员必须坚守岗位,听从指挥。

8.3 液压站的电气操作系统,要有防护设施。现场临时供电电缆、电闸要有明显标志,防止触电伤人。在处理其他故障临时拉闸停电时,必须执行操作牌制度。

8.4 如遇雷雨天气及六级风以上天气,停止一切现场施工作业。

8.5 操作人员要严格按操作规程操作,听从指挥人员的指挥,高炉炉体滑移过程中,时刻观察各部位是否有异常,如发生液压站压力表的异常变化,整个系统发出异常声音等,立即停止推移,待查明原因,处理完成后,再继续推移。

8.6 推移过程中，随时检查滑靴及滑靴挡板的工作情况，检查各部位设施是否有异常，随时监测高炉炉体行走轨迹与推移中心的偏移情况，如果有异常立刻通知现场指挥人员。

8.7 高炉滑移到炉基附近，进入高炉框架之前，检查高炉周围是否有障碍物，防止与高炉相碰。

9. 环 保 措 施

9.1 优先选用先进的施工机械，尽量在厂房内施工，在现场施工采取合理的施工工艺，并采用隔声墙、隔声棚等降噪措施，防止扰民。

9.2 确保液压站及各油管接口无渗漏。

9.3 所有废机油、油脂统一使用油桶回收，不准随地乱倒，乱抹。

9.4 废弃的木方、破布、铅丝头、钢板料头等，要按业主的要求分类堆放、定期交由业主回收。

10. 效 益 分 析

10.1 缩短施工工期：采用本工法施工，由于新的高炉本体的安装与整套滑移设施的制作安装是在原待修高炉尚未停产之时进行，原高炉拆除，基础处理完毕即可将安装完毕的高炉直接推至预定位置，直接进行炉外水管的安装，所以节省了整个高炉炉体安装的时间，根据高炉容积的不同、施工队伍水平的差异，可将高炉实际大修工期缩短 30%～40%。

10.2 施工效率得以提高：采用本工法可以避免由于抢工期而采取大密度群体作业造成的作业效率低下的弊端，在相对宽松、安全的工作环境下，提高了施工人员的工作效率。

10.3 安全效益：采用该工法，高炉炉体安装是在工期比较宽裕、场地比较开阔、没有立体交叉作业的环境下进行，使"三不伤害"能得到很好的保障。

10.4 质量效益：按照常规的高炉大修施工理念，总是想在尽量短的时间内恢复生产，工期很紧，这样必然会对质量控制方法的实施、工序质量的检验、质量问题的修复等造成影响，而采用本工法，可以严格按照建设工程对高炉炉体的安装质量进行控制，从根本上保证了整个高炉系统的长寿。

10.5 采用小应力滑板技术，使大吨位高炉炉体的整体推移成为可能，相比滚动法推移，减少了滚动体小车的购置费用，纠偏装置的制作安装费用，推移速度明显加快。

10.6 采用不对称销轴孔及分体推移横梁技术使整个推移设施的重量减小近 30%，有效作用力提高 25%。

11. 应 用 实 例

11.1 首钢钢铁厂 4 号高炉扩容大修改造

11.1.1 工程概况

1992 年，首钢 4 号高炉要原地将 1260m³ 高炉扩容到 2100m³。安排总工期 60d，当时国内钢铁企业中同类高炉大修改造工期应该在 100d 以上。4 号高炉炉体预装总重量 2442t，总高度 32.9m，炉体最大直径 14.09m，移动距离 39.5m，炉体平移采用滑动行进方式。

11.1.2 特点

该工程首次应用高炉整体滑移技术。以 8 根 QU100 起重机钢轨作为滑道。

11.1.3 效果

1992 年 4 月 8 日高炉炉体顺利滑移到高炉中心位置。经测量，炉体安装中心偏差 5mm，风口法兰标高安装偏差 3.5mm，主要技术指标均符合设计标准，这项技术应用成功为 4 号高炉大修改造节省工期 22d16h。

该项目于 1993 年 3 月，荣获了北京市"科学进步一等奖"，1994 年 4 月，获得"中国专利技术博览会金奖"，1997 年 1 月，被国家专利局授予"国家发明专利"。

该高炉于 2008 年 1 月由于首钢北京地区压产的政策需要停产，在未进行中修的情况下，稳定运行了 15 年。

11.2 河北承钢新 2 号高炉本体整体推移建设

11.2.1 工程概况

2002 年，河北承钢 2 号高炉由原来的 380m³ 原地扩容到 450m³，针对其高炉炉型瘦高、直径小、重量低、重心高等特殊情况，采用三步基础施工，以 QU100 起重机钢轨作为滑道，应用两个液压缸进行推进。推移总重 1850t。

11.2.2 特点

首次应用两缸小跨距结构技术。

11.2.3 效果

2003 年 7 月 2 日，顺利推移到位，高炉中心偏差：东西 5mm，南北 7mm。

11.3 江西新余钢铁公司 7 号高炉原地大修改造

11.3.1 工程概况

江西新余钢铁有限公司 7 号高炉原地大修改造工程将原 600m³ 高炉原地扩容到 1200m³，总工期 70d。在方案的详细设计中，技术人员根据当地的具体环境，结合该高炉的炉型、炉体内外结构、设备分布特点等多方面因素，确保高炉整体滑移的精确性和平稳性的同时，大幅度提高了推移速度、扩大了推移吨位、降低了推移成本。本次推移总重量达到了 3370t。

11.3.2 特点

首次采用了国内其他高炉推移设计中从未使用过的以特殊材质钢板代替重型钢轨作为滑道的小应力滑板、钢结构箱形梁不对称销轴孔、分体推移横梁等多项新技术，在确保高炉整体滑移的精确性和平稳性的同时，大幅度提高了推移速度、扩大了推移吨位。

11.3.3 效果

2004 年 5 月 20 日 14：28 分推移成功。推移总计用时 7h33min，推移全程 40m，推移总吨位 3370t，推移到位后高炉炉皮外中心线东西最大误差 6mm，南北最大误差 4mm。

该工程届时创造了采用滑移技术的五个之最：吨位最大、速度最快、偏差最小、平稳性最好、采用新技术最多。

11.4 江西新余钢铁公司 6 号高炉原地大修改造

11.4.1 工程概况

江西新余钢铁有限公司 6 号高炉原地大修改造工程要求将原 600m³ 高炉原地扩容到 1200m³，11 月 10 日正式投产，停炉 75d。本次推移总重量达到 4013t。

11.4.2 特点

在 7 号高炉成功完成推移的基础上，技术人员根据当地的具体环境结合该高炉的炉型、炉体内外结构、设备分布特点等多方因素，继续优化方案，突破极限，在推移滑靴的设置、滑道的表面处理等关键技术上大胆创新，在滑道梁、滑道等钢结构的制作安装技术要求上采用高于国家标准 4 倍的企业标准。

11.4.3 效果

2005 年 9 月 26 日，13：18 分，江西新余钢铁有限公司 6 号高炉顺利推移到位。这次推移总吨位达到了 4013t，推移全程 38.8m，总计用时 6h 28min，推移到位后高炉炉皮中心线东西最大误差 5mm，南北最大误差 3mm，得到各方的好评。

该项目在 2006 年 11 月，被中国企业家协会、中国企业联合会评为"中国企业新纪录"。

硅钢环形炉机械设备安装与调试工法
GJYJGF097—2008

中国第一冶金建设有限责任公司　中冶天工建设有限公司
廖生楷　张小强　罗劲　刘凯铭

1. 前　　言

硅钢高温退火环形加热炉是在美国直通式隧道退火炉的基础上改进演化的产品，其炉型与原有电热罩式炉相比具有较多优点：实行连续化大批量生产，产品质量的稳定性得以提高；降低单位吨钢能耗约2/3；采用高智能控制，在线操作人员显著减少；操作环境大为改善，日常维修工作量明显下降等。是目前国际上在此领域具有最先进生产工艺的炉型。

环形炉设备按圆形布置，相互之间的联锁关系复杂，在安装与调试中均存在独特之处。在借鉴以往几座环形炉设备安装与调试经验的基础上，经系统分析论证，编制了本环形炉机械设备安装与调试工法，通过4座硅钢环形炉工程的实践检验，充分证明了本工法的可操作性和使用价值。该工法的关键施工技术获得和申报了6项国家专利技术（其中含发明3项），经中冶科工集团公司组织的部级科技成果鉴定，其技术水平为国内首创，达到了国际领先水平。施工的武钢硅钢环形炉工程获省优质工程奖。

2. 工 法 特 点

2.1　工法要求在设备安装中采用全站仪测量，通过适当的坐标系转换，有效地提高了设备的安装精度和效率，同时缩短了工期。

2.2　工法针对设备安装与调试相互关联的特点，有机地制定了合理工艺秩序，在安装的同时，做好了相关调试准备，同时适时进行部分设备的动态调整，对设备安装一次成活提供了更为有利的保证。不仅减少了后期调试工作量，而且大幅提升了设备安装精度。

2.3　工法采取驱动液压缸同步调整、台车旋转定位调整、阴阳接头对接调整相互交叉同时进行的调试工艺，既能解决设备之间复杂的联锁关系，又提高了效率，节省了工期。

3. 适 用 范 围

本工法适用于各种规模的硅钢高温退火环形加热炉的机械设备安装与调试。

4. 工 艺 原 理

环形炉主要工艺设备为圆形布置，安装标高多有变化，设计以极坐标形式（θ、R 即角度、半径）作为控制设备安装定位找正的基准。通过采用全站仪（测量仪器）快速准确地实施设备的精确定位，同时将极坐标转换为直角坐标，便于平面测量数据的准确传递和设备安装精度的控制。充分利用设备复杂的联锁关系，安装与调试操作有机结合，调试项目根据联锁原理可交叉也可同时进行，使环形炉工艺设备快速、准确安装到位与调试合格，满足环形炉工艺设计要求。

5. 施工工艺流程及操作要点

5.1　主要设备安装工艺流程见图5.1。

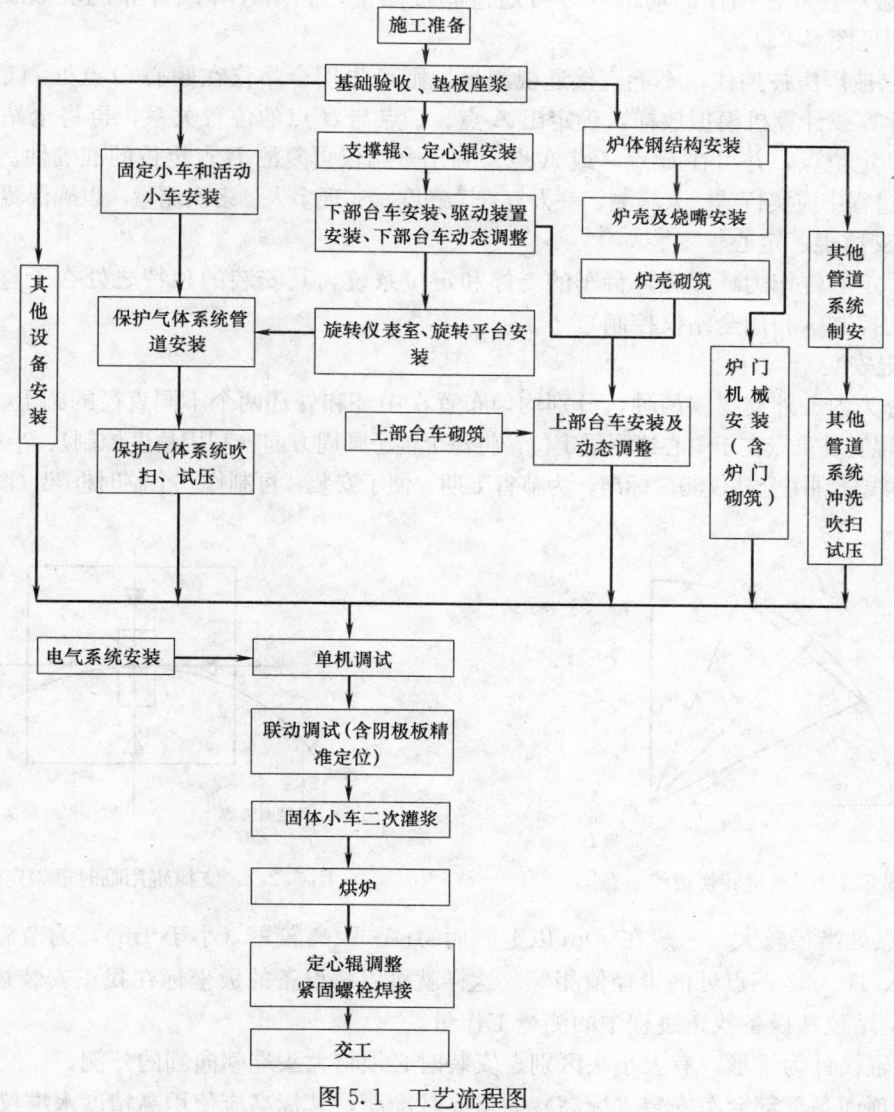

图 5.1　工艺流程图

5.2　操作要点

5.2.1　基础验收、测量放线

普通设备基础验收、测量放线主要是根据业主提供的控制网、土建施工的中交资料以及设备的安装要求等数据，放出其纵、横中心线，并埋设永久性中心标板和标高基准点。由于环形炉基础呈圆形布置，应首先通过测量找出基础圆心，此圆心为环形布置设备的安装依据。根据有关资料通过测量放出正交的十字轴线，其交点即为圆心。相关设备安装的基准线则通过圆心测量其半径、角度加以确定。在圆心处埋设永久性基准点。

以往同类工程采取的测量方法是通过在基础中心设置自制的拉线导向盘，刻画所需的角度，同时采用钢板尺、弹簧秤、温度计、气压计等配合测量。此法耗时长，精度不高。本工法采用全站仪测量放线，同时配置小号棱镜头，使测量操作简单易行，测量精度大幅提升。为保证测量不受施工影响，在基础中心部位设置用型钢焊接的专用操作平台。

测量放线控制要点：

1）炉门、台车驱动装置安装部位均应埋设永久基准点（具体布置根据设计详图确定）。

2）应注意环形炉炉膛中径与台车中径的区别。设计已考虑烘炉时的炉体膨胀，因此冷态时炉膛中径要比台车中径大一个膨胀量，两者切不可混淆。炉门中径基准点应与炉膛中径重合。

3）视线被厂房立柱挡住的局部地方可通过间接测量，利用计算或计算机模拟放样等方法确定定位。具体案例见图 5.2.1。

假设 B 点被厂房柱挡住，不能直接通视测量。则可先用全站仪在圆心 O 点处测量定位出 A、C 两点，再通过计算或计算机模拟放样，确定出 A 点、C 点与 B 点的位置关系，再将全站仪移至 A 点（或 C 点）测量 B 定位点，并可在 C 点（或 A 点）利用全站仪再复测 B 点定位的准确性。

4）测量过程中应实行"一人施测、一人复查"制度。实现多人、多次测量，以确保测量放线的精度。

5.2.2　支撑辊、定心辊安装

支撑辊、定心辊作为环形旋转台车的支撑和定位系统，其安装的独特之处在于整个系统的安装圆度、向心度的控制（利用全站仪控制）。

1. 支撑辊安装

支撑辊分为内、外支撑辊两种，分别均匀布置在中环和外环两个不同直径的圆上。

1）支撑辊安装重点在于中心线测量定位，将每个辊子圆周方向（利用角度控制）、半径方向（利用距离控制）的中心线分别用全站仪测量标出。为节省工期、便于安装，可制作一个临时框架（图 5.2.2）。

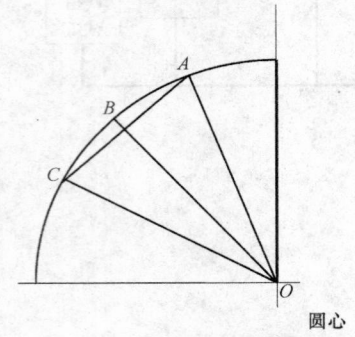

图 5.2.1　测量转换定位示意图

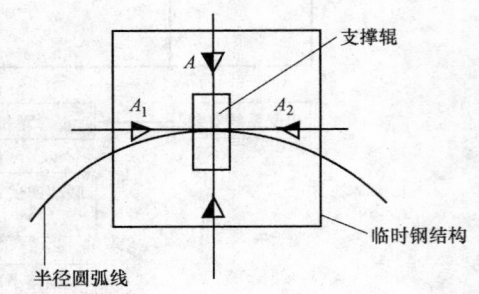

图 5.2.2　支撑辊用临时框架定位找正示意图

由于 A 点处半径较大（一般在 50m 以上）而 A_1A_2 距离较短（小于 1m），为节省测量时间，可近似地认为 A_1、A、A_2 三点处的半径值相等。这样就可以将设备的极坐标在找正安装过程中转化为直角坐标，减少全站仪在设备找正过程中的测量工作量。

2）支撑辊设计为锥形，有大小头区别。安装时必须将大头端朝向圆的外侧。

3）辊子顶面是下部台车安装（标高）的重要基准面，其标高应使用高精度水准仪（N3）测量。

4）支撑辊定位沿圆周方向偏差±1.0mm，径向偏差±3mm。支撑辊上母线标高偏差±0.5mm，水平度偏差 0.2mm/m。

2. 定心辊安装

定心辊间隔均布在环形炉的中环圆周上。安装控制要点如下：

1）定心辊的辊子是可调的，设备验收时应检查蝶簧形状是否全部一致，并做好记录。

2）定心辊的外圆面是下部台车安装定位（半径方向）的重要参考基准面。定心辊标高偏差±3.0mm、中心线偏差 1.5mm、辊面垂直度 0.10mm/m。定位时应以辊子竖向外圆表面的直径为基准进行调整（偏差值 1.5mm），此项控制至关重要，其调整精度将直接影响台车安装的圆度。

5.2.3　下部台车安装

1. 下部台车布置在支撑辊上。下部台车安装定位参照支撑辊及定心辊的基准面进行粗略找正。下部台车的安装特点在于：①利用台车之间的调整垫板调节整个台车系统的圆度；②下部台车安装完毕，应先做动态调整。

2. 安装控制要点：

1）下部台车出厂前，制造厂已经通过预组装在台车上刻有半径及分度的钢印记号（一般在底部，此钢印记号在调试及烘炉检测时用），设备验收时应重点检查钢印记号是否清晰一致，并做好记录。

2）安装下部台车时，炉体钢结构已安装好，而在装、出料口处无炉体钢结构和炉壳，故台车安装应从装、出料口处按出厂编号分片吊装到支撑辊道上。在台车之间的连接处设有厂家已配好的垫板，安装时不要漏装。

3）台车连接时应使用加工的锥形柱销打入螺栓孔临时固定台车，再安装普通螺栓。全部台车连接好后，测量台车椭圆度，其偏差值控制在±5mm内。由于下部台车在预组装过程中，其中心点是经过测量仪器定位且经过相关尺寸复测的，因此在装、出料口处可通过台车系统的旋转，直接测量台车中心与炉膛中心的相对偏差值，反映台车径向中心圆的圆度。

4）炉体钢结构和台车两侧的水封槽安装后，若液压系统和电气系统暂不能投入使用，可采用卷扬或厂房内天车作为动力源，通过滑轮组配合拉动台车旋转，检查辊子及台车间的运转情况，要求无卡阻及异常响声，定心辊辊面与台车环形轨道的间隙应小于5mm。

5）下部台车安装确认符合要求后换装高强度螺栓。

5.2.4 上部台车安装

上部台车安装时，应严格控制上部台车两侧与炉壳之间的间隙，防止烘炉后因热膨胀使旋转台车被卡住。

1）所有的上部台车以中心线间隔一定的角度安装在下部台车上。在上部台车安装前应将分度线用全站仪投射到下部台车上并做好标记，（因此时炉壳已安装，当下部台车旋转时，此工作可在进、出料口处进行）以此作为上部台车定位基准，同时将分度线和台车中心点返至下部台车底部，作为设备调试时旋转炉体停车的参考基准点。

2）耐火材料施工后，开始安装上部台车，为防止其在吊装中损坏，使用专用吊具吊装（图5.2.4）。

3）先吊装一台上部台车，将整个台车系统旋转360°，检查上部台车两端部与炉壳之间的间隙，应满足设计要求，必要时可局部调整炉壳，确保烘炉炉体膨胀后台车系统运行无卡阻，再吊装其他的上部台车。

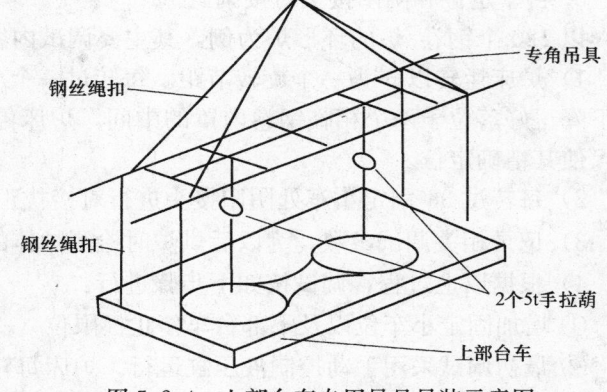

图5.2.4 上部台车专用吊具吊装示意图

4）上部台车之间通过不锈钢连接板联成一个整体，台车旋转时应派专人检查连接板与水封槽之间的间隙是否符合设计要求，并防止有异物造成卡阻。

5.2.5 固定小车、活动小车安装

以120个钢卷/炉的环形炉工程为例（图5.2.5），安装的控制点在于确认小车与炉门设备之间的角度关系。

此外，由于环形炉设备之间的相互联锁关系复杂，为方便调试时的操作，固定小车安装找正后暂不进行二次灌浆，待小车与阴接头对接调整无误后再灌浆。

5.2.6 旋转系统的调试

1. 调试说明

调试过程主要解决以下三个问题：

1）驱动液压缸同步。

2）台车旋转精确定位。

3）阴阳接头准确对接。

2. 驱动液压缸同步调试

台车驱动液压系统设计为几台泵同时工作，液压装置为"并联"

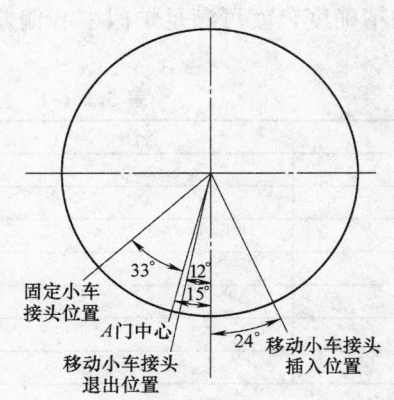

图5.2.5 小车设备与炉门设备之间角度关系示意图

形式，每套液压装置都有一个液压主缸和一个液压辅缸。其中液压主缸的工作是旋转台车系统；液压辅缸的工作是辅助主缸，改变主缸的运动轨迹。驱动液压缸同步这一调试过程必须手动操作完成，步骤如下：

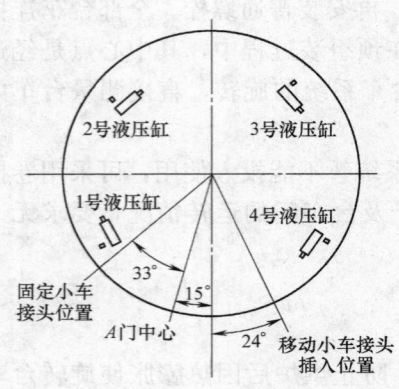

图 5.2.6-1 台车驱动液压缸
分布区位示意图

1）在每个液压缸安装部位分别派专人值守，观察液压缸动作到位情况，并根据统一指挥调整主、辅缸的极限位置等。在液压缸未推动台车系统的情况下，先运行辅缸调整其行程与限位，然后将辅缸后退到极限位状态时，运行主缸，调整主缸的行程与限位，保证液压主缸运行轨迹基本符合设计要求。（每炉 120 个钢卷/炉的环形炉台车驱动液压缸分布区位见图 5.2.6-1）。

2）经过上述反复调整确定后，直接推动炉床作进一步的调整，这样效果更接近工作状态，调整更直接、快速。

3）通过几个周期的运行，发现运行中存在的缺陷，同时调整管路上节流阀，保证液压缸动作基本上达到同步。（液压缸同步在后面调试中还要随时根据实际运行情况实施微调）。

4）在驱动液压缸同步调试基本合格的基础上，方可实施下一步调试。

3. 台车定位和阴阳接头对接调试

以 120 个钢卷/炉的环形炉为例，其主要调试内容如下：

1）炉床运转以 6°为一个旋转节距。每转过一个 6°到停止位，炉门可相应动作，通过调试，要求炉门下降正好落位于两个相临钢卷内罩的中间。炉床停止位在调试前是不确定的，通过调试时调整极限撞尺使其精确定位。

2）每转过 36°固定小车处阴阳接头进行对接找正，要求活动自如。

3）记录相关调试参数，为以后烘炉时检测炉体的膨胀量提供原始数据。

4）根据以上过程，调试按如下步骤进行：

① 增加固定小车位以及下部台车停止极限位（一般设计为 3 号液压缸位炉膛处）的检查人员。

② 最初调试采用手动控制液压缸运行。炉床每转过 6°，在 3 号位的人员记录炉床停止位与炉门基准点偏差值（检测记录如表 5.2.6-1），并根据记录结果调整炉床停止位置的极限和撞尺，使该偏差值满足允许要求。

当台车旋转停止时，以下部台车底部已设置的基准点为检测点用磁力线坠检测上部台车在半径方向和圆周方向与炉门基准点的偏差。需要注意的是将台车径向中心与炉膛中心的设计偏差值计算在内。

炉床旋转过程中，每转过 6°，放下炉门，检查炉门关闭位置是否满足要求。要求关门时门的中心与上部台车砖缝中心偏差为±20mm，实际上只要保证了炉床停止位的精度，就可满足炉门中心偏差的控制要求。

台车停止位与 B 门中心点偏差值记录表　　　　　　表 5.2.6-1

台车编号	A	B	备注
1—2			
2—3			
……			
……			
……			
60—1			
允许偏差	$X\pm5$	±5	

A：台车半径方向偏差值；　　　　　　B：台车圆周方向偏差值；
X：台车径向中心与炉膛中心的设计偏差值；　　单位：mm；
"+"表示台车旋转过了设计位置，"−"表示台车旋转未到设计位置

③ 当一个阴接头到达固定小车位置后，开始阴阳接头对接调整，由于此时炉床停止位置还没有精确定位，必须依据固定小车位置检查接头偏差情况，若发现超差过大，采用手动操作液压缸推动炉床或使用专用挂钩反拉炉床旋转，使阴接头与固定小车（阳接头）位置偏差处在可调整范围内，必要时可调整固定小车。

④ 阴接头与固定小车位置调整好后，检查固定小车的左右（两个）液压定位导杆，根据设计原理，当小车上的定位导杆准确穿入阴极板上的定位孔时，阴阳接头就可自由对接。定位导杆及相关尺寸调整要求见检测记录表 5.2.6-2 及图 5.2.6-2，通过调整使表中 A、B……E 等数据在允许偏差范围内，该步调试便告成功。

固定小车调整偏差值记录表　　　　　　　　　　　　　　表 5.2.6-2

序号	台车号（对应阴接头编号）	A		B		C		D		E		备注
		左	右	左	右	左	右	左	右	左	右	
1	003											
2	009											
……	……											
9	051											
10	057											
允许偏差值		同一台车左右数据相对偏差 ≤0.5mm		−5mm～−8mm		±5mm		±5mm		1/1000		

注：表中 A、B、C、D、E 的位置分布见图 5.2.6-2。

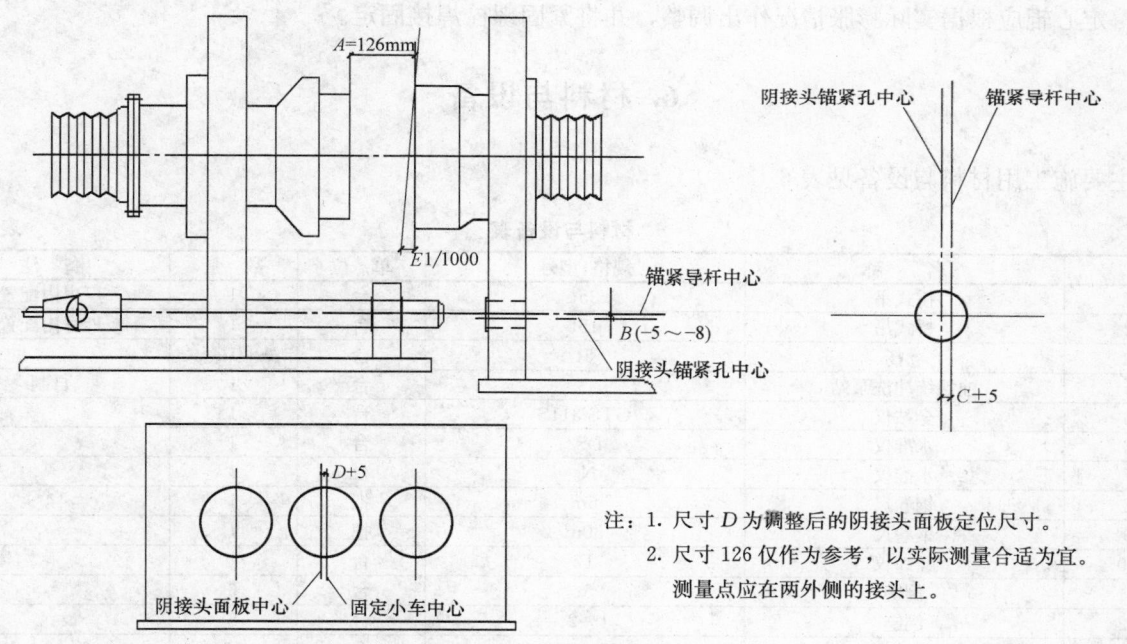

图 5.2.6-2　固定小车与阴接头对接调整示意图

⑤ 第一个阴接头调整完毕后继续旋转台车，每转动 6°时仍按步骤②的要求调整炉床定位，当转动 36°后，第 2 个阴接头转到固定小车位置，重复前面步骤③、④进行阴阳接头调整。但值得引起注意的是，从此以后不可再调整固定小车。

⑥ 阴接头共计 10 个，台车旋转 360°后，即可全部调整完毕。最后一个台车应与第一个台车闭合调整，以保证数据的连续性。

⑦ 所有阴接头通过以上手动调整步骤后，炉床停止位的调整也比较精确了。将炉床驱动液压系统投入到自动运行模式，在电气控制室操作炉床旋转，通过一列极限信号的控制作用使炉床自动在停止位停止运转。每转动 36°在固定小车处对接阴阳接头，如果炉床停止位与炉门基准点偏差值超差或阴阳

接头不能自由对接，则说明该位置的极限有待调整，可以在手动状态下推动或倒拉炉床重新调整，然后再用自动运行模式检查。

⑧ 重复以上步骤，直到每个炉床停止位与炉门基准点偏差值均满足要求，同时 10 个阴接头全部对接自如，且通过检查符合要求。在此过程中电气调试人员应参与调试主推液压缸的运动曲线，并检测液压缸运行速度。液压缸运转高速、低速值要分别在此过程中调整好。主液压缸运转曲线如图 5.2.6-3。

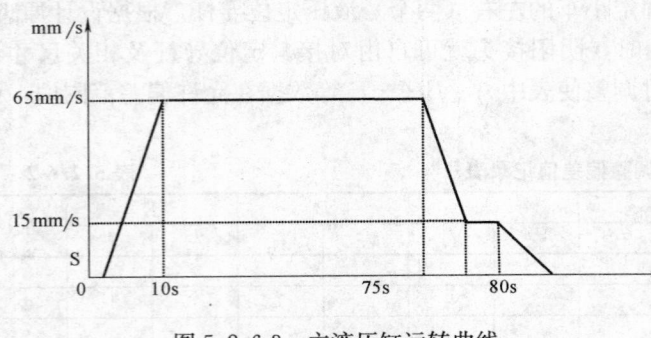

图 5.2.6-3 主液压缸运转曲线

⑨ 所有阴接头在固定小车处在自动运行模式下对接检查完毕后，还应在活动小车处进行对接检查。同时进行活动小车起点和终点的极限定位调整。活动小车在起点处与阴接头对接后随炉床一起转动，转过 36°后到达停止位，固定小车阳接头与相应阴接头对接之后活动小车阳接头退出，并在自身动力（链轮传动驱动机构）作用下回转至起点位置，准备下一周期动作。（因为活动小车在工作状态下是由人工操作定位的，不必在调整固定小车的同时调整活动小车）。

⑩ 经过以上全部调整过程，整个炉床旋转联动调试最关键的部分调试结束，炉床运转可以精确地符合生产工艺流程要求。下一步进入烘炉及热负荷试车调试阶段。需要注意的是烘炉、热负荷试车结束后，定心辊应根据实际膨胀情况作出调整，并将紧固螺栓焊接固定。

6. 材料与设备

主要施工用材料与设备见表 6。

材料与设备表 表6

序 号	名 称	规格,型号	单 位	数 量	备 注
1	桥式吊	35t	台	1	厂房内配置
2	桥式吊	15t	台	1	厂房内配置
3	卷扬	5t	台	1	
4	油系统冲洗泵站		台	1	自制
5	全站仪	GTS-311S	台	1	
6	水准仪	DS2	台	1	
7	水准仪	N_3	台	1	
8	钢卷尺	5m	把	1	
9	钢卷尺	50m	把	1	
10	经纬仪	T2	台	1	
11	倒链	5t	台	6	
12	倒链	1～2t	台	8	
13	千斤顶	10t、16t	台	12	
14	交流电焊机		台	8	
15	氩弧焊机		台	4	
16	砂轮切割机		台	4	
17	角向磨光机	$\phi100、\phi180$	台	各5	
18	框式水平仪	0.02mm/m	台	4	
19	条式水平仪	0.02mm/m	根	4	
20	内径千分尺	200	把	1	
21	外径千分尺	200	把	1	
22	游标卡尺	200	把	1	
23	百分表	0.01mm	台	2	
24	塞尺	300A21	套	4	

7. 质 量 控 制

7.1 执行相关规范标准

7.1.1 《工程测量规范》GB 50026—93。

7.1.2 《机械设备安装工程施工及验收通用规范》GB 50231—98。

7.1.3 《钢结构工程施工质量验收规范》GB 50205—2001。

7.1.4 《钢结构高强度螺栓连接的设计、施工及验收规范》JGJ 82—91。

7.1.5 《压缩机、风机、泵安装工程施工及验收规范》JBJ 29—96。

7.1.6 《现场设备、工业管道焊接工程施工及验收规范》GB 50236—98。

7.1.7 《工业设备管道及绝热工程施工及验收规范》GB 50185—93。

7.1.8 《建筑工程施工现场用电安全规范》GB 50194—93。

7.1.9 《轧机机械设备工程安装验收规范》GB 50386—2006。

7.2 质量控制重点

环形炉设备安装与调试的质量控制重点如下：

7.2.1 下部台车安装圆度是环形炉设备质量控制的重点，将直接影响环形炉旋转系统运行的平稳性和可靠性。而内、外支撑辊的标高偏差控制；定心辊的竖向外圆面母线所处圆的圆度控制又直接影响到下部台车的安装圆度。

7.2.2 台车旋转系统停车定位的精度控制、阴阳接头对接找正精度控制是环形炉设备质量控制的又一重点，是环形炉设备调试成败的关键点，也是环形炉设备的调试难点。

8. 安 全 措 施

8.1 进入施工现场，必须遵守施工现场各项安全管理规定。

8.2 现场施工人员必须穿戴好统一的劳动保护用品；遵守安全技术操作规程和各项安全管理制度。

8.3 起重作业人员必须执行吊装操作规程。施吊过程中，必须由起重指挥人员统一指挥，统一传递命令信息。各种起重设备、卷扬等要求性能完好。吊、索具必须符合安全要求，严禁超负荷吊装。

8.4 现场的各种安全设施（脚手架、孔洞盖板、防护栏杆、安全网、安全绳等）及安全警示标志牌未经设置单位许可，任何人不得拆动。

8.5 上部作业人员必须采取有效措施，加强清废，有效防止高处坠物伤及下部作业人员。

8.6 特种作业人员必须持证上岗，未持证者禁止作业。

8.7 施工用电必须使用标准化配电箱，对手持电动工具一律设立漏电保护装置。

8.8 调试时所有无关人员一律不允许进入炉区。有专人指挥调试，通过对讲机与调试人员联系。调试指挥人员要在各方面确认无误后才能下达开始调试的指令，并在调试过程中及时传递调试的信息。

9. 环 保 措 施

9.1 废水排放符合国家标准《污水符合排放标准》GB 8978—1996 中二类二级要求。

9.2 施工噪声控制符合国家标准《建筑施工场地噪声限值》GB 12523—1990 要求；办公区噪声控制符合国家标准 GB 3096—93《城市区域环境标准》二类居、商、工业、混杂区要求。

9.3 施工粉尘排放符合国家标准《环境空气质量标准》GB 3096—1996。

9.4 产生的固体废弃物应进行分类收集、统一处理，减少对环境的污染。

9.5 液压系统冲洗、试压时应采取专门防护措施，避免废油液随意排放。

9.6 坚持节能降耗，考虑持续发展。

10. 效 益 分 析

质量和工期是施工企业的生命，在提高工程质量且不加大劳动力及物质投入的同时，最大限度地缩短工期是业主和施工企业共同的期望。在施工资源一定的情况下，通过改进施工工艺缩短工期，使有限的施工资源得到最大程度的有效利用，产生了较好的技术经济效益。

1994 年某座硅钢环形炉在日本人的专利技术条件下、在日本专家的指导下安装调试，当时的施工工期为 2 年。而我公司 2004 年承建的中国自行设计、制造、施工了第一座环形炉（是世界上最大的环形炉），通过改进施工工艺，在未加大劳动力与物质投入的情况下应用本工法，使工程质量均达到优良，并获得省优质工程奖，工期缩短为 11 个月，节省投资约 30%，得到业主、监理等多方的好评。其经济效益和社会效益显著。

11. 应 用 实 例

11.1 2004 年 10 月武钢二硅钢国产 1 号高温退火环形炉工程。

11.2 2005 年 12 月武钢二硅钢国产 2 号高温退火环形炉工程。

11.3 2007 年 7 月武钢三硅钢 2 座高温退火环形炉工程。

锅炉钢结构叠梁变形控制施工工法

GJYJGF098—2008

湖南省火电建设公司
孙大健 戴国平 曾华林 许晃 王磊

1. 前　言

目前大容量火力发电厂中锅炉钢结构大板梁，多采用大跨度叠合式栓焊结构。锅炉运行过程中，叠梁承受着锅炉大部分负荷，因而其制造施工缺陷不仅是其本身的质量隐患，而且是整个锅炉的安全运行隐患。

叠梁的制造施工方法有两种：上下两梁整体组合整体施焊；上下两梁单独组合单独焊接。前者要求厂房宽广、起重设备起吊能力大且起吊点高，而且操作困难。在实际施工过程中，后者最为常用。但是采用后者施工时，如按传统的施工工艺，焊接变形大，叠合面间隙难以控制，叠合面螺孔穿孔率不高。

针对传统施工方法中的技术难题，公司于 2005 年成立了专门的 QC 小组，围绕"提高叠梁一次试装合格率"开展了认真的 QC 活动，成功地采用叠梁变形控制施工方法，解决了叠梁施工技术难题。为本工法制定而开展的 QC 活动成果，取得中电建协 2008 年度 QC 成果一等奖，中筑协 2008 年度 QC 成果优秀奖。采用本工法施工的四川广安电厂、湖南湘潭电厂、益阳电厂、涟源电厂等项目的大板梁，得到了安装方和业主方的一致好评，创造了巨大的经济效益和社会效益。

2. 工法特点

2.1　编制专用程序，采用计算机对每片叠梁的下梁进行自重作用下的下挠值计算，对每片叠梁的下梁进行上梁重力作用下的下挠值计算。按经验公式对每片叠梁的焊接变形量进行计算。根据计算结果合理地设置焊前的反变形值，以此减小变形。

2.2　使用可调 W 形埋弧焊架对单片 H 形梁进行正反交叉对称焊接，以避免热量集中而产生较大的变形。且此埋弧焊架可以灵活调整被焊工件的施焊角度，以便形成合理的船形焊，更好地保证焊缝成形，保证 H 形梁焊接变形在预控范围。

2.3　采用简易门架与油压机的组合装置进行叠合面龟背校正，改火焰热校为机械冷校，避免了传统火焰校正带来的二次热变形，且更好地保证螺孔精度。

2.4　采用振动时效装置进行大板梁的整体应力消除，解决了大件整体退火消除应力困难的难题。

2.5　采用可移动施工棚进行施工遮尘防雨，避免了大板梁露天作业带来的质量影响和施工作业带来的环境污染。

3. 适用范围

适用于各种容量的电厂锅炉钢结构大板梁叠梁的施工。

4. 工艺原理

此工法采用预留反变形来抵消大板梁在焊接过程及安装过程中产生的变形，根据每片大板梁的设计参数计算出其相应工况下的下挠值，根据经验计算公式计算出每片大板梁的焊接变形值，然后再根据下挠及焊接变形量来折算出合理的反变形值。

采用机械冷校来校正叠合面上的龟背，以避免薄翼缘在校正过程产生二次热变形。其工作原理是利用油压机作为校正动力，利用门架装置作为校正装置，利用门架两侧滚轮作为装置行走机构。校正过程采用钢尺进行检验。

采用可调 W 形埋弧焊支撑架，对工件两边倒进行正反交叉对称焊，以避免长杆调头困难的难题，避免焊接热量集中而产生较大变形。对高矮不一致的大板梁可通过调整活动支座来调整施焊角度，保证主角焊施焊角度在工艺要求范围之内，从而使焊接变形在预控范围。

采用 RSR2000（G）全自动振动消除应力专家系统，利用共振消除和匀化大板梁梁内部焊接残余应力的原理，大大减少了焊接应力。

5. 施工工艺流程及操作要点

5.1 施工工艺流程

施工准备→材料复验→拼板→板材放样→板材下料、钻孔→单片 H 形梁组合→单片 H 形梁埋弧焊→单片 H 形梁校正→附件组合、焊接、校正→整体试装、防腐。其流程如图 5.1 所示。

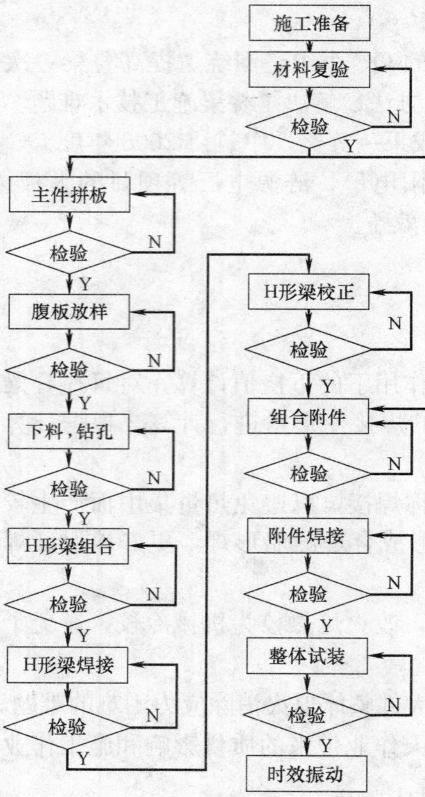

图 5.1　叠梁变形控制施工流程图

5.2 操作要点

5.2.1 施工准备

施工准备充分是保证大板梁制作施工顺利的前提，主要包括技术准备、组织准备等。

1. 技术准备

1）反变形参数计算

叠梁叠合面间隙的控制是其制作的最大难题，它产生原因主要有以下三方面：①下梁在自重作用下的下挠 f_1；②上梁重力作用在下梁叠合面上产生的下挠 f_2；③叠合面焊后向厚翼缘弯曲变形 f_3。理论上分析：若上梁全部重量作用在下梁叠合面中部时，下梁叠合面的反变形应预留 $f = f_1 + f_2 + f_3$；若上梁重量均匀作用在下梁叠合面时，下梁叠合面的反变形应预留 $f = f_1 + f_3$。故在每根叠梁制作前，应根据其设计规格、重量，建立一个简支梁的计算模型，计算出其相应的变形值。计算方法如下：

① 下梁自重作用下下挠值

$$f_1 = 5q \times L_4 / (384 \times E \times I_z)$$

(5.2.1-1)

式中　q——下梁单位长度重量；

　　　L——叠梁总长；

　　　E——材料的弹性模量；

　　　I_z——下梁极惯性矩。

②上梁重力作用在下梁中部时的下挠值　　$f_2 = Q \times L_3 / (48 \times E \times I_z)$　　(5.2.1-2)

式中　Q——上梁总重量。

③ 叠合面焊后弯曲变形 $\qquad f_3 = \Delta \times L \qquad$ (5.2.1-3)

式中　Δ——单位长度的焊接变形量。（由于单片叠梁均由 1 块薄翼板、1 块厚翼板及 1 块腹板组成，由于其结构的不对称性，焊后叠合面会产生一定的平面弯曲变形。此可根据实践经验测量出单位长度的变形量，经验值为 $\Delta \text{mm/m}$。）

叠梁在实际安装过程中，上梁重量作用在下梁，使下梁下挠的变形值是一个可变范围：当上梁重量均匀分布在下梁叠合面时，变形值最小为 0；当上梁重力全部作用在下梁中部时，下挠值最大 $f_2 = Q \times L_3 / (48 \times E \times I_z)$。故下梁叠合面预留反变形为 $f < f_1 + f_2 + f_3$。考虑理想安装状态，预留变形值稍大于 $f_1 + f_3$ 即可。

2) 埋弧焊架备制

设计：由于大板梁较长（最长有 43m 左右，大于门吊跨距 32m），施焊时调头困难，故设计为 W 形埋弧焊支撑架，对工件两边倒进行正反交叉对称焊。由于大板梁较长容易变形，故 W 形埋弧焊架按约 5m 的间距进行布置，以保证工件在其上不会发生焊前变形。支撑架详见图 5.2.1-1 所示。

板梁上端以斜撑 1 支撑其腹板，下端以底撑支撑下翼缘板。由于下翼缘宽窄不一致，故采

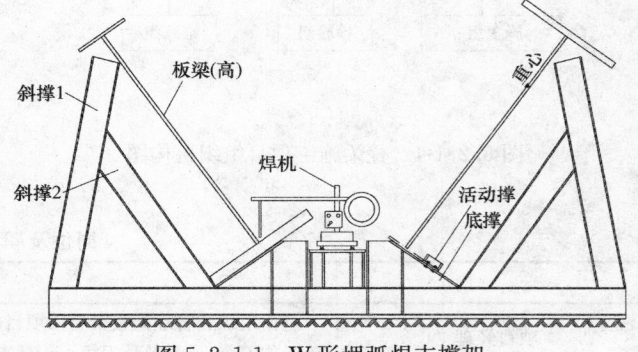

图 5.2.1-1　W 形埋弧焊支撑架

用活动支撑来调整支撑部位。活动支撑与底撑采用螺栓连接，在底撑支撑面上按 80mm 间距设计 5 排螺栓孔，以供定位选择。根据翼缘板宽度，选择合适的螺孔以调整腹板倾斜角度。活动支撑与底撑连接见图 5.2.1-2 所示。

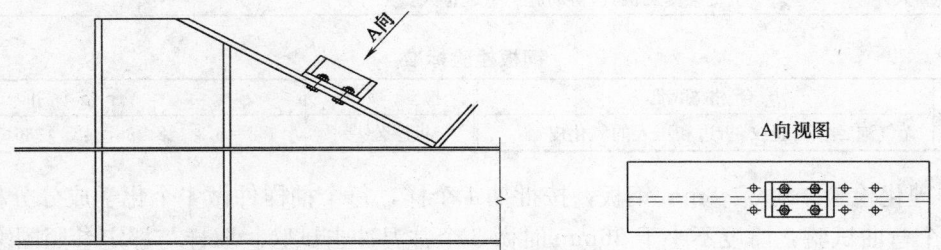

图 5.2.1-2　活动支撑与底撑连接图

制作、安装：现场放样制作支撑架，保证各支撑架倾斜度偏差小于 2mm，所有焊接均为满焊以保证其使用安全。埋弧焊工作平台应比两旁立杆撑低 100mm，以保证叠梁翻边时不会损坏工作平台。安装前先备制预埋基础，支撑与基础采用 M20 的预埋螺栓连接。安装时采用水平仪进行工作面平面度的测量，保证标高差小于 5mm；纵向采用拉通线的方法以保证其直线度小于 5mm；垂直方向采用吊线的方法以保证其垂直度偏差小于 3mm。

3) 校正装置的备制

如图 5.2.1-3 所示，制作一套简易门式结构。在其横梁上安装一个油压千斤顶，在两侧门框上各安装 1 个滚轮，为防止门架变形，在横梁与门框间加设一块加强板。门架在叠合面上用轮子支撑，移动时人工推动即可。校正时，将门式校正装置按图 5.2.1-3 安装在待校翼缘上，调整油压千斤顶的油压，进行校正。为了避免该结构在校正时给叠合面带来波浪变形，可在翼缘下侧垫设一块 $\delta 30$ 的钢板，以增大接触面积。

2. 组织准备

1) 组织机构

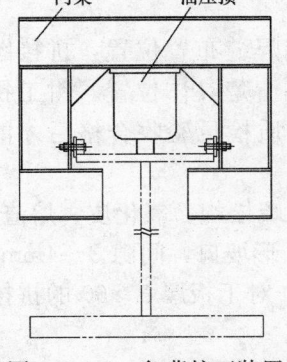

图 5.2.1-3　龟背校正装置

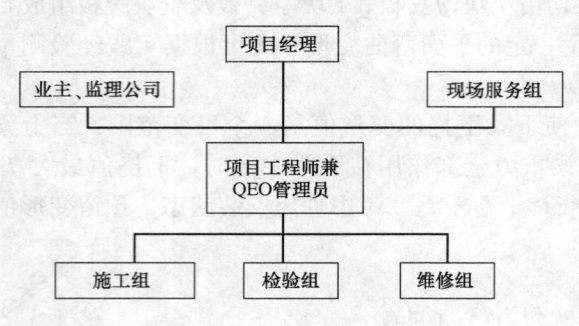

图 5.2.1-4　叠梁施工项目组织机构图

为保证大板梁施工质量、施工安全，成立专门的大板梁施工项目部，全面负责大板梁的施工、起重、运输工作。其组织机构如图 5.2.1-4。

2）岗位及其职责

叠梁施工项目部各岗位及职责见表 5.2.1。

5.2.2　材料复验

1. 钢板的入厂检验

首先抽验钢板尺寸偏差及表面质量，每批抽检不少于两张，其合格标准如表 5.2.2 所示。

对外观检查合格的钢板再进行超声波检验。要求 δ60 以上的钢板及用于大板梁翼板、腹板及主筋板的材料均要求 100％的超声波检查，应符合Ⅲ级合格。

岗位及职责表　　　　　　　　　　　　　　　　　　　　　　　　　　表 5.2.1

部　门	职　责　分　工
项目经理	全面组织和管理大板梁叠梁项目的施工工作,负责外部事务联络、协调、突发事件处理。为大板梁施工的安全、质量及环卫第一责任人
现场服务组	负责大板梁施工现场日常事务及后勤保障,以及安装现场外围联系和协调
项目工程师兼 QEO 管理员（1 人）	负责施工方案的制订,指导施工,解决施工中遇到的技术难题。负责对施工过程中的安全、质量、环保进行监督。负责资料的收集和整理。协调项目经理做好组织管理工作
施工组（28 人）	负责大板梁施工前的工装备制,负责大板梁的制作施工,负责施工现场的文明管理
检验组（2 人）	负责大板梁制作过程中各道工序质量的检验,对施工过程中的施工工艺进行监督
维修组（2 人）	负责维修工机具,协助施工组起重人员工作

钢板检验标准　　　　　　　　　　　　　　　　　　　　　　　　　　表 5.2.2

检验项目	合格标准	检验项目	合格标准
表面质量	无气泡、结疤、裂纹、折边和压入的氧化皮	板厚公差	$\delta=6^{+0.3}_{-0.6}$、$8{\leqslant}\delta{\leqslant}34^{+0.3}_{-0.8}$、$36{\leqslant}\delta{\leqslant}120^{+0.6}_{-1.0}$

最后抽样理化检验。对 δ≥8mm 钢板，按批抽 1 个样，每个抽样件做 1 个化学成分分析，1 个常温拉伸试验，1 个弯曲试验，厚度不小于 36mm 时做 3 个常温冲击试验。取样与评定参照国家相应标准。

2. 焊材入厂复验

所有焊接材料，如无原制造厂质量证明书，应拒绝入厂。焊条入厂检验，包括熔敷金属拉力、化学成分分析试验、尺寸及外观检查。熔敷金属拉力及化学成分分析试验按批抽一件，至少在 3 个部位，取有代表性的样品进行试验。焊丝还须进行光谱检查，每批按总盘数的 3％且不少于 2 盘（圈及捆）抽检表面质量、尺寸偏差。要求表面无锈蚀，保护层无破损现象，焊丝粗细均匀一致。取样与评定参照国家相应标准。

5.2.3　板材拼接

钢板拼接前由项目工程师根据主材情况绘制大板梁的拼接图，明确拼接焊缝布置位置，拼接图须符合技术协议或企业标准要求。下料员应严格按拼接图拼接下料，并标识清楚具体位置。钳工拼板时，应将每块钢板的炉批号、检验编号移植到施工拼接图上。拼完后应由质检员验收合格后才能下料。

拼接坡口采用火焰切割，然后用砂轮机打磨坡口两侧 20～30mm 范围内的疏松物、氧化皮、熔渣、油、锈等，要求光净，露出金属光泽。对 6<δ≤12 的钢板对接时，坡口采用Ⅰ形坡口，间隙 3～4mm；12<δ≤30 的钢板，其坡口采用 V 形坡口；δ>30 的钢板，其坡口采用 X 形；对于板厚 δ>60 的拼接焊，坡口反面深度不大于 25mm。

先采用 CO_2 气体保护焊打底，再用埋弧焊盖面，然后反面清根，最后用埋弧焊反面盖面。焊接人员必须经过相应项目的考试，合格者方可上岗。CO_2 气体保护焊焊丝为 H08Mn2Si，$\Phi1.2$。埋弧自动焊焊丝为：H10Mn2，$\Phi4.0$。埋弧焊接工艺参数如表 5.2.3 所示，埋弧自动焊的电源电压波动不得超过额定电压的 $\pm5\%$，焊接中的焊接电流波动不大于 $\pm50A$，埋弧自动焊如出现局部缺陷采用碳弧气刨和砂轮打磨后，用手工焊修补。

埋弧焊接工艺参数　　　　　　　　　表 5.2.3

板　厚 (mm)	焊丝直径 (mm)	焊接电源 (A)	电弧电压 (V)	焊接速度 (m/min)
10	4	550～600	32～34	0.63
12	4	600～650	32～34	0.52
16	4	600～650	34～36	0.42
20	4	600～650	34～36	0.33
25	4	650～700	36～38	0.3
30	4	650～700	36～38	0.3

对板厚大于 32mm 的钢板，拼接时要求焊前预热，焊后热处理。预热温度为 $100～150℃$，对于钢板厚度 $\delta\leqslant50mm$ 时，升降温速度按不大于 $6250/\delta（℃/h）$ 考虑，当 $\delta>50mm$ 时，升降温速度为 120（℃/h），预热宽度应大于板厚的 3 倍，且不少于 200mm。焊后热处理为高温回火热处理，主要针对厚翼板的拼焊，要求加热温度 $580～620℃$，对于 $32mm\leqslant\delta\leqslant50mm$ 的钢板，最短保温时间为 2.4min/mm，升降温速度按不大于 $6250/\delta（℃/h）$ 考虑；$\delta>50mm$ 时，最短保温时间为 $90+0.6\times\delta h$，升降温速度为 120（℃/h）。热处理采用定制 240×2200 陶瓷加热块进行拼接焊缝焊后热处理，远红外线热处理仪进行加温控制。

拼接完后必须进行焊缝质量检验，检验标准按技术协议或企业标准进行，焊缝探伤要求 100％磁粉检验和 100％的超声波检验。对有超标缺陷的焊缝进行返修，返修部位仍需按上述标准进行 100％超声波探伤，同一部位的焊缝返修不得超过三次。

5.2.4　板材放样

板材放样主要是指大板梁腹板下料前的放样。根据技术准备过程中计算的反变形量来进行腹板下料放样。以信阳大板梁 MB4 为例进行说明，其设计参数如表 5.2.4 所示。

MB4 设计参数表　　　　　　　　　表 5.2.4

名称	图号	类型	规格	长度(mm)	材质	重量(kg)
MB4	13N541-4-0	上梁	H3600×1400×36×120	33340	Q345B	92461
		下梁	H2400×1400×36×120	33340	Q345B	81351

根据表中参数计算出各变形值如下：

按式 5.2.1-1 可计算出，下梁自重作用下挠值 $f_1=10.3mm$；

按式 5.2.1-2 可计算出，上梁重力全部作用在下梁中部时的下挠值 $f_2=17.4mm$；

按式 5.2.1-3 可计算出，叠合面焊后平面弯曲变形 $f_3=6.7mm$。

根据前面所讲反变形值应为 $17<f<34.4mm$，故可取反变形 $f=18mm$。

由于叠梁上梁较下梁高，其刚度也就比下梁要大，抵抗变形的能力相对较强。试装时，不像简支梁的下梁样受力，而是叠合面相对均匀地承受其重量，故不存在 f_1；又因为上梁在安装状态下没有垂直向下的外力作用，故不存在 f_2；其叠合面处反变形只按经验弯曲变形值 f_3 设计即可，即上梁下翼缘边预留 6mm 下挠，以便上梁与下梁安装时，叠合面中部不存在超标间隙。腹板放样如图 5.2.4 所示。

腹板上拱放样可采用折线形式来代替圆弧放样，但折线分段宜短，且上下梁折线分段处应相互错开。腹板下料

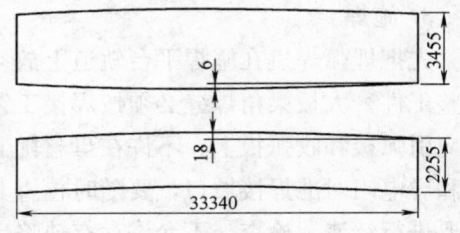

图 5.2.4　反变形放样图

线放完样后，再放出其中心对称线，并打好样冲，而且要求此对称线必须引到大板梁腹板反面。因为上、下梁腹板正反面上的连接肋板必须采用同一个基准线，否则会造成上、下梁连接板错位现象。

腹板放完样后应进行检验，必须检验合格后方可进行下料。检验时，应复验其长度、高度、对角线及基准线与组合边的垂直度误差。

5.2.5 下料钻孔施工

翼板及肋板均采用数控下料，仅腹板由于较宽、较长故采用先放样再半自动切割下料。考虑到焊接变形，故翼板与腹板下料时长度方向应预留 50mm 的二次下料余量；腹板下料时由于预留了反变形值，故腹板上的肋板下料时也应预留 30mm 的二次下料余量，在二次组合时再进行现场切割下料。腹板下料边由于不是直线，故应先放出半自动切割机的轨道线，如采用圆弧边，则可用 L30×3 的角钢弯至相应弧段以作切割机的轨道。下完料后，再利用原轨道进行坡口加工。

对所有连接肋板均采用相应的钻模板进行螺孔加工，对叠合面上的螺孔采用先放样再钻孔。叠合面螺孔放样时，要求将上下两块翼板按中心对称线对齐点焊在一起，然后再以中心对称线为基准放样。钻孔时要求上梁翼板在上，下梁翼板在下，进行配钻。由于考虑到焊接变形对螺孔的位置精度有影响，故先把两块翼板中部受焊接变形较小部位的螺孔配钻完，然后将两翼板分开，再将上梁翼板上的螺孔全部钻完，下梁翼板上剩余部分的螺孔待试装时，将上梁螺孔采用样冲引至下梁，然后再进行下梁翼板钻孔。

5.2.6 单片 H 形梁组合

上梁和下梁单独组合，先将薄翼板与腹板组合成 T 形梁，再翻边将 T 形梁与厚翼板进行组合。其组合可采用腹板垂直于组合架上的方式进行，要求拉好揽风绳，防止倾倒。

组合前，先采用砂轮机将待组合区域打磨，露出金属光泽。组合时，应先从组合边的中间开始朝两边分。要求腹板的中心对称线必须与待组合的翼缘中心线对齐。采用千斤顶将翼板顶紧，使其贴紧腹板，使翼、腹板间不得有间隙。组合点焊前先检查每组合处腹板面到两侧翼缘边相等，然后再进行点焊。点焊要求采用 J507 电焊条，且必须经过烘焙处理，点焊高度不超过设计焊缝高度的 2/3，点焊长度 60～80mm，对称分点，间距 300～400mm，保证焊缝牢固无虚焊，由两焊工对称同时点焊。薄翼板与腹板组合完后，再进行厚板组合，其组合要求同上，且其组合点焊时，每组合点焊处必须采用火焰进行预热 100～150℃，方可进行点焊处理。

5.2.7 单片 H 形梁埋弧焊

1. 焊前准备

先根据 H 形梁的高度、翼缘板的宽度来调整 W 形埋弧焊接支撑架上的活动支座位置，以适合 H 形梁施焊 45°角度要求。然后用两台门吊将 H 形梁抬至埋弧焊支撑架上，要求搁置平稳，如有局部悬空，可用型钢适当支撑，以防焊前变形。在角焊缝两端加设引弧板与熄弧板，引弧板与熄弧板的材质必须与母材相同。

2. 焊前预热

采用火焰烤把进行焊缝坡口及两侧各 150mm 范围的预热，预热时可以采用两人两烤把同时进行，以保证预热充分。预热温度为 100～150℃。预热温度尽量均匀，不要产生较大的温度梯度。

3. 施焊

先把埋弧焊机在施焊平台轨道上放空跑一遍，以检查焊机导电咀与焊接坡口是否对准，否则必须调整工件。大板梁角焊缝必须按焊接工艺评定参数进行各焊层各焊道叠加施焊。其起弧与熄弧必须在相应引弧板和收弧板上，不许在母材随意起弧。施焊过程，要随时适当调节焊机小车悬臂长度，将焊丝和导电咀对准焊接坡口，要随时检查其与焊缝偏移量，保证焊丝对准焊接坡口的中心。每焊完一道后要进行铲渣、检查，不允许存有缺陷带入下一道焊缝。

由于大板梁较长，必须严格按焊接顺序分层分道的交叉对称焊接，控制大板梁的焊接变形。采用

W 形埋弧焊架，可交叉翻边，进行正反对称施焊，而不必工件调头。

埋弧焊丝牌号、焊剂牌号与大板梁材质选用按表 5.2.7-1 进行：

整体埋弧焊焊材使用表 表 5.2.7-1

大板梁材质	焊丝牌号	焊丝直径	焊剂牌号
Q345	H10Mn2	Φ4mm	HJ431

按埋弧焊焊脚尺寸，选用工艺参数按表 5.2.7-2 进行：

整体埋弧焊焊接工艺参数表 表 5.2.7-2

焊脚尺寸 (mm)	焊接电流 (A)	电弧电压 (V)	焊接速度 (m/min)
10、12	500～600	30～34	0.45
14、16	550～650	32～36	0.40
20	600～680	35～38	0.35
25	600～680	35～38	0.35

注：后面的层道按 10mm 的参数重复施焊。

4. 焊后检查

对 H 形梁 4 条主角焊要求进行 100% 的磁粉检查，再按 50% 焊缝长度进行超声波检查。

5.2.8　H 形梁校正

H 形梁的校正包括平面弯曲、侧面弯曲、扭曲、翼缘板平面度及与腹板的平面度及垂直度的校正。校正时可先校正龟背，再校其他变形。

1. 翼板的龟背校正

对于叠合面翼板的龟背校正，应先测量翼、腹板垂直度误差，并做好记录。校正采用自制门架油压校正机进行校正，根据垂直度偏差记录，同时保证翼板局部平面度及翼腹板间垂直度偏差。为保证叠合面上螺孔的精度，此龟背不许采用火焰校正。校正时，将门架搁至在待校翼缘板上，为防止翼缘边产生波浪变形，应在门架下翼缘处加设一块 20mm 厚的钢板，增大受力面积以减小变形，根据经验适当调整油压，边校正边检验。对于厚翼板的龟背校正，应采用火焰热校。

龟背校正要求：对于连接部位保证平面度≤1mm，其余位置允许≤5mm。

2. 平面弯曲、侧面弯曲及扭曲的校正

校正前须拉线分段检查其弯曲及扭曲情况，要求检查间距不大于 500mm，用粉笔将弯曲或扭曲情况标记于板梁的显著位置。根据检查情况，找出弯曲点，做好检查记录。其校正采用火焰校正为主，辅以机械校正。

校正要求：侧向弯曲 f，小于 1mm/m，全长小于 6mm。

平面弯曲 f_1，$0 < f_1 < L/1000$（不大于 15mm），不允许下挠。

扭曲偏差 $k \leqslant 5mm$。

翼板相对腹板的垂直度偏差：$\Delta \leqslant 3mm$。

翼板与腹板的平面度偏差：$T \leqslant 3mm$。

5.2.9　组合附件

1. 组合前的准备

工件找平：先将 H 形梁卧式放置，要求腹板水平，并将 H 形梁垫牢，不许悬空以防附件组合焊时产生重力变形。

放样：H 形梁上所有附件或螺孔均以腹板上的对称线为基准进行放样。放样时根据经验值对腹板上的肋板进行适当的预留焊接收缩余量，注意保证上、下两梁相同位置的预留余量必须相等，故预留余量必须进行记录。采用琴线放出每块肋板两侧面的边线，并打好样冲。腹板上如有托架、牛腿，其竖直方向放样均以上翼缘板为基准，并预留 3mm 的安装误差。

2. 组合施工

由于腹板下料时预留部分反变形，其上的肋板长度可能不一致，故组合肋板时，应根据每处组合线的长度来进行肋板二次下料，下料时要求以叠合面边为基准。采用油顶及简易门架使肋板与腹板的组合间隙小于 1mm。组合点焊时，根据板厚是否大于 32mm 来确定是否进行点焊预热。第一面肋板组合点焊时要求点焊要稍密，以防第二面肋板在先施焊时造成第一面肋板点焊产生裂纹。

5.2.10 附件焊接

焊接前应经质检员对板梁进行一次全面检查，核对筋板布置方向及其位置，合格后方可施焊。其焊接采用 CO_2 气保焊，施焊时应尽量采用两人或多人对称间隔施焊，以减少变形，其焊前预热及焊接要求同前。筋板的角焊缝焊脚尺寸大于 $\Delta 8mm$，应采用多层多道的施焊方式进行焊接。施焊时应注意焊道间及与母材的熔合，每焊完一层应清除焊渣后方可施焊下一层。

焊工施焊完毕，对工件应认真自检且做好自检记录和打钢印。质检组对焊缝应按规定进行相应的外观检查和无损探伤检查。

5.2.11 整体试装

1. 试装准备工作

按大板梁安装定位位置备制试装平台，在大板梁中部悬空部位分布 3～5 个支撑点。试装搁置平台采用 H 形钢制作，要求其支承面标高差小于 10mm。按叠合面上螺孔直径加工 30 个钢销，以便叠梁试装时定位用。再按上梁叠合面孔径加工 10 个样冲，以便将上梁两端螺孔引至下梁翼缘上。

2. 试组装

采用两台门吊抬吊下梁，将其搁置在试装平台上，搁稳后进行下梁检验。要求下梁自由状态下扭曲小于 5mm，否则进行其试装平台标高调整。下梁搁置合格后，再用两台门吊抬吊上梁与下梁进行组合。先对准腹板上的中心线，然后用钢销将上下梁中部固定，缓慢摆动上梁将上梁两端与下梁两端对准，然后用钢销将上下梁的两端连接固定，再门吊缓慢松钩。

当叠梁完全处于自由状态下时，先检查其叠合面的间隙，如有局部超标再进行局部火焰校正。待叠合面间隙合格后，才能进行叠合面螺孔穿孔率检查、肋板错位检查和其他外形尺寸检查。待所有检查发现的缺陷消除后，再用样冲将上梁叠合面上的螺孔引至下梁叠合面上。由于叠合面翼板较薄，容易产生垂直度误差，故在引孔过程中，应注意样冲与翼板垂直。叠梁解体后，再用摇臂钻按样冲加工下梁剩余部分螺孔。

5.2.12 时效振动

由于大板梁叠梁多采用厚板组成，要求焊后消除残余应力。一般拼板焊接可以采用传统的高温热处理来消除应力，但是整体焊接后，由于产品规格较大，无法采用整体高温回火热处理来消除应力。为大大减少大板梁的焊接应力，采用振动时效工艺，利用共振原理消除和匀化大板梁梁内部焊接残余应力。

1. 时效装置配备

采用 RSR2000（G）全自动振动消除应力专家系统。RSR2000（G）控制系统以高速微型计算机为主构成，硬件系统采用国际流行的模块组合式结构，主电路为 PWM 调速系统，控制软件可完成自动扫频、高次谐波分析、共振峰值解析和加点的优化自动选择。

2. 工艺安装操作

1）先将 H 形梁用弹性橡皮垫支撑水平可靠，首次支撑点可设在工件两端 $(2/9)L$ 处。每支撑点均设两个橡皮垫，以将 H 形梁支撑平稳牢靠。

2）在 H 形梁的中部安装好激振器。装夹激振器装夹 H 形梁厚翼缘板上，要求激振器夹平夹牢。

3）在 H 形梁的端部安装好传感器。传感器的安装一定要稳固牢靠，安装处表面一定要光洁，必要时可用砂轮机打磨，以便传感器吸合后手感无晃动和不易取下为准。

4）连接控制器、激振器及加速度传感器的电缆线，并检查确认连接可靠。

3. 工艺运行

采用全自动运行方式，按运行键开始，系统自动完成全部振动时效工艺过程。如果出现工艺不适的情况，操作者应按彩色显示器上的提示进行调整，调整后再进入运行即可。运行结束后，按打印键进行工艺曲线打印。

6. 材料与设备

6.1 材料

6.1.1 钢材

叠梁制作主要钢材有：钢板（δ10～120mm，Q345B）、热轧 H 形钢（Q345B）、槽钢（Q345B）、角钢（Q345B）。角钢一般为现场安装后进行加固用。

6.1.2 焊材

手工电弧焊：焊条 J507，$\phi4$；

CO_2 气体保护焊：焊丝 H08Mn2Si，$\phi1.2$；

埋弧焊：焊丝 H10Mn2、$\phi4$，焊剂 HJ431。

6.1.3 其他耗材

陶瓷加热块、保温棉、钢丸。

6.2 主要设备

施工过程中主要用到的设备详见表 6.2 所示。

主要加工及检测设备 表 6.2

序号	加工设备名称	规格型号	单 位	数 量	备 注
一、焊接设备					
1	CO_2 气体保护焊机	松下 YM-505K	台	8	500A
2	逆变焊机	林肯 V300-I	台	2	300A
3	硅整流焊机	LHF-400-1	台	2	400A
4	直流埋弧焊机	MZ-1-1000	台	4	1000A
5	数控切割机	HEC-6000	台	1	4000×24000
6	半自动切割机	GCD-100	台	3	
7	仿型切割机	CG2-150A	台	2	1000
二、金属切削设备					
1	普通车床	C630	台	1	$\phi600×2500$
三、起重设备					
1	龙门式起重机	MQ80t/28m	台	2	80t
2	龙门式起重机	MQ30t/32m	台	1	30t
四、机械成形设备					
1	摇臂钻床	Z3050	台	1	$\phi50$
2	摇臂钻床	Z3025	台	3	$\phi25$
五、热处理设备					
1	井式加热炉	$\phi1200$	台	2	$\phi1200×1400$
2	远红外电脑温控仪	DWK-300	台	1	300kW
六、探伤检验设备					
1	超声波探伤仪	CTS-23	台	2	
2	便携式磁粉探伤仪	B310PD	台	2	

7. 质 量 控 制

7.1 质量控制标准

7.1.1 钢材理化检验中，其化学成分检验按 GB/T 222，室温拉伸性能试验按 GB/T 228，弯曲试验按 GB/T 232，室温冲击试验按 GB/T 229。

7.1.2 制作标准按 GB 50205 和相应的采购技术规定。

7.1.3 超声波和磁粉无损检验，执行采购技术规程。

7.2 质量控制措施

引起大板梁质量问题的主要因素有：施工人员素质差、材料不合格、施工工艺执行不到位、设备性能不稳定。对此主要质量控制措施有：

7.2.1 编制项目质量计划，明确质量目标，建立三级质量检验制度和质量回访制度。

7.2.2 对施工人员素质，要求所有项目参与人员进行技术培训合格后方能上岗。对特殊作业工种人员（焊接人员、热处理人员）必须持证上岗。施工过程中定期进行质量学习，以逐步提高其质量意识。

7.2.3 对所用材料，严格按工艺要求进行入厂复验。对大板梁翼板、腹板、主肋板所用材料要进行钢码标识以便可追溯，其钢材炉批号、检验编号应移植到相应拼接图中，以作资料备案用。

7.2.4 对施工工艺，要求质检组坚守施工现场，监督施工工艺。对拼接焊缝还要求施工人员如实填写每一条焊缝的施工工艺参数，质检员检验以作资料备案。对热处理工艺，要求每焊缝的热处理过程与结果必须具有微机打印报告，操作人员与检验人员签字。

7.2.5 对施工设备，要求焊机和热处理设备在投入使用前要进行设备能力鉴定，要确保其性能稳定可靠。

8. 安 全 措 施

8.1 安全管理制度

8.1.1 建立安全承包管理制度，项目经理向公司交纳一定数量的安全风险押金并签订安全承包合同，项目重要岗位人员向项目经理交纳安全风险押金并签订安全承包合同。其奖金与安全管理挂钩。

8.1.2 建立不定期的安全大检查管理制度。要求安全大检查中发现的问题要及时整改，否则对其奖金进行相应考核。

8.1.3 建立以项目经理为安全第一责任人的安全管理责任体系，明确各级人员的安全责任，形成自上而下的安全管理网络。

8.2 安全保证措施

由于叠梁规格大吨位重，对其相对危险的作业采用以下措施来确保安全。

8.2.1 翼板、腹板的平吊及翻边

1. 翼板平吊采用自制的水平吊钩图 8.2.1-1（50T 翼板为例），对各规格水平吊钩配用相应的卡环，利用 2 台 80T 门吊进行抬吊。起吊所用钢丝绳按各板梁重量选用，但必须保证每个吊点 4 个头。翼板翻边采用自制的组合板钩见图 8.2.1-1（50T 翼板为例），利用两台门吊同时进行。采用 2 吊点，吊点距离约为翼板长的 1/3。起吊翻边时，要求指挥人员注意观察，及时调整吊车动作，以保证吊车尽量同步。

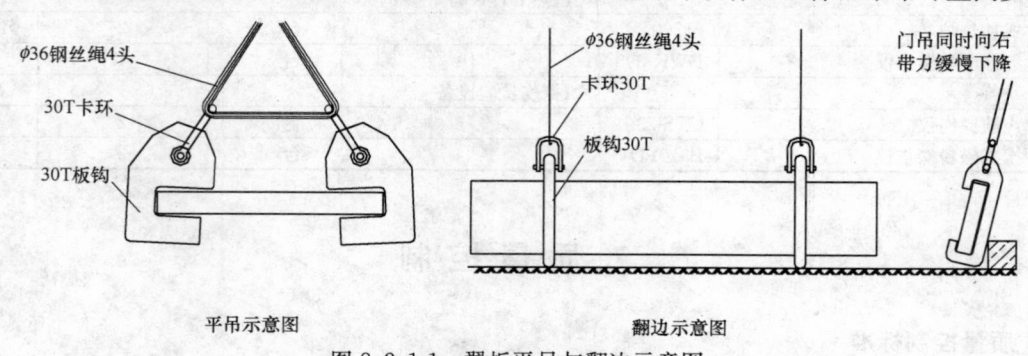

图 8.2.1-1 翼板平吊与翻边示意图

2. 腹板平吊采用 3 台吊车同时进行，每台吊车按分配负荷配用相应的专用水平吊钩，吊点位置按吊车起重能力选择。腹板垂直吊装及翻边采用 2 台门吊同时进行，每台吊车配用两只 12T 以上的垂直吊钩和

两根 $\phi36$ 的千斤绳，每根 2 个头，保证每吊点的两只吊钩使用一根千斤绳。1 个吊点共用 2 个垂直吊钩，两吊钩尽量靠近，以免千斤绳在起吊过程中存在夹角。由于腹板刚度差，晃动厉害，应采用 30T 门吊辅助起吊，但仅起到控制晃动的作用。以 40T 腹板为例，其平吊、翻边措施见图 8.2.1-2 所示。

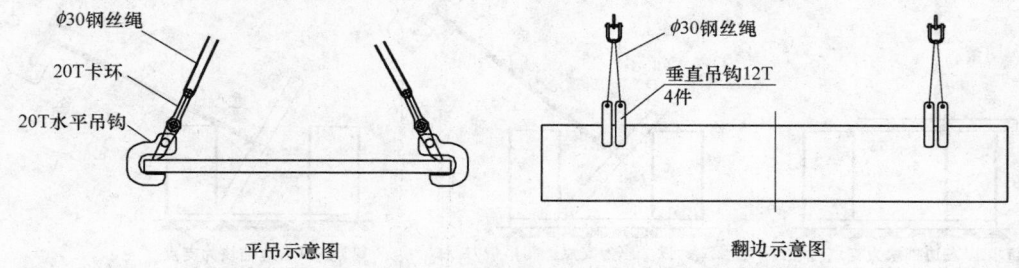

平吊示意图　　　　　　　　　　　翻边示意图

图 8.2.1-2　腹板平吊与翻边示意图

8.2.2　H 形梁的组合、平吊及翻边

1. H 形梁组合：采用立式腹板先与薄翼板组合成 T 形梁，T 形梁翻边再与厚翼板组合成 H 形梁。待组合点焊牢固且两边均用链条葫芦拉紧带力后方可松钩。由于大板梁较长，腹板每侧余拉 3 处揽风绳，其所用链条葫芦至少 2T，揽风绳与腹板的夹角约 45°。腹板翻边同样采用 2 台吊车，吊具、吊索及吊点同上。只是注意腹板翻边时，保证一边搁地，吊车缓慢进行，以防冲击过大。另外注意水平吊钩绝不许用来翻边。T 形梁组合及平吊参见图 8.2.2-1。

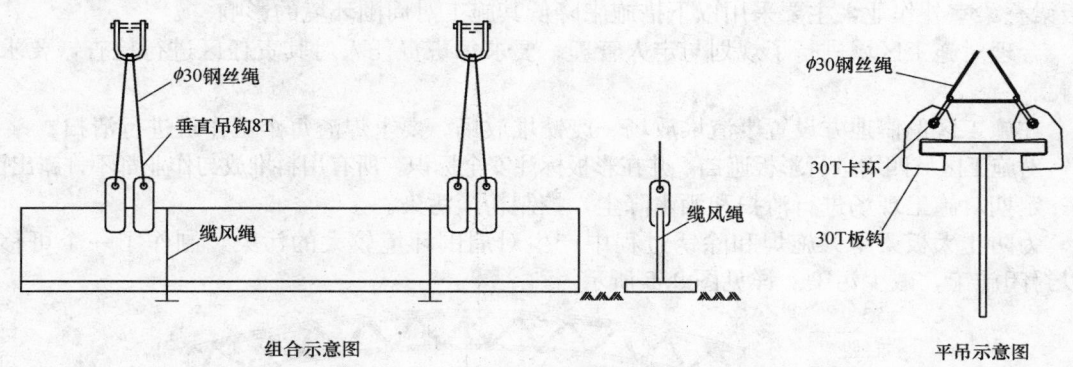

组合示意图　　　　　　　　　　　平吊示意图

图 8.2.2-1　T 形梁组合与平吊示意图

T 形梁翻边后再与厚翼板组合，组合时要求按图 8.2.2-2 拉揽风绳。组合成 H 形梁再平吊时，可以按翼板平吊的方法进行。

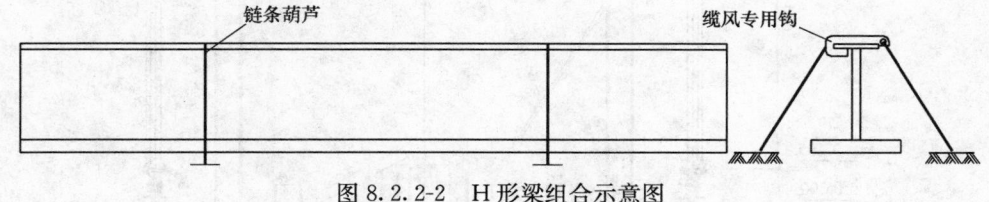

图 8.2.2-2　H 形梁组合示意图

2. H 形梁翻边：单片叠梁翻边时，由于厚翼板在下薄翼板在上，其重心偏下，故翻边困难。要求采用专用翻边座来辅助翻边，以保施工安全。先用门吊抬吊 H 形梁搁置在翻边座的支座上，其重心应稍微偏出。然后门吊向右带力使 H 形梁向右倾斜并沿翻边座右边挡块滑下。其过程见图 8.2.2-3 所示。

8.2.3　安全注意事项

大板梁属于大件起吊，每次起吊前需仔细检查吊车连接部位、刹车等部位是否可靠；起吊后离地 100mm，停车检查吊车、吊耳、钢丝绳运行及磨损状况，确认各部位安全可靠后方可继续起吊，即要求进行预吊；大板梁翻边、装车作业时，现场负责人、项目工程师必须到现场监督作业。所有

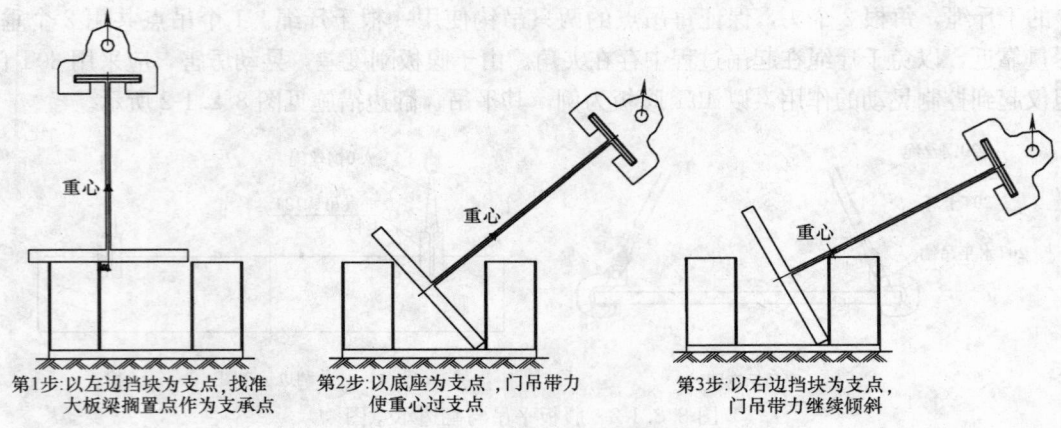

第1步:以左边挡块为支点,找准
大板梁搁置点作为支承点

第2步:以底座为支点,门吊带力
使重心过支点

第3步:以右边挡块为支点,
门吊带力继续倾斜

图 8.2.2-3 H 形梁翻边示意图

吊装由专业起重工指挥，操作人员持证上岗，必须熟悉吊车性能。大雨天气或夜间不允许进行大板梁吊装。

9. 环 保 措 施

大板梁叠梁室外作业，主要采用以下措施来降低其施工对周围环境的影响。

9.1 合理对施工区域进行了规划与定人管理。要求每班责任人对其责任区进行检查，要求工完料尽场地清。

9.2 在施工区偏僻地方设置废渣堆放场、废铁堆放场。要求焊渣每个工作班进行清扫。

9.3 对施工区域四周进行彩板遮挡，并在彩板标注安全标识。所有用料堆放与作业都不许露出围蔽物。

9.4 定期对施工现场进行清扫和洒水降尘，控制粉尘污染。

9.5 为防止大板梁露天施焊和除锈过程中产生对周围环境较大的污染，制作了一个可移动施工棚，可以封闭施工，减少污染。详见图9.5所示。

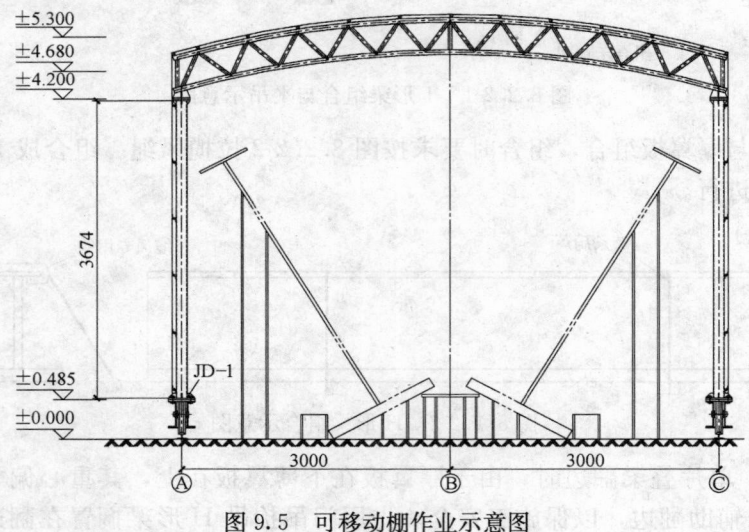

图 9.5 可移动棚作业示意图

10. 效 益 分 析

叠梁变形控制施工工法，大大减少叠梁焊接变形，减少了校正工作，缩短了制作施工工期。因大板梁叠梁制作效率提高，保证了大板梁的如期交货，在工期非常紧的情况下，满足了安装要求，以致项目如期投入使用。

变形施工工法施工质量可靠，避免了大板梁动火消缺给母材带来的损伤。其变形控制好，螺孔精度高，为安装带来了方便，更为其安全、稳定运行奠定了坚实的基础。由此，树立了企业在市场上、同行中颇具影响力的企业品牌。

变形控制施工方法大大节约了制作成本，其经济效益显著。仅以涟源电厂1号大板梁的制作分析，其经济效益详见表10。

工法革新前后1台大板梁制作费用对照 表10

项　目	单价	革 新 前		革 新 后		节约费用(元)
		需求台班(人工)	费用(元)	需求台班(人工)	费用(元)	
80T门吊台班费	1028元/台班	100	102800	60	61680	41120
场地租赁费	1000元/d	50	50000	30	30000	20000
人工费	30元/d	1500	45000	900	27000	18000
总　　　计						79120

11. 应 用 实 例

11.1　四川广安电厂 2×600MW 工程

四川广安电厂600MW机组锅炉钢构架大板梁共5件：MB-1、MB-2、MB-3、MB-4、MB-5，其中MB-1、MB-5为单梁，其余均为叠梁。其规格如表11.1所示。

广安大板梁参数表 表11.1

标号	规格(mm)	材质	数量	重量(kg)
MB-1	H3000×800×25×36-28900	Q345B	1	35890
MB-2	HD5000×950×30×100-28900	Q345B	1	96795
MB-3	HD5300×1200×36×100-28900	Q345B	1	120183
MB-4	HD5540×1500×40×120-28900	Q345B	1	158829
MB-5	H3000×800×25×36-33448	Q345B	1	41385

广安1号炉钢结构为我公司在四川省的第1个施工项目，于2006年2月开工，5月完工。为了开辟省外制造市场，我们充分准备、精心组织生产，并首次对叠梁施工进行反变形控制，效果理想，5根大板梁比计划工期提前了10d完成，而且质量优良。由于1号炉质量较好，业主方向东方锅炉提议2号炉钢结构仍然由我公司制作。2号炉大板梁我们于2006年7月1日开始，8月15日结束，总工期仅45d，而按原施工方法一般为60d。2台炉大板梁现场安装时得到了业主、监理、安装单位及东方锅炉厂代的一致好评。

11.2　湘潭电厂 2×600MW 工程

湘潭电厂600MW机组锅炉钢构架大板梁共5件：MB-1、MB-2、MB-3、MB-4、MB-5，其中MB-1、MB-5为单梁，其余均为叠梁。其规格如表11.2所示。

此工程两台炉钢结构也是我公司与东方锅炉合作的项目，大板梁制作从2006年9月5日开始，于2006年11月20日完成。在施工过程中，我们参照广安电厂大板梁制作的施工经验，同样采用反变形预控，采用埋弧焊架对工件进行正反交叉对称焊来控制焊接变形，采用门架结构进行龟背校正，其制作质量优良，施工工期短，两台炉的施工工期比原计划工期少了约20d。

湘潭大板梁参数表 表11.2

标号	规格(mm)	材质	数量	重量(kg)
MB-1	H3000×1000×20×40-26100	Q345B	1	33305
MB-2	H5000×1000×30×100-26100	Q345B	1	97228
MB-3	H5400×1200×36×100-26100	Q345B	1	111838
MB-4	H6200×1300×36×120-33340	Q345B	1	165994
MB-5	H3200×1200×20×60-33340	Q345B	1	59143

11.3 益阳电厂 2×600MW 工程

我公司与哈尔滨锅炉厂 2006 年签订的益阳电厂 2×600MW 机组锅炉钢构架中大板梁共 8 根，其中 5 根单梁，3 根叠梁。其具体规格如表 11.3 所示。

益阳大板梁参数表   表 11.3

序号	杆件号	规格	长度(mm)	重量(kg)	数量
1	A-1	H1600×400×16×24	9362	3625	2
2	A-2	H1600×400×16×24	9360	3646	1
3	B	H3600×1000×36×70/26（上梁）	29000	59794	1
		H1900×1000×36×70/26（下梁）	29000	38721	1
4	C	H3600×1400×40×120/26（上梁）	29260	88736	1
		H1900×1400×40×120/26（下梁）	29260	63913	1
5	D	H3600×1650×40×120/26（上梁）	29380	97003	1
		H1900×1650×40×120/26（下梁）	29380	71560	1
6	E	H2700×400×24×32	14061	10515	2

基于叠梁制作工艺成熟，计划此项目两台炉大板梁 100d 完成，且一次试装检验率达到 90% 以上。实际我们从 2006 年 11 月 15 日投料，到 2007 年 2 月 20 日就完成了两台炉大板梁的制作，而且一次试装检验项数为 78 项，其中 1 号炉不符合项仅 8 项；2 号炉不符合项仅 6 项，初次检验合格率分别达到了 90% 与 92.3%。

11.4 涟源电厂 2×300MW 工程

涟源电厂锅炉钢结构是我公司与东方锅炉签订的 2 台 300MW 机组钢结构，其大板梁也是 5 件：MB-1、MB-2、MB-3、MB-4、MB-5，其中 MB-1、MB-5 为单梁，其余均为叠梁。其规格如表 11.4 所示。

涟源大板梁参数表   表 11.4

标号	规格(mm)	材质	数量	重量(kg)
MB-1	H2500×500×16×25-32000	Q345B	1	18160
MB-2	HD5000×1000×25/30×70-32000	Q345B	1	87025
MB-3	HD5000×1000×25/30×70-32000	Q345B	1	86610
MB-4	HD5200×1200×25/30×70-32000	Q345B	1	95608
MB-5	H3200×500×20×30-32000	Q345B	1	28000

此工程 1 号炉大板梁于 2007 年 9 月 1 日开工，10 月 5 日结束；2 号炉于 2007 年 10 月 1 日开工，11 月 8 日结束。其制作工效创造了新高，1 台炉大板梁仅用 1 个月应能顺利完成。而且制造质量优良，得到了安装方和业主方的一致好评。

二手轿车焊装生产线拆迁工法

GJYJGF099—2008

中国三安建设工程公司

汤立民　吴义权　王福朝　樊宇　樊志毅

1. 前　　言

　　我公司自 1984 年开始将国外二手设备、生产线拆迁到中国，已经完成了几十条生产线、多家工厂整厂搬迁的工程项目。在将国外先进的二手设备搬迁到中国、安装、调试、投产的工程实践中，总结出了具有本公司独特的二手轿车焊装生产设备拆迁工法。在 1996 年，将西班牙 SIAT 的轿车焊装生产线成功的搬迁到南京某汽车厂安装、调试、投产。此后，在 2005 年又将英国 ROVER 轿车焊装生产线拆迁到南京某汽车厂安装、调试、投产。2007 年又将此工法应用于意大利 FIAT 厂二手轿车焊装生产设备拆迁到国内的项目，目前此项目正处于安装阶段。

　　这三个项目的二手轿车生产线、设备的配置基本相同，有：

　　发动机生产线；变速箱生产线；焊装生产线；涂装线；整车总装线。

　　这些二手轿车生产线拆迁可以分为两个阶段：

　　国外拆解、包装，交付运输方为第一阶段；

　　国内掏箱、仓储保管、二次搬运、安装、调试、试生产为第二阶段。

　　本工法以二手轿车焊装生产线的拆迁为例，阐述这两个阶段工作流程、要点。

　　其关键技术就是二手设备的可恢复性拆卸工艺、物流管理。

2. 工 法 特 点

　　这些设备多是自动化生产线，有柔性自动线、刚性自动线，控制多为 PLC，在线自动检测，设备种类繁多。本工法根据二手轿车焊装生产设备的拆迁特点，采用过程控制的手段，应用自行编制出从编号到装箱、国内库房仓储管理的一套计算机软件，对物流进行控制。采用可恢复性拆卸工艺，在安装过程中对设备进行必要的检修和更换部件、重新涂装翻新，经调试后恢复生产能力。

　　本工法涵盖了二手轿车焊装生产线的国外测绘、编号、拆解、包装、交付运输等工艺环节；国内的掏箱、仓储、二次搬运、安装、调试等全过程。

3. 适 用 范 围

　　二手轿车焊装生产线的拆迁及类似的项目施工。

4. 工 艺 原 理

　　经过长期从事二手设备搬迁，我公司总结出了适合二手轿车焊装生产线拆迁的工法，依据系统管理的原理，对拆迁全过程的两个阶段进行过程控制，运用自行开发的物流控制软件，对拆卸后的设备、部件、备件、刀具、工装进行物流管理解决了设备种类繁多，工序环节多，控制了施工质量。

　　依据机械原理、误差分析理论对二手设备的结构、装配关系进行分析，制定拆解方案，使二手设备经过可恢复性拆卸、适合海运的包装，重新安装、调试，恢复了生产能力。

5. 施工工艺流程及操作要点

5.1 焊装生产线机械设备的拆解、包装工艺流程及操作要点

二手轿车焊装生产线的数量较多，有前、后、中底板线，大底板线，左、右侧围线，顶盖线，引擎盖线，行李箱盖线，前、后、左、右门线，门、盖包边压机，门铰链焊接，整车总焊线，调整、检查线。

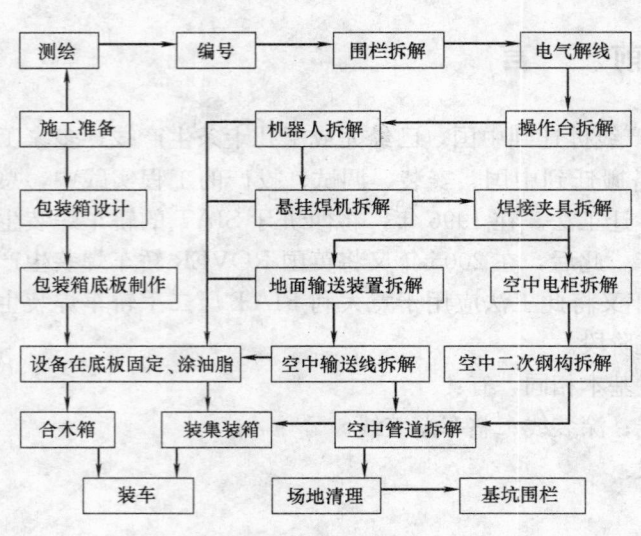

图 5.1.1 焊装线拆解包装工艺流程图

各焊装生产线的设备一般有：地面或空中工件输送装置、气动焊接夹具、焊接机器人、涂胶机器人、悬挂焊机、空中工艺钢构。

焊装生产线的拆解，可以分区域、按生产线各自为单元展开，其工艺路线基本相同。

单台机组的设备是包边压机、门铰链焊接，可以按单机考虑拆解。

5.1.1 焊装线拆解、包装工艺流程（图 5.1.1）。

5.1.2 拆卸工艺流程要点

在拆迁施工开始前，准备工作是必须的。在准备工作阶段主要完成：

1. 人员培训——主要是安全培训，以拆迁项目安全计划为教材，使所有参与拆迁工作的人员明白，所在国家、地区关于拆迁施工方面的法规、外籍劳工、安全工作、环境卫生方面的法律法规；工厂的门禁制度、准入的办公作业区域、通行道路的限制、禁止入内的区域、用电、动火办证、安全操作、机动车辆、起重机械、紧急状态处置等厂规、管理条例等。

2. 二手设备清点接收——协助甲方按照采购清单，对现场的二手设备、工装、备件进行清点，标注出缺损件状况，并进行拍照记录。

3. 图纸资料清点接收——协助甲方清点需拆迁设备的图纸资料、工艺文件，按二手设备的编号，逐台清理图纸、检修资料、技术改造资料，分类成册，整理出图纸资料的目录清单。

4. 编制拆迁施工方案（主要是关键设备的解体、吊装方法）。根据二手设备的机械结构、装配关系和施工现场条件编制能够指导施工，可操作的、切实可行的施工方案。提出实现施工方案必须的工程技术人员、技术工人、检测器具、施工用机具设备、材料、拆迁场地规划。

5. 工机具及材料准备——根据拆迁施工方案和以往的施工、采购市场经验，进行工机具、材料的采购。

6. 明确工程范围，按照合同规定的工作界限，最大限度地寻找、索取、整理技术资料、图纸等，以便能够全面系统地掌握生产线设备的结构性能。

7. 对于所收集到的设备图纸、资料，各专业工程技术人员要认真阅读，掌握生产线、设备的结构、特性和工艺过程。

8. 核查设备现状、性能、结构，制定切实可行的解体、拆除、运输、包装方案，以确保设备的结构、性能不被损坏和减弱，达到经过海运后，能够在国内工厂恢复功能和精度。

9. 对设备的外观、生产运行状况进行全面检查、鉴定，并做必要的测试和记录。对各生产按工艺

流程进行动态跟踪摄像、拍照。

10. 拆迁之前，测量定位坐标、绘制设备的平面图及电气图。

11. 对设备的各个角度、各侧面进行摄影、拍照。

12. 核对设备重量，制定工机具租赁计划，安排施工进度计划。

13. 整理技术资料，编目造册，备份保留，装集装箱。

5.1.3 确认拆卸范围

根据业主和二手设备出售工厂的购买合约原则，与出售方共同清点设备、管线、工装、检具、备件、样品、毛坯、文件资料。

与出售方洽商，确定办公、施工作业场地、工间休息场地、应急事件集合场地、道路限行、门禁制度、意外事件联络处置方式、消防联系方式及通道。

划分拆解施工区域、包装区域、拆解设备临时堆放区域，装车场地，货运通道、手续，作出边界隔断。

要点：留出消防通道，遮盖敞口的洞口，对危险物设置隔离设施，设置必要的消防设施。

5.1.4 测绘、收集整理设备资料

测绘出车间设备平面布置图（若有车间设备平面布置图，与实物核对，标出不同之处），在图上标出轴线尺寸和边界尺寸、生产线定位基准线点。

要点：生产线设备解体拆卸前，要绘制出全线设备平面图、工艺流向等，测量各设备间的相对尺寸、标高，包括附属设备间的相对尺寸。单台设备标出坐标尺寸或相对其他设备、车间轴线尺寸。电气方面要测绘出各配电柜、分线盒、电缆槽、主要电气元件、传感器、一次仪表分布图及相对尺寸、标高。

5.1.5 焊装设备测量技术要点

1. 悬挂焊机与钢结构测量要求：

绘制草图，并在图纸上标出相应的编号，拆卸前应将柱、梁联结点用横线加以字母标示。

将悬挂焊机轨道与横梁间距离标出，并将单元内柱距标出，且测量出两个以上单元的主柱之间的距离，测量两个工位间的中心距离。

2. 机器人测量要点：

无底座单独的组立的机器人测量：以输送机械、固定焊机和工艺夹具为相关尺寸测量，机器人以本线一个相关设备测量尺寸，以底板两个螺栓孔作为定位直线，并标出测量点。

有底座多个机器人相关尺寸测量：应以底座和机器人所能服务的区域为相关测量区域为基准，在底座上找到纵横中心线，测量与轨道中心或边，或与夹具中心或边的横向距离，纵向相关距离一个基准点或线逐一测量，或相互测距，最后测总距校对误差，标高测量只找相对差值，但以一点为基准。

机械手测量：应先找到机械手的机械零点，并采用吊线的方式测量其与轨道或夹具之间横向及纵向的距离，并在设备上标识。标高测量应以下横梁轨道底面到轨道滑动面顶间距离，并标识。

测量总线的距离及与厂房边柱距离。

绘制草图，标识。

在 AutoCAD 电子版图进行标识。

3. 轨道测量要点：

小线轨道测量以单元为基准，并绘图标识。

以钢柱支撑轨道应测量距离，最后以总基准测量。

厂房内总悬链测绘为最后工作，待全厂地面设备全部测量完毕后进行测绘，要求绘制总平面草图，测量尺寸。

5.1.6 标注基准线和标记

确定基准标高点并标记：对于自动线上的各设备及单体设备都要进行各种等高线、联结状态等标

记，为以后安装恢复提供方便、省时、快捷。

确定基准线并标记：设备，特别是生产线的中心线，以原基础锚板为基准点检测中心线，并记录数据，绘图标注。

5.1.7　二手设备编号

二手设备拆卸编号是个很重要的、关键性工作，它是随解体方案制订时，确定的规则。

要点：

1. 编号要严格按照统一规定的编号规则进行。

2. 编号工作要在设备解体前进行专人统一编号。编号要醒目、字体端正、字迹能长时间保留，且在设备两不同的侧面标记。

3. 按设备接收清单上的设备号进行编号，一台设备的辅机、配电柜、油箱、操作台、本体管路、电机、电线、电气元件等必须是一个设备号，并统一编号。

4. 设备本体、电控柜、齿轮箱、主电机采用标记笔写在显眼的位置，至少两个侧面。

5. 零部件、电气元件、传感器、一次仪表、阀门、管件可采用挂标签的方法，装箱或装盒。

6. 管线宜采用挂标签的方法，成束成卷捆扎。

7. 每条生产线或单台的所有解体部件按照拆解编号在拆解记录中列出。

5.1.8　系统软件程序拷贝

考虑到生产维修变更以及拆卸、海运等方面的因素，必须对 PLC 和 CNC 系统软件，进行拷贝（此项工作必须要做，可以按合同规定来做）。

收集完整的程序梯形图和程序清单。

拷贝现存的系统程序，用户程序及生产工艺设定参数。

索取 PLC 及编程器的用户手册。

更换电池。

5.1.9　断电、水、气、油等介质能源

与出售工厂代表约定：

将设备原连接的电、水、气、油源切断的方式、操作人。

将设备中的液压油、润滑油和冷却液泵出；工作的负责人、联系人、实行的计划、方法。

要点：记录设备使用的液压油、润滑油牌号、油箱容量；电源参数、水管压力、管径，气源介质参数、管径。

5.1.10　设备拆卸

设备拆卸原则：可恢复性拆卸。

单机设备本体连接刚性好、不超运输体积要求、技术含量高、设备精度高、以后恢复困难的设备一般不解体，采取设计专用包装箱，整体运输。

解体设备前必须制定解体方案，并经审批、技术交底。设备拆卸要严格遵守操作规程和拆卸方案。填写设备解体记录单。

自动生产线拆卸前应测绘同组设备的标高，并做好记录。

拆卸质量记录填写、移交、保存严格按照 ISO 9000 体系的程序文件进行。

拆卸注意事项：除非标设备经主管负责人允许外，其余设备严禁在设备本体上动电气焊。严禁违反操作规程野蛮拆卸（如用大锤敲击、用铲车顶撞），严禁碰撞、划伤设备导轨及精加工面。拆卸设备上的管道时，未搞清管内为何介质，不得动用电气焊。

使用电气焊时，应通知业主，办理手续后施工。作业区要配备足够的灭火器材，并有人监护。

5.1.11　设备吊运要点

设备拆卸过程中和拆卸后需进行吊运，各车间情况不同则采用不同的吊运方式。

设备吊运前必须查清设备重量。如无资料时，可对被吊物按其体积、比重进行估算。

若使用钢丝绳吊运设备时，必须在设备上垫破布、木板或将钢丝绳套上胶管，尽可能地使用相应载荷的尼龙吊带吊运设备。

用铲车运设备时，要清楚设备底面结构，防止由于不清楚结构或铲板短发生意外；铲重心高的设备要将设备与门架捆牢。

吊运设备时，对设备外凸的小部件（如开关盒、仪表盒、伺服电机、手柄）要采取保护措施。

5.1.12　焊装典型设备解体要点

1. 机器人

确定定位基准后，无底座机器人应连同底板直接拆除，固定在地托上装进集装箱；有底座机器人应先测量机器人与底座总标高，若能装进集装箱可直接将底座拆卸，若不能进集装箱应将底座与机器人分离，分别包装。

2. 机械手

机械手都应与轨道横梁分离，并将工艺器具与机械手机头分离，设计专用托排，固定进箱。

横梁应在立柱处解体，并将滑轨编号解体。

3. 组合焊机拆卸

组合焊机顶端与平台上的焊机接线端子线分离，组焊机单独运输，而平台上端的所有电柜、线盘、压缩空气阀站、冷却循环水站、气罐等应连同平台一起运输。

4. 包边压机拆解要点

包边机拆解工作步骤（图5.1.12）。

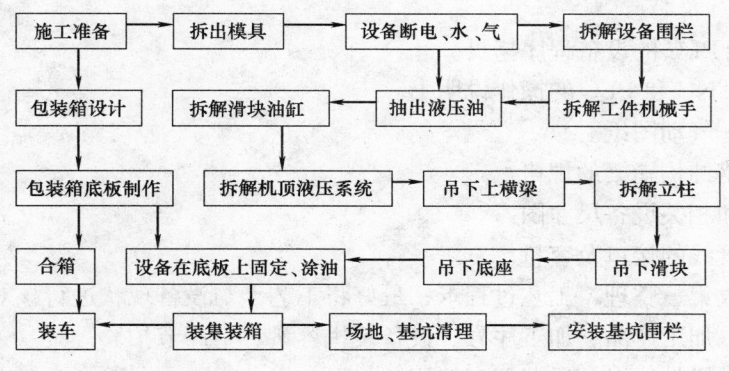

图5.1.12　包边机拆解步骤图

5. 悬吊式组合焊接夹具拆卸

悬吊式组合焊接夹具是大地板线的主要夹具，尺寸、重量较大。应先根据其结构特点，设计制作包装托排，然后再考虑拆卸夹具。

先拆解夹具与上平台设备气管连接，将夹具收回并固定，再吊出焊接夹具，空中翻身，放置在托排上固定。

难点：空中翻身。

6. 提升机拆卸

首先拆解提升拖架与轨道连接，再拆解主柱及轨道。

7. 积放链拆卸

先绘制草图，将悬链运行到提升口，将夹具逐一拆卸、编号。

将链条抽出，码放在箱内。

将轨道按集装箱规格切割成段，切割时必须画线，由熟练的焊工操作，切割位置应避免弯轨、道岔、张紧装置、驱动装置。

成段吊下，将轨道上的电器件、气动阀、缸等拆解下、清理装木箱，并做拆解记录。

成片拆卸悬链网格平台，将拆卸出的网格平台，在托排上码剁、包装，集装箱运输。

8. 自行小车滑线拆解方法及要求

自行小车滑线从滑线断接点处拆解，每节滑线直线段一般小于 6m，最长小于 12m；滑线弯头从两侧断接点拆解。

接头保护卡子拆除：从下向上拆除，首先拆解滑线接头两端固定卡子，用手从后向前按压卡子一端，使保护卡子外部，部分于滑线脱离，再使用小螺丝刀撬，使滑线与保护卡子分离，使用小螺丝刀撬时用力要适当，不要撬坏保护卡子。

连接片拆除：把保护卡子推倒滑线一边，使用小螺丝刀撬开连接片一端，取出滑线。使用螺丝刀撬连接片时用力要均匀，防止撬坏连接片。固定好滑线。

根据实际情况对滑线在轨道上的位置进行调整，尽量保证滑线出轨道长度较小，调整滑线位置时做好记录。

滑线保护：滑线与轨道脱离部分要防止打折；滑线连同轨道一同上托排固定，最外排滑线向内。

滑轨的包装保护：滑轨长的放在上层，滑轨短的放在下层，每一层滑轨之间加放木头，固定牢固，防止窜动。滑轨露出长度小于 200mm，使用发泡板两侧保护，滑轨露出长度大于 200mm，小于 1m 加木板固定，滑轨露出长度大于 1m，根据实际情况进行加固及防护，尽可能地避免滑轨露出过长。

5.1.13 资料收集、整理

这是一项极其重要的工序。要将各工序中所有资料复查、归类、整理、补充、装订，以备设备修配改、安装和调试工作打下良好的基础。

要点：

1. 所有 CNC 和 PLC 的设备程序拷贝。
2. 同一种型号 CNC 和 PLC 的操作说明书。
3. 电气、液压、气动图纸。
4. 空中和地面钢结构辅梁的规格。
5. 基础特构图和相关设备尺寸图。
6. 一次电气等管线的接口及容量。
7. 工艺资料的收集、整理：工艺过程卡、最好将工艺卡与设备现状进行核对。
8. 设备明细表：加工产品、加工序号、设备装机容量、生产节拍。
9. 每道工序产品样件，以备后期调试使用。
10. 毛坯图、毛坯、材质、热处理、模具及模具图纸是否在第三方，是否可以收购。
11. 量具、检具的收集、量具明细表、工装明细表及测量标准。
12. 油品资料的收集。
13. 备品、备件收集及相关信息收集。
14. 二手设备的维护改造信息、制造厂家的信息收集。
15. 设备装箱运输记录。
16. 场地整治、清理、交还手续。

注意事项：

设备原始资料图纸：按设备分类整理，一台设备的资料尽可能装订一起或装在同一资料袋内，并在资料袋上标清设备编号、名称。

拆卸资料：绘制的拆卸资料、记录，按台套整理装订成册，装入一个资料袋内，并在袋上标注设备编号、名称、绘制人名，对于拆卸过程中完成的软件程序部分，必须刻制光盘装入相关资料袋，同时要求双机双备份。必须认真完整地填写我公司的"拆、运、装记录"软件，要求数据准确、真实，同时要求双机双备份。

包装及装箱单资料：装箱单一式三份。在设备箱内放一份，交给业主一份，自留一份。汇集成册装订后装袋，并标注。

二手设备的拆卸过程中形成的照片、编号记录、拆卸记录、装箱单等资料刻录光盘，随人员带回。

5.1.14 包装工艺及流程

1. 包装工艺流程（图5.1.14）。

2. 包装工艺要求

原则：所有设备包装要适合海运。

1) 对设备、电控箱、部件、阀门、管线分类包装、装箱，一台设备最好装在一起，尽可能避免混箱。

2) 机械、电气设备必须放置在

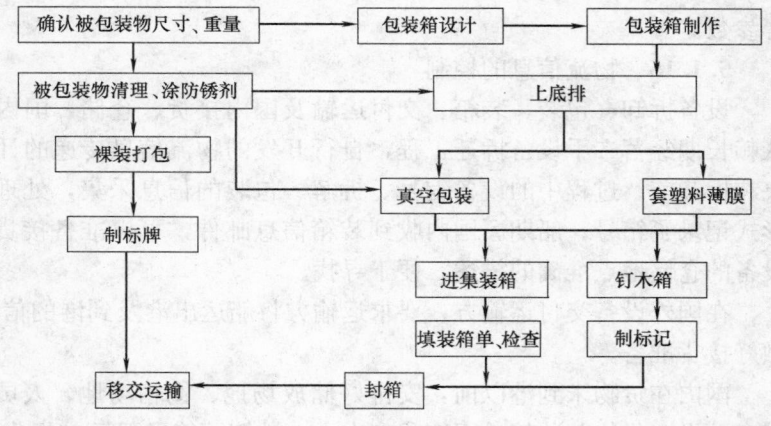

图5.1.14 包装工艺及流程

托排上，并固定牢靠，套塑料套或真空包装后，再装入集装箱或钉木箱。

3) 电气柜、量具、精密设备采用铝铂袋或0.5mm塑料膜真空密封，内置干燥剂。

一般附件、配件、刀具用塑料膜包封，内置干燥剂装木箱。

检具、测量仪器、仪表用气泡塑料包裹，真空包装于木箱。

本项目海运采用体积计费，必须考虑包装方式，以获得经济的运输。

4) 装集装箱

装集装箱物品尺寸一般不得超过：高2.58m，宽2.34m，长5.8m或11.8m。

装集装箱前，检查确认设备是否经过清理、进行防锈处理，否则不可装箱。

轻重搭配，既不超过集装箱重量限制，又满足装箱要充分利用空间的原则。

仪器、仪表、传感器、阀门、管件、刀具、检具、螺栓、螺母等小件必须先挂标签或涂写标号，再装木箱，并填满防震充填物，放入防潮剂，封箱编号后，装入集装箱。

设备、电控柜等的钥匙采用贴标签集中装入小箱内，与资料箱共同装入一集装箱内。

装箱顺序一般应是先放重件、大件、长件，后放小件、轻件。

设备装箱后，必须用方木、钢绳、铁丝等方法进行认真可靠的固定。

装完集装箱后，立即填写装箱清单，注明货物名称、编号、数量、合同号，经业主、出售厂家、运输方确认后再封箱。

经称重后在货单上填出箱重，交付运输方。

5) 木箱制作及装箱

制作的木箱外形尺寸不得超过：高4.50m，宽5.0m，长度不限（但要运输方便）。

尽可能按堆积式木箱设计，主要考虑货物的几何尺寸、重量、重心等实际情况定制，着重底排设计的承重结构、起吊点、固定点。

木箱制作后按设备编号要求进行标记，以便对号装设备。

整体或形体复杂的设备用木箱由工程师设计、监造，制作人员需改动必须经工程师同意。

木箱最大外形尺寸限制：一般为 宽5m×高4.2m×长不限（但应可吊运）。

设备装木箱定位后，固定是一项重要的工作，要有主管工程师指导和监督。设备地脚孔必须与木箱底排采用螺栓固定连接。

设备四周与底排不接触部位，应用垫木垫实，再罩防水塑料膜，放入足够的防潮剂。重心较高、细长的设备必须在头部（或上部）设支撑加固。

合箱前，要检查内部情况，放置已装入塑料袋内的装箱单，满意后再合箱。

木箱的标识

要按照海关和海运部门的要求注明：货号、名称、箱号、收发人、发运与到货港口、重量、吊点等参数。

5.1.15　物流信息的控制

设备拆卸、包装、装箱、交付运输及国内接货、仓储，国内外两个施工现场之间的协调，我公司依赖长期经营二手设备拆迁工程，自行开发的物流信息传递的计算机应用软件。使用这个软件可以解决在拆卸前、过程中的设备编号、拆解、包装的信息采集，处理归类，反映到装箱单上，以装箱单的形式记录了箱号、船期。国内收到装箱信息邮件，可以准备接货、仓储地方。用此软件还可以把二手设备的仓储地点准确的描述，便于寻找。

在国外设备交付运输方，要求运输方将船运出港及到港的信息通知我方，以便与国内接货人联系，做好接货准备。

国内在货物未到港以前，安排好储放场地、掏箱场地、人员、机具，港口与工厂间的运输车辆和吊车。发现货物与装箱单不符或有出入、散箱、箱子严重破损伤及设备，应立即拍照，与运输方联系，并通知国外，查明原因，寻求索赔。

5.2　电气设备拆卸工艺要求

电气拆卸方案服从设备整体拆卸、包装、施工技术方案，结合机械、管道专业，按照拆卸程序，相互配合，共同完成设备的测绘、拆卸和包装等工作。

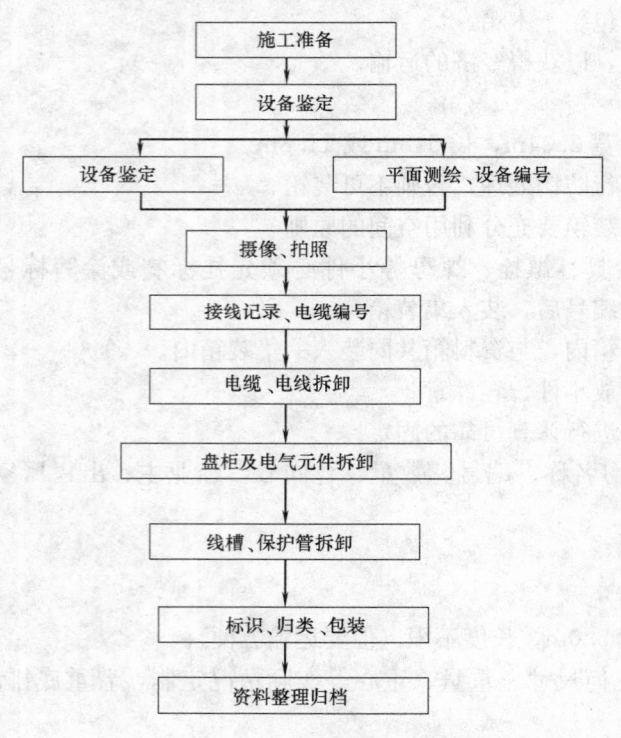

图 5.2.1　电气部分拆卸包装流程图

5.2.1　电气部分拆卸包装流程（图 5.2.1）

5.2.2　操作要点

1. 施工准备：

明确施工范围，每条线在施工前应核对设备编号。

收集设备图纸、资料，系统的掌握设备的结构、性能及工艺过程。

组织技术交流，要求每个施工人员都明确电气专业施工方法、设备编号要求、包装方式、资料收集整理设备的软件程序。

熟悉施工场地，了解现场管理的有关规定，以保证施工的顺利进行。

核查工机具、材料是否满足施工要求，尽早提出采购计划。可以根据人员的技术能力特点，分成若干组，将电气拆卸工艺流程拆解成工序，各作业组分工，流水作业。

2. 拆线记录与电缆编号：

无接线图或无编号的端子接线应先测绘《设备接线图》再拆线。

对电缆进行编号时挂标牌进行标识，按设备划分系统填写电缆拆装表，注明电缆的起点、终点、敷设方式及电缆外观鉴定。

3. 电缆、电线的拆解：

对于单台设备的电缆电线，尽可能只拆电箱、柜的一侧，将抽出的电缆电线整齐的盘起，固定在设备上（注意放在设备上的位置：避免放在测量装置、精密仪器、传感器上）。电缆头须套塑料袋并用包装带包扎处理，确保电缆、电线的编号接线端子不受损坏。

4. 盘柜及电气元器件的拆卸：

成排的盘柜如内部连线较多则考虑整体拆运，在整体拆运时应注意吊装点及柜体的强度，必要时加高垫木的高度，超高电气柜可考虑用木箱包装。

电气元器件若外露凸出、易损，则要做拆卸处理，所有要拆卸的元器件应在平面图和设备本体上标明原始位置及编号。不拆线的元器件用尼龙扎带固定在电器柜内部。

带有制冷装置的电器柜，要检查制冷系统，考虑冷媒是否排出。若需排出，要找专业公司进行。

装箱的电气元器件，按设备划分系统包装，并在包装外表面作出标识。以箱为单位填写装箱单一式五份（合同要求）。

5. 线槽及保护管拆卸：

电缆槽及保护管按生产线系统编号，从流程的始端开始顺序编号，当检查编号无误时再逐段拆除，用钢带捆扎，顺序装箱。

6. 标识、归类、包装：

所有的标识应具备惟一性，具体编号规划及标识方法，按照二手设备编号规则实施。

盘柜、线槽等大件按设备、生产线归类，一条生产线的盘柜、线槽尽可能装在一个集装箱内。电气元器件按设备归类，同属一台设备组的电气元器件装在一个包装箱内，为将来的安装提供有利条件。

电气柜、操作箱及仪表柜严禁倒置，应做好防倒置标识，在电器箱、柜内禁止放其他物品。可以倒置电器盒、箱可以不做记号。包装箱内要有防水塑料层，并按要求放入干燥剂，箱内填实泡沫塑料等减震材料。重要的电控箱最好选用真空包装。

7. 资料

建立每生产线、单台设备的资料档案，有：

×××设备资料明细表（与设备统一编写）。

电气平面布置图，接线图。

电缆拆卸表。

电气拆卸资料制成光盘。

5.3 焊装线机械设备安装工艺流程、操作要点

焊装车间较先进的有 ABB、KUKA、COMAU 机器人 400 多台，物料输送采用 EMS 自行小车智能驱动技术，由 ETHERNET 网，INTERBUS，MODBUS 网三层工业网络控制，将各个生产单元和输送单元连成一个高度集中的大型生产制造系统。

5.3.1 车身焊装设备工艺平面图设计

根据我方在国外拆迁时，收集的资料、测绘的设备平面布置尺寸图，由业主组织设计方进行工艺平面布置图设计，形成新的焊装工艺设备布置图。在总图上要有设备区域安装的纵横中心线定位点、自动悬轨装卸点的定位点。在施工图上要有所有设备的原始编号，以便安装时查找，提出安装要求及说明，在平面图上标出立体结构的相对标高，并有剖面图。

一、二次辅梁以设计图纸及技术要求为准，以国外拆迁测量图为参考依据，如果在安装中发现问题及时和设计院联系并进行修改。

查对每个自动区域或工件区的安装施工图的设备编号与装箱单是否相符，若有不符应列出清单，以便进一步核对、查找。

非标结构件及组装图的设计转化，其图应体现出具体的安装位置及安装尺寸，还应在安装施工图上列出材料用量计划表及结构件的编号，规格型号应齐全，便于增减构件并相应地提出增减计划。

所有安装施工图中的设备定位尺寸应明确，可以参照国外原设计图纸、照片、测绘记录及拆卸记录。

5.3.2 安装工艺流程

1. 焊装车间的安装可以分为三层：空中二次工艺钢结构及悬挂输送、地下坑、沟内的输送设备、地面焊接夹具。

2. 焊装设备安装工艺路线（图 5.3.2）

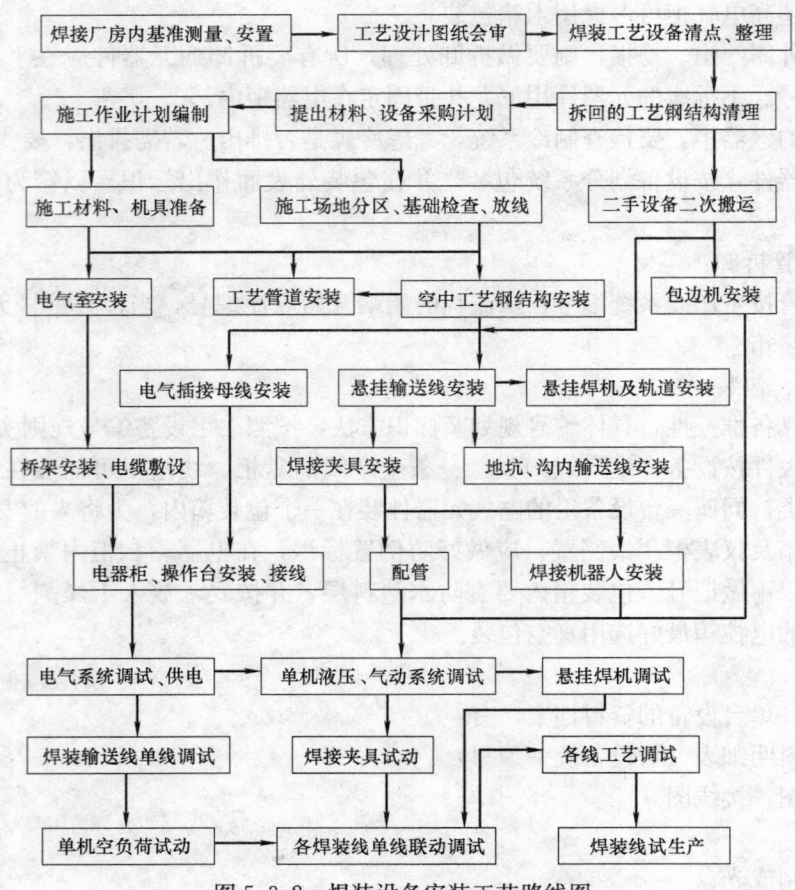

图 5.3.2　焊装设备安装工艺路线图

5.3.3　操作要点

由于二手设备安装遵循原拆原装的原则，设备及工件、管线均为国外拆迁运回件，要本着以原来的固定和连接方式执行。若有改变，除应满足原有设计图的技术要求外，应与业主协商，提出改进建议，并经业主、设计方会审确认。

在安装过程中检查设备及部件的完整性和完好程度，记录缺损的部件，向业主提出恢复建议，经双方确认，进行必要的检修和更换部件。

1. 关于设备固定方式

对于国外设备采用预埋板或预埋螺栓固定的，其重量和振动较大的设备，应采用原固定方式施工。原设备或装置以化学锚固定的，本着节约与切实可行方案原则，有动载荷出现的设备以及大型的钢平台仍采用化学锚固定，对于无动载荷的设备、构件，可通过业主确认采用膨胀螺栓或其他固定方式。

总之，上述设备固定方式均以设计方及业主确认为准，但要在施工准备阶段确定，以便提出材料计划。

2. 管线的连接方式

工艺管线走向，原则上应按国外拆迁时的方式。有些管线的连接方式为螺纹连接、涂密封胶密封，如压缩空气管、输送水管、液压管线，拆解除后要清除原有密封胶，进行清洗，重新使用密封胶进行连接。

有些管道及主干管道可根据设计院的技术要求和管径大小、介质要求采用不同的连接方式，可丝接、焊接。对于 ABS 塑料管及聚丙烯塑料管的连接均采用胶接或根据设计要求采用塑料焊接。

管线连接形式十分重要，要根据设计院的技术要求、原连接方式提前确定，并写出技术方案，作出材料计划。

3. 分区域，按设计的工艺钢结构图纸，进行钢结构的预制，然后现场吊装。

根据设计的工艺钢结构施工图，在屋架的节点处进行联结、焊接，其吊点是型钢件，而后检查设计辅梁节点的轴线坐标是否与图纸设计坐标相符，再进行节点吊架固定，最后进行辅梁安装。钢结构安装前，应对钢构件的质量进行检查。钢构件的变形、缺陷超出允许偏差时，应进行调整处理。钢构件吊装前应清除其表面上的油污、泥土和灰尘等杂物。

在施工前测量每个柱子的基础标高、柱长，然后进行匹配，以减少误差。对于结构相同的梁，应实测其实际尺寸，合理组合，以保证钢结构的方正性。钢构件拼装前，应清除飞边、毛刺、焊接飞溅物，摩擦面应保持干燥、整洁。

构件吊装时，尽可能在地面拼装，对容易变形的钢构件安装采取临时加固措施。

在各部件安装就位后，应立即进行校正、固定。使之投影方正（矩形），钢柱垂直。钢构安装偏差的检测应在结构形成空间刚度单元并连接固定后进行。安装焊缝的质量同制造焊缝质量要求，同时满足设计要求。

连接与固定：构件的连接接头应经检验合格后，方可紧固或焊接。螺栓孔不得采用气割扩孔。焊接和高强度螺栓并用的连接，应按先栓后焊顺序施工。安装螺栓时，螺栓应自由穿入孔内，不得强行敲打，并不得气割扩孔。

钢构件在运输、存放和安装过程中损坏的涂层，安装连接部位的涂层，都应按制作工艺中的要求补涂。钢构件安装完后，要求补涂面漆。钢结构工程的验收，应在钢结构安装工作完成后进行。

4. 作好和土建承包商交叉作业计划及采取必要的安全措施。

5. 检查施工现场基础尺寸，支吊架位置等主要尺寸，并检查设备安装预留通道、孔洞，对安装在地下室的大、中型设备，应更好地做好预留通道的检查工作，合格后才能进行下一步安装工作。

6. 应划分厂房内的区域，分出临时堆放区、运输路线、安装作业区，并备有必要的消防器材。

5.3.4 典型焊装设备安装要点

1. 包边压机的安装要点

以包边压机的纵横中心线为安装基准。

安装方法：包边机有独立设备基础，它的定位以厂房立柱轴线为基准。

包边压机底座固定在基础之上（用专用起重设备吊装），经对中调平（用高精度水准仪、框式水平仪测量）后，再进行包边压机立柱、滑块和横梁的安装，滑块与导轨之间的间隙要用塞尺检测，按照设备技术资料要求调整。

2. 机器人及附件的安装

机器人以纵横中心线定位，后用化学锚栓固定。附件以相对应的机器人为基准定位，后用化学锚栓固定。机器人有标高要求，需要用垫铁和调整螺栓来调整以达到标高要求的可允许范围之内。

设备调整定位后，进行水、气系统的本体配管、电气接线。

3. 大地板总成焊装线设备安装施工要点

纵向中心线以输送轨道中心为基准，横向中心线以提升机的中心线为基准。

4. 地坑、沟输送装置的安装要点

先将输送装置与所放的纵向中心线对中，按照尺寸定位，最后用化学锚栓固定。

5. 提升机的安装要点

提升机是衔接空中输送和地面输送的装置，所以它的放线是立体的，需要多方位考虑，我们采用全站仪进行放线。

它的底座采用化学锚栓的形式固定，上端与工艺钢结构用螺栓连接。

6. 车身总成、左右侧围及前、后地板焊装生产线的设备安装可以参照上述要点进行施工。

5.3.5 二手焊装设备的表面涂装翻新

车间内大部分机电设备安装基本结束，就可以考虑对二手设备进行涂装翻新。对设备上的加工面进行涂油保护，涂装颜色尽可能地保持原色调或按业主的要求进行。

注意在涂装过程中要对涂装区进行围栏和隔离，采取个人防护和防火措施。

5.4 电气设备安装流程、要点

二手焊装线的电气安装与新设备的安装流程没有太大区别，主要考虑拆回的缆线、器件是否老化或损毁，在安装前进行鉴别，记录老化、损毁的电器元件和缆线，与业主商讨确认，进行必要的更换。

设备本体配管及管内穿线、电缆敷设，尽可能利用原有的。若新配，按照原线管的管径，走向配置。

在穿线前，先检查二手线缆的绝缘，确认完好再敷设。

敷设前，用棉纱擦净线缆表面的油污。

按照拆卸记录，查对线缆的编号，对号入座。

用胶带缠裹线缆端头的编号或移植，避免编号失落。

具体配管、线缆敷设工艺按新材料安装，工艺流程无异。

5.5 二手轿车焊装生产线、设备电气调试流程、要点

二手轿车焊装生产设备的调试，主要是焊接机器人、自动输送线、焊接设备调试。在电气控制上分为继电器控制、PLC 控制设备、CNC 控制设备、机器人控制设备等。

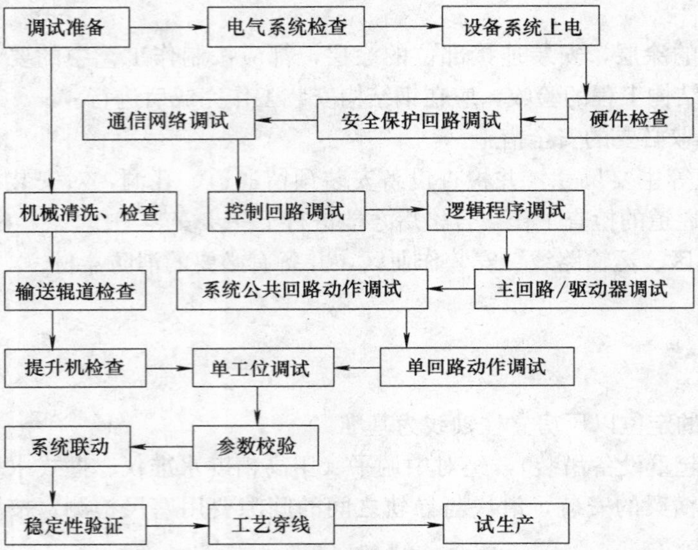

图 5.5.1 焊装自动线设备电气调试流程图

5.5.1 焊装自动线设备电气调试流程及要点

调试时要点：认真检查通信电缆的连接和接地，保证通信可靠。

设备调试必须首先调试好安全保护回路，保证工作可靠。

检查系统参数、伺服驱动器参数。

检查伺服传动机械位置保护开关安装正确和系统软保护开关参数正确。

检查验证托盘或滑橇等数据的跟踪情况。

对总焊合围设备和焊接机器人设备等要严格进行标定。

5.5.2 设备加电要点

1. 准备阶段：

每台设备需指定一名负责人，组织加电前的所有准备工作。

加电人员应仔细阅读设备电气原理图。

设备加电人员应会同机械人员检查设备现状是否正常、是否在原始零点。

检查需加电设备各控制柜内各种空开和保险是否完好，空开机械操作机构是否灵活，如有问题应及时告知业主更换。

测量一次回路电缆、各主回路电缆的绝缘值是否达标。

设备接线完毕后，应对照接线图或拆卸端子表认真校线，尽量排除外部接线故障。

机械人员应检查液压油箱、润滑油箱是否有足够的液面，压缩空气是否正确通至设备的气动三元件上。

对所有传感器、接近开关等电器元件，电机进行单件测试，发现失效，记录型号规格，与业主确认，进行必要的更换。

用警示带将需加电设备围起，设立加电区域，非设备加电人员未经许可，不得进入该区域。

设备在负责人确认具备加电条件后，方可进入加电阶段。

2. 加电阶段

加电阶段所有人员应听从负责人的指挥，确认设备及其人员的安全。

将需加电设备各控制柜内空开全部断开。

设备加电应严格按照设备原理图分级加电，上一级保证无误后，下一级方可加电。

检查各控制柜内整流、变压元件是否工作正常。

检查设备控制系统 CPU 电池是否正常，如不正常应及时告知业主更换。

5.5.3 调试阶段

检查设备控制系统 CPU 电池是否完好，如不完好应及时更换。

设备加电应严格按照设备接线图分级加电，上一级保证无误后，下一级方可加电。

调试顺序应严格按照先控制回路，再主回路；先手动，再自动，最后连线来进行。

调试过程中，如需改动线路或逻辑程序，应以书面形式向业主申请，待业主同意后，方可实施，且应将改动部分在设备原理图或逻辑书上标明，以便业主今后维修时查询。

设备连续空负荷运转 48h 后，应及时以书面形式交于业主，并积极配合其工艺人员进行工艺调试。

6. 材料与机具设备

6.1 安装主材按照施工图设计供货，耗材按照安装工艺要求供货，无特殊要求。二手设备本体管路、电线，检查合格后，征得业主同意再利用。

6.2 主要施工机具（表 6.2）。

主要施工机具　　　　　　　　　　　　　　　　　　　　表 6.2

序号	名　称	规格型号	单位	数　量	备　注
1	铲车	3t、5t	台	各 5	转运设备
2	铲车	7t	台	3	转运设备
3	铲车	10t	台	2	转运设备
4	铲车	26t	台	1	转运设备
5	液压龙门吊	300t	台	1	用于整车焊装设备吊装
6	平板车	15t	台	1	转运设备
7	平板车	40t	台	2	转运设备
8	人字梯	2.5m、3m	付	各 5	用于登高作业
9	升降车	300kg、6m	台	5	用于登高作业
10	蚂蚁架	双层/付	付	8	用于登高作业
11	吊带	$L=2m$　3t	付	5	起吊设备
12	吊带	$L=5m$　3t	付	10	起吊设备
13	卡环	2t、3t、5t	付	各 10	起吊设备
14	捯链	$L=3m$　1t	付	5	起吊设备
15	捯链	$L=6m$　3t	付	5	起吊设备
16	液压跨顶	5t、10t	个	各 2	起吊设备
17	千斤顶	5t、30t	个	各 2	起吊、调整设备
18	地牛	20t、40t	套	各 1	转运设备
19	吊杠	$L=1500\ \phi 65 \sim \phi 70$	根	2	用于起吊设备
20	内六角扳手	公制	套	10	拆解、安装设备
21	内六角扳手	英制	套	5	拆解、安装设备
22	活动扳手	250、300	把	各 10	拆解、安装设备
23	呆扳手	公制 11～36	套	10	拆解、安装设备
24	呆扳手	英制 13～16	把	10	拆解、安装设备
25	梅花扳手	13～22	套	5	拆解、安装设备
26	套筒扳手	13～22	套	3	拆解、安装设备
27	管子割刀	50	把	2	拆解、安装设备
28	管钳	300	把	6	拆解、安装设备
29	扁铲		把	2	拆解、安装设备
30	锯弓	300	把	5	拆解、安装设备
31	拔销器		套	2	用于拆解设备
32	手提工具箱		个	5	拆解、安装设备

续表

序号	名　称	规　格　型　号	单　位	数　量	备　注
33	角磨机	ϕ100　110V	把	3	拆解、安装设备
34	切割片	ϕ100　δ＝1mm	片	50	拆解、安装设备
35	角磨片	ϕ100　δ＝3mm	片	50	拆解、安装设备
36	手锤	2P、4P	把	各10	拆解、包装、安装设备
37	大锤	18P	把	3	拆解、安装设备
38	橇杠	L＝500	把	10	拆解、安装设备
39	橇杠	L＝1000	把	6	拆解、安装设备
40	滚杠	L＝2500	根	10	拆解、安装设备
41	花篮螺栓	M10	条	100	拆解、安装设备
42	手电钻	ϕ13	把	3	拆解、安装设备
43	气割工具	氧气、乙炔、表、皮带、割枪	套	2	拆解、安装设备
44	试电笔		把	10	拆解、安装设备
45	仪表 螺丝刀	一字、十字	把	各15	拆解、安装设备
46	斜口钳		把	15	拆解、安装设备
47	尖嘴钳		把	15	拆解、安装设备
48	电烙铁		把	1	拆解、安装设备
49	手钳		把	15	拆解、安装设备
50	壁纸刀		把	20	包装设备
51	气钉枪				包装设备
52	移动空压机	0.6m³	台	3	包装设备
53	链条锯		把	5	包装设备
54	真空抽气机		台	2	包装设备
55	铝箔封口机		台	2	包装设备
56	警示服		套	120	用于拆解设备
57	手电		把	5	拆解、安装设备
58	油漆笔	黑	支	200	用于设备编号
59	油漆笔	红	支	100	用于设备编号
60	油漆笔	白	支	100	用于设备编号
61	记号笔	黑（粗）	支	80	用于设备编号
62	记号笔	黑（细）	支	80	用于设备编号
63	防锈油	22kg/桶	桶	10	包装前防护设备
64	喷壶		个	20	拆包装前防护设备
65	吸油石		袋	200	用于油污处理
66	电源线盘	220V	个	6	拆解、安装设备
67	全站仪		套	1	配三脚架、反光镜 用于基准测设
68	高精度水准仪	DN12　0.01mm	套	1	配铟钢尺、三脚架 用于基准测设、水平测量
69	框式水平仪	0.02mm	台	2	测量设备水平
70	塞尺	0.01～0.5	把	5	测量设备间隙
71	数字式万用表		台	2	测量电气数据
72	磁力吊线锤		把	1	测量设备
73	卷尺	5m	把	20	拆解、安装设备

7. 质 量 控 制

　　项目的质量控制是公司质量管理体系中的一部分，按照公司的质量体系文件，落实岗位人员与职责，实行质量控制。针对项目在过程控制的特点，编制针对项目实施的质量计划，以保证合同的履行，向业主提供满意的工程及服务。

　　项目施工质量管理措施

　　施工者对其所负责的工程质量负责。其中工程师对施工方案、质量控制措施、关键或重要工序质量控制点检查及施工数据、图纸绘制、拆解标记、记录收集、整理负责；施工队对技术方案、规范、图纸及说明等技术文件、标准的执行，质量自检及施工原始数据记录负责。

质量自检员对自检负责。自检合格后，方可报项目工程师、专职质检员复检确认。

7.1 设备质检

根据机械、电气设备安装工程施工及验收规范或业主要求的设备安装手册，使用专项工程质量检查验收表格。在设备安装开工前发于施工班组，以保证施工记录的及时、完整和准确。

7.2 材料质检

材料采购择优选用，进场要有出厂合格证，进行必要的抽查复检复试。不合格的产品不准进场。落实原材料和半成品的跟踪验证制度。

7.3 拆卸前质检

设备拆解必须做详细记录、标记和必要的测绘图纸，设备包装必须有装箱清单，安装现场的标高、坐标和基准点作油漆标识。施工项目的检验和试验状态挂牌标识，并按检验试验台账做书面记录。拆卸前必须绘制拆解草图，注明拆解部位及标识后再执行拆卸。

必须统一执行拆解编号规则，每一台设备、部件的标识是惟一的。

7.4 包装质检

包装底排必须考虑被包装物的重量制作，设置吊点位置，必须牢固可靠。包装设备必须进行防潮、防撞、牢固等项目检查。

7.5 隐蔽工程检查

认真落实隐蔽工程验收会签制度，施工过程中，隐蔽的分项工程或工序需经监理和工程有关的专业人员进行会签见证，方可进行隐蔽施工。

7.6 施工人员操作资质检查

所有工种都应有相关专业操作证，焊工要求持证上岗，以利于消除焊接质量通病。

7.7 设备安装前质检

设备安装前，应分别由项目责任工程师编制施工专业技术方案，经质保工程师会签，再报项目主任工程师审批签发后实施。复杂设备单独编制工艺卡，说明技术要点和要求。在技术方案中应包括质量要求。检查方法手段、检查部位及有关措施等内容。在施工前向施工人员进行技术交底。

各种机电设备的交接、验收、运输、存放、保管及出库，应按有关要求进行。验收应配合业主，做好记录；装卸运输应视实际情况采取有效措施，保证安全；存放保管应按设备特点及性能要求进行，对仓库进行分区编号并绘制存放、仓储示意图和表格记录；出库应认真履行交接手续。

7.8 工序质检

严格工艺纪律，上道工序不合格不得进入下一道工序，制订的质量控制点必须经专职质检员复检合格后，报建设方（业主）代表复检确认。

7.9 材料质检

根据设计文件、有关的国家标准及行业标准、产品说明书、材料材质证明等进行质量检验或复验。开工前编制项目检验试验计划；施工中建立检验试验台账；对已检、待检等检验状态作出明确的标识。设备安装前按程序检验，材料进场时应由物资部会同有关专业技术人员共同检查验收，主要材料应邀请业主方有关人员参加。进入现场的所有检验、试验、测量和计量器具均已校验合格且标识明确。

所用工程材料和制作的加工件的质量控制是工程质量管理的重要组成部分。应严格按质量标准订货、采购、保管和供应，进场和入库要按标准检查验收，核实产品合格证；保管中要防止损坏变质。做到不合格不采购、不验收、不发放。

7.10 工机具、计量器具质检

施工机具及检验用计量器具，必须严格按国家有关要求定期校验和核查，未经检验、过期、失准的计量器具严禁使用。

7.11 工程质量检测控制点

7.11.1 拆卸

设备鉴定、关键设备的解体、基础检测。

7.11.2 包装

涂油防锈、真空包装、包装箱地板结构牢固性设计、设备在箱内固定、标记。

7.11.3 施工测量

对二手设备生产线必须将全线的基准轴线、基准标高测量放出，设立中心标板和基准点。

7.11.4 设备安装

设备掏箱、设备储放防锈蚀、组装配件、阀门检修、电机绝缘检查、PLC 或 CNC 柜检查测试。主要设备找正找平；所有设备单机试运转；无负荷联合调试。

7.11.5 电气

各类电气试验；控制系统模拟调试；送电；试运行。

7.11.6 管道安装

焊接检验；水压试验；冲洗。

系统调试：

各温度、压力、流量等技术指标测试，设备控制系统调试，各个设备工艺控制点调试。

7.12 技术资料质量检验程序控制

各项目经理部的质量体系文件由项目主任工程师组织编制并审核，项目经理批准实施。施工图、规范、标准、施工方案、作业指导书等技术文件由项目主任工程师签发批准。质量检验和试验文件由各专业工程师编制，项目主任工程师审核批准。

所有文件分类建档管理；业主下发的所有图纸和设计变更单，必须进行接收登记；施工质量、技术资料必须随安装进度收集、整理、归类；每单项工程结束后及时核查施工质量、技术资料的内容，并进行质量评定。

施工质量、技术资料的收集整理情况应随时接受项目主任工程师、现场监理工程师的指导和检查，不合格的资料或资料缺项应及时重做或补做。

安装质量记录表格可套用或根据实际情况其自行设计，但质量检验员必须对其真实性负责，并经有关负责人签字确认。

工程竣工时，施工质量、技术资料逐一组卷装订。

工程技术资料控制流程图（图 7.12）

7.13 质量管理标准和有关文件

7.13.1 施工图纸、设计文件、设计变更通知单、双方确认的工程联系单。

7.13.2 制造厂提供的产品图纸、产品说明书中的技术标准要求。

7.13.3 合同规定的技术文件、协议和有关质量说明。

7.13.4 本公司有关专业的《操作规程》和《工艺标准》。

7.13.5 施工单位和建设单位共同商定认可的有关技术标准、工艺要求以及双方确认的有关会议记录、纪要。

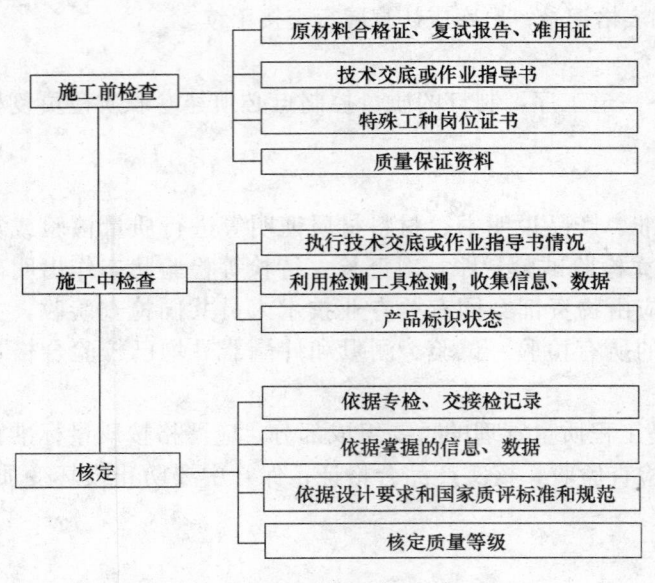

图 7.12 工程技术资料控制流程图

7.13.6 施工所需的施工标准、规程、规范和图集。

7.13.7 国外二手设备拆迁，有二手设备的说明书、资料，可以按说明书进行拆装，无资料，可以与业主、工艺设计方商定，依据拆解前设备鉴定记录，确定采用的标准或参考国家通用施工规范。

《机械设备安装工程施工及验收通用规范》GB 50231—2009；

《连续输送设备安装工程施工及验收规范》GB 50270—98；

《建筑电气工程施工质量验收规范》GB 503030—2002；

《起重设备安装工程施工及验收规范》GB 50278—98；

《压缩机、风机、泵安装工程施工及验收规范》GB 50275—98；

《工业金属管道工程施工及验收规范》GB 50235—97；

《现场设备、工业管道焊接工程施工及验收规范》GB 50236—98；

《工业安装工程质量检验评定统一标准》GB 50252—94；

《钢结构工程施工质量验收规范》GB 50205—2001；

《电气装置安装工程电力变压器，油浸电抗器，互感器施工验收规范》GBJ 148—90；

《电气装置安装工程旋转电机施工及验收规范》GB 50170—92；

《电气装置安装工程盘、柜及二次回路施工及验收规范》GB 50171—92；

《电气装置安装工程电缆线路施工及验收规范》GB 50168—2006；

《电气装置安装工程接地装置施工及验收规范》GB 50169—2006；

《电气装置安装工程施工及验收规范（合订本）》GB 50254—1996；

《电气装置安装工程电气设备交接试验标准》GB 50150—2006；

《电气装置安装工程低压电器施工及验收规范》GB 50254—96；

《电气装置安装工程高压电器施工及验收规范》GBJ 147—90；

质量检验评定标准：

《工业安装工程质量检验评定统一标准》GB 50252—94。

8. 安 全 措 施

在国外施工中要遵循所在国的安全、环境保护要求。英国、西班牙、德国、意大利要求按其法律，聘请当地安全管理公司，制定安全计划，并得到政府管理部门的认可，才能开工，在项目中，由当地的安全经理监督实施。

8.1 安全计划的制订一般要求

8.1.1 国外施工，人员进入施工现场必须登记，配戴安全帽，穿警示服。

8.1.2 高空作业戴安全带。

8.1.3 在大型设备搬运，放倒场地周围用警示带围上，标出其他人员不得入内。

8.1.4 在设备拆除周围应配备灭火器，至少 2～4 个，以防止摩擦或现场动火，引起液压油或外露润滑油燃烧造成火灾。要标识防火标志。

8.1.5 车间内的石棉制品或保温材料，要将其用警示带围上，标出危险制品，必须专业人员拆除。

8.1.6 要标出紧急疏散通道，一定要标出指向出口，以就近侧门位设置紧急出口。

8.1.7 设备停电、停水、停气、断油、抽油后应确认，而后应挂牌以示完成上述工作。

8.1.8 设备内油箱的存油及地面油、污物、应妥善处理，装入桶内运出，不得随意倾倒，更不能倒入地沟。禁运的冷媒、石棉等必须请专业人员进行处置。

8.1.9 要使用吸油石吸附地面上的油污，并清理干净。

8.1.10 施工中的废弃物，必须按种类分捡，分门别类收集，由专业公司处置。

8.1.11 要做到设备拆完后场地清理干净，露出地面的地脚螺栓或膨胀螺栓头应切割掉或拔出。

8.1.12 应将高空管线的支管线从干管处切平，不能在空中悬挂，并且对管口进行封堵。

8.1.13 车间内禁止烟火。

8.1.14 车间内使用柴油机动力设备，必须加装尾气过滤器。

8.1.15 每日施工都要做安全记录，签到、签出。若有不符合安全、环境保护、人身健康的事件发生，要求立即停止施工，进行再培训，否则会导致全面停工整顿和高额罚款。

8.2 安全生产管理制度

8.2.1 安全生产宣传教育

宣传有关安全的各项方针政策和法令。实施"三级"安全教育和特殊作业人员专业安全教育，经考试合格发证后方准操作。

8.2.2 建立"四级"定期检查制度

公司季检、项目部月检、工地旬检、班组日检。安全生产检查要认真贯彻"安全第一，预防为主"的方针，发现隐患立即解决。

8.2.3 安全措施计划

保证实施安全技术措施计划所需资金、材料、设备供应。解决现场施工安全，防尘、防毒等技术难题。进行安全设施技术革新和设备改造。项目部必须编制安全技术措施，报公司审定后进行实施。

8.2.4 安全技术交底

内容包括安全措施，工艺要求，操作方法，结构特点和注意的安全事项等，没交底或交底不清，班组工人有权拒绝工作。安全交底必须有交底软件、有交底记录和被交底人的签字。

8.2.5 现场安全管理

施工现场布置"一图五牌"（施工单位、项目名称牌；安全生产宣传牌；防火须知牌；工程项目主要管理人员名单牌；工程施工总平面图），做到"三平一通"。物资堆放整齐、标识清楚，做到现场文明施工。凡进入施工现场，必须戴好安全帽系好安全带。高处作业必须系好安全带。一切楼梯口、预留口、电梯口及通道口的防护设施，必须严密可靠，并设有明显标志。一切机械必须设有完整有效的防护装置。各种用电设备、设施严格遵守 JGJ 59—99 规范。施工现场应有醒目的有关安全标准及标语。严格执行劳保用品发放标准和管理办法，定期对高温、高空作业人员进行体检，做好防暑降温工作。

伤亡事项的调查处理发生伤亡事故，要按规定，逐级报告，做到"三不放过"的原则。

8.2.6 安全生产检查

1. 安全检查任务：发现和查明各种不安全因素，督促各项安全规章制度的落实，制止违章指挥和违章作业，治理整顿，建立良好的安全环境和生产秩序。

2. 检查中要认真贯彻"安全第一，预防为主"的方针，坚持领导检查与群众自查相结合；综合检查与专业检查相结合；定期与不定期检查相结合；检查与整改相结合；检查实行公司、项目部、班组分级管理。

8.2.7 防火

1. 建立防火安全领导小组，领导部署本单位开展消防安全各项工作。积极宣传防火知识，确保防火安全规章制度的执行。

2. 加强对易燃、易爆物品的安全管理、使用和运输等工作。严格执行国家和有关部门规定的各项安全制度。配足必要的消防器材、设备。任何人不得擅自将消防器材、设备用于消防工作无关的地方，更不得损毁消防器材设备。

3. 进行月、季、重大节日（元旦、春节、五一、国庆）以防火为中心的"四防"安全大检查。对发出的火险隐患整改通知书，项目部各部门应迅速整改。

4. 凡在现场进行气焊、气割、电焊作业，必须严格遵守安全操作规程和"十不烧"的原则。

5. 凡在存放易燃、易爆物资及装箱设备堆垛等要害部位进行明火作业时，须经现场领导审批，领取动火证后派专人监火，搞好防火措施，方可动火作业。

6. 在高空进行明火作业，必须先将火星中能飞溅到的地方可燃物清除干净。无法清除的必须用不燃物件遮盖好后，派出专人监火，并配合相应的灭火器材，方能动火。

7. 氧气瓶、乙炔瓶，不能混装在一起运输储存。储存和使用时，应相互保持不少于5m的距离，气瓶放在通风的地方，以防雨淋和日光暴晒。

8. 施工现场电气线路需由专职电工进行架设管理，任何人用电，包括（焊机、机械设备等）临时用电都不得私自乱接、乱拉、乱搭。

8.2.8 安全生产标准

《建筑施工安全检查标准》JGJ 59—99；

《建筑施工高处作业安全技术规范》JGJ 80—91；

《建设工程施工现场供用电安全规范》GB 50194—93；

《建筑机械使用安全技术规程》JGJ 33—2001、J 119—2001。

8.2.9 安全技术交底及劳动保护

施工技术人员认真编写单项工程安全技术交底和各种吊装的安全措施，并在上岗前向操作者阐述清楚，做好防护工作。

安全设施应齐全、安全网、警示牌、围栏、孔洞盖板等应完好齐备便于使用。

高空作业人员应进行身体检查，并持有效登高作业证。凡不符合高空作业人员决不准登高空作业。

充分发挥劳动保护用品的作用，安全帽、安全带准备齐全，进入现场必须戴安全帽，高空作业必须系好安全带。

8.3 安全施工措施

8.3.1 通用要求

1. 单项工程施工前，各专业工程技术人员应以施工方案为依据，在进行技术交底的同时，也要进行专题安全技术措施交底，做到工作任务明确，施工方法明确，物体重量明确、安全措施明确。

2. 安全设施应齐全、安全网、警示牌、围栏、孔洞盖板等应完好齐备便于使用。

3. 高空作业人员应进行身体检查，凡不符合高空作业人员决不准登高空作业。

4. 所有参加施工人员严格遵守有关安全技术的各种规程、规范、施工图纸和技术文件的要求。特种作业必须执证上岗，专职安全员必须严格查岗。

5. 施工机具安全附件必须齐全，在使用前一定要进行检查，确认安全、可靠、合格后方可能使用，各种电动机械的电源必须装有漏电保护。对于较重量的吊装工作，应对吊具、绳索、工机具进行必要的负荷试验或试运转，确认安全可靠后方可进行吊装。

6. 进入施工现场人员一律配戴安全帽，高空作业一律配戴安全带，脚手架、跳板必须搭设牢固。在工序编排上，尽可能避免立体垂直交叉作业。不可避免时，必须采取隔离措施。

7. 工作场所保持整洁，材料堆放整齐，留有足够的通道。机具、设备安置合理、整齐，垃圾废料及时清理，各个施工班组均要做到工完料净场清。

做到文明施工，施工现场应保持清洁、整齐，有坑、洞的地方应加盖或护栏，并有明确的安全标志，边沿地方应有栏杆或安全网，安全措施应牢固可靠；加强劳动纪律，集中精力施工，不得在施工现场打闹、开玩笑及随地乱抛工作物。

8.3.2 登高作业

1. 脚手工具必须符合安全规程要求，进入现场的脚手工具必须进行检查，合格后方可使用。

2. 脚手架的搭设必须符合安全规程要求，搭设后应由安全员进行检查，合格后方可使用。

8.3.3 起重作业

1. 进入现场的起重机具应确保完好，在使用前经检查认定的前提下方可使用。

2. 重物起吊前应对索具等进行一次全面检查，然后方可进行吊装。

3. 重物起吊时，要由专人负责、指挥、信号要统一、明确，吊装人员精力要集中，听从指挥，严禁玩忽职守，不准酒后作业，说笑或打闹。

4. 起重臂下不得站人或走动，起吊前应先进行一次试吊，无误后方可继续吊装。

5. 利用液压龙门吊，吊装物件时要事先核对龙门吊性能表，不得超载吊装。龙门吊的轨道铺设要正确，在没吊重物前，龙门吊立柱伸出高度范围应事先模拟，以防万一。

6. 起吊时，重物下面不得通过和站人，无关人员严禁进入吊装现场，大型设备吊装时应设有警界线，并有专人负责。

8.3.4　施工用电

1. 各种手用电动工具必须绝缘良好，并装有漏电保护器。

2. 临时用电线路，要绑扎牢固，确保绝缘良好。

3. 开关箱的刀闸盖要齐全，刀闸保险丝容量与用电容量应相符，开关箱应有防雨雪设施，箱门要完好有锁。

4. 临时照明线路要符合有关规定，凡与金属物接触的地方应绝缘良好，要求行灯电压 36V，容器或管道内照明选用 12V 电压。

5. 电焊把线与钢丝绳不要交混在一起，避免打坏钢丝绳，必要时需停止一切焊接工作，确保重大吊装的安全进行。

6. 在金属容器内作业时应使用安全行灯照明，夜间施工应有足够的照明设备，施焊等作业时，应有通风措施。

9. 环保措施

9.1　设专人进行现场内及周边道路的清扫、洒水工作，防止灰尘飞扬，保护周边空气清洁。

9.2　建立有效的控制环境系统。

9.2.1　合理安排作业时间，将施工中噪声较大的工序放在白天进行，在夜间避免进行噪声较大的工作。

施工阶段作业噪声限值一览表（单位：分贝）　　　　　　　表 9.2.1

施工阶段	主要噪声源	噪声限值 白天	夜间
设备安装	电锤、电锯等	70	55
卸车、运输及就位	吊车、叉车、升降车等	65	55

9.2.2　夜间灯光集中照射，避免灯光干扰周边居民的休息。

9.2.3　散装运输物资，运输车厢须封闭，避免遗撒。

9.2.4　各种不洁车辆开离现场之前，须对车辆进行冲洗。

9.2.5　施工现场设封闭垃圾堆放点，并予以定时清运。

9.3　降噪专项措施

9.3.1　主动与当地政府联系，积极和政府部门配合，处理好噪声污染问题，加强对职工的教育，严禁大声喧哗，夜间不使用风动工具。

9.3.2　协调周边居民关系。

在本工程的施工过程中，经理部将采取各种措施保持与周边居民和睦友好的关系。为实现这一目标，应采取以下措施：

开工之初，主动拜访附近的单位、居委，说明我公司在施工将采取的防扰民措施，针对其提出的要求采取相应的措施，并将所采取的措施反馈给他们，以获得对方的信任和理解。

在不影响施工及力所能及的前提下，主动为附近社区建设作贡献，所采取的活动应以解决实际问题为原则，以求得居民的协助和理解。

9.3.3 协调政府的关系。

本工程的顺利施工，与所在国家的当地政府有关部门的支持与配合是密切相关的。为此项目经理部将做到：

1. 严肃认真地执行政府有关规定，对各有关部门下达的各项指令、通知、要求，必须及时贯彻落实，并将落实情况汇报给有关部门。

2. 处理好与政府部门的关系，首先须了解和掌握政府的各项相关规定的内容、要求，尊重和执行政府的要求，对有争议的事项，应耐心做解释工作，力求从政策上达到对方的认同，从情理上求得对方的理解。

3. 在处理与政府官员的关系上，必须以遵纪守法为原则。

4. 协调与周边单位以及政府相关部门的关系。

5. 协调与交警队的关系，保证施工的顺利进行，以及物资的正常运输。

6. 协调与环卫环保、市容监察，保证现场的文明施工，创建南京市文明施工工地。

7. 协调与地区公安部门的关系，即能够处理突发事件，保证工程施工的安全有序。

9.3.4 协调和处理指挥部内部的人际关系，及时发现问题，解决问题，将可能发生的矛盾化解于初期，在指挥部内部创造和谐的人际关系和宽松的工作环境，避免无谓的内耗。

9.4 现场卫生防疫管理措施

施工区卫生管理、环境卫生管理分区实行责任管理。

为创造良好的工作环境，养成良好的文明施工作风，增进职工身体健康，施工区域和生活区域应有明确划分，把施工区和生活区分成若干片，分片包干，建立责任区，从道路交通、消防器材、材料堆放、垃圾、厕所、厨房、宿舍、火炉、吸烟都有专人负责，使文明施工保持经常化。

1. 环境卫生管理措施

1) 施工现场要天天打扫，保持整洁卫生，场地平整，道路畅通，做到无积水，有排水措施。

2) 施工现场严禁大小便，发现有随地大小便现象要对责任区负责人进行处罚。施工区、生活区有明确划分，设置标志牌，标牌上注明姓名和管理范围。

3) 卫生区的平面图应按比例绘制，并注明责任区编号和负责人姓名。

4) 施工现场零散材料和垃圾，要及时清理，垃圾临时存放不得超过3d，如违反本条规定处罚工地负责人。

5) 办公室内做到天天打扫，保持整洁卫生，做到窗明地净，文具报告摆放整齐，达不到要求，对当天卫生值班员罚款。

6) 职工宿舍铺上、铺下做到整洁有序，室内和宿舍四周保持干净，污水和污物、生活垃圾集中堆放，及时外运，发现不符合此条要求，处罚当天卫生值班员。

7) 冬季办公室和职工宿舍取暖炉，必须有验收手续。合格后方可使用。

8) 食堂必须办理食品卫生许可证，炊具经常洗刷，生熟食品分开存放，食物保管无腐烂变质，炊事人员必须办理健康证。

9) 楼内清理的垃圾，严禁高空抛撒。

10) 施工现场的厕所，做到有顶、门窗齐全并有纱，做到天天打扫，每周撒白灰或打药一二次，消灭蝇蛆，便坑加盖。

11) 为了广大职工身体健康，施工现场必须设置保温桶和开水（水杯自备），公用杯子必须采取消毒措施。

2. 环境卫生定期检查记录

施工现场的卫生要定期进行检查，发现问题，限期改正。

10. 效 益 分 析

我公司从 1984 年开始国外二手设备拆迁工程，经历 20 余年，1996 年整厂拆迁轿车生产工厂，总结出轿车二手生产线、设备的拆迁工法，使得轿车生产设备拆迁工艺过程更加规范，提高了拆迁质量和工效，极大地缩短了工期。

以 1996 年西班牙 SIAT 轿车生产整厂拆迁与 2005 年英国 ROVER 轿车生产整厂拆迁比较：

西班牙某轿车生产整厂拆迁项目从 1996 年 8 月开始拆迁至 1999 年 3 月第一辆轿车下线，历时 31个月。我们完成了国外的设备拆卸、包装，国内的仓储保管、安装、调试、试生产。

英国 ROVER 轿车生产整厂拆迁项目自 2005 年 8 月开始拆迁至 2007 年 3 月第一辆轿车下线，历时19 个月。英国这个项目的设备拆迁工作量是西班牙拆迁项目的 2 倍，工期缩短 12 个月。可以说，在西班牙拆迁项目的基础上，进一步完善了拆迁工法，采用物流软件控制拆解、包装、运输、仓储、安装的物流，使整个工程系统管理、工艺过程更为优化，工效更高。仅工期缩短，节约人工费数万元。

由于提前轿车上市，给业主带来可观的经济效益，同时也提升了中机建设及所属中国三安在轿车生产设备拆迁安装领域的盛誉。

11. 应 用 实 例

应用实例一

1996 年西班牙 SIAT 轿车生产线、设备整厂拆迁到中国南京某汽车厂，其焊装生产线拆迁的工艺流程是以本公司多年的二手设备拆迁的经验，总结编制出工法，应用效果较好，控制了二手设备的拆解、包装、安装质量，经调试恢复了设备的安装精度和功能，生产出合格的轿车。

应用实例二

2005 年英国 ROVER 轿车生产线、设备整厂拆迁到中国南京某汽车厂，在西班牙项目的施工应用的工法基础上，进一步修订、完善本焊装生产线工法。在施工中应用，提高了拆迁质量、缩短了工期，恢复了二手设备的安装精度和功能，生产出合格的轿车。

应用实例三

2007 年意大利 FIAT 轿车发动机、焊装生产线设备拆迁到中国某汽车厂，应用本工法拆迁焊装线，已经完成了国外的拆卸包装，国内正处于安装的阶段。

10000～18000kN·m 高能级强夯施工工法

GJYJGF100—2008

中化岩土工程股份有限公司

王亚凌　王锡良　王秀格　柴世忠　梁富华

1. 前　　言

1.1　强夯法是反复将夯锤提升到一定高度后使其自由下落，给地基以冲击和振动能量，将地基土夯实的地基处理方法。本方法经济高效、环保节能，是住房和城乡建设部面向全国推广的绿色环保施工技术。

1.2　由于国家制定严格的耕地保护政策，工程建设场地日趋复杂，大规模开山填海形成的陆域场地和山区高填方等场地上的重大工程建设项目越来越多，在处理人工填土方面具有经济技术优势的强夯法得到了广泛而充分的应用。但当填土厚度超过 10m 时，强夯不能一次处理到位，需要分层或采用其他地基处理技术；对于碎石土、砂土、粉土和低饱和黏性土等原状土地基，当设计有效处理深度超过 10m 时，现有的 8000kN·m 及以内能级的强夯法因处理深度不足而受到了限制。因此，开发更高能级的强夯技术并形成工法是工程建设实际需要。

1.3　目前，国内强夯最高能级为 8000kN·m，施工机械多为 50t 及其以下履带式起重机经过改造后形成的强夯施工机械，这类机械由于在起重机臂杆上加装辅助门架提升机构，作业时移动灵活性不好、稳定性较差、安全可靠性低、施工效率低、工人劳动强度大。开发更高能级强夯施工方法，首先应研制具备更高起重能力、安全可靠、适宜强夯作业工况的专用施工设备。

1.4　中化岩土工程股份有限公司是从事地基处理技术开发和工程施工的专业化公司，利用对强夯地基处理技术的深入研究和对强夯施工装备使用经验和整体把握，根据国内外强夯地基处理主要施工装备的现状和存在的问题，结合工程建设需要，经过原建设部立项，投资 2000 余万元，联合大连理工大学、中国建筑科学研究院、上海申元岩土工程有限公司，开展高能级强夯机理、工法研究和专用设备制造。经过四年的持续开发，成功研制出适宜 10000～18000kN·m 能级强夯施工的 CGE1800 系列强夯专用施工机械，并进行了 10000～18000kN·m 各种不同能级强夯的数值模型分析和对比试验，取得了不同能级组合、夯点间距、夯沉量、有效加固深度等参数，形成了 10000～18000kN·m 高能级强夯施工工法，关键技术通过了中国化工施工技术鉴定委员会的鉴定。

1.5　10000～18000kN·m 高能级强夯施工工法已经在大连南海 10 万 m³ 原油储罐地基处理、中海油南海炼油项目地基处理、中石油钦州千万吨炼油项目地基处理等国家重大工程项目中应用，取得了良好的经济效益和社会效益。

1.6　依托本工法研究，填补国内工程机械方面的一项空白，将强夯能级从原来的 8000kN·m 提高到 18000kN·m，共取得 4 项国家专利，1 项省部级科技进步二等奖，多项省部级优秀施工项目奖和优秀勘察设计三等奖。

2. 工 法 特 点

2.1　使用功能

2.1.1　将我国强夯地基处理技术的工程应用能级从原来的最高 8000kN·m 提高到 18000kN·m，为提高强夯地基处理技术研究和修订相关规范积累了基础资料，推动了强夯地基处理技术的创新、发展和进步。

2.1.2　将强夯最大有效处理深度从约 10m 提高到约 15m，扩大了强夯地基处理技术的应用范围。

2.1.3　10000～18000kN·m 高能级强夯处理后，地基土的物理力学指标有更大幅度的改善。

2.2 施工方法

2.2.1 研制成功具有自主知识产权的能够满足 10000～18000kN·m 高能级强夯施工的专用自动遥控施工设备。

国内强夯施工机械大多数为 W200 型履带式起重机改造而成。该起重机实施 3000kN·m 及以下能级强夯时，在臂架中部与起重机顶部门型架间设防后倾装置；实施 3000kN·m 以上 8000kN·m 以下能级强夯时，在臂架端部设重型辅助提升门架，旨在改变起重机受力路径，提高起重能力和设备稳定性，作业就位时要靠人工向外侧推开门架。由于强夯起重瞬间自由脱钩夯击地基作业和起重机吊装作业的工况截然不同，容易造成起重机磨损剧烈、故障频繁、安全可靠性不高、设备损耗大、施工效率低等，且最大起重量基本限制在 40t 左右，实施更高能级强夯存在风险。

研制的 CGE1800 系列强夯机针对强夯施工大质量锤体提升到一定高度后，瞬间自由脱钩对起重装置的特殊工况实际，起重受力系统、减振系统、安全保护系统、操作系统等克服了履带式起重机用作强夯施工时的不足。

2.2.2 CGE1800 系列强夯机动力系统安装了沃尔沃发动机，功率 365kW，安装了液压减振系统，结构受力合理，施工不带龙门支架，稳定性高，最大起重量可以达到 100t 以上，起吊高度可以达到 30m，极限最大施工能级可以达到 25000kN·m，是目前国内最高能级强夯专用施工设备。

2.2.3 机械设备操作实现远红外线遥控，操作简单，自动化水平高，提高了工程质量，有效降低了安全风险和工人的劳动强度，提高了施工效率。

3. 适用范围

3.1 本工法适用环境为距离既有建（构）筑物有适当安全距离、无扰民和民扰的建筑场地。

3.2 本工法适用于处理设计有效加固处理深度介于 10～15m 之间的碎石土、砂土、低饱和度的粉土与黏性土、湿陷性黄土、素填土和杂填土等地基。

3.3 本工法也可适用于处理设计有效加固处理深度介于 10～15m 之间的高饱和度粉土与黏性土地基，但施工前应铺设工作垫层，施工过程中应向夯坑添加骨料进行置换，且应通过试验证明其有效性。

4. 工艺原理

4.1 强夯法是反复将重锤起吊到一定高度后，使其自由落下，夯击地基，在土中形成强大的冲击波和高应力，提高地基的强度和抗变形能力，满足结构要求的一种地基处理方法。

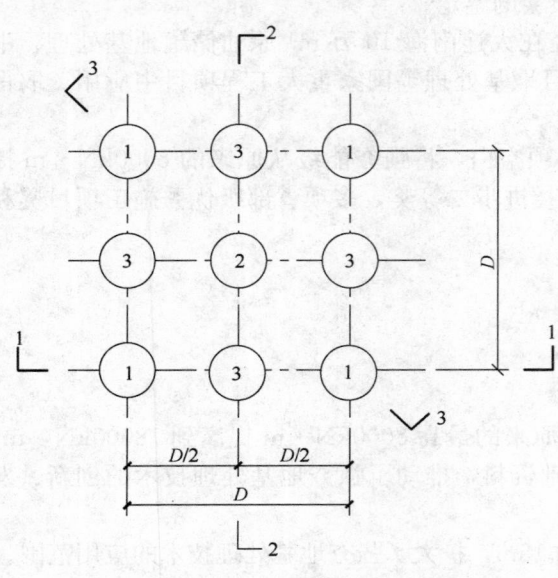

图 4.2-1 工艺原理图

4.2 本工法是在现有强夯地基处理技术的基础上，通过提高单击夯击能，依据动力学原理和应力扩散原理，分别以高（10000～18000kN·m）、中（3000～8000kN·m）、低（1000～3000kN·m）不同能级分遍组合和夯点间距的合理布置，分别对建筑地基深层、浅层和表层予以加固处理，从而提高地基的强度、降低压缩性、改善抵抗振动液化能力、消除湿陷性、提高土的均匀程度、减少差异沉降等。以 18000kN·m 能级强夯为例，本工法工艺原理如图 4.2-1～图 4.2-4。

4.3 沿海碎石土回填地基、山区回填地基、砂土地基和大厚度的湿陷性黄土地基其承载力特征值可达 300～480kPa，有效加固深度可达 10～15m，大幅度提高场地的均匀性，降低压缩性，消除差异沉降。

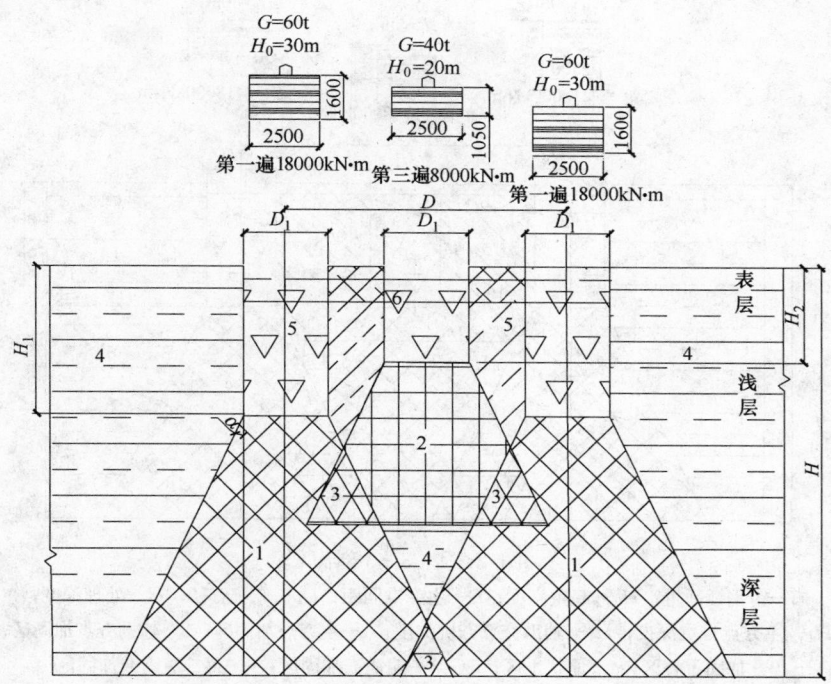

图 4.2-2　1—1 剖面

G—铸钢锤锤重；H_0—起重高度；D—主夯点间距；D_1—夯坑直径；H—处理深度；

H_1—主夯点夯坑深夜；H_2—辅助夯点夯坑深度；1—主夯点加固区；2—辅助夯点加固区；

3—加固重叠区；4—原状土区；5—第一遍满夯加固区；6—第二遍满夯加固区

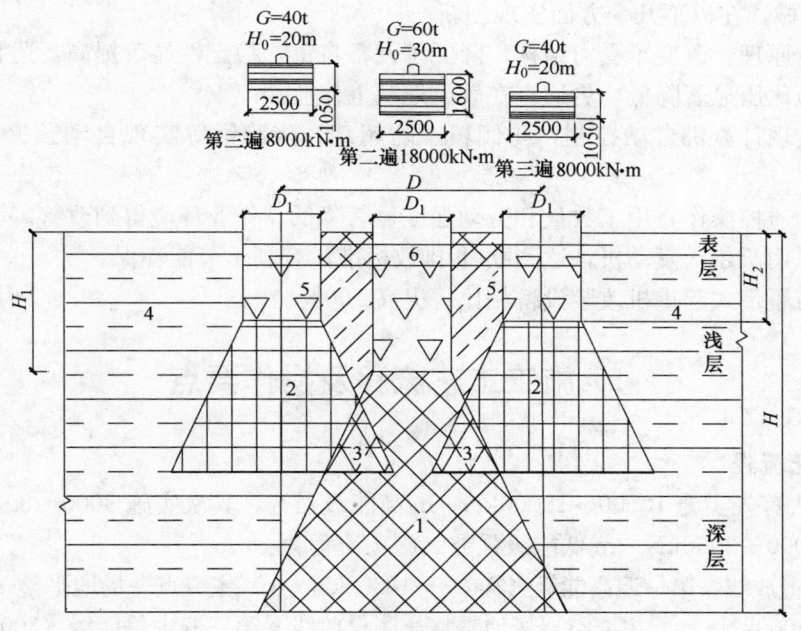

图 4.2-3　2—2 剖面

G—铸钢锤锤重；H_0—起重高度；D—主夯点间距；D_1—夯坑直径；H—处理深度；

H_1—主夯点夯坑深夜；H_2—辅助夯点夯坑深度；1—主夯点加固区；2—辅助夯点加固区；

3—加固重叠区；4—原状土区；5—第一遍满夯加固区；6—第二遍满夯加固区

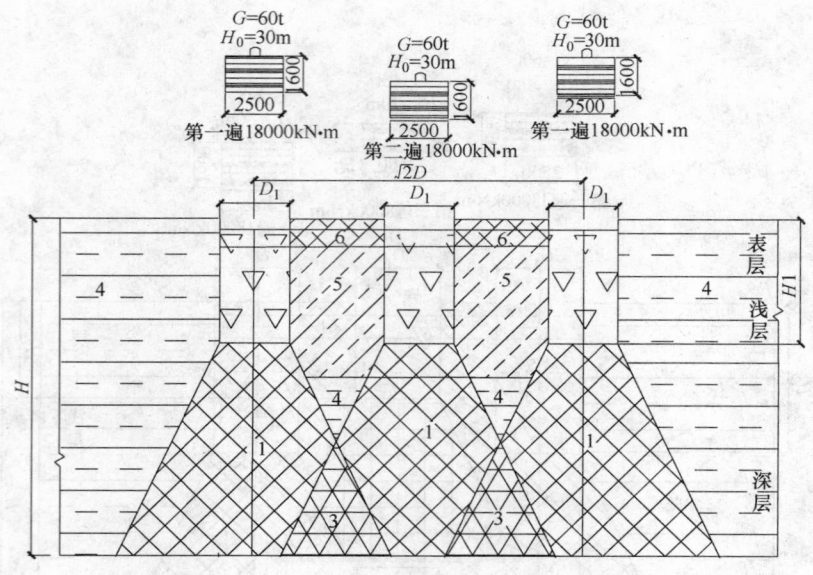

图 4.2-4　3—3 剖面

G—铸钢锤锤重；H_0—起重高度；D—主夯点间距；D_1—夯坑直径；H—处理深度；

H_1—主夯点夯坑深夜；H_2—辅助夯点夯坑深度；1—主夯点加固区；2—辅助夯点加固区；

3—加固重叠区；4—原状土区；5—第一遍满夯加固区；6—第二遍满夯加固区

4.4　对高饱和度粉土和黏性土地基，应经过预处理，在土层中形成排水通道后，再采用本工法施工。施工时，软土层顶面应持续保留一定厚度的褥垫层，既保证排水畅通，又能使施工设备安全作业。综合加固处理后，有效加固深度亦可达 12～15m，复合地基承载力特征值亦可达 250kPa 以上。

4.5　实施 10000～18000kN·m 单击夯击能的设备为自主研发的拥有完全知识产权的 CGE1800 系列强夯专用施工机械，在以下几个方面实现创新：

1. 采用自平衡原理，改变了受力结构，降低了设备自重，稳定性显著提高，适宜强夯作业工况。

2. 履带的接地比压显著降低，更适宜在软土地基上作业。

3. 各种工况实现计算机自动控制，防倾覆、防超载、防跑锤等实现自动预警，施工安全性显著提高。

4. 远距离自动遥控操作，用工数量和劳动强度显著降低，作业环境得到改善。

5. 动力系统采用沃尔沃发动机，达到欧-Ⅱ排放标准，有利于节能环保。

6. 工作效率与履带式起重机改装设备相比，提高 100％。

5. 施工工艺流程及操作要点

5.1　施工工艺流程

5.1.1　本工法首先实施 10000～18000kN·m 高能级强夯，其次实施 3000～8000kN·m 中等能级强夯，最后实施 1000～3000kN·m 低能级强夯。施工流程为：

场地平整→测量放线→第一遍高能级（10000～18000kN·m）主夯点→场地平整→测量放线→第二遍高能级（10000～18000kN·m）主夯点→场地平整→测量放线→第三遍中等能级（3000～8000kN·m）加固夯点→场地平整→测量放线（施工轮廓线）→第四遍低能级（1000～3000kN·m）满夯→场地平整→测量放线（施工轮廓线）→第五遍低能级（1000～3000kN·m）满夯→场地平整→处理效果检测→竣工验收。

5.1.2　第一遍和第二遍夯击次数以最后两击平均夯沉量不大于 20～30cm 控制；第三遍夯击次数以最后两击的平均夯沉量不大于 5～20cm 控制；第四遍和第五遍满夯 2 击。

5.1.3 第一遍夯点的间距 D 为8.0～10.0m，正方形布置，第二遍夯点在第一遍四个相邻主夯点的中间插点，第三遍夯点分别在第一、二遍相邻两个主夯点中间插点，第四遍和第五遍满夯夯印应搭接1/4。夯点布置见图5.1.3。

5.1.4 各遍之间的间歇时间按试验确定，如无试验资料，可参考《建筑地基处理技术规范》JGJ 79—2002。

5.2 施工要点

5.2.1 本工法第一和第二遍主夯点施工主机选用 CGE1800 型强夯机，夯锤选用 2.5m 直径的铸钢锤，重量 40～60t，底面静压力 80～120kPa，单机组作业每班配 3 人，其中司机 1 人，测量 1 人、挂钩 1 人。

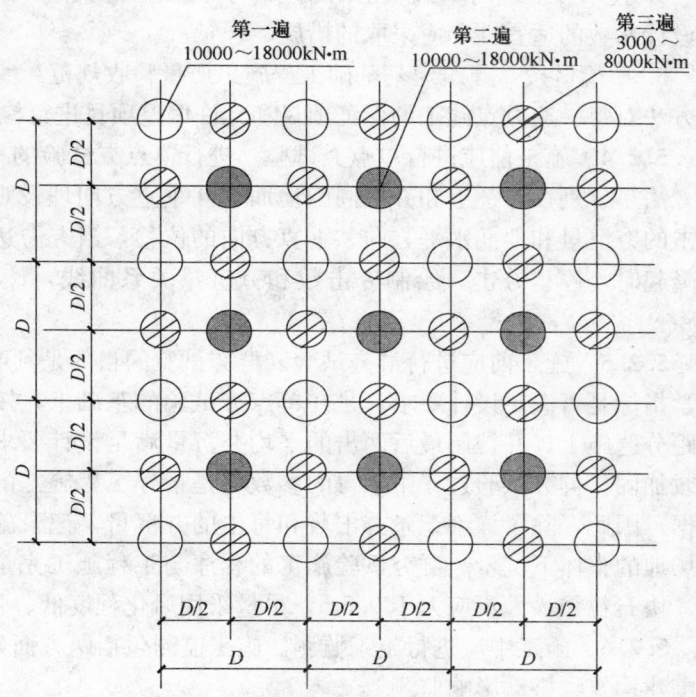

图 5.1.3　高能级强夯夯点布置示意图

第三遍辅助夯点施工主机选用 CGE1800 型强夯机或 50t 履带式吊车，夯锤选用 2.5m 直径的铸钢锤，重量 20～40t，底面静压力 40～80kPa。当选用 CGE1800 型强夯机时，单机组作业每班配 3 人，其中司机 1 人，测量 1 人，挂钩 1 人。当选用 50t 履带式起重机作为强夯主机时，单机组每班配 6 人，其中司机 1 人，测量 1 人，指挥 1 人，门架就位和挂钩 3 人。

第四和第五遍满夯施工选用 W200A 型吊车，不带门架，夯锤选用 2.6m 直径的铸钢锤，重量 18t，底面静压力 33kPa。单机组作业每班配 3 人，其中司机 1 人，指挥 1 人、挂钩 1 人。

5.2.2 施工前，平整场地，地面平整度和硬度应满足重型施工设备安全行走要求。复测场地标高，满足设计起夯面标高后，用全站仪向施工场区内引测施工图角点控制坐标，经监理工程师验核无误后，再按施工图布置夯点，并用白灰标出夯印。

强夯主机和夯锤就位后，要对夯锤的落距进行测量，并采取措施，使其在夯击过程中落距始终保持不变，确保每击均能达到设计单击夯击能，同时测量就位后的锤顶面标高和地面标高，锤顶面至自然地面的高度，以计算每击的夯沉量和夯坑深度。

将夯锤起吊至预定高度后自动脱钩，夯锤夯击地面，测量夯锤顶面标高，减去夯锤就位时的顶面标高就是第一击的夯沉量，如此反复进行，直至最后两击的平均夯沉量满足设计和规范控制标准后，停止夯击，进行移位。移位时，应先将夯锤起吊一定高度，使锤底与夯坑底面脱离，但不能离开夯坑，主机后退，同时起吊夯锤，移动夯锤至下一夯点，随时调整主机位置，使主机的吊杆、门架和夯锤保持最合理的受力结构状态，再起吊夯锤，进行夯点施工。

重复上述步骤，直至所有主夯点和加固夯点全部按要求完成。

满夯夯印搭接 1/4 锤径。满夯施工时，应控制夯击数、夯锤落距和夯印搭接情况。

5.2.3 施工时应采取如下主要施工技术措施：

1. 施工前由施工员在施工图上对夯点进行编号，施工时每一点都与施工图对号进行，防止漏夯。

2. 夯锤落距在施工前应施测，并做标识，质检员复测确认，施工过程中由测量员控制。

3. 测量员填写《强夯施工记录》，记录锤重、落距、夯击数，每击的夯沉量及总夯沉量等参数，质检员检查并签字认可后，才可作为核算完成工作量的依据。

4. 技术人员随时掌握填土的成分，块石粒径的大小，以及在填土区的分布范围，判断此类区域强夯设计参数的适宜性和应采取的措施。

5. 质检员按《建筑地基基础工程施工质量验收规范》GB 50202—2002 的有关要求，采用随机抽样的方法对每一遍夯点施工的保证项目和允许偏差项目进行检验，并填写《分项工程质量检验评定表》。

5.2.4 施工前应进行单点夯试验。进行单点夯试验的目的是为了合理选择夯击数和夯点间距。试验方法是分别在夯锤上和夯坑周围地面相互垂直方向埋设观测标识，在夯击过程中，利用水准仪测量每击的夯沉量和地面水平方向、垂直方向的位移，当夯击达到设计夯沉量控制指标后，或地面出现异常隆起时，停止夯击。绘制夯击数和夯沉量关系曲线，计算有效夯实系数，确定最佳夯击数和夯点间距。

5.2.5 施工前应进行群夯试验。群夯试验的目的是判断强夯的适宜性和夯后地基所能达到的物理力学指标是否满足设计要求。是在单点夯试验的基础上，按设计确定的单击夯击能及夯击次数和布点间距分遍施工，并控制最后两击的平均夯沉量满足设计要求，使地基土在水平方向和垂直方向均得到有效加固。群夯试验过程中取得的参数将是指导工程施工的依据，同时也是判断土方是否平衡的参考依据，因此，除了详细记录夯击数和每击的夯沉量，记录施工过程出现的异常情况以外，还要计算夯后场地的整体下沉量。群夯试验施工的程序与工程施工完全一致。如果需要回填骨料，应采用开山碎石，块石粒径最大不应大于 0.5m，尽量采用风化程度低、强度高的粗粒土。

5.2.6 施工中应进行施工监测。施工监测包括两方面，一方面是孔隙水压力监测，另一方面是对周围建构筑物振动影响监测。

对黏性土地基进行强夯处理时，夯击过程中会形成超孔隙水压力，其消散时间就是强夯遍与遍之间的间歇时间，只有当超孔隙水压力消散达到一定标准后，才可以继续夯击，否则，会起到相反效果。

当夯击点离周围建筑的距离较近时，强夯产生的振动会对这些建构筑物的安全构成威胁，其评估的办法就是通过振动监测，判定影响程度，为隔振措施的实施提供科学依据。

5.2.7 工程完工后，应进行质量检测评价。检测评价手段包括载荷试验、标准贯入试验、重型动力触探、取土进行室内土工试验、瑞雷波试验等，检测应满足相关规范要求。

6. 设备与材料

6.1 设备

6.1.1 本工法所使用的核心设备是 CGE1800 型强夯机，与履带式起重机改装设备相比，更适宜强夯作业工况，主要表现在：

1. 三角桁架结构可最大限度利用臂架的刚度和强度。

2. 刚性变幅有助于改善臂架在载荷突然卸载下的振动和避免原有钢丝绳变幅的履带起重机臂架的后倾效应。

3. 整机设计和尾部油缸的应用使强夯机在载荷突然卸载的情况下完全满足整体稳定性要求。

4. 遥控和程序控制不仅可减少操作难度，还可以减少操作强度，而且使强夯作业的安全性更高。

5. 接地比压 0.9MPa，适宜软土场地行走。

6.1.2 施工所用其他设备与 8000kN·m 及其以下能级强夯一致。

6.1.3 施工设备的配置和数量取决于工程规范和工期。本工法施工所用全部设备见表 6.1.3。

10000～18000kN·m 高能级强夯施工设备配置表　　　　　　　　　　　　表 6.1.3

序号	设备名称	设备型号	单位	数量	用途
1	强夯机	CGE1800	台	1	4000～18000kN·m 高能级强夯施工
2	履带式吊车	W200	台	1	1000～3000kN·m 满夯施工
3	铸钢夯锤	60t	台	1	10000～18000kN·m 能级强夯施工

序 号	设备名称	设备型号	单 位	数 量	用 途
4	铸钢夯锤	40t	台	1	4000～8000kN·m能级强夯施工
5	铸钢夯锤	18t	台	1	1000～3000kN·m满夯施工
6	自动脱钩器	60t	台	1	6000～18000kN·m能级强夯施工
7	自动脱钩器	20t	台	1	1000～3000kN·m满夯施工
8	全站仪	托普康 326 3mm＋3ppm	台	1	控制测量
9	水准仪	DS3	台	1	高程及变形测量
10	塔尺	5m	把	2	高程测量
11	钢卷尺	50m	把	2	控制测量
12	推土机	TY-220	台	1	场地平整
13	装载机	ZL50	台	1	夯坑回填
14	汽车起重机	TG500E	台	1	设备组装拆卸
15	电焊机	BX-300	台	1	设备机具维修
16	通勤车	客车	台	1	施工现场通勤

6.2 材料

6.2.1 实施本工法无需消耗钢筋、水泥等主要建筑材料。为了提高地基土的刚度，设计要求在夯坑内添加粗颗粒骨料时，颗粒的最大粒径不宜大于 30cm。当地下水位高于夯坑底面时，骨料中黏性土含量不宜大于 15％，中等分化以上强度的成分不宜低于 50％。

6.2.2 实施本工法的材料消耗，应按工程规模、工期、施工难易程度、设计参数等综合确定。按常规设计，1 万 m^2 处理面积的材料消耗见表 6.2.2。

10000～18000kN·m高能级强夯施工材料用量表 表 6.2.2

序 号	材料名称	规格型号	单 位	数 量	用 途
1	柴油	0 号	t	6	强夯机及辅助施工机械燃油
2	汽油	90 号	t	0.3	通勤车辆燃油
3	传动油	8 号	kg	600	机械用油
4	齿轮油	85W/90(GL-5)	kg	500	机械用油
5	机油	CD-30	kg	500	机械用油
6	钢丝绳	$\phi32.5mm$	m	400	强夯机
7	钢丝绳	$\phi21.5mm$	m	300	强夯机
8	氧气		瓶	2	设备维修
9	乙炔气		瓶	1	设备维修
10	电焊条	J422	kg	10	设备维修
11	电焊条	J506	kg	10	设备维修
12	液压油	40 号	kg	100	设备保养
13	黄油		kg	10	设备保养
14	棉纱		kg	5	设备保养
15	棕绳	$\phi18.5$	m	100	安全防护

7. 质 量 控 制

7.1 质量控制标准与控制要点

7.1.1 实施本工法必须遵照执行《建筑地基基础设计规范》GB50007—2002、《建筑地基处理技术规范》JGJ79—2002、《建筑地基基础工程施工质量验收规范》GB 50202—2002、《建筑安装工程质量检验评定统一标准》GB 50300—2001 和《建筑工程质量检验评定标准》GB 50301—2001 等规范、标准。

7.1.2 超出国家现行规范的 10000～18000kN·m 夯击能的夯击次数，宜按最后两击的平均夯沉量不大于 20～30cm 控制。

7.1.3 强夯施工的锤重、锤底面积、落距、夯点布置、夯击遍数、夯击数、最后两击的平均夯沉量均符合设计要求。

7.1.4 强夯的起夯面标高、起夯面以下一定深度范围内土体的含水量均符合设计要求。

7.1.5 强夯施工工艺应符合设计要求。

7.1.6 强夯地基允许偏差项目应满足表 7.1.6 的要求。

强夯地基允许偏差表

表 7.1.6

序 号	项 目	允许偏差（mm）	检查频率	检验方法
1	定位放线控制点位移	≤20		用经纬仪复核
2	夯点放线与设计图纸要求误差	≤50	单项工程	用钢尺
3	夯点中心位移	≤150		用钢尺
4	控制夯锤就位误差 50mm	±50		用钢尺

7.1.7 本工法质量控制关键环节为：

1. 高能级强夯主夯点施工。

2. 满夯施工。

3. 各种能级的夯击数。

4. 最后两击的平均夯沉量。

7.2 质量控制措施

7.2.1 测量放线时，要设半永久性控制桩，保证各遍放线的误差不超过允许值，以防漏夯或不均匀夯击。

7.2.2 夯锤的排气孔要保持畅通，如被堵塞，应立即疏通，以防产生气垫效应，影响强夯施工质量。

7.2.3 落锤要保持平稳，如发现偏移或坑底倾斜，要重新就位或整平坑底。

7.2.4 夯锤的重量，必须满足设计要求。

7.2.5 满夯时要按设计要求进行搭接。

7.2.6 强夯要始终贯穿信息化管理原则，用上道工序或工号经验指导下道工序或工号的施工。

7.2.7 各工序要执行质量自检、互检和专检三级检测，合格后，通知业主和监理工程师验证放行。

7.3 质量检验计划

7.3.1 本工法质量检验应依照国家相关施工规范和质量验收标准进行。

7.3.2 应制订质量检验计划，使过程质量和工程质量满足规定要求。质量检验、试验计划见表 7.3.2。

质量检验、试验计划

表 7.3.2

序号	检查项	作业描述	检查和验收			备注
			自检点	共检点	停检点	
			施工单位	监理、施工	质监部门、监理、施工	
1	定位测量	用经纬仪测量	○			根据计划进度
2	夯点位移测量	用经纬仪测量	○	○		
3	夯锤计量	用液压吊车计量	○			

序 号	检 查 项	作业描述	检查和验收			备 注
			自检点	共检点	停检点	
			施工单位	监理、施工	质监部门、监理、施工	
4	夯锤落距测量	用钢尺测量	○	○		
5	夯沉量测量	用水准仪测量	○	○		
6	夯击数测量	人工记录	○			
7	夯击遍数测量	人工记录	○			
8	处理深度检验	现场钻探及标准贯入试验	○	○	○	施工单位配合
9	承载力试验	现场静载荷试验	○	○	○	施工单位配合
10	压缩模量试验	室内土工试验	○	○	○	施工单位配合

注：1. 本质量检验、试验计划是根据工序编制的，检验、试验日期根据进度调整。
2. 本质量检验、试验计划将根据实际进展情况定期更新。

8. 安 全 措 施

8.1 安全保证措施

8.1.1 认真贯彻"安全第一，预防为主，综合治理"的方针，根据国家有关规定、条例，结合施工单位实际情况和工程的具体特点，组成专职安全员和班组兼职安全员以及工地安全用电负责人参加的安全生产管理网络，执行安全生产责任制，明确各级人员的职责，抓好工程的安全生产。

8.1.2 施工现场按符合防火、防风、防雷、防洪、防触电等安全规定及安全施工要求进行布置，并完善布置各种安全标识。

8.1.3 现场、办公场所、库房、料场等的消防安全距离做到符合公安部门的规定，室内不堆放易燃品；严格做到不在库房、油罐车旁、料场等处吸烟；随时清除现场的易燃杂物；不在有火种的场所或其近旁堆放生产物资。

8.1.4 氧气瓶与乙炔瓶隔离存放，严格保证氧气瓶不沾染油脂、乙炔发生器有防止回火的安全装置。

8.1.5 施工现场的临时用电严格按照《施工现场临时用电安全技术规范》的有关规范规定执行。

8.1.6 电缆线路应采用"三相五线"接线方式，电气设备和电气线路必须绝缘良好，场内架设的电力线路其悬挂高度和线间距除按安全规定要求进行外，还要将其布置在专用电杆上。

8.1.7 强夯作业时，设立明显的安全警戒线，警戒线以内，任何非施工人员都不得入内。

8.1.8 室内配电柜、配电箱前要有绝缘垫，并安装漏电保护装置。

8.1.9 所有进入现场人员必须佩戴安全帽，施工人员必须统一着装，电工必须穿绝缘鞋。

8.1.10 吊车的卷扬、变幅、转向和行走，每天应进行例行检查，并填写安全记录。

8.1.11 建立完善的施工安全保证体系，加强施工作业中的安全检查，确保作业标准化、规范化。

8.2 应急预案

8.2.1 当设备出现主杆和门架变形情况时，操作人员应沉着操作，首先要迅速脱锤，人员迅速撤离危险区域，将事故损失减少到最低程度。

8.2.2 在 HSE 经理的领导下，组织相关人员迅速查清事故的原因，制定纠正和预防方案，必要时启用备用主杆和门架，恢复正常作业。

8.2.3 因飞石打击导致施工人员工作中断时，负伤人员或最先发现的人应立即采取相应的救护措施并报告当班安全员和施工组领导。对轻伤者应采用项目部配备的碘酒或止痛膏、止血贴进行治疗，必要时，送医院检查治疗。

8.2.4 当打击导致出现重伤等重大事故时，应立即调用车辆，送往医院治疗，现场 HSE 经理等相关人员应迅速采取措施，防止事故扩大。

8.2.5 认真保护事故现场，做好现场标识，向业主及有关单位通报事故原因和经过。按规定程序进行事故处理。

9. 环 保 措 施

9.1 在工程施工过程中严格遵守国家和地方政府下发的有关环境保护的法律、法规和规章，加强对施工燃油、工程材料、设备、废水、生产生活垃圾的控制和治理，遵守有防火的规章制度，做好交通环境疏导，充分满足便民要求，认真接受城市交通管理，随时接受相关单位的监督检查。

9.2 将施工场地和作业区限制在工程建设允许的范围内，合理布置、规范围挡，做到标牌清楚、齐全，各种标识醒目，施工场地整洁文明。

9.3 当施工区域距离居住办公区域较近时，为防止扰民，应评估施工产生的噪声对民众的影响，如果噪声超标，应限制午间和夜间施工。

9.4 当施工区域距离既有建构筑物较近时，应评估强夯引起的振动对建构筑物的影响，必要时，应实测振动加速度等指标。如果超标，应采取开挖防振沟等措施，阻隔振动波的传播。

9.5 所有施工人员要统一着装，工作服、安全帽应有标识，管理和操作人员要挂牌上岗，标牌上要标明姓名、职务、职称及岗位等。

9.6 所有施工设备要有统一标识，强夯施工机组进行编号。

9.7 施工现场要挂牌施工，标牌上要写明工程概况，项目经理、技术负责人、质量负责人及安全负责人的姓名。

9.8 由专人负责施工过程中音影资料的拍摄工作，记录施工前场地地形地貌特征、施工进展情况、机械设备的运转情况、土方回填情况、质量问题的处理情况，以及完工后的场地地形地貌特征等。这些照片和录像资料将作为工程资料的组成部分，工程竣工交接验收时，全部移交给档案管理部门保存。

9.9 对施工场地道路应进行硬化，并在晴天经常对施工通行道路进行洒水，防止尘土飞扬，污染周围环境。

10. 效 益 分 析

10.1 本工法将国内强夯设计能级从 8000kN·m 提高到 18000kN·m，是目前国内最高能级强夯，推动了强夯地基处理技术的进步和科技创新。为提高强夯地基处理技术研究和修订相关规范积累了基础资料，在建设用地日趋紧张、建设场地日趋复杂、设计要求明显提高的工程建设背景下，为解决工程建设地基处理问题提供了可选方案，在业内产生了广泛影响。

10.2 成功开发研制了拥有自主知识产权的高能级强夯专用施工设备，并获得 4 项专利，填补了国内工程机械的一项空白。

10.3 CGE1800 系列强夯机不但将强夯能级一次提高到了 18000kN·m，强夯施工能力大幅提高，本工法还具有安全可靠、光机电一体化操作、劳动强度低等优点。

10.4 本技术的应用，将强夯最大有效处理深度从 10.5m 左右提高到最大 17m 左右，增幅达到50％以上；10000～18000kN·m 能级强夯设备与履带式起重机改装设备相比，单机组施工效率提高50％；作业人员由 5 人减少为 3 人，降幅达到 40％；能级相同时，能耗降低 15％；百元产值利润率提高 50％。

10.5 强夯地基处理施工技术本身不消耗水泥、钢筋等建筑材料，无污染排放，是一项绿色环保施工技术，与其他地基处理技术相比，费用最低，可大幅降低工程造价。

10.6 本技术已在包括中国石油钦州千万吨炼油项目等十余项国家重点工程地基处理中成功应用，实现产值超过1亿元，利润2100万元。以大连南海原油储罐基础处理工程为例，采用15000kN・m能级强夯，处理4台10万 m³ 原油储罐地基，实现有效处理深度达到15m以上，地基强度和变形指标分别达到270kPa和25MPa，工程产值800万元，缩短工期40d。本技术与桩基方案相比较，成本仅为桩基方案的20%，工期至少缩短2个月。高能级强夯地基处理方案的顺利实施，为工程按期投产奠定了基础。

10.7 本工法将强夯处理地基的深度大幅提高，提高了强夯地基处理技术的应用范围，解决了工程难题，降低了工程造价，是一项绿色环保施工技术，经济效益和社会效益明显。

10.8 本技术在碎石土、砂土以及高填方地区、深厚湿陷性黄土和可液化砂土地区新建大型原油储罐、大型石化装置、电站主厂房等项目，设计地基处理深度超过10m时，具有显著竞争优势。随着国家工程建设规模的不断扩大和建设场地日趋复杂，本技术推广应用前景十分广阔。

11. 应 用 实 例

11.1 大连南海原油库区15000kN・m高能级强夯地基处理工程

11.1.1 本工程由6台10万 m³ 大型原油储罐组成，设计要求有效地基处理深度15m，处理后地基承载力特征值300kPa，变形模量20MPa，工程于2006年3月12日开始试验，于2006年4月22日完成全部工程施工，工程实际施工工期40d。

11.1.2 按本工法施工，共投入3台高能级强夯机组，处理面积6万 m²，共分四遍施工，其中第一遍、第二遍为15000kN・m，第三遍为8000kN・m，第四遍满夯能级为3000kN・m，夯点间距为9m×9m，最大夯击数为25击。

11.1.3 本工程采用动力触探检测手段，对高能级强夯处理前后土层密实度变化情况予以对比，结果显示，夯后地基土各项指标均满足设计要求，充水预压沉降满足规范要求，已投入正常运营，本项目获中国石油勘察设计协会优秀勘察设计三等奖。

11.2 中国海油惠州炼油项目南厂区12000kN・m高能级强夯处理工程

11.2.1 本工程位于广东惠州大亚湾经济技术开发区内，东邻中海壳牌石油化工有限公司，南邻澳霞大道，厂区内总面积为170万 m²，场地原始地貌为滨海，经回填形成陆域。实施高能级强夯的区域为南场区拟建料仓和柴油储罐地基，设计处理面积约6万 m²。

11.2.2 本工程设计要求夯后地基承载力特征值达到250kPa，变形模量15MPa，有效加固处理深度不低于10m。设计分六遍进行夯击，其中两遍12000kN・m，两遍6000kN・m，两遍2000kN・m，主夯点利用CGE1800强夯机施工，工程造价900万元。本工程2007年2月2日开始施工，2007年4月7日竣工。

11.2.3 夯后经综合检测，地基承载力、变形指标、有效处理深度均满足设计要求，与桩基相比，采用本工法的投资为桩基方案的1/3左右，且缩短工期4个月，同时为沿海填海及海滨淤泥质土地基的处理提供了参考。

11.3 中国石油珠海物流仓储地基18000kN・m高能级强夯工程

11.3.1 本工程位于珠海市南水镇高栏港经济区南迳湾仓储区铁炉湾填海区，占地面积约470000m²。工程包括仓储区和配套设施区两部分。仓储区包括燃料油罐区、重油罐区、柴油罐区、汽油罐区、液体化工品罐区等；配套设施区包括应急发电站、变配电所、给水及消防加压泵站、综合办公楼、化验室、氮气站、锅炉房、汽车装配设施及污水处理场等。

场地表层普遍回填全风化～强风化花岗岩碎石土及块石，填土厚度9.50～18.50m之间，属于新近回填土。地基设计采用强夯法进行处理，其中18000kN・m能级强夯面积40840m²。

11.3.2 场地地质条件为：素填土，黄褐及灰白色，主要由花岗岩碎石、块石、粗砾砂堆积而成，块石粒径20cm～1m，结构较松散，均匀性差，钻进十分困难。层厚6.10～17.50m，平均11.79m；该层在本场区陆域整体分布，厚度较大。该层岩性组成很不均匀，新近回填，粒径差异较大，未经加固处理不宜作为天然地基持力层。

中砂，灰色、灰褐色，级配较好，分选较差，含少量黏性土，含大量贝壳碎片、碎屑，偶夹粗砂、砾砂，砂粒组成以石英、长石成分为主，呈饱和、松散～中密状态，局部含有腐烂植物。层厚2.20～9.90m，平均5.40m。在该层的上部分布有不连续的②-1淤泥质粉砂。该层工程力学性质较好，分布较稳定，综合评定该层承载力特征值180kPa。

淤泥质粉砂：深灰、灰色，含淤泥及贝壳碎片，局部混少量细砂，含大量腐烂植物，粉砂以石英、长石成分为主，呈饱和、流动～松散状态。层厚0.50～6.80m，平均3.40m。该层工程力学性质差，分布不均匀，综合评定该层承载力特征值80kPa。

粉砂，灰色、黄褐色，分选较好，级配差，含少量细砂、中砂，局部含有大量粉粘粒，夹有腐烂植物，砂粒组成以石英、长石成分为主，呈饱和、松散～稍密状态。层厚2.80～17.40m，平均10.56m。

11.3.3 本能级强夯设计要求处理后地基承载力特征值达到300kPa，压缩模量达到25MPa。施工分五遍进行。第一遍为18000kN·m点夯，夯点的间距为10.0m，呈正方形布置。夯点的收锤标准以最后两击的平均夯沉量小于20cm控制。第二遍为18000kN·m点夯，夯点的夯击次数及收锤标准同第一遍18000kN·m点夯相同。第三遍为8000kN·m加固夯夯点，夯点的收锤标准以最后两击的平均夯沉量小于20cm控制；最后分别采用能级为3000kN·m、1000kN·m夯击能的满夯各满夯2遍，每点夯两击，要求夯锤底面积彼此搭接1/4。

11.3.4 工程于2009年1月16日开工，2009年2月28日竣工。夯后经综合检测，地基承载力、变形指标、有效处理深度均满足设计要求。

弹性减振基础上大型汽轮发电机组安装工法

GJYJGF101—2008

江苏省电力建设第三工程公司

傅昨非 钱平 李绪连 高宜友

1. 前 言

在近些年的电力建设中，弹性减振基础在大型汽轮发电机组的安装中逐步开始运用，弹性减振基础为柔性基础，静刚度远不如常规基础，在大型机组安装过程中这"柔"性特征表现尤为突出。

为了克服弹性减振基础这一特征给安装带来的困难，江苏电力建设第三工程公司通过总结工程实践经验，并结合弹簧减振器供货商（德国隔尔固公司简称：GERB）的研究成果，形成了弹性减振基础上大型汽轮发电机组安装关键工艺施工工法。

田湾核电工程两台机组运用了该工法，俄罗斯原子能署署长谢尔盖·基里延科致电称："汽轮机一次性启动成功，这在俄罗斯核电建设史上是史无前例的"。

《弹性减振基础式1000MW机组汽机安装质量控制与改进》获得公司2005年QC小组先进成果奖。田湾核电1号机组整套启动QC小组荣获2007年江苏省电力公司先进质量管理小组。《弹簧减振式基础上大型汽轮机安装工艺》荣获江苏镇江市第十届优秀科技论文二等奖。

2. 工 法 特 点

形成一套完整的、科学合理的弹性减振基础上大型汽轮发电机组安装关键工艺施工工法，主要强调受弹性基础"柔性"影响的工序的安排，以便有效指导弹性减振基础上大型汽轮发电机组安装，保证汽轮发电机的安装质量、安全和进度。

3. 适 用 范 围

弹性减振基础上大型汽轮发电机组安装施工工法适用于额定功率为300MW以上，汽轮发电机与凝汽器均采用弹性减振基础，汽轮发电机与凝汽器之间采用刚性连接的火电、核电汽轮发电机组的安装，其结构形式见图3-1。

目前有些机组汽轮发电机组的顶台板采用弹簧隔振，汽轮发电机组的低压缸的外缸坐在凝汽器喉部上，低压汽缸无台板，低压缸的外缸重量和凝汽器的全部重量由凝汽器的底板支撑承担，低压外缸

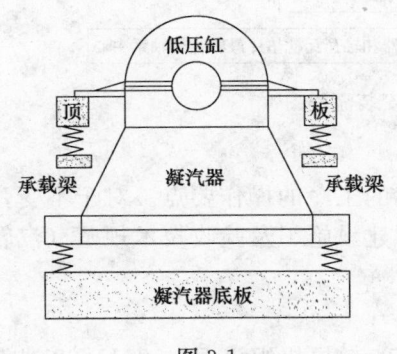

图 3-1

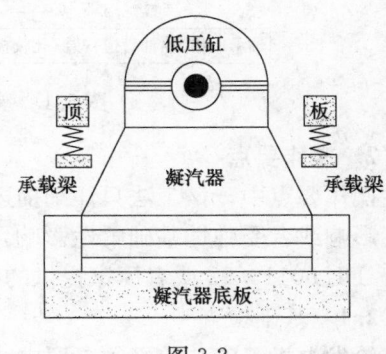

图 3-2

与内缸之间采用软 O 形密封圈连接，内缸靠轴承座支撑在汽轮机基础上，由于采用了这样的内缸通过两端轴承座直接坐于汽机基础上的独特结构，使其不承受与凝汽器真空变化和水位变化有关的荷载作用，减少了由于汽缸荷载变化对动静间隙的影响，也保证了良好的轴系对中和轴承的稳定性，对于这类型机组无凝汽器弹簧释放，按常规方法与低压缸连接即可，除此之外，本工法的其他关键技术也是适用的，其结构形式见图 3-2。

4. 工 艺 原 理

由于弹性减振基础为柔性基础，相对刚性基础而言容易变形，从而影响汽轮发电机安装过程中轴系对中、汽缸负荷分配的稳定性，增加安装调整的难度。因此通过控制引起弹性基础变形的因素，确保轴系对中、汽缸负荷分配的稳定，降低安装难度。

安装过程中引起基础变形的因素有：安装环境温度，设备安装过程中基础承载的负荷不断变化，冷凝器与低压缸焊接应力，冷凝器及冷凝器内因安装需要灌入的水通过汽缸带给基础的负荷，高压缸与蒸汽管道连接时的焊接应力，蒸汽管道自身重量通过高压缸带给基础的负荷以及其他外力。

故弹性减振基础上大型汽轮发电机组安装必须保证安装环境温度均匀恒定、合理安排关键工艺的施工工序、控制好焊接应力、排除不明外力影响，从而使弹性基础稳定，基础受力简单、明了。

5. 施工工艺流程及操作要点

5.1 弹性减振基础上大型汽轮发电机安装流程图 5.1。

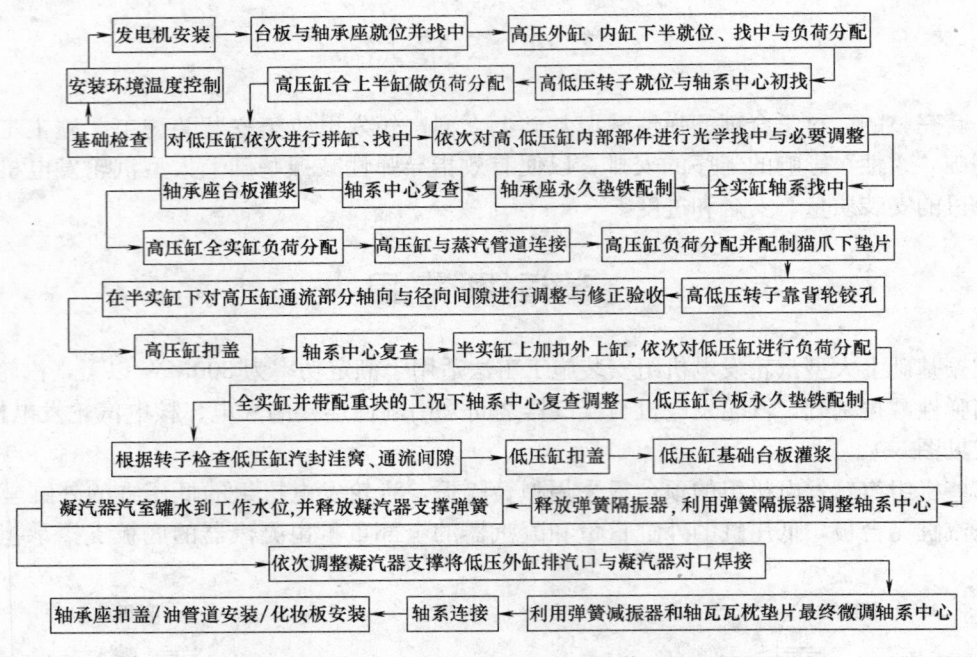

图 5.1　弹性减振基础上大型汽轮发电机安装流程图

5.2　操作要点

在操作要点中，该工法只详细描述受弹性基础变形影响明显的工序的操作要点。对于不受弹性基础柔性影响或者受弹性基础柔性影响可忽略的工序可参照《电力建设施工及验收技术规范（汽轮机机组篇）》DL 5011—92 或者厂家提供的安装技术规范进行实施。

5.2.1　基础检查

汽轮发电机组安装前必须参照电力建设施工及验收技术规范汽轮机机组篇 DL 5011—92 或者厂家

提供的安装技术规范对基础进行验收。对于弹性基础另外还应注意：

1. 实测顶台板与放置减振器的底部承载梁之间的间距，对测点位置做好标记。由于水泥支墩的表面不平整，为保证测量的精度，测点位置应粘贴表面光滑的圆钢板，厚度应统一。

2. 减振器就位时，其弹簧是压缩到工作负荷的120%，从而保证弹性基础可视为刚性基础，因此减振器弹簧的螺母应处于锁紧状态，如有松动需手动拧紧，并做好记录。

3. 检查顶台板与放置减振器的底部承载梁之间不能有任何杂物以及任何妨碍两者相对运动的刚性支撑。

4. 为便于今后调整，放置的镀锌垫片总厚度应不小于15mm。镀锌钢垫片厚度及减振器四角与模板间隙应形成记录，必要时设法清除间隙，注意垫片与上下基础之间应垫以防滑垫片。

目的：一方面排出不明外力，另一方面为安装过程中检测基础变形、沉降情况提供数据参考。

5.2.2 安装环境温度控制

根据《电力建设施工及验收技术规范（汽轮机机组篇）》DL 5011—92规定安装环境温度必须保持在+5℃以上，同时开始汽轮发电机轴系找中时，提前一周让汽机房内的环境温度尽量保持均衡，施工方法如下：

1. 将汽机房的大门和窗户关闭或加门帘，为防止被人随意打开，需贴上必要的通知说明，施工人员尽量从侧门进出。

2. 冬季在汽轮发电机厂房的各层四周布置临时采暖系统，保证厂房温度在+5℃以上。

3. 在汽轮发电机组运转层、基础弹簧及凝汽器的四周挂上经过校验的水银温度计，检测各位置的温度，判断各层的环境温度是否均匀。根据安装经验，如果严格执行前两项，同层的各点温度偏差可以控制在1℃左右，一般最大偏差不会超过3℃。

目的：根据胡克定律，弹簧的弹力$F=kx$，x为弹簧的伸长的长度；k为劲度系数，表示弹簧的一种属性，它的数值与弹簧的材料、弹簧丝的粗细、弹簧圈的直径、单位长度的匝数及弹簧的原长有关。k还与温度有关，其他条件一定时，温度越低k越大。

因此，最大限度消除季节温差、昼夜温差的影响以及空气流动带来的温差影响，从而有利于汽机房内的环境温度尽量保持均衡，有利于控制基础变形，从而有利于安装过程中汽轮发电机组轴系中心的稳定性和找中的准确性。

5.2.3 高压缸下面的蒸汽管道连接与高压缸负荷分配控制的施工方法及施工步骤如下：

1. 真转子对高压缸通流中心进行初步找中。

2. 高压缸临时扣盖，并进行负荷分配。

3. 高压缸下的蒸汽管道与高压缸焊接。

1）所有与高压缸相连管道的弹簧支吊架在安装前弹簧应预压缩到安装高度，然后用拉筋焊接固定，整个管线安装完毕，只留最后一道与高压缸相连的焊口。

2）最后一道焊口在组对前要割除弹簧支吊架的安装压缩拉筋，组对应在无管道错位和强加外力的情况下进行，点焊后观察测力计读数，确定管道对高压缸负荷分配的影响，合格后方可焊接。

3）所有与高压缸相连管道应分组、对称的与高压缸相连。

4. 管道焊接完毕后再次进行负荷分配，并根据负荷分配的情况配制猫爪下的垫片。

5. 对高压缸通流进行最终找中，然后正式扣盖。

6. 高压缸猫爪负载复查。少量负荷偏差可用管道上的弹簧支吊架进行调整，必要时用右侧前后增设弹簧拉紧装置，以抵消高压缸运行时的反力矩。

目的：高压缸扣盖前进行蒸汽管道与之连接，管道焊接应力对高压缸的负荷影响可以通过猫爪下调整垫片弥补，可以减少负荷分配工作次数和难度，使各猫爪承载负荷更均匀。相反，如果在高压缸正式扣盖后进行蒸汽管道与高压缸的连接，通流中心已确定，管道焊接应力无法用猫爪垫片弥补，每焊一组管道就必须进行一次负荷检查，负荷偏差只能依靠管道上的弹簧支吊架进行调整，从而使高压缸的猫爪受力变得复杂，调整量变大，调整难度增加。

5.2.4 低压缸与凝汽器连接的施工方法：

1. 当所有汽缸扣盖完成以后，释放汽轮发电机组顶台板的减振弹簧，利用在减振器上增减调整垫片的方法，以抬高或降低轴承座，从而达到调整对轮上下张口的目的。

2. 向凝汽器灌水。根据隔尔固公司的经验，为了防止凝汽器在热态运行下将汽轮机排汽缸向上拱起，并防止凝汽器在半侧运行工况下失稳，主机顶台板应承受一定百分比的凝汽器冷态运行重量的预拉力。即低压缸与凝汽器连接时灌水的量 A 的计算公式如下：

$$A=(C+B)\times(1-R\%)-B \tag{5.2.4}$$

式中　A——低压缸与凝汽器连接时灌水的重量；

　　　B——凝汽器自重；

　　　C——冷态运行时凝汽器内水的重量；

　　　R%——主机顶台板承受的凝汽器冷态运行重量的预拉力的百分比，这个百分比应当视具体机组而定。

3. 释放凝汽器的支撑弹簧，并用弹簧减振器将凝汽器调整到设计标高，此时凝汽器的接颈与汽轮机排汽缸的出口正好对齐，其焊接间隙为 3mm。

4. 测量凝汽器与低压缸焊接前汽轮发电机顶台板减振器弹簧和凝汽器支持弹簧的高度。

5. 凝汽器与低压缸焊接

1）按照事先制订的焊接方案，对称间断施焊。

2）用测力计监视低压缸台板上的负荷变化，当负荷变化超出设计要求时应暂停施焊。

3）用塞尺检查转子轴颈与汽封洼窝的间隙，当间隙变化超出设计要求时应暂停施焊。

4）在汽缸水平中分面上加百分表，监视汽缸的抬高和降低情况，当百分表的变化超出预先设定的要求时应暂停施焊。

6. 测量凝汽器与低压缸焊接后汽轮发电机顶台板的减振器弹簧和凝汽器支持弹簧的高度。检查凝汽器的支撑弹簧是否因焊接应力拉长，从凝汽器弹簧装置的下面加垫片，将其高度尽量恢复到焊接前的高度，从而尽量消除焊接收缩应力。当然在通常情况下，由于焊接应力控制得好，弹簧高度不会产生明显变化。

7. 对轴系中心进行复查，可以利用轴瓦垫块微调。

目的：凝汽器支撑弹簧与汽轮发电机组支撑弹簧分开释放，凝汽器（汽室内灌水）在弹簧释放后产生的不均匀力由凝汽器自身弹簧支撑进行调整，不加给汽轮发电机基础台板，由凝汽器弹簧承担安装阶段凝汽器与凝汽器内水的重量，由汽轮机发电机组基础的弹簧减振器承担安装阶段汽轮发电机设备、混凝土顶台板及基础范围内管道的重量。汽缸与凝汽器连接后只受焊接应力的影响，各自的重量在安装阶段互不干扰，这样减少基础的不规则变形，从而减少轴系中心的变化，有利于加快最终轴系找中的进度，同时也有利于确保轴系找中的质量。

5.2.5 轴承座配制永久垫铁前，在全实缸下进行轴系找中。

1. 控制环境温度，同一标高层各位置的温差尽量控制在1℃左右。

2. 将汽缸内的部件和转子全部就位，临时扣盖；将基础范围内的设备（如主汽门）全部临时就位，不能就位者用等量配重块临时替代。

3. 检查弹簧减振器的状态，松动的螺母手动拧紧并做好记录；测量基础上、下框架间距和弹簧高度。

4. 完成上述工作后，等24h，让基础稳定，利用移动轴承座对轴系找中，直至合格。

5. 配制轴承座永久垫铁

1）配制前在轴承座垂直和水平方向加表，用以监视过程中轴承座的位移情况，位移量应当≤0.01mm。

2）轴承座永久垫铁配制结束后复查轴系中心。

3）配制轴承座与永久垫铁、预埋件之间的定位销。

4）垫铁、预埋件、轴承座点焊。

5）拆除监视位移的百分表。

目的：高压缸扣盖前的负荷分配以及轴承座永久垫铁配制前的轴系找中工作均在全实缸的工况下进行，这样可以模拟基础在冷态下承受最大工作载荷时的变形状态，避免因安装阶段的不同导致的轴系中心产生较大差异。另外，由于轴瓦受汽封洼窝、油挡洼窝的影响，对轴系中心调整量非常有限，而减振器弹簧对靠背轮的上下张口调整比较容易，对靠背轮左右张口以及圆周错位很难调整，故轴承座永久垫铁配制完毕后的轴系中心变化越小越好。

6. 材料与设备

本工法主要强调的是弹性减振基础上大型汽轮发电机组安装关键工艺，对于常规基础上安装所用的工器具及主要材料、专用工具等均适用。为此这里只介绍与关键工艺密切相关的工器具和材料。

6.1 主要材料

主要材料 表6.1

序号	名称	规格	主要技术指标	备注
1	镀锌钢垫片	$\delta=0.10$mm	长宽应与减振器匹配，表面要光滑平整	用于调整轴系中心，由减振器供货商提供
2	镀锌钢垫片	$\delta=0.25$mm	长宽应与减振器匹配，表面要光滑平整	用于调整轴系中心，由减振器供货商提供
3	镀锌钢垫片	$\delta=0.30$mm	长宽应与减振器匹配，表面要光滑平整	用于调整轴系中心，由减振器供货商提供
4	镀锌钢垫片	$\delta=0.50$mm	长宽应与减振器匹配，表面要光滑平整	用于调整轴系中心，由减振器供货商提供
5	镀锌钢垫片	$\delta=1.00$mm	长宽应与减振器匹配，表面要光滑平整	用于调整轴系中心，由减振器供货商提供
6	镀锌钢垫片	$\delta=1.50$mm	长宽应与减振器匹配，表面要光滑平整	用于调整轴系中心，由减振器供货商提供
7	镀锌钢垫片	$\delta=2.00$mm	长宽应与减振器匹配，表面要光滑平整	用于调整轴系中心，由减振器供货商提供
8	棉被	$\delta=30\sim50$mm	根据侧门和窗的尺寸定数量与大小	汽机房找中心时临时封闭门窗，不妨碍人员进出
9	钢管	$\phi57\times3$	20号钢；数量现场确定	用于制作临时采暖管屏
10	钢管	$\phi76\times3.5$	20号钢；数量现场确定	用于制作临时采暖管屏

6.2 主要施工机具

6.2.1 隔振器弹簧预压门架（图 6.2.1）

数量：1 台

功率：2000kN

提供单位：由减振器供货商提供

6.2.2 单作用薄型千斤顶（图 6.2.2）

数量：2 台

升力：100-200T

提供单位：由减振器供货商提供

图 6.2.1　隔振器弹簧预压门架

图 6.2.2　单作用薄型千斤顶

6.2.3 仪器量具

仪器量具

表 6.2.3

序号	名称	规格型号	数量	备注
1	普通棒式水银温度计	0～100℃	60～80 支	监视安装环境温度
2	测力计	由汽轮机厂提供	6 支	用于高中压缸负荷分配,由汽轮机供货商提供
3	内径千分尺	50～600mm	1 套	测量弹簧高度和基础框架间距
4	内径千分尺	100～1200mm	1 套	测量弹簧高度和基础框架间距

7. 质 量 控 制

7.1　汽轮发电机安装质量的控制应当严格按照：厂家提供的汽轮发电机安装技术说明书、安装图纸、制造组装记录以及《电力建设施工及验收技术规范（汽轮机机组篇）》DL 50011—92 等技术规范进行。

7.2　由于各工序安排的合理性直接影响安装的质量和进度，因此安装过程中必须严格控制施工顺序。

8. 安 全 措 施

8.1　必须严格遵守《电力建设安全工作规程（火力发电厂部分）》DL 5009.1—2002。

8.2　基础孔洞应有牢固的盖板、发电机、汽轮发电机孔洞要拉好安全网。

8.3　台板安装前应在汽轮发电机孔洞处搭设牢固的脚手架，施工人员站立的背面应绑扎护杆，脚手板应满铺，脚手板与基础垂直面的间距不得大于 20cm，脚手板的搭接长度不得小于 20cm，对头搭接处应设双排小横杆，其间距不得大于 20cm，平台至脚手板应设有钢爬梯。

8.4　低压缸拼缸时，其缸内部应搭设牢固的脚手架，并设钢爬梯，施工人员工作时，应系安全带并钩挂在牢固的地方。

8.5　施工人员登上缸面时应穿软底鞋。

8.6　使用大锤时，大锤的正前方不得站人。

8.7 低压缸合缸拼接时，人孔门应打开，通风应良好，缸内照明应充足，行灯电压为 12V。

8.8 低压缸外缸拼缸时，在缸内工作应严防高空落物。

8.9 吊装重大设备时，应事先了解物体的载荷，并正确选用起吊用钢丝绳及卸克。

8.10 行车操作工应持证上岗，起吊时行车操作人员应听从指挥，正确操作。

8.11 起吊指挥应有专人负责，信号明确。

8.12 在翻下瓦过程不得将手放在轴承翻转轨迹内，以防手指被夹伤。

8.13 起吊轴承或翻下瓦时不得将钢丝绳碰到有轴承钨金的地方。

8.14 作业过程中工具摆放应井然有序，不得将铁制工具放在汽缸的中分面上。

8.15 高压缸就位后，根据情况应立即在两侧铺设钢质走道板。

8.16 落转子前应预先将转子校水平，放转子时一定要小心，动静部分留有一定的间距，以免损伤叶片。

8.17 使用工业汽油清洗时，10m 以内不得动用明火，废汽油倒入定置的废油桶内。

8.18 吊装缸体内部件时，不可用铜棒直接敲打部件水平结合面，必须在平面处加垫铝垫，以保护其平整度。

8.19 在汽缸内施工应用专人监护。

8.20 在汽缸内使用电动工具时，电源闸刀应派专人监护。

8.21 施工时应注意不得将油类溅入基础上，以防影响基础的二次灌浆。

8.22 使用台钻时，工作人员不得戴纱手套。

8.23 在低压缸内工作时不得同时使用风电焊，不得用氧气吹扫衣服。

8.24 使用角向砂轮时，应佩戴防护眼镜或防护面罩，以防损伤脸部。

8.25 汽缸扣盖在涂抹密封胶时，应在水平法兰面之间加垫足够强度的垫铁。

8.26 落上缸时不得将头、手伸入汽缸内。

8.27 低压缸与凝汽器焊接时，凝汽器人孔门应打开并强制通风，并用专人监护，夏天连续在凝汽器内施工时间不宜超过 30min。凝汽器内照明应充足，行灯电压为 12V。

8.28 利用弹簧减振器调整轴系中心时，正确使用电动液压千斤顶。高空作业应带好安全帽，系好安全带。

8.29 进入发电机定子内部的检查清理人员应穿无纽扣的连体服、干净的软底鞋。

8.30 在拖运设备（定子端部、台板、支腿等）时车辆行驶速度应均匀，转弯时速度要缓慢。运输时要用钢丝绳绑扎牢固、用手拉葫芦进行保险，防止设备在运输过程中滑动，损坏油漆。

8.31 发电机上的仪器、管道禁止踩塌。

8.32 主要危险点控制：在起吊重物下进行清理时，应设置临时支撑将重物垫稳后方可进行。发电机穿转子时应缓慢、平稳，所有人员应听从指挥配合默契。

8.33 使用电动工具前应检查电源线是否有破损，电动工具是否损坏，不得使用裸露的线，夜间工作时照明要充足，照明绝缘线架设高度不得低于 2.5m。当休息、下班或工作中突然停电时，应切断电源开关。

8.34 动用风、电焊、砂轮、切割、打磨时应清理掉或隔离周围易燃易爆物，并有专人监护。

8.35 起吊高低压外缸、转子时应使用制造厂提供的专用钢丝绳。

9. 环 保 措 施

9.1 机组平台应清扫清洁。

9.2 施工产生的各种弃物应按可回收、不可回收、有害物进行分类存放与处理。

9.3 油棉纱头应放在定置的专用铁桶内。

9.4 下缸就位后应在缸面上铺橡胶垫以保护法兰面。

9.5 物项应分类定置。

9.6 安装用工具要按规定场地堆放有序，施工现场要做到"工完、料尽、场地清"。

10. 效 益 分 析

10.1 采用本工艺法，汽轮发电机安装过程中，基础顶台板受力清晰、均匀，轴系中心更稳定，现场便于快速调整，从而节约人力物力，确保汽轮发电机组安装进度和质量。

10.2 采用"弹性减振基础上大型汽轮发电机组安装关键工艺施工工法"，田湾核电站的汽轮发电机安装取得了成功，获得了业主和俄罗斯专家的充分肯定。俄罗斯原子能署署长谢尔盖·基里延科致电称："汽轮机一次性启动成功，这在俄罗斯核电建设史上是史无前例的"。故该工法的采用必将给我公司带来更多有形和无形的经济效益。

10.3 社会效益。弹性基础上安装大型汽轮发电机是一个新的课题，掌握了本工艺法可以为类似工程的施工提供借鉴和参考，起到事半功倍的作用，为工程承接提供技术支持，增强企业的竞争力。

10.4 运用该工法可以对工程技术人员、工程施工人员进行培训，在以后类似的工程中提供可靠的施工力量，并可进一步完善该工法。

11. 应 用 实 例

江苏田湾核电站 2×1000MW 汽轮发电机机组安装

11.1 工程概况

江苏连云港田湾核电站一期工程为两台俄罗斯 WWER-1000 型压水堆机组。本机组低压缸（4 台）＋高压缸（1 台），低压缸的外壳长 8010mm，宽 11500mm；轴系长 72m；采用弹性减振基础——弹簧减振器系由德国隔尔固（以下简称 GERB）公司提供，顶台板下共 98 组减振器。

各设备与弹簧基础的配合情况如图 11.1-1 所示。

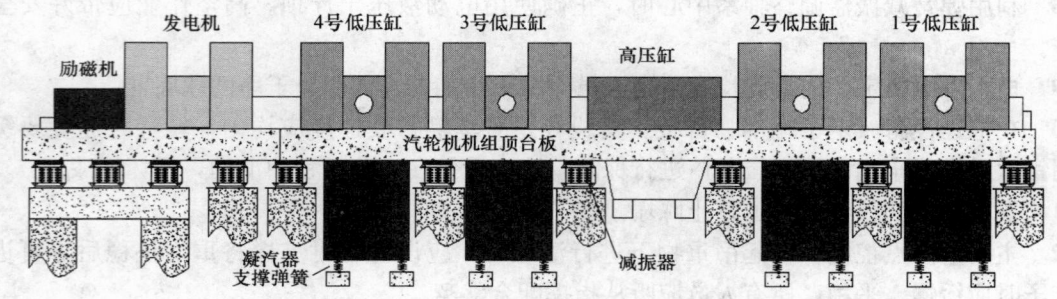

图 11.1-1 田湾核电站减振弹簧基础上各设备之间配合结构

减振器布置情况如图 11.1-2 所示。

11.2 劳动力组织

安装工	40 人
行车操作工	2 人
技术员	2 人
电工	1 人
安全员	2 人
起重工	12 人
架子工	4 人
质检员	2 人

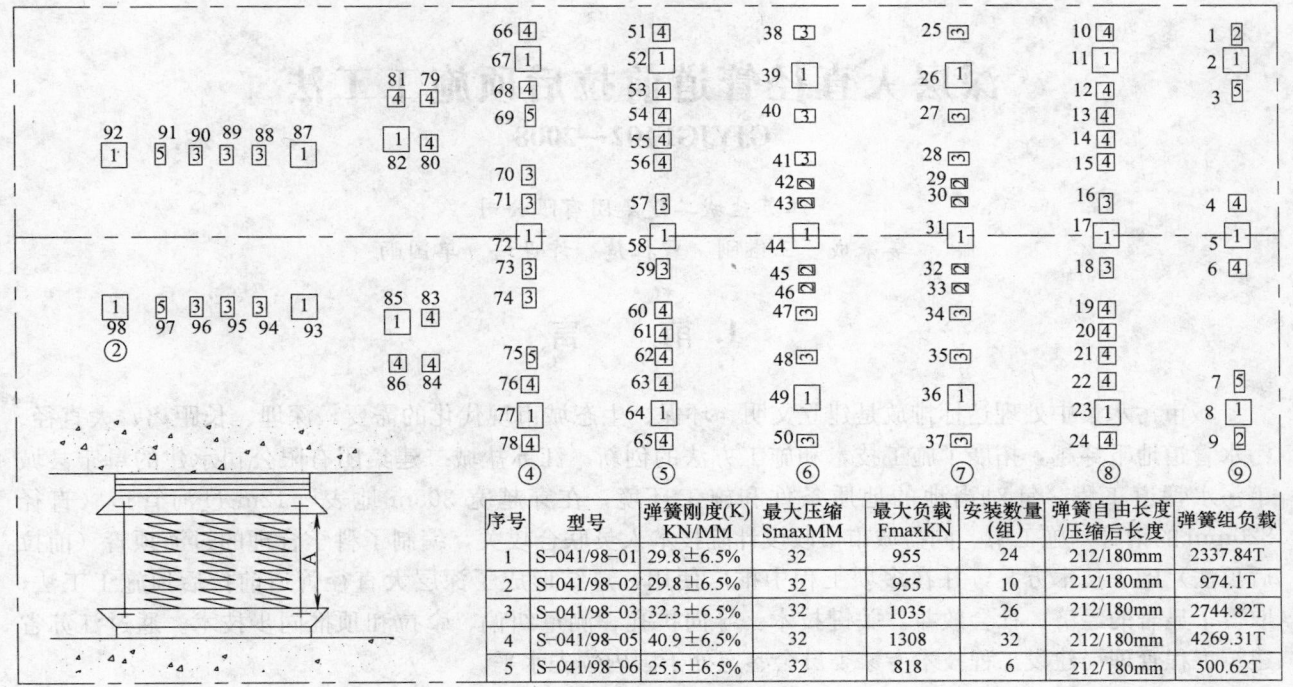

序号	型号	弹簧刚度(K)KN/MM	最大压缩SmaxMM	最大负载FmaxKN	安装数量(组)	弹簧自由长度/压缩后长度	弹簧组负载
1	S-041/98-01	29.8±6.5%	32	955	24	212/180mm	2337.84T
2	S-041/98-02	29.8±6.5%	32	955	10	212/180mm	974.1T
3	S-041/98-03	32.3±6.5%	32	1035	26	212/180mm	2744.82T
4	S-041/98-05	40.9±6.5%	32	1308	32	212/180mm	4269.31T
5	S-041/98-06	25.5±6.5%	32	818	6	212/180mm	500.62T

图 11.1-2 减振器布置情况

11.3 施工情况

田湾核电工程一号汽轮发电机组安装从 2002 年 7 月开始，于 2003 年 12 月 10 日结束，并于 2006 年 4 月开始冲转并网一次成功，于 2007 年 5 月 17 日投入商业运行。

田湾核电工程二号汽轮发电机组安装从 2004 年 1 月开始，于 2005 年 6 月 25 日结束。并于 2007 年 5 月 11 日开始冲转并网并一次成功，于 2007 年 8 月 16 日投入商业运行。

当田湾核电站 1 号汽轮机发电机组于 2006 年 4 月 6 日一次冲转成功后，业主发函（文件号：JCAL-M-02683-JEIL）给我公司称赞："精密安装成功实现百万千瓦级汽轮发电机组首次冲转"。俄罗斯原子能署署长谢尔盖·基里延科致电称："汽轮机一次性启动成功，这在俄罗斯核电建设史上是史无前例的"。俄罗斯圣彼得堡核动力设计院还颁发了"管理一流、质量第一，友谊长存，合作愉快"的锦旗给我公司。

深层大直径管道前拉后顶施工工法

GJYJGF102—2008

江苏盐城二建集团有限公司

姜来成　王继刚　曹征楚　许世培　单国雨

1. 前　　言

城市污水集中处理达标排放是建立文明、环保、生态城市现代化的需要，深埋、长距离、大直径、污水管道地下穿越，拓展了施工技术和施工方法的创新。江苏盐城二建集团有限公司承建的阜宁县城市污水管道工程，针对当地的地质条件和施工环境，在穿越宽 305m 地表－12m 过河管道（直径 820mm 的钢管）施工中，同盐城市市政设计院技术人员联合攻关，编制了科学合理的过河顶管（前拉后顶法）施工技术方案，并在多项工程中推广使用，总结形成了深层大直径管道前拉后顶施工工法，取得了显著的经济、社会效益。关键技术：导向扩孔、测量纠偏、牵拉和顶推同步技术。通过江苏省建筑工程管理局建设工程技术专家委员会鉴定处于国内领先水平。

2. 工 法 特 点

2.1 采用水平定向钻进设备进行钻进、导向和五级扩孔，清除了可能影响顶管行程中的障碍物。其次在后续顶管施工过程中，通过钻管设备的牵引，很好地分解了一部分顶力，既克服了由于一次性顶越长度长，顶力过大的问题又能为顶管进行导向，使管道在顶进过程中不会跑偏，更不会因障碍物而阻碍管道顶进。

2.2 由地面操作室微机监控推进过程中管道线路的位置状态、地下土压、水压、顶进负荷；机头前进速度、顶进长度、刀盘扭矩、纠偏状态等。

2.3 采用适宜口径的扩孔器和引力适当的万向节连接所施工的钢管进行回拖，同时采用主顶机械助推，形成前拉后推。

2.4 顶进过程中，在顶管机头部环向均匀布设了四只压浆孔，连续注压泥浆，其后每三节管节里有一节管节上布设压浆孔，根据施工时的具体情况进行补压浆措施，在管外形成泥浆套，达到减阻目的。

2.5 与通常的单一顶推相比，可以解决一次性顶推过长，阻力过大，又无法加设中继站的困难。

2.6 将地表作业转入地下，使施工对城市地面、路面的占用和交通影响极小，能满足城市地下施工的高环保要求。

3. 适 用 范 围

适用于地下淤泥质亚泥土层、亚泥砂性土的各类给水排水、通信、供电地下管道的穿越。

4. 工 艺 原 理

工艺原理是建立在泥水平衡基础上的，所谓泥水平衡是指压力舱内的泥水压力可以人为地控制在某一压力范围内，与掘进机所处地层的土压力抗衡，以减少施工对土体的扰动和损失。压力舱内的泥水压力应大于开挖面主动土压力与水压力之和，但不能大于开挖面的被动土压力与水压力之和。

水平定向钻进（扩孔）机械的工作原理：通过该设备导向杆，沿管道走向路线进行导向和扩孔。通过拉管设备的牵引，很好地分解了一部分顶力，既克服由于一次顶越长度超长，顶力过大的问题，又能为顶管进行导向，使管道在顶进过程中不会跑偏。

5. 施工工艺流程及操作要点

5.1 施工工艺流程

5.1.1 水平定向钻进（扩孔）施工工艺流程（图 5.1.1）

5.1.2 顶进施工工艺流程

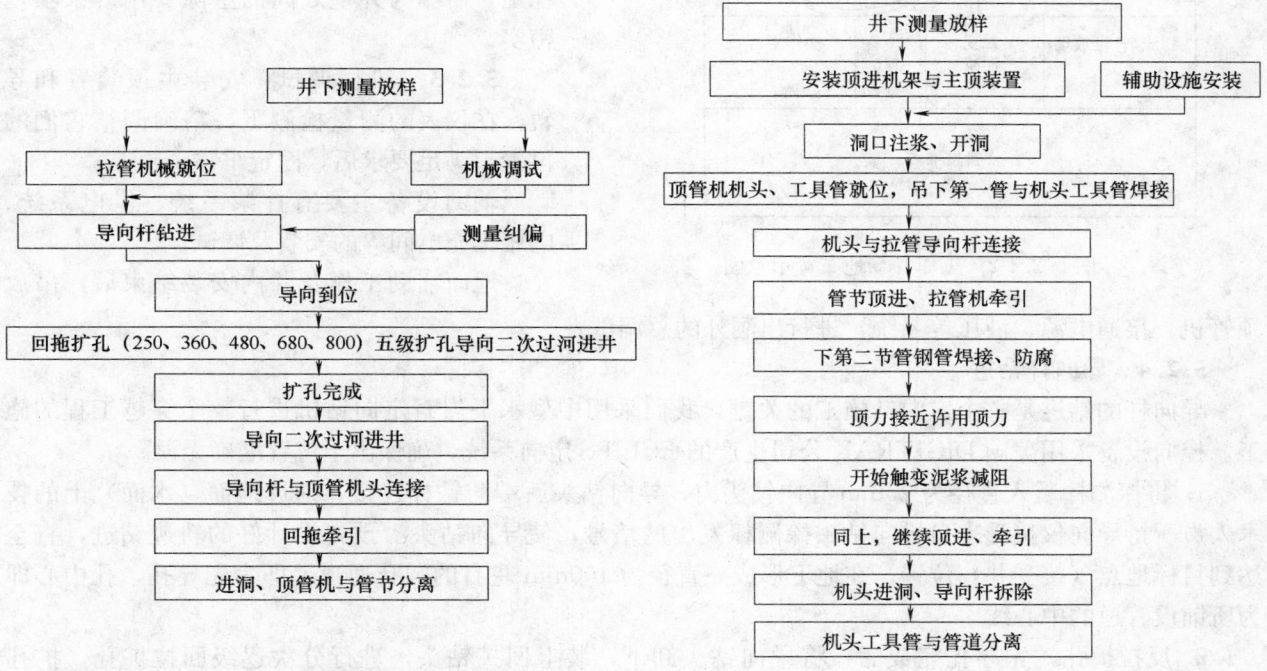

图 5.1.1 水平定向钻进（扩孔）施工工艺流程图

图 5.1.2 顶进施工工艺流程图

5.2 操作要点

5.2.1 测量放样：把地面上建立的测量控制网络引放至工作井内，并建立相应的地面控制点，便于顶进施工时复测，工作井内测量放样，精确测放出顶（拉）进轴线和井内机械平面布置，以及井内三维空间施工布置。过河管道施工剖面示意图（图5.2.1-1），工作井场地布置示意图（图5.2.1-2）。

5.2.2 顶（拉）机械就位

根据现场施工条件和工程特点，投入封闭式半自动

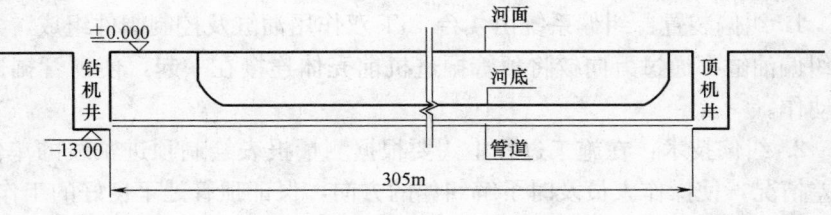

图 5.2.1-1 过河管道施工剖面示意图

式泥水平衡顶管机械和35T拉力的水平定向钻进、扩孔等管道机械。顶管采用自动密封机头，机头后面是泥水压平衡式工具管，工具管的体型分前、后两段，前后段之间安装纠偏油缸。工具管最前端是压力舱，承受水压力和土压力。后面是动力舱，处于常压工具管的后段与跟进钢管管段焊接连结。机头是顶管的关键机具，其主要作用为：掘进、防坍、导向。

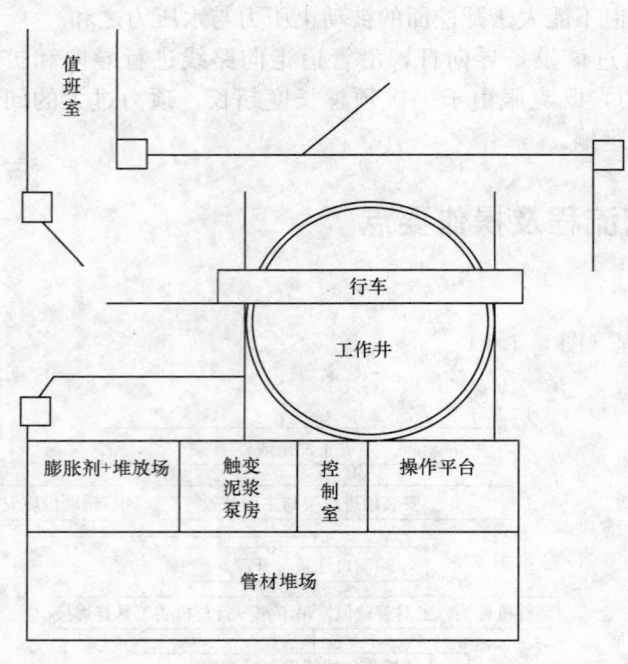

图 5.2.1-2　工作井场地布置示意图

主顶装置共有 2 只千斤顶，分两列布置。主顶千斤顶为等推力双冲程千斤顶，总行程为 1.10m，每只最大顶力为 320t，主顶最大总顶力为 640t，主顶动力站由一台 63mL/r 的轴向柱塞泵驱动，可以满足 7cm/min 的顶进速度。主顶装置上有活动低架，便于调整轴线。

安装顶进后靠，后靠采用整块箱形结构钢后靠，与井壁的接触面积大于 5m×4m 范围，以扩大井壁受力面积，有利于工作井的稳定，后靠与井壁之间的空隙要用砂浆填塞密实。

5.2.3　机械调试：安装主顶装置和导轨，在仪表的测量检测下，精确调整它们的位置，满足要求后，固定牢靠。

辅助设备主要有拌浆系统、供电系统、电瓶车充电间等的安装及调试。

地面辅助工作及井内安装结束后，吊放顶管机，接通电源、液压等系统，进行出洞外的总调试。

5.2.4　导向杆钻进

导向杆的钻进是整个定向钻施工的关键，我们采用中型水平岩石定向钻机进行整个穿越工程的施工。控向设备采用美国 DIGITRAK 公司生产的 ECLIPS 定向系统，确保出土位置准确无误。

1. 将探测棒装入直径为 75mm 导向钻头内，导向钻头后端与钻杆连接，通过地面（水面）上的技术人员所持导向仪接受来自导向钻头探测棒发出的信号，使导向钻头沿预先设计好的轨迹钻进，直至达到目标地点（接受井）位置，在地下形成一直径为 100mm 左右的圆孔通道，即为先导孔，孔中心即为所铺设管道的中心线。

2. 反拉扩孔，先导孔完成后，将导向钻头卸下，装上回扩钻头，进行分次逐级回拉扩孔，扩孔（孔径）级数依次是：250mm、360mm、480mm、680mm、800mm 五级扩孔。

3. 回拉拖管：回拖是穿越的最后一步，也是最为关键的一步，回拖采用的施工方式是孔径 800mm 扩孔器＋35T 回拖万向节＋DN820 钢管。回拖时进行连续作业，避免因停工造成阻力增大，当回拖力达到设计允许值时，即采用主顶机械进行助推，即顶管力量。这就是前拉后顶法。

5.2.5　顶进纠偏

1. 纠偏装置：纠偏系统由 4 台 15T 双作用油缸及控制阀件组成，4 组油缸呈斜向 45°正交布置，每个纠偏油缸都通过万向铰将顶管掘进机前壳体连接在一起，使顶管掘进机能在一定范围内任意作出纠偏动作。

2. 纠偏技术：在施工过程中，要根据测量报表绘制顶进轴线的单值控制图，直接反应顶进轴线的偏差情况，使操作人员及时了解纠偏的方向，保证顶管处于良好的工作状态。

在实际顶进中，顶进中轴线和设计线经常会发生偏差，因而要采取纠偏措施，减小顶进轴线和设计轴线间偏差值，使之尽量趋向一致。顶进轴线发生偏差时，通过调节纠偏千斤顶的伸缩值，使偏差值逐渐减小并回至设计轴线位置。因钢管的钢性焊接接口的顶进不同于混凝土管的柔性接口，在施工过程中应贯彻勤测、勤纠、缓纠的原则，不能剧烈纠偏，以免对钢管焊接接口和顶进施工造成不利影响。

实际操作中还应注意，纠偏是与顶管同步进行的一项工作，重要的是把握顶管趋势，不能一蹴而就，而应缓慢地、逐步进行，若操之过急就容易造成轴线的较大折角，反而不利于顶进的顺利进行。

5.2.6 减阻措施

1. 浆孔布置

钻（扩）孔施工时，在导向钻头和回扩钻头四周设计四只注浆孔。选择和使用合适的钻井液是钻扩孔成功的关键，本工程采用膨润土/聚合物系统（HYDRAUL-ZN），它可形成一种低固相细分散性可泵送泥浆，具有良好的胶凝强度，保证钻井液的高屈服性，这样可提高成孔性，并且钻（扩）孔过程中的细砂能够处于一种悬浮状态，保持钻（扩）孔的畅通，保证导向孔施工和管道的顺利回位。

顶进施工中，减阻泥浆的运用是减小顶进阻力的主要措施。顶进时通过机头和管节上设置的压浆孔，向管道外壁压入一定量的减阻泥浆，在管道外围形成一个泥浆环套，减小管外壁和土层间的摩擦力，从而减小顶进时的阻力。泥浆套形成的好坏，直接关系到减阻的效果。

为了做好压浆工作，在顶管机头部环向均匀地布设了四只压浆孔，用于顶进时及时进行跟踪注浆。四只压浆孔成90°环向分布。其后每三节管节里有一节管节上有压浆孔。压浆总管用2号铁管，除顶管机及随后的三节钢管外，压浆总管上每隔6m装一只三通，再用压浆软管接至压浆孔处。顶进时，顶管机头部的压浆孔要及时有效跟踪压浆，确保能形成完整有效的泥浆环套。管节上的压浆孔是供补压浆用的，补压浆的次数及压浆量根据施工时的具体情况确定。

2. 钻井液的配制

膨润土±6%；Na_2CO_3 2%～5%（加量以膨润土重量百分数为标准）；Na-CMC纤维素0.3%～0.4%；水解聚丙烯酰胺（HPAN，水解度30%，分子量200万～500万，选择性絮凝作用）0.6%～0.7%。泥浆主要性能指标：黏度20～25S，相对密度1.4～1.7，pH 8～10，失水量<150mL/30min，泥皮厚度1～2mm，胶体率>95%，含砂量<4%。

3. 泥浆配制

减阻采用膨润土泥浆，泥浆的性能要稳定，施工期间要求泥浆不失水、不沉淀、不固结，既要有良好的流动性，又要有一定的稠度。顶管施工前要做泥浆配合比实验，找出适合于施工的最佳泥浆配合比。加上泥浆添加剂，泥浆拌好后，应放置一定的时间才能使用。压浆是通过储浆池处的压浆泵将泥浆压至管道内的压浆总管，然后经由压浆孔压至管壁外。施工中，在压浆泵，顶管机尾部等处装有压力表，便于观察、控制和调整压浆的压力。

4. 压浆方法

顶进施工时主要是进行同步压浆，通过顶管机机头部位的四个压浆孔压注触变泥浆，压浆压力应以浆液能压出管壁外而压力最小为宜。压力太大，管壁外土体受到扰动，造成局部坍塌，特别是在河中心，压浆时一定要严格控制好压力，防止浆液穿透河床，反而不利于减阻，同时影响施工的安全；压力太小，则浆液无法压出管壁，不能形成浆套。顶进时可以通过观察总的压浆量与顶进距离的关系来估算压浆压力是否恰当。

5.2.7 顶管进洞施工

为保证顶管机能顺利进入接收井规定位置，在离接收井15m左右时要加强对顶进轴线的观测，及时纠正顶进轴线的偏差，保证顶管机能顺利的按设计轴线进入接收井预留洞。

接收井内按顶进轴线安装接收机架，使顶管机能平衡地进入接收井。

拉管机进洞后，立即拆除机头处导向杆接头，并尽快把顶管机机头工具管与钢管分离，以最快速度进入下道工序施工。

5.2.8 顶管出洞施工

出洞的封门采用30号工字钢和10mm厚钢板做成外封门，洞门内用两根30号钢做封门横梁，与外封门及洞圈预埋铁焊接，外封门底部低于洞口300mm，插入预埋铁件组成的楔形槽中，上部延伸至高于洞口300mm，并与井体钢筋连接，防止沿井时脱落。

出洞前，先在洞口处安装双层止水带，其作用是防止顶管机出洞时正面的水土涌入工作井内，其另一个作用是防止顶进施工时压入的减阻泥浆从此处流失，保证能够形成完整有效的泥浆套，两层橡胶止水板间可以压注触变泥浆，使管节一出洞便被泥浆包裹。

为了防止钢封门拔除后洞外土体涌入顶管机密封舱，在顶管机顶入洞圈前，用黄黏土填充密封舱，这样既能平衡顶管机出洞时部分正面土压力，又有减小对洞口处土体的扰动和地表沉降。

5.2.9　钢管的焊接、管件安装施工

钢管接口焊接与防腐处理是顶管工程的关键部分，保证做好接口部分焊接与防腐工作是顶管工程成败的关键，因此对钢管接口焊接与防腐的每一部分都必须严格遵照有关规程的要求逐一分别严格制作保证质量。

1. 管道焊接

1) 钢管焊接严格按《给排水管道工程施工及验收规范》GB 50268—97 标准进行检查验收。电焊工应持证上岗。

2) 管接头采用坡口焊，其坡口形式见表 5.2.9。

电弧焊管端修口各部位尺寸（mm）　　　　　　　　　　　　　　　表 5.2.9

图示	壁厚	间隙	钝边	坡口角度
	t	b	p	$a(°)$
	15	3.0	2.0	60±5

3) 管件焊口修坡采用手工氧-乙炔制作，其切割表面所有氧化物应清除干净，打磨光滑。

4) 焊接：焊接采用普通 J422 焊条，为减少管节在焊接中的变形，在焊接时要求两人在对面同时进行，尽量使两人焊接的速度一致。焊接分为打底焊后以三层填满，由于是进行全位置焊接，在仰焊及立焊时的电流比平焊时小，因此应先立焊再仰焊最后平焊的顺序进行焊接。最后进行管道内部的封底焊接。焊接质量应符合国标中的Ⅳ级焊缝标准。

2. 管件安装

1) 法兰接口平行度允许偏差为法兰外径的 1.5%，且不大于 2mm，螺孔中心允许偏差为孔径的 5%。

2) 应使用同规格的螺栓，安装方向应一致，螺栓应对称紧固，紧固好的螺栓出螺母之外 3～4 扣系数。

3) 管件组装与法兰接口两侧相邻的第一至第二个刚性接口或焊口，待法兰螺栓紧固后，再施焊。但应采取措施防止烧坏法兰密封垫片。

5.2.10　管道防腐处理

1. 钢管的内外防腐均由专业的防腐厂家按设计要求进行专业防腐，防腐管道在运输吊装的过程中应避免与异物硬性摩擦，以防损坏防腐层，如有损伤应及时修补。

2. 管材进场后及时做好防腐的检查和检验工作。

3. 本节重点要强调的是钢管焊接接口处的防腐应注意以下事项：

1) 使用合格的防腐材料，防腐前须清除金属表面的焊渣、油污、尘土、浮锈等附着物，防腐管材表面保持干燥无水迹。

2) 防腐过程中，必须等前一道涂漆干透后，才能进行下一道涂漆。

3) 焊缝两侧新防腐层要与老防腐层至少应重叠 10～15cm。

4) 在井下等通风条件不好的部位施工时，采用人工通风设施。

6. 材料与设备

6.1 材料

6.1.1 钢管：碳素结构钢，型号为 Q235A，DN820×15mm，管长 305×2m。

6.1.2 膨润土（美国进口百莱玛膨润土）。

6.1.3 添加剂：①磺化沥青（降滤失）；②聚丙烯胺（NH2-PAN）；③酸性聚丙烯酰胺（PHPA）（提粘）；④防塌降滤失剂（KH-931）；⑤CMC；⑥正电胶和液体 DRISPAC。

6.2 设备

6.2.1 工程所需主要机械设备表（表6.2.1）

工程主要机械设备　　　　　　　　表 6.2.1

序号	设备名称	规格型号	数量	产地	额定功率(kW)	备注
1	顶管设备	DTN800 型	1 套	上海	70kW	自备
2	主顶千斤顶	320T/2000	2 台	上海		自备
3	液压机	45Pma/5-75L/min 可调	1 台	吉林	11	自备
4	水平定向钻孔拉管机	KSD-35	1 台	美国	40kW 柴动	自备
5	回扩钻头	直径为 250mm、360mm、480mm、680mm、800mm				自备
6	注浆泵含配件	耐莫泵	2 台	兰州	15kW	自备
7	空压机	0.9M3	3 台	宁波	3.5	自备
8	吊车	8~16T	4	一汽		自备
9	顶管机头	平衡	1 台	上海		自备
10	泥浆泵	上海	2 台	常州	15kW	自备
11	污水泵	直径150mm	3 台	无锡	2.2	自备
12	发电机组	35kW	1 台	上海		自备
13	对讲机	西门子	4 台	德国		自备

6.2.2 主要测量仪器配备表（表6.2.2）

主要测量仪器和计划器具配备　　　　　　表 6.2.2

序号	名称	规格型号	数量
1	水准仪	S3	3 部
2	经纬仪	J2	1 部
3	全站仪		1 部
4	自动电子定向仪	ECLIPSE(美国)	1 台
5	试压泵	12MPa	2 台
6	高压检漏仪	12kV	2 台
7	超声波探伤仪	CTS-21	1 台

7. 质 量 控 制

7.1 严格执行国家现行《给水排水管道工程施工及验收规范》GB 50268—97、《市政地下工程施工验收规程》DGJ08—236—99、《市政排水管道工程及验收规程》DBJ08—220—96。达到工程设计图纸、技术文件和建设、监理单位作出的要求和质量标准。

7.2 根据 ISO 9001—2000 质量保证体系建立质保体系。强化员工的质量意识，严格执行技术交底和质量检查制度。

7.3 精心组织、科学管理、精细操作、跟进检测、及时纠偏。

8. 安 全 措 施

8.1 安全生产严格执行国家颁发的《建筑施工安全检查标准》JGJ 59—99、《建筑施工特种作业人员管理规定》、《施工现场临时用电安全技术规范》JGJ 46—2005 等规范。

8.2 采取足够的安全防范措施

8.2.1 设立监视探头系统悬挂于工作井上方，地面操作室设专人观察工作井内情况。

8.2.2 井下操作室配有电话和对讲机，确保井上井下联络畅通。

8.2.3 管道内备有氧气瓶，靠顶端施工人员配备吸气面具，以备顶端空气稀薄时使用。

8.2.4 在井下等通风条件不良的部位施工时，采用人工通风设备。

8.2.5 制定流砂突发涌流应急预案、配备应急设备。

9. 环 保 措 施

严格执行国家、省颁发的《建筑施工现场环境与卫生标准》JGJ 146—2004、《城市建筑垃圾管理规定》等标准规定，设立泥砂水沉定池，泥砂及时专车运走。

10. 效 益 分 析

10.1 采用水下深层大直径管道前拉后顶过河法施工，可节省大量挡水、降水、排水的费用，特别是深水范围内的工程效益明显。

10.2 有效地解决了采用封闭室单向顶管施工因管道过长，中间又不能设置中继节，故顶力过大，且在过河顶进过程中一旦出现障碍物或管道出现较大偏差就无法处理，直接导致顶管失败，所造成的经济损失和由此带来的负面影响是不可估量的。

10.3 可在不间断航道航行的情况下施工，尤其是航行运输量十分繁忙的情况下，社会效益十分明显。

10.4 施工现场劳动力投入量大量减少，可明显缩短建设工期30％～50％；使水下作业陆地化，也有利于文明施工。

10.5 符合国家新技术推广政策，有利于促进施工技术创新和运用。

11. 应 用 实 例

阜宁县城射阳河底过河顶管工程

11.1 工程概况

阜宁县城市污水管道过（射阳）河顶管工程，河宽 210m，河底最深处−9m；穿越河床底的钢管长 305m，钢管中心线的埋设深度为−12m，直径为 820mm×15mm 的无缝钢管（分段焊接），穿越地质状况属亚淤泥质砂土，处于高地下水状态。

11.2 施工状况

11.2.1 首先在相距河两岸 17m 和 85m 处分别各建一座钢筋混凝土深井，井内径 7.5m，壁厚 500mm，深 13.2m，用沉井法施工。其关键的部位是预留精准的管道进出洞口以及设计安装可靠密封的洞口钢板门，以防止管道进出洞时的泥水涌入。

11.2.2 采用精密经纬仪测控管道穿越的中心轴线，在中心轴线上设立四根标杆并加以固定。岸上的标杆之间划直线联结；水面上，用两条船分别在离两岸 50m 处，固定在河面上，并在船上设立中心轴线杆，四根标杆形成直线并在经纬仪控制的中心线轴线内，用于导向仪的跟踪导向。这一步骤是管道穿越是否成功最为关键的起始，操作时应精、细、慢、准确无误，305m 长管道中心线允许偏差值不超过 20mm。

11.2.3 首先在南岸深井中，采用中型水平岩石定向钻机，在导向仪、经纬仪、四根标杆的共同监控下，进行整个穿越先导孔施工。控向设备采用从美国进口的 DIGITRAK 公司生产的 BCLIPS 定向系统，确保先导孔出土位置准确无误。导向钻头孔径为 75mm，成孔为 100mm。导向孔准确后，再进行五级孔径为（250mm、360mm、480mm、680mm、800mm）扩孔，用回扩钻头从北岸深井向南岸深井进行回拖扩孔。

11.2.4 五级扩孔完成后，用直径为 800mm 扩孔器＋35T 回拖万向节＋DN820 钢管从北岸深井内向南岸深井内进行回拖，当回拖力达到设计允许值时，即用北岸深井内的主顶机械进行助推，即顶管的力量，期间采用减阻泥浆、纠偏措施等技术。即为前拉后顶法施工。

该工程从 2008 年 3 月 5 日开工，2008 年 7 月 5 日竣工，工期 120d（含两座工作井）。

11.3 应用效果

采用前拉后顶法施工后，为保证工程质量，采用了地面微机监控地下管道线路的位置状态，地下土压、水压、顶进负合，机头的前进速度、顶进长度、刀盘扭矩、纠偏状态等状况。工程监理单位及质量监督部门不定时的现场检查监督，得到了他们的肯定，经竣工验收：管道的焊接质量通过了磁力探伤检查；305m 长的管道轴线全长偏差在 20mm 以内，工程质量完全符合要求，且不影响繁忙的通航河道的运行通航；将地表作业转入地下，对城市的交通和道路占有极小，符合城市地下施工高环保要求。尤其在苏北里下河地区类似的工程中得到了很好的推广和运用。取得了良好的经济效益和社会效益。

浅海海底管线干箱法无水作业环境维修施工工法

GJYJGF103—2008

胜利油田胜利工程建设（集团）有限责任公司

陈健　姜则才　杨月刚　刘绍亮　宓源

1. 前　　言

胜利油田浅海海底石油管线经过多年的运行，已进入维修期，海底管线损坏严重，按照过去采用打卡子的方法维修，管线承受的最大压力明显降低。随着 2006 年海三站附近多处海底管线漏油事件的发生，为能够彻底修补管线，急需在海底营造一个无水安全施工作业环境。传统海上管线维修方案需要关闭输油输气管线，在水下将管线切割，把埋在海底泥面以下管线提升至水面以上，在施工船舶舷侧对管线进行切割修补；提升管线时，需要使用水下切割专用设备、水下冲泥设备、并沿管线冲出几十米至数百米的管沟，难度大、工作量大、工期长、重复工作量大、危险因素多。由于这种海上维修管线的专用工具国内国际均没有先例，胜利油田胜建集团和胜利工程设计有限公司经过长达两个多月方案探讨论证，研制成功维修施工箱施工方案。经过陆上反复试验和海底现场模拟试验，现已正式投入使用，先后对 ϕ325 管线和 ϕ457 管线进行维修施工，证明了该方案在浅海非石质地质情况下都能应用。该工法主要通过制作专用维修施工箱，通过箱底旋转叶门和维修管线卡紧，排除箱内海水，建立无水安全作业环境，找出维修作业点进行焊接维修作业，从而保障了作业人员的安全和维修质量。

2. 工艺特点

2.1　采用钢板焊接成型维修施工箱，衔接处采用密封条密封，制作完成后必须进行水压力和抗倾覆性验算以及维修施工箱密闭性试验。

2.2　施工作业时由海上作业船只将维修施工箱运输至施工位置，通过吊机将维修施工箱安装就位。

2.3　旋转维修施工箱叶门，卡紧维修管线，排除箱内海水，建立无水作业环境，施工人员进入干式维修施工箱内对管线漏点进行封堵、焊接。

3. 使 用 范 围

该工法适用于浅海区域（同时也适用于湖泊、河流）管线连接和局部破损维修。更换不同的旋转叶门后，可适用于不同管径。对维修施工箱进行承压及抗风浪改进后，还可以适用于更深的水域。

4. 工 艺 原 理

装有旋转叶门的海底维修施工箱沉入海底，旋转叶门在动力的驱动下，向上旋转，卡住海底管线，各条接缝密封止水后，抽干箱体中海水，形成封闭空间，利用工作平台完成管线补漏作业。

5. 工艺流程及操作要点

5.1　工艺流程（图 5.1）

5.2 操作要点

5.2.1 管线维修点确定

开工前采用 GPS 定位，潜水员配合，找出管线需要维修位置，采用浮标和海底设砂袋的方法标志，便于施工船进入施工现场后能快速找到位置并抛锚固定。然后由潜水员采用高压水枪冲出维修点两端各 3m 范围内的管线，测量管径、探摸表面是否有附着物：若管径不符合要求，必须重新对维修施工箱的旋转叶门进行改进（更换两侧圆卡口的橡胶止水厚度或改变两侧圆卡口的半径），若有附着物，则需要及时打磨光滑，达到作业条件。

5.2.2 施工船抛锚定位

维修施工箱等运输到运输船上，采用吊链固定，吊机通过槽钢焊接在船上固定或者直接采用起重船配合施工。施工船进入施工现场附近，采用 GPS 对抛锚点进行定位，船只抛锚固定。

5.2.3 冲洗维修管线部位

由潜水员根据探摸管线破损位置，插上标志，以破损位置为中心，按 3m×4m 的有效范围，由潜水员利用高压水枪冲洗出管线位置，确定已达到模拟试验时的海底作业条件。

5.2.4 插打固定桩（图 5.2.4-1、图 5.2.4-2）

安装固定管桩定位架，定位架沉落到海底，由潜水员二次探摸，确保位置正确，海面指挥人员确保定位架安装水平，然后沿导向定位架位置采用振动锤打入 4 棵固定管桩，提出导向架。

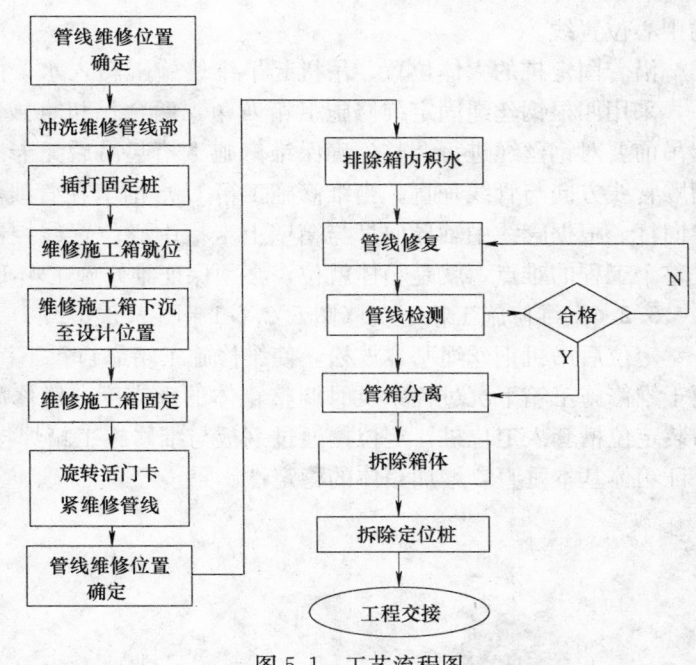

图 5.1 工艺流程图

图 5.2.4-1 定位架下沉

图 5.2.4-2 定位桩施工

每棵固定管桩分两次打入，第一次打入持力层 2～3m，用两台经纬仪检测固定管桩的垂直度，保证管桩顺直。第二次再缓慢打入到设计深度（入土 10m）。打桩过程中始终用经纬仪控制垂直度，做到随时调整，杜绝固定桩返工，从而影响进度。

5.2.5 维修施工箱就位（图 5.2.5）

施工前对维修施工箱的转动装置、橡胶止水带等全部复查，确保进水后转动灵活、止水密闭，正常操作。

在便于观察的固定桩上做一个标志线，作为参照物，在维修施工箱上相对参照物标出维修施工箱底部到达管线的位置、维修施工箱卡槽顶卡到管线上的位置，便于施工控制。在维修施工箱的两端箱壁上，标出维修施工箱卡槽

图 5.2.5 维修施工箱就位

的中心位置线。

　　沿着固定桩的大体位置，吊机起吊维修施工箱入水，由潜水员指挥就位。起吊时在起重人员指挥下，采用四根钢丝绳固定维修施工箱四角，两台吊机（或两台起重船）从两点配合起吊维修施工箱，起吊前要对钢丝绳进行调整，确保维修施工箱起吊后无卡槽箱面平行于维修管线方向并保持竖直，卡槽顺管线方向与管线垂直。当维修施工箱U形槽卡在管线上后，潜水员在两端的管线上安插管线中轴导向杆。根据管线中轴导向杆与箱壁上卡槽中心位置线控制维修施工箱精确定位。本工序的重点，也是整个工程的难点，就是箱体就位，必须保证维修施工箱U形槽卡的中心与管线中轴重合。

5.2.6　维修施工箱下沉（图5.2.6-1、图5.2.6-2）

　　定位后吊机钢丝绳基本放松，使维修施工箱靠自重下沉，下沉过程中要保证钢丝绳处于持力状态，便于维修施工箱下沉过程中及时调整箱体的垂直度。维修施工箱下沉稳定、箱体调整垂直后，用吊机吊装定位槽套入定位桩，定位槽通过钢板与维修施工箱焊接。维修施工箱通过定位槽沿着定位桩下沉，保证箱体基本垂直，增加箱体的稳定性。

图5.2.6-1　维修工箱开始下沉

图5.2.6-2　维修工箱完成

　　采用水冲法下沉维修施工箱。潜水员在箱体内部冲泥，冲起的泥砂通过污泥泵排出到船只上的储存装置。若箱体下沉困难时，可由潜水员从内外同时冲，保证维修施工箱下沉至设计位置。

　　维修施工箱卡槽接近管线时，放慢下沉速度，避免箱体对管线造成冲击。在维修施工箱定位至维修施工箱定位槽与固定桩焊接前，为避免由于地质变化使维修施工箱下沉过快或倾斜，要求吊机的钢丝绳始终保持处于受力状态。由于吊机可能处于不稳定状态，因此在施工过程中需要随潮水的变化及时调整吊钩。

5.2.7　维修施工箱固定（图5.2.7）

　　潜水员检查确认维修施工箱卡槽卡住管线后，四棵固定管桩采用钢管焊接成整体，固定桩与维修施工箱通过钢板焊接连成整体，然后放松钢丝绳，收起吊机。

5.2.8　旋转叶门卡紧管线（图5.2.8）

　　箱体定位后，用导链控制旋转活门夹紧管线，若出现意外不能完全闭合，则由潜水员查明原因，采取措施。

图5.2.7　维修箱下沉完成并固定

图5.2.8　旋转叶门卡住管线

5.2.9　排除箱内积水

采用潜水泵排除维修施工箱内海水。排除完毕，若出现漏水现象，由潜水员采用橡胶条从外侧填塞。根据模拟试验情况，增加一台小型潜水泵，抽箱体底部的水。

5.2.10　管线修复

箱内海水排除干净，抽风机进行通风换气，保持箱内维修人员无水安全作业环境，利用箱内工作平台实现正常的管线维修作业。

1. 停产放压

管线停产放压至正常管线承受状态，满足管线维修作业条件。

2. 套管开孔

1）管线临时卡子拆除，临时卡子拆除后原管线上塞的铜棒若有漏气现象，则采用黄泥或木头进行封堵，封堵完毕对现场用可燃气体检测确认操作环境安全。

2）安装开孔机支架，支架与原管线间加 6mm 厚胶皮。

3）安装开孔机，开孔机与支架之间法兰连接处加石棉垫片。

4）使用开孔机对套管进行开孔或者切割，开孔过程中打开开孔机支架上的 DN50 阀门向开孔机支架内缓慢注水，以保证开孔过程中不出现打火。

5）开孔完毕拆下开孔机。

3. 环形空间及内孔封堵

1）套管开孔完毕，拆下开孔机后迅速对内管孔进行封堵，首先用漏斗向管孔内灌沙土，直至管孔被封堵严实，然后用面筋对管孔进行填塞封堵，最后用 $\phi60$ 的铁皮（铁皮厚度 0.5mm）将管孔覆盖住，铁皮边缘涂抹密封胶将管孔封堵住。

2）为方便内管修补施工，并防止内管与套管夹层内的油气燃烧，进行环形空间加充氮泡沫，并将石棉绳涂抹黄油后塞入环形空间，再用黄泥塞入，使油气混合物不能进入作业空间。

4. 内管修复

1）封堵用板材切割

内管动火前进行可燃气体检测，确认操作环境安全后方可施工。将待修复管线管孔位置磨光。在同规格同材质的管段上切割一块板材，边缘切开一定角度坡口并磨光。

2）封堵用板材安装、焊接

将板材覆盖在管孔上并施焊，首先板材覆盖在管孔后快速焊接第一层然后每焊接 2 层，用木锤敲击 1 次，焊接填充完毕，覆盖面前用超声波冲击法消除环应力。焊接完成后使用岩棉对焊缝保温 12h。

3）焊缝无损检测

对焊缝进行着色无损检测。

4）内管防腐

首先对管线修复表面进行除锈，后对管线修复部位涂刷环氧煤沥青底漆和环氧煤沥青面漆各 1 道。

5. 套管修复

1）石棉隔热层设置

套管修复前首先在内管修复部位覆盖 1 层石棉隔热层，以防止套管焊接过程中损伤内管防腐层。

2）封堵用板材切割

在同规格和材质的管段上切割一块板材。母材及封堵用板材边缘均开一定角度坡口并磨光。

3）封堵用板材安装、焊接

将板材安装在管孔上并施焊，焊接方法及焊接控制参数依据焊接工艺评定 BG-504 执行。焊接操作要求同内管施工要求。

4）焊缝无损检测

对焊缝进行超声波检测、着色无损检测。

6. 套管防腐

首先管线修复表面进行除锈，然后在管线修复部位涂刷 2 道环氧富锌底漆，最后在管线修复部位缠绕热收缩带。

7. 压力试验

压力试验注水端设在登陆点位置，使用泥浆车将管线内水注满并升至试验压力，并稳压时间 24h。

8. 管线投产

管线投产运行由业主组织实施，施工单位人员于辅助船舶上值班守护 24h，随时检测无误后方可投产运行。

5.2.11 管箱分离

管线维修完成并投产运行后，打开维修箱活底，实现维修管线和维修工箱分离。若正式施工时出现采用开门导链无法打开时，说明箱底被流砂顶死，则需要潜水员在两端 U 形槽位置冲砂，至箱底能打开为止。

5.2.12 拆除箱体和定位桩

打开维修工箱活门后，采用两台 50t 吊车吊出箱体，利用振动锤拆除维修箱和定位管桩。

5.2.13 拆除箱体和定位桩

打开活门后，采用两台 50t 吊机吊箱体，用振动锤拆除维修施工箱和定位管桩。

5.3 人员组成

现场施工总指挥：1 名　　吊车指挥：2 名
潜水员：2 组　　维修箱操作：2 名
现场安全：2 名　　现场摄像录像：1 名
电气焊工各 2 人　　施工现场技术工人 30 人

所有人员都必须具有海上施工操作证，具有海上逃生、救生经验。

6. 材料与设备

6.1 主要材料：管桩 4 根、电焊条、橡胶止水带、救生衣 80 套。

6.2 机具设备（表 6.2）

机具设备表　　　　　　　　　　　表 6.2

序　号	设备名称	数　量	备　　注
1	作业船	1	停放 50t 吊机、施工平台
2	双体船	1	停放 50t 吊机
3	双体船	1	停放 25t 吊机、90 振动锤、液压泵
4	50t 吊机	2	吊维修施工箱、导向架、固定桩、配合生产
5	25t 吊机	1	打、拔固定桩
6	运输船	2	运运维修施工箱等工机具
7	潜水作业船	1	运输潜水设备
8	30kW 渔船	2	救生巡逻用、值班，接送人员
10	90 振动锤	1	打、拆固定桩
11	液压泵	1	打桩用
12	300kW 发电机	2	海上打桩用，冲泥、电气焊等
13	高压水枪	4	冲底槽用
14	低压变压器	1	提供维修施工箱内照明用 12V 低压电
16	吸砂泵	2	排泥浆，排维修施工箱内水
17	潜水泵	2	排维修施工箱内水
18	电焊机	1	固定、分离箱体与定位桩、配合生产
19	切割机	1	固定、分离箱体与定位桩、配合生产
20	救生衣、救生圈	80 套	安全防护
21	专用维修施工箱	1	
22	固定桩	4	
23	导向架	1	

7. 质量控制

7.1 该干式维修施工箱施工方法暂无标准执行，维修施工箱在陆地必须经过密闭性试验和抗拉抗扭试验；在施工过程中需控制定位桩顶高程一致、固定桩顺直、维修施工箱竖直、旋转活门关闭严密。维修好的输油管线质量满足石油行业管线承压标准要求。

7.2 维修管线质量标准要求如下：

7.2.1 管线修复位置表面处理

1. 管线修复位置及上述措施中焊接在管线上的管材均在焊接、防腐前进行表面处理。管材表面处理使用动力工具。

2. 管线表面除锈质量等级应达到 GB/T 8923—1998 中的 St3 级要求，即管材表面无可见的油脂和污垢，并没有附着不牢的氧化皮、铁锈和油漆涂层等附着物，底材显露部分的表面应具有金属光泽。

7.2.2 管线的焊接

1. 焊接材料

焊条在使用前，应按照说明书的规定进行烘干。现场使用的焊条应存入保温筒内，随用随取。

2. 焊接环境

焊接时如果天气状况不好应采取有效的避风、遮雨措施。

7.2.3 无损检测

焊缝的着色检测、超声波检测执行标准执行《海底管道系统规范》SY/T 10037—2002。

7.2.4 管线修复位置的防腐

1. 内管环氧煤沥青涂料防腐

施工环境温度在 15℃ 以上时，选用常温固化型环氧煤沥青涂料；施工环境温度低于 15℃ 时，选用低温固化型环氧煤沥青涂料。

2. 套管热缩带防腐

涂刷两道环氧富锌底漆后，将热缩带边加热边缠绕在补口部位，热缩带搭接长度不小于 50mm，热缩带缠绕时加热应均匀。

8. 安全措施

8.1 建立健全安全管理体系，制定安全管理制度。项目部成立安全管理领导小组。项目经理全面负责该工程的安全工作。根据施工工序进行危险源辨识，确定重大危险源清单，并编制应急预案（潜水、防火灾、防船只倾覆、防风暴潮、防意外伤害）。

8.2 所有作业人员进入施工现场前进行岗前安全教育，学习掌握安全常识，树立"安全第一、预防为主"的思想。

8.3 参与海上施工作业的所有人员，要取得出海证书，持证上岗。

8.4 设专人收听天气预报，作好天气预报记录。遇有风暴潮，要及时做好安排，将全体工作人员、设备撤离至安全地带。

8.5 海上施工作业人员，必须进行海上安全培训并具备海上安全逃生、海上救援、海上消防等方面的知识，确保遇到险情能够自救，保证人身安全。

8.6 码头位置设专人对上下船人员进行登记，并检查进入现场的所有人员是否统一着装、穿戴劳保服、救生服，佩戴安全帽。

8.7 施工现场配备安全用具，如救生衣、救生艇、救生圈、安全帽。救生艇 24h 巡逻，所有人员必须 2 人以上行动，便于发生落水事故后及时报警。

8.8 施工作业船四周设防撞护舷，防撞护舷采用旧轮胎以防碰撞。遇有风暴潮时，及时将施工船开进避风港锚固。锚固要牢固可靠，并经常检查。

8.9 振动沉桩用电必须遵守用电操作规程，接头处必须用防水胶带包扎，包扎好后用胶管加以保护，并经常进行检查，以防漏电，操作人员操作时应带好绝缘手套，穿绝缘鞋。

8.10 夜间作业时，配备充足的照明设备，在近岸侧设置探照灯照明，确保海上施工安全。

8.11 定期对海上施工机械设备及用电安全进行检查，发现不安全因素及时整改。

8.12 施工过程中严格监控浮力、重力控制杆的运转情况，并设置施工警戒线，杜绝其他船只碰撞沉箱，造成管线破坏。

8.13 所有工机具准备齐全待命，选择天气预报连续不少于3d好天气时开工。各施工工序衔接紧凑，一气呵成。减少沉箱与管线联结成整体的时间，避免整体受风暴潮袭击。

8.14 固定桩施工过程中出现异常天气，已经施工完成打入到设计深度的联结成整体留在现场，未打入的随人船设备撤离。

8.15 维修施工箱在下沉过程中出现异常天气，需要人员设备撤离现场，则把箱体与固定桩焊接成整体留在现场，人船撤离。

维修施工箱与定位桩连接成整体后出现异常天气，需要人员设备撤离现场，若管线已开口，需要紧急堵口，然后打开箱底，使箱与管线分离，保护管线不受箱体连带而出现破坏，维修施工箱留在现场。

8.16 为保证维修施工箱的活动箱底在出现异常天气时能顺利打开，在活动箱底关闭到管线维修任务完成箱底打开这段时间内，需要潜水员随时从维修施工箱两端用高压水枪冲刷底部，保证活动箱底不被海底流砂堵死。

维修施工箱内部形成无水空间后，若停放超过8h不施工，需要往内部注水，保证内外水压平衡。

8.17 箱体下沉时选择无风天气，下沉必须缓慢，尽量减小箱体左右摆动的幅度，避免箱体U形槽撞击管线，造成破坏。

8.18 施工海域现场和指挥部必须无线通信随时联系。

8.19 干式装置内配备8kg干粉灭火器4支，驳船上放置手推式干粉灭火器2台。灭火器均设专人负责。干式维修施工箱内抽风机运转正常，工作平台牢固安全。

8.20 动火施工前及动火施工过程中，专职安全工作人员使用可燃气体检测仪对干式装置内进行可燃气体全过程跟踪检测。可燃气体浓度低于爆炸下限的25%方可施工。

8.21 干式装置内设逃生爬梯两个，并经过专职安全员认可。

8.22 动火作业过程中，无关人员不得进入干式装置内。

8.23 液氮置换施工过程中为防止管线中扫出的油污流入海里造成污染，污水回收船上必须配备足够的吸油毡、消油剂。

8.24 开孔施工过程中，为防止套管与内管夹层间残留油污流出污染环境，在管线底部铺设吸油毡。

8.25 施工过程中的工业垃圾及生活垃圾不允许乱丢或扔入海中，待施工完毕后统一回收处理。

9. 环 保 措 施

9.1 施工期间，严格遵守了国家有关环境保护的法律、法规和规章。根据施工中的各工序进行了环境因素识别，确定了重大环境因素，编制了重大环境因素管理措施，保证本项目工程的顺利进行。

9.2 强化对施工人员的环保意识教育和专业环保内容培训，教育全体施工人员，做到文明施工，保持生产、生活区域的整体文明卫生。安排专人认真学习有关环保的政策法规，建立健全环保责任制度，切实加以贯彻落实。自觉接受当地环保部门对施工活动的监督、指导和管理，提高环保水平。

9.3 实行垃圾分类管理，无害垃圾如粪便、剩饭等，定期运至环保部门指定地点集中深埋或由环保部门处理；有害垃圾如塑料瓶、油污布、一次性饭盒、废弃电线、船舶产生的废油等对海域造成污染的垃圾，进行专门回收，运到岸上进行处理。

9.4 配备两个 6 方水罐，一旦管线切开后有油污排入维修箱，则把油水混合物排入水罐，避免污染海水。

9.5 液氮置换施工过程中为防止管线中扫出的油污流入海里造成污染，污水回收船上必须配备足够的吸油毡、消油剂。

9.6 开孔施工过程中，为防止套管与内管夹层间残留油污流出污染环境，在管线底部铺设吸油毡。

9.7 施工过程中的工业垃圾及生活垃圾不允许乱丢或扔入海中，待施工完毕后统一回收处理。

10. 效 益 分 析

随着我国浅海区域原油开采力度的加大，需铺设更多的海底油气管线。同时已有的浅海海底油气管线经过多年的运行，已出现锈蚀损坏等现象，逐渐进入维修期，急需进行维修加固保养。该工法安全性能高、不会产生任何环境污染，工期短、成本低、修复后不影响管线承压能力，填补了我国水下无水作业环境下管线维修施工的空白。

在经济效益方面，传统维修方案一般有以下三种：

1. 采用打卡子的方法维修，管线承受的最大压力明显降低，容易造成管线输油能力降低；输气管线则压力明显降低，容易发生二次泄露，造成更多的损失和环境污染；输油输气管线泄露造成环境污染和资源流失的损失无法估量。

2. 采用水面维修方案，类似于管线铺管时的管线水上对接，维修时需要将管线在水下切割，将埋在海底泥面下的管线提升至泥面以上，在施工船船舷侧对管线进行切割和修补；为提升管线，需要使用专用的水下切割设备、水下冲泥设备，并沿管线冲出几十米甚至上百米的管沟，难度大、工作量大、工期长、极易造成返工现象。

3. 采用围堰方案，包括钢板桩围堰和砂石围堰。钢板桩围堰在板桩施工精度难于控制，既造成板桩间封堵困难，又可能损坏管线。砂石围堰用料数量巨大，工期长，需要海上征用海域，拆除困难，易造成环境污染。

以上三种方案工程造价巨大，经估算，每修补一处破损点，工程造价不小于 300 万元。而采用该工法成功维修的海洋环境下 3 处破损点，没有出现返工，平均每处造价仅有 200 万元；而且在已完成的三项修复施工中，每处有效作业时间均未超过 20d，考虑到工期缩短对恢复生产、能源节约、环境保护等方面的潜在效益，其经济效益将更加显著。如果用于河流、湖泊等环境的管线维修，仅有十几万、几十万元，成本明显降低，工期更短，见效更快，推广应用前景十分广阔。

11. 应 用 实 例

11.1 ϕ325 管线维修：距桩西海堤 300m，水深 2m，管线埋深 0.6m，管线外径 460mm，2006 年 6 月 26 日开工，2006 年 7 月 23 日竣工。维修完成的第一个破损点，经过试压输油后没有出现任何问题，受到上级领导及有关部门好评。

11.2 ϕ457 管线维修：距桩西海堤 2300m，水深 3m，管线埋深 1.7m，管线外径 559mm，2006 年 10 月 8 日开工，2006 年 11 月 24 日竣工。维修效果达到正常使用标准要求。

11.3 ϕ457 管线维修：距桩西海堤 2600m，水深 4m，管线埋深 2.5m，管线外径 559mm，2006 年 11 月 27 日开工，2006 年 12 月 28 日竣工。施工结果获得有关部门认可和好评。

SA-335 P92 钢焊接施工工法

GJYJGF104—2008

浙江省火电建设公司　安徽电力建设第一工程公司

包镇回　张学锋　杨丹霞　沈钢　乐群立　崔北休

1. 前　言

国内首台 1000MW 级超超临界燃煤发电机组工程——浙江华能玉环电厂是国家"863 计划"中引进超超临界燃煤发电机组制造技术的依托和示范工程，是国内首台单机容量最大和运行参数最高的火力发电厂。2005 年工程被列入国家重点建设项目之一。机组锅炉主蒸汽设计温度高达 605℃、压力为 26.25MPa。为适应机组大容量高参数运行的需要，主蒸汽管道在国内首次采用 SA335P92 钢（国外进口）。但 P92 钢现场焊接技术要求高、难度大，而且国内没有这种金属的材料标准和焊接工艺标准，公司针对 P92 钢焊缝冲击韧性低、焊接性差，对预热及层间温度要求严、焊后热处理范围窄等特点，在 P92 新钢种焊接工艺攻关中做了大量的技术研究工作，在国内率先完成了 P92 钢焊接工艺评定，编写了 P92 钢现场焊接工艺指导性文件（导则）等，为我国在超超临界机组建设中全面推广使用 P92 钢探索了道路。目前该工法已在国内多台超超临界机组 P92 钢的焊接施工中得到成功的应用。

该项工艺于 2005 年 7 月 26 日通过了专家评审，相继受到了中国电力报、人民日报等媒体的报道。2005 年 9 月 22 日中央电视台新闻联播就玉环电厂 P92 新钢种焊接工艺研究进行了专题报道。2006 年 3 月 21～24 日在杭州召开了中德 P92 新钢种焊接技术研讨会，该成果得到了中外焊接专家的认可。该项科技成果获得 2006 年浙江省科技进步二等奖、国家电力科技进步二等奖。这项技术已获得了国家专利（专利号：200610051883.4）。

2. 工 法 特 点

2.1 本工法首次对 P92 新钢种焊接施工的关键工艺参数，如焊前预热温度、层间温度、焊接线能量、焊后热处理温度、热处理恒温时间等数据进行了准确的测定。

2.2 本工法使用了双层三道摇摆滚动钨极氩弧焊工艺，确保了根层施焊质量。

2.3 本工法首次针对 P92 钢焊缝冲击韧性低，制定了有效的措施，保证了焊缝的冲击韧性。

2.4 本工法首次对 P92 钢焊接热处理后的焊缝硬度与冲击韧性的相互关系作出了合理的定论，规定了接头热处理后最佳的焊缝硬度合格值，有效地保证焊缝冲击韧性值，使特大型发电机组有了更安全的质量保证。

2.5 本工法首次采用多种测温和控温的方法，对正确控温、确保热处理温度的准确、解决焊后热处理内外壁温差进行了多项技术创新。

2.6 使用本工法操作性强，通过有效地控制焊层厚度及焊道宽度达到控制热输入的目的，焊接质量高，经济效益及社会效益明显，对今后 P92 钢现场焊接施工具有很大指导意义。

3. 适 用 范 围

本工法适用于超超临界火电机组或超临界机组主蒸汽管道、再热蒸汽管道、高温高压锅炉联箱等 P92 钢的焊接及热处理施工。

4. 工艺原理

P92 钢是在 P91 钢的基础上加入了约 1.7% 的钨（W），同时钼（Mo）含量降低至 0.5%，用钒、铌元素合金化并控制硼和氮元素含量的高合金铁素体耐热钢，通过加入 W 元素，显著提高了钢材的高温蠕变断裂强度。但 W 元素促进了 δ 铁素体的形成，使焊缝的冲击韧性比 P91 钢有明显降低，而且 P92 钢焊缝有明显的投产后焊缝冲击韧性下降现象，如果没有足够的焊缝冲击韧性储备，室温时将可能出现裂纹，严重影响发电设备的安全运行。本工法主要通过正确选择关键的工艺参数，制定正确的工艺措施，并进行有效的控制和实施，以提高焊缝冲击韧性，保证焊缝质量。

4.1 焊接方法选用

GTAW（钨极氩弧焊）、SMAW（焊条电弧焊）、SAW（埋弧焊）、GMAW（熔化极气体保护焊）焊接方法均可保证冲击韧性值，而在现场施焊，考虑到施焊位置的局限，采用 GTAW+SMAW 的焊接方法。

4.2 焊接材料选择

目前 P92 钢的焊材都是进口产品，选取焊接材料前必须进行焊材工艺性能试验，必须严格限制各类杂质元素，如 S、P 的含量，适用焊材的化学成分及各项力学性能指标等与母材基本一致。

4.3 预热及层间温度选择

4.3.1 焊前预热可以降低焊缝金属的冷却速度，不仅可以有效地预防冷裂纹的倾向，而且可以预防热裂纹、氢致延迟裂纹等的产生。

4.3.2 P92 钢种是低碳马氏体钢，在马氏体组织区焊接，其预热温度和层间温度可以大大降低，确定 GTAW 预热温度 150～200℃，焊条电弧焊填充并盖面预热温度为 200～250℃。

4.3.3 P92 钢焊接过程中，层间温度对冲击韧性影响很大，过高的层间温度，会使焊缝金属碳化物沿晶间析出并生成铁素体组织，使韧性大大降低。同时由于 P92 热强钢焊接热影响区也有明显的软化带，易产生"Ⅳ型裂纹"。层间温度宜控制在 200～250℃，最大不超过 250℃。

4.4 焊接线能量选择

4.4.1 焊接过程中采用较小的线能量，通过控制焊接熔池的体积和降低熔池温度来减小一次结晶晶粒尺寸，继而达到细化晶粒的作用，以此来有效地提高焊缝金属的韧性。

4.4.2 控制焊接线能量，可以有效地提高冲击韧性值。小线能量使"Ⅳ型"区宽度降低，提高接头蠕变断裂强度。

4.4.3 本工法最大线能量不超过 20kJ/cm。

4.5 热电偶布置及加热器的包扎

4.5.1 P92 钢管加热必须采取远红外电阻加热。

4.5.2 预热采用电加热，加热器宽度，从对口中心算起，每侧不小于管子壁厚的 3 倍。热处理保温宽度应满足从焊缝中心算起，每侧不小于壁厚的 5 倍。

4.5.3 为减少内外壁温差，使用热电偶测温，升温时热电偶应放置在焊接坡口的边沿且数量不小于 4 支，热电偶与加热器之间应有隔热装置。

4.5.4 在现场可以采用国外 Shifrin 的研究方法，设置"等效热电偶"。保证内外壁温差在 20℃ 之间，从而有效地预防冷裂纹的产生以及保证冲击韧性的要求。热电偶布置及等效热电偶布置位置如图 4.5.4 所示。

4.5.5 用绳状或履带式加热器包扎时，空出焊缝部位，保温材料包扎时，也同样空出焊缝部位，但必须覆盖整个加热面。

4.5.6 由于 P92 钢热处理温度范围狭窄，必须使用多种测温控温方法。

4.6 焊后热处理（PWHT）工艺的选择

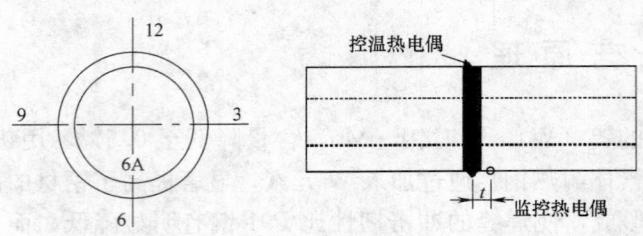

图 4.5.4 焊后热处理热电偶及等效热电偶布置位置图

4.6.1 后热处理

在焊接过程被迫停止或焊后未能及时进行热处理，应作后热处理，其温度为 300～350℃，恒温时间不小于 2h，确保扩散氢的充分逸出。P92 钢如要进行后热，应在马氏体转变结束后进行。

4.6.2 残余奥氏体完全转变的温度控制

P92 钢焊接完成后，不能快速冷却至室温，焊缝金属应缓冷至 100～80℃，恒温 1～2h。这样可使残留的奥氏体组织完全转变为马氏体组织，避免在 PWHT 后这些残余奥氏体转变成脆而硬的未回火马氏体组织，且有利于释放焊接残余应力，避免氢致使应力腐蚀裂纹的产生。

4.6.3 焊后热处理温度、升降温速度和保温时间的影响与控制

1. 回火参数（P）

$P=T(20+\log t)\times 10^{-3}$，式中 T 为绝对温度 K；t 为保温时间 h。

设计热处理最佳温度是经熔敷金属试验、Ac1 点测试及工艺评定确定。P92 钢热处理最佳温度选择为 760 ± 10℃，保温时间按 $\delta=25$mm 为 1h 计算，P92 钢热处理恒温时间最少不得少于 4h，以 40mm 壁厚为例，恒温时间为 6h。

2. 热处理范围内，任意两点间的温差应小于 20℃，以满足焊缝冲击韧性要求。

3. 升降温速度控制

热处理升降温速度不宜太快，以免影响组织的转变。本工法中 P92 钢升降温速度不大于 150℃/h。尤其是在升温过程中，为保持厚壁管的内外壁温度均匀，升温速度可以考虑更小一些。

4. 焊接热处理工艺曲线见图 4.6.3。

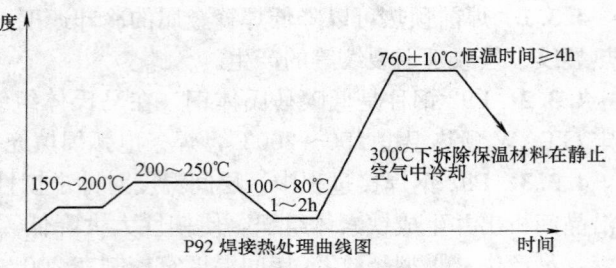

图 4.6.3 焊接热处理工艺曲线

5. 施工工艺流程及操作要点

5.1 施工工艺流程，见图 5.1。

5.2 操作要点

P92 钢焊接焊丝采用 MTS616（型号为 ER90S-G（～B9）），焊条采用 MTS616（型号为 E9015-G（～B9mod）），进行 2 层氩弧焊打底，氩弧焊打底及焊条填充第一层（道）时，为防止焊缝根部氧化，焊缝背部必须进行充氩保护。焊接电特性参数见表 5.2。

P92 钢电特性参数表　　　　　　　　　　　　　　　　　　　　　表 5.2

焊层（道）号	焊接方法	焊条（丝）		电流范围		电压范围 V	焊接速度 mm/min
		型（牌）号	规格 mm	极性	电流 A		
1～2	GTAW	MTS616	φ2.4	正接	100～120	11～15	35～60
3（N）	SMAW	MTS616	φ2.5	反接	75～110	21～24	130～160
4（N）	SMAW	MTS616	φ3.2	反接	90～130	23～26	100～200
5（N）～	SMAW	MTS616	φ4.0	反接	130～160	24～28	100～220

5.2.1 对口前检查

1. 对口前，应将焊口每侧 15～20mm 范围、管子内外壁的油、垢、锈、漆等清理干净，直至发出

金属光泽。

2. 施焊前坡口及其边缘 20mm 范围必须进行 PT 或 MT 检验，检验合格后方可施焊。

3. 对接管口端面应与管子中心线垂直，其偏斜度 $\Delta f \leqslant 2mm$。

5.2.2 设置充氩堵头

1. 充氩工具，见图 5.2.2。按管子规格内径裁剪铝板及保温棉规格，在对口前，将充氩工具放入管道内，两块堵板间距不小于 400mm，并平均分布在坡口两侧。两层氩弧焊和一层电弧焊焊接完成后再停止充氩。

2. 也可用水溶纸在管子内壁进行封闭，形成密封气室。

5.2.3 对口检查

1. 对口前，应对坡口表面及内壁（离坡口边缘 20mm 范围）进行 PT 检验，确认无表面缺陷后方可对口。

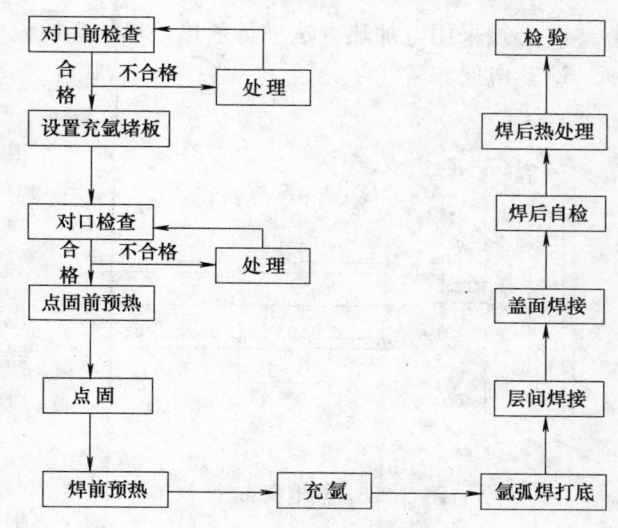

图 5.1 施工工艺流程图

2. 对口前应确认充氩用气室密封性完好。

3. 焊件对口时，一般应做到内壁齐平，如有错口，其局部错口值不应超过壁厚的 10%，且不大于 1mm；对口平直度≤3/200。

4. 对口间隙一般为 3～4mm；采用摇摆滚动焊时，对口间隙可为 4～5mm，过大或过小都应设法修整到规定尺寸。

5.2.4 焊口点固

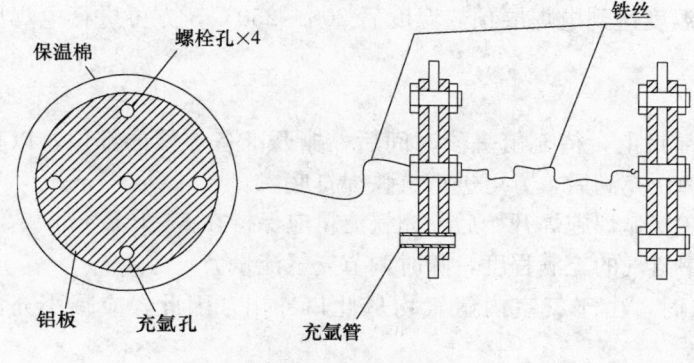

图 5.2.2 充氩工具

1. 塞块制作

点固用的定位塞块以 T/P92 材料最宜。

2. 点固位置

焊口点固时，采用塞块形式点固在坡口内，点固位置如图 5.2.4 所示、基本对称布置。

3. 点固要求

点固焊前适当进行（火焰）预热，预热温度为 200～250℃。

点固用焊材、焊接工艺、焊工资质与正式施焊相同。

焊口点固完毕后检查点焊处，若发现缺陷应及时处理。

点固焊过程中严禁在被焊工件表面引燃电弧、试验电流或任意焊接临时支撑物。

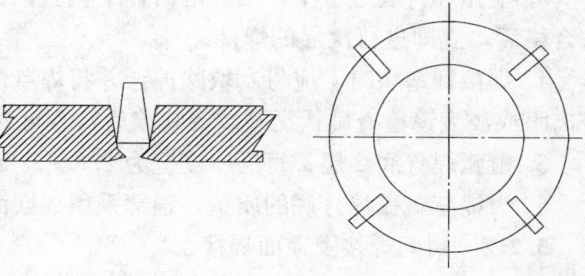

图 5.2.4 焊口点固

5.2.5 预热

1. 预热温度：氩弧焊打底时，预热温度为 150～200℃（指坡口内待焊部位实测温度）。

2. 在焊接前，必须确保最低预热温度。

3. 施焊过程中，层间温度应始终保持不低于规定的预热温度的下限，且不高于最高层间温度 260℃。

4. 必须采用电加热方法进行预热，热处理机设定温度 300～350℃。

5. 热电偶布置

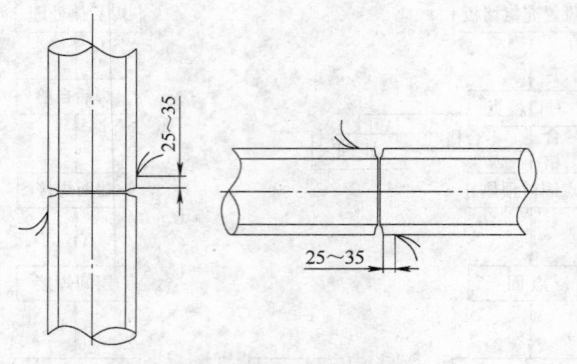

图 5.2.5　热电偶布置

垂直管（2G）热电偶对称分布于坡口两侧，且不得少于两个；水平管（5G）则在坡口上、下对称布置。热电偶距离坡口边缘 25～35mm。见图 5.2.5。

6. 加热器及保温材料布置

加热时，加热器包扎应空出焊缝部位，保温材料包扎时，也同样空出焊缝部位，但必须覆盖整个加热器。水平管焊缝，保温材料下部包厚一点，上面薄一点，以便温度均匀。

7. 预热温度控制

当温度升至设定温度时，用远红外测温仪对坡口根部进行测量，如根部温度已经达到预热温度，则可以开始施焊。

8. 升温速度应符合式 6250/壁厚℃/h 计算要求，且不大于 150℃/h。

9. 当氩弧焊结束后应立即进行升温，当温度达到电焊层预热温度后 200～250℃，方可进行电焊层的填充。

5.2.6　充氩

充氩前，将焊口处用耐高温金属胶带全部封上，待充氩一段时间后，撕开准备焊接的部位，以打火机等方法，测试氩气是否充满密封气室。确认充满后，方可进行氩弧焊打底。

充氩时，开始流量可为 10～20L/min，在氩弧焊施焊开始后，充氩流量应保持在 8～12L/min。

在氩弧焊打底过程中，应经常检查气室中氩气的充满程度，随时调节充氩流量。

氩弧焊施焊临近结束时，即氩弧焊封口时，由于气室内氩气均从此口冲出，因此，应减小充氩流量。

5.2.7　氩弧焊打底

1. 焊丝为 MTS616 ϕ2.4mm，具体焊接参数参见焊接工艺卡。

2. 引弧时应提前 1.5～4s 输送氩气，排除氩气输送皮管内及焊口处的空气，熄弧后，应适当延时 5～15s 熄气，保护尚未冷却的焊丝及溶池，降低焊缝表面氧化程度。

3. 氩弧焊打底过程中，用手电筒仔细检查根部焊缝，确保无根部可见缺陷，打底完成并经目测检查合格后，立即进行次层的焊接。

4. 焊接到塞块时，应将塞块除掉，并将焊点焊缝用角向磨光机或电磨打磨，不得留有焊疤等痕迹。经肉眼或放大镜检查确认无裂纹等缺陷后，方可继续进行焊接。

5. 氩弧焊打底 2 层，每层厚度应为 2.8～3.2mm，层间温度宜控制在 200～250℃。

6. 为提高氩弧焊打底的质量，根部采用摇摆滚动焊的工艺。

5.2.8　层间焊接及盖面焊接

1. 层间焊及盖面焊采用焊条电弧焊方法。

2. 氩弧焊打底层及填充层结束后，预热温度升温至 200～250℃，然后进行焊条电弧焊的焊接。

3. 采用二人对称焊接。

4. 施焊过程中应始终保持层间温度为 200～250℃。

5. 施焊时，应严格控制线能量，不超过 20kJ/cm。

6. 单层焊道的厚度不大于所用焊条直径，尽可能采用细焊条窄道焊。

7. 摆动焊宽度不大于所用焊条直径的 3 倍。

8. 多层多道焊接头应错开，严禁同时在一处收弧，以免局部温度过高影响施焊质量。

9. 注意层间清理，焊接中应将每层焊道接头错开 10～15mm，同时注意尽量焊得平滑，便于清渣和避免出现"死角"。每层（道）焊缝焊接完毕后，应用磨光机或钢丝刷等将焊渣、飞溅等杂物清理干净，经自检合格后，方可焊接次层。

10. P92 钢焊口在焊接被迫中断时，应在中断过程中，始终保持 200～250℃的温度，直至重新开始焊接。

11. 施焊中，注意接头和收弧的质量，收弧时应将熔池填满，避免出现弧坑。

12. 焊接过程中应注意避免保温材料等异物落入焊缝中。

13. 焊接过程中严禁外力撞击或加载到管段上。

5.2.9 焊后自检

1. 焊口焊完后应及时将焊缝表面的焊渣、飞溅等清理干净，对超标的外观缺陷进行打磨、补焊，补焊时的工艺要求与焊接时相同。

2. 自检合格后应及时填报自检单，以利于下道工序的进行。

5.2.10 热处理

1. 工艺流程

焊接结束→马氏体完全转变→（后热处理）→焊后热处理。

P92 焊缝完成焊接后，应立即进行马氏体转变，再进行焊后热处理。

2. 马氏体转变工艺参数

1) 马氏体转变温度：80～100℃

2) 马氏体转变降温速度：拆除保温和加热器，在相对静止的空气中冷却

3) 马氏体转变恒温时间：1～2h

3. 后热处理（消氢处理）工艺参数

1) 后热消氢处理的温度：300～350℃

2) 后热处理升温速度：150℃/h

3) 后热处理恒温时间：2～4h

4. 焊后热处理工艺参数

1) 焊后热处理温度 760±10℃

2) 热处理升降温速度：

升温速度：300℃以下　≤150℃/h

　　　　　300℃以上　≤6250/壁厚℃/h，且不大于 150℃/h

降温速度：300℃以上　≤6250/壁厚℃/h，且不大于 150℃/h

　　　　　300℃以下　拆除保温和加热器，在相对静止的空气中冷却（或在保温层内冷却至室温）

3) 热处理恒温时间：不小于 4h

5. 焊后热处理机工具选择及布置

根据不同的加热方式选用不同的机具及布置方式。目前对于 P92 热处理的加热方式主要有：远红外加热、中频加热。

1) 远红外加热方式机具选择及布置

温控设备选择：选用电脑智能温控箱或数字仪表智能温控箱。

加热器采用柔性陶瓷电阻加热器，保温材料采用偏硅酸铝保温材料。

加热器、保温材料布置见图 5.2.10-1。

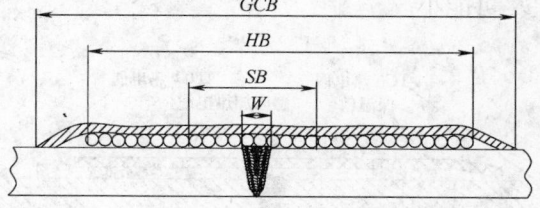

图 5.2.10-1　加热器、保温材料布置

由图中可见：

SB——均温区宽度，焊缝最宽处 $W+2t$ 或焊缝最宽处 $W+100$mm 较小值。

HB——加热加热器宽度，取下面三式的最大值。

$HB_0 = SB + 50mm$

$HB_1 = SB + 4(ID \times t)0.5$

$HB_2 = 3[(OD_2 - ID_2)/2 + ID \times SB]/OD$

其中：

t——管道的名义厚度；

ID——管道的内径；

OD——管道的外径；

GCB——最小保温宽度，$GCB = HB + 4(ID \times t)0.5$。

水平管加热器覆盖宽度除满足加热宽度要求外，加热器必须对称布置在焊缝的两侧，垂直管履带式加热器覆盖宽度除满足加热宽度要求外，加热器中心应适当下移，下方加热器宽度比上方宽10～30mm。

根据温度梯度的分布及传导情况，保温材料包扎时应做到上部到下部，从薄件往厚件，逐渐加厚，且包扎紧密、牢固。

采用 K 形铠装热电偶进行测控温，热电偶用铁丝捆绑固定在监测点上。热电偶触点应紧密牢固可靠，且用隔热材料将加热器隔开，避免加热器的直接热辐射。不同位置、规格的热电偶布置如下：垂直管（2G）热电偶布置见图 5.2.10-2，其中 b、c 为监控热电偶，a 为控温热电偶（a 可以是多只，视加热器数量而定）。

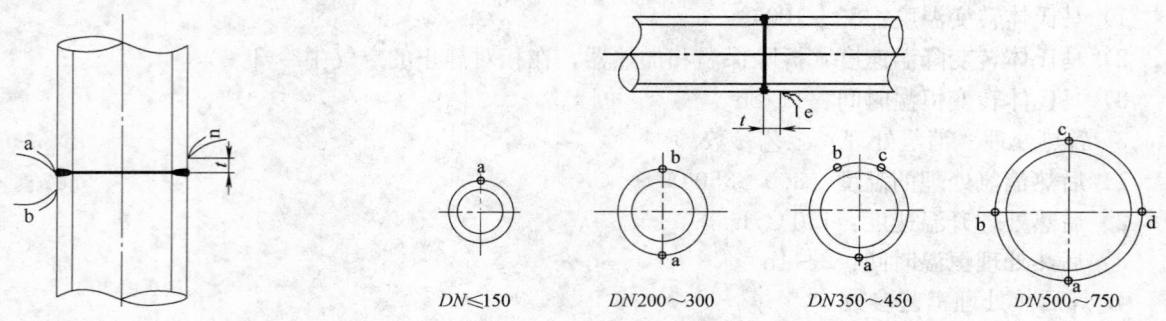

图 5.2.10-2 垂直管热电偶布置   图 5.2.10-3 水平管热电偶布置

水平管（5G）热电偶布置如图 5.2.10-3，其中 a、b、c、d 在焊缝中部，为控温热电偶；e 距离焊缝中心 1 倍壁厚（t）的距离，为等效监控热电偶（视现场需要而设定）。

2）中频加热方式

加热设备采用 Miller 产 Preheat35 型中频感应加热控制箱，加热方式见图 5.2.10-4。

将工件缠绕感应加热电缆，通过在电缆线圈内的交变电流产生交变磁场，使工件中产生感应电流，靠感应电流加热工件。

TC1 应固定在焊缝正中央，如图 5.2.10-5 位置，其备用线应与其尽量靠近，以使两根线测量的温差尽可能小。

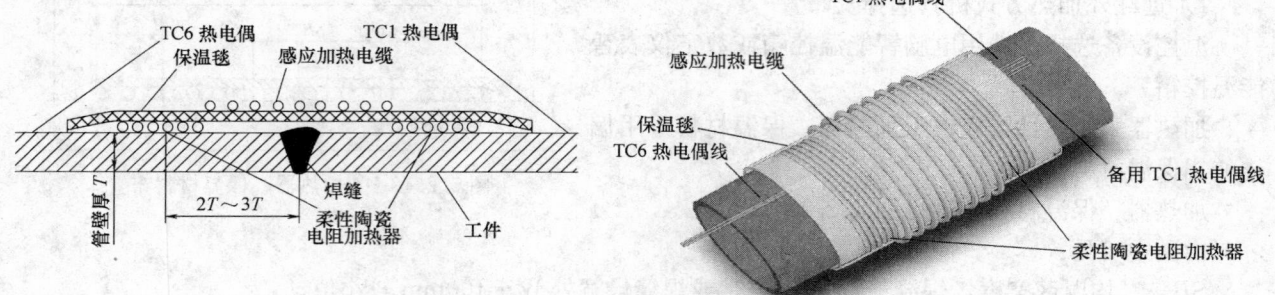

图 5.2.10-4 中频感应加热方式   图 5.2.10-5 中频加热方式感应加热电缆布置

TC6 应固定在柔性陶瓷电阻加热器的中央区，图 5.2.10-5 所示位置，柔性陶瓷电阻加热器安装时先对称折好再缠绕，左右柔性陶瓷电阻加热器以焊缝为对称线对称安装。

热电偶线及柔性陶瓷电阻加热器安装好后套上保温毯捆扎好，最后把感应加热电缆缠好在保温毯表面，注意感应加热电缆也应以焊缝为对称线两边对称缠绕。

6. 预热及热处理过程规范曲线（P. W. H. T）见图 4.6.3。

6. 材料与设备

P92 钢焊接施工主要设备及材料，见表 6（以 1 台 1000MW 超超临界燃煤机组主蒸汽管道 P92 钢施焊为例）。

主要设备及材料清单　　　　　　　　　　　　　　　　　　　　　表 6

序号	设备名称	设备型号	单位	数量	用途
1	焊机	ZX7-400STG	台	8	焊接
2	热处理温控箱	DWK-A-360/DWK-B-360	台	2	热处理
3	红外测温仪	PT-302	只	2	测温
4	热电偶	K 形铠装	支	30	测温
5	温度记录仪		台	2	测温
6	温度补偿导线	K 形	米	1000	热处理控温
7	欧美中频热处理机	Preheat35	台	1	热处理控温
8	自动参数记录仪	MHJ 形多功能	台	2	过程线能量控制
9	烘把	h01-20	台	2	点固预热
10	氩弧焊枪		把	8	氩弧焊
11	氩气表		只	16	充氩与焊接
12	加热器		套	4	预热和热处理
13	保温材料	偏硅酸铝 3000×600×25	片	300	预热和热处理
14	电动磨光机		台	8	打磨
15	手拉葫芦		只	4	定位、对口
16	焊丝	MTS616(φ2.4mm)	kg	300	焊材
17	焊条	MTS616(φ2.5mm)	kg	700	焊材
18	焊条	MTS616(φ3.2mm)	kg	1300	焊材
19	焊条	MTS616(φ4.0mm)	kg	500	焊材

7. 质 量 控 制

7.1　焊工资格

7.1.1　参加 P92 钢施焊的焊工应持有 P92 钢相应项目的焊工合格证，具有丰富的焊接经验。

7.1.2　焊工上岗前需通过模拟焊接、熟练 P92 钢焊材的操作技巧。

7.1.3　焊工应有较强的质量意识和责任感，并能严格遵守本工法的各项工艺纪律。

7.2　焊缝外观质量

焊缝与母材应圆滑过渡，焊缝外形尺寸应符合设计要求，其允许尺寸应符合 DL/T869-2004 规程 I 类焊缝的要求。见表 7.2。

外观质量合格标准　　　　　　　　　　　　　　　　　　　　　表 7.2

序号	质量类别	质量要求
1	焊缝余高	平焊 0～2mm；其他位置≤3mm；不允许低于母材
2	焊缝余高差	≤2mm
3	焊缝宽度	比坡口增宽＜4mm
4	咬边	咬边深度≤0.5mm；咬边总长≤10％焊缝总长，且≤40mm
5	表面裂纹、气孔、夹渣、未熔合	不允许
6	根部未焊透	不允许

7.3　焊缝无损检验质量要求

P92 管道在配管过程中一般不开 γ 孔，对射线探伤有难度，可采用超声波探伤。焊缝的无损探伤检验及评定详见有关无损探伤标准。

7.4　焊缝硬度要求

焊接接头在焊后热处理后要求进行 100% 硬度检验，硬度值在 HB180～HB250 为合格（最好在 HB195～HB230 之间），硬度＜HB180 或＞HB250，即为不合格。

7.5　焊缝微观金相组织要求

焊缝微观组织为马氏体板条清晰的回火马氏体为主，否则为不合格，

焊缝金属中 δ-铁素体含量不超过 3%，最严重视场不超过 10%；熔合区 δ-铁素体含量不超过 10%，最严重的视场不超过 20%。

7.6　P92 钢焊接施工主要的技术指标，见表 7.6。

P92 钢主要技术指标　　　　　　　　　　　　　　　　　　　　　表 7.6

钢　材	屈服强度	抗拉强度	延伸率	EN 标准	硬度
	MPa	MPa	%	AkV(J)	HB
P92	≥440	≥620	≥20	≥41	180～250

8. 安 全 措 施

8.1　从事焊接与热处理的人员应经专业安全技术教育、考试合格、取得合格证，并应熟悉触电急救法和人工呼吸法。

8.2　进行焊接与热处理作业时，作业人员应穿戴专用护目镜、工作服、绝缘鞋、皮手套等符合专用防护要求的劳动防护用品，衣着不得敞领卷袖。

8.3　焊接与热处理的作业场所应有良好的照明。

8.4　进行焊接与热处理作业时，应有防止触电、爆炸和防止金属飞溅引起火灾的措施。

8.5　在焊接、热处理地点周围 5m 的范围内，应清除易燃、易爆物品。确实无法清除时，必须采取可靠的隔离或防护措施。

8.6　在规定的禁火区内或在已贮油的油区内进行焊接与热处理作业时，必须严格执行该区安全管理的有关规定。

8.7　在充氢设备运行区进行焊接与热处理作业，必须制订可靠的安全措施，经总工程师及运行单位有关部门批准后方可进行。作业前，必须先测量空气中的含氢量，低于 0.4% 时方可进行。

8.8　不宜在雨、雪及大风天气进行露天焊接或切割作业。如确实需要时，应采取遮蔽雨雪、防止触电和防止火花飞溅的措施。

8.9　在高处进行焊接与热处理作业时，严禁站在油桶、木桶等不稳固或易燃的物品上进行作业。

8.10　在高处进行焊接与热处理作业时，严禁随身携带电焊导线、热处理导线、氧乙炔软管登高或从高处跨越，应在切断电源和气源后用绳索提吊。

8.11　焊接、切割与热处理作业结束后，必须清理场地、消除焊件余热、切断电源，仔细检查工作场所周围及防护设施，确认无起火危险后方可离开。

8.12　施工现场的电焊机应采用集装箱或防护棚遮蔽形式统一布置，保持通风良好。电焊机及其外接头均应有相应的标牌及编号。

8.13　电焊机一次侧电源线应绝缘良好，长度一般不得大于 3m；超长时，应架高布设。

8.14　电焊机、热处理机必须装设独立的电源控制装置，其容量应满足要求。

8.15　电焊工作台、电焊机的外壳必须可靠接地，接地电阻不得大于 4Ω。严禁多台电焊机串联接地。

8.16 电焊设备应经常维修、保养。使用前应进行检查，确认无异常后方可合闸。

8.17 焊钳及二次线的绝缘必须良好，导线截面应与工作参数相适应。焊钳手柄应有良好的隔热性能。

8.18 严禁将电焊导线靠近热源、接触钢丝绳、链条葫芦、差速器钢丝绳、转动机械或将其搭设在氧气瓶、乙炔瓶上。

8.19 严禁将电缆外皮、轨道、管道或其他金属物品等作为电焊的二次线。

8.20 电焊机二次线应布设整齐、固定牢固，并使用快速接头插座。电焊导线通过道路时，必须将其架高或穿人防护管内埋设在地下；通过铁道时，必须将其从轨道下面穿过。

8.21 焊接预热件时，应采取隔热措施。施工人员应集中注意力，防止烫伤、触电，严防手臂或脸部过于靠近或触碰预热件。

8.22 扳手、榔头、保温筒、焊条头回收筒等在高处使用必须配置安全保险绳，并系挂牢固。夜间施工时与检验部门联系，尽量错开共同作业时间，防止 χ 或 γ 射线照射。

8.23 热处理场所设围栏并挂警示牌，加热器不得裸露在外。

8.24 热处理工作时，操作人员不得擅自离开工作岗位，应经常检查工作地区周围的安全状况，工作结束必须切断电源仔细检查工作场所周围及防护措施，确认无起火危险方可离开。

8.25 发生火灾时严禁将灭火剂或水源喷向热状态的焊口。

8.26 热处理期间，严禁调整承载葫芦，须待热处理结束后方可拆除或调整葫芦。

8.27 做好防其他物件撞击的措施。对于承载葫芦应将手链拴在起重链上或其他牢固物上。

9. 环 保 措 施

9.1 焊工用过的废电池应按环保要求投入废电池收集箱内。

9.2 焊条头、焊丝头、废钨棒应按规定进行回收，不得乱扔。

9.3 焊接时产生的焊渣、废弃物等及时清除并投放到分类垃圾箱内。

9.4 射线检验时，应使用射线剂量警报仪，避免发生人员射线误照射事故。

9.5 将废弃保温材料保存到指定地点，严禁乱扔。

9.6 打磨钨极应使用专用砂轮机和强迫抽风装置。打磨钨极处的地面应经常进行湿式清扫。含有放射性物质的垃圾应集中深埋处理。

10. 效 益 分 析

10.1 经济效益

10.1.1 为满足国民经济对电力的需求和保护自然环境，新建设的燃煤火力发电厂朝着提高运行效率、降低成本的大容量、超临界和超超临界高参数机组方向发展。适应高参数条件设备运行的钢材应具有良好的综合性能和更高的蠕变断裂强度，而 P92 钢可满足目前在建机组的参数要求，尤其是超超临界燃煤机组。

10.1.2 P92 钢是在 P91 钢的基础上研发而成的，经过正火及回火处理，其显微组织为回火马氏体组织（主要是 Fe/Cr/Mo 的碳化物及 V/Nb 的氮化物），是国内火力发电厂最新引进的一种新型铁素体耐热钢。由于 W 的固溶强化和 Nb、V 的碳氮化物的弥散强化作用，与 P91 相比，高温持久强度在 600℃下要高 30%～35%（见表 10.1.2）。

10.1.3 以国内首台 1000MW 级超超临界机组玉环电厂 4 台机组为例，直接的经济效益可以如此计算：目前，世界上 P91 与 P92 钢管的材料价格和使用焊材价格均基本相同，市场价 P92≈P91 钢＝8 万元/吨。玉环电厂主蒸汽管道 P92 钢直径为 $\phi 508 \times 76.6$mm，每米重量为 813kg，主蒸汽管道总长为 256m，设计重量为 208t。而选用 P91 钢，当初设计规格至少为 $\phi 610 \times 108$mm。

高温下 T/P91 与 T/P92 许用应力值（MPa）

表 10.1.2

	566℃	593℃	600℃	621℃	649℃
T/P91	89	71	66	48	30
T/P92	103	94	91.5	70	48
T/P92 与 T/P91 比值	1.16	1.32	1.39	1.46	1.6

1）通过计算选用 P92 钢由于管道重量的减轻 1 台机组节省的费用达 1054.72 万元。

2）管道增厚，带来焊接热处理时间、焊材及焊接工作量增加，同时管道起吊重量也将增加。

以主蒸汽管道（P91）安装为例计算：

每道焊口焊材增加 60kg，以主蒸汽管道约 65 道焊口计算，焊材均价 200kg/元，即 $60 \times 65 \times 200 = 780000$（元），即 78 万元；

人工费增加（含热处理工、起重工、焊工、钳工等工时）约 2 万元；

热处理机台班增加费用约 15 万元；

即：1 台机组以上 3 项可节约费用 95 万元。

3）由于壁厚增加造成管道支吊架重量及弯头壁厚增加。

采用 P92 钢支吊架含弹簧支吊架，恒力支吊架等总重量约 60t；而采用 P91 钢支吊架，因其强度增加，增加支吊架重量约为 35t，按支吊架 9000 元/t 计算，即：$9000 \times 35 = 315000$ 元。即：此项节约费用 31.5 万元。

4）由于管道壁厚增加，管道弯头半径加大造成厂房、管线和电缆等加长。按 8 个弯头每个弯头增加 500mm 计算，则：$8 \times 500 = 4000$mm，即厂房长度方向增加 4m，即总面积增加 $80 \times 4 = 320$m²，厂房每平方米造价为 4 万元。即此项节约 $4 \times 320 = 1280$ 万元。

10.1.4 玉环电厂 1 台机组合计节约成本：$1054.72 + 95 + 31.5 + 1280 = 2461.22$（万元），玉环电厂 4 台 1000MW 超超临界机组主蒸汽管道采用 P92 共可直接节约 9844.88 万元人民币。

10.2 社会效益

10.2.1 火力发电厂超超临界技术是世界各国都在大力追求，不断完善的高新技术，它以降低能耗，提高热效率为目标，同时能有效减少 CO_2 的排放量，保护环境和节约一次能源。

10.2.2 我国燃煤火电厂在能源结构中占有较大比例，约占我国发电总量的 70% 以上。如均采用超超临界技术，单节煤一项粗略估计在 1 亿 t/年以上。

10.2.3 当今国内外超超临界机组正在全面铺开。而超超临界火力发电机组主蒸汽管道（P92 钢）现场焊接工艺是安装中的重大技术难题，管道焊接质量将直接关系到机组能否安全投入运行。可以肯定，超超临界机组采用 P92 钢管道必将带来无法估量的社会效益，并且使火力发电厂更洁净、更环保。

11. 应 用 实 例

11.1 华能玉环电厂 4×1000MW 机组工程 1 号、3 号机两台机组主蒸汽管道采用 P92 钢，规格为 Di349×72、Di248×53、φ559×95，其中 1 号机共计 46 只，3 号机共计 54 只。1 号机组主蒸汽管道从 2006 年 1 月 19 日开始焊接，是国内首只 P92 焊口的现场焊接，2006 年 8 月 10 日主蒸汽管道焊接结束。1 号机组于 2006 年 11 月 28 正式投入商业运行。3 号机组主蒸汽管道于 2007 年 3 月 11 日开始焊接，于 2007 年 9 月 21 日完成焊接。机组于 2007 年 11 月 11 日正式投入商业运行。

11.2 目前由公司承建的宁海电厂二期 5 号机 1000MW 机组、北仑电厂三期 6 号机 1000MW 机组、广东海门电厂 1 号机 1000MW 机组、广东潮州电厂 4 号机 1000MW 机组主蒸汽管道均为 P92 钢，P92 新钢种焊接工法在应用中得到了进一步的完善。

大型中厚板塔器现场组焊应用 TOFD 技术检测工法

GJYJGF105—2008

中国石化集团宁波工程有限公司

张明　林树清　郑晖　刘德宇　梁国荣

1. 前　　言

随着国家重点大型石油化工项目建设的发展，大型、超限、厚壁压力容器应用的比例越来越高，镇海炼化 100 万 t/年乙烯项目的乙烯裂解装置、乙烯装置、裂解汽油加氢装置中就有 20 余台大型、厚壁、超限压力容器的制造任务由我公司承担，其中壁厚最厚的为 DA-406 丙烯精馏塔（Φ7800×109850×58/36mm，焊缝总长 1507m），直径最大的为 DA-151 汽油分馏塔（Φ13200×65800×34/30mm，焊缝总长 1609m）。受制造厂透照室场地、运输条件等限制，容器制造中的无损检测采用在制造厂透照室外进行或先在制造厂预制并分段运至现场再进行组焊后检测的方式进行。

通常，容器制造组焊过程中对焊接接头内部质量的检验采用射线照相检测和超声检测（A 形脉冲反射法）技术进行。受 χ 射线机穿透能力的限制，对厚壁容器的射线检测需采用放射性同位素源（γ 源）进行。乙烯项目压力容器制造期间适逢我国迎接 2008 北京奥运会，国家为了保障奥运期间的安全，对放射源实行了严格控制，严禁放射源进口，并规定在奥运期间全面禁止 γ 源的制造、销售、使用。而公司内原有的 γ 源因使用期较长，绝大分部 γ 源经衰减已不能满足现场对射线检测透照时间的限制要求，组焊现场多工种交叉作业，不便于采用射线辐射屏蔽筒的方法进行防护，因此不可能为现场射线检测提供更多的透照时间。为了按期完成制造任务并保证检测结果的可靠性，根据国家质检总局《关于进一步完善锅炉压力容器压力管道安全监察工作的通知》（国质检特函［2007］402 号）的有关规定，公司向国家质检总局特种设备安全监察局提出对厚壁、超限压力容器采用衍射波时差法超声波检测（TOFD）代替射线检测的申请，并获得批准。

针对国内 TOFD 检测尚处于开发研究阶段，国家或行业均无 TOFD 检测标准。镇海炼化乙烯项目中厚板塔器制造组焊中不等厚板、复合板应用较多且公司缺乏 TOFD 检测设备及人员的特殊情况，与中国特种设备检测研究院合作，依据中国特种设备检测研究院企业标准《承压设备　衍射时差法超声检测》，通过试块检测试验和比对、综合分析积累的检测数据，以研究试验结果为技术基础编制了镇海炼化乙烯项目大型中厚板塔器现场组焊 TOFD 检测工艺作业指导书，规定了检测人员、检测程序（检测装置校准和设置、缺陷探测）和缺陷定量方法、检验验收准则等方面的要求，并在检测实践中逐步总结、完善，最终形成了本工法。

该工法的开发和实施实现了大型容器现场组焊施工的同时平行进行检测作业的目的，提高了容器制造的整体工作效率，降低了生产成本，提高了工程的整体施工质量，体现了良好的经济效益和社会效益。随着检测设备的进一步优化，检测成本将逐步降低，获得日益广泛的应用。

2. 工 法 特 点

TOFD 检测技术克服了射线检测和传统常规超声检测的一些固有缺点，缺陷的检出和定量不受声束角度、探测方向、缺陷位置及取向和表面粗糙度、工件表面状态及探头压力等因素的影响。检测灵敏度高、可靠性好，对缺陷的检出率高，不受缺陷方向性影响，可以检测到射线检测或传统超声检测方法检测不到的缺陷，可精确进行缺陷尺寸及位置的测量，以成像的方式对缺陷的类别进行判断。检测速度快、能够实时采集记录检测过程中的全部扫描信息并在离线后进行分析，检测图像和结果可采用电子版的方式长期保存并可追溯（可实现任意一点的波形回放）。TOFD 结合脉冲回波法超声波检测可实现 100％焊缝检测。

TOFD 检测技术不仅高效，而且环保。检测过程对人体无伤害，对其他工种的作业无不良影响，不受现场制造组焊的复杂环境条件、施工中多工种交叉作业的限制，在安全防护方面只需按常规要求进行管理，成本低较。非常适合大型、厚壁容器、直管道对接焊接接头的现场检测，并可用于因结构或现场条件限制、难以实施射线检测的状况下替代射线检测，应用具有较好的前景。

但 TOFD 检测技术目前还存在一些不足：由于 TOFD 技术在国内仍处于起步阶段，对自然裂纹、表面和近表面缺陷、横向缺陷检出的评价依据还不够充分，对圆形缺陷和小条形缺陷的定量有一些误差（测量长度大于实际长度），对点状缺陷容易产生漏检。TOFD 检测设备不具备信号自动分析评定能力，对信号的解释和对缺陷的识别、定性、定量、定位仍受检测人员的技能与经验等因素影响。

3. 适 用 范 围

本工法适用于以低碳钢、低合金钢制造的大型、厚壁压力容器及大型原油储罐、厚壁直管等安装施工中全焊透对接焊接接头内部质量的检测。

4. 工 艺 原 理

4.1 TOFD 技术的基础原理

TOFD 技术（Time Of Flight Diffraction，衍射时差法超声检测）是利用缺陷尖端的衍射波信号探测和测定缺陷尺寸的一种超声检测技术，中文名称为"超声波衍射时差检测技术"。

它利用各种波型中声速最快的纵波在缺陷端部产生的衍射能量来进行检测。超声波从探头发射进入工件，当超声波遇到线形缺陷（如裂纹或未熔合等）时，除了正常的反射回波外，超声波会在缺陷的尖端发生衍射，衍射波的能量可以在很大角度范围内传播，将这些衍射波记录下来作为判定缺陷的依据，这与传统的超声检测完全不同。传统超声检测主要依靠从缺陷反射波的能量大小来判断缺陷，而 TOFD 法对缺陷的检出和定量不受声束角度、探测方向、缺陷表面粗糙度、试件表面状态及探头压力等因素的影响。

在焊缝两侧，将一对频率、尺寸和角度相同的纵波斜探头相向对称布置，一个作为发射探头，另一个作为接受探头。探头发射的纵波从扫查面入射至被检焊接接头截面，如图 4.1-1 所示。

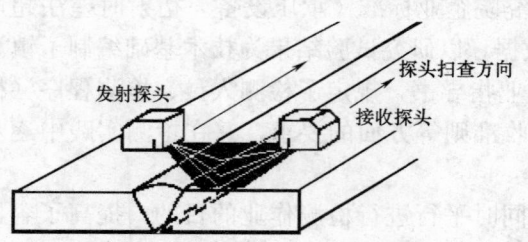

图 4.1-1　对接焊接接头的 TOFD 检测示意图

由发射探头发射的超声纵波在焊缝截面中较大的范围内扩散传播，一部分沿表面路径到达接收探头，该路径是两探头间最短路径，所以是第一个接收到的脉冲，称为直通波；另一部分到达焊缝底部，被底面反射回来，到达接收探头位置称为底面反射波。

在工件无缺陷部位，接收探头只接收到直通波和底面反射波。当有缺陷存在时，纵波遇到缺陷后在缺陷的入射正面产生反射波、在缺陷尖端产生衍射波，其中衍射波没有指向性，接收探头就会接收到缺陷上尖端和下尖端产生的衍射波信号，他们的传播路径在直通波和底面反射波之间（图 4.1-2）。除上述波外，还有缺陷部位和底面因波型转换产生的横波，一般会迟于底面反射波到达接收探头。

4.2 扫查

扫查机构将探头固定安装在探头臂的夹持架上，可以调节探头组的中心距并确保中心距和扫查方向的稳定性，保持探头楔块对探伤面的贴合。推动扫查机构沿预定的扫查路线移动，探头扫查的位置由行程编码器采集并与 A 扫描同步输送给计算机系统。

4.3 TOFD 的数据采集与图像形成

用 TOFD 法检测时，探测到的焊缝内部状态能实时地用图像显示。进行数据记录时使用灰度图成像，因为 TOFD 衍射信号非常弱，对单个独立的 A 扫信号不容易观察，但在扫描灰度图显示中，他们通常很容易识别，这样就可以提高信号解释和识别工作的效率。

将得到的 A 扫描信号显示成一维线条图像，位置对应声程，以灰度表示信号幅度。扫查机构安装了探头扫查行程编码器并与 A 扫描采样同步，自动记录探头移动距离，将扫查过程中探头移动中的每个步进点采集到的连续的 A 扫描信号形成的图像线条沿探头扫查方向拼接成二维视图，形成 TOFD 图像，如图 4.3 所示。

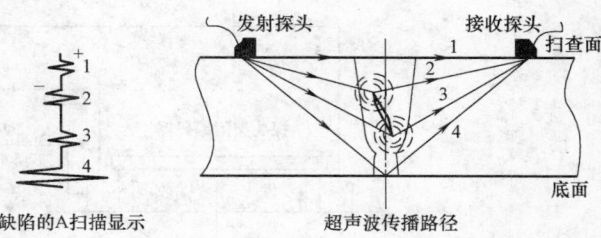

图 4.1-2　工件中超声波传播路径及缺陷处的 A 扫描信号

1—直通波；2—缺陷上尖端衍射波；3—缺陷下尖端衍射波；4—底面反射波

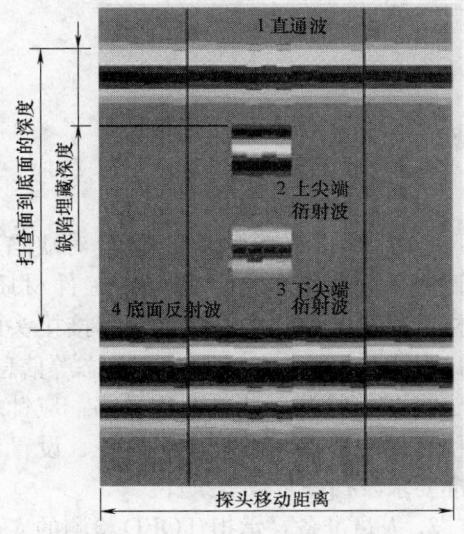

图 4.3　缺陷处上、下尖端的 TOFD 图像

4.4 缺陷深度与尺寸计算

观察 A 扫查显示的射频信号中各个波形的相位关系，假设直通波相位为"+"→"−"→"+"，而底面反射波的相位与直通波相反，为"−"→"+"→"−"，则缺陷上尖端处形成的相位与直通波相位相反，下尖端处的相位与直通波相位相同。缺陷上下尖端的衍射波总是位于直通波与底面反射波之间，以直通波为基准，缺陷的埋藏深度可由直通波与衍射波的传播时间差算出，又由于缺陷有一定的自身高度，缺陷两尖端的衍射波在传播时间上有一定的差值，利用仪器中的计算机定位定尺算法软件，根据所记录的衍射波传播时间差就可以测量出缺陷的自身高度值。见图 4.4。

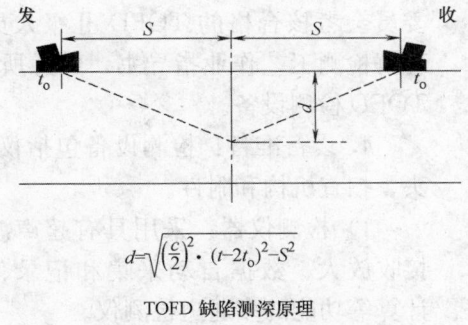

$$d=\sqrt{\left(\frac{c}{2}\right)^2 \cdot (t-2t_0)^2 - S^2}$$

TOFD 缺陷测深原理

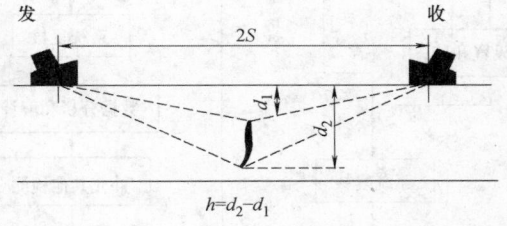

$$h = d_2 - d_1$$

TOFD 缺陷测高原理

图 4.4　缺陷深度与尺寸测量原理

TOFD 仪器在采集超声波探伤数据的同时采集了探头移动位置的编码，形成和实际扫查位置对应的二维图像显示，能在图像上读出缺陷扫查位置、相对基点的位置、缺陷沿焊缝方向的长度，缺陷的横向位置等信息和数据。

4.5 检测结果的保存

TOFD 检测仪器应用了计算机和数字技术（图 4.5），可实现检测数据的自动、实时采集记录。计算机软件包括线性指针或波形时基的算法，从而实现深度和垂直范围的评估。应用检测仪器中专门的分析与计算软件，可帮助检测人员对缺陷尺寸和位置的精确测量并分析判断缺陷的性质，并可将扫查图像与检测结果打印输出并以光盘等媒体形式长期保存。

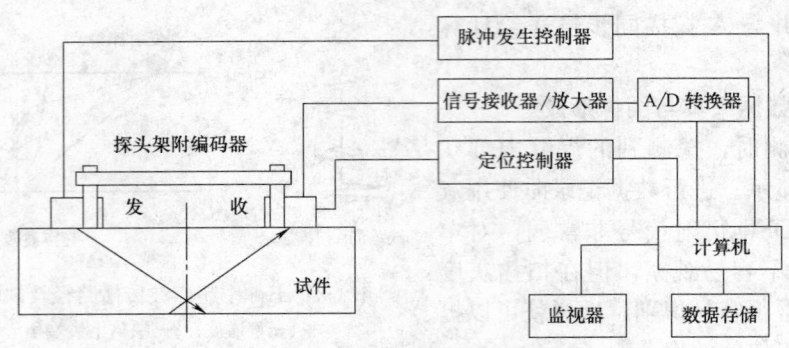

图 4.5　TOFD 检测仪器系统示意图

5. 检测工艺流程及操作要点

5.1　TOFD 检测工艺流程

TOFD 检测工艺流程见图 5.1。

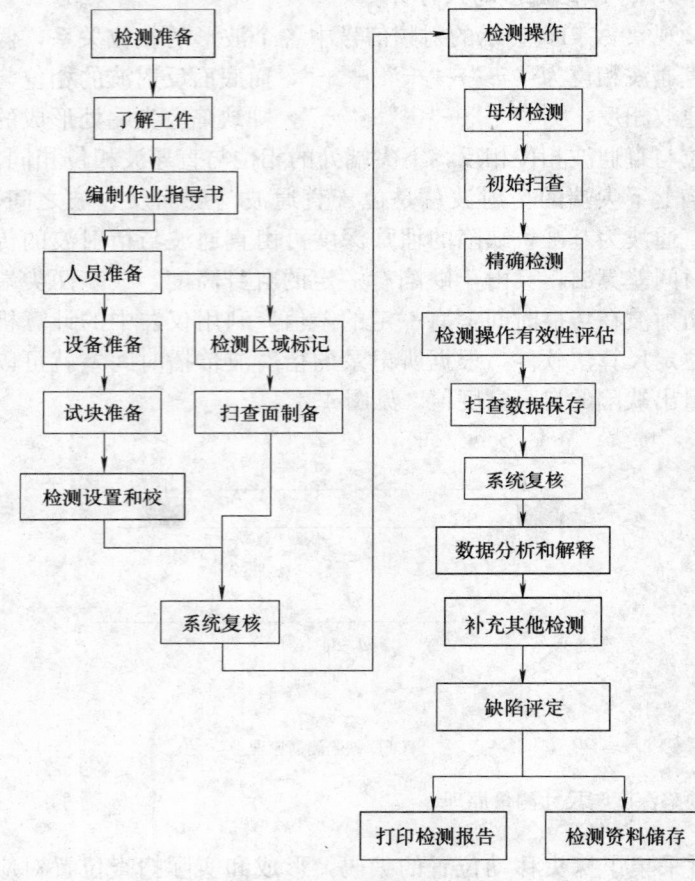

图 5.1　TOFD 检测工艺流程图

5.2　操作要点

5.2.1　检测准备

1. 为了正确编制检测工艺及对缺陷进行评定，检测人员应了解受检工件材质、规格、形状、焊缝布置状况、焊接接头的坡口形式与焊接方法、热处理状态等信息。

2. 编制检测工艺作业指导书：应针对被检工件的特点，确定检测设备、设置和校准要求及扫查参数等条件。

3. 人员准备：承担 TOFD 检测的人员应当具有应经全国特种设备无损检测考核委员会考核合格的 TOFD Ⅱ级人员资格，理解检测工艺作业指导书，熟悉所使用的 TOFD 检测设备。

4. 设备准备：检测设备包括仪器、探头、扫查机构和附件。

1）检测仪器：采用具有超声波发射、接收放大、数据自动采集和记录、显示、计算等功能的多通道检测仪。

2）探头：采用一对频率、晶片尺寸和入射角均相同的宽指向角纵波斜探头。探头角度 α 应满足声束与底面法线间的夹角大于 40°的要求，一般为 45°～60°，探头频率为 15～3MHz（探头的标称频率与实测中心频率误差≤10%），晶片直径为 2～6mm。

3）扫查机构：采用手持式扫查机构。要求其探头夹持装置能调整和设置探头中心间距，在扫查时保持探头中心间距不变、与工件表面保持良好耦合。扫查机构上安装的行程编码器应与工件接触良好，并能根据扫查方式的不同而调整布置方向。

5. 试块准备：

1）对比试块应采用低合金钢材料制成，其宽度和长度应满足扫查要求，厚度为工件厚度的 0.8～

1.5 倍且最大差值小于 25mm。

2）试块最大厚度应满足设置的探头声束与试块底面法线间的夹角≥40°，试块最小厚度应满足探头的声束交点在试块内。

3）试块中的标准反射体数量应能够覆盖相应工件的检测厚度，反射体的形式与尺寸应满足检测不同类型缺陷的要求，一般在试块表面设置一个宽度＜1mm 的矩形槽，扫查面下 4mm 处设置一个 $\Phi2\times30mm$ 的侧孔，试块内部设置 60°的尖角槽或 $\Phi2\times40mm$ 的长横孔（图 5.2.1）。

5.2.2 检测设置和校准：

1. 探头设置：

1）测定探头前沿和超声波在探头楔块中传播的时间。

2）探头中心距（入射点距离 PCS）的设定，应确保声束在焊接接头厚度方向上的覆盖要求，使探头对的声束轴线交点在工件厚度的 2/3 处（图 5.2.2-1），以获得对检测区域的覆盖和最佳的检测效果。

3）对母材不等厚的对接焊接接头，应采用辅助楔块等方式调整探头参数。

图 5.2.1　TOFD 对比试块中的反射体

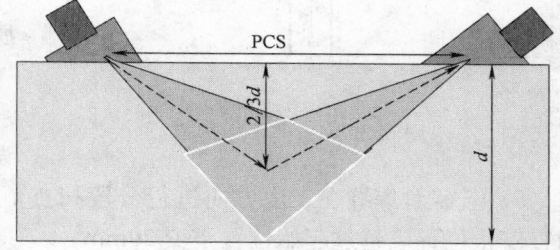

图 5.2.2-1　探头组中心距的设置

2. 设置检测通道的 A 扫描时间窗口，使 A 扫描时间窗口包含规定的深度范围。

3. 校准检测通道的 A 扫描时基与深度的对应关系。

1）对厚度≤50mm 的工件，利用直通波和底面反射波进行深度校准，其时间间隔所反映的厚度应校准为工件实际厚度值，如图 5.2.2-2 所示。

2）对厚度＞50mm 的工件，应采用对比试块进行深度校准。

4. 灵敏度设置

1）采用对比试块上的标准反射体进行灵敏度设置，将较弱的衍射信号波幅设置为满屏高的 40%～80%，并在实际扫查时进行表面耦合补偿。

2）采用单通道系统检测厚度≤50mm 的工件时，可将工件上直通波的波幅设定到满屏高的 40%～80%；厚度＞50mm 的工件采用双通

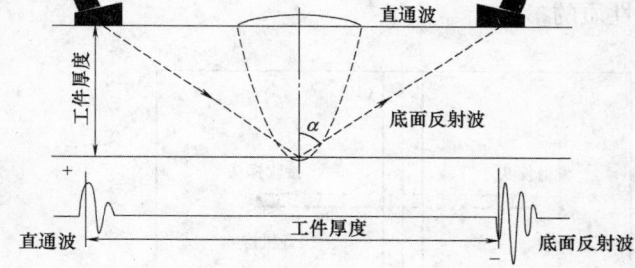

图 5.2.2-2　利用直通波和底面反射波的时间间隔进行深度校准

道系统分层分区检测时，下层区域检测的灵敏度可将工件底面反射波幅设定为满屏高的 80%，再提高 20～32dB。

5. 校准行程编码器，使扫查装置移动一定距离时检测设备所显示的探头位移与实际位移误差小于 1%。

6. 设置扫查过程中 A 扫描信号间的采样步进间隔，使 A 扫描信号的最大采样间隔＜1mm 的探头移动长度。

7. 储存上述设置和校准的参数，以便实施检测时调用。

8. 检测区域标记：标记检测区域宽度（应包括焊缝及其两侧热影响区）、扫查起始点和扫查方向，并在母材距焊缝中心线规定距离处画出平行与焊缝的探头移动参考线。

9. 扫查面制备：检测表面应平整，应打磨清除扫查区域的焊接飞溅、凹坑、铁屑、油垢等其他影响探头移动、耦合的因素，表面粗糙度 Ra 值不低于 $6.3\mu m$，对焊缝表面的咬边、焊瘤等应进行修磨。

10. 系统复核：开机实施检测前或更换部件时，应采用与设置和校准相同的对比试块或相同的工件部位进行系统复核，若设置和校准的参数超出规定的偏差值，应重新进行设置和校准。

5.2.3 检测操作

1. 母材检测：超声波声束通过的母材区域，应先用直探头进行检测，并记录母材中影响检测结果的反射体位置及当量。

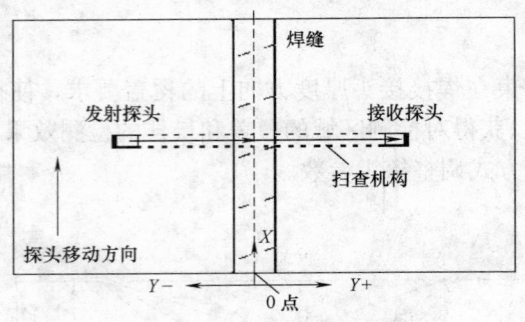

图 5.2.3-1 非平行扫查

2. 初始扫查：

1）采用非平行扫查方式（图 5.2.3-1）。

2）推动扫查机构前及扫查过程中均应采用压力喷壶在工件检测区表面施加耦合剂，以保证超声波在探头与扫查面之间的良好传播，应在水中添加环保润湿剂和防腐剂，以改善超声耦合、保护被检工件。

3）探头的扫查速度应小于 150mm/s。

4）扫查时应确保探头的运动轨迹与拟扫查路径间的误差不超过探头中心间距的 10%。

5）若需对焊缝在长度方向进行分段扫查，则各段扫查区的重叠范围至少为 20mm。对于环焊缝，扫查停止位置应越过起始位置至少 20mm。

6）扫查过程中应密切注意波幅状况。若发现直通波、底面反射波、材料晶粒噪声或波型转换波的波幅降低 12dB 以上或怀疑耦合不好时，应重新扫查该段区域。若发现直通波满屏或晶粒噪声波幅超过满屏高 20% 时，则应降低增益并重新扫查。

3. 精确检测：对初始扫查中发现的缺陷部位，改变探头设置，使探头组中心偏移焊缝中心线一定距离进行偏置非平行扫查（图 5.2.3-2），或作平行扫查（图 5.2.3-3），收集用于判断缺陷位置、尺寸及性质的参数。

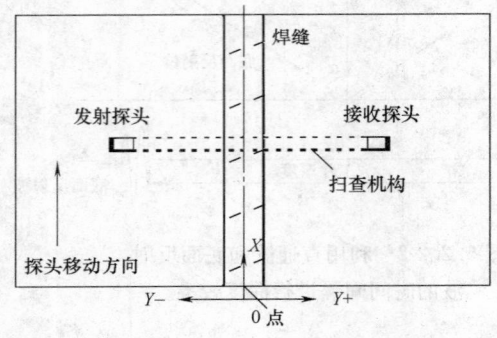

图 5.2.3-2 偏置非平行扫查

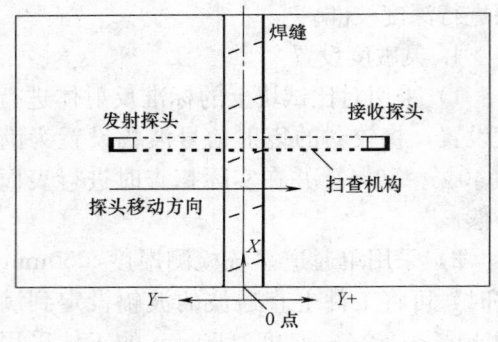

图 5.2.3-3 平行扫查

4. 检测操作有效性评估：

1）数据丢失量不得超过整个扫查的 5%，不应有相邻数据的连续丢失（图 5.2.3-4）。

2）采集的数据量应满足工艺要求。

3）信号波幅改变量应在一定范围之内。

若数据无效，应纠正后重新进行扫查。

5. 扫查数据保存：对每一段扫查的数据对应于容器号-焊缝号-检测分段号编制检测记录号并保存在仪器计算机中，供分析、计算和评定。

6. 系统复核：检测结束时应采用与设置的校准相同的对比试块或相同的工件部位进行系统复核。

若灵敏度偏离＞6dB 或深度偏离＞0.5mm 或板厚的 2％（取较大值），应重新进行设置，并重新检测上次校准以来所检测的焊缝；若位移偏离＞5％，应重新设置，并对上次校准以来所检测的位置进行修正。

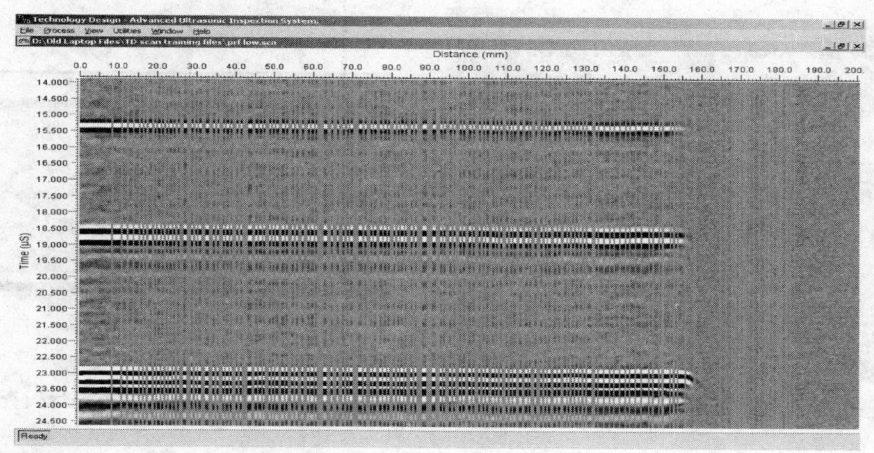

图 5.2.3-4　数据丢失

5.2.4　数据分析和解释

1. 分析要求

1）结合工件材质、规格、形状、焊缝布置状况、焊接接头的坡口形式与焊接方法、热处理状态等信息和图像显示的特征，对图像进行分析，判断是否为非相关显示。对于非相关显示，应记录其位置。

2）根据缺陷显示的特征对缺陷进行分类，对难以分类的显示应采用其他方法补充检测辅助分析。

3）显示数据分析时，应注意缺陷的显示与直通波和底面反射波最近的缺陷信号的相位，注意缺陷的上、下端点是否隐藏于表面盲区或在工件表面。

2. 缺陷显示的特征

1）扫查面开口型缺陷显示：直通波减弱、消失或变形，仅可观察到缺陷下端点产生的衍射信号，且与直通波同相位。

2）底面开口型缺陷显示：底面反射波减弱、消失、延迟或变形，仅可观察到缺陷上端点产生的衍射信号，且与直通波反相位。

3）穿透型缺陷显示：直通波和底面反射波同时减弱或消失，沿壁厚方向产生多处衍射信号。

4）埋藏型点状缺陷显示：该类型显示为双曲线弧状，且与拟合弧形光标重合，无可测量长度和高度，不影响直通波或底面反射波的信号。

5）埋藏型线状缺陷显示：该类型显示为细长状，无可测量高度不影响直通波或底面反射波的信号。

6）埋藏型条状缺陷显示：该类型显示为长条状，可见上下两端产生的衍射信号，且靠近底面处端点产生的衍射信号与直通波同相，靠近扫查面处端点产生的信号与直通波反相，不影响直通波或底面反射波的信号。

3. 缺陷位置的测定

1）缺陷沿焊缝长度方向的位置

利用行程编码器传送到仪器定位系统的数据，对缺陷沿焊缝长度方向的位置进行测定，使用拟合弧形光标指针确定缺陷的端点坐标值。见图 5.2.4-1。

2）缺陷深度

根据从 TOFD 图像缺陷显示中提取的 A 扫描信号对缺陷的深度位置进行测定。对于表面开口型缺陷显示，测定其上（或下）端点的深度位置。对于埋藏的条状显示，应分别测定其上、下端点的位置，先辨别缺陷端点的衍射信号，然后根据相位相反的关系确定缺陷另一端点的位置。

3）缺陷横向位置

在平行扫查或偏置非平行扫查的 TOFD 显示中，缺陷距扫查面最近处的上（或下）端点所反映的位置为缺陷的横向位置（图 5.2.4-2）。

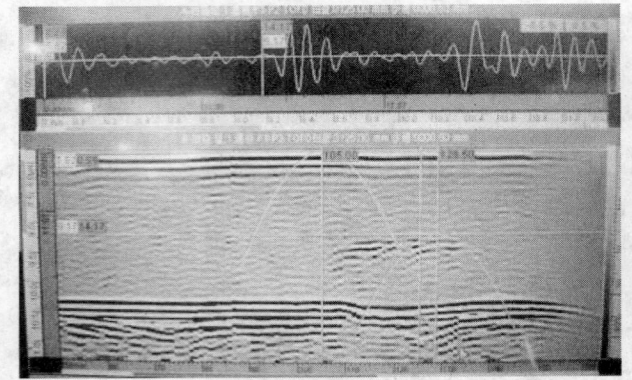

图 5.2.4-1　缺陷位置及尺寸测量

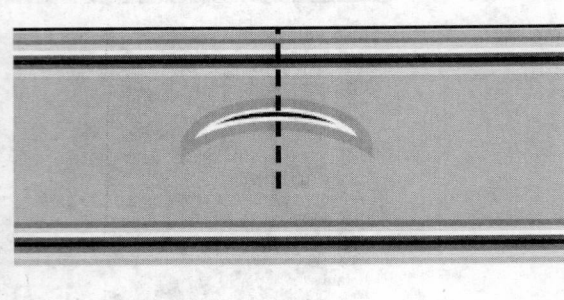

图 5.2.4-2　缺陷平行扫查显示

4. 缺陷尺寸的测定

1）缺陷长度

测量缺陷沿长度方向两个端点的坐标差值可得到缺陷长度。见图 5.2.4-3。

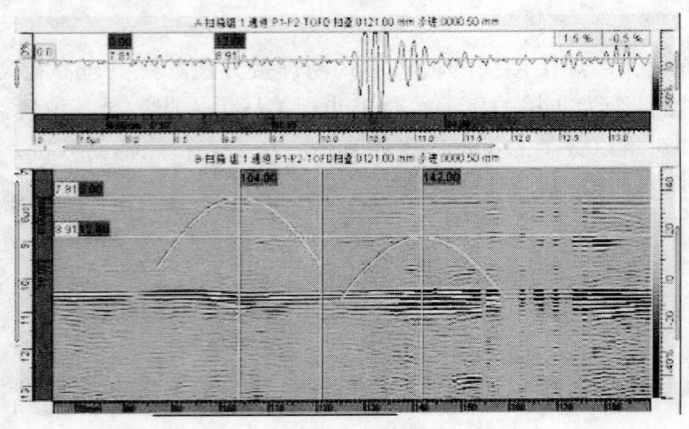

图 5.2.4-3　缺陷长度测量

2）缺陷自身高度

测量缺陷沿深度方向上、下端点的最大距离，对于表面开口型缺陷显示：缺陷高度为表面与缺陷上（或下）端点间最大距离。若为穿透型开口缺陷，缺陷高度为工件厚度；埋藏型条状缺陷则按图 5.2.4-4 测量自身高度。

5.2.5　补充其他检测

对于底面所发现的表面可疑部位以及扫查面应按照 JB/T 4730.4～6 标准进行表面检测；对于发现的内部可疑部位可按照 JB/T 4730.3 进行超声检测或其他方法复查（图 5.2.5）。

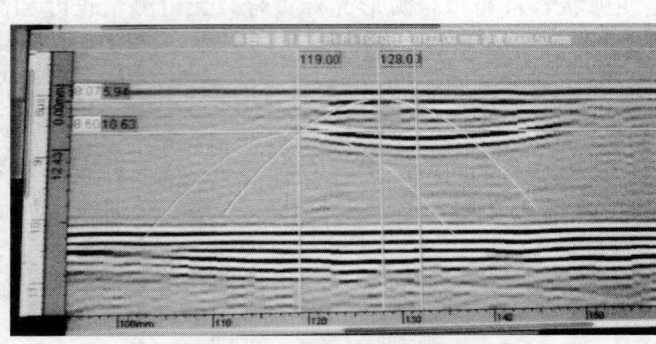

图 5.2.4-4　缺陷自身高度测量

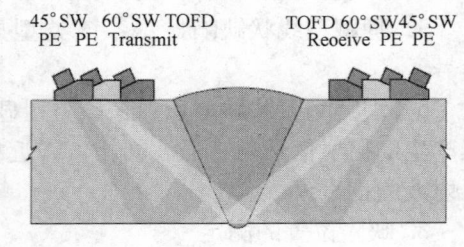

图 5.2.5　补充传统脉冲—反射式超声检测

5.2.6　缺陷评定与验收：

1. 不允许危害性表面开口缺陷的存在。当埋藏缺陷类型可判断为裂纹、未熔合等危害性缺陷时，也不允许存在。

2. 当缺陷距工件表面的最小距离小于自身高度的 40% 时，为近表面缺陷。

3. 相邻两缺陷显示（非点状），其在焊缝长度方向（纵向）间距小于其中较大的缺陷长度且在深度方向间距小于其中较大的缺陷高度时，应作为一条缺陷处理，以两缺陷长度之和作为其单个缺陷长度，高度之和作为其单个缺陷高度（间距计入缺陷尺寸）。若其中一个为点状显示，则间距不计入缺陷尺寸。

4. 点状显示用评定区进行质量分级评定，评定区为一个与焊缝平行的矩形截面，其沿纵向的长度为150mm，沿深度方向的高度为工件厚度。在评定区内或与评定区边界线相切的缺陷均应划入评定区内。

5. 点状、条状缺陷的验收级别为Ⅱ级。

5.2.7　检测报告

1. 检测报告至少应包括如下内容：

1）委托单位；

2）检测标准；

3）被检工件：名称、编号、规格、材质、坡口形式、焊接方法和热处理状况；

4）检测设备：仪器名称及编号、探头规格型号及编号、扫查装置、试块、耦合剂；

5）检测方法：检测工艺编号、探头布置图、检测设置和校准的数值、温度、信号处理方法；

6）检测示意图：检测部位、检测区域；缺陷位置和分布应在检测示意图上予以标明；

7）检测数据（包括 TOFD 图像和相关显示的位置、尺寸、射频波 A 扫描显示）；

8）检测结果；

9）检测人员和责任人员签字及其技术资格；

10）检测日期。

2. 检测报告由 TOFD 专用软件自动生成。

5.2.8　检测资料储存

将所有检测原始数据与分析、计算、评定结果按容器号—焊缝号—分段号依次编制成文件号储存于光盘等媒体中永久保存。

6. 材料与设备

6.1　主要施工机具需用见表 6.1。

6.2　主要用料需用见表 6.2。

检测设备、材料   表 6.1

序号	名　　称	规格型号	单位	数量	用　　途
1	TOFD 检测仪	ISONIC 2007	台	1	TOFD 检测
2	超声成像检测系统	以色列 Sonotron NDT 公司出品	套	1	检测数据收集、分析、储存
3	TOFD 探头	Φ3mm/45°	对	1	发射并接收超声波
4	TOFD 探头	Φ6mm/60°	对	1	发射并接收超声波
5	常规超声波探头	2.5PK2.5	只	2	补充常规超声检测
6	扫查机构	手持式单通道	只	1	夹持探头
7	扫查机构	手持式多通道	只	1	夹持探头，对厚板焊缝分区检测
8	对比试块		套	1	检测系统校准与复核
9	耦合剂喷罐			1	
10	卷尺	5m	只	1	测量工件规格、标记检测区段
11	钢板尺	25mm	把	1	检测系统校准、测量工件规格
12	磁粉探伤仪		台	1	补充表面与近表面检测
13	照明灯		套	2	容器内检测照明、表面观察
14	手持砂轮机		台	1	扫查面处理
15	笔记本电脑		台	2	离线分析检测数据，编制检测报告
16	移动硬盘	160G	只	1	储存检测数据
17	刻录机	DVD	台	1	储存检测数据，制作检测报告交用户

主要用料一览　　　　　　　　　　　　　　　　表 6.2

序号	名 称	规格型号	单位	数量	用 途
1	记号笔	黄色	支	20	标记检测部位与缺陷部位
2	黑磁膏		支	2	表面检测显示介质,配置磁悬液
3	砂轮片		片	50	扫查面处理
4	光盘	DVD	片	100	储存检测数据及检测报告(交用户)
5	抹布		kg	10	扫查面清洁

7. 质 量 控 制

7.1 检测人员必须熟悉超声波检测原理,并接受过超声波端点衍射法检测的技术培训。

7.2 检测设备应具有产品质量合格证或合格的证明文件。

7.3 正确进行检测系统的设置与校准。

7.4 检测过程中注意检测参数的复核,发生偏差,分析原因正确处置。

7.5 不断积累、总结经验,不断优化检测工艺。

8. 安 全 措 施

8.1 认真贯彻落实"安全第一,预防为主"的方针,在施工中组建安全保证体系,执行国家、行业的各项安全技术规范,遵守中石化集团公司颁布的《安全生产十大禁令》及镇海炼化乙烯项目部有关安全规章制度,编制安全措施,做好各项安全预防工作。

8.2 按照镇海炼化乙烯项目部的规定,所有进入现场的检测人员办理入场手续、认真履行安全教育。

8.3 开展安全培训、安全技术交底及应急预案演练。

8.4 现场临时用电严格执行国家规范《施工现场临时用电安全技术规范》。

8.5 按规定穿戴劳动保护用品,打磨作业人员佩戴防护目镜和耳塞,高处作业人员必须系挂五点式安全带。

9. 环 保 措 施

本工法的优点之一是环保,对周围环境没有污染。为切实做好施工现场的环境保护工作,主要采取以下措施:

9.1 建立施工现场 HSE 管理体系,严格遵守国家、地方政府和业主制定的有关环境保护、文明施工的法规和规章制度,遵守有关防火和废弃物处理的规章制度。

9.2 采用水作为检测耦合剂,避免对环境造成污染。

9.3 做到工完场清,将残余砂轮片、破布等废弃物统一放置在项目指定地点。

10. 效 益 分 析

TOFD 技术,具有缺陷检出率高、缺陷高度测量精确、可实时成像快速分析、快速安全方便的优点,可多台仪器同时开展工作,实现多工种平行作业,相比射线检测不需要严格的隔离和防护条件,对保证施工周期、保护环境和人身安全非常有优势。

10.1 大型、厚壁设备的焊缝采用 TOFD 检测,解决了因射线源强度带来的曝光时间与射线防护的问题,特别是现场组焊焊缝的射线检测时的防护,节省了制作射线防护屏所需的大量铅板,及在进行射线作业时吊装射线防护屏所需的大型吊机的长期租赁费用。以镇海炼化 100 万 t/年乙烯工程汽油分馏塔（DA-151）为例,若该设备采用射线检测方法,预算的检测费用为 60 万元（未包含辐射防护措施费用），而采用 TOFD 检测，实际费用为 65 万元，同时节省了现场射线防护所需的铅屏蔽筒（铅板用量约 11t，合 29 万元），检测费用比采用射线检测节约近 20 万元。

10.2 大幅度缩短了检测周期，由于 TOFD 检测对人体无伤害，检测的同时，组焊现场可进行多工种平行作业，加快了制造进度，总体制造工期缩短了 20d，节省了吊机租赁费用。

10.3 更加有利于工程质量控制。采用 TOFD 检测技术可以为现场组焊质量的动态控制提供更加及时、准确的信息，有利于质量控制和改进。

10.4 环保而安全，具有良好的社会效益。

虽然目前实施 TOFD 检测的一次性投入成本比射线检测或传统超声检测较高（购买检测仪器、探头的费用或委托检测的单价），但随着国内 TOFD 检测仪器制造技术的进一步成熟、推广应用，购买 TOFD 设备的成本必将有所下降，其检测费用也会下调，制造成本将进一步得到控制，经济效益和社会效益将更加显著。随着我国对安全环保要求的提高，对检测质量、成本和效率的进一步重视，TOFD 检测技术将使用越来越广泛。

11. 应 用 实 例

11.1 项目名称：镇海炼化 100 万 t/年乙烯工程——乙烯裂解装置

工程地点：浙江省宁波市

工程实物量：DA405 丙烯精馏塔（φ6600×66700×52/34）、DA406 丙烯精馏塔（φ7800×109850×58/36）、DA151 汽油分馏塔（φ13200×65800×34/30）、DA152 急冷塔（φ11400×60525×34），焊缝总长 5147m。

开竣工日期：2008 年 6 月～10 月

应用效果：应用本工法比射线检测方法减少检测作业时间共计 127d。节约吊装辐射防护屏的吊车租赁费用 58.8 万元、节约辐射防护铅屏制作及材料费用为 29 万元；节约人工费 5.3 万元。使容器的制造和现场组焊质量得到及时、有效的控制，保证了设备如期交付安装，确保了工程建设的顺利进展，实现了安全、环保、高效、节能的目标。创造了良好的经济效益和社会效益，对我国大型压力容器制造中检测技术的进步和发展具有重要意义，可为同类工程提供积极的借鉴和参考作用。

11.2 项目名称：镇海炼化 100 万 t/年乙烯工程——乙烯装置

工程地点：浙江省宁波市

工程实物量：DA-401 脱乙烷塔（φ4200×52780×52/46）、DA-402 乙烯精馏塔（φ6000×103500×30/48/36），焊缝总长 1384m。

开竣工日期：2008 年 6 月～10 月

应用效果：比射线检测方法减少检测作业时间 28 天。节约吊装辐射防护屏的吊车租赁费用 12.6 万元；节约辐射防护铅屏制作及材料费用为 14.8 万元；节约人工费用 1.1 万元。使设备制造质量得到及时、有效的控制，保证了设备如期交付安装，确保了乙烯项目工程建设按计划顺利进展，实现了安全、环保、高效、节能的目标。

11.3 项目名称：镇海炼化 100 万 t/年乙烯工程——裂解汽油加氢装置

工程地点：浙江省宁波市

工程实物量：R-760 二段加氢反应器（φ3200×15045×(56+3.5)/(50+3)），焊缝总长 114m。

开竣工日期：2008 年 6 月～10 月

应用效果：比射线检测方法减少检测作业时间 9d，节约吊装辐射防护屏的吊车租赁费用 3 万元；节约辐射防护铅屏制作及材料费用 9.6 万元；节约人工费用 3780 元。使容器的制造焊接质量得到及时、有效的控制，成功地解决了大型厚壁复合钢板容器对接焊接接头现场检测的难题，保证了设备如期交付安装，确保了工程建设的顺利进展，实现了安全、环保、高效、节能的目标。

风洞关键构件不锈钢蜂窝器制作安装工法

GJYJGF106—2008

四川华西集团有限公司

任予锋　孙华东　张晓泽　曾道金　曾键

1. 前　　言

　　航空航天科技的迅猛发展，使风洞的作用日益凸显，以其为主体的建设项目日渐增多。风洞作为大型综合全钢结构非标设备，组成复杂，制造及安装工艺等级高，含有许多的施工技术难点。特别是蜂窝器制造技术，由于蜂窝器能使风洞模拟试验更接近于高空气流环境，因而，蜂窝器为其中关键的内部件，它数量多，占有面积大，精度要求高，是风洞建造中无法回避的重大技术难题。

　　四川华西集团有限公司作为钢结构工程施工总承包资质一级企业，是风洞建设行业的生力军，自1995年开始到2005年这十余年时间里，成功地建造了亚洲最大的2.4m跨声速风洞以及φ5m立式风洞，改造了1.2m超声速风洞，极大地推动了我国航空航天事业的发展；在历次风洞建造中，他们均成功突破了蜂窝器制造这一技术瓶颈，所形成的独到的蜂窝器制造技术在国内处于领先地位；到了2007年，他们又承担了某基地超声速风洞制作安装工程，在该工程中，其稳定段内部横截断面上分布着有约131000根蜂窝管组成的蜂窝器，制作工程量很大，技术等级高。鉴于此，四川华西集团有限公司组织技术力量，有针对性地开展科技攻关，取得了不锈钢蜂窝器压制成型与组装工艺这一国内首创的新成果，同时形成了不锈钢蜂窝器压制及组装施工工法。该工法继承了以往2.4m风洞、1.2m风洞及φ5m风洞蜂窝器制造成功经验，推陈出新，技术先进，在生产中成倍地提高了生产效率，各方面效益明显，已被迅速应用和普及，这必将对日后国内各系列风洞蜂窝器的制作向标准化及规范化方向发展产生巨大的示范和推广作用。

　　蜂窝器是风洞配套的重要构件，本工法为我国在航天试验装置中关键技术掌握上作出了贡献。

　　本蜂窝器的制造工艺已获得国家发明专利（专利号：98112048.2），含蜂窝器制作安装的风洞工程施工成套技术获国家科技进步一等奖、四川省科技进步一等奖。

2. 蜂窝器在风洞中所处部位及相关结构介绍

　　蜂窝器安装于风洞稳定段的中部，在常规跨超声速风洞中，其大小结构均相似，只是长度根据各风洞具体要求而有所不同，均是用0.2mm不锈钢板（1Cr18Ni9Ti）制作成正六棱蜂窝管形式。这里以2m超风洞蜂窝器为例，其在超声速风洞中所处位置及结构形式与技术指标作如下介绍：

　　2.1　单根正六棱蜂窝管的横截断面呈正六边形，内对边基本尺寸为20mm，长度300mm，详细结构如图2.1所示。

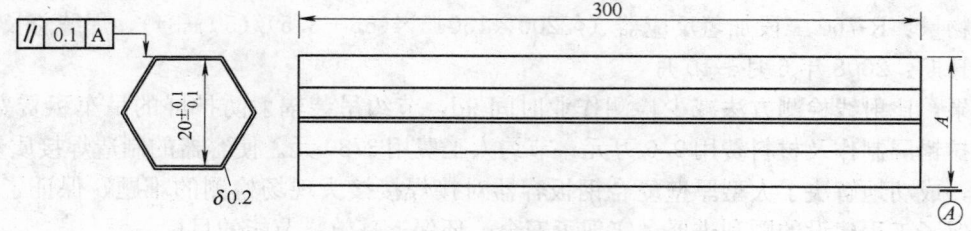

图2.1　单根正六棱蜂窝管结构图

2.2 蜂窝管压制成型后，经缝焊为单根合格蜂窝管，在精密组装模具上陆续组焊为 1100×1100 大小的蜂窝块，整体装入单元框（为 $1110 \times 1110 \times 300$ 的方格框，用 $\delta 5mm$ 的 Q235A 钢板制成），再将单元框与蜂窝块点焊成为一体，最终形式如图 2.2 所示。

2.3 蜂窝块与单元框组焊成一体后，装入稳定段内的蜂窝器框架内，具体样式见图 2.6 中的稳定段内蜂窝器分布图。

2.4 装入蜂窝器框架内的蜂窝器，在整个稳定段内截面上垂直度应小于 0.5mm，蜂窝管中心轴线与风洞中心轴线平行度应小于 0.5mm。

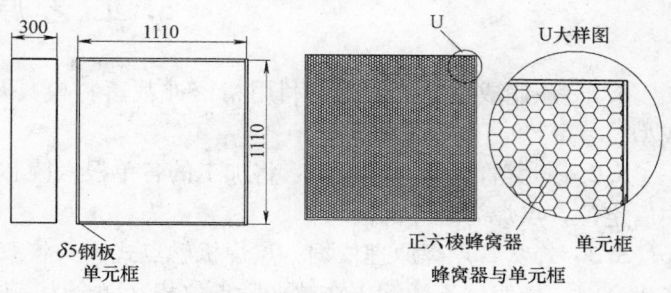

图 2.2 蜂窝器形式图

2.5 蜂窝器单元框装入蜂窝器框架内后，再在蜂窝器框架上加装前后整流罩，以使蜂窝器单元框被约束限制在蜂窝器框架内相应的单元格内。由于前后整流罩制作方法简便，安装方式简单，对蜂窝器制造及安装质量没有明显影响，本工法对其不作专门叙述。

2.6 稳定段内蜂窝器分布形式如图 2.6 所示。

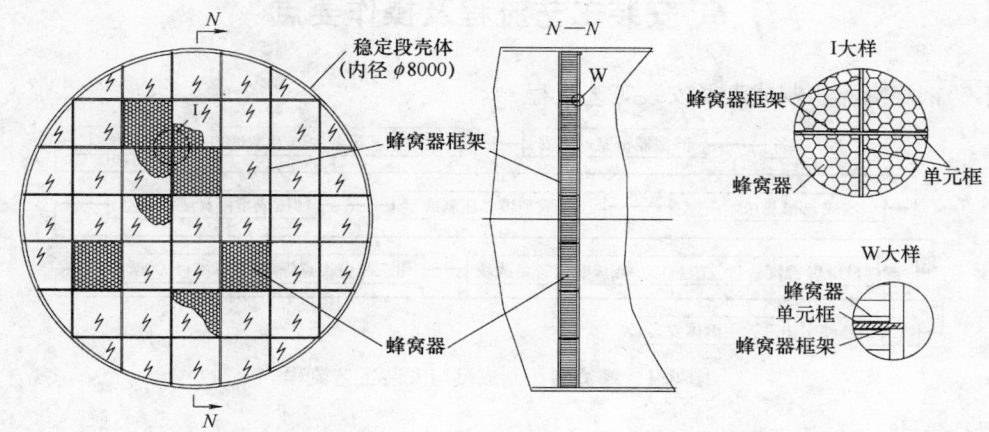

图 2.6 稳定段内蜂窝器分布图

3. 工 法 特 点

3.1 利用精密冲裁及压制模具实施蜂窝器制作，易于实现规模化生产，操作灵活方便，适于管理。并且能够保证最终六棱蜂窝管尺寸及形位公差精度等级，成型速度快，质量稳定，外形美观，结构牢固，经济耐用，易于后续的整体组对，能够有效改善风洞内部的流场性能。

3.2 六棱蜂窝管在组装模具上组对成蜂窝块，整体精度高，端面垂直度及平行度偏差控制效果好，便于后续在主洞体部段内部开展安装。

3.3 自制的 FW-I 型系列点焊机点焊蜂窝管，焊点牢固，痕迹小，无烧穿及假焊现象，能够保证 $\delta 0.2mm$ 不锈钢板焊点部位达到充分熔合。

3.4 生产过程利用的设备少，制作速度快，占地面积小，生产量大，原材料利用率高，易于控制成本和工期。

4. 适 用 范 围

此工法适用于跨、超声速系列风洞的不锈钢蜂窝器的制作及安装。

5. 工 艺 原 理

5.1 压制成型原理依据：利用精密冲裁落料模具及精压成型模具完成蜂窝管的下料到最终精确成型。

5.2 蜂窝管组对原理依据：将加工的各单根六棱芯棒在高精度定位板上集成群体，蜂窝管插入其中后定位，点焊为整体蜂窝块。

5.3 蜂窝管点焊原理依据：点焊机触点式夹头将双层 $\delta 0.2mm$ 不锈钢皮夹紧后，接通电源，瞬间产生高温，使双层不锈钢皮在被夹紧点位相互融合为一体，形成焊点。

5.4 缝焊原理依据：蜂窝管缝焊是在蜂窝器制造技术中所形成的独具特性的焊接方式，其原理依据是：施加预压力使蜂窝管成型合拢边相互接触（压接），接通瞬间电流，产生高温，使对接接触处两合拢边金属晶格结构活性增大，相互之间重新结晶，结合为金属键，形成固溶体。

5.5 安装工艺原理依据：蜂窝器装入稳定段框格，利用方框式水平仪配合经纬仪，找正整个端面垂直度。

6. 安装工艺流程及操作要点

6.1 不锈钢蜂窝器压制成型及安装工艺流程

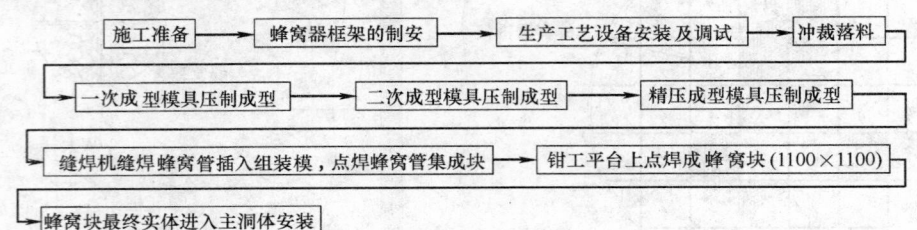

图 6.1 蜂窝器压制成型与安装工艺流程

6.2 操作要点

6.2.1 蜂窝器框架的制安

蜂窝器框架处于风洞的稳定段中部，由 $\delta 20mm$ 的钢板制作，组成网格方框形式，中心部分方框格为 25 块，边缘部分为异形框格，有 20 块（图 6.2.1-1）；蜂窝管组焊为尺寸适配的单元蜂窝框后，陆续装入蜂窝器框架内的各网格内，最终在整个稳定段中部横截面上布满蜂窝器。蜂窝器框架制安步骤如下：

1. 蜂窝器框架下料及构部件加工：按图纸统计框架的横、竖隔板规格，依次下料，准备在刨边机和刨床上加工其边缘及坡口，以保证隔板的平直度和尺寸的一致性。由于横隔板长度较长：最长为 7900mm（2 块），最短为 5630mm（2 块），因而须在 9m 规格刨边机上加工横隔板；竖隔板长度较短：其数量总计有 38 块，最长长度为 1110mm，用相应规格牛头刨床实施加工比较方便。加工过程中应严格控制尺寸精度，尤其要保证隔板尺寸在宽度方向（400mm）的一致性，按 IT8～IT12 未注公差等级精度实施控制和检测。横隔板长度方向两端头应与 $\phi 8000mm$ 内筒体对应部位圆弧相吻合，所有横、

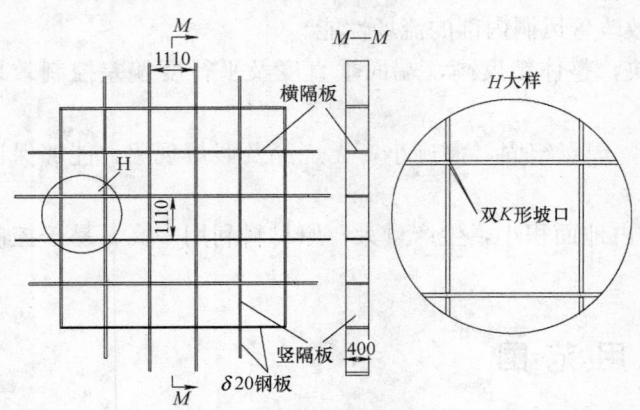

图 6.2.1-1 蜂窝器框架结构示意图

竖隔板全部采用机械加工方式开焊接坡口，此目的是为了减少工件的变形。

2. 在辐射平台上组对蜂窝器框架：以辐射平台上平面为基准，组对横竖隔板（临时点焊连接），成型后，再对各方框格尺寸进行检验，以防出现大的偏差，确认无误后，准备施焊。蜂窝器框架在辐射平台上的整体组对成型如图6.2.1-2所示。

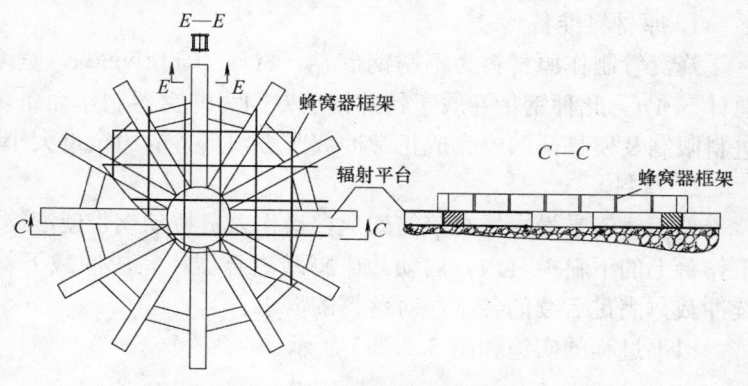

图6.2.1-2 蜂窝器框架平台组对

3. 蜂窝器框架装入稳定段内壳体：稳定段分为3个工艺分段进行制作，3段制作完成后再焊接为一个整体。蜂窝器框架处于稳定段中部，在稳定段3个工艺分段合拢为一个整体前，需将其先行装入属于稳定段中间的工艺分段。

将稳定段中间工艺分段壳体竖放于辐射平台上，整体组对成型后的蜂窝器框架，装入其中的安装位置，以辐射平台上平面为基准，用钢线坠及钳工平尺、方水平作配合，将蜂窝器框架调整至水平（水平度应小于0.5mm/m）后，在内筒体周圈点焊固定蜂窝器框架。具体过程如图6.2.1-3所示。

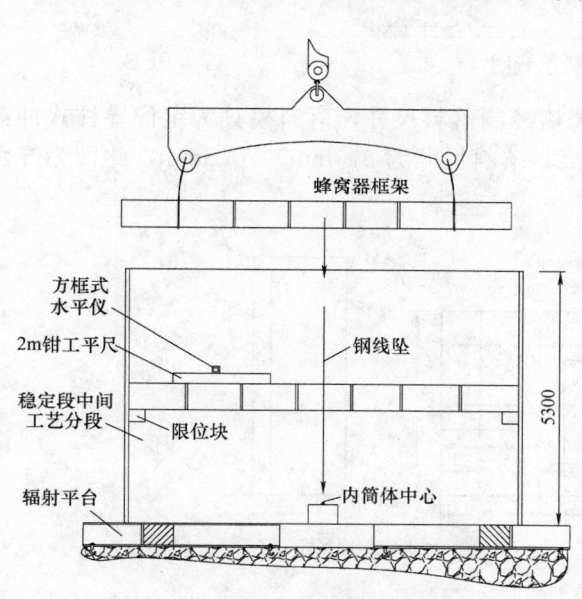

图6.2.1-3 蜂窝器框架平台组对

4. 蜂窝器框架的焊接：此工序在框架装入稳定段中间工艺分段后实施进行，该过程应注重控制焊接变形。焊接时，应在整个框架幅面上进行多点位均布施焊，相互点位之间要尽量对称（相对于框架纵横中心线），控制焊接速度和电流，防止热应力不均匀、不对称。对于具体位置处的横竖隔板交接处双面K形坡口的焊接，采用分段跳跃式对称施焊，使焊接热应力均匀对称分布，减小构件变形。

5. 整体实施组焊完成后，蜂窝器框架即与稳定段中间工艺分段内筒体组焊为一体，再与该稳定段工艺分段一起运进大型远红外加温退火炉（四川华西集团有限公司的又一专利产品）进行整体热处理消除应力后，从退火炉中移出，待装单元蜂窝框。

6.2.2 加工工艺设备安装

蜂窝器制作过程需要冲压设备及点焊机，其中落料需在63t压力机上进行，一、二次成型压制需分别在两台35t冲床上实施，精压成型利用100t四柱油压机来完成，而后再利用点焊机及缝焊机完成后续的组对。为了形成上、下工序的流水线型作业，这些设备可按工序顺序实施集中安装，以保证生产效率。需依次完成以下工作内容：

冲裁模具安装、调试（63t压力机）—→一次成型冲压模具安装、调试（35t压力机）—→二次成型冲压模具安装、调试（35t压力机）—→精压校形模具安装、调试（100t四柱油压机）—→缝焊模具安装、调试（丝杠升降机）—→组装模具安装及调试—→2800×1500钳工平台调平安装—→点焊机安装及电流、电压调试

6.2.3 不锈钢蜂窝器压制成型工艺

蜂窝器对风洞的流场品质起着至关重要的决定性作用，它直接影响着风洞的整体试验性能，而其质量又与单根蜂窝管的制作质量密切相关。

单根正六棱形式的不锈钢蜂窝管制造难度很高，精度等级达到了IT8级公差要求，为了保证其最终的精确成型，整个制作过程需采用精密压制模具控制。这种方式已在2.4m风洞及1.2m风洞蜂窝器

制作中得到了成功运用及验证，实施过程的相关工序如下：

1. 原材料准备

蜂窝管制作原材料为不锈钢带卷，材质 1Cr18Ni9Ti，宽度为 305mm，每卷重 1.8t，共需要 3 卷，总计 5.4 t。此种钢带卷属于特殊钢厂专门为蜂窝器制作而备，其规格应满足蜂窝器下料模具工作时的进料限制及模具凸凹模完成正常冲裁所必须具备的边余量大小要求。

2. 落料

把不锈钢带卷支撑在滚筒架上，操作人员拉动钢带使滚筒转动，并将钢带端头引入 63t 可倾式冲床工作台上的下料模具内，启动冲床脚踏离合器，完成冲裁下料。重复进行该工序步骤，实施不间断连续冲裁，满足后续的各工序对落料的需求。

以上过程的实施如图 6.2.3-1 所示。

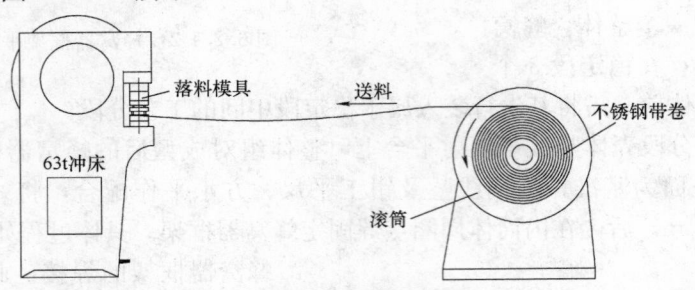

图 6.2.3-1　落料示意图

落料对后续六棱蜂窝管各工序有很大的影响，应严格控制落料尺寸，落料模具为定位导柱式冲裁模具，其凸凹模单边间隙只有 0.015mm，下料精度很高，落料尺寸为 300mm×70.8mm，此即为蜂窝管展开尺寸。模具结构及落料形式如图 6.2.3-2 所示。

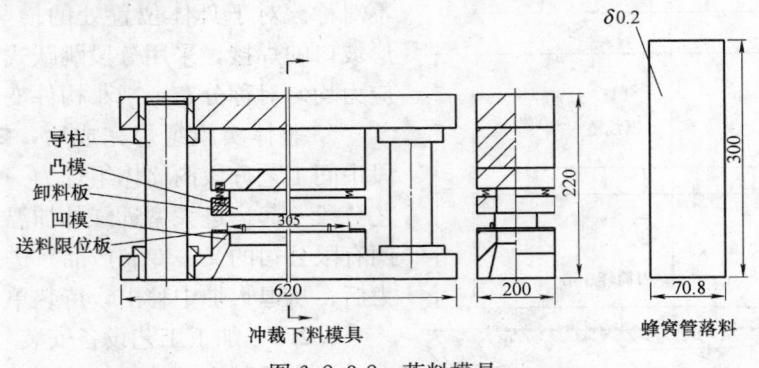

图 6.2.3-2　落料模具

3. 一次成型冲压

将落料放入一次成型压制模具中，压制成开度较大的半成品，此步工序在 35t 冲床上进行（一次成型压制模具安装在 35t 冲床上），将完成第一次冲压成型。

模具形式与压制完成后的工件如图 6.2.3-3 所示。

4. 二次成型冲压

将一次成型冲压件放入二次成型压制模具中，压制出六棱蜂窝管的雏形，此步工序仍在 35t 冲床上进行（二次成型压制模具安装在 35t 冲床上），将完成第二次冲压成型。

压制模具结构形式如图 6.2.3-4 所示。

二次冲压完成后的工件为近似封闭的正六边形，正六边形的六个棱角均呈圆滑过渡状态，具体样式如图 6.2.3-5 所示（为了清晰显示，采用放大图）：

5. 精压成型

二次成型冲压件中需插入与六棱蜂窝管适配的六棱标准芯棒，再一起放入精压成型模具中，完成

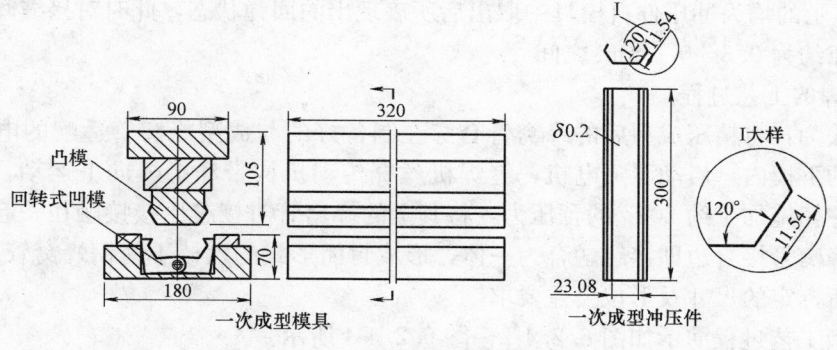

图 6.2.3-3　一次成型模具与成型件图

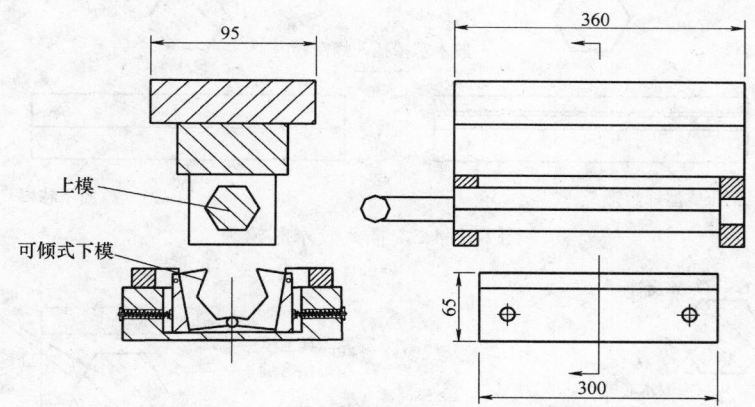

图 6.2.3-4　一次成型模具与成型件图

精确压制。此步工序在 100t 四柱油压机上进行，实施过程如图 6.2.3-6 所示（为了清晰显示，亦采用放大图）：

四柱油压机推动上模向下运动，与下模闭合，对套有二次成型冲压件的芯棒施加大约 80MPa 的压力，即可将蜂窝管精确压制成型。蜂窝管精确压制成型后，把芯棒抽出，将压制成型的蜂窝管放到储存场地上，以备

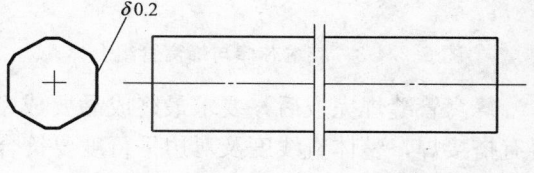

图 6.2.3-5　二次成型冲压件

后续工序的继续进行。精确成型的正六棱蜂窝管样式见图 2.1。

综上，正六棱蜂窝管的制作，要经过自落料到精压成型过程的依次演变，需制作冲裁落料模一套、冲压成型模两套、精压成型模具一套，经过上述四个步骤过后，单根蜂窝管即完成精压成型。

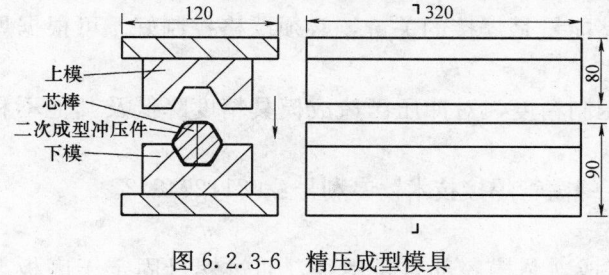

图 6.2.3-6　精压成型模具

6.2.4　蜂窝管缝焊

1. 蜂窝管缝焊的含义

六棱蜂窝管是由冲裁模具落料后由压制模具依次卷制成型的，最后的合拢边留有对接接缝，该对接接缝在单根蜂窝管于组装模具上实施群体组对前，要将其融合。六棱蜂窝管第一次成型过程，二次成型到精压成型的两个过程均形成有对接接缝，形式如图 6.2.4-1 所示（为了清晰显示，采用放大图），但要缝焊处理的是精压成型过后形成的六棱蜂窝管的对接接缝，以使蜂窝管形成为封闭的正六边形。

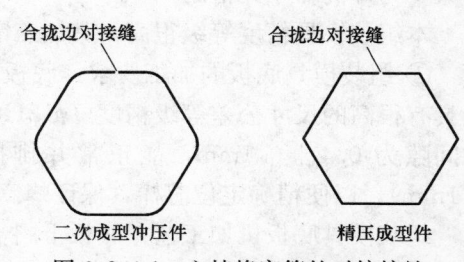

图 6.2.4-1　六棱蜂窝管的对接接缝

图 6.2.4-1 显示的均为冲压件自模具中取出后所表现出的回弹状态，此时对接缝间隙较大，实测中精压成型件此间隙约为 0.3～0.5mm 之间。

2. 蜂窝管缝焊的工艺过程

具体工艺方法为：将精压成型后的蜂窝管套穿在制备好的与成型蜂窝管适配的电胶木芯棒上，一起放进缝焊机上的下模内，启动下降电机，缝焊机丝杆传动机构带动上模向下运动，在上、下模合拢后，即对电胶木芯棒施加了约 20kg 的预压力，将其上的蜂窝管对接缝压接接触在一起；此时，接通瞬间的焊接电流，蜂窝管接合边即接触融合为一体，形成封闭形式的六棱不锈钢蜂窝管。对其实施检验，看是否符合图纸所标定的尺寸及形位公差要求。

以上缝焊成型工艺过程演示如图 6.2.4-2～图 6.2.4-4 所示。

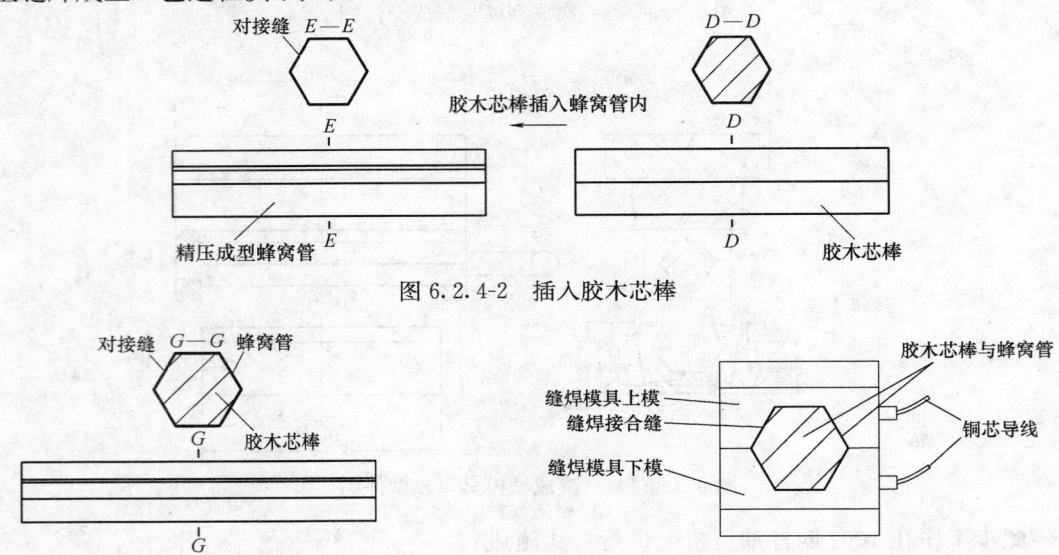

图 6.2.4-2　插入胶木芯棒

图 6.2.4-3　胶木芯棒与蜂窝管组合体　　　　图 6.2.4-4　缝焊模具内焊接合边

蜂窝管缝焊完成后，要求最终成品要成型标准，不得有焊接变形，合拢边对接处必须是对接焊不得有搭接焊，整体直线度及对边平行度要符合图纸技术要求（均应小于 0.1mm）。要达到上述要求，需采取以下控制措施：

(1) 电胶木芯棒尺寸及形位公差制造等级精度必须与蜂窝管的制造公差等级相适配。

(2) 缝焊时，瞬间焊接电流的作用时间和最大储能量是焊接的关键，必须严格控制好。可根据焊接情况调节。

(3) 严格控制蜂窝管压制成型工序质量，保证压制精度，对冲压已造成模具精度降低及其他不利因素影响，要采取措施及时消除。

(4) 蜂窝管缝焊机详细的参数请参照国家专利：蜂窝管焊接技术，专利号：98112048.2。

6.2.5　利用组装模具组焊蜂窝块

1. 组装模具的制备：组装模具由底板及芯棒组成，芯棒底部自带螺纹，通过螺母固定于底板上（图 6.2.5-1），芯棒长度为蜂窝管长度的一半；组装模板上所有芯棒装配固定后，组成的芯棒集成块规格大小为蜂窝器单元框的 1/4。

本组装模具精度等级很高，其加工需借助于数控设备来完成：

① 组装模具底板的加工要求：底板为组装模具的芯棒定位板，其上多达 837 根的 $\phi12$mm 芯棒定位孔具有很高的尺寸公差等级精度（$\phi12$H6）及位置度公差要求，所有芯棒固定完成后，芯棒与芯棒之间的间隙为 0.4＋0.1mm，能正常并排插入两根蜂窝管，还要保持相互之间的位置度公差（小于 0.1mm），以便精确定位芯棒，保证蜂窝管整体组装后的精度要求。

组装模具底板机加工艺：底板下料→粗铣→数铣→数控坐标镗床定位 $\phi12$mm 孔→数控坐标钻床钻孔→调质处理（HB58～62）。

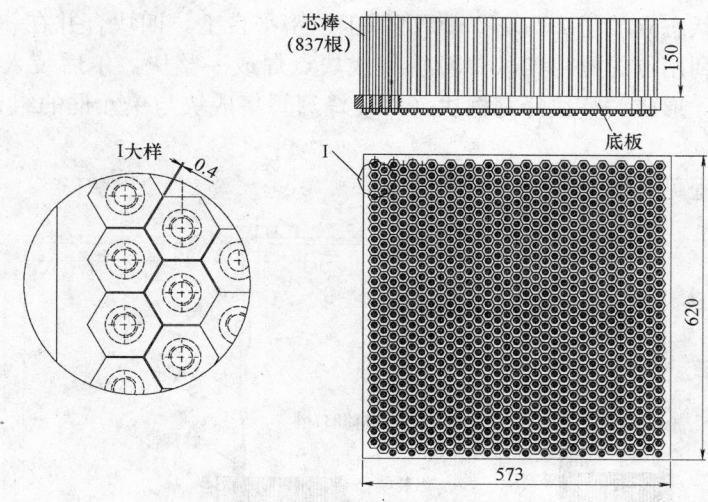

图 6.2.5-1　蜂窝块组装模具

　　② 六棱芯棒加工：模具底板上的芯棒总计有 837 根，需按图 6.2.5-2 所示形式加工。其数量多，加工精度高，难度较大。

　　③ 正六棱芯棒机加工工艺：下料→外圆车削→数控铣床加工六棱边→调质处理（HB58～62）。

　　2. 组装模具的使用：将压制好的单根六棱蜂窝管陆续插入组装模芯棒内，蜂窝管底部与组装模底板上平面保持全接触，最终组成一整块蜂窝块（大小为 1/4 蜂窝器单元框）。

　　向组装模具上插入蜂窝管时，应从模具边缘开始，逐排向模具中央实施，直至插满整个组装模具上的芯棒，这样的顺序可以保证六棱蜂窝管的组装精度，使相互之间定位准确（图 6.2.5-3）。

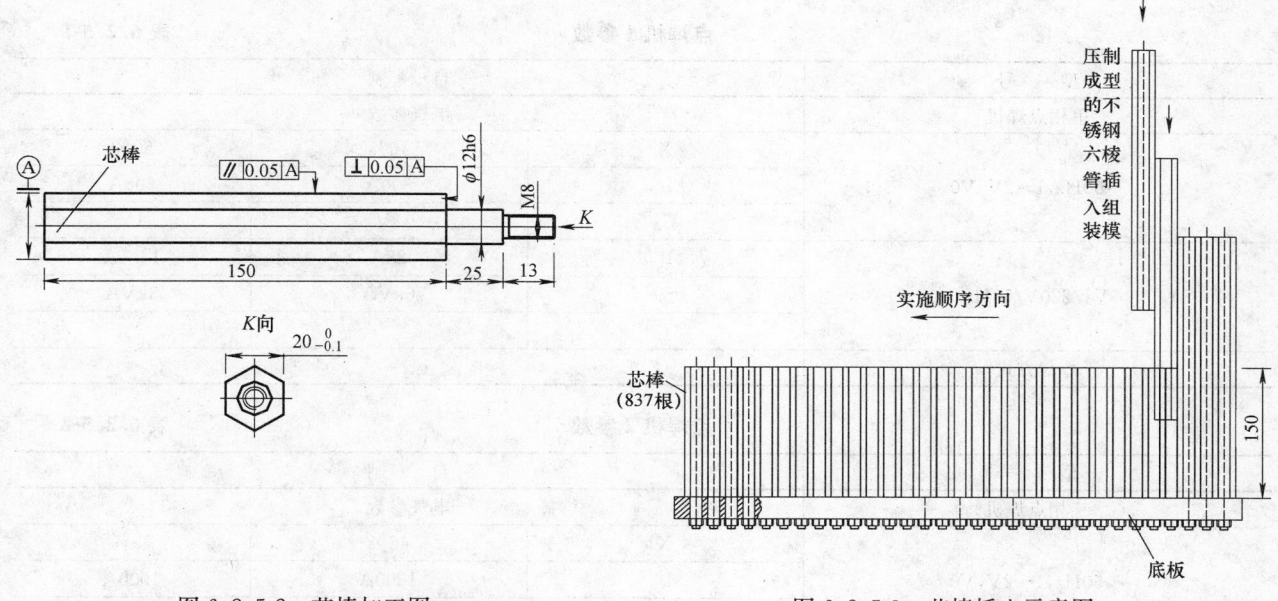

图 6.2.5-2　芯棒加工图　　　　　　　　　　　图 6.2.5-3　芯棒插入示意图

　　3. 蜂窝器点焊：将装在模板芯棒上的蜂窝管集成块移至点焊机点焊接头下，两点焊接头杆分别伸入两相邻六棱蜂窝管内，将两蜂窝管贴合边夹紧，接头对正后，启动脚踏开关离合器，依次自下而上进行点焊，焊点间距约为 15mm 左右；一组贴合边上点焊两排焊点，对称分布于贴合边两侧，间距约为 8mm。依此方式陆续点焊好模板芯棒上的所有蜂窝管。将点焊好的蜂窝管集成块自组装模上整体拔出，再反扣套插入组装模的群体芯棒，待其底部与组装模底板上平面全接触后，开始点焊过程。点焊完成，整体拔出点焊好的蜂窝管集成块，最终组装成一整块蜂窝块（大小为 1/4 蜂窝器单元框尺寸）。

　　4. 在钳工平台上点焊蜂窝块：依照上述方式点焊好相同规格的四块蜂窝管集成块，再将点焊好的各蜂窝管集成块呈铅锤状态立放于 2800×1500 型钳工精密平台上，四块合并在一起，达到尺寸与蜂窝器单元框尺寸适配后，利用点焊枪将四块蜂窝管集成块点焊成一整块，尔后装入蜂窝器单元框内并与框格四周边点焊在一起，形成一整块蜂窝框块（六棱蜂窝管集成块与单元框的组合体），完成整个点焊过程。

蜂窝器点焊工艺过程见图 6.2.5-4 所示。

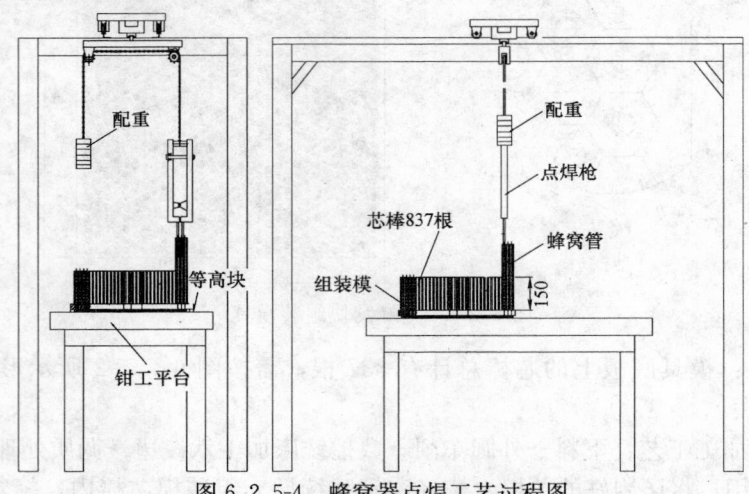

图 6.2.5-4　蜂窝器点焊工艺过程图

5. 蜂窝管点焊机参数：蜂窝管点焊时，采用自制的点焊机进行（点焊机参数见表 6.2.5-1、表 6.2.5-2）。瞬间焊接电流的作用时间必须严格控制在 0.01～0.02s 之间，点焊电流一般应控制在 800～1200A 之间。

点焊机 1 参数　　　　　　　　　　　　　　　表 6.2.5-1

型　　号		自　　制	
单相点焊机		电气参数	
	X	40%	60%
～50Hz,1～2V,V0	I_2	800A	600A
	U_2	2V	1V
	I_1	28A	13.5A
V1/220V/50Hz	S_1	6kVA	3kVA
冷却方式		风冷	

点焊机 2 参数　　　　　　　　　　　　　　　表 6.2.5-2

型　　号		自　　制	
三相点焊机		电气参数	
	X	45%	75%
～50Hz,1～2V,V0	I_2	1200A	1000A
	U_2	2.75V	2.2V
	I_1	46A	39A
V1/380V/50Hz	S_1	24kVA	20kVA
冷却方式		风冷	

6. 蜂窝器点焊缺陷及变形的控制：蜂窝器点焊中如若措施不当经常会发生各种点焊缺陷，甚至会引起蜂窝管变形。通常的缺陷有：烧穿、假焊、变形旁弯等三种。烧穿主要是由于蜂窝管贴合边贴合不严，有空隙；假焊是由于点焊过程中的未熔合、未焊透，点焊枪触夹头夹紧度不够通常会造成此种

缺陷。变形旁弯是由于六棱标准芯棒加工误差较大，芯棒贴合边之间间隙超差，使六棱蜂窝管未完全固定住，点焊时六棱蜂窝管受热向有较大间隙侧局部膨胀，引起变形。

针对以上原因的分析，在实际点焊操作中应做到以下几点：

① 组装模具的加工质量必须符合工艺要求：组装模板及其上的芯棒要严格按工艺要求加工制作，使其能真正达到精确定位且消除过大间隙的作用，通过组装模具的精密定位，消除插入组装模具上的蜂窝管间的贴合边空隙，使其在贴合紧密状态下点焊，这样不但能消除点焊时的烧穿现象，还能减少由于贴合不紧引起的未熔合、未焊透，避免旁弯变形。

② 在实际操作中还应调节点焊枪点焊夹头夹紧度，使其预压力达到10kg左右，确保0.2mm的双层不锈钢皮在点焊时在被点焊部位保持夹紧状态并相互熔合。

③ 要防止六棱不锈钢管在被油污污染的情形下实施点焊，点焊部位必须保证清洁。

6.2.6 在风洞洞体内安装组焊好的蜂窝器

蜂窝框块制作完成后，即可装入稳定段内壳体的蜂窝器框架内，具体实施步骤如下：

蜂窝器框架自上而下总计有7层框格，蜂窝器装入蜂窝器框架的安装顺序也要从上到下进行，先安装最上层，再依次安装下一层，直至最下一层，具体过程如下：

1. 搭设操作平台：距稳定段蜂窝器框架出风面1200mm处，向远离蜂窝器框架方向搭设脚手架，其上铺设木跳板，作为安装操作平台，蜂窝框块向蜂窝器框架的吊运，都可利用捯链起吊到平台上，移进蜂窝器框架（见图6.2.6-1稳定段内脚手架安装平台图）。

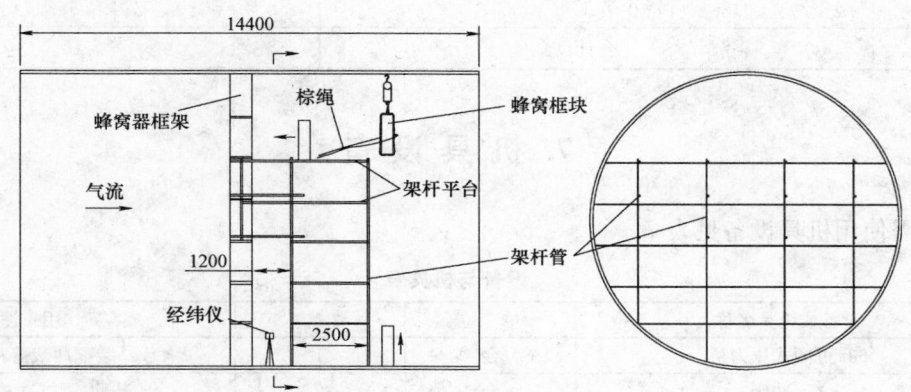

图 6.2.6-1 稳定段内脚手架安装平台图

2. 安装顺序：先上后下，安装完上一层蜂窝器框架单元格内的蜂窝框块后，再安装下一层蜂窝器框架单元格内的蜂窝框块；此过程要做到安装一层调整找正一层，再拆除该层的架杆平台。然后，再实施下一层架杆平台上的木跳板铺设，继续对该层进行调整找正，完成后拆除该层的架杆平台，移至下一层，重复进行此项工作，直至完成最下一层的安装与找正。

3. 测量调整方式：在脚手架与蜂窝器框架之间的中间位置处（距蜂窝器框架约600mm），将经纬仪精确架设于超声速风洞主轴线上，以此轴线所在纵向铅垂面为基准，建立与其垂直的90°安装基准面，此即为风洞蜂窝器的安装基准面。蜂窝框块装入蜂窝器框架后，在其中的蜂窝管中插入标准测量杆（图6.2.6-2），用经纬仪扫描其上刻度（刻度在车床上加工标准测量杆时刻划），所有蜂窝器框架里

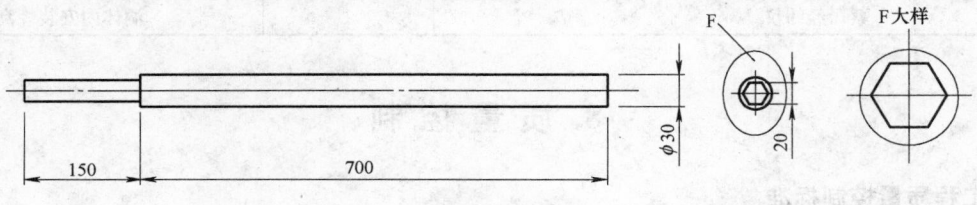

图 6.2.6-2 测量标准杆

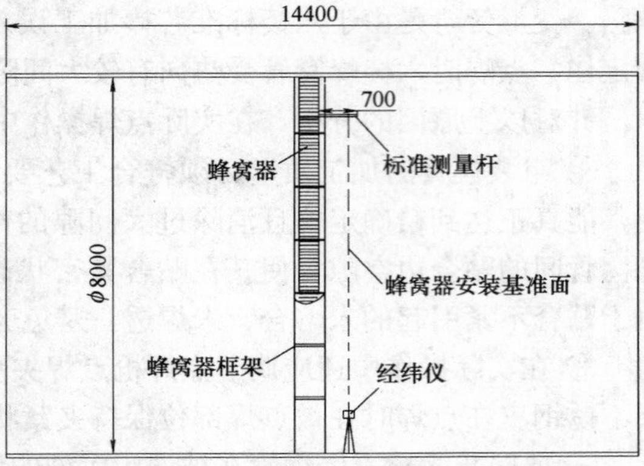

的蜂窝框块在插入标准测量杆后，应调整至经纬仪扫描其上刻度达到一致（图 6.2.6-4 测量方式图），即说明稳定段内筒体整个横截面上的蜂窝器端面垂直度符合要求，蜂窝管中心轴线与超声速风洞主轴线平行。

4. 综上所述，当蜂窝框块装进蜂窝器框架各对应的框格内，其基准面（蜂窝器出风口端面）至安装基准面的距离调整一致，达到安装误差小于 0.5mm（标准测量标尺读数）时，蜂窝块与框架间的局部间隙用金属垫片塞紧点焊，使蜂窝框块定位，然后安装前后整流罩使蜂窝块固定，完成安装。

图 6.2.6-3　蜂窝器安装测量方式图

6.3　劳动力组织

人员使用情况表　　　　　　　　　　　表 6.3

序　号	工　　种	人　　数
1	钳工	2
2	电工	2
3	点焊工	4
4	冲压工	6
5	普工	4
6	合计	18

7. 机 具 设 备

本工法所需使用机具设备见表 7。

设备与机具表　　　　　　　　　　　　表 7

序　号	设备或机具名称	单位	数量	用　　途
1	63t 可倾式压力机	台	1	装配冲裁落料模具
2	35t 冲床	台	2	装配一、二次成型模具
3	100t 四柱油压机	台	1	装配精压成型模具
4	缝焊机	台	1	装配缝焊模具
5	冲裁落料模	套	1	六棱蜂窝管展开尺寸下料
6	一、二次成型模具	套	2	六棱蜂窝管中间成型压制
7	精压成型模具	套	1	六棱蜂窝管精压成型
8	缝焊模具	套	1	六棱蜂窝管接合缝融合焊接
9	组装模具	套	1	将批量蜂窝管点焊为蜂窝块
10	点焊机	台	5	点焊蜂窝管
11	2800×1500 钳工平台	台	1	组装单元蜂窝块
12	150mm 游标卡尺	把	2	检验蜂窝管尺寸
13	1 级精度钳工角尺	把	1	检验蜂窝块垂直度
14	蔡司经纬仪	个	1	洞体内安装蜂窝器

8. 质 量 控 制

8.1　工程质量控制标准

蜂窝器制造与安装工程施工质量执行《风洞稳定段蜂窝器施工安装技术要求》，允许偏差见表 8.1。

质量标准及检验方式（mm） 表 8.1

序号	项目	允差	检验方式
1	正六棱管中心线与前后端面垂直度	≤0.1	1级钳工角尺配合塞尺
2	正六棱管对边平行度	≤0.1	游标卡尺
3	正六棱管间错位	≤0.1	标准蜂窝管六棱芯棒
4	正六棱管上、下极限偏差	±0.1	游标卡尺
5	进入主洞体安装完成后,蜂窝器轴线与风洞轴线平行度偏差	≤0.5	蔡司经纬仪配合标准测量杆

8.2 质量保证措施

8.2.1 组织工序步骤交底,确保操作程序准确无误。

8.2.2 对制作过程应精心组织,严格管理,严格工艺纪律,不出纰漏。

8.2.3 设立质量检查制度,加强自检、共检,做到步步有据。上道工序不合格的单件不应进入下道工序,对出现的不合格件应进行技术分析,并采取相应处理措施。

8.2.4 各模具每完成一定量的冲压周期,就应对其实施检查,看凸、凹模间隙是否合适,磨损是否严重,表面有无损坏等,确保不出废品,保证工序质量。

8.2.5 严格控制点焊质量:点焊机上的时间继电器离合周期应调整好,电流应调整至适合于点焊焊接,不允许出现假焊、烧穿等现象,使蜂窝管叠加处不锈钢皮的各相应焊点充分熔合,保证焊点强度。

9. 安全措施

针对蜂窝器制作安装的工艺特点,应加强以下安全措施的落实和过程控制:

9.1 认真贯彻"安全第一,预防为主"的方针,根据国家有关规定、条例,结合蜂窝器制作的有关具体特点,组成专职安全员与班组安全员负责的安全生产管理网络,执行安全生产责任制,抓好安全生产。

9.2 蜂窝器的制作过程涉及冲床及油压机的使用,操纵人员应熟悉相应规格冲床及油压机的性能,同时制定冲压设备安全操作规程,并实施培训,持证上岗,确保制作及组焊系统工序的顺利展开和有序进行。

9.3 点焊设备的使用要控制好点焊时不锈钢皮接触点融合时间的长短,注意保护好点焊机。

9.4 点焊过程中,电源线、点焊把线应摆放合理,禁止乱拉及重叠放置,同时要注意检查有无漏电隐患,做到安全操作,有序生产。

9.5 对不锈钢皮、点焊好的蜂窝块、蜂窝框块的搬运应戴手套进行操作,防止锐边划伤。

9.6 蜂窝框块安装时,要注意索具的捆扎方式,避免使蜂窝器受到损坏,保证吊装安全;由于安装是在洞体内部高空进行,要搭好便于安全施工的操作平台,上高人员要拴好安全带;安装顺序为先安装处于高层的蜂窝框块,再依次安装低层的蜂窝框块。

10. 环保措施

10.1 生产过程中,对各工序产品应合理布置,规范围挡,作好标示、标牌,使之醒目、齐全。

10.2 油压机应规范操作和维护,防止漏油污染,保持施工环境整洁、卫生。

10.3 不锈钢边角余料应加强回收,不能乱丢乱摆,做好控制和有序堆放。

11. 效 益 分 析

11.1 经济效益

在该工程中蜂窝器制作安装造价为 150 万元，使用本工法，实际发生费用：主材 50 万元、模具 15 万元、研制费 3 万元，人工、机械、管理等费用 52 万元，合计 120 万元，节约成本 30 余万元。

与国外的同量级风洞工程中蜂窝器制作安装造价相比，约为其 1/3，经济效益更加显著。

11.2 社会效益

随着我国航空航天事业的飞速发展，在空气动力研究及应用领域的投入会越来越大，对跨超声速风洞的需求也将不断扩展，伴随着亚洲最大的 2.4m 跨声速风洞、亚洲最大的超声速风洞及 1.2m 高超声速风洞的陆续建成，更大尺度、更大规模的超声速系列风洞的建造可行性研究已通过决策和审批，并将在此基础上开发功能更加完备的高空模拟试验设备，因而，制造不锈钢蜂窝器具有不可估量的市场前景。本工法的产生源自于工程实践，完美地将施工中形成的操作方法升华为程序化的可循依据。这无疑具有深远的意义：由于该类系列蜂窝器的规格和尺寸同属跨超声速速域范围，不会发生实质性变动，利用目前这种已研制成功的不锈钢蜂窝器制造工艺生产线及其成熟经验，针对日后其他各系列该类型风洞的蜂窝器制造，可以直接进入生产状态，技术风险低，将会继续创造良好的经济效益和社会效益。

本工法可推广并应用到国内设计制造的跨、超声速风洞中使用的蜂窝器。

12. 应 用 实 例

某基地大型跨声速风洞制作安装工程、两种型号的大型超声速风洞制作安装工程。

12.1 蜂窝器制作安装分项工程概况

某型号超声速风洞蜂窝器处于稳定段中部，总计有 131000 多根蜂窝管，单根蜂窝管长 300mm，横截面呈正六边形，对边尺寸 20mm，其尺寸及形位公差要求高，安装制作难度较大。

12.2 制作安装

进入生产状态前，专门搭建了制作车间，将所有生产设备按工艺顺序在车间内进行了就位安装，生产过程为：

冲裁下料 ⟶ 一次成型 ⟶ 二次成型 ⟶ 精压成型 ⟶ 缝焊 ⟶ 蜂窝管在组装模上组焊 ⟶ 蜂窝块与蜂窝单元框组对 ⟶ 进入主洞体安装

12.3 工程检测与结果评价

采用蜂窝器制作工法施工过程中，施工单位都认真实施抽样检验，并与建设单位联合实施共检，结果表明：单根蜂窝管尺寸在点焊后，未出现变形，六棱管对边尺寸在 19.9～20.1mm 之间，进、出口端面平行度小于 0.2mm，纵向中心线与上、下端面垂直度小于 0.18mm。

蜂窝器安装入稳定段内部后，2m 超风洞工程指挥部又组织施工单位进行了综合检测，主要目的是检查安装后，整个蜂窝器端面与风洞轴线垂直度是否符合技术要求，检验结果为：进、出口端面垂直度小于 0.3mm，与风洞基准铅锤面的夹角小于 1′（技术要求），达到了图纸要求。

蜂窝器制作由于严格执行了本工法的工序控制，全过程始终处于稳定、快速、优质的可控状态，所有技术指标均达到了图纸设计的预期要求，为整个风洞的真实模拟试验能力向更高型号飞行器跨越，奠定了坚实的物质基础，为此，工程指挥部给予了高度评价，也受到了使用单位空气动力学专家们的一致好评。

13. 实 施 照 片

一次成型

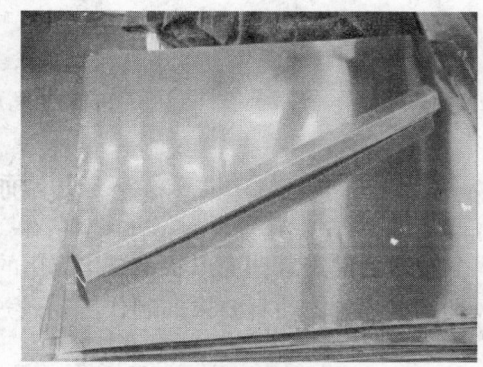

成型的单根蜂窝管

精密的模具

点焊

组装模具

成型后的蜂窝管

球面钢结构净料热压成型工法

GJYJGF107—2008

鞍钢建设集团有限公司

马丽　罗庆国　桂来强

1. 前　　言

随着科学技术的发展，球面形状钢结构应用的越来越多。例如：炼铁设备中外燃式热风炉的球顶、地德式热风炉的拱顶等。而且要求的制作工期较过去缩短很多，这就需要改进传统工艺，来满足这种要求。

传统方法制作球面钢构件，通常采用三次号料的工艺操作程序。①按钢板中心层将零件展开，周边留有足够的余量，也就是毛坯制作法；②毛坯料热压成型后，用号料样板依次画出零件两边纵缝切割线，手工切割；③组装焊接后，经整体测量，用卡样板号出上下环缝切割线，进行手工切割。

传统制作方法存在浪费钢材、能源、工时；生产周期长，影响工期；全部手工操作，影响产品质量等一系列问题。

针对传统制作球面钢构件的落后工艺，我厂组织技术人员研发出球面钢结构净料热压成型的工艺方法。并在鞍钢鲅鱼圈 1 号、2 号高炉地德式热风炉；意大利地德式热风炉制作中进行了成功的应用。经德国专家、鞍钢炼铁总厂质检人员、意大利专家现场监制及实测实量，完全达到图纸设计要求，被德国专家、鞍钢炼铁总厂质检人员、意大利专家赞誉为国内一流水平。本工法的关键技术进行了鉴定，鉴定编号是冶建鉴字［2008］第 008 号。本工法的技术创新点申请了发明专利，专利名称是"高炉热风炉炉壳圆弧带一次净料热压成型的工艺方法"，专利号是 2007100116012。

2. 工 法 特 点

2.1　用试验件确定球面钢构件净料下料数据。

2.2　按照净料下料数据，用数控切割机对球面钢构件进行净料切割，再热压成型。

3. 适 用 范 围

适用于所有不可展曲面钢构件制作。

4. 工 艺 原 理

4.1　用试验件确定球面钢构件净料下料数据。

以鞍钢鲅鱼圈 1 号高炉地德式热风炉拱顶第 10 带球面钢构件为例。

先制作一块试验件。

用计算机对拱顶第 10 带球面钢构件进行放样，得出试验件展开尺寸：R 根、弦长、弧长、展开角等理论数据，输入数控切割机切割，然后在试验件上打上经纬线洋冲眼，再将试验件在加热炉中进行加热 900～1000℃，约 30min 后，取出放入胎具中进行压曲，在温度降至 700℃前取出自然冷却。对自然冷却后的试验件，进行经纬线数值测量，所得数据与计算机放样的理论数据进行比较，从而得出钢板热压成型后的经纬线变形值，进而确定净料下料数据。

4.2 按照净料下料数据，用数控切割机对球面钢构件进行净料切割，再热压成型。

将净料下料数据，制成表格，输入数控切割机，对所需的球面钢构进行净料数控切割，然后热压成型。

5. 施工工艺流程及操作要点

5.1 施工工艺流程（图5.1）。

审图 → 计算机放样 → 数控切割 → 加热 → 压曲成型 → 测量数据 → 净料下料数据 → 数控切割 →

加热 → 压曲成型

图5.1 施工工艺流程

5.2 操作要点

5.2.1 鲅鱼圈地德式热风炉拱顶主视图。见图5.2.1。

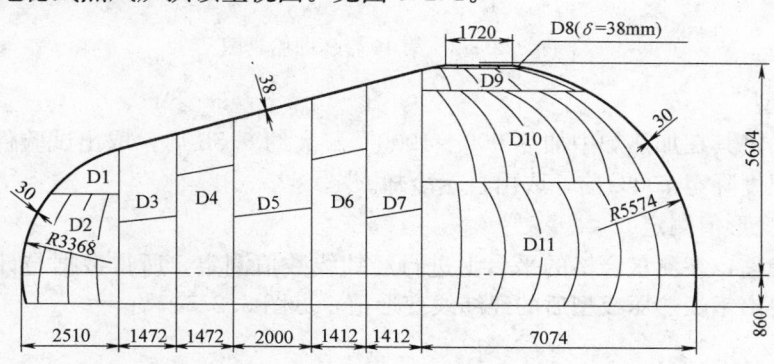

图5.2.1 地德式热风炉拱顶主视图

拱顶包括大球体、小球体和锥体。大球内壳半径 $R=5574$mm，厚度为30mm；小球内壳半径 $R=3368$mm，厚度为30mm；锥体厚度为38mm。拱顶重量79000kg。拱顶分带、分瓦制作见表5.2.1。

拱顶分带、分瓦制作表　　　　　　　　　　表5.2.1

带　数	构件号	制作瓦数	带　数	构件号	制作瓦数
第1带	D1	1	第7带	D7	4
第2带	D2	7	第8带	D8	8
第3带	D3	4	第9带	D9	8
第4带	D4	3	第10带	D10	14
第5带	D5	4	第11带	D11	14
第6带	D6	3			

5.2.2 试验件下料、切割、打洋冲眼

以第10带球面钢构件为例。第10带壳体厚度30mm，分14瓦制作。其中有12块瓦相同，有2块瓦不相同。以制作12块瓦尺寸为例，制作一块试验件。用计算机对试验件球面钢构件进行放样，得出展开尺寸：R根、弦长、弧长、展开角等理论尺寸数据，输入数控切割机切割，坡口也采用数控切割机切割。切割后，在试验件上打上经纬线洋冲眼。

5.2.3 压曲胎具制作

球面钢构件采用胎模压曲成形。制作胎具时，根据试验件尺寸进行计算，来确定模具的大小。见图5.2.3-1、5.2.3-2。模具结构应具有足够的强度和刚度。在胎具上采取压曲成型定位控制，以保证成批构件连续压曲与试验

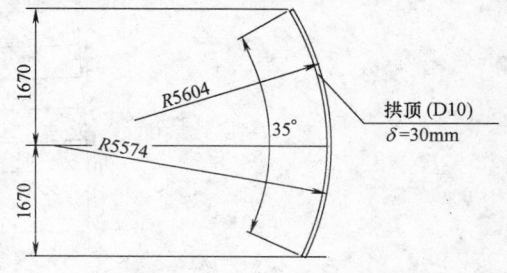

图5.2.3-1 第10带断面图

件成型的一致性。

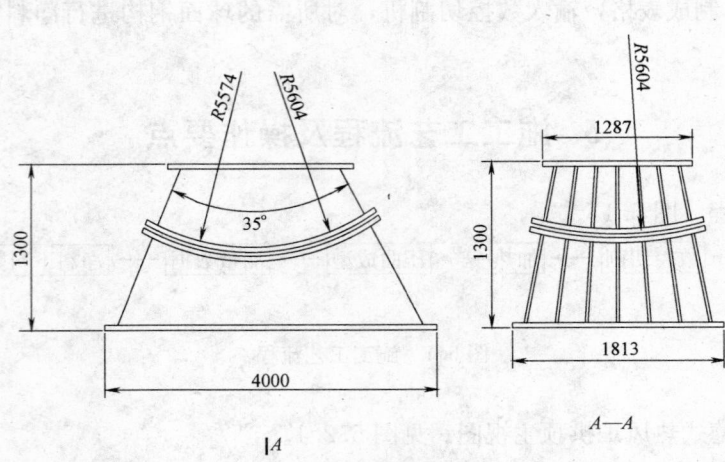

图 5.2.3-2 第 10 带压曲胎具图

5.2.4 热压成型

试验件压曲前，将其在加热炉中加热 900～1000℃。大约 0.5h 后，取出试验件，将其放入压曲胎具中进行压曲，在温度降至 700℃前，取出自然冷却。

5.2.5 经纬线变形值测定

对冷却后的试验件，在测量合格的平台上进行经纬线数值测定，所得数据与计算机放样的理论数据进行比较，从而得出钢板热压成型后的经纬线变形值，见图 5.2.5。

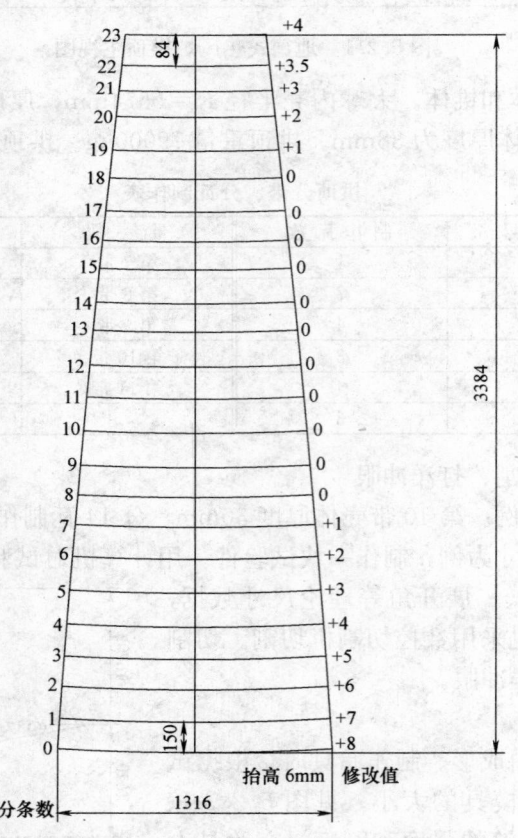

图 5.2.5 试验件热压成型后经纬线的修改值

5.2.6 球面钢构件净料切割、热压成型

根据热压成型后的经纬线变形值，确定净料下料数据，制成表格，见表5.2.6，输入数控切割机进行第10带12块瓦球面钢构件的净料切割，再热压成型。

净料下料数据表（半径 R=5589　单位：mm）　　　　　表 5.2.6

n	变角(°)		截面半径 r	展开1/12弧长	R根	(弧长)差	弦长	1/2弦长	相对半径	修改	改后1/2弦长	Y
0	25.83200	64.16800	5030.52	1316.99	11544.94	3384.00	1316.27	658.1	−8160.95	8	666.1	3364.8
1	27.36973	62.63027	4963.36	1299.40	10796.23	3234.00	1298.62	649.3	−7562.23	7	656.31	3214.0
2	28.90745	61.09255	4892.62	1280.88	10121.34	3084.00	1280.03	640.0	−7037.35	6	646.02	3063.4
3	30.44518	59.55482	4818.36	1261.44	9509.03	2934.00	1260.52	630.3	−6575.03	5	635.26	2912.8
4	31.98291	58.01709	4740.62	1241.09	8950.21	2784.00	1240.10	620.0	−6166.21	4	624.05	2762.2
5	33.52064	56.47936	4659.48	1219.85	8437.45	2634.00	1218.79	609.4	−5803.46	3	612.39	2611.7
6	35.05836	54.94164	4574.97	1197.73	7964.64	2484.00	1196.60	598.3	−5480.64	2	600.30	2461.3
7	36.59609	53.40391	4487.17	1174.74	7526.67	2334.00	1173.55	586.8	−5192.67	1	587.77	2311.0
8	38.13382	51.86618	4396.14	1150.91	7119.26	2184.00	1149.65	574.8	−4935.62	0	574.83	2160.6
9	39.67155	50.32845	4301.95	1126.25	6738.79	2034.00	1124.94	562.5	−4704.79	0	562.47	2010.5
10	41.20927	48.79073	4204.65	1100.78	6382.18	1884.00	1099.41	549.7	−4498.18	0	549.71	1860.3
11	42.74700	47.25300	4104.33	1074.51	6046.78	1734.00	1073.10	536.5	−4312.78	0	536.55	1710.1
12	44.28473	45.71527	4001.05	1047.47	5730.32	1584.00	1046.01	523.0	−4146.32	0	523.01	1560.1
13	45.82245	44.17755	3894.89	1019.68	5430.80	1434.00	1018.18	509.1	−3996.81	0	509.09	1410.1
14	47.36018	42.63982	3785.92	991.15	5146.52	1284.00	989.62	494.8	−3862.52	0	494.81	1260.2
15	48.89791	41.10209	3674.22	961.91	4875.95	1134.00	960.35	480.2	−3741.96	0	480.18	1110.3
16	50.43564	39.56436	3559.88	931.98	4617.77	984.00	930.39	465.2	−3633.77	0	465.20	960.5
17	51.97336	38.02664	3442.98	901.37	4370.79	834.00	899.77	449.9	−3536.79	0	449.89	810.8
18	53.51109	36.48891	3323.59	870.12	4133.97	684.00	868.51	434.3	−3449.97	0	434.25	661.1
19	55.04882	34.95118	3201.82	838.23	3906.37	534.00	836.63	418.3	−3372.37	1	418.31	511.5
20	56.58655	33.41345	3077.73	805.75	3687.15	384.00	804.15	402.1	−3303.15	2	403.07	361.9
21	58.12427	31.87573	2951.43	772.68	3475.56	234.00	771.09	385.5	−3241.56	3	387.55	212.3
22	59.66200	30.33800	2823.00	739.06	3270.92	84.00	737.49	368.7	−3186.92	3.5	372.24	62.7
23	60.51400	29.48600	2750.97	720.20	3160.30	0.00	718.64	359.3	−3160.30	4	363.32	−21.0

拱顶所有球面钢构件按上述方法进行净料下料，数控切割机切割，坡口也采用数控切割机切割，再热压成型。压曲胎具利用半成材制作。

5.3 劳动力组织。见表5.3。

劳动力组织情况表　　　　　　表 5.3

序号	人员	所需人数	备注
1	管理人员	2人	
2	技术人员	3人	
3	球面钢构件制作	10人	
	合计	15人	

6. 材料与设备

6.1 主要施工材料一览表

主要施工材料见表6.1。

主要施工材料一览表　　　　　　表 6.1

使用用途	名称、规格、型号	标准
拱顶壳体	材质 ALK420，厚度：38mm、30mm	ALK 应符合 Q/ASB 91
焊接材料	CO_2＋Ar 气体保护焊焊丝采用 ER50-6，ϕ1.2mm	焊丝应符合 GB/T8110
制作压曲胎具用料	制作压曲胎具用料材质为：Q345B，板厚：30mm	Q345B 应符合 GB/T1591

6.2　主要施工机械一览表

主要施工机械见表 6.2。

主要施工机械一览表

表 6.2

序号	名称、规格、型号	备注	序号	名称、规格、型号	备注
1	10t 起重机 2 台		4	Deltaship 502 气体保护焊焊机 2 台	
2	数控切割机 1 台		5	ϕ150 角向磨光机	
3	800t 压力机 1 台				

6.3　主要检验、测量设备一览表

主要检验、测量设备见表 6.3。

主要检验、测量设备一览表

表 6.3

序号	名称、规格、型号	备注	序号	名称、规格、型号	备注
1	水准仪 1 台		3	钢卷尺 3m、5m 各 3 把	
2	超声波探伤机 1 台		4	直角尺 2 把	

7. 质 量 控 制

7.1　工程质量控制标准

各部位允许偏差见表 7.1。

各部位允许偏差

表 7.1

序号	检 查 内 容	允 许 偏 差
1	拱顶水平口水平公差	±3mm
2	拱顶大球半径公差	0～20mm
3	拱顶小球半径公差	0～13mm

7.2　质量保证措施

7.2.1　放样尺寸要准确。

7.2.2　调整好数控切割机的切割精度。

7.2.3　确保压曲胎具的制作精度。

7.2.4　使用检定合格的量具。

7.2.5　严格实行"自检、互检、监检"制度，做到不漏检。严把质量关。

8. 安 全 措 施

8.1　编制安全技术措施，对施工班组进行安全技术交底。

8.2　班前进行安全交底，施工中有专职安全员监护。

8.3　吊运构件时卡具要卡牢固。

8.4　球形壳体要立放，避免叠放。立放时要做挡板，避免壳体滑倒。

8.5　壳体从加热炉中取出后，避免烫伤。

9. 环 保 措 施

9.1　现场实行定置定位管理制度。

9.2　废钢铁与生活垃圾分开存放，且集中清运。

9.3 加强作业现场文明施工管理。

9.4 施工中，严格按《环境管理体系》标准要求进行。

10. 效 益 分 析

10.1 本工法制作球面钢构件节约了大量钢材、能源、工时；缩短了制作工期；提高了产品制作质量。给企业带来了经济效益和社会效益。

10.2 地德式热风炉是德国设计技术，制作质量得到了德国专家、炼铁厂、意大利专家的高度赞誉。

10.3 地德式热风炉的成功制作，为企业站稳国内市场，走向国际市场，打下了坚实的基础。

11. 应 用 实 例

11.1 鞍钢鲅鱼圈1、2号高炉地德式热风炉制作

11.1.1 工程概况

鞍钢鲅鱼圈1、2号高炉地德式热风炉，共六座。每座由蓄热室、燃烧室、燃烧室支撑结构、拱顶和箱形梁构成，热风炉高度是47085mm（炉底板至拱顶上平面），每座热风炉净重量为777t。蓄热室中心直径10036mm，壳体厚度为36mm、38mm，共分15带。燃烧室中心直径5520mm，壳体厚度为20mm、24mm、26mm、30mm，共分14带。热风炉拱顶部分由球面带及锥带组成。球面带板厚为δ＝30mm，锥带δ＝38mm，拱顶坐在箱形梁外侧翼缘板上。

六座热风炉的拱顶球面带半成品制作工期：2007年3月17～2007年4月13日。

11.1.2 应用效果

制作中，应用了球面钢结构净料热压成型的工法，节约了大量钢材、能源、工时；缩短了制作工期；提高了产品制作质量。热风炉的制作质量得到了德国专家的赞誉。

11.2 意大利地德式热风炉制作

11.2.1 工程概况

意大利地德式热风炉共一座。由蓄热室、燃烧室、燃烧室支撑结构、拱顶和箱形梁构成，见图11.2.1。热风炉壳标高从＋803～＋38343mm，总体高度37.54m。蓄热室的内直

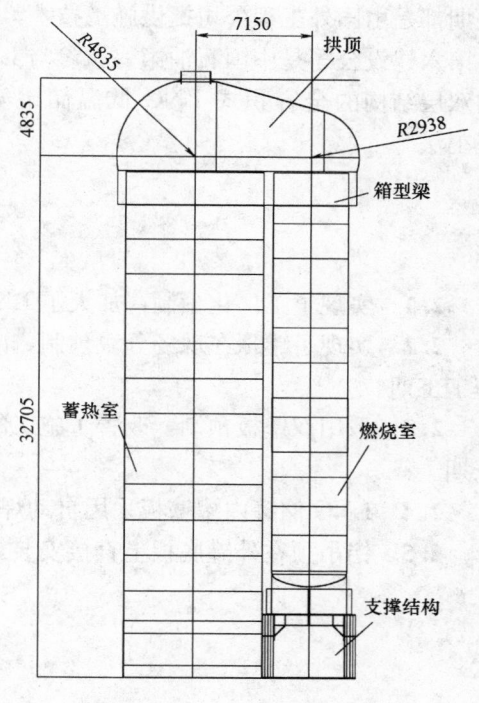

图 11.2.1 热风炉效果图

径为8500mm，高31800mm，壳体厚度为18mm、22mm、25mm、38mm；燃烧室内直径为4600mm，高25500mm，壳体厚度为14mm、20mm、30mm；热风炉拱顶部分由球面带和锥带组成，球面带厚度为14mm，锥带厚度为25mm，拱顶坐在箱形梁外侧翼缘板上。热风炉总重为386t。

拱顶球面带半成品制作工期：2007年10月15～2007年10月22日。

11.2.2 应用效果

球面钢结构净料热压成型的工法在意大利热风炉制作中得到成功应用。节约了大量钢材、能源、工时；缩短了制作工期；提高了产品制作质量。经意大利专家现场监造及实测实量，制作质量得到了意大利专家的高度赞誉。

大型 LNG 低温储罐安装施工工法

GJYJGF108—2008

中国石油天然气第六建设公司　中国石化集团第四建设公司
向苍义　段彤　邹利　蒋小波　雍自祥　张向东

1. 前　言

LNG 即 liquified natural gas（液化天然气）的英文缩写，目前世界各国都在积极推动液化天然气的储备和使用。现在我国天然气的利用水平与欧美相比存在相当大的差距。因此，LNG 今后的市场前景将是十分广阔的。

LNG 接收站项目中最关键的设备是 LNG 储罐，它可在－165℃的超低温下储存液化天然气，此类储罐安装的工程量大、施工技术要求高、施工难度大，目前国内能施工大型 LNG 储罐的单位极少，且先期都是由国外工程公司提供施工技术，尚未具备独立完成 LNG 储罐施工建设的技术。中国石油天然气第六建设公司是中国石油第一家参与 LNG 储罐施工的单位，通过对上海 LNG 接收站项目一期工程的双层结构的全容积式 LNG 低温储罐安装方法的全面总结，编制出"大型 LNG 低温储罐安装施工工法"。

2. 工 艺 特 点

2.1　实现了工厂化预制，加大了 LNG 储罐的预制深度。

2.2　实现了罐顶在现场分块预制，减少了罐内组装的高空作业，提高了罐顶的施工质量，缩短了施工工期。

2.3　采用双壁板预制，改善了施工的作业环境，提高了焊接质量；采用双壁板安装，缩短了施工工期。

2.4　LNG 储罐内罐壁板采用自动焊和手工焊相结合的方法，加快了施工进度。

2.5　铝吊顶在外罐底板上直接安装，减少了施工工装的投入，方便施工，节约成本。

3. 适 用 范 围

3.1　本工法适用于 100000m³ 以上双层结构的全容积式低温储罐的制造和安装。

3.2　双壁板安装法更适用于国产 9％Ni 钢板的安装，因为现在国产 9％Ni 钢板的板幅比较窄。

3.3　正装安装的 20000m³ 及以上浮顶储罐的施工也可参照本工法的内罐施工方法来进行施工。

4. 工 艺 原 理

采用本工法进行 LNG 钢筋混凝土双层结构的全容积式低温储罐的施工，首先要实现预制工厂化，提高罐顶梁、电动葫芦轨道、内罐壁板及罐体钢结构等的工厂预制质量；同时加大现场的预制深度，尽量减少罐内的安装工作，如罐顶板分块在现场预制和内罐部分壁板在罐外双壁板组装，从而提高了工程施工质量，缩短了施工工期。

4.1　外罐顶的施工方法

972

外罐顶采用在地面上分块进行预制、存放，在罐底衬板上进行组装，组装完成后采用气顶升将 570t 的罐顶顶升 38767mm，与 PC 墙（预应力墙）上的承压圈连接，图 4.1 为顶升示意图。

4.2 内罐壁板的施工方法

本工法对大型 LNG 低温储罐的内罐壁板安装采用的是"内挂一圈操作平台和壁板上口挂设电动行走小车相结合的正装法"。即在罐底边缘板安装完成后，安装内罐底部第 1 圈壁板，依靠壁板本身作为主架，在壁板内侧安装挂耳，施工临时平台通过与挂耳连接而固定在壁板内侧，通过此施工临时平台进行第 2 圈壁板的安装，在壁板上口挂设电动行走小车进行立缝的组对、焊接、打磨、检验，还可以利用电动行走小车对壁板环缝进行调整、焊接、打磨、检验；在第 2 圈壁板焊接、检验合格后，把施工临时平台移到第 2 圈壁板上，进行第 3 圈壁板的安装。以后各圈壁板依此法自下而上依次进行。在罐内安装 1、2、3 圈壁板的同时，在罐外进行 4 与 5、6 与 7、8 与 9 圈壁板预组装、焊接、打磨、检验，即双壁板安装法，内壁板安装示意图见图 4.2。

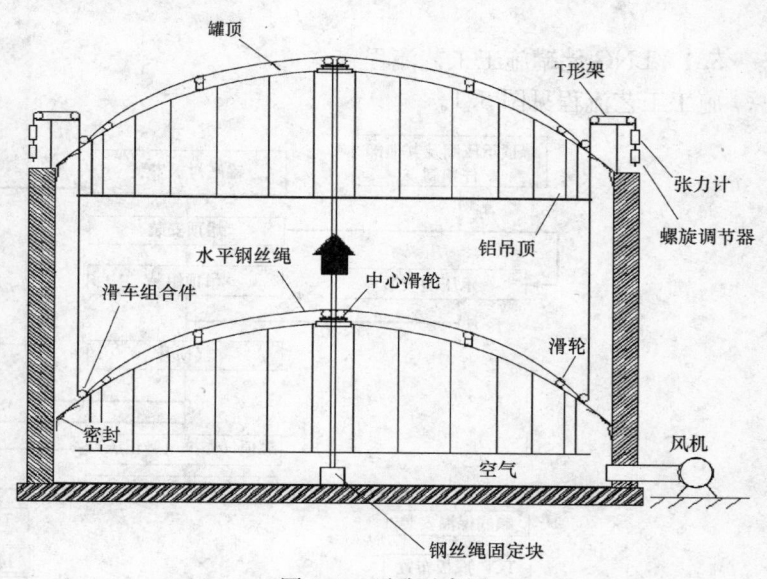

图 4.1 顶升示意图

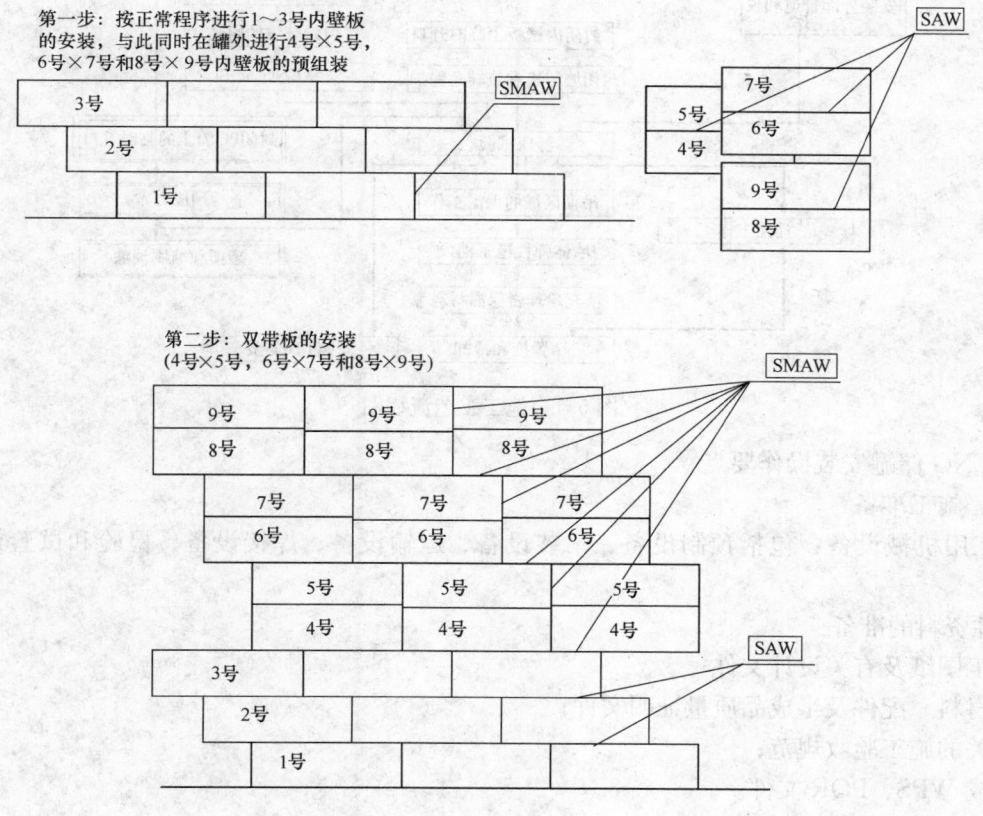

图 4.2 内壁板安装工艺示意图

5. 施工工艺流程及操作要点

5.1 LNG 储罐施工工艺流程

施工工艺流程见图 5.1。

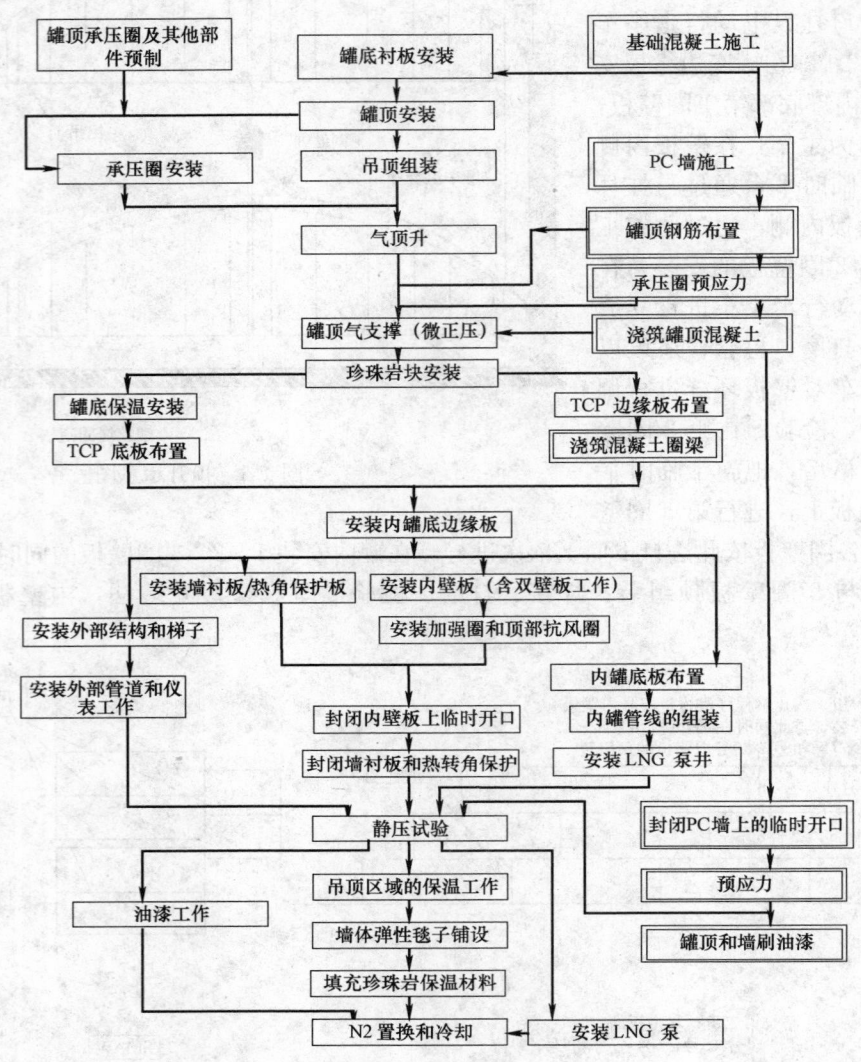

图 5.1 施工工艺流程图

5.2 LNG 储罐安装操作要点

5.2.1 施工准备

1. 施工用机械设备：包括预制设备、吊装设备、运输设备、焊接设备、检验和试验设备等（见6.2节）。

2. 文件资料的准备

1）施工图纸及有关设计文件；

2）原材料、配件及半成品质量证明文件；

3）有关的施工验收规范；

4）完成 WPS、PQR 文件。

3. 技术工作准备

1）参与设计交底会，明确低温储罐的质量要求及关键技术；

2）进行图纸会审，明确与低温储罐施工有关的专业工程相互配合的要求；

3）绘制部件下料图，准备技术交底单和施工原始记录表，对班组进行交底；

4）逐步完成施工的技术准备。

4. 人员培训

1）焊工培训、考试计划；

2）培训合格的起重工、电工、操作工等；

3）安排人员的入场培训及教育。

5. 施工进度计划的编制。

6. 施工人力计划的编制。

7. 施工用工装卡具的设计、制作（见 6.1 节）。

8. 施工用的焊接材料计划：包括焊条、焊丝、焊剂、气刨用的碳棒等。

9. 施工用电气手段用料计划。

10. 施工现场临设和生活临设计划。

1）生活临设的规划与建造；

2）施工现场的平面布置；

3）场地平整，罐基础周围不得有低洼积水处；

4）满足用于施工的临时支架、平台等材料的准备；

5）完成现场办公场地建造；

6）场地用水、用电满足制作要求；

7）现场道路满足运输和车辆进出的要求；

8）保冷材料存放应采取防雨、防潮措施。

5.2.2 材料验收

1. 低温储罐用的钢材、附件、焊材、保冷材料等应有质量证明文件。

2. 低温钢板和低温焊接材料的质量证明文件应标明钢号、规格、化学成分、力学性能、低温冲击韧性值、供货状态及材料的制造标准，其特性数据应符合相关标准，并满足设计文件的要求。当对质量证明文件的特性数据有疑问时应对材料进行复验。

3. 低温储罐用的钢板，应逐张进行外观质量检查，并应符合下列规定：

1）钢板表面不得有裂纹、拉裂、气泡、折叠、夹渣、结疤和压入的氧化铁皮，钢板不得有分层；

2）钢板实际负偏差应符合钢板产品标准的规定；

3）9％Ni 钢板表面不得存在机械划伤。9％Ni 钢板很容易磁化，这可能导致焊接方面出现困难，所以储存时要远离磁场。通常认为 50Gs 是一个可以接受的剩余磁性水平。对于 9％Ni 材料进行认真保管。

4. 保冷材料质量证明文件中的技术指标应符合设计文件要求，必要时测定保冷性能指标。

5. 对材料进行验收，并填写材料验收报告。验收合格的钢材应做好标记，并按品种、材质、规格分类存放。存放过程中应防止产生变形，不得用带棱角的物件垫底，每堆材料各部位的垫物在垂直方向应在一条直线上。不锈钢材料存放时不能与碳钢材料直接接触，要采取隔离措施。

6. 焊材库应单独设置，应干燥通风，库房内不得放置腐蚀性介质，焊材存放应离开地面和墙壁至少 300mm。

7. 法兰、垫片要妥善保管，以防止损坏。

8. 氩气纯度不应低于 99.95％。

5.2.3 预制

LNG 储罐的预制分两部分进行：一部分采用工厂化预制，包括罐顶主梁（骨架梁）的弯曲，罐顶轨道梁的弯曲，罐底转角板的压弯，内罐壁板的下料、开坡口、滚弧和罐本体钢结构的预制，以上构件预制完后除锈涂漆，再运抵现场进行组装。铝吊顶边缘连接板的折弯也外委加工。另一部分是除了在工厂加工的构件外，其他全部采用现场下料预制，这些构件的材料最好在出厂前就按设计要求完成除锈涂漆工作，减少现场的除锈涂漆工作，减少环境污染。

无论在工厂预制还是在现场预制，都要准备标准卷尺，标准卷尺用来测量关键性的尺寸。要按照 ISO 9000 标准送交当地技术监督局进行校准。标准卷尺的准确性至少不低于以下要求：

校验允差为：$\pm(0.2+0.1\times L)$mm，"L"是卷尺总的测量长度，以米为单位。

在罐的预制和/或安装过程中，不得更换标准卷尺。

使用的钢板尺要用标准卷尺来校准。

1. 储罐底板的预制
2. 内罐壁板的预制
3. 罐顶分块预制
4. 承压圈预制
5. 接管/人孔/泵井管/接管套管/加强板/法兰板/罐内梯子等的制作

5.2.4 安装

1. 储罐预埋板的施工
2. 外罐底板安装
3. 储罐罐顶的安装
4. 外罐板安装
5. 悬挂吊顶安装

1) 施工工序，见图 5.2.4-1。

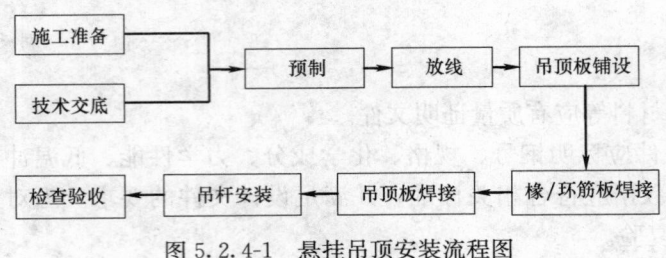

图 5.2.4-1 悬挂吊顶安装流程图

6. 承压圈安装

主要施工方法为：利用土建施工单位的两台塔式起重机进行吊装就位，并利用土建施工单位的内、外悬挂的修补平台进行承压圈的组对及焊接工作。施工工序见图 5.2.4-2。

7. 罐顶气顶升

当拱顶、悬挂吊顶、承压圈安装完成后开始气顶升罐顶。气顶升方法是指：拱顶和吊顶一起沿着 PC 墙，在空气压力作用下得以提升。过程见图 4.1。

1) 气顶升设备

2) 拱顶预气顶升

① 清除与气顶升无关的杂物，确保拱顶和混凝土墙体之间没有任何杂物存在，确保拱顶上表面没有未清除的施工垃圾和在吹升阶段可能滑落的物体。

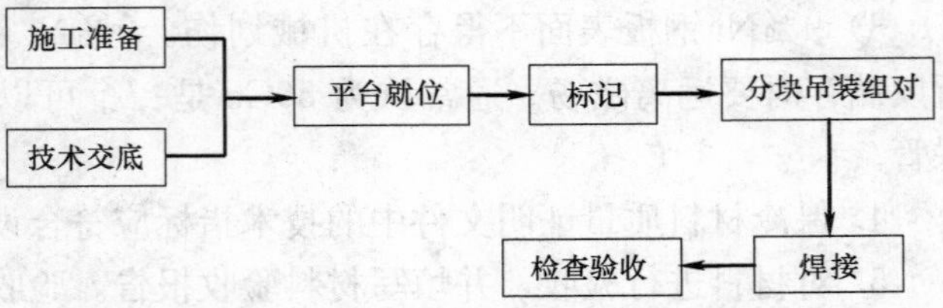

② 根据要求记录拱顶预气顶升的数据，预气顶升完成后根据要求调整配重（如有需要），执行文件《拱顶气顶升程序》。

3) 拱顶气顶升

拱顶预气顶升完成后，即可进行正式气顶升工作，并严格执行文件《拱顶气顶升程序》。

图 5.2.4-2 承压圈安装施工工序图

8. 热角底板和内罐底板安装

1) 边缘板的铺设及焊接

工艺流程见图 5.2.4-3。

2) 中幅板、异形板的安装

3）检查、检验及注意事项

① 热角底板、内罐底板安装、焊接的检查及检验，按 BS 7777 相关部分中的要求执行。

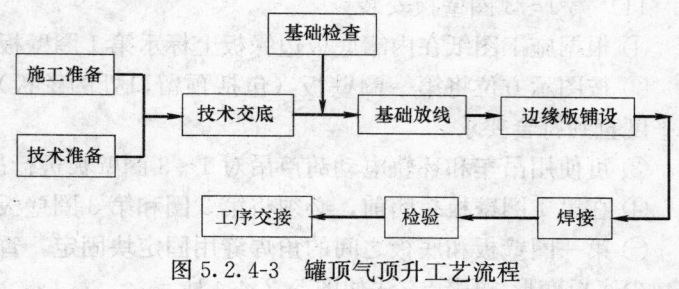

图 5.2.4-3　罐顶气顶升工艺流程

钢板表面不得有裂纹、气泡、折叠、夹杂、结疤、分层及压入的氧化皮。钢板切割的边缘不得有夹渣、分层、裂纹及熔渣等缺陷。切割部位的渗碳层要磨除。按照底板检查表、隐蔽工程记录表相关内容进行检查、检验工作。

② 9％Ni 钢施工注意事项

三层底板连接处，上层钢板切角按图纸要求切割。

施工中产生的变形严禁直接锤击校正，击打时使用垫板。

施工中严禁用尖锐的工具直接冲击底板，对超差缺陷按要求进行修复。

按规定要求使用焊条，不得用错，焊条头要回收，控制长度 40～50mm 之间。

避免 9％Ni 钢板被电弧击伤及焊把线、电源线短路击伤（禁止在焊道外引弧、熄弧）。

所有定位焊要≥50mm。焊缝不允许存在咬边，确保焊接的层间温度≤100℃。

当大气温度低于 10℃时，焊前应对起始焊接的部位进行预热，预热温度 75℃左右。

严格执行 ITP 计划书中的要求，所有焊缝和临时焊点按 ITP 进行目视、PT、VT、RT 检查。

9. 内罐壁的安装

1）内罐壁的安装方法是：在罐壁内侧挂设操作平台，进行罐壁板的组对；立缝内、外焊接采用行走小车进行，环缝外侧焊接采用行走小车和电动吊篮来进行，环缝内侧焊接在操作平台上进行。

2）按通常的程序在罐内进行 1 号、2 号、3 号圈壁板的安装，环缝采用埋弧自动焊，立缝采用交流手工电弧焊。

3）在安装 1 号、2 号、3 号圈壁板的同时，在罐外平台上进行 4 号×5 号、6 号×7 号、8 号×9 号壁板的组焊，环缝采用直流埋弧自动焊；立缝采用交流手工电弧焊。

4）把组焊好的双壁板放置在胎具上，通过拖车运到罐内进行组对焊接，双壁板与下层壁板的焊接采用交流手工电弧焊，立缝采用交流手工电弧焊。

5）双壁板安装方法见图 4.2。

6）每圈壁板焊接完成后检查垂直度，垂直度的误差不得超过其高度的 1/200。

7）在控制每圈壁板垂直度的同时必须保证罐总体垂直度符合其误差不超过总高度 1/200 的要求。

8）第一圈壁板底角缝组对完成后还应检查圆度误差，圆度误差不得超过±25mm。

9）壁板在组对时应严格控制焊缝的错边量：

纵缝：厚度小于等于 19mm 的板，错边量不得超过 1.5mm 和 10％板厚中的较大值；厚度大于 19mm 的板，错边量不得超过 3mm 和 10％板厚中的较大值。

环缝：板厚度小于等于 8mm 的板，错边量不得超过 1.5mm 和上层板厚度 20％中的较大值；板厚度大于 8mm 的板，错边量不得超过 3mm 和上层板厚度 20％中的较大值。

10）壁板焊接完成后，用样板检查纵缝和环缝的棱角度变形，样板长度不得小于 1m，棱角度变形量应符合表 5.2.4 规定。

棱角度变形允许量　　　　　　　　　　　　　　　　　　　　　　　　表 5.2.4

壁板厚度 t(mm)	棱角度变形量(mm)
$t \leqslant 12.5$	10
$12.5 < t \leqslant 25$	8
$t > 25$	6

11）第 1～3 圈壁板安装

① 根据施工图纸在内罐底板边缘板上标示第 1 圈壁板的安装方位和内径。

② 按图示方位将第一圈壁板（包括预留口处的壁板）逐块吊装就位，调整壁板的垂直度、圆度、水平度直到符合要求。

③ 可使用吊车和环轨电动葫芦吊对 1～3 圈壁板进行吊装。

④ 在第 1 圈壁板封闭前，必须将第 2 圈和第 3 圈壁板运送到罐内。

⑤ 第一圈壁板和底板之间的角焊缝用固定块固定，暂时不施焊。待第一圈壁板的立缝焊接后焊接，以减少底板变形。固定方法如图 5.2.4-4 所示。

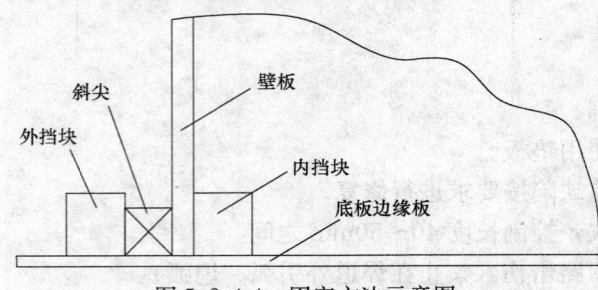

图 5.2.4-4　固定方法示意图

⑥ 第一圈壁板立缝焊接完成后，在罐壁内侧安装施工平台，平台安装高度应满足不妨碍焊接小车和环缝自动焊机的移动为原则。

⑦ 按照图纸安装第 2 和 3 圈壁板。

⑧ 第 1 圈壁板施工临时开口处壁板的纵缝不焊接。

12）焊接工艺

10. 罐内泵柱、接管、梯子平台、附件安装

泵柱、接管、梯子平台、附件等应预制成部件或整体，以便安装。

11. 封闭临时施工开口

重复外罐衬板、罐底板底部保冷、TCP 处的保冷和 TCP 的部分工作。

12. 内罐底部和热角（TCP）保冷

内罐底部保冷由二层泡沫玻璃砖和四层干沙等组成，分别与二层 9％Ni 底板交错施工。

13. 罐体水压和气压试验

1）工作内容：

① 临时充水管线和施压用管线的准备及安装；设备的就位安装。

② 水源和水质的确认。

③ 临时设施的操作。

④ 充水前的检查和测量、充水过程中的检查和测量、排水过程中的检查和测量。

2）LNG 储罐水压和气压试验主要工作流程，见图 5.2.4-5。

14. 内罐壁板和吊顶、接管保冷

当内罐通风干燥后开始内罐壁保冷和吊顶、接管保冷。

15. 罐体外部梯子、平台、钢结构、电梯、电气仪表等部件安装

罐体上梯子、平台、钢结构、电气仪表按设计图纸要求和专业作业指导书进行制作安装。电梯由专业公司进行安装。

16. 填充珍珠岩

封闭外墙施工门洞，用铝带和玻璃布隔离吊顶与拱顶。

1）振动装置，如图 5.2.4-6 所示。

2）珍珠岩充填步骤

① 一般

◆ 已膨胀的珍珠岩在充装前，要完成罐夹层中所有构件的安装及可充装珍珠岩的准备工作。

◆ 为了防止弹性挂毯的磨损，向罐衬板方向，依据适当的方法把产品吹进去。

◆ 向罐夹层里所充装的膨胀珍珠岩是通过空气移送进行充装。

② 充填步骤

◆ 启动水平炉后通过取样口所取的珍珠岩，根据一定的测试方式进行实验，形成检验员的品质确认

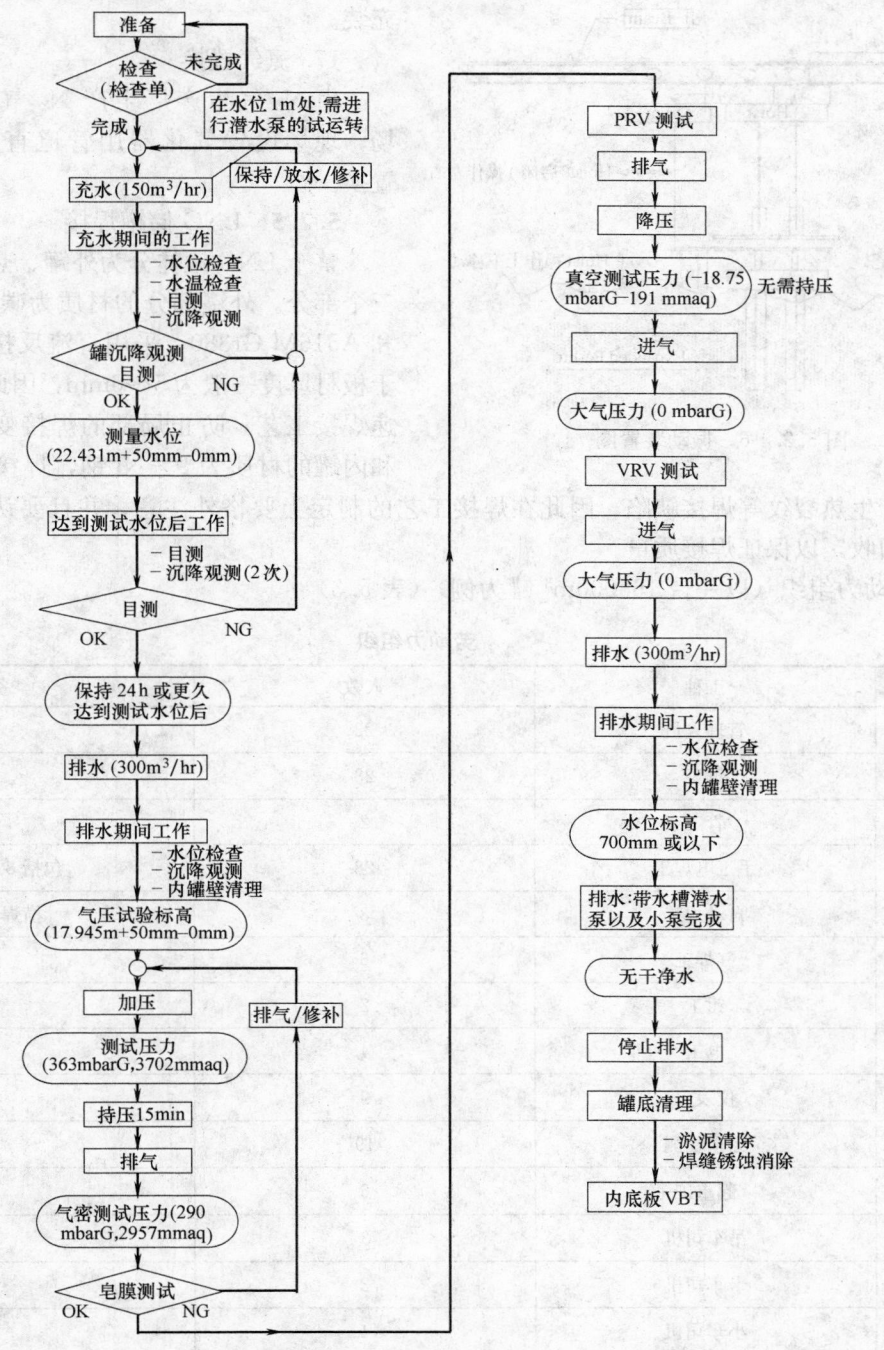

图 5.2.4-5　LNG 储罐水压和气压试验主要工作流程

后进行珍珠岩的充装。

◆ 膨胀珍珠岩通过移送生产线向罐夹层里进行充装，通过移送管及移送软管向罐壁夹层进行充装。

◆ 各喷嘴在充填作业时，已充装的珍珠岩的形态在夹层内形成山状时才可进行下一个喷嘴的充装。

◆ 充装作业期间已充装的珍珠岩高度是要保持一定的数值。

◆ 已充装的珍珠岩高度是通过充填口进行测定，已充装的高度＝总高度－剩余的空间高度。

◆ 罐壁夹层的充装作业完成后，要使充装物达到向旁边扩散的话，就要持续使用罐顶空间进行充装。

◆ 进行珍珠岩充填作业期间，可控制及标识燃料供应量，空气供应量，珍珠岩充填量等许多变数的数值。

◆ 无法利用振动器的时候，拆除振动器，完全封闭已打开的珍珠岩膜后，对残余部分珍珠岩进行

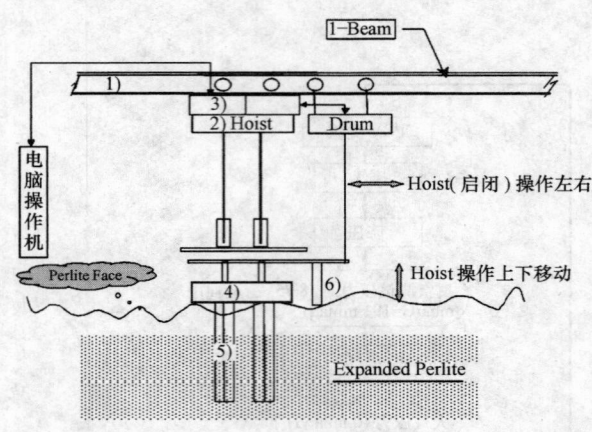

图 5.2.4-6　振动装置图

充装。

17. 氮气置换

由 N₂ 气生产厂生产 N₂ 气，用槽车运至现场，现场设置气化器用管道直接通入罐体进行置换。

5.2.5　LNG 储罐焊接

整个 LNG 罐体分为外罐、热转角保护和内罐三个部分。外罐部分的材质为碳钢 A516M Gr450 和 A516M Gr380，采用直流反接手工电弧焊，由于板材厚度一般为 5～6mm，因此要采用小电流快速焊接工艺，防止局部的焊接变形。热转角保护和内罐的材质为 9％Ni 钢，焊接工艺要求极其严格，且容易产生热裂纹等焊接缺陷，因此在焊接工艺的制定上要格外注意，并且要认真管理焊材的烘焙、发放和回收，以保证焊接质量。

5.3　劳动力组织（以一台 165000m³ 罐为例）（表 5.3）

劳动力组织　　　　　　　　　　　　　　　　　　　　　　表 5.3

序号	工种	人数	备注
1	管理人员	22	
2	铆工	28	
3	管工	2	
4	手工电焊工	28	包括 8 名铝焊工
5	自动焊工	8	横焊自动焊
6	气焊工	6	
7	钳工	2	
8	电工	4	
9	仪表工	2	
10	无损检测	19	
11	起重工	6	
12	吊车司机	3	
13	卡车司机	2	
14	小车司机	4	
15	辅助工	15	
16	防腐保温工	19	
17	保卫	3	
18	清洁/洗衣工	2	
	合计：	175	

6. 材料与设备

6.1　主要工装卡具一览表

主要工装卡具一览表

表 6.1

序号	工卡具名称	单位	数量	备注
1	罐顶板块预制胎具	个	2	
2	大顶板预制块存放支架	组	3	
3	小顶板预制块存放支架	组	3	
4	钢板下料支座	个	4	
5	罐顶安装中心支架	个	1	
6	罐顶安装中间支架	个	60	
7	罐顶安装边缘支架	个	96	
8	罐顶气顶升平衡装置	套	24	
9	罐顶气顶升密封装置	套	1	
10	罐顶气顶升测量装置	套	3	
11	罐顶气顶升鼓风装置	套	4	
12	罐顶气支撑工装	套	1	
13	临时开口封闭	个	2	
14	临时开口挡雨棚	个	2	
15	车辆进罐支架	个	2	
16	卷板机用支架	个	2	
17	承压圈预制胎架	个	4	
18	承压圈安装临时过道	个	1	
19	承压圈与顶板底部焊缝焊接用手动挂篮	个	4	
20	外罐衬板安装用挂耳	个	60	
21	外罐衬板安装用吊耳	个	120	
22	内罐边缘板 1:4 斜口割制平台	个	1	
23	内罐边缘板对接缝支架	个	36	
24	双壁板罐外组装预制支架	座	1	
25	双壁板存放支架	座	4	
26	自制壁挂式行走小车	台	6	
27	内罐壁组对安装操作平台	个	38	
28	内罐壁组对用挂梯	把	2	
29	内罐壁安装用直梯	把	2	
30	钢板吊杆	根	1	
31	内罐壁板临时开口加强工装	套	2	
32	内罐壁板吊装导向装置	套	1	
33	焊缝组对可调卡具	个	200	
34	壁板环缝加强板	块	200	
35	T 形大角缝防变形工装	套	1	
36	第一圈壁板安装垂直度调节工装	套	57	
37	内罐壁板组装用吊耳	个	360	
38	加减丝 M45×300	套	60	
39	ϕ38 大圆尖	个	400	
40	ϕ30 小圆尖	个	1548	
41	方斜尖	个	920	

续表

序号	工卡具名称	单位	数量	备注
42	环缝组对背杠	条	200	
43	方形键螺母	块	2100	
44	LNG 罐泵井管吊装工装	套	1	
45	罐水压试验进水/排水系统	套	1	
46	罐气密性试验系统	套	1	

6.2 主要施工机具

主要施工机具 表 6.2

序号	机具设备名称	设备型号规格	单位	数量	备注
1	柴油发电机	180kVA	台	4	
2	柴油发电机	150kVA	台	1	
3	履带吊	250MT	台	1	
4	履带吊	100MT	台	1	
5	履带吊	KH180 50MT	台	1	
6	塔吊	ST70/27	台	2	
7	液压汽车吊	50T	台	1	
8	越野吊	25T	台	1	
9	电动卷扬机	JM-8 8T	台	1	
10	剪刀式升降机	SJY0.48-12 H＝12m 载重 480kg	台	4	
11	单轨吊车（电动葫芦）	CD1-10-45F 10T	台	3	
12	电动吊篮	ZLP 630 载重 630kg	台	5	
13	半挂车	20t 车厢长＝12m	台	1	
14	卡车	红岩 8t	台	1	
15	面包车	金杯 SY6480132C 10 座	台	1	
16	五十铃货车	江铃牌 JX1043DSLA2 1.5T	台	1	
17	皮卡车	中兴田野 BQ1021Y2A2	台	1	
18	空压机	WY-6/7-D	台	1	
19	空压机	2v-0.67/7	台	1	
20	空压机	$P＝3.0MPa$	台	1	
21	风机	TFDH-15 350mmAq,Q＝700m³/min	台	4	
22	高压离心通风机	Y160L1-2 7.1A 型	台	2	
23	风机	64m³/min,压力:37000Pa	台	2	
24	压力机		台	1	
25	折边机		台	1	
26	卷板机	W11-20×3000	台	1	
27	剪板机	Q11-16×2500	台	1	
28	逆变焊机	ZX7-400SⅡ	台	10	
29	交直流两用焊机	Dynasty350	台	25	
30	炭弧气刨焊机	ZD5(L)-630	台	4	
31	横焊埋弧自动焊机	YS-AGW-LNG-I/S	台	5	
32	铝焊机	INVISION 456MP	台	4	
33	螺柱焊机	NELSON6000	台	1	
34	焊剂烘干箱	YxH₂-100	台	1	
35	焊剂烘干箱	YxH-100	台	1	
36	焊条烘干箱	YCH₁-100	台	1	
37	焊条烘干箱	YCH-200	台	1	

序号	机具设备名称	设备型号规格	单位	数量	备注
38	焊条烘干箱	YCH-100	台	1	
39	焊条烘干箱	YCH₁-60	台	1	
40	等离子切割机	APC-100	台	2	
41	焊缝余高打磨机	YS-ABG2000	台	3	
42	电动工作机架	YS-AGW-ZJ	台	6	
43	电动扭剪扳手	6922NB	台	1	
44	除湿机	KQF-5A	台	2	
45	离心水泵	扬程 70m，流量 Q＝93.5m³/h	台	1	
46	潜水泵	流量 98.5m³/h，扬程 78m	台	4	
47	潜水泵	流量 60m³/h，扬程 72m	台	2	
48	试压泵	DSY-160	台	1	
49	水准仪	C30Ⅱ			
50	经纬仪	NTS-202	台		
51	垂直仪		台		
52	X-Ray Machine/X 光机	XXG-3005A/XXG-300A/300EGS2	台	6	
53	超声波探伤仪		台	1	
54	光谱分析仪		台	1	
55	多种气体检测仪	X-am3000	台	1	
56	珍珠岩膨胀器		套	1	
57	充氮设备		套	1	
58	角向磨光机	φ150	台	30	
59	角向磨光机	φ100	台	30	
60	焊条保温桶		个	80	
61	真空试漏箱（平形）		个	4	
62	真空试漏箱（角形）		个	2	
63	真空试漏箱（弧形）		个	1	
64	无齿电锯		把	4	
65	磁力钻床	φ32	台	2	
66	半自动火焰切割机	CG1-30	台	6	

7. 质 量 控 制

本工法执行的是 BS 7777 低温用平底立式圆柱形储罐设计、制造和安装规范。对于大型 LNG 储罐施工，其施工的程序性特别强，每道工序之间的相互影响大，前道工序施工质量的好坏直接影响到下一工序的施工质量，因此从开始划线下料开始就要严格控制，一定要对预制件进行严格检查，如果发现有质量问题，要及时纠正，确保预制质量。在安装时严格控制组装质量，为焊接提供有利的条件，焊接质量是整个储罐的关键，要特别注意。

7.1 预制件的质量控制

7.1.1 焊接接头准备的允许偏差如下：

1. 外罐底衬板、外罐转角板、外罐衬板和密封板、外罐顶板、顶结构、内罐底板和边缘板等的焊接接头允许偏差如图 7.1.1-1 所示。

1）垂直附件焊缝要离开任何主焊缝 150mm 以上。

2）水平附件焊缝不要设在主立缝或横缝之上。

2. 内罐壁板、边缘板、圈板等的焊接接头准备的允许偏差如图 7.1.1-2 所示。

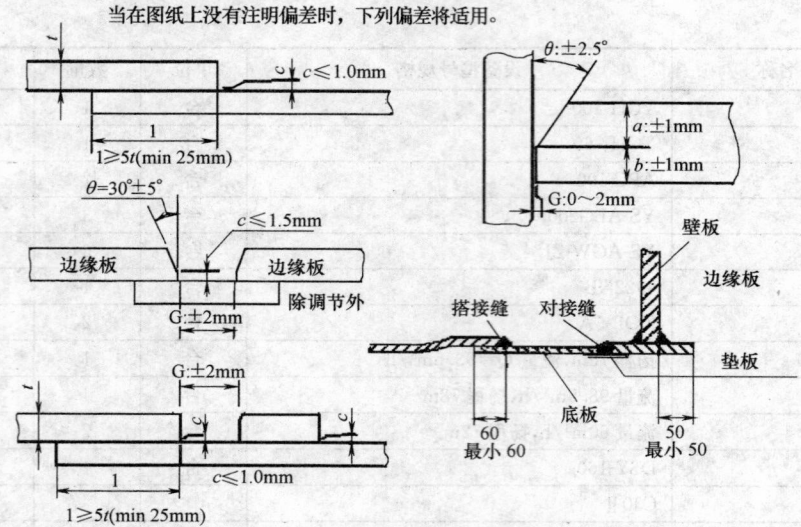

当在图纸上没有注明偏差时，下列偏差将适用。

图 7.1.1-1　焊接接头允许偏差示意图（一）

当图纸上没有注明偏差时，下列偏差将适用

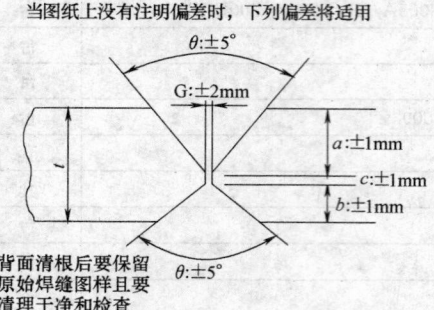

背面清根后要保留
原始焊缝图样且要
清理干净和检查

图 7.1.1-2　焊接接头允许偏差示意图（二）

7.1.2　控制好边缘板和周边板的尺寸允许偏差、异型板的尺寸允许偏差、转角板压制后的尺寸允许偏差、内罐壁板预制后的尺寸允许偏差、H 形钢和罐顶轨道梁弯制后的尺寸允许偏差、中心顶板和中心顶板边板的尺寸允许偏差、罐顶板的下料尺寸允许偏差、承压圈顶板下料后的尺寸允许偏差见表7.1.2承压圈侧板下料后的尺寸允许偏差。

接管/人孔颈/泵井管/接管套管等预制件的尺寸允许偏差　　　　　　　　　　表 7.1.2

部件	测量项目	允许偏差	测量简图
接管/人孔/泵井/接管套管	长度：L	±3mm	1. 管线 2. 接管和人孔颈
	外径	±3mm	
	弧度(D_1-D_2)外径	±1%	
	坡口：θ	±2.5°	
	钝边：N	±0.8mm	
	直线度：G(对全长)	<3mm	
	厚度：t	板的允许偏差	
	外周长：A	±5mm	

7.2　预组装件的质量控制

7.2.1　控制好罐顶中心圈预制块的尺寸允许偏差、顶板预制块的尺寸允许偏差。

7.2.2 法兰与接管或人孔颈的组件、套管接管等预组件的允许偏差见表 7.2.2。

法兰与接管或人孔颈的组件、套管接管允许偏差　　　　　　　　表 7.2.2

组件	测量项目	允许偏差	测量点数	测量简图
法兰与接管或人孔颈的组件	长度：L	±3mm	1	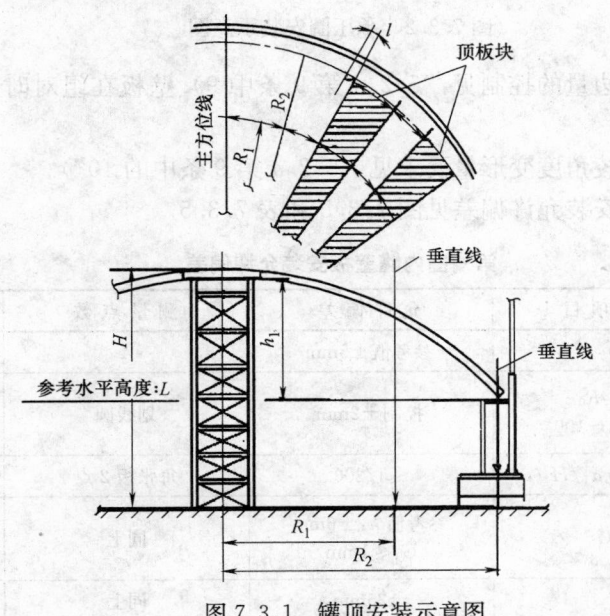
	与水平的偏差 θ₁	0.5mm φ<10NB	2	
		1.0mm φ10~14NB	2	
		1.5mm φ<14NB	2	
	与水平的偏差 θ₂	1.5mm φ≥6NB	2	
套管接管	与水平的偏差 θ₁	参照上面 θ₁	2 个方向	
	长度：$H_1 \sim H_4$	±3mm	4 点	
	长度：L	±5mm	1 点	
	长度：S_1, S_2	±5mm	2 点	

7.3 储罐安装的质量控制

7.3.1 罐顶安装允许偏差见图 7.3.1 和表 7.3.1。

罐顶安装允许偏差　　　　　　　　　　　　　　　　　　表 7.3.1

构件名称	测量项目	允许偏差	测量点数	备　注
设定半径	R_1, R_2	标记±2mm	每根梁位置	为安装控制
设定方位	l	标记±2mm	每根梁位置	为安装控制
设定水平度	h_1, L	标记±3mm	每根梁位置	为安装控制
中心高度	H	—	1	在拆除中心支架之前和之后

注：梁要放在水平高度为 h_1 和 L 的临时支架上。

图 7.3.1　罐顶安装示意图

7.3.2 承压圈安装允许偏差见图 7.3.2 和表 7.3.2。

承压圈安装允许偏差   表 7.3.2

部　位	测量项目	允许偏差	测量点数	备　注
方位	p	±3mm	4	参考表-Ⅷ R_0：注明半径
划线半径	$R_1 = R_0 + 50$	控制±2mm	划线圆	
内半径	R_2, R	±25mm	每块2点	焊接后
垂直度	$V = |a-b|/H_1$	≤1/250	同上	同上
承压圈板的底端	高度：H_0	−0～+50mm	每块2点	

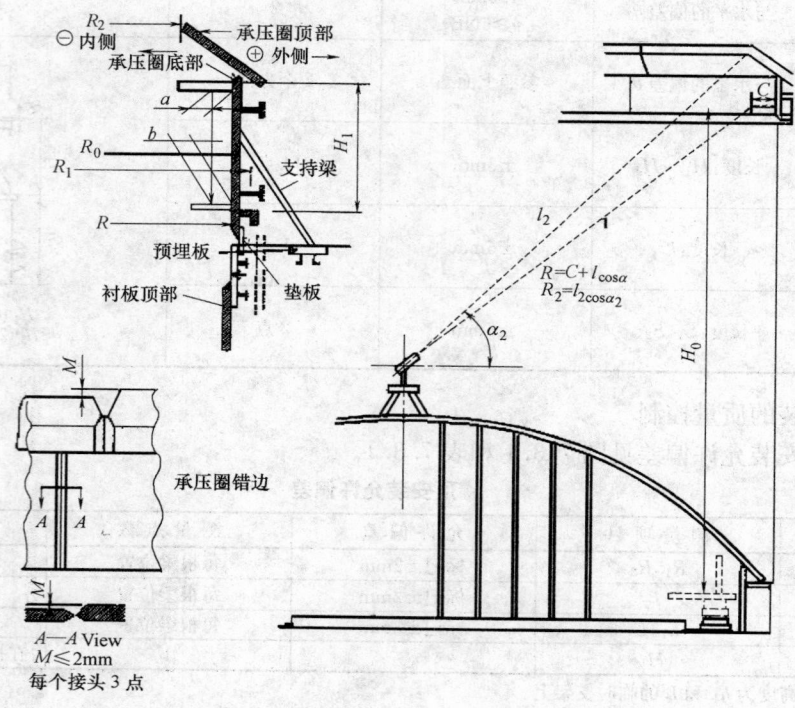

图 7.3.2　承压圈安装示意图

7.3.3 内罐壁的安装错边量的控制见"5.2.4 第 9 条中 9）壁板在组对时应严格控制焊缝的错边量"的要求。

7.3.4 内罐壁焊接后的棱角度变形量要求见"5.2.4 第 9 条中的 10"）。

7.3.5 第一圈内罐壁板安装允许偏差见图 7.3.5 和表 7.3.5。

第一圈内罐壁板安装允许偏差   表 7.3.5

部　位	测量项目	允许偏差	测量点数	备　注
方位	p	参考值±5mm	4	调整方向
划线半径	说明：R_0 $R_1 = R_0 - 100$	控制±2mm	划线圆	
壁板垂直度	$V = |b-a|/H$	≤1/200	每张板2点	焊前和焊后
上口水平度和错口	h, G	参考值 h：±6mm G：≤1mm	同上	焊前和焊后
内半径	R	±25mm	同上	焊接后

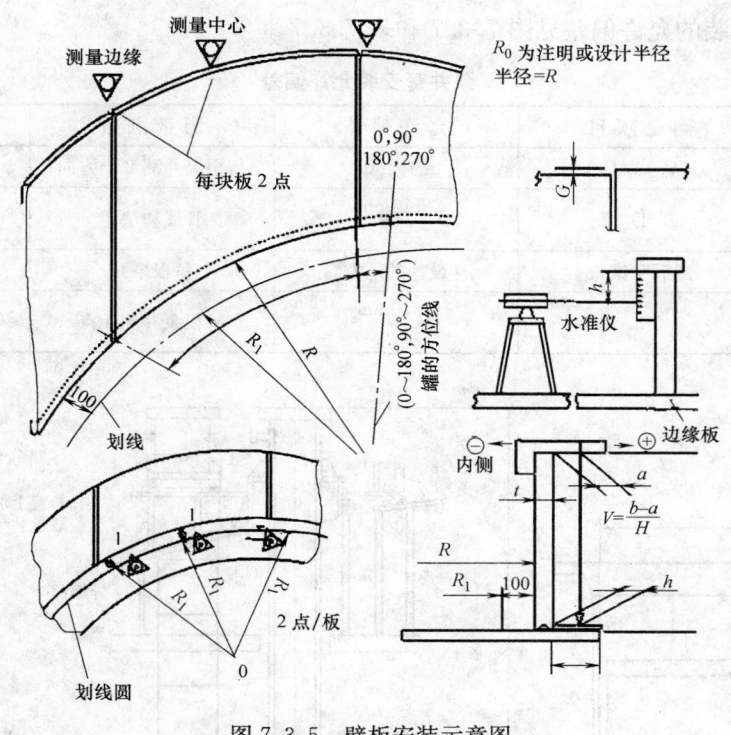

图 7.3.5 壁板安装示意图

7.3.6 第二圈至最后一圈内罐壁板安装的允许偏差见图 7.3.6 和表 7.3.6。

第二圈至最后一圈内罐壁板安装允许偏差 表 7.3.6

构件名称	测量项目	允许偏差	测量点数	备注
最后圈板	半径	参考值±70mm	每张壁板2点	
	垂直度 $V_9 = R_9 - R_0$	参考值±40mm	每张壁板2点	
	高度	±25mm	4点(points)	
每圈板	垂直度	≤1/250	每张壁板2点	
	平直度和弧度	按(As per)ASTM 6 or ASTM 20	每张壁板2点	API 620.6.5.2.2
	$R_{1(0\sim9)}$	记录	每张壁板2点	为安装控制

注:
(1) 两壁板间的错口

$G \leqslant 1mm$

(2) 对壁板的立面图,错边等参照相关要求

(3) 垂直度的测量点

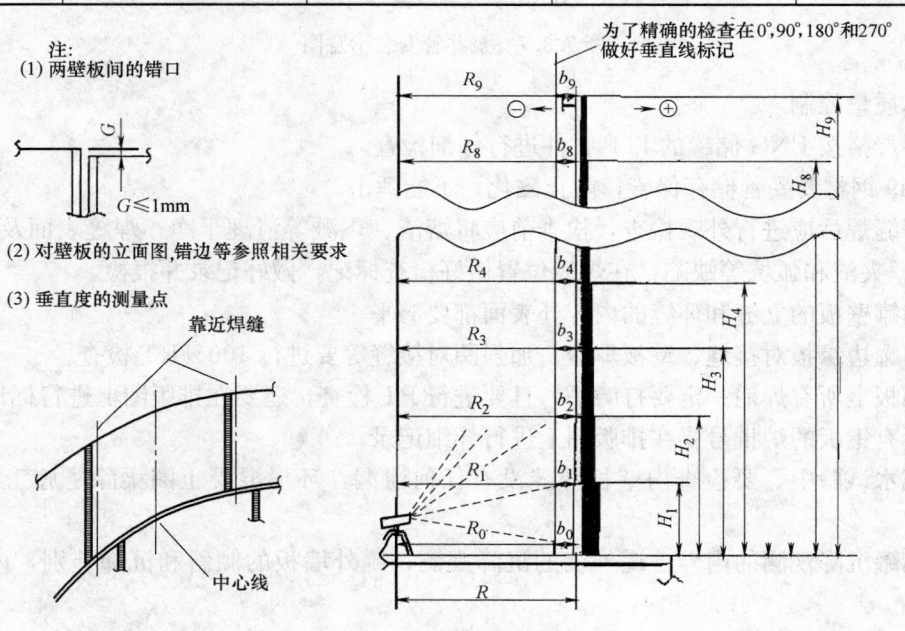

图 7.3.6 内罐壁板安装示意图

7.3.7 泵井管安装的允许偏差见图 7.3.7 和表 7.3.7。

泵井管安装允许偏差 表 7.3.7

构件名称	测量项目	允许偏差	测量点数	备注
垂直度	$V=a/H$	±1/1000	每根泵井测 2 个方向	
内径	D	+10mm −0	管线和法兰	
内径	通假泵试验	没挂的地方	每根泵井	
间距	h	+10mm −0	每根泵井测 4 点	

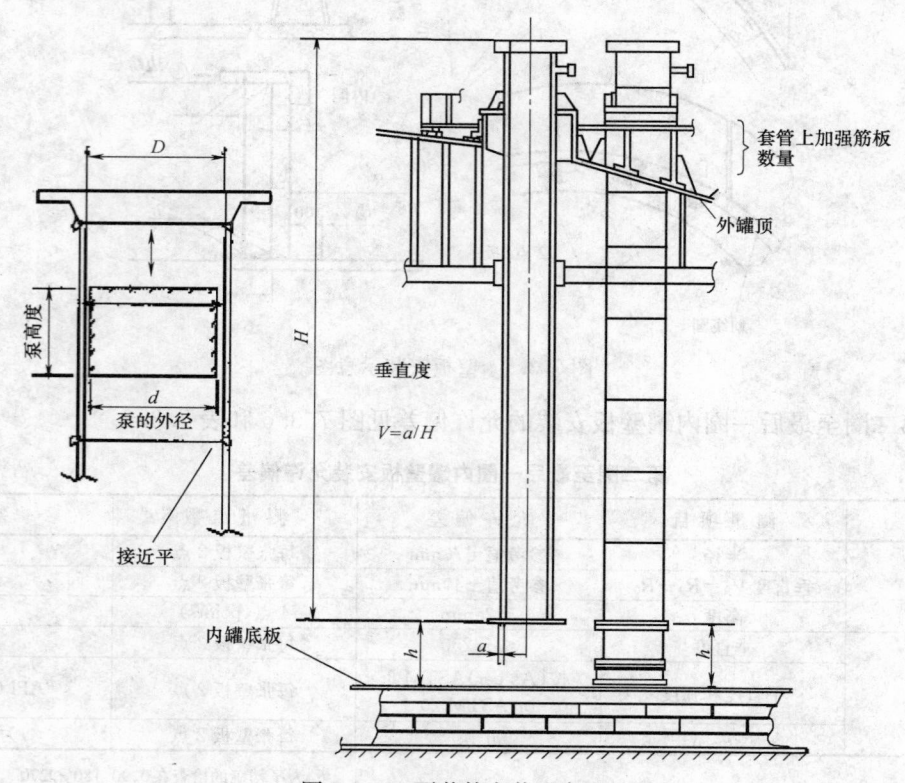

图 7.3.7 泵井管安装示意图

7.4 总体质量控制

7.4.1 要严格按 LNG 储罐的 ITP 文件进行仔细检查。

7.4.2 Ni9 钢材要妥善储存保管，防止磁化，不能锤击。

7.4.3 焊缝焊后应进行外观检查，检查前应将熔渣、飞溅等清理干净；焊缝表面及热影响区不得有裂纹、气孔、夹渣和弧坑等缺陷，在焊缝位置做好检查标记，做好记录并报检。

7.4.4 内罐壁板的立缝和环缝的内、外表面都要磨平。

7.4.5 内罐边缘板对接缝、壁板焊缝、加强圈对接缝等要进行 100%RT 检查。

7.4.6 钢板上所有焊疤一定要打磨平，且要进行 PT 检查，还要在排版图上进行标识记录。

7.4.7 所有钢板的炉批号要在排版图上进行详细记录。

7.4.8 充水试验中，要检查内壁板焊缝没有任何泄漏，环形混凝土圈梁除了施工缝外没有任何裂缝。

7.4.9 储罐沉降观测的内容：罐外墙的沉降观测，罐外墙板的倾斜和沉降差别，内/外罐差别由临时量计完成。

7.4.10 储罐要进行正、负压试验。

8. 安 全 措 施

8.1　人员要求

8.1.1　作业人员经过能力评价。

8.1.2　作业前必须经过高处作业、起重作业、受限空间、用电安全 4 种专项培训。

8.1.3　作业前进行班前会，分析施工风险。

8.1.4　作业前配备好合格的劳动防护用品。

8.2　设备使用的安全控制

8.2.1　设备进场前的能力认可，安全验收检查。

8.2.2　特种设备经过有资质的检测检验机构检验合格后使用。

8.2.3　项目对设备的定期检查。

8.2.4　项目对设备故障排除后检查。

8.3　防起重伤害安全措施

8.3.1　电动葫芦操作人员、起重工持证上岗。

8.3.2　电动葫芦必须经行业检测机构检测验收后挂牌使用。

8.3.3　起重作业前，进行吊索具、车况的安全检查，电动葫芦进行试运行。

8.3.4　起重作业，作业半径警示，防止无关人员进入，吊物下禁止站人。

8.3.5　选择合适的吊索具，选择正确的吊点位置，捆扎符合要求。

8.4　防高处坠落、物体打击安全措施

8.4.1　高处作业必须 100% 系挂好全身式安全带，高处移动作业，必须保证安全带一钩系挂好。

8.4.2　无法系挂安全带位置，拉设生命线。

8.4.3　电动吊篮作业，设置安全绳、自锁器。

8.4.4　高处作业使用的工具，使用腕带，防止跌落。

8.4.5　高处作业的工卡具比较多，很容易从高处掉落伤人，要使用工具箱存放，防止坠落。

8.4.6　临边、洞口使用硬护栏防护。

8.4.7　各种临时架设特别是罐壁临时操作平台、壁挂行走小车等的安装都要安装牢固，并认真检查。

8.4.8　由于施工的交叉作业多，因此，施工时各工种要协调、配合好，听从统一指挥，认真按作业程序进行施工。

8.5　防触电安全措施

8.5.1　配置标准规范的配电箱，使用工业型防雨插头，执行《施工现场临时用电安全技术规范》JGJ 46—2005。

8.5.2　做好用电设备及罐体的接地，并且定期进行接地电阻的检测。

8.5.3　经常性检查用电设备。

8.5.4　罐内配备应急灯。

8.6　防火灾安全措施

8.6.1　动火作业地点，配备足够数量的灭火器材。

8.6.2　气瓶存放、使用规范。

8.6.3　高处作业铺设防火布。

8.6.4　及时清除或转移作业周围的可燃、易燃物。

8.7　有限空间作业、健康环境控制

8.7.1 罐内施工照明要设置好，储罐内采用机械通风。

8.7.2 进、出有限空间都要进行登记记录。

8.7.3 职工定期体检，合格后上岗。

8.7.4 所有作业人员配备口罩，间隙性作业。

8.7.5 高温天气进行防暑降温措施。

8.8 应急控制措施

8.8.1 项目成立应急组织机构，制订应急预案。

8.8.2 配备应急设备、器材，并经常性检查保持其完好性。

8.8.3 定期组织应急演练。

9. 环 保 措 施

9.1 文明施工控制措施

9.1.1 现场文明施工

1. 严禁乱扔焊条头，电焊工要清理干净焊条头。

2. 现场的碎片、钉子、锋利的边角料应及时清理并运走。及时清理焊条头、焊接手套、铁丝、电缆头和其他暂不用的设施，保持现场清洁整齐。

3. 当日工作结束前 10min，做好场地清理，确保"工完、料净、场地清"。

4. 现场采用洒水措施进行降尘。

9.1.2 环境保护措施

1. 污染控制措施

1) 任何油料溢漏必须进行清理，并作好事故记录。

2) 冲洗和清洁施工设备和车辆的冲洗场地应提供设有不渗透地面。

3) 冲洗和清洁的污水排放和处理按照业主的规定执行。

4) 危害材料、物质使用或存放，以及有危险状况存在的区域应进行确认并采用封装物或屏物适当隔离。

5) 工地使用或存放化学品和其他危害物质的安全数据表应提前提交给总包商 HSE 部门。

2. 废料的收集与处理

1) 要有计划，经常地把工业垃圾和废料，按边角料（金属）、包装板分类收集，放在指定的容器或场所。

2) 生活垃圾、生活废水、废液要分类堆放或处理。

3) 任何情况下废物都不允许在现场埋地和回填，严禁倾倒在未经批准的地方或焚烧。

4) 洗片废液使用桶装，不得直接排放。

9.2 环境卫生控制

9.2.1 生活驻地设立饮水设施，水质需达到国家标准检验合格后饮用。

9.2.2 生活驻地应设专职管理员负责清洁卫生、消毒处理及生活区消防安全。

1. 职工食堂要保持清洁卫生，定期对餐具进行消毒；食堂要配备一定数量的剩菜剩饭收集桶；工作人员上岗前体检，任何有传染病的人员要立即调离食堂。

2. 食堂购买的粮油、肉类及蔬菜必须合格卫生，严格控制变质食品蔬菜流入食堂。

3. 职工要有良好的住宿条件：夏季要有降温设施、防蚊虫叮咬设施；冬季要有防寒取暖设施。职工宿舍要保持清洁、卫生、干燥。

4. 公用的洗衣设备要每日开放，且要定期消毒，以防疾病传染。

10. 效 益 分 析

10.1 罐顶安装用边缘支架、中间支架可以重复使用，这些支架材料可以用来制作双壁板组装架和双壁板存放胎架，制作完存放胎架后，又可以用来做充水试验进水管线，光材料费就节约 14.5 万元。

10.2 大部分工卡具可以重复利用，长期的效益很可观。由于工卡具的改进，每施工完一台大型 LNG 低温储罐就可以节约材料费 70 万元。

10.3 铝吊顶板直接在外罐底衬板上安装，省去了 120 个 2T 的提升捌链，这样就节约机具购置费约 6 万元。同时还节约提升的人工费，缩短了工期。

10.4 采用本工法进行施工，每道工序的施工质量得到了提高，降低了因施工质量不符合规范要求而进行的返工所耗费的时间，从而缩短了工期。一台大型 LNG 储罐施工质量的好坏，其内罐壁板施工质量是一个重要关键环节，由于本工法是采用可调式工卡具安装罐壁，在安装罐壁的过程中可随时对罐壁进行调整，大幅度提高了安装质量。

10.5 采用双壁板施工方法，实现了自动焊和手工焊同步安装内罐壁板，减少了罐内安装内壁板的工程量，改善了施工条件；在罐内安装壁板时，减少了 3 次临时操作平台的搭设次数，节约了人工和机械台班；由于在 1、2、3 圈壁板安装时，就开始了双壁板的预制，这样就节省了三圈壁板的安装时间，约缩短工期 75d。

10.6 采用吊壁板的 10T 电动葫芦安装外罐衬板，省去了 5T 电动葫芦的购买，节省约 6 万元设备采购费。

11. 应 用 实 例

上海液化天然气接收站 T-0202165000m³ LNG 储罐，从 2007 年 5 月 15 日开始施工，2007 年 10 月 1 日拱顶板块吊装、组装完，2007 年 12 月 16 日完成承压圈的安装、焊接，2007 年 12 月 27 日成功完成拱顶气顶升，2008 年 4 月 14 日完成罐顶气支撑，2008 年 9 月 4 日最后一块内罐底板安装完，2008 年 9 月 10 日内罐临时小开口封闭，2008 年 9 月 27 日储罐开始进水试验。T-0202 储罐安装工程优良率为 100%，RT 拍片一次合格率 99%，罐体的垂直度、椭圆度等均在规范允许偏差之内，内罐成型美观。

2007～2008 年度国家二级工法

真空管井复合降水技术施工工法

GJEJGF001—2008

北京市公路桥梁建设集团有限公司

北京市轨道交通建设管理有限公司

雷军　罗富荣　潘秀明　王贵和　孙文龙

1. 前　言

　　城市发展进程的不断加快，促进了轨道交通建设的飞速发展。全国各大城市都在大力兴建地铁，尤其是在首都北京，规划及在建的地铁已达十几条线路之多。在北京地铁建设过程中，上层滞水、弱透水层（黏性土）中的饱和水和含水层界面残留水，采用目前的管井等常规方法很难疏干；常用的真空降水方法受诸多因素影响，无法得到推广应用。目前北京最为成熟的管井降水技术也无法解决此类渗透性差土层的地下水疏干问题。而将真空降水技术与管井降水技术复合而成的真空管井复合降水技术便有了广泛的推广应用空间。

　　2005年，作为北京地铁重要干线的十号线在紧锣密鼓的建设中，北京轨道交通建设管理有限公司、北京市公路桥梁建设集团有限公司、北京地矿奥通建设工程有限公司与中国地质大学（北京）等单位合作，在十号线的劲松站至折返点和安定路站与北土城路站区间两处工点进行了真空管井复合降水技术的应用研究。现场应用表明，真空管井复合降水效果良好，建设施工方与建设监理方均认为，对于地铁施工中难于用管井技术疏干的弱透水层中的饱和水，采用真空管井复合降水技术完全可行，工程质量可靠，对于弱透水层中饱和水和界面残留水的降水效果比较理想，保证地铁安全快速施工，节约土建成本十分显著。初步测算，该技术在北京地铁规划线路推广将获得上亿元的直接经济效益和巨大的社会效益。此研究成果已于2007年2月通过了由北京市轨道交通建设管理有限公司组织的专家评审会的评审，关键技术——真空管井复合降水技术被建设部科技发展促进中心列为城市轨道交通专项科技成果推广项目，项目编号为2007URT14，证书编号为2007URT—14—1。

　　本技术也可推广至深基坑工程和其他地下工程施工领域。

2. 工法特点

　　2.1　真空管井复合降水技术，在成熟的管井降水系统基础上增加一套真空系统，即将原有管井结构增加密封措施，外部连接真空泵。通过真空泵在管井内形成的负压加速抽排地下水，同时真空负压还能对渗透性差的黏性土层中的地下水产生作用力，疏干该类型地下水。真空系统与管井降水系统是两套相对独立的系统，抽水泵与真空泵可以独立启动，有效节能。

　　2.2　真空管井复合降水工法，施工工艺流程及施工设备简单，施工质量及施工安全容易控制，施工成本低，能够有效地缩短工期、提高土建工程建设安全性，基于其诸多优点，该工法势必在地铁建设工程、深大基坑及各类隧道工程中得到广泛应用。

3. 适用范围

　　本工法适用于各类地下工程、基坑工程的降水工程，适用土层主要为填土、粉土、黏性土、砂土及黏性土（或粉土）与砂土交互地层，尤其对渗透性较差（渗透系数 $K < 0.5\text{m/d}$）、有层间滞水、界面

残留水地层的地下水疏干作用明显。

4. 工艺原理

真空管井复合降水就是利用地面安装真空泵，通过管路连接，使井管内产生负压，利用井管内外压力差，抽吸、加速地下水的渗流速度；再利用潜水泵将井管中水排出，从而使降水区域内的地下水位加速下降，达到降低地下水、疏导干净的目的，保障工程安全施工。

工法的关键技术在于如何在管井内形成具有一定大小，且持久、有效的真空度，其中真空管井的分段封闭措施是真空管井复合降水系统（图4-1）成功的关键。真空管井的井口密封系统包括井口密封、地表下井段的密封（包括密封深度控制）和地面密封。

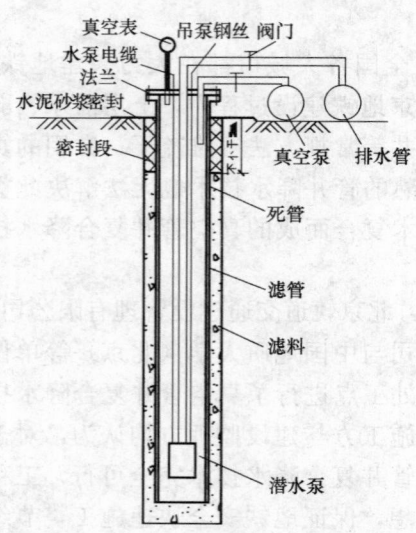

图 4-1 真空管井复合降水系统

在有效的密封措施前提下，通过地面的真空泵作用在管井及周围土体内形成一球状负压源，负压源作用下形成一个有效应力场。

抽真空前假设地下水位与地表齐平，地面大气压力为 P_a（kPa），则位于地面以下 h（m）处任一点的水头（速度水头不计）为：

$$H = z + \frac{P_a}{\gamma_w} \tag{4-1}$$

抽真空开始时，在管井周围一定范围内的土体中产生真空度 P_0，该真空度换算成等效压力为 $-P_0$，则真空作用的土体内压力减小值为 P_v（$P_v = P_a - P_0$），该范围内土体的水头为：

$$H_{真} = \frac{P_v}{\gamma_w} + z = \frac{P_a - P_0}{\gamma_w} + z \tag{4-2}$$

真空度随着与管井距离增大而减小，则水头降低趋势减小。而土体中的渗透系数很小，一般黏性土的渗透系数在 $10^{-7} \sim 10^{-8}$ cm/s 数量级之间，土体内水流动速度缓慢，其水体势头衰减缓慢。因此，土体中的水头仍为：$H = z + P_a/\gamma_w$，大于真空作用土体的水头，故形成大范围土体内的水向真空负压作用的土体内流动，最后通过管井排出土体。

黏性土孔隙水渗流规律的实质是重力水、毛细水、弱结合水在不同水力梯度作用下转化规律，是3种孔隙水转化为自由水参与运动的规律。

将理想黏性土的渗透规律 v-J 曲线划分为3个部分（图4-2）：第一部分 Ⅰ：$0 < J < J_1$（J_1 为渗透速度从缓慢到快速的分界点），以重力孔隙水运动为主，其渗流规律近似符合达西定律；第二部分 Ⅱ：$J_1 < J < J_2$（J_2 为由曲线到近直线的分界点），以毛细水为主的运动部分，随着水力梯度的逐渐增加，动水头转化的渗透力随之增大，毛细孔隙水也逐渐克服土颗粒的引力而参与运动；第三部分 Ⅲ：$J_2 < J$，当水力梯度继续增加时，水头渗透力又逐渐克服土颗粒对弱结合水引力力而参与渗透运动。

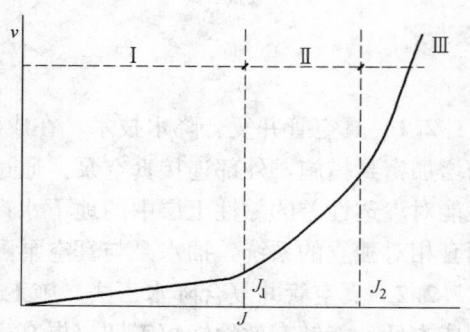

图 4-2 典型黏性土渗透规律曲线

真空管井复合降水技术的关键就是在管井井管以及周围一定影响范围内形成负压源，使含水层和负压源之间形成更大的压力差，增大水力梯度，一方面提高重力水流速，加快地下水的降排速度；另一方面削弱毛细管作用力使更多毛细水被抽出，同时还有弱结合水排出，达到增加出水量和增大降深目的。

5. 施工工艺流程及操作要点

5.1 施工工艺流程

5.1.1 工艺总体流程（图 5.1.1）

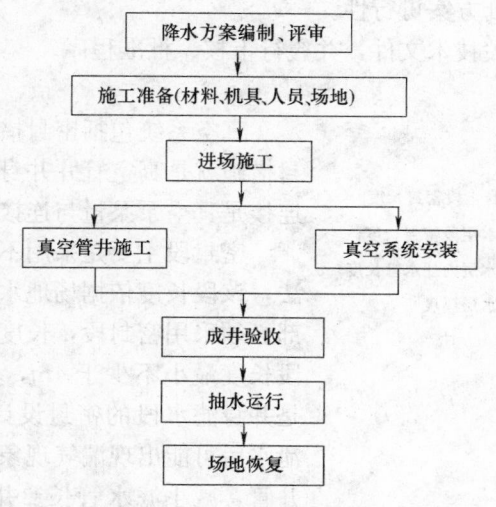

图 5.1.1 工艺总体流程图

5.1.2 真空管井降水方案设计

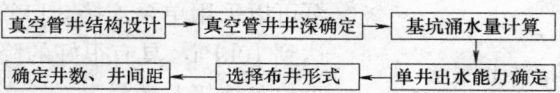

5.1.3 真空管井复合降水系统工艺流程

钻机成孔→清孔→下滤管→下死管→填砾料→填黏土球密封→洗井→下潜水泵→安置井口密封装置（图 5.1.3）→井口地面密封处理→连接真空泵和抽气、抽水管路→真空度检查→抽气、抽水。

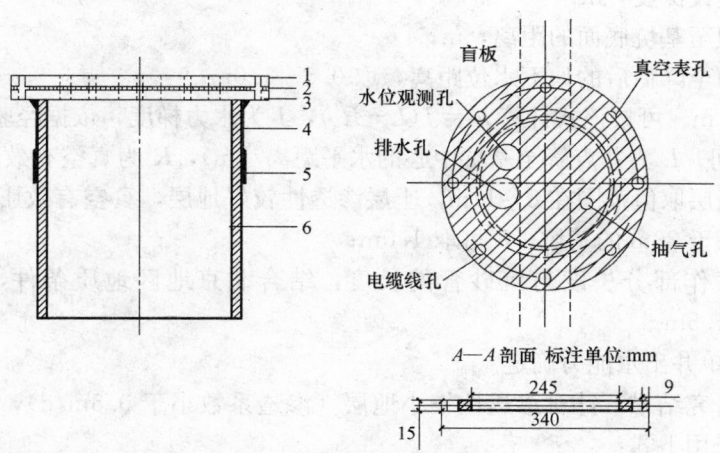

图 5.1.3 井口密封装置结构

1—上法兰；2—垫圈；3—下法兰；4—钢管；5—密封胶；6—死管

5.1.4 密封井盖制作流程

材料供应及检验→放样、下料→井盖切割、井筒卷制→除锈、防腐→筒与盖及水、气管与井盖焊接→焊缝检验。

5.2 操作要点

5.2.1 施工准备

1. 根据场地水文地质条件及施工条件，制作真空系统，即井口密封盖，及确定井身密封材料，包括不透气井管材料及回填密封材料。

2. 准确掌握场地水文地质条件，确定有效、可行的真空管井复合降水设计方案。

3. 由专家评审确定施工设计方案可行性。

4. 编制施工组织设计和有关技术文件，并履行审核、批准程序。

5.2.2 真空系统设计

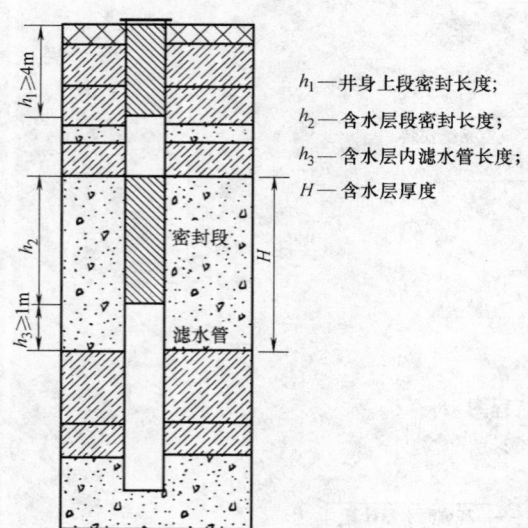

h_1—井身上段密封长度；
h_2—含水层段密封长度；
h_3—含水层内滤水管长度；
H—含水层厚度

图 5.2.2 真空管井井身密封段示意

真空系统包括密封措施和真空设备连接两部分。密封措施就是真空管井井身密封段长度的确定；真空设备连接是真空泵泵量与连接方式的确定。

密封段主要是采用不透气死管和管外回填黏土的方法，该段长度依据场地水文地质条件确定。首先井管上部必须采用密封段，长度要贯穿回填土层，北京地区该段长度最小不少于4m，长度可设计至含水层顶。其次是井身滤水段的密封设计，针对透水性较好的砂土层，泄水后可能出现漏气现象，因此在砂层段增加部分密封井管，减小滤水管长。井底密封可以安装混凝土管鞋。见图5.2.2。

真空泵泵量选取要合理，抽气速率3m³/min的真空泵可以采用单泵连接3口管井的方式，井内真空度可以达到10kPa，具有很好的降水效果。泵量减小应适当减小单泵连接井数量。

5.2.3 降水井深度确定

参考大量规范标准，结合现场施工经验及试验，真空管井井深设计按照下式确定：

$$H = H_1 + h + h' + l \tag{5.2.3}$$

式中　H——井点管埋设深度，m；

H_1——井点管埋至基坑底面的距离，m；

h——基坑底面至降低后的地下水位距离，取 0.5～1.0m；

h'——水跃值，m。可按该式计算 $h' = J(L - R')$，J 为水力梯度，依据经验取值范围在 1:10～1:5 之间，L 为井点管至基坑中心的水平距离（m），R' 为真空有效影响范围（m），依据试验粉土层取值范围在 8～11m，土层渗透性较好地层，真空有效影响范围相应增大。对于宽度小于 20m 的基坑，h' 可取 1.0m；

l——过滤器工作部分长度与沉砂管的长度，结合北京地区地质条件，沉砂管长度取值范围 1.0～1.5m。

5.2.4 真空管井单井出水能力确定

根据施工及试验研究结果，针对渗透性较小地层（渗透系数小于 0.5m/d），结合以往经验，真空管井单井出水量计算采用下式：

$$q = \alpha F K J \tag{5.2.4}$$

式中　q——单井出水量，m³/d；

α——真空影响系数，取值范围 1.0～5.0；

F——过水断面面积，m²。$F = 2\pi r \beta l$，r 为过滤器外缘半径（m），l 为过滤器进入含水层中的长度（m），β 为过滤器有效利用率（一般取 0.4～0.6）；

K——渗透系数，（m/d），依据场地地层条件取经验值；

J——水力梯度，考虑真空作用，取值范围 1/10～1/5。

5.2.5 成井施工要点

1. 真空管井施工方法同供水管井，根据地层条件可选用冲击钻、回转钻钻进，有条件时宜采用泵吸反循环钻井法，特殊条件可人工成孔。

2. 布设井位时，应先探查地下管线情况。

3. 上钻前应先人工挖探井，探明地下无管线和构筑物后方可上钻施工。

4. 钻进深度应比设计深度大 0.5～1.0m，井径大于管径不小于 150mm。停钻后应及时进行替浆，注入清水用泵吸出，待稀释后的泥浆比重接近 1.05 后立即下管。

5. 下井管：井管进场后，应检查过滤器的缝隙是否符合设计要求。外包尼龙网是否有损坏，下管前必须测量孔深，孔深符合设计要求后，开始下井管，下管时在滤水管上下两端各设一套直径小于孔径 5cm 的扶正器，竖向用 3～4 条 30mm 宽、长 2～3m 的竹条用 2 道铅丝固定井管（桥式滤水管用电焊焊接），为防止上下节错位，吊放井管要垂直，并保持在井孔中心。

6. 填砾料：填砾料前在井管内下入钻杆至离孔底 0.30～0.50m，井管上口应加闷头密封后，从钻杆内泵送清水进行边冲孔边逐步稀释泥浆，使孔内的泥浆密度逐步稀释到 1.05，然后开小泵量按前述井的构造设计要求填入砾料，并随填随测填砾料的高度，直至砾料下入预定位置为止。

7. 井口封闭：在砾料的围填面上采用优质黏性土球围填至地表，围填时应控制下入速度及数量，沿着井管周围少放慢下的围填，然后在井口管外做好地面封闭工作。在井管外面灌入 M10 的水泥砂浆，将已加工好的带下法兰的 $\phi426/4$ 或 $\phi236/6$ 无缝钢管井筒在水泥砾石死管或钢管的外面，并插入到水泥砂浆里面，然后再在钢管的外面浇筑水泥砂浆进行密封。

8. 成孔后应及时（不超过 7h）洗井，并应从上而下分层洗井，洗上部潜水层时，如沉没比不够，要注清水洗井；洗下层承压水层时要冲洗到井底，直到水清砂净，上下水位连通。

9. 安泵试抽：成井施工结束后，在降水井井内及时下入潜水泵，并进行管路和井口密封装置、水箱等安装。安装完毕后，进行单井试验性抽水、抽气。

10. 做好钻井施工描述记录。

5.2.6 设备安装要求

1. 管井抽水宜采用潜水泵，安装前应检查各部件是否良好，并注水试转正常。

2. 电缆必须绝缘，并牢固地捆绑在泵管上。

3. 水泵就位后应固定牢固。

4. 水泵试抽水合格后方可正式抽水。

5. 每一机组应根据泵型和配用功率确定井点数量，并在井点管施工完毕后安装。

6. 分节组装的井点管直径应一致。

7. 泵组应稳固地设在平整、坚实、无积水的地基上。水箱吸水口与集水总管、井点管口高程宜一致。

8. 管路系统各部件应连接严密。

9. 各组集水总管之间宜采用阀门隔开。

10. 雨期施工时，降水井点泵组应搭设防雨设施。寒冷地区冬期施工时，对泵组和管路系统应采取防冻措施。

11. 各组井点系统安装完毕，应及时进行试抽水，全面检查管路连接质量、井点出水和泵组工作水压力、真空度及运转等情况。

6. 材料与设备

主要材料与设备见表 6。

主要材料与设备   表 6

序号	材料名称	规格	单位	主要用途	备 注
		主要材料			
1	滤水管	$\phi 400/\phi 273$	m	透水井管	无砂滤水管/钢制滤水管
2	井底	/	个	井底密封	
3	竹片	/	捆	混凝土井管绑扎	
4	纱网	80～120目	m	拦砂	
5	石料	级配砂石	m³	填料	
6	死管	$\phi 400/\phi 273$	m	密封段井管	波纹塑料管/混凝土管/钢管
7	钢丝	8号	m	混凝土井管绑扎	
8	法兰井盖	/	套	井口密封	
9	泥球	/	m³	密封段填料	
10	电缆	2.5m²	m		
11	塑料管	1寸	m	抽气	
12	排水管		m		
13	电缆		m		
		设备			
14	钻机		台	成孔	根据现场条件选择类型
15	空压机		台	洗井	
16	电焊机		台	井管焊接	
17	真空泵	5.5kW	台		
18	潜水泵	1.2kW	台		
19	配电箱		个		

7. 质量控制

7.1 标准、规范

7.1.1 国家规范

《建筑与市政降水工程技术规范》JGJ/T 111—98；《建筑基坑支护技术规程》JGJ 120—99；《建筑机械技术使用安全技术规范》JGJ 33—2001；《建筑工程施工现场供用电安全规范》BG 50104—93；《钢筋焊接及验收规程》JGJ 18—96；《岩土工程勘察规范》GB 50021—2001；《建筑地基基础工程施工质量验收规范》GB 50202—2002)；《建筑地基基础设计规范》GB 50007—2002。

7.1.2 地方规范

《建筑基坑支护技术规程》DB 11/489—2007。

7.1.3 技术标准

《水文地质手册》（第二版）（地质出版社）；《工程地质手册》（第四版）（中国建筑工业出版社）；《建筑施工手册》（第四版）（中国建筑工业出版社）；《机井技术手册》（水利水电出版社）。

7.2 质量要求

7.2.1 真空管井井深：以深度控制的井孔，其允许偏差应为－200mm、＋1000mm；以井底地层

控制的井孔，应符合设计要求。

7.2.2 真空管井滤料含泥量应不大于3％，滤料级配应符合设计要求。

7.2.3 真空管井直径允许偏差应为－20mm。

7.2.4 成井后应用清水洗井至水清砂净或上下含水层串通。

7.2.5 真空管井井位应符合设计要求，并应满足下列规定：以排桩或地下连续墙围护的明挖基坑，降水井与围护结构的净距离应不小于1.5m；以土钉支护的明挖基坑，降水井与基坑边的净距离应不小于1m；降水井与暗挖结构之间的净距离应不小于2m；特殊环境可作适当调整，但应征得设计、监理单位的同意。

7.2.6 真空管井滤水管孔隙率：钢管应不小于10％，无砂水泥管应不小于15％。

7.2.7 真空管井实际填料量应不小于计算量的95％。

7.2.8 真空管井滤水管垂直度应不大于1％。

7.2.9 真空管井滤水管下管应居中，其轴线位置与设计井孔轴线的允许偏差应为5mm。

7.3 质量控制措施

7.3.1 基坑降水技术负责1人，各工序设专职负责人，工程施工前进行书面技术交底。

7.3.2 各工序负责人进行质量自检，发现问题及时处理。

7.3.3 做好原始记录，记录要完整准确。

7.3.4 各工序负责人遵守不合格产品不进入下道工序的质量原则。

7.3.5 为保证成井质量，应严格检查井管、滤料质量，发现不合格的一律不许使用。

7.3.6 技术负责人实行质量否决权，对于不合格的降水井，一律作废重打。

7.3.7 各钻机应严格遵照技术要求进行施工，未经技术负责人批准不得更改设计。

7.3.8 在整个降水过程中，对真空度、地下水位、水量进行观测，发现问题及时处理。

7.3.9 关键工序控制：本工程关键工序为成井质量、洗井、密封效果。成井质量控制要求对所有井点的井深、井管长度、滤料填入方法及封孔情况进行检查，以确保成井质量；洗井质量以潜水泵抽水时地下水水位变化是否反应灵敏为控制标准；密封要求保证井内产生持续稳定、且有一定真空度为控制标准。

8. 安 全 措 施

8.1 组织管理措施

8.1.1 建立健全有系统、分层次的安全生产保证体系和安全监督体系，成立由项目经理为首的"安全生产管理委员会"，组织领导施工现场的安全生产管理工作。

8.1.2 项目部设专职安全员，各作业队和班组设兼职安全员，根据作业人员情况成立2～3人的现场安全纠察队，开展日常安全生产检查工作。

8.1.3 项目部、各施工单位、作业班组逐级签订安全生产责任状，使安全生产工作责任到人，层层负责。

8.2 技术管理措施

8.2.1 各分部、分项工程施工前，逐级对作业队、班组有针对性进行全面、详细的安全技术交底，双方保存签字确认的安全技术交底记录。

8.2.2 全体职工必须熟悉本工种安全技术操作规程，掌握本工种操作技能，对变换工种的工人实施新工种的安全技术教育，并及时做好记录。

8.2.3 对操作人员的安全要求是：没有安全技术措施，不经安全交底不准作业；没有有效的安全措施不准作业；发现事故隐患未及时排除不准作业；不按规定使用安全劳动保护用品的不准作业；非特殊作业人员不准从事特种作业；机械、电器设备安全防护装置不齐全不准作业；对机械、设备、工具的性能不熟悉不准作业；新工人不经培训，或培训考试不合格不准上岗作业。

8.2.4 建立机械设备、临电设施的验收制度，未经过验收和验收不合格的严禁使用。

8.3 行为控制措施

8.3.1 进入施工现场的人员必须按规定正确佩戴安全帽，并系下颌带。

8.3.2 凡从事 2m 以上无法采用可靠防护设施的高处作业人员必须系安全带。

8.3.3 现场所有焊工、电工、钻机操作员、司机须是自有职工或长期合同工，所有特殊工种人员必须持证上岗。

8.3.4 施工人员上岗前由安全部门负责组织安全生产教育。

8.4 安全防护措施

8.4.1 夜间施工必须有足够的照明，并应有专职电工值班。

8.4.2 定期检查机具的运行情况，责任到人，对限位、卷扬机、钢丝绳、保险绳等重要部位要尤为重视，经常检查。

8.4.3 钻机顶部钢架上安装临时避雷针。

8.4.4 施工现场设置足够和适用的灭火器及其他消防设施。

8.5 临时用电管理措施

8.5.1 建立现场临时用电检查制度。

8.5.2 临时配电线路必须按规范架设，架空线必须采用绝缘导线，不得采用塑胶软线，不得成束架空敷设，也不得沿地面明敷设。

8.5.3 施工现场临时用电工程必须采用 TN-S 系统，设置专用的保护零线，使用五芯电缆配电系统，采用"三级配电，两级保护"，同时开关箱必须装设漏电保护器，实行"一机，一闸，一漏电保护"。

8.5.4 总配电箱、分电箱、现场照明、线路敷设等必须符合国家标准的规定。

8.5.5 各类施工机械、电动机具必须要有良好的接地保护装置，皮线无破损，操作应按规定进行。

8.5.6 集体宿舍严禁乱拉电线，乱用电炉和取暖设备。

8.5.7 电焊机应单独设开关，电焊机外壳应作接零或接地保护。

8.6 施工机械管理措施

8.6.1 制定机械操作规程，严格按章操作，特别是起重、卷制机械设备。

8.6.2 及时对机械设备进行保养，确保状态良好。

8.6.3 卷扬机上的钢丝绳应排列整齐，如发现重叠或斜绕时，应停机重新排列；严禁在转动中用手、脚去拉踩钢丝绳；作业中任何人不得跨越正在作业的卷扬机钢丝绳；绳道两侧设安全围栏。

8.7 防火管理措施

8.7.1 加强施工的防火管理，杜绝火灾事故的发生是干好工程的关键环节。在施工前必须制定切实可行的防火管理措施。

8.7.2 严格执行《消防防火管理条例》的规定，建立健全防火责任制，职责明确，防火安全制度、安全器材齐全。

8.7.3 建立动用明火审批制度，按规定划分级别，审批手续完善，并有监护措施。

8.7.4 重点防范部位明确、防火奖惩、火灾事故、消防器材管理记录齐全。

8.7.5 施工平面布置、施工方法和施工技术必须符合消防安全要求。

8.7.6 保温施工时，保温材料应规范堆放，并保持与焊接作业场地安全距离。

8.7.7 油漆间以及宿舍、办公室等按规定设灭火器、配沙箱。

8.7.8 建立安全检查、考评制度，实行安全一票否决制。

9. 环保措施

9.1 编制环境保护实施计划。

9.2 对现场施工人员进行环境保护教育。

9.3 正确处理垃圾

9.3.1 尽量减少施工垃圾的产生。

9.3.2 产生的垃圾在施工区内集中存放，并及时运往指定垃圾场。

9.3.3 设置废弃物、可回收废弃物箱，分类存放。

9.3.4 集中回收处置办公活动废弃物。

9.3.5 现场生活垃圾堆放在垃圾箱内，不得随意乱放。

9.4 减少污水、污油排放

9.4.1 在生产、生活区域内设置排水沟，将生活污水、场地雨水排至指定排水沟，不随意排放。

9.4.2 机械设备运行时应防止油污泄露污染环境。

9.4.3 工地临时厕所指定专人清理，在夏季，定期喷洒防蝇、灭蝇药，避免其污染环境，传播疾病。

9.5 降低噪声

9.5.1 合理安排施工活动，或采用降噪措施、新工艺、新方法等方式，减少噪声发生对环境的影响。夜间尽量不进行影响居民休息的有噪作业。

9.5.2 施工机械操作人员负责按要求对机械进行维护和保养，确保其性能良好，严禁使用国家已明令禁止或已报废的施工机械。

9.5.3 尽量减少重物抛掷，重锤敲打，采取合理的防变形措施，减少因矫正变形采取的机械作业。

9.6 减少粉尘污染

9.6.1 在推、装、运输颗粒、粉状材料时，轻拿轻放，以减少扬尘，并采取遮盖措施，防止沿途遗洒、扬尘，必要时进行洒水湿润。

9.6.2 车辆不带泥沙出施工现场，以减少对周围环境污染。施工区域道路上定期洒水降尘。

9.6.3 除锈作业宜封闭进行，作业人员应配备防护措施。

9.7 减少有害气体排放

9.7.1 禁止在施工现场焚烧油毡、橡胶、塑料、垃圾等，防止产生有害、有毒气体。

9.7.2 施工用危险品坚决贯彻集中管理和专人管理原则，防止失控。

9.7.3 选择工况好的施工机械进场施工，确保其尾气排放满足当地环保部门要求。

9.8 控制有毒、有害废弃物

9.8.1 加强现场油漆、涂料等化学物品采购、运输、贮存及使用各环节的管理，不得随意丢弃、抛洒。

9.8.2 对用于探伤、计量、培训等工作中用的放射源加强管理，制订专门的措施确保环境不被污染。

10. 效 益 分 析

10.1 经济效益

真空管井复合降水方法与普通管井降水相比，由于其单井出水能力较强，因而整体上减小了降水施工成本。安定路—北土城路站区间试验段分析表明，真空管井复合降水施工成本相对管井降水节约16%以上，运行费节约3%；劲松折返线试验段渗透性条件较好地层，真空管井施工及运行成本比普通管井节省成本达50%。因此，真空管井降水方法在经济性上明显优于普通管井降水方法。

由于真空管井复合降水效果好，改良土体性质，改善施工环境，因而加快施工进度，可节约大量工程物资和人力投入。经土建设计检算，劲松折返线区间试验段初期支护格栅钢架间距由相邻标段相同地质条件下带水作业的 0.5m/榀调整为 0.75m/榀，节约了约 30% 的初期支护用钢材。

北京地铁 10 号线劲松折返线暗挖区间采用的真空管井复合降水技术，真空管井单井成本总计 6553.5 元，材料费比普通管井增加 695.0 元。真空管井安装电磁感应水位控制器控制装置，可以合理分配真空泵与潜水泵的工作时间，降低用电量。安装电磁感应装置真空管井单井每日用电成本，市价电费按 0.6 元/kW·h 计：0.6 元/kW·h×(1.2kW×1.78h＋1.5kW×22.22h)＝21.27 元，比普通管井单日用电成本增加 3.99 元。

10.2 社会效益

10.2.1 对推动北京地区工程降水技术的发展具有重要意义

真空管井复合降水技术，不仅保留了管井重力释水的优点，而且可以根据地层条件和工程需要在任意井段增加负压汲取黏性土、粉土中的饱和水和界面残留水，是一种创新技术，填补了北京工程降水技术空白。随着该技术的推广应用，将大大推动北京工程降水技术的发展。

10.2.2 降水效果好，保证在建地铁施工的安全快速作业

经劲松折返线区间和安定路～北土城路站区间 2 个工程试验段证明，真空管井复合降水技术在解决北京地区粉土与黏土、砂层与黏土的交互地层中的饱和水和含水层界面残留水的降水难题上取得了重要突破，降水效果良好，工人在基槽内完全能穿皮鞋行走作业。因此，土建施工单位在此段的施工进度比较快，其中劲松折返线区间试验段的工程进度，较相邻标段相同地质条件采用普通管井降水的 1m/d 提高了一倍，达到了 2m/d。

10.2.3 节水及环保意义

真空管井复合降水技术不仅效果好，井深小且可以合理控制抽水时间，同时实现了分层降水，因此具有节水及环保特性。

10.2.4 真空管井复合降水技术可以减小对地面交通的影响

北京地铁线路多沿地面交通干线布设，普通管井井距小，因此降水施工占地、占路对城市交通造成很大影响，同时也给降水施工作业本身增加困难。目前地铁管井间距一般为 6m，真空管井井距可达到 12～15m，大大减少井数，节约施工占地、占路，对城市交通的影响可成倍减小。

10.2.5 对后续地铁施工、地下工程及基坑开挖具有普遍应用价值

真空管井复合降水技术因其特点决定它是一项通用技术，不仅可推广至北京市其他在建、新建地铁工程以及其他地下工程、基坑开挖工程降水施工，同时对我国北方其他地区的地铁施工和地下工程施工降水作业也具有重要的实践指导意义。

10.3 节能与环保

由于真空管井复合降水技术采用真空负压作用，加速抽排地下水，效率高，可缩短工期，相比其他施工方案减少机械投入总功率，节能环保效果明显。真空管井复合降水技术实现了分层降水，避免上层受污染的滞水下渗造成深层地下水资源污染，在环保日益紧迫的今天，这一特性具有不可估计的潜在社会效益。

11. 应 用 实 例

11.1 北京地铁 10 号线安定路站—北土城路站区间基坑降水工程

北京地铁 10 号线安定路至北土城路区间段采用矿山法、明挖法两种方法进行施工。该区间围护结构采用钻孔灌注桩＋桩间网喷，局部有锚杆支护。该区间开挖深度范围内地层为粉土和黏性土交互，透水性差，该真空管井复合降水试验段（表 11.1-1）属安北区间部分，全长约 200m，里程号为 K10＋203.501～K10＋403.501。采用"双线双排"的布井形式，共成井 42 口。

目标含水层为：第一层地下水为上层滞水，含水层主要为粉土③层、粉质黏土③1 层、粉质黏土④

层，局部人工填土，透水性一般，静止水位标高为36.24～41.79m（水位埋深为2.00～7.50m）。

第二层地下水为潜水，含水层主要为粉土⑥2层、粉细砂⑥3层，局部粉土④2层，透水性一般，局部受粉质黏土④层阻隔具微承压性，静止水位标高30.48～33.09m（水位埋深11.00～13.00m）。

第三层地下水为层间潜水，含水层主要为粉土⑥2层、细中砂⑦1层、粉土⑧2层，透水性一般，局部受粉质黏土⑥层阻隔具微承压性，静止水位标高22.29～25.42m（水位埋深18.10～21.60m）。

安定路站—北土城东路站区间真空管井降水设计参数 　　　　　　　　**表 11.1-1**

井类型	井径(mm)	管径(mm)	井管类型	井深(m)	井间距(m)	滤料(mm)	井数
HDPE 双壁波纹管	600	345/21.5	HDPE	25.0	≤7.5	2～4mm 砾料	42
无砂水泥管井	600	400/50	无砂混凝土管				

从安北区间开挖的槽段观察分析发现，本试验段真空管井降水的效果明显，没有地下水渗出，潜水含水层地下水完全疏干（图11.1-1、图11.1-2）。

图 11.1-1　安北区间紧邻试验段普通管井降水工作面渗水情况

图 11.1-2　安北区间试验段真空管井降水工作面情况

另外，在安定路—北土城路区间试验段普通管井降水与真空管井降水的同一土层内取样，对不同降水条件下土样的含水量进行比较（表 11.1-2）。

普通管井降水与真空管井降水土层取样含水量的对比 表 11.1-2

取样位置	土名	普通管井降水（%）	真空管井降水（%）
北坡	黏质粉土	23.4	21.2
南坡	黏质粉土	22.5	20.7

真空管井降水取样时普通管井降水已运行相当长时间，从数据对比情况来看，虽然普通管井降水作用时间长，但真空管井降水后的土样含水量还是低于普通管井的。对真空管井降水运行前后土体的物理力学性质指标进行比较，土体密度、含水率、孔隙比等指标均发生了比较大幅度的变化。例如，粉质黏土和粉土土体密度增大都在 10% 以上；粉质黏土层含水率降幅达 7%，主要含水层的粉土层含水量降低也在 10% 左右；粉土层和粉质黏土层孔隙比出现了很大幅度的降低，降低幅度平均达 26% 左右；粉土层压缩模量平均提高 22%，粉质黏土层提高较大，达到 43%；粉土层内摩擦角提高 15%，粉质黏土层提高 6% 左右；粉土层黏聚力提高 27%，粉质黏土层提高 17%，可见真空管井降水效果要好于普通管井降水，可以保证干槽作业，确保地下工程施工的安全进行。

安定路至北土城路区间真空管井复合降水工程，含水层主要为粉土，渗透性相对于劲松试验段较差，地铁施工采用明挖法，采用真空管井复合降水方法比普通管井降水方法每 100m 降低成井成本 16892.0 元，节省达 16%；单日用电成本降低 11.52 元，节省约 3%。

11.2 北京地铁 10 号线劲松折返线区间基坑降水工程

劲松折返线区间地质条件在整个地铁 10 号线中比较典型，其地层复杂，地下水层数多，并且地铁隧道开挖深度大（最深约 26m），断面大，真空管井降水施工范围长度约 60m，宽度 24m。试验段真空管井共 22 口，其中混凝土管井 12 口，钢管井 10 口（表 11.2-1）。

劲松站—终点区间试验区段降水井设计参数表 表 11.2-1

井类型	井径(mm)	管径(mm)	井管类型	井深(m)	井间距(m)	井数(口)
无砂水泥管井	600	400/50	无砂混凝土管	39	5	12
钢管井	600	219/4	桥式滤水管	30	12	5
	600	219/4	桥式滤水管	38	6	5

注：管径为外径/壁厚。

本区段在勘察深度范围内量测到四层地下水：

第一层为上层滞水，水位标高 32.33m，水位埋深 5m 左右，含水层为粉土③层，其主要接受管沟渗漏及大气降水，以蒸发和向下补给潜水的方式排泄。

第二层为潜水，水位标高为 25.24～25.35m，水位埋深 12m 左右，含水层为中粗砂④4 层、中粗砂⑤1 层，主要接受大气降水和侧向径流补给为主，以侧向径流、向下越流补给承压水及人工排水的方式排泄。

第三层为层间潜水，水位标高为 17.58～17.85m，水位埋深 20m 左右，含水层为粉土⑥2 层、细中砂⑥3 层，主要接受上层潜水越流补给，以向下越流补给承压水的方式排泄。

第四层水为承压水，引用劲松站勘察资料，水位为 6.91m，水位埋深 30m 左右，含水层为中粗砂⑨1 层，粉细砂⑨2 层。地下水位年变幅与区域地下水动态变化相近，地下水流向总体方向为自北向南。

对于劲松试验段，尽管真空管井在土体内形成的真空度值比较低，没有达到预期设计，但从开挖施工、掌子面观察（图 11.2）来看，潜水含水层地下水完全疏干、粉土层水基本疏干，在掌子面不存在渗水问题。另外从现场掌子面取样进行室内试验，分析结果（表 11.2-2）中可知真空管井降水后地层的含水率均比普通管井降水后的土层含水率要低，黏土⑥1 层的平均含水率降低 27.45%，粉土⑥2 层的平均含水率降低 12.4%，表明该试验段真空管井降水是有效的。

真空管井降水与普通管井降水土层含水率比较　　　　表 11. 2-2

降水条件	土样/含水率	黏土⑥1层			黏土⑥2层		
		1号	2号	3号	1号	2号	3号
真空管井降水（左线）		18.9%	19.9%	19.6%	21.7%	25.0%	23.3%
普通管井降水（右线）		25.8%	27.6%	27.1%	25.7%	28.3%	25.8%

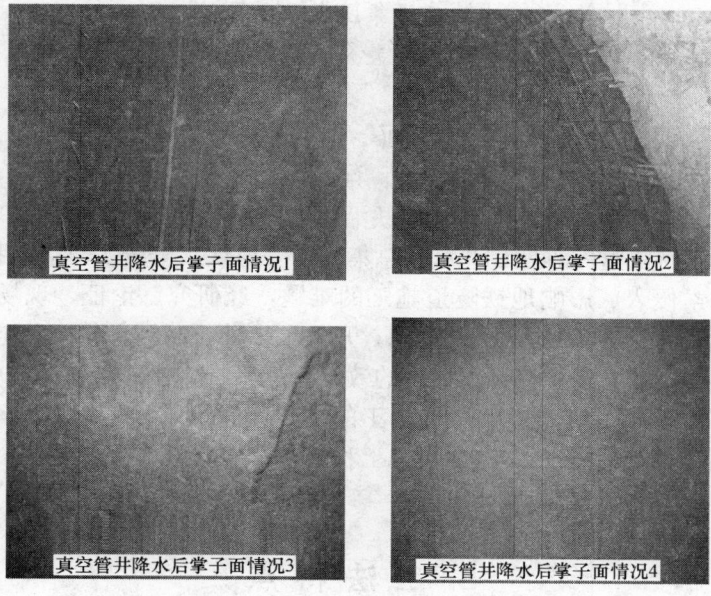

图 11.2　真空管井降水掌子面情况

跟管钻进套取锚索施工工法

GJEJGF002—2008

北京住总集团有限责任公司
中博建设集团有限公司
王宝中　颜治国　吴亮　罗建峰　李炎成

1. 前　　言

在城市地铁建设施工过程中，经常会遇到地铁沿线周边高层建筑物基坑围护结构的预应力锚索侵入地铁隧道的情况，为了解决这一难题，北京住总集团西安地铁二号线13标项目部课题组针对邻近工程深基坑护坡预应力锚索侵入、影响地铁隧道施工的难题，经研究、论证、现场试验，研发了"跟管钻进套取锚索施工技术"。根据锚固体的不同形态，开发出多种特制钻头与取芯空心钻杆，采用沿锚固体方向钻进的方法，达到了锚索与土体分离抽出的效果。

该工法核心技术有效解决了锚索影响盾构施工的实际问题，取得了良好的经济效益与社会效益，对今后城市地下空间利用具有重要意义，为同类工程施工提供了可借鉴的经验。该技术为国内首创，达到国内领先水平。

2. 工 法 特 点

2.1　可实现普通锚索的拆除，而不用特殊处理。与可拆卸锚索相比，不用在锚索安设时增加额外措施。拆除设备为锚索施工时常用的设备，对钻杆、钻头稍加改进即可。

2.2　在建筑工地基坑内施工，噪声小，不产生扬尘，不影响老百姓日常生活和休息。

2.3　全过程不需要降水，减少环境影响，降低造价。

2.4　因钻孔直径较小，故对基坑边坡的稳定性影响小，几乎不产生地面沉降，对周边的建（构）筑物影响小。

2.5　合金钻头和钻杆的选择和定制是锚索拔除工法的关键步骤之一，采用金刚石钻头设计和合金钢柔性钻杆相结合，增加钻进时的柔韧性。

2.6　通过调节钻机钻进角度和速度，解决了锚索施工时由于地层变化产生偏移和注浆锚固体不均匀的问题。

2.7　采用信息化反馈指导施工，根据监测成果分析基坑稳定状态，适当调节锚索拔除范围和顺序，缩短工期。

2.8　钻头和钻杆使用完毕后可进行回收重复使用，节约材料成本。

3. 适 用 范 围

适用于桩锚围护结构体系基坑内普通锚索拔除施工工程。基坑处于准备回填状态，尚未回填。作业宽度宜在1.5m以上。

4. 工 艺 原 理

本工法的基本工艺原理是把锚索套进特制圈钻头及特制取芯钻杆（空心钻杆）内，用钻机顺着锚索方向钻进，以达到破除锚索周围的锚固体，将锚索与土体分离后拔除，取出锚索后进行回填注浆充填锚索孔。其中对特制合金钻头、钻杆的选择和钻进过程中的角度和钻进速度控制是关键技术。

5. 施工工艺流程及操作要点

5.1 施工工艺流程

跟管钻进套取锚索施工流程见图 5.1。

5.2 施工准备

5.2.1 施工场地平整硬化

根据调查的锚索资料布置机具设备、确定钻进角度、钻杆直径、分节长度、钻头形式等。对钻机所停位置基础进行硬化，并设置水平钻机行走轨道。基坑内钢围檩拆除后，固定锚索头。

5.2.2 测量放线

根据基坑围护结构施工图纸及现场导线控制点，使用全站仪测定所有锚索的平面坐标和高程、初始钻进角度。

5.2.3 铺设轨道

在平整硬化的施工作业面上，根据水平钻机尺寸铺设轨道，方便钻机水平移动，提高钻机机动性能，保证锚索拔除工效。

5.2.4 设备组装调试

在已经铺设好的轨道上安装水平钻机设备，组装调试。试运行正常后方可以开孔。

5.2.5 开孔

掌子面上沿锚索向里开挖深度 1m、直径 0.5m 以上的导洞，大致了解锚索的倾角及方位角。

5.2.6 钻具组装进孔

特制合金钻头、钻杆进场，安装在水平钻机上，试验钻进一段距离。

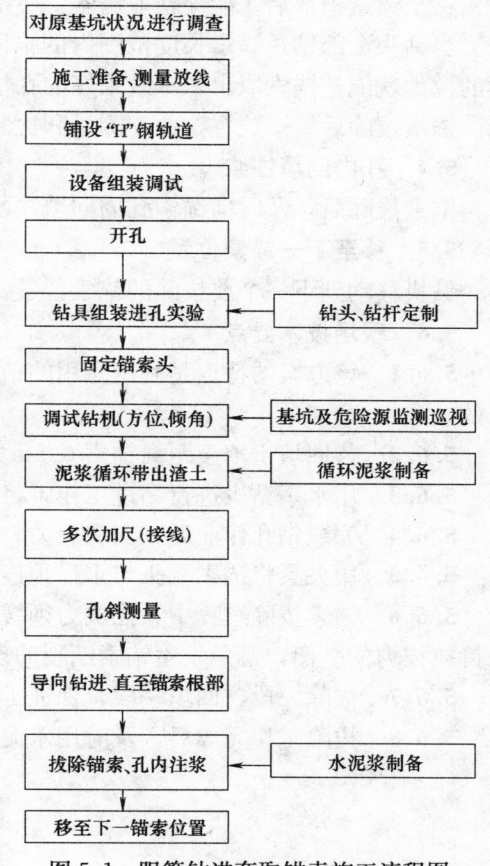

图 5.1 跟管钻进套取锚索施工流程图

5.2.7 固定锚索头

把锚索头用钢筋焊接固定，连接在水平钻机套管中央位置。

5.2.8 调试钻机（方位、倾角）

钻机安装到位，对准孔位，并调整钻机使其与已探明的锚索倾角及方位角保持一致。

5.3 套管跟进钻进套取锚索

5.3.1 循环泥浆制备

泥浆制备应根据地质情况选用高塑性黏土或膨润土。采用钻孔灌注桩泥浆控制标准，对泥浆比重、含沙率、稠度进行质量检验。

5.3.2 多次加尺（接线）

每钻进 1 节钻杆长度，需要接长 1 节钻杆。每次接管时都应测量锚索头的位置，如发现锚索缩进，再次钻进前应采取措施将锚索头拉至原位，并用穿过钻机轴心经进水口固定在钻机机架后部的 $\phi10mm$ 的圆钢筋拉住锚索，避免锚索受到损伤。

5.3.3 孔斜测量

每钻进 1 节，测量一下钻杆角度，及时纠正偏差，保证钻进角度在锚索变化角度范围内，保持锚索正好在套管的中央位置。

5.3.4　导向钻进，直至锚索根部

钻机在钻进过程中要保持钻头以一定速度平稳进尺。在钻进过程中，施工人员必须观察进尺及钻机扭矩变化，然后根据实际情况调整钻进角度和方向。仔细观察各种相关现象，确保钻头不在切割锚索。根据地层情况控制钻压和钻速。

5.3.5　锚索拔除

钻进深度接近设计深度时，根据钻进时钻头发出的声音及钻进压力判断是否钻至锚索根部。确认钻头钻至锚索根部后才能停钻取锚索，不得强行拉拔锚索。

当钻头全部钻透锚索长度范围内的锚固体后，锚索与周围地层之间的粘结力解除，基本不需要多大的拉力就能把锚索取出来。效果好的孔位不需要机械设备，可以人工取出锚索。

锚索拔除后统一放置，便于测量和检验。

5.4　孔内回填注浆

锚索拔除后，及时向锚索孔内回填注浆，注浆浆液采用 M7.5 强度的水泥砂浆，注浆压力 1MPa。

5.5　移至下一锚索位置

钻机移动到下一个要拔除的锚索位置，进行下一根锚索拔除施工循环。

5.6　现场技术要点

5.6.1　该方案的特点是利用专用的钻具在锚索周围破坏造成锚索与土体的分离而达到取出锚索的目的。

5.6.2　待回填土填至距离锚索 0.5m 左右时，拆除要拔除锚索段的钢围檩。

5.6.3　用水平钻机进行钻进工作，将钻进过程中排出的泥浆排入预制的泥浆池内。

5.6.4　完成钻孔作业后，安装反力装置，固定抽锚千斤顶。

5.6.5　用夹具将锚索端头与千斤顶连接牢固后，开始实施锚索拔除工序。

5.6.6　锚索拔除过程中，拉拔力须缓慢、逐步地增加，循序渐进，当锚索有松动的现象时，注意保持拉拔力的平衡，避免发生锚索断裂的现象。

5.6.7　拔除一段，回填一段，保证工作空间和基坑的稳定。

5.6.8　拔除工作完成后，及时用水泥砂浆对锚索孔进行充填。

6. 材料与设备

6.1　材料

本工法使用特制的金刚石钻头和合金钢钻杆，硬度适度。同时为了防止锚索拔除过程中基坑围护结构产生变形破坏，出现突发事件，必须做好应急预案，准备应急材料。根据锚索情况现场调整钻杆的分节长度。

6.2　设备

本工法需要使用的设备包括施工和测量设备如表 6.2 所示。

需用设备表　　　　　　　　　　　　　　　　　　　表 6.2

序号	名　称	型号	数量	用　途
1	水平套管钻机	MK	1 台	成孔
2	水平定向钻机	HTG-200	1 台	成孔
3	水平导向系统	SE-1 型	1 套	定向
4	移动式钻机工作台架	H-3	1 个	钻机平移
5	泥浆泵	BW-250	2 台	循环泥浆护壁

序号	名　　称	型号	数量	用　　途
6	挖掘机	PC200	1台	挖土
7	气割焊		2台	割除基坑钢围檩
8	砂浆泵	UB-3	2台	回填水泥砂浆
9	砂浆搅拌机 YB2S-4	YB2S-4	2台	水泥砂浆制备
10	电焊机	BX500	2台	型钢、锚索头固定
11	对讲机	GP88S	4台	测量与监测
12	液压泵	Y250M	2台	锚索拔除
13	方木	150×150	50m³	钻机平移轨道
14	型钢	工25B	5t	钻机平移轨道
15	热轧钢管	φ32×3.25	50m	钻机平移轨道
16	应急警戒灯		10只	应急预案
17	铁锹		20把	应急预案
18	钢丝绳		100m	应急预案

7. 质 量 控 制

7.1 本工法按照《湿陷性黄土地区建筑规范》GB 50025—2004、《建筑桩基技术规范》JGJ 94—94、《建筑变形测量规程》JGJ/T 8—97、《建筑地基基础工程质量验收规范》GB 50202—2002进行质量控制和检验，质量控制重点主要包括水平钻机钻进角度、钻进速度、钻进深度、锚索拔除长度、循环泥浆比重、回填注浆量和注浆压力等方面。

7.1.1 基坑地面标高低于锚索标高0.5m时，具备锚索拔除的操作条件。每根锚索跟管钻进施工前，先割开锚索孔周围30cm内的钢围檩，再临时增加一道工20工字钢，确保围护结构整体受力的稳定。

7.1.2 循环泥浆不允许渗入基坑回填土中，需挖一个泥浆池，并采用防水材料铺底，经常检查防水卷材的防水效果。基坑回填前必须清理干净被泥浆侵湿的土体，确保回填土的质量。

7.1.3 锚索拔除时需要对基坑内建筑的防水层采取成品保护措施。

7.1.4 拔除后要立即对已成功取出锚索的部分区域进行回填，回填至上层锚索标高以下约0.5m处，保证基坑稳定。

7.1.5 根据监测资料分析，若发现桩体水平位移在5mm以内，则可以继续拔除锚索，若监测发现水平位移超过5mm，则把钻机撤场，对基坑进行回填施工。

7.1.6 施工过程中，详细记录套管跟进的钻进记录（距离与时间、速度的对比曲线、异常情况与处理记录）、锚索试拔拉力（压力表破坏需要更换）、拔除锚索编号和记录、回填注浆记录（配合比、注浆量、注浆压力、实际注浆量与理论注浆量对比、浆液充填系数）。所有记录必须完善并上报项目部备案。

7.1.7 成立专项监测小组，加强基坑围护结构在锚索拔除期间的变形监测工作。根据监测数据分析结果，随时调整拔除步骤、范围和方法。

7.1.8 为了填充锚索拔除后留下的空隙，必须及时回填注浆，避免空孔带来附加沉降，造成基坑变形或地下管线变形破坏。

8. 安 全 措 施

除了一般的安全管理措施外，针对该工法的特点，重点注意如下安全措施。

8.1 钻机操作必须由专业机械操作工操作，接长钻杆施工必须按操作规程进行。

8.2 循环泥浆水池的水不得外漏，防治浸泡基坑造成坑底沉降或侧壁坍塌事故。

8.3 设备接电必须规范，电线做好保护，防止设备压轧。

8.4 夜间施工保证操作区有足够的照明，并设红灯提示有人施工。

8.5 有专职安全员全天旁站管理。

8.6 基坑内的土建结构施工与锚索拔除同期进行时，应协调好工作时间或错开工作部位，防止高空坠物、物体打击等危险源。必要时在锚索拔除区域设置防护棚。

9. 环 保 措 施

9.1 本工法实施严格遵照执行的国家和地方（行业）有关环境保护法规中所要求的环保指标，对钻孔施工过程中产生的泥浆进行循环利用。

9.2 钻进施工时泥浆沿着泥浆沟流向泥浆沉淀池，泥浆经沉淀循环，形成钻孔施工的泥浆循环系统。施工时要有专人清除泥浆沟和沉淀池中的沉渣。

9.3 用泥浆泵把桩孔内排出的泥浆抽到泥浆池中进行净化处理。与此同时，使用罐车把废浆运走。

10. 效 益 分 析

跟管钻进套取锚索法作为一种拔除普通预应力锚索的新技术、新工艺，与暗挖法清除地下遗留锚索的方法相比，具有缩短施工准备周期、降低了施工风险等优点。该工法不用占用开挖竖井的地面空间，大大缩短工期，节约大量人工成本；同时减少整个工程的施工风险和社会公共利益风险。对清理地下空间提出了可行的操作方法，为今后机械化开挖地下空间创造了条件。

本工法对基坑围护结构和周边地层中地下市政管线、商铺、周边道路的安全没有影响，不需要降水施工，创造了相应的社会效益。

本工法使用的合金钢钻头和钻杆都可以重复利用，而且可以应用于其他类似项目，为工程施工创造了很好的技术经济效益。

11. 应 用 实 例

西安地铁二号线 TJSG-13 标段右线隧道通过在建的洲际广场桩锚联合支护的基坑锚固区。锚索（杆）影响的隧道里程起至于 YCK12＋935.6-YCK13＋125.488，长度 190m。锚索共计 279 根，其中每排 93 根。需要拔除 210 根。

图 11 洲际广场基坑内跟管钻进试验拔除锚索

洲际广场锚固区采用的是竖向三道 4φ12.5 预应力锚索，注 M20 砂浆，每根长 30m，其中自由段 5m，锚固段 25m，向下倾角 10°～18°，水平方向间距 1.5m，拉拔力分别为 350kN、400kN、450kN。成孔采用螺旋钻，施工过程中有钻杆断裂的情况，部分钻杆没有取出来。东侧孔有扩大直径现象，M20 砂浆注入量有的达到设计的 2～3 倍，甚至 5 倍的情况都有。

洲际广场锚索跟管钻进套取锚索工程于 2007 年 9 月中旬开始实施，2008 年 4 月下旬全部完成。经测量，锚索拔除长度 25～30m，基本都是完好无损地取出，完全符合设计图纸要求，空孔回填注浆及时、饱满，监测数据显示基坑周边最大沉降-5mm，围护桩水平位移 3mm，满足一级基坑规范允许沉降-30mm 的要求。洲际广场基坑内跟管钻进拔除锚索见图 11。

穿越无效土层的超长双钢筋笼试验桩施工工法

GJEJGF003—2008

北京城建建设工程有限公司　北京城建三建设集团有限公司

屠小峰　杨军霞　孙国明　刘晨　张军

1. 前　　言

　　试验桩施工是为了收集拟建场地内施工参数，校核设计成果，检验施工工艺，为工程桩的设计和施工提供参数和施工经验，使工程桩的设计与施工既能满足建筑物的安全需要又使投资合理。试验桩通常需做包括低应变法检测、高应变法检测、声波透射法检测、单桩竖向抗压静载试验、单桩竖向抗拔静载试验、钻芯法检测等检测项目中的部分项目。

　　沈阳恒隆市府广场工程基础试验桩桩长 58m，配置有双层钢筋笼，上部存在 10m 长无效土层需消除侧摩阻力。试验桩双层钢筋笼主筋上安装有多根应力计，且多根声测管和后压浆管与钢筋笼绑扎，给钢筋笼的制作和安装增加了难度。同时声测管作完声波透射法检测后，管内的耦合液需排出，用等同于桩身混凝土设计强度的材料回填。

　　消除无效土层段侧摩阻力、双层钢筋笼制作及安装、声测管管内耦合液排除及管内回填难度很大。集团有限公司通过大力开展技术创新活动，攻克了试验桩施工的各种难题。其中，用于试验桩消除摩阻力的双层套筒（专利申请号 2008203010058）、用于试验桩施工的应力计（专利申请号 2008203010039）两项专利已授权实用新型专利。根据工程实践，总结形成本工法，为类似试验桩及工程桩的施工提供借鉴和参考。

2. 工 法 特 点

　　2.1　采用设置两层钢套筒的方法使无效土层深度范围内的试验桩与周围土层分离从而达到消除无效土层段侧摩阻力，为工程桩设计提供真实、准确的数据。

　　2.2　钢筋笼从单双层钢筋笼界面位置分成两段加工，上部双层钢筋笼加工成整体为一段，底部单层钢筋笼为另一段。两段钢筋笼在孔口处焊接连接，两段钢筋笼上的声测管、后压浆管在孔口对接处采用套管焊接连接，钢筋应力计与主筋采用直螺纹套筒连接成整体进行安装，这样解决了钢筋笼的制作及安装问题。

　　2.3　声测管通过在孔底注入灌浆料来排出耦合液并实现声测管回填。

3. 适 用 范 围

　　3.1　在基坑开挖前进行的试验桩施工。

　　3.2　孔径≥800mm，孔深 60m 以内，配置有双层钢筋笼、安装有钢筋应力计或声测管的试验桩施工。

4. 工 艺 原 理

　　4.1　为消除无效土层侧摩阻力采用设置两层钢套筒（图 4.1），外侧套筒与土层接触，内套筒与桩身接触，两层套筒中间存在间隙。当桩进行试验时，外套筒在周围土层作用下固定不动，内套筒在抗压或抗拔力的作用下向下或向上移动，从而实现内套筒与无效段土层分离，即能直接消除该段土层侧摩阻力。

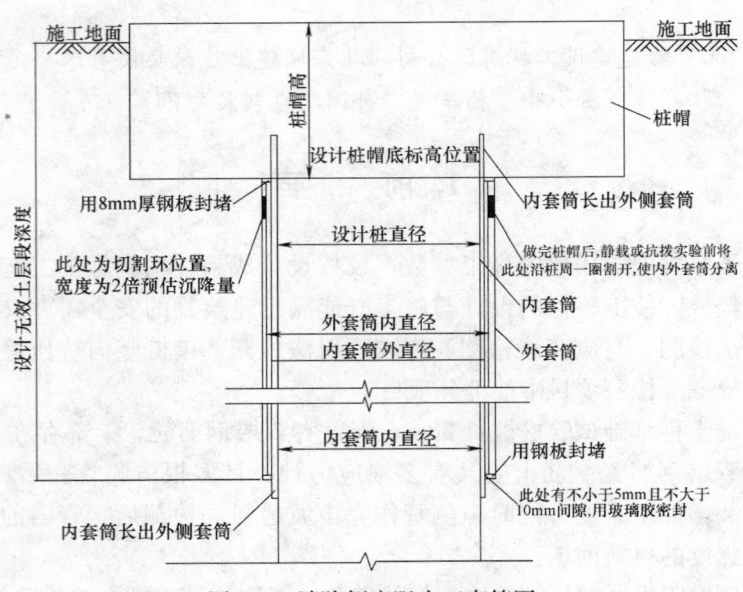

图 4.1 消除侧摩阻力双套筒图

4.2 上段双层钢筋笼通过临时设置直径 18mm 的"十字筋"与内外笼的加强环焊接，对内外钢筋笼进行定位（十字筋临时加固效果参见图 4.2-1），采用"Z"形钢筋与内外钢筋笼主筋焊接使内外钢筋笼形成整体（"Z"形钢筋加固效果参见图 4.2-2）。

图 4.2-1 十字筋临时加固效果

图 4.2-2 "Z"形钢筋加固效果

4.3 采用套管焊接连接使两段钢筋笼上的声测管、后压浆管在孔口处顺利连接。

4.4 将直螺纹套筒连接方式引入到钢筋应力计与主筋的连接上，代替常规应力计与钢筋焊接连接方式（常规应力计帮条焊接连接参见图 4.4-1，应力计直螺纹套筒连接效果参见图 4.4-2），避免钢筋间距较近时焊接操作无法实施、焊接存在热效应容易损伤应力计测试部件等问题，同时施工质量容易控制、加工设备较简单、劳动强度较小。

4.5 声测管做完检测试验后，通过在声测管内插入一根塑料管到管底，然后用注浆泵通过塑料管注入灌浆料到管底，顶出检测耦合液的同时实现声测管的回填（插入塑料管至声测管底见图 4.5-1，注入灌浆料见图 4.5-2）。

图 4.4-1　常规应力计帮条焊接连接

图 4.4-2　应力计直螺纹套筒连接效果

图 4.5-1　插入塑料管至声测管底

图 4.5-2　注入灌浆料

5. 施工工艺流程及操作要点

5.1　施工工艺流程（图 5.1）

5.2　试验桩施工的操作要点

5.2.1　按照设计施工图纸及桩基规范要求确定施工工艺方法和总体施工顺序，施工前做好施工技术准备和生产设备物资准备。

5.2.2　根据建设单位提供的测量成果，按照设计图纸在施工前对桩位进行测量定位并报监理验收。

5.2.3　护筒采用壁厚 4～8mm 厚钢板制作，护筒直径应大于钻头直径 100mm，当试验桩需安装消除侧摩阻力双套筒时，同一棵桩可能需更换几种直径的钻头，护筒直径应按选用的最大直径钻头选取，钻孔时先用略大于双套筒外径大小的钻头钻至双套筒设计安装位置深度，然后更换设计桩径大小的钻头正常钻孔。

5.2.4　钻孔泥浆根据施工机械、工艺、场地内的土层情况选择黏土或膨润土，视情况掺加适当比例的纤维素、碱制备相对密度、黏度、pH 适宜的泥浆。地质条件复杂的地层，钻机选型进场后宜在试验桩正式施工前，在拟建场地内进行试钻成孔工作，来获取该型号钻机在拟建场地的施工参数，调制出相对密度、黏度、pH 等指标适宜的泥浆。

5.2.5　钻孔钻至接近设计桩底标高时，应控制每次钻孔深度并勤用标准测绳测量孔深，防止超钻，钻至设计桩底标高后先进行清孔，然后采用井径仪对孔径、孔深、垂直度、沉渣厚度进行测量，符合要求后安装消除摩阻力双套筒。

5.2.6　钢筋笼制作应在专门的加工平台座上进行，加工平台台座要求用水准仪抄平，放置成品的堆放场地也需用水准仪抄平，并在堆放场地上每隔 2m 铺设一根枕木，加工好的钢筋笼成品搁置在枕

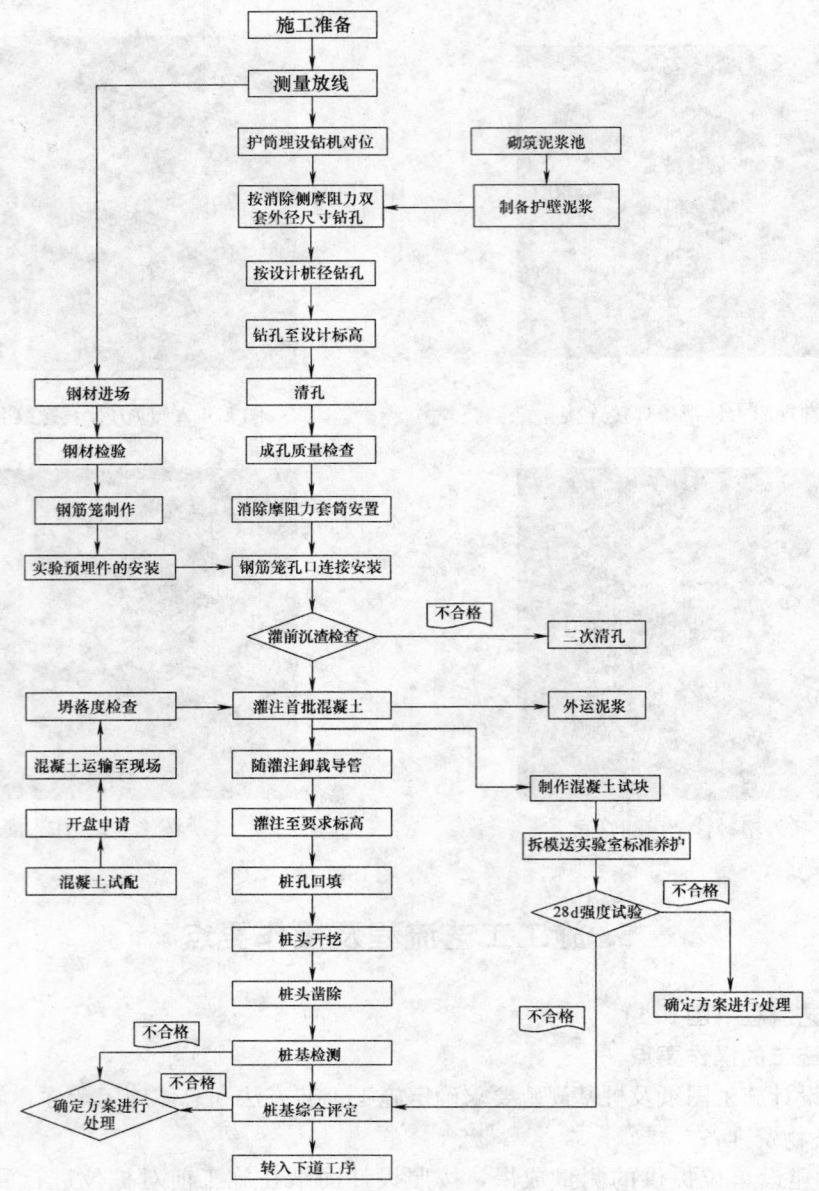

图 5.1　工艺流程图

木上。

5.2.7　钢筋笼主筋用直螺纹套筒进行连接，孔口连接时采用单面搭接焊，焊接长度 $10d$，钢筋笼主筋与加强环点焊，钢筋笼主筋与螺旋筋用火烧丝绑扎。

5.2.8　双层钢筋笼尾部应设置斜向防卡钢筋，从内钢筋笼尾部主筋上引至外侧钢筋笼主筋上，防止水下灌注时导管挂在钢筋笼上。

5.2.9　钢筋笼起吊宜采用五点吊，小于 20m 的短笼可以采用三点吊，钢筋笼内临时设置杉杆或"米字"加强筋增加钢筋笼刚度。吊放钢筋笼入孔时应对准孔位轻放、慢放入孔。钢筋笼入孔后，应徐徐下放，若遇阻力应停止下放，查明原因进行处理。

5.2.10　上下两节钢筋笼利用吊车配合人工进行微调对中，确保主筋、声测管、后压浆管全部对准后再进行焊接，钢筋笼全部入孔后，应按设计要求检查安放位置并做好记录。符合要求后，钢筋笼上端可用定位筋来控制标高和防止错位。

5.2.11　钢筋笼吊装完毕后，应安置导管，并用标准测绳测定沉渣厚度，如沉渣厚度不符合规范及设计要求需进行二次清孔，合格后立即灌注混凝土。

5.2.12 水下灌注混凝土

1. 导管开工前先进行压力水密性试验，并提供合格证明；导管竖向连接成导管柱时必须保证垂直，接头处采用密封圈垫予以密封。

2. 商品混凝土在拌制过程中应加入缓凝剂，以控制混凝土的初凝时间不小于单桩灌注总时间。首批混凝土下落后，混凝土应连续灌注。冬期施工时应加入防冻剂。

3. 混凝土初灌量应通过计算取得，料料的容积不能小于初灌量，混凝土首灌量应大于计算出的初灌量。

4. 混凝土的超灌高度应符合规范和设计要求。

5.3 试验桩测试预埋部件施工的操作要点

5.3.1 消除侧摩阻力双套筒的长度根据无效土层段长度确定。双套筒采用钢管制作或钢板卷制，内外套筒之间存在间隙，内套筒比外套筒上下方各长出一定长度，外套筒顶部与内套筒外壁之间焊接顶封圈板，顶封圈板的下方预留切割环孔的位置，外套筒的底部连接底封圈板，底封圈板与内套筒外壁之间留有5～10mm的缝隙用玻璃胶粘剂封闭。

5.3.2 钢筋应力计采用直螺纹套筒与主筋进行连接，钢筋应力计数据线每隔1m间距用钢丝将数据线与主筋绑扎在一起，数据线从钢筋笼顶上下各1.5m的范围内采用PVC管或塑料管保护，将数据线穿在管内，封闭管口。

5.3.3 声测管采用焊接连接，后压浆管采用套管连接。对接部位采用套管连接，套管内径需较对接管外径要大一些，将需对接的两根管分别插入套管内，然后进行封口焊接，封口必须严密不得出现孔洞。声测管、后压浆管与钢筋笼固定采用绑扎。声测管管径较大宜每隔2m与主筋、加强环进行点焊加强，焊接时不得将声测管的管壁破坏。

5.3.4 双套筒在成孔质量检查后下钢筋笼前进行安装，双套筒安装前应对双套筒进行检查，双套筒侧壁设置起吊环，双套筒入孔后，应徐徐下放，到达设计位置后做好固定工作。

5.3.5 单桩竖向抗压或抗拔静载试验，试验桩桩顶需做桩帽，桩帽尺寸、配筋、混凝土强度等级应与检测单位及设计单位协商确定。桩帽混凝土强度等级宜比桩身混凝土高一个等级，且宜掺加早强剂以节省工期。

5.3.6 桩帽施工完后静载试验前，应将双套筒顶封圈板的下方预留切割环孔的位置外侧钢套筒沿周圈切除（预留切割环孔切开效果参见图5.3.6），切除宽度抗压桩不小于两倍预估沉降值、抗拔桩无要求，外钢套筒切除位置用塑料布或彩条布捆绑在切口上边下边的钢套筒上，并在外侧用木板进行遮挡，防止砂土进入两层套筒的缝隙中。

图5.3.6 预留切割环孔切开效果

5.3.7 声测管做完检测试验后，通过在声测管内下一根塑料管到管底，然后用注浆泵通过塑料管注入灌浆料到管底，顶出检测耦合液的同时实现声测管的回填。声测管注满后要进行多次补浆。

6. 材料与设备

6.1 材料

6.1.1 钢筋的规格和数量按设计要求采购并应具有厂家资质材料、产品生产许可证、材料本身应具有产品质量证明书并有复试报告，声测管和注浆管生产厂家应有相应资质，并应有产品质量证明书。

6.1.2 直螺纹套筒应为具有资质的厂家生产，并应有产品质量证明书并有复试报告。

6.1.3 应力计由专业厂家根据设计要求参数定制加工，并有出厂合格证和产品使用说明书。

6.1.4 消除侧摩阻力双套筒宜在工厂定做，并具有钢板或钢管产品质量证明书，成品应有验收证明，双套筒底部缝隙在工地现场采用玻璃胶粘剂密封。

6.1.5 混凝土：宜采用预拌商品混凝土，混凝土配合比、坍落度等符合设计和施工要求，混凝土采用的水泥、石子、砂、掺合料、外加剂等应符合国家规范及配合比通知单要求，并有出厂合格证或质量证明书、法定检测单位的质量检测报告等。混凝土骨料级配良好，石子最大粒径一般不超过20mm。

6.1.6 水泥：具有产品合格证及检测报告，用于后压浆、回填声测管、回填钻芯取样孔洞。

6.1.7 膨润土、纯碱、CMC应具有产品合格证及检测报告等。

6.1.8 冬期施工时，桩顶覆盖塑料布和草帘被，用于保水、保温。

6.1.9 8号镀锌钢丝：用于固定声测管、后压浆管、应力计数据线、钢筋绑扎。

6.1.10 电焊条：用于钢筋焊接，应具有出厂合格证。

6.1.11 枕木：用于铺设钢筋笼成品堆放场。

6.1.12 模板及支撑架：用于桩帽的施工，模板可以选用木多层板、竹胶合板等。支撑架可选用扣件式钢管脚手架。

6.2 机具设备

6.2.1 成孔设备：钻机、铲车、泥浆泵、泥浆搅拌机、空压机。

6.2.2 钢筋加工设备：直螺纹钢筋剥肋滚压机、钢筋弯曲机、钢筋切断机、钢筋调直机、电焊机、配电箱、电缆。

6.2.3 运输设备：履带吊车、汽车吊、运输车。

6.2.4 混凝土施工用设备：预拌混凝土罐车、泵车、导管、料斗、吊车、振动棒、标杆尺、刮杆、木抹子、平锹等。

6.2.5 其他设备用具：全站仪、水准仪、数字钻孔测井系统、钢钎、φ30塑料管。

7. 质 量 控 制

7.1 应执行的规范、规程（表7.1）

应执行的规范、规程 表7.1

序号	规范、规程名称	规范、规程编号
1	《钢筋混凝土用热轧带肋钢筋》	GB 1499.2—2007
2	《钢筋混凝土用热轧光圆钢筋》	GB 1499.1—2008
3	《预拌混凝土规范》	GB/T 14902—2003
4	《工程测量规范》	GB 50026—2007
5	《建筑地基基础工程施工质量验收规范》	GB 50202—2002
6	《混凝土结构工程施工质量验收规范》	GB 50204—2002
7	《钢筋焊接及验收规程》	JGJ 18—2003
8	《钢筋机械连接通用技术规程》	JGJ 107—2003
9	《滚轧直螺纹钢筋连接接头》	JG 163—2004
10	《建筑桩基技术规范》	JGJ 94—2008
11	《施工现场临时用电安全技术规范》	JGJ 46—2005
12	《建筑工程冬期施工规程》	JGJ 104—97

7.2 施工质量控制

7.2.1 灌注桩成孔施工允许偏差见表7.2.1。

灌注桩成孔施工允许偏差 表 7.2.1

成 孔 方 法		桩径允许偏差 (mm)	垂直度允许偏差 (%)	桩位允许偏差（mm）	
				1～3 根桩、条形桩基沿垂直轴线方向和群桩基础中的边桩	条形桩基沿轴线方向和群桩基础的中间桩
泥浆护壁钻、挖、冲孔桩	$d \leqslant 1000mm$	±50	1	$d/6$ 且不大于 100	$d/4$ 不大于 150
	$d > 1000mm$	±50		$100+0.01H$	$150+0.01H$
锤击(振动)沉管振动冲击沉管成孔	$d \leqslant 500mm$	−20		70	150
	$d > 500mm$	−20		100	150
螺旋钻、机动洛阳铲干作业成孔		−20	1	70	150

注：1. 桩径允许偏差的负值是指个别断面；
   2. H 为施工现场地面标高与桩顶设计标高的距离；d 为设计桩径。

7.2.2 灌注混凝土前沉渣厚度应符合下列规定。

1. 对端承型桩，不应大于 50mm。

2. 对摩擦型桩，不应大于 100mm。

3. 对抗拔、抗水平力桩，不应大于 200mm。

7.2.3 泥浆护壁灌注桩混凝土灌注前，孔底 500mm 以内的泥浆相对密度应小于 1.25，含砂率不得大于 8％，黏度不得大于 28s。

7.2.4 混凝土应有良好的和易性，在泵送和灌注过程中应无明显离析、泌水现象，配合比应通过试验确定，坍落度宜为 180～220mm，水泥用量不应少于 360kg/m³（当掺入粉煤灰时水泥用量可不受此限）。

7.2.5 导管使用前应试拼装、施压，试水压力可取为 0.6～1.0MPa。灌注过程中，导管的埋入混凝土的深度宜为 2～6m。

7.2.6 混凝土浇筑前应组织好混凝土供应，保证连续灌注。对于钢筋密集区在灌注中要不断上下提动导管，以防止速度过快而产生空洞，注意不能拔出导管。提升导管时不可过快过猛，应缓慢进行，以防拖带表层混凝土造成浮浆泥渣的侵入。导管拆除操作要干净利落，防止密封圈垫落入孔内。拆下的导管应即用清水冲洗干净，集中堆放。每次只能拆除一节，不能同时拆除两节以上。

7.2.7 消除摩阻力双套筒在工厂加工完后应组织验收，运至现场后应进行检查，在安装前对双套筒的底部缝隙进行密封。

7.2.8 钢筋笼制作允许偏差见表 7.2.8。

钢筋笼制作允许偏差 表 7.2.8

项 目	允 许 偏 差
主筋间距	±10mm
箍筋间距	±20mm
钢筋笼直径	±10mm
钢筋笼长度	±100mm

7.2.9 两段钢筋笼加工前应提前规划声测管、后压浆管、应力计的位置，加工时分别在两段钢筋笼上做好标记后再进行安装，以免在孔口对位时才发现对应的管路连接不上。

7.2.10 直螺纹连接丝头加工要求：钢筋丝头尺寸应满足设计要求，中径、牙形角、螺距必须符合设计规定，并与连接套筒的牙形、螺距相一致，有效丝扣数量不得少于设计规定，并用相应的环规和丝头卡板检测合格；钢筋丝头表面不得有锈蚀及损坏。滚轧钢筋螺纹时，应采用水溶性切削润滑液。不得用机油作切削润滑液，或不加润滑液滚轧丝头。

7.2.11 在进行钢筋连接时，钢筋规格应与连接套筒规格一致，并保证钢筋和连接套筒丝扣干净、完好无损。钢筋连接时必须用管钳扳手拧紧，使两钢筋丝头在套筒中央位置顶紧；套筒钢筋连接完毕后，套筒两端外露完整有效丝扣不得超过 1 扣，并用力矩扳手对接头拧紧力矩值进行检验。

7.2.12 应力计进场后应测定参数并与出厂标定参数进行比较，如参数出入较大应对其更换，应力计安装完成后应进行检验，如发现损坏应立即对其更换。

7.2.13 声测管、后压浆管安装完成后应对其进行检查，如发现管壁上有孔洞应进行修补或更换。

8. 安 全 措 施

8.1 建立安全生产交底制度，要针对施工内容进行交底，并作书面记录。对进入工地的施工人员进行安全教育。

8.2 施工过程中，项目部相关管理人员，应定期和不定期对施工的机械设备、测量计量仪器具的维护、磨损、连接和状态偏离等状况进行检查和技术复核；定期对机械设备进行保养、维修。

8.3 大型起重吊装设备使用前，均应按程序进行检查和试运转验收，确认合格后报监理批准后再投入使用。

8.4 吊车行走路线需铺设平整并压实，起重吊装设备旋转范围内严禁站人。

8.5 现场泥浆池周围设立防护栏杆。

8.6 制定施工现场临时用电安全措施，安装、维修或拆除临时用电设施必须由持证专业电工进行。

8.7 施工现场内所有电器设施都应做好接地保护。施工现场所用电线电缆均应作好绝缘保护，并按规范要求做好埋地敷设。

8.8 进入现场施工人员应戴安全帽，高空作业人员应系安全带。施工用安全设施、设备，验收通过后方可准予使用。

8.9 夜间施工，作业现场要有足够的采光照明。

9. 环 保 措 施

9.1 施工现场主要道路采用硬化路面，定时洒水，防止扬尘。

9.2 泥浆池应铺设彩条布防止泥浆渗漏，钻孔出的泥渣及废弃泥浆应清运到指定地点，并及时进行妥善处理，避免污染周围环境。

9.3 施工现场进行围挡，噪声大的设备应进行封闭围挡，降低噪声扰民。混凝土浇筑应避免夜间施工，如必须夜间施工，应采取隔声措施。

9.4 混凝土罐车出场前，应在现场洗车处进行彻底清洗，避免对场外环境造成污染。

9.5 钢筋焊接，焊渣集中收集处理，防止污染。

10. 效 益 分 析

10.1 试验桩施工的目的，除了满足设计和规范需要外，还应获取成桩过程中的经验和试验数据，为将来基础桩施工提供相关依据。试验桩的保质保量完成，为工程的下一步群桩设计和施工提供依据。

10.2 消除无效土层段侧摩阻力双套筒的成功应用，避免了降排水施工，节省费用约 120 万元。

11. 应 用 实 例

沈阳恒隆市府广场基础桩试验桩工程位于沈阳市市府广场南地块青年大街西侧，共有 23 棵试验桩，抗压试验桩 11 棵（抗压试验桩 3 棵，抗压试验锚桩 8 棵），桩径为 1000mm，桩长 58m；抗拔试验桩 12 棵（抗拔试验桩 3 棵，后压浆抗拔试验桩 3 棵，抗拔试验压桩 6 棵），桩径 800mm，桩长 32m。2008 年 2 月 28 日沈阳恒隆市府广场基础桩试验桩工程开始试验桩钻进施工，2008 年 3 月 19 日完成所有试验桩混凝土灌注施工，施工效果良好，为工程桩的设计提供了准确数据，为工程桩的施工提供了宝贵经验。

"植筋式"抗浮岩石锚杆施工工法

GJEJGF004—2008

山西建筑工程（集团）总公司建筑工程研究所

史晋荣 徐秀清 都智刚 张兰香 宋晓红

1. 前 言

近年来，随着人口数量的不断膨胀和我国城市化的不断推进，整个社会对住宅、餐饮、商业、工业等建（构）筑物的需求也在迅速扩展和集中化，要缓解建设用地的日益紧张状况，基础设施建设尤其是城市的建设将向着纵深方向发展，因此高层建设物的地下室及地下建筑物越来越多。当地下室的埋深超过地下水位时将在建筑物基础底面出现浮力，随着埋深的增加，地下建筑物的抗浮问题也就越来越突出。

当地下建筑物基础坐落在岩石上时，在处理其抗浮问题中，无论是采用目前应用较多的抗浮桩、抗浮锚杆或是其他一些抗浮方法，一直因施工难度大、费用高、安全系数低等因素而使施工效果难以达到预期目的。其中抗浮锚杆虽较经济，但也存在着诸多的缺点，如无法在动水压力下注浆、锚杆长度过长等。因此，能否在满足抗浮力要求的前提下，尽可能地减小锚杆长度即采用短锚杆来进行抗浮设计是目前锚杆抗浮基础研究中的一个关键问题。

山西建筑工程（集团）总公司在前人研究的基础上，把"植筋技术"与"抗浮锚杆技术"有机地结合起来，提出了一种新的施工技术——"植筋式"抗浮锚杆技术。当建筑物基础坐落在岩石上时，采用该技术可充分利用二者的优点，既减小了锚杆长度，又保证了其有足够的抗拔力要求，且施工简便、造价低廉、工期短，并成功解决了"锚杆孔中有向外涌动且无法排除的动压力水"而导致的无法注浆的问题。经工程实践运用，获得了良好的经济效益和社会效益。

2. 工法特点

2.1 锚杆长度短、成孔容易、施工简便、工期短、建筑材料消耗量低。

2.2 采用新型的高性能钢筋锚固剂，提高单位长度上的锚固力。

2.3 钻孔较浅，一般孔深 0.5～1.0m。

2.4 可以解决"锚杆孔中有向外涌动且无法排除的动压力水"而导致无法注浆的问题。

3. 适用范围

本工法适用于当地下建筑物基础坐落在岩石上时，其埋层较深、地下水浮力大、成孔困难、场地狭窄、钻孔流水量大且孔中动压力水无法排除、位于地下水位以下的地下室底板及建筑物基础。

4. 工艺原理

4.1 抗浮锚杆的抗拔机理

岩石锚杆基础的受力机理实质就是锚杆与周围岩土体组成的锚杆-土体系内相互作用，共同完成荷载传递的过程。即：当杆端受到荷载较小时，锚杆与周围岩土体之间紧密接触，这时二者之间无相对

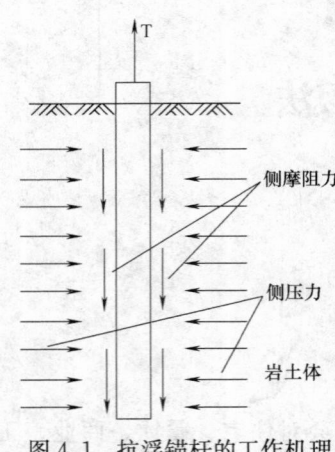

图 4.1　抗浮锚杆的工作机理

位移；随着荷载的不断增加，杆体的向上位移促使杆周土体也产生向上的位移，同时杆周土体又带动周围远处的土体产生向上位移，这样就使得杆周土体之间产生剪切变形。随着荷载的继续增加，杆体位移和杆周土体位移不断增加，当某一土层的剪切变形超过了极限后，这一土层就与杆周土体之间产生相对位移；而当杆周土体的剪切变形均超过极限时，杆与土之间的相对位移就迅速增加，从而锚杆被整根拔起；或荷载大于杆体材料本身强度时导致的杆体断裂。同时抗浮锚杆在拉伸荷载作用下，杆体截面有收缩的趋势，造成了杆土截面上的摩阻力减小，通过对抗浮锚杆的受力特点进行分析，可得出抗浮锚杆具有"越拉越松"的结论。这体现了锚杆在上拔过程中，杆体受到的侧压力并不是恒定不变的，而是动态变化的。其工作机理示意图如图 4.1 所示。

4.2　不同因素对锚杆抗拔力的影响

4.2.1　锚杆直径

采用配置好的锚固料，选用不同直径的钢筋作为抗浮锚杆做抗拔试验。为确保安全，最大加载值为该规格钢筋达到屈服强度时的拉力值（kN），该拉力值即为该规格钢筋的抗拔设计荷载。在锚固钢筋屈服破坏之前，锚固端保持完好，不会出现锚固破坏。不同直径钢筋的最大抗拔力只是取决于该规格钢筋本身的屈服强度。在工程实践中，可根据单根锚杆所需抗拔力选择钢筋规格，但应考虑一定的安全系数。

4.2.2　锚固深度

锚杆的抗拔力是通过锚杆与岩土体的侧摩阻力来实现的，而侧摩阻力的大小又与锚杆的锚固深度成正比的。一般情况下锚固深度越长，锚杆的抗拔力也会越大。但当锚杆长度增加到一定值时，它所能提出的侧摩阻力不会再有太大的提高，所以抗浮锚杆有一个最佳的长度值。试验表明，采用我们自行研究配置的 TC-10 水泥基钢筋锚固料，当锚固深度达到 500mm 时，锚固钢筋的最大抗拔力将只取决于该规格钢筋本身的屈服强度而不会出现锚固破坏。为确保锚杆岩石抗浮基础的安全稳定性，建议施工时锚固深度达到或超过 500mm。如因特殊原因锚固深度无法达到 500mm 时，应在施工前做锚固抗拔试验验证其最大抗拔力。

4.2.3　锚杆间距

当抗浮锚杆的间距较小时，锚杆受到拉拔荷载的作用，对周边岩层存在扰动性，从而对相邻锚杆的极限抗拔承载力产生影响。当实际工程抗拔荷载较大时，可加密布置抗浮锚杆，但在设计时，锚杆的抗拔承载力要在单锚试验值的基础上进行相应的折减，以保证结构的安全性。

5.　施工工艺流程及操作要点

5.1　施工工艺流程

施工准备工作→孔位布点→钻孔→清孔→钢筋除油防锈→锚固剂配料→填塞锚固剂→锚杆植筋→固化→质检。

5.2　操作要点

5.2.1　施工准备工作

认真学习规范，熟悉图纸设计的各项要求，了解工程的质量要求以及施工中的监控内容。编写施工方案，按照施工方案选择施工机具与工艺并检查设备运转情况，安排现场水、电、照明及施工工作面，材料进场后做好原材料的检验与锚固剂的试配。

5.2.2　孔位布点

用经纬仪、水准仪等测量仪器根据图纸设计要求分别测出各锚杆的位置并做以标记，以便成孔。

5.2.3 钻孔

1. 在保证钻机安装质量的前提下，一定要选择圆直，刚性好的粗径钻具和锋利的钻头，并使钻机始终保持垂直。

2. 采取水钻成孔，用湿式方式钻进，钻机每往下钻进 20cm，用干式正转方式将芯块带出，直至达到设计孔深。钻进过程中通过测量仪器随时检测钻机的垂直度，保证钻孔底部偏斜尺寸不大于锚杆长度的 2%。

3. 所钻锚杆孔必须圆直，不得弯曲。

5.2.4 清孔

成孔后，在填塞锚固剂前，要对孔壁进行清洗并排尽孔内的残渣，以确保锚固效果。

5.2.5 钢筋除油防锈

锚杆钢筋应进行除油和防锈工作，确保锚杆与锚固剂的粘结效果。

5.2.6 锚固剂配料

1. 根据每根锚杆的实际长度确定锚固剂用料的多少，和料时，按水灰比 0.35 将干净的水倒入料中，和料人戴上干净的橡胶手套（以免手被烫伤）将料拌和均匀，将已拌好的锚固剂制成直径约 10cm、长约 20cm 的圆柱体。

2. 锚固剂要拌和均匀，随拌随用，必须在初凝前用完。

3. 和料时禁止杂质混入，否则锚固剂的抗拔力将大幅降低。

5.2.7 填塞锚固剂

将制作好的圆柱状锚固剂塞入已清洗干净的锚杆孔中，用自制的压实器具将锚固剂压入孔底并压实，同时将孔内水挤出。重复上一过程，直至锚固剂塞满锚杆孔。填塞锚固剂是锚杆施工的关键环节。填塞过程中，严防孔口石块杂物混入孔内。

5.2.8 锚杆植筋

1. 锚固剂填塞完后快速用大锤将钢筋砸入孔底，如果工程所需抗浮力较大时可在锚杆下端部焊接"十"字头钢筋，以增强锚固效果。

2. 接着再用自制压实器具沿着锚杆钢筋将被钢筋挤出的锚固剂压入孔中，进一步压实锚固剂。

3. 在孔内锚固剂未凝固前，在其上施加一向下的压力，保证其密实度、强度及充盈系数大于 1。

5.3 劳动力组织（表 5.3）

劳动力组织情况表   表 5.3

序号	人员组成	人数	职责
1	项目经理	1	负责组织施工、协调现场
2	技术员	1	负责施工技术工作及施工安全
3	质量员	1	负责施工质量
4	材料员	1	负责组织材料进场及管理
5	测量员	1	负责放线及监测工作
6	班组长	1	负责具体指挥施工人员的工作
7	钻孔工	6	负责钻孔
8	和料	2	负责和料
9	锚杆植筋	6	负责填塞锚固剂、植筋
	合　计	20	

6. 材料与设备

6.1 材料

6.1.1 锚杆钢筋

"植筋式"抗浮岩石锚杆基础选用的钢筋一般为热轧带肋钢筋，其具体规格按工程实际情况选择。

6.1.2 钢筋锚固料

TC-10 水泥基钢筋锚固料。该锚固料为活性无机材料，其特点为凝结时间短，无收缩，早强、高强，在压力水作用下不分散，不受钻孔内流水量的影响，且无毒、无味、无腐蚀。其性能指标见表 6.1.2。

TC-10 水泥基钢筋锚固料的有关性能指标　　　　　　　表 6.1.2

试 验 项 目	技 术 指 标
外观	灰白色固体粉末
细度	80μm 方孔筛筛余不得超过 12%
凝结时间	根据气温、施工条件可调，一般为 3～5min
安定性	合格
抗压强度(MPa)	30min　1h　2h　1d　3d ＞15　＞23　＞35　＞42　＞48
抗折强度(MPa)	3.4　5.0　6.3　6.7　7.2
粘结力	1.5MPa
净浆限制膨胀率(%)	≥0.05

6.2 机具设备

本工法所采用的机具设备见表 6.2。

机具设备表　　　　　　　表 6.2

序号	设备名称	设备型号	单位	数量	用途
1	取芯机	内径 70～150mm 的金刚石钻机	台	3	成孔
2	经纬仪、水准仪	普通	台	2	测量放线
3	压实器具	自制	台	3	填塞锚固剂
4	大锤	普通	把	3	植筋
5	钢尺		把		测量放线
6	小线				测量、拉线检查
7	台秤				配料
8	量筒				配料
9	钢筋切断机				锚杆下料
10	质量检测仪器				质量检查验收

7. 质 量 控 制

7.1 质量管理

7.1.1 技术员负责进行技术交底，按设计施工参数施工，整理技术资料及处理施工时发生的变更情况，及时与设计单位、建设单位联系。

7.1.2 质量员监督施工质量，并作好质量记录，发现问题及时与技术人员联系解决。

7.2 质量检验

7.2.1 原材料检验

施工所用原材料要有出厂合格证，其质量要求以及各种材料性能的测定，均应以现行的国家标准为依据。当采用材料（如锚固剂）无相关标准要求时，应通过现场试验确定其性能。

7.2.2 岩石锚杆抗拔力的检测

试验锚杆强度达到要求后,按《建筑地基基础设计规范》GB 50007—2002、《建筑边坡技术规范》GB 50330—2002 的要求进行抗拔试验,试验采用分级加卸载方式,最大试验荷载为锚杆体极限抗拔力的 0.8 倍,分级加载初始荷载为 $0.1Af_{plk}$,每级加载增量取 Af_{plk} 的 1/10,加卸载与试验终止时间及测试数据记录按规范要求进行。

7.2.3 施工质量验收

工程竣工后,应由工程建设单位、监理单位和施工单位共同按设计要求进行工程质量验收,认定合格后予以签字。工程验收时,施工单位应提供以下竣工资料:

1. 施工方案及施工图;
2. 各种原材料的出厂合格证及材料试验报告;
3. 工程施工记录;
4. 岩石锚杆抗拔力检验记录;
5. 设计变更报告及重大问题处理文件、反馈设计图。

8. 安 全 措 施

8.1 施工单位应当在施工现场入口处、和料处、材料区、临时用电设施等位置设立明显标志。

8.2 施工现场及临时设施的照明灯线路的架设,除护套缆线外,应分开设置或穿管敷设,应严格按照防火、防风、防雷、防触电等安全规定及安全施工要求进行布置。

8.3 应组织专职安全员及班组对施工现场进行定期安全检查,认真贯彻"安全第一,预防为主,综合治理"的方针,明确各级人员的职责,抓好工程安全生产。

8.4 工人进入施工工地必须带好安全帽。建立完善的施工安全保证体系,加强施工作业中的安全检查,确保做到标准化、规范化。

8.5 施工单位应当在现场建立消防安全责任制度,确定消防安全责任人,制定用火、用电、使用易燃易爆材料等各项消防安全管理制度和操作规程。

8.6 现场的办公、生活区与作业区应分开设置,并保持安全距离,办公、生活区的选址应当符合安全性要求。

8.7 凡未经检查合格的设备,不得安装和使用。使用中的电器设备应保持正常工作状态,绝对禁止带故障运行。

8.8 电动工具要有漏电保护装置。

8.9 加强个人安全防护意识,做好工人的入场安全教育工作。

9. 环 保 措 施

9.1 施工现场环境保护严格按照法律法规、各级主管部门和企业的要求,保护和改善作业现场的环境,控制现场的各种粉尘、废水及固体废弃物的排放。

9.2 采用专项措施防止粉尘、噪声和水源污染,保护好作业现场及其周围的环境,是保证职工和相关人员身体健康、体现社会总体文明的一项利国利民的重要工作。

9.3 严格控制施工现场和施工运输过程中的降尘和飘尘对周围大气的污染,采用清扫、洒水、遮盖、密封等措施降低污染。

9.4 及时清运钻孔产生的岩石等废弃物,做好泥沙、废渣及其他工程材料运输过程中的防散落与沿途污染措施,废水除按环境卫生指标进行处理达标外,还应按照当地环保要求排放到指定地点。

9.5 尽量采用低噪声设备和工艺代替高噪声设备与加工工艺。

9.6 凡在人口稠密区进行强噪声作业时,须严格控制作业时间,一般晚10点到次日早6点之间停止强噪声作业，严格控制人为噪声。

10. 效 益 分 析

10.1 施工便捷、安全，锚杆的制作与成孔简单易行，且灵活机动。

10.2 施工占用的场地很小。对于施工场地狭小、有相邻建筑、大型成孔与注浆设备不能进场时，该技术显示出独特的优越性。

10.3 稳定可靠。施工后锚杆体位移小，竖向位移一般为锚杆锚固段长度的 0.1～0.3%，最大不超过 0.4%，锚杆抗拔力高，超载能力强。成功地解决了地下水的浮力随季节变化呈准周期性而使抗浮锚杆产生疲劳破坏的难题。

10.4 工期很短。比一般灌注桩的工期缩短约 2/3，比普通抗浮锚杆缩短约 1/2。

10.5 建筑材料消耗量低。比一般的抗浮桩节省约 90% 的建材，比普通抗浮锚杆节省建材约 60%。

10.6 因地制宜，应用范围广。尤其针对山区多岩石的特殊地质条件，我们经过认真研究，不断积累经验，总结出了一整套先进的施工工艺和可行的施工技术，在实际应用中效果明显，经山西省科技厅鉴定，其应用研究达到了国内领先水平（晋科鉴字〔2007〕第 218 号）。

10.7 "植筋式"抗浮锚杆施工现场噪声小，施工文明，得到了甲方和工地周围居民的一致好评，获得了良好的社会效益。

10.8 造价低廉。与其他抗浮锚杆或抗拔桩相比，可降低造价 40%～60%。

11. 工 程 实 例

工程名称：山西省平定县娘子关镇污水处理工程

11.1 工程概况

山西省平定县娘子关镇污水处理厂提升泵房抗浮锚杆工程位于山西省平定县娘子关镇。±0.000 标高相当于绝对标高 367.893m，地下水位标高在 366.46～367.46m 之间，地下水对混凝土结构具有弱腐蚀性，对钢筋混凝土结构中的钢筋也具有弱腐蚀性。原设计方案为挖孔灌注抗拔桩，桩身直径 600mm，桩长 6.0m，桩身混凝土强度等级为 C25，单桩竖向抗拔极限承载力为 350kN。由于场地狭小，基岩较硬，大型钻孔机械无法进入场地，人工难以在基岩上成孔，致使工程一度中断。

11.2 工程地质情况

根据太原市晋广建岩土工程勘察有限公司 2005 年 9 月提供的《娘子关污水处理厂岩土工程勘察报告》（详勘），建筑场地地质及水文情况自上而下概述如下：

第一层为杂填土，层厚 0.50～2.50m。

第二层为卵砾石，层厚 1.10～2.90m，地基承载力特征值 F_{ak}＝200kPa。

第三层为粉质黏土，层厚 0.30～2.00m，地基承载力特征值 F_{ak}＝200kPa。

第四层为卵砾石，层厚 0.60～2.80m，地基承载力特征值 F_{ak}＝250kPa。

第五层为泥灰岩，层厚 0.70～2.20m，地基承载力特征值 F_{ak}＝250kPa。

11.3 抗拔方案

本工程基础坐落在第五层基岩上，根据地质资料和场地实际情况，经反复研讨论证，最后决定采用一种新式锚杆抗浮技术——"植筋式"抗浮岩石锚杆。本工程采用 3 根抗浮锚杆代替 1 根抗浮桩。成孔后，钻孔流水量大于 5000mL/min、水压力达到 60kPa，钻孔中的水无法排除。

11.4 施工方法

在原桩位上，沿每根桩位外缘，各钻 3 个孔，孔位呈正三角形布置，孔中心间距为 500mm。每孔植入 1 根 HRB335 25 钢筋。成孔后，以 TC-10 水泥基钢筋锚固料填塞，并振捣压实。留出一段钢筋锚入水池底板与水池底板钢筋焊接，以达到抗浮作用。

11.5 效益分析

本工程原设计为抗浮灌注桩，共32根，因无法施工而采用"植筋式"抗浮岩石锚杆处理，以3根锚杆代替1根抗浮桩。由于施工简便、成孔浅，相比原设计抗浮桩大幅节省了资金，实际工程造价约为原造价的34%。应用本工法后，在降低造价的同时，解决了此工程难题，且工期短、耗材低、施工文明，得到了甲方和工地周围居民的一致好评，获得了良好的社会效益。

基底注浆封闭＋轻型井点降水施工工法

GJEJGF005—2008

山西四建集团有限公司　浙江勤业建工集团有限公司

邢六金　王昌威　王海亮　李国华　李月玲　王贵祥

1. 前　　言

山西省农业技术综合服务基地工程，由主楼和裙楼两部分组成。地下 2 层，主楼地上 28 层，裙楼地上 4 层，结构型式为钢筋混凝土框筒结构。基坑采用钢筋混凝土灌注桩支护桩＋钢筋混凝土环梁内支撑支护系统；止水帷幕采用"利用周边支护桩在其缝隙处用高压旋喷桩塞缝"的方法，旋喷桩有效桩长为 10m，桩底标高为－13.2m。基础采用钢筋混凝土灌注桩，基底标高－10.3m，局部为－11.8m。

基坑西临繁华的解放南路交通主干道仅 12m。东侧为迎泽公园，东南角距迎泽湖仅有 30m，地表水丰富，有良好的补给水源，要想满足疏干基坑水的要求，就得采取强降水施工。而降水量加大，降水曲线较陡，造成周围地层不均匀，排水固结，从而引起不均匀沉降。南侧距中财大厦裙房仅 6m，经查证该建筑物原设计 8 层，后加层为 12 层，地基基础由灌注桩改为粉喷桩复合地基，承载力已达到上限无多余安全系数，位于滑裂面以内，且大楼已有不同程度的裂缝，有的已贯穿到顶部，这是由于地基的不均匀沉降引起的，表明地基已经受到扰动。本工程基坑开挖时边壁的微小地基变形都将会对其造成影响，增加其位移量，向基坑方向倾斜，在本基坑降水前沉降尚未稳定。

工程前期情况：进场前深基坑支护与止水帷幕、工程桩已经施工完毕。原施工单位采用了深井降水方法施工，已布设降水深井 9 眼（井深 25m），观察井 5 眼，回灌井 3 眼。经试抽水表明：水位在－5～－4m 后不发生变化，且基坑南部与帷幕外连通，抽出的水为第 3 层水，没有切断水路，水源补充很快，基坑内水位降不明显，且与南侧中财大厦水位差超过警戒线。经试抽水后停止降水。

根据勘察资料以及支护与止水帷幕桩的施工情况，发现止水帷幕桩存在着嵌固长度不足的问题。

根据勘察报告分析，第二层粉质黏土层的厚度分布不均，渗透系数变化较大，有发生基底隆起和管涌的可能。

鉴于以上现状，工程技术人员通过和业主、监理单位协商决定聘请省内著名专家就此问题进行专项论证。通过三次论证会，专家们提出了如下建议。

1.1　降水以"不抽取第三层水，同时要满足疏干基坑水"为原则，采取"杯中降水"、对基坑进行封底和四周封闭、配合明排的降与止水方案。

1.2　为防止第二层土下承压水在基坑开挖时，因土荷载卸去后顶起基础底板，发生基底隆起的事故，对部分隔水层（②-2 层）进行加固。工程技术人员经过反复研究提出"对基底深 4m 的范围内采用袖阀管定位注浆，在基坑内形成人工底板'杯中水'的浅层降水"施工方案。经 1999 年 11 月 29 日与 1999 年 12 月 6 日两次四方会议决定：在山西省内首次使用"人工底板"——袖阀管注浆法加固地基土，使基坑内形成"杯中水"。

由山西四建集团有限公司承建的山西省农业技术综合服务基地工程，在深基坑施工中采用袖筏管注浆、二级卧式轻型井点降水、喷锚支护等综合技术，经太原市勘察测绘研究院对本工程沉降进行观测及太原理工大学土木工程检测中心对本工程的支护系统进行监测，检测数据表明该深基坑施工是成功的。2008 年 12 月 14 日山西省建设厅组织的专家鉴定委员会对其关键技术进行了鉴定，鉴定结论为

"达到国内领先水平"。

经国家一级科技查新咨询单位"山西省科学技术情报研究所"国内外联机数据库查新检索，结论为："本项目在山西省农业技术综合服务基地工程施工中综合采用了人工底板加固、止水帷幕、支护桩以及注浆技术，并采用了二级卧射轻型井点降水加回灌施工技术方案。在检索范围内，尚未见与本项目上述施工技术方案完全相同的其他公开文献报道。"

2. 工 法 特 点

2.1 通过采用人工加固的方法对基坑进行封闭，使基坑内形成"杯中水"。该工程人工加固技术选用的是山西省内首次使用的袖阀管注浆法。袖阀管采用塑料管，射浆孔的外部包裹橡皮套。

2.2 从降水技术方面，改深井降水为二级卧式轻型井点降水。如按深井法降水，由于不能抽取第三层水，限制了井深只能为14m，因此它的降深只能达到−9.0m，距−10.9m的水位难于疏干，还得需要明排水配合才能解决。改为轻型井点后，安装快捷，可在工程桩间进行，抽水机组机动性强，排水量大，降深到一定值时，地下水可保持平稳的水位线。

3. 适 用 范 围

3.1 适用于深基坑施工中深井降水出现补水快，不易降水时的技术问题。

3.2 适用于深基坑施工中基底下面存在承压水，上部土自重应力不足以承受承压水压力的情况。

4. 工 艺 原 理

4.1 利用袖筏管注浆原理，通过对土体不同岩性地层采用定深、分层、分段和不同压力由下往上进行注浆，达到加固土体的目的。

4.2 轻型井点安装快捷，抽水组机动性强，排水量大，降深到一定值时，地下水可保持平稳的水位线。

5. 施工工艺流程操作要点

5.1 井点降水：本次降水根据计算共设置了五组轻型井点，电梯井局部采用轻型井点辅助明排水的方法进行了施工。同时在基坑南、西侧设置各三眼回灌井和观测井，观测井水位降幅警戒线明确为300mm（图5.1-1、图5.1-2）。整个降水过程坚持了"浅而多"的原则。从2000年3月17日开始试降水到同年11月15日停降水，降水周期8个月。

观测井5个，回灌井12个，总回灌量1.7万m³。

5.2 基底注浆

5.2.1 加固对象：在基坑地表8.9m深度（从帽梁顶面算起）以下4.0m（加固深度为−10.3～−14.3m）。

1. 根据抵抗坑底承压水的地基加固公式

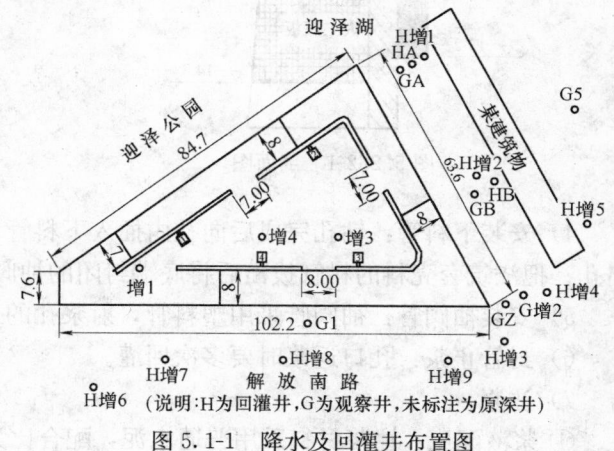

（说明：H为回灌井，G为观察井，未标注为原深井）

图 5.1-1 降水及回灌井布置图

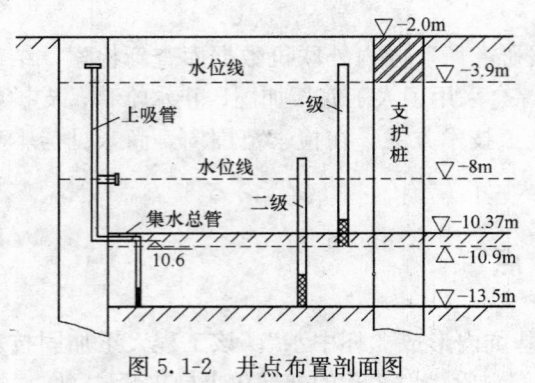

图 5.1-2　井点布置剖面图

$$h\gamma_e \geqslant H\gamma_w \qquad (5.2.1\text{-}1)$$

式中　h——坑底至加固底面高度；

　　　γ_e——加固层底面以上土层平均重度；

　　　H——水头高度；

　　　$H\gamma_w$——承压水压力；

　　　γ_w——地下水的重力密度。

2. 考虑管涌的帷幕埋深验算

$$t \geqslant (kh\gamma_w - \gamma h)/(2\gamma) \qquad (5.2.1\text{-}2)$$

式中　γ——土的浮重度；

　　　k——抗管涌安全系数；

　　　h——地下水位至坑底的距离；

　　　γ_w——地下水的重力密度。

5.2.2　袖阀管注浆法施工

1. 工艺流程

1）钻孔：定位放线→移机→稳机→开机→钻孔→终孔。

2）注浆：注套壳料→安装下料管→安装袖阀管→封孔止浆→注浆→终注。

2. 袖阀管注浆施工控制要点

1）注浆钻孔布设：如何经济合理布设注浆孔是一个非常重要的问题，根据注浆的有效扩散半径 0.7m 进行设定，采用梅花型布孔原则，孔距与排距均为 1.0m（图 5.2.2-2）。

2）钻孔深度：直孔 12.9m，斜孔 13.07m，同时通过钻孔过程还可以了解地层土体岩性结构。

3）注套壳料

① 套壳料的配方及用料。水泥：土：水＝1：1.53：1.94，其性能为：黏度 26S，稳定性 0.007，析水率 9%，7d 龄期抗压强度 10～20N/cm²。为增加套壳料的黏性，掺入一定量的粉煤灰。

② 套壳料的浇筑（图 5.2.2-1、图 5.2.2-2）

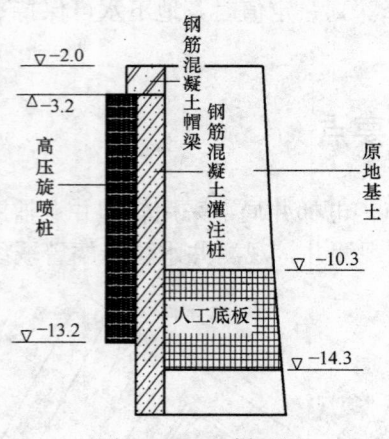

图 5.2.2-1　剖面图

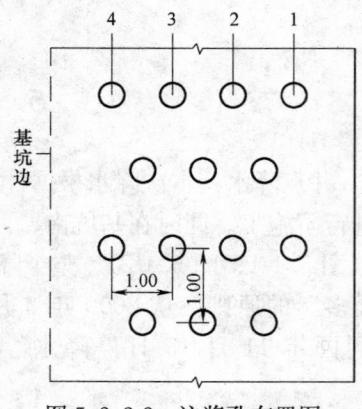

图 5.2.2-2　注浆孔布置图

4）安装下料管：钻孔完成后向孔内插入下料管，并通过此管压入套壳料，直到孔内泥浆完全被顶出孔；把浇筑套壳料的料管拔出后将底端封闭的袖阀管压入孔内。

5）安装袖阀管：袖阀管采用塑料管，射浆孔的外部包裹橡皮套。

6）封管止浆：孔口返浆时要多次回灌。

7）注浆

① 浆液配比：注浆材料采用普通水泥，配合比为水：灰＝1：1（重量比）。

② 单孔注浆量

a. 理论注浆量

$$Q_L = 1000KVN \qquad (5.2.2-1)$$

式中　Q_L——理论注浆量；

　　　K——经验系数，黏性土取 0.3；

　　　V——注浆对象土的体积；

　　　N——土的孔隙率，以勘察结果取。

b. 施工注浆量

$$Q_s = V \times 15\% \qquad (5.2.2-2)$$

式中　Q_s——施工注浆量；

　　　V——注浆对象土体积。

c. 单孔注浆量

$$Q_d = V_1 \times 15\% \qquad (5.2.2-3)$$

式中　Q_d——单孔注浆量；

　　　V_1——单孔注浆对象土体积；$V_1 = S \times H$，S 为钻孔断面积；H 为钻孔深度。

本工程最外一排采用控制注浆法，内排采用饱和注浆法；因此，单孔注浆量外排大于内排。

③ 注浆压力：控制在 0.2～1.0MPa，杂填土与砂层中为 0.2～0.6MPa，粉土层中 0.5～1.0MPa。

④ 终灌标准：在设计压力下吸浆量小于 1～2L/min

a. 当吸浆量大于设计浆量的 3 倍时；

b. 当吸浆量小于 1～2L/min 时，注浆压力在 0.2～1.0MPa 稳压 15min；

c. 当吸浆量小于 1～2L/min 时，注浆压力大于 1.0MPa 时。

3. 注浆效果检查结果

1）钻孔取芯法：取芯孔数 20 个，深度为 −10.30m～−14.30m，取芯半径 $R = 91$mm，取芯方法采用干法钻进取芯；结论为水泥浆液在注浆层位充填固结较好，加固效果良好，浆液有效扩散半径为 2.6～3.6m。

2）钻孔注水试验法：检测孔数东、南、西各一孔。依据《水文地质手册》及《工程地质手册》钻孔试验方法：将人工底板作为一个相对隔水层对待进行试验求得人工底板渗透系数。由于 $L/r > 4$，可以按式 $K = 0.366Q/(L \times S) \times \lg(2L/r)$ 计算。计算 $K_1 = 8.3 \times 10^{-8}$ cm/S，$K_2 = 12.4 \times 10^{-7}$ cm/S，$K_3 = 2.64 \times 10^{-7}$ cm/S，均小于 10^{-6} cm/S，符合设计要求。

3）土方开挖后底板未发现有涌水现象，效果良好。

6. 材料与设备

主要机具设备见表 6。

主要机具设备一览表　　　　　　表 6

名　称	规格型号	数量	用　途
真空泵成套机组	技改 W-3	5	基坑降水
钻机	XY-Ⅰ	4	钻孔
钻机	SGZ-ⅡA	1	钻孔
钻机	SGZ-ⅠA	1	钻孔
注浆泵	TBW150/20	2	注浆
注浆泵	2TGZ-60/210	2	注浆
注浆泵	TBW50/15	2	浇筑套壳料
搅拌机		3	搅拌浆料

7. 质 量 控 制

7.1 按照岩土工程注浆质量检验标准进行。

7.2 渗透系数降低到 $10^{-5}\sim10^{-4}$ cm 以下。

7.3 检测方法：采用钻孔取芯法和钻孔注水试验法进行。

7.4 为使套壳料的厚度均匀，应设法使袖阀管位于钻孔的中心。

7.5 套壳料的配方除室内研究外，还需进行现场试验。

7.6 袖阀管在下入钻孔前需抽样进行耐压试验，以防灌浆时出现破裂。

7.7 根据现场情况选择适宜的开环方法。

7.8 做好每天的沉降观测记录及水位检测记录。

8. 安 全 措 施

8.1 所有现场施工人员必须戴安全帽，以防高空坠落伤人及其他意外事故。

8.2 注浆工人作业时，必须戴防护眼镜，以防高压喷射造成的人身伤害。

8.3 各种设备操作人员必须持证上岗，非机电人员不得动用机电设备。

9. 效 益 分 析

9.1 以该项技术为核心内容编制的《提高地下水控制质量，确保深基坑工程安全》QC 成果获得全国工程建设优秀质量管理成果奖。

9.2 采用轻型井点与原深井降水法相比较降低成本 57.518 万元。

9.3 本工法的施工实践效果

9.3.1 采用基底注浆加固地基施工技术，是防止地基隆起的行之有效的一种技术措施。

9.3.2 利用二级卧式轻型井点降水加回灌施工技术可以解决深井不易降水时的降水技术问题。

9.4 采用上述工艺，使我们积累了在复杂环境下的深基坑降水经验，推广了新技术，同时也锻炼了队伍，为企业提高了社会知名度，为今后深基坑降水设计与施工提供了新思路和许多有益的经验。

10. 应 用 实 例

山西省农业技术综合服务基地工程位于太原市解放南路与迎泽大街十字路口以南 200m 处，西靠解放南路，东临迎泽公园，南接中财大厦。该工程为裙房、塔楼组成的高层建筑，总平面呈三角形，总建筑面积 34020m²。建筑层数为地下 2 层，塔楼地上 25 层（局部 28 层），裙房地上 4 层。基坑挖土深度达 -10.0m，属于深基坑。基础中采用了轻型井点降水、袖阀管注浆等施工技术，确保了基础施工的顺利进行。

基础底板后浇带钢板网施工工法

GJEJGF006—2008

南通华新建工集团有限公司

史加庆 章季 汤卫华 李亚娥 何雨键

1. 前　　言

在高低结构的高层住宅、公共建筑及超长结构的现浇整体钢筋混凝土结构中，需要留置后浇带。而在基础底板后浇带留置过程中，往往出现大量漏浆现象，清理起来非常麻烦，费时费工。为防止大量漏浆现象出现，在工程施工过程中我们采取了一些防漏措施，很好地解决了漏浆问题。

2. 工 法 特 点

常规的基础底板后浇带防漏浆措施是用竹胶板沿垂直方向阻挡，这不仅容易造成漏浆，而且浪费自然资源、清理困难、难以保证后浇带部分混凝土的质量。采用此工法可以保证不漏浆或漏浆甚少。

3. 适 用 范 围

适用于基础底板后浇带的任何施工，适用范围广。

4. 工 艺 原 理

利用底部混凝土带阻挡住基础底板下层钢筋以下的漏浆；利用钢板网阻挡住基础底板上下层钢筋之间的漏浆；利用方木阻挡住基础底板上层钢筋以上的漏浆，见图4。

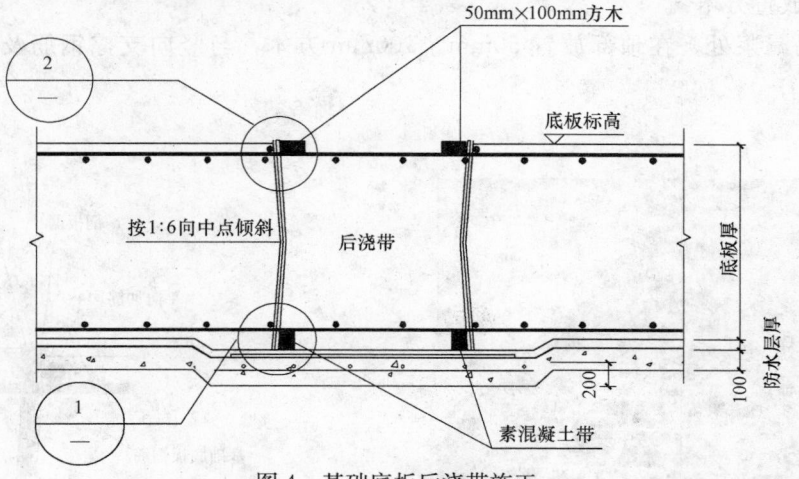

图 4　基础底板后浇带施工

5. 施工工艺流程及操作要点

5.1　施工工艺流程

浇筑混凝土带→竖向支撑钢筋点焊牢固→绑扎钢板网→顶部放置方木。

5.2 操作要点

5.2.1 浇筑混凝土带

后浇带留置时，竖向模板下口（下网片钢筋以下部分）往往漏浆严重，采用在下口浇筑素混凝土带的方法可有效防止下口漏浆。防水层施工完成后，在浇筑防水层保护层时，支模浇筑50mm宽混凝土带，混凝土带的强度等级同底板混凝土强度等级，混凝土带顶面高度控制在基础底板下网片下层钢筋的下口，见图5.2.1。

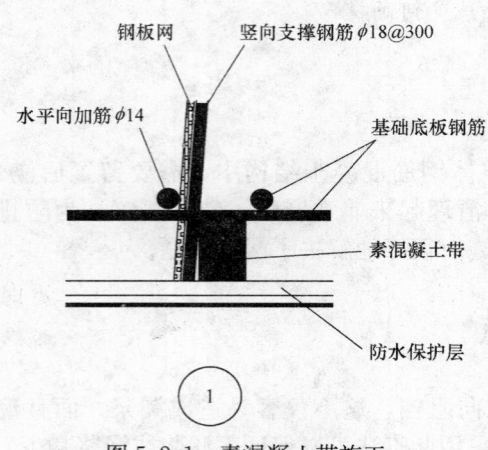

图 5.2.1 素混凝土带施工

5.2.2 竖向支撑钢筋点焊牢固

竖向支撑钢筋是钢板网最主要的支撑龙骨，为保证其支撑牢固可靠，采用点焊方式与底板钢筋焊接。在底板钢筋绑扎完毕后，即可进行竖向支撑钢筋的点焊工作。按照底板设计厚度提前加工支撑钢筋，采用Φ18钢筋，高度为下方到底、上方到底板混凝土板面减去保护层厚度。在后浇带留置处，上方沿后浇带长度方向拉线，下方紧靠混凝土带，从底板垂直于后浇带长度方向的最边上钢筋开始，每隔300mm（可根据底板垂直于后浇带长度方向的钢筋间距适当调整）放置一根Φ18支撑钢筋，并与底板钢筋点焊牢固。

5.2.3 绑扎钢板网

支撑钢筋焊牢后，绑扎钢板网。绑扎时要注意以下几点。

1. 钢板网在遇到底板钢筋的部位要剪开，使网片上口能够平底板混凝土面，下口伸到防水保护层。开口处用绑扎钢丝绑扎连接。

2. 钢板网分别与底板钢筋、支撑钢筋绑扎牢固，尤其是与底板钢筋交接部位，绑扎必须牢固可靠。

3. 为防止钢板网上下剪开部分翘起，在钢板网要浇筑混凝土的一面放置通长Φ14钢筋压住钢板网（图5.2.1、图5.2.3），并与底板钢筋及竖向支撑钢筋绑扎牢固。浇筑完混凝土后的成型图（图5.2.3）。

5.2.4 顶部放置方木

顶部也是容易漏浆处，在顶部放置50mm×100mm方木，与竖向支撑钢筋及底板钢筋绑扎牢固（图5.2.4）。

图 5.2.3 成型后的后浇带效果

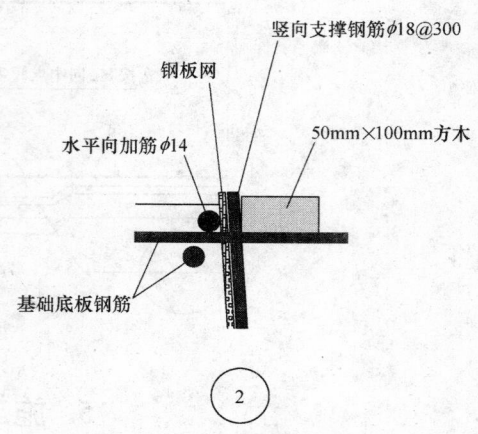

图 5.2.4 顶部设置方木支撑

6. 材料与设备

6.1 材料
混凝土、钢板网、绑扎钢丝、Φ14 钢筋、Φ18 钢筋、50mm×100mm 方木等。

6.2 设备（表 6.2）

主要机具设备配置表   表 6.2

序号	名　称	型号、规格	配置数量	备　注
1	切割机	JG-400	1 台	
2	搅拌机	J2-350	1 台	
3	经纬仪	J2	1 台	
4	水准仪	DSZ2	1 台	
5	钢卷尺	50m	1 把	
6	塔尺	5m	3 把	
7	磅秤	1000kg	2 台	
8	小推车	0.5m³	若干	

7. 质量控制

7.1 素混凝土带浇筑位置、标高必须准确。

7.2 素混凝土带最好与防水层保护层一起浇筑成形。如果后浇，必须保证其与防水保护层的粘结可靠。

7.3 混凝土带浇筑成形后，必须加强养护且注意成品保护，如果局部被钢筋碰坏，应及时修复。

7.4 竖向支撑钢筋形状、长度必须按要求统一制作。

7.5 竖向支撑钢筋与主筋焊接时上方必须拉线定位，下方紧贴混凝土带。点焊时必须注意焊接质量，焊接牢固但焊接时间不得过长，以免影响主筋的本身强度。

7.6 钢板网搭接宽度不得小于 100mm，且搭接处绑扎牢固。

7.7 钢板网剪开尺寸应根据主筋间距而定。

7.8 钢板网必须与各钢筋绑扎牢固，尤其是开口处，必须用绑扎钢丝连接成整体。

7.9 后浇带两头最边上分别加焊横向及竖向钢筋，并把钢板网与之绑扎牢固，钢板网与外侧模板之间不得留有空隙。

7.10 在底板混凝土浇筑前，再严格检查一遍，防止有不到位的地方。

8. 安全措施

8.1 从事施工的人员，都必须认真学习建筑施工安全检查标准，都必须遵守安全生产的规定，新工人必须接受三级安全教育和必要的考核，方能进入施工现场施工。

8.2 特殊工种人员，坚持持证上岗，严禁无证人员操作。

8.3 基坑应设安全防护栏杆，基坑上下设可靠的通道，并挂防护网和安全警示灯。

8.4 严禁酒后上班作业，进入施工现场必须穿戴合体的工作服和安全帽，不得赤脚和穿拖鞋上岗。在岗位上工作时，必须思想集中，认真操作，注意观察设备机具的运行情况，防止发生工伤和损坏机具的事故。

8.5 必须在施工前根据工作情况制订切实可行的安全措施，要保持场内清洁卫生，确保安全生产、文明施工。

8.6 非电工不得进行电气设备的检修和接线安装工作。

8.7 配电柜必须安装触电保安器，夜间施工必须有足够的照明设施，电缆、电线铺设必须有条理，不得乱拉乱设。

8.8 施工中必须设有专职安全员，成立项目安全领导小组。

9. 环保措施

9.1 认真贯彻执行国家、行业、地方有关环境保护法规中的环保指标。

9.2 认真执行国家、行业、地方对减少施工噪声的要求，将施工噪声控制在允许范围之内，并在施工现场采取有效措施防止施工噪声扰民事件发生，如对搅拌机周围搭设隔声棚、尽量将有噪声的放在白天施工。

9.3 杜绝一切野外用火，控制烟气对环境的污染。

9.4 施工中的污水经过沉淀池沉淀后排入城市管网，严禁未采取任何处理措施直接排入城市管网的做法。

9.5 施工中做到日日场清，每日产生的垃圾及时送入垃圾站。

10. 效益分析

10.1 质量好

按本工法施工可以保证不出现漏浆等质量缺陷，确保后浇带的质量。

10.2 成本低

采用本工法能减少木工裁割竹胶板的人工，降低施工成本。公园大道工程基础底板后浇带共计500m，由于采用了此工法，节约人工费约2万元。

10.3 文明施工

竹胶板裁割有大量的锯末出现，且有污染；采用本工法施工无环境污染，有利于文明施工，公园大道工程被评为鄂尔多斯市安全文明工地与此也有一定的关系。

10.4 节能环保效益

该工法与传统施工工法相比，不浪费自然资源、清理容易、易保证后浇带部分混凝土的质量，而且运行费用低、资源耗用低，节约能源和材料。

11. 应用实例

11.1 2008年7月施工的公园大道工程，位于内蒙古自治区鄂尔多斯，基础底板后浇带共计500m，由于采用了此工法，节约人工费约2万元。

11.2 2008年5月施工的帝景峰汇1号楼商住楼工程，基础底板后浇带共计400m，由于采用了此工法，节约人工费约1.6万元。

11.3 2007年8月施工的新城康都11号、12号、13号住宅楼工程。基础底板后浇带共计340m，由于采用了此工法，节约人工费约1.3万元。

超大直径工程桩高性能水下自密实混凝土水下施工工法

GJEJGF007—2008

大连三川建设集团股份有限公司　大连阿尔滨集团有限公司

田斌　姜德宽　刘显全　魏勇　孙辉

1. 前　　言

超大直径工程桩高性能水下自密实混凝土施工就施工技术而言，施工工艺复杂，关键控制点多，涉及面广，施工难度大。目前还没有一套完整的、技术上先进和经济上合理的超大直径工程桩高性能水下自密实混凝土施工工法。本工法通过一系列创新措施，针对现在超大直径工程桩高性能水下自密实混凝土施工中普遍存在的成本高、工效差、速度慢、质量难以控制等情况，优化并完善了相关施工工艺，形成了一套技术上先进、经济上合理的施工方法，部分创新和工艺填补了国内空白。本工法中的多项施工技术及工艺在一些工程得到进一步深化和完善，取得很好的技术和经济效益，经比较该工法目前处于国内领先水平，具有较大的推广应用价值。

本工法的关键技术有"承压水条件下超大直径工程桩混凝土水下浇筑技术"、"混凝土水下浇筑保证混凝土设计强度施工技术"、"大导管大料头与起重设备吊装能力施工工艺"、"超大直径工程桩'模块化多料斗＋模块化多导管'混凝土水下浇筑新工艺"、"可快速组装成适合任意孔深而不需要调整料斗距桩孔口高度的、接头形式为承插式法兰螺栓复合连接的 ϕ500mm 大直径导管设计及制作；可根据桩的大小进行拆卸组装的模块化料斗设计及制作"等，经科技查新机构进行查新，上述关键技术在国内相关科技文献未见有报道。

2. 工法特点

2.1 在工程建设领域，工程桩的混凝土浇筑是桩基础施工的关键过程，尤其是在一些地下水渗水量过大，无法降水或不能降水的地区的工程桩施工中，常采用水下浇筑混凝土的技术。

2.2 本工法本着经济、合理、安全、易行、快速的原则，经与设计单位共同研究探讨，优化设计，合理选择施工工艺，科学组织，实现了工程质量、工期进度、经济效益三者的最优化组合。

2.2.1 配置出适合于承压水条件下超大直径工程桩水下浇筑的高性能水下自密实混凝土代替普通的水下混凝土，满足了设计性能及混凝土浇筑施工性能要求，保证了混凝土强度及耐久性。

2.2.2 开发出与常规的混凝土水下浇筑工艺相比施工更简单、施工质量更可靠的超大直径工程桩"模块化多料斗＋模块化多导管"混凝土水下浇筑的新工艺，同时该工艺还可应用于其他情况下的混凝土水下浇筑施工。

2.2.3 可快速组装成适合任意孔深而不需要调整料斗距桩孔口高度的、接头形式为承插式法兰螺栓复合连接的 ϕ500mm 大直径导管设计及制作；可根据桩的大小进行拆卸组装的模块化料斗设计及制作。

2.2.4 解决了一直存在的水下浇筑混凝土密实度相对较差的从而影响桩混凝土强度及耐久性的施工难题。

3. 适用范围

主要应用在高层及超高层建筑中桩基础形式为体量大、超长、地下地质复杂、水位高的桩基础施工。

4. 工艺原理

通过施工技术的创新和高性能建筑材料的应用，攻克（超大直径）桩混凝土水下浇筑技术难题、提高其质量可靠性成为可能，其主要内容包括三大部分。

4.1 水下高性能混凝土的配置。

4.2 混凝土水下浇筑工艺创新。

4.3 桩混凝土水下浇筑机具设备的改进和创新。

5. 工艺流程及操作要点

5.1 施工工艺流程

混凝土配合比的确定 → 桩按照设计要求成孔 → 钢筋笼绑扎和安装在桩孔内并经过监理单位的验收 → 导管和混凝土就位 → 浇筑混凝土 → 混凝土养护

5.1.1 混凝土制备要求

本次使用的混凝土对材料具体要求如下：

1. 水下混凝土必须具备良好的和易性，在运输和灌注过程中应无显著离析、泌水现象，灌注时应保持足够的流动性。实验室应该出具水下浇筑混凝土专用配合比，配合比应通过试验，坍落度宜为22cm以上，确保桩顶浮浆不过高。

2. 水下混凝土的水灰比不宜过大，要求坍落度符合施工要求，不得通过加水来调节，而应该通过减水剂等外加剂来调节。

3. 水下灌筑混凝土应采用自密实混凝土，施工时不能用振动器振捣，而是靠自身荷载或外界压力产生流动进行摊平和密实。在凝结硬化前，若流动性稍差，就会在混凝土中形成蜂窝和孔洞。此外，混凝土通过导管输送和浇筑，要求混凝土必须有较大流动性和一定的保持能力。水下灌筑混凝土必须具有较好的黏聚性和保水性，可以防止混凝土在输送过程和浇筑时产生离析和泌水现象，混凝土拌合物泌水率应控制在1.2%～1.8%之间。

4. 具有一定的湿堆积密度，可以保障施工顺利进行，要求混凝土拌合物的湿堆积密度不小于2100kg/m³。由于单桩身混凝土必须一次性浇筑完成，为保持桩身混凝土整体质量，要求混凝土要有适度的初凝时间，应不小于8h。

5.1.2 配合比要求

水下混凝土要求具有比普通混凝土更大的流动性、黏聚性和保水性，坍落度控制在22cm以上，首批混凝土初凝时间不得低于8h。

桩C40混凝土配合比的含砂率宜低于0.4，水灰比不宜过大，可通过高效减水剂来控制坍落度。

除了进行试验室试配工作外，试验室在确定配合比时还应该模拟现场施工条件，进行水下抛落混凝土验证试配工作，确定一个完善的施工配合比，保证桩身水下混凝土质量。

5.1.3 现场准备

1. 施工机具的准备

结合现场平面条件和运输条件，以单根桩用混凝土量和混凝土（首批）的初凝时间为依据，准确计算，确保混凝土正常生产、运输、浇筑需要机械的型号和数量，并使机械保证能力略大于实际需要。

准备好混凝土试模，坍落度实验器具。已具备挖孔桩混凝土浇筑施工工作面，施工用水、用电线路已铺设，临时施工道路已修建。各种机械设备经检修、维护保养、试运转，处于良好状态，电源分日常施工用和应急用电源两种，可满足施工要求。

在浇筑混凝土期间，应确保水电不中断。并应经常了解气候变化情况，加强气象预报联系工作。

混凝土浇筑机具：商品混凝土运输车、汽车泵、汽车吊、溜槽、导管等。

2. 劳动力和施工组织管理工作

在施工机具和劳动力以及管理人员就位后，在混凝土浇筑工作开始之前，应认真组织一次（或几次）各工种相互协调的模拟操作，使参与施工的所有人员充分明白其所工作内容和相互间配合的程序。

3. 技术准备

桩孔成孔后经勘察、设计、施工、监理单位验收完毕并签字同意；钢筋笼已绑扎安放完成，并已经甲方、监理验收合格、做好隐蔽记录。

桩顶控制标高已标于上层护壁上。

熟悉施工图纸及场地的地下土质、水文地质资料，通过平时挖桩作业时记录好每个桩孔的地下水情况，做到心中有数。

在各桩之间做好小排水沟，防止返上来的浆水流入附近桩孔。

5.2 操作工艺

5.2.1 施工原理及技术准备

1. 施工原理

水下混凝土浇筑就是以足够的首批混凝土浇筑量，迅速将孔底的水或泥浆排开并一次将导管下端出料口包裹在混凝土一定的深度之中，使后续浇筑的混凝土始终与桩孔内的水隔离开来，而后持续不间断地将高流态混凝土通过导管输入桩孔。

在输入混凝土过程中，随着孔内混凝土不断增加，不间断地提升导管，但必须使出料口埋设在已浇筑的混凝土中的一定深度。后续输入的混凝土是通过出料口与入料口之间密封导管中的高差形成的压力，使混凝土冲挤入已浇筑的混凝土之中，从而达到混凝土自密实的效果。

2. 施工技术准备

组织有关人员进行全面检查，与各部门进行联系，做好施工安排，并向全体人员进行技术安全质量交底。

混凝土浇筑前应完成绑扎（吊放）钢筋笼、检查验收、吊装设备就位、混凝土汽车泵就位、安放混凝土导管等准备工作。

在浇筑前储够所需的混凝土量于现场，以便开灌后能连续不断地、大量地供应。

3. 首罐浇筑量计算

水下混凝土灌注的首灌量应根据孔深、孔径、泥浆相对密度和导管内径等进行计算，以确保灌入混凝土后导管能埋入管外混凝土表面以下不小于 0.5m 的深度。一般按连通管原理进行计算：

$$V = \frac{1}{2}LA_1 + K(0.5 + t_1 + t_2)A_2$$

式中　V——混凝土的初存量（m^3）；

　　　L——灌注混凝土前导管在水中的长度（m）；

　　　A_1——导管断面面积（m^2），$A_1 = 3.14 \times (d/2)^2$；

　　　K——为混凝土充盈系数，一般取 1.2～1.3；

　　　t_1——导管下端至沉渣距离（m），取 0.3；

　　　t_2——沉渣厚度（m），取 0；

　　　A_2——设计桩孔断面面积（m^2）。

经过计算，本工程最大桩浇筑时贮料斗内的混凝土存量至少达到 $V = 18m^3$。

4. 混凝土浇筑工艺流程

导管和混凝土就位→料斗中充满混凝土→打开盖板，混凝土充满桩孔下端并埋住导管下口→继续向料斗中浇筑混凝土→提升并逐节拆除导管→完成浇筑。

5.2.2 桩混凝土水下浇筑过程

1. 导管就位

就位前对导管应进行全面清整、检查及试验。

导管下端距桩底面的距离为 300mm，导管上端提前用盖板盖住，以阻止首批混凝土流入导管内。

料斗下面用型钢支架架设到桩孔上方，以承担一部分首批混凝土的重量。

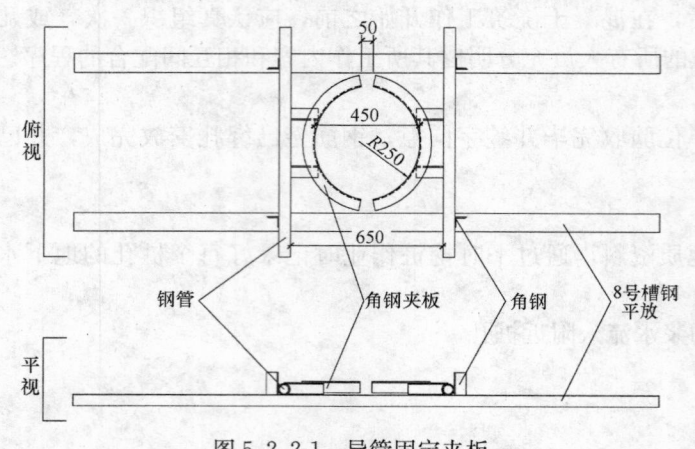

图 5.2.2-1　导管固定夹板

2. 首批混凝土浇筑

将料斗充满混凝土后，将导管上口的盖板打开，使混凝土通过导管灌入桩孔底部。同时将导管下口埋住。打开盖板后，要继续向料斗中输送混凝土。

3. 导管的提升和拆除

首批混凝土浇筑以后，保持导管不动，继续通过导管向桩孔内浇筑混凝土，直到料斗中的混凝土不再下落方可提升导管。

根据导管每提升 1～3m 即拆除一节。导管拆除时，用夹板将下节导管固定住，防止其掉落，见图 5.2.2-1。

4. 完成桩身混凝土浇筑

整个水下混凝土浇筑过程一直都在埋管状态下进行，理想状态为先浇筑的混凝土在最上部，依次排列。最后浇筑的混凝土在导管下口部位，将导管下口以上的混凝土逐层向上推动，直到充满整个桩孔。当料斗和导管中的剩余混凝土量足以将桩孔灌满时，将导管慢慢提出，完成该桩浇筑。见图 5.2.2-2。

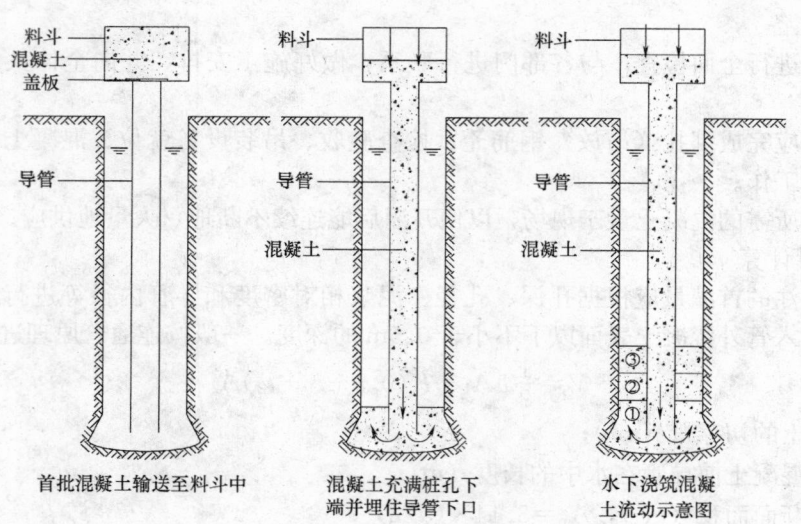

图 5.2.2-2　桩混凝土水下浇筑示意图

5.2.3　超大直径工程桩"多导管＋多料斗"浇筑

大孔径桩的断面面积较大，单根导管无法满足浇筑需要，故采用 2 根连体导管或 3 根连体导管。浇筑流程和操作方法与小型桩相同，但应注意多根导管的协调作业。

1. 导管就位

预先在桩底设置水平架立钢筋，导管放入后下端均放置于钢筋上。每个导管上端均提前用盖板盖住。每个料斗下面均用型钢支架架设到桩孔上方，以承担一部分首批混凝土的重量。为保证同时起吊，要用螺栓将料斗连接起来。

2. 输送首批混凝土

将每个料斗都充满混凝土后，同时将各个导管上口的盖板打开，使混凝土同时通过导管灌入桩孔底部。（图 5.2.3-1～图 5.2.3-3）

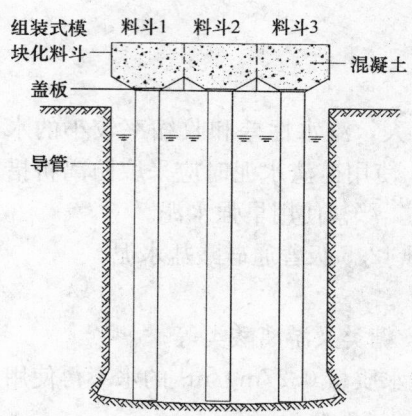

图5.2.3-1　首罐浇筑的混凝土输送至料斗中

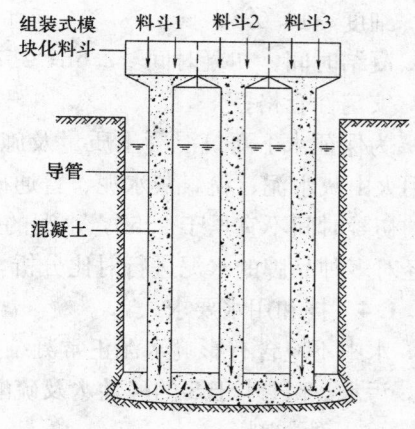

图5.2.3-2　混凝土充满桩孔下端并埋住导管下口

考虑到导管内水量较大，料斗内混凝土很难一次将水全部压下去，在导管下端设置一块钢板封底。封底钢板用22号绑扎丝绑缚于导管下口。为保证密封，在导管下口预先灌入100～200mm厚的水泥沙浆，这样导管内基本没有水。撤掉上部盖板后，混凝土随即留入导管内。提管时利用混凝土的重量将钢板压下去，随后即可正常浇筑混凝土。

3. 导管的提升和拆除

当每个料斗中的混凝土都不再下落时方可提升导管。每提升1m各个导管同时拆除一节。导管拆除时，每个导管都用夹板将下节导管固定住，防止其掉落。

4. 完成桩身混凝土浇筑

浇筑过程中，混凝土向各个料斗中依次输送，收尾时尽量保持各个料斗中混凝土量的均衡。当料斗和导管中的剩余混凝土量足以将桩孔灌满时，将导管慢慢提出，完成该桩浇筑。

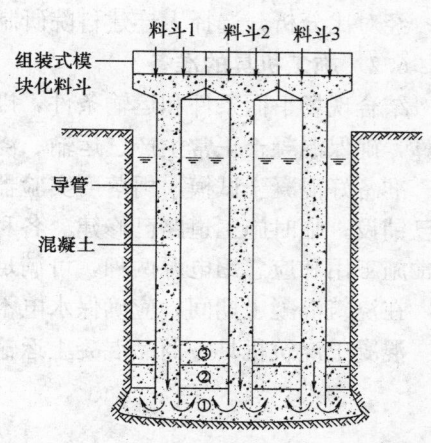

图5.2.3-3　水下浇筑混凝土流动状态

6. 材料与设备

6.1　主要原材料要求

6.1.1　粗集料的技术要求

1. 针片状颗粒含量≤15%；

2. 含泥量≤1.0%；

3. 泥块含量≤0.5%；

4. 小于2.5mm的颗粒含量≤5%；

5. 水下混凝土宜采用卵石，若采用碎石，需要通过适当增大砂率，保证混凝土拌合物有较好的和易性。碎石粒径5～15mm且颗粒级配良好，粗骨料最大粒径不应大于25mm。

6.1.2　细集料的技术要求

1. 含泥量5.0%；

2. 泥块含量≤2.0%；

3. 细度模数规定：中砂3.0～2.3。

6.1.3 水泥的技术要求

1. 细度≤10.0%；

2. 凝结时间：初凝时间≥2.5h；终凝时间≤10h；

3. 安定性合格；

4. 为保证水下灌筑混凝土质量及施工顺利进行，宜选用细度大，泌水性差和收缩率较小的水泥。可采用火山灰水泥、粉煤灰水泥、普通硅酸盐水泥或硅酸盐水泥，使用矿渣水泥时应采取防离析措施。水泥的初凝时间不宜早于 2.5h，水泥的强度等级不宜低于 42.5 级。严禁使用早强水泥。

经对多种品牌的水泥进行对比分析，最终决定选择大连小野田 42.5 级普通硅酸盐水泥。

6.1.4 拌和用水要求

1. 水中不应含有影响水泥正常凝结与硬化的有害杂质或油脂、糖类及游离酸类等；

2. 污水、pH 小于 5 的酸性水及硫酸盐含量按 SO_4^{2-} 计，超过水质量 $0.27mg/m^3$ 的水不得使用。

6.1.5 外加剂

外加剂应综合考虑提高可泵性，维持可塑性，提高流动性与所选用的水泥有良好的亲和性，和延长初凝时间至达到施工要求的目的。

经对比分析，选择大连建科院研制的 DK-4 高效缓凝复合型减水剂，混凝土缓凝时间为 8h。

6.2 施工机具的准备

结合现场平面条件和运输条件，以单根桩用混凝土量和混凝土（首批）的初凝时间为依据，准确计算，确保混凝土正常生产、运输、浇筑需要机械的型号和数量，并使机械保证能力略大于实际需要。

准备好混凝土试模，坍落度实验器具。已具备挖孔桩混凝土浇筑施工工作面，施工用水、用电线路已铺设，临时施工道路已修建。各种机械设备经检修、维护保养、试运转，处于良好状态。电源分日常施工用和应急用电源两种，可满足施工要求。

在浇筑混凝土期间，应确保水电不中断，并应经常了解气候变化情况，加强气象预报联系工作。

混凝土浇筑机具：商品混凝土运输车、汽车泵、汽车吊、溜槽、导管等。

7. 质 量 控 制

7.1 混凝土浇筑注意事项

7.1.1 混凝土运至灌注地点时，应检查其均匀性和坍落度，不符合要求不得使用，混凝土应连续灌注，严禁中途停止。

7.1.2 水下浇筑混凝土是用混凝土从孔底开始灌注，将孔内污水置换出来，形成混凝土桩；浇筑过程中，应及时掌握孔内混凝土面上升的高度及导管插入深度，浇筑混凝土必须连续进行，否则先浇筑进去的混凝土达到初凝，将阻止后浇筑的混凝土从导管中流出。施工中，混凝土浇筑速度应尽可能地快一些，终止浇筑混凝土前，须确定混凝土面真实高度，以见混凝土中粗骨料为准。

7.1.3 混凝土灌筑的上升速度不得小于 2m/h，单桩混凝土水下灌注在 6h 内完成。

7.1.4 采用实测导管外混凝土高度的办法来控制导管埋深，埋深宜控制在 2m 左右，最少 1m，严禁导管提出混凝土面。应有专人测量导管埋深及管内外混凝土面的高差，随时调节导管高度和埋深，拔管时对导管施振，特别在桩顶部位，防止沉渣混入，影响质量。

7.1.5 在灌注过程中，应时刻注意观测孔内情况，倾听导管内混凝土下落声音，如有异常必须采取相应处理措施。

在灌注过程中宜使导管在一定范围内上下窜动，防止混凝土凝固，增加灌注速度。

7.1.6 灌筑过程中，混凝土要经常保持满管，导管间要紧密连接，如密封胶圈。若导管内混凝土不满管，应慢慢浇筑，过快易在导管内形成高压空气囊而堵管。

7.1.7 灌注的桩顶标高应比设计高出一定高度，一般为 0.3～0.5 m，以保证混凝土强度，多余部分在底板施工前凿除。

7.2 可能发生问题的防治措施

对于诱发灌注事故的因素，必须在施工初期就彻底清除其隐患，同时又必须准备相应的对策，预防事故的发生或一旦发生事故及时采取补救措施。

水下浇筑混凝土经常遇到的几个工程事故原因预防及处理如下。

7.2.1 导管堵塞

1. 导管内壁有残留混凝土造成的堵管

产生原因：导管内壁有残留混凝土，主要是由于清洗导管不认真造成的，特别是当残留混凝土结硬后清理不彻底，更容易造成浇筑时堵管。

防治措施：施工前要对混凝土导管进行认真检查，发现有残留混凝土要彻底清除；对于由两根导管拼接的长导管，要将接头打开清理。浇筑作业完毕后，拔出的导管必须立即清洗干净。

2. 混凝土质量问题造成的堵管

产生原因：1）粗骨料规格不符合要求，例如粒径偏大、级配差、片状石子含量大等；2）混凝土配合比不合理所造成的和易性差或坍落度偏小等；3）水泥的初凝时间太早；4）混凝土中混有异物如铁线、塑料袋、砖块等。以上诸多原因都可能导致混凝土在导管中流动不畅而发生堵塞。

防治措施：要保证混凝土质量，首先要严把原材料这一关。粗骨料的级配一定要好，粒级以5～40mm为宜，片状石子的数量要小于3%；细骨料要选用中粗砂；水泥的初凝时间不能太早。对于大口径的灌注桩，因混凝土浇筑时间较长，最好在混凝土中加入缓凝剂。混凝土配制一定要严格执行配合比，并按规范要求进行操作。

3. 导管埋置深度过大造成的堵管

产生原因：关于导管埋置深度，规范规定宜为2～6m。如果埋置过深，首先是混凝土流动越来越困难。如果再综合一些其他原因，例如混凝土的坍落度小、和易性差等，很容易造成堵管。另外，埋置过深还可能导致导管拔不出来，时间一长就造成堵管。

防治措施：要求操作工人严格按照规范的要求施工。但在施工中不能死搬教条，如果发现混凝土已上翻困难，就要及时测量桩孔内混凝土深度，在保证导管埋入深度合适的前提下及时拔管，防止堵管事故的发生。

7.2.2 中途卡管

产生原因：因机械故障（如断电）使混凝土在导管内停留时间过长，或者灌注时间过长，部分混凝土已经初凝使下落阻力增大而堵在导管内。

防治措施：这种事故宜以预防为主。灌注前应全面检修设备。尽可能使灌注连续快速。

随浇筑时间增长，桩中残渣将不断沉淀，从而加厚了积聚在混凝土表面的沉淀物，造成混凝土灌注极为困难，造成堵管。尽可能提高混凝土浇筑速度，开始浇混凝土时尽量加大汽车泵泵送速度，产生极大的冲击力可以克服沉渣阻力。以后便匀速连续浇筑，使混凝土和污水沉渣一直保持流动状态，可防导管堵塞。每次浇筑完毕后应立即清洗导管，防止导管内残留的混凝土凝固后影响下一次浇筑而堵塞管道。

7.2.3 埋管

产生原因：1）钢筋笼制作质量差，部分钢筋脱离主筋后插入导管吊环内（这种情况一般会浮笼）。这时应正反转动导管，使导管与钢筋笼分离并居钻孔中心，再继续浇筑。2）导管埋深过大或混凝土初凝使导管内外摩擦力增大，水下混凝土灌注应严格控制埋管深度，不得大于6m，且不小于1m。

防治措施：为防止混凝土初凝，除适当加缓凝剂外还应振动导管。一旦埋管发生，应先查明究竟是何种原因，尽可能增大拔力拔起导管（但要防止拔漏导管），拔起过程中应正反摇动导管，使其易于拔起。

7.2.4 导管拔出混凝土面

产生原因：1. 当导管堵塞时，一般采用上下提振法，使混凝土强行流出，但如果此时导管埋深很少，极易提漏。2. 在测量导管埋深时，对混凝土浇筑高度判断错误，而在卸管时多提，使导管提离混凝土面，也就产生提漏。灌注混凝土过程中，测定已灌混凝土表面标高出现错误，导致导管埋深过小，出现拔脱提漏。

防治措施：必须严格测量孔内混凝土表面高度，并认真核对，保证提升导管不出现失误。如误将导管拔出混凝土面，必须及时处理。孔内混凝土面高度较小时，终止浇筑，重新成孔；孔内混凝土面高度较高时，可以用二次导管插入法，其一是导管底端加底盖阀，插入混凝土面 1.0m 左右，再次开始泵送前，将导管提起约 0.5m，底盖阀脱掉，即可继续进行水下浇筑混凝土施工。由于要克服泥浆对导管的浮力，混凝土面较深时，不宜采用；此方法使用时，必须由有经验的工程师现场指导。提升导管要准确可靠，灌注混凝土过程中随时测量导管埋深；并严格遵守操作规程。

7.2.5 其他问题

1. 导管被混凝土埋住、卡死：在灌注过程中，导管的埋置深度是一个重要的施工指标。导管埋深过大，以及灌注时间过长，导致已灌混凝土流动性降低，从而增大混凝土与导管壁的摩擦力。导管插入混凝土中的深度应根据搅拌混凝土的质量、供应速度、浇筑速度、孔内护壁泥浆状态来决定。如果导管插入混凝土中的深度较大，供应混凝土间隔时间较长，且混凝土和易性稍差，极易发生"埋管"事故。

如果预料到不能及时供应混凝土（超过 1h），混凝土运输距离远，交通堵塞等因素时，除混凝土中加缓凝剂外，导管插入混凝土中的深度不宜太小，据以往经验，以 2～6m 为宜，每隔 15min 左右，将导管上下活动几次，幅度以 1.0m 左右为宜，以免使混凝土产生初凝假象。卡管现象是混凝土配合比在执行过程中的误差大，使坍落度波动大，拌出混合料时稀时干。坍落度过大时会产生离析现象，使粗骨料相互挤压阻塞导管；坍落度过小或灌注时间过长，使混凝土的初凝时间缩短，加大混凝土下落阻力而阻塞导管，都会导致卡管事故。所以严格控制混凝土配合比，缩短灌注时间，是减少和避免此类事故的重要措施。

2. 混凝土拌制不符合要求：混凝土和易性与水泥品种、砂率有极大的关系。砂率小、粗骨料级配不好，搅拌出的混凝土极易离析，影响水下浇筑混凝土质量。在灌注中出现的种种事故有很多都和混凝土质量有关，所以一定要把好混凝土的质量关。本次采用商品混凝土浇筑可以避免此类问题出现。

3. 桩顶空心：导管插入混凝土中的深度较大、混凝土坍落度小、桩顶空心呈不规则漏斗形。其深度、位置与导管拔出时的位置、桩顶混凝土状态有关。导管埋得太深，拔出时底部已接近初凝，导管拔上后混凝土不能及时充填，造成残渣填入。防止桩顶空心灌注结束前导管插入混凝土中深度不超过 6.0m；灌注结束后，导管拔出混凝土之前，导管上下活动几次，幅度不超过 50cm；或者用振捣棒振捣桩顶混凝土，时间不超过 20s。尽可能缩短灌注时间，避免使桩顶混凝土产生假凝现象、降低桩顶混凝土的流动性。

4. 桩身有夹渣、蜂窝：浇筑过程中，须不断测定混凝土面上升高度，并根据混凝土供应情况来确定导管提升高度，以免发生桩身夹渣、蜂窝事故。灌注混凝土过程中，因导管漏水或导管提漏而二次下球也是造成夹渣层的原因。使混凝土面处于垂直顶升状，不撞击钢筋笼以至破坏护壁，不使浮浆、残渣卷入混凝土是防治夹渣、蜂窝的关键。

5. 灌注桩的实际桩芯混凝土浇筑量，严禁小于计算体积，必须保证充盈系数在大于 1.1 左右。浇筑混凝土后的桩顶标高及浮浆的处理，必须符合设计要求和施工规范的规定。浇筑混凝土时，在钢筋笼顶部固定牢固，限制钢筋笼上浮。桩孔混凝土浇筑完毕，应复核桩位和桩顶标高。将桩顶的主筋或插铁扶正，用塑料布或草帘围好，防止混凝土发生收缩、干裂。

8. 安 全 措 施

8.1 泵送混凝土作业过程中，软管末端出口与浇筑面应保持一定距离，防止埋入混凝土内，造成管内瞬时压力增高，引起爆管伤人。

8.2 泵车应避免经常处于高压下工作，泵车停歇后再启动时，要注意表压是否正常，预防堵管和爆管。

8.3 混凝土泵车浇筑完后离开施工现场前，必须将车尾泵车出口残存混凝土清理干净，并挂好接斗，严禁在道路上遗洒。

8.4 泵送过程中，要做好各项记录，如开泵记录机械运行记录、压力表记录、塞管及处理记录、泵送混凝土纪录、清洗记录、检修记录以及混凝土坍落度抽查记录等，以备作为评定质量、交接验收的资料。

8.5 每一灌注桩留置一组试块（和灌注桩的编号要一致）。

8.6 使用振动器前应检查电源电压，输电必须安装漏电保护开关，检查电源线路是否良好，电源线不得有接头，防止割破拉断电线而造成触电伤亡事故。作业中如震动器械发生故障，应由电工检修；停止作业时要切断电源，锁好电门箱。

8.7 拆除管道接头时，应先多次反抽，卸除管道内混凝土压力，以防混凝土伤人。清管时，管端应设安全挡板，并严禁在前方站人，以防喷射伤人。

8.8 布料杆处于全伸状态时，严禁移动车身。作业中需要移动时，应将上段布料杆折叠固定，移动速度不超过 10km/h。接装的软管应系防脱安全绳带。

8.9 应随时监视各种仪表和指示灯，发现不正常现象应及时调整或处理。如出现输送管堵塞时，应进行逆向运转使混凝土返回料斗，必要时应拆管排除堵塞。

8.10 泵送作业应连续进行，必须暂停时，应每隔 5～10min 泵送一次。若停止较长时间后泵送时，应逆向运输 1～2 个行程，然后顺向泵送。泵送时料斗内应保持一定量的混凝土，不得吸空。

8.11 浇筑过程中极有可能发生爆管、堵管等情况，因此必须至少预备软管和导管各两根，12m长的振捣棒也必须有一根备用，以防出现机械故障。

9. 环 保 措 施

施工现场出口设置洗车池及高压水枪，随时对车辆进行清洗，保证车辆清洁。出口处设置棉毡或草垫并保持湿润，防止车辆轮胎将泥土带出污染路面。

材料堆放要整齐，施工现场要做到工完场清。

合理规划平面布置、加强操作管理，减少噪声以及噪声对周围环境的影响。

10. 效 益 分 析

10.1 经济效益 （表 10.1）

经济效益表　　　　　　　　　　　　　　　　　　　　　　表 10.1

经济效益　　　　　　　　　　　　　　　　　　　　　　　　　单位：万元人民币

项目总投资额		500		经济效益总额	154.02
年份 ＼ 栏目		新增产值	新增利税	创收外汇（美元）	增收（节支）总额
年			27.46		27.46
年					
年					
年					

该技术可节省混凝土浇筑的人工费，省去了桩孔成孔后降排水费用，同时水下高性能自密实混凝土的水泥用量比普通的水下混凝土减少 10%。

节省人工费：浇筑混凝土的人工费单价为 31 元/m³，共计节约 31 元/m³×3500m³＝10.85 万元。

节省桩孔降水费用：成孔后自混凝土浇筑完毕，61 个桩孔平均节省 11d 的降水费用；水泵的功率为 7.5kW，平均每天的抽水时间为 20h，电费为 1 元/kW·h；平均每 20 台水泵需派专人看护，每昼夜消耗 3 个人工，61 台水泵每昼夜则约消耗 9 个人工，人工单价为 60 元/工日，每天的降水费用为 9 工日×60 元/工日＋61 台×7.5kW×20h＝9690 元/d。

11d 的降水费用为：11×9690 元/d＝10.66 万元。

水下自密实混凝土的水泥用量比普通水下混凝土节约 10％，普通水下混凝土用量为 425kg/m³，水泥单价为 0.4 元/kg。共计节约费用：3500m³×425kg/m³×10％×0.4 元/kg＝5.95 万元。

上述各项共计节约施工成本：10.85＋10.66＋5.95＝27.46 万元。

10.2 社会效益

通过超大直径工程桩高性能水下自密实混凝土施工技术解决了施工难题，业主、监理及大连市政府部门和同行的高度赞扬，纷纷表示在难度如此之大的情况下仍能保证水下混凝土浇筑质量而未出任何意外，展现了公司的科技创新及施工难题攻关能力。公司因此也获得了该工程的最重要的标段——合同额 4.485 亿元的总承包工程。

11. 应 用 实 例

鞍子河大桥工程由大连三川建设集团股份有限公司施工，该工程桩基础为 61 根超大直径人工挖孔扩底桩，最大桩径 4.5m，首罐浇筑量 18m³，单桩承载力高达 140000kN。该工程地质情况复杂，工程桩位于中风化（微风化）板岩和微风化辉绿岩中，桩孔内存在水头差 18～24 的承压地下水，桩混凝土施工难度大。

该公司通过技术创新和难点攻关，适配出适合于承压水条件下高性能水下自密实混凝土，采用组装式"多导管＋多料斗"浇筑新工艺，设计和制作出模块化料斗和大直径导管，成功地解决了上述施工难题，工程桩质量 100％合格。

由于成功地实施"超大直径工程桩高性能水下自密实混凝土施工技术"，在该地区创造了"施工难度大、桩径大、水下浇筑混凝土质量 100％合格和首次应用水下自密实混凝土"等 4 项新纪录，施工过程中未发生任何质量、安全事故，社会和经济效益显著。

运营地铁隧道上方地下工程施工工法

GJEJGF008—2008

上海市第一建筑有限公司
浙江环宇建设集团有限公司

朱毅敏 乔恒昌 徐青松 姜向红 周慕忠 刘文革

1. 前 言

随着上海城市轨道交通的快速建设，地铁网络逐步形成并不断完善。与此同时，越来越多的地下工程建设在运营地铁区间隧道正上方。这些地下工程的施工具有很大的难度，控制隧道上浮变形是一大难题。经过南京路下沉式广场、M8线淮海路车站北风井、新金桥广场等工程的探索和研究，逐步形成了本套施工工法。本套工法通过分块开挖、限时完成、堆载回压等创新技术，有效解决了运营地铁隧道卸载后的上浮变形。同时，本工法应用的工程人民广场轨道交通枢纽工程风险控制与绿色施工技术研究已通过上海科学技术委员会的课题验收，并且申请了国家发明专利《地铁隧道上方卸载施工方法》（专利申请号：200810035630.7），获得国家实用新型专利《门式抗浮结构》（专利号：ZL200620049257.7）。

2. 工 法 特 点

本工法研究出一套在运营地铁隧道上方地下工程施工新技术，通过分块分段开挖、限时施工、堆载回压、信息化施工等技术可以很好完成隧道上方地下工程的施工，同时可以有效控制运营隧道因上方卸载而产生的上浮变形，确保隧道结构安全。

3. 适 用 范 围

本工法适用于位于地铁隧道上方，基坑开挖深度不大于10m的地下工程施工，特别适用于底板结构与地铁隧道距离较近的地下工程。

4. 工 艺 原 理

地下工程隧道上方底板施工时，在规定时间内分块开挖土体并完成混凝土浇筑，待混凝土初凝后进行堆载回压。同时，整个施工过程对隧道进行监测，信息化施工。

5. 施工工艺流程及操作要点

5.1 施工工艺流程（图5.1）

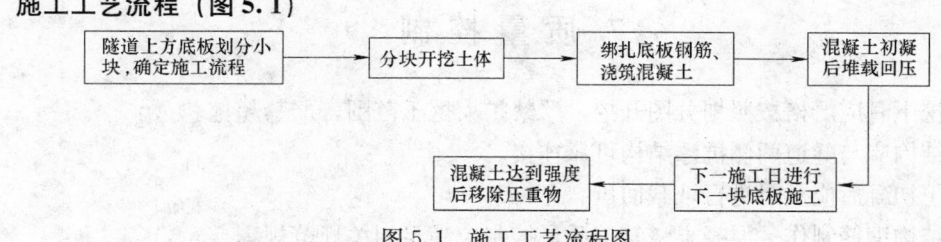

图5.1 施工工艺流程图

5.2 操作要点

5.2.1 分块开挖、限时施工

1. 地铁隧道上方地下工程底板结构必须划分成小块，依次分块施工。

2. 施工块的划分必须控制每一施工块的宽度与长度。施工块长度方向应与隧道纵向正交，长度应覆盖隧道的宽度并使底板结构与隧道两侧抗浮结构有效连接，以 10m 为宜；分块宽度应控制在 3m。

3. 每一施工日完成一块底板的土体开挖与结构施工，待下一个施工日进行下一块底板施工。

4. 每一施工块必须在规定的时间内完成，即从基坑土体开挖至混凝土浇筑完成应在 8～10h 内完成。并且，为确保运营地铁隧道结构安全，施工时间应避开地铁运营时间，安排在夜间列车停运至次日凌晨列车恢复运行的时间段内进行施工。

5.2.2 堆载回压

1. 由于隧道上方永久性卸载，且卸载量较大，因此需要堆载回压以控制隧道卸载后的上浮。

2. 堆载回压应在每块底板混凝土浇筑完初凝后即刻进行。待混凝土强度达到设计要求后方可搬移堆载。

3. 堆载回压的物体形式不受限制，可以是脚手钢管、钢锭、沙袋等比重较大的物体。原则上回压荷载应近似于隧道上方卸载土方的荷载量。

5.2.3 限时施工中的技术保证措施

1. 施工前各道工序应统筹安排，衔接紧密。现场各类机械设备、材料物资、劳动力等应配置充足。

2. 可建议取消底板下素混凝土垫层。

3. 施工块之间的钢筋连接宜采用钢筋连接器，缩短钢筋制作时间。

5.2.4 施工监测

在隧道上方进行地下工程施工过程中，应始终对地铁隧道的变形情况进行监测，通过监测数据，信息化指导施工。

监测内容应包括以下几点：隧道沉降变形监测、隧道断面变形监测、隧道自动沉降监测。

监测方式应采用自动化程度较高的仪器进行即时监测，同时再辅以人工监测。

6. 材料与设备

所需材料与设备见表 6。

所需材料与设备   表6

材料（设备）名称	规格（型号）	数　　量
挖土机	反铲挖土机	根据挖土方量确定
垂直运输机械	汽车吊	1 台
压重材料	脚手钢管、沙袋等	堆载数量应近似于土方卸载量
自动化监测设备	电子水平尺	隧道内每 5m 布置 1 只

7. 质 量 控 制

7.1 分块挖土时应严格按照划分图开挖，严禁扩大挖土范围，严禁超挖。

7.2 底板结构应与隧道两侧抗浮结构可靠连接。

7.3 混凝土初凝后应及时进行堆载回压。

7.4 底板结构钢筋制作、混凝土浇筑等质量控制应满足相关规范规程。

8. 安 全 措 施

8.1 分块开挖时应注意土坡留置坡度，防止土体滑坡。

8.2 由于限时施工，各工序间搭接紧凑，应注意各工序间交接施工安全。

8.3 吊装压重物时应注意吊装安全，不得超过起重设备允许吊装重量进行吊装。

8.4 隧道上方地下工程施工阶段应始终安排专业监测单位对隧道进行 24h 监测，及时反馈监测情况，指导施工。待压重物全部搬移后方可停止监测。

8.5 其他安全措施应按照常规地下工程基坑施工的安全要求实施。

9. 环 保 措 施

9.1 由于隧道上方地下工程施工一般都安排在夜间进行，因此应严格控制夜间施工噪声和夜间灯光照明，不得影响周边居民区的正常生活。

9.2 挖土施工时应有效控制扬尘，及时清扫散落渣土，做好各类保洁工作。

10. 效 益 分 析

采用本套施工工法，可以有效控制地铁隧道上方卸载后的上浮变形，确保隧道结构安全，保证地铁正常运营。

11. 应 用 实 例

本工法已经在 M8 线淮海路车站北风井、南京路下沉式广场、新金桥广场等工程得到广泛应用并取得很好的效果。见表 11。

应用实例   表 11

工程名称	地点	结 构 形 式	开竣工日期	实物工作量
淮海路车站北风井	西藏中路、延安中路	地下一层钢筋混凝土框架结构	2003.9～2004.1	隧道上方底板面积 300m²
南京路下沉式广场	西藏中路、南京西路	地下一层钢筋混凝土框架结构	2003.8～2004.7	隧道上方底板面积 800m²
新金桥广场	西藏中路、北京路	地下一层、地上十五层钢筋混凝土框架结构	2005.7～2005.10	隧道上方底板面积 500m²

橡胶止水带 U 锚固定及热硫化接头施工工法

GJEJGF009—2008

南通五建建设工程有限公司　浙江海天建设集团有限公司

胡斌　缪永山　葛家君　傅明　卢锡雷

1. 前　言

目前城市、交通建设等正向空中与地下两极发展，其地下建筑渗漏问题成为业界研究的重要课题，特别是如何防止变形缝、沉降缝渗漏更是施工中的难点。

结合多年的施工实践，研创了 U 锚热硫橡胶止水带施工方法，对南通五建建设工程有限公司钢筋混凝土地下工程变形缝、沉降缝止水工艺进行了重大革新。

所研创的橡胶止水带 U 锚固定及热硫化接头施工技术论文在南通市土木学会交流获一等奖，其橡胶止水带 U 锚固定及热硫化接头施工工法在江苏连云港云台宾馆项目等工程中应用效果良好，得到国内专家认可，被评为江苏省科技示范工程、江苏省优质工程"扬子杯"奖等。经江苏省建筑工程管理局组织专家鉴定，"橡胶止水带 U 锚固定及热硫化接头施工工法关键技术"达到国内领先水平。

2. 工 法 特 点

2.1　采用 U 型锚具固定橡胶止水带，螺栓拧紧，固定在结构钢筋骨架上。避免了在橡胶止水带上打孔形成孔隙，消除了橡胶止水带锚固在模板上易变形、拉裂等隐患。

2.2　橡胶止水带 U 锚固定及热硫化接头施工工法对胶接法、叠搭法予以改进，采用热硫一体化连接，经热硫处理的橡胶止水带接头处分子形成三维网状结构，从而使其性能大大改善，弹性、硬度、拉伸强度等物理机械性能大大提高。

2.3　U 锚固定橡胶止水带不扭曲、不撕裂、不移位，止水带与混凝土粘结牢固。具有铜板止水带或钢板止水带连接牢固的特点，且成本低，施工灵活性大，经济性强。

2.4　橡胶止水带连接由冷接改进为热接，施工简易、可靠。彻底消除了橡胶止水带接头部位易缓慢渗水的现象，延长建筑物的使用寿命。

3. 适 用 范 围

橡胶止水带 U 锚固定及热硫化接头施工工法适用于地下人防工程、车库、水利水电等工程的变形缝、伸缩缝的抗渗处理。

4. 工 艺 原 理

4.1　为固定橡胶止水带，采用特制 U 形锚具，见图 4.1-1。用 U 形锚具锚住止水带，然后用 $\phi10$ 螺栓拧紧并用 $\phi16$ 钢筋与结构主筋和 U 锚铁件焊牢，固定在结构钢筋骨架上，见图 4.1-2、图 4.1-3。

4.2　橡胶止水带经热硫化后，其分子结构不易发生较大的位移，接头拉伸强度高，使橡胶的接头重生，硫化成一个整体，具有良好的防水抗渗功能。

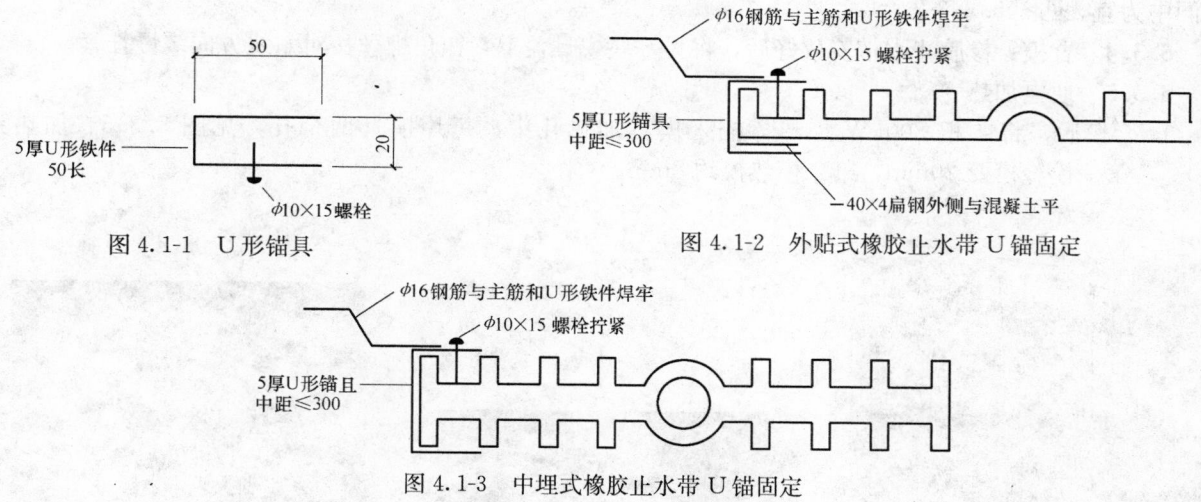

图 4.1-1　U 形锚具　　　　　　　　　　图 4.1-2　外贴式橡胶止水带 U 锚固定

图 4.1-3　中埋式橡胶止水带 U 锚固定

5. 施工工艺流程及操作要点

5.1　施工工艺流程（图 5.1）

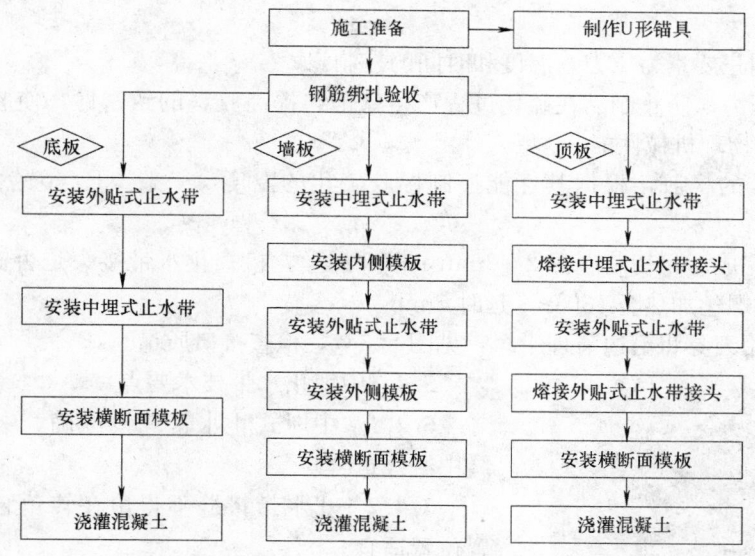

图 5.1　施工工艺流程图

5.2　U 形锚具制作参照图 4.1-1 所示，在中间规定位置钻 $\phi10$ 丝孔，由 $\phi10\times15$ 螺栓固定。

5.3　热硫化接头施工要点

5.3.1　橡胶止水带接头热硫化施工工艺流程：清理断面→放模具→按放止水带→放生胶片→合模→加热→拆模。

5.3.2　清理断面：将需做接头的部位切掉约 5mm，用二甲苯将断面及上下表面清洗干净，见图 5.3.2。

5.3.3　将模具置于接头中心位置并垫平，将止水带嵌入模具中，接头间留宽 12~15mm 缝，将模具两侧止水带扶平、扶正。把生胶片裁成 12~15mm 宽，与止水带宽度等长的条状，将两条生胶条重叠后嵌入止水带接缝中，见图 5.3.3-1；对于中埋式止水带，中空部分衬一小段橡胶条，大小以刚好能塞进中

图 5.3.2　断面处理

空洞中为宜，见图 5.3.3-2。

5.3.4 合模：橡胶止水带安放好后，将另一块模具盖上，四角螺丝按对角线方向缓慢拧紧。

5.3.5 通电加热

1. 合模后，将 4 根 300kW 加热棒插入模具加热孔中，每片模具两个孔，见图 5.3.5。加热到 130℃，第一模冷模要 20min，第二模热模约 8min。

图 5.3.3-1 安放橡胶止水带

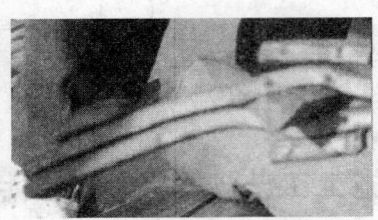

图 5.3.3-2 中空止水带内衬橡胶条

图 5.3.5 加热橡胶止水带

2. 橡胶硫化控制三要素为压力、温度和时间的控制。

3. 硫化时施加压力，防止制品在硫化过程产生气泡，提高胶料的致密性，使胶料易于流动和充满模具，提高硫化胶的物理机械性能。

4. 针对不同种类的橡胶，根据其性能控制橡胶硫化的温度，一般 NR（天然胶）＜143℃，SBR（丁苯胶）＜180℃。

5.3.6 热硫化完成后，切断电源 2～3min，松开螺丝，检查止水带接头是否饱满，如有缺少，补充胶料，合模，压上螺丝加热至 130℃，延时 5min。

5.3.7 拆模：用刀具将毛边清理干净，见图 5.3.7，检查接口质量。

图 5.3.7 橡胶止水带接口

5.4 中埋止水带技术要点

5.4.1 中埋式止水带埋设准确，中间空心圆环与变形缝中心线重合。

5.4.2 止水带接缝不得甩在转角结构应力集中处，留置位置适宜。

5.4.3 止水带在拐弯处应做成半径大于 200mm 的圆弧。

5.4.4 止水带在混凝土断面中的位置宜设置在中部偏迎水面。

5.5 外贴止水带技术要点

5.5.1 外贴式止水带用扁钢定位，扁钢用于外侧，用后不拆，起到压紧作用。

5.5.2 外包防水在外贴止水带处不断开，从止水带外侧连续外包，形成整体外防水。

5.5.3 外贴式止水带与中埋式止水带接头位置错开连接。

5.5.4 与中埋式止水带技术要点 5.4.1、5.4.2、5.4.3 条要求相同。

6. 材料与设备

6.1 主要材料使用表（表6.1）

主要材料使用表　　　　　　　　　　　　　　　　　　　　表6.1

品　名	规格	数量	备　注
U形锚具	50mm长	每边间距≤300mm	自制
橡胶止水带	按设计	按图纸	
扁钢	−40×4	止水带长度的2倍	用于外贴式
螺栓	$\phi 10 \times 15$	同U形锚具	
生胶料		一个接头2根	组成包含天然胶、硫磺、防老剂、促进剂等
二甲苯	300ml	每个接头一瓶	
$\phi 16$钢筋头		若干	

6.2 主要机械设备表（表6.2）

主要机械设备表　　　　　　　　　　　　　　　　　　　　表6.2

品名	规格	台（套）	备　注
电焊机	30kW	1	
电钻		2	手提
丝攻	$\phi 10$	1	
压模	中埋式	2片	见图6.2-1
压模	外贴式	2片	见图6.2-2
电热棒	300kW	4根	见图6.2-3
裁割刀具		1	可采用美工刀

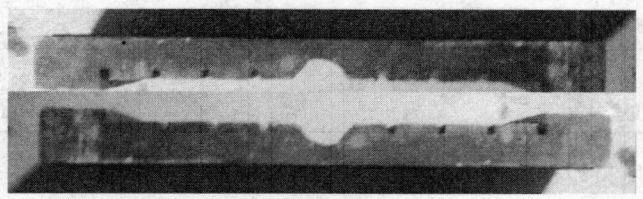

图6.2-1　中埋式压膜

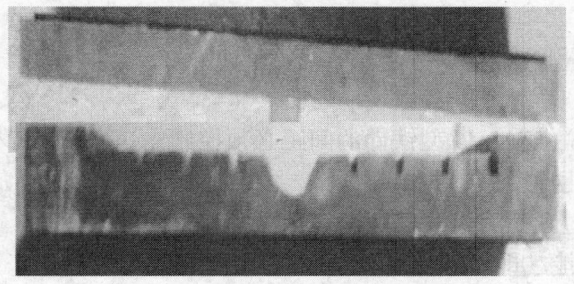

图6.2-2　外贴式压膜

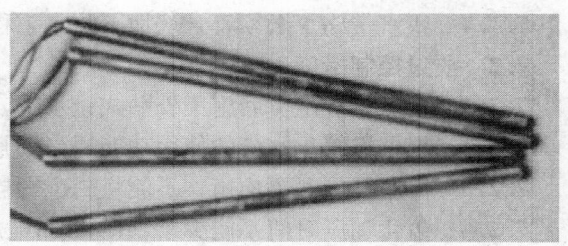

图6.2-3　电热棒

7. 质 量 控 制

7.1 质量控制

7.1.1 橡胶止水带质量达到《高分子防水材料》（第二部分止水带）GB 18173.2 要求，具体见表 7.1.1-1、表 7.1.1-2。

止水带物理性能指标要求   表 7.1.1-1

序号	检 验 项 目		单位	技 术 指 标		
				B 型	S 型	J 型
1	硬度（邵氏 A）		度	60±5	60±5	60±5
2	拉伸强度		MPa	≥15	≥12	≥10
3	扯断伸长率		%	≥380	≥380	≥300
4	压缩永久变形	70℃×24h	%	≤35	≤35	≤35
		23℃×168h	%	≤20	≤20	≤20
5	撕裂强度		kN/m	≥30	≥25	≥25
6	脆性温度		℃	≤−45	≤−40	≤−40
7	热空气老化 70℃×168h	硬度变化（邵氏 A）	度	≤+8	≤+8	—
		拉伸强度	MPa	≥12	≥10	—
		扯断伸长率	%	≥300	≥300	—
	热空气老化 100℃×168h	硬度变化（邵氏 A）	度	—	—	≤+8
		拉伸强度	MPa	—	—	≥9
		扯断伸长率	%	—	—	≥250
8	臭氧老化 50PPhm；20％，48h			2 级	2 级	0 级

止水带尺寸   表 7.1.1-2

止水带公称尺寸		允许极限偏差
厚度 B	4～6mm	+1,0
	7～10mm	+1.3,0
	11～20mm	+2,0
宽度 L，%		±3

7.1.2 热硫化接头质量拉伸强度不低于表 7.1.1-1 中数值的 75％。

7.1.3 热硫化接头表面不得有开裂、缺胶、海绵状等影响使用的缺陷，中心孔偏心不得超过管状断面厚度的 1/3，中心孔的弹性不得降低超过 50％；凹痕深度不大于 2mm、面积不大于 16mm²，不得有气泡、杂质等缺陷。

7.1.4 止水带施工必须符合《地下防水工程质量验收规范》GB 50208 要求。

7.2 质量控制措施

7.2.1 内侧模板定位后施工外贴式止水带，定位准确。U 型铁件的间距必须控制在 300mm 以内。

7.2.2 根据橡胶止水带的使用功能适当调整硫化温度。

7.2.3 压紧螺栓时要均衡，不能将一个螺栓拧过紧然后再紧其他螺栓。

7.2.4 硫化加压时间不能少于 5min。断电后不能立即松螺丝。

7.2.5 接缝应平整、无裂痕、无气孔，中间孔应有弹性。

7.2.6 烧糊、海绵状、粘在模具上等现象，应切除重接。

7.2.7 合成生胶片保存期限的要求：10℃以上 7d，10℃以下 20d，0℃以下 30d。超过期限应重新配制。

7.2.8 合成生胶片存放、使用不应受潮，避免遇水硫化起泡和失效。

8. 安全措施

8.1 U 锚热硫橡胶止水带施工技术过程中，要严格执行《施工现场临时用电安全技术规范》JCJ 46—2005、《建筑施工高处作业安全技术规范》JGJ 80—91 以及《中华人民共和国消防法》等国家法律法规，并要组织施工人员认真学习以上法规条款，制定执行有关条款的细则，确保施工安全。

8.2 施工前要对电器、电线进行检查，电加热棒的电源应有专用移动箱，在确保安全基础上方可施工。

8.3 加热棒插入模具中方可通电，切断电源后才能拿出。

8.4 在安装橡胶止水带时，安装前要做好安全防护工作。操作位置四周应有防护栏杆，注意是否有空头板，防止脚下踩空。

8.5 安装人员要佩戴个人安全防护用品，确保施工安全。操作人员要戴防护手套，不能直接用手抓模具和电加热棒，防止烫伤。

9. 环保措施

9.1 建立施工环境卫生管理体系，施工过程中严格遵守国家和地方关于环境保护的有关法律法规和要求。按《环境管理体系要求及使用指南》GB/T 24001 标准组织施工活动。

9.2 配制生胶料条应在密闭的室内进行，防止污染环境。

9.3 要及时清理橡胶废料、生胶条等施工垃圾，保护施工现场整洁，防止污染。

10. 效益分析

10.1 橡胶止水带 U 锚固定及热硫化接头施工技术，抗渗效果明显，提高了使用功能和延长了产品使用期，从而创造了经济效益和社会效益。

10.2 橡胶止水带 U 锚固定及热硫化接头施工技术同常规方法相比，经测定抗渗能力提高 60%，正常情况下，建筑物寿命期内不需要维修，节约维修费用。

10.3 以承建的连云港云台宾馆工程为例，作经济效益分析如表 10.3 所示。

经济效益对比分析一览表 表 10.3

序号	技术经济对比项目	橡胶止水带专用胶水粘贴、绑扎固定	橡胶止水带铆钉连接、绑扎固定	本工法工艺
1	工期(d)	42	41	35
2	橡胶止水带材料消耗费用(元)①	88240	85320	52940
3	橡胶止水带连接人工费(元)②	2400	2450	1350
4	橡胶止水带连接机械费(元)③	2870	2720	3130
5	橡胶止水带固定费用(元)④	8200	7700	3550
6	混凝土浇筑前维护费用(元)⑤	2500	2230	1220
7	预计竣工后 10 年内维护费用(元)⑥	60000	80000	
8	①②③④⑤费用总额(元)	104210	100420	62190

备注：连云港云台宾馆工程，建筑面积为 30800m²，其中地下工程建筑面积为 3900m²，地下室外墙混凝土为 P8C35，使用橡胶止水带 484m。本工程橡胶止水带部分合同造价为 112800 元，由于采用本工法施工，节约工程施工成本 50610 元，施工成本降低了 45%。

11. 应 用 实 例

11.1 连云港云台宾馆工程

江苏省连云港云台宾馆工程，建筑面积为 $30800m^2$，其中地下工程建筑面积为 $3900m^2$，该工程施工中采用了橡胶止水带 U 锚固定及热硫化接头施工工法，使用橡胶止水带 484m。该工程于 2003 年 4 月 16 日开工，2004 年 12 月竣工。在施工过程中，由于使用该工法，地下室未发生任何渗漏现象，工程质量优良，获得了 2006 年度江苏省扬子杯优质工程奖，取得了较好的社会经济效益。由于采用本工法施工，节约工程施工成本 50610 元，施工成本降低了 45%，经济效益分析对比详见表 10.3。

11.2 中国人民武装警察 8660 部队综合楼工程

中国人民武装警察 8660 部队综合楼工程，建筑面积 $18600m^2$，框架 12 层，在施工过程中采用了橡胶止水带 U 锚固定及热硫化接头施工工法，使用橡胶止水带 370m，应用效果良好。该工程于 2005 年 5 月开工，2006 年 10 月竣工。在施工过程中，未发生质量安全事故，由于采用本工法，节约了工程施工成本 32678 元，施工成本降低了 38%，该技术运用为该工程创优奠定了良好的基础，社会经济效益显著。

11.3 徐州尚城国际

徐州尚城国际，总建筑面积 $108000m^2$，在施工过程中采用了橡胶止水带 U 锚固定及热硫化接头施工工法，使用橡胶止水带 887m，应用效果良好。该工程于 2006 年 3 月开工，2008 年 4 月竣工。在施工过程中，未发生质量安全事故，由于采用本工法，节约了工程施工成本 89782 元，施工成本降低了 36%，该技术运用为该工程创优奠定了良好的基础，社会经济效益显著。

11.4 如东县人防指挥所工程

如东县地下人防指挥所工程，建筑面积 $2232m^2$，使用橡胶止水带 219m，在施工过程中采用了橡胶止水带 U 锚固定及热硫化接头施工工法，使用橡胶止水带 327m，应用效果良好。该工程于 2007 年 8 月开工，2007 年 12 月竣工。在施工过程中，未发生质量安全事故，由于采用本工法，节约了工程施工成本 22378 元，施工成本降低了 39%，该技术运用为该工程创优奠定了良好的基础，社会经济效益显著。

干湿交替取土钢筋混凝土沉井施工工法

GJEJGF010—2008

南京建工集团有限公司　黑龙江省火电第三工程公司

魏鹤宝　鲁开明　张怡　苏斌　张传芳

1. 前　言

随着社会经济发展对建筑工程使用功能需求的提高，污水处理系统越来越完善，环保性能更加重要。沉井是污水处理工程中的关键环节，许多新建、扩建、改建的沉井工程临近道路、房屋、地下构筑物、建筑物，采用传统方法的沉井施工作业会影响周边的管线、建筑。南京建工集团有限公司经过多个沉井工程的施工，开发了干湿交替取土钢筋混凝土沉井施工技术，该技术严格控制地下水位，分土层干湿交替作业，施工效率高。2008 年 6 月 13 日江苏省建筑工程管理局组织专家委员会，对其关键技术进行鉴定，专家一致认为该关键技术达到了国内领先水平。在工程应用组织了 QC 小组活动，其成果获得 2007 年度南京工程建设优秀 QC 成果二等奖，2008 年度江苏省工程建设优秀质量管理小组活动成果三等奖。其论文总结荣获 2007 年度南京市土木建筑施工专业委员会优秀论文一等奖，江苏省建筑施工专业委员会优秀论文一等奖。

2. 工 法 特 点

2.1　沉井下沉速率控制准确

根据地质勘察报告，精确计算沉井下沉速率，选择下沉方案，使沉井筒体垂直沿外壁土体平稳下沉，操作时最大限度地减少了对周边环境的影响，筒体下沉均匀，过程易于控制。

2.2　适于各类土层的沉井施工

本工法对砂性土采用干作业取土，对黏性土采用水冲法取土，对各类土层均有较好的下沉就位控制措施，使井筒稳定下沉就位。采用降水井调节水位，排除软弱土层和井筒周边土层地下水，使土体固结，并控制井外地下主动水压力，从而使软弱土体排水后抗剪强度提高，混凝土井筒稳定下沉，避免井筒突然下沉。

2.3　适于不稳定含水层

本工法采用管井降水措施，通过对地下水位的计算结合实际施工中对管井的水位观测，控制水位高度，有效地防止流砂，使施工质量得到保证。

2.4　施工效率高

与一般单一干作业取土相比，采用本工法施工可大大减少挖、运、回填土方工程量，与水冲作业取土的沉井施工相比，也减少降排水及污水处理工作量。因此施工效率高，加快了施工进度，降低了施工费用。

采用的干、湿交替取土沉井施工，施工作业安全性高，有效地控制了沉井下沉倾斜的危险，从而保证安全施工。

3. 适 用 范 围

本工法施工适用于不同土层、复杂地质条件下的各类钢筋混凝土的沉井施工。

4. 工艺原理

4.1 根据设计图纸的具体位置，在制作好的钢筋混凝土井筒内取土，利用沉井自身重量下沉至设计标高，再进行封底，形成完整的钢筋混凝土箱体，满足设计使用要求。

4.2 根据地质勘察报告，分析沉井穿越的土层，计算沉井分节制作高度和下沉速率，在同时含透水层、粉砂层等不同土层的复杂地质条件下，使用降水井调节沉井内水位，黏性土利用水冲法进行取土，砂性土采用干作业取土；通过蓄水排水，进行水位观测，控制水位高度，提高沉井取土效率，控制井体下沉速率，使井体下沉同步均衡。

5. 施工工艺流程及操作要点

5.1 施工工艺流程（图5.1）

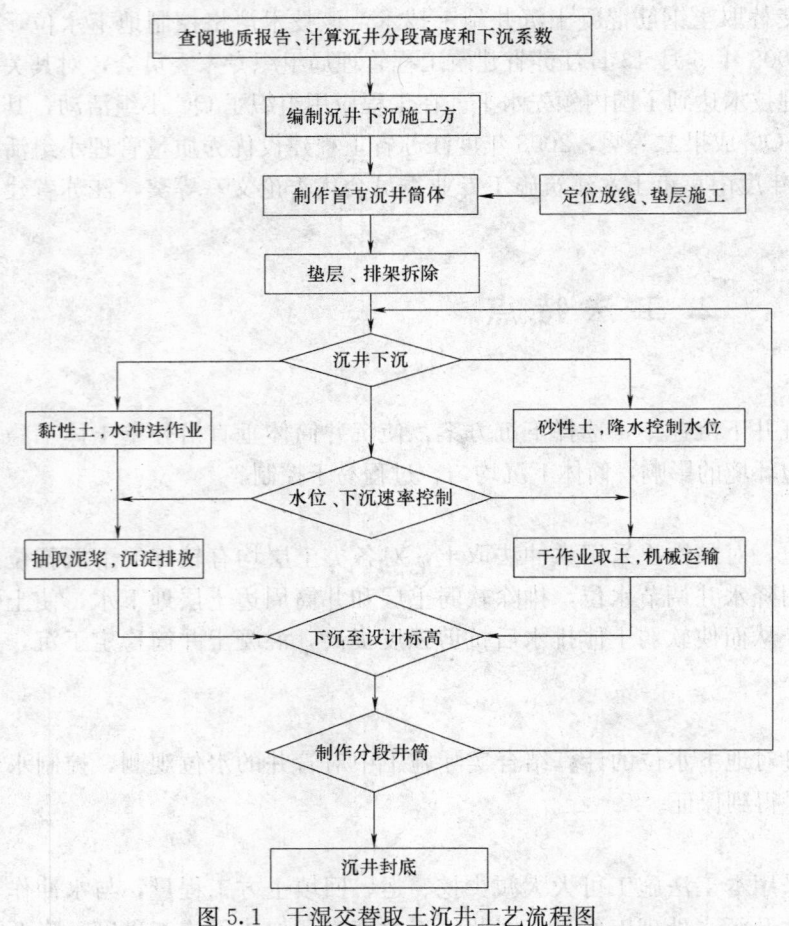

图 5.1 干湿交替取土沉井工艺流程图

5.2 施工工艺操作要点

5.2.1 查阅地质报告，计算沉井分段高度和下沉系数

1. 根据勘察单位提供的地质勘察报告，分析施工区域内的土层分布，确定沉井井壁制作高度和段数（设计无要求的情况下，宜每次 4～6m），并根据以下公式推算出下沉系数：

$$K = \frac{Q-B}{T+R} = \frac{Q-B}{\pi D(H-2.5)f+R} \qquad (5.2.1)$$

式中　K——下沉系数；

　　　Q——沉井自重及附加荷载（kN）；

　　　B——被井壁排开的水重（kN）；

　　　T——沉井与土层间的摩擦力（kN）；

　　　D——沉井外径（m）；

　　　H——沉井下沉高度（m）；

　　　R——刃脚反力（kN）；

f——井壁与土层的摩擦系数（kN/m²）（按表 5.2.1 取用）。当下沉范围内土层由不同土层构成时，取平均摩擦系数，其计算方法为：

$$f：(f_1 n_1 + f_2 n_2 + \cdots\cdots + f_n n_n)/(n_1 + n_2 + \cdots\cdots + n_n)$$

$f_1 f_2 \cdots\cdots f_n$——各层土与井壁的摩擦系数（kN/m²）；

$n_1 n_2 \cdots\cdots n_n$——各层土的厚度（m）。

当 $K \geqslant 1$ 时，沉井较容易下沉，下沉速度较快，当 $K < 1$ 时，沉井下沉比较困难，需采用挖土或水冲等助沉措施。

2. 依据下沉系数和沉井高度确定下沉期间的时间长度，来满足总工期的需求。

土层与沉井外壁间的摩擦系数

表 5.2.1

土的种类	土层与井壁的摩擦系数(kN/m²)	土的种类	土层与井壁的摩擦系数(kN/m²)
黏性土	24.5～49.0	砂卵石	17.7～29.4
软土	9.8～11.8	砂砾石	14.7～19.6
砂土	11.8～14.5	泥浆润滑套	2.9～4.9

5.2.2　编制沉井施工方案

由设计图纸、地勘报告和现场实际情况，确定现场平面布置（材料堆场，水平、垂直运输机械设备，降水设备等）、施工布置、分项施工方案、质量、安全、文明施工措施、总进度计划、劳动力、机械、材料进场计划、应急预案、季节性施工措施等。

5.2.3　定位放线、垫层施工

1. 根据沉井的设计尺寸，采用经纬仪、水准仪等测量仪器对沉井进行定位放线；选用砂、碎石、灰土等铺设垫层，平整压实。

2. 利用周边固定的建筑、道路、确定平面轴线监控体系，设定大地水准点，用于测量、控制沉井的标高。

5.2.4　制作首节沉井筒体

1. 筒体（井壁）制作

井壁制作根据井筒的重量、地基条件不同，可分为以下几种制作方式：1）一次制作，一次下沉；2）分节制作，一次下沉；3）分次制作，制作与下沉交替进行。当沉井筒身小于6m时采用一次制作、一次下沉的施工方法；当沉井筒身大于6m小于12m时采用分节制作、一次下沉的施工方法；当沉井筒身大于12m时采用分次制作，制作与下沉交替进行的施工方法。当采用分节制作时，在施工缝处设3mm×400mm钢板止水带，由于沉井井壁较厚，施工缝也可采用多道凹凸缝进行施工。

井筒的钢筋、模板、混凝土施工同普通钢筋混凝土结构施工工艺。

2. 刃脚制作

刃脚呈楔形，用于切割土体，达到筒体均匀下沉的目的。

根据沉井重量、施工荷载和地基等情况，刃脚可采用垫架法、半垫架法、砖垫座或土底模制作。

垫架（或半垫架）法，是在砂垫层上面铺设垫木和垫架（垫架的数量根据设计计算确定），间距一般为0.5～1m。垫架铺设应对称，一般先设8组定位垫架，每组由2～3个垫架组成，矩形沉井常设4组定位垫架，其位置在长边两端0.15L（L为矩形长边长）在其中间支设一般垫架，垫架应垂直井壁铺设（圆形沉井沿刃脚圆弧部分对准圆心铺设）。垫木施工时应保持其顶面在同一水平面上（误差控制在10mm以内），垫木中线应与刃脚中心线相重合。

5.2.5　垫架、排架拆除

1. 清除井内散落的混凝土、脚手管、木板等杂物。

2. 割掉井壁上的对拉螺栓，并作抗渗处理，刃脚部位的预留插筋加装PVC防护套管，井壁预留洞填塞与孔洞混凝土重量相等的砂石或铁件配重。

3. 井内外设置钢梯，并加防护栏。

4. 用经纬仪将十字控制轴线投测到内外侧壁上，采用墨斗弹出中心垂线，内壁挂设线坠，同时沉井外壁应用水准仪抄平，并沿高度方向划出标高控制线，划上1cm的分格值，划出10cm的分格线，并在每隔1m的分隔线上注明相应的设计标高数值，控制其偏差在规范允许范围内。

5. 沉井井壁中如有预留管道、地沟等孔洞时，在下沉前必须进行适当的处理。对较大的孔洞采用预埋钢框的方法，用钢板或方木封闭，里面填塞与孔洞混凝土重量相等的砂石或铁件配重，在沉井封闭后拆除。

6. 沉井混凝土强度达到100%后垫架方可拆除，刃脚下垫架的拆除采用分区、分组、对称、同步进行。拆除方法是：将垫木底部的土挖去，利用人工或机械将垫木抽出，抽出时由专人进行下沉观测，注意下沉是否均匀。

5.2.6 黏性土水冲法作业

当土质为黏性土层时采用高压水枪冲泥，每 50cm 为一层，逐层冲剥下降。为汇水抽泥的需要，将土层冲成锅底型（中间低，四周高）。

5.2.7 抽取泥浆、沉淀排放

用泥浆泵将泥浆抽出，以便于均匀下沉。抽出的泥浆经现场沉淀池沉淀后蓄浆排水。

5.2.8 砂性土降水控制水位

1. 降水视场地水文地质情况、周边构、建筑物情况及操作顺序来确定降低地下水位方案，在土方开挖时应留出降水的工作面，在沉井下沉前实施降水，对降水效果进行实时观测记录，保证沉井施工有据可依。

2. 施工中地下水可选用管井（深井）井点等方法进行降水，主要是降低沉井外地下水位，使其主动水压力方向朝下，因而也就较有效地防止流砂。预先设置专门的观察井，随时对水位进行观测，防止管井（深井）井点施工质量不良，降水失效，给工程和附近建筑物沉降带来不良影响。

3. 对于基坑明水的处理方法是在沉井内离刃脚 2～3m 一圈挖排水沟，在沉井中心设置一定数量的集水井与排水沟，以排除因下雨带来的大量积水，保证沉井施工顺利进行。

4. 开挖土方与降水必须穿插进行，以加快施工进度。

5.2.9 干作业取土，机械运输

1. 当土质为砂性土时，采用人工挖土自重破土方式，垂直运输设备吊运出土。从中间开始向四周逐渐开挖，并始终均衡对称地进行，每层挖土厚度为 0.4～1.5m。沉井便在自重作用下破土下沉，削土时应沿刃脚方向全面、均匀、对称地进行，使沉井均匀平衡下沉。

2. 人工挖土下沉应根据机械运输量合理配置人数，现场配备垂直运输机械时，必须安排专人指挥，以确保施工安全，使运土与挖土下沉配合达到最佳效果。

5.2.10 水位、下沉速度监测

1. 下沉速率控制

1）目的：通过控制井内取土，使沉井下沉速率保持在一定的范围内，从而保证下沉偏差符合设计及规范要求。

2）初沉阶段：即下沉深度 2.0m 内，为使沉井形成稳定准确的轨迹，此时应以慢为主，速率控制在 0.3m/d。

3）中沉阶段：即在初沉深度以下距设计标高 2.0m 前范围，速率可加快，控制在 0.5～0.8m/d 范围内。

4）终沉阶段：即距设计标高 2.0m 时，此时应减慢下沉速度，控制在 0.2～0.3m/d，以纠偏为主，做到有偏必纠；严格控制底梁、隔墙下取土，锅底挖深应减小。

2. 下沉过程控制

在下沉过程中，技术人员利用经纬仪及水准仪等测量仪器每天分四个时间段对沉井的下沉进行监测、控制，仪器主要用于沉井的外侧，根据已有中心轴线及标高控制线对沉井的偏移、扭位、倾斜及下沉高度进行控制，在沉井的内侧采用线锤控制与中心轴线是否重合，一旦沉井下沉出现偏移、扭位、倾斜、下沉过慢、下沉过快、突沉、超沉等情况，立即采取纠正措施。

5.2.11 接长井壁

下沉到一定标高后，根据施工方案的要求，确定井壁接长高度，按照普通钢筋混凝土结构的连接方式进行井壁的接长施工。

5.2.12 沉井封底

沉井下沉离设计标高 0.1m 时应停止下沉施工，靠自重下沉至设计标高，下沉达到设计标高，经

24h 沉降观测，沉降量不大于 10mm，土体能保持稳定，且环境保护符合要求时，进行封底施工，封底一般可采用干封底，因为干封底成本低、工期快，且能保证质量。

6. 材料与设备

6.1 沉井筒体制作材料：木模板、组合钢模板、胶合板、对拉螺栓、热轧钢筋、同设计要求强度等级（标号）的混凝土、外加剂等。

6.2 主要施工机具

6.2.1 筒体结构施工机具：圆盘锯、平刨机、压刨机、手提式电钻、钢筋调直机、钢筋切断机、钢筋弯箍机、弯曲成型机、接触对焊机、点焊机、插入式振动器、附着式振动器等。

6.2.2 取土施工机具：锨、手推车、风镐、高压水枪（工作压力 23MPa）、泥浆泵（转速 2900r/min，流量 35m³/h）、塔吊、汽车吊等。

6.2.3 检测工具：全站仪、经纬仪、水准仪、木折尺、钢卷尺、线坠、靠尺等。

7. 质量控制

7.1 质量要求

沉井施工应符合《建筑地基基础工程施工质量验收规范》GB 50202—2002 中相关要求，见表 7.1。

沉井施工质量要求　　　　　　　　　　　　　　　　　　　　　　　　表 7.1

项	序	检查项目		允许偏差或允许值		检查方法
				单位	数值	
主控项目	1	混凝土强度		满足设计强度（下沉前必须达到70%设计强度）		查试件记录或抽样送检
	2	封底前，沉井下沉稳定		mm/8h	<10	水准仪
	3	封底结束后位置：刃脚平均标高（与设计标高相比）		mm	<100	水准仪
		刃脚平面中心线位移			<1%H	经纬仪，H为下沉总深度，H<10m时，控制在100mm以内
		四角中任何两角的底面高差			<1%l	水准仪，l为两角的距离，但不超过300mm，l<10m时，控制在100mm以内
一般项目	1	钢材、对接钢筋、水泥、骨料等原材料检查		符合设计要求		查出厂质保书或原材料抽样送检
	2	结构体外观		无裂缝、无蜂窝、空洞，不漏筋		直观
	3	平面尺寸：长与宽		%	±0.5	用钢尺量，最大控制在100mm以内
		曲线部分半径		%	±0.5	用钢尺量，最大控制在100mm以内
		两对角线差		%	1.0	用钢尺量
		预埋件		mm	20	用钢尺量
	4	下沉过程中的偏差	高差	%	1.5~2.0	水准仪，最大不超过1m
			平面轴线		<1.5%H	经纬仪，H为下沉深度，最大应控制在300mm以内，此数值不包括高差引起的中线位移
	5	封底混凝土坍落度		cm	18~22	坍落度测定器

注：主控项目3的三项偏差可同时存在，下沉总深度，系指下沉前后刃脚之高差。

7.2 质量保证措施

7.2.1 控制流砂

在含有饱和粉砂、细砂层的地带下沉沉井，若因降水失效造成地下水的主动水压力的水力梯度达到临界水力，导致流砂现象的产生，造成沉井倾斜、周围土体严重坍塌、井外地面严重下沉，施工时应符合下列规定：

1. 减少水力梯度，即减少井内的水头差或增加动水流径。具体做法是改排水下沉为不排水下沉，或者排水下沉时向井内灌水，从而达到破坏产生流砂现象的条件。

2. 改变水力梯度的方向。当动水压力向上时，对土产生浮托力，土颗粒则处于悬浮状，容易失稳，在井内抽水时，砂就会随水流入井内。如果在沉井外进行降水，改变了动水压力方向，土颗粒不再处于悬浮状，使土体稳定。

7.2.2 控制井壁摩阻力

1. 当摩阻力过大：沉井下沉中，随深度增加，土的摩阻力增大，井壁摩阻力大于沉井自重时，沉井不再下沉。应采用增加沉井重量或降低摩阻力的方法解决，具体措施如下：

1）沉井为分节下沉时，可接高沉井或顶部加配重。

2）用人工或水枪机掏刃脚下的土层以减小正面阻力，但挖空高度宜小，逐次进行。

3）用高压水冲射外壁及在制作沉井时将井壁抹光或涂油减摩。

4）不排水下沉时由井内抽水以减少浮力，但流砂处不宜采用此法。

5）设计时预计下沉系数偏小，可采用泥浆润滑套、壁后压气或卵石减摩护壁等施工措施。

2. 当摩阻力过小：为防止沉井下沉到接近设计标高但因土层软弱摩阻力过小而不能稳定出现超沉，可采取如下措施：

1）如属不排水而下沉时，可向井内注水，以增加对沉井的上浮力。

2）因采用排水开挖而发生下沉的，可在沉井刃脚斜面设计标高处，提前放置块石或混凝土块，使沉井最后落在块石或混凝土块上。

3）视具体情况，采取适当的阻沉法，如井壁外侧设挑翼搁在地面上，沉井内设下横担梁，增大刃脚正面阻力等。

7.2.3 控制沉井突沉

突沉是沉井在下沉中瞬间产生突然下沉，一次下沉量可达几十厘米至几米。突沉同时产生井内土体隆起，沉井出现较大的倾斜、移位或超沉，严重威胁施工人员的人身安全。预防突沉的措施如下：

1. 杜绝突沉前的滞沉现象，可适当加大下沉系数或采取泥浆润滑套等减小摩阻力措施。

2. 控制挖土，"锅底"不可挖得太深。特别是发生停沉时，切忌操之过急，盲目加大"锅底"深度来促沉。应通过逐步消除近刃脚的土体，使沉井挤土下沉。

3. 合理分格下框架或设置一定数量的下框架梁分担一部分土压力。软弱土层中下沉还可加大刃脚踏面宽度以增大正面阻力。

4. 在砂土层中要确保降水效果。

7.2.4 控制沉井偏差

1. 沉井倾斜时，按下列方法进行控制：

1）当沉井向某一侧倾斜时，可在刃脚高的一侧多挖土，使沉井恢复水平，然后再均匀挖土。

2）当矩形沉井长方向产生偏斜时，可采用偏心重压进行纠偏。

3）下沉较深或矩形沉井短边方向发生倾斜时，可在下沉少的一侧外部用高压水冲井壁附近的土体并偏心压重，在下沉多的一侧加水平推力，使之克服土的侧压力，以纠正倾斜。必要时，还可在压重侧刃脚下挖空处用少量炸药包，放炮振动液化地层实现纠偏。

4）直径相对其高度较小的圆形沉井，下沉到一定高度后发生倾斜，宜在下沉多的一侧挖土，下沉少的一侧压配重，并用钢丝绳从横向给沉井一个水平拉力，以纠正沉井倾斜。

2. 沉井发生位移，可采取使沉井向偏位的一方倾斜，然后沿倾斜的方向下沉，直到刃脚处中线与设计中线位置相吻合或接近后，再将沉井纠正至相反方向的点上，最后使倾斜的位移控制在允许范围以内为止。

3. 沉井扭转，可采用在一对角偏挖、另一对角偏填土的方法，利用刃脚下不相等的土压力形成力偶，使之在下沉过程中逐步纠正位置。

7.2.5 沉井出现裂缝的处理

1. 井壁出现宽度为 0.5～1.0mm 的裂缝时，一般可不作特殊处理（设计另有规定除外），以环氧树脂将其缝封闭即可。

2. 裂缝宽度达 1～2mm 时，可在出现裂缝的井壁上钻 30～40cm 深的孔，安装数排直径为 16～20mm 牵钉，孔内用水泥浆填补。通过牵钉，将井壁与修补混凝土连成整体，牵钉间距约 0.5m，外露高度约 0.4m，并应有弯钩。

8. 安 全 措 施

8.1 所有参加施工作业人员必须经过安全技术操作培训合格后方可进入施工现场，特种作业人员必须持有上岗操作证才能作业。

8.2 由于井筒较高，须在井筒内壁设置上下梯，直达底部，所有施工作业人员必须沿安全梯上下，以保证安全。

8.3 砂性土质干作业时，吊运土方的人员必须按制度严格换班，严防代班，避免连续工作，在现场必须服从地面指挥的指挥。

8.4 认真做好沉井制作时刃脚下砂垫层的支撑措施，严防沉井制作时的不均匀下沉和突沉。

8.5 应编制安全专项施工方案，对控制突沉和井底稳定的施工参数、要求作详细说明，由施工企业技术部门的专业技术人员及监理单位专业监理工程师进行审核，审核合格，由施工企业技术负责人、监理单位总监理工程师签字。

8.6 坚持勤测勤纠的原则，进行沉井下沉中的纠偏。为达到严格控制地面沉降的要求，当测到沉降偏斜度为 0.25% 的沉井最大允许偏斜度时，立即要采取调整沉井内侧刃脚附近挖土深度的方法以纠正偏斜。

9. 环 保 措 施

9.1 认真贯彻执行国家有关环境保护方面的法律、法规。

9.2 施工中产生的废弃物及污染应控制在国家有关标准允许范围内。

9.3 施工前设置沉淀池及排水沟，将由水冲法冲出的污水及废水进行沉淀后，有组织的进行排放。

9.4 用 6mm 厚钢板做成 5.0m×5.0m×2.0m 的沉淀池，埋置于地下，沉井水冲法下沉时抽出的泥浆和沉渣随时清走，使用密封良好、不容易漏浆的排污罐车拉至指定排污点排放。

9.5 在施工期间派专人对沉井周围土体的水平与垂直、地下水位、孔隙水压力等进行测量，并对相邻的煤气管、建筑物进行沉降监测，出现问题立即解决。

9.6 施工设备、工具在停止使用期间，要及时入库并堆放整齐。

10. 效 益 分 析

10.1 经济效益

10.1.1 干湿交替取土钢筋混凝土沉井施工方法简单，施工中可根据土质情况分别采取不同的取土方法，可降低施工难度，大幅度缩短工期。

10.1.2　本工法既可降低全干作业挖土施工的人工，又可降低全湿作业的水资源及污染，符合国家绿色环保的政策要求。

10.1.3　干湿交替取土钢筋混凝土沉井施工方法与普通干作业沉井法施工相比，可总体节约 15％的费用，有效降低工程成本，产生了间接经济效益，见表 10.1.3。

干湿交替取土钢筋混凝土沉井与其他作业沉井经济效益比较

（以埋深 15m 沉井为例）　　　　　　　　　　　表 10.1.3

项　目	干湿交替取土法	普通作业取土沉井	可节约费用（元）
	所需费用（元）	所需费用（元）	
人工（工日）	288000	405000	117000
水（元）	44570	0	−44570
电（元）	167360	167360	0
机械（元）	36445	35667	−778
合计			73208

10.2　社会效益

10.2.1　本工法与放坡开挖、基坑支护的工法相比，由于工程的地面部分小、场地易于布置、工程进度快、干扰因素小、有利于文明施工、各种资源合理优化，能确保周围既有设施的正常运行，能将施工过程的振动、噪声、粉尘等公害也得到了最大限度地降低，社会、环境效益显著。

10.2.2　本工法与传统沉井工法相比，通过蓄水、排水进行水位观测。控制水位高度。提高沉井取土效率，缩短工期，保证质量，具有成熟的环境预控措施，保障了社会、环境效益。

10.2.3　本工法的施工主体沉井是污水处理厂的关键部件，是产生社会效益、环境效益的结合点，本身具有方法和环境的影响力和推动力。

11. 应用实例

江苏省宜兴市丁蜀污水处理厂一期工程是宜兴市污水改造重点工程，工程位于江苏省宜兴市丁山镇蠡河路。其泵房设计为沉井结构，尺寸为 20m×20m，沉井壁厚 1.5m，沉井埋置深度 18m，为宜兴市在建的最大的沉井结构之一，于 2007 年 3 月开工，2007 年 7 月竣工。采用本工法进行施工，施工速度快，质量可靠，比原定的水冲法施工节约费用约 9 万元，取得了良好的效果。

五河县 2.5 万 t/d 污水处理厂泵房沉井工程是五河县污水改造重点工程。其泵房设计为沉井结构，尺寸为 15m×15m，壁厚 1.2m，沉井埋置深度 15m，于 2008 年 3 月开工，2008 年 6 月竣工。采用本工法进行施工，施工速度快，质量可靠，取得了良好的效果。

南京中兴桥污水提升泵站及变电所工程，其提升泵站设计为沉井结构，直径 12m，壁厚 0.9m，沉井埋置深度 9m，于 2008 年 9 月开工，2008 年 11 月竣工。采用本工法进行施工，沉井施工进度快，未出现任何质量、安全问题，获监理及业主的一致好评。

压灌水泥土桩构筑泥炭土地层基坑截水帷幕施工工法

GJEJGF011—2008

南通新华建筑集团有限公司 北京建材地质工程公司

何世鸣 邬建华 俞春林 凌建 胡云平

1. 前　言

随着城市化的发展，建筑物基础不断加深，深度大于5m的基坑支护是施工过程中必不可少的一环，淤泥类土深基坑支护是基坑支护施工中比较棘手的难题，而泥炭土地层深基坑支护更加复杂。

主要分布于滇池、洞庭湖地区的泥炭质土是天然孔隙比大于1.5，有机质含量大于10%的高有机质土，呈深褐—黑色，其含水量极高，压缩性很大且不均匀，层厚大于2m，常规的基坑支护方法（如常规水泥土搅拌桩、水泥土旋喷桩）无法在较短时间内很好地解决泥炭质土层深基坑侧壁止水、安全稳定问题。我们根据在建工程的地质状况，开发了压灌水泥土桩基坑截水技术并得到了成功应用，止水效果好，深基坑侧壁位移符合规范要求，基坑支护安全稳定。该关键核心技术已获国家发明专利授权和实用新型专利，发明专利权名称为一种水泥土桩，专利号为ZL200510082950.4；实用新型专利名称为新型异型水泥土桩，专利号为ZL200520112664.3。在该科技成果鉴定会上，鉴定委员会专家认为"国内外查新结果显示，未见与本技术相同的文献报道，本成果具有新颖性、独创性，属国内外首创，该技术经济效益、社会效益和环保效益显著，达到国际先进水平，具有很高的推广应用价值"。

2. 工法特点

2.1　压灌水泥土桩是在地表按一定配比将水泥、土及外掺剂加水用机械强制拌和后灌入桩孔内成桩。

2.2　压灌水泥土的浆液密度稍大于泥炭质土，远小于素混凝土密度，与泥炭质土很好的协调，满足了泥炭质土层支护止水、安全稳定的护壁要求。

2.3　压灌水泥土桩在高水位地区泥炭质土层深基坑支护的应用优于深层水泥土搅拌桩、旋喷桩支护，解决了深层水泥土搅拌桩、旋喷桩无法解决的问题。

2.4　压灌水泥土桩的施工工期、质量、安全，完全满足施工需要，工程造价只是深层水泥土搅拌桩的60%，是素混凝土桩的30%。

2.5　就地取材，选材简便，施工无振动，无污染，符合绿色、环保、节能施工的要求。

3. 适用范围

压灌水泥土桩适用于搅拌水泥土桩（喷浆、喷粉）、旋喷水泥土桩（含定喷、摆喷）、夯实水泥土桩（上述三类水泥土桩简称为："前三类水泥土桩"，下同）适用的基坑土层、不适用或不完全适用的基坑土层，尤其对高有机质泥炭土、淤泥、流砂地层基坑帷幕有十分显著的截水优势。

4. 工艺原理

在工程施工所在地区，选择质地均匀的好土（例如粉土、黏性土），采用强制式或滚筒式搅拌机，按照试配的配合比，在地表将水泥、土及外加剂等各组分的原料加到搅拌机内加水搅拌成混合料，采用中空式长螺旋钻具在桩位处打成桩孔；用混凝土输送泵将搅拌好的混合料通过输料管输送至所述的中空式钻具的内管，边起拔该钻具边泵入搅拌好的混合料至孔内，在该孔内形成压灌水泥土桩。

5. 施工工艺流程及操作要点

5.1 施工工艺流程（图 5.1）

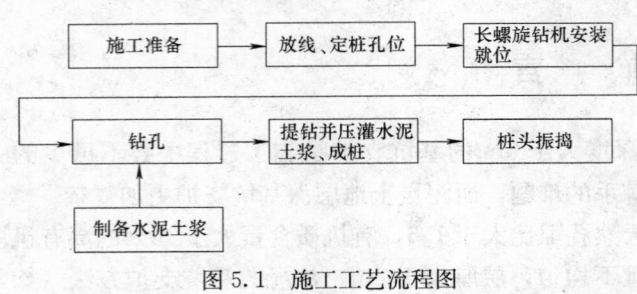

图 5.1 施工工艺流程图

3. 在施工现场或附近，选择适合工程使用的粉土或黏性土，土的质量、含水率只要满足施工要求即可，试配水泥土浆配合比并确定施工用配合比。

4. 现场搭设水泥仓库、土的堆放仓库及其他添加剂堆放库，材料入库。

5. 初步检查中空管式长螺旋钻机性能。

5.2 操作要点

5.2.1 施工准备

1. 施工现场进行场地平整，清除桩位处地上、地下一切障碍物，并进行场地硬化。

2. 选用的水泥具有出厂质保单及出厂试验报告。进场时，取样送有相关资质的检测试验单位复试，取得复试合格报告结果，严禁使用过期、受潮、结块、变质的水泥。

5.2.2 放线、定桩位孔

按照基坑支护设计要求，在施工现场对桩位进行放样，水泥土桩径一般为 400mm、600mm、800mm，根据需要也可设计为 300mm、500mm、700mm 等直径。作为基坑支护止水挡土桩，可与钢筋混凝土桩间隔设置，由钢筋混凝土桩切割水泥土桩，形成两两咬合密实。见图 5.2.2。

5.2.3 长螺旋钻机安装、就位

1. 就位

钻机安装按照要求进行，钻机就位后使钻机机具的回转中心尽量与待钻孔中心重合，确保其偏位满足规范要求。

2. 检查与试机

1）检查钻机传动机构工作是否正常，检查泵送机构工作状态是否正常。

2）开钻前，用自来水清洗整个管道，并检查管道中有无堵塞现象，待水排完后，方可开钻。

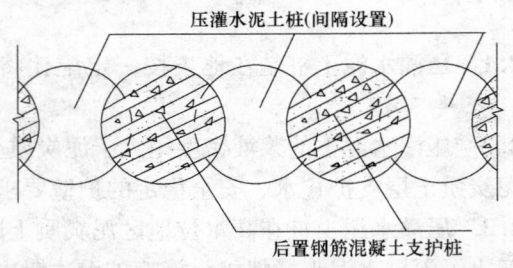

图 5.2.2 压灌水泥土桩在基坑截水帷幕中的平面设置

3）钻机就位后，必须平整，确保施工过程中不发生倾斜、移动。要注意保证机架和钻杆的垂直度，其垂直度偏差不得大于 1%。施工中采用吊锤观测钻杆的两个方向垂直度和用水平尺测量机架的调平情况，如发现偏差过大，及时调整。

5.2.4 钻孔

长螺旋钻机以正转钻进。钻机工作时，根据地层结构，控制钻机的工作速度和进度，第一次下钻时一律采用低档操作。

5.2.5 制备水泥土浆

按确定的配合比，将选择好的土、水泥及添加剂倒入强制式搅拌机加适量水混合搅拌。每盘搅拌时间不得少于 1.5min，使水泥和土得到充分拌合，无结块。

5.2.6 提钻压灌水泥土浆、成桩

钻孔至设计深度后，将已充分拌合的水泥土浆料采用混凝土地泵泵送的方式，通过长螺旋钻具内中空管道压灌入已钻成型的桩孔内，同时钻机慢速提升钻头，灌入水泥土浆应连续作业，不得断浆。

制备好的水泥土混合料不得有离析现象，停置时间不得超过2h。若停置时间过长，不得使用。

5.2.7 桩头振捣

当水泥土浆灌入到桩顶部分时，采用插入振动棒对桩头进行人工振捣，插入深度约$2\sim3m$，待水泥土浆不冒气泡后慢拔振动棒。

6. 材料与设备

6.1 设备

内置中空管式长螺旋钻机、强制式或滚筒式混凝土搅拌机、混凝土地泵、插入式混凝土振动棒、磅秤、手拖车、铁铲、施工用电缆、移动配电箱、砂浆试模等。

6.2 材料

普通硅酸盐水泥、适合桩体用的粉土或黏性土、添加剂、早强剂或速凝剂、自来水等。

7. 质 量 控 制

7.1 检验方法

7.1.1 试开挖观测钢筋混凝土桩与压灌水泥土桩咬合接触情况，是否紧密不漏水。

7.1.2 成桩7d可采用轻便触探法进行桩身质量检验。

检验搅拌均匀性：用轻便触探器中附带的勺钻，在水泥土桩身中心钻孔，取出桩芯，观察其颜色是否一致，是否存在水泥浆富集的"结核"或未被搅匀的土团。

7.1.3 触探试验：当桩身1d龄期的击数N_{10}大于15击时，桩身强度满足设计要求；或者7d龄期的击数N_{10}大于30击时，桩身强度也能达到设计要求。轻便触探的深度一般不超过4m。

7.1.4 成桩28d后，用钻孔取芯的方法检查其完整性、均匀程度及桩的施工长度。每根桩取出的芯样由监理工程师现场指定相对均匀部位，送实验室做（3个一组）28d龄期的无侧限抗压强度试验，留一组试件做三个月龄期的无侧限抗压实验，以测定桩身强度。同时做水泥土渗透系数试验，要求不小于$1.0\times10^{-6}m/d$。钻孔取芯率为$1\%\sim5\%$。

7.1.5 对取芯后留下的空间应采用同等强度的水泥砂浆回灌密实。

7.2 外观鉴定

7.2.1 桩体圆匀，无缩颈和回陷现象。

7.2.2 搅拌均匀，凝结体无松散。

7.2.3 压灌水泥土桩与钢筋混凝土桩咬合接触紧密，不漏水。

7.2.4 群桩桩顶齐，间距均匀。

8. 安 全 措 施

8.1 严格执行国家、省市及工程所在地建设工程安全生产规定。

8.2 所有电力线路和用电设备由持证电工安装。使用的电源、照明、电动工具和机械要设置相应的漏电保护装置或接地装置。由专职电工负责日常检查和维修保养。

8.3 现场所有电动机械设备使用前按规定进行检查、试运转，作业完拉闸断电锁好电闸箱，防止发生意外事故。

8.4 机械设备操作人员经考核合格后上岗操作。机械设备操作人员和指挥人员严格遵守安全操作技术规程，工作时集中精力，谨慎工作，不擅离职守。

8.5 机械设备绝不带病运行，不违规操作。

8.6 所有的现场施工人员佩带安全帽，特种作业人员佩带专门的防护用具。

8.7 所有现场作业人员和机械操作手严禁酒后上岗。

8.8 在风力超过 5 级时，停止作业。

9. 环 保 措 施

9.1 现场定期洒水，减少灰尘对周围环境的污染。

9.2 装卸或清理有粉尘的材料时，提前洒水。

9.3 严禁在施工现场焚烧有毒、有害、有恶臭气味的物质。

9.4 加强机械设备的维修保养工作，确保机械运转正常，降低噪声。

9.5 夜间施工时，尽量减小噪声，施工时严禁大声喧哗。

9.6 进出施工现场的所有车辆不得鸣号，出现场时不污染道路和环境。

10. 效 益 分 析

10.1 经济效益

10.1.1 节省了水泥用量。在同一工程上的水泥用量相比，按照理论计算，压灌水泥土桩比深层搅拌水泥土桩节省 20% 的水泥，比旋喷桩节省 50% 的水泥。

10.1.2 节省了工程投资。在同一工程上，采用压灌水泥土桩支护深基坑的工程造价，比深层搅拌水泥土桩节省 20%，比旋喷桩节省 40%。

10.1.3 施工速度快，缩短了施工周期。同一工程上，压灌水泥土桩比深层搅拌桩缩短 20% 的工期。

10.2 社会效益

10.2.1 压灌水泥土桩可以使用在深层搅拌水泥土桩、旋喷桩作为支护止水挡土桩无法起作用的泥炭质土地层，止水效果好，基坑安全稳定。为后期施工提供了良好的工作环境，加快了后期工程的顺利施工。

10.2.2 该技术适用于任何地区的深基坑支护，质量可靠，具有非常广泛的推广应用前景。

10.3 环境、节能效益

新型水泥土桩对周围环境无污染。选用的土就地取材，施工中无振动，低噪声，满足绿色环保要求。

11. 应 用 实 例

11.1 工程一：新建云南省委办公大楼人防工程

11.1.1 工程概况

新建云南省委办公大楼人防工程位于昆明市广福路与滇池路的交汇附近，十里长街与广福路间，拟建建筑物总设计面积约 8000m²，坑周长约 430m。框剪结构形式，地下室埋深为 -6.1m，局部 -5.4m，包括 600mm 厚换填垫层。地表标高为 ±0.00，局部 -0.7m，坑深 6.1m 和 5.4m，基础设计形式为桩筏基础。

11.1.2 工程地质条件

拟建场地地貌上处于滇池盆地东北部，属湖积平原地貌单元。根据 80m 钻孔揭露地层，按照成因

类型及沉积韵律、土层物理力学设计参数,将地基土层分为6个大层,现从上而下分述如下:

一类:人工填土和耕植层,为①大层。包括①1层、①2亚层。

二类:第四系冲积、沟塘静水沉积层粉土,为②大层。包括②、②1亚层及透镜体。

三类:第四系湖沼相、湖相交替沉积层,包括③、④、⑤、⑥大层,主要由泥炭质土、粉土、粉砂、黏性土组成。

各地层自上而下为:①1素填土、①2耕土;②1淤泥;③泥炭质土:黑、黑灰夹褐色,饱和,软—流塑状态,高压缩性;孔隙大,极松散,孔隙比 $e = 3.01 \sim 8.04$,平均值5.63;含水量平均为267%,有机质含量平均值达45.4%,为强泥炭质土,埋深约3.5m,平均厚度约6.0m;④1黏土、④2粉土、④3黏土、④4粉土、④5黏土;⑤1泥炭质土、⑤2黏土、⑤3粉土、⑤4泥炭质土、⑤5黏土。

11.1.3 水文地质条件

稳定水位在地表下 $1.0 \sim 0.8m$ 之间,主要为潜水,微具承压性,含水层为粉土,主要为大气降水及含水层的侧渗补给。

11.1.4 支护方案设计

钢筋混凝土桩设计桩径 $\phi600mm$,桩距0.90m,桩上连梁顶位于地表往下2.5m,桩长为13.80m,嵌固深度11.0m,桩配筋为主筋8Φ18,加强筋为Φ14@2000,箍筋为 $\phi6@200$;桩身混凝土强度等级为C20。

压灌水泥土桩设计:桩径600mm,桩长10m,桩端进入黏性土④1层不少于2.0m,位于后排,与前排两个护坡桩相切。

11.1.5 施工结果

本工程基坑支护桩从2005年3月正式开始施工,经过1个月完成全部支护桩工作量。先施工水泥土桩,后施工钢筋混凝土桩,两两相切,通过现场试验,取得了满意的效果。尤其在开挖后检验、拍照,发现水泥土桩与钢筋混凝土桩结合紧密,止水效果好。同时深基坑挖土及整个地下室施工阶段,基坑安全,桩顶位移稳定。钢筋混凝土桩与水泥土桩紧密结合,没有发现漏水现象。

11.2 工程实例二:云南海埂会议服务中心二期扩建基坑工程

处于昆明盆地滇池湖盆西北部的云南海埂会议服务中心二期扩建基坑工程,地下室埋深为-5.1m,局部-5.4m。该基坑支护工程于2007年5月到6月施工,采用了压灌水泥土桩与钢筋混凝土桩相结合的挡土止水复合支护技术,压灌水泥土桩长为17m,桩径 $\phi500mm$。经开挖后发现钢筋混凝土桩与该压灌水泥土桩结合紧密,止水效果好,基坑位移观测结果完全满足了地下室工程的施工,现该工程已竣工投入使用。

预应力混凝土管桩承插销钉加焊接式接桩施工工法

GJEJGF012—2008

华升建设集团有限公司　五洋建设集团股份有限公司
马纯杰　陈伟炳　孔德娟　姜敏

1. 前　言

先张法预应力混凝土管桩在我国部分地区的应用已经有二十多年的历史，由于其日益显示出的卓越性能，管桩的应用范围及领域不断扩大。但是，目前在管桩的生产、设计、尤其是施工过程中出现的一系列问题，已成为限制管桩进一步飞速发展的瓶颈。

现今我国各地生产的管桩产品几乎全部采用钢端板焊接式接桩，而采取这种接桩方法，接头处全部的拉力、剪力、弯矩以及部分的压力都将由焊缝独立承担，这就要求焊缝的质量相当好。但是施工人员焊接水平不高且参差不齐，再加上为了赶进度，通常都是对好就焊、焊好就压，如此一来焊缝的质量很难得到保证。本工法针对接桩问题提出一种改进的接桩施工工艺。该工法关键技术"预应力混凝土管桩的连接结构"已被国家知识产权局授予实用新型专利权，授权号为2008200878321。

2. 工法特点

2.1 本工艺充分利用管桩钢端板上原管桩预制过程中的自留孔，采用圆钢销钉使得上、下节桩能够垂直对接，大大增强接头抗剪、抗弯能力，减轻斜桩带来的问题。

2.2 本工艺施工简便，容易操作。

2.3 本工艺接头的抗剪、抗弯能力大大加强，提高了接头质量。

2.4 本系统接桩工艺与传统接桩工艺相比，每个接头操作时间仅增加3min左右。

3. 适用范围

3.1 该接桩工艺可适用于民用建筑、铁路、公路、港口、水利等工程建设基础中预应力混凝土管桩的连接。

3.2 根据经验最适宜应用在基岩埋藏深、强风化岩层或风化残积土层厚的地质条件。

4. 工艺原理

4.1 传统的接头截面如图4.1-1所示，受剪、受弯仅靠一条焊缝；而本系统接头截面如图4.1-2（以9个预留孔为例）所示，除焊缝外还有9根圆钢销钉同时受力，同时增大了受力面积和受力强度，确保了接头质量。

外径为400mm的PTC桩（9个钢销）：

焊缝抗剪能力计算：

$$V = \tau \cdot A = 125 \times \pi \times (399^2 - 394.5^2)/4 = 350.6\text{kN}$$

钢销承受的抗剪能力为：

$$V = f_v g A$$

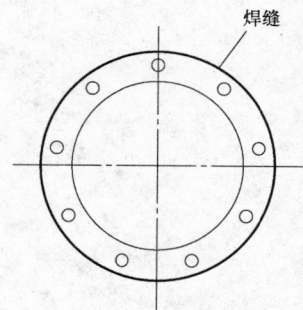

图 4.1-1 传统接头截面

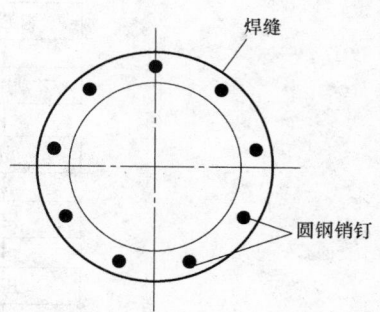

图 4.1-2 本系统接头截面

其中，$f_v=185N/mm^2$，$A=\pi\times16^2\times9/4=1809.6mm^2$

则 $V=334.8kN$

外径为 500mm 的 PTC 桩（11 个钢销）：

焊缝抗剪能力计算：$V=439.0kN$

钢销承受的抗剪能力为：$V=409.2kN$

外径为 600mm 的 PTC 桩（9 个钢销）：

焊缝抗剪能力计算：$V=527.3kN$

钢销承受的抗剪能力为：$V=423.7kN$

当销钉直径越大，自留孔越多时，接头的抗剪能力就越大。

4.2 本系统中采用环氧树脂，其具有极强的粘结性，它将销钉与上、下节桩粘结在一起，有效增加了锚固能力。

5. 施工工艺流程及操作要点

5.1 施工工艺流程（图 5.1）

5.2 操作要点

5.2.1 施工准备

1. 预制预应力混凝土管桩时，张拉完成放张脱模之后，就会形成一个混凝土孔洞，如图 5.2.1-1、图 5.2.1-2 所示。

2. 原材料及工具准备

1）经过估算准备相当数量的圆钢销钉如图 5.2.1-3 所示，直径与预留孔尺寸相对应，长度 8～10cm，且比预留孔两倍的深度略小，要求将一端加工成圆柱形另一端为圆台形，并做好防锈工作。

2）准备相当数量的环氧树脂，存放于阴凉干燥处，防止雨淋、日光曝晒，要现用现配，适量配比固化剂，以免造成浪费。

3）施工工具主要有打桩机、经纬仪、水准仪、交流弧焊机、砂纸、钢丝刷、小油漆刷、锤子。

4）对技术工人进行技术交底，并熟悉质量验收标准和业内资料所用表格。

5.2.2 移动压桩机

5.2.3 吊桩

启用吊桩机进行吊桩。

5.2.4 定位

利用经纬仪进行定位。

5.2.5 压桩

用静压法压桩，经纬仪检查垂直度，直至下节桩露出地面 1～1.2m。

5.2.6 焊设导向箍、清除端板泥沙

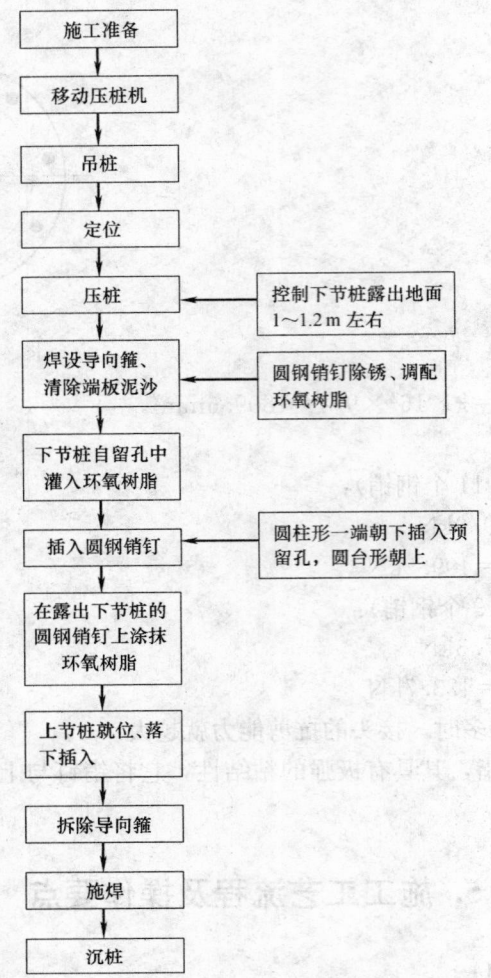

图 5.1　施工工艺流程图

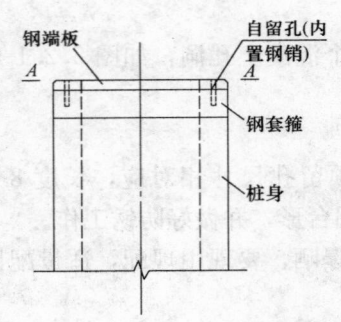

图 5.2.1-1　预制管桩截面图

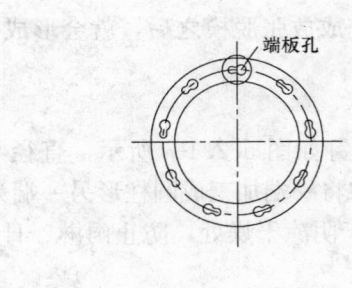

图 5.2.1-2　A—A 端板截面图

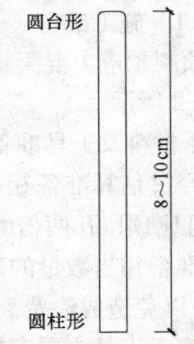

图 5.2.1-3　销钉纵截面示意图

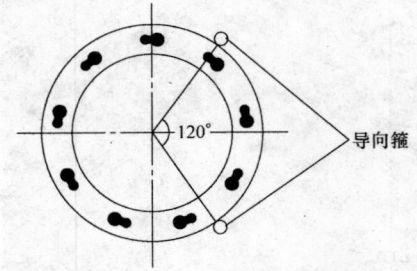

图 5.2.3　焊设导向箍示意图

1. 找两根长约 30cm 左右的螺纹钢筋或其他钢筋，将其焊在钢套箍上，并使钢筋与钢端板表面相互垂直，两根钢筋所在位置圆心角约为 120°，如图 5.2.3 所示。

2. 上下端板表面用钢丝刷清刷干净，坡口处应刷至露出金属光泽，有利于焊接，以保证焊缝质量。

3. 圆钢销钉除锈以及调配环氧树脂

1）若钢销钉存放时间过长，出现锈迹时，则用砂纸对圆钢销钉进行除锈，直至其表面光滑为止。

2）一般购得的环氧树脂可能非液化状，使用前再进行调配，如环境温度达不到环氧树脂 634 软化点（21～27℃），稍稍加热即可。

3）上述两个工序可同时进行，以加快施工进度。

5.2.7 下节桩自留孔中灌入环氧树脂

在下节桩自留孔中灌入经软化过的环氧树脂，灌入量达到能够覆盖自留孔内表面即可，因其有较强的粘结能力，灌入时请勿用手直接接触环氧树脂。

5.2.8 插入圆钢销钉

在插圆钢销钉时，注意让圆柱形一端朝下，圆台形一端朝上，这样上节桩较容易插入，插入时边旋转边插入，以使销钉与预留孔接触面都能布满环氧树脂，当手工插入困难时，可用小锤轻捶使其插入，此过程可两个施工人员同时操作。

5.2.9 在露出下节桩的圆钢销钉上涂抹环氧树脂，如图 5.2.9 所示

用小油漆刷在露出下节桩的圆钢销钉上涂抹环氧树脂，此过程可两个施工人员同时操作。

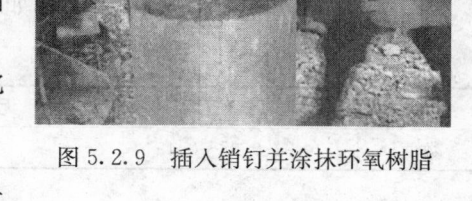

图 5.2.9 插入销钉并涂抹环氧树脂

5.2.10 上节桩就位、落下插入，如图 5.2.10 所示

销钉与上节桩自留孔进行对位，同时对位 7～11 根销钉可能有些困难，可让其中 2 根较其余长 1cm，这样定位相对容易些。为安全起见，在下节桩端板上的空处放置两块钢块，厚度与短销钉露出下节桩端板的高度相同，这样一来既方便对位又能保证施工人员的安全。当对位完成后，立即拿走钢块，然后即可将上节桩落下插入。

5.2.11 拆除导向箍

上节桩落下，钢销全部插入后，拆除导向箍，此导向箍可重复利用。

5.2.12 施焊

施焊由三个焊工对称进行，焊接层数不得少于两层，内层焊渣必须清理干净以后方能施焊外一层，焊缝应饱满连续。焊好的桩接头宜自然冷却后才可继续施工，自然冷却不宜少于 8min，严禁用水冷却或焊好即刻施工。

5.2.13 沉桩

上述工序全部完成后即可进行沉桩。

5.3 劳动力组织（表 5.3）

1	2
3	4

图 5.2.10 上、下节桩对接

劳动力组织情况表　　　　　　　　　　　　　　　　表 5.3

序号	工种	人数	备　注
1	项目管理	1	全面负责接桩施工质量、安全、进度、协调等
2	压桩机组	7	桩机定位及压桩
3	起重组	5	桩起吊等
3	机修工	2	负责桩机维修
4	焊工	6	负责截面焊接及导向箍焊接
5	测量工程师	2	全面负责测量放线、轴线及标高等
6	质量员	1	全面负责整个施工过程的质量控制
7	安全员	1	全面负责整个施工过程的安全控制
8	辅助工	2	负责桩位对准及销钉除锈、配涂环氧树脂等

6. 材料与设备

6.1 施工材料

6.1.1 圆钢销钉，Q345 钢（性能指标如表 6.1.1 所示），长 8～10cm，直径与预留孔尺寸相对应，一端成圆柱形另一端成圆台形。

Q345 钢性能指标   表 6.1.1

钢 材		抗拉、抗压、抗弯 （N/mm²）	抗剪 （N/mm²）
钢号	厚度或直径(mm)		
345 钢	≤16	315	185

6.1.2 环氧树脂 634，性能指标如表 6.1.2 所示。

环氧树脂 634 性能指标   表 6.1.2

性能	环氧值(当量/100g)	无机氯	易皂化氯(%)	挥发份(%)	软化点(℃)	环氧当量(g/eg)
数值	0.38～0.45	≤300	≤0.5	≤1	21～27	222～263

环氧树脂的凝固特性与温度有关，一般约为 30min～24h，常温下为 24h。如需加快凝固可采取相关的技术手段。一般可用内部电阻丝加热以加快凝固：将一根细铜丝绕在钢筋或销钉上，待树脂灌入孔中后，将上节段放好，并从一台发电机引来电流（约 24V，100A），约 5min 以启动反应。一旦启动，反应就进行得很快。但是，由于铜在混凝土中是对预应力筋起电化学腐蚀的祸根，故在选取内部电阻丝的时候，改用尺寸和电性质恰当的钢丝导线可能相对更加安全，也可以在桩的拼接处使用蒸汽罩夹以加速反应。

6.2 设备

6.2.1 主要机具：打桩机。

6.2.2 测量工具：2 台正交经纬仪、1 台水准仪。

6.2.3 其他工具：交流弧焊机 2 台、砂纸、钢丝刷 4 把、小油漆刷 2 把、锤子 1 把。

7. 质量控制

7.1 质量标准及检验方法

7.1.1 有关标准规范

1. 《先张法预应力混凝土管桩》GB 13476—1999；

2. 宁波市行业标准《宁波市建筑桩基设计与施工细则》DBJ 02—01—2000；

3. 《优质碳素结构钢》GB/T 699—1999；

4. 《建筑桩基技术规范》JGJ 94—94；

5. 《建筑工程施工质量验收统一标准》GB 50300—2001；

6. 《建筑地基与基础施工质量验收规范》GB 50202—2002；

7. 《混凝土结构工程施工质量验收规范》GB 50204—2002；

8. 《混凝土强度检验评定标准》GBJ 107—87；

9. 《浙江省建筑标准设计》。

7.1.2 检验方法

1. 圆钢销钉尺寸的规定

在预制厂预制销钉时，规定销钉直径比相应的预留孔洞内径小 1.5～2.0mm，若相差太大，承载能力减弱；若相差太小，环氧树脂的粘结能力降低。在长度上比相应预留孔深度的两倍略短约0.5cm，如果为上节桩定位简便，需其中2根略短于两倍的自留孔深度，其余销钉较这两根销钉再短1cm左右（以9根销钉为例，自留孔洞深度为5cm，其中2根销钉长度为9.5cm，其他销钉长8.5cm）。

检验方法：用游标卡尺检查，在此范围内的合格。

2. 自留孔深度的规定

根据国外相关资料表明，如果销钉长度能够达到30～40倍的孔洞直径，那么即使不再焊接，接头的质量也同样可以得到保证。但是我们考虑到，管桩壁厚一般只有50～100mm，为了不过多削弱桩身混凝土，所以我们不主张留那么深的孔洞，一般4～5cm就可以达到较好的效果。钢端板厚度一般有2cm，利用原锚具螺钉长度，这样张拉完成放张脱模之后，就会形成一个混凝土孔洞。

检验方法：一般只要预制厂螺钉长度符合要求，自留孔洞的深度也就能满足要求。

3. 焊缝要求的规定

焊缝应饱满连续，焊接层数不得少于两层，内层焊渣必须清理干净以后方能施焊外一层，焊接部分不得有凹痕、咬边、夹渣、裂缝等有害缺陷，表面加强焊缝堆高不宜大于1mm，焊接后应进行外观检查，发现有缺陷应返工修整，同一道焊缝返修次数不得超过2次。焊好的桩接头宜自然冷却后才可继续施工，自然冷却不宜少于8min，严禁用水冷却或焊好即刻施工。

检验方法：焊缝质量应满足相应规范要求。冷却时间则需由钟表来确定，时间不少于8min。

4. 垂直度规定

无论是接桩前还是接桩过程中抑或接桩后，都需要控制桩身垂直度，规范规定桩身垂直度允许偏差为1%。

检验方法：桩身垂直度由水准仪进行测量。

7.2 质量保证措施

1. 严格执行建筑材料管理制度。检验不合格的材料严禁入场，并划分责任制，发挥各级质量员的能动作用，将质量隐患消除在萌芽状态。

2. 突出对关键工序全程把关。为此，技术人员在工作中要全程跟踪检查。

3. 做好施工人员培训工作，提高施工水平也是保证质量的关键之处。

4. 严格按照规范施工，上、下端板表面应用钢丝刷清理干净，这样可以保证上、下节桩拼接时，最大限度的降低缝隙，提高接头质量。

5. 焊缝自然冷却时间控制在8min以上，严禁用水冷却或焊好即刻施工。

8. 安 全 措 施

8.1 进入施工现场的作业人员，必须首先参加安全教育培训，考试合格，方可上岗作业，未经培训或考试不合格者，不得上岗作业。

8.2 施工人员配备必要的劳动保护用品，如安全帽、手套等，在灌注环氧树脂时避免接触到施工技术人员皮肤。

8.3 电源开关、控制箱等设施须加锁，并设专人负责管理，防止漏电、触电。

8.4 现场焊接时，在焊件下方加设接火斗。

8.5 涂抹环氧树脂时由于其有较强的粘结力，故不得直接用手，必须用刷子。

8.6 设专职安全员进行监督和巡回检查。

9. 环 保 措 施

9.1 本系统采用的环氧树脂634，无毒，挥发极小，无污染，是一种环保型材料。

9.2 本系统采用的圆钢销钉在预制厂预制，减少现场施工带来的废料、噪声等对环境的污染，又利于废料回收，还节约了钢材。

9.3 使用剩下圆钢销钉应即时回收，多余的环氧树脂残料应及时清理，做到工完场清，并将焊头等废料放置在指定的地点，保持施工场地整洁文明。

10. 效 益 分 析

10.1 经济效益

10.1.1 圆钢销钉和混凝土预留孔洞是在专业车间批量预加工，与现场准备相比，节约了材料、时间。

10.1.2 与传统接桩方法比较，虽然在造价上每个接头成本增加了2～3元，但是操作简便，施工时间增加少许。

10.2 社会效益

10.2.1 面对我国当前桩基础问题不断的情况下，采用本系统施工工艺可以很好的解决接桩问题。

10.2.2 管桩在我国东南沿海地区已普遍采用，广东、浙江等地区也制定了相应管桩施工的技术规范和操作细则，本系统施工工艺操作简便且受外界环境影响小，易于普及。

11. 应 用 实 例

实例1：慈溪市政府会议中心附房

工程位于浙江省慈溪市，全框架结构，实际造价300万元（预应力管桩造价）。工程于2001年7月开工，于2003年10月竣工。

工程采用本工法，应用效果很好，加上其操作简便，成本增加极少，故有很大的应用推广价值。

实例2：慈溪市丽都园工程

工程位于浙江省慈溪市，上部为框架结构，桩基部分造价300万元。工程于2002年开工，于2004年7月竣工。

实例3：宁波大榭国际大酒店附属工程

工程位于浙江省宁波市大榭开发区，上部为框架结构，桩基部分造价260万元。工程于2003年开工，于2005年7月竣工。

工程采用环氧树脂钢销加焊接工艺，沉桩后工程质量比原单纯焊接接桩大大提高，没有产生断桩现象，该工艺值得推广。

自成孔预应力土锚杆施工工法

GJEJGF013—2008

华丰建设股份有限公司　杭州萧宏建设集团有限公司

吕秋生　杨志庆　王对山　章铭荣

1. 前　　言

随着深基坑和边坡支护建设工程与建筑施工新技术的发展，深基坑和边坡支护工程中新型支护技术不断涌现。当深基坑挖深较深且基坑平面面积很大应用内支撑的造价较高时，或土质边坡的高度较大时，如何利用基坑及边坡中合适的土层，在安全适用、方便施工的前提下，研发出新型深基坑或边坡的支护施工工法，成为建筑施工技术领域的一大课题。本工法即在此背景下产生，由华丰建设股份有限公司和杭州萧宏建设集团有限公司共同研发编制。本工法利用预应力土锚杆代替基坑围护的支撑，预应力土锚杆由钻头、锚索、注浆体及外锚头组成。在传统的预应力土锚杆应用基础上，通过改进钻头、钻杆和锚索的构造及施工方法，编制成具有高效快速一次性自成孔且穿索等特点的本施工工法。在本工法实践应用的基础上，已获得实用新型专利证书：管形承载头，专利号ZL200720107518.0。

2. 工 法 特 点

与传统的桩墙内支撑支护系统及普通预应力土锚杆相比较，本工法具有下述特点。

2.1　预应力土锚杆比深基坑支撑系统优越的特点

在深基坑围护结构设计中，当挖深较大且现场场地紧张无法放坡时，可采用传统的排桩结合内支撑的支护体系；而当基坑平面面积很大时，且围护桩的上部土层较好，应用预应力土锚杆代替内支撑系统是一种科学合理的有效措施。预应力土锚杆较之内支撑系统具有土方开挖工作面开阔、工期较短、造价较低、工程结束时不必拆支撑等优越的特点。

2.2　预应力土锚杆具有抗拔承载力大且可靠的特点

预应力土锚杆是抗拔杆件，通过锚杆在土层中的拉锚作用将围护桩墙所承受的侧向荷载传递到基坑周围的稳定土层中去，锚杆自身强度高且不受长度限制，数次高压注浆后与土层的粘结力大，并且每根锚杆经过预应力张拉后可达到最大静摩擦力，故与普通钻孔式或打入式的土锚杆相比，具有抗拔承载力大且可靠的特点。

2.3　自成孔预应力土锚杆兼有一次性自成孔且穿索的特点

由于自成孔预应力土锚杆的锥形钻头构造特殊，三棱式锥形钻头兼有钻进、出水、牵引锚索、与钻杆活络接头等性能，在压水钻进成孔过程中，把钻进、出渣、固壁、清孔以及锚索安装等工序一次完成，故具有施工工艺科学先进、施工技术简易可靠、施工机具简便、施工速度快、钻头永久性嵌固于土层中等特点。

2.4　自成孔预应力土锚杆的外锚头采用型钢腰梁具有可回收的特点

每根自成孔预应力土锚杆通过2根水平安置的型钢（通常为槽钢）腰梁紧贴于围护桩墙，起到传递荷载的作用。型钢腰梁在地下结构施工完成后可以回收利用，从而达到降低基坑支护费用的目的。

2.5　改进型预应力土锚杆具有锚索可回收的特点

当预应力锚杆超越建筑红线时，可利用管形承载头安装锚索，在地下建筑结构施工完成后，将穿心式千斤顶安装于锚索的外露端，拔出已完成使命的锚索，具有既可不超越建筑红线又可回收锚索再利用的特点，从而产生经济效益和社会效益。

3. 适 用 范 围

本工法适用于大型深基坑围护桩上部土层较好且周围允许穿入预应力土锚杆的场地，尤其适用于超深基坑（挖深大于 8m）和高大土质边坡的支护。不适用于流塑状态的淤泥质黏土软土地基。当现场地下水丰富而土层的渗透系数大时，应在预应力锚杆施工时采用降排水措施。当基坑周围的建筑红线很近，预应力锚杆超越建筑红线时，可利用管形承载头在成孔后安装锚索，从而形成可拆式预应力锚杆。在地下建筑结构施工完成后，利用穿心式千斤顶拔出锚索，可回收整理后再使用于其他工程。

4. 工 艺 原 理

4.1 利用特制的带有出水孔的三棱式锥形钻头（图 4.1，图中尺寸可按需要修改），将锚索连接于钻头颈部短钢管的三角形或圆形横隔板上，三角形或圆形横隔板的内孔套于钻头颈部的短钢管，并留有 2mm 空隙。当钻机通过钢管钻杆带动钻头旋转钻进成孔时，三角形或圆形横隔板及锚索并不旋转。钻机带动钻杆钻头钻进成孔的同时，水泵泵出的高压水通过钢管钻杆，从钻头孔中喷出并将地基土搅拌成泥浆，起到钻孔护壁的作用，多余的泥浆随之往孔外不断涌出，从而把钻孔过程中的钻进、出渣、固壁以及锚索安装等工序一次完成（图 4.2），这是本工法关键技术的工艺原理。

 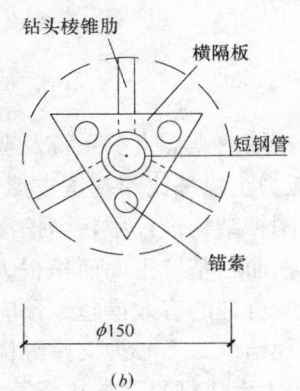

图 4.1　自成孔钻头构造图
(a) 钻头照片；(b) 钻头投影图

4.2 当钻机将钻头送至设计的深度后（图 4.2），退出钻杆并留下钻头和锚索，拉直张紧锚索立即进行第一次压力注浆，封孔后进行第二次注浆。随之在围护桩的内侧壁安装型钢腰梁，待注浆体达到

图 4.2　钻机带动钻杆旋转钻进图

一定强度后，利用液压千斤顶进行预应力锚索张拉并锚固（图5.2.5）。两次压力注浆并对锚索进行预应力张拉，使土锚杆和周围土层间达到最大静摩擦力，从而提高土锚杆的抗拔承载力且减小变形位移，这是本工法关键技术的另一工艺原理。地下室结构施工后分层回填外墙外侧的矿渣或砂石并夯实，随之由下至上分道拆除回收型钢腰梁。

4.3 当预应力土锚杆超越建筑红线时，应将上述三棱式锥形钻头改为管形承载头，在钻机钻进成孔后，将管形承载头连同无粘结型锚索、注浆管一起安装到位，其他工序同前述内容。在地下建筑结构施工完成后，利用穿心式液压千斤顶拔出锚索，可回收再利用。这是本工法关键技术的再一个工艺原理，如图4.3所示。

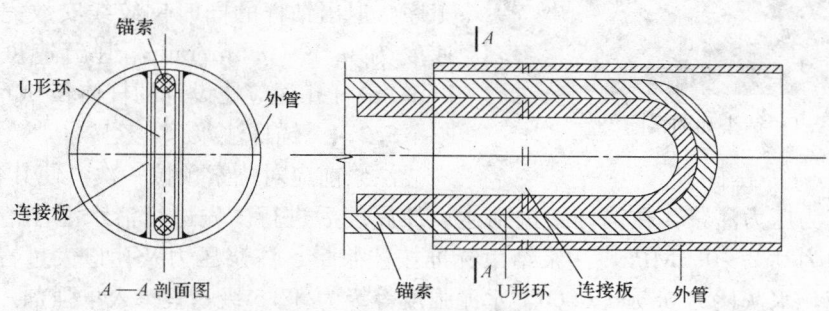

图4.3 管形承载头构造示意图

5. 施工工艺流程及操作要点

5.1 施工工艺流程

土锚杆成孔可采用MD-50型钻机，成孔直径按设计，锚杆施工应与基坑开挖紧密配合，应先在坑周土层开挖出锚杆施工用约8m宽的边槽。土锚杆的下倾角度、长度以设计图纸为准，注入的水泥浆液水灰比为0.55:1，注浆压力和每米水泥用量按设计，采用一次性成孔下锚将钢绞线插入。施工工艺流程见图5.1。

5.2 施工操作要点

施工前，应掌握工程地质资料和周围建（构）筑物及地下管线等资料，防止土锚杆施工对周围环境产生有害影响。

5.2.1 锚索和钻头制作

锚索体采用高强度钢绞线制作而成，所使用的钢绞线强度标准值为1860MPa，在自由段，数根钢绞线套PVC管。钢绞线通过卡头固定于棱锥形钻头的三角形或圆形横隔板上（图5.2.1）。若锚杆设计为2根或4根，则采用矩形或圆形横隔板。所用钢绞线在制作之前应送有关单位检验合格后方可使用。锥形钻头包括短钢管及横隔板通常采用Q235B钢材制作加工焊接而成。

5.2.2 边槽工作面开挖和测量定位

当基坑四周土方开挖出边槽工作面后，应用水准仪量测标高，并在围护桩上拉线做记号。钻机就位时应准确，底座应垫平，钻杆的倾斜角度应用罗盘校核，角度偏差不

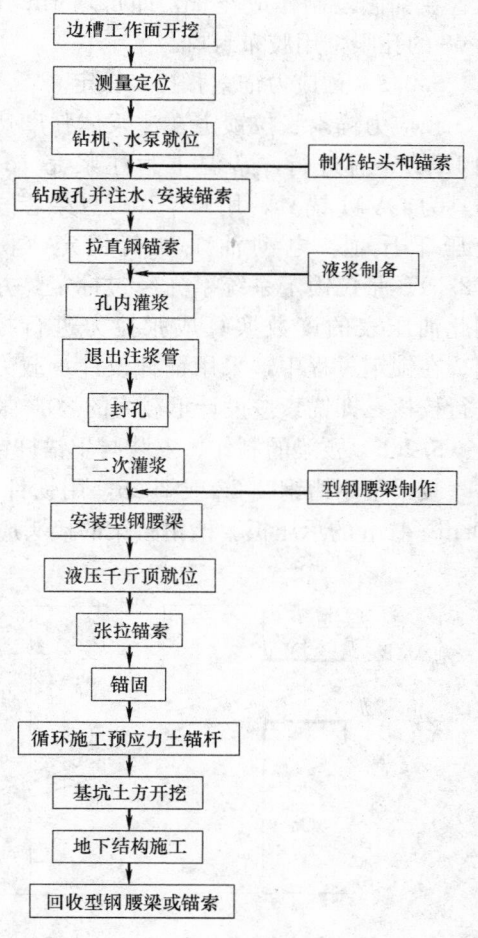

图5.1 施工工艺流程图

图 5.2.1　钻头和锚索图

钢绞线平直。注浆为压力注浆，在锚杆钻进到达设计深度后进行。先进行清水灌注清孔，然后进行压力注浆，注浆压力为 0.2～0.5MPa，注浆结束标准按注浆量、注浆压力及孔口大量冒浆即可停止。注浆浆液为水泥浆液，水灰比为 0.50～0.60，水泥强度等级为 32.5 级，宜掺入早强剂三乙醇胺，用量为水泥用量的 0.1％左右。第 2 次压力注浆的压力为 2～3MPa，该注浆管永久性留于孔内，应有稳压时间，约 2min。第 2 次注浆管在锚固段制作成花管，即每隔 1m 开出 φ8 的孔眼，用胶布封口。

5.2.5　预应力锚索张拉、锁定

预应力锚索张拉锁定在注浆体强度达到 15MPa 后进行，常温下为注浆完 7d，锚具为 OVM 锚具，用 YC-100 型穿芯式液压千斤顶、电动油泵加荷锁定（图 5.2.5）。张拉锁定系统事先经过标定，并用此油压表的读数换算成张拉力进行控制。在锁定过程中，采用锚杆设计承载力进行校核，即锚索按设计承载力的 80％张拉，持载 5min 后按不低于设计承载力的 70％锁定。

5.2.6　腰梁的制作、安装与土锚杆锚固

大于 2°，标高偏差不超过 2cm。基坑四周开挖工作面时，严禁超挖，应挖出一段（约 20m 长）立即施工土锚杆。成孔施工前应在场地中挖好排水沟，以避免因泥浆随意排放而影响施工和环境污染。

5.2.3　锚杆成孔

土锚杆采用 MD-50 型钻机成孔（图 4.2）。施工中若遇坚硬土层则采用冲击成孔（空压机带动），一般土层采用注水旋进成孔。成孔至设计深度后，进行注浆工序。退出钻杆的同时钢绞线安放完毕。钻机的钻进速度为 0.3～0.5m/min，退出速度为 0.5～0.6m/min。锚杆孔深应比设计的杆体长 50mm。

5.2.4　锚杆注浆

注浆前应对锚索预拉一次，使其各部位接触紧密，

图 5.2.5　锚杆张拉图

腰梁常用槽钢 2[22 或 2[25，用铁件焊为一体，必须紧贴基坑围护桩的侧壁，锚头部分为20cm×20cm×1cm 的承压板。槽钢腰梁的接头应用连接钢板焊接。土锚杆的钢绞线通过锚具与垫板传力至腰梁槽钢，槽钢与围护桩间应用细石混凝土喷射平整。锚杆张拉荷载分级及观测时间应遵循有关技术规范和设计的规定。锚杆张拉与锁定工作应做好记录。腰梁与土锚杆的节点详细情况如图 5.2.6 所示。

5.2.7　回收槽钢腰梁或锚索

地下建筑结构施工完成后，开始由低至高逐道拆除回收槽钢腰梁。拆除每道槽钢腰梁前，应施工好换锚杆措施，即按基坑围护设计要求，在基坑四周夯填矿渣或砂石，或用混凝土短梁顶牢于地下建筑楼板和围护桩之间。利

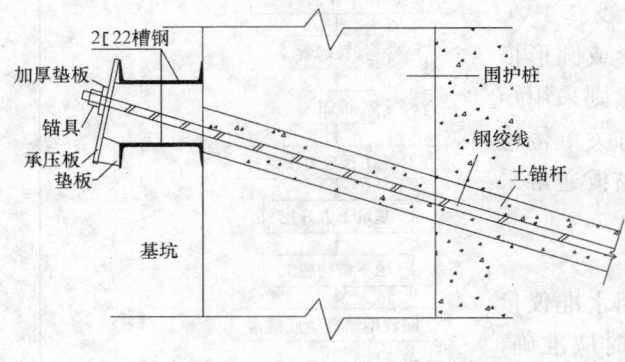

图 5.2.6　腰梁与土锚杆连接（外锚头）详图

用电焊火焰切割掉槽钢腰梁上的外锚头垫板，卸下槽钢腰梁。当预应力锚杆超越建筑红线需要拔除锚索时，应在槽钢腰梁拆卸前进行。拔除钢绞线时，先卸除同一承载头的两根钢绞线的夹片，对外露较长的一端套入穿心式液压千斤顶，并施加拉力，该根钢绞线的一端被拉出的同时，另一端的钢绞线被拉入锚索孔内，千斤顶继续不断多行程的施加拉力，直至整根钢绞线绕过承载头被拉出孔外。如图5.2.7 所示。

图 5.2.7　千斤顶拔除钢绞线图

5.3　劳动力组织（表 5.3）

劳动力组织表　　　　　　　　　　　　表 5.3

序号	工　种	任　　务	人数（人）	备注
1	挖机工、普工	开挖基槽、放坡、回填等	20	视工程量大小和工期要求调整人数
2	钢筋工	制作加工安装钻头、锚索	12	
3	钻机工	钻成孔	10	
4	千斤顶工	张拉锚固预应力筋	6	
5	泥工	灌浆、封孔、喷混凝土	8	
6	降排水	基坑降排水、泥浆排放	8	
7	电焊工	型钢腰梁、外锚头制作安装	8	
8	司机	运输土方、材料	8	
9	测量工	测量放线	4	
10	普工	其他工作	8	

6.　材料与设备

6.1　材料

自成孔预应力锚杆的材料有：强度标准值 $f_{ptk}=1860MPa$ 的高强钢绞线（对可拆式预应力土锚索应选用无粘结钢绞线）、用 Q235B 钢材制作的带三角形或圆形横隔板的棱锥形钻头（对可拆式预应力锚索应用管形承载头）、PVC 套管、强度等级为 32.5 级的普通硅酸盐水泥、早强剂三乙醇胺、用于腰梁的型钢为 Q235B 钢材制作、OVM 型锚具及 Q235B 承压钢板、E43 型电焊条、皮管等。当预应力锚杆用于边坡支护时，尚应有用于护坡混凝土梁柱的钢筋和混凝土及施工周转材料：模板及钢管支架等。

6.2　施工机械设备（表 6.2）

主要施工机械设备表　　　　　　　　　表 6.2

序号	名　　称	型　号	数量	备注
1	成孔钻机	MD-50 或 YX-1	5～10 台	视需要
2	钻机配套钻杆	φ50×4 或按设计	20～40 根	视需要
3	交流弧焊机	BX3	3～6 台	视需要
4	压水泵	BA 型	5～10 台	配钻机用
5	高压注浆泵	UB3	4～8 台	
6	灰浆搅拌机		4～8 台	
7	穿心式千斤顶及配套油泵	YC-100	3～6 台	
8	潜水泵	QY-25	6～10 台	
9	钻机型钢支架	外形 1.8m×1.2m×0.8m	5～10 台	配钻机用
10	反铲挖掘机	W-1001 或 PC200	2～3 台	视需要

7. 质 量 控 制

7.1 质量控制标准

7.1.1 施工质量控制遵循现行国家标准《建筑地基基础工程施工质量验收规范》GB 50202、国家现行标准《建筑基坑支护技术规程》JGJ 120；当用于永久性边坡支护时，应遵循国家标准《建筑边坡工程技术规范》GB 50330。

7.1.2 预应力土锚杆质量检验标准见表7.1.2。

预应力土锚杆质量检验标准 表 7.1.2

序号	检查项目	允许偏差或允许值		检查方法
		单位	数值	
1	锚杆长度	mm	±30	用钢尺量
2	锚杆位置	mm	±100	用钢尺量
3	钻孔倾斜度	度	±1	测钻机倾角
4	浆体强度	设计要求		试样送检
5	注浆量	大于理论计算浆量		检查计量数据
6	锚杆张拉锁定力	设计要求		现场实测
7	锚杆抗拔试验	锚杆总数5%、不少于3根		不超过锚杆承载力标准值的0.9倍

注：此表摘自现行国家标准《建筑地基基础工程施工质量验收规范》GB 50202。

7.2 质量控制措施

7.2.1 施工前应认真检查原材料的品种、型号、规格与锚索及锚具的质量，应有主要原材料的检验报告。当土锚杆用于永久性的边坡支护时，应对锚索进行防腐处理。

7.2.2 钻机的钻进速度严格控制在0.3～0.5m/min，防止速度过快引起旋喷搅拌不均匀，泥浆浆液过少。

7.2.3 土锚杆成孔采用通过钻杆内端的棱锥形钻头压水搅拌成泥浆护壁；对于易于塌孔的土层可采用带螺旋头的钻杆式锚杆，或采用带护壁套管钻进。对于可拆式土锚杆应采用管形承载头。

7.2.4 有效注入水泥浆是保证预应力土锚杆抗拔承载力的关键，应采用压力注浆和增加稳压时间，注浆结束标准应按注浆量、注浆压力和稳压时间综合确定。压力注浆中随时检查胶皮输浆管，禁止出现断浆现象。

7.2.5 土锚杆采用二次压力注浆，一次注浆管宜与锚杆一起放入钻孔，注浆管内端距孔底约500mm，二次注浆管的出浆孔和端头应用胶布密封，保证一次注浆时的浆液不进入二次注浆管内。二次压力注浆应在一次注浆形成的水泥结石体强度达5MPa时进行，二次注浆压力宜控制在2～3MPa之间，二次注浆量可根据注浆工艺及锚固体的体积确定，二次注浆管永久性预埋于土锚杆中。

7.2.6 土锚杆应在锚固体强度达到15MPa以上方可逐根进行张拉锁定，张拉应按一定程序进行。锚头各部件应紧密接触，不得点接触或线接触，承压板应垂直于锚杆轴线。

7.2.7 土锚杆施工中根据工程水文地质条件和围护设计要求，布置井点进行降水，防止停降事故。

7.2.8 型钢腰梁与混凝土围护桩应保持紧密接触，不得点接触甚至脱空，必要时预先在围护桩的接触部位喷射细石混凝土或水泥砂浆并抹平。

8. 安 全 措 施

8.1 基坑四周开挖出预应力土锚杆施工用的边槽，按设计要求留好临时边坡，不得超挖。边槽开挖一段到位立即施工土锚杆，即土锚杆施工紧跟边槽开挖工作面，使未施工土锚杆的已暴露坑壁面积最小，暴露时间最短，从而取得坑壁位移最小的较佳效果。

8.2 预应力锚杆张拉时，操作人员不得站在预应力锚杆的端部，应站在预应力张拉千斤顶的侧面操作，严格遵守操作规程。

8.3 各种施工机械应按现行国家行业标准《建筑机械使用安全技术规程》JGJ 33 安全使用，操作人员应持证上岗。

8.4 施工现场临时用电应按现行国家行业标准《施工现场临时用电安全技术规程》JGJ 46 的规定操作，电工应持证上岗。

8.5 遇到雨、雪、大风及温度低于 5℃ 的天气，应停止施工，做好暂停施工的安全工作。

8.6 基坑四周应设置 1.2m 高的安全护栏，施工人员上下基坑处应设置安全爬梯或斜梯。

8.7 夜间施工的照明设施应齐全，照明灯的支架应稳固，防止倾翻而触电伤人。

8.8 施工边坡支护工程时，应按现行国家行业标准《建筑施工扣件式钢管脚手架安全技术规范》JGJ 130 搭设好操作脚手架。

9. 环 保 措 施

9.1 各种施工用材料的选用应满足国家有关产品标准的环境保护指标的要求。当预应力土锚杆超越建筑红线需要拆除时，应采用可拆式预应力土锚杆。

9.2 从事土方、渣土及施工垃圾的运输车辆应采用覆盖措施，出场地前应清洗轮胎并检查车辆清洁。

9.3 施工现场应设置泥浆沟和泥浆池，采用专用的泥浆车辆将多余的泥浆排放至预定的合适地方，不得排放至城市下水道中。

9.4 施工现场的食堂、卫生间、淋浴间的下水管线应设置沉淀过滤池，然后方可排放至城市下水道中。卫生间的化粪池应有防渗措施。

9.5 控制切割或电焊钢材、搅拌混凝土及砂浆、敲凿混凝土及钢材等噪声污染，夜间施工应有环保管理部门颁发的许可证。

9.6 施工现场的水泥筒等易扬尘场所应采用围挡覆盖措施，防止水泥灰扬尘。

10. 效 益 分 析

10.1 一般地基（非流塑状态淤泥质黏土）土层的大型深基坑，若按传统的桩墙支撑式支护法，需设置单道或数道环梁和水平支撑，以挖深 19m 计，约需 4～5 道强度等级为 C30 的钢筋混凝土环梁及水平支撑（或钢管型钢支撑系统）。采用本工法的自成孔预应力锚杆代替支撑系统，则可以节约该 4～5 道支撑系统的施工及拆除费用，节约每延米费用约 4500 元/m（已扣除预应力土锚杆费用），以 120m×120m 面积的基坑（挖深 18m）计算，可节约支护造价 216 万元。以上经济效益对比中，基坑围护桩与止水帷幕及降排水的费用不变。

10.2 采用自成孔预应力土锚杆支护方法，没有支撑系统还可以大大方便基坑土方开挖，加快施工速度，从而缩短了工期，使该地下室工程提前投入使用，从而地上结构也可以提前竣工，工程提前投入使用还将产生巨大的经济效益和社会效益。

10.3 与传统的非预应力土锚杆相比。按同样的锚杆孔径、长度，由于钢绞线的强度设计值 $f_{py}=1320N/mm^2$ 是 HRB400 钢筋强度设计值 $f_y=360$ 的 3.67 倍，而钢绞线的单价为 HRB400 钢筋的 1.3～1.4 倍，减去永久性留置的钻头和预应力费用，锚杆钢材成本仍可以大幅降低。而且在预应力张拉后，锚杆与周围土层处于最大静摩擦力状态，加之锚索端头相连锥形钻头的嵌固作用。故其抗拔承载力比普通非预应力土锚杆相应提高。

10.4 当采用可拆式预应力土锚杆，回收的锚索（钢绞线）可再次利用。如基坑开挖尺寸长×宽×深为：80m×100m×15m，设四道可拆式预应力锚索，单根锚索长度为 25m（单 U 形承载头），水平间距为 1.5m。钢绞线使用量为 53t，钢绞线造价 30 万元。故采用可拆式锚索的支护体系，可很大程度地节约基坑支护的造价，若加上回收式型钢腰梁（$[^a_{25}$），则回收钢绞线和型钢总计约 60 万元，减去拆除的费用，仍是一笔可观的经济效益。

11. 应 用 实 例

11.1 世纪华丰·文化广场地下室工程

该工程位于沈阳市闹市区，场地东侧为青年大街，其余三侧均为次干道。该工程地下 3 层，地上

图 11.1 150t 液压千斤顶在进行抗拔试验

由三幢塔楼与相毗邻的裙房组成。基坑平面形状呈不规则的矩形，东西长 220m，南北长 180m，四周挖深为 19m。地质概况：杂填土，稍密，3m 厚；中砂，稍密，3m 厚；砾砂，中密，7m 厚；圆砾，密实，9m 厚；中砂，密实，未钻穿。场地地下水为孔隙潜水，水位埋深在自然地面以下 8m，地下室底板为筏板基础，主体结构为框架筒体结构。2006 年开始施工，2007 年底地下室结顶。基坑围护采用 $\phi800@1200$ 旋挖式混凝土钻孔灌注桩，自然地面标高为 ±0.000m，桩尖标高 −27.2m，混凝土强度等级 C25。围护桩沿桩头至坑底按不同的挖深剖面，分别配置 4～5 道自成孔预应力土锚杆，锚杆水平间距 @1200，下倾式锚杆孔直径 $\phi150mm$，每根土锚杆按受力的大小分别配置 $2\times7\phi5$～$4\times7\phi5$ 低松弛高强度钢绞线，钢绞线的强度标准值为 $f_{ptk}=1860MPa$，注浆材料为 0.5～0.6 水灰比的纯水泥浆，水泥为普硅 32.5 级。基坑开挖时结合井点降水，应用自成孔预应力土锚杆施工方法获得成功。锚杆抗拔试验见图 11.1。

11.2 华丰紫郡商住综合楼工程

该综合楼工程位于江苏省江都市，地下室二层半。地下土质复杂，自上而下：杂填土，2.5m 厚，松散—稍密；砂质粉土，5m 厚，稍密；粉细砂，8m 厚，中密；中砂，中密，未钻穿。基坑平面形状呈不规则的矩形，东西长 108m，南北长 135m，四周挖深为 13～14m。水位埋深在自然地面以下 3m，地下室底板为筏板基础，主体结构为框剪结构。2006 年开始施工，2007 年底地上裙房结顶。基坑围护采用 $\phi750@1100$ 混凝土钻孔灌注桩，自然地面为 −0.800m，桩尖标高 −21.5m，混凝土强度等级 C25。围护桩沿桩头至坑底按不同的挖深剖面，分别配

图 11.2 拔出锚杆中钢绞线施工现场图

置 3～4 道可拆式预应力土锚杆，土锚索为无粘结低松弛高强度钢绞线，锚杆水平间距 @1100。基坑开挖时结合井点降水。应用可拆式预应力土锚杆施工方法获得成功。拔出锚杆中钢绞线见图 11.2。

11.3 杭州瑞都综合大厦工程

该综合大厦工程位于浙江省杭州市下沙地区，地下室 2 层。地质土层自上而下为：素填土，1～1.5m 厚，松散；黏质粉土，4～5m 厚，稍密—中密；粉砂，3～4.5m 厚，稍密—中密；淤泥质粉质黏土，4～5m 厚，流塑；细砂，3～5m 厚，中密。基坑平面形状呈椭圆形，长向 120m，短向 80m，基坑四周挖深为 8.6～9.0m，地下水埋深约 1.5m，地下室底板结合桩基承台和地梁。基坑围护采用 $\phi600$、$\phi700$ 的钻孔灌注桩结合 3 道自成孔预应力土锚杆，土锚杆为低松弛高强度钢绞线，水平间距 @1000。同时采用井点降水。2006 年开工，2007 年底地下室顶板施工完成，应用自成孔预应力土锚杆施工方法获得成功。

房屋建筑基础加固、纠偏锚杆桩施工工法

GJEJGF014—2008

福建省闽南建筑工程有限公司　启东建筑集团有限公司

苏振明　黄荷山　蒋贻绅

1. 前　　言

目前大量原有建筑物由于各种原因，或多或少存在建筑物地基基础承载力不足或地基基础倾斜等问题，严重影响建筑物的正常使用，即大量存在地基基础的加固及纠倾问题。为此福建省闽南建筑工程有限公司联合有关科研院所，通过多年的工程实践，将小截面为 200mm×200mm～250mm×250mm 或 $\phi 200～\phi 250$mm 的预制钢筋混凝土柱型构件采用承力架将其压入土层中作为地基基桩，通过独立承台或梁式承台连成整体形成桩基础，支承上部结构荷载的方法，或增大地基基础承载力或顶升倾斜一侧基础纠倾，对大量原有建筑物进行了加固、纠倾，获得了成功，取得了较好的经济效益和社会效益。该工法对应的施工综合应用技术经福建省建设厅组织有关专家评估，被一致认为该技术科技含量高，综合应用技术达到国内领先水平。该技术已广泛应用于原有建筑物的地基基础加固和房屋纠倾，特别是在地质土层分布不均的山区具有很强的实用效果，符合国家大力发展农村建筑改善农民居住条件的政策，具有很大的推广价值和应用前景。

2. 工法特点

2.1　方便原有建筑物增大承载力或加层；经济、有效处理原有建筑物倾斜。加固、纠倾施工中通过监测技术，信息化动态指导施工。

2.2　采用轻便可移动的承力架用静压方式沉桩，以建筑物自重作反力，用千斤顶将桩压入土中，形成桩土共同作用来分担上部结构传递的荷载。

2.3　施工机具轻便灵活，操作简单，施工方便，作业面小，费用适中。

2.4　能耗低、无振动、无噪声、无污染以及施工时工厂不停产、居民不搬迁、工期不影响等特点。

3. 适用范围

锚杆桩适用于粉土、黏性土、人工填土、淤泥质土、黄土等地基土的多层工业与民用建筑地基基础加固及房屋纠倾。对于旧城改造项目、村镇山区民用建筑等都有很强的适应性和较好的经济性。特别适用于地基不均匀沉降引起的上部结构开裂或倾斜、建筑物加层或厂房扩大等情况，建筑物原有基础宜为钢筋混凝土梁板式结构，但深厚淤泥层内慎用。桩长细比 L/D 建议控制在 80 以内。

4. 工艺原理

将小截面预制钢筋混凝土柱型构件利用四周锚杆，采用承力架将其压入土层中作为地基基桩，通过独立承台或梁式承台连成整体形成桩基础，采用托换技术支承上部结构荷载，完成基础加固及纠倾，从而达到提高地基承载力和控制沉降的目的。它充分利用了锚杆和混凝土小桩各自的特性，既能有效

地提供加固及纠倾所需要的支托反力，又能使实施过程中引起的不良施工附加沉降减少。

原有房屋加固时，在确保原有基础强度、刚度、稳定性的前提下，开凿压桩孔及锚杆孔，利用锚杆固定压桩架，通过千斤顶将桩段从基础开凿孔中逐段压入土中，然后将桩与基础连接在一起，从而达到提高地基承载力起到加固的目的。原有房屋倾斜时，首先将房屋倾斜抬高的一侧基础下逐步掏土卸载，降低的一侧基础梁板上开凿压桩孔及锚杆孔，利用锚杆固定压桩架，通过千斤顶将桩段从基础开凿孔中逐段压入土中，逐步调整房屋的倾斜度直至纠倾，然后将桩与基础连接在一起，从而达到房屋纠倾的目的。但因桩段短，整根桩接头数量较多，增大了桩出现过大的初始挠度，影响桩的完整性和抗纵向压曲的能力，故单桩不宜进入持力层过深，也不宜压到不可压缩的坚硬岩石和卵砾层内，在深厚淤泥层内必须慎用。

5. 施工工艺流程及操作要点

5.1 工艺流程

锚杆静压桩的工艺流程如下图 5.1 所示。

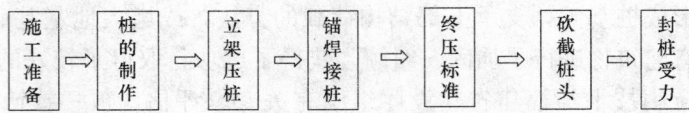

图 5.1 工艺流程图

5.2 操作要点

5.2.1 施工准备

将需要加固或纠倾的基础挖土露出，验算需要加固或纠倾的基础抗冲切、抗剪切及抗弯曲能力是否满足要求，当不满足要求时，必须首先对原有基础进行加固增强处理；其次对原有基础内钢筋进行扫描，避免设计开凿压桩孔时，破坏原有基础钢筋；第三，检查复核原有基础管线的埋设情况，避免施工中破坏原有管线；最后，针对不同的基础类型开凿压桩孔及锚杆孔。当为梁板式条形基础时，在沿墙体两侧基础底板或梁上开凿压桩孔及锚杆孔；当为柱下承台时，在柱四周承台底板上对称开凿压桩孔及锚杆孔。压桩孔形成上小下大的八字形锥状孔，在孔四周对称埋设锚杆。锚杆静压桩孔的留设按设计要求，但尽量靠近墙边或柱边，以减少附加弯矩。当压桩力小于 400kN 时，建议采用 M24 锚杆；当压桩力为 400～500kN 时，建议采用 M27 锚杆。承台大样见图 5.2.1。

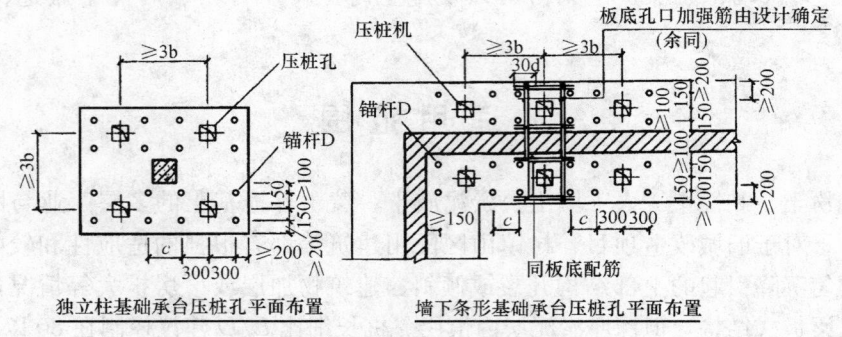

图 5.2.1 承台大样示意图

5.2.2 桩的制作

1. 锚杆静压桩具有体积小、规格统一的特点，适合工厂制作，也可在现场制作。根据桩身与基桩承载力需要选用桩型断面为 200mm×200mm，250mm×250mm 和 300mm×300mm 或圆形截面 $\phi200$～$\phi250$mm。桩节一般为 2～2.5m 为宜，锚杆桩整根桩长由 1 根首节和多根中间节桩组成。桩身配筋率不少于 0.6%，主筋直径不宜小于 $\phi10$，混凝土强度等级为 C30，粗骨料粒径≤40mm 的碎石或经过破碎的河卵石，待桩的混凝土强度达到设计强度的 70％以上时，方可拆模起吊，达到设计强度的 100％后，方可进行运输试压。

2．桩的底模应平整、坚实，宜选用水泥地坪或钢模进行生产，也可采用叠层生产，严禁采用翻模生产；若采用叠层生产，不应超过 4 层，并且其邻桩和下层桩混凝土之强度必须达到 30％以上的设计强度后方可叠层堆放。

3．混凝土浇筑应由桩顶向桩尖方向进行，不得中断；桩宜通长制作，桩节应按标准节制作。接头部位应平整且与桩身保持直角状态。在桩起模前，先编上桩号和分节号，按同一生产批号桩堆放。

4．桩在堆放或运输过程中，要求平稳且宜放在垫木衬垫上，两点支承。堆放层数不宜超过 4 层。

5.2.3　立架压桩

1．基础加固时，应根据设计所需增加承载力的大小，通过千斤顶油压表压力控制满足设计要求；基础纠倾时，应根据压桩过程中，房屋的倾斜调整程度来满足设计要求。

2．基础纠倾时，当为钢筋混凝土梁板式条形基础时，建议针对墙体两侧布置的锚压桩，按对称、均匀、平衡的原则选取锚压桩，通过将选取的锚压桩上千斤顶，用油泵连接到计算机上，通过计算机控制锚压桩群体顶升达到纠倾的目的，以避免分别顶升时对原有基础增加附加弯矩。

3．压桩架可根据压桩力大小自行设计，图 5.2.3 为 600kN 压桩架简图。

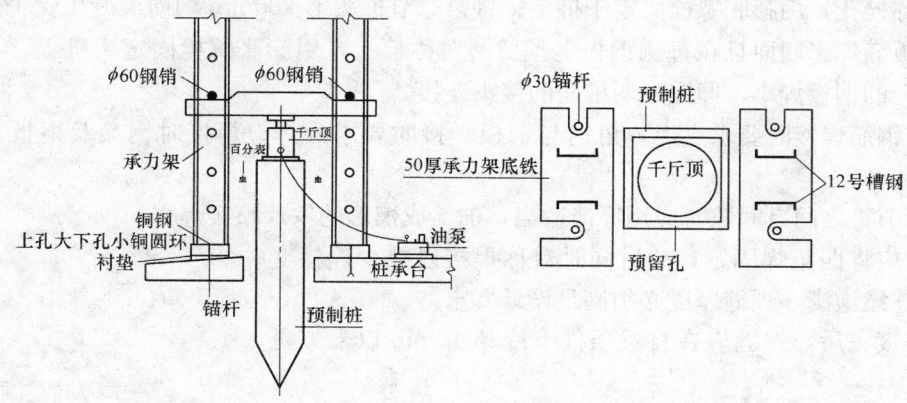

图 5.2.3　压桩承力架简图

4．压桩架要保持竖直，压桩架应与锚杆锚紧、锚牢，施工过程中必须注意检查，随时调整。

5．桩节就位必须保持垂直，使千斤顶与桩节轴线保持在同一垂直线上，桩顶应垫 30～40mm 厚的木板或多层麻袋，套上钢帽再进行压桩。

6．压桩施工不得中途停顿，且一次压至设计标高和要求的压力值为止，一般以满足设计要求为准。如必须中途停顿时，桩尖应停留在软土层中，且停歇的时间不宜超过 24h。

7．压力表必须满足规范规定的标准要求后方可压桩。

8．施工单位应及时提供桩长、压桩力等施工记录。

9．压桩过程严禁在桩孔内填塞石、砂等杂物。

5.2.4　锚焊接桩

当桩承受水平力、拔力或桩接头数大于 2 个时，应采用焊接接头；当桩仅承受垂直压力且桩接头数为 2 个以下（含 2 个）时，可采用硫磺胶泥接头。

1．锚接法（硫磺胶泥接头）

1）接桩锚筋应事先清刷干净和调直，锚筋长度、锚筋孔深度和平台位置均应事先检查符合设计要求后，方可接桩。

2）锚筋孔清洗后，应做到干燥、无杂质和无污染，严禁因孔深不够切割锚筋长度。

3）上节桩就位后，应将锚筋插入锚筋孔内，检查重合无误、间隙均匀后，将桩吊离 10cm，装上

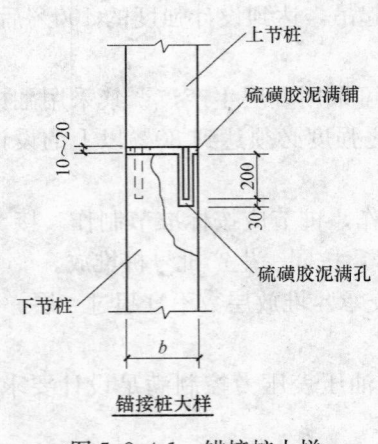

图 5.2.4-1　锚接桩大样

硫磺胶泥夹箍，方可浇筑硫磺胶泥。当环境温度低于 5℃时，应对插筋及插筋孔作表面加温处理。

4）接桩时，锚筋孔内应先灌满硫磺胶泥，并满铺 10～20mm 厚，灌注时间不得超过 2min，立即将上节桩保持垂直放下，锚接桩大样见图 5.2.4-1。

5）硫磺胶泥熬制时，温度应严格控制在 140～145℃范围，浇注时温度不得低于 140℃，烧焦之硫磺胶泥不得使用。

6）严禁未熔化的硫磺胶泥碎粒、砂石、碎块或木片等杂物混进，并浇筑到桩顶面上。

7）硫磺胶泥浇筑后，接桩停歇时间应根据压桩时的气温，由试验确定，应在 7min 以上，方可继续压桩。

8）硫磺胶泥的配合比，主要物理力学性能指标必须满足《锚杆静压桩技术规程》YBJ 227—91 附录二之要求。

2. 焊接法（钢板加角钢接头）

1）将第一节桩尾上 200mm 四周混凝土保护层凿去露出四周钢筋，将钢板满焊于四面且在每侧钢板上预留两对称栓孔，用膨胀螺栓固定于桩上；将第二节桩头上 200mm 四周混凝土保护层凿去露出四周钢筋，将钢板满焊于四面且在每侧钢板上预留两对称栓孔，用膨胀螺栓固定于桩上；再用角钢在四角与上下两桩上的钢板焊牢，即完成两桩间的接头连接。

2）钢板与钢筋焊接时要求点焊，角钢与钢板焊接时要求满焊。焊接时钢筋及钢板表面应得保持清洁。

3）上下两节桩之间有间隙时应用厚薄适当，加工成楔形的铁片填实焊牢。

4）焊接时应将四角焊固定，然后同时对称焊接以减少焊接变形，焊缝要求连续饱满，焊缝厚度必须满足设计要求。

5）接桩焊接完后，焊缝应在自然条件下冷却 10min 以上方可继续压桩。

6）接桩焊接应按隐蔽工程进行验收，未经验收或验收不合格不能进入下一道工序施工。

7）四周钢板中每侧的两个膨胀螺栓连接，必须避开桩中钢筋且连接满足规范要求。焊接桩大样见图 5.2.4-2。

5.2.5　终压标准

1. 地基基础加固时，压桩施工的控制标准，应以设计最终压桩力为主，桩入土深度为辅加以控制。

2. 地基基础纠倾时，压桩施工的控制标准，应以房屋设计要求的倾斜调整度为准，且在施工的全过程中，密切注意变形监测，用监测数据信息化指导施工。

5.2.6　砍截桩头

1. 桩顶必须压到设计标高，并使桩头嵌入承台 50～100mm，主筋嵌入承台内锚固长度大于或等于 35d。对于需砍的桩应留出钢筋；对于正好压到标高的，锚接法的桩，可在锚筋孔内灌硫磺胶泥后插入钢筋，焊接法的桩，插筋应与钢帽焊接（双面焊≥5d）。所加钢筋根数、直径均同桩主筋。

2. 当压桩力达到设计要求，最后一节桩未压到设计标高时，对于外露的桩头经设计人员同意后，必须进行切除。

3. 切割桩头前应先用楔块把桩固定牢，然后用凿子开 3～5cm 深的沟槽，露出的钢筋加以切割，

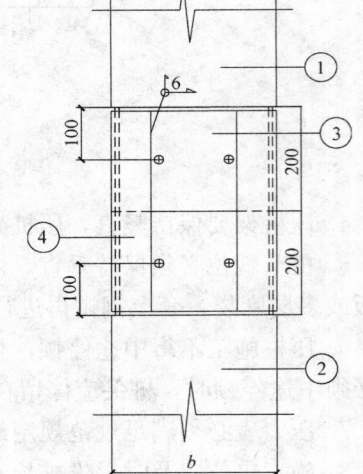

图 5.2.4-2　焊接桩大样

1—上节桩；2—下节桩；3—钢板 200mm×195(245)mm×8mm；4—角钢 L 63×6

以便摘除桩头，严禁在悬臂情况下乱砍桩头。

4. 房屋纠倾时，必须从中间向两侧逐一逐次砍截桩头。已砍过的桩头必须待封桩受力后，方可进行第二批桩头的砍截，以保证房屋纠倾所需的压力要求。具体砍截的批次按设计要求。

5. 砍截桩头时因全部或部分逐次卸荷的原因，施工中应密切注意基础的沉降变形监测，必须用监测数据信息化指导施工。监测必须满足设计及规范要求。

5.2.7 封桩受力

1. 封桩前应经过抽检符合设计要求，并经验收合格后方可封桩。

2. 封桩前必须把压桩孔内的杂物清理干净，排除积水，清理孔壁和桩面上的浮浆。

3. 封桩材料必须掺有微膨胀早强外掺剂的强度等级大于 C30 且高于基础一个等级的细石混凝土，并予以捣实。

4. 应利用锚杆与交叉钢筋焊接见图 5.2.7，以加强封口的锚固能力，使桩与承台形成一个整体，焊接长度双面焊 $\geq 5d$（d 为交叉钢筋直径）。

5. 封桩的工作宜对称、均衡地进行。

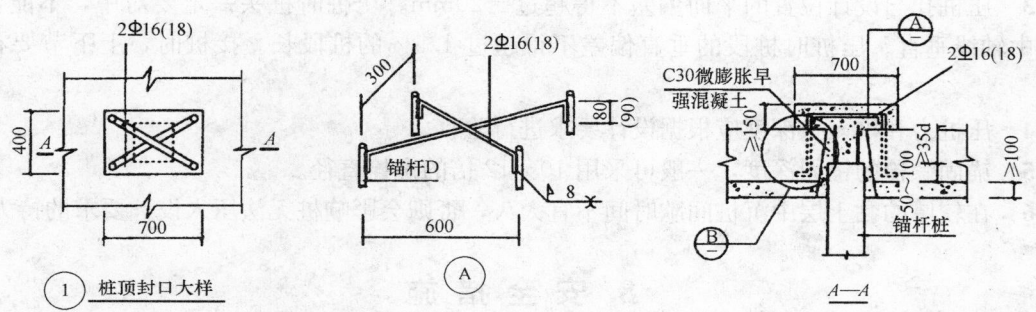

图 5.2.7　锚杆钢筋焊接大样

6. 材料与设备

6.1 材料（表 6.1）

施工材料明细表　　　　　　　　　　　　　　表 6.1

材料名称	规　格	主要技术指标
锚杆桩	200×200、250×250、ϕ200、ϕ250	C30
硫磺胶泥		
钢板、角钢	−200×195×8、−200×245×8、L63×6	Q235
锚杆	M24、M27	Q235
焊条	E4303、E4316	

6.2 设备（表 6.2）

施工机具及仪器　　　　　　　　　　　　　　表 6.2

机具或仪器名称	数　量	用　途	机具或仪器名称	数　量	用　途
风动凿岩机		开凿压桩孔或锚杆孔	电焊机	2台	焊接桩接头
大直径钻孔机		开凿压桩孔	切割机	1台	切割桩接头
锚杆静力压桩机		压桩	经纬仪	2台	测量定位或沉降观测
熬制硫磺胶泥器具			水准仪	1台	测量定位

7. 质 量 控 制

7.1 应满足的国家和地方有关标准、规范

除按上述施工工艺进行严格操作控制外，还应满足国家和地方的有关标准、规范如下。

7.1.1 《锚杆静压桩技术规程》YBJ 227—91。

7.1.2 《建筑桩基技术规范》JGJ 94—2008。

7.1.3 《建筑地基基础工程施工质量验收规范》GB 50202—2002。

7.1.4 《既有建筑地基基础加固技术规范》JGJ 123—2000。

7.2 质量控制措施

7.2.1 预制桩制作应确保质量，混凝土配合比符合设计要求，振捣密实，养护时间足够。

7.2.2 压桩前，必须采取有效措施，清除地下障碍物，以免影响以后压桩，并应检查压桩孔和锚杆位置。

7.2.3 压桩孔与设计位置的平面偏差不得超过±20mm。压桩时桩头一定要对中，不能偏心，桩顶与桩身中轴线垂直。压桩时桩段的垂直偏差不得超过1.5%的桩段长。接桩时，上下节要在同一直线上。

7.2.4 压桩力和桩入土深度应根据设计要求进行验收。

7.2.5 锚固螺栓的锚固深度，一般可采用10～12倍的螺栓直径。

7.2.6 在较厚的黏土层中沉桩间歇时间不宜太久，否则会影响桩无法压入设计要求的持力层。

8. 安 全 措 施

8.1 遵守《建筑安装工程安全技术规程》和地方有关施工现场安全生产管理规定。

8.2 认真贯彻"安全第一、预防为主"的方针，根据国家有关规定、条例，结合施工单位实际情况和工程的具体特点，组成专职安全员和班组兼职安全员以及工地安全用电负责人参加的安全生产管理网络，执行安全生产责任制，明确各级人员的职责，抓好工程的安全生产。

8.3 认真落实安全生产岗位责任制、交底制和奖罚制。每道工序施工前必须逐级进行安全交底，并落实到书面上。从事施工的各级人员，必须持证上岗，各级机械操作人员，严格遵守操作规程，无证上岗、酒后上岗，违章作业造成事故的追究当事人直接责任。

8.4 施工现场的临时用电严格按照《施工现场临时用电安全技术规范》的有关规定执行。施工现场使用的手持照明灯应采用36V的安全电压。

8.5 施工现场按符合防火、防风、防雷、防触电等安全规定及安全施工要求进行布置，并完善各种安全标识。

8.6 应经常检查和维修压桩机具，并建立安全员负责制。对设备、电路、油泵等进行全面检查，对压力表应定期检查、标定，合格后方可使用。

8.7 氧气瓶与乙炔瓶隔离存放，严格保证氧气瓶不沾染油脂。乙炔发生器有防止回火的安全装置。

8.8 电缆线路应采用"三相五线"接线方式，电气设备和电气线路必须绝缘良好，场内架设的电力线路其悬挂高度和线间距除按安全规定要求进行外，将其布置在专用电杆上。

8.9 室内配电柜、配电箱前要有绝缘垫，并安装漏电保护装置。

8.10 压桩、接桩过程中，严格按操作规程施工，杜绝操作不当发生机器伤人、硫磺胶泥或电焊伤人。

8.11 在原有建筑物内施工时，一定要注意安全，尤其在基础纠倾时，更应加强观测，随时防止意外事故发生。

8.12 建立完善的施工安全保证体系，加强施工作业中的安全检查，确保作业标准化、规范化。

9. 环保措施

在严把质量关的基础上加大施工现场文明管理与环境防治工作，具体如下。

9.1 成立对应的施工环境卫生管理机构，在工程施工过程中严格遵守国家和地方政府下发的有关环境保护的法律、法规和规章，加强对施工燃油、工程材料、设备、废水、生产生活垃圾、弃渣的控制和治理，遵守有防火及废弃物处理的规章制度，做好交通环境疏导，充分满足便民要求，认真接受城市交通管理，随时接受相关单位的监督检查。

9.2 任务下达前，由项目工程师按国家或地方有关施工环保措施及企业环境管理体系要求，进行必要的培训。

9.3 将施工场地和作业限制在工程建设允许的范围内，合理布置、规范围挡，做到标牌清楚、齐全，各种标识醒目，施工场地整洁文明。

9.4 定期清运硫磺胶泥弃渣及其他工程材料运输过程中的防散落与沿途污染措施，施工污水除按环境卫生指标进行处理达标外，并按当地环保要求的指定地点排放。硫磺胶泥弃渣及其他工程废弃物按工程建设指定的地点和方案进行合理堆放和处治。

10. 效益分析

锚杆静压小截面预制桩的经济效益主要体现在对原有建筑物的加固及纠倾中，完成了其他任何桩基础无法解决的问题，是旧建筑物改造、加层、扩大及纠倾的最佳选择方案。否则，放弃加固或纠倾，会产生巨大的经济损失及较坏的社会影响，因此，该工法具有极大的实用价值及推广应用前景。

11. 应用实例

晋江陈埭镇位于晋江下游入海口，属滩涂地带，地质分布依次为：地表为1~2米不等的耕植土或粉质黏土，往下为10多米的淤泥层、淤泥质砂土、中细砂和含卵石砂层。原有建筑为一幢晋江陈埭镇岸刀村二层民房，建于1999年6月。基础采用底宽1.5m，厚约1.0m的条石基础，持力层为粉质黏土，地上采用混合结构，建筑面积约426m²，其中一层176m²、二层250m²。4年后在增加一层建筑面积250m²后，建筑物整体下沉约500mm，单面倾斜约300mm。

为确保该房屋正常使用，2004年9月开始加固纠偏，采用200mm×200mm和250mm×250mm预制锚杆静压方桩，桩长22~26m，接头采用焊接接头，持力层为含卵石砂层，压桩力分别为500kN、700kN；采用沿墙通长两桩承台，承台尺寸为800mm×800mm×600mm，共18个承台36根锚杆桩。在建筑物抬高上升的一侧，采用跳孔掏土迫降；在建筑物下沉的一侧，重新浇筑18个两桩承台，采用对称压桩，逐步达到调平实现纠偏目标。控制倾斜率符合规范要求在4‰以内，通过采用锚杆静压桩加固纠倾后持续观测，倾斜得到纠正，房屋不再下沉，在加固纠倾完成后两个月内累计沉降12mm，之后未发生不均匀沉降，房屋状况良好。

全夯式扩底灌注桩施工工法

GJEJGF015—2008

江西中恒建设集团公司　中建五局第三建设有限公司

聂吉利　刘献江　熊信福　何丹　粟元甲

1. 前　言

随着国民经济的日益发展，我国的基本建设项目也在与日俱增，同时作为建设项目所需的建筑用地自然就变得日趋紧张，为解决这一矛盾，降低用地质量要求和建筑物层数的增加成了惟一的有效途径，从而导致建（构）筑物对地基的负荷越来越集中，地基承载力要求也越来越大，同时对地基的变形及地基处理的要求也越来越严格。由于以上因素的存在，桩基础的广泛应用即在所难免，桩基质量的重要性和技术经济性则成了整个建筑行业（含业主、设计、施工、管理部门等）所必须面对的重要课题。

为了提高桩基质量，江西中恒建设集团公司成立科研小组，针对以往的施工实践，结合国内外前人和同行所总结的有益经验和教训，进行系统深入探索和研究，研制一种对地层条件及上部结构要求的适应性更强、施工质量更为可靠、技术经济效果更佳的新桩型—全夯式扩底灌注桩。研制新的施工机具设备"全夯式扩底灌注桩的扩桩设备"，该设备于 2001 年 3 月 29 日荣获中华人民共和国国家知识产权局实用新型专利；研发的"全夯式扩底灌注桩施工方法"于 2003 年 4 月 2 日荣获中华人民共和国国家知识产权局发明专利（专利号：ZL99101432.4）；同时"全夯式扩底灌注桩的研究"于 2002 年 2 月 9 日通过江西省科技厅、江西省建设厅组织的科学技术成果鉴定，该技术方法被认定"达到国内同类技术的领先水平"。专利近年获得的荣誉：2003 年 1 月 21 日荣获南昌市科学技术进步二等奖、2003 年 6 月 26 日荣获江西省科学技术进步二等奖、2007 年 4 月编入建设部科技发展促进中心《〈建设事业"十一五"技术公告〉技术与产品选用手册》。为推广该技术，经整理成本工法。

2. 工法特点

2.1　它适用于各种复杂的地质条件，尤其是在淤泥、流砂区段成桩可确保不产生缩颈、断桩等桩身质量事故。

2.2　其施工机具构造简单，操作维修方便；施工工艺简单流畅，施工质量能得到有效的控制和保证，即以机械硬性指标替代人的主观因素。

2.3　与普通夯扩桩、沉管灌注桩、钻孔灌注桩等相比，该桩型施工速度快，单项工程施工与其他桩型相比能缩短工期 20%～40%。桩身质量明显提高，其混凝土工作条件系数 Ψ_c 可达 0.8，高于预制桩（0.75）和其他混凝土灌注桩（0.6～0.7）的混凝土工作条件系数。

2.4　由于单桩承载力的提高和桩基、基础承台、地梁设计的优化，可较大降低基础综合成本，经济效益显著。按同类桩型比较，能节约原材料（钢筋、水泥）40%～60%，能降低基础工程综合造价 20%～50%。

2.5　该技术施工机械化程度高，施工清洁、文明，对周边环境无破坏，是一项环保型技术。

3. 适用范围

3.1　适用于穿越各类松填土、淤泥或淤泥质土，穿越地基土承载力特征值 $f_{ak} \leqslant 200\text{kPa}$ 的黏性土、粉土，密实度为中密以下的砂土、碎石土。

3.2 对穿越地基土承载力特征值 $f_{ak} \geqslant 200kPa$ 的硬塑状黏性土、粉土或密实度为中密以上的砂土、碎石土时，应试成桩后采用。当地表土承载力特征值 $f_{ak} < 60kPa$ 时，应采取相应措施如表土碾压等，使地表土承载力特征值满足施工设备运行操作的要求。

3.3 普遍适合目前沉管灌注桩、普通夯扩桩、预制管桩、钻孔灌注桩等桩型适用的场地。且特别适宜：上部为各类软弱岩土层，采用普通夯扩桩易产生缩颈、断桩、蜂窝等质量缺陷问题的场地；山区挖填方区使用管桩难以控制桩长的场地；设计需采用扩底桩的场地。

4. 工艺原理

全夯式扩底灌注桩是通过改进扩桩设备和研究成桩工艺而开发的一种新型基桩，是一种从桩下端扩大头到桩身混凝土灌注全过程均采用夯击成型的混凝土灌注桩。其施工工艺是采用双管套合夯击成孔，沉管达到设计深度后，抽出内管，在外管内灌注一定高度的混凝土后，插入内管并不断锤击内管，使外管内混凝土夯挤出管外形成圆柱形扩大头；然后抽出内管，灌注桩身混凝土，再插入内管并多次重锤低击，同时不断上拔外管，产生二次挤土效应，最终形成桩身直径比外管管径稍大且混凝土密实的基桩。

全夯式扩底灌注桩的施工机具相对于普通夯扩桩型的施工机具有较大创新，它用电动锤取代普通夯扩桩的柴油锤。电动锤使全夯式扩底灌注桩的完整性及单桩极限承载力得以保证。电动锤自重30～70kN，夯打时采用重锤低击，因此大大增强了夯击力，能确保桩身混凝土的完整性。除外用电动锤取代原来的一般柴油锤，可以在成桩过程中，对单锤夯击能、锤击速度等施工工艺参数根据不同土层情况（如黏性土、粉土的状态及韧性、砂砾层的密实度等）进行人为控制、调整，以使单桩极承载力在各种土层条件下得以保证。

5. 施工工艺流程及操作要点

5.1 工艺流程与施工顺序

5.1.1 在正式施工前，应在具有代表性的地质区域内，在工程桩外进行试打桩施工，以检验桩机的机械性能、止淤封底效果、钢筋笼制安规格、混凝土搅拌灌注。特别重要的是调查各地段的地质情况，更好地确定沉管和夯扩施工参数。同时必须经设计、监理及建设单位代表现场检查确认，共同确定施工参数。

5.1.2 为确保桩身不被邻桩夯扩时挤压，应按先浅后深、先易后难的原则施工；对于多桩承台下桩基施工时，若遇沉管难度明显增大，则由内向外施工，具体工艺流程见图5.1.2。

5.2 工法操作要点

5.2.1 测量放线

根据建设单位提供的建筑物的红线，测定轴线桩，施放每个桩位，用做好标记的钢筋打入土中，并用混凝土包裹固定。在施工前由质检员、记录员再予以校核；验收无误并办理交接手续后，邀请业主现场管理人员和监理工程师进行复验、确认，以防差错。

5.2.2 桩机定位

打桩机进场就位后，应做到平正、稳固，经检查试机和审验合格后方可施打。

5.2.3 沉管

1. 锤击桩管时，中心线应重合，不得偏心。锤击沉管前，应在桩位处放置足够量的干硬性混凝土后进行沉管施工。干硬性混凝土的数量，应以填满管底空腔为准，以保证止水阻淤的效果。

2. 采用双管套合，重锤低击的办法施打，落锤高度为1.0m，正负偏差控制在0.1m以内。

3. 沉管深度控制以贯入度控制为主，设计持力层标高为辅。

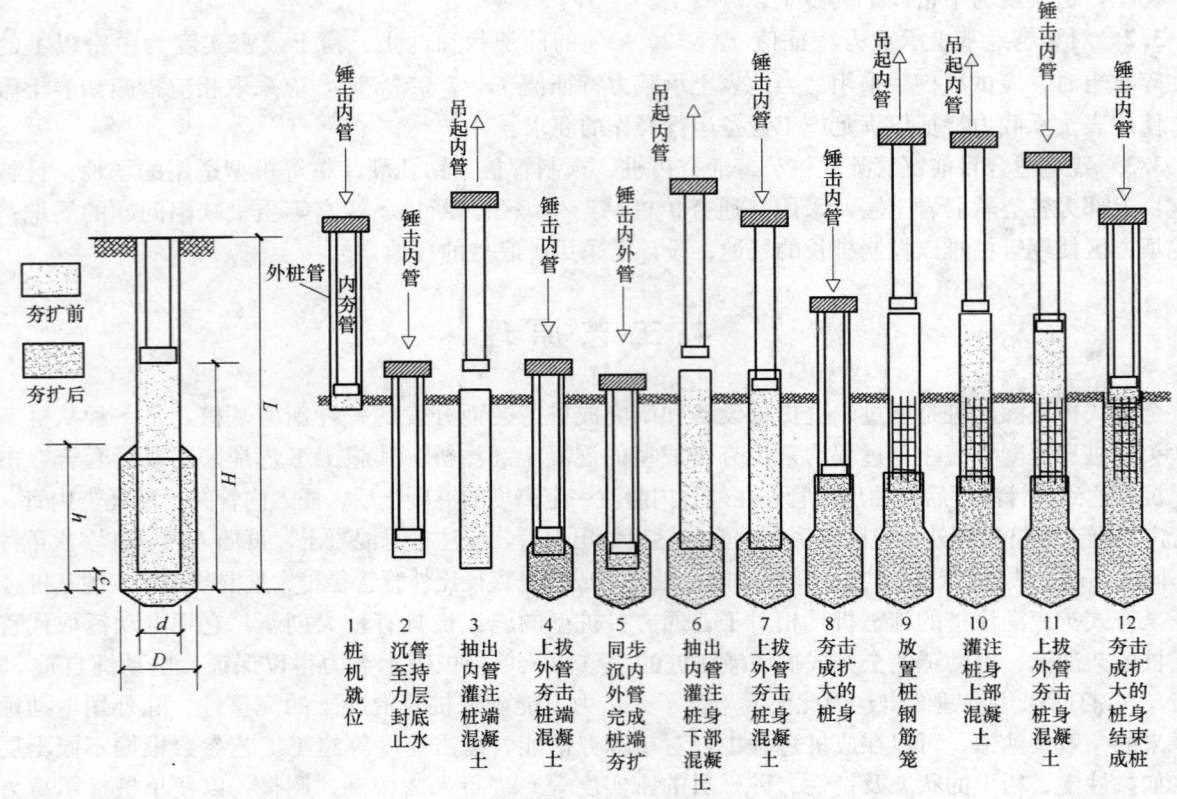

图 5.1.2　全夯式扩底灌注桩工艺参数及施工流程示意图

4. 当贯入度达到 20mm/击时，应测量每 10 击/阵的贯入度值。最后 3 阵的贯入度应满足设计要求或试成桩贯入度要求，作为终止沉管的条件。

5. 终止沉管后，应抽出内夯管，检查内管下端是否干燥，外管内是否有水。如发现少量水时，可采用干硬性混凝土二次止水阻淤。

5.2.4　扩大头混凝土的施工

扩大头混凝土灌注量应按试成桩确定的施工程序、夯扩参数和夯扩次数进行。扩大头混凝土的强度等级应符合设计要求，坍落度应控制在 40mm 以内；投入管内混凝土体积不得小于设计计算的体积；扩大头锤击夯扩时，其夯灌时间不得超过 45min。

5.2.5　钢筋笼制作安装

1. 钢筋笼的钢筋加工制作时，应采用焊接的方法连接。定位箍宜设在主筋内侧与主筋焊接。安装时须待桩身混凝土应先夯灌至钢筋笼下口设计标高后，再将钢筋笼吊入管内安装。

2. 吊装钢筋笼时，先将内管吊起移开，再把钢筋笼固定在定长的钢丝绳上并放入外管内，应保证钢筋笼顶标高与设计要求的标高一致。混凝土灌注成桩后应确保混凝土顶部要比钢筋笼顶标高高出 500mm 以上，保证内管底不夯击在钢筋笼上。钢筋笼安装前应由专人检查记录外管内混凝土面的标高和深度。钢筋就位后，记录钢筋笼安放的标高和钢筋笼的长度，达到设计要求后，方可投入混凝土，放入内管夯击。

3. 钢筋笼在管内自由下落时，应注意防止管外钢丝绳缠绕，与管壁硬磨，造成脆断和反弹，对操作人员产生伤害。

5.2.6　桩身混凝土的施工

1. 桩身混凝土的用量应根据桩长、桩径、地质条件及相关参数确定。混凝土灌注的充盈系数对于淤泥质土、素填土和杂填土宜控制在 1.3～1.4，流塑状淤泥应结合实际情况决定，可适当增加以保证桩身完整性；对于其他土层，宜控制在 1.2～1.3。混凝土强度等级应符合设计要求，坍落度应控制在 80～120mm。

2. 桩身混凝土灌注时，管内的超灌高度，除保证混凝土充盈系数和钢筋笼顶部保护厚度外，还应考虑成桩后，桩顶上部钢筋笼锚固筋笼顶以上有约500mm左右的浮浆厚度。拔管时，应将内夯管压在外管内的混凝土上。当外管均匀上拔时，锤击内管使之徐徐下压，然后边拔边夯直至同步终止于桩钢筋笼顶标高500mm以上，再将内外管一齐拔出地面。

3. 拔管速度要均匀。由于本桩型采用夯击混凝土的成桩技术，因此拔管速度比其他沉管类灌注桩可稍快一些，但应控制在1.5～2.0m/min范围之内。在软弱土层内、软硬土层交界处及有承压水的土层内，应减慢拔管速度，控制在0.8～1.0m/min范围内。

4. 夯击拔管时宜采用低锤密击的办法，如遇不同土层及其他情况应采取下述技术措施：

在软弱土层中，应适当减少锤击次数，同时必须保证在外管上拔时，内管同时均匀下沉；在流塑性淤泥层中，如内管下沉过快，应停止击锤，只需依靠桩锤压力便可达到夯击的效果；在出现冲料时，宜悬挂吊锤，只需把内管压在外管内混凝土顶面，以达到不会过多超灌混凝土的目的。在夯击桩身混凝土的过程中，内夯管不得直接压在钢筋笼顶上，以防止夯压钢筋笼，造成钢筋笼吊绳断裂，钢筋笼弯曲变形。

6. 材料与设备

6.1 材料准备

按照实际工程桩基施工需要，按施工进度计划安排进场。

6.1.1 钢筋

要求进入施工现场的钢筋必须有出厂合格证（质量保证书），并经现场取样复试，符合国家标准后方可使用。

6.1.2 水泥

必须选用符合国家标准的水泥，进场前必须有出厂合格证，进场后按规定抽样送检，各项指标合格后方能投入使用；严禁使用不符合国家标准的水泥，不准多个水泥品种混用。

6.1.3 砾石、砂

砾石规格为5～40mm，砾石必须级配均匀，强度满足要求，最大粒径不得超过40mm，针片状含量不得超过10%，泥杂物含量不得超过1%；中粗砂含泥量不得超过3%。

6.1.4 混凝土

考虑到桩身和扩大头不同的工艺要求，混凝土坍落度指标须分别选用：扩大头及钢筋笼以下为0～40mm，桩身为80～120mm。混凝土配合比选用前，须将水泥、砂、砾石提前送样至有关检测单位做强度和配合比试验；正式施工时，按检测单位提供的混凝土配合比制作混凝土；夯灌后，必须按国家相关验收规范的要求，留置一定数量的混凝土试块。

6.2 机械设备安排

进行全夯式扩底灌注桩的施工，必须配置全夯式扩底灌注桩型专利设备：全夯式扩底灌注桩机，其技术性能见表6.2。并根据工程实际配备相应规格的电动锤。其余设备均与其他类型桩基施工所需设备一致。

全夯式扩底灌注桩桩机技术性能参考表　　　　　　　　　　　　　　　　表6.2

桩机型号	设计桩号直径	电动锤自重	锤击频率 低频	锤击频率 高频	桩架高度	底座尺寸 长	底座尺寸 宽	桩外管规格 长度	桩外管规格 外径	桩外管规格 内径	内管外径	可打桩长≤	可打桩径	打桩现场最低要求 场地坡度≤	桩中至两侧桩最小距离	桩中前面桩最小距离	地表土强度	总重（包括配件）
		kN	次/min		m	m	m	m	mm	mm	mm	m	mm	%	m	m	kPa	kN
QH-400	350	30	20～25	30～40	32	10	4.5	18	325	295	203	16	350～370	1	3.5	8	1.5	80	600
	400	40							377	347	245		400～420						

续表

桩机型号	设计桩号直径	电动锤自重	锤击频率		桩架高度	底座尺寸		桩外管规格			内管外径	可打桩长≤	可打桩径	打桩现场最低要求					总重（包括配件）
			低频	高频		长	宽	长度	外径	内径				场地坡度≤	桩中至两侧最小距离	桩中前面最小距离	地表土强度		
		kN	次/min		m	m	m	m	mm	mm	mm	m	mm	%	m	m	kPa		kN
QH-500	450	50			34	12	4.5	20	402	372	299	18	450	1	3.5	8	2	100	800
	500	60	20～25	30～40					426	396	325		500						
QH-600	550	60			38	13.5	4.8	22～27	480	450	377	20～25	550	1	4	10	2.5	120	1000
	600	70							530	500	426		600						

说明：1. 型号为 QH-400 桩机的可打桩径是个变量，根据穿越土层的强度而变化，强度高时取小值，反之取大值。
2. 施工现场条件最低要求系根据拔管用力、机架基本宽度、作业面最小尺寸、桩基设备总重等因素综合确定。

7. 质 量 控 制

根据试桩施工所得的夯扩参数进行正式施工。在施工过程中，施工质量控制必须按下列原则进行。

7.1 全夯式扩底灌注桩机的质量控制

施工中要密切注意全夯式扩底灌注桩机的状况，如桩机架是否垂直、平衡，外管与内管是否顺直，有无变形。沉管前要检查桩管的垂直度是否符合《全夯式扩底灌注桩技术规程》ZH—701—2005 表4.3.8 的要求，超出规范要求的必须进行调整。可根据施工场地的平整度，采用加高或降低枕木的方法来调整桩机机座的水平以控制桩架的垂直度，达到控制桩管的垂直度，保证将桩基础的垂直度偏差控制在规范要求以内，检测时可采用吊线锤用尺测量的方法进行。

7.2 桩位偏差的控制

注意复查桩位尺寸，是否符合设计及有关规范要求，发现有误须立即调整。其允许偏差范围见表7.2。

全夯式扩底灌注桩的桩径、桩位和垂直度的允许偏差   表 7.2

序号	设计桩径（mm）	桩径允许偏差（mm）	垂直度允许偏差（%）	桩位允许偏差（mm）	
				1～3 根，单排桩垂直于中心线方向和群桩基础的边桩	条形桩基沿中心线方向和群桩基础的中间桩
1	$D<500$	−20	<1	70	150
2	$D\geq500$			100	150

7.3 止淤封底质量的控制

锤击双管沉管至贯入度标准后，抽出内夯管时，必须检查管下端是否干燥，外管内是否进水。如止淤封底失败，则必须采取加大内外管间的长度差、增加封底干硬性混凝土量等措施解决。

7.4 扩大头质量控制

如果在双管同步下沉中，锤击数偏少则贯入度偏大，贯入度偏小则锤击数偏大，说明夯扩效果不理想，此时必须将夯扩头投料量及夯扩参数重新修正，同时应确保或减小夯扩头混凝土坍落度（≤40mm），满足混凝土计算用量和保证夯扩参数要求。扩大头质量控制方法见表7.4。

扩大头混凝土施工质量的检查方法   表 7.4

	项 目	允许偏差或允许值	检查方法
1	混凝土夯灌量（m³）	大于设计扩大头混凝土计算用量	计量检查
2	混凝土夯灌时间（min）	应符合设计要求或规程的要求	分钟计时
3	混凝土坍落度（mm）	≤40	坍落度仪或维勃稠度仪

7.5　夯扩工序的质量控制

7.5.1　检查施工中夯扩工序是否严格按设计参数执行，夯扩参数的误差是否控制在《全夯式扩底灌注桩技术规程》ZH—701—2005 规定范围之内。

7.5.2　在淤泥及淤泥质土等软土地基的场地和群桩时，施工时应按照由内到外或由一边向另一边，隔桩跳打的顺序进行，以免产生断桩或缩颈等质量问题。

7.6　灌注桩身混凝土质量的控制

检查桩身混凝土是否满足充盈系数的要求，确保混凝土的和易性。内夯管必须在桩身混凝土顶面，应一边锤击一边拔管，严防被卡时带起内管。拔管速度宜按不同土层条件控制，内夯管与钢筋笼顶的距离不得小于 50cm 的距离，以保证钢筋笼不被受压而变形。在不至造成内夯管直接压在钢筋笼的前提下，逐步加大落锤高度，增加内管夯击次数和能量。

8. 安　全　措　施

8.1　组织管理机构：为促进施工现场的安全管理，落实安全管理措施，使施工安全管理目标在施工过程中得到有效的控制，项目经理部建立安全生产文明施工管理体系，健全安全生产组织机构。

8.2　安全技术措施

8.2.1　安全用电管理

1. 各项用电必须分闸，实行"一机一闸一漏一箱"，严禁一闸多用。电工每天早晚必须检查用电安全，雷电天气应停止作业。

2. 桩机配电系统应采用三相五线制保护系统，即采用 TN—S 制电器柜，必须按二级漏电保护配置，随机电缆线必须保证绝缘良好，不得在桩架下穿行，更不得压在桩机下进行施工。

8.2.2　机械事故防范措施

1. 机械事故主要包括钢丝绳断裂、机件坠落和外管起拔难等。每天开工前，机长和机手必须认真检查钢丝绳及机具各部件的完好情况，发现问题，及时解决，不留隐患。设备运转时严禁任何人触摸或夸越转动、传动部位和钢丝绳，严禁桩机底座上站人。

2. 卷扬钢丝绳应经常润滑，不得干摩擦，钢丝绳应符合机械性能的要求，与卷筒应连接牢固，不得使用扭结、变形的钢丝绳。

3. 施工作业后，应将桩机停放平稳并把桩管桩锤落下垫好，切断电源，电路开关停机制动后方可离开。

8.2.3　登高作业管理

1. 凡从事登高作业的人员必须持证上岗，不适宜登高作业的人员（如患高血压、心脏病、惧高症等）不得从事登高作业。

2. 登高作业时，衣着要灵便，禁止穿硬底和带钉易滑的鞋，必须按规定使用安全带，安全带应高挂低用，挂设点必须安全、可靠。

3. 登高作业所用的材料要堆放平稳，不得妨碍作业；使用的工具应防止脱手坠落，用完后应放入工具袋内。不得向下随意抛洒物件，要防止高处坠物伤人，上下传递物件禁止抛掷。

4. 登高作业前必须对防护措施及防护用品进行检查，不得在存在安全隐患的情况下强令或强行冒险作业。

8.3　文明施工

8.3.1　施工区域内材料要堆放整齐，车辆停放有序，保持道路畅通。

8.3.2　加强对全体职工的环保思想教育，重视环境保护的文明施工。

8.3.3　采取规范化施工，把施工对环境的污染和居民生活的影响减少到最低限度。

9. 环 保 措 施

9.1 粉尘等控制措施

9.1.1 现场定期洒水，减少灰尘对周围环境的污染。装卸或清理有粉尘的材料时，提前在现场洒水。

9.1.2 严禁在施工现场焚烧有毒、有害、有恶臭气味的物质；严禁向现场周围抛掷垃圾。

9.2 噪声控制

9.2.1 加强机械设备的维修保养工作，确保机械运转正常，降低噪声。夜间施工时，监督职工不得敲打钢管等，尽量减小噪声，施工时严禁大声喧哗。

9.2.2 进出施工现场的所有车辆不得鸣号，出现场时不污染道路和环境。

9.2.3 污水控制：食堂采用燃气灶，现场设电开水炉，减少废水污染。

10. 效 益 分 析

全夯式扩底灌注桩以其特有的施工工艺，克服了不良地基对桩体施工质量的影响，提高了桩基工程质量保证系数，单桩承载力得到大幅度提高，使得在同一单位工程中比普通夯扩桩桩数大大减少，节约了大量资源（如钢材、水泥等），达到了节材节地的综合效果。而且施工时无废气、废液、废物产生，对周边环境不会造成污染，是一种无污染的环保型技术。

11. 应 用 实 例

11.1 江信国际花园 1 号楼

11.1.1 工程概况

由江西江信房地产开发有限公司开发的江信国际花园 1 号楼位于南昌市外环线（南隔堤）以南，拟建建筑为 11 层的小高层公寓，本工程基础设计系采用全夯式扩底灌注桩。设计有效桩长约 10.0m，持力层为砾砂圆砾互层，桩身设计直径为 $\phi450$、$\phi500$ 两种，扩大头直径为 850mm、900mm，扩大头高度为 1000 mm，总桩数共 66 根，混凝土用量约为 195.14m³。

各土层概述如下：

1. 素填土，松散—稍密，稍湿—饱和，层厚 0.7～4.6m，承载力特征值 $f_{ak}=70$kPa；

2. 淤泥，流塑，饱和，层厚 0～1.3m，承载力特征值 $f_{ak}=50$kPa；

3. 粉质黏土 1，稍湿，可塑，局部硬塑，层厚 1.3～6.9m，承载力特征值 $f_{ak}=130$kPa；

4. 粉质黏土 2，湿—很湿，软塑，局部流塑，层厚 0～2.0m，承载力特征值 $f_{ak}=75$kPa；

5. 细砂中砂互层，很湿—饱和，稍密，层厚 0.5～4.7m，承载力特征值 $f_{ak}=110$kPa；

6. 砾砂圆砾互层，饱和，稍密—中密，层厚 7.7～12.7m，承载力特征值 $f_{ak}=280$kPa。

本工程建设单位原拟采用普通夯扩桩，后经设计单位对普通夯扩桩和全夯式扩底灌注桩方案进行经济比较，可节省基础工程造价 7.7 万余元（表 11.1.1），最终设计采用了全夯式扩底灌注桩方案。

11.1.2 施工情况

本工程从 2003 年 9 月 16 日开始首桩施工，为确保桩身不被邻桩夯扩时挤压，本工程确定按先浅后深、先易后难的原则施工；在多桩承台施工时，若遇沉管难度明显增大，则由内向外施工，于 12 月 20 日完成了全部的桩基灌注工作。

11.1.3 效果检验

2004 年 5 月由检测单位对本工程基桩进行检测，检测方式为低应变和静载荷试验，其中低应变和静载荷检测各66根和3根。低应变检测结果为：Ⅰ类桩有60根，Ⅱ类桩有6根。静载荷试验检测结果为：1号（φ450）桩单桩竖向抗压极限承载力为2800kN，15号（φ450）桩单桩竖向抗压极限承载力为2800kN，44号（φ500）桩单桩竖向抗压极限承载力为3600kN，以上检测结果均满足设计要求。

普通夯扩桩与全夯式扩底灌注桩方案经济比较　　　　　表11.1.1

项　目		普通夯扩桩	全夯式扩底灌注桩
建筑面积/层数（m²）		5312.64/11＋1	5312.64/11＋1
桩基	①桩数（根）/持力层	92/砾砂圆砾互层	66/砾砂圆砾互层
	②桩径/扩大头直径（mm）/单桩承载力特征值（kN）	500/800/1600	450/850/1400 500/900/1800
	③桩长（m）	15	10
	④桩工程量（混凝土实灌量：m³）	354.2	195.14
	⑤桩单方造价（元/m³）	530.00	900
	⑥总造价＝④×⑤（元）	187726	175626.0
承台	⑦承台工程量（m³）	193.81	101.26
	⑧综合单价（元/m³）	700.00	700
	⑨总造价＝⑦×⑧（元）	135668.4	70882
合计造价＝⑥＋⑨（元）		323394.4	246508.0
造价比例		1.00	0.76

11.2　九里象湖城6号楼

11.2.1　工程概况

由江西平海房地产开发有限公司开发的九里象湖城6号楼，位于象湖新城，为一栋高层住宅楼，该工程桩基础系采用全夯式扩底灌注桩。

全夯式扩底灌注桩的设计有效桩长要求在5.5m以上，持力层为圆砾层中下部，桩身直径设计为φ500一种桩型，扩大头设计直径为750mm，扩大头高度为1250mm；桩数共226根。混凝土总用量约为465m³。

根据建设单位提供的，由江西省建筑设计院工程地质勘察院编写的《岩土工程地质勘察报告》表明，在钻探所达深度范围内，场地地层分述见表11.2.1。

场地地层详细情况　　　　　表11.2.1

地层序号	土层名称	色泽	状态	层厚（m）	承载力特征值（kPa）
1	杂填土、耕植土、塘泥	杂色	松散	1.7～4.9	
2	粉质黏土	淡黄色	可塑	2.3～3.7	162
3	粉砂	淡黄色	饱和、稍密	3.1～4.6	126
4	圆砾	淡黄色	饱和、中密	5.0～10.0	280～380
5	强风化泥质粉砂岩	褐红色	较破碎	2.5左右	500
6	中风化泥质粉砂岩	褐红色	较坚硬和完整		6.4MPa

11.2.2　施工情况

本工程使用一台全夯式扩底灌注桩机施工，根据工程需要，配备如下桩型的桩管。本工程从2006年4月24日开始首桩施工，于5月24日完成了全部的桩基灌注工作。

11.2.3　效果检验

2006年9月由检测单位对本工程基桩进行检测，检测方式为低应变和静载荷试验，其中低应变和静载荷检测各54根和5根。低应变检测结果为：Ⅰ类桩有54根，Ⅱ类桩有0根。静载荷试验检测结果为：J1号桩单桩竖向抗压极限承载力为3200kN，J2号桩单桩竖向抗压极限承载力为3200kN，J3号桩单桩竖向抗压极限承载力为 3700kN，以上检测结果均满足设计要求。

11.3 江西奥林匹克花园（二期）82 号楼

11.3.1 工程概况

江西奥林匹克花园置业有限公司开发二期住宅 B 区西侧 82 号楼，为 18 层高层建筑。该工程采用全夯式扩底灌注桩，桩身直径设计为 $\phi450$、$\phi500$ 二种桩型，扩大头设计直径分别为 850mm、900mm，扩大头高度为 1300mm、1400mm。桩数共 103 根，其中 $\phi450$ 桩数为 14 根，$\phi500$ 桩数为 89 根，设计单桩竖向承载力特征值分别为 1500kN、1900kN；有效桩长按设计要求及地质报告揭示约 10.0m，持力层为圆砾层，混凝土总用量约为 336.93m³。

根据建设单位提供的《岩土工程勘察报告》揭示，该场地地质详情描述见表 11.3.1-1。

82 号楼场地地质详情 表 11.3.1-1

地层序号	土层名称	色泽	状态	层厚（m）	层面埋深（m）	层面标高	承载力特征值（kPa）
1	素填土	灰褐、土黄、灰黄、浅黄	湿-饱和松散	2.3～5.5	0.0	18.6～20.5	60
2	粉质黏土	灰褐、灰黄、土黄、褐黄、灰、灰白	湿可塑软塑	0.5～5.9	2.3～5.5	14.2～17.55	140
3	中砂	灰褐、灰黄、土黄、灰	湿饱和松散	0.0～7.2	2.9～9.2	10.25～16.3	130
4	圆砾	灰褐、灰黄、浅黄、褐黄	饱和稍密	4.9～15.4	6.0～13.4	6.5～14.1	250
5	强风化泥质粉砂岩	棕红、青灰	强风化	1.1～1.5	21.0～23.4	-2.8～-1.4	岩石饱和单轴抗压强度标值 1.099MPa
6	中风化泥质粉砂岩	棕红、青灰	中风化	6.52～12.28（未揭穿）	22.3～23.7	-4.2～-2.8	岩石饱和单轴抗压强度标值 5.283MPa

本工程建设单位原拟采用预应力混凝土管桩，后经设计单位对预应力混凝土管桩和全夯式扩底灌注桩方案进行经济比较，可节省基础工程造价 7.0 万余元（表 11.3.1-2），最终设计采用了全夯式扩底灌注桩方案。

预应力混凝土管桩和全夯式扩底灌注桩方案经济比较 表 11.3.1-2

项 目	预应力混凝土管桩		全夯式扩底灌注桩	
建筑面积（m²）	(15m×23.3m+9.3m×6.5m×2)×18=8467.2		(15m×23.3m+9.3m×6.5m×2)×18=8467.2	
桩数（根）	38	72	14	89
桩径（mm）	400	500	450	500
单桩承载力特征值（kN）	1200	1900	1500	1900
桩长（m）	20	20	10	10
桩工程量（m³）	总桩长：760m	总桩长：1440m	38.78	298.15
桩单方造价（元/m³）	单价：135 元/m	单价：168 元/m	880.00	850.00
总造价（元）	102600	241920	34126.4	253427.5
单根桩造价（元/根）	2700	3360	2437.6	2847.5
合计	344520		287553.9	
建筑面积单方造价（元/m²）	40.69		33.96	
造价比例	1.00		0.83	

11.3.2 施工情况

本工程使用二台全夯式扩底灌注桩机施工，根据工程需要，配备二种桩型的桩管，从 2007 年 1 月

22 日开始首桩施工，于同年 2 月 9 日完成了全部的桩基施工工作。

11.3.3　效果检验

2007 年 3 月由检测单位对本工程基桩进行检测，检测方式为低应变、高应变和静载荷试验，其中低、高应变和静载荷检测各 103 根、6 根和 6 根。低应变检测结果为：Ⅰ类桩有 97 根，Ⅱ类桩有 6 根。高应变检测及静载荷试验单桩竖向抗压极限承载力为 3218～4011kN，以上检测结果均满足设计要求。

复合载体夯扩桩利用建筑废料二次固结施工工法

GJEJGF016—2008

青岛市胶州建设集团有限公司　烟建集团有限公司

郭道盛　姜焕胜　张德光　黑增武　孙国春

1. 前　言

传统的端承桩只能应用于硬质地基上，如果用于持力层埋深很大的情况，则会大大增加桩长，非常不经济，且桩的承载力会受到一定程度的削弱。复合载体夯扩桩是通过在桩孔中填入碎砖、混凝土碎块、煤矸石等建筑垃圾和废料，用落锤加以夯击，使底部形成一个密实的扩大头复合载体，通过在填料中掺入一定比例的灰土进行二次固结，作为上部桩体的端承载体，有效提高桩的承载能力、缩短桩长、减小沉降变形。2006年以来，青岛市胶州建设集团有限公司、烟建集团有限公司在所施工的青岛金世博磨具有限公司厂房、青岛海洋大学崂山校区教学楼工程、烟台新兴电子有限公司办公楼等工程中对复合载体夯扩桩利用建筑废料二次固结技术进行应用和研究，总结了一系列的保证施工质量、提高桩基承载力的技术方法和措施，编制了本工法。经过工程中的应用，取得了良好的经济效益和社会效益。该工法的关键技术——"桩端复合载体利用建筑废料掺加灰土二次固结技术"经青岛市科学技术信息研究所组织科技查新，填补国内空白。该工法关键技术于2008年5月5日经山东省建筑工程管理局、山东土木建筑学会组织专家鉴定，达到国内领先水平。

2. 工法特点

2.1　单桩承载力高

复合载体夯扩桩由于对被加固土层内的填充料施以强力冲击，致使土体被有效加固，桩端下4m范围内土的压缩模量提高1.35倍，承载力提高1.5～1.58倍。另外在夯击成孔和填料夯实过程中对周围土体产生挤密效应，增大了桩侧土的摩阻力。

通过二次固结层的形成，突破了一般复合载体夯扩桩的传统理论，通过采取措施，在填料中掺入一定比例灰土进行夯击，使其在桩端周围形成了坚实的二次固结层，有效地提高了桩的承载力。

2.2　充分利用建筑废料，减轻环境污染，节约材料，节省投资。

复合载体夯扩桩的填充料可以利用大量的建筑垃圾和煤矸石，减轻了建筑垃圾对环境的污染。施工过程无需制作泥浆，无需依靠泥浆护壁。避免了泥浆污染。

夯扩体由碎砖、碎混凝土块、煤矸石等废料组成，材料来源广泛，节约水泥、钢材，节约成本。

2.3　地质适应面广，成桩率高，施工工艺简单，布桩灵活，抗拔性能好。

3. 适用范围

可广泛应用于工业与民用建筑中土质松散、未进行压实处理、固结程度差、地基承载力低、高压缩性土、不均匀土质、湿陷性土等地质条件。

4. 工艺原理

复合载体由四部分组成：干硬性混凝土（低坍落度混凝土）、填充料、挤密土体和影响土体（图

4）。上部荷载通过混凝土、填充料、挤密土体和影响土体逐级传递到载体下的深层土体，其传力方式类似多级扩展基础的受力。

复合载体夯扩桩既具有混凝土桩身，同时又有复合载体，桩身将部分荷载通过侧摩阻力传递到桩侧土体，复合载体将上部荷载传递到桩端以下深层土体。由于复合载体夯扩桩桩长较短，桩身周围土体往往侧摩阻力较低，故大部分荷载传递到桩端下深层土体。通过在复合载体填料中掺入一定比例的灰土进行夯击，产生二次固结效应，使复合载体的密实度和承载力得到进一步增强，极大地提高了桩的承载能力。

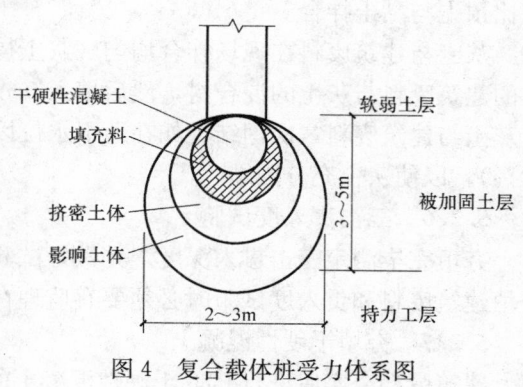

图 4　复合载体桩受力体系图

5. 施工工艺流程及操作要点

5.1　施工工艺流程

试成桩 → 桩位放线 → 桩机就位 → 沉护筒至标高 → 测定三击贯入度 → 夯填建筑废料 → 三击贯入度试验 →

夯填干硬性混凝土 → 安装钢筋笼 → 浇筑混凝土 → 下一支桩施工 → 桩基检测

5.2　施工操作要点

5.2.1　试成桩

正式施工前应进行试成桩，并应详细记录成孔标高、贯入度、填料用量、三击贯入度试验数据、混凝土的分次灌入量、外管上拔高度、内管夯击次数、双管同步沉入深度，并应检查外管的封底情况，有无进水、涌泥等，经核定后作为施工控制依据。

5.2.2　桩位放线

在工程进行定位放线后，经过规划验收，就可以进行桩基础施工放线工作。根据施工图纸对每只桩进行定点，按轴线交叉位置，使用 40mm×60mm 方木，用线坠垂下，用 4cm 钉子作为桩中心点。也可采用全站仪按桩中心坐标定桩位。

5.2.3　桩机就位

桩机进入现场后根据施工流水段进行施工，按照桩点进行定位，固定机械，调试桩中心位置和桩架垂直度，经检查准确无误后就可以进行夯扩桩施工。

5.2.4　沉护筒至标高、测定三击贯入度

桩机就位后，调整好中心位置和桩架垂直度，开始落锤冲击成孔。开始夯击成孔时要减小落距，防止扬尘污染。夯击至设计标高后，测定三击贯入度，达到要求的贯入度（根据设计桩基承载力确定）后，方可停止夯击。

5.2.5　夯填建筑废料

1. 重锤落击到设计要求的持力层后，才能夯填建筑废料，主要的建筑废料有碎砖、碎混凝土块、煤矸石等硬建筑垃圾，每只桩使用废料大约 0.5～1.8m³，使用的建筑废料不得含有淤泥、有机物等杂物，随填随夯击密实。

2. 桩端复合载体利用建筑废料掺入灰土二次固结技术

为了提高桩端复合载体的承载力，在填料中掺入一定比例灰土（掺量 10%～15%），使其在桩尖周围形成坚实的二次固结层。

灰土采用熟化石灰或生石灰粉和黏土按 3：7 或 2：8 的比例拌合均匀。土料宜采用就地挖出的黏性土料或塑性指数大于 4 的粉土；熟化石灰应采用生石灰块（块灰的含量不少于 70%）在使用前 3～4d 用清水予以熟化，充分消解后成粉末状，并加以过筛；采用生石灰粉代替熟化石灰时，在使用前按体

积比预先与黏土拌合。

灰土与建筑废料在现场拌合均匀（灰土掺量 10%～15%），分层填入桩孔中，每次先填入 50cm 左右的建筑废料与灰土的混合料，然后填入 5cm 厚左右的灰土，以充分填充建筑垃圾的空隙，然后夯实，使灰土与建筑废料二次固结。如在地下水位以上夯填时，可在灰土中掺入适量水（一般为灰土的 8%～10%），以使灰土充分固结。

5.2.6　三击贯入度试验

夯填完毕测定三击贯入深度，并做好试验记录。达到设计要求的贯入度后，方可进行下一道工序。夯填建筑废料和贯入度试验时必须要有监理在场，施工记录和试验记录应有监理签字确认。

5.2.7　夯填干硬性混凝土

建筑废料夯实后进行 C20 干硬性混凝土的夯实，夯填的厚度约为 0.5m。夯填完成后，测定三击贯入度，测量标高。

5.2.8　安装钢筋笼

确认夯实后，放入钢筋笼，钢筋笼的保护层可采用细石混凝土块或塑料定位卡定位。校正钢筋笼位置，检查保护层厚度，即可进行混凝土灌注。

5.2.9　浇筑混凝土

浇筑混凝土施工过程中在桩基位置铺设薄钢板一块，分层放入混凝土即进行振捣，也可采用混凝土输送泵泵送入桩孔中。要求振捣密实，随浇随提出护筒。拔管时内夯管和桩锤应施压于外管中的混凝土顶面，边压边拔。要控制好拔管的速度，保证浇筑混凝土面比护筒底口高出 500～1000mm。在桩头部位要用钢模保护，混凝土顶面抹平。

5.2.10　下一支桩施工

混凝土施工完后，桩机即撤离桩位进行下一支桩的施工，施工程序同上。为了防止新桩夯击时振动和挤土效应对已成桩的影响，可采取跳打的方式。

5.2.11　桩基检测

全部桩基完成后，在规定时间内进行桩基检测。测桩的方式和数量根据《建筑地基基础工程施工质量验收规范》GB 50202—2002 和《建筑桩基技术规范》JGJ 94—2008 以及设计要求，桩基检测合格后方可施工基础承台和主体结构。

6. 材料与设备

6.1　材料要求

6.1.1　碎砖、碎混凝土块

要求所用碎砖、碎混凝土块干净，无淤泥、碎渣、有机物等杂物。

6.1.2　煤矸石

要求所用煤矸石粒径不小于 2cm，无碎渣、污泥、有机物。

6.1.3　灰土：

1. 土料：宜采用就地挖出的黏性土料或塑性指数大于 4 的粉土，土内不得含有机杂物，地表耕植土不宜采用。土料使用前应过筛，其粒径不得大于 15mm。

2. 熟化石灰：熟化石灰应采用生石灰块（块灰的含量不少于 70%），在使用前 3～4d 用清水予以熟化，充分消解后成粉末状，并加以过筛。其最大粒径不得大于 5mm，并不得夹有未熟化的生石灰块及其他杂质。

3. 采用生石灰粉代替熟化石灰时，在使用前按体积比预先与黏土拌合洒水堆放 8h 后方可使用。生石灰质量应符合国家现行行业标准《建筑生石灰粉》JC/T 480—92 的规定。

6.1.4　混凝土所用水泥、砂石等材料要符合《混凝土结构工程施工质量验收规范》GB 50204 和

《混凝土质量控制标准》GB 50164—92 的要求。

6.1.5 钢筋笼所用钢筋应有出厂合格证明并有复验报告，锈蚀的钢筋要除锈，锈蚀严重的钢筋不得使用。

6.2 所需机械设备

本工法采用的机具设备见表 6.2。

机具设备表　　　　　　　　　　　　　　　　　　　表 6.2

序 号	设 备 名 称	规 格	数 量
1	步履式复合载体夯扩桩机		1 台
2	钢筋加工机械		1 套
3	混凝土搅拌机械		1 套
4	混凝土运输机械		1 套
5	混凝土输送泵		1 台
6	振动棒		4 台
7	测桩设备		1 套

7. 质 量 控 制

7.1 质量标准

本工法依据以下质量标准：《建筑桩基技术规范》JGJ 94—2008，《建筑地基基础工程施工质量验收规范》GB 50202—2002。

7.2 主要质量控制指标

7.2.1 成桩质量检查主要包括成孔后贯入度检验、夯填复合载体后贯入度检验、钢筋笼制作及安装、混凝土搅拌及灌注四个工序过程的质量检查。

1. 成孔后贯入度检验：应符合设计地基承载力要求，误差不大于 5%。

2. 夯填复合载体后检验：三击贯入度为不大于 10cm，重锤落距为 6.0m，允许偏差为 ±20mm。

3. 夯完 0.3m³ 干硬性混凝土后，干硬性混凝土出护筒 1～2cm。

4. 桩身混凝土强度等级满足设计要求，坍落度控制在 14～16cm，冲盈系数大于 1.05。

5. 桩孔的垂直偏差、桩径允许偏差、桩位允许偏差、钢筋笼顶标高允许偏差等应符合《建筑桩基技术规范》JGJ 94—2008、《建筑地基基础工程施工质量验收规范》GB 50202—2002 的规定。

7.2.2 为确保实际单桩竖向极限承载力标准值达到设计要求，应根据工程重要性、地质条件、主体结构设计要求及工程施工情况选择一定比例的桩进行单桩静载荷试验和可靠的动力试验（高应变试验）。对于地基基础设计等级为甲级或地质条件复杂，成桩质量可靠性低的桩，应采用静载荷试验的方法进行检验，检验桩数不应少于总桩数的 1%，且不应少于 3 根，当总桩数少于 50 根时，不应少于 2根。桩身质量应进行检验（低应变试验），对设计等级为甲级或地质条件复杂、成桩质量可靠性低的灌注桩，抽检数量不应少于总数的 30%，且不应少于 20 根；其他桩基工程的抽检数量不应少于总数的20%，且不应少于 10 根，每个柱子承台下不少于 1 根。

7.3 主要质量问题及防治措施

7.3.1 桩身断裂问题

1. 产生原因分析

在施工过程中，由于夯扩桩施工设备一般较重，在临近桩施工时机械行走、运转所产生的挤压、振动，可能对临近桩产生水平剪力，以至造成桩身断裂；同时，由于沉管桩属于挤土桩，土体受挤压后产生侧向位移，同时还会伴随产生地面隆起现象，这时会对相邻桩产生水平侧向和向上反力，很容易使处于初凝状态的桩体挤断裂；再者，由于施工时灌注混凝土的配合比不当、和易性差，拔管速度过快，混凝土在管内的流动性不好，也极易产生断桩。

2. 防范措施

采取退打施工方案，尽量避免施工设备在成型桩上运行；施工桩应尽可能连续打完，使其在临近桩未达到初凝状态前全部完成；施工沉管过程中，地层上部的挤土效应最为明显，因而对邻近桩的影响也最大，因此在沉管入土时尽量采用静力加压方式，减少对临近桩的影响。

7.3.2 桩身缩颈问题

1. 产生原因分析

拔管速度过快，由于桩体的形成过程是在拔管的过程中混凝土在振动条件下流出管外，与周围土体接触形成桩体，如果拔管速度过快，管内混凝土不能及时充分流出管外；而由于周围可能处于软塑状态的土体在临近桩施工振动作用下侧向应力恢复较快，对流塑状态的混凝土产生挤压，致使桩体断面变小；又因越是靠近地面桩管的摩擦阻力越小，拔管速度容易变快，此时管内混凝土的压力又很小，混凝土越不易流出管外；此外，混凝土材料粒径过大，混凝土的配合比不当，浇筑时产生"抱管"现象，也会形成夯扩桩缩颈现象。实践证明，夯扩桩缩径现象多发生在地表下 2m 左右水位变化或地层软硬交界处。

2. 防范措施

降低提管速度，特别是在接近地表 3m 范围内速度应严格控制在 0.8m/min 以内；采用"留振"措施或拔出管后采用振动棒在桩体上部振捣措施；施工前在场地周边预先施工一些砂桩、碎石桩泄压井，这样再施工夯扩桩时，产生的超静水压力从渗透性能较好的砂石桩中顺利泄放；地下水位埋深较浅时，应采取适度的井点降水措施，或者沉管成孔后孔中放入滤布包好的钢筋笼，以此来控制减小沉管产生的超静水压力；合理布置打桩顺序，不集中打桩，以利孔隙水压力的消散。

7.3.3 桩身混凝土离析、夹泥、强度偏低问题

1. 产生的原因分析

地下水位过高，土体含水量大，施工沉管过程中形成超静水压力乃至形成地下承压水流，造成对临近刚施工过的夯扩桩体的冲刷，甚至可能出现喷水冒浆现象，最终水泥被泥浆置换；桩端密封不严密，或沉管后桩管在土体中停留时间过长，致使管内进水、进泥，然后灌入混凝土后造成桩端混凝土离析、夹泥现象；混凝土材料的选取不当、配合比不当，造成桩体产生离析、桩体强度偏低现象。

2. 防范措施

如前所述，施工前采取降水措施，打一些降水井或施工一些泄压井以减轻土体中的超静水压力；沉管前严格检查桩端的密封情况，保证其严密性，防止沉管过程中进水、进泥，若沉管后发现管内少量进水，可先倒入一些干水泥进行吸干，方可进行下一步工序；做好混凝土材料的选取、验收工作，严禁使用不合格材料，必要时应进行洗料，严格控制混凝土的配合比，坍落度宜控制在 8～10cm。

7.3.4 桩顶或桩端达不到设计标高、扩大头不足问题

1. 产生原因分析

对桩体的灌料量估算不足，投入混凝土量偏少；对场地的岩土工程条件了解不明确，尤其是桩端持力层的起伏标高不明，局部桩端贯入持力层深度较大，超过了机械施工能力；桩体扩大头夯扩量过大，一方面造成临近桩难以下沉到设计标高；另一方面造成整个场地持力层越挤越密，最终有沉不下的现象；夯扩头材料的投放量不足、夯扩头材料的坍落度过大、持力层的密实度较大、选用机械设备的参数偏低等因素都会造成夯扩头不足。

2. 防范措施

正式施工之前，详细了解场地的岩土工程条件，必要时应作补充勘察，了解硬夹层、持力层情况；正确理解沉管夯扩灌注桩施工图纸的要求，制定合理的施工组织设计，计算好夯扩头材料用量，夯扩过程中的锤击数，桩体材料的充填量；合理选择施工机械、施工方法。实践证明：沉管难以下沉时，更换大能量级的锤或利用配重增加压力或辅以射水流都是行之有效的办法；夯扩头材料选用干硬性的混凝土质量较易保证。

7.3.5 桩顶位移量大、桩中钢筋笼偏移、桩顶预留钢筋长度不足

1. 产生原因分析

桩管在入土下沉时，导向架与地面不垂直，下沉到一定深度后往往再用行走桩架方式难以校正桩位；桩管下沉时在地表如若遇到虚填土坑、大块硬障碍物，桩尖都会偏向较软的方向，以致造成桩位的偏移；此外，群桩施工时，由于挤土效应也常常会造成桩位的偏移。桩中钢筋笼偏移现象主要是笼上未设置导正筋或导正块；再者可能是混凝土灌注完毕拔管过程中，吊放钢筋笼装置出现提拉现象。桩顶钢筋长度不足原因分析是拔管过程中，吊放钢筋笼装置出现松动，产生向下滑移现象，或者因刚浇筑的混凝土坍落度大、桩体混凝土处于流塑状态，钢筋的相对密度比混凝土的相对密度大，在施工振动作用下，钢筋沉入混凝土。

2. 防范措施

施工前应将地表、地下障碍物（建筑垃圾等）彻底清除；在桩管对准桩位开始沉管之前，应进行打桩设备的底盘调平、导向架的调直，保证沉管与导向架平行、与地表面呈垂直状态；在最初沉管时，若发现沉管不垂直应及时调整，打入一定深度后发现偏移较大时，应拔出管后回填素土或砂重新沉桩。钢筋笼应按要求焊接加强筋、焊接导正筋或绑扎导正块，防止钢筋笼在振动拔管过程中受外力作用致使主筋偏移成束状，或整笼偏移产生桩体露筋现象。钢筋笼下沉是造成桩顶钢筋长度不足的主要原因，措施就是在灌注混凝土拔管过程中，固定好笼的吊放装置，防止内管或内锤挤压钢筋笼，在桩体浇桩完毕后，利用焊接细钢筋将笼体固定于地表一段时间。

8. 安 全 措 施

8.1 夯扩现场要设隔离围挡，并设专人警戒，无关人员严禁进入施工现场。

8.2 打桩机械应有专人操作，操作人员应经过培训，持证上岗。

8.3 电缆要求架起离开地面，防止压坏及漏电，过路电缆要求挖沟浅埋。

8.4 夜间施工要有足够的照明，并规定好联络信号，统一指挥。

8.5 填料时严禁把手深入护筒。

8.6 现场交叉作业要注意互相配合，听从指挥，发现问题及时解决。

8.7 吊放钢筋笼和浇筑混凝土时严禁无关人员站在下方。

9. 环 保 措 施

9.1 工程中使用的建筑废料要堆放在指定地点，并妥善覆盖，防止被风吹散产生扬尘，防止雨淋发生污水流淌。

9.2 运输建筑废料的车辆要覆盖严密，防止垃圾撒漏，车辆出场前要对车轮进行清洗，防止将泥土带出现场污染环境。

9.3 夯扩现场、混凝土搅拌和浇筑现场要做好围挡防护，防止污水和噪声污染。

9.4 开始夯击成孔时要减小落距，防止尘土飞扬。

9.5 灰土拌合现场要做好围挡防护，并安排好加料顺序，石灰粉、土料和拌好的灰土要加以覆盖，防止灰土飞扬造成污染。

9.6 混凝土搅拌用水、浇筑用水、清洗施工机械用水和生活污水要通过排水设施排入市政管道，不得直接流入场外道路上。

10. 效 益 分 析

10.1 社会效益

10.1.1 充分利用碎砖、碎混凝土块、煤矸石等建筑废料，减少水泥用量，减轻废弃物污染，节

能环保，符合国家的节能、节材、环保政策。

10.1.2 因为不用泥浆护壁，减轻了泥浆和污水对环境的污染。

10.1.3 采用机械作业，减轻了工人的劳动强度。

10.2　经济效益

10.2.1 使用建筑垃圾、煤矸石等废弃物做复合载体夯填料，减少了水泥、钢材用量。在填料中掺入灰土二次固结，进一步提高了桩的承载能力，减少了桩基的数量。采用本技术，单桩竖向承载力提高 20％～30％，可节约造价 30％～40％。

10.2.2 提高了施工效率，加快施工进度。与普通工程桩相比，效率提高 175％，降低工程造价 10％～15％。使工程提前投入使用，产生经济效益。

11. 应 用 实 例

11.1 青岛金世博磨具有限公司 1 号厂房工程，位于青岛市经济技术开发区松花江路以南、团结路以东。建设单位为青岛金世博磨具有限公司，设计单位为青岛时代建筑设计有限公司，监理单位为青岛市工程建设监理有限公司，施工单位为青岛市胶州建设集团有限公司。建筑面积 9941m²，结构形式为框架结构。工程为一层，局部二层，檐高 8.6m。工程开工日期为 2006 年 3 月 23 日，竣工日期为 2007 年 9 月 20 日。基础工程采用复合载体夯扩桩，设计桩型 Φ410mm，桩端进入第五层粗砾砂层，设计工程单桩竖向承载力特征值 800kN。复合载体夯扩桩以矿区生产的垃圾煤矸石及碎砖、碎混凝土块等建筑硬垃圾作复合载体的填充料，并在填料中掺入 12％灰土进行二次固结。本工程采用复合载体夯扩桩利用建筑废料二次固结施工工法，提高了桩的承载能力，节约了钢筋、混凝土等材料，充分利用了建筑废料，节能环保，保证了质量，降低了成本，缩短了工期。本工程获得山东省建筑业新技术应用示范工程，取得了良好的经济效益和社会效益。

11.2 中国海洋大学崂山校区教学楼工程，位于青岛市崂山区松岭路以东。建设单位为中国海洋大学，设计单位为哈尔滨工业大学建筑工程设计院，监理单位为山东省建筑工程监理公司，施工单位为青岛市胶州建设集团有限公司。建筑面积 59320m²，层数为 5 层，层高 3.9m，结构形式为框架结构。开工日期 2005 年 9 月 2 日，计划竣工日期 2006 年 4 月 30 日。基础工程采用复合载体夯扩桩，设计桩型 Φ500mm，桩端进入第四层粉质黏土层，设计工程单桩竖向承载力特征值 800kN。复合载体夯扩桩以碎砖等建筑硬垃圾作复合载体的填充料，在建筑废料中掺入 10％灰土进行二次固结。本工程采用复合载体夯扩桩利用建筑废料二次固结施工工法，提高了桩的承载能力，节约了钢筋、混凝土等材料，充分利用了建筑废料，节能环保，保证了质量，降低了成本，缩短了工期，本工程获得山东省建筑业新技术应用示范工程，取得了良好的经济效益和社会效益。

11.3 烟台新兴电子有限公司办公楼工程，工程位于烟台市开发区。建设单位为烟台新兴电子有限公司，设计单位为烟台市建筑工程设计研究院，监理单位为烟台市鸿山建设监理有限责任公司，施工单位为烟建集团有限公司。建筑面积 13000m²，结构形式为框架结构。工程为 6 层，檐高 25.3m。工程开工日期为 2006 年 11 月 20 日，竣工日期为 2007 年 10 月 10 日。基础工程采用复合载体夯扩桩，设计桩型 Φ470mm，桩端进入第四层粗砾砂层，设计工程单桩竖向承载力特征值 800kN。填充料选用拆除原有建筑的碎砖等建筑垃圾，桩端夯扩施工中掺入 15％灰土以提高土体密实度及强度。按照"复合载体夯扩桩利用建筑废料二次固结施工工法"要求施工，有效保证了复合载体夯扩桩的成桩质量和承载力，防止了桩身断裂、缩颈、承载力低等现象发生，既降低了地基处理费用，又减少了资源的耗费，变废为宝，节约了材料和人工，缩短了工期，取得了显著的社会效益和经济效益。

基坑内降水井的防水与封堵施工工法

GJEJGF017—2008

山东天齐置业集团股份有限公司　江苏南通二建集团有限公司

肖华锋　崔超　刘玉彦　吕茂森　吕东　孙成伟

1. 前　　言

随着我国建筑业的快速发展，建筑基坑工程不断向地下延伸，深基坑工程越来越多，并且基坑规模越来越大。当建筑基坑位于地下水位以下时，施工采取的主要降水方法是在基坑四周布置各种降水井，以保证正常施工。这种方法对基坑中间降水效果较差，降水时间长。当建筑物基坑较宽时，这种方法难以保证基坑中间的降水效果。为解决基坑较宽工程中间部位的降水问题，可以在基坑中间布置降水井，但如何对降水井进行防水处理、对降水井怎样进行封堵，并满足工程使用功能、符合国家相关规范要求又是一个必须解决得技术难题。

针对基坑内布置降水井，我们开展了基坑内降水井的防水与封堵技术课题研究，并先后在胜利油田防空人防工程、山东省建筑科学研究院住宅楼和济南市儿童医院外科病房楼及车库等多个工程中应用，不断总结经验并加以改进，逐渐形成了一套较为完整的施工工法。

《基坑内降水井的防水与封堵技术研究》于 2007 年 11 月通过了山东省建设厅组织的科学技术成果鉴定。《基坑内降水井的防水与封堵施工方法》于 2008 年 8 月取得国家知识产权局颁发的《发明专利证书》，专利号为 ZL200710113460.5。

2. 工 法 特 点

2.1　与通常的降水施工技术相比，在基坑中间布置适当的降水井可高效地降低地下水位，加快施工进度，缩短施工工期，大大降低工程造价。

2.2　基坑内降水井的防水与封堵施工方法简便，操作人员不需进行专业训练，普通工人即可完成。

2.3　施工速度快，不影响其他工序的施工，也不影响施工进度。

2.4　采用的材料均为施工中常用材料，材料成本低，其造价相当低廉。

2.5　防水效果好，采用了多道防水构造措施，能保证混凝土底板的防水效果，具有较大的经济效益和社会效益。

3. 适 用 范 围

本工法适用于需要进行降水的较宽基坑，以及基坑局部加深部位降水井的防水与封堵，也适用于普通基坑在中间布置降水井的防水与封堵。

4. 工 艺 原 理

对于基坑较宽、降水较深的基坑进行降水施工时，在土方开挖之前，在基坑中间布置降水井，在垫层施工时埋设防水钢套管，在底板混凝土浇筑完成可以停止降水时，采用级配砂石、干水泥对降水井进行封堵，对钢套管采用法兰盖加密封垫进行封堵，钢套管上层浇筑防水混凝土。基坑降水井防水与封堵剖面图见图4。

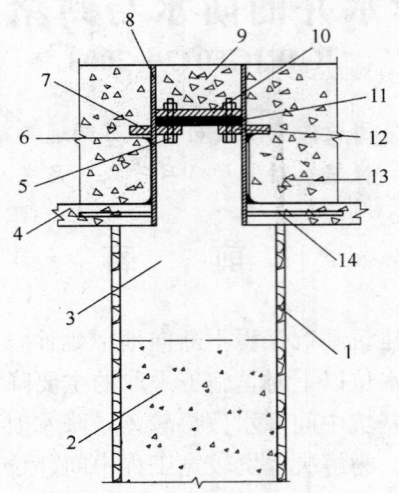

图 4　基坑降水井防水与封堵剖面图

1—降水管；2—级配砂石；3—干水泥；4—混凝土垫层；5—连接螺栓；
6—防水层收口；7—外止水环；8—钢套管；9—膨胀混凝土；10—管法兰盖；
11—橡胶垫圈；12—内止水环；13—混凝土底板；14—钢筋底座

5. 施工工艺流程及操作要点

5.1　施工工艺流程（图5.1）

5.2　操作要点

5.2.1　降水方案设计

1. 根据工程图纸和地质条件，结合工程实际情况进行降水方案设计。

2. 当工程基坑中间有电梯井、污水井等局部加深部位时，可在加深部位中间或附近布置降水井，提高降水效率。

3. 降水井布置应避开桩基、框架柱、剪力墙、基础梁等竖向构件部位，避免交叉作业。

5.2.2　编制基坑内降水井的防水与封堵方案

根据审定的降水方案，编制基坑内降水井防水与封堵施工专项方案，施工方案应报监理单位审批。

5.2.3　基坑管井施工

1. 降水井滤管部分宜采用无砂混凝土滤管，外包孔眼为1～2mm滤网。

2. 降水井施工方法同普通大口径井点。

5.2.4　基坑土方开挖

1. 土方开挖时，应注意对降水井上口采取覆盖复合竹胶板等保护措施，防止开挖土方落入井内，减少降水井深度。

2. 进行土方开挖应对吸水管、水泵电缆采取防护措施，应采用搭设钢管支架对吸水管、电缆架空。钢管支架应避开挖掘机、自卸汽车行走路线，防止吸水管、电缆破损。

3. 采用机械进行土方开挖时，应距离降水井外边预留300mm土方采用人工开挖，严禁挖掘机碰撞降水井。

5.2.5　防水钢套管制作

1. 采用 ϕ325×8 的热轧无缝钢管制作钢套管，钢套管高度为混凝土底板与垫层厚度之和。

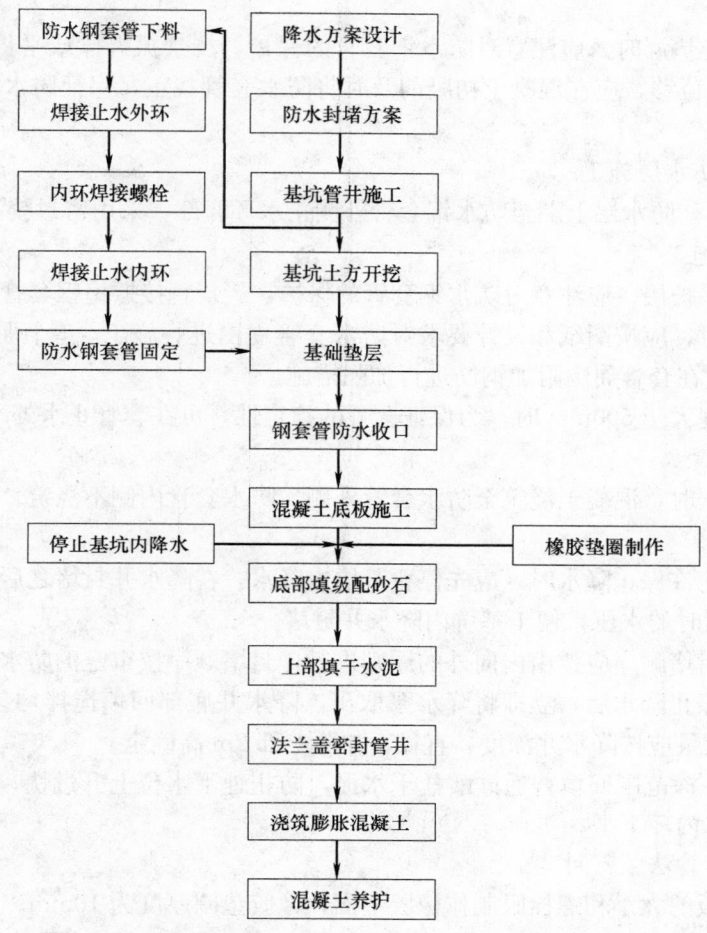

图 5.1　降水井的防水与封堵施工工艺流程

2. 加工防水套管止水外环。根据钢套管外径，选择不小于 6mm 厚的钢板加工止水环。止水外环外径不小于 525mm，内径为 320mm。用石笔在钢板上画出切割线，可采用乙炔切割。

3. 焊接止水外环。采用 E422 焊条焊接止水外环，止水外环距离顶部的高度不小于 250mm。

4. 止水内环螺栓焊接。根据防水钢套管的内径，市场购买型号相符的 DN150 管法兰和管法兰盖，其外径为 300mm。选择 M16 螺纹长度不小于 60mm 的六角螺栓。采用 E422 焊条，将螺栓焊接于止水内环上，螺栓帽位于止水内环下部。

5. 根据焊接螺栓的止水内环加工橡胶垫圈，橡胶垫圈厚度不小于 10mm。

6. 采用 E422 焊条焊接止水内环，止水内环位于防水套管高度的中间部位。

7. 焊接钢套管底座。选择 4 根 $\phi20$ 长 150mm 的钢筋，将其对称焊接在防水套管底部。

8. 防水钢套管加工完成后，应对防水套管进行除锈，并刷两遍防锈漆。

防水钢套管示意图见图 5.2.5。

5.2.6　固定防水钢套管

1. 在底板混凝土垫层浇筑前，将降水井表面找平，保证降水井同基底相平。将钢套管固定在降水井中心上方的降水井口上，降水泵穿过钢套管放入

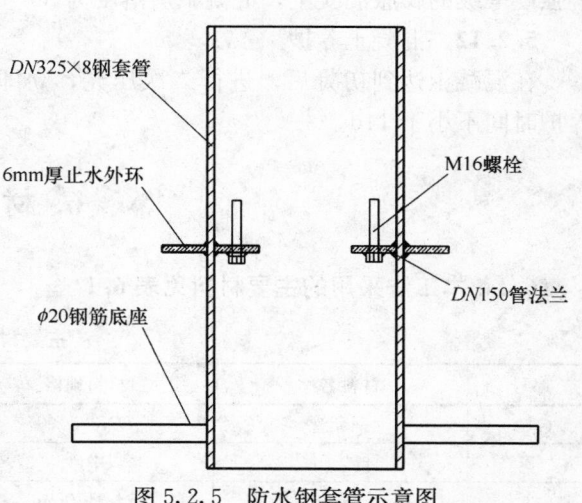

图 5.2.5　防水钢套管示意图

降水井进行降水。

2. 浇筑底板混凝土垫层时，应注意对防水钢套管的保护，严禁振捣棒或平板振动器直接振捣钢套管。如果防水套管发生位移，应在混凝土初凝前及时将防水套管找正，保证防水套管位于降水井上方，且垂直。

5.2.7 钢套管处防水层施工

施工底板防水层时，防水层上翻至防水钢套管外侧止水环底部，采用密封胶泥进行防水收口处理。

5.2.8 底板结构施工

1. 施工底板防水保护层，应注意对防水钢套管的保护，严禁直接振捣钢套管。

2. 底板钢筋绑扎时，应按图纸和设计要求对防水套管周围进行施工。套管周围钢筋可以不断开绕过。当钢筋断开时，应在套管周围附加钢筋进行加强措施。

3. 当防水套管高度大于500mm时，为保证套管的稳定性，可在套管止水外环上部点焊钢筋与底板钢筋固定。

4. 浇筑底板混凝土时，混凝土浇筑至防水套管外侧，防水套管内侧不浇筑。

5.2.9 降水井回填

1. 根据设计要求允许停止降水时，应先停止基坑内降水，在降水井封堵之后，再停止基坑外降水，减少基坑内降水井封堵时的水压，便于基坑内降水井封堵。

2. 基坑内降水井封堵顺序应按由内向外的原则进行，封堵顺序按审定的防水封堵方案施工。

3. 基坑内降水井停止降水后，立即将降水泵取出，降水井底部回填搅拌均匀的级配砂石。回填数量应事先进行计算。数量应按降水井深度、直径，扣除上部2m高确定。

4. 降水井上部2m深范围回填普通硅酸盐干水泥，防止地下水位上升过快，影响防水井盖的封堵。回填高度至钢套管止水内环下平。

5.2.10 防水钢套管法兰密封

1. 根据管法兰盖板的大小和螺栓眼制作橡胶垫圈，橡胶垫圈厚度为10mm。

2. 根据管法兰盖板的外径大小，画出橡胶垫圈的切割线，采用壁纸刀沿切割线割好橡胶垫圈。

3. 将橡胶垫圈与管法兰盖板重叠压紧，按管法兰盖板上的螺栓孔画出螺栓眼的位置、大小线，采用台钻钻好螺栓直径的螺栓孔。

4. 将事先制作好的橡胶垫圈套入钢套管的螺栓上，再放入管法兰盖，用套筒扳手对称交错拧紧螺母。保证法兰盖板密封严密，不漏气。

5.2.11 混凝土浇筑

在确认法兰盖板密封严密验收合格后，将钢套管内清理干净，盖板上部内浇筑比底板混凝土高一个强度等级的膨胀混凝土，混凝土坍落度为30～50mm。采用小型振捣器将混凝土振捣密实。

5.2.12 混凝土养护

在混凝土达到初凝后，进行二次压光，立即覆盖塑料薄膜、毛毡，对该处膨胀混凝土进行养护，养护时间不小于14d。

6. 材料与设备

6.1 本工法采用的主要材料见表6.1

主要材料（单口井） 表6.1

序号	材料名称	材料规格	单位	数量	备注
1	钢套管	DN325×8	m	底板＋垫层厚度	
2	砂子	中砂	m³	降水井深度	
3	石子	5～31.5mm	m³	降水井深度	

续表

序号	材料名称	材料规格	单位	数量	备注
4	水泥	普通硅酸盐	kg	250	
5	六角螺栓	M16	个	10	
6	螺母	M16	个	10	
7	钢板	250×250×6	m²	0.1	
8	管法兰盖	DN150	个	1	
9	橡胶垫圈	厚10mm	个	1	
10	管法兰	DN150	个	1	
11	钢筋	ϕ20mm	mm	600	
12	膨胀混凝土	高于底板一级	m³	底板厚	

6.2 本工法采用的主要机具见表6.2

主要机具 表6.2

序号	材料名称	材料规格	单位	数量	用途
1	交流电焊机	BX2-300	台	1	焊接止水环
2	套筒扳手		套	1	拧固螺栓
3	台钻		台	1	垫圈打眼
4	振动棒	ϕ30mm	根	1	膨胀混凝土振捣
5	切割机		台	1	切割套管
6	氧气		瓶	1	切割止水环
7	乙炔		瓶	1	切割止水环
8	钢丝刷		把	5	除锈
9	潜水泵	ϕ100mm	台	1	降水

7. 质量控制

7.1 钢套管制作、安装施工质量标准

7.1.1 封堵所用材料钢套管、钢板、管法兰、管法兰盖、密封胶泥、橡胶垫圈、砂子、石子、水泥、膨胀剂等均应有材料合格证。

7.1.2 止水外环、内环与钢套管焊缝应均匀、密实，不得有气泡、夹渣等现象。

7.1.3 钢材表面均不允许有结疤、裂纹、折叠和分层等缺陷。钢材表面的锈蚀深度，不得超过其厚度的1/4。

7.1.4 钢套管与混凝土垫层应固定牢固，严禁有松动现象。

7.2 钢套管防水收口施工质量标准

钢套管防水与收口施工质量应符合《地下工程防水技术规范》GB 50108—2001的相关规定。

7.3 降水井回填质量标准

7.3.1 底部回填级配砂石应有实验室出具的配合比，按配合比施工。

7.3.2 上部回填干水泥应采用普通硅酸盐水泥或快硬性水泥。

7.4 防水套管密封质量标准

7.4.1 钢套管密封质量应符合《地下工程防水技术规范》GB 50108—2001的相关规定。

7.4.2 管法兰盖的螺母应拧紧、法兰盖板密封严密，不得有漏气、渗水现象。

7.5　膨胀混凝土质量标准

7.5.1　膨胀混凝土与钢套管应结合紧密，表面不得有裂缝、龟裂等现象。

7.5.2　防水套管处混凝土不得有渗水现象，结构表面无湿渍，符合一级防水等级标准。

8.　安　全　措　施

8.1　进行土方开挖应对吸水管、水泵电缆采取防护措施，应采用搭设钢管支架对吸水管、电缆架空。钢管支架应避开挖掘机、自卸汽车行走路线，防止吸水管、电缆破损。

8.2　基础、主体结构施工期间应加强对吸水管、降水泵电缆的保护，降水泵电缆应穿 PVC 套管保护。

8.3　降水泵用电必须采用 TN—S 接零保护系统。

9.　环　保　措　施

9.1　施工现场成立以项目经理为组长的环境保护小组，完善各项管理制度，逐级落实责任，将组织、落实、检查、验收一体化、规范化、制度化。

9.2　基坑降水防水与封堵施工中，应该做好建筑施工现场的环境管理工作，依照 ISO 14000 标准和《中华人民共和国环境保护法》，采取有效的管理措施做好环保工作。

9.3　混凝土施工时，应采用低噪声环保型振捣器，以降低城市噪声污染。

9.4　密封胶泥防水材料应使用无污染环保型胶泥。

10.　效　益　分　析

以胜利油田防空专业队掩蔽工程为例进行效益分析。

10.1　节约投资：该工程采用基坑外降水结合基坑内降水的复合方案，降水工程造价 98.7 万元。若采用基坑外降水方案，降水工程造价约 125 万元。采用基坑外降水结合基坑内降水的复合方案节约投资 26.3 万元。

10.2　节能环保：采用基坑内降水抽水量比基坑外降水降低了 1/2，有效地保护了水资源。

10.3　缩短施工工期：由于基坑内降水大大提高了降水效率，土方开挖前降水仅用了 5d。如果采用基坑外降水，前期降水需用了 10d，基坑内降水缩短施工工期 5d。

11.　应　用　实　例

胜利油田防空专业队掩蔽工程位于济南路的胜利会场东邻，原胜利花园处，建筑面积 12704m²，东西长 104.75m，南北长 129.65m。工程开工日期：1999 年 10 月，竣工日期：2000 年 9 月。

基坑深 6.3m，局部深 7.45m，其中下深广场深 6.85m，局部深 7.95m。地下水位常年在自然地坪以下 1m 左右。降水方案设计：在基坑四周布置轻型井点，同时在基坑中间布置 10 眼大口井。基坑中间的降水井在主体结构施工完成后停止使用，基坑内降水井全部采用基坑降水井防水与封堵施工工法进行施工。经过多年实践检验，基坑降水井防水封堵效果优良，防水套管处混凝土无一处有渗水现象，结构表面无湿渍，完全符合一级防水等级标准。

深基坑微型钢管桩和喷锚网联合支护施工工法

GJEJGF018—2008

湖南省第四工程有限公司　河南国基建设集团有限公司

江晓峰　朱林　匡达　尹汉民　肖思和　周忠义

1. 前　　言

近几年随着房地产业的发展和国家土地政策的调控，土地成本在不断提高，开发商面临着如何更加合理利用和开发地下空间的问题，施工单位则会更多地面临在环境复杂、场地狭窄的区域内进行基坑开挖和支护的问题。喷锚支护具有经济性好、可靠性高、施工便捷等显著优点，在基坑和边坡工程中得到了迅速的推广应用。但喷锚支护也有其缺点，受使用条件限制，并有变形较大的缺点，应用有一定的局限性。采用单一的支护方式，难以达到预期安全和经济效果，为解决这一问题，采用竖向微型钢管桩作为超前支护与喷锚网支护联合应用，解决了喷锚支护应用的局限性和适用范围的问题。南湖雅苑工程、长沙永祺西京工程、长沙华安水岸立方等工程的深基坑支护工程中采用超前微型钢管桩和喷锚网联合支护，取得了比较理想的效果，在深基坑支护中具有较大的技术和经济优势。为推广应用，特编写此工法。

2. 工 法 特 点

2.1　在坡面中采用密排微型桩超前支护，对控制基坑壁滑坡、位移，防止土方开挖过程中局部边坡土体出现坍塌以及控制每层开挖到支护前这段时间内的位移、抗倾覆等有重要作用，对周围建筑物进行有效保护，确保基坑壁土体稳定，降低了施工成本，保证了工程质量。

2.2　桩底具有一定的嵌固深度，通过桩顶锚拉、槽底嵌固、中部锚杆的联合支护，分段对边坡进行控制，大大减少了边坡整体位移变形，安全可靠。

3. 适 用 范 围

适用于基坑壁土质为松散砂、砾、卵石土层和夹有局部软塑土土层且基坑开挖深度较大、施工场地狭小、现场无放坡可能和周边有重要建构筑物或地下管线多需严格控制支护变形的基坑支护。

4. 工 艺 原 理

微型钢管桩与喷锚网联合支护结构中，主要受力构件是锚杆，竖向超前支护的密排微型钢管桩为辅助受力构件，只承担较小的土体侧压力作用，可限制、减小土体变形，锚杆在承受水平压力的同时减小了竖向微型钢管的水平位移。注浆微型钢管及注浆体形成的条带状加固体，通过锚杆的约束，与喷射混凝土面层一起形成一道加厚的复合面层共同受力和承受变形。由于复合面层的厚度和刚度增加，使其工作性能大大提高。

5. 施工工艺流程及操作要点

5.1　施工工艺流程（图 5.1）

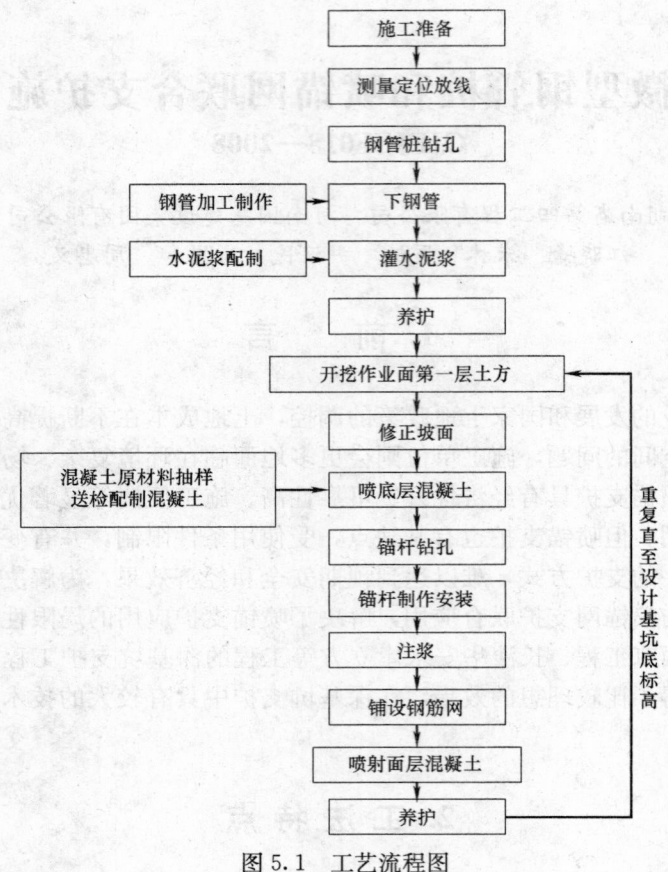

图 5.1　工艺流程图

5.2　基坑支护方案设计

5.2.1　设计依据和思路

1. 设计依据

《锚杆喷射混凝土支护技术规范》GB 50086—2001；

《土层锚杆设计与施工规范》CECS 22：90；

《工程项目的岩土工程勘察报告》。

2. 设计思路

超前竖向微型钢管桩和喷锚网联合支护的主要受力杆件是锚杆，竖向微型钢管桩为辅助受力构件，只承担较小的土体侧压力作用，限制、减少土体变形，锚杆在承受水平应力的同时减少了钢管的水平位移；微型钢管桩及周围的注浆体形成的条状加固体，通过锚杆的约束，与喷射混凝土面层一起形成一道加厚的复合面层来共同受力和承受变形。在整体稳定性计算中，采用简化了的圆弧滑动分析法。计算模型如图 5.2.1。计算时，将滑动区域分为加固土和原土，对于施工时不同开挖高度和使用时不同位置，对应于每个圆心沿破裂面滑动的安全系数 K 为滑裂面上的抗滑力矩与下滑力矩之比，即：

$$K = \frac{\sum T_{xj}\cos(\theta_i + \alpha_i) + \sum T_{xj}\sin(\varphi_i + \alpha_i)\tan\varphi_i}{(\sum W_i \sin\theta_i + \sum W_{pi}\sin\theta_i)S} + \frac{\sum c_i l_i S + \sum W_i \cos\theta_i \tan\varphi_i S + \sum \tau_{spvi} l_i S}{\sum W_i \sin\theta_i S + \sum W_{pi}\sin\theta_i S}$$

(5.2.1-1)

$$T_{xj} = \pi D L_B \tau_f$$

(5.2.1-2)

式中　c_i——土体的黏聚力；

φ_i——土体的内摩擦角；

l_i——土条滑动面弧长（m）；

W_i——土条重量（含地面超载），对于地下水位以下的土条自重，在计算抗滑力矩时用有效重度，计算滑动力矩时用饱和重度；

W_{pi}——微型钢管桩加固区土条重量；

T_{xj}——锚杆的抗拉拔能力标准值；

S——计算单元的长度；

θ_i——滑动面切线与水平面之间的夹角；

α_i——锚杆与水平面之间的夹角；

D——锚杆孔径（m）；

L_B——滑裂面外稳定土体中锚杆的长度；

τ_f——锚杆与土体界面摩阻力标准值。

采用信息化施工技术，在施工经验基础上大致确定锚杆的长度，再进行喷锚支护体系稳定性分析论证及验算，据此对初设值进行修正和调整，绘出施工图。

3. 施工论证及验算

根据现场实际地质、地形情况，设计单位、施工单位以及监理单位对设计施工图纸进行会审和论证，经论证可行方可施工。

5.2.2 喷锚支护设计参数（具体设计结果根据各单位工程地质情况及工程要求进行设计计算）

采用全摩擦型锚杆，锚杆材料选用 HPB235、HRB335 等热轧带肋钢筋，直径 25～32mm 的范围内；锚杆外端设 200mm 弯钩与钢筋网主筋点焊连接。锚孔孔径 70～120mm 之间，注浆强度等级不低于 M10；锚杆的水平间距和竖向间距在 2～2.5m 的范围内；锚杆倾角在 15～25°的范围内。如图 5.2.2 所示。

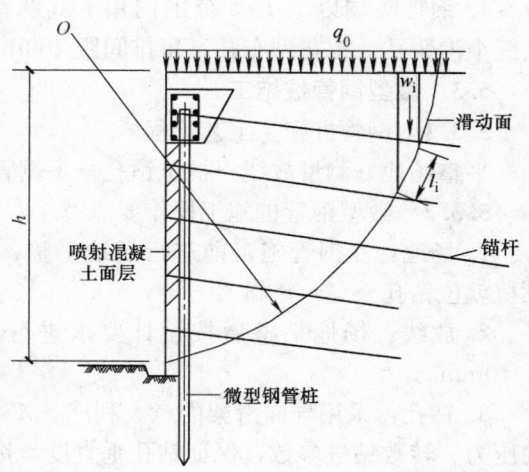

图 5.2.1 联合喷锚网支护整体稳定性计算模型

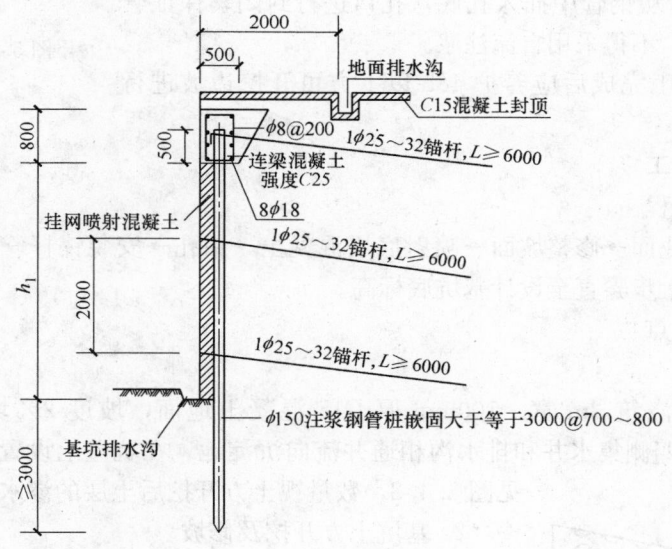

注：h_1 的取值为 3～13m

图 5.2.2 微型钢管桩喷锚支护设计参数图剖面图

喷射混凝土强度等级为 C20，面层厚度 80～150mm 之间，钢筋网钢筋为 $\phi6.5～\phi8@200\times200$，并采用 $2\phi16$ 钢筋作加强筋焊接连接纵、横向锚杆。

5.2.3 微型钢管支护参数

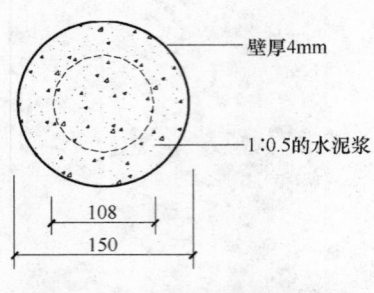

图 5.2.3-1 微型钢管桩截面图

1. 桩径 130～150mm，桩长 6～16m（嵌固深度≥3.0m），桩间距 700～800mm，桩内置入钢管直径为 89～108mm，桩位中心连线距喷射混凝土面层 200mm，桩顶位于场地地面标高下 0.5m。

2. 钢管内外注水灰比为 0.5 的水泥浆，采用普通硅酸盐 32.5 级水泥；桩顶做简易帽梁，使整个边坡及微型钢管桩形成一个整体，尺寸为 700～800mm×400～500mm，内配置 8φ16～φ18 钢筋，φ8@200mm 箍筋，混凝土强度等级为 C25。如图 5.2.3-1 所示。

3. 两根钢管之间接长用 3φ16 长 200mm 的螺纹钢沿管外母线 120°均布帮条焊。

4. 钢管底端以上 $L/3$ 范围内用 φ10 麻花钻沿四周（钻穿管壁）钻三个渗浆孔，梅花型布孔，每排间距 400mm。如图 5.2.3-2 所示。

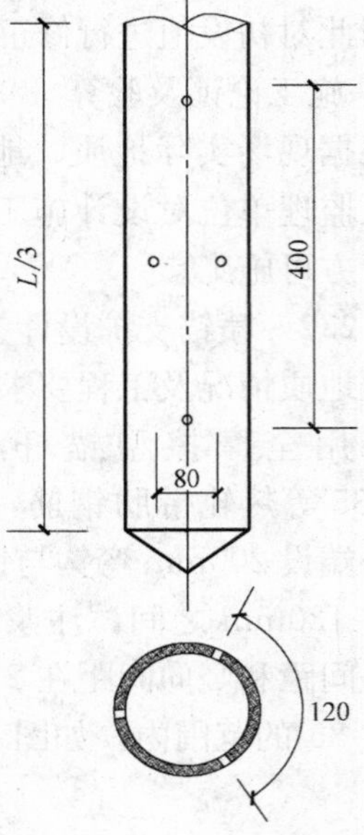

5.3 微型钢管桩施工

5.3.1 钢管桩施工工艺流程

平整场地→测量放线→桩位钻孔→下钢管→灌水泥浆→养护。

5.3.2 微型钢管桩施工操作要点

1. 场地：在钢管施工前进行场地平整，以保证测量放线准确和钻机就位钻孔。

2. 放线：场地平整后按设计要求进行桩位放线，桩位误差小于 10mm。

3. 钻孔：采用导向滑架的意大利产 SM-400 钻机成孔。选择合理的压力、转数钻进参数，保证钻孔垂直度，钻孔连续进行。

4. 下钢管：钢管直径 108mm，每根桩长度为 6～16m。

5. 灌注水泥浆：水泥浆配制，按 $W/C=0.5$ 进行配制搅拌，注浆压力为 2MPa，注浆管从钢管中插入孔底，孔口进行封闭，保证管内外充满孔口返浆为止，不得采用自流注浆。

6. 养护：钢管桩施工完成后应养护 48h 以上方可开挖边坡进行喷锚网支护。

图 5.2.3-2 排浆孔示意图

5.4 喷锚网支护施工

5.4.1 施工工艺流程

施工准备→开挖作业面→修整坡面→喷射底层混凝土→钻孔→安装锚杆→注浆→铺设钢筋网→喷射面层混凝土→重复以上步骤直至设计基坑底标高。

5.4.2 施工操作要点

1. 场地及基坑排水

原地坪沿基坑四周浇筑 2m 宽、100mm 厚 C15 混凝土地面，坡度 2%坡向排水沟，排水沟为 300mm×300mm，地面四侧集水井和排水沟相通并流向沉淀地。在坑壁上设置泄水管，泄水管示意图见图 5.4.2，数量视土方开挖后土层的渗水量具体确定。

2. 基坑土方开挖及修坡

基坑土方开挖应分步进行，为给喷锚网施工提供良好的工作条件，每层挖深 1.5～2m，不允许超深开挖。开挖长度应根据交叉施工期间能保持坡面稳定的前提决定，一般在同一轴线开挖的长度为 12～15m。边坡开挖应最大限度地减少对支护土层的扰动，并严格按规定修坡，防止因分层开挖的误差引起最终基坑外形尺寸的

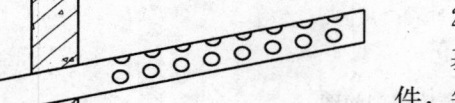

图 5.4.2 面层内泄水管剖面图

不足。

3. 喷射底层混凝土

边坡修整后，立即喷射 40～50mm 厚的混凝土，使暴露的土体及时封闭。

4. 钻孔

根据地质情况采用与土层相适应的钻机钻孔，用水准仪、经纬仪按设计的孔位布置，进行测量画线，标出准确的孔位，后按设计要求的孔长、孔的俯角和孔径进行钻孔。

5. 锚杆制作安装

按照设计规定的各排锚杆的长度、直径，加工合格的锚杆，锚杆外端设 20cm 弯钩与网筋主筋点焊连接。为使锚杆处于孔的中心位置，每隔 1.2～2m 焊接一个居中支架，将锚杆安放在孔内，将 ϕ30mm 注浆胶管一同送入孔底。

6. 注浆

注浆是保证锚杆与周围土体紧密粘和的关键，在安好锚杆的孔内注入 1∶1 水泥砂浆，压力不低于 0.4MPa，以确保锚杆与孔壁之间注满砂浆，砂浆内加膨胀剂及早强减水剂，注浆采用由里向外注，需将注浆管插入孔内距孔底约 0.5m 处，必须在孔口绑扎止浆布袋，防止浆液流出。

7. 挂钢筋网

锚杆施工完成后，然后迅速在边坡面上，布上一层 ϕ6.5～ϕ8@200×200 钢筋网，网筋之间用扎丝扎牢，网片之间搭接要牢。另用 2ϕ16 钢筋与锚杆弯头衔接起来，形成整体。

8. 喷混凝土

喷射混凝土采用普通硅酸盐水泥，掺速凝剂，配合比和掺量通过试验确定，粗骨料最大粒径不大于 12mm，水灰比不大于 0.45。喷射混凝土施工时，混合料拌合均匀；作业时喷射顺序自下而上，喷射机作业时，先送风，后开机，再给料，结束时待料喷完后再关风，料斗内保持足够的料。喷射的混凝土厚度满足设计要求且均匀。

5.5 基坑支护结构的监测

5.5.1 支护结构顶部水平位移及沉降监测

沿基坑周边每隔 10～15m 布设一个监测点，在关键部位纵横两个方向增加布设，在基坑开挖期间每天监测一次，位移达 2cm 时每天观测 2～3 次，观测周期根据变形速率、观测精度要求、不同施工阶段和工程地质条件等因素综合选择。

观测工具有经纬仪、水准仪、标杆、钢卷尺，开挖前在土体滑动面以外的稳定地面设控制点，与被观测点比较位置变化。尤其是对办公楼的观测（倾斜、沉降），事先在该建筑物上做好观测点。

5.5.2 监测资料整理

观测记录及整理内容包括：工程名称，平面位置，各测点水平位移，沉降实测值，最大位移值，发展方向，发展速率等。

5.5.3 监测结果的分析与评价

在获取监测结果后，及时进行分析，确定变形值产生的原因，全面分析对周围环境的影响及支护的工作效果，在有发现险情出现的苗头时，应予以报警，以利于采取必要的补强及其他应急措施，及时排除险情。

5.5.4 肉眼巡视和裂缝观测

安全员在土方开挖期间，特别是在下雨天，应每日进行肉眼巡视工作，对支护结构、邻近建筑物、邻近地面的裂缝塌陷以及支护结构工作失常、渗漏等不良现象的发生和发展进行记录检查和分析。地下室的施工实行信息施工，发现问题或险情，及时采用有效措施，予以解决，以确保施工安全。

6. 材料与设备

6.1 主要材料及要求

6.1.1 微型钢管桩采用壁厚为 4mm 的无缝或焊接钢管。

6.1.2 锚杆钢筋采用锚杆材料选用 HPB235、HRB335 等热轧带肋钢筋，调直、除锈。

6.1.3 水泥均用强度等级为 32.5 级普通硅酸盐水泥，微型桩和锚杆注浆水灰比均为 0.5，喷射混凝土强度等级为 C20，掺水泥重量比为 2‰～3‰ 的速凝剂。

6.2 施工机具设备一览表（表 6.2）

施工机具设备一览表　　　　　　　　　　　　　　　表 6.2

序号	机具名称	型号	单位	数量	功率	用途
1	锚杆钻机	SM-400	台	2	11kW	微型桩及锚杆钻孔
2	灰浆泵	UBJ1.8 型	台	2	1.5MPa	钢管桩注浆
3	注浆泵	BMY-0.6	台	2	1.0MPa	锚杆注浆
4	混凝土喷射机	HPZ-6 型	台	2	3kW	喷射混凝土
5	空压机	VHP400	台	2	131kW	喷射混凝土
6	砂浆搅拌机		台	2	2.2kW	配注浆泵
7	型材切断机	GT-40	台	1	1.5kW	切割钢材
8	交流电焊机	BX1-300	台	1	7.5kW	制作、焊接钢管
9	交流电焊机	BX1-315	台	1	8kW	焊接钢材
10	卷扬机	JG-8T	台	1	1.5kW	线材拉直
11	污水泵	φ50	台	4	2kW	基坑排水
12	激光经纬仪	J2	台	1		放线、测量位移
13	水平仪	S2	台	1		测量沉降及标高
14	反铲挖土机		台	4		挖土方
15	液压千斤顶	YQT300-C	只	1		作抗拔试验

7. 质量控制

7.1 钢管桩和喷锚网等工艺一般质量措施和要求满足下列标准和规范：《建筑边坡工程技术规范》GB 50330—2002；《建筑基坑支护技术规程》JGJ 120—1999；《喷射混凝土施工技术规程》；《锚杆喷射混凝土技术规范》GB 50086—2001；《建筑地基基础工程施工质量验收规范》GB 50202—2002。

7.2 制定基坑支护施工组织设计，周密安排支护施工与基坑土方开挖、出土等工序的关系，使支护与开挖密切配合，力争达到连续快速施工。

7.3 严格施工质量管理，重点加强桩孔和锚杆成孔质量、灌浆质量、挂网质量和喷射混凝土质量，实行当班作业人中自检、互检、和专职质安员专检；项目抽检的质量控制管理制度。

7.4 所使用的原材料（钢材、水泥、砂、碎石等）的质量符合有关规范规定标准和设计要求，并具备出厂合格证及试验报告书，进场后按标准抽样进行检验。

7.5 锚杆支护设计与施工必须进行锚杆现场抗拔试验，包括基本试验和验收试验。基本试验以保证设计的正确和合理；验收试验是检验锚杆支护工程质量的有效手段。

7.6 施工机具选用满足场地土质特点及环境条件，锚杆成孔机具要保证进钻和抽出过程中不引起坍孔；注浆泵规格、压力和输浆量应满足设计要求；混凝土喷射机应密封良好，输料连续均匀；空压机应满足喷射机工作风压和风量要求。

7.7 基坑开挖要按设计要求严格分层分段，在完成上层作业面锚杆与喷射混凝土面层达到设计强度的70%以前，不得进行下一层土层开挖；挖方选用对坡面土体扰动小的设备和方法，严禁边壁出现超挖或造成边壁土体松动；边壁采用人工修整。

7.8 锚杆钻孔前，根据设计要求定出孔位并作出标记和编号；成孔过程中由专人作记录，按锚杆编号逐一记载取出土体的特征、成孔质量、事故处理等；插入锚杆前应清孔，若孔中出现局部渗水、塌孔或掉落松土等现象，立即处理。

7.9 冬雨期施工措施

7.9.1 雨期进行基坑支护时，应采取挖排水沟和集水井等导流措施，及时排除基坑积水和防止雨水冲刷基坑壁，造成基坑滑坡和坍塌；冬期施工时，应防止基坑壁土体冻结，尽量挖完就进行底层混凝土喷射；如有间歇时间，应覆盖草袋或薄膜等保温；如时间间歇较长应在边坡壁预留约300mm厚土体不挖除，并进行覆盖保温，确保不受冻，施工质量可靠。

7.9.2 对用于工程的外加剂、灌浆料等要架空堆放，四周不靠墙，保持通风干燥。

7.9.3 混凝土工程：

1. 原材料控制：雨期施工时，需重点监控砂石含泥量，当含泥量超标时，要进行冲洗。

2. 配合比控制：雨期施工时，由于砂、石含水率较大，试验人员必须在浇筑混凝土前检测其实际含水率，再根据含水率调整混凝土配合比。

8. 安全措施

8.1 喷锚支护安全技术措施

8.1.1 施工前，认真检查和处理喷锚支护作业区的危险区域，施工机具应布置在安全地带。

8.1.2 在进行锚喷支护施工时，喷锚支护必须紧跟开挖工作面；先喷后锚，喷射混凝土厚度不应小于50mm；喷射作业中，应有专人随时观察基坑壁变化情况；锚杆施工宜在喷射混凝土终凝3h后进行。

8.1.3 施工中，定期检查电源线路和设备的电器部件，确保用电安全。

8.1.4 喷射机、水箱、风包、注浆罐等应进行密封性能和耐压试验，合格后方可使用。喷射混凝土施工作业中，要经常检查出料弯头、输料管、注浆管和管路接头等有无磨薄、击穿或松脱现象，发现问题，应及时处理。

8.1.5 处理机械故障时，必须使设备断电、停风。向施工设备送电、送风前，应通知有关人员。

8.1.6 喷射作业中处理堵管时，应将输料管顺直，必须紧按喷头，疏通管路的工作风压不得超过0.4MPa。

8.1.7 喷射混凝土施工用的工作台架应牢固可靠，并应设置安全栏杆。

8.1.8 向锚杆孔注浆时，注浆罐内应保持一定数量的砂浆，以防罐体放空，砂浆喷出伤人。

8.1.9 非操作人员不得进入正进行施工的作业区。施工中，喷头和注浆管前方严禁站人。

8.2 基坑支护稳定保护措施

8.2.1 影响支护边坡稳定的主要因素是基坑支护内的含水量，施工过程中可通过防排结合的措施，在边坡顶设排水沟和硬化场地防止雨水渗漏至土体内，在土壁内设泄水孔，间距、位置宜根据土质分布确定，一般设在杂填土、黏土与淤泥层分层处。在施工过程中应将土体的含水量控制在50%以下对支护有利。

8.2.2 基底应及时封闭，并做好基底排水措施，设集水井和排水沟，避免积水浸泡基底。

8.2.3 基坑顶部应禁止堆载重荷或有动载，如基坑支护在马路边应采取减振措施避免动载对支护的不良影响。

8.2.4 根据场地工程地质条件，土方分层开挖并且按一定的顺序进行，不得擅自乱挖，必须服从支护施工负责人的统一调度。

8.3 雨期施工安全措施

8.3.1 安全教育

在雨期施工时，结合工地的危险源，加强对职工的安全教育和培训，重点应包括下述几个方面：

1. 雨期设备安全管理知识；

2. 雨期用电安全管理知识。

工地的操作人员在雨期应配备合适的雨具，如雨衣、防滑胶鞋等。

8.3.2 机械设备管理

雨期到来前，对工地的搅拌车、反铲挖土机、汽车检查其刹车系统，检查电气设备的防雷接地是否符合要求，并监测其沉降和垂直度偏差变化情况。

8.3.3 雨期施工用电管理

雨期施工期间，安全用电是安全工作的一个重点。用电机械应按一机一闸的原则进行用电管理，进行接地并安装漏电保护装置。对于工地的开关箱、配电柜应检查其密封性能，防止漏雨，并必须有可靠的接地。

对于工地的临时用电，如照明用电等，其线路必须进行隔离，可用木枋进行架空，严禁直接绑扎在脚手架上或铺在钢筋上，防止漏电伤人。

9. 环 保 措 施

9.1 贯彻国家环境保护法律法规的环保措施，做好场地硬化，场地有组织排水，防止水、土流失，控制扬尘和噪声。

9.2 泥浆不外带，在出口处设置洗车槽，渣土车选用带密闭盖的且不超载。

9.3 生产、生活垃圾、污水不随意外排，避免堵塞市政管网、污染河流等水资源。

9.4 喷锚支护施工中，采取在距喷头 3～4m 处增加一个水环，用双水环加水；在喷射机或混合料搅拌处，设置集尘器；加强作业区的局部通风等方法减小粉尘浓度；喷锚作业区的粉尘浓度不应大于 $10mg/m^3$。

9.5 夜间施工尽量使用噪声小的设备和机具，控制噪声在 45dB 以内。

9.6 夜间施工照明尽量不采用强光，以免对周围居民造成光污染。

10. 效 益 分 析

10.1 经济效益

钢管微型桩与喷锚联合支护约 540 元/m²（按基坑展开面计算），钻孔灌注桩加预应力锚杆约 650 元/m²，人工挖孔桩加钢支撑约 700 元/m²，节约成本约 25%左右。

10.2 社会效益

微型钢管桩与基坑喷锚联合支护方案与钻孔灌注桩支护方案及人工挖孔桩加锚杆的支护方案比较，节约工期为 30%左右。

微型钢管桩与基坑喷锚联合支护，施工噪声小，无泥浆，对周边环境污染小，对周边居民生活影响小。

11. 应 用 实 例

南湖雅苑工程、华安水岸立方工程、永祺西京工程等均采用了微型钢管桩与喷锚联合支护技术，均取得了应用成功和显著的经济、社会效益。

11.1 华安水岸立方工程

华安水岸立方工程位于长沙市开福区四方坪，即四方坪先福村四方大道南侧、工农路东侧，地下室二层，地上 32 层。地下室底板标高为 -9.800m（含垫层），地面标高为 -0.800m，基坑实际挖深为9m，基坑周长约 240m，地表 1m 左右为杂填土，以下为淤泥质土和粉质黏土。基坑支护工程于 2007 年 11 月开始，并于 2008 年 1 月结束。该基坑采用微型钢管桩与喷锚联合支护效果良好：

1. 工程监测成果表明本工程在整个基坑施工期间土体的变形规律基本与当时支护结构及地下室退土施工情况相对应，在基坑施工期间未出现侧壁突变现象。

2. 原设计人工挖孔桩加钢支撑支护方案相比节约成本 42 万元。

11.2 南湖雅苑工程

南湖雅苑工程位于湖南省第四工程有限公司南托岭总部院内，地下室建筑面积 15000m²，南面及西面紧邻原职工住宅，基坑无法放坡。局部基坑开挖深度为 7.2m，且土质较差，基坑开挖严重影响职工住宅的安全，必须确保基坑的稳定。经与设计、监理、施工四方经过认真论证确定，采用微型钢管与喷锚网联合支护，基坑支护工程于 2007 年 10 月 10 日开始，2007 年 11 月 20 日完成，施工过程基坑壁稳定无变形且取得了良好的经济效益和社会效益，节约资金 18 万元、缩短工期 15d。

11.3 永祺西京工程

永祺西京工程位于长沙市岳麓区桐梓坡路 270 号，东临金星大道，南接桐梓坡路，北面为银双路，西连咸嘉新村；地下 2 层、地上 32 层，总建筑面积 5.91 万 m²。基坑开挖深度为 8m，采用微型钢管桩与喷锚网联合支护，于 2007 年 9 月开始，2007 年 12 月底完成。经工程监测，效果良好，基坑壁稳定无变形，且取得了良好的经济效益，缩短工期 42 天，节约成本 64 万元。

岩溶洞区及洼地强夯处理施工工法

GJEJGF019—2008

云南建工集团总公司

沈家文　王明聪　代绍海　王开科　吕小林

1. 前　言

云南省属高原地区，由于地质构造的特殊性，有大量的喀斯特地质地貌。本着少占农田的原则，近年来大量的工业厂房、机场等都建在山岭地区，在场地中，存在大量的溶洞、漏斗、洼地和塌陷。如何快速、经济地处理类似地基，难度很大。本工法结合昆明新机场建设的实践，进行了系统的总结。昆明新机场工程土石方工程量大，挖方量约 1.14 亿 m³，填方量约 1.08 亿 m³，最大填方高度约 52m，场址区地貌总体以岩溶地貌为主，其次为构造剥蚀低中山地貌，地面多呈波状起伏，地貌形态有岩溶漏斗、岩溶洼地和地面塌陷。由于土、岩性质差异大或同一岩层由于风化程度不同造成其力学强度差异大，挖方整平后，将形成软硬不均或软硬相间的土岩组合地基。土岩组合不均匀地基主要表现易产生差异沉降，影响跑道的正常使用，因此，必须对岩溶漏斗、岩溶洼地和地面塌陷进行处理。2007 年进行了试验段施工，通过实验获取的数据在施工中得到了广泛的应用。在施工过程中，对强夯地基进行荷载试验，达到设计承载力≥180kPa 时，沉降量为 2.66mm，加荷至 360kPa 时沉降量为 11.74mm，且沉降稳定。实践证明，该工法处理岩溶洞区高回填地基技术先进，有很好的经济效益和社会效益。

2. 工 法 特 点

2.1　相对于碎石桩、高压旋喷注浆桩处理，可降低造价。

2.2　选用夯击能合理，设备数量多，容易租赁。

2.3　施工工艺简便，工程质量容易控制。

2.4　回填料就地取材，可减少石方外运。

3. 适 用 范 围

本工法适用于大面积岩溶漏斗、岩溶洼地和地面塌陷的处理。

4. 工 艺 原 理

4.1　强夯法是利用落锤产生的巨大夯击能，在地基中产生冲击波和动应力，对地基进行挤密，使干密度大大提高，以达到减小压缩性，提高承载能力。

4.2　地基处理深度深浅不同，地质构造差异较大，夯击能及洞顶埋深厚度的确定是本工艺的关键；用夯击沉降量控制夯击遍数是控制质量的重点。

5. 施工工艺流程及操作要点

5.1　施工工艺流程

分析勘察资料→确定使用区域→确定填充情况→地面清理→块碎石垫层铺填→强夯施工→检测验收。

5.2 操作要点

5.2.1 认真分析岩溶勘探资料，查清充填物的厚度。

5.2.2 由于地基承载力要求不同，因此必须根据总图的标识确定使用区域，并在地基处理面标识清楚。

5.2.3 确定处理面强夯能级。

对道槽（包括道面影响区）、规划道面区及边坡稳定影响区，当充填物厚度 $H \leqslant 5m$ 时，采用 2000kN·m 级单击夯击能进行强夯；当充填物厚度 $5m \leqslant H \leqslant 8m$ 时，采用 3000kN·m 级单击夯击能进行强夯；当充填物厚度 $H > 8m$，采用 4000kN·m 级单击夯击能进行强夯。对于飞行区土面区、工作区，当充填物厚度 $H \leqslant 8m$，采用 2000kN·m 级单击夯击能进行强夯；当充填物厚度 $H > 8m$，采用 3000kN·m 级单击夯击能进行强夯。详见表 5.2.3。

5.2.4 岩溶漏斗、岩溶洼地和地面塌陷地表清理采用人工配合挖掘机进行。

5.2.5 块碎石垫层铺填。强夯垫层采用挖方区开采的碳酸盐类岩石，粒径要求不大于 40cm，不均匀系数 $C_u \geqslant 5$，曲率系数 $C_c = 1 \sim 3$，含泥量不超过 7%，块碎石的厚度为 1.5m，采用堆填法分两层填筑，每层 75cm 厚。

岩溶漏斗、岩溶洼地和地面塌陷处理施工参数　　　　　表 5.2.3

所在区域	洞顶埋深 H(m)	夯型	单击夯击能 (kN·m)	夯点间距	夯点布置	夯击遍数	单点击数	最后两击平均夯沉量	垫层厚度 (m)	备注
道槽（包括道影响区）、规划道面区及边坡稳定影响区	$H \leqslant 5m$	点夯	2000	4.5m	正方形	2遍	10~12	≤8cm	1.5	锤底静压力 25~40kPa
		满夯	1000	$d/4$ 搭接	搭接型		3~5	≤5cm		
	$5m \leqslant H \leqslant 8m$	点夯	3000	4.5m	正方形	2遍	10~12	≤8cm	1.5	
		满夯	1000	$d/4$ 搭接	搭接型		3~5	≤5cm		
	$H > 8m$	点夯	4000	4.5m	正方形	2遍	10~12	≤10cm	1.5	
		满夯	1000	$d/4$ 搭接	搭接型		3~5	≤5cm		
土面区及工作区	$H \leqslant 8m$	点夯	2000	3.0m	形	2遍	10~12	≤8cm	1.5	
		满夯	1000	$d/4$ 搭接	搭接型		3~5	≤5cm		
	$H > 8m$	点夯	3000	4.5m	正方形	2遍	10~12	≤8cm	1.5	
		满夯	1000	$d/4$ 搭接	搭接型		3~5	≤5cm		

5.2.6 强夯施工

1. 强夯施工工艺流程（图 5.2.6-1）

2. 强夯机械的选择

强夯夯击能分别为：点夯 4000kN·m、3000kN·m、2000kN·m，满夯 1000kN·m，强夯锤底静压力为 25~40kPa；根据以上参数，强夯机械选用 50t 履带式吊车，夯锤采用圆台形钢锤，锤重分别为 300kN、200kN 和 150kN，底面带透气孔，锤底静压可满足要求。

3. 夯击工作高度确定

$$落距 H = 夯击能 / 夯锤重 \qquad (5.2.6)$$

4. 施工程序

1）测量放线，采用 10m×10m 方格网，同时标出夯点位置，放线误差不超过 5cm，见图 5.2.6-2。

2）夯机就位，并垫平主车，夯锤对准夯点位置，测量夯前锤顶高程。

3）夯击时起锤要平稳，锤顶面的积土或垫层料要及时清除，将夯锤起吊到规定高度，待夯锤自动脱钩自由落下后，测量其夯锤顶高程，并做好夯沉降量记录。

4）由此重复起吊落下，测量高程，直至完成一个夯点所规定的夯击次数（10~12击）及终夯控制标准。

5）对第二遍点夯位置测量放线，使之与第一遍夯点呈梅花形布置。

6）重复步骤（2）~（4），完成第二遍点夯的施工。

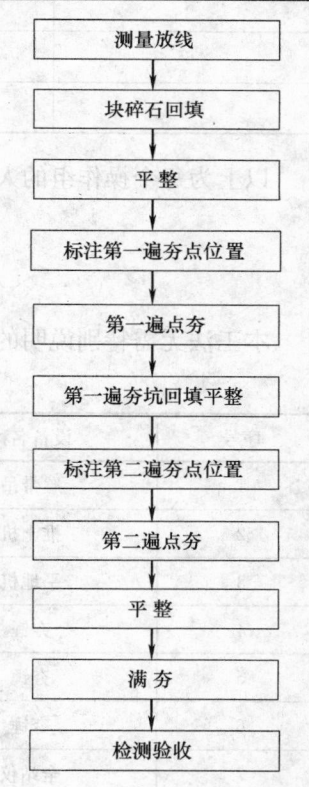

图 5.2.6-1　施工流程图

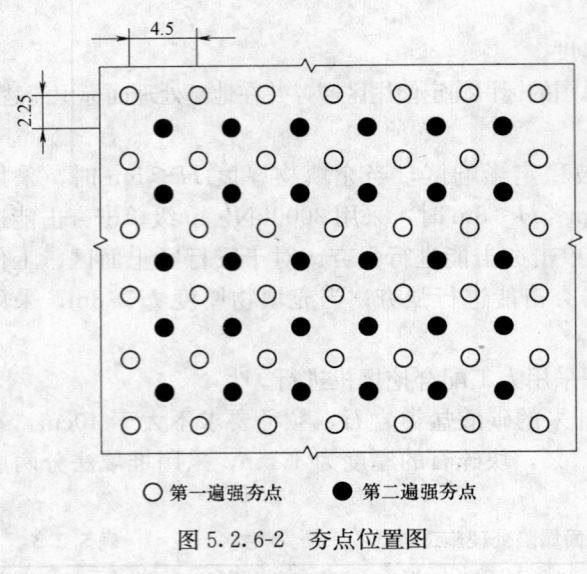

○ 第一遍强夯点　　● 第二遍强夯点

图 5.2.6-2　夯点位置图

7）点夯完成后测量场地平均下沉量，用推土机将夯坑填平，待间歇时间满足孔隙水压力或孔隙压力消散要求后，进行 1000kN·m 的 $d/4$ 搭接满夯，最后两击平均夯沉量满足设计要求。

8）在夯击过程中，出现夯沉量突然增大，夯坑周围地面隆起严重和拔锤困难时，应终止强夯，做好记录，并根据现场的情况向监理工程师提出解决的措施。

9）在夯击时，夯坑底部倾斜过大时，要填平夯坑后重新强夯。

5.2.7　检测验收

每个工作面处理完毕后，进行自检，并通知第三方进行干密度、固体体积率、地基承载力检测，符合要求后，方可进行下道工序施工。

5.2.8　劳动力组织（表 5.2.8）

劳动力组织情况表　　　　　　　　　　　　　　　　表 5.2.8

序号	单项工程	所需人数	备　注
1	工长	1	
2	技术员	1	
3	检验员	1	
4	测量员	1	
5	推土机手	1	
6	吊车司机	2	
7	辅助人员	2	配合用工

以上为每个操作组的人员配备，多台强夯机施工时，管理人员可适当减少。

6. 材料与设备

本工法无需特别说明的材料，采用的机具设备见表 6。

机具设备表　　　　　　　　　　　　　　　　　　　表 6

序号	设备名称	设备型号	单位	数量	用途
1	履带吊	50t	台	1	
2	推土机	Tyi20	台	1	
3	平地机	GR2.5	台	1	
4	夯锤	150kN	个	1	
5	夯锤	200kN	个	1	
6	夯锤	300kN	个	1	
7	全站仪		台	1	

7. 质 量 控 制

7.1 工程质量控制标准

土石方填筑检验方法与检验数量按照《公路路基施工技术规范》TGF 10—2006，具体见表7.1。

岩溶漏斗等强夯处理检验方法与检验数量 表7.1

所在区域	检验项目	检验数量或频率	检验方法	检测指标
道槽区（包括道面影响区）、规划道面区及边坡稳定影响区	垫层干密度	每个漏斗或洼地不少于2个点	灌水法	$\geqslant 2.0\mathrm{g/cm^3}$
	垫层固体体积率		探坑法	78%
	地基承载力	每个漏斗或洼地不少于1个点	载荷试验	$f_k \geqslant 180\mathrm{kPa}$
飞行区土面区及南工作区	垫层干密度	每5000m²一点	灌水法	$\geqslant 1.9\mathrm{g/cm^3}$
	垫层固体体积率	每5000m²一点	探坑法	75%
	地基承载力	每10000m²一点	载荷试验	$f_k \geqslant 150\mathrm{kPa}$

7.2 质量保证措施

7.2.1 从料场开始对填料的粒径及含泥量逐车检查，土石料摊铺时应注意石料粒径的级配。

7.2.2 控制测量放样，夯点放线偏差控制再5cm以内，夯锤对点就位误差控制在允许范围内。控制好摊铺厚度，以确保强夯处理质量。

7.2.3 开夯前应标定夯锤的重量，检查夯锤落距，以确保单击夯击能量符合设计要求；在起锤前测量夯前锤顶高程，待夯锤下落稳定后，测量其夯锤顶高程，并做好夯沉量记录；严格按设计规定的夯击击数及控制标准完成一个夯点所规定的夯击击数及终夯控制标准；加强施工过程中的检查力度，强化施工过程的规范化、信息化，随时检查每个夯点的夯击总数和每击的沉降量。

7.2.4 施工时，起吊锤要平稳，点夯单点总锤击数按设计要求进行控制，最后2击的平均沉降量≤5cm（当夯击能为4000kN·m时按最后2击的平均沉降量≤10cm控制），施工中已满足击数要求，但未能满足最后二击平均夯沉量的要求时，应增加锤击数，直到满足要求为止，每点的锤击数，以一次性夯完为宜。

7.2.5 施工中经常检查夯后锤上的通气孔，保证畅通以防夯锤下落过程中形成"气垫"减小夯击能量传递，影响夯击效果。

7.2.6 在施工过程中出现夯沉量过大、因夯坑过深造成提锤困难或夯坑周围土隆起过高等现象时，采取在夯坑中填料置换进行处理。

8. 安 全 措 施

8.1 设置安全警界线和安全标志，严禁非操作人员进入强夯操作区域，起重机司机持证上岗。

8.2 起重机操作室挡风玻璃前，设防护网遮挡，并设30cm×30cm的钢丝网观察孔，以便司机观察作业情况。

8.3 强夯施工前，应对邻近夯击区已有工程，如电杆、地下电缆和管线等进行调查，严防情况不明，盲目施工，造成强夯时破坏地下电缆和管线等。

8.4 为防止起重机吊臂在强夯时突然释重，产生后倾，采用地锚牵引钢丝绳约束吊杆，或设置龙门架在起吊夯锤时起支架作用，落锤后起平衡约束作用，确保夯机的使用安全。

8.5 起吊夯锤后，严禁任何机械、人员进入夯锤下方。当夯锤提升接近脱钩高度时，起重机司机要注意观察，夯锤脱钩时要及时停止起重机提升操作；脱钩发生故障时，起重指挥人员必须立即发出信号，立即停机，并将夯锤慢慢的降落到地面，检查判明原因进行处理后再行作业。

8.6 拉锤人员距离夯击点要保持在 15m 以外，拉锤时禁止将拉绳绕在手上，以防万一锤摆动时脱手不及造成危险。

8.7 夯击 1000 次左右时，起重机应进行保养检查，检查机械各部件、动力线路、钢丝绳磨损等情况，并着重检查调整回转台平衡钩轮导轨的间隙，避免加大平衡钩的冲击荷载和破坏。

8.8 现场设专人统一指挥，并设安全员负责现场的安全工作，坚持班前的安全教育。

8.9 距离建筑物较近时，要采取防震措施，必要时，疏散人员。

9. 环 保 措 施

9.1 夜间施工时，所有灯具设置灯罩，并注意灯罩方向，减少夜间施工光污染。

9.2 施工期间机械多，周围道路使用频率高，容易造成扬尘，必须对道路定期维修，定期洒水，养护，保护路面的湿润，减少对大气环境的污染。

9.3 注重保护周边植被，保护好用水环境，如有破坏，应及时予以恢复，防止水土流失，保持生态平衡。

9.4 表层剥离及施工废渣收集处理，减少人为破坏环境。

9.5 强夯振动较大，若距离生活区较近，必须采取有效的减震措施。

10. 效 益 分 析

10.1 强夯使用的块碎石均在现场挖方区开采，可减少土石方外运；而现场开采块碎石价格低，成本容易控制。

10.2 施工工艺简单，地基处理工程中的质量容易控制，且无需水泥、钢材，不会对环境造成二次污染；若块碎石不足，可使用部分建筑垃圾作回填料，符合国家节能减排的环保政策，有很好的社会效益。

10.3 相同深度的地基处理与碎石桩、CFG 桩比，而造价可降低 30%，且利于环保及工期的实现。

11. 应 用 实 例

11.1 昆明新机场 T10 标段
昆明新机场 T10 标段地形起伏较大，场区内广泛发育洼地、漏斗、溶脊、溶槽、石芽等岩溶现象，使得基岩面起伏不平，上覆土层厚度不均，容易引起地基不均匀沉降，必须进行处理。岩溶漏斗、洼地、地陷处理面积 201354m²，根据不同的充填物厚度，选用了夯击能力 1000kN·m、2000kN·m、3000kN·m、4000kN·m 处理，取得了很好的效果。

11.2 昆明新机场 TD 标段
昆明新机场 TD 标段工程位于多溶岩地区，区内断裂构造及节理裂隙发育，相应的地表岩溶和地下岩溶均较发育。场区内岩溶漏斗、洼地、地陷处理面积 308076m²，夯击能力分别为 1000kN·m、2000kN·m、3000kN·m，现已处理完毕，取得了很好的效果。

11.3 楚雄州青山嘴水库大坝
楚雄州青山嘴水库大坝基础强夯处理，处理面积 5.54 万 m²，于 2007 年 12 月 29 日全部完工并通过相关部门组织验收合格，经济效益较为显著。

捷程 MZ 全套管旋挖取土灌注桩施工工法
GJEJGF020—2008

昆明捷程桩工有限责任公司　北京市建筑工程研究院

沈保汉　刘富华　袁志英　沈明初　李勇

1. 前　　言

捷程 MZ 全套管冲抓取土灌注桩施工工法自 1995 年 3 月起至今在我国昆明、温州、北京、深圳、天津、上海、南京、杭州、合肥、贵阳、韩城及余姚等地区应用，取得显著的社会、经济和环境效益。但是该工法遇到有承压水作用的深厚砂土层，可能产生砂土管涌的情况时会出现冲抓取土量少，套管无法压入现象。

针对上述情况，2006 年 3 月在国内首次采用"全套管冲抓取土法＋注水反压＋全套管旋挖取土法"组合式施工工艺成功地用于南京地铁二号线所街站全套管钻孔咬合桩工程。此后又将该工艺用于南京地铁二号线集庆门站、南京地铁一号线河定桥站及杭州地铁一号线汽车城站全套管钻孔咬合桩工程，均获得成功。

工程实践表明，对于有承压水作用的深厚砂土层中的桩孔，采用捷程 MZ 全套管旋挖取土工法，既能加快成孔速度，又能保证成桩质量。

"液压摇动式全套管灌注桩和钻孔咬合桩成套技术研究与开发"项目于 2005 年 12 月 8 日通过由云南省建设厅主持的科技成果鉴定，并于 2006 年 12 月获云南省科学技术进步二等奖。

2. 工 法 特 点

2.1　施工特点

1. 具有摇动套管装置，压入套管和旋挖取土同时进行。

2. 遇有承压水作用的深厚砂土层，成孔时采用注水反压，即往孔内注水，直注到相当于承压水头的高度后再继续钻进。

3. 采用高抬式旋挖钻斗钻机成孔。

2.2　与传统施工方法比较

全套管钻机和旋挖钻斗钻机集成方式施工，机械性能好，成孔深度大，成桩直径大，集取土、成孔、护壁、吊放钢筋笼、灌注混凝土等作业工序于一体，效率高，工序辅助费用低。

本工法与采用泥浆护壁的钻、冲击成孔的大直径灌注桩的施工法相比，成孔成桩工艺方面有以下优点：

1. 环保效果好：噪声低，振动小；由于应用全套管护壁，不使用泥浆，无泥浆污染环境的忧虑，施工现场整洁文明，很适合于在市区内施工。

2. 孔内所取泥土，含水量较低，方便外运。

3. 成孔和成桩质量高：取土时因套管插入整个孔内，孔壁不会坍落；易于控制桩断面尺寸与形状；充盈系数小，节约混凝土。

4. 因用套管护壁，可靠近既有建筑物施工。

5. 可避免采用泥浆护壁法的钻、冲击成孔时产生的泥膜和沉渣对灌注桩承载力削弱的影响。

6. 由于钢套管护壁的作用，可避免钻、冲击成孔灌注桩可能发生的缩颈、断桩及混凝土离析等质量问题。

7. 由于应用全套管护壁可避免其他泥浆护壁法难以解决的流砂问题。

3. 适 用 范 围

配合各种类型钻斗，可在各种土层和强风化岩层中施工；适用于直径0.8m、1.0m、1.2m和1.5m及深度在45m以下的桩孔施工；加上注水反压工序能成功地在有承压水作用的深厚砂土层中成孔钻进。

4. 工 艺 原 理

利用MZ全套管钻机摇动装置的摇动使钢套管与土层间的摩阻力大大减少，边摇动边压入，同时利用旋挖钻斗取土，直至套管下到桩端持力层为止。挖掘完毕后立即进行挖掘深度的测定，并确认桩端持力层，然后清除沉渣。成孔后将钢筋笼放入，接着将导管竖立在钻孔中心，最后灌注混凝土成桩。

5. 施工工艺流程及施工要点

5.1 施工工艺流程（图5.1）

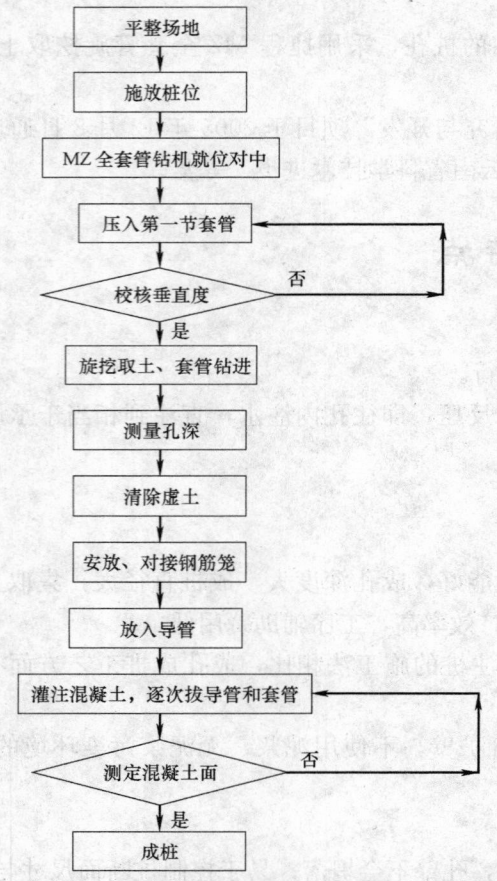

图5.1 捷程MZ全套管旋挖取土灌注桩施工流程示意图

5.2 施工要点

5.2.1 埋设第一、二节套管必须竖直，这是决定桩孔垂直度的关键。与第一节套管组合的第一组套管必须保持很高的精度，细心地压入。全套管桩的垂直精度几乎完全由第一组垂直精度决定。第一组套管安好后要用两台经纬仪或两组测锤从两个正交方向校正其垂直度，边校正、边摇动套管、边压入，不断校核垂直度，使套管超前1m，然后开始用旋挖钻斗取土。

5.2.2 利用MZ全套管钻机将套管逐节小角度往复摇动并压入地层的同时，利用旋挖钻斗取土，将钻斗内的岩土倾卸出地面，摇管和旋挖交替进行，直至套管下到桩端持力层为止。

5.2.3 遇有承压水作用的深厚砂土层，成孔时采用注水反压，即往孔内注水，直注到相当于承压水头的高度后再继续钻进。

5.2.4 终孔后立即将沉渣筒吊放到孔底，搁置30min左右，待沉渣充分沉淀后，再将沉渣筒提上来。

5.2.5 沉渣处理验完孔后，用旋挖机将刮砂板伸至孔底设计标高，将超前部分套管反拔，控制套管埋深在100～200mm，不得将套管拔出孔底或套管埋深不得大于250mm，再次测量孔深有无变化，孔深没有变化才能进入下一道工序。

5.2.6 压板刮砂后，在孔底安放预制混凝土隔离板，使砂和混凝土面隔离开。

5.2.7 灌注混凝土成桩。对于钢筋混凝土桩，在放钢筋笼之前需将套管壁上的残土清理干净后，再安放钢筋笼，然后灌注混凝土成桩。

6. 机具设备

6.1 捷程牌 MZ 系列摇动式全套管钻机（表 6.1）

捷程牌 MZ 系列摇动式全套管钻机的规格、型号和技术性能   表 6.1

性 能 指 标		MZ-1	MZ-2	MZ-3
钻孔直径(m)		0.8～1.0	1.0～1.2	1.2～1.5
钻孔深度(m)		35～45	35～45	35～45
压管行程(mm)		550	650	600
摇动推力(kN)		1060	1255	1648
摇动扭矩(kN·m)		1255	1470	2650
提升力(kN)		1157	1353	1961
夹紧力(kN)		1765	1960	2255
定位力(kN)		294	353	490
摇动角度(°)		27	27	27
前后倾角(°)		8	8	8
钳口高度(mm)		450	550	550
功率(kW)		55	75	95
油缸工作压力(MPa)		35	35	35
外形尺寸(mm)	长度	4700	5500	6000
	宽度	2200	2500	2800
	高度	1500	1540	1600
质量(kg)	主机	14000	18000	28000
	液压工作站	2800	3200	3500
配合履带吊起重能力(kN)		≥147	≥196	≥343
锤式抓斗(kN)		20～25	25～35	35～50
十字冲锤(kN)		40～60	60～80	80～100

注：摇动推力、定位力分别为各自的两缸合力。

6.2 高抬式旋挖钻斗钻机

可供选用的有日本 ED5500、ED600、SD610 及 KH125 等钻机。

6.3 主要附属机具设备

1. 履带式起重机（15t 以上）；
2. 液压泵站（55kW）；
3. 钢套管（直径 φ800mm、φ1000mm、φ1200mm、φ1500mm）；
4. 电缆线；
5. 电焊机（40VA）；
6. 装载机。

其他附属机具设备根据不同的施工情况而配置。

7. 质量控制

7.1 成孔成桩质量检验按现行国家标准《建筑地基基础工程施工质量验收规范》GB 50202—2000 和现行国家行业标准《建筑桩基技术规范》JGJ 94 执行。

7.2 桩位偏差符合表 7.2 规定。

成孔施工允许偏差   表 7.2

桩径	桩径偏差（mm）	垂直度允许偏差（%）	桩位允许偏差（mm）	
			1～3根桩、条形桩基沿垂直轴线方向和群桩基础中的边桩	条形桩基沿轴线方向和群桩基础中的中间桩
$d \leq 1000mm$	$-0.1d$ 且 ± 50	<1	$d/6$ 且不大于 100	$d/4$ 且不大于 150
$d > 1000mm$	± 50		$100+0.01H$	$150+0.01H$

注：1. 桩径允许偏差的负值是指个别断面；
　　2. H 为施工现场地面标高与桩顶设计标高的距离

7.3　孔底虚土厚度按《建筑桩基技术规范》JGJ 94 执行，端承型桩≤50mm；摩擦型桩≤100mm；抗拔、抗水平力桩≤200mm。

7.4　对砂、石子、钢材、水泥等原材料的质量、检验项目、批量和检验方法，应符合现行国家标准的规定。

7.5　施工中应按施工技术标准对成孔、清渣、放置钢筋笼、灌注混凝土等进行全过程的质量检查。每道工序完成后应进行检查。

7.6　施工结束后，应检查混凝土强度，并应做桩体质量及承载力检验。

7.7　钢筋笼质量及桩的检验标准应符合现行国家标准《建筑地基基础工程施工质量验收规范》GB 50202—2000 的规定。

7.7.1　钢筋笼质量检验标准应符合表 7.7.1 规定。

钢筋笼质量检验标准   表 7.7.1

项	序	检查项目	允许偏差或允许值（mm）	检查方法
主控项目	1	主筋间距	± 10	用钢尺量
	2	长度	± 100	用钢尺量
一般项目	1	钢筋材质检验	设计要求	抽样送检
	2	箍筋间距	± 20	用钢尺量
	3	直径	± 20	用钢尺量

7.7.2　全套管旋挖取土灌注桩质量检验标准应符合表 7.7.2 规定。

全套管旋挖取土灌注桩质量检验标准   表 7.7.2

项目	序号	检查项目	允许偏差或允许值 单位	数值	检查方法
主控项目	1	桩位	见表 7.2		用钢尺量
	2	孔深	mm	$+300$	测套管长度或用重锤测，嵌岩桩应确保进入设计要求的嵌岩深度
	3	桩体质量检验	按建筑基桩检测技术规范		按建筑基桩检测技术规范
	4	混凝土强度	设计要求		试件报告或钻芯取样送检
	5	承载力	按建筑基桩检测技术规范		按建筑基桩检测技术规范
一般项目	1	垂直度	见表 7.2		用垂线或测锤或测环或测斜仪
	2	桩径	见表 7.2		干作业施工时用钢尺量，有水施工时用井径仪或超声波检测
	3	虚土厚度	按建筑桩基技术规范		用吊锤测量
	4	混凝土坍落度：水下灌注	mm	$160～220$	用坍落度仪
	5	钢筋笼安装深度	mm	± 100	用钢尺量
	6	混凝土充盈系数	>1		检查每根桩的实际灌注量
	7	桩顶标高	mm	$+30$ -50	水准仪测量，需扣除桩顶浮浆层及劣质桩体

7.8 当全套管旋挖取土工法用于软切割全套管钻孔咬合桩时，除应符合 7.1～7.7 节有关规定外，尚应符合下列规定。

7.8.1 孔口定位误差允许值应符合表 7.8.1 的要求。

孔口定位误差允许值（mm）   表 7.8.1

桩 长 咬合厚度	10m 以下	10～15m	15m 以上
100mm	±10	±10	±10
150mm	±15	±10	±10
200mm	±20	±15	±10

7.8.2 按《地下铁道工程施工及验收规范》GB 50299—1999 桩的垂直度允许偏差为 3‰。

7.8.3 孔底虚土厚度不大于 200mm（不兼作承重结构时）。

7.8.4 混凝土的抗渗要求应符合《地下防水工程质量验收规范》GB 50208—2002 的规定。

7.8.5 超缓凝混凝土的 3d 强度小于 3MPa，28d 强度应符合设计要求。

7.8.6 先施工桩（A 桩）的缓凝时间 $T \geq 60h$。

8. 安 全 措 施

8.1 安全管理制度及办法

1. 施工现场应贯彻"安全第一，预防为主"的方针。当生产与安全有矛盾时，生产必须服从安全。

2. 认真执行安全技术交底制度，每道工序，每个部位施工前要有书面交底单，交底单的安全措施要结合实际，要求明确，使每个施工人员详细了解安全技术措施，坚持班前讲安全，每周一次班组活动，查违章、查隐患，将事故消灭在萌芽之中，发现问题，及时解决。

3. 认真贯彻安全培训教育制度。入场后对全员进行一次普遍的培训考核。

4. 加强班组管理，坚持安全交班前安全讲话制度。加强安全值班，特种作业人员必须持证上岗，杜绝违章作业。

5. 施工现场的各种安全标志必须安全牢固，不得擅自拆移。施工人员进入现场必须佩戴安全帽，夜间施工要有足够的照明，车辆作业要派专人看守。工作中要保持精神集中，相互配合，相互照应。高空作业人员必须系安全带。

6. 施工现场应配备一定数量的安全防护装置及医药箱，严禁闲杂人员进入现场。

7. 认真贯彻执行建设部《施工现场临时用电安全技术规范》，采取三相五线制、两级漏电保护的用电措施。

8. 建立电气设备的巡视维修保养制度。对各类用电设备要经常进行检查遥测，不合要求的停止使用，及时处理隐患并做好电工内业管理工作。

9. 施工完毕的桩在孔口盖上钢筋篓子或木板，以防人员跌入。

10. 各种机械施工时，要有专人负责指挥，专人操作。

11. 设专职机械检修人员，对施工机械定期进行安全检查，保证机械安放稳定，防止倾倒。对刹车、卷扬及钢丝绳等易损部件应及时进行检查，发现问题，立即更换。

8.2 施工工序的安全过程控制

8.2.1 钢筋场的安全措施

1. 场内小型设备包括卷扬机、切断机、弯曲机等应有专人操作。

2. 场内使用的配电箱必须符合有关规定要求，设防雨棚，防止有害介质侵入腐蚀。

3. 卷扬机固定机身必须设牢固地锚，搭设防护棚。

4. 场内氧气瓶不得暴晒、倒置、平放、禁止沾油、氧气瓶与乙炔瓶工作间距不得小于 5m，两瓶间焊距离不得小于10m。

5. 电焊机设独立开关，良好接地，焊把无破损，绝缘良好。

6. 电气焊操作人员，必须有正式操作证，才能进行操作。

8.2.2 用电安全措施

1. 电气设备的安装严格按配电图执行。

2. 托地电缆不得碾压，埋入地内必须加套管。

3. 现场的一切电气设备应符合规定要求，所有独立作业的电器设备必须安装漏电保护。

4. 场内所有电焊设备应设独立开关，外壳接零或接地保护，一次线长度小于5m，双线到位，焊把无破损，绝缘良好，发现破损立即更换。

5. 一切电气设备安装，接线必须持证操作，严禁无证人员操作。

8.2.3 成孔成桩时的安全措施

1. 施工人员要熟悉工程图纸，严格按设计要起和有关规定、规范施工操作，确保工程质量，安全生产。

2. 凡是下孔处理孔底人员必须戴好安全帽，系好安全绳，上下桩孔时使用安全爬梯。

3. 所有机械设备特别是吊装设备及主机应加强保养和检查，发现问题及时处理。

4. 吊装、成孔过程中实行统一指挥，严禁工作人员在回转范围内停留或站在起吊物品上。

5. 现场用的电线电缆等应尽量架空设置，下班后由电工拉闸切断电源。

6. 电闸箱要经常检查，发现安全隐患，应立即采取措施排除。

7. 钢筋笼起吊前必须检查吊点的焊接质量，焊接不好的不准起吊，应重新焊好再用。

8. 钢筋笼第一道箍筋处为吊点，必须用双箍筋加强并分别与四个安全保护卡 $\phi10$ 加劲筋双面焊牢。

8.3 消防措施

1. 重点防火部位和易燃、易爆材料集中的地方，要有明显禁止烟火标志和备有足够的消防器材。

2. 严格执行明火作业制度，明火作业要有专人看火，申请用火证。

3. 严禁乱扔烟蒂，强化用电管理。加强防火宣传，定期对职工进行消防安全教育。

4. 现场内道路保持畅通，消防栓设明显标志，附近不得堆物，消防工具不得随意挪用。

9. 环保措施

9.1 严格遵照执行国家和地方（行业）有关环境保护的法律、法规和规章，做好施工区内的环境保护工作，防止由于工程施工造成施工区域附近地区的环境污染和破坏。

9.2 加强环保教育，宣传有关环保政策、知识，强化职工的环保意识，使保护环境成为参建职工的自觉行为。

9.3 强化环境管理，健全企业的环保管理机制，定期进行环保检查，及时处理违章事宜。并积极与相关环保部门协调工作，共同抓好环保工作。现场设环境保护的自检机构，发现问题及时反馈处理。

9.4 加强施工生产中的环境保护工作，针对工程的环境、气候特点，采取针对性的措施，以最大限度地减少施工对环境的破坏。

9.5 施工场地主要道路硬化，要求道路畅通、平坦、整洁，不乱堆乱放。无散落物，场地平整不积水，无散落杂物。场地设排水系统，并畅通不堵。建筑垃圾和施工废料集中、分拣存放，及时处理。

9.6 施工现场干净、整洁，机械设备洗净擦干，各种材料堆放整齐，做到工完料尽。

9.7 在工程完工后的规定期限内拆除施工临时设施，清除施工区和施工区附近的施工废弃物。

9.8 合理安排施工项目，噪声高的避开夜间施工。夜间施工采用措施减少噪声，拒绝人为敲打、叫、嚷、野蛮装卸等噪声现象，最大限度地减少人为噪声扰民。

10. 效 益 分 析

本工法具有显著的社会效益：应用全套管护壁，不使用泥浆护壁，加之噪声低，振动小，环保效果好；可在各种土层和强风化岩层中施工，也可在各种杂填土中施工，适合旧城改造的基础工程；桩周存在泥皮降低桩侧阻力是泥浆护壁灌注桩的一大症结，而全套管灌注桩采用全套管护壁，几乎不产生泥皮，无泥浆排放，所以成孔成桩质量高。在相同的地层土质条件下，全套管灌注桩与同桩径同桩长的泥浆护壁灌注桩相比，承载能力可提高 10% 以上。

本工法具有显著的经济效益，据 4 项全套管灌注桩工程统计，实现产值 7380 万元，创造利税558.5 万元。

11. 工 程 实 例

11.1 南京地铁二号线所街站工程

该工程的地质土层依次为：1. 素填土：松散，层厚约 1.50m；2. 粉质黏土：软塑局部可塑，层厚约 1.10m；3. 粉细砂：松散，层厚约 3.60m；4. 粉细砂：中密局部稍密，层厚约 13.80m；5. 粉细砂：中密局部密实，层厚 10.20m。根据地质资料，在桩长范围内地面以下 5.0～7.0m 左右就出现中密—密实的饱和粉细砂层。

地下水位在地面以下 1m 左右。承压水位在地面以下 5.0～7.0m 的中密～密实的饱和粉细砂层中，易出现突涌、流砂等不良地质现象。

所街站工程为全套管钻孔咬合桩工程，总桩数 897 根，桩径 1000mm，桩长 25.47～27.94m。砂性土平均埋深 7m，中密～密实的粉细砂层厚达 20m，地下水丰富，且有承压性。进场后，采用捷程 MZ全套管冲抓取土施工工艺试成孔试验，当遇到中密～密实粉细砂层时，出现冲抓取土量稀少、涌砂和套管无法压入现象，乃至出现 30mm 厚的全套管被挤压变形，试成孔陷入停滞状态。此后成孔采用"注水反压＋全套管旋挖取土施工工艺"，顺利成孔，既加快成孔速度，又保证成桩质量。

施工日期 2006 年 3 月～2006 年 6 月。

11.2 南京地铁二号线集庆门站工程

该工程的地质土层的上、中部主要以淤泥质粉质黏土为主，工程性质较差；下部以砂性土为主，工程性质一般，其厚度和土性依次为：杂填土，0.2～3.3m，结构松散；素填土，0.6～4.1m，可塑—软塑；粉质黏土，0.5～2.2m，软塑；淤泥质粉质黏土，9.0～18.0m，流塑；粉砂，0.6～5.7m，稍密；淤泥质粉质黏土，3.0～15.4m，流塑；粉砂，2.5～10.1m，中密。

场地地下水类型属孔隙潜水，潜水位埋深介于 1.10～2.10m 之间；深部粉砂层中地下水具微承压性，地下水不良作用主要表现为潜蚀、流砂和基坑突涌等现象。

集庆门站工程为全套管钻孔咬合桩工程，总桩数 976 根，桩径 1000mm，桩长 30.20～32.50m。根据粉砂层分布深度不同，在钻孔咬合桩施工时，按全套管冲抓取土工艺成孔至地面以下 16～23m 不等，以下部分采用注水反压、全套管旋挖取土工艺，孔内注水至地面以下 6m 左右，保证孔内外压力平衡，边取土边注水，始终保持孔内水面在地下 6m 左右，避免出现管涌现象，混凝土灌注严格按水下混凝土灌注法进行，保证咬合桩施工顺利进行。

施工日期 2006 年 6 月～2006 年 12 月。

11.3 杭州地铁 1 号线汽车城站

该工程地质土层的平均厚度依次为：①1 素填土与①2 杂填土 2.09m；②2 黏质粉土夹粉质黏土0.90m；③1 砂质粉土 8.00m；③2 粉砂 5.50m；③4 黏质粉土夹淤泥质黏土 2.50m；③8 粉砂 8.80m；⑥1 粉土 6.10m。地下水一般在 0.5～1.0m 之间。车站基坑开挖深度 16.14m，端头井开挖深度

18.64m，坐落在③2 粉砂和③4 黏质粉土夹淤泥质粉质黏土层中。

汽车城站工程为全套管钻孔咬合桩工程，总桩数 1374 根，其中桩径 1000mm 的桩 554 根，桩长 28.70～32.00m；直径 800mm 的桩 820 根，桩长 11.0～20.42m。当孔深在 12m 以内先采用全套管冲抓取土工艺，然后注水反压，当注水面与地面相平后换全套管旋挖取土，取土过程中注意水位变化，边取土边注水，确保水面距离地面的高度为 6m 左右，直至终孔。

施工日期 2007 年 11 月～2008 年 1 月。

深基坑灌注护坡桩加锚索支护施工工法

GJEJGF021—2008

陕西省第六建筑工程公司　浙江国泰建设集团有限公司

王巧莉　赵长经　张雪娥　田定印　丁新建　刘远明

1. 前　　言

随着建筑业的快速发展，高层建筑的兴建和地下空间的利用，刺激了深基坑工程开挖与支护技术的发展。新建的高层建筑多为较深的基础和多层地下室，基础埋深部分已达到 15m 以上，且其基坑附近多有管线、道路和建筑物。为了确保工程质量及人员财产的安全，保证临近管线、道路和建筑物不受损害，通过不断应用建筑业新技术、新工艺，在深基坑的施工过程中，经长期探索和完善，总结形成了深基坑灌注护坡桩加锚索支护施工工法。通过实际应用，降低了工程成本，缩短了工程工期，确保了基础工程安全施工。

2. 工 法 特 点

2.1　支护深度大，抗水平力效果好。

2.2　节约施工空间，作业场地不受限制。

2.3　施工机械设备方便、简单，施工噪声低，环境污染低。

2.4　易于保护临近管线、道路和建筑物。

2.5　经济效益显著，同双排护坡桩相比可节约资金 20％以上，大大降低了工程成本。

3. 适 用 范 围

适用于基坑外侧场地狭小，邻近基坑周边有较大的建筑物静荷载，且开挖时无法进行放坡的较深基坑的周边支护。

4. 工 艺 原 理

该工法支护的机理是先进行灌注护坡桩施工，然后将护坡桩端部用冠梁连接，使桩在挖土及后期支护过程中受力均匀，随着基坑分层开挖施工锚索，锚索的一端置于钢腰梁上，钢腰梁与护坡桩连接，另一端锚固在地基土层中，以承受土层对护坡桩的主动侧压力，通过锚索的预应力张拉使锚杆与周围土体间产生微变形和摩阻力，从而减少灌注护坡桩的弯曲变形和增强护坡效果。

5. 施工工艺流程及操作要点

5.1　施工工艺流程

5.1.1　混凝土灌注护坡桩工艺流程，见图 5.1.1。

5.1.2　预应力锚索工艺流程，见图 5.1.2。

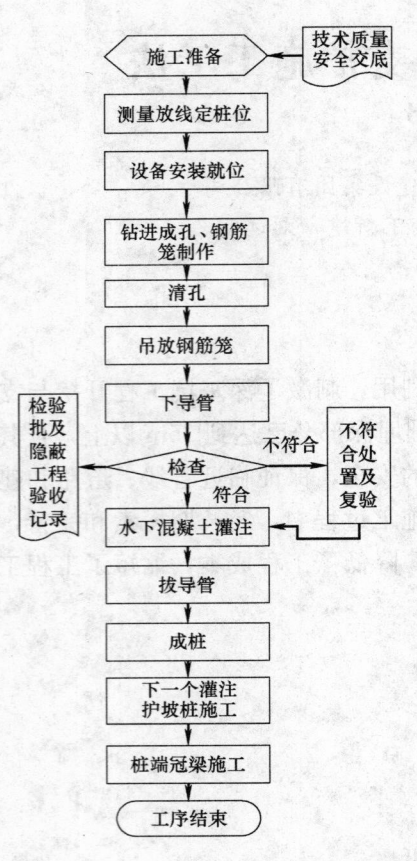

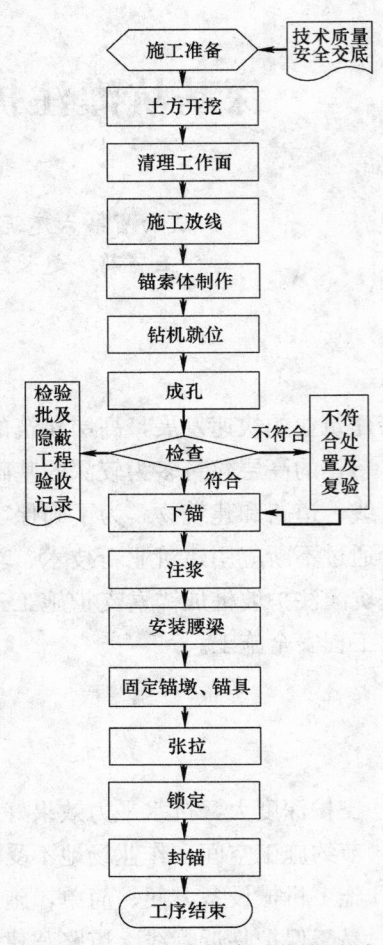

图 5.1.1　护坡桩工艺流程图　　　　图 5.1.2　预应力锚索工艺流程图

5.2　操作要点

5.2.1　灌注护坡桩施工要点

1. 护坡桩成孔

1）依据设计图纸要求，定出桩位置，并做好标记。

2）采用机械旋挖钻进成孔，钻头采用锅底式钻头，钻头下部装有外切削刀，使钻头与孔壁之间留有一定间隙，防止提钻时产生抽吸作用，造成真空，使孔壁坍塌。

3）钻机安装就位时底座必须保持平稳，钻机安装就位做到准确、水平、稳固，且钻机天轮、转盘中心和桩位位于同一铅垂线上。钻杆不发生倾斜移位，钻头在旋转时正对桩位中心。

4）成孔顺序应采用间隔跳打的方式进行，相邻桩孔的开孔时间控制在桩混凝土浇筑完 24h 以后进行。

5）开钻时，要求钻机轻压慢转，待钻头全部进入孔内时再正常钻进。

6）钻机钻进过程中，要运转平稳，随时测量钻机的水平度和垂直度，随时观察孔内情况，保持孔内水头压力，防止塌孔与缩径。

7）经检查合格的桩孔应及时进入下道工序施工。

2. 钢筋笼的加工、制作及安装

1）钢筋笼制作必须严格按照设计图纸和规范要求制作，制作场地应平整。

2）钢筋笼主筋接头位置应相互错开，接头采用机械连接或焊接，接头连接质量满足规范要求；主筋与加强箍筋、螺旋绕筋间采用点焊连接；钢筋笼保护层厚度应为 50mm，钢筋船形定位器焊接在主筋圆周三个对称点上，以确保钢筋笼在孔内保持居中状态。

3）钢筋笼经检查验收合格后，按照编号进行吊安，当桩长小于等于20m时采用单节笼下入孔内；当桩长大于20m时采用二节笼在孔口焊接连接后下入孔内；确保起吊过程中钢筋笼不变形，放入孔内不脱落。

4）钢筋笼在孔内采用吊筋方法固定，首先用水准仪测定每个孔的孔口标高，计算并丈量好吊筋长度，然后固定在孔口横梁上。

3. 护坡桩浇筑混凝土

1）导管采用直径 $\phi220mm$ 钢管制作，每节长为 1250～1500mm。

2）导管使用前应检查接头、卡孔、内壁的光滑性，以及密封垫的完好情况。

3）导管下部应离开孔底 300～500mm。

4）灌注护坡桩使用的混凝土强度符合设计要求；混凝土坍落度应控制在 160～220mm 之间，且应按规范要求留置试块。

5）混凝土初灌量大于 $1.0m^3$ 时，导管埋深应不小于 3m，同时应保证后续混凝土灌注连续顺畅。

6）灌注过程中导管要保持一定的活动频率，使灌注顺畅；在拔管前，测定好孔内混凝土高度，缓慢上下窜动导管，直至拔出导管。

7）控制最后一次灌注量，桩顶不得偏低，应凿除的泛浆高度必须保证暴露的桩顶混凝土达到设计强度。

4. 桩顶端冠梁施工

将桩端头的泛浆清理干净，然后绑扎钢筋，支设模板，经检查验收合格后，方可进行混凝土浇筑。

5.2.2 预应力锚索施工要点

1. 锚索成孔

1）依照设计图纸要求，定出孔位，做好标记。

2）采用锚杆钻机成孔，钻机安放在牢固稳定的支架上，钻杆与水平夹角符合设计要求，钻头直径不得小于设计孔径。

3）钻孔深度应大于设计深度 50mm 以上，200mm 以下。

2. 锚索体的制作

1）截取钢绞线前，应检查其质量，对有机械损伤或锈蚀的严禁使用；截取钢绞线采用切割机截断，禁止使用电焊或气割截断。

2）钢绞线下料长度为锚索设计长度、锚头高度、千斤顶长度、工具锚和工作锚的厚度以及张拉操作余量的总和。正常情况下，钢绞线截断余量取 100mm。

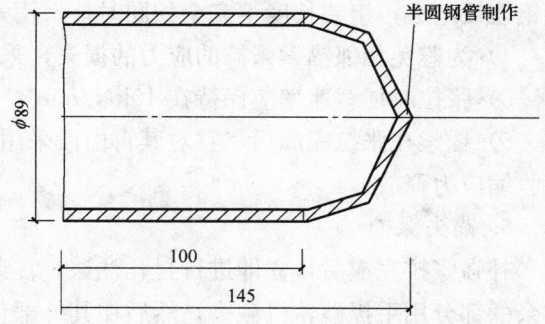

图 5.2.2-1　导向帽纵断面

3）将截好的钢绞线平顺地置于工作平台上，然后在钢绞线上按 2m 间距穿上架线环，同时在锚索体中央用细钢丝绑扎固定注浆管（硬塑料管）一起编入索体，自由段采用波形管包裹，端头用密封胶条封闭，最后在锚索体端头套上导向帽，其纵向断面见图 5.2.2-1，锚索体见图 5.2.2-2，编好后应编号备用。

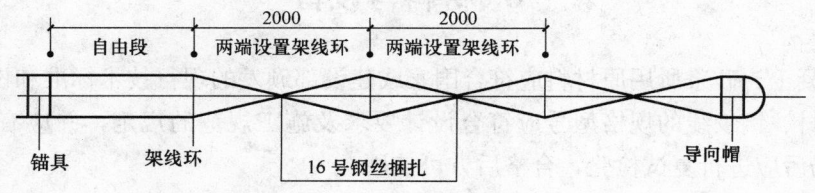

图 5.2.2-2　锚索体简图

3. 锚索注浆

1）灌浆材料用强度等级为 32.5 以上水泥，水灰比为 0.4～0.5；当采用水泥砂浆时配合比为 1∶1，砂的粒径不大于 2mm，砂浆仅用于一次注浆。

2）锚孔清理验收合格后，将制作好的相应锚索体放入锚孔内，送锚索时应缓慢送入，以防锚索体扭曲。

3）注浆采用注浆机一次常压注浆、孔底返浆的方式进行注浆，直至锚孔孔口溢出浆液或排气管停止排气且有稀水泥浆压出时，方可停止注浆。

4）为保证浆体与周围土体紧密结合，宜在浆体中掺入一定量的膨胀剂，且每孔至少在注浆后再补浆 1～2 次。

4. 工字钢腰梁加工、制作与安装

1）采用两根工字钢组合为腰梁，工字钢之间预留间隙，以保证张拉时锚头能自由伸缩。

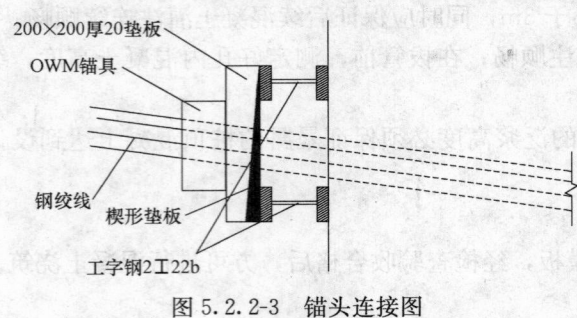

图 5.2.2-3　锚头连接图

2）腰梁加工好后，通过机械或人工安装到位，将其固定于锚索标高的护坡桩上，然后安装锚具与锚墩、锚垫。见图 5.2.2-3。

3）工字钢腰梁应连续布置，其下表面应与护坡桩紧密结合。

5. 锚索张拉

1）锚索张拉应在锚固灌浆抗压强度达设计强度要求时，方可进行张拉。

2）张拉锚索前应对张拉设备进行标定，标定曲线上必须注明标定时的压力表号，使用中不得调换；当压力表损坏或拆装千斤顶后，要重新标定。

3）当锚索由少数钢绞线组成时，采用整体分级张拉的程序，每级稳定时间 2～3min；当锚索由多根钢绞线组成，组装长度不完全相同时，采用先单根张拉，3d 后再整体补偿张拉的程序。

4）为避免相邻锚索张拉的应力的损失，采用"跳张法"进行张拉。

5）张拉时加载速率应保持在 40kN/min 左右；卸载应分级进行，卸载速度宜为设计应力 20%。

6）锚索在张拉完成后，宜对其自由段采用同比例的水泥浆或水泥砂浆再次注浆定型封闭，防止锚索收缩应力释放。

6. 锚头保护

补强张拉完成后，立即进行封孔注浆，注浆材料达到设计强度时，从锚具量起留 100mm 钢绞线，其余的部分用手提砂轮机截去，然后在其外部包覆厚度不小于 50mm 的水泥砂浆保护层。

5.3　劳动力组织

5.3.1　结合工程规模和特点，编制详细的劳动力配置计划。

5.3.2　配置管理能力强、技术全面的施工人员。

5.3.3　根据工程进度情况，及时组织作业人员进场。

6. 材料与设备

6.1　拌制混凝土、砂浆所用原材料应符合国家或建设部颁发的现行技术标准和设计要求。

6.2　所用钢材、钢绞线的规格型号应符合设计要求及施工规范的规定，并应有出厂质量证明书、检测报告等；进场后应进行复试检验，合格后方可使用。

6.3　所用工字钢、锚具的规格型号应符合设计要求，并应有出厂质量证明书、检测报告等。

6.4　使用设备见表 6.4。

主要设备计划表 表 6.4

序号	设备名称	规格型号	单位	数量	用途
1	机械旋挖钻机	KHD-15	套	2	护坡桩成孔
2	泥浆泵	3PNL	台	2	抽泥浆
3	全站仪	TC405L	台	1	桩孔、索孔定位
4	水准仪	DS3	台	1	标高测量
5	电焊机	BX1-400	台	10	钢筋焊接
6	切割机	CB6530V	台	4	切割钢筋钢绞线
7	钢筋调直机		台	1	钢筋调直
8	吊车	25t	台	1	材料设备转运
9	空压机	VP9/0.7	台	1	清孔
10	锚杆钻机	MD-1	台	2	锚索成孔
11	搅拌机	1m³	台	2	制浆
12	注浆机	UBJ-1.8	台	2	锚索孔注浆
13	张拉机		台	1	钢绞线二次张拉

7. 质量控制

7.1 所用材料均应符合设计要求及现行的国家技术标准和施工规范。

7.2 在施工过程中严格按设计要求进行施工，完善工序控制，严格做好施工记录、隐蔽工程检查验收记录，杜绝不合格产品进入下道工序，严把质量关，同时对基坑周边变形进行监测，并将监测结果及时上报甲方、监理方及设计人员。

7.3 加强技术管理，认真贯彻各项技术管理制度；做好原材料的验收及复检等工作。

7.4 钢筋入孔前应作除锈、调直处理，钢筋笼的加强筋螺旋箍筋均与主筋点焊牢固，钢筋须居于桩孔中央，同时应焊接船形或环形定位支架；钢筋焊接采用电弧焊，Ⅰ级钢筋采用 E43 焊条，Ⅱ级钢筋采用 E50 焊条，主筋单面搭接焊长度为 10d。

7.5 钢筋笼制作质量检验应符合表 7.5 标准要求。

钢筋笼制作质量检验标准表 表 7.5

项 目	序 号	检查项目	允许偏差或允许值(mm)	检查方法
主控项目	1	主筋间距	±10	用钢尺量
	2	长度	±100	用钢尺量
一般项目	1	钢筋材质检验	设计要求	抽样送检
	2	箍筋间距	±20	用钢尺量
	3	直径	±10	用钢尺量

7.6 锚索的编制要确保每一根钢绞线始终均匀排列、平直、不扭不叉，钢绞线的锈点、油污要除净，对有死弯、机械损伤及锈坑者应剔出。

7.7 张拉前张拉设备要标定，重复三次取平均值。各根钢绞线拉力不均匀系数在 0.95～1.05 之间，各根钢绞线的拉力差为 ±5%。

7.8 混凝土灌注桩质量检验应符合表 7.8。

混凝土灌注桩质量检验标准表   表 7.8

项 目	序 号	检 查 项 目	允许偏差或允许值	检 查 方 法
主控项目	1	桩位	D/6，且不大于 100m	用钢尺量
	2	孔深	+300mm	用测绳量
	3	混凝土强度	设计要求	试件报告
一般项目	1	垂直度	<1%	测钻杆
	2	桩径	±50mm	用井径仪
	3	沉渣厚度	≤150mm	用沉渣仪
	4	钢筋笼安装深度	±100mm	用钢尺量
	5	混凝土坍落度	160mm～220mm	坍落度仪
	6	桩顶标高	+30mm，−50mm	水准仪
	7	混凝土充盈系数	>1	实际灌注量

7.9 锚索质量检验应符合表 7.9。

锚索质量检验标准   表 7.9

项 目	序 号	检 查 项 目	允许偏差或允许值	检 查 方 法
主控项目	1	锚索长度	±30mm	用钢尺量
	2	锚索锁定力	设计要求	现场实测
一般项目	1	锚索位置	±100mm	用钢尺量
	2	钻孔倾斜度	±1°	测钻机倾角
	3	浆体强度	设计要求	试件报告
	4	注浆量	大于理论计算浆量	实际注浆量

7.10 在施工过程中，护坡桩混凝土强度试块每根桩留置试块一组，锚索内注浆材料强度试块每班制作三组，经标准养护后进行测定。

8. 安 全 措 施

8.1 建立完善的安全管理体系，制定相应的安全管理制度，贯彻落实安全生产责任制。

8.2 所有进入施工现场人员必须戴好安全帽，高空作业要系好安全带，特种人员必须持证上岗。

8.3 施工现场的临时用电严格按照《施工现场临时用电安全技术规程》JGJ 46—88 的有关规定执行。

8.4 各分项工程施工前，必须对作业人员进行安全教育及班前安全交底。

8.5 施工现场的机械、机具应定期进行检查，并及时进行保养维修。

8.6 基坑周边搭设防护栏杆，并设立警示标志。

8.7 基坑周边地面荷载不得超过设计允许的地面荷载。

8.8 灌注桩成孔后，混凝土浇灌前，应及时加盖防护，以防人员及物品坠入。

8.9 施工机械应由专人操作，并制定安全操作规程，随机挂牌，严格按规程操作；班前应对机械进行试运转，检查各部位运转是否正常，严禁带病作业。

8.10 吊装绑扎必须牢固，吊车起吊重物时，吊车下不得站人。

9. 环 保 措 施

9.1 建立文明施工保证体系，施工现场依照文明工地有关要求及规定认真执行。

9.2 施工现场所有材料按照施工平面布置图要求堆放整齐。

9.3 易飞扬的细颗粒散体材料尽量库内存放，若露天存放时必须严密覆盖。

9.4 办公区、施工区、生活区合理布置排水明沟、排水管，道路及场地适当放坡，做到污水不外流，场内无积水。

9.5 在搅拌机前台及运输车清洗处设置沉淀池。排放的废水先排入沉淀池，经二次沉淀后，方可排入城市排水管网或回收用于洒水降尘。

9.6 未经处理的泥浆水，严禁直接排入城市排水设施和河流。所有排水均要求达到国家排放标准。

9.7 作业时尽量控制噪声影响，对噪声过大的设备尽可能不用或少用；减少人为噪音；对强噪声机械设置封闭的操作棚。

9.8 尽量避免夜间施工，确有必要时及时向环保部门办理夜间施工许可证，并向周边居民告示。

9.9 清理施工垃圾时使用容器吊运，严禁随意凌空抛撒造成扬尘。施工垃圾及时清运，清运时，适量洒水减少扬尘。

10. 效 益 分 析

10.1 经济效益

通过对双排桩的支护方法与护坡桩加锚索支护方法成本比较，采用深基坑灌注护坡桩加锚索支护的方法成本较低，同时安全、迅速、可靠。现以长 18.00m，深 15.00m 的基坑支护为例，设计护坡桩的桩体长度为 28.00m，桩径 0.80m，间距 1.80m，锚索长度 25.00m，锚径 0.15m，间距 1.80m，垂直方向布置三排，护坡桩的成本价按照每米 700 元，锚索成本价按照每米 200 元计算：

当采用双排护坡桩时的总费用为 $28 \times 2 \times 700 \times 19 = 744800$ 元，则每延长米的费用约为 41378 元；

当采用护坡桩加锚索支护时的总费用为 $19 \times 28 \times 700 + 18 \times 3 \times 25 \times 200 = 642400$ 元，则每延长米的费用约为 35689 元；

经比较，应用该工法施工后共计节约成本费用为 102400 元，每延长米节约成本费用为 5689 元，每平方米节约成本费用为 379 元。

该工法经过在三个工程中的实践应用，总计节约成本费用 309.61 万元。

10.2 社会效益

本工法采用机械化作业，施工快捷灵活，施工速度快，工期短。支护形式属于主动与被动双重作用的加固体系，通过护坡桩的被动作用控制土体变形，再通过锚索施加预应力，能够主动控制土体变形，调整土体应力状态，经两者的共同作用，受力效果大大改善，从而提高了土体的整体稳定性。经工程实际应用后，变形观测的最大变形量仅小于等于 20mm；被支护的基坑边道路通行 25t 的混凝土泵车及罐车无异常现象；20t 挖掘机及吊车在坑沿上挖土吊土时未见失稳现象；基坑周围及距坑边 2m 的建筑物未见塌陷、裂缝等现象，建筑物使用正常。

总之，本工法合理的利用了土地资源，并最大限度地节约了土地资源，而且给后续施工提供了更大的作业空间；减少了环境污染；很好地保护了邻近管线、道路和建筑物，并延长了其使用寿命，建设单位非常满意。

11. 应 用 实 例

11.1 西安石油大学 25 号住宅楼工程，框架剪力墙结构，建筑面积 32480m²，地下 2 层，地上 32 层，基坑尺寸为 61.35m×23.40m，开挖深度为 −11.55m，局部挖深为 −13.95m，该支护于 2005 年 8 月 20 日竣工，经使用该灌注护坡桩加锚索工法施工，周边无沉陷等不良情况，使用效果良好；节约成本费用共计 169.5×11.55×379＝741978 元。

11.2 陕西省交通建设集团地下车库工程，框架剪力墙结构，建筑面积 7616.3m²，地下 3 层（全埋式），基坑尺寸为 39.80m×80.50m，开挖深度为－16.17m，该支护于 2007 年 8 月竣工，经使用该灌注护坡桩加锚索工法施工，周边无沉陷等不良情况，使用效果良好，节约成本费用共计 200.8×5689＝1142351 元。

11.3 陕西省交通建设集团办公楼工程，框架剪力墙结构，建筑面积 51660.92m²，地下 3 层，地上 25 层，基坑尺寸为 80.80m×45.60m，开挖深度为－16.17m，局部挖深为－18.57m，该支护于 2007 年 12 月竣工，经使用该灌注护坡桩加锚索工法施工，周边无沉陷等不良情况，使用效果良好；节约成本费用共计 213×5689＝1211757 元。

该工法总计节约成本 309.61 万元，获得了较好的经济效益和社会效益。

不规则平面超大深基坑"中顺边逆"施工工法

GJEJGF022—2008

南通建筑工程总承包有限公司 青海分公司 浙江中成建工集团有限公司

李彪奇 董年才 陆建忠 沈国章 刘有才

1. 前 言

由于建筑场地的限制和建筑设计的要求,现代建筑深基坑施工中不规则的平面形状越来越多,这给地下室深基坑工程施工带来了很大的难度和高昂的支护工程费用。

天津弘泽湖畔国际广场地下3层,基坑平面面积10000m²,中间是主楼,周围是裙房。我们经过反复论证:若采用逆作法方案,基坑内土方全部需采取暗挖,对施工要求较高,降低了出土效率,基坑开挖工期也很长;若采用传统顺作法,则需采用混凝土支撑,混凝土量大,基坑变形也不易控制。最后经过分析研究,采用"中顺边逆"的施工方案。

实践证明,该方案无论在经济、环保、节能方面皆优于传统方案。该工程地下部分施工技术已被江苏省建工局列为科研课题,并正在研究中。利用该工法,我们相继在天津弘泽湖畔国际广场二期、天津时代广场等工程应用中都获得了良好的经济效益和社会效益。

2. 工法特点

2.1 与传统的施工方法相比,该工法施工总工期缩短、基坑支护质量好、更安全、工程造价也相对低得多,具有先进、新颖、节能、环保等特点,社会效益显著。

2.2 基坑支护平面一般分三区:周边逆作区(裙房),坑中顺作区(主楼),局部狭长区(传统顺作)。见图2.2-1,图2.2-2。

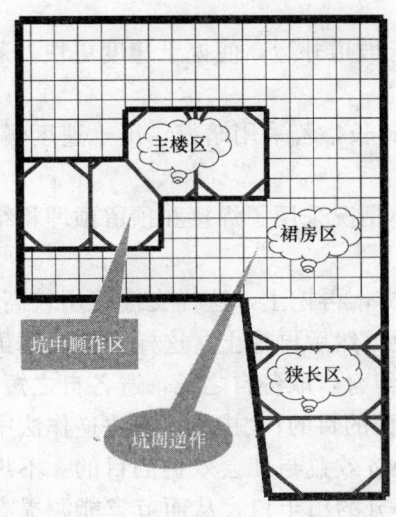

图2.2-1 天津弘泽湖畔平面分区示意

图2.2-2 天津弘泽湖畔平面分区示例

2.3 基坑周边水平梁板结构连排桩组合作为基坑支护结构,运用逆作法原理施工,地下室结构施工完成后不需拆除,成为永久结构的一部分,具有一定的先进、经济、节能、环保、科学性。

2.4 基坑中部采用钢格构内支撑梁,此部分地下室顺作,并且作为逆作区出土口,提高了土方开挖效率,同时满足了逆作区采光、通风要求,保证了工程质量,大幅降低了工程造价,缩短施工工期,具有一定的先进、节能、环保、科学性、新颖性。

2.5 在部分基坑不规则区域采用传统顺作法，其施工工序与逆作区施工互相配合。亦可作为逆作区土方开挖出土口、采光源和通风口，同时设置独立出土运输坡道，解决了大量土方暗挖和垂直运输问题，具有一定的经济性、合理性、科学性。

2.6 本工法针对围护连排桩体系，结合高水位地区和桩墙联体防水的实际，研究了集材料选用、基层粘合找平、复合卷材于一体的防水施工工艺，取得了良好的防水效果。

2.7 基坑变形小，避免了对周围建筑物的影响，保护了环境；达到了周边排桩无渗漏的效果，节能环保效益显著。

2.8 本工法把不规则平面顺作与中顺边逆工艺相结合，提高了功效，解决了逆施梁柱节点、围护腰梁、逆作面梁柱等节点连接处理，达到了预期的质量效果。

2.9 本工法运用计算机仿真和模拟施工的信息化技术，计算数据与实际检测数据相结合，适时调整控制参数，既提高了施工速度，又保证了工程安全。

3. 适用范围

3.1 本工法可用于主楼带裙房的、地下室基坑深度 2 层及 2 层以上较深较大、平面布置不规则、局部有凸出狭长条状建筑平面的地下工程。

3.2 可用于建筑物基坑四周环境比较复杂、建筑物距离基坑边缘距离小，环境保护要求比较高、施工难度较大的工程。

3.3 可用于工期要求紧、缩短施工工期对工程有特别重要的意义或有巨大的经济效益的工程。

3.4 基坑地下室面积较大，造型又复杂，采用一般的支护结构，难以完成地下室工程的施工。

4. 工艺原理

4.1 工法工艺核心部分应用的基本原理：四周裙房部分逆作＋连续排桩组合＋主楼顺作平面支撑，形成了基坑的平面支撑体系，解决了基坑的支撑问题。

4.2 中间顺作部分，作为暗挖部分的部分出土口，通过独立出土坡道外运，使挖土速度更快。避免了逆施部分结构层受力，保证了结构安全。

4.3 狭长区顺作，是根据狭长区的特点：狭而长，狭便于支撑；长，若采用暗挖，出土速度慢，从而影响整个施工进度，采用顺作法，可使施工速度更快。

4.4 围护结构腰梁与连排桩、逆施梁柱甩筋节点处理，针对具体情况采用了焊接和预留预埋相结合，使得方便施工，降低成本，质量可靠。

4.5 原理关键技术的理论基础是：传统顺作法是先做围护、支撑，再挖土，这样支撑费用较高，挖土速度较快，但支撑费用较高；而传统的逆作法是先做地下室顶板，然后再挖土，这样支撑费用虽然省了，但挖土效率太低。本工法是对传统顺作法与逆作法进行优化组合，取各自之长，避各自之短：采用"边逆"从而达到节省支撑费用、减少料具投入、增加施工作业面的目的；"中顺"解决逆作法中的挖土速度慢，成本高的缺点，从而达到降低施工成本、提高工程经济效益与社会效益的目的。不规则区域的顺作，考虑了利用狭长区部分作为采光、通风和局部逆施部分的出土口，从而节省能源提高效率。

5. 施工工艺流程及操作要点

5.1 施工工艺流程（以地下 3 层为例，图 5.1）

5.2 操作要点

5.2.1 施工准备

1. 施工图审查，熟悉相关图纸，并组织设计图纸会审与交底。

2. 方案编制与审批：根据工程现场实际情况，组织相关人员编制详细的施工方案，并经上级主管部门审批通过。

3. 施工技术交底：由技术负责人向相关施工人员进行技术交底、安全交底，详细说明有关注意事项及关键控制点；讲明质量要求与标准。

4. 对本工程所需材料、机械设备等进行检测，不合格材料、设备不准用于工程。

5. 做好测量放线、标高引测工作。

5.2.2 工程桩、围护结构、支撑立柱桩施工

1. 施工顺序：先进行工程桩、支撑立柱桩施工，再进行围护结构施工。这样操作是为了防止工程桩、立柱桩施工时，将围护结构挤坏。最后进行地基加固（是否需要根据设计要求确定）。

2. 支撑立柱桩一般采用灌注桩内插格构柱形式。中间支承柱（中柱桩）是逆作法施工中，在底板未封底受力之前，与地下连续墙或排桩共同承受地下结构、上部结构自重和施工荷载的承重构件。其布置、数量和结构型式都对逆作法施工有很大影响。中间支承柱采用由工程桩（或钻孔灌注桩）接高的型钢格构式支柱，由四根角钢通过钢板缀条连接而成。有时为了节约投资考虑中间支承柱将来可作为地下室结构柱，即直接在格构柱外再包裹混凝土作为地下室结构柱。有的中间支承柱格构柱与桩的连接采用焊接。由于支承柱将来作为地下室结构柱，所以其轴线位置与垂直度必须正确，要求偏差在 20mm 以内，否则将影响地下室结构柱位置的正确性。

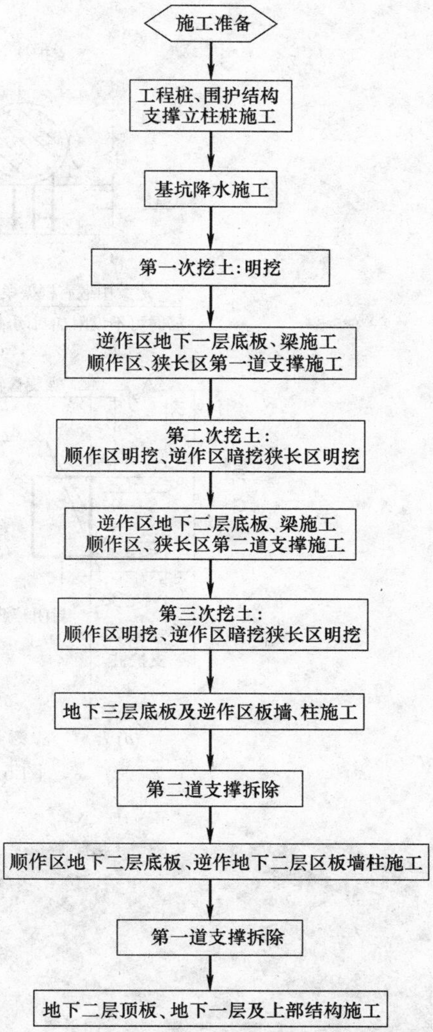

图 5.1 施工工艺流程图

5.2.3 基坑降水

1. 基坑降水是地下部分施工的重要环节，特别是在地下水位较高的软土地区。

2. 基坑降水标高确保达到基坑设计标高以下 0.5～1.0m。

3. 降水开始时间，必须是在地基加固区达到设计强度后才能进行，否则会影响加固区的加固效果。

5.2.4 第一次挖土：明挖

第一次挖土采用明挖，挖至地下一层底板底。明挖与常规基坑明挖区别不大，采取明挖＋暗挖＋吊挖的挖土方式，主要操作要点有：1. 按照降水井布置情况，降水至开挖面下 0.5～1.0m 以下；2. 严格按设计工况进行，不得超挖；3. 不准碰触支撑、中间支撑立柱桩、降水井管；4. 车辆严格按设计路线专人指挥车辆行驶，严禁肆意妄行；5. 加强对周围环境监测，发现异常，立即停止施工；查清原因，并采取相应措施并确保安全后方能继续施工。

5.2.5 逆作区地下一层底板、梁施工，中心区、狭长区第一道支撑施工

1. 逆作区地下一层底板、梁施工（图 5.2.5-1、图 5.2.5-2）：本部分逆作区水平支撑结构，是本工法的关键。

1）施工时，在局部梁板上设置出土口，洞口的大小关乎此处的集中应力，所以洞口边界会采用环梁加固。

2）节点构造设计：由于逆作法施工与常规施工方法有较大区别，施工时是在地下自上而下进行。

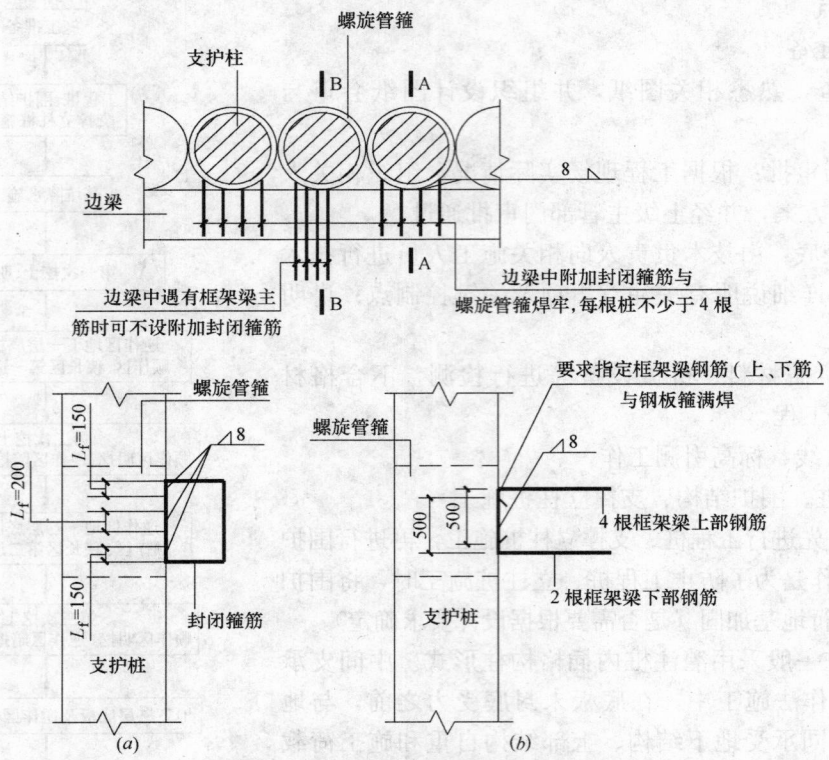

图 5.2.5-1　边梁与围护桩节点大样示例

（a）A—A 剖面；（b）B—B 剖面

图 5.2.5-2　梁板模板实例图

逆作法施工的结构节点必须满足：①结构永久受荷状态下的设计要求；②施工状态下的受荷要求（施工工况要求）；③抗渗防水要求，不能因为节点施工降低了抗渗性能，造成永久性的渗漏；④不要影响建筑物的使用功能等。

3）逆作区地下室墙、柱甩筋节点做法：①结构逆作部位的框架梁的钢筋伸到支护桩，与支护桩上的螺旋钢箍焊接，两侧的边梁焊接 4 道箍筋，使框架梁、边梁与支护桩有可靠连接。②土方开挖时，在墙、柱位置局部超挖 500～750mm，通过在模板上预先打孔预留插墙柱钢筋，对于帽梁、边梁及梁柱节点预留的墙体钢筋及柱插筋，按设计及施工规范要求，竖向构件搭接接头错开 50%，机械连接接头距地面必须满足设计要求，两接头错开长度 35d，根据混凝土强度等级的不同，绑扎搭接钢筋接头长度必须满足施工规范及设计要求。

2. 中心区、狭长区第一道支撑施工

中部顺作区是否设置内支撑及如何设置，根据情况由计算确定（可采用 PKPM 软件计算）；本部分部分施工方法与常规施工方法和要求相差不大，主要是支撑与逆作区边梁的节点做法，具体可参考图 5.2.5-3。

5.2.6　第二次挖土：顺作区明挖、逆作区暗挖

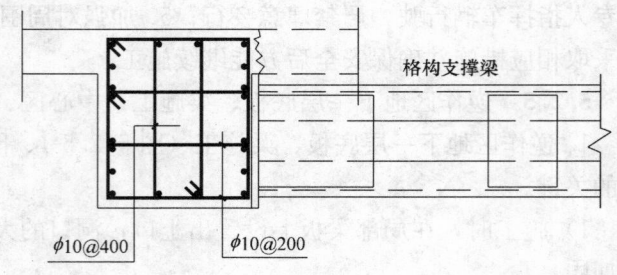

图 5.2.5-3　坑中顺作区内支撑与逆作面边梁节点做法示例

1. 顺作区明挖

顺作区明挖与常规基坑明挖区别不大，主要是操作要点有：①严格按设计工况进行，不得超挖；②不准碰触支撑、立柱桩、降水井管；③车辆严格按设计路线行驶，严禁肆意妄行；④加强对周围环境监测，发现异常，立即停止施工；查清原因，并采取相应措施并确保安全后方能继续施工。

图 5.2.6 天津弘泽湖畔土方开挖实例图一

2. 逆作区暗挖：①暗挖区分两部分，一部分由明挖区带掉；另一部分由预留出口挖出；②严格按设计工况进行，不得超挖；③不准碰触支撑、立柱桩、降水井管；④加强对周围环境监测，发现异常，立即停止施工；查清原因，并采取相应措施并确保安全后方能继续施工（图 5.2.6）。

5.2.7 地下二层底板、梁施工，顺作区第二道支撑施工

本部分施工与 5.2.5 条操作要点基本相同。

5.2.8 第三次挖土

本部分施工操作要点与 5.2.6 基本相同，只是挖土难度有所增加（图 5.2.8）。

图 5.2.8 天津弘泽湖畔土方开挖实例图二

5.2.9 地下三层底板及逆作区地下三层柱、板墙施工，第一道换撑

本部分施工操作要点与 5.2.7 基本相同，主要不同是：1. 要进行第一次换撑，即浇筑底板时，周边与围护结构空档处局部用素混凝土填充（填充范围可通过 PKPM 计算软件确定），完成第一次换撑。2. 主要不同是增加了板墙、柱的施工，外防水施工（外防水做法可做在围护内侧，见图 5.2.9-1～图 5.2.9-3）。

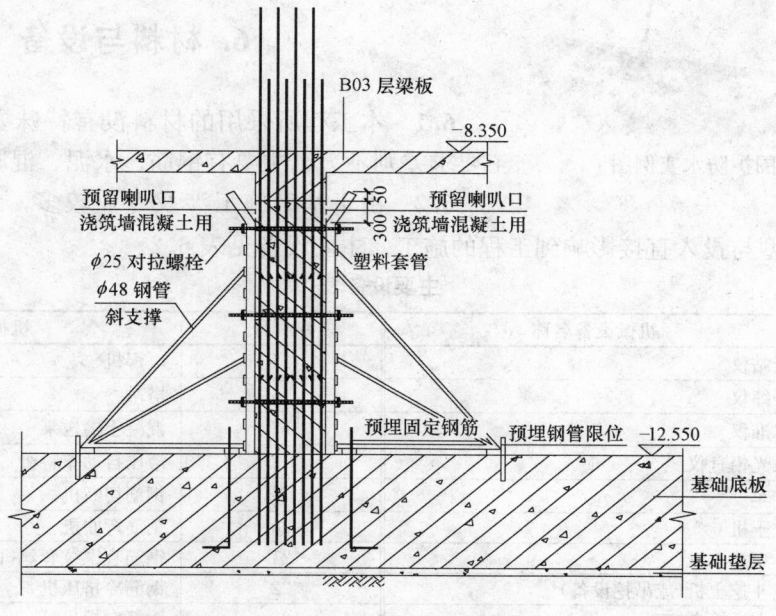

图 5.2.9-1 框架柱模板示意图

5.2.10 第二道支撑拆除

本部分与常规施工方法无多大差别，主要是安全问题，不再赘述。

5.2.11 顺作区地下三层板墙、柱、顶板施工，逆作区地下二层板墙、柱施工

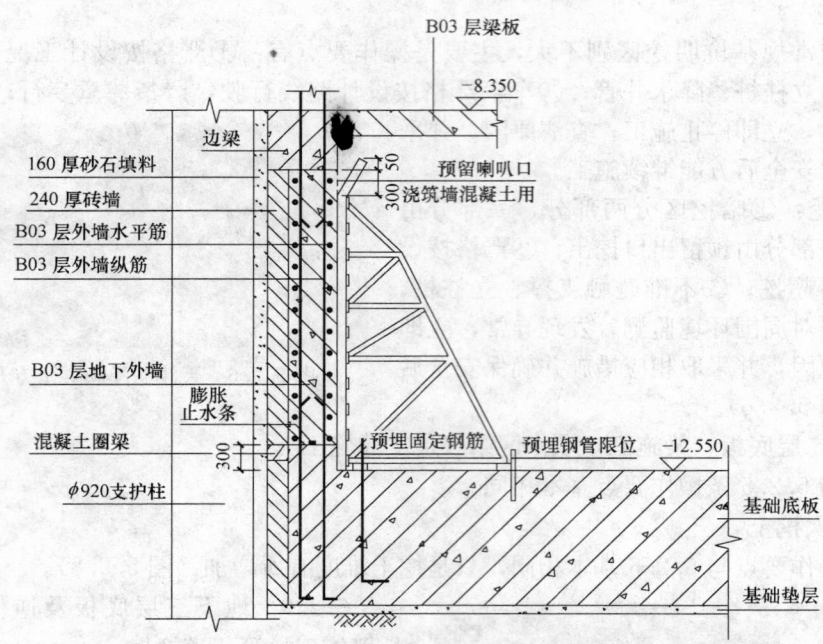

图 5.2.9-2　地下室外墙模板工艺图

图 5.2.9-3　围护防水实例图

本部分与常规施工方法无多大差别，不再赘述。

5.2.12　第一道支撑拆除

本部分与常规施工方法无多大差别，主要是安全问题，不再赘述。

5.2.13　顺作区地下二层顶板、地下一层及上部结构施工

本部分与常规施工方法无多大差别，不再赘述。

6. 材料与设备

6.1　本工程所采用的材料没有特殊要求，与一般常规施工要求差别不大，主要有钢筋、水泥、混凝土、型钢等。

6.2　由于基础施工涉及专业较多，地下施工难度较大，各种机械设备的选型与投入直接影响到工程的施工。主要设备见表 6.2。

主要设备表　　　　　　　　　　　　　　　表 6.2

序　号	机械设备名称	序　号	机械设备名称
1	全站仪	15	电焊机
2	经纬仪	16	塔吊
3	水准仪	17	混凝土输送泵
4	激光铅直仪	18	液压自动布料机
5	铲车	19	钢筋切断机
6	挖土机	20	钢筋弯曲机
7	小型挖土机	21	钢筋直螺纹套丝机
8	抓斗挖土机(或吊挖设备)	22	钢筋冷挤压机
9	土方运输自卸车	23	钢筋对焊机
10	汽车吊	24	混凝土振捣机
11	钻井机	25	平板振捣机
12	灌注桩机	26	木工圆盘锯
13	手推车	27	木工平刨机
14	消防、供水水泵	28	空压机

7. 质 量 控 制

7.1 施工测量必须严格按照《工程测量规范》GB 50026—93、《建筑地基基础工程质量验收规范》GB 50202—2202 要求进行控制；重点控制标高、轴线。

7.2 围护结构、基坑降水、地基加固必须严格按照《建筑桩基技术规范》JGJ 94—94、《建筑地基处理技术规范》JGJ 79—2002、《建筑基坑支护技术规程》JGJ 120—99、《钢筋焊接及验收规程》JGJ 18—2003 等国家及地方性规范、标准进行控制；重点控制围护结构施工质量（灌注桩或地下连续墙清孔质量、水下混凝土浇捣质量，水泥土搅拌桩水泥掺量、搅拌质量等）、位置、范围、搭接，基坑降水深度、地基加固范围与质量。

7.3 支撑、立柱桩施工必须严格按照《钢结构工程施工质量验收规范》GB 50205—2001、《建筑基坑支护技术规程》JGJ 120—99、《锚杆喷射混凝土支护技术规范》GB 50086—2001、《混凝土结构工程施工质量验收规范》GB 50204—2002 进行控制；重点控制支撑位置、节点处理、立柱桩焊接质量等。

7.4 混凝土结构施工部分施工必须严格按照《钢筋焊接网混凝土结构技术规程》JGJ 114—2003、《钢筋机械连接通用技术规程》JGJ 107—2003、《地下防水工程质量验收规范》GB 50208—2002、《混凝土结构工程施工质量验收规范》GB 50204—2002 要求进行控制；重点控制预留钢筋、甩筋的预留搭接及锚固长度、混凝土浇捣质量、地下防水节点处理等。

7.5 基坑挖土采用《建筑地基基础工程质量验收规范》GB 50202—2202 要求进行控制；主要控制每次开挖深度要严格按照施工工况进行，不能超挖。

7.6 严格施工前方案编制、交底制度，施工过程中检查、监督制度，施工完毕后的经验总结制度，以便用于下道工序或以后施工。

8. 安 全 措 施

8.1 在基坑上口设置位移观测点，每 30m 设置一个观测点，每周观测一次，观测记录报甲方与监理部门。如观测值有异常变化，应立即会同技术人员分析原因，并采取紧急措施。

8.2 基坑上口设置红白相间的水平警示护栏两道，高度为 1.2m。

8.3 在结构上设置应力、位移测试器，随时监控基坑安全状态。

8.4 在周边建筑物、市政管线、道路设置沉降观测点，观测其沉降和不均匀沉降，及时会同相关人员测试分析，以采取措施。

8.5 顺逆施部分结构体设置沉降观测点，以监测结构体本身的沉降和不均匀沉降。

8.6 吊挖设备设置防坠落装置，出土口及顺作面设置防护栏杆和挡脚板。

8.7 施工人员必须正确使用安全带，严禁从高处向下方抛掷任何物件。

8.8 使用空气压缩机、电动工具等必须配备"三级配电两级保护"，"一机一闸一漏一箱"。

8.9 电缆符合《通用橡套软电缆》GB 1169—74 规定；手持电动工具负荷线必须采用橡皮护套铜芯软电缆，并不得有接头，插头、插座应完整。

9. 环 保 措 施

环境保护管理目标为："水、气、声、渣"做到达标排放；注重节约能源和自然资源；杜绝火灾事故。

9.1 防止噪声污染

9.1.1 尽量减少人为大声喧闹和搬卸时的噪声。

9.1.2 控制有强声机械的作业时间，优先使用低噪声的震动机械。

9.1.3 塔吊指挥使用对讲机，避免吹哨带来的噪声污染。

9.1.4 对混凝土泵、木工机械等强噪声设备，设置隔声棚，以利减小噪声。

9.1.5 遵守施工作业时间，最大限度地减少噪声扰民。

9.2 防治扬尘（对大气）污染

本工程占地面积大，土方工程量大，防治扬尘、控制其对大气的污染将作为环境保护控制的一大重点，具体采取以下措施。

9.2.1 施工现场道路采用混凝土硬化措施：现场所有施工道路及施工场地均采用 C20 混凝土进行路面硬化，施工现场做到杜绝泥土面。

9.2.2 工地四周设置 2.2m 高砖墙围护，使工地与外界相对形成封闭空间。

9.2.3 现场布置时，出入口设置 0.3m 深注水洗车池，对进出场的车轮进行自动洗胎，杜绝车辆进出对施工现场及外界的污染。

9.2.4 覆盖。土方施工过程中，对现场临时堆放的泥土，用密目安全网进行覆盖，做到土方不裸露在外，以避免扬尘污染；对粉砂类材料，现场设专用库房。

9.2.5 现场道路及场地保持湿润。配专责保洁人员对现场道路及场地进行及时清理及洒水湿润，时现场场容保持清洁，使道路、场地保持湿润，以避免扬尘。

9.2.6 加强对现场垃圾的管理。现场设置垃圾分检站，对建筑及生活垃圾分检后及时进行外运，避免造成扬尘。

9.3 防止对水的污染

9.3.1 现场出入大门处设置沉淀池，刷机水沉淀后排出。

9.3.2 生活区下水道上设置隔油池，定人定时清理。剩饭、菜倒入缸内集中处理。

9.3.3 油料储存、使用和保管专人负责，防止污染水系。

9.3.4 确保雨水管网与污水管网分开使用。

9.3.5 厕所设置化粪池，不允许将粪便直接排入城市污水管网。

9.4 减少光的污染

9.4.1 探照灯尽量选择既能满足照明要求又不刺眼的新型灯具。

9.4.2 探照灯尽可能只照射工区而不影响社区。

9.4.3 工地不用照明时应及时熄灯。

9.5 加强对废弃物的管理

9.5.1 现场设置垃圾分捡站，做到标识明显，分类存放。

9.5.2 废弃物的运输确保不散撒，防止二次污染。

9.5.3 对可回收的废弃物尽量回收利用。

10. 效 益 分 析

采用本工法以来，收到了良好的经济、环保、节能和社会效益，现分述如下。

10.1 经济方面

从工程实际效果（消耗的物料、工时、造价等）上，与传统顺作法相比，经济效益明显，见表 10.1（以天津弘泽国际广场为例）。

经济效益对比表 表 10.1

消耗	传统顺作法	传统逆作法	采用本工法后	传统顺作节省率	传统逆作节省率
物料	10845040(元)	10417400(元)	8425000(元)	22.31%	19.13%
工时	328700(工时)	307100(工时)	264500(工时)	19.53%	13.87%
造价	14293000(元)	13889000(元)	11085000(元)	22.45%	20.19%

10.2 环保方面

10.2.1 与传统（混凝土支撑）顺作法相比：不需爆破、建筑垃圾减少、空气污染少、使用空压机少、故噪声少、粉尘少。

10.2.2 周围逆筑，先做地下一层顶板，比露天开挖产生的粉尘少。

10.2.3 逆筑开挖时，地面文明施工易于维护，施工现场文明程度高。

10.3 节能方面

10.3.1 周围逆筑与传统顺筑相比，支撑用量少，节省材料和能源。

10.3.2 与传统混凝土支撑相比，能大量节省材料。

10.3.3 逆筑部分施工时，地面文明施工维护费用少。

10.4 社会效益方面

10.4.1 逆筑部分施工，采用本工法，水平支撑不需要拆除，可以节省拆除水平支撑所占用的时间，大大缩短了工程工期，对周围居民影响时间缩短。

10.4.2 逆筑部分施工时，地面文明施工程度高。

10.4.3 本工法的实施，为建筑深基坑施工又开创了一条新路。

10.4.4 本工法的分析研究结果已被列为江苏省科研课题，并将组织专家鉴定。

另外，本工法与普通顺作法采用混凝土支撑相比，完全符合国家关于建筑节能工程的有关要求，有利于推进（可再生）能源与建筑结合配套技术研发、集成和规范化应用。

11. 应 用 实 例

本工法已经在多个工程中得到应用，工艺也比较成熟，现将工程应用实例简述如下，见表11。

应用实例 表11

工程名称	地 点	结构形式	开、竣工日期	建筑面积	应用效果	备 注
天津弘泽湖畔国际广场	卫津南路与天塔道交叉口	框剪	2005.8.26～2007.8.26	97000m²	收到了良好的经济效益和社会效益	
天津弘泽湖畔国际广场二期	鞍山西路200号	框剪	2006.2.5～2008.3.6	74300m²	收到了良好的经济效益和社会效益	
天津时代广场	迎水道748号	框架	2006.1.20～2008.6.30	78300m²	收到了良好的经济效益和社会效益	

钻孔后注浆连续墙施工工法

GJEJGF023—2008

中国第一冶金建设有限责任公司　龙元建设集团股份有限公司

王平　彭书庭　向海静

1. 前　　言

随着城市建设的高速发展，城市地下空间的开发应用也就越来越多。许多大型地下设施往往建设在场地狭小或建筑密集的繁华地段，在建设这些地下设施之前，需要进行专门的深基坑支护，否则一旦深基坑边坡出现安全问题，不仅无法进行下一步施工，而且还会导致周围地面开裂，危及附近建、构筑物安全。因此，在施工中如何采取有效的深基坑支护措施，防止深基坑边坡坍塌，确保施工安全，就成为人们关注的课题。在众多的深基坑支护方法中，很少拥有具有我国自主知识产权的深基坑支护方法。在充分消化吸收日本 SMW 工法的基础上，进行创新，吸收其精华，发明了挡土止水二合一水泥土连续墙施工新工艺——钻孔后注浆连续墙（发明专利）和高性能水泥土（发明专利），并在 30 余项国家、省市重点工程中成功应用，应用范围涉及高层建筑、市政工程及大型公共建筑等。

钻孔后注浆连续墙先后获得了两项国家发明专利、科技部认定的省部级科技进步二等奖、国家重点推广新产品、国家级创新研发基金项目、国家级创新技术产业化二等奖、省部级工法，并已编入《武汉市建筑安装施工工艺标准》和全国第二版《基坑工程手册》（同济大学和华东建筑设计院主编），填补了我国在此领域知识产权的二项空白，并且节约资源，实现环保节能，取得了良好的经济效益和社会效益。

2. 工 法 特 点

2.1　采用长螺旋钻机成孔，成孔到位后在起钻的同时采用注浆设备将孔外搅拌的水泥土浆同步注入孔中进行施工，起钻完毕时水泥土浆同步将孔内注满，成墙效率高，设备简单，便于掌握和控制。

2.2　在孔外利用特制的全自动搅拌设备制备水泥土浆，泥浆和水泥浆在溶液状态下搅拌更加均匀，反应更加充分，硬化后水泥土所形成的水泥土墙体比传统水泥土高 3 倍，抗渗性能好。

2.3　可采用现场成孔后符合条件的泥土制备水泥土浆，变废为宝。墙体芯材实现了多样化，可以采用竹筋笼、H 型钢 、预制桩等，芯材如为 H 型钢则可以拔出重复使用。

2.4　该工法突破了只有日本 SMW 工法才能施工挡土止水二合一水泥土连续墙的技术难题，突破了传统水泥土只能在孔内进行搅拌的技术难题，使得采用长螺旋钻机也能施工挡土止水二合一水泥土连续墙，使得水泥土的强度、抗渗性能和桩身的均匀性不再受制于原状软弱土的影响，使水泥土可以像混凝土一样在特制的搅拌设备中搅拌，使水泥土也具有高性能。

3. 适 用 范 围

适用于民用、市政和堤防工程，可在淤泥、砂土、粉土粉砂互层、黏性土及人工填土等多种土层中进行深基坑支护的挡土止水。根据需要墙体可以设计成 400mm、550mm、650mm、850mm 等多种不同厚度，深度可达 24m。根据基坑深度的不同可采用竹筋笼、H 形钢、预制桩等芯材。

4. 工 艺 原 理

钻孔后注浆连续墙工法采用长螺旋钻机沿着设计轴线钻孔，钻孔时跳打，相邻单元搭接钻进，同时在孔外利用特制的搅拌设备制备水泥土浆，成孔到位后在起钻的同时采用注浆设备将事先制备好的水泥土浆从下往上压注入孔内，在水泥土浆凝固之前，安设预先制作好的受力芯材（竹筋笼、H形钢、预制方桩等），水泥土浆凝固后就成为一道连续致密的支护连续墙，水泥土起止水作用、受力芯材承受外力，它具有挡土止水二合一的功能，适用于深基坑支护、堤防隔渗等工程。

传统的水泥土桩（浆喷桩、粉喷桩、高压旋喷桩）和日本 SMW 工法均是在孔内原位搅拌。由于各土层的强度、厚度和含水量不同，孔内搅拌的水泥土必然会出现沿水泥土桩竖向分布不均匀的情况，桩身容易出现"千层饼"和"鸡蛋芯"的质量通病，即使具有世界先进水平的日本 SMW 工法也没有摆脱在孔内搅拌水泥土的技术难题。

钻孔后注浆连续墙的水泥土的反应机理虽然和湿式深层搅拌桩一样，也是基于水泥土的化学反应过程，但不同之处是钻孔后注浆连续墙的水泥土是在孔外利用特制的设备搅拌成型。水泥土浆搅拌更加均匀，反应更加充分，形成的水泥土更加致密坚固，大量检测报告表明该工法的水泥土强度和抗渗能力大大提高。

5. 施工工艺流程及操作要点

5.1 施工工艺流程

钻孔后注浆连续墙工艺由导墙制作安装、测放桩位、钻机就位及成孔、孔外制备水泥土浆、注水泥土浆、芯材制作和安设、芯材拔出等工序组成，各个工序紧密相连，互相配合。钻孔后注浆连续墙的工艺流程见图5.1。

5.2 操作要点

5.2.1 导墙制作安装

1. 导墙通常采用装配式工字钢、槽钢或 H 形钢，导墙内边线应在一条线上，每间隔 2～3m 用钢筋横向加固，导墙外侧应用土填实。

2. 根据甲方提供的控制点和控制轴线，测放导墙的中心线，导墙的中心线应和连续墙中心线重合，中心线允许偏差为 ±10mm。导墙宽度应比连续墙设计厚度加宽 50mm，其净距允许偏差为±10mm。

3. 导墙转角处要焊接牢靠，施工过程中，应及时校正导墙的定位尺寸，倾斜度偏差不大于 0.5%。

4. 导墙上的泥土应及时清除，保证桩位标志清晰。

5.2.2 测放桩位

根据甲方提供的控制点和控制轴线，测放桩位，在桩位中心打入竹签或钢筋，露出地面 3～5cm，同时在导墙上设置桩位标记，以便于施工中校核。

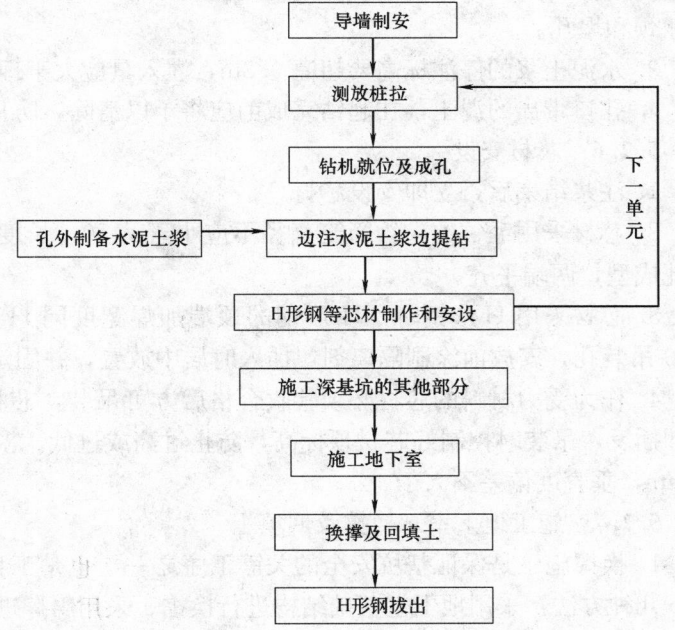

图 5.1　钻孔后注浆连续墙工艺流程

5.2.3　钻机就位及成孔

1. 钻机就位前，应用仪器复核桩位点，防止堆积土体的挤压或附近钻孔的扰动，造成桩位点移位。

2. 钻机就位时，派 2 人分别在机前和机侧用吊锤观察，指挥钻工调整机架和钻杆的垂直度，钻机定位后，用吊锤和水平尺及时进行检查复测，钻头对位偏差不得大于 20mm。

3. 钻头直径不小于设计桩径，桩位偏差不大于 20mm，钻孔深度不小于设计桩长，机架垂直度偏差不大于 1%。

4. 钻孔采取分段循环跳钻的施工方法，按照先施工素水泥土桩，后施工插芯材桩的原则，先钻 1号、5 号、9 号……，后钻 3 号、7 号、11 号……。钻进时，下钻速度应保证泥土能及时排除。起钻时，禁止反钻，并尽量带出泥土。孔口带出的泥土，在起钻完成前应将予以清除，防止泥土掉入孔中。

5.2.4　孔外制备水泥土浆

1. 泥浆制备质量的好坏直接影响到钻孔后注浆连续墙的质量。采用黏土进行造浆，必要时可加入膨润土，泥浆制备完成后，应检测泥浆性能是否满足要求黏度（18～22s，含砂率＜4%，胶体率＞90%～95%，pH8～10）。制备好的泥浆存放入泥浆储存池，存放时间过长时，应采用搅拌机进行搅拌，防止泥浆产生离析、沉淀。

2. 水泥土浆制备前要经试验室试配，水泥土浆由特制的水泥土浆搅拌机搅拌，水泥土浆的搅拌与加料要遵守以下原则：先加泥浆，后加水泥，搅拌时间不小于 3min。水泥土浆相对密度由相对密度计或电子天平测定。浆液应搅拌均匀，随搅随用。

5.2.5　注水泥土浆

1. 钻进到设计桩底标高时，施工人员应会同监理人员或业主代表共同检查孔径、孔深，验收合格后方可注浆。

2. 提钻注浆时，提钻速度和注浆速度应保持一致，提钻速度每分钟不超过 3m，防止空孔现象，避免缩颈和塌孔。

3. 水泥土浆的停注标高要超灌 0.8m，灌入量应大于理论值（充盈系数不小于 1.1）。

4. 孔口带出的泥土，在起钻完成前应将予以清除，防止泥土掉入孔中。

5.2.6　芯材安设

1. 注浆结束后，立即安设芯材。

2. 芯材采用毛竹的，竹筋笼直径不应小于 φ150，长度不得小于桩长，毛竹劈开分片，弧面向里，绑扎成型，两端平齐。

3. 芯材采用 H 形钢时，H 形钢的顶端加焊宽度同 H 型钢的腹板宽度、高 100mm 的钢板，预留φ100 吊装孔，安放前涂刷隔离剂，插入时居中放置，并固定在导墙上，H 型钢翼缘朝向基坑。

4. 作为受力材料的芯材必须验收合格后方可吊装，芯材必须对准桩中垂直插入，芯材朝向不能插偏和插反，吊装时控制好芯材顶标高，防止过高或过低。芯材位置偏差不大于 30mm，标高偏差不大于50mm，垂直度偏差不大于 1%。

5.2.7　施工地下室、换撑及回填土

1. 换撑施工是保证基坑安全的关键工序之一，也是工程拆除内支撑的前提，根据设计要求换撑有如下几种方法：采用地下室基础结构进行换撑、采用斜撑进行换撑、采用结构楼板进行换撑等。

2. 采用地下室基础结构作为换撑：为保证基坑和周边建构筑物的安全，在满足结构设计和施工规范要求的前提下，尽快将地下室底板施工完，并且竖向支护结构和地下室底板之间应用素混凝土填实，以保证地下室底板处为刚性支点。

3. 采用钢结构斜撑进行换撑：

1）在基础底板和墙板的交接处（在基础底板上）埋设预埋件，如图 5.2.7-1 所示。

2）在支护结构内侧施工换撑用围檩。

3）安装钢结构斜撑。

4. 采用结构梁板进行换撑

1）当支护结构为永久结构，如钢筋混凝土连续墙时，结构梁板直接和钢筋混凝土连续墙浇筑在一起，直接作为换撑结构，当梁板混凝土强度达到 80％才能进行内支撑的拆除。

2）当支护结构为临时结构时，支护结构和地下室外墙有一定的距离，临时支护结构和楼板之间采用钢管或工字钢等传力构件，如图 5.2.7-2 所示。

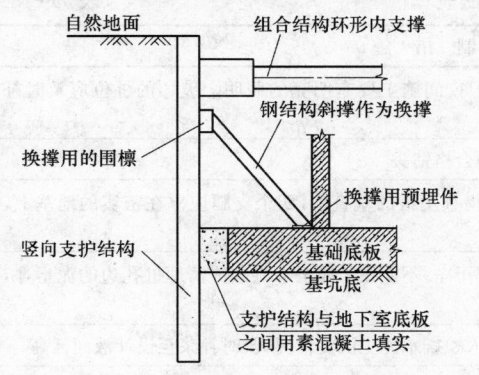

图 5.2.7-1　采用钢结构斜撑进行换撑示意图

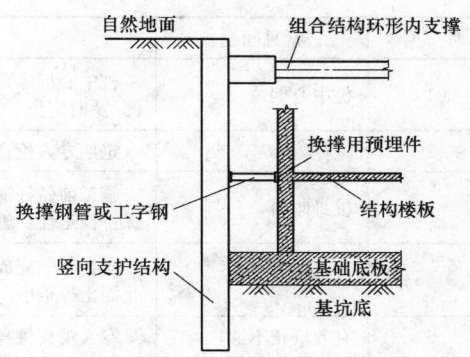

图 5.2.7-2　采用结构梁板进行换撑示意图

5.2.8　芯材拔出（芯材为 H 形钢）

1. 待地下结构施工到±0.000，基坑土方回填完毕，才能拔出 H 形钢。

2. 拔出 H 形钢时，在吊车就位处铺好钢板或路基箱，然后吊车就位，吊起振拔器，夹住型钢端头，起吊时钢丝绳必须锁紧牢靠，对位要求准确。

3. 型钢端头帮板焊接必须焊牢、焊实，振拔器夹具和型钢连接必须牢固。

4. 启动振拔器振拔型钢，原位振动 15～30s 后，边振边拔桩。

5. 当型钢拔出力迅速下降时，停止振拔，用吊车吊起型钢。

6. H 形钢拔出后用水泥砂浆将拔出的空隙填实。

5.3　劳动力组织（表 5.3）

主要人员配备表　　　　　　　　　　　　　　　　　　表 5.3

工　种	人　数	工　种	人　数
长螺旋钻机操作工	4	泥浆搅拌机操作工	2
水泥土浆搅拌机操作工	2	注浆机操作工	2
高频振动锤操作工	2	电焊工	4
起重工	2	测量工	2
吊车司机	2	电工	2
反铲司机	2	普工	20
合　　计			46

6. 材料及设备

本工法无需特别说明材料，采用主要机具设备见表 6。

主要机具设备表　　　　　　　　　　　　　　　　　　表 6

序　号	名　称	规格、型号	功率(kW)	台　数	用　途
1	长螺旋钻机	GLC-4 型	90	1	钻孔
2	泥浆搅拌机	G80	22	1	造泥浆
3	水泥土浆搅拌机	XNT-80	22	1	造水泥土浆
4	注浆机	ZJ-120	37	1	注水泥土浆
5	高频振动锤	D80	300	1	拔 H 型钢
6	电焊机	BX$_3$-500	11	1	焊接 H 型钢
7	吊车	25t		1	起吊 H 型钢
8	反铲	1m^3		1	清弃土

7. 质 量 控 制

7.1 钻孔后注浆连续墙质量控制措施（表 7.1）

钻孔后注浆连续墙质量控制措施表   表 7.1

序 号	常见问题	控 制 措 施
1	桩中心偏位	桩中心标志要醒目，并专人指挥钻机定位。夜间施工要有明亮的照明。破坏的桩位应及时补测、及时定位
2	桩径偏小	定期专人检查钻头直径，及时维修和拆换不合格钻头
3	桩身倾斜	施工前做好清障工作，钻机定位后，应吊线检查主塔的垂直度，四个支腿应撑在密实的地基上，保持稳定性。施工过程要随时抽检
4	桩身夹杂异物	应在起钻完成之前，将孔口周围的泥土清理干净，不能在水泥土未凝固前清理桩孔边的泥土，防止泥土掉桩中
5	有效桩长不够	专人观察桩身注浆情况，注浆后 2h 要有专人检查水泥土沉淀情况，及时补浆至设计液面标高
6	水泥土强度不够	定期专人检查是否按配合比进行配料，定期专人检测泥浆相对密度和水泥土浆相对密度，经常搅拌水泥土浆以防沉淀

7.2 钻孔后注浆连续墙施工允许偏差（表 7.2）

钻孔后注浆连续墙施工允许偏差表   表 7.2

项 次	项 目	允许偏差 单位	允许偏差 数值	项 次	项 目	允许偏差 单位	允许偏差 数值
1	钻机提升速度	m/min	±0.5	5	桩径	mm	≥D+20
2	桩底标高	mm	+100	6	垂直度	%	<1%
3	桩顶标高	mm	±50	7	芯材长度	mm	±50
4	桩位偏差	mm	<20				

8. 安 全 措 施

8.1 认真贯彻"安全第一，预防为主"的方针，根据国家有关规定、条例，结合施工单位实际情况和工程的具体特点，组成安全专职安全员和班组兼职安全员以及工地安全用电负责人参加的安全生产管理网络，执行安全生产负责制，明确各级人员的职责，抓好工程的安全生产。

8.2 电缆线路应采用"三相五线"连接方式，电气设备和电气线路必须绝缘良好，场内架设的电力线路其悬挂高度和线见距除按安全规定要求进行外，将其布置在专用电杆上。

8.3 施工场地内一切电源、电路和电气设备的安装和拆除，应由持证电工负责，电器必须接地或接零并设置漏电保护器，现场电线电缆必须按规定架空，严禁拖地和乱拉乱搭。

8.4 所有机械操作人员必须持证上岗，各种机械设备应专人专用，禁止无证操作，电机等运转部位设置防护罩。

8.5 安装钻机时，钻机工作面应夯实、平整，必要时应铺设钢板或路基箱，支撑点受力均匀。钻机各种管路接头密封良好，无漏油、漏气、漏水现象。

8.6 钻机入土切削和提升过程中，当负荷太大及电流超过预定值时应减缓钻机进尺速度，一旦发生卡钻和停钻现象，应切断电源将钻杆强制提起之后，才能启动电源。钻机工作时如发生异常响声、漏油等不正常现象时应立即停机检查，排除故障后，方可作业。

8.7 钻机施工作业时周边 2m 不得站人。钻机的组装和拆卸及施工移位，应按照安全技术措施作业。

8.8 起重机起吊时，要有专人指挥，不准多人乱指挥。

8.9 必须将电焊机平稳的安放在通风良好，干燥的地方。不准靠近高热以及易燃易爆危险的环境。电气控制箱必须执行接地接零保护。

8.10 氧气瓶与乙炔瓶隔离存放，严格保证氧气瓶部沾染油脂、乙炔发生器有防止回火的安全装置。乙炔瓶、氧气瓶和焊炬、明火的距离不得小于10m，否则应采用隔离措施。

9. 环 保 措 施

9.1 成立施工环境卫生管理机构，在工程施工过程中严格遵守国家和地方政府下发的有关环境保护的法律、法规和规章，加强对施工燃油、工程材料、设备、废水、生活垃圾、弃渣的控制和治理，遵守防火及废弃物处理的规章制度，做好交通环境疏导。充分满足便民要求，认真接受城市交通管理，随时接受相关单位的监督检查。

9.2 将施工场地和作业范围限制在工程建设允许的范围内，合理布置、规范围挡，做到标牌清楚、齐全，各种标识醒目，施工场地整洁文明。

9.3 对施工中可能影响到的各种公共设施制定可靠的防止损坏和移位的实施措施，加强实施中的监测、应对和验证。同时，将相关方案和要求向全体施工人员详细交底。

9.4 设立专用排浆沟、集浆坑，对废浆、污水进行集中，认真做好无害化处理，从根本上防止施工废浆乱流。

9.5 定期清运沉淀泥砂，做好泥砂，做好泥砂、弃渣及其他工程材料运输过程中的防散落与防沿途污染措施，废水除按环境卫生指标进行处理达标外，并按当地环保要求的指定地点排放。弃渣及其他工程废弃物按工程建设指定的地点和方案进行合理堆放和处置。

9.6 优先选用先进的环保机械。采取设立隔声墙、隔声罩等消声措施降低施工噪声到允许值以下，同时尽可能避免夜间施工。

9.7 对施工现场道路进行硬化，并在晴天经常对施工通行道路进行洒水，防止尘土飞扬，污染周围环境。

10. 效 益 分 析

10.1 经济效益

工程实践证明，在同等条件下钻孔后注浆连续墙的工程造价一般为钢筋混凝土排桩的85%～90%。

10.2 社会效益

填补了我国在此领域无知识产权的空白，采用长螺旋钻机也可施工挡土止水二合一水泥土连续墙，突破了只有日本SMW工法才能施工挡土止水二合一水泥土连续墙的技术难题。

10.3 节能环保效益

钻孔后注浆连续墙工法安全环保、质量可靠、工期短、造价低，具有很强的市场竞争力。它具有如下四方面节能环保功能：

10.3.1 不仅不排放泥浆而且还可以利用钻孔桩排出的泥浆制备水泥土浆。

10.3.2 水泥土浆可掺入粉煤灰，变废为宝。

10.3.3 H形钢可以拔出重复使用，不仅符合国家循环经济的政策而且解决了支护结构留在地下对地下空间的二次污染问题。

10.3.4 挡土止水二合一，支护结构占地少，可使地下室面积最大化，提高土地的利用率。

11. 应 用 实 例

自2003年以来先后在琴台大剧院、长江委会议中心、武汉设计院、武汉香港新世界中心、江滩花园、万科润园、新华明珠、武科大综合楼、铁四院科技大楼等 30 多项国家、省、市重点工程的深基坑支护中应用本工法，取得了显著的经济效益与社会效益。

11.1 武汉市建筑设计院深基坑工程周长约 230.2m，基坑面积约 3111.2m²。拟建场地位于武汉市汉口四唯路，基坑西侧为武汉市建筑设计院的 20 世纪 60 年代建设的 3 层办公楼（砖混），基坑边线与 3 层办公楼基础最近的距离仅为 0.8m。基坑北侧为武汉市建筑设计院的 2 栋 7～8 层办公楼（砖混），基坑边线与该办公楼基础最近的距离为 4.8m，并紧邻长江边，支护施工用地极为紧张，可放坡卸载平面有限。本工程所处场地地下水丰富，坑侧壁有粉土，易流淅，坑底以下为粉土、粉砂互层和粉砂，易突涌。基坑开挖深度为 7.65m。本工程采用钻孔后注浆连续墙＋支撑的支护方式，该方案利用钻孔后注浆连续墙作为挡土止水二合一墙，墙内插入 HN450×200 型钢和 HM500×300 型钢芯材进行挡土支护，挡土、止水二合一，在非常复杂的周边环境和距长江边很近的情况下安全高效地完成了基坑支护的任务。基坑开挖效果受到监理和业主的高度赞扬。

11.2 武汉香港新世界中心深基坑工程位于武汉市汉口利济北路与解放大道交汇处，地处最繁华的核心闹市区，深基坑边为三层立交桥和煤气管道、高压电缆沟等设施，环境极为复杂。基坑开挖深度 10.5～11.5m。采用挡土止水二合一发明专利技术——钻孔后注浆连续墙，墙厚为 650mm，内插 HZ450 型钢，水平间距为 0.55m。在支护结构外侧沿轴线方向每 4.0m 布置一根 φ650 钻孔后注浆扶壁桩。设置两道内支撑，桩顶采用双拼 300mm×300mm H 形钢冠梁，桩身设置 4 根 HZ450 型钢围檩。支撑构件为 φ630 钢管，壁厚为 12mm。实现了零风险的目标，保证了周边立交桥和各种设施的安全。基坑开挖效果受到监理和业主一致好评。

11.3 江滩花园 A 区地下深基坑工程位于武汉市汉口硚口区沿河大道，紧邻汉江。深基坑周长约 404.3m，基坑面积 10691m²，开挖深度约 10m。支护结构采用 φ650@550 钻孔后注浆连续墙，桩孔内间隔插入 HZ450 型钢，另在基坑外侧增设 φ650 钻孔后注浆扶壁桩，扶壁桩内插入 HZ450 型钢，扶壁桩与支护结构之间用 φ600@500 钻孔后注浆素桩连接。基坑设置一道直径约 100m 环形内支撑，内支撑设置标－3.300m，内支撑中圆形支撑采用 1200mm×1000mm 钢筋混凝土梁，混凝土强度等级 C40，内支撑中钢管支撑采用 φ609、$t＝10mm$ 钢管和 φ450、$t＝10mm$ 钢管，围檩采用两根 HZ450 型钢双拼。开挖效果良好。

11.4 长江水利委员会会议中心地下车库深基坑工程位于武汉市汉口解放大道长江水利委员会大院内，地下车库基坑开挖面积约 4600m²，基坑周长约 261m，基坑深度 8.2m。基坑西侧边轴线距离长江水利委员会 6 层资料楼 8.6m，距离 2 层制冷房最近点 8.6m。南侧距办公楼 11m，距人防入口约 4m。办公楼基础埋深－3.5m 左右，人防基础埋深－6.0m 左右，其他基础埋深－1.5m 左右。基坑工程整体安全等级为一级，采用钻孔后注浆连续墙＋锚杆支护方式，该方案利用钻孔后注浆连续墙作为挡土止水二合一墙，墙内插入 HZ450 型钢芯材进行挡土支护，基坑开挖后无任何质量安全事故发生。

11.5 武汉万科润园深基坑工程位于武昌杨园才林街。基坑紧挨 30m 高水塔，面积约 10288m²，开挖深度为 6.80m。采用挡土止水二合一发明专利技术——钻孔后注浆连续墙，ⅠⅠ′、NQ 支护段采用 φ650@550 钻孔后注浆连续墙，钻孔内间隔插入 HN450 型钢；HⅠ′支护段采用 φ700@600 钻孔后注浆连续墙，钻孔内满插 HM500H 型钢 FG 支护段采用 φ650@550 钻孔后注浆连续墙，钻孔内间隔插 HN450H 型钢；未插 H 形钢的素桩长度伸至基坑底面以下 2m，素桩内通长插入毛竹。开挖后监测结果表明，各观测点位移值、沉降值及测斜值变化均不大，均未超过报警值，基坑始终处于安全状态。

钢支撑支护内力自动补偿及位移控制系统施工工法

GJEJGF024—2008

中建国际建设有限公司

邓明胜 郭伟光 尹文斌 朱健 方涛

1. 前 言

随着城市建设的不断发展，城市交通运输与地下空间开发问题显得日益突出，城市地铁对解决交通问题发挥重要作用。我国软土地区诸如上海、天津、南京等大量地区在地铁、隧道周边兴建的建筑物越来越多，很多开发项目都基于地铁带来的便利交通而选择在地铁附近，由此带来的临近深基坑工程对地铁隧道影响十分明显。随着我国对生态环境保护意识的逐渐提高，在城市施工中对周边影响的控制日趋严格，在此类软土地区邻近地铁、隧道周边兴建的建筑基坑施工面临越来越大的技术难题需要攻克。而目前国内外常规施工技术却已经无法满足此地铁正常运营中所提出的近乎苛刻的变形（变形水平位移和竖向沉降）控制要求。此种状况已经在若干个工程中体现出来，并日益困扰着广大工程技术人员。中建国际建设有限公司通过科技攻关，结合国内外实际情况，已成功研制出钢支撑支护内力自动补偿及位移控制系统（以下简称本系统），并在国内首次成功应用。该工法关键技术于2008年2月24日通过中建总公司组织的科技鉴定，鉴定委员会由业内著名的9名资深专家组成，建设部原总工程师、瑞典皇家工程院外籍院士许溶烈担任鉴定委员会主任，鉴定委员会副主任为中国工程院院士刘建航与中国工程院院士叶可明。与会专家对该工法成果进行了认真审查评议并给予了高度的评价，最后一致确认：该成果属于国内首创，总体上达到国际领先水平。

2. 工 法 特 点

2.1 "钢支撑支护内力自动补偿及位移控制系统施工工法"为自主研发的创造性成果，通过技术创新和工艺创新，国内首次发明了钢支撑轴力自动控制的方法和施工工艺，并成功应用，解决了深基坑钢支撑轴力损失后复加困难及无法实时连续动态控制的技术难题。

2.2 本工法能针对基坑开挖过程中，随着土方的移除而导致基坑的变形并进而引起的地铁变形的情况，通过对支撑轴力的调整，控制着千斤顶分别适时地加载，让钢支撑按设计状态保持或增加其内力，使"地下连续墙"处于"刚性"状态，进而确保地铁隧道的安全。

2.3 本工法的应用可实现完全意义的信息化施工，系统可全天候24h自动远程监测和控制钢支撑轴力，Excel报表全自动保存（无需人工操作），工程始终处于可知和可控的状态下，减少了人力监测成本。

2.4 本工法控制系统的参数设置灵活，可依据地铁变形和基坑变形情况随时调整控制参数，并可根据工程需要对参数进行灵活定制。

2.5 本工法在系统中设计了完善的多重报警机制及应急处理针对措施，确保了系统安全稳定运行。系统实施过程中，开发的控制系统软硬件安全可靠、技术先进、成本低廉、功能完善、操作容易、升级便利、易于拓展，对钢支撑轴力的监测和控制实现了24h不间断数据传输，减少了人力资源成本，使工程始终处于可控和可知的状态，具有显著的社会效益和推广价值。

3. 适 用 范 围

本工法适用于临近地铁、地下隧道或其他地下设施的重要深基坑工程。尤其当基坑工程紧邻的地铁、隧道等地下设施对周围环境变化较为敏感、沉降和变形控制非常严格和苛刻时，更显其安全性、优越性和先进性。

4. 工 艺 原 理

本工法的关键技术之钢支撑支护内力自动补偿及位移控制系统由上位系统、PLC 控制系统和现场执行系统组成。上位系统及 PLC 控制系统为本系统的核心部分，执行系统包括液压系统和钢支撑等，通过上位计算机软件控制 PLC 控制系统和执行系统工作。钢支撑安装在钢筋混凝土地下连续墙上，千斤顶装置安装在钢支撑和钢筋混凝土地下连续墙之间，压力传感器固定在千斤顶装置上，压力传感器通过模/数转换和 PLC 控制系统模块连接，千斤顶装置通过液压油路连接液压泵站，PLC 控制系统模块分别连接上位系统和液压泵站。钢支撑的应力状态通过压力传感器采集模拟信号，经过模/数转换将模拟信号转换为数字信号后传送给 PLC 控制系统模块，然后传送给上位系统，上位系统中的计算机软件处理接受的数字信号，上位系统的指令通过 PLC 控制系统模块转换成电信号控制执行系统中的液压泵站和千斤顶装置的工作，对钢支撑进行制动控制，从而形成对钢支撑的自动控制。本系统的工艺原理见图 4 所示。

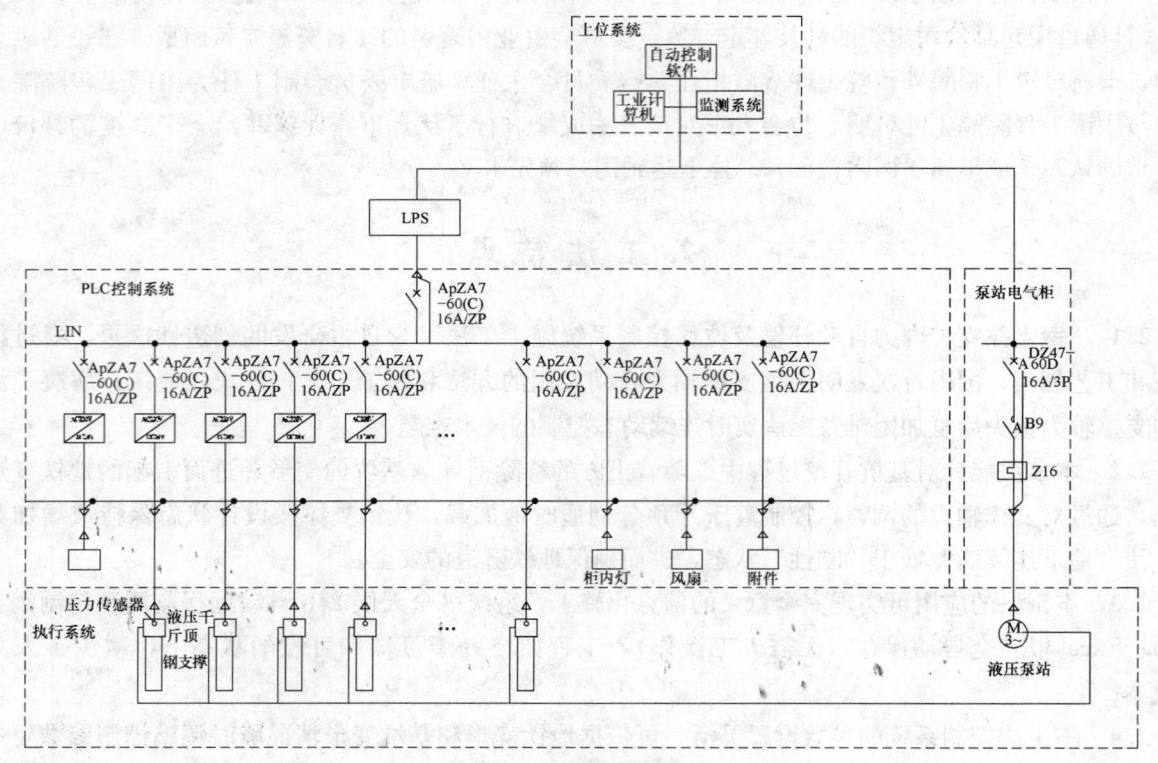

图 4　系统工艺原理图

本工法可结合工程情况，将控制系统内配置的若干台千斤顶划分为便于控制的若干组别，从经济、适用、科学、合理、先进的原则出发，将其中部分组别设置为单顶（一个控制阀控制一台千斤顶）、部分组别设置为双顶（一个控制阀控制两台千斤顶）、部分组别设置为三顶（一个控制阀控制三台千斤顶）、部分组别设置为四顶（一个控制阀控制四台千斤顶），充分地满足各单体工程的需要。

5. 工艺流程及操作要点

5.1 工艺流程（图5.1）

5.2 施工操作要点

5.2.1 油泵站和千斤顶的安装和操作方法

1. 油泵站、控制台、千斤顶顶升装置之间用装有快速接头的高压软管可靠连接，系统压力表反映的是系统压力，装有快速接头的高压软管正确连接见图5.2.1-1。

2. 将液压系统压力设为低压状态（溢流阀旋松）。

3. 启动电动机，油泵站运转正常，电磁换向阀不换向，使千斤顶处于顶升工作状态，液压系统可进行正常工作。

4. 工作时将操作台上的溢流阀顺时针调节至所需压力。

5. 需拆卸时，按图5.2.1-2步骤进行，油泵站的出口必须采取防尘措施，以防止杂质进入接头，从而引起液压系统中各类阀的损坏，造成液压系统不能正常工作。

6. 高压软管不管使用与否其弯曲半径不小于200mm。

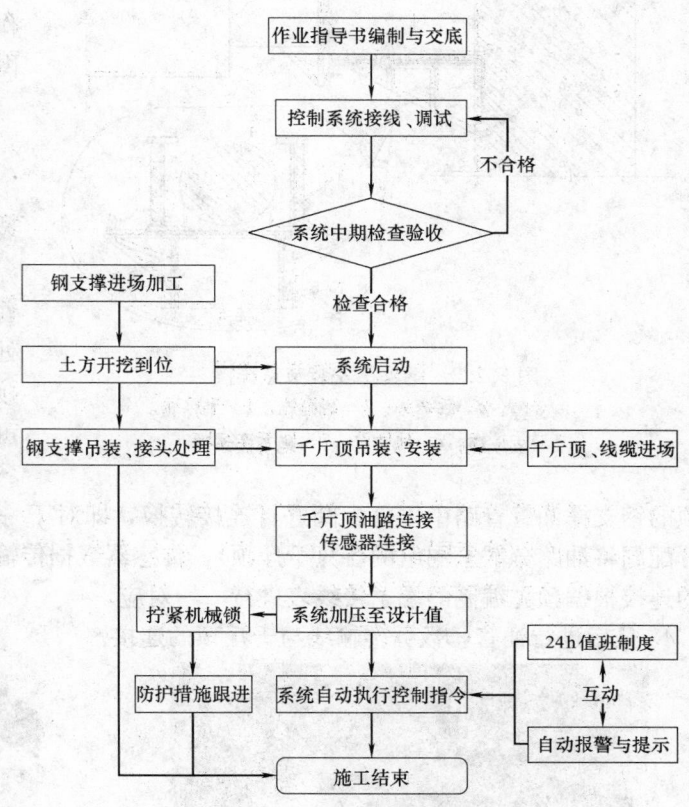

图5.1 施工工艺流程图

7. 油泵站使用的工作介质为YB-N32抗磨液压油，需经过过滤精度$0.5\mu m$过滤后才能使用，油位位置可以从油箱上的液压计中显示，补充液压油时，先将油箱上的空气滤清器旋扭旋松，从空气滤清器的注油孔中注入，完成后将滤清器上旋扭旋紧。

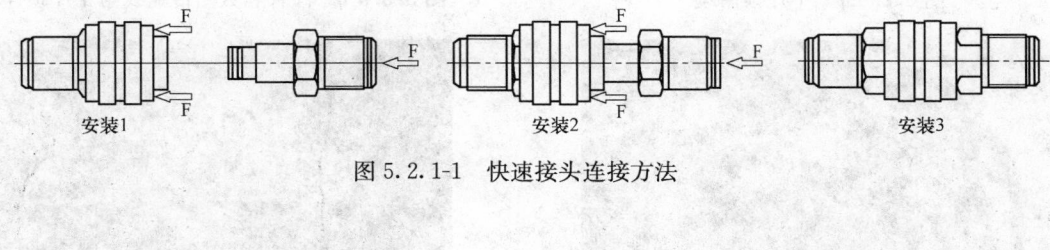

安装1   安装2   安装3

图5.2.1-1 快速接头连接方法

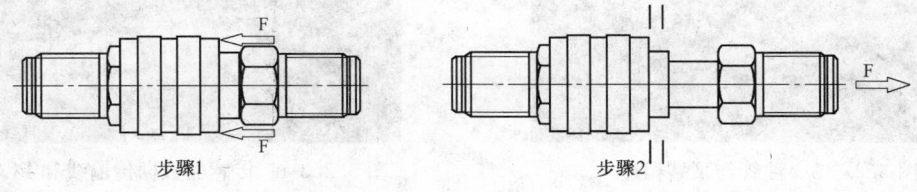

步骤1   步骤2

图5.2.1-2 快速接头拆卸方法

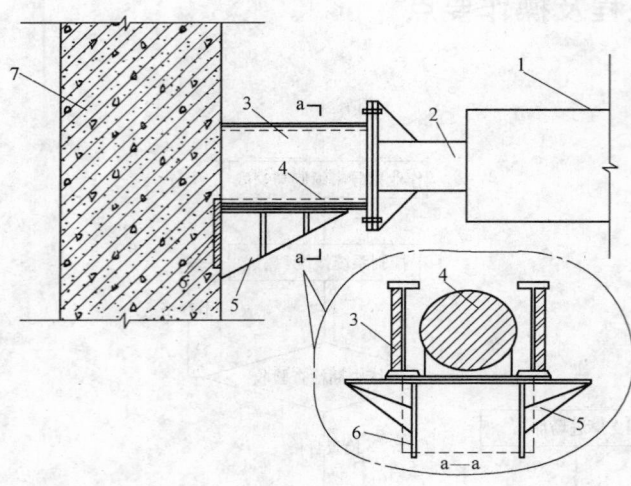

图 5.2.2　钢支撑安装节点详图

1—钢支撑；2—活络头；3—钢箱体；4—千斤顶；

5—支座板；6—预埋件；7—地下连续墙

5.2.2　钢支撑安装

将钢支撑组装完成后在钢支撑活络头一侧焊接钢箱体（用于安放千斤顶），然后将钢支撑和钢箱体进行整体吊装，钢支撑位置对应的两侧均预埋有钢板，用于焊接牛腿以作为钢支撑的支座，安装方法可参照图 5.2.2。

5.2.3　千斤顶吊装及系统的接线（图 5.2.3-1～图 5.2.3-4）

1. 在钢支撑的钢管就位后，将千斤顶吊装至钢箱体内，完成千斤顶就位。

2. 将油管及传感器的数据传输线一头顺着基坑壁的保护钢管内部往下放至千斤顶处，使油管有足够的长度与千斤顶连接头连接（为保护油管在施工时尽量减少被撞击的可能性，油管下放不宜过长）。

3. 油管另一头与泵站相连（注：双顶或多顶的钢支撑油管管路中用分配阀进行连接转换，即对于一组千斤顶，泵站中只有一条油路输出，通过分配阀将油路分散至同组的各只千斤顶），传感器数据传输线与 PLC 控制柜相连接，传感器数据传输线的连接根据预先编制的端子接线表进行一一对应。

4. 最后进行油管，数据传输线与千斤顶的连接。

图 5.2.3-1　千斤顶吊装

图 5.2.3-2　油管和数据传输线与千斤顶连接

图 5.2.3-3　油管与泵站相连

图 5.2.3-4　传感器数据传输线和 PLC 相连

5.2.4　钢支撑加压

1. 确保连接无误后即可开始加压。

2. 在设置为远程控制的状态下加压，通过监控程序即可自动完成加压，加压时可按设定步长（比如 50t），每隔一定的间隔（比如 10min）加一次压的加压步骤进行。

3. 当压力加至轴力设定值并稳定，即可调至"保压"状态。此后，当由于各种原因导致支撑压力减小时系统便可根据程序设定的参数自动进行补压至轴力设定值，以控制基坑变形，见图 5.2.4。

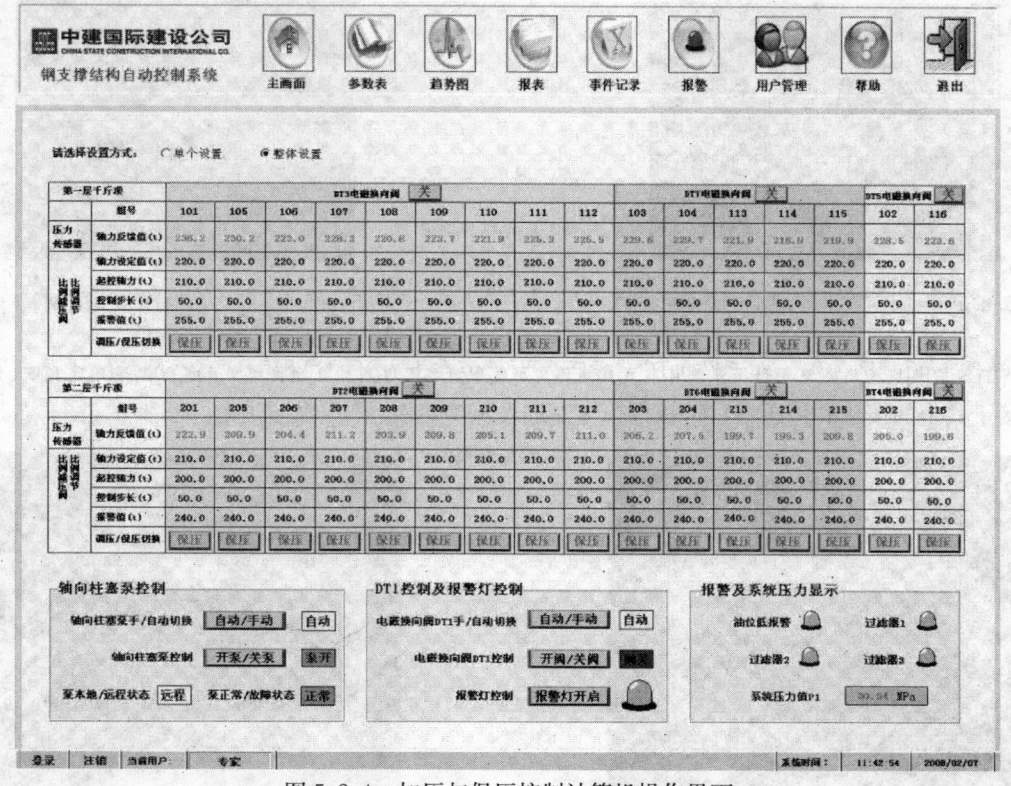

图 5.2.4　加压与保压控制计算机操作界面

4. 由于钢支撑的伸缩变化（比如温度等引起的伸缩），土体位移变化等原因，钢支撑的轴力变化量会比较大，自动控制系统能反映出轴力变化并根据情况进行自动调节（在特殊情况下亦可实施人工干预）。

5.2.5　各项防护措施的工作要点

1. 分配阀钢筋笼保护装置。钢筋笼（图 5.2.5-1）利用工地废旧钢筋焊接而成，具体尺寸为长×宽×高（700mm×500mm×250mm），其作用是将分配阀置于其中以免被工地上的外物碰坏，待油管接线完成后，可在钢筋笼上加盖废旧的模板以进一步保护分配阀，见图 5.2.5-2。

图 5.2.5-1　钢筋笼

图 5.2.5-2　接线完成后的钢筋笼

2. 钢管护套油管保护装置。为了避免在土方开挖过程中挖掘机碰坏液压油管，在该区域内的油管外侧设置钢管护套保护：将油管线路穿过焊接钢管并固定在地连墙上。见图 5.2.5-3、图 5.2.5-4。

图 5.2.5-3　固定在地连墙上的钢管（一）

图 5.2.5-4　固定在地连墙上的钢管（二）

3. 钢箱体上的保护盖板。在系统加压完成后，为避免在土方开挖过程中从高空掉落的土体或石块砸坏千斤顶及连接于其上的接头和传感器，特在钢箱体上加设保护盖板。具体做法见图5.2.5-5、图5.2.5-6所示。

图 5.2.5-5　钢箱体上的保护盖板（一）

图 5.2.5-6　钢箱体上的保护盖板（二）

6. 材料与设备

钢支撑支护内力自动补偿及位移控制系统施工工法采用的主要施工材料与设备详见表6。

表 6

施工材料与设备清单

序　号	设备名称	规格型号	数量	备　注
1	自动控制成套系统	—	1	自主研发
2	汽车吊	20t	1	吊装设备
3	电焊机	BX1-300F-3	4	焊接
4	水准仪	±1.5m/km	1	测量定位
5	钢尺	5m	4	测量
6	对讲机	ICOM-BJ300	2	即时通信
7	钢支撑	符合设计要求	符合设计要求	
8	液压千斤顶	200～300T	根据工程要求	
9	传感器	符合要求	若干	
10	液压管线、信号线	符合要求	若干	

7. 质量控制

本工法应严格执行《建筑地基基础工程施工及验收规范》GB 50202—2002、《钢筋焊接与验收规程》JGJ 18—2003、《建筑基坑支护技术规程》JGJ 120—99 等有关规定和要求，建立健全质量管理体系，设置项目质量总监，成立项目质量管理小组，完善质量管理制度与措施。除了执行常规的管理制度、管理程序以及制定相应的方法措施外，还应做到以下几点。

7.1 钢支撑施工与土方工程施工时，严格遵循信息化施工方式，应用时空效应原理，严格实行"分层分块、限时开挖支撑"的施工原则。系统施工期间，做到24h值班制度，对系统控制记录做到每1h查看一次，将施工风险降低到最低。

7.2 系统使用期间，对千斤顶机械锁旋转至规定位置，其间隙不得大于1mm，并不得小于0.5mm，确保系统可自动控制千斤顶的顶升位置。

7.3 系统的应用，应遵循工程所在地区当地的规范、规定和法律法规。

7.4 本系统的上位系统与PLC控制系统属于电子产品，其正常工作温度范围为0～60℃，工作湿度应小于50%，应做好保温措施和防湿措施。

7.5 本系统的钢支撑轴力控制误差范围为±5t。

7.6 本系统在实用过程中，分块土方开挖与支撑形成时间不超过12h，挖土时间不超过8h，支撑安装时间不超过4h，支撑轴力达到设定值时间不超过4h。

8. 安全措施

本工法实施时，在积极响应和贯彻国家、地方（行业）有关规范、标准及法律法规的同时，还应采取以下安全措施。

8.1 建立与执行风险源管理制度，做到调研、跟踪、评估评比管理程序。加强安全警示、报告制度，配备安全设施，建立安全事故报告程序。

8.2 临时措施结构加工及安装前，应提供材料质量证明书、材料试验检验报告。

8.3 拼装钢管支撑时，临边位置设置防护栏，周围拉设警戒线，安排专职安全人员进行巡查。

8.4 拼装和吊装钢管支撑、吊装千斤顶以及系统的接线和加压操作，应对各专业施工人员进行安全交底。

8.5 千斤顶设备及油泵系统安装，应有专业工人进行操作；上位系统及PLC控制系统系统由专业技术人员或现场经过培训的工程师进行操作控制。

8.6 焊接施工中，应严格遵守安全用电制度，定期检查电焊机漏电保护装置，焊把线破损情况；焊接焊位下方增加接火措施，防止焊渣下落飞溅，引起火灾和土地污染，将现场焊渣、焊条头进行定点回收。

8.7 现场施工人员应作好个人防护，焊接特种作业人员须穿戴防护服佩戴防护面罩。

9. 环保措施

除遵照有关规范、标准及法律法规进行施工外，还应采取以下环保措施。

9.1 千斤顶设备及油泵系统应有检定报告，确保处于正常使用状态；施工过程中，经常对千斤顶设备及油泵系统进行检修，防止漏油污染环境。

9.2 施工作业严格限定在规定的时间内进行，加强机械设备的选用、维修保养，以减少和控制施工噪声。

9.3　在现场设置沉淀池，对施工废水进行沉淀净化，不达标的废水不得排入市政污水管线。现场存放油料，必须对库房进行防渗漏处理，储存和使用都要采取措施，防止油料跑、冒、滴、漏、污染环境和水体。

9.4　生产生活垃圾及时清扫、清运，分类集中堆放，不随意倾倒；施工弃土按环保部门要求运至指定地点，并及时平整、碾压，保证不因大风下雨污染环境；加强废旧材料回收管理。

10. 效益分析

钢支撑支护内力自动补偿及位移控制系统的实施，不仅攻克了工程遇到的巨大技术难关，保证了紧邻运营地铁隧道的深基坑工程地正常实施，而且带来的经济效益和社会效益非常显著。

10.1　本工法科技成果在国内首次成功地实现了钢支撑轴力复加和自动控制的功能，成功地申报了国家发明专利并被受理，实现了业内多年来在支撑轴力控制方面未能实现的自动化施工方法，提升了建筑工程尤其是深基坑工程领域的自动化、信息化和现代化施工水平。

10.2　创造性地提出了基坑钢支撑轴力自动控制的理念和方法，改善了基坑受力变形性能，有效控制了紧邻地铁隧道的变形和沉降，解决了常规方法所无法克服的技术难题，保证了地铁隧道的正常运营，最大限度地降低了基坑施工对周围环境的影响。常规方法预应力支撑施工时，支撑预应力达到设计要求的时间大于 8h，而本系统的应用可在 1h 之内使钢支撑轴力达到设计要求，提升了施工的时效性，本工法成功解决了时空效应在复杂地区深基坑工程领域的影响，支护结构变形性能良好。

10.3　本工法在实施过程中，成功实现了完全意义的信息化施工，对钢支撑轴力的监测和控制实现了 24h 不间数据传输，减少了人力资源成本，消除了传统施工时间滞后对土体变形的影响，使工程始终处于可知和可控的状态下，具有显著的社会效益和环境效益。

10.4　本工法的成功开发和应用，不仅解决了工程实际难题，而且在课题实施和实际应用过程中可将全部过程数据积累下来，这对以后类似的工程具有极大的借鉴意义。该工法社会效益显著，通过创新的科技成果提升了公司核心技术竞争力，对公司的市场开拓和发展具有重要意义。

10.5　该工法已成果应用于大上海会德丰广场项目，取得了良好的施工效果。如未采用"钢支撑支护内力自动补偿及位移控制系统"施工技术，大上海会德丰广场北区基坑与地下结构无法顺利施工，将可能导致北坑地下室回填，北区的三层裙房和地下三层地下室无法继续开发。通过对比分析，采用本系统直接产生的经济效益约为 1293.2 万元。"基坑钢支撑内力自动补偿及位移控制系统"施工工法为公司承接类似的工程打下坚实的基础，带来潜在的收益或者避免的损失是无法估量的，间接创造出巨大的经济效益。

11. 应 用 实 例

"大上海会德丰广场"项目位于上海市的中心区域，为静安区南京西路 1717 号批租地块。基地东临华山路，南临延安西路高架，北侧为南京西路，西侧为上海市少年宫。本项目拟建一幢地面 57 层、地下 4 层、总高 280m 的甲级办公大楼。本工程基坑东西方向约 91m，南北方向约 110m，基坑占地面积约为 9800m²，围护结构总周长约为 430m；基坑裙房部分开挖深度 17.42～17.52m，塔楼部分开挖深度 20.22m，电梯井部分开挖深度 25.44m。

本工程基坑北侧平行邻近地铁 2 号线区间运营隧道，基坑围护结构与隧道的净间距为 5.4m，与隧道平行长度范围为 95m。地铁 2 号线区间运营隧道内径 5.5m、外径 6.2m，双线中心距为 17m 左右，隧道顶部埋深为 8.5m。本工程邻地铁侧基坑开挖深度已超过地铁隧道底部 2m。本工程基坑周围的南京西路、延安西路、华山路下有电力、燃气、信息、给水、雨水、污水等地下管线，与基坑的距离均在 2 倍的开挖深度以内。

本工程基坑既要保证基坑本身的安全，更要保护周边地下管线、高架桥、地铁隧道的安全，其中紧邻基坑北侧的地铁2号线区间运营隧道，更是本工程基坑施工中最重要的保护对象，对于2号线区间隧道的变形控制和保护，关键是要减少和控制基坑开挖变形以及对隧道围压和土体扰动的影响，从而减少地铁变形和振陷影响。

"钢支撑支护内力自动补偿及位移控制系统"施工技术成功应用于大上海会德丰广场项目，结合工程情况，从经济、适用、科学、合理、先进的原则出发，采用52台千斤顶，分两层设置，划分为32组控制；其中18组为单顶、10组为双顶、2组为三顶、2组为四顶。其控制分组情况详见图11-1所示。

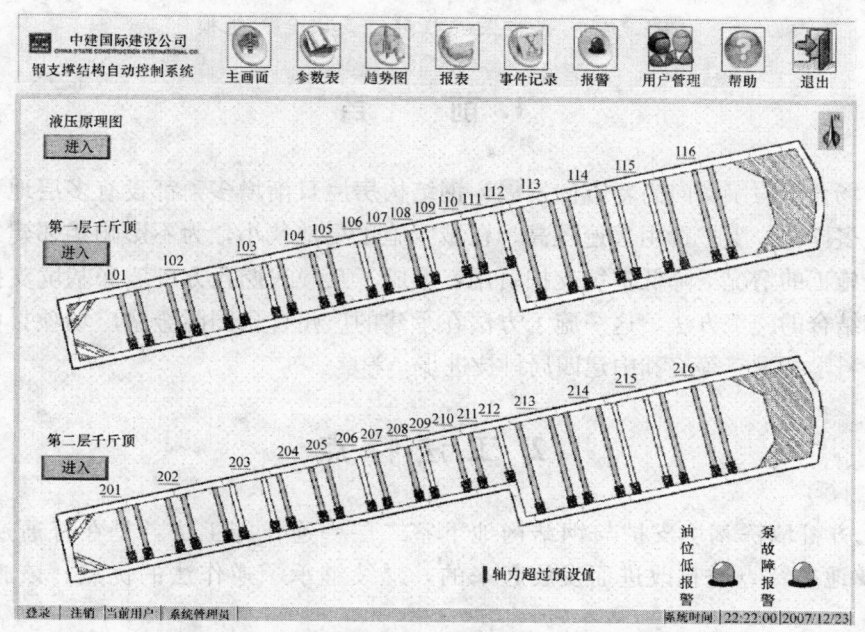

图11-1 上海会德丰广场工程实例控制分组示意图

系统接线并调试完毕后，后即可开始加压，在泵调为远程控制的状态下加压，通过监控程序即可自动完成加压，本工程第四道支撑的轴压设定值为220t，第五道支撑的轴压设定值为180t，当压力加至轴压设定值并稳定，即可调为保压状态。此后，当由于各种原因使支撑压力减小时系统可根据程序设定自动进行补压至轴压设定值，以控制基坑变形。本工法施工完成情况详见图11-2所示。

采用常规方法施工钢支撑，实际监测的轴力一般损失很大，基本维持在其设计轴力的40%～80%左右。而采用本工法施工，钢支撑轴力没有任何损失，可有效控制地下连续墙的变形，从而保证地铁隧道的安全运行。

本工法在实施过程中，在如此众多千斤顶同时工作的情况下，系统自身保压效果良好，内力自动补偿方面能较好的完成，正常情况下，系统最短平均3h自动运行轴向柱塞泵来补压，最长可以维持24h以上的不开泵全自动保压。经监测表明，从北坑开挖直至底板浇筑完毕，地铁沉降量为1.5mm，仅为控制目标值5.0mm的30%，本系统运行结果令人满意。本工程地下连续墙最大变形设计控制目标值为18.61mm，在此期间，地下连续墙最大变形值为10.95mm，为控制目标值的60%，本系统对于地连墙变形具有较好的控制作用。

此工法在"大上海会德丰广场"项目的成功应用，得到申通集团、上海地铁运营有限公司监护分公司、同济大学建筑设计研究院、大上海会德丰广场项目业主、建浩建筑监理公司的一致认可和好评，产生了显著的社会、环境效益及经济效益。

图11-2 第四、五道钢支撑安装完毕后全貌（即自动控制钢支撑轴力）

密排互嵌式挖孔方桩墙支护体系地下空间两层一逆作施工工法
GJEJGF025—2008

中国建筑第四工程局有限公司　中国建筑第五工程局有限公司

冉志伟　孙方荣　程群　高太全　赵桢

1. 前　　言

随着建筑市场大量写字楼向高新方向发展，钢结构房屋日渐增多，都设有多层地下室；深基坑支护设计手法上呈多样化，支护费用普遍较高。在城区施工场地狭小，为不影响相邻建筑物、道路等设施，在确保安全施工的情况下降低基坑支护费用，形成了互嵌式挖孔方桩墙深基坑支护与钢结构地下室二层一逆作相结合的施工方法。这一施工方法在承建的广州合景国际金融广场项目中成功应用，并获得中建总公司科学技术三等奖和中建四局科技进步一等奖。

2. 工 法 特 点

互嵌式挖孔方桩墙深基坑支护与钢结构地下室二层一逆作施工法，是在普通逆作方法上根据实际工程本身及地质特点进行改进而发展起来的，继续继承了逆作法的优点。该施工方法有如下特点：

2.1 逆作法施工支护体系为地下室主体结构，刚度大，基坑变形小，支护安全。

2.2 基坑支护连续墙为互嵌式挖孔方桩墙，不需大型机械设备，施工工艺简单，接头部位容易处理，防水效果好，施工中无污染。

2.3 逆作钢结构地下室，逆作节点接头较钢筋混凝土结构简单。

2.4 二层一逆作，挖土高度扩大，可采用大型机械开挖。

2.5 地上和地下可同时施工，施工工期短。

2.6 基坑土方暗挖，出土速度较慢。

2.7 逆作区材料水平运输大多需人工进行，劳动强度大。

3. 适 用 范 围

本工法适用于深基坑钢结构工程，地质适合进行挖孔的地方；尤其适用于市区，需保护相邻建筑物、道路等设施。

4. 工 艺 原 理

利用挖孔方桩互嵌排列成地下连续墙（一般兼作地下室外墙）作为基坑围护结构，利用建筑物钢柱及地下室从上至下顺序施工的楼板作为基坑支护内支撑体系。即先施工连续方桩墙、钢柱，再施工地下第一层内支撑楼板（设计可能为地面层或负一层楼板），组成第一道内支撑，然后向下挖土，每挖两层土方，完成一逆作内支撑楼板，直至底板封底。而内支撑第一道楼板层浇筑后，即可同时向上施工，但地下室底板完成前，上部结构允许施工层数由设计计算决定。

5. 施工工艺流程及操作要点

5.1 施工工艺流程（图5.1）

5.2 操作要点

5.2.1 挖孔方桩支护墙施工

1. 人工挖空方桩墙施工程序：放线定位→导墙施工→在导墙上投测桩位线及标高控制线→一期方桩施工→二期方桩施工→方桩检测、验收。

2. 方桩护壁为矩形，长边≥1.3m，短边≥1m。每段护壁高1m，遇软弱土层时，护壁高度可控制在0.5m以内。护壁上口可做斜角，拆模后凿除，见图5.2.1-2。

3. 一期桩和二期桩间隔排列，一期桩先施工。二期桩成孔时，需凿除一期桩与其相连面护壁混凝土，钢筋扳直与二期护壁钢筋相连。见图5.2.1-1、图5.2.1-2。

4. 一期桩与二期相连侧面按施工缝要求凿毛，凹槽内泡沫板清除干净，止水带理直。

5. 桩钢筋笼预埋筋与钢筋笼点焊固定，采用汽车吊整幅吊装。

6. 桩身混凝土采用串筒法浇筑，最好采用高频振动器振捣，覆盖范围大，工人可不用下孔内操作。

7. 每层逆作土方挖除后，分段凿除支护桩护壁，并打毛桩身，凿出预埋筋。

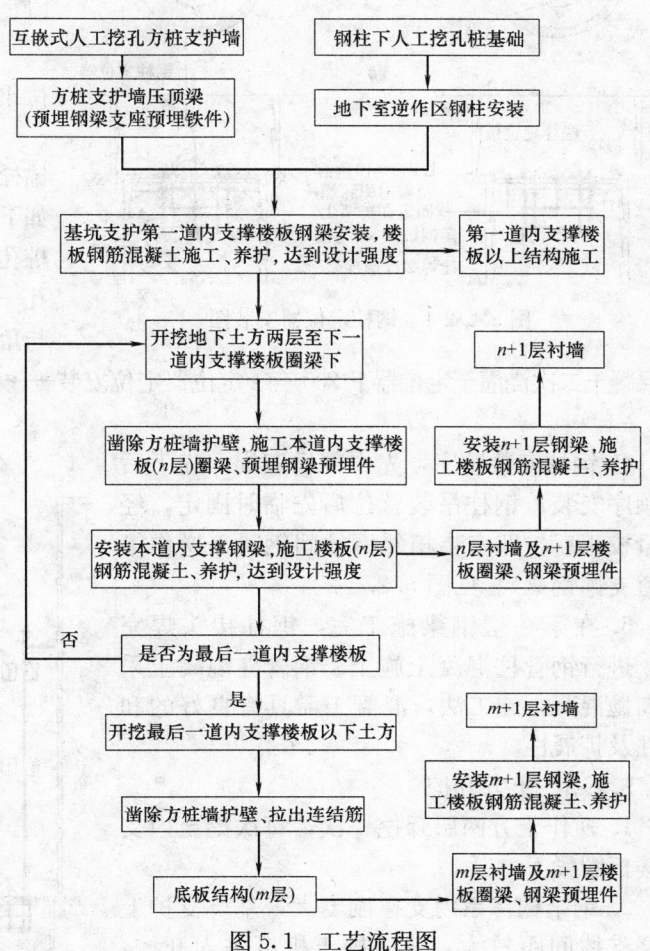

图5.1 工艺流程图

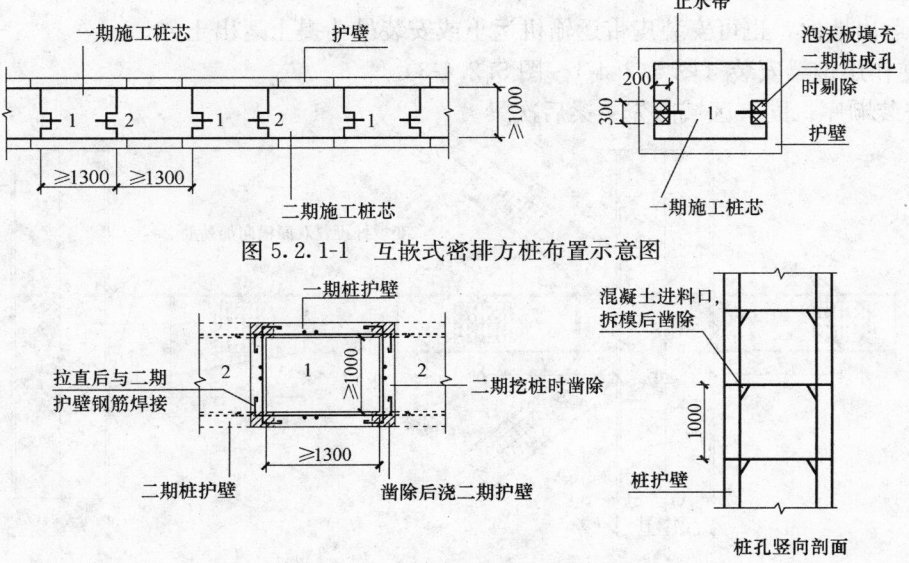

图5.2.1-1 互嵌式密排方桩布置示意图

图5.2.1-2 方桩护壁处理示意图

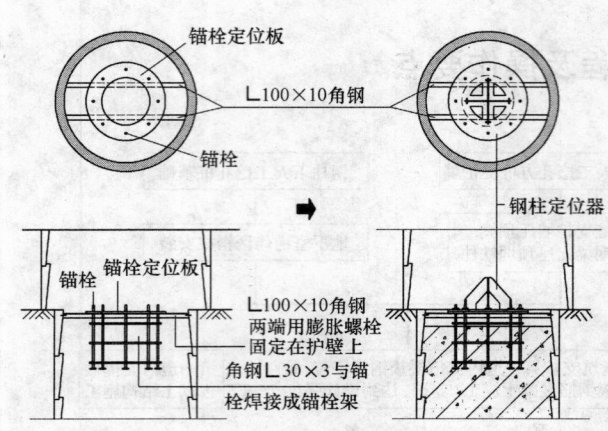

图 5.2.2-1　钢柱定位器安装图

顶混凝土二次浇灌至定位器下 200 ──→ 定位器定位安装 ──→
5.2.2-1。

4. 钢柱安装顺序，先中部后四周，先下后上顺序安装。钢柱吊装就位后先临时固定，经测量校正后，即安装相邻钢柱间钢梁（逆作第一道支撑钢梁）。见图 5.2.2-2。

5. 在第一层钢梁施工完，钢柱接头焊完后，进行钢管柱混凝土施工。钢管柱混凝土采用高抛混凝土施工法，混凝土需具有良好的和易性及扩展性。

5.2.3　土方开挖

1. 逆作土方两层开挖一次，每次挖至内支撑楼板圈梁下。

2. 钢结构体系内支撑刚度大，基坑支护上下层支撑间距较大，普通挖土机可进入开挖，分块分层进行。

3. 地下室楼板各层预留出土口，土方可采用挖土机传递运出地面，也可安装皮带运输机运土或安装吊斗提土运出土方。

5.2.4　逆作层钢梁安装（图 5.2.4-1～图 5.2.4-3）

1. 钢梁安装顺序；同一区域内先主梁后次梁。

5.2.2　钢管柱施工

1. 钢管柱在挖孔桩空段内安装，空段孔直径 ≥桩径，且≥钢柱直径＋1.2m，即保证安装钢柱时，操作空间每边不少于 0.6m。

2. 钢柱下桩基混凝土先浇至桩顶标高下 1m，待钢柱定位器安装后，再继续施工。

3. 钢柱定位器有两部分组成，先施工锚栓架和锚栓定位环板，固定后再安装上部定位器。施工流程如下：测量放线 ──→ 固定角钢安装 ──→ 定位环板吊入桩孔内 ──→ 送风设备送风进桩孔 ──→ 作业人员进桩孔 ──→ 上下人员配合进行定位环板定位 ──→ 定位环板与角钢固定 ──→ 定位锚栓安装 ──→ 桩顶增加钢筋、桩顶混凝土二次浇灌至定位器下 200 空隙。见图 5.2.2-1。

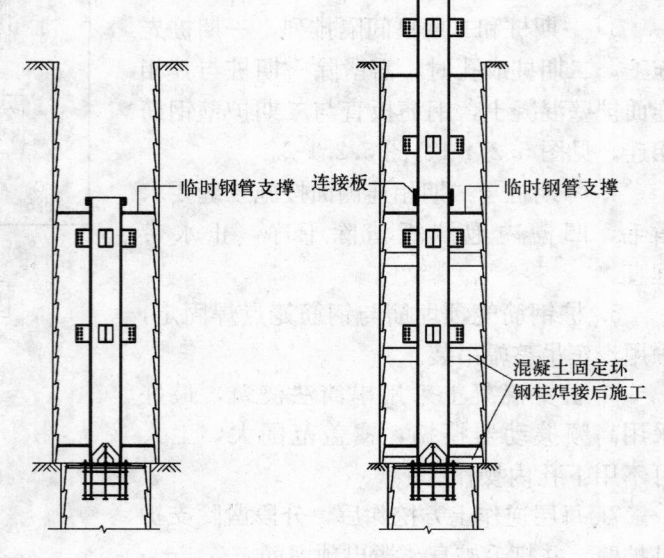

图 5.2.2-2　钢柱安装示意图

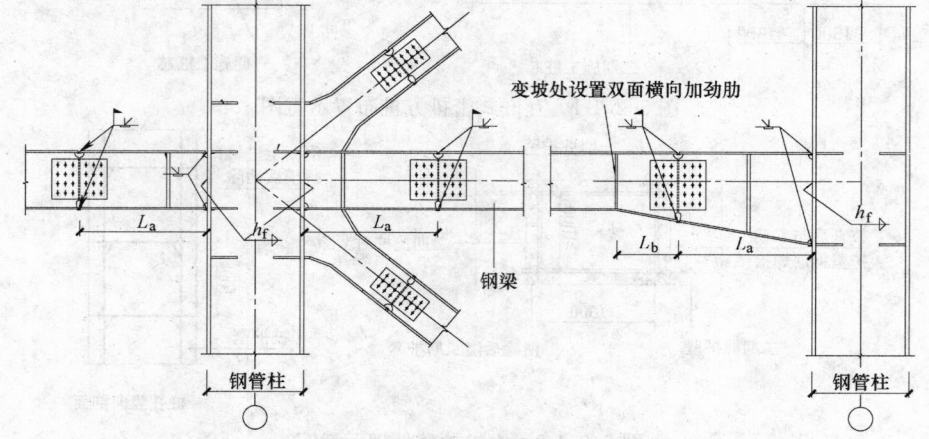

图 5.2.4-1　钢梁与钢管柱连接示意图

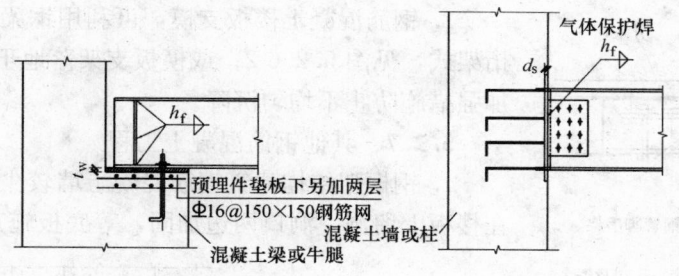

钢梁置于混凝土梁或牛腿时节点　　　钢梁与混凝土墙或柱连接节点

图 5.2.4-2　钢梁与混凝土墙或柱连接示意图

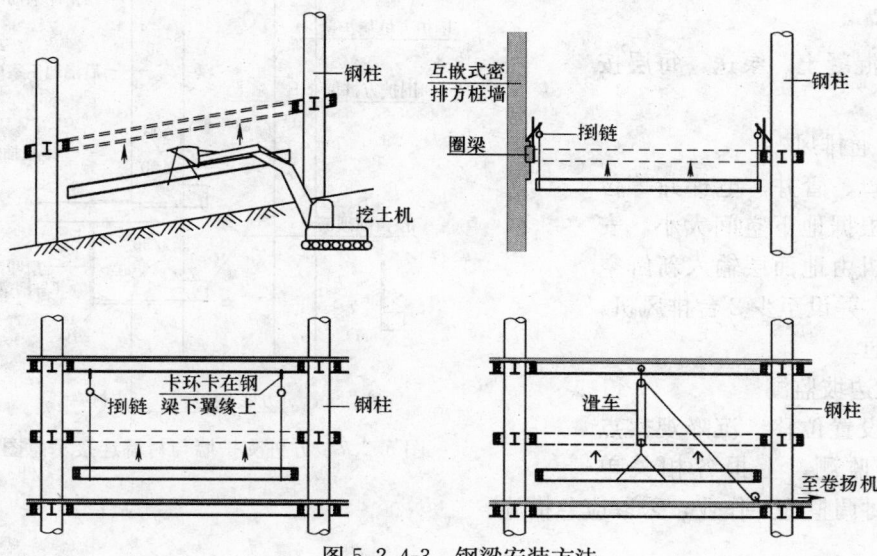

图 5.2.4-3　钢梁安装方法

2. 钢梁吊装可用挖土机、葫芦、滑车与卷扬机组合多种方法吊装。根据现场情况、钢梁重量等采取相应方法。

5.2.5　逆作层圈梁施工

1. 与钢筋混凝土结构圈梁与楼板同时施工有所不同，钢结构边跨钢梁支撑在圈梁上，圈梁须先于楼板施工。

2. 圈梁施工时需预埋楼板钢筋、上下衬墙钢筋、钢梁支座预埋铁件及施工缝止水带。

5.2.6　逆作楼板模板

1. 如楼板为压型钢板与钢筋混凝土组合楼板，可省去支模；但要根据压型钢板设计要求，板跨较大时于跨中加通长支撑见图 5.2.6-1。

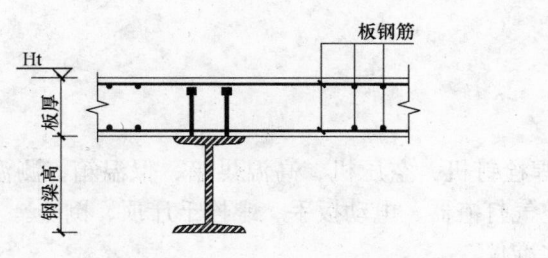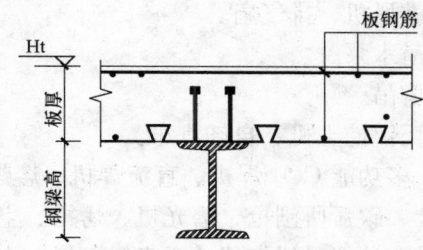

混凝土楼板组合梁示意图　　　缩口(闭口)型压型钢板组合梁示意图

图 5.2.6-1　楼板与钢梁连接示意图

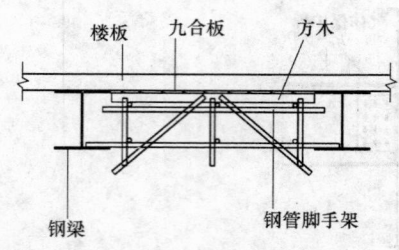

图 5.2.6-2　楼板支模示意图

2. 衬墙钢筋 d≥20，圈梁、底板钢筋 d＞22 采用机械连接，其他绑扎搭接。见图 5.2.7。

3. 采用商品混凝土、泵送，每层按后浇带分段施工。

5.2.8　临时通排风

利用预留洞口、管井、电梯井等位置安装通风管，根据地下空间大小，安排至少 2 台鼓风机由地面层输入新鲜空气至施工作业层，并设至少 2 台排风机，以使地下空气流通。

5.2.9　基坑边坡监测

在基坑四周设置位移、沉降观察点及测斜孔，定期监测，上报各相关单位。发现问题及时调整施工作业，采取应急措施。

2. 钢筋混凝土楼板支模，可利用钢梁承重，用短脚手管搭成桁架式，见图 5.2.6-2；或模板支架落地于土层上，支架体系需有加强措施防止不均匀沉降。

5.2.7　其他钢筋混凝土工程

1. 钢框架结构建筑钢筋混凝土墙较少。穿逆作层的墙，可先在楼板上留洞，洞口两边加固，等底板施工完，从下向上施工。

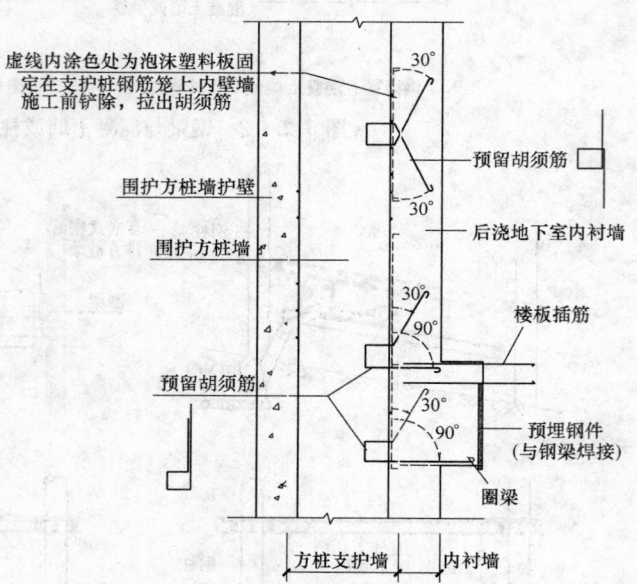

图 5.2.7　方桩支护墙与衬墙连接示意图

6. 材料与设备

6.1　材料

本工法无需特别说明的材料，一般钢筋混凝土所需的各种钢材、水泥等材料。

6.2　设备

6.2.1　汽车吊（吊运桩钢筋）。

6.2.2　钢筋弯曲机、切断机、调直机。

6.2.3　高频振动棒、插入式振动棒、混凝土输送泵。

6.2.4　风镐、空气压缩机。

6.2.5　电焊机。

6.2.6　鼓风机、排气扇。

6.2.7　潜水泵。

6.2.8　塔吊。

6.2.9　反铲挖土机、自卸汽车。

6.2.10　多功能 CO_2 焊机、直流焊机、熔焊栓钉机、空压机、高温烘箱、保温箱、测温仪、高强度螺栓退钉枪、碳弧所刨枪、磨光机、烤枪、空气打渣器、电动扳手、螺栓千斤顶、捯链。

6.2.11　全站仪、经纬仪、激光铅直仪、水准仪。

7. 质 量 控 制

执行现行国家及地方颁发的建筑桩基技术规范、桩基施工及验收规范、混凝土结构工程施工质量验收规范、钢结构工程施工质量验收规范的要求执行。

8. 安 全 措 施

8.1 逆作施工需配置足够的照明。采用低压照明，电源电压不大于 36V。

8.2 配置通风、排风设备，保证施工作业层空气流通。

8.3 土方开挖遵照基坑支护设计要求，分层分段进行。

8.4 定期进行基坑支护监测，及时上报监测结果以指导施工，确保施工安全。

8.5 预留进料口吊运材料时，底层应有专人指挥。

8.6 挖孔方桩施工及逆作段钢管柱安装，每次对孔底送风 5min 后，方可下人。孔底照明采用 12V 低压电，防水带罩灯泡。

9. 环 保 措 施

9.1 施工过程中严格遵守国家和地方政府下发的有关环境保护的法律、法规和规章，加强对施工现场废弃物的处理，减少噪声污染。

9.2 现场设立专用排水沟，对废水进行集中，做到无害化处理，从根本上防止废水污染。

9.3 对施工场地道路进行硬化，并在晴天经常对施工通行道路进行洒水，防止尘土飞扬，污染周围环境。

10. 效 益 分 析

10.1 采用人工挖空方桩墙代替地下连续墙，不需要大型专业设备，无泥浆污染，施工工艺简单，成本低。

10.2 采用逆作施工，利用建筑物本身地下结构作基坑内支撑，省去了基坑支护内支撑费用，且结构内支撑刚度大，基坑变形小，安全系数增高。

10.3 逆作工艺，地上、地下可同时作业，地下室施工工期基本不占用总工期时间，施工总工期短，投资回报快。

11. 应 用 实 例

本工法成功应用于广州合景国际金融广场工程。

11.1 工程概况

广州合景国际金融广场位于珠江新城华就路与华厦路交叉口东北角。其为商业、办公于一体的综合性大楼，地上 39 层，地下 5 层。总建筑面积 103716m²，其中地下建筑面积 28660m²。总建筑高度 198m。

本工程主体为全钢框架结构，钢管混凝土圆柱（内浇混凝土），焊接 H 字形钢梁；挖孔桩基础。地下室底板底标高 −22.16m。

工程于 2004 年 9 月开始基坑支护及基础施工，2006 年 2 月主体施工完成。

11.2 工程地质情况

场地为珠江河流冲积平原地带，场区基岩被第四系土层覆盖，土层厚度 4.9～8.00m，由人工堆积、冲积及残积层组成，下伏基岩为白垩系上统陆相碎屑沉积岩石。土层含水较贫乏。基岩裂隙连通性差，含水量不大。

11.3 基坑支护方法及施工程序（图11.3-1，图11.3-2）

基坑支护－6.9m以上采用直壁加强型喷锚支护，土方明挖；－6.9m以下采用1m宽互嵌式挖孔方桩墙支护，深约21m，方桩墙兼作地下室外墙。利用负一层、负三层楼板体系做为连续方桩墙的内支撑，即首先施工负一层楼板，负一层板以下采用逆作施工，每2层一挖，即负一层→负三层→负五层。负一层楼板混凝土达至设计强度后才能进行负二、三层土方开挖，施工负三层板；同样负三层板混凝土达至设计强度后才能进行负四、五层土方开挖，进行底板施工。

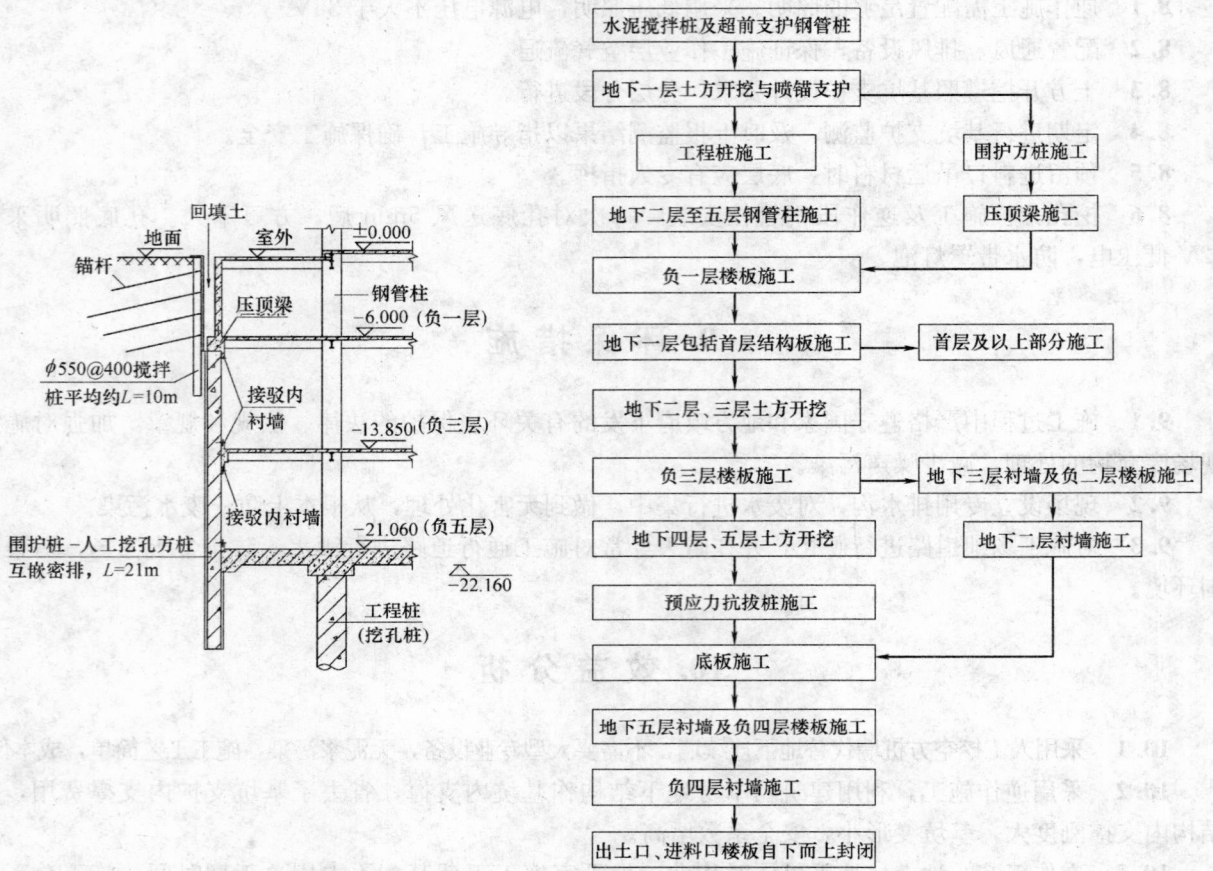

图11.3-1 地下室逆作基坑支护示意图　　　　图11.3-2 逆作法施工工艺图

11.4 主要施工方法及施工要点

地下土方机械开挖，由挖土机接力运出；每层按后浇带分块施工；钢柱由塔吊吊装，逆作钢梁采用土办法安装如采用捯链、卷扬机等，钢梁安装后支楼板模板；基坑采用明排水。

施工要点：合理进行工序安排、劳动组织，做好细致的安全技术交底；安装通排风设备，保证地下空气流通；做好施工缝的处理，对一期桩与二期桩间、楼板与圈梁间、衬墙与围护桩墙间、衬墙与上下圈梁间、后浇带施工缝，设有止水带的认真布设，新旧混凝土接触面凿毛、清洗干净，减少防水隐患。

11.5 工艺总结

本工程基坑支护安全可靠，支护费用低。地下室逆作部分不占总工期，总工期与顺作施工相比至少可缩短3个月，经济效益和社会效益都相当可观。

饱和软土夯击式预应力锚杆施工工法

GJEJGF026—2008

胜利油田胜利工程建设（集团）有限责任公司

王翔 张军 刘文清 王俊新 于华

1. 前　言

随着经济的发展，城市建设用地日益紧张，高层建筑的大量兴起和地下空间的高效利用，带动了深基坑工程支护技术的飞跃发展，工期短、效率高、安全、经济、环保的深基坑支护技术已成为市场发展的趋势。

饱和软土地区，地下水丰富，埋深较浅。近年来基坑工程采用复合土钉墙支护形式较为普遍，造价低、工期短、施工简单方便、安全可靠、注重环保。一般支护深度6～10m，对于8m以上深大基坑，变形约束及整体稳定性方面复合土钉墙存在一定的局限性，同样施工简单、工期短、稳定性高的预应力锚杆被引用。针对地下水丰富的软土地区，为了保持坑外环境，在不允许坑外降水的情况下，传统的预成孔和套管成孔工艺难以实现。因此，预应力锚杆在饱和软土地区的技术的创新就被提到日程上来。

公司专业技术人员经过科学的理论计算、现场反复的试验研究，形成了一整套适合饱和软土工程地质情况的土层预应力锚杆施工技术。在胜利油田1120人防深基坑工程、东营市交通局基坑支护工程、胜利油田锦华西区地下车库基坑支护工程的成功应用，填补了饱和软土地区深大基坑应用土层预应力锚杆的空白，同时为软土地区深基坑支护的技术发展打下了坚实的基础。

在总结成功经验的基础上，编制出适合饱和软土地区的一整套预应力锚杆施工工法——夯击式预应力锚杆施工工法。

2. 工法特点

2.1　饱和软土地区，在不进行坑外降水、保证基坑周边环境的情况下，预成孔及套管成孔施工方法难以实现。主要原因是施工程序比较繁琐，机械操作较难，易产生漏水流沙现象，效率低；采用夯击式施工工艺不仅能解决该技术难题，而且工效高、施工设备灵活简便、综合造价较低。

2.2　预应力锚杆的应用，在解决深大基坑技术问题上占有优势。能够主动控制土体变形，调整土体应力状态，有利于边坡的稳定性。

2.3　新工艺工效高、施工设备灵活简便、且综合造价较低。施工快捷灵活，因地制宜，不受现场条件限制。基本采用机械化作业，工艺简便、施工安全、便于相关工序穿插等特点，用于应急抢险更具优势。

3. 适用范围

本工法适用于饱和软土地区及其工程地质情况类似地区；也可根据施工地区地下水的埋深、支护或围护的有效深度、施工范围内的岩土工程地质等情况，选择适当的工艺参数，适用于各类土体中的边坡围护及深大基坑支护工程。

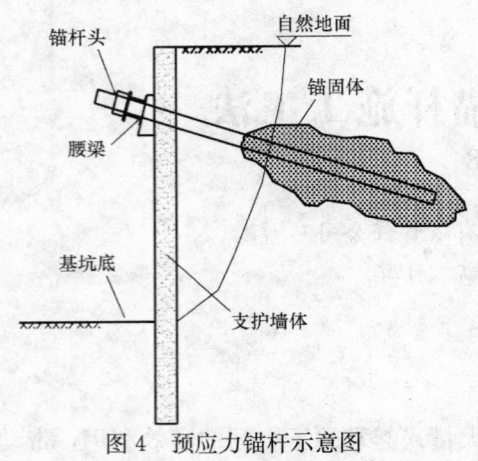

图 4　预应力锚杆示意图

4. 工 艺 原 理

预应力锚杆技术主要包括锚杆施工、压力注浆、腰梁施工及张拉锁定等工序，是一种将拉力传递到稳定的土体的锚固体系。锚杆的一端通过腰梁与支护墙体相连，另一端锚固在土体层内，并对其施加预应力，以承受土压力、水压力、抗浮、抗倾覆等所产生的结构拉力，用以维护土体或结构物的稳定，具有明显提高边坡土体的结构承载力和抗变形能力，减少侧向变形，增强整体稳定性的特点，见图 4。

5. 工艺流程及操作要点

5.1 工艺流程（图5.1）

5.2 操作要点

5.2.1 支护墙体施工

支护墙体可以是止水帷幕墙，也可以是止水帷幕结合排桩组成。止水帷幕采用深层搅拌桩，使用水泥作为固化剂，通过深层搅拌，将原状土和固化剂强制拌合，使软土硬化成水泥土桩，施工时将桩体相互搭接（通常搭接宽度为 100～200mm）形成具有一定强度和整体结构性的止水帷幕。排桩一般采用灌注桩，间距不宜过大，在 1.5～2m 为宜，见图 5.2.1。

5.2.2 基坑分层开挖

基坑开挖和预应力锚杆应按设计要求自上而下分段、分层进行。在机械开挖后，应辅以人工修整坡面。基坑开挖时，每层开挖的最大高度取决于该土体可以直立而不坍塌的能力。一般取所施工锚杆以下 30cm 处，以便锚杆施

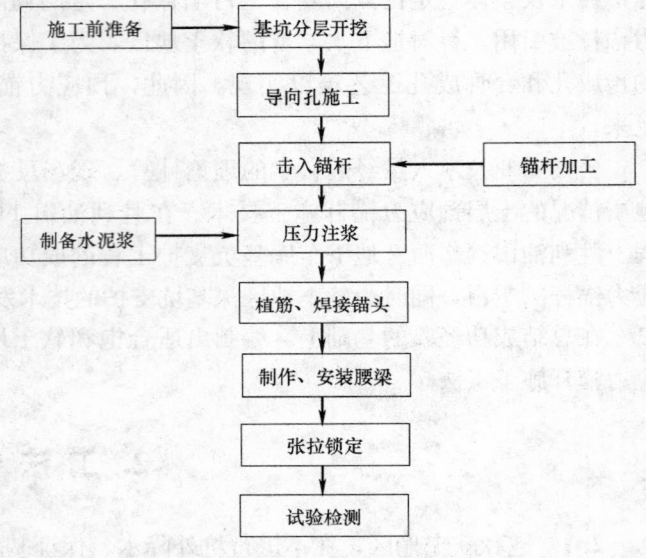

图 5.1　施工工艺流程图

工。施工时随着工作面开挖而分层施工。上层锚固体达到设计强度并预应力施加完毕后，方可开挖下层土方、进行下层锚杆的施工。

5.2.3 预应力锚杆

在桩锚支护结构中，预应力锚杆的层数可根据支护结构的截面和其所承受的荷载，通过计算确定。锚杆布置时，最上层锚杆面要有足够的覆土厚度。锚杆上下层垂直间距不宜小于2.5m，水平间距不宜小于1.5m，以免产生群锚效应。

预应力锚杆杆体由一根钢管和一根螺纹钢筋组成。预应力筋表面不应有油污、铁锈或其他有害物质、并严格按设计尺寸下料。锚杆体在安装前应妥善保护，以免锈蚀和机械损伤。锚头采用

图 5.2.1　支护墙体示意图

焊接螺杆，在锚杆位置支护墙体上做 C20 细石混凝土垫层后，锚杆头之间由 2 [20 钢围囹相连，钢围囹上加 300mm×300mm（厚 16mm）钢垫板后用螺帽将锚杆头锁定。

预应力锚杆施工工艺流程：

导向孔施工→制作、击入锚管→清孔注浆→植入钢筋、焊接锚杆头→浇筑混凝土垫层→安装钢围囹、钢垫层→张拉锁定→锚杆检测。

1. 导向孔施工（图 5.2.3-1）

导向孔须采用合适的打孔机械，直径为 80mm，长度一般为 100～200cm。打孔机的功率不能太大，要求孔壁顺直，不得坍塌和松动，倾角符合设计要求，以便安设锚杆和注浆。

2. 制作、夯击锚杆

图 5.2.3-1　导向孔施工

图 5.2.3-2　锚杆示意图

锚杆一般采用 φ60×3.5mm 的普通钢管，根据工程地质情况及抗拔力设计值可对其直径及壁厚作适当调整。在管壁上每隔 300～800mm 的间距以旋转角 60°成螺旋形设置注浆孔（注浆孔应根据不同地层加以调整以达到理想的注浆效果），注浆孔直径 1cm；并在注浆口的附近焊接角钢支架，以减少地基土进入注浆管内；并使浆液向土中扩散，增大锚固体的锚固强度，使锚杆整体的承载力得到明显的提高，见图 5.2.3-2。

锚杆与水平面的向下倾角为 10°～15°，采用高风压、高频振动夯管机械将锚杆管体击入土中，见图 5.2.3-3。在引进德国先进设备的基础上经过改装并且自行研制生产了配套设备零

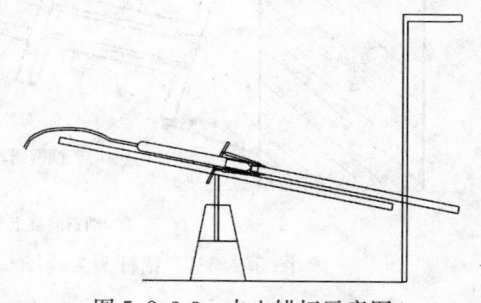

图 5.2.3-3　击入锚杆示意图

件，形成了一种适合软土地区夯击式锚杆的施工机械——锚杆振冲器，并申报了国家专利。锚杆振冲器具有一个加弹簧的、纵向双冲程运动的机头，在施工过程中，机头冲击钢管，排挤开土壤，将钢管击入土体，具有操纵简单、对土体扰动小、施工效率高、噪声污染小、成本低等特点。

3. 清孔注浆

清孔注浆是整个工法的重点和难点。注浆效果的好坏将直接关系到支护结构的质量，以及整个基坑的安全。

在以往的预应力锚杆注浆过程中，存在许多问题，例如密封不严、注浆压力和注浆量不能达到设计要求、锚固体难以形成理想效果等，其中任何一个环节都可能影响到整个基坑的安全稳定。

经专业技术人员不断研究探索，技术难题被一一解决，形成了一套适合饱和软土地区预应力锚杆的注浆技术——分段压力注浆技术，能够保证注浆压力、注浆量，并能形成理想的锚固体，真正起到锚拉边坡的目的。该技术申报了国家专利，于 2008 年 10 月 22 日公开发布，专利号 200810016651。

注浆前必须先清孔，将挤入管内的土清理干净。清孔时将水管深入钢管底部，来回提送，直到溢

出清水为止。

注浆采用水灰比 0.5 的纯水泥浆，水泥强度等级为 P.C32.5 级，注浆压力为 1～1.5MPa。注浆采用分段注浆方式，首先将注浆管置于距孔底 250～500mm 处，在密封塞距管底约锚杆长度一半时，密封，开始注浆，待注浆量与注浆压力达到设计值时，停止；然后松开密封塞，向外提注浆管至自由段，密封，再次注浆，直到注浆量达到设计要求为止。注浆时要保证管口始终埋在浆液内以保证质量。向孔内注入灌浆量不得小于设计值，每次向孔内注浆时，宜预先计算所需的浆体体积。注浆开始或中途停止超过 30min 时，应用水或稀水泥浆润滑注浆泵及注浆管。

注浆前，在自由段与锚固段交界位置，设置止浆带，防止水泥浆进入自由段，影响预应力作用。

注浆中过程中，注浆时间、注浆压力、注浆量的控制是难点，需经过多次调试，以达到最好效果。

4. 植入钢筋、焊接锚杆头

待注浆完毕后，将螺纹钢筋植入锚管。在杆体上，每 2000mm 设置支中架，以保证杆体居中。然后将定制的锚杆头焊接在杆体上，并用两根同样的钢筋辅于锚杆头两侧，将锚杆头与钢管连为一体。

5. 浇筑混凝土垫层

在锚杆位置围护桩墙体上做 C20 细石混凝土垫层，上平面宽 100mm，下平面宽 200mm，要求垫层面与锚杆垂直，表面光滑平整。浇筑前，在灌注桩前支膜板，下部用角钢固定。在混凝土垫层与锚管之间用 φ110mm 的 PPC 管隔开，防止锚杆与混凝土垫层成一刚性体，预应力张拉时影响加载。

6. 安装钢围图、钢垫板

为了能保证各锚杆与围护桩一起协同工作，以达到基坑支护之目的，锚杆在坡面的出露处，用钢围图连接。待混凝土垫层达到设计强度，稳定后，在垫层和锚杆头之间用 2[20 钢围图相连，并安装 300mm×300mm×16mm 的钢垫板。

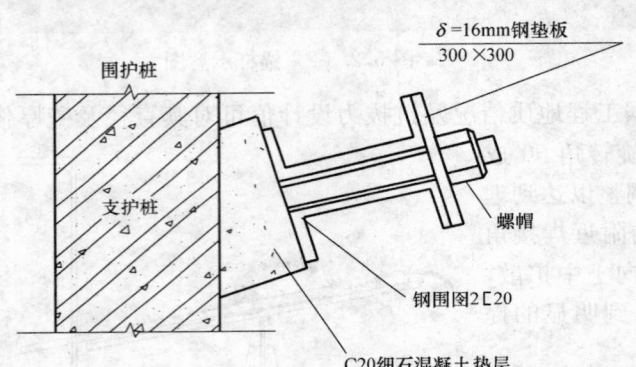

图 5.2.3-4　锚杆头大样图

7. 张拉锁定

预应力锚杆张拉前，应对张拉设备进行标定；正式张拉前，应取 20% 的设计张拉荷载，对其预张拉，使其各部位紧密接触、锚杆完全平直；正式张拉时，应张拉至设计荷载的 90%～100%，再按规定值进行锁定。

5.3　预应力锚杆试验检测

预应力锚杆试验检测主要包括基本试验和验收试验。

锚固体强度大于 15.0MPa 时，才可进行锚杆试验；锚杆试验用加荷装置的额定压力必须大于试验压力，锚杆试验用反力装置在最大试验荷载作用下应保持足够的强度和刚度，防止损坏仪器或者达不到试验压力；锚杆试验用检测装置（测力计、位移计、计时表）应满品设计要求的精度。

5.3.1　锚杆基本试验

任何一种新型锚杆或已有锚杆用于未曾应用过的土层时，必须进行基本试验。基本试验锚杆不应少于 3 根，用作基本试验的锚杆参数、材料及施工工艺必须和工程锚杆相同。最大试验荷载不应超过钢筋强度标准值的 0.8 倍。初始荷载宜取设计值的 0.1 倍，每级加荷增量宜取设计值的 1/10～1/15，在每级加荷等级观测时间内，测读锚头位移不少于 3 次。

5.3.2　验收试验

验收试验锚杆的数量应取锚杆总数的 5%，且不得少于最初施作的 3 根。初始荷载宜取锚杆设计轴向拉力值的 0.1 倍，分级加荷值分别为拉力值的 0.25、0.5、0.75、1.0 倍，但最大试验荷载不应超过预应力筋标准值的 0.8 倍。

验收试验中，当荷载每增加一级，均应稳定 5～10min，记录位移读数。最后一级试验荷载应维持

10min。如果在 1～10min 内，位移量超过 1mm，则该级荷载应再维持 5 min，并在 15、20、25、30、45、60min 时记录其位移量。

6. 材料与设备

6.1 材料

6.1.1 钢材，原材料型号、规格、品种及各部件质量和技术性能应符合现行国家标准的规定，并满足设计要求。

6.1.2 水泥，应优先选用硅酸盐水泥、普通硅酸盐水泥；水泥强度等级不低于 32.5，不得含有氯化物；冬期施工或应急措施下，可采用锚喷快凝水泥。

6.1.3 施工用水不应含有影响水泥正常凝结和硬化的有害杂质，不得使用污水、海水或 pH 小于 4 的酸性水。

6.2 设备

预应力锚杆的主要施工设备是锚杆施工机械。目前，应用于击入式锚杆施工的机械设备仍在开发探索阶段。原理是采用高风压、高频振动夯管机械将锚杆杆体击入土中。在引进德国先进设备的基础上经过改装，并且自行研制生产了配套设备零件，形成了一种适合软土地区夯击式锚杆的施工机械——锚杆振冲器。不仅提高了施工效率、工程质量，而且节省了人力资源，进一步节省了投资。其主要有以下特点：

1. 设备操纵简单，人力资源需求较少，每套设备只需 2～3 人。节省大量的劳动力开支。
2. 设备定位准确，对土体扰动较小，工程质量有保证。
3. 施工效率高，进一步适应工期要求。
4. 设备安装连接简易，密封效果好，噪声污染小，城市区和夜间也可施工。
5. 成本低，在效益方面具有较强竞争力，能创造更大的利润空间。

其他设备投入如表 6.2。

设备投入表 表 6.2

序 号	设备名称	型 号	单 位	序 号	设备名称	型 号	单 位
1	空压机	BLT120-500A	台	5	混凝土喷射机	PZ-5	台
2	锚杆振冲器	90 型	台	6	注浆泵	JZB-2 挤压式	台
3	打孔机	Y20LY	台	7	锚杆拉力计	ML-500	个
4	水泥浆搅拌机	NJ-600B	台	8	百分表	2046FE	个

7. 质量控制

7.1 规范标准

预应力锚杆施工质量标准和检验方法应执行如下规范规定：

7.1.1 《建筑基坑支护技术规程》JGJ 120—99。

7.1.2 《建筑地基基础工程施工质量验收规范》GB 50202—2002。

7.1.3 《复合土钉墙施工及验收规范》J 11004—2007。

7.2 其他质量控制要求

本工法适用于不能采取坑外降水、无法预成孔的各类边坡及深基坑支护工程。质量控制的难点在于击入式锚杆的施工及其压力注浆，其关键部位质量控制和管理办法如下。

7.2.1 开挖作业面。每层深度低于同层锚杆约 30cm，严禁基坑超挖。上道锚杆锚固体未达到足够强度不能进行下一层土体的开挖。施工过程中采用开挖一段支护一段的施工方法，忌大面积开挖和超深开挖。

7.2.2 锚杆制作、夯击。锚杆由一根钢管和一根螺纹钢筋组成，在管壁上每隔 500mm 的间距以旋转角 60°成螺旋形设置注浆孔（注浆孔应根据不同地层加以调整以达到理想的注浆效果），注浆孔直径 1cm；并在注浆口的附近焊接角钢支架，以减少地基土进入注浆管内；锚杆与水平面的向下倾角为 10°～15°，间距误差不大于 50mm。

7.2.3 清孔、注浆。这道工序是整个工法中的重点和难点。由于在钢管击入过程中不可避免地将地基土挤入注浆钢管内，为确保锚杆的注浆质量，在注浆前应对钢管实施清孔，清孔水压应在 0.5～0.6MPa 之间，清孔至管口冒清水为止。注浆浆液采用水泥浆，水灰比 0.4～0.5，水泥采用 P.C32.5 水泥，用注浆泵进行压力注浆，注浆压力为 1～1.5MPa。

8. 安 全 措 施

8.1 坚决贯彻"安全第一、预防为主"的安全生产方针，按照《建筑工程安全规程》组织施工，执行《建筑机械使用规程》JGJ 33—2001、《施工现场临时用电安全技术规范》JGJ 46—2005。建立安全生产管理体系，项目负责人对安全生产工作进行全面领导，项目安全员主要负责施工现场的安全工作，对安全生产进行全面的管理。

8.2 认真落实安全生产岗位责任制、交底制和奖罚制。每道工序施工前必须逐级进行安全交底，并落实到书面上。从事施工的各级人员，必须持证上岗，各级机械操作人员，严格遵守操作规程，无证上岗、酒后上岗，违章作业造成事故的追究当事人直接责任。

8.3 施工现场用电必须有专人管理，严格遵守各项用电操作规程，严禁违章作业，非电工人员不得擅自操作用电作业。

8.4 施工现场应设专人做好消防工作，以防不测。

8.5 施工现场应设置防护栏及高空坠落警示标志。

8.6 施工前，对邻近施工现场的建筑物、构筑物及地下管线认真检查，并采取有效的措施确保安全。

9. 环 保 措 施

9.1 环境管理目标：施工现场环境管理，符合施工环保要求。

9.2 环境管理：在严把质量关的基础上加大施工现场文明管理与环境防治工作。具体操作如下：

9.2.1 设置标识牌，严禁乱堆乱放、乱排泄，水泥堆放场地和钢筋制作现场整齐有序；

9.2.2 用水用电线路整齐，不影响正常施工和造成施工现场管理混乱；

9.2.3 施工现场保持整洁，工作面以外不得污染。

10. 效 益 分 析

10.1 社会效益

黄河三角洲软土地区夯击式预应力锚杆在社会效益方面主要表现为：

10.1.1 适应基坑支护的市场发展要求。

10.1.2 促进深基坑支护技术的发展。

10.1.3 保证了基坑及周边环境的安全，为后期土建、房建施工提供安全的建设环境。

10.1.4 夯击式预应力锚杆施工技术噪声低，污染小，符合目前环境保护的大趋势。

10.2　经济效益

在饱和软土地区及其工程地质情况类似地区，采用夯击式预应力锚杆要优越于套管跟进锚杆施工（图 10.2-1）、预成孔锚杆施工（图 10.2-2）。

套管跟进施工预应力锚杆机械是一种导轨式锚杆钻机，包括导轨推进架和位于其下部的支撑油缸、推进油缸，导轨推进架顶端有支撑座，导轨推进架滑道上卡装马达，马达上固定牵引钢丝绳，钢丝绳另一端绕过推进油缸顶部的动滑轮后向下固定在导轨推进架上，马达主轴向上装设有钻杆，钻杆上部从导轨推进架上部的上端板中穿过，所述导轨推进架为一侧开口的槽形结构，开口处

图 10.2-1　套管跟进法锚杆施工

两侧向外卷边形成所述滑道，导轨推进架的槽底外侧设有支撑架，支撑架与导轨推进架的槽底外侧间隔设有加强筋板。设备笨重，机械操作比较复杂，施工效率较低。

预成孔作业预应力锚杆施工必须进行坑外降水，施工方法有两种，一种是采用洛阳铲，另一种是采用百米钻。城市用地日益紧张，在不进行坑外降水、保持基坑周边环境前提下，预成孔作业在软土和地下水丰富地区必将被新的工艺所取代。

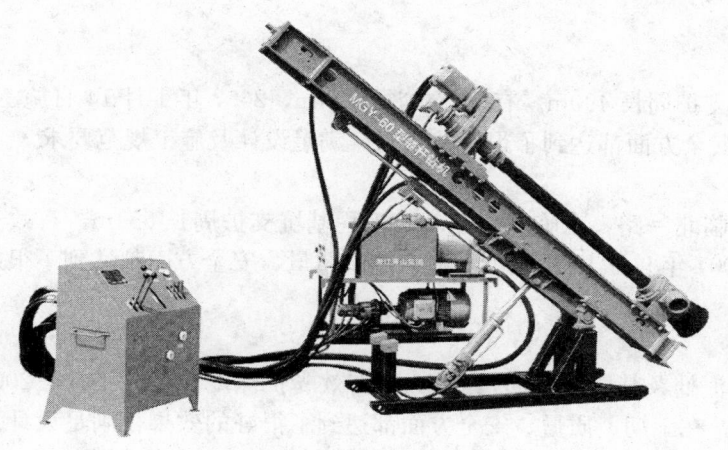

图 10.2-2　预成孔锚杆钻机

夯击式预应力锚杆不仅施工速度快、效率高、施工简便、工期短，而且有先进的施工设备、成熟的施工工艺。经过试验研究，在坑外不进行降水的情况下，夯击式技术非常适合地下水丰富的软土地区，特别是深大基坑锚杆施工。

以胜利油田 1120 人防基坑支护工程为例，在支护周长、支护深度相同、工期相同的条件下，对比见表 10.2、图 10.2-3、图 10.2-4。

支护周长约：513m。

支护深度：11.5m，局部 13m。

预应力锚杆总工程量：430 根×22m/根＋716×18m/根＝22348m。

工期要求：45d，其中锚杆施工 30d。

人力、设备投入对比　　　　　　　　　　　　　　　　　表 10.2

支护方式	人力资源	日效率	人力投入	设备投入
夯击式预应力锚杆	3 人/台	240～300m/台	18 人	3 台
干成孔预应力锚杆	4 人/台	120～160m/台	48 人	6 台
套管跟进法预应力锚杆	5 人/台	80～100m/台	80 人	8 台

通过实例分析：采用夯击式预应力锚杆支护方法经济效益远远高于预成孔或套管跟进的施工形式，在人力、机械、工期方面均有较大程度的节约。

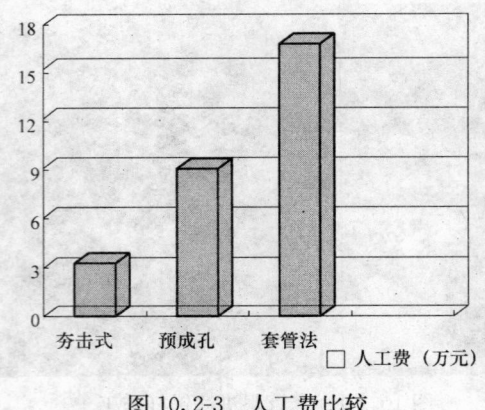

图 10.2-3　人工费比较

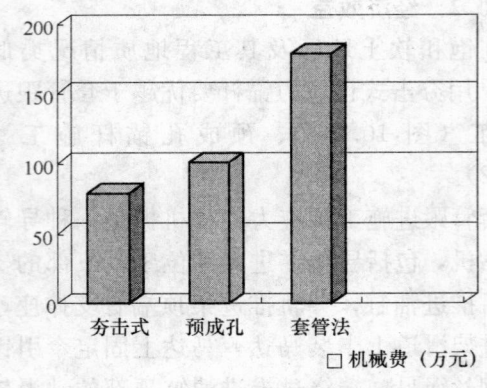

图 10.2-4　机械费比较

11. 应 用 实 例

11.1　东营市交通局基坑支护工程

该工程位于东营市东城潮州路，基坑支护周长 490m。有效支护深度 14m，2007 年 1 月 14 日施工，2007 年 5 月 26 日竣工。在工期、质量、安全方面都达到了很好的效果，满足设计及施工规范要求。

11.2　胜利油田锦华基坑支护工程

该工程位于东营市锦华小区西侧，北临北一路，东临黄一路，该工程基坑支护周长 554m，有效支护深度 13.6m，2007 年 5 月 7 日施工，2007 年 9 月 19 日竣工。在工期、质量、安全方面都达到了很好的效果，满足设计及施工规范要求。

11.3　胜利油田 1120 人防工程

该工程位于东营市西四路与济南路交汇处，基坑支护周长 513m，有效支护深度 11.5～13m，2007 年 11 月 9 日施工，2008 年 3 月 2 日竣工。在工期、质量、安全方面都达到了很好的效果，满足设计及施工规范要求。

青藏高原多年冻土区房屋基础施工工法

GJEJGF027—2008

中铁二十一局集团有限公司

张发祥　胥俊德　王鹤　朱冠生　刘琦

1. 前　　言

青藏铁路多年冻土区冻土是一种对温度极为敏感的土体介质，冻土具有流变性，其长期强度远低于瞬时强度特征。在冻土区修筑工程构筑物面临两大危险：冻胀和融沉。多年冻土区的地基基础工程除满足一般地区的基础功能外，施工和工程尚须克服地基融沉与冻胀所引起的基础变形与不稳定。在青藏铁路格拉段的施工当中，中铁二十一局集团对铁路沿线房屋包括基础施工的房屋施工关键技术进行了研究，并形成了多年冻土区房屋基础施工工法。本工法在青藏铁路的施工中进行了应用，效果良好。青藏线格拉段十四个站房及沿线部队守护营房工程施工中均应用了本工法的关键技术，工程质量合格，已按期交付使用，保证了青藏铁路的通车和使用，受到了各界的好评。

青藏高原冻土地区房屋基础施工关键技术分别已于 2009 年 2 月 20 日通过中国铁建组织的专家评审委员会的鉴定；2009 年 7 月 30 日通过甘肃省科技厅建设厅组织的专家评审委员会的鉴定，其关键技术达到国内领先水平。由中铁二十一局参加施工的青藏铁路工程荣获 2008 年度国家科学技术进步特等奖。

2. 工 法 特 点

2.1　冻土区房屋地基基础施工要求最大限度地减少对多年冻土的热扰动，本工法与传统施工技术相比，从施工环境、施工工艺、施工后散热诸环节以工序衔接和工艺技术方面提供了保证。

2.2　冻土工程要求对工程建筑物周围的环境和冻土环境尽量减少破坏，本工法施工场地占地在所有基础施工中做到占地面积最小，施工污染最小，破坏周围冻土环境最小，且对因施工造成破坏的植被进行恢复。

2.3　用混凝土添加剂的科学配比减少发热量，针对不同环境条件控制不同入模温度，科学、合理、紧凑的安排施工工序和控制施工工期，减少混凝土对多年冻土的热扰动。

2.4　科学的利用灌注桩回冻时间不同阶段桩基承载力的特点安排后续工序。

3. 适 用 范 围

高原中低纬度多年冻土区房屋基础施工和类似地质情况的基础施工。

4. 工 艺 原 理

多年冻土地区工程设计和施工的指导思想是以"冷却地基"为主，尽量减少传入地基土体的热量。多年冻土地区不但有多年冻土地基，也有季节冻土地基。所以，多年冻土地基和有季节冻土地基尚须克服地基融沉与冻胀所引起的基础变形与不稳定。"冷却地基"的思想最终就是减少这种特殊的变形和不稳定。遵循使地基土处于冻结状态的设计原则，在施工时应尽量减少传入地基土中的热量，所以青藏铁路站后附属工程所处的多年冻土地区房屋基础采用了架空通风基础（用各类桩、柱基础将房屋架空成敞开式通风间）等基础类型。

多年冻土的垂直剖面上一般可以分为融化层、冻融相变混合层（指冻融交界面附近）和冻结层三部分，桩基在最不利条件下（最大融化季节）的承载力主要依靠土体对桩基在冻结层部分的冻结力承担。

本工法工艺原理的核心就是最大限度减少施工对多年冻土层部分的热扰动，一方面是在施工过程中尽量避免对地基多年冻土的热传递，一方面是使受到扰动的土体恢复原来冻结状态。工法通过施工季节选择、混凝土配比和添加剂成分、施工工艺和施工机具选择，减少传入地基多年冻土的热量，控制其回冻时间，达到设计的基础承载力所需要的地基土体温度。

5. 施工工艺流程和操作要点

本工法的实践基础主要为青藏铁路多年冻土区房屋基础桩基础，适用于高海拔多年冻土区桩基础工程施工。

5.1 施工季节选择

施工季节的选择，是减少基础动土环境热扰动的重要因素。不同类型的基础有不同的施工季节，因为基础类型是根据地基地质条件及其设计原则确定的，故可按基础类型来确定施工期间。

条形基础（含筏形基础）：夏季地基土融化时开挖基槽，这时可少挖冻土，以节省工时。

独立基础：不同设计原则的基础施工季节选择不同。

按"保持冻土冻结原则"设计的独立基础，在雨期后冻结前（9～10月）开挖基坑。

按"控制融化原则"设计的独立基础，融化季节内施工。

桩基础：宜在2～6月和10～12月施工。

5.2 施工准备

按施工组织设计做到三通（道路、水、电）一平（建筑场地）。

施工用临时场地（混凝土拌合、成桩存放、砂石料堆积场地）的设置必须符合冻土和环境保护要求，即场地设在植被较差地段、废弃建筑场地遗址上，或者场地设置隔热保护层。遗弃建筑垃圾堆放地应远离施工房屋，建筑场地排水设施畅通。

施工放样：测量放样遵循"由整体到局部的原则"，先放样基础梁位，再由梁位控制桩放样桩位，桩位放样时，桩的纵横允许偏差不大于5mm，并在桩的前后左右距中心2m处分别设置护桩，以供随时检测中心和标高。

测量控制桩要注意冻融保护，防止地表扰动、冻融引起桩位变动。

5.3 桩基础施工

青藏铁路多年冻土区房屋基础常用的桩基础有钻孔插入桩基础、机械干法成孔灌注桩基础、人工挖孔桩基础。

5.3.1 钻孔插入桩基础

钻孔插入桩施工工艺流程：施工准备等（临设等施工及插入桩预制、钢护筒制作）→施工放样→钻井作业平台设置→钻机机具检查→钻孔（注意钢护筒埋设，内护筒刷渣油）→成孔检查→吊桩及插桩→砂浆或其他填料灌注填充→清理桩头→地梁施工→地梁梁体侧面涂刷沥青油渣。

1. 钻机作业平台设置

暖季施工考虑冻土融化对钻机稳定的影响，要对钻机工作范围内地表距离桩1m左右填筑钻机作业平台，作业平台宽度5～7m，厚度50～70cm，填筑材料选用片石。为避免地表水及冻结层上水流、渗入钻孔，保证插入桩钻孔过程中不塌孔及孔内干燥，在桩位的另一侧挖排、降水沟以排降地表及冻结层上水。排、降水沟深度一般在1～1.5m，距桩2～3m。钻机作业平台及排降水沟布置见图5.3.1-1。

2. 钢护筒的制作与安装

寒季施工不设外护筒，暖季施工为防止融化冻土滑塌需设置外护筒。

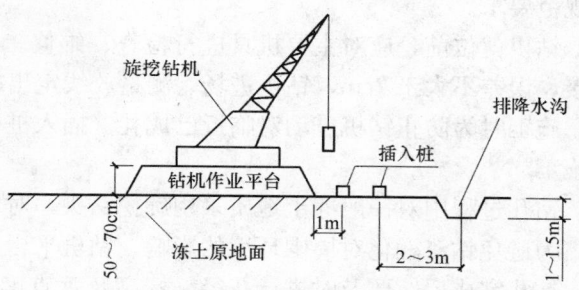

图5.3.1-1　钻机作业平台及排降水沟布置

为防止桩孔周围上部冻结土体在施钻过程热融塌落，需在桩上部埋设护筒。如果护筒埋设深度较大，可以进行续接。护筒可循环使用，但只有当灌注完成后方可拔除护筒。

外护筒采用旋挖钻机旋转压入，灌注混凝土后外钢护筒拔出以循环使用，内护筒成孔后安装，灌注后不拔出成为永久钢护筒。

为减少冻融过程中桩的切向力对桩的冻拔作用，内护筒外侧涂刷1cm厚渣油且应埋入冻土上限以下最小0.5m，护筒顶高出地面30cm。

内护筒安装后，应对其直径、高度、轴线偏位及垂直度进行检查，合格后方可进入下道工序。

3. 插入桩预制

1）预制场地平整及硬化

插入桩预制场地面积适中，地面铺设一层30cm厚粗颗粒土，用推土机粗平后人工挂线找平，压路机碾压密实，粗颗粒土上部浇筑15cm厚C15混凝土后刮平。

2）模板制作、安装及加固

根据桩的尺寸，模板采用普通小钢模与5cm×5cm角钢组合的方式。

为保证模板刚度，根据桩长需要，小钢模与角钢组拼后的所有缝隙要用螺栓或点焊固定，焊缝须选在模板的背侧。安装加固模板时要充分利用混凝土底座两端预埋钢筋，中部及上部通过螺栓将角钢与模板肋连接，最后再根据设计尺寸进行局部调整。

为充分利用了混凝土台座，方便连续预制，插入桩预制台座截面尺寸及桩位布置可以按照图5.3.1-2进行。

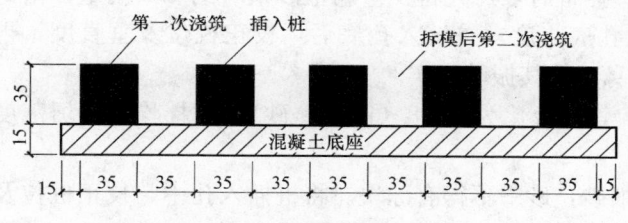

图5.3.1-2　插入桩预制台座截面尺寸
及桩位布置图（单位：cm）

3）钢筋加工

钢筋焊缝长度、饱满度及焊条种类、钢筋绑扎严格符合设计及国家现行规范要求，所有钢筋要放置在钢筋棚内，已绑扎好的钢筋骨架要覆盖防锈。

4）混凝土浇筑

混凝土在拌合站集中拌合，混凝土罐车运输，人工上料入模。混凝土浇筑完毕后，为避免混凝土表面龟裂或收缩裂缝，混凝土表面要及时压光找平，一般混凝土表面要至少压光5次以避免表面出现裂缝，并保证在终凝前压光完毕。

5）养护

气温较低但仍在正温时采用补水保温养护，作法是桩表面洒水、塑料包裹、覆盖麻布或棉被。气温较高时采用洒水覆盖养护，作法是桩表面洒水，然后用浸水草帘覆盖，最后用彩条布或塑料布覆盖密闭保水。

6）吊装及运输

成品插入桩的吊装及运输要遵循防护、轻起、轻落、慢行的四部原则，防止桩棱角破坏。

4. 钻孔

钻孔孔径与插入桩桩径之差不能小于10cm（设计最大15～20cm）。

采用具有自动调平系统钻机，钻头底部对中杆与桩中心部位重合，保证其钻孔的垂直度满足设计及规范要求。

钻机就位前，应对主要机具进行检查、维修。履带式旋挖钻机自行就位到桩位，钻机钻头与桩位对接，误差不大于2cm，钻机进场、测量放线定出桩位后即可进行钻孔施工。

施工时为防止钻机震动对临近已成孔（插入桩桩距较近，一般在1.2m左右）的影响，钻孔时要间隔施工。

钻孔过程中对一般冻土地质采用旋挖钻头，对风化及弱风化岩层采用合金螺旋钻头。

为避免钻渣融化对周围环境的影响，钻机平台上的废渣要及时清运至弃土场。

钻孔完成后，要及时进行孔径、标高及垂直度检查，检查合格后及时组织后续工序，以避免因时间过长造成塌孔或孔内积水。

5. 吊桩及插桩

吊桩利用钻机本身吊钩（副钩），人工予以配合。

采用钻机吊钩进行吊桩时，因现场所存放插入桩与钻机间有一定距离，为避免桩表面在钻机吊桩拖拉过程中碰撞受损，钻机吊桩速度一定要缓慢。插入时人工配合扶正保证桩按设计桩位插入准确。

6. 砂浆灌注

计算钻孔空隙体积和灌注各种填料的用量，对实际分段用量准确记录以便及时发现用量不足及时振捣。

钻孔与插入桩之间空隙用5℃以上M20砂浆填充或用以下填料（均5℃以上）：

1）黏土砂浆：钻孔出土和中粗细砂，不得有冻块，配合比为1：5～1：8，砂的含量以插桩时砂不沉淀为好。搅拌均匀，坍落度在10～12cm即可。插桩时，可先将少量黏土砂浆（约1/5用量，由试验确定）灌入钻孔中，以桩自重或轻击桩身能沉入孔底为度。桩沉入孔底后，校正桩位及垂直度，再灌剩余的黏土砂浆，边填边用钢筋捣实，并轻击桩身，使其振动密实。

2）白灰砂浆：砂用中粗细砂，不得有冻块。其配合比为3：8（白灰：砂），搅拌均匀，坍落度在10～12cm即可。灌填方法同黏土砂浆。

3）湿砂：含水量在20％左右有级配的粗中细砂，砂中不得有冻块。将桩插入孔中，校正桩位及垂直度后，立即回填湿砂，随填随用钢筋插捣，并轻击桩身，以使湿砂振动密实。

钻孔内有积水时采用水下灌注法（与桥梁钻孔桩水下灌注法类似），用压浆机通过5～10cm导管伸入孔底将砂浆压入孔内，根据砂浆灌注深度控制拔管，灌注完毕后再用振动棒振捣密实。

当桩周冻土温度较低时，砂浆中按照低温耐久混凝土配合比要求掺加外加剂，同时砂浆的温度不宜超过5℃。

7. 地基梁体施工及防冻胀措施

尽量避免对已开挖基坑周围冻土环境的扰动、破坏，地基梁体施工需快速施工。为保证地基梁体与插入桩间连接的稳定性，嵌入地基梁体部分的插入桩桩头深度及钢筋长度须符合设计及规范要求，超出设计及规范要求的长度必须进行凿除处理，防止地基梁体内上下两层钢筋网间距减小，使底部钢筋网受力位置发生变化，给工程质量埋下隐患。插入桩与地基梁体连接见图5.3.1-3。

混凝土浇筑前，必须清理干净桩头顶面及嵌入地基梁体的钢筋的泥土等杂物。基础梁混凝土浇筑完成拆模后，梁体侧面涂刷1cm厚的沥青油渣，防止冻胀。

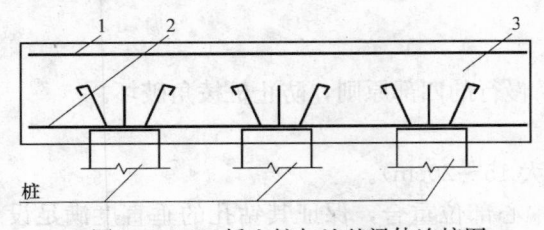

图5.3.1-3 插入桩与地基梁体连接图

5.3.2 机械干法成孔灌注桩施工（图5.3.2-1）

1. 钻机作业平台设置

同钻孔插入桩钻机作业平台设置，平台设置时要保证钻机钻杆中心到钻机机尾距离及钻机移动半径满足施工需要。一般冻土采用旋挖钻头，风化及弱风化岩层采用合金螺旋钻头。

1）钻孔就位自动调平。

2）钻机钻头与桩位对接，误差不大于 2cm。

3）测量放线定桩位，钻孔时要间隔施工。

2. 钢护筒的制作与安装

寒季施工时，考虑冻土不会融化，不设置外护筒；在暖季施工时，由于孔内冻土易暴露融化、滑塌，需设置外护筒。

外护筒采用旋挖钻机旋转压入土面，灌注混凝土后外钢护筒拔出循环使用，内护筒在成孔后安装，灌注混凝土后不拔出成为永久钢护筒。

内护筒外侧涂刷 1cm 厚的渣油埋入冻土上限以下不小于 0.5m，护筒顶高出地面 30cm 以上。在内护筒安装后，内护筒直径、高度、轴线偏位及垂直度合格后方可进入下道工序。

3. 钻孔

1）纵横调平钻机，钻机垂直稳固、位置准确，避免钻杆晃动扩大孔径。钻头着地，进尺深度调整为零。

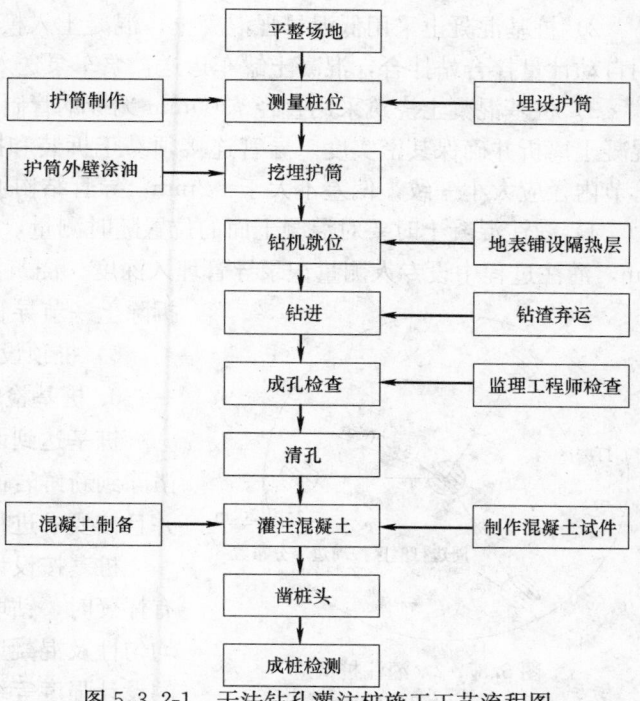

图 5.3.2-1 干法钻孔灌注桩施工工艺流程图

2）顺时针钻进旋转开孔，初以钻头自重加液压作为钻进压力，下压力控制 80～90kPa。

3）钻入冻土时先不给进量钻进，待到岩层时提高下压力到 100～150kPa，遇深部坚硬岩换用短螺旋勘岩钻头破岩，再利用旋挖钻头出渣。

4）钻斗挤满钻渣后停止下压及回旋，逆时针方向转动动力头，稍向下送行，关闭钻头回转底盖。上提钻斗时缓慢进行，防止提速过快，钻头碰撞孔壁。

提离孔口后钻机自身旋转至翻斗车处倾卸钻渣，然后关闭底盖，旋回孔位，对准孔位慢慢将钻斗放至孔底，继续钻进。

5）钻进到设计深度须及时检查孔深及沉渣厚度，及时清孔。清孔时将钻斗放至孔底顺时针旋转清除虚渣。清孔后，再次进行孔深、孔位及垂直度检测，合格后转入下道工序。

6）当孔深距设计标高 0.5m 左右时，备好钢筋笼、导管及其他混凝土浇筑机具、材料。

7）钻渣由自卸汽车运至远离房屋的弃土场。

钻孔过程中详细填写钻进记录，随时验证与设计是否相符，确保工程质量。

4. 钢筋笼制作安放

1）在预定场地或搭建钢筋笼加工棚进行焊接加工，保证钢筋笼加工质量。

2）钢筋笼须整体制作防止扭曲变形，下端用加强箍筋封住不露头。钢筋焊接保证主筋内缘光滑，钢筋接头不得侵入主筋净空，避免混凝土导管与钢筋笼卡挂。

3）钢筋笼成品在吊装运输时应避免出现变形破坏，损坏者应立即返回加工厂调整。

4）桩基成孔后，要对桩孔的孔深、孔径、孔壁、垂直度等进行检查，合格后尽快吊装钢筋笼，减少成孔的闲置时间。

5）钢筋笼上、中、下端及每隔一定距离于同一截面上对称设置四个钢筋"耳环"，确保钢筋笼与孔壁之间距离符合设计要求。

6）钢筋笼须整体吊装入孔，主筋与加强筋必须全部焊接。入孔下落速度均匀，切勿撞击孔壁。钢筋笼入孔后，牢固定位，以免在浇筑混凝土过程中发生掉笼或浮笼现象。

5. 混凝土浇筑

1）钢筋笼吊装合格后尽快灌注桩身混凝土。不能马上灌注时须用铁板盖孔，孔口保温隔热。

2）桩基混凝土采用低温早强混凝土，混凝土入模温度 0～5℃，坍落度须达到 18～22cm。混凝土用自动计量拌合站拌合，混凝土罐车运送，泵车泵送入孔。

3）桩基混凝土浇筑采用直径 φ300mm 无缝钢管制成的导管按水下混凝土方法灌注混凝土，以防止混凝土离析并确保其密实度。导管连接须易于拆装和搬运，导管内壁应光滑、顺直、局部无凹凸，各管节内径应大小一致，偏差不大于±2mm，导管结构须方便调节漏斗高度。

4）灌注混凝土时要对混凝土面的位置随时测量，保证任何时候导管埋入混凝土的深度控制在 2～4m，灌注过程中设专人测量记录导管埋入深度。浇筑混凝土需连续进行，边浇筑混凝土边提升导管和拆除上一节导管，使混凝土经常处于流动状态。

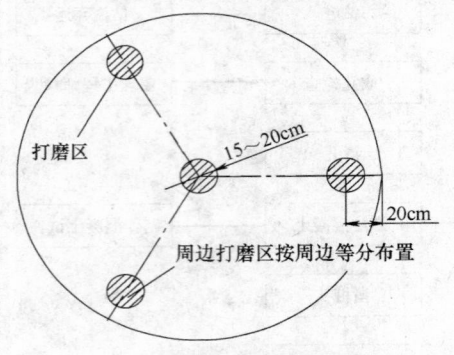

图 5.3.2-2　灌注桩低应
变桩头测试点打磨

5）桩顶设计标高处超灌 0.5～0.7m 混凝土。

6．桩基检验

桩基达到设计强度后采用风镐对桩头浮渣进行凿除，直到凿除到新鲜岩面，桩顶面要干净、无积水，浮浆必须全部凿除，并且按要求进行打磨。桩头打磨见图 5.3.2-2。

桩基按设计要求进行低应变无损检测。对桩身混凝土质量有怀疑时，钻取桩身混凝土进行鉴定，检查混凝土的抗压强度、均匀性及混凝土与基底的结合情况，试件的强度不低于混凝土的设计强度等级。

5.3.3　人工挖孔桩

人工挖孔桩施工工序除机械钻孔的部分工序不同外，其他基本相同，但需注意采用特殊防护措施，防止冻土发生消融变型后导致严重塌孔，在开挖全程中要进行全过程的温度控制，在开挖过程中可采用搭建防风遮阳板等隔热防护措施，达到避免和控制冻土消融现象。

应注意温度的监测与控制。表 5.3.3 是在沱沱河站工程开挖全程中进行温度控制，经过测控得到的一组数据（温度均为开挖期间的平均温度，月份：4月；地点：沱沱河一工地；海拔高度：4533m）。

通过对以上数据对比可以看出经过搭建防风遮阳板和使用保温板后，温差明显变小，对于井桩的开挖，对于冻土的稳定起到了关键的作用。

温度对照表　　　　　　　　　　　　　　　　　　　　表 5.3.3

序　号	时间 井桩 保护措施及温度（℃）	8	11	14	17	20	23	2	5	8
1	室外温度	−13	−4	−1	4	1	−5	−14	−17	−13
2	只有盖板保护井桩	−9	−3	4	5	2	−1	−6	−13	−9
3	遮阳挡风罩围护井桩	−5	−3	1	1	1	−3	−6	−7	−5

5.4　不同类型房屋基础操作要点

5.4.1　桩基施工首先要注意地表及冻结层上水之降排水，钻孔完毕及成孔检查合格后要迅速进行砂浆或混凝土灌注。

5.4.2　基坑开挖及地基梁体混凝土施工要按照快速施工的原则组织施工，以避免或尽量减少对基坑周围冻土环境的破坏。

5.4.3　在低温或负温下养护且不与冻土层直接接触的混凝土结构时，混凝土的入模温度控制在5～10℃。

5.4.4　梁体侧面防切向冻胀力所涂 1cm 厚沥青油渣厚度必须保证。

5.4.5　钻孔是桩基施工的关键环节，按照基础设计图放线定出桩位，避免钻孔偏位或不垂直。当一排桩数较多时可依桩线铺设钻机轨道，以方便钻机移动，钻头对位容易而准确。钻孔时要时常核对钻机钻孔位置及钻孔深度；最好使用大功率的旋转螺纹钻机，它可自动出渣，一钻到底，孔径也很标准。

5.4.6 避免地表水和土中潜水浸入孔中造成孔壁冻土融化下塌，同时也防止水在孔中冻结而使钻孔报废。

5.4.7 成孔后立刻进行桩基混凝土浇筑。灌注前必须检查孔径、孔深，如不符标准，需修正后再灌注。

5.4.8 各类基础露天过冬，都须采取相应的防冻胀措施，以确保基础不受冻害。

5.4.9 桩基工程施工改变了地基的热平衡条件，为形成新的热平衡状态，多年冻土区桩身混凝土浇筑后，须经过一个阶段的热交换过程后，方可进行承台等以上部分的施工。所以应注意桩基回冻，插入桩的回冻时间需要 5～15d，回冻后，需检查桩顶高和平面与回冻前是否有变化。

6. 材料与设备

本工法所用的设备见表6。

主要机具设备表

表6

序 号	机械设备名称	规格型号	单 位	数 量	作业项目
1	全站仪		台	1	测量放线
2	经纬仪		台	1	测量放线
3	水平仪		台	1	测量
4	发电机		台	1	施工用电
5	装载机	z150c	台	1	平整场地、装料
6	钢筋切割机		台	1	钢筋加工
7	电焊机		台	1	钢筋加工
8	吊车	16t	台	1	钢筋笼吊装、起吊
9	旋挖钻机	ED5500	台	2	钻孔施工
10	旋挖钻机	KH100D	台	1	钻孔施工
11	旋挖钻机	TH55	台	1	钻孔施工
12	混凝土运输车	6m³	台	1	混凝土运输
13	自卸车		台	1	运料、运钻渣、场地平整

6.1 混凝土原材料的要求

6.1.1 水泥：为避免混凝土达到临界强度前受冻，控制混凝土碱骨料活性反应，确保青藏铁路结构物的使用安全，水泥选用低碱早强硅酸盐水泥。水泥运抵现场后，按批（每200t为一批）对同厂家、同批号、同出厂日期的水泥进行规定项目的复测，合格后方可使用。

6.1.2 细骨料：采用非碱活性砂料。砂料进场后按每400m³为一批进行规定项目的检测，主要指标要求有含泥量小于3%，碱活性小于0.1%。

6.1.3 粗骨料：采用非碱活性石料。石料进场后按每400m³为一批进行规定项目的检测，主要指标要求有含泥量小于1%，碱活性小于0.1%。

6.1.4 混凝土拌合用水：采用检验合格的水。

6.1.5 应用低温早强耐久混凝土的配方，添加有防冻、早强、耐久混凝土作用的复合外加剂，复合外加剂应具有防冻、高减水率、超塑化、高坍落度保持等性能特点。

6.2 机械设备的要求

浮吊式旋挖钻机用于插入桩钻孔施工，其型号分别为：日本车辆产 ED5500 2台，最大扭矩 44/

52kN·m（正转/逆转），主钩最大起吊能力 16t，副钩最大起吊能力 4.9t，平均接地压 8×10^{-2} MPa；日立产 KH100D 1 台，其最大扭矩、起吊能力及接地压同 ED5500；日立产 TH55 1 台，其最大扭矩、起吊能力及接地压比以上两种型号钻机略小。

6.2.1 短螺旋钻头：适用于一般地质条件下，细砂、中砂、砾砂、角砾土、圆砾土、及抗压强度不高的中风化层。

6.2.2 带导向管的斟岩钻头：适用于强度不均匀地质、易偏孔地质以及中风化层。

6.2.3 筒式切削钻钻头：适用于岩层局部破碎、软硬不均、存在孤石与冰层、破碎岩无规律交织，局部抗压强度极高地质。

7. 质 量 控 制

7.1 严格执行《建筑桩基技术规范》JGJ 94—2008 及铁道部关于青藏铁路冻土区的相关施工规范。

7.2 建立健全 ISO 9000 质量保证体系，针对青藏铁路特点及青藏铁路工程现行规范、技术标准、工艺要求，完善 ISO 9000 族系列标准，针对重点工艺、工序过程制定施工作业指导书及工作质量标准，加强宣传及工种培训。

7.3 开展工序化施工，依靠先进的施工工艺保证可靠的工程质量。在工序上坚持先优化、后施工，先试验、后开展的原则。强化对施工质量的控制，坚决做到：上道工序不合格，下道工序不施工，对重要工序实行填写申请表制度，以实现重点部位、关键部位的重点控制。

7.4 严把材料进场关。主要物资按有关规定和招标确定的合格厂家采购，采购的材料必须有出厂合格证、质检报告。坚持工程材料、半成品质量检验复验制度。不合格材料不准进入施工现场，而且要严格管理、保存资料，做到不合格材料的可追溯性。

7.5 应用低温早强耐久混凝土的配方，添加有防冻、早强、耐久混凝土作用的复合外加剂。混凝土采用拌合站集中搅拌，用混凝土输送车运至现场，应尽快进行混凝土的灌注，减少成孔的闲置时间。混凝土灌注完毕后，应在桩表面覆盖草垫或用编织袋装珍珠岩覆盖保温。

7.6 定期沉降观测。桩基施工完毕后，定期对桩基进行沉降观测，一般第一次在施工结束后 3d 内每天观测一次，以后每月观测一次，发现有异常情况，应立即通知建设单位和设计单位并及时处理。

7.7 混凝土工程质量验收严格执行《铁路混凝土与砌体工程施工及验收规范》TB 10210—2001 有关规定。技术复核明确复核内容、部位、复核人员及复核方法，严把质量关，发现问题及时处理，认真作好复核记录。

7.8 隐蔽工程在隐蔽前须经施工技术负责人、质量员、监理单位代表一起检查验收，确认符合设计及规范要求，并在隐蔽验收报告签字后，方可进行下道工序，如在隐蔽工程验收中发现质量问题须进行返工或处理，然后进行二次隐蔽，直到符合设计及规范要求，方可进行下道工序。

8. 安 全 措 施

8.1 安全管理措施

8.1.1 严格执行国家、铁道部关于青藏铁路冻土区施工的安全技术规范。

8.1.2 建立健全安全保证体系，使安全工作制度化，贯穿施工生产全过程。对安全生产进行安全交底、定期检查和不定期抽查，及时发现和解决不安全的事故隐患，把安全事故消灭在萌芽状态。

8.1.3 推行安全标准化工地建设，加强现场管理，搞好文明施工。施工场地布局合理，机械设备安装稳固，材料堆放整齐，施工现场设有醒目的安全标语和警示标志。

8.1.4 工作人员应戴好安全帽和必要的防护用品。

8.1.5 雷雨地区在雷雨季节到来前，要对防雷电装置进行全面检查和维修；吊车、脚手架、龙门架等机械及运输设备要安装防雷电设置；各类动力、通信等线路按防雷电要求设置；在施工和运输过程中，如遇地滚雷，应避到安全地带。

8.1.6 桩基成孔不能及时灌注时，设置安全警示牌，并盖好盖板。当采用挖孔桩施工时，孔口安装水平推移的活动安全盖板，防止杂物掉下砸人。无关人员不得靠近桩孔口边。

8.1.7 施工现场设安全标语，危险区设立安全警示标志。

8.1.8 特殊工种坚持持证上岗。

8.2 安全技术及卫生措施

8.2.1 人工挖孔时，井下操作人员必须系安全绳、戴安全帽，并与井上操作人员约定好施救信号。

8.2.2 为防止在机械或人工成孔过程中冻土融化造成井壁坍塌，必须设置钢护筒。

8.2.3 做好桩口的遮阳封闭及防护工作。

8.2.4 做好井下的通风工作，严防井下施工人员因缺氧造成身体不适。

8.2.5 建立和完善医疗机构，确保参建职工的及时救治。必须对新上场人员进行高原生理卫生知识培训，增强其自我保护意识。

8.2.6 落实《中华人民共和国职业防治病》和《青藏铁路卫生保障若干规定》及相关措施，切实做好劳动保护工作，坚持工前、工中、工后的体检、轮休、轮换等制度。

8.2.7 加强高原病的预防控制工作，施工现场必须备齐足够数量的氧气瓶和抗缺氧药品，确保施工人员的身体健康，防止脑水肿、肺水肿等高原疾病的发生。

9. 环 保 措 施

9.1 加强宣传教育，必须明确在青藏高原施工环境保护的重点对象：沿线自然保护区、地表植被、珍稀野生动物、冻土环境、原始地貌景观、河流源头水质、地表土壤。其中野生动物保护、高原植被保护及表土保护、冻土环境是重中之重。

9.2 在施工过程中对青藏高原多年高寒冻土地区的生态自然环境保护高度重视，对于高寒地区植被采取"整装立体移植"的保护措施，植被土通过勘测、设计、划定、移植后均由专人养护，工程完成后，再对已破坏的地表进行恢复性草皮移植，移植的具体方法是把植被分成 40cm×40cm 的方形，连带植被下方土整体移植，土层厚度 10cm 左右，然后把所有移植的植被放入养护棚，保证植被土的湿润。工程完成后，再予以拼装恢复。用这种移植方式，避免植物的根茎在一段时间后渐渐腐烂，植物无法存活的现象，保证工程建设地区的生态环境不受破坏。

9.3 开工前按照"环保管理办法"的有关规定，进行现场优化，场址选择到荒地、植被稀少的地带，尽量利用现有或废弃的施工场地。

9.4 开工前对施工便道进行现场优化，尽量用站前施工便道；施工便道的宽度严格按设计要求控制，做到少占土地；便道使用完毕后进行土体清除，待露出原地表后，恢复预先保存的植被。

9.5 机械设备油污处理过程中产生的各类固体侵油废物、施工过程中产生的废弃机具、配件、包装物等应集中收集、封装，运至垃圾场进行处理或回收利用；生产和生活垃圾应分类（可降解和不可降解）收集，不可降解垃圾及时运至垃圾场处理，可降解垃圾在指定位置进行处理填埋。

10. 效 益 分 析

10.1 经济效益

由于本工法具有较好的工作性能，能合理根据工程基础情况来决定施工季节，比常规桩基础施工能最大限度地减小劳动强度，工效高，能减少成本的支出。

10.1.1 本工法桩基成孔采用了干法成孔，比常规的泥浆护壁成孔大大缩短了工期，节约成孔工期一半以上，减少了对地基冻土的热传递，减少了人力、机械设备的投入；比爆破成孔简单、安全，产生了明显的经济效益。

10.1.2 本工法采用了干法成孔，省掉了常规钻孔的泥浆循环环节，对青藏高原的环境保护起到了至关重要的作用。

10.1.3 科学的选用了混凝土外加剂，地基冻土在施工后能在短时间内达到新的热平衡，迅速回冻，比常规桩基施工更能保护高原冻土环境。

10.2 社会效益

10.2.1 本工法施工场地占地在所有基础施工中做到占地面积最小，破坏周围冻土环境最小，采取绿色植被"整装立体移植"的保护措施，可对破坏部分植被进行恢复。

10.2.2 最大限度地减少对多年冻土热扰动的特殊措施，形成了青藏高原多年冻土区房屋地基冻土区基础施工创新的工艺方法，为以后在高原冻土区桩基础施工积累了施工经验，提供了施工依据。

10.2.3 保证青藏铁路站后房建工程的工程质量，确保了青藏铁路的正常运营，改善了青藏两省的交通状况，为青、藏两省区的经济发展提供了更广阔的空间，使其优势资源得以更充分发展；也加强了国内其他广大地区与西藏联系，促进了藏族与其他各民族的文化交流，增强了民族团结。

11. 应 用 实 例

1. 青藏线格拉段站后房建Ⅰ标唐北楚玛尔河—布强格段共包含 9 个站段，正线里程为 DK1049+650~DK1380+050，本区间跨度为 330.4km，平均海拔 4500m 以上。本段工程环境高寒缺氧、自然环境恶劣，是对人类生存极限的挑战，危害人类的健康，导致人工、机械效率降低。沿线生态环境脆弱，具有不可逆转性，冻土工程环境破坏后将引起冻土上限下移，造成沉陷；高原植被一旦被破坏则很难恢复，所以解决这些技术难题，是保质保量地完成青藏铁路多年冻土区房建工程的关键。我们在日阿尺曲、秀水河、沱沱河、唐古拉、安多等站房及沿线部队守护营房工程等 14 个工程应用了本工法的关键技术进行了施工。施工中保护了生态环境，工程质量合格，按期交付使用，保证了青藏铁路工程安全，受到了各界的好评。

2. 青藏铁路公司拉萨乘务员公寓建筑面积 5385m²，2008~2009 年在工程施工中应用了本工法，精心组织，科学安排，克服了高原缺氧和高寒恶劣气候的不利影响按期交付使用，保证了青藏铁路运营和乘务员休息场所的落成。

大容积预应力混凝土薄壁水池施工工法

GJEJGF028—2008

中设建工集团有限公司　江西金海建设有限公司

吴尧庆　周大海　傅国君　徐来顺　林水昌

1. 前　　言

本工法采用大容积预应力混凝土薄壁水池施工技术，使大容积薄壁水池池壁整体一次性浇筑成型，无温度伸缩缝，有效防止了同类构筑物工程施工中极易发生的裂缝和渗漏问题，同时大大提高了其结构的整体性、抗震性和防水性能，又极具经济性。在大型的生物曝气池、CASS池、SBR池、清水池中推广应用，收到良好的经济和社会效益。

2. 工 法 特 点

2.1　采用大容积预应力混凝土薄壁水池施工技术，池体结构无温度伸缩缝，池壁整体一次性浇筑成型，不设置施工缝。预应力混凝土水池与同类的钢筋混凝土水池相比，具有结构截面积小、自身轻、刚度大、整体性好、抗裂度高、原材料省等优点。

2.2　单个水池容积在3万 m^3 以上，池壁厚度上端30～40cm，下端70～80cm，可称为大容积薄壁水池。本工法中的水池容积在40000m^3 左右，其长度可达100m，宽度50m，高度8m左右，采用预应力混凝土结构一次性浇注混凝土1200m^3。以上施工中对人（施工技术人员，专业施工队伍技术素质要求很高）、机（施工机械的先进性，可靠性）、料（商品混凝土的配合比，外加剂、钢筋、预应力钢绞线、模板等材料的质量）、法（专项施工方案的先进性、可行性）、环（临时道路，施工环境）的要求极高。

3. 适 用 范 围

单个池体容积在3万 m^3 以上的大型贮水池、污水处理池和有特殊防渗要求的各种贮液池。

4. 工 艺 原 理

4.1　利用大容积预应力混凝土薄壁水池施工技术，池壁无温度伸缩缝，一次性浇筑完成，池壁采用水平和竖向预应力，使预应力永久地靠锚具传递给池壁（混凝土），达到缩小和闭合混凝土浇筑中易发生的二大弊病——裂缝和孔隙、减少渗漏的目的；施工中设置的施工缝在使用过程中，因材料收缩应力不同和老化作用而产生裂缝和渗漏。池壁不设置水平施工缝和竖向施工缝，消除了构筑物最易产生渗漏的薄弱点，同时加强了构筑物的整体性和刚度，增强构筑物的抗震能力。

4.2　充分利用预应力的作用，防止混凝土施工过程中因温度、收缩、膨胀、不均匀沉降等因素产生的外荷载作用力、结构次应力、变形应力引起的裂缝。池壁在竖向和水平向都按设计的要求设置 $\phi15.2$（7$\phi5$）的无粘结预应力钢绞线，随着混凝土强度的逐步增强，对水平预应力筋分三次进行张拉，张拉力逐次增大，达到缩小和闭合裂缝、防止渗漏、增加池壁刚度的作用。

5. 施工工艺流程及操作要点

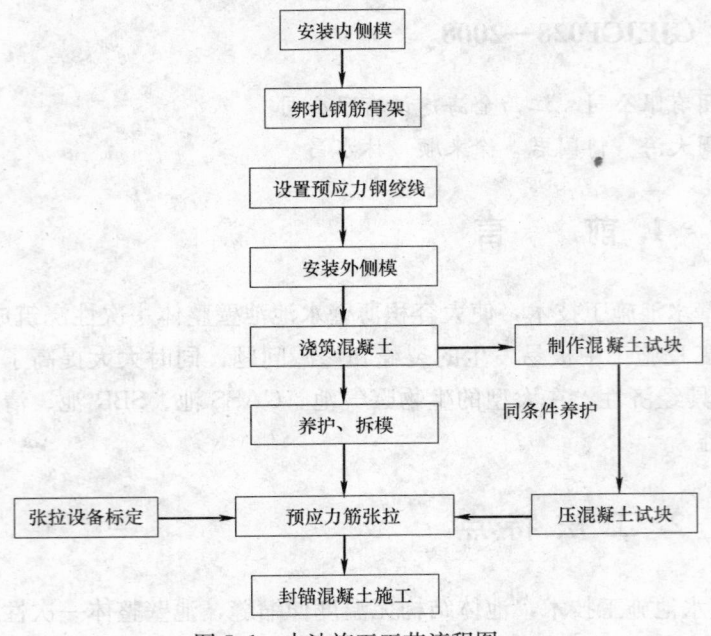

图 5.1　水池施工工艺流程图

5.1　工艺流程图（图 5.1）

5.2　操作要点

5.2.1　安装钢支架和内侧模

1. 钢管纵横间距 1.2m，步距 1.5m（图 5.2.1-1）。

2. 双排钢管支架，水平间距 1.2m。

3. 根据混凝土浇筑工程量和池壁高度布设剪刀撑，并连续设置到顶。

4. 间距 6m 布设斜支撑杆（图 5.2.1-2）。

5. 木（竹）胶板接缝处应平整牢固，不得漏浆。内侧模用 4cm×6cm 方木固定。

6. 模板与钢管支架连接牢固（图 5.2.1-3）。

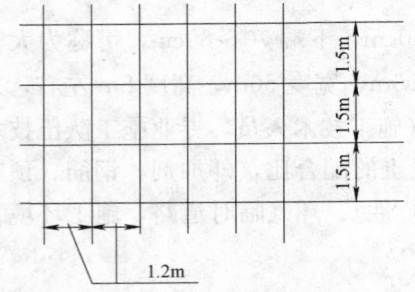

图 5.2.1-1　模板钢管支架立面布置示意图

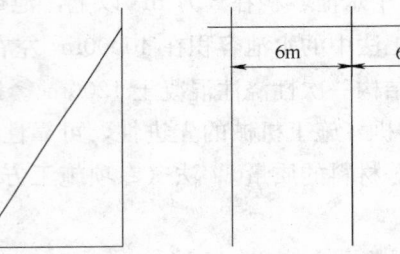

图 5.2.1-2　钢管支架斜支撑布置示意图

5.2.2　绑扎钢筋骨架（图 5.2.2）

1. 按施工图及有关操作规程，逐层安置和绑扎钢筋，稳定牢固，无松动现象。

2. 双层钢筋网的撑铁应符合设计的要求，长度偏差为 ±5mm。按 150cm 间距绑扎在内外钢筋网的主筋上。

3. 钢筋保护层为 3cm。

图 5.2.1-3　模板钢管支架搭设实景图

图 5.2.2　水池侧壁钢筋骨架绑扎图

4. 横向水平钢筋采用搭接方式，绑扎搭接应三点绑扎，并牢固固定；竖向主筋采用气压焊。

5.2.3 设置无粘结预应力钢绞线

1. 严格按施工图要求设置钢绞线（图5.2.3）。

2. 敷设无粘结预应力钢绞线时要平顺，水平方向自下而上，竖直方向自中间向两侧，不得弯曲，以防损坏塑料皮和钢丝。

3. 固定钢绞线时严防定位的铁丝扎伤塑料皮。

图5.2.3　水池侧壁无粘结预应力钢绞线敷设图

5.2.4 安装外侧模

1. 木（竹）胶板接缝处应平整顺直牢固，不得漏浆。外侧模用 $4cm \times 6cm$ 方木固定。

2. 采用可脱卸穿墙止水螺杆见图5.2.4-1，连接螺杆应稳定牢固。

3. 螺杆安装尺寸见图5.2.4-2（单位：cm）。

4. 模板的平整度、轴线位置、垂直度和内部尺寸均应满足设计及有关规范的要求。

5. 模板应满足浇筑混凝土的强度要求，浇筑混凝土前应湿润，清除模腔内的积水和杂物。内、外侧模板应与钢管支架连接牢固，以防跑模和胀模的现象发生。

6. 施工平台周围应设置安全防护网等安全设施，确保施工安全。

7. 模板交角处，内外侧模和底板交接处应密封，严防漏浆。

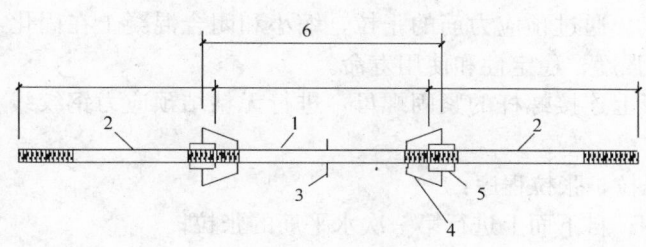

图5.2.4-1　可脱卸穿墙止水螺杆示意图

1—内杆；2—外杆；3—止水片；

4—锥形螺套；5—内牙六角螺帽；6—结构厚度

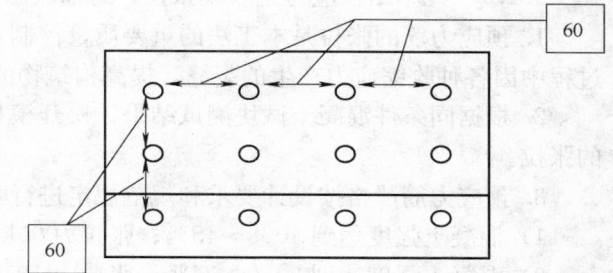

图5.2.4-2　螺杆安装示意图

5.2.5 混凝土浇筑

1. 应选用能满足施工要求的商品混凝土供应商，保证浇筑过程顺畅。

2. 水泥和外加剂应使用同一品牌和规格，保证单个池体的材料收缩应力一致，减少裂缝的产生。

3. 单池所用的材料和生产配合比应保持一致，可以根据浇筑时的情况（天气、材料含水量等）对用水量进行微调。防止和减少各种应力裂缝的产生。

4. 严格控制混凝土初凝时间，大于每层混凝土浇筑时间1～2h（延时）。

$$初凝时间 = \frac{每层混凝土工程量}{浇筑速度} + 延时$$

混凝土最佳初凝时间5～6h。

5. 泵送混凝土的顺序：先下后上，先远后近，先慢后快，分层连续浇筑。分层高度小于2m。

6. 合理布置和选用混凝土浇筑用的导管（图5.2.5-1）。导管在混凝土浇筑过程中逐渐上提，防止混凝土发生离析。

7. 混凝土振捣顺序：先下后上、先深后浅、快插慢提、控制间距。振动棒插入的水平距离（40cm左右）和振捣时间（15～30s）。严防过振、漏振现象，保证混凝土的密实度和强度。

8. 振动棒不得碰击钢筋和钢绞线，以防钢筋网松动变形和钢绞线塑料皮破损（图5.2.5-2）。

5.2.6 养护、拆模、修补

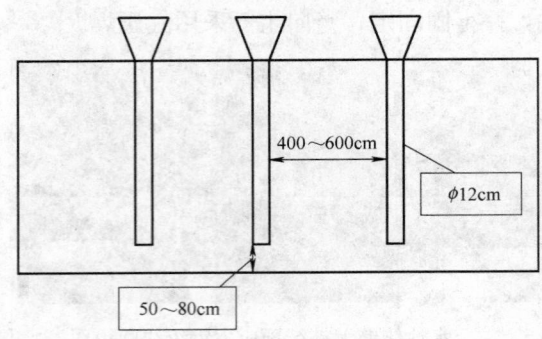

图 5.2.5-1　导管布置示意图　　　　　　　　　　图 5.2.5-2　浇筑后水池

1. 为保证薄壁预应力混凝土在规定龄期内达到设计的强度要求和构筑物的稳定，防止混凝土在固化过程中因各种收缩应力产生的裂缝，养护工作十分重要。

2. 根据分层浇筑顺序在混凝土浇筑 12h 内对模板及混凝土进行浇水养护。

3. 保湿养护时间不得少于 14d。在条件许可的情况下，延迟拆模时间。

4. 混凝土养护期间，严禁一切有损于混凝土强度的工序施工。

5. 螺杆端部清理工作应在混凝土浇筑 28d 后进行。

6. 螺杆端部清理后及时用 M15 微膨胀砂浆抹面修补，并保湿养护 14d。

5.2.7　无粘结预应力钢绞线张拉、封锚（图 5.2.7-1、图 5.2.7-2）

1. 预应力筋的张拉是本工法的重要质量控制点。通过预应力筋的张拉，缩小和闭合混凝土在固化过程中因各种收缩应力产生的裂缝，提高构筑物的强度、稳定性和使用寿命。

2. 根据同条件混凝土试块测试结果，松开模板上连接螺杆的紧固螺母，进行无粘结预应力钢绞线的张拉。

3. 预应力筋严格按设计要求和规范规定进行张拉，张拉程序：

1）混凝土强度达到 40%～45%；张拉力 90kN；自下而上进行第一次水平筋的张拉；

2）混凝土强度达到 80%～85%；张拉力 195kN；自下而上进行第二次水平筋的张拉；

3）混凝土强度达到 100%；张拉力 200kN；自下而上进行第三次水平筋的张拉；

4）混凝土强度达到 100%；张拉力 200kN；自中向边进行竖向筋的张拉（图 5.2.7-1、图 5.2.7-2）。

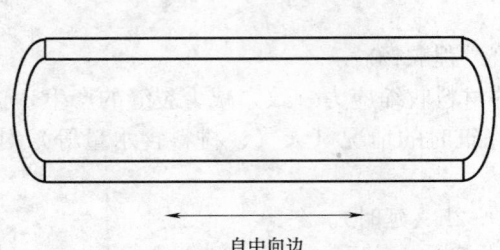

图 5.2.7-1　水池竖向筋的张拉方向示意图　　　图 5.2.7-2　无粘结预应力钢绞线的张拉图

4. 严格按《混凝土结构工程施工质量验收规范》GB 50204—2002 的规定进行验收。

5. 张拉结束后，及时进行封锚混凝土的施工，雨季或潮湿环境 3d 内完成；干燥环境 7d 内完成。保湿养护 14d，防止外因造成预应力的损失。

6. 材料和设备

6.1　混凝土：强度 C40，抗渗指标 P8

6.1.1 选用商品混凝土，水泥强度等级不低于 32.5MPa，优先选用普通硅酸盐水泥或硅酸盐水泥，每立方米混凝土中水泥用量应大于 320kg。

6.1.2 砂：采用中砂，无潜在碱活性，细度模数 2.6～2.8；碎石最大粒径 2.5cm，无潜在碱活性。含泥量等均应符合《普通混凝土用碎石或卵石质量标准及检验方法》JGJ 53—92 和《普通混凝土用砂质量标准及检验方法》JGJ 52—92 的要求。

6.1.3 外加剂：按《混凝土外加剂应用技术规范》GB 50119 检验。为了延迟初凝时间，保证分层浇筑质量，减少混凝土收缩裂缝的产生。混凝土外加剂应选用高效碱水，而且具有增稠、缓凝等功能的复合型外加剂，不准使用任何有膨胀成分和含有氯化物的外加剂。

6.1.4 水质应符合《混凝土拌合用水标准》JGJ 63—89 的规定。

6.1.5 混凝土的水灰比：0.4～0.45。

6.2 无粘结预应力钢绞线应符合《无粘结预应力钢绞线》JG 161—2004 的规定。

公称直径 $d=15.24$（$7\phi5$）；

抗拉强度：>1860MPa，低松弛类。

6.3 预应力锚具

选用与 $\phi=15.24$mm 预应力钢绞线相对应的锚具，应符合《预应力筋用锚具，类具及连接器应用技术规程》JGJ 85—93 的要求。

6.4 钢筋

HPB235、HRB335、HRB400 应符合《碳素结构钢》GB/T 2001—89 和《钢结构工程施工质量验收规范》GB 50205—2001 的要求。

6.5 施工设备、仪器见表 6.5。

施工设备仪器表　　　　　　　　　　表6.5

名　称	规格型号	数量	备注	名　称	规格型号	数量	备注
混凝土汽车泵	DC-S115B	3		卷尺	5m	10	
混凝土搅拌运输车	MR60-S	18		全站仪	拓普康 GBS-100N	1	
混凝土固定泵	BSA2100HD	1		千斤顶	YCQ-20	5	
插入式振动棒	HZ6X-60	30		挤压机	JY-45	2	
混凝土试块模	150×150×150	60		切割机	$\phi300$	3	
经纬仪	J2	2		电动油泵	ZB4-500	6	
高精度水准仪	苏光 DBZ2	3		游标卡尺	0～150(0.05)	3	

7. 质 量 控 制

大容积水池类构筑物受不均匀沉降、外力作用和各种收缩应力的影响会产生不同程度的裂缝，引起渗漏，影响构筑物的安全和使用功能。根据《给水排水构筑物施工及验收规范》GBJ 141—90 的规定，渗水量标准 2L/(m^2·d)。一个 4 万 m^3 的水池每天渗水量小于 $Q=$ 水浸润面积×2L(m^2·d)=[(100+50)×8]×2×2=4800L 属合格。为了发挥预应力对混凝土的紧缩作用，提高构筑物的整体性、刚度和稳定性。大容积薄壁预应力水池的主要质量控制目标是消除有害裂缝，降低孔隙率，提高密实度，杜绝不均匀沉降。为了实现这一目标施工中应做好以下几方面的工作。

7.1 原材料的质量控制

按国家有关规定验收混合料中的碎石、砂、水泥、外加剂、水、特别要控制碎石和砂的含泥量。泥会破坏骨料和水泥的亲和性（黏附性），产生裂缝。在条件许可时，应采用水洗法除泥。石料的针片状含量应小于10％。

7.2 模板安装允许偏差的质量控制见表7.2。

模板安装允许偏差表 表7.2

允许偏差项目		允许值(mm)	允许偏差项目		允许值(mm)
轴线位置		3	层高垂直度 mm	不大于5m	5
底模上表面标高		±4		大于5m	6
截面内部尺寸 mm	基础	±8	相邻两板表面高低差 mm		2
	柱、墙、梁	+4，−5	表面平整度 mm		5

7.3 混凝土配合比的控制

大容积薄壁预应力混凝土采用连续级配，目的是为了减少孔隙率增加密实度，防止裂缝，提高抗渗性。为了使混凝土浇筑顺利，坍落度选用120～150mm，必要时可作微调。

7.4 严格控制混凝土的初凝时间和每层浇筑高度

为了保证分层连续浇筑的质量和防止水平冷缝的发生，混凝土的初凝时间应严格控制，比每层浇筑时间迟1～2h为宜，有利于上下层之间的良好结合。混凝土必须分层连续一次浇筑到池顶，每层高度根据混凝土的初凝时间控制在1.5～2m，上层混凝土浇筑时间控制在下层混凝土初凝前完成，防止出现水平冷缝，发生渗漏。

7.5 正确掌握振捣方法

混凝土浇筑后立即进行振捣工作。振捣应遵循："快插慢提，振捣适时，控制间距，杜绝漏振"的原则。振捣时间不足，水平间距过大，容易造成孔隙率偏大，密实度下降。过量和重复振捣，使粗细集料因重力作用造成分离，出现离析现象，从而产生裂缝和渗漏。

7.6 正确合理设置混凝土导管

选用φ120mm壁厚3mm的PVC硬塑料管或壁厚1mm薄钢板管，2m一节，顺插口到池顶与混凝土漏斗相连接。导管底口平面离混凝土浇筑平面距离0.5～0.8m，浇筑过程中逐渐提高，逐节拆除。根据混凝土坍落度情况，导管中心的水平间距控制在4～6m左右。

7.7 认真做好养护工作

养护工作对大容积预应力混凝土薄壁成品质量影响很大。由于大量的混凝土表面都在模板的围护之中（98％以上），混凝土内部水化热产生的温度不易散发，而大面积混凝土的表面降温较快，内外温差大易产生温度裂缝。所以正确的养护方法可以减少混凝土内部受不同应力产生的收缩裂缝，提高混凝土施工的质量。混凝土底板及两侧壁板采用保湿养护，使用双层麻袋覆盖浇水养护（冬季负温除外），浇水养护次数应使混凝土表面处于足够的润湿状态，养护时间应在14d以上。

7.8 为保证混凝土浇捣质量，确保内外侧模支撑的牢固稳定，支模方案必须根据现场实际情况和规范要求进行编制，方案必须经专家论证后实施并严格督促检查。

7.9 混凝土浇筑前应检查钢筋绑扎牢固情况，检查无粘结预应力钢绞线（公称直径 $d=15.2mm$；$7\phi5$；抗拉强度标准标值为1860MPa，按《无粘结预应力钢绞线》JG 161—2004标准验收和锚具按《预应力筋用锚具，类具及连接器应用技术规程》JGJ 92—2004的安置情况。严格控制预应力筋张拉时间、张拉力、张拉顺序和锚具的安装。

7.10 锚具在干燥无尘的条件下进行封锚混凝土的施工。锚具的封锚混凝土强度应高于池体的混凝土一个等级，保护层厚度50mm，由内向外灌注。

8. 安 全 措 施

8.1 认真做安全技术交底工作。

8.2 确认施工区域的安全危险源，并认真做好防范工作。

8.3 加强重点部位配电箱的管理和使用。

8.4 保证施工平台的稳定性和牢固性。

8.5 严禁违章作业和疲劳作业。

8.6 做好防暑降温工作和避开夏季高温时段作业。

8.7 做好临边的围护工作。

8.8 做好夜间施工照明。

8.9 特殊工种必须持证上岗。

9. 环保措施

9.1 严禁混凝土运输车冲洗的污水随便排放。

9.2 生活垃圾集中堆放，专人处理到指定地点倾倒。

9.3 建筑垃圾倾倒到指定地点。

9.4 做好施工区域周边道路的清洁工作。

10. 效益分析

预应力钢绞线（抗拉强度设计值为 1860MPa）比普通钢筋（抗拉强度设计值为 235MPa）强度高很多，所以预应力结构的水池底板、池壁可以设计得很薄。混凝土用量是钢筋混凝土结构的 1/2～2/3，可以节省原材料和建设成本，缩短工期。

10.1 经济效益

按 4 万 m^3 水池为例，长度 100m，宽 50m，高 8m，节省材料费为 15 万元。计算如下：

钢筋混凝土结构水池：池顶厚 50cm，池底厚 130cm

$$(100+50)\times2\times8\times(0.5+1.3)/2=2160m^3$$

预应力混凝土结构水池：池顶厚 30cm，池底厚 70cm

$$(100+50)\times2\times8\times(0.3+0.7)/2=1200m^3$$

$$(2160m^3-1200m^3)\times350元/m^3=33.6万元$$

增加 J15.24 无粘结钢绞线及锚具费用 18.6 万元

此分项工程可节约成本：

$$33.6万元-18.6万元=15万元$$

10.2 社会效益

根据《给水排水工程结构设计规范》GBJ 50069—2002，钢筋混凝土结构的水池在室外露天条件下每 20m 左右设置一道温度伸缩缝，按（长×宽×高）100m×50m×8m 的 4 万 m^3 的水池应设温度伸缩缝 12 条（其中宽 50m 设 1 条），分 3～4 次浇筑完成。预应力混凝土水池一次浇筑完成，混凝土工程量减少 45%，可以缩短工期 30d 左右。如果水池容积越大缩短工期也越多，有利于此项工程早日投入使用，发挥效益，造福于民。预应力混凝土水池与同类的钢筋混凝土水池相比可节省混凝土 45%，而且刚度大，稳定性好，使用寿命长，可以节约建设投资。用预应力混凝土结构技术的大容积薄壁水池，其渗水量指标可比现行的《给水排水构筑物施工及验收规范》GBJ 141—90 的标准 $2L/(m^2 \cdot d)$ 降低 25% 以上，可以更有效地保证构筑物的结构安全和稳定性。

预应力结构技术先进，具有良好的适用性、耐久性、防水性和经济性，是大容积水池类构筑物的理想结构。

11. 应 用 实 例

　　绍兴污水处理三期工程（图 11-1、图 11-2）是浙江省 2007 年度重点环保工作，绍兴市人民政府的重点建设工程。工程地处绍兴滨海工业区，占地 105000m²，采用二级生化处理工艺，日处理污水能力 20 万 t 的现代化大型环保工程项目。工程总投资 9 亿元，其中污水处理用的水池类构筑物投资 2.14 亿元。有污水预处理沉淀池 3 座、水解酸化池 2 座、曝气池 4 座、二沉池 4 座、污泥浓缩池 4 座、储泥池 2 座等，其中水解酸化池和曝气池采用后张法无粘结预应力混凝土施工技术，是我国目前采用该技术中单池容积最大（10 万 m³）、长度最长（186.2m）、高度最高（11m）的污水池。施工工艺达到国内领先水平。

　　该工程被浙江省市政行业协会评为 2008 年度"浙江省市政金奖示范工程"，浙江省建筑业协会评为 2008 年度"钱江杯优质工程"。环形曝气池模板安装采用的整体支模工艺获国家发明专利，专利号 ZL200810059280.8。

　　其他应用实例见表 11。

应用实例　　　　　　　　　　　　　　　　　　　　　　　　　　　　　　　表 11

工程名称	地　点	结构形式	开竣工日期	工程规模
海盐县城乡供水一期工程(图 11-3)	海盐县沈荡镇聚金村	预应力混凝土结构	2008.2～2008.11	日供水能力为 15 万 m³/d，总投资约为 2.8629 亿元
嘉善县城乡供水一期工程(图 11-4)	嘉善县丁栅镇北部长白荡	预应力混凝土结构	2007.10～2008.6	建设规模为取水 45 万 t/d，制水 10 万 t/d，总投资约为 4.5199 亿元

图 11-1　绍兴污水处理三期工程

图 11-2　绍兴污水处理三期工程

图 11-3　海盐县城乡供水一期工程

图 11-4　嘉善县城乡供水一期工程

新型柔性防水套管制作与安装工法

GJEJGF029—2008

河南六建建筑集团有限公司　　河南省第二建筑工程有限责任公司

连关章　张进　陈涛　谢勤娟　吴明权

1. 前　　言

随着现代城市建设的不断发展，地下室防渗墙、水池防渗水技术越来越成为工程施工中的技术重点，尤其对承受振动和伸缩变形的穿墙管道套管制作安装要求也越来越高。针对目前传统的防水柔性套管制作成本高，施工定位难，操作难度大等问题，在建筑给排水标准图 02S404 柔性防水套管的基础上进行改进，创新了一种新型柔性防水套管制作与安装工法，又称为墙面平齐型柔性防水套管制作与安装工法。该套管与传统的柔性防水套管相比增加了贮丝仓，缩短了套管长度（图 1），具有制作简单、施工方便、性能可靠、省工省料等特点。该工法于 2007 年 12 月通过了河南省建设厅组织的专家组鉴定，其关键技术鉴定结果为国内领先水平。2008 年 1 月委托河南科学技术信息研究院对该工法进行了关键技术查新，查新结果表明国内目前还没有类似文献报道。该工法于 2009 年 3 月获得国家专利（专利号：ZL 2008 2 0070717.3）。该工法先后在河南科技大学外科楼、洛阳师范学院图

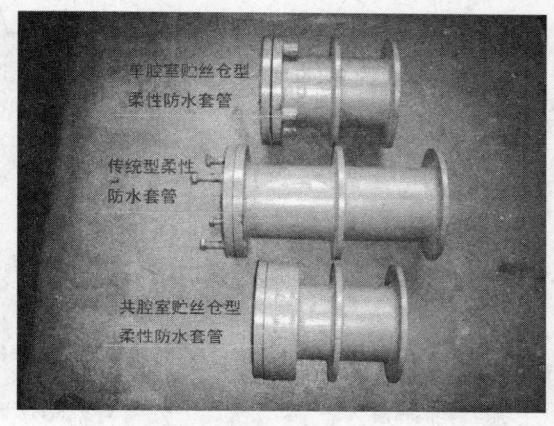

图 1　新型柔性防水套管与传统柔性套管

书馆等多项工程中应用，取得了良好的经济效益和社会效益。通过工程的实践应用，编制了企业《墙面平齐型柔性防水套管技术标准》（编号 LJ07—04）并推广使用。

2. 工 法 特 点

2.1　新型的墙面平齐型柔性防水套管与传统的柔性防水套管相比具有用料少、加工方便、安装快捷、省工省料、使用安全可靠等优点。

2.2　与传统柔性防水套管相比不损坏模板，减少土建支模工序，免除混凝土二次浇筑，止水效果好，且降低了土建粉刷墙面时的难度和工作量。

2.3　贮丝仓的添加可使套管法兰缩进混凝土墙内，从而有效缩短了整个套管的长度，同时保证了法兰压盖将止水环充分压紧，压盖螺栓由原来使用双头螺栓改为单头、双头均能使用，且贮丝仓内可填充黄油便于以后维修拆卸。

2.4　与传统柔性防水套管相比不用投入大量人力配合，即可保证定位准确，且不会跑模、胀模，杜绝了墙体补洞修复的工作量，提高了工程质量，简化了安装与土建之间的配合工序，加快了工程进度，降低了工程成本。

3. 适 用 范 围

本工法适用于公共、民用建筑给排水管道工程的施工。特别适用于有防水要求的地下室防渗外墙，

生活、消防水池等对止水、振动有特殊要求的穿墙管道的定位连接。可推广应用于其他建筑安装工程中对止水、振动有特殊要求的穿墙管道的施工。

4. 工艺原理

该工法是在建筑给排水标准图 02S404 关于柔性防水套管制作安装的基础上创新而成。由传统的两端露出墙体一定长度的柔性防水套管通过增加贮丝仓使法兰压盖的固定螺栓深入到混凝土中，不与混凝土面直接接触，从而使整个套管缩短至墙体厚度，两端与墙面平齐。同时利用法兰压盖的固定螺孔将模板与套管直接固定，保证了套管的定位准确，减少了模板的损坏率，并由原来的墙体预先留洞再将套管与墙体混凝土做二次浇筑固定，改为混凝土一次浇筑到位。贮丝仓的添加是整个工法的关键技术，在贮丝仓内抹上黄油便于安装维修。封堵袋的添加（袋内装锯末黄泥）提高了套管封堵的严密性且拆除方便，有效保证了后期施工的效率及施工质量。墙面平齐型套管与传统套管安装图见图 4-1~图 4-3。

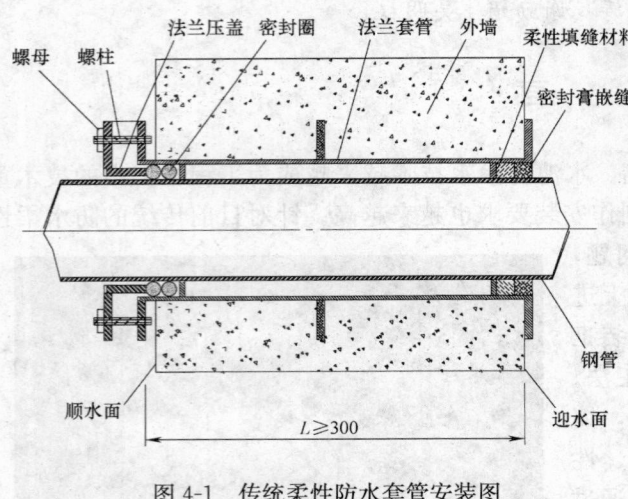

图 4-1 传统柔性防水套管安装图

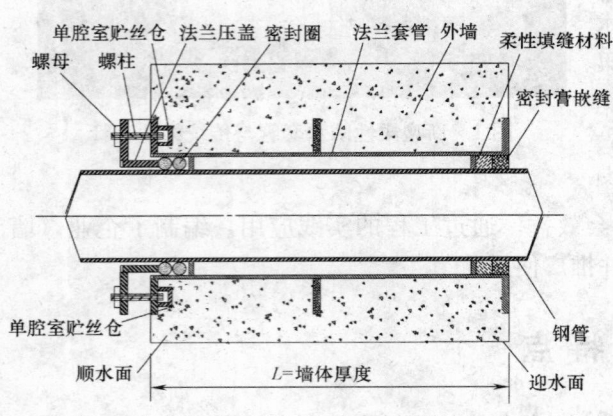

图 4-2 新型柔性防水套管（单腔室贮丝仓）安装图

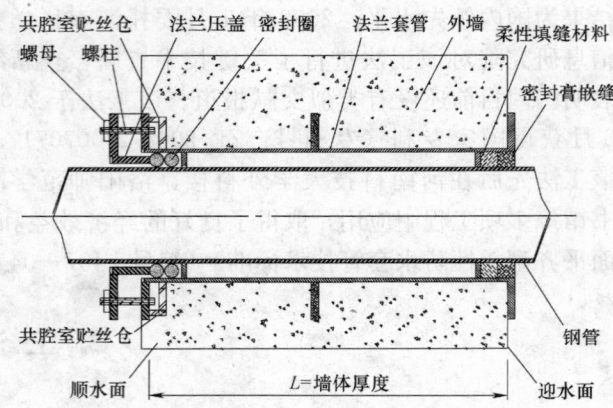

图 4-3 新型柔性防水套管（共腔室贮丝仓）安装图

5. 施工工艺流程及主要施工方法

5.1 施工工艺流程（图 5.1）

5.2 主要施工方法

5.2.1 施工准备

1. 现场施工技术人员要认真研究施工图纸，结合建筑结构与使用功能确定安装工程管道系统的轴向、标高，使其与现场实际情况相一致。

2. 通过现场实测数据及技术要求绘制出新型柔性防水套管的制作图纸。

3. 防水套管的选型加工应满足管路设计工况及安装的要求，必要时防水套管的穿墙壁厚和轴向推力等要经结构工程师确认。

4. 施工前应逐级进行图纸和施工方案交底，并做好柔性防水套管制作加工的委托工作。

5.2.2　放线定位

1. 以建筑物的基本标高线为基准，确定需要与管道相配套的柔性套管的轴向标高，使其轴向偏差不大于±2mm。

2. 根据图示的管道进出位置，确定套管预埋的方向，切忌装反。

5.2.3　新型柔性套管加工制作

1. 根据加工制作图纸要求，安排采购合格的加工制作材料。法兰套管及法兰压盖宜采用Q235-A，密封圈应采用标准配套的橡胶密封圈。

2. 制作时应保证四个翼环（盘）在一条直线上（含法兰压盖），并与套管垂直。

3. 保证法兰翼环固定螺栓的内丝顺滑不断丝。

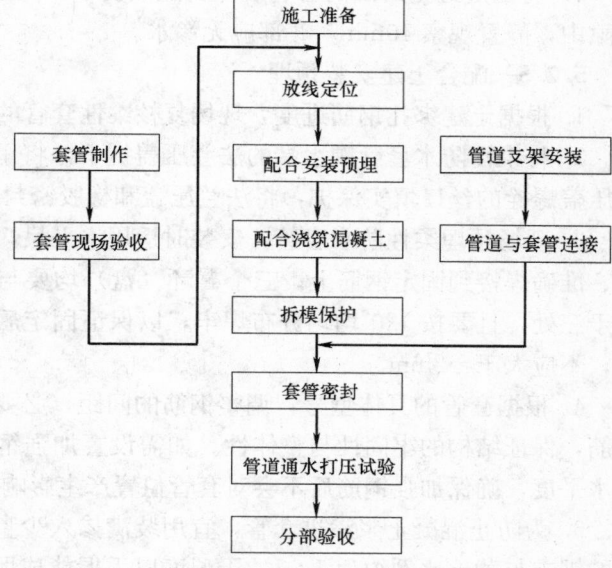

图 5.1　新型墙面平齐型柔性防水套管施工工艺流程图

4. 保证贮丝仓焊接牢固严密，且贮丝仓深度应大于 15mm，贮丝仓与固定螺栓的间隙应大于 2mm，并在套管内刷防锈漆两道。贮丝仓的形式分为两种，一种是单腔室贮丝仓，另一种是共腔室贮丝仓。单腔室贮丝仓主要适用于 DN100 以上的套管，共腔室贮丝仓适用于 DN100 以下的套管。

图 5.2.3　共腔室、单腔室贮丝仓型柔性套管

1）单腔室：每一个贮丝仓与混凝土的接触面应封堵严密，可采用钢板与贮丝仓焊接牢固，保证翼环螺栓内丝孔在浇筑混凝土时不进浆（图 5.2.3）。

2）共腔室型贮丝仓：用≥2mm 厚钢板将共腔贮丝仓与混凝土的接触面封堵严密，保证翼环的所有紧固螺栓内丝孔在浇筑混凝土时不进浆（图 5.2.3）。

5. 制作成型的平齐型柔性套管应在端部显著位置标注清晰的产品型号以及详细的技术指标，并将成品套管包装，安全可靠地运至施工现场。

5.2.4　新型柔性套管现场验收

1. 对照套管型号等技术指标，现场人员用卷尺、角尺、水平尺、游标卡尺对套管的各项技术指标进行验收，保证三个翼环规格尺寸与法兰压盖的尺寸相同且达到制作图要求。

2. 外观检查，应保证焊接牢固严密，无气孔、夹渣，漏焊等。

3. 如无特殊设计要求应在防水套管与介质或大气接触的表面涂敷防锈底漆、面漆各两道。与饮用水接触的金属表面应涂无毒环氧底漆、面漆各两道。

4. 随套管配套的橡胶密封圈的硬度、物理性能、质量、尺寸和公差及检验应符合标准。

5. 橡胶密封圈不得有割裂、龟裂、错位、错配、飞边等缺陷。用于饮用水水池的密封圈、密封膏、防护涂料等均应无毒。

6. 闭水抽样检查，每种规格不少于一个。检查方法：

1）取一段与套管内径相配套，长度比套管长度长出 200mm 以上的介质管道穿入套管内，两端各透出 100mm 即可。将橡胶密封圈穿过管道放入套管，将法兰压盖穿过管道压住密封圈，将法兰压盖的螺栓拧入贮丝仓至一定程度。

2）将固定好密封圈的套管法兰压盖端朝下，竖直放稳，用清水从套管迎水端灌入套管与介质管的间隙中，静置观察 10min，底部应无渗水。

5.2.5 配合土建安装预埋

1. 根据土建绑扎钢筋进度，现场复核柔性套管的设计轴线及标高。

2. 将柔性防水套管顺水端的法兰压盖拆下，将里边的橡胶密封圈取出，用黄油及纸团或机油锯末将压盖螺栓的丝口填实保护，将法兰压盖和橡胶密封圈暂时收起保管好。

3. 现场预埋柔性防水套管，安装时运用水平尺，水准仪，严格按照尺寸定位、安装，保证套管牢固、准确焊接到固定钢筋上。三个翼环（盘）均要与钢筋进行支撑焊接，两个外翼环与钢筋焊接应不少于三处，且要按 120°均匀分布焊牢，以保证固定后的套管不会位移。复检焊接变形对套管位置的影响，不应大于±2mm。

4. 根据套管的具体型号，调整钢筋的间距，必要时应对钢筋网进行补强。按照规范要求设置加强钢筋，保证结构的牢固性与整体性。如需设置加强钢筋，设置后需要再次复核柔性套管的位置、标高及水平度，确保加强钢筋后不会对套管位置产生影响。

5. 为防止混凝土浆渗进套管，宜用装满掺入少量黄土的锯末填充袋对套管进行临时填充。填充袋内的锯末与黄土比例约为 7∶3，干湿度以手握能成团定型不散，落地后散开为宜，填充袋大小根据套管直径、长度缝制，并用单面胶带将套管两端管口封严。为防止法兰压盖螺栓丝口损坏，用黄油或机油锯末将丝口填实，并用透明胶带封口。

6. 在封模板前对套管及模板进行检查，确保套管位置正确、焊接牢固且密封严密。

7. 在支设混凝土模板时应先支设顺水面的混凝土模板，然后再支设迎水面处的模板以利于模板与套管结合严密，确保套管不会在浇筑混凝土时产生位移。

5.2.6 配合浇筑混凝土

在混凝土浇筑振捣时，操作人员应避免用振动棒对套管进行强力振捣，如若发生套管移位应及时修整。

5.2.7 拆模保护

1. 拆模时对于利用压盖螺栓固定顺水面方向的模板，要先将压盖螺栓全部无损伤取出，然后再取出模板对拉螺栓，严禁野蛮拆模造成压盖螺栓损坏。

2. 拆模后要及时检查套管及贮丝孔内是否有混凝土浆，保证套管未被混凝土浆侵蚀。如果套管及贮丝孔内有混凝土余浆应及时清除，并对套管进行安装前的保护。

3. 将套管的密封层打开，清理套管和贮丝仓内的填充物，重新用黄油涂抹压盖螺栓内丝扣，并用临时盲板将套管盲死。

5.2.8 管道支架安装

具体施工人员应做好图纸会审，做好现场二次设计，并会同其他专业技术人员，运用综合平衡技术，现场确定固定管道的支架位置及支架的承载力，保证管道支架位置合理，承载力满足需要，分布规范。

5.2.9 管道与柔性套管联结

1. 拆除套管口及贮丝仓的临时盲板，清理法兰压盖上固定螺栓内丝孔里的填充物，确认丝扣正常，并重新涂上黄油。

2. 管道与柔性套管的连接处，要根据现场实际情况预留出适当的操作空间，便于管道穿越套管。

3. 墙体两侧根据需要设置支架或支墩，以保证穿墙管安装时环向间隙均匀，套管法兰与法兰压盖轴线同心。

4. 将顺水端的法兰压盖、橡胶止水环套入管道。注意方向、顺序不要颠倒。

5. 将套好法兰压盖、止水环的管道穿入套管，并保证安装位置正确。

5.2.10 柔性套管密封

1. 穿入套管后，应将管道两端调平顺直，调整好套管与管道之间的间隙，将管道与支架固定牢固。套紧橡胶圈，并将法兰压盖上紧，固定螺栓时注意对称的均匀上紧法兰压盖，保证橡胶密封圈的密封性能。

2. 当迎水面为腐蚀性介质时可采用封堵材料将缝隙封堵，做法与传统柔性套管的做法相同。

5.2.11 管道通水、打压试验

各种管道通水、打压的具体技术要求见相关的设计要求。打压过程中防水套管周边应无异常变化。

5.2.12 分部验收

防水套管与管道的分部验收，应与相应的管道系统一起和单位工程同时交验。质量要求依据《建筑工程施工质量验收统一标准》GB 50300—2001、《建筑给水排水及采暖工程施工质量验收规范》GB 50242—2002、《地下工程防水技术规范》GB 50108—2001 执行。

6. 材料与设备

6.1 主要材料

每个单项管道系统工程的材料投入以其规模大小，设计工程量决定。但就单个柔性套管制作的主要材料见表 6.1。

制作单个柔性套管的主要材料表　　　　表 6.1

序号	品种	规格	数量	备注
1	焊接钢管	按照标准图 02S404 执行	详见加工图	
2	钢板	按照标准图 02S404 执行	详见加工图	用于套管外止水环及内密封挡板
3	法兰、压盖	2片法兰无孔、1片法兰为内丝孔、1片压盖为无丝孔	4片	压盖为普通焊接法兰加焊堵板
4	密封承力挡板	根据套管内径及套管型号选取	2片(A型)1片(B型)	内径大于介质管外径2mm,外径与套管内径相同
5	橡胶密封圈	根据套管内径及套管型号选取	2个(Ⅰ型)1个(Ⅱ型)	
6	薄钢板、短管	厚度、短管内经及长度根据贮丝仓大小选取	详见加工图	用于贮丝仓加工
7	单、双头螺栓,螺帽	长度根据压盖法兰厚度及密封圈直径选取	根据法兰孔数	用于法兰压盖固定
8	焊条	E4303-J422	详见加工图	
9	氧气、乙炔			

6.2 主要机具

单个柔性套管制作、安装的主要设备见表 6.2。

制作、安装单个柔性套管的主要设备表　　　　表 6.2

序号	品种	规格	数量	备注
1	电焊机		1台	
2	气焊工具		1套	
3	水平仪		1台	
4	切割、打磨机		1台	
5	车床		1台	
6	其他工具		1套	

7. 质 量 控 制

7.1 质量标准

严格按照《建筑工程施工质量验收统一标准》GB 50300—2001、《建筑给水排水及采暖工程施工质量验收规范》GB 50242—2002、《地下工程防水技术规范》GB 50108—2001 执行。

7.2 控制要点

7.2.1 墙面平齐型柔性套管的制作长度应与混凝土墙面的厚度一致，轴向、水平度、垂直度必须准确。

7.2.2 内密封挡板、法兰压盖、止水环与套管要保持垂直。

7.2.3 密封圈要与套管内径配套，橡胶密封圈的硬度、物理性能、质量、尺寸和公差及检验应符合标准。

7.2.4 压紧法兰压盖时用力要均衡，压紧螺栓受力要均匀。

7.3 成品保护

7.3.1 土建支模板时，鞋底要干净，不要把泥巴、垃圾带在模板上。

7.3.2 不要将填充套管的锯末、黄土、黄油等落在模板上。

7.3.3 现浇混凝土时，注意不要踩坏钢筋，不要损坏模板，不要随意松动模板的对夹固定螺栓。

7.3.4 拆模板时不要损坏套管的压盖螺栓。

7.3.5 拆模板后要及时打开套管检查，并做好临时保护封堵。

7.4 质量记录

7.4.1 管材及配件产品材质证明及合格证。

7.4.2 柔性套管安装预埋隐蔽验收自检记录、隐蔽记录。

7.4.3 管道安装记录，通水、打压试验记录。

7.4.4 设计变更洽商记录。

7.4.5 分项工程质量检查验收记录。

8. 安 全 措 施

8.1 安全教育

8.1.1 新工人上岗前，必须对他们进行安全技术教育，学习国家有关部门关于安全生产和安全施工的各项规定、安全技术规程，经考试合格后，才可上岗工作。

8.1.2 特殊工种的工人，未经专门技术培训或未取得操作证者，不得独立作业。

8.1.3 每天作业前，负责人应根据当天作业特点，具体交代安全注意事项，指明工作区内的危险部位及危险设备。

8.1.4 集体操作的作业，操作应明确分工，统一指挥，步调一致。

8.1.5 工作前及工作中严禁喝酒，工作时要精力集中，严禁吵闹。

8.1.6 对于特殊工种的作业及作业现场，应有专门的安全技术交底。

8.2 安全防护

8.2.1 作业人员进入施工现场时，要按要求穿戴好劳动防护用品：高空作业人员应戴好安全帽，扎好安全带；电气焊作业人员应戴好防护镜或防护面罩；电工应穿好绝缘鞋；凡与火、热水、蒸汽接触者，应戴上防护脚盖或穿上石棉防火衣；女工应戴好工作帽。

8.2.2 在有毒性、窒息性、刺激性或腐蚀性的气体、液体和粉尘管道的作业现场，必须预先进行良好的通风和除尘；施工人员必须戴上口罩、防护镜或防毒面具。尤其是进入空气停滞、通风不畅的死角，如管道、容器、地沟及隧道等处，必要时还应进行取样化验分析，合格后才许进入。

8.2.3 在地沟、地下井等阴暗潮湿的场所，以及有水的金属容器内作业时，应有 3 名以上工人同时作业，而且应戴上绝缘手套，穿好绝缘胶鞋。

8.2.4 现场人员严禁在起吊的物件下面行走或停留，更不得随意通过危险地段。

8.2.5 现场人员应随时注意运转中的机械设备，避免被绞伤或被尖锐的物体刺伤。

8.2.6 非电工人员严禁乱动现场内的电气开关和电气设备；未经许可不得乱动非本职工作范围的一切机械和设施；不准搭乘运料机械升上或降下。

8.3 安全施工

8.3.1 施工现场各种设备、材料及废弃物要码放整齐，有条不紊，保持道路畅通。

8.3.2 对施工中出现的土坑、井槽、洞穴等隐患处，应及时设置防护栏杆或防护标志。

8.3.3 施工现场严禁随意存放易燃、易爆物品，现场用火应在指定的安全地点设置。

8.3.4 在施工中，发现不明物体或工程，应立即停止作业，待弄清情况，采取必要的措施后，才可继续施工。

8.3.5 经常检查沟槽边坡，发现有裂纹及落土时，应立即采取安全防护措施。

8.3.6 沟槽内有积水时，应及时排除，特别是对湿陷性黄土、膨胀土等对水敏感性强的土，更应及时排除。

8.3.7 夜间施工，必须设置足够的照明。

8.3.8 高空作业人员使用安全带时，应将钩绳的根部连接到背部尽头处，并将绳子牢系。在坚固的建筑结构件或金属结构架上，行走时应把安全带缠在身上，不准拖着走。衣袖和裤脚要扎好，并不得穿硬底鞋和带钉子的鞋。

8.3.9 高空作业使用的工具应放在随身携带的工具袋中，不便入袋的工具应放在稳当的地方。严禁上下抛掷，必要时可用绳索绑牢后吊运。

8.3.10 多层交叉作业时，如上下空间同时有人作业，其中间必须有专用的防护棚或其他隔离设施，否则不得在下面作业。上下方操作人员必须戴安全帽。

8.3.11 高空进行电气焊作业时，严禁其下方或附近有易燃、易爆物品，必要时要有人监护或采取隔离措施。

8.3.12 系结管材和设备时应使重心处于重物系结处之间的中心，以保持平衡。起吊时，要有专人将起吊物扶稳，严禁甩动。起吊物悬空时，严禁在起吊物、起吊臂下停留或通过。

8.3.13 在搬运和起吊材料设备时，应注意与电线的相互间距，应远离裸露电线。

8.3.14 严禁用火燎烤或用工具敲击冻结的设备或管道。乙炔瓶严禁受外力强烈振动。

9. 环保措施

9.1 施工作业面保持整洁，严禁将建筑施工垃圾随意抛弃，做到文明施工，工完场清，定点堆放。

9.2 施工用水不得随意排放，应进行沉淀处理后直接排入排水系统。

9.3 施工用料应做到长材不短用，加强科学下料和材料回收利用工作，减少施工废料，节约材料。

9.4 尽量使用低噪声或无噪声的施工作业设置，无法避免噪声的施工设备，则应对其采取噪声隔离措施。

9.5 严格控制施工现场由于餐饮和材料所带来的白色污染，做到当天发生，当天处理。

9.6 现场使用的油漆制品尽量使用环保标志产品，施工时应保证通风良好，并且施工人员要戴上防护口罩，使用后随即将其封存放于专存库房内。

10. 效 益 分 析

每个单项管道工程的经济效益以其规模大小，设计方案，合同条件决定。但就单个柔性套管制作、安装、支模、粉刷等成本分析，新型墙面平齐型柔性防水套管与传统柔性防水套管的工艺对比，以长度400mm，直径250mm套管为例，套管下料制作可节约DN300的焊接钢管约120mm；预埋安装节约模板约0.5m²；节约混凝土约0.05m³；节省后期人工约2人/工日。

通过墙面平齐型柔性防水套管的实践应用证明，该工法技术创新点新颖，在每个公共、民用建筑工程上几乎都能用到，具有很好的社会经济效益和推广价值。特别是在大模板的推广应用中更是一种用料少，制作简单，安装方便，省工省料，使用安全可靠，维修方便的施工工法。

11. 工 程 实 例

墙面平齐型柔性防水套管施工工法已经在河南科技大学第一附属医院外科楼、洛阳市歌剧院和洛阳建业森林半岛29号、30号楼等多个工程上应用，效果良好。

河南科技大学第一附属医院建筑面积为37210m²，地下室1层，地上17层，剪力墙结构，该工程2005年交工，安装造价为1100万元，2006年获河南省"中州杯"奖。该工程共用新型柔性防水套管DN273 2个、DN250 4个、DN219 4个、DN100 8个、DN50 6个。

洛阳市歌剧院建筑工程位于洛河南侧，面积为32500m²，地下14m，安装造价为1200万元，2006年交工，DN250 4个、DN219 4个、DN150 5个、DN100 10个。

洛阳建业森林半岛29号、30号楼工程位于洛河南侧，地下水位高，地下一层，建筑面积为17616m²。该工程共用新型柔性防水套管，DN219 4个、DN150 5个、DN100 8个、DN50 4个。

超深基坑钢筋混凝土内支撑体系
切割卸载与静爆拆除施工工法

GJEJGF030—2008

中铁建工集团有限公司　深圳罗湖建筑与安装工程有限公司
冯涛　钟万才　文有明　俞宏箭　吕燕霞

1. 前　言

在城市建筑密集区，由于受周边环境的影响，基坑支护可能采用内支撑体系。通常方形基坑采用环形钢筋混凝土支撑体系；长条形基坑采用钢筋混凝土桁架对撑体系。而作为临时支撑结构，因其多处于城市闹市区，周围或建筑物密集，或临近运营地铁，这就对拆除方法也提出更高的挑战。为了确保拆除过程不对临时支撑体系、已施工的永久结构工程及周边建筑、地下设施造成不利影响，必须进行基坑位移及支撑体系内力监测，严格控制支撑体系拆除后周围地基的变形。考虑安全、质量、环保、工期等因素，切割卸载与静爆拆除成为首选，因此完善深基坑临时内支撑拆除是一个新课题，具有非常显著的现实意义。中铁建工集团有限公司在深圳中航广场深基坑内支撑体系拆除中，利用监测技术进行内力分析，利用切割卸载完成结构换撑平稳过渡，探索了支撑体系拆除工艺，成功地完成了超大、超深基坑内支撑体系地拆除。超深基坑内支撑切割卸载与静力爆破拆除施工技术通过中国铁路工程总公司技术鉴定，其技术水平国内领先。

2. 工法特点

2.1　采用信息化施工技术，切割卸载，完成结构换撑平稳过渡，通过支撑体系内力分布情况确定拆除顺序。

2.2　静爆拆除采用静态膨胀剂把混凝土充分破碎，与传统的拆除方法相比，其特点优异，见表2.2。

各拆除方法特点对比　　　　　　　　　　表 2.2

拆除方法	特　点
爆破拆除	爆炸压力瞬间释放，工期短，适合空旷场地的建筑物整体拆除，但在闹市区、建筑物密集区，振动幅度大，对现有结构、周围建筑物及地下设施带来极大影响，且产生飞石，危及街道行人安全
机械拆除	采用炮机拆除，但振动大、噪声大、工作条件受限制
切割拆除	采用切片或钢丝切割，造价成本高，拆除后块体大清运困难，工期长
人工风镐拆除	人工风镐拆除安全度高，但危害人体健康且工期太长
静爆拆除	采用静态膨胀剂静爆拆除，膨胀力缓慢地、静静地传给混凝土支撑使其破碎，具有安全、施工快速、无振动、无飞石、噪声小、操作简单等特点

3. 适用范围

本工法适用于基坑支撑体系拆除施工，尤其适用地处城市闹市区、周围建筑物密集区对基坑安全性要求高的深基坑临时支撑体系拆除。

4. 工 艺 原 理

先对临时支撑体系切割卸载，完成结构换撑平稳过渡，再用静爆法拆除临时支撑。根据钢筋混凝土构件类型对需拆除的部位进行合理钻孔，在钻好的孔中灌注静态膨胀剂，静态膨胀剂发生水化反应使晶体变形，产生体积膨胀，从而缓慢地、静静地将膨胀力（可达 30～50MPa）施加给孔壁，经过一段时间后达到最大值，8～12h 后使混凝土产生裂缝而破碎，再用小风镐进行集中破碎清运。

5. 施工工艺流程及操作要点

5.1 内力监测及位移监测

在拆除内支撑结构前以及整个拆除过程中进行内力监测，做到信息化施工。首先是对基坑位移和内支撑梁的内力监测，根据检测结果得出内力分布情况，卸荷时根据内力分布情况做到均匀卸荷，在卸荷过程中监测内力重分布情况，做出正确判断。

5.2 切割卸载

根据现场具体情况，用切割机将支撑梁切割卸荷，严格按照对称、平衡约束控制，两组同时对称作业，保持结构换撑平稳过渡，防止结构本体及支撑柱变形，见图 5.2。

图 5.2 切割卸载图

5.3 确定拆除顺序

随着支撑梁切割截面减少受力削弱后，深基坑的侧压力必然重新分配，为了保证深基坑的侧压力不会对未拆除的临时支撑产生破坏性影响，需要确定合理的拆除顺序。中航广场深基坑临时支撑共有 4 层，根据监测分析，将各层分成 4 个区域，采取对称、遵循从内至外的顺序进行拆除，具体流程如图 5.3-1～图 5.3-5 所示。

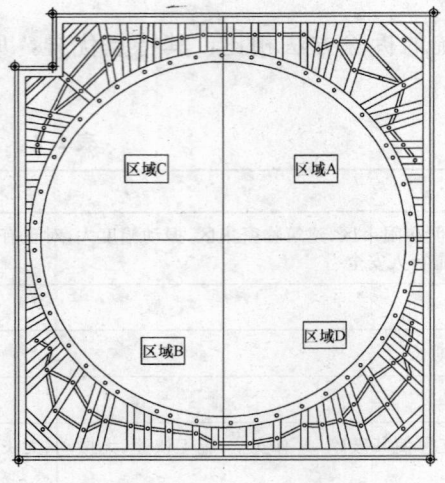

图 5.3-1 程序 1——对称的拆除
区域 A、B 连系梁和主撑

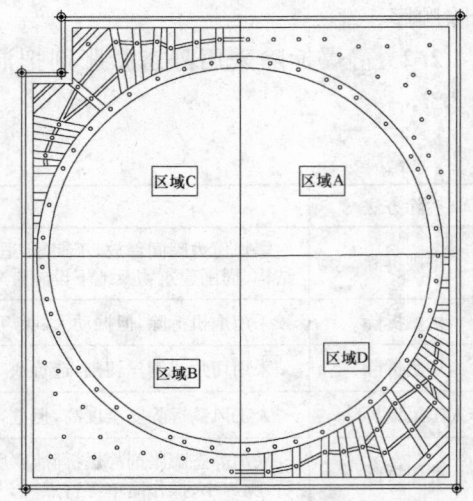

图 5.3-2 程序 2——对称的拆除
区域 C、D 连系梁和主撑

5.4 静爆拆除

5.4.1 创造静爆条件

1. 因钢筋混凝土支撑内配置有密集的钢筋笼，为达到静爆最佳效果，先把钢筋混凝土构件的面筋、

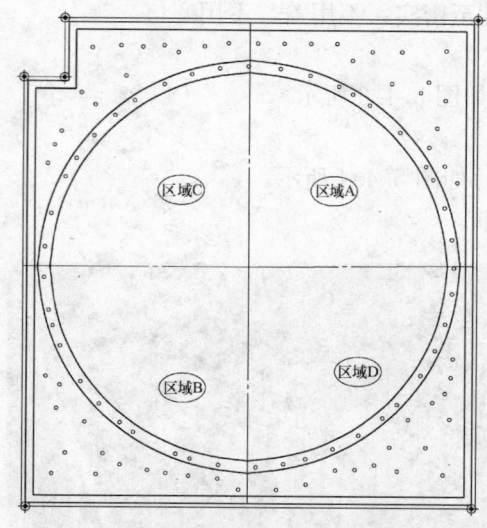

图 5.3-3　程序 3——对称的
拆除区域 A、B 围檩和环梁

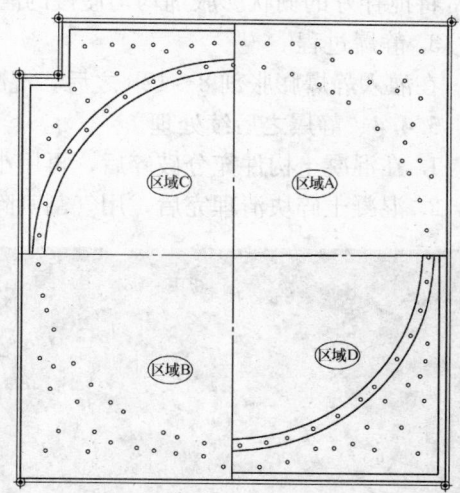

图 5.3-4　程序 4——对称的
拆除区域 C、D 围檩和环梁

腰筋、箍筋割断剔除，如图 5.4.1 所示。

2. 为避免支撑梁沿轴线方向膨胀，导致竖向支撑构件产生水平位移，影响基坑安全，梁的两段距离竖向支撑柱边 300mm 的位置凿空，如图 5.4.1 所示。

5.4.2　钻孔

1. 钻孔设计

钻孔参数、钻孔分布和破碎顺序需要根据破碎的对象的实际情况确定，并充分考虑布筋情况，一般情况下孔与孔之间的距离为 0.2m，孔径为 0.04m，孔深按需破碎物的厚度而定，但不能钻穿，必须离底部保留 0.1～0.2m。

2. 钻孔操作

采用空压机及钻孔设备按照设计好的钻孔参数对混凝土构筑物进行钻孔，如图 5.4.2 所示。

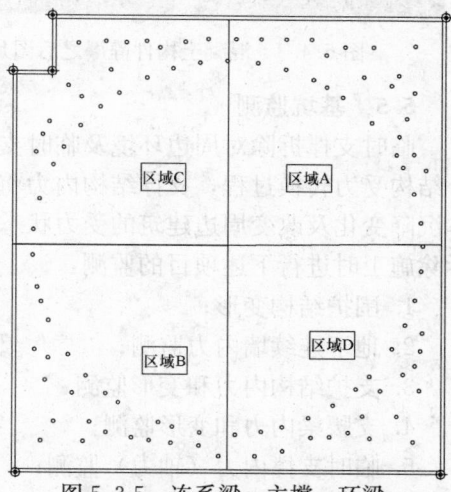

图 5.3-5　连系梁、主撑、环梁、
围檩全部拆除完示意图

图 5.4.1　割除梁面筋、腰筋、箍筋，凿空梁两端

图 5.4.2　钻孔操作

5.4.3　静爆

1. 静爆膨胀剂配料

先用水桶装好水，按照静爆膨胀剂说明书注明的水和药的比例配好，充分搅拌成糊状。

2. 装药

将搅拌好的糊状膨胀剂均匀慢慢的灌入钻好的孔中，灌满至密实，不用盖，不用塞口。

3. 静爆过程

在灌入静爆膨胀剂 8～12h 之后，混凝土构件产生裂缝，如图 5.4.3 所示。

5.4.4　静爆之后续处理

1. 在混凝土构件充分破碎后，再用小风镐集中破碎清运，如图 5.4.4 所示。

2. 混凝土碎块清理完后，用气割割除混凝土构件内部钢筋。

图 5.4.3　混凝土构件静爆之后图片　　　　　图 5.4.4　风镐集中破碎

5.5　基坑监测

临时支撑拆除对周边环境及临时支撑结构本身都将产生影响，由于相应支撑拆除前后过程中是一个结构受力转换过程，支撑结构内力将重新分布，这将导致基坑支撑结构的内力变化和变形、周边土体沉降变化及改变周边建筑的受力状态，因此及时掌握支护结构和周边环境的附加影响显得尤为重要，拆除施工时进行下述项目的监测：

1. 围护结构变形；

2. 地下连续墙内力监测；

3. 支护结构内力和变形监测；

4. 支腰梁内力和变形监测；

5. 临时支撑内力（轴力）监测；

6. 支柱桩沉降和内力监测；

7. 地下连续墙外空隙水压力；

8. 基坑周围环境监测；

9. 主体结构建筑沉降监测。

5.6　劳动力组织（表 5.6）

劳动力组织情况表　　　　　　　　　　　　　　　　表 5.6

序　号	分项工程	所需人数	备　注
1	基坑监测	3 人	
2	切割卸载	16 人	
3	钻孔	18 人	
4	静爆	30 人	
5	清理	100 人	
	合计	167 人	

6. 材料与设备

6.1　材料

静爆膨胀剂：主要成分为铝酸钙、硅酸盐水泥、减水剂、缓凝剂，无毒、无味，适用温度范围为 $-5\sim40℃$。

6.2 主要施工机具：空气压缩机、切割机、风镐、钻孔机、铁锹、水平运输斗车、装载机、自卸汽车。

7. 质 量 控 制

7.1 必须执行的规范及标准：《建筑物、构筑物拆除技术规范》DBJ 08—70—98。

7.2 严格控制材料质量关：静爆膨胀剂进场时除了提供厂家生产证明、厂家检测报告和厂家达标外，还要按规定在施工现场见证取样送检，检测报告必须由具有相应资质的监测机构出具，合格方可使用；且静爆膨胀剂必须储存在干燥避雨的库房。

7.3 为了能达到最佳的静爆效果，钻孔严格控制药孔的间距、孔径及孔深。

7.4 静爆膨胀剂加水应严格按照比例，水不许加多。

7.5 孔中内渗水，必须采取防水措施后方可装药。装好药的孔严禁雨浇水浸。

8. 安 全 措 施

8.1 本工法实施主要危险源有：切割机械伤人、临时用电、高空坠落、物体打击、化学膨胀剂喷孔。

8.2 必须执行的规范及标准

8.2.1 《建筑拆除工程安全技术规范》JGJ 147—2004。

8.2.2 《建筑施工安全检查标准》JGJ 59—99。

8.3 针对危险源，本工法实施采取的具体安全措施。

8.3.1 切割机应带有安全防护罩，避免切割片伤人。

8.3.2 临时用电满足施工现场临时用电要求。

8.3.3 在要切除的梁下搭设满堂脚手架支撑及安全操作平台。

8.3.4 静爆膨胀剂加水搅拌的量应少混、勤混，迅速搅拌好的药剂应立即灌入孔内，放置时间过长（超过 10min），其流动性及破碎效果将下降；此时药剂如变成不易流动的或块状物，严禁勉强灌入孔中或二次加水混稀注入孔中，否则容易产生喷孔伤人或胀裂不开事故。

8.3.5 为安全起见，装填浆体物料一半孔时，续装后一半孔的时间不得超过 15min，炎热夏季不得超过 5min。搅拌好的药剂如发现药温超过 45℃时，应废弃掉，不许再装入孔内，以免发生喷孔。

8.3.6 装药时，操作者必须带防护眼睛，从开始装药直到破碎物开裂，不得对孔中直视，以免万一发生喷孔伤害眼睛。

8.3.7 静态膨胀剂有一定的腐蚀性，混药时，应戴橡胶手套，一旦进入眼睛，应立即用自来水冲洗，然后再到医院诊治。

9. 环 保 措 施

9.1 严格执行城市建筑施工环保管理规定。

9.2 拆除过程使用空压机、风镐及钻孔机，根据环保噪声标准（分贝）日夜要求的不同，合理协调安排施工分项的施工时间，将容易产生噪声污染的分项尽量安排在白天施工。

9.3 粉尘防治：用安全密目网把施工现场封闭，在钻孔和使用风镐过程中利用喷雾器向拆除区域上空喷水；每天派专人随时清扫施工现场的道路，并适量洒水压尘，达到环卫要求；施工现场设置专门的碎渣堆放区，并将堆放区设置在避风处，以免产生扬尘，同时根据碎渣数量随时清运出施工现场，运垃圾的专用车每次装完后，用苫布盖好，避免途中遗洒和运输过程中造成扬尘。

10. 效 益 分 析

超深基坑钢筋混凝土临时水平支撑体系采用切割卸载与静爆拆除，通过采用内力监测，做到信息化施工，保证了基坑安全。静爆拆除方法与传统的拆除方法（爆破拆除、机械拆除、切割拆除、人工拆除）相比更具有优越性，有效地降低了因拆除对周围建筑物的影响；产生的粉尘少，噪声小，更具有环保效果；施工安全简便快捷，设备简单易操作，工期短，综合成本相对较低，经济效益明显。

11. 应 用 实 例

11.1 深圳中航广场工程

深圳中航广场由深圳和记黄埔中航地产有限公司投资开发，集办公、公寓、商业为一体的综合楼，总建筑面积为 238645.5m²，建筑规模为地下 4 层、裙楼 7 层、住宅楼 46 层（建筑高度为 166m）、办公楼 50 层（建筑高度为 245m），工程地点位于深圳市福田区深南路原天虹商场地块，本工程于 2007 年 6 月 8 日开工，预计 2010 年 10 月 17 日竣工。

本工程深基坑平面长度为 101.83m，宽度为 92.40m；基坑底板顶标高为 -19.74m。基坑采用地下连续墙、钢筋混凝土环状结构支撑体系，地下连续墙厚度 800mm，顶标高为 -1.535m；钢筋混凝土环状支撑结构有 4 层，由支撑柱、围檩、内支撑梁组成，支撑柱共计 101 根，其中首层环状支撑设计有 450mm 厚钢筋混凝土板，板面标高为 -2.90m；四层支撑梁与支撑柱组成临时支撑体系，每层支撑梁截面大小不一，其中支撑梁最大截面为 2600mm×2000mm；支撑柱为圆形钢筋混凝土支撑柱，直径为 800mm。如图 11.1 所示。

图 11.1 深圳中航广场基坑实景图

此工程深基坑钢筋混凝土水平支撑采用本工法进行施工，静爆膨胀剂采用广西永昌牌膨胀剂，确保了安全、质量、工期的要求，完成了深基坑钢筋混凝土水平支撑拆除。

11.2 深圳丰盛町地下阳光街工程

深圳丰盛町地下阳光街工程，总建筑面积 26304.56m²，地下 2 层，局部 3 层，基坑位于深圳繁华的深南大道两侧，紧邻深圳地铁 1 号线。基坑宽度 24m，沿深南大道呈狭长布置，总长度 568.08m，开挖深 16.8m，基坑采用人工挖孔桩和两道钢筋混凝土内支撑结构支护形式，内支撑梁的大小为 0.8m×0.8m，腰梁 0.6m×1m，见图 11.2。

此工程深基坑内支撑体系拆除采用切割卸载与静爆拆除工法施工。拆除过程快速、平稳、无振动，确保了临边地铁和深南大道的安全、无扰民施工。2009 年 1 月 22 日，工程地下室结构全部施工完毕。监测结果汇总显示深南大道和地铁 1 号线地面向基坑内最大位移为 10.56mm，控制在监测警戒值 30mm 以内，基坑安全稳定，并且提前工期 28d，节约成本 15 万元，取得到了很好的社会效果。

图 11.2 深圳丰盛町地下阳光街工程内支撑实景图

11.3 天津地铁大厦工程

天津市地铁大厦暨地铁海光寺站西至万德庄南北大街，南至万德花园，北、东至南京路，整个地块呈不规则梯形，总占地面积为 5480m²，总建筑面积为 78910m²，其中地下部分总建筑面积为 13565m²，地上部分总建筑面积为 65704m²，地上 41 层、地下 3 层，建筑高度为 161.7m，地下室最大深度为 20.4m。主体结构采用钢管柱混凝土框架—钢骨混凝土核心筒结构，是天津市地铁线的一项重点工程。

本工程基坑面积约 4870m²，基坑深度 15.8m，局部基础加深部分需下挖 20m。基坑总土方量约 80000m³。基坑内共设有三道钢筋混凝土支撑，标高分别为 -3.000、-8.100、-12.300m。如图 11.3 所示。

图 11.3 天津地铁大厦工程内支撑实景图

超长超宽大体积混凝土结构裂缝控制施工工法

GJEJGF031—2008

中国新兴建设开发总公司　北京城乡建设集团有限责任公司

李栋　靳艳军　李述林　陈拥军　陈革

1. 前　　言

超长超宽大体积混凝土结构裂缝控制技术从结构设计、混凝土原材料选择、混凝土的配合比优化、混凝土施工方法和理论计算、混凝土养护、混凝土温度监测等方面进行分析、研究和应用，不留置任何形式的变形缝、沉降缝、伸缩缝、后浇带、加强带，不掺加任何微膨胀剂的地下结构混凝土裂缝控制技术。这一新型施工技术，显著提高了地下结构的整体性，加快了整体工程的施工进度，大大提高地下工程的使用性能和防水安全性，有着广阔的发展空间和应用前景。

超长超宽大体积混凝土结构裂缝控制技术已成功应用于蓝色港湾工程，并于 2007 年 7 月 25 日通过了北京市建设委员会组织的科技成果鉴定，经检索和专家评议，该项目整体技术成果和质量控制达到了国际先进水平。该技术荣获 2007 年度中国施工企业管理协会科学技术奖技术创新成果一等奖。

2. 工法特点

2.1　地下结构采用分块跳仓浇筑混凝土的方法，取消了沉降缝和后浇带，可提前插入后续施工，缩短工期，降低施工成本及建筑物后期的使用、维护成本。

2.2　地下结构混凝土中可不掺加任何形式的微膨胀剂和抗裂纤维。

2.3　施工方法简便，无特殊的材料和设备要求。

2.4　提高了地下结构构件的抗裂性能。

2.5　施工缝减少，可降低地下结构的渗漏几率，提高地下结构的防水性能，降低了使用阶段的安全隐患。

3. 适用范围

3.1　适用于超长超宽大型民用建筑和非重工业建筑地下混凝土结构。

3.2　大型建筑是指平面长度超过 150m 的建筑物；地下混凝土结构是指筏形基础、箱形基础或有承台板的桩基础，地梁、地下连续墙，地下室墙、柱、顶板结构。

4. 工艺原理

结构承受变形效应作用是能量转化过程，根据能量守恒原理，输给结构的总能量转化为弹性应变能、徐变消耗能、微裂耗散能和位移释放能。这也就是总的能量通过"抗"而吸收，通过"放"而消散。

本工法采用"抗放兼施，以抗为主，先放后抗"原则进行施工，通过合理设置跳仓间距，将变形输给结构的总能量转化为弹性应变能、徐变消耗能、微裂耗散能和位移能释放，总能量通过"抗"来吸收，通过"放"而耗散。在施工早期的跳仓阶段，混凝土抗拉强度非常低，充分利用混凝土的结构位移（如弹性变形、徐变变形等）释放混凝土的早期应力，即"先放"；后期的封仓阶段混凝土的抗拉强度已经有所增长，充分利用混凝土的约束减小应变，即"后抗"，并通过封仓后及时做防水、回填土等措施，避免混凝土结构较长时间暴露在空气中，使结构承受的收缩和温差作用减到最小，进而达到控制混凝土裂缝的目的，同时也达到了保证防水质量、加快工程总体进度、降低工程成本的目的。

5. 施工工艺流程及操作要点

5.1 施工工艺流程（图5.1）

5.2 分仓、分块原则和跳仓施工的间隔时间

5.2.1 分仓、分块原则：根据结构情况，合理地把大面积（体积）地下结构分成若干块，减少混凝土因为面积（体积）增大而增加的收缩应力裂缝。分仓、分块应根据工程实际情况实施，分块长度一般为35～45m。

5.2.2 跳仓法施工间隔时间：在分仓、分块浇筑混凝土时，要严格控制相邻两块混凝土浇灌时间，相邻两个仓位的混凝土浇筑时间一般宜控制在7d以上，以减少混凝土收缩应力产生的裂缝。

5.3 分仓、分块间距计算

分仓、分块间距计算是运用地基上混凝土板的平均伸缩缝间距计算公式计算出不留伸缩缝的间距，也就是分仓、分块间距。

$$[L]=1.5\sqrt{\frac{EH}{C_x}}\text{arcsch}\frac{/\alpha T/}{/\alpha T/-\xi_{pa}}$$

（5.3）

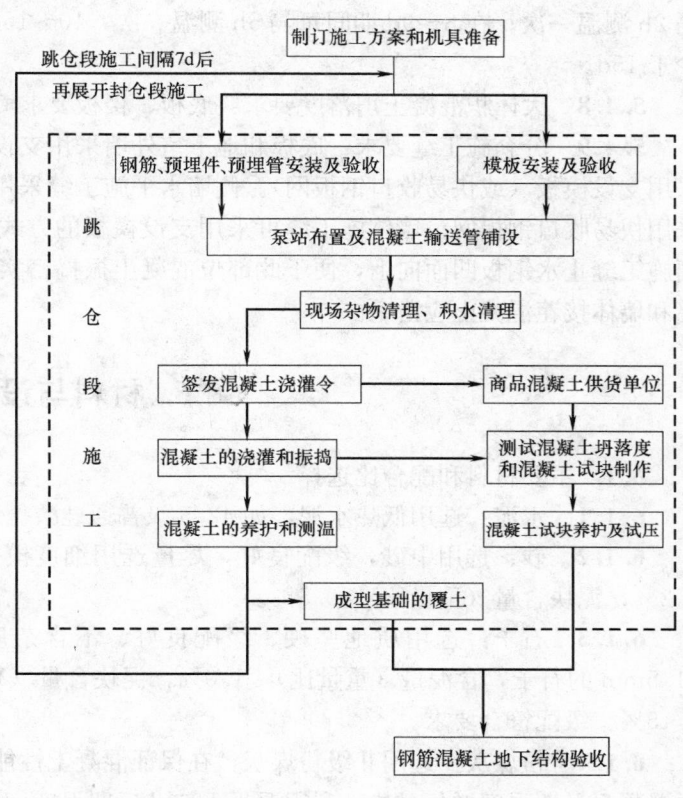

图 5.1　施工工艺流程图

式中　L——后浇带平均间距；

　　　E——混凝土早期弹性模量；

　　　H——底板厚度或板墙高度；

　　　C_x——地基或基础水平阻力系数；

　　　α——混凝土线膨胀系数；

　　　T——互相约束结构的综合降温差，包括收缩当量温差；

　　　ξ_{pa}——钢筋混凝土的极限拉伸，$(1\sim3.0)\times10^{-4}$，根据养护条件、降温速率、混凝土配合比有所不同。

5.4 操作要点

5.4.1 混凝土浇筑的顺序安排，采取分层连续浇筑，每层厚度为400mm，确保混凝土无冷缝。

5.4.2 分层浇筑时，宜采用二次振捣工艺，排除混凝土内部多余的气泡，提高混凝土密实度。在混凝土浇筑完毕后，对混凝土表面进行拍振，必要时抹去混凝土表面浮浆，实行二次抹压，以减少混凝土表面沉降收缩裂缝。

5.4.3 混凝土振捣完成一段后，应及时用刮杠抹压，以便混凝土表面的抹压和收光，在初凝前，抹子拍压三遍，搓成麻面，麻面纹路顺直，一行压一行且相互平行，以闭合收水裂缝。抹压时坚持原浆抹压，严禁洒干水泥或干水泥砂浆。

5.4.4 混凝土的养护应保证在养护过程中其表面的温度缓慢散失，以便控制混凝土的内表温差，促进混凝土强度的正常发展及防止混凝土裂缝的发生。对于底板、顶板一般可采取一层塑料布作为保温保湿的养护覆盖层；对于墙体一般采用挂麻袋浇水养护；对于体积较大的混凝土构件，可增加 1～2 层麻袋（草帘被），并根据混凝土内部与表面温差及时调整麻袋或草帘被的覆盖，养护时间不少于 14d。

5.4.5 跳仓段混凝土施工完毕 7d 后再展开封仓段混凝土的施工。

5.4.6 对于有特殊要求的大型民用建筑地下结构钢筋混凝土宜采取温度监测，为裂缝控制提供数据支持。

5.4.7 混凝土温度监测：混凝土测温在混凝土起始浇筑后 2h 开始，在混凝土龄期 1～7d 期间每隔 2h 测温一次；在 8～9d 期间每隔 6h 测温一次，10～15d 期间每隔 12h 测温一次，测温持续时间不得少于 15d。

5.4.8 大体积混凝土坍落度要求：底板、楼板要求≤120±20mm；墙柱要求≤160mm。

5.4.9 分仓施工缝要求：底板和地下室外墙采用支设模板（或快易收口钢板网）共同使用，顶板采用支设模板（或快易收口钢板网）。侧墙水平施工缝采用止水钢板和企口相结合的办法；底板施工缝采用快易收口钢板网；墙体施工缝可采用支设模板的方式。底板与侧墙接茬部位采用止水钢板，底板间施工缝止水钢板凹面向上，便于此部位混凝土振捣密实，墙体施工缝止水钢板凹面面向迎水面。侧墙和墙体接茬混凝土应凿毛。

6. 材料与设备

6.1 主要材料和配合比选择

6.1.1 水泥：选用低热水泥，如 42.5 级普通硅酸盐水泥或矿渣硅酸盐水泥。

6.1.2 砂：选用中砂，级配良好，尽量选用细度模数在 2.4～2.8 的中粗砂，含泥量（重量比）≤2%，泥块含量（重量比）≤0.5%。

6.1.3 石子：选用质地坚硬、级配良好、不含杂质的碎石，石子粒径选用 5～25mm 或 5～31.5mm 的石子，含泥量（重量比）≤1.0%，泥块含量（重量比）≤0.5%，针片状颗粒含量（重量比）≤15%。级配符合要求。

6.1.4 粉煤灰：选用 II 级粉煤灰，在保证混凝土性能时减少水泥用量，以降低混凝土水化热，减缓混凝土早期强度增长过快，利用混凝土 60d 后期强度。

6.1.5 外加剂：选用缓凝型高效减水剂，减少混凝土用水量，改善混凝土的和易性。

6.1.6 混凝土配合比选择：采用泵送混凝土的砂率，一般选择为 35%～42%，水胶比不宜大于 0.50；同时严格控制混凝土的坍落度，在满足泵送要求的前提下，应尽量选择较低坍落度，以减小混凝土的收缩变形。

6.2 钢筋工程主要机具设备：切割机、调直机、弯曲机、砂轮切割机、钢筋钩子、钢筋刷子、撬棍、扳手、钢卷尺和钢筋连接机具设备等。

6.3 模板工程主要机具设备：电锯、电刨、压刨、手锯、锤子、钢卷尺、电钻和直角尺等。

6.4 混凝土工程主要机具设备：混凝土泵车、振动器、料斗、3m 串筒、铁锹、木抹子、铝合金杠尺和标尺杆等。

6.5 其他设备：塔吊、激光经纬仪、水准仪、钢卷尺、电子测温仪和试验检测设备等。

7. 质量控制

7.1 结构混凝土的强度等级必须符合设计要求。

7.2 混凝土运输、浇筑及间歇的全部时间不应超过混凝土的初凝时间。

7.3 混凝土浇筑完毕后，应按施工技术方案及时采取养护措施。

7.4 混凝土的外观质量不得有严重的缺陷，不宜有一般缺陷。

7.5 混凝土允许偏差符合表 7.5 要求。

混凝土工程允许偏差及检查方法表

表 7.5

项　次	项　目		允许偏差值(mm)	检查方法
1	轴线位置	基础	15	钢尺量
		墙、梁	8	
2	垂直度	层高≤5m	8	经纬仪或吊线、钢尺量
		层高>5m	10	
3	标高	层高	±10	水准仪、钢尺量
4	截面尺寸	基础宽、高	±5	钢尺量
		墙、梁宽、高	±3	
5	表面平整度		3	2m靠尺、塞尺
6	角、线顺直度		3	拉线、钢尺量
7	保护层厚度	基础	±5	钢尺量
		梁、墙、板	+5、−3	

8. 安 全 措 施

8.1 施工现场的安全措施应符合国家及行业中关于施工用电、高空作业、雨雪天作业、混凝土泵送作业等相关要求。

8.2 混凝土泵管应经常检查，磨损严重的应及时更换，以防使用过程中突然爆烈伤人。

8.3 泵管清洗时，端头严禁对人，以防伤人。

8.4 振动棒电机的导线应有足够的长度，振捣时严禁用电源线拖拉振动器。振捣过程中操作人员必须穿戴绝缘手套。

8.5 设备应经常保养，若出现故障，必须先关闭电源才可进行维修。

9. 环 保 措 施

9.1 施工现场设置混凝土泵车洗车池，减少泥土、灰尘污染，设置围挡减少噪声污染等。

9.2 注重施工工程中对废弃材料的收集与利用，降低施工成本，减少施工污染。

10. 效 益 分 析

10.1 社会效益

本工法对大型地下结构施工在缩短工期、降低施工成本等方面具有显著的效果，并有无需特殊设备，施工便捷等突出特点，永久性降低了业主使用阶段的安全隐患。

10.2 经济效益

钢筋混凝土取消了膨胀剂和基础后浇带，不掺加任何微膨胀剂和抗裂纤维，节约了大量的措施费用，提前了后续工作的插入时间，缩短了整体工期，降低施工成本。蓝色港湾工程等三项采用本工法施工比原设计采用的常规方法施工节约成本约 3324 万元。

11. 应 用 实 例

11.1 蓝色港湾工程地下室结构施工

1221

蓝色港湾工程位于朝阳公园西北角，是集餐饮、休闲、娱乐为一体的综合性商业项目，是中央商务核心区域 CBD 的重要组成部分，2008 年沙滩排球在朝阳公园内举办，该工程也是 2008 年奥运会的重要配套项目。

该项目占地面积 96319m²，东西方向长 384m，南北方向宽 168m，东、南、北三面环水，距朝阳湖水面最小距离仅为 6.2m，水面标高相当于建筑物－1.0m。工程地下 2 层，地上 2 层，建筑面积 137624m²，其中地下建筑面积为 77662m²，建筑物檐高 9m。工程结构型式为框架结构，基础形式为梁筏基础，基础埋深 10.75m。底板厚 430mm，上反梁高 900mm，属于"超长、超宽、超深水位下具有大体积性质基础"。地下 1 层层高 4m，顶板板厚度 200 和 300mm，夹层层高 5m，顶板板厚度 200mm，地下室墙体厚度为 400 和 800mm，混凝土均为 C30S8。

地下结构部分采用跳仓法施工工艺，基础底板按照约 40m 的长度划分出跳仓施工段，成"品"字形跳仓施工，跳仓段施工间隔期为 1～2d，跳仓段与封仓段施工间隔期为 7～10d，见图 11.1。其他部位随基础底板相应部位跳仓施工。

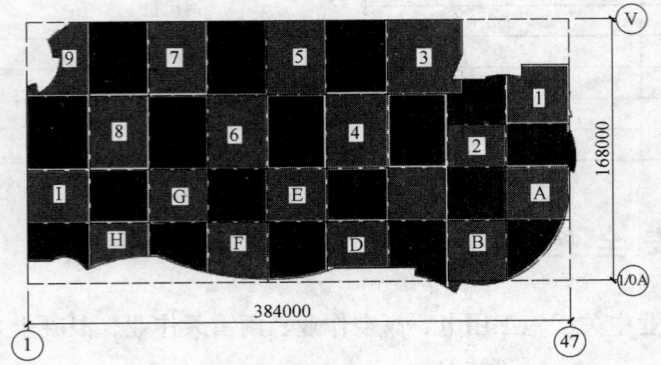

图 11.1　基础底板混凝土跳仓、封仓分块施工示意图

目前，该工程完成已有一年多，整个基础底板、地下室墙体、顶板没有出现贯通的、有害裂缝，达到了预期的质量目标。该技术和工法经过工程实践，验证了其科学性、合理性和可操作性。该项技术已经被收录在 2007 年 12 月《施工技术》核心期刊中，该技术荣获 2007 年度中国施工企业管理协会科学技术奖技术创新成果一等奖。

11.2　新兴年代工程地下室结构施工

北京新兴年代住宅小区工程，地处海淀区太平路 36 号院内，是一个大型的中高档住宅群体项目，总建筑面积 20 万 m²，占地面积 6 万 m²。该工程为住宅、配套及车库工程，东西向长 216m，南北宽 128m，地下建筑面积 62000m²，基础底板厚度为 400～450mm，钢筋混凝土剪力墙结构；地下车库为框架结构，地下室工程属于超长超宽混凝土结构。

地下结构工程采用跳仓法施工工艺，基础底板按照约 33m 的长度划分出跳仓施工段，成"品"字形跳仓施工，跳仓段与封仓段施工间隔期为 8d。

工程施工完毕后，通过对整个地下室的观察，整个基础底板无渗漏点，无有害裂缝。该楼盘获得北京市最具人气楼盘奖。

11.3　长沙都市森林工程地下室结构施工

长沙都市森林住宅小区工程，由长沙国泰房地产开发有限公司开发建设，位于长沙市岳麓区，是一个大型的中高档住宅群体项目，总建筑面积 55 万 m²，占地面积 17 万 m²，由中国新兴建设开发总公司总承包施工。

本工程连体地下车库和部分裙房，东西向长 203m，南北宽 219m，地下建筑面积 10 万 m²，基础底板厚度为 350～500mm，基础工程为超长超宽混凝土结构。地下一层，车库为框架结构，其余为钢筋混凝土剪力墙结构。

地下结构工程采用跳仓法施工工艺，基础底板按照约 41m 的长度划分出跳仓施工段，成"品"字形跳仓施工，跳仓段与封仓段施工间隔期为 7d。

工程施工完毕后，通过对整个地下室的观察，整个基础底板无渗漏点，无有害裂缝。

超高墙体单侧支模施工工法

GJEJGF032—2008

河北建工集团有限责任公司　新蒲建设集团有限公司
李占武　张现法　刘小强　焦正须　王子玲

1. 前　　言

城市土地资源珍贵，许多地下工程外墙与用地红线距离较近，同时随着深基坑支护技术的发展，垂直支护被广泛采用，地下工程的外墙施工采用双侧支模无法实现，必须采用单侧支模。传统的单侧支模工艺是采用钢管搭设排架作为模板的支撑体系，该工艺使用钢管数量大，搭设周期长，一次支模高度较低，且易出现模板上浮、胀模、混凝土墙面平整度、垂直度差等缺陷，施工质量难以保证。对于高度较大墙体支模，施工难度更大。

河北建工集团有限责任公司在进行北京奥林匹克公园地下空间Ⅱ段工程施工中，完成了"超高墙体单侧支模施工技术应用研究"的课题，该成果2008年1月通过河北省建设厅鉴定，达到国内领先水平，获河北省建设行业科技进步奖。2007年形成了河北省省级工法"超高单侧支模施工工法"。该工法有效解决了单侧墙体模板加固的难题，且因无需采用对拉穿墙螺栓，增加了墙体的刚性防水性能，提高了墙体混凝土的观感质量，减少了钢材的浪费，具有明显的经济效益和社会效益。此工法应用到水厂工程中，节省对拉螺栓的使用，经济环保，同时可提高墙体的防水效果。

2. 工 法 特 点

2.1　单侧支模模架装拆方便，支设速度快，省时省力。

2.2　有效保证了墙体的垂直度、平整度，克服了常见的胀模、漏浆、错台等质量通病。

2.3　可一次性支设模板高度7.5m，对于较高墙体可减少水平施工缝的留置数量，利于墙体防水。

2.4　对超高墙体来讲，底部混凝土侧压力很大，模板体系的设计要求非常高，模板的刚度要满足使用要求。

2.5　不需对拉螺栓，经济环保的同时可提高防水效果。

3. 适 用 范 围

在保证有操作空间的前提下，在高度7.5m内可适于任何单侧墙体模板，包括地下室（地下空间）外墙模板，污水处理厂池壁模板，道桥边坡护墙模板等与此类同的模板。正常情况下，最高单侧支架须占用约4m宽的操作空间。

4. 工 艺 原 理

单侧支模主要是利用型钢三角桁架和预埋件，作为模板的支撑系统，将模板固定牢固，见图4。

4.1　单侧支架通过一个45°角的高强受力螺栓，一端与预埋在基础中的地脚螺栓连接，一端斜拉住单侧模架，高强度螺栓受的斜拉锚力 F 可分解为水平力 F_1 和垂直力 F_2，F_1 抵制模架侧移，F_2 抵制模架上浮。

4.2 高强度的模板支架在混凝土浇筑过程中抵抗了混凝土的侧向压力。

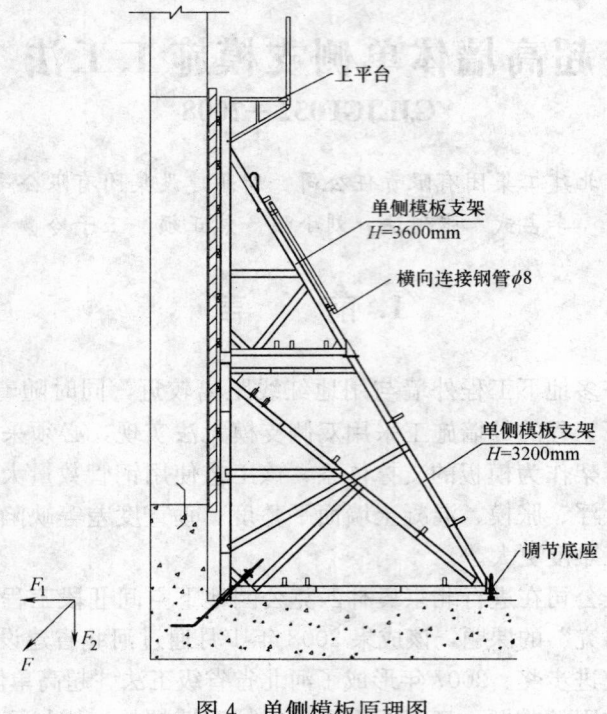

图 4 单侧模板原理图

5. 施工工艺流程及操作要点

5.1 工艺流程

施工准备→预埋地脚螺栓→单侧支架吊装到位→安装单侧支架→安装加强钢管（单侧支架斜撑部位的附加钢管，现场自备）→安装压梁槽钢→安装埋件系统→调节支架垂直度→安装上操作平台→再紧固检查一次埋件系统→验收合格后浇筑混凝土。

5.2 操作要点

5.2.1 埋件部分安装

1. 基础施工时应在图 5.2.1 所示部位预埋地脚螺栓。地脚螺栓出地面处与混凝土墙面距离 $L=$ 模板厚＋50mm；各埋件杆相互之间的距离为 300mm。在靠近一段墙体的起点与终点处宜各布置一个埋

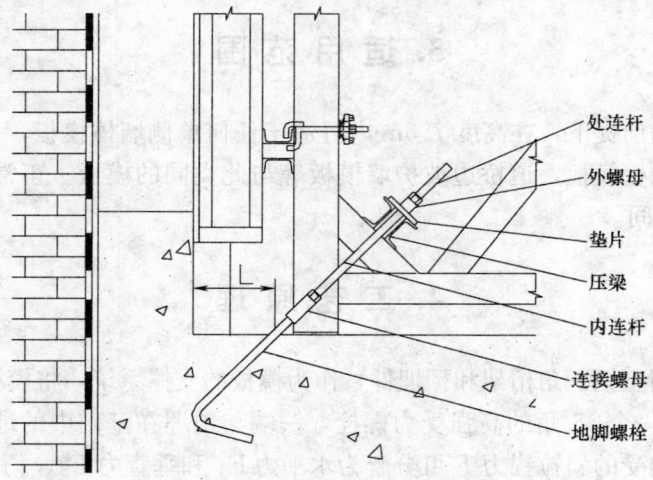

图 5.2.1 预埋地脚螺栓

件，具体尺寸根据实际情况而定。

2. 埋件与地面成 45°的角度，现场埋件预埋时要求拉通线，保证埋件在同一条直线或弧线上。

3. 地脚螺栓在预埋前应对螺纹采取保护措施，用塑料布包裹并绑牢，以免施工时混凝土粘附在丝扣上影响螺母连接。

4. 因地脚螺栓不能直接与结构主筋点焊，为保证混凝土浇筑时埋件不移位或偏移，要求在相应部位增加附加钢筋，地脚螺栓点焊在附加钢筋上，点焊时，不得损坏埋件的有效直径。

5.2.2 模板及单侧支架安装

1. 模板及单侧支架的安装流程见图 5.2.2-1。

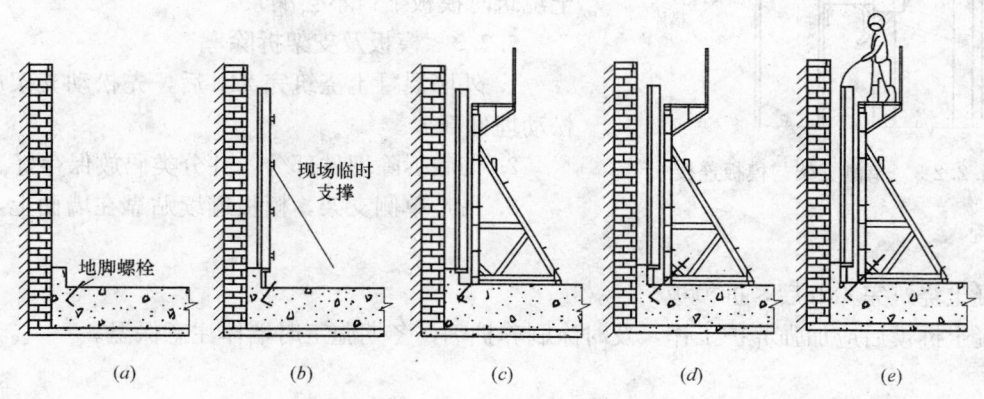

图 5.2.2-1 模板及单侧支架安装步骤

（*a*）预埋地脚螺栓；（*b*）支设模板；（*c*）立单侧支架；（*d*）安装埋件系统；（*e*）调节模板垂直度后浇筑混凝土

2. 合外墙模板时，将模板下口与预先弹出的墙边线对齐，然后安装背楞，并用钩头螺栓将横槽钢背楞与竖肋方木锁紧，临时用钢管将外墙模板撑住。

3. 吊装单侧支架。将单侧支架由堆放场地吊至现场，单侧支架吊装时，注意轻放轻起。多榀支架堆放在一起时，应在平整场地上相互叠放整齐，以免支架不均匀受压变形。

4. 需由标准节和加高节组装的单侧支架，应在材料堆放场地先行拼装（图 5.2.2-2），再由塔吊吊至现场。

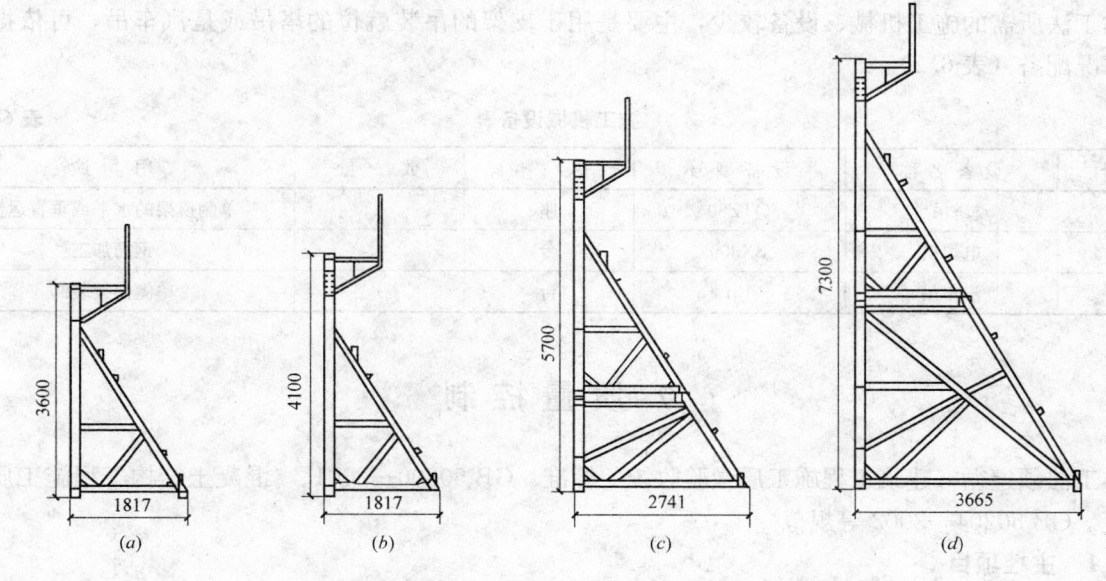

图 5.2.2-2 不同高度的单侧支架拼装

（*a*）用于外墙高度≤3600mm；（*b*）用于外墙高度≤4100mm；（*c*）用于外墙高度≤5700mm；（*d*）用于外墙高度≤7300mm

5. 在直面墙体段，每安装 5～6 榀单侧支架后，穿插埋件系统的压梁槽钢。底板有反梁时，根据实际情况确定。在弧形墙体段，每安装后一榀单侧支架后应安装埋件系统的压梁槽钢。

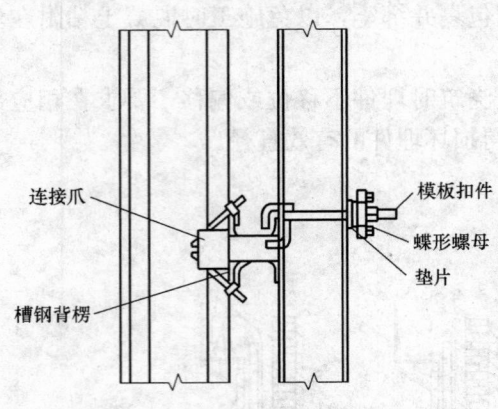

图 5.2.2-3　单侧支架与模板连接

连接爪　模板扣件　蝶形螺母　垫片　槽钢背楞

6. 支架安完后安装埋件系统。

7. 用背楞扣件将模板与单侧支架连成整体（图 5.2.2-3）。

8. 因单侧支架受力后，模板将向后位移，故预先调节单侧支架后支座，直至模板面板上口向墙内倾约 10mm（当单侧支架无加高节时，内倾约 5mm）。

9. 最后再紧固并检查一次埋件受力系统，以确保混凝土浇筑时模板下口不会漏浆。

5.2.3　模板及支架拆除

1. 外墙混凝土浇筑完 24h 后，先松动支架后支座，后松动埋件部分。

2. 彻底拆除埋件部分，并分类码放保存好。

3. 吊走单侧支架，模板继续贴靠在墙面上，临时用钢管撑上。

4. 混凝土浇筑完 48h 后，拆模板。

5. 混凝土拆模后应加强养护工作，及时涂刷养护剂，冬期施工时墙体注意保温。

6. 材料与设备

6.1　材料

单侧支架由埋件系统部分和架体两部分组成，其中：

埋件系统包括：地脚螺栓（HRB335 级钢筋 ϕ25）、连接螺母、外连杆、外螺母和压梁（12 号槽钢）。

架体高度可参照以下规格：$H=3600$mm 标准节，$H=3200$mm 加高节，$H=500$mm 加高节（支架采用槽钢焊制，市场上可以租赁）。

6.2　设备

本工法所需的施工机械、设备较少，主要是用于支架的吊装就位的塔吊或是汽车吊，可依据现场实际情况配备（表 6.2）。

施工机械设备表　　　　　　　　　　　　　　　　　表 6.2

序号	设备名称	设备型号	单位	数量	用途
1	塔吊	QTZ80	座	1	单侧模架的水平或垂直运输
2	电焊机	BX300	台	1	钢筋加工
3	汽车吊	15t	台	1	单侧模架装卸

7. 质量控制

本工法须遵循《建筑工程施工质量验收统一标准》GB 50300—2001、《混凝土结构工程施工质量验收规范》GB 50204—2002 等规范。

7.1　主控项目

保证埋件与地面成 45°角，并在同一条直线或弧线上。

涂刷模板隔离剂时，不得沾污钢筋和混凝土接槎处。

7.2　一般项目

7.2.1　模板的接缝不应漏浆；在浇筑混凝土前，木模板应浇水润湿。

7.2.2　模板与混凝土的接触面应清理干净并涂刷隔离剂。

7.2.3　浇筑混凝土前，模板内的杂物必须清理干净；

7.2.4　固定在模板上的预埋件、预留孔和预留洞均不得遗漏，且应安装牢固。

7.2.5　允许偏差应符合表 7.2.5 要求。

模板安装允许偏差及检验方法表（mm）　　　　　　　表 7.2.5

项　次	项　　　目		允许偏差值(mm)	检 查 方 法
1	轴线位移		3	尺量
2	底模上表面标高		±3	水准仪或拉线尺量
3	截面模内尺寸		±3	尺量
4	垂直度	不大于5m	3	经纬仪或吊线、尺量
		大于5m	5	
5	相邻两板表面高低差		2	尺量
6	表面平整度		2	靠尺、塞尺
7	阴阳角	方正	2	方尺、塞尺
		顺直		线尺
8	预埋件中心线位移		2	拉线、尺量
9	预埋管、螺栓	中心线位移	2	拉线、尺量
		螺栓外露长度	+5、-0	
10	预留孔洞	中心线位移	5	拉线、尺量
		尺寸	+5、-0	
11	门窗洞口	中心线位移	3	拉线、尺量
		宽、高	±5	
		对角线	6	
12	插筋	中心线位移	5	尺量
		外露长度	+10、-0	

7.3　其他质量控制重点

架体的垂直偏差不大于 10mm，同时要认真检查预埋系统的丝扣连接、架体间的横向连接是否紧固。

8. 安 全 措 施

8.1　单侧支架本身重量较大，确保安全的同时，工人在立支架时应由多人同时进行。

8.2　吊运支架时必须由专人指挥，严格执行"十不吊"的规定。

8.3　在确保单侧支架立稳后，工人才可安装操作平台，操作平台上的跳板须满铺，操作平台的护栏至少设三道。

8.4　混凝土浇筑时，工人应在操作平台上工作，严禁站在单侧架子上作业。

8.5　按规范要求控制混凝土浇筑速度，分层浇筑，以防浇筑高度过高造成胀模现象。

8.6　现场工人必须正确佩戴安全帽，高空作业系安全带。

9. 环 保 措 施

9.1　制定环境保护目标

严格执行环保措施，按照环境管理体系要求，建立实施体系的环保管理工作。针对本工法的环保目标是现场噪声排放达标，白天不超过70dB，夜间不超过55dB。

9.2 施工现场成立以项目生产经理为首的、有关部门及作业队负责人参加的"环境保护领导小组"，负责施工现场环境保护工作的领导与协调。

9.3 建立环境保护责任制。

9.4 装卸模板、架子等材料应轻拿轻放，严禁抛掷。加强教育，提倡文明施工，尽量减少人文的大声喧哗，提高施工人员防噪声的自觉意识。

9.5 施工现场进行噪声值监测，监测方法执行《建筑施工场界噪声测量方法》，噪声值不应超过国家或地方噪声排放标准。

10. 效 益 分 析

10.1 采用超高单侧支模施工工法，可减少基坑的土方开挖及回填工程量，以北京奥林匹克公园地下空间（商业）Ⅱ标段为例，减少土方开挖9500m³，直接经济效益28.5万元。

10.2 采用超高单侧支模施工工法，墙体未出现胀模、错台、漏浆等质量缺陷。以北京奥林匹克公园地下空间（商业）Ⅱ标段为例，单侧支模墙体面积9630m²，节省混凝土缺陷修补费用约3万元。

10.3 采用本工法可节省一面模板和一侧外脚手架及穿墙螺栓。北京奥林匹克公园地下空间（商业）Ⅱ标段工程采用本工法一次支设并浇筑墙体混凝土高度7.3m，减少了一道施工缝，在保证了混凝土刚性防水施工质量的同时，节省了一道止水钢板约1605延米，和施工缝的处理费用，共约43.6万元。

10.4 采用本工法在保证了墙体的施工质量的同时，可缩短墙体施工周期近1/3，产生了较好的社会效益。

11. 应 用 实 例

采用本工法施工的主要项目有：北京奥林匹克公园地下空间（商业）Ⅱ标段工程、江西南昌紫金城项目和河北省中医院新建门诊医技楼工程等。现以北京奥林匹克公园地下空间（商业）Ⅱ标段工程为例阐述本工法应用情况。

11.1 工程概况

北京奥林匹克公园地下空间（商业）Ⅱ段工程，总建筑面积17.3万m²，为框架—剪力墙结构，开工日期为2006年5月1日，竣工日期为2008年4月18日。基坑支护采用上部放坡复合土钉墙，下部桩锚的支护组合，基坑支护深度19.8m。工程地下2层，其中地下二层层高9.89m，基础施工时，混凝土浇筑至基础梁上300mm，则地下二层需单侧支模浇筑墙体最高高度为7.3m。

11.2 应用效果

本工程地下二层墙体采用单侧支模技术，共应用墙体面积9630m²，未发生模板上浮、胀模、错台等质量问题，而且由于使用了全新钢模板，混凝土外观质量达到了清水混凝土效果。本工程获2006年度北京市结构长城杯金奖。

免拆网格模板混凝土结构施工工法

GJEJGF033—2008

华北建设集团有限公司　中太建设集团股份有限公司

陆喜信　葛轩辕　赵国仓　李社敏　马雷

1. 前　　言

当前我国建筑业正全面落实科学发展观，大力开展节能减排工作，大力开发和推广节能降耗的先进技术，提高能源的利用效率。在此前提之下，免拆网格模板混凝土结构出现并发展起来，为了促进和推动免拆网格模板混凝土结构的应用，免拆网格模板混凝土结构的施工工法的研究也相应发展起来。

该工法自 2003 年开始进行系统开发研究，经过多年的研究和工程实践，在施工工艺、施工设备、质量检验和工程验收等方面日臻完善。2009 年 3 月，工法研究成果通过河北省建筑专家鉴定，并被评定为国内领先技术，推荐申报国家级工法。

2. 工 法 特 点

建筑免拆网格模板混凝土结构施工工法的主要特点为：建筑网格模板标准构件在工厂生产，运至施工现场，根据工程图纸，拼立组装，最后浇筑大坍落的混凝土。可实现免振捣，自密实，一次性浇筑形成保温承重复合混凝土墙体。它使施工程序简化，工人劳动强度降低，施工质量容易控制，施工周期短，工程综合造价适宜。

与传统结构的施工方法相比，具有如下优势。

2.1　免拆网格模板混凝土墙体无需拆模，而支模的效率至少是传统模板的 2 倍，避免了承建商对模板的高额投资，施工中混凝土免振捣，无噪声污染，施工速度快，现场整洁，降低了人工费、机械费。

2.2　多层和小高层的免拆网格模板混凝土结构的现场用钢量比传统的框架结构（或框剪结构）节省 20% 左右。

2.3　外墙专用的保温网格模板可一次现浇成保温及承重于一体的复合墙体，免去了传统的二次保温工艺，无论从人工、材料、工期以及外保温的效果、可靠性、耐久性等方面都大有优势。实现承重墙与外保温一体化的技术效果，生产能耗低，达到国家节能标准。

2.4　多层和小高层的免拆网格模板混凝土结构的总体施工工期要比传统的框架结构等缩短 20～35d，主要是其免去了二次保温工艺。

2.5　由于免拆网格模板混凝土墙体薄，因此这种结构的房屋的有效使用面积比传统的结构形式增加 3%～6%。

2.6　可保护耕地，充分利用工业废渣，有利于环境保护，降低工程造价。

2.7　简化施工程序，避免大量人工作业，节省重型设备的投资场地管理费，投资回报期短，施工周期缩短。

2.8　特有的渗滤效应、环箍效应、限裂效应和消除由传统模板引起的容器效应即自密实效应，使施工混凝土不经振捣，实现自密实性，确保施工质量。

2.9　具有优异的抗震性能，整体性强，适宜大开间薄壁剪力墙结构和异型柱结构体系。

3. 适 用 范 围

该工法适用于免拆网格模板混凝土结构或部分框支免拆网格模板混凝土结构。非抗震设计结构的最大适用高度 55m，抗震设计结构的最大适用高度，6 度 55m；7 度 48m；8 度 38m。

4. 工 艺 原 理

建筑免拆网格模板墙体是用镀锌薄钢板经开缝拉制扩张形成的蛇皮形钢板网作为模板面层，加竖向槽形加劲肋龙骨以及横向联结钢筋（或钢片）作为永久模板，经配筋浇筑混凝土后形成的混凝土结构。网格模板自身由镀锌加劲肋、折钩拉筋等构件组成，按等面积换算的标准，基本上可以取代 7 度以下地区剪力墙中构造配筋数量。

渗滤效应、消除容器效应、环箍效应以及限裂效应构筑了建筑网格模板的工作原理。

渗滤效应即建筑网格模板的钢板网网孔的存在，可使塑性浆体在混凝土自身重力作用下由浇筑体中心位置向外流动，从而完成自密实过程。并且流动性较好的大水灰比浆体将通过网孔渗出挂于网外，从而使混凝土在浇注过程完成后水灰比降低。

消除容器效应即建筑网格模板的空间网架结构是一种开敞式结构，钢板网本身代替了常规模板，在混凝土浇筑过程中随着混凝土中多余水分排除的同时，也将混凝土拌合物中的空气排除，提高了混凝土的均匀性，达到混凝土自密实性。

环箍效应即由钢板网、加劲肋及水平拉筋组成的三维网架对混凝土形成环箍作用，使混凝土处在三向受压状态，提高了墙体的承载能力。

限裂效应是指钢板网对墙体表面混凝土的收缩裂缝的限制作用，因此抗裂抗变形性能很强。同时网外侧硬化后的水泥砂浆形成的粗糙界面能显著提高与抹面砂浆粘结强度。

5. 施工工艺流程及操作要点

5.1 施工工艺流程

定墙体位置并检查→绑墙柱钢筋→立网格模板、拼接→支撑固定→门窗洞口处理→水、电预留→支楼板模板→放置墙体钢筋→补网→浇筑墙体混凝土→混凝土养护→外墙抹灰。

5.2 操作要点

免拆网格模板混凝土结构施工工艺流程见图 5.2，施工过程中的具体要求如下。

5.2.1 网格模板安装（图 5.2.1）

1. 外墙网格模板外侧高度与楼板上表面标高一致，内侧高度与楼板或圈梁下表面标高一致。

2. 内墙网格模板两侧高度与楼板或圈梁下表面标高一致。

3. 错层时，有楼板一侧的网格模板高度与楼板或圈梁下表面标高一致；无楼板一侧的网格模板高度与楼板上表面标高一致。

4. 层间内网格模板高度不宜有水平拼缝。有水平拼缝时，应由设计单位提出加强措施。

5. 网格模板的安装支撑宜采用可调节垂直度的专用网格模板支撑架，也可采用木方、钢管等组装而成的安装支撑。

当采用钢管支撑时，施工方法如下：在室内地面从下至上按竖向间距 200、500、500、800、800mm 绑扎 $\phi48 \times 3.5$ 钢管，并按 800mm 的间距穿直径 16mm 的塑料管及直径 12mm 的穿墙螺栓进行固定，通过松紧螺栓来调整网格模板的平整度、垂直度。

5.2.2 配管、洞口、补网

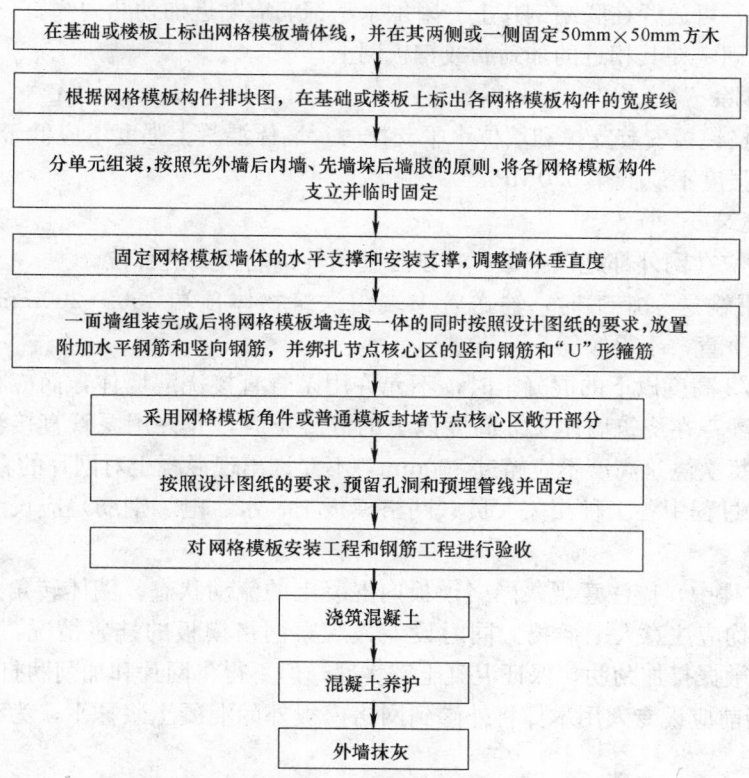

在基础或楼板上标出网格模板墙体线，并在其两侧或一侧固定50mm×50mm方木

根据网格模板构件排块图，在基础或楼板上标出各网格模板构件的宽度线

分单元组装，按照先外墙后内墙、先墙垛后墙肢的原则，将各网格模板构件支立并临时固定

固定网格模板墙体的水平支撑和安装支撑，调整墙体垂直度

一面墙组装完成后将网格模板墙连成一体的同时按照设计图纸的要求，放置附加水平钢筋和竖向钢筋，并绑扎节点核心区的竖向钢筋和"U"形箍筋

采用网格模板角件或普通模板封堵节点核心区敞开部分

按照设计图纸的要求，预留孔洞和预埋管线并固定

对网格模板安装工程和钢筋工程进行验收

浇筑混凝土

混凝土养护

外墙抹灰

图 5.2 免拆网格模板混凝土结构施工工艺流程图

图 5.2.1 网格模板示意图

1. 在需要留置孔洞、管线的部位作好预留，注意把预埋管固定好，避免浇筑混凝土时移位。

2. 当两片网格模板的缝隙大于 20mm 或网格模板的模数与墙体的长度不匹配时，应对两网格模板间的缝隙进行补网，补网的位置应在各种节点附近，保证补网的位置内有配筋，补网的材料可采用网片、木板等。补网处应注意平整及牢固。

3. 外墙补网应添加苯板，补网处不应有缝隙，避免产生冷桥。必要时可用发泡剂，现场发泡。

4. 网格模板拼缝处应封堵 50~100mm 宽的木条，以防浇筑混凝土时漏浆。

5. 门洞口上部、窗洞口上部及其两侧可采用单片网格模板或普通木模板封堵。

6. 圈梁侧面宜采用普通模板封堵。

5.2.3 附加钢筋的设置

1. 网格模板拼缝处设置的竖向钢筋可呈梯格状地成对点焊，点焊应符合国家现行标准《钢筋焊接网混凝土结构技术规程》JGJ/T 114 的有关规定，应放置在网格模板内水平拉筋与加劲肋外侧的相交处。

2. 附加水平钢筋，可放置在联结钢片上。附加水平钢筋应贴近加劲肋内侧。

3. 绑扎钢筋时宜固定在其相近的加劲肋或钢板网上。

5.2.4　支撑的拆除

常温施工拆除网格模板安装支撑和墙体水平支撑时，墙体混凝土强度不应低于 2.0MPa；承受楼板荷载时，墙体混凝土强度不应低于 5.0MPa。

5.2.5　混凝土浇筑

1. 混凝土浇筑时应在网外部施以振敲，特别是拐角等钢筋密集的部位。

2. 混凝土浇筑用输送泵施工时，输送管末端距浇筑物体顶端 150～200mm 为宜，且不得少于 100mm；输送管必须垂直，不得倾斜。

3. 在浇筑墙体 1/2 高度以下的混凝土时，不允许用泵管直接浇灌墙体，而应将混凝土放在楼板的灰盘上，人工进行浇灌；在浇筑墙体 1/2 高度以上的混凝土时，允许用泵管直接浇灌墙体，但浇筑要整体平行进行，平均每次浇筑高度不应超过 800mm，不允许出现混凝土对网片的直接冲击。

4. 在混凝土浇筑过程中各工种相关人员（网格模板工、水、电、钢筋）应设专人看护并及时调整避免出现位移现象。

5. 混凝土浇筑过程中，应注意观察网格模板内混凝土的流动状态。墙体转角处、墙体交接处、钢筋密集区（暗柱处）均应注意人工插捣。同时设专人观察网格模板的挂浆情况，若表面挂浆不均匀，则用橡胶锤在网外轻微振打加劲肋，保证混凝土密实度，但不得将网片和加劲肋打出凹陷。

6. 在混凝土初凝前应设专人用木抹将外渗到网格模板外的混凝土浆抹平，为下一道工序施工做好准备。

7. 混凝土浇筑过程中网格模板出现局部网面膨胀现象，应在混凝土终凝前将网片剪开把多余的混凝土除掉。

8. 混凝土养护，按照常规方案执行。

5.2.6　外墙抹灰

1. 方案一

采用水泥 32.5 级，河砂中砂（含泥量小于 3%），分三遍成活，总厚度在 25mm 左右。具体做法为：

1）底层在砂浆中掺防裂树脂等外加剂，抹灰过程中注意将网孔充满，成活后钢板网的痕迹清晰可见。

2）中间层开始之前在网格模板搭接处和洞口四角处用素灰粘贴碱性玻璃丝网格布。砂浆配比为 1∶0.01∶2.5，（水泥∶抗裂剂∶砂），厚度控制在 10mm 以内。

3）面层砂浆配比同找平层，厚度控制在 6mm 以内。

2. 方案二

在方案一的步骤 2）及步骤 3）的砂浆配比中，去掉防裂剂，掺入改性聚丙烯短纤维。纤维掺入量为每立方米砂浆 2.4kg，纤维长度 15mm。

3. 注意事项

1）找平层和面层应在上一道工序的砂浆完全干透之后再开始操作。

2）气候干燥和太阳曝晒时应注意防晒处理、淋水养护。

6. 材料与设备

6.1　常用材料

6.1.1　墙体材料

1. 网格模板

标准网格模板：厚度分为160、200、250mm三种，宽度分为300、500、700、900、1100mm五种。网格模板分为保温型和普通型。保温型网格模板用于外墙保温，所附的聚苯板厚度由设计确定；普通型网格模板用于内墙。

角件网格模板、一字件网格模板、网片。

2. 混凝土

粗骨料的粒径在5～20mm合理级配为佳，坍落度在140～180mm为宜的混凝土。

6.1.2 其他材料

$\phi48$钢管，$50mm\times50mm$方木，$\phi16$塑料管，$\phi12$穿墙螺栓。

6.2 必备工具

电钻、锤子、钢丝剪、角磨机、橡胶锤、无齿锯、吊线板或水平尺、手提平板振动器、卷尺、线坠等。

7. 质 量 控 制

7.1 工程质量控制标准（表7.1）

网格模板安装允许偏差 表7.1

项　目		允许偏差（mm）	检验方法
轴线位置		10	钢尺检查
网格模板上表面标高		±10	水准仪或拉线、钢尺检查
截面内部尺寸		±5	钢尺检查
层高垂直度	不大于3.2m	8	经纬仪或吊线、钢尺检查
	大于3.2m	10	经纬仪或吊线、钢尺检查
相邻两网格模板表面高低差		3	钢尺检查
网格模板表面平整度		6	2m靠尺和塞尺检查
网格模板拼缝宽度	外墙	0	塞尺或钢尺检查
	内墙	+5,0	
网格模板厚度尺寸		±5	钢尺检查

注：检查轴线位置时，应沿纵横两个方向量测，并取其中的较大值。

7.2 质量保证措施

7.2.1 装卸网格模板时应轻放、摆放平整，运输时应垫平，不得相互撞击。应选择平整、坚实、存放方便的堆放场地，堆放时用木方垫平、垫稳，以免压弯，对已打包好的构件应摆正，不得歪斜，以免网格模板弯折或扭曲。

7.2.2 两块网格模板之间的连接要严格按线排列、靠紧、连牢；对接缝处内网片间隙大于25mm者应作特殊处理（如补网等）；外保温层必须靠紧，避免冷热桥的产生。

7.2.3 在转角处网格模板之间必须拉结牢靠以防止浇筑混凝土时挤胀变形。

7.2.4 整片墙肢的支撑必须牢靠，确保浇筑后墙体的垂直与水平。

7.2.5 门窗洞口位置必须保证位置，确保整栋楼的窗口通线。

7.2.6 各种钢筋箍外径尺寸应满足网格模板厚度要求，（比网格模板的公称厚度小55mm）。

8. 安 全 措 施

8.1 认真贯彻"安全第一，预防为主"的方针，根据国家有关规定、条例，结合施工单位实际情况和工程的具体特点，组成专职安全员和班组兼职安全员执行安全生产责任制，明确各级人员的职责，抓好工程的安全生产。

8.2 施工现场按符合防火、防风、防雷、防洪、防触电等安全规定及安全施工要求进行布置，并完善布置各种安全标识。

8.3 建立完善的施工安全保证体系，加强施工作业中的安全检查，确保作业标准化、规范化。

9. 环 保 措 施

9.1 成立对应的施工环境卫生管理机构，在工程施工过程中严格遵守国家和地方政府下发的有关环境保护的法律、法规和规章，加强对工程材料、设备的管理，遵守有防火及废弃物处理的规章制度。

9.2 将施工场地和作业限制在工程建设允许的范围内，合理布置、规范围挡，做到标牌清楚、齐全，各种标识醒目，施工场地整洁文明。

9.3 对施工中可能影响到各种公共设施制定可靠的防止损坏和移位的实施措施，加强实施中的监测、应对和验证。同时，将相关方案和要求向全体施工人员详细交底。

10. 效 益 分 析

10.1 节能效果明显，保温工艺可靠，完全可以达到国家第三阶段对墙体的节能要求。网格模板保温墙体是将聚苯板置入网格模板内，结构保温一体化，与结构连成整体，使用寿命与网格模板相同，极大改善了其耐久性。

10.2 砖的使用减少，使用大量的自然资源作为能源的现象得到缓解，对于多层建筑，使用填充材料代替混凝土成为可能。

10.3 建筑网格模板工厂化模块加工，工业化程度高，施工方法简化、施工周期短，施工质量易于控制。

10.4 建筑网格模板安装操作简单，节省人工，无需大型机械运输（起重）设备，施工中混凝土浇筑实现免振捣自密实，网格模板代替了建筑模板，从而加快了施工进度，降低了综合造价。

10.5 采用网格模板的外墙，实现了一次性浇成型外墙外保温墙体，它集承重、保温、防水等功能于一体，可减少冷（热）桥、无霜冻、淌水、发霉等现象的产生。

11. 应 用 实 例

本工法在国内也已进行了大量工程建筑项目应用，其中包括别墅、多层住宅、小高层住宅、厂房等，共计建筑面积 150 万 m²。

从 2003 年开始，北京市门头沟区建设开发公司采用免拆网格模板技术，由华北建设集团有限公司施工建设了北京滨河家园 24 万 m² 的住宅，为在高地震烈度区（北京的设防烈度为 8 度）推广该结构体系树立了样板。

2006 年 7 月，华北建设集团有限公司承建的北京市石景山区八大处冠景新城小区 B 区建设工程中，对小区内的 11 号楼也应用了该项技术。在施工过程和最后结算中通过和其他相似楼对比，在工期、造价和质量上取得了显著的效果，得到建设单位的支持和好评，更给我们的研究人员打了一针强心剂。

筒仓高空大跨度、大吨位劲性梁和
仓顶钢梁顶带冬期滑模施工工法
GJEJGF034—2008

山西省第一建筑工程公司　长业建设集团有限公司

闫跃龙　王江平　李国英　贾国栋　鞠法权　敖鹏

1. 前　　言

滑模施工工艺多应用于建筑工程中的钢筋混凝土高耸构筑物。一般都是在常温条件下组织施工的，若在冬期施工就有一定的难度，再加之大截面劲性混凝土大梁及钢梁在高空施工，其难度就更大了。2005 年 11 月～2007 年 1 月，山西省第一建筑工程公司在丰喜肥业外径 φ18.3m，高度 95.3m 和山西新绛威顿水泥有限责任公司外径 φ18.7m，高度 40m 筒仓冬期滑模与高空大跨度、大吨位劲性混凝土大梁及钢梁施工中，采用自行设计制造的随升式暖气供热及阻燃保温系统，并利用自行设计和制造的组合式多次重复利用的专用二层支模平台施工标高 78.6m 及以上劲性混凝土大梁和自行设计及改装后的滑模平台顶带施工梁底标高 38.4m 高空大截面钢梁，攻克了施工中的诸多技术难题，确保了冬期混凝土强度及观感质量和高空劲性混凝土大梁及钢梁的安全施工，加快了工程进度，降低了工程成本。其关键技术通过山西省建设厅专家鉴定，达到了国内领先水平，工法被评为山西省省级工法；并且关键技术经山西省科学技术情报研究所查阅国内相关文献资料，没有与此关键技术相一致的公开文献报道，填补了该项技术的空白。

2. 工法特点

2.1　可确保冬期正常施工，并易于保证工程质量。

2.2　利用在筒体内壁预埋件上焊接钢牛腿支撑组合式多次重复利用的专用二层支模平台，在其上搭设高空劲性混凝土大梁及混凝土板的支撑体系，安全、方便、快捷。

2.3　利用滑模施工平台，顶带仓顶钢梁随滑模施工逐步至梁底标高进行安装仓顶钢结构。

2.4　施工速度快，工效高，工期短，机具投入少，可有效降低施工成本，效益显著。

3. 适 用 范 围

本工法适用于高耸现浇钢筋混凝土筒体在中间或顶部设有重、大劲性结构及钢结构的构筑物，尤其适用于直径比较大的单体及多联体高耸钢筋混凝土筒体结构，且筒壁截面宜上下一致，当筒壁为变截面时，宜在外侧作阶梯变化。

4. 工 艺 原 理

根据热工计算，在筒身内、外侧的平台及吊架下悬挂散热片，利用塔吊的塔身布设暖气立管，外架上安装自行设计制造的随升式暖气供热及阻燃保温材料进行冬期保温；利用滑模平台下挂组合式多次重复利用的专用二层支模平台及滑模平台顶带施工高空劲性混凝土大梁及仓顶钢梁。施工过程中二层支模平台、采暖及保温系统、仓顶钢梁随滑升体系上升。滑升到劲性混凝土大梁支模体系设计要求的标高及仓顶钢梁安装标高后，在混凝土筒体内壁设计标高处设置预埋件，分别用来焊接钢牛腿、安装筒顶钢梁，牛腿用来支撑组合式多次重复利用的二层支模平台，在其上搭设劲性混凝土大梁及板的模板支撑体系，劲性混凝土大梁及混凝土板和仓顶钢梁施工完毕后，将专用二层支模平台及滑模平台下放至地面并拆除。

5. 施工工艺流程及操作要点

5.1 工艺流程（图5.1-1）

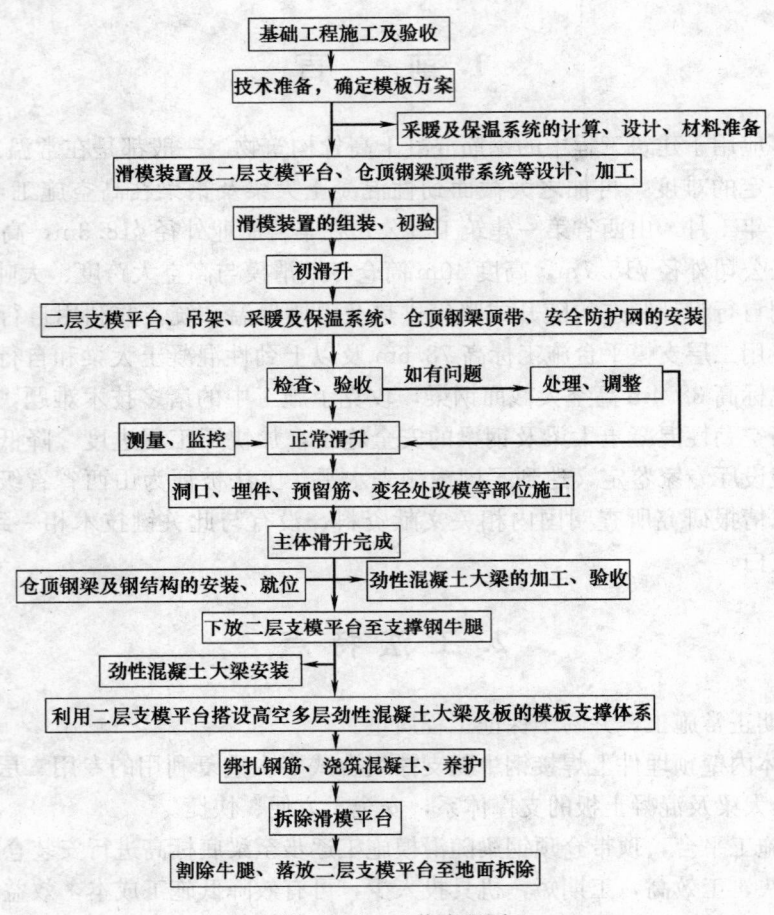

图5.1-1 工艺流程图

滑模构造、二层支模平台示意见图5.1-2。

滑模构造、仓顶大梁顶带示意见图5.1-3。

5.2 操作要点

5.2.1 滑模装置的组装

1. 按滑模操作平台组装图及技术交底要求，安装操作平台、二层支模平台、液压滑升、采暖、保温系统等。

2. 模板坡度：内外模板安装实行零坡度。

3. 次桁架及模板内外围圈[10安装时，先在组装平台上放线，以保证各物件安装位置准确。

4. 操作平台组装完毕，验收合格进行试滑。

5.2.2 技术准备

1. 在综合考虑水泥、砂、石、外加剂、冬期施工、强度要求、滑升速度等前提条件下，做好混凝土配合比设计工作。

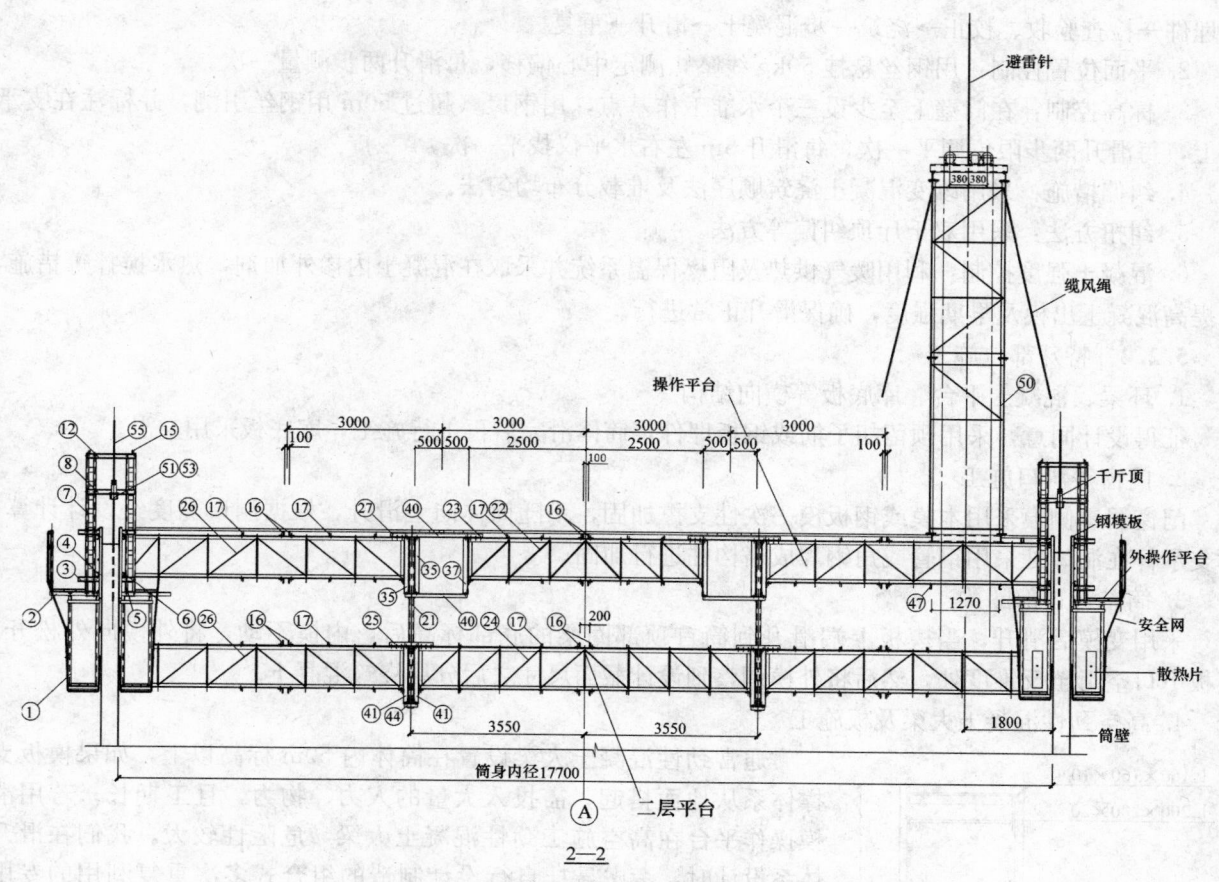

图 5.1-2　滑模构造、二层支模平台示意图

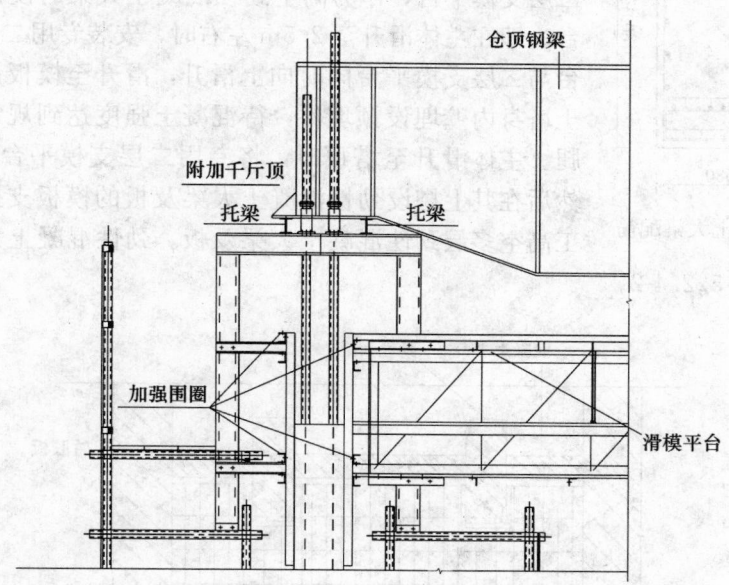

图 5.1-3　仓顶大梁顶带示意图

2. 混凝土采用热水搅拌，入模温度控制在 15℃以上。

3. 现场严格控制砂、石含水率及用量，砂、石等材料不得有冻结块等。

4. 使用质好、安全、环保型的外加剂，并严格控制其掺量。

5.2.3　滑升

1. 正常滑升的程序：找中、吊垂→调整滑升平台平整度→吊运物料→绑扎钢筋，焊接支承杆，安装埋件→检查验收、校正→浇筑一步混凝土→滑升→重复。

2. 平面位置控制：用钢丝悬挂 50kg 线坠，测定中心偏移，每滑升两步测量一次。

3. 标高控制：在筒壁上至少设三个水准工作基点，用钢尺（超过 50m 用钢丝引测，并标注在支承杆上，每滑升两步限位调平一次，每滑升 5m 左右水平仪找平一次。

4. 纠偏措施：采用改变混凝土浇筑顺序法及堆载分布均匀法。

5. 纠扭方法：采用双千斤顶纠偏等方法。

6. 混凝土强度控制：利用暖气供热及阻燃保温系统并采取在混凝土内掺外加剂，热水搅拌等措施，以提高混凝土出模及早期强度，确保滑升正常进行。

5.2.4 特殊部位施工

1. 环梁、混凝土平台、库底板等横向结构

征得设计同意，采用预留胡子筋或钢板埋件，筒体滑完后再进行施工，库底板采用空滑。

2. 门窗等洞口施工

门窗洞口侧模采用木模或钢板模一次性支撑加固，不随筒体向上滑升，根据洞口宽度经设计计算，对支承杆在洞口处采用钢管或角钢焊成格构柱进行加固。

3. 筒首与顶部圈梁

采用变模后滑升，当模板上端滑升到筒首顶部圈梁的底部标高后，内模不动，将外模向外松开，模板下口空滑至反锥度处，然后将外模调整到设计截面尺寸之后分层浇筑混凝土。

4. 高空劲性混凝土大梁及板施工

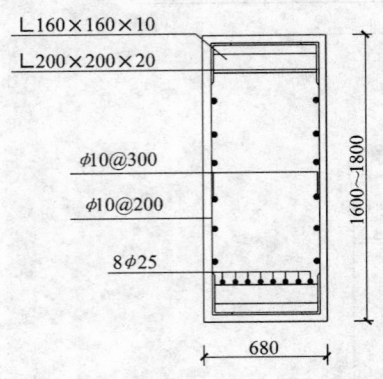

图 5.2.4-1 劲性混凝土大梁配筋

通常劲性混凝土大梁设置在筒体内 50m 标高以上，如果模板支撑体系从地面搭起，需投入大量的人力、物力，且工期长；若用滑模操作平台在高空施工劲性混凝土大梁，危险性较大。我们在滑升体系设计时，考虑悬挂自行设计制造的组合式多次重复利用的专用二层支模平台，作为高空劲性混凝土大梁的模板支撑体系的支设平台。即在主体滑升至 2.5m 左右时，安装专用二层支模平台。操作平台与二层支模平台同时向上滑升，滑升至模板设计标高处，在混凝土塔身内壁埋设预埋件，待混凝土强度达到规定要求后，焊接钢牛腿。主体滑升至塔顶时，将专用二层支模平台平稳落放于牛腿上。然后在其上搭设劲性混凝土大梁及板的模板支撑体系。然后依次施工高空多层劲性混凝土大梁及板。劲性混凝土大梁配筋及支撑体系搭设如图 5.2.4-1、图 5.2.4-2。

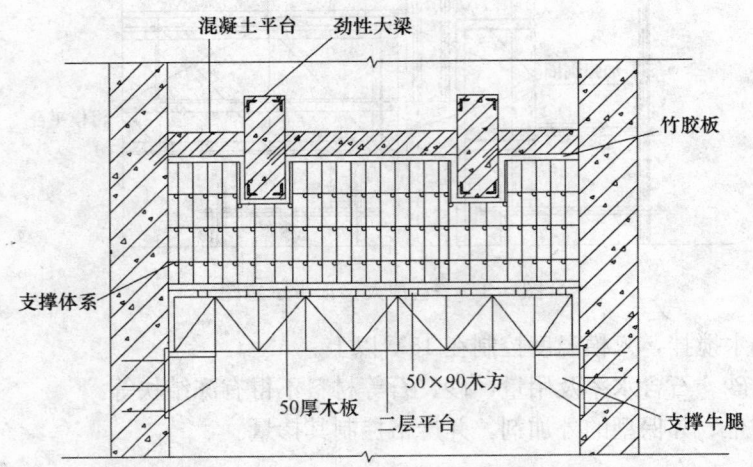

图 5.2.4-2 劲性混凝土大梁支撑体搭设体系

5. 仓顶钢大梁顶带施工

仓顶钢梁梁底标高 38.4m，如果从地面起吊，需使用大吨位吊车，加大施工成本；采用滑模操作平台顶带施工仓顶钢梁，机具投入少，可有效降低施工成本，效益显著。在滑升体系设计时，考虑利用滑模平台，在仓顶钢梁两端相应两榀门架之间设置托梁，作为仓顶钢梁的支撑点，同时在相应四榀门架之间设置加强围圈以增强仓顶钢梁支撑点的整体稳定性，增设附加千斤顶以承担仓顶钢钢梁的自重。在滑模施工筒壁的同时，逐步顶带仓顶钢梁至设计标高。顶带至梁底设计标高处，利用滑模平台在混凝土筒壁埋设梁底预埋件，浇筑混凝土。待梁底支座处混凝土强度达到规定要求后，拆除两榀门架之间的托梁，使仓顶钢梁与滑模平台分离。滑模平台主体继续滑升至仓顶后，拆除滑模体系。

6. 混凝土冬期保温防冻措施

混凝土采用热水搅拌，控制入模温度不低于 15℃。散热片固定在专用二层支模平台及外吊架上，暖气供水管及回水管均采用钢管，利用塔吊的塔身布设暖气立管，暖气管在塔吊与滑模操作平台的水平部分采用软管连接，同时在外防护及吊架上搭设阻燃矿棉被保温。供热及采暖系统随滑升体系上升。

5.3 滑模装置的拆除
5.3.1 操作平台拆除

待筒体顶端钢结构梁、板施工完毕，利用筒顶结构及塔吊，将操作平台分段拆除，塔吊运至地面。最后分散拆除、运出。

5.3.2 二层支模平台拆除

待高空多层劲性混凝土大梁及混凝土板施工完毕，将钢丝绳固定于梁底预留吊环上，平稳落放专用二层支模平台。最后切割、拆除、运出。

6. 材料与设备

6.1 材料

6.1.1 混凝土用的水泥、砂、石、钢材、外加剂等材料严格按材料检验标准及冬期施工要求检验。

6.1.2 二层支模平台、操作平台等钢材必须选用国标材料并有合格证及复试报告。

6.2 机具设备

6.2.1 操作平台、二层支模平台、液压提升、上人吊笼等滑升系统。

6.2.2 混凝土、钢筋等材料输送及运输系统。

6.2.3 采暖、阻燃保温系统。

7. 质量控制

本工程遵照《混凝土结构工程施工质量验收规范》GB 50204—2002，《液压滑动模板施工技术规范》GB 50113—2005，《建筑工程冬期施工规程》JGJ 104—97 等有关规定执行。

7.1 滑模装置组装或调整改装后，都要认真细致的检查、验收，包括模板的位置、尺寸、坡度，构件间的连接及整体刚度等，并进行加载试滑。

7.2 滑升过程中，要有专人对滑模装置的运行状况、垂直度及构件几何尺寸进行检查、监控。

7.3 混凝土配料应严格计量，专人负责，外加剂应小袋包装专人添加。

7.4 派专人负责原材料、拌合物、浇筑混凝土及大气的测温工作，使混凝土入模、出模、养护等温度符合热工计算要求。

7.5 严格按模板设计专项方案对模板及支撑体系进行检查、验收。

7.6 随升式采暖及阻燃保温系统设置、搭设应符合热工计算及专项方案要求。

7.7 专用二层支模平台、牛腿及钢梁支托焊接严格按焊接规范要求控制，并由专业焊工操作。

8. 安 全 措 施

滑模施工必须遵照《液压滑动模板施工安全技术规程》JGJ 65—89 和《施工现场临时用电安全技术规程》JGJ 46—2005，《机械使用安全技术规程》JGJ 33—2001 及其他安全技术规程的有关规定执行。

8.1 高耸筒体周围应设立施工危险警戒区，并设立明显标志，警戒线至筒体的距离应不小于筒体高度的 1/10，且不小于 10m，在危险警戒区内的通道应搭设防护棚。

8.2 外吊架用角钢，钢管设围护栏（1.1m）。操作平台外围及吊架围护用矿棉被、安全网加密目网封闭保温。平台和吊架上的铺板应严密，牢固平稳。

8.3 二层支模平台内照明电压使用安全电压，平台上设低压照明行灯变压器。

8.4 提升吊笼的卷扬机为双筒双绳卷扬机，并设有防止冒顶的限位开关，吊笼设断绳安全卡和保险钢丝绳，柔性滑道钢丝绳采用钢芯钢丝绳。滑轮应设有防钢丝绳脱槽装置。

8.5 吊笼上升除在钢丝绳上记标志外，限位开关及信号，通信设施应齐全有效，信号统一规定，并挂牌标明。

8.6 施工现场与操作平台上应分别设置配电装置，按 TN-S 三相五线配线，按"一机一闸一漏一箱"配置，且施工现场配置足够数量的灭火器具。

8.7 模板滑升过程中，滑升速度要与混凝土凝结时间相匹配，支承杆脱空长度要严格控制。

8.8 操作平台上机具、材料设置堆放应均匀、对称、稳固，堆料不宜过多，多余的材料、物品等要及时清理。

8.9 遇五级以上大风、雨雪大雾时，应停止高空作业，并做好停滑措施。

8.10 高处作业系好安全带。

8.11 滑模装置拆除时，要指定专人负责统一指挥，并安排在白天进行，吊环锚固处混凝土强度不应低于 20MPa，拆除顺序应合理，拆除件应采用塔吊从高空中吊下。

8.12 在滑升及支撑体系搭设过程中，专人监测滑模平台、钢梁支托、专用二层支模平台、牛腿的变形等安全预警，确保高空施工的全方位安全监控。

9. 环 保 措 施

本工法严格执行国家和地方政府的环保法规，以实现环境行为的不断改进。

9.1 噪声的控制

9.1.1 优先选购使用环保型振捣棒，振捣时分层浇筑，棒体与钢筋、模板保持距离，做到快插慢拔，减少空振。

9.1.2 "三钢"工具的支设、拆除、搬运、修理时严禁抛撒、修理时应选用钢模修复机和钢管调直机。

9.1.3 使用电锯时，应及时给锯片上油或洒水，以减少噪声。

9.1.4 在产生噪声影响严重的作业层，采用密目网或其他形式的封闭措施。

9.2 污水的控制

9.2.1 雨水排放。

建立雨水排水系统，防止施工现场严重积水。

9.2.2 污水排放。

1. 项目开工前，项目部根据当地环保部门的有关规定向建设单位进行排污申报登记。

2. 污水的排放，应禁止随地排放。应临时设置排水管道或溜槽，在合理位置设沉淀池和二次沉淀池，将废水沉淀后二次利用抽到作业层，继续使用，最后一道工序后，沉淀后的水才可排放到污水管网。

3. 冲洗安装管道产生的污水从最低点集中排放，经沉淀后排入污水管网。

9.3 废弃物的管理

9.3.1 废弃物的存放场（或容器）应按废弃物分类进行标识。

9.3.2 废水泥、混凝土、砂浆碎块、砂砾等根据施工现场实际情况，尽可能充分回收利用，可降级使用或粉碎后硬化场地，剩余部分作为建筑垃圾运出。

9.3.3 有毒有害废弃物中若有利用价值的可回收利用。没有利用价值的按当地环保部门的要求进行处理。

9.3.4 废弃物的运输

1. 场内运输，项目部应设专人负责督促将废弃物运输到废弃物指定存放场，并分类放置，运输中确保不散撒。

2. 场外运输，施工现场废弃物必须由有准运证的合法单位外运，在运输出场前必须篷布严实，不得出现遗撒，并运送到政府指定的垃圾处置场所。

9.4 粉尘排放的管理

9.4.1 施工现场应做到活完底清，及时清理施工现场，随时进行清洁处理。

9.4.2 施工过程中所需的粉质材料，尽量使用袋装，堆放时应设工棚或进行覆盖，防止扬尘。

9.4.3 露天堆放的建筑垃圾均设置围挡，适时洒水降尘，以防风吹扬尘。

10. 效 益 分 析

10.1 脚手架和模板使用量：脚手架仅使用吊架，模板一次投入量较少。

10.2 工期、成本：采用有效保温及专用二层支模平台，减少了人力、物力的投入，缩短了工期，节约了三钢、机械的租赁等费用共计20余万元。

10.3 安全文明施工：施工有利于现场文明施工，人员上下作业层方便、安全。

10.4 确保了混凝土冬期强度及观感质量，解决了劲性混凝土大梁支撑体系的搭设难度。工程竣工后，经验收符合设计及施工规范要求，得到了建设、监理单位的一致好评，使业主提前投入生产取得了经济效益200余万元。

11. 应 用 实 例

山西晋丰闻喜1830工程造粒塔直径19m，塔高98m，圆形筒式结构，开竣工日期为2003年9月～2004年3月；山西丰喜肥业闻喜复肥分公司1号、2号造粒塔，筒外径18.3m，塔高95.3m，均由圆形筒式塔身和楼梯、电梯井组成，主梁为劲性混凝土大梁，开竣工日期分别为2005年11月～2006年2月和2006年10月～2007年2月；山西新绛威顿水泥集团1号、2号圆形筒式储仓，筒外径18.7m，筒高40m，仓顶为钢结构，主梁为大吨位焊接钢梁开竣工日期为2006年10月～2007年1月。在施工过程中，通过应用此施工方法，确保了混凝土冬期强度及观感质量；劲性混凝土大梁模板支撑体系搭设方便、快捷，仓顶钢梁顶带高空施工安装方便、简单、快捷。缩短了工期，保证了安全，工程质量均达到合格标准，为业主及企业创造了显著的经济效益和良好的社会效益。

薄壁内膜（BDF单管）大厚度空心楼板施工工法

GJEJGF035—2008

内蒙古兴泰建筑有限责任公司　宁夏建工集团有限公司

王喆　李文博　尚振国　党彦鹏　孟凡龙　卢晓斌

1. 前　　言

随着科学技术在建筑中的不断发展，新工艺、新技术的应用在满足施工中房屋跨度大、空间大、分隔灵活和抗震等方面的要求，现浇混凝土BDF管空心楼板结构体系便是其中技术之一。大直径单管空心楼板施工技术、工艺简单、安装方便、施工速度快、保温、隔声性能好，能够有效降低结构自重，使地震力减弱，支撑楼板的主梁、柱、墙和基础荷载也相应减少，则可大大减小结构构件配筋量。与普通混凝土楼板结构体系相比，现浇空心混凝土无梁楼板结构体系依跨度和荷载不同可降低建筑总造价8%～23%。

该项工法在鄂托克旗上海庙水务综合办公楼、东胜区党政综合办公楼以及棋盘井体育中心工程上得到了应用，使工程综合造价大大地降低。其关键技术通过了内蒙古自治区建设厅组织的专家鉴定，达到了国内领先水平。

2. 工 法 特 点

2.1 能够有效的节约能源

BDF薄壁管是以硫铝酸盐或铁铝酸盐水泥、粉煤灰为胶凝材料，以玻璃纤维为增强性材料，掺入适量的砂、水、改性剂，在机械和模具的作用下复合而成。

2.2 降低工程综合成本

自重轻，施工简便。混凝土的节约量在20%～50%，同时提高了建筑净空高度，有利于水电管线的安装，综合造价节省10%～20%。

2.3 现浇混凝土空心楼板由于内含空气夹层，隔声隔热效果较好。

2.4 该工法抗浮点设置简单，易操作、易检查。空心筒模照比传统的空心筒模铺装方便，不必另加钢筋卡进行固定。

2.5 混凝土浇筑要按照顺序依次进行，并加强振捣，可以保证筒模底部混凝土的充满和密实。

3. 适 用 范 围

3.1 该工法主要适用于各种跨度和各种荷载的建筑，特别适用于大跨度和大荷载、大空间的多层和高层建筑，如：写字楼、教学楼、商居楼、商场、宾馆、厂房、地下停车场、大开间住宅等项目。

3.2 楼板内承受较大集中荷载的部位不应布置内模，承受较大集中动荷载的区格板不应采用空心楼板。

4. 工 艺 原 理

4.1 现浇混凝土空心楼板技术利用预制空心楼板的概念，将BDF（单管）芯管埋入混凝土板中，按一定方向排列、现场浇筑成型，将原实心混凝土板变成空心板。本工法减少了工程的综合造价，使隔热、保温、隔声性能得到显著提高。

4.2 基本构造（图4.2）

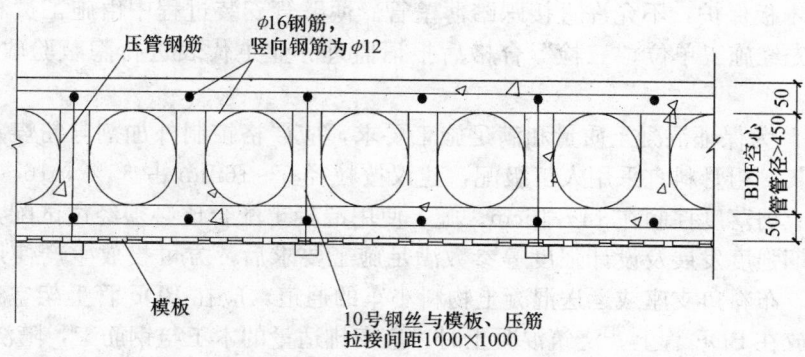

图 4.2 现浇混凝土空心楼盖构造详图

5. 施工工艺流程及操作要点

5.1 施工工艺流程

在完成楼盖上测量→按计算结果安装楼板底模龙骨及支撑→安装楼板底模板并验收→在模板上放线，对BDF管及预埋电线管盒等做定位，清扫模板→钢筋下料成型、安装底层钢筋芯管撑脚及肋间钢筋→预埋板底水电线管盒→底层钢筋隐蔽验收→排放BDF管，管间用横向钢筋定位，管段两端作抗浮锚定及堵管头→安装芯管压筋、板面钢筋及板面预埋水电线管，清除板底杂物→土建及水电共同进行复核检查→钢筋及水电线管隐蔽工程验收并记录→搭设混凝土输送管道，浇筑混凝土，随浇随修补调整薄壁管及钢筋→养护楼板混凝土，达到强度要求后拆模。

5.2 施工操作要点

5.2.1 BDF芯管是全封闭圆柱体，它埋置于混凝土结构中，成为永久性芯模，形成空心构造。它由一种水泥基复合材料制成，表面微糙。可承受施工人员的轻踩，具有微小的吸水性，因此在混凝土终凝后和混凝土形成一体，芯管在混凝土终凝前吸收的水分，可在混凝土浇筑成型后慢慢被混凝土吸收，不会造成结构内部存水。

5.2.2 此项施工技术的关键是芯管的设计位置如何保证，也就是如何解决芯管在混凝土浇筑过程中的上浮问题。由于此种结构是双层配筋，芯管位于混凝土的中间位置，要解决管子上浮的问题，只要把芯管的位置上限和下限控制好，就能有效地控制芯管在上下层配筋中的相对位置，保证结构性能。

5.2.3 技术要点

1. 模板工程。支撑满堂架，第一步架离柱边不超过20cm。板底支撑间距为1m×1m，支撑用拉结杆件按常规拉结。模板用20mm厚夹板，搁栅使用50mm×100mm硬方木。梁底方木侧放，间距为30cm。铺模板时两块板接缝处底下必须加方木。模板安装完成并经验收合格后，应对BDF管、预埋管、孔等作定位，并进行技术复核，经核对无误后方可转入下一道工序。现浇混凝土BDF管空心楼板的模板验收，应遵循《混凝土结构工程施工及验收规范》GB 50204—2002的有关规定。

2. 钢筋工程。其施工顺序如下：钢筋加工制作→排放管底钢筋网、芯管撑脚及肋间钢筋→排放BDF管，管间用横向钢筋定位，管段两端作抗浮锚定→绑扎芯管压筋及楼板面部钢筋。

3. 薄壁管安装、抗浮、水平固定。安装时，应对BDF管外观完好情况作逐根检查，管壁及管端堵头破损严重的不允许使用，有局部小破损的要及时作处理，对可能漏入混凝土物料的孔洞，均需进行封补、填塞。水电管线预埋完毕后，即按芯管排列图进行芯管的铺设。每铺设一排芯管，即用20号钢丝将芯管绑扎在底筋网上。芯管之间的距离用钢筋几字形支架控制，支架用$\phi4$或$\phi6$钢筋加工，间距以

1.0～1.2m 或每根管子 2 个支架为宜。BDF 管的横向定位及抗浮固定采用 16 号钢丝绑扎在薄壁管的首尾，用圆钉在模板上固定，保证薄壁之间及管与梁、墙、柱之间的间距符合设计要求。圆钉的位置对管的位置准确与否起关键作用，要求钉子要钉在两个网片的中间。安装、固定薄壁管施工过程中，应在管顶铺垫木板保护，不允许直接踩踏薄壁管。薄壁管安装过程中由施工员和班组进行全数实测检查，安装完毕先经施工单位"三检"合格后报请监理、业主代表进行隐蔽验收，做好质量记录，编目保存。

4. 混凝土工程。为保证混凝土质量和满足施工要求，应严格控制外加剂与粉煤灰的掺量，不宜使用二级以下的粉煤灰。粗骨料宜采用人工级配，建议按粒径 5～16mm 占 35％，16～31.5mm 占 65％。设计配合比，混凝土坍落度控制在 14～16cm。施工使用混凝土配合比必须经过试配，在确定坍落度损失、凝结时间、早期强度发展及设计强度等参数满足施工要求后，方可投放生产使用。泵送混凝土的水平管、弯头接头、布料口支座或运送混凝土物料小车的通道，应在 BDF 管上架空安装、铺设，禁止将施工机具直接压放在 BDF 管上。浇筑混凝土时，应安排适量的木工与钢筋工，随浇筑作业及时修补、调整 BDF 管与钢筋。混凝土的浇筑宜沿 BDF 管纵轴、单向分层进行，不宜沿垂直 BDF 管壁做多点围合式浇筑，混凝土的布料与振捣应同步进行，以保证 BDF 管底被充填饱满，无积存气孔、气泡。现浇空心板施工过程中应采取可靠措施防止管上下左右移动，尤其防止管上浮现象。浇筑混凝土空心楼板宜采用小型插入式与平板式振动器协同振捣，不得将振动器直接触压薄壁管进行振捣，混凝土凝结前应调整 BDF 管，使其位置准确，检查管是否破碎，如破碎应及时更换，防止板空心率降低。

5.2.4 空心管的施工注意事项

1. 芯管固定：混凝土浇捣时，芯管受振上浮及左右漂移，本工法采用压筋法解决芯管固定及上浮，见图 5.2.4。

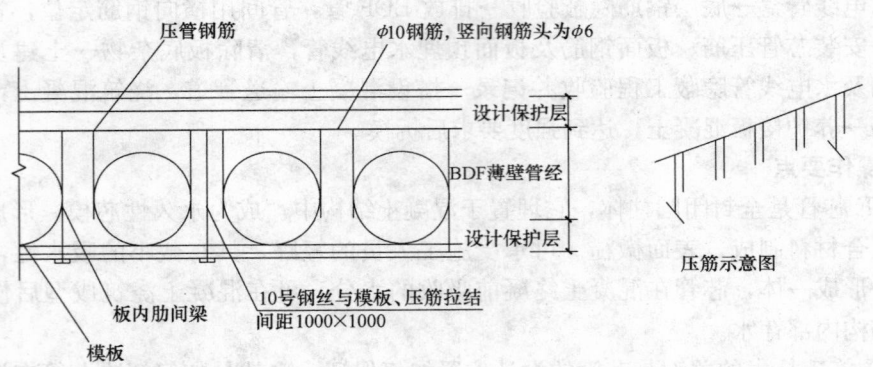

图 5.2.4 芯管固定方法

2. 混凝土浇筑前，可用水将空心管浸湿，便于混凝土浇筑过程中保证混凝土的坍落度。

3. 施工便道：铺设芯管及板顶钢筋时，应搭设施工便道或可移动木板供施工行走，避免作业人员直接踩踏芯管。

4. 预埋水平管线应尽量布置在空心板的肋间或梁处；当水平管线、电线盒等与芯管无法避开时，可采取将芯管分段或在芯管上锯缺口进行避让，管线安装完毕后，应及时将缺口用编织物与胶带结合封粘严实，防止混凝土流入芯管内。遇管线交叉特别集中处，可采取换用小直径或不同尺寸的芯管错开摆放进行避让。

5. 浇筑混凝土前，应对钢筋、预留预埋件及芯管进行检查验收，符合规定要求后，才可浇筑混凝土。

6. 浇筑混凝土应铺设架空浇筑道，或用钢筋做成马凳（应比楼板钢筋高出 3～5cm），且方便提放。施工人员不得直接踩踏芯管。

7. 混凝土用粗骨料的最大粒径不宜大于空心楼板肋宽的 1/2 和板底厚度的 1/2，且不得大于 31.5mm。

8. 混凝土浇捣：混凝土宜采用泵送施工，并一次浇筑成型。混凝土拌合物的坍落度不小于160mm（一般采用180mm～200mm）。采用普通振动棒振捣，配合小直径振动棒。振捣时避免振捣棒端触振捣芯管，以免破损芯管，但须振捣密实，混凝土浇筑时宜沿顺筒方向推进。

9. 混凝土养护、拆模：混凝土采用浇水养护，且不少于14d，混凝土达到规范要求强度后才能拆模。

10. 安装误差要求：芯管应按设计要求位置安装，芯管上下保护层设计厚度误差应控制在±10mm以内，顺直安装误差在15mm以内。

5.2.5 设置抗浮固定点

1. 楼板底铁和肋梁钢筋绑扎完毕后，即可开始设置抗浮点。抗浮点设置的抗浮传力途径如下：筒模上浮力→楼板上铁→肋梁箍筋或钢丝连接→楼板底铁→抗浮点钢丝→模板体系。

2. 抗浮点采用10号钢丝，用手电钻（采用φ4钻头）在楼板底铁上层筋两侧模板打孔，钢丝穿过模板在模板龙骨一侧拧紧，将楼板底铁上层筋与模板固定牢固，主梁边钢筋还可用钢丝绑扎加强抗浮力。

3. 抗浮点自楼板周边开始向中间设置，要求设置在肋梁交叉处，以便于检查，纵横间距小于0.9m，后浇带边沿也要设置。抗浮点平面布置见图5.2.5。

4. 抗浮点的钢丝要穿过肋梁的底铁上层筋，因肋梁加马凳后本身不会再出现变形，所以抗浮点拉住了肋梁，即可保证楼板整体的抗浮效果。

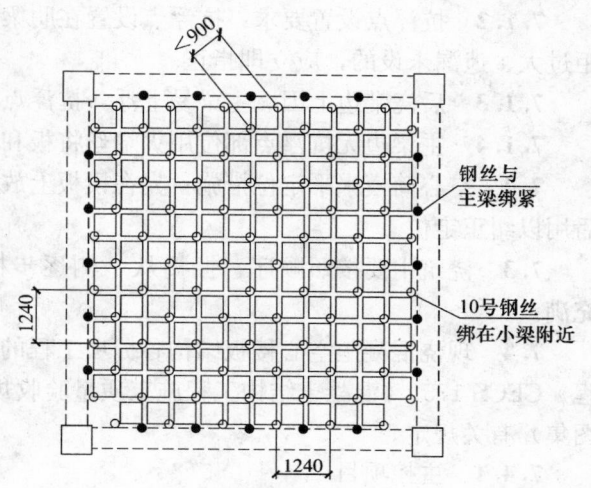

图5.2.5 抗浮点平面布置图

5.2.6 检查验收抗浮点设置

抗浮点设置是现浇空心楼板施工的关键。抗浮点完成后，应进行抗浮点专项中间检查验收，以保证抗浮点设置均匀，位置准确，固定牢固可靠，满足抗浮要求。

5.2.7 安装空心筒模下部垫块

在空心筒模下设置垫块，保证筒模下部的混凝土厚度。垫块厚度要符合筒模下部混凝土的设计厚度要求。设置数量，对于500mm×500mm的筒模，可只在筒模中间设置一块；对于尺寸较大的筒模，应根据需要设置，能保证筒模下部混凝土厚度为准。

6. 材料与设备

6.1 材料性能

主要材料是BDF空心管，该筒芯构件是以硫铝酸盐或铁铝酸盐水泥、粉煤灰为胶凝材料，以玻纤为增强材料，掺入适量的砂、水、改性剂在机械和模具的作用下复合而成。具有强度高、壁薄、质轻、不燃、成孔规范、安装施工简便、对钢筋无锈蚀、造价低等优点。材料性能符合设计规范要求，并以《现浇空心楼盖结构技术规程》CESC 175：2004和《现浇混凝土空心楼盖》05SG343作为设计、施工和验收依据。筒芯的物理力学性能见表6.1。

筒芯的物理力学性能 表6.1

项目（D为直径,单位:mm）		要求
重量	D=100、120、150、180、200	≤12kg/m
	D=220、250、300、350	≤25kg/m
	D=400、450、500	≤40kg/m
径向抗压荷载		≥1000N

6.2 主要施工机具

电钻、专用吊斗、钢丝、预制钢筋卡具等。

7. 质量控制

7.1 抗浮点控制措施

抗浮点设置是关键点，设置不牢、不足，均会引起筒模上浮，造成质量隐患。加强对抗浮点的中间检查、浇筑前检查是很必要的。具体控制如下。

7.1.1 抗浮点绑扎要求：抗浮点采用镀锌钢丝绑扎拧紧，绑紧后在板上部应拉紧呈三角形。

7.1.2 抗浮点设置要求：抗浮点设置在肋梁交点附近，梅花形设置，检查若有发现抗浮点设置间距过大、遗漏未设的，应立即指正。

7.1.3 后浇带边上因无主梁易上浮，抗浮点要在板外多绑出 2 列。

7.1.4 主梁边无抗浮点部位用火烧丝将板和小梁钢筋绑在主梁上，并保证绑扎牢固。

7.2 空心筒模水平定位措施：先在模板上放控制线，并提前加工好定尺量测工具，筒模安装完毕后用以纠正定位。

7.3 浇筑中要按照顺序，振捣从一侧逐步推进，避免丢棒、漏振，确保筒模底部混凝土密实、充满。

7.4 现浇混凝土空心楼板结构各分项工程的施工及验收应遵守《现浇混凝土空心楼盖结构技术规程》CECS 175、《混凝土结构工程施工质量验收规范》GB 50204 和《现浇混凝土空心楼板》（05SG343 图集）有关规定。

7.4.1 主控项目

1. 内模规格、数量应符合设计要求。

检验方法：观察，辅以钢尺量测。

检查数量：全数检查。

2. 安装位置和定位措施：位置应符合设计要求，间距、肋宽、板顶厚度、板底厚度允许偏差±10mm；内模底部和肋部定位措施符合要求。

检查数量：在同一检验批内，内模位置抽查 5％且不少于 5 个；定位措施全数检查。

检验方法：对照施工技术方案，观察和钢尺量测。

3. 抗浮技术措施应合理、方法正确。

检查数量：全数检查。

检查方法：对照施工方案观察检查。

7.4.2 一般项目

1. 内模更换或封堵。

检验方法：观察检查。

2. 区格板中内模的整体顺直度，允许偏差 3/1000，且不应大于 15mm。

检验方法：拉线钢尺量测。

3. 区格板周围和柱周围混凝土实心部分的尺寸，应满足设计要求，允许偏差±10mm。

检验方法：钢尺量测。

8. 安全措施

8.1 认真贯彻"安全第一、预防为主"的方针，落实国家及地方的安全生产法规、规程，健全施工安全检查及安全宣传活动。

8.2 抓好项目经理安全生产目标责任制管理，实行"一把手"亲自抓负总责，专职安全员及班组长具体执行实施，做到一抓到底，常抓不懈。

8.3 施工队在进场前必须接受"三级"安全教育，提高职工的安全意识，所有操作人员要求持证上岗。

8.4 加强现场危险区的安全警示工作，张贴标语宣传，提高过往行人的安全防范意识。建筑物主体施工期间，按规范设置多层防护屏，施工层的防护屏必须在支模前完成，且为全封闭式施工。当脚手架搭设时，跟随外脚手架按全高在垂直面上设置密目式安全网，尼龙大眼网两道水平网，每隔一层设置一道木脚手板防护，且满包大眼安全网。

8.5 在现场建筑的主要出入口及建筑物侧有人员通行的地方设置安全硬防护棚。

8.6 做好现场的安全用电管理，场内的临时用电全部采用 TN-S 接零保护系统。配电采用暗敷电缆，三级配电两级保护。

8.7 抓好机械设备的安全管理，严禁带病作业，吊装时要严格执行"十不吊"的准则。垂直运输采用的塔吊、专用吊篮，装卸过程中应小心轻放，严禁甩扔。

8.8 做好"四口、五临边"的防护，机械设备及脚手架在安装完毕必须经验收合格后再使用。

8.9 职业健康安全关键要求

8.9.1 工人进入工地必须佩戴经安检合格的安全帽。

8.9.2 工人高空作业之前须例行体检，防止高血压病人或有恐高症者进行高空作业，且要系好安全带。

8.9.3 工人作业前，要检查脚手架、脚手凳的稳定性、可靠性。

9. 环保措施

9.1 遵守当地环卫管理规定。

9.2 薄壁管施工时，要做到工完场清。

9.3 切割后的薄壁管废料要集中堆放，统一销毁，防止污染环境。

9.4 薄壁管等下脚料应及时清运，施工现场应经常洒水，防止扬尘。

10. 效益分析

10.1 采用本施工工法，经济效益显著，可以减少基础荷载，降低层高，增加楼层层数。

10.2 保温、隔热、隔声性能好，节约了资源，利于环保，能够为环境的持续改善作出贡献，社会效益较显著。

10.3 采用本工法无需吊顶或只需简单吊顶装饰，降低装饰成本，又减少了因可燃性装饰材料带来的消防隐患。

10.4 本工法与同类工程的工法相比，场地易于布置，施工简便，工程进度快，干扰因素少，有利于文明施工，确保楼层的施工质量，形成了较好的经济效益。

10.5 由于该项技术的应用，使楼板自重减轻，从而减少了梁板、墙柱的截面尺寸和配筋，节省工程造价，获得良好的综合效益。

10.6 工程效益实例分析

该工程地上 4 层，框架-剪力墙结构，柱网尺寸 8.4m×8.4m，采用实心板板厚取 250mm，采用空心板板厚为 600mm。混凝土设计强度（假定）：梁、板 C35，柱 C35，受力钢筋 HRB400。混凝土价格按 450 元/m³（含外加剂及取费），钢筋价格按 6500 元/t 考虑（含加工费及取费）。

根据上述条件，现对 8.4m×8.4m 柱网，采用空心楼板进行经济分析。

10.6.1 减少板混凝土用量及造价（每平方米用量）

1. 空心板（m^2）：$0.6-3.14\times0.225^2\times1\times2=0.282m^3$
2. 实心板（m^2）：$0.20m^3$
3. 混凝土用量增加：$0.282-0.20=0.082m^3$
4. 每平方米增加造价：$450\times0.082=36.9$ 元$/m^2$

10.6.2 减少板钢筋用量及造价

1. 空心板：经计算每平方米钢筋用量 $34kg/m^2$
2. 实心板：经计算每平方米钢筋用量 $63kg/m^2$
3. 节省钢筋为 $63-34=29kg/m^2$
4. 每平方米节省造价：$6.5\times29=188.5$ 元$/m^2$

10.6.3 减少梁钢筋（受力筋）用量及造价

1. 按实心板经初步计算，每平方米钢筋用量为 $37.4kg/m^2$
2. 按空心板经初步计算，每平方米钢筋用量为 $29.7kg/m^2$
3. 节省钢筋为 $37.4-29.7=7.7kg/m^2$
4. 每平方米节省造价 $6.5\times7.7=50.05$ 元$/m^2$

10.6.4 减少柱混凝土、钢筋用量及造价

1. 按实心板计算并按 $N/f_{c}A\leqslant0.7$ 考虑，底层柱截面为 $0.9\times0.9=0.81m^2$
2. 按空心板计算并按 $N/f_{c}A\leqslant0.7$ 考虑，底层柱截面为 $0.7\times0.7=0.49m^2$
3. 减小底层柱截面面积为 $0.81-0.49=0.32m^2$
4. 按三段收减柱截面，平均减小柱截面面积为 $0.3m^2$，平均层高按 $4.2m$ 计，每层每柱减少混凝土量为 $0.3\times4.2=1.26m^3$，每平方米减少混凝土用量 $1.26/8.4\times8.4=0.0178m^3$

节省造价：$450\times0.0178=8.01$ 元$/m^2$

5. 减少柱钢筋用量及造价

平均减小柱截面面积 $0.3m^2$，按 1.2% 配筋率计，每层每柱节省钢筋量为 $0.3\times1.2\%\times4.2\times7800=117.94kg$，每平方米减少钢筋为 $117.94/8.4\times8.4=1.67kg/m^2$。

节省造价 $6.5\times1.67=10.85$ 元$/m^2$。

箍筋每平方米减少钢筋量为 $0.21kg/m^2$。

节省造价 $6.5\times0.21=1.36$ 元$/m^2$。

10.6.5 地下及基础混凝土、钢筋

根据荷载减小，保守估算每平方米可降低造价 8 元$/m^2$ 左右。

以上总节省造价为：$-36.9+188.5+50.05+8.01+10.85+1.36=221.87$ 元$/m^2$。

10.6.6 考虑地震力影响

地震力增大按 1.15（或 15%）考虑，则节省总造价为 $221.87+221.87\times15\%=255.15$ 元$/m^2$。

10.6.7 分析汇总

按 BDF 空心管造价 108 元$/m^2$ 计，可直接降低造价为 $255.15-108=147.15$ 元$/m^2$。共计采用 BDF 空心管面积 $14000m^2$，共节省造价约 206 万元。

以上为直接造价分析，实际上运用空心楼板施工技术，不仅降低了工程造价，提高楼层净高，增加楼层数量；还在楼板内形成封闭空腔结构，减少了热量的传递，使隔热、保温性能得到显著提高，有效克服了上下楼层的撞击噪声干扰，施工简单，综合效益乐观。

11. 应 用 实 例

11.1 鄂托克水务综合大楼

本工程位于鄂尔多斯上海庙新区，是一座综合办公楼，属二类建筑，总建筑面积为 26500m²，共 4 层。主体结构为框架结构，全现浇钢筋混凝土楼板，会议中心、多功能厅及大空间休息厅均为空心板结构。外围护墙为陶粒混凝土砌体，屋顶为钢结构网架。工程于 2007 年 5 月 20 日开工，2008 年 12 月 30 日竣工，其经济效益分析计算见 10.6 节。

11.2 鄂尔多斯棋盘井体育中心

工程地处棋盘井工业园区，结构工期紧，工程体量大，质量要求高，技术含量高。建筑面积 24504m²，地上 8 层、地下 1 层，框架-剪力墙结构，地上、地下部分顶板采用本工法施工，施工中空心管用量为 25000m。

该工程于 2005 年 5 月 12 日开工，2006 年 12 月 30 日竣工，工程质量良好，未发现任何质量问题。

11.3 东胜区党政综合办公楼

本工程位于东胜区鄂托克西街路北，迎宾路西。工程平面呈"士"字形，总建筑面积为 38680.5m²，主楼地上 8 层，地下 1 层，框架结构，现浇板采用空心板结构，施工中空心管用量约为：36000m。工程于 2004 年 5 月 18 日开工，2006 年 5 月 18 日竣工，工程质量良好，未发现任何质量问题。

11.4 结果评价

以上工程施工全过程处于安全、快速、优质的可控状态，工程质量合格率均达到了 100%，经多个工程应用未见任何裂缝、空鼓、起皮等质量缺陷，楼板内形成封闭空腔结构，减少了热量的传递，使隔热、保温性能得到显著提高，有效克服了上下楼层的撞击噪声干扰，施工简单，综合效益乐观。工程竣工后，舒适、环保、节能结果的有效显示，达到了各方业主的好评。

混凝土冬期施工暖棚法施工工法

GJEJGF036—2008

东北金城建设股份有限公司　沈阳双兴建设集团有限公司

杨军　吴长城　张海燕　邵波　谷卫东

1. 前　　言

在北方的城市建设过程中，不可避免地要进行冬期施工，为了争取项目的尽快运营，早日投入使用，尽快尽好的获得经济效益和社会效益，不仅需要保证工程主体施工的安全，还需要保证工程的正常使用功能。

辽宁大厦动力区工程共包含锅炉房及储煤仓、动力站、辅助间及地下水池等项目，建筑面积为6188m²。东西向全长75.56m，南北向宽度不等，最宽处41.24m，最窄处24.63m。框架结构，独立柱基础，动力区和煤仓的单体项目分别有 -6.9m 和 -5.38m 的地下室基础底板。

该工程工期要求从 2001 年 11 月 26 日入场到 2002 年 3 月以前投入使用。除工期紧外，建设单位要求全部都要在冬期施工完成。这就要求我们必须采取合理、可靠的冬期施工方法，完成施工任务。为此我们组织相关单位进行科研攻关，研制了自升式暖棚结构形式，形成封闭暖棚，并对混凝土的浇筑过程严格控制。经过工程实践总结，形成该施工工法，该工法技术先进，施工效果显著。

2. 工 法 特 点

2.1　利用工程项目的实际特点，将暖棚与建筑物结合在一起，有效的采取混凝土施工的防冻害措施。

2.2　采用转换支撑结构的方式搭设建筑物暖棚，使暖棚随建筑物的升高而抬升，并有效地设置好原材料及混凝土搅拌机暖棚，内部设置加热设施，水和砂石采用蒸汽加热。

2.3　将测温数据处理和相关信息反馈应用于施工过程中，利用监控量测指导施工，动态控制混凝土生产、入模、施工、养护温度，确保施工质量和工期履约。

3. 适 用 范 围

3.1　温度适用要求：符合冬期施工期限划分原则（当室外日平均气温连续 5 天稳定低于 5℃ 即进入冬期施工，当室外日平均气温连续 5 天高于 5℃ 时解除冬期施工）。

3.2　项目适用要求：明挖的地下工程、层数较低的房屋建筑工程、非复杂的混凝土作业工程、混凝土量比较集中的结构工程。

4. 工 艺 原 理

采用混凝土冬期施工暖棚法，即将原材料、混凝土搅拌设备、养护的混凝土构件或结构置于搭设的暖棚内，内部设置加热设施和设备，形成一个稳定、恒温、可靠的围护结构，采用转换支撑结构的方式搭设建筑物暖棚，使暖棚随建筑物的升高而抬升，始终形成封闭保温暖棚，并定时进行温度监测，使混凝土处于正温环境下进行养护，确保混凝土构件不受冻害。

同时，采用材料加热法、掺外加剂（早强剂、防冻剂）等辅助方法，保证混凝土不受冻害影响，在正常温度条件下养护，并通过同条件养护下试块，进行混凝土试块抗压试验来监测。

5. 施工工艺流程及操作要点

5.1 暖棚法定义：将被养护的混凝土构件或结构置于搭设的棚中，内部设置排管散热器加热棚内空气，使混凝土处于正温环境下养护的方法。

5.2 施工工艺流程

施工准备→搅拌机及材料暖棚搭设→建筑物二层暖棚搭设→一层排管散热器及管道安装→一层框架柱钢筋、模板、混凝土→楼层楼板模板支设→楼层暖棚支撑转换→楼层排管散热器及管道安装→上一层暖棚搭设→楼层楼板钢筋、混凝土→混凝土养护→本层暖棚顶拆除→本层框架柱钢筋、模板、混凝土→上一层楼板模板支设→上一层暖棚支撑转换→上一层排管散热器及管道安装→再上一层暖棚搭设→上一层楼板钢筋、混凝土→混凝土养护。

5.3 暖棚设计和结构

5.3.1 暖棚的设计是以建筑物为轮廓，在周边以单、双排脚手架作为骨架，建筑物内部用满堂红脚手架作为受力杆件，使暖棚形成一个整体网架结构，为保证暖棚的稳固性，在骨架四周用 $\phi 6$ 钢筋设斜拉坠线，角度大于 $45°$，与地锚或可靠物拉紧牢固，以抗风压。

5.3.2 暖棚结构型式

1. 暖棚侧面为（由外至里）：防冻塑料——脚手架——板皮@500——密目网——苯板——底部 2.2m 高薄钢板网档，其上为五色布。

2. 暖棚顶面为（由下至上）：8 号钢丝网@500——板皮@1000——防冻塑料——安全网或密目网与支撑横杆绑牢以防大风将棚顶塑料掀起。

3. 每层混凝土浇筑完后，随着周边脚手架的向上延伸，采用转换暖棚支撑结构的方式，在上层暖棚搭设完后再拆除下层暖棚顶面，以保证暖棚的封闭和保温性能。

具体做法是在每根暖棚支撑立杆处暖棚顶的位置设置一根 600mm 短钢管，在暖棚顶上下各伸 300mm，与立杆用对接扣件连接，伸出暖棚顶的短管头在与立杆连接前用塑料布包严，暖棚顶的防冻塑料在此处应留孔套过短管，周边用胶带封严。

楼板模板铺设到立杆边时，在立杆边上设置 T 形铁件，T 形铁件支撑在摸板上（为增加强度在模板下加一道 6mm×9mm 方木。T 形铁件待浇筑完混凝土后，从混凝土表面以上将其割断），然后紧贴立杆加一钢管辅助支撑，下部插在 T 形铁件上，上部与短管用二个旋转扣件连接，这样就可以逐步拆除原支撑立杆，转换为由辅助支撑进行支撑，使楼板的施工正常进行。

二层以上楼板混凝土浇筑前，由暖棚顶上的短管向上延伸并搭设上一层暖棚顶，周边脚手架及其保温层亦向上延伸。待下层楼板浇筑完，进行框架柱施工前，拆除下层暖棚顶，其立杆及纵横杆待上层楼板施工时转换支撑后从短管接头处向下逐节拆除，见图 5.3.2。

5.3.3 暖棚采取分层搭设、拆除的办法，以利于增强暖棚的牢固和可靠性、封闭性、保温性。每层暖棚高度为在建建筑高度加 2m，见图 5.3.3。

5.3.4 每层框架及楼板混凝土浇筑后，要让浇筑的混凝土得到保温，并在暖棚内加温、升温，使混凝土养护温度提高，并保持棚内温度不低于 15℃，让混凝土提前 3～5d 达到龄期强度。

5.3.5 混凝土为现场搅拌，搅拌机设置三台，搅拌后的混凝土用手推车运到泵站暖棚，通过混凝土泵将其输送到浇筑地点，输送管道必须很好保温，施工中要加强维护和检查，并通过加热水和砂石提高出机温度来控制混凝土的入模温度大于 5℃。

5.3.6 混凝土搅拌机暖棚及泵站棚、材料棚和各工种作业棚与建筑物的暖棚之间通道应为捷径运距、减少运输中的热损失。

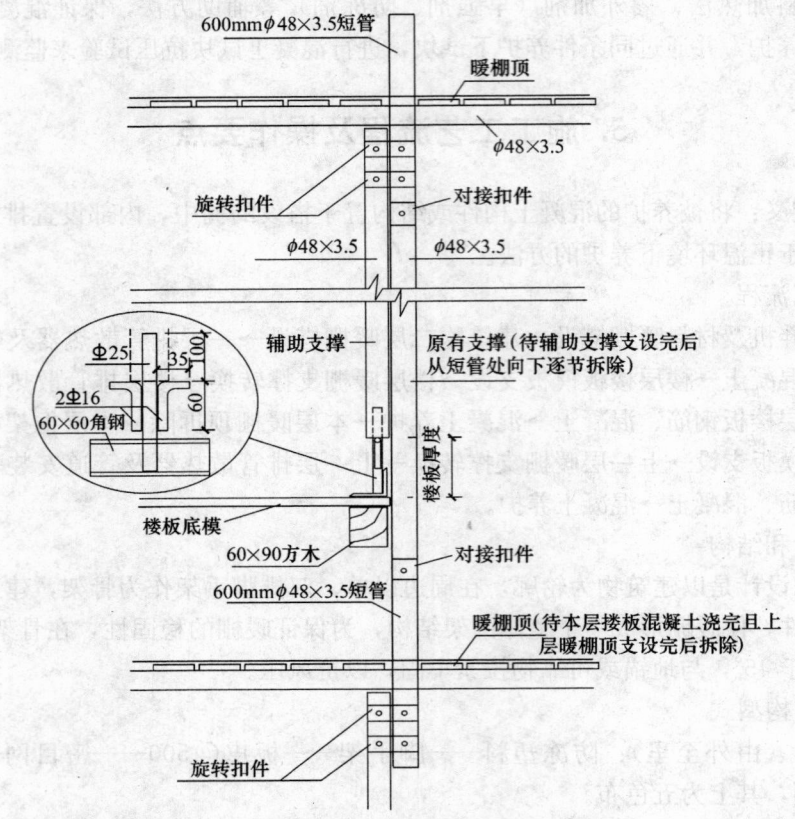

图 5.3.2 暖棚支撑结构转换示意图

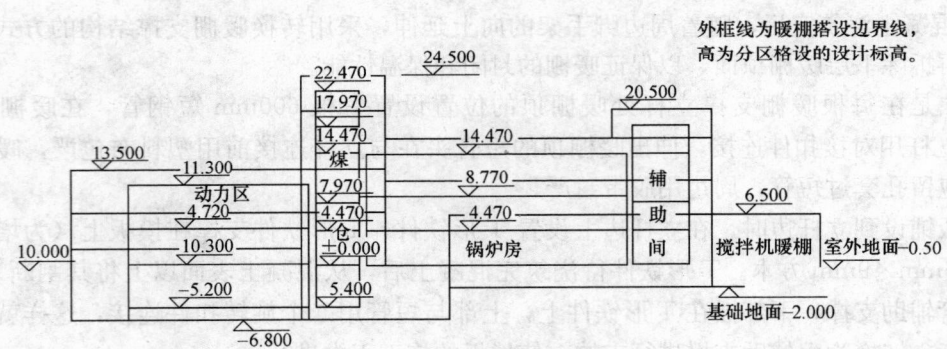

图 5.3.3 暖棚剖面示意图

5.4 加热设施和材料加热方法

5.4.1 加热设施

1. 耗热量计算。

工人住宿在建设单位原有建筑内，故不考虑生活耗热量，仅考虑生产、采暖和锅炉房自用耗热量。

1）生产耗热量

① 砂子加热：按每小时砂子使用量为 8m³，室外空气温度为－20℃，将砂子加热到＋35℃考虑。

计算公式如下：

$$Q = c \cdot V \cdot \rho (t_2 - t_1) \frac{K_1}{K_2} \tag{5.4.1-1}$$

式中　Q——耗热量（kJ/h）；

c——比热容 [kJ/(kg·K)]，砂子的比热容 $c=0.84$kJ/(kg·K)；

V——每小时用料量（m^3/h），$V=8m^3$；

ρ——质量密度（kg/m^3）；砂子的质量密度 $\rho=1500kg/m^3$；

t_2——加热后的材料温度（℃），$t_2=+35$℃；

t_1——加热前的材料温度（℃），$t_1=-20$℃；

K_1——不均衡系数，取 $=1.4$；

K_2——时间利用系数，取 $=0.7$。

将以上数值代入公式得：

$$Q=0.84\times8\times1500\times(35+20)\frac{1.4}{0.7}=1108800\text{kJ/h}$$

② 水加热：按每小时用水量为 $4m^3$，将水温由 $+15$℃加热到 $+70$℃考虑。

仍由公式（5.4.1-1）计算，其中 $c=4.1868$kJ/(kg·K)；$V=4m^3$；$\rho=1000kg/m^3$；$t_2=70$℃；$t_1=15$℃；$K_1=1.4$；$K_2=0.7$。

代入公式（5.4.1-1）得：

$$Q=4.1868\times4\times1000\times(70-15)\frac{1.4}{0.7}=1842192\text{kJ/h}$$

所以生产耗热量 $Q_1=1108800+1842192=2950992$kJ/h

2）采暖耗热量

① 混凝土搅拌机及泵站暖棚采暖耗热量

暖棚长 15m，宽 8m，高 5m，按冷却面积系数法计算耗热量，公式如下：

$$Q=q_3\cdot\alpha\cdot V=(M\cdot K\cdot\Delta t)\alpha\cdot V \tag{5.4.1-2}$$

式中　Q——建筑物的耗热量（W）；

q_3——暖棚单位体积耗热量（W/m^3）；

V——暖棚体积（m^3），$V=15\times8\times5=600m^3$；

M——暖棚表面系数，即暖棚冷却面与暖棚体积之比（m^2/m^3），$M=\dfrac{F}{V}=\dfrac{470}{600}=0.78m^2/m^3$；

K——暖棚围护结构的平均传热系数 [W/(m²·K)]，取 $K=2.5$W/(m²·K)；

Δt——室内外空气温度差（t_n-t_w）（℃），$\Delta t=15-(-20)=35$℃；

α——风力系数；风速 <5m/s 时，$\alpha=1.25\sim1.50$；

风速 >5m/s 时，$\alpha=1.5\sim2.00$，按风速 6m/s 考虑，$\alpha=1.7$。

代入公式（5.4.1-2）得：

$$Q=0.78\times2.5\times35\times1.7\times600=69.615\text{kW}=250614\text{kJ/h}$$

② 砂石材料堆场暖棚采暖耗热量

暖棚长 30m，宽 15m，高 5m，仍按冷却面积系数法计算耗热量，计算公式（5.4.1-2），式中 $V=30\times15\times5=2250m^3$，$M=1350/2250=0.54m^2/m^3$，$K=2.5$W/(m²·K)，$\Delta t=15-(-20)=35$℃，$\alpha=1.7$。

代入公式（5.4.1-2）得：

$$Q=0.54\times2.5\times35\times1.7\times2250=180.731\text{kW}=650632\text{kJ/h}$$

③ 建筑物暖棚采暖耗热量

按面积耗热指标法计算耗热量，公式如下：

$$Q=q_2\cdot S \tag{5.4.1-3}$$

式中　Q——建筑物的耗热量（W）；

S——建筑物的面积（m^2），$S=6188m^2$；

q_2——建筑物单位面积耗热指标（W/m^2），取 $q_2=90W/m^2$。

代入公式（5.4.1-3）得：

$$Q=90\times6188=556.92kW=2004912kJ/h$$

所以采暖耗热量 $Q_2=250614+650632+2004912=2906158kJ/h$

3）锅炉房自用耗热量。

锅炉房自用耗热量取 $Q_3=200000kJ/h$。

2. 锅炉需用容量计算

总耗热量由下公式计算：

$$Q=K\cdot(K_1Q_1+K_2Q_2+K_3Q_3)\cdot K_0 \tag{5.4.1-4}$$

式中　　　Q——总耗热量（kJ/h）；

K_1、K_2、K_3——分别为生产、采暖和锅炉房自用热同时使用系数，$K_1=0.9$，$K_2=1$，$K_3=1$；

Q_1、Q_2、Q_3——分别为生产、采暖和锅炉房自用耗热量（kJ/h）；

K_0——热力管道的热损失系数，取 $K_0=1.15$；

K——保证系数，取 $K=1.2$。

将已知数值代入公式（5.4.1-4）得：

$$Q=1.2\times(0.9\times2950992+1\times2906158+1\times200000)\times1.15=5762051kJ/h$$

将总耗热量换算为蒸汽量，公式如下：

$$D=\frac{Q}{\gamma} \tag{5.4.1-5}$$

式中　D——蒸汽量（kg/h）；

Q——耗热量（kJ/h），$Q=5762051kJ/h$；

γ——介质在某压力下的汽化热（kJ/kg），低压蒸汽 $\gamma=2100kJ/kg$。

代入公式（5.4.1-5）得：

$$D=\frac{5762051}{2100}=2744kg/h=2.744t/h$$

根据计算的锅炉容量，利用建设单位原有 3t 蒸汽锅炉作为热源，锅炉的点火、试压工作在进入冬季施工前已由建设单位完成。

3. 管径确定

蒸汽管径 70mm，凝结水管径 40mm。蒸汽管线共设三条干管。

1）混凝土搅拌机及泵站棚供热干线。

2）砂石料场供热干线。

3）建筑物暖棚内供热干线，用于棚内加热升温和混凝土养护，并保持棚内温度控制在 15℃以上。

4. 散热器的形式和数量

散热器选择简易型排管散热器，用 $\phi89\times3.5$ 无缝钢管焊接而成，形式见图 5.4.1。

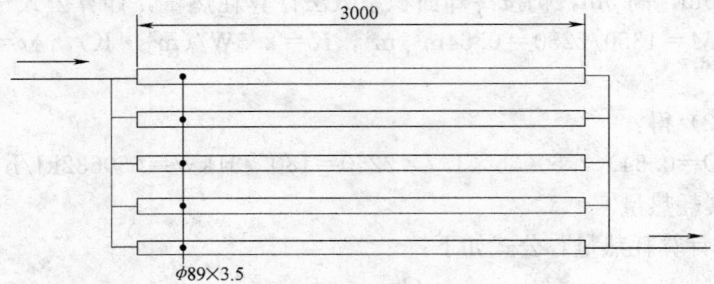

图 5.4.1　简易型排管散热器形式

根据相关资料和已知数据，每个散热器的散热量按 19605kJ/h 考虑。

1）混凝土搅拌机及泵站暖棚采暖散热器数量＝250614/19605＝13（个），周边布置。用钢筋马凳垫起，并与周边支撑立柱拉结固定。

2）砂石材料堆场暖棚采暖散热器数量＝650632/19605＝33个，周边布置。用钢筋马凳垫起，并与周边支撑立柱拉结固定。

3）建筑物暖棚采暖散热器数量＝2004912/19605＝102个，按层数四层考虑，平均每层26个。散热器及管道用钢筋马凳垫起，每层周边布置，并在混凝土柱上设膨胀螺栓埋件上焊 $\phi6$ 钢筋，与散热器及管道拉结固定。

5.4.2 材料加热方法和要求

1. 水加热采用蒸汽间接加热法。

水加热应提前4h进行，温度控制在70℃，如采用强度等级42.5MPa的普通硅酸盐水泥时，水温不得高于60℃。

2. 砂子加热的方法采用直接加热法形式。

在砂堆内插入蒸汽花管直接加热，要注意勤移动蒸汽管，并及时测定含水率，控制砂子的含水率变化，避免因水灰比和坍落度发生变化而影响混凝土的浇筑和强度的增长。

砂子加热应提前12h预热，温度控制在35℃。

砂堆覆盖帆布，以便使砂堆内的含水率和温度能够大体均衡。

3. 石子、水泥及砖的预热：事先将石子、水泥和砖储于搅拌机棚和材料暖棚内，使这些材料在使用前温度达到5℃以上，减少搅拌时的热损失。

5.5 混凝土浇筑及养护

5.5.1 浇筑混凝土之前要对模板、钢筋、预埋件、马道的搭设、防滑设施、振捣机械等进行检查。

5.5.2 采用机械振捣，振捣要快速。浇筑柱子时，一个施工段内每排柱子要由外向内对称顺序浇筑，梁和板同时浇筑，梁底和梁侧面要注意捣实，振捣器不得碰模板、钢筋和预埋件。

5.5.3 梁板在上人前铺设木板，工作人员在木板上行走，避免混凝土表面凹凸不平。

5.5.4 楼板混凝土浇筑完后用木抹子抹平，表面覆盖一层塑料及一层草袋片，并应保持混凝土表面湿润。

5.5.5 混凝土浇筑后柱头保温养护是薄弱环节，应在每个柱头设一碘钨灯照射，确保混凝土柱头不受冻害，并可作为照明使用。

5.6 暖棚内的取暖加热方法

5.6.1 每层梁板支模的同时，根据计算出的每层的散热器数量在周边框架柱之间安装散热器及管道，在混凝土浇筑前通气，散热器及管道用钢筋马凳垫起。

5.6.2 每层的上料平台出口设保温门帘，出口上部设热风幕。

5.6.3 当棚内温度达不到15℃时，要在棚内采取补充加热措施，根据每层的空间大小和层内温度设置，采用电热风等加热方法。

5.7 混凝土测温

5.7.1 在混凝土梁板浇筑时，应每隔3.0m设一个测温孔，并且保证每跨梁至少设3个测温孔，测温孔直径6mm，深度为梁高或板厚的1/2。全部测温孔均应编号，并绘制测温孔布置图。

5.7.2 测量混凝土温度时，测温表应采取措施与外界隔离；测温表留置在测温孔内的时间应不少于3min。

5.7.3 混凝土养护温度的测温点应选择具有代表性位置进行布置，在离地面50cm高度处必须设点。测量时间应根据实际情况保证每2h一次。每日2、8、14、20时，分别对棚内和棚外进行测温记录。

5.7.4 混凝土冬期施工测温项目和次数见表5.7.4。

5.8 混凝土试块的留置和强度判断

混凝土冬期施工测温项目和次数　　　　　　　　　　表 5.7.4

测 温 项 目	测 温 次 数
室外气温及环境温度	每昼夜不少于4次，此外还需测最高、最低气温
搅拌机棚温度	每一工作班不少于4次
水、水泥、砂、石及外加剂溶液温度	每一工作班不少于4次
混凝土出罐、浇筑、入模温度	每一工作班不少于4次

5.8.1　混凝土试块每层柱、梁板应分别至少留置3～5组，其中一组终凝后送标养，另外几组分别放置现场同部位同等条件下进行养护，并进行不同龄期的试压，记录混凝土的早期、中期、后期强度值，以备观察混凝土的强度情况之用。

5.8.2　根据试块试压情况和回弹仪的回弹混凝土强度情况判定混凝土强度，当初步判定混凝土强度达到可拆模标准时，方可拆模。

5.9　暖棚顶除雪

为解决暖棚顶除雪问题，采用成片草帘卷起放置在边缘，下雪前用绳牵引覆盖，雪停后再卷起，吊到地上清理干净后再放到棚顶。

5.10　劳动力组织（表5.10）

劳动力组织情况表　　　　　　　　　　表 5.10

序 号	单项工程	所需人员	备 注
1	管理人员	4	
2	技术人员	4	
3	混凝土施工	36	
4	暖棚维护人员	8	
5	测温人员	2	
6	杂工	6	
	合计	60人	

6. 材料与设备

6.1　材料准备

6.1.1　水泥

采用硅酸盐水泥或普通硅酸盐水泥。

6.1.2　骨料

冬期施工中，对骨料除要求没有冰块、雪团外，还要求清洁、级配良好、质地坚硬，不应含有易被冻坏的矿物。

骨料中不应含有有机物质，如腐殖酸能延缓混凝土的硬化，尤其当采用不加热的施工方法时危害性更大，因为腐殖酸要中和骨料中所含的有机物质，就要消耗掉大量的水化产物，从而延缓了水泥的水化速度和强度增长过程。这些杂质不仅影响混凝土的早期硬化速度，还降低后期强度。

6.1.3　拌合水

采用一般饮用的自来水作为拌制混凝土用水，但水中不得含有导致延缓水泥正常凝结硬化及引起钢筋和混凝土腐蚀的离子。

6.1.4　外加剂

砂浆和混凝土掺入适量外加剂，组分可包括防冻、早强、减水等成分，改善混凝土工艺性能，提高耐久性并保证其在低温期的早强及负温下的硬化，防止早期受冻。

6.1.5　保温材料

从就地取材和工程类型、结构特点、施工条件等因素综合考虑，选用导热系数小，密封性好，价格低廉，重量轻，能够多次重复使用的保温材料如草帘和苯板等。

6.2 混凝土配制要求

6.2.1 混凝土掺防冻剂及超早强剂，防冻剂和超早强剂掺量按产品说明使用。

6.2.2 严格执行试验室给出的配合比，做到车车计量。

6.3 混凝土搅拌及对材料要求

6.3.1 混凝土搅拌前，应用热水或蒸汽冲洗搅拌机，搅拌时间应取常温搅拌时间的 1.5 倍。

6.3.2 拌制混凝土时采用加热水的方法。水泥不宜直接加热，并要求在使用前运入混凝土搅拌机暖棚内存放，暖棚内温度必须达到 15℃以上。

6.3.3 混凝土拌合物的出机温度不宜低于 10℃，入模温度不得低于 5℃。

6.3.4 冬期施工混凝土外加剂要有质量合格证、准用证等证明，并宜使用无氯盐类防冻剂。

6.3.5 砂、石和水泥必须经实验室检测复试合格后才可使用。认真执行重量配合比，但蒸汽加热后的原材料发生含水率增高情况可做适当调整。

6.4 对模板的要求

6.4.1 为了减少热量损失，使用木、竹模板，因为钢模板的导热系数很大。

6.4.2 在未形成暖棚之前，固定的竖向模板外应加设 3 层草袋片，并且在混凝土浇筑前，对模板内和钢筋采用电加热的方法预热，使模板内温度达到 5℃以上，减少浇筑后混凝土的热损失量。暖棚形成后，按实际情况不做上述处理。

6.4.3 冬期施工模板不宜周转使用，本工程共投入 4 层模板。

6.4.4 冬期施工混凝土强度上升较慢，需提高模板竖向支撑间距，减少立杆支撑接头率。

6.5 设备

本工法无需特别说明的设备。

7. 质 量 控 制

7.1 工程质量控制标准

7.1.1 混凝土现浇结构施工质量执行《建筑工程冬期施工规程》JGJ 104—97、《混凝土结构工程施工质量验收规范》GB 50204—2002，其尺寸允许偏差和检验方法按表 7.1.1 执行。

混凝土现浇结构尺寸允许偏差和检验方法　　　　　　　表 7.1.1

项　目			允许偏差(mm)	检验方法
轴线位置	基础		15	钢尺检查
	独立基础		10	
	墙、柱、梁		8	
	剪力墙		5	
垂直度	层高	≤5m	8	经纬仪或吊线、钢尺检查
		≥5m	10	经纬仪或吊线、钢尺检查
	全高		$H/1000$ 且≤30	经纬仪、钢尺检查
标高	层高		±10	水准仪或拉线、钢尺检查
	全高		±30	
截面尺寸			+8，−5	钢尺检查
电梯井	井筒长、宽定位中心线		+25,0	钢尺检查
	井筒全高(H)垂直度		$H/1000$ 且≤30	经纬仪、钢尺检查
表面平整度			8	2m 卷尺和塞尺检查
预埋设置中心线位置	预埋件		10	钢尺检查
	预埋螺栓		5	
	预埋管		5	
预留洞中心线位置			15	钢尺检查

7.1.2 模板分项工程、钢筋分项工程施工执行《混凝土结构工程施工质量验收规范》GB 50204—2002。

7.1.3 辽宁省地方标准《建筑工程质量验收实施细则》DB 21/1234—2003。

7.2 质量保证措施

7.2.1 本公司将混凝土浇筑施工作为特殊过程控制，其施工过程要符合《施工过程管理办法 Q/JCJS.G03.7501—2001》的规定。

7.2.2 做好混凝土的浇筑计划，混凝土罐车进场后要及时浇筑。

7.2.3 要检查混凝土的坍落度，混凝土入模前安排专人检查混凝土的入模温度并做好记录。

7.2.4 浇筑前应作好必要的准备工作，如对模板、钢筋和预埋件的检查，浇筑时所用的脚手架、马道的搭设要符合要求，防滑措施要到位。

7.2.5 混凝土振捣的振捣手必须进行岗前培训，培训内容由项目经理部技术负责任根据设计要求，并结合现行有效施工验收规范、操作规程等具体确定，培训方式、步骤及形成的相关记录等，应按公司管理体系程序文件中有关培训、意识和能力要素的要求来进行。

7.2.6 混凝土采用机械振捣，由经过培训的振捣手振捣密实，质量检查员跟踪检查。

7.2.7 混凝土浇筑除按《混凝土结构工程施工质量验收规范》的规定留置试块外，还要留置同条件养护试块，并保证同条件养护试块的养护条件与施工现场结构养护条件相一致。另外，还要检查混凝土表面是否受冻、粘连、收缩裂缝、边角是否脱落等，以便对冬期施工的混凝土浇筑质量作出客观的评价。

8. 安 全 措 施

8.1 管理依据标准

8.1.1 《中华人民共和国安全生产法》。

8.1.2 《建设工程施工安全技术操作规程》。

8.1.3 《建筑施工安全检查标准》JZJ 59—99。

8.2 安全措施

8.2.1 认真贯彻"安全第一，预防为主"的方针，根据国家有关法律、法规、条例，结合施工单位实际情况和工程的具体特点，按公司安全管理体系要求建立项目安全管理机构，配备专兼职安全员。

8.2.2 做好三级安全教育工作，职工经安全考核合格后方可上岗作业。

8.2.3 施工安全用电管理

1. 现场临时用电必须编制用电方案，符合安全规范和操作规程。

2. 现场的临时用电，包括设备用电接线必须由具备资质的电工负责。

3. 在自然光线不足的作业地点或夜间作业，必须设足够的照明。

4. 施工现场的手持照明灯具使用36V安全电压。

5. 焊接时的焊把导电部分不能与金属直接接触。

6. 临时用电线路必须架起不得拖地。

8.2.4 机械设备管理

1. 所有施工机具进入施工现场必须严格执行《建筑机械使用安全技术规程》JGJ 33，设备在使用前必须进行检修、维护及保养，保证技术状况良好，安全装置齐全有效，经有关部门安全检查合格后方可使用。

2. 施工现场各种机械操作规程必须布置到位。

3. 设备使用前要对操作人员进行操作规程及安全知识的培训。

4. 塔吊、卷扬机、搅拌机等操作手必须经有关部门培训、考核合格，发放证书后方可上岗作业。

8.2.5 施工现场脚手架设应符合有关规定，现场技术人员要对脚手架进行安全验算，并根据验算结果编制单项安全技术措施方案，经公司、监理等单位审批后实施。施工过程中及时按规定布设安全网。脚手架斜道的脚手板要有有效的防滑措施。

8.2.6　所有进入施工现场的人员都必须戴好安全帽，高处作业人员必须系好安全带。

8.2.7　施工现场使用的特种劳动保护用品，必须按公司防护用品采购使用管理规定执行，并必须有"三证"（生产许可证、安鉴证、质量合格证）的合格产品。

8.2.8　安全防火管理

1. 本工程为冬期施工，并采用暖棚法施工，因此必须做好安全防火工作。

2. 现场成立安全防火工作领导小组，由项目经理亲自主抓，并配一名专（兼）职安全防火干事具体负责日常工作。

3. 健全安全防火规章制度，挂牌施工，责任到人，定期检查，严格奖罚，做好记录。

4. 对职工进行消防安全教育。

5. 现场组建义务消防队，定期培训、演练，使之达到会报警，会使用灭火器材、工具、会扑灭初起火灾，会自行救助。

6. 施工现场设宽度不小于 3.5m 的消防环形通道，并不得堵塞，保证时时畅通。

7. 现场必须设置足够的消防灭火器材，特别是在暖棚内的碳火炉旁、模板加工区、宿舍旁、库房等处必须设置灭火器材，暖棚内要设置消防管道，并引到各楼层上。

8. 现场配备消防监督员，对重点部位，特别是暖棚内进行消防安全巡视，发现火灾苗头和隐患要及时组织人员排除。

9. 现场禁止烧明火取暖，禁止使用电炉、照明灯具取暖。

10. 用电褥子取暖时，必须由专业电工接线，同时做到人员离开时闭掉开关。

11. 各种易燃物品应远离加热设施，防止引起火灾。

8.2.9　要做好对暖棚内的空气质量监测，避免出现烟熏和一氧化碳中毒现象。使用焦炭炉等辅助加热时，要在暖棚内应设置排风排烟口，同时注意安全防火。

9. 环 保 措 施

9.1　按国际标准 ISO 14001—1996 环境管理体系要求建立现场文明施工、环境保护管理机构，加强对职工文明施工、环境保护教育。

9.2　按照国家颁布的生产性粉尘、有毒作业、垃圾、污水、噪声分级标准进行测试、考核和登记建挡工作，同时结合现场实际情况抓好治理整改工作，不断改善工作环境。

9.3　施工现场要做到工完场清。砂石料场汽化水要妥善处理，在暖棚内设置积水坑，不得流到暖棚外面形成冰冻地面。

9.4　现场的运输道路要按规定铺筑并硬化处理，现场组织清洁队每天清扫道路等。

9.5　清理暖棚顶的积雪时不得任意抛撒，要集成小堆然后用手推车运到合适地点集中堆放。

9.6　机械使用前要进行检修保养，尽量减少机械噪声。

9.7　各种材料要分类堆放并做好标识。

9.8　雪后及时组织人员清扫现场，保证不影响施工作业，保证现场整洁。

9.9　车辆出场前对轮胎等进行清扫，不得将泥砂等带入场外道路上。

9.10　施工现场不得焚烧有毒、有害物质。

10. 效 益 分 析

10.1　本工法将整个工程在冬期施工完成，虽然冬期施工增加费用按正常造价增加约 17%，但与整个项目的提前使用，后续项目的及时开工相比，无论从经济效益还是社会效益都是有益的。项目的提前使用一般增加了建设单位全年效益的 15%～18%。

10.2 冬期施工，干扰因素少，封闭施工，且建筑材料便宜，钢材每吨约节省 300 元，水泥每吨约节省 20 元，砂石每立方米约节省 12 元。形成环境效益和经济效益有机结合。

10.3 正常"冬闲"时，人员放假休息、设备封存，而采取冬期施工，提高设备使用周转利用率，增加农民工就业机会，每个工人在冬季平均多收入一万多元工资，有一定的社会效益。

11. 应用实例

11.1 辽宁大厦动力区工程

11.1.1 工程概况

辽宁大厦动力区工程共包含锅炉房及储煤仓、动力站、辅助间及地下水池等项目，建筑面积为 6188m²（不包括水池面积 1000m²）。工程结构为框架结构，独立柱基础。动力区和煤仓的单体项目分别有 −6.9m 和 −5.38m 的地下室基础底板。东西向全长 75.56m，南北向宽度不等，最宽处 41.24m，最窄处 24.63m。混凝土主体施工采用冬期施工暖棚法施工工法。

11.1.2 施工情况

工程施工过程中，严格按施工组织设计要求搭设暖棚，严格执行国家、辽宁省地方标准。采取该工法有效解决混凝土冬期施工问题。该工程在确保质量、安全的条件下，如期完工。

因项目提前投入使用，建设单位全年经济效益增加了 18%。冬季材料便宜，施工单位节省钢材款 280×253.7=71036 元；节省水泥款 20×1237.6=24752 元；节省砂石料款 12×5198=62376 元。因参加冬期施工，每个农民工在冬季平均多收入 12500 元工资。

施工情况见图 11.1.2。

图 11.1.2 施工情况图（一）

11.1.3 工程监测与结果评介

该工程施工过程中，严格按照以上控制要点进行施工，未出现受冻害的构件，并且使用多年后，仍然与常温施工下的效果一样。

11.2 沈阳棋盘山何氏生物技术产业园孵化器工程

11.2.1 工程概况

沈阳棋盘山何氏生物技术产业园孵化器工程为三层钢筋混凝土框架结构，建筑面积为 4700 平方米，工期为 2005 年 10 月 20 日～2006 年 5 月 1 日。柱网轴线为 7500mm×7500mm，主梁截面 650mm×350mm、900mm×350mm，次梁轴线间距为 3750mm，截面 300mm×550mm，三层顶板厚 120mm，分配式配筋。四周女儿墙高 1000mm。混凝土主体施工采用冬期施工暖棚法施工工法。

11.2.2 施工情况

总结了上次的施工经验，严格按照工程实际情况编制详细的施工组织设计，指导现场施工。采取该工法有效解决了混凝土冬期施工问题。

因项目提前投入使用，建设单位全年经济效益增加了 20%。冬季材料便宜，施工单位节省钢材款 $310 \times 183.3 = 56823$ 元；节省水泥款 $19 \times 733.2 = 13930.8$ 元；节省砂石料款 $13 \times 3196 = 41548$ 元。因参加冬期施工，每个农民工在冬季平均多收入 11300 元工资。

施工情况见图 11.2.2。

图 11.2.2　施工情况图（二）

11.2.3　工程监测与结果评介

该工程竣工已经一年多，严格执行该工法的控制要点，施工效果较好，未出现受冻害的构件。

11.3　沈阳市第八十八中学学生宿舍工程

11.3.1　工程概况

沈阳市第八十八中学学生宿舍工程为四层钢筋混凝土框架结构，建筑面积为 7500m²，工期为 2006 年 7 月 10 日～2007 年 3 月 20 日。柱网轴线为 6000mm×6000mm，主梁截面 750mm×300mm、950mm×350mm，次梁轴线间距 3900mm，截面 600mm×400mm，板厚 120mm。混凝土主体施工采用冬期施工暖棚法施工工法。

11.3.2　施工情况

根据以往的施工经验，进一步完善各项技术措施，采取该成熟工法指导现场施工，有效地解决了混凝土冬期施工问题。

因项目提前投入使用，建设单位全年经济效益增加了 19%。因冬期封闭施工，减少了对学校教学的干扰，环境效益明显。冬季材料便宜，施工单位节省钢材款 $295 \times 262.5 = 77437.5$ 元；节省水泥款 $21 \times 1072.5 = 22522.5$ 元；节省砂石料款 $11 \times 5025 = 55275$ 元。因参加冬期施工，每个农民工在冬季平均多收入 11800 元工资。

施工情况见图 11.3.2。

图 11.3.2　施工情况图（三）

11.3.3　工程监测与结果评介

该工程施工效果较好，至今未出现任何异常，也未出现受冻害的构件。

建筑模网混凝土墙施工工法

GJEJGF037—2008

东北金城建设股份有限公司　中铁九局集团有限公司

卢伟然　吴长城　柳成荫　于建军　谷卫东

1. 前　　言

随着国家对土地资源的控制不断加大，以及对环保要求的不断提高，传统的"秦砖汉瓦"施工技术逐渐被淘汰。模网混凝土墙体是集承重、保温为一体的墙体材料，实践证明，模网混凝土墙体是取代传统黏土砖砌体结构的新型建筑结构形式之一。并且由于建筑模网混凝土结构有抗震性能好、施工便捷、节约能源等诸多优势，必将在今后的施工中得到广泛应用。

该工法采用的建筑模网技术是 1997 年从法国引进的技术成果。它是法国杜郎夫妇发明的一种建筑模网，模网由两片固定于加劲肋的钢板网用沿加劲肋对称或交错分布的折钩拉筋构成空间的网架结构，在网架内浇灌混凝土，形成模网混凝土结构。该项目先后列入科技部 2000 年国家级火炬计划项目、2003 年国家科技成果重点推广计划项目、国家经贸委 2000 年国家级重点新产品试产计划、建设部 2001 年科技推广转化指南项目、2002 年国家康居示范工程选用部品和产品、中国房地产协会 2001 年面向全国推介的住宅应用技术（产品）。

东北金城建设股份有限公司联合模网生产厂家、设计单位以及建设单位将该工法应用于工程实践中，结合工程特点及施工过程中发现的问题，不断改进和完善，形成了企业的建筑模网混凝土墙施工工法。由于技术先进，工艺简便，取得了明显的社会效益和经济效益。

2. 工 法 特 点

2.1 施工速度快。简化施工程序，省去拆、装模工序，施工机械、设备简单、施工周期短，比常规砖混结构房屋缩短工期 1/3 以上；比同等保温效果的钢筋混凝土墙体工程造价降低 15%～20%。

2.2 质量容易控制。由于采用工厂化生产，按标准加工模网墙模板，误差减小，与常规模板安装施工相比，质量更易控制。建筑模网具有渗滤效应、环箍效应、限裂效应和容器效应，不振捣即可达到自密实程度，保证强度要求，避免混凝土收缩引起的变形和裂纹，可确保施工工程质量。

2.3 使用空间增大。模网混凝土墙厚一般采用 160～250mm（外墙另增加 60mm 保温聚苯板），与砖混结构之砖墙相比，室内空间使用面积可增大 10%左右。另外室内无突出的梁、柱，空间更能得到充分利用。并可建造大尺度建筑空间，使用面积增加，房屋宽敞明亮。

2.4 提高抗震性。采用墙板现浇施工方法，结构整体受力更好，抗震的延性大大提高。

2.5 节约能源。采用整体保温外墙，有更好的保温性能，对建筑节能有相当好的效果。另外与砖混结构的实心砖承重墙相比，节约土地资源和能源。

3. 适 用 范 围

建筑模网混凝土结构可适用于除地下室外墙以外的其他墙体，具体适用范围如下。

3.1 抗震设防地区和抗震设防烈度不大于 8 度的地区。

3.2 按设计需冬季保温和夏季隔热的地区。

3.3 新建、扩建、改建的住宅建筑的承重和非承重墙体。

3.4 建筑高度不大于 55m 的多层建筑和小高层剪力墙结构。

3.5 建筑结构平面布置简单、规则,竖向布置规则均匀,且高宽比不大于 5 的。

3.6 不得用于处于受侵蚀环境或墙板表面温度高于 60℃的工业建筑。

4. 工 艺 原 理

本工艺采用的建筑模网实际上代替了施工中的模板。即采用带竖向加劲肋的两片钢板网,经折钩拉筋连接形成开敞式的空间结构,浇筑混凝土后使混凝土产生渗流排出多余水分,降低水灰比,从而提高混凝土强度,同时又消除混凝土所吸纳的气体,消除钢木模板所造成的容器效应,使混凝土免振捣自密实,实现了一次性现浇成型混凝土墙体。简化施工程序,省去拆、装模工序;施工机械、设备简单、施工周期短;它集承重、保温、防水等功能于一体,可减少热桥产生,是一种新型的免拆模混凝土体系。

5. 施工工艺流程及操作要点

5.1 建筑模网混凝土结构施工工艺流程

建筑模网混凝土结构的施工工艺流程见图 5.1。

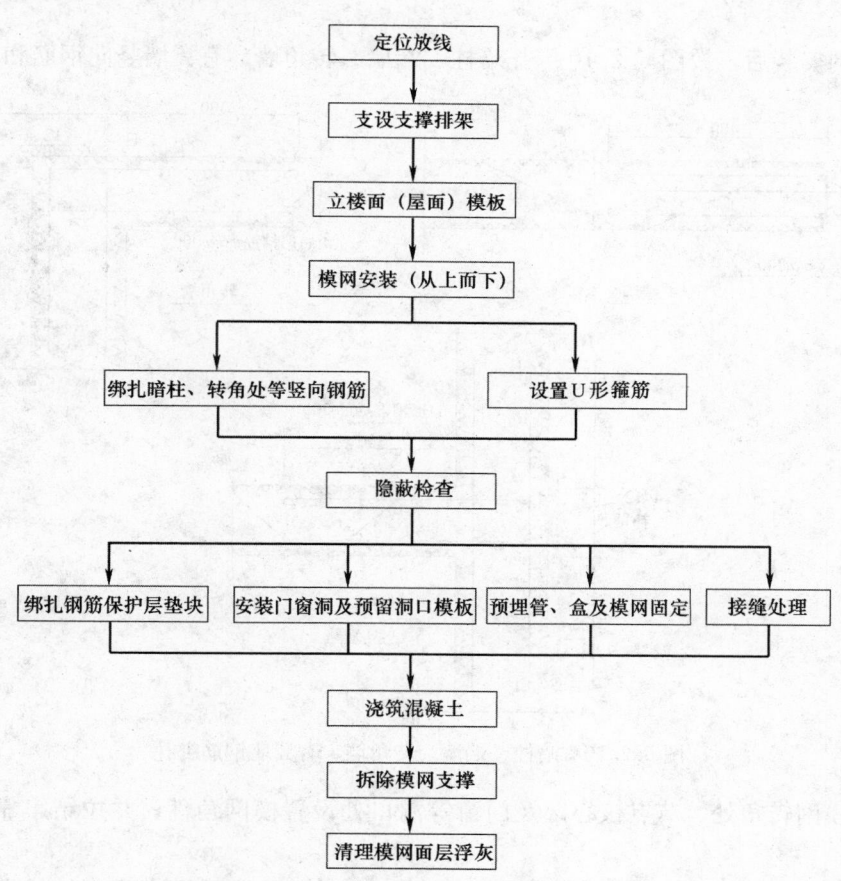

图 5.1 建筑模网混凝土结构施工工艺流程图

5.2 建筑模网混凝土结构操作要点

5.2.1 设计使用Ⅰ形模网,由加劲肋、钢板网、折钩拉筋连接而成。外墙模网采用保温型,外表面增加 60mm 厚保温聚苯扳。

5.2.2 施工时，先在基础或楼面弹出模网墙体控制线，并根据模网构件排块图标出各模网构件的宽度线，尽量选用大尺寸的标准规格模网，减少补网量。模网构件排块图中应对模网构件逐一编号，排块时要注意窗口、门口的预留尺寸，然后进行楼（屋面）板支撑排架的支设。

5.2.3 楼面或屋面模板安装结束后，用经纬仪吊线，确保墙体模网在控制线范围之内。

5.2.4 从屋（楼）面模板上由预留出的墙体位置空隙向下按照模网构件排快图安装模网，分单元组装，按照先外墙后内墙、先墙垛后墙肢的原则将各模网构件支立，底部用木方挤压固定。外墙模网外侧高度与屋（楼）面板上表面标高一致，内侧高度与屋（楼）面板下表面标高一致，内墙模网两侧高度与屋（楼）面板下表面标高一致。

5.2.5 模网之间必须严格按控制线排列，模网的拼缝应企口搭接，用铁线将两侧模网的钢丝网拉紧，确保靠紧、连牢。

5.2.6 为加强模网之间的连接强度和稳定性，我们在两片模网之间采用 $\phi12@200$ 钢筋进行连接。模网用钢剪剪开，将钢筋插入模网各 1000mm 与加劲肋绑扎，再用 22 号铁线将剪开处模网绑扎。

5.2.7 按照设计图纸的要求，在模网拼缝处相邻加劲肋中设置 4 根 $\phi12$ 竖向钢筋。

5.2.8 模网的水平支撑采用钢管，安装支撑采用可调节垂直度的专用模网支撑架，调整墙体垂直度，水平支撑竖向间距不大于 1000mm，外墙采用双面固定、内墙单面固定的方式。模网顶端两侧采用锁口方木支撑固定。

5.2.9 利用 8 号铁线制成的小钩将模网上的加劲肋与支撑体系中的钢管或木方连接，使模网墙体连成一体。

5.2.10 模网安装后，按图 5.2.10 绑扎暗柱、端墙、转角墙、有翼墙竖向钢筋和 U 形箍筋。

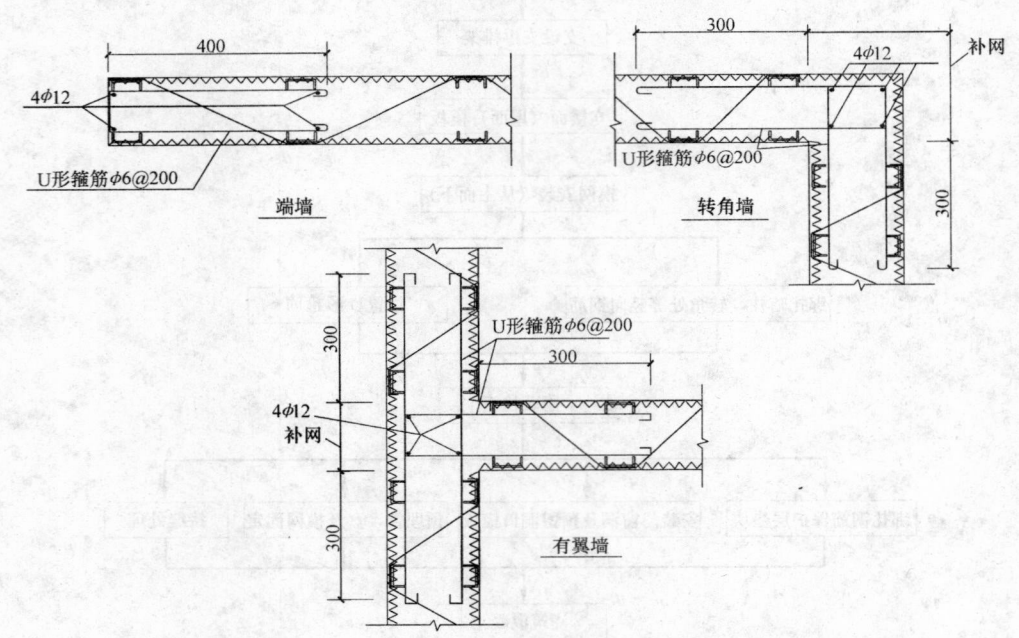

图 5.2.10 暗柱、端墙、转角墙、有翼墙钢筋绑扎

5.2.11 在模网转角处、节点核心区及门窗等洞口处设置模网角件，并拉结牢靠，以防止浇筑混凝土时挤胀变形。

5.2.12 按照水电设计图纸的要求，预留孔洞和预埋管、盒并采用电焊和铁线绑扎固定，与模网接缝处用胶带封严。

5.2.13 模网拼装长度不足部分预留在墙体相交处或门窗洞口端部，用单片模网或普通模板封堵。

5.2.14 门窗洞口上部及其两侧采用用单片模网或普通模板封堵。

5.2.15 在浇筑混凝土之前，要对模网安装工程和钢筋工程进行验收，合格后方能浇筑混凝土。先泵送混凝土在楼板模板上，人工将混凝土沿网模内侧送入模中，为了方便混凝土浇筑，在模网上口应设置护套，浇混凝土时应在模板口设置导流板，使混凝土有序下落。

5.2.16 模网墙体混凝土根据工程实践情况，浇筑时的坍落度控制在180～220mm之间。

5.2.17 模网墙体混凝土应均匀下料，分层连续浇筑。分层高度严格控制在800mm以内，下一层混凝土初凝前覆盖上层混凝土，并且钢板网外应均匀挂浆。

5.2.18 根据模网混凝土规程要求应采用免振捣自密实细石混凝土（卵石最大粒径不超过20mm），可以实现不需要机械振捣而自密实的效果。但在个别部位如端部、转角处等由于钢筋较多，采用人工钢棍插捣或橡皮锤轻击模网的方式振捣。必须待模网表面溢出水泥浆方能表示混凝土已密实。

5.2.19 基础顶面与墙相连部位应预埋连接钢筋。

5.2.20 在混凝土初凝前用木模子及时将模网表面溢出的水泥浆搓平，为下道抹灰工序创造条件。

5.2.21 混凝土浇筑后及时进行养护，在12h以内采用喷水或淋水的养护方法，保持混凝土处于湿润状态，时间不少于14d。

5.2.22 在墙体混凝土强度大于4.0MPa时，才能拆除模网安装支撑和墙体水平支撑。

5.3 建筑模网混凝土结构施工工艺的改进

5.3.1 按操作规程两片模网无需连接，但考虑到建筑整体性，经相关方同意，我们采取了用钢筋连接的工艺，效果显著。

5.3.2 根据厂家提供的图集，暗柱、转角处竖向钢筋无箍筋，在施工过程中很容易移位。我们及时与设计单位沟通，将暗柱、转角处钢筋加上箍筋，确保了施工质量。

5.3.3 在混凝土浇筑初期，按规范要求将坍落度控制在140～180mm之间。但由于施工期间气温在5～20℃，混凝土的和易性不易充分发挥，可能造成混凝土浇筑质量无法满足要求。通过认真分析与论证，最终将混凝土的坍落度控制在180～220mm之间，并取得了良好效果。

5.4 劳动力组织（表5.4）

劳动力组织情况表　　　　　　　　　　　　　　　　　表5.4

序　号	人员构成	人　数
1	管理人员	3
2	技术人员	2
3	模网安装	30
4	钢筋工	15
5	混凝土工	10
6	力工	4

6. 材料与设备

6.1 本工法采用的主要材料。

6.1.1 模网安装材料：普通模网、保温模网、角件、补网件、网片、φ48钢管、固定、万向管卡、木方（6×9）、竹（木）胶板、8（10）号绑扎铁线、可调整垂直度的专用模网支撑架。

6.1.2 混凝土。

采用预拌泵送免振捣自密实细石混凝土（细骨料用中砂、粗骨料用卵石、最大粒径不大于20mm、拌制用饮用水）。

6.2 本工法采用的机械设备（表6.2）

机械设备表 表 6.2

序 号	设备名称	设备型号	数 量	定额功率(kW)	生产能力
1	卷扬机		2	7.5	3t
2	搅拌机	JZC350	2	5.5	350L
3	钢筋切断机	GJ15-40	2	4	φ15-φ40
4	钢筋弯曲机	GJ17-45	2	4	φ17-φ45
5	钢筋调直机	GJ16-814	1	7.5	φ6-φ14
6	圆盘锯	MT114	2	4	
7	无齿锯		2	1	
8	电焊机	BX2-500	3	22kVA	500A
9	电渣压力焊	BX₃-500	1	27kVA	
10	橡皮锤		10		

7. 质 量 控 制

7.1 工程质量控制标准

7.1.1 建筑模网混凝土结构工程质量控制标准执行《混凝土结构工程质量验收规范》GB 50204—2002、《建筑模网混凝土结构技术规程》DB21/T 1210—2004 J 10433—2004。

7.1.2 固定在模网上的预埋件、预留孔洞应安装牢固，其偏差应符合表 7.1.2 的规定。

预埋件和预留孔洞的允许偏差 表 7.1.2

项 目		允许偏差(mm)
预埋件、预留孔洞中心线位置		3
预埋钢板中心线位置		3
插筋	中心线位置	5
	外露长度	+10,0
预埋螺栓	中心线位置	2
	外露长度	+10,0
预留孔洞	中心线位置	10
	尺寸	+10,0

7.1.3 模网安装的允许偏差应符合表 7.1.3 的规定。

模网安装的允许偏差及检验方法 表 7.1.3

项 目		允许偏差(mm)	检 验 方 法
轴线位置		10	钢尺检查
模网上表面标高		±10	水准仪或拉线、钢尺检查
截面内部尺寸		±5	钢尺检查
层高垂直度	不大于3.2m	8	经纬仪或吊线、钢尺检查
	大于3.2m	10	经纬仪或吊线、钢尺检查
相邻两模网表面高低差		3	钢尺检查
模网表面平整度		6	2m靠尺和塞尺检查
模网拼缝宽度	外墙	0	塞尺或钢尺检查
	内墙	+5,0	
模网厚度尺寸		±5	钢尺检查

7.1.4 现场安装水平钢筋、竖向钢筋及 U 形箍筋位置的允许偏差应符合表 7.1.4 的规定。

钢筋安装位置的允许偏差及检验方法 表 7.1.4

项　目		允许误差（mm）	检验方法
水平钢筋、竖向钢筋	间距	+10	钢尺量两端，中间取一点，取最大值
	排距	0，−3	
U 形箍筋	间距	±20	钢尺量连续三根，取最大值
预埋件	中心线位置	5	钢尺检查
	水平高差	+3,0	钢尺或塞尺检查

7.1.5 模网混凝土结构尺寸的允许偏差应符合表 7.1.5 的规定。

模网混凝土结构尺寸的允许偏差及检验方法 表 7.1.5

项　目			允许偏差（mm）	检　验
轴线位置			10	钢尺
垂直度	层高	不大于 3.2m	8	经纬仪或吊线
		大于 3.2m	10	经纬仪或吊线
	全高（H）		$H/1000$ 且 $H \leqslant 30$	经纬仪、钢尺
标高	层高		±10	水准仪、钢尺
	全高		±30	
截面尺寸			+8，−5	钢尺
电梯井	井筒长、宽对定位中心线		+25,0	钢尺
	井筒全高（H）垂直度		$H/1000$ 且 $H \leqslant 30$	经纬仪、钢尺
表面平整度			8	2m 靠尺和塞尺
预埋设施中心线	预埋件		10	钢尺
	预埋螺栓		5	
	预埋管		5	
预留洞中心线位置			15	钢尺

7.2 质量保证措施

7.2.1 施工前，对施工操作人员进行技术培训，了解和掌握模网混凝土施工的特点和要求。模网的生产厂家配合施工单位对设计图纸做施工分解图，生产厂家按照施工单位提供的模网数量生产相应规格的建筑模网。

7.2.2 对进场模网的质量进行验收，钢筋、钢板网、加劲肋不得有锈蚀现象，钢板网和加劲肋必须连接牢固。

7.2.3 建筑模网由工厂预制，现场组装并控制组装精度，组装人员经培训后上岗。

7.2.4 以最先施工的一个较完整的部位做出样板，如发现问题立即采取措施整改，直至达标。后续施工严格按"样板"标准对质量进行监控。

7.2.5 浇筑混凝土前，模网内的杂物要清理干净，并对模网及其支撑体系进行观察和维护，发生异常情况时，要及时进行处理。

7.2.6 施工中要派专人负责检查模网表面溢出水泥浆的情况，保证混凝土免振捣自密实。

7.2.7 在模网墙体的端部、转角处要用人工振捣或用橡皮锤在模网外轻微敲打，不得使用振捣棒振捣。

7.2.8 在混凝土初凝前将模网溢出的水泥浆搓平，并将加劲肋覆盖。

7.2.9 混凝土浇筑完后要按规定及时进行养护。

7.2.10 在施工组织设计中制定防护措施，避免材料、成品、半成品遭到损坏，确保施工质量。

7.2.11 施工时，应注意与水、暖、电等设备工种的配合，应将设备管道预先埋置在模网中，严禁事后剔凿。

7.2.12 施工中，做好隐蔽工程的检查验收工作，并按要求进行施工记录。

8. 安 全 措 施

8.1 管理依据标准

8.1.1 《中华人民共和国安全生产法》。

8.1.2 《建设工程施工安全技术操作规程》。

8.1.3 《建筑施工安全检查标准》JZJ 59—99。

8.2 施工现场安全生产必须贯彻"安全第一，预防为主"的方针。实行"企业负责、行业管理、国家监察、群众监督"的管理体制。严格执行安全生产的法律、法规、规章、标准和安全管理条例。

8.3 施工现场必须落实安全生产责任制，明确各类人员的安全职责，成立由工程项目负责人为首的安全生产领导小组，配备专职安全员。

8.4 施工现场开工前，必须按部颁标准和地方政府要求编制施工组织设计方案及相应的新时期单项安全技术措施，并向施工各班组人员进行安全技术交底。施工现场总体布置应符合安全、卫生、防火等要求，并注明现场四周的企业概况。

8.5 施工现场周围应当进行封闭，主要出入口应设置灯箱式门楼，在门楼外两侧必须悬挂立面效果图和工程概况图。在大门里侧悬挂"五牌一图"，门楼顶部悬挂安全旗、彩旗。施工现场内设置一定的安全标语及警示标志，以告诫和提醒施工人员重视安全生产。

8.6 现场临时用电必须编制用电方案，符合安装规范和操作规程。现场安装的模网墙体周围一般不得布设电线，特殊情况需要布设电线的要采取绝缘隔离防护措施，防止因漏电使得整个模网带电。在自然光线不足的作业地点或夜间作业，必须设足够的照明。在潮湿环境金属容器内不超过 12V，焊接时的焊把导电部分不能与金属直接接触。

8.7 所有施工机具进入施工现场必须严格执行《建筑机械使用安全技术规程》JGJ 33—2001，保证技术状况良好，安全装置齐全有效。经安全检查合格验收后方可使用，施工机具操作人员应按照有关规定持证上岗。

8.8 施工现场脚手架设应符合有关规定，必须提前申报单项安全技术措施，经批准后方可实施，并及时按规定搭设安全网。所有进入施工现场的人员都必须戴好安全帽，高处作业人员要系好安全带。

8.9 施工现场使用的特种劳动保护用品，必须按总公司防护用品采购使用管理规定执行，并必须有"三证"（生产许可证、安检证、质量合格证）的合格产品。

8.10 施工现场应按规定和需要设置消防器材，严禁挪用损坏。未经批准，不准随意动火。宿舍、食堂、仓库、材料堆放等应符合消防安全有关规定，保持一定的安全距离。

8.11 在施工高处作业过程中，特别是人工振捣建筑物周边模网混凝土时，要严格执行《建筑施工高处作业安全技术规范》JGJ 80—91，并制定防止坠落的措施，使用工具应有防止工具脱手坠落伤人的措施，工具用完应随手放到安全区域，上下传递物件禁止抛掷。凡进行立体两层以上作业时，必须设防护棚或其他隔离措施，否则不允许工人在垂直下方作业。

8.12 屋（楼）面模板支撑体系必须有设计方案，经批准后方可实施。模网及屋（楼）面支撑系统搭设完毕后，必须组织有关人员进行验收，合格后方可进入下一道工序。垂直、水平运输上料口、行人通道口、楼梯口、电梯口、建筑物预留口、阳台口、平台周边等，必须设置可靠有效的防护或隔离措施。禁止攀登模网水平和安装支撑。

8.13 工人进场后必须进行三级教育、身体检查，考试合格后方可上岗，对患有高血压、心脏病、癫痫病和其他不适应高处作业的人，禁止从事高处作业。遇有六级以上强风时，禁止露天进行起重吊装和高处作业。

8.14 模网墙体雨期施工时应做好防雷、防触电工作，安装好的模网墙体应有可靠的接地措施，确保雨季安全施工。

8.15 模网混凝土浇水养护时，不得倒退工作，并注意楼梯口、预留洞口和建筑物边沿，防止坠落事故。

8.16 施工现场的配电箱的门、锁应齐全；严禁缺门或开门用电，刀闸开关护盖要齐全，保险丝严禁用铜、铝丝代替铅丝。不准用木制开关箱，所有动力设备必须使用单独开关控制，不准一闸多用。箱内必须装设漏电保护器，箱内不得有杂物，并要防雨，外壳要接零保护，不能挂在电线杆或树木上，要做到三级配电二级保护（接地与接零保护采用 TN—S 系统，即三相五线制）。

8.17 架空导线必须采用橡胶护套绝缘导线，设在专用电杆上，高度不低于 2.5m，严禁架在树木、脚手架上。配电线路必须使用五芯电缆。室内配线必须采用塑料护套绝缘导线，并用瓷瓶敷设；进户线过墙应穿管保护，室外端应采用绝缘子固定。

9. 环保措施

9.1 按国际 ISO 14001—1996 环境管理体系要求建立现场文明施工、环境保护管理机构，加强对职工文明施工、环境保护教育。

9.2 施工现场必须贯彻"预防为主，遏制污染"的方针。

9.3 建立健全环境保护组织机构，落实环境保护各种规章制度，采取确实可行的措施，控制和减少环境污染。

9.4 利用板报、墙报、宣传栏、班组活动等多种形式经常对职工进行环境保护知识的培训、教育，使职工明确环境保护的重要意义，提高环境保护意识。

9.5 按照国家颁布的生产性粉尘、有毒作业、垃圾、污水、噪声分级标准进行测试、考核和登记建档工作，同时要结合实际切实抓好治理整改、不断改善职工工作环境。

9.6 生产、生活垃圾及时清理，按指定地点排放、运输中要有保护措施，防止空气污染。

9.7 施工期间要定期、不定期对环境因素进行监控和评价、制定确实可行的管理方案，使环境持续处于良好状态。

9.8 施工现场严禁噪声扰民，禁止在规定的时间内（22时至次日6时）施工作业，要严格遵守国家环保规定，合理安排工期，控制噪声作业。特殊原因要求急需连续施工作业的，报请环保部门批准后方可施工。

9.9 施工现场未经主管部门批准，不准擅自毁坏公用树木和绿地，要充分利用出入口内外侧及生活区场地栽种草木美化场区环境。

9.10 施工现场严禁高空扬尘，模网施工作业产生的建筑垃圾和残料要采取袋装方式清运。对施工中的粉尘要采取喷水遮盖等安全有效措施，避免粉尘对作业人员和他人的侵害。

9.11 施工现场不准焚烧有毒、有害物质。

9.12 施工现场设沉淀池，防止污水外溢和随意排放，造成环境污染。

10. 效益分析

10.1 由于模网混凝土墙是充分发挥混凝土材料的抗压和抗剪性能，墙内通常无受力钢筋，仅此一项就节约钢筋 25～30kg/m²；并由于渗滤作用，减小了水灰比，使得混凝土自然密度加大，提高了混凝土强度。

10.2 模网结构是集模板与保温于一体，节省重复性的工序，安装施工速度快于传统工艺，缩短施工周期约1/3。

10.3 不需拆模和后施工保温层，简化施工程序，节约人力，节省人工费1/6。

10.4 由于墙体荷载、基础用料减少，每立方米混凝土节省约40元，并省去了模板费用。

10.5 在环保方面，取代了红砖，有效保护土地资源，防止了环境污染。外墙外保温达到国家规定建筑节能50%标准，节能效果显著，混凝土中可使用粉煤灰及其他产业废料，降低水泥用量。

10.6 综合效益看，由于模网混凝土墙薄，增加使用面积7%~9%。

10.7 由于此工法不需要支拆模板，不需要机械振捣，在施工过程中噪声等污染得到有效降低，社会效益和环境效益显著。

11. 应 用 实 例

11.1 沈阳军区政治部军官和职工住宅工程

11.1.1 工程概况

沈阳军区政治部军官和职工住宅工程，位于沈阳市沈河区药王庙路成平北巷5-1号，该工程属标准板式住宅建筑。基础为箱形基础，埋深－2.8m，地下1层，地上8层，建筑高度25.25m，总建筑面积11380m²，抗震设防烈度为7度。

11.1.2 施工情况

施工前，我们对图纸进行会审，经设计确认提出了合理的施工方案。

在施工过程中，严格按照操作规程和工艺标准，首先在楼板面（地面）上放墙体线，按屋面模板的安装要求扎结排架；然后支立屋面模板，模板边缘与墙体线铅锤；将模网吊至屋面，从屋面向下放模网；在安装模网的同时可进行暗柱和转角处钢筋的绑扎，钢筋绑扎时固定在邻近的加劲肋或模网网片上，附加水平筋放置在折钩拉筋或连接片上；在室内按水平间距100、800、1700、2500mm绑扎固定模网用钢管，检查、调整模网的平整度垂直度；最后利用屋面板做工作平台浇筑混凝土。

该工程于2004年10月18日开工，2005年7月30日竣工。比常规施工节省人工费36万元，节省材料费160万元，缩短施工周期1/3。

11.1.3 建筑模网混凝土结构施工的总体评价

施工整个过程始终处于安全、环保、快速、优质的状态之中，混凝土墙体垂直，表面光滑平整，工程质量合格率达100%。

本工程在施工单位、模网生产厂家、建设单位以及设计单位的共同努力中，经过认真分析和不断总结经验，取得了良好的施工效果，并在2005年被沈阳军区质量监督站评为"军区优质工程"。施工情况见图11.1.3。

图 11.1.3 施工现场图（一）

11.2 云华园小区二期 13～16 号住宅楼工程

11.2.1 工程概况

云华园小区二期 13～16 号住宅楼工程，共 4 栋住宅楼，位于沈阳市铁西区腾飞二街，属标准板式住宅建筑。基础为人工挖孔灌注桩基础，地上 6 层，建筑高度 17.4m，总建筑面积 22380m²，抗震设防烈度为 7 度。

11.2.2 施工情况

总结了上次的施工经验，我们制定了包括校正、加固措施和混凝土浇筑措施等一套行之有效的技术措施，特别在混凝土振捣方面，进一步完善了人工振捣的技术措施，效果更加理想，施工过程实现了优质、高效、快速的可控状态，比常规施工节省人工费 50 万元，节省材料费 195 万元，缩短工期 1/3。

该工程于 2006 年 5 月 15 日开工，2006 年 11 月 15 日竣工。施工情况见图 11.2.2。

图 11.2.2 施工现场图（二）

11.3 富友家园 1～3 号住宅楼工程

11.3.1 工程概况

富友家园 1～3 号住宅楼工程，共 3 栋住宅楼，位于沈阳市铁西区，底层框架结构，基础为钢筋混凝土独立基础，地上 6 层，建筑高度 19.4m，总建筑面积 21560m²，抗震设防烈度为 7 度。

11.3.2 施工情况

进一步总结几年来的施工经验，主抓了容易出现问题的施工环节，如加固、支撑、人工振捣等，采取了有效的技术措施，保证了施工质量，加快了施工进度，得到建设单位好评。该工程比常规施工节省人工费 45 万元，节省材料费 180 万元，缩短工期近 1/3。

该工程于 2007 年 5 月 15 日开工，同年年 11 月 10 日竣工。施工情况见图 11.3.2。

图 11.3.2 施工现场图（三）

蒸压加气砌块施工工法

GJEJGF038—2008

沈阳北方建设股份有限公司
华升建设集团有限公司

何平　姜淑敏　金跃辉　田原　李伦威　邓小军

1. 前　言

　　蒸压加气砌块是一种并不新颖的建筑材料，但是其砌筑使用的胶结材料一直是使用水泥砂浆内部加入外加剂进行砌筑以及抹灰，墙体与框架结构之间的缝隙采用膨胀水泥砂浆填塞。虽然在砌筑和抹灰中加入网格布，但是墙体表面依然出现裂缝，影响墙体的装饰效果。

　　本施工工法在砌筑墙体时完全采用特种胶泥，并且在墙体与主体框架之间使用阻燃型的聚苯发泡剂，增加墙体的阻燃隔声性能，墙面抹灰亦采用特种胶泥，视使用环境的不同，采用不同的胶泥，能在各种恶劣环境下采用蒸压加气墙体，极大的提高了使用本砌体的应用范围，具有广阔的使用范围。

2. 工 法 特 点

　　2.1　砌块与主体框架连接处用水泥钉固定拉结片，不用预先在混凝土框架结构上预埋铁件，施工快速简便，缩短工期。

　　2.2　墙体的顶部缝隙填充聚苯发泡剂、固定墙体、隔声保温。

　　2.3　墙体表面抹专用防水胶泥（砂浆），在其上做防水、粘贴瓷砖等装饰工作。水箱和暖气等固定时需要使用贯穿墙体的钢筋固定。

　　2.4　可以使用木工锯手工切割，施工方便，速度快，见图2.4。

图 2.4　手工切割

3. 适 用 范 围

　　适用于旧建筑物结构改造工程，以及框架结构的室内非承重隔墙体。这种墙体表面经过使用特种胶泥抹灰，极大提高墙体的整体强度，而且墙体耐酸碱，能适用于各种不同的施工环境和使用环境。

4. 工 艺 原 理

4.1 蒸压加气砌块墙体时使用特种专用胶泥将砌块粘结，砌体可以使用木工工具切割，抹灰时墙体表面可以使用砂轮研磨（图4.1）。

4.2 砌体与框架结构之间用铁件将蒸压加气砌块与框架结构之间相互连接，增加蒸压加气砌块墙体的整体刚度。

4.3 在蒸压加气砌块墙体与框架结构之间的缝隙填充聚苯发泡剂，抹灰时在砌体与框架主体之间用胶泥粘贴双层玻璃纤维网，砌体与框架之间的施工缝处不出现裂缝，见图4.3。

图4.1 墙体表面平整

图4.3 砌体与主体框架之间使用阻燃聚苯发泡剂填充

5. 施工工艺流程及操作要点

5.1 工艺流程

清理现场→绘制砌块组砌图（砌块最小尺寸不小于整个砌块长度的1/3）→操平放线：墙线、洞口线、+500线→搅拌粘结砌块用胶泥→墙体下部抹M7.5水泥砂浆找平层→砌筑墙体（保证整体垂直度与平整度）→成品保护、防止墙体被撞击→墙体顶部缝隙填充聚苯发泡剂→砌体墙缝修补→墙体抹灰（胶泥）→刮白、涂料、防水、粘砖等饰面工作。

5.2 操作要点

5.2.1 需要加构造柱和连系梁处，先施工完成再砌筑墙体，见图5.2.1-1～图5.2.1-5。

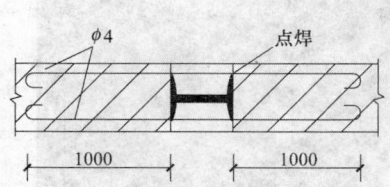

图5.2.1-1 内墙与钢柱连接

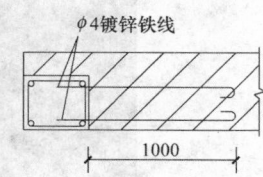

图5.2.1-2 砌块与构造柱连接

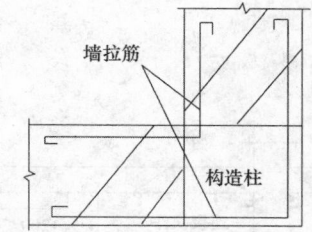

图5.2.1-3 砌体转角与框架柱相连接

5.2.2 根据洞口、水暖管线、电气管线位置，确定砌块的组砌图，门窗洞口处使用整块的砌块。尽量将切割的非整块砖设置在墙的中间部位。量好尺寸钉子划出切割线，用手锯、木工电锯切割。

5.2.3 清理施工现场。混凝土残渣清理干净，表面平整，墙面及梁板下的模板均清理干净，混凝土结构的蜂窝孔洞露筋处修补完成，主体结构已经达到合格验收标准。

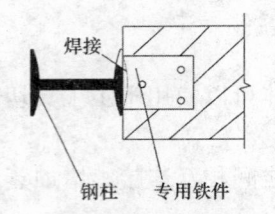

图 5.2.1-4　砌块与钢柱锚固

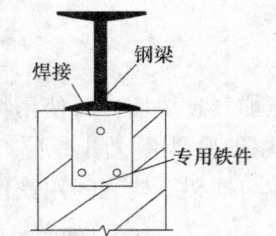

图 5.2.1-5　砌块与钢梁锚固

5.2.4　操平放线

在框架柱、墙体上弹好＋500 线，控制门窗洞口标高及水电箱盒标高。地面上弹出墙边线，在地面上弹出门窗洞口及宽度大于 300mm 的水电箱盒位置。蒸压加气砌块施工时，测量员、质检员随时检查施工质量。

5.2.5　材料进场

1. 蒸压加气砌块进场验收，厚度和强度、耐久性、且不得缺棱掉角，规格尺寸统一，厚度符合设计要求，厚度超差 5mm 以上的砌块严禁使用。

2. 蒸压加气砌块装卸时不允许随意抛投，应轻拿轻放，垂直运输时砌块平放，使用专门的箱、笼。雨天避免运输，如运输时防止雨淋。

3. 进场的蒸压加气砌块在常温通风干燥处贮存，出厂后 5d 以上方可使用，其含水率在砌筑使用时在 15％～20％之间。堆放场地要求平整，尽量一次运输到砌筑现场，减少二次倒运，堆放位置高于地面 100mm 以上，底部不得积水，保证砌块水浸，不受到雨淋。

5.2.6　检查操平放线：弹好＋500mm，地面有墙边线、洞口位置线。

5.2.7　搅拌胶泥

1. 胶泥的质量直接影响着砌筑质量，胶泥须严格按使用部位所要求进行配制。

2. 粘结蒸压加气砌块的胶为专用胶，不同部位，胶泥的配合比不同。

3. 电动搅拌器搅拌均匀胶泥，使用过程中严禁加水，使用胶泥时的环境温度不低于＋5℃。

5.2.8　在砌筑墙体前，先在地面上铺一层 M7.5 以上级别的水泥砂浆厚度为 10～25mm，与墙体同宽。

蒸压加气砌筑顺序为：由门窗洞口与主体框架柱墙之间同时砌筑，门洞两侧用整块砌块；无洞口墙由一侧向另一侧砌筑，蒸压加气砌块紧靠主体柱墙，每间隔两层砌块设置墙拉片及设置拉结筋。

1. 砌体顶部、侧面与混凝土结构、钢结构相接处用铁制拉结片拉结，见图 5.2.8-1～图 5.2.8-6。

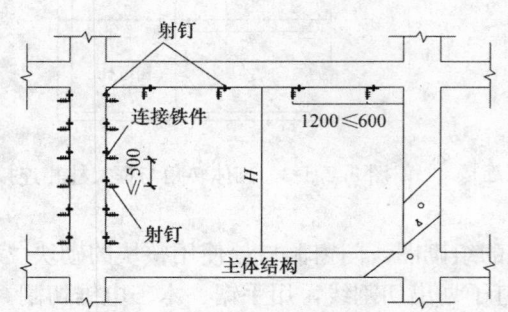

图 5.2.8-1　砌块墙体与主体结构之间的连接

图 5.2.8-2　砌体与钢框架之间使用连接铁片连接

1274

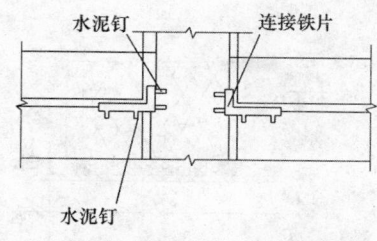

图 5.2.8-3　框架柱与墙体连接点

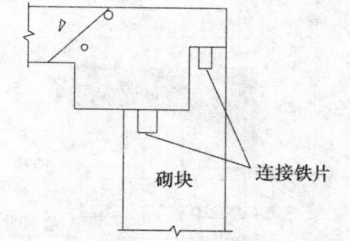

图 5.2.8-4　外墙与框架梁板连接点

图 5.2.8-5　砌体与钢框架之间使用阻燃聚苯发泡剂填充

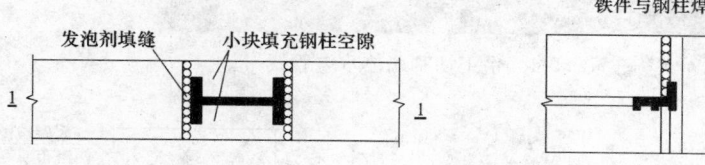

1—1 剖面图

图 5.2.8-6　工字钢与砌体连接点

2. 砌筑时，随时用刮板将挤出胶泥刮干净，保证砌块缝隙的平整。

3. 固定门窗框时在砌块上使用专用的刨洞工具，做出楔形洞，洞内灌注细实混凝土。

4. 窗台处设钢筋混凝土板带，强度等级不小于 C20，纵向设置 @50mm 的 ϕ6 钢筋，分布筋 ϕ6@100mm。

5. 室外墙体水平方向的凸凹部分做出泛水和滴水。

5.2.9　固定水暖、电气管等不承受重力的固定夹具时，在砌块上钻出楔形孔洞，灌注细石混凝土。

1. 水电预埋管待胶泥上强度后再进行施工，电气开关插座穿线管设在墙体内部，胶泥无齿锯切割、手工剔凿出槽沟，使用塑料膨胀钉将管固定在沟槽内，见图 5.2.9-1～图 5.2.9-3。

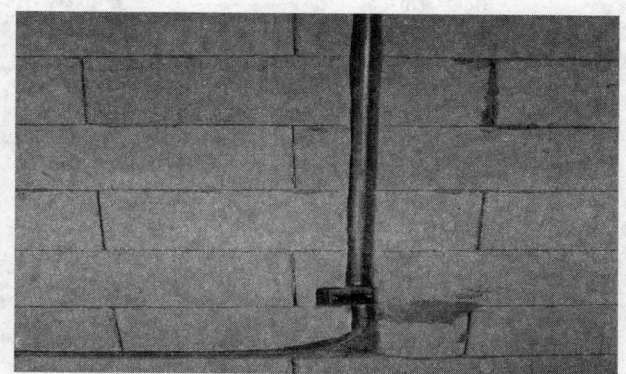

图 5.2.9-1　砌筑完成墙体后切割水电预埋管、盒

2. 开关插座盒，用无齿锯切割配合手工剔除。开关插座的连接盒四周用专用胶拌水泥粘结牢固，盒表面与墙体表面一平，见图 5.2.9-4、图 5.2.9-5。

3. 固定暖气、水箱、脸盆等有重量的物体时使用穿过墙体的拉杆固定，见图 5.2.9-6～图 5.2.9-9。

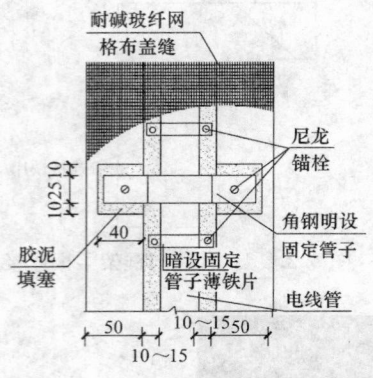

图 5.2.9-2　不受力的管道固定夹具

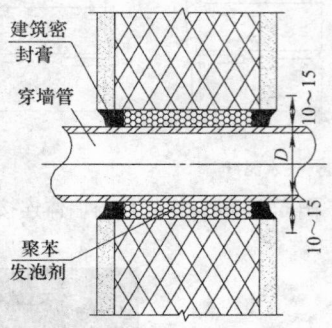

图 5.2.9-3　穿墙管做法

图 5.2.9-4　手工切割墙体水电管线

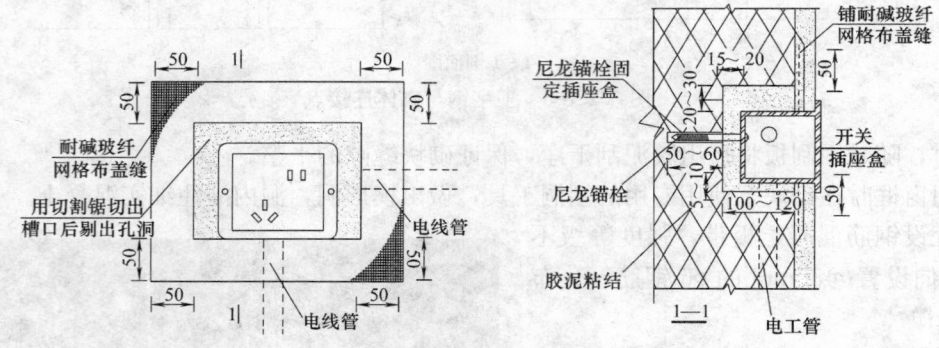

图 5.2.9-5　开关插座安装

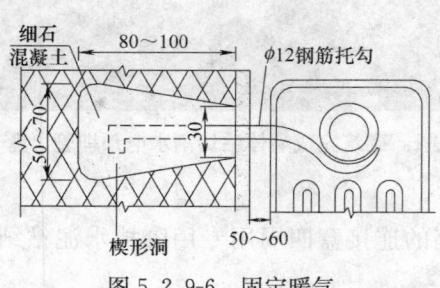

图 5.2.9-6　固定暖气

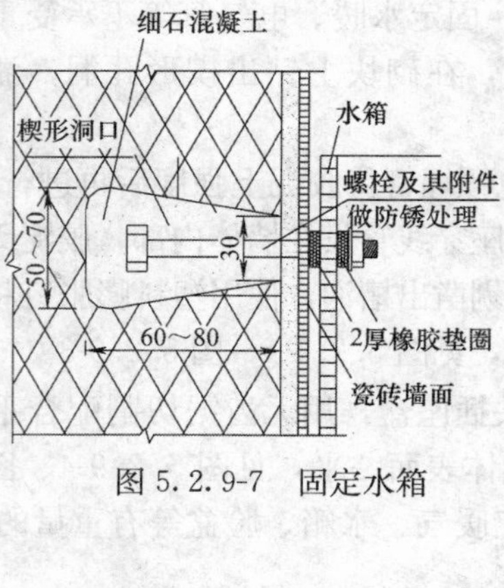

图 5.2.9-7　固定水箱

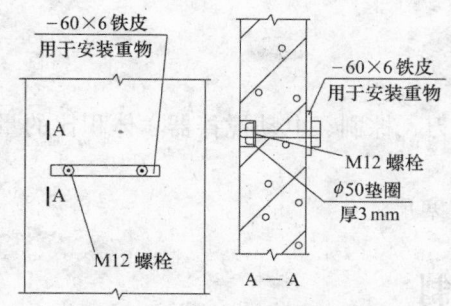

图 5.2.9-8　墙上固定重物（重量相对较小）

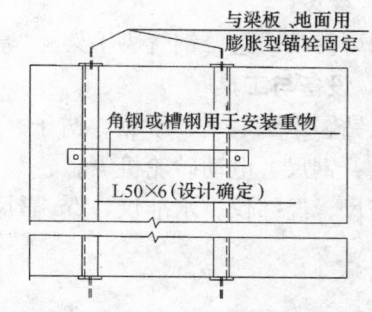

图 5.2.9-9　墙上固定重物（重量相对较大）

4. 卫生间、厨房、淋浴间等有防水要求的房间，使用的与其他部位的墙体一致的砌块。

5. 墙体砌胶泥硬化前一周内不得碰撞墙体，不能做埋管、凿洞等其他施工。

5.2.10　饰面施工

1. 施工前检查

砌筑胶泥完全干燥，水、暖、电所有箱盒挂件均预埋完成。砌块缝隙补充胶泥、墙面不平整之处修补完成。墙体与主体框架之间的缝隙使用聚苯发泡剂填充密实。墙体与主体框架缝隙贴好增强层：接缝及转角、墙角均粘贴双层网格布（50mm 宽网格布及 100mm 宽网格布各一层）。

2. 潮湿环境抹灰为特种防水胶泥。室内干燥处专用石膏，外墙为专用水泥基抹面砂浆，见图 5.2.10。

3. 墙体门窗等处所有阳角，均设置金属、塑料 L 形状的护角，总宽 80mm，用膨胀钉固定在砌体上。

砌体与主体之间的缝隙粘贴 100mm 宽的玻璃纤维网格布，胶宽 120mm，网格布在砌块缝隙两侧的宽度均匀一致。

4. 抹灰前，检查墙面平整度，不平之处使用砂轮磨平。然后使用棕毛刷刷去墙面浮灰，抹一遍灰后将网格布嵌入胶泥中无褶皱无外露，然后抹下一遍灰。抹灰底层厚度共 2～3mm，面层厚度共 1～2mm。

图 5.2.10　墙体表面使用特种胶泥抹面

5. 所有抹灰层中均加入抗裂玻璃纤维网格布。

6. 涂料饰面施工时均按底子、面层各两遍施工，底层厚度共 2～3mm，面层厚度共 1～2mm，每遍干燥后再施工下一遍。

5.2.11　成品防护

1. 墙体砌筑及抹灰在墙的旁边设置醒目标志牌："防止碰撞"、"禁止扶靠"、"未经允许不得在墙上施工"、"胶泥未干禁止靠近"，设置防护栏杆。

2. 门窗洞口两侧设置防护罩，防止车辆、料具过往门口和窗口时损坏墙体。

6. 材料与设备

6.1　材料

蒸压加气砌块、特种胶（砌筑粘接胶、修补胶、墙面底层批土、面层批土、粉刷石膏底层、粉刷石膏面层、专用界面剂、防水界面剂）、玻璃丝网格布、拉结铁片、射钉、拉结筋、聚苯发泡剂。

6.2 架设

使用可移动式组合钢管脚手架。

6.3 设备与工具

手电钻、木工电锯、手锯、凿子、锤子、刮板、腻子刀、棕刷、电动搅拌器、体积比的量材料器具、线坠、钢尺、电动砂轮机等。

检查尺、经纬仪、水准仪、2m靠尺、卷尺、水平尺、塞尺。

7. 质 量 控 制

7.1 蒸压加气砌筑验收，以《建筑工程施工质量验收统一标准》GB 50300—2001，《建筑装饰装修工程质量验收规范》GB 50210—2001 为验收标准，砌筑允许参照表7.1。

蒸压加气砌筑允许偏差   表 7.1

项次	项 目 名 称	允许偏差 mm	检 查 方 法
1	轴线位移	3	钢尺检查
2	墙面垂直度	2	检查尺
3	灰缝厚度	1	卷尺
4	蒸压加气砌块砖缝高低差	±2	拉线、卷尺
5	洞口偏移	±5	吊线检查

7.2 制定质量方案，有具体的质量要求和详细的施工方法。对作业人员进行质量交底，增强质量意识，用操作质量保证工程质量。

7.3 质量检查员、放线员跟班检查，纠正质量偏差，防止返工。

7.4 建立三检制，自检、专检、交接检，上道工序不合格不进入下道工序施工。

8. 安 全 措 施

8.1 成立安全领导小组，制定安全施工方案和措施，施工队伍和班组均指定负责安全的人员，施工前由安全员和技术员对作业人员进行安全技术交底，专职安全员跟班作业。"安全第一、预防为主"成为每个作业人员时时遵守的作业准则。

8.2 施工人员进入现场后，进行安全培训，考试需合格。特种作业人员如架子工、机械工、电工等需持证上岗。

8.3 进入施工现场人员戴好安全帽、系好帽带，高处作业人员系好安全带，穿防滑鞋。

8.4 电动工具使用者经过安全培训。临时用电由持证的专业电工操作，电线为三相五线的绝缘电缆且必须架起，不得拖地，架起高度不小于2m，潮湿环境中使用36V安全电压。

8.5 用电设备均一机一箱一匣一漏电，均设置接零线地线，三级漏电、两级保护，专业人员维修用电设备。

8.6 使用劳动保护用品。

8.7 夜间作业时必须保证施工现场、运输通道有足够的照明。

8.8 施工用脚手架由专业架子工搭设，上下架子有带安全防护的梯子。

9. 环 保 措 施

9.1 成立环保管理组织机构，制定环保方案和环保措施，控制噪声、粉尘、废水、固体废弃物的排放。

9.2 作业前对作业人员进行环保教育，在施工现场张贴环保规定。

9.3 电锯设隔声防尘罩，尽量在白天使用电锯。

9.4 砌块碎料集中堆放，运到指定地点，不得随意抛弃。

9.5 胶泥原材料放在仓库内，废弃的胶液、胶泥不允许随意倾倒到室外，废水经过两级沉淀后排放到市政下水管道。

9.6 夜间施工时，施工现场及运输通道处设置照明满足使用要求即可，减少光污染，节约电能源。

9.7 操作人员切割砌块、搅拌胶泥时，戴口罩、乳胶手套等，做好防护措施，防止粉尘、气味胶液对人体伤害。

10. 效 益 分 析

10.1 砌块外墙厚度一般为 200mm、内隔墙体厚度基本为 100mm，使用面积大幅度增加，抹灰（胶泥）层厚度 10mm 左右，然后即可做刮白、上涂料等表面装饰工程，提高工期、节约工程总造价。

10.2 蒸压加气砌块墙体的重量，比实心砖墙体轻 3/4，建筑物的基础梁柱均所承受荷载大幅度的减少，主体结构的截面尺寸、配筋、混凝土强度等级都将相应降低，即降低了工程总造价。

10.3 墙体表面平整，抹灰厚度薄、装修装饰工作速度快，工人劳动强度降低，节约施工成本，节约能源和资源，减少环境污染，创造出良好的社会效益和经济效益。

10.4 蒸压加气砌块的单块尺寸大，可随意切裁、施工速度快。砌筑完成蒸压加气砌块墙体的施工速度远远高于用一铲灰一块砖砌普通空心砖墙的速度，减少了施工墙体时的劳动力投入。施工后的墙体平整度好、使能用普通砂轮打磨修整墙体表面，湿作业工作量明显减少，改善施工环境。

10.5 隔声、保温、隔热、防火性能好。节约冬季采暖、夏季制冷费用，节约使用时的能源，创造社会效益。

11. 工 程 实 例

11.1 明城嘉苑 1 号楼工程
明城嘉苑 1 号楼工程，位于沈阳市大东区广宜街，为多年停建工程，由沈阳祥来房屋开发有限公司开发，沈阳北方建设股份有限公司承建，辽宁咨发建设监理预算咨询有限公司施工监理。现施工的 1 号楼是在原楼地下至 5 层结构加固的基础上，新设计 6～20 层复式住宅楼，复式层楼板为钢木结构，1 号楼建筑面积共 26415m²。现设计的所有内外墙体的墙体材料均为蒸压加气混凝土砌块，1 号楼工程使用蒸压加气砌块面积为 23530m²。

11.2 明城嘉苑 2 号楼工程
明城嘉苑 2 号楼工程，位于沈阳市大东区广宜街，为多年停建工程，由沈阳祥来房屋开发有限公司开发，沈阳北方建设股份有限公司承建，辽宁咨发建设监理预算咨询有限公司施工监理。现施工的 2 号楼是在原楼地下至 5 层结构加固的基础上，新设计 6～20 层复式住宅楼，复式层楼板为钢木结构。2 号楼建筑面积共 39127m²。现设计的所有内外墙体的墙体材料均为蒸压加气混凝土砌块，2 号楼工程使用蒸压加气砌块面积为 18594m²。

11.3 明城嘉苑 3 号楼工程
明城嘉苑 3 号楼工程，位于沈阳市大东区广宜街，为多年停建工程，由沈阳祥来房屋开发有限公司开发，沈阳北方建设股份有限公司承建，辽宁咨发建设监理预算咨询有限公司施工监理。现施工的 3 号楼是在原楼地下至 5 层结构加固的基础上，新设计 6～20 层复式住宅楼，复式层楼板为钢木结构。3 号楼建筑面积共 21456m²。现设计的所有内外墙体的墙体材料均为蒸压加气混凝土砌块，3 号楼工程使用蒸压加气砌块面积为 10374m²。

11.4　明城嘉苑 4 号楼工程

明城嘉苑 4 号楼工程，位于沈阳市大东区广宜街，为多年停建工程，由沈阳祥来房屋开发有限公司开发，沈阳北方建设股份有限公司承建，辽宁咨发建设监理预算咨询有限公司施工监理。现施工的 4 号楼是在原楼地下至 5 层结构加固的基础上，新设计 6～20 层复式住宅楼，复式层楼板为钢木结构。4 号楼建筑面积共 21469m²。现设计的所有内外墙体的墙体材料均为蒸压加气混凝土砌块，4 号楼工程使用蒸压加气砌块面积为 11356m²。

11.5　明城嘉苑 5 号楼工程

明城嘉苑 5 号楼工程，位于沈阳市大东区广宜街，为多年停建工程，由沈阳祥来房屋开发有限公司开发，沈阳北方建设股份有限公司承建，辽宁咨发建设监理预算咨询有限公司施工监理。现施工的 5 号楼是在原楼地下至 5 层结构加固的基础上，新设计 6～20 层复式住宅楼，复式层楼板为钢木结构。5 号楼建筑面积共 18127m²。现设计的所有内外墙体的墙体材料均为蒸压加气混凝土砌块，5 号楼工程使用蒸压加气砌块面积为 10127m²。

碳纤维无磁混凝土结构施工工法

GJEJGF039—2008

吉林建工集团有限公司
大连九洲建设集团有限公司
王伟　董海扶　武术　浦建华　刘淑芬　宋诗聪

1. 前　言

现代建筑领域中以钢筋混凝土为主，其应用广泛，但在地磁台对磁性要求较高的建筑物中具有缺憾性。以往地磁台建筑物多用铜筋混凝土，造价高且铜筋网产生涡流磁场。为保证地磁观测数据的精确性，国家地震局在试验与研究的基础上，首次在长春地磁台建设工程中全面应用碳纤维无磁混凝土结构建造。

吉林建工集团与科研院所合作开展科技创新，取得了"碳纤维无磁混凝土施工技术"这一国内领先的成果，于2009年通过了吉林省住房和城乡建设厅鉴定，同时形成了碳纤维无磁混凝土结构施工工法。由于在降低建筑物磁性、提高观测和试验精度方面效果明显，技术先进，故有明显的社会效益和经济效益，并具有推广价值。

2. 工法特点

2.1 采用碳纤维筋加工制作时施加预应力，使碳纤维与混凝土协调变形，共同承受荷载，从而使碳纤维混凝土应用于建筑物的基础、柱、墙、梁、楼梯、屋面等所有构件中。

2.2 碳纤维筋在加工下料过程中弯曲、锚固墩头、环形封闭一次成型。

2.3 利用科学的工艺流程以及先进的模具，通过严格的管控，保证无磁混凝土的各项施工指标达到地磁台建设标准。

3. 适用范围

本工法适用于各类地磁台、弱磁性测量实验室建设工程以及现代无金属水工闸门制安工程。

4. 工艺原理

碳纤维无磁混凝土是利用碳纤维与环氧树脂复合后的高抗拉强度值，通过加工成型过程中的特殊处理使之替代钢筋，与混凝土共同工作、共同承受荷载。其结构施工是利用材料的无磁性合理配置及先进措施，控制混凝土作业过程，达到无磁性效果。

5. 施工工艺流程及操作要点

5.1 施工工艺流程（图5.1）

5.2 操作要点

5.2.1 施工准备

1. 技术准备

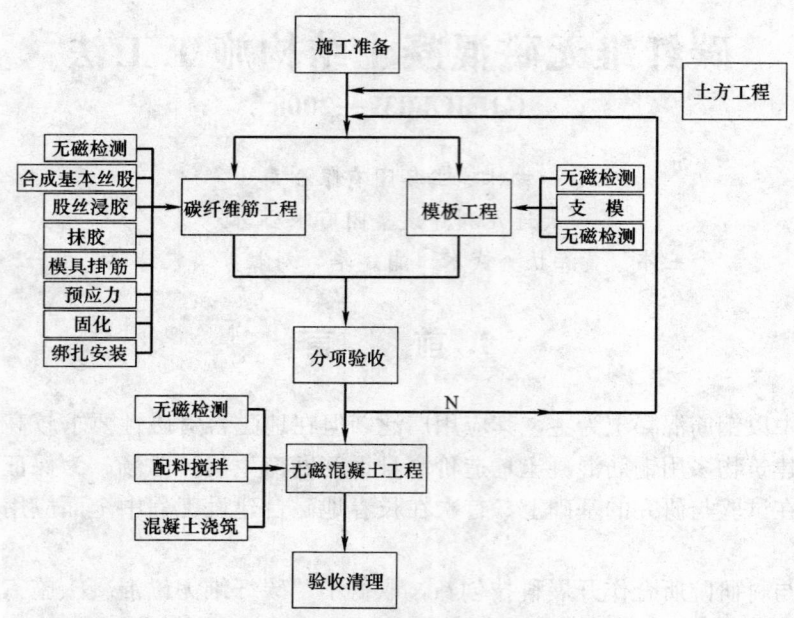

图 5.1　碳纤维无磁混凝土结构施工工艺流程图

组织工程技术人员作好前期图纸会审，编制施工方案，磁性检测方案，建立工程项目的测量控制网，然后做好技术交底。

2. 物质准备

水泥选用 PII 型硅酸盐水泥、中砂选用石英砂、石子选用石灰岩质的碎石。施工用水经过无磁检测且磁性指标要求在 1r 以内。搅拌机要选用新的搅拌机，锹要全新无磨损，锹头用无磁性的铜钉固定，振捣器、振捣棒要求全新，在使用过程中振捣器用塑料布包裹起来。

5.2.2　施工作业

1. 土方作业

在挖土前，采用 J-856 质子旋进式磁力仪，间排距 10m×10m 设点进行磁场水平梯度测量，磁场梯度满足 1nT 以内，方可进行挖土作业。采用挖掘机挖土，人工配合清土。土方作业完毕后，设置 1m×1m 网格距，进行基坑内磁场总强度测量，满足磁场梯度在 1nT 以内，方可进行混凝土施工。土方回填前，土质分批量进行磁性检测；每回填 30cm 磁性检测一次。

2. 碳纤维筋制作

1）碳纤维丝根据设计要求合成基本股丝，并对基本股按整倍数增加到总丝数。碳纤维筋必须一次达到下料长度，不允许有搭接现象出现。

2）对基本股丝浸胶。浸胶速度要适宜，过快浸得不饱满，过慢把丝泡涨将明显带来强度损伤，需根据基本股丝数量通过加工实践进行调整。另外，气温不同，浸胶速度也要有所调整。

3）抹胶。用与基本股丝粗细相当的铜嘴口过股丝抹胶，以保证用胶的均匀性，同时也达到节约用胶的目的。

4）模具挂筋。根据筋的要求，对环筋、铆筋、挤螺筋等进行悬挂或填充加工。

5）预应力。挂筋后对基本股丝施加预应力，以保证碳纤维筋中的丝尽可能全部伸展，并有利于变形协调。根据裸丝束拉伸试验经验，预应力应在基本股丝强度的 10% 以内。

6）固化、拆模、修筋。固化 24h 就可拆模了，对筋表面进行适当修正。

3. 碳纤维筋绑扎

碳纤维筋绑扎，采用塑料绳扣绑扎，双层筋间采用短碳纤维筋作为支棍，间距 1000mm。为保证碳纤维筋与混凝土共同受力的完整性，要求所有交叉点之间进行全扣绑扎，绑扎完毕后用混凝土垫块垫好保护层。

4. 碳纤维筋检测

由于目前国家尚无碳纤维筋检测规程，考虑到设计过程中最大限度利用了碳纤维筋的抗拉特点，所以从实际出发仅做碳纤维筋的抗拉实验。取 Φ6 碳纤维筋 2 组进行抗拉试验检测。

5. 模板安装与磁性检测

1）模板安装

模板支撑体系采用圆木杆，圆木杆之间用铜钉固定，模板用 20mm 厚符合胶合板。所有梁底及梁邦的加固背方采用 60mm×90mm 松木方。地下部分墙体施工用直径 12mm 带止水环的铜制穿墙螺栓进行墙体的加固。

2）模板磁性检测

模板使用前必须进行无磁检测，防止在胶合板制作过程中板内混入磁性物质影响施工。所用其他支模材料必须经无磁检测合格的材料，绝不能使用铁等有磁物品。连接采用铜钉、铜线。模板安装后，进行无磁检测，合格方可使用，不合格及时返工。

6. 混凝土作业

1）混凝土原材料检测

混凝土浇筑所用的砂、石子装袋、袋装水泥均须经过磁性测试，在施工现场选择场地磁场水平梯度和垂直梯度均小于 0.5nT/m 处作为测量工作地点，设置一个高 75cm、长宽为 100cm×50cm 的检测台，样品放置其上，用 G856 核旋仪进行检测，判定为无磁性后方可施工。

2）混凝土搅拌

混凝土采用 JZC350 型搅拌机进行搅拌。混凝土的投料顺序：先倒石子，再倒水泥，后倒砂子，最后加水。保证坍落度在 8～10cm 之间。

3）混凝土运输

由搅拌机出料至检测地点，运输采用 1t 翻斗车。混凝土倒在无磁检测盘上，检测混凝土的磁性，满足要求为准。由检测地点至浇筑地点运输采用木质工具直接运至浇筑地点进行浇筑。

4）混凝土浇筑

地上部分混凝土的浇筑主要为屋面混凝土的浇筑，由于混凝土检测无磁性的要求，采用人力翻锹的办法将混凝土送至屋面。混凝土振捣采用插入式振捣棒进行振捣，地下室混凝土分三次浇筑完毕。第一次浇筑底板 50cm 高外墙，第二次浇筑柱及混凝土墙，第三次浇顶扳混凝土。地下室沿高度方向共留二道施工缝，第一道为底板以上 50cm 高墙处，第二道留在顶板下返 30cm 外墙上。施工缝设 40cm 宽、5mm 厚铜制止水板，浇筑时止水板埋入混凝土中一半。地下室混凝土施工应连续浇筑，除上面所述在高度方向留置二道施工缝外，不得再出现施工缝。每浇筑 20cm 高度进行一次无磁检测。测量方法为：在模板的侧面每 50cm 布设一个测点，探头紧贴构筑物进行磁测，每个测点读数与周围测点相差不超过 1nT 即为合格。地下室混凝土浇筑完毕后经过磁性检测确定合格后，进行下道工序施工。

5.3 劳动力组织（表 5.3）

劳动力组织情况表   表 5.3

序 号	单项工程	所需人数	备 注
1	管理人员	3	
2	技术人员	4	
3	土方施工	12	
4	模板施工	20	
5	碳纤维筋施工	15	
6	无磁混凝土施工	23	
7	合计	77人	

6. 材料与设备

6.1 主要材料（表 6.1）

主要材料表　　　　　　　　　　　　　　　　表 6.1

序号	材料名称	规格	单位	数量	备注
1	硅酸盐水泥	42.5	t	130	
2	石英砂	中粗	m³	120	
3	石灰岩质碎石	5～20mm	m³	370	
4	碳纤维筋	Φ	t	1.51	
5	铜钉		t	2.1	

42.5 级硅酸盐水泥、石英砂、石灰岩质的碎石。铜钉、20mm 厚木制胶合板、木脚手杆、碳纤维筋。

6.2 机具设备（表 6.2）

机具设备表　　　　　　　　　　　　　　　　表 6.2

序号	机具名称	机具型号	单位	数量	用途
1	搅拌机	TZC350	台	1	
2	振捣器		台	3	
3	无磁检测水平仪		台	2	
4	J-856 质子核旋磁力仪		台	2	

7. 质量控制

7.1 工程质量控制标准

7.1.1 磁性检测符合《地震台站建设规范地磁台站》DB/T 9—2004、《地磁台建设制度管理汇编》。磁性梯度控制值见表 7.1.1-1、表 7.1.1-2。

原材料磁化率 χ 值　　　　　　　　　　　　　表 7.1.1-1

部 位	标 准 值	检测方法
碎石	磁化率$<4\pi\times10^{-5}$SI(1×10^{-6}CGSM)	J-856 质子核旋磁力仪
砂	磁化率$<4\pi\times10^{-5}$SI(1×10^{-6}CGSM)	J-856 质子核旋磁力仪
水泥	磁化率$<4\pi\times10^{-5}$SI(1×10^{-6}CGSM)	J-856 质子核旋磁力仪
碳纤维筋	磁化率$<4\pi\times10^{-5}$SI(1×10^{-6}CGSM)	J-856 质子核旋磁力仪
模板	磁化率$<4\pi\times10^{-5}$SI(1×10^{-6}CGSM)	J-856 质子核旋磁力仪

建筑物磁性控制指标　　　　　　　　　　　　表 7.1.1-2

部 位	标 准 值	实 际
场地清理	100m×100m $\Delta F\leqslant1.0$nT/m	J-856 质子核旋磁力仪
基础、基座、墙体	100m×100m $\Delta F\leqslant1.0$nT/m	J-856 质子核旋磁力仪
地面	10m×10m $\Delta F\leqslant1.5$nT/m	J-856 质子核旋磁力仪
墩体	磁化率$<4\pi\times10^{-9}$SI(1×10^{-6}CGSM)，	J-856 质子核旋磁力仪
整体建筑	0.5m×0.5m×0.5m$\Delta F\leqslant1.5$nT/m	J-856 质子核旋磁力仪

7.1.2 混凝土施工符合《混凝土结构工程施工质量验收规范》GB 50204—2002。

7.2 质量保证措施

7.2.1 施工前必须组织项目管理人员学习施工图纸；编制碳纤维筋质量控制技术指标；地磁台建设规范以及公司的规章制度。碳纤维混凝土的施工对施工人员的要求非常严格，施工人员进场前必须进行无磁混凝土施工方面的知识培训，对进入施工现场的人员要穿胶鞋并不得有铁质扣眼，衣服之上不能有铁拉链以及铁质纽扣，腰带统一为棉绳或麻绳，身上不准携带含有磁性的物品，如：打火机、钥匙、铁质纽扣、刀具等易掉的磁性物质。进入现场的施工人员均应检查符合要求后方可放行。所需带入的工具逐项登记造册，出场时清理核对无误后，方可离场。如果登记的物品发生丢失必须对该物品进行寻找，防止该物品在该建筑区域内产生磁性。

7.2.2 施工现场无磁保证措施

1. 碳纤维无磁混凝土施工时必须采用无磁材料，所以对施工现场进行整体封闭，要求封闭两层，出入口分开，一入一出，并安排专职人员对现场进行看守。

2. 施工场地采用经过检测合格的砂、石、水泥浇筑硬地坪，作为堆料平台及施工场地。

3. 木工作业棚、碳纤维筋作业棚的搭设均为检测无磁的木质材料，连接采用尼龙绳或麻绳类无磁绳索进行绑扎。

7.2.3 控制磁性检测的工序质量

1. 材料检测合格后方可进行搅拌。

2. 碳纤维筋、模板安装完毕后施工现场应磁测一次。

3. 搅拌后的成料需经磁性检测合格后方可浇筑。

4. 混凝土成型后需再经磁测一遍，不合格及时排查后返工重作。

5. 所有磁测结果均应进行现场记录，并由相关人员签字，归档备查。

7.2.4 所有原材料及构配件符合磁性检测要求，同时必须符合建筑工程见证取样的要求。

7.2.5 碳纤维筋下料过程中，应符合设计和规范的各项要求，碳纤维筋的锚固长度、平直长度以及高度等都需认真检查，发现问题及时与技术人员联系，防止下料中尺寸出现偏差。

7.2.6 加工好的碳纤维筋半成品在堆放时，同一部位或同一构件的要堆放在一起，并应设标识牌，标识牌上应注明构件名称、型号、外观形状和尺寸、直径、根数等。

7.2.7 垫块采用C30细石混凝土制作，垫块间距为600mm，边绑扎边放置垫，防止垫块受集中荷载而破碎。上层碳纤维筋采用立筋制作控制位置，间距为1000mm，呈梅花型布置。

7.2.8 混凝土投料时必须严格按施工配合比计量，保证搅拌时间，使混凝土配料均匀，防止混凝土在磁性检测过程中出现失水、泌水、离析现象。

7.2.9 模板施工必须编制技术方案，确保支撑纵横间距以及支撑体系的整体稳定性，方案经批准后方可实施。

7.2.10 为防止混凝土墙体的渗漏与材料无磁性的要求，采用铜制止水穿墙螺栓并设置止水片以防止渗漏。

8. 安 全 措 施

8.1 安全施工组织措施

8.1.1 建立以项目经理为组长的项目安全领导组织机构。

8.1.2 根据工程特点制定专项安全技术措施，包括：临时用电施工组织设计、土方深基坑施工措施、脚手架技术措施、模板安全技术措施、季节性施工安全技术措施。

8.2 安全施工技术措施

8.2.1 所有电线、电缆不允许盘在一起，防止涡流而产生磁场影响磁测。

8.2.2 所有配电箱必须采用无磁性的塑料制成，配电箱内开关、零部件必须采用铜质材料制成。

8.2.3 基坑四周采用圆木杆，用麻绳或塑料绳进行绑扎防护，基础回填土未完成前，应始终保持临边防护的牢固性及封闭性，基础四周落实排水措施。

8.2.4 在屋面四周等部位采用圆木杆，用麻绳或无磁塑料绳进行绑扎防护，凡是没有防护的作业面均必须按规定进行临边防护，并设置挡脚板，确保临边作业的安全。

9. 环 保 措 施

9.1 碳纤维加工使用的环氧树脂胶必须为绿色环保材料，防止胶体向大气中挥发。

9.2 水泥和其他易飞扬的细颗粒散体材料安排库内存放。运输和卸运时用苫布遮盖，防止遗洒飞扬，以减少扬尘。

9.3 现场搅拌机前台设置沉淀池，排放的废水要排入沉淀池内，经二次沉淀后，方可排放。未经处理的泥浆水，严禁直接排放。

9.4 碳纤维筋加工过程中产生的废品，必须专项处理。

9.5 禁止将有毒有害废弃物用作土方回填，以免污染地下水和环境。

10. 效 益 分 析

传统的地磁台建设采用铜筋混凝土结构，这种技术方案不仅造价高，工期长，而且由于多数的铜筋纵横交织在一起可能会产生磁性，达不到地磁台建设要求而使所有的努力都功亏一篑。本工法采用碳纤维混凝土结构不但造价降低，工期缩短，而且该施工技术解决了建成后的地磁台可能产生磁性的担忧，缩短了地磁台建设工期，节省了资源消耗，符合国家对节能环保的要求。

10.1 同类工程采用铜筋混凝土结构，每平方米造价高达 13058.77 元，采用碳纤维混凝土结构，每平方米造价仅 1317.69 元。造价节省约为同期地磁台的 10 倍。

10.2 由于混凝土无磁性的要求，使用碳纤维筋这种新材料作为钢筋的替代。目前纤维混凝土结构设计方法，按非常熟悉的钢筋混凝土结构进行设计，表 10.2 为新的碳纤维筋与钢筋对照表。

新的碳纤维筋与钢筋对照表   表 10.2

采用 12K 碳纤维丝与胶复合制成的碳纤维筋					HPB235 钢筋		
碳纤维筋直径(mm)	碳纤维筋面积(mm²)	碳纤维丝面积(mm²)	丝 股	抗拉强度设计值(N/mm²)	直径(mm²)	面积(mm²)	抗拉强度设计值(N/mm²)
φ4	12.57	6.28	16		φ8	50.27	
φ5	19.64	9.82	24		φ10	78.54	
φ6	28.27	14.14	35		φ12	113.10	
φ7	38.48	19.24	48		φ14	153.94	
φ8	50.27	25.13	63	1800	φ16	201.06	210
φ9	63.62	31.81	80		φ18	254.47	
φ10	78.54	39.27	98		φ20	314.16	
φ11	95.03	47.52	119		φ22	380.13	
φ12	113.10	56.55	141		φ24	452.39	
φ13	132.73	66.37	166		φ28	615.44	

10.3 利用碳纤维筋替代铜筋节约了能源，同时碳纤维筋所用的环氧胶以及纤维经检测，是符合国家质量有害物质限量新标准要求的绿色建材产品。

10.4 碳纤维无磁混凝土结构施工的成功，将可能改变原有钢筋混凝土一枝独秀的格局，碳纤维混凝土结构具有强度高、耐腐蚀、无锈蚀、耐火、防水、无磁、加工简单的特点，将会在未来的建筑工程中越来越多地被应用。

11. 应 用 实 例

长春地磁台

11.1 工程概况

长春地磁台是国家一类地磁观测台，建造地处严寒地区，设计使用年限为 50 年。观测区内有绝对观测室、相对观测室（带地下室）、主控室、实验室、探头室、比测亭 6 个独立的无金属结构建筑（仪器观测要求每米磁场梯度不超过 0.1nT），总建筑面积 403m^2，均为一层。所有建筑均采用碳纤维筋无磁混凝土结构，所有受力筋为碳纤维筋，混凝土除相对观测室为 $C_{40}P_8$ 外其余均为 C_{25} 碳纤维筋无磁混凝土。2004 年 4 月开工，2006 年 7 月竣工。

11.2 结果评价

所有碳纤维无磁混凝土施工均达到国家地磁台建设标准，长春地磁台的规模和重要性均为国内外所瞩目。竣工经过吉林省地震局的验收一次性合格，磁性指标达到地磁台工作要求，目前该地磁台运转正常，所有数据上传并与国际共享。

自承重组合式梁模板施工工法

GJEJGF040—2008

黑龙江省第一建筑工程公司　黑龙江省六建建筑工程有限责任公司

朱和鸣　丁永明　王玉辉　武士军　亓彦涛

1. 前　言

现代建筑工程施工过程中，模板工程是建筑施工中占用资金量较大的重要分项工程之一，采用先进的模板施工工艺，对于降低工程成本、提高工程施工质量、速度，提高施工企业的核心竞争力，推动项目投资建设都具有十分重要的意义。

黑龙江省第一建筑工程公司和黑龙江省六建建筑工程有限责任公司多年来对传统现浇混凝土梁模板施工技术不断地改进、创新，并通过多年的实践，总结出自承重组合式梁模板施工工法。该工法实现了梁模板的早拆，加快工具式模板支撑体系的周转，改善施工作业层的环境。目前，该工法已在亚布力大冬会运动员村1号工程等多个项目上使用，证实其减少了建筑工程施工过程中模板量的投入，简化了施工方法，达到节约资源、缩短工期、降低工程成本的目的。

该施工工法核心技术自承重组合式梁模板获得国家实用新型专利（专利号：ZL02274533.5），2008年通过黑龙江省建设厅科学技术委员会鉴定，该工法处于国内领先水平。

2. 工法特点

自承重组合式梁模板是通过梁模板设计、使用专用构件改变梁侧模板和梁底模板受力形式，梁底模与侧模通过专用连接件组合成空间承载体系，提高了梁模板自身的刚度和承载能力。与传统现浇混凝土梁模板相比较，施工安全可靠，结构受力明确，工程质量易于保证。该梁模板最大支撑长度可达2.44m长，每2.44m设置一个早拆节点，实现梁的早拆，减少了梁模板传统支撑材料的投入，安拆快捷，降低了工人的劳动强度，工作效率高，缩短了工期。自承重组合式梁模板材料周转频率较高，大幅度降低了工程施工成本。

3. 适用范围

自承重组合式梁模板施工工法适用于工业与民用建筑中现浇混凝土梁模板工程施工。

4. 工艺原理

4.1 自承重组合式梁模板的工艺原理是利用梁侧模板和型钢肋在竖直方向刚度高，可承担较大弯矩和剪力的原理，用型钢制成专用构件——梁模板箍，将梁侧模板与梁底模板通过L形内撑螺栓组合成一体，使梁侧模板与梁底模板共同受力，充分利用梁模板的自身承载能力承担施工过程中的各项荷载。该工艺减少了梁侧模板和梁底模板的加固、传力构件，加大了梁模板支撑的间距，每2.44m设置一个早拆支撑点，梁侧模板和梁底模板均可早拆，节约了模板、木方和支撑材料，减少了施工作业量；同时梁底模板也为梁侧模板提供了水平方向上的约束，简化了模板施工步骤。

4.2 自承重组合式梁模板一般按单跨简支梁考虑，受力简图见图4.2。

4.3 依据《木结构设计规范》GB 50005—2003，自承重组合式梁模板的抗弯承载能力、抗剪承载能力和挠度，可按以下列公式分别进行验算：

截面抵抗矩 $\dfrac{M}{\left(\dfrac{I_x}{y}\right)}=\dfrac{M}{W_n}\leqslant f_m$ (4.3-1)

$$I_x=\sum_{i=1}^{n}I_{xi}\qquad(4.3-2)$$

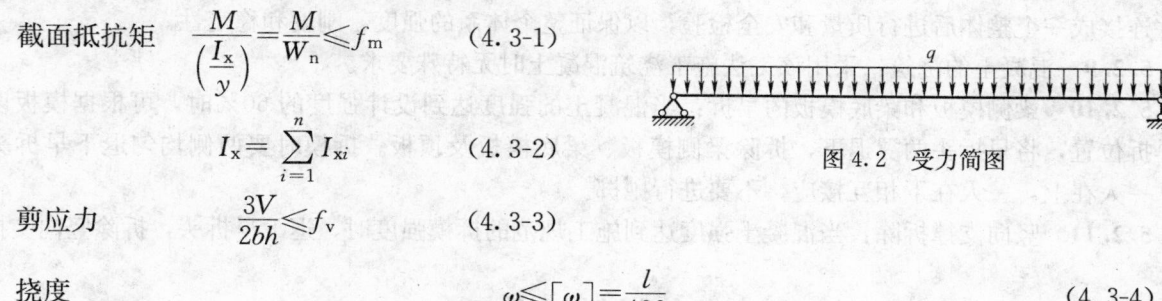

图 4.2 受力简图

剪应力 $\dfrac{3V}{2bh}\leqslant f_v$ (4.3-3)

挠度 $\omega\leqslant[\omega]=\dfrac{l}{400}$ (4.3-4)

式中 M——作用在梁底模板上的计算最大弯矩（N·mm²）；

I_x——梁侧模板、梁底模板及模板背楞形成的组合截面的惯性矩（mm⁴）；

y——应力点至中性轴的距离，X 轴为通过形心的轴（mm）；

W_n——梁模板的净截面抵抗矩（mm³）；

f_m——梁模板木材抗弯强度设计值（N/mm）；

I_{xi}——通过平行移轴公式换算得到的梁侧模板、梁底模板及模板背楞的对 X 轴的截面惯性矩（mm⁴）；

V——计算最大剪力（N）；

b——梁模板的宽度（mm）；

h——梁模板的高度（mm）；

f_v——梁模板抗剪强度设计值（N/mm）；

ω——梁模板按荷载效应组合计算的挠度（mm）；

$[\omega]$——梁的挠度限值，按 $l/400$ 计取（mm）。

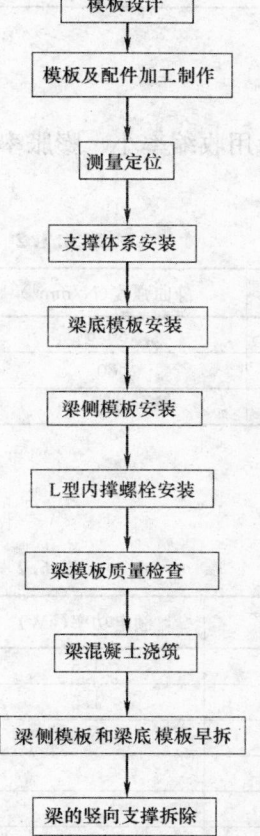

图 5.1 施工工艺流程图

5. 施工工艺流程及操作要点

5.1 工艺流程（图 5.1）

5.2 操作要点

5.2.1 模板设计：根据结构施工图分析梁模板受力形式，绘制受力简图，计算模板、木楞和支撑材料的形状、规格、间距和数量，制成模板及配件加工表。

5.2.2 模板及配件加工与制作：根据模板及配件加工表加工、制作模板及配件，制作过程中应严格控制构件材料和尺寸。自承重组合式梁模板为国家实用新型专利（专利号 ZL02274533.5）。

5.2.3 测量定位：根据施工图纸测绘出梁模板边线、中心线和水平控制线，以保证梁模板安装位置的准确性。

5.2.4 支撑体系安装：支撑体系的安装必须牢固、稳定，支撑点应设在坚固可靠处，重要节点部位应采取加强措施。

5.2.5 梁底模板安装：按测绘出的控制线安装梁底模板，梁底模板应水平，如遇梁跨度较大，应按设计要求起拱。

5.2.6 梁侧模板安装：梁侧模板应包住梁底模板，保证模板间拼缝平整、严密及梁侧模板垂直度。

5.2.7 梁模板箍安装：梁模板箍必须与模板木楞连接牢固，梁侧模板箍与梁下模板箍用 L 形内撑螺栓进行撑紧。

5.2.8 梁模板质量检查：自承重组合式梁模板各构件加工时要保证尺寸的准确，将梁模板用专用构件连接成一个整体后进行质量和安全检验，以保证整个体系的强度、刚度和稳定性。

5.2.9 混凝土的浇筑：采用该工法施工浇筑混凝土时无特殊要求。

5.2.10 梁侧模板和梁底模板的早拆：当混凝土的强度达到设计强度的 60％时，可根据模板设计的早拆位置，将早拆头两翼退下，拆除梁侧模板、梁底模板及顶板。拆模时要两侧均匀退下早拆头两翼，一人在上，一人在下相互接应，不要进行抛掷。

5.2.11 竖向支撑拆除：当混凝土强度达到施工规范的拆模强度时，退下早拆头，拆除竖向支撑。

6. 材料与设备

6.1 材料规格和性能

自承重组合式梁模板可采用木胶合板或竹胶合板。木（竹）胶合板规格依据结构施工图计算出所需模板强度、刚度。

6.1.1 木胶合板材料规格和性能（表 6.1.1）

自承重组合式梁模板可使用木胶合板加工配制，当使用木胶合板时，应采用具有高耐气候、耐水性的 I 类胶合板。

模板用木胶合板的静曲强度标准值和弹性模量 E（N/mm²）　　　　　　　　　表 6.1.1

厚度(mm)	静曲强度标准值		弹性模量		备　注
	平行向	垂直向	平行向	垂直向	
12	≥25.0	≥16.0	≥8500	≥4500	胶合板的强度设计值应取胶合板静曲强度除以 1.55 的系数,弹性模量应乘以 0.9 的系数
15	≥23.0	≥15.0	≥7500	≥5000	
18	≥20.0	≥15.0	≥6500	≥5200	
21	≥19.0	≥15.0	≥6000	≥5400	

注：1. 平行向指平行于胶合板表板的纤维方向；垂直向指垂直于胶合板表板的纤维方向。
　　2. 当立柱或拉杆直接支在胶合板上时，胶合板的剪切强度标准值应大于 1.2N/mm²。

6.1.2 竹胶合板材料规格和性能（表 6.1.2）

自承重组合式梁模板也可使用竹胶合板加工配制。使用竹胶合板时，应采用收缩率小、膨胀率和吸水率低、静弯曲强度和弹性模量值高、承载能力大的竹胶合板。

竹胶合板的物理力学性能　　　　　　　　　表 6.1.2

产地	胶 粘 剂	密度(g/cm³)	弹性模量(N/mm²)	静曲强度(N/mm²)
浙江			7.6103	80.6
四川	酚醛树脂胶	0.86	10.4103	80
湖南		0.91	11.1103	105

6.2 设备

自承重组合式梁模板选用的设备见表 6.2。

自承重组合式梁模板选用的设备　　　　　　　　　表 6.2

序号	装备名称	额定功率(kW)	序号	装备名称	额定功率(kW)
1	电弧焊机	15	7	压　刨	1.5
2	交流焊机	36	8	切割机	1.5
3	电焊条烘箱	8.1	9	手电钻	0.5
4	剪板机	30	10	经纬仪	
5	圆 锯	1.5	11	水准仪	
6	平 刨	1.5	12	手 锯	

7. 质 量 控 制

7.1 自承重组合式梁模板依据国家、地方有关标准规范进行设计、施工。

7.2 自承重组合式梁模板安装后应保证整体的稳定性，梁模板箍安装应牢固，梁侧模板应采用整张模板加工，不得采用多张小模板组拼，且梁侧模板加固要合理、稳固，确保施工中模板不变形、不错位、不胀模，施工结束后便于模板拆除。

7.3 自承重组合式梁模板的支架应具有足够的承载能力、刚度和稳定性，能可靠承受现浇混凝土重量及施工荷载。支架下楼板或地基土层应具有承受上层荷载的承载能力。

7.4 模板间的拼缝要平整、严密、不得漏浆；板面应清理干净，均匀涂刷隔离剂。

7.5 自承重组合式梁模板拆除时混凝土结构强度应达到设计要求，当设计无具体要求时，应符合《混凝土结构工程质量验收规范》GB 50204 相应条款要求。

7.6 模板及配件拆除后，应及时清理干净，对变形和损坏的部分应及时进行维修。

7.7 自承重组合式梁模板安装的允许偏差见表 7.7。

自承重组合式梁模板安装的允许偏差 表 7.7

项 目		允许偏差(mm)	检 验 方 法
轴线位置		5	钢尺检查
底模上表面标高		5	水准仪或拉线、钢尺检查
截面内部尺寸	梁	+4，−5	钢尺检查
层高垂直度	不大于5m	6	经纬仪或吊线、钢尺检查
	大于5m	8	经纬仪或吊线、钢尺检查
表面平整度		5	2m靠尺和塞尺检查

注：检查轴线位置时，应沿纵、横两个方向量测，并取其中的较大值。

8. 安 全 措 施

8.1 施工前组织施工人员进行安全教育，加强施工安全管理，严格遵守各项安全生产规章制度。施工前制定安全施工措施，并在施工前进行交底。

8.2 梁底模板未和梁侧模板组合前，不得在其上站人、放置钢筋或施加其他重荷；如梁底模板未组合梁侧模板前需在其上绑扎梁钢筋，则应在梁底模板下加设临时支撑，支撑间距应通过计算确定。

8.3 自承重组合式模板上的施工荷载应符合模板设计要求，不得超载。不得将混凝土泵送管或缆风绳等固定在模板及其支架上。

8.4 安装梁模板时，应随时支撑加固，防止倾覆。施工中安全负责人要随时对模板体系进行安全检查，发现问题及时纠正以消除隐患。

8.5 装拆模板时，上下应有人接应，随拆随运转，并应把活动部件固定牢靠，严禁堆放在脚手板上和抛掷。

8.6 装拆模板时，必须采用稳固的登高工具，高度超过 3.5m 时，必须搭设脚手架。装拆施工时，除操作人员外，下面不得站人。

8.7 模板拆除的顺序和方法，应按照配板设计的规定进行，遵循先支后拆，先非承重部位、后承重部位以及自上而下的原则。

9. 环 保 措 施

遵守国家、地方有关环保法律法规，自承重组合梁模板减少了木材、钢材的使用，减化了施工步骤，比传统模板施工作业节能、环保。

9.1 降低噪声：合理安排模板施工过程，将容易产生噪声的模板配制和预拼装过程安排在后台防噪声棚中进行；拆除、清理模板时，作业人员严禁随意敲击模板，严禁向下抛掷模板。

9.2 正确处理垃圾：合理配制模板，减少模板边角料、锯屑等施工垃圾的产生，施工垃圾在施工区内集中存放，并及时运往指定垃圾场。运输车辆要封闭良好，保证道路的清洁卫生，不得在运输过程中沿途丢弃、遗撒固体废物。

9.3 提高废旧物再循环利用率：对废旧物本着先内后外、先利用后处理的原则管理，提倡修旧利废、节约代用。

10. 效 益 分 析

自承重组合式梁模板施工工法是在传统木梁模板施工工艺基础上，对其进行改进，减少了材料投入，增加了模板周转次数，降低了工程施工成本。这种工法具有显著的综合经济效益，主要表现在以下几方面。

10.1 工程造价低

自承重组合式梁模板施工工法与传统梁模板施工工艺相比较，一次性投入费用增加了约 2～3 倍，但自承重梁模板周转次数可达 40 多次，节省了木方和支撑材料等易耗物资的投入，同时提高了工人的工作效率，经测算采用传统梁模板每平米粘灰面积投入成本约 30 元，新体系每平米投入成本约 21 元，可节约梁模板成本约 30%，降低了工程总体成本。

10.2 工程工期短

自承重组合式梁模板施工工法与传统梁模板施工工艺相比较，模板安拆速度快，可以节省模板安拆所占用的工时，大大缩短了工程工期。同时也节省了因延长工期所需的工程开支。

10.3 节能环保

自承重组合式梁模板施工工法对周围环境污染低，提高了模板的周转次数和使用寿命，节约了能源。满足国家有关建筑节能的要求，使可再生能源（木材、竹材）在建筑行业得到大规模使用。

11. 应 用 实 例

11.1 革新街商住楼工程

哈尔滨革新街商住楼工程位于革新街与士课街交口处，结构形式为框架剪力墙结构。全楼长度38m，宽度 30.4m，地下 3 层，地上 19 层，总建筑面积 18159.72m²。该工程采用了自承重组合式梁模板施工工法，实现了清水混凝土，大大降低了模板摊销费用和工程总造价。该工程 2005 年 7 月 20 日开工，2006 年 12 月 30 日竣工。

11.2 爱建新城河洲北部 F2 栋工程

爱建新城河洲北部 F2 栋工程，位于哈尔滨市道里区爱建滨江国际社区内。建设单位为哈尔滨爱达投资置业有限公司，建筑总高度为 99.7m，建筑面积为 14783.56m²。2006 年 9 月 14 日开工，2007 年12 月 30 日竣工。该工程应用了自承重组合式梁模板施工工法，节约竖向支撑 50%，降低了施工成本，并保证了工期和工程质量。

11.3 黑龙江省歌舞剧院综合楼工程

黑龙江省歌舞剧院综合楼工程位于哈尔滨市江北开发区江湾分区，总建筑面积 32485m²，主楼为框架剪力墙结构，电源及设备用房、辅助生产楼均为框架结构。本工程工期为 2006 年 6 月 20 日至 2008 年 8 月 11 日，该工程应用了自承重组合式梁模板施工工法，保证了工期和工程质量，节约劳动力，施工效率高；组合后的梁模板周转次数多，降低了工程造价。

逆作法钢管柱采用传感测直仪调控垂直度施工工法

GJEJGF041—2008

上海市第一建筑有限公司
上海市第五建筑有限公司
龚剑 陶云海 周虹 顾华 杨旭

1. 前　　言

近年来，国内逆作法施工技术日益被广泛应用，作为逆作法施工综合技术中的重要一项，钢管柱垂直度调控技术的研究显得十分重要。以往仅仅利用钢管柱的有效自由端但无法快速准确地控制大型钢管柱的垂直度，而在上海世茂滨江花园一期地下车库逆作法施工中，通过对钢管柱施工的细致研究和创新实践，总结出了自己专有的一套钢管柱垂直度调控施工技术，该技术获得了两项国家专利《钢管柱垂直度调控方法及装置 ZL02136613.6》和《钢管柱自动垂直度调控方法及系统 ZL200410024661.4》，并获得了 2003 年上海市科技进步三等奖。在此对该施工工法进行总结，以期指导日后同类型工程施工。

2. 工 法 特 点

2.1 通过一种钢管柱垂直度调控装置，来对钢管柱进行定位、安装，并通过装置上的垂直度监控和调整系统对钢管柱垂直度进行调节。

2.2 该装置设置于地面以上，全部垂直度调控均可以在地面以上完成，有效增加了钢管柱的受限高度，使钢管柱安装和施工操作简便，垂直度控制精确。

2.3 通过一系列的传感、测直、数据传递、反馈和垂直度自动调节，提高了钢管柱安装施工的自动化程度和精度。

3. 适 用 范 围

本工法适用于逆作法钢管柱的垂直度调控。

4. 工 艺 原 理

4.1 本钢管柱垂直度调控系统由垂直度监控系统和垂直度调整系统组成。

4.2 本系统通过在钢管柱上部采用四向自动调节装置，利用钢管柱自重使其达到基本垂直度要求，然后通过在其下部设置的辅助调节装置增加钢管柱的受限高度，再通过传感器把测量得到的垂直度数据传给测直仪，由测直仪根据数据调整辅助调节杆，使钢管柱垂直度达到设计值。

5. 施工工艺流程及操作要点

5.1 施工工艺流程（图 5.1）

5.2 装置构造

5.2.1 垂直度监控系统：由测直管、传感器、连接电缆、数据采集仪、应用软件及笔记本电脑

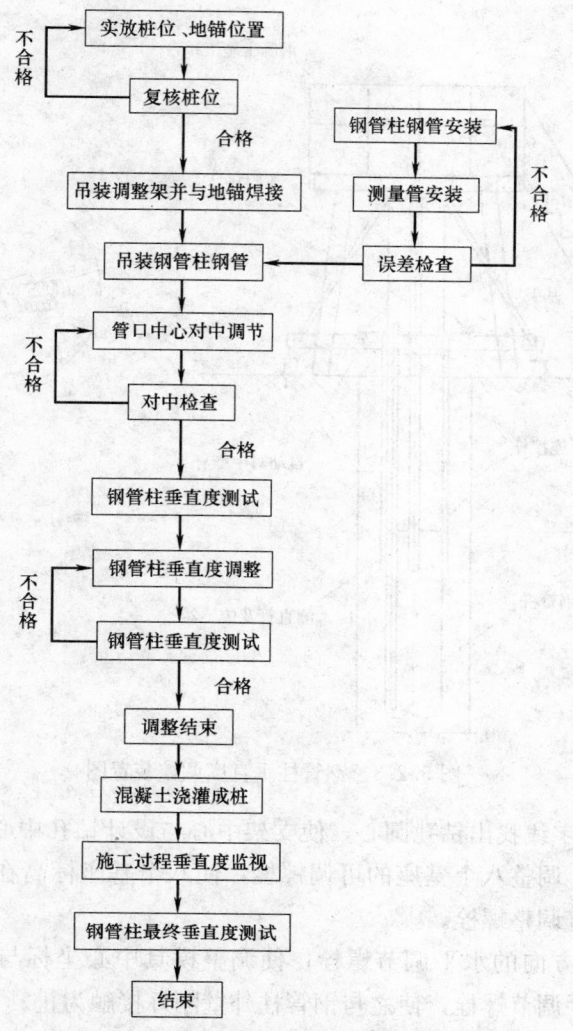

图 5.1　钢管柱垂直度调整和监控流程图

组成。

1. 采用与钢管柱同规格同材质的钢管制作模具，长度 1.5m，模具上设加强环防止变形，下端按照十字方向焊接四个牛腿以使钢管搁置于基架上并固定。使用槽钢连接模具接长钢管柱，使接长部位露出地面。

2. 测直管采用 $\phi53$ 优质 PVC 管（内带十字槽），安装于钢管外壁，长度根据钢管柱长度，距离柱底 50cm，高于自然地坪 50cm。

3. 测直仪采用进口专用测直仪，使用时由探头沿测直管十字槽滑入，不断采集数据至地面电脑。

4. 编制专用软件处理、指挥调整方向和数值直至钢管柱垂直度达到设计要求。

5.2.2　垂直度调整系统：由基座、支架、自动对中螺杆、斜拉杆等组成。

1. 基座由型钢制成，并配置可调螺栓，用于调节支架标高。

2. 支架采用 16 号槽钢制作，支架上标有中心控制线，用于平面定位，另配有双向支头螺栓，用于调节钢管柱平面位置，支架标高由基座上可调螺栓调节。

3. 斜拉杆由 $\phi48$ 钢管制成，十字方向共四根，可伸缩调节，一端与模具相连，一端与支架连接。

5.2.3　钢管柱垂直度调控装置见图 5.2.3。

5.3　施工方法

5.3.1　制作基座、支架、模具、调节螺杆，将模具与钢管柱用槽钢连接，在钢管柱上安装测直管，使测直管与钢管柱及模具中心线在十字方向上完全平行。

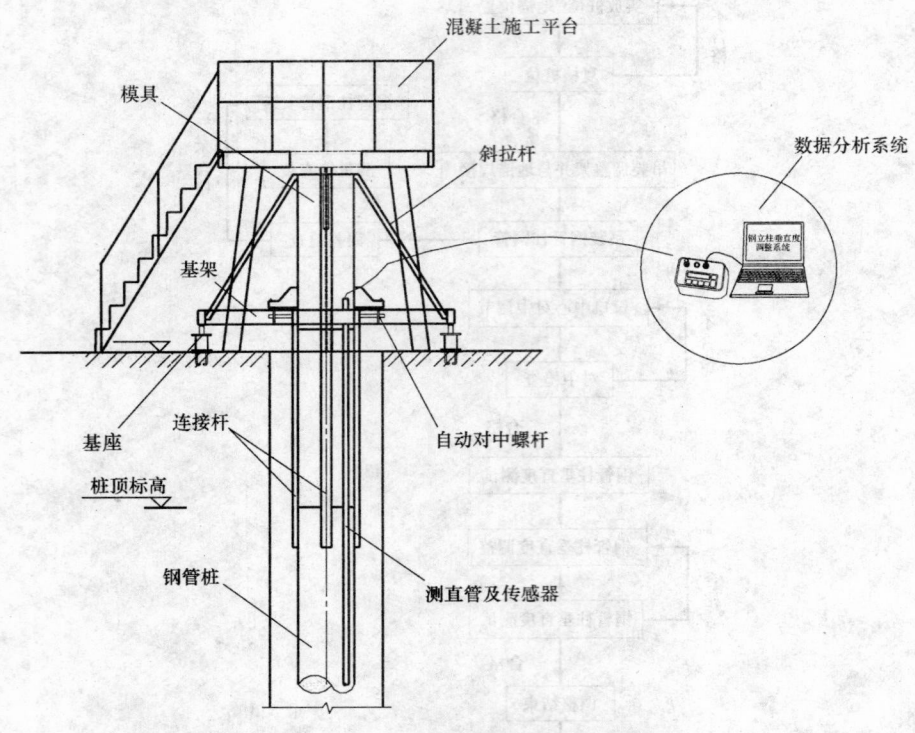

图 5.2.3　钢管柱垂直度调控装置图

5.3.2　在地坪上弹十字线找出钻孔圆心，使支架中心与设计钻孔中心重合，支架的八个基座与八块地坪预埋铁件焊接牢固，调整八个基座的可调螺栓，使八个基座标高在同一水平面上，达到设计标高要求，然后固定八个垂直调整螺栓。

5.3.3　调整支架四个方向的水平调节螺栓，使调整模具中心坐标与设计钻孔中心坐标尽可能重合，然后拧动四个方向水平调节螺栓，使之与钢管柱外壁刚好接触为止。

5.3.4　孔口对中并初步固定好水平调节螺栓后，测量孔口对中偏差，使之均≤3mm 为合格，并做好记录。

5.3.5　调整好支架和模具后，进行垂直度监控测试，探头通过电缆沿 PVC 管内十字槽滑入管内，每 0.5m 测一点，测试结束后，数据经通信电缆传入电脑，进行预处理、处理、分析及输出。

5.3.6　通过第一次垂直度监控测试，经应用软件处理，指示钢管柱调整方位、调整量，在地面通过调节四个方向上 Φ48 调节斜杆的伸缩，使钢管柱的管底按照电脑指示的结果进行移动，调整时还可将探头放入测直管的管底，一边对系统进行监视，一边调整，在调整某一方向时，同时调整同一方向的两根斜杆，使其保持紧固状态，当一个方向调整完毕，再调整另一方向。

5.3.7　两个方向调整完毕后，对测直管完整测试一次，当电脑指示偏差小于 1/600 后，检查四根斜拉杆是否紧固，当斜拉杆紧固完成后，再对中拧紧四根水平调节螺栓，注意：在拧水平螺栓时，同一方向上的两个螺栓要同时向对中方向拧，目的是减小对中误差和防止斜拉杆变松。

5.3.8　调整好钢管柱垂直度后，还要进行二次清孔、混凝土灌注、起拔导管等施工工序，在施工过程中对钢管柱垂直度进行监视，一方面检验调整系统的稳定性，另一方面寻找施工过程对垂直度可能产生影响的因素和环节，以便对设备和施工工艺进行改进。施工过程中，始终将探头放入测直管管底不动，监视并记录两个方向上的位移变化，发现偏差较大，在混凝土未进入管内之前进行调整。

5.3.9　在混凝土凝固后，对成柱以后的钢管柱垂直度进行检测，待钢管柱管内混凝土初凝 6h 后，拆除支架和底座，进行钢管柱的最终垂直度检测。

6. 材料与设备

所需材料与设备见表 6。

所需材料与设备表　　　　　　　　　　　　表6

序号	材料设备名称	型号	规格	数量
1	钻孔灌注桩机	GPS-10	—	1台
2	泥浆制作及循环设备	—	—	1套
3	吊车	汽车吊	25t	1台
4	预埋铁件	—	200×200	8块
5	槽钢	—	16号	25m
6	基座固定螺栓	—	—	8个
7	对中、水平调节螺栓	—	—	8个
8	钢管	—	ϕ48	6.8m
9	模具钢管(带牛腿)	同钢管柱	同钢管柱	1.5m
10	PVC管	—	ϕ53 带十字槽	根据立柱长度
11	传感器	—	力平衡伺服加速度计	1只
12	连接电缆	—	专用	根据管长度
13	数据采集仪	Sinco	50302510	1台
14	测直系统软件	—	自行编制	1套
15	笔记本电脑	根据品牌	根据品牌	1台

7. 质 量 控 制

7.1 材料进场必须有材料质量保证书、试验报告,传感器必须经有国家法定计量检定机构的单位检定后方能使用。

7.2 对基座、支架焊接质量进行验收,不得有明显焊疤、脱焊、假焊等情况,焊渣处理干净,构件不得翘曲。

7.3 连接模具时,注意模具钢管和钢管柱的圆心位置精确相合。

7.4 传感器、连接电缆、数据采集仪、软件和电脑必须确保运行状态良好,可以采取试运转的方法检测其状态,软件的数学模型必须经过验证方能应用。

7.5 测直管水下端头用盖子封堵,防止浆水侵入。

7.6 硬地坪预埋件位置应尽量准确,减少安装基座和支架时的位置偏差;基座、支架安装时注意对标高和支架平面的严格控制,确保钢管柱调校有准确的参照。

7.7 在灌注桩清孔过程中,继续进行垂直度监控和调整,直至开始浇筑混凝土。

7.8 正式大批量施工前,进行试成桩施工,成桩后进行钢柱桩垂直度的检测,以确认施工质量及影响质量的环节,并加以纠正。

8. 安 全 措 施

8.1 吊装连接有模具的钢柱时应注意保证模具与钢柱的连接验收合格,并设置合适的吊环位置,起吊机械额定载重和臂展须能满足施工安全需要。

8.2 现场加工支架、模具等作业时注意防火和用电安全,焊工施工时应按规定穿戴防护服、绝缘鞋和护目镜等,避免裸露灼伤;电焊机必须按规定接零接地,设置两次空载降压保护装置。

8.3 安装钢管柱时，在模具没有搁置在基准位置前，不得松开吊钩。

9. 环 保 措 施

9.1 采用硬地法施工，确保泥浆不外流，场地内硬地坪保持清洁，以便施工。

9.2 在大门口设置车辆冲洗装置，确保泥浆不外带。

10. 效 益 分 析

在施工过程中发觉，在混凝土浇灌后，从实测结果看，垂直度略有变化，这是由于导管起拔过程中与钢管壁碰撞，钢管柱会产生一定的弹性变形。但这种变形较小，为了防止混凝土浇灌后钢管柱垂直度超过 1/600，在实际调整垂直度时应控制在 1/800~1/900。

世茂滨江花园一期地下车库 164 根钢管柱实际调整结果为：最大的 47 号桩垂直度为 1/613，最小的 40 号桩垂直度为 1/5911。调整结果表明：这套调整系统能够满足逆作法施工中对预埋钢管柱垂直度小于 1/600 的精度要求，并且调整工效高、成本低。

11. 应 用 实 例

通过实践，证明该钢管柱垂直度调控方法及装置的技术开发是成功的，这套方法提供了一种能够直观、精确地完成对钢管柱垂直度调整控制的方法和装置。按照本方法和装置，能真实、直观地反映出钢管柱调控的全过程，很好地解决了现有技术存在的难题，操作方便，操作人员经过较短时间的培训即可胜任。具体应用实例见表 11。

应用实例表　　　　　　　　　　　　表 11

序号	工程名称	地点	开竣工日期	应用量
1	世茂滨江花园一期地下车库	浦城路、潍坊西路	2001.09~2002.11	164 根
2	上海仲盛商业中心	闵行莘庄地区	2004~2005	340 根
3	M8 线人民广场车站	西藏中路	2002.07~2007.12	200 根

混凝土结构 3～6mm 钢板粘钢施工工法

GJEJGF042—2008

上海建工股份有限公司　天津市建工工程总承包有限公司

江遐龄　王美华　周军　龚斌　程金蓉

1. 前　　言

近年来改建项目中混凝土结构钢板粘钢加固法应用比较广泛，它是在混凝土构件表面用建筑结构胶粘贴钢板，以提高结构承载力的一种加固方法。随着工程项目的设计要求不断的提高，当粘钢钢板厚度需要达到 3～6mm 范围内时，常规采用多层钢板粘贴的方式由于粘结的层数过多，不仅施工繁杂，还影响到混凝土结构的加固质量。

中国民生银行大厦改扩建工程核芯筒剪力墙表面粘钢钢板厚度设计要求为 3～4mm，在施工过程中上海建工股份有限公司联合设计单位和大专院校开展科技创新，经过不断的试验探索形成了一种混凝土结 3～6mm 钢板粘钢的施工工法。由于在钢板厚度相同的前提下，这种通过单层钢板粘钢加固取代多层钢板粘钢加固的施工方法，其加固质量和加固成品受力性能均能够满足设计要求，有一定的先进性和代表性，为今后此类工程提供了宝贵的经验，具有明显的社会效益和经济效益。该项目科研成果 2008 年获上海市科学技术进步二等奖。

2. 工 法 特 点

2.1　加快工期

常规多层钢板粘钢加固的工艺形式，需在结构表面粘结数层钢板，工序重复，耗时耗工。3～6mm 钢板粘钢的施工工法粘贴层数仅需一层，无需重复多次的粘钢步骤，能够大大的加快工期。

2.2　粘贴牢固质量可靠

通过化学螺栓或对拉螺杆及角钢、木锲等夹具进行钢板的固定，有利于钢板与结构表面之间的结构胶粘结牢固，达到较高的加固质量。

2.3　操作便捷

施工步骤简单，操作方便灵活快速，不影响结构外形，施工时对生产和生活影响较小。

3. 适 用 范 围

本工法适用于工业、民用建筑混凝土结构改建加固过程中钢板厚度在 3～6mm 厚度范围的钢板粘钢加固施工。

4. 工 艺 原 理

混凝土结构 3～6mm 钢板粘钢施工工法以常规粘钢加固为基础，利用结构胶作为胶粘剂，使结构胶排除其界面上吸附的空气后渗入混凝土结构表面的空隙内，与表面打磨过的钢板进行粘结。而表面打磨的钢板能够使表面粗糙化，有利于结构胶对混凝土结构表面的浸润，达到提高粘结强度的效果。

同时在粘结区域设置植化学锚栓或对拉螺栓，并通过角钢、木锲等夹具进行辅助，将补强用的钢板牢固地粘接在各种混凝土结构构件上。压力作用下胶体深入混凝土结构深孔和毛细管中形成根系，从而达到钢板、混凝土、结构胶和螺栓能够较好地共同受力，满足结构承载力的要求的目的。

5. 施工工艺流程及操作要点

5.1 施工工艺流程

混凝土结构表面处理 → 测量放线 → 螺栓定位 → 钻孔 → 清孔、螺栓处理 → 化学螺栓施工（或对穿螺杆施工）→ 钢板打磨 → 钢板定位 → 钢板现场钻孔 → 钢板预安 → 胶料配制 → 粘贴 → 夹具固定加压 → 固化及养护 → 检验。

5.2 操作要点

5.2.1 对混凝土结构表面处理需清除混凝土粘贴面上浮灰、尘土、油渍、污垢。表面蜂窝、凹凸不平处用结构胶修补嵌平。打磨后露出结构本体，用丙酮擦净。

5.2.2 粘钢部位按照施工图对着现场进行定位弹线，同时按照施工图螺栓的间距在混凝土结构表面进行螺栓孔位的定位标注。

5.2.3 根据设计图纸、施工规范及供应商提供的螺栓相关参数进行钻孔，钻孔深度必须符合设计要求。

5.2.4 钻孔后用吹气筒吹净孔内粉尘，并用毛刷清孔。如遇到潮湿环境要进行孔洞干燥处理。在螺栓植入前，螺栓植入部位应擦干净，表面应无杂物、水渍、油渍。

5.2.5 验孔合格后，根据设计要求放入管装锚固胶植化学螺栓的或注入植筋胶植对穿螺栓，螺栓植入后不得触动，经固化后方可受力使用。化学螺栓或对穿螺栓施工均需满足相关规范要求。

5.2.6 钢板的粘结面进行平整、除锈处理，粘结面打磨后应显露金属光泽，打磨纹路应与钢板受力方向垂直，并用丙酮擦净。

5.2.7 根据现场螺栓的孔位用硬纸板 1:1 对着打磨完毕的钢板确定定孔位，将空位在钢板上标记后用台钻对着钢板孔位进行钻孔（图 5.2.7）。

5.2.8 钻孔完毕后将钢板对着螺栓位进行预安，要求孔位合适，钢板位置符合粘贴要求。

5.2.9 根据使用说明调制结构胶，将各组分混合后充分搅拌直至均匀无色差，把配制好的胶料同时涂抹在已处理好的钢板和混凝土面上，将钢板与混凝土进行粘贴。

5.2.10 钢板粘贴后即加压固定，通过螺杆、角铁、木楔等辅助工具进行。在螺栓上设置临时角钢，角钢与钢板内用木楔顶紧并加压固定，直至钢板周边同时挤出胶液（图 5.2.10）。

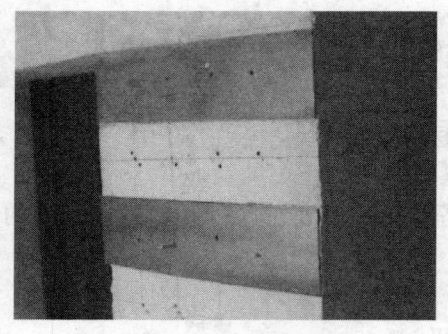

图 5.2.7 钢板开孔

图 5.2.10 加压固定

5.2.11 现场局部区域如形状复杂的墙体或柱转角部位，可采用胶水灌注的方式进行粘钢。即将钢板通过螺栓或夹具等先固定于混凝土表面，再向混凝土与钢板空隙间压力灌注胶料。

5.2.12 胶水灌注时，先在拼装后的制件上安置灌浆嘴排气口，在拼装后的制件周围用封堵型结构胶封缝，再用压缩空气从灌浆嘴处输入进行密封检查，合格后用 0.3～0.5MPa 的压缩空气将胶料从制件的进胶口压入，排气孔溢胶后逐一予以封堵，直至制件内充满胶料，最后用结构胶对进胶口封堵（图5.2.12）。

5.2.13 钢板横向、竖向钢板交错粘钢时，将上层钢板在下层钢板的两边进行弯折，弯折范围控制在400mm左右，弯折而产生的空隙用结构胶填满密实（图5.2.13）。

图5.2.12 灌注法施工

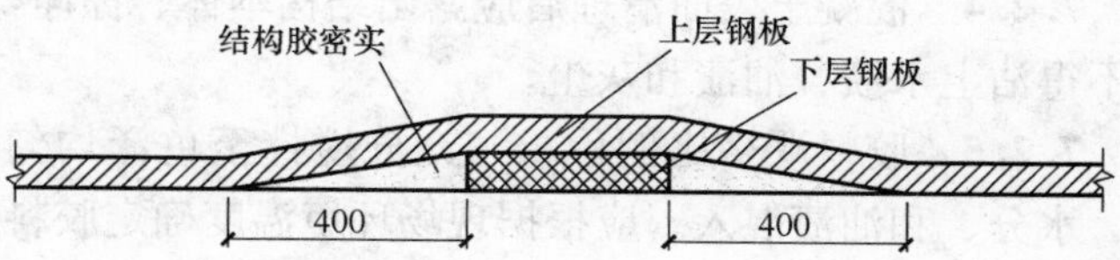

图5.2.13 上下层粘钢示意图

5.2.14 钢板加压全过程不得中途局部减压，经24h后可卸压，3d后可受力使用（根据天气情况定）。

5.3 劳动力组织

根据工作量合理安排劳动力，每10m² 范围内混凝土结构 3～6mm 钢板粘钢施工配备劳动力见表5.3。

劳动力组织情况表　　　　　　　　　　　表5.3

工　种	人　数	职　责
打磨工	3人	负责混凝土、钢板表面打磨处理
钻孔工	3人	负责螺栓钻孔及钢板钻孔
切割工	2人	负责钢板材料现场切割加工
植筋工	2人	负责螺栓种植
架子工	2人	负责施工操作脚手架的搭设
打胶工	2人	负责粘钢过程涂刷结构胶
加压工	4人	负责钢板加压固定
现场指挥	1人	全面负责现场协调
合计	19人	

6. 材料与设备

6.1 按设计要求的钢板、螺栓、胶粘剂。

6.2 电钻、切割机、台钻及砂轮机。

6.3 角钢、木锲、螺钉及小锤。

7. 质 量 控 制

7.1 工程质量控制标准

《混凝土结构工程施工质量验收规范》GB 50204—2002；

《建筑工程施工质量验收统一标准》GB 50300—2001；

《高层建筑混凝土结构技术规程》JGJ 3—2002；

《混凝土结构加固技术规范》CECS 25：90；

《混凝土结构加固设计规范》GB 50367—2006。

7.2 质量保证措施

7.2.1 施工前制订混凝土结构钢板粘钢加固施工方案，并按方案进行技术交底。

7.2.2 所用建筑结构胶必须通过建设部全国建筑物鉴定与加固标准技术委员会组织的专家鉴定，属规范规定粘钢加固所用结构胶。

7.2.3 所用的粘钢钢板应选用国家大型钢铁企业产品，必须有产品质量证明书，应符合设计需要。

7.2.4 混凝土表面清理后应露出结构本体、擦净，钢板打磨处理后，应露出金属光泽，表面处理后不得沾上水渍、油渍和灰尘。

7.2.5 胶料严格比例称重，充分搅拌至色泽均匀不得有沉淀色差，容器内保证清洁，不允许灰尘、水分、和油渍混入。应根据现场环境温度确定胶料每次拌合量，并按要求严格控制使用时间。

7.2.6 配制后的胶料立即使用，涂抹胶料时，水平粘贴应中间厚边缘薄，竖向粘贴上厚下薄，无漏抹。施工时适时地调整胶的黏度，胶的黏度较小时，施压会导致过度流淌，造成缺胶，影响粘结强度。胶层过厚，易产生气泡缺陷，容易引起早期断裂。

7.2.7 在钢板粘结固化后，拆除夹具，随即安排质量自检工作，在各道主次梁及板底、板面粘钢处进行小锤敲击检验，对较大空鼓处采用剥下重新粘贴，对较小空鼓则采用注浆修补。

7.2.8 施工结束经养护后，对该分项工程进行质量检验，按照相关检验标准严格检查，发现问题及时修复，认真做好检验记录，确保粘钢结构加固工程施工质量达到设计及相关规范要求，保证业主正常的功能使用要求。

7.2.9 材料进场应检查合格证、质保书、检测报告，粘钢施工检验批质量验收及隐蔽工程验收记录表。

8. 安 全 措 施

8.1 所有参加施工的作业人员必须经安全技术操作培训合格后方可进入现场进行施工。特殊工种必须持有操作证上岗作业，严禁无证上岗作业。各工种、各工序施工前均应由施工人进行书面交底后方可进行施工作业。

8.2 施工现场的电气设备设施必须制定有效的安全管理制度，现场电线，电气设备设施必须应有专业电工经常检查整理，发现问题必须立即解决。凡是触及或接近带电体的地方，均应采取绝缘保护以及保持安全距离等措施。

8.3 用电设备及线路绝缘良好，电气设备及装置的金属部位保护接地。电箱开关、插座按规定位置固定，不歪斜不松动，接线端子接头不松动，外壳作保护接零。

8.4 机械设备每次使用前必须经专人检查确认完好可以使用后方可进行。所有机械设备的使用过程需遵循相关的机械设备使用规范规程要求。

8.5 电气装置遇到跳闸时，不得强行合闸，应查明原因，排除故障后再行合闸。线路故障的检修时应挂牌告示并由专职电工负责，非专业人员不得擅自开箱合闸。

8.6 施工中操作工人必须配备必需正确配备劳防用品，操作工人穿戴工作服，佩戴安全帽。

8.7 施工全过程现场必须有专职人员全程监督。

9. 环 保 措 施

9.1 在本工法施工中主要的环境污染包括噪声、废料、粉尘等，在不同的施工地段，环境保护的要求和措施不同，除符合本施工工法外，在特殊环境下，还应符合当地特别要求。

9.2 噪声的来源包括安装打磨机械的噪声、材料搬运的噪声、加压固定施工时敲击的噪声。在施工期间加强噪声控制，严格按环保要求的控制指标组织施工，安排合适的施工时间，并设置必要的噪声防护措施，减少对周边的噪声污染。

9.3 对于施工期间产生的废料及其他污染物，主要为包装材料废料，应在指定地点集中堆放，在夜间按环保要求运输至场外指定地点进行处理。

9.4 对场地内打磨过程中产生的粉尘，及时的进行洒水工作，降低粉尘等对周边环境污染。

9.5 对产生的废水需设置沉淀过滤装置，满足环保要求后方可排出。

10. 效 益 分 析

10.1 本工法操作方便，施工效率高，进度快。

10.2 本工法能够避免常规粘钢法的重复工序，并通过夹具进行 3～6mm 钢板的固定，使得钢板与结构表面通过胶水粘结牢固，满足结构承载力的要求，能够达到较高的加固质量，具有一定的经济效益和社会效益。

11. 应 用 实 例

中国民生银行大厦改扩建工程（中商大厦）位于上海浦东新区陆家嘴金融贸易区内，浦东南路100号。工程由中国民生银行股份有限公司投资，华东建筑设计研究院设计，上海建科建设监理咨询有限公司监理，上海建工股份有限公司总承包，上海市第七建筑有限公司主建。

改建后结构框—筒形式不变，混凝土结构核芯筒剪力墙上大面积需要进行钢板粘钢加固施工。本工程剪力墙粘钢钢板材料为 Q235B，厚度 3～4mm，宽度为 300mm，粘贴间距为 310mm 及 600mm 两种；植化学螺栓竖向间距 310mm，水平间距 250mm；对穿螺栓间距为 200mm；部分区域采用竖向粘钢。绝大多数钢板平整无弯折的剪力墙区域均通过钢板粘贴施工，而对形状复杂的剪力墙角门洞、暗柱部位局部采用了胶水灌注的方式进行施工。本工程采用的 3～6mm 钢板粘钢加固施工工法能够大大的加快施工进度，操作便捷灵活，加固施工的质量得到了很好的控制，取得了一定的成功。

剪力墙粘钢示意见图 11。

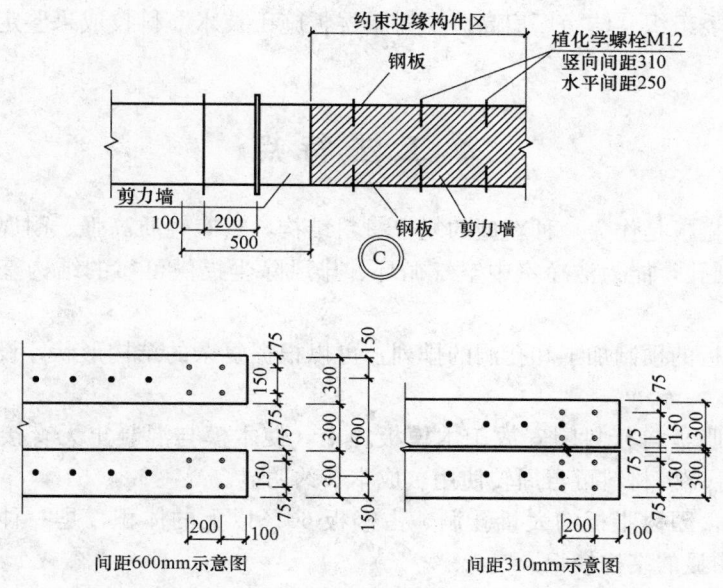

图 11 剪力墙粘钢示意图

洁净厂房高分子树脂楼板施工工法

GJEJGF043—2008

龙元建设集团股份有限公司
中达建设集团股份有限公司
向海静　罗玲丽　霍军胜　马冲　曹宇牧　庞堂喜

1. 前　　言

1.1　洁净室（Clean Room），亦称为无尘室，是电子、制药、生物工程的重要洁净生产区。早期的电子、医药厂房的洁净室，多用钢筋混凝土井字梁结构做为结构楼板，洁净室的空调送排风系统，是空气经过滤器进入室内，由洁净室的高架地板或两侧隔墙回风，将人、机器等发生的尘埃迅速排出室外，将室内洁净度、温湿度、及静电控制在洁净室级别需求的范围内。目前由于各种高精度产品和技术设备的逐渐成熟，对于洁净室的环境要求也日益提高。高分子树脂楼板应用于厂房洁净室，是在材料和工艺上都有创新的新型结构形式之一。

1.2　洁净车间采用高分子树脂楼板技术，是采用树脂材料将钢筋混凝土全部包裹封闭，形成外观为树脂、内部为钢筋混凝土的楼板结构。楼板施工中，将预制的带孔排列的树脂板，平整铺设于模板上，孔间设密肋式钢筋暗梁，经混凝土浇捣后，形成平整的、带有穿通孔洞的钢筋混凝土楼板。由于树脂板板底的板缝全部封闭，板面的混凝土再用自流平树脂封闭，因此楼板结构无暴露的混凝土，可为洁净室提供无尘结构基层，同时华夫板楼板上大量的圆孔，可提供通畅的空调排风除尘通道。

1.3　在结构性能上，密肋暗梁和大量定型排列的孔洞，可使车间大跨度楼板的自重大大减轻，并且树脂材料性能稳定和抗腐的性能，为洁净室提供了可靠的洁净环境。洁净室采用高分子树脂楼板技术，由于树脂材料硬度高、无毒、抗酸碱和良好的抗静电性能，能提供医药和电子设备稳定的生产环境，能明显提高洁净室的洁净等级，并符合环保节能的建筑技术要求。

1.4　上海市科技委组织"洁净厂房高分子树脂楼板施工技术"科技成果鉴定，本工法核心技术水平达到国内先进水平。

2. 工 法 特 点

2.1　高分子树脂楼板是作为一种新型的复合材料结构，具有轻质高强、耐腐、防静电性能好等特点。树脂楼板大量的圆孔，能为洁净室中空气循环、排风除尘提供可靠的结构基础，洁净室的洁净度可达到 10～100 级。

2.2　高分子树脂板的预制加工和孔洞的排列，可以根据复杂的结构形状，设计后一次成型，加工优越性突出。

2.3　由于预制树脂板自行封闭安放于木模板之上，使木模与混凝土无直接接触，木模的损坏极少，损耗率也非常小，98％材料可再周转使用，成本节约明显。

2.4　楼板结构中，因树脂板的大量孔洞，占楼板 60％以上的体积，是一种具备洁净、防尘、轻质、降耗、节能效果明显的结构楼板。

2.5　工法的核心技术

2.5.1　排架和模板搭设的方案设计。

2.5.2　高分子树脂板排列图设计。

2.5.3 高分子树脂板铺排。

2.5.4 高分子树脂板拼接填缝。

2.5.5 按绑扎工序进行主、次梁筋的绑扎。

2.5.6 混凝土斜面分层浇捣及平整度控制。

2.5.7 待混凝土达到强度和干燥以后，表面涂刷树脂材料。

3. 适 用 范 围

高分子树脂楼板施工技术，可广泛应用于电子、制药、生物工程、医疗卫生、食品、和军工生产领域的洁净车间。

4. 工 艺 原 理

预制带孔洞的树脂板按排列图的设计，平整铺设于稳定的排架支撑系统的模板上，将板底的板缝全部封闭后，在预制树脂板孔间设密肋式钢筋暗梁，按照规定主次梁的顺序进行钢筋绑扎，然后浇捣混凝土，待混凝土达到设计强度后，再用自流平树脂封闭板面的混凝土，形成平整的、无暴露混凝土的、带有穿通孔洞的树脂楼板。楼板上大量的圆孔，可提供通畅的空调排风除尘通道。高分子树脂楼板为洁净室提供了无尘结构基层。

5. 施工工艺流程及操作要点

5.1 施工的技术准备

5.1.1 根据工程结构和平面柱网布局，确定模板排架系统。

5.1.2 按不同型号编制树脂板排列图，提出预制加工要求，并确定拼装顺序。

5.1.3 绘制树脂板板底拼接固定和板缝缝隙填补方案的详图。

5.1.4 根据树脂楼板设计形式，编制相应的钢筋加工制作方案，编制主次梁钢筋的钢筋绑扎方案。

5.1.5 确定混凝土浇筑方案及浇筑顺序。

5.1.6 制定过程控制的质量、安全措施和应急预案。

5.1.7 确定工程记录（资料）。

5.2 施工工艺流程（图 5.2）

5.3 支撑排架系统

5.3.1 楼板排架搭设

通常树脂板楼板设计厚度为 700mm 左右，结构自重较大。钢筋混凝土框架结构施工用的支撑系统需要进行杆件强度验算、稳定性验算以及扣件抗滑验算等。

一般采用 $\phi48\times3.5$ 钢管扣件脚手架支撑体系：

1. 立杆横纵向间距控制在 600mm 以内，确保竖向承载能力满足设计和安全要求。

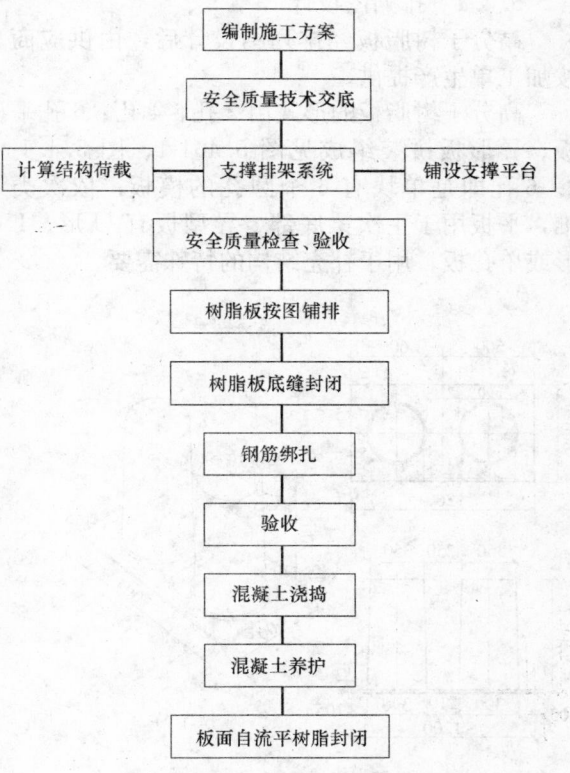

图 5.2 施工工艺流程图

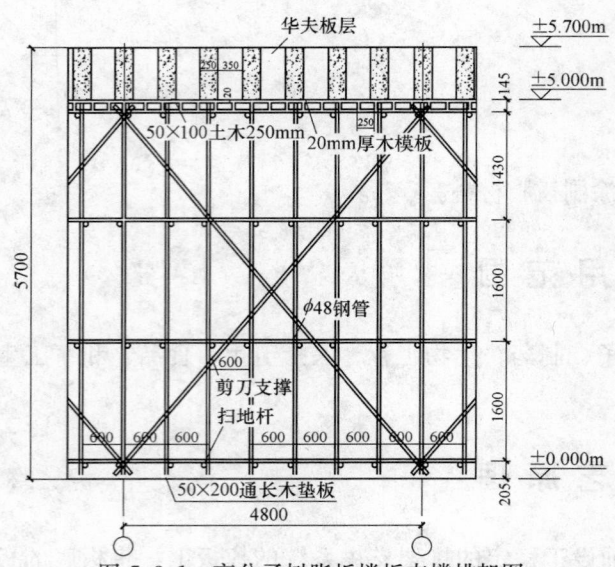

图 5.3.1　高分子树脂板楼板支撑排架图

2. 施工过程中，为防止木模板受潮膨胀变形、在铺设木模板平台的时候，整块的木模板与木模板之间宜留设 2～5mm 的缝隙，既可避免木模板膨胀时造成拱起，又可以及时排走雨水，确保木模板平台上无积水。

3. 从图 5.3.2 中可看出，承载华夫板的木模板平台下的方木密度，比常规结构模板下的方木高很多。

5.4　预制高分子树脂板铺装

5.4.1　排列图设计

高分子树脂板经排列图设计后，由供应商按加工单生产提供。

高分子树脂板的形式由 2 孔、4 孔、6 孔平板、异形板拼装组成见图 5.4.1-1、图 5.4.1-2。6 孔即是单块有 6 个圆孔的模板，依次类推，平板用于主次梁底部、异型板有 U 形、L 形或单孔板，用于补充结构的特殊需要。

2. 横杆竖向步距控制在 1600mm 以内，扫地杆和板底水平杆要连续拉通，层高大于 5m，应设置水平支撑。

3. 排架四周安装垂直剪刀撑，结构柱每两隔一跨设置垂直剪刀撑，保证支撑体系稳定，见图 5.3.1。

5.3.2　平台木模板搭设

平台为满铺 20mm 厚木模板，采用 50（宽）×100（高）的方木传递受力，其间距控制在 150mm 之内，可保证木模板不变形，挠度在允许范围内，见图 5.3.2。

1. 木模板平台的平整度控制在 2mm/m。高分子树脂板模板是定型生产的，木模板平台的平整，是保证高分子树脂板板上部面层的平整，方可满足下道工序环氧自流平涂料施工，满足楼板整体的平整。在实际施工中，平整度采用水准仪测量监测。

图 5.3.2　平台木模板铺设图

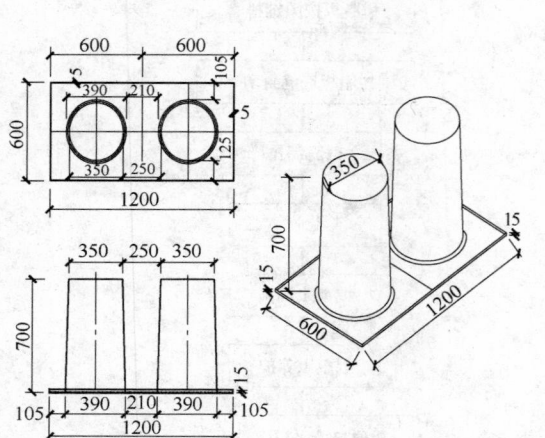

图 5.4.1-1　2 孔高分子树脂板

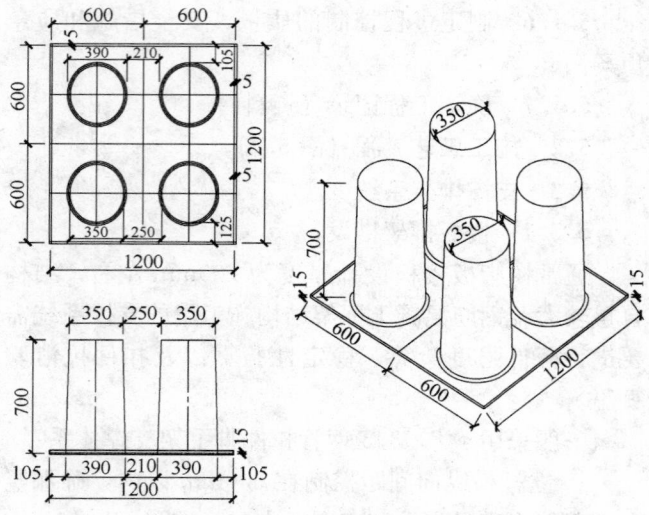

图 5.4.1-2　4 孔高分子树脂板

排列图设计时，高分子树脂板应满铺于结构楼层，由于板缝相互固定，不留空隙，板底没有水泥浆渗漏，板面混凝土待用自流平树脂封闭后，可保证钢筋混凝土全部包裹于高分子树脂板内，见图5.4.1-3。因此，华夫板的排列在满足结构主次梁的前提下，尽可能减少型号的类别，选择统一、简洁

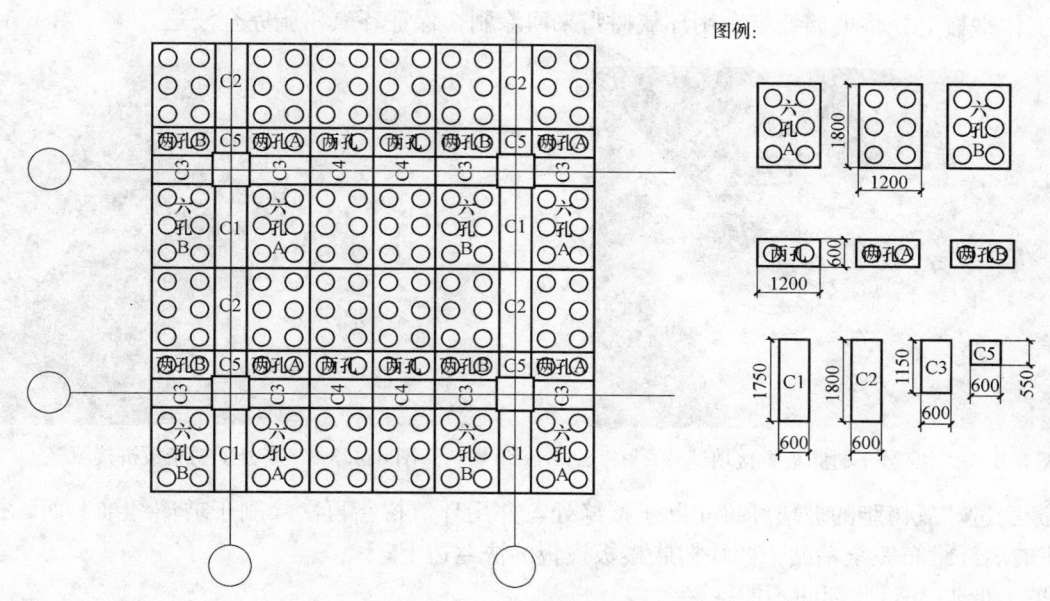

图5.4.1-3　高分子树脂楼板的排列图

的排列规则，并且在排列图有明确的编号，有利于指导施工。

5.4.2　高分子树脂板的铺排

高分子树脂楼板模板补缝修复的允许误差是0～2mm，模板铺排位置偏移后，会导致局部模板间出现大于2mm的空隙，混凝土浇筑时水泥浆水会从缝隙露出，事后修补困难，因此树脂板的铺排应严格按照排列图和铺排顺序，一旦出现铺排错误将很难返工，见图5.4.2。具体措施如下：

1. 轴线投测：木模板平台铺设完毕后，先由地面的

图5.4.2　高分子树脂板铺排

轴线投测模板上，用墨线将每条轴线弹画在模板平台上；

2. 根据轴线，按照铺排设计图，将各类型树脂板位置的控制线用墨线弹画在木模板平台上，误差≤1mm；

3. 对照树脂板排列图和已弹画好的墨线位置，将树脂板对号入座，准确铺排。

5.4.3　高分子树脂楼板模板拼接填缝

1. 在高分子树脂楼板模板铺排时就进行相关的固定，模板与模板、平板之间连接固定为12个点，每边3个点，采用手枪钻配合自攻螺丝将两块板之间的法兰边穿孔拧固，进而将整片树脂楼板模板连成一体。

2. 紧随进行树脂楼板模板拼接，即开始拼缝处的填缝处理工作，其作用是将已连成一体的树脂楼板模板与模板之间拼接的缝隙完全填充密封，可以防止混凝土浇筑时水泥浆液露出，也同

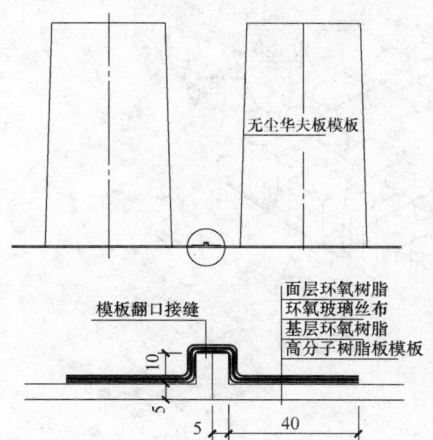

图5.4.3-1　高分子树脂板
接缝填缝节点

时增加了高分子树脂楼板模板之间的握裹力和承载能力。

3. 填缝工作所用材料是与树脂楼板模板同类别的环氧树脂和玻璃纤维布组合粘贴固定的，见图 5.4.3-1～图 5.4.3-3。具体步骤如下：

1）在接缝处先涂刷一层环氧树脂做为打底增加模板与玻璃相位布之间的粘结力；

2）在工作平板上先将玻璃纤维布用环氧树脂来回涂刷，保证环氧树脂完全浸透；

图 5.4.3-2　高分子树脂板拼接填缝

图 5.4.3-3　高分子树脂板拼接填缝

3）将涂刷过环氧树脂的玻璃纤维布贴于接缝处，并用环氧树脂再次涂刷于玻璃纤维上面，挤出多余空气，使玻璃纤维布完全粘贴于两块树脂楼板模板的法兰边上；

4）养护不少于 2h，此期间不能踩踏。

5.5　高分子树脂楼板钢筋施工

5.5.1　结构梁分类并规定绑扎顺序（图 5.5.1-1）

1. 根据结构设计图，区分主梁、次主梁、次梁、再次梁。

由于预制树脂板的排列是施工阶段设计的，楼板结构的井字形肋梁布置，也由树脂板孔洞的排列而形成，因此，按结构的受力原理，应在施工前明确区分主梁、次主梁、次梁、再次梁。

1）搁置在结构柱上方的结构梁为主梁和次主梁，以长方向的梁为主梁，另一方向的梁为次主梁。

2）搁置在主梁和次主梁上的结构梁为次梁和再次梁，与次主梁方向相同的梁为次梁，与主梁方向相同的梁为再次梁。

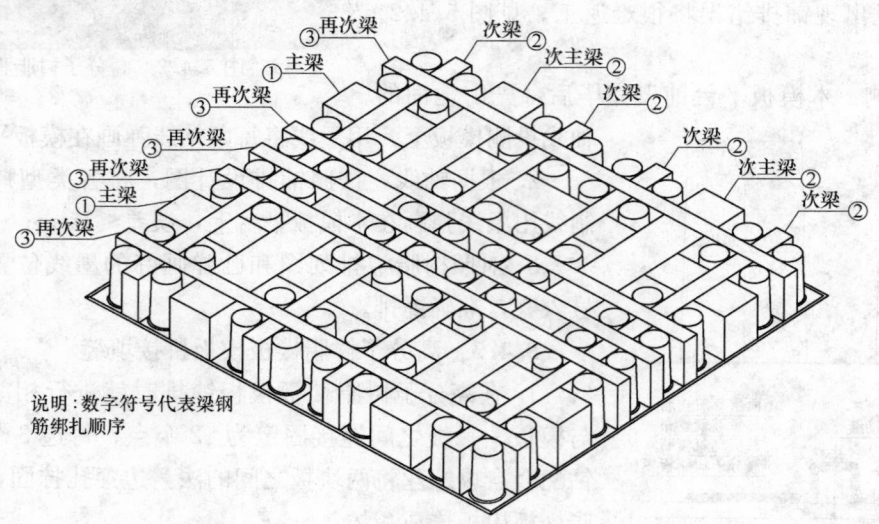
图 5.5.1-1　结构主次梁绑扎顺序

2. 规定钢筋绑扎顺序及劳动力分配（图 5.5.1-2）

1）第一阶段全部劳动力分配在主梁钢筋绑扎上，主梁钢筋绑扎至少同步开展 5 条以上。

2）第二阶段当主梁钢筋绑扎开展至 5 跨以上时，分配 2/3 以上的劳动力同步开展次主梁和次梁钢筋绑扎。

3）第三阶段当次主梁和次梁钢筋绑扎开展至 5 跨以上时，由绑扎次主梁和次梁钢筋的劳动力分配一半开展再次梁钢筋绑扎。

4）梁钢筋绑扎整体布局为由一角开始向全面开展的流水作业形式，可根据实际工程情况调整同步开展的梁的数目和劳动力数量，但劳动力分配比例不变。

图 5.5.1-2 结构主次梁绑扎

5.5.2 高分子树脂楼板肋梁箍筋加工尺寸

1. 梁箍筋设计尺寸（图 5.5.2-1）

1）高分子树脂楼板结构梁设计箍筋高度，为扣除梁上下部保护层厚度 25mm＋25mm＝50mm，即 700mm 高的梁，箍筋设计高度为 650mm。

2）高分子树脂楼板结构梁设计箍筋宽度，为扣处梁左右侧保护层厚度 20mm＋20mm＝40mm，即 250mm 宽的梁，箍筋设计宽度为 210mm。

2. 梁箍筋实际尺寸（图 5.5.2-2）

1）根据结构梁绑扎顺序，共有 3 皮钢筋叠放绑扎，常规梁主筋直径不小于 25mm，故应在设计箍筋尺寸基础上增加 2 皮钢筋的直径高度，设计 700mm 高的梁，箍筋实际高度为 600～610mm。

2）根据高分子树脂楼板模板制造生产要求，模板必须为椎体形，上口小、下口大，故搁置钢筋的空间上口尺寸为设计尺寸，下口尺寸比设计尺寸小 30～40mm，设计箍筋宽度为 250mm，实际箍筋宽度应为 190～200mm。

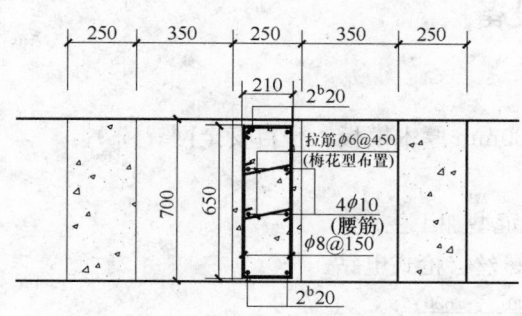

图 5.5.2-1 树脂楼板结构钢筋设计

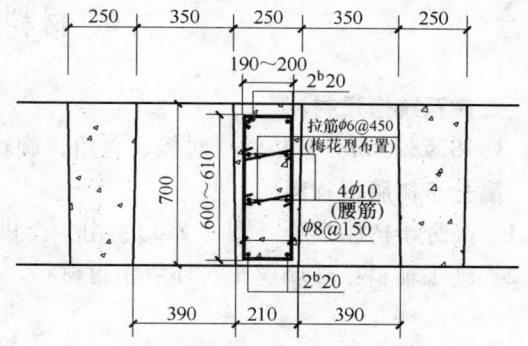

图 5.5.2-2 树脂楼板结构钢筋实际绑扎

5.6 树脂楼板混凝土浇筑

5.6.1 树脂楼板的抗冲击性能比木模板差，在采用汽车泵或固定泵浇筑时不宜在落口下方堆积太多混凝土，避免因为过多的堆积造成树脂楼板模板受压变形或破损，堆积高度宜控制在 300mm 以内。

5.6.2 在振捣混凝土时，振动棒也不可插入混凝土中太深，避免振动棒激烈触碰树脂楼板模板，同时也不能使混凝土漏振，见图 5.6.2。

5.6.3 混凝土浇筑采用斜面分层浇筑，分层厚度≤500mm，斜面坡度≤20°。

5.6.4 楼板混凝土面层高度以树脂模板孔顶为准，其高度误差控制在±1mm 以内。为了达到这样的要求，混凝土面层刮平、收光至少进行三次：第一次、混凝土初凝前使用长刮尺刮平于孔顶；第二次、混凝土初凝后 4h 内使用机械磨光机或手工铁板全面收光；第三次、混凝土终凝前使用机械磨光机进行最后一次收光。

5.6.5 树脂楼板钢筋混凝土的养护，由于楼板浇筑厚度较厚（板厚700左右）间于普通结构楼板和大体积混凝土之间，良好的养护有助于减少混凝土表面收缩开裂。树脂楼板混凝土养护期不少于2周，养护期内采用塑料薄膜全面覆盖，并采取不间断的浇水养护，见图5.6.5。

图5.6.2 高分子树脂楼板混凝土浇捣

图5.6.5 高分子树脂楼板混凝土养护

5.7 劳动力组织（表5.7）

劳动力组织 表5.7

序号	单项工程	所需人数	备注	序号	单项工程	所需人数	备注
1	管理人员	15		5	树脂板嵌缝	10	
2	排架搭设	40		6	钢筋绑扎	60	
3	九夹板铺设	25		7	混凝土浇捣	40	
4	高分子树脂板铺设	30		8	板面自流平树脂封闭	35	

6. 材料与设备

6.1 支撑系统搭设材料

钢管（$\phi48\times3.5$mm）、扣件（对接、直角、旋转）、20mm厚木模板、密目安全网。

6.2 高分子树脂板材料

6.2.1 高分子树脂模板（图6.2.1）：由生产供应商定型加工生产。

6.2.2 施工辅料：玻璃丝布、环氧密封材料、自攻螺丝、枪式电钻。

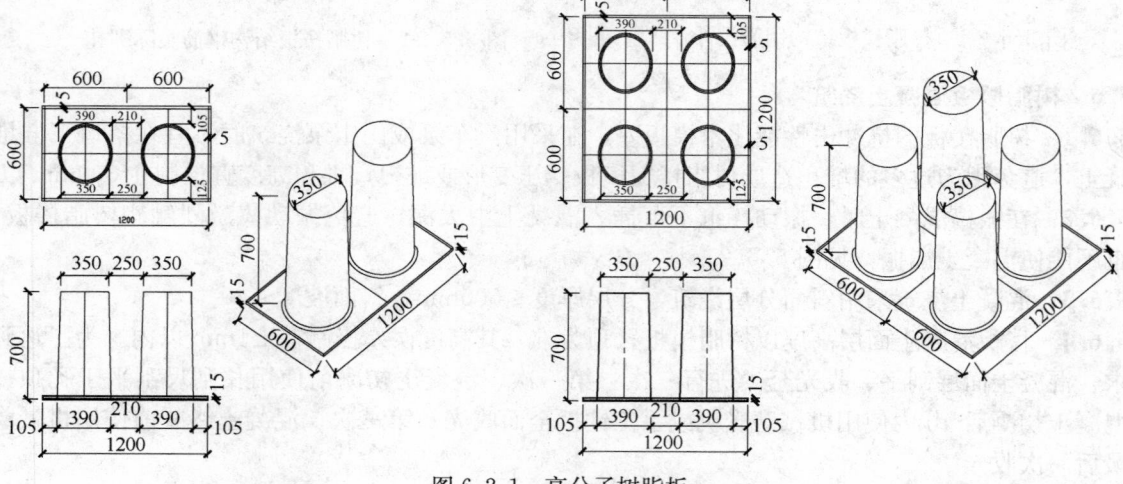

图6.2.1 高分子树脂板

7. 质 量 控 制

7.1 质量管理制度

7.1.1 况检查制度

1. 检查项目：

1) 各横纵向杆件连接处是否符合施工组织设计要求。

2) 扣件螺丝是否松动。

3) 木模板操作平台是否有起翘和拱起。

4) 混凝土浇筑后，支撑系统是否因荷载增加而产生变形或不均匀沉降。

2. 检查时间：

1) 6 级别大风和大雨后。

2) 停用超过一个月，复工前。

3) 钢筋混凝土浇筑前后。

7.1.2 质量控制措施

1. 执行工程质量检查检验三级制度。即生产班组自检合格后，由项目部专职质量员复检，复检合格后报项目部、监理终检。

2. 原材料进场必须提供产品合格证、质保书，按规定要做复试的原材料，进场后立即见证取样复试。

3. 认真做好施工技术交底工作。施工技术交底主要内容：施工工艺、施工方法和质量标准。

4. 严格执行隐蔽工程检查检验工作，未经有关部门验收不得自行隐蔽，及时填写隐蔽记录单，在隐蔽前取得有关部门的签字认可后才可隐蔽。

5. 特殊工种必须持证上岗，确保产品质量。

6. 加强标养房得管理工作，认真做好混凝土试块得制作、养护，试块必须具有真实性、代表性。

7.2 树脂楼板结构质量标准

7.2.1 树脂楼板模板水平位置偏差不大于 2mm。

7.2.2 树脂楼板模板平整度偏差不大于 2mm/m。

7.2.3 梁钢筋位置偏差不大于 20mm。

7.2.4 梁钢筋保护层厚度偏差不大于 ±10mm。

7.2.5 混凝土面层平整度偏差不大于 2mm/m。

8. 安 全 措 施

8.1 安全管理

8.1.1 建立以项目负责人为组长的安全生产责任小组，安全生产小组每周必须开展一次安全检查和整改汇报会议。

8.1.2 坚持执行安全技术交底制度，重要工序必须单独制订专门的安全技术交底。

8.1.3 进入施工现场，必须头戴安全帽，脚穿劳保鞋，2m 以上的高空作业要系安全带。

8.1.4 支撑系统搭设人员必须持有登高作业操作证方可上岗。

8.1.5 对工程上的四口五临边，要设置高度 1.2m 的安全护栏。安全网、盖板，防止人员物件坠落伤人。

8.2 防火措施

8.2.1 树脂楼板施工必须配备足够的灭火器材，每 500m² 不少于 1 只灭火器，并保持有 1~2 人手持灭火器巡视于树脂楼板层，如有火情立即扑灭。

8.2.2 在树脂楼板模板内进行焊接或氧气切割时，必须有专人看护，并有可靠的保护树脂楼板模板的隔离措施。遇大风或雨天禁止焊接和氧气切割工作。

8.2.3 作业面严禁人员吸烟，乱扔烟蒂。

8.2.4 提前连接树脂楼板混凝土养护用水管线到树脂楼板层，在前期可作为消防取水源。

8.3 应急预案

8.3.1 雨季、台风

在雨季中遇到有暴雨或六级以上大风天气，应停止施工，大风过后要对支撑系统脚手架进行全面检查，并根据需要对架体进行加固。

8.3.2 支撑系统出现故障

在施工过程中，如发现支撑系统有倾斜或不均匀沉降等故障，如因扣件松动造成的拉结不稳、局部木模板下沉等问题，应立即疏散操作人员，停止作业。

具体处理方案为：

1. 采用钢管临时支撑、拉结。

2. 清除故障支撑架上部荷载堆物。

3. 重新调整、更换、加固支撑架，并检查相关联的脚手架和扣件。

4. 拆除临时支撑、拉结。

5. 处理全过程应由应急处理小组全程监督管理。

8.3.3 模板起火

施工过程中如因焊接或切割导致楼板模板起火，应立即疏散操作人员，进入抢险救火应急程序。具体处理方案为：

1. 采用预先备放的灭火器进行扑救。

2. 如火情不容乐观，一方面增加灭火器数量，另一方面快速从临近水源接管灭火，同时拨打119请求消防灭火。

3. 灭火完毕后，统计火灾损失，及时联系树脂楼板模板供应商，报出需补充的树脂楼板模板类型和数量。

8.3.4 应急快速处理机制

明确应急信息传递途径：区域负责人—安全监督员—生产经理—应急处理小组，发现安全隐情应及时汇报，快速查明原因，安全有效解决问题。

9. 环保措施

9.1 高分子树脂楼板本身具有良好抗酸碱性，洁净室中抵抗化学药剂的侵蚀；同时防火、烟毒均达标。

9.2 应用于树脂楼板的木模板，只需树脂楼板层面积大小相互拼接成整板，无需使用木模板制作梁，基本无需切割，所以材料损耗极少。

10. 效益分析

10.1 在工程施工中，由于高分子树脂板板底自行封闭安放于木模板之上，木模与混凝土无直接接触面，对木模造成的损坏极少，拆除方便，98％材料可再周转使用成本节约明显，经济效果突出。

10.2 高分子树脂楼板具有良好抗酸碱性和抵抗化学药剂的侵蚀的性能。楼板通透的孔洞，能为洁净室室中空气循环、排风除尘的提供可靠的环境基础洁净室的洁净度可达到 10～100 级。

10.3 高分子树脂板可以根据复杂的结构形状，一次成型，加工优越性突出。对形状复杂、不易成型的数量少的产品，更突出它的工艺优越性。

10.4 对大跨度的生产车间，高分子树脂楼板，因大量孔洞，占楼板 60% 以上的体积，能明显减轻结构自重，节约材料、降低消耗。

10.5 高分子树脂楼板结构，是一种既具备防尘、洁净，又具备轻质、降耗的节能效果明显的结构楼板。

11. 工程实例

11.1 开放式集成电路总建筑面积为 31221m²，总投资造价 7000 万元，高分子树脂楼板建筑面积 36000m²。开工时间为 2006 年 3 月，竣工时间为 2008 年 2 月。该电子厂房主要从事芯片开发，在洁净室的建造过程中，采用了高分子树脂板，可靠的提高洁净室的洁净等级，取得了显著的效果。

11.2 龙腾光电有限公司（一期）项目是第六代液晶显示器生产厂房，面积 23.4 万 m²，开工时间为 2005 年 3 月，竣工时间为 2006 年 8 月，总投资 18 亿。在洁净室的建造过程中，采用了高分子树脂板，可靠的提高洁净室的洁净等级。

11.3 上海贝岭芯片厂房位于上海浦东张江高科技园区内，本工程为 6 英寸芯片生产厂房，面积 3.8 万 m²，总投资 2.1 亿元，高分子树脂楼板建筑面积 6000m²，开工时间为 2001 年 7 月，竣工时间为 2003 年 5 月。在洁净室的建造过程中，采用了高分子树脂板，可靠的提高洁净室的洁净等级。

11.4 其他工程实例（表 11.4）

其他工程实例 表 11.4

工程实例名称	树脂楼板建筑面积（m²）	所在地
上海中芯国际集成电路制造有限公司(一、二、三厂)	24000	上海
上海中芯国际集成电路制造有限公司(八厂)	6500	上海
上海中芯国际集成电路制造有限公司(九厂)	8000	上海
和舰科技(苏州)有限公司	7000	江苏苏州
龙腾光电一期 TFT 项目	36000	江苏昆山
上海贝岭 8 英寸芯片生产厂房	6000	上海
上海宏力半导体制造有限公司	22000	上海
上海先进半导体有限公司	6000	上海
中纬积体电路(宁波)有限公司	3000	宁波
武汉新芯集成电路制造有限公司	10000	武汉
茂德科技重庆有限公司	13000	重庆
郑州昌诚集成电路制造有限公司	4000	郑州

全自动液压升降整体脚手架工法

GJEJGF044—2008

南通四建集团有限公司

花周建　童建设

1. 前　　言

全自动液压升降整体脚手架是高层建筑工程和高耸构筑物的外施工脚手架，它取代了传统的悬挑脚手架；它属于整体爬升脚手架的一种类型，它与电动葫芦提升的整体脚手架相比克服了提升不同步的缺点；它获得一个发明专利和四个实用新型专利，是机、电、液一体化高新技术。该技术已经用于多个工程，并经过国家建筑工程质量监督检验中心的检验，符合现行国家规范，并于 2007 年 10 通过鉴定。提升装置属于国内首创，脚手架总体水平属于国内领先水平，于 2008 年度被评为江苏省科技进步二等奖。在工法的基础上编写了《液压升降整体脚手架安全技术规程》JGJ 183—2009，于 2009 年 9 月 15 日发布，2010 年 3 月实施。

2. 工 法 特 点

2.1　在建筑工程第二层标准层高度开始组装，至第四层结束。主体施工向上爬升至顶层，装饰施工从上向下降至标准层 1～2 层拆除。组装和拆除工作均在低空进行作业，装拆施工安全。

2.2　全部采用工具化、集成式部件装配，能重复使用。

2.3　自动化程度高，整体提升时间仅需 1.5～2.5h。

2.4　与同类整体提升脚手架相比

2.4.1　投资费用与同类高 100 元一个机位，但磨损量小，使用维护费用低。综合技术经济效益好。

2.4.2　结构件及提升装置全部工厂化加工，适用性优于同类产品。

2.4.3　安全系数高于同类产品，防坠落装置的制动距离规范要求应≤80mm，本技术实测数据为 10～15mm；同步控制规范要求升降 3000mm 机位高差应≤80mm，本技术实测数据为 4mm。

3. 适 用 范 围

适用于高层、超高层建筑物或高耸构筑物主体施工和装饰施工作业。

4. 工 艺 原 理

4.1　脚手架架体的升降原理

采用竖向主框架、水平支承和搭设的工作脚手架组成的脚手架架体，利用附着支承结构体系，将脚手架架体与建筑物可靠地联接在一起。脚手架架体底部安装液压升降装置，在液压升降装置中间穿插爬杆，爬杆的上端连接在建筑物上，在附着支承结构上安装导向机构，利用液压升降装置的上升将带动脚手架架体上升，利用液压升降装置的下降带动脚手架架体的下降。

4.2　防坠落原理

防坠落装置安装在竖向主框架上，防坠落装置中间穿插防坠杆件，防坠杆件的上端固定连接在建筑结构上。防坠落装置与液压升降装置之间采用杠杆原理，当液压升降装置承受力时，杠杆的提升装置端受力，防坠落装置端的杠杆将防坠落装置的顶盖压下，将防坠落装置打开，防坠杆件能自由地在防坠落装置中间上下移动；当液压升降装置不承受力时，杠杆的提升装置端不受力，防坠落装置端的杠杆也不对防坠落装置的顶盖压缩，防坠落装置闭合，防坠杆件不能在防坠落装置中间移动，起到防坠落的效果。

4.3 同步控制原理

本工法采用液压升降装置有四个活塞缸：一个是主提升活塞缸；下锁紧缸、支承缸三缸是与液压升降装置的主筒体连接在一起的；上锁紧缸体是能够在主筒体内上下移动的。

升降原理

1. 上锁紧缸锁紧爬杆；
2. 下锁紧缸松开；
3. 主提升缸进油工作带动主筒体上升；
4. 下锁紧抽锁紧；
5. 上锁紧缸松开；
6. 支承缸进油推动上锁紧缸体上升及主提升缸排油。

上下缸锁紧原理是采用径向锁紧，好处是在锁紧与换向的过程中不产生滑移现象，保证每个行程的一致。

在上锁紧缸体的上行程位置安装行程开关，在其下行程位置安装下行程开关，液压升降装置全部到达位置，指示灯会亮，并进入下道程序，每个行程距离一致，所以能保证升降同步。

5. 施工工艺流程及操作要点

5.1 根据工程特点与使用要求编制专项施工组织设计。

5.2 根据施工组织设计要求，落实现场施工人员及组织机构。

5.3 核对脚手架搭设材料与设备的数量、规格、查验产品质量合格证（出厂合格证）、材质检验报告等文件资料，必要时应进行抽样检验。主要搭设材料应满足以下规定。

5.3.1 脚手钢管外观表面质量平直光滑、没有裂痕、分层、压痕、硬弯等缺陷，并应进行防锈处理；立杆最大弯曲变形应小于 $L/500$，横杆最大弯曲变形应小于 $L/150$；端面平整，切斜偏差应小于 1.70mm，实际壁厚不得小于标准称壁的 90%。

5.3.2 焊接件焊缝应饱满、焊缝高度符合设计要求，没有咬肉、夹渣、气孔、未焊透、裂纹等缺陷。

5.3.3 螺纹连接应无滑丝、严重变形、严重锈蚀等现象。

5.3.4 扣件应符合现行《钢管脚手架扣件》JGJ 22 的规定。

5.3.5 安全围护材料及辅助材料应符合相应国家标准的有关规定。

5.4 准备必要的电工工具、机械工具、机电设备和液压设备并检查其是否合格。

5.5 全自动液压升降整体脚手架安装时需要塔式起重机配合时，应检验塔式起重机的技术参数是否满足需要。

5.6 检验脚手架各部件的质量，是否符合图纸要求。

5.7 在混凝土楼层面上或剪力墙的墙体上预埋钢筋环或预留孔洞（两层），见图 5.7。

5.8 在剪力墙体的预留孔内用螺栓将剪力墙体附着支承安装在墙体上。在楼层面的预埋钢筋环内安装楼层附着支承，安装钢木斜契和前后调节螺栓和 M18 螺栓，见图 5.8。

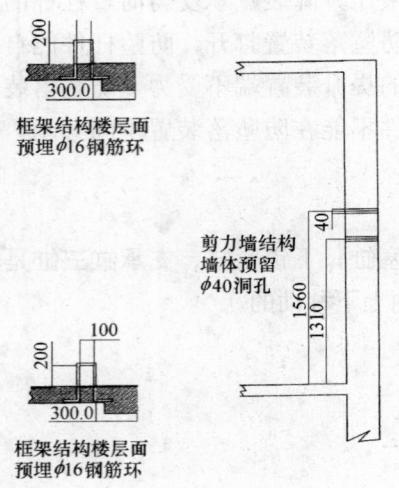

框架结构楼层面
预埋φ16钢筋环

剪力墙结构
墙体预留
φ40洞孔

框架结构楼层面
预埋φ16钢筋环

图 5.7　剪力墙和框架结构预留图

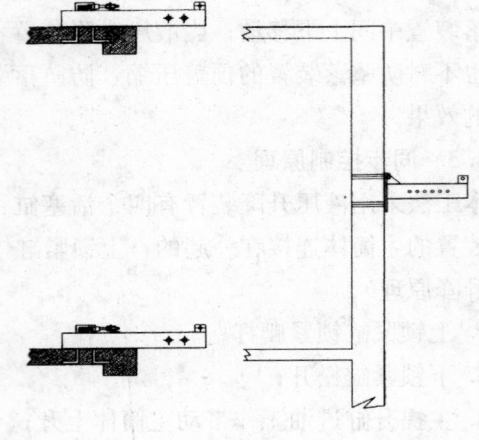

图 5.8　安装附着支承图

5.9　安装内防倾导轨

先将轴套装滚轮、垫片、穿过附着支承孔后、再穿滚轮、垫片、然后用 M10 的内六角螺栓紧固垫片。

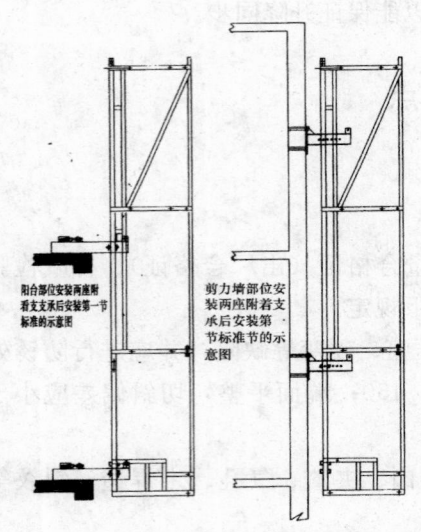

阳台部位安装两面附着支承后安装第一节标准的示意图

剪力墙部位安装两座附着支承后安装第一节标准节的示意图

图 5.11　安装第一节标准节

5.10　安装二层防倾覆导轨，防倾覆导轨应在同一平面内，由调节螺栓调节。

5.11　用塔吊将标准节 1 吊起，将标准节的内立杆（63 槽钢）的空档套装在附着支承上，见图 5.11。

5.12　安装外滚轮。

5.13　在附着支承横放 10 号槽钢，将标准节的垂直力全部由横放的槽钢承担，见图 5.11。

5.14　在标准节 1 上面，再安装标准节 2，见图 5.14。

5.15　第三层混凝土墙体施工完毕后，安装第三道附着支承。

5.16　在第四层楼面上安装第四道附着支承梁架，见图 5.14。

5.17　在第 2 节标准节上安装标准节 3，见图 5.17。

5.18　在标准 1 的最下部位的横梁上安装底平面横梁 10 号槽钢，在两根平面横梁的中间安装100×50 的木方料，在木方料的上面安装底操作平台板。在内侧平面横梁上安装内侧翻板支座，在内侧翻板支座内安装翻板，翻板内侧距离墙体为 10mm，见图 5.18。

5.19　在以上的操作平台位置安装操作平台和围护设施及安全网等设施，见图 5.17。

5.20　安装大横杆、小横杆、工作脚手架平台板、安全网等设施。

5.21　液压系统的安装与调试

5.21.1　将 6 根总油管（硬油管）安装在脚手架最下层的外侧，总管之间的接口用 O 形密封圈端面密封；支管的进油口对着液压升降装置安装的方向。

5.21.2　安装液压升降装置，所有的液压升降装置上安装液压锁、支油管、针形阀，并将针形阀安装在硬主油管上。

安装后的液压升降整体脚手架见图 5.21.2。

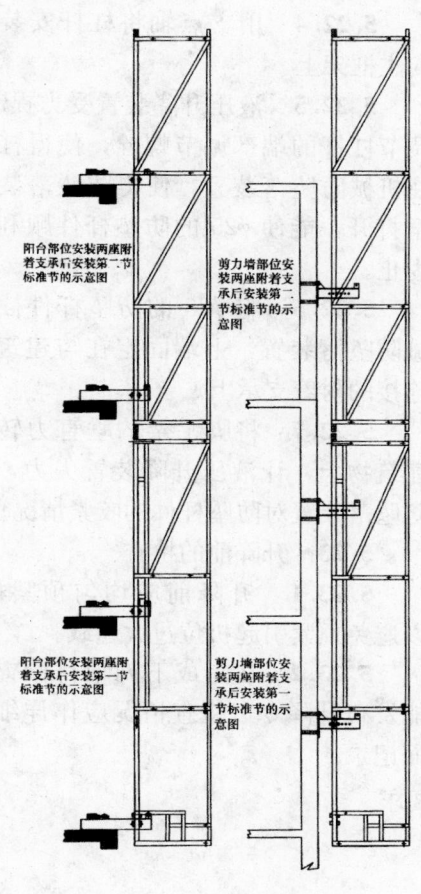

图 5.14　安装第二节标准节

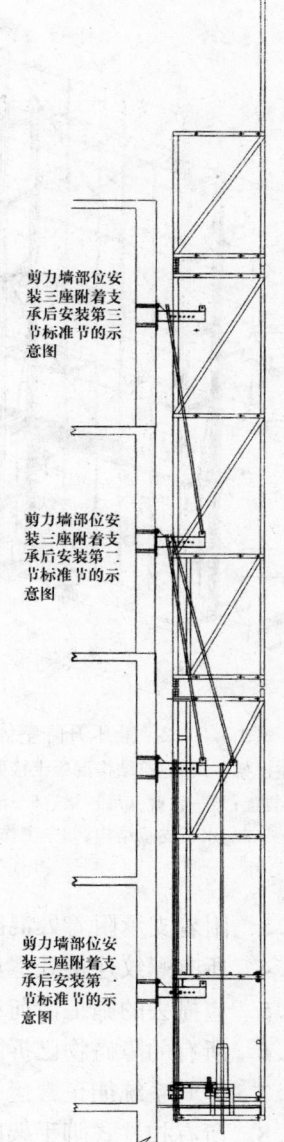

图 5.17　安装第三节标准节

5.21.3　接通电源，按下空起按钮使得电动机空载起动；松开溢流阀，按下工作按钮，调节溢流阀压力至 4～5MPa；将转换开关旋到手动位置：

试验上升工况：①按 C 进②按 B 回③按 D 进④按 B 进⑤按 C 回⑥按 A 进。

试验下降工况：①按 C 进②按 B 回③按 A 进④B 进⑤按 C 回⑥按 D 进。

5.21.4　试验结果正确后，将溢流阀的压力调到 12MPa；按 B 进、C 进、D 进、A 进和 B 回、C 回，检查漏油否。

5.21.5　重新将压力调到 8～10MPa。

5.21.6　将 φ25 的园钢爬杆上端与提升梁连接。

5.22　防坠落装置的安装与调试

5.22.1　将机械防坠落装置安装在防坠落装置的附件上，用螺栓固定。

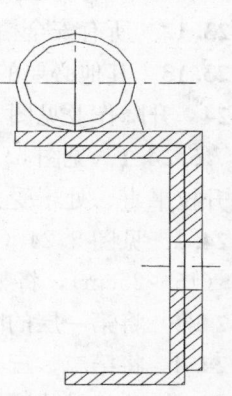

图 5.18　安装内侧翻板支座

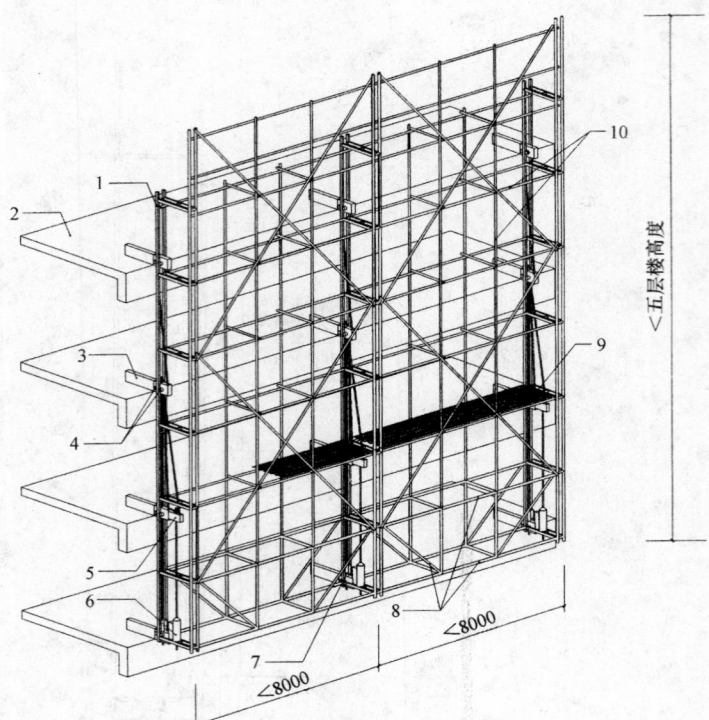

图 5.21.2　液压升降整体脚手架总装配示意图

1—竖向主框架；2—建筑结构混凝土楼面；3—附着支承结构；4—导向及防倾覆装置；5—悬臂（吊）梁；6—液压升降装置；7—防坠落装置；8—水平支承结构；9—工作脚手架；10—架体结构

5.22.2　将防坠落装置附件安装在竖向主框架上。

5.22.3　在液压升降装置安装附件的托板上安装压缩弹簧。

5.22.4　用支点轴将杠杆安装在竖向主框架上。

5.22.5　液压升降装置受力提起后，调节杠杆的端部调节螺栓，使得杠杆压住机械防坠落装置，使得防坠落装置完全打开，能使 $\phi25$ 的防坠杆件顺利通过为止。

5.22.6　将 $\phi25$ 的防坠杆件插入机械防坠落装置，上端固定在与建筑物相连接的附着支承上。

5.22.7　将脚手架的垂直力转移到建筑物上，让液压升降装置失力，检查防坠落装置对防坠杆件的咬紧情况。

5.23　升降前的检查

5.23.1　升降前应均匀预紧机位，以避免预紧引起机位过大超载。

5.23.2　在完成下列项目检查后方能发布升降令，检查情况应作详细的书面记录。

5.23.3　附着支承附着处混凝土实际强度达到脚手架设计要求。

5.23.4　所有螺纹连接处螺母已拧紧。

5.23.5　应撤去的施工活荷载已撤离完毕。

5.23.6　所有的障碍物已拆除，所有不必要的约束已解除。

5.23.7　提升系统能正常运行。

5.23.8　所有扣件式脚手架的扣件连接点已拧紧。

5.23.9　所有相关的人员已到位，无关人员已全部撤离。

5.23.10　所有预埋螺栓孔或预埋件符合精度要求。

5.23.11　所有防坠落装置功能正常。

5.23.12　所有安全措施已落实。

5.23.13　其他必要的检查项目。

5.24　升降作业见图 5.24。

5.24.1　见图 5.24（a）：将提升梁从 1 层的支承梁架上移到 2 层的支承梁架上，将提升梁拉杆将提升拉平直、处于受力状态。

5.24.2　见图 5.24（b）：将爬杆上移与提升可靠连接，开动液压控制台，将脚手架向上提升 3～5 个行程（15～25cm），将整体脚手架的垂直承力槽钢拆除。

5.24.3　将第一层的附着支承拆除后安装到第四层的位置，见图 5.24（c）。

5.24.4　将第二、三、四层的附着支承调整好，拉杆拉接好。

5.24.5　将机械式防坠装置的拉杆上端悬挂在第二层的附着支承上。

5.24.6　开动液压控制台将整体脚手架提升一层高度加 50mm，将垂直承力槽钢搁置的附着支

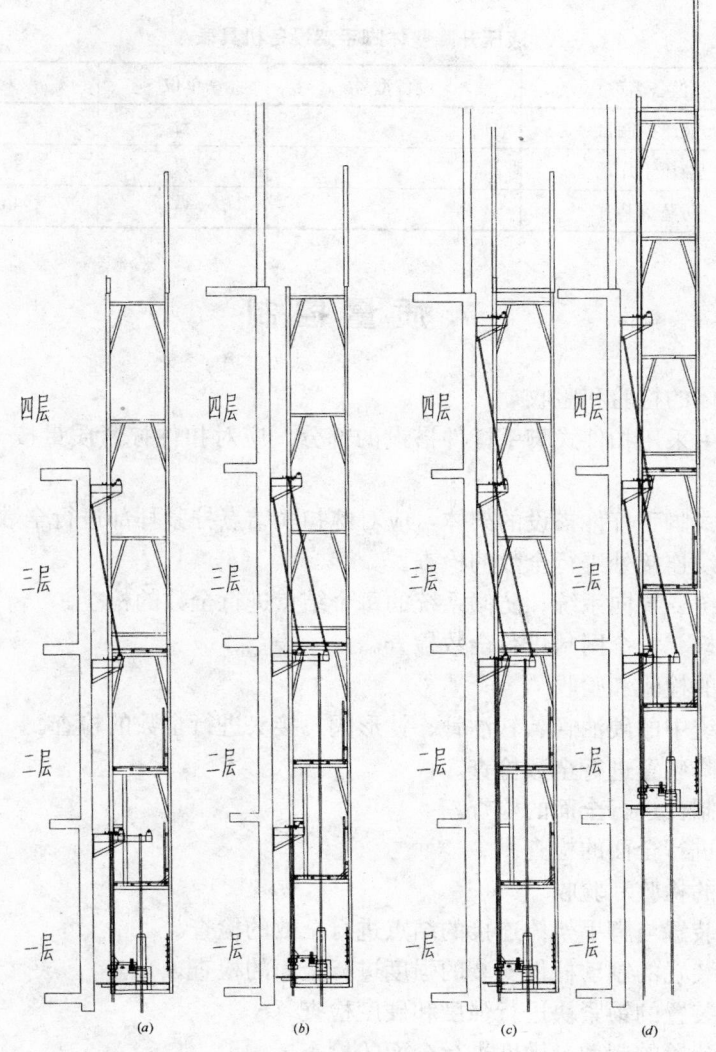

图 5.24　液压升降整体脚手架升降示意图

承上。

　　5.24.7　再开动液压控制台，将整体脚手架向下降至垂直力全部由垂直承力槽钢及第二层附着支承承担为止，见图 5.24 (d)。

　　5.25　劳动力组织

　　两幢工程使用需用 5～6 人，组长 1 人、液压操作 1 人、观察、准备工作人员 4 人。三幢工程 8 人。

6. 材料与设备

　　6.1　工作脚手架宜采用扣件式钢管脚手架，其结构构造应符合国家现行标准《建筑施工扣件式钢管脚手架安全技术规程》JGJ 130 的规定。

　　6.2　竖向主框架选用两根 6.3 号槽钢和两根 ϕ48 钢管焊接成桁架形式。

　　6.3　水平支承选用钢管扣件与 10 号工字钢和螺栓紧固。

　　6.4　附着支承选用 14 号槽钢合拼成长方形钢管，后部选用 16 厚钢板加斜撑形式。

　　6.5　附着支承应采用锚固螺栓与建筑物连接，受拉端的螺栓露出螺母不应少于 3 个螺距或 10mm，防止螺母松动的方法宜采用弹簧垫片，垫板尺寸不得小于 100mm×100mm×10mm。

6.6 液压升降整体脚手架设备机具表

液压升降整体脚手架设备机具表   表 6.6

序号	设备名称	设备型号	单位	数量	用途
1	液压控制台		台	1	
2	液压千斤顶		只	30～60	
3	防坠落装置		只	30～60	

7. 质 量 控 制

7.1 对脚手架架体的检验和验收

7.1.1 架体结构中采用扣件式脚手杆件搭设的部分，应对扣件拧紧质量按 50％的比例进行抽检，合格率达到 100％。

7.1.2 采用碗扣式脚手杆件搭设的架体，应对碗扣联结点拧紧耳部进行全数的检查。

7.1.3 对所有螺纹连接处进行全数的检查。

7.1.4 对支承系统、导向系统、防倾系统的每个结点进行全数的检查。

7.1.5 对防护栏杆、安全网封进行全数检查。

7.2 对液压系统的检验和验收

7.2.1 对液压系统中的硬油管、软油管、针形阀、接头进行全数的检查。

7.2.2 对液压升降装置进行全数检查。

7.2.3 对液压控制台进行全面的检查。

7.2.4 对液压锁进行全面的检查。

7.3 对防坠系统的检验和验收

7.3.1 对防坠落装置与脚手架体连接的结点进行全数的检查。

7.3.2 对防坠落装置的制动杆件安装的强度进行全面的检查。

7.3.3 对防坠落装置的锁紧块进行强度和硬度检查。

7.3.4 对防坠落装置的制动灵敏度进行全面的检查。

7.4 进行架体的提升试验，检查升降动力是否满足正常运行。

7.5 对防坠落装置的可靠性进行试验检测，制动距离不大于 50mm。

7.6 全自动液压升降整体脚手架所有机位进行同步控制检验。

8. 使   用

8.1 在使用过程中，脚手架上的施工荷载必须符合设计规定，严禁超载，严禁放置影响局部杆件安全的集中荷载，建筑垃圾应及时清理。

8.2 脚手架只能为操作架，不得作为施工外模板的支模架。

8.3 在使用过程中禁止下列违章作业：

8.3.1 利用脚手架吊运物料。

8.3.2 在脚手架上推车。

8.3.3 在脚手架上拉结吊装线缆。

8.3.4 任意拆除脚手架杆部件和附着支承结构。

8.3.5 任意拆除或移动架体上的安全防护设施。

8.3.6 塔式起重机吊构件碰撞或扯动脚手架。

8.3.7 其他影响架体安全的违章作业。

8.4 使用过程中，应以一个月为周期，进行安全检查，不合格部位立即整改。

8.5 脚手架在工程上暂停使用时，应以一个月为周期，进行安全检查，不合格部位应立即整改。

8.6 脚手架在工程上暂停使用时间超过一个月后或遇到六级以上（包括六级）大风后复工时，进行安全检查，检查合格后方能投入使用。

9. 安 全 措 施

9.1 坚持"安全第一，预防为主"的方针，建立整体脚手架的安装、升降、使用、拆除安全保证体系，确保安全生产和文明施工。

9.2 保证安全是用户的责任，也是用户利益所在，使用全自动液压升降整体脚手架前，用户必须认真阅读和理解本施工工法，有关操作人员必须具备强烈的安全意识，认真地准确地遵守安全规定。

9.3 安装、升降、拆除全自动液压升降整体脚手架的操作人员，必须具有以下要求。

9.3.1 能正确地应用所制定的安全技术规程。

9.3.2 能够经受紧张状态，防止出错，有丰富的操作经验。

9.3.3 受过专业培训，熟练掌握全自动液压升降整体脚手架的全部技术内容。

9.3.4 液压控制台的操作人员必须经过南通四建集团有限公司的培训，考试合格后并领有南通四建集团有限公司颁发的专业操作证，才能进行操作。

9.4 独立作业的班组由组长任安全负责人。

9.5 工法中的安全技术措施和要求，实施前必须对全体操作人员进行祥细的安全技术交底；在实施过程中对重要的安装、升降工序必须进行重复的交底，交底的内容和接受交底的人员应该作祥细的记载，并且作为安全资料妥善保存。

9.6 严格执行安全技术规程，严禁违章指挥和违章作业。

9.7 加强安全知识教育和学习，做到班前交底，班中检查、监督，班后总结执行情况，不断提高安全防护意识和自我防护能力。

9.8 发生事故或事故苗头必须按"四不放过"的原则严肃处理，并按规定程序上报。对事故的责任者按情节轻重给予行政处分或经济处罚。

10. 效 益 分 析

10.1 使用悬挑脚手架的费用为82万元（其中固定资产投资费用为16.27万元），其中钢管和扣件损耗费用已经扣除使用液压升降脚手架部分的钢管扣件损耗费用。

10.2 使用液压升降脚手架的费用为66万元（其中固定资产投资费用为46万），固定资产投资可多次重复使用。用于一个工程节约成本为16万元，如果用于第二幢同样的工程节约成本78万，用于第三幢同样的工程节约成本140万元，用于第四幢工程202万元。

10.3 租赁液压升降脚手架的费用为52万元（其中租赁费用每个机位9000元计算），人工费由作用单位支出。如由租赁单位全包，则每个机位为12000元。租赁形式用于一个工程节约30万元，如果用于第二幢工程节约成本为60万元，用于第三幢工程节约成本90万元，用于第四幢工程节约120万元。

10.4 根据上述对比分析，有连续高层建筑工程施工的大型企业，投资全自动液压升降整体脚手架经济合算。具体比较见表10.4。

经济数据对比表（建筑物周长 140m，使用高度 64m）   表 10.4

序号	悬挑脚手架费用	投资液压脚手架费用	租赁液压脚手架费用
1	工字钢 16.27 万	液压机械 46.33 万	液压机械租赁费 32.4 万
2	钢管 18.84 万	钢管 3.67 万	钢管 3.67 万
3	扣件 12.34 万	扣件 1.4 万	扣件 1.4 万
4	安全网 4.15 万	安全网 0.91 万	安全网 0.91 万
5	竹笆片 5.46 万	竹笆片 1.06 万	竹笆片 1.06 万
6	人工费 18.72 万	人工费 10.48 万	人工费 10.48 万
7	运费 1.2 万	运费 0.5 万	运费 0.5 万
8	钢管损耗 4.85 万	增加围护 1.97 万	增加围护 1.97 万
9	扣件损耗 0.76 万		
合计	82.59 万元	66.32 万元	52.39 万元

11. 工 程 实 例

11.1　2005 年 11 月应用于苏州工业园区埃拉国际自由水城工程，24 层，高度 72m，周长 176m，42 个机位。

11.2　2006 年 5 月应用于中国华电齐齐哈尔热电厂 210m 烟囱的主体结构施工，烟囱下部直径 29.6m，机位 48 个。

11.3　2007 年 1 月应用于南京卢龙山庄 05 幢楼，26 层，高度 75.4m，周长 136m，机位 34 个，总投资 39.6 万元，于 2008 年 4 月工程竣工。

11.4　常州大红旗路万福路两幢 32 层，高度 92.8m，周长 260m。机位 58 个。于 2008 年 10 月开工，2009 年 10 月竣工。

混凝土墙体洞口无内支撑组合模板施工工法

GJEJGF045—2008

江苏省建工集团有限公司

江苏省国立建设发展有限公司

陈迪安　陆建彬　黄宏荣　施建军　田海涛

1. 前　　言

随着建筑业可持续发展的要求日渐提高，传统的模板施工技术已不能适应当前建筑施工必须绿色环保、节能减排等要求。为此，公司组织了技术人员对门窗组合模板进行了研究创新，开发了混凝土墙体洞口无内支撑组合模板施工工法。该工法关键技术解决了原门窗口模板在安装、制作和拆除时用工量大，不经济；门窗框模内支撑多，施工人员和检查人员进出不方便、存在安全隐患；在混凝土浇筑过程中，大模内的门窗框模易偏位、偏移、测量控制差；门窗框安装时，占用工序时间长，墙体钢筋绑扎以后需先安装门窗框模板，待门窗框模板校正后才能吊安墙体大模板，工期长而繁琐及木材使用量大，不符合国家节能减排的要求。我们通过在北京东方冠捷员工倒班宿舍楼工程、对外经贸大学学生公寓工程和对外经贸大学图书信息中心工程上的使用以及不断改进，均取得很好的社会效益和经济效益，获得了国家专利证书，证书号为2007201515265。

2. 工 法 特 点

本工法与传统的模板施工技术相比具有如下特点（图 2-1、图 2-2）。

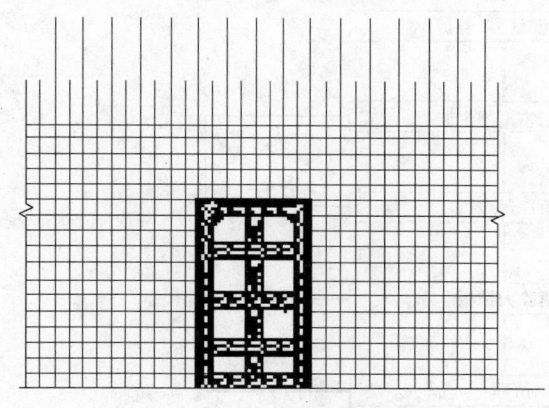
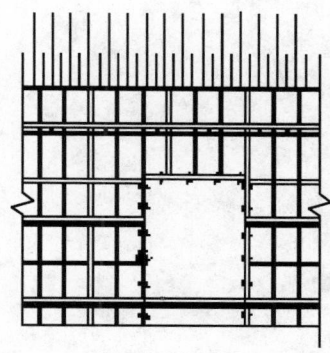

图 2.1　传统的门窗口模板　　　　图 2.2　混凝土墙体洞口无内支撑组合模板施工工法

2.1　改变了传统混凝土墙体洞口模板支撑方法，洞口内不设纵横支撑，方便施工。

2.2　使用心型卡、钢板、螺栓等配件，不用木材，符合国家节能减排的要求；所有配件和材料均可工厂加工，重复使用，操作方便；墙体钢筋绑扎合格后，即可安装大模板，减少了作业程序，缩短了施工时间，节约了用工。

2.3　改变了封边板与墙体模板的连接方式，能保证避免洞口模板偏移，切实保证施工质量。

3. 适 用 范 围

本工法适用于所有现浇混凝土门窗洞口模板施工。

4. 工 艺 原 理

　　本工法通过在墙体模板两侧边，安装门窗洞口的封边钢板，采用定制的固定卡进行固定，形成组合模板，完成门窗口的模板安装和混凝土浇灌。

　　本工法的关键技术是混凝土墙体洞口封边钢板安装固定技术。

5. 施工工艺流程及操作要点

5.1 施工工艺流程（图5.1）

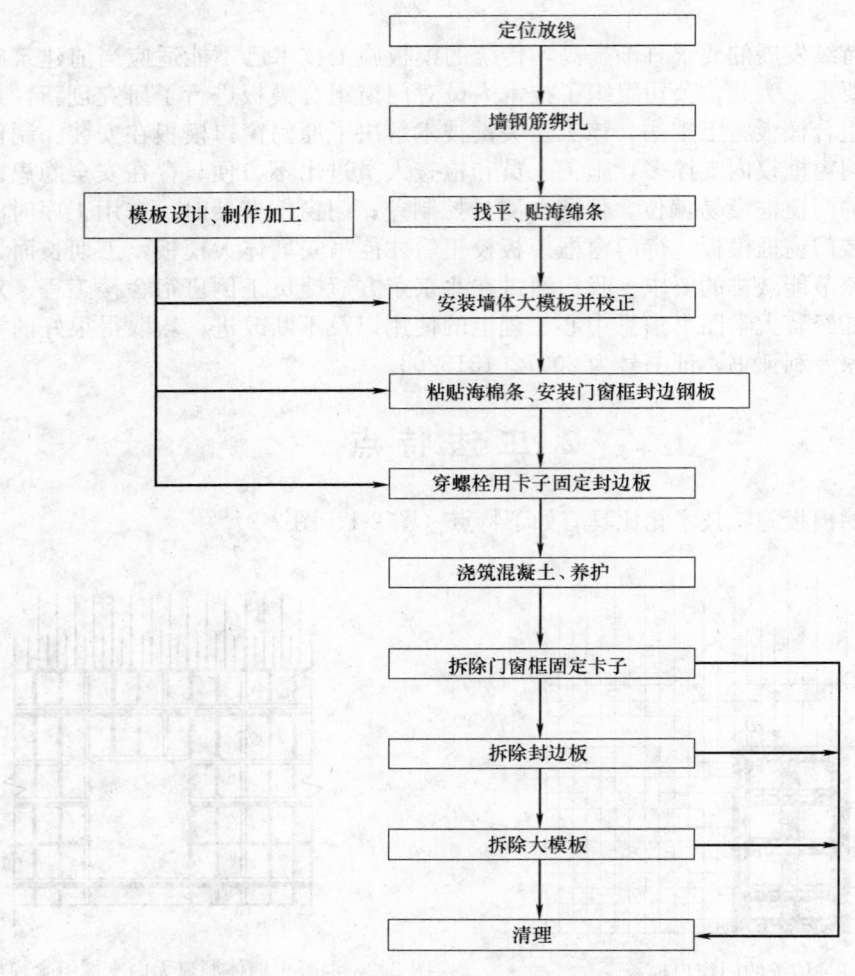

图 5.1　施工工艺流程图

5.2 操作要点

　　5.2.1 定位放线：根据施工图纸，弹好楼层轴线、墙体位置线、门窗洞口位置线以及便于校正模板的300mm校正控制线，在钢筋上用仪器测出500mm结构标高线，用红油漆标志。

　　5.2.2 墙体钢筋绑扎：根据墙体位置线，调整并绑扎墙身钢筋。

　　5.2.3 找平、贴海绵条：根据500mm结构标高线，在模板安置楼面位置处用砂浆（或细石混凝土）找平，并粘贴海绵条防止漏浆。

　　5.2.4 模板设计、加工制作：根据施工图纸和施工组织设计对结构墙体模板进行方案设计，根据模板方案设计对墙体模板和门窗口模板进行加工制作并编号。

5.2.5 安装墙体大模板：根据墙模板编号和现场墙体位置线，按顺序将模板吊至安装部位，并根据模板校正线调整、固定墙体大模板。

5.2.6 安装门窗框口封边钢板：在大模板洞口侧边粘贴海绵条，根据加工厂定加工的门窗框封边板尺寸和编号。按顺序安装，一般先安装门窗框顶部封边板，再安装洞口两侧模板。

5.2.7 穿螺栓用卡子固定封边板：当墙体厚度大于 300mm 时，考虑封边板的抗弯和刚度要求，拟用长度大于钢板每边 40mm 的角铁，角铁大小可根据墙厚和高度不同而进行力学计算设计，角铁下口对称开设凹槽，嵌在螺栓上，用螺帽和螺栓将钢板与墙体模板固定连接；当墙体厚度小于 300mm 时，拟用"心"形卡扣进行固定。见图 5.2.7。

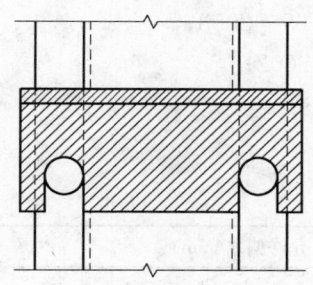 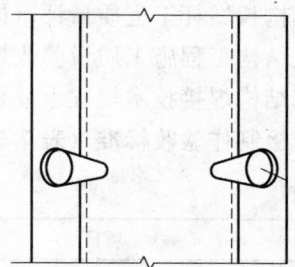

图 5.2.7　直角铁、"心"形卡扣与门窗框钢板固定

5.2.8 浇筑混凝土：模板安装完，验收合格后，浇水湿润，开始浇筑混凝土。

5.2.9 拆除门窗框固定卡子：在常温下，墙体混凝土强度必须达到 1.2MPa。由木工工长填写《拆模申请表》，经现场技术负责人签字确认后拆除门窗框固定卡子，并按规格、型号堆放整齐。

5.2.10 拆除封边板：固定卡子拆除后，轻敲封边板 2～3 下，封边板自动与墙体混凝土分离，先拆门窗洞口两边侧模，再拆洞口顶板。

5.2.11 拆除大模板：拆除大模板穿墙螺栓及地脚丝杆、使模板向后倾斜并与混凝土墙体脱离，挂上吊钩吊除钢大模板。

5.2.12 清理：对大模板、固定卡子、封边板等进行清理，刷脱膜剂，按规格、型号分类堆放整齐。

6. 材料与设备

6.1　工法用材料

6.1.1 墙体大模板：采用定型大模板，根据模板方案图纸加工定制。门窗洞口处侧边应平整，并开设有门窗框固定螺栓孔。

6.1.2 封边板：有两种，一种为侧边板，采用 6mm 厚钢板，宽度大于墙体厚度 20～30mm，长度根据洞口尺寸高度，与顶板连接处设置错台接口；另一种为门窗洞口顶板，采用 6mm 厚钢板，宽度大于墙体厚度 20～30mm，长度根据洞口尺寸宽度减去侧边板设置的错台接口尺寸。

6.1.3 固定卡子：有两种，当墙体厚度大于 300mm 时，考虑封边板的抗弯和刚度要求，拟用长度大于钢板每边 40mm 的角铁，角铁大小可根据墙厚和高度不同而进行力学计算设计，角铁下口对称开设凹槽，嵌在螺栓上，用螺帽和螺栓将钢板与墙体模板固定连接；当墙体厚度小于 300mm 时，拟用"心"形卡扣进行固定。

6.1.4 螺栓垫板：门窗框板与墙体大模板连接件。

6.1.5 海绵条：一般采用 2mm 厚宽 20mm 的海绵条粘在门窗洞口周边，防止漏浆。

6.1.6 隔离剂：水性脱模剂。

6.2 机械设备

塔吊、专用扳手、撬棍、手锤、磁力线锤、水平尺、水准仪、墨斗、红油漆、油画笔、腊线、钢卷尺等。

7. 质 量 控 制

7.1 本工法执行的规范标准

7.1.1 建筑工程大模板技术规程 JGJ 74—2003；

7.1.2 建筑工程测量规程 DBJ 01—21—95；

7.1.3 建筑结构长城杯工程质量评审标准 DBJ/T 01—69—2003；

7.1.4 混凝土结构工程施工质量验收规范 GB 50204—2002；

7.1.5 建筑钢结构焊接技术规程 JGJ 81—2002。

7.2 本工法模板制作验收标准（表7.2）

模板制作验收标准　　　　　　　　　　　　　　　　表7.2

项次	项目	允许偏差(mm)	备注
1	大模板侧面平整度	±2	直尺
2	洞口平面尺寸	+2	钢卷尺
3	封边板、顶板长度	+2	钢卷尺
4	封边板、顶板宽度	±2	钢卷尺
5	模板螺栓孔位置	±2	钢卷尺
6	固定卡尺寸	±5	钢卷尺
7	固定卡螺栓孔位置	±2	钢卷尺

7.3 本工法模板安装验收质量标准（表7.3）

模板安装验收标准　　　　　　　　　　　　　　　　表7.3

项次	项目	允许偏差(mm)	备注
1	洞口模板位置	3	钢卷尺检查
2	洞口模板垂直度	3	2m靠尺
3	洞口截面模内尺寸	+2	钢卷尺检查
4	洞口标高	+3	水准仪
5	门窗洞口高宽尺寸	+5	钢卷尺检查
6	门窗洞口中心线位移	3	钢卷尺检查
7	门窗洞口对角线	6	钢卷尺检查
8	封边板固定螺栓	全数检查，无松动螺栓	扳手检查

7.4 本工法主要质量技术措施

7.4.1 封边板的厚度应根据墙体厚度和高度进行侧压力验算，一般情况选用6mm厚钢板。

7.4.2 封边板的固定卡子和固定螺栓应根据墙体侧压力的大小而选型，侧压力大小必须经过计算。当墙体厚度大于300mm时，考虑封边板的抗弯和刚度要求，拟用长度大于钢板每边40mm的角铁，角铁大小可根据墙厚和高度不同而进行力学计算设计，角铁下口对称开设凹槽，嵌在螺栓上，用螺帽和螺栓将钢板与墙体模板固定连接；当墙体厚度小于300mm时，拟用"心"形卡扣进行固定。

7.4.3 门窗口封边板在安装前焊接把手，操作更方便，要注意封边板的存放，防止变形，扭曲。

7.4.4 大模板门窗侧边应顺直平整，清理干净，无浮浆、无残余海绵条等。

7.4.5 角铁卡子或"心"形卡安装后，应逐一检查螺栓螺帽的固定拧紧程度，在混凝土浇灌过程中，看模人员随时检查门窗框模板质量情况，发现有跑模漏浆现象，可以立即进行整改。

7.4.6 拆模后及时清理、刷脱膜剂并按规格，型号分类堆放。

8. 安 全 措 施

8.1 建立安全生产组织机构，落实岗位安全责任制。

8.2 要求施工人员树立安全第一、预防为主的思想，加强安全生产的意识教育，认真执行班前安全教育制度。

8.3 安全员进行监督检查，发现安全隐患及时加以整改。

8.4 门窗口模板配件在运输吊运过程中，应使用专用吊篮或夹具，防止配件坠落伤人。

8.5 门窗口模板配件在现场堆放距建筑物边缘 1m 以上，防止坠落，封边钢板应平放在可靠的楼层上，堆放高度不能超过 10 片，以防封边钢板滑倒伤人。

8.6 在安装门窗口顶部模板时，应先用木方临时支撑，待角铁卡子（或"心"形卡子）固定牢靠后，再拆除木方支撑。

8.7 门窗口顶部模板拆除时，同样先用木方作临时支撑，再拆除固定卡子。

8.8 固定卡子，角铁卡子（或"心"形卡子）螺栓等材料均必须满足强度，刚度要求，以防浇筑混凝土时，断裂伤人。

9. 环 保 措 施

9.1 严禁随意凌空抛撒施工垃圾，施工垃圾及时清运。

9.2 施工现场应遵照《建筑施工场界噪声限值》GB 12523—90 制定降噪制度。尽量减少人为的大声喧哗，增强全体施工人员防噪声扰民的自觉意识。

9.3 在进行强噪声作业的，严格控制作业时间，一般为早 7 时至夜间 20 时，特殊情况需连续作业的，应尽量采取降噪措施，事先做好周围群众工作，并报工地所在区环保局备案后方可施工。

9.4 在门窗口模板安装拆除时，应采用木制锤敲击，严禁铁锤直接敲击在钢模板上，减少噪声。

9.5 门窗口模板配件拆除后清理，涂刷环保型的脱膜剂，严禁使用废机油等．在涂刷过程中，防止脱模剂泼洒在结构和已绑扎完的钢筋上。

9.6 加强施工现场环境噪声专人监测、专人管理的原则，根据测量结果填写建筑施工场地噪声测量记录表，凡超过《施工场界噪声限值》标准的，要及时对施工现场噪声超标的有关因素进行调整，达到施工噪声不扰民的目的。

9.7 施工现场设立专门的废弃物临时贮存场地，废弃物应分类存放，对有可能造成二次污染的废弃物必须单独储存、设置安全防范措施且有醒目标识。

9.8 现场堆场进行统一规划，对不同的进场材料设备进行分类合理堆放和储存，并挂牌标明，重要设备材料利用专门的围栏和库房储存，并设专人管理。

9.9 对废料、旧料做到每日清理回收。

10. 效 益 分 析

10.1 经济效益

以加工制作一个门框为单位（门高 2.2m，门宽 1.2m，墙厚为 0.2m）进行分析如下。

10.1.1 传统木制门框模板做法：采用 50mm 厚木板，木板宽度为 200mm 制作木框，用 50mm×

100mm 木枋作横竖支撑，支撑间距为 350mm；制作用工 0.5 工日/个，焊模板固定限位、成品框吊运、安装、校正 0.2 工/个，拆模清理 0.15 工/个；木板市场价每立方为 1100 元，木工工资按每工日 70 元计算。则需要木板计（2.2+1.2+2.2）×0.2×0.05＝0.056 立方米；木枋计（2.2×5+1.2×2+1.2×6）×0.05×010＝0.103；木材共需 0.159×1100＝174.9 元，人工费为（0.5+0.15+0.2）工日×70 元/工日＝59.5 元。传统做法共需费用为 234.4 元，折算门窗口每平方米材料成本为 66.25 元，人工成本为 22.54 元，木模周转 10 次左右。

10.1.2 混凝土墙体洞口无内支撑组合模板施工工法：采用 6mm 厚钢板，卡子采用三角铁（40×40×4），间距为 350mm，固定螺栓采用直径为 12mm，长度为 50～60mm；制作安装运输共需 0.1 工日/个，拆除清理 0.05 工日/个。则钢板材料费需（2.2×2+1.2）×0.2×0.006×7.8×4200＝220.15 元，角铁费用为（0.3×12）×（0.04+0.04-0.004）×4×0.00785×4100＝35.22 元，人工共需 0.15 工日×70＝10.5 元，折算门窗口每平方米材料成本为 96.73 元，人工成本为 4 元，在材料上一次投入，无数次重复使用。

经测算门窗口每平米人工成本节约 22.54-4＝18.54 元。

10.2 社会效益

本工法的推广应用，对工程质量的提高起到了一定的作用。东方冠捷员工倒班宿舍楼工程获得北京市文明安全工地称号；对外经济贸易大学学生公寓工程、对外经济贸易大学图书信息中心工程都获得了北京市结构长城杯奖、北京市文明安全工地称号。

本工法在施工工艺上得到了简化，工人的劳动强度降低了，并节省了人力，施工效率得到了大大提高，得到了业主、监理等相关单位的好评，为企业赢得了信誉。

11. 应 用 实 例

11.1 东方冠捷员工倒班宿舍楼工程，总建筑面积 39461m²，总造价 5600 万元，全现浇混凝土框剪结构，开工日期为 2002 年 8 月，竣工为 2004 年 3 月，共有门窗口 3600 个，计门窗面积 9504m²，使用该工法技术，降低了人工用量，节省了人工成本约为 17.6 万元，此项目获得北京市文明安全工地称号。

11.2 对外经济贸易大学学生公寓工程，总建筑面积 93628m²，总造价 2.2 亿元，全现浇混凝土剪刀墙结构，开工日期为 2004 年 4 月，竣工为 2005 年 11 月，共有门窗口 5200 个，计门窗面积 13728m²，使用该工法技术，降低了人工用量，节省了人工成本为 25.4 万元，此项目获得北京市建筑长城杯和北京市文明安全工地称号。

11.3 对外经济贸易大学图书信息工程，总建筑面积 24956m²，总造价 9130 万元，全现浇混凝土剪刀墙框架结构，开工日期为 2006 年 4 月，竣工为 2007 年 12 月，共有门窗口 570 个，计门窗面积 1505m²，使用该工法技术，降低了人工用量，节省了人工成本 2.8 万元，此项目获得北京市结构长城杯、北京市文明安全工地称号、全国建筑业新技术应用示范工程。

随着我国城市化进程的加快，剪力墙结构工程逐渐增多，混凝土墙体洞口无内支撑组合模板的市场需求巨大，其操作简便灵活，周转率高，质量控制力强、安全经济等特点符合工厂式施工的施工趋势。巨大的市场需求为本项目的应用提供了良好的应用前景。